国家科学技术学术著作出版基金资助出版

中国吸虫学
TREMATOLOGY IN CHINA

（第二版）

唐崇惕　唐仲璋　著

敬 以 此 书 纪 念

先父唐仲璋院士和先慈郭如玉夫人 110 周年诞辰

科 学 出 版 社

北 京

内 容 简 介

　　本书系统介绍了寄生性吸虫类病原在动物世界中所处的位置、对人类的危害和对它们的研究历史。本书在总论中概括地介绍了吸虫类的分类问题,寄生虫的生态学、存在历史及动物地理学,吸虫成虫的器官结构和功能,复殖类吸虫幼虫期无性生殖各世代的结构特征及中间宿主群类,吸虫的生理学、免疫学和药物治疗概况,与吸虫类关系密切的自由生活涡虫类中具有寄生现象的群类及吸虫类的系统发生等方面的问题。本书在各论中除了介绍吸虫类中无世代交替的单殖类吸虫及盾盘类吸虫的群类及其生物学特点之外,着重介绍复殖类吸虫中对人体、家畜、禽鸟和鱼类等有重要性的各病原整个生命周期的生物学特点、生态分布、流行病学情况和防治对策等。本书各部分均有附图,书末附有复殖类吸虫主要科属名录,便于读者研究吸虫学。

　　本书可供高等学校生命科学学院生物系、医学院校和农业院校的病原学专业、相关研究所和疫病防控所等单位的有关教师、研究人员及研究生等参考使用。

图书在版编目(CIP)数据

中国吸虫学 / 唐崇惕,唐仲璋著. —2 版. —北京:科学出版社,2015.8

ISBN 978-7-03-044617-6

Ⅰ. ①中… Ⅱ. ①唐… ②唐… Ⅲ. ①吸虫纲-中国 Ⅳ. ①Q959.152

中国版本图书馆 CIP 数据核字(2015)第 124833 号

　　责任编辑:王　静　李　迪　李秀伟 / 责任校对:郑金红　李　影
　　责任印制:赵　博 / 封面设计:北京铭轩堂广告设计有限公司

科 学 出 版 社 出版

北京东黄城根北街 16 号
邮政编码:100717
http://www.sciencep.com

北京科印技术咨询服务有限公司数码印刷分部印刷
科学出版社发行　各地新华书店经销

*

2015 年 8 月第 一 版　　　开本:889×1194　1/16
2025 年 1 月第四次印刷　　印张:57 3/4
字数:1 800 000

定价:350.00 元
(如有印装质量问题,我社负责调换)

前　言

先父唐公仲璋院士于 1923 年进入福建协和大学生物系,走上 8 年半工半读艰苦无比的求学之路。在求学期间,一半时间不仅要为学校采集各种动植物标本,还要协助老师从事生物学的教学和研究工作;另一半时间才能修读课程。1926 年结婚之后,先慈郭如玉夫人帮助他工作,把为学校从野外采集回来大量的各种植物制成蜡叶标本。通过工作,他们都热爱上生物科学。先慈终生都是先父的义务助手,我们珍藏数以万计的玻片标本有一半是她精制的。先父唐公仲璋在毕业前夕,因劳累过度病倒了,被校医误诊为肺结核而退学。他的业师,美国昆虫学家 C. R. Kellogg 教授,雇来两辆轿子把他和先慈送进一个外国人办的医院。两年后病愈,才复学、参加了毕业典礼。

1929～1931 年,唐公仲璋在医院中见到一些痛苦的血吸虫病晚期患者,原来对昆虫学非常有兴趣的他,在病床上立志以后要从事与人类健康有关的工作,定下从事寄生虫病研究的方向。1932 年,他大病初愈还十分虚弱,立即到在医院遇到的血吸虫患者的家乡(福清县埔尾乡),见到全村房屋断墙残垣,田园荒草丛生,无数血吸虫病的晚期瘦骨腹水患者,福建省的血吸虫病区才被发现!从此,他开始了 60 余年的人畜(兽)共患寄生虫病科学研究生涯,致力于病原生物学(病原发育学与传播媒介)及其流行病学规律的探讨,直到 1993 年离世。

先父唐公仲璋常常教诲我:"应该多研究对人类有重要性的病原种类,并且应当研究病原生物的发育规律(包括所谓'生活史'的宏观个体发育学及其微观发育学)、传播媒介种类及其传播规律,和在病区生态环境中其流行病学规律,人类才能应用这些知识与病害斗争。"他自己就是按此原则工作一生。寄生虫重要病原种类繁多,它们的个体发育复杂,尤其所有复殖吸虫类的个体发育,包含有性生殖世代和多代数的不同无性生殖世代的繁殖;不同病原种类其发育情况和中间宿主(传播媒介)种类都不相同。要探讨未被人类了解的种类,非常不易,需要做大量的野外调查和实验室的人工感染试验,还会遇到许多失败,要花很长时间锲而不舍地追究下去才能成功。我们父女两代从事寄生虫研究至今 82 年,解决病原生活史问题40 多种。唐公仲璋十分强调了解病原生活史的重要性,因为它是要解决研究寄生虫病所有宏微观问题的基础知识。

唐公仲璋在从事重要病原课题之外,还利用一切空余时间和机会,研究其他动物(包括鱼类、两栖类、爬行类、禽鸟类以及哺乳动物)的寄生虫病原种类。他提倡也要尽量研究它们的发育和地理分布,因为这不仅可揭示它们的生命规律,也能由此了解各群类间的相互关系,启迪我们对重要物种的深入理解。

我十分怀念先慈郭如玉夫人,她毕生无报酬、无名利地协助先父及我,从事我们研究中的大量科辅工作。她时常和我们一起到野外进行调查研究,她协助我们制作大量整体标本和切片标本。我外出时,她替我照顾试验动物。我每次远行野外工作,父母一定送我出校门,看我坐上去火车站的公共汽车,嘱咐我一路小心。我野外归来,他们总是早早地到校门口等待。到家后,母亲总是在一旁愉快地听我向父亲汇报工作情况,观看我带回的标本和材料。1974 年开始,母亲身患严重心脏病,她知道自己来日无多,日夜陪伴和帮我们做编书工作。

先父唐公仲璋近晚年时,计划编著《人畜蠕虫学》。1966～1976 年,一切研究工作包括著书都无法开展。1970 年先父调到厦门大学工作,我于 1972 年从下放的霞浦县沙江公社也调来厦门大学。我们父女俩在繁忙的教学、科研工作之余，才开始从事编著蠕虫学的工作。到1985年整整12年，我们完成了《人畜线虫学》一书的编写，投稿科学出版社。1986年10月14日先慈不幸因心力衰竭而辞世。数日后，我们才收到科学出版社寄来该书的校对稿，我为没有来得及让母亲看上此书一眼而深感遗憾！

先慈离世给先父精神上很大打击，他陷于深深的悲伤之中，每天都要去采些鲜花献在先慈的遗像前。他写了数十首怀念先慈的诗词(见1994年和1999年《唐仲璋教授选集》Ⅰ、Ⅱ卷)。此时，先父身体也已十分衰弱，常常休克。他把数十年从事吸虫类研究工作的数据、手稿和资料，分门别类地整理好，放在一个书橱中，对我说："这是你以后写书的材料"。显然，他自知已无体力去编写吸虫学工作，把写此书的任务郑重地交给我去完成。母亲去世后，我希望父亲能健康。平常我不向他提写书的事，担心他忧虑。只和他谈科学研究工作的问题，让他在家里给研究生上课，在家里开博士生毕业论文答辩会，希望他能快乐。

从1986年开始，我在教学和科研工作任务之余开始收集有关吸虫学文献，整理素材，常常工作到深更半夜。父亲知道我在忙着书的事，时常对我说："看你晚上工作到深夜，我心里难受。"我平时没有和他谈写书的准备工作，是想待我动笔书写具体篇章时，再具体请教父亲，可以写得好一些。可是，在我还来不及开始写作之前，父亲于1993年7月21日突然因脑出血抢救无效离我而去。我在极其悲痛之余，虽然教学科研任务繁忙，但始终不敢忘记先父的著书遗愿。

2004年，我把完成的180万字《中国吸虫学》，投稿福建科学技术出版社(于2005年出版)，用来纪念先父唐公仲璋和先慈郭如玉夫人100周年诞辰，告慰他们在天之灵。2009年，在科学出版社再版了《人兽线虫学》(把"人畜"改成"人兽"，因为该书内容实际包含兽类的线虫)，纪念父母亲105周年诞辰。2014年，我逐字逐句地修改了10年前的《中国吸虫学》，添加了10年来完成的有关吸虫，尤其是血吸虫病原和媒介钉螺生物控制方面的研究工作内容，投稿科学出版社。作为献给父母亲110周年诞辰的礼物，寄托我无尽哀思和深切怀念！

我才疏学浅，知识和认识水平远远在先父和前辈学者之下。要完成吸虫学的编写，我只能忠实于先父唐公仲璋的学术思想，把我们从事过的研究内容、相关的类群的生物学和流行学的问题作些介绍，用了《中国吸虫学》这一名称。为了便于读者查寻，书中引用国内外资料，尽量保持原貌，不强求全书统一。

吸虫类是个非常复杂而又繁多的生物类群，日本著名蠕虫学者山口左仲(Yamaguti, 1971)在他的《脊椎动物的复殖吸虫概要》一书中，列出复殖类吸虫有百余科，含很难准确统计的许多亚科、属和种。我虽然为我们这本书写作用了18年时间，但拙作所含的内容还是十分有限。在每一篇章撰写中，我才体会到"挂一漏百"的含意。我国自然界存在的吸虫类物种非常之多，每一物种能生存的规律和机理，包括生态学规律、虫种个体生命周期发育规律、吸虫与宿主的关系及其中生理生化情况，许多方面知识都还是我所未知的，还有待更多学者和有志青年去探讨。本书中肯定有许多遗漏和不足之处，恳请大家批评指正。

本书总论中的"禽畜吸虫药物治疗"部分，承蒙原内蒙古呼伦贝尔盟畜牧兽医研究所所长崔贵文研究员协助撰写；陈元经先生多年为本书许多插图帮助上墨；舍弟唐崇嵘、弟妹林锦云，及陈晋安、陈艳琼、彭文峰等同志对书稿和图版输入计算机等工作。在此一并致以诚挚的谢忱。

唐崇惕　谨　书
于内蒙古呼伦贝尔草原
2014年7月25日

目　　录

Ⅰ. 总　　论

一、引　　言

寄生虫学是研究寄生现象的一门科学。寄生是自然界动植物的一种生活方式。一种动物或植物寄居在另一种动物或植物的体内或体外，前者称为寄生虫(或寄生物)，后者称为宿主，此种生活方式极为普遍，几乎没有哪一类动植物没有它的寄生虫。寄生虫借着消耗宿主的物质而生存，在其体内或体外得到居住的场所，剥夺宿主的营养，损害其健康。真正的寄生虫是倾向于同宿主取得相互的适应和生理上的平衡，但这只是较为少数的，绝大多数的寄生虫却是产生病害的。给寄生虫下个定义颇不容易，荷兰动物学者 J. P. Van Beneden(1809～1894 年)曾经写过："寄生虫是靠着它的邻人的消费而生活，其唯一的职务是从其主人处获得利益，但不危及其生命。"它似乎在实行一个原则，不杀母鸡留以取卵，它的利益在于所寄生的宿主的生存。

(一)寄生虫学内容

寄生虫学包括了从多方面对寄生现象的探讨，如形态、分类、生态、生理生化、病理、医疗、诊断、免疫、遗传、分子生物学等。寄生虫学是一门基础科学，是生物学的一个分支，和昆虫学、细菌学、鱼类学、生态学、海洋生物学等一样，从事该学科内各类问题的探索。另一方面，寄生虫学又是一门应用科学，与医学、兽医学、公共卫生以及农业等都有很大关系。

寄生虫学包括有原虫学、蠕虫学、医学昆虫学、植物线虫学等。蠕虫学是寄生虫学中的一个分支，一般包含有扁形动物门的吸虫纲、绦虫纲和圆形动物门的线虫纲，还包含棘头动物门的种类。

(二)寄生虫的危害

寄生虫的分布极为广泛，对世界各国人民的健康影响极大。据 Stall 于 1947 年的统计，世界各国有 1.14 亿的血吸虫病患者，在埃及尼罗河下游约有 60%人口感染该病，某些地区竟达 90%。中华分支睾吸虫病分布于中国和东南亚各国，感染人口约为 1900 万。丝虫病患者全球约有 1.5 亿，钩虫病患者则为 4.5 亿多。蛔虫感染的人数最多，全球可达 6.44 亿。其他分布区较为局限的丝虫病，如非洲的蟠尾丝虫病(河盲病)患者有 1900 万，罗阿丝虫病患者有 1300 万之众。在欧洲和美洲流行较广的旋毛虫病，全球的患者亦有 2700 多万。上面所举的不过是几个代表的种类。

蠕虫病在我国境内也非常猖獗。除蟠尾丝虫和罗阿丝虫之外，各种蠕虫均见于我国。由于我国幅员广大，地跨寒带、温带、热带三带，在我国流行的寄生虫病较多，更因新中国成立前经济落后，人民生活穷困，加剧了这些疾病的危害程度，以致泛滥成灾。例如，日本血吸虫病当时全国感染人口达 1000 多万，病区蔓延 13 个省份，包括 325 个县市。新中国成立后，由于党和人民政府大力实行防治措施，情况有很大改善，多种其他人体重要寄生虫病也都得到不同程度的控制。当然，要完全消灭它们仍然是个长期任务。

寄生虫对畜牧业生产造成的危害是巨大的，牧区中大批禽畜因寄生虫病的广泛流行而死亡，亦由于慢性感染而引起肉、乳、蛋、毛、皮革等畜产品数量和质量的降低，并影响畜禽的生长和发育速度，而且激发其他疾病的发生。寄生虫病是造成家畜冬瘦春乏大批死亡的重要原因。由于寄生虫病引起其他疾病的发生，如马体内寄生虫引起副伤寒、猪蛔虫病引起肺炎、羊消化道线虫引起肠毒血症等。同时一些人畜(兽)共患寄生虫病还威胁人民群众的健康，如牛、猪囊虫病引致人的绦虫病、囊虫病，羊的东毕吸虫引起人的稻田皮炎，狗的棘球绦虫引致人的棘球蚴病等。家畜寄生虫病存在的普遍性与危害的严重性，在全国各农村和牧区均相似。我国西北、东北、西南各省有广大的牧区，牲畜饲养是人民主要的生产方式。畜牧业实际上和粮食问题息息相关。为了解决激增人口的需要，避免可怕的饥饿与灾荒，谷类和肉类的生产被认为是首要的事务，因此，世界各国近年来都开始重视畜牧业生产。消灭牲畜疾病，驱除和预防寄生虫的感染成为急迫而重要的工作。各重要家畜体内无数的寄生虫究竟产生多少的经济损失，目前还无法估计。在畜牧界还得不到像 Stall 氏 1947 年在他《虫子的世界》(*The Wormy World*)一文中那样的估计数字。

(三)人类对寄生虫的认识和斗争历史

在人类社会进入有历史记载的时代以后，有关寄生虫的记录在最古老的文字中就开始出现了。例如，米索不达米亚的亚甲民族(Accadian)的楔形文字就记有蛔虫和绦虫。埃及人的草纸书(Eber's Papyrus)(公元前 1553 至公元前 1550 年)，所记的"AAA"及"UHA"是指寄生虫，虽然我们现在还不能知道它指的是吸虫、绦虫，还是蛔虫、钩虫？但必定是属于肠道的蠕虫，因为此书也记述用石榴(*Punica granatum*)根皮可提取驱除此虫的药。古代希伯来人在《圣经》中曾记有西乃旷野的"火蛇"，有人考证认为这是几内亚虫即龙线虫(*Dracunculus medinensis*)的记录。在非洲尼罗河流域，血吸虫病已在古代的埃及人中流行，Ruffer 氏(1910)曾从埃及第二十代王朝(公元前 1200 至公元前 1090 年)的两个木乃伊的肾脏切片中找到钙化的埃及血吸虫虫卵。在我国湖南长沙马王堆出土的软侯妃的尸体的直肠组织内发现有日本血吸虫(*Schistosoma japonicum*)虫卵，在其直肠粪便中发现有鞭虫(*Trichuris trichura*)卵，证明我国公元前人们就已有血吸虫和肠道蠕虫的感染。在湖北省江陵县凤凰山 168 号汉墓男尸的肝血管内也检获日本血吸虫虫卵，说明很早时候我国的血吸虫病病区已相当广泛。

我国医家很早就对常见的寄生虫有所认识，我国最早的医学典籍《黄帝内经》有"蛟蛕"(系指蛔虫)的记载。后汉张仲景的《伤寒论》有"其人吐蛕，为蛕厥"的记述;《神农本草经》记载有使君子(*Quisqualis indica*)，证明国人很早就知道驱除蛔虫的药。汉代医学有相当成就，《史记·扁鹊仓公列传》曾有关于"蛲瘕"的记述，据考证，这可能是最早有关蛲虫病的记录。牛带绦虫和猪带绦虫在我国的记述极早，被称为"寸白虫"或"白虫"，张仲景《金匮要录》记:"食生肉饱，饮乳，变成白虫"，"牛肉共猪肉食之，必作寸白虫"。寸白虫亦见于《巢氏诸病原候总论》(成书于公元 610 年，简称《诸病原候总论》)记述:"寸白者九虫内之一虫也，长一寸而色白，形小扁因腑藏虚弱而能发动，或曰:饮白酒，以桑枝贯牛肉炙食，并食生栗所成。又云:食生鱼后即饮乳酪亦令生之"(巢元方:《诸病原候》第十八卷寸白虫候)。巢氏谓:白虫子孙相生，长至四五尺。他确看到绦虫无疑。(《千金方》记虫长四五丈，古量尺较今尺为短，绦虫长至两三丈的也有可能)。宋代洪迈的《夷坚志》、《唐志》所记蔡戬之子康积苦寸白为孽，后饮某医之药，"不两刻，腹中雷鸣，急奔厕，虫下如倾，命仆以杖拨之，皆连续成串长几数丈，尚蠕蠕能动"。家畜的寄生虫见于古代典籍的有马的浑睛虫，见于 12 世纪的《司牧安骥集》(南宋李石著)及 16～17 世纪的《元亨疗马集》(明喻本元、喻本亨著)。我国古代对于马副丝虫(*Parafilaria multipapillosa*)所产生的病状(即皮肤上有血汗的现象)曾有记述，见《史记·大宛列传》:"马汗血其先天马子也"，说明在纪元前 1 世纪在张骞从大宛带回的良马身上已看到此症状。

有关我国古代的寄生虫的记录，何博礼教授(1959)曾经有系统的专著，他比较了中国和欧洲的寄生虫方面的知识，认为与欧洲古代希腊人及中世纪罗马时代学者的著作极为近似。在欧洲，阿拉伯国家的经典著作曾经被人翻译，其中含有关于寄生虫的记载，如阿拉伯医学家阿维辛纳(Avicenna，980～1037)的著作。

我国古代的寄生虫知识是从古代蒙昧的、有的还夹着一些想象的思想中蜕变出来的。例如，无论在欧洲或在我国，生物学都受自然发生说的影响。我国的本草学和古医学典籍关于寄生虫的记述和欧洲中世纪学者的记载一样，包含着幻想的成分，显得离奇可笑。例如，绦虫，在阿拉伯医学家阿维辛纳的眼中，只是肠黏膜一串，或由肠黏膜转化成的。绦虫的怀卵节片被认为是一个整体的虫，称为"瓜实虫"(cucurbitini)，它在绦虫后端，被认为是胶连在一起。Vallisnieri(1910)还设想它们各有两个小钩，钩在一起。还有人幻想它们有口，互相咬在一起。Van Doeveren(1764)认为绦虫没有头。有人看到细小的头节和颈节，认为是尾巴。有人设想怀卵节片有两个头。Van Doeveren 在正确地观察了头节之后，又想这不过是口的构造。带虫类头节的一圈吻突钩被认为是牙齿，著名的学者马尔不基(Malpighi，1698)竟也这样想。还有布洛(Bloch，1782)把绦虫 4 个吸盘当作 4 个口，他想绦虫有这么多口才能吸取足够的养料。

人类早在公元前 1500 年就开始对寄生虫有记载，但遭受到各种寄生蠕虫感染的时间可能更为久远。例如，他们可能从山上和树林里迁移到山下地面上生活，由于和沼泽地及水接触而有了血吸虫病，由于在土地上生活而受到钩虫(Ancylostoma spp.)及与其相类似的一些虫种的反复感染而得病。由于原始武器、工具的创造发明，人类能够杀死动物作食物，因而感染旋毛虫(Trichinella)及带绦虫(Taenia)等的寄生虫病；由于野生动物驯化家养而感染了一些动物寄生虫如棘球绦虫(牛、羊的棘球蚴)、钩头虫、狗绦虫及旋毛虫(spiroid worms)等；由于吃鱼肉而感染阔节裂头绦虫(Diphyllobothrium latum)，后睾吸虫(Opisthorchis)和异形吸虫(Heterophyes heterophyes)等寄生虫；由于从游牧生活转变到农业的定居生活，给人们带来了如蛔虫(Ascaris)、钩虫(Ancylostoma)之类寄生虫的大量感染，古人由于受到寄生蠕虫的侵袭而得病，或因之死亡，因此逐渐地对其有所认识，并尽力地为减少它们的损害而进行各种努力。人类对寄生蠕虫的认识和斗争的过程大致可以有以下几个时期。

1. 早期时代

早期时代(the early ages)(公元前 1550 至公元 130 年)：在古埃及，传教士医师就已熟悉一些寄生蠕虫，当时的草纸书上记载一些寄生蠕虫的种类，并介绍了对其治疗的方法，最有名的即公元前 1550 年左右草纸书上有关带绦虫、蛔虫、丝虫，以及 AAA 病的记载。此 AAA 病过去曾认为是十二指肠钩虫病(ancylostomiasis duodenale)，目前认为它就是埃及血吸虫病(schistosomiasis haematobium)。此草纸书上尚述及此病感染及其病理情况。

在古希伯来著作中可知当时在近东已有蠕虫病。在摩西律法(Mosaic law)中记载禁止吃腐肉并劝告人们要谨防疫水，可能是针对预防旋毛虫病、带绦虫病、片形虫(Fasciola)病、血吸虫病及麦地那龙线虫(Dracunculus medinensis)(Guinea worm)病。在"Numbera"上有火蛇(fiery serpents)疫病的叙述，一般认为火蛇就是指 Guinea worm，此书上还画有用棍子缠绕火蛇的图画。这不仅表示当时治疗此病的方法，而且此图画以后成为各地医务职业的一种标记。

早期印度医师(约公元前 600 年)亦知一些蠕虫病的诊断和治疗。早期巴比伦著作中已包含有埃及血吸虫病的诊断，此病至今仍然普遍流行于底格里斯河(Tigris)及幼发拉底河(Euphrates)两河下流流域。

古希腊的 Hippocrates(公元前 460 至公元前 357 年)描述了棘球蚴病的诊断和切除，并发现马体中的线虫，亚里士多德(Aristotle)描述了 3 种肠道寄生虫(圆扁形的、圆筒形的和蛔虫)和在猪舌头的猪囊虫(Cysticercus cellulosae)，同时他还提出寄生虫类群在动物界中位置的概念。Theeprastus(约公元前 300 年)首次写出用羊齿植物根(fern-root)抽出液治疗绦虫病的药方。Agarthichides(公元前 170 年)正确地描述了 Guinea worm。

罗马帝国的 Celsus(公元前 53 年至公元 7 年)、Aretaeus(公元 7～79 年)、Pliny(约公元前 79 年)等的著作中都有关于绦虫病、蛔虫病及线虫病的材料。Lucretius(公元前 50 年)首次论述了在矿井工作的人员有贫血的病征，直到其后约 2000 年才知道其病因是由于十二指肠钩虫(Ancylostoma duodenale)的寄生和矿井环境条件间的联系。公元 130 年左右 Herodotus 介绍了用山道年(Santonin)治疗绦虫病。

2. 中世纪时期

中世纪时期(the middle ages)(公元 400～1400 年):中世纪早期,在阿拉伯(Arabian)和波斯(Persian)医学很繁荣,蠕虫学也有很大的进展。阿维辛纳一向被称为医学蠕虫学的创始者,其著作 *Kitab al Qanum* 中已描述有 4 种肠道寄生虫,分有长形(可能是 *Taenia saginata*)、扁形(可能是绦虫脱落的节片)、圆形(可能是 *Ascaris lumbricoiles*)及小型(可能是 *Enterobius vermicularis*),并且准确地述及这些寄生虫所引起的症状,如论及这小型虫子蛲虫在肛门出现,并介绍可用盐水灌肠来治疗。阿维辛纳不仅最早评论了寄生虫和症状间的关系,而且在驱虫方法中强调在服药前两天要患者吃流质食物、在服驱虫药后要用泻药的重要性。他认为这样能使死的虫体排出,防止它们在肠管中腐烂崩解而引起全身性的血中毒;此外他对 Guinea worm 的感染也作了叙述。这时期一些著作尚有关于泌尿系统血吸虫病及丝虫象皮肿病的记载。阿拉伯医学到 13 世纪以后就逐渐衰落,无大进展了。

在西方中世纪时期寄生虫方面的工作几乎是完全停滞的,8～16 世纪,西方寄生虫方面的医学都依靠希腊,罗马和阿拉伯已逐渐不准确的药方。由于驱虫药的无效及几乎遍及欧洲大陆的不卫生状况,致使肠道寄生虫病大量流行。此时人们几乎普遍感染 *Taenia saginata*。这时期有一牧人 Jean de Brie(1379)发现羊肝脏胆管中的肝片吸虫(*Fasciola hepatica*),并观察到由此虫体所产生的肝脏腐烂枯萎(liver-rot)情况。

3. 近世纪

近世纪(the modern epoch)(16 世纪至今):近世纪以来,人类关于蠕虫学的知识发展很迅速,其中大致可以分成 4 个互相略有重叠的阶段,在每一个阶段都各有其在蠕虫学中某些突出研究的内容占主要位置。

(1)复兴时期(1547～1735)

在欧洲,在 16 世纪末叶由于显微镜的发明,人们能够更精细地探讨自然的秘密。当时的生物学者列文虎克(Leeuwenhoek)、斯万墨登(Swammerdam)等曾零星地观察一些寄生虫种类。蠕虫学像其他生物科学一样也因显微镜的发明而有很大的进展,能用显微镜对各种寄生蠕虫作较详细的观察。例如,Gabuciniz(1547)以动物学观点正确地描述了过去牧人所发现的肝片吸虫;Gesaner(1558)报告了 *Cysticercus cellulosae* 的人体感染,并于 1592 年区别了 *Taenia saginata* 和 *Diphyllobothrium latum*;Platter(1603)首次叙述了 *Diphyllobothrium latum* 的特点;Wepler(1675)发现牛肉中的 *Cysticercus bovis*;曾被称为寄生虫学之父的 Redi(1684)首次说明了棘球蚴和囊虫的动物性,观察到蛔虫有雌雄性个体及在雌体子宫中的虫卵;Hartmann(1685)进一步肯定了棘球蚴的动物性,并在狗肠管中发现其成虫阶段;Morganini 于 17 世纪末描述了鞭虫(*Trichuris trichuris*),并首次认识了棘头虫(acanthocephalan worm);Muller(1773)发现吸虫的尾蚴。

此时期对于寄生虫病的临床症状和治疗,做了以下工作:Piso(1611)在巴西及 Labat(1663)在瓜德罗普都叙述了显然是钩虫病的肠道障碍、贫血及水肿的并发症。在此之前的人们尚未认识到寄生虫是病害的原因,而将其认为是病害的结果;Andry(1700)首次指出寄生虫致病的重要性。Monardes(1577)在欧洲介绍用烟草治疗肠道寄生虫病。当时除了用羊齿植物根及其他古代有效药方之外,包含有汞、铜、铁及锡的盐类无机化合物亦已开始广泛应用。

(2)形态描述及分类工作时期(1735～1851)

C. Linnaeus(1707～1778 年)的 "Systema Naturae" 首次阐述了许多寄生蠕虫,奠定了寄生虫主要类群的动物特性和分类的基本知识。在此书第十版中描述有:*Dracunculus medinensis*、*Enterobius vermicularis*、*Ascaris lumbricoides*、*Fasciola hepatica*、*Teania solium*(此时它仍与 *T. seginata* 混淆)、*Dipylidium caninum*、*Diphyllobothrium latus* 及 *Trichuris trichuris*。

Linnaeus 的工作激励了这一时期蠕虫生物学研究的潮流。因为是在草创的时代,学者对寄生虫也常有奇怪的记述,如斯帕兰站尼(Spallanzani,1769)记述醋线虫(*Turbatrix aceti*),曾述当时有人认为醋之所以发酸是因为该线虫尖的尾巴刺人舌头所致。但这一时期在蠕虫生物学有了很大的进展，Pallas(1766)认识了"bladder worm"是绦虫，并在 1781 年描述了 *Macracanthorhynchus hirudinaceus*；Mongrin(1770)发现并描述了 *Loa loa*；Abildgaerd(1781)在 Copenhagen 进行了绦虫生活史试验研究，证明肠道寄生虫是从外界进入身体，纠正了当时普遍相信寄生虫是从身体内的污液自然产生的想法。

Goeze 在 18 世纪后半叶区分了 *Taenia saginata* 和 *Taenia solium*，认识了棘球蚴是绦虫，发现了肾虫(*Dioctophyma renale*)，并且首次对鞭虫作了正确的形态描述。

19 世纪初叶，有关蠕虫方面的较大篇幅著作已经出现。例如，Zeder(1800)发表 320 页的蠕虫专刊，其分类系统包括圆虫(roundworm)、钩头虫(acanthocephalan)、吸虫(fluke)、绦虫(tapeworm)和囊虫(bladder worm)5 类。被称为蠕虫学之父的鲁多菲(Rudolphi，1771～1832 年)发展了这一分类的工作，对 Zeder 建立的类群给以科学名称，这些名称至今仍然被引用。他写了两部巨著，一部在 1808～1810 年发表，有 1370 页；另一部在 1819 年发表，有 811 页。在 19 世纪初叶虽然对于寄生虫类群性质有所认识，但由于有关胚胎、发育学的知识不足，对其在动物界中的关系仍不清楚。Rudolphi 之后，欧洲著名的寄生虫学家辈出，他们给寄生虫学知识奠立了基础。

von Siebold(1848)从圆虫中分出 Hairworm 并为其建立铁线虫纲(Gordiacea)。Vogt(1851)讨论了水蛭(leeches)和环行动物的亲缘关系，并建立了扁形动物门(Platyhelminthes)及圆形动物门(Nemathelminthes)。Minot(1876)从扁形动物门中分出了纽形动物门(Nemertinea)种类。这样开始将寄生蠕虫的门类概念具体化。这一时期还发现了一些重要的虫种，并作了描述。例如，Busk(1843)发现姜片虫(*Fasciolopsis buski*)；Dubini(1838)发现十二指肠钩虫(*Ancylostoma duodenale*)；Tiedemann(1822)发现旋毛虫(*Trichinella spiralis*)；Bremaer(1811)发现了一种有环节的钩头虫(*Moniliformis moniliformis*)；Bilharz(1851)发现埃及血吸虫(*Schistosoma haematobium*)及短膜壳绦虫(*Hymenolepis nana*)。

在临床方面，这一时期 Bilharz 对于埃及血吸虫与埃及血吸虫病流行，埃及黄萎病(Egyptian chlorosis)与十二指肠钩虫间的关系作了重要的阐述。此时期，一些医师对血吸虫病并发症，东方血吸虫病及北美洲的钩虫病并发症都作了正确的叙述。

驱虫药方面这一时期已普遍应用了许多新的驱虫药，如土荆介油(chenopodium)、南瓜子(pumpkin seeds)等，还用了希琴生灌肠注器(leche dehigueron)。此时还盛行用水蛭放血，此法开始于古希腊、日本，到 19 世纪达到顶点，在伦敦、巴黎各大医院每年用水蛭达 700 万条之多。

(3)生活史研究时期(1851～1921)

Kuchenmeister(1851)发表了用 *Cysticercus pisiformis* 饲喂狗获得 *Taenia serrata* 的经典试验，说明囊虫只是绦虫发育中的一个未成熟的阶段。这试验鼓励了当时对重要的人体蠕虫病病原的发育、移行及其中间宿主种类等问题的探讨。这方面工作成为当时医学蠕虫学领域中最引人注意的问题。此时期在寄生蠕虫生活史方面的主要工作有：von Siebold(1852)发表 *Echinococus granulosus* 的生活史，用实验说明了牛体中的棘球蚴和狗体中成虫的关系。

Steenstrup(1842)说明了尾蚴是吸虫生活史中的幼虫阶段。Thomas(1883)首次完全地阐明了 *Fasciola hepatica* 的生活史。Leuckart 和他的学生们在 19 世纪后半叶研究了 *Trichinella spiralis*、*Taenia soliun*、*Taenia saginata*、*Enterobius vermicularis* 及 *Strongyloides stercoralis* 的生活史，他的学生 Fedtechenko 研究了 *Dracunculus medinensis* 的生活史。他和他的学生 Calandruccio 首次叙述了 *Macracanthorhynchus hirudinaceus* 人体感染病例，他还描述了 *Onchocerca volvulus*。此时期另外有重要贡献的是 Grassi，他不仅因发现蚊子传播疟疾而闻名，而且还于 1878～1879 年发现 *Strongyloides stercoralis* 的自由生活阶段，并且发现了关于 *Hymenolepis nana*、*Dipylidium caninum*、*Moniliformis moniliformis* 的生活史基本情况。Patrick Manson 阐明了 *Wuchereria bancrofti* 的生活史，揭示了吸血昆虫可以充作寄生蠕虫的中间宿主和传播媒介。他还推测吸血斑虻 *Chrysops* 是 *Loa loa* 的中间宿主(以后由 Leiper 进行试验而证实)。他从患者痰中发现 *Paragonimus westermani* 虫卵，以及在人体发现 *Diphyllobothrium mansoni* 的幼虫期。

Looss(1898～1911 年)发现 *Ancylostoma duodenale* 及 *Strongyloides stercoralis* 是经皮肤传染，进入人体后的幼虫通过循环系统、肺及呼吸道而移行到肠管。Fujinami、Miyagawa、Miyairi 及 Suzuki 于 1904～1914 年共同研究证实 *Schistosoma japonica* 的中间宿主是钉螺，此病原是通过皮肤传染的。Leiper 在此之后研究了西方的血吸虫的中间宿主种类及感染途径等问题。日本学者 Yokogawa、Kobayashi 及 Nakagawa 等在 20 世纪 20 年代解决了 *Opisthorchis sinensis*、*Paragonimus westermani* 及 *Fasciolopsis buski* 的生活史，而后者的生活史又经 Barlow(1925)在人体感染试验给予肯定。此时期中还有 Ransom 和 Hall(1915)研究了 *Gongylonema pulchrum* 的生活史；Janicki 和 Rosen(1917)研究了 *Diphyllobothrium latum* 的生活史；Stewart(1916)、Ransom 和 Foster(1917)研究了 *Ascaria lumbricoides* 在肺部的移行。此时 Cobbold 等蠕虫学者还对许多人体其他蠕虫的分类和描述做了大量的工作，Stiles(1902)还发现了人体的第二种钩虫，*Necator americanus*。

(4)流行病学、治疗及免疫学研究时期(1921～1941)

在寄生蠕虫的生活史，中间宿主种类及其传播方式未明之前，关于其流行病学研究以及寄生虫病预防措施方面的工作都无法进行。这方面的工作最早在蠕虫的生活史发现之时就已开始，但在 20 世纪 20 年代之前尚未占主要的地位。此时期许多研究者都特别注意分布最广，并且影响人们数量最大的蠕虫病，如血吸虫病(schistosomiasis)、包虫病(hydatid disease)、丝虫病(filariasis)、龙线虫病(dracontiasis)、旋毛虫病(trichinosis)、钩虫病(hookworm disease)、蛔虫病(ascariasis)和蛲虫病(threadworm infection)等。

这一时期在治疗上进展很快，Hall(1921)发现四氯化碳(carbon tetrachloride)驱除人体钩虫和其他线虫都有效,他于 1924 年又介绍了具有同样效力的无毒的四氯化碳药剂(tetrachlorethylence)。数年后 Lamson 开始用 hexylresorcinol 作为蛔虫和其他肠道寄生虫的驱虫药。这 3 种药物加上藜(*Chenopodium*)的油剂，改进了肠道线虫病的治疗。以后发现 Trivalent antimony 化合物治疗班氏丝虫病(bancroftian filariasis)有效。Khalil 及其同事(1929)介绍 Fouadin sodium antimony bispyrocatechol：sodium disulphonate =3：5 对血吸虫病治疗有效。Faust 等(1926,1930)发现 Gentian violet 对人体肝吸虫病及类圆线虫病(strongyloidiasis)有效。此时期对摘除龙线虫及棘球蚴的技术有些新的进展。

免疫学方面的研究也有所进展，某些寄生蠕虫，如 *Taenia solium* 及 *Wuchereria bancrofti* 的宿主特异性问题在 19 世纪后期即已被注意到。Braun(1882)观察到 *Diphyllobothrium latum* 在猫体中发育小成虫阶段及此宿主所产生的抵抗现象。在 20 世纪初期已直接注意到各种免疫学和血清学试验(immunological and serological tests)用于蠕虫病的诊断和确定病原种类等方面。在 1904 年有了绦虫病的沉淀试验(precipitin tests)，两年后有了棘球蚴的补体结合反应(complement-fixation reaction)，立即就有了关于钩虫病、蛔虫病、旋毛虫病、丝虫病及血吸虫病的相类似的试验。Casoni(1911)首次介绍了他用于诊断棘球蚴的皮内反应试验(intradermal reaction tests)，此法至今仍在引用着。Looss(1911)在钩虫病例中注意到了有年龄免疫(age immunity)的现象。Fujinami(1916)在日本血吸虫病例注意到了获得性免疫(acquired immunity)的情况。Salzer(1916)在旋毛虫病工作中首先注意到血清免疫的预防和治疗的作用。早期在这方面的工作者致力于蠕虫病的症状、毒素产生和过敏性之间的关系。而此时期的研究者努力地去说明蠕虫病的免疫形成及其性质，自然免疫、维生素和营养缺乏对其影响、年龄免疫及获得性免疫等问题。

在这一时期，某些人体的重要寄生虫，如 *Heterophyes heterophyes*、*Onchocerca volvulus* 及 *Opisthorchis tenuidollis* 等的生活史继续被阐明。此外，蠕虫病的诊断技术上也有很大发展。例如，应用免疫学试验方法、检查粪便、精确计算样品中虫卵数，以及 Hall(1937)介绍了用玻璃纸肛擦(cellophane anal swab)检查蛲虫的方法等。

（5）目前情况（1950 年至今）

自 1950 年以来，医用蠕虫学中最显著的工作是寻找新的更有效的化学疗法的驱虫药，在实验动物体上进行了综合化合物的大幅度的筛选试验，并生产了治疗丝虫病和血吸虫病等很有效的药物，如 diethylcarbamazine、Miracil D 及六氯对二甲苯等。可以预期还有更好的药品会被发现，这对扑灭蠕虫病会有很大帮助。

寄生虫和宿主的关系（host-parasites relationship）引起许多研究者的注目。许多工作者都在研究寄生虫与其中间宿主的生理学、生物化学、分子生物学和遗传学方面的问题。寄生蠕虫的天然免疫和获得性免疫的机制问题亦已逐渐地被深入研究。这不仅使应用免疫技术方法进行诊断能更准确和有效，而且希望能借此可以找出对蠕虫病进行人工免疫的预防方法。关于蠕虫病的病理方面的研究亦在进展。关于寄生蠕虫的组织学、形态与功能的关系、胚胎学、生活史与生态学等方面的研究仍都得到很大的注意。

在此时期，仍然继续研究和阐明对人体及畜牧业都具有重要性的人兽共患病（zoonosis）的寄生蠕虫病原的生物学和流行病学的问题，这对应用有很大帮助。如果能掌握可影响和限制寄生虫环境的知识，将有利于提高消灭传播媒介实际措施的效能。

作为一个生物学的分支，寄生虫学已发展成为一个独立的学科，和细菌学一样，有其独特的研究对象和探讨方法。由于寄生现象的普遍存在，它对于人类的关系是多方面的，所以又分有医学寄生虫学、畜牧寄生虫学、渔业寄生虫学、植物线虫学等，都各有其重要性。第二次世界大战以后世界各国寄生虫学蓬勃发展，有关的学术刊物数以百计，其中最重要的有 40 余种。因寄生虫病防治工作及研究事业带有很大的国际性，创立了国际的寄生虫学杂志，如 *Parasitologia*（于 1958 年在罗马创立）；世界卫生组织在调查研究各国的寄生虫病状况，于 1948 年开始发行专刊，至今已有 60 多年。第三世界国家出于保护人民健康和生产的需要，对寄生虫病的研究也进行协作，并出版刊物，如东南亚各国联合出版的有关公共卫生和寄生虫学的杂志。

20 世纪中叶以来，和其他生物分支学科一样，寄生虫学研究方法也起了很大的变化。由于现代科学的迅速发展和各科之间的互相渗透，试验寄生虫学已能独树一帜，如美国等国家目前寄生虫的研究工作，除继续有人进行经典的寄生虫学（包括分类、形态结构、发育及生活史的内容）和寄生虫病的流行学及防治等方面的工作之外，不少科学工作者开展实验寄生虫学（包括生理生化及免疫学）、寄生虫的分子生物学和生物工艺学（Biotechnology）方面的研究。在这四个方面的研究工作内容的比例上，以实验寄生虫学占的分量最大；寄生虫生物工艺学是近年来刚发展的一门新学科，发展非常迅猛。近年来寄生虫学研究已打破学科的界限，如研究寄生虫分子生物学问题常常要会合生物学、免疫学以及遗传学方面的人才和知识来共同研究。同时作为一个现代科学工作者研究一个问题常常需要具备多方面的知识。但目前也有一些研究者是以寄生虫作为一个研究材料来研究遗传学等问题，如同早期学者用果蝇作为研究遗传学的材料一样。在非洲，锥虫是一种重要的人体寄生原虫病病原，受感染的人大约有 1500 万人，目前许多锥虫的研究者用锥虫作为材料来研究遗传学和免疫学的问题，因为不同的锥虫虫种和株的体表有不同的保护性抗原，它们体内染色体上的基因可以使锥虫产生各种不同的体表保护性抗原；而且锥虫在宿主体内受宿主对其所产生的相应的抗体攻击时，其体内基因会改变，而产生另一种体表保护性抗原，使宿主的抗体对其无作用；这一锥虫再繁殖下去就会成为与原来的锥虫不一样的株，锥虫基因上不同区域产生不同的体表保护性抗原，人们尚可切割基因中的某一区域的 DNA 链来复制。这些都是进行遗传学和分子生物学工作的研究者们感兴趣的。

孟德尔（Mendel）1860 年由豌豆的杂交中发现生物体有遗传因子，但有关基因的实质在以后才逐渐被了解。基因的机能（gene function）与核酸有关。Watson 和 Crick（1953）阐明核酸是由核苷酸组成，每个核苷酸含有一个磷酸、一个戊糖和一个碱基。DNA 含有的戊糖是脱氧核糖，所含的碱基是腺嘌呤（adenine）、胸腺嘧啶（thymine）、鸟嘌呤（guanine）与胞嘧啶（cytosine）。一个 DNA 分子包括两条长链以一定距离互相盘旋，两条长链间有许多配对的碱基（A，T 或 C，G）组成横档。不同的蛋白质由不同的氨基酸组成，不同的氨基酸由不同排列的核苷酸组成，核苷酸又由按一定序列配对的碱基组成的核酸形成。1970 年人们发现某些限制性酶(restriction enzyme)可以平等地或交错地切割 DNA 上的某一部位。还可将此部位放在细菌的质粒(plasmids)的序列上，通过细菌的分裂，可大量产生含此信息的物质。某些疾病可应用单克隆抗体的技术及上述的方法来制备其疫苗，也有人想用此法制造寄生虫的疫苗。当然制造蠕虫类病原的疫苗会较原虫类更困难。现亦有人应用基因工程(genetic engineering)的技术进行寄生虫疫病的诊断研究。在一些国家这些方面的研究及技术应用正日新月异地发展。

在所有研究过程中，兽医蠕虫学是不能和人医蠕虫学分离的，不仅因为许多寄生蠕虫是人畜共患的病原，兽医蠕虫学的研究成果同样可以应用于人体蠕虫病防治工作中；而且畜牧业实际上和粮食问题密切相关，畜牧寄生虫病所引起的畜牧业经济损失是巨大的。为了发展畜牧业，提高肉、乳、蛋的产量和质量，防治寄生虫的感染，成为畜牧工作者迫切而重要的工作。近海和大洋的渔业为世界各国所重视，经济鱼类资源的保护、天敌的消除与寄生虫关系很大，与淡水及海涂养殖尤为密切，海洋鱼类的寄生虫近年来已被大量收集和研究，英国、日本、美国和俄罗斯等国都在进行这项工作。植物线虫学是一门新兴学科，植物线虫侵害各种重要的经济作物，常使农业减产，甚至毁灭。因此，寄生虫学在近代学科领域中因有其重要性而被发展。

从寄生虫学工作人数的增加和学术刊物的激增，可以知道寄生虫学在世界各先进国家都在蓬勃发展。寄生虫学研究因地区不同其目的各异，如在热带和亚热带地区，人体寄生虫就成为那里重要研究的内容和目的。在南北温带或稍近寒带，则牲畜寄生虫病及人畜共患寄生虫病成为主要的问题，在草原或丘陵山地更是如此；在农业地区，植物线虫则吸引较大的注意力。在岛国或大陆沿海地带，鱼类寄生虫被看作重要的题材。各国医学家和卫生工作者注意和研究重要的人体寄生虫已有 100 多年了，其他的寄生虫则注意的较晚。在英国科学家 T.W.M. Cameron 的提倡下，加拿大政府在麦基尔大学设立了寄生虫研究所，当时专门从事畜牧及农业寄生虫的研究。美国农业部专设寄生虫学研究所，进行畜牧寄生虫的研究，植物保护局则建立植物线虫研究机构，从事医学寄生虫研究的有国立卫生实验院(National Institutes of Health，NIH)。鱼类寄生虫及渔业方面，有专门的研究机构，如在加拿大有渔业研究委员会及生物站。在美国中北部内布拉斯加州林肯市 Manter 教授的"Manter Laboratory"从事大量鱼类寄生虫，尤其是吸虫类生物学和生态学的研究；还有在美国南部的密西西比州海湾沿岸的研究室(Gull Coast Research Laboratory)也多研究鱼类寄生虫，日本寄生虫学家对鱼类寄生虫有很大贡献。

近半个多世纪以来，由于生物学和其他学科相互渗透，寄生虫学的面貌起了很大的变化，进入实验寄生虫学发展的时期。电子显微镜的应用使一些寄生虫体表及体内的超微结构得到认识，观察进入亚细胞水平。由于发现新的细胞器结构，进一步了解结构与功能的关系，寄生虫的生理生化研究使我们对寄生虫的生命循环、代谢作用有较深入的了解，更丰富的代谢作用知识也有助于筛选药物及提高药理效用。

寄生虫的免疫研究在进入实验寄生虫学生物技术的阶段有较大发展。免疫知识增加使我们能更深入了解寄生虫与宿主的相互关系。寄生虫病免疫学(血清学及分子生物学)诊断方法不仅已用于临床诊断，也用于现场或农村调查工作，这对于流行病学的进展有巨大的帮助。中国的寄生虫学者正在努力发扬优良传统，并引用新的、先进的技术，促进寄生虫学的发展，为人民健康，为畜牧业、渔业及农业生产服务。

二、扁形动物门〔Platyhelminthes(Leuckart，1879)〕

吸虫类是隶属于扁形动物门营寄生生活的一个动物类群，它们具有扁形动物门的特征。

(一)扁形动物门的基本特征

扁形动物主要包含在称为蠕虫的一类动物中。林那氏 1758 年及其同时代的生物学者们将许多能蠕动的多细胞动物均归于"蠕虫类"(vermes)。这一名称包括了扁形动物、圆形动物和环节动物。这些动物在自然分类上隶属于几个不同的门，扁形动物由于其背腹扁平的身体，所以称之为扁虫(flatworm)。此门动物包含有自由生活和寄生生活的种类，共有 3 个纲：涡虫纲(Class Turbellaria Ehrenberg,1831)、吸虫纲(Class Trematoda Rudolphi,1808)和绦虫纲(Class Cestoda Rudolphi,1808)。扁形动物门中原来还包含纽虫纲(Class Nemertea Ehrenberg, 1931)(Sandworm)，现它已另立一门了。

扁形动物体左右对称(bilaterally symmetrical)，不分节，是无脊椎动物中具三胚层(triploblastica)的后生动物(metazoa)。身体常常呈背腹扁平，并有前后方向体轴，虫体附着端常视为前端或头端(cephalic end)。它们的成虫阶段，身体中在内脏各器官和组织之间有如同体腔(body cavity)似的空隙，其中充满许多海绵状、没有分化的间隙细胞(mesenchymatous)。间隙细胞又称为柔软组织实质细胞(parenchyma)，其中无空隙。此是扁形动物门的主要特征之一，因此本门动物被称为无体腔型(acoelomate type)动物。某些种类，尤其单肠类涡虫(rhabdocaela)，在其柔软组织中可见有小裂缝或空隙，但从来不会合成大腔，它们可归于假体腔(pseudocoel)，是囊胚腔(blastocoel)的残余。

扁形动物的体表各有不同，在涡虫类的虫体有一层具细胞(cellular)或是共核体(syncytial)的表皮(epidermis)，其外表全部或局部披有纤毛(cilia)。吸虫类和绦虫类的成虫，其体表没有了原始扁形动物(包括所有高级后生动物的祖先支系种类)体表披有纤毛的特点，亦无表皮细胞层；它们的体表有一层皮层(tegument)，它包含无细胞核的细胞原生质结构的外层和其下方具核的细胞层。此无细胞核的细胞质外层，过去有人认为它是几丁质(chitinous nature)，现知它不是几丁质，而是经分泌的角质层(cuticle 或 cuticularized)。在皮层之下有皮下肌肉层(subepidermal musculature)，它包含有环肌纤维(circular fiber)、纵肌纤维(longitudinal fiber)及斜肌纤维(diagonal fiber)。肌纤维可以穿过间质细胞(mesenchyme)，同时在附着器官(adhesive organ)、交配器官(copulatory apparatus)及咽(pharynx)上均分布有肌纤维。肌纤维上有横纹(cross striations)，但是光滑型的。

扁形动物种类有的具消化管，有的不具消化管。绦虫纲种类无消化管。在涡虫纲和吸虫纲，除个别种类外，均具有肠管，肠管通常是盲管无肛门，只有口孔一个开口，具有摄取食物和排除消化后残渣的功能，如同腔肠动物(coelenterata)一样。吸虫个别科属，如开腔科(Opecoelidae)等的种类，肠管末端有 1~2 个向外开口。扁形动物体充满柔软组织(parenchymatous tissue)，在外胚层(ectoderm)和内胚层(endoderm)之间衬连于肠管。

所有扁形动物都有一个左右对称的排泄系统，具有收集管(collecting tubules)及小毛细管(capillaries)，其末端有一个焰细胞(flame cells 或 solenocytes)。此焰细胞内具有一束纤毛，当它颤动时酷似蜡烛的火焰。此排泄系统基本上像脊椎动物的原肾(protonephridia)，所以称为原肾型排泄系统。它不仅排出新陈代谢的液体废物，而且通过它来控制调节身体内的水分平衡。扁形动物缺乏循环系统(circulatory system)。

扁形动物的神经系统(nervous system)如同腔肠动物一样呈网状(network)，但神经细胞聚集在体前端，这方面两者显著不同，所以此门动物的神经系统包含如下内容：一个表皮神经网(epidermal nerve net)、在体前部由两个在食道上的脑神经节(cerebral ganglia)联合组成的神经中心(main nervous center)，以及肌下神经网(submuscular nerve net)。肌下神经网集中成几条由脑发出的纵走神经索(longitudinal ganglionated cords)，其中有成对的背、腹及侧神经索。在纵索之间有许多横的联系(transverse connections)，并有细的分支分布到附着器官等部位上，与感觉器官有联系。梯形神经系统(ladder type nervous system)是纵神经索减少到只有两条时，此两条纵神经索与其横的联系组成如同一梯形。有些种类在其前端背面有眼点(eye spots)的感觉器官(photosensitive organ 或 sense organ)，感觉器官在自由生活涡虫及吸虫的自由生活幼虫期比较丰富。

扁形动物的生殖器官高度发达，除少数种类是雌雄异体(gonochorism)外，大多数都是雌雄同体(hermaphrodite)。在绦虫纲中，各种类多节片个体每一个节片都有一套雌雄生殖器官，有些种类每个节片有两套雌雄生殖器官。

扁形动物种类的个体发育有多种类型，如涡虫纲中有许多淡水和陆地的种类是通过横裂进行无性繁殖；另有一些涡虫、单殖类吸虫、盾盘吸虫以及大部分绦虫的发育是直接发育，即每个虫卵中的幼虫只发育成为一条成虫，它们的生活史只有有性生殖的一个世代，幼虫期需要或不需要中间宿主；复殖类吸虫(Digenea)的生活史是由无性生殖世代(asexual generation)与有性生殖世代(sexual generation)相交替来完成，具有世代交替(alteration of generations)。无性生殖的幼虫期常有3～5个世代之多，各世代个体都以产生胚细胞，每一个胚细胞发育成为一个下一代个体的方式进行大量无性繁殖。复殖类吸虫生活史需要两个以上的宿主参加才能完成，除有终末宿主之外，还需要中间宿主；软体动物充作贝类宿主(即第一中间宿主)，许多种类尚需其他生物(包括无脊椎动物的贝类、节足动物，脊椎动物的鱼类等，以及植物)充作第二中间宿主或称传播媒介。在绦虫纲中的 *Sparganum proliferum*，*Multiceps* spp. 及 *Echinococcus* spp. 等种类在生活史中也有以无性芽体生殖或产生胚细胞的形式进行大量无性繁殖的阶段。

(二) 扁形动物的系统发生(Phylogeny of Platyhelminthes)

关于扁形动物由什么动物演化而来的扁形动物的系统发生问题，学者们有不同的见解和假设。

1. 栉水母——多肠类的假设

这一假设最早由 Kowolevsky 于 1880 年提出。他发现体作扁形，有上下区分的栉水母类(Ctenophora)的腔栉虫(或称腔涡虫，coeloplana)，认为它们与涡虫多肠目相似。此学说经 Arnold Lang 于 1881～1884 年补充了此学说，他研究了多肠目涡虫的胚胎发育，并发现栉水母类的腔栉虫及扁栉虫(或称栉涡虫，Ctenoplana)(**扁形图 1**)。

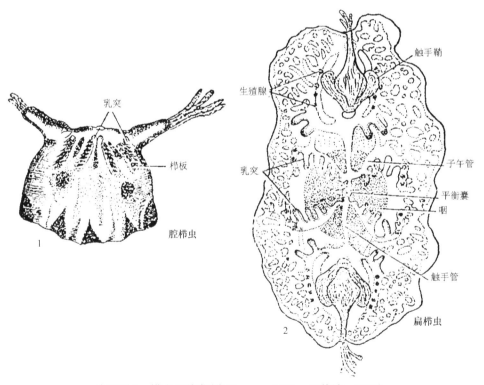

扁形图 1 栉水母种类(仿 Hyman，1940；江静波，1995)

1. 腔栉虫；2. 扁栉虫

许多人同意 Lang 的栉水母与扁形动物多肠目涡虫相似的学说，但此学说有以下缺点：扁栉水母类 (Platyctena) 是非常稀有、畸形的种类；卵分割的形式 (cleavage patterns) 栉水母是双辐射式 (biradial) 而多肠类是螺旋式 (spiral)（**扁形图 2**、**扁形图 3**）。两者胚胎发育不同；在涡虫纲中多肠目 (Polycladida) 涡虫不是最简单的族类，而无肠目 (Acoela) 涡虫是最简单的原始族类。

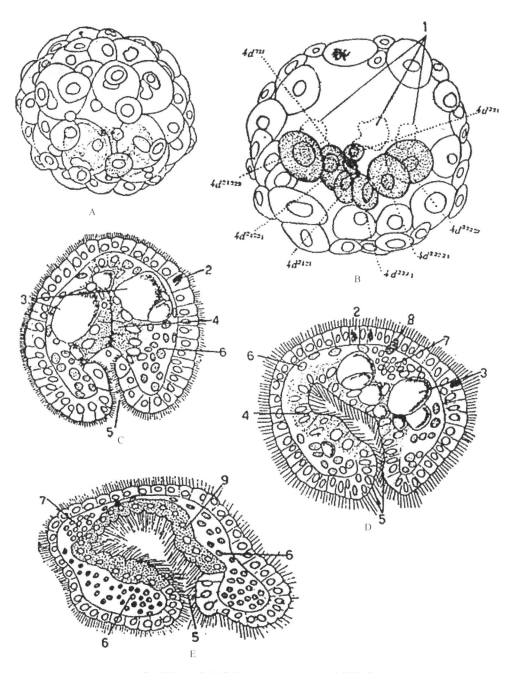

扁形图 2　多肠类 (Hoploplana inquilina) 的发育
（按 Surface，1907 于 Hyman，1951）

A. 原肠期开始；B. 原肠期稍后的断面；C、D. 后期；E. 幼虫期；1. 退化的 4a、4b 和 4c；2. 外胚层；
3. 卵黄团；4. 肠；5. 口道；6. 间质；7. 脑神经节；8. 眼点；9. 成长的肠

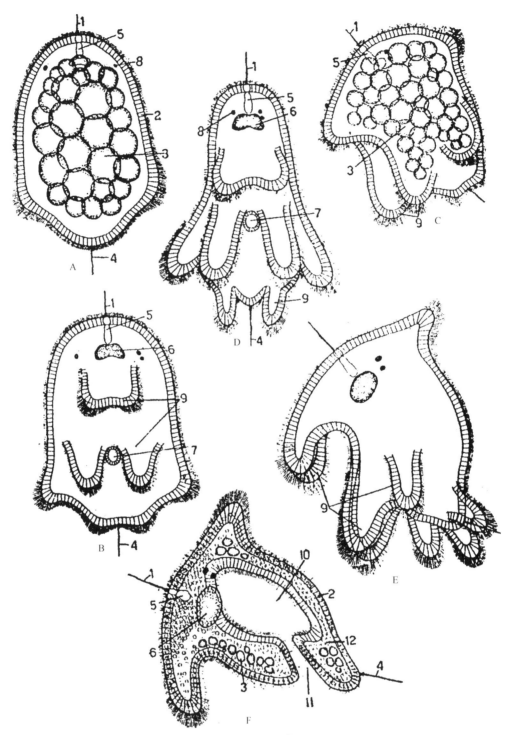

扁形图 3　多肠类穆氏幼虫（Muller's larva）的发育（按 Kato，1940 于 Hyman，1951）

A. 早期，体部开始分瓣；B. 后期；C. 后期的侧面；D. 成长的穆氏幼虫；E. 穆氏幼虫的侧面观；F. 穆氏幼虫侧向纵切面；1. 顶感觉毛；
2. 外胚层；3. 卵黄团；4. 尾毛；5. 前腺；6. 脑；7. 口；8. 眼；9. 具纤毛的瓣；10. 肠；11. 原口；12. 间质

2. 栉水母——担轮虫的假设

担轮虫(trocophore larva)的假设是由栉水母与环形动物(annelida)的担轮幼虫(**扁形图 4**)的相似而引申而来的。纽虫类绝大多数是自由生活的海洋种类,其发育中也有担轮幼虫期(**扁形图 5**),这里必须作一选择和分别,是由栉水母变成环形动物?或由栉水母演化成左右对称的扁形动物?

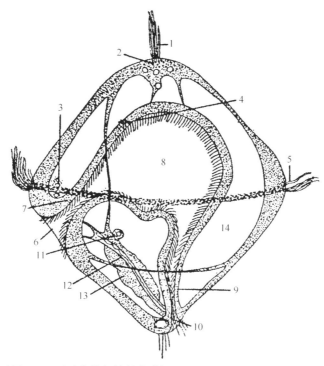

扁形图 4　环形动物的担轮幼虫(按 Sheaser,1911 于 Hyman,1951)

1.顶端纤毛;2.顶端感觉板;3.外中胚层;4.眼;5.前毛;6.口;7.口道;8.胃;9.肛道;10.肛门;11.平衡器;
12.原肾,包含一个焰细胞;13.中胚层带;14.囊胚腔

3. 碟形体——无肠目的假设

本假设认为无肠目涡虫与腔肠动物门水母类(Medusa)钵水母纲(Scyphozoa)的钵口幼体(scyphistoma)的碟状体(ephysa)相似。从前有人以为无肠目是退化的形式,并无系统学上的意义。最早由 Ludwig von Graff 于 1882 年指出无肠目(Acoela)的简单形态。近代的蠕虫学者认为它可代表原始的形式。

无肠目是极小的扁形动物,其特征:具纤毛的多核表皮细胞(syncytial ciliated epidermis)与腔肠动物同;一些种类有基本的肌纤维;表皮下有基膜(basement membrane);无消化腔,体内部堆满细胞;体腹面中央有口,并有一管状的咽通到内部;大部分的无肠目种类在脑部附近有平衡器(statocyst),这与腔肠动物水母型的 statocyst 相似;无肠目涡虫尚无排泄系统。无肠目种类饲食小动物,食物由口入体内,经过细胞内消化而得到营养。

Haeckel 曾有原肠学说(Gastrula Theory)推测原始的蠕虫类是不具原肠(archenteron)的。

4. Faust(1949)的扁形动物起源及其相互关系简要图解

Faust 对扁形动物起源,各群类发育及相互关系的看法(**扁形图 6**)。

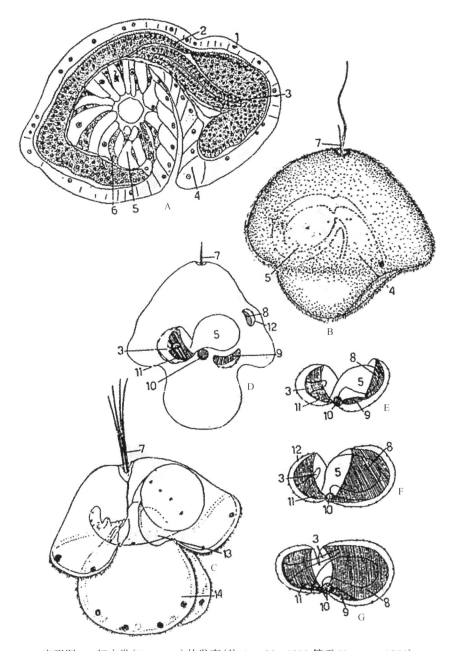

扁形图 5　纽虫类(Nemertea)的发育(仿 Arnold，1899 等于 Hyman，1951)

A. *Lineus* 的幼虫(仿 Arnold，1899)；B. *Cerebratulus* 早期帽形幼体(仿 Coe，1899)；C. *Cerebratulus* 含有幼虫的后期帽形幼体
(仿 Verrill，1892)；D～G. 帽形幼体内幼虫的发育模式(仿 Salensky，1912)；1. 幼虫表皮；2. 终期表皮；3. 在鞘中的吻突；4. 口道；
5. 中肠；6. 终期肠细胞；7. 顶感觉器；8. 背盘；9. 干盘；10. 脑盘；11. 头盘；12. 羊膜；13. 幼虫；14. 口瓣

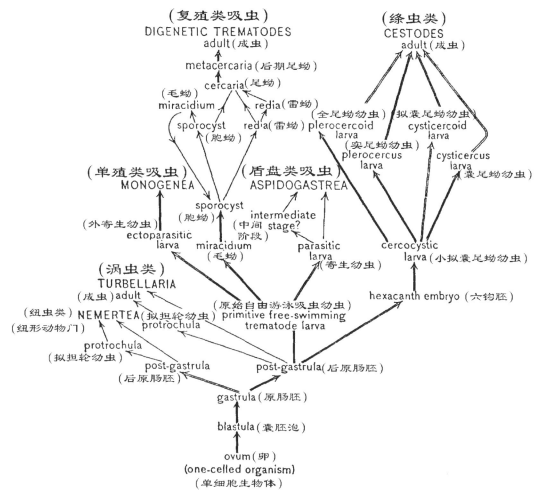

扁形图 6　扁形动物起源、各群类发育及相互关系的简要图解（按 Faust，1949）

(三) 扁形动物门的分类

按 Hyman 于 1951 的分类系统如下。

1. 涡虫纲 Turbellaria

　　无肠目　Acoela

　　单肠目　Rhabdocoela

　　　　Notandropora（或 Catenulida）（亚目）

　　　　Opisthandropora（或 Macrostomida）

　　　　Lecithophora（或 Neorhabdocoela）

　　　　　　Dalyellioida（类群）

　　　　　　Typhloplanoida

　　　　　　Kalyptorhynchia

　　　　Temnocephalida（亚目）

　　异肠目　Alloeocoela

　　　　Archoophora（亚目）

　　　　Lecithoepitheliata

　　　　Cumulata（或 Holocoels）

    Alloeocoels

  三肠目 Tricladida

    Maricola（或 Retrobursalia）（亚目）

    Paludicola（或 Probursalia）

    Terricola

  多肠目 Polycladida

    Acotylea（亚目）

      Craspedommata（类群）

      Schematommata

      Emprosthommata

    Cotylea（亚目）

2. 吸虫纲 Trematoda

  单殖目 Monogenea（或 Heterocotylea）

    Monopisthocotylea （亚目）

    Polyopisthocotylea

  盾盘目 Aspidobothria（或 Aspidocotylea）

  复殖目 Digenea（或 Malacocotylea）

3. 绦虫纲 Cestoda

  Cestodaria（亚纲）

    Amphilinidea（目）

    Gyrocotylidea

  Eucestoda（亚纲）

    Tetraphllidea（或 Phyllobothrioidea）（目）

    Lecanicephaloidea

    Proteocephaloidea

    Diphyllidea

    Trypanorhyncha（或 Tetrarhynchoidea）

    Pseudophyllidea（或 Bothriocephaloidea）

    Neppotaeniidea

    Taenioidea（或 Cyclophyllidea）

    Aporidea

参 考 文 献

Axmann M C. 1947. Morphological studies on glycogen deposition in schistosomes and other flukes. J Morph，80：321-334

Bullock W L. 1949. Histochemical studies on the Acanthocephala. Ⅰ. The distribution of lipase and phosphatase. J Morph，84：185-199

Cheng T C，Snyder R W. 1962a. Studies on host-parasite review. Ⅱ. The utilization of the host's glycogen by the intramolluscan larvae of *Glypthelmins pennsylvaniensis* Cheng，and associated phenomena. Trans Am Microsc Soc，81：209-228

Cheng T C，Snyder R W. 1962b. Studies on host-parasite relationships between larval trematodes and their hosts. Ⅲ.Certain aspects of lipid metabolism in *Helisoma trivolvis* (Say) infected with the larvae of *Glupthelmins pennsylvaniensis* Cheng and related phenomena. Trans Am Microsc Soc，81：327-331

Cheng T C，Snyder R W. 1963. Studies on host-parasite relationships between larval trematodes and their host. Ⅳ. A histochemical determination of glucose and its robe in the metabolism of molluscan host and parasite. Trans Am Microsc Soc，82：343-346

Cheng T C. 1963. The effects of *Echinoparyphium* larvae on the structure of and glycogen deposition in the hepatopancreas of *Helisoma trivolvis* and glycogenesis in the parasite larvae. Malacologica J，291-303

Cort W W, Ameel D J, Olivier L. 1944. An experimental study of the development of *Schistosomatium douthitti* (Cort, 1914) in its intermediate host. J Parasit, 30: 1-17

Cort W W, Ameel D J, Van der Woude A. 1949. Germinal masses in redial embryos of an echinostome and a Psilostome. J Parasit, 35: 579-582

Cort W W, Ameel D J, Van der Woude A. 1951. Early developmental stages of strigeid mother sporocysts. Proc Helminth SocWash, 18: 5-9

Cort W W, Ameel D J, Van der Woude A. 1954. Germinal development in the sporocysts and rediae of the digenetic trematodes. Expl Parasit, 3: 185-225

Cort W W, Ameel D J. 1944. Further studies on the development of the sporocysl stages of plagiorchiid trematodes. J Parasit, 30: 37-56

Cort W W, Olivier L. 1941. Early developmental stages of strigeid trematodes in the first intermediate host. J Parasit, 27: 493-504

Cort W W, Olivier L. 1943a. The development of the larval stages of *Plagiorchis muris* Tanabe, 1922 in the first intermediate host. J Parasit, 29: 81-99

Cort W W, Olivier L. 1943b. The development of the sporocysts of a schistosome *Cercaria stagnicolae* Talbot, 1936. J Parasit, 29: 164-174

Dinnik J A, Dinnik N N. 1956. Observations on the succession of redial generations of *Fasciola gigantica* Cobbold in a snail host. Z Tropenmed Parasit, 7: 397-419

Dusanic D G. 1959. Histochemical observations of alkaline phosphatase in *Schistosoma mansoni*. J Infect Dis, 105: 1-8

Erasmus D A. 1957. Studies on the phosphatase systems of Cestodes. Part 1. The enzymes present in *Taenia pisiformis* (Cysticercus and adult). Parasitology, 47: 70~80; Part 2. Studies on Cysticercus tenuicollis and Moliezia expansa (adult). Parasitology, 47: 81-91

Erasmus D A. 1958. Studies on the morphology, biology and development of a strigeid cercaria (Cercaria X Baylis, 1930). Parasitology, 48: 312-335

Faust E C. 1919. Pathological changes in the gastropod liver produced by fluke infection. Johns Hopkins Hosp Bull, 31: 79-84

Faust E C. 1949. Human Helminthology. A Manual for Physicians Sanitarians and Medical Zoologists. Philadelphia: Lea and Febiger.

Ginetzinskaya T A. 1960. Glycogen in the body of cercariae and the dependence of its distribution upon the peculiarities of their biology. (In Russian). Dokl Akad Nauk SSSR, 135: 1012-1015

Ginetzinskaya T A. 1961. The dynamics of the storage of fat in the course of the life cycle of trematodes. (In Russian). Dokl Akad Nauk SSSR, 139: 1016-1019

Hoeppli R. 1959. Parasites and Parasitic Infections in Early Medicine and Science. University Malaya Press, Singapore, 529

Hurst C T. 1927. Structural and functional changes produced in the gastropod mollusc, *Physa occidentalis*, in the case of parasitism by the larvae of *Echinostoma revolutum*. Univ Calif Publs Zool, 29: 321-402

Hyman L H. 1951. The Invertebrates: Platyhelminthes and Rhynchocoela, The acoelomate Bilateria. New York: McGRAW-Hill Book Company

James B L, Bowers E A. 1967. Histochemical observations on the occurrence of carbohydrates, lipids and enzymes in the daughter sporocyst of *Cercaria bucephalopsis haimaena* LacazeDuthiers, 1854 (Digenea: Bucephalidae). Parasitology, 57: 79-86

Kendall S B. 1949. Bionomics in Limnaea truncatula and the parthenitae of *Fasciola hepatica* under drought conditions. J Helminth, 23: 57-68

Kendall S B. 1964. Some factors influencing the development and behavior of trematodes in the molluscan hosts//Taylor A R. Host-Parasite Relationships In Invertebrate Hosts, 51-73

Krull W H. 1933. New snail and rabbit host for *Fasciola hepatica* Linn. J Parasit, 20: 49-52

Linnaeus C. 1758. Systema naturae. A photographic Fascimile of the first volume of the tenth edition (1758). Regnum Animale, 1: 823

Meyerhop E, Rothschild M. 1940. A prolific trematode. Nature, 146: 367

Negus M R S. 1968. The nutrition of sporocysts of the trematode *Cercaria doricha* Rothschild, 1935 in the molluscan host *Turritella communis* Risso. Parasitology, 58: 355-366

Olivier L J, Mao C P. 1949. The early larval stage of *Schistosoma mansoni* Sambon, 1907 in the snail host, *Australorbis glabratus* (Say, 1818). J Parasit, 35: 267-275

Robinson D L H. 1961. Phosphatase in *Schistosoma mansoni*. Nature, 191: 473-474

Robinson E J. 1949. The life history of *Postharmostomum helicis* (Leida, 1847) n. comb. (Trematoda: Brachylaemidae). J Parasit, 35: 513-533

Schell S C. 1962. Development of the sporocyst generations of *Glypthelmins quieta* (Stafford, 1900) (Trematoda: Plagiorchioidea), a parasite of frogs. J Parasit, 48: 387-394

Stoll N R. 1947. This Wormy World. Journal of Parasitology, 33 (1): 1-18

Thomas A P. 1883. The life history of the liver fluke. Q Jl Microsc Soc, 23: 90-133

von Brand T, Files V S. 1947. Chemical and histological observations on the influence of *Schistosoma mansoni* infection on *Australorbis glabratus*. J Parasit, 33: 476-482

Wisniewski L W. 1937. Uber die Ausschwarmung des Cercarien aus den Schencken. Zoologica Poloniae, 2: 67-97

三、吸虫纲分类

(一)吸虫纲分类的研究历史及各学者的吸虫分类见解

1. 研究历史

（1）吸虫类早期分类概念

吸虫类的分类早在19世纪初叶就已经开始。Zeder(1800)把蠕虫类分为5类：圆虫类(Nematoda)、钩头虫类(Acanthocephala)、吸虫类(Trematoda)、绦虫类(Cestoidea)、囊虫类(Cystica)，Rudolphi 于1808～1810年把吸虫类定为目(Order)的位置。Leuckart(1856)将吸虫目(Trematoda)分为两类：生活史有变态的"二口虫类"(Distomea)和生活史无变态的"多口虫类"(Polystomea)。Burmeister(1856)将吸虫目(Trematoda)根据吸盘的特点分为三类：硬盘类(Pectobothri 或 Pectobothridia)、软盘类(Malacobothrii 或 Malacobothridia)、盾盘类(Aspidobothrii 或 Aspidobothrea)。

19世纪丹麦科学家 Steenstrup(1842)首先在腔肠动物的发育中阐明世代交替现象(alteration of generations)。根据这一概念，荷兰动物学家 Van Beneden(1858)将吸虫分为单殖类(Monogeneses)和复殖类(Digeneses)。后来这两名称拉丁化了，变为 Monogenea 和 Digenea(Carus, 1863)。Monticelli(1892)根据 Burmeister 的概念另创一体系，他的吸虫三个亚目为：异盘类(Heterocotyla)、盾盘类(Aspidocotyla)、软盘类(Malacocotyla)。此观点也被德国 Braun(1879)所引用，引入《德国吸虫志》(德国 Bronn 主编《动物界的纲与目》中一个分册)，被广泛应用。当时的软盘亚目分为两类：Metastatica Leuckart 和 Digenea Leuckaet。前者包括全口科(Holostomidae Brandes)，后者包括4个科：端口科(Amphistomidae Monticelli)、二口科(Distomidae Monticelli)、囊双科(Didymozoonidae Monticelli)及单口科(Monostomidae Monticelli)。所谓全口科就是指现在的鹉形总科(Strigeata)，当时误认为它们是没有世代交替的生活史，据 Leuckart(1856)的意见，以为它们的毛蚴能直接发育为具有4个吸盘的后期尾蚴。以后经 Lutz(1920)、Ruszkowski(1921)、Szidat(1924)等阐明鹉形科的生活史，才知道这概念是错误的，它们的生活史和其他复殖类相似。

Looss(1899)关于埃及吸虫区系的研究，对于二口类 Distomon 这一属作了精细的修订，对这一名称所包括的种类，他建立了很多新属和12个亚科，对二口吸虫类的自然分类作了很大贡献。奥地利的 Odhner(1905～1913)，对于吸虫的分类也有很大贡献。他发表了《复殖类吸虫的自然系统》等一系列论述，对于总纲有新的提法。他和 Looss 一样对于吸虫种类区分主要是根据成虫的构造，如吸盘、消化道、生殖器官、排泄器官等。Odhner 首先提出排泄器官的"保守性"，认为这器官受外界的影响较少，因而是更适合作为分别种类的特征。但不久 Stunkard 在各类进行比较形态学观察之后，提出了单凭这一系统的构造进行分类也会使人发生错觉，进入迷途的观点。

19世纪中叶以后，吸虫类生活史幼虫期有很多重要的研究，人体寄生虫的发现和叙述，如埃及血吸虫(Bilharz, 1851)、姜片虫(Busk, 1843)、华支睾吸虫(McConnell, 1874)(也称中华分支睾吸虫)、卫氏并殖吸虫(Kerbert, 1878)、日本血吸虫(Katsurada, 1904)、曼氏血吸虫(Sambon, 1907)等。在19世纪80年代间牛、羊的肝片吸虫的生活史被阐明(Leuckart, 1882; Thomas, 1883)，20世纪初人体血吸虫病病原生活史也相继被阐明。随着这些重要发现，人们开始注意吸虫类幼虫的研究。Lühe(1909)发表有关尾蚴的分类，在这以后有不少叙述各国尾蚴的著作出现，如 Sewell(1922)出版的《印度的尾蚴》(Cercariae Indicae)，Faust(1918, 1919, 1924, 1932)报告我国、非洲、美洲的尾蚴种类。Szidat(1924)研究德国的尾蚴。在东亚，Komiya 和 Tajimi(1940a, 1940b, 1941)研究上海郊区尾蚴及鱼体囊蚴等。这一世纪初叶，吸虫类幼虫期的形态比较研究成为一时的风尚。

作为吸虫类幼虫期区别的形态上的根据，曾经特别注意排泄系统。以幼虫期形态作为分类根据有许多例子，如 Cort(1918)比较两个属于裂体科(Schistosomatidae)和两个属于鸮形科(Strigeidae)的叉尾尾蚴共 5 种：*Cercaria douthiti*、*C. elephantis*、*Schistosoma japonicum*、*Cercaria douglasi*、*C. emarginata*，他首先指出裂体科尾蚴不具咽，鸮形科尾蚴具咽，但它们的排泄管非常类似，有相似的焰细胞排列形式。Faust 有一些著作，证明排泄系统有相当的稳定性，Faust(1919)提出"焰细胞公式"(flame cell formula)作为记录的方法。排泄系统构造异同情况表示它们有无亲缘关系，毛蚴的焰细胞数也同样重要。

La Rue(1926~1957)和他的学生曾多年研究鸮形科的发育史和分类问题。他们试图把有叉尾尾蚴的吸虫联系起来。但有些吸虫科的关系还有问题，因为有多科吸虫有叉尾尾蚴的种类。杯叶类吸虫的 *Prosostephanus*、弯口类吸虫 *Clinostomum marginatum* 等均具叉尾尾蚴。Krull 研究 *C. marginatum* 弯口吸虫的生活史，发现它无性生殖期具雷蚴与裂体科等具胞蚴不同。短咽科(Brachylaemidae)吸虫大多数种类贝类宿主是陆地蜗牛，尾蚴尾巴极短为短尾型。但本科中一种吸虫称康氏彩蚴吸虫(*Leucochloridiomorpha constantiae*)却具有叉尾尾蚴，寄生在水中的贝类。此不但说明短咽科的演化问题，还提供该科和鸮形科可能有共同来源问题，有学者认为短咽科和鸮形科应属同一总科为鸮形总科(Strigeatoidea La Rue，1926)。在福建也找到一种和康氏彩蚴一样的尾蚴。Allison(1943)叙述康氏彩蚴吸虫的生活史，其成虫与其他短咽科吸虫的种类无大异，只是尾蚴与其他种类不同，具有分义的尾巴，毛蚴具有纤毛棒。Allison 的意见认为短咽科与鸮形总科有关。他创设短咽总科(Brachylaemoidea Allison，1943)，有学者认为这提法是不恰当的。La Rue 的一位科研合作者 Woodhead(1929，1930，1931)研究几种密歇根湖 Huron 河的腹口类吸虫的生活史。腹口吸虫尾蚴具两条可伸缩的长尾索，一些学者误认为叉尾。所以 La Rue 和 Stunkard 都认为鸮形科、裂体科(血吸虫)、腹口科和弯口科是具有亲缘关系的，应归在一起。这样的假设很明显只有部分是正确的。腹口类是很不同的类群，应独立为一类。弯口科幼虫期有雷蚴，与上述几科不相同。单凭分叉尾蚴来判断，也会有片面观点。单纯依赖尾蚴或其他幼虫期的某一构造来判断系统发生的关系，而不把幼虫期总体及成虫形态结构全面考虑，会被引入迷途，得到错误的观念。分类学者应多方面考虑问题，以求得更符合客观规律和真实的情况。

(2)个体发育与分类系统的关系

从动物的发育来考察它的分类位置，这个问题很重要。自从 von Baer 的"个体发生复述了种族发生"(ontogeny repeats phylogeny)的概念提出以后，学者们掌握了这一方法，解决很多分类上疑难问题。例如，蔓足类甲壳动物的蟹奴(*Sacculina carcini*)自 Delage(1884)及 Foxon(1940)详细阐明其生活史以后，其应该隶属的位置也明确了。有关发育史的知识无论对于种的区分、类属，还是各个分类单元之间相互关系，甚至整个吸虫纲的分类体系，都是有裨益的。吸虫类个体发生是较为复杂而隐秘的，但它们有总的同样的规律。Bojanus(1818)曾看到尾蚴从雷蚴体内出来，他称雷蚴为"黄色的皇虫"(royal yellow worm)。Mehlis(1831)观察 *Monostomum flavum* 的毛蚴从卵孵出。von Siebold 从 *Monostomum mutabile*(=*Cyclocoelum mutabile*)的毛蚴体内观察到雷蚴。他所看到的显然是环肠类吸虫毛蚴提早发育的现象。关于复殖纲无性世代的生殖特点，专家们有一些不同的见解，Grobben(1882)在研究一些无脊椎动物孤雌生殖之后，认为吸虫类的生殖方式是有性生殖和孤雌生殖的交替。这一观念使 Sinitsin 创用了"配体"(Marita)和"处女体"(Parthenita)两名称，来指这两代的虫体。经过许多研究者考察这一问题，从未有人证实在贝类体内的发育阶段有孤雌生殖的现象。吸虫类整个的生殖细胞发生过程若干蠕虫学者曾经予以考察。陈品芝(1937)用克氏并殖(*Paragonimus kellicotti*)作为材料，探讨毛蚴、雷蚴，以及成虫体内生殖细胞增殖的方式。她证实了成虫受精卵孵出毛蚴，毛蚴侵入贝类宿主体内发育成母胞蚴，后者产生母雷蚴并更迭地产生了雷蚴和尾蚴。尾蚴侵入蟹类第二中间宿主，发育形成囊蚴(后期尾蚴)，后期尾蚴侵入终末宿主而长大为成虫。在贝类宿主体内各幼虫期均是用无性生殖的方法繁衍其后代，这方法被称为"多胚生殖"(polyembryony)(Brooks，1930；Cable，1934；Chen，1937；Rees，1940)。Cable 研究异形科的舌形隐殖吸虫(*Cryptocotyle lingua* Creplin)；Rees 则研究嗜眼科并睾属的 *Parorchis acanthus* Nicoll。他们都追踪着毛蚴、胞蚴或雷蚴体内胚细胞增殖情况。

Cort 和他的合作者(1941～1944)扩大了这方面的观察,对鸮形科、裂体科、斜睾科等幼虫期生殖的方式作了详细的观察,使我们更加明了吸虫类在贝类宿主体内生殖的特点,它是动物界中久已存在的无性生殖的方式。各幼虫期体内所含的胚球都是从胚细胞(germinal cell)开始。有些种类,如鸮形科的胞蚴,体内有胚块,其细胞常能脱落另一胚体。它们均能发育为后一代的子胞蚴或尾蚴。

吸虫子胞蚴经常只有一代,而雷蚴则常有两代、三代或更多。雷蚴的构造比胞蚴复杂,雷蚴具领状肌肉环、口孔、咽、袋状肠管和远动足等结构,并有一生产孔(birth pore)。生产孔位置各种吸虫不一样,同一虫种其不同世代的雷蚴,它们的生产孔位置也不同,如嗜眼吸虫(*Philophthalmus* spp.),母雷蚴、子雷蚴和第三代雷蚴,它们的生产孔位置分别在体后端 1/3、体中部及体前端 1/3～1/5 处(唐仲璋等,1980)。胞蚴和雷蚴对于吸虫类的系统发生上的意义蠕虫学者也见仁见智。由于雷蚴体构造似达莱尔氏涡虫(*Dalyelloid turbellarian*),有学者设想:可能在古代,贝类是吸虫类仅有的宿主,那时的吸虫幼虫在贝类体内生活,成虫是自由生活的;亦有人相信古代吸虫的成虫亦寄生在贝类。

早期蠕虫学者根据成虫的形态比较,区分吸虫类和其他蠕虫并分类,至今大约已两个世纪,无数吸虫种类被描述。绝大多数种类的定种是根据成虫的形态特点来区别的。成虫作为性成熟的一个阶段,作为一个独立的种,必定有其一定的特征,精细准确的观察所定的种是可靠的。作为一个独立的种,它生活史中各幼虫期如同成虫期一样也一定有其独有的特征存在,它们同样具备同一科属的共同特征,在同一属的不同种,也存在种间差异特征。

(3)以染色体数目作为分类根据

Britt(1947)检验 35 种吸虫(隶于 25 属 8 科)的染色体,单倍染色体的数目 7、8、9、10、11 及 14。相近的科有同样或非常接近的染色体数目。Gresson(1964)记载 60 种,分隶于 23 科。和其他蠕虫类比较,单殖类吸虫中的多盘虫单数染色体为 4,三代虫为 6(Kathariner,1904;Goldschmidt,1902;Gille,1914)。复殖类的腹口吸虫 3 种都只有 6 个染色体(Woodhead,1931;Ciordia,1956)。Britt 认为在吸虫类,低级的染色体数目较少,高级的较多,可能与演化有关。Short 与 Damian(1967)研究中生动物 *Dicyema aegira* McConnaughey et Kritzler,1952 的卵子发生、受精和卵裂等现象,染色体细碎,双倍体为 20 或 24。

2. 各学者关于吸虫纲(Trematoda)分类系统的意见

(1)Odhner(1905)的分类意见

Odhner 把复殖吸虫目分为两个亚目:腹口亚目(Gasterostomata)及前口亚目(Prosostomata)。Poche(1907)用牛首科(Bucephalidae)代替腹口类。Odhner 认为腹口类在腹部位置的口和咽与具有不分支的袋状的肠管是从涡虫类祖先遗留下来的,是非常独特的构造;虫体前方附着器是新获得的构造。他以为前口类的口与咽可能以往也在腹部,以后移往前方。他的意见曾经引起许多学者争论,并有人反对(Näsmark,1937)。

(2)Faust(1927～1949)的分类意见

Faust 的分类系统:单盘亚目(Monostomata Zeder,1800)、鸮形亚目(Strigeata La Rue,1926)、端盘亚目[Amphistomata(Rud.,1801)Bojanus,1817]、双盘亚目[Distomata(Zeder,1800)Leuckart,1856]。并有以下各总科:鸮形总科(Strigeoidea Railliet,1919);弯口总科(Clinostomatoidea Dollfus,1931);前后盘总科(Paramphistomoidea Stiles et Goldberger,1910);片形总科[Fascioloidea(Stiles and Goldberger,1910)Faust,1929],包括片形科(Fasciolidae)的 Fasciolinae 及 Fasciolopsinae];后睾总科 [Opisthorchioidea(Faust,1929),包括后睾科(Opisthorchidae)及异形科(Heterophyidae)]。

(3)Stunkard(1956)的分类意见

Stunkard 关于吸虫的分类系统如下:

坚盘亚纲(Pectobothridia Burmeister,1856)

　　　单后盘目（Monopithocotylea Odhner，1912）

　　　类三代虫亚目（Cyrodactyloidea Johnston et Tiegs，1922）

　　　类贝壳囊亚目（Capsaloidea Price，1936）

　　　多后盘目（Polyopisthocotylea Odhner，1912）

　　　多盘亚目（Polystomatoidea Price，1913）

　　　两折叠亚目（Diclidophoroidea Price，1956）

　　软盘亚纲（Malacobothridia Burmeister，1856）

　　盾槽目（Aspidobothrea Burmeister，1856）

　　复殖目（Digenea Van Beneden，1858）

　　　鸮形亚目（Strigeatoidea Railliet，1919）

　　　棘口亚目（Echinostomatoidea Faust，1929）

　　　斜睾亚目（Plagiorchoidea Dollfus，1930）

　　　后睾亚目（Opisthorchioidea Faust，1929）

（4）La Rue（1926～1957）的分类意见

　　La Rue（1926）建立鸮形目（Strigeatoidea）含 3 个亚目：鸮形亚目（Strigeata）、裂体亚目（Schistosomata）和牛头亚目（Bucephalata）。其根据是尾蚴的构造。结论是不健全的。因为腹口类尾蚴不是叉尾尾蚴，成虫及其他阶段幼虫期与鸮形亚目也不相同。

　　La Rue（1957）提出复殖吸虫（Digenetic trematoda）的分类新系统。在他的新体系中，根据排泄系统中膀胱（排泄囊）的构造，把复殖亚纲分为缺皮囊总目和皮囊总目两个总目。

　　缺皮囊总目（缺胞壁总目）（Anepitheliocystidia）：排泄囊原始状态不被中胚层细胞所包裹，不具表皮。尾蚴叉尾或单尾，尾杆有排泄管（肾居科 Renicolidae 例外）。口锥刺常付缺。

　　皮囊总目（具胞壁总目）（Epitheliocystidia）：原始的排泄囊被中胚层细胞所包围，囊壁很厚。尾蚴单尾，尾部较小或付缺。毛蚴只有一对焰细胞。

　　La Rue（1957）根据吸虫排泄囊壁结构情况及生活史尾蚴特点将吸虫分类如下：

　　缺胞壁总目　Anepitheliocystidia La Rue, 1957

　　　鸮形目　Strigeatoidea La Rue, 1926

　　　鸮形亚目　Strigeata La Rue, 1926

　　　　鸮形总科　Strigeoidea Railliet, 1919

　　　　　鸮形科　Strigeidae Railliet, 1919

　　　　　双穴科　Diplostomatidae Poirier, 1886

　　　　　杯叶科　Cyathocotylidae Poche, 1926

　　　　　原双穴科　Proterodiplostomatidae Dubois, 1937

　　　　弯口总科　Clinostomatoidea Dollfus, 1931

　　　　　弯口科　Clinostomatidae Lühe, 1901

　　　　裂体总科　Schistosomatoidea Stiles and Hassall, 1926

　　　　　裂体科　Schistosomatidae Looss, 1899

　　　　　旋睾科　Spirorchiidae Stunkard, 1921

　　　独孤亚目　Azygiata La Rue, 1957

　　　　独孤总科　Azygioidea Skrj. et Guschanskaja, 1956

　　　　　独孤科　Azygiidae Odhner, 1911

　　　　　双囊科　Bivesiculidae Yamaguti, 1939

　　　　横体总科　Transversotrematoidea La Rue, 1957

横体科　Transversotrematidae Yamaguti, 1953

环肠亚目　Cyclocoelata La Rue, 1957

环肠总科　Cyclocoeloidea Nicholl, 1934

环肠科　Cyclocoelidae Kossack, 1911

盲腔科　Typhlocoelidae Bittner et Sprehn, 1928

短咽亚目　Brachylaimata La Rue, 1957

短咽总科　Brachylaimoidea Allison, 1943

短咽科　Brachylaimidae Joyeux et Foley, 1930

壮穴总科　Fellodistomatoidea La Rue, 1957

壮穴科　Fellodistomatidae Nicoll, 1913

牛头总科　Bucephaloidea La Rue, 1926

牛头科　Bucephalidae Poche, 1907

棘口目　Echinostomida La Rue, 1957

棘口亚目　Echinostomata Szidat, 1939

棘口总科　Echinostomatoidea Faust, 1929

棘口科　Echinostomatidae Looss, 1902

片形科　Fasciolidae Railliet, 1895

光口科　Psilostomatidae Odhner, 1911

嗜眼科　Philophthalmidae Travassos, 1918

单脏科　Haplosplanchnidae Poche, 1926

拟瓣盘科　Rhytidodidae Odhner, 1926

同盘亚目　Paramphistomata Szidat, 1936

同盘总科　Paramphistomatoidea Stiles et Goldberger, 1910

同盘科　Paramphistomatidae Fischoeder, 1910

腹袋科　Gastrothylacidae Stiles et Goldberger, 1910

分睾科　Cladorchiidae Southwell et Kirschner, 1937

重盘科　Diplodiscidae Skrjabin, 1949

腹盘科　Gastrodiscidae Stiles et Goldberger, 1910

背孔总科　Notocotyloidea La Rue, 1957

背孔科　Notocotylidae Lühe, 1909

拱头科　Pronocephalidae Looss, 1902

肾居目　Renicolida La Rue, 1957

肾居亚目　Renicolata La Rue, 1957

肾居总科　Renicoloidea La Rue, 1957

肾居科　Renicolidae Dollfus, 1939

具胞壁总目　Epitheliocystidia La Rue, 1957

斜睾目　Plagiorchiida La Rue, 1957

斜睾亚目　Plagiorchiata La Rue, 1957

斜睾总科　Plagiorchioidea Dollfus, 1930

双腔科　Dicrocoeliidae Odhner, 1910

真杯科　Eucotylidae Skrjabin, 1924

枝腺科　Lecithodendriidae Odhner, 1910

光睾科　Lissorchiidae Poche, 1926

微茎科　Microphallidae Travassos, 1921

斜睾科　Plagiorchiidae Lühe, 1901

头殖科　Cephalogonimidae Nicoll, 1915

头孔科　Cephaloporidae Travassos, 1934

肛瘤科　Collyriclidae Ward, 1918

异肉总科　Allocreadioidea Nicoll, 1934

棘体科　 Acanthocolpidae Lühe, 1909

异肉科　Allocreadiidae Stossich, 1903

鳞肉科　Lepocreadiidae Nicoll, 1934

独睾科　Monorchiidae Odhner, 1911

孔肠科　Opecoelidae Ozaki, 1925

后唇科　Opistholebetidae Fukui, 1929

发状科　Gorgoderidae Looss, 1901

中盘科　Gyliauchenidae　（Goto et Matsudaira）in Ozaki, 1933

隐孔科　Troglotrematidae Odhner, 1914

动殖科　Zoogonidae Odhner, 1911

后睾目　Opisthorchiida La Rue, 1957

后睾亚目　Opisthorchiata La Rue, 1957

后睾总科　Opisthorchioidea Faust, 1929

后睾科　Opisthorchiidae Braun, 1901

异形科　Heterophyidae Odhner, 1914

棘盘科　Acanthostomatidae Poche, 1926

隐殖科　Cryptogonimidae Ciurea, 1933

半尾亚目　Hemiurata Skrjabin et Guschanskaja, 1954

半尾总科　Hemiuroidea Faust, 1929

半尾科　Hemiuridae Lühe, 1901

海立科　Halipegidae Poche, 1926

巨尾科　Dinuridae Skrjabin et Guschanskaja, 1954

星腺科　Lechithasteridae Skrjabin et Guschanskaja, 1954

指腺科　Lecithochiridae Skrjabin ey Guschanskaja, 1954

等睾科　Isoparorchiidae Poche, 1926

囊双科　Didymozoidae Poche, 1907

　　这一分类系统，把所有吸虫根据排泄囊壁有无表皮或有无细胞包裹而分两大总目。这一概念尚需细察和修订，如缺胞壁（或缺皮囊）总目中的鸮形总科（Strigeoidea）有数属吸虫的排泄囊囊壁是细胞构成的。应该说其他科属种类的排泄囊在光学显微镜下看不清细胞结构，如在电子显微镜下一定可以看清其细胞结构。在具胞壁（或皮囊）总目吸虫的排泄囊囊壁，应当说囊壁除具上皮细胞之外还有另外的细胞围绕于排泄囊，构成较厚的囊壁，这种说法可能更妥当。La Rue 的分类系统除以排泄囊囊壁结构为主要特征区分总目之外，尚结合吸虫生活史（尤其尾蚴形态）进行分类。这一概念是正确的。但由于复殖类吸虫复杂，许多种类的生活史未经阐明，有的种类生活史各环节虽经研究，但尚欠精详。因此，尚难以给分类足够的证据。

　　（5）Bychowsky（1957）的分类意见

　　Bychowsky 把单殖吸虫提高到纲的位置，他的分类系统如下：

　　单殖纲　Monogenoidea

　　吸虫纲　Trematoda

　　　　盾盘亚纲　Aspidogastrea Faust et Tang，1935

　　　　复殖亚纲　Digenea Van Beneden，1858

　　Bychowsky 的分类体系有较大的更动，建立单殖纲。这一体系 Stunkard(1963)不同意，认为单殖类不能分出去独自成为一纲。理由是单殖类有些种类也有世代交替，如三代虫(*Gyrodactylus*)生活史中幼虫是卵胎生的，幼虫在母体内即已发育，并含有第三代幼虫(在子宫中)。另有一种多盘虫(*Polystoma*)，它在蛙体内膀胱中寄生，也具有世代交替。这就破了单殖类生殖方式简单、不具世代交替的例。Llewellyn 不同意 Stunkard 的说法，以为这两例都是较特殊的，不能因而推翻了本类吸虫单殖的特点。

　　盾盘类吸虫具有不同于其他类吸虫的独特特征为各学者所公认。它的主要特点有：生活史直接发育，无世代交替；成虫寄生于软体动物贝类；一些种类有宿主交替(贝类宿主及冷血脊椎动物的鱼类或爬行类的宿主交替)，本类吸虫和贝类宿主关系密切，当贝类被爬行类或鱼类吞食时也能在这两类宿主体内生存。Stunkard(1963)认为它和复殖类有密切关系，它是复殖类中不正常的一种。La Rue(1957)把盾盘吸虫列为独立的一纲。Baer 和 Joyeux(1961)认为它与复殖纲有关，应列为亚纲。

(6) Odening(1960)的分类意见

　　Odening 将复殖吸虫分为如下两大类。

　　胞蚴类(Sporocystoinea)生活史经胞蚴，包含有：鸮形总科(Strigeata)、裂体总科(Schistosomata)、短咽总科(Brachylaemata)、肾居总科(Renicolata)、斜睾总科(Plagiorchiata)和开腔总科(Opecoelata)。

　　雷蚴类(Redioinea)其生活史中经雷蚴，包含有：后睾总科(Opisthorchiata)、半尾总科(Hemiurata)、囊双总科(Didymozota)、片形总科(Fasciolida)、棘口总科(Echinostomatata)、同盘总科(Paramphistomitata)、弯口总科(Clinostomatata)、航尾总科(Azygiata)和环肠总科(Cyclocoelata)。

　　这样的吸虫分类只能做粗略的区分，各类之间的亲缘关系尚待进一步探讨。Odening 所列的 Azygiata，应从雷蚴类移出归于胞蚴类。因为有的研究者称其无性世代为雷蚴，但我们从 *Azygia hwangtsiyui* Tsin 及 *Azygia anguillae* Ozaki 生活史的研究看出，它们第二代无性发育期幼虫体是胞蚴不是雷蚴，它们顶端有类似咽的构造，实际只是围绕生产孔的括约肌，而不是口部和咽(唐仲璋和唐崇惕，1964)。从其他种类吸虫如原宫类的箭形原宫(*Proterometra sagittaria* Dickerman)的幼虫体也是如此，可以断言这一总科是归于胞蚴类的。

(7) Baer 和 Joyeux(1961)的分类意见

　　Baer 和 Joyeux(1961)将吸虫纲会为 3 个独立亚纲：盾盘亚纲(Aspidogastrea)、复殖亚纲(Digenea)和囊双亚纲(Didymozoidea)。

　　有的学者同意这样的分类(Gerald and Larry，1985)，但更多学者不同意(Yamaguti，1971，1975 等)。囊双类吸虫完整的生活史尚未经阐明，Gerald 和 Larry(1985)等认为从其片段生活史就可以说明它们是直接发育、无需中间宿主的观点，其证据尚不足，也不正确。Baylis(1938)叙述 *Didymozoon faciale* 的毛蚴，在其前端具有一圈的刺，毛蚴不具纤毛。据说它的图和 Manter(1926)叙述的 *Otodistomum cestoides*(Azygiidae 科)的毛蚴颇为类似，或和 Thomas(1939)叙述的 *Halipegus eccentricus* 的毛蚴相似。Nikoleava(1965)认为囊双吸虫的尾蚴是尾胞型 Cystophorou cercaria。考察囊双吸虫 *Didymozoon scombri*、*Wedlia bipartita*[=*Koellikeria bipartita*(Wedl，1855)Ishii，1935]的内部构造，显然属复殖类，可能与半尾类(Hemiurata)接近，不能作另一亚纲。从生活史考察，知道航尾科(Azygiidae)和半尾科不相同，毛蚴体上具短刺窄板，尾蚴体部可缩入到具尾叉的尾部前端内。而半尾类的海立科(Halipegidae)，如我们在东亚尾胞吸虫(*Halipegus occidualis*)的生活史中所见，毛蚴体无纤毛，在其前端有长刺(spines)一圈；生活史经一代胞蚴和一代雷蚴；尾蚴为尾胞型。这些与航尾吸虫(*Azygia*)的二代胞蚴、毛蚴、尾蚴等的构造均不相同(唐崇愓和唐仲璋，1959；唐仲璋和唐崇愓，1964）。因此，囊双类吸虫毛蚴无纤毛、前端具 spines 和半尾类相似，如 Halipegidae 的种类一样。由于此类吸虫完整生活史未明了，使其分类位置不能确定。Baer 和 Joyeux（1961）列它为一亚纲，许多学者提出非议。日本山口左仲在他的复殖吸虫分类及生活史的两部巨著（Yamaguti，1971；Yamaguti，1975）中，囊双吸虫仍作为一个科（Didymozoidae Poche，1907），隶属于复殖亚纲之中。Mehra（1970）关于吸虫分类的综述和讨论，认为每一群类的演化和生活史与分类相联系，他认可吸虫两纲：Monogenea 和 Trematoda，后者包含 Digenea 和 Aspidobothria 两亚纲。囊双亚纲（Didymozoidea）被他降下为囊双总科（Didymozoidea）。在他的分类系统中，在航尾亚目（Azygiata La Rue，1957）中列有两个总科：航尾总科（Azygioidea Skrjabin et Guschanskaya，1956）和双囊总科（Bivesiculidea Mehra，1970）。他把此航尾亚目从鸮形目（Strigiatoidea Mehra，1957）中分出来。同时，他把环肠亚目（Cyclocoelata La Rue，1957）转移到 Fasciolatoidea Szidat，1936。在 Cyclocoelata 中创建了真盘总科（Eucotyloidea Mehra，1970）。

　　Pozdnyakov（1993）承认囊双吸虫为一亚目，其族类如下：

　　　　Didymozoata（亚目）

　　　　　Didymozoidae

　　　　　　　Didymozoinae（Didymozoini；Neodidymozoini；Metadidymocystiini）

　　　　　　　Neodiplotrematinae（Neodiplotrematini；Colocyntotrematini）

　　　　　　　Nematobothriinae（Nematobothriini；Allonematobothriini；Philopinnini；Unitubulotestiini）

　　　　　Didymodiclinidae Pozdnyakov，1993

　　　　　　　Didymodiclininae（Paragonapodasmiu；*Didymodiclinus pacificus*）

　　　　　　　Koellikeriinae（Koellikerini；Wedliini；Coeliotrematini）

　　　　　　　Nephrodidymotrematinae（*Neogonapodasmius*）

　　（8）陈心陶（1965～1976）的分类意见

　　　　陈心陶的吸虫纲分类系统如下：

　　　　　单殖目 Monogenea Carus，1863

　　　　　　单后盘亚目 Monopisthocotylea

　　　　　　多后盘亚目 Polyopisthocotylea

　　　　　盾腹目 Aspidogastrea Faust & Tang，1936

　　　　　复殖目 Digenea Carus，1863

　　　　　　腹口亚目 Gasterostomata

　　　　　　前口亚目 Prosostomata

　　　　　　　单盘类 Monostomes

　　　　　　　对盘类 Amphistomes

　　　　　　　全盘类 Holostomes

　　　　　　　裂体类 Schistosomes

　　　　　　　棘口类 Echinostomes

　　　　　　　二盘类 Distomes

　　（9）山口左仲（Yamaguti，1971）关于亲缘关系与种群分类的意见

　　山口左仲同意 Stunkard（1956）的意见，认为：生物的遗传关系（亲缘关系）表现在种类的构造特点，生活史方式和行为习性等方面；亲缘关系和个体原生质的化学成分有关联，认为可应用血清学和免疫学方法来探讨；寄生种类之间的亲缘关系有趋同和趋异产生的结果，必须给予估计。结构相同的可能由于同样环境的影响，并不表明有亲缘关系，趋同作用可能也影响生活史，如果仅仅由于外因的影响（趋同作用）使构造和生理相同，可以迷惑人，就会产生有偏差的判断。吸虫类的自然系统分类还需根据该类的演化知识。

关于蠕虫类的演化，Stunkard(1937)认为 Mesozoa、Digenea、Cestoda 可能均由似涡虫类祖先演化来的，原是无脊椎动物的寄生虫。Mesozoa 寄生在头足类和古代的棘皮动物，Digenea 寄生在软体动物，Cestoda 寄生在甲壳动物。山口左仲同意 Stunkard 的观点，但他认为我们应当尽我们所知道的吸虫生活史模式用于吸虫的分类安排，特别关于科和亚科的安排。在目前许多吸虫的生活史尚未了解之前，还应该以成虫的构造为主。山口左仲提出吸虫类祖先营寄生生活的第一步可能是有似切头目(Temnocephala)涡虫那样，如 Pratt(1909)所说的；第二步可能是从宿主体表入侵口腔、肠道或鳃，然后进入内腔。它们如寄生的涡虫(Syncoelidium)，丢失了体表的纤毛变成皮层结构。Baer(1951)以绦虫为例，提出寄生虫与宿主平行演化的概念。他不同意蠕虫类原是无脊椎动物的寄生虫，他认为绦虫的原先宿主为脊椎动物，但这设想缺乏根据。

(10)吸虫的尾蚴类群

关于吸虫的分类需要参考它们的生活史，尤其尾蚴的特征。这一概念首先由 Lühe(1909)提出，La Rue(1957)重复这一观点。关于尾蚴的类群按 Lühe(1909)及 Ben Dawes(1946)提出，有以下几个大类：

Gasterostome cercariae(腹口尾蚴)，如牛首吸虫 Bucephalus 的尾蚴；

Monostome cercariae(单口尾蚴)，如背孔吸虫 Notocolylus 的尾蚴；

Amphistome cercariae(对盘尾蚴)，如 Paramphistomidae 科；

Cystocercous cercariae(尾胞尾蚴)，如 Hemiuridae 科；

Gymnocephalous cercariae(裸头尾蚴)，如 Fasciolidae 科；

Echinostome cercariae(棘口尾蚴)，如 Echinostomatidae 科；

Xiphidiocercariae(剑尾尾蚴)，如 Plagiorchiida 总科，具口锥刺；

Trichocercous cercariae(毛尾尾蚴)，如 Opecoelidae 科；

Furcocercous cercariae(叉尾尾蚴)，如 Schistosomatidae 科；

Microcercous cercariae(微尾尾蚴)，如 Brachylaemidae 科；

Cercariaea(无尾尾蚴)，如 Asymphylodora 的尾蚴。

(二)吸虫纲分科检索表

1. 陈心陶(1976)的吸虫纲分科检索表

吸虫纲分科检索表

1. 吸着器官一般位于虫体前端，包围口部的口吸盘和位于腹面的腹吸盘(在虫体末端时称为后吸盘)，在若干种类一或两个吸盘可以付缺。主要寄生于各种脊椎动物(复殖目 Digenea)·····················2
   后吸器为主要吸着器官，在后吸器上常具小钩或吸盘(有时并存)。寄生于变温动物的体表(单殖目 Monogenea)·········35
   主要吸着器官为位于腹面的 1 列或 3 列、4 列小槽所组成的硕大吸盘。虫体前端有或无口吸盘，肠袋状。主要寄生于贝类、鱼类和两栖类(盾腹目)·····················盾腹科 Aspidogastridae

复 殖 目

2. 口在虫体腹面的中央。头吸器无孔，位于体前端。生殖孔在体末端或亚末端，肠袋状或管状，阴茎袋在体后部。
   (1)子宫为管状，高度盘曲，含卵甚多·····················牛头科 Bucephalidae
   (2)子宫为管状及袋状两部分组成，后者几占虫体内部的绝大部分，子宫内虫卵可含毛蚴·········华袋科 Sinicovothylacidae
   口在虫体前端，其周围通常为口吸盘·····················3
3. 腹吸盘位于虫体末端、亚末端或稍前，也称后吸盘·····················4
   腹吸盘位于虫体的腹面，有时可付缺·····················5

4. 寄生于鱼类
(1) 后吸盘具有体壁形成的绉襟。无体棘。睾丸对称或略对称，在肠支之间。有阴茎袋生殖孔在肠叉后·············

·····················后唇科 Opistholebetidae

(2) 后吸盘上无绉襟。无体棘。食管长，弯曲。睾丸对称或斜列，在肠支后方，有阴茎袋。生殖孔在体中部············

·····················中盘科 Gyliauchenidae

(3) 后吸盘无上述绉襟。有体棘。肠支不达体末端，睾丸相对，在肠支外侧，阴茎袋大。生殖孔在体顶端，偏侧······

·····················头孔科 Cephaloporidae

寄生于其他动物

(1) 寄生于两栖动物。后吸盘在体末端，口吸盘具一对袋状结构，食管有球形部分。睾丸 1 个，有时 2 个，约位于体中部。生殖孔常在肠叉后·····················重盘科 Diplodiscidae

(2) 寄生于其他脊椎动物。后吸盘在虫体末端或亚末端，口吸盘袋状结构有或无，食管球状部分有或无。睾丸常为 2 个，在体中部。生殖孔在体前部，其周围或有生殖吸盘·····················同盘科 Paramphistomidae

5. 体前半有黏着器。虫体分前体与后体，有时分界不明显。
(1) 黏着器分两叶。前体与后体分界明显，吸盘柔弱，口吸盘旁有或无假吸盘。后体含生殖器官，无阴茎袋，有尾囊·····················鸮形科 Strigidae

(2) 黏着器圆形或椭圆形。前体扁阔，后体常作圆柱形。睾丸前后排列在后体，卵巢在睾丸前，阴茎袋付缺，尾囊浅凹或深凹·····················双穴科 Diplostomidae

(3) 黏着器圆形或椭圆形。虫体圆形或略呈圆形，前体与后体分界明显或不明显，腹吸盘有或无。阴茎袋偶缺，无尾囊·····················杯叶科 Cyathocotylidae

黏着器付缺。虫体除个别外不分前体与后体·····················6

6. 生殖孔位置不定，在虫体前部、后部或中部·····················7

生殖孔在虫体后半部或末端·····················11

生殖孔在体前半部或顶端·····················13

7. 咽缺或退化，睾丸一两个至众多
(1) 肠支不达体末端，生殖孔在睾丸前，卵巢在睾丸前，子宫含卵不多，睾丸 1 个，阴茎袋大，有外贮精囊，卵黄腺泸泡状，环围肠支。虫体小，具眼，无腹吸盘，口吸盘发达。寄生于咸水鱼类·····················二囊科 Bivesiculidae

(2) 肠支长，食管周围有腺细胞，卵巢在睾丸前、后或中间，子宫含卵 1 个至几个，睾丸 1～2 个至众多，阴茎袋有或无。卵黄腺泸泡状，在肠支两侧或周围。虫体细长至披针形，腹吸盘有或无。寄生于龟类血循环中·····················旋睾科 Spirochiidae

具咽，睾丸 2 个，有时 1 个·····················8

8. 肠支达或不达体末端
(1) 有阴茎袋，肠支长短不一，腹吸盘在体中部，生殖孔在腹吸盘后，卵巢在睾丸前，睾丸 2 个在体中部或稍后，卵黄腺泸泡状、葡萄状或树枝状，位于体两侧，几占全体长，主体椭圆形或近圆形，有刺。寄生于鸟类或哺乳动物·····················隐孔科 Troglotrematidae

(2) 无阴茎袋，肠支长或短，腹吸盘有时退化或偶而付缺，生殖孔在腹吸盘前或后，睾丸有时只有 1 个。具生殖腔，内含生殖吸盘，有时还有腹吸盘。贮精囊发达，卵巢在睾丸前，卵黄腺泸泡状，子宫盘绕于生殖孔和睾丸（或体末端）之间，卵小，含胚，虫体小，椭圆形、梨形、舌形等，具鳞状刺。寄生于鸟类和哺乳动物·····················异形科 Heterophyidae

肠支达体末端或向外开出，有阴茎袋。
(1) 虫体分前体与后体，前体扩展或呈杓状，腹吸盘在前体基部，生殖孔紧靠腹吸盘，肠支分别向外开出，睾丸前后排列或斜列在体后，有外贮精囊，卵巢在睾丸前，阴茎不具刺。寄生于咸水鱼类·····················双肛科 Diploproctodaeidae

(2) 主体细长至椭圆形，无前后体之分，表皮无刺。腹吸盘在体前半。肠支达体末端，无开口。生殖孔在前睾与腹吸盘之间，前睾距离远，卵巢在两睾之间，阴茎具刺。子宫由睾丸前伸至两睾之间，向前不越过生殖孔。卵黄腺环绕肠支。寄生于两栖动物和爬行动物·····················平皮科 Liolopidae

肠支不达体末端·····················9

9. 卵巢在腹吸盘前、后或侧，睾丸 2 个
    (1)雄性器官常具发达的交配器，肠支短，主体纤细，梨形、舌形、卵圆等形。腹吸盘在主体后部，偶而在中部。睾丸在腹吸盘后、相对排列，卵巢常在睾丸前，卵黄腺簇状或带状，范围局限，子宫由体末伸至睾丸或更前。寄生于脊椎动物·····································微茎科 Microphallidae
    (2)雄性器官无上述交配结构，肠支长短不一，不达体末端。虫体纤细，长形至圆形，腹吸盘小，约在体中横线，常有阴茎袋，生殖孔在体前部，睾丸一般对称，卵巢多在睾丸后或与睾丸平。子宫盘绕在体后，不穿插在睾丸间。卵黄腺簇状，比较集中，在肠支前或后的两侧。卵小而多，不含胚。寄生于脊椎动物·····················枝腺科 Lecithodendriidae
    卵巢在腹吸盘后和睾丸前，睾丸 1 个，在体后部，受精囊付缺，卵黄腺在由咽至卵巢的两侧，子宫占肠分叉后的全部位置。生殖孔平腹吸盘，偏侧。虫体小，具刺。口吸盘和咽发达，腹吸盘小，在体中部，食管弯曲，肠支终止于睾丸前。寄生于淡水鱼类·······················婆水科 Brahamputrotrematidae
    卵巢在腹吸盘前···10

10. 口吸盘小，腹吸盘在体中部，肠支进或不进入体后部，生殖孔在腹吸盘与肠叉之间，不偏侧，卵巢在腹吸盘前，卵黄腺泸泡状，分列在体中部两侧，子宫扩展，占除体两端外的部位，睾丸靠近腹吸盘。虫体肥硕，前端圆形，后端尖细，卵不含毛蚴。寄生于鸟类肾脏···肾居科 Renicolidae
    口吸盘发达，腹吸盘在体中部，肠支不达体末端，生殖孔在肠叉与腹吸盘之间，罕见偏侧。卵黄腺分列于体前部或体后部两侧，卵巢在睾丸前，子宫占睾丸后的部位或伸展至全身，睾丸在腹吸盘前。主体肥硕，前尖后圆，具刺。寄生于鱼类···单蠕科 Monodhelminthidae

11. 肠支不伸至虫体末端
    (1)两个吸盘均付缺，无咽，食管细长。肠支 X 形或 H 形，不达虫体末端。睾丸多，阴茎袋有或无，卵巢在体中横线后或近虫体末端，雌雄生殖孔分开，雄孔在卵巢后。卵无盖·····················血居科 Sanguinicolidae
    (2)有吸盘，具咽，食管短。睾丸 2 个在体中横线稍后，无阴茎袋，劳氏管甚长，开口于虫体末端。子宫在虫体后半，生殖孔在虫体末端···长劳科 Cortrematidae
    肠支伸至体末端，有阴茎袋···12

12. 生殖孔近体末端，有时稍前或在中横线后。口吸盘与咽发达，肠支达体末端。睾丸前后排列或斜列、近体末端，阴茎袋在睾丸附近或前方，卵巢在两睾之间或与睾丸相对。寄生于鸟类和哺乳动物，偶尔在两栖动物·············短咽科 Brachylaemidae
    生殖孔在体末端，一般无食管，肠支达体末端，睾丸在体前半或后半，卵巢在睾丸后、两睾之间或与前睾相对。阴茎袋在体末端，吸盘发达。卵小，甚多。寄生于鸟类·····················彩蚴科 Leucochloridiidae
    生殖孔在体中横线后
    (1)虫体甚小，卵圆形。两个吸盘几同大小，肠支无分支，睾丸斜列在虫体后部，生殖孔在体中横线后，子宫与卵黄腺在虫体前半···双士科 Hasstilesiidae
    (2)虫体中等大至大，扁形。腹吸盘较口吸盘大，肠支或有弯曲或有侧支，睾丸前后排列在虫体后部。生殖孔在睾之前、后或与前睾平，子宫在腹吸盘与前睾之间，卵黄腺在虫体后部两侧·····················弯口科 Clinostomidae

13. 阴茎袋与两性袋，不发达或付缺···14
    无阴茎袋或两性袋···17
    有阴茎袋或两性袋···22

14. 两性异体，雌雄合抱，肠支在后方联合为一。雄虫宽短，雌虫细长，睾丸 4 个以上，阴茎袋有或无，卵巢长形。卵无盖，含毛蚴···裂体科 Schistosomatidae
    两性同体···15

15. 卵黄腺泸泡状，分布于腹吸盘后，达体末端。口吸盘不具环状脊或侧突
    (1)阴茎袋不发达或缺如，腹吸盘有时具边缘突起或唇状缘，常近体前端或稍后，有时有柄，生殖孔在腹吸盘和口吸盘之间、中间或偏侧。睾丸前后排列或斜列在体后，肠支可分别向外开出或联合后开入肛门或排泄囊，卵黄腺达体末端，子宫多在卵巢和腹吸盘之间。寄生于咸水鱼类·····················孔肠科 Opecoelidae
    (2)阴茎发达，有时不发达，偶而缺如。吸盘发达，肛门有或无，口吸盘可具括约肌或附物。

腹吸盘可分两部分，有时有副盘。生殖孔在腹吸盘前，两个吸盘间或近口吸盘。睾丸 2 个，偶尔 1 个、9 个、10 个，在体后部。卵巢主要在睾丸前，卵黄腺泸泡状，一般可伸至体末端。子宫盘曲于睾丸和腹吸盘间，有时在睾丸后或睾丸间。卵不含胚。寄生于鱼类··异肉科 Allocreadiidae

卵黄腺瓣状、葡萄状或管状分节。睾丸分成若干泸泡或不规则的管状小节。腹吸盘略具柄，生殖孔在口后或与咽平，两性袋有或无。卵巢在睾丸后。肠支弯曲或再分支，可以在后端联合···················联肠科 Syncoeliidae

卵黄腺结实或作指状，在体末端···16

16. 卵黄腺指状，长短不一。虫体具尾，口吸盘前有前口叶。腹吸盘在虫体前 1/3 处或更前。睾丸并列或斜列，两性袋不发达，有时付缺。生殖孔在咽与口吸盘腹侧·······················指腺科 Lecithochiriidae

卵黄腺结实

(1)腹吸盘近体中央或后部，卵黄腺为二个结实体，两性袋有或无，卵巢在睾丸后。子宫盘绕度一般比较宽阔，占虫体大部分位置，卵有或无极丝···海立科 Halipegidae

(2)腹吸盘常接近口吸盘，两性袋或阴茎袋有或无，卵巢在睾丸后，子宫盘绕在腹吸盘后。卵黄腺结实，1 个或 2 个···半尾科 Hemiuridae

17. 睾丸 1 个，卵巢在睾丸前，肠单干，口吸盘、咽、腹吸盘均发达，腹吸盘在体中横线或其前方，卵黄腺在体后部，子宫盘曲在睾丸与生殖孔之间，生殖孔靠口吸盘后或在腹吸盘前，卵含毛蚴·········单脏科 Haplosplanchnidae

睾丸众多，大部分在体后部。肠支几度弯曲，达体末端。卵巢在体中横线前，子宫盘曲在卵巢前，生殖孔在肠叉后。卵未发育，寄生于组织内···繁睾科 Achillurbainiidae

睾丸 2 至 10 余个

(1)虫体前半较小，后半扩大。肠支直或几度弯曲，几达到体末端，有时肠支在后端相连。卵巢在睾丸区，有时前或稍后。子宫在体后部。卵黄腺结实，2 个，可分叶，多在腹吸盘后。生殖孔在肠叉与腹吸盘之间，吸盘发达···发状科 Gorgoderidae

(2)虫体比较粗厚，长形。肠支直达体末端，向外开出。卵巢在睾丸前，睾丸多在体中部，子宫在腹吸盘和梅氏腺之间或在腹吸盘左侧，向前伸展。卵黄腺泸泡状，在体两侧，在睾丸后联在一起···················裂睾科 Schistorchiidae

睾丸只有 2 个···18

18. 卵巢在睾丸后，生殖孔近口部···19

卵巢在睾丸前···20

19. 卵黄腺管状

(1)虫体线形、扁圆形或前窄后宽，单个或双个在寄生部位结囊，成双时常融合在一起。腹吸盘有或无，卵巢、卵黄腺均作管状。生殖孔近口部·································囊双科 Didymozoidae

(2)虫体壮硕，不结囊，腹吸盘甚大。卵巢不作管状。卵黄腺管状，甚长，主要在肠支两侧。生殖孔近体前端···殖前科 Prosogonotrematidae

卵黄腺滤泡状

(1)虫体卵圆形，外体含卵巢、卵黄腺与部分肠支。卵黄腺滤泡状，比较结实。生殖孔近口吸盘···气生科 Aerobiotrematidae

(2)虫体长形、椭圆形或壮硕。缺腹吸盘，口吸盘可伸出侧突，无咽、食管后部具肌肉膨胀，卵黄腺滤泡状，生殖腺排成纵列，卵巢最后。阴茎袋常付缺，生殖孔在口吸盘或食管水平。寄主为鱼类、海龟和鸟类········隐盘科 Angiodictyidae

20. 体表有刺或无刺

(1)虫体小，卵圆形至长形，眼点有或无，环口刺有或无。腹吸盘位于前体部，埋置在实质或生殖腔内，有时付缺。睾丸 2 个，偶尔 1 个或多个，在腹吸盘后。贮精囊发达。子宫常伸至睾丸后，生殖孔常在腹吸盘前。卵黄腺在体后部两例，偶或在体前部。卵有或无极丝。寄生于鱼类，偶尔爬行动物·········隐殖科 Cryptogonimidae

(2)虫体小至中等大，扁形或披针形，腹吸盘位置不似上述。睾丸多前后排列或斜列，常在体后端。贮精囊管形，生殖孔紧靠腹吸盘前，卵巢一般在睾丸前，卵黄腺常在体后部两侧，子宫在卵巢与生殖孔之间。寄生于脊椎动物···后睾科 Opisthorchiidae

(3)虫体中等大，腹吸盘极度退化或缺如。颈部有或无领状增厚，肠支有时在后端相连，睾丸在体中部或稍前，生殖孔在肠叉稍后，卵黄腺在体中部两侧，子宫占肠叉后至体末端位置。卵甚多，含胚。寄生于鸟类尿殖器官，有时在肠内··真杯科 Eucotylidae

体表有刺··21

21. 卵黄腺分布广泛，包括整个虫体的两侧和背、腹面，虫体卵圆形至长纺锤形。肠支几度弯曲，达体末端。睾丸相对或斜对，位于体后半。生殖孔紧靠腹吸盘后。卵巢分叶，与子宫相对。成虫常双双在肺部，有时在肝部结囊······并殖科 Paragonimidae

卵黄腺局限于虫体后部

    (1)虫体一般细长，可具眼点，有或无环口刺，口吸盘比较发达。腹吸盘多细小，在体前半。肠支长，偶而短。贮精囊管状，有时分两部分。生殖孔在腹吸盘前。卵黄腺葡萄状、树枝状或束状，子宫盘曲在卵巢与吸盘之间，有时达睾丸后。寄生于鱼类，有时在爬行动物·································棘盘科 Acanthostomidae

    (2)虫体长形，无眼点，无环口刺。两个吸盘发达，腹吸盘在体中横线前，肠支不达体末端。贮精囊大，阴茎发达，生殖孔在腹吸盘侧，卵巢分叶，子宫伸至睾丸后或环绕睾丸与卵巢。寄生于鱼类·································光睾科 Lissorchiidae

22. 寄生于恒温或变温动物··23

    寄生于恒温动物··25

    寄生于变温动物··27

23. 子宫盘曲在睾丸前，口吸盘无环状脊或侧突

    (1)虫体具头领，其上常有一两列头棘，生殖孔在腹吸盘前，肠支达体末端，腹吸盘发达，睾丸先后排列在体后。卵黄腺常在体后部两侧，有时稍前。子宫在卵巢或前睾和生殖孔之间，阴茎、阴道无刺，卵大，有盖。寄生于爬行动物、鸟类和哺乳动物·································棘口科 Echinostomatidae

    (2)虫体匙形，有头领，但无头棘，生殖孔在肠叉处或稍后。肠支可有侧支，常达体末端。睾丸多在或近体末端，偶尔在体中部。贮精囊在阴茎袋外，卵巢多在睾丸前。卵黄腺在体侧，常在卵巢前。子宫在卵巢前盘曲。卵小，有盖，常具极丝，属单口类。寄生于龟类，有时寄生于鱼类和鸟类·································拱头科 Pronocephalidae

    (3)虫体形状和生殖腺结构似棘口类吸虫，无头领，生殖孔在肠叉处或稍前，肠支达或几达体末端。腹吸盘在体中部或稍前，睾丸先后排列在体后部，卵巢在睾丸前，卵黄腺在体后部两侧或入体前部。卵大，有盖。寄生于鸟类，有时爬行动物或哺乳动物·································光口科 Psilostomidae

    子宫盘曲至睾丸后，达体末端··24

24. 卵巢在睾丸后。卵多，成熟时呈褐色。虫体扁，椭圆形、披针形、亚圆柱形至棒状。腹吸盘在体前半。肠支长短不一。睾丸多在体后部。阴茎袋发达，在腹吸盘前，含贮精囊等结构。生殖孔在两吸盘之间，卵黄腺位于体中部两侧，子宫占体后大部分位置，有时稍前，卵含胚。寄生于鱼类以外的脊椎动物·································双腔科 Dicrocoeliidae

卵巢在睾丸前，卵不呈褐色。虫体卵圆形、椭圆形、梭形或长形。口吸盘与咽发达，腹吸盘在体前半，肠支达或近体末端，卵巢在腹吸盘后，子宫常穿过两睾之间而近体末端，卵黄腺在体后两侧，有时向前伸展，睾丸在体后，阴茎袋长，含贮精囊、前列腺和阴茎，无外贮精囊，生殖孔在两吸盘之间，卵不含胚。寄生于脊椎动物······斜睾科 Plagiorchiidae

25. 卵巢位置不定，在睾丸前、后或两睾之间

    (1)有口吸盘，无腹吸盘，咽缺，虫体在腹面常有几行纵列腺或脊线，阴茎袋发达，卵巢在睾丸后或两睾之间，睾丸并列在虫体末端，卵黄腺在肠支外侧，生殖孔在肠叉后，卵具极丝·································背孔科 Notocotylidae

    (2)两个吸盘常付缺，具咽，虫体腹面无腺体或线脊，阴茎袋小，生殖孔近体顶端。卵巢在后睾前或后，或在两睾之间。睾丸斜列在虫体后部，有时在中横线或稍前，卵黄腺在肠支外侧。卵含胚，无极丝·································环腔科 Cyclocoeliidae

    卵巢在睾丸后方，体粗壮，两吸盘大，腹吸盘在体中部，咽发达，食管短，睾丸并列在腹吸盘前方，卵巢在腹吸盘后，生殖孔近肠叉·································粗盘科 Eumegacetidae

    卵巢在睾丸前··26

26. 子宫位于睾丸前

    (1)子宫在虫体前部。虫体硕大，扁形，腹吸盘靠近口吸盘，肠可分出侧支、睾丸与卵巢常分支，生殖孔在腹吸盘前。卵黄腺发达，由腹吸盘起至体末端。卵大，有盖·································片形科 Fasciolidae

    (2)子宫在虫体后部。虫体中等大，腹吸盘约在体中部或稍前。肠支、卵巢、睾丸均不分支，生殖孔在腹吸盘前或近肠

叉，卵黄腺体 V 形或 U 形，位于睾丸前。卵缺盖，含毛蚴······嗜眼科 Philophthalmidae

　　子宫盘曲在睾丸前后。体前端略尖，后端钝圆。腹吸盘在虫体前半，肠支不达体末端，睾丸并列。卵黄腺分簇，列于体

　　　侧。生殖孔在咽、口吸盘附近······前殖科 Prosthogonimidae

27. 体表具刺或不具刺······28

　　体表具刺······30

　　体表不具刺······33

28. 阴茎与阴道具刺。口吸盘上或其环口刺，腹吸盘在体前部或近前端，肠支终止于体末端或近末端，阴茎袋长，睾丸在体后半

　　部、前后排列或斜列。卵巢在睾丸前，子宫由卵巢向前或下降至后睾水平，卵黄腺滤泡状，多在体后部，可进入前部。生殖

　　孔在腹吸盘前，主体圆柱形。寄生于鱼类······棘体科 Acanthocolpidae

　　阴茎与阴道无刺······29

29. 子宫在卵巢与两性袋之间，有时下降至睾丸线。睾丸一两个，在体后半，卵巢后。卵黄腺滤泡状，可排成管形，位于生殖腺

　　前、后。两性袋含内贮精囊、前列腺、射精管，阴道、两性管。生殖孔在腹吸盘前方，卵不含胚，虫体小，腹吸盘或具 6 个

　　乳突，口吸盘不具环状脊或侧突，咽发达。寄生于鱼类······叉盘科 Waretrematidae

　　子宫盘曲于卵巢后的肠支间或达体末端

　　(1)子宫盘曲于卵巢后的两肠之间。虫体圆柱形，腹吸盘在体前 1/3 处，肠支波浪状，达体末端。睾丸长圆柱形，盘绕于腹吸

　　　盘后的两侧。卵巢在睾丸后。卵黄腺泸泡状，分成两簇，位于卵巢水平。寄生于咸水鱼类·······柱睾科 (Cylindrorchiidae)

　　(2)子宫至体末端，腹吸盘大，位于体中部或稍前，肠支长或短或在后方相连。睾丸前后列、并列或斜列，在体后部。

　　　卵黄腺滤泡状、管状、簇状，范围比较集中。前列腺发达，生殖孔在腹吸盘前，卵含胚。寄生于鱼

　　　类······壮盘科 Fellodistomidae

30. 生殖孔近或在体顶端。腹吸盘在体前或中部，肠支不到虫体后部

　　(1)口吸盘上无环口刺，生殖孔在口吸盘前方，睾丸前后排列在体中部或后部，子宫在体后部。阴茎袋长，基部膨大。

　　　受精囊大。寄生于鱼类、两栖动物和爬行动物······头殖科 Cephalogonimidae

　　(2)口吸盘上有环口刺，生殖孔在体前端或口吸盘背侧，睾丸在体中部，位于腹吸盘后。阴茎袋长，伸至体顶端。卵巢

　　　在腹吸盘盾·····马生科 Maseniidae

　　生殖孔在腹吸盘前或与腹吸盘平······31

31. 卵黄腺由腹吸盘或稍前起分布至体末端，占体长的大半，腹吸盘在体前部

　　(1)肠叉处两侧向前分出短支。睾丸数目多，在体后部排成两纵列。卵巢在睾丸前，子宫在卵巢与腹吸盘之

　　　间······多睾科 Pleorchiidae

　　(2)肠叉处无分支，睾丸 2 个，前后排列。卵巢在睾丸前或后，有外贮精囊，子宫达体末端······东肌科 Orientocreadiidae

　　卵黄腺分布范围较小，一般不达体末端······32

32. 卵含毛蚴

　　(1)卵黄腺结实，1～2 个，有时滤泡状。肠支最长达体中横线，偶尔长。睾丸并列在腹吸盘后，阴茎袋一端较大。生殖

　　　孔在体前或与腹吸盘平，偏于一侧或在侧缘，子宫占体后半，卵含毛蚴······动殖科 Zoogonidae

　　(2)卵黄腺 2 个，结实或成束。肠支短，睾丸 1 个，两性袋包含贮藏精囊前部，生殖孔在腹吸盘前，子宫在体后

　　　半······单门科 (Haploporidae)

　　卵不含毛蚴

　　(1)睾丸 1 个、2 个，偶尔 2 个以上。肠支长短不一，腹吸盘在体前半或中部，卵巢一般在睾丸前，子宫占腹吸盘后的

　　　大部分位置，卵黄腺在体两侧，阴茎与阴道有刺······独睾科 Monorchiidae

　　(2)睾丸并列或斜列在体前部。肠支甚短，不低过腹吸盘。腹吸盘约在体中横线前，卵巢在睾丸前或后，大部分子宫在

　　　睾丸后，卵黄腺在体前部。寄生于两栖动物和爬行动物······短肠科 (Brachycoeliidae)

33. 卵黄腺树枝状，卵巢管状，肠支数度弯曲，睾丸并列于体前半，有两性袋，生殖孔位于两吸盘之间，子宫在体后部，虫体硕

　　大······等睾科 Isoparorchiidae

　　卵黄腺滤泡状，体无刺，肠支达体末端

(1) 体长形，腹吸盘近体前端或近中部，口吸盘上具环状脊，含侧突或肌质瓣。食管长，睾丸先后列，卵巢在睾丸前，卵黄腺由腹吸盘前或后伸至体末，子宫位于卵巢和腹吸盘之间，卵不含胚，寄生于龟类··········瓣盘科（Rhytiodidae）

(2) 体略长形，有时壮硕，腹吸盘在体前部，口吸盘无上述结构，食管短，睾丸先后或相对排列，卵巢在睾丸前或后。卵黄腺在体后半两侧，有时可向前伸展。子宫位于卵巢与腹吸盘之间，偶尔在两盘之间，卵含胚。寄生于鱼类··········独孤科 Azygiidae

卵黄腺细长，或作星状分叶··········34

34. 虫体有尾，卵黄腺 1 对，细长、弯曲或粗厚而直，卵巢不分瓣，在睾丸后。睾丸并列、斜列或前后列，位于体前部或中部。有两性袋，生殖孔在咽或口吸盘水平··········巨尾科 Dinuridae

虫体无尾，卵黄腺单个，绝大多数作星状分叶，在卵巢后或与卵巢相重叠。口吸盘上前口叶，腹吸盘在体前半，有两性袋，生殖孔在肠叉或咽附近··········星腺科 Lecithasteridae

单 殖 目

35. 后吸器板状或吸盘状，幼期吸器遗留下来，口周围无口吸盘，殖肠道常缺如··········36

后吸器为若干吸盘或铗钩组成，遗留下来的幼期吸器已退化，口周围有口吸盘或在口腔内有一对吸盘，有殖肠道··········38

36. 后吸器为发达的肌质固着盘，具 3 对锚钩，缺殖肠道，肠分叉，生殖孔在体侧··········分室科 Capsalidae

后吸器脆弱，具一两对锚钩，常有边钩，阴茎有副片，殖肠道常缺如··········37

37. 肠单干，不分叉，后吸器中央具 1 对锚钩，背侧 4 对，边钩 16 个，支持板 1 个··········四钩状科 Tetraoncoididae

肠分叉

(1) 胎生，锚钩发达，卵黄腺不发达，缺阴道··········三代科 Gyrodactylidae

(2) 卵生，锚钩不发达或付缺，卵黄腺发达，常有阴道··········鞋口科 Calceostomatidae

(3) 卵生，后吸器发达，具一两对锚钩和 14 个边钩，卵黄腺发达，阴道有或无··········枝环科 Dactylogyridae

38. 成虫有效吸器为锚钩和铗钩复合或为单纯锚钩复合组成··········锚盘科 Anchorophoridae

成虫有效吸器为 6 个肌质吸盘组成，无柄，在幼期吸器上发育。有或无锚钩··········多盘科 Polystomatidae

成虫有效吸器靠在幼期吸器的铗钩组成··········39

39. 铗钩众多，常位于不对称的铗托上

(1) 后吸器对称或不对称，铗钩有副片··········胃叶科 Gastrocotylidae

(2) 后吸器对称或不对称，中间铗钩无副片··········微叶科 Microcotylidae

铗钩 3~12 个。后吸器不对称，分两瓣··········杯托科 Calyxinellidae

铗钩每边不超过 4 个，常位于对称的铗托上··········40

40. 铗骨不对称，铗片发达··········八铗科 Diclidophoridae

铗骨对称或亚对称··········皮叶科 Choriocoxylidae

(1) 铗骨常缺副片··········铗盘科 Discocotylidae

(2) 铗骨具中片 1 个··········肋叶科 Plectanocotylidae

铗钩不似上述

(1) 铗骨具弹簧 2 个··········铗钩科 Mazocraeidae

(2) 铗骨具背片与腹片和刺若干支··········糕模科 Pterinotermatidae

2. Yamaguti（1971）的各类脊椎动物复殖类吸虫分科检索表

A. 鱼类复殖吸虫分科检索表

寄生于皮肤··········Transversotrematidae

寄生于口或鳃腔，具有间质状的结构··········Syncoeliidae

成对地、成囊或不成囊，寄生于鳍、鳃、结缔组织或脂肪质组织、肌肉、齿、骨、消化道、内脏、体腔等 ·········Didymozoidae

寄生于膀胱，与此相似的位置，也有很多例外 ···Gorgoderidae

寄生于胆管系统，也有一些例外 ···Callodistomidae

寄生于体腔 ···Octotestidae

寄生于血液循环系统 ··1

寄生于鳔 ···2

寄生于消化道或它附属器官 ··5

1. 肠管 X 形或 H 形，具有很短或适当长的后支；生殖孔在卵巢之后 ···················Sanguinicolidae

　　肠管 H 形，后支长达到体后端，生殖孔在卵巢之前 ·····························Aporocotylidae

2. 具有两性囊

　　　　两性囊无肌肉性，卵巢管状，分支或不分支，卵黄腺管状，分支或不分支 ·········Isoparorchiidae

　　　　两性囊肌肉性，卵巢整块，分叶，卵黄腺由 7 个圆叶组成 ·····················Albulatrematidae

　　无两性囊

　　　　子宫圈盘曲于卵巢之后，两肠支之间；卵巢团块状 ···························Cylindrorchidae

　　　　子宫圈占据虫体的大部分；卵巢团块状或其他形态 ·······································3

3. 靠近体后端具有环嵴；卵巢圆形；卵黄腺从粒形成支团；两性管简单 ···············Aerobictrematidae

　　体无环体嵴，卵巢分叶或分支 ···4

4. 两性管不开口于生殖窦

　　　　睾丸圆柱形；卵巢由 4 个管状卵黄腺前叶瓣组成 ·····························Tetrasteridae

　　　　睾丸团块状；卵巢为 1 个分瓣的团，位于卵黄腺之后；卵黄腺由两个多瓣团组成 ·········Dictysarcidae

　　两性管开口于亚球形至亚圆柱形，强肌肉性的生殖窦 ···························Pelorohelminthidae

5. 腹吸盘在腹面 ··6

　　腹吸盘在末端，偶尔在腹面或付缺 ···28

　　腹吸盘付缺

　　　　腹口 ···Bucephalidae

　　　　前口 ··31

6. 肠盲管单个；口吸盘呈触角状；肛门道由食道前端升起；睾丸 2 个；生殖窦宽阔，向背侧开口 ··········Gorgocephalidae

　　肠盲管单个；开口于体后端的排泄囊；口吸盘简单；睾丸 2 个，位于体后半部；阴茎囊重叠于腹吸盘；生殖孔位于腹面

　　　　次中央，于腹吸盘之前；卵黄腺位于体两侧，在腹吸盘和睾丸之间；子宫达到体后端，排泄囊 Y 形，具有两条长臂

　　　　管 ···Monascidae

　　肠盲管 1 个；口吸盘简单；睾丸 1 个；生殖窦窄，开口于腹面 ···················Haplosplanchnidae

　　肠盲管两条；··7

7. 肠管具有两前支；食道无侧袋 ··8

　　肠管和食道无分支 ···9

　　肠管无前两支，但食道有大而对称的侧袋；生殖孔位于腹吸盘之后 ···················Botulisaccidae

8. 两条排泄总管位于体后部的背、腹方；睾丸 2 个 ···································Accacoeliidae

　　两条排泄总管位于体后部的两侧方；睾丸多个，排成纵列 ·························Pleorchiidae

9. 睾丸位于腹吸盘区；卵巢和卵黄腺分叶，成团的共同位于靠近体后端 ···············Lobatovitelliovariiidae

　　睾丸和卵黄腺在体前部；腹吸盘和在腹吸盘后的卵巢紧靠一起，位于近体后端；具有头端棘冠

　　　　··Acanthocollaritrematidae

　　睾丸在体前部；卵黄腺从粒，形成宽长的卵黄腺带在睾丸后 ·······················Megaperidae

　　睾丸、卵巢和卵黄腺其他形式排列 ···10

10. 排泄干管具有很多网状旁支，具有头部棘冠 ·····································Echinostomatidae

阴茎囊很发达，非常长，生殖孔在前顶端···27

阴茎囊很发达，不非常长，生殖孔在腹吸盘前方并靠近腹吸盘；卵黄腺延展发达，子宫延伸到睾丸之间和睾丸之后区

域···Macroderoididae

子宫主要在腹吸盘与睾丸前的卵巢之间···Azygiidae

25. 通常寄生于淡水鱼；身体通常是光滑的，偶尔有披棘；子宫在睾丸前方，偶尔延伸到体后端·····Allocreadiidae

主要寄生于两栖爬行类，偶尔寄生于鱼···Brachycoeliidae

主要寄生于海鱼···26

26. 体光滑，无眼点色素；子宫在卵巢的前方；阴茎囊发育情况不一致，通常不太发达，偶尔付缺；腹吸盘有或无乳突形或

触手状的附器···Opecoelidae

体通常披棘，有眼点色素；阴茎囊通常很发达，子宫在卵巢之前，偶尔延伸到睾丸之后区域，腹吸盘通常无附

器···Lepocreadiidae

27. 具有围口棘冠；排泄囊无很多侧支···Maseniidae

无围口棘冠；排泄囊有很多侧支···Cephalogonimidae

28. 生殖孔靠近体前端以及边缘···Cephaloporidae

生殖孔不靠近体前端···29

29. 卵巢在睾丸后方···Paramphistomidae

卵巢在睾丸前方···30

30. 食道长，略有弯曲···Gyliauchenidae

食道非常短或实际上是付缺···Opistholebetidae

食道中等长，无弯曲，排泄系统网状···Mesotretidae

31. 通常具有头领；睾丸2个，可能分成多个丛粒···Pronocephalidae

头领付缺；睾丸1个或2个···32

32. 睾丸2个，大排泄管多于2条，被许多网结所联系···Angiodictyidae

睾丸1个，大排泄管2条，无网结···33

33. 体纵向的伸长；具有口吸盘；咽退化或消失；阴茎囊在睾丸之前···Bivesiculidae

体横向的伸长；口吸盘付缺；咽很发达；阴茎囊与睾丸位置相对···Treptodemidae

B. 两栖类复殖吸虫分科检索表

1. 腹吸盘在腹面···2

腹吸盘在端部或端腹面···Paramphistomidae

腹吸盘付缺；口孔在体中部腹面···Bucephalidae

2. 排泄囊通常Ⅰ状，咽和阴茎囊付缺···Gorgoderidae

排泄囊通常Ⅰ状，咽和阴茎囊具有；生殖孔在中央或亚中央；劳氏管具有···3

排泄囊Ⅰ状；生殖孔在边缘；劳氏管付缺···Batrachotrematidae

排泄囊Ⅴ形或Ｙ形···4

3. 通常寄生于淡水鱼；体通常光滑，偶尔披棘；子宫通常在睾丸之前；阴茎囊很发达···Allocreadiidae

主要寄生于海鱼；体光滑，无眼点色素；子宫在卵巢之前；阴茎囊通常不发达···Opecoelidae

主要寄生于海鱼；体披棘；子宫通常在睾丸之前；阴茎囊很发达···Omphalometridae

主要寄生于两栖爬行类；体披棘；阴茎囊小···Brachycoeliidae

主要寄生于鱼；体披棘；阴茎囊很发达···Macroderoididae

4. 两大排泄管通常在体前方联合···5

两大排泄管在体前方不联合···6

5. 主要寄生于鱼类；体间质中包含有不能染色的折光性物质···Hemiuridae

寄生于两栖类；体间质中无不能染色的折光性物质·····Liolopidae

6. 生殖孔在体前端·····Cephalogonimidae

生殖孔不在体前端·····7

7. 无阴茎囊；肠管通常很长；生殖孔在腹吸盘前·····Opisthorchiidae

阴茎囊具有或付缺；肠盲管通常很短；生殖孔通常在腹吸盘之前·····Microphallidae

阴茎囊略发达；肠盲管通常短；生殖孔位置不一致·····Lecithodendriidae

阴茎很发达；肠盲管长或短·····8

8. 子宫延展，时常形成肠外圈；卵黄腺延伸；肠管长；肺脏的寄生虫·····Haematoloechidae

子宫不延伸到体后部；卵黄腺延伸很有限；肠管通常中等长度，有时短；肠道的寄生虫·····Fellodistomidae

子宫在体后部不太延伸；卵黄腺通常延伸；肠管长·····9

9. 子宫在两睾丸之间或且它们的旁边通过，并且时常达到体后端·····Plagiorchiidae

子宫曲主要在腹吸盘和两睾丸之间，不达到更后的位置·····Telorchiidae

C. 爬行类复殖吸虫分科检索表

寄生于血液循环系统；单口·····Spirorchiidae

寄生于膀胱；偶尔在胆囊；双口·····Gorgoderidae

寄生于肺·····1

通常寄生于消化系统·····2

1. 单口，某些例外；排泄囊管状，很长，排泄孔开口在体前端背侧；寄生于龟·····Heronimidae

双口，排泄囊 Y 形；寄生于蛇·····Macroderidae

2. 单口·····3

双口·····4

3. 排泄干管 6 条或 8 条，由横的网结相联系；无头领·····Angiodictyidae

排泄干管 2 条，具网状；通常有头领·····Pronocephalidae

4. 体较明显的被分成两个区域·····5

体不分为两区·····7

5. 阴茎囊很发达；副前列腺付缺·····Cyathocotylidae

阴茎囊付缺；副前列腺及生殖锥通常具有·····6

6. 黏着器成为两叶·····Neostrigeidae

黏着器不成为两叶·····Proterodiplostomidae

7. 在头部背侧具有成对的小枕垫·····Braunotrematidae

在背侧和腹侧的花瓣状头嵴各向侧方延续，并且围绕口吸盘；食道内衬以上皮细胞并形成一对侧支·····Calycodidae

无上述特殊结构·····8

8. 腹吸盘在末端或亚端部，很发达；卵巢在睾丸之后；具有淋巴系统·····Paramphistomidae

腹吸盘在腹部，分成两部，具有半环折叠·····Meristocotylidae

腹吸盘在腹面，简单无半环折叠·····9

9. 腹吸盘生殖器管复合器付缺·····10

具有腹吸盘生殖器官复合器·····24

10. 生殖孔在体前端·····Cephalogonimidae

生殖孔在体后端·····Urotrematidae

生殖孔在腹吸盘前方或后方·····11

11. 肠管具有前支·····12

肠管无前支·····13

12. 睾丸数多，排成纵列；子宫圈限于在卵巢前方区域 ·· Pleorchiidae
　　睾丸2个，对称排列；子宫圈充满体后部大部区域 ·· Pachypsolidae
13. 排泄囊Ⅰ形，偶尔向前分成简单或复杂形式 ·· 14
　　排泄囊Ⅴ形或Ⅴ形，具有短的两臂(大排泄管)；肠管非常短 ···················· Microphallidae
　　排泄囊不显著，具有皮下排泄丛管 ·· Clinostomidae
14. 两性管付缺；卵黄腺通常丛粒状；在体间质中无折光性物质 ···································· 15
　　通常具两性管；卵黄腺通常不作丛粒状；体间质中含折光性物质 ················ Hemiuridae
　　具有两性管，呈窄管状生殖窦；卵黄腺丛粒状，不延展到睾丸后方区域；通常具有围口棘冠 ·········· Acanthostomidae
15. 阴茎囊付缺
　　卵巢在睾丸之前
　　　　卵黄腺会合于睾丸后区 ··· Homalometridae
　　　　卵黄腺不会合于睾丸后区 ··· Opisthorchiidae
　　卵巢在睾丸之后，睾丸在肠管外侧；卵黄腺在睾丸之后两侧区 ················ Anchitrematidae
　　阴茎囊具有
　　卵巢在睾丸之后 ··· Dicrocoeliidae
　　卵巢在两睾丸之间 ··· Harmotrematidae
　　卵巢在睾丸之前 ··· 16
16. 排泄囊Ⅰ形
　　肠管短；卵黄腺限于体前部(Mesocoeliinae，卵巢在睾丸之后) ············· Brachycoeliidae
　　肠管长；卵黄腺略伸长
　　　　生殖孔在腹吸盘之前；子宫通常不延展；主要寄生于淡水鱼 ············· Allocreadiidae
　　　　生殖孔在腹吸盘之后；子宫延展；寄生于蜥蜴 ································ Gekkonotrematidae
　　排泄囊Ⅴ形或Ⅴ形，或有些复杂，个别Ⅰ形 ·· 17
17. 排泄囊有许多网状旁支；通常具有棘头领 ·· Echinostomatidae
　　排泄囊有非常长的2条大排泄管它们通入管网 ·· 18
　　排泄囊无许多旁支或皮下网 ·· 19
18. 口吸盘具有4个(2个亚背侧和2个侧)肌肉瓣；在体后部无中央附加排泄管 ·········· Rhytidodidae
　　口吸盘被非肌肉性围领所围绕，具有3个(1个中背侧和2个侧)瓣；在体后部可能有中央附加排泄管 ········ Psilostomidae
19. 卵巢和睾丸紧靠位于体后端 ··· Ommatobrephidae
　　卵巢和睾丸不紧靠于体后端 ·· 20
20. 头端具有耳状侧突起；睾丸略远离体后端 ·· Auridistomidae
　　头端无耳状侧突起 ··· 21
21. 子宫通常不延展到睾丸之后 ··· 22
　　子宫通常延展到睾丸之后 ··· 23
22. 生殖孔靠近颈部侧缘 ··· Dolichoperidae
　　生殖孔不在肠叉之前
　　　　卵黄腺延展达肠胃管的全长 ··· Omphalometridae
　　　　卵黄腺延展很有限 ··· Telorchiidae
23. 排泄囊通常Ⅴ形或Ⅴ形；卵黄腺分布局限 ·· Lecithodendriidae
　　排泄囊Ⅴ形，具长干支；卵黄腺略延展于体前部和后部 ··································· Plagiorchiidae
　　排泄囊Ⅰ形，卵黄腺局限于体后部 ·· Macroderoididae
24. 排泄囊Ⅴ形
　　两大排泄管非常长，达到体头端区域 ·· Cryptogonimidae

两大排泄管短，不达到体头端区域···Heterophyidae

D. 鸟类复殖吸虫分科检索表

寄生于血液循环系统···Schistosomatidae

寄生于气囊、鼻腔等，极少在肠管···Cyclocoelidae

寄生于气管···Orchipedidae

主要寄生于尿殖道···Eucotylidae

寄生于眼结膜囊、鼻腔、眼窝、泄殖腔、法氏囊或肠管·························Philophthalmidae

寄生在肠壁的囊中··Balfouriidae

寄生于肾脏、皮肤、体腔或腔窦中···1

主要寄生于肠管··3

1. 具有腹吸盘；体长大于体宽···2

  腹吸盘付缺；体呈圆盘状，体宽大于体长；在皮肤中结囊·······················Collyriclidae

2. 卵黄腺延展于体大部分的两旁；生殖孔在腹吸盘之前；寄生于肾脏···············Renicolidae

  卵黄腺限于体前两侧；生殖孔在体后端；寄生于泄殖腔*的盲囊中···········Cortrematidae

3. 腹吸盘在体后端··Paramphistomidae

  腹吸盘付缺

    无头领··Notocotylidae

    通常具有头领···Pronocephalidae

  腹吸盘在腹部，个别付缺···4

4. 体明显的分成两个部分；阴茎囊付缺··5

  体稍微的分成两个部分；阴茎囊通常很发达·······································Cyathocotylidae

  体不分成两个部分··6

5. 前体杯状或球形；黏着器分成背、腹两瓣···Strigeidae

  前体叶形或匙状；黏着器结实，有或无中央腔···································Diplostomidae

6. 阴茎囊付缺；具有附加的生殖吸盘；生殖孔非常靠近体后末端···············Ovariopteridae

  阴茎囊付缺，有时具有；具有腹吸盘生殖复合器···7

  阴茎囊付缺；无腹吸盘生殖复合器···8

  阴茎囊呈肌肉质；卵黄腺和子宫限于睾丸后方的两旁·························Thapariellidae

  阴茎囊通常具有···9

7. 肠管通常长，延展到距腹吸盘后方较远；排泄囊 Y 形，两大排泄管短···········Heterophyidae

  肠管短，通常不超过腹吸盘；排泄囊 V 形；两大排泄管不长···············Microphallidae

  肠管短或中等长，通常不延展到体后部；排泄囊 V 形，两大排泄管长···········Gymnophallidae

  肠管长，具有 1 对前支，肠盲端达到体后端·······································Tetracladiidae

8. 肠管很长；排泄囊 Y 形，具有长的两大排泄管·································Opisthorchiidae

  肠管分别向外开口于体后端；排泄囊 V 形；卵黄腺为 2 群粗壮丛粒···········Jubilariidae

9. 生殖孔在体后半部；排泄系统形成皮下网···Clinostomidae

  生殖孔在体后半部；排泄系统不形成皮下网···12

  生殖孔在体前半部···10

10. 排泄囊具有许多旁支；通常具有棘头领···Echinostomatidae

  排泄囊系统形成皮下网；棘头领付缺···Psilostomidae

  排泄囊无许多分支；无皮下排泄网···11

11. 生殖孔在前端···Prosthogonimidae

---

*此吸虫寄生部位，已按原作者唐仲璋等（1981）把法氏囊更正为泄殖腔盲囊。

E. 哺乳类复殖吸虫分科检索表

　　　体不具有如此的附加物···Paramphistomidae

10. 体有明显的两节··11
　　　体两节不明显；阴茎囊非常发达···Cyathocotylidae
　　　体无明显的两节；阴茎囊具有或付缺···12

11. 体前部杯状或球形；黏着器通常分成背腹两瓣；阴茎囊付缺···Strigeidae
　　　体前部叶形或匙状；黏着器实结，有或无中央裂缝或腔；阴茎囊付缺···Diplostomidae
　　　体前部小囊状；黏着器包围整个生殖器；阴茎囊具有···Brauninidae

12. 阴茎囊通常付缺，有时具有··13
　　　阴茎囊具有；生殖孔简单··16
　　　阴茎囊付缺；生殖孔简单··15

13. 生殖孔有不同的变化···14
　　　生殖孔简单，直接开口于腹吸盘之后··Nanophyetidae

14. 肠管通常长，伸展到腹吸盘之后；阴茎囊付缺···Heterophyidae
　　　肠管短，通常不伸到腹吸盘之后；阴茎囊具有或付缺···Microphallidae

15. 卵巢和睾丸在体前半部；卵黄腺主要在睾丸之后；卵断面呈三角形或圆形；寄生于海洋哺乳类·······Nasitrematidae
　　　卵巢和睾丸在体后部；卵黄腺主要在睾丸前方···Opisthorchiidae

16. 排泄系统具有许多旁支；通常具有棘头领··Echinostomatidae
　　　排泄系统不了解；棘头领付缺；体前部有一对像棘头虫能伸缩的具钩吻突，另外有的像棘口科吸虫············Rhopaliidae
　　　排泄系统形成皮下网；头领付缺···Psilostomidae
　　　排泄系统形成皮下网；口吸盘缩入时被环领褶所围绕··Clinostomidae
　　　排泄系统形成皮下网；头领和领状围口褶付缺；体横向伸长成带状；生殖孔在侧方·····················Moreauiidae
　　　排泄囊 Y 形；两睾丸对称位于腹吸盘之后肠管外侧；卵巢在睾丸之后；卵黄腺在睾丸之后；子宫主要在卵巢之后

　　　　　　···Anchitrematidae
　　　排泄系统较简单，虽然其干部及 2 条大排泄管可能有侧支，但不形成皮下网·······························17

17. 生殖孔在体后端；卵巢在两睾之间或之后···Leuchochloridiidae
　　　生殖孔在或很靠近体后端；卵巢在睾丸之前··Urotrematidae
　　　生殖孔在体赤道线之后；卵巢位于睾丸对方···Hasstilesiidae
　　　生殖孔靠近体后端；卵巢在两睾丸之间··Brachylaimidae
　　　生殖孔在腹吸盘之后；卵巢在睾丸之后···Mesotretidae
　　　生殖孔在或靠近体前端··Prosthogonimidae
　　　生殖孔在腹吸盘前方，个别在腹吸盘后方或在腹吸盘区中···18

18. 卵黄腺伸展有限；排泄囊通常 V 形···Lecithodendriidae
　　　卵黄腺通常伸展；排泄囊不呈 V 形···19

19. 卵巢在睾丸之后；排泄囊简单，管状···Dicrocoeliidae
　　　卵巢在睾丸之前··20

20. 肠管具有前分支；泄殖腔可能具有；虫卵断面通常呈三角形；排泄囊长管状；寄生于海产哺乳类·······Campulidae
　　　肠管无前分支；无泄殖腔；虫卵断面不呈三角形··21

21. 子宫限于在腹吸盘和卵巢之间区域中；排泄囊管状··Fasciolidae
　　　子宫限于在睾丸之前区域；排泄囊 Y 形···Cathaemasiidae
　　　子宫延展于两睾丸之间并且(或)到睾丸之后区域；排泄囊 Y 形···Plagiorchiidae
　　　子宫通常限于在睾丸之前区域中；从来不延伸到睾丸之后部分排泄囊呈管状·································Omphalometridae

(三) 吸虫分类的要点

1. 生殖发育和生活史的研究是吸虫分类的主要依据

(1) 吸虫三亚纲生殖发育的差别

吸虫类因具特别发达的吸盘为附着器官，所以称为吸虫。吸虫纲分三亚纲(或目)，主要根据其生殖发育和生活史方式的不同而分。

单殖亚纲(Monogenes Van Beneden, 1858)：冷血脊椎动物体外寄生虫。生殖为直接发育，一个虫卵孵出幼虫，直接发育为一个成虫。生活史简单，无世代交替。

盾盘亚纲(Aspidoastrea Faust et Tang, 1936)：贝类、鱼类及两栖类体内寄生虫。生殖亦为直接发育，也是一个虫卵孵出幼虫，直接发育为一个成虫。生活史简单，无世代交替。

复殖亚纲(Digenea Van Beneden, 1858)：各类脊动物体内寄生虫。生殖为间接发育，一个虫卵孵出的幼虫不能直接发育为成虫，需 1～3 个中间宿主。生活史复杂，具有有性生殖和无性生殖的世代交替(alternation of generation)，有终末宿主和中间宿主的更迭。

(2) 单殖亚纲(Monogenea)的生活史

单殖吸虫生活史虽为直接发育但型式多样，如下。

三代虫(*Gyrodactylus elegans* **Nordm**)寄生于淡水鱼。本虫体内含有已经发育的幼虫在子宫内。幼虫体内又有下一代的幼虫，如是可达"四代"。此现象颇难解释。有人以为它接近于多胚胎发育现象(polyembryony)，但幼虫不是同时发生；有人以为它是提早成熟(progenesis)，但幼体中又没有性腺(gonads)。

多盘虫(*Polystoma integerrimum* **Fröhl**)寄生于欧洲的草蛙(*Rana temporaria* L.)膀胱内。本寄生虫的生活史和宿主的生活相适应。在蛙产卵及蝌蚪发育的季节，多盘虫虫卵随着蛙尿排出，在水中发育。幼虫孵出附着在蝌蚪的外鳃上，生殖器官随即长成；当蝌蚪的外鳃被吸收时，多盘虫幼体乃侵入宿主的咽腔，由肠管经泄殖腔而入膀胱。成长期历时约 3 年，当草蛙重到水中产卵时，多盘虫已经成熟，且能生出许多卵。幼虫的发育与蝌蚪发育有关。蝌蚪生出 8 天内即具有外鳃，如果此时多盘虫幼虫附着在外鳃上面，就能生长很快。它的肠管充满蝌蚪的血液，不久就能产卵。此种长成很快的成虫被称为 Neotonic adult。如果从卵中孵出的幼虫附着在生出 8 天以外的蝌蚪，就不能长得很快和很快产卵。

孪生虫(*Diplozoon paradoxum* **v. Nordm**)寄生于淡水鱼类呼吸器官，尤以鲤形目为最常见，是非常著名的寄生虫。具有细长弯曲极线(polar thread)的卵生出后 15 天孵化，幼虫附着在鱼类宿主身上发育，体之腹方生出一个吸盘，背面生出一个突起。这期幼虫历时数星期或数月，名为 Diporpa larva。这样的幼虫，两个会附着在一起，两个体互相以腹吸盘吸着在另一个体的背面突起，使虫体成弯曲状。随后两虫愈合在一起，吸盘也退化了，两个体不能再分开，变作为"愈合的孪生虫"，又称为双身虫。在这样状态下保证有异体受精。冬季生殖腺退化，明春又开始发育。没有找到伴侣的 Diporpa 幼虫不久即死去。

(3) 复殖吸虫生活史及无性生殖性质

复殖吸虫生活史包含有性生殖世代及无性生殖世代。产生受精卵的有性生殖世代(配殖体世代 marital generation)的宿主通常是脊椎动物，称为终末宿主(definitive host)；无性生殖世代(又称 larval generation 或 parthenogenetic generation)的宿主是贝类，称为中间宿主(intermediate host)。有人认为古时代贝类应当是吸虫的原始宿主(original host)，脊椎动物的感染是后来的适应(later adaptation)。所有吸虫的无性生殖世代必须在贝类宿主体内发育，无一例外。无性生殖世代有胞蚴(sporocyst)、子胞蚴(daughter sporocyst)、雷蚴(redia)及子雷蚴(daughter redia)，最后都是产生尾蚴(cercaria)。在形态上胞蚴与雷蚴虽有不同，但生殖的方法都是一样，以胚细胞繁殖。尾蚴的构造是成虫雏形，具有活泼的尾，便于游泳。为了适应各种环境，尾的形状变化特多。

复殖类吸虫幼虫期的生殖问题尚为科学界的讨论问题。自从 Steenstrup(1842)最早提出吸虫类有世代交替后，它们在螺类宿主体内生殖的方法成为争论的要点。关于在贝类体内无性世代的生殖现象有一些不同的见解。Grobben(1882)在研究一些无脊椎动物孤雌生殖之后，认为吸虫的生殖方法是有性生殖和孤雌生殖的交替。这一观念使 Sinitsin 创用了"配体"(marita)和"处女体"(parthenita)两名称来指这两代的虫体。经过许多研究者考察这一问题，但从未有人证实其在贝类体内发育阶段有孤雌生殖现象。

陈品芝(1937)曾经用美洲克氏并殖(*Paragonimus kellicotti* Ward)的发育作为材料考察吸虫类整个生殖细胞发生史(germ cell cycle)，叙述了成虫产生的受精卵子孵出毛蚴侵入贝类宿主后发育成母胞蚴，逐代的生殖细胞产生母裂蚴、子裂蚴、尾蚴，后者经第二中间宿主后侵入终末宿主而长大为成虫。这些幼虫期均是用被称为"多胚生殖"(polyembryology)的无性生殖方法。Rees(1940)研究了并睾吸虫(*Parorchis acanthus* Nicoll)的发育。Cort 和他的合作者(1941~1944 年)扩大了这方面的观察，对鸮形科、裂睾科、斜睾科等幼虫期生殖的方式作了详细的观察。认为吸虫类幼虫发育的形式是胚细胞的增殖，相当于其他动物的"多胚生殖"。他们追踪着毛蚴、胞蚴或雷蚴体内的幼胚细胞(germinal cell)的来源，认为可追溯到成虫体内的受精卵。卵分裂为体细胞与幼胚细胞。在毛蚴体内的生殖细胞有异于其他动物的胚细胞，因为它们不是从生殖腺卵巢或睾丸来的，而是从胚细胞或幼虫体壁内侧一些特殊细胞生成的。所以这样的生殖方式只能认为是幼虫期的增殖方式，而不是成体的生殖方式。昆虫的多胚生殖是与之接近的生殖形式。Cable 研究一种异形吸虫 *Cryptocotyle lingua* Creplin 的生活史，Dollfus(1919)研究单吸盘吸虫的发生，得到结论：吸虫类的后期幼虫不是从前期幼虫的体壁来的，而是从原来幼胚细胞的分裂而来的。Woodhead(1931)研究了腹口类吸虫 *Bucephalus papillosus* 在河蚌体内发育的情况，误认为曾观察到卵成熟时极体(polar body)的形成，但后来学者的观察都否定了这现象的存在。

(4)生殖发育是吸虫类分类的依据

现在我们已经明了吸虫在贝类宿中生殖过程的特点。多胚生殖的性质是无性繁殖。在营养条件良好的宿主体内，大量的后代常是以无性生殖的方法来繁衍的，如原生动物疟疾原虫或其他孢子类即是如此。在软体动物宿主体内有这样多胚生殖，是复殖类所特有的。如上所述，在 Van Beneden 的分类大纲中，单殖类与复殖类主要的区别即以此为依据。复殖类是高度适应贝类宿主的，单殖类不是贝类的寄生虫而是鱼类的寄生虫。Van Beneden 未曾提到盾盘类，这一族类是贝类的寄生虫，但没有无性繁殖。这说明它还停留在较原始演化的阶段。Aspidogastrea 或 Aspidobothrea 作为吸虫类的一个亚纲是恰当的。

La Rue(1938)提出了"吸虫类生活史的考察对于本纲分类问题可以有所贡献"。将近 20 年之后 La Rue(1957)又作一详细的复述，并制订一新的分类体系。至今已有半个多世纪，在蠕虫学者的努力下，其间几部大型的有关吸虫分类的著作问世，如日本的山口左仲(S. Yamaguti)(1958, 1971)，苏联的斯克里亚平(1947~1978 年)等。还有不少人对吸虫分类体系、地区区系或某一族类作了专题研究，如 Odening、Dollfus、Dawes、Szidat、Cable、Mehra 等诸家的著作虽对于吸虫纲分类有很大贡献，但对于建立一个能代表真正亲缘关系的自然系统，相距还很远。

Stunkard(1940, 1946, 1963)对于吸虫类的分类及系统发生有很多卓越的见解。他曾说过："分类学目的是通过分类学上各级的名称符号来代表它们之间的亲缘关系"。他对于以往分类问题多所纠正。关于单口类(Monostomata)和双口类(Distomata)的关系提出了很多新见解。以往很多人设想双口类是从单口类来的。单口类吸虫标准种类，如 *Tamerlania bragai*，据 Maldonado(1943)及 Stunkard(1945)的研究，它的尾蚴是具有吸盘的，成虫有时也还有一个退化的小吸盘。环肠科(Cyclocoelidae)的种类，寄生在鸟类的胸腔和气囊等体腔中。我们研究鸭的气管吸虫 [*Tracheophilus cymbius* (Dies, 1850) Skrjabin, 1913] 的生活史，成虫寄生在鸭的气管内，成虫都不具吸盘，但尾蚴、后蚴及童虫均有腹吸盘，长大成熟后成虫的腹吸盘才消失(唐崇惕和唐超, 1978)。通过"用进废退"的学说可以解释这些吸盘发达及退化的情况。Cohn 和 Odhner 均曾提出，吸盘发达的程度与寄生的位置大有关系。在肝、肾、体腔等位置寄生的吸虫，其腹吸盘不发达。

在肠管寄生的，腹吸盘以及口吸盘常强大。因而虫体在肠蠕动时不易被排出。所以吸盘的有无不能反映真实的亲缘关系。鸟类的肾居吸虫(*Renicola thaidus*)生活史的阐明(Stunkard，1963)不但能说明上述现象的另一例子，而且还明确了肾居属真正的分类位置：肾居属应归于斜睾科。我们在福建发现的长劳管吸虫(*Cortrema corti* Tang，1950)，最早是把它归在隐殖科(Troglotrematidae)，并认为和 *Collyriclum faba* 有密切关系。Khotenovsky(1961)从肾居属(*Renicola*)及 *Leyogonimus* 属分出了两种吸虫，*R. magnicaudata* 及 *L. testilobatus*，并把它们改隶于 *Cortrema* 属。他的文中讨论本属的分类位置，认为 *Cortrema* 属应隶于枝腺科(Lecithodendriidae)。我们在 1963～1965 年期间，曾探讨 *Cortrema corti* 的生活史，通过人工感染方法，阐明本吸虫全程生活史各发育期，并查到了自然感染的中间宿主。此吸虫幼虫期经毛蚴、两代胞蚴及尾蚴，经详细观察，其详细构造，如胞蚴发育的特点和尾蚴的构造[排泄囊的形状、口吸盘不具小芽状结构(virgula)、具口锥刺]等，它显然不属于枝腺科，而应属于斜睾科一类(唐仲璋和唐崇惕，1981)。

2. 形态学是寄生虫分类工作的基础

以往寄生虫学者从事分类的工作应用形态学作为主要的根据，经常工作的程序是这样：把采集到的标本和文献中叙述的种类详加比较，若是已经知道的种类，就给它作适当的鉴定，归纳入应该放置的科属；若是以往学者尚未发现的，便将其确切描述，选定模式的标本，并创立一新的名称，这样的叙述文字在科学刊物上发表。自从动物分类学开展以来，有数以千计的寄生动物是这样命名与鉴定的。这工作和其他部门的分类工作一样，从林耐氏或更早时候一直这样继续下来。

近年来有人批评和低贬了分类学工作，认为是"陈旧与狭隘""分类工作已经无事可做""分类系统常是杂乱无章""分类工作无实用价值，是落后而且不行时了"。在动物学界流行的这样的概念，必须正确评价，详细地考虑它对科学发展的影响。我们不否认现在的分类学方法是古典的，需要改造，但这观点全面否定了分类和形态学工作，则是有害的。否定形态学和分类学几乎是否定生物学全部的基础。生物学的研究常从个别的生物开始。形态学常是开宗明义的第一章，它是学者进入其他生物学领域的阶梯，生物学者必须知道生物各级的构造、机体、器官、细胞甚至更微小的超显微结构，才能深入地理解某些综合的生命现象。形态学提供了大量的论证，借以建立动物界系统发生的概念。同时也丰富了动物演化的原理。

形态学何以会成为分类学的主要根据呢？以往的经验证实形态学的知识较容易获得，需要的仪器较少，而所观察的特点又较为固定不变，可以提供很好的比较材料。在形态学基础上建立的分类体系，其优点即在于它的简单和可以目睹。目前的动物分类系统虽然存在些纷乱的现象，但是可以改进。以寄生虫的分类来说，存在纷乱现象的只是很少的部分。分类工作虽然经历了数世纪，但是否已把自然存在的种类鉴定出大部分且已无事可做了呢？肯定不是。以寄生虫为例，从各类动植物宿主体内寻找寄生虫，这样的调查工作做得非常少，因而我们还不能粗略地知道它们区系分布的状况，甚至也不知道各个大类大概的数目和相对多寡情况。在相当长的时间，分类学将仍然存在，形态学将仍然是分类工作的主要根据。在寄生虫方面，形态学不仅是体外表形态，还包括体内各器官系统的结构，以及其生命周期内各发育阶段的形态结构。以吸虫为例，就不仅要观察其成虫有性世代，还需要观察它们各无性世代的幼虫期。当然，除了形态结构之外还有其他根据。

据 Simpson(1962)的意见，分类学的目的在于建立一个较为固定的、科学的系统。但它不仅仅单纯地将动植物作系统区分，而是有更广泛和更概括的含义。他于 1945 年说过："分类学是一门最基础的同时也是最概括的科学。它是最基础的，因为如果不首先对它的分类有些认识，我们就不能对任何动物进行研究。它是最概括，因为各类以及各种形式的分类学都能综合利用有关的知识，无论它是属于形态学、生理学或生态学的范围"。分类学中更艰巨的工作是在不断发展的科学洪流中对于每一种动物有关知识的进展进行跟踪(Blackwelder，1962)。我们若同意这一观点，那必定会想到动物分类的标准应该更广阔些。

早在 20 世纪 20 年代，有些分类学者曾经酝酿了一个概念，即分类学应该依据一切可能获得的知识，而不只是某些检索表的特征。这不等于所有的知识对于分类学都同样重要，它们可否采用应取决于合理的比较和分析。寄生虫学者在进行分类工作时除形态结构的叙述以外，也记载了宿主种类、寄居的位置、分布地点等。他们也探讨发育史和比较胚胎学方面的问题，这些知识对于建立能代表有亲缘关系的自然系统有很大的帮助。对于每个分类学者来说，他继承着前人的业绩，同时他也负有开拓新科学的责任，所以对新技术方法的应用义不容辞。毫无疑义，寄生虫学工作者应当应用超显微技术、现代细胞学方法、组织化学、生化分析和分子生物学的知识来充实研究工具，改进研究方法，这些新方法也还是形态学的性质。他们也能进一步应用生理学、遗传学、寄生虫体外培养等方法；另外，也可以开辟新的研究园地，探讨生态学、免疫学、动物的行为习性、寄生虫与宿主关系等问题。上述各门科学，从不同的角度阐明寄生虫的特点，能提供可资比较的论料。

1940 年在英国有一批讨论新分类学(New Systematics)的论文发表，它们与而后发表的同观点的书籍集中讨论演化的机制和新种形成的问题。这些著作曾吸引分类学者的注意，因为新种产生的过程，牵涉分类学者所关注的种的区分问题。新分类学一书不但扩大了分类学的领域，而且对于种的概念也有新的见解。此类书所提的种已不是一个模式的标本，具有这样或那样的特征，而是根据一个或数个群体的概念，种只是一个概念或定义。Mayer(1942)在分类学与物种起源书中对于种的定义写为："能互相交配和生育后代的群体，它与其他同样群体在生殖方面是隔绝的"。这一定义原是根据异体受精的动植物而言，如何能应用到寄生动物分类工作来呢？对于低级的无脊椎动物，如原虫、蠕虫之类，有的是用无性生殖(孢子生殖、出芽生殖等)，有的是只能用自体受精(obligate self-fertilization)，它们的分类又如何用生殖隔绝来作种的区分呢？这些动物又难于各种都用育种实验来断定其特征。在实际工作中，寄生虫学者还只能根据虫种的形态构造特点从事分类工作。

参 考 文 献

陈心陶，等. 1985. 中国动物志 扁形动物门 吸虫纲 复殖目(一). 北京：科学出版社

陈心陶. 1965. 医学寄生虫学. 北京：人民卫生出版社

唐崇惕，唐超. 1978. 福建环肠科吸虫种类及鸭嗜气管吸虫的生活史研究. 动物学报，24(1)：91-106

唐崇惕，唐仲璋. 1959. 东亚尾胞吸虫(Halipegus)生活史研究及其种类问题. 福建师范学院学报(生物学专号)，(1)：161-176

唐仲璋，林秀敏. 1979. 中国鲫吸虫生活史及区系分布的研究. 厦门大学学报(自然科学版)，(1)：81-98

唐仲璋，唐崇惕，陈清泉，等. 1980. 福建省家禽嗜眼吸虫的研究. 动物学报，26(3)：232-241

唐仲璋，唐崇惕. 1964. 两种航尾属吸虫：鳗航尾吸虫和黄氏航尾吸虫的生活史和本属分类问题. 寄生虫学报，1(2)：137-152

唐仲璋，唐崇惕. 1981. 长劳管吸虫生活史的研究. 动物学报，27(1)：64-74

Baer J G，Joyeux C. 1961. Class des trematodes. In traite de Zoologic，4：561-692

Baer J G. 1950. Phylogenic et cycles evolutifs des Cestodes. Rev Suisse Zool，57(10-32)：553-558

Baer J G. 1951. Ecology of Animal Parasites. illus.，pls. Urbana，Illinois. 224

Baylis H A. 1938. On two species of the trematode genus *Didymozoon* from the Mackerel. J Marine Biol Ass United Kingdom，22(2)：485-492

Bojanus L H. 1818. Kurze Nachricht über die Cercarien und ihren Fundort. Isis(Oken)，1(4)：729-730

Braun M. 1879-1893. Vermes Broun's Klassen und Ordnungen des Tierreiches.

Britt H G. 1947. Chromosomes of digenetic trematodes. Am Naturalist(799)，81：276-296

Bronn H G. 1843. Handbuch einer Geschichte der Natur. V.2. Organisches Leben，Stuttgart. 836

Brooks F G. 1930. Studies on the germ cell cycle of trematodes. Am J Hyg，12(2)：299-340

Burmeister H. 1856. Zoonomische Briefe. Leipzig.Allgemeine Darstellung der thierischen Organisation，1：367，2：470

Cable R M. 1934. Studies on the germ-cell cycle of *Cryptocotyle lingua*. II.Germinal development in the larval stages. Quart J Micr Sc，n s(304)，76(4)：573-614

Carus J V. 1863. Raderthiere，Würmer，Echinodermen，Coelenteraten und Protozoen. HandbZool，2：422-600

Chen Pin-dji(陈品芝). 1937. The germ cell cycle in the trematode *Paragonimus kellicotti* Ward. Tr Am Micr Soc，56(2)：208-236

Cheng T C. 1960. The life history of *Brachycoelium obesum* Nicoll，1914，with a discussion of the systematic status of the family Brachycoeliidae Johnston 1912. J Parasit，46：464-474

Cheng T C. 1961. Description，life history and development pattern of *Glypthelmins pennsylvaniensis* n. sp.(Trematoda：Brachycoeliidae)，new parasite of frogs. J Parasit，47(3)：469-482

Ciordia H. 1956. Cytological studies on the germ cell cycle of the trematode family Bucephalidae. Tr Am Micr Soc，75(1)：103-116

Cort W W，Brackett S，Olivier L J. 1944. Lymnaeid snails as second intermediate host relations to the strigeid trematode，*Cotylurus flabelliformis*(Faust，1917). J Parasitol，31(1)：67-78

Cort W W，Olivier L J. 1941a. The early developmental stages of *Plagiorchis muris*(Trematoda：Plagiorchiidae) in its first intermediate host. J Parasitol，27(6)：

11-12

Cort W W, Olivier L J. 1941b. Early developmental stages of strigeid trematodes in the first intermediate host. J Parasitol, 27(6): 493-504

Cort W W, Olivier L J. 1943a. The development of the larval stages of *Plagiorchis muris* Tanabe, 1922, in the first intermediate host. J Parasitol, 29(2): 81-99

Cort W W, Olivier L J. 1943b. The development of the sporocysts of a schistosome, *Cercaria stagnicolae* Talbot, 1936. J Parasitol, 29(3): 164-176

Cort W W. 1918a. Adaptability of Schistosome larvae to new hosts. J Parasitol, 4(4): 171-173

Cort W W. 1918b. Homologies of the excretory system of the forked-tailed cercariae. A preliminary report. J Pacasitol, 4(2): 49-57

Cort W W. 1918c. The excretory system of *Agamodistomum marcianac* (La Rue)., the agamodistome, stage of a forked-tailed cercaria. J Parasitol, 4(3): 130-134

Cort W W. 1944. The germ cell cycle in the digenetic trematodes. Quart Rev Biol, 19(4): 275-284

Dawes Ben. 1946. The trematoda with special reference to British and other European forms. Cambride Univ Press, 644

Delage Y. 1884. Evolution de la sacculine (*Sacculina carcini* Thomps.) crustace endoparasite de l'ordre noureau des Kentrogonides. Arch Zool Exper et Gen, z. s, 2: 417-736

Faust E C. 1918a. Studies on Illinois Cercariae. J Parasitol, 4(3): 93-110

Faust E C. 1918b. Two new Cystocercous cercariae from North America. J Parasitol, 4(4): 148-153

Faust E C. 1919a. A biological survey of described cercariae in the United States. Am Naturalist(624), 53: 85-92

Faust E C. 1919b. The excretory system in Digenea. 1. Notes on the excretory system of an amphistome, *Cercaria convoluta*, nov. spec. Biol Bull, 36(5): 315-321

Faust E C. 1919c. The excretory system in Digenea. 2. Observation on the excretory system in distome cercariae. Biol Bull, 36(5): 322-339

Faust E C. 1919d. The excretory system in Digenea. 3. Notes on the excretory system in a monostome larva *Cercaria spatula* nov. spec. Biol Bull, 36(5): 340-344

Faust E C. 1924. Notes on larval flukes from China. Ⅱ.Studies on some larval flukes from the central and South coast provinces of China. Am J Hug, 4(4): 241-301

Foxon G E H. 1940. Notes on the life history of *Sacculine carcini* Thompson. J Marine Biol Ass United Kingdom, 24(1): 253-264

Gille O K. 1914. Untersuchunger über die Eireifung, Befruchtung, und Zellteilung von *Gyrodactylus elegans* v. Nordmann. Arch Zellforsch, 12(3): 415-456

Goldschmidt R B. 1902a. Untersuchunger über die Eireifung, Befruchtung, und Zelltheilung bei *Polystomum integerrimum* Rud. Ztschr Wissench Zool, 71(3): 397-444

Goldschmidt R B. 1902b. Bemerkungen Zur Entwicklungsgoschichte des *Polystomum integerrimum* Rud. Ztschr Wissench Zool, 72(1): 180-189

Grobben K. 1882. Doliolum und sein Generationswechsel nebst Bemerkungen über den Generationswechsel der Acalephen, Cestoden und trematoden. Arb Zool Inst Univ Wien, 4(2): 201-298

Kathariner L. 1904. Ueber die Entwicklung von *Gyrodactylus elegans* V. Nrdm. Zool Jahrb Suppl 7 Festschr. 70 Geburtst. A Weismann: 519-550

Khotenovsky I A. 1961. Morphology and taxonomy of trematodes of the genus Cortrema Tang 1951 (Lecithodendri idae Odhner, 1911). Parasitology, Shornik 20: 337-338

Komiya Y, Tajimi T. 1940a. Study on *Clonorchis sinensis* in the District of Shanghai. 5. The cercaria and metacercaria of *Clonorchis sinensis* with special reference to their excretory system. 91-106, pls Shanghai. (Separate print No. 6, The Journal of the Shanghai Science Institute, Section Ⅳ, v. 5, Mar.)

Komiya Y, Tajimi T. 1940b. Study on *Clonorchis sinensis* in the District of Shanghai. 6. The life cycle of *Exorchis oviformis*, with special reference of the similarity of its larval forms to that of *Clonorchis sinensis*. 109-123, pls Shanghai. (Separate print No. 8, The Journal of the Shanghai Science Institute, Section Ⅳ, v. 5, Mar.)

La Rue G R. 1957. The classification of digenetic trematodes. A revision and a new system. Experim Parasitol, 6(3): 306-344

Leuckart K G F R. 1856a. Die Blasenbandwürmer und Ihre Entwicklung. Glessen, Zugleich ein Beitrag zur Kenntniss der Cysticercus-Leber. 1 p 1, 162

Leuckart K G F R. 1856b. Bericht über die Leistungen in der Naturgeschichte der niedern Thiere wahrend des Jahres 1854 und 1855. Berlin, Arch Naturg, 22 J, 2(6): 324-454

Leuckart K G F R. 1882. Entwicklungsgeschichte des Leberegels (*Distomum hepaticum*). Berlin, Arch Naturg, 48 J, 1(1): 80-119

Looss A. 1899. Weitere Beiträge zur Kenntnis der trematoden-Fauna Aezyptens, zugleich Versuch einer natürlichen Gliederung des Genus Distomum Retzius. Zool Jahrb Jena Abt Syst, 12(5~6): 521-784

Lühe M. 1909. Parasitische Plattwürmer. I. Trematoden, Susswasserfauna Deutschl. Heft, 17: 215

Lutz A. 1920. The prevention of tropical diseases. Nelson Loose-Leaf Med, 7: 376-388

Maldonado J F. 1943. A note on the life cycle of *Tamerlanea bragai* Santos, 1934 (Trematoda: Eucotylidae). J Parasitol, 29(6): 424

Manter H W. 1926. Some North American fish trematodes (Thesis, Ph. D. Zool. Univ. Illinois). Illinois Biol Monogr, 10(2): 1-138

Mehlis E. 1831. Novae observationes de entozois. Isis(Oken), Auctore Dr Fr Chr H Creplin, (1): 68-69; (2): 166-199

Monticelli F S. 1892. Di alcuni organi di tatto nei tristomidi. Contributo allo studio dei trematodi monogenetici. Parte 1. Boll Soc Nat Napoli (1891), 1 S, 5(2): 15 Genn, 99-134

Nikoleava V M. 1965. Life cycle of trematode family Didymozoidae (Monticelli, 1888) Poche, 1907. Zool Zhurn, 44(9): 1317-1327

Odening K. 1960. Zur Grosseinteilung der digenetischen trematoden. Z Par, 20(2): 170-174

Odhner T. 1911. Zum naturlichen System der digenen Trematodes. Zool Anz，37（10～11）：215-217

Rees F G. 1940. Studies on the germ cell cycle of the digenetic trematode *Parorchis acanthus* Nicoll. Part II. Structure of the miracidium and general development in the larval stages. Parasitology，32（4）：372-391

Rudolphi C A. 1808. Entozoorum sive vermium intestinalium historia naturalis. V. 1 Amstelaedami

Rudolphi C A. 1809a. Entozoorum sive vermium intestinalium historia naturalis，2（1）：457 Amstelaedami

Rudolphi C A. 1809b. Entozoorum sive vermium intestinalium historia naturalis. 2（2）：12-386 Amstelaedami

Ruszkowski J S. 1922. Hemistomum alatum Dies. Rozpr Wydz Matemat. PrzyrPolsk Akad Vmiej，61：3；21：249-254

Sewell R B S. 1922. Cercariae indicae. Indian J Med Research，10：1-370

Skrjabin K I. 1947～1978. Trematodes of men and animal. Moscow：Izdatelstvo Akademii Nauk SSSR，（In Russian）.

Steenstrup J. 1842. Om Forplantning og Udvikling giennem vexlende Generationskraekker en saeregen From for Opfostringen i de lavere Dyrklasser. Kjebenhavn，76

Stunkard H W. 1937. The parasitic flatworms. Culture Methods Invert Animals（Galtsoff，Lutz，Welch and Needham）：156-158

Stunkard H W. 1943. The morphology and life history of the digenetic trematode，*Zoogonoides laevis* Linton，1940. Biol Bull，85（3）：227-237

Stunkard H W. 1945. The morphology of *Tamerlania bragai* dos Santos，1934. J Parasitol，31（5）：301-305

Stunkard H W. 1946. Interrelationships and taxonomy of the digenetic trematodes. Biol Rev Cambridge. Phil Soc，21（4）：148-158

Stunkard H W. 1956. The morphology and life history of the digenetic trematode *Azygia sebago* Ward，1910. Biol Bull，111（2）：248-268

Stunkard H W. 1963. Studies on the trematodes Genus *Renicola*：Observations on the life history specificity and systematic position. Biol Bull，126：467-489

Szidat L. 1924. Beitrage zur Entwicklungsgeschichte der Holostomiden. Zool Anz，Leipzig，58（11～12）：299-314

Tang C C（唐仲璋）. 1950. Contribution to the knowledge of the helminth fauna of Fukien. Part 2. Notes on *Ornithobilharzia hoepplii* n. sp. from the Swinhoe's snipe and *Cortrema corti* n. gen. n. sp. from the Chinese tree sparrow. Peking Nat Mist Bull，190（2～3）：209-216

Thomas A P W. 1883. The life history of the liver-fluke（*Fasciola hepatica*）. Quart J Micr S，n s（89），23：99-133

Thomas L J. 1939. Life cycle of a fluke，*Halipequs eccentricus* n. sp.，found in the ears of frogs. J Parasitol，25（3）：207-221

Van Beneden P J. 1858. Histoire naturelle d'un animal nouveau. designe sous le nom d'Histriobdella. Bull Acad Roy Sc Belgique，an 27，2 s，5（9～10）：270-303

Woodhead A E. 1931a. The germ cell cycle in the trematode family Bucephalidae（Life history studies on the trematode family Bucephalidae，№ Ⅲ）. Tr Am Micr Soc，50（3）：169：188

Woodhead A E. 1931b. The redia of the gasterostomes. Science，n s（1923），74：463

Yamaguti S. 1958. Systema Helminthum. New York：Interscience Publishers.

Yamaguti S. 1971. Synopsis of Digenetic Trematodes of Vertebrates. Tokyo：Keigaku Publishing Co.

Yamaguti S. 1975. A synoptical review of life histories of digenetic trematodes of vertebrates with special reference to the morphology of their larval forms. Tokyo：Keigaku Publishing Co

Zeder J G H. 1800. Erster Nachtrag Zur Naturgeschichte der Eingeweidewürmer，mit Zufassen und Anmerkungen herausgegeben. Leipzig：320

四、吸虫类系统发生

（一）寄生蠕虫的演化踪迹

1. 蠕虫群类关系

关于吸虫、绦虫及线虫等群类的系统发生问题难以定论。这些蠕虫都是身体柔软，没有留下化石遗迹，其演化只能根据其他有关的科学知识进行推测；一方面由它们所寄生的宿主进行推测，从宿主出现及存在的化石年代推测其寄生虫存在的年代；另一方面根据这些蠕虫与其他无脊椎动物的比较胚胎学（发生学）、比较解剖学（成虫及幼虫的形态学）及分类学的研究来推测其系统发生，从现存的种类来分析其从原始至复杂的过程。

（1）涡虫纲（Turbellaria）

一般认为扁形动物门中最初的扁形动物是无肠涡虫，许多其他纲、目，可能由原始的无肠类演化而来。将吸虫、绦虫种类形态和现有有关的自由及半自由生活的涡虫族类的形态构造比较研究，可以看出它们之间的相似，因此有人推测吸虫类可能是从自由生活无肠类涡虫(*alcoela turbellarians*)分支出的单肠类涡虫(*rhabdocoela*)的寄生种类演化而来。涡虫中有寄生性种类，如在海胆、海参等棘皮动物体内有寄生涡虫，其形态和吸虫很类似。切头涡虫(*Temnocephala*)为外寄生，它依附在甲壳类的螯肢、口腔附近等部位，由于水的流动，可摄食水中的有机物为食料。切头涡虫外皮披光滑的皮层，和吸虫相似。切头涡虫是半自由生活的形式，人们认为它是处于自由涡虫和寄生吸虫之间的一种形式，在演化上具有重要意义。人们还认为具有杆状消化管的单肠类涡虫是接近于现有吸虫的祖先，如达赖尔氏涡虫(*dalyellioidea*)即属于此类。达赖尔氏涡虫有一个很大的咽和单条肠管，神经中枢在前方，有一卵巢和分散的睾丸，尚有输精管、贮精囊及子宫等构造。吸虫所需要的软体动物类中间宿主恰好也是内寄生的单肠涡虫群类的终末宿主，复殖类吸虫的雷蚴阶段似乎是单肠类涡虫祖先的重现。

（2）吸虫纲(Trematoda)

吸虫纲已归纳有三亚纲：单殖亚纲、盾盘亚纲及复殖亚纲。

1）单殖亚纲(Monogenea)种类的附着器官位于体后端，上有后吸附器(opisthaptor)及钩。后吸附器结构因种类而异，有的较简单，有的很复杂。单殖类吸虫大部分是体外寄生(如三代虫等)，部分是内寄生(如多盘虫寄生在蛙的膀胱中等)。体外寄生或体内寄生其重要性次于其生殖类型，它们是无世代交替、直接发育的生殖类型而与复殖类吸虫相区别。苏联学者贝可夫斯基(Bychowsky，1957)等把单殖类吸虫列为独立的纲，认为其演化和其他吸虫类不接近。有的学者认为单殖类跟复殖类仍是接近的种类，而将它们同列于吸虫纲中。

2）盾盘亚纲(Aspidogastrea)种类具有一个很大的特殊的腹部盾状附着器官，这构造既不同于单殖类种类也不同于复殖类吸虫。其发育也是直接发育，从虫卵中孵出的小虫是具有一个很大的咽、杆状肠管及后端一个圆形吸盘的构造，由此小虫在终末宿主(贝类)体中直接发育变成成虫。

3）复殖亚纲(Digenea)是包括有140多科、1000多属的一个群类。生殖具世代交替，成虫期行有性生殖，幼虫期行多胚生殖(polyembryony)，一个毛蚴进入一个贝类宿主，经胞蚴或雷蚴世代而产生万千条尾蚴，这样生殖是无性生殖。复殖类吸虫的如此生殖类型说明其是高度发育的一类寄生虫。在复殖亚纲中各类群间的亲缘关系、各类群系统发生情况，除根据成虫阶段的形态构造之外，尚需根据各类生活史类型、各幼虫期形态以及其宿主种类等进行推论。相接近的种类，在其生活史中常显现有共同的发育特点及近似的形态构造，如血居吸虫、旋睾吸虫及裂体科吸虫成虫形态不相同，但其幼虫期共同都经历二代胞蚴、具叉尾的无咽尾蚴，尾坳都具有穿钻终末宿主皮肤而进入其体内到血管系统内寄生的习性。由此可知此3科吸虫有很近的亲缘关系。又如，平睾吸虫及嗜眼吸虫在成虫形态上也有差异，关于平睾类吸虫的分类位置问题，各学者有不同的看法。但比较此两类吸虫的生活史，它们具有十分相似的发育阶段：在毛蚴体内已含有活泼的小雷蚴，雷蚴进入贝类宿主体中进行继续发育。两类吸虫在毛蚴、雷蚴、尾蚴及囊蚴等阶段幼虫期的形态有十分相似之处。由此可以认为它们有很近的亲缘关系，可以把它们安置在同一科中。复殖亚纲种类繁多，与上述相似的情况不能一一枚举。

（3）绦虫类(Cestoda)

关于绦虫类的祖先尚无定论，尚无找到与其相近的自由生活种类。有人认为它来源于单肠类涡虫，其肠管在以后退化掉。但绦虫的祖先应该是与无肠管涡虫接近，和吸虫可能有不同的来源。对于多节片绦虫是否从古代的单节片绦虫演化而来，有不同意见。寄生在古鲨鱼的旋缘目及两线目的无节绦虫(Cestodaria)，幼虫期都是具十个胚钩的十钩蚴(Lycophora)，曾有人认为此两目绦虫是绦虫类的祖先形式；比较其十钩蚴不同于其他绦虫的六钩蚴(Oncosphere)，可以看出它们不是同一支脉。从此两目绦虫的发现中亦可以看到古代一些绦虫遗迹。Caryophylaidae 科绦虫寄生在鱼类及寡毛类。例如，原始绦虫(*Archigetes siebodi* Leuckart)形态像单节片绦虫，体后有一尾巴，其末端有由六钩蚴留下的6个小钩。中间两钩较大，两侧各两个较小，与其他多节片绦虫的六钩蚴的胚钩一样；宿主是寡毛类蚯蚓(*Limnodrilus hoffmeisteri*)及鲤鱼。

此原始绦虫排出的具卵盖内有六钩蚴的虫卵可刺破蚯蚓身体，到水中被另一蚯蚓吞食，发育成具尾的成虫。此古绦虫到鲤鱼体中寄生就会丢掉尾巴。在寡毛类体中繁殖的成虫可以视为是原尾蚴(procercoid)提早性成熟(neo-tenic development)的一种繁殖形式。由此现象可以推测，绦虫的古代个体可以在无脊椎动物体中以"幼虫"发育达到性成熟，亦有到水中行自由生活的阶段。

从单节片到多节片的演化是单套生殖腺与多套生殖腺的演化。例如，*Ligula intestinalis* 在虫体上体节尚未分化，而体中生殖器官已分多套，是绦虫直线分布的开端，现认为它是单节片绦虫和多节片绦虫间的中间形式。寄生在北方的鹏鹈、潜鸟及秋沙鸭等古鸟体中的 *Digrama interrupta* 体外表亦不分节，与 *Ligula intestinalis* 十分相像。区别点 *Digrama* 在每一节上有两套生殖器官，而 *Ligula* 只有一套生殖器官。*Digrama* 不仅在整个虫体上是介于单节片绦虫与多节片绦虫之间，而且生殖腺作了横的分套。这在假叶目、圆叶目中都有例子。假叶目中如 *Diphyllobothrium* 节片一节一套生殖器官，而 *Diplogonoporus* 一节两套生殖器官；又如，圆叶目中 *Paranoplocephala* 一节一套生殖器官，而 *Moniezia* 及 *Cittotaenia* 一节有同样的两套生殖器官。可以认为，一节两套生殖器官的虫种是由与其形态相同的一节一套生殖器官的虫种来的。在多节片绦虫中四叶目绦虫(Tetraphyllidea)可能也是绦虫的最初类型；假叶类绦虫是比带虫类更原始。从带虫类结构及其只寄生于较后进化的脊椎动物(鸟类和哺乳类)来看，带虫类可能是所有绦虫中最近的一支。研究宿主的种类、分布及宿主特异性，表明绦虫在其演化历史中比吸虫在更早阶段具有寄生习性。

(4) 钩头虫(Acanthocephala)

钩头虫的演化是一个特殊的问题，从它们的构造和发育的奇特形式，说明它们与任何其他无脊椎动物的相似点很少；经详细的比较在胚胎学方面钩头虫与扁形动物有相似之处，在形态学上与囊蠕虫门(Aschelminthes)亦有相似点。以目前的知识，钩头虫的进化还不能决定，其祖先还不明了，但从其宿主种类说明它们是较近阶段营寄生生活的。

(5) 线虫(Nematoda)

线虫的演化线索也还不能确定，但由它们的构造和发育特点，说明和其他囊蠕虫群类(Aschelminth group)，尤其与动吻纲(Kinorhyncha)及锯棘总科(Psiapuloidea)有亲缘关系，它们可能有共同的祖先。在所有线虫类群(包括淡水、陆地及寄生种类)中，其祖先像是在海水中自由生活的种类。鞭虫类(Trichuroid)及肾膨结线虫(Dioctophymoid)种类显然是由矛线总科(Dorylaimoidea)祖先演化来的；尖尾类(Oxyuroid)、蛔虫类(Ascaroid)及圆线虫类(Strongyloid)种类显然是从杆形类(Rhabditoid)祖先演化来的；丝虫类(Filarioidea)及龙线虫类(Dracunculoidea)显示出与吸吮类(Thelazia)及旋尾总科(Spiruroidea)有亲缘关系，但后者的来源不能肯定。

(6) 铁线虫类(Nematomorpha)

铁线虫又称毛虫(hairworm)，它们显然和其他囊蠕虫群类有共同祖先，并且像线虫一样，与动吻纲及锯棘总科比其他纲有更接近的关系。

(7) 舌形虫目(Pentastomida)

舌形虫是节足动物类(Arthropoda)的一个古代、变型的支脉，在现有的节足动物之中虽然和螨类关系最接近，但尚没有找到一独立的位置。

(8) 蛭类(Hirudinea)

蛭类与寡毛类环形动物纲(Oligochaeta)有亲缘关系，它们可能有一共同祖先，整个环形动物群(Annelid group)是其来源。

2. 寄生习性产生的可能缘由

要研究绦虫及钩头虫类群寄生习性的来源是不可能的，因为它们营自由生活的祖先已经消失得无踪迹了，但在线虫类中还可以看到寄生动物习性的产生，从中能发现由自由生活肉食类(free-living carnivores)到组织寄生虫(obligate tissue parasites)之间的不同类群。从自由生活进化到寄生生活，学者们认为：最重要的因素表现在从祖先的自由生活形式演变到寄生生存，需具有结构生理上的先适应性(preadaptation)。也就是说这些有机体具有生理上特殊的倾向(predisposing)，使它们具有可能在另外动物体内一些部位生存的适应性。例如，许多种自由生活的食腐性线虫(saprozoic nematodes)适应于在低氧气压条件中吃细菌和腐烂的有机物，因此逐渐地能适应于其他动物的肠道环境而成为肠道寄生虫。雌雄同体(Hermaphroditism)的涡虫由于减少寻找配偶的需要，有利于其对寄生生活方式的适应，也就更容易适应生存于所寄生的新生活环境。营寄生生活的单殖类吸虫、复殖类吸虫、无节绦虫及绦虫类，可以找到有许多从自由生活的涡虫祖先演化而来的可能路线。这样先适应型(preadapted form)个体在侵入各种不同动植物体内的器官及组织的特殊生态环境后能建立它们的生活，这些动植物就成了此寄生虫的宿主。

3. 寄生虫与宿主地理分布的关系

要研究寄生虫演化的可能年代以及其存在的位置等问题，可以从现在寄生虫种类之间、寄生虫与其宿主关系、与其他动物的关系等方面进行研究。寄生虫和其宿主(中间宿主及终末宿主)关系有一定的特异性，这也就影响到寄生虫的区域性。Fahrenholz 假设现在的寄生虫其祖先也是寄居在其现在宿主的祖先中，即从现代寄生虫与宿主的关系反映了古代寄生虫和宿主之间关系。Szidat 从现代寄生虫和现代宿主的关系，说明特殊的宿主其寄生虫也是特殊专化的；较普通种类的宿主其寄生虫也是较普遍的种类。

(1)寄生虫分布与宿主(中间宿主及终末宿主)分布的关系

寄生虫分布是和宿主的分布密切相关的，如亚洲肺吸虫种类多，分布面广，是由于川卷贝主要分布在亚洲，而且有相当大的分布区；又如，观察鳗、鲑鱼体中的吸虫种类和已知吸虫的分布，可以确定这些鱼类的迁移途径及其故乡。从现有寄生虫及其宿主的分布也可说明古代生物及地理的演变。例如，从大洋洲及南美洲发现的四趾蛙(Leptodactylidae)及其直肠中一特殊的称为 Zelleriella 属的原纤毛虫(Opalina)，可以推测大洋洲和南美洲古代是相连的，并且在此两洲尚未被海洋隔开之前就已经有四趾蛙和原纤毛虫了。Szidat 从南美洲淡水的和海水的鱼类中找到的单孔科吸虫种类和地中海鱼类的吸虫种类相似，这也是由于古代海陆变化的缘故，在第三纪时有一古海从地中海通到南美洲，将其分隔成巴西、中美洲北方及阿根廷Labrater 河部分三块。当时海鱼在这古海中可以相通，因此使这些地方的吸虫有相同的种类；古海消失之后，有的种类在地中海尚存在，在其他地方淡水化而有淡水鱼，这些吸虫种类有的也就适应淡水鱼的宿主而保存下来。所以古代海陆地理变化及现在各自然地理生态环境的条件影响宿主分布，从而也影响到寄生的分布。现存吸虫在浅海洋中分有寒带、温带及热带种类，是由于不同地带有不同的中间宿主种类。但在深海中吸虫区系是相通的，因深海中的温度各区相近，腹足类等中间宿主的种类相近，使吸虫在这广阔的深海世界中没有分隔。有的吸虫分布世界性是由于其终末宿主及中间宿主种类多而分布世界性的缘故，如半尾类吸虫(Derogenes varicus)广泛地寄生于 50 余种海洋鱼类。分布与种类变化的关系在陆地上也有此情况。例如，阔节裂头绦虫(Diphyllobothrium latum)分布横贯欧洲、亚洲北部(北欧、芬兰、波罗的海沿岸、挪威、瑞典等地到俄罗斯、中国北部及日本)，是由于其中间宿主是北方剑水蚤的缘故。

(2)种的形成和地理的关系

虫种的形成和地理有很大关系，不同地区会有不同种的分化。例如，柳莺由于地区不同而有不同品种，绕地球一圈，沿此圈品种逐渐起变化。蚊子中的羽斑按蚊分布范围广，不同地区有不同种。地理的隔离可以产生新的种。例如，在南美洲离 Ecuador 西岸 926km 的 Galapagos 岛，海洋将此岛与南美洲相隔离，Manter(1930)收集那里海鱼吸虫 39 种，其中新种 21 种；此 21 种中 15 种与附近地区的种相近，这是由于海流将那里的贝类带来的缘故。被海洋重隔的不同地方，可由于生态桥梁的联系而有相同的虫种。例如，鲻鱼(Mugilidae)是淡水咸水都能生活的生态桥梁，由此鱼类将吸虫从欧洲带到南美洲，从南美洲带到欧洲。寄生虫的分布、种的形成在历史上是非常遥远的，从现在的分布、种的形态、发育等均可以作为分类系统及演化的根据。

(二) 与吸虫纲接近的种类

吸虫类是一类没有骨骼和任何外壳的柔软动物，所以至今没有发现它们的化石。关于它们在远古年代时是何状态，无从知道。其演化问题只能根据对吸虫类及与其相近的动物的有关知识作些推测。

1. 吸虫与涡虫、绦虫的关系

涡虫类与吸虫类、绦虫类同隶属于扁形动物门(Platyhelminthes)，它们具有本门的共同特性，但彼此间有差异(**系统发生表 1**)。

系统发生表 1　涡虫纲、绦虫纲和吸虫纲特征的区别

项目	涡虫纲	绦虫纲	吸虫纲
性别	雌雄同体	雌雄同体；个别雌雄异体	雌雄同体；个别雌雄异体
生活	自由生活；外共栖；内共栖；个别寄生生活	寄生生活	寄生生活
身体	不分节	分节；少数单节片	不分节
体表	具纤毛的上皮层	皮层	皮层
生活史	无世代交替	无世代交替；一些种类行无性芽殖	具或不具世代交替
肠管	无或具有	无	具有

2. 涡虫纲(Turbellaria)的类群

涡虫纲种类绝大多数是自由生活的。在现存的种类中有一些种类营外共栖(ectocommensalism)、内共栖(endocommensalism)，或寄生(parasitism)的生活。各个体的体表有一层由外胚层形成的具细胞结构的上皮层(epidermis)或合胞体上皮(syncytial epidermis)，表面常具有纤毛，至少在某一局部具有。表皮层中杂有杆状体(rhabdois)、腺细胞等。体不分节。除无肠目外均具有肠管。神经细胞亦由外胚层细胞发生而来，肠的上皮由内胚层而来，两层之间的中胚层变成实质细胞(parenchyma)。表皮下的环肌和纵肌及背腹行的垂直肌肉等均来源于中胚层。在柔软组织中杂有生殖和排泄器官。无呼吸和循环器官。神经系统为梯形神经索。生殖系统雌雄同体，但需行异体受精。

涡虫的生活史简单，受精卵外有卵壳保护，卵产出时往往有4~20个包囊成一卵袋，并杂有卵黄细胞，以供营养之用；受精卵经卵裂发育形成幼虫，幼虫破出卵壳，行自由生活。涡虫再生力很强，将其切成数段，每段均可长成一个整体。不少学者推测吸虫的祖先可能与现在一些涡虫种类的祖先有关系。

涡虫纲按有无肠管及肠管的形态分有以下5个目。

(1) 无肠目(Acoela)

无肠目为小型虫体。有口，咽简单或无，没有肠管，不具原肾、输卵管和卵黄腺，生殖腺界限一定，本目只有海产种类。

(2) 单肠目(Rhabdocoela)

单肠目为小型虫体，具完全的消化管，肠管囊状。大多数种类具有原肾和输卵管，生殖腺数个密集组成，常具生殖乳突(penis papilla)。具角质化的上皮(cuticularized epidermis)构造。神经系统大部分具两条主纵干。包含有海水、淡水及陆地的种类。有的种类营共栖或寄生的生活。本类涡虫可能在亲缘关系上和吸虫比较接近。本目有 4 个亚目：Notandropora(或 Catanulida)、Opisthandropora(或 Macrostomida)、Lecithophora(或 Neorhabdocoela)、Temnocephalida(切头涡虫亚目)。切头涡虫亚目为营共栖生活的淡水单肠涡虫，在我国福建省曾被发现。

（3）异肠目（Allococoela）

异肠目为小型涡虫。咽简单，肠管具小分支的盲管，原肾成对。睾丸数常较多。具有生殖乳突，神经系统有 3~4 对纵干。大部分是海水种类，少数淡水种类。本目有 4 亚目：Archoophora、Lecithoepitheliata、Cumulata（或 Holocoela）、Seriata。

（4）三肠目（Tricladida）

三肠目为大型涡虫，体常较长。咽褶状（plicate pharynx）。肠管具 3 个高度分支的支干，一个向前，两个向后。卵巢一对，睾丸两个或多个。有卵黄腺，雌性器官常具有一个、有时两个生殖囊（bursa）。雄性器官具有一个生殖乳突，一个生殖孔。本目有海水、淡水及陆生种类，分 3 个亚目：Maricola（或 Retrobursalia）、Paludicola（或 Probursalia）、Terricola。

（5）多肠目（Polycladida）

多肠目为大型涡虫，常呈宽扁形态，有的长形。咽褶形，通于肠管的主干管具有再次小分支的分支。神经系统具辐射状神经索，眼点多于两个，少数种类无眼点，卵巢和睾丸数多、分散；无卵黄腺；有一个或两个生殖孔。本目几乎都是海产种类，分无吸盘和有吸盘两个亚目：Acotylea，没有吸盘构造；Cotylea，在雌性生殖孔之后有一吸盘。

（三）涡虫类扁形动物的共栖和寄生现象

1. 自然界两种动物共同生活的形式

在现存的所有动物种类中，大部分种类的个体营独立的自由生活形式，但也有不少种类是两种动物在一起共同生活，它们的关系有共栖、共生以及寄生等不同形式。

（1）共栖和共生（Commensalism and symbiosis）

自然界动物种类都会采取对它们自己有利的生活方式进行生活，有些不同种类的两种动物共同生活在一起，行共栖生活，彼此个体之间并无生理上的联系，但由于共同在一起生活而彼此有益，或一方有益而对另一方无害，这种生活方式就保持了下来，如鼠鸟同穴、寄生蟹体上的海葵、蟹类和贝类体上的涡虫，以及印鱼附挂在鲨鱼体上食用鲨鱼取食后的残渣碎屑等。有些不同的两种生物在一起生活达到生理上不能分开的程度，为共生现象，此两种生物互相有益或单方有益，如白蚁消化道中的纤毛虫（*Trichonympha campanula*）、牛、羊胃中的纤毛虫（*Diplodinium* spp.，*Eudiplodinium* spp.），这些纤毛虫能帮助白蚁和牛、羊消化它们吃进去的植物纤维，而且也从它们那里获得居住场所和营养物质，这两类动物达到不可分开生活的地步。

（2）寄生（Parasitism）

自然界尚有两类动物在一起时一类被另一类残害的情况，除了虎、豹等猛兽残暴地捕食弱小动物来维持其生命和种族外，有些寄生蜂（如姬蜂）会巧妙地产卵在被它麻醉的一些昆虫幼虫体中，让其成为寄生蜂虫卵孵化及供给幼虫发育成长所需营养食料的场所，当寄生蜂的幼虫发育成熟时被寄生的昆虫幼虫已被杀害了。真正的各类寄生虫要寄生在它们适宜的宿主体内来获得生活场所和营养，宿主也要受到损害。但这样的损害是慢性的，常常被忽视了。寄生现象不仅存在于被公认的寄生虫中，尚见于原始植物、腔肠动物、软体动物、环形动物甚至脊椎动物。

在吸虫类中，目前已知全部是寄生虫。成虫寄生在各类脊椎动物，个别还寄生在贝类等软体动物。从现有有关的吸虫生物学知识推测，吸虫的古代祖先可能与现代自由生活的涡虫相接近，逐渐地从自由生活进入与其他水生动物行外共栖生活、内共栖生活，再逐渐地演化，达到适应于寄生生活。

2. 扁形动物地质年代及群类关系

无脊椎动物主要各门在寒武纪时代约 5 亿年以前已经出现了,那时有三叶虫和腕足类,它们是高度专化的类群,在脊椎动物还没有出现以前可能已经存在了。在我国无脊椎动物化石中,瓣鳃类和腹足类软体动物极古远年代的均有,甚至寒武纪(Cambrian)前已有原始的腹足类了。在北美洲加拿大西部不列颠哥伦比亚省费尔特(Field)区,曾发现古生代初期寒武纪中叶的泥片(burgess shales)(页岩),其中有 70 属 130 种无脊椎动物,自海绵动物至钩足类(Onychophora)等原始节足动物都有遗迹。依照动物发展史的程序,扁形动物在那时候必定也已存在,并已经与其他动物发生关系了。在那极为久远的时代里,动物类群的相互关系,必定已经在动物演化中起了作用。掠食、隐蔽、拟态、共生等是最古老的相互关系形式必定极普遍地存在。寄生现象发源于某些动物适应于依赖别种动物的生活,此种生活方式也是从觅食、隐蔽、躲避敌害等原始活动来的。

扁形动物中,吸虫类和绦虫类可能是出于同源,同是由涡虫演发来的,也可能绦虫的历史更为久远。吸虫类可能是由有袋状肠管的涡虫演发来的,或是与它们有共同的祖先。涡虫类由于只具柔软的肌体,并且裸露,没有任何壳介、鳞甲的保护,它们只能躲藏在其他动物的体外或体内,在那里进行觅食活动。久而久之,这些动物就充为它们的居停主人。寄生的涡虫类就习惯于从宿主的分泌物或组织细胞或已经摄取的食物处取得养料。它们从自由生活转变到寄生生活的过程是极为缓慢的。从现存的有袋状肠管的涡虫类来看,还可以找出寄生生活和半寄生生活的种类。除 *Micropharynx* 这一属寄生于板鳃类鱼类之外,其他全系无脊椎动物的寄生虫。宿主包括棘皮动物、软体动物、甲壳类、剑尾类、多毛类、沙蚕类及其他涡虫类等,每一类寄生性涡虫都局限于一类宿主。

3. 涡虫纲的共栖和寄生的种类

涡虫纲中营外共栖(ectocommensal)和内共栖(endocommensal)有许多种类,如体内共栖的有 *Graffila* 属的涡虫寄居在海洋腹足类和船贝(*Teredo*)体内。*Parvortex* 属的涡虫在海洋瓣鳃类的鳃腔内,*P. gemellipara* 寄生在贻贝(*Modiolus*)体内。同隶一科的 *Oekiocolex plagiostomorum* 会寄生于另一种涡虫 *Plagiostomum* 的柔软组织内,产生了卵巢退化的现象(Reisinger,1930)。属于 Umagillidae 科的涡虫,如 *Anoplodium*、*Anoplodiera* 及 *Wahlia* 等属则寄生在棘皮动物体腔或消化管内。Faust(1927)描述了 *Cleistogamia holothuriana* 寄生于海参(*Actinopyga mauritiana*)体内,他以为是杯叶亚科(Cyathocotylinae Mühling)的吸虫。Baer(1938)曾重复研究后却认为系为一种涡虫。寄生在海百合的 *Desmota* 及 *Bicladus*、寄生在海胆的 *Syndesmis* 及 *Syndisyrinx* 两属,另一种寄生在海星体内的北欧的涡虫,*Pterastericola fedotovi*,此外尚有栖于星虫(*Sipunculus*)体内的 *Collastoma*。这些 Umagillidae 及 Graffilidae 科的涡虫种类是寄生性的或是共栖性的涡虫,学者们的意见尚未能确定。体外共栖的涡虫,如三肠目种类见之于鲎(*Limulus*)体表及鳐鱼的体表,多肠目种类寄居在螺类的壳上。体外共栖的涡虫,其身体的构造上亦有改变,有的失去色素、眼点、杆状体和纤毛,而吸着器却甚发达。体内部共栖的则失去眼点、杆状体和吸着器,有的却保存了纤毛(Hymen,1951)。多细胞动物中寄生的扁形动物类可能从单肠类涡虫来的,它的宿主包括有软体动物、棘皮动物(海胆、海星、海百合)、甲壳类、星虫类(Sipunculids)、多毛类、环形动物等。这现象是非常普遍的,现在还可以看到。

由上述的例子可以看出扁形动物中,除单殖吸虫和复殖吸虫营寄生生活之外,尚有一些涡虫类也营共栖性或寄生性的生活。它们也与其他无脊椎动物族类,如棘皮动物、软体动物、环形动物及节足动物在生态上有密切的关系。共栖性负带现象是否能演发为寄生现象?Baer(1951)认为不一定如此,他提出切头涡虫已有很长久的历史了,何以尚不能演化为寄生性的扁形动物?Baer 的论点提供一种概念,即是已经定型的共栖生活的种类不能演化为寄生生活,但不能否认这些共栖生活的种类是寄生性的扁形动物与自由生活的扁形动物之间的一类中间的形式。涡虫类的寄生和共栖的种类按 J.B. Jennings(1970)及 Ben Dawes(1971)所列见**系统发生表 2~系统发生表 8**,其系统发生情况参阅**系统发生图 1~系统发生图 5**。

系统发生表2　与其他有机体共栖的无肠类涡虫(Acoela)种类

科属种	宿主	报告人
Fam. Anaperidae	**Echinoidea**(海胆纲)	
Avagina		
A. glandulifera	*Spatangus purpureus*	Westblad，1953
A. incola	*Echinocardium flavescens*	Leiper，1902；1904
	S. purpureus	Westblad，1953
A. vivipara	*Echinocardium cordatum*	Hickman，1956
Fam. Convolutidae	**Holothuroidea**(海参纲)	
Aphanastoma	*Chirodota laevis*	Beklemischev，1915
A. sanguineum	*Myriotrochus rinkii*	Beklemischev，1915
A. pallidum		
Fam. Hallangiidae	**Holothuroidea**(海参纲)	
Aechmalotus	*Eupyrgus scaber*	Beklemischev，1916
A. pyrula		
Fam. Otocelididae	**Holothuroidea**(海参纲)	
Otocoelis	*Chirodota laevis*	Beklemischev，1916
O. chirodotae		
位置未定的无肠类	**Crustacea**(甲壳纲)	
Ectocotyla	Hermit crabs(寄居蟹)	Hyman，1951
E. paguri		
Suborder Nemertodermida	**Holothuroidea**(海参纲)	
Meara	*Stichopus tremulus*	Wesblad，1949
M. stichopi		

系统发生表3　单肠目(Rhabdocoela)的共栖和寄生的属种

亚纲科属种	宿主	报告人
Suborder Lecithophora:	**Asteroidea**（海星纲）	Hickman and Olsen，1955
Fam. Acholadidae	*Coscinasterias colamaria*	
Acholades		
A. asteris	**Decapoda and Isopoda**	Giard，1886；Caullery and
Fam. Fecampiidae	（十足目、等足目）	Mesnil，1903；
Fecampia	*Cancer pagurus,*	Southern，1936；
F. erythrocephala	*Pagurus bernhardus,*	Southward，1951；
	Carcinus maenas	Baylis，1949
	Serotis schytei	Gaullery and Mesnil，1903
F. spiralis	Idotea neglecta	
F. xanthocephala	**Annelida**(环节动物门)	Jagersten，1942
Glanduloderma	*Myzostomum brevilobatum*	
G. myzostomatis	*M. longimanum*	

续表

亚纲科属种	宿主	报告人
Kronborgia	**Amphipoda and Decapoda**	Christensen,
	（端足目、十足目）	
	Ampelisca macrocephala,	
K. amphipodicola	*A. tenuicornis*	Kanneworff, 1964
	Eualus machilenta,	Kanneworff and
K. caridicola	*Lebbeus polaris,*	Christensen, 1966
	Paciphaea tarda	
	Gastropoda（腹足类）**and**	
Fam. Graffillidae	**Lamellibranchiata**（瓣鳃类）	von Graff, 1902~1908;
Graffilla	海洋瓣鳃贝类	Dakin, 1912;
G. brauni	*Buccinum undatum*	Jhering, 1880;
G. buccinicola	*Murex* sp.	von Graff, 1904~1908;
G. muricicola	*Mytilus edulis*	von Graff, 1904~1908;
G. mytili	海洋瓣鳃贝类	
G. parasitica	**Lamellibranchiata**（瓣鳃类）	Hallez, 1909;
Paravortex	*Cardium edule*	Atkins, 1934
P.Cardii	*Modiolus plicatulus*	Linton, 1910; Ball, 1916
P. gemellipara	**Turbellaria**（涡虫纲）	Reisinger, 1930
Fam. Provorticidae	*Plagiostomum* sp.	
Oikiocolax		
O. plagiostomorum	**Asteroidea**（海星纲）	
Fam. Pterastericolidae		Beklemischev, 1916
Pterastericola	*Pteraster* sp.	
P. fedotovi		
Suborder Lecithophora:	**Annelida**（环节动物门）	
Fam. Typhloplanoidae		Laidlaw, 1902
Typhlorhynchus	*Nephthys scolopendroides*	
T. nanus		

系统发生表 4　单肠目涡虫（Rhabdocoela）Umagillidae 科主要属种及它们的宿主

属种	宿主	报告人
Anoplodiera	**Holothuroidea**（海参纲）	
A. voluta	*Stichopus tremulus*	Westblad, 1930
Anoplodium	**Holothuroidea**（海参纲）	
A. evelinae，A. gracile,	*Holothuria* spp.	Schneider, 1858;
A. graffi，A. longiductum,	*Stichopus tremulus*	Monticelli, 1892;
A.mediale，A. parasita,	*S. japonicus*	Wahl, 1909, 1910;
A.ramosum，A. stichopi,		Bock, 1925a; Ozaki,
A. tuberiferum		1932; Marcus,

续表

属种	宿主	报告人
		1949；Westblad，
		1926，1930，1953
Bicladus	**Crinoidea**（海百合纲）	
B. metacrini	*Metacrinus rotundus*	Kaburaki，1925
Collastoma	**Sipunculida**（星虫纲）	
C. monorchis	*Phascolosoma vulgare*	Durler，1900
C. minuta	*Physcosoma granulatum*	Wahl，1909，1910
C. eremitae	*Phascolosoma eremitee*	Beklemischev，1916
C. pacifica	*Dendrostoma pyroides*	Kozloff，1953
Cleistogamia	**Holothuroidea**（海参纲）	
C. holothuriana	*Holothuria* sp.	Baer，1938
C. loutfia	*Holothuria* sp.	Khalil-Bey，1938
Desmota	**Crinoidea**（海百合纲）	
D. vorax	*Holothuria* sp.	Beklemischev，1916
Macrogynium	**Holothuroidea**（海参纲）	
M. ovalis	*Stylochus* sp.	Meserve，1934
Marcusella	**Echinoidea**（海胆纲）	
M. atriovillosa	*Spatangus purpureus*	Westblad，1953
M. pallida	*Echinocardium cordatum*	Hickman，1956
Monticellina	**Holothuroidea**（海参纲）	
M. longituba	*H. impatiens*；*H. polli*	Westblad，1953
Notothrix	**Holothuroidea**（海参纲）	
N. inguilina	*Mensamaria thompsoni*	Hickman，1955
Ozametra	**Holothuroidea**（海参纲）	
O. striata	*Stichopus mollis*	Hickman，1955
O. arborum	*S. japonicus*	Marcus，1949
Syndesmis	**Echinoidea**（海胆纲）	
S. antillarum	*Diadema*（= *Centrechinus*）*antillarum*	Stunkard and Corliss，1951
S. dendrastorum	*Dendraster eccentricus*	Stunkard and Corliss，1951
S. echinorum	*Echinus sphaera*，	Silliman，1881；
	E. acutus	Francois，1886
	Strongylocentrotus lividus	Russo，1895
	E. esculentus	Shipley，1901
S. franciscana	*Strongylocentrotus franciscanus*	Powers，1936；Stunkard and Corliss，1951；
	S. purpuratus	Hyman，1960
	Lytechinus variegates	Mettrick and
		Jennings，1969
S.glandulosa	*Diadema*（=*Centrechinus*）*antillarum*	
	（Madagascar，echinoid）	Hyman，1960
S. punicea	*Heliocidaris erythrogramma Amblypneustes ovum*	Hickman，1956

续表

属种	宿主	报告人
Umagilla	**Holothuroidea**(海参纲)	
U. elegans	*Stichopus tremulus*	Westblad，1930
U. forskali	*H. forskali*	Westblad，1933
Wahlia	**Holothuroidea**(海参纲)	
W. macrostylifera	*Stichopus tremulus*	Westblad，1930

系统发生表 5　切头涡虫亚目(Temnocephalida)的主要科属的种类、宿主和地理分布

科属种	宿主	地理分布	报告人
Fam. Actinodactylellidae	**Crustacea**(甲壳纲)		
Actinodactylella			
A. blanchardi	*Engoeus fossor*	Australia	Haswell，1893
Fam. Craspedellidae	**Crustacea**(甲壳纲)		
Craspedella			
C. spenceri	*Paracheraps bicarinatus*	Australia	Haswell，1893
Fam. Scutariellidae	**Crustacea**(甲壳纲)		
Scutariella			
S. didactyla	*Atyaephyra desmarestii*	Yugoslavia(Lake Scuteri)	Mrazeck，1906
Monodiscus			
M. parvus	*Caridina nilotica*	Ceylon	Plate，1914
Caridinicola			
C. indica	*Caridina* spp.	India	Annandale，1912
Fam. Temnocephalidae	**Crustacea，Mollusca，**(甲壳纲、软体动物门)		
Craniocephala	**Chelonia，Hydromedusae**(龟鳖目、水螅水母目)		
C. biroi	*Sesarma gracillipes*	New Guinea	Monticelli，1905
Dactylocephala			
D. madagascariensis	*Astacoides madagascariensis*	Madagascar	Vayssiere，1892
Temnocephala			
T. aurantica	*Astacopus* sp.	Tasmania	Haswell，1900
T. axenos	*Aeglea laevis*	Brazil	Monticelli，1899
T. brenesi	*Macrobrachium americanum*	Costa Rica	Jennings，1968
T. bresslaui	*Aeglea castro*	Brazil	Gonzales，1949
T. brevicornis	*Hydromedusa maximilliani，*	Brazil	Monticelli，1899;
	H. platanensis	Venezuela	Pereira and Cuocolo，1940,
	Hydrapsis gibba		Caballero and Zerecero，1951
T. caeca	*Phreatoicopsis terricola*	Australia	Haswell，1900
T. chaerapis	*Chaeraps preissii*	Australia	Hett，1925
T. chilensis	*Aeglea* sp. *Parastacus* sp.	Chile	Wacke，1905

续表

科属种	宿主	地理分布	报告人
T. cita	*Parastacoides tasmanicus*	Tasmania	Hickman，1967
T. comes	*Astacopsis serratus*	Australia	Haswell，1893
T. dendyi	*Paracheraps bicarinatus*	Australia	Haswell，1893
T. digitata	*Palaemonetes argentinus*	Brazil	Monticelli，1902
T. engaei	*Engaeus fossor*	Australia	Haswell，1893
T. fasciata	*Astacopsis serratus*	Australia	Haswell，1887
T. fulva	*Parastacoides tasmanicus*	Tasmania	Hickman，1967
T. jheringi	*Ampullaria* sp.	Brazil	Haswell，1893； Hyman，1955
T. lanei	*Trichodactylus* sp.	Brazil	Pereira et al.，1941
T. lutzi	*Telphusa* sp.	Brazil	Monticelli，1913
T. mexicana	*Cambarus digueti*	Mexico	Vayssiere，1898
T. microdactyla	*Trichodactylus orbicularis*	Brazil	Monticelli，1903
T. minor	*Paracheraps bicarinatus*	Australia	Haswell，1887
T. novaezeelandiae	*Paranephrops neo-zelandicus*	New Zealand	Haswell，1887； Fyfe，1942
T. pygmaea	*Astacopsis gouldi*	Tasmania	Hickman，1967
T. quadricornis	*Astacopsis franklini*	Tasmania	Haswell，1887
T. rouxi	*Cheraps arvanus*	Isles Aru	Merton，1913
T. semperi	*Potamon* spp.	Indonesia	Weber，1889
	P. rafflesi	Malaya	Rohde，1966
T. tasmanica	*Astacopsis franklini tasmanicus*	Tasmania	Haswell，1900
T. travassosfilhoi	*Trichodactylus petropolitanus*	Brazil	Pereira and Cuocolo，1941
T. tumbesiana	*Aeglea* sp.	Chile	Wacke，1905

系统发生表6　异肠目涡虫(**Alloeocoela**)的共栖性和寄生性的属种

科属种	宿主	报告人
Suborder Cumulata（=**Holocoela**）		
Fam. Cylindrostomatidae　Cylindrostoma	**Lamellibranchiata**（瓣鳃贝类）	
C. cyprinae	欧洲各种瓣鳃贝类	Hyman，1951
Fam. Hypotrichinidae	**Lamellibranchiata、Crustacea，Teleostei**	
Hypotrichina（=**Genostoma**）	（瓣鳃贝类、甲壳类、真骨鱼类）	
H. tergestinum	*Nebalia* spp.	von Graff，1904～1908
H. marsiliensis	*Nebalia* spp.	von Graff，1904～1908
Ichthyophaga	**Teleostei**（真骨鱼类）	
I. subcutanea	*Bero* sp.，*Hexagramma* sp.	Syriamiatnikova，1949

科属种	宿主	报告人
Urastoma		
U. frausseki	*Mytilus edulis*	Durler，1900
	Modiolus modiolus（及自由生活）	Westblad，1955
Fam. Plagiostomidae	**Crustacea**（甲壳类）	
Plagiostoma		
P. oyense	*Idotea* sp.	De Beauchamp，1921
		Naylor，1952，1955

系统发生表 7　三肠目涡虫（Tricladida）的共栖性和寄生性的属种

亚纲科属种	宿主	报告人
Suborder Maricola		
Fam. Bdellouridae	**Xiphosura**（剑尾目）	
Bdelloura		
B. candida	*Limulus polyphemus*	Girard，1850，1852
B. wheeleri	*Limulus polyphemus*	Wilhelmi，1909
B. propinqua	*Limulus polyphemus*	Wheeler，1894a
Syncoelidium		
S. pellucidum	*Limulus polyphemus*	Wheeler，1894a
Fam. Procerodidae	**Xiphosura**（剑尾目）	
Ectoplana sp.	*Limulus* sp.	Kaburaki，1922
Fam. Micropharyngidae	**Elasmobranchii**（板鳃亚纲软骨鱼类）	
Micropharynx		
M. parasitica	*Raja batis*，*R. clavata*，*R. radiata*	Jagerskiold，1896
M. murmanica	*Raja batis*，*R. clavata*，*R. radiata*	Averinzev，1925

系统发生表 8　多肠目涡虫（Polycladida）的共栖性和寄生性属种

亚纲科属种	宿主	报告人
Suborder Acotylea		
Fam. Apidioplanidae		
Apidioplana	**Gorgonacea**（柳珊瑚目）	
A. mira	*Melitodes* spp.	Bock，1926
Fam. Emprosthopharyngidae		
Emprosthopharynx	**Crustacea**（甲壳纲）	
E. opisthoporus	*Petrochinis californiensis*	Bock，1925b
E. rasae	*Calcinus lateens*	Prudhoe，1968
Fam. Hoploplanidae		
Hoploplana	**Gastropoda**（腹足纲）	
H. inquilina	*Busycon canaliculatum*	Wheeler，1894b；Marcus，

续表

亚纲科属种	宿主	报告人
	Thais haemastoma	1952；Hyman，1944
	Urosalpinx cinerea	
Fam. Latocestidae		
Taenioplana	**Lamellibranchiata**（瓣鳃纲）	
T. teretini	*Teredo* spp.	Hyman，1944
Fam. Leptoplanidae		
Euplana（=**Discoplana**）	**Ophiuroidea**（海蛇足纲）	
E. takewakii	*Ophiuroid* spp.	Kato，1935a
Stylochoplana	**Amphineura**（双神经纲）	
S. parasitica	*Chiton* spp.	Kato，1935b
Fam. Stylochidae		
Discostylochus	**Echinoidea**（海胆纲）	
D. parcus	*Colobocentrotus atratus*	Bock，1925b
Stylochus	**Crustacea**（甲壳纲）	
S. zebra	various hermit crabs	Hyman，1951
	（各种寄居蟹）	
Suborder Cotylea		
Fam. Prosthiostomidae		
Euprosthiostomum spp.	Hermit crabs（寄居蟹）	Bock，1925b

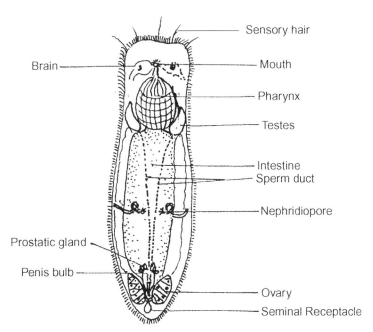

系统发生图 1　单肠目涡虫 Dalyellioida，*Provortex*（宿主：贝类）
（按 Ruebush，1935；Hyman，1951）

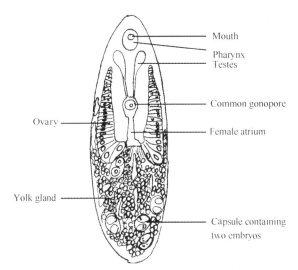

系统发生图 2 单肠目涡虫 *Paravortex gemellipara*（宿主：蛤 *Modiolus*）

（按 Hyman，1951）

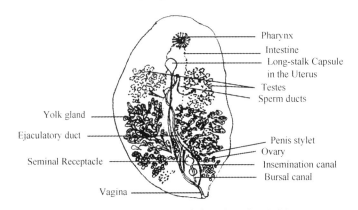

系统发生图 3 单肠目涡虫 *Syndisyrinx*（宿主：加州海胆）（按 Hyman，1951）

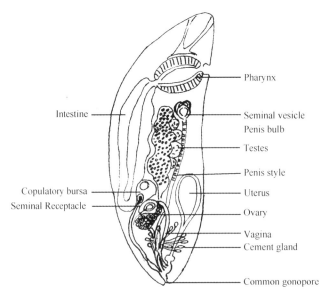

系统发生图 4 单肠目涡虫 *Anoplodiera volute*（寄主：海参）

（按 Westblad，1930；Hyman，1951）

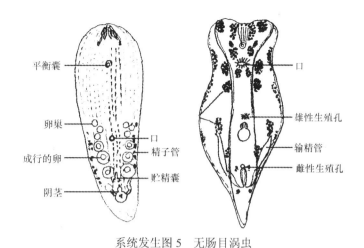

系统发生图 5　无肠目涡虫

左：典型无肠目涡虫，发现于美国加利福尼亚州（按 Hyman，1951）；右：无肠目涡虫 *Convoluta*（按 Graff，1904；Hyman，1951）

（四）吸虫类的系统发生推测

　　涡虫纲单肠目切头亚目涡虫与吸虫类接近，其分类位置曾引起若干动物学者的讨论。Gay（1849）最早发现此类涡虫时曾误认其为环形动物的水蛭类。随后，Weber（1889）及 Braun（1879～1993）又认为它属于吸虫纲。Haswell（1893）及 Benham（1901）诸氏经过详细的研究，认为它们是介于吸虫纲和涡虫纲之间的种类，创立了切头纲（Temnocephaloidea）。以后的动物学者们认为它是涡虫纲（Turbellaria）的一个族类，其他学者（如 Mexner，1925；Poche，1925；Baer，1931）也同意此意见。Fyfe（1942）讨论切头目的问题，同意 Bresslau 和 Reisinger（1933）的意见，认为切头涡虫是属于涡虫纲的单肠目（Rhabdocoela）和 Dalyelloida 亚目，或是与它并行演化。从切头涡虫的形态构造可明显看出其涡虫特点。虽然它有一些构造（如光滑的体表皮和吸盘）过去认为系吸虫类的特点，现在知道许多不同种类的涡虫也一样具有此类构造（系统发生图 1～5），如吸盘见于无肠目的 *Convoluta lenseni*、单肠目的 *Genostoma*；其他如海产的三肠目的 Bdellouridae（蛭态科），后端具有吸盘；多肠类的 *Cotylea* 也具原始的吸盘。至于涡虫纲特点的体表纤毛，在某些切头目的种类也有此构造；切头涡虫的生殖系统特点与单肠类非常接近。依据这一点，许多学者推测它是从单肠类演化来的，特别是单肠类的 *Didymorchis*，两者是非常类似，Bresslau 和 Reisinger（1933）即这样主张。Haswell（1900）在虾类 *Paranephsops neozealanicus* 的鳃腔内找到了一种没有触角的 Didymorchis，其生态习性及栖息位置与切头目涡虫一样，而构造上却与 Dalyellioida 类涡虫相似，因而它可能真是介于这两者之间。von Graff（1908）将它隶于 Dalyelliidae 科，而 Bresslau 和 Reisinger（1933）却认为 Didymorchis 是从 Dolyellia 类演化而来的切头涡虫。切头目现在含有 3 科：Temnocephalidae、Scutariellidae、Actinodactylellidae，我们推测可能是分别由 Didymorchis 类的祖先分化来的。

　　切头目隶属于涡虫类，此问题虽然是已经解决，它介于涡虫类和吸虫类的中间位置也还不能否定。在构造方面（特别是排泄孔和排泄囊在体前方左右两旁的位置）与单殖类吸虫有共同的特征；在精子发生方面表现了扁形动物的一般性质。Hymen（1951）所描述的普通涡虫类精子发生与许多学者所述的吸虫类的精子发生相同；胚胎发育也是如此，如肠管的形成与单殖类的多盘吸虫 *Polystoma* 的胚胎发育非常的相似（Halkin，1901）。另外，与单肠目涡虫（Mesostoma）的肠管形成也是一致的（Bresslau，1904）。

　　在生态关系方面，切头涡虫表现出非常特殊的习性，它们是附于螃蟹宿主螯肢或口部两旁生活。其摄取的食物是水中漂浮的各类的小动物或藻类，这些食物是靠螃蟹口器鼓动的水流送来的。它和栖主蟹类的关系表现出生物界共栖性的携带现象。这无疑是一种较为原始的相互关系。切头亚目涡虫对扁形动物生态方面以及寄生现象来源等方面研究是富有意义的。

对于切头涡虫的分类位置以及扁形动物系统发生，Baer(1938)假设涡虫类演化为寄生性吸虫类是通过一些中间形式。他所列的系统树：从单肠类的涡虫演化为 Didymorchis 虫类、再演化为切头涡虫；从这里一支通过盾盘吸虫演化为复殖类吸虫(Digenea)，另一支通过原始三代虫类(Protogyrodactylus)而演化为单殖类吸虫(Monogenea)。这样的系统树提供了吸虫纲如何演化的一个概念。关于这假设蠕虫学者们的意见不一定一致，但对于切头涡虫的研究结果来看，这系统树可能是合理的。单肠类涡虫与吸虫类的亲缘关系是饶有兴趣的问题。从复殖类吸虫幼虫期的 Redia(雷蚴)来看，它们构造特点(如袋形的肠管)与单肠类涡虫相似。切头涡虫的形态构造、胚胎发育，以及与其他动物的相互关系的知识，对于扁形动物系统发生问题提供了富有启发性意义的材料。

吸虫类的世代交替，具有系统发生意义的毛蚴、雷蚴、胞蚴等都可能代表其祖先经历的各演化阶段。例如，毛蚴的构造非常类似中生动物(Mesozoa)，其体表纤毛、体内胚细胞等颇为类似，但这一设想还需有其他有力的证据来证实。

在复殖亚纲中各类群间的亲缘关系及各类群的系统发生情况，除根据成虫阶段的形态结构外，尚需根据它们生活史的类型、各幼虫期形态及其各宿主(寄主)的特点，以及具有形态及习性相近似的幼虫期。例如，血吸虫类、寄生于鱼类的血居科(Sanguinicolidae)、寄生于爬行类的旋睾科(Spirorchiidae)，以及寄生于温血动物鸟类和哺乳类的裂体科(Schistosomatidae)的种类，它们的成虫形态不同，但它们的生活史中有很相似的共同特点，如具有二代胞蚴、叉尾的无咽尾蚴，而尾蚴又都具有穿钻终末宿主皮肤而进入其血管系统内寄生的习性。由此可知此 3 科吸虫种类有很近的亲缘关系。此类血吸虫的来源极古，远在没有鸟类、哺乳类以前就有了。它们本来是雌雄同体的，随着宿主的演化而演化，但还保持着基本的结构和发育史的形式。又如，斜睾总科之下许多科的终末宿主种类包括鱼类、两栖类、爬行类、鸟类和兽类。从比较形态学的观点与其生活史的比较，可以看出它们科、属有亲缘关系，也能看出它们之间演化的痕迹。再如，嗜眼吸虫(Philophthalmus spp.)和平睾吸虫(Parorchis spp.)等在成虫形态上也很不一样，但比较此两类吸虫的生活史，它们具有十分相似的发育阶段，尤其在毛蚴、雷蚴、尾蚴和囊蚴各幼虫期有十分相似的形态特点和习性；由此可看出它们之间的亲缘关系而被放在同一个嗜眼科(Philophthalmidae)之中。吸虫类的演化从各个科的谱系中可以了解得更清楚。

与吸虫纲同样营寄生生活的绦虫纲(Cestoda)，其祖先从何而来尚无定论，还未找到与其相近似的自由生活的种类。可能无肠管的涡虫类与其祖先相类似，从绦虫类的成虫形态、生活史型式，以及宿主的种类、分布和宿主特异性的情况，可以推测绦虫在其演化历史中可能在更早阶段进入寄生生活。绦虫类是扁形动物门中的带状动物，具有头节、颈部和性成熟的节片。绦虫类的另一特点是没有消化道。一些著名的寄生虫学者认为绦虫类没有消化管并不是因为退化而消失，而是因为它们采取了另一种摄取营养的方法；有可能原始的绦虫类就不曾有过肠管。绦虫的祖先可能也是涡虫类，寄生在甲壳动物、软体动物和棘皮动物上。涡虫类中也有因寄生生活而失去肠管的，如 Fecampia 寄生在海洋的甲壳类后便失去了口和咽，仅存没有作用的肠管。自由生活的涡虫 Convoluta 因和共生藻类一起生活，其原有肠管也失去了消化道。

动物学家对于一条绦虫是一个虫体或是由多个虫体组成的问题有过议论。现在，动物学家一般承认一条绦虫只是一个个体，因为它只有一个统一的神经系统，在头节的中部，有脑神经结，并有统一的排泄系统。节片的发生是因为各套生殖腺的重复，先是生殖器官的重复，后才是体节片的重复，生殖腺的重叠会比节片重叠发生较早。例如，舌形虫(Ligula intestinalis)，在没有分节片之前生殖腺已经有许多套。生殖腺不仅有纵的重叠，也可以有横的重叠，如 Baer(1951)曾列绦虫中各属有单套生殖器官和双套生殖器官的系统发生图(**系统发生图 6**)，从其详细的构造，可以推想它们演发的由来，如 Hemiparonia 与 Paronia，Diphyllobothrium 与 Diplogonoporus，Paranoplocephala 与 Cittotaenia 等。此外，在未经完全分节的也有此双套生殖器现象的有 Ligula intestinalis 和 Digrama interrupta。

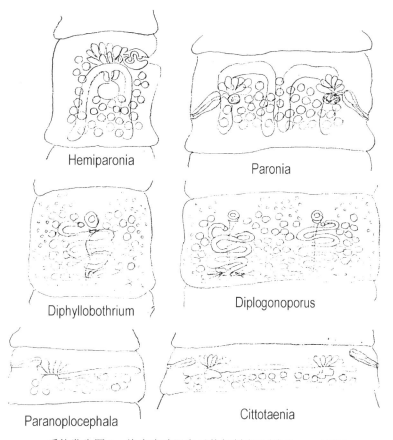

系统发生图6　绦虫生殖器官示其复制成双(按 Baer，1951)

　　如上所述，由于蠕虫类身体柔软，无化石遗迹，有关它们的演化问题只能根据这些蠕虫与其他无脊椎动物各方面的比较来推测(**系统发生图 7**)。一般认为无肠目(Acoela)涡虫是最原始的扁形动物。吸虫类可能是从无肠类分支出来、营自由生活的单肠类涡虫的共栖种类或寄生种类演化而来的。在吸虫纲(Trematoda)的单殖亚纲(Monogenea)种类，其体后端具有小钩的附着器等形态，以及无世代交替的直接发育的生殖类型，不同于复殖亚纲(Digenea)种类。吸虫纲中的盾盘亚纲(Aspidogastrea)种类，在腹面有一个很大的盾状附着器，消化器官具有一个很大的咽和杆状的肠管，其体内的生殖器官构造近似复殖类吸

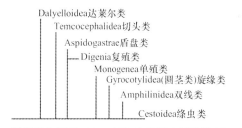

系统发生图 7　Baer(1938)的蠕虫类系统树
单殖、旋缘、双线、绦虫具六钩蚴形态(Cercomeromorpha)

虫，但其生殖类型则是直接发育，不需要中间宿主的。从虫卵中孵出的幼虫就是一个具有很大的咽和杆状肠管、在体后端有一个圆形吸盘的虫体，此幼虫在作为其终末宿主的软体动物体内直接发育到成虫。

　　复殖亚纲吸虫种类是高度发展的一类寄生虫，具有世代交替的生殖类型，成虫期行有性生殖，幼虫期行无性的多胚生殖(Polyembryony)，毛蚴进入贝类宿主后，经胞蚴或雷蚴世代，产生大量尾蚴。有的种类其尾蚴还需要进入第二中间宿主体内发育为囊蚴(后期尾蚴)后才感染终末宿主以完成其生活史。复殖类吸虫种类多，发育史的世代类型不一致，可以设想其祖先可能是多源的，有的来源于单肠类涡虫，有的则来源于其他类的涡虫。从上述的涡虫纲中至今尚有许多虫种与其他无脊椎动物间有外共栖(Ectocommensal)或内共栖(Endocommensal)的关系存在。Pearson(1956)推测吸虫的祖先可能最初在螺体外行外共栖生活，在某个时期它产出的卵在水中孵化出的幼虫，进入螺体内，达到进一步演化的阶段，行内共栖生活。可能从内共栖生活再变为内寄生，发育成为一个有尾的成虫，它离开螺体，在水中游泳，产卵在水中，从卵中孵出有纤毛的幼虫(逐渐成为现在的毛蚴)，能穿钻进入螺体中成为"后毛蚴"(Postmiracidium)。后毛蚴能

行孤雌生殖(Parthenogenesis)来增加个体的数量，以适应对其不利的环境条件，使有部分个体能完成生活史而保障种族的存在。可能在螺蛳体中发育的有尾的幼虫(逐渐变成为现在的尾蚴)其个体最早能行低级的有性生殖，当它们离开螺蛳而进入其他宿主(脊椎动物)体中继续发育时，变成更完善的个体(性成熟虫体)，而扩展了其生活史。复殖吸虫在演化中达到能进入脊椎动物宿主体中发育对吸虫的好处更多：有了可供其更丰富营养来源的生活场所，以及更有利于其种族的传播。复殖吸虫在生活史中与其原来的软体动物贝类宿主仍然保持联系，在其体中行多胚生殖，大量繁殖个体，对吸虫保存其种族亦是有益的。除软体动物之外，复殖吸虫尚可有第二中间宿主(少数还有第三中间宿主)和终末宿主参与到其生活史中。这可能是由于复殖吸虫生命周期中能生存于一个理化性能很不同的栖息环境中，也说明它能适应于营养水平很不同的环境。许多例子说明：吸虫在其生活史中某一阶段进入另一环境中进行下一个发育阶段时，它能利用该环境来促进其生活史的进展。例如，血吸虫的虫卵在宿主体组织中由于宿主的体温、体液中的高渗透压和无光线等条件，虫卵中的毛蚴不能孵出；当虫卵进入水中，由于水的低渗透压、低温和有光线，毛蚴很快孵出。在蛙膀胱中的 *Gorgoderina vitelliloba* 的虫卵也有同样的情况，到水中很快就孵化出毛蚴。

(五)沈波尔切头涡虫的生物学与生态学

切头目涡虫是一类特殊的单肠目，和淡水的甲壳类共生，寄居在鳃室或螯肢上，也有寄居于软体动物。沈波尔切头涡虫(*Temnocephala semperi*)分布在我国福建省福清县灵石寺山溪中。这一类有非常特殊的地理分布，澳大利亚、新西兰、马达加斯加、太平洋岛屿和南美洲有其分布。其生活代表从自由生活涡虫过渡到寄生性吸虫的状态。

在现今地球上，与其他生物行体外或体内共栖生活的涡虫仍时常见有报道，其分布几乎遍于世界各大洲。在我国福建省亦发现与石蟹行共栖生活的沈波尔切头涡虫(*Temnocephala semperi* Weber, 1889)(唐仲璋，1959)。由于切头涡虫的形态构造、胚胎发育，及其和其他动物的相互关系等对于扁形动物(尤其吸虫类)的系统发生具有启发性意义，故在此特别予以介绍。

1. 研究历史

切头亚目涡虫于 1846 年在南美智利 Santiago 发现，当时被误认为环节动物的水蛭类。Moquin-Tandon(1846)在其水蛭专刊中称其学名为 *Branchiobdella chilensis*(见 Claudio Gay 1849 年的 *Zoologia Chilena* v. 3)。不久之后其扁形动物特点被认识，Blanchard 为它创立新属，改称为 *Temnocephala chilensis*(智利切头虫)。此类小动物旋即引起蠕虫学者的注意，因其后端具有大吸盘及其体表光滑与吸虫类相似，所以又为其另辟一切头纲(Temnocephaloidea)，认为其分类位置系介于吸虫类和涡虫类之间。为了要阐明这个在系统学上有特殊意义的问题，在 19 世纪后半叶，许多动物学家，如 Philippi(1870)、Semper(1872)、Wood-Mason(1875)、Haswell(1888, 1892)、Wacke(1905)、Baer(1931)在澳大利亚、马来西亚、南美洲各地进行了此类动物的形态、分类、分布、生态等各方面的研究，认为它应该属于涡虫纲(Turbellaria)(Claus's zoology, von Grobben, 1909)。但有关其形态构造的特点、它与甲壳类的共栖关系、扁形动物系统发生和吸虫类寄生生活的起源等问题，都尚需考察。1956 年唐仲璋在福建省福清县灵石寺附近山溪中的石蟹体上发现了分布于马来西亚、菲律宾、印度尼西亚等地的沈波尔氏切头涡虫(*Temnocephala semperi* Weber, 1889)，并研究了它的形态构造、胚胎发育、生活习性、生态和系统发生(唐仲璋，1959)。

2. 分布

切头涡虫类是热带和亚热带的动物，发现的种类逐渐增多，其中切头属(*Temnocephala*)在南半球分布得非常广泛，在澳大利亚、新西兰、印度尼西亚、马来西亚、印度及南太平洋群岛、马达加斯加、南美洲、欧洲的巴尔干半岛均有记载。唯有在北太平洋却很少发现，只有中美洲的墨西哥切头涡虫(*Temnocephala mexicana* Vayssiere, 1898)及马来西亚的沈波尔切头涡虫，此虫种也发现于我国福建，不但是新分布区的记载，而且也说明了福建省沿海动物区系有印度和马来西亚的特点。

3. 形态构造

　　沈波尔切头涡虫的形态结构(**系统发生图 8～系统发生图 11**)。沈波尔切头涡虫体扁平，乳白色，透明，椭圆形的前端具 5 个指状的触手司感觉，长度 0.32～0.6mm，能伸缩自如。体后端有一个大吸盘。长成的虫体大小为(2.74～4.510)mm×(1.56～2.47)mm，体表光滑无纤毛。体前方中央具两个眼点，作半月形，凹面向外。口在眼点稍后，直径为 0.11～0.47mm。咽长宽径分别为 0.11～0.38mm 和 0.47～0.87mm。肠管袋形，(0.91～1.60)mm×(1.23～2.15)mm，占体中段的大部，前端略凹接于咽的后端。在幼小的虫体肠管呈分瓣的形状。

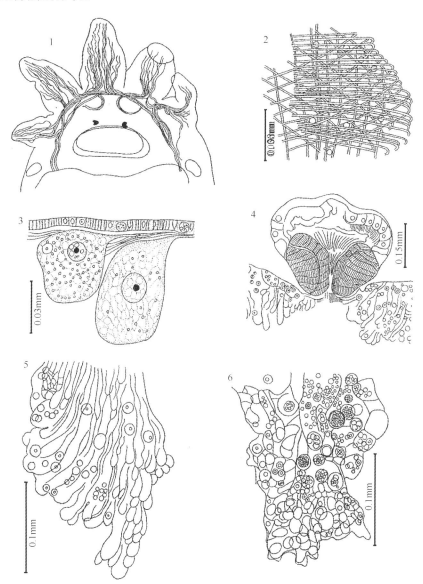

系统发生图 8　沈波尔切头涡虫(一)(肌肉纤维、皮层和消化器官)(按唐仲璋，1959)

1.切头涡虫触手基部的肌肉纤维；2.体表肌肉纤维放大示环肌，纵肌和斜肌；3.皮层细胞和皮下细胞；4.咽部的纵切面示肌层构造；5.肠腔内壁向腔内伸张的细胞形似伪足；6.肠壁细胞吞食了许多单细胞藻类及其他小生物体，示细胞内消化的现象

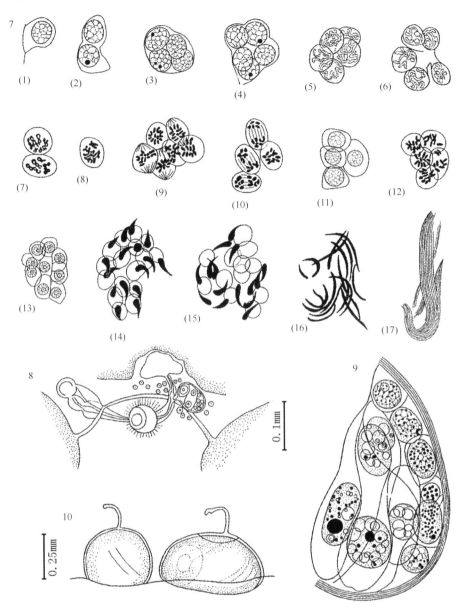

系统发生图 9　沈波尔切头涡虫(二)(雌雄生殖系统)(按唐仲璋，1959)

7. 睾丸内精子形成的各期:(1)初级精原细胞,(2)次级精原细胞,(3)三级精原细胞,(4)原精母细胞,(5)原精母细胞第一次成熟分裂的前期染色体的形成,(6)染色体出现,(7)、(8)前期,(9)中期,(10)后期,(11)次级精母细胞,(12)次级精母细胞分裂的中期,(13)精细胞,(14)精子尾端开始显露在细胞外边,(15)精子离开了残余的细胞质,(16)、(17)精子形成;8. 切头涡虫雌雄性生殖系统的部分示:睾丸、输精管、阴茎、阴茎囊、卵巢、输卵管、受精囊、排精囊、子宫等构造;9. 卵巢的切片示其管状构造及其中的卵细胞发育各期;10. 附在石蟹体上的切头涡虫的卵囊

(1)埋蜡切片标本

用光学显微镜观察切头涡虫的埋蜡切片标本，可见其体表有一层光滑的角质膜，在角质膜下有皮层细胞，内含杆状体(rhabdites)，皮层细胞下有纤维层及大型的皮下细胞(subcuticular cells)，此外更有不少的多核细胞(syncytial cell)，每一细胞含 2～8 个胞核。肌肉纤维横列在触手基部，并伸入各个触手内部，纵走的纤维索向后方延展。皮下肌层(subepidermal musculature)位于皮层及基膜(basement membrane)之下，有三重互相重叠的构造，即是:在外边的环行肌纤维(circular fibers)，在内面的纵行肌纤维(longitudinal fibers)，和在两者之间的斜走肌纤维(diagonal fibers)。在体后端大吸盘的两边，肌纤维围绕吸盘，并在它前面左右交义。在肌层下面，在体内各器官之间充满柔软组织(parenchyma tissue)，它是内中胚层(endomesoderm)，其中有圆形的游走细胞、细胞间隙和多处的多核细胞群(syncytial cells)。

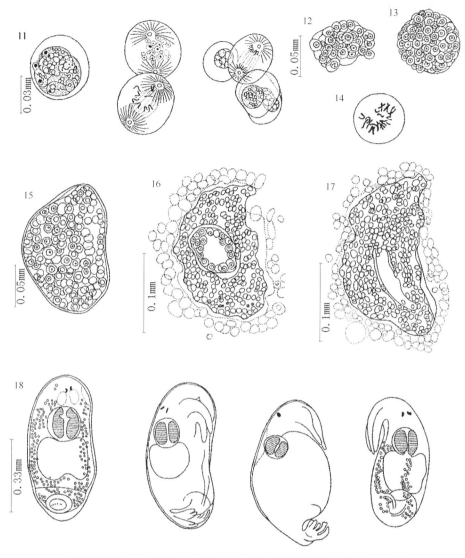

系统发生图 10　沈波尔切头涡虫(三)(胚胎发育)(按唐仲璋,1959)

11.胚胎发育早期:一细胞、二细胞和四细胞期;12.桑葚初期;13.桑葚后期;14.具有24个染色体的胚胎细胞;15.囊胚期;16.内腔开始形成;
17.具有较大内腔的胚胎;18.小切头涡虫在卵囊内示其背面和侧面的图像

(2)神经系统

切头涡虫和其他涡虫类一样,虫体周身有两重神经网,一层在表皮下面,另一层在纵走纤维层的内面,内层神经网由 3 对纵走神经索构成,它们有背神经索、侧神经索和腹神经索各两对。它们由横走和斜走的神经联合(commissures)联系着。神经网具有神经细胞和纤维的构造。"脑部"是一块较宽阔的带状神经组织,在咽的前方背部,它是较集中的神经网部分,内具神经细胞和纤维。由此有神经纤维通入各个触手。眼点在"脑部"的前方背侧,每个眼点是两面凹陷具有黑色色素的杯状构造。外面的凹杯较大,而内面的较小,凹的部分是神经网膜细胞(retinula cell)。

(3)消化系统

切头涡虫的消化系统(**系统发生图 8～系统发生图 11**)由口、咽和袋状的肠管组成。在沈波尔切头涡虫的切片标本可看出肠管内壁(gastrodermis)的细胞向肠腔内伸张,有如伪足,肠壁细胞含有很多的食物泡(food vacuole),内含许多似藻类的生物体,显然被肠壁细胞所吞食。这样的食泡在肠管的前方尤其多。由此现象可见切头涡虫和其他涡虫一样,能营细胞内消化。Metchnikoff(1866)最先发现 *Convoluta* 属涡虫是靠细胞内消化而获得营养。此种消化方式在单肠类和三肠类也获得证明(Metchnikoff，1878)。淡水涡虫也曾经被研究并实验证实它们除了在消化腔内有消化作用之外，尚有细胞内消化，也是获得营养的主要方法(Westblad，1922；Willieret et al.，1925)。切头涡虫的食物有单细胞藻类(Protophyta)、原生动物、轮虫(Rotifer)、浮游的小形甲壳类(Entomostraca)等。据 Annandale(1912)的叙述，切头目中 Caridinicola 涡虫的吻部(咽)能突伸到口腔外捕捉小动物。这一习性和其他涡虫类相同。咽在胚胎学上其来源是外胚层，咽内壁的细胞是体壁的延伸，而食道和肠管则由内胚层所形成。咽整个藏于由结缔组织形成的囊状构造中，咽由两层纵走和两层环走的括约肌互相间隔组成，呈球茎状的咽(pharynx bulbosus)。

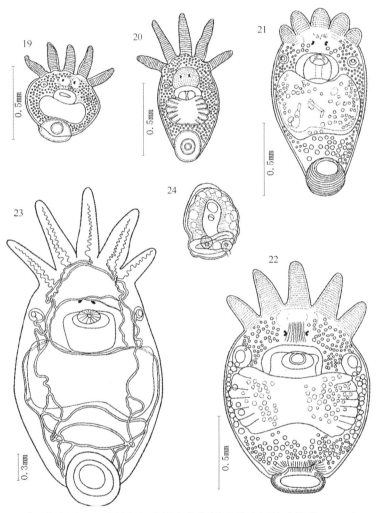

系统发生图 11　沈波尔切头涡虫(四)(个体发育)(按唐仲璋，1959)

19.刚从卵囊孵化出来的小涡虫示全身呈紧缩状态；20.刚从卵囊孵化出来的小涡虫示全身呈伸张状态；21、22.发育中的切头涡虫；

23.成虫的排泄系统；24.排泄囊的放大图内含有两个细胞核

(4)排泄系统

切头涡虫的排泄系统(**系统发生图 11**)由排泄囊、排泄管和焰细胞三部分组成，椭圆形的排泄囊一对在体前方与口部相平行的左右两边。排泄管开口于囊的中央。管的末端膨大，在囊内再度曲折，由后方伸出囊外。囊具胞核两个，说明排泄囊是由两个细胞愈合而成。囊直径为 0.133~0.266mm，可算是大型的细胞。过去研究者记载排泄囊具有纤毛，但在福建的活体标本和切片标本均未能看到。由排泄囊后缘伸出的总排泄管向后延伸不远即分为前后两支，相继又分支数次，经左右两边排泄管愈合作用，形成了纵管和横管。纵管有内和外各一对，横管则有 6 个，在触手基部、眼点的平行线、咽与肠管之间各有一个，其余 3 个横管则在肠管与后端大吸盘之间。5 个触手均有排泄管贯穿其间，除了当中触手只有一个管之外，其余 4 个触手均有两管，管左右弯曲直延至末端。火焰般的闪动纤毛在触手部较易观察，其他体上各部由于他种细胞的掩盖不能看到。每个焰细胞体小，纤毛甚长。在触手的一个角落就能计算出 8～9 个焰细胞，排列形式不能看出，可能是胞丛(flame cell bulb)的构造，即一个排泄细胞有许多分支的纤毛管。Haswell (1893) 称闪焰(wimperflamen)表明只具有闪动的纤毛。

从对福建的沈波尔切头涡虫的排泄系统的详细研究可以看出其基本结构可代表涡虫类的排泄系统。由排泄孔和排泄囊在体前方左右两侧的位置看来，表现了与单殖类(Monogenea)有共同的特征，在系统学的观点来说，是有意义的。在切头涡虫所隶属的单肠类，它们的排泄孔位置却有很大的不同，有的在身体的中央合成为排泄囊(excretory beaker)，开口于咽腔，如 *Typhloplana viridata*；又有开口于体后方左右两边的，如 *Gyratrix hermaphroditus*；有的只有一孔(nephridiopore)位于体后方几乎接近末端的位置，如 *Stenostomum tenuicauda*。在与切头目更接近的 Dalyellioida 类也有排泄孔在身体的中段偏后的位置，如 *Provortex*。切头涡虫的排泄孔与吸虫纲单殖类的排泄孔有同样的位置是值得注意的。Merton (1914) 叙述了一种游离性质的排泄细胞，称为拟肾胞(paranephrocytes)，能携带排泄物质至肠管排出，此类细胞在福建的切头涡虫体中没有见到。Fyfe(1942)认为这样的细胞与排泄系统没有具体关联。

(5) 生殖系统

A. 雄性生殖系统

切头涡虫的雄性生殖系统(**系统发生图 9**)具有 2 对睾丸，椭圆形，长宽径分别为 0.513～0.723mm 和 0.209～0.456mm，位于身体后半的两边。前对睾丸较小，后对较大。2 对睾丸由薄壁的小输精管(vasa deferentia)相接，这是前睾丸内精虫到后睾丸的通路。在后睾丸的后部内缘又有输精管两条，一长一短，会合而成为一个较大的精管(seminal duct)，斜向前方延展。精管通于一个圆形的贮精囊(seminal vesicle)，此圆囊又连接于射精管基部的膨大部分。射精管的外边有几丁质围绕形成了一个阴茎，长 0.361～0.627mm，宽 0.085～0.290mm。阴茎通于生殖窦(genital atrium)。Fyfe(1942)叙述在阴茎的里面有一个大形细胞，认为它是具有分泌几丁质的功能。Merton (1914)认为切头目涡虫的精巢的发育远迅速于卵巢，这和其他的扁形动物如吸虫类和绦虫类的成长规律是一样的。睾丸是椭圆形的腺体，外面包裹着一个很薄的外壁。在输精管和睾丸接触的部位有一个很大的空隙，储藏很多的精子。不同发育阶段的雄性生殖细胞成从地充满在睾丸里面。它们错杂地分布着，可能因为这些生殖细胞具有游离的特性，精原细胞、精母细胞等各期的分区不明显。初级的精原细胞(primary spermatogonia)常附着于睾丸的外壁，有较大的胞核和少量的胞质，胞核有网状的染色质和一个或两个的核仁。初级精原细胞体质增大后，分裂为次级精原细胞(secondary spermatogonia)。发育到这一阶段的精原细胞已能迁移到睾丸的较中央的部位，分裂为三级精原细胞(tertiary spermatogonia)，常是 8 个细胞连在一起。各细胞有胞质相连，作放射形状，或成丛排列。三级精原细胞分裂而形成初级精母细胞(primary spermatocytes)，初级精母细胞举行了第一次成熟分裂而成为次级精母细胞(secondary spermatocytes)。在未开始分裂之前染色体形成了条状的染色组，继而经过成熟分裂的前期各阶段，从细线期(leptotene)到终变期(diskinesis)均可观察到。从中期分裂时染色体的排列可算出第一次成熟分裂后每个次级精母细胞只有 12 个染色体，这是半数的染色体的数目。在这一期，它们常作辐射菊花状的排列(rosette formation)。再一次分裂产生了精细胞(spermatids)。它们也一样成丛地在睾丸内面。

精细胞首先是具有较淡的胞核、小的核仁和网状的核质，随后着色加深，成为黑色胞核的细胞。在此阶段，细胞质常是彼此分离并有圆形或椭圆形的轮廓。继此之后，精子细胞的尾端显露在细胞的外缘。扁形动物的精子形成过程中细胞质是否参加尾部的构造，学者意见不一。对于血吸虫的精子形成，Severinghaus 研究日本血吸虫的生殖细胞形成，认为细胞质是尾部构造的一部分；Cable (1931)研究 *Cryptocotyle lingua* 的精子形成，却认为细胞质不参加精子尾部的构造。在切头涡虫的精子细胞的演变中观察到尾部逐渐脱却了细胞质的残余部分而继续长成为细长的构造，最后成丝状的精子(唐仲璋，1959)。在睾丸内精子迁移并集中在输精管基部的巨大空隙处。从前睾丸移来的精子也同样聚集在这里。它们由输精管向外移送。

细察切头涡虫的精子发生过程，将其和吸虫类作比较。在单殖类的多盘虫 *Polystoma integerrimum* 的生殖细胞的发生，找到复数的染色体数目为 8 个(Goldschmidt，1902)。三代虫 *Gyrodactylus elegans* 的染色体复数为 8 或 12(Janicki，1903；Kathariner，1904)。复殖类吸虫生殖细胞的发生，如航尾科的 *Proterometra macrostoma* Horsfall、美洲肺吸虫(*Paragonimus kellicotti* Ward)，以及平睾吸虫〔*Parorchis acanthus*(Nicoll，1906)〕等的精子和卵子发生都和切头涡虫非常近似。

B. 雌性生殖系统

切头涡虫的雌性生殖系统(**系统发生图 9**)包括一个卵巢、输卵管(germiduct)、卵黄腺(vitelline glands)及腺管，此外尚有一个三角形的排精囊(vesicula resorbiens)位于肠管的后缘。在它的周围，肠管形成一凹陷，囊的后边与一条含有精虫的管相通。在此管与输卵管的相接处有椭圆形的受精囊(seminal receptacle)，由此连接于卵模(ootype)而通于生殖窦(genital atrium)。

卵巢是一个卵圆形的腺体，(0.171～0.190)mm×(0.076～0.133)mm，内含有大小不等的卵细胞(ovocytes)，有泡状的细胞核。越靠近输卵管一边的卵细胞越大，新生的卵细胞在卵巢的另一边。卵巢其实是一个屈曲折叠的卵管，从中可以见到各期不同发育的卵细胞。在开始折叠的部分含有五六个在分裂各期的卵，以后每一曲折有一或两个卵细胞，各个卵细胞含有泡状的核和一个巨大的核仁。卵细胞能在卵巢中吸取一定的营养而逐渐增大其体积。

输卵管甚短，卵细胞由此进入卵模，管在离卵巢很近处即与受精囊及卵黄腺管相接。卵黄腺广泛地分布于肠管背面及两边的柔软组织里面，许多卵黄细胞丛(follicles)接连成网状的结构。三角形的排精囊，(0.095～0.114)mm×(0.171～0.247)mm，它是雌性生殖器官最前面的一个部分。其突出而弯曲的前缘紧压于肠管的后壁，因而肠壁被压内陷。经学者们研究证明此器官的功能并非储藏精虫，而是排除多余的精虫、卵黄细胞等废料。其作用有似吸虫类的劳氏管(Laurer's canal)，或如同单肠、三肠、多肠各类涡虫的生殖盲肠通管(genito-intestinal canal)。切头涡虫雌性生殖器官中卵黄细胞、卵壳腺的分泌物是不断形成的，在卵细胞没有排出的时候这些东西不能用于构成卵壳或卵黄，而必须排出体外。单细胞的梨形的壳腺位于卵模的前面，子宫极短，紧接于生殖窦。

涡虫纲中各类涡虫的生殖系统表现有所不同，可约略见到它们之间联系的情况。从切头涡虫的精子和卵子的发生过程，与吸虫类比较极为相似。

4. 卵囊和胚胎发育

沈波尔切头涡虫的卵囊和胚胎发育如下。

(1) 卵囊

沈波尔切头涡虫的卵囊(**系统发生图 9**)着生在石蟹的体表，多数是附着于脚上腿节的上面。一堆的卵自十余个至数十个不等。卵囊椭圆形，不具卵柄(peduncle)，底部直接围着在蟹壳的上面。卵囊上端有一个小蒂，似具有卵盖的模样，其实它是不具卵盖的。卵囊具有很厚的几丁质的卵壳。卵孵化时卵壳不规则破裂，上方具有很多缺刻的一面翻开了。卵囊的大小为(61.78～85.17)μm×(33.4～45.9)μm(平均71μm×38.64μm)。

(2) 胚胎发育

切头涡虫的胚胎发育(**系统发生图 9～11**)，过去学者无系统的叙述，仅 Haswell 曾简单地描述胚胎期中的内腔(endocoel)的构造。唐仲璋(1959)对福建的标本进行了详细的观察。切头涡虫的卵和其他单肠目的卵一样是外黄卵(ectolecithal egg)。从许多卵囊的切片中找到了其单细胞期。这样的卵在卵囊形成之后和未开始分裂之前是圆形且具有巨大胞核的细胞，直径为 56.32μm。染色质散布在核的内面，核仁大而显著，核内尚有空泡。卵分裂后成为同样大的两个胚球，紧接在一起。分裂的胚球各有巨大的中心体，周围有明显的放射线。在一个细胞内观察到纤细的染色体，在另一个细胞中观察到许多微小的、被吸收的卵黄颗粒，每粒储存在一个小空泡中间。这显示了这样早期的分裂球也能进行细胞内消化，吸取养料。在 4 个细胞的早期卵裂中，各胚球前后错综排列，它们大小差别不大，尚未能辨认大胚球和小胚球。在 4 个细胞中有一个可见到正处于分裂的后期。30 多个细胞期的胚体直径 75～80μm，此期胚体的细胞已是大小不等，较大的细胞的直径 15～18μm。各个细胞具有大的细胞核。从正在分裂的细胞中可观察到一些中期分裂的细胞具有 24 个染色体，这是体细胞所含有的双数染色体的数目。

更进一步发育的胚体成为两边不平的形状，一边微凹，一边外突。刚进入原肠期的胚体约长 0.17mm，开始见有内陷的细胞。原肠腔开始形成时有一圈细胞围绕着一个圆形的空隙。原肠腔逐渐延长，成为细长状，继而逐渐增大。Haswell 称此腔为内腔(endocoele)。从内腔的背面产生了一个咽。内腔的周围有一层很薄的细胞，就成为肠管壁(intestinal epithelium)。接近孵化期的胚胎已有两个黑色的眼点。眼点的后面有脑部。前端触手 5 个向下折叠。咽已有横纹的括约肌。咽后面有袋状的肠管。发育完整的肠管呈四方形，后面微凹。在虫体的两侧有卵黄腺由咽的前方延至体后端部分，它是颗粒状的腺体，很密集地分布着。吸盘在未孵化出的虫体已甚明显。发育未完整的个体，吸盘具有 5 个指状的分支。

卵囊在孵化时上面先有裂痕，过半小时后才有幼虫孵出，初出的幼虫包括触手的体长约为 1mm，即能用吸盘吸着，全身能站立起来。亦能缩短身体，全身向腹面弯曲，背部突出。幼虫的构造较为简单，已具有成虫的雏形构造。肠管的两旁有隔膜将它分成 5 个分瓣。初生出来的幼虫已相当活泼。它们附着在蟹体或石头上面，能伸长或缩短。亦能移动，似尺蠖般活动，以后端吸盘与前方触手基部交互吸着。

5. 生活习性与生态学

切头目涡虫经常附着在石蟹螯足、步足或口部附近，借着口器所鼓动的水流可以获得食物。它们用后端吸盘附着，前端常向上昂举，前后及左右旋转有似水螅。它有时可能转移位置。移动时用触手基部与吸盘交替吸着。有时会离开蟹体而吸着在其他物体上面。它们的食物是浮游性的生物，如原生动物及藻类。此外尚能捕食小形甲壳类、轮虫等。从动作和捕食的习性来看，触手可能具有触觉的作用。在其肠管的肠壁细胞内有许多食泡，证明主要的营养方式是细胞内消化。Fernando(1945)证明切头目涡虫身体各组织内含有糖元。

切头涡虫与石蟹是怎样的一种关系？显然它们不是体外寄生虫，而是附着性(epizoic)的和体外共栖性(ectocommensal)的关系。从石蟹携带涡虫来说可称为负带(phoresis)的现象。负带现象在动物界相当普遍。例如，有的珊瑚类附着在牡蛎壳上，许多钟珠虫附着在水蚤身上，海葵附着在寄居蟹体上等，在两者的关系上是互不损害的。被负带的动物由于体形小并有附着的习性，本来不能移动，却因负带它的栖主移动的习性而获得很多的好处。钟珠虫因水蚤经常游动，而获得在动态环境内生活。它们的新陈代谢也适应了游动的情况。负带现象不一定都在体外，有的也在体内，如一种类似钟珠虫的纤毛类原虫(Ellobiophrya donacis Chat and Iwoff)附着于一种瓣鳃类 Donax vittatus da Costa 的鳃内。此原虫后面的茎有两个，环绕着贝类鳃条。负带现象也不只限于附着性的动物；一种小鱼 Fierasfier，潜居在海参体内的呼吸树之中，这也是负带性质的共栖现象。切头涡虫附着于石蟹的步足上或体的腹面，主要是因为石蟹的口器拨动水流，有充分的浮游生物可供摄食的缘故。切头目涡虫有的种类附着于虾类的鳃腔内，其作用也如此。切头涡虫离开栖主后也能生存，在实验室内饲养切头涡虫，如经常换水可以存活相当时间，但不能长久。

切头目涡虫类有很特殊的分布地区，这与它们的栖主——甲壳类动物中的拟蝲蛄类(Parasiacus)有特殊的分布区域有联系。蟹类学者研究此问题，认为其祖先在白垩纪(Cretaceous)初期已经出现，在那一个地质年代，澳大利亚、新西兰、马达加斯加和南美洲有古大陆相连，到了三叠纪(Triassic)才分开；因为它们是淡水甲壳类，不能逾越海洋，而形成今日的分布。并因为在澳大利亚、新西兰、马达加斯加及南美洲的拟蝲蛄类均有切头涡虫和它们共栖，依据古代大陆的变化来推测，它们共栖的关系必定有极久远的历史(Baer，1951)。从福建省找到沈波尔切头涡虫，其栖主为一种山溪中的石蟹，*Potamon* (P.) *denticulatus* Milne-Edws.。此涡虫其他地区的栖主经记载有各种的石蟹类，如 *Potamon manii* Rathbum、*Potamon adiatretum* Alcock、*Potamon andersonianum* (Wood-Mason)和 *Potamon superciliosum* 等。沈波尔切头涡虫和石蟹类的分布证明了印度尼西亚的苏门答腊、爪哇、苏拉威西(西里伯)各岛与亚洲大陆的马来西亚在古代是互相连接的。沈波尔切头涡虫在福建的发现地为福清县灵石寺，那里有热带雨林的特点(**系统发生图 12**)，而石蟹生长的山溪与此种雨林极其接近，石蟹生活在溪石下面。

25   26

系统发生图 12   沈波尔切头涡虫（五）（生态环境）（按唐仲璋，1959）

25、26. 福建省福清灵石寺附近的山溪，切头涡虫与其栖主石蟹在我国境内发现的地点

参 考 文 献

唐仲璋. 1959. 切头吸虫在福建省的发现及其生物学的研究. 福建师范学院学报（生物学专号），（1）：41-56

唐仲璋. 1983. 寄生蠕虫的演化迹象//赵慰先. 人体寄生虫学. 北京：人民卫生出版社：6-8

Anderson M G. 1935. Gametogenesis in the primary generation of a digenetic trematode, *Proterometra macrostoma* Horsfall，1933. Trans Micr Soc，54（4）：
272-297

Annandale N. 1912. Caridinicola, a new type of Temnocephaloidea. Records Indian Museum，7：243-252

Atkins D. 1934. Two parasites of the Common cockle Cardium edule；a rhabdocoele *Paravortex cardii* Hallex and a copepod *Paranthessius rostratus*（Canu）. J
Mar Biol Ass U K，19：669-676

Averinzev S. 1925. Uber eine neue Art von parasitaren Tricladen（Micropharynx）. Zool Anz，64：81-84

Baer J C. 1951. Ecology of Animal Parasites. Urbana：Univ Illinois Press

Baer J G. 1931. Etude monographique du groupe des Temnocephales. Bull Biol Fr Belg，55：1-57

Baer J G. 1938. On the anatomy and systematic status of Cleistogamia holothuriana Faust，1924. Rec Indian Mus，40：159-168

Ball S J. 1916. Development of *Paravortex gemellipara*. J Morph，27：453-557

Baylis H A. 1949. Fecampia spiralis, a cocoon-forming parasite of the antarctic isopod Serolis schytei. Proc Linn Soc Land，161：64-71

Beklemischev W. 1915. Sur les Turbellaries parasites de la cote Mourmannes. Ⅰ. Acoela. Trav de la Soc Imp des Natur de Petrograd Zool et Physiol，43：103-172

Beklemischev W. 1916. Sur les turbellaries parasites de la cote Mourmannes. Ⅱ. Rhabdocoela. Trudy Leningr Obshch Estest，45：1-59

Bock S. 1925a. *Anoplodium stichopi*，ein neuer Parasit von der Westkuste Skandinaviens. Zool Upps，10：1-30

Bock S. 1925b. Papers from Dr. Mortensen's Pacific Expedition 1914～1916. ⅩⅩⅤ. Planarians. Parts Ⅰ～Ⅲ. Vidensk Meddr Dansk Naturh Foren，19：1-84，
97-184

Bock S. 1926. Eine Polyclade mit muskulosen Drusenorganen rings um den Korper. Zool Anz，66：133-138

Bresslau E L，Reisinger E. 1933. Ordnung der Klasse Turbellaria：Temnocephallda. Handb Zool（Kükenthal u. Krumbach），2（16）：294-308

Caballero E，Zerecero C. 1951. Presencia de *Temnocephala brevicornis* Monticelli，1889，en crustaceos venezolanos. Caracas，Revta Med Vet Parasit，10：
110-117

Cable R M. 1931. Studies in the germ cell cycle of *Cryptocotyle lingua* Creplin. 1. Gametogenesis in the adult. Quart Jour Micr Sci，74：563-589

Caullery M，Mesnil F. 1903. Recherches sur les Fecampia Giard. Turbellaries Rhabdocoeles，parasites internes des Crustaces. Annls Fac Sci Marseille，13：
131-168

Chen Pin-Dji. 1937. The germ cell cycle in the trematode, *Paragonimus kellicotti* Ward. Trans Ames Micr Soc，56（2）：208-236

Christensen A M，Kanneworff B. 1964. Kronborgia amphipodocola gen. et sp. nov.，a dioecious turbellarian parasitizing ampeliscid amphipods. Ophelia，1：
147-166

Cort W W. 1944. The germ cell cycle in the digenetic trematodes. Quart Rev Biol，19（4）：275-284

Dakin W. 1912. Buccinum. Proc Trans Lpool Biol Soc，26：2

Dawes B. 1971. Advances in Parasitology. London：Academic Press Inc.：1-27

De Beauchamp P. 1921. Sur quelques Rhabdocoeles des environs de Dijon. Strasbourg：C R Assoc Franc Av Sci，Congr

Durler A. 1900. Neue und wenig bekannte rhadocole.Turbellarien Z Wiss Zool，68：1-42

Faust E C. 1927. Studies on Asiatic holostomes（Class Trematoda）. Records Indian Museum，29：215-227

Fernando W. 1934. The female reproductive apparatus in *Caridinicola indica* and *Monodiscus parvus*. London：Proc Zool Soc：251-258

Fernando W. 1945. Storage of glycogen in the Temnocephaloidea. Jour Parasit，31：185-190

Francois P. 1886. Sur le Syndesmis，nouveau type de Turbellaries decrit par M. W. A. Silliman. C R Acad Sci Paris，103：752-754

Fyfe M L. 1942. The anatomy and systematic position of *Temnocephala novaezealandiae* Haswell. Trans R Soc N Z，72：253-267

Giard M A. 1886. Sur un rhabdocoele nouveau，parasite et nidulant (*Fecampia erythrocephala*). C R Acad Sci Paris，103：499-501

Girard C. 1850. Two marine species of Planariae. Proc Boston Soc Nat Hist，3：264

Girard C. 1852. Descriptions of two new genera and two new species of Planariae. Proc Boston Soc Nat Hist，4：210-212

Gonzales M D P. 1949. Sobre a digestao e respiracao des Temnocephalas (*Temnocephalus bressilaui* spec. nov.). Bol Fac Filos Cienc Uni Sao Paulo (Zool)，14：277-323

Hallez P. 1909. Biologie，organization，histologie et embryologie d'un rhabdocoele parasite du *Cardium edule* L.，*Paravortex cardii* n. sp. Archs Zool Exp Gen Ser，49：1047-1049

Haswell W A. 1887. On Temnocephala，an aberrant monogenetic trematode. Quart J Micr Sci 110，28 (2)：279-302

Haswell W A. 1888. Temnocephala (abstract of 1887). J Roy Micr Soc，(1)：50-51

Haswell W A. 1892. On the Systematic position and relationships of the Temnocephalea. Abbandl Naturf Geselloch Halle，17 (3~4)：455-460

Haswell W A. 1893. A monograph of the Temnocephaleae. Fletecher JJ. Proceedings of the Linnean Society of New South Wales. The Macleay Memorial Volume，93-152

Hett M L. 1925. On a new species of Temnocephala (*T. chaerapis*) from W. Australia. Proc Zool Soc Lond，569-575

Hickman V V，Olsen A M. 1955. A new turbellarian parasite in the sea-star *Coscinasterias calamaria* Gray. Pap Proc R Soc Tasm，89：55-63

Hickman V V. 1955. Two new rhabdocoel turbellarians parasitic in Tasmanian holothuroids. Pap Proc R Soc Tasm，89：81-97

Hickman V V. 1956. Parasitic Turbellaria from Tasmanian Echinoides. Pap Proc R Soc Tasm，90：169-181

Hickman V V. 1967. Tasmanian Temnocephalidae. Pap Proc R Soc Tasm，101：227-250

Holkin H. 1901. Recherches Sur la maturation，la fecondation et le développement du Polystomum integerrimum. Arch Biol Gand，18 (2)：291-363

Hyman L H. 1944. A new Hawaiian polyclad flatworm associated with Teredo. Occ Pap Bernice P Bishop Mus，18：73-75

Hyman L H. 1951. The Invertebrates：2. Platyhelminthes and Rhynchocoela. New York：McGraw Hill

Hyman L H. 1955. Miscellaneous marine and terrestrial flatworms from South America. Am Mus Novit，1742：1-33

Hyman L H. 1960. New and known umagillid rhabdocoels from echinoderms. Am Mus Novit，1984：1-14

Hyman L H. 1967. The Invertebrates：6. Mollusca：1. New York：McGraw Hill

Jagerskiold L A. 1896. Ueber Micropharynx parasitica n. g.，n. sp.，eine ectoparasitische Triclade. Ofv Vet Akad Forhandl Stockholm，53：707-715

Jagersten G. 1942. Zur Kenntnis von *Glanduloderma myzostomatis* n. gen.，n. sp.，einer eigentumlichen，in *Myzostomiden schmarotzenden* Turbellarien form. Ark Zool，33 (3)：1-24

Jennings J B. 1968. A new temnocephalid flatworm from Costa Rica. J Nat Hist，2：117-120

Jennings J B. 1971. Parasitism and Commensalism in The Turbellaria. Advances in Parasitology，9：1-27

Jhering H. 1880. Graffilla muricola，eine parasitische rhabdocoele. Z Wiss Zool，34：147-174

Kaburaki T. 1922. On some Japanese Tricladida Maricola，with a note on the classification of the group. J Coll Sci Imp Univ，44：1-54

Kaburaki T. 1925. An interesting alloeocoel infesting the alimentary canal of Metacrinus rotundas P. H. C. Annotnes Zool Jap，10：299-310

Kanneworff B，Christensen A M. 1966. *Kronborgia caridicola* sp. nov.，an endoparasitic turbellarian from North Atlantic shrimps. Ophella，3：65-80

Kato K. 1935a. *Discoplana tokewakii* sp. nov.，a polyclad parasitic in the genital bursa of the Ophiuran. Annotnes Zool Jap，15：149-156

Kato K. 1935b. *Stylochoplana parasitica* sp. nov. a polyclad parasitic in the pallial groove of the Chiton. Annotnes Zool Jap，15：123-129

Khalil-Bey M. 1938. *Cleistogamia louftia* (Khalil-Bey et Azim，1937) Khalil-Bey，1937，a redescription. J Egypt Med Ass，21：285-287

Kozloff E N. 1953. *Collastoma pacifica* sp. nov.，a rhabdocoel turbellarian from the gut of *Dendrostoma pyroides* Chamberlin. J Parasit，39：336-340

Laidlaw F. 1902. *Typhlorhynchus nanus*. Q Jl Microsc Sci，45：637-652

Lankester E R. 1901. A Treaties on Zoology. Part 4，Chap 18：43-46

Leiper R T. 1902. On an acoelous turbellarian inhabiting the common heart urchin. Lond，Nature，66：641

Leiper R T. 1904. On the turbellarian worm Avogina incola，with a note on the classification of the Proporidae. Proc Zool Soc Lond，1：407-411

Linton E. 1910. An a new rhabdocoele commensal with Modiolus plicatulus. J Exp Zool，9：371-386

Marcus E. 1949. Turbellaria Brasileiros (7). Bol Fac Fil Ciene Letr Univ Sao Paulo Zool，14：7-155

Marcus E. 1952. Turbellaria Brasileiros (10). Bol Fac Fil Ciene Letr Univ Sao Paulo，Zool，17：5-188

Marcus E. 1968. A new Syndesmis from Saint-Barthelemy，Lesser Antilles. (Neorhabdocoela). Stud Fauna Curacao，26：139-142

Merton H. 1913a. Die weiblichen Geschlechtsorgane von Temnocephala. Zool Anz Leipzig，41 (9)：413-421

Merton H. 1913b. Beitrage zur Anatomie und Histologie von Temnocephala. Abh Senckenb Naturforsch Ges，35：1-58

Merton H. 1914. Beitrage zur Anatomie und histologie von Temnocephala. Abhandl Senckenb Naturf Gessllsch，35 (1)：58

Meserve F G. 1934. A new genus and species of parasitic Turbellaria from a Bermuda sea cucumber. J Parasit，20：270-276

Mettrick D F，Jennings J B. 1969. Nutrition and chemical composition of the rhabdocoel turbellarian Syndesmis franciscana (Lehman，1946)，with notes on the taxonomy of *S. antillarum* Stunkard and Corliss，1951. J Fish Res Bd Can，26(10)：2669-2679

Monticelli F S. 1892. Notizia preliminare intorno ad alcuni inquilini degli Holothuroidea del Golfo di Napoli. Monitore Zool Ital，3：248-256

Monticelli F S. 1899. Sulla *Temnocephala brevicornis* Mont. 1889 e sulle Temnocefale in generate. Boll Soc Nat Napoli，12：72-127

Monticelli F S. 1902. *Temnocephala digitata* n. sp. Boll Soc Nat Napoli，16：309

Monticelli F S. 1903. *Temnocephala microdactyla* n. sp. Boll Musel Anat. Comp R Univ Torino，18：1-3

Monticelli F S. 1913. Brevi communicazione sulle Temnocefale. Boll Soc Nat Napoli，26：7-8

Moquin-Tandon C H B A. 1846. Monographie de la famille des hirudinees. Paris：Nouvelle edition revue et augmentee：448

Mrazeck A. 1906. Ein Europaischer Vertreter der Gruppe Temnocephaloidea. Sber K Bohm Ges Wiss，36：1-7

Naylor E. 1955. The seasonal abundance on Idotea of the cocoons of the flatworm Plagiostomum oyense de Beauchamp. Ann Rep Mar Biol Sta Port Erin，67

Ozaki Y. 1932. On a new genus of parasitic Turbellaria "Xenometra" and a new species of Anoplodium. J Sci Hiroshima Univ(Zool.) Ser B Dib 1，1：81-89

Pereira C，Cuocolo R. 1940. Contribuicao para o conhecimento da morfologia bionomia e ecologia de *Temnocephala brevicornis* Monticelli 1889. Archos Inst. Biol，S Paulo，11：307-398

Pereira C，Cuocolo R. 1941. Estudos sobre Temnocephalidae Monticelli，1889，com estabelecimento de dois novos generos australianos e descricao de duas novas especies neotropicas. S Paulo：Archos Inst Biol，12：101-127

Philippi R A. 1870. Ueber *Temnocephala chilensis*. Arch Naturg，1(1)：76-78

Plate L. 1914. Uber zwei ceylonische Temnocephaliden. Jena Z Med Naturw，51：707-722

Powers P B A. 1936. Studies on the ciliates of sea urchins. Rep Tortugas Lab，29：101-103

Prudhoe S. 1968. A new polyclad turbellarian associating with a hermit crab in the Hawaiian Islands. Pacif Sci，22：408-411

Reisinger E. 1930. Zum ductus genito-intestinalis Problem. I. Uber primare Geschlechstraktdarmver bindungen bei rhabdocoelen Turbellarien. Z Morph Okol Tiere，16：49-73

Rohde K. 1966. A Malayan record of *Temnocephala semperi* ectocommensal on the freshwater crab Potaman rafflesi Roux. Med J Malaya，20：356

Russo A. 1895. Sull a morfologia del *Syndesmis echinorum* Francois. Ric Lab Anat Norm R Univ Roma，5：43-68

Schneider A. 1858. Uber einige Parasiten der Holothuria tubulosa. Mull Arch Anat Physiol Berlin

Shipley A E. 1901. On some parasites found in Echinus esculentus. Q Jl Microsc Sci，44：281-296

Silliman W A. 1881. Sur un nouveau type de Turbellairies.C R Acad Sci，93：1087-1089

Southern R. 1936. Turbellaria of Ireland. Proc R Ir Acad，43B：61-62

Southward A J. 1951. On the occurrence in the Isle of Man of *Fecampia erythrocephala* Giard，a platyhelminth parasite of crabs. Ann Rep Mar Biol Sta Port Erin，63

Stunkard H W，Corliss J O. 1951. New species of Syndesmis and a revision of the family Umagillidae Wahl，1910(Turbellaria：Rhabdocoela). Biol Bull，101：319-334

Syriamiatnikova I P. 1949. A new turbellarian parasite of fish，*Ichthyophaga subcutanea* n. g. nov. sp.(In Russian). C R Acad Sci，n s 68：No. 2

Ulf Jondelius. 1992. A new species of Pterastericola(Platyhelminthes：Dalyellioida)from Astropecten polyacanthus，with observations on the epidermis and gland cells. Proceedings of the Fourth International Marine Biological Workshop. Hong Kong：Hong Kong University Press：37-47

Vayssiere A. 1892. Etude sur le Temnocephale parasite de 1'Astacoides madagascariensis. Annls Fac Sci Marseille，2：1-23

Vayssiere A. 1898. Description du *Temnocephala mexicana*，nov. sp. Annls Fac Sci Marseille，8：227-235

von Graff L. 1904～1908. Acoela und Rhabdocoelida//Bronn H G. Klassen und Ordnungen des Tier-Reichs.4：1-2599

Wacke R. 1905. Beitrage zur Kenntniss der Temnocephalen(*T. chilenlensis*，*T. tumbesiana* und *T. novae- zelandiae*). Zool Jb Supp Bd VI(Fauna Chilensis Bd. III)：1-116

Wahl B. 1909. Untersuchungen uber den Bau der parasitischen Turbellarien aus der Familie der Dalyelliiden(Vorticiden)，Ⅰ～Ⅲ. Sber. Akad Wiss Wien Mathnaturwiss，118：943-965

Wahl B. 1910. Beitrage zur Kenntnis der Dalyelliiden und Umgilliden. Festchr fur R Hertwig，39-60

Weber M. 1889. Ueber Temnocephala Blanchard. Zool Ergeb Einer Roise in Niederlandisch Ost-Indien，1：1-29

Westblad E. 1926. Parasitische Turbellarien von der Westkuste Skandinaviens. Zool Anz，67：323-333

Westblad E. 1930. Anoplodiera voluta und Wahlia macrostylifera，zwei neue parasitische Turbellarien aus Stichopus tremulus. Z Morph Okol Tiere，19：397-426

Westblad E. 1949. On Meara stichopi(Bock)Westblad，a new representative of Turbellaria archoophora. Ark Zool，1(5)：43-57

Westblad E. 1955. Marine alloeocoels(Turbellaria)from N. Atlantic and Mediterranean coasts. Ark Zool，7：491-526

Wheeler W M. 1894a. Syncoelidium pellucidum，a new marine triclad. J Morph，9：167-194

Wheeler W M. 1894b. Planocera inquilina，a polyclad inhabiting the branchial chamber of *Sycotypus canaliculatus* Gill. J Morph，9：195-201

Wilhelmi J. 1909. Triclad，Fauna und Flora des Golfes von Neapel u. d. angr. Meeresabschnitte. Berlin：Monographie：32

五、寄生虫生态学

在寄生虫学研究中，生态学的概念常被忽略。实际上，对于寄生虫与宿主的相互关系，如寄生虫的侵入和宿主的反应、环境的理化因素、宿主和寄生虫的特异性和演化问题等，生态学观点对于了解寄生现象是非常必要的。在 20 世纪 30 年代，俄国寄生虫学家 V. A. Dogiel 倡导生态寄生虫学。

寄生虫具有两种生态环境：一是所寄生宿主体内的小环境；二是宿主所存活的外环境。前者是和寄生虫直接接触的宿主的器官、组织、血液、淋巴或整个的生理系统，这方面的知识常引起寄生虫学者极大兴趣。至于宿主生存的自然界大环境含有与宿主和寄生虫有密切关系的各种因素，常因地形地貌或区域而有所不同，陆地和水生的也不一样。在陆地温度的升降较大，在空气中氧和二氧化碳的含量较稳定，但陆地上湿度有巨大的差别，崇山峻岭、沙漠、河流、赤道、极圈或海洋阻隔，所蕴藏的动植物种类不同，形成了各种生态区系。

人体两种钩虫的分布是说明温度和湿度对寄生虫的分布有巨大影响的极好例子。钩虫的幼虫期必须经历一个自由生活的阶段，为时约 5d。在这时期中它们和环境气候的关系非常密切，如果没有那些条件，生存便不可能。美洲板口钩虫（*Necator americanus* Stiles，1902）尤其需要较高的气温，其幼虫期在 10℃ 以下就难以存活，夜间地面凝霜的地方足使土中幼虫死亡。因此一年中最低温度低于 10℃ 的某一地区，有很长时间土壤中就没有钩虫蚴。钩虫蚴最佳的发育温度为 22～35℃，在 21℃ 能发育的为较少数；在 35℃ 以上，幼虫活动增加，约 3 个星期便因体力耗尽而死亡。钩虫蚴对于湿度也极敏感，它们生活在有一层很薄水膜覆盖的沙砾上面，湿度对于它们几乎和温度一样重要。因此钩虫病的分布区，要每年降雨量 1000mm 以上的地方才能存在，而以年降雨量 1600mm 以上更为合适，并且雨量还要分布均匀，如果一年中有 1/3 时间没有下雨，所需的雨量就要多一些。土壤的性质对于钩虫病的传播也有关系。砂壤土最适合钩虫蚴的生存，黏土则不适合。因为黏土缺乏空气且阻碍幼虫移动；沙地因为水分干得太快也不适于钩虫蚴。气温的因素使美洲钩虫的分布限于热带及亚热带地区。十二指肠钩虫 [*Ancylostoma duodenale*（Dubini，1843）Creplin，1845] 需要的环境条件与美洲钩虫相似，除对温度的要求（最佳的温度为 21～27℃）较低外，它的分布只在亚热带地区，而在较北的地方则见于矿内；向南则与美洲钩虫重叠，有相同的分布地区。其他种类，如巴西钩虫（*Ancylostoma braziliense* de Faria，1910）与美洲钩虫对较高气温有同样的要求。犬钩虫 [*Ancylostoma caninum*（Ercolani，1859）Hall，1913] 则广泛地分布于温带，在北美洲，其分布越北纬 49°。另一食肉类的钩虫 *Uncinaria* 是远北的种类，向南分布到达北纬 49°，而向北则延展到次北极地区。

其他蠕虫的分布也多和此类似，如寄生羊胃的捻转线虫（*Haemonchus*）兼在热带和亚热带分布，它在北方的加拿大也能生存，因为那里的绵羊冬天是关在室内的。在英国它的分布有奥斯特属（*Ostertagia*）线虫所代替。毛圆线虫属（*Trichostrongylus*）在南北地区广泛分布。但 *Nematodirus* 属线虫的分布却只限于温带区。很明显其分布有异是由于幼虫耐冷、耐热力的不同所致。

生态学在广义上是研究生物有机体与其周围环境间各方面的关系。吸虫类由于其生活史的复杂，在有性世代和无性世代相交替过程中，至少需要在两个以上的动物宿主体中生活繁殖，以及尚有自由生活的阶段。因此吸虫生态学问题比其他类寄生虫更为复杂。

(一) 宿主与吸虫的关系

吸虫作为寄生虫寄生在宿主体内，宿主即成为它们的一个生态环境（ecological environment），或称为生活小区（biotope）。在复殖类（Digenea）具世代交替（alternation generation）的生活史中要经过终末宿主（final host），第一中间宿主（first intermediate host）或称贝类宿主（molluscan host），以及第二中间宿主（second intermediate host），有的种类有时尚会有辅加宿主（paratenic host）。单殖类吸虫（Monogenea）和盾盘吸虫

（Aspidogastrea），只需终末宿主就可完成其生活史。因此吸虫-宿主关系（host-trematodes relationship）的所有方面都是一个特殊类型的生态学问题。

各类吸虫会在各自适宜的宿主体内寄生，是经过悠长期演化才具有现在的寄生形式。新到一地域的动物不一定都能成为当地吸虫种类的宿主。例如，最近 40 多年来因由南美洲运热带鱼到香港，在水草中带来了一些南美洲的藁杆双脐螺[*Biomphalaria straminea*（Dunkee，1808）]。该螺在香港新界部分村庄中蔓延繁殖，在水沟和小池塘中与当地的各种淡水螺混杂孳生，尤其当地的一种扁螺 *Hippeutis cantonensis* 在许多地点均和藁杆双脐螺牺息在一起。检查当地 905 个 *Hippeutis cantonensis*，见有 5 种吸虫的幼虫期，并都有一定的感染率，而 5633 粒藁杆双脐螺经检查，全部阴性[Tang（唐崇惕），1983]。这说明外来的藁杆双脐螺虽然也是 Planorbidae 科的扁螺，但尚未适应成为当地吸虫种类的贝类宿主。吸虫成虫的形态结构亦会因适应在终末宿主体中寄生部位环境而有所改变，如环肠科（Cyclocoeliidae）吸虫寄生在禽类的气管中，气管窄小，内壁光滑，此类吸虫尾蚴期有腹吸盘存在，到成虫时腹吸盘消失，可能此器官由于无需行吸附作用而退化。

在吸虫成虫期或幼虫期，它们各器官系统的生理机能均分别适应于在终末宿主或中间宿主体中的寄生生活。例如，血吸虫类的尾蚴，不仅其尾部等结构适应于在水中活动，而且其体表由于有糖质衣（glycocalyx）包被，才能在水中生活；当尾蚴穿钻进入宿主皮肤后形成裂体婴（schistosomulum），其体表的糖质衣消失，此时体形仍如尾蚴体部的裂体婴已不能再生活于水中，只能在宿主组织的体液及循环系统的血液中生活（何毅勋，1990）。

宿主对吸虫的寄生亦能产生防御性的反应及个体的免疫反应（体液反应和细胞反应）。宿主组织因吸虫的寄生而产生的病理变化一方面是由于虫体的侵害，同时也是宿主对该寄生吸虫反应的结果。

（二）环境与吸虫的关系

吸虫生活史中的某些世代，如虫卵、毛蚴和尾蚴，以及一些种类的后蚴，通常都要到外界环境中生活一段短暂时间。自然界环境中的地理、气候条件及各种物理、化学因素都会对这些自由生活阶段的吸虫幼虫期产生直接的影响，而且这些条件和因素也会影响吸虫的宿主（终末宿主和中间宿主），并通过宿主而间接地影响它们体内的寄生吸虫。

1. 影响吸虫发育的因素

可影响宿主体内外吸虫各发育阶段的自然因素有以下几个方面。

（1）温度

温度对吸虫的生存有很大的影响，尤其自由生活阶段。各种吸虫成虫均要求有适合于其生活的一定温度，有很多种类的吸虫其终宿主是冷血的鱼类（fishes）、两栖类（amphibians）和爬行类（reptiles），亦有无数吸虫种类的终末宿主是温血的鸟类（birds）和哺乳类（mammals）。任何吸虫都适应于在其宿主体内的一定温度环境中生活，通常都不能忍受有任何温度的变化，温度的上升或下降都会使吸虫死亡。

吸虫幼虫期是在没有体温的无脊椎动物（作为中间宿主）的体内发育。自然环境中的温度变化会直接影响吸虫幼虫期的发育及季节动态情况，气温低于 15℃，虫体不能发育；如果温度过高，中间宿主和它体内的虫体也都会受影响。不同地区由于无霜期长短不同，同种吸虫的幼虫期在不同地区的贝类宿主体内的成熟季节会有所差别。例如，我国牛、羊胰阔盘吸虫（*Eurytrema pancreaticum*），在南方福建，从贝类宿主中排成熟子胞蚴的时间长达半年多；在北方科尔沁草原，排成熟子胞蚴仅在 7 月、8 月两个月的时间。吸虫自由生活阶段（毛蚴、尾蚴）对环境中的温度变化显示有一定的反应情况。由于虫体的柔弱，对高温及低温适应的范围不大，毛蚴在虫卵中的成熟和孵化，以及尾蚴从螺体的逸出，都要求有其所需的适宜温度。不适宜温度会抑制毛蚴从卵中孵出。

(2)湿度

不同寄生蠕虫种类及同一种类的不同发育期对湿度的需要及对干燥的抵抗能力都不一样，成虫一般都是适应于液体介质中生活，如从其中移出会很快死亡，干燥对吸虫的所有发育阶段都是致死的。对几乎所有寄生蠕虫的自由生活阶段来说，湿度都是它们生存和发育所需的重要条件，寄生蠕虫自由生活阶段对湿度的需要量和温度有密切关系，虫体一般是更适合在较低温度和一定湿度的条件中生存和发育，如果在干燥条件下且温度较高，虫体则迅速死亡。

(3)氧气

氧气是大部分寄生蠕虫虫卵及其某些幼虫期阶段生活所需要的，亦有许多种类在无氧条件下营厌氧呼吸(anaerotic type respiration)，在微需氧条件(micro-aerobio conditions)中发育，许多种类能够在非常低的氧气压中利用氧气。宿主肠道中缺乏氧气会阻止肠道吸虫虫卵的胚胎发育，而在宿主呼吸或循环系统生活的一些吸虫(如血吸虫等)的虫卵在离开宿主体之前已完成卵内毛蚴的胚胎发育，虫卵排出不久，毛蚴即可孵化。

(4)压力和重力

压力和重力对寄生虫的发育也有作用的，如蛔虫卵在150 000g离心沉淀中可继续发育4.5d，在400 000g离心沉淀中只能发育1h，在大于800Pa气压中会抑制其卵裂。

(5)光

光线对寄生蠕虫某些发育阶段会有所作用，如肝片吸虫虫卵孵化及血吸虫尾蚴的逸出常常在早晨，黑暗可能对其起抑制作用，但一直不停的光照对吸虫幼虫期也会有害。我们曾用小日光灯夜以继日地照射土耳其斯坦东毕血吸虫(*Orientobilharzia turkestanica*)阳性羊的粪便浸液，能使其中80%～90%的虫卵内毛蚴死亡。

阳光和阴影的作用一般要和湿度和温度相联系，某些科吸虫的贝类宿主是陆生螺，它们常常喜爱生活在有植被遮阴的场地中，在清晨有朝露时其活动最活跃。高温、干燥加上阳光的直接暴晒对它们都不适宜，在陆地上生存的某些吸虫的幼虫对上述环境条件也一样不适宜，寄生蠕虫的所有发育阶段暴露在紫外线(ultraviolet)中都会使它们迅速死亡。

(6)氢离子浓度

不同种类吸虫对pH变化的耐量(tolerance)表现有很大不同，如肝片吸虫虫卵发育需要pH7.0～7.5的环境，日本血吸虫卵在pH5.0～8.0中都能孵化。

(7)化学药剂

了解各种寄生蠕虫虫卵对化学药品所表现的抵抗力和能影响虫卵孵化的化学作用是很有用的，但关于在一些介质中化学成分变化或化学试剂对寄生蠕虫及其幼虫期影响和作用的情况所知不多。许多寄生蠕虫及其不同发育阶段都对化学试剂显示高度反应，而且幼虫一般很容易被介质中较小的化学变化及较稀的具破坏性的试剂溶液所杀死。

(8)植物

植物能直接或间接地影响地面上小生境中的温度和湿度，由此对某些吸虫的贝类宿主及昆虫媒介的存在和分布产生影响，同时也对某些吸虫种类在外界生活的幼虫期的生存起作用。在水域中的植物种类和数量都会影响水生螺的存在，某些水生植物是某些水生螺嗜好的食物，也是它们荫蔽的场所。所以水生植物在吸虫贝类宿主的个体生态学(bionomica autecology)上是很重要的。

2. 使变态的条件(metamorphic conditions)

蠕虫卵的孵化是受环境因素所控制，并且一般需要各条件的密切结合。不同蠕虫种类需要有不同的条件，具有自由生活幼虫阶段种类的虫卵，需要有足够的氧气、适当的湿度和温度才能孵化。某些含有成熟毛蚴的吸虫卵在外界孵化，需要有适宜的光线强度、温度、渗透压、新鲜的含氧的水(aerated water)和低盐分的条件，否则长时间不能孵化。到中间宿主肠道中才孵化的虫卵，在宿主消化管中需要有一定的物理化学条件才能孵化。

吸虫尾蚴从贝类宿主逸出，也常表现出受一天中某些特别时刻的环境条件(温度、光度等)所控制。其所需要的条件可由于虫种和所寄生的螺类的不同而有所不同。尾蚴的逸出常常有季节性和一天中某时刻最多的现象，这和贝类宿主的生活习性以及当地的气温等条件都有关系。

3. 环境因素对行为的作用

环境因素对吸虫幼虫期行为有一定影响，但虫体本身的反应行为亦很重要。环境因素对吸虫某些幼虫期有影响，如地心吸力对吸虫虫卵和毛蚴均有作用，而毛蚴由于具趋地性阴性反应(negative geotaxis)及趋光性阳性反应(positive phototaxis)能离开沉积着虫卵的水域底部而在水中游动，而且常常还能向上游到具有光源的方向。逃避反应(escape reactions)在寄生蠕虫的幼虫期或成虫期的行为中都起重要作用，有许多尚不能解释的现象，如常常可以见到它们有从不适宜的介质中游离出来的倾向，幼虫期在宿主体内的移行亦部分属于此反应。虫体对宿主某些器官组织亦可具有高度嗜性。毛蚴能侵入其贝类宿主的行为虽然其趋化性(chemotropism)起一定作用，但尚有一些现象仍无法用化学吸引(chemotactic attraction)来解释；如有的毛蚴会持久地要侵入一个不适宜的贝类宿主，或且要从真正宿主的不适宜的部位侵入，直到它们耗尽体力而死亡为止。这现象显示出它具很强的钻孔反应(boring reaction)，这也是一种向触性(thigmotropism)的形式。毛蚴能成功地钻进适宜的贝类宿主，除了它们具有的钻孔机能(boring mechanism)之外，在伴着毛蚴穿钻机械活动的同时，尚有毛蚴体内的顶腺(apical gland)及单细胞穿刺腺(unicellular penetration glands)溶组织分泌物的作用，以及可能还有一些尚未知清楚的其他作用。

各种尾蚴都有继续发展其生活史的能力，其结构上、生理上和行为上都适应这一趋势。其行为常与其在外界或在第二中间宿主体内形成囊蚴和要进入的第二中间宿主(在血吸虫类则为终末宿主)的性质和习性有关。宿主性质的不同使寄生于其的吸虫的尾蚴具有不同的趋性。某些吸虫(如 *Philophthalmus* spp.等)的尾蚴显示趋光性阳性(positive phototaxis)和趋地性阴性(negative geotaxis)，这就使这些种类的尾蚴大多数倾向于在水表层寻找其所需的第二中间宿主和成囊场所。如果某些吸虫种类具有与上述相反的反应，就会使其尾蚴的大多数倾向于在水中或水底寻找其所需的宿主和成囊场所。血吸虫类由于种类不同，它们的贝类宿主的种类和习性亦不相同，它们各自尾蚴的习性也显然不同，如日本血吸虫(*Schistosoma japonica*)的贝类宿主钉螺(*Oncomelania* spp.)是两栖性的螺类，该种尾蚴是静止地倒挂在水面由它们自己所分泌的黏液所形成的水膜下。而曼氏血吸虫(*Schistosoma mansoni*)的贝类宿主 *Biomphalaria* spp.等是水生螺类，此血吸虫的尾蚴浮游在水中。这两种血吸虫尾蚴具有不同的行为习性，但这些习性均对其各自离开贝类宿主后能侵入终末宿主完成其生活史有利。

各种尾蚴能寻找到其适宜的第二中间宿主，可能有的是与宿主体上的某些化学物质的吸引有关。例如，某些种类吸虫的尾蚴在鱼体上形成囊蚴，此种尾蚴会在涂有鱼体黏液的羽毛上穿钻并开始形成囊蚴，在没有涂鱼黏液的羽毛上就无此现象。尾蚴像毛蚴一样显示有很强的向触性，它们接触到任何物质都会利用其口锥刺、棘和由穿刺腺分泌的溶组织物质进行穿刺。只有当它们耗尽精力死亡时，或遇到适宜的宿主进入其体内之后，此行为才停止。日本血吸虫的早期裂体婴(early schistosomulum)在初到达其终宿主的肝门静脉微细血管时，都还表现还有此向触性。

(三)生态学隔离

各类或同类不同种的寄生蠕虫在世界上有不同的分布区和不同的宿主种类的情况，可以说也是属于生态学隔离(ecological segregation)的一种现象。寄生蠕虫的生态学隔离可能有以下一些方面的缘由：寄生虫依赖于宿主的存在而存在，世界上所有地区都各有适应于该地区生态环境而存在的动物群，因此各地区都有一定的寄生蠕虫区系。某些动物宿主对某些自然生态因素的选择，成为在该生态环境中有无该种动物的决定因素之一，当然也决定了有无寄生于该种动物的寄生蠕虫种类。寄生蠕虫接触并侵入在某生态环境中某些动物宿主种类体内，长时间之后形成了宿主特异性(host specificity)。同时亦可能由于长期地在某类动物体内寄生而产生具有特殊形态的种株，其形态及生理方面的特点一直遗传下去，使此虫株与寄生在不同生态环境的相同或不同的动物宿主种类中的同类寄生虫或吸虫产生了差异。这些是对寄生蠕虫演化具有重要影响的因素之一，也是有关寄生虫和宿主关系(host-parasites relationship)的问题。

(四)生态群及宿主间的生态关系

由于不同生态环境条件的影响，在一定的生态环境中有某些寄生虫的生态群(ecological group)地域株或种的建立，需要经过寄生多种宿主才能完成生活史的"异种宿主寄生的吸虫种类"(heteroxenous trematodes species)，在它们的中间宿主(第一中间宿主、第二中间宿主)、携带宿主(transfer host)和终末宿主之间必须存在一定的生态关系。这样，虫种的存在和传播才有可能进行。例如，在一种吸虫病的流行区，一定有适合于该吸虫病原各发育阶段的宿主存在的生态条件，该吸虫病才有可能存在、传播和流行。了解某种吸虫的终末宿主和各中间宿主之间的生态关系对该吸虫病的控制和防治很重要，因此可以提出一个能切断该吸虫生活史环节的方法，能比较简单而又廉价地进行该吸虫病的防治工作。

(五)寄生虫和宿主的关系

吸虫的"寄生虫和宿主的关系"(host-parasite relationship)是一个比较复杂的问题，参与其间至少涉及三个方面的遗传系统(genetical system)，即吸虫遗传系统、中间宿主遗传系统和终末宿主遗传系统。为了生存，各吸虫必须在形态、生化、生理、免疫和生态等各方面具有一系列特性，来适应具不同特点的各宿主环境条件。了解寄生虫和宿主的关系，尚需有关宿主组织及体液的免疫学反应(immunological reactions)方面的知识，涉及免疫学和血清学领域。

过去对吸虫种的确定主要根据虫体的形态，由于一个虫种的形态可以因其个体发育程度和所寄生的宿主种类的不同而有所差异。目前认为要确定一个吸虫种应当对其进行更全面的研究，包括成虫形态、生活史、生理生化、分子遗传学、行为和生态学等方面的工作。吸虫有其特点：它们是雌雄同体(hermaphrodites)，因此一个体的隐性突变基因(recessive mutant gene)可以同时出现在它的精细胞和卵细胞中；而且它们有时可以行自体受精，很可能在某一生态环境中该吸虫群(mating individuals)各个体会有很接近的遗传型(genotype)；同时它们在贝类宿主体内进行多胚生殖(polyembryogeny)，即从胚细胞(germinal cells)发育为胚球(germ balls)，最后形成胞蚴(sporocysts)或雷蚴(rediae)，这样使一些"突变"种繁殖十分迅速。这样的生殖机制在某一生境中可以使某一虫种产生很大数目的后代，因此亦可导致在具有相同遗传特点的群体中从一单个突变个体而形成一个新的株(strain 或 race)。一个适合生活于当地中间宿主或终末宿主新的株，可能具有某些不同于在其他生境中本虫种的独特生理特点(distinct physiological characteristics)。例如，日本血吸虫这一虫种，在中国(内地和台湾)和日本等地就有不同的株。其他类的吸虫由于生态隔离而形成许多个种、亚种，以及株的例子也是很常见的。

由于不同动物生活的生态环境不同，可以有不同的天然感染的寄生虫，如人体血吸虫的尾蚴在实验室内可以人工感染猴子，但在猴子生活的自然生态环境中饮水的地点没有可充作血吸虫中间宿主的贝类，猴子也不会到有血吸虫污染的居民区，没有受天然感染的机会。因此人类的血吸虫演化成为在生理上更适应于由人作为其终末宿主的一类吸虫。

(六)吸虫病病原在流行区中的散布和传播

吸虫病和其他寄生虫病一样，病原的散布和人或动物受感染的程度取决于两大因素：感染源存在情况，以及病原传播与散布的方式方法。

1. 感染源(病原散布者)存在情况

要了解某一吸虫病的感染源在某流行区中存在情况，就需知道该病原在此流行区中的终末宿主和中间宿主体内感染此病原的情况。例如，日本血吸虫病的患者、病畜以及阳性钉螺都是日本血吸虫病的感染源；其他吸虫病的感染源是感染该吸虫的患者、患畜，以及感染有该吸虫不同幼虫期的第一和第二中间宿主。感染源存在的强度越大，该吸虫病的流行就会越严重。在某吸虫流行区中，患者和患畜经驱虫治疗，其感染率和感染强度可以大幅度下降，但如果其中间宿主还存在，此吸虫病再度回升甚至暴发都有可能。

感染源经常是各种类型的感染个体(infected individual)，包括各吸虫病原的终末宿主(definitive host)、保虫宿主(reservoir host)和中间宿主。由于宿主特异性，人是人体吸虫的最主要的感染源；人畜共患的吸虫，则除人之外，某些牲畜和动物(保虫宿主)也是感染源。

感染个体有以下 4 类。

(1) 具临床症状的患者、患畜

与细菌病或原虫病相比较，在吸虫病中有临床症状的患者不一定都是有效的感染源，轻微感染者常常无症状，长期严重的慢性患者才产生症状。由于个体反应不同，因此在具临床症状、轻微临床症状和带虫者之间没有明显的界限标记，一些蠕虫(如泌尿系统血吸虫病)患者等随着其症状的明显发展，患者传染力也逐渐降低，而肠道蠕虫病患者显示严重临床症状时是更重要的感染源。

(2) 病原携带者(carriers)

与细菌性的急性病(acute disease)相反，蠕虫病是慢性病(chronic disease)，病原携带者实际上在感染源问题上常常更具有重要性。由于每一个宿主个体在"寄生虫-宿主关系"上建立了正常的平衡(normal equilibrium)，宿主个体有的在感染初期、有的在感染后期成为病原携带者，因此病原携带者通常有两种类型：

潜伏期病原携带者：携带者身体存有蠕虫病原，由于彼此间的适应，或者由于宿主机体对病的抵抗，而没有表现出临床症状。

恢复期的病原携带者：寄生蠕虫病患者在临床上无症状了，但尚未除去病原，也有可能是复发的患者。

无论是具临床症状的患者、患畜还是病原携带者，其感染强度(intensity of infection)对感染源的作用上都具有重要性。传播机会的多少和释放出病原的数量成正比，吸虫病病原携带者和有临床症状者在无适宜的中间宿主存在的环境中都不起传播作用。

(3) 中间宿主

与终末宿主相比，中间宿主是更重要的感染源。例如，附在植物根部土壤中的日本血吸虫阳性钉螺被送到非流行区，以及感染有中华分支睾吸虫囊蚴的鱼被运到非流行区的市场上，都是立即可以传播这些寄生虫病的感染源。

(4) 保虫宿主

某些吸虫不仅限寄生于人和某些家畜，对此吸虫有敏感性的动物(保虫宿主)也是一个重要的感染源。例如，狗可充作血吸虫和中华分支睾吸虫的保虫宿主，在流行区中起散布病原的作用。

2. 吸虫病病原传播和散布的方式方法

吸虫病病原传播和散布的方式方法涉及病原虫卵如何从终末宿主出来，如何感染中间宿主，又如何再侵入终末宿主的方法和途径。

(1) 排出的途径

吸虫都是以虫卵离开其终末宿主而到外界。由于种类和其寄生部位的不同而有不同的途径。

从粪便排出：如寄生在肝门静脉等血管中的日本血吸虫(*Schistosoma japonicum*)、寄生在肝脏胆管中的肝片吸虫(*Fasciola hepatica*)和寄生在肠管中的姜片虫(*Fasciolopsis buski*)等，它们的虫卵都是随宿主的粪便而排出。

从痰排出：如卫氏并殖吸虫(*Paragonimus westermani*)等是寄生在宿主的肺部、支气管等呼吸道，它们的虫卵随宿主的痰而排出。

从尿排出：如寄生在宿主泌尿系统静脉血管中的埃及血吸虫(*Schistosoma haematobium*)等，它们的虫卵随宿主的尿液而排出。曼氏血吸虫(*Schistosoma mansoni*)虽然是寄生在宿主的下肠系膜静脉血管，其虫卵偶尔也经此途径排出。

(2)传播和散布的方式和方法

所有吸虫病病原的种类一定要经过在各中间宿主体中的发育，达到成熟尾蚴(或成熟囊蚴)之后再传播到其终末宿主。各吸虫种类需要有其一定的中间宿主(或第一和第二中间宿主)种类。由于中间宿主种类的不同，各吸虫病病原传播和散布的方式、方法各异，只有在知道其生活史后才有可能了解其传播和散布的方式方法。

(3)侵入的途径

吸虫的感染期幼虫侵入终末宿主的途径有以下两种。

通过消化道：绝大多数的吸虫种类需要有两个中间宿主。在第一中间宿主体内发育成熟的尾蚴需到第二中间宿主体上或体内形成囊蚴，其终末宿主由于吞食了含有成熟囊蚴的第二中间宿主而受感染。

通过皮肤：在吸虫类中只限于血吸虫类，它们只有一个中间宿主。成熟尾蚴从其贝类宿主逸出，在水中遇到终末宿主，穿过终末宿主皮肤而侵入到其体中。

(七)吸虫病流行病学研究的意义和内容

各吸虫病病原能在一个地区存在、散布并形成流行区，需要具备一定的条件，如该地区需具有这一吸虫病病原生活史各阶段宿主(终末宿主、第一中间宿主、第二中间宿主等)能共同存在的自然地理条件，其中包括有适宜的气候使该吸虫生活史各期能继续发育和繁衍；此外，人类社会日常生活和生产活动的习惯也促使某些吸虫的生活史循环不息和该吸虫病的流行。一个吸虫种类的存在是经过无数年代自然选择的结果，该吸虫由于其生活史各发育阶段在适宜的各宿主之间繁衍而保存下来。

同一种吸虫病病原在不同地区会因不同的自然地理条件而有不同的发育状况和流行病学特点，因为在自然状况下吸虫生活环境中的各自然条件不仅能综合地作用于吸虫的自由生活阶段的幼虫期，而且尚能作用于其中间宿主和终末宿主，从而再影响到吸虫的存在、发育和流行。况且地球上不同经纬度地区或同一地区不同海拔会有不同的气候条件，以及不同地区的地形、地貌和植被的不同，都能影响到吸虫各中间宿主种类的分布，由此也影响吸虫种类的分布。

因此，要在某一地区消灭、控制或防治某一种吸虫病，就一定需要在了解该地区该吸虫生活史的基础上进行流行病学的调研工作，以便了解其流行病学的特点，有利于防治工作的开展。

流行病学研究的内容包括有以下几个方面：某吸虫病流行区的确定，流行区的地形、地貌及自然条件的认识，该吸虫病在当地终宿主中的感染情况和中间宿主感染该吸虫幼虫期的情况(感染率、强度及季节动态)，确定终末宿主(人、畜或其他动物)受感染的季节和地点，以及了解该吸虫的保虫宿主，自然疫源地等问题。

(八)吸虫的动物地理学

1. 吸虫与宿主共同存在

扁形动物中的吸虫纲种类繁多，经科学鉴别的有8000多种，有1800个属，分隶于约200个科(Schell,

1985)。在地球上存在的吸虫可能达 10 000 种以上。Manter(1926，1934，1940)估计，鱼类吸虫可能有 2500～3000 种。他是依据鱼类宿主的数量作此估计。

吸虫类的分布是依照它们宿主(终末宿主和中间宿主)存在的范围。各纲脊椎动物均有吸虫寄生。各类宿主中，鱼类也显得十分重要。因为在脊椎动物中鱼纲最古老而且分布最广。复殖吸虫约有 1/3 科的种类寄生于鱼类。各纲脊椎动物宿主也各有其重要的寄生虫种类。

单殖类吸虫绝大部分是鱼类的体外寄生虫，由于它们不能生活在干燥的环境，所以除个别种类寄生于两栖类外，单殖类吸虫不能寄生于陆地的脊椎动物。单殖类中只有多盘虫(*Polystoma*)能寄生于两栖类，因为它寄生于宿主的膀胱内，有丰富水分。复殖类吸虫因为是内寄生，可以在各类脊椎动物体内生活，但是复殖亚纲中的腹口目只寄生于鱼类；其中却有一个例外，可能因为特殊的历史原因，祝海如先生描述的贵阳似牛首吸虫(*Bucephalopsis kweiyangensis* Chu，1950)能寄生于两栖类、俗称"娃娃鱼"的日本大鲵(*Megalobatrachus japonicus* Temm)上。大鲵的吸虫类寄生虫还有 *Liolope copulans*(隶属于 Harmostomidae)。大鲵是极古的有尾两栖类，它能有腹口类吸虫寄生，看来也不是偶然的。还有与复殖亚纲甚为接近的盾盘亚纲(Subclass Aspidogastrea)，与腹口目吸虫同是瓣鳃类软体动物的寄生虫(瓣鳃类是盾盘吸虫的终末宿主、是腹口目吸虫的第一中间宿主)，它们都有极为广泛的分布，不但各大洲均有，海洋和陆地也有其分布。很难用现在地球上水陆分布的状况来推测古代动物如何有那样的分布。例如，大鲵，据 Romer(1939)的记载，它的化石见于欧洲上渐新统(Upper Oligocene)及中新统(Miocene)。和它最接近的现存种是和它同一科的 *Cryptobranchus*，有两种在美洲。一种在纽约西部的 Susquehanna River 水系，自俄亥俄州(Ohio)向西到密苏里州(Missouri)，南向经佐治亚州(Georgia)及路易斯安那州(Louisiana)出海；另一种生活在密苏里州(Missouri)及阿肯色州(Arkansas)(Darlington，1957)。另一个显示这种特异分布状况的著名例子，是中国的扬子鳄(*Alligator sinensis*)，分布在中国长江流域。与中国扬子鳄为兄弟种，分布在美洲(如称为 Caimans)的有 3 属 9 种，生活在美国东南部的卡罗来那(Carolinas)及佛罗里达(Florida)两州的低地环境。*Oaxaca* 是现存生活的种类，广布于北美洲南部、中美洲到墨西哥，据记载(Romer，1945，)那儿鳄鱼化石甚为丰富，有 3 个亚科在美洲始新统地层广泛存在。无论是 *Crocodile* 或 *Alligator* 在第三纪都甚普遍。*Alligator* 化石在北美洲 Nebrasca 州的下中新统被发掘出来，它们与中国的扬子江鳄鱼极为相似，可称为中国鳄的直接祖先(Mook，1925)。

限制单殖类吸虫分布的因素并不限制复殖类吸虫。单殖类吸虫为水生脊椎动物的体外寄生虫，它们没有陆地的宿主，主要是不能耐干旱。而复殖类吸虫是体内寄生虫，因此它们不仅寄生于水生脊椎动物，而且是陆地各类脊椎动物的寄生虫。单殖类与复殖类的不同点是其没有中间宿主，所以不受无脊椎动物(贝类)宿主分布条件的限制。

复殖类吸虫分布必须具备的条件是终末宿主和中间宿主两者共在的场合，如日本血吸虫的分布是受了中间宿主(钉螺)分布的限制。如果吸虫的生活必须经过两个中间宿主，它的分布区域就比较更受限制。但是，如果尾蚴对第二中间宿主的适应性较大，范围则可以略广。宿主特异性(host specificity)也不是那么绝对，为适应新地区的环境，吸虫类幼虫有时可失去限于在某种中间宿主发育的特性。例如，肝片形吸虫(*Fasciola hepatica*)最适宜的贝类宿主是 *Lymnaea* 属椎实螺，但没有适当宿主时也偶能寄生于 *Succinea*、*Fossaria*、*Fraticodella*、*Bulinus* 等螺类。必须注意这一种吸虫的分布是受了人为因素的影响。某些吸虫的第二中间宿主也常不止一种，有的甚至很多，如中华分支睾吸虫(*Clonorchis sinensis*)的第二中间宿主鱼类就有 40 多种，主要均属鲤科，然而最经常存在的多是与贝类宿主最密切的小鱼，如麦穗鱼(*Pseudorasbora parva*)等。终末宿主也一样，某些吸虫其宿主特异性很广泛，有的种类(如异形科)，不但系统接近的宿主可以寄生，甚至生活在共同的生态环境下的不同族类(如鸟类和哺乳类)也一样能寄生。研究分布学和研究分类学的学者都必须注意这一事实。

2. 寄生虫与宿主共同演化

Johnston(1912)研究吸虫的分布，认为吸虫分布与宿主分布关系密切。他比较欧洲、亚洲、美洲及大洋洲的两栖类寄生的吸虫。系统接近的两栖类其寄生吸虫也较为接近。据他解释，吸虫是极古远的生物。当初蛙类的分布不如现在广大。吸虫是随着两栖宿主的迁移而扩大其分布区域，寄生虫同宿主共同演化。Metcalf(1929)研究原纤毛虫 *Opalinida* 与 *Zelleriella* 属原虫在南美洲及大洋洲的蛙类（细趾蛙科 Leptodactylidae）上寄生，在北美洲及欧亚的蛙类都没有此属原虫。根据现有地球上陆地板块(Landmasses)形成的知识，在 1.2 亿年前，拥有现在北美洲、欧洲和亚洲大陆的 Laurasia 块和拥有现在南美洲、非洲、大洋洲和南极洲的 Gondwana 块，从原来的"Supercontinent"（超级大陆)称为"Pangaea"块上分裂出来；6500 年前，现在的南美洲、非洲及大洋洲和南极洲才从"Gondwana"大陆块上分开。南美洲和大洋洲两地寄生虫和宿主平行演化出同类的蛙，并有同样的寄生原虫，除了它们来自一祖先源头以外，难于解释。因为南美洲与大洋洲从前是陆地相连的。另一学者 Zschokke(1904)从南美洲及大洋洲找出的绦虫也很类似。蛙类和蟾蜍类有非常悠远的、中生代以前就存在的历史，因而它们和所携带的寄生虫也有广泛的分布。蛙和蟾蜍是两栖类中善于侵服陆地的类群，它们吞食昆虫和其他小动物，动物学者认为它们可能发源于旧大陆的热带地域，逐渐向各处扩散。在各大洲均有其寄生虫分布。Johnston(1913)曾经把欧洲、美洲、大洋洲和亚洲的蛙类寄生吸虫加以罗列和比较，吸虫类中有 *Pneumonaeces*、*Halipegus*、*Opisthoglyphe*、*Glypthelmins*、*Dolichosaccus*、*Diplodiscus*、*Gorgodera*、*Pleurogenes* 等许多属遍布四大洲。

3. 吸虫宿主特异性对其分布的影响

寄生虫的宿主特异性(host specificity)和寄生虫的分布有巨大关系。因为蠕虫类分布区域和它们的宿主所在区域是一致的，但各宿主有多少寄生虫种类则不同。某些吸虫总是以一定族类的动物，或有共同生活习惯和生态学上生存环境相近的种类为宿主，在它们体内延续其种族。例如，鹗形科、杯叶科、后睾科、异形科、隐殖科等以食鱼的鸟类或哺乳类为终末宿主，它们从有贝类和鱼类中间宿主孳生的地点获得感染，并不断扩大其分布领域。在悠久的时间里，由于地区的隔离、宿主的转换，逐渐地形成了新种。

在各种宿主中一种宿主常表现为该寄生蠕虫的最佳宿主，在此宿主体内该寄生蠕虫有最好的发育。菲律宾的 Tubangui(1922)最早叙述了盖状前冠吸虫(*Prosostephanus industrius*)，其成虫系从我国南京家犬肠内得到；除家犬之外，此吸虫的终末宿主尚有家猫、狐(*Vulpes vulpes*)、蟹獴［*Herpestes urva*(Hodgson)］及貉(*Nyctereutes procyonoides*)等。盖状前冠吸虫在它们体内有不同程度的发育。1939 年著者唐仲璋开始进行本吸虫生活史的研究，得出结论：犬和猫不是正常的宿主，真正的终末宿主必定是食鱼的哺乳类。1964年，我们偶然剖检一只水獭(*Lutra lutra chinensis* Gray)，在其肠内发现了很多的盖状前冠吸虫，经过详细观察和测量，发现在河獭体内发育的成虫，体形较大、体长体宽、口吸盘、咽及生殖器官都比从其他终末宿主得来的标本大许多。这可能就是它的自然和最佳的宿主(optimum host)(Tang，1941；唐仲璋和唐崇惕，1989)。

另一个因宿主特异性而影响寄生蠕虫虫体发育的例子是有关孟氏迭宫绦虫(*Spirometer mansoni* Joyeux et Houdemer，1927)的终末宿主问题。除了在福建省福州地区经常在家犬、家猫肠内找到成熟的虫体之外，也在野生动物的狐狸(*Vulpes vulpes hoole* Swinhoe)及豹猫(*Felis bengalensis chinensis* Gray)肠内找到成熟的虫体。从各类终末宿主得到的标本详加比较，它们的大小差异极大；犬的标本最大，其次为家猫的标本。狐比家猫的更小，豹猫的最小。比较卵子，狐狸与豹猫的绦虫其卵子远比在犬上寄生的小。

宿主	卵测量数	长径/μm	宽径/μm	平均/μm
犬	60	68～69	36～50	63×39
狐	50	45～60	30～37	58.16×31
豹猫	50	45～60	26.25～33.75	52.5×31.8

4. 鱼类吸虫分布与宿主分布的关系

鱼类寄生吸虫的分布与鱼类宿主的分布密切关系，而鱼类的分布又与鱼类习性及其适应的水域环境有关。Manter 引用 Myers(1938)的意见，把鱼类适应咸水的状况分为三类：严格适应淡水环境的称第一类

(primary division)；对海水有一些耐力的称第二类(secondary division)；经常生活在淡水，但能够很快地适应海水的称第三类，或称外围类(peripheral division)。第二、第三类能在沿海环境生活，其分布范围很大。而第一类则与之相反，因此如 Myers 氏所指出的，这样的淡水鱼其分布地区限于陆地，和其他陆地动物一样。标准的淡水鱼常生活在某种水系，所以它们在大陆上的分布也较局限，并非那么普遍。这样的淡水鱼如要从一大洲迁移到另一大洲必须从两大陆接触处或存在的陆桥上的水道迁移过去，时间也必定较长久。鱼类在远古时候的分布状况曾经苏联科学家的考察(Dogiel et al.，1961)。

Manter 氏于晚年研究鱼类的分布，说明地理隔离与物种分化的原理。达尔文及其后的学者曾经用南美洲西岸加拉帕戈斯群岛(Galapagos Islands)的动物作为例证。Manter(1940)研究该岛屿深海鱼类体内复殖类吸虫39种，其中有21种是新种。这21种中有8种其最近亲缘在美国佛罗里达州的托尔图加斯岛(Tortugas Island)，有4种其最近亲缘在墨西哥的太平洋海岸，有3种其亲缘在日本，有2种其亲缘在北美太平洋海岸。其余4种其亲缘不明。由这些事实，Manter 作下列的结论：加拉帕戈斯群岛附近的吸虫类与墨西哥湾及西印度群岛的种类最为接近。

加拉帕戈斯群岛位于南美厄瓜多尔(Ecuador)西约805km。Hesse 等(1937)曾记述此岛屿的动物区系受两种海流的影响。一个海流来自秘鲁沿岸，另一海流由巴拿马湾(Panama Gulf)经过运河西来。据观察，即使是陆地上的螺类也能由海流携带，更不用说海里的鱼类和贝类。

Manter(1934)也研究了佛罗里达州托尔图加斯岛深海鱼类的吸虫。自 73.16～106m(40～58 fathoms)深度的海底网捞到的鱼，90 种中 80%有吸虫寄生，以个体数目计算 30%有吸虫。从前 Linstow 氏(1888)研究英国的 Challenger 海洋采检的寄生虫材料，认为深海无吸虫。他的解释是深海下压力太大，而吸虫的幼虫期体的结构太纤细，经不起压力。这是不确实的，海底小虫组织的内外压力是均等的。Linstow 的另一解释是在汪洋大海中吸虫卵分散各处，不易使宿主感染。此观念也同样的不确实，在有吸虫分布的海底生态环境中也有相应的贝类会吃到该吸虫的卵。

(1)海洋鱼类吸虫分布与地理生态环境关系

深海与浅海的吸虫区系不同，吸虫种类不同最主要的原因是由于在它们生活史中某阶段的动物宿主不同，但也有种类分布较广的。从垂直分布来看，有的深海的吸虫也见于浅海。从南北分布来看南方种类也见于北方，南美洲沿岸的见于欧洲。在海上当然也有热带与寒带动物分布的区别，但在深海就不是这样。Manter 的理论：自北冰洋至南冰洋，经热带深海下的广大地区，某些吸虫的分布是相连的。Hesse 等(1937)书中曾叙述北大西洋的腹足类与斧足类(有见于北冰洋海岸深度 50m 的地方)却也见于热带深海，如坎那利群岛(Canaries Islands)、圣海玲那岛(St. Helena Island)2000m 深度和西印度群岛海底。

鱼类吸虫中分布广大的有半尾类的 *Derogenes varicus*，它寄生的鱼类宿主种类有 50 种(生态图 1)。Yamaguti(1934)记录在日本有两种。在苏联北冰洋(Issaitschikow，1928)、北美缅因州(Maine)海岸、北卡罗来纳州(North Carolina)海岸均有分布(Manter，1926，1934)，但在南方佛罗里达州的 Tortugas 海面的鱼却没有此虫。很明显，它们的分布是受温度影响的。它的生活史经丹麦科学家 Koie(1979)阐明。中间宿主的种类也非常之多。

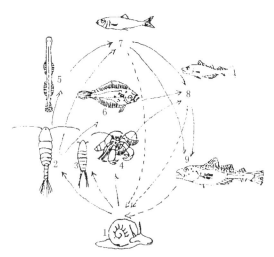

生态图 1 *Derogenes varicus* 的宿主关系(按 Kechemir，1979)

1.玉螺；2.哲水蚤；3.猛水蚤；4.寄居蟹；5.箭鱼；6.小鱼；7.食浮游动物的鱼类，鲑鱼、鲭鱼；8.食底栖动物的鱼类，鳕鱼类；9.鳘鱼类

一般说来，淡水与海水的吸虫区系是不能够突然转换的，巡游于淡水、海水之间的鱼类，在海水中获得的肠内寄生虫到淡水后便丢失了，在淡水中感染的到海水中也这样（Dogiel，1962；Erasimus，1972）。唯有一些种类在较短时间内还能存活，但由于周围的生活和环境不同，它们的卵子无法在外界发育，因而也就不能传代。

半尾类巨尾科的胃居属吸虫（*Stomachicola muraenesocis* Yamaguti）寄生于海鳗 [*Muraenesox cinereus*(Forskal)] 的胃中，这一种纯粹深海孳生的吸虫，我们有一次却在一条长约 0.4m 多的幼鳗食管内查获。这个淡水鳗在剖检时得到的标本，已完全成熟，长 14.7mm、宽 1.6mm。经观察，各器官完美无损，子宫内充满了卵子。看来这一条吸虫在淡水环境内生活已超过 30d 了。它可能是鳗鱼迁徙时在海中获得感染。可见深海种类吸虫在淡水中暂时还可存活。同一属或非常接近不同属的个体分别寄生在淡水及海水的鱼类，它们是有同一来源的。例如，等睾科 [Isoparorchiidae(Poche，1926)] 有两个极接近的属，寄生于淡水鲶鱼及海水鲶鱼的浮鳔内。淡水的等睾吸虫 [*Isoparorchis hypselobagri*(Billet，1898)] 寄生于普通的鲶鱼 [*Parasilurus asotus*(Linn.)] 上。海产的长等睾吸虫（*Elongoparorchis pneumatis* Rao，1961）发现于印度，宿主为海鲇，*Arius gella*。1984 年申纪伟和佟永永于我国海南岛发现的 *Elongoparorchis arii* Shen and Tung，宿主为 *Arius sinensis* Lacepede。

海鲇科（Ariidae）的鱼与淡水的鲶鱼甚为相似。它们可能在极远的年代由淡水鲶鱼适应海中生活演化来的。考察鲶科（Siluridae）的分布，范围颇广，足以证明其为优势的鱼类，适应于亚洲及欧洲热带地区。*Parasilurus asotus* 原产于亚洲，向西扩展曾见于希腊 Achelous 河，但不越过莱茵河以西的西欧地区。本科的南向分布可达爪哇、婆罗洲、菲律宾的巴拉望岛（Palawan Island）和卡拉绵群岛（Calamian Islands）。它虽是热带地区分布的鱼，但也有西伯利亚的记录。海鲇科的分布范围更大，有世界性的记录。海鲇在许多地区能侵入河流，有的甚至能在淡水中长期生活。它们能够传播等睾科吸虫成为海水产的种类是有充分可能性的。在我国南方数省（江苏、福建、湖南、湖北及江西）淡水的鲶鱼普遍感染外睾吸虫（*Exorchis* spp.），在海鲇尚未见有此类吸虫记录。

和等睾科相类似而且有系统上关系的吸虫类有气生属（*Aerobiotrema*），*A. muraenesoxis* Yamaguti 在日本，*A. acinovaria* Tang 在福建寄生在海鳗（*Muraenesox cinereus*）的浮鳔内。Yamaguti（1958）把此属隶于新科 Aerobiotrematidae，并把该科归于等睾总科。本属种类与等睾吸虫有同样的构造和寄生的位置（浮鳔），但它们具有尾部表皮反套在体部外面的外体（ecsoma），可见其有高度的、特殊的分化。

除却气生科之外，还有奇蠕科（Pelorohelminthidae）的奇蠕吸虫（*Pelorohelminths palawanensis* Fischthal et Thomas，1964）。它有与气生属极为类似的卵巢和卵黄腺，也寄生在浮鳔内。它的宿主为牙鲾 *Gazza minuta*(Bloch.)，是一种海鱼，遍布于红海、非洲东岸、印度洋、新加坡、苏门答腊、爪哇、大洋洲、中国南海和东海。奇蠕属另一种 *Pelorohelminths ghanensis* Fisch. et Thom. 寄生于一种海鲇 *Arius latisculatus*，地点是非洲加纳。*Pelorohelminths moniliovata*(Freitas et Koln，1967)，寄生于一种名为 *Trachyurus grandicasis* 的海鱼，分布地点为南美洲巴西。

(2) 半尾类吸虫的分布

半尾亚目（Hemiurata）是一个巨大的吸虫类群，据 Skrjabin 和 Guschanskaja（1954，1955a，1955b，1956，1958，1960）多年的修订，本亚目包括了 16 个科，36 亚科和 105 属。他们在 1959 年又全面地复述了半尾亚目种类个体发生及各阶段的发育。已经阐明或部分地阐明的半尾类生活史共有 12 种，其中寄生两栖类的 5 种、鱼类的 7 种。其中 *Lecithaster confusus*、*Bunocotyle cingulata* 和 *Derogenes varicus* 是海产的种类，因而它们的生活史可能具有更大的代表性。*L. confusus* 的第二中间宿主为爪镖水蚤（*Acartia tansa*）。这一类小型甲壳动物可能是半尾类吸虫最常见的宿主和传播媒介。但一些文献记录指出了海产半尾类的中间宿主，除却桡足类之外还有其他无脊椎动物。Lebour（1917）、Linton（1927）及 Myer（1955，1956）均曾报告半尾类吸虫 *Hemiurus* sp. 的后期尾蚴寄生于毛颚类（Chaetognaths）。Lloyd（1938）报告另一种寄生于栉水母体内。Uspenskaya（1955）报告穆氏曲肠吸虫（*Genarches mülleri*）的幼虫寄生于端足类 *Caprella septentrionalis*；

其他还有早熟的半尾类成虫寄生于海产的小虾(Dollfus, 1927)和淡水的小虾(叶英和吴淑卿, 1955)。还有一些论据证明有些半尾类其中间宿主不止一种, 如海立属(*Halipegus*)的第二中间宿主除剑水蚤之外尚有昆虫。有的种类除终末宿主之外, 尚有童虫期寄生的附加宿主(Transport host)。

Ching(1960)综述半尾类的尾胞型尾蚴, 据她统计有 49 种经蠕虫学者记录, 其中 27 种来自淡水贝类, 22 种来自海洋贝类。Dollfus(1950)曾写出尾胞型尾蚴的名录, 列举了 40 种。Chabaud 和 Biguet(1955)增加了 5 种, 他们叙述了 *Bunocotyle cingulata* 的尾蚴, 此外他们还叙述了 *Cercaria dollfusi* Arvy 1951, 寄生于壳蛞蝓(*Philine aperta*), 地点在法国; *Cercaria longicerca* Ito, 1953 寄生于半沟蜷(*Semisulcospira* sp.), 地点在日本; 及 *Cercaria caribbea* XXXIV Cable, 1956 寄生于核螺(*Pyrene mercatoria*), 地点在波多黎各。

长尾尾胞型尾蚴可能是较原始的半尾类幼虫, 它是附着于水底岩石, 而不是飘浮的种类。它们的甲壳类宿主也是较低级的甲壳动物——介形类(*Ostracode*)。Madhavi(1978)报告 *Genarchopsis goppo* 的生活史, 其甲壳类中间宿主为介蚤, *Stenocypris malcolmsoni*(Brady)及 *Eucypris capensis*(Muller)。

中华唐似吸虫[*Tangiopsis chinensis*(Tang, 1951)Skrjabin et Guschanskaja, 1955]是半尾类群中比较原始的底栖类型, 也是比较特殊的种类。与别的尾蚴相比, 它的尾蚴特具简单的形态, 尾囊表面没有条状的附属器。只有从囊内伸出的传送管(delivery tube), 它内部有大约 25 个纵列的、能伸缩的细胞。管的末部(end piece)是略有张开的膜, 顶端尖锐。这一管状小器有吸着水底石上的功能。还有由于管内细胞收缩和伸长能带动尾蚴体部进出尾囊(Tang, 1951)。中华唐似吸虫第二中间宿主为介蚤 *Cypretta* sp.、*Heterocypris* sp.和 *Dolerocyprie Sinensis*。介蚤主动吞食吸着于水底的尾蚴。吞食后 0.5h 在其消化道见到已脱掉尾囊的尾蚴体部, 1.5h 后的后期尾蚴出现于介蚤的血腔中。含 3~6 日龄后蚴的介蚤被实验小鱼(鰕虎鱼 *Rhinogobius giurinus*)吞食后 3d, 即可在其胃中检获初成熟的成虫。7 日龄虫体子宫内充满含毛蚴的虫卵(王云, 1995)。

Matthews(1981a, 1986b)用光学、电子显微镜观察半尾类尾蚴(*Cercaria vaullegeardi* Pelseneer 1906)的构造及其如何侵入猛水蚤的过程, 认为由于传送管的收缩和牵引的作用能将虫体带进猛水蚤的体腔。

Tangiopsis chinensis、*Genarchopsis goppo* 和 *Cercaria calliostomae* Dollfus, 1950 等尾蚴均系长尾尾胞型, 它们都是较原始的种类。它们的成虫体型较小, 体表面光滑, 不具套叠的尾部或外体(ecsoma), 与高度分化的海洋种类成对比。由此可以初步推论: 淡水的半尾类是较为原始的种类, 是较为复杂海洋种类的先驱者。

海洋鱼类寄生的半尾类是高度分化的类群, 它们有巨大的体形和复杂的构造, 如蛭形科(Hirudinellidae Dollfus, 1932)、泄肠科(Accacoeliidae Looss, 1912)、连肠科(Syncoeliidae Dollfus, 1923)等科均含有巨型吸虫。*Hirudinella ventricosa*(Pallas, 1774)Baird, 1853(= *H. marina* Garcin, 1930)体长达 170mm, 体宽达 30mm。比普通的水蛭还要大。*H. marina* 这一名称现已被摒弃, 因已有林那氏以前的名称。这一吸虫是最早被人发现的吸虫之一, 距今已近 270 年了, 它与 *Fasciola hepatica* 的记录同样古老。有很多科学家为其命名, 计算起来有 38 个。鱼类宿主经记载的有 20 多种, 但其最初的模式宿主已经不知道。通过应用虫体解剖的方法了解它内部各器官的关系和位置, 可以看出它的一般体制和深海鱼类寄生的巨尾科半尾吸虫相似。我们亦曾详细观察巨尾科胃居吸虫(*Stomachicola muraenesocis*), 许多特征, 如睾丸卵巢相对位置、梅氏腺、管状的卵黄腺和消化管的两肩位置有"假胃"等均是相同的。后者的构造适应于虫体庞大, 加强消化及养料输送的作用。在蛭形属(*Hirudinella*)的消化管, 在肠道的"肩部", 有膨大的囊称为"腺囊"(Drüssenmagen), 这一构造在胃居属, 被称为"假胃"(Tang, 1981)。这两属吸虫消化道构造的不同点在于蛭形属肠管在体后端, 与排泄囊相接, 成为排泄缸(Uroproct), 这一构造是胃居属所没有的。成虫形态的比较提供了一个看法, 即蛭形属和胃居属有亲缘关系。

(3)航尾科吸虫的分布

航尾科(Azygiidae Odhner, 1911)中的航尾属(*Azygia* Looss, 1899)是淡水鱼肠胃内的寄生虫(**生态表 1**)。早在 1802 年 Rudolphi 记述了 *Fasciola tereticollis*(=*Fasciola lucii* Mueller, 1776)这一常见的吸虫, 现在是

以 *Azygia lucii*(Mueller，1776)Lühe，1909 的学名而著称的。它的宿主是狗鱼科 Esocidae(Lucidae)的狗鱼
(*Esox lucius*)。

生态表 1　航尾科一些种类的分布地点及报告人

种类	宿主	地点及报告者
Azygia lucii	*Esox lucius*(狗鱼)	欧洲德国；Szidat，1932
	Lymnaea palustris(贝类宿主)	
Azygia longa	*Esox ester*(狗鱼)	美洲伊利湖(近宾州)；
		Dickerman，1937
	Campeloma sp(贝类宿主)	Sillman，1962
	Trichiurus lepturus(海鱼)	Linton，1940
Azygia sebago	*Perca flavescens*(河鲈)	美洲 Sebago 湖；
	Salmo sebogo(鲑鱼)	Stunkard，1956；Ward，1910
	Planaria，*Dugesia tigrinum*(涡虫)	Stunkard，1950
Azygia acuminata	*Esox* sp.(狗鱼)	Wooton，1957
(Goldberger，1911)	*Campeloma decisum*(贝类宿主)	
	Eucalia inconstans(Stickleback)	
	Anguilla rostrata(美洲鳗)	美国 Illinois，Michigan
	Amia calva(弓鳍鱼)	美国 Cape Cod
	Ameiurus nebvlosus(Bullheads)	
	Esox niger(Chain pickerel)	
Azygia angusticauda	*Lota maculata*(江鳕)	加拿大
(Stafford，1904)	*Stizostedion vitreum*(鲥鲈)	Stafford，1904
	Amia calva(弓鳍鱼)	
Azygia lucii	*Esox lucius* Lucioperca(鲛鲈)	苏联
(Syn. *A. volgensis*)	*Perca feuviatilis*(鲈)	
Azygia robustia	*Hucho taimon*、*Esox reickerti*	苏联
Azygia perryii	(哲罗鱼)	Petrushevskaza，1962
Azygia hwangtsiyüi	*Ophiocephalus argus*(鳢鱼)	
Proterometra	*Goniobasis livescens*(中间宿主)	Horsfall，1934；
macrostoma		Dickerman，1934
Proterometra	*Goniobasis catenaria*	Smith，1935
catenaria	*G. doolyensis*	
Proterometra sagittaria	*Goniobasis* sp.	Dickerman，1937
	Pleurocera sp.(侧角螺)	
	G. catenaria	Smith，1935
Leuceruthrus micropteri	*Pleurocera* sp.	
	Sinotaia quadrata(贝类宿主田螺)	(Benson，1842)
Azygia hwangtsiyüi	*Ophiocephalus argus*(乌鳢)	福州、山东青岛
Tsin	*Channa asiatica*(月鳢)	唐仲璋和唐崇惕，1964
	Vivipara quadrata(田螺)	秦素美，1933
Azygia anguillae	*Anguilla japorica*(河鳗)	福州、日本
Ozaki，1924	*Monopterus albus*(鳝)	唐仲璋和唐崇惕，1964
Azygia pristipomai	*Therapon argenteus*(银鲥)	菲律宾
Tubangui，1958	(六斑鱼亚科)	Velasquez，1958

继欧洲发现本属吸虫之后，在美洲也发现本属虫种(Leidy，1851)。美洲的航尾吸虫最初也定名为
Distoma tereticolla。同一年 Leidy 又记述了 *Distomum longum*［现称 *Azygia longa*(Leidy，1851)］，标本是从
Esox estor 胃中来的。在美洲，本属其他虫种陆续发现。Ward(1910)叙述 *Azygia sebago*，它是从 Sebago 湖
的鲑鱼 *Salmo sebago* 得到的。除这一宿主之外还有河鲈(*Perca flavescens*)及美洲鳗鱼(*Anguilla chrysypa* =

Anguilla rostrata)。

美洲的虫种还有 Stafford(1904)在加拿大叙述的 *Azygia angusticauda*、Goldberger(1911)叙述的 *Azygia acuminata*。前者寄生于多种的淡水鱼，如江鳕(*Lota maculata*)、狗鱼、弓鳍鱼 *Amia calva*、鳢 *Ophiocephalus*、河鲈 *Perca* 等。

在我国，有从乌鳢鱼(*Ophiocephalus argus*)发现的 *Azygia hwangtsiyüi* Tsin，叙述者为秦素美(1933)，以及在淡水鳗寄生而为日本人尾崎佳正发现的 *Azygia anguillae* Ozaki，1924。还有 Fujita 报告的 *Azygia perryii*，寄生于哲罗鱼(*Hucho perryi* Breevoort)体内。

航尾属的模式种 *Azygia lucii*(Mueller，1776)生活史经德国蠕虫学者 Szidat 阐明(1932)。该虫分布于欧洲，尾蚴称为奇异尾蚴(*Cercaria mirabilis*)，是一种巨大的叉尾尾胞型尾蚴(cystophorous furcocercous cercaria)。寄生于一种淡水螺 *Campeloma* sp.。当时曾被认为"自由游泳的胞蚴"(free-swimming sporocyst)。主要的终末宿主是狗鱼(*Esox lucius*)，还有 10 多种鱼充为终末宿主或转移宿主。本虫种在欧洲芬兰、波兰、瑞士、苏联、德国等均有记录。

在俄罗斯，伏尔加河航尾吸虫[*Azygia volgensis*(v. Linstow，1907)Odhner，1911]寄生于 *Lucioperca sandra* 及黑龙江的 *Liocasis brahnikovi*。还有 *Azygia robvsta* Odhner，1911 寄生于鲑鱼(*Salmo hucho* 及 *S. fario*)，还有鳕鱼(*Lota lota*)、狗鱼(*Esox lucius*)。在俄罗斯东北境内还记载有 *Azygia amurensis*，寄生于乌鳢鱼(*Ophiocephalus argus*)，这一种是黄氏航尾吸虫(*Azygia hwangsiyüi*)的同物异名。

从上述欧亚及北美航尾属的鱼类宿主的种类可看出它们的分布是极其广泛的。宿主中突出的是狗鱼(*Esox lucius*)，它属于狗鱼科(Esocidae)，有特殊的分布区域，横跨欧亚，并广布于北美洲。它的成员是俗称为梭子鱼(pike)及小梭鱼(pickerel)等。据 Darlington(1956)的分析，*Esox* 属有 6 种鱼，4 种产于美洲，1 种在我国黑龙江。另一种狗鱼占有欧洲、亚洲、美洲的远北地区。在美洲分布于加拿大 Labrador 半岛及美国纽约以北至阿拉斯加；并从亚洲我国东北，横跨越西伯利亚至欧洲北部以至于英伦三岛。动物地理学者曾研究狗鱼科的原产地，这科鱼究竟从美洲延展至欧亚呢，抑或相反地从欧亚迁至美洲？如计算该属鱼种的数目，以产于美洲的为多，但在古生物学方面的记录，从 *Esox* 属鱼保存的化石来看，在欧洲渐新统(Oligocene)及中新统(Miocene)有很完整的这一类鱼的化石。最原始的有古狗鱼(*Palaesox*)，在于欧洲始新统(Eocene)地层(Romer，1955)，但在美洲就没有这类化石发现。所以，地理学家推论狗鱼科原产地在欧洲、亚洲(Darlington，1957)。可能在远古的时候，白令海峡变为陆地时有淡水河相通。狗鱼从亚洲的东北迁移过去。

从狗鱼科(Esocidae)与其寄生虫的演化历史来看，它们似乎在欧亚大陆消退而在美洲则有较大的发展。其原因可能是在旧的分布区有其他鱼类的竞争，而在新的环境内生存条件较好。另外在远北、接近北极圈的地区，狗鱼类因为其耐寒特点是适于生存者，才能越过西伯利亚—阿拉斯加的陆桥。J.R. Norman 在他的鱼类史中曾提到这一地区生活的一种黑鱼 *Dallia pectoralis*，它是狗鱼的近亲，也有极大的耐寒力。它能在全部冻结了的冰块中若干周不死，到春天又能复活且能正常地生活着。据说有一次一尾黑鱼被冻结在冰块内，被狗吞入腹中，冰块在狗的胃中溶化，鱼复活了，由于在胃中跳动而被吐出来，可是鱼仍是活着。它在冰上蹦跳，最后竟从一个冰孔中逃走了。

Manter(1926)认为 *Azygia longa* 可能与欧洲的 *A. lucii* 为同种，它较长的体形可能是新环境给予充分发育的较好条件所致。在北美洲东北部也有许多能作为其终末宿主的鱼类。和海产的半尾类一样，其子宫还不能发育到体的末端而在体长约 2/3 处便已不见有子宫圈。*Azygia longa* 虽其终末宿主均系淡水鱼，但也有寄生于海产鱼类的记录。Linton(1940)曾报告美国麻省 Woods hole 发现 *A. longa* 寄生在一种带鱼 *Trichiurus lepturus* 的体内。

航尾科有一个种系寄生海洋鱼类的寄生虫，即 *Otodistomum* Stafford，1904 属下面的 *Otodistomum veliporum*(Creplin，1837)，据说是得自鲨鱼(*Hexanchus griseus*)的胃中，地点在地中海。又有一说这标本系来自鳐鱼(*Raja laevis*)，采集地点为加拿大东岸。这两种孰系模式种，得自鲨鱼或鳐鱼，尚有争论。

(4) 单孔科吸虫的分布

单孔科(Haploporidae Nicoll，1914)吸虫是滨海或淡水分布的鱼类寄生虫。它有非常独特的构造，如巨大的咽，食道延至吸盘后方才分支为肠管，并具有两性囊。它有好几个亚科，原系异常接近的科归并而成的。

地质学的研究提供了充足的事实，证明在第三纪的时候存在一大片的水体从现在近东地区越过地中海、大西洋中部，至墨西哥湾，这一块古海称女神海(Tethys Sea)(生态图 2)。这个古海有一分湾向南延展至现在南美洲地区 La Plata-Parana-Paraguay 的河流系统。关于这一海湾的存在不但有地质纪录的证实，也有动物、植物区系的根据。主要在那些河流内现有的动植物种类，动物方面有寄生鱼类的吸虫和等脚类。在阿根廷 Lothar Szidat(1954，1955，1956) 曾研究这地区有关动物地理的问题，某些淡水鱼类的寄生虫具有海洋种类的特点，它们的接近种类不是河口的鱼类，而是加勒比海或地中海鱼类所含的寄生虫。如他于 1954 年叙述阿根廷 La Plata 河淡水鱼寄生虫，似囊肠属(Saccocoelioides)吸虫新种，其接近的属和种在欧洲地中海区。他认为目前的分布现象可能源于古代地理的海陆变迁的状况。在第三纪(Tertiary)中新统(Miocene)至上新统(Pliocene)的地质时期，Tethys 古海跨越了地中海、欧亚南部和南美洲阿根廷的大部分，经悠长年代地质变化，原来数个大块的陆地连接起来，由于安第斯山脉(南美洲西部)的升高和雪水的溶化，中间间隔的低地变成河流，从咸水变成淡水。本来生活在此地的海洋生物种类不是灭绝，便是要适应新的环境。这些地区的鱼类寄生虫有共同性——产生东西两半球鱼类和吸虫区系的现状。但是 Szidat 氏理论被削弱之处，在于他提及的吸虫是寄生在南美的上口鱼科(Anostomidae)的鱼，Anostomidae 科的美洲鱼类，含 9 属 150 种。而在地中海的鱼则是鲻鱼类(Mugilidae)。

Manter(1957)提出另一解释，认为南美洲 La Plata 河地区的鱼类宿主与地中海的鱼类宿主如上述的两科很不相同，没有什么亲缘关系。由于鲻鱼是咸淡水均能生活的种类，并能广布各地。它可能对这些吸虫类起传播作用，因此称之为"生态的桥梁"(ecological bridge)。

单孔科及其非常接近的大咽科共含有 20 属以上的吸虫，构造独特。分布于东西两半球沿海岸的水域，环绕着地球的热带圈(Circumtropical Zone)，此分布形式也是独特的。由于本科的成员绝大部分是海产的种类，少数是淡水的，因此同属的种类相隔非常遥远，如分布在东亚的朝鲜鲫吸虫(*Carassotrema koreanum* Park，1938)，最接近的种类分布于南美巴西名为 *Carassotrema tilapiae* Nasir et Gomex，1976，它寄生于罗非鱼或非洲鲫 [*Tilapia mossambica* (Peters)]，此鱼种属鲈形目的丽鱼科(Cichlidae)的淡水鱼，也记载于委内瑞拉(Venezuela)。据 Nasir 和 Gomex 的记述，被寄生的鱼生活在有沙洲与海隔绝的淡水湖，Laguna de Los Patos，位于 Cumana 地区。这水体的东边是淡水湖；在西边，雨季时有一窄沟通向加勒比海，它是充满淡咸水的。这样一来，*C. tilapiae* 的宿主的环境条件和我国鲫鱼基本相似，池沼和河流也有通道入海。

单孔科另一属吸虫，*Chalcinotrema salobrense*

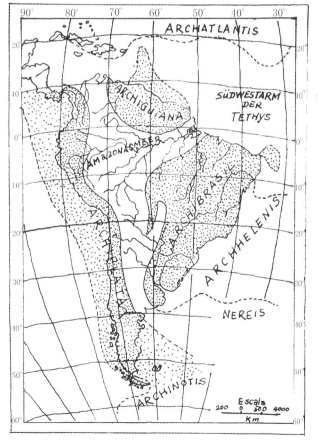

生态图 2　古女神海(Ancient Tethys Sea)延伸到南美洲地区
[按 Szidat，Proc. ⅩⅣ Internat. Congress on Zoology (Copenhagen)]

Teixeira de Freitus，1947，寄生在一种称金色鱼的鱼类宿主 *Chalcinus paranensis* 上，分布地点也在南美洲巴西。其构造也和鲫吸虫异常近似，它们同出于一源，无可置疑。

究竟它们之间如何发生亲缘关系呢？或是寰瀛一海，挛生无间？或是虫种由鲻鱼传播如 Manter 所提出的？我们认为后者可能性较大。根据近来的发现较多论据支持此说。首先许多单孔科种类都是鲻鱼的寄生虫，其次鲻鱼迁徙的地域广大，既可以在淡咸水的河口之处生活还能上溯江流暂在纯淡水中生活。再次，事实也证明鲫吸虫属种类有些种在它体内寄生。例如，在美洲的 *Carassotrema mugilicola* Shireman(1964) 是 *Mugil cephalus* 的寄生虫。我们在我国闽江河口同种的鲻鱼体内发现另一种鲫吸虫 *C. estuarinum* Tang and Lin，1979，也具有同样的意义。鲻鱼的地质年代也非常久远，可见到化石，如欧洲始新世(Eocene)至上新世(Pliocene)。

从海水或淡咸水转变为淡水的种类，也得有渐变的过程，不但终末宿主的变换，贝类宿主也必须有适当的种类。

Martin(1973)报告大洋洲的皮氏似囊肠吸虫(*Saccocoelioides pearsoni*)的生活史，这是单孔科第一个有实验证实的生活史研究。在此之前 Cable(1962)报告了单孔科的一个尾蚴 *Cercaria caribbea* LⅡ.寄生于贝类 *Zebina browniana*，他观察尾蚴成囊的习性，这一工作是本科吸虫生活史的先驱研究。

唐仲璋和林秀敏(1979)报告的鲫吸虫属的吴氏鲫吸虫和朝鲜鲫吸虫的生活史，是本科吸虫生活史第二篇报告。证明其幼虫期(雷蚴、尾蚴和囊蚴)均和皮氏似囊肠吸虫的发育各期的构造及习性相吻合。证明重洋远隔的大洋洲，和我国以及北美美国得克萨斯州的苏氏似囊肠吸虫(*Saccocoelioides sogandaresi*)有无可否认的亲缘关系。似乎都能看出它们是由海水向淡水转变的虫种。问题是：它们在其体内繁衍的贝类宿主是新发展的宿主呢？还是原系海产贝类适应于淡水的环境？在大洋洲充为皮氏似囊肠吸虫的贝类宿主 *Posticobia brazieri* 挛生在布里斯班河(Brisban River)及孟彻斯特湖，这种小螺体内有 3 种毛尾型尾蚴，这类尾蚴常是寄生于海鱼的吸虫幼体。这似乎标志着该属小螺可能曾经有过海水内的生活。在北美美国得克萨斯州的 *Saccocoelioides sogandaresi* 的贝类宿主为苔守螺(*Amnicola comalensis*)，这一属也同样有滨海腹足类的谱系。苔守螺和窄口螺同属于鳙螺科(Rissoidae)。窄口螺在江河、池沼及有淡咸水的河口均能生活。在长江河口三角洲的 *Stenothyra deltae* 和闽江的 *S. toucheana* 可能只是一种。

人类和鱼类接触，捕鱼养鱼，为时极早。人为的原因使一些鱼改变生活地点，对寄生虫分布可能产生一定影响。我国人工饲养，或携带鲤鱼作馈赠在很古的时候就有了。古诗有"客从远方来，遗我双鲤鱼，呼童烹鲤鱼，中有尺素书"的句子。秦观词"一春鱼雁无消息，万里关山劳梦魂"。把鱼和雁看作传递书信的工具似乎只是传说，但在远古没有邮递的办法时可能有人试用。至于鲫鱼，因为更普遍，数量更多，人们和它的关系可能也更为密切。苏轼诗："我识南屏金鲫鱼，重来扪槛散斋馀"。这说明在 10 世纪宋代佛寺的池内已养金鲫了。金鱼的眼睛、尾鳍以及其他构造有那么大的变化。一定有更久远的饲养时间方能有此演变。我国渔民也围堵海湾，饲养鲻鱼，鲻鱼曾是海边人工饲养的家鱼。

总结我们目前知道的有关单孔科吸虫分布的知识(**生态表 2**)，以及鲫吸虫属的 Waretrematidae (=Megasolenidae)科的宿主与生态分布状况，我们认为本属吸虫是由海水传入淡水。这一个例在吸虫类中是非常独特的。

生态表 2　单孔科和魏氏科吸虫的分布

吸虫属名	分布地区
Haploporus Looss，1902	欧洲、黑海、里海、意大利(那不勒斯)
Dicrogaster Looss，1902	欧洲 Triest，美国佐治亚、路易斯安那
Lecithobothrys Looss，1902	欧洲 Triest
Paralecithobothrys Freitas	南美巴西
Saccocoelium Looss，1902	埃及红海
Saccocoelioides Szidat，1954	美国北卡罗来纳

吸虫属名	分布地区
Wlassenkotrema Skrjabin, 1956	欧洲、黑海
Megacoclium Szidat, 1954	南美阿根廷
Waretrema Srivastava, 1939	欧洲阿拉伯海、东亚菲律宾
Chalcinotrema Freitas, 1947	南美巴西
Skrjabinolecithum Belouss, 1954	苏联
Neohaploporus Mante, 1963	太平洋斐济岛
Megasolena Linton, 1940	北美佛罗里达、中美巴拉马湾
Hapladena Linton, 1910	北美佛罗里达、中美波多黎各、北美 Tortugas、红海
Carassotrema Park, 1938	朝鲜、中国、日本、南美巴西
Pseudohapladena Yamaguti, 1952	印度尼西亚望加锡、苏拉威西
Metamegasolena Yamaguti	夏威夷
Spiritestis Nagaty, 1948	红海
Vitellibacutum Montgomery, 1957	北美加利福尼亚
Scorpidicola Montgomery, 1957	北美 Woods hole、加利福尼亚
Myodera Montgomery, 1957	北美加利福尼亚、中美巴拿马

(5) 寄生虫地理分布与宿主分布的关系

Manter(1967)在《寄生虫的地理分布》一文中曾发表一种观念：分析动物宿主与寄生虫关系可以窥测宿主分布的原产地问题。因为寄生虫的生活史循环各个环节的建立是需要极长时间，特别是鱼类的寄生虫，其历史更为悠久，可能要经历多少万年。因此，宿主获得寄生虫最多的地方，即是它种族历史经历最久的地方，因而也可能是它的原产地。一般说来，动物新迁入一个地方，寄生虫常较少。例如，美国牛蛙(*Rana catesbiana*)，在它的原产地北美洲，寄生虫名单有一长列，但移到其他地区(如夏威夷群岛)时，这些寄生虫都没有了。但是，动物移迁入新环境一段时间后，也能感染和它同类动物的寄生虫。所以作此估计时，它特有的寄生虫更能说明问题。Manter 根据这样的假设，考察鳗鲡属(*Anguilla*)的原产地。他统计鳗鲡属鱼类的寄生吸虫，在大西洋的有 20 种，其中除却一种之外，其他均在他种鱼类也有寄生，但在南太平洋寄生于鳗鲡属的吸虫中，至少有 8 种是该属鱼特有的寄生虫。这一论据，对于鳗鲡属的发源地在南太平洋的假设是符合 Schmidt(1925)的意见。

鳗鲡鱼的生活史分为两段，淡水鳗鱼的寄生虫到海水中时就全部失去。海水中生活的成鳗的寄生虫也不见于淡水的幼鳗。我们曾研究寄生于淡水鱼消化道中的航尾属(*Azygia* Looss, 1899)吸虫的生活史。此类吸虫系淡水鱼肠胃内的寄生虫。我们从淡水鳗得到鳗航尾吸虫(*Azygia anguillae* Ozaki, 1924)。此吸虫最早发现于日本的青鳗(*Anguilla japonica*)。我们在福州除了在鳗鱼得到标本之外，并从黄鳝(*Monopterus albus*)采集到本种吸虫。它的贝类宿主是淡水的田螺(*Vivipara quadrata*)。此种吸虫不见于海水中的成鳗，当淡水幼鳗到海水中时该吸虫也就丢失了(唐仲璋和唐崇惕，1964)。

吸虫在地球上东西半球上广泛分布。绦虫也有这样广泛分布的。所称为西伯利亚旧北区(Siberico-palaerctic)的种类常有横贯欧亚的分布形式。例如，阔节裂头绦虫(*Diphyllobothrium latum*)自欧洲波罗的海(Baltic Sea)的沿岸各国东向扩展，经西伯利亚而达我国和日本。在我国东北此蠕虫曾经发现于滨江(Lin and Wu, 1927)。在日本经记载的有桦太、北海道、北陆地方、利川根沿岸、岐阜县、高山町、京都府等地(横川定和森下薫，1931)。

在西半球，由于气候及环境的相同，本种绦虫分布也见于美国北部及加拿大，在美国的密歇根(Michigan)及明尼苏达(Minnesota)的湖沼区。从全面看，本种绦虫的分布是在地球上的北极圈与北温带(南向至北回归线，在东亚至北纬 40°附近）。这可能与剑水蚤种类分布有关。阔节裂头绦虫的中间宿主是 *Cyclops strenuus*、*Diaptomus gracilis*、*Diaptomus graciloides*（中欧）、*D. vulgaris*（德国）、*Diaptomus oregonensis*（北美）、*D. sicilis*。因为温度对于剑水蚤一类的甲壳动物影响甚大，它决定鱼类的感染，间接亦决定阔节裂头绦虫的分布。

横贯旧北区的分布在蚊虫方面有羽斑按蚊（*Anopheles maculipennis*），它分为好几个亚种，如在新疆有 *Anopheles sacharovi*，在东北有 *A. atroparvus* Meign.。剑水蚤种类在其他假叶绦虫分布也很明显，如舌形绦虫（*Ligula intestinalis*）和双线绦虫（*Digrama interrupta*），它们也是北方的种类，在我国南方省份较少见到。我们曾经用秋沙鸭及潜鸟体内双线绦虫的卵孵出的颤毛蚴来感染福州本地的剑水蚤。用 3 种剑水蚤来做感染试验，得出 3 种不同情况：第一种，*Macrocyclops distinctus*（Richard），15d 后检查没有得到感染。第二种，*Mesocyclops leuckarti*（Claus），感染试验的剑水蚤 80 多个，没有六钩蚴穿进入血腔，有的在其胃中找出 10 余个六钩蚴。其中有已被消化的；有的六钩蚴已穿过胃壁，但不能穿透，只在胃膜内面。第三种，*Eucyclops serrulatus*（Fischer），六钩蚴虽能钻越胃壁至于血腔，但不能长成为原尾蚴（唐仲璋，1956）；显示了宿主特异性情况。舌形绦虫曾在福州的鲫鱼（*Carassius auratus*）体内找到，而双线绦虫（*Digramma interrupta*）则常见于红喉潜鸟［*Gavia stellata*（Pontoppidan）］。双线绦虫在剑水蚤体内感染虽没有获得成功，也可能因为还没有用上当地适当种类的剑水蚤，因为双线绦虫在广东地塘中确成为家养鱼类的敌害（廖翔华和施鎏章，1956）。在东北和内蒙古东部达赉湖里面的鱼类亦有此绦虫天然感染。

（九）寄生蠕虫陆地终宿主的存在历史及分布

1. 两栖类存在的历史及分布

（1）两栖类的寄生虫

两栖类中的蛙类和蟾蜍类有非常久远的历史。中生代以前就已存在，有极其广泛的分布。蛙和蟾蜍是两栖类中善于征服陆地的类群，它们吞食昆虫和其他小动物。动物学者认为它们可能发源于旧大陆的热带区域，逐渐向各处扩散。很久以前，Johnston（1913）曾经把欧洲、美洲、大洋洲和亚洲的蛙类寄生吸虫加以罗列和比较，如 *Pneumonaeces*、*Halipegus*、*Opisthoglyphe*、*Glypthelmins*、*Dolichosaccus*、*Diplodiscus*、*Gorgodera*、*Pleurogenes* 等遍布于四大洲。例如：

Diplodiscus 属（隶于前后盘科 Paramphistomidae Fischoeder，1901
        重盘亚科 Diplodiscinae Cohn，1904）

Diplodiscus japonicus（Yamaguti，1936）
    终宿主：*Rana guentheri*，*Rana limnocharis*，*Rana rugulosa*。
    中间宿主：*Hipeutes cantori*。
    地点：福州。

Diplodiscus sinicus Li，1937
    终宿主：*Rana rugulosa*，*Rana limnocharis*。
    地点：广州。

Diplodiscus amphichrus Tubangui，1933
    终宿主：*Rana cyanophlyctic*，*Rana rugulosa*，*Bufo* sp.。
    中间宿主：*Gyraulus prashadi*。
    地点：菲律宾、缅甸、斯里兰卡。

Diplodiscus subclavatus（Pallas，1760）Diesing，1836
此虫种为本属的代表种，分布在欧洲德国。

Diplodiscus megalochrus Johnston，1912
    终宿主：*Hyla aurea*（雨蛙）、*Lymnodynastes peronii*。

地点：大洋洲。

(2) 两栖类存在的历史及分布

Rana 属：中新世(Miocene)至现代，亚洲、欧洲；上新世(Pliocene)至现代；北美洲。

Ranidae 科：全球分布。

Bufonidae 科：全球分布。

Indobatrachus：始新世(Eocene)：亚洲。

Bufo：渐新世(Oligocene)至现代：欧洲；上新世至现代：北美洲。

更新世(Pleistocene)至现代：亚洲、非洲、南美洲。

Hylidae 科：现代分布于北美洲、南美洲、欧洲、亚洲、大洋洲、北非。

Hyla(*Lithobatrachus*)：中新世至现代：欧洲、北美洲、南美洲、亚洲、大洋洲、北非。

Polypedatidae 科：现代分布于亚洲、南亚、东印度。

Cryptobranchidae 科：全球分布。

Megalobatrachus：中新世：欧洲；现代：东亚。

2. 爬行类存在的历史及分布

现以蛇为例，介绍爬行类存在的历史及其分布。

在 Suborder Serpentes(蛇亚目)(Ophidia 蛇亚目)内主要有以下种类。

(1) Palaeophidae 古蛇科(古蜥科)

Gigantophis：始新世：北美洲、非洲。

Palaeopython：始新世至中新世：欧洲；上新世至现代：亚洲；更新世至现代：大洋洲、亚洲。

(2) Pythonidae 科

Daunophis：上新世：亚洲。

Naja(眼镜蛇)：更新世至现代。

(3) Varanidae 科

现代分布于非洲、亚洲、大洋洲。

Palaeosaniwa、*Parasaniwa*、*Polyodontosaurua* U.：白垩纪(Cretaceous)。

(4) Alligatoridae 科

现代分布于北美洲、南美洲、亚洲。

Dinosuchus L.：白垩纪：北美洲、南美洲。

Alligator 钝吻鳄(*Caimanoidea* 宽吻鳄)：渐新世至现代：北美洲、亚洲。

(5) 蟒亚科(Pythoninae)

本亚科包括蟒蛇等，分布在欧洲、亚洲、非洲、大洋洲等。马达加斯加无蟒蛇。

本亚科有 7 属 18 种。西非热带雨林有 1 属 *Calabaria*；非洲蟒属(*Python*)有 3 种分布在撒哈拉(Sahara)沙漠南方。在亚洲，*Python* 属中有两种分布在印度北部及我国南部，至斯里兰卡、印度洋、大洋洲附近群岛、菲律宾至新几内亚；马来亚半岛多一种，分布至苏门答腊及婆罗洲；帝汶(Timor)及 Flores 一种。其他 5 属 10 种(Stull's Check list)见于大洋洲及新几内亚。

3. 鸟类存在的历史及分布

平胸鸟类是一族较古的鸟类，它们不具飞翔的胸肌和龙骨，且羽毛失去了飞翔的功能，羽片没有小钩而卷曲起来，适于在地上奔走，只在遇着危险时才偶然展翅飞翔，只能飞约 100m 便降落。

鸵鸟(Ostrich：Order Struthioniformes)是现存鸟类中最大的。现在只分布于非洲及亚洲的阿拉伯。这一种鸟古时分布于欧亚地区，化石见于上新世(Pliocene)。类似鸵鸟一样的卵曾经发现于更新世(Pleistocene)。鸵鸟的脚趾只有两趾(第三趾和第四趾)。

美洲鸵鸟(*Rhea americana*)(Order Rheiformes)只有三趾。分布于南美洲。美洲鸵鸟的化石见于更新世。更早的历史没有遗迹。

鸸鹋(Emu)及食火鸡(*Cassowaries*)(Order Cassuariiformes)生长于大洋洲。它们的特点是翅膀更为退化。脚只有一趾。在大洋洲化石见于更新世。

非洲的 *Ostriches* 和南美洲的 *Rhea*，两者均有 *Houttuynia* 属绦虫寄生。其他鸟类无此属绦虫。大洋洲的食火鸡和鸸鹋均有瑞列绦虫属(*Raillietina*)寄生，此属绦虫分布甚广。

4. 哺乳类存在的历史及分布

(1)马

马的演化是动物进化历史中最有充分材料的一项记录。有关马演化历史的化石收集得比较完整。马具有啮草的牙齿和奔跑的四足，流线的体形减少阻力，脚趾构造是单趾(monodactyl)。体巨大可和其他哺乳类相比。智力比牛更好，较逊于象。感觉灵敏，适应生活于草原、半沙漠环境。和人的关系较密切，对于交通、管理牲畜、武事都很重要。

Eohippus(始祖马)，四趾马，中始新世(Middle Eocene)，发现于美洲的 Wyoming，高 30.5cm。开始适应奔跑。

Orohippus(山马)，前脚四趾、后脚三趾、具蹄样的爪，渐新世(Oligocene)。发现于美洲的 Wyoming。渐新世气候干燥，大陆上升，草地发展成真正的草原。

Mesohippus(中新马、渐新马)，三趾马，大小如草原的狼，发现于中新世(Miocene)。中新世大陆上升，在美洲西部有大草原，森林地区缩小，结果使食草动物适应这样环境。中新世马有好几种，均只有 3 趾，如 *Merychippus*(草原古马)；*Hypohippus*(后古马)："森林马"，齿冠较低；*Hipparion*(三趾马)，适应于半沙漠状态的马，具 3 趾，称"三趾沙漠马"。

Pliohippus(上新马)，第一个单趾马。发现于上新世(Pliocene)。

Equus(马属)，更新世(Pleistocene)。

Equus scotti 发现于美国得克萨斯州(Texas)，高 152.4cm，大小与现代马差不多。

在更新世冰川(glacial)初期尚有马的遗迹。这时期很多古代动物灭亡，如猛犸(毛象)、剑齿虎和其他。冰川可能是古代动物消灭的一个因素，但还有其他原因。在亚洲和非洲还有野马——Mongolian 或 Prejvalski 马。

(2)骆驼

骆驼是另一族脊椎动物，化石也很完整。马属奇蹄类(perissodactyla)，骆驼属于偶蹄类(artiodactyla)。偶蹄类在美洲渐渐灭亡，在欧洲、亚洲和非洲却大为繁荣。有 250 种已灭亡的种类，在美洲只有 34 种。骆驼与其接近种类的祖先限于美洲，经历其整个复杂的演化历史。至更新世，骆驼才在欧洲大陆出现。南美洲也在这时候才有。

据 Mathew(1915)报告：驼类演化源于北美洲，化石出现于上始新世(Upper Eocene)，在上始新世以后见于其他洲再侵入到南美洲、亚洲和非洲，到今天还存在。但在北美洲在渐新世(Oligocene)之后便没有了。

Poebrotherium(祖驼)(Ancestral Camel)：在渐新世发现于美国 South Dakota，中期及上期与 *Mesohippus*(中新世马)同时。

Stenomylus(瞪驼)(Gazelle Camel)：发现于美国 Nebrasca 州，下中新世(Lower Miocene)。分布也在旧世界。

Procamelus(原驼)：上中新世(Upper Miocene)，发现于美国 Nebrasca 州西部，身体大小比现在羊驼稍大，牙齿开始减少。

Pliouchemia（上新世羊驼）：发现于上新世（Pliocene），现代的羊驼分布于南美洲；骆驼分布于亚洲。

（3）河马（Hippopotamus）

河马的化石在晚上新世（Late Pliocene）及更新世发现于欧亚大陆（Eurasia）及非洲。化石亦曾在马达加斯加岛找到。

（4）猪科（Suidae）

在渐新世及中新世在欧亚大陆有猪的化石，分布可到印度尼西亚的 Celebes。美洲猪 *Peccaries*（Tayassnidae），西貒科，在欧亚大陆有另一亚科代表，时间在下渐新世（Lower Oligocene）至下上新世（Lower Pliocene）；在美洲则在下渐新世（Lower Oligocene）。

（5）鹿科（Cervidae）

鹿科系从鼷鹿科（Tagulidae）来的。中新世在美洲有发现，到上新世则消失了。在亚洲有麝（Moschus）。长颈鹿科（Giraffidae）从中新世至更新世存在于亚洲、非洲。在下上新世延至东欧。有两种在非洲：*Giraffe* 在撒哈拉（Sahara）沙漠南部，*Okapi* 在西非森林地带。

（6）叉角羚羊科（Antilocapridae）

本科中的 *Pronghorns* 和 *Antilocapra* 属的叉角羚，化石发现于北美洲西部，南至美国佛罗里达州（Florida），时间在中新世后部、上新世及渐新世。其祖先可能在欧亚大陆。

（7）牛科（Bovidae）

在牛亚科（Bovinae）的 Tribe Strepsicerotini 族，化石见于欧亚大陆。上中新世至渐新世在北非，在非洲其他地区见于下上新世及渐新世。生存的野牛在撒哈拉沙漠南部。Tribe Bovini 族（8 种化石，6 种存在属，包括黄牛及水牛）化石在欧亚大陆发现，时间系上新世中期。在渐新世见于非洲，美洲亦有。*Bos* 属在美洲向北分布至阿拉斯加（Alaska）。*Bison* 属有数种分布至美洲。

（8）*Maeritherium* 莫湖兽

再晚始新世（Late Eocene）、下渐新世发现于埃及、Fayum district、开罗西南。此兽只 1m 高。

（9）*Palaeomastodon* 古猛犸

在渐新世发现于印度。

（10）*Dinotherium* 恐象、恐兽

其特点为下颚齿下弯，在中新世、上新世发现于欧洲。

（11）*Mastodon* 猛犸、毛象

在中新世至渐新世有印度象（*Elaphus maximus*）和非洲象（*Elaphus africanus*）。

5. 寄生虫与宿主的关系与其演化

可用寄生虫和宿主关系的方法来窥探寄生虫及其宿主演化历史的问题。因为寄生现象，由来极为久远。其存在可追溯到远古地质时期，借以追踪演化的痕迹。即寄生虫和宿主的共同演变。

按 Fahrenholz 的意见，现在寄生虫的祖先是寄生在它们现在宿主的祖先体中，现在寄生虫之间关系的情况可反映它们宿主祖先的状况。

按 Szidat 的意见，宿主较特殊的，寄生虫也较特殊；反之，宿主较为普通的，寄生虫也较普通，在一定的寄生虫群类中其专化程度可作为其相关宿主系统发生的根据。

各类寄生虫与其宿主的关系均有许多符合此规律的例子。这方法曾先用在体外寄生虫方面，如鸟类与

其羽虱 *Mallophaga*，用羽虱的种类来探索鸟类的系统发生。实际上这方法也可用于体内寄生虫方面，Cameron 曾推测疟原虫(*Plasmodium*)这一属原生动物，孢子虫类能寄生于爬行类、鸟类、食虫目(Insectivor)，以及很多的灵长类(Primates)，除此之外还有少数的鼠类。

另有一类寄生虫，蛲虫类(尖尾科 Oxyuridae)寄生于灵长目、啮齿类、两栖类、爬行类，以及美洲的负鼠(opossums)与飞狐猴(flying lumur)。蛲虫，由来甚古，也在无脊椎动物(如蟑螂)上寄生。

线虫类中有圆线虫总科(Strongyloidea Weinland，1858)，成虫寄生于两栖类、爬行类、鸟类及哺乳类。寄生于马、驴、骡等动物上的线虫有 *Alfortia*、*Delafondia*、*Strongylus equinus* 等。寄生于长颈鹿的有 *Okapistrongylus*。有寄生于鸵鸟的鸵鸟嚳口线虫(*Codiostomum struthionis*)，有寄生于美洲鸵鸟(*Rhea americanus*)的析分灯首线虫(*Deletrocephalus dimidiatus*)等。

寄生虫可作证实古代动物宿主的来源、迁移和系统发生的历史事实，Szidat(1961)给这种寄生虫的名称为 Leitparasiten 或 "Index parasites"(索引寄生虫)(似索引化石 "Index fossils" 一样)。von Ihering(1891)第一个创设这一理论，他注意切头涡虫(*Temnocephala*)寄居在淡水蟹类，分布在南美安第斯山(Andes)的两边。Metcalf(1929，1940)报告瘦趾蛙(leptodatylid frogs)在南美洲和大洋洲有共同的寄生纤毛虫 *Zelleriella*。该蛙和该纤毛虫都不在欧亚大陆。由此可能证明南美洲和大洋洲过去有陆地联系(现在认为在 1.2 亿年前南美洲、非洲和大洋洲连成一块为 Gondwana，到 0.65 亿年前才分开)。但 Dunn(1925)不全信 Metcalf 的结论，他认为寄生虫可以表示两类宿主寄生虫以往居处有联系，但不一定证实地理上的连接。但无疑的，化石能作为古代动物历史的证明。

一些有关线虫类在远古年代存在的证据，由于线虫类及所有体内寄生虫没有化石，这些证据很难得到。Dubinina(1972)报告一特殊例子，在 Indigirka 河发现一个冰冻的马，年代是公元前 33 000 年，尸体还存在。从其体内找出线虫，鉴定为 *Strongylus edentatus*(Looss，1900)，马种类为 *Equus lenensis* Rusanov，据 Lazarev(1980)报告发现于西伯利亚东北部，在更新世(Pleistocene)的野马也是 *Equus lenensis* Rusanov。

Vershchagin(1975)报告在猛犸残留尸体内找有另一线虫属于 *Cobboldina* Leiper，1910。该猛犸是在西伯利亚的 Shandrin 河中找到。*Cobboldina* 属线虫寄生在蹄兔[*Dendrohyrax arboreus*(Smith)(Procaviidae)]、河马(*Hippopotamus amphibius* L.)，这样的遗留标本，当然是极为稀罕。

另外，从宿主的分布年代可以知道它们存在的年间，如哺乳类迁移的历史经过介于亚洲和美洲之间的白令海峡(Bering Strait)和巴拿马地峡(Panamanian Isthmus)。

Codiostomum struthionis(Horst，1885)Railliet et Henry，1911

    宿主：鸵鸟(*Struthio camelus*)。

Deletrocephalus dimidiatus Diesing

    宿主：美洲鸵鸟(*Rhea americana*)。

上述这两种的刚口类线虫，前者寄生于非洲鸵鸟，后者寄生于南美洲的美洲三趾鸵鸟。虽非同种也是较为接近(Strongylidae，Strongylinae)。并且马、驴、貘、象、长颈鹿等也有刚口线虫。美洲鸵鸟常与鹿(*Cariacus* sp.)或羊驼在一起生活，步行甚快。可见鸵鸟类和它们生活在同一环境和年代，它们同是草原上的动物，同过着奔跑方式的生活。非洲的鸵鸟与美洲鸵鸟虽都具有同类的寄生线虫，但在大洋洲的种类[如鸸鹋(*Emus*)及畿维(*Kievis*)]上没有找到这些线虫。

Okapistrongylus epulnensis Berghe，1937

    宿主：长颈鹿(*Okapia johnstoni*)。

Decrusia additicta(Railliet，Henry and Bauche，1914)

    宿主：象(印度)。

Equinurbia sipunculiformis(Baird，1859)Lane，1914

    宿主：印度象。

Choniangium epistomum(Piana & Strazzi，1900)

    宿主：印度象。

Enterobius anthropopitheci（Gedoelst，1916）

宿主：黑猩猩（*Pan satyrus*）、狐猴（*Lemur brunaeus*）。

Enterobius callithricis Solomon，1935

宿主：美毛猴（*Callithrix jaccus*）。

Enterobius foecundus（Linstow，1879）

宿主：猩（*Pango pygmaeus*），分布于大洋洲。

Enterobius lemuris Baer，1935

宿主：狐猴（*Lemur albifrons*，*Lemur macae*）。

Enterobius microon (Syn. *Oxyurus microon*)

宿主：夜猴（*Nyctipithecus trivirgatus*），分布于南美洲巴西。

Enterobius minutus（Syn. *Oxyuris minuta*）

宿主：卷毛猴（*Cebus* sp.）、吼猴（*Aleuatta seniculus*），分布于南美洲，此属线虫尚有寄生其他猴类的多种。

何氏线虫属（*Hoepplius* Chu，1931）寄生在飞翔狐猴（*Cynocephalus volans* Linnaeus）上的有：*Hoepplius spinosus* Chu 和 *Hoepplius boholi* Chu。

在线虫中有交合伞线虫的 Strongylidae 科，是线虫中重要的族类。它们之间一些族类口腔形成杯状的吸着口腔，用以从宿主肠黏膜吸取食料的工具。有一类称为刚口类（Sclerostomes，又称硬口类、盅口类）的线虫寄生在食草哺乳类肠内，最标准的在马、驴等。不同的种类寄生的宿主有象（猛犸）、蹄兔类、貘、犀牛、南美洲野猪（peccary）、猪、河马、骆驼、鹿、羚、羊、长颈鹿、牛等。依照这些哺乳类的化石，时间可追溯到极古年代，如始新世（Eocene）、渐新世（Oligocene）、中新世（Miocene）等。食草动物，如马等与地球上草原的出现有很大关系。经古生物学家详细阐明，马的演化（从小型有 5 趾的始祖马出现以来）已经有一千几百万年了。马的早期演化的场所在北美洲，后来分布到欧洲大陆。地质年代最早是始新世。

圆形目（Strongylida）内的盅口科（Cyathostomidae Yamaguti，1961）分布于世界各国，马感染甚严重，多的一只马有此线虫数万条。

寄生现象是一个很古的现象，远古地质年代就已经有了寄生虫与宿主的关系。这种关系历久不变，可以利用寄生虫情况来考察宿主从前的情况。以往，这方面研究常用体外寄生虫来进行，如用鸟羽虱（Mallaphaga）种类来考察鸟的系统的关系，用原生动物的蛋白虫（Opelina）、梨形虫（Nyctotherus）等，考察分布在南美洲和大洋洲的裂趾蛙（Leptodactylidae）的关系。

一般来说，两种含有同类寄生虫的宿主被认为在系统上有关联，但也有例外，相同的寄生虫可能是因趋同演化的作用。人类的疟疾原虫（*Plasmodium*）也发现于爬行类、多种鸟类，哺乳动物中发现于食虫类（Insectivores）及猴类，少数发现于啮齿类。这些动物有共同性，可能它们是中生代爬虫类演变来的。

尖尾科（Oxyuridae）的蛲虫，是悬挂在马肛门的奇特种类，*Oxyuris equi*。还寄生在灵长目、啮齿目、爬行类和两栖类。尖尾科有两属线虫寄生于美洲的负鼠及飞狐猴（Cobegos）。祝海如（1931）叙述何线属（*Hoepplius*）寄生于菲律宾的飞翔狐猴（*Cynocephalus volans*）。蛲虫属（*Enterobius*）有 10 数种寄生于灵长目。远在脊椎动物以前，则寄生在倍足纲（Diplopoda）的千足虫（Millepedes）、蟑螂、金龟子等动物上。

大洋洲袋鼠除了有 14 属刚口类或盅口类线虫外，还有尖尾亚目（Oxyurata）的 *Cruzia* 属线虫。

（十）医学昆虫（蜱、螨、昆虫）传播疾病与疫病流行的生态问题

寄生虫学是生态学的一分支。许多人类与动物疾病的流行和生态学问题有密切关系。疾病现象多起始于各类微生物的侵入。研究病理现象和医疗问题是病理学家和医学家的责任。药品问题是化学家的责任。预防及流行问题则有待于卫生学者的研究。其中许多问题生物学者应该努力。

寄生现象包括宿主与寄生虫关系（侵入宿主、宿主免疫等）、寄生动物与自然关系、分布等问题。宿主

与寄生虫的接触与宿主的习惯有关(在人类方面，社会因素居多，如生产劳动、起居、旅行等)。寄生动物与自然的关系也甚密切，特别是过着"自由生活"时期的种类。也和自然因素，如温度、湿度、地形、土壤特点、水流、动植物分布等情况有关。要说明这些关系应该用生态学与寄生动物学的方法来解决一些在卫生上和畜牧业上重要寄生虫病问题的途径。要控制某种寄生虫病必须经过几个阶段：①该病病原必须被发现；②病原微生物的生活及感染方式必须研究清楚；③生态状况必须了解；④侵入人体后的情况必须了解；⑤要进行医疗与预防。以下着重阐述的是第三点。

病毒、立克次体、细菌、原虫、蠕虫、节肢动物等各类病原与人类发生关系可能都有历史记录。因为人们生活水准的提高，个体和公共卫生的改进，人类已经摆脱许多以往的寄生虫，但现在世界上没有一个国家能够避免所有寄生虫的传染。古代某些广泛传播的疾病，如斑疹伤寒之类曾经影响人类历史的发展，如 Hans Zinsser 在他的 *Rat，Louse & History*(《鼠，虱和历史》)一书所提及的。以疟疾为例，南方国家受害最烈，印度仅在 1944 年就有 1 830 437 人因疟疾而死亡，斯里兰卡于 1945 年有 250 万疟疾患者住进医院。如今，疟疾仍被世界卫生组织定为最重要的寄生虫病之一。

苏联成立后，开垦新地成为发展农业的重要工作之一。1954 年开垦 17 000km²。1955 年由于开垦新地而播种了至少 20 000km² 附加面积的谷物。1956 年决定开垦 20 000～30 000km² 的处女地和荒山播种谷物。众多开发者到了处女林、沙漠、半沙漠、草原、山区和山麓地带等不同环境地区，常常受到各种吸血昆虫的侵袭。这些体外寄生虫可能成为疾病病原体的携带者，人们与新的自然界长期接触发生了一些新的疾病。E.H. 巴甫洛夫斯基提出"人体疾病疫源学说"。苏联由临床工作者、微生物学家、病毒学者、寄生虫学家、动物学家、内科医师等各方面专家共同担任，研究这一问题。他们调查新发现的疾病与野生动物及其经常居住地的关系，明了该病的媒介与其宿主啮齿类、食肉动物或鸟类的关系，研究这些动物的洞穴、巢窝和其他栖息地，研究它们的分类、互相关系等问题。以后才能进一步对在自然界存在的病原采取有效的控制和消灭措施。

"自然疫源地"是在人类生活环境之外的某些地区内，存在某种病原体与其特殊媒介、保虫宿主动物，它们作为自然的生物群落在各自的世代交替中，无限期地生存在自然界中。当人进入到这个地区后，就会介入该病原的生物圈而被感染，如各种利什曼病、壁虱回归热、壁虱脑炎、壁虱性立克次体病、日本脑炎、狂犬病、白蛉热、Brucella 菌病、畜禽则有骆驼锥虫(*Trypanosoma evansi*)病、鸡螺旋体病、牛梨浆虫病(piroplasmosis，又名牛焦虫病)、施勒虫病(theileriasis)及纳脱氏病(nuttaliasis)等。

对新土地的经济开发、与无人地区接触具有危险性，因为那里栖居着一些保存病原的野生动物和体外寄生虫，携带微生物的体外寄生虫在刺咬人的时候就能将从前只是野生动物独有的疾病传给新的宿主，野生动物的病变成人的病。这是疾病自然疫源学说的思想基础。

地理情况、携带病原的动物(宿主)与自然疫源性疾病的流行有关，如蜱(壁虱)脑炎在森林地区，日本脑炎在潮湿的草地地区，壁虱斑疹伤寒在草原地区，利什曼病、壁虱回归热及白蛉热在炎热的沙漠区及半沙漠区。每个地理条件的区域里有其特殊的动物体系，那里存在独有的疫源地。某些地区混合有不同地理环境，则可以同时存在着不同的疫源地。在各疫源地中病原的节肢动物媒介和保虫宿主野生动物之间有很自然的联系。例如，在南乌苏里原始森林中，动物常走的路径很容易辨认，土被踩捣的很坚固，比路边低 5～15cm。在这些路径上，当动物走动时动物身上吸饱血的壁虱落下来，同时草上饥饿的壁虱迅速地钩住了动物的毛，到动物体上吸血。这样在同一路径上进行壁虱的交换，病原自然地传播着。

1. 蜱、螨、蚊虫等传播立克次体病和病毒病

(1)蜱(壁虱)传播的斑疹伤寒立克次体病

此立克次体病原的保虫宿主有黄鼠(*Citellus eversmani*)、田鼠(*Stenocranius gregalis*)。立克次体也生存在大砂土鼠(*Rhombomys opimus*)和细趾黄鼠(*Spermophilopsis leptodactylus*)体中。

(2)恙螨传播的恙虫病(自然疫源性的立克次体病)

病原：立克次体 *Rickettsia tsutsugamushi*(=*Rickettsia orientalis*)。

媒介：红恙虫(*Trombicula akamushi*)和德里恙虫(*Trombicula deliensis*)等。

恙虫作为此病的媒介，最早系由日本学者 Kawamura(1926)研究，以后经许多学者证实。恙虫的成虫和稚虫由于过自由的生活与自然环境(如温度、雨量、地形、掩蔽的植物等)有极大关系，土里的湿度对其生活甚为重要。当露水在地面蒸发时，恙虫的幼虫最为活跃，因此有植物掩蔽的地方非常危险。此病的分布有极大的地方性，因为鼠类宿主生活常限于某个地点巢窝附近，不大可能长距离迁移。此疾病也就限于这样的地点，称之为恙虫区或恙虫岛。

Harrison 和 Audy(1951)记录能成为红恙虫寄生的宿主有各种哺乳动物类 15 科，包括大形及小形哺乳类；鸟类有 8 科。日本学者 Kawamura 记载 412 种鸟类(属 9 目 20 亚目)可作宿主。但最主要的宿主还是鼠类的 *Rattus* 一属。除 3 种家鼠之外，系统上相似的变种也极其重要。

在广州搜集的有沟鼠(*Rattus norvigicus* Socer)、司氏家鼠(*Rattus rattus sladeni*)、小家鼠(*Mus musculus*)、食虫鼠(*Suncus murinus*)。在我国台湾报告的有赤家鼠(*Rattus rattus rufescens*)、谷地家鼠(*Rattus rattus decumanus*)、小家鼠、台湾背条鼠(*Mus agrarius*)、台湾食虫鼠[*Crocidura muschata*(T. Hatori, 1919)]。在马来西亚有贾罗家鼠(*Rattus rattus jalorensis*)、狄氏家鼠(*Rattus rattus diardi*)、银腹田鼠(*Rattus rattus argentiventer*)。以上各鼠种均生活于人居住区附近。在森林地带有穆氏大鼠(*Rattus mülleri*)。在印度阿萨密有云南黄胸鼠(*Rattus flavipectus yunnanensis*)。

我国过去沿海地区割草作燃料，因与草丛接触而被感染也曾是此疾病流行学上的一个问题。

(3) 蜱(壁虱)传播的脑炎病毒

此病毒的保虫宿主有黑龙江刺猬(*Erinaceus amurensis*)、乌苏里鼹鼠(*Mogera robusta*)、豹鼠(*Tamias sibiricus*)，鸟类，如松鸡(*Tetrastes bonasia*)、灰蓝鸫(*Turdus hortulorum*)、鵐(*Emberiza elegans*)、蓝莺(*Larvivora cyanea*)等。野生动物(病原体的携带者或保虫宿主)经常是吸血昆虫的宿主(饲养者)，如在每只松鸡上同时吸血的蜱(壁虱)数目达 352 只。这些蜱不仅是松鸡的体外寄生虫，而且也是脑炎病毒的传播媒介(生态图 3)。在温血保虫动物的血液内病原体一般循环的期间较短，病毒感染只有几天，经常见到宿主为之所产生的抗体。脑炎疫源地中 50%～80%的野生动物和家畜的血清有抗体。乙型脑炎也是如此。

许多病原的主要储存者是节足动物，如壁虱可以保存病毒或立克次体至几年之久。有些情况例外，如 Leishmaniasis 的皮肤利什曼病，在没有白蛉[中华白蛉(*Phlebotomus chinensis*)和 *P. sergenti*]的季节，病原体保存在大砂土鼠(*Rhombomys opimus*)的皮肤中。地中海一带和我国的黑热病病区，狗皮肤利什曼病均如此，印度无此现象。美洲的此病原可保存在犰狳(armadillos)。克鲁氏锥虫(*Trypanosoma cruzi*)的保虫宿主为吸血椿象(*Triatoma megista*)。非洲睡眠病(African trypanomiasis brucei)病原的保虫宿主是羚羊和采采蝇。

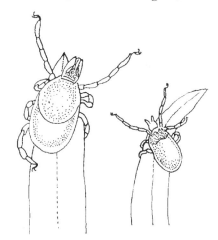

生态图 3　森林壁虱(*Ixodes persulatus*)
雌虫和雄虫等待目的物的姿势

在炎热的沙漠区及半沙漠区会有不同病原的疫源地是因为在那里存在不同的地理环境。例如，卡拉库玛沙漠的沙土沙漠地带包含有：沙丘(有狐狸、野兔和刺猬的洞穴，多种鸟的巢窠)、古代河流留下的河床(乌兹波伊)、固沙和盐木森林地带、原始森林以及旧建筑的废墟。在黄土沙漠地带则有：黄土的深谷和悬崖(有许多鸟巢、狐狸洞、狼洞、草原猫洞、其他动物洞)、山区沙漠、山麓沙漠、草原以及草地等不同生态区域。

(4) 蜱(壁虱)经卵传递人体疾病病原体

蛛形纲(Arachnida)螨亚纲(Acari)蜱、螨各科的绝大多数种类都有逐代传递病原体的惊人能力，在昆虫类的传染媒介中经卵传递病原体的情形则比较少见。

牧场壁虱(全沟蜱)(*Ixodes persulcatus*)、森林矩头壁虱(森林革蜱)(*Dermacentor silvarum*)、康津盲壁虱(嗜群血蜱)(*Haemaphysalis concinna*)等均能经卵传递壁虱脑炎病毒。恙螨经卵传递恙虫病病原立克次体。钝缘壁虱(*Ornithodorus*)同样能传递立克次体和壁虱回归热螺旋体。病毒、立克次体、螺旋体显然能在媒介的胚细胞和卵细胞内最大量地繁殖。白蛉也能将白蛉热病毒传给第二代。吸了血的白蛉能把吸入的病毒一直保存到死亡为止。所产的卵也是被传染的。病毒由卵转入白蛉幼虫体内,幼虫期发育期间食腐败的有机物质对病毒无不良影响。蛹和成虫为活病毒的携带者。羽毛白蛉第一次吸血就会把病毒传给宿主。各病原微生物和它们媒介之间有悠久的适应历史。

蜱类媒介也可经卵传递原虫类病原。例如,肩头壁虱(*Rhipicephalus bursa*)传递羊体焦虫病、巴贝虫病、病原体血孢子虫(*Babisiella ovis*),能经卵传递7~10代(马尔柯夫,1941,1955)。马焦虫病病原体(*Prioplasma caballi*)在草原革蜱(*Dermacentor marginatus*)上传递3~4代,在 *Haemaphysalis plumbeum* 上则可传递7代。

(5)蚊虫传播的流行性乙型脑炎

流行性乙型脑炎也是一种自然疫源性病毒病。从已经证实的事实可确知流行条件有下列各点:①人传染本病多是在野外工作的时候,到野外7~10天;②炎热的气候、蚊虫大量散布的季节;③从蚊虫体内能分离出流行性乙型脑炎的病毒株;④野鸟能携带本病的病原体,鸟类跟乙型脑炎有很大关系。

在自然界乙型脑炎病原的主要循环:野鸟→鸟类体外寄生虫(蚊虫)→ 野鸟。人得到感染是经吸过鸟类血液而体内含有此病毒的蚊虫叮咬而来的。可作媒介的有 *Culex*、*Aedes*、*Anopheles* 等属的蚊虫。广泛分布的媒介是 *Culex tritaeniorhynchus*、*Culex pipiens*、*Aedes caspius* 和 *Culex bitaeniorhynchus*。*Culex tritaeniorhynchus* 和 *Aedes esoensis* 维持比较广泛的病原体循环途径,*Culex bitaeniorhynchus* 较少叮咬人类。

上述蚊虫幼虫栖居的主要栖息地:①春天暴露而夏天长满植物的水塘;②沼泽;③人居附近水沟。伊蚊(*Aedes*)孳生于水池、水缸、破罐、树穴等处的积水。在苏联有些河谷地段,在丘陵地区有一种伞形植物称为异独活(*Angelica anomala*),它茎上围抱有巨大的叶子,在叶腋里可聚积 0.5L 的雨水,在此水中有 *Aedes caspius* 幼虫寄生。*Aedes togoi* 在海岸附近孳生。水塘是幼虫栖息的地点。幼虫能忍受周围环境各种不良条件,幼虫和蛹能在石头裂缝微量的水中生存。

乙型脑炎疫源地的类型有:①割草场在海拔 100~280m 的丘陵地带草地;②日本海和黄海多岩石的海岸、海岛,那里有海鸥和鸬鹚;③森林区;④苏联南部沿海居民区的流行性乙型脑炎经济疫源地。在新的条件下,家禽代替了野生鸟类,家畜代替了野生哺乳类。

(6)蚊虫传播的黄热病(Yellow fever disease)

美洲黄热病的病原为披膜病毒科(Togaviridae)黄病毒属(*Flavivirus*),黄热病有两种形式:村镇的黄热病(Urban yellow fever)和森林的黄热病(Forest yellow fever)。后者的传播途径:猴子→趋血蚊 *Haemagogus*→猴子→伊蚊 *Aedes*→人→*Aedes aegypti*→人(生态图 4)。

黄热病病原的病毒,直径 17~28μm。它在通常的温室中 2~3h 死亡,但在冰冻状况中可生存数月至数年,它可能是嗜内脏性(viscerotropic)或嗜神经组织性(neurotropic)。

在非洲及南美洲的雨林中此病可能远古就有。这就是森林黄热病疫源地。在南美洲,此病的天然宿主是猴子,媒介是一种树上的蚊子 *Haemagogus spegazzinii falco* 和 *Aedes leucocelaenus*(Kumon et Cerqueira,1951)。在非洲蚊类媒介为两种伊蚊 *Aedes simpsoni* 和 *Aedes africanus*,以及库蚊(*Cules*)、曼蚊(*Taeniorhynchus*)和按蚊(*Anopheles*)。

城镇或流行性黄热病发现的历史已经有两个多世纪,后来才发现森林黄热病。病区包括亚马孙河流域、巴西、秘鲁、委内瑞拉、哥伦比亚等地。非洲黄热病分布在南纬 10°至北纬 15°。

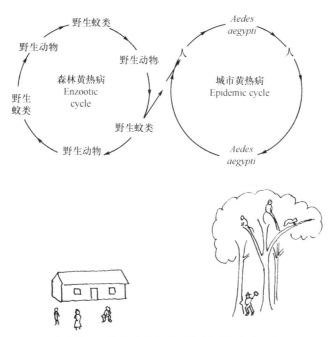

野生蚊类

野生动物

森林黄热病
Enzootic
cycle

野生蚊类

野生动物

野生蚊类

野生动物

*Aedes
aegypti*

人

城市黄热病
Epidemic cycle

人

*Aedes
aegypti*

生态图4 黄热病从自然界传播到人类的途径

2. 医学昆虫（蚤类）传播的细菌病

（1）鼠疫（自然疫源性的杆菌病）

鼠疫的病原为鼠疫杆菌［*Bacillus*（*Pasteurella*）*pestis*］。这本来是一种鼠类（啮齿类）的疫病。古来已有，在古代有多次的大流行，死了许多人。这种疫病虽然很可怕，但其传播有一定规律。掌握规律便能控制它，使其不至于蔓延。在史册中有关鼠疫的许多可怕的记载，如狄孚的《鼠疫年记录》所描写1665年伦敦鼠疫流行的情形。在印度，过去约有1000万人死于此病的暴发流行，平时年死亡约达50万人。1894年鼠疫由香港传至世界各地时，有的地方蔓延严重，有的地方不蔓延。这种疾病完全可以控制。我国1943～1945年流行的鼠疫，新中国成立后几乎完全消灭了。

鼠疫在鼠类间传播的情形古人就已经知道。平常腺鼠疫流行先由动物传至人体，即从野生啮齿类传至家鼠，而后传到人类，暴发疫病。

1894年Yersin和Kitasato分离出鼠疫病原*Bacillus pestis*（=*Yersinia pestis*），并鉴定出此疫病在鼠类的病原与人类的相同。Simond（1898）提出跳蚤是此病的传播媒介（transmitting agent）。Linton（1905）阐述了*Bascillus*在印度鼠蚤（*Xenopsylla cheopis*）胃中的发育。英国鼠疫委员会（British Plague Commission）（1906～1907年）在印度完全证实了跳蚤在传播此疫病中所起的作用。Bacot和Martin（1914）用银丝缠绕在跳蚤身上做试验（从做马戏人学来的方法），证明了阳性有感染的跳蚤把此病由老鼠传染到老鼠和人的机制。他们用于观察试验的蚤类为印度鼠蚤和欧洲鼠蚤（*Ceratophyllus fasciatus*）。可见到培养的病菌堵塞在实验鼠蚤消化道的前部。完全证实了跳蚤是鼠疫的传播媒介，鼠类是保虫宿主（reservoir-rodent，carrier-fleas）。

鼠疫的传播与环境条件有很大关系。鼠疫最易流行的气温是10～26.7℃；干燥及最寒冷的季节不适合鼠疫的传播，鼠类繁殖太多，民众生活困苦、卫生习惯不好时适于鼠疫流行。

鼠疫与野生啮齿类有很大的关系。鼠疫杆菌可以通过蚤类从家鼠（domestic rats）传到半家鼠（semi-domestic rats），再不同程度地传到野生啮齿类（wild rodents）。这样，野生啮齿类成为鼠疫病原永久的保菌宿主（permanent reservoir）。主要的野生啮齿类保菌宿主有旱獭（*Marmota bobac*）（我国东北）；地鼠（ground squirrels），在中亚、西亚和俄罗斯的地鼠是*Citellus*属，在美国加利福尼亚州的地鼠是*Otospermophilus grammarus beechyi*，在南非是*Gerbilles*及南非干燥台地鼠（karoo rats）。

在我国东北曾流行肺鼠疫，东北鼠疫是由西伯利亚传来的。新中国成立初期伍联德先生在东北指导防疫工作，他首先控制交通，进行消毒、灭鼠。他和苏联科学家共同发现旱獭(*Marmota bobac*)、土拨鼠(*Arctomys*)是鼠疫的保菌者。首先被传染的是猎人。由于气候的关系，肺鼠疫通过空气由人传染到人。腺鼠疫的传播由野生鼠类到棕色鼠(*Rattus norvigicus*)、黑色鼠(*Rattus rattus rattus*)、屋顶鼠(*Rattus rattus alexandrinus*)、小鼠(*Rattus musculus*)、鼲鼠(*Suncus murinus*)等鼠类，再传与人类(**生态图 5**)。

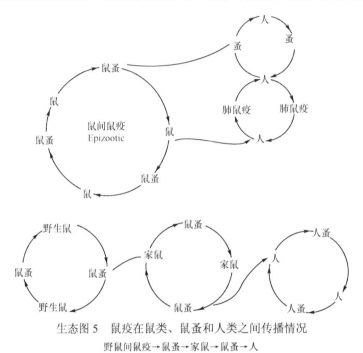

生态图 5 　鼠疫在鼠类、鼠蚤和人类之间传播情况
野鼠间鼠疫→鼠蚤→家鼠→鼠蚤→人

(2)传播鼠疫的媒介蚤类

作为鼠疫传播媒介的蚤类有以下 7 种：①人蚤(*Pulex irritans* Linn.)分布于全球，人迹所至之大部分地区皆能发现。人蚤虽为人体的寄生虫，也能寄生于鼠、犬及其他小型哺乳动物。②印度鼠蚤(*Xenopsylla cheopis* Roth.)分布于全球，为腺鼠疫由鼠传至人体的重要媒介。尤以亚热带与热带地区特别普遍。本种跳蚤在我国分布甚广，由南至北，直至沈阳，西向分布可至陕西。本蚤种原寄主为黑鼠，亦可寄生于其他鼠类，如褐鼠、屋顶鼠等。与本蚤种接近的蚤有下列两种：印度旱地鼠蚤(东方鼠蚤)(*Xenopsylla astia* Roth.)、巴西鼠蚤(*Xenopsylla brasiliense* Baker.)，其区别特征在于雌蚤受精囊的形状。③欧洲鼠蚤(*Ceratophyllus fasciatus* Bosc.)，原为欧洲及北美洲等地的普遍鼠蚤，为温带区传播鼠疫的媒介，尚能传播鼠类的斑疹伤寒。④盲蚤(*Leptosylla segnis* Schön.)，能在鼠类间传播鼠疫，不甚重要。⑤安尼鼠蚤(*Ceratophyllus anisus* Roth.)，为东印度鼠疫的媒介，也见于我国福建、华北，日本亦有其分布区。⑥猫蚤(*Ctenocephalus felis* Bouche.)分布于全球，在鼠疫流行期间亦为重要媒介。⑦犬蚤(*Ctenocephalus canis* Curtis)，分布及重要性与猫蚤同。

3. 医学昆虫传播的原虫病

许多疾病的疫源地是产生在地球上还没有人类的史前时期。人类祖先由于猎取和顺服野生动物，从而得病。有的疾病从前是人类和动物共有的，现在已经失去了同野生动物的原始关系而成为人类独有的疾病，疟疾就是典型的例子。

(1)按蚊传播的疟疾(Malaria)

人和其他动物都有其疟疾原虫。现在我们已经能够分别鸟类疟原虫、猴类疟原虫和人类疟原虫的种类了，它们不但形态和生态系统特性不同，中间宿主也不同。我们相信人类疟疾在从前某一时期有自然疫源性。Rodhain(1948)在非洲赤道森林中进行过黑猩猩疟原虫感染实验。用人类三日疟原虫使猩猩感染；相反的实验，用黑猩猩的疟原虫也感染了人类，引起了人的发病。

疟疾的传播与其媒介按蚊有关。一些人为因素(如生产劳动、生活方式等)引起了某种环境的变化，如农业的水稻田、灌溉沟、水池等，因此有了按蚊孳生的场所。不同地点有不同的按蚊种类传播疟疾。

按蚊分布区如下：*Anopheles quadrimaculatus* Say 分布于美洲；*Anopheles culicifacies* Giles 分布于印度；*Anopheles maculipennis* group 分布于欧洲；*Anopheles albimanus* Wied. 分布于拉丁美洲加勒比地区；*Anopheles darlingi* Root 分布于南美洲、中美洲；*Anopheles funestus* Giles 分布于非洲；*Anopheles gambiae* Giles 分布于非洲。

在稻田有：*Anopheles hyrcanus* Pallas 分布于中东；*Anopheles hyrcanus* var. *chinensis* 分布于中国；*Anopheles aconitus* Dönitz 分布于南亚、印度尼西亚；*Anopheles freeborni* Aitken 分布于美国加利福尼亚州；*Anopheles pseudopunctipennis* Theob. 分布于墨西哥。

在山区：*Anopheles minimus* 分布于中国南部、东南亚。

在含盐分水鱼池：*Anopheles sundàicus* Rod. 分布于爪哇。

在严重疟疾区：*Anopheles indefinitus* Ludl. 分布于菲律宾沿海；*Anopheles litoralis* King 分布于菲律宾沿海(不传播疟疾)。

按蚊类幼虫也有很奇异的孳生地点。例如，*Anopheles bellator* 的幼虫在凤梨科一类植物叶腋基部储积的雨水里面生育。在热带的某些地区(如南美洲的 Trinidad)按蚊是传播疟疾的重要媒介，其幼虫能在牛足印内的少量水中繁生。

在疟疾防治指导思想中，最重要的是"消灭主要媒介"，即所谓"Species senitation"的观点。各地区疟疾媒介主要的种类不同，同一种类有时在不同地区发生的作用也不同，如 *Anopheles maculatus*。我国按蚊已记载的有 42 种，在海南岛就有 20 多种，但不是每种都同样重要。许多按蚊不吸人血。

非洲的 *Anopheles gombiae* 是最凶恶的疟疾媒介。曾从非洲的塞内加尔(Senegal)的 Dakar 传到南美洲巴西的 Natal。在 1930 年以前西半球无此蚊，1931 年 Natal 有疟疾流行，1937～1938 年有 50 000 人患疟疾，90%的人口得病，10%死亡。

巴甫洛夫斯基说："疾病自然疫源地对自然说是旧的，对人来说因为时间和条件的关系，它是新的。而对于医师们来说，因为要等到他们会诊断自然疫源性疾病，自然疫源地更是新的东西了"。

(2)白蛉子传播的黑热病(Kala Aza Disease、Dum Dum Fever)

病原：杜氏利什曼原虫[*Leishmania donovani*(Laveran et Mesnil)Ross，1903]。

同物异名：*Piroplasma donovani* Laveran and Mesnil，1903；*Herpetomonas donovani* Ross，1904；*Leishmania infantum* Nicoll，1908。

我国古时候称黑热病为痞病。印度名为 Kala Aza(意即"黑热")。在印度的阿萨(Assam)及孟加拉国(Bengal)等地流行，已有数世纪历史。据 Rogers 的记载，此病蔓延于雅鲁藏布江(Bramaputra River)南岸，其进展速率每年约 16km。近代有关黑热病的记录，最早要推 Clarke(1882)，在 20 世纪初经多位学者的研究，才明了有关病原种类和传播媒介等问题。1900 年英国人 Leishman 在印度加尔各答解剖一个死于所谓 Dum Dum Fever 的士兵，从其脾脏的涂片发现一种椭圆形小体，但其观察结果至 1903 年方始刊布。同年，Donovan 吸取本病患者脾液，亦检得同样的虫体。此时，虽然还不知道黑热病原确实分类位置，但已知晓它与锥虫 *Trypanosome* 有较近的亲缘关系。此时，德国医家 Marchand(1903)报告他于 1902 年解剖一名德国士兵的尸体，此士兵曾住在我国北京而感染此病，回国后死于 Leipzig。其肝脏、脾脏及骨髓切片有此病原。这些切片在该城医学会及 Cassel 德国病理学会展览。1904 年 Rogers 培养 *Leishmania donovani* 成功，并发现在培养状态中，此小体能发育而成为鞭毛虫。据此事实黑热病病原虫所隶属族类问题因而可定。1907 年 W. S. Patton 于患者体表血液中找到此虫，他猜想臭虫为此病传染的媒介，乃举行吸食试验。结果证明 *Leishmania donovani* 在臭虫肠内偶尔能变态成为鞭毛虫。印度之外的学者，如 Cathoire(1904)、Pianese(1905)及 Nicolle(1908)在地中海一带发现孩童被同样虫体所侵害，此原虫被称为 *Leishmania infantum* Nicolle，1908。以后认为它与 *Leishmania donovani* 是同种。Nicolle 和 Comte(1908)从狗体检验得到黑热病病原虫，发现了本病的保虫宿主。关于中间宿主(传播媒介)问题，也经历了长时间的探索。Patton(1907)用 12 个臭虫吸食黑热病患者的血液，发现黑热病原虫在其肠管内能离开所寄生之白细胞而变为有鞭毛的虫体。此虫体按其形态，属于葡滴虫(*Herpetomonas*)期。经 8～12 日，臭虫的中肠(midgut)充满了极多的鞭毛虫，但虫体不进入其唾液腺。在 1913 年 Patton 进行多次试验，用已感染的臭虫吸食狗及猴子的血，结果均为无效，不能使实验的狗和猴子感染此病原(Patton，1922)。此方面工作曾继续 18 年之久，可谓劳而无功。其他学者，如 Makie(1915)及 Cornwall(1916)以精密的考察证明臭虫在天然状态下不能传布黑热病。其他昆虫经试验也无结果，如 Basile(1916～1920 年)的跳蚤传染研究。

白蛉子 *Phlebotomus* 传染黑热病，从推测至被证明属实，也是若干学者共同努力的结果。Acton(1919)曾报告白蛉的分布区域与东方疮(Oriental sore)分布区域相同，并提示此种吸血小虫或能为其中间宿主。Napier(1925～1926 年)首先列举黑热病病区与无病区域的不同点，并指出白蛉(*Phlebotomus argentipes*)与黑热病分布相同。自此之后，极多的感染试验工作由 Christophers、Shortt、Knowles、Napier、Barraud、Lloyd、Smith 前后举行。他们证明 *Phlebotomus argentipes* 吸食患者血液之后，黑热病原虫在其肠内极迅速而异常密集地繁衍。6～9 天后，Herpetomonas 型鞭毛虫充满其肠管全部，并延及咽腔与口腔。有若干研究者举行豆鼠传染试验。数千只豆鼠曾经用含虫的白蛉吮吸其血液，而试验成功的例数很少。例如，Shortt、Smith、Swaminath 和 Krishnan(1933)第一次报告，42 个豆鼠经白蛉吮吸，只有一个感染黑热病。Napier、Smith 和 Krishnan(1933)获有 2 例。Lal 和 Mukerjee(1936)报告了第 4 例。Smith(1935)报告豆鼠被传染之后，常需 18 个月时间方才发病。此可能是实验困难原因之一。黑热病调查团有 7 个自愿试验者举行了白蛉吸吮试验，结果均为阴性。

各国许多研究者在病区观察，证明白蛉与黑热病的关系益加密切。例如，我国白蛉的分布与黑热病有同一地域，如江苏、北京有天然感染的中华白蛉(*Phlebotomus chinensis*)及司氏白蛉(*P. sergenti* var. *mongolensis*)，体内含黑热病病原的鞭毛虫体(Sun et al.，1936；Chung and Feng，1939)。印度黑热病媒介为 *Phlebotomus argentipes*，其他种类据云亦有关系。在意大利西西里则为 *Phlebotomus pernicios* (Adler，Theodor 1931)，此外，*P. major* 亦可成为媒介。在西班牙则为 *P. papatasii* (Young and Hertig，1927；Patton and Hindle，1927)。

Leichmania donovani 分布很广。在欧洲地中海沿岸的意大利、希腊、西班牙等，北非的突尼斯、阿尔及利亚、利比亚、摩洛哥，非洲中部的尼日利亚、苏丹、阿比西尼亚西部(Western Abyssinia)。在中亚有土库曼斯坦以及里海的东西两岸和米索不达美亚(Mesopotamia)。在印度，此病分布于 Bihar、Assam 的西黑特(Sylhet)流域，以及 United Provinces 与 Central Provinces 的东边，南方的马德拉斯(Madras)及附近一些地方亦有此病分布。唯印度西北部及孟买(Bombay)甚罕见。孟加拉国也有此病分布。过去，我国黑热病的分布以大江以北数省为最多，如河北、河南、山东、安徽、江苏、辽宁诸省均为传染区域。向西绵延可至陕西的西安、甘肃的兰州，亦发现此病。大江以南各省间亦有报告，多是偶发的病例。在南美洲有巴西、阿根廷及玻利维亚。

4. 蠕虫类病原的传播

(1) 由无脊椎动物作为传播媒介

蠕虫类寄生虫病的传播绝大多数取决于它们各自的传播媒介(中间宿主)的种类及其分布情况。吸虫类病原一定有其所必需的贝类宿主(中间宿主)，许多种类除贝类中间宿主之外，还需要有充作第二中间宿主的各种动物、植物介入到它们的生活史中，这些中间宿主的分布对吸虫病传播起重要作用。例如，我国日本血吸虫病病区和钉螺的分布区相一致。有第二中间宿主的吸虫病，其传播与人们食物习性有关。例如，食生鱼的人们容易感染中华分支睪吸虫病和异形吸虫病(异形吸虫虽寄生在肠黏膜上, 卵会由血液携带侵入心脏肌肉而产生严重病害)。人们如果有食生蟹和生蝲蛄的习惯则容易感染肺吸虫病, 如在我国东北和浙江绍兴兰亭。朝鲜曾流行肺吸虫病。20 世纪 50 年代我国回国的志愿军得病的很多, 也有脑肺吸虫病的病例。在姜片虫病区, 人们常因吃荸荠和红菱而感染此病。人类许多其他吸虫病(如畜牧、禽类等)的传播, 也都大同小异。

(2) 由脊椎动物作为传播媒介

除多种吸虫的第二中间宿主是鱼类等脊椎动物之外, 一些线虫(如旋毛虫)和多种绦虫的中间宿主也是脊椎动物。绦虫病中最严重的棘球蚴病(Hydatid disease)的病原为棘球绦虫(*Echinococcus*), 其中囊状细粒棘球蚴病(cystic echinococcosis granulosus)和泡状多房棘球蚴病(alveolar echinococcosis multilocularis)等是人畜(兽)共患的寄生虫病。细粒棘球蚴病与畜牧业的发展有关。此绦虫成虫在狗的肠内、幼虫在羊的肝脏。人们吃了虫卵而受感染。世界上养羊的地区, 如澳大利亚、南美洲阿根廷等许多国家均有此病。我国北方牧区也有许多病例报告, 南方甚至厦门也有偶发病例。

泡状棘球蚴的成虫寄生于野生犬科动物狐类的肠管中, 幼虫期寄生于啮齿动物各种鼠类的肝脏上。人们在此类绦虫病的自然疫区中吞食了虫卵而受感染, 病情比囊状棘球蚴病更加严重, 此类绦虫由于分布地区的不同, 所需要的鼠类中间宿主及其分布区也不相同。例如, 多房棘球绦虫(*Echinococcus multilocularis* Leuckard, 1863)分布于欧亚大陆及我国东、西部地区; 西伯利亚棘球绦虫(*Echinococcus sibiricensis* Rausch and Schiller, 1954)最早发现于美国阿拉斯加, 其分布达俄罗斯西伯利亚、日本及我国内蒙古东部呼伦贝尔草原一带; 在我国呼伦贝尔草原, 除有上述两种泡状棘球绦虫之外, 尚有与俄罗斯的虫种相像的苏俄棘球绦虫(*Echinococcus russicensis* Tang et al., 2007), 此 3 虫种除分布不同之外, 其幼虫期发育规律和结构也非常不同(唐崇惕等, 2001~2007; Tang et al., 2004, 2006)。

(3) 由医学昆虫作为传播媒介

丝虫病流行与分布的主要因素是媒介(中间宿主)蚊子。著者 20 世纪 50 年代曾进行丝虫病流行学的研究。对班氏丝虫[*Wuchereria bancrofti*(Cobbld, 1877)]和马来丝虫[*Brugia malayi*(Brug, 1927)Buckley, 1960]不同的流行情况进行比较。发现这两种丝虫病由于媒介的生态不同, 分布也不同。班氏丝虫以库蚊为主要媒介, 特别以乏倦库蚊(*Culex fatigans*)为媒介, 在人居稠密的污水沟内繁殖。班氏丝虫病分布于城镇和沿海地区; 马来丝虫以中华按蚊(*Anopheles hyrcanus* var. *sinensis*)为主要媒介, 此蚊子的繁殖地是稻田与自然水源。马来丝虫病传播于南方山区小村村落; 此两种丝虫病有它们各自单纯的感染区。在靠近山区的小城镇由于有此两种蚊子的同时存在, 因此那里有此两丝虫病混杂的感染区(唐仲璋等 1956, 1959)。福建省山区有 25%~30%农民感染丝虫病。随着蚊帐使用, 对丝虫病的传染也会有所控制。在流行区食用含有海群生的食盐可有效防治此寄生虫病。

(4) 无需中间宿主(媒介)的线虫病

在线虫类寄生虫病中一些病原的发育是无需中间宿主参加的直接发育。这类寄生虫病的传播常常与人类生产劳动或生活习惯等有关。例如, 钩虫病与农业种植有关, 蛲虫病则和个人卫生习惯有关。

蛲虫病十分普遍, 儿童常有很高的感染率, 蛲虫晚上在患者肛门附近产卵, 在卧室、床铺上、床周围的地上每克灰尘含有几十个至 300 多个的蛲虫卵。小孩子在床上不洗手吃干点、吸吮手指等不良卫生习惯造成蛲虫病的感染和传播。

钩虫病与农业种植的关系密切。首先发现钩虫病与丝业种植桑树有关, 随后发现钩虫病传播与甘薯种植有关。此病过去在江浙桑树, 四川、福建甘薯等旱地作物农业区流行, 得病者严重贫血病, 即著名的桑黄病、懒黄病, 影响劳动生产。

钩虫病病原有十二指肠钩虫(*Ancytostoma duodenale*)和美洲板口钩虫(*Necator americanus*)，两种在我国均有分布。病原生活史：虫卵→幼虫(杆状幼虫→丝状幼虫，在土中生活到感染期，需 15～30天)→在沙粒上沿水膜上移经人体皮肤感染→在人体内迁移并发育→成虫在人体肠内，因大量吸血造成患者贫血。

幼虫在土壤中生活的条件，以 22～26℃为适宜温度，且要疏松的土壤、颗粒大的沙土。福建沿海广大沙土种植区都适合钩虫幼虫发育，是钩虫病流行区。因幼虫接触皮肤而穿钻进去而染病。在福建省种植甘薯、甘蔗、蔬菜者多在施肥、耕种等过程得到感染。"粪蛆咬"、"粪毒"都是感染钩虫蚴皮肤炎的通俗名称。

钩虫病在矿工中流行。Puerto Rico 的农民种植咖啡，岛上最严重的钩虫病区就在山区咖啡种植地带。主要都是粪便没有处理好的缘由。在热带各地钩虫病传播的情况均如此。

参 考 文 献

廖翔华, 施鎏章. 1956. 广东鱼苗病一，广东九江头槽绦虫(*Bothriocephalus gowkongensis* Yeh)的生活史、生态及其防治. 水生生物学集刊, 2：130-185

秦素美. 1933a. 寄生黑鱼胃内之新吸虫. 国立山东大学科学丛刊, 1(1)：104-116

秦素美. 1933b. 寄生鱼体之吸虫. 国立山东大学科学丛刊, 1(2)：379-392

唐崇惕, 陈晋安, 唐亮, 等. 2001. 内蒙古西伯利亚棘球绦虫和多房棘球绦虫泡状蚴在小白鼠发育的比较. 实验生物学报, 34(4)261-268

唐崇惕, 崔贵文, 彭文峰, 等. 2006. 我国内蒙古大兴安岭北麓泡状肝包虫种类的研究. I. 多房棘球绦虫(*Echinococcus multilocularis* Leuckart, 1863). 中国人兽共患病学报, 22(12)：1089-1094

唐崇惕, 崔贵文, 彭文峰, 等. 2007. 我国内蒙古大兴安岭北麓泡状肝包虫种类的研究. III. 苏俄棘球绦虫(*Echinococcus russicensis* sp.nov.). 中国人兽共患病学报, 23(10)：957-964

唐崇惕, 崔贵文, 王彦海, 等. 2006. 我国内蒙古大兴安岭北麓泡状肝包虫种类的研究. II. 西伯利亚棘球绦虫(*Echinococcus sibiriensis* Rausch et Schiller, 1954). 中国人兽共患病学报, 23(5)：419-426

唐仲璋, 何毅勋, 林宇光, 等. 1956. 福建省班氏及马来丝虫病流行学的比较研究. 福建师范学院学报(自然科学版), 2：1-32

唐仲璋, 林秀敏. 1979. 中国鲫吸虫生活史及区系分布的研究. 厦门大学学报(自然科技版), 1：81-98

唐仲璋, 唐崇惕. 1964. 两种航尾属吸虫：鳗航尾吸虫和黄氏航尾吸虫的生活史和本属分类问题. 寄生虫学报, 1(2)：137-152

唐仲璋, 唐崇惕. 1989. 福建省数种杯叶科吸虫研究及一新属三新种的叙述(鸮形目：杯叶科). 动物分类学报, 14(2)：134-144

唐仲璋, 汪溥钦, 林宇光, 等. 1959. 福建省马来及斑氏丝虫病区调查和我国两种丝虫病分布的研究. 福建师范学院学报(自然科学版), 1：1-40

唐仲璋. 1956. 福建假叶绦虫形态和生活史的研究. 福建师范学院学报(自然科学版), 1：1-30

唐仲璋. 1981. 半尾类吸虫包括四新种的描述. 动物学报, 27(3)：254-264

王云. 1995. 中华唐样吸虫 *Tangiopsis chinensis*(Tang, 1951)(Trematoda：Hemiuridae)后期生活史研究. 寄生虫与医学昆虫学报, 2(1)：14-18

叶英, 吴淑卿. 1955. 上海沼虾 *Genarchopsis shanghaiensis* n. sp. 新种(吸虫纲：半尾科)及其早熟现象的初步报告. 动物学报, 7(1)：37-42

Chabaud A G, Biquet J. 1954. Sur le mecanisme d'infestation des copepods par les cercaires de trematodes hemirides. C R Ac Sc Paris, 239：1087-1089

Chabaud A G, Biquet J. 1955. Etude d'un trematode a metacercarire progenetique. I. Developpement chez la copepode. Ann Par, 29(5～6)：527-545

Ching H L. 1960. Studies on three hemiurid cercariae from Friday Harbour, Washington. J Parasit, 46(5)：663-669

Chu H J. 1950. *Bucephalopsis Kweiyangensis* n. sp. from the giant salamander, *Megolobatrachus japonicus* Temm., in Kweichow, China. J Parasitol, 36(2)：120-122

Dickerman E E. 1934. Studies on the trematode family Azygiidae. I. The morphology and life cycle of *Proterometra macrostoma* Horsfall. Trans Amer Micro Soc, 53：8-21

Dickerman E E. 1937. Cystocercous cercariae of the Mirabilis group from Lake Erie snail. Jour Parasit, 26(6)：566

Dollfus R Ph. 1950. Hotes et distribution geographique des Cercaires Cystophores. Ann Parasit, 25(4)：276-296

Horsfall M W. 1934. Studies on the life history and morphology of the cystocercous cercariae. Trans Ameri Micr Soc, 53：311-347

Issaitschikow I M. 1928. Contribution to the study of the helminths of several groups of Arctic vertebrates. Trudy Plovmornina

Johnston S J. 1912. On some trematode parasites of Australian frogs. Proc Linn Soc N South Wales(146), 37(2)：285-362

Johnston S J. 1913. Trematode parasites and the relationships and distribution of their hosts. Melbourne, 272-278

Køie M. 1979. On the morphology and life history of *Derogenes varicus*(Müller, 1784) Looss, 1901(Trematoda：Hemiuridae). Zeits für Parasitenkd, 59：67-68

Lebour M V. 1927. Some parasites of *Sagitta bipunctata*. J Marine Biol Ass United Kingdom, n s, 11(2)：201-206

Leidy J. 1851. Contributions to helminthology. Proc Acad Nat Sc Phil, 5(9)：205-210, 224-227

Linstow O F B. 1888. The zoology of the voyage of H.M.S. Challenger. Pt. 71：Report on the Entozoa, 18

Linton E. 1927. Adult distomes in a Sagitta. Tr Am Micr Soc，46(3)：212-213

Linton E. 1940. Trematodes from fishes mainly from the Woods Hole region Massachusetts. Proc US Nat Mus(3078)，88：172

Lloyd L C. 1938. Some digenetic trematodes from Puget Sound fish. J Parasitol，24(2)：103-133

Manter H W. 1926. Some North American fish trematodes. Illinois Biol Monograph，10：1-138

Manter H W. 1934. Some digenetic trematodes from deep-water fish of　Tortugas Florida. Papers Tortugas Lab，28(16)：257-345

Manter H W. 1940. Digenetic trematodes of　fishes from the Galapagos Islands and the neighboring Pacific. Rep Allan Hancock Pacific Exped.(1932～1938)，2(14)：325-497

Manter H W. 1955. The zoogeography of trematodes of marine fishes. Exp Par，4(1)：62-86

Manter H W. 1957. Host specificity and other host relationships among the digenetic trematodes of marine fishes.I. Symposium Specificite Parasit. Parasites Vertebres：185-198

Manter H W. 1963. The geographical affinities of trematodes of South American freshwater fishes. Syst Zool，2(2)：45-70

Martin W E. 1973. Lifi history of　Saccocoelioides pearsoni n. sp. and description of Lecithobotrys sprenti n，sp.(Haploporidae). Trans Amer Micr Soc，92(1)：80-95

Momer A S. 1939. Notes on Branchiosaurs. Amer Jour Sci，237：748-761

Mook C C. 1925. A revision of　the Mesozoic Crocodilia of North America. Bull Amer Mus Nat Hist，51：319-432

Myers J G. 1938　Report on the natural enemies in Haiti of　the horn—fly, Lyperosia irritans, and the green tomato bug, Nezara viridula. J Council Scient and Indust Research Australia，11(1)：35-46

Petrushevskaya M G. 1962. The taxonomy of　trematode of　the genus Azygia found in fish in the USSR. Vestnik Leningradskogo Universiteta Seriya Biologii，17(3)：79-92

Schell S C. 1985. Handbook of　Trematodes of North America.　North of　Mexico University Press of Idaho

Sillman E I. 1962. The life history of　Azygia longa(Leidy，1851)(Trematoda：Digenea)，and notes on A. acuminata Goldberger，1911. Trans Amer Micros Soc，81(1)：43-65

Skrjabin K I，Guschanskaja P H. 1955. Trematodes of Animal and Man. Moscow：Izdatelstvo Akademii Nauk SSSR，10：579-616

Skrjabin K I，Guschanskaja P H. 1959. Ontogeny and developmental stages of the Suborder Hemiurata. Trudy Helminth Lab SSSR，9：280-293

Stafford J. 1904. Trematodes from Canadian fishes. Zool Anz，27(16～17)：481～495；Zool Ctbl，13(1～2)：42-43

Stunkard H W. 1950. Further observations on Cercaria parvicaudata Stunkard and Shaw，1931. Biol Bull，99(1)：136-142

Stunkard H W. 1956. The morphology and life—history of　the digenetic trematode，Azygia sebago Ward，1910. Biol Bull，111：248-268

Szidat L. 1932. Uber cysticerke Riesen cercarian，insbesondere Cercaria mirabilis M. Braun and Cercaria splenden n. sp. und ihre Entwicklung im Magen von Raubfischen zu Trematoden der Gattung Azygia Looss. Zeit F Parasitenk，4：477-505

Szidat L. 1954. Trematodes nuevos de pesces de aqua dulce de la republica argentina. Rev Inst Nac Inv Cienc Nat Cienc Zool，3(1)：1-85

Tang C C. 1941. Morphology and life history of　Prosostephanus industrius(Tubangui，1922)Lutz，1935(Trematoda：Cyathocotylidae). Peking Nat Hist Bull，16(1)：29-43

Tang C C. 1951. Contribution to the Knowledge of　the helminth fauna of Fukien. Part 3. Notes on Genarchopsis chinensis n. sp. its life history and morphology. Peking Nat Hist Bull，19(2～3)：217-223

Tang C T，Peng W F，Tang L. 2006. Alveolar Echinococcus species from Vulpes corsac in Hulunbeier，Inner Mongolia，China，and differential developments of the metacestodes in experimental rodents. J Parasitology，92(4)：719-724

Tang C T，Qian Y C，Cui G W，et al. 2004. Study on the ecological distribution of alveolar Echinococcus in Hulunbeier Pasture of Inner Mongolia，China. Parasitology，128：187-194

Tubangui M A. 1922. Two new intestinal trematodes from the dog in China. Proc US Nat Mus(2415)，60(20)：1-12

Uspenskaya A V. 1960. Parasitofaune des crustacés bentiques de la mer Barents.　Ann Par，35(3)：221-242

Velasques C C. 1958. Notes on Azygia pristipomai Tubangui，the Genus Azygia and related genera(Digenea：Azygiidae). Proc Hel Soc Wash，25(2)：91-94

Ward H B. 1916. Notes on two free-living larval trematodes from North America. Jour Parasit，Ⅲ：10-20

Wooton D M. 1957. Notes on the life cycle of　Azygia acuminata Goldderger，1911.(Azygiidae-Trematoda). Biol Bull，113(3)：488-498

Yamaguti S. 1934. Studies on the helminth fauna of Japan. Part 2. Trematodes of　fishes，I. Japan J Zool，5(3)：249-541

Yamaguti S. 1958a. Studies on the helminth fauna of Japan. Part 52. Trematodes of fishes，Ⅺ. Publications of the Seto Marine Biological Laboratory，4(3)：369-383

Yamaguti S. 1958b. Systema Helminthum Vol.1. The digenetic Trematodes of　Vertebrate. Part I and II. New York：Interscience Publishers

Yokogawa S，Kobayashi H. 1932. On the species of　Diphyllobothrium mansoni sensu lato and on the infections mode of　human sparganosis. Far East Ass Trop Med Trans 8th Congress(in Bangkod，1930)，2：215-226

六、病原生物学与人畜蠕虫病防治的关系

蠕虫病与人类健康及畜牧生产都有极密切的关系。国内各种重要蠕虫病在农村中广泛地流行，感染人数均以千万计，对于我国的社会主义建设危害极大。多数寄生虫病均为慢性疾病，感染的人多了，农村居民的身体素质和劳动力就会下降和降低；畜牧业的蠕虫病导致牲畜病患和死亡，减少乳类和肉类的生产，给我们国家带来巨大的经济损失。我国从东北到西北的广大牧区以畜牧为主要产业，在其他各省畜牧也是农村的重要副业，因此，和蠕虫病作斗争是提高畜牧生产水平的重要措施。新中国成立以来，政府非常关心人民的健康，要求在短时间内控制或消灭几种重要的寄生虫病，以保护农村劳动力，保护农畜。为了更有效地防治蠕虫病，必须明了蠕虫学的基础知识。

蠕虫学基础知识主要包括各蠕虫病原的分类、形态结构、发育生活史、中间宿主(传播媒介)种类、生态、流行病学等方面内容。国内从事这方面研究的人虽然不少，但近年来我国寄生虫病医疗和防治的任务较迫切，而我们现有蠕虫学基础知识还不能满足实际工作的需求，所以应当强调蠕虫学对防治工作的重要性。近年来我国蠕虫学也在蓬勃发展，它的各分支，包括免疫、诊断、药物、生理生化、亚显微结构、分子生物学等项目也都发展很快，上述的分类，形态结构、发育生活史及生态等只是今后我国蠕虫学全面发展的一个部分，在此仅指出其应有的位置和应该如何为防治工作服务。

(一)病原生物学研究的重要性

一种寄生虫病的控制工作必须经过下列几个步骤：首先是病原的发现；其次是病原生活史各发育阶段和中间宿主传播媒介的发现；第三是对感染方式与各环境因素的了解；第四是利用各有关知识制定扑灭和预防该寄生虫病的对策，以及该对策的实施。第一项和第二项属于生物学的范畴，第三项属于流行学和生态学的领域，第四项则为防治工作的内容。没有前三项的基本知识，防治方案是不可能提出的。

辨认病原种类是最初步的工作，无论是医务工作者、卫生工作者、畜牧兽医工作者，还是寄生虫学工作者都必须掌握有关病原形态分类的知识。种的区分常能启示对该病原的其他生物学特点的了解，从而有利于对其流行情况的探测及防治对策的考虑。了解一个病区中流行的是哪一种病原，是一种或多种的混合感染，都与防治的对策有关。例如，植物线虫学者对于甜菜根瘤线虫(*Heterodera schachtii*)的复杂群，以往认为该根瘤线虫含有不同型的差别，经详细考察而知道系不同种的特征。这些种对于植物宿主各有适应性。这样，种的区分的知识纠正了以往这一个种能够感染多种宿主植物的概念。对于某一感染地区应该种植什么作物起了重要的指导作用。

种的区分对于分辨传播病原的中间宿主(或媒介)种类也同样重要。特别是区分种或型，对找出哪一个是负有主要传播责任的媒介种类，是非常重要的。例如，冯兰洲教授对于中华按蚊大小型的区分，以及小型按蚊传播马来丝虫的阐明在流行学上是非常重要的。

病原生活史知识的掌握是控制和预防寄生虫病工作所必不可少的。蠕虫和其他动植物一样有共同的发生规律，同时因种类的不同，各种也有其独特的生命循环。在它们未侵入人体或家畜(终宿主)之前，在自然界中常有一段自由生活的时期，或在其他无脊椎或脊椎动物体内发育或无性繁殖的阶段，掌握这些环节对于防治工作有很大用处。生物种类的存在是长期适应环境的结果，它们各阶段发育与环境因子存在密切的关联。寄生蠕虫也不例外，环境条件是它们生存和传播的主要因素。所以在研究寄生蠕虫的生活史(生命循环)时应该将其生态环境联系在一起研究，才能成功，同时能够深刻地了解它们感染的来源与传播的状况。

19世纪以来，许多重要的人体寄生虫病的病原已被发现，许多生活史虽已经全部或部分阐明，但还有不少种类至今尚未明了。至于寄生家畜和其他经济动物的，也有较多的种类未经阐明，往往在好些年头后

才被发现和补充。例如，疟原虫的生活史在 19 世纪末叶已经阐述，但在肝脏细胞内的红细胞外发育期直至 20 世纪三四十年代才被科学工作者逐渐认识。不可否认，其他的人体寄生虫中某些秘密也可能尚未被发现。

(二)动物宿主对于蠕虫病传播的关系

蠕虫类中间宿主种类繁多。吸虫类以软体动物的腹足类和瓣鳃类为主(第一中间宿主)，有的尚需要软体动物、甲壳动物、昆虫、鱼类等充作第二中间宿主；绦虫类除各类的节足动物，如甲壳动物、昆虫和螨类之外，尚有需脊椎动物充作中间宿主；线虫类多数利用节足动物，亦能以环形动物、贝类等其他无脊椎动物或脊椎动物作为中间宿主。钩头虫类(Acanthocephala)的中间宿主为昆虫类的金龟子、蜚蠊和甲壳类的剑水蚤等。因为可充作蠕虫类中间宿主的无脊椎动物种类是如此之多，每每使科学工作者在寻找某种蠕虫病的传播媒介时感到困难。动物学者常引用已知的规律来作探讨未知规律的索引，并经过不断试验而获得新的知识。从寄生虫学的史实来看，常有生活史一个环节的发现导致新的环节的发现；一种寄生虫生活史获得解决，能启发另一种寄生虫问题得到解决。生活史的研究不是单纯依靠偶遇与碰巧，而应当依靠合理的推论与有计划试验的不断努力。从偶然的事例当中，找出必然的规律。

中间宿主的发现揭露了病原生活史中某阶段微小个体存匿的处所，使得本来不易发现的敌害变为可见。第二中间宿主对于病原来说，起了传播和散布的作用。如螃蟹对于肺吸虫、鲤科鱼类及虾等对于华支睾吸虫都起了这样的作用。

贝类宿主是吸虫类生活史的重要环节，许多人体及家畜吸虫病的消除，都要考虑扑灭贝类宿主的问题。好些种类的吸虫常有多种的贝类宿主，包括在分类学上某些种属的近似种，但其中常有最佳的宿主(optimum host)。同一种吸虫，因分布的地区不同，其贝类宿主也因地而异。例如，肝片吸虫(*Fasciola hepatica*)、卫氏并殖吸虫(*Paragonimus westermani*)、胰阔盘吸虫(*Eurytrema pancreaticum*)、中华双腔吸虫(*Dicrocoelium chinensis*)等，许多例子都能说明。寄生虫学者对于贝类宿主的认识常只根据它们外壳的形状，或其他坚硬的部分，如齿舌等，借以区别种类。在某些种属中，外壳的差别不易辨认，或其变异的范围较大，通过内脏解剖的比较更能看出异同。至少在重要的寄生虫贝类宿主必须深入这样的工作。此外，一些重要的贝类宿主的生活习性，如食物、交配、产卵季节、胚胎发育，以及它们与环境因素的关系，这些也都是寄生虫学者应当掌握的知识，有利于了解它们与传播病原的关系。

吸虫类的第二中间宿主常是导致终末宿主感染的重要环节。此期的虫体为后期尾蚴，有的种类对于宿主的特异性不大，因而宿主的种类常较多。例如，华支睾吸虫的鱼类宿主就有 64 种(Morishita，1957)。第二中间宿主的种类越多，其传播的机会也就越多。

近年来越来越发现保虫宿主的重要性。例如，在欧洲的德国、法国、意大利、英国，以及在大洋洲和亚洲的日本都报道野兔感染肝片吸虫很普遍，这是自然疫源的问题，在我国，野生哺乳类作肝片吸虫保虫宿主的问题尚乏详细的考察。许多吸虫都有保虫宿主，如在福建闽北山区浦城的支睾阔盘吸虫(*Eurytrema cladorchis*)流行区，耕牛的感染率达 90%～100%，那里附近山上的野生麂、鹿类也普遍受感染，对该吸虫病的传播起很大作用，这样的例子不胜枚举，这说明了野生动物的寄生蠕虫能够成为威胁家畜健康的感染源，必须加以杜绝。

(三)考察蠕虫类幼虫期习性及其重要性

蠕虫类的幼虫期在生活各阶段常有某些特殊的习性，表现为很固定的行为反应(behavior reactions)，如在土中或自然界其他环境自由生活的线虫类幼虫常有特殊的向性(如对光线、温度、水分等的各种反应)。又如，吸虫类的毛蚴、尾蚴和假叶绦虫类的颤毛蚴(coracidium)等，它们也常有不同的习性可供观察。吸虫类的毛蚴有的在水底或湿地上爬行，但绝大多数是用纤毛游泳。日本血吸虫毛蚴有在距水面 1～2cm 处游泳的习性，这是对于两栖性贝类宿主(中间宿主)的一种适应。某些吸虫的毛蚴在虫卵被贝类宿主吞食以后在消化道内才孵化出来(如 *Dicrocoelium* spp.、*Eurytrema* spp.及 *Clonorchis chinensis* 等)。它们的习性都与各个别种类的生活环境有密切关系。同样的,吸虫类尾蚴的尾部表现有多种多样的构造和活动状态,有的用于游泳,有的上下浮沉借以吸引小鱼的注意(如 *Azygia*),有的拖着蜿蜒的附器使水生昆虫或甲壳类前来攫食(如 *Genarchopsis*、*Halipegus* 等)。腹口类的尾蚴具有极其活泼且能高度弛张及紧缩的条状器,借以附着游鱼的体上。多种尾蚴具有眼点,有明显的向光反应。它们还常常表现有特殊的动作或休止的状态,如日本血吸虫尾蚴在水中用尾巴旋转地游泳和附着在它们分泌在水面的黏液膜下,呈静止状态;人和动物进入水中含尾蚴的黏膜粘到皮肤上而被感染。这特点与曼氏血吸虫尾蚴和鸟类、哺乳类的血吸虫(如 *Trichobilharzia*、*Orientobilharzia* 等)的尾蚴均有差别。

多种蠕虫类幼虫在宿主体内有移行的习性,如多种丝虫类的侵袭期幼虫在昆虫体内发育成熟时向体前方迅速迁移,一旦媒介昆虫的吻部与宿主皮肤相接触时,幼虫受了温热与湿气的刺激,便迅速地突破昆虫的唇瓣而出,并从终末宿主皮肤上的伤口侵入其体内。蠕虫类幼虫在终末宿主体内亦常有移行的习性,它们经过一定的迁移途径,最后达到寄生的位置。这样的迁移常是被动地为宿主的血液或淋巴所携带,但同时也有虫体自己主动的移行并破坏宿主组织的混合结果。例如,华支睾吸虫的脱囊幼虫系从输胆管侵入肝脏,而肝片吸虫的幼虫则是首先侵入肠黏膜并穿越肠壁到了腹腔,再从肝脏的表面侵入内部。Ben Dawes(1963)通过实验证明肝片吸虫幼虫的确能吞食肝细胞,这样便产生了空隙,使幼虫能够移行,到达经常寄生的地点。日本血吸虫裂体婴在终末宿主体内移行是通过其本身主动的穿钻机能配合以宿主血液循环的血流而达到其寄生部位。并殖吸虫类的幼虫在宿主体内的迁移途径也表现它的特殊习性。日本学者横川定的著名试验证明了卫氏并殖吸虫的幼虫在宿主肠管内脱囊后穿越过肠壁,到了腹腔后随即向上爬行,穿越横隔膜而至胸腔,自肺部的表面而侵入肺组织。该作者用了大量的连续切片来观察它们的行为和迁徙途径(Yokogawa,l915,1916,1917,1919),横川宗雄(Yokogawa et al.,1956,1958)进一步考察老横川氏所研究的问题并有所增益,他们父子不但阐明了并殖吸虫童虫到达肺部的途径,也阐明成虫异位寄生和交配的现象,成虫成对地移行方式,以及在肺内被宿主组织所包围的情况。对卫氏并殖吸虫童虫移行习性的考察,不仅能够说明肺部感染的正常途径,也能够启发我们探讨肺吸虫异位寄生和脑型肺吸虫的成因问题。前后盘吸虫常大量地寄生在牛的瘤胃里面,多者可达数千个,使牛体弱无力,产生"牛坐栏病"。较严重的病理是由于未成熟的虫体由小肠向胃部移行,使小肠前方 1.7～2m 长的部分产生急性肠炎。这也是童虫在宿主体内移行所引起病变的例子。不仅在我国的种类有这样习性,在非洲的 *Paramphistomum microbothrium* Fischoeder 也如此(Dinnick and Dinnick,1962)。此外,许多线虫幼虫在终末宿主体内也有迁移的习性,如钩虫(*Ancylostoma*)等幼虫到达终末宿主体内后,都要经过它们各自一定的移行路线,而后才到达其成虫寄生的部位。

了解寄生蠕虫幼虫期习性,不仅能更确切地明白其生命规律,也对预防、治疗这些蠕虫病有益。

(四)人、畜及野生动物寄生蠕虫的相互关系

人、畜与野生动物的寄生蠕虫,其相互关系密切,不仅寄生的基本原理相同,有时连种类都相同,在医学上这是个重要的概念。在演化上人类也是动物之一,人与家畜或其他动物被同种或近似种的病原所寄生,是极其普遍的。例如,日本血吸虫、华支睾吸虫、肺吸虫、姜片虫、西里伯瑞氏绦虫、棘球蚴、双槽蚴、广州管圆线虫等,在动物及人体均能寄生,而且人体寄生的来源常是从家畜或野生动物来的,例如,棘球绦虫就是人与畜(兽)的共同寄生虫病病原的极好的例子。人体的棘球蚴病在世界各重要的牧区中广泛地流行,它在公共卫生与畜牧业上均具重要性。在欧洲,本病在地中海附近的国家流行很盛,如希腊、塞浦路斯、保加利亚、葡萄牙、匈牙利等国受感染的人数极多。爱尔兰原也是严重的流行区,因为实行了防治措施,已基本上控制。其他地区,如澳大利亚、新西兰、南美洲的阿根廷、乌拉圭、巴西等,也都有重要的流行区。在我国从东北到西北,以及日本北方岛屿,都有本绦虫病的流行。本种人畜(兽)共患的蠕虫病在世界各国非常普遍,造成巨大的经济与健康的损失。

囊状棘球蚴的细粒棘球绦虫(*Echinococcus granulosus*)有世界性的分布。而泡状棘球蚴的多房棘球绦虫(*E. multilocularis* Leuckard，1863)和西伯利亚棘球绦虫(*E. sibiricensis* Rausch and Schiller，1954)，Vogel(1957)认为它们是同种的两地理株或两亚种，有较局限的地理分布区，包括德国南部阿尔卑斯山、俄罗斯的西伯利亚、我国和俄罗斯接壤的疆域，以及北至白令海区。Schulte(1950)记载德国南方人体病区中一种海狸(*Myocastor coypus*)有泡状棘球蚴病原。Vogel(1955，1960)记载瑞士的田鼠(*Microtus arvalis*)有棘球蚴，而成虫则在狐狸体内。Mendheim(1955)记录巴伐利亚(Bavaria)的一只狐狸肠内有15万个多房棘球绦虫。美国学者 Rausch 教授自1949年开始至2012年，终生一直研究阿拉斯加的多房棘球绦虫的种类、宿主种类、人体的泡状棘球蚴病及其防治等问题。棘球绦虫在狐狸和猫、犬等食肉类与田鼠等啮齿动物之间完成其生命循环。在白令海峡的圣罗兰斯岛(St. Lawrence Island)，由西伯利亚漂来的冰块把狐狸啮齿类带来本岛。据 Rausch(1957)调查，233个因纽特族(原爱斯基摩)人中有35个补体反应试验阳性。西伯利亚棘球绦虫也由北极狐(*Alepex lagopus*)带至日本北部的 Rebun 岛，在那里有13个人体病例发现。在澳大利亚，该虫的生活史在该地的狗和一种小袋鼠(Wallaby)的体内完成。在我国内蒙古东北部呼伦贝尔草原发现多房棘球绦虫、西伯利亚棘球绦虫，以及与分布在俄罗斯、哈萨克斯坦等地的泡状房棘球绦虫成虫形态相同的苏俄棘球绦虫(*Echinococcus russicensis* Tang et al.，2007)。此3种泡状棘球绦虫在呼伦贝尔草原有相同的分布地点和相同的宿主(终宿主和中间宿主)种类，但它们有完全不同的发生规律，苏俄棘球绦虫泡状蚴胚细胞和原头节(protoscolice)着生于泡囊内壁，泡囊芽状增殖；西伯利亚棘球绦虫泡状蚴无性增殖的胚细胞组织能游离，它们被宿主结缔组织包围产生泡囊，而多房棘球绦虫泡状蚴的发育结构则介于此两者之间。当地布氏田鼠(*Microtus brandi*)严重感染泡状棘球蚴，平均感染率达2.43%(64/2635；1985年)和8.1%(198/2459；1998~2001年)，一些地点的感染率高达14%~19%；终末宿主沙狐(*Vulpes corsac*)的平均感染率为11.3%(21/186；1999~2001年)。在呼伦贝尔草原人体感染棘球蚴病时常发现，当地人称此病为"二号癌病"(唐崇惕等，1988，2001~2007；Tang et al.，2004，2006)。这些例子充分说明家畜和野生哺乳类的棘球蚴病可以蔓延而且感染人体，它们复杂的关系尚需考察。

此外，野生动物与家畜的寄生虫也能互相传播，家禽与野生鸟类也有许多共同的寄生虫，这说明要消灭家畜家禽的寄生蠕虫，并杜绝病原，在可能的范围内必须系统地调查野生动物的寄生蠕虫。在这方面，蠕虫学者有许多工作可做。而且，原非人体寄生虫的家畜或野生动物的寄生蠕虫，其幼虫期能侵入人体，在其皮下组织或内脏移行，产生病变。这一方面的蠕虫病的问题，被称为"隐蔽的角落"，以往研究的人较少。例如，某些种类的并殖吸虫，原常寄生于野生动物，当其囊蚴被人吞食后往往不侵入肺部而只在体腔内或皮下组织内形成脓包或结节，孟氏裂头绦虫(*Spirometra mansoni*)的后充尾蚴也如此。这样的病例并不少见。畜类的线虫侵入人体后会产生"内脏的幼虫移行"而侵犯入体的内脏器官，这样的现象不一而足。虫体经常不易检验出来，但检查常有很高的嗜伊红白细胞，许多地区报告的"热带嗜伊红病"可能与此有关。还有寄生于鼠肺的广州管圆线虫(*Angiostrongylus cantonensis*)，近年来在国内外许多地方发现其幼虫能侵入人体脑部产生脑炎症(meningoencephalitis)，在泰国还有报告其成虫侵入眼睛的病例(Prommindaroy et al.，1962)。本种线虫分布很广，包括中国、大洋洲、关岛、夏威夷以及其他太平洋岛屿，其中间宿主系陆地蜗牛。邵鹏飞(1991)报告了本线虫在厦门流行的情况，他还从事本线虫的全程生活史研究工作，发现此线虫幼虫到终末宿主体内后就有移行到脑部的习性。此寄生虫病在我国亦时有发生，近年发现因食没煮熟的福寿螺被感染的病例。

(五)自然及社会因素对蠕虫病传播的影响

1. 自然因素

生物源性的蠕虫所受自然环境因素的影响是双重的。一方面，自然因素能直接影响它们的卵，以及暴露在自然环境中的幼虫期。另一方面，自然因素会影响寄主蠕虫的宿主，从而间接地影响寄生虫。总之，寄生蠕虫有两个生活环境：一是宿主体内的小环境(micro-environment)；二是宿主所存活的自然界，亦可称为其大环境(macro-environment)。寄生蠕虫受宿主体内环境的影响也是多方面的，如宿主的营养状况、食物、免疫能力等。大环境中的生活场所、地理状况、气候、周围其他的动植物等因素，直接地影响宿主，从而间接地影响其寄生虫。其关系错综复杂，寄生虫学是一门具有生态学特点的科学，但这特点常被人忽略。

V. A. Dogiel 和他的学生们于1956年建立一支以生态学为主的寄生虫学。他们研究苏联境内鱼类寄生虫的生态学，研究各种淡水与海水鱼类的生活环境，包括河流、湖泊、万里冰封的北极海、内陆环绕的盐湖、波罗的海海滨，以及半咸淡水的河口等。他们研究水内的化学成分，研究寄生虫区系与宿主年龄、食物、生理、越冬、迁移习惯、地理因素、气候因素等的关系，他们的理论可供作为一个重要的研究方法的参考。

地理和气候的因素直接影响宿主的数量动态，从而间接影响某种寄生虫的分布。关于这一点，可以用马来布鲁丝虫[*Brugia malayi*(Brug, 1927)Buckley, 1960]和班氏吴策丝虫[*Wuchereria bancrofti*(Cobbold, 1877)]的流行和分布为例。这两种丝虫的中间宿主不同，在我国境内分别以中华按蚊(马来丝虫)及尖音库蚊和乏倦库蚊(班氏丝虫)为媒介。两种丝虫病不同的分布是依存于两种媒介蚊种的不同生态环境，全国班氏和马来丝虫的流行区可以明显划分，混合感染区则较为局限，多在于两个纯一感染区交接的地带。纯一感染区是分布上主要的形式。我们的考察证实了地理和气候条件(特别是雨量)影响媒介蚊种的繁生数量，也间接影响两种丝虫病的流行与分布(唐仲璋等，1956，1959)。

许多土源性感染的蠕虫类不需要中间宿主，多数线虫类的疾病都以在土中的侵袭性幼虫或具有已发育幼虫的虫卵感染。这一类线虫生活史的一半过自由生活，一半则过寄生生活，两段生活史相互交替。典型的例子如十二指肠钩虫(*Ancylostoma duodenale*)、粪类圆线虫(*Strongyloides stercoralis*)、马圆线虫(*Strongylus equinus*)、捻转血矛线虫(*Haemonchus contortus*)，以及鞭虫(*Trichuris* spp.)、蛔虫(*Ascaris* spp.)等。例如，十二指肠钩虫从卵孵出的杆状幼虫在土中发育，与外界环境发生密切的关系，受地理和气候各种自然因素(如温度、湿度、阳光、土壤等)的直接影响，为幼虫提供生存条件或产生危害，温度和湿度决定它生存与分布的区域，沙质土壤颗粒大、孔隙多，对需要多量氧气的钩虫蚴是非常适合的，所以，在我国东南各省沿海岸沙质土壤地带均是钩虫病的分布区。又如，捻转血矛线虫的流行和雨量有关。据记载在美洲西部干燥地区，该线虫病在牲畜中的流行就不严重，反之，澳大利亚的报告证明夏季多雨地区此病甚为猖獗。该线虫的卵和幼虫耐寒的能力很低，不能在寒冷的草原越冬；结节线虫类(*Oesophagostomum*)的卵和幼虫在寒冷季节也不能越冬，所以，有卵和幼虫污染的牧场，如果在冬季休牧，到了翌年因为旧的虫卵大部死亡，就可减少病原的传播。在冬季或春天再把所有的牛羊群服药驱虫一次，可以防止在春季以后互相感染，这在寒冷地区是有效的措施。

因为动物吞食含已发育的幼虫期的蛔虫卵就可受感染，所以蛔虫类分布很广，自温湿的热带到北极区均有。在国外，人体蛔虫和鞭虫的流行学常合在一起研究，因为两病具有相同的感染方式。但蛔虫卵比鞭虫卵有较高的耐干燥的能力，而且对于低温有很大的抵抗力。因此两者病区的扩展不同。我们曾经进行猪蛔虫卵耐热试验，证明蛔虫卵在在55℃条件下1min即死亡，夏日的太阳对蛔虫卵能起杀灭的作用。在热带和亚热带地区，这种杀灭作用是非常重要的。

2. 社会和人为的因素

某些人为的因素对人体蠕虫病的流行起了重要作用。人类的生活和劳动生产习惯常与某种寄生虫病的传播有关，其中与劳动生产有联系的那些蠕虫病传播得更为广泛。我国钩虫病在各地的传播也与某种农业操作有关，如在江浙一带，妇女采桑叶时被感染而呈现贫血症状，俗称"桑叶黄"；又如，在四川农民混合种植玉蜀黍与白薯、福建省沿海种植甘薯的劳动过程中感染钩虫病；此外，妇女小孩早晨在露水未干的茉莉园中采摘花蕾，长时间与施肥过的园土接触而被感染；还有在一些热带地区、岛屿，居民在野地或咖啡园等园地中拉野粪，也能导致钩虫病的大规模感染。饮食习惯也常成为蠕虫病的传播原因，如食生鱼的习惯与华支睾吸虫、后睾吸虫、异形吸虫类、异尖线虫等的感染有关。迷信风俗与蠕虫病感染也有密切关系。例如，福建农村迷信吞食活的小泽蛙可治病，有一古田病患者因迷信"仙方"，吞食了7个小青蛙而得孟氏裂头绦虫的"双槽蚴病"，在他的腹部皮下组织剖出多条活的虫体；我国和越南农民相信敷贴青蛙肉于创口或眼睛可以医好创口或消除眼炎,因此而得"眼部双槽蚴病"等病例甚是常见(唐仲璋,1956)。寄生虫病流行的条件复杂,常常是自然因素和社会因素综合交错。

(六)比较寄生虫学研究的重要性

寄生虫学及其各分支在"五四"运动以后才开始在我国境内发展,到目前也才只有数十年的历史。1930~1950年,寄生虫学各方面有代表性的文献有600余篇(Hoeppli,1950),其中绝大部分是医学寄生虫学的研究,与畜牧寄生虫有关的较少。新中国成立后,我国寄生虫研究的报告,特别有关五大人体寄生虫病的论文大量涌现,畜牧寄生虫的研究也蔚成后起之秀。沟通这两个方面的研究工作可以促进畜牧寄生虫学的发展,缩短其成长的时间。另外,医学寄生虫学研究也可以从畜牧寄生虫研究成果中取得参考,从医学史来看,很多人体寄生虫学的发现是从动物寄生虫方面得到启发。在鸟类疟原虫研究解决后,人类疟原虫的发育史及其在人体寄生的种类才得到印证。人体钩虫病的病理、免疫、移行路径等问题均由犬钩虫(*Ancylostoma caninum*)的研究而得到阐明。凡是能传染动物的人体寄生虫,其感染试验、病理解剖、药物医疗,都能借助于实验动物来进行,比只靠人体临床观察更能加速其研究进程。依照自然规律的普遍性,不论人体的寄生虫,还是禽畜或野生动物的寄生虫,所遵循的基本原理都是一致的。我们从这些不同宿主所得的寄生虫和所进行的寄生现象的研究,互相比较,可以建立"比较寄生虫学"。它和比较解剖学、比较胚胎学一样,可以开阔我们的眼界,阐明人类和动物界的共同性和特异性。对医学寄生虫学或畜牧寄生虫学的研究都能起推动作用。

蠕虫学的形态分类工作的开展已超过200多年。由于历史的限制,我们这方面的基础薄弱,现在必须奋起直追,建设我国的蠕虫分类工作。分类学建立在形态学的基础上,现代的分类学者以更精细的形态结构观察、更准确的实验和其他先进的技术为依据,分类学研究比以前进步得多,同时开展了近代的区系调查研究,许多国家出版了《吸虫志》《绦虫学基础》《线虫学基础》《动物志》等专著,今后分类工作便利甚多。在目前的条件下,我国蠕虫学系统分类工作的建设可以较迅速进展,蠕虫学者在解决重要问题之外,还应为我国蠕虫学打好基础。

我国地域广大,跨有寒带、温带、热带三带,地理环境多样。西北干旱高寒的地区如甘肃、青海、新疆北部、内蒙古和东北省区,其地理与气候情况接近俄罗斯和加拿大,南方如云南、贵州、广西、广东、海南等省则接近印度、马来西亚等热带区系,表现东洋区的特点。地形方面,各省(自治区)亦有很大的不同,因而我国蠕虫病的流行,以及病原动物的分布、生态、中间宿主的种类也表现浓厚的区域性,就以重要的几种人体蠕虫病来说,国外经典著作中所记载的情况也与我国情况不尽相同。我国学者很有必要深入实际,解决我们自己的问题。人体的蠕虫病如此,畜牧的蠕虫病也是如此。

为此,蠕虫学者必须大力开展有关病原生物学方面的研究,借作防治工作的参考,蠕虫学必须为消灭广泛流行的人体、畜牧和经济动植物的各类寄生虫病服务。而且,寄生虫病原每一虫种是一种生命个体,是研究生命科学多方面问题的好材料,这些方面需要研究的问题是无穷尽的,我国蠕虫学的发展将日新月异,并获得光辉的成果。

七、吸虫成虫的器官结构及其功能

(一)吸虫外形

吸虫类除裂体科(Schistosomatidae)雌雄异体和囊双科(Didymozoidae)有雌雄性两态(sexual dimorphism)的个体外,其他种类都是雌雄同体。复殖类吸虫(**结构功能图1**)大多数均呈背腹扁平的纺锤形、椭圆形、叶片形或圆柱形。长度通常为0.5~20mm;也有大型的吸虫,如巨片形吸虫(*Fasciola gagantica*)

和布氏姜片虫(*Fasciolopsis buski*)的长度有 80mm 左右。一种寄生在俗称影鱼(shadow fish)的丝状线槽吸虫(*Nematobothrium filarina*)的长度达 1000mm。

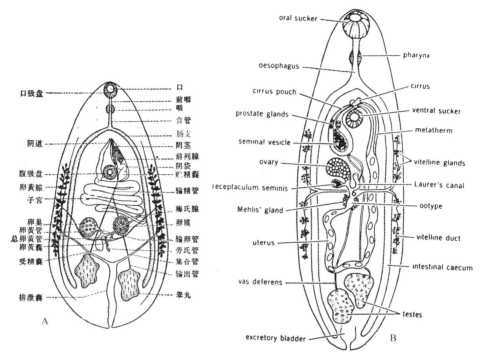

结构功能图 1　复殖吸虫成虫形态结构模式
(A 按陈心陶，1965；B 按 Smyth and Halton，1983)

　　吸虫一般呈奶油色或灰白色，有的呈淡棕色或淡红色，体上无色素点沉着。吸虫幼虫期，如胞蚴、雷蚴等可因从宿主获得营养食物而使身体呈现绿黄色或棕色，但其大部分是透明淡灰色。而成虫也有因肠管中含有由宿主而来的血液或其他组织、食物，以及虫体子宫中含有不同发育程度的虫卵等情况都致使虫体带有色泽。

　　大部分前口类(Prosostomata)吸虫的体上都有 2 个吸盘(个别如背孔科 Notocotylidae 例外)。吸盘是肌肉性杯状的构造。口吸盘(oral sucker)围绕着口孔，位于体前亚顶端或顶端。另一个称为腹吸盘(ventral sucker 或 acetabulum)，位置常在体中部腹面，部分种类在体后端，如同盘科(Paramphistomidae)，这样的吸盘一般称为后吸盘，它们是有力的附着器官。口吸盘和体表上的棘也部分地起着附着的辅助作用。吸盘在宿主体上的吸附并不是永久吸着，而是虫体能在寄居部位附近移动，到另一选择的合适位置时，再吸附其上。

　　复殖吸虫体表在光学显微镜下看去像是披着一层光滑的角质膜，但在电子显微镜下可以见到吸虫体表常具有不同形态的细纹、皱褶等构造。有的部位着生有各种不同排列形式的乳突(papillae)、细棘或小鳞片。吸虫体表的超微结构(乳突、细棘等的形态、数目和分布情况)可因虫种不同而异，可作为分类的依据。吸虫体表除有口孔之外尚有雌雄性器官共同的开口，即生殖孔，它在体上的位置亦因虫种不同而异。有的种类，如异形科吸虫(Heterophyidae)尚有围着生殖孔的生殖吸盘的结构。单殖类吸虫有 2 个开口于体前方的排泄孔；盾盘类和复殖类都只有一个排泄孔，开于体后端。吸虫类中绝大多数虫种的肠管末端都是盲管，没有向体外开口的肛门，肠管中消化后的残渣定期地从口孔吐出。但在孔肠科(Opecoelidae)、鳞肌科(Lepocreadidae)和异肌科(Allocreadidae)有肠管向排泄囊或体外开口(1～2 个)的种类。

(二) 皮层

　　在没有应用电子显微镜之前，人们误认为吸虫的体壁是由细胞原生质角质膜(cytoplasmic cuticle)和肌肉层所组成，认为细胞原生质角质膜是由间质组织(mesenchyme)分泌形成的无细胞结构的组织，角质膜下面是明显的基膜，复殖类吸虫的角质膜比单殖类的厚而且更有弹性。关于角质膜的来源，各学者也有不同的见解。有的动物学家认为它与涡虫体表皮的基膜(basal membrane)是同源的，此论点的根据是在吸虫尾蚴的胚体发育中其体表原来具有细胞上皮，以后此上皮细胞消失了。不同意此论点的学者认为胚胎上皮的消失不能作为断定角质膜是基膜的根据，因为位于胚胎上皮细胞下面未分化的外胚层细胞以后也可以分解分化形成角质膜。Monticelli 等学者认为角质膜是一种变态上皮，其原生质的化学性质改变了，而且细胞核也消失了。这一论点的根据是某些适应寄生生活方式的涡虫种类的上皮细胞层被共核体层(syncytial layer)所代替，而且有些种类在这样组织的表层细胞质形成角质化，所以他们认为在吸虫类其上皮细胞性质改变、在角质膜中含有细胞核是可以理解的，同时，寄生于鸟类气管中的环肠吸虫(Cyclocoelium)的体表角质膜就是如此。在人类掌握了电子显微镜技术之后，用来观察吸虫等扁形动物体壁的超微结构，对它的结构、来源和功能就有了新的认识和理解。

　　根据 Threadgold(1963，1967)对肝片吸虫体表超微结构的观察，了解到吸虫的体表是包被着一层共胞体上皮(syncytial epithelium)结构的皮层(tegument)。皮层包含有一个无细胞核的细胞质的外层，此层就是过去被称为与角质膜同源的细胞原生质角质膜。此层表面为黏附有糖萼(glycocalyx)的顶质膜(apical plasma membrane)。体棘(spine)穿过此层，末梢也被顶质膜所包被。外层之下为皮层细胞体(tequmental cell bodes 或tequmentary cells)层，此层细胞在纤维性基薄片(basal lamina)和包含有环形肌(circular muscle)与纵行肌(longitudinal muscle)的表面肌肉层下方的柔软组织中。有细胞质束(cytoplasmic strands 或 cytoplasmic connection)联系这些皮层细胞体于皮层外层。没有联系的地方有基质膜(basal plasma membrane)介于外层与基薄片层之间。在皮层的基质中含有丰富的线粒体(mitochondria)、核糖体(ribosomes)、内质网(endoplasmic reticulum)、高尔基复合体(Golgi-complexes)、不同类型的分泌体(secretory bodies)，以及具有特性的原生质内容物。皮层细胞体亦有不同类型。在柔软组织中尚有实质细胞(parenchymal cells)(**结构功能图 2**)。体表的糖萼(又称糖质衣)是一层绒毛状的结构，富含碳水化合物。糖萼部分可以深入到表面的质膜(plasma membrane)中去，使膜增厚。Threadgold(1976)叙述肝片吸虫的糖萼大部分由糖蛋白组成。其他学者尚证明糖萼包含有杂多糖(heterosaccharia)的链、唾液酸(sialic acid)的链末端、糖蛋白(glycoprotein)及糖脂肪(glycolipid)等。有关糖萼的确实作用虽还没有实验阐明，但作为皮层表面的一个黏着的固有的外层部分，显然对吸虫皮层的保护、虫体吸收功能以及对宿主的免疫攻击的防御可能均具有重要的作用。同时吸虫的皮层是一个具有代谢活性的层面，具有营养吸收、物质合成、分泌、排泄、调节渗透作用以及感觉等功能(Smyth and Halton，1983)。

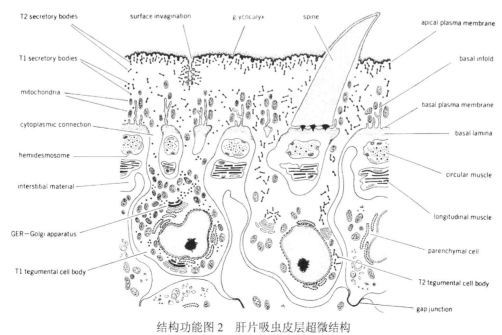

结构功能图 2　肝片吸虫皮层超微结构

GER=granular endoplasmic reticulum(按 Threadgold，1963，1967 于 Smyth and Halton，1983)

血吸虫皮层的情况有所不同，在尾蚴的体表才有糖萼，30～60min 的裂体婴体表糖萼变薄或部分残存，而在一天以后的裂体婴和成虫的体表没有糖萼。用双氧铀乙酸盐(uranyl acetate)固定，显示出其体表是由 2 个 3 层膜(trilaminate)紧靠并列组成的 7 层膜(heptalaminate)的表面膜(surface membrane(Hockley，1973；Hockley and McLaren，1973；McLaren and Hockley，1977)(**结构功能图 3**)。

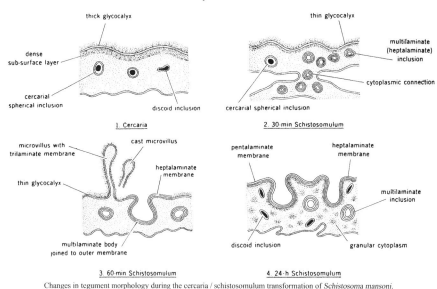

Changes in tegument morphology during the cercaria / schistosomulum transformation of *Schistosoma mansoni*.

结构功能图 3　曼氏血吸虫从尾蚴转变成裂体婴期间皮层结构的改变
(按 Hockley and McLaren，1973 于 Smyth and Halton，1983)

应用透射电镜进行观察，McLaren 和 Hockley(1976)等发现在血吸虫尾蚴进入终宿主体内 3h，此 2 个 3 层膜开始出现，原来尾蚴体表和糖萼相连的 3 层表膜(trilaminate membrane)被此 7 层膜(heptalaminate membrane)所代替。7 层膜是由裂体婴皮层细胞体产生的泡状的膜体(membranous bodies=multilaminate bodies)或 7 层泡(heptalaminate vacuoles)所形成的。每个膜体的外膜与皮层的外膜相融合，膜体的内缘伸展到皮层的上方，有学者认为它相当于糖萼的外衣，称之为萼膜(membrano calyx)(Hockley and McLaren，1973；Wilson and Barnes，1974a，1974b，1977)。在 60min 裂体婴体表尚出现暂时有的皮层微毛(tequmental microvilli)，认为它对除去尾蚴的表膜和糖萼起作用。关于血吸虫裂体婴体表的 7 层膜，McLaren(1980a)认为与宿主的免疫有关。

吸虫体表通常无微毛，而常常有皮层皱褶(tequmental fold)、突起的嵴(ridges)、内陷(invaginations)或者一些凹窝(pits)，这些都能增加体表的面积，有利于虫体的吸收功能。在许多吸虫的活体培养中已证实皮层能吸收低分子质量物质，吸虫成虫皮层尚可通过胞内吞噬(endocytosis、pinocytosis 或 phagocytosis)或渗透(permeable)，吸收一些蛋白质或其他大分子物质。

吸虫的皮层中含有无数的分泌体(secretory bodies)，说明皮层具有合成的功能。皮层中的分泌体是由皮层细胞(tequmental cells)所产生的，通过细胞质连接物(cytoplasmic connection)分泌到皮层的共胞体(syncytium)层中。不同的皮层细胞所分泌的分泌体不相同，有颗粒状、棒状、盘状体(discoid bodies)、圆球形体(spherical bodies)、泡状多膜体(heptalaminate vacuoles、multilaminate bodies)等，不同的分泌体可能具有不同的性质和功能。有的吸虫种类的皮层细胞是单一型的，它们产生的分泌体也是单一型的，如 *Cyathocotyle*、*Clonorchis*、*Haematoloechus*、*Hemiurus*、*Leucochloridiomorpha*、*Metagonimus*、*Opisthorchis* 及 *Paragonimus* 等属，它们的皮层细胞产生盘状分泌体，盘内有电子密集的内容物，Smyth 和 Halton(1983)认为这些构造相像的分泌体也可能有多样化的性质。另有一些属，如 *Gorgoderina*、*Schistosoma* 等，它们的皮层细胞是同型的，但会产生两型的分泌体，如血吸虫(**结构功能图 3**)的分泌体有盘状和泡状同心的多膜体。血吸虫皮层中分泌体连续出现的数目情况好像和它们所处的环境改变有关，可能具有免疫的意义。

据 Threadgold（1963）所示肝片吸虫有两种不同型的皮层细胞体，它们产生两型的分泌体（Type 1 及 Type 2）（**结构功能图 2**）。Bunnett（1975）报告肝片吸虫刚脱囊的后期尾蚴体内具有另外称为 O Type 皮层细胞，产生 O Type 的分泌体。当后期尾蚴进入终末宿主的胆管之后，O Type 细胞分化成为 Type 1 皮层细胞，其分泌的物质也相应地变成 Type 1 分泌体。Type 2 皮层细胞被认为是由虫体柔软组织中的胚胎细胞发育而来的。在肝片吸虫完全形成的 Type 1 分泌体包含有一个"碳水化合物-蛋白质复合物"（Carbohydrate-Protein complex），它可能是糖蛋白（glycoprotein），其中蛋白质是在颗粒内质网（granular endoplasmic reticulum，GER）中制造的，而碳水化合物成分持续地附在高尔基体中。Shannon 和 Bogitsh（1971）在 *Megalodiscus* 的超微切片中也发现 ^{3}H 半乳糖（galactose）主要是结合于高尔基体区中。Bogitsh（1968）应用标记技术发现经标记的半乳糖在 *Megalodiscus* 体中是一个含有糖萼（glycocalyx）要素的先驱者。

由上所述，说明皮层内的结构参与到蛋白质或糖蛋白的合成和分泌。皮层表面的物质是和皮层细胞体、核糖体、颗粒内质网（GER）-高尔基体系统有功能性相关。表面蛋白质或糖蛋白能迅速持续地产生，此机制可能保护吸虫在抵制宿主免疫反应中起作用。皮层分泌体的继续增添可能与个体生命的维持有关。

皮层中上述各物质的合成、运转和释放全部过程都是需要能量的，皮层中的线粒体在供应能量上起作用。皮层尚具有吸收营养、渗透和排泄等功能。

（三）附着器官

吸虫能在宿主体内寄生部位停留附着是因为它们有附着器官（attachment organ）口吸盘和腹吸盘。吸盘肌肉性，由纵走、环行以及辐射行的肌纤维组成（**结构功能图 4**）。在宿主体内，虫体靠两吸盘交互地移动以改变位置，当虫体到达一合适位置后就用腹吸盘（在 Paramphistomidae 科的虫种，腹吸盘在体后端）这一有力的附着器官吸附在宿主体上。口吸盘和体表上的小棘也部分起附着的辅助作用。有的吸虫没有腹吸盘，口吸盘也非常微小，如背孔吸虫（Notocotylidae），在它们腹面有数列纵行乳突。这些乳突可能对虫体的移行和附着有作用。

鹮形类吸虫（Strigeadae）的口腹吸盘十分微小柔弱，没有附着的能力。但在体上半部腹面，腹吸盘的后方有一个大的附着器（holdfast）。此附着器是一个特别的腺体结构，由于种类的不同此附着器的形态也不同。例如，*Alaria*、*Cyathocotyle*、*Diplostomum*、*Pseudodiplostomum* 等的附着器呈吸盘状，而 *Apatemon*、*Australapatemon*、*Cotylorus*、*Strigea* 等的附着器呈二叶瓣状。

Ohman（1965）说明 *Diplostomum* 的附着器的附着和翻转活动和附着器内纵走、斜行等肌肉的伸缩及附着器内充满液体的排泄系统的胀缩等有关。

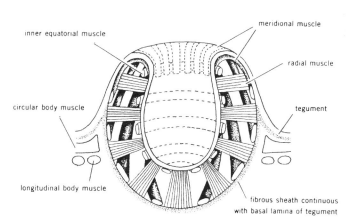

结构功能图 4　片形吸虫腹吸盘纵切面示肌肉结构
（按 Bennett，1973 于 Smyth and Halton，1983）

关于鹮形类吸虫附着器的结构与功能，诸多学者给予关注（Bhatti and Johnson，1971，1972；Erasmus and Ohman，1963；Erasmus，1969，1972；Johnson et al.，1971；Lee，1962；Ohman，1965～1966；Tieszen et al.，1974）。发现附着器含有丰富的腺细胞，它们的分泌物包含有多种消化酶，含有能降解宿主组织的水解酶（hydrolytic enzymes）。这说明附着器除有附着功能外尚能营体外消化（extra-corporeal digestion）。有一些种类，如 *Alaria marcianas*、*Alaria mustelae* 及 *Diplostomum* spp. 等具有肌肉性腺体的器官（lappets），它能向内和向外翻转，能支持虫体附着在宿主肠壁上，它的腺细胞分泌物富有消化酶的物质能在体表面供体外消化活动所需，同时附着器的皮层表面能作薄片状扩张以扩大面积，扩大行体外消化的作用。附着器除以上功能之外尚有吸收营养的功能，如用射线自显影技术可显示 *Alaria* 的附着器能吸收低分子质量的营养物质。从附着器特殊的结构和功能可知，当这一类吸虫附着在宿主体表时，虫体的组织和宿主的组织紧密地联系，形成一个复杂的"宿主-寄生虫"的分界面和相互的关系(Smyth，1973)。

（四）消化器官

1. 消化器官结构

吸虫类中复殖吸虫的消化器官(alimentary organ)与单殖吸虫及盾盘吸虫相比，较为发达。它由以下几个部分组成：口孔(mouth opening)、前咽(prepharynx)、咽(pharynx)、食道(oesophagus)、肠管(intestine)。复殖类吸虫前口类的口孔开在身体前端，具有括约肌性能的肌肉性口吸盘围绕着口孔。咽亦具有肌肉组织。口吸盘和咽的肌肉放松和收缩，能使虫体吸吮宿主体中的营养物质到肠管中。腹口类吸虫口孔开在身体腹面中央，没有吸盘围绕口孔，紧接着口孔的是肌肉性的咽，咽之后是囊状或单管状的肠管。大部分前口类吸虫的肠管都是在腹吸盘前方由食道分成两支，沿着体的两侧向体后方延伸，末端为盲管。但在Opecoelidae、Lepocreadidae 及 Allocreadidae 等科某些种类肠管有向外开口。我们在缢蛏泄肠吸虫(*Vesicocoelium solenophagum*)(Opecoelidae)的生活史个体发育中，观察到其肠管之所以有向外开口是因为在尾蚴发育时两肠支就和排泄系统有联系（唐崇惕和许振祖，1979）。有些种类二肠管末端相联合后向外有一个开口，或两支肠管均向外开口而有两个开口，估计和泄肠吸虫相似，是肠管的发育与排泄系统的发育相关联的原因。吸虫类有些种类肠管的形态有差异，如肝片形吸虫(*Fasciola* spp.)肠管极度分枝，蔓延在体部的两侧。裂体科血吸虫类两肠支在体中部或后部会合成一单管。

吸虫在前肠部分(包含口腔、前咽、咽和食道)管腔内壁衬有一层皮层，它是由体表皮层扩展而来并延伸到肠管界限之前。这部分的皮层结构和体表的皮层很相像，但也会有所差异。例如，在曼氏血吸虫食道后部的超微结构可见衬里高度褶皱，含有二型致密的分泌体、排列整齐的小管及含酸性磷酸酶的囊泡。这些均是由在其下方的皮层细胞的颗粒内质网-高尔基体系统所产生的。这些结构即是在食道后部周围的食道腺(Bogitsh and Carter，1977a；Dike，1971；Erust，1975；Morris and Threadgold，1968)。在食道后的肠管，它的管壁有的由单层柱形或立方形的上皮细胞组成或是合胞体层，在它们的下面有一层薄的基膜(basal lamina)及含环行和纵行肌肉纤维的肌肉层。

Fasciola、*Haematoloechus* 及 *Paragonimus* 等属吸虫的肠上皮(gastrodermis)是一层细胞结构(**结构功能图 5**)(Davis et al.，1968；Dike，1967，1969；Robinson and Threadgold，1975)。

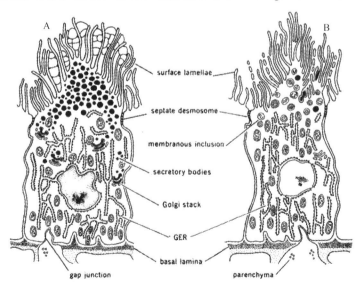

结构功能图 5　片形吸虫的肠细胞（按 Robinson and Threadgold，1975）

A. 分泌期(secretory phase)；B. 吸收期(absorptive phase)。GER = granular endoplasmic reticulum

　　Schistosoma、*Schistosomatium*、*Gorgodera*、*Gorgoderina* 及 *Megalodiscus* 等属的吸虫的肠上皮是合胞体(**结构功能图 6**)(Bogitsh，1972b；Davis and Bogitsh，1971c；Dike，1967；Inatomi et al. 1970；Morris，1968，1973b；Shannon and Bogitsh，1969；Sodeman et al.，1972；Spence and Silk，1970)。

　　肠上皮为合胞体的吸虫，其基膜(basal lamina)常作板状陷入到合胞体层中，成为基部内陷(basal invagination)，把合胞体肠上皮中的细胞质及细胞核间隔开(**结构功能图 6**)。肠上皮呈细胞结构的种类(如片形吸虫)，其肠上皮细胞两侧细胞膜的上部有一小段增厚的区带，称隔膜桥粒(septate desmosome)，由此隔膜桥粒与邻近的细胞相连接(**结构功能图 6**)。一种寄生在狼鱼(*Anarhichas lupus*)鳔中的 *Fellodistomum* 吸虫，它的肠上皮在杯状上皮细胞之上覆盖着一层由前肠扩展过来的无细胞核的皮层细胞质，上皮细胞和覆盖的皮层之间也有桥粒带状体将两者相连，上皮细胞通过覆盖层中的孔洞与肠腔相通。此结构在多后盘单殖类吸虫 Polyopisthocotylea 的 *Diclidophora merlangi* 的肠上皮细胞上也存在(Halton，1975)。

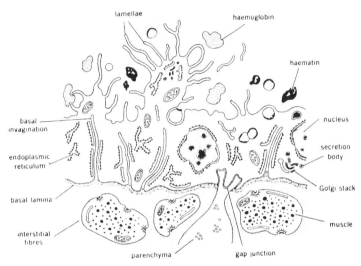

结构功能图 6　曼氏血吸虫肠上皮合胞体部分超微结构
(按 Morris，1968 于 Smyth and Halton，1983)

2. 消化器官功能

　　吸虫肠上皮具有分泌和吸收的功能。细胞质中除了有细胞核之外尚有核糖体(ribosomes)、线粒体(mitochondria)、颗粒内质网、高尔基体(Golgi apparatus)，以及微密的各种分泌体(secretory bodies)。对片形吸虫应用氚短时间接触标记的氨基酸进行追踪试验，见到此标记的物质结合到 GER 中的蛋白质，而后到高尔基体、分泌体，最后释放到肠上皮表面膜。说明吸虫的肠上皮有参与到蛋白质物质的合成和分泌，这和脊椎动物的分泌机制基本相像(Smyth and Halton，1983)。肠上皮所分泌的物质，主要是浓缩的蛋白质，可能是酶的物质。在肠上皮中也曾发现有水解酶。分泌物的另一功能是保持糖萼(glycocalyx)和肠上皮质膜(plasma membrane)表面的联系(Bogitsh，1972，1975a；Davis and Bogitsh，1971a)。在 *Megulodiscus* 的肠上皮，如同在皮层中一样，高尔基体产生的分泌体，除有蛋白质之外，还含有和糖萼很相似的碳水化合物。在 *Schistosoma*，用 ^{3}H glucosamine(^{3}H 葡萄胺)射线自显影技术进行实验，也说明肠上皮是输出多糖(polysaccharid)的主要之源(Wilson and Barnes，1979)。

　　吸虫肠上皮具有吸收营养的功能。肠上皮表面有各种不同扩展面积的形式来增加其吸收的能力。例如，*Cleptodiscus*、*Diplodiscus*、*Gorgodera*、*Gorgoderina*、*Megalodiscus* 等属的吸虫，其肠上皮表面以具有指状微毛(digitiform microvilli)的构造来扩展表面面积；*Diplodiscus* 肠上皮由于有微毛，它们的表面面积因此大约增加 100 倍(Halton，1966)。*Haematoloechus*、*Paragonimus*、*Schistosoma*、*Schistosomatium*、*Fasciola*、*Clonorchis*、*Eurytrema* 等属吸虫的一些虫种，其肠上皮表面具多形态的瓣膜(lamellae)以扩展面积(Bogitsh，1972b；Bogitsh and Shannon，1971；Davis and Bogitsh，1971c；Dike，1967，1969；Fujino and Ishii，1978，

1979；Halton，1966；Morris，1968，1973b；Robinson and Threadgold，1975；Sodeman et al.，1972；Wotton and Sogandares-Bernal，1963）。通过肠表面的扫描电镜观察鳃瓣型的肠上皮，因虫种不同，瓣的形状也不相同。有带状（如 *Clonorchis*、*Eurytrema* 属）、阔片状（如 *Haematoloechus*、*Paragonimus* 及 *Schistosoma* 等属），以及在瓣的边缘生有短丝或微毛，瓣呈三角形（如 *Fasciola*、*Echinostoma* 属）（Fujino and Ishii，1979；Threadgold，1978）。所有吸虫肠上皮表面的支瓣，有的相吻合，有的相连成环，使其表面形成一个罗网状结构（结构功能图 6），此质膜上有一定数量的水解酶（最多的是酸性磷酸酶），使此网状膜瓣不仅扩展了吸收的面积，而且也是虫体消化食物的场所。

在肠上皮和其下的柔软组织之间的基膜处有连裂口接合点（gap junction），学者们认为这一结构对物质进出肠上皮有作用。Hanna（1975）用有标记的氨基酸观察到它在肝片吸虫肠上皮能经过基膜、侧膜进入上皮细胞，甚至可以跨越过其顶膜（apical membrane）。这一观察也支持了物质可以进出肠细胞的观点。在 *Haematoloechus* 的肠管中经证实能吸收低分子质量的营养物质。

Robinson 和 Threadgold（1975）叙述电镜观察肝片吸虫肠上皮细胞有周期地出现分泌相（secretory phase）及吸收相（absorptive phase）（结构功能图 5）。当上皮细胞处于分泌期时由高尔基体产生分泌体，许多分泌体出现在细胞顶部。在这许多分泌物释放之后，随之而来的是一个吸收期，在细胞上部充满线粒体和膜泡体（membranous inclusions），细胞顶部瓣膜（lamellae）数加多。相邻近的肠上皮细胞的活动并不同步，活力也不一致。这就使整个肠管中的肠细胞进行连续不断的分泌和吸收的活动。肝片吸虫是在肠上皮细胞处于吸收期时在上皮细胞内进行细胞内吞噬（endocytosis）并降解，不能消化之物累积成残渣最后被排出。除了肝片吸虫，在其他吸虫肠上皮尚未见到有细胞内吞噬。Ernst（1975）在曼氏血吸虫的肠上皮合胞体上观察到不同部位有明显不同形态和不同活性的酸性磷酸酶，在生理状态上也可以有暂时不同的反应。吸虫肠上皮中许多细胞器（cell organelles）在分泌过程中会进行改组和重建，并且进行自我吞噬（autophagy）等活动，这些对增强肠上皮活力均有重要意义。

（五）柔软组织

柔软组织（或称实质细胞）（parenchyma）是吸虫体内重要的结构。在吸虫体内各器官之间的许多空隙中均充满柔软组织和纤维。它们属于间质组织（mesenchyma）。单殖类的柔软组织或间质组织由一些群集在一起的游离细胞组成。在其他吸虫体中柔软组织是一个共核体的网状组织，在无规则彼此相通的网隙中充满液体和游离的细胞。这些细胞具细颗粒的细胞质，由它们产生淋巴细胞和生殖细胞。在吸虫尾蚴、后蚴或童虫体中这些游离的生殖细胞会聚集在一定的地点形成生殖腺及其管道的原基（primordium）。游离的淋巴细胞可以将所吸收的营养物质带到身体各部分。身体中的消化器官、排泄管、神经以及生殖器官都处在柔软组织之中。纤维间质组织是一种颗粒性、碳水化合物基质、胶状纤维的结缔组织，它们交错地分布在柔软组织细胞之间，围绕在各器官的周围以及皮层和肠上皮纤维性基膜等处，起着支持的作用。肌肉半丝状体（hemidesmosomes）在皮层基部也附此纤维间质组织上。柔软组织细胞（parenchymal cells）也有裂口接合点结构，它是细胞与细胞之间交流的部位，这交流能把身体内小的代谢产物排出体外。这一结构使它们和皮层、肠上皮合胞体、肠上皮细胞、排泄系统焰细胞以及生殖系统各器官之间有联系（Threadgold，1963，1967；Morris，1968；Robinson and Threadgold，1975；Gallagher and Threadgold，1967；Mason and Fripp，1976）。

柔软组织这一复杂的细胞系统具有碳水化合物代谢和运输的能力。Threadgold 和 Gallagher（1966）报告肝片吸虫的柔软组织细胞是很大而且多型的，并且常常含有 α 和 β 糖原（glycogen）。von Brand 和 Mercado（1961）进行肝片吸虫组化糖原的试验研究发现：当虫体饥饿时，所储存的多糖（polysaccharide）迅速消耗尽，在给食之后由于虫体进行合成，此多糖随即又充满。

Threadgold 和 Arme（1974）应用电子显微镜观察到肝片吸虫的柔软组织细胞中有自我吞噬现象，部分糖原由于自我吞噬而降解。在柔软组织细胞中所储存的糖原被线粒体膜上所产生的自体吞噬（autophagosomes）隔开，随后被由颗粒内质网-高尔基体系统（GER-Golgi system）所产生溶酶体（lysosomes）的酶水解。并形成次级内溶酶体(secondary endolysosome)再次消化糖原，产物保存在细胞中进行再循环(**结构功能图 7**)。

(六) 排泄系统

　　吸虫的排泄系统(excretory system)是很发达的原肾系统(protonephridia system)，它的基本单位是焰细胞(flame cell)。焰细胞分散在柔软组织细胞之间，它们由绕曲的小收集管(capillaries)联系到大收集管、排泄管而后通到向体后端开口的排泄囊。

　　焰细胞是一个有一定形态的结构(**结构功能图 8**)，它包含一个帽细胞(cap-cell)。帽细胞中央有一个细胞核，细胞质中有线粒体和内质网等细胞器。在此细胞两侧各有一个裂口接合点，使此帽细胞和柔软组织能相通。在帽细胞上着生一束 50～100 条六边形排列的纤毛，也就是"焰"(flame)的构造。帽细胞下方是第一个管细胞(tubule cell)，它有如同桶状的部分。两个细胞

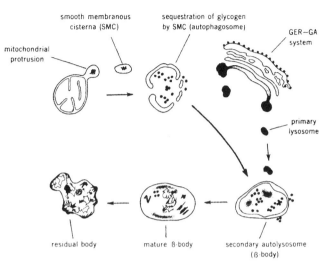

结构功能图 7　在肝片吸虫柔软组织细胞中的自我吞噬现象
(按 Threadgold and Arme，1974)
GER =granular endoplasmic reticulum(颗粒内质网)，GA = Golgi apparatus(高尔基体)

交错相连，由一种细胞外物质及一个膜将两细胞联结起来。帽细胞的细胞体下方向管腔有微毛状突起，即内小毛管(internal leptotriches)围绕"焰"的纤毛。连接管细胞的细胞质向周围的间质纤维层物质(interstitial material)中突出，形成外小毛管(external leptotriches)。这些小管的结构可能对增加毛细收集管液体容量起作用。但这些结构确切功能尚未明了(Bennett and Threadgold，1973；Erahimzadeh and Kraft，1971；Erasmus，1967；Gallagher and Threadgold，1967；Kummel，1964；Pantelouris and Threadgold，1963)。

　　焰细胞中闪动的"火焰"是一束纤毛(flagella)，每一条纤毛内的轴丝(axial filamenta)排列为"9+2"。这轴丝的排列方向在两行纤毛与它们相间隔的另两行是相反的(**结构功能图 9**)。这使相间隔的两行纤毛向一个方向波动，而另相间隔的两行纤毛向相反的方向波动。它们连续不断地向两个方向波动，产生了一个相等的推动力，使焰细胞纤毛不断地波动，在排泄系统中产生一个静水压力(hydrostatic pressure)(Smyth and Halton，1983)。Wilson(1967a)在肝片吸虫毛蚴体上观察到当焰细胞中纤毛活动停止时排泄小管就折叠起来。在排泄系统内有这样一个压力，使体液像通过一个过滤系统一样能从周围组织进入到排泄系统中，并通过排泄系统管道通向排泄孔排到体外。

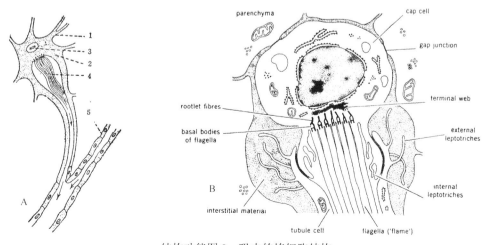

结构功能图 8　吸虫的焰细胞结构
A 按 Augustine 于陈心陶，1965(1.胞突，2.胞质，3.胞核，4.纤毛，5.毛吸管)；B 按 Smyth and Halton，1983

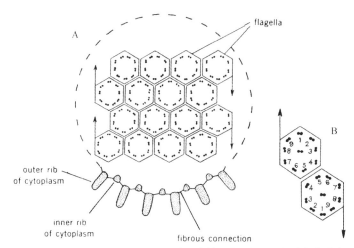

结构功能图 9　焰细胞纤毛部位横断面，示纤毛内轴丝排列及细胞质内外肋条和纤维联系
（按 Smyth and Halton，1983）

A. 焰细胞纤毛部位的断面模式，图示纤毛及其周围结构；B. 焰细胞两纤毛的断面模式，图示它们排列相反方向的 9+2 轴丝

根据 Bennett（1977）和 Popiel（1977）等关于肝片吸虫等吸虫的排泄系统超微结构观察，说明连于焰细胞的每个小排泄管是由一单个细胞螺旋地围绕着排泄管腔上，所以这管腔是在细胞外的（extracellular）。并观察到在排泄管和排泄囊处内衬的上皮细胞是合胞体，在排泄孔处上皮细胞和体皮层相连。排泄上皮（excretory epithelium）表面也有分瓣（lamellae），以分瓣和基部内陷的形式来扩展其质膜面积，也有与柔软组织特点相似具"循环"性能的结构，和运输上皮（transporting epithelia）的特征相似。在排泄系统中除输送体液到腔中外，在管腔中也存在物质的再吸收。在其质膜上有磷酸酶的活性反应。吸虫排泄上皮的亚显微结构说明它也具有合成的能力（Gupta et al.，1974；Halton，1967；Parshad and Guraya，1977；Threadgold，1968）。

吸虫焰细胞排列及大小收集管的分布是两侧对称的，两侧排泄管最后通向虫体后端的排泄囊，开口于体末端（单殖类吸虫排泄孔 2 个，开口于体前端）。在某些复殖类吸虫的尾蚴胚体发育过程中可以见到其排泄囊原始也是两个，发育过程中逐渐愈合为一个，环肠吸虫科（Cyclocoelidae）未成熟尾蚴的排泄囊即如此。排泄囊在不同吸虫种类有不同形状，有管状、囊状、"Y"形或"V"形等。排泄系统形态构造是吸虫类身体中较稳定的一个器官系统，其排泄囊形状、焰细胞数目和排列情况均可作为分类的一个根据。吸虫类的焰细胞数目在各幼虫期都表现具有各类虫种的特点。例如，大部分吸虫的毛蚴有原肾管一对，焰细胞亦仅一对；血吸虫类毛蚴有两对焰细胞和两对小收集管，汇集到一对大收集管后向外开口；在盾盘吸虫的杯状蚴体中则有 3 对焰细胞。在尾蚴阶段，焰细胞数目和排列方式较其他幼虫期复杂。同时各类吸虫亦各有差异，如日本血吸虫尾蚴焰细胞公式为 2[2+1+(1)]=8，包氏毛毕血吸虫（*Trichobilharzia poai*）尾蚴为 2[(2+1)+(2+1)+1]=14，而双腔科吸虫尾蚴、后蚴及成虫的焰细胞公式都是 2[(2+2+2)+(2+2+2)]=24。有些吸虫其后蚴期和成虫的焰细胞是由尾蚴期焰细胞分裂而成，所以其焰细胞数成倍地多于尾蚴。例如，鸡嗜眼吸虫（*Philophthalmus gralli* Marthis et Lager,1910）后蚴的焰细胞 72 个,是尾蚴的 2 倍（唐仲璋等,1980）。

（七）淋巴系统

在一些吸虫体上发现有具运输功能（transport function）的淋巴系统（lymphatic system），主要在同盘科（Paramphistomidae）的种类（**结构功能图 10**），可能这类吸虫身体比较厚的关系。Sharma（1978b）和 Tandon（1960～1970 年）等在这一类吸虫体上发现有一对纵走的薄壁管道，从这两条管有分支小管通到其身体的各器官组织上。Strong 和 Bogitsh（1973）从此科 *Megalodiscus* 属虫体的淋巴管（lymph channels）的管壁上观察到具有表面瓣膜（surface lamellas），其上皮为合胞体上皮，在上皮之下有肌束（muscle bundles）。Sharma（1978b）在 *Ceylonocotyle scoliocoelium* 的淋巴管上皮（lymphatic epithelium）上见有丰富的脂肪小滴，并发现线粒体上具有强琥珀酸脱氢酶活性（succinic dehydrogenase activity），这说明在淋巴上皮中具有代谢活性。Lowe（1966）在 *Paramphistomum* 属吸虫上，见到淋巴管具收缩力，内含丰富蛋白质及颗粒的液体和游离的细胞核。在活体培养的虫体上观察到有液体循环的迹象，所以认为这一系统可能具有运输的功能。Nollen 等（1974）在 *Megalodiscus temperatus* 用 ³H 胸腺嘧啶脱氧核苷（³H thymidine）处理后，具放射标记的物质高度集中的位置均与淋巴管结构有联系。由此也说明淋巴系统具有循环或排泄的作用。

在同盘科有些吸虫体内淋巴纵管有 2～4 对，从后到前有许多小分支联系到肠管、吸盘、咽及生殖腺等器官上。管内充满液体，并有类似血细胞（haemocytoblasts）一样的漂浮游离的细胞。虫体的收缩把淋巴液输送到各器官上。这一结构具有原始的循环系统作用。没有淋巴系统结构的吸虫，由于柔软组织中充满的体液及淋巴样的细胞到处流通，可以全部或部分地代替淋巴系统的作用。此淋巴系统的作用不仅有助于营养物质的分布，同时也可收集和排出身体各部分排泄物质，以及对呼吸气体的交换都有作用。

（八）肌肉系统

吸虫有其肌肉系统（muscular system）。吸虫的尾蚴在外界水

结构功能图 10　殖盘吸虫 *Cotylophoron cotylophorum* 的淋巴系统
（按 Willey，1930）

1.口吸盘；2.食道；3.肠管；4.排泄囊；5.睾丸；
6.后吸盘；7.淋巴系统；8.生殖吸盘

中游泳自如，大多数的吸虫种类成虫在其终末宿主体中寄生部位中也能十分活泼地移动。在电子显微镜下可明显见到吸虫的成虫、尾蚴及后期尾蚴体上肌纤维的结构。例如，曼氏血吸虫的成虫（Silk and Spence，1969a）、血吸虫类的尾蚴尤其尾部肌肉（Lumsden and Foor，1968；Reger，1976）、肝片吸虫（Bennett，1973）*Cryptocotyle lingua* 的尾蚴体壁（Rees，1974）、和蛙膀胱的 *Gorgoderina* sp. 吸虫体壁等的肌肉组织都已被观察到。其肌肉组织和无脊椎动物所具有的肌肉类型相同，其无纹和光滑肌动作缓慢。具有收缩力的肌纤维是由厚而尖细的肌丝（myofilaments）组成，每个肌纤维被不规则排列的8～14条细丝所围绕。在一些血吸虫（如 *Heterobilharzia*）种类的肌纤维中可见有分支和横联系的细肌丝，这细丝附着在可能相当于横纹肌 Z-disc 的菱形密致体（fusiform dense bodies）上。这一结构可能有助于并列的肌细丝的协调运动。在肌纤维膜下有扁平的肌浆网（sarcoplasmic reticulum）。周围细胞质中含有细胞核、线粒体及 α-糖原微粒和 β-糖原微粒（glycogen particles）。但没有见到有从肌纤膜内陷的微管和能迅速传导刺激到肌纤维的 T 管系统。

Schistosoma japonicum、*Cryptocotyle lingua* 和 *Himasthla secunda* 等吸虫的尾蚴尾部纵走肌丝比体纤维有更多的致密 Z-disc 体的横纹纤维和有扩大的肌浆网及更大更多的线粒体（Chapman，1973；Inatomi et al.，1970；Lumsden and Foor，1968；Rees，1974，1975；Reger，1976）。尾部具有横纹纤维与尾部能强烈并迅速活动的功能是有关联的。Rees（1974）观察 *Cryptocotyle lingua* 尾蚴体部口吸盘上辐射状肌丝上也是有横纹，肌丝收缩虽然不迅速但有力。在吸盘肌纤维膜下的肌浆泡网也没有像在尾部肌肉中那样扩展。

在终末宿主寄生部位中，吸虫成虫由于虫体吸盘和体肌肉的伸张和收缩的活动，虫体能不停地活动。Fetterer 等（1977）应用 Suction electrodes 的方法试验证明：曼氏血吸虫雄虫沿着其体表进行着的一个很小蠕动样的收缩波与其体表的电位势（electrical potential）的改变互相关联，在其肌肉细胞中测出有 27mV 的静电。

温度、pH，以及一些如吡喹酮等药物和无机离子（inorganic ions）对曼氏血吸虫雄虫肌肉收缩产生影响（Wolde et al.，1982；Fetterer et al.，1978，1980b）。神经系统通过神经传导物质的兴奋和抑制作用使吸虫

的运动能有节奏地进行。

(九) 神经系统

吸虫的神经系统(nervous system)和涡虫的神经系统十分相似(Looss,1894;Reisinger,1925),它们由一对脑神经节(cerebral ganglias)和三对纵走神经索(longitudinal cords)组成。三对背、腹、侧神经索之间有许多横的联系(transverse connectives)(**结构功能图 11、结构功能图 12**),在两个脑神经节之间也有横的联系,它们主要位于口吸盘和咽之间。由这些神经发出许多神经纤维向体前方或后方伸展,此神经系统能支配虫体的运动。三对纵走神经索以腹索最发达。

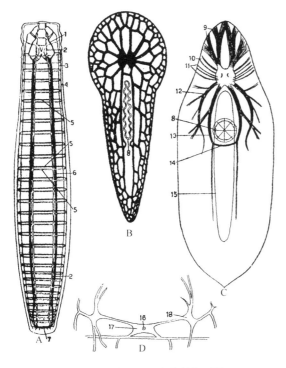

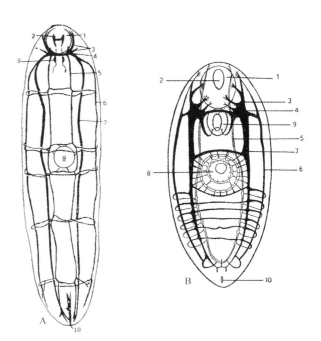

结构功能图 11　涡虫的神经系统

A. 异肠类涡虫 *Bothrioplana*(按 Reisinger,1925);B. 多肠类涡虫 *Gnesioceros*,腹面的肌肉下神经网;C. 单肠类涡虫 *Mesostoma*,肌肉下的神经系统(按 Bresslau and Voss,1913);D. 无肠类涡虫 *Polychoerus* 的脑部(按 Löhner,1910)。1. 腹神经索前续支;2. 背索;3. 腹侧索;4. 边缘索;5. 环连合;6. 腹索;7. 末端联合;8. 咽;9. 4 个前端感觉神经;10. 腹脑神经;11. 背脑神经;12. 背索;13. 腹索;14. 咽后联合;15. 肠管;16. 平衡器;17. 脑神经节主干部;18. 侧神经节(按 Hyman,1951)

结构功能图 12　复殖吸虫的神经系统

(A 按 Looss,1894;B 按 Craig and Faust,1970)

1. 口吸盘;2. 口;3. 前方神经;4. 脑神经节;5. 腹索;6. 侧索;7. 背索;8. 腹吸盘;9. 咽;10. 原肾口(排泄孔)

吸虫也具有感觉器官,如眼点见于单殖吸虫及一些复殖吸虫的毛蚴或尾蚴。眼点与脑神经节有联系,并常由色素杯构成。少数吸虫,如 *Transversotrema* 和外睾吸虫(*Exorchis* spp.)等的成虫,也有眼点。

在神经系统的周围的吸盘和亚皮层(sub-tegument)处有运动和感觉的神经丛(motor and sensory plexuses),并且在皮层中也有神经末梢(nerve endings)。在吸虫成虫的皮层中或其下方具有很丰富的感觉球,我们在土耳其斯坦东毕吸虫(*Orientobilharzia turkestanika*)的成虫去掉皮层,在整个体表上观察到非常多的感觉球,在各感觉球中央的小窝中着生一条纤毛(唐崇惕等,1983)。这样的单纤毛球状神经末梢在吸虫类中常有。经研究此纤毛中的微管的排列为"9+2",但在有些种类,如嗜眼吸虫 *Philophthalmus* 其感觉球纤毛中的微管排列无规则(Edwards et al.,1977)。在吸虫的皮层中另有一种无纤毛半球状的神经球。Bennett(1981)报告:曼氏血吸虫雄虫背侧半球状乳突含有神经激素儿茶酚胺(catecholamines),也就是与肾上腺素有同样生物活性的去甲肾上腺素(noradrenaline),或可进一步转变为去甲肾上腺素、肾上腺素的多巴胺(dopamine)。

　　如同其他动物一样，在吸虫体中广泛分布有神经传递素(neuratransmitters)，在肝片吸虫和曼氏血吸虫上发现有合成和降解乙酰胆碱(acetylcholine，ACH)的酶，如胆碱乙酰化酶(choline acetylase，CHAC)及乙酰胆碱酯酶(acetylcholinesterase，ACHE)(Bueding，1952；Chance and Mansour，1953；Mansour，1964；Sekardi and Ehrlich，1962；Bueding and Bennett，1972；Florey，1967)。在肝片吸虫上发现有乙酰胆碱、去甲肾上腺素和多巴胺(Bennett and Gianutsos，1977；Chance and Mansour，1953；Chou et al.，1972；Gianutsos and Bennett，1977；Tomosky-Sykes et al.，1977)。Chou 等(1972)报告大平并殖吸虫(*Paragonimus ohirai*)、卫氏并殖吸虫(*P. westermani*)有乙酰胆碱和多巴胺，埃及血吸虫(*Schistosoma haematobium*)有 5-羟色胺(5-hydroxytryptamine)，日本血吸虫除有 5-羟色胺之外，尚有去甲肾上腺素和多巴胺。曼氏血吸虫含有神经传递素的情况与日本血吸虫相同(Chou et al.，1972；Bennett et al.，1969，1971；Gianutsos and Bennett，1977)。

　　在多种吸虫的脑神经节、神经干及横联系上存在能催化乙酰胆碱和其他胆碱酯水解的胆碱酯酶(cholinesterase)。经发现的吸虫有矛形双腔吸虫(*Dicrocoelium lanceatum*)及 *Fasciola*、*Schistosoma* spp.、*Paramphistomum*、*Haplometra*、*Diplodiscus*、*Haematoloechus*、*Opisthioglyphe*、*Podocotyle*、*Sphaerostoma* 和 *Procyotrema* 等属种类(Bucejac et al.，1964；Ramisz and Szankowska，1970；Reznik，1966；Halton，1967c；Krvavica et al.，1967；Bueding et al.，1967；Fripp，1967b；Krali and Lui，1969；Halton，1968；Kotikova，1969；Reid and Harkema，1970)。在肝片吸虫及血吸虫的神经组织、卵细胞以及它们在贝类宿主体内的幼虫期体上也都具有胆碱酯酶(Bruckner and Voge，1974；DiConza and Basch，1975；Moore and Halton，1975；Panitz and Knapp，1967 等)。不同的吸虫种类，甚至血吸虫的雌雄虫，它们的乙酰胆碱脂酶的动力速度及电泳性质(electrophoretic properties)都会有差别。在寄生虫和宿主之间，乙酰胆碱脂酶和胆碱乙酰化酶的动力也有所不同。乙酰胆碱能减少或麻痹吸虫肌肉的活动性。乙酰胆碱酯酶抑制剂的作用可增加乙酰胆碱的活性。可作为抗吸虫的药物，因暂时麻痹吸虫肌肉，可以达到将它们驱出宿主体外的目的(Sanderson，1973；Hillman and Senft，1975；Van Den Bassche，1976，1978，1980；Tomosky-Sykes and Bueding，1977；Katz，1977 等)。

　　一些学者观察到吸虫 *Dicrocoelium*、*Fasciola hepatica*、*Opisthodiscus*、*Acanthoparyphium*、*Leucochlori-diomorpha*、*Fasciola gigantica* 和一些无脊椎动物一样，神经系统具有神经分泌细胞的神经元(neurones)，他们认为分泌的物质对吸虫的生长发育有影响(Grasso，1967；Harris and Cheng，1972；Matskasi，1970；Shyamasundari and Hanumantha，1975；Steele，1971；Ude，1962)。Matskasi(1970)观察到 *Opisthodiscus diplodiscoides* 的神经分泌呈周期性改变，这变化与宿主的生物节奏有关。Steele(1971)观察到 *Acanthoparyphium spinulo* 神经分泌能刺激生殖器官的分化和配子发生。而 Harris 和 Cheng(1972)叙述神经分泌在 *Leucochloridiomorpha constantial* 起抑制作用，神经分泌活力减弱和成虫的成熟有联系。但有关吸虫类的神经分泌的研究资料还很贫乏。

(十)生殖系统

1. 结构

　　吸虫纲生殖系统(reproductive system)除裂体科(Schistosomatidae)和囊双科(Didymozoonidae)是雌雄异体外，其他所有种类都是雌雄同体。复杂的雌雄生殖器官占其身体的大部分。

(1)雄性生殖系统

　　吸虫的雄性生殖系统(**结构功能图 13～15**)包含有两个睾丸(testes)、两条小输精管(vasa efferentia)和大输精管(vas deferens)，以及贮精囊(seminal vesicle)和阴茎囊(cirrus pouch)等部分。睾丸外表光滑，圆形或椭圆形，或是不同程度瓣状；有些种类，如肝片吸虫等，其睾丸极度分支。睾丸所在位置因不同种类而异。

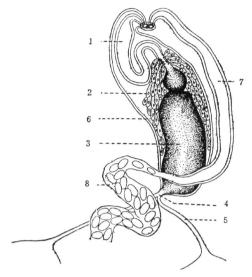

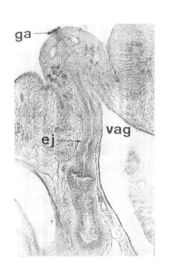

结构功能图 13 复殖吸虫生殖器官末段构造(按 Cort
于陈心陶, 1965)

1. 射精管; 2. 前列腺; 3. 贮精囊; 4. 输精管; 5. 输出管;
6. 阴袋; 7. 阴道; 8. 子宫

结构功能图 14 *Paramphistomum* sp. 由生殖腔纵切面
(按 Maybelle Chitwood, J. Ralph Lichtenfels, 1972)

ga. 生殖腔; ej. 射精管; vag. 子宫末端

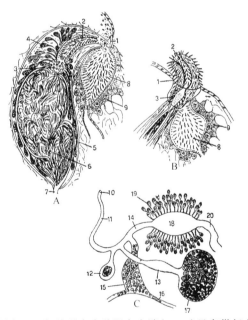

结构功能图 15 复殖吸虫生殖器官末端(A、B)及卵巢复合体(C)
的构造(按 Hyman, 1951)

A. 雌雄生殖器官末端; B. 同样结构, 阴茎向外翻出(A、B 按 Looss, 1894)。1. 生
殖孔; 2. 阴茎; 3. 前列腺囊; 4. 前列腺; 5. 阴茎囊; 6. 贮精囊; 7. 输精管; 8. 子
宫末端披小棘; 9. 子宫末端腺; 10. 劳氏管开口; 11. 劳氏管; 12. 受精囊; 13. 输
卵管; 14. 卵-卵黄腺管; 15. 卵黄腺总管; 16. 卵黄腺管; 17. 卵巢; 18. 卵膜; 19. 梅
氏腺; 20. 子宫初段

睾丸内发育产生精子。精子呈细线状, 长度
为 0.02~0.2mm。精子在许多吸虫睾丸中是散
开 的, 在 *Steringopharus*、*Haplocladus*、
Prosorhynchus 等种类中, 精子包被在精子荚
(spermatophores)中。成熟的精子经过小输精
管、大输精管, 再到弯曲膨大的管状贮精囊
中。阴茎囊是吸虫的交配器官, 一般包被在
此囊中的有阴茎、射精管(ejaculatic duct)、前
列腺(prostate)和部分或全部贮精囊等部分。
贮精囊在阴茎囊内的部分称为内贮精囊, 在
阴茎囊之外的部分称为外贮精囊。交配时,
贮精囊中的精子和前列腺分泌的物质一起经
射精管, 由阴茎排出, 进入雌性器官中。有
些吸虫种类, 阴茎囊只包被射精管和阴茎, 其
前列腺在囊外柔软组织中, 但腺管开口于射精
管中。有的种类没有阴茎囊, 射精管开口于生
殖腔(genital atrium)或两性管(hermaphrodite
duct)。此两性管有时亦可突出像一阴茎, 亦可
包被在一囊内, 被称为假阴茎囊(false cirrus sac
或 sinus sac)。

(2)雌性生殖系统

雌性生殖系统(**结构功能图 13~15**)包含有一个卵巢(ovary)、输卵管(oviduct)、受精囊(receptaculum
seminis)、劳氏管(Laurer's canal)、卵膜(ootype)、梅氏腺(Mehlis's glands)、卵黄腺和管(vitelline glands and
duct), 以及子宫(uterus)等部分。卵巢有圆形、椭圆形或深度分叶等不同形状, 其位置因不同虫种而异。

卵巢外围有一层外膜(outer capsule)，其内方是一层厚 0.08～0.1mm 的基膜(basement membrane)，膜内连着一层外围细胞，细胞质稠密，可能是营养细胞(nurse cells)。卵巢内的胚细胞与此细胞很靠近，并有突起深入到此细胞层内。靠近此外围细胞层的较小的胚细胞是卵原细胞(oogonia)，呈卵圆形。在卵巢中央的较大的胚细胞是卵母细胞(oocytes)，多角形，细胞之间有间隙，有的可见有微小突起(microvilli)。卵母细胞细胞质含有核糖体(ribosome)等颗粒。从一些吸虫及涡虫的卵巢结构可以看出它原是一个屈曲折叠的卵管，新生的卵原细胞在卵巢的一端，有 5～6 个，每一曲折管中有 1～2 个，随着向卵巢具输卵管一端靠近，卵原细胞逐渐发育，体积增大成卵母细胞。需要经过减数分裂排出极体之后才成为卵细胞(ovum)。输卵管一端连着卵巢，另一端与受精囊及卵黄总管会合后进入卵模(ootype)。卵模周围密布许多单细胞腺体——梅氏腺，每一腺细胞均有细导管通入卵模壁，开口于卵模腔中。卵模另一端开口于子宫。卵黄腺成对地列于虫体两侧，它们可能由丛粒群或数瓣实体组成。卵黄细胞从两侧经前后卵黄管、横卵黄管汇集于卵黄总管，最后通入输卵管末端部分。有的吸虫种类具受精囊和劳氏管，且其劳氏管和受精囊的连接关系和位置因种类不同而异。劳氏管的一端开口于虫体背部表面，另一端连于受精囊。有人认为劳氏管是退化的阴道，可能和绦虫的阴道是同源器官。异体受精的精子可能由此进入而贮存在受精囊中。也许多余的或不合格的精子可以由劳氏管排出。有的种类，在雌性器官尚未发育完全之前，异体的精子可经子宫末端开口进入而达到受精囊。一些没有受精囊的吸虫，其子宫初段部分可贮存自体及异体的精子，即使有受精囊的吸虫，其子宫初段部分也常常含有精子。

2. 精子卵子的发生

精子发生(**结构功能图 16**)在睾丸中进行：初级精原细胞(primary spermatogonium)经分裂为次级精原细胞(secondary spermatogonium)，再分裂为三级精原细胞(tertiary spermatogonium)。之后，分裂成为初级精母细胞(primary spermatocyte)，它的染色体是 2 倍体(bivalent chromosome)($2n$)，经过第一次成熟分裂(primarymaturation division)成为含单价染色体(haploid chromosome)(n)的次级精母细胞(spermatocyte)，经过第二次成熟分裂(secondary maturation division)形成精细胞(spermatids)。精细胞常连在一起，经发育后才成为细线状的精子(sperms 或 spermatozoon)，受精时的精

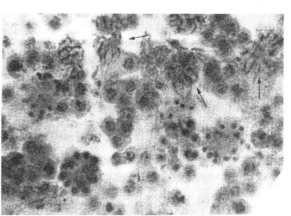

结构功能图 16　复殖吸虫睾丸中精子发育
(按 Chitwood and Lichtenfels，1972)

子染色体已是单倍体。卵母细胞离开卵巢之后到输卵管、卵模或子宫时，精子进入卵母细胞，后者才开始成熟分裂两次，成为排出两个极体(polar bodies、polocytes)的卵细胞。都只含单价染色体的雌雄原核融合形成含 $2n$ 染色体细胞核的受精卵。受精卵卵裂产生分裂球(blastomeres)，逐渐发育形成毛蚴；有的吸虫虫卵卵裂在虫体子宫中就已开始，从虫体排出的卵子里就已含有毛蚴。有的吸虫种类的虫卵排到外界后才开始卵裂。

3. 吸虫受精

吸虫类虽然可以自体受精，但一般认为异体受精是更主要的，合乎普遍的规律。Nöllen(1968a)曾用嗜眼吸虫(*Philophthalmus megalurus*)作材料，观察其异体受精和自体受精的比率。他用 33 条经 ^{3}H-胸苷(^{3}H-thymidine)标记的嗜眼吸虫和 61 条无标记的嗜眼吸虫放在一起，应用自动射线照相技术(autoradiographic techniques)进行观察，结果在 33 条有标记的虫体中有 32 条(92%)是异体受精，仅一条是自体受精；在 61 条无标记的虫体中有 47 条(78%)是异体受精；受精途径不在劳氏管；年轻的虫体异体受精比率大过年老的虫体。Moseley 和 Nollen(1973)在 *Philophthalmus hegeneri*，用 ^{3}H-酪氨酸(^{3}H-tyrosine)标记 1h 后，将它们(1 条)和无标记的虫体(1～3 条)放在一起，做了 20 次试验，有 16 次获异体受精虫体，

无一自体受精。卵细胞受精的地点也有人研究，Gresson(1964)观察了 60 种吸虫卵细胞受精位置，其中 41 种在子宫，4 种在卵模，5 种在输卵管，其他 16 种的受精位置不详。说明子宫是卵细胞受精最多的部位。

吸虫精子显示有一些特别的形态和行为特点。成熟精子虽只有一根鞭毛，但它有一个复合的来源。例如，寄生于蛙肺部的 Hasmatoloechus medioplexus 吸虫在精子细胞阶段，从精子细胞的游离端向后延伸有两根侧鞭毛(lateral filaments)，在此两鞭毛之间有一个细胞质的突起(cytoplasmic process)，细胞核会移到其中。当精子成熟后，此两侧鞭毛和中央的细胞突起融合成单条(Burton，1972；Hendelberg，1969)。大部分脊椎动物和无脊椎动物的精子，其尾部的轴丝(axonema)或在轴上的鞭毛(axial flagella)，它们的微管(microtubules)的公式为 "9+2"，即是由 9 个双管(doublet tubules)围绕一对在中央的单管(central singlet tubules)。但是在吸虫和其他扁形动物的精子，没有中央的一对单微管，取而代之的是一个复杂的棒状核心(rod-like core)构造。Burton(1973)认为其公式应当是 "9+0"，但普遍仍称之为 "9+1"。一些学者曾于鞭毛的中央鞘(central sheath)及双微管表面见有三磷酸腺苷酶(ATP-ase)的活性，说明此酶可能与供应鞭毛运动所需的能量有关(Smyth and Halton，1983)。此外，吸虫的精子没有其他种类的精子所具有的顶体(acrosome)。Burton(1967)指出：吸虫的精子是很硬的，并且由于吸虫精子比较长，而卵细胞中有限的空间不能供精子全部进去，可能因此顶体也不起多大的作用。如 Haematoloechus 一条精子的长度为 400μm，而卵细胞直径只 8μm。受精的时候，整个精子并没有进入卵细胞，受精过程是精子的原生质膜(plasma membranes)和卵细胞膜融合了，精子内部的细胞核、线粒体、鞭毛纤维(flagellar fibres)等进入到卵细胞中。与此相类似的现象在半索动物门(Hemichordate)的囊舌虫(Saccoglossus)受精时也可见到。这是一个奇特的现象，受精时精子并没有真正地进入到卵子中，仅仅是雌雄配子的原生质膜(gamete plasma membranes)融合后精子内部的重要内含物进入到卵细胞中进行受精。

4. 吸虫虫卵形成过程

吸虫类的卵子是在整个雌性生殖管道有规则地连续收缩活动中逐渐形成的。Duildford(1961)叙述：经过卵巢壁的收缩把成熟的卵母细胞(也称卵细胞)(oocytes)推进到输卵管近端，那里管壁上有近似括约肌的构造(oocept 或 ovicapt)，能有周期地一个个地发放卵细胞到输卵管远端部分。由于输卵管壁的蠕动式收缩，使卵细胞移动到受精囊开口处，受精囊放出精子和液体，随着卵细胞移动到卵黄总管开口部位。也由于卵黄管和卵黄总管的收缩动作，使卵黄细胞经卵黄管进入卵黄总管(vitelline reservoirs)，并由卵黄总管推出 6～9 个卵黄细胞群进入输卵管，和卵细胞、精子一起进入卵模。成熟卵黄细胞(vitelline cells)的释放也是由具括约肌的结构所控制。卵黄细胞数量因虫种不同而异，如肝片吸虫一次释放约 30 个，而曼氏血吸虫则释放 30～40 个(Gonnert，1955)。当卵细胞、卵黄细胞群及精子由于输卵管的蠕动而进入卵模中之后，可以见到卵模有节奏并不断地伸缩，梅氏腺管分泌出的腺体物质，像脂蛋白样的颗粒物质和卵黄细胞散发出许多形成卵壳物质的小颗粒混合，形成了很薄的半液体状的卵壳(semi-liquid shell)分散在卵模(及子宫初段)的内壁，并包被在卵细胞、卵黄细胞等物体之外，形成了卵壳的初胚。不同吸虫种类的卵模内壁形态有各自一定的大小和特征，因此由梅氏腺和卵黄细胞分泌混合而形成早期壳胚，其大小和形态就有一定的模式，如虫卵有无卵盖及卵壳上有无突起或小棘及其形态、位置等特征也都规定在卵模上，最早半液体状分泌物就按此模式制胚了。具有各虫种特征的初形成的透明卵壳的虫卵，在一定时间后被释放到子宫起始部分，并逐渐地被推向到子宫圈中。在子宫中的虫卵的卵壳还会逐渐增厚，卵壳颜色逐渐加深。Clegg(1965a)等一些学者认为吸虫虫卵卵壳的形状是在子宫中形成的(**结构功能图 17**)；这一虫卵形成的推测及卵模部位的结构，在许多吸虫中无法证实。著者曾观察多种复殖类吸虫成虫活体标本，都见到它们各有一定形态的卵模结构、卵细胞和卵黄细胞等在卵模中被初形成的极薄的卵壳包被以及虫卵由卵模被释放到子宫初段时的情况(**结构功能图 18**)，皆证明虫卵的形状是取决于卵模内壁的形状(唐仲璋和唐崇惕，1993 等)。

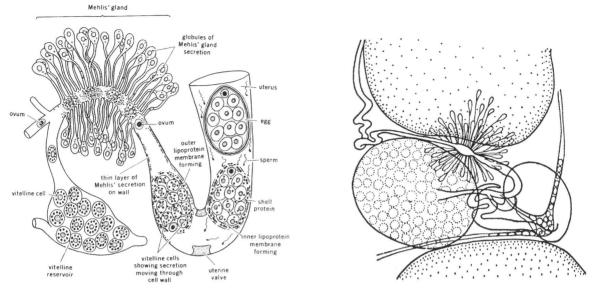

结构功能图17　肝片吸虫虫卵形成的机制（按 Clegg，1965a）　　结构功能图18　中口短咽吸虫卵巢附近器官，示卵模及其周围梅氏腺（按唐仲璋和唐崇惕，1993）

5. 卵黄细胞的发育

Erasmus（1975）叙述了曼氏血吸虫卵黄细胞发育过程的亚显微结构（**结构功能图 19**），它们从不含有壳质球粒（shell globules）的不成熟卵黄细胞发育到含有卵壳前体物质（egg-shell precursor material）大球粒的成熟卵黄细胞。不成熟细胞常见于卵黄腺泡的周围部分，而最成熟的卵黄细胞是在卵黄腺泡的中央，它们从那里进入卵黄管，而后再输送到卵黄总管。它们的发育过程分为 4 个阶段：第一阶段的细胞较小，具有一个较大的细胞核，核中有一较大的核仁（nucleolus）。细胞质中散布有核糖体群（ribosomes clusters）；有高尔基复合体（Golgi-complexes），它和成串的含微粒电子清晰物质的小囊相联系。细胞质中有线粒体和微量糖原（glycogen），但尚无颗粒内质网（GER）。第二阶段的卵黄细胞的细胞质范围显著扩大。核糖体群数目和大小都有增加。颗粒内质网长索出现，而高尔基复合体很难观察到。第三阶段的卵黄细胞又增大一些，细

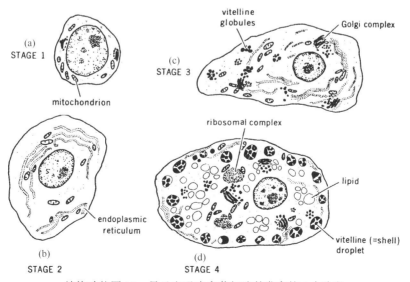

结构功能图19　曼氏血吸虫卵黄细胞的发育的 4 个阶段
（按 Erasmus，1975；Smyth and Halton，1983）

胞质中可以见到丰富的高尔基复合体，颗粒内质网亦增加，并与含有电子密集物质的小泡相联系；此电子密集物可能是要组成卵黄小滴〔vitelline（=shell）droplet〕的早期物质。此时卵黄细胞细胞质中散布卵黄球（vitelline globules）和卵黄小滴，它们的大小幅度相差很大。这是此阶段的特点。第四阶段是成熟卵黄细胞阶段，此时细胞核含有分散的异染色质小块（patches of heterochromatin）和大的核仁；核孔（nuclear pores）明显，并且外核膜（outer nuclear membrane）上有核糖体；成熟卵黄细胞的细胞质区域外缘排列有很丰富的卵黄（=卵壳）小滴，细胞质内有丰富的密集核糖体、颗粒内质网和高尔基复合体。高尔基复合体活跃地从事卵黄球（vitelline globule）及电子密集前体物质的生产；此时细胞质中尚有大小不同的脂肪（lipid）小滴；卵黄细胞成熟后即准备进入到卵黄管、总管，而输送到卵模；卵黄细胞分泌营养物质和大部分卵壳物质。所以这卵黄细胞为受精卵供应卵黄（yolk）营养，以及对卵细胞被排出到外界中所必须具有保护作用的卵壳（egg shell）物质。因此 Smyth 和 Halton（1983）认为"vitello-calcyl"（york-shell）的名称对卵黄腺更为合适。

应用光学显微镜、电子显微镜以及细胞化学和射线自显影术等方法观察多种吸虫的卵黄细胞，有关的文献报告甚多（Davis and Smyth，1979；Sharma，1976；Kanwer and Agrawel，1977 等）。

6. 梅氏腺

关于梅氏腺（Mehlis's gland）的作用，大多数学者认为它的分泌物在卵模内壁形成一薄膜，如同一个模膜，卵黄细胞分泌的卵壳颗粒集聚其上形成卵壳。Wilson（1967a）认为在此层膜下面尚有一个真正卵黄膜（vitelline membrane）。Clegg（1965a）发现在卵壳的外侧尚有一层脂蛋白膜（lipoprotein membrane）。也有人认为梅氏腺分泌物可能会使卵黄细胞释放卵壳颗粒，并且能控制醌类鞣制（quinone tanning）的过程；尚有人认为梅氏腺分泌物可作为虫卵通过子宫的润滑剂。通常，梅氏腺分泌物的组化成分是能抗淀粉酶 PAS 阳性反应的某种黏多糖（mucopolysaccharides）（Erasmus，1973；Smyth，1976），而 Fellodistomidae 科的 *Lintonium vibex* 的梅氏腺主要显示 PAS 阴性（Smyth and Halton，1983）。

7. 卵壳形成

吸虫绝大多数虫种的卵壳具卵盖，卵盖在卵模中如何形成还不清楚。Smyth（1976）曾认为：肝片吸虫的虫卵的卵盖形成是因为卵细胞会伸出伪足（peudopodia）到卵壳的一端外，该处正是卵盖断裂部位。这一推测不一定正确，因为各种吸虫不仅有一定形态大小的虫卵，而且卵盖形态结构也是精致而且固定不变，很难想象卵细胞的伪足如何使卵盖形成，尚需有更确切的证据。是否各吸虫虫种的卵模上有其特别形成卵盖的精致结构，还需更详尽的超微结构的观察。

Coil 和 Kunz（1963）认为 *Hydrophitrema gigantica* 等吸虫的子宫对卵壳形成有很大作用，在此虫种的子宫中含有单细胞腺，能分泌 PAS 阳性的分泌物；鱼类吸虫 *Syncoelium spathulatum* 的子宫初段能分泌虫卵形成卵壳所需要的酚及蛋白质成分的物质，沉积在梅氏腺分泌物所形成的薄膜上；*Ogmocotyle indica* 的子宫后端能分泌颗粒状物质。Coil 和 Kunz 的观察结果表明：虫卵的最初卵壳是在卵模中形成的，而后子宫对卵壳的增厚有很大的作用，同时子宫对虫卵的卵盖和卵丝的形成都有作用。总之，卵细胞和卵黄细胞被送进卵模，外围包被卵壳，新形成的虫卵具半柔软的卵壳，而后再送进子宫，经过子宫过程，卵壳逐渐增厚和变硬。卵子形成的整个过程是经输卵管、卵黄管、卵模、梅氏腺、子宫等几个部分协调活动而成的。Gonnert（1962）在肝片吸虫卵黄管上观察到有四五个神经细胞构成的神经网，认为它可能会协调输卵管、卵黄管及梅氏腺的活动。此外，在子宫的上部也观察到只由两个神经细胞组成的网络，认为它可能控制子宫瓣（uterine valve）（防止虫卵在子宫中倒流）和卵模下部通口的关闭。

8. 卵壳的化学成分

经组织化学测试，不论是单殖吸虫、盾盘吸虫，还是复殖吸虫，在数十种吸虫中绝大多数种类的虫卵卵壳含壳硬蛋白（sclerotin）（酚、蛋白质及酚酶）（**结构功能表 1**），个别种类卵壳含角蛋白（Keratin）和弹性蛋白（elastin）。

结构功能表 1　吸虫类卵壳或卵黄腺的化学成分（按 Smyth and Halton，1983）

		Sclerotin			Keratin	双—酪氨酸(Di-tyrosine)	Elastin	报告者
		酚(Phenal)	蛋白质+(Protein)	酚酶(Phenolase)				
单殖亚纲(Monogenea)								
Capsalidae	*Entobdella soleve*	+		+				Llewellyn，1965
Diclidophoridae	*Diclidophora luscae*	+		+				Llewellyn，1965
	Diclidophora merlangi	+	+	+				Rennison，1953
Discocotylidae	*Octomacrum lanceatum*	+	+	+				Hathaway and Herlevich，1976
Gastrocolylidae	*Gastrocotyle trachuri*			+				Freeman and Llewallyn，1958
Hexabothriidae	*Pricea multae*	+		+				Ramalingam，1970a，1970b
	Rajonchocotyle batis			+				Rigby and Merx，1962
Monocotylidae	*Calicotyle* sp.	+						Smyth，1966
Polystomatidae	*Polystoma integerrimum*	+		+				Kohlmann，1961
	Polystomoides sp.	+	+	+				Fried and Stromberg，1971
	Protopolystoma xenopodes			+				Thurston，1964
Protomicrocotylidae	*Protomicrocotyle* sp.			+				Ramalingam，1970a
盾盘亚纲(Aspidogastrea)								
Aspidogastridae	*Aspidogaster conchicola*	+	+	+				Gerzeli，1968
复殖亚纲(Digenea)								
Allocreadiidae	*Macrolecithus papilliger*	+	+	+				Rees，1936
Aporocotylidae	*Orchispirium heterovitellatum*	−	+	−	−		+	Madhavi and Rao，1971
Bucephalidae	*Bucephaloides gracilescens*	+		−				Smyth and Clegg，1959
Cyathocotylidae	*Cyathocotyle bushiensis*	+	+	+				Erasmus，1972
	Holostephanus lühei	+	+	+				Erasmus，1972
Echinostomatidae	*Artyfechinostomum mehrai*	+[?]	+[?]	+[?]				Madhavi，1966
	Echinoparyphium recurvatum	+	+	+				Fried and Stramberg，1971
	Echinostoma revolutum	+	+	+				Fried and Stramberg，1971
	Isoparorchis hypselobagri	+	+	+				Srivastava and Gupta，1975，1976
Fasciolidae	*Fasciola hepatica*	+[*]	+[*]	+[*]	+[△]	+[△]		[*]Smyth and Clegg，1959；[△]Ramalingam，1973a
	Fasciola indica	+	+	+				Lal and Johri，1967
Fellodistomatidae	*Lintonium vibex*	+	+	+				Coil，1972
	Proctoeces subtenuis			−				Freeman and Llewellyn，1958
Gorgoderidae	*Gorgoderina attenuata*	+	+					Nollen，1971
	Gorgoderina sp.	+	+	−				Smyth and Clegg，1959
Halipegidae	*Halipegus eccentricus*	+	+	+				Guilford，1961

		Sclerotin			Keratin	双—酪氨酸 (Di-tyrosine)	Elastin	报告者
		酚 (Phenal)	蛋白质+ (Protein)	酚酶 (Phenolase)				
Hemiuridae	*Syncoelium spathulatum*	+	+					Coil and Kuntz，1963
Heterophyidae	*Cryptocotyle lingua*	+		+				Smyth and Clegg，1959
Lecithodendriidae	*Brandesia turgida*	+	+					Gerzeli，1968
	Ganeo tigrinum	+	+	+				Kandhaswami，1980
	Pleurogenes claviger	+	+					Gerzeli，1968
Notocotylidae	Ogmocotyle indica	+	+	+				Coil，1966
Opisthorchiidae	*Clonorchis sinensis*	+	+	+				Ma，1963
Paramphistomatidae	*Carmyerius spatiosus*		+			+		Madhavi，1966
	Carmyerius synethes	–	+	–		+		Eduardo，1976
	Diplodiscus amphichrus	–	+	–		+[?]		Kanwar and Agrawal，1977
	Diplodiscus mehrai		+			+		Madhavi，1968
	Gastrodiscus secundus		+			+		Madhavi，1966
	Gastrothylax crumenifer	–	+	–		+		Eduardo，1976
	Megalodiscus temperatus	–	+	–		+		Nollen，1971
	Paramphistomum cervi		+			+		Madhavi，1966
Philophthalmidae	*Philophthalmus megalurus*		+	+				Nollen，1971
Plagiorchiidae	Dolichosaccus rastellus			+				Smyth，1954
	Glypthelmins sp.	+	+	+				Fried and Stromberg，1971
	Haematoloechus medioplexus	+	+	+				Fried and Stromberg，1971
	Haplometra cylindracea	+	+	+				Smyth，1954
	Macrodera longicollis	+	+					Gerzeli，1968
Schistosomatidae	Schistosoma japonicum	+	+	+				He and Yang，1973
	Schistosoma mansoni	+	+	+				Piva and De Carneri，1961 Clegg and Smyth，1968
Strigeidae	*Apatemon gracilis*	+	+	+				Erasmus，1972
	Diplostomum phoxini	+	+	+				Bell and Smyth，1958
	Diplostomum sphathaceum	+	+	+				Erasmus，1972

"+"为阳性；"–"为阴性；无标记为无报告资料

吸虫卵壳的表面结构因不同种类而异，在有些种类(如血吸虫类)中，有的具侧刺(lateral spine)，有的具端刺(terminal spine)，在 *Schistosoma mansoni* 卵壳上有很小的微毛状突起(microvillus-like projections)和小棘(Sakamoto and Ishll，1976)。有的种类，如背孔吸虫(Notocotylidae)，在卵的一端或两端具伸直的卵丝(egg filaments)。应用扫描电子显微镜观察吸虫卵壳表面，有的是光滑的，如 *Eurytrema pancreaticum* 的虫卵(唐崇惕等，1985)和 *Fasciola hepatica* 的虫卵(Køie et al.，1976；Wilson，1967b)。Race 等(1971)对曼氏血吸虫虫卵进行透射电镜观察，见卵壳上有许多小孔，认为这些小孔是虫卵在宿主组织中时毛蚴释放酶或抗原物质的重要通路。Krupa(1974)在 *Cryptocotyle lingua* 虫卵壳表面上见到许多长柔毛(villosities)的结构。

9. 虫卵排出

吸虫虫卵需要离开终末宿主到外界环境中继续其种族的繁衍。虫卵排到外界是通过宿主的粪便,如 *Fasciola hepatica*、*Fasciolopsis buski*、*Clonorchis* sinensis、*Dicrocoelium* spp.、*Eurytrema* spp.等。肝片吸虫和姜片虫是寄生在宿主的肠管中,虫卵排到宿主的肠腔内,而后随粪便排到外界。寄生在宿主肝脏胆管、胆囊中的双腔吸虫和中华分支睾吸虫等的虫卵和寄生在宿主胰脏胰管中的胰脏吸虫(*Eurytrema* spp.)的虫卵,分别通过宿主的胆管和胰管进入到肠管中,亦随宿主的粪便向外排出。寄生肺部的并殖吸虫(*Paragonimus* spp.)的虫卵随宿主气管分泌物痰排出。血吸虫类寄生在宿主的血管中,虫卵能分泌含酶物质溶解宿主的肠壁或泌尿系统的组织而间接地到宿主的粪便或尿中而排到外界。一些吸虫的虫卵排到外界,经过发育毛蚴才成熟,并孵化。一些吸虫,虫卵到达外界,接触到水就能孵化,如血吸虫类等。一些吸虫,如双腔吸虫、胰脏吸虫等的虫卵到达外界时卵中已含成熟的毛蚴,但在外界不能孵化,要被它们的贝类中间宿主吞食之后在宿主的消化道中才孵化出来继续发育。寄生在鸟类眼内的嗜眼吸虫(*Philophthalmus* spp.)的虫卵,在虫体的子宫中就能发育成熟,并孵出毛蚴(唐仲璋等,1980),毛蚴随着宿主泪管分泌物或在鸟禽类的眼窝中和水体接触时排到外界。吸虫虫卵到外界环境通常适应在有水或潮湿的环境中生存,在干燥的环境中会迅速地死亡。环境中各种物理和化学的因素都会对虫卵的生存和发育有所影响。

参 考 文 献

陈心陶.1965. 人体寄生虫学. 北京:人民卫生出版社

何毅勋.1991. 血吸虫生物学//毛守白. 血吸虫生物学与血吸虫病的防治. 北京:人民卫生出版社:8-259

唐仲璋,唐崇惕,陈清泉,等.1980. 福建省家禽嗜眼吸虫的研究. 动物学报,26(3):232-241

唐仲璋,唐崇惕.1993. 中口短咽吸虫 *Brachylaima mesostoma*(Rud.,1803)Baer,1933 的生活史研究(Trematoda:Brachylaimidae). 动物学报,39(1):13-18

唐崇惕,许振祖.1979. 九龙江口缢蛏泄肠吸虫病病原生物学的研究. 动物学报,25(4):336-345

唐崇惕,崔贵文,钱玉春,等.1983. 土耳其斯坦东毕吸虫的扫描电镜观察. 动物学报,29(2):159-162

唐崇惕,崔贵文,何毅勋,等.1985. 中华双腔吸虫与胰阔盘吸虫成虫体表亚显微结构的观察. 动物学报,31(4):387

唐崇惕,崔贵文,钱玉春,等.1988. 内蒙古呼伦贝尔草原多房棘球蚴病病原的调查. 动物学报,34(2):172-179

唐崇惕,唐亮,钱玉春,等.2001a. 内蒙古东部新巴尔虎右旗泡状肝包虫病原种类及流行学调查. 厦门大学学报(自然科学版),40(2):503-510

唐崇惕,唐亮,崔贵文,等.2001b. 西伯利亚棘球绦虫和多房棘球绦虫泡状蚴在长爪沙鼠体内发育的比较. 地方病通报,16(4):5-11

唐崇惕,唐亮,康育民,等.2001c. 内蒙古东部鄂温克旗草场鼠类感染泡状棘球蚴情况的调查. 寄生虫与医学昆虫学报,5(4):220-227

唐崇惕,唐亮,崔贵文,等.2001d. 内蒙古西伯利亚棘球绦虫和多房棘球绦虫泡状蚴在小白鼠发育成熟的比较. 实验生物学报,34(4):261-268

唐崇惕,唐亮,崔贵文,等.2002. 内蒙古呼伦贝尔泡状蚴(*Alveolaris hulunbeierensis*)结构的观察. 中国人兽共患病杂志,18(1):8-11

唐崇惕,崔贵文,陈东,等.2006a. 我国内蒙古大兴安岭北麓泡状肝包虫种类的研究. Ⅰ. 多房棘球绦虫(*Echinococcus multilocularis* Leuckart,1863). 中国人兽共患病学报,22(12):1089-1094

唐崇惕,崔贵文,陈东,等.2006b. 我国内蒙古大兴安岭北麓泡状肝包虫种类的研究. Ⅱ. 西伯利亚棘球绦虫(*Echinococcus sibiriensis* Rausch et Schiller,1954). 中国人兽共患病学报,23(5):419-426

唐崇惕,彭文峰,陈东,等.2007. 我国内蒙古大兴安岭北麓泡状肝包虫种类的研究. Ⅲ. 苏俄棘球绦虫(*Echinococcus russicensis* sp.nov.). 中国人兽共患病学报,23(10):957-964

Bell E J,Smyth J D. 1958. Cytological and histochemical criteria for evaluating development of trematodes and pseudophyllidean cestodes *in vivo* and *in vitro*. Parasitology,48:131-148

Bennett C E. 1973. An ultrastructural study of the development of *Fasciola hepatica* L. from the newly excysted juvenile to the adult form in the white mouse. Ph. D. Thesis,The Queen's University of Belfast

Bennett C E. 1975a. Surface features,sensory structures,and movement of the newly excysted juvenile *Fasciola hepatica* L. J Parasitol,61:886-891

Bennett C E. 1975b. Scanning electron microscopy of *Fasciola hepatica* L. during growth and maturation in the mouse. J Parasitol,61:892-898

Bennett C E. 1975c. *Fasciola hepatica*: development of caecal epithelium during migration in the mouse. Exp Parasitol, 37: 426-441

Bennett C E. 1977. *Fasciola hepatica*: development of excretory and parenchymal systems during migration in the mouse. Exp Parasitol, 41: 43-53

Bennett J L, Bueding E. 1971. Localization of biogenic amines in *Schistosoma mansoni*. Comp Biochem Physiol, 39A: 857-867

Bennett J L. Bueding E, Timms A R, et al. 1969. Occurrence and levels of 5-hydroxytryptamine in *Schistosoma mansoni*. Mol Pharmacol, 5: 542-545

Bennett J L, Gianutsos G. 1977. Distribution of Catecholamines in immature *Fasciola hepatica*: A histochemical and biochemical study. Int J Parasitol, 7: 221-225

Bennett C E, Threadgold L T. 1973. Electron microscope studies of *Fasciola hepatica*. XIII. Fine structure of the newly excysted juvenile. Exp Parasitol, 34: 85-99

Bhatti I, Johnson A D. 1971. *In vitro* uptake of tritiated glucose, tyrosine and leucine by adult *Alaria marcianae*(La Rue) (Trematoda). Comp Biochem Physiol, 40A: 987-997

Bhatti I, Johnson A D. 1972. Enzyme histochemistry of the holdfast organ and forebody gland cells of *Alaria marcianae*(La Rue, 1917) (Trematoda: Diplostomatidae). Proceedings of the Helminthological Society of Washington, 39: 78-87

Bogitsh B J. 1968. Cytochemical and Ultrastructural observations on the tegument of the trematode *Megalodiscus temperatus*. Transactions of the American Microscopical Society, 87: 477-486

Bogitsh B J. 1972a. Additional cytochemical and morphological on the tegument of Haematoloechus medioplexus. Transactions of the American Microscopical Society, 91: 47-55

Bogitsh B J. 1972b. Cytochemical and biochemical observations on the digestive tracts of digenetive trematodes.IX. *Megalodiscus temperatus*. Exp Parasitol, 32: 244-260

Bogitsh B J. 1975a. Cytochemistry observations on the gastrodermis of digenetic trematodes. Transactions of the American Microscopical Society, 94: 524-528

Bogitsh B J. 1975b. Cytochemistry of gastrodermal autophagy following starvation in *Schistosoma mansoni*. J Parasitol, 61: 237-248

Bogitsh B J, Carter O S. 1977a. *Schistosoma mansoni*, ultrastructural studies on the eosophageal secretory granules. J Parasitol, 63: 681-686

Bogitsh B J, Shannon W A. 1971. Cytochemical and biochemical observations on the digestive tracts of digenetic trematodes. VIII. Acid phosphatase activity in *Schistosoma mansoni* and *Schistosomatium douthiti*. Exp Parasitol, 29: 337-347

Bruckner D A, Voge M. 1974. The nervous system of larval *Schistosoma mansoni* as revealed by acetylcholinesterase staining. J Parasitol, 60: 437-446

Bueding E. 1952. Acetylcholinesterase activity of *Schistosoma mansoni*. British Journal of Pharmacology, 7: 563-566

Bueding E, Bennett J. 1972. Neurotransmitters in trematodes// Vanden Bossche H. Comparative Biochemistry of Parasites. New York and London: Academic Press: 95-99.

Bueding E, Schiller E L, Bourgeois J G. 1967. Some physiological, biochemical, and morphologic effects of tris(p-aminophenyl) carbonium salts(TAC) on *Schistosoma mansoni*. Am J Trop Med Hyg, 16: 500-515

Burton P R. 1967. Fine structure of the reproductive system of a frog lung fluke.II.Penetration of the ovum by a spermatozoon. J Parasitol, 53: 994-999

Burton P R. 1972. Fine structure of the reproductive system of a frog lung fluke. III.The spermatozoa and its differentiation. J Parasitol, 58: 68-83

Burton P R. 1973. Some structural and cytochemical observations on the axial filament complex of lung-fluke spermatozoa. J Morphol, 140: 185-196

Chance M R A, Mansour T E. 1953. A contribution to the pharmacology of movement in the liver fluke. Bri J Pharmacol, 8: 134-138

Chapman H D. 1973. The functional organization and fine structure of the tail musculature of the cercariae of *Cryptocotyle lingua* and *Himasthla Secunda*. Parasitology, 66: 487-497

Chou T T, Bennett J, Bueding E. 1972. Occurrence and concentrations of biogenic amines in trematodes. J Parasitol, 58: 1098-1102

Clegg J A. 1965a. Secretion of lipoprotein by Mehlis' gland in *Fasciola hepatica*. Annals of the New York Academy of Science, 118: 969-986

Clegg J A, Smyth J D. 1968. Growth, development and culture methods: Parasitic platyhelminths// Florkin M, Scheer B T. London and New York, Chem Zool, Vol 2. Academic Press: 395-446

Coil W H. 1966. Egg shell formation in the notocotylid trematode, *Ogmocotyle indica*(Bhalerao, 1942)Ruiz, 1946. Zeitschrift für Parasitenkunde, 27: 205-209

Coil W H, Kuntz R E. 1963. Observations on the histochemistry of *Syncoelium spathulatum* n. sp. Proceedings of the Helminthological Society of Washington, 30: 60-65

Davis D A, Bogitsh B J. 1971a. Cytochemical localization of the gastrodermal glycocalyx of *Gorgoderina attenuata* and *Haematoloechus medioplexus*. Acta histochemica et cytochemica, 4: 65-68

Davis D A, Bogitsh B J. 1971b. *Gorgoderina attenuata*: Cytochemical and biochemical observations on the digestive tracts of digenetic trematodes. Exp Parasitol, 29: 320-329

Davis D A, Bogitsh B J, Nunnally D A. 1968. Cytochemical and biochemical observations on the digestive tracts of digenetic trematodes. Ⅰ. Ultrastructure of
Haematoloechus medioplexus gut. Exp Parasitol, 22: 96-106

Davis D A, Smyth J D. 1979. The development of the metacercariae of Microphallus similis in vitro and in the mouse. Int J Parasitol, 9: 261-267

DiConza J J, Basch P F. 1975. Histochemical demonstration of Acetylcholinesterase in sporocysts of Schistosoma mansoni (Trematoda). Parasitology, 71:
305-310

Dike S C. 1967. Ultrastructure of the ceca of the digenetic trematodes Gorgodera amplicava and Haematoloechus medioplexus. J Parasitol, 53:
1173-1185

Dike S C. 1969. Acid phosphatase activity and ferritin incorporation in the ceca of digenetic trematodes. Journal of Parasitology, 55: 111-123

Dike S C. 1971. Ultrastructure of the esophageal region in Schistosoma monsoni. American Journal of Tropical Medicine and Hygiene, 20: 552-568

Eduardo S L. 1976. Egg shell formation in Carmyerius synethes (Fischoeder, 1901) and Gastrothylax crumenifer (Creplin, 1847) Digenea: Gastrothylacidae.
Philipp J Vet Med, 15: 117-122

Edwards H H, Nollen P M, Nadakavukaren M J. 1977. Scanning and transmission electron microscopy of oral sucker papillae of Philophthalmus megalurus. Int
J Parasitol, 7: 429-437

Erasmus D A. 1967. Ultrastructural observations on the reserve bladder system of Cyathocotyle bushiensis Khan, 1962 (Trematoda: Strigeoidea) with special
reference to lipid excretion. J Parasitol, 53: 525-536

Erasmus D A. 1969a. Studies on the host-parasite interface of strigeoid trematodes. Ⅴ. Regional differentiation of the adhesive organ of Apatemon gracilis
minor Yamaguti, 1933. Parasitology, 59: 245-256

Erasmus D A. 1969b. Studies on the host-parasite interface of strigeoid trematodes.Ⅵ. Ultrastructural observations on the lappets of Diplostomum phoxini
Faust, 1918. Zeitschrift für Parasitenkunde, 32: 48-58

Erasmus D A. 1973. A comparative study of the reproductive system of mature, immature and 'unisexual' female Schistosoma mansoni. Parasitology, 67:
175-183

Erasmus D A. 1975. Schistosoma mansoni: Development of the vitelline cell, its role in drug sequestration, and changes induced by Astiban. Exp Parasitol,
38: 240-256

Erasmus D A, Ohman C. 1963. The structure and function of the adhesive organ in strigeid trematodes. Annals of the New York Academy of Sciences,
113: 7-35

Erust S C. 1975. Biochemical and cytochemical studies of digestive absorptive functions of esophagus, cecum, and tegument in Schistosoma mansoni: acid
phosphatase and tracer studies. J Parasitol, 61: 633-647

Fetterer R H, Bennett J L. 1978. Clonazepam and praziquantel: Mode of antischistosomal action. Federation Proceedings, 37: 604

Fetterer R H, Pax R A, Bennett J L. 1977. Schistosoma mansoni direct method for simultaneous recording of electrical and motor activity. Exp Parasitol, 43:
286-294

Fetterer R H, Pax R A, Bennett J L. 1980. Praziquantel, Potassium and 2, 4-dinitrophenal: Analysis of their action on the musculature of Schistosoma mansoni.
Eur J Pharmacol, 64: 31-38

Florey E. 1967. Neurotransmitters and modulators in the animal Kingdom. Federation Proceedings, 26: 1164-1178

Freeman R F H, Liewellyn J. 1958. An adult digenetic trematode from an invertebrate host: Proctoeces subtenuis (Linton) from the Lamellibranch Scrobicularia
plana (Da Costa). J Mar Biol Assoc UK, 37: 435-457

Fried B, Stromberg B E. 1971. Egg-shell precursors in trematodes. Proceedings of the Helminthological Society of Washington, 38: 262-264

Fripp P J. 1967. Histochemical localization of esterase activity in Schistosomes. Exp Parasitol, 21: 380-390

Fujino T, Ishii Y. 1978. Comparative Ultrastructural topography of the gut epithelia of the lung fluke Paragonimus (Tremada: Troglotrematidae). Int J
Parasitol, 8: 139-148

Fujino T, Ishii Y. 1979. Comparative Ultrastructure topography of the gut epithelia of some trematodes. Int J Parasitol, 9: 435-448

Gallagher S S E, Threadgold L T. 1967. Electron microscope studies of Fasciola hepatica. Ⅱ. The interrelationship of the parenchyma with other organ
systems. Parasitology, 57: 627-632

Gianutsos G, Bennett J L. 1977. The regional distribution of dopamine and norepinephrine in Schistosoma mansoni and Fasciola hepatica. Comp Biochem
Physiol, 58C: 157-159

Gerzeli G. 1968. Aspetti istochimici della formazione degli involucri ovulari in Aspidogaster conchicola von Baer (Trematoda). Instituto Lombardo scienze e
lettere (Rend. Sc.), B102: 263-276

Gonnert R. 1962. Histologische untersuchungen uber den Feinbau der Eibildung-statte (Oogenotop) von Fasciola hepatica. Zeitschrift für Parasitenkunde, 21:
475-492

Grasso M. 1967a. Prime indagini sulla prezenza di cellule neurosecretrici in Fasciola hepatica. Rendiconti Akademie nazionale, 42: 85-87

Grasso M. 1967b. Distribuzione e attivita della cellule neurosecretrici in Fasciola hepatica. Rendiconti Akademie nazionale, 42: 903-905

Gresson R A R, Threadgold L T. 1964. The large neurons and interstitial material of Fasciola hepatica L. Proceedings of the Royal Society of Edinburgh, 68:
261-266

Guilford H G. 1961. Gametogenesis egg-capsule formation, and early miracidial development in the digenetic trematode, *Halipegus eccentricus* Thomas. J Parasitol, 47: 757-764

Gupti A N, Guraya S S, Sharma P N. 1974. Histochemical observations on the excretory system of digenetic trematodes. Acta Morphologica Neerlando-scandinavica, 12: 231-242

Halton D W. 1966. Occurrence of microvilli-like structures in the gut of digenetic trematodes. Experientia, 22: 828-829

Halton D W. 1967a. Studies on phosphatase activity in trematoda. J Parasitol, 53: 46-54

Halton D W. 1967b. Observations on the nutrition of digenetic trematodes. Parasitology, 57: 639-660

Halton D W. 1967c. Histochemical studied of carboxylic esterase activity in *Fasciola hepatica*. J Parasitol, 53: 1210-1216

Halton D W. 1968. Light and electron microscope studies of carboxylic esterase activity in the trematode *Haplometra cylindracea*. J Parasitol, 54: 1124-1130

Halton D W. 1975. Intracellular digestion and cellular defecation in a monogenean, *Diclidophore merlangi*. Parasitology, 70: 331-340

Hanna R E B. 1975. *Fasciola hepatica*: An electron microscope autorediographic study of protein synthesis and secretion by gut cells in tissue slices. Exp Parasitol, 38: 167-180

Harris K R, Cheng T C. 1972. Presumptive neurosecretion in *Leucochloridiomorpha constantiae* (Trematode) and its possible role in governing maturation. Int J Parasitol, 2: 361-367

Hathaway R P, Herlevich J C. 1976. A histochemical study of egg shell formation in the monogenetic trematode *Octomacrum lanceatum* Mueller, 1932. Proceedings of the Helminthological Society of Washington, 43: 203-206

He Y H(何毅勋), Yang H C. 1973. Histochemical localization of Phenols and phenolase in *Schistosoma japonicum*. Acta Zoologica Sinica, 19: 1-10

Hendelberg J. 1969. On the number and Ultrastructure of the flagella of flatworm spermatozoa. *Academia nizionale dei Lincei*, *Quoderno* N. 137. Comparative spermatology. Proceedings of the First International Symposium: 367-375

Hillman G R, Senft A W. 1975. Anticholinergic properties of the antischistosomal drug hycanthone. Am J Trop Med Hyg, 24: 827-834

Hockley D J, McLaren D J. 1973. *Schistosoma mansoni* changes in the outer membrane of the tegument during development from cercaria to adult worm. Int J Parasitol, 3: 13-25

Hyman L H. 1951. The Invertebrates, Vol. 2.New York: McGraw-Hill

Inatomi S, Tongu Y, Sakumoto D, et al. 1970. The Ultrastructure of Helminths. 4. Cercaria of *Schistosoma japonicum*. Acta Medicinae Okayama, 24: 205-224

Johnson A, Bhatti I, Kanemoto N. 1971. Structure and function of the holdfast organ and lappets of *Alaria marcianae* (La Rue, 1917) (Trematoda: Diplostomatidae). J Parasitol, 57: 235-243

Kandhaswami R. 1980. Studies on *Ganeo tigrinum* Mehra and Negi, 1928 from the amphibian *Rana hexadactyla* with reference to 'egg' formation. Ph. D. Thesis, University of Madras

Kanwar U, Agrawal M. 1977. Cytochemistry of the vitelline glands of the trematode *Diplodiscus amphichrus* (Tubangui, 1933) (Diplodiscidae). Folia Parasitol, 24: 123-127

Katz M. 1977. Anthelmintics. Drugs, 13: 124-136

Kohlmann F W. 1961. Untersuchungen zur Biologic, Anatomic, und histologie von *Polystoma integerrimum* Fröhlich. Zeitschrift für Parasitenkunde, 20: 495-524

Kφie M, Christensen NΦ, Nansen P. 1976. Stereoscan studies of eggs. Free-swimming and penetrating miracidia and early sporocysts of *Fasciola hepatica*. Zeitschrift für Parasitenkunde, 51: 79-90

Kφie M, Frandsen F. 1976. Sterescan observations of the miracidium and early sporocyst of *Schistosoma mansoni*. Zeitschrift für Parasitenkunde, 50: 335-344

Kotikova E A. 1969. Cholinesterase in trematodes and some characteristics of the structure of their nervous systems.(In Russian: RTS №11231), Parazitologiya, 3: 532-538

Krali N, Lui A. 1967. Histochemical studies of cholinesterase activity in *Paramphistomum cervi* and *Diplodiscus subclavatus*. Veterinarski Arhiv, 37: 257-261

Krupa P L. 1974. Ultrastructural topography of a trematode eggshell. Exp Parasitol, 35: 244-247

Krvavica S, Lui A, Becejac S. 1967. Acetylcholinesterase and butyrylcholinesterase in the liver fluke (*Fasciola hepatica*). Exp Parasitol, 21: 240-248

Kummel G. 1964. Die Feinstruktur der Terminalzellen(Cyrtocyten) an den protonephridien der Priapuliden. Zeitschrift für Zellforschung und Mikroskopische Anatomie, 62: 468-484

Lal M B, Johri G N. 1967. The function of the vitellocalycal glands in eggshell formation in *Fasciola indica* Verma, 1953. J Parasitol, 53: 989-993

Lee D L. 1962. Studies on the functions of the pseudosuckers and holdfast organ of *Diplostomum phoxini* Faust(Strigeida, Trematoda). Parasitology, 52: 103-112

Llewellyn J. 1965. The evolution of parasitic platyhelminths. Symposia of the British Society for Parasitology, 3: 47-78

Looss A. 1884. Die Distomen unserer Fische und Frosche. Neve Untersuchungen über Bau und Entwickelung des Distomenkörpers. 1 p.1: 296, Biblioth Zool Heft 16

Lowe C Y. 1966. Comparative studies of the lymphatic system of four species of amphistomes. Zeitschrift für Parasitenkunde, 27: 169-204

Lumsden R D, Foor W E. 1968. Electron microscopy of Schistosome cercarial muscle. J Parasitol, 54: 780-794

Ma L.1963. Trace elements and polyphenol oxidase in Clonorchis sinensis. J Parasitol, 49: 197-203

Madhavi R. 1966. Egg-shell in Paramphistomatidae (Trematoda: Digenea). Experientia, 22: 93-94

Madhavi R. 1968. Diplodiscus mehrai: Chemical nature of egg-shell. Exp Parasitol, 23: 392-397

Madhavi R, Rao K H. 1971. Orchispirium heterovitellatum: Chemical nature of the eggshell. Exp Parasitol, 30: 345-348

Mansour T E. 1964. The pharmacology and biochemistry of parasitic helminthes. Advances in Pharmacology, 3: 129-165

Mason P R, Fripp P J. 1976. Analysis of the movements of Schistosoma mansoni using dark-ground photography. J Parasitol, 62: 721-727

McLaren D J. 1980. Schistosoma mansoni: The parasite surface in relation to host immunity. London: John Wiley and Sons

Matskasi I. 1970. On the neurosecretory cells of Opisthodiscus diplodiscoides Cohn (trematodes), and their structural changes during the day. Folia Parasitol, 17: 25-30

Moore M N, Halton D W. 1975. A study of the rediae and cercariae of Fasciola hepatica. Zeitschrift für Parasitenkunde, 47: 45-54

Morris G P. 1968. Fine structure of the gut epithelium of Schistosoma mansoni. Experientia, 24: 480-482

Morris G P. 1973. The fine structure of the cecal epithelium of Megalodiscus temperatus. Can J Zool, 51: 457-460

Morris G P, Threadgold L T. 1968. Ultrastructure of the tegument of adult Schistosoma mansoni. J Parasitol, 54: 15-27

Moseley C, Nollen P M. 1973. Autoradiographic studies on the reproductive system of Philophthalmus hegeneri Penner and Fried, 1963. J Parasitol, 59: 650-654

Nollen P M. 1968. Autoradiographic studies on reproduction in Philophthalmus megalurus (Cort, 1914) (Trematoda). J Parasitol, 54: 43-48

Nollen P M. 1971. Digenetic trematodes: quinone tanning system in eggshells. Exp Parasitol, 30: 64-72

Nollen P M, Nadakavukaren M J. 1974a. Megalodiscus temperatus: Scanning electron microscopy of the tegumental surfaces. Exp Parasitol, 36: 123-130

Nollen P M, Nadakavukaren M J. 1974b. Observations on ligated adults of Philophthalmus megalurus, Gorgoderina attentuata, and Megalodiscus temperatus by scanning electron microscopy and autoradiography. J Parasitol, 60: 921-924

Nollen P M, Pyne J L, Bajt J E. 1974. Megalodiscus temperatus: Absorption and incorporation of tritiated tyrosine, thymidine, and adenosine. Exp Parasitol, 35: 132-140

Ohman C. 1965. The structure and function of the adhesive organ in strigeid trematodes. Part Ⅱ. Diplostomum spathaceum Braun, 1893. Parasitology, 55: 481-502

Ohman C. 1966a. The structure and function of the adhesive organ in strigeid trematodes. Part Ⅲ. Apatemon gracilis minor Yamaguti, 1933. Parasitology, 56: 209-226

Ohman C. 1966b. The structure and function of the adhesive organ in strigeid trematodes. Ⅳ. Holostephanus luhei Szidat, 1936. Parasitology, 56: 481-491

Panitz E, Knapp S E. 1967. Acetylcholinesterase activity in Fasciola hepatica. J Parasitol, 53: 355-361

Pantelouris E M, Threadgold L T. 1963. The excretory system of adult Fasciola hepatica. Cellule, 64: 63-67

Parshad V R, Guraya S S. 1977. Comparative histochemical observations on the excretory system of helminth parasites. Zeitschrift für Parasitenkunde, 52: 81-89

Popiel I. 1977. The Ultrastructure of the excretory bladder of the free living cercaria and metacercaria of Cercaria stunkardi Palombi, 1934 (Digenea: Opecoelidae). Zeitschrift für Parasitenkunde, 51: 249-260

Piva N, Carneri I De. 1961. Studio istochimico sui vitellogeni di Schistosoma mansoni. Parasitologia, 3: 235-238

Race G J, Martin J H, Moore D V, et al. 1971. Scanning and transmission electron microscopy of Schistosoma mansoni eggs, cercaria and adults. Am J Trop Med Hyg, 20: 914-924

Ramalingam K. 1970a. Relative role of vitelline cells and Mehlis' gland in the formation of egg-shell in trematodes. Anales del Instituto de biologia Universidad nacional autonoma de Mexico 41 Series Zoologica, 1: 145-154

Ramalingam K. 1970b. Prophenolase and the role of Mehlis' gland in helminthes. Experientia, 26: 82

Ramalingam K. 1973. The chemical nature of the egg-shell of helminthes —1.Absence of quinone tanning in the egg-shell of the liver fluke, Fasciola hepatica. Int J Parasitol, 3: 67-75

Rees F G. 1974. The ultrastructure of the body wall and associated structures of the cercaria of Cryptocotyle lingua (Creplin) (Digenea: Heterophyidae) from Littorina littorea (L.). Zeitschrift für Parasitenkunde, 44: 239-265

Rees F G. 1975. The arrangement and ultrastructure of the musculature, nerves and epidermis in the tail of the cercaria of Cryptocotyle lingua (Creplin) from Littorina littorea (L.). Proceedings of the Royal Society of London B, 190: 165-186

Rees W J. 1936. The effect of Parasitism by larval trematodes on the tissues of *Littorina littorea* (Linne). Proceedings of the Zoological Society of London: 357-368

Reid W A, Harkema R. 1970. Carboxytic esterase activity of *Procyotrema marsupiformis* Harkema and Miller, 1959 (Diplostomatidae). J Parasitol, 56: 1074-1083

Reger J F. 1976. Studies on the fine structure of cercarial tail muscle of *Schistosoma* sp. (Trematoda). J Ultrastrueture Res, 57: 77-86

Ramisz A, Szankowska Z. 1970. Studies on the nervous system of *Fasciola hepatica* and *Dicrocoelium dendriticum* by means of histochemical method for active acetylcholinesterase. Acta Parasitologica Polonica, 17: 217-223

Reisinger E. 1925. Untersuchungen am Nervensystem der *Bothrioplana semperi* Braun (Zugleich ein Beitrag zur Technik der Vitalen Nervenfärbung und zur vergleichenden Anatomie des Plathelminthen- nervensystems). Ztschr Morphol u Oekol Tiere, 5 (1): 119-149

Reznik G K. 1966. Localization of cholinesterase in sexually mature *Fasciola* and *Dicrocoelium*. (In Russian) Moscow, Tematich sb. Rabot po gelmintologii s-x zhivotnykj (Thematic collection of studies of the Helminthology of farm animal), 12: 153-158

Rigby D W, Marx R A. 1962. A comparative histochemical study of the monogenetic trematode *Rajonchocotyle batis* Cerfontaine with the trypanorhynch cestode *Gilquinia squali* (Fabricus). Walla Walla College, Publications (Washington), Department of Biological Sciences, 31: 1-11

Rennison B D. 1953. A morphological and histochemical study of egg-shell formation in *Diclidophora merlangi*. M Sc Thesis University of Dublin

Robinson G, Threadgold L T. 1975. Electron microscope studies of *Fasciola hepatica*. XII. The fine structure of the gastrodermis. Exp Parasitol, 37: 20-36

Sakemoto K, Ishii Y. 1976. Fine structure of Schistome eggs as seen through the scanning electron microscope. Am J Trop Med Hyg, 28: 841-844

Sanderson B E. 1973. Anthelmintics in the study of helminth metabolism. Symposia of the British Society for Parasitology, 11: 53-82

Sekardi L, Ehrlich I. 1962. Acetilkolinesteraza vilikog metilja (*Fasciola hepatica* L.). Bioloski Glasnik, 15: 229: 233

Shannon W A, Bogitsh B J. 1969. Cytochemical and biochemical observations on the digestive tracts of digenetic trematodes. V. Ultrastructure of *Schistosomatium douthitti* gut. Exp Parasitol, 26: 344-353

Shannon W A, Bogitsh B J. 1971. *Megalodiscus temperatus*: Comparative radioautography of glucose-^{3}H and galactose-^{3}H incorporation. Exp Parasitol, 29: 309-319

Sharma P N. 1976. Histochemical studies on the distribution of alkaline phosphatase, acid phosphstase, 5'-nucleotidase and ATPase in various reproductive tissues of certain digenetic trematodes. Zeitschrift für Parasitenkunde, 49: 223-231

Sharma P N. 1978b. Histochemical distribution of succinic dehydrogenase in the lymphatic system of a trematode *Ceylonocotyle scoliocoelium*. J Helminthol, 52: 159-162

Shyamasundari K, Hanumantha Rao K. 1975. The structure and Cytochemistry of the neurosecretary cells of *Fasciola gigantica* Cobbold and *Fasciola hepatica* L. Zeitschrift für Parasitenkunde, 47: 103-109

Silk M H, Spence I M. 1969a. Ultrastructure studies of the blood fluke—Schistosoma mansoni. II. The musculature. South African Journal of Medical Science, 34: 11-20

Smyth J D. 1954. A technique for the histochemical demonstration of polyphenol oxidase and its application to egg-shell formation in helminthes and byssus formation in *Mytilus*. Quarterly Journal of Microscopical Science, 95: 139-152

Smyth J D. 1966. The physiology of trematodes//Freeman W H. San Francisco

Smyth J D. 1973. Some interface phenomena in parasitic protozoa and platyhe lminths. Can J Zool, 51: 367-377

Smyth J D. 1976. An introduction to animal parasitology. 2nd ed. London: Hodder and Stoughton

Smyth J D, Clegg J A. 1959. Egg-shell formation in trematodes and cestodes. Exp Parasitol, 8: 286-323

Smyth J D, Halton D W. 1983.The physiology of trematodes. New York, London: Cambridge University Press

Sodeman T M, Sodeman W A, Schnitzer B. 1972. Lamellar structures in the gut of *Schistosoma haematobium*. Annals of Tropical Medicine and Parasitology, 66: 475-478

Spence I M, Silk M H. 1970. Ultrastructural studies of the blood fluke *Schistosoma mansoni*. IV. The digentive system. South African Journal of Medical Science, 35: 93-112

Srivastava M, Gupta S P. 1975. Phosphatase activity in *Isoparorchis hypselobagri* (Trematoda). Zoologischer Anzeiger, 195: 35-42

Srivastava M, Gupta S P. 1976. Egg-shell formation in *Isoparorchis hypselobagri*. Zeitschrift für Parasitenkunde, 49: 93-96

Steele D F. 1971. Neurosecretion in the life cycle of the digenetic trematode *Acanthoparyphium spinulo* Johnston, 1917. Dissertation Abstracts International, 32B: 93

Strong P A, Bogitsh B J. 1973. Ultrastructure of the lymph system of the trematode *Megatodiscus temperatus*. Transactions of the American Microscopical Society, 92: 570-578

Tandon R S. 1960a. Studies on the lymphatic system of amphistomes of ruminants: 1. *Carmyerius spatiosus* (Stiles and Goldberger, 1910). Zoologischer Anzeiger, 164: 213-217

Tandon R S. 1960b. Studies on the lymphatic system of the amphistomes of ruminants: 2. The genera *Gastrothylax* and *Fischoederius*. Zoologischer Anzeiger, 164: 217-221

Tandon R S. 1970. The lymphatic system of the amphistome, *Pseudochiorchis stunkardi* Tandon, 1970, a parasite of chelonians at Lucknow. Proceedings of the National Academy of Science, 41B: 148-150

Tang C T, Cui G W, Tang L, et al. 2004. Study on the ecological distribution of alveolar *Echinococcus* in Hulunbeier Pasture of Inner Mongolia, China Parasitology, 128: 187-194

Tang C T, Tang L, Chen D, et al. 2006. Alveolar *Echinococcus* species from *Vulpes corsac* in Hulunbeier, Inner Mongolia, China, and differential developments of the metacestodes in experimental rodents. J Parasitol, 92 (4): 719-724

Threadgold L T. 1963. The tegument and associated structures of *Fasciola hepatica*. Quarterly Journal of Microscopical Science, 104: 505-512

Threadgold L T. 1967. Electron microscope studies of *Fasciola hepatica*. Ⅲ. Further observations on the tegument and associated structures. Parasitology, 57: 633-637

Threadgold L T. 1968. Electron microscope studies of *Fasciola hepatica*. Ⅵ. The ultrastructural localization of phosphatases. Exp Parasitol, 23: 264-276

Threadgold L T. 1976. *Fasciola hepatica*: Ultrastructure and histochemistry of the glycocalyx of the tegument. Exp Parasitol, 39: 119-134

Threadgold L T. 1978. *Fasciola hepatica*: A transmission and scanning electron microscopical study of the apical surface of the gastrodermal cells. Parasitology, 76: 85-90

Threadgold L T, Arme C. 1974. Electron microscope studies of *Fasciola hepatica*. Ⅺ. Autophagy and parenchymal cell function. Exp Parasitol, 35: 389-405

Threadgold L T, Gallagher S S E. 1966. Electron microscope studies of *Fasciola hepatica*. Ⅰ. The ultrastructure and interrelationship of the parenchymal cells. Parasitology, 56: 229-304

Thurston J P. 1964. The morphology and life cycle of *Protopolystoma xenopi* (Price) Bychovsky in Uganda. Parasitology, 54: 441-450

Tieszen J E, Johnson A D, Dickinson J P. 1974. Structure and function of the holdfast organ and lappets of *Alaria mustelae* Bosma, 1931, with further studies on esterases of *A. marcianae* (La Rue, 1917) (Trematoda: Diplostomatidae). J Parasitol, 60: 567-573

Tomosky-Sykes T K, Bueding E. 1977. Effects of hycanthone on neuromuscular systems of *Schistosoma mansoni*. Journal of Parasitology, 63: 259-266

Tomosky-Sykes T K, Jardine I, Bueding E, et al. 1977. Sources of error in neurotransmitter analysis. Analytical Biochemistry, 83: 99-108

Ude J. 1962. Neurosekretorische Zellen in Cerebralganglion von *Dicrocoelium lanceatum* St. u H. (Trematoda-Digenea). Zoologischer Anzeigger, 169: 455-457

Van Den Bossche H. 1976. The molecular basis of anthelmintic action// Van den Bossche H. Biochemistry of Parasites and host-parasite relationships. Amsterdam: Elsevier/ Northholland Biomedical Press

Van Den Bossche H. 1978. Chemotherapy of parasitic infections. Nature, 273: 626-630

Van Den Bossche H. 1980. The host-invader interplay. Proceedings of the third International Symposium on the Biochemistry of Parasites and Host-Parasite Relationships. Amsterdam: Elsevier/North-Holland Biomedical Press

von Brand T h, Mercado T I. 1961. Histochemical glycogen studies on *Fasciola hepatica*. J Parasitol, 47: 459-463

Willey C H. 1930. Studies on the lymph system of digenetic trematodes. Journal of Morphol and Physiol, 50 (1): 1-37

Wilson R A. 1967a. The protonephridial system in the miracidium of the liver fluke, *Fasciola hepatica* L. Comp Biochem Physiol, 20: 337-342

Wilson R A. 1967b. The structure and permeability of the shell and vitelline membrane of the egg of *Fasciola hepatica*. Parasitology, 57: 47-58

Wilson R A, Barnes P E. 1974a. The tegument of Schistosoma mansoni observations on the formation, structure and composition of cytoplasmic inclusions in relation to tegument function. Parasitology, 68: 239-258

Wilson R A, Barnes P E. 1974b. On in vitro investigation of dynamic processes occurring in the Schistosome tegument, using compounds known to disrupt secretory processes. Parasitology, 68: 259-270

Wilson R A, Barnes P E. 1977. The formation and turnover of the membranocalyx on the tegument of *Schistosoma mansoni*. Parasitology, 74: 61-71

Wilson R A, Barnes P E. 1979. Synthsis of macromolecules by the epithelial surfaces of *Schistosoma mansoni*: An autoradiography study. Parasitology, 78: 295-310

Wolde Mussie E, Vande W A A J, Bennett J L, et al. 1982. *Schistosoma mansoni*: Calcium efflux and effects of calcium-free media on responses of the adult male musculature to praziquantel and other agents inducing contraction. Exp Parasitol, 53: 270-278

Wotton R M, Sogandares-Bernal F. 1963. A report on the occurrence of microvillus-like structures in the caeca of certain trematodes (Paramphistomatidae). Parasitology, 53: 157-161

八、吸虫生理学

　　吸虫和其他寄生蠕虫类，它们每一个个体都是具有生命活力的生物体。其生活史各阶段的个体，无论体外或体内的所有结构，都有各自一定的生理功能。寄生蠕虫（吸虫、绦虫和线虫）也是具有高度生理分化

(physiological specialization)的动物。每一虫种都有各自的生理特性(physiological characteristics)。不同种类的吸虫,不仅具有不同形态构造上分化(morphological differentiations),而且也具有基本的生理分化。吸虫(尤其复殖类吸虫)的成虫和幼虫各期在不同的宿主体内生活,有不同的生理要求。因此,吸虫与其他寄生蠕虫的生理学显然会有异于所有自由生活的动物种类。吸虫类生理学的研究难度高过自由生活种类。有关吸虫及其宿主之间生理关系的实验观察与分析是较近发展的一门科学,至今有关这方面的知识还是很贫乏。有关吸虫类生理学方面的一些问题分以下几个方面简单介绍。

(一)吸虫的化学成分

吸虫的组织由蛋白质(protein)、碳水化合物(carbohydrate)、核酸(nucleic acid)及脂肪(lipids)构成。所以吸虫成虫的组织化学成分包含有水分、蛋白质、脂肪、糖和代谢废物。不同的吸虫种类其组织化学成分的比例会略有不同(**生理表 1**)。水分的百分比可因不同标本而异,同一标本也可因不同的时间而不同。脂肪和蛋白质的百分比也会因代谢过程的性质和比率而异。蛋白质加水分解会产生通常有的氨基酸类别。其中糖蛋白被认为与宿主特异性(host specificity)有关。脂肪物质包括有可渗透的和不渗透的脂肪酸(fatty acid)甘油、胆固醇(cholesterin)、卵磷脂(lecithin)及其他磷化物(phosphatides)和单一脂肪酸(soap)。糖(glucogen)是一种重要的贮存的营养物质和厌氧呼吸中主要的能源。其分量可达虫体干重 20% 以上,这可因虫种不同、个体不同,或同一个体不同时间等条件不同而异。不同生活史阶段,吸虫所含的糖分、蛋白质和脂肪物质会有差异。虫体新陈代谢的废物包含有碳酸盐(carbonates)、氯化物(chlorides)、磷酸盐(phosphates)、硫酸盐(sulphates)以及钾(K)、钙(Ca)、钠(Na)、镁(Mg)、锰(Mn)、铁(Fe)、铝(Al)、铜(Cu)的硅酸盐(silikil)。

生理表 1 吸虫的化学成分(按 Smith and Halton,1983)

虫种	宿主	寄生部位	湿重/%	干重/%				作者
				废物	糖原	蛋白质	脂肪	
Azygia lucii	狗鱼	胃	—	—	0.57	—	11.0	Vysotskaya et al.,1972
	江鳕		—	—		—	21.2	Vysotskaya et al.,1973
Clinostomum complanatum	鱼	体腔	41.6	—	18.3	36.2	35.9	Siddiqui and Naoami,1981
Cotylophoron cotylophorum	水牛	瘤胃	31.4	—			27.3	Yusufi and Siddiqi,1976
Dicrocoelium dendriticum	绵羊	胆管	20.2	6.0	28.5	43	6.5	Eckert and Lehner,1971
Diplodiscus subclavatus	蛙	直肠	16.5	4.0	15.5	62	—	Halton,1964,1967d
Echinostoma malayanum	猪	小肠	24.7				39.0	Yusufi and Siddiqi,1976
Echinostoma revolutum	鸟	直肠	—				15.0	Fried and Boddorff,1978
Erytrema pancreaticum	牛	胰脏	—				15.7	Vykhrestyuk and Yayrgina,1975
Fasciola gigantica	水牛	胆管	22.4	—	25.4	66	12.8	Goil,1961;Smyth,1954
Fasciola hepatica	绵羊	胆管	19.5	5.5	16.0	59	12-13	Halton,1964,1967d;Hrzenjak et al.,1975;Von Branf,1966
Fasciolopris buski	猪	小肠	17.6				50.4	Yusufi and Siddiqi,1976
Gastrodiscoides hominis	猪	盲肠	—				14.5	Yusufi and Siddiqi,1977
Gastrothylax crumenifer	水牛	刍胃	25.7		25.1	49	1.3	Yusufi and Siddiqi,1978,1976
							10.5	
Gigantocotyle explanatum	水牛	胆管	20.6				34.4	Yusufi and Siddiqi,1976
Gorgodera cygnoides	蛙	膀胱	—		9.0	—		Halton,1967d

续表

虫种	宿主	寄生部位	湿重/%	干重/%				作者
				废物	糖原	蛋白质	脂肪	
Gorgoderina vitelliloba	蛙	膀胱	19.3	4.5	8.7	—	—	Halton，1964，1967d
Gynaecotyla abunca	鸟	胆管	20.2	6.0	28.5	43	6.5	Vernberg and Hunter，1956
Haematoloechus medioplexus	蛙	肺	17.5	6.1	9.0	66	12.8	Cain and French，1975
								Halton，1964，1967d
Haplometra hypselobagri	蛙	肺	16.7	5.3	9.5	63	—	Halton，1964，1967d
Isoparorchis ranarum	猫鱼	鳔	82.4	—	—	—	29.5	Yusufi and Siddiqi，1976
Mehraorchis ranarum	蛙	肝	25.7	—	17.6	—	—	Karyakarte et al.，1976
Paramphistomum cervi	牛	刍胃	—	—	—	—	4.8	Patil et al.，1977
								Vykhrestyuk and Yarygina，1975
								Yarygina，1972
Paramphistomum explana	水牛	胆管	23.9	—	30.3	30.3	4.5	Goil，1961；Smith，1966
Paramphistomum microbothrium	水牛	胆管	—	—	—	—	2.5	Hrzenjak and Ehrlich，1975
Schistosoma bovis	小鼠	静脉管	—	—	3.93	—	—	Magzoub，1974
Schistosoma haematobium	沙鼠	静脉管	—	—	2.00	—	—	Magzoub，1974
Schistosoma mansoni(♂)	小鼠	静脉管	—	—	14-29	50	33.9	von Brand，1966
							(♂♀合抱)	Smith and Brook，1969
Schistosoma mansoni(♀)	小鼠	静脉管	—	—	3-5	65	—	von Brand，1966

　　Watson（1960）分析肝片吸虫（*Fasciola hepatica*）体中的化学成分（chemical composition），水占83%，蛋白质占11%，脂肪占2%，糖占2%。不同的吸虫各成分比例不同，一些研究者对26种吸虫的化学成分的分析有很大差异。例如，碳水化合物占体干重的0.57%～30.3%，蛋白质占36.2%～66.0%，脂肪占6.5%～50.4%，废物占4.0%～6.1%

　　虫体体表皮层外的角质膜是由皮下腺细胞或上皮细胞所构成的一种高聚化合物的黏液蛋白（polymerized mucoprotein）。

　　吸虫生活史各世代个体都与它们所在环境的条件密切关系。因此，不同环境条件下物理化学性能的改变，可促使吸虫生活史阶段的进展。例如，血吸虫类的虫卵在终末宿主体内组织中，由于宿主组织的体温、高渗（hypertonic）、无光，虫卵中的毛蚴不能孵化。当虫卵被排出到外界水中，水中具有低温、低渗（hypotonic）及有光等条件，毛蚴才从虫卵孵出。孵出的毛蚴才有可能继续其生活史的进展。在不同发育阶段，吸虫体中化学物质及生理机制会发生改变来适应环境条件的改变，如血吸虫类尾蚴在水中生活，体表具糖质衣（glycocalyx）可适应在水中生存。尾蚴体无消化管，营内原性营养；呼吸为有氧代谢。当尾蚴穿钻进入终末宿主皮肤内，立即变为体表无糖质衣的裂体婴（schistosomulum）。此时裂体婴已不能在水中生存，只能生存于宿主的体液和血液中，消化管逐渐发育，从宿主血液中摄取营养；呼吸为有氧代谢及厌氧代谢。

　　每一个吸虫虫种都要能完成其生活史才得以延续其种族的生命。吸虫生活史比较复杂，由有性生殖世代和无性生殖的多个世代的繁殖和发育才完成一个生命周期。其生活史中不同发育阶段所需要的环境条件有所不同。因此，不同吸虫种类，或同一吸虫种类在不同生活史阶段其生理生化的情况都不一致。

（二）营养、消化酶及消化

1. 摄食和营养

　　吸虫成虫有消化管，通常用口摄食。食物种类依寄生虫种类及其在宿主的寄生部位而定，包括宿主的血液、黏液、胆汁、组织渗出物、上皮及组织细胞等。寄生在宿主消化道的吸虫，消化道中消化食物都能被其利用；寄生于血管中的血吸虫，以血液为食物；寄生在肠管或胆管的吸虫，可能由于虫体对宿主组织的机械损伤，宿主的各种组织包括血液也都能被吞食。吸虫幼虫期进入终末宿主体中，在它们移行到达能发育成熟的部位之前，所吞食的食物会因移行的部位而异。不同吸虫，或同一种吸虫不同个体，其摄食的情况均各有差异。Lawrence（1973）用 ^{51}Cr 标志的鼠红细胞作曼氏血吸虫（*Schistosoma mansoni*）的吞食试验，一个雌虫每天吸的血大约有 0.88μL，雌虫的食量比雄虫大 13 倍，吸食速度亦快 9 倍，所食物质转化也大过雄虫。肝片吸虫（*Fasciola hepatica*）寄生于胆囊胆管中，虽然不是专门吸血，但也是主要的食血者，并且吃胆管上皮（bileduct epithelium）及黏液。其他寄生胆管的吸虫（如中华分支睾吸虫、后睾吸虫以及双腔吸虫）亦可吞食血液及伤口组织。当吸虫寄生在宿主体中时，要了解虫体的营养问题比较困难。有时可用组织化学、分光光度技术等方法来检查吸虫肠管的内容物；有时应用给宿主注入某些有示踪标记的食物等物质，然后检查虫体，寻找这些有示踪标记的物质，以了解它们被虫体摄入和吸收的情况；有时用组织学及组织化学的方法，把吸虫连同它所寄生的宿主部位一起固定、切片，来观察虫体体内是否有宿主的物质，以及宿主组织受影响和被侵袭的情况。此外，尚可应用体外培养吸虫的方法，来直接观察虫体摄入食物和营养情况。

2. 消化酶与消化

吸虫除通过口孔摄取宿主体内的食物外，也可通过虫体皮层从宿主体内吸收营养。在吸虫的皮层及消化道中均发现有消化酶存在，Smyth 和 Halton（1983）曾引述一些研究者在一些吸虫皮层及肠管中发现的酶（生理表 2、生理表 3）。

生理表 2　一些吸虫皮层的酶组织化学（按 Smyth and Halton，1983）

吸虫种类	碱性磷酸酶	酸性磷酸酶	腺苷三磷酸酶	核苷二磷酸酶	酯酶	氨基肽酶	β-葡萄糖苷酸酶	过氧化酶	细胞色素氧化酶	琥珀酸脱氢酶	参考文献作者
Apatemon gracitis minor	+	o	—	—	+	o	—	—	—	—	Ohman，1966c
Clonorchis sinensis	o	+	—	—	—	—	—	—	—	—	Ma，1964
Cyathocotyle bushiensis	+*	o	—	—	+*	+*	—	—	—	—	Erasmus and Ohman，1963
Derogenes varicus	o	o	—	—	o	o	—	—	—	+	Aunet，1971
Dicrocoelium dendriticum	—	—	—	—	+	o	—	—	—	—	Reznik，1971
Diplodiscus subclavatus	o	o	—	—	—	—	—	—	—	—	Halton，1967a
Diplostomum spathaceum	+	+*	—	—	+	o	—	—	—	—	Ohman，1965
Fasciola gigantica	o	+	—	—	—	—	—	—	—	—	Probert et al.，1972
Fasciola hepatica	0	+	+	—	+	o	o	+	+	+	Barrett et al.，1968；Reznik，1971；Halton，1967a，1967c；Thorpe，1968；Threadgold et al.，1968，1968b
Ganeo tigrinum	+	+	—	—	—	—	—	—	—	—	Gupta and Gupta，1977
Gorgodera cygnoides	o	o	—	—	—	—	—	—	—	—	Halton，1967a
Gorgoderina vitelliloba	o	o	—	o	—	—	—	—	—	—	Bogitsh and Krupa，1971；Halton，1967a
Heamatoloechus medioplexus	o	o	+	+	+	—	—	+	+	—	Bogitsh，1972a；Bogitsh and Krupa，1971；Bogitsh and Shannon，1970；Halton，1967a；Rothman，1968a，1968b

续表

吸虫种类	碱性磷酸酶	酸性磷酸酶	腺苷三磷酸酶	核苷二磷酸酶	酯酶	氨基肽酶	β-葡萄糖苷酸酶	过氧化酶	细胞色素氧化酶	琥珀酸脱氢酶	参考文献作者
Haplometra cylindracea	o	o	—		+	—	—	+	—	—	Halton，1967a，1968，1979
Hemiurus communis	o	+	—		++	o		o	o	+	Aunet，1971
Holostephanus lühei	+	o			+*	o					Ohman，1966b
Isoparorchis hypselobagri	o	+									Srivastava and Gupta，1975
Megalodiscus temperatus	o	o	o							o	Bogitsh，1968
Opisthioglyphe ranae	o	+									Halton，1967a
Paragonimus westermani	o	+									Yamao，1952
Posthodiplostomum minimum	o				+*						Bogitsh，1961a，1961b
Schistosoma hasmatobium	—	—			o			+			Fripp，1966，1967b
Schistosoma monsoni	+	+	+	+	+			+		—	Bogitsh and Krupa，1971；Fripp，
							+				1966，1967b；Hockley，1973；
											Wheater and Wilson，1976
Schistosoma rodhaini	—	—			o	+	+	—	—	—	Fripp，1966，1967a，1967b

"+"示具有;"o"示无;"—"示没有测试;"*"示仅在吸盘处之皮层

(1)皮层内消化酶与消化功能

在吸虫的皮层内存在磷酸酶，并且能够在各种磷酸脂(phosphate esters)的水解过程运行消化能力。从亚显微结构上，非特定的碱性磷酸酶的活性(non-specific alkaline phosphatase activity)曾见于*Cyathocotyle*的皮层质膜(tegumental plasma membrane)和*Schistosoma*皮层的表面通道(Erasmus，1968；Ernst，1976；Morris and Threadgold，1968)；酸性磷酸酶(acid phosphatase)曾发现于*Schistosoma*的食道皮层，以及*Fasciola*皮层的表膜(Ernst，1975；Threadgold，1968b)等，这些发现说明某些吸虫的皮层具有运行"消化-吸收"能力，这和脊椎动物肠黏膜衬里(mucosal lining)上的消化-吸收能力是相像的。在宿主肠道中寄生的绦虫和吸虫，其皮层具有避免在宿主消化管内被消化的能力，而且它们的皮层具有分泌消化酶，可消化体表界面所接触的食物，并将其吸收为自身的营养，这也都是很明显的，但相关研究不多。鹑形类吸虫(Strigeoids)的附着器(holdfast)的腺体曾经发现有蛋白酶(protease)、氨基肽酶(aminopeptidase)、透明质酸酶(hyaluronidase)、脂酶(esterase)以及酸性和碱性磷酸酶(Smith and Halton，1983)。这些皮层分泌的消化酶见于附着器腺体，说明与这类吸虫的附着器具有体外消化功能(extracorporeal digestive function)有关。

(2)消化管中的消化酶与消化功能

从吸虫肠管中发现有各类消化酶，说明吸虫在肠管中消化过程主要行细胞外消化(**生理表 3**)。吸虫的肠管中有蛋白酶、氨基肽酶、脂肪酶(lipase)、脂酶、碱性磷酸酶(alkaline phosphatase)、酸性磷酸酶、β-葡萄糖苷酸酶(β-glucuronidase)、N-乙酰-β-D 氨基葡萄糖苷酸酶(N-Acetyl-β-D-glucosaminidase)、腺苷三磷酸酶(ATPase 即 adenosine triphosphatase)及葡萄糖-6-磷酸酶(glucose-6-phosphatase)。各种酶均有其一定的特性和功能。如 Timms 与 Bueding (1959)说明血吸虫(*Schistosoma*)的蛋白酶，其最好的活力是在 pH 3.9～4.5，对宿主血液中的血色素(haemoglobin)的特异性作用强过对血清蛋白(serum proteins)的作用，在雌虫的活力比在雄虫多 4.8 倍。Zussman 和 Bauman (1971)说明此蛋白酶的活力会受特定的胰蛋白酶抑制剂(specific trypsin inhibitors)的作用而减弱，胰凝乳蛋白酶抑制剂(chymotrypsin inhibitors)虽也有抑制作用，但强度较

生理表 3　一些吸虫肠管中的食物与水解酶（按 Smyth and Halton，1983）

吸虫种类	宿主	寄生部位	食物(肠内容物)	蛋白酶	氨基肽酶	脂肪酶	醋酶	碱性磷酸酶	酸性磷酸酶	β-葡萄糖苷酸酶	N-乙酰-β-D-氨基葡萄糖苷酸酶	腺苷三磷酸酶	葡萄糖-6-磷酸酶	参考文献作者
Aluria marcianae	狗	肠	黏液、组织	+	+	—	+	O	+	+	—	—	—	Bhatti and Johnson，1972；Johnson et al.，1971；Tieszen et al.，1974
Alaria mustelae	貂	肠	黏液、组织	—	—	—	+	—	—	—	—	—	—	Tieszen et al.，1974
Apatemon gracilis minor	鸭	盲肠	黏液、组织	—	O	—	+	O	+	—	—	—	—	Ohman，1966a
Cotylophoron cotylophoron	绵羊	飠胃	飠胃内容物	—	—	+	+	—	+	—	—	+	+	Parshad and Guraya，1976
Cyathocotyle bushiensis	鸭	直肠	组织	—	+	O	+	O	+	—				Erasmus and Ohman，1963
Derogenes caricus	鱼	胃	黏液、组织	—	O	—	O	O						Aunet，1971；Jennings，1968
Dicrocoelium lanceatum	牛	胆管		—	O	—	+	—						Reznik，1971
Diplodiscus subclavatus	蛙	直肠	组织、血液	—	O	O	O	O	+					Halton，1967b
Diplostomum spathaceum	鸥	肠	黏液、组织	—	O	O	O	O	+					Ohman，1965
Echinostoma revolutum	鸡	肠	组织、血液	—	—	—	—	—						Fried and Caruso，1970
Fasciola gigantica	水牛	胆管		—	—	—	—	O		O				Probert et al.，1972
Fasciola hepatica	绵羊	胆管	血液、组织	+*	+	+	+	O	+	O		+	+	Barry et al.，1968；Halton，1963，1967b；Howell，1973；Moore and Halton，1976；Probert and Lwin，1976；Reznik，1971；Simpkin et al.，1980；Thorpe，1967；Theadgold，1986b
Grogodera cygnoides	蛙	膀胱	组织、血液	—	O	O	O	O	+	O	O	O	O	Halton，1967b
Grogoderina attenuata	蛙	膀胱		—	—	—	—	—	+	—		O		Davis and Bogitsh，1971a
Grogoderina vitelliloba	蛙	膀胱	组织、血液	—	O	O	O	O	+					Halton，1967b
Haematoloechus medioplexus	蛙	肺	血液	—	O	O	+	O	+	O				Bogitsh et al.，1968；Davis et al.，1969；Dike，1967；Halton，1967b
Haplometra cylindracea	蛙	肺	血液	+*	O	+	+	O	+	—		—	—	Halton，1963，1967b
Hemiurus communis	鱼	胃		—	O	—	+	O	+	—		—	—	Aunet，1971

续表

吸虫种类	宿主	寄生部位	食物(肠内容物)	蛋白酶	氨基肽酶	脂肪酶	酯酶	碱性磷酸酶	酸性磷酸酶	β-葡萄糖苷酸酶	N-乙酰-β-D-氨基葡萄糖苷酸酶	腺苷三磷酸酶	葡萄糖-6-磷酸	参考文献作者
Holostephanus lühei	鸭	直肠	黏液.组织	—	+	—	+	O	+	—	—	—	—	Ohman, 1966b
Isoparorchis hypselobagri	鱼	鳔		—	—	—	—	O	+	—	—	—	—	Srivastava and Gupta, 1975
Leucochloridiomorpha constantiae	鸡	法氏囊	组织	+	—	—	—	—	—	—	—	—	—	Fried et al., 1976
Megalodiscus temperatus	蛙	直肠		—	—	—	—	+	—	—	+	—	—	Bogitsh, 1972b
Opisthioglyphe ranae	蛙	肠	组织、血液	—	O	O	O	O	+	—	+	—	—	Halton, 1967b
Paragonimus kellicotti	猫	肺		—	—	—	—	—	+	—	—	—	—	Dike, 1969
Philophthalmus burrili	鸡	眼	泪的分泌物	+	O	O	+	O	+	O	—	—	—	Howell, 1971
Schistosoma haematobium	仓鼠	静脉系	血液	—	—	—	—	—	—	O	—	—	—	Fripp, 1966
Schistosoma mansoni	小鼠	静脉系	血液	+*	O	O	+	O	+	O	+	—	—	Bogitsh and Shannon, 1970; Ernst, 1975; Fripp, 1966; Halton, 1967b; Morris, 1968; Nimmo-Smith and Standen, 1963; Rotmans, 1977
Schistosoma rodhaini	小鼠	静脉系	血液	—	O	—	—	—	+	O	—	—	—	Fripp, 1966, 1967a
Schistosomatium douthitti	小鼠	静脉系	血液	—	—	—	—	O	O	—	O	—	—	Bogitsh and Shannon, 1970

"+"示具有；"O"示无；"—"示没有测试；"*"示由生化测定的酶

前者低。该酶的分子质量为 27 000～32 000Da（Sauer and Senft，1972；Deelder et al.，1977），属于巯基蛋白酶（thiol proteases）类，它的活力受含 SH 化合物（SH-containing compounds）所刺激，并被 N-ethylmaleimide 所抑制（Dresden and Deelder，1979）。显然该酶不能水解，球蛋白产生各种氨基酸，最终主要产生一些大肽（Senft，1976；Carlisle and Weisberg，1978；等）。亮氨酸氨基肽酶（leucine aminopeptidase）明显地存在于血吸虫皮层中，但不见于血吸虫的肠管中（Fripp，1966，1967a，1967b），所以血红蛋白只部分地被水解，和与其在一起的有血红蛋白分子的血部分（吡咯环 pyrrolring）和铁被氧化成正铁血红素（haematin）。这就是血吸虫肠管中呈褐黑色的缘由。

应用组织化学方法观察吸虫的皮层和肠管等部位，研究最多的水解酶（hydrolases）是磷酸酶，也就是非特性的磷酸单脂酶（non-specific phosphomonoesterases）（Halton，1967a；Nazami et al.，1975；等），这些酶能水解范围很广泛的不同的磷酸单脂（phosphate monoesters），它们在体外培养的条件下，无论在低的氢离子浓度（约 pH 5，如酸性磷酸酶）或在高的氢离子浓度（约 pH 9，如碱性磷酸酶）条件下，都显示具有很强的活力。虽然这些酶广泛地存在于动物界中，使用光学或电子显微镜都能观察到它们活力的准确定位，但有关它们的生理功能还不很清楚（Smyth and Halton，1983）。

吸虫中主要的酸性磷酸酶活性集中于肠腔的表面，亦见于肠腔内壁的皱褶质膜上（如肝片吸虫、血吸虫），肠微毛（microvilli）（如 *Gorgoderina*、*Megalodiscus*）中或基质膜（basal plasma membrane）的内褶中也存在（Bogitsh，1972b；Ernet，1975；Halton，1967a；Threadgold，1968）。可能此酶在这些部位的活性是和在膜上的磷酸脂的消化有关。

在吸虫肠表皮（gastrodermis）中尚有与酸性磷酸酶一样反应的含有丰富水解酶的像溶酶体（lysosome-like）的物体。肠上皮细胞内这些物体在细胞内自我吞噬（autophagy）行为中行使水解作用的功能。吸虫肠上皮细胞也像大多数真核细胞（eukaryotic cells）一样有自我吞噬现象（真核细胞在正常条件下运行着一种细胞器（cellular organelles）和大分子（macromolecules）的恒定交通，称为"自我吞噬"的过程），尤其当虫体饥饿或给予某些药物时，肠上皮细胞和柔软组织中自我吞噬现象及水解酶活性常有明显的上升。Bogitsh（1975b）叙述曼氏血吸虫（*Schistosoma mansoni*）肠上皮细胞内自我吞噬行为有以下几个步骤（**生理图 1**）：要被消化的部分细胞质或细胞器（organelles）首先被一个内褶的基质膜所包围，形成一个双膜界（double membrane-bounded）的空泡（vacuole），或称为自我吞噬体（autophagosome）或细胞分隔体（cytosegrosome）；

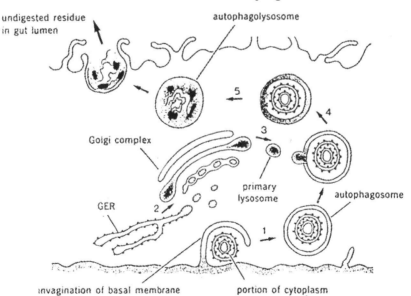

生理图 1　曼氏血吸虫肠上皮细胞中的自我吞噬
（按 Bogitsh，1975b 于 Smyth and Halton，1983）

水解酶(如酸性磷酸酶)在细胞内的颗粒内质网(granular endoplasmic reticulum，GER)中合成，并通过高尔基体集中成初级溶酶体(primary lysosome)。初级溶酶体被传送到自我吞噬体或细胞分隔体的膜上，并进入双膜间。内膜常常被消化溶解，此圆泡双膜界中的内膜(inner membrane)经常消失，使被围的细胞质被消化，此圆泡称为次级溶酶体(secondary lysosome)或称为自我吞噬溶酶体(autophago lysosome)。不能消化的残渣(residual bodies)被排到吸虫的肠腔(lumen)中。

自我吞噬是所有正常功能细胞的特色，通过细胞质区部分被膜隔开，由溶酶体酶(lysosomal enzymes)进行消化，释放出的分解产物可被用为细胞再造的材料并进行能量供应，有助于生物体细胞在不良条件时能继续细胞的恢复和维持。

如上所述，当吸虫体处于饥饿状态或虫体接触某些药物时，常常在虫体的肠道上皮细胞和柔软组织中出现自我吞噬现象，且水解酶活性明显上升。硫胺焦磷酸酶(thiamine pyrophosphatase)及酸性磷酸酶活性的血吸虫细胞化学研究，证实了当虫体饥饿 24h 期间在虫体肠上皮中有系列的自我吞噬(Bogitsh，1973，1975b；Threadgold and Arme，1974)发生。

(3)吸虫幼虫期的营养

吸虫在幼虫期能够生存、生长、发育，也有营养供应问题。寄生在贝类宿主(第一中间宿主)体内的吸虫幼虫，胞蚴(sporocyst)没有消化器官，它们通过胞蚴体壁吸收宿主体内的营养物质；雷蚴(redia)具消化道(包括口孔、咽和肠管的结构)，除了可以通过体壁吸收营养之外，也可由口吞食宿主体内组织碎片、在螺体内的其他小生物以及其他吸虫的雷蚴。寄生在第二中间宿主体内的吸虫囊蚴，囊内的后期尾蚴估计也可以透过囊壁吸收宿主体中的养分来维持自己的生命。双腔科(Dicrocoeliidae)种类，如胰脏吸虫(Eurytrema)和双腔吸虫(Dicrocoelium)的囊蚴，在其昆虫宿主(第二中间宿主)体内发育，发育成熟的囊蚴及囊中的后期尾蚴其体积均比刚侵入昆虫宿主体内的后期尾蚴的体积增大约 4 倍，历时约 3 周。如果没有宿主供应营养，估计不可能有如此结果。关于吸虫幼虫期的营养摄取和转化、消化生理等方面的知识还十分欠缺。

(4)吸虫成虫的消化作用

吸虫主要是在肠管内行细胞外消化(extracellular digestion)，但也有细胞内消化(intracellular digestion)的。另外，还有如在鸮形类吸虫(Strigeoids)的成虫，在附着器部位行体外消化(extracorporeal digestion)；有的涡虫(Turbellarians)和单殖类吸虫(Monogeneans)也进行细胞内吞噬(endocytosis)。肝片吸虫盲肠细胞分泌物和肠容物一起吸附在该细胞的细胞糖萼(glycocalyx)上，它们在细胞内被吞噬，在细胞内产生细胞质体(cytoplasmic bodies)。这些细胞质体对酸性磷酸酶有反应，并可能生成继发的溶酶体(secondary lysosomes或 heterophago lysosomes)，在其中所吸收的营养物质被进一步降解，并把可溶性产物释放到细胞质中去(Smyth and Halton，1983)。

绝大多数吸虫其消化作用的程序基本相似，但会存在某些生理学的差异。这和吸虫的种类、在宿主体内的寄生部位和食物性质有关。例如，一些食血的吸虫 Schistosoma 和 Haematoloechus 会消化血红蛋白，部分水解，余下不溶解的铁化合物如正铁血红素(haematin)。吸虫的肠管是盲管，所以虫体需要定期地把在肠腔中消化后的残渣从口孔吐出。血吸虫的正铁血红素最终沉积在宿主肝脏，为"血吸虫色素"。寄生在宿主胆管中的 Fasciola、Clonorchis、Opisthorchis、Dicrocoelium 等类吸虫，它们除吸食胆汁、胆管上皮和黏液外，也吸食血液。例如，感染双腔吸虫的羊会出现贫血、水肿的症状。用 ^{51}Cr 标记红血细胞进行实验观察，在感染肝片吸虫的羊身上，有标记的红细胞从其血液循环中，比没有感染的对照羊，更迅速地消失；而且，虫数越多，红细胞消失率越高；同时患羊粪便中含有的红细胞数大大地超过健康羊(Dargie，1975；Holmes et al.，1968；Sewell et al.，1968)。这些实验报告说明胆管寄生的肝片吸虫也吸食宿主的血液。肝片吸虫和 Haplometra 通过肠壁上皮吸收可溶性的铁，并通过排泄系统将其排除(Smyth and Halton，1983)。

与食血的吸虫种类相比，组织寄生的许多吸虫的消化过程常常较难观察到，因为组织学可鉴定的分解产物通常付缺，而且，在这些吸虫肠管中也很少能查到基本的消化酶(Smyth and Halton，1983)，这可能是研究技术还存在问题。

大多数吸虫的消化管对酶的分泌、食物的消化及吸收，均没有明显的部位分化。无论是肠管的上皮细胞，还是合胞体，都能履行所有的功能。肠管上皮的超微结构说明它能合成和分泌消化酶，并能吸收在肠腔中的细胞外消化的低分子质量产物、具有特别功能的专化组织(specialised tissue)。血吸虫的消化道有部位功能的分化，消化作用起始于食道，结束于肠管的盲端。宿主的血红细胞在血吸虫食道处溶解，消化作用是由食道腺细胞所合成并释放的致密分泌物所促使的(Bogitsh and Cartes，1977a；Bogitsh，1971；Dike，1971；Ernst，1975；Morris and Threadgold，1968；Bruce et al.，1971)。通过血吸虫裂体婴的体外培养，食道腺细胞首次合成致密体(dense bodies)是在血吸虫尾蚴侵入鼠体约 4d 的裂体婴的消化管上，当时裂体婴的肠管还是一个尚未能分叉的囊。囊中即使有血细胞，但没有血色素，食道腺细胞产生致密的颗粒和释放到肠腔的颗粒比率明显增加。2～3 星期后裂体婴肠道才出现少量的正铁血红素(Kloetzei and Lewert，1966)。由此说明血液的消化不是起始于食道腺中分泌物的合成时刻，因为肠道中血液消化后的渣滓(如正铁血红素)在曼氏血吸虫 2～3 周虫龄裂体婴的肠管中才少量出现。也许曼氏血吸虫裂体婴的消化作用起步较晚，我们观察日本血吸虫裂体婴的发育及移行，当裂体婴(4～5d 虫龄)进入宿主门脉系统时，其刚开始分叉的肠管中已饱含呈褐黑色的内容物，而不是宿主新鲜的血液，其中可能已含有正铁血红素的物质(唐仲璋等，1973a，1973b)。

(三) 代谢

吸虫和其他生物一样，是由碳水化合物、蛋白质、脂类、核酸等物质组成的个体，其生命存在的方式，也和其他生物一样，要从周围环境中取得食物、水分、氧等物质，不断地进行新陈代谢(metabolism)。此新陈代谢一停止，生命也随之停止。

吸虫的新陈代谢也和其他生物体一样，分有同化作用(assimilation)和异化作用(differentiation)两种。前者从环境中取得物质，转化为体内的新物质；后者将体内旧有的物质转化为环境中的物质。吸虫的代谢又分为物质代谢(material metabolism)和能量代谢(energy Metabolism)。前者包括有碳水化合物代谢(carbohydrate metabolism)、脂类代谢(lipid metabolism)、蛋白质代谢(protein metabolism)及核酸代谢(nucleic acid metabolism)；能量代谢是体内机械能、化学能、热、光、电等能量的相互转化和代谢。

物质代谢和能量代谢密切联系在一起，并且同化作用和异化作用也有联系。它们之间的关系如下：

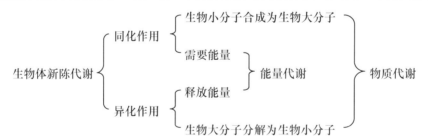

生物体的同化作用和异化作用都包含着一连串的中间代谢(intermediate reactions)，也就是生物小分子合成为生物大分子，以及由生物大分子分解为生物小分子，这些都是逐步进行的，是由许多中间代谢反应组成的。能量的释放和能量的供应也是逐步进行的，也是由许多中间代谢反应组成的。研究中间代谢，也就是研究新陈代谢的化学途径。不但要研究每一个中间代谢，而且要研究它们之间的相互联系和相互制约情况，从中找出规律性内容。

1. 碳水化合物(糖)代谢

碳水化合物(糖)代谢(carbohydrate metabolism)包括碳水化合物的分解(breakdown)和合成(synthesis)。糖分解时产生能量，以供应有机体生命活动的需要，糖代谢的中间产物又可转变为其他含碳化合物，因此糖是生物有机体的主要碳源和能源。高等动物的糖代谢受激素调节，如胰岛素、促肾上腺皮质激素和高血糖素会促进糖代谢，而肾上腺素和生长激素会抑制糖代谢。哺乳动物糖类的中间代谢有：酵解(glycolysis)

葡萄糖或糖原的无氧代谢途径，最后生成丙酮酸和乳酸；需氧的磷酸己糖旁路代谢途径，在肝脏、肌肉内进行糖原的合成和分解；生成葡萄糖醛酸的糖醛酸(uronic acid)途径(葡萄糖醛酸是黏多糖的重要组成成分，为肝脏解毒功能所需要)。

　　吸虫类的糖代谢亦非常复杂，研究清楚的并不多。虫体糖分的含量因宿主体中可用的糖原及虫体代谢消耗比率的情况不同而异。当虫体处于饥饿状态时其体内糖量下降，虫体在需氧条件下糖量下降比厌氧条件迅速，对血吸虫病有治疗功效的锑剂——三价锑剂(trivalent antimonials)，被认为对血吸虫的糖分解有抑制作用。肝片吸虫(*Fasciola hepatica*)成虫体中葡萄糖(glucose)分解的线路经阐明(Van Vugt，1979～1980)(生理图 2)。

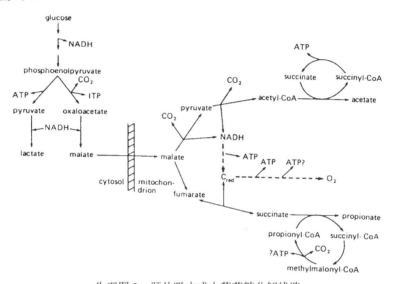

生理图 2　肝片吸虫成虫葡萄糖分解线路
(按 Van Vugt，1979～1980；Smyth and Halton，1983)

NADH. 还原型烟酰胺腺嘌呤二核苷酸；phosphoenoipyruvate. 磷酸烯醇式丙酮酸盐；ATP. 腺苷三磷酸；pyruvate. 丙酮酸盐；ITP. (inosine triphosphate，次黄苷三磷酸)；oxaloacetate. 草酰乙酸盐；lactate. 乳酸盐；malate. 苹果酸盐；cytosol. 细胞溶质；mitochondrion. 线粒体；acetyl-CoA. 乙酰辅酶 A；acetate. 乙酸盐；succinate. 琥珀酸盐；succinyl-CoA. 琥珀酰-辅酶 A；fumarate. 延胡索酸盐；propionate. 丙酸盐；propionyl-CoA. 丙酰-辅酶 A；methylmalonyl-CoA. 甲基丙二酰-辅酶 A

　　Bryant(1978)曾对肝片吸虫体中葡萄糖分解代谢(catabolism)时碳分子(carbon)的平衡情况作出图解(生理图 3)。

　　Kohler 和 Hanselmann(1973)曾对枝双腔吸虫(*Dicrocoelium dendriticum*)葡萄糖的酵解可能线路作一图解(生理图 4)。

　　以上所列的肝片吸虫和枝双腔吸虫都是寄生于牛、羊肝脏胆管的吸虫，隶属于不同的科，其生活史各环节有较大的不同。它们成虫体中葡萄糖分解路线和产物有很大的相似性，但也有一定的差异。

2. 蛋白质降解和氨基酸代谢

　　在高等动物有机体中蛋白质降解(protein catabolism)是常有的，因为构成蛋白质的氨基酸是许多重要生物分子(biological molecules)的前体(precursor)，如激素(hormone)、嘌呤(purines)、嘧啶(pyrimidines)和某些维生素等，均由一定的氨基酸所构成。当有机体摄入的氨基酸的量超过体内更新蛋白质的需要量时，氨基酸也可以成为能源提供能量。每克蛋白质在高等动物体内可提供 44 卡(carloric)(=184.1J)能量。氨基酸作为能源要先脱去氨基(NH_3)，剩下的碳骨架(C skeleton)可以有两条代谢途径：一条是通过糖再生(gluconeogenesis)途径变为葡萄糖；另一条是通过三羧酸循环(tricarboxylic acid cycle)氧化为二氧化碳，通过酵解(glycolysis)产生丙酮酸(pyruvic acid)，再分解成 CO_2 和 H_2O，并以 ATP(腺苷三磷酸)形式贮存大量能量。不同的有机体，利用氮(N)源合成氨基酸的能力大不相同。

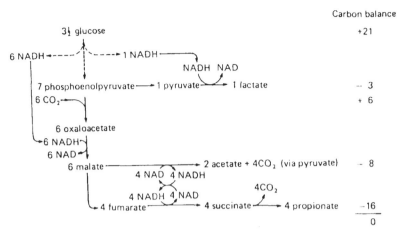

生理图3　肝片吸虫成虫体中葡萄糖分解代谢时碳的平衡

（按 Bryant，1978；Smyth and Halton，1983）

NADH(reduced nicotinamide adenine dinucleotide). 还原型烟酰胺腺嘌呤二核苷酸，还原型辅酶 A；NAD(nicotinamide adenine dinucleotide). 烟酰胺腺嘌呤二核苷酸，辅酶 A；phosphoenolpyruvate. 磷酸烯醇式丙酮酸盐；pyruvate. 丙酮酸盐；lactate. 乳酸盐；oxaloacetate. 草酰乙酸盐；acetate. 乙酸盐；via pyruvate. 丙酮酸盐通路；malate. 苹果酸盐；fumarate. 延胡索酸盐；succinate. 琥珀酸盐；propionate. 丙酸盐

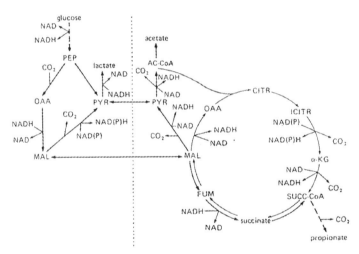

生理图4　枝双腔吸虫葡萄糖分解代谢可能的线路

（按 Köhler and Hanselmann，1973；Smyth and Halton，1983）

NAD(nicotinamide adenine dinucleotide). 烟酰按腺嘌呤二核苷酸，辅酶 I；NADH(reduced nicotinamide adenine dinucleotide). 还原型烟酰胺腺嘌呤二核苷酸，还原型辅酶 I；PYR(pyruvate). 丙酮酸盐；OAA(oxaloacetate). 草酰乙酸盐；MAL(malate). 苹果酸盐；PEP(phosphoenolpyruvate). 磷酸烯醇式丙酮酸盐；FUM(fumarate). 延胡酸盐；NAD(P)(nicotinamide adenine dinucleotide phosphate). 烟酰胺腺嘌呤二核苷酸磷酸，辅酶 II；NAD(P)H(reduced Nicotinamide adenine dinucleotide phosphate). 还原型烟酰胺腺嘌呤二核苷酸磷酸，还原型辅酶 II；AC-CoA(acetyl coenzyme A). 乙酰辅酶 A；AC(acetyle). 乙酰；SUCC(succinate). 琥珀酸盐；SUCC-CoA(succinate coenzyme A). 琥珀酸盐辅酶 A；CITR(citrate). 柠檬酸盐；ICITR(isocitrate). 异柠檬酸盐；αKG(α-ketoglutarate). α-酮戊二酸盐；propionate. 丙酸盐；lactate. 乳酸盐；acetate. 乙酸盐

　　氨基酸代谢(amino acid metabolism)过程在高等动物体中包括：蛋白质水解、脱氨基作用、转氨基作用、联合脱氨基作用、脱羧基作用、碳骨架的分解、氨基酸的排泄、各种氨基酸的生物合成及其调节和控制等内容。仅以其中几种为例说明其基本原理如下。

（1）蛋白质水解

　　在蛋白质水解酶的作用下，把蛋白质或肽(peptide)水解成氨基酸。

$$\text{蛋白质、肽} \xrightarrow[\text{水解}]{\text{蛋白质水解酶}} \text{氨基酸}$$

（2）氨基酸的脱氨基作用

氨基酸的脱氨基作用分为氧化脱氨基作用和非氧化脱氨基作用两种。

氧化脱氨基作用

$$2 \begin{array}{c} R \\ | \\ HC-NH_2 \\ | \\ COOH \end{array} + O_2 \longrightarrow 2 \begin{array}{c} R \\ | \\ C=O \\ | \\ COOH \end{array} + 2NH_3$$

（氨基酸） （酮酸）

非氧化脱氨基作用

$$\begin{array}{c} R \\ | \\ H_2NCH \\ | \\ COOH \end{array} + 2H \xrightarrow{\text{氢化酶}} \begin{array}{c} R \\ | \\ CH_2-NH_3 \\ | \\ COOH \end{array}$$

（氨基酸） （脂肪酸）

（3）氨基酸的转氨基作用

转氨基作用（transamination）是氨基酸脱去氨基的一种重要方式。转氨基作用是 α-氨基酸的氨基通过转氨酶（transaminase）促反应，转移到 α-酮酸的酮基位置上，生成与原来 α-酮酸相应的 α-氨基酸，原来的 α-氨基酸转变成相应的 α-酮酸。例如，L-谷氨酸的氨基转移给丙酮酸，使丙酮酸变为丙氨酸，原来的 L-谷氨酸变成 α-酮戊二酸。其反应式如下：

$$\begin{array}{c} COOH \\ | \\ CH_2 \\ | \\ CH_2 \\ | \\ CHNH_2 \\ | \\ COOH \end{array} + \begin{array}{c} CH_3 \\ | \\ C=O \\ | \\ COOH \end{array} \underset{}{\overset{transaminase}{\rightleftharpoons}} \begin{array}{c} COOH \\ | \\ CH_2 \\ | \\ CH_2 \\ | \\ C=O \\ | \\ COOH \end{array} + \begin{array}{c} CH_3 \\ | \\ CHNH_2 \\ | \\ COOH \end{array}$$

（谷氨酸）（丙酮酸） （α-酮戊二酸）（丙氨酸）

又如：

$$\begin{array}{c} COOH \\ | \\ CH_2 \\ | \\ CHNH_2 \\ | \\ COOH \end{array} + \begin{array}{c} COOH \\ | \\ CH_2 \\ | \\ CH_2 \\ | \\ C=O \\ | \\ COOH \end{array} \underset{}{\overset{transaminase}{\rightleftharpoons}} \begin{array}{c} COOH \\ | \\ CH_2 \\ | \\ C=O \\ | \\ COOH \end{array} + \begin{array}{c} COOH \\ | \\ CH_2 \\ | \\ CH_2 \\ | \\ CHNH_2 \\ | \\ COOH \end{array}$$

（天冬氨酸）（α-酮戊二酸） （草酰乙酸）（谷氨酸）

吸虫作为寄生的扁形动物同样存在蛋白质代谢活动。吸虫可以从肠管和皮层消化和吸收蛋白质。所有吸虫种类都能产生大量的虫卵，这说明在它们体中蛋白质合成（protein synthesis）的过程通常是高效率的。一些吸虫被发现从其他氨基酸合成某些氨基酸。吸虫和哺乳动物相比较，转氨酶较少。在氨代谢中首先的反应是 α-氨基氮（α-amino nitrogen）的移动，其可见于氨基转移（transamination）和氧化脱氨基作用（oxidative deamination）两个途径之中。

在氨基转移中，一个氨基酸的 α-氨基氮直接地转移到一个酮酸（keto-acid）上，它成为另一个氨基酸的主要组分。如此的转移活动见于肝片吸虫（Coles，1970；Goldberg et al.，1980；Kurelec，1975；Kurelec and Ehrlich，1963）、曼氏血吸虫（Coles，1973a，1973b，1975；Goldberg et al.，1980）、日本血吸虫（Coles，1973a，1975；Smyth，1966）及 *Paramphistomum explanatum*（Gorl，1978）。Ertel 和 Isseroff（1974）列出关于脯氨酸（proline）形成的图解，说明了包括吸虫在内绝大多数有机体中氨基转移形成氨基酸的可能路线。

Kurelec 和 Ehrlich（1963）将肝片吸虫培养在含有已知总量的丙氨酸（alanine）和 α-酮戊二酸（α-Keto glutaric acid）的血清中，6h 后，谷氨酸（glutamic acid）和丙酮酸（pyruvic acid）的总量各自增加 3～4 倍，

此实验说明其中存在着转移酶(transferases)，转氨酶对培养基的性质非常敏感，其活力会因培养基的不同而异。

　　按 Kurelec(1974b)的说明，肝片吸虫精氨酸(arginine)的分解代谢表明精氨酸通过系列的反应而产生大量的脯氨酸。在未感染肝片吸虫的牛胆囊中只含微量的脯氨酸，而在感染有肝片吸虫的牛胆囊中含的脯氨酸量达到 206.2μmol/100ml。胆管中吸虫的数目和脯氨酸的浓度呈正比关系。按照 Metzger 和 Duwel(1974)，认为在组织和血液中寄生的吸虫，氨基酸对于能源起重要作用。曼氏血吸虫亦具有如同在肝片吸虫一样的精氨酸的分解代谢路线，并产生大量的脯氨酸。与肝片吸虫相同，血吸虫也发现有一个非常活跃的鸟氨酸(ornithine)的转氨酶(ornithine-δ-transaminase)，并且缺乏脯氨酸氧化酶(proline oxidase)(Ertel and Isseroff，1974；Goldberg et al.，1980)。在肝片吸虫中还曾测出鸟氨酸环(ornithine cycle)(Krebs-Henseleit cycle)的各种不同的酶，如氨甲酰磷酸合成酶(carbamyl phosphate synthetase)、精氨琥珀酸裂解酶(arginosuccinate lyase)以及精氨酸合成酶(arginine synthetase)(Janssens and Bryant，1969；Kurelec，1964)。

3. 脂肪代谢

　　脂肪代谢(lipid metabolism)也是生物体生命活动一重要内容，脂肪酸(fatty acid)是高等动物、植物的重要能源，如三酰甘油酯每克可释放能量 9 千卡(calorie)(=37.66kJ)。高等动物的油脂进入小肠内和胆盐(bile salt)混合，使脂肪在消化过程被乳化。在脂肪酶(lipase)的作用下，油脂被水解为甘油(glycerin)和脂肪酸，而后被吸收。磷酸甘油酯(physphoglyceride)在小肠内被磷酸甘油酯酶(磷酯酶，phospholipase)水解为甘油、脂肪酸、磷酸和胆碱(或乙醇胺等)，然后再被吸收。油脂的分解代谢需先经体内脂肪酶水解成甘油和脂肪酸，再进行进一步代谢。脂肪合成亦需有关的酶先合成甘油和脂肪酸，才能再合成脂肪，甘油的代谢环节如下(**生理图 5**，TCA Cycle 为三羧酸循环)。

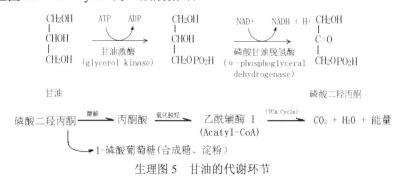

生理图 5　甘油的代谢环节

　　Smyth 和 Halton(1983)引述了 Coles(1973a，1975)对肝片吸虫和血吸虫的脂肪代谢的观察。肝片吸虫磷酸酯(phospholipids)构成全部脂肪(lipid)的 30%，并查出有磷脂酰丝氨酸(phosphatidyl serine)、磷脂酰胆碱(卵磷脂，phosphatidyl choline)、鞘磷脂(sphingomyelin)、溶血磷脂酰乙醇胺(lysophosphatidyl ethanolamine)及磷脂酰肌醇(phosphatidyl inositol)。在极性脂肪(polar lipids)中有 2 个脑苷脂片(careboside fractions)、脑苷脂酯(careboside esters)神经酰胺(ceramide)及 4 个葡萄糖苷(glucosides)等物。在以下各种吸虫亦见到上述各物：*Fasciola gigantica*(El-Hehyawi，1969)、曼氏血吸虫(Fripp et al.，1976；Smyth et al.，1970 等)、*Paramphistomum cervi*(Yarygina et al.，1972)、*Paramphistomum microbothrium*(Hrzenjak et al.，1975，1976)、*Echinostoma revolutum*(Fried et al.，1979)、*Leucochloridiomorpha constantiae*(Fried et al.，1976)、*Cotylurus* sp.(Fried et al.，1977)、*Gastrothylax crumenifer*、*Gigantocotyle explanatum*、*Echinostoma malayonum*、*Isoparorchis hypselobagri*、*Fasciolopsis buski*、*Cotylophoron cotylophorum*(Yusufi and Siddiqi，1976)、*Eurytrema pancreaticum*(Yarygina et al.，1972)。

　　如同在其他寄生蠕虫一样，可以见到吸虫脂肪酸的代谢，查到有 β 氧化序列(β-oxidation sequence)的一些酶，它们可能是和大多数吸虫的厌氧代谢(anaerobic metabolism)有关(Barrett，1977)。因此，具有完全功能的三羧酸循环(tricarboxylic acid cycle，TCA cycle)的经常付缺将限制由 β 氧化作用产生的乙酰辅酶

A(acatyl-CoA)的分解代谢，大量的还原型烟酰胺腺嘌呤二核苷酸(NADH)和还原的黄素蛋白(reduced flavo-protein)将需要经一个氧化酶系统(oxidase system)的再氧化作用(reoxidation)(Smyth and Halton，1983)。

4. 核酸代谢

核酸代谢(nucleic acid metabolism)涉及核酸(nucleic acid)和核苷酸(nucleotide)，核苷酸是生物代谢中极为重要的一类物质，几乎参与细胞的所有生化过程。例如，核苷酸是核酸合成的前体(precursor)；核苷酸衍生物是许多生物合成的活跃的中间产品，如 UDP(uridine diphosphate)-glucose(尿嘧啶核苷二磷酸-葡萄糖)和 CDP(cytidine diphosphate)-glyceryl 2-ester(胞嘧啶核苷二磷酯-甘油二酯)分别为糖原(glycogen)和甘油磷酯(glycerophosphatidate)合成的中间产物，又如，ATP(adenosine triphosphate，腺嘌呤核苷三磷酸)是生物能量代谢中通用的高能化合物；核苷酸是三种重要辅酶：烟酰胺核苷酸(nicotinamide nucleotide)、黄素核苷酸(flavin nucleotide)和辅酶 A(coenzyme A)的组分，而且某些核苷酸是代谢的调节物质。

脱氧核糖核酸(deoxyribonucleic acid，DNA)是生物遗传的主要物质，生物有机体的遗传特征以密码(genetic code)的形式编码在 DNA 分子上，表现为特定的核苷酸排列顺序(nucleotide sequence)，并且通过 DNA 的复制把遗传信息由亲代传递给子代。在后代的个体发育过程中，遗传信息从 DNA 转录(transcription)给核糖核酸(ribonucleic acid，RNA)，然后通过 RNA 转译(translation)，根据 mRNA 上的遗传信息密码序列产生多肽链上的氨基酸序列，生成特异性的蛋白质以执行各种生命功能，使子代表现出与亲代相似的遗传性状。DNA 由两条螺旋的多核苷酸链(nucleotide chain)组成。两条链的碱基通过腺嘌呤(adenine)-胸腺嘧啶(thymine)及鸟嘌呤(guanine)-胞嘧啶(cytosine)之间的氢键连接在一起。两条链是互补的，一条链上的核苷酸序列由另一条链上的核苷酸序列所决定。

吸虫类作为生物有机体，其核酸代谢、遗传信息的传递等生命活动也应该在此总的规律范围之中。Smyth 和 Halton(1983)总结吸虫类在这方面的工作资料，认为：在吸虫遗传的生殖物质(genetic materials)的合成资料尚是一个空白地带，呼吁对此特别需要进一步研究。关于吸虫或其他寄生蠕虫的核苷酸合成(nucleotide synthesis)的研究很少。蠕虫有能力合成核酸，但尚没有证据说明它们能合成嘌呤(purine)和嘧啶(pyrimidines)。Senft 等(1972)发现曼氏血吸虫不能合成嘌呤，所以推测必须依赖于源自宿主。此外，他表明肝片吸虫不能合成氨甲酰磷酸(carbamyl phosphate)(NH_2-COO-PO_3H_2)，此高能化合物在尿素循环、氨的固定和嘧啶生物合成中都具有作用。在吸虫体上这是嘧啶线路的第一个前体。根据 Senft 等(1972)对用腺嘌呤培养的曼氏血吸虫的腺嘌呤核苷酸(adenine nucleotide)水平的测定，当虫体是培养在加有腺嘌呤(0.752mmol/L))的培养液中时，核苷酸水平确实比没有腺嘌呤培养液的虫体增加。ATP：ADP(腺嘌呤核苷三磷：腺嘌呤核苷二磷酸 adenosine diphosphate)的比率，前者则低于后者。此外，发现吸虫如同其他蠕虫，NAD(nicotinamide adenine dinucleotide，烟酰胺腺嘌呤二核苷酸，辅酶Ⅰ；主要是氧化型)多过 NADP(nicotinamide adenine dinucleotide phosphate，烟酰胺腺嘌呤二核苷酸磷酸，辅酶Ⅱ；主要是还原型)。

(四) 呼吸

寄生蠕虫能利用氧气进行呼吸(respiration)，而且许多种类需要氧气，许多只要浓度很低的氧气就已足够。大部分肠道寄生蠕虫(包括胆管中的种类)其呼吸代谢(respiration metabolism)是缺氧(厌氧)类型(anexybiotic 或 anaerotic type)。它们利用糖原放出脂肪酸到其周围的介质中。在肠容物及胆汁中的氧气压是极低的。在肠管中的蠕虫大多数种类能抵制缺乏氧气的条件。少数种类与肠壁有接触，而附在肠壁上的种类是需要比较多的氧气并且缺少抵制氧气不足的适应能力。在组织寄生的蠕虫由于宿主体液供应有较丰富的氧，进行兼性厌氧呼吸(facultative anaerotic type respiration)，正常时利用游离的氧进行需氧呼吸(aerotic respiration)，但在无氧条件下也能行厌氧呼吸生存一段时间。在血液里寄生的吸虫行需氧呼吸，肝片吸虫曾被证明是行厌氧呼吸。

无论在需氧呼吸代谢或厌氧呼吸代谢，碳水化合物主要的最后产物有拔地麻根酸(valarianic acid)和少量的几种其他脂肪酸，主要是乳酪酸(butyric acid)、琥珀酸(Succinic acid)、蚁酸(formic acid)、乙酸(acetic acid)、乳酸(laclic acid)、己酸(caproic acid)、丙酸(propionic acid)、丙烯酸(acrylic acid)等。

吸虫的幼虫期(胞蚴、雷蚴、尾蚴)也需要氧气。吸虫子胞蚴在贝类宿主的消化腺中，葡萄糖行需氧代谢也行厌氧代谢。例如，McManus 和 James(1975)在 *Littorina saxatilis rudis* 的消化腺及微茎吸虫 *Microphallus similis* 的子胞蚴找出葡萄糖的需氧代谢线路和厌氧代谢线路。需氧代谢路线的论据取自酶和放射性指示剂(radiotracer)的分析(Marshall et al.，1974a；McManus and James，1975)。在厌氧代谢中，有丙酮酸激酶(pyruvate kinase)、磷酸烯醇丙酮酸羧基激酶(phosphoenolpyruvate carboxykinase)和苹果酸酶(malic enzyme)存在时，丙氨酸(alanine)、琥珀酸盐(succinate)及乳酸盐(lactate)的产品比率为 2∶1∶1(**生理图 6**)。

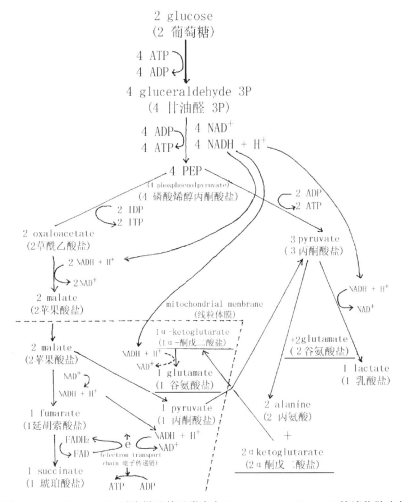

生理图 6　在微茎吸虫 *Microphallus similis* 子胞蚴及其贝类宿主 *Littorina saxatilis rudis* 的消化腺中的葡萄糖的厌氧代谢(Anaerobic Metabolism)的路线(按 McManus and James，1975b 于 Smyth and Halton，1983)

NADH(还原型烟酰胺腺嘌呤二核苷酸)(还原型辅酶Ⅰ)(Reduced Nicotinamide adenine dinucleotide)；NAD(烟酰胺腺嘌呤二核苷酸)(辅酶Ⅰ)(Nicotinamide adenine dinucleotide)；ITP(三磷酸次黄苷，inosine triphosphate)；IDP(二磷酸次黄苷，inosine diphosphate)；ADP(腺苷二磷酸，二磷酸腺苷，adenosine diphosphate)；ATP(腺嘌呤核苷三磷酸，三磷酸腺苷，adenosine triphosphate)；GTP(三磷酸鸟嘌呤核苷，鸟苷三磷酸，guanosine triphosphate)；GDP(二磷酸鸟嘌呤核苷，鸟苷三磷酸，guanosine diphosphate)；FADH(还原型黄素腺嘌呤二核苷酸，flavin adenine dinucleotide reduced)；FAD(黄素腺嘌呤二核苷酸，flavin adenine dinucleotide)

（五）排泄

和所有扁形动物一样，吸虫的排泄系统（excretion system）是很发达的原肾系统（protonephridial system）。焰细胞是此系统末梢的一个结构，由这些焰细胞经毛细小管联系到比较大的收集管（collecting ducts），收集管相联合通到排泄囊（bladder）、排泄孔（excretory pore），开口于体后端（复殖类吸虫及盾盘吸虫）。单殖类吸虫的排泄孔有 2 个，开口在体前端两侧。吸虫排泄系统的功能是体液的调节和虫体新陈代谢废物的排泄。

吸虫排泄系统是它们排除代谢废物（metabolic waste）的主要通路。Lutz 和 Siddiqi（1971）以及 Moss（1970）在 *Fasciola hepatica* 和 *Fasciola gigantica* 的原肾液（protonephridial fluid）中发现有氮的化合物，如氨摩尼亚（ammonia）、尿素（urea）和一些氨基酸等，其种类和数量因种类的不同而异。Pappas（1971a）在 *Cephalogonimus americanus* 的排泄系统发现一个更加复杂的不溶于水的像多肽的排泄物。Halton（1967b）在肝片吸虫排泄管上皮中发现含有铁余渣的空泡，其内容物排泄到排泄管腔中。在 *Podocotyle* 及 *Hemiuris* 成虫的排泄囊上皮中充满有大的结晶的排泄小体（Gibson，1973）。von Brand Th（1973）认为此排泄小体的结构与绦虫的钙质小体（calcareous corpuscles）相像。与这些相像的结石也见于一些吸虫（如 *Acanthoparyphium*、*Fasciola* 和 *Ochetosoma*）的尾蚴和后蚴的大排泄管和排泄囊，但当这些尾蚴和后蚴进入它们的终末宿主后，它们排泄系统中这些结石就消失了（Bennett，1977；Martin and Bils，1964；Powell，1977）。Mitchell 和 Crang（1976）分析了 *Posthodiplostomum* 后蚴排泄结石的元素，见有丰富的钙（calcium），在有些样品中含有镁（magnesium）。Smyth 和 Halton（1983）指出在吸虫生理中含钙之物的作用可能有以下几个方面：二氧化碳的固定、排泄液的缓冲、磷酸盐的贮存和可能有调节渗透压的功能。

在许多吸虫排泄管的上皮和管腔中很容易见到脂肪小滴（lipid droplets），如 *Fasciola*（Burren et al.，1967；Gallagher and Threadgold，1967；Moss，1970；Thorpe，1967）、*Echinostoma revolutum*（Fried and Morrone，1976）、*Cotylophoron*（Parshad and Guraya，1976，1977）。此外，Gupta 等（1974）在所检查的 12 种吸虫体中均发现有脂肪小滴。Bennett（1977）发现肝片吸虫后蚴感染终末宿主后 12h，其排泄管上皮中的脂肪小滴大量出现。这些脂肪小滴的来源及其化学转化情况均尚不了解。在吸虫排泄系统上皮的亚显微结构中有核糖体（ribosomes）、内质网（endoplasmic reticulum）、高尔基复合体（Golgi complexes）、线粒体（mitochondria）及其能结合标记的大分子前体，推测排泄上皮具有合成的能力（Bennett and Threadgold，1973；Gallagher and Threadgold，1967；Wilson，1979）。经实验证明，肝片吸虫和棘口吸虫的极性脂类（polar lipid）和中性脂肪（neutral lipid）均从其排泄管上皮被释放到管腔中，并由排泄孔排出体外（Burren et al.，1967；Fried and Appel，1977）。

吸虫的皮层被认为具有渗透和排泄的功能。在渗透方面，吸虫皮层基膜上有许多窄管状内褶结构（**结构功能图 2**），并有线粒体与它们有联系。这像在其他动物的输水上皮（water-transporting epithelia）的结构一样，经证明那里含有运转的液体或离子。Matricon-Gondron（1971）应用冰冻破碎法（freeze-fracture）对棘口吸虫 *Echinostoma* 的皮层进行研究，经电镜检查，见到皮层基质膜（basal plasma membrane）上有许多矩形阵列的微粒。此结构与脊椎动物细胞的能参与水分和液体运转的质膜（plasma membrane）很相像。Siddiqi 和 Lutz（1966）经实验证明肝片吸虫的皮层是交换钠离子（Na^+）和钾离子（K^+）的主要场所，按其结构对水可渗透，但见到的渗透作用很微小。在不同属、种之间，它们的渗透能力及离子交换情况会有所差异。关于皮层的排泄功能，可以从肝片吸虫吞食血液，从它的皮层找到排除的铁质的事实说明吸虫皮层具有排泄的功能（Pantelouris and Hale，1962）。

吸虫体液渗透压和哺乳动物血液的渗透压不同，吸虫体液的渗透由焰细胞进行调节。如果介质的渗透压不适宜，虫体会发生变化。当介质是低张力性（hypotonic）时，虫体膨胀；当介质是高张力性（hypertonic）时，体液中的水分外排，虫体收缩。

在某些吸虫（如鸮形吸虫 Strigeoids）除了有原肾系统之外，尚有副肾系统（paranephridial system），或被称为储备排泄囊（reserve bladder）。这些虫体的后蚴在发育时，排泄囊变大；在 *Diplostomum* 及 *Codonocephalus*，排泄囊呈分支管丛；在 *Cyathocotyle* 及 *Cotylurus*，排泄囊呈一列大而互相连接的腔隙（Erasmus，1967，1972；Reisinger and Greak，1962）。此类排泄囊中充满液体，它可能充作"静力流体脉络"（hydrostatic skeleton）作用，其中也含有脂肪小滴（lipid droplet）和钙质小体（calcareous corpuscles）。当后蚴在终末宿主脱囊并发育为成虫时，钙质小体就消失了。这些排泄囊壁具有上皮细胞，此储备排泄囊上皮具有脂类聚质和排泄的功能。

　　Bhatti 和 Johnson（1971）应用放射性同位素标记放射自显影（autoradiograph）技术显示出 *Alaria marcianae* 吸虫通过附着器官皮层吸收的营养物质，10min 之内就有糖、酪氨酸（tyrosine），以及亮氨酸（leucine）进入排泄系统空隙（excretory spaces），说明此储备排泄系统可能也起着营养运输的作用。

（六）肠道寄生吸虫对宿主消化液的抵制

　　寄生于动物宿主肠道中的寄生蠕虫不被宿主消化液（digestive juices）所消化的缘由至今尚未被了解。这些蠕虫在死后很容易受到由植物来源的蛋白水解酶（proteolytic enzymes）[如木瓜蛋白酶（papain）、无花果蛋白酶（ficin）、菠萝蛋白酶（bromelin）等]和任何消化液所消化，但活的虫体不受动物来源的蛋白水解酶所消化和影响。活的肠道蠕虫对其宿主消化作用的抵制（resistance）曾被推测可能它们具有抵抗酶或抑制酶的机制，但此假设尚未见有生物化学的试验证实。人们推测在蠕虫体表可能含有一种能保卫身体不被消化的物质，但是什么物质尚不知道。

（七）行为反应

　　无论是成虫、童虫，还是各幼虫期，吸虫都有行为反应（behaviour reactions）现象。成虫在它们寄生部位的范围中，以口腹吸盘交互动作像蛭一样的移动方式以及身体交互地伸长和缩短而蜿蜒地移动。有的虫体移动的速度还会十分迅速，如感染日本血吸虫的实验兔子，将它麻醉剖开腹部，在解剖放大镜下观察兔子的肠系膜静脉及肝门静脉，透过血管壁可以见到血吸虫雄虫用口腹吸盘交互向前移动，带着在抱雌沟中的雌虫迅速地向前行进。从虫卵孵出的成熟毛蚴在水中以其体表纤毛的摆动而作旋转地向前游动。毛蚴体会不停地蠕动而改变体形，当毛蚴穿钻贝类宿主组织时，则作有规则地伸缩身体的活动，以促使毛蚴体侵入贝类宿主体内。嗜眼科（Philophthalmidae）和环肠科（Cyclocoelidae）种类的毛蚴体后半部内含有已发育的小雷蚴，毛蚴未接触贝类宿主之前，小雷蚴弯曲着尾部和运动足，像个未发育的胎儿似的静止不动，当毛蚴吻突叮着贝类宿主穿钻时，其体中的小雷蚴会活跃地向毛蚴体前方直奔，在毛蚴吻突的旁边体壁钻出，并钻进贝类宿主体内，速度非常之快。不同种类吸虫的毛蚴侵入贝类宿主的方式不同，其活动力亦不相同。被贝类宿主吞食虫卵后才孵化出来的毛蚴，其体表纤毛稀少柔弱，活动力也微弱。

　　尾蚴利用其尾部的摆动在水中游动。有的尾蚴（如嗜眼吸虫）的尾部末端有吸器，这使尾蚴可以用尾部末端吸附在水面而倒挂在水中；也可以用尾部末端吸附在水中植物等物体上，体部向左右前后摆动；也可以吸附在水底并作蛭样的移动。同一类吸虫的不同种类其尾蚴在水中活动习性也不相同。例如，血吸虫类的叉尾尾蚴、日本血吸虫尾蚴，绝大多数是用腹吸盘吸附在水面黏液膜上，尾部倒挂在水中（**血吸虫图 48**）（唐仲璋，1938；唐仲璋和唐崇惕，1976）。曼氏血吸虫和其他血吸虫如牛、羊的土耳其斯坦东毕吸虫（*Orientobilharzia turkestanica*）以及鸟类的毛毕吸虫（*Trichobilharzia*）等的尾蚴是分散在水中游动。

　　吸虫的囊蚴进入终末宿主体内，不同的种类各有其脱囊的部位。例如，胰脏吸虫（*Eurytrema*）对胃蛋白酶、胆汁无反应，只对胰蛋白酶敏感；寄生在肝脏胆管的双腔吸虫（*Dicrocoelium* spp.）后蚴对胆汁敏感，胆汁的接触引发后蚴的脱囊活动（唐仲璋和唐崇惕，1977；唐仲璋等，1980）。肠道寄生的吸虫，在宿主消化管中也有一定寄生部位，有的寄生于胃部（如前后盘吸虫），有的寄生于十二指肠或小肠部分（如姜片虫等），有的寄生于肠管靠近后端部分（如鱼类的泄肠吸虫），有的寄生于肠管靠近肛门部位的法氏囊中（如鸟类

Cortrema corti Taug，1951)等。说明虫体在宿主的消化管中能控制在一定寄生部位的反应。组织寄生的种类(如肺吸虫)，其幼虫期在宿主体中移行，成虫定居，有对器官选择的能力。血吸虫寄居于宿主肠系膜静脉、肝门静脉等静脉系统；尾蚴侵入终末宿主皮肤组织变成裂体婴(schistosomulum)，侵入循环系统，经肺部再到内脏静脉系统，整个移行过程有随血流移动的被动性，也有从组织到血管、从一个血管毛细管穿钻到另一个血管毛细血管的积极主动性，它们体中的穿刺腺(钻腺)分泌可以溶解宿主组织含蛋白酶的物质，使它们能十分迅速地就移行达到它们成虫寄生的部位。各种吸虫的某些幼虫期或成虫，对接触、温度、光线、化学物质等物理、化学因素均会显示阴性或阳性的反应。

(八)生长、发育和生殖

吸虫和其他动物一样要生长、发育并生殖繁衍后代。虽然一些吸虫种类的生长比率和发育形式曾被研究，但有关它们生长和发育的生理过程及控制生长的内在机理知道得很少。计算吸虫达到成熟所需的时间和生长的比率，虽不能与吸虫成虫的大小或寄生部位有完全的联系，但同一虫种在不同宿主或同一宿主的不同部位，其发育可以有不同的特点。不同的虫种会有不同生长和发育的特点。但通常大型的虫体能比在同一寄生部位的小型的虫体需要更长的发育时间达到成熟。同样地在营养丰富的寄生部位(如在消化道上段)的吸虫会比在营养物质很少的部位(如在盲肠)的吸虫生长更快，及发育更迅速，更快达到成熟。Clegg(1965b)从血吸虫的观察说明营养因素与吸虫发育的关系，他报告：曼氏血吸虫裂体婴到达宿主肺部时，不见虫体有细胞的有丝分裂(mitoses)；而当裂体婴移行到达肝脏血管并吃食红细胞时，虫体成长速度加快，组织里有大量细胞的有丝分裂。在温血动物体上寄生的吸虫，其生长、发育达到性成熟及产卵均需要有一定温度，温度高低与其宿主的体温情况相关。吸虫发育成熟可能也有性激素的因素(hormonal factors)在起作用，如血吸虫只有雌雄合抱才能成熟。Shaw 等(1977)报告：曼氏血吸虫雄虫的抽取液能刺激雌虫卵黄腺(vitelline glands)成熟。血吸虫卵酚质的卵壳(phenolic egg-shell)〔含蛋白质、酚(phenols)及酚酶(phenolas)〕是来自卵黄腺细胞。血吸虫雌虫被雄虫合抱之后，雄虫可能给予雌虫某些化学物质，使雌虫性成熟并产卵，但是何物质尚不了解。

不同种类的吸虫寿命有所不同。例如，血吸虫的寿命可达 20~30 年，异形吸虫(*Heterophyes heterophyes*)只有 6 周，肝片吸虫可活 3~5 年，卫氏并殖吸虫(*Paragonimus westermani*)可活 6 年。血吸虫的寿命虽可有 20~30 年，但它们的生殖能力在一定时间后即减退、生殖腺萎缩；产卵力第一年最高，第二年后逐渐下降；无论是日本血吸虫或是牛、羊的土耳其斯坦东毕吸虫均有此情况。

除极少数吸虫种类可以在贝类宿主体内达到性成熟之外，绝大多数的童虫至成虫寄生在脊椎动物终末宿主体内生长和发育。寄生部位主要在内脏(如消化道、肺脏、胆管、血管)，少数寄生在体腔(coelom)、泌尿系统(urinogenital system)、鱼鳔(swim bladder)及一些窦隙位置(如眼睛)等。寄生部位最多的是肠管，寄生其他器官组织的种类较少。

吸虫各种类在它们终末宿主体内寄生，并能生殖繁衍后代，除了寄生部位有可供吸虫吸盘附着的表面之外，还可以在那里摄食；该部位需具有丰富营养的条件，含有足够能量的综合养料(synthetic materials)，使吸虫在那里能够生长、发育成熟、产卵；此外，该部位必须有丰富的血管系统，能把吸虫代谢的产物和某些可能有毒的物质，很快地从虫体附近环境排除移走。吸虫寄生的部位尚必须有能与外界环境联系的通路，使吸虫的卵子能排出终末宿主体外，继续进行其生活史各阶段的生命活动。只有这许多条件都具备时，吸虫的虫种才能存在。

(九)吸虫的体外培养

吸虫的体外培养(culture in vitro)是对吸虫生长、发育以及生殖一系列过程进行生理实验观察非常有用的手段。根据各种吸虫寄生部位及虫体的具体情况，设计出适当的培养方法，对吸虫进行活体培养，可以增加并掌握吸虫准确的生理学知识，对了解它们的生命规律、寄生虫-宿主的关系、吸虫病免疫学和药物治疗等方面的研究工作均具有重要性。对各吸虫的生物化学、生理学、分类、遗传等基础研究亦有帮助。

对吸虫进行有效的体外培养的方法，目前还不多。保持有的虫种成虫在适当的温度、合成物、渗透压和氢离子浓度的培养基中生活一段时间并生长，目前已能做到，但要虫体性成熟才能产生可以继续发育的虫卵尚有困难。Basch(1980，1981a，1981b)应用 Basch's culture medium169 培养液，在无菌条件下，成功地把曼氏血吸虫去尾部的尾蚴体部培养经过裂体婴、童虫而培养到性成熟的成虫并产卵，但虫卵尚不能孵出能继续发育的毛蚴。Basch 氏培养液的内含物情况见**生理表 4**。

生理表 4　培养曼氏吸虫的 Basch 氏培养基

（按 Basch，1980，1981a，1981b；Smyth and Halton，1983）

	Component[a]	Stock.Concentration	Add Stock	Working Concentration
1（i）	液体基本培养基[b]，或		1L	
1（ii）	粉状基本培养基[c]，加		1 包	
1（iii）	三蒸水（water，3×distilled）		1L	
2	水解乳清蛋白（lactalbumin hydrolysate）		1g	1g/L
3	葡萄糖（glucose）		1g	11.1mmol/L
4	次黄嘌呤（hypoxanthine）	10^{-3}mol/L[d]	0.5mL	5×10^{-7}mol/L
5	5 羟色胺（serotonin）	10^{-3}mol/L[d]	1mL	10^{-6}mol/L
6（i）	胰岛素（insulin）U-100e，	100u/mL	2mL	0.2u/mL
6（ii）	胰岛素晶体（insulin，Crytalline）	8mg/mL[d]	1mL	8μg/mL
7	氢化柯的松（hydrocortisone）	10^{-3}mol/L[d]	1mL	10^{-6}mol/L
8	三碘甲状腺素（triiodothyronine）	2×10^{-4}mol/L[d]	1mL	2×10^{-7}mol/L
9	维生素（MEM vitamins[g]）	100×d	5mL	0.5×
10	Schneider 氏昆虫培养基（schneider's medium[h]）	1×	50mL	5%
11	HEPES 缓冲液（N-2-hydroxyethylpiperazine-N-2-ethanesulfonic acid）		2.4g	10mmol/L
12	血清（serum）	[d]1×	100mL	10%
13	氢氧化钠（NaOH）	5mol/L	Q.S.	pH 7.4
14	碳酸氢钠（NaHCO₃）[仅为 1（ii）基本培养基所需]		2.2g	26～275mmol/L
15	三蒸水（Water，3×distilled）		Q.S.	

a. 有关生物化学的按 Sigma，St. Louis，Missouri.；b. Grand Island Biological（GIBCO）320-1015.；c. GIBCO 420-1100；d. 储存液存放于 20℃，工作浓度的理论总容量为 1L，稀释至 275mmol/L，加入其他成分可使总容量增加并使工作浓度降低；e. Lilly Iletin NDC 0002-1135-01；f. Bovine origin. Sigma 1-5500；g. GIBCO 320-1120；h. GIBCO 350-1720（此培养基补充有人体 O 型血细胞）

肠道寄生吸虫在经常换的、新鲜的、等渗的盐溶液（isotonic salt solutions）中以及组织寄生吸虫在血浆中可以生活一段时间。日本血吸虫和中华分支睾吸虫（Clonorchis chinensis）在用 Tyrode's 液稀释的马血清中，在 37℃温度下可以活数月之久。通常温血动物宿主的寄生吸虫在低温中可以活得更长久一些，这可能是由于温度的降低可以减缓虫体新陈代谢的速度、虫体利用的食物有节制、且培养基中有害细菌的生长亦受制约的缘故。在培养基中增加一些铬化汞（mercuro chrome 220）或磺胺药物（sulphonamides），可减少细菌的繁殖而有助于吸虫生命的延长（Smyth and Halton，1983）。

（十）吸虫生理学存在的问题

吸虫生理学是一门具有重要意义的科学。吸虫是一类具有复杂生活史的生物，要了解它们，需要对它们全程生活史进行生物学的研究，除知道它们的虫种之外，还需要知道它们的终末宿主和中间宿主的种类，以及虫体在各宿主体内外各发育期的发育情况、寄生虫对宿主的损害和宿主反应的内在生理生化情况等机制问题。许多学者对某些吸虫的某些生理过程进行研究和分析，但对各吸虫从卵经过生活史各期达到成虫的整个过程生理情况的研究还不多，多数仅是对在医学及兽医学上具有重要意义的虫种，如血吸虫、肝片吸虫等进行研究，而且大多数仅限于某一阶段局部问题的阐明。因此有关各类吸虫整个生命过程中许多基本的生理学问题均尚未被了解。例如，对 *Schistosoma*、*Fasciola*、*Dicrocoelium* 等虫种进行代谢方面的研究，主要因为其代谢问题在这些吸虫病的化学医疗的药物性质和使用上具有重要性的缘故，而对这些吸虫整个生命过程的机理、它们与宿主及环境间关系的各个方面，以及其他种类的吸虫，均还极少进行研究。对虫卵中毛蚴的孵化问题多研究在贝类宿主体外孵化的种类(如血吸虫、肝片吸虫等)，对于虫卵在贝类宿主体内消化管中孵化的种类(如 *Dicrocoelium*、*Eurytrema* 等)均缺乏研究。关于吸虫的幼虫期，只对一些种类的毛蚴和尾蚴进行一些研究，但对于在贝类宿主体内发育的胞蚴、雷蚴等世代的分化过程、代谢情况，以及它们对贝类宿主所产生的损害过程和宿主对虫体的反应情况都知道得很少。至今有限的关于吸虫成虫生理学报道中许多都是来自对各不同器官系统的功能形态(functional morphology)的观察，通过其亚显微结构和组织化学过程，对各器官系统在吸虫整体内相互关系的研究有了基本认识。可能由于还没有掌握实验的观察研究方法，对吸虫生活史各期的代谢(metabolism)、神经生理学(neurophysiology)研究很少，对吸虫与神经生理学有关的神经分泌(neurosecretion)及内分泌(endocrinology)等领域则完全不知道(Smyth and Halton，1983 等)。

参 考 文 献

唐仲璋，唐崇惕，唐超. 1973a. 日本血吸虫成虫和童虫在终末宿主体内异位寄生的研究. 动物学报，19(3)：219-244

唐仲璋，唐崇惕，唐超. 1973b. 日本血吸虫童虫在终末宿主体内迁移途径的研究. 动物学报，19(4)：323-340

唐仲璋，唐崇惕. 1976. 中国裂体血吸虫和稻田皮肤疹. 动物学报，22(4)：341-360

唐仲璋，唐崇惕. 1977. 牛羊二种阔盘吸虫及矛形双腔吸虫的流行病学及生物学的研究. 动物学报，23(3)：267-283

唐仲璋，唐崇惕，崔贵文，等. 1980. 牛羊肝脏中华双腔吸虫的生物学研究. 动物学报，26(4)：346-355

Aunet P. 1971. Histochemical observations on *Hemiurus communis* and *Derogenes* varicus (Trematoda: Hemiuridae). Master's Thesis，University of Bergen

Basch P F. 1980. Cultivation of *Schistosoma mansoni*. In the *in vitro* cultivation of the Pathogens of tropical disease. Tropical Disease Research Series，3：359-360

Basch P F. 1981a. Cultivation of *Schistosoma mansoni in vitro*. I. Establishment of cultures from cercariae and development until pairing. Journal of Parasitology，67：179-185

Basch P F. 1981b. Cultivation of *Schistosoma mansoni in vitro*. Ⅱ. Production of infertile eggs by worm pairs cultured from cercariae. Journal of Parasitology，67：186-190

Barrett J. 1977. Energy metabolism and infection. Symposia of the British Society for Parasitology，15：121-144

Barry D H，Mawdesley-Thomas L E，Maloni J C. 1968. Enzyme histochemistry of the adult liver fluke, *Fasciola hepatica*. Experimental Parasitology，23：355-360

Bennett C E. 1977. *Fasciola hepatica*：Development of excretory Parenchymal systems during migration in the mouse. Experimental Parasitology，41：43-53

Bennett C E，Threadgold L T. 1973. Electron microscope Studies of *Fasciola Hepatica*. XIII. Fine structure of the newly excysted juvenile. Experimental Parasitology，34：85-99

Bhatti I，Johnson A D. 1971. *In vitro* uptake of tritiated glucose，tyrosine and leucine by adult *Alaria marcianae* (La Rue) (Trematoda). Comparative Biochemistry and Physiology，40A：987-997

Bhatti I，Johnson A D. 1972. Enzyme histochemistry of the holdfast organ and forebody gland cells of *Alaria marcianae* (La Rue，1917) (Trematoda：Diplostomatidae). Proceedings of the Helminthological Society of Washington，39：78-87

Bogitsh B J. 1968. Cytochemical and Ultrastructural observations on the tegument of the trematode *Megalodis temperatus*. Transactions of the American Microscopical Society，87：477-486

Bogitsh B J. 1971. Golgi complexes in the tegument of *Haematoloechus medioplexus*. Journal of Parasitology，57：1373-1374

Bogitsh B J. 1972a. Additional cytochemical and morphological observations on the tegument of *Haematoloechus medioplexus*. Transactions of the American Microscopical Society，87：477-486

Bogitsh B J. 1972b. Cytochemical and biochemical observations on the digestive tracts of digenetic trematodes. IX. *Megalodiscus temperatus*. Experimental Parasitology，32：244-260

Bogitsh B J. 1975. Cytochemistry of gastrodermal autophagy following starvation in *Schistosoma mansoni*. Journal of Parasitology，61：237-248

Bogitsh B J，Carter O S. 1977. *Schistosoma mansoni*：Ultrastructural studies on the eosophageal secretory granules. Journal of Parasitology，63：681-686

Bogitsh B J，Davis D A，Nunnally D A. 1968. Cytochemical and biochemical observations on the digestive tracts of digenetic trematodes. II. Ultrastructural localization of acid phosphatase in *Haematoloechus medioplexus*. Experimental Parasitology, 23: 303-308

Bogitsh B J, Krupa P L. 1971. *Schistosoma mansoni* and *Haematoloechus medioplexus*: Nucleoside diphosphatase localization in tegument. Experimental Parasitology, 30: 418-425

Bogitsh B J, Shannon W A. 1970. *Haematoloechus medioplexus* enzymatic oxidation of 3, 3'-diaminobenzidine in mitochondria. Experimental Parasitology, 28: 186-193

Bogitsh B J, Shannon W A. 1971. Cytochemical and biochemical observations on the digestive tracts of digenetic trematodes. Ⅷ. Acid phosphatase activity in *Schistosoma mansoni* and *Schistosomatium douthitti*. Experimental Parasitology, 29: 337-347

Bruce J L, Pezzlo F Yajima, McCarty J E, et al. 1971. An electron microscope study of *Schistosoma mansoni* migration through mouse tissue: Ultrastructure of the gut during the hepatoportal phase of migration. Experimental Parasitology, 30: 165-173

Bryant C. 1978. The regulation of respiratory metabolism in parasitic helminths. Advances in Parasitology, 16: 311-331

Burren C H, Ehrlich I, Johnson P. 1967. Excretion of lipids by the liver fluke (*Fasciola hepatica* L.). Lipids, 2: 353-356

Cain G D, French J A. 1975. Effects of parasitism by the lung fluke, *Haematoloechus medioplexus*, on lung fatty acid and sterol composition in the bull frog, *Rana catesbiana*. International Journal for Parasitology, 5: 159-164

Carlisle S, Weisberg L S. 1978. *Schistosoma mansoni*: Tracer studies in mice. Experimental Parasitology, 44: 124-135

Coles G C. 1970. A comparison of some isoenzymes of *Schistosoma mansoni* and *Schistosoma haematobium*. Comparative Biochemistry and Physiology, 33: 549-558

Coles G C. 1973a. The metabolism of schistosomes: A review. International Journal of Biochemistry, 4: 319-337

Coles G C. 1973b. Enzyme levels in cercariae and adult *Schistosoma mansoni*. International Journal for Parasitology, 3: 305-310

Coles G C. 1975. Fluke biochemistry *Fasciola* and *Schistosoma*. Helminthological Abstracts A, 44: 147-162

Dargie J D. 1975. Applications of radioisotopic techniques to the study of red cell and plasma protein metabolism in helminth diseases of sheep. In Pathogenic processes in parasitic infections. Symposia of the British Society for Parasitology, 13: 1-26

Davis D A, Bogitsh B J, Nunnally D A. 1969. Cytochemical and biochemical observations on the digestive tracts of digenetic trematodes. Ⅲ. Nonspecific esterase in *Haematoloechus medioplexus*. Experimental Parasitology, 24: 121-129

Davis D A, Bogitsh B J. 1971. Arylsulfatase activity in *Gorgoderina attenuata* and *Haematoloechis medioplexus*: Cytochemical and biochemical observations on the digestive tracts of digenetic trematodes. Experimental Parasitology, 29: 302-308

Deelder A M, Reinders P N, Rotmans J P. 1977. Purification studies on an acidic prodease from adult *Schistosoma mansoni*. Acta Leidensia, 45: 91-103

Dike S C. 1967. Ultrastructure of the ceca of the digenetic trematodes *Gorgodera amplicava* and *Haematoloechus medioplexus*. Journal of Parasitology, 53: 1173-1185

Dike S C. 1969. Acid phosphatase activity and ferritin incorporation in the ceca of digenetic trematodes. Journal of Parasitology, 55: 111-123

Dike S C. 1971. Ultrastructure of the esophageal region in *Schistosoma mansoni*. American Journal of Tropical Medicine and Hygiene, 20: 552-568

Dresden M H, Deelder A M. 1979. *Schistosoma mansoni*: Thiol proteinase properties of adult Worm 'hemoglobinase'. Experimental Parasitology, 48: 190-197

Eckert J, Lehner B. 1971. Sauerstoffverbrauch, Substrataufnahme und Lactatausscheidung von *Dicrocoelium dendriticum* (Trematoda). Zeitschrift für Parasitenkunde, 37: 288-302

EL-Hehyawi G H. 1969. Biochemical studies on Trematodes. I. Lipid fractions and glycogen content of *Fasciola gigantica*. Journal of Veterinary Science of the United Arab Republic, 6: 159-170

Erasmus D A. 1967a. Ultrastructural observations on the reserve bladder system of *Cyathocotyle bushiensis* Khan, 1962 (Trematoda: Strigeoidea) with special reference to lipid excretion. Journal of Parasitology, 53: 525-536

Erasmus D A. 1967b. The host-parasite interface of *Cyathocotyle bushiensis* Khan, 1962 (Trematoda: Strigeoidea). Ⅱ. Electron Microscope Studies of the tegument. Journal of Parasitology, 53: 703-714

Erasmus D A. 1968. The host-parasite interface of *Cyathocotyle bushiensis* Khan, 1962 (Trematoda: Strigeoidea). Ⅲ. Electron Microscope observations on nonspecific phosphatase activity. Parasitology, 58: 571-575

Erasmus D A. 1972. The biology of trematodes. London: Eward Arnold

Erasmus D A, Ohman C. 1963. The structure and function of the adhesive organ in strigeid trematodes. Annals of the NewYork Academy of Sciences, 113: 7-35

Ernst S C. 1975. Biochemical and cytochemical studies of digestive-absorptive functions of esophagus, cecum, and tegument in *Schistosoma mansoni*: Acid phosphatase and tracer studies. Journal of Parasitology, 61: 633-647

Ernst S C. 1976. Biochemical and cytochemical studies of alkaline phosphatase activity in *Schistosoma mansoni*. C. P. Read memorial, Rice University Studies, 62: 81-95

Ertel J, Isseroff H. 1974. Proline in fascioliasis: 1. Comparative activities of ornithine-δ-transaminase and proline oxidase in *Fasciola* and in mammalian livers. Journal of Parasitology, 60: 574-577

Fried B, Appel A J. 1977. Excretion of lipid by *Echinostoma revolutum* (Trematoda) adult. Journal of Parasitology, 63: 447

Fried B, Boddorff J M. 1978. Neutral lipids in *Echinostoma revolutum* (Trematoda) adult. Journal of Parasitology, 64: 174-175

Fried B, Butler C S. 1979. Excystation, development on the chick chorioallantois and neutral lipids in the metacercariae of *Fasciola hepatica* (Trematoda). Revista iberica de Parasitologia, 79: 395-400

Fried B, Gilbert J J, Feese R C. 1976. A gelatin film procedure for the localization of proteolytic activity in *Leucochloridiomorpha constantiae* (Trematoda) adult. International Journal for Parasitology, 6: 331

Fried B, Caruso J H. 1970. Histologic observation on the intestine of *Echinostoma revolutum* and its ingesta. Transactions of the American Microscopical Society, 89: 110-112

Fried B, Morrone L J. 1970. Histochemical lipid studies on *Echinostoma revolutum*. Proceedings of the Helminthological Society of Washington, 37: 122-123

Fripp P J. 1966. Histochemical localization of β-glucuronidase in *Schistosomes*. Experimental Parasitology, 19: 254-264

Fripp P J. 1967a. The histochemical localization of leucine Aminopeptidase in *Schistosoma rodhaini*. Comparative Biochemistry and Physiology, 20: 307-309

Fripp P J. 1967b. Histochemical localization of esterase activity in schistosomes. Experimental Parasitology, 21: 380-390

Fripp P J, Williams G, Crawford M A. 1976. The differences between the long-chain polyenoic acids of adult *Schistosoma mansoni* and the serum of its host. Comparative Biochemistry and Physiology, 53B: 505-507

Gallagher S S E, Threadgold L T. 1967.Electron microscope studies of *Fasciola hepatica*. Ⅱ. The interrelationship of the parenchyma with other organ systems. Parasitology, 57: 627-632

Gibson D I. 1973. Some ultrastructural studies on the excretory bladder of *Podocotyle staffordi* Miller 1941, (Digenea). Bulletin of the British Museum (Natural History), 24: 461-464

Goil M M. 1961. Physiological studies on trematodes—*Fasciola gigantica* carbohydrate metabolism. Parasitology, 51: 335-337

Gupta A N, Guraya S S, Sharma P N. 1974. Histochemical observations on the excretory system of digenetic trematodes. Acta Morphologica Neerlando-Scandinavica, 12: 231-242

Gupta S P, Gupta R C. 1977. Phosphatase activity in *Ganeo tigrinum* from *Rana tigrina*. Zeitschrift für Parasitenkunde, 54: 89-94

Goldberg M, Flescher E, Lengy J, et al. 1980. Ornithine-δ-transaminase from the liver fluke *Fasciola hepatica* and the blood fluke *Schistosoma mansoni*: a comparative study. Comparative Biochemistry and Physiology, 65B: 605-613

Hockley D J. 1973. Ultrastructure of the tegument of *Schistosoma*. Advances in Parasitology, 11: 233-305

Holmes P H, Dargie J D, Mulligan W, et al. 1968. The anaemia in fascioliasis: Studies with ^{51}Cr-labelled red cells. Journal of Comparative Pathology, 78: 415-420

Howell M J. 1971. Some aspects of nutrition in *Philophthalmus burrili* (Trematoda: Digenea). Parasitology, 62: 133-144

Howell M J. 1973. Localization of proteolytic activity in *Fasciola hepatica*. Journal of Parasitology, 59: 454-456

Hrzenjak T, Ehrlich I. 1975. Polar lipids of parasitic helminthes. I. Polar lipids of *Fasciola hepatica* and *Paramphistomum microbothrium*. Croat, English Summary. Veterinarski Arhiv, 45: 299-309

Hrzenjak T, Ehrlich I. 1976. Uber die Ausscheidung von polaren Lipiden bei einigen Platyhelminthen: ein Beitrag zur Komparativen Biochemie der Lipiden. Veterinarski Arhiv, 46: 263-267

Halton D W. 1963. Some hydrolytic enzymes in two digenetic trematodes. Proceedings of the Sixteenth International Congress of Zoology, 1: 29

Halton D W. 1964. Observations on the nutrition of certain parasitic flatworms (Platyhelminthes: Trematoda). Ph. D. Thesis, University of Leeds

Halton D W. 1967a. Studies on phosphatase activity in Trematoda. Journal of Parasitology, 53: 46-54

Halton D W. 1967b. Observations on the nutrition of digenetic trematodes. Parasitology, 57: 639-660

Halton D W. 1967c. Histochemical studies of carboxylic esterase activity in *Fasciola hepatica*. Journal of Parasitology, 53: 1210-1216

Halton D W. 1967d. Studies on glycogen deposition in Trematoda. Comparative Biochemistry and Physiology, 23: 113-120

Halton D W. 1968. Light and electron microscope studies of carboxylic esterase activity in the trematode *Haplometra cylindracea*. Journal of Parasitology, 54: 1124-1130

Halton D W. 1969. Peroxidase activity in the trematode *Haplometra cylindracea*. Experimental Parasitology, 24: 265-269

Janssens P A, Bryant C. 1969. The ornithine-urea cycle in Some parasitic helminthes. Comparative Biochemistry and Physiology, 30: 261-272

Jennings J B. 1968. Nutrition and digestion// Florkin M, Scheer B T, Chemical Zoology, Vol. 2 Chap 2: 303-326. New York : Academic press

Johnson A, Bhatti I, Kanemoto N. 1971. Structure and function of the holdfast organ and lappets of *Alaria marcianae* (La Rue, 1917) (Trematoda: Diplostomatidae). Journal of Parasitology, 57: 235-243

Karyakarte P P, Baheti S, Chawda D B. 1976. Studies on carbohydrate metabolism of *Tremiorchis ranaram* (Trematoda: Digenea). Marathwada University Journal of Science, 15B: 93-95

Karyakarte P P, Chawda D B, Simant S C. 1976. Carbohydrate Metabolism of *Mehraorchis ranarum* Srivastava, 1934 (Trematoda: Digenea). Marathwada University Journal of Science (Natural Sciences) Suppl, 15: 89-92

Kloetzel K, Lewert R M. 1966. Pigment formation in *Schistosoma mansoni* infections in the white mouse. American Journal of Tropical Medicine and Hygiene, 15: 17-18

Kahler P，Hanselman K. 1973. Intermediary metabolism in *Dicrocoelium dendriticum*（Trematoda）. Comparative Biochemistry and Physiology，45B：825-845

Kurelec B. 1964. Urea synthesis in the liver fluke：I. Krebs-Henseleit urea cycle enzymes in the liver fluke. Veterinarski Arhiv，34：193-201

Kurelec B. 1974. Arginine as NAD regenerator in *Fasciola hepatica*（Abstract）. Proceedings of the Third International Congrees of Parasitology，3：1490

Kurelec B. 1975. Molecular biology of helminth parasites. International Journal of Biochemistry，6：375-386

Kurelec B，Ehrlich I. 1963. Uber die Nature der von *Fasciola hepatica*（L.）in vitro ausgeschiedenen Amino-und Ketosäuren. Experimental Parasitology，13：113-117

Lawrence J D. 1973. The ingestion of red blood cells by *Schistosoma mansoni*. Journal of Parasitology，59：60-63

Lutz P L，Siddiqi A H. 1971. Nonprotein nitrogenous composition of the protonephridial fluid of the trematode *Fasciola gigantica*. Comparative Biochemistry and Physiology，40A：453-457

Ma L. 1964. Acid phosphatase in *Clonorchis sinensis*. Journal of Parasitology，50：235-240

Magzoub M. 1974. Glycogen utilization in some trematode parasites. Acta Veterinaria，24：27-31

Marshall L，McManus D P，James B L. 1974. Glycolysis in the digestive gland of healthy and parasitized *Littorina saxatilis rudis*（Maton）and in the daughter sporocysts of *Microphallus similes*（Jag.）（Digenea：Microphallidae）. Comparative Biochemistry and Physiology，49B：291-299

Martin W E，Bils R F. 1964. Trematode excretory concretions：Formation and fine structure. Journal of Parasitology，50：337-344

McManus D P，James B L. 1975a. Tricarboxylic acid cycle enzemes in the digestive gland of *Littorina saxatilis rudis*（Maton）and in the daughter sporocysts of *Microphallus similes*（Jag.）（Digenea：Microphallidae）. Comparative Biochemistry and Physiology，50B：491-495

McManus D P，James B L. 1975b. Anaerobic glucose metabolism in the digestive gland of *Littorina sxatilis rudis*（Maton）and in the daughter sporocysts of *Microphallus similis*（Jag.）（Digenea：Microphallidae）. Comparative Biochemistry and Physiology，51B：293-297

McManus D P，James B L. 1975c. Pyruvate kinases and carbon dioxide fixating enzemes in the digestive gland of *Littorina saxatilis rudia*（Maton）and in the daughter sporocysts of *Microphallus similis*（Jag.）. Comparative Biochemistry and Physiology，51B：299-306

McManus D P，James B L. 1975d. Aerobic glucose metabolism in the digestive gland of *Littorina saxatilis rudis*（Maton）and in the daughter sporocysts of *Microphallus similis*（Jag.）. Zeitschrift für Parasitenkunde，46：265-275

Metzger H，Duwel D. 1974. The development of anthelmintics，based on investigations of metabolism of the liver fluke（*Fasciola hepatica*）.（Abstract）Proceedings of the Third International Congress of Parasitology，3：1444-1445

Matricon-Gondran M. 1971. Etude ultrastructure des recepteurs sensoriels tegumentaires de quelques Trematodes Digenetiques larvaires. Zeitschrift für Parasitenkunde，35：318-333

Mitchell C W，Crang R E. 1976. *Posthodiplostomum minimum* examination of cyst wall and metacercaria containing calcareous concretions with scanning electron Microscopy and X-ray microanalysis. Experimental Parasitology，40：309-313

Moore M N，Halton D W. 1976. *Fasciola hepatica*：histochemical observations on juveniles and adult and the cytopathological changes induced in infected mouse liver. Experimental Parasitology，40：212-224

Morris G P. 1968. Fine structure of the gut epithelium of *Schistosoma mansoni*. Experientia，24：480-482

Morris G P，Threadgold L T. 1968. Ultrastructure of the tegument of adult *Schistosoma mansoni*. Journal of Parasitology，54：15-27

Moss G D. 1970. The excretory metabolism of the endoparasitic digenean *Fasciola hepatica* and its relationship to its respiratory metabolism. Parasitology，60：1-19

Nizami W A，Siddiqi A H. 1975. Studies on in vitro survival of *Isoparorchis hypselobagri*（Trematoda）. Zeitschrift für Parasitenkunde，45：263-267

Nizami W A. Siddiqi A H，Yusufi A N K. 1975. Non-specific alkaline phosphomonoesterases of eight species of digenetic trematodes. Journal of Helminthology，49：281-287

Nimmo-Smith R H，Standen O D. 1963. Phosphomonoesterases of *Schistosoma mansoni*. Experimental Parasitology，13：305-322

Ohman C. 1965. The structure and function of the adhesive organ in strigeid trematodes，Part II. *Diplostomum spathaceum* Braun，1893. Parasitology，55：481-502

Ohman C. 1966a. The structure and function of the adhesive organ in strigeid trematodes. Part III. *Apatemon gracilis minor* Yamaguti，1933. Parasitology，56：209-226

Ohman C. 1966b. The structure and function of the adhesive organ in strigeid trematodes. Part IV. *Holostephanus luhei* Szidat，1936. Parasitology，56：481-491

Pantelouris E M，Hale P A. 1962. Iron and vitamin C in *Fasciola hepatica* L. Research in Veterinary Science，3：300-303

Pappas P W. 1971a. Localization of an insoluble excretory product in *Cephalogonimus americanus*（Trematoda）. Comparative Biochemistry and Physiology，38A：713-714

Parshad V R，Guraya S S. 1976. Comparative histochemical observations on the lipids in the immature and mature stages of *Cotylophoron cotylophoron*（Paramphistomatidae：Digenea）. Journal of Helminthology，50：11-15

Parshad V R，Guraya S S. 1977. Comparative histochemical observations on the excretory system of helminth parasites. Zeitschrift für Parasitenkunde，52：81-89

Patil H S, Rodgi S S, Amoji S D. 1977. Studies on the glycogen content and distribution in *Paramphistomum cervi* (Trematoda: Paraphistomidae). Proceedings of the Indian National Science Academy, B. 42: 149-155

Powell E C. 1977. Ultrastructural development of the excretory bladder in early metacercariae of *Ochetosoma aniarum* (Leidy, 1891). Proceedings of the Helminthological Society of Washington, 44: 136-141

Probert A J, Goil M, Sharma R K. 1972. Biochemical and histochemical studies on the nonspecific phosphomonesterases of *Fasciola gigantica* Cobbold, 1855. Parasitology, 64: 347-353

Probert A J, Lwin T. 1976. *Fasciola hepatica*: The presence of particle-associated and soluble nonspecific acid phosphatases. Experimental Parasitology, 40: 206-211

Reisinger E, Graak B.1962.Untersuchungen an *Codonocephalus* (Trematoda Digenea: Strigeidae), Nervensystem und Paranephridialer Plexus. Zeitschrift für Parasitenkunde, 22: 1-42

Reznik G K. 1971. The distribution of carboxylic esterases and leucineamino-peptidase in the tegument and intestine of *Dicrocoelium lanceatum* and *Fasciola hepatica*. (In Russian). Trudy Vsesoyuznogoinstituta Gelmintologii, 18: 217-227

Rothman A H. 1968a. Enzeme localization and colloid transport in *Haematoloechus medioplexus*. Journal of Parasitology, 54: 286-294

Rothman A H. 1968b. Peroxidase activity in platyhelminth cuticular mitochondria. Experimental Parasitology. 23: 51-55

Sauer M C V, Senft A W. 1972. Properties of a proteolytic enzyme from *Schistosoma mansoni*. Comparative Biochemistry and Physiology, 42B: 205-220

Senft A W. 1976. Observations on the physiology of the gut of *Schistosoma mansoni*. //Van Bossche H. Biochemistry of Parasites and Host-parasite Relationship. Ameterdam: Elsevier/North- Holland Biomedical Press: 96

Senft A W, Gibler W B. 1977. *Schistosoma mansoni* tegumental appendages: Scanning microscopy following thiocarbohydrazide-osmium preparation. American Journal of Tropical Medicine and Hygiene, 26: 1169-1177

Sewell M M H, Hammond J R, Dinning D C. 1968. Studies on the aetiology of anaemia in chronic fascioliasis in sheep. British Veterinary Journal, 124: 160-170

Siddiqi A H, Lutz P L. 1966. Osmotic and ionic regulation in *Fasciola gigantica* (Trematoda: Digenea). Experimental Parasitology, 19: 348-357

Simpkin K G, Chapman C R, Coles G C. 1980. *Fasciola hepatica*: A proteolytic digestive enzyme. Experimental Parasitology, 49: 281-287

Siddiqui A H, Nizami W A. 1981. Biochemical composition and carbohydrate metabolism of the metacercariae of *Clinostomum complanatum* (Trematoda: Digenea). Journal of Helminthology, 55: 89-93

Smith T M, Brooks T J. 1969. Lipid fractions in adult *Schistosoma mansoni*. Parasitology, 59: 293-298

Smith T M, Brooks T J, Lockhard V G. 1970. In vitro studies on cholesterol metabolism in the blood fluke *Schistosoma mansoni*. Lipids, 5: 854-856

Smyth J D. 1966. The physiology of trematodes. (Freeman W H). San Francisco

Smyth J D, Halton D W. 1983. The physiology of Trematodes. London, New York, Cambridge:Cambridge University Press

Srivastava M, Gupta S P. 1975. Phosphatase activity in *Isoparorchis hypselobagri* (Trematoda). Zoologischer Anzeiger, 195: 35-42

Tang C C (唐仲璋). 1938. Some remarks on the morphology of the miracidium and cercaria of *Schistosoma japonicum*. Chinese Med Jour, 2: 423-432

Thorpe E. 1968. Comparative enzyme histochemistry of immature and mature stages of *Fasciola hepatica*. Experimental Parasitology, 22: 150-159

Thorpe E. 1967. A histochemical study with *Fasciola hepatica*. Research in Veterinary Science, 8: 27-36

Threadgold L T. 1968. Electron microscope studies of *Fasciola hepatica*. Ⅵ. The ultrastructural localization of phosphatases. Experimental Parasitology, 23: 264-276

Threadgold L T, Brennan G. 1978. *Fasciola hepatica*: Basal infolds and associated vacuoles of the tegument. Experimental Parasitology, 46: 300-316

Threadgold L T, Read C P. 1968. Electron-microscopy of *Fasciola hepatica*. V. Peroxidase localization. Experimental Parasitology, 23: 221-227

Threadgold L T, Arme C. 1974. Electron microscope studies of *Fasciola hepatica*. Ⅺ. Autophagy and parenchymal cell function. Experimental Parasitology, 38: 389-405

Tieszen J E, Johnson A D, Dickinson J P. 1974. Structure and function of the holdfast organ and lappets of *Alaria mustelae* Bosma, 1931, with further studies on esterases of *A. marcianae* (La Rue, 1917) (Trematoda: Diplostomatidae). Journal of Parasitology, 60: 567-573

Timms A R, Bueding E. 1959. Studies of a proteolytic enzyme from *Schistosoma mansoni*. British Journal of Pharmacology and Chemotherapy, 14: 68-73

Van Vugt F. 1979-1980. The energy metabolism of the adult common liver fluke, *Fasciola hepatica*. Veterinary Science Communications, 3: 299-316

Vernberg W B, Hunter W S. 1956. Quantitative determinations of the glucogen content of *Gynaecotyla adunca* (Linton, 1905). Experimental Parasitology, 5: 441-448

von Brand Th. 1966. Biochemistry of parasites. New York and London: Academic Press

von Brand Th. 1973. Biochemistry of Parasites. 2nd ed. New York and London: Academic Press

Vysotskaya R U, Sidorov V S. 1973. Lipid content in some helminths from freshwater fish. (In Russian). Parasitology, 7: 51-57

Vysotskaya R U, Sidorov V S, Bykhovskaya-Pavlovskaya L E. 1972. Carbohydrate composition of some parasitic worms in fish. (In Russian). Lososevye (Salmonidae) Kareli, (1): 138-143

Vykhrestyuk N P, Yarygina G V. 1975. Characterization of the lipids of some helminths parasitic in cattle. (In Russian, English Summary), Novaya Seriya, Trudy Biologo-Pochvennogo Institut (Gel'mintologicheskie Issledovaniya Zhivotnykh i rastenii), 26: 192-201

Wilson R A，Barnes P E. 1979. Synthesis of macromolecules by the epithelial surfaces of *Schistosoma mansoni*：An autoradiography study. Parasitology，78：295-310

Wheater P R，Wilson R A. 1976. The tegument of *Schistosoma mansoni*：A histochemical investigation. Parasitology，72：99-109

Yamao Y. 1952. Histochemical Studies on endoparasites，Ⅵ. Distribution of glyceromonophosphatases in the tissues of the lung fluke, *Paragonimus westermani*. (In Japanese). Jikken Seibutsugaku Ho，2：159-162

Yarygina G V. 1972. Lipids of the trematode *Paramphistomum cervi*. (In Russian). Trudy Biologo- Pochvennogo Instituta：Dal'nevostochnyi Nauchnyi Tsentr AN SSSR (Issledovaniya po faune，sistematike i biokhimii gel'mintov Dal'nego Vastoka)，11：199-203

Yarygina G V，Vykhrestyuk N P. 1972. Lipids of the trematode *Eurytrema pancreaticum*. (In Russian). *Problemy Parazitologii*. Izdatel'stvo Naukova Dumka Kiev USSR，Trudy Ⅶ Nauchnol Konferentsii Parzitologov USSR，Part Ⅱ：474-475

Yusufi A N K，Siddiqi A H. 1976. Comparative studies on the lipid composition of some digenetic trematodes. International Journal for Parasitology，6：5-8

Yusufi A N K，Siddiqi A H. 1977. Lipid composition of *Gastrodiscoides hominis* from pig. Indian Journal of Parasitology，6：5-8

Yusufi A N K，Siddiqi A H. 1978. Some aspects of carbohydrate metabolism of digenetic trematodes from Indian water buffalo and catfish. Zeitschrift für Parasitenkunde，56：47-53

Zussman R A，Bauman P M. 1971. Schistosome hemoglobin protease：search for inhibitors. Journal of Parasitology，57：233-234

九、吸虫幼虫期

吸虫纲中单殖吸虫亚纲(Monogenea)和盾盘吸虫亚纲(Aspidogastrea)种类的生活史简单，无须宿主的更换，由每个虫卵孵出的幼虫到适宜的宿主体上即发育形成一个成虫，除此之外，在复殖吸虫亚纲所有种类的生活史都比较复杂。复殖吸虫生活史要经过有性世代(sexual generation)和无性世代(asexual generation)的交替，还要经过一个终末宿主和一个以上的中间宿主的更换，其生活史才能完成。成虫寄生在终末宿主体内，为有性世代；从虫卵发育成熟以后要经过毛蚴、胞蚴、子胞蚴(或雷蚴、子雷蚴)、尾蚴、囊蚴(后期尾蚴)等幼虫阶段，这些阶段是在中间宿主体内发育，是用胚细胞分裂繁殖的无性世代。不同吸虫种类其幼虫期发育阶段和对中间宿主种类的要求均有不同。复殖吸虫的第一中间宿主一定是贝类，所以又常称之为贝类宿。绝大多数复殖吸虫种类尚需有第二中间宿主。第二中间宿主的种类因不同吸虫种类而异，它们有贝类、水生节足动物、陆生昆虫及鱼类等，除此之外尚可以各种水生植物为其囊蚴附着生活之处。某些吸虫种类，如鸮形吸虫(Strigeata)，尚有中尾蚴(mesocercaria)寄生在转续宿主(paratenic host)。有一些吸虫，如并殖吸虫(*Paragonimus*)，在第二中间宿主之后还可能有运转宿主(transfer host)，脱囊的后蚴(excysted metacercaria)在此运转宿主体中生活不能发育达到成虫，待进入其终末宿主体中后才继续发育到性成熟。所以复殖类吸虫在其整个生活史过程中至少需要经历两个以上的宿主交替(alternation of hosts)。现将吸虫类各幼虫期的基本形态结构及特征介绍于下。

(一) 虫卵和毛蚴

1. 虫卵

虫卵一般椭圆形，有的圆形或纺锤形。大部分虫卵具卵盖，少数(如血吸虫类)无卵盖。虫卵内含受精卵细胞，并由其发育形成毛蚴。

(1)虫卵中毛蚴的发育

吸虫的受精卵经过卵裂而逐渐发育成熟，成熟的虫卵壳内含有成熟的毛蚴(miracidium)。不同吸虫种类其虫卵中卵细胞发育情况会有所差异。例如，*Fasciola*、*Paragonimus*、*Paramphistomum* 及 *Vesicocoelium* 等多种科属的虫卵从其母体子宫末端排出，甚至离开终末宿主到外界时，虫卵中的卵细胞尚未分裂，或尚处于早期分裂球阶段。有的种类，如 *Haematoloechus* spp. 等排出的虫卵中的胚体已部分发育。有的种类，如 *Philophthalmus*、*Dicrocoelium*、*Eurytrema*、*Clonorchis* 以及 *Schistosoma* 等许多种类，其虫卵离开母体子宫时，或离开终末宿主时，卵内已含有成熟毛蚴。

(2) 影响卵中毛蚴发育的因素

毛蚴胚体在卵壳内发育也会受到各种理化因素(physico-chemical factors)的影响。例如，多种吸虫 *Fasciola*、*Schistosoma* 等的虫卵在宿主潮湿的粪便中能存活相当长时间，有的尚能进行部分发育，但它们的毛蚴不能在粪便中孵化。Rowcliffe 和 Ollerenshow(1960)等学者认为粪便对虫卵内毛蚴胚体发育及成熟毛蚴的孵化具有如此的抑制作用，可能与氧的不足，以及有毒物质和细菌的存在有关，渗透压也可能起作用。温度条件与卵内毛蚴发育关系亦十分密切，通常气温低于 10℃ 和高于 30℃ 都不适宜。Campbell(1961)报告 *Fascioloides magna* 虫卵在 6℃ 不能发育。Rowcliffe 和 Ollerenshow(1960)也曾报告 *Fasciola hepatica* 虫卵在 10℃ 以下毛蚴胚体不能发育，在 10℃ 发育成熟需 161d，而在 30℃ 中只需 8d 即发育成熟。虫卵在 37℃ 中孵育一段时间就转移到较低的温度中去，可以发育很好，但如果放在 37℃ 中逗留时间长些，虫卵的死亡率(mortality)将会增加。在低于 0℃ 时，温度越低，吸虫虫卵存活的时间越短。例如，*Fasciola gagantica* 的虫卵，在 -3℃ 中活 25d，而在 -5℃ 中只活 17d。而 *Fasciola hepatica* 的虫卵在此低温中会更快死亡，但如放在 30～40cm 深的雪中则尚可活着(Vasileva，1960)。*Paramphistomum* spp. 虫卵在 -3℃ 中活 11h，在 -12℃ 中只活 1.5h(Mitterpark et al.，1971；Simnaliev，1976)。其他吸虫的虫卵对温度的反应情况亦相似，卵内毛蚴胚体的发育随着温度增高而加快，但超过一定温度后，发育会受抑制。寄生于温血动物的吸虫，其虫卵到外界中，如果环境中的温度升高达到其宿主的体温时，虫卵会迅速死亡。例如，寄生于鸭子的 *Apatemon gracilis minor* 的虫卵在 37℃ 温度中活 7～8d，而在 40～42℃ 中只活 1～2d(Raisyte，1973)。

湿度(moisture)对吸虫虫卵的生存也有很大的影响。虫卵在外界的环境中需要有一定的水分，其中的胚体才能发育，在干燥的条件下虫卵很快死亡。虫卵连同粪便散落在潮湿的土壤中可以很好地发育，虫卵在潮湿的粪便中生存的时间比在干燥的粪便中长。

除温度和湿度条件之外，氧气和酸碱度对吸虫虫卵的发育也有影响。根据 Rowcliffe 和 Ollerenshow (1960)的观察，氧气压的变化对 *Fasciola hepatica* 虫卵的死亡率有影响，它们在有氧条件中发育达到孵化所需的时间只有在低氧压条件中所需时间的 1/5。肝片吸虫的虫卵在 pH4.2～9.0 都能很好地发育，但当 pH 超过 8.0 时，卵中胚体的发育要延长。Al-Habbib(1974)报告 *Fasciola hepatica* 虫卵发育最适宜的 pH 是 7.0。

(3) 虫卵的孵化

吸虫虫卵在成虫子宫中，有些种类的虫卵离开母体时尚未发育，还只含有卵细胞。许多种类的虫卵在未离开子宫之前就已发育成熟，含有成熟的毛蚴。虫卵通常不会在母体子宫中孵出毛蚴，也不会在终宿主体内孵出毛蚴。在母体子宫里及宿主体中不具备可使毛蚴孵化的条件而抑制虫卵的孵化。吸虫虫卵大都需要到水中或且其贝类宿主的消化道中才孵出毛蚴。许多吸虫种类虫卵要到外界水中孵化，如 *Schistosoma*、*Trichabilharzia*、*Orientobilharzia*、*Fasciola* 及 *Cyclocoelium* 等；但也有些种类例外，如寄生在鸡鸭及鸟类眼窝中的 *Philophthalmus*，在母体子宫中，虫卵就可孵出毛蚴，毛蚴能离开子宫到水禽宿主眼中而进入外界水中。

大部分吸虫种类的虫卵具卵盖(operculum)，虫卵进入水中后如何打开卵盖孵出毛蚴？经许多学者观察。Rowan(1956)认为光线能刺激卵中毛蚴释放一种能溶解蛋白质孵化酶(proteolytic hatching enzyme)，此酶能使固着卵盖于卵壳的有黏性的蛋白质化解而打开卵盖。Wilson(1968)反对此孵化酶的理论，他认为毛蚴的孵化是由于光线的刺激增加毛蚴的活动能力，而改变卵壳内在毛蚴和卵盖之间"黏滞垫"(viscous cushion)膜的渗透性；他认为 viscous cushion 是一种纤维黏液蛋白的复合物(fibrillar muco-protein complex)。在正常情况下它是干燥或半干燥的(semi- dehydrated)，当它的渗透性改变时此物质起了水化作用(hydration)，而使此"黏滞垫"膨胀，增加卵内压力而打开卵盖，压出毛蚴。Smyth 和 Halton(1983)也图示了肝片吸虫正在孵化的虫卵(**幼虫期图 1**)，卵内有正在活动的毛蚴，以及它与卵壳之间的"黏滞

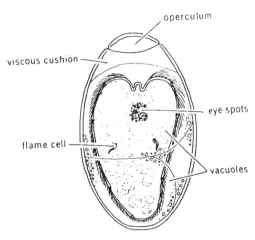

幼虫期图 1 肝片吸虫虫卵示毛蚴即将孵化
(按 Smyth and Halton, 1983)

垫"和空泡。

光线和温度对吸虫虫卵孵化有影响。S'mnaliev(1976)报告 *Paramphistomum microbothrium* 虫卵孵化最适宜的温度是 27～30℃。Gold 和 Goldberg(1977)报告肝片吸虫虫卵在 16～20℃孵化率最高,温度高过 20℃则对孵化不利。当温度改变时,温度的降低可以刺激虫卵的孵化,并且不同波长和不同强度的光线对此吸虫虫卵的孵化无明显的影响。Al-Habbib(1974)发现黄色、绿色及紫罗兰色的短波光线对肝片吸虫虫卵的孵化有强刺激的作用。Geller 和 Bausov(1977)报告红光对此吸虫虫卵孵化有微弱的作用。Mitterer(1975)报告肝片吸虫虫卵经光照后放在暗的环境中仍能继续孵化。我们观察了人工感染土耳其斯坦东毕吸虫(*Orientobilharzia turkestanica*)尾蚴后1～3年的3只实验羊粪便到水中虫卵孵化的情况,光照对虫卵中毛蚴的活力有很大影响,在天然日夜条件下,毛蚴每日有周期性地孵化,在全部黑暗或用 15W 日光灯日夜连续照射的条件下,虫卵大部分死亡,毛蚴呈浅褐色(唐崇惕等,1990;见裂体总科)。Sey(1973)报告氯化钠(NaCl)溶液的浓度对牛的 *Paramphistomum daubneyi* 的虫卵孵化率有影响,虫卵在 1.2%浓度中孵化率可达约 97%,而在 0.2%～0.4%浓度中,虫卵孵化率只有 6.5%左右。

唐仲璋(1938)曾观察 *Schistosoma japonica* 无卵盖虫卵孵化时卵壳呈纵裂形式,裂口有外翻形态。虫卵到水中后由于渗透压的改变,卵黄膜膨胀,毛蚴在卵黄膜内活动十分活跃,用其顶部乳突顶撞卵黄膜,穿破此膜而破壳孵出。如果卵黄膜没有因渗透压改变而自然破裂的话,毛蚴不久就会体力耗竭、活动缓慢并最终死亡(**裂体总科附图**)。毛守白等(1990)应用扫描电镜观察日本血吸虫毛蚴孵化后的卵壳,卵壳上纵裂的裂口边缘亦呈外翻形状(**幼虫期图 2**)。早期的日本学者叙述日本血吸虫卵的卵裂认为多数是横裂,只有少数是纵裂(Miyagawa,1916)。

幼虫期图 2 日本血吸虫虫毛蚴孵出后的卵壳(按毛守白等,1990)

曼氏血吸虫(*Schistosoma mansoni*)无卵盖具侧刺的虫卵,其孵化亦与光线、温度以及渗透压等因素密切相关(Smyth,1976)。Kusel(1970)报告曼氏血吸虫的卵壳是壳硬蛋白(scleratin)物质,卵黄膜内有前后两个半圈状马蹄形的空泡不完全地包围着毛蚴,与它前后乳突紧密接触,此空泡使卵黄膜紧顶着卵壳。此虫卵到水中,卵中毛蚴首先是焰细胞闪动,毛蚴体收缩,前后部纤毛摆动,以至整个身体表面纤毛的运动,最后卵壳破裂孵出毛蚴(Becker,1973)。Kassim 和 Gilbertson(1976)观察曼氏血吸虫卵裂情况,纵裂和斜裂的卵占全部卵裂数的 60%以上,横裂和完全横断裂的占 30% 多一些。并经试验证实虫卵在光照条件下孵化率只有 43.9%,在黑暗环境中的孵化率为 46.69%。他们试验证实曼氏血吸虫虫卵孵化中渗透压是主要的因素。虫卵放在低渗透压的清水中,毛蚴迅速孵出。虫卵放在尿素、氯化钠、蔗糖和甘油的溶液中,虫卵的孵化率均有和各溶液的浓度呈反比的趋势。

吸虫类中有许多种类,如 *Clonorchis*、*Eurytrema*、*Dicrocoelium* 等,其虫卵在贝类宿主体内孵化。人工感染的贝类通常在第二天就可以从它们排出的粪便中检查出已打开卵盖的空卵壳。Byrd 和 Scofield(1952)报告 *Dasymetra conferta* 虫卵在 *Physa gyrina* 肠管中约 0.5h 即已孵化。Schell(1961,1965)报告 *Haplometrana intestinalis* 虫卵在 *Physa* sp.肠道中 1h 内孵化,*Haematoloechus breviplexus* 虫卵在 *Gyraulus similaris* 肠道中 2h 内孵化。Mitterer(1975b)和 Ractliffe(1968)等报告 *Dicrocoelium dendriticum* 的虫卵被贝类宿主吞食后 20min 即可孵化,有时约有 70% 的虫卵在被吞食后 40min 内孵化。Ractliffe(1968)认为此类吸虫虫卵的孵化并不是由于螺蛳的消化酶的作用,而是由于虫卵受某种物理化学因素的刺激而产生的活动过程。Mitterer(1975b)报告甲酸(formic acid)或乙酸(caproic acid)的溶液可使 *Dicrocoelium* 种类虫卵的卵盖开启。同时，如果把此虫卵放在氮(nitrogen)或真空器皿中干燥后，或用 *Helix pomatia* 螺的肠液在无氧状态中处理后，再放到无氧水(oxygen-free water)中也可导致卵盖的打开。Mitterer 推测此类吸虫虫卵的孵化可能是由于毛蚴的颗粒腺(granular gland)的作用。该腺体释放出一种酶的物质，它能把一种多糖消化成为一种低聚糖(寡糖)(oligosaccharide)。此低聚糖不能透过卵壳或胚膜(embryonic membrane)，由于渗透压的增加使卵盖打开，毛蚴因而孵化出来。Russell(1954)把 *Plagitura salamandia* 的卵放在它的贝类宿主 *Pseudosuccinea collumella* 的肠抽取液中即会孵化，说明肠液中含有酶物质参与了虫卵的孵化，在螺的肠道中还有一些理化条件共同作用于虫卵，促使此类虫卵在宿主的消化道中孵化。

(4) 虫卵的代谢

有关吸虫类虫卵的代谢问题一些种类曾被观察过。吸虫的卵如同其他无脊椎动物的卵一样，富有酶的物质。一些研究者曾从曼氏血吸虫的虫卵中测出酸性和碱性磷酸酶、5′-核苷酸酶(5′-nucleotidase)、腺苷三磷酸酶(adenosine triphosphatase)、氨基肽酶(aminopeptidase)、乙酰胆碱酯酶(acetylcholine esterase)及非特异性酯酶(non-specific esterase)。在吸虫虫卵中含有糖原(glycogen)，肝片吸虫虫卵孵化时糖原含量从30%干重下降到15%。吸虫毛蚴在虫卵中的发育生长主要是以无氧代谢(anaerobic metabolism)形式进行。曼氏血吸虫毛蚴纤毛活动所需的能量也是从无氧代谢获得(Smyth and Halton, 1983)。在日本血吸虫虫卵中，毛蚴胚胎发育过程中见到脂类逐渐消失、碳水化合物大量增加，毛蚴体内实质组织主要是糖原；同时在卵胚发育和毛蚴形成过程中，核酸和蛋白质的合成随细胞的分裂增殖而进行着活跃的代谢活动。在卵的发育过程中卵内亦出现有碱性磷酸酶、酸性磷酸酶以及琥珀酸脱氢酶等物质，但未见有非特异性酯酶(何毅勋和杨惠中，1979，1980；毛守白等，1990)。

2. 毛蚴

(1) 毛蚴的形态

不同类群吸虫的毛蚴有其独特形态结构。通常在贝类宿主消化道中孵化的毛蚴都比较柔弱纤小，要观察这些毛蚴，需要压破卵壳，打开卵盖，毛蚴才能出来。在显微镜下能见到它们的纤毛轻微摆动。*Halipegus occidualis* 毛蚴体表没有纤毛，但在它头顶端有一圈冠状排列的头棘结构，这可能与毛蚴穿钻宿主肠壁的活动有作用。这类毛蚴体内只有少数种类可以见到很微弱的焰细胞和排泄管，大部分种类都见不到排泄系统的结构。在水中孵化的毛蚴十分活跃地在水中迅速作旋转式地向前游泳，体形会因游泳活动而时有改变。毛蚴体表披着浓密的纤毛，纤毛着生在上皮细胞板(epidermal plates)上。每一个上皮细胞板是一个细胞，各有一个细胞核。在毛蚴体前顶端有一个无纤毛上皮包被的吻突部分。各种吸虫的毛蚴有它一定数目和一定排列方式的上皮细胞板。通常吸虫毛蚴的上皮细胞板有四横列，每个横列上的纤毛板数目因种类不同而异，从上到下列出各横列的纤毛板数目，就成为毛蚴纤毛板的公式，如日本血吸虫和 *Philophthalmus gralli* 的毛蚴，其纤毛板公式均为6，8，4，2。有的吸虫(如 Allocreadiidae 科的 *Orientocreadium batrachoides* 及 Maseniidae 科的 *Eumasenia fukienensis*)的虫卵在其贝类宿主消化道中孵化，其毛蚴纤毛板都只有两列，各列3块，公式应为3，3。有的吸虫种类(如航尾吸虫 *Azygia*)的毛蚴，其体表的纤毛板成为具有棒状的刺板(bristle plates)，上满布短刺。体上半部刺板5枚，下半部4枚；另外，腹口类吸虫(Gasterostomes)的毛蚴体表纤毛板成为羽毛状的纤毛棒。当毛蚴在虫卵中时，透过卵壳可见到这样的纤毛棒4条从上到下整齐地缠绕在毛蚴体上，其实这些纤毛棒并不贴在毛蚴体上，当毛蚴从卵中孵出在水中时，可以见到此4条羽毛状纤毛棒仅在它的顶部，附着在毛蚴体具锥刺(stylet)的头部和体部交接处，其他部分游离地张开，不同的种类的毛蚴其体表纤毛棒的形态构造均不相同，请参见以下有关各科附图。

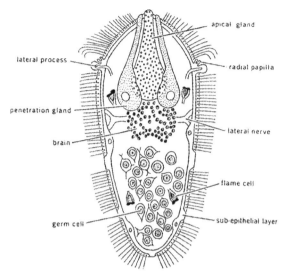

幼虫期图 3 *Schistosomatium douthitti* 的毛蚴
（按 Price，1931）

（2）毛蚴体内构造

大多数种类毛蚴（**幼虫期图 3**）在体前顶部中央有一个头腺（又称顶腺 apical gland），两侧各一个穿刺腺（penetration glands），它们均开口在前顶端吻突上。在顶腺的下方有一个横椭圆形或其他形状的神经团。有些种类毛蚴在神经团上部中央位置上有一对眼点（eye spots），每个眼点呈杯状，中含有色素颗粒和一个圆形的晶体（lens）。Van Haitsma（1931）在 *Diplostomum flexicaudum* 毛蚴的眼点色素杯中观察到有 2 个晶体，每个色素杯有 2 个感觉细胞。从神经团有突起连于色素点，除外尚有突起连于体两侧的乳突及体前后其他部分。Panitz 和 Knapp（1967）叙述肝片吸虫毛蚴的神经团具有乙酰胆碱酯酶（acetylcholinesterase）活动的神经性质。

在毛蚴体后半部中央含有数个胚细胞。这些胚细胞将在贝类宿主体内发育形成胞蚴或雷蚴。环肠吸虫（*Cyclocoelium*）、平睾吸虫（*Parorchis*）及嗜眼吸虫（*Philophthalmus*）等的毛蚴在虫卵中时其体后部就已含有活泼的小雷蚴，而且雷蚴体中也已有胚细胞和胚球。毛蚴体内也有原肾型排泄系统，有 1～2 对焰细胞，收集管基部有的可膨大成一个小囊泡（bladder）状，开口在第三、第四列纤毛板之间（见环肠科、嗜眼科等附图）。

（3）毛蚴的亚显微结构

应用扫描电镜和透射电镜观察吸虫毛蚴，可以看到它们体上的精细结构。Donges（1964）从电镜观察 Diplostomatidae 科的 *Posthodiplostomum cuticola* 的毛蚴顶端，见有顶腺（通常称头腺）和穿刺腺的开口，除外还有乳突和刚毛（bristle）（**幼虫期图 4**）。

Brooker（1972）图示曼氏血吸虫毛蚴顶乳突一侧的超微结构（**幼虫期图 5**），顶腺细胞（apical gland cell）管道中含有许多颗粒和线粒体。侧腺细胞（lateral gland cell，即穿刺腺细胞 penetration gland cell）管道中内也含有许多颗粒。顶腺细胞和穿刺腺细胞均呈 PAS 阳性（Erasmus，1972）。其分泌物可能含酶的物质。当毛蚴在水中遇到它们适宜的贝类宿主时，用顶乳突叮住宿主体表穿钻，加上腺细胞分泌物的溶组织酶（histolytic enzymes）对宿主组织的溶解，再加上毛蚴体的伸缩，

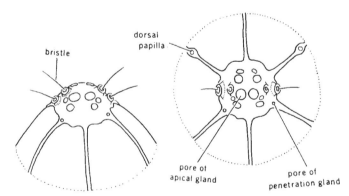

幼虫期图 4 *Posthodiplostomum cuticola* 毛蚴的顶端表面
（按 Donges，1964）

使毛蚴体中的胚细胞团（或已形成的雷蚴，如嗜眼吸虫等）压进贝类宿主体内。毛蚴顶端乳突部分是在没有纤毛上皮细胞板覆盖的部位，那里除有顶腺细胞和穿刺腺细胞的末端开口之外，还分布有具纤毛的神经末端（ciliated nerve ending）和具纤毛小窝的神经末端（ciliated pit nerve ending），在它们和腺细胞末端之间体表布有微毛（microvillus）。在这些微毛和纤毛上皮板下方有环肌（circular muscle）和纵肌（longitudinal muscle），再下方有上皮下细胞（sub-epithelial cell）。每一个上皮下细胞中含有胞核、线粒体、高尔基体和膜泡（membrane-bound vesicles）等微细结构。这些细胞由细胞质联系（cytoplasmic connection）与微管（microtubules）上方的体表纤毛上皮细胞相连（**幼虫期图 6**）（Hockley，1972；Meuleman et al.，1978；Wilson，

1969b；Wright，1971；Smyth and Halton，1983)。

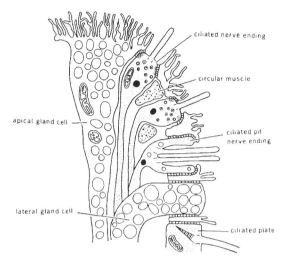

幼虫期图5　曼氏血吸虫毛蚴顶端乳突半侧结构图解(按 Brooker，1972)

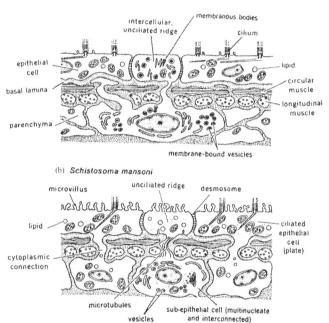

幼虫期图6　肝片吸虫、曼氏血吸虫的毛蚴上皮

(按 Hockley，1972，1973；Meuleman et al.，1978；Wilson，1969b；Wright，1971 于 Smyth and Halton，1983)

(4)毛蚴感觉器官

毛蚴也富有感觉器官，已如前面所述，一些在水中孵出的毛蚴具有一对眼点，有时这对眼点会合在一起。每个眼点由一定数量的色素颗粒构成的一个杯及 1～2 个"晶状体"所组成。Brooker(1972)说明毛蚴的每个眼点由一个突出的色素细胞构成，每个色素细胞包含许多色素颗粒，在它的凹面充满由复眼的感光杆(rhabdomeres)平行排列的微毛。他认为毛蚴可能还具有光感受器(photoreceptor)的构造。*Diplostomum spathaceum* 毛蚴从每个色素杯生出网状细胞枝条，它们和一个具有一大空泡的细胞相联系。在此空泡壁上生出 10～20 条纤毛，此结构通常被认为是光感受器，其他无脊椎动物也存在这一构造。Wilson(1970)在 *Fasciola hepatica* 毛蚴也见到和此相似的细胞，认为它是重力感受器(gravity receptors)，可能也是光感受器。血吸虫类毛蚴没有眼点，但它们有趋光性。Mason 和 Fripp(1977a)进行了曼氏血吸虫毛蚴趋光性反应的试

验，结果无论在 15℃ 还是 23℃ 条件中，从旁照以 6V 和 3V 两光源，毛蚴大部分 (22/30) 向 6V 光源游去，仅个别 (1/30) 游向 3V，其他 (7/30) 游向器皿光源照射的对方。由此试验说明无眼点的毛蚴也有灵敏的趋光性。该作者另外一个试验也证明了这一点。他们设置了一个遮光暗的器皿与一个曝光亮的器皿相通，放在暗皿中的 45 个曼氏血吸虫毛蚴，30min 后有 35 个毛蚴进入了光皿内，另 10 个进入相通的管道中。日本血吸虫的毛蚴也有趋光性，而且温度增高，趋光性的阳性率逐渐下降，在 34℃ 温度中毛蚴仅少数趋光 (Takahashi et al.，1961)。

绝大多数毛蚴在它们体前半部中部都可见到有一团通常称为"脑"(brain) 或神经团 (nerve mass) 的结构。Wilson (1970) 和 Fluks 等 (1975) 分别对肝片吸虫毛蚴和曼氏血吸虫毛蚴的神经系统的超微结构进行观察，说明毛蚴的中央神经节 (central ganglian) 是由在细胞体周围的神经纤维团所组成。由此中央神经团 (central nervous mass) 发出纤维索 (fibres tracts) 向前伸向体壁肌肉和各种感觉器末端，使毛蚴能接受各种刺激，进行反应和运动。毛蚴的行为反应，在水中孵化后感染贝类宿主的和在贝类宿主消化道中孵化的种类会有所不同；前者要适应于水中的渗透压，而后者要适应贝类宿主消化道中较高的渗透压的内部环境；在水中孵化的毛蚴，其行为表现除有趋光性 (phototaxis) 之外，也有趋温性 (thermotaxis)、趋地性 (geostactism)、耐地压 (geotaxis) 以及趋化性 (chemotaxis) 等现象。但有关毛蚴的行为及机理被研究的尚很少，如毛蚴被吸引到其贝类宿主体上有无特异性？如有，其情况如何？它们与适宜或不适宜的贝类宿主之间关系的详细情况如何？有关这方面的问题都尚未完全了解。

(5) 物化因素对毛蚴的影响

A. 光线

毛蚴虽有趋光性、趋温性，但各有一定的限度，如果光照时间过长，温度过高，对毛蚴的生存会有不利的影响。阳光的紫外线光 (ultraviolet light) 会缩短毛蚴的生命时间。经试验观察，埃及血吸虫 (*Schistosoma haematobium*) 毛蚴光照 2h 就不能活动 (Prah and James，1977)，他们用紫外线光照射曼氏血吸虫和埃和血吸虫的毛蚴，15～25s 的照射尚不见有何不好的影响，照射 30s 之后就显示有受其害的情况，照射 150s 后毛蚴大多数不活动或死亡。这说明紫外线光会使血吸虫的毛蚴致死。土耳其斯坦东毕血吸虫 (*Orientobilharzia turkestanica*) 的虫卵毛蚴用 15W 日光灯连续照射也会大量死亡的情况已如上文所述 (唐崇惕等，1990)。

B. 温度

温度对吸虫的毛蚴也有作用。Prah 和 James (1977) 报告曼氏血吸虫和埃及血吸虫毛蚴生活适宜的温度是 18～30℃，在此温度范围内，毛蚴生活时间比在 5～10℃ 温度和高于 35℃ 下更长。在 10℃ 以下，毛蚴不能感染其贝类宿主，在 10～15℃ 贝类宿主的感染率达 25%。Christensen 和 Nansen (1976) 报告肝片吸虫毛蚴最适宜的温度是 15～26℃，最低有效温度可低到 5～6℃。此毛蚴对其贝类宿主的感染力时间长短与环境中的温度高低成反比。Al-Habbib (1974) 报告肝片吸虫毛蚴在 10℃ 中可活 23h，在 20℃ 中活 10h，到 30℃ 虽然毛蚴活动力增强，但只能活 6h。

C. 化学物质

关于吸虫毛蚴在水中如何会接近它们适宜的贝类宿主？Shiff (1974) 认为毛蚴对环境条件的反应常和它们贝类宿主的反应相近，当季节变化时它们两者也都会有相应的变化。例如，埃及血吸虫毛蚴和它的贝类宿主 *Bulinus* (*Physopsis*) *globosus*，在夏天时两者大部分都聚集在池塘的底部，而在冬天时两者都到比较温暖的水面。日本血吸虫贝类宿主钉螺生活在水域边线上下，那里也是此血吸虫毛蚴常聚集的地方。各种吸虫毛蚴接近和侵入其适宜的贝类宿主，是否贝类宿主有某些特异的化学物质吸引它们前来？一些研究者也观察到有关毛蚴的趋化性问题。Chernin (1970) 报告曼氏血吸虫毛蚴对 *Biomphalaria glabrata* 螺液 (SCW) (snail-conditioned water) 的反应强度与螺液稀释的浓度成正比。Stibbs 等 (1976) 对此螺液 (SCW) 生物化学的研究证明对毛蚴有刺激的物质可能最主要是镁离子 (magnesium ion) 的化合物。Sponholtz 和 Short (1975) 认为钙离子 (calcium ion) 可能也起作用。一些研究者认为从贝类足部分泌的 5-羟色胺

(serotonin)、氨基酸及其他有机酸可能对毛蚴活动也有作用(Etges et al.，1975；MacInnis et al.，1974；Wilson and Denison，1970)。但 Semenov(1976a，1976b)研究 *Philophithalmus rhionica* 毛蚴，认为此毛蚴的趋化性很微弱，而且趋花作用也运转于离贝类宿主 *Melanopsis phaemorsa* 2mm 的范围之内，在此小范围中此吸虫毛蚴才有反复接触和穿刺贝类宿主的行为反应，此种吸虫毛蚴和其他贝类在一起时无此反应。此实验显示毛蚴对贝类宿主具有特异性。而 Chernin(1970)观察曼氏血吸虫、日本血吸虫和肝片吸虫的毛蚴对 *Biomphalaria glabrata*、*Helisoma caribaeum*、*Bulinus truncatus*、*Lymnaea palustris*、*Lymnaea columella*、*Oncomelania nosophora* 及 *Oncomelania formosana* 各贝类螺液(SCW)的反应时显示并无很强的特异性。

(6)毛蚴在水中的寿命

毛蚴在水中有一段自由生活时间，此期间它没有消化器官，不能摄食，必须在 24h 内找到其适宜的宿主，并进入其体内继续发育，否则就要死亡。毛蚴在外界水中生活的时数及其能活泼游泳时间的长短因不同吸虫种类均略有不同；同一吸虫种类，在不同的温度或其他条件下亦会有差异。例如，*Paramphistomum hiberniae* 的毛蚴在 20～22℃水中游泳活动只有 6～8h(Willmott，1952)，*Paragonimus* 的毛蚴在 25℃下可活 24h，在较低一些温度中可活更长久一些(Yokogawa et al.，1960)。按 Schneider 和 Schubert 所述：曼氏血吸虫毛蚴在 24～26℃条件下 8h 死亡一半，22h 全部死。而按 Lampe(1927)所述此毛蚴在 33℃条件下能活 40h。后者可能有误。

(7)毛蚴感染贝类宿主

毛蚴在水体中活动时，附近如有其适宜的贝类宿主，毛蚴会迅速地游近螺体，并迅速地附着在螺体的触角、头部、足部、外套膜或鳃等部位的表皮上，并穿钻到螺体的柔软组织间隙中，被螺体的循环系统携带到各寄生部位。把一个毛蚴和一个适宜的贝类宿主一起放在适当的盛水容器中，约 95%都可以感染。如毛蚴数量增加，则感染率增高；如盛水的容器增大，则感染率降低。如把一螺蛳和 1～5 个的毛蚴放在一起，在 1.5mL 水容器中，感染率从 42%增到 87%。在 100mL 水容器中，感染率则从 6%增到 29%(Chernin and Dunavan，1962)。这种感染的差异尚与螺类对此毛蚴的敏感性程度及外界环境中能影响毛蚴感染的因素(如温度)等条件情况有关。

被贝类宿主吞食后才孵化的毛蚴，要穿过宿主肠壁后到其寄生部位继续发育。例如，胰脏吸虫，*Eurytrema* spp.的毛蚴穿过其贝类宿主肠壁在围肠结缔组织中，从切片上可以见到早期母胞蚴(感染后 5～7d)体上尚有毛蚴体排泄囊泡存在(唐仲璋和唐崇惕，1975，1977)。说明毛蚴体有一些部分和胚细胞一起进到寄生部位。

在水中的毛蚴接触它的适宜贝类宿主时，通常用其前顶端乳突进行机械地穿钻活动而钻入贝类宿主组织中，毛蚴体伸缩和旋转的穿钻动作以及它分泌的酶物质对它能穿钻进入贝类宿主起很大作用。毛蚴吸附在贝类体上约 15min，吸附处组织就出现细胞的溶解(cytolysed)，而且毛蚴体约有 1/3 部分埋入了螺体组织。有的吸虫，如血吸虫 *Schistosoma* 的毛蚴是整个身体钻进螺体组织；有的种类，如肝片吸虫毛蚴感染贝类宿主时，它们把纤毛上皮(ciliated epithelium)脱掉留在螺体外。Wilson(1969b)、Wright(1971)和 Meuleman 等(1978)通过其超微结构说明了其差异的机理：肝片吸虫毛蚴的纤毛上皮细胞和皮下层(sub-dermal layer)没有联系，而曼氏血吸虫毛蚴的纤毛上皮细胞(即纤毛板 ciliated plates)是和柔软组织(parenchyma)中的上皮下细胞(sub-epithelial cell)通过 cytoplasmic connection 相联系的(**吸虫幼虫期图 6**)(Smyth and Halton，1983)；所以肝片吸虫毛蚴的纤毛上皮可以整个脱下，而血吸虫毛蚴的纤毛上皮不能脱下。肝片吸虫毛蚴脱掉纤毛上皮之后就不能适应于清水的环境，在清水中身体很快膨胀死亡，说明它穿钻到贝类宿主体内之后它的渗透耐受性(osmotic tolerance)立即改变了。Cyclocoeliidae、Philophithalmidae 科种类的毛蚴，穿钻其贝类宿主时仅其体中的小雷蚴进入贝类宿主体内(见环肠科、嗜眼科附图)。由此可显示各类吸虫毛蚴有各自感染其贝类宿主的方式。

Blankespoor 等(1976)、Kinoti(1971)、Loverde(1975)、Lyaruu 等(1975)、Wikei 和 Bogitsh(1974)、Wilson 等(1971)、Brooker(1972)和 Wright(1971)等应用电子显微镜观察了曼氏血吸虫和肝片吸虫毛蚴的穿刺器(penetration apparatus)结构与其附着、穿刺螺宿主的情况。观察到毛蚴的顶乳突(apical papilla)富有感觉器官，它除有感觉接受器(sense receptors)之外，还具有与此结构有关的微毛(microvilli)或顶纤丝(apical filaments)的构造。从扫描电镜上可看出顶乳突上有如同吸盘的衬垫或杯状的构造，估计此对毛蚴附着螺体和开始穿钻起重要作用。Wilson 等(1971)说明螺体黏液(mucus)中有的物质不仅使毛蚴趋前来，而且还能刺激毛蚴的吸附。他观察肝片吸虫毛蚴在人造物体的表面上进行附着和穿刺的情况，发现把螺的黏液引入到试验的溶液中，可增加毛蚴附着的时间达 1%～19%；脂肪酸也能起激发作用，但链长为 2C～6C 的脂肪酸不能增加毛蚴附着的时间，而链长 7C、8C 和 9C 的脂肪酸可有效地激发毛蚴的附着，尤其 8C、9C 链长的脂肪酸使毛蚴附着的时间增加到 68%～80%。通过试验，Wilson 等尚见到此吸虫毛蚴可以附着在玻璃上，但时间很短暂，毛蚴呈旋转着的状态。通常毛蚴穿钻螺体时亦作短暂的旋转，而后即开始伸缩身体的动作。他们还发现毛蚴的顶腺及其两侧的穿刺腺(penetration glands)或侧腺(lateral glands)的细胞在毛蚴附着后 45s 即开始分泌。Loverde(1975)观察到日本血吸虫前端腺体的分泌物是从一个孔释放出去，这些腺体的分泌物具有溶解组织(histolatic)的性能。

(8) 毛蚴的代谢

有关吸虫毛蚴代谢情况的研究比较少，少数的研究中大多数也以肝片吸虫毛蚴和曼氏血吸虫毛蚴为材料进行观察。Bryant 和 Williams(1962)对肝片吸虫的一些代谢问题进行研究时，在其毛蚴碳水化合物的新陈代谢中曾观察到 ^{14}C 标记的葡萄糖和琥珀酸盐结合于新陈代谢的中间体中，如同成虫一样，发现标记的葡萄糖结合于糖酵解的中间体(glycolytic intermediates)之中，如乙醣磷酸盐(hexose phasphates)、磷酸烯醇丙酮酸(phosphoenolpyruvit acid)、丙氨酸(alanine)和乳酸(lactic acids)。Humiczewska(1975a)在肝片吸虫毛蚴的脱氢酶活性(dehydrogenase activities)的细胞化学观察中，曾从新孵出的毛蚴及 18h 的毛蚴中测试到以下的脱氢酶：异柠檬酸盐(isocitrate)、琥珀酸盐(succinate)、苹果酸盐(malate)、乳酸盐(lactate)、α-甘油磷酸盐(α-glycerophosphate)、L-谷氨酸(L-glutamate)、乙醇(alcohol)、葡萄糖-6-磷酸盐(glucose-6-phasphate)、6-磷酸葡萄糖酸盐(6-phosphogluconate)和 β-羟基丁酸盐(β-hydroxybutyrate)。此工作进一步证实早些的研究者应用同位素(isotopes)示踪探测的结果，说明糖酵解(glycolysis)的确是毛蚴代谢的最重要的一个途径，虽然在其代谢中显然也存在一个三羧酸(krebs)和一个戊糖-磷酸盐(pentose—phosphate)的途径。Humiczewska(1974)对肝片吸虫毛蚴的四唑鎓还原酶(tetrazolium reductases)及氧化酶(oxidases)进行研究,在孵化后24h 的毛蚴体上发现三羧酸循环(krebs cycle)是唯一的能量来源。从细胞化学测试中发现细胞色素氧化酶(cytochrome oxidase)也在此同一毛蚴体中。Bogitsh(1975c)观察曼氏血吸虫毛蚴过氧化酶活性的细胞化学定位，发现在此毛蚴中有一种过氧化酶(peroxidase)，是与脱氢 DAB(oxidase diaminobenzidine)相似的一种细胞色素氧化酶的存在有关。Humiczewska(1975d)对肝片吸虫毛蚴的脱氢酶活性的观察中证明此毛蚴体上存在有碱性磷酸酶(alkaline phosphatase)、三磷酸腺苷酶(ATPase)、5-核苷酸酶(5-nucleotidase)、葡萄糖-6-磷酸酶(glucose-6-phosphatase)以及硫胺素焦磷酸酶(thiamine pyrophosphatase)。由此也显示碳水化合物在吸虫毛蚴新陈代谢中的重要作用。

在肝片吸虫和曼氏血吸虫毛蚴体中均显示有氧的消耗(oxygen consumption)。Boniecka 和 Guttowa(1975)观察农药对肝片吸虫毛蚴氧消耗的影响，说明此毛蚴在孵化后 6h 氧消耗量达到 $6.3 \times 10^4 \mu$L/h 的最高率(maximum rate)；而在孵化后 24h，氧消耗降到零。各种药物对毛蚴的氧消耗会产生影响，通常毛蚴氧吸收量的下降和它活力的下降、降落相平行，呈正比。Becker(1977)报告曼氏血吸虫的虫卵在毛蚴孵化前，毛蚴胚体及毛蚴不活动的虫卵各期的氧消耗不变；当虫卵吸收水分毛蚴即将孵化之前，氧消耗量增加。但在孵化过程和孵化后毛蚴游泳活动时期，它们氧消耗常数维持不变。因此，他认为曼氏血吸虫毛蚴与氧消耗无关，并且认为毛蚴纤毛活动所需的能量是通过厌氧方式(anaerobic way)获得。Smyth 和 Halton(1983)认为虽然有些证据说明毛蚴有三羧酸循环的两种酶——琥珀脱氢酶(succinic dehydrogenase)和延胡索酸酶

(fumarase)，但还没有显示它就有三羧酸循环。

（二）胞蚴和雷蚴

吸虫的毛蚴经不同途径和不同方式进入贝类宿主体内的寄生部位后，由它们体内的胚细胞继续繁殖和发育，生出各世代的幼虫期,不同吸虫种类会有所差异。有的是经过二代胞蚴(sporocyst)(母胞蚴和子胞蚴)，有的是经过初期的胞蚴，由此胞蚴产生雷蚴(redia)或二代雷蚴(母雷蚴和子雷蚴)；有的由毛蚴直接产生雷蚴，雷蚴的代数(1～3代)因不同种类而异。在一个吸虫种类生活史中，在一个世代内不能同时存在胞蚴和雷蚴。从一个毛蚴产生的子胞蚴或子雷蚴，最后能产生成千上万的尾蚴。

1. 胞蚴的形态

由毛蚴体后部中胚细胞发育的早期胞蚴(或早期母胞蚴)的个体非常微小。由细胞结构的薄层体壁包裹着数目不多的胚细胞及由胚细胞分裂形成的早期胚球。成熟的母胞蚴一般呈囊袋状，它的形状、长度、有无生产道(birth canal)和生产孔(birth pore)因不同虫种而异。胞蚴体内充满胚细胞和胚球，并含有一些焰细胞和一对向外开口的收集管。胚球发育成子胞蚴(或雷蚴)。有的种类，如 Brachycoeliidae 科的半肠属(Mesocoelium)及双腔科(Dicrocoeliidae)种类的母胞蚴呈实体球状，内有许多不规则的隔室，子胞蚴从其中的胚细胞发育而成。

大多数种类的子胞蚴都是移行到螺体的消化腺和生殖腺中生长发育。子胞蚴一般呈长囊袋状，有的具有生产道和生产孔，有的不具生产孔。不同吸虫种类子胞蚴其形态会有所差异，如血吸虫子胞蚴吻端外壁上披有小刺(周述龙，1958；周述龙等，1985)，Alaria arisaemoides 的子胞蚴体上有毛状突起。腹口目及前口目的 Brachylaemidae 科吸虫的子胞蚴呈分枝状(见腹口目和短咽科附图)。

2. 雷蚴的形态

吸虫的第一代雷蚴从毛蚴体内胚细胞直接产生，或由毛蚴先产生胞蚴后再产生雷蚴。雷蚴的结构较胞蚴复杂，体呈长梭形或长囊状。体前顶端中央有一口孔，随后是一个肌肉性的咽通向一条盲囊状的肠管，不同种类其肠管长短不同。在体前端常常会有一个头领样的构造。生产孔常在体前部头领的后侧方。同一虫种不同世代的雷蚴其生产孔的位置会有不同，如 Philophthalmus gralli 的第一世代雷蚴生产孔在体前方 1/3 处，第二世代雷蚴的生产孔在体中部水平，而第三世代雷蚴生产孔却在体后方 1/3 处(唐仲璋等，1980)。在雷蚴体后端约 1/3 水平处有一对能行动的运动足突起。雷蚴体内充满液体和浮在液体中的胚细胞、胚球和下一世代的胚体。排泄系统很发达，焰细胞数目甚多，由小收集管连于两大收集管，两原肾口开于体的两侧；如卫氏并殖吸虫子雷蚴体内的焰细胞排列公式为 2[(1+1+1+1)+(1+1+1+1)]=16。

3. 胞蚴和雷蚴的胚细胞生殖

在胞蚴和雷蚴体中的胚细胞经分裂形成下一世代个体的胚球，胚球中含体细胞和产生再下一世代的胚细胞的世系(somatic and germinal lineages)。在胞蚴和雷蚴体后部腔壁上有产生胚细胞的不规则形状的胚团(germinal masses)。不同的种类，胚团的位置有所不同，如双腔吸虫子胞蚴是在体后部的两侧。在一些雷蚴体中此胚细胞繁殖(germinal multiplication)的恒定中心(persistent centre)结构紧附在体后端的腔壁上。由此胚团中产生的胚细胞游离到亲体的体腔中，逐渐地发育成下一世代的胚体。在有些种类的雷蚴体中的胚球和胚体的发育是从体后端向前端逐渐发展的，但有的种类的雷蚴体内不同发育程度的胚体是不规则地散布。Echinostomes、Psilostomes 等虫种的二代雷蚴均有胚细胞的恒定的繁殖中心，所以能产生大量的子雷蚴和尾蚴。半尾科(Hemiuridae)的母胞蚴和雷蚴也都有此恒定的胚团，繁殖力很大。有的种类(如 Paramphistomes)其胚细胞的繁殖部位很小，不形成真正的胚团，也就没有恒定的繁殖中心(Smyth and Halton，1983)。

在贝类宿主体内的吸虫幼虫期个体数目和贝类个体的大小有关,如 Cort 等(1948)记录在直径 25mm 的 *Helisoma trivalvis* 所产生的 *Echinostoma revolutum* 的子雷蚴数达558~3960 个(平均1724 个),而在约13mm 的此种螺体中所产生的子雷蚴数目只有 175~540 个(平均 360 个)。此现象在其他吸虫也存在。当然,同一螺种个体大小含虫数多少也可能与螺类存活时间和受感染时间的长短有关。此外,贝类宿主中所寄生的吸虫,其幼虫期的生产状况也会受其他因素的影响,如自然界的温度、贝类个体的营养状况和有无休眠情况等,都能影响吸虫幼虫期的发育。每天外界温度的波动以及光线等因素,对各种吸虫尾蚴从其贝类宿主中释放出来的情况,可能也会起作用。

4. 胞蚴和雷蚴的体壁结构

无论是胞蚴还是雷蚴的个体都是由体壁(body wall)包被着整个身体,它们都可以通过体壁输送营养。从 Rees(1966)所示的平睾吸虫 *Parorchis acanthus* 的雷蚴体壁超微结构的图像(**幼虫期图 7**),可见体壁皮层表面布满许多微毛(microvillus)。体壁内表层为皮层(tegument),其中散布有大小不等的线粒体,皮层的基部有一层基膜(basement membrane 或 basal lamina),基膜上有半桥粒(half-desmosome 或 hemidesmosome)。基膜的下方为环肌和纵肌,还有含泡突接合泡轴端(axon terminal containing synaptic vesicles)的结构。再下方是重叠细胞(overlapping cell)层,此层中有大细胞核的细胞、大小不等的脂肪球、无颗粒内质网(agranular endoplasmic reticulum)、颗粒内质网(granular endoplasmic reticulum)、高尔基复合体(Golgi complex)、线粒体、颗粒或电子密集颗粒(electron-dense granule)、醣原粒子(glycogen particles)、基部内陷(basal invagination)、细胞间隙(intercellular space)、膜体(membranous body)和细胞质突起(cytaplasmic)等微细结构。这些可以说明胞蚴和雷蚴在光学显微镜下所见到的很薄的体壁也一定具有复杂的生理功能。

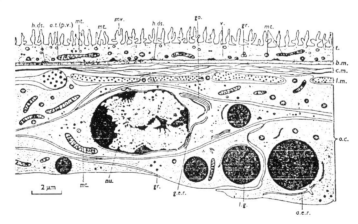

幼虫期图 7 *Parorchis acanthus* 雷蚴的体壁超微结构(按 Rees,1966)

a.e.r. agranular endoplasmic reticulum;**a.t.** (p.v.) axon terminal containing synaptic vesicles;**b.m.** basement membrane;**c.m.** circular muscie;**g.e.r.** granular endoplasmic reticulum;**go.** Golgi complex;**gr.** Granule;**h. ds.** half-desmosome;**Lg.** lipid globule;**l.m.** longitudinal muscle;**mt.** Mitochondrion;**mv.** Microvillus;**nu.** Nucleus;**o.c.** overlapping cell;**t.** tegument;**v.** vacuole

5. 胞蚴和雷蚴的营养

胞蚴没有口和消化道,它们生长、发育和生殖下一世代的众多个体所需的营养,主要通过体壁来吸收宿主体中的营养物质。胞蚴在贝类宿主内脏团各组织(包括消化腺、生殖细胞以及外套膜等柔软组织)中的存在能促使宿主组织的溶解或萎缩等而释放出游离的营养物质,以供胞蚴体吸收。由于雷蚴的结构不同于胞蚴,所以它们营养的获得可以有两个途径:一个途径也像胞蚴一样,能通过体壁吸收宿主的营养物质,如 Køie(1971a)所示的雷蚴的体壁的超微结构的图(**幼虫期图8**),在皮层中可以见到数目甚多的食物泡(pinocytotic vesicle);雷蚴获得营养的另一途径是消化道的摄食,由肌肉性咽的伸缩,从口部吸吮宿主的细胞物质,经咽到盲肠,在雷蚴的盲肠管道可以找到大量的宿主组织的细胞碎屑。强大的雷蚴甚至可以吞食更大一些的组织碎块，以及其他吸虫的小雷蚴。所以雷蚴在贝类宿主体内的移动和摄食对宿主产生严重的机械损伤，其危害程度远胜过胞蚴通过溶解宿主细胞吸收营养的结果。

Thomas 和 Pascae（1973）报告把寄生于 *Gibbula umbilicolis* 螺体中两种吸虫尾蚴，*Cercaria linearis* 和 *Cercaria stunkardi* 的子胞蚴进行体外培养，发现胞蚴的皮层分泌溶组织的酶（histolytic enzymes），这些胞蚴能把外源性糖原（exogenous glycogen）转变为麦芽糖（maltose），而后成为葡萄糖。此胞蚴还能分解蔗糖（sucrose）为葡萄糖和果糖（左旋糖，fructose）。在 10～15℃温度条件下，此胞蚴皮层中的溶组织酶的活性最佳。

雷蚴体壁的结构和胞蚴体壁相像，也可以如同胞蚴一样通过体壁直接吸收可溶性营养物质（soluble nutrients）。同时雷蚴消化道中还可以消化从宿主体内摄食到的细胞物质。Cheng（1962）从在 *Helisoma trivolvis* 螺消化腺中 *Echinoparyphium* 雷蚴的肠盲管中测试出高度集中的酸性磷酸酶，说明此雷蚴吞食了宿主的消化腺细胞（hepatopancreatic cells），将它消化，从而获得碳水化合物和其他营养物质。有学者应用组织化学和超微结构观察方法，从雷蚴的肠细胞中见到食物泡，说明在那里可能有大分子的摄取和吸收。雷蚴和胞蚴一样，可以通过体外表皮进行营养的吸收，宿主的组织显然是被虫体进行体外消化之后才被吸收。

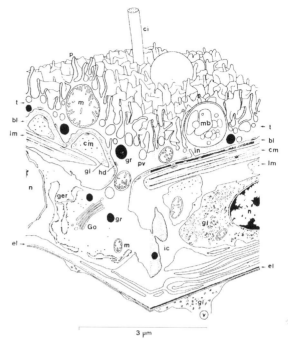

幼虫期图 8　*Neophasis logeniformis*（Lepocreadiidae 科）的雷蚴体壁（按 Køie，1971a，Kai Olsen 绘；于 Smyth and Halton，1983）

bl=basal lamina; ci=cilium; cm=circular muscle; el=dense extracellular layer; ger=granular endoplasmic reticulum; gl= glycogen particles; Go=Golgicomplex; gr=electron-dense granule; hd=hemidesmosome; ic=intercellular space; in=basal invagination; lm= longitudinal muscle fibre; m=mitochondrion; mb=membranous body; n=nucleus; p=cytoplasmic projection; pv=pinocytotic vesicle?; t=tegument; v=vesicle, vacuole

6. 胞蚴和雷蚴的代谢

（1）呼吸

吸虫幼虫期在贝类宿主体中由于寄生部位的不同对氧气利用的呼吸（respiration）情况会有不同。在贝类消化腺中可能对吸虫幼虫期有用的氧气量十分少，但寄生在氧气很丰富水生螺的鳃部，可能就会有较多的氧气。如同吸虫的成虫一样，如果吸虫的胞蚴和雷蚴是在有氧的部位生活，它们通常也会利用氧气。Vernberg（1961）研究了复殖类吸虫的氧消耗（oxygen consumption），以及有关温度对吸虫幼虫期氧消耗的影响。他采用以海洋蓝螺 *Nassa* 为贝类宿主的两种吸虫的幼虫期，一种是终末宿主为海鱼的寄生虫 Zoogonidae 科 *Zoogonus rubellus* 的胞蚴和具口锥刺的尾蚴，另一种是终末宿主为鸟类的 Echinostomatidae 科 *Himasthla quissetensis* 的雷蚴和尾蚴。他观察了此两种吸虫幼虫期在不同温度中氧消耗反应速度的 Q_{10} 值的情况。实验结果 *Himasthla quissetensis* 的雷蚴和尾蚴在 30～41℃时 Q_{10} 值只有 1.8 和 1.5，低于正常温度环境中的各氧消耗 Q_{10} 值。这似乎表示此吸虫幼虫期对终末宿主（鸟类）较高体温有生理上的前适应（physiological pre-adaptation）。

（2）碳水化合物的代谢

吸虫的胞蚴和雷蚴与其成虫一样，也有一个明显的碳水化合物的新陈代谢（carbohydrate metabolism）。在感染有吸虫幼虫期的阳性螺体中，围绕着子胞蚴的螺体组织中比对照组阴性螺的相应组织含有较少的糖原，而在子胞蚴体中所生的尾蚴却富有糖原。Cheever 和 Weller（1958）研究曼氏血吸虫的生长和营养的问题，Cheng 和 Snyder(1962)研究两栖类的 *Glypthelmins pennsylvaniensis* 吸虫子胞蚴和具口锥刺的尾蚴与其贝类宿主，*Helisoma trivolvis* 之间的关系时证明了这一事实。同样的情况也见于雷蚴，如 Hoskin 和 Cheng(1974)和 Vernberg(1963)研究棘口吸虫 *Himasthla quissetensis* 以及 Humiczewska(1975a，1975b)研究肝片吸虫(*Fasciola hepatica*)等的雷蚴在其贝类宿主体内时，其碳水化合物的代谢情况也如此。这些工作结果均说明由于吸虫幼虫期在宿主组织中，虫体所释放的淀粉酶(amylase)，使宿主的消化腺细胞中的糖原过多地崩解的缘故。在许多吸虫幼虫期所寄生的贝类宿主的切片染色标本，我们经常可以见到充满胞蚴和雷蚴的消化腺细胞组织呈萎缩状态，萎缩的程度与吸虫幼虫期的数量成正比。

Haskin 和 Cheng(1974)应用射线自显影术(autoradiography)及呼吸计量法，证明 *Himasthla quissetensis* 的雷蚴能摄取并利用葡萄糖(右旋糖，glucose)，并推测此雷蚴对葡萄糖的利用可能有季节性的变化。McMahon(1973~1975)研究 *Microphallus similis* 的子胞蚴，证明宿主的 D-glucose 进入子胞蚴是由于主动的运输，可能由于虫体内新陈代谢的消耗，使体表外之糖浓度高于体内，靠着一个浓度斜度的吸收聚集物的动力学，使 D-glucose 主动输入子胞蚴体内。McMahon 同时说明半乳糖(galactose)、果糖(左旋糖)、α-甲基-D-糖苷(α-Methyl-D-glucoside)、D-甘露糖(D-mannose)及 3-*O*-甲基-葡萄糖(3-*O*-Methyl-glucose)也是和 D-glucose 在同一途径上被活跃地吸收。而氨基葡萄糖(glucosamine)、D-核糖(D-ribose)以及 L-岩藻糖(L-fucose)，如同乙酸盐(acetate)、丙酮酸盐(pyruvate)、柠檬酸盐(citrate)以及琥珀酸盐(succinate)一样，可以通过不同的路线，或可能在被简单地扩散(diffusion)的形式中被吸收摄取。

(3)碳水化合物代谢的中间形态(intermediary metabolism)

McManus 和 James(1975a，1975b，1975c，1975d，1975e，1975f)，以及 Marshall 等(1974a，1974b)对微茎吸虫，*Microphallus similis*、*Microphallus pygmaeus* 的子胞蚴在贝类宿主 *Littorina saxatilis* 的消化腺糖代谢的系列生化研究，证明此两种吸虫胞蚴有一个 EMP 线路(embden-meyerhof-pathway)、一个三羧酸循环(tricarboxylic acid cycle，TCA)和一个戊糖-磷酸盐岔道(pentose-phosphate shunt)。这些路线能进行转化反应，并能合成一些基本的氨基酸。二氧化碳的固定参与了磷酸烯醇丙酮酸盐(酯)的羧化作用(phosphoenolpyruvate carboxylation)而形成草酰乙酸盐(酯)(oxaloacetate)的情况也有存在。他们研究的结果尚显示此海产贝类宿主的消化腺组织和 *Microphallus similis* 的子胞蚴同样基本地有此转氨(transamination)及合成反应(synthetic reaction)，并且丙氨酸(alanine)作为一个主要的碳水化合物的排泄产物参与了宿主和寄生虫两者有氧代谢(aerobic metabolism)的主要途径。

应用细胞化学的研究手段显示有关 EMP 线路部分或全部会运转在吸虫的胞蚴和雷蚴体中。Reader(1974)在一些吸虫(*Cercaria helvetica* XII、*Sphaeridiotrema globulus* 等)的胞蚴和雷蚴及其尾蚴中测试出有三羧酸循环(TCA)中酶的分布(**幼虫期表 1**、**幼虫期表 2**)。

幼虫期表 1 *Cercaria helvetica* XII 胞蚴及尾蚴体中各种酶的生化测试

(按 Reader，1974a 于 Smyth and Halton，1983)

酶的种类	胞蚴体壁	胚球	胚鞘	发育中的尾蚴		
				吸盘	尾部	体壁
Succinate dehydrogenase	++	++	++	+++	+++	++
Isocitrate dehydrogenase	++	+	+	++	++	+
Malate dehydrogenase	+	+	+	+	+	+
Glucose-6-phosphate dehydrogenase	+	+	+	++	+	+
α-Glycerophosphate dehydrogenase	++	±	++	++	++	+
Alcohol dehydrogenase	+	—	—	+	—	+
Lactate dehydrogenase	+	+	++	+++	+++	++
Glycogen phosphorylase	++	+	++	+++	+++	++

"+++"表示强反应；"++"表示中等反应；"+"表示弱反应；"—"表示无反应

幼虫期表 2　*Sphaeridiotrema globulus* 雷蚴及尾蚴体中各种酶的生化测试
（按 Reader，1974 于 Smyth and Halton，1983）

酶的种类	雷蚴			发育中的尾蚴		
	体壁	胚球	胚鞘	吸盘	尾部	体壁
Succinate dehydrogenase	++	++	+++	+++	+++	++
Isocitrate dehydrogenase	++	++	+++	++	+++	++
Malate dehydrogenase	++	+	+++	+++	+++	++
Glucose-6-phosphate dehydrogenase	++	++	+++	++	+	+
α-Glycerophosphate dehydrogenase	++	+	+++	++	++	++
Alcohol dehydrogenase	+	+	+	+	+	+
Lactate dehydrogenase	+++	++	++	+++	+++	++
Glycogen phosphorylase	+	++	+++	++	+	++

"+++"表示强反应；"++"表示中等反应；"+"表示弱反应

Succinate dehydrogenas. 琥珀酸脱氢酶；Isocitrate dehydrogenase. 异柠檬酸脱氢酶；Malate dehydrogenase. 苹果酸脱氢酶；Glucose-6-phosphate dehydrogenase. 葡萄糖-6-磷酸脱氢酶；α-Glycerophosphate dehydrogenase. α-甘油磷酸脱氢酶；Alcohol dehydrogenase. 醇脱氢酶；Lactate dehydrogenase. 乳酸脱氢酶；Glycogen phosphorylase. 糖原磷酸化酶

　　McManus 和 James（1975b）从 *Microphallus similis* 的子胞蚴中也检测出葡萄糖的厌氧代谢（anaerobic metabolism），并且丙氨酸（alanine）、琥珀酸盐（succinate）和乳酸盐（lactate）产生的比例为 2∶1∶1。一个氧化和还原平衡的实验设计说明了在产生此比率中存在有丙酮酸盐激活酶（pyruvate kinase）、磷酸烯醇丙酮酸羧基激活酶（phosphoenolpyruvate carboxykinase）及苹果酶（malic enzyme）的参与。如同在许多厌氧蠕虫系统（anaerobic helminth system）中一样，在此系统中琥珀酸盐是由草酰乙酸盐（oxaloacetate）的途径所产生的。在醣原酵解时，由甘油醛-3-磷酸盐（glyceraldehyde-3-phosphate）被转变为 1，3-磷酸甘油酸盐（1，3-phosphoglycerate）时，是由丙酮酸盐到乳酸盐、由草酰乙酸盐到苹果酸盐（malate），由延胡索酸盐（fumarate）到琥珀酸盐的转化中供给所需要的充足的 NADH+H$^+$。从苹果酸盐释放 NADH+H$^+$产生丙酮酸盐，此可能被利用于谷氨酸盐（glutamate）的还原作用（reduction）。

　　　　α-酮戊二酸盐（α-Ketoglutarate）+NH$_3$+NADH+H^3→谷氨酸盐（glutamate）+NAD+H$_2$O

　　像这样的反应参与到蛋白质的厌氧分解代谢（anaerobic catebolism）时可能会固定被释放的氨（ammonia）。

　　（4）蛋白质代谢（protein metabolism）

　　吸虫的胞蚴和雷蚴由于它们自己本身生长和产生大量下一代个体的需要，必须进行高比率的蛋白质合成。曾观察过一些种类的吸虫，研究其幼虫期蛋白质的氨基酸来源。Cheng（1963）报告了 *Gorgodera amplicava* 的胞蚴和尾蚴的氨基酸与其贝类宿主瓣鳃类 *Musculium partumeium* 体中氨基酸的关系。他说明此吸虫幼虫期的氨基酸组分与贝类消化腺组织或浆液（sera）的氨基酸组分相似（**幼虫期表 3**）；在阴性螺的浆液中所见到的各游离氨基酸，在阳性螺的浆液中完全没有了，这说明未受感染的贝类宿主体中的浆液存在各种游离氨基酸，当贝类被幼虫期吸虫感染之后，这些游离氨基酸都被寄生虫（胞蚴、尾蚴）吸收了；当然，这些氨基酸也有可能被贝类本身合成蛋白质的需要而用了。寄生虫结合氨基酸是从贝类消化腺组织解体而得。但 *Gorgodera amplicava* 有的胞蚴存在于其双壳类贝类宿主（bivalve host）内外鳃瓣之间、水管部位血腔之中，在那里没有消化腺，不能进行组织的解体，而此吸虫胞蚴其结合氨基酸组分与其贝类宿主浆液中的结合氨基酸相类似，因此，此吸虫胞蚴和尾蚴有这些结合氨基酸也可能是由于氨基酸的转移作用（transamination）而间接获得的（Smyth and Halton，1983）。但有关蛋白质在吸虫幼虫期体中代谢的过程、中间产物和最终产物的情况等，尚不知其详。

幼虫期表3　**Gorgodera amplicava** 幼虫期和贝类宿主瓣鳃类 **Musculium partumeium** 浆液的氨基酸组分

(按 Cheng, 1963 于 Smyth and Halton, 1983)

氨基酸		Musculium partumeium			Gorgodera amplicava			
		阴性螺浆液 (Uninfected sera)		阳性螺浆液 (Infected sera)	胞蚴 (Sporocysts)		尾蚴 (Cerariae)	
		结合(Bound)	游离(Free)	游离(Free)	结合(Bound)	游离(Free)	结合(Bound)	游离(Free)
半胱氨酸	Cysteine	+	+	−	+	−	+	−
精氨酸	Arginine	+	+	−	+	−	+	−
天冬氨酸	Aspartic acid	+	+	−	+	+	+	+
甘氨酸	Glycine	−	−	−	−	−	−	−
苏氨酸	Threonine	+	+	−	+	+	+	+
谷氨酸	Glutamic acid	+	+	−	+	+	+	+
丙氨酸	Alanine	+	+	−	+	+	+	+
酪氨酸	Tyrosine	+	+	−	+	+	+	+
缬氨酸	Valine	+	+	−	+	+	+	+
色氨酸	Tryptophan	+	+	−	+	+	+	+
异亮氨酸	Isoleucine	+	+	−	+	+	+	+
亮氨酸	Leucine	−	−	−	−	−	−	−
胱氨酸	Cystine	+	+	−	+	+	+	+
赖氨酸	Lysine	+	+	−	+	+	+	+
丝氨酸	Serine	+	+	−	+	+	+	+
天冬酰胺	Asparagine	+	+	−	+	+	+	+
脯氨酸	Proline	+	+	−	+	+	+	+

"+"表示阳性；"−"表示阴性

(5) 脂肪代谢 (lipid metabolism)

吸虫胞蚴体上的脂肪含量与其在贝类宿主体内寄生部位有关，在贝类宿主肠管旁或器官之间的吸虫幼虫期的虫体上，几乎找不到脂肪，而埋存在宿主消化腺(hepatopancreas 或 digentive gland)中的虫体却富有脂肪。McManus 等(1975)研究微茎吸虫 *Microphallus similis* 的子胞蚴和其贝类宿主 *Littorina saxatilis rudis*(Maton)消化腺的脂肪问题，发现虫体的脂肪成分和贝类宿主消化腺的脂肪是一样的，虫体中的脂肪来源于宿主。此中性脂肪包含有绿色素(含叶绿素 chlorophyll)、单酸甘油酯(monoglycerides)、脂肪酸(fatty acids)、甾族化合物(类固醇, steroids)、甘油三酯(三酰甘油, triglycorides)。一个黄棕色素(yellow-brown pigment)可能含有类胡萝卜素(carotenoids)和甾醇(固醇)酯(sterol esters)。磷酯(磷酸甘油酯, phospholipids)包含有磷脂酰丝氨酸(phosphatidyl serine)、溶血磷脂酰胆碱(lysophosphatidyl choline)、鞘磷脂(sphingomyclin)、磷脂酰肌醇(phosphatidyl inositol)、磷脂酰胆碱(phosphatidyl choline)、磷脂酰乙醇胺(phosphatidyl ethanolamine)以及二磷脂酰甘油(心磷脂, cardiolipin)、脑苷脂(cerebrosides)的踪迹，糖脂(glycolipids)也被发现。在寄生虫体上的单酸甘油酯、甘油三酯(三酰甘油)和脂肪酸均很少，但比宿主有更多的$[1-^{14}C]$软脂酸盐(棕榈酸盐, $[1-^{14}C]$palmitate)，也比宿主能更多地集中和合成甾醇(固醇)及甾醇(固醇)脂。

(三) 尾蚴

吸虫的毛蚴进入贝类宿主体内经过胚细胞无性繁殖 1～3 世代，无论是经过胞蚴还是雷蚴，最后都是产生具尾部(少数种类无尾部)的尾蚴(cercaria)。一个毛蚴最后产生的尾蚴数极多。尾蚴的体部是吸虫成虫的雏形，有吸盘、消化管、排泄系统、腺体细胞及未分化的生殖原基。尾蚴的体部和尾部的形状和结构都因虫种不同而有很大的差异。大多数吸虫种类的尾蚴都有一个在自然界生活的阶段。除个别群类(如血吸虫类)的尾蚴直接进入终末宿主，绝大多数种类的尾蚴需要进入第二中间宿主继续发育而后，才进入其终末宿主。

1．尾蚴的类群

不同科属的吸虫有各不同形态结构特征的尾蚴。由于各科属吸虫的尾蚴均具有其各自一定的特征，由这些特征可以辨认其隶属的群类。在19世纪末20世纪初，仅有少数吸虫的生活史被阐明，Luhe(1909)就已相当精确地列出不同形态特征的尾蚴类群，他所举例的尾蚴种类绝大多数还只是以尾蚴定名，其成虫是何种属尚无法知晓。按Luhe(1909)对尾蚴的分类有：具鳍膜尾蚴(Lophocercariae)、腹口尾蚴(Gasterostome cercariae)、单口尾蚴(Monostome cercariae)、端盘尾蚴(Amphistome cercariae)及双口尾蚴(Distome cercariae)；在双口尾蚴中又分有：囊尾尾蚴(Cystocercous cercariae)、宽尾尾蚴(Rhopalocercous cercariae)、窄口尾蚴(Leptocercous cercariae)、裸头尾蚴(Gymnocephalous cercariae)、棘口尾蚴(Echinostome cercariae)、剑尾型尾蚴(Xiphidiocercariae)、毛尾尾蚴(Trichocercous cercariae)、叉尾尾蚴(Furcocercous cercariae)、微尾尾蚴(Microcercous cercariae)、结尾尾蚴('Rat-King' cercariae)及无尾尾蚴(Cercariaea)。在此之后，Ben Dawes(1946)、陈心陶(1965)及Stewart C. Schell(1985)等学者均在Luhe 的分类基础上对尾蚴类群进行分类，并作了检索表。如今，在所有已知的尾蚴中，大致有以下 13 个大群类，它们之中有些种类经生活史研究而知道所隶属的吸虫科属。

(1) 腹口类尾蚴(Gasterostome cercariae)

腹口类尾蚴口孔开口于体部腹面中央，肠管囊状。尾部由一个粗短的尾基部和两条伸缩力极强的尾索组成。尾蚴从分支的子胞蚴体中发育而成。此类尾蚴只有牛首科(Bucephalidae)科吸虫才具有，又称为牛首尾蚴(Bucephaloid cercaria)(**幼虫期图 9**)。

(2) 无尾尾蚴(Cercariae)

此类型尾蚴无尾部，不能自由游泳，只能作蛭样的蠕动。口吸盘背侧有锥刺或无锥刺。尾蚴产自雷蚴或胞蚴。成虫属于 Leucochloridiidae、Zoogonidae、Cyclocoelidae、Mesocoelidae 及 Monorchiidae 等科(**幼虫期图 10**)。

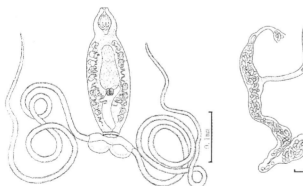
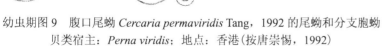
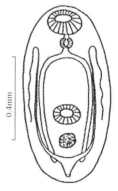

幼虫期图 9　腹口尾蚴 Cercaria permaviridis Tang，1992 的尾蚴和分支胞蚴　贝类宿主：Perna viridis；地点：香港(按唐崇惕，1992)

幼虫期图 10　无尾尾蚴(Cercariae)彩蚴尾蚴(Leucochloridiid cercariaeum) (按 Stewart C. Schell，1985)

(3) 微尾型尾蚴(Microcercous cercaria)

此类型尾蚴只具有一个很短的尾部。其他特征可因种类不同而异，口锥刺有或无。尾蚴产自雷蚴或胞蚴。此类尾蚴的体部和尾部分开不明显，见于 Brachylaimidae 科，是产自有分支的胞蚴(见短咽科附图)。这一形状尾蚴被称为 Obscuromicrocercous cercaria(Stewart C. Schell，1985)。

此类尾蚴中尾球与体部有明显分界，具口锥刺。又分有 3 种如下。

A. Cotylomicrocercous（= Cotylocercous）cercaria

此类尾蚴见于 Dicrocoeliidae 科 Eurytrema 和 Opecoelidae 等科中的某些虫种（见双腔科和开腔科附图）。有的尾蚴的尾球杯状（cupshaped），有的种类尾球内具单细胞附着腺。尾蚴产自胞蚴（**幼虫期图 11**）。

B. Chaetomicrocercous cercaria

此类尾蚴见于 Nanophyetidae、Paragonimidae、Lissorchiidae 等科。尾蚴产自雷蚴。尾蚴的尾球具棘，呈小球状（knoblike）（见并殖科附图）。

C. Sulcatomicrocercous cercaria

此类尾蚴见于 Troglotrematidae，尾蚴产生自雷蚴。尾蚴的尾球三角形（triangular），尾部有腹沟漕，尾部无小棘（**幼虫期图 12**）。Nanophyetidae 科的一些种类的尾蚴也与此相似。

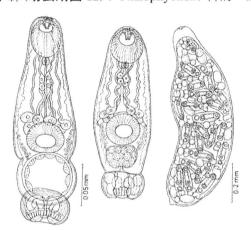

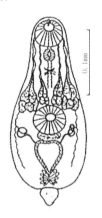

幼虫期图 11　微尾型尾蚴 Podocotyle tetrastyla Tang，1990 的尾蚴和子胞蚴

贝类宿主：Lunella coronata；地点：香港（按唐崇惕等，1990）

幼虫期图 12　微尾型尾蚴 Sulcatomicrocercous cercaria
（按 Schell，1985）

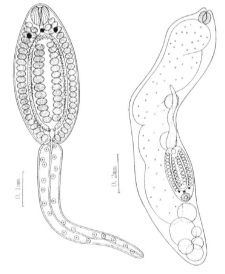

幼虫期图 13　单口尾蚴 Notocotylus sp.的尾蚴和雷蚴

贝类宿主：Hippeutis cantonensis；地点：香港新界（按唐崇惕，1985）

（4）单口尾蚴（Monostome cercariae）

此类尾蚴尾部长，体部具口孔，口吸盘不明显，腹吸盘付缺。黑色眼点一对。体部后端两侧各有一个附着器（adhesive gland）。尾蚴产自雷蚴。此类尾蚴（**幼虫期图 13**）见于 Notocotylidae、Nudacotylidae 和 Pronocephalidae 等科。

（5）端盘尾蚴（Amphistoma cercaria）

此类尾蚴尾部长，体部较大。腹吸盘位于体部末端。尾蚴产自雷蚴。此类尾蚴见于同盘总科（Paramphistomoidea）（**幼虫期图 14**）。

（6）叉尾尾蚴（Furcocercariae 或 Furcocercous cercaria）

此类尾蚴尾部在尾干末端分两叉而成叉尾状。叉尾尾蚴大部分种类产自胞蚴，也有种类产自雷蚴。叉尾尾蚴的构造因归隶于不同的科而异。有以下一些类型。

A. 具鳍膜叉尾蚴（Lophocercous furcocercariae）

此类尾蚴短尾叉具咽（弯口吸虫）鳍膜尾蚴［Brevifurcate-pharyngeate（clinostomoid）lophocercous cercaria］：体部具眼点。咽付缺或具有，有的在相应部位有食道的膨大。腹吸盘或具痕迹或付缺。尾蚴（**幼虫期图 15**）产自雷蚴，见于弯口科吸虫（Clinostomidae）。尾蚴到鱼类及两栖类体中发育成囊蚴，成虫寄生于鸟类的口腔和食道中。

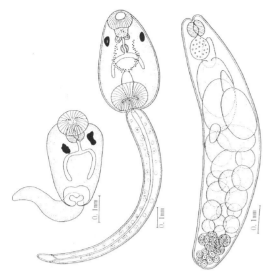

幼虫期图 14　端盘尾蚴 *Diplodiscus amphichrus* Tubangui，1933
尾蚴胚体、成熟尾蚴和子雷蚴
贝类宿主：*Hippeutis cantonensis*；地点：香港新界（按唐崇惕，1985）

幼虫期图 15　具鳍膜具咽短尾叉尾蚴（弯口吸
虫尾蚴）
（按 Schell，1985）

B. 具鳍膜无咽叉尾蚴（Lophocercous-apharyngeate furco cercaria）

此类尾蚴是鱼类血吸虫，血居科吸虫（Sanguinicolidae）的尾蚴。体部无眼点，无咽，腹吸盘付缺（**见裂体总科附图**）。

C. 短尾叉无咽尾蚴（Brevifurcate-apharyngeate cercaria）

此类叉尾蚴是爬行类、鸟类及哺乳类的血吸虫的尾蚴。隶于旋睾科（Spirorchiidae）和裂体科（Schistosomatidae）。尾干长于尾叉，体部无咽，有腹吸盘。眼点有或无（**见裂体总科附图**）。

D. 二叉尾蚴（Dichotoma cercaria）

此类尾蚴比较小，具咽和腹吸盘，只有一种细胞腺体。眼点少有。尾干很短，尾叉略长于尾干（**幼虫期图 16**）。尾蚴产自胞蚴或分支的胞蚴，贝类宿主有海产瓣鳃类 Lamellibranchs，以及前鳃贝类 Prosobranch molluscs。第二中间宿主常常也是贝类，囊蚴结囊或不结囊。成虫隶于 Gymnophallidae 和 Leucochloriomorphidae 科，终末宿主为鸟类或哺乳类。

E. 长尾叉具咽尾蚴（Longifurcate-pharyngeate cercaria）

此类尾蚴具咽，腹吸盘有或无，体部中只有一种腺细胞。尾叉常较长，尾蚴产自胞蚴。此类尾蚴中常见的有如下几种。

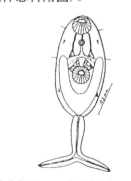

幼虫期图 16　具咽短尾干二叉尾
蚴（Dichotoma cercaria）
（按 Schell，1985）

鸮形类尾蚴（Strigea cercaria）：此类尾蚴具明显的腹吸盘（**幼虫期图 17**），产自胞蚴。成虫隶于 Strigeidae 和 Diplostomidae 科，是鸟类的肠道寄生虫。

杯叶吸虫尾蚴（Cyathocotylid cercaria 或称 Vivax cercaria）：此类尾蚴无腹吸盘或有痕迹。连于排泄囊，有两对纵行收集管，内、外两对各融合后由中央会合管将它们联合起来。成虫隶于杯叶科（Cyathocotylidae），是鸟类和哺乳类消化道的寄生虫（见杯叶科附图）。

（7）大尾尾蚴（Macrocercous cercaria）

此类尾蚴尾蚴的尾部膨大，在尾部前端有一腔室可容纳尾蚴的体部在其中。这类尾蚴有如下数类。

A. 尾胞尾蚴（Cystophorous cercaria）

此类尾蚴尾部呈带有一尾巴的小球状，鳞茎状（bulbous）或囊状（cystlike），其中包含有尾蚴的体部及长的附器（delivery tube）。尾蚴产自雷蚴，第二中间宿主为甲壳类，终末宿主为鱼类及两栖类。成虫隶于半尾

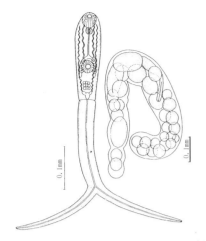

幼虫期图17 鸮形吸虫(*Strigea* sp.)尾蚴及胞蚴

贝类宿主：*Hippeutis cantonensis*；地点：香港(按唐崇惕，1985)

总科(Hemiuroidea)(见半尾总科附图)。

B. 囊尾尾蚴(Cystcercous cercaria)

此类尾蚴尾部长而且厚，末端削尖。在尾的基部有一腔，尾蚴体部可缩入此腔中。没有长附器。尾蚴产自胞蚴，贝类宿主为瓣鳃类。成虫隶于 Gorgoderidae 科。这类尾蚴又称大尾囊尾蚴(Macrocercous-cystocercous cercaria)(见发状科囊尾尾蚴附图)。此类吸虫第二中间宿主为河虾等节足动物。成虫寄生于鱼类及两栖类。

C. 叉尾囊尾尾蚴(Furcocystocercous cercaria)

此类尾蚴尾部很厚并具有宽扁的尾义。尾蚴产自胞蚴。成虫隶于航尾科(Azygiidae)及双囊科(Bivesiculidae)。尾蚴被小鱼吞食，在肠管发育，仅达到童虫，小鱼被肉食性鱼类(终末宿主)吞食后才能性成熟(见航尾科附图)。

(8) 裸头型尾蚴(Gymnocephalous cercaria)

此类尾蚴尾部单条，体部卵圆形，口吸盘上没有像棘和锥刺(stylet)之类的结构。尾部排泄管的排泄孔开口在尾干的两侧。尾蚴产自雷蚴，尾蚴在外界水草上形成囊蚴。成虫隶于 Fasciolidae 等科(见片形科附图)。

(9) 棘口型尾蚴(Echinostome cercaria)

此类尾蚴尾部单条有力。体部长卵圆形。体部前端具有一个头襟或围口领，上面饰有一圈较大的棘。排泄系统两条长收集管中常常充满空泡状的颗粒。尾蚴产自雷蚴，第二中间宿主也是贝类或其他无脊椎动物。成虫隶于 Echinostomatidae。在本类尾蚴有巨尾尾蚴(Magnacauda cercaria)，不同之处在于它们具有巨大的尾部，第二中间宿主是鱼类。本类尾蚴还有结尾尾蚴(Zygocercous cercaria)，其体中没有棘领，排泄系统形态也有差异，但其他结构与棘口型尾蚴相似。由于其数目甚多的尾蚴常常由尾部末端缠结在一起，所以被称为 结尾尾蚴。其后期尾蚴也是在鱼类体中结囊。成虫隶于 Echinostomatidae 及 Psilostomidae(**幼虫期图18**)。

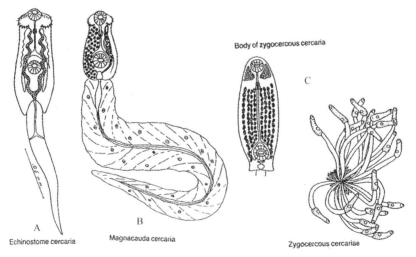

幼虫期图18 棘口型尾蚴(按 Schell，1985)
A. 棘口型尾蚴；B.巨尾尾蚴；C.结尾尾蚴及尾蚴体部

(10) 剑尾型尾蚴(Xiphidiocercariae)

这类型尾蚴是包括许多个科吸虫的尾蚴的一大群类，它们之间共同的特征是：具有口、腹吸盘(仅个别例外），口吸盘背侧有一枚口锥刺。它们产自胞蚴或雷蚴。在这类尾蚴中由于科、属、种类的不同而具有不同的特征（**幼虫期图 19**）如下。

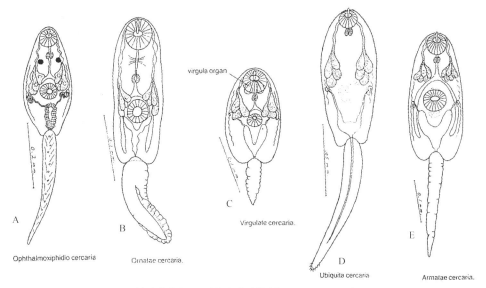

幼虫期图 19　剑尾型尾蚴（按 Schell，1985）

A.Ophthalmoxiphidio cercaria；B. Ornatae cercaria；C. Virgulate cercaria；D. Ubiquite cercaria；E. Armatae cercaria

A.　Ophthalmoxiphidiocercaria

此类尾蚴尾蚴具有眼点，排泄囊有一多细胞结构的厚囊壁。尾蚴产自雷蚴。贝类宿主为瓣鳃类及腹足类的贝类。第二中间宿主为水生昆虫的幼虫。成虫隶属于 Allocreadiidae 科。

B.　Ornatae cercaria

此类尾蚴是具口锥刺及尾部有背腹鳍膜的剑尾型尾蚴。排泄囊壁薄膜状，无眼点。尾蚴产自胞蚴。成虫隶于 Macroderoididae 科（终末宿主为鱼类、两栖类和爬行类）和 Haematoloechidae 科（终末宿主为两栖类）。

C.　Virgulate cercaria

此类尾蚴具口锥刺无尾鳍膜。在口吸盘区中有二瓣梨形的分泌黏液的囊状器 “virgula organ”。尾部不伸展时比体部短。尾蚴产自胞蚴，贝类宿主是前鳃螺类。尾蚴的排泄囊呈深或浅的 “V” 字形。成虫隶于 Lecithodendridae 科（终末宿主有两栖类、爬行类、鸟类和哺乳类）和 Allassogonoporidae 科（终末宿主为哺乳类）。

D.　Ubiquite cercaria

此类尾蚴具口锥刺没有尾鳍膜，无 virgula organ。尾部和体部的长度相近，腹吸盘附缺或具有痕迹，没有肠管。尾蚴常常是小型的，排泄管呈 “V” 字形，或有略长的干部。尾蚴产自胞蚴，第二中间宿主为水生节足动物。成虫隶于 Microphallidae 科（终末宿主为鱼类、鸟类和哺乳类）。

E.　Armatae cercaria

此类尾蚴具口锥刺，没有尾鳍膜，无 virgula organ。尾部和体部的长度相近。具有腹吸盘，大小与口吸盘相近。成虫隶于 Plagiorchiidae、Telorchiidae、Auridistomidae、Ochetosomatidae 及 Cephalogonimidae 等科。终末宿主包括各类脊椎动物。

（11）毛尾型尾蚴（Trichocercous cercaria）

毛尾尾蚴通常是海洋的种类，有一长尾干，在尾干两侧生出许多小鳍（finlet）或刚毛（setae），尾蚴产自胞蚴或雷蚴。无眼点毛尾尾蚴（nonoculate trichocercous cercaria）：尾蚴无眼点。尾部长，两侧长满小鳍毛。贝类宿主为海产瓣鳃类。尾蚴产自胞蚴。第二中间宿主有虾类及小鱼苗。成虫隶于 Opecoeliidae 科，终末宿主为鱼类（**见开腔科附图**）。另有具眼点毛尾尾蚴（oculate trichocercous cercaria）：具有眼点。尾部·

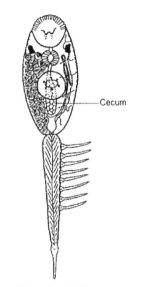

幼虫期图 20　单脏吸虫尾蚴（Haplosplanchnid cercaria）
Schikhobalotrema acutum（Linton，1910）Skrjabin et
Guschanskaja，1955 的尾蚴
（按 Cable，1954；Schell，1985）

（13）嗜眼吸虫尾蚴（Philophthalmid cercaria）

此类吸虫的尾蚴，其尾部长，在尾部末端有 8～9 个附着腺细胞（adhesive gland cells），它们集聚在一小囊腔中，当尾蚴在水中用尾部末端附着某物体时，此附着腺囊会倒翻出来。尾蚴体部长椭圆形，平睾亚科 Parorchiinae 尾蚴体部前端具像棘口吸虫那样的头领，有的也具头棘。但就由尾部末端的附着腺这一结构而区别于棘口科吸虫。这类尾蚴又被称为 Megalurous cercaria。尾蚴产自雷蚴。成虫是鸟类的寄生虫（**幼虫期图 22 及嗜眼科附图**）。

2. 尾蚴的形态结构

尾蚴是所有吸虫幼虫期发育都需要达到的最后阶段，它们基本上是具尾部的吸虫童虫（jwenile trematodes with tail）。尾蚴的体部是成虫未发育的雏形，一般呈卵圆形、椭圆形、球形或圆筒形。大部分种类都具有口、腹两吸盘，体表

长或中等长，尾干两侧着生有许多单条或成簇的刚毛。尾蚴产自雷蚴，成虫隶于 Lepocreadiidae 及 Haplosplanchnidae 等科（**幼虫期图 20**）。

（12）侧尾鳍型尾蚴（Pleurolophocercous cercaria，或 Opisthorchioid cercaria）

此类尾蚴在尾部具侧鳍膜，位于尾蚴尾部的两侧或背腹侧。体部中腹吸盘不明显，有的仅见痕迹。尾蚴产自雷蚴。贝类宿主是前鳃螺类，第二中间宿主为鱼类。成虫隶于 Cryptogo- nimidae、Opisthorchiidae 及 Heterophyidae 等科。终末宿主为各类脊椎动物。在具尾鳍膜的尾蚴中尚有与上述各科尾蚴的形态不同的种类，它们具眼点或不具眼点，但均有明显的腹吸盘的构造。有的如 Cable（1954）描述的称之为 Megaperid cercaria，尚有明显的两肠管及“Y”形的排泄囊。Rhthschchild（1936）报告了 Rhodometopa cercaria，产自胞蚴，推测是 Renicolidae 科吸虫（**幼虫期图 21**）。

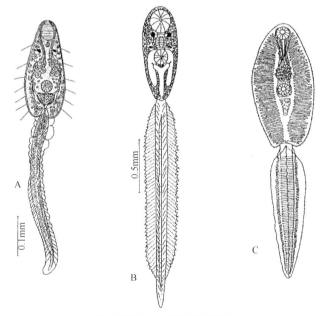

幼虫期图 21　侧尾鳍型尾蚴
A. 中华分支睾吸虫的后睾型尾蚴（Opisthorchioid cercaria）（按唐仲璋等，1963）；B. Megaperid cercaria（按 Cable, 1954 于 Schell, 1985）；C. Rhodometopa cercaria（按 Rothschild, 1936 于 Schell, 1985）

披有一层体被（皮层）。尾蚴一般呈淡灰色，少数尾蚴有眼点。尾蚴体内具有消化器官、排泄器官、神经系统、感觉器官和生殖系统，它们的结构多数均与成虫相近似，但较其简单。除这些之外，在尾蚴体上尚有一些特殊的腺体结构，腺体大致分有穿刺腺细胞（penetration gland cells）、黏液腺细胞（mucoid gland cells）及成囊腺细胞（cystogenous gland cells）3 类。各虫种其尾蚴腺体细胞类型、数目和排列方式都有一定。尾蚴尾部是尾蚴的一个运动器官，其形态各类群吸虫有很大差异（如前文所述）。尾蚴在水中游泳、上升、下降，在一个位置上的聚、散和移动都靠尾部的各种方式的动作。无尾型尾蚴和微尾型尾蚴不能在水中游动，只

能靠体部的蠕动而移行。不同类型尾蚴尾部的结构也不同，一般在尾部中央贯穿有一排泄管，其上端连于尾蚴体部中的排泄囊，其下端在尾干的不同部位向体外开口。在尾干的外皮上常具有规则的褶皱细纹；在外皮和中央排泄纵管之间有丰富的纵走、环行、斜行的肌丝和各种形状细胞(如两极斜形细胞等)，这些肌丝和细胞的伸缩控制尾部的各种动作。自从电子显微镜被普遍应用之后，有关尾蚴体部的各部位结构可被更精细地观察到。

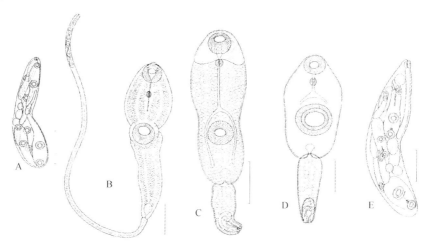

幼虫期图 22　嗜眼科吸虫尾蚴（按唐崇惕，1990）

A、B. 长尾尾蚴(*Cercaria longicauda* Tang, 1988)的雷蚴和尾蚴(Philophthalminae)；贝类宿主：*Cerithidea djadjariensis*，地点：香港；C. 莫顿尾蚴(*Cercaria mortoni* Tang, 1988)(Parorchiinae)；贝类宿主：*Nodilittorina millegrane* (Philippi)，地点：香港；D、E. 泄殖尾蚴(*Cercaria cloacicola* Tang, 1988)尾蚴和雷蚴(Cloacitrematinae)；贝类宿主：*Terebralia sulcata*，地点：香港

(1) 皮层

尾蚴从其发育过程及到成熟离开贝类宿主，进入下阶段的宿主之前，不同种类其生活的环境各异。例如，在贝类宿主体内，尾蚴胚体在胞蚴(或雷蚴)体的血腔(blood chamber)内生长发育，有的尾蚴尚可进入螺宿主的组织和血淋巴(haemolymph)管腔中，成熟尾蚴从贝类宿主逸出之后，到淡水或海水中，或在陆地上生存于其自身所分泌的糖蛋白黏液中，然后各种类以其固有的方式进入其第二中间宿主(脊椎动物或无脊椎动物)或终末宿主(脊椎动物)，继续它们的发育。尾蚴体被的皮层(tegument)是其个体与环境接触的界面，因此尾蚴的皮层结构引起许多学者的兴趣，有关这方面的工作，Erasmus(1972)曾作了综述。在曼氏血吸虫(*Schistosoma mansoni*)这方面的工作较多(Hockley, 1972, 1973；Krupa and Bogitsh, 1972；Meuleman and Holzmann, 1975；Rifkin, 1970 等)。

曼氏血吸虫成熟尾蚴的皮层是从尾蚴胚球(germ ball)就已具有的原始上皮(primitive epithelium)逐渐发育而来。在胚球时其原始上皮在子胞蚴血腔中联系于子胞蚴的皮层上。在尾蚴胚体时原始上皮逐渐退化消失，已有典型的合胞体结构的吸虫皮层(syncytial trematodea tegument)出现，及到尾蚴成熟，此皮层结构更趋完善(**幼虫期图 23**)(Smyth and Halton, 1983)。因此可见尾蚴胚球上原始上皮可能是子胞蚴皮层细胞延伸而成的，成熟尾蚴的皮层(final cercarial tegument)是由尾蚴胚体位于体外围的体细胞(somatic cells)形成的，它联系于具细胞核的皮层下细胞(sub-tegumetal cells)。血吸虫尾蚴的皮层外具有一层糖质衣(glycocalyx)，当此尾蚴侵入其终末宿主体中后变成裂体婴(schistosomulum)时，此糖质衣从厚到薄，最终消失。尾蚴原来适于水中生活的生理行为(physiological behaviour)到裂体婴时产生极其明显的改变，成为不能再适应水的环境而适于在宿主体液和血液环境中的生活。其他吸虫尾蚴，如 *Zoogonoides viviparus* 的尾蚴，Køie(1971b)应用组织化学测试，尾蚴皮层显示 alcian blue 阳性，并且对甲苯胺(氨基甲苯)蓝(toluidine blue)显示异染性(metachromasia)，因此说明此皮层含有酸性黏多糖(acid mucopolysaccharides)。

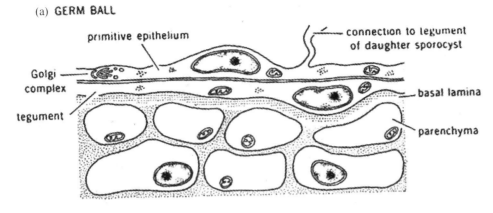

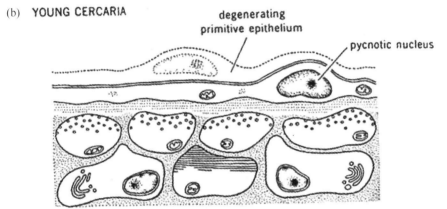

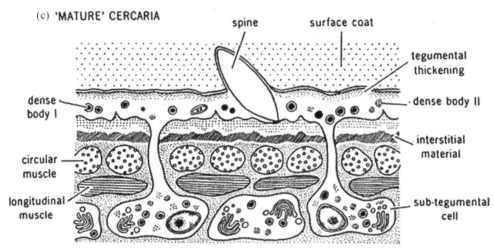

幼虫期图 23　曼氏血吸虫尾蚴发育过程中皮层形成模型图
(按 Hockley，1972，1973；Meuleman et al.，1978 于 Smyth and Halton，1983)

尾蚴的体表除披有小棘(spines)之外，还有乳突(papillae)，不同的吸虫种类，其尾蚴体上乳突的数目、大小以及分布均有不同。例如，*Dicrocoelium* spp. 4 种尾蚴的扫描电镜观察，其皮层皱褶、小棘、乳突大小、触毛长短及其分布情况等均不相同，乳突有的尚具纤毛，纤毛着生在乳突中央小窝中(唐崇惕等，1984)。Richard(1971)认为尾蚴体上乳突分布(毛序 chaetotaxy)对分类有价值。Køie(1973a)超微结构的研究说明每个乳突中的纤毛和在基膜(basal lamine)下面的神经组织相联系，乳突的球茎由一环状桥粒(circular desmosome)将其附着在皮层上。由于乳突的结构其分布，大家都认为它与尾蚴的感觉功能密切相关。此感觉乳突(sensory papillae)在绦虫和单殖吸虫 *Dichidophora merlangi* 也都有发现(Smyth，1969；Halton and

Morris，1969）。这些具纤毛的乳突，有的学者认为是化学接受器（chemoreceptors）或机械接受器（mechanoreceptors）（Lyons，1969b，1972b；Matricon-Gondran，1971；Wilson，1970）。Short 和 Gagne（1975）报告在曼氏血吸虫尾蚴的前端具有可能供作光接受器（photoreceptors）的小片层结构（lamellate structures）；同样构造也见之于毛蚴和其他无脊椎动物的幼虫（Smyth and Halton，1983）。

（2）消化系统（digestive system）

尾蚴的消化器官是初步发育的结构，与其成虫基本上是同一形式，口孔开于口吸盘中央，并具有食道（oesophagus）和一对肠盲管（intestinal caeca），一些种类的尾蚴，其肠盲管尚未长出，如血吸虫类。Køie（1971b）应用组织化学的方法从 *Zoogonoides viviparus* 的尾蚴肠细胞中检测出一些水解酶（hydrolytic enzymes），虽然如此，但盲肠中是否具有消化和吸收的功能没有被证实，可能尚是无功能的（non-functional）。尾蚴体营养的吸收显然需要通过体表这一通道（Dixon，1976）。

（3）神经系统（Nervous system）

尾蚴在口吸盘之后有一纤维团所组成的神经节（cerebral ganglion），由此神经节引出 3 对神经（背神经、腹神经和侧神经）。许多尾蚴具有色素眼点（pigmented eye-spots 或 ocellus）位于体部前端背面两旁，有时还会有一个中央眼点（median ocellus）。在各眼点的发育中会出现有一个晶体状结构（lens-like structure），围绕着其周围有色素沉着。

（4）排泄系统（Excretory system）

尾蚴的排泄系统原肾型，有焰细胞、小收集管、前后收集管，将排泄物质和水分汇集，经左右排泄管而到排泄囊。囊的后端通到尾部中央的排泄管，而后不同虫种在不同部位分成两小管向外开口。不同吸虫类群有不同形态的排泄囊。各虫种尾蚴排泄囊的形状特征是稳定的。各虫种尾蚴的焰细胞数目及其分布、排列方式也是稳定的，可列出焰细胞公式：2 侧[（前收集管的小收集管及其上焰细胞数）+（后收集管的小收集管及其上焰细胞数）+（进入尾部小收集管及其上焰细胞数）]=总数。例如，双腔类吸虫的尾蚴焰细胞公式为：2[（2+2+2）+（2+2+2）]=24，说明其前后收集管均作三分支，每一分支连于两小收集管，每一小收集管末端有一焰细胞，没有小收集管及焰细胞进入尾部。血吸虫类尾蚴有小收集管和焰细胞进入尾部，如日本血吸虫（*Schistosome japonicum*）尾蚴焰细胞公式为：2[2+1+（1）]=8（Faust，1924）；土耳其斯坦东毕吸虫（*Orientobilharzia turkestanica*）尾蚴焰细胞公式为：2[2+2+（1）]=10（唐仲璋和唐崇惕，1976）（见裂体总科附图）。

（5）生殖系统（Genital system）

在尾蚴体上已经存在有生殖系统的生殖原基（genital primodium）。此生殖原基在还十分幼小的尾蚴胚体中就已经有，由一团不同于体细胞，比较大的细胞构成。而且整个生殖系统各结构部分在尾蚴胚体时也就以原基细胞团的形式出现。如在双腔吸虫尾蚴幼小胚体中，在腹吸盘和排泄囊之间有一团生殖原基细胞，在腹吸盘上部中央背侧也有阴茎囊、子宫末端和生殖孔的数个原基细胞团，它们和腹吸盘后部的生殖原基细胞团有膜状相连。这些生殖原基细胞核均较大，Feulgan 反应测试呈强阳性紫红色。到尾蚴成熟时，生殖原基团益加明显并开始分化，如双腔吸虫后期尾蚴在活体状态，我们从高倍光学显微镜下能把生殖原基团中各结构分辨出来：在腹吸盘后方的生殖原基团含有一个卵巢、一对卵黄腺、卵黄横管和总管、一对睾丸、2 条输精管及会合成的一条大输精管，它上连于阴茎囊内的储精囊。从卵巢引出输卵管、卵模及子宫雏管，与阴茎雏囊共同开口于生殖孔（唐崇惕等，1983，1995；见**双腔科附图**）。有些吸虫有很发达的卵黄腺，如食蛏泄肠吸虫（*Vesicocoelium solenophagum*），它的尾蚴在两肠管外侧就各有一团卵黄腺原基，到其童虫发育时可见到由此原基逐渐分出的众多黄卵腺泡（唐崇惕和许振祖，1979；见**开腔科附图**）。

（6）尾蚴的腺体（cercarial glands）

尾蚴体上有多种单细胞的分泌腺（unicellular secretory glands），它们具有不同生理功能，因此它们的形态、位置、数目和内含物均有差别。按其功能目前已知的主要有逸出腺细胞（'escape'glandular cells）、穿刺腺细胞（penetration glandular cells）、保护作用腺细胞（protection glandular cells）、附着及润滑腺细胞（adhesive and lubricatory cells）、成囊腺细胞（cystogenous glandular cells）等。它们在尾蚴体上综合地起作用，使尾蚴这一成虫的雏体能各自按其发育方式通过一定途径顺利地进入它们的终末宿主体中，继续发育达到性成熟，得以延续其种族的生命。

A. 逸出腺（'escaps' glands）

Miura（1976）、Smyth 和 Halton（1983）等学者认为血吸虫类 *Schistosoma mansoni* 、*Schistosoma douthitti* 等尾蚴在头器中有一对头腺（cephalic glands），它们是一对单细胞腺细胞，具有微弱嗜酸细胞质（faintly basophilic cytoplasm）。此腺细胞在从螺体解剖出的尾蚴体上存在，在逸出的尾蚴体中此腺体细胞内容物已排空，因此他们认为此腺细胞内含物质功能可能与尾蚴从螺体逸出活动有关。

B. 穿刺腺（Penetration glands，或称钻腺）

过去常常把尾蚴体中具管道向外开口的单细胞腺体统称为穿刺腺。自应用组织化学的方法进行腺细胞内容物测试的研究之后，知道尾蚴具管道的单细胞腺体并不全是穿刺腺，只有那些含有蛋白酶物质的腺细胞的分泌物对尾蚴穿钻进入另一宿主体内才有作用，所以才称之为穿刺腺或钻腺。很多种尾蚴（包括有成囊和不成囊的种类）都有此类腺细胞，它们成对地排列在腹吸盘前方两侧，它们的管道对称地 2 束向前，开口在口吸盘背前方，如血吸虫类（曼氏血吸虫、日本血吸虫、土耳其斯坦东毕吸虫、包氏毛毕吸虫等），其尾蚴在腹吸盘背前方和两侧有 5 对单细胞具管道的腺细胞，其中只有前面的 2 对才是穿刺腺（钻腺）。其后方另有 3 对腺细胞，不仅细胞质内含物在光学显微镜下就可看出其差异，而着色反应也不同。例如，日本血吸虫尾蚴，用 1%茜草素（acid alizarin sulphonic）活体染色，只有前 2 对腺细胞及其管道着色，后 3 对不着色；用 1%锂洋红（lithium carmine）活体染色，只有后 3 对腺细胞和管道着色，前 2 对不着色。前 2 对钻腺细胞颗粒大，嗜酸性（acidophilic 或 eosinophilic）PAS 阴性，对茜草素强阳性，同时在 Purpurin 中呈红色，说明它含有钙，钙在穿钻中具有很重要的作用。后 3 对腺细胞质颗粒细小，是嗜酸性（basophilic），锂洋红染色呈橘红色，也说明其中含有黏液性物质（**幼虫期图 24**）（唐仲璋等，1973）。Gazzinelli 等（1966）发现曼氏血吸虫尾蚴腹吸盘前（preacetabular glands）含有蛋白水解酶（proteolytic enzyme），Stirewalt（1959）也发现此腺细胞物质具有胶酶（gelatinase）活性。当血吸虫尾蚴穿钻终末宿主皮肤时这些含酶分泌物起作用。许多需要到第二中间宿主体中发育的尾蚴种类，也都具有穿刺腺的腺细胞，如阔盘吸虫（*Eurytrema* spp.）的尾蚴有 4 对，双腔吸虫（*Dicrocoelium* spp.）的尾蚴有 3 对，这些细胞经组织化学测试，均对茚三酮（ninhydrin schiff）显示阳性至强阳性，说明它们的细胞质含结合氨基的蛋白质，可能也是含酶的物质（唐崇惕等，1987；唐崇惕等，1987）。阔盘吸虫和双腔吸虫的尾蚴被它们第二中间宿主（昆虫宿主）吞食后，尾蚴要在短时间内穿钻过宿主的肠壁进入血腔中继续发育，它们穿刺腺的分泌物对它们的穿钻活动起帮助作用。

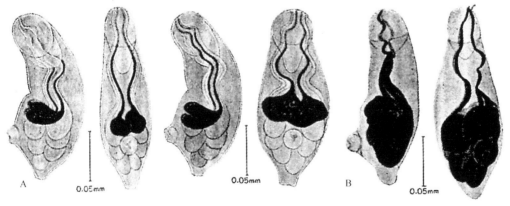

幼虫期图 24　日本血吸虫尾蚴体部示单细胞腺体（按唐仲璋等，1973）
A. 示前 2 对穿刺腺（茜草素活体染色）；B. 示后 3 对黏液腺（锂洋红活体染色）

C. 附着及滑润单细胞腺（Adhesion and lubrication unicellular glands，或称黏液腺 Mucoid gland）

此类单细胞腺体在许多种类吸虫的尾蚴都具有，如上述在血吸虫类尾蚴的 3 对腹吸盘后腺（post-acetabular glands）即是此类型腺细胞。腺细胞体内容物及管道中的内含物均为黏液物质（mucoid material），化学性质呈 PAS 强阳性，它由蛋白质、多糖（polysaccharides）和脂肪所组成，将它水解会产生 17.2%（W/W）的氨基酸、9.7%（W/W）的氨基糖（amino sugars）和一个类固醇（甾族化合物）的浓缩物（Stirewalt and Evans，1952）。此在腹吸盘背后侧的 3 对细胞腺的分泌物是当尾蚴在终末宿主皮肤上滑行时分泌出来，对尾蚴的移动起滑润作用。此黏液性的分泌物可能对血吸虫类尾蚴在终末宿主皮肤上还具有附着的功能。黏液腺细胞（mucoid gland cells）在许多类群的尾蚴（如具口锥刺微尾型尾蚴、具口锥刺剑尾型尾蚴、裸头型尾蚴、棘口型尾蚴等）尾蚴体上都有存在。此类腺细胞有具管道的，也有不具管道的。不具管道的分布在体背、体侧和腹面的靠近外皮部分。在剑尾型尾蚴的 virgula organ，被认为能累积此腺细胞的分泌物，其组织化学成分含有很多的酸性黏液多糖类（acid mucopolysaccharide）。尾蚴在螺体中尚未逸出之前，此腺体分泌物能形成一薄膜包在尾蚴体上，对尾蚴的移行和逸出有保护作用。逸出的尾蚴，此腺体分泌物帮助它们附着在第二中间宿主体上。肺吸虫类（Paragoniums spp.）的短尾具口锥刺的尾蚴，体上有黏液细胞，分泌的黏液（mucus）使尾蚴黏液联结在一起，并帮助尾蚴附着在它们第二中间宿主淡水甲壳类（crustaceans）的附肢（appendages）上。这对增加它们感染第二中间宿主的可能性起重要作用。在裸头型尾蚴，此类腺细胞对其在外界附着在水草等物体上形成囊蚴均有作用。

对尾蚴具有保护作用的单细胞腺体也是黏液腺细胞，如双腔科（Dicrocoeliidae）中的 Eurytrema spp. 的短尾具口锥刺尾蚴和 Dicrocoelium spp.的长尾具口锥刺尾蚴，它们各自除有含酶物质的穿刺腺（Eurytrema 4 对、Dicrocoelium 3 对）之外，都具有管道上行开口在体前端的黏液腺细胞（Eurytrema 5 对、Dicrocoelium 12～13 对）。经切片作组织化学测试，发现螺体组织中的子胞蚴，尾蚴体内这些腺细胞内充满酸性黏多糖（acid mucopolysaccharide）和黏蛋白（mucoprotein）的物质；子胞蚴成熟被排到螺体外时，尾蚴黏液腺细胞内容物排出，在子胞蚴内囊中包绕着所有尾蚴，保护着所有尾蚴在子胞蚴未被第二中间宿主吞食之前不会干枯死亡。在 Dicrocoelium spp. 的尾蚴成熟离开子胞蚴到贝类宿主蜗牛气室中时，尾蚴体内黏液腺细胞的内容物也全部分泌排出包绕众多尾蚴成团形成黏球（slime balls）。黏球被排到外界，球团中的黏液保护着尾蚴，且因其为糖蛋白物质，能吸引蚂蚁宿主把它们吞食。使尾蚴有可能进入它们第二中间宿主体内，继续下一阶段的发育（唐崇惕等，1987a，1987b）。

D. 成囊腺（Cystogenous glands）

在吸虫类中，许多种类的尾蚴有到第二中间宿主体内成囊的后期尾蚴（metacercarial cyst）阶段。在生活史中具有囊蚴阶段的吸虫种类其尾蚴体上均有成囊腺细胞（cystogenous gland cells）。这类腺细胞很小且为数量很多的皮下腺细胞，细胞内容物稠密，为颗粒状或小杆状的粒子团构造。成囊腺细胞存在于许多科吸虫种类的尾蚴体中，尤其在裸头型尾蚴、棘口类尾蚴、单口尾蚴、嗜眼科尾蚴和剑尾型尾蚴等体上特别丰富。当尾蚴在外界固着后，立即分泌出囊壁包被整个虫体。囊蚴囊壁有的是由若干层组成，是由尾蚴体中若干种腺细胞分泌参与形成的。有关此成囊腺细胞在尾蚴体上的分布及其组织化学成分情况经 Dixon（1966a）；Mercer 和 Dixon（1967）及 Rees（1967）等研究。不同的尾蚴种类其体上各部位有不同性质的成囊细胞分布，致使它们所形成的囊壁成分和形态均有所不同。如按 Dixon 等的研究，肝片吸虫尾蚴体上有 4 种成囊腺细胞。

鞣酸蛋白细胞（tanned protein cells）在体腹面，细胞质内充满棕黄色分泌颗粒，含有丰富的蛋白质和酚（phenol）。

黏液多糖类细胞（mucopolysaccharide cells）围绕在尾蚴的背面、背侧部以及腹吸盘周围，产生黏蛋白（mucoprotein）、酸性黏多糖和中性黏多糖（neutral mucopolysaccharide）。

腹塞细胞（ventral plug cells）在腹吸盘中央背侧，是黏液蛋白细胞（mucoprotein cells），分泌物形成腹塞区的部分囊壁。

角蛋白细胞（Keratin cells）分布在尾蚴体的背面，由于此类细胞质中含有约 0.75μm×6μm 的短杆，这些小短杆棒形成囊壁的角蛋白(keratin)层，因此又被称之为背杆网细胞(dorsal batonnet cells)。

在嗜眼科并睾亚科(Parorchinae)的 *Parorchis acanthus* 的尾蚴体上，Rees(1967)观察到有 5 种成囊腺细胞：

背无颗粒成囊腺细胞(dorsal agranular cystogenous gland cells)分布在尾蚴体背面皮下，含有酸性和中性的黏液多糖类(acid and neutral mucopolysaccharide)，可能还有糖原(glycogen)和糖蛋白(glycoprotein)。

腹无颗粒成囊腺细胞(ventral agranular cystogenous gland cells)分布在尾蚴体腹面前半部中央，它只含有酸性黏液多糖类(acid mucopolysaccharide)。

腹颗粒成囊腺细胞(ventral granular cystogenous gland cells)分布在尾蚴体腹面大部分，细胞质中充满对蛋白质和脂蛋白类(lipoprotein)显示阳性反应的小圆颗粒。

背颗粒成囊腺细胞(dorsal granular cystogenous gland cells)在尾蚴体中分布在背侧，在背无颗粒成囊腺细胞之下、腹颗粒成囊腺细胞之上，此细胞质内含有杆状颗粒，可能是和角质蛋白体(keratin bodies)一样的物体，它们对 PAS 及汞溴苯基蓝(mercury-bromophenol blue)显示阳性。

腹成塞腺细胞(ventral plug-forming gland cells)，共有 6 个此腺细胞，位于腹吸盘之前，它们含有中性黏液多糖类(neutral mucopolysaccharide)。平睾吸虫尾蚴由所有这些腺细胞共同分泌腺体物质形成囊蚴的囊壁，囊壁包含有一个 3 层的外壁和一个 2 层的内壁。

3. 影响尾蚴的环境因素

绝大多数吸虫种类的尾蚴成熟后都要离开雷蚴或胞蚴到螺体中，然后从螺体逸出到外界水中。只有少数种类（如胰脏吸虫 *Eurytrema* spp.）尾蚴在子胞蚴体内一起被排出螺体和部分种类（如环肠吸虫 *Cyclocoelium* spp.）尾蚴可以在同一贝类宿主体内形成囊蚴。尾蚴从螺体逸出常常不是连续不断的，而有不规则的日期间隔，这可能和雷蚴或胞蚴体内尾蚴的成熟情况有关。但成熟尾蚴的排出也受到很多环境因素的影响，如光线、温度、水体中的盐度、pH，以及螺体的食物供应等。

(1) 光线(light)

白天和黑夜，以及一天中某一时间的光线强度对某些吸虫尾蚴的逸出都有影响。有的种类的尾蚴都在白天逸出，如 *Diplostomum flexicaudum*、*Schistosomatium douthitti*、*Schistosoma mansoni*、*Orientobilharzia dattai* 等(Gievannola，1936；Aliuier，1951；Faust and Hoffman，1934)；有的尾蚴都在夜间逸出，如 *Plagiorchis vespartition* 等(Macy，1960)；有的种类（如肝片吸虫等）的尾蚴逸出时间不规则，白天黑夜都有(Kendall and McCullough，1951)。白天从 *Nucella lapillis* 逸出的 *Cercaria purpurae*，如果将此螺放到完全暗的环境条件中，尾蚴的逸出立即停止(Rees，1948)。此外，在自然环境中，曼氏血吸虫尾蚴从螺体逸出数量的最高峰都是在每天中午 11：00～12：00 时。无论有眼点或没有眼点的尾蚴光线对其逸出都有影响。但具有眼点的尾蚴（如包氏毛毕血吸 *Trichobilharzia paoi*)对光线有很强的趋光性，把尾蚴放置在装有水的器皿中，它们会随着一个光源的移动而改变游动的方向(唐仲璋和唐崇惕，1962)。Combes 和 Theron(1977)把吸虫尾蚴逸出高峰的情况分出 3 个类型：在 24h 内有一个逸出高峰为似昼夜节律(circadian rhythm)，在 24h 中有 2 个或 2 个以上的逸出高峰为超昼夜节律(ultradian rhuthm)，在 24h 以上才有一个逸出高峰为低昼夜节律(infradian rhythm)。他们还认为同一种类尾蚴或螺宿主由于地区不同、株系不同、尾蚴逸出高峰出现的时间会有变化，如曼氏血吸虫的尾蚴的逸出一个高峰的出现有在 10～15h、11～17h 和 15～30h 的不同情况。光对尾蚴的逸出有影响，但影响的机制还未被明了。

(2) 温度(temperature)

温度也是影响尾蚴从贝类宿主逸出的一个重要因素。低温和高温都对尾蚴的逸出起抑制作用。一般在 12～15℃，很少有尾蚴逸出。在此温度以上尾蚴逸出逐渐增高。有学者认为各种尾蚴逸出的最高温度线与其贝类宿主的热致死点(thermal death point)有关。例如，Rees(1947)报告 *Nucula lapillus* 的热致死点是 30℃，其中的 *Cercaria purpural* 尾蚴在 20℃以上温度中就逐渐减少逸出。*Lymnaea truncatula* 在 26℃

以上温度中濒于死亡，其中肝片吸虫尾蚴 26℃停止逸出，低于 10℃温度也不逸出。不同的吸虫种类尾蚴其逸出的高温界限也有差异，如按 Dutt 和 Srivastava（1962）的观察，*Orientobilharzia dattai* 尾蚴从 *Lymnaea luteola* 逸出可到高达 40℃才停止。

（3）盐度（salinily）及 pH

水中的盐度和 pH 对不同尾蚴种类逸出有不同的影响，如曼氏血吸虫尾蚴在 pH 7.2 以下的水中不逸出，肝片吸虫尾蚴只在 pH 5.5～8.5 的水中逸出。按 Sindermann 等（1957）的观察，逸出尾蚴减少的螺蛳在饲以食物以后，尾蚴的逸出数量会大大增加。

4. 尾蚴在外界的生存条件

尾蚴离开贝类宿主后，绝大多数种类的尾蚴都要在水中暂时过一段自由生活。它们在水中生存时间的长短和尾蚴本身具有的代谢和生命力、外界环境各自然因素、尾蚴体成囊习性等都有关系。

（1）尾蚴体内贮存的营养及代谢

尾蚴虽然已具有消化器官的雏形，但在外界尚不能摄食。尾蚴在外界有力活动的能量都来自它们体内的营养贮量。自由生活期的尾蚴体内含有糖类、脂类和氨基酸。

A. 糖类（glycogea）

各吸虫的胞蚴或雷蚴能从贝类宿主体内吸收糖原，并将其贮存在尾蚴体上。在尾蚴的肌肉、吸盘、咽、柔软组织细胞、尾干中的尾体（caudal bodies），以及排泄管中都发现有糖原。有学者在感染有吸虫幼虫期的双脐螺 *Australorbis glabratus*（=*Biomphalaria glabrata*）食物中加有 ^{14}C 标记的葡萄糖，在 48h 内逸出的尾蚴体上就可查到有此标记的糖类，标记的显示可达到 60d 之久。

B. 脂类（lipids）

在尾蚴的排泄系统和柔软组织中有脂类成分（Lutta，1939）。此脂类主要是中性脂肪和脂肪酸，它也存在于活动尾蚴的体表。其含量和尾蚴行为有关，不游泳或少游泳的尾蚴其脂类的量很少甚至没有；而活动量大，游泳的种类其所含脂类量也大。脂类可能也是从宿主体中获得，但也可能由尾蚴新陈代谢产生。脂类的机能可能是能量的来源，部分与尾蚴漂浮时的浮力有关。

C. 氨基酸（amino acid）

尾蚴体中亦有氨基酸，其种类和其贝类宿主体内的氨基酸种类相似。

D. 糖原

血吸虫尾蚴尾部是营养的主要贮存处。Bruce 等（1969）报告曼氏血吸虫尾蚴 59% 的细胞色素氧化酶活性及 46% 糖原是存在于其尾部。尾蚴逸出 3h 内葡萄糖被利用得比较少，而且二氧化碳产物（carbon dioxide production）也低，糖原形成物（glycogen formation）几乎是非常之少。在尾蚴到外界水中 18h 之后，其尾部糖原下降，并且二氧化碳产物和糖原形成物相应增加。如此，糖原是尾蚴主要的能量贮备。虽然曼氏血吸虫尾蚴含脂类、蛋白质和核酸（nucleic acid），但没有被自由游泳的尾蚴所利用（Striewalt，1974）。Køie（1973a）叙述了糖原在 *Neophasis lageniformis* 尾蚴体上分布的亚显微图像。

E. 酶

活动的尾蚴体中在排泄系统、肠管、神经系统等部位都见到有酶的活动。于尾蚴的排泄系统上见有磷酸酶（phosphatase）；曼氏血吸虫尾蚴在肠管上有氨基肽酶（aminopeptidase），神经系统上有酯酶（esterase）（Stirewalt and Walters，1964 等）。

尾蚴体上存在多种代谢酶（metabolic enzymes），Stirewalt（1974）和 Coles（1973a，1973b）曾对其作了综述。Smyth 和 Halton（1983）按 Coles（1973b）的资料列出曼氏血吸虫成虫和尾蚴的 11 种代谢酶活动的情况（**幼虫期表 4**）。Humiczewska（1974）、Moore 和 Halton（1975）对肝片吸虫尾蚴，Jennings 和 Le Flore（1972）对 *Himasthla quissetensis* 尾蚴及 *Zoogonus lasius* 尾蚴，Porter 和 Hall（1970b）对 *Plagioporus lepomis* 尾蚴的代谢酶进行了研究，应用细胞化学方法还检查到一些酶。

幼虫期表4　曼氏血吸虫的尾蚴和成虫的酶活动

（按 Coles，1972，1973b 于 Smyth and Halton，1983）

Enzyme	Male worms	Female worms	Ratios male: Female 1:	Cercariae 1:	Ratios male: cercariae 1:	Ratio female: Cercariae 1:
Pyruvate kinase	2049±92(7)	802±75(7)	0.4	481±62(10)	0.2	0.6
Lactate dehydrogenase	2588±216(7)	1129±170(7)	0.4	510±56a(9)	0.2	0.5
Condensing enzyme	26±6(6)	27±3(7)	1.0	86±6(9)	3.3	3.2
Isocitrate dehydrogenase	1.7±0.4(6)	4.4±0.5(6)	2.6	28±2(10)	16	6
Malate dehydrogenase	1077±100(8)	355±43(6)	0.3	897±100(9)	0.8	2.5
Glucose-6-phosphate dehydrogenase	100±7(7)	40±2(7)	0.4	27±1(9)	0.3	0.7
6-Phosphogluconate dehydrogenase	2.6±0.5(7)	2.7±0.7(4)	1.0	4.3±1.0(8)	1.8	1.6
Aspartate aminotransferase	58±11(6)	210±51(5)	3.6	81±6(5)	1.4	0.4
Alanine aminotransferase	539±48(6)	527±56(6)	1.0	471±55(5)	0.9	0.9
Alkaline phosphatase	69±8(6)	151±28(6)	2.2	87±8(5)	1.3	0.6
Phosphoenolpyruvate carboxykinase	229±14(5)	58±2(5)	0.3	32±5(5)	0.1	0.6

所有单位按 25℃ 下 nmol/(min·mg)（代谢后每分钟每毫克蛋白质±标准误差）

Pyruvate kinase，丙酮酸激酶；Lactate dehydrogenase，乳酸脱氢酶；Condensing enzyme，柠檬酸合酶；Isocitrate dehydrogenase，异柠檬酸脱氢酶；Malate dehydrogenase，苹果酸脱氢酶；Glucose-6-phosphate dehydrogenase，葡萄糖-6-磷酸脱氢酶；6-phosphogluconate dehydrogenase，6-磷酸葡糖酸脱氢酶；Aspartate aminotransferase，天门冬氨酸氨基转换酶；Alanine aminotransferase，丙氨酸氨基转换酶；Alkaline phosphatase，碱性磷酸酶；Phosphoenolpyruvate carboxykinase，磷酸烯醇丙酮酸羧化酶

F. 氧气

到外界自由生活的尾蚴需要氧气。Vernberg(1963)认为尾蚴能利用氧气，并且氧气是尾蚴生存所必需的。在无氧条件下，曼氏血吸虫尾蚴 4h 内死亡 85%，*Gynaecotyla adunca* 尾蚴 12h 后死亡 75%(Oliver et al.，1953；Vernberg，1963)。尾蚴呼吸比率情况和氧气压有关。尾蚴对氧气的需要量和尾蚴的活动量有关。活动量不大的无尾尾蚴和不能很快游泳的尾蚴可以抵抗厌气环境更长一点时间。

Bruce 等(1969，1971)和 Coles(1972，1973a，1973b)研究曼氏血吸虫尾蚴的新陈代谢显示有初步的有氧代谢(primarily aerobic metabolism)，同时在无氧条件下显示有一个"巴斯德效应"(Pasteur effect)，并且糖原被分解成乳酸(lactic acid)。穿刺后的曼氏血吸虫尾蚴显示在它体上有三羧酸循环(tricarboxylic acid cycle，TCA cycle)的存在，并且一些酶被定量地测检到。肝片吸虫(Humiczewska，1974)及斜睾吸虫，*Plagiorchis elegans* 的尾蚴也被证明有一个三羧酸循环的存在，从尾蚴体上查到有 6-磷酸葡糖酸脱氢酶 (6-phosphogluconate dehydrogenase)和葡萄糖-6-磷酸脱氢酶(glucose-6-phosphate dehydrogenase)的存在，说明其中也可能有一个戊糖磷酸循环(pentose phosphate pathway)(LeFlore，1978)。Coles(1972)还证明在曼氏血吸虫尾蚴体上有多种细胞色素(cytochrome)，其中 cytochrome C 与哺乳类的 cytochrome C 有相像的光谱性质，α 波 550nm、β 波 521nm、γ 波 416nm(Coles and Hill，1973)。

(2) 尾蚴的运动(Locomotion)

绝大多数尾蚴种类能游泳，少数短尾和无尾的尾蚴在水底部或陆地上附着物上作蛭样的移动。在水中游泳的叉尾尾蚴其叉尾如同一个推进器旋转着，尾部带着体部向前迅速游泳，具有两极肌肉细胞(bipolar muscle cells)的尾部在此日本血吸虫尾蚴游泳运动中起主要作用。尾蚴休息时以体部腹面吸附在水面表膜上，尾部向背方弯曲倒挂着(唐仲璋，1938)(见裂体总科附图)。

一些学者也观察单尾尾蚴一些种类的运动，Rees(1971)说明在 *Parorchis acanthus* 尾蚴游泳运动中其体部起主要作用，体部系列的间歇性弯曲的收缩波从体部背面领先而延续到尾部。*Cryptocotyle lingha* 和 *Himasthla secunda* 尾蚴的游泳运动也经观察(Chapman and Wilson，1973；Chapman，1974)。这些尾蚴尾部

具有环肌和纵肌，并富有线粒体和高糖的贮存。纵走肌肉包含有 4 群肌细胞，2 群在背侧向，2 群在腹侧向。在皮层基膜下面还有一薄层环肌（Reger，1976），所以尾蚴的尾部能迅速有力地运动。尾蚴在水中游泳时还会有下沉的动作，全部身体伸长不活动地下沉，接触到物体时可在其上面用口、腹吸盘交互移动方式进行蛭样动作。一些学者称之为"量度虫"运动（"measuring worm" movement）（Smyth and Halton，1983）.

尾蚴在水中游泳，光的强度对其活动性有影响。虽然许多尾蚴有趋光性，但光的强度减低可以促使尾蚴活动加强。Donges（1963，1964）和 Chapman（1974）分别对 *Pasthodiplostomum cuticola* 与 *Cryptocotyle lingua* 的尾蚴活动与光强度的关系进行实验观察。在 *Posthodiplostomum cuticola* 尾蚴群，增加光源强度会抑制它们活动，减低光的强度会产生一个很广泛的迅速活动的反应；一个尾蚴群，当把光源强度从 500lm/m^2 突然减低到 100lm/m^2，100% 的尾蚴对此变化作出迅速游动的反应，如果光强度从 2000lm/m^2 减少到 1000lm/m^2，即使时间非常短暂，也有 80% 的尾蚴作出迅速活动的反应。他们认为可能是由于它像一尾鱼的影子成为一个重要的刺激，影响尾蚴群产生自发性活动的反应，因此称此反应为影子反应（shadow response）。许多种类尾蚴都有这样的现象。如 *Cryptocotyle lingua* 尾蚴的活动性比率的增加也伴随光强度的减少，光强度从 2000lm/m^2 减少到 2lm/m^2，或从 500lm/m^2 减少到 2lm/m^2，尾蚴活动比率增加 60%（Chapman，1974）。

尾蚴对化学刺激也有反应，宿主组织或宿主的抽液（host extract）都可引诱尾蚴活动的显著增加。有 C$_8$-C$_9$ 链长的氨基酸使尾蚴活动显著增加，辛胺（octylamine）能增加尾蚴活动率 50%。而且 C$_7$-C$_8$ 链的氨基酸能使尾蚴不活动的周期显著缩短。振动等机械刺激也能引诱尾蚴活动的增加（Smyth and Halton，1983）。

无论是光还是机械等因素的刺激均由在尾蚴体上各不同的接受器官（receptor organs）将信息（刺激）传递到尾蚴中央神经系统，使之传递尾蚴能动性的冲动或刺激抑制冲动的传递（Donges，1963）。Donges 认为吸虫尾蚴对光等因素刺激的反应对该吸虫生活史以及对鱼宿主和寄生虫两者的生物学及群落生境（biotope）具有重要性。不同吸虫种类不同的反应方式，可揭示出不同的规律性问题。

尾蚴在自然环境中的存活力（viability）与尾蚴个体天然的生命周期（life period）有关，大致是依靠其体中贮存糖原量大小以及其环境中任何自然因子如温度的刺激和个体活动能量消耗的情况有关。能量消耗大，其存活力显然要降低。Mohandas（1974）报告后睾类尾蚴、裸头型尾蚴、棘口尾蚴及叉尾尾蚴活动能力只有 4～7h，而剑尾型尾蚴能活动 9～11h。

（四）中尾蚴

鸮形类吸虫（Strigeoid trematodes）包括 Diplostomidae 科和 Strigeidae 科的一些种类，其幼虫期在尾蚴之后不是囊蚴，而是一另外的幼虫期，被称为中尾蚴（mesocercaria）。中尾蚴幼虫期见于 *Alaria*、*Procyotrema*、*Pharygostomoides* 和 *Strigea* 等属的一些种类。中尾蚴是由鸮形类尾蚴（Strigea cercariae）穿钻到如蝌蚪等适宜的宿主体中，不发育，保留与尾蚴体部相像的个体，不结囊（**幼虫期图 25**）。体扁平梨形，披有小刺。口、腹吸盘、咽和肠管比尾蚴发达，而且有一个很发育的排泄系统，焰细胞比尾蚴时增多。含有中尾蚴的蝌蚪要被此吸虫的另一宿主，趋中间宿主

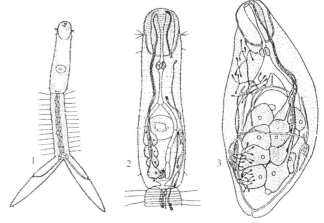

幼虫期图 25　鸮形吸虫 Strigea elegans 的尾蚴和中尾蚴（按 Pearson，1959）

1. 尾蚴；2. 尾蚴体部；3. 中尾蚴

（paratenic host）、collector host 或终末宿（如蛙、蛇、鳖、鸟类或哺乳动物）所吞食才进一步发育。中尾蚴寄生在宿主的淋巴间隙（lymph spaces）、脂肪、肌肉及结缔组织中。到哺乳动物则通常寄生在皮下脂肪（subcutaneous fat）。到浣熊、鼠类及猫体中都曾发现可以到乳腺（mammary glands）寄生，不结囊。也曾有过人体受感染在视网膜、肺部和皮肤中的报告。人体受感染可能是由于生吃或吃没有煮熟的野生动物，如

蛙、鳖、浣熊、鼠等，也可能由于清洗这些动物手被污染又取食而偶然被感染。

(五)囊蚴及后期尾蚴

囊蚴(metacercarial cyst)是吸虫生活史中可以感染终末宿主的阶段，在囊中的后期尾蚴(metacercaria，通常简称后蚴)是一个幼小的吸虫童虫，它们体上已失去尾蚴期所具有的一些典型的幼虫期器官，如尾部、穿刺腺、成囊腺细胞及眼点等。但仍保留以后将继续发育的生殖原基。个别种类，如外睾吸虫 *Exorchis* spp.，尾蚴体上的眼点保留到囊蚴和成虫期(唐崇惕和王云，1997)。有的种类，如胰脏吸虫 *Eurytrema* spp.的后蚴体上虽尾蚴时所有具管道的穿刺腺和多糖黏蛋白腺已消失，但它们体上另外产生 2 束具管道的单细胞腺，其分泌物能溶解囊蚴的囊壁，有利于后蚴的脱囊(唐仲璋和唐崇惕，1977)。裂体科吸虫无囊蚴阶段，其尾蚴即已能感染终末宿主。进入终末宿主后的裂体婴在终末宿主体内早期移行阶段即相当于其他吸虫囊蚴阶段。不同吸虫种类表现不同的成囊位置分布。某些吸虫，如 Fasciolidae、Paramphistomidae、Philophthalmidae 和 Notocotylidae 等科的尾蚴的成囊位置常在物体的表面，大多数是在植物体上；Echinostomatidae 科吸虫尾蚴可以在物体表面上成囊，也可以在同种贝类宿主(同一螺体或不同螺体)体内成囊；有的吸虫，如 Azygiidae、Hemiuridae 和 Gorgoderidae 科吸虫尾蚴可以在尾蚴尾部上形成囊蚴；Brachylaemidae、Cortrematidae 和 Allocreadidae 科一些种类的尾蚴可以在自己的胞蚴体内成囊。但大部分吸虫的尾蚴是要到第二中间宿主体内形成囊蚴。有的后期尾蚴可以在第一中间宿主体内提早发育(progenetic)，并产生含有毛蚴的虫卵，这样的吸虫其生活史就只有一个软体动物宿主参加(Szidat，1956)，他报道在 *Littorina australis* 螺体内有 Halipeginae 亚科 *Genarchella genarchella* 的雷蚴体内含 1～4 个无尾尾蚴，有的尾蚴在雷蚴体内形成囊蚴，并能产卵。但像这样的情况十分罕见。

1. 囊蚴囊壁结构

囊蚴一般为球形或梨形，囊壁通常是透明的。有些囊蚴由于囊壁上有醌类鞣酸蛋白(quinone tanned protein)而呈现棕色不透明；有的囊壁包有一些有色纤维层，对后蚴抵抗干燥、机械擦抹和损害都有作用。寄生在第二中间宿主的种类其囊壁亦具有抵制宿主组织免疫防御反应的机能。

不同吸虫种类、形成囊蚴方式也不同，一些学者也探究过其囊壁结构情况。在植物上直接结囊的肝片吸虫(*Fasciola hepatica*)最受关注(Dixon，1965；Dixon and Mercer，1964；Køie et al.，1977；Campbell，1960 等)。肝片吸虫尾蚴有成囊腺，无穿刺腺，结囊约在 1h 之内就非常迅速地在物体表面形成了囊蚴。尾蚴静止在一物体上，用它的腹吸盘附着其上，身体的周围也紧贴物体上并向内紧缩，同时释放囊壁物质，尾蚴脱去尾部。囊壁刚形成时呈白色，色慢慢地变暗，质变硬。通过电镜观察，肝片吸虫囊蚴的囊壁共有 4 层的结构，包括外囊(outer cyst)壁中的鞣酸蛋白质层(tanned protein layer)、纤维层(fibrous layer)和在内囊(inner cyst)壁中的黏液多糖层(mucopolysaccharide layer)和片状角蛋白层(laminated keratinised layer)。囊壁由于有鞣类蛋白层在囊的最外层，所以囊初成时是白色，柔软，逐渐变成质硬的暗棕色。应用组织化学方法，可检测出在醌类鞣酸系统(quinone tanning system)中有酚酶(phenolase)的参与(Campbell，1960)，并在囊中检出碱性蛋白(basic protein)和酚(phenols)(Dixon，1965)。在纤维层中混合有酸性黏多糖(acid mucopolysaccharide)绳索。在黏液多糖层中含从外到内 3 亚层：黏液(或糖)蛋白区、酸性黏多糖区和中性黏多糖区(neutral mucopolysaccharide region)。片状角蛋白层由角蛋白层及由脂肪和蛋白质构成的衬里所组成，此层是囊壁主要的层次之一。在囊的腹面有腹塞(ventral plug)的增厚区，是由中性黏多糖所构成(Køie, et al.，1977)。显然可见，肝片吸虫囊蚴的囊壁各层成囊物质是由前文所述的尾蚴体中各种成囊腺细胞所分泌的。

许多其他吸虫种类的囊蚴可在外界物体上和进入到第二中间宿主体内成囊。在外界形成囊蚴的囊壁层次通常多过在宿主体内成囊的囊壁。在宿主体内成囊的囊蚴，有的只有一层，且厚薄不一；有的也由多层构成，如 *Echinostoma revolutum* 在鱼类宿主肾脏中形成囊蚴，Gulka 和 Fried(1979)应用组织化学及亚显微手段观察，认为囊壁有 3 层结构。

吸虫的尾蚴到第二中间宿主(包括鱼类、甲壳类和昆虫)体内形成囊蚴，这种囊壁包括有宿主对寄生虫产生防御作用的组织反应而产生的荫荚(capsule)，它在囊之外围也是纤维化。其内囊壁才是虫体分泌的囊(cyst)(Salt，1963)。Lo 等(1975)对 *Allopodocotyle lepomis* 的 Opecoelid 型尾蚴在其第二中间宿主蜉蝣的稚虫(mayfly naiads)形成囊蚴的过程进行电镜观察，观察到尾蚴穿钻蜉蝣稚虫体内 12～30h 内尾蚴感觉器、结节(tuburcles)和缘饰(frings)消失了，但次生的感觉器于 7d 之后出现。2～4h 后蚴体表出现的微毛(microvilli)，在 5～7d 之后消失了。由虫体分泌的囊壁在尾蚴穿钻进宿主体中 12～24h 形成，宿主的血细胞(haemocytes)附着于此囊壁上形成了宿主防御反应的荫荚。

某些化学物质是否可充为诱导源，刺激尾蚴而引起吸虫尾蚴到外界或第二中间宿主体内形成囊蚴，也引起一些学者的兴趣。Laurie(1974)在实验条件下对 *Himasthla quissetensis* 的尾蚴结囊条件进行观察，发现虫体无选择性的反应，在多种溶液，如酪蛋白(casein)、钠谷氨酸盐(sodium glutamate)、赖氨酸(lysine)、精氨酸(orginine)、 葡 萄 糖 (glucose)、 α- 甲 基 葡 萄 糖 苷 (α-methylglucoside)、 3-*O*- 甲 基 葡 萄 糖 (3-*O*-methylglucose)、氨基葡萄糖(glucosamine)、葡萄糖酸盐(gluconate)、半乳糖(galactose)、木糖(xylose)、纤维二糖(cellobiose)、麦芽糖(maltose)、青蛤黏液(calm mucus)、鳗皮肤的浸液等培养液中都能结囊。在葡萄糖溶液中加一种对蠕虫类很有效的葡萄糖吸收抑制剂的根皮苷(phlorizin)，也不减少在此溶液中结囊的数目。但一些两栖类吸虫尾蚴放在凝结有宿主血清的培养皿中，尾蚴很快就在血清上结囊，说明尾蚴结囊对某些物质还是有所反应的。

一些吸虫尾蚴，如 *Leucochloridiomorpha constantiae*，在其第二中间宿主贝类体内的后蚴不结囊，Harris 和 Cheng(1973)、Harris 等(1974)应用组织化学及电镜观察此吸虫从尾蚴到后蚴过程中皮层上的变化，发现后蚴体表产生纤丝状的糖质衣(filamentous glycocalyx)，此糖质衣一直到成虫在鸟类消化道中才全部消失。他们分析此糖质衣有保护后蚴的功能：能保护虫体免受宿主酶的作用，有抵抗宿主免疫反应的保护作用，能避免虫体表面的机械损伤，此糖质衣尚能供作宿主或寄生虫生理代谢中某些酶附着之处，并能调节渗透性在水分营养运输中起作用，同时也有助于虫体吸收营养物质，以利于消化和同化作用等。

2. 囊蚴的脱囊

囊蚴到其终末宿主体内后，在一定部位囊中的后蚴才脱囊(**excystation**)而出，不同的种类有不同的方法。此过程是一个复杂的过程，是一个根据各寄生虫与宿主关系(如后蚴有关酶的分泌、宿主消化液对囊壁的作用和反作用等系列物理化学活动)综合的一个过程。囊蚴在第二中间宿主体中寄生部位的不同以及囊蚴囊壁结构情况的不同对脱囊时所需求的条件会有差异。例如，Johnston 和 Halton(1981)对 Bucephalidae 科的 *Bucephaloides gracilescens* 的囊蚴脱囊情况作了观察，发现在鳕鱼的鼻区和眼窝的囊蚴囊壁比较厚，它们在胃蛋白酶中需要较长时间后蚴才脱囊而出，而寄生在鳕鱼听囊和脑部头盖液中的囊蚴其囊壁比较薄，在胃蛋白酶中比较短时间就脱囊了。Yasuraoka 等(1974)报告 Gymnophallidae 科 *Parvatrema timondavidi* 吸虫囊蚴的囊壁只是一层黏液膜，只要增高温度就可使后蚴脱囊。Wikerhauser(1960)及 Dixon(1966)等研究了肝片吸虫囊蚴的脱囊，认为牛嚼食草料把这吸虫囊蚴吞食到胃中，囊蚴外囊壁被机械地除去，内囊壁的脱去除了有宿主胃肠消化酶起作用之外还需要温度(约 39℃)、低氧环境、CO_2 的存在和有胆汁等因素的具备。Fried 和 Butler(1977)及 Howell(1970a)也认为胆汁(bile)或胆盐(bile salts)是肝片吸虫及 *Echinoparyphium serratum* 等吸虫囊蚴脱囊的基本条件。但按 Asanji 和 Williams(1975)的试验，对 *Parorchis acanthus*、*Posthodiplostomum* sp.及 *Posthodiplostomoides leonensis* 3 种吸虫囊蚴，胆汁只有在开始 1h 内能增加其脱囊率，到 3h 后对全部脱囊率的影响不明显。Smyth 和 Halton(1983)认为温度、pH、O_2、CO_2、表面张力、特殊的电离子、渗透压等都是可刺激囊蚴脱囊的因素。

宿主的消化酶等外来因素对吸虫囊蚴内后蚴的脱囊活动的启动可以说是一个刺激作用，我们观察牛羊的胰脏吸虫 *Eurytrema coelomaticum* (Dicrocoeliidae 科)囊蚴的脱囊过程，发现在 38℃温度中，0.5%胰蛋白酶溶液能刺激后蚴两束具管单细胞腺的分泌，分泌物立即溶解与管口接触的囊壁部位，后蚴随之从此洞口脱囊而出。此类吸虫囊蚴放在 0.5% 胃蛋白酶溶液中，后蚴不脱囊并死亡。这说明胰吸虫囊蚴到终宿主（牛羊或人）体中，不在胃部脱囊，要到十二指肠中接触到胰液才脱囊（唐仲璋和唐崇惕，1977）（见双腔科附图）。而同样寄生于牛、羊的 Dicrocoeliidae 科的中华双腔吸虫 Dicrocoelium chinensis，其囊蚴脱囊条件与胰脏吸虫的需求不一样，无论胃蛋白酶溶液或胰蛋白酶溶液对双腔吸虫囊蚴脱囊均不产生作用，而且囊内后蚴迅速死亡。只有在 38℃ 温度中的胆汁可使囊蚴在 1～6h 内全部脱囊，出囊的后蚴在培养液中十分活泼，至少可活 5～6d（唐崇惕等，1983）。这些试验均说明不同吸虫种类的囊蚴由于其本身生物学特性和在宿主寄生部位等不同，囊蚴脱囊的机制和条件需求也不同。

3. 后期尾蚴器官结构及其生存条件

大部分吸虫种类的成熟囊蚴中的后蚴和尾蚴体部差别不大，但有的吸虫，如 Eurytrema spp. 成熟囊蚴中的成熟后蚴会比尾蚴体部大 4～5 倍。在后蚴体上虽然消失了尾蚴期的体棘、口锥刺和各种单细胞腺体，但它们的消化系统、神经系统、排泄系统和生殖原基等结构完全保存下来，并继续发育，所以吸虫的成熟后期尾蚴可以视为各吸虫的小童虫的雏体。有些吸虫的后期尾蚴在第二中间宿主体中提早发育，生殖器官出现。在腹吸虫类中一些种类的后蚴可以完全性成熟，并能产生虫卵（唐崇惕和唐仲璋，1976）。

（1）排泄系统

排泄系统在后蚴体中继续发育，与尾蚴期相比较，其变化情况可以分为 3 种类型。

1）后蚴体上焰细胞数目和排列公式和尾蚴期一样，没有改变：Dicrocoeliidae、Allcreadiidae、Opecoelidae、Microphallidae、Fasciolidae、Echinostomatidae 及 Cryptogonimidae 等科虫种。

2）后蚴体上焰细胞数目和排列公式只较尾蚴期的略增加一些，稍微改变：Opisthorchiidae 科的 Opisthorchis 和 Metorchis 种类即为此发育形式。例如，Metorchis orientalis 的尾蚴和后蚴的焰细胞公式，按 Komiya 和 Tajimi（1941）如下：

$$
\begin{array}{ll}
\text{在尾蚴期大致为} & 2[(5+5+5)+(5+5+5)] \\
\text{在早期后蚴为} & 2[(5+6+6)+(6+6+6)] \\
\text{在后期后蚴为} & 2[(5+6+7)+(7+7+7)]
\end{array}
$$

3）后蚴体上的排泄系统有很大的发育，出现新的管和腔隙（lacunae）：Strigeidae 科吸虫即为此类型发育。在原来的排泄系统也有增加，焰细胞数目有规则地增加。Komiya（1938）关于鸮形科的 Cotylurus cornutus 焰细胞有如下资料：

$$
\begin{array}{ll}
\text{尾蚴期为} & 2[(1+1+1)+(1+1+(2))] \\
\text{早期后蚴为} & 2[(1+1+1)+(1+1)] \text{（尾部焰细胞已因断尾而除去）} \\
\text{晚期后蚴为} & 2[(3+3+3)+(3+3)]
\end{array}
$$

Philophthalmidae 科也有此焰细胞成倍增加的情况，如 Philophthalmus gralli 尾蚴的焰细胞公式按 Cheng（1961）计算为 $2[(3+3+3)+(3+3+3)]=36$。而此虫种后蚴焰细胞我们计算的数字为 $2[(6+6+6)+(6+6+6)]=72$，正好是尾蚴的 2 倍（唐仲璋等，1980）。

（2）后蚴的组织化学

后蚴体中同样含有糖原、脂类和蛋白质，它们的含量会有变化。例如，Vernberg 和 Hunter（1956）认为微茎科的 Gynaecotyla adunca 后蚴体上的糖原常数在它刚刚脱囊时是生活史各期中最高，平均达 $(2.774\pm0.21)\,mg/mm^3$。到感染终末宿主鸟类后，此糖原立即下降，到感染后 96h，所含糖原平均只有 $(0.708\pm0.09)\,mg/mm^3$。

（3）后蚴生存条件

后蚴的生存也需要氧气的供应，Stunkard（1930）体外培养 Cryptocotyle lingua，在供气条件下可活 12d，而在厌气条件下它只能活 4d。

在自然界中湿度是影响囊蚴生存的最重要环境因素之一，要维持其生存的湿度不能低于 70%。在实验室内模拟的田野条件，在适宜的温度、湿度条件下，肝片吸虫囊蚴在草上能保持感染力达到 270～340d 之久。此囊蚴在空气中在 36.7～40.6℃温度下并每天阳光直接照射 12h，只能活 2d（Ross and Makay，1929）。

(六) 复殖亚纲吸虫生活史的主要类型

复殖亚纲吸虫的生活史过程要经过如上文所述各阶段。由于虫种不一样，其所经过的世代并不完全一样，通常有以下几个主要类型（**幼虫期图 26**）。在所有类型中，都一定需要有终末宿主（各类脊椎动物）和贝类宿主（第一中间宿主）。大部分种类还需要第二中间宿主（贝类、甲壳类、昆虫、鱼类、植物等）的参加才能完成生活史。少数种类除有第一和第二中间宿主之外还需要有第三中间宿主（携带宿主，如两栖、爬行、鸟类、哺乳类）的参加。

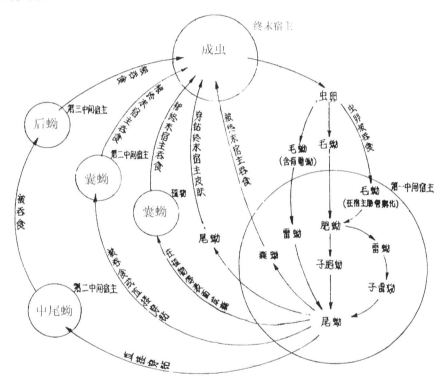

幼虫期图 26　复殖亚纲吸虫生活史类型图解（曹华绘图）

(七) 复殖亚纲吸虫幼虫期提早发育

吸虫类的后期尾蚴在未侵入终末宿主阶段已经能发育到性器官成熟和产卵的现象，此早期成熟的现象引起了许多动物学者的注意。我们在吸虫类生活史研究中也饶有兴趣地注意这方面问题。唐仲璋（1962，1980）在研究侧殖吸虫，*Asymphylodora macrostoma* Ozaki，1925、*Asymphylodora japonica* Yamaguti，1928 和 *Asymphylodora stenothyrae* Tang，1980 的生活史时对多年收集有关吸虫类的早熟现象的研究资料作了一个较详细的综述（**幼虫期表 5**）。最早是德国动物学家 Von Siebold（1887）的记述，他在一种蝲蛄 *Astacus astacus* 体内发现的吸虫囊蚴具有这样特点。Giard（1887）创用"提早发育"（progenese）一词，专指凡是幼年动物未达到成年期便有性器官成熟的现象。Dollfus（1924）就将此名称用于吸虫类。

幼虫期表 5　复殖吸虫亚纲有提早发育现象的虫种及其中间宿主种类
(按唐仲璋，1980)

提早发育的虫种及其所隶属的科	提早发育虫体所寄生的中间宿主	报告者
Bucephalidae Poche，1907 牛首科		
Dollfustrema echinatus	*Pseudorasbora parva*（麦穗鱼）	Komiya and Tajimi，1941
Dollfustrema foochowensis	*Boleophthalmus chinensis*（弹涂鱼）	唐崇惕和唐仲璋，1963
Allocreadiidae Stossich，1903 异肌科	*Dytiscus* sp.;	
Allocreadium neotenicum	*Acilius semisulcatus*;	Crawford，1940
	Agabus sp.（水生昆虫）	Peters，1957
Opecoelidae Ozaki，1925 开腔科		
Opecoeloides manteri	*Carinogammarus*（钩虾）	Hunninen and Cable，1940
	Amphithoe longimena（端脚类）	
Coitocaecum anaspides	*Anaspidis tasmaniae*（山虾）	Hickman，1934
	Gammarus sp.（钩虾）	
Coitocaecum sp.	*Gammarus* sp.（钩虾）	
Orowcrocaecum testiobliquum	*Fontogammarus bosniacus*（泉钩虾）	Wisniewski，1932
	Rivulogammarus spinicaudatus（溪钩虾）	
Opisthorchiidae Braun，1901 后睾科		
Ratzia parva	*Rana temporaris*	Joyeux，1925
	Rana esculenta	Dollfus，1924～1929
	Discoglossus pictus（两栖类）	
Clinostomidae Luhe，1901 弯口科		
Clinostornum sp.	*Subulina octona*（陆生腹足类）	McIntosh，1935
Psilostomidae Odhner，1913 光口科		
Psilostomum progeneticurn	*Fontogammarus bosniacus*（泉钩虾）	Wisniewski，1932～1933
	Rivulogammarus spinicaudatus（溪钩虾）	
Azygiidae Odhner，1911 航尾科		
Proterometra macrostoma	*Goniobasis livescens*（淡水腹足类）	Anderson，1935
Proterometra dickerrnani		Anderson and Anderson，1963
Transversotrernatidae Yamaguti，1954 横体科		
Transversotrema sp.（*Cercaria patialensis*)	*Melanoides tuberculata*（瘤拟黑螺）	Crusz，1956
Gorgoderidae Looss，1901 发状科		
Phylodistomum lestert	*Palaemon asperulus*（沼虾）	
	Macrobrachium nipponensis（长臂虾）	Wu（吴光），1938
Microphallidae Travassos，1920 微茎科		
Microphallinae Ward，1901 微茎亚科		
Microphallus minus	*Palaemon asperulus*（沼虾）	Yeh（叶英）and
	Macrobrachium nipponensis（长臂虾）	Wu（吴淑卿），1950
Maritrematinae Belopolskaja，1952 马蹄亚科		
Maritrema caridinae	*Caridina denticulate*（米虾）	Yamaguti，1958
Lecithodendriidae Odhner，1910 枝腺科		
Lecithodendriinae Looss，1902 枝腺亚科		
Neoprosthodendrium progeneticum	*Hetaerina amcricana*（豆娘）	Hall，1960
Pleurogenetinae Looss，1899 侧孔亚科		
Pleurogenes japonicus	*Macrobrachium nipponensis*（长臂虾）	唐仲璋，1980
Pleurogenes medians	*Aglion* sp.; *Chironomus* sp.;	Sinitzin，1905
	Ephemerides sp.	Dollfus，1924
	Aeschna sp.; *Libellula* sp.	
	Dytiscus marginalis（水生昆虫）	
Pleurogenoides sitapurii	*Parathelphusa ceylonensis*（斯里兰卡束腰蟹）	Dissanaike and Fernando，1960
Fellodistomidae Nicoll，1913 壮穴科		
	Mytilus edulis（壳菜，贻贝）	Stunkard and Uzmann，1959
	Scrobicularia plana（匙蛤）瓣鳃类	Freeman and Llewellyn，1958
	Gibbula umbilicalis	Dollfus，1964

提早发育的虫种及其所隶属的科	提早发育虫体所寄生的中间宿主	报告者
Proctoeces maculatus（*Cercaria milfordensis*）		
Proctoeces subtanuis		
Proctoeces progeneticus		
Plagiorchidae Ward，1917 斜睾科		
Paralepoderma brumpti	*Planorbis planorbis*	Buttner，1950a，1950b
Paralepoderma progeneticum	*Planorbis planorbis*（扁螺）	Buttner，1951
	Gammarus sp.（钩虾）	
Halipegidae Poche，1925 海立科		
Genarchella genarchella	*Littoridina australis*（澳洲滨螺）	Szidat，1956
Genarchopsis shanghaiensis	*Macrobranchium nipponensis*（长臂虾）	叶英和吴淑卿，1955
Hemiuridae Luhe，1901 半尾科		
Dinurinae Looss，1907		
Dinurus tornatus	*Cerataspis* sp.（海洋桡足类）	Dollfus，1927
Derogenetinae Odhner，1927		
Derogenes varicus	*Sagitta elegans*（箭虫）	Chabaud et Biguet，1954
		Dollfus，1955
		Myer，1956
Monorchiidae Odhner，1911 单睾科		
Asymphylodorinae Szidat，1943 侧殖亚科		
Asymphylodora progenetica	*Bithynia tentaculata*（触角豆螺）	Serkova et Bykhovskii，1940
Asymphylodora dollfusi	*Bithynia leachi*（李氏豆螺）	Biguet and Deblock et Capron，1957
Asymphylodora amnicolae	*Amnicola limosa*（泽居河贝）	Stunkard，1959
Asymphylodora stenothyrae	*Stenothyra toucheana*（图氏窄口螺）	唐仲璋，1980
Echinostomatidae Poche，1926 棘口科		Куприяновашахматова,
Echinoparyphium petrowi	*Rana ternporaria*（两栖类）	1959

Joyeux（1923）在北非的食用蛙 *Rana esculenta* 的皮下组织内发现 *Ratzia parva* 的早熟囊蚴，其产生的卵子有正常的毛蚴孵出。Mathias（1924）从钩虾（*Gammarus pulex*）体内找到侧孔吸虫（*Pleurogenes medians*）的囊蚴具有成熟性器官和卵子。他进一步考察其生活史，得悉在正常状态下成虫系寄生于青蛙及雨蛙。Dollfus（1927）叙述一种半尾类吸虫 *Dinurus tornatus* 的早熟现象，2 年后他又重新提出了提早发育是否是生活史中某一环节的缩短——终末宿主的减除，并提出此现象在复殖类是否普遍存在的问题。自从 Dollfus 提出后，这一问题引起寄生虫学者较普遍的注意。Joyeux 等（1932）曾讨论 *Ratzia parva* 的提早发育问题；Dollfus（1932）又从 *Planorbis planorbis*（扁卷螺）得到一种提早发育的后期尾蚴，他从尚在囊中的虫体观察到精子和卵子，肯定了它们的生殖是由于自体受精。

在我国境内最先报告提早发育事例的有吴光（1937，1938），他叙述叶形吸虫 *Phylodistomum lesteri* 在两种虾类，*Palaemon asperulus*（沼虾）和 *Macrobrachium nipponensis*（长臂虾）体内发育为成虫。叶英和吴淑卿（1950）记述同类的沼虾和长臂虾体内有小微茎吸虫（*Microphallus minus*）的早熟囊蚴。此外，在上海郊区，叶英和吴淑卿（1955）又从长臂虾体内发现一种属于海立科（Halipegidae）的半尾类吸虫和上海拟曲肠吸虫（*Genarchopsis shanghaiensis*）的早熟虫体。它们虽不结囊，但在甲壳动物体内虫体子宫已有成熟的虫卵；以后，著者在福建发现它的终末宿主是鳜鱼［*Siniperca chuatsi*（Basil）］（见半尾科附图）。

腹口类吸虫也有提早发育现象，我们在福州从鲫鱼（*Carassius auratus*）及弹涂鱼［*Boleophthalmus chinensis*（Osbeck）］的肠系膜及鳃部、肌肉中找到福州道弗吸虫（*Dollfustrema foochowensis* Tang et Tang，1963）的提早发育的囊蚴（唐崇惕和唐仲璋，1963，1976）。在此之前，Komiya 和 Tajimi（1941）在麦穗鱼体内发现刺道弗吸虫（*Dollfustrema echinatus*）的早熟囊蚴。日本侧孔吸虫（*Pleurogenes japonicus*）的早熟现象在福州也有发现过，它是本地的金线蛙 *Rana nigromaculata reinhardtii* 肠内的寄生吸虫，我们曾一度在长臂虾的体内找到子宫内充满卵子的囊蚴（唐仲璋，1980）。在斯里兰卡曾经发现一种青蛙 *Rana cyanophyctis* 的拟侧孔吸虫［*Pleurogenoides sitapurii*（Srivastava）］其第二中间宿主斯里兰卡束腰蟹

(*Parathelphusa ceylonensis* C.F. Fern)体内有生殖腺已完全成熟的虫体，但尚无卵子(Dissanaike and Fernando，1960)。

许多蠕虫学者报告提早发育现象例子并加以讨论。Alice Buttner(1950)认为提早发育可以提供有关吸虫类寄生虫起源的推测，她提出的问题是：早期成熟是吸虫类的返祖现象，还是以往原始生活的重演呢？抑或是复杂的生活史中某一环节的缩短和简化？她还以实验证明了勃伦氏斜睾吸虫(*Paralepoderma brumpti*)早期发育的生活史；进一步复述了前人的报道，列举12科14属复殖吸虫存在有"提早发育"的例子。多年来，我们从熟悉的文献中再作汇集和计算，共得34项，分隶于17科23属(**幼虫期表5**)。我们的资料显然是不完整的，但大量的例子愈益说明"提早发育"这一现象不是偶然或不正常的，而是广泛存在的。McIntosh(1935)报告弯口科(Clinostomidae)的弯口属吸虫(*Clinostomum* sp.)的后期尾蚴能够产卵的例子，他解释早期成熟的意义时，认为早期成熟可能启示我们吸虫类在地球上脊椎动物还未出现以前其成虫期如何生活的状态。何以后期尾蚴会提前成熟产卵呢？他认为必定是它的环境与成虫环境有相同之处。Szidat(1956)讨论这一问题时，联系到生活史缩短的现象；他认为提早成熟的种类能在第二中间宿主体内产卵对种族保存是有利的，因为能不受终末宿主存在与否的限制。他提出第二中间宿主或辅加宿主的产生是由于各个宿主之间"食物链"的关系。Stunkard(1959)对于这问题作了较全面的考察，综述了对此问题的各种解释，他认为这现象是吸虫类古老习性的遗留。他讨论了复殖类吸虫的世代交替及宿主交替的演发过程，从这方面来理解提早成熟的现象。宿主交替演发的存在似乎能解答中间宿主、辅加宿主及终末宿主孰先孰后的问题。很明显，贝类宿主可能是最早的。Leuckart曾多次提出软体动物是吸虫类原先的宿主。蠕虫学者一般认为吸虫类和涡虫有同一的祖先。在极悠远的年代以前，吸虫由于生态环境的接近和生物学上的适应而成为贝类的寄生虫。后来随着地球上动物界的进化而逐渐扩展其宿主的种类，当脊椎动物在海洋和陆地成为重要的种类时，它们也成为吸虫类的主要终末宿主，而贝类却以中间宿主关系仍然存在。

"早熟现象"是否是生活史某一环节的减缩呢？粗略看来，似乎整个发育过程减掉了终末宿主这一环节。绦虫类著名的生活史缩短的例子是短膜壳绦虫(*Hymenolepis nana*)，六钩蚴在终末宿主肠绒毛内发育为拟囊尾蚴，它"丢失"了昆虫中间宿主。自从Grassi和Rovelli(1887，1892)发现该虫生活史以来，大家都认为它不需要中间宿主。但这不是原始的情况。据Bacigalupo(1931)在阿根廷的研究，短膜壳绦虫的六钩蚴能在跳蚤及面粉甲虫体内发育，这些昆虫是它原来的中间宿主，因环境条件的变更，这一环节是减缩掉了。这可能与鼠类吃食同类尸体的习性有关。但是，如果我们把吸虫类早熟现象与绦虫类生活史缩短比较起来，可以看出两者的性质是不相同的。我们同意Alice Buttner的第一种假设，认为吸虫类的后期尾蚴早熟现象是吸虫类原始寄生生活的重演，或更确切地说是原始生活的遗留。以窄口螺侧殖吸虫(*Asymphylodora stenothyrae*)为例，它可能代表吸虫往古的生活方式，即还未获得终末宿主的阶段，或软体动物以外的宿主正在建立，处于可有可无的状态。腹口类福州道弗吸虫(*Dollfustrema foochowensis*)也是如此，它的囊蚴在多种鱼类皮下、肌肉、鳃部提早发育，不仅完全成虫形态，头端具棘冠，性器官充分发育，而且子宫充满众多成熟的虫卵。

(八)吸虫幼虫期对贝类宿主的影响

所有复殖吸虫种类都一定要在它们各自适宜的贝类宿主(第一中间宿主)体内进行无性世代的繁殖，贝类宿主因之而受到损害。吸虫幼虫期对贝类宿主损害的性质及程度(如吸虫幼虫期侵入的器官、虫体发育的方式和程度，以及宿主的大小和年龄等)因情况不同而有差异，刚刚侵入贝类宿主和虫体发育的早期，毛蚴对宿主的影响不显著，当幼虫期各世代均发育，尤其包含尾蚴的胞蚴或雷蚴世代繁殖众多并发育成熟时，宿主不仅被寄生的部位而且整个身体都呈极度瘦弱状态。吸虫幼虫期对贝类宿主在足部和消化腺及生殖腺方面的影响幅度可以从很轻微至十分严重，主要视所存在的幼虫期大小和数量情况而定。许多吸虫的毛蚴通过穿钻贝类宿主的头足部进入体内。一些种类吸虫的早期胞蚴在头足部位生存，此时对头足部的肌肉组织的机械损伤不大，但肌肉糖原会大大地减少。但此时期由于虫体很小并逗留时间短暂，估计不会造成严重的代谢损害(metabolic demands)。

含有雷蚴的毛蚴(如环肠吸虫和嗜眼吸虫)穿钻贝类宿主头足部，小雷蚴到宿主头足内部后，由血淋巴系统很快就被输送到贝类的心室、围心腔等寄生部位(唐崇惕等，1978；唐仲璋等，1979)。虫卵被贝类宿主吞食的吸虫(如外睾吸虫)的毛蚴中的胚细胞大量无性繁殖并随着宿主的血液循环输送到消化腺、生殖腺、头足部以及外套膜边缘等处，能引起贝类宿主大量淋巴细胞的产生和围攻，但还是有许多胚细胞能在那里发育成雷蚴(唐崇惕和王云，1997；唐崇惕和舒利民，2000)。

吸虫幼虫期对宿主生殖腺有很大的损害，Smyth 和 Halton(1983)认为对贝类宿主有三方面的不良后果：生殖腺组织被雷蚴直接吞食，也就是"寄生虫的阉割"(parasitic castration)；性的倒退(sex reversals)，以及抑制正常的配子发生(normal gametogenesis inhibition)。贝类感染有吸虫幼虫期而产生被阉割，如 *Cercaria himasthla secunda* 或 *Cercaria lophocerca* 幼虫期寄生于 *Littorina littorea*，其雷蚴吞食并毁坏了宿主的生殖腺而产生阉割结果(Rees，1936)。同样地，帽贝(*Patella vulgata*)的生殖腺也由于 *Cercaria patellae* 雷蚴的侵袭而被消耗破坏(Rees，1934)。Wilson 和 Denison(1980)报告肝片吸虫雷蚴损害了 *Lymnaea truncatula* 的生殖腺。寄生于鲭(*Scomber scombrua*)的 *Opechona bacillaris*，其幼虫期寄生于海产前鳃类 *Nassarius pygmacus*，而使它产生阉割情况(Køie，1975)。食蛏泄肠吸虫(*Vesicocoelium solenophagum*)的胞蚴寄生在宿主缢蛏(*Sinonovacula constricta* Lamarck)的生殖腺中，其生殖滤泡和生殖细胞均被消耗而消失，生殖腺受害程度因感染强度的不同而异，严重受害的贝类失去生殖能力，不能放精产卵(许振祖和唐崇惕，1977)。

由于吸虫幼虫期对贝类宿主能产生阉割后果，可应用此原理来生物防治某些重要寄生虫病害的贝类媒介。例如，曾有应用弯口吸虫(*Clinostoma*)来阉割曼氏血吸虫的媒介双脐螺(*Biomphalaria glabrate*)，尚有应用 *Liorchis scotiae* 阉割 *Planorbis planorbis* 和 *Anisus spirorbis* 的例子(Mereminskii，1972)。

Meuleman(1972)认为吸虫幼虫期还可以从贝类宿主的血淋巴(haemolymph)中取去某些宿主生殖所需要的重要营养物质。McClelland 和 Bourns(1969)认为寄生虫能影响贝类宿主的激素平衡(hormone balance)，即使虫体没有完全阉割宿主，也会使宿主的生殖力大大地降低；如用毛毕吸虫(*Trichobilharzia ocellata*)一个毛蚴感染一个 *Lymnaca stagnalis*，12 周后，受感染的螺蛳一周仅产一个卵；而对照组阴性螺，一周能产 35～85 个卵。

一些螺类被吸虫幼虫期所寄生，可能由于性腺组织被破坏而产生性的倒退并产生异性化，出现异性的性征结构。例如，Krull(1935)曾报告雌性的 *Peringia ulvae*，感染了 *Halipegus occidualis* 幼虫期，这些雌螺雄性化，发育了雄性外生殖器，生出了一个阴茎(penes)。一些贝类被吸虫幼虫期所寄生，由于寄生虫尚未完全破坏宿主的全部生殖腺，不至于对宿主产生完全阉割的结果，但生殖腺部分被破坏会对宿主的配子产生有抑制作用，影响到贝类的产卵、放精数量。

吸虫幼虫期对贝类宿主代谢也有影响。被吸虫幼虫期寄生的螺体，由于寄生虫和螺体本身的生长、生存所进行的代谢都需要增加营养。在感染有曼氏血吸虫的双脐螺(*Biomphalaria glabrate*)上，寄生虫的[^{14}C]glucose 约占贝类宿主所有碳水化合物(糖原及半乳多糖 galactogen)储量的 12.6%(Christie，1973；Christie et al.，1974a，1974b)。Ishak 等(1975)报告感染有 *Schistosoma haematobium* 的 *Bulinus truncatus* 和感染有 *Schistosoma mansoni* 的 *Biomphalaria alexandrina*，其糖原异生作用(gluconeogenesis)比率分别减少了 62% 和 45%，而乳酸(loctic acid)的产生增加 52%～73%。

McManus 等(1975)和 McManus 和 James(1975a，1975b，1976d)，以及 Marshall 等(1974a，1974b)报告：被 *Microphallus similis* 幼虫期感染的 *Littorina saxatilis*，其螺体消化腺和吸虫胞蚴的代谢路线(metabolic pathways)是相似的。宿主组织的酶活性有些提高，但寄生虫的酶较其宿主显得更加活跃。在同一"宿主-寄生虫系统"(host-parasite system)，宿主消化腺中的三酰甘油酯(triglycerides)及脂肪酸(fatty acid)均稍有减少。

Smith 和 Halton(1983)阐述海产贻贝 *Mytilus edulis* 体中的糖原贮存水平有季节性的变化，春季、夏季升高，秋季、冬季下降。有吸虫幼虫期寄生的螺宿主表现消瘦、营养不足，显然说明寄生虫对宿主糖原的贮存产生影响。缢蛏(*Sinonovacula constricta*)因被食蛏泄肠吸虫(*Vesicocoelium solenophagum*)幼虫期寄生而肥满度大幅度下降(唐崇惕和许振祖，1979)，也说明吸虫幼虫期对其贝类宿主影响严重。

参 考 文 献

何毅勋，杨惠中. 1979. 日本血吸虫虫卵胚胎发育的组织化学研究. 动物学报，25(4)：304-310

何毅勋，杨惠中. 1980. 日本血吸虫发育的生理学研究. 动物学报，26(1)：32-41

毛守白，何毅勋，等. 1990. 血吸虫生物学及血吸虫病的防治. 北京：人民卫生出版社

唐仲璋. 1962. 两种侧殖吸虫的生活史及分类问题的考察. 福建师范学校学报(寄生虫学专号)，(2)：161-183

唐仲璋. 1980. 窄口螺侧殖吸虫的发育史及早熟现象. 水生生物学集刊，7(2)：231-240

唐仲璋，唐崇惕. 1962. 产生皮肤疹的家鸭血吸虫的生物学研究及其在哺乳类动物的感染试验. 福建师范学院学报(寄生虫学专号)，(2)：1-44

唐仲璋，唐崇惕. 1964. 两种航尾属吸虫：鳗航尾吸虫和黄氏航尾吸虫的生活史和本属分类问题. 寄生虫学报，1(2)：137-152

唐仲璋，唐崇惕. 1976. 中国裂体科血吸虫及稻田皮肤疹. 动物学报，22(4)：341-360

唐仲璋，唐崇惕. 1977. 牛羊二种阔盘吸虫及矛形双腔吸虫的流行病学及生物学的研究. 动物学报，23(3)：267-283

唐仲璋，唐崇惕. 1980. 两种盾盘吸虫的生活史及吸虫纲系统发生的讨论. 水生生物学集刊，7(2)：231-242

唐仲璋，唐崇惕. 1989. 福建省数种杯叶科吸虫研究及一新属三新种的叙述(鸮形目：杯叶科). 动物分类学报，14(2)：134-144

唐仲璋，唐崇惕. 1992. 卵形半肠吸虫的生活史研究(Trematoda：Mesocoeliidae). 动物学报，38(3)：272-277

唐仲璋，唐崇惕. 1993. 中口短咽吸虫 *Brachylaima mesostoma*(Rud.，1803)Baer，1933 的生活史研究(Trematoda：Brachylaimidae). 动物学报，39(1)：13-18

唐仲璋，唐崇惕，唐超. 1973. 日本血吸虫童虫在终末宿主体内迁移途径的研究. 动物学报，19(4)：323-340

唐仲璋，唐崇惕，林秀敏，等. 1980. 福建省家禽嗜眼吸虫的研究. 动物学报，26(3)：232-241

唐崇惕，王云. 1997. 叶巢外睾吸虫幼虫期在湖北钉螺体内的发育及生活史研究. 寄生虫与医学昆虫学报，4(2)：83-87

唐崇惕，许振祖. 1979. 九龙江缢蛏泄肠吸虫病病原生物学研究. 动物学报，25(4)：336-346

唐崇惕，林秀敏. 1973. 福建真马生尼亚吸虫(*Eumasenia fukienensis* so. nov.)新种描述及生活史的研究. 动物学报，19(2)：117-129

唐崇惕，唐仲璋. 1959. 东亚尾胞吸虫(*Halipegus*)生活史研究及其种类问题. 福建师范学院学报(生物学专号)，(1)：141-159

唐崇惕，唐仲璋. 1976. 福建腹口吸虫种类及生活史的研究. 动物学报，22(3)：263-278

唐崇惕，唐仲璋，唐亮，崔贵文，等. 1983. 内蒙东部地区绵羊中华双腔吸虫生物学和流行病学的研究. 动物学报，29(4)：340-349

唐崇惕，唐仲璋，崔贵文，吕洪昌，等. 1995. 我国牛羊双腔类吸虫的继续研究(Trematoda：Dicrocoeliidae). Ⅱ. 矛形双腔吸虫和枝双腔吸虫的幼虫期比较. 寄生虫与医学昆虫学报，2(2)：70-77

唐崇惕，崔贵文，钱玉春，吕尚民，等. 1990. 内蒙古科尔沁草原不同虫龄土耳其斯坦东毕吸虫及虫卵孵化的实验观察. 动物学报，36(4)：366-376

唐崇惕，舒利民. 2000. 外睾吸虫幼虫期的早期发育及贝类宿主淋巴细胞的反应. 动物学报，46(4)：457-463

周述龙. 1958. 日本血吸虫幼虫在钉螺体内发育的观察. 微生物学报，6(1)：110-126

周述龙，林建银，孔楚豪. 1985. 日本血吸虫胞蚴期超微结构的初步观察. 动物学报，31(2)：143-149

Al-Habbib W M S. 1974. The effect of constant and changing temperatures on the development of the larval stages of *Fasciola hepatica*(L.). Ph D Thesis，University of Dublin

Anderson M G. 1935. Gametogenesis in the primary generation of a digenetic trematode，*Proterometra macrostoma* Horsfall，1933. Tran Am Mic Soc，54(4)：271-297

Anderson M G，Anderson F M. 1963. Life history of *Proterometra dickermani* Anderson，1962. Journal of Parasitology，49：275-280

Asanji M F，Williams M O. 1975. Studies on the excystment of trematode metacercariae *in vitro*. Zeitschrift für Parasitenkunde，47：151-163

Bacigalupo J. 1931. Rol del *Ulosonia parvicornis* Fairmaire en la transmision de algunos Hymenolepis. Actas Cong Internac Biol Montevideo，(5)：1209-1210

Becker W. 1973. Aktivierung und Inaktivierung der Miracidien von *Schistosoma mansoni* innerhalb der Eischale. Zeitschrift für Parasittenkunde，42：235-242

Becker W. 1977. Zur Stoffwechselphysiologie der Miracidien von *Schistosoma mansoni* wahrend ihrer aktivierung innerhalb der Eischate. Zeitschrift für Parasittenkunde，52：69-79

Biguet J，Deblock S，Capron A. 1957. Description d'une metacercaria progenetique du genre *Asymphylodora* Looss，1899，decouverte chez *Bithynia leachi* dans le nord de la France. Ann Par，31(5-6)：525-542

Blankespoor H D，Van der Schalie H. 1976. Attachment and penetration of micracidia observed by scanning electron microscopy. Science，191：291-293

Bogitsh B J. 1975. Cytochemical localization of peroxidase activity in the miracidium of *Schistosoma mansoni*. Journal of Parasitology，61：621-626

Boniecka B，Guttowa A. 1975. The influence of pesticides on the oxygen uptake by miracidia of *Fasciola hepatica*(Trematoda). Bulletin de l'Academie Polonaise des Science(Sciences Biologiques)，23：463-467

Brooker B E. 1972. The sense organs of trematode miracidia. *In*：Canning E U，Wright C A. Behavioral Aspects of Parasite Transmission. London：Academic Press：171-180

Bruce J I, Ruff M D, Hasfgawa H. 1971. *Schistosoma mansoni*: Endogenous and exogenous glucose and respiration of cercariae. Experimental Parasitology, 29: 86-93

Bruce J I, Weiss E, Lincicome D R, et al. 1969. *Schistosoma mansoni*: glycogen content and utilization of glucose, pyruvate, glutamate, and citric acid cycle intermediates by cercariae and Schistosomule. Experimental Parasitology, 26: 29-40

Bryant C, Williams J P G. 1962. Some aspects of the metabolism of the liver fluke, *Fasciola hepatica* L. Experimental Parasitology, 12: 372-376

Buttner A. 1950. Premiére démonstration expérimentale d'un cycle abrégé chex les trématodes digénetiques. Cas du *Plagiorchis brumpti* A. Buttner, 1950. Ann Par, 25(1-2): 21-26; C.R. Acad. Sc, 230(2): 235-236

Buttner A. 1951. La Progénèse chez trématodes digénetiques Conclusions générales. Ann Par, 26(4): 279-322

Buttner A. 1959. La progénese chez les trématodes digénetiques. Sa signification. Ses manifestations. Contribution à l'étude de son déterminisme. Ann Par, 25(5-6): 376-434

Buttner A, Vacher C. 1959. Évolution d'un *Plagiorchis* s'enkystant chez *Gammarus pulex* et indentifié à *Plagiorchis cirratus*(Rud., 1802). CR Soc Biol, 153(11): 1712-1718

Byrd E E, Scofield G F. 1952. Developmental stages in the Digenea. I. Observations on the hatchability and infectivity of ochetosomatid egg in physid snails. Journal of Parasitology, 38: 532-539

Cable R M. 1954a. The life cycle in the family Haplosplanchnidae. Journal of Parasitology, 40(1): 71-76

Cable R M. 1954b. Studies on marine digenetic trematodes of Puerto Rico. The life cycle in the family Megaperidae. Journal of Parasitology, 40(2): 202-208

Cable R M. 1954c. The development of a species of *Opistholebes* in the final host, the affinities of some amphistomatous trematodes from marine fishes and the allocreadioid problem. Journal of Parasitology, 40(5), sect 2, suppl 36

Chabaud A G, Biguet J. 1954. Sur le mécanisme d'infestation des copépodes par les cercaires de trematodes hemiuridés. CR Ac Sc Paris, 239: 1087-1089

Chapman H D, Wilson R A. 1973. The propulsion of the cercariae of *Himasthla secunda*(Nicoll)and *Cryptocotyle lingua*. Parasitology, 67: 1-15

Chapman H D. 1974. Methionine uptake by larval and adult *Schistosoma mansoni*. International Journal for Parasitology, 4: 361-369

Cheever A W, Weller T H. 1958. Observation on the growth and nutritional requirements of *Schistosoma mansoni* in vitro. American Journal of Hygiene, 68: 322-339

Cheng T C. 1961. Description, life history and developmental pattern of *Glypthelmins* pennsylvaniensis n, sp.(Trematoda, Brachylaemidae), new parasite of frogs. Journal of Parasitology, 47(3): 469-477

Cheng T C. 1962. The effects of *Echinoparyphium* larvae on the structure of and glycogen deposition in the hepatopancrea of *Helisoma trivolvis* and glycogenesis in the parasite larva. Malacologia, 1: 291-303

Cheng T C. 1963. Biochemical requirements of larval trematodes. Annals of the New York Academy of Sciences, 113: 289-320

Cheng T C, Snyder R W. 1962. Studies on host-parasite relationships between larval trematodes and their hosts. I. A review; II. The utilization of the host's glycogen by the intra-molluscan larval of *Glypthelmins pennsylvaniensis* Cheng, and associated phenomena. Transactions of the America Microscopical Society, 81: 209-228

Campbell W C. 1960. Presence of phenolase in the fasciolid metacercarial cyst. Journal of Parasitology, 46: 848

Campbell W C. 1961. Notes on the egg and miracidium of *Fascioloides magna*(Trematoda). Transactions of the America Microscopical Society, 80: 308-319

Chernin E. 1970. Behavioural responses of miracidia of *Schistosoma mansoni* and other trematodes to substances emitted by snails. Journal of Parasitology, 56: 287-296

Chernin E, Dunavon C A. 1962. The influence of host-parasite dispersion upon the capacity of *Schistosoma mansoni* miracidia to infect *Australorbis glabratus*. American Journal of Tropical Medicine and Hygiene, 11: 455-471

Christensen N Φ, Nansen P. 1976. The influence of temperature on the infectivity of *Fasciola hepatica* miracidia to *Lymnaea truncatula*. Journal of Parasitology, 62: 698-701

Coles G C. 1970. A comparison of some isoenzymes of *Schistosoma mansoni* and *Schistosoma haematobium*. Comparative Biochemistry and Physiology, 33: 549-558

Coles G C. 1972. Carbohydrate metabolism of larval *Schistosoma mansoni*. International Journal for Parasitology, 2: 341-352

Coles G C. 1973a. The metabolism of Schistosomes: A review. International Journal of Biochemistry, 4: 319-337

Coles G C. 1973b. Enzyme levels in cercariae and adult *Schistosoma mansoni*. International Journal for Parasitology, 3: 505-510

Coles G C, Hill G C. 1973. Cytochrome of *Schistosoma mansoni*. Journal of Parasitology, 58: 1046

Combes C, Theron A. 1977. Rythmes d'émergences des cercaires de trématodes et leur interêt dans l'infestation de l'homme et des animaux. Excerta parasitologica en memoria del Doctor Eduardo Caballero Y Caballero, Mexico: 141-150

Crawford W W. 1940. An unusual case of a sexually mature trematode from the body cavity of a diving beetle. Journal of Parasitology, 26(6), supple 38

Crusz H. 1956. The progenetic trematode *Cercaria patialensis* Soparker in Ceylon. Journal of Parasitology, 42(3): 245

Dissanaike A S, Fernando C H. 1960. *Parathelphusa ceylonensis* CH Fern, second intermediate host of *Pleurogenoides sitapurii*(Srivastava). Journal of Parasitology, 46: 889-890

Dixon K E. 1965. The structure and histochemistry of the cyst wall of the metacercaria of *Fasciola hepatica*. Parasitology, 55: 215-226

Dixon K E. 1966. The physiology of excystment of the metacercariae of *Fasciola hepatica*. Parasitology，56：431-456

Dixon K E. 1976. The biological significance of the tegument in digenetic trematodes. Rice University Studies，62：69-80

Dixon K E，Mercer E H. 1964. The fine structure of the cyst wall of the metacercaria of *Fasciola hepatica*. Quarterly Journal of Microscopical Science，105：385-389

Dollfus R Ph. 1924a. Polyxenie et progenese de la larva metacercarire de *Pleurogenes medians*(Olsson). Compt. Rend. Acad. Sc. Paris，179(4)：305-308

Dollfus R Ph. 1924b. Qu' est-ce que *Distoma subflavum* Sonsino? Bull Soc Path Exot，17(7)：572-577

Dollfus R Ph. 1924c. Sur un distome de *Tropidonotus natrix*(L.). Bull Soc Zool France，49(3-5)：268-276

Dollfus R Ph. 1927. Sur une metacercaire progenetique d' hemiuride(tremat. digen.). Bull Biol France et Belgique，61(1)：49-58

Dollfus R Ph. 1929. Existe-t-il des cycles evolutifs abreges chez les trematodes digenetiques? Le cas de *Ratzia Parva*(Stossich，1940). Ann Parasitol，7(3)：196-203

Dollfus R Ph. 1932. Metacercaire progenetique chez un planorbe. Ann Parasitol，10(5)：407-413

Dollfus R Ph. 1955. Metacercaire progenetique de *Derogenes*(Trematoda：Hemiuroidea)chez un copepode parasite de poisson. Vie et Milieu，5(4)：565-568

Dollfus R Ph. 1964. Metacercarcaria *Proctoeces progeneticus* Chez un Gibbula de la cote Atlantique du Maroc. Observations sur la famille 1619. Fellodistomatidae. Ann Parasitology，39(6)：774-775

Donges J. 1963. Reizphysiologische Untersuchungen an der Cercariae vo *Posthodiplostomum cuticola*(V. Nordmann，1832)Dubois，1936，dem Erreger des Diplostomatiden-Melanoms der Fische. Verhandlungen der Deutschen Zoologischen Gesellschaft：216-223

Donges J. 1964. Der Lebenszyklus Von *Posthodiplostomum cuticola*(V. Nordmann，1832)Dubois，1936(Trematoda，Diplostomatidae). Zeitschrift fur Parasitenkunde，24：169-248

Dutt S C，Srivastava H D. 1962. Biological studies on *Ornithobilharzia dattai*，a blood fluke of ruminants. Ind J Vet Sc，An Husb，32(3)：216-228

Erasmus D A. 1972. The Biology of Trematodes. London：Edward Arnold

Etges F J，Carter O S，Webbi G. 1975. Behavioral and developmental physiology of Schistosome larvae as related to their molluscan hosts. Annals of the New York Academy of Sciences，266：480-496

Faust E C，Hoffman W A. 1934a. Life history of Manson' s blood fluke(*Schistosoma mansoni*). I. Extramammalian phase of the cycle. Proc Soc Exper Biol，Med，31(4)：474-476

Faust E C，Hoffman W A. 1934b. Studies on Schistosomiasis mansoni in Puerto Rico. III.Biological studies. 1. The extra-mammalian phases of the life cycle. Puerto Rico J Pub Health，Trop Med，10(1)：1-47

Fluks A J，Scheerboom J E M，Meuleman E A. 1975. The fine structure of the nervous system in the miracidium of *Schistosoma mansoni*. Tropical and Geographical Medicine，27：227-228

Freeman R F H，Llewellyn J. 1958. An adult digenetic trematode from an invertebrate host：*Proctoeces subtenuis*(Linton)from the lamellibranch *Scrobicularia plana*(Da Costa). Journal of the Marine Biological Association of the UK，37：435-457

Fried B，Butler M S. 1977. Histochemical and thin layer chromatographic analyses of neutral lipids in metacercarial and adult *Cotylurus* sp.(Trematoda：Strigeidae). Journal of Parasitology，63：831-834

Gazzinelli G，Pellegrino J. 1964. Elastolytic activity of *Schistosoma mansoni* cercarial extract. Journal of Parasitology，50：591-592

Gazzinelli G，Ramalho-Pinto J，Pellegrino J. 1966. Purification and characterization of the proteolytic enzyme complex of cercarial extract. Comparative Biochemistry and Physiology，18：689-700

Geller E R，Bausov I A. 1977. The mechanics of hatching of *Fasciola hepatica* miracidium.(In Russian). Fauna，sistematika，biologiya i ekologiya gel' mintov i ikh Promezhutochnykh Khozyaev，(Respubl ikanskii Sbornick)：28-32

Giard A. 1887. Sur l' hermaphrodisme temporaire et les divers phases sexuelles successives d' un certain numbre d' animaux parasites. Trav Inst Zool Lille，5：207-215

Giovannola A. 1936. Inversion in the periodicity of emission of cercarial from their snail host by reversal of light and darkness. Journal of Parasitology，22(3)：292-295

Gold D，Goldberg M. 1977. Effect of light and temperature on hatching in *Fasciola hepatica*(Trematoda：Fasciolidae). Israel Journal of Zoology，25：178-185

Grassi G B，Rovelli G. 1887. Contribuzione allo studio dello sviluppo del botriocefalo lato. Gior R Accad Med Torino，An 50(3.s.)，35(11-12)：510-519.ac

Grassi G B，Rovelli G. 1892. Ricerche embriologiche sui cestodi. Atti Accad Gioenia Sc Nat Catania(1891-1892)，An 68.4s，4：108

Gulka G J，Fried B. 1979. Histochemical and Ultrastructural studies on the metacercarial cyst of *Echinostoma revolutum*(Trematoda). International Journal for Parasitology，9：57-59

Halton D W，Morris G P. 1969. Occurrence of cholinesterase and ciliated sensory structure in a fish gill fluke，*Diclidophora merlangi*(Trematoda：Monogenea). Zeitschrift für Parasitenkunde，33：21-30

Harris K R，Cheng T C. 1973. Histochemical observations on the body surface of *Leucochloridiomorpha constantiae*(Trematoda：Brachylaemidae). Journal of Parasitology，59：749-751

Harris K R，Cheng T C，Cali A. 1974. An electron microscope study of the tegument of the metacercaria and adult of *Leucochloridiomorpha constantiae*(Trematoda：Brachylaemidae). Parasitology，68：57-67

Hickman V V. 1934. On *Coitocaecum anaspidis* sp. nov. a trematode exhibiting progenesis in the freshwater Crustacean *Anaspides tasmaniae*. Parasitology，26(1)：121-128

Hockley D J. 1972. *Schistosoma mansoni*：The development of the cercarial tegument. Parasitology，64：245-252

Hockley D J. 1973. Ultrastructure of the tegument of *Schistosoma*. Advances in Parasitology，11：233-305

Hoskin G P，Cheng T C. 1974. *Himasthla quissetensis*：Uptake and utilization of glucose by rediae as determined by autoradiography and respirometry. Experimental Parasitology，35：61-67

Howell M J. 1970. Excystment of the metacercariae of *Echinoparyphium serratum*(Trematoda：Echinostomatidae). Journal of Helminthology，44：35-56

Humiczewska M. 1974. Oxidative enzymes in the development of *Fasciola hepatica* L. Ⅰ. Tetrazolium reductases and oxidases in miracidium. Folia Histochemica et Cytochemica，12：137-143

Humiczewska M. 1975a. Oxidative enzymes in the development of *Fasciola hepatica* L. Ⅱ. Dehydrogenase activity of miracidium. Folia Histochemica et Cytochemica，13：37-50

Humiczewska M. 1975b. Oxidative enzymes in the development of *Fasciola hepatica* L. Ⅲ. The activities of oxidases and dehydrogenases in the sporocyst. Folia Histochemica et Cytochemica，13：51-60

Hunninen A V，Cable R M. 1941. Studies on the life history of *Anisoporus manteri* Hunninen et Cable，1940(Trematoda：Allocreadiidae). Biol Bull，80(3)：415-428

Ishak M M，Mohamed A M，Sharaf A A. 1975. Carbohydrate metabolism in uninfected and trematode infected snails *Biomphalaria alexandrina* and *Bulinus truncatus*. Comparative Biochemistry and Physiology，51B：499-505

Jennings J B，Le Flore W B. 1972. The histochemical demonstration of certain aspect of cercarial morphology. Transactions of the American Microscopical Society，91：56-62

Johnston B R，Halton D W. 1981. Excystation in vitro of *Bucephaloides gracilescens* metacercaria(Trematoda：Bucephalidae). Zeitschrift für Parasitenkunde，65：71-78

Joyeux C E. 1923. Recherches sur la faune helminthologique africaine. Arch Inst Pasteur Tunis，12(2)：119-167；12(3-4)：328-338

Joyeux C E. 1925. L'epidemiologie et la prophylaxie des heliminthiases. Bull Acad Med Paris，3，s，93：405-408

Joyeux C E，Noyer M，Baer J G. 1932. L'activite genitale Chez les metacercaires progenetiques des trematodes. 1. Cong. Internat Microbiol(Paris，Juillet，1930)，Doc Rec Et Pub，2：407-409

Kassim O，Gilbertson D E. 1976. Hatching of *Schistosoma mansoni* eggs and observations on motility of miracidia. Journal of Parasitology，62：715-720

Kendall S B，McCullogh F S. 1951. The emergence of the cercariae of *Fasciola hepatica* in *Lymnaea truncatula*. Journal of Helminthology，25：77-92

Kinoti G K. 1971. The attachment and penetration apparatus of the miracidium of *Schistosoma*. Journal of Helminthology，45：229-235

Køie M. 1971a. On the histochemistry and ultrastructure of the redia of *Neophasis logeniformis*(Lebour，1910)(Trematoda：Acanthocolpidae). Ophelia，9：113-143

Køie M. 1971b. On the histochemistry and ultrastructure of the tegument and associated structures of the cercaria of *Zoogonoides viviparus* in the first intermediate host. Ophelia，9：165-206

Køie M. 1973. The host-parasite interface and associated structure of the cercaria and adult *Neophasis logeniformis*(Lebour，1910). Ophelia，12：205-219

Køie M. 1975. On the morphology and life-history of *Opechona bacillaris*(Molin，1859)Looss，1907(Trematoda，Lepocreadiidae). Ophelia，13：63-86

Køie，M，Nansen P，Christensen N Φ. 1977. Stereoscan studies of rediae，cercariae，cysts，excysted metacercariae and migratory stages of *Fasciola hepatica*. Zeitschrift für Parasitenkunde，54：289-297

Komiya Y. 1938. Die Entwicklung des Exkretions-systems einiger Trematodenlarven aus Alster und Elbe，nebst Bemerkungen über ihren Entwicklungszyklus. Z Par，10(3)：340-385

Komiya Y，Tajimi T. 1941. Metacercariae from *Macrobrachium nipponensis*(de Haan)in Shanghai area and their excretory system. Shanghai Shizen-Kagaku Kenkyusho Iho，13(1)：45-62

Krull W H. 1935. Studies on the life history of *Halipegus occidualis* Stafford，1905. American Midland Naturalist，16：129-143

Krupa P L，Bogitsh B J. 1972. Ultrastructural phosphohydrolase activities in *Schistosoma mansoni* sporocysts and cercariae. Journal of Parasitology，58：495-514

Krupa P L，Bogitsh B J. 1975. *Schistosoma mansoni* and *Biomphalaria glabrata*：Ultrastructural localization of enzymes with diaminobenzidine in larvae and host digestive glands. Experimental Parasitology，37：147-156

Kusel J R. 1970. Studies on the structure and hatching of the eggs of *Schistosoma mansoni*. Parasitology，60：79-88

Lampe P H. 1927. The development of *Schistosoma mansoni*. Proc Roy Soc Med，20(7)：1510-1516

Laurie J S. 1974. *Himasthla quissetensis*：Induced in vitro encystment of cercaria and ultrastructure of the cyst. Experimental Parasitology，35：350-362.

LeFlore W B. 1978. *Plagiorchis elegans*：Histochemical localization of dehydrogenases in the cercarial stages. Experimental Parasitology，46：83-91

Lo S-J，Hall J E，Klainer A S，et al. 1975. Scanning electron microscopy of an opecoelid cercaria and its encystment and encapsulation in an insect host. Journal of Parasitology，61：413-417

LoVerde P T. 1975. Scanning electron microscope observation on the miracidium of *Schistosoma*. International Journal for Parasitology，5：95-97

Luhe M. 1909. Parasitische Plattwürmer. I. Trematoden. Susswasserfauna Deutschl Heft, 17: 215

Lutta A S. 1939. On biology of *Leucochloridium paradoxum* (Carus). Trudy Petergofsk Biol Inst, 17: 96-102.

Lyaruu D M, Welbedacht S, Sminia T, et al. 1975. Ultrastructural changes in the body wall of *Schistosoma mansoni* miracidia during 24 hours after penetration in *Biomphalaria pfeifferi*. Tropical and Geographical Medicine, 27: 228

Lyons K M. 1969. Compound sensilla in monogenean skin parasites. Parasitology, 59: 625-636

Lyons K M. 1972. Sense organs of monogenean. *In*: Canning E U, Wright C A. Behavioural Aspects of Parasite Transmission. London: Academic Press: 181-199

MacInnis A J, Bethel W M, Cornford E M. 1974. Identification of chemicals of snail origin that attract *Schistosoma mansoni* miracidia. Nature, 248: 361-363

Marshall I, McManus D P, James B L. 1974a. Glycolysis in the digestive gland of healthy and parasitized *Littorina saxatilis rudis* (Maton) and in the daughter sporocysts of *Microphallus similis* (Jag.) (Digenea: Microphallidae). Comparative Biochemistry and Physiology, 49B: 291-299

Marshall I, McManus D P, James B L. 1974b. Phosphomonoesterase activity in intertidal prosobranchs and in their digenean parasites. Comparative Biochemistry and Physiology, 49B: 301-306

Mason P R, Fripp P J. 1977. The reactions of *Schistosoma mansoni* miracidial activity. Zeitschrift für Parasitenkunde, 53: 287-295

Mathias P. 1924. Contribution a l'etude du cycle evolutif d'un trematode de la famille des Pleurogenetinae les (*Pleurogenes medians* Olss.). Bull Soc Zool France, 49 (6-7): 375-377

Matricon-Gondran M. 1971. Etude Ultrastructurale des recepteurs sensoriels tegumentaires de quelques Trematodes Digenetiques larvaires. Zeitschrift für Parasitenkunde, 35: 318-333

McClelland G, Bourns T K R. 1969. Effects of *Trichobilharzia ocellata* on growth, reproduction, and survival of *Lymnaea stagnalis*. Experimental Parasitology, 23: 137-146

McIntosh A. 1935. A progenetic metacercaria of a *Clinostomum* in a West Indian land snail. Proc Helminth Soc Washington, 2 (2): 79-80

McManus D P, James B L. 1975a. Tricarboxylic acid cycle enzymes in the digestive gland of *Littorina saxatilis rudis* (Marton) and in the daughter sporocyst of *Microphallus similis* (Jag.) (Digenea: Microphallidae). Comparative Biochemistry and Physiology, 50B: 491-495

McManus D P, James B L. 1975b. Anaerobic glucose metabolism in the digestive gland of *Littorina saxatilis rudis* (Maton) and in the daughter sporocysts of *Microphallus similis* (Jag.) (Digenea: Microphallidae). Comparative Biochemistry and Physiology, 51B: 293-297

McManus D P, James B L. 1975c. Pyruvate Kinases and carbon dioxide fixating enzymes in the digestive gland of *Littorina saxatilis rudis* (Maton) and in the daughter sporocyst of *Microphallus similis* (Jag.). Comparative Biochemistry and Physiology, 51B: 299-306

McManus D P, James B L. 1975d. Aerobic glucose metabolism in the digestive gland of *Littorina saxatilis rudis* (Maton) and in the daughter sporocysts of *Microphallus similis* (Jag.). Zeitschrift für Parasitenkunde, 46: 265-275

McManus D P, James B L. 1975e. The absorption of sugars and organic acids by the daughter sporocysts of *Microphallus similis* (Jag.). International Journal for Parasitology, 5: 33-38

McManus D P, James B L. 1975f. The aerobic metabolism of ^{14}C-sugars and ^{14}CO_2 by the daughter sporocysts of *Microphallus similes* (Jag.) and *Microphallus pygmaeus* (Levinsen) (Digenea: Microphallidae). International Journal for Parasitology, 5: 177-182

McManus D P, Marshall I, James B L. 1975. Lipids in digestive gland of *Littorina saxatilis rudis* (Maton) and in daughter sporocysts of *Microphallus similis* (Jag., 1900). Experimental Parasitology, 37: 157-163

Mereminskii A I. 1972. Effect of a trematode infection on the reproductive capacity of Planorbidae. (In Russian). *Parazity Vodnykh bespozvonochnykh zhivotnykh*, I. Vsesoyuznyi Simpozium, 59-60. L'vov, USSR: Izdatel'stvo L'vovskogo Universiteta.

Meuleman E A. 1972. Host-parasite interrelationships between the freshwater pulmonate *Biomphalaria pfeifferi* and the trematode *Schistosoma mansoni*. Netherlands Journal of Zoology, 22: 355-427

Meuleman E A, Holzmann P J. 1975. The development of the primitive epithelium and true tegument in the cercaria of *Schistosoma mansoni*. Zeitschrift für Parasitenkunde, 45: 307-318

Meuleman E A, Lyaruu D M, Sminia T, et al. 1978. Ultrastructural changes in the body wall of *Schistosoma mansoni* during the transformation of a miracidium into a mother sporocyst in the snail host *Biomphalaria pfeifferi*. Zeitschrift für Parasitenkunde, 56: 227-242

Mitterer K E. 1975a. Das Schlupfen der miracidien des grossen Leberegels *Fasciola hepatica* L. in Abhangigkeit verschiedener CO_2-Konzentrationen. Zeitschrift für Parasitenkunde, 47: 35-43

Mitterer K E. 1975b. Untersuchungen zum Schlupfen der Miracidien des Kleinen Leberegels *Dicrocoelium dendriticum*. Zeitschrift für Parasitenkunde, 48: 35-45

Miyagawa Y. 1916. Ueber die Veränderungen der Eier des *Schistosomum japonicum* unter den Einwirkungen verschiedener physikalischen und chemischen Acenzien und über einige prophylaktische Massregelu der Schistosomiasis. Mitt Med Fak, Univ Tokyo, 15 (3): 453-475

Mohandas A. 1974. Studies on the fresh water cercariae of kerala. Biology II. Emergence, behaviour and viability of cercariae. Procedings of the National Academy of Science, 44: 139-144

Moore M N, Halton D W. 1975. A histochemical study of the rediae and cercariae of *Fasciola hepatica*. Zeitschrift für Parasitenkunde, 47: 45-54

Myers B J. 1956. An adult *Hemiurus* sp. from *Sagitta elegans* Verrill. Canad J Zool, 34: 206-207

Oliver-Gonzalez J, Bauman P M, Benenson A S. 1954. Immunologie aspects of *Schistosoma mansoni* infections. Journal of Parasitology, 40(5): 27-28

Panitz E, Knapp S E. 1967. Acetylcholinesterase activity in *Fasciola hepatica* miracidia. Journal of Parasitology, 53: 355-361

Pearson J C. 1959. Observations on the morphology and life cycle of *Strigea elegane* Chandler et Rausch, 1947. Journal of Parasitology, 45(2): 155-174

Peters L E. 1957a. The cercarial type in the genus *Allocreadium*. Journal of Parasitology, 43(5): 35

Peters L E. 1957b. An analysis of the trematode genus *Allocreadium* Looss with description of *Allocreadium neotenicum* sp. n. from water beetles. Journal of Parasitology, 43(2): 136-142

Porter C W, Hall J E. 1970. Histochemistry of a cotylocercous cercaria. Ⅱ.Hydrolytic and oxidative enzymes in *Plagioporus lepomis*. Experimental Parasitology, 27: 378-387

Prah S K, James C. 1977. The influence of physical factors on the survival and infectivity of miracidia of *Schistosoma mansoni* and *S. haematobium*. I. Effect of temperature and ultra-violet light. Journal of Helminthology, 51: 73-85

Price E W. 1931. Life history *Schistosomatium* douthitti(Cort). America Journal of Hygiene, 13: 685-727

Ractliffe L H. 1968. Hatching of *Dicrocoelium lanceolatum* eggs. Experimental Parasitology, 23: 67-78

Raisyte D. 1973. Embryonal development of the subspecies *Apatemon gracilis minor*(Trematoda: Strigeidae). Lietuvos TSR Mokslu Akademijos Darbai(Trudy Akademii Nauk Litovskoi SSR)C, 1(61): 153-158

Reader T A J. 1974. Histochemical observations on the distribution of various oxidative and phosphorylative enzymes in larval digeneans parasitizing *Bithynia tentaculata*(Mollusca: Gastropoda). Parasitology, 69: 137-147

Rees F G. 1971. Locomotion of the cercaria of *Parorchis acanthus* Nicoll, and the Ultrastructure of the tail. Parasitology, 62: 489-503

Rees G. 1966. Light and electron microscope studies of the redia of *Parorchis acanthus* Nicoll. Parasitology, 56: 589-602

Rees W J. 1947. A cercaria of the genus *Haplocladus* from *Nucula nucleus*(L.). Journal Mar Biol Ass United Kingdom, 26: 602-604

Reger J F. 1976. Studies on the fine structure of cercarial tail muscle of *Schistosoma* sp.(Trematoda). Journal of Ultrastructure Research, 57: 77-86

Richard J. 1971. La chéotaxie des cercaires. Valeur systématique et phyletique. Mémoires du museum national d'histoire naturelle, Serie A Zool, 67: 1-179.

Rifkin E. 1970. An ultrastructural study of the interaction between the sporocysts and the developing cercariae of *Schistosoma mansoni*. Journal of Parasitology, 56: 284

Rothschild M. 1936. A note on the variation of certain cercariae(Trematoda). Novitat Zool, 40(1): 170-175

Rowan W B. 1956. The mode of hatching of the egg of *Fasciola hepatica*. Experimental Parasitology, 5: 118-137

Rowcliffe S A, Ollerenshaw C B. 1960. Observation on the bionomics of the egg of *Fasciola hepatica*. Annals of Tropical Medicine and Parasitology, 54: 172-181.

Russell C M. 1954. The effects of various environmental factors on the hatching of eggs of *Plagitura salamandra*(Trematoda: Plagiorchiidae). Journal of Parasitology, 40: 461-464

Salt G. 1963. The defense reactions of insects to metazoan parasites. Parasitology, 53: 527-642

Schell S C. 1961. Development of mother and daughter sporocysts of *Haplometrana intestinalis* Lucker, a plagiorchioid trematode of frogs. Journal of Parasitology, 47: 493-500

Schell S C. 1965. The life history of *Haematoloechus breviplexus* Stafford, 1902(Trematoda: Haplometridae McMullen, 1937)with emphasis on the development of the sporocysts. Journal of Parasitology, 51: 587-593

Schell S C. 1985. Handbook of Tremalodes of North America. North of Mexico: University Press of Idaho

Semenov O Y. 1976a. The role of chemoreception in the location and recognition of *Melanopsis praemorsa* by *Philophthalmus rhionica* miracidia.(In Russian). Vesnik Leningradskogo Universiteta, Biologiya, 15: 26-32

Semenov O Y. 1976b. Experimental study of the biology of *Philophthalmus rhionica* miracidia(Trematoda: Philophthalmidae).(In Russian: English Summary). Parazitologiya, 10: 439-443

Serkova O P, Bykhovskii B E. 1940. *Asymphylodora progenetica* n. sp. nebst einigen Angaben über ihre Morphologie und Entwicklungsgeschichte.(Russian text: German summary). Parazitol Sborn Zool Inst Akad Nauk SSSR Leningrad, (8): 162-175

Sey O. 1973.The hatching mechanism of the eggs of *Paramphistomum daubneyi* Dinnik, 1962(trematodes).(In Hungarian). Allattani Kozlemenyek, 60: 95-101

Shiff C J. 1974. Seasonal factors influencing the location of *Bulinus*(*Physopsis*)*globosus* by miracidia of *Schistosoma haematobium* in nature. Journal of Parasitology, 60: 578-583

Short R B, Gagne H T. 1975. Fine structure of a possible photoreceptor in cercariae of *Schistosoma mansoni*. Journal of Parasitology, 61: 69-74

Sinitzin D F. 1905. Distome des poissons et des grenouilles des environs de Varsovie. Materiaux pour l'histoire naturel des trématodes. Mem Soc Nat Varsovie Biol, 15: 1-210

S'mnaliev P. 1976. The ecology of *Paramphistomum microbothrium* larval and parthenitae. I. The effect of temperature, Ultra-violet rays and irradiation on the development of ova. Khelmintologiya, 1: 88-98

Smyth J D. 1969. The Physiology of Cestodes. WH Freeman: San Francisco.

Smyth J D. 1976. An Introduction to Animal Parasitology. 2nd ed. London: Hodder and Stoughto

Smyth J D, Halton D W. 1983. The Physiology of Trematodes. 2nd ed. London: Cambridge University Press

Sponholtz G M, Short R B. 1975. *Schistosoma mansoni* miracidial behaviour: an assay system for chemostimulation. Journal of Parasitology, 61: 228-232

Stibbs H H, Chernin E, Karnovsky M L, et al. 1976. Magnesium emitted by snails alters swimming behaviour of *Schistosoma mansoni* miracidia. Nature, 260: 702-703

Stirewalt M A. 1959. Chronological analysis, pattern and rate of migration of Cercariae of *Schistosoma mansoni* in body, ear and tail skin of mice. Annals of Tropical Medicine and Parasitology, 53: 400-413

Stirewalt M A. 1974. *Schistosoma mansoni*: Cercaria to Schistosomule. Advances in Parasitology, 12: 115-182

Stirewalt M A, Evans A S. 1952. Demonstration of an enzymatic factor in cercariae of *Schistosoma mansoni* by the streptococcal decapsulation test. Journal of Infectious Diseaeses, 91: 191-197

Stunkard H W. 1930. Life history of *Cryptocotyle lingua* (Creplin) from the gull and stern. J Morph Phys, 50(1): 143-191

Stunkard H W. 1959. The morphology and life history of the digenetic trematode *Asymphylodora amnicolae* n. sp. Biol Bull, 117(3): 562-581

Stunkard H W, Uzmann J R. 1959. The life cycle of the digenetic trematode, *Proctoeces maculatus* (Looss, 1901) Odhner, 1911 (Syn. *P. subtenuis*), and description of *Cercaria adranocerca* n. sp. Biol Bull, 116(1): 184-193

Szidat L. 1956. Über den Entwicklungszyklus mit progenetischen Larvenstadium von *Genarchella genarchella* Travassos, 1928 und die Möglichkeit einer hormonalen Beeinflussung der Parasiten durch ihre Wirtstiere. Z Trop Med u Parasit, 7(2): 132-153

Takahashi T, Mori K, Shigeta Y. 1961. Phototactic, thermotactic and geotactic responses of miracidia of *Schistosoma japonicum*. Japanese Journal of Parasitology, 10: 686-691

Tang C C (唐仲璋). 1938. Some remarks on the morphology of the miracidium and cercaria of *Schistosoma japonicum*. Chinese Med Jour Supplement II: 423-432

Tang C C (唐仲璋). 1940. A Comparative study of types of *Paragonimus* occurring in Fukien South China. Chinese Med Jour Supplement III: 257-291

Tang C C (唐仲璋). 1950-1951. Contribution to the knowledge of the Helminth fauna of Fukien. Part 3. Notes on *Genarchopsis chinensis* n. sp., its life history and morphology. Peking Nat Hist Bull, 19(2-3): 217-223

Tang C C (唐仲璋), Lin Y G (林宇光), Wang P Q (汪溥钦), et al. 1963. Clonorchiasis in South Fukien with special reference to the discovery of crayfishes as second intermediate host. Chinese Med Jour, 82(9): 545-562

Tang C T (唐崇惕). 1985. A survey of *Biomphalaria straminae* (Dunker, 1848) (Planorbidae) for trematode infection, with a report on larval flukes from other Gastropoda in Hong Kong. Proceedings of the Second International Workshop on the Malacofauna of Hong Kong and Southern China. Hong Kong: Hong Kong University Press

Tang C T (唐崇惕). 1990. Philophthalmid larval trematodes from Hong Kong and the coast of South China. Proceedings of the Second International Marine Biological Workshop. Hong Kong: Hong Kong University Press: 213-232.

Tang C T (唐崇惕). 1990. Further studies on some cercariae of molluscs collected from the shores of Hong Kong. Proceedings of the Second International Marine Biological Workshop. Hong Kong: Hong Kong University Press: 233-257

Tang C T (唐崇惕). 1992. Some larval trematodes from marine bivalves of Hong Kong and freshwater bivalves of coastal China. Proceedings of the Fourth International Marine Biological Workshop. Hong Kong: 1989, Hong Kong University Press: 17-28

Thomas J S, Pascoe D. 1973. The digestion of exogenous carbohydrate by the daughter sporocysts of *Cercaria linearis* Lespes, 1857 and *Cercaria stunkardi* Palombi, 1936, *in vitro*. Zeitschrift für Parasitenkunde, 43: 17-23

Van J P Haitsma. 1931. Studies on the trematode family Strigeidae (Holostomidae). X XII. *Cotylurus flabelliformis* (Faust) and its life history. Pap Mich Acad Sc, 13: 447-482

Vasileva I N. 1960. A study of ontogenesis in the trematode *Fasciola hepatica* in the Moscow region. (In Russian). Zoologicheskii Zhurnal, 39: 1478-1484

Vernberg W B. 1961. Studies on oxygen consumption in digenetic trematodes. VI. The influence of temperature on larval trematodes. Experimental Parasitology, 11: 270-275

Vernberg W B, Hunter W S. 1956. Quantitative determinations of the glycogen content of *Gynaecotyla adunca* (Linton, 1905). Experimental Parasitology, 5: 441-448

Vernberg W B, Hunter W S. 1963. Utilization of certain substrates by larval and adult stages of *Himasthla quissetensis*. Experimental Parasitology, 14: 311-315

Wikel S K, Bogitsh B J. 1974. *Schistosoma mansoni*: penetration apparatus and epidermis of the miracidium. Experimental Parasitology, 36: 342-354

Wikerhauser T. 1960. A rapid method for determining the viability of *Fasciola hepatica* metacercariae. American Journal of Veterinary Research, 21: 895-897

Willmott S. 1952. The development and morphology of the miracidium of *Paramphistomum hibernae* Willmott, 1950. J Helm, 26: 123-132

Wilson R A. 1969. Fine structure of the tegument of the miracidium of *Fasciola hepatica* L. Journal of Parasitology, 55: 124-133.

Wilson R A. 1970. Fine structure of the nervous system and specialized nerve endings in the miracidium of *Fasciola hepatica*. Parasitology, 60: 399-410

Wilson R A, Denison J. 1970. Short-chain fatty acids as stimulants of turning activity by miracidium of *Fasciola hepatica*. Comparative Biochemistry and Physiology, 32: 511-517

Wilson R A, Denison J. 1980. The Parasitic castration and gigantism of *Lymnaea truncatula* infected with the larval stages of *Fasciola hepatica*. Zeitschrift für

Parasitenkunde，61：109-119

Wilson R A，Pullin R，Denison J. 1971. An investigation of the mechanism of infection by digenetic trematodes：The penetration of the miracidium of *Fasciola hepatica* into its snail host. Parasitology，63：491-506

Wisniewski L W. 1933. Über zwei neve progenetische Trematoden aus den Balkanischen Gammariden. Bull Acad Philom Sc Lettr. Cl Sc Math Nat S.B Sc Nat，Ⅱ（1932）：259-276

Wright C A. 1971.　Flukes and Snails. London ：George Allen and Unwin

十、蠕虫免疫学

寄生虫的免疫学研究和应用目前已有长足进展，临床诊断的方法更是日新月异，许多先进的高技术方法可以对多种在消化道以外内部脏器寄生的寄生虫病早期患者作出诊断，给以治疗。有关这方面的详细论著在国内已有很多，在许多寄生虫学书籍中也有详尽的阐述（戴保民等，1989；毛守白等，1990；沈一平等，1991；刘约翰等，1993；赵慰先等，1996；等等）。本部分仅简单介绍寄生虫免疫的一些基本理论。

（一）人和动物免除吸虫及其他蠕虫疫病的类型

有自然保护、先天抵抗力及获得性免疫等几种方式免除寄生蠕虫病的发生。

免疫（immunity）这一名词在广义上经常用于吸虫、绦虫和线虫的蠕虫病，有以下三类型：①系统外的免疫（extrasystemic immunity），避免寄生蠕虫病感染的保护现象；②先天的或基础的免疫（innate or basic immunity），宿主对寄生蠕虫病的自然抵抗力；③获得性免疫（acquired immunity），已患某种蠕虫病或经其他免疫的程序而产生的免疫力。实际上免疫这一名词只限用于第三类型获得性免疫，第一类型和第二类型称之为保护（protection）和抵抗（resistance）。

1. 系统外的免疫

系统外免疫也可称自然的保护。对寄生蠕虫病的避免是由于有某些障碍物阻碍其传播，这不同于人和动物对该病的抵抗和免疫。天然的障碍是倚靠于自然界生态的因素，是生态的性质；而个体的抵抗和免疫则倚靠于人和动物体内在的生理作用，是生理的性质。

自然界因素阻碍疾病的传播，这方面寄生虫病较细菌病（bacterial diseases）具有更大的重要性，它们有以下两种类型。

（1）气候及地理条件的障碍

由于气候条件的不适宜，如寒冷、干旱，可以限制吸虫类中间宿主的存在或者阻止吸虫类自由生活阶段幼虫期的生存，这给予人类一定的或且完全的保护作用。例如，日本血吸虫病在我国的流行区过去只限于长江以南十三省（直辖市），长江以北的气候不适于媒介钉螺的生存和繁殖，所以长江以北地区没有人体日本血吸虫病区。又如，牛羊胰脏吸虫（*Eurytrema*）和双腔吸虫（*Dicrocoelium*），在我国内蒙古东北部只在大兴安岭以南的科尔沁草原广大地区危害成灾，不分布到大兴安岭以北的呼伦贝尔草原，因为这两种吸虫的贝类宿主（第一中间宿主）陆地蜗牛在呼伦贝尔草原不存在。在北欧没有埃及血吸虫，因为那里夏天的淡水水温不够使中间宿主螺类进行繁殖。

（2）人类习惯的障碍

人们的习惯可以有效地减少或避免感染蠕虫病的机会。例如，在习惯不吃猪肉的地区没有旋毛虫病和猪绦虫病，吃煮熟的鱼和肉的习惯可以避免许多吸虫病（如中华分支睾虫）和绦虫病的感染，不吃生蟹可以预防肺吸虫病的感染，穿鞋走路的习惯可以避免钩虫病；卫生地处理人的粪便可以避免大部分的肠道蠕虫病。显然，人的一些生活习惯对蠕虫病的控制和预防可以起很大的作用。

2. 先天的或基础的免疫

先天的或基础的免疫也可称为自然抵抗力。人体或动物对吸虫病的自然抵抗力也就是基础的或先天的免疫力，主要是一种宿主在生理上对某些吸虫种类没有敏感性，有些吸虫不能在某些动物宿主体中生存、发育。例如，鸟类血吸虫尾蚴或牛羊东毕血吸虫尾蚴能侵入人体，但不能到达血管系统发育为成虫，这是基本的宿主特异性(underlying host specificity)(唐仲璋和唐崇惕，1962，1976；唐崇惕等，1983)。昆虫类等无脊椎动物也存在对入侵的寄生虫的自然抵抗力，其作为媒介也有很强的宿主特异性。甚至对其正常的寄生吸虫接近种类的尾蚴和后蚴也显示有不同程度的自然抵抗力，如作为中华双腔吸虫(*Dicrocoelium chinensis* Tang et Tang，1976)第二中间宿主的 *Formica gagates*(黑玉蚂蚁)对矛形双腔吸虫[*Dicrocoelium lanceatum*(Rud.，1803)]和枝双腔吸虫[*Dicrocoelium dendriticum*(Rud.，1819)]的后蚴会产生不同的宿主反应现象，黑玉蚂蚁血腔中的白细胞会杀死大量矛形双腔后蚴，而对枝双腔后蚴没有反应(唐崇惕等，1997)。获得性免疫是与先天性免疫基点叠合的，也就是说任何宿主在具有获得性免疫之前不会是任何寄生虫生存发育的完美的介质。获得性免疫是宿主个体对本来是其正常的寄生虫种类的个体产生宿主特异性。对寄生虫病的自然抵抗力是会变化的，一方面根据宿主的因素，一方面也根据于寄生虫的侵入能力、数量和感染的强度。能影响对吸虫病抵抗力的主要的宿主因素有以下几个方面。

(1)消化液的作用

消化液能消灭进入消化道的不适宜的吸虫种类的幼虫期和童虫。

(2)皮肤的不能穿入力(impenetrability)

具有穿刺能力的吸虫的感染期幼虫，如寄生鱼类和爬行类的血吸虫(血居吸虫和旋睾吸虫)，其尾蚴分别可以穿过鱼类和鳖的皮肤，但不能穿过鸟类、哺乳类和人体的皮肤进入体内。皮肤成为其完全的障碍物。

(3)体液的破坏作用

动物血液和淋巴液中含有天然可以破坏入侵寄生虫的物质。

(4)体温

寄生吸虫所适合生活的温度范围很小，有一定限度，所以它们不能在体温差异大的宿主体中生活。

(5)需要的营养缺乏

常常由于宿主组织和体液中缺乏某些吸虫基本的营养因素，结果虫体发育受阻或不能生殖。

(6)宿主食物

宿主的食物有时可以使肠道成为肠道吸虫不适宜的生活环境。但是食物缺乏或不平衡也会减低宿主对吸虫的抵抗力，特别钙、铁、磷等矿物元素(mineral elements)的不足，尤其是维生素A的缺乏都会降低对吸虫病的抵抗力。

(7)宿主血液白细胞的吞噬作用(phagocytosis)

入侵的吸虫可以被宿主血液中及网状内皮系统(reticulo-endothelial system)的吞噬细胞(phagocytic cells)所毁。这就防止了这些种类在宿主体内寄生，在没有抗体情况下吞噬作用可以被部分补体所促进。

(8)年龄抵抗力

宿主随着年龄增大而增加天然抵抗力在蠕虫病中常见到，如幼鼠对 *Hymenolepis nana* 的感染更敏感，而老鼠对感染则更有抵抗力。年龄抵抗力的机制曾显示是与年老和年幼之间在解剖学上和生理上的差别的非特异性因素(non-specific factor)有关，这种机制因种类不同而异，而且在大多数情况是不明显的。

(9) 自然抵抗力 (natural resistance)

可以完全防止宿主被寄生虫侵袭，可以减少入侵的虫数，可以阻碍其生长和发育，或且只是导致对其侵袭作用的耐量 (tolerance)。这抵抗力是和寄生虫对宿主的适应程度紧密联系的。人对猪蛔虫 (*Ascaris lumbricoides*) 的株 (race) 具有完全的抵抗力，反过来猪对人蛔虫 (*Ascaris* lumbricoides) 的株也具有完全的抵抗力。这两株虫体在形态结构上 (唇齿不同) 十分相像，这种抵抗力现象显然是由于此寄生虫对其一定宿主生理上适应的结果。

自然抵抗力对蠕虫病不仅在同种宿主中因个体不同而异，而且也因种族不同而异，对钩虫病，黑种人比白种人显示有更大的抵抗力。

3. 获得性免疫

获得性免疫是由于寄生虫侵入宿主组织，而且宿主吸收虫体代谢产物而形成的；因此可以由于实际的感染且引入其产物而产生的。它接受了由特殊的抗体存在的基本特性，其他特性大概是次要的。其活动中是特殊地仅直接对应引起这一获得性免疫的寄生虫，因此明显地区别于对寄生虫感染的自然抵抗力。而且对寄生蠕虫的获得性免疫强度一般均低于对细菌的病毒的获得性免疫。群类反应 (group reaction) 不普遍，一些寄生吸虫种类，即使给予重复感染也不见有免疫形成。

寄生蠕虫的获得性免疫不能完全避免以后的再感染，也不能排除体中所有的虫体，一般只表现于限制寄生虫个体的大小和数量，或降低它们的生长比率 (growth rate)、生育力 (fertility) 及感染的持续时间，或且包被、吞噬侵入组织的幼体。

对寄生蠕虫的获得性免疫是经过相当长时间慢慢形成的，很少像有的病毒和细菌病那样一次得病就获得免疫的效果。在一寄生虫病流行区中持续不断的重复感染会引起一些明显的免疫力，而且也对寄生虫病害效果产生明显的耐量。

就像对寄生虫病的自然抵抗力一样，对寄生蠕虫的获得性免疫是和寄生虫与宿主的适应情况紧密相关的。在其宿主体中非常适应的寄生虫，其所引起的免疫反应就比较小。例如，在丝虫病中 *Acanthocheilonema peratans* 和 *Mansonella ozzerdi* 是很适应的虫种，其特点是没有病理症状，所引起的免疫反应很小而且很轻。

除此之外，某些寄生虫病，如旋毛虫病 (trichinosis) 和矮小膜壳绦虫病 (*Hymenolepis nana* disease)，一些被动免疫力 (passive immunity) 可从有病的母体传到子代；很短期的免疫在较低等动物是从免疫的母体通过乳汁传到子代。在人体有人相信可能通过胎盘 (placenta) 传递到子代。

有学者认为在获得性免疫中，在寄生虫侵袭力 (invasiveness) 和宿主防御 (defences) 之间可能有一个连续不断的平衡变换，当一方力量占上方时，另一方常常起反应，以改变取得平衡。例如，一个虫体被包在结节中，因外面的囊壁及宿主抗体 (antibodies) 的作用而不能动弹，虫体不动再加上结囊的阻碍使抗原在宿主体内所产生的抗体降低；宿主抗体的减少使虫体又变得活动，更多的抗原被宿主吸收，使抗体又重新出现。这样的循环反复进行。许多寄生虫病病情的变动大概就是由于患者体中抗原与抗体间力量的不稳定平衡所致。

(二) 获得性免疫的机制

当寄生虫到宿主组织中后，所产生的获得性免疫 (acquired immunity) 对此虫体本身或其代谢产物 (有毒的产物) 所起的反应有体液反应 (humoral response，即体液中抗体的反抗活动) 和细胞反应 (cellular response，即在形成胞囊及吞噬作用中的结缔组织细胞、白细胞及网状内皮细胞的活动) 两种。

1. 体液反应

(1) 抗原、抗体及抗原抗体应答机理

由寄生虫对宿主网状内皮系统 (reticuloendothelial system) 细胞刺激的反应中产生了抗体这一特殊物质。一个抗原可以引起一组抗体，它们对这抗原 (antigen) 产生一系列复合关系的反应。一个抗原刺激一个抗体产生的能力是它的抗原性(antigenicity)，而其和抗体应答的能力是其反应性(reactivity)。寄生蠕虫抗原物质的抗原性和反应性的效能较小于细菌抗原物质的抗原性和反应性的效能，因此与细菌病相比较，寄生蠕虫获得性免疫或特殊的免疫现象是不明显和不重要的。

抗原是高分子质量(high molecular weight)的化学物质，它的性质与其宿主组织不一样，它们通常是由一分子载体(carrier molecule)和一个一定的半抗原(hapten)或部分抗原(partial antigen)群所组成。包含在寄生虫体中的活动抗原物质和在细菌中的一样，是多糖类(polysaccharides)或蛋白质。在每一种寄生虫中有许多不同的抗原。

半抗原或部分抗原能和适合的抗体应答，但是如果没有和一些适宜的高分子质量的分子载体(经常是蛋白质)联合则不能刺激抗体产生。此半抗原和部分抗原在寄生蠕虫中经常存在，在不同的虫种中它们常显示很相似。这就是说在蠕虫抗原-抗体反应中常呈现无特异性，而且是多价的(polyvalency)。抗体是球蛋白，可由于分子重新排列而变更，这使它能对引起它们产生的抗原具有特异性。它们是比较稳定的物质，在适宜的条件下它们可以保持数年不改变，但在60℃以上温度中很快地变性(de-natured)。

抗原与其相应的抗体之间的反应，人们相信物理现象更多过于化学现象。从组成一个球蛋白的氨基酸进行重新排列而形成一个抗原，所以其原子群(atomic groups)在抗原分子表面带来了相反的电子负荷(electrical charges)，抗原和抗体的结合能恒久地引致血清中不稳定成分，即所谓补体(complement or alexin)的固定。这反应的某些作用如溶解(lysis)现象在补体付缺时不能出现。这一原理已应用于寄生蠕虫病的诊断，即为补体结合反应(complement fixation reaction)。

(2) 抗原和抗体结合后产生的现象

A. 凝集现象(agglutination)
凝集现象是抗原颗粒(particulate antigens)或含有抗原的有机体的凝结(clumping)，这现象较少遇到，或且在寄生虫感染中不大重要。

B. 沉淀现象(precipitation)
一个可溶性抗原由于其抗体作用而起沉淀，此现象在蠕虫病中经常遇到，此现象亦用于诊断。这是由于抗体与抗原的分泌物、排泄物的结合，使在组织中寄生的蠕虫成虫、幼虫及童虫体周围，尤其在虫体孔隙(body apertuses)附近产生沉淀现象，同样在被网状内皮细胞攻击和包被的虫体周围有此沉淀现象。这沉淀作用能阻止虫体吃食和吸收食物，并抑制其生殖及其他生理活动。这在宿主方面显然是一个有力的防御机制(defensive mechanism)，研究者们曾在活体培养 *Ascaris lumbricoides*、*Necator americanus*、*Ancylostoma duodenale* 及 *Trichinella spiralis* 的童虫体上观察到此现象。

在细菌病中，当抗原外毒素(antigenic exotoxins)产生时，有毒素-抗毒素复合体(toxin-antitoxin complex)的沉淀形成。在蠕虫病中所产生的任何毒素都是属于虫体微弱抗原代谢产物，或是虫体死亡释放的内毒素(endotoxin)，其中没有发现真正的外毒素。因此在蠕虫病免疫中毒素-抗毒素反应是不明显的。

C. 溶解现象(lysis)
通过抗体和补体的联合活动杀死和溶解抗原有机体。此现象在蠕虫病中很少有。但寄生在血液中的血吸虫其裂体婴可以在含有抗体的血清(serum-containing antibodies)中被消灭。

2. 细胞反应

(1) 吞噬细胞(plagocytic cell)的作用

和细菌相比较，寄生蠕虫被宿主的吞噬细胞销毁是不容易的。主要是由于寄生蠕虫的个体较大，小吞噬细胞(microphages)〔多形核白细胞，(polymorphonuclear leucocyte)〕不能单独抵抗和打击即使是寄生蠕虫的最小的幼虫，而单个大吞噬细胞(macrophages)只能对付寄生虫最小的幼虫和童虫，但是吞噬细胞可以将由于其他机制而不动的虫体毁灭变成碎块。血吸虫进入到宿主离肝脏、肠壁或膀胱壁较远的小血管中，在形成血栓之后，由于亚内皮反应(subendothelial reaction)，虫体立即被吞噬细胞侵袭和消灭。钩虫和蛔虫的童虫从宿主肺毛细管进入到肺泡空隙时大多数都受到宿主白细胞的袭击而消灭。这样在宿主移行中的童虫个体，在肠壁和肝脏中也会由于宿主的体液和细胞的反应而被损伤。吸虫的后期尾蚴进入不适宜的昆虫宿主，也会被昆虫的白细胞所包围、杀死、最后解体消失（唐崇惕等，1978；唐崇惕和林统民，1980；唐崇惕等，1997）。

寄生蠕虫细胞反应在皮肤部分常常特别剧烈，如钩虫和血吸虫幼虫需经过皮肤这一途径进入终末宿主体中。细胞反应是许多动物能阻止寄生蠕虫从体壁侵入的一个主要机制。这一反应在寄生虫进入非正常宿主时更显著。例如，鸟类血吸虫尾蚴侵入哺乳动物可以见到非常猛烈的吞噬反应（phagocytic reaction），此反应过程能助长吞噬细胞起重要作用。

（2）免疫调理素（immune opsonins）的作用

免疫调理素（特异调理素）或抗体能使重复感染的宿主个体显示更积极的细胞防御机制（cellular defence mechanisms）。人体受鸟类和其他哺乳类血吸虫尾蚴的重复感染后皮肤反应会变得更加严重。

（3）嗜酸性细胞（eosinophil cell）的作用

嗜酸性细胞在袭击寄生蠕虫的白细胞中常常占优势，并且在蠕虫病中常常有嗜酸性细胞增多（eosinophilia）现象出现，因此可供作寄生虫病诊断的一个根据。嗜酸性细胞增多在旋毛虫病中是一个不变的特征，在棘球蚴病、钩虫病中亦常见，在蛔虫病、鞭虫病、带虫病及其他肠道蠕虫病中比较不规则。嗜酸性细胞增多在对异种蛋白质过敏反应（allergic reaction of foreign proteins）病例中也很明显，如支气管气喘（bronchial asthma）、花粉热（hay fever）及荨麻疹（urticoria）等都有此现象。人们认为嗜酸性细胞对蠕虫蛋白质及其分解产物（disintegration products）的解毒（detoxification）起着重要作用。

（4）结缔组织细胞（connective tissue，fibroblast，fibrocyte）的作用

结缔组织细胞在细胞反应后阶段中起重要作用，它能在寄生虫幼虫期侵入到宿主体内组织中时，立即迅速地包围虫体，并且不断地增加数量和范围，最后把虫体包围在纤维壁中使其不能活动。如在棘球泡状蚴患者的内脏的病理变化中与宿主这一防御机理密切相关。

（三）获得性免疫的类型

获得性免疫在蠕虫病中有以下两种主要类型。

1. 残余免疫

在许多细菌病及一些原虫病，如皮肤利什曼病（cutaneous leishmaniasis）中，此寄生虫的抗原性（antigenicity）能在宿主体内引起一个有力的免疫反应，其结果不仅可以毁灭病原体而除去此病，而且这免疫能力还可以使同种病原在一定时期中不能再感染这宿主。由于大部分蠕虫抗原性很低，虽然某些种类的部分残余免疫（residual immunity）可以在实验动物中通过实验产生，并且在人体血吸虫病中有一些形成此免疫的迹象，但一般人体对寄生蠕虫不形成这一类型的免疫。

2. 耐量免疫

耐量免疫（tolerance immunity）是指在大部分有免疫现象存在的蠕虫病中，由于虫体低级的抗原性，宿主的免疫反应比较弱，只有个别虫体会因此反应而毁灭，其他虫体只是使其生长发生障碍或生殖能力降低，而且这样弱的免疫反应是靠残留虫体继续存在而有继续的抗原刺激（antigenic stimulation），一旦这些虫体排除，此免疫反应立即迅速地消失，对此同一虫种的再感染，没有立即免疫作用。

在一个有机体中，要有足够的抗原存在才能产生一个强的免疫反应。细菌病在有机体内能大量繁殖，这使病原数量迅速增加，达到病的高潮，有足够的抗原，所以能有强的免疫反应。而寄生蠕虫在被感染的终宿主有机体内不能繁殖增加数量，蠕虫病中抗体产生的作用小，也可能就是由于病原数量较少。因此，

"蠕虫低级抗原性"之说是不恰当的。有人认为如果蠕虫病经反复严重的感染达到很大的数量时也许就会有同样的作用。如何能做到既大量感染病原使其产生有效的免疫作用,又能不损伤人体的健康,是受关注的问题。

(四)局部免疫和全身免疫

局部免疫和全身免疫(local and systemic immunity)两者虽然表现一样的现象,但可以区分。局部免疫是由于体液反应(调理素的抗原——抗体反应)引致的细胞的吞噬作用,此作用只限于身体的特别部分,并对虫体的扩展显示有阻碍作用。虫体开始被小吞噬细胞及大吞噬细胞所袭击,最后被成纤维细胞(fibroblasts)所包围和隔离。全身免疫是有细胞免疫及体液免疫一起参与的在身体任何部分都存在的反应。当局部防御反应不能控制此寄生虫时就产生此反应,如在绦虫病中免疫是一个群集的作用(crowding effect),免疫力是和存在的虫体体积成适度的比例,当排除去虫体后此保护作用也就全部消失。有人认为在绦虫病中有体液抗原-抗体反应,因此有人把对 *Hymenolepis nana* 有免疫的动物的血清注射到过去未曾感染过此虫种的小鼠腹腔中,可使其产生对此寄生虫的完全免疫;用 *Moniezia* 成熟节片饲食过去未曾感染过此绦虫的羊只,使它对此虫种获得免疫;从狗肌肉注射细粒棘球绦虫头节干粉也可以使它对此寄生虫产生免疫。

(五)人工免疫法

人工免疫法(artificial immunization)用之于防御寄生虫病尚处于实验阶段。虽然一些研究者在实验动物中曾见有对一些寄生虫产生主动的或被动的免疫(active and passive immunity)现象。

对线虫病做过如下试验。如不经实验动物肠胃注入线虫 *Toxacara canis* 及 *Trichinella spiralis* 的活幼虫,可产生自动免疫;小鸡被饲以 *Ascaridia lineata* 具幼虫的卵,也获得自动免疫;注射死的幼虫也能导致一些免疫,但会引起毒素反应(toxic reactions)。实验动物被注入 *Ascaris lumbricoides*、*Trichinella spiralis*、*Strongyloides ratti* 和 *Nippostrongylus muris* 幼虫及成虫的抗原浸液(antigenic extracts),曾获得免疫效果。实验动物被转移免疫血清之后,老鼠对 *Strongyloides ratti*、*Trichinella spiralis* 和 *Nippostrongylus muris*,小鼠对 *Ascaris lumbricoides*,鸡对 *Ascaridia lineata*,均有不同程度的被动免疫,表现在使感染期幼虫致死量上升、虫体生长阻碍、虫体的提早排除及虫数减少。老鼠在腹腔被注入 *Taenia pisiformis* 及 *T. taeniaeformis* 的成虫干粉或水溶液,可产生预防此虫种幼虫的自动免疫;用 *T. saginata*、*Dipylidium caninum* 及 *Diphyllobothrium latum* 的粉剂,可对这些幼虫产生部分免疫;绵羊被注入 hydatid cyst 的干头节(scolices)和干膜,可产生部分免疫。

绦虫成虫在实验上也获得不同程度的免疫。例如,狗被注入 *Echinococcus granulosus* 干的头节和棘球蚴膜可预防此虫;在小猫小狗皮下注射 *Diphyllobothrium latum* 抗原浸液,都出现抵制这些寄生虫再侵入的迹象。用对 *Taenia pisiformis* 及 *T. taeniaeformis* 囊尾蚴有主动免疫的动物的免疫血清注射到老鼠身上,可以使它对此两种囊尾蚴产生被动免疫。

在吸虫方面,兔子被反复注入肝片吸虫(*Fasciola hepatica*)干成虫的抗原浸液,可以导致其对此吸虫产生部分免疫;用注入成虫或尾蚴悬液,或用尾蚴经肤穿入等方法,狗和兔子对 *Schistosoma japonicum*,猴子对 *S. mansoni* 及 *S. spindale*,都曾产生主动免疫,但用抗原浸液或免疫血清却无效。

(六)过敏性

过敏是体细胞对某些抗原起局部的或全身性的反应,这抗原在正常情况下不会起任何反应。过敏性(hypersensitivity)反应有许多不同种类。过敏形成是由于过去接触过致敏抗原,或此致敏抗原曾进入有机体,过敏反应现象是在再次接触到此抗原之后产生。抗体是由致敏抗原的刺激而产生,抗体由血浆(blood-plasma)输送并固定在组织细胞上或其内。过敏反应产生是由于抗体和抗原在细胞内或细胞上结合,引致组胺(histomine)(组织毒)的释放。组胺会引起一定症状的反应，在接触或注入抗原的附近常常有局部的红斑(erythema)、水肿(oedema)、荨麻疹(urticeria)及瘙痒(pruritis)现象，在严重的病例中产生有呼吸道及血管、淋巴管并发的全身性反应。

用实验动物进行试验，过敏反应现象很容易看到。用寄生虫的蛋白质作为过敏原(anaphylactogen)，开始时先注入少量，过一段时间(约10d)注入较大量此蛋白质，可以产生一个猛烈的、有时是致死的反应。

在人体蠕虫病中过敏是其一特点症状，如血吸虫性皮疹。又如，在蛔虫病中有哮喘(asthma)、干草热(hay fever)、荨麻疹及嗜伊红白细胞增多等现象，都是过敏；蛲虫病有因过敏产生神经性瘙痒症状；丝虫病的许多早期症状都是过敏现象所致；棘球蚴病由于棘球蚴囊破裂，会产生严重的过敏反应。在许多蠕虫病中常难区分其毒素作用和过敏反应。

(七)免疫反应在诊断上的应用(application of immune reactions to diagnosis)

利用免疫反应的原理来进行人体蠕虫病的快速诊断，如今已有许多简便而有效的先进诊断方法。除了用于证明患者体内有对某些寄生蠕虫的体液抗体(humoral antibodies)存在的多种反应方法之外，还应用了证明患者体内存在蠕虫病原循环抗原的试验方法。目前常用的检测有抗体存在的反应方法有：皮内试验、间接血凝、乳胶凝集、间接荧光、放射免疫、酶联免疫印渍、多聚酶链反应、酶联免疫吸附、免疫酶染色试验及尾蚴膜反应等。沈一平等(1991)的《寄生虫与临床》和刘约翰等(1993)的《寄生虫病临床免疫学》中都详列了多种蠕虫病的免疫诊断方法。

参 考 文 献

戴保民，胡孝素，等.1989.单克隆抗体与人兽共患病.北京：科学出版社
刘约翰，赵慰先，等.1993.寄生虫病临床免疫学.重庆：重庆出版社
毛守白，何毅勋，等.1990.血吸虫生物学与血吸虫病的防治.北京：人民卫生出版社
沈一平，等.1991.寄生虫与临床.北京：人民卫生出版社
唐崇惕，林统民，林秀敏.1978.牛羊胰脏支睾阔盘吸虫的生活史研究.厦门大学学报(自然科学版)，1978(4)：104-117
唐崇惕，林统民.1980.福建北部山区耕牛支睾阔盘吸虫病的研究.动物学报，26(1)：42-51
唐崇惕，唐仲璋，崔贵文，等.1997.我国牛羊双腔类吸虫的继续研究(Trematoda：Dicrocoeliidae)：III 三种双腔吸虫在蚂蚁宿主体内发育的观察.动物学报，43(1)：61-67
唐崇惕，唐仲璋，唐亮，等.1983.内蒙古东部绵羊土耳其斯坦东毕吸虫的研究.动物学报，29(3)：249-255
唐仲璋，唐崇惕.1962.产生皮肤疹的家鸭血吸虫的生物学研究及其在哺乳类动物的感染试验.福建师范学院学报(寄生虫学专号)，(2)：1-44
唐仲璋，唐崇惕.1976.中国裂体科血吸虫和稻田皮肤疹.动物学报，22(4)：341-360
唐仲璋，唐崇惕.1987.人畜线虫学.北京：科学出版社
唐仲璋，唐崇惕.2009.人兽线虫学.北京：科学出版社
赵慰先，高淑芬，沈一平，等.1996.实用血吸虫病学.北京：人民卫生出版社

十一、禽畜吸虫药物治疗

复殖类吸虫种类很多，在国内发现的近100科、约400属。寄生于畜禽的吸虫在种类上仅次于线虫，多呈地方性流行，对畜禽的危害十分严重。其生活史由于需要1~2个中间宿主参加而复杂化，故其防治比较困难。有些吸虫至今尚无很好的治疗用药，同时目前多数抗吸虫药物对成虫有效，而对童虫缺乏疗效，且用法均不方便。锑制剂在血吸虫治疗上有效，但毒性高，副作用大，疗效低，需多次给药，用法极不方便，不易普及。新药吡喹酮、硝硫氰胺、六氯对二甲苯、敌百虫、呋喃丙胺等，其中吡喹酮是比较理想的高效、广谱、有毒性的药物，国内外都在广泛的试用。

对于胰脏吸虫，除六氯对二甲苯大剂量反复使用具较高的效果外，吡奎酮也可使用。寄生在肝脏的双

腔吸虫，只有海托林、六氯对二甲苯、噻苯唑等少数几种药物可用，海托林为特效，六氯对二甲苯具高效，但用量大，使用不便。苯硫咪唑，吡奎酮具一定作用，正在试用。

抗肝片吸虫药物种类较多，有卤酚类、卤代水杨酰胺类、卤烃类、呋喃类、硫蒽酮类及其他类型药物。对成虫和童虫都有效的是氯硫柳胺、碘硝腈酚、碘醚柳胺、五氯柳胺、氨苯甲烷等。其中较好的为氯硫柳胺、碘醚柳胺、碘硝腈酚，国内正在试制。老的抗肝片吸虫药四氯化碳、六氯乙烷等因毒性大逐渐被淘汰，但因其价廉，有些地方仍在使用。

对于其他吸虫的治疗药物研究得不够充分，有待进一步探索。现将常用且比较好的抗吸虫药物介绍如下，供研究吸虫类时参考，但用药和医治尚需正规医师按具体情况操作。

1. 酒石酸锑钾

酒石酸锑钾（Antimony，Potassium，Tartrate，Tartarus emetic）简称锑钾，俗称吐酒石。

[理化性状] 酒石酸锑钾是酒石酸与三氧化二锑相结合的有机锑化合物，为无色透明结晶，无臭，味微甜。露置空气中易风化成白色结晶性粉末。易溶于水（1：12）及乙醇中。其水溶液呈酸性（pH 为 4～5），遇碱可分解为白色的三氧化二锑沉淀。应密闭保存。

结构式：

[应用范围] 主要用于治疗家畜的日本血吸虫及东毕血吸虫，对马的副蛔虫、蛲虫、副丝虫和狗的利什曼原虫也有驱杀作用。与纳戈宁合用，也可治疗马媾疫锥虫病。牛、羊内服后能兴奋瘤胃蠕动，促进反刍，故常用于牛、羊的前胃疾病的治疗。

[作用机制] 锑钾有直接杀虫作用，药物与虫体接触后能抑制血吸虫的磷酸果糖酶的活性，从而阻断了糖酵解过程，使虫体代谢紊乱，丧失生殖机能，对雌虫尤其敏感。同时具有麻痹虫体肌肉和吸盘作用，使其失去附着和活动能力，被血流冲入肝脏小血管中，虫体发生皱缩和变形，在肝脏被白细胞包围和吞噬，终于被破坏而形成钙化结节或被吸收。

[用法与剂量] 配制溶液时，以吐酒石称重后溶于 60～70℃的蒸馏水中，经过滤转于安瓿内，经流通蒸汽消毒 1h，即可供静脉注射用。注射剂量：马 1.5～2.0g（配成 3%～4% 溶液治疗马媾疫及副丝虫用）。狗 0.01～0.05g（治疗利什曼原虫用）。牛 3% 浓度（治疗血吸虫用），根据卫生部消灭家畜血吸虫病草案（1958年）有如下 3 种疗法。

4h 疗程的剂量：6mg/kg 体重（每隔 2h 注射一次，共 3 次。第一、第二次各为全量的 35%，第三次为全量 30%）。

2d 疗程的剂量：7～8mg/kg 体重（每天上午、下午各一次，共注 4 次，2d 注完。每次剂量为总剂量的 1/4）。

3d 疗程的剂量：7～8mg/kg 体重（每天上午、下午各一次，2d 注完，共分 6 次）。

内服量：马 10～12g（溶于大量水中，1d 分 3 次，每次间隔 1h 内服，疗前 24h 不给水。治疗马副蛔虫及蛲虫用）。

[毒性及处理] 由于吐酒石内含有微量氧化锑（SbO），具有毒性。小白鼠口服为 600mg/kg 体重，静注

为 45mg/kg 体重。内服以马为敏感，牛、羊次之，注射则相反。内服的中毒症状是流涎、口腔炎、溃疡、剧吐、下痢及疝痛，由心脏衰弱致死。静注反应是呼吸急促，心跳增加，体温升高 1～2℃。如在 24h 内不退热，立即停药、休息、抢救。解毒可用 80%葡萄糖 100～200mL，或 25%的硫代硫酸钠 25～40mL 静注，在 4～8h 重复一次。心脏衰弱、呼吸困难时可用阿托品(0.05%)4～8mL 皮下注射，每 4h 重复一次。禁用肾上腺素、咖啡因、可拉明、洋地黄等药物。

2. 没食子酸锑钠

没食子酸锑钠(Sodium，Antimony Subgallate，Stibii Natrii Subgallas) 又称锑-273。

[理化性状]　该药是由没食子酸与氧化锑在沸水中加氢氧化钠作用而成，为我国首先用于治疗血吸虫病的锑剂。本品为乳黄色粉末，略具金属味，可溶于水，难溶于乙醇，不溶于乙醚。

结构式：

[应用范围]　主要用于治疗牛的血吸虫病，对牛的锥虫病及腹腔丝虫也有作用。

[剂量方法]　本药目前国内有两种剂型，即中速片及 15%锑-273 甘油注射剂。

中速片：系锑-273 加硬脂酸等制成，每片含锑-273 200mg。内服，总剂量 0.9g/kg 体重，分 5d 服完，每天按 0.2g/kg 体重给药，第五天按 0.1g/kg 体重给药。

注射剂：系锑-273 加甘油等配制而成的淡棕色澄明液。临用前以 2 倍的注射用水或生理盐水稀释成含纯品 5% 的浓度，摇匀后肌肉注射，现用现稀释，久放变质。剂量，黄牛 12mg/kg 体重，分 5 针，每天 1 针。水牛按 15mg/kg 体重，分 6 针，每天 1 针。

[毒性反应]　本品药理作用基本与吐酒石相同，疗效较好，毒性较低。小白鼠口服比吐酒石小 12 倍，同样剂量肌注，乳牛耐受性较大，水牛次之，黄牛较敏感。用药后个别牛有反应，特别是黄牛。表现为体温升高，心率增加，心音亢进或心律不齐。个别牛可出现过敏反应，表现为呼吸困难、肌肉震颤、皮疹、突然昏倒等症状。解救方法同吐酒石中毒，个别发生过敏，可用抗过敏药进行对症治疗。为减少反应的出现，注射时可分多点进行深部肌肉注射。一般反应多在注射后 5～12h 发生，故应早晨注射，便于观察，出现反应及时处理。

3. 六氯对二甲苯

六氯对二甲苯(Hexachloroparaxylenum，Hetol)，又称血防 846。

[理化性状]　该药为白色针状结晶性粉末，略具苯臭，无味，几乎不溶于水，可溶于乙醇、脂肪及油脂。遇光、碱会缓慢分解呈酸性。应避光密闭保存。

化学名称为：1,4-双-三氯甲基一苯。

结构式：

[应用范围]　属广普性抗蠕虫药。对血吸虫、肺吸虫、华支睾吸虫、肝片吸虫、双腔吸虫、前后盘吸虫、胰吸虫及姜片虫均有较高疗效。同时对牛、羊绦虫、钩虫、蛔虫、蛲虫及阿米巴原虫亦有一定驱杀作用。

[作用机制]　本药可致虫体细胞发生变性，性腺退化，肌肉活动能力减弱。从而使虫体失去附着和活

动能力，使血吸虫雄雌合抱分离，童虫发育停滞。最后崩解死亡。

[代谢与毒性] 口服后由小肠吸收，分布全身。以脂肪中浓度最高，其次是心脏、脑脊髓、肝脏、肾脏、肌肉，再次是肺、脾、胰、睾丸。代谢缓慢，牛服药后 24h 才在血中出现，3～6d 达高峰，2 周后消失。被吸收的药物经肝脏转化为水溶性产物，由尿中排出，一部分未被吸收的由粪便排出。

长期服用有积蓄作用，对各脏器组织细胞可致变性及坏死。中毒后表现精神兴奋或沉郁、消化不良、下痢、排尿困难、血尿。

[用法与剂量] 口服粉剂或片剂，各种家畜均按 200mg/kg 体重。治疗胰吸虫时，剂量应提高到400mg/kg 体重，连服 3 次。

本药亦可制成含纯品 20% 的植物油剂做多点深部肌肉注射，用于治疗胰吸虫病，其剂量按 1200mg/kg体重一次多点注射。

4. 吡喹酮

吡喹酮(Praziquantel，Biltricid，Droncit，代号 Em-bay 8440)。

[理化性状] 该药为无色、微苦、几乎无臭的结晶性粉末。在常态下稳定，熔点 136～139℃，能溶于大多数有机溶剂中。在 25℃时每 100mL 氯仿、乙醇、水中的溶解量分别为 56.7g、9.7g、0.04g。

化学名称：2-环己羰基-1,3,4,6,7,116-六氢吡嗪并(2,1-a)-异喹啉-4-酮。

结构式：

[应用范围] 本药属高效、低毒、广谱性抗蠕虫药，主要用于血吸虫、绦虫成虫及绦虫蚴的治疗。对肝片吸虫及双腔吸虫也有较高的疗效。据报道，对血吸虫中的曼氏血吸虫、埃及血吸虫、日本血吸虫、间插血吸虫、梅氏血吸虫、东毕血吸虫等均有较高的驱杀作用，同时对毛蚴及侵入螺体内的各期幼虫也有杀灭效果，对雄性血吸虫的童虫的效果比雌性更好。对家畜的绦虫成虫具高效，如牛、羊的莫尼茨绦虫、曲子宫绦虫，无卵黄腺绦虫；鹅的矛形镰带绦虫、斯特凡斯基双睾绦虫、片形绉缘绦虫、细小匙钩绦虫；鸭的斯特凡斯基双睾绦虫、微细小体钩绦虫、双冠盆绦虫；鸡的有轮瑞利绦虫、漏斗状绦虫、节片戴维绦虫；犬的中殖孔绦虫、双殖孔绦虫、扩节双槽绦虫、水泡带绦虫、羊带绦虫、棘球绦虫；猫的胞颈绦虫及鼠的膜壳绦虫等，都有很高的治疗效果。对各种绦虫的蚴虫，如猪的囊尾蚴、牛囊尾蚴、牛羊猪的细颈囊尾蚴、兔的豆状囊尾蚴及棘球蚴的早期阶段均具疗效。

[作用机制] 该药能妨碍血吸虫对葡萄糖的摄取，而使乳酸产生减少，增加虫体对糖原的消耗。同时对虫体有直接使其肌肉迅速痉挛而后麻痹的作用，奏效极快。

[代谢及毒性] 用 ^{14}C 标记吡喹酮在大鼠、犬、恒河猴及绵羊体内的代谢表明，本药口服后 30～60min在血清中达到最高浓度，半衰期为 3h(期 I)和 8h(期 II)。主要在肝脏分解；经肾脏排出，口服后 24h 内基本全部排出。给小白鼠口服的为 1000～3000mg/kg 体重，皮下注射为 7000～16 000mg。这与皮下注射吸收缓慢有关。对各种家畜非常安全，经长期服用，无任何明显的副反应。

[剂量及用法] 口服或肌肉注射。肌肉注射是以粉剂与液体石蜡按 1：5 的比例配合制成混悬液，进行深部肌肉注射。口服或肌注的剂量相同；绵羊 30～50mg/kg 体重，牛 60～80mg/kg 体重，猪 50～60mg/kg体重，家禽 10～20mg/kg 体重，犬 2.5～5mg/kg 体重，猫 2～3mg/kg 体重。

5. 硝氯酚

硝氯酚(Menichloropholan，Nichofolan，Bilevon，Bayey 9015)。

［理化性状］　本品为橙黄色小结晶性粉末，熔点 180℃，不溶于水，略溶于乙醇，可溶于氢氧化钠溶液、丙酮、冰醋酸中，易溶于甲基吡咯烷酮中。

化学名称：5,5′-二氯-2,2′-二羟基-3,3′-二硝基联苯。

结构式：

［应用范围］　对牛、羊肝片吸虫成虫有良好作用，加大剂量时，对童虫及莫尼茨绦虫也有一定作用。绵羊口服 8mg/kg 体重,对 30 日龄、40 日龄、50 日龄人工感染的肝片吸虫童虫杀虫率分别为 63.7%、86.5%、90%。可控制肝片吸虫急性和慢性感染。

［作用机制及毒性］　系抑制虫体的琥珀酸脱氢酶，能影响虫体的能量代谢及氧化磷酸化作用，扰乱其氧化代谢而致虫体死亡。口服药量：小白鼠 10mg/kg 体重，牛 6mg/kg 体重，羊 8mg/kg 体重。绵羊口服 15～20mg/kg 体重开始有死亡，8～10mg/kg 体重出现中毒反应。主要表现精神沉郁，食欲减退，轻度呼吸困难，心跳加快，体温升高，血清谷-草转氨酶升高，红细胞、白细胞及血红蛋白减少，严重的导致死亡。牛、羊中毒后可采取对症疗法。

［剂量及用法］　粉剂或片剂内服，黄牛 3～7mg/kg 体重，水牛 1～3mg/kg 体重，牦牛 10～12mg/kg 体重，绵羊 3～4mg/kg 体重。为治疗童虫，剂量可适当增加，黄牛为 10mg/kg 体重，绵羊 8mg/kg 体重。针剂，每支 0.4g(10mL) 及 0.08 克(2mL) 2 种。肌肉注射，所用剂量较口服应略低或减半。

6. 氯硫柳胺

氯硫柳胺(Dirian，Brotianice，BayVa 4059)。

［理化性状］　本品系 4% 的黄色悬浮液。无臭无味，用时可用水稀释(1∶3)。在 35℃时可保存 1 年，平均温度20℃时，经 3 年仍有效。

化学名称：2-乙酰氧基-3-溴-5-氯-N-(4′-溴苯基)-硫代苯甲酰胺。

结构式：

［应用范围］　对羊肝片吸虫的成虫及 6 周龄以上的童虫具高效，6 周龄以下至 3 周龄的童虫效果较差。对猪的姜片虫也有效，此外还用于防治绿头蝇。本药与四咪唑合用有协同作用。

［代谢及毒性］　绵羊口服后在肠内吸收完全，30min 在血中出现，24h 达最高峰，4d 后有 90% 已被排出，20d 后血中浓度下降至最高水平的 1%。

本品毒性低，对皮肤黏膜无刺激，正常剂量对羊妊娠、分娩、授乳无影响。羊最大耐受量为 27mg/kg 体重。30mg/kg 体重左右可出现短暂的毒性反应，表现为食欲减退、昏睡、后躯轻瘫等。36mg/kg 体重时可出现死亡。羔羊 30mg/kg 体重有暂短食欲下降，36～75mg/kg 体重时出现死亡。高剂量对犬和猪可引起呕吐，正常治疗呈无副作用。

［剂量用法］　羊内服 5～7mg/kg 体重。

7. 碘醚柳胺

碘醚柳胺(Rafexanide，Ranide，Flukanid)又称 MK-990。

[理化性状] 本品为淡绿色粉末，无味无臭，不溶于水，溶于有机溶剂，熔点 173～177℃。

化学名称：3,5-二碘-3 氯-4(对氯苯氧基)- 水杨酰胺。

结构式：

[应用范围] 对牛羊的肝片吸虫成虫及童虫具有很强驱杀作用。同时对巨片吸虫、小槽双口吸虫、双腔吸虫、羊鼻蝇蛆及胃肠道线虫也有一定作用。对肝片吸虫的 1 周龄童虫无效，2 周龄效果不稳定，约 36%，对 4 周龄以上童虫可达 92%～100%。

[毒性反应] 对绵羊最高用到 60mg/kg 体重无反应，对牛用至 180mg/kg 体重可引起严重反应，但无死亡。安全指数在 10 左右。

[用法与剂量] 口服，牛 10mg/kg 体重，羊 15mg/kg 体重，马 5mg/kg 体重。

8. 氨苯氧烷

氨苯氧烷(Diamphenethide，Coriban，Diamfenetide)，又称双乙酰胺苯氧醚、联苯酚噻。

[理化性状] 该药为白色结晶性粉末，不溶于水，略溶于甲醇。

化学名称：β, β′-双-(4-乙酰胺苯氧基)乙基乙醚。

结构式：

[应用范围] 可用于家畜血吸虫病的治疗，对 3 日龄以上的肝片吸虫童虫及成虫具高效，对巨片吸虫也有疗效，故可用于肝片吸虫病的预防。

[毒性反应] 毒性较低，但对视觉有一定影响。小白鼠口服，皮下、腹腔注射均超过 3000mg。绵羊口服 400～1600mg/kg 体重，只有很低的死亡率、脱毛和暂时性的视觉障碍。

[用法与剂量] 口服，绵羊 80～120mg/kg 体重，黄牛 75～100mg/kg 体重。本药亦可混于饮料中，集体给药。

9. 碘硝腈酚

碘硝腈酚(Nitroxynil，Trodax，Dorenix)又称肝-2。

[理化性状] 本品系由抗线虫药双碘硝酚改进而成的抗肝片吸虫药，亦有驱线虫作用。通常制成甲基葡胺(Methyl glucamine)和乙基葡胺(Ethyl glucamine)盐。为黄色结晶性粉末，无味无臭，不溶于水，可溶于 120 份醇，60 份乙醚中，熔点 137～138℃。

化学名称：3-碘-4-羟-5-硝基-苯腈。

结构式：

[应用范围] 用于牛、羊肝片吸虫和童虫、血矛线虫及犬钩虫的治疗。

[作用机制] 本剂中的硝基酚是细胞中氧化磷酸化作用的解联剂，有使三磷酸腺苷酶活性升高和横纹肌收缩的作用。本剂少量时可出现肌紧张，大量可引起心脏、神经、肌肉、呼吸器官损害。对牛皮下注射 20mg/kg 体重，羊 40mg/kg 体重，无任何临床反应。

［**用法与剂量**］　口服或皮下注射，牛 5～10mg/kg 体重，羊 10～20mg/kg 体重。

10. 硝硫腈胺

硝硫腈胺（Amosconate）国外代号 C9333，国内代号 7505。

［**理化性状**］　该药为黄色结晶性粉末，无味无臭，不溶于水和大多数有机溶剂，微溶于丙酮、氯仿等，能溶于二甲基亚砜及二甲基乙酰胺和油脂中。熔点为 198～199℃。

化学名称：4-异硫氰酸-4′-硝基二苯胺。

结构式：

O₂N—⟨⟩—NH—⟨⟩—NCS

［**应用范围**］　对家畜血吸虫、肝片吸虫、姜片虫、蛔虫、钩虫等均有较高的驱杀效果。大剂量还可阻止血吸虫的尾蚴发育为成虫，故对血吸虫病有一定的预防作用。

［**作用机制**］　具直接杀虫作用，口服后虫体琥珀酸脱氢酶和二磷酸腺苷受到抑制，虫体收缩，吸盘无力，肝移并发生退行性变化，表皮肿胀，体萎缩，生殖系统退化，肠管色素消失。此时引起肝组织反应，发生急性嗜酸性脓肿，以后类上皮细胞增生，包围虫体碎片，形成死虫结节后逐渐被吸收。

［**代谢及毒性**］　口服后吸收较快，肝血浓度达高峰，并能以较低的浓度在体内维持较长时间。药物分布以肝脏最高，依次是脂肪、肾、脾、肺、肌肉、心、脑、血。排泄较慢，给药后 72h 还有原形药物由尿中排出，固有蓄积作用。

该药的毒性及疗效与药物的剂型、授药方法、药物颗粒的大小有关。小白鼠腹腔注射粗粉剂为（209±45.5）mg/kg 体重。牛口服 50mg/kg 体重无反应，静注 5mg/kg 体重则出现中毒反应。动物反应的表现是食欲减退、体重减轻、共济失调、定向障碍、肌无力等，同时心率减慢，血压下降，心电图出现 ST 波段下降或升高，T 波双相或低单，GPT 轻度升高，黄胆指数略高等变化。

［**用法与剂量**］　直径 3～6μm 的细粉口服，黄牛 50mg/kg 体重，水牛 40mg/kg 体重。用 0.2%的吐温-80 制成的含硝硫腈胺 2% 的水悬注射剂，做静注，黄牛、水牛均按 2mg/kg 体重。亦可用二甲亚砜制成含硝硫腈胺 20% 的注射剂做肌注，剂量同静注。

11. 五氯柳胺

五氯柳胺（Oxyclozanide，Zanide，ICI46683）又称五氯柳酰苯胺酚，氯羟杨苯胺，肝-1 号。

［**理化性状**］　纯品为乳白色结晶粉末，粗品灰黄色结晶，无味无臭，熔点 208～217℃。几乎不溶于水，微溶于苯、乙醇、冰醋酸中，易溶于热乙醇及热冰醋酸中，在丙酮中溶解度较大（1∶5）。极易溶于氢氧化钠中并生成盐。

化学名称：2′-羟基-3,3′,5,5′,6-三氯水杨酰替苯胺。

结构式：

［结构式图］

［**应用范围**］　对牛、羊、马、鹿及鼠的肝片吸虫和巨片吸虫成虫有很高的疗效，对其童虫、血吸虫和前后盘吸虫成虫有一定的作用。

［**毒性**］　小白鼠口服急性为 180mg/kg 体重，绵羊口服 50mg/kg 体重，牛口服 30mg/kg 体重无反应。最大耐受量牛为 60～75mg/kg 体重，绵羊为 60mg/kg 体重，超此量即有死亡发生。

［**用法与剂量**］　口服，绵羊 15～20mg/kg 体重；牛 10～15mg/kg 体重，增大 30mg/kg 体重时对肝片吸虫童虫有 80% 驱杀效果；鹿为 15～20mg/kg 体重；马为 5～10mg/kg 体重。

12. 硫双三氯酚

硫双三氯酚(Hexide，Lekcug)。

[理化性状] 本品是一种无臭、无味的白色粉末，在空气中稳定。在丁酮、乙醚、二氯乙烷、乙酸乙酯、乙酸等有机溶剂中溶解度较大，尤其易溶于乳化剂吐温-60中，而极不溶于水。溶点为150～157℃。

化学名称：3,3′,5,5′6,6′-六氯-2,2′-二羟基-二苯硫醚。

结构式：

[应用范围] 用于治疗牛、羊肝片吸虫成虫，对血吸虫成虫及肝片吸虫童虫效果不稳定。

[作用机制] 本药对虫体的作用是多方面的，对虫体内的己糖激酶有100%的抑制作用，使其体内氧化磷酸化作用中断，影响糖的代谢；同时也有抑制三羧循环酶的作用，影响虫体的能量代谢；还有能抑制虫体乙酰胆碱酯酶的活性，切断神经传导，使虫体发生痉挛性麻痹而致死。

[代谢与毒性] 绵羊口服后24h，在胆管、肝脏、肺中达最高浓度，然后依次下降，直至10d才能完全排出，在体内的浓度分布次序是胆管、肝、肺、血液、肾、睾丸、小肠、肾上腺、胰、瘤胃、肌肉、脑。大部分药物从粪便中排出，少量从尿中排出。

小白鼠腹腔注射的急性为68mg/kg体重。以10～20mg/kg体重剂量给牛或羊口服或肌注，于投药后第二、第三天，一般呈现少食，第四天可恢复正常。个别会出现食欲大减、反刍停止、口吐白沫、站立不动、眼结膜充血等现象，可持续2～3d，不经解救亦能自愈。

[用法与剂量] 口服，绵羊10～15mg/kg体重，牛5～10mg/kg体重。

13. 海托林

海托林(Hetolin，Dicroden)又称三氯苯丙酰嗪。

[理化性状] 本品系三氯苯丙酸甲基哌嗪盐酸盐。为白色粉末状结晶或棒状结晶，无味无臭，微溶于冷水，易溶于热水及醇中。熔点为259～263℃。

化学名称：1-甲基-4-[3,3,3-三(对-氯苯基)丙酰]哌嗪。

结构式：

[应用范围] 治疗家畜双腔吸虫病，为特效药。

[毒性] 给小白鼠口服为610mg/kg体重。对羊的安全指数在4以上，治疗量对羊无任何副作用。剂量达125～150mg/kg体重时羊可出现中毒反应，牛在240～800mg/kg体重时出现黄胆，消化不良及肝损害。

[用法与剂量] 口服，绵羊40～50mg/kg体重，牛、马为30～40mg/kg体重。

14. 六氯乙烷

六氯乙烷(Hexachloroethane)又称吸虫灵。

[理化性状] 为无色或白色的结晶性粉末，具芳香味，有挥发性，不溶于水，可溶于脂肪、乙醇、醚、

苯、四氯化碳中。熔点 183～187℃。

结构式：

[应用范围]　用于治疗牛、羊肝片吸虫、前后盘吸虫，对家禽的前殖孔吸虫也有效。对于马的圆形线虫、毛线虫及牛羊的毛圆线虫亦有显著疗效。由于六氯乙烷由粪便排出，能抑制圆形线虫、毛线虫的虫卵及幼虫发育，具预防意义。对猫的后睾吸虫也有驱除作用。

[作用机制]　六氯乙烷具直接刺激和麻痹虫体作用。本药在小肠吸收后，由胆汁排出，药物浓度达 0.005%时，对于存在胆管中的肝片吸虫具明显的刺激作用，药物浓度达 0.01%时可使成虫麻痹，童虫则不敏感。对消化道线虫在此浓度下也有同样效果，并可抑制线虫卵及幼虫的发育。

[毒性]　该药对家畜消化道黏膜具刺激作用，吸收后对神经系统有抗胆碱样作用。个别牛在服药后表现有反刍减弱、胃肠分泌减少、瘤胃膨胀、四肢无力或失调、泌乳量减少、昏睡等副反应，必要时应准备进行对症治疗。为减轻副反应，在投药前减少饲料中的蛋白质，减轻牛消化负担，防止膨胀。

[用法与剂量]　口服，牛、羊 200～400mg/kg 体重；马 400mg/kg 体重；家禽每只 200～400mg，分 3 次混于饲料中喂给；猫 500～2000mg/kg 体重。

15. 四氯化碳

四氯化碳(Carbonei tetrachloridum)。

[理化性状]　为无色透明液体，具特殊芳香味。相对密度 1.58～1.59，沸点 76～78℃。难溶于水，易溶于醇、油和有机溶剂中。不易燃，遇光或潮湿即缓慢分解。应密闭保存。

[应用范围]　本药对肝片吸虫成虫有较强的驱杀作用。对马的圆形线虫、副蛔虫、胃蝇幼虫，猪的姜片虫、猪肾虫、鸡的前殖孔吸虫及消化道线虫、鸭的多形棘头绦虫、鹅的裂口线虫、肠道吸虫、猫的后睾吸虫等，均具良效。

[作用机制]　药物未被吸收之前，在肠道内，对寄生线虫有刺激作用，使其兴奋而后麻痹；吸收之后，对肝内的肝片吸虫作用迅速，使成虫运动缓慢或麻痹，然后崩解死亡。

[毒性反应]　四氯化碳对肌体黏膜有刺激作用，可使其发炎水肿。内服使胃黏膜产生灼热感，能引起炎症。服后在小肠内缓慢吸收，且不完全，入血后进入肝脏及中枢神经系统。大部经肺、胆汁及肾排出。对肝脏可引起肝细胞脂肪性变，同时使心脏活动减弱，血压及血钙下降，胆红素增加。各类家畜对其敏感性不同，牛、猫最敏感，其次羊、骆驼，再次是马和犬；老幼畜比成年畜敏感；营养差、缺钙及维生素的瘦弱家畜敏感度高。中毒性反应出现后可用葡萄糖钙解救。

[用法与剂量]　内服，马 20～40mL/匹，幼驹适量酌减；羊 1～3mL/只，羔羊减半；猪 2～3mL/头；鸡 1.5mL/只。注射，以等量石蜡油混合，肌注或瘤胃注射，羊 2mL/只；牛 10mL/头；猪 0.25mL/头。

16. 硫溴酚

硫溴酚(Thiobromophenolum)又称抗虫349。

[理化性状]　为白色结晶性粉末。熔点 188～189℃，不溶于水，微溶于氯仿及四氯化碳，溶于丙酮及乙酸乙酯中。

化学名称：2,2′-二羟基-3,3′-二溴-5,5′-二氯-二苯硫。

结构式：

［应用范围］ 对牛、羊、鹿的肝片吸虫有效，对其童虫也有一定作用。对前后盘吸虫和盲肠吸虫也有疗效。

［毒性］ 本药类似硫双二氯酚，毒性较低。小白鼠口服为 960mg/kg 体重。以正常治疗量给牛，也会有 1/3～1/2 的牛出现轻微的反应，如稀便、少食等，不经治疗在 2～3d 内可自然恢复。

［用法与剂量］ 口服，黄牛 40～50mg/kg 体重；水牛 30～40mg/kg 体重；绵羊 50～60mg/kg 体重；山羊 30～40mg/kg 体重；鹿 60～100mg/kg 体重。

17. 六氯酚

六氯酚(Hexachlorophenum，Bilevon，Hepadist)又称血-30。

［理化性状］ 为白色或灰白色的结晶性粉末，无味无臭，不溶于水，但与水能形成良好的乳剂。可溶于油脂及乙醇中。

化学名称：2,2′-二羟基-3,3′,5,5′,6,6′-联苯甲烷。

结构式：

［应用范围］ 对家畜的肝片吸虫、前后盘吸虫、华支睾吸虫及家畜家禽的绦虫均具较好的疗效。该药原为杀菌剂，对革兰氏阴性细菌有抗菌作用，可作为消毒剂。高剂量对肝片吸虫童虫有一定功效。

［毒性］ 本药类似硫双三氯酸，毒性较大，副作用较多，可使奶牛产奶量下降，母鸡产蛋率降低。还可引起牛、羊下痢等。

［用法与剂量］ 内服，牛、羊 15～20mg/kg 体重；鸡 30～60mg/kg 体重。

参 考 文 献

崔贵文.1977. 抗蠕虫药物国内外进展. 呼伦贝尔畜牧业
雷兴翰，章元琅.1964. 药物化学进展，74-95
上海药物所.1980. 药学通报，(4)：38-39
上海医药工业研究院.1980. 医药工业，(7)：47

Ⅱ．各　论

（Ⅰ）单殖亚纲（Monogenea Carus，1863 Nec.Van Beneden，1858）

一、概　述

单殖亚纲（Monogenea）是营寄生生活的扁形动物。宿主主要是水生冷血脊椎动物（aquatic poikilothermic vertebrates），如鱼类、两栖类，亦见于水生无脊椎动物（aquatic invertebrates），如甲壳类（Crustacea）和软体动物中的头足类（Cephalopoda）。绝大多数的单殖吸虫是寄生在淡水及海水鱼类的皮肤和鳃腔（gill chamber），也寄生于宿主的咽腔（buccopharyngeal cavity），或且在与外界直接或间接相通的部位，如鼻腔、眼、耳、泄殖腔（cloaca）、直肠腺（recta glands）和膀胱（Urinary bladder）等部位。例如，多盘科（Polystomatidae）的多盘虫（*Polystoma*）等寄生于两栖类和爬行类（龟）的膀胱、鼻腔，有的种类，如 *Oculotrema hippopotami* Stunkard，1924（隶属于 Polystomatidae，Oculotrematinae Yamaguti，1958）寄生于水生哺乳动物河马（*Hippopotamus*）的眼睛上。寄生于鳃上的 *Amphibdella*（Dactylogyridae，Ancyrocephalinae）的种类，有的童虫会侵入板鳃类（elasmobranches）电鳐的血液系统中。在沙脑鱼 *Salachians* 的输卵管中亦发现有单殖吸虫。

单殖吸虫的生活史是直接的，没有世代交替，亦无宿主的交替。因此，单殖吸虫与复殖吸虫相比，其虫卵和幼虫与终宿主有更接近的生态关系。复殖吸虫生活史有一个以上的中间宿主参与，在中间宿主体内发育的幼虫期与终宿主有相当的距离。

寄生在两栖类膀胱中的多盘虫，它的生殖环节（reproductive cycle）和宿主的生殖环节是同步的（synchronised）。虫体性成熟排卵受宿主内分泌系统（hormonal system）的影响，如 *Polystoma integerrimum* 的生殖器官只有在其宿主蛙 *Rana temorarpia* 准备进入水中交配之前才成熟，当蛙卵第一次排出时，多盘虫在已有 3 年之久不成熟的个体此时也成熟，并放出大量的虫卵。寄生虫和宿主生殖环节的同步机制使虫体的虫卵中的幼虫孵出时即有丰富的蝌蚪供其感染寄生（Miretski，1951；Smyth，1954）。

单殖吸虫具有宿主特异性（host specificity），不同种类其附着器官（attachment organs）有一定的结构，因此，各种类只能适应于很窄的寄生部位。例如，*Gastrocotyle trachuri* 总是见于马鲛鱼（*Trachurus Trachurus*）鳃瓣的中部，而 *Pseudaxine trachuri* 常附着在鳃瓣的末端。

二、单殖吸虫外部形态结构

单殖吸虫的身体较小，特别是淡水的种类大多数长度在 0.5cm 以下，幅度在 0.03～20mm。身体的形状不一，有尖细叶片状、椭圆形或圆柱形。基本是两侧对称（**单殖图 1**）。

体表披一层共胞体结构的皮层与其他寄生扁形动物的皮层一样，通常无棘。按 Morris 和 Halton（1971）的 *Diclidophora merlangi* 皮层的微细结构图，皮层表面有长短不等的微毛（microvillus）。但在某些种类，如分室科（Capsalidae）的背面有散生的棘；有些种类在后吸器上有几丁质板构成的鳞盘，如双鳞盘吸虫（*Di-*

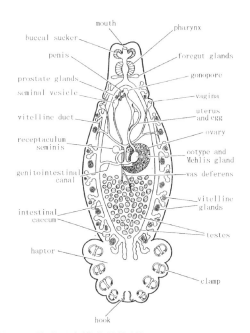

单殖图 1　单殖吸虫模式结构（按 Smyth and Halton，1983）

plectanum）。一些种类在体前端具有由黑色素细胞构成的眼点，眼点有的一对，有的两对前后排列，如指环虫（Dactylogyrus）、似盘钩吸虫（Ancylodiscoides）、兴凯湖吸虫（Bychowskyella）等。也有不具眼点的种类，如 Gyrodactylus 等。

单殖吸虫附着器官（adhesive apparatus）（**单殖图 2～单殖图 4**）分有前附着器（prohaptor）和后附着器（opisthohaptor），一般以后附着器为主要附着器官。前附着器有：围口吸盘、口腔吸盘、前吸盘及头器等类型。头器为乳头状突起，内有多细胞的腺体，头腺分泌黏液，由管道通出体外，以利于虫体固着在寄主身上。前附着器的功能除便于虫体摄食时吸着之外，还起运动器官的作用。后附着器的结构较复杂，当虫体在稚虫时，其腹面有个盘状体，随着个体的发育，后附着器才逐渐完善。后附着器的形态结构因不同虫种而异，为分类上重要的依据。最简单的附着器为肌肉质，在成虫期也没有几丁质的结构，如 Udonella。绝大多数种类的后附着器为不同的几丁质结构，大致有以下几种类型。

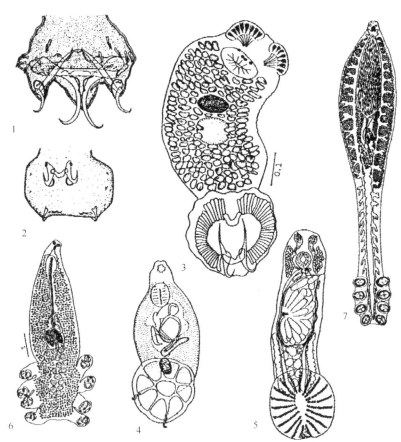

单殖图 2　单殖吸虫的不同形式后附着器

1. *Mizelleus indicus* Jain，1957（按 Yamaguti，1963）；2. *Thaparocleidus wallagonius* Jain，1957（按 Yamaguti，1963）；3. *Bathitrema bothi*（MacCallum，1913）（按 Bychowsky，1957）；4. *Heterocotyle robusta*（Johnston et Tiegs，1922）（按 Johnston，1934）；5. *Allacanthocotyla pugetensis*（Guberlet，1937）（按 Yamaguti，1963）；6. *Dactylocotyle denticulate*（Olsson，1876）（按 Bychowsky，1957）；7. *Heterobothrium tetrodonis* Goto，1894（按 Yamaguti，1963）

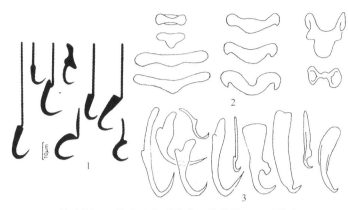

单殖图 3 单殖吸虫后附着器的钩等几丁质构造

1.后附着器上的边缘小钩(按 Llewellyn，1957 于 Bendawes，1963)；2.后附着器大钩连接的条杆或附属硬件；3.大钩(中央钩)(按 Bychowsky，1961
于 Schmidt，Roberts，1955)

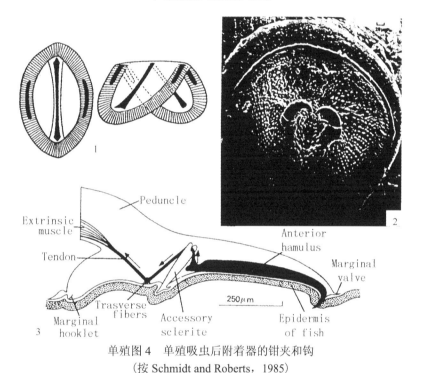

单殖图 4 单殖吸虫后附着器的钳夹和钩

(按 Schmidt and Roberts，1985)

1. 钳夹伸张及部分闭合状态模式图(按 Bychowsky，1961)；2. *Entobdella soleae* 后附着器扫描超微结构(按 Lyons，1973)；3. *Entobdelle soleae* 后附着
器钩等与肌腱活动关系模式图(按 Kearn，1971)

1)后附着器上主要的几丁质结构为数目较多而大小不同的锚钩和联结片。这种结构代表着较低等的
种类。

2)后附着器主要的几丁质结构为吸铗复杂的硬钳夹(clamps)或肌肉的瓣(muscular valves)，保留或不保
留着幼虫的锚钩。吸铗数目可自 8 至数百个，这个结构和排列呈现复杂的多样化，虽然它们构造有很多变
异，但所有都基于一个简单原始式型(**单殖图 1**)。clamps 的功能是帮助虫体附着在宿主体上，具这样结构
的群类被认为是较高等的种类。

3)后附着器分隔为多室，每室有单独的吸附作用，室的分隔常为辐射状排列。有的种类在体后端尚有
可分泌黏液的尾腺。李立伟(2002)观察到单殖吸虫后附着器几丁质构造插入到鱼类宿主寄生部位的皮肤
中，那里的组织细胞被破坏产生炎症等严重病变。

后附着器中这些硬的支架结构的形态及活动方式因种类而不同，这些结构也关系到它们在宿主体上寄
生部位的选择。后附着器除有附着功能外，可能也具有攻击和防御的作用。

后附着器向来被用为单殖吸虫分类的基础，如单盘目 Monopisthocotylea 种类，后附着器具单个铗 (haptor)、盘状铗(disc-like haptor)，而多盘目 Polyopisthocotylea 种类后附着器是多个吸盘或钳(clamps)。这一分类方式一直被沿用。

三、单殖吸虫内部器官构造

(一)皮层及与其相连的部位

过去在光学微镜下把此皮层视为无生活组织的角质层(cuticle)，在电子显微镜下知道它是一个生活组织的合胞层(syncytial stratum)，它顶面胞质膜有微毛(microvillus)，底部胞质膜有许多内褶(basal infolds)，这一层中有许多线粒体和分泌体(sacretory bodies)。此层细胞质小梁(cytoplasmic connection，trabeculae)与细胞体连接。此细胞体上有高尔基器(Golgi stack)和颗粒内质网(granular endoplasmic reticulum，GER)，以及分泌体。在皮层下尚有纵、环肌肉纤维层，外层为环肌(circular muscle)，较薄，少数种类无环肌，在环肌之下为纵肌(longitudinal muscle)和斜肌(diagonal muscle)较厚，此 3 层肌肉配合作用使虫体伸缩自如。在皮层下尚有柔软组织(parenchyma)包含有柔软组织细胞(parenchymal cell)和纤维。它充满于体内各器官之间(**单殖图 5**)。

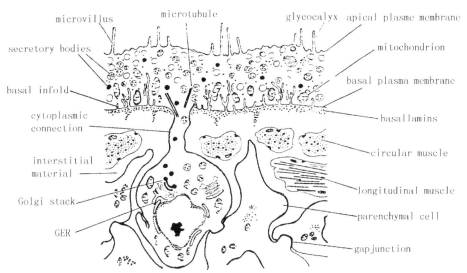

单殖图 5　单殖吸虫 *Diclidophora merlangi* 的皮层及与其联系部分
GER=granular endoplasmic reticulum(按 Morris and Halton，1971)

(二)消化器官

单殖吸虫的口开在体前端，通常在口腔漏斗(buccal funnel)之后紧接有口吸盘(oral sucker)，由一短的前咽(prepharynx)进入一肌肉性腺质的咽和短的食道。但有的种类没有口吸盘的构造，而有埋在口腔漏斗壁内的肌肉性口腔吸盘(buccal sucker)。在其前方两侧，以及前咽和食道两侧都可能有一对单细胞腺体：口腔腺(buccal glands)、前咽腺(prepharyngeal glands)及食道腺(oesophageal glands)，由导管通于各部位的消化管中(**单殖图 6**)。食道和肠管相连，有的种类无食道，肠管直接连于咽。大多数单殖吸虫肠管分左右两支，肠管有的是无分支的盲管，有的从管上分出许多小盲管或 2~3 分支小盲管，分支的末端相连，或各为盲管。在 *Diplozoon* 中央，一纵行肠支横向分出许多有小分支的两侧支。肠支后行到体后端，或各为分支盲管，或两侧支在体后端相连接，连接后通常还有一单管继续后行为盲管，没有肛门。

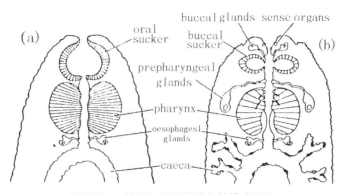

单殖图 6　单殖吸虫前端消化管模式构造
（按 Halton and Morris，1975；Halton and Stranock，1976a.）
(a) *Calicotyle krôyerl*；(b) *Diclidophora merlangl*

　　单殖吸虫的口腔吸盘对虫体吸食宿主体中血液起作用。肌肉性的咽也能翻出，紧吸在宿主的皮肤上。咽腺、食道腺等腺体分泌的强蛋白酶能消化宿主的表皮，分解的产物经咽的吸吮而进入虫体的肠管（Kearn，1971）。由于虫体吸食也使宿主表皮受伤。Rohde（1979）报告在许多多盘目（Polyopisthocotylea）的种类见有口腔器官（buccal organs）由于肌肉的作用而附于鱼宿主的鳃丝上，鳃黏膜被虫体分泌的酶物质所损伤。虽然一些指环虫种类 *Dactylogyrus* spp. 和一些单盘目（Monopisthocotylea）种类能摄食宿主的血液，但绝大多数单盘目种类主要是摄食宿主的黏液及表皮细胞。在多盘目种类，宿主的血液是它们的主要食物。虫体肠壁细胞的胞饮作用（pinocytosis）把血红蛋白（hemoglobin）吸入细胞内，行细胞内消化（intracellular digestion）（**单殖图 7**），在细胞内网状空隙中被消化。由于网状系统与肠腔之间有联系，在细胞中不能消化的含铁血红色素（hematin）被排到肠腔中。不能消化的碎粒在所有单殖类都从口排出。单殖类吸虫有可能从海水通过皮层直接吸收低分子质量有机化合物，以补充血液内容（Schmidt and Roberts，1985）。

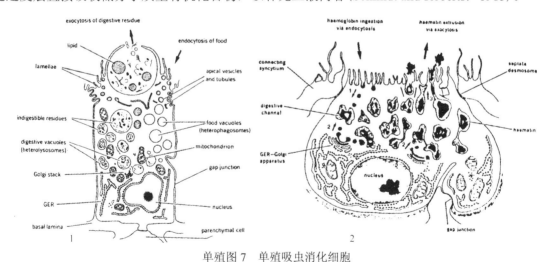

单殖图 7　单殖吸虫消化细胞
（箭矢示食物细胞内消化、内吞噬吸收及不能消化的残渣胞外排出路线）
1. *Calicotyle kroyeri* 肠上皮细胞（按 Halton and Stranock，1976b）；2. *Diclidophora merlangi* 消化细胞（按 Halton，1975），GER = granular endoplasmic reticulum

（三）神经系统及感觉器官

　　单殖吸虫神经系统较简单，但也很发达，呈梯形。围食道神经环在咽的两侧各有一堆神经细胞为脑神经节（cerebral ganglia），中间有神经纤维相连而成神经环。由神经环向前后各发出 3 对神经干（nerve trunks），神经干之间有横联系。从脑神经节到咽上有神经联合（nerve commissure），从神经干亦有神经到各器官组织及后附着器上。Halton 和 Jennings（1964）用吲哚乙酸盐染色方法显示 *Diplozoon paradoxum*

单殖图 8　单殖吸虫孪生虫 *Diplozoon paradoxum*
（按 Holton and Jennings，1964）
用吲哚乙酸盐染色显示虫体神经系统胆碱酯酶活性的整体图像

神经系统胆碱酯酶活性情况，也显示其神经系统的结构（**单殖图 8**）。

单殖吸虫的感觉器(sense organs)多种形式（**单殖图 9～单殖图 12**），有：眼点(eyespots, pigmented eye，见于自由生活幼虫)；无色素睫状光接受器(nonpigmented ciliary photoreceptor，见于 *Entobdella* 幼虫钩毛蚴)；睫状感受器(ciliary receptor，见于虫体皮层)；单个接受器(single receptor，一神经末端有一个变化的纤毛)；复合接受器(compound receptor，数个神经末端，各有一个纤毛，或一个及少数神经末端，每个有许多纤毛)；无纤毛感觉器官(nonciliated sense organ，见于 *Entobdella* 后附着器)。在后附着器表面上覆盖有多过 800 个小乳突。每个乳突的皮层之下是成堆的神经末端。这器官被认为是机械接受器(mechanoreception)。单殖吸虫是有一个范围很大、可能与感觉器官有联系的网。这些感觉器官始终与其成虫和幼虫寻找宿主和附着复杂行为的形式相一致。在三口虫(*Tristoma*)尚发现有原始的味觉器官的记载。

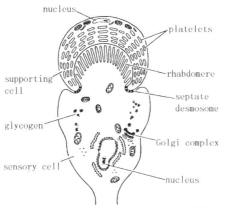

单殖图 9　多盘虫 *Polystoma integerrimum* 钩毛蚴眼点断面图解
（按 Fournier and Combes，1978）

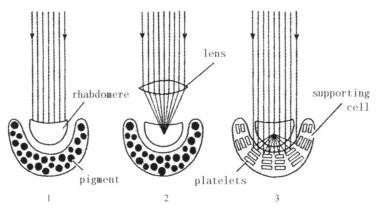

单殖图 10　单殖吸虫幼虫三种类型眼点
（按 Fournier and Combes，1978）

1. *Euzetrema knaepfferi* 没有晶体，示光的反射；2. *Entobdella soleae* 有晶体，示光的反射；3. *Polystoma integerrimum* 眼点，示光的反射

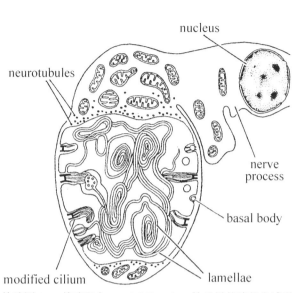

单殖图 11　单殖吸虫 *Entobdella soleae* 钩毛蚴的睫状光感受器

（按 Lyons，1972）

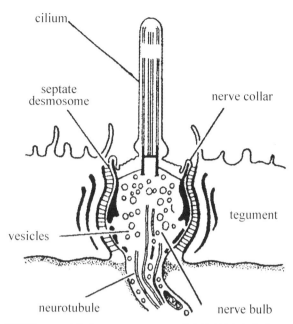

单殖图 12　三代虫 *Gyrodactylus* sp. 成虫的单纤毛感受器

（按 Lyons，1969a）

（四）排泄器官

单殖吸虫的排泄器官是和扁形动物的复殖吸虫及绦虫等的形式一样，为焰细胞原肾（flame cell protonephridium）式。由各焰细胞引出薄壁毛细收集管（capillary）会集于两侧的排泄管（excretory duct），两侧排泄管在前方咽附近通入可伸缩的小囊（bladders）而由排泄孔向外开口。Rohde（1975）报告单殖吸虫多盘虫类排泄细管（excretory tubules）内壁是强网状壁（strongly reticulated wall）（**单殖图 13**）。排泄系统兼具排泄及渗透水分调节的功能。

（五）生殖系统

单殖吸虫是雌雄同体（hermaphrodite），但通常是异体受精（cross fertilization）。

1. 雄性生殖器官

睾丸圆形、卵圆形或有分叶。大多数单殖吸虫只有一个睾丸，但睾丸数因种类不同而异，有的种类一个体中睾丸数达 200 个。每一个睾丸有一输出管，后会合而成输精管。贮精囊有或付缺，单细胞前列腺（unicellular prostates gland）有的种类很发达，如 *Pseudomurraytrema*（＝*Allomurraytrema*，宿主海产鱼类），其输精管和射精管（ejaculatory duct）相连，通到生殖腔（genital atrium）。一些种类射精管简单，其末端的生殖腔呈浅盘状。许多种类射精管较发达，在其末端周围组织增厚并肌肉性，形成乳头状像阴茎（penis）的结构，在 penis 的末端上有大小和形状一定的几丁质钩，这是分类的重要特征之一。射精管可以伸缩，有些射精管末端内衬以几丁质结构。有一些科种类的交合器（copulatory organ）是由射精管连同复杂的几丁质交

单殖图 13　*Polystomoides* sp. 排泄细管内壁横切面示网状壁及其上纤毛

（按 Rohde，1975）

配器(sclerotized copulatory apparatus)构成。此结构在同种各个体是相同，而在不同种中差异很大，因此它具有重要的分类意义。

2. 雌性生殖器官

雌性生殖器官包含有卵巢、输卵管、卵模、卵黄腺、子宫、阴道及生殖肠管(genitointestinal duct)等结构。在单殖吸虫，单个的卵巢通常在睾丸的前方，卵巢圆形、卵圆形或分瓣，因种类不同而异。输卵管由卵巢引出经卵模、子宫到子宫末端的生殖孔或生殖腔。在卵模周围有梅氏腺(Mehlis'gland)，它分泌黏液和浆液。在输卵管通向卵模的道上接受了阴道、卵黄管及生殖肠管的通入。阴道基本形态为管状，有些种类阴道末端为几丁质，有些种类阴道口围绕有小棘。交配时阴道接受另一条虫的精子。阴道在有些种类付缺，有的种类阴道两条。阴道开口于体背侧、腹侧或侧方。有些种类(如 *Entobdella*)阴道开口比阴茎小许多，精子输送是靠把精子包囊(spermatophores)放置在交配伙伴阴道邻近。没有阴道的单殖吸虫，如 *Diclidophora merlangi*，其受精实际上是一种皮下注入受精(hypodermic impregnation)。一虫体吸盘状阴茎附着在另一虫体的生殖孔上，使其皮层成一乳突，用阴茎内的小棘刺破皮层成一缺口，注入的精子会移行到该虫的贮精囊(Schmidt and Roberts, 1985)。单殖吸虫的卵黄腺十分丰富，通常分布于从虫体前方到后方的柔软组织中，有的甚至延伸到后附着器内。卵黄腺有很多分支，但基本是由左右群团所构成。各群团均有小输出管会合成左右卵黄管，它们在卵模附近汇集成卵黄贮蓄囊或卵黄总管，通入卵模前方的输卵管中。卵黄丛粒包含有数个卵黄细胞，它们之外包被有肌肉性薄膜，卵黄管内壁有纤毛上皮(ciliated epithelium)。

大多数多盘类单殖吸虫有生殖肠管的结构，它联系于输卵管和肠管的一段或一分支之间。其功能尚不清楚。在肠管中见有卵黄颗粒和精子，学者们推测它们是经生殖肠管而进入消化管。有人假设这一结构是一退化器官，虫卵由此进入肠管，然后由口排出。有的学者推测多余的精液和卵黄物质经此通道进入消化管被消化和吸收，可能与劳氏管同源。生殖肠管也见于许多涡虫，特别是多肠类，其功能同样不清楚。

单殖吸虫除三代虫(*Gyrodactylus* spp.)之外，均为卵生。卵一般无卵盖，卵壳厚，有的种类在卵的两端或一端有长达卵长 10～15 倍的极丝(filament)。有的种类虫卵只有一个小柄。虫卵卵形、椭圆形、茄形、三角形等多样化。虫卵的形状是由卵模内壁形状而定。卵壳物质也和复殖类吸虫一样是来自卵黄细胞(vitelline cells)。在卵模中形成的虫卵进入子宫，子宫中一般只有 1～20 个虫卵。虫卵通常单个排出，但有一种寄生于海产鱼类的微杯吸虫(*Microcotyle gotoi*)，具很长卵丝、虫卵数多、堆在一起的卵块，如同具根丝的水晶莲一样。又有如棘杯虫(*Acanthocotyle*)的虫卵数个堆在一起呈扇状。虫卵的大小不一，小的长径为 0.1mm，大的可达 0.3mm。

四、单殖吸虫生活史

单殖类吸虫的生活史，仅有性生殖一种形式(不同于复殖类吸虫的有性生殖和无性繁殖世代交替生活史)，因此被称为单殖吸虫。

单殖类吸虫绝大多数为卵生(oviparous)，仅少数卵胎生(viviparous)。直接发育。两虫体交配后，精液留在对方个体受精囊(seminal receptacle)内备用。受精卵自虫体排出后，卵上的极丝使虫卵能漂浮于水面或附着在其他物体或鱼类宿主的鳃上。经过一段时间的发育，卵内钩毛蚴(oncomiracidium)发育成熟并孵出，进入水中。钩毛蚴呈棒状、筒状或扁长椭圆形。身披纤毛，在一侧有 3～6 簇。体前端常有眼点两对。有咽和肠管。体后端有盘状结构，幼虫孵化后一段时间，后附着器上才开始出现几丁质结构。虫体有趋光性，做直线运动，遇到适当寄主就附着上去，开始寄生生活。附着后脱去纤毛，体内各器官相继发育，但后附着器比生殖器官先发育。幼虫孵化后24h 内如不遇上寄主就会自行死亡。单殖吸虫成虫产卵和卵中幼虫孵化可随水温的上升、下降而加快和变慢。

单殖吸虫中除成虫产卵孵出的幼虫再发育长大为成虫这一生活史形式之外，还有如三代虫（*Gyrodactylus* spp.）以胎生形式进行生殖。在三代虫体内子宫中的胎儿中有胎儿，有时可以见到有 4 代在一个体上。这种胎生（卵胎生）现象的机理尚不清楚，有人认为是一种单性生殖囊的幼体生殖现象，也有人认为是一卵多胚现象。当子宫中的胎儿发育到后期，卵巢又产生一个成熟卵在大胚胎之后。胎儿脱离母体到外界就已有繁殖后代的能力。

五、单殖吸虫分类系统

单殖吸虫为雌雄同体吸虫类的扁形动物，是水生脊椎动物尤其是鱼类的体外寄生虫，少数也寄生于软体动物和甲壳类。这一类吸虫生活史没有无性生殖世代和不需要中间宿主的特点，与盾盘吸虫相同，不同于复殖类吸虫。Van Beneden（1858）、Carus（1863）、Monticelli（1888）、Braun（1889～1893）、Odhner（1912）、Fuhrmann（1928）、Ben Dawes（1946）、Yamaguti（1963）、陈心陶（1965）等都是以单殖类吸虫（Monogenea）作为一个目，与复殖类吸虫（Digenea）及盾盘类吸虫（Aspidogastrea）并列于吸虫纲（Trematoda）之中。Bychowsky（1937，1957，等等）提出把单殖类吸虫提高到单殖吸虫纲的位置。Schmidt 和 Roberts（1985）按此观点将 Monogenea 与 Turbellaria、Trematoda 和 Cestoidea 作为并列的纲置于扁形动物门（Platyhelminthes）中。

单殖类吸虫无需中间宿主、没有世代交替的生殖方式与盾盘吸虫类相同，单殖吸虫幼虫及成虫的形态和器官系统的结构上与其他吸虫类仍有许多相似之处。许多学者认为单殖类吸虫是吸虫类（Trematoda）中的一个群类，不同于盾盘类吸虫和复殖类吸虫。它们是否达到和涡虫纲、绦虫纲及吸虫纲的分类相等的纲的位置，还需要进一步精细的研究。

关于单殖类吸虫中的分类，各方面学者的意见都很接近，随着虫种的不断发现，各总科、科、属渐趋丰富。在 Yamaguti（1963）《单殖吸虫和盾盘吸虫分类系统》（*Systema Helminthum IV: Systematic Survey of the Monogenea and Aspidocotylea and their host relationships*）专著中，关于单殖吸虫有较详细的分类如下。

（一）Yamaguti（1963）的单殖类吸虫分类系统

（目、亚目、总科、科）	（宿主）
Monogenea Van Beneden，1858（目）	
Monoopisthocotylea Odhner，1912（亚目）	
Acanthocotyloidea Sproston，1948（总科）	
Acanthocotylidae Price，1936（科）（含 4 亚科 4 属）	E；T
Capsaloidea Price，1936	
Capsalidae Baird，1853（含 5 亚科 22 属）	T；E；C
Dioncidae Bychowsky，1957（仅 1 属）	T
Loimoidae Bychowsky，1957（含 3 属）	E
Microbothridae Price，1936（含 5 亚科 9 属）	T；E
Monocotylidae Taschenberg，1879（含 4 亚科 17 属）	E；H
Udonelloidea Yamaguti，1963	
Udonellidae Taschenberg，1879（含 3 属）	E-Cop；T-cop；T
Dactylogyroidea Yamaguti，1963	
Bothitrematidae Bychowsky，1957（仅 1 属）	T
Calceostomatidae（Parona et Perugia，1890）Poche，1926（含 8 属）	T
Dactylogyridae Bychowsky，1933（含 4 亚科 53 属）	T；E

Diplectanidae Bychowsky，1957（含 12 属）	T
Protogyrodactylidae Johnston et Tiegs，1922（含 2 属）	T
Gyrodactyloidea Johnston et Tiegs，1922	
Gyrodactylidae Cobbold，1864（含 4 亚科 7 属）	Ceph；A；T；T-Br
Tetraoncoidea Yamaguti，1963	
Tetraoncidae Bychowsky，1957（含 1 属）	T
Tetraoncoididae Bychowdky，1951（含 1 属）	T
Polyopisthocotylea Odhner，1912（亚目）	
Avielloidea Sproston，1946 （总科）	
Aviellidae Sproston，1946 （科）（含 1 属）	T
Chimaericoloidea Brankmann，1952	
Chimaericolidae Brankmann，1942（含 2 属）	H
Diclidophoroidea Price，1936	
Dactylocotylidae Brankmann，1942（含 2 亚科 2 属）	T
Diclidophoridae Cerfontaine，1895（含 4 亚科 10 属）	T；T-Isop
Discocotylidae Price，1936（含 11 亚科 16 属）	T
Hexostomatidae Price，1936（含 2 属）	T
Macrovalvitrematidae Yamaguti，1963（含 5 属）	T
Mazocraeidae Price，1936（含 5 亚科 11 属）	T
Octolabeidae Yamaguti，1963（含 1 属）	T
Plectanocotylidae Poche，1926（含 2 亚科 2 属）	T
Protomicrocotylidae Poche，1926（含 4 亚科 4 属）	T
Pterinotrematidae Bychowsky et Nagibina，1959（含 1 属）	T
Diplozooidea Yamaguti，1963	
Diplozoidae Yamaguti，1963（含 2 属）	T
（=Diplozooidae Tripathi，1959）	
Megaloncoidea Yamaguti，1963	
Anchorophoridae Bychowsky et Negibina，1958（含 1 属）	T
Megaloncidae Yamaguti，1958（含 1 属）	T
Microcotyloidea Unnithan，1957	
Allopyragraphoridae Yameguti，1963（含 1 属）	T
Axinidae Unnithan，1957（含 6 亚科 16 属）	T
Cemocotylidae Yamaguti，1963 （含 2 属）	T
Gastrocotylidae Price，1943（含 4 亚科 12 属）	T
Heteromicrocotylidae Yamaguti，1963 （含 1 属）	T
Microcotylidae Taschenberg，1879（含 3 亚科 10 属）	T
Pyragraphoridae Yamaguti，1963（含 1 属）	T
Polystomatoidea Price，1936	
Diclybothriidae Bychowsky et Gussev，1950（含 2 亚科 2 属）	C
Hexabothridae Price，1942（含 1 亚科 7 属）	E
Polystomatidae Gamble，1896（含 8 亚科 13 属）	A；R
Sphyranuridae Poche，1926（含 1 属）	A

宿主：**A**=两栖类（Amphibia），**C**=软骨硬鳞鱼（Chondrostei），**Ceph**=头足类软体动物（Cephalopoda），**E**=板鳃类软骨鱼（Elasmobranchi），**E-Cop**=寄生于板鳃类软骨鱼的桡足类（Copepoda），**H**=全头鱼亚纲（Holocephali），**M**=哺乳类（Mammalia），**Moll**=软体动物（Mollusca），**R**=爬行类（Reptilia），**T**=硬骨鱼（Teleostei）**T-Cop**=寄生于硬骨鱼的桡足类，**T-Br**=寄生于硬骨鱼的鳃尾类（Branchiura），**T-Isop**=寄生于硬骨鱼的等足类（Isopoda）。

（二）单殖吸虫各总科群类的区别特征

单殖吸虫种类繁多，形态各异（**单殖图 14～单殖图 16**），它们附着器官的结构是分类的主要根据之一。关于各群类的主要区别特征，Yamaguti（1963）曾作了检索表如下。

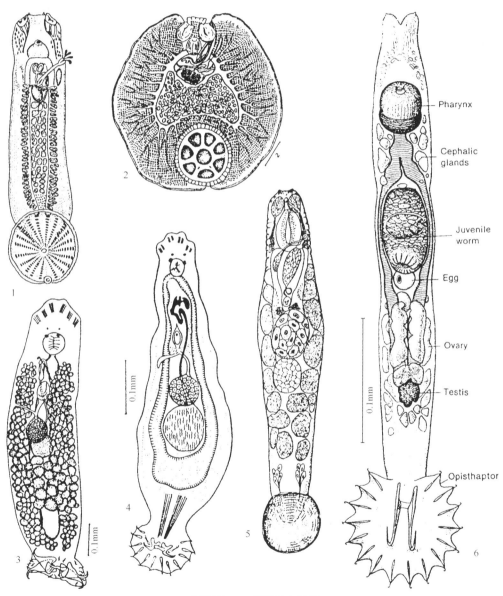

单殖图 14　单殖吸虫种类

1. *Acanthocotyle lobianchi* Monticelli, 1888（按 Yamaghti, 1963）（Acanthocotyloidea 总科，Acanthocotylidae）；2. *Tristoma coccineum* Cuvier, 1817（按 Bychowsky, 1957）（Capsaloidea 总科，Capsalidae）；3. *Tetraoncus monenteron*（Wagener, 1857）（按 Bychowsky, 1957）（Capsaloidea 总科，Tetraoncidae）；4. *Dactylogyrus vastator* Nybelin, 1924（按 Bychowsky, 1961）（Dactylogyroidea 总科，Dactylogyridae）；5. *Udonella caligorum* Johnston, 1935（按 Price, 1938）（Udonelloidea 总科，Udonellidae）；6. *Gyrodactylus cylindriformis*（按 Mueller and Van Cleave, 1932）（Gyrodactyloidea 总科，Gyrodactylidae）

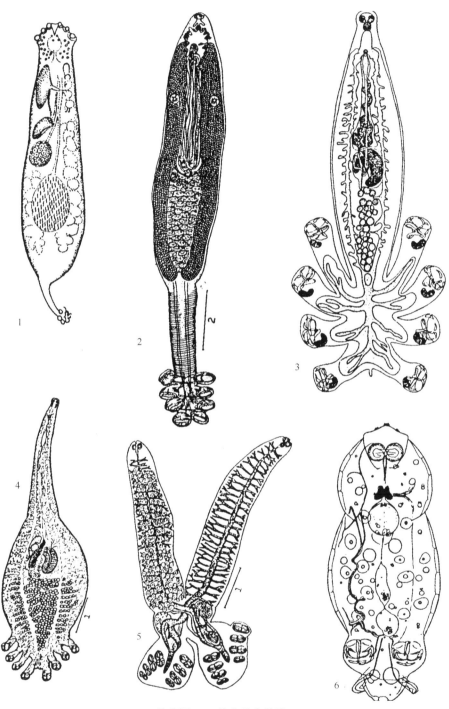

单殖图 15　单殖吸虫种类

1. *Aviella baikalensis*(Vlassenko,1928)（按 Vlassenko,1928；Yamaguti.1963)（Avielloidea 总科,Aviellidae)；2. *Chimaericola leptogaster* (Leuckart,1830)（按 Brinkmarm, 1942)(Chimaericoloidea 总科, Chimaericolidae)；3. *Choricotyle chrysophryi* V. Beneden et Hesse, 1863（按 Llewellyn, 1941)(Diclidophoroidea 总科，Diclidophoridae)；4. *Diclidophora merlangi*(Kuhn in Hordmnn, 1832)（按 Sproston, 1946)(Diclidophoroidea 总科, Diclidophoridae)；5. *Diplozoon indicum* Dayal, 1941（按 Dayal in Yamaguti, 1963)(Diplozooidea 总科；Diplozoidae)；6. *Diplozoon paradoxum* Nordmann, 1832 钩毛蚴（按 Bovet, 1959)(Diplozooidea 总科, Diplozoidae)

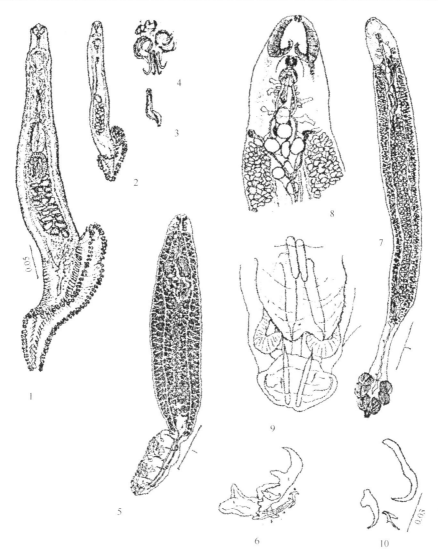

单殖图 16　单殖吸虫种类

1～4.*Microcotyle donavini* v. Beneden et Hesse，1863（按 Sproston，1946）（Microcotyloidea 总科，Microcotylidae）1. 成虫有 46 对铗，2. 小童虫具 26 对铗，3. 幼虫具 12 对铗，4. 虫体末端）；5～6. *Magaloncus arelisci* Yamaguti，1958（按 Yamaguti，1963）（Megaloncoidea 总科，Megaloncidae）（5. 成虫，6. 大钩复合体）；7～10. *Diclybothrium armatum* Lauckart，1835（按 Bychowsky，Gussen，1950）（Polystomatoidea 总科，Diclybothriidae 科）（7. 成虫，8. 体前端，9. 体后端，10. 末端钩）

单殖吸虫分类检索表（按 Yamaguti，1963）

单殖吸虫目　Order Monogenea Van Beneden，1858

单后盘亚目　Suborder Monopisthocotylea Odhner，1912

1. 幼虫附着器留下成为功能附着器，通常具有边缘小钩……………………………………………………………………2

　　功能附着器是在幼虫附着器之外另发育的………………………………………………Acanthocotyloidea Sproston，1948

　　　　　　　　　　　　　　　　　　　　　　例：*Acanthocotyle lobianchi* Monticell，1988（单殖图 **14-1**）

2. 后附着器经常是纤细的，具有 1 对或 2 对大钩，并常具有边缘小钩；体前端有很发达的腺体，通常是成对的头器，或且可能伸展到头叶中去；阴茎角质膜性质，通常具有附属小件；通常没有生殖肠管………………………………………3

　　后附着器是一个很发达的肌肉盘它有或无 1～3 对简单的大钩，大钩间无棒支撑；边缘小钩有或无；体前端具口前吸盘，并且(或)有腺体区，但极少有头器；阴茎可能是角质膜性质，但没有附属小片；生殖肠管通常付缺………………5

3. 肠管单条…………………………………………………………………………………Tetraoncoidea Yamagtuti，1963

　　　　　　　　　　　　　　　　　　　　例：*Tetraoncus monenteron*（Wagener，1857）（单殖图 **14-3**）

肠管分 2 支···4

4. 附着器大钩经常发育强大；卵黄腺不太发达，通常不和肠支共伸展；无阴道；卵胎生

···Gyrodactyloidea Johnston et Tiegs，1922

例：*Gyrodactylus cylindriformis*（单殖图 14-6）

附着器大钩发育强大或微弱，卵黄腺十分发达，和肠支共伸展；有发达的阴道或付缺；卵生

···Dactylogyroidea Yamaguti，1963

例：*Dactylogyrus vastator* Nybelin，1924（单殖图 14-4）

5. 肠管简单初级；鱼体寄生桡足类的寄生虫··Udonelloidea Yamaguti 1963

例：*Udonella caligorum* Johnston，1935（单殖图 14-5）

肠管两分叉；鱼类寄生虫···Capsaloidea Price，1936

例：*Tristoma coccineum* Cuvier，1817

及 *Tetraoncus monenteron*（Wagener，1857）（单殖图 14-2～单殖图 14-3）

多后盘亚目 Suborder Polyopisthocotylea Odhner，1912

1.成虫的功能附着器从幼虫附着器发育而来，呈肌肉性多吸盘状、有或无硬骨质的结构·······················2

成虫的功能附着器由钳组成、发育与幼虫附着器接近···3

成虫的功能附着器由和大钩复合体组成，或单由大钩复合体组成···········Megaloncoidea Yamaguti，1963

例：*Megaloncus orelisci* Yamaguti，1958（单殖图 16-5～单殖图 16-6）

2.三代虫状的头器具有；后附着器有 6 个肌肉性吸盘及 4 个大钩，它们长在一个具柄的附着器的中央

···Avielloidea Sproston，1946

例：*Aviella baikalensis*（Vlassenko，1928）（单殖图 15-1）

无三代虫状头器；后附着器无杯，有 6 个肌肉性吸盘，并有或无 1～3 对大钩·······Polystomatoidea Brice，1936

例：*Diclybothrium armatum* Lauckart，1835（单殖图 16-7～单殖图 16-10）

3. 子宫呈长纵环状，或有许多横分支；卵子可能在子宫中胚胎发育；没有开口于口腔的成对吸盘

···Chimaericoloidea Brinkmann，1942

例：*Chimaericola leptogaster*（Leuckart，1830）（单殖图 15-2）

子宫不呈长纵环状、无横分支；卵子不在子宫中胚胎发育；通常有开口于口腔的成对吸盘·················4

4. 铗数多、对称的，或且更常是不对称的杯体································Microcotyloidea Unnithan，1957

例：*Microcotyle donavini* V. Beneden et Hesse，1863（单殖图 16-1～单殖图 16-4）

铗在每侧没有多过四个，通常在对称的杯体上···5

5. 成虫与另一成虫永久地交合在一起成 "X" 形，肠管没有二分叉；生殖孔在体后端·········Diplozooidea Yamaguti，1963

例：*Diplozoon indicum* Dayal，1941；及

Diplozoon paradoxum Nordmann，1941（单殖图 15-5～单殖图 15-6）

成虫不与另一虫体交合在一起；肠管是二分的；生殖孔在体前端································Diclidophoroidea Price，1936

例：*Choricotyle chrysophryi* V. Beneden et Hesse，1863（单殖图 15-3）

Diclidophora merlangi（Kuhn in Nordmann，1832）（单殖图 15-4）

（三）Gerald 和 Larry（1985）的单殖吸虫分类系统

Gerald 和 Larry（1985）在他们《寄生虫学基础》（*Foundations of Parasitology*）一书中同意 Bychowsky（1937）的意见，将单殖吸虫（Monogenea）提高到纲的位置，与吸虫纲 Trematoda、绦虫纲 Cestoda 并列。在单殖纲 Monogenea 中将单盘类和多盘都提到亚纲，它们中原各总科提到目的位置。除此阶元位置更改之外各群类的名称仍与 Yamaguti（1963）的一样，仅是把原含有 5 个科、若干亚科和属的指环虫总科（Dactylogyroidea）及含 2 个科的 Tetraoncoidea 总科取消，把它们中的 7 个科及其下各亚科隶属于 Capsaloidea

总科之中。他们的分类系统如下。

Monogenea（纲）

    Monopisthocotylea （亚纲）

        Acanthocotyloidea （目）

            Acanthocotylidae（科）

        Capsaloidea

            （Bothitrematidae，Celceostomatidae，Capsalidae，Dactylogyridae，Dioncidae，Diplectanidae，Loimoidae，Microbothriidae，Monocotylidae，Protogyrodactylidae，Tetraoncidae，Tetraoncoididae）

        Gyrodactyloidea

            Gyrodactylidae

        Udonelloidea

            Udonellidae

    Polyopisthocotylea （亚纲）

        Avielloidea （目）

            Aviellidae （科）

    Chimaericoloidea

        Chimaericolidae

    Diclidophoroidea

        （Dactylocotylidae，Diclidophoridae，Discocotylidae，Gastrocotylidae，Hexostomatidae，Macrovalvitrematidae，Mazocraeidae，Octolabeidae，Plectanocotylidae，Protomicrocotylidae，Pterinotrematidae）

    Diclybothrioidea

        （Diclybothriidae，Hexabothriidae）

    Diplozooidea

        Diplozoidae

    Megaloncoidea

        （Anchorophoridae，Megaloncidae）

    Microcotyloidea

        （Allopyragraphoridae，Axinidae，Cemocotylidae，Heteromicrocotylidae，Microcotylidae，Pyragraphoridae）

    Polystomatoidea

        （Polystomatidae，Sphyranuridae）

（四）我国单殖吸虫的分类工作

我国学者朗所（1964）、吴宝华（1962）及张剑英（1966）等对我国鱼类等单殖吸虫的种类、区系分布等问题进行了大量工作。按潘炯华等（1990）的报告，在我国淡水鱼寄生的单殖吸虫已发现的有：四钩虫科（Tetraonchidae）、三代虫科（Gyrodactylidae）、双身虫科（Diplozoidae）、指环虫科（Dactylogyridae）、锚首虫科（Ancyrocephalidae）、双沟盘虫科（Diclybothriidae）、微叶虫科（Microcotylidae）、八铗虫科（Diclidophoridae）及钩铗虫科（Mazocraeidae）等种类。吴宝华（2000）在《中国动物志，扁形动物门，单殖吸虫纲》中记述了我国的指环虫目、四钩虫目、三代虫目、多后盘虫目、双钩虫目、铗钩虫目等单殖吸虫达到584种。张剑英等（1990）列出了前苏联学者贝霍夫斯基（Быховский，1957）及 Boeger 和 Kritsky（1993）的有关单殖吸虫纲各亚纲、目和科的分类系统，其中 Bychowsky 的分类系统如下：

多钩亚纲 Polyonchoinea Bychowsky,1937
指环虫目 Dactylogyridea Bychowsky,1937
指环虫亚目 Dactylogyrinea Bychowsky,1937
指环虫科 Dactylogyridae Bychowsky,1933
锚首虫科 Ancyrocephalidae Bychowsky et Nagibina,1978
新指盘虫科 Neodactylodiscidae Kamegai,1972
鳞盘虫科 Diplectanidae Bychowsky,1957
鞋口亚目 Calceostomalinea（Price,1937）Gussev,1977
鞋口虫科 Calceostomatidae Price,1937
单后盘目 Monopisthocotylidea（Bychowsky,1937）Gussev,1977
单杯科 Monocotylidae Taschenberg,1878
蒙氏虫科 Montchadskyellidae Bychowsky, Korataeva et Nagibina,1970
仙沟虫科 Dionchidae Bychowsky,1957
扁形虫科 Loimoidae Bychowsky,1957
分室科 Capsalidae Baird,1853
棘杯虫科 Acanthocotylidae Price,1936
微沟虫科 Microbothriidae Price,1936
四钩虫目 Tetraonchidea Bychowsky,1957
四钩虫科 Tetraonchidae Bychowsky,1937
拟四钩科 Tetraonchoididae Bychowsky,1957
二蛭虫科 Amphibdellatidae（Carus,1885）Bychowsky,1937
沟穴虫科 Bothitrematidae Bychowsky,1957
三代虫目 Gyrodactylidea Bychowsky,1937
三代虫科 Gyrodactylidae Cobbld,1864
卵三代虫科 Oogyrodactylidae Harris,1983
多后盘虫目 Polyopisthocotylidea（Bychowsky,1937）Gussev,1977
毛穴虫科 Lagotrematidae Mane-Garrzon et Gil,1962
多盘虫科 Polystomatidae（Carus,1963）Gamble,1896
双髻虫科 Sphyranuridae Poche,1925
寡钩亚纲 Oligonchoinea Bychowsky,1937
银鲛居虫目 Chimaericolidea Bychowsky,1957
银鲛居虫科 Chimaericolidae Brinkmann,1942
双沟盘虫目 Diclybothriidae Bychowsky,1957
双沟盘虫科 Diclybothriidae Bychowsky et Gussev,1950
六沟盘虫科 Hexabothriidae Price,1942
模糊虫目 Pterinotrematidea Mamaev et Lebedev,1977
模糊虫科 Pterinotrematidae Bychowsky et Nagibina,1959
钩铗虫目 Mazocraeidea Bychowsky,1957
钩铗亚目 Mazocraeinea Bychowsky,1957
钩铗虫科 Mazocraeidae Price,1936
六口虫科 Hetostomatidae Price,1936
绞杯虫科 Plectanocotylidae Poche,1925

盘织虫科　Mazoplectidae Poche,1925
盘杯亚目　Discocotylinea Bychowsky,1957
　盘杯科　Discocotylidae Price,1936
　双身虫科　Diplozoidae Palombi,1949
　八铗虫科　Diclidophoridae Fuhrmann,1928
　锚盘虫科　Anchorophoridae Bychowsky et Nagibina,1958
　大瓣虫科　Macrovalvitrematidae Yamaguti,1963
　花杯虫科　Anthocotylidae Bychowsky,1957
胃叶亚目　Gastrocotylinea Lebedev,1972
　胃叶虫科　Gastrocotylidae Price,1943
　新中杯虫科　Neothoracocotylidae（Lebedev,1969）
　拟八铗虫科　Pseudodiclidophoridae Yamaguti,1965
　舒铗虫科　Chauhaneidae Lebedev,1972
　原微杯虫科　Protomicrocotylidae Poche,1925
　后藤叶铗虫科　Gotocotylidae Lebedev,1970
　贝杯虫科　Bychowskicotylidae（Lebedev,1969）
　异盘杯虫科　Allodiscocotylidae Tripathi,1959
微叶亚目　Microcotylinea（Lebedev,1972）Mamaev et Leb.,1977
　微叶虫科　Microcotylidae Taschengerg,1879
　异斧形虫科　Heteraxinidae Price,1962
　奇微叶虫科　Allomicrocotylidae Yamaguti,1963
　套杯虫科　Cemocotylidae Yamaguti,1963
　双杯虫科　Diplasiocotylidae Hargis et Dillon,1965
　斧形虫科　Axinidae Unnithan,1957
　歪尾虫科　Pyragraphoridae Yamaguti,1963
　异歪尾虫科　Allopyragraphoridae Yamaguti,1963
　异微叶虫科　Heteromicrocotylidae Yamaguti,1963

六、单殖吸虫的分布和流行

　　单殖吸虫是全球性分布，世界各大洲都有此类吸虫的报告。尤其是指环虫属（*Dactylogyrus*）（指环科 Dactylogyridae）及三代虫属（*Gyrodactylus*）（三代虫科 Gyrodactylidae）更是常见的种类。单殖吸虫在我国分布很广，从南方到北方，无论是饲养的鱼种还是自然水域中野生鱼类，均可查到此类吸虫。在国外情况也是如此。Osmanov（1987）报告在前苏联咸海湾查获 126 种单殖吸虫，其中最重要的种类是属于指环科和三代虫科，绝大多数是获自鲤科鱼。Gvozdev 和 Karabekova（1990）报告他们 50 多年来在哈萨克斯坦及中亚对淡水鱼单殖吸虫的调查，共收集到 150 种（隶于 19 属）的单殖吸虫，最常见的属是指环属（有 17 种）和三代虫属（有 48 种）。指环虫和三代虫虽然感染鱼类普遍，但有些地方发病率并不显著，如 Prost 和 Zelazny（1990）报告：在波兰，于 1980～1988 年到 22 个兽医实验室诊断 1200 尾鲤鱼鱼病中，指环虫和三代虫使鲤鱼发病的分别为 10～89 尾（1.2%～7.0%）和 5～34 尾（0.4%～2.8%），但携带此两种病原尚无症状的鱼分别为 286～841 尾（24%～70%）及 85～266 尾（7%～22%），当地鱼的养殖因此类病原引致的经济损失较低。各流行地区，鱼类感染指环虫、三代虫等单殖吸虫有季节性差异，如 Shll'man（1987）在亚北极地带观察鲈鱼体上三代虫虫口于一年中的情况，发现 3 月太阳的辐射增加时，此虫口数也增加，虽然此时的水温和冬天时一样。到夏天水温有所增加，而虫口数下降很大。到 11 月进入冬天，虫口有一小的增长波，随着又下降直到春天。Valtonen 等（1990）对近北极圈（arctic circle）的 Finland 东北部的大湖 Lake Yli-Kitka 进行研究，这是一个富有氧气的湖泊，其中白鲑鱼（*Coregonus acronius*）等鱼的鳃上寄生有指环虫 *Dactylogyrus amphibothrium* 及盘杯虫 *Discocotyle sagittata*（Polyopisthocotylea，Discocotylidae），这湖在一年中有 7～8 个月被冰所覆盖，虫体感染随不同季节有动态。

指环虫见于不同大小的鱼体，感染率为 70%。1 年中虫体有 2 个世代，越冬世代（over wintering generation）和由它所产生的夏天世代（summer generation），后者仅生活数周，并且在 7 月性成熟。而盘杯类 *Discocotyle sagittata* 每年只有 1 代，虫体在 7～8 月成熟产卵，新生虫体在秋天出现。鱼的感染率 1 月为 40%，9 月为 6.7%，较小的鱼比较大的鱼感染严重。但是在新西兰北部太平洋中几个不同地点的鲭鱼 *Scomber australasicus* 及 *S. japonicus* 体中的多盘类 *Kuhnia scomberi*，在同一生态地区虫体大小与宿主大小无显著关系，而虫体大小与地理区域不同有联系，可能与在不同地点鱼体受感染的时间不同有关（Rohde，1991）。而 Khidr（1990）报告，在埃及尼罗河（River Nile）检查 548 尾 *Tilapia* spp. 时发现指环虫科（Dactylogyridae）的 *Enterogyrus cichlidarum* 在不同鱼种宿主有不同流行特点，如在 *Tilapia nilotica*，在春天和冬天各有一个感染率和感染强度上的高峰，*Tilapia zillii* 虫体有寄生季节变化，*T. nilotica* 则虫数较少，而 *Tilapia galilaea* 却没有查到虫体。根据 Khidr 观察的结果，虫体的流行和强度随着宿主的大小增加而显著升级，虫数在雌雄鱼宿主无明显差异。指环虫幼体和成虫寄生部位不相同。Gerasev 和 Starovoitov（1988）在立陶宛 Kruskü 海湾捕获的鲈鲈鱼 *Stizostedion lucioperca* 154 尾，100% 感染指环科的 *Ancyrocephalus paradoxus* Creplin，1839，每尾鱼感染强度 19～351 条虫；春季和秋季雄鱼比雌鱼感染严重，而在冬季雌鱼比雄鱼更严重。Harris（1990）在德国柏林附近的湖中检查 922 尾鲤鱼的鳃和鳍，找到 4 种指环虫和 6 种三代虫，不同虫种在一年中流行的季节有所不同，如指环虫 *Dactylogyrus extensus* 平时感染率为 80%～100%，只在 7 月为 64%，而 *Dactylogyrus anchoratus* 全年感染率均较低，在 7 月却最高，达到 81%。在英国 Cumbria，鳟鱼（*Salmo trutta*）无论是野生的还是人工饲养的，雄性成鱼感染三代虫比雌性成鱼和雌、雄性幼鱼严重（Pickering and Christie，1980）。

无论是指环虫还是三代虫，可能由于世界各地生态环境条件因素以及鱼种的生物习性、虫体大小、后端附着器结构及虫体与宿主相互关系等情况不同，都可能表现出不同的流行学特点。Mo（1993）在挪威东北部 Sandvikselve River 的鳟鱼 *Salmo trutta* 及 *S. salar* 鱼苗查到的三代虫（*Gyrodactylus derjavini*），其 13 个月中虫体后附着器的大、小钩及腹棒大小有季节性变化，但它们的形态变异很小。Mo（1991）在挪威西北部 River Batnfjordselva 的鳟鱼 *Salmo salar* 鱼苗上查到的三代虫，在 2 年中其后附着器边缘小钩（marginal hoods）、大钩（anchors）以及腹棒（ventral bar）的大小在各月份也有显著的季节性变化，而其形态上也只有微小的变化。Thoney（1988）报告在 *Leiostomus xanthurus* 鳃上寄生的 *Heteroxinoides xanthophilis*，其后附着器边上钳（clamp）的数目随着宿主长大而减少。单殖吸虫后附着器的结构和大小可能对其在鱼体上的寄生部位会有影响。Gerasev 和 StarovoItov（1988）认为虫体在宿主的分布可受水流的影响。鱼类宿主感染单殖吸虫也存在宿主特异性，Shul'man（1982）报告鲤科鱼实验感染三代虫出现宿主与寄生虫 3 种不同的关系：不受感染、轻度感染、高度感染甚至导致死亡。Tinsley（1993）也说明多盘类单殖吸虫在两栖类的虫口会受多方面因素所制约，包括外界环境条件（温度等）、宿主因素（宿主行为、生存关系及宿主的免疫力）等，特别能影响寄生虫的入侵和随后的寄生和生长。虫口情况会受宿主免疫力的影响。Tinsley 认为寄生虫虫口动力学的进一步解释需要生态学和免疫学的研究工作。Zherikova 等（1980）调查鲫鱼（*Carassius auratus*）感染指环虫各种类的密度与宿主免疫系统，推测是与血清中的抗微生物活力（antimicrobiol activity）及其免疫生理（immunophysiological）状况有关。Bakke 等（1992）在实验条件下进行鱼类感染三代虫试验，结果鲑鱼（*Salvelinus fonlinalis*）具有敏感性（susceptibility），很快感染上，20～23d 能够生殖，在宿主体上生活 70d 后死亡。而在其他鱼类虫体寄生则不正常。从单殖吸虫（指环虫）种类在各鱼种的寄生情况，学者们认为寄生虫和宿主有共同进化的、呈平行的演化（paralle evolution）（Guegan and Agnese，1991；Every and Kritsky，1992）。

在单殖吸虫中，三代虫 Gyrodactylidae 卵胎生的单殖吸虫的生殖和虫口生物学之间有相互关系。Harris(1993)对此曾作一综述，认为三代虫的胚胎在母体子宫中发育，第一个和第二个子代发育不需要自体或异体受精，而仅第三个子代和随后的子代能行有性生殖发育。有性生殖在虫口年龄结构及死亡率上有重要性。*Macrogyrodactylus polypteri* 的雌性生殖系统异体受孕(cross-insemination)胚胎出生后的个体，行无性生殖的虫口增长可达到最大限度，它们体中雌雄性器官均有规则地存在。三代虫科的 *Gyrdicotylus gallieni* 寄生在两栖类的爪蟾蜍 *Xenopus laevis* 的口腔中，虫口增长非常缓慢，并且感染的虫体大部分是高虫龄、性成熟的个体(Jackson and Tinsley，1934)。寄生于乌贼(*Alloteuthis sobulata*)的三代虫科的 *Isencistrum subutatae* 有很大的虫口数，但增长可能也是缓慢的，从虫龄的结构说明其有性生殖是普遍的。三代虫属(*Gyrodactylus*)亦有不同的繁殖方式，寄生在鳉鱼(*Poecilia reticulata*)的 *Gyrodactylus turnbulli* 的虫口中见到有交配的个体，多是虫龄高的个体，因其体中有阴茎，精子由此进入另一个体受精囊。新生的虫体，雄性的阴茎尚未发育完善，不能进行交配。三代虫交配个体的出现与个体大小、虫龄不仅有关，也与虫口密度有关，多数发生于鱼受感染后5～6d，虫口密度高，拥挤之时(Harris，1989)，三代虫可能因此寿命短，死亡率高，在不到 1%的生存者中，生殖是初级的无性生殖，在高虫口密度中才见到有性生殖，在野外虫口稀少处，无性生殖可能是占优势。Harris(1993)认为此虫种可能有孤雌生殖(parthenogen)。他还叙述了寄生于鲑鱼(*Salmon*)的 *Gyrodactylus salaris*，其死亡率不高，有 10%～15%虫体行有性生殖，可以找到受孕的个体，即使在少量的感染中，有性生殖也是此虫种生物学的一个正常部分。

七、单殖吸虫的危害及防治

单殖吸虫绝大多数是鱼类的体外寄生虫，主要的寄生部位是鱼类的鳃部，也可寄生于皮肤、鳍、或口腔、鼻腔和膀胱等处，少数种类寄生在鱼类的胃和体腔。对鱼类能产生病害的主要病原是指环虫类 *Dactylogyrus* 和三代虫类 *Gyrodactylus*。在世界各地报告的鱼单殖吸虫病的病原几乎都是此两类单殖吸虫。Mcller 等(1989)报告在德国北部检查来自池塘和水族馆的 202 尾死鱼，皮肤及鳃上最普通的单殖吸虫是指环虫和三代虫。Koskivaara 等(1991)报告，芬兰中部、内部相连的 4 个湖中的石斑鱼(*Rutilus rutilus*)上，查到 660 尾鱼有单殖吸虫，主要是指环虫。张剑英等(1983，1990)叙述了在我国单殖吸虫引起鱼病的病原虽多种，但也是指环虫类和三代虫类为主。尤其指环虫病是我国鱼类的一种常见多发病。鱼每片鳃上发现有 50 条以上虫体，就可确定为指环虫病，鱼被此虫种大量寄生时，病鱼鳃丝黏液增多，呼吸困难；有的鳃盖打开。鳃部显著水肿、贫血、单核和多核白细胞增多；病鱼游动缓慢。此单殖吸虫病靠虫卵和幼虫传播，流行于春末夏初，适宜温度为 20～25℃。张剑英等(1990)指出下列指环虫在我国饲养鱼类中有致病作用：页形指环虫(*Dactylogyrus lamellatus* Achmerow，1952)寄生于草鱼鳃、皮肤和鳍；鳙指环虫(*Dactylogyrus Aristichthys* Long et Yu，1958)寄生于鳙鱼鳃部；小鞘指环虫(*Dactylogyrus vaginulatus* Zhang et Niu，1966)寄生于白鲢鳃上；坏鳃指环虫(*Dactylogyrus vastator* Nybelin，1924)，寄生于鲤鲫、金鱼的鳃丝上。

在我国流行的三代虫病的病原有下列几种：鲢三代虫(*Gyrodactylus hypopthalmichthysi* Ling，1962)寄生于鲢、鳙鱼的皮肤、鳍、鳃及口腔；鲩三代虫(*Gyrodactylus ctenopharyngodontis* Ling，1962)寄生于草鱼皮肤和鳃；秀丽三代虫(*Gyrodactylus eleganse* Nordmann，1832)是鲤、鲫及金鱼的三代虫病病原。被大量三代虫寄生的病鱼的皮肤上分泌有一层灰白的黏液、鱼体失去光泽，游动不正常、食欲减退、鱼体瘦弱、呼吸困难。诊断镜检时，如在低倍镜下每个视野有5～10 条虫，就可引起病鱼死亡。单殖吸虫病在我国分布很广，从南到北均有发现，其中以湖北、广东较为严重，在每年春季、夏初和越冬之后，饲养的鱼苗最易感染。此外，在春夏，金鱼也常受到危害。

指环虫属和三代虫属都是单殖吸虫类中包含许多虫种的大群类，所以对鱼类养殖造成危害也最大。它们的防治方法相同，张剑英等(1990)所提供的预防方法如下：

　　1) 鱼种放养前，用 20×10^{-6} 浓度的高锰酸钾浸洗 15～30min，用以杀死鱼种体上寄生的指环虫和三代虫；

　　2) 水温 20～30℃时，用 90%晶体敌百虫以(0.2～0.3)×10^{-6} 的浓度全池遍洒，效果较好，但可能对虫卵的致死力尚不足；

　　3) 用含 2.5%敌百虫粉剂(1～2)×10^{-6} 的浓度全池遍洒；

　　4) 用敌百虫面碱合剂(1∶0.6)以(0.1～0.24)×10^{-6} 的浓度全池遍洒，效果很好。

参 考 文 献

陈心陶. 1965. 人体寄生虫学. 北京：人民卫生出版社

陈心陶，唐仲璋，等. 1985. 中国动物志 扁形动物门吸虫纲 复殖目(一). 北京：科学出版社

黄琪琰，唐士良，张剑英，等. 1983. 鱼病学. 上海：上海科学技术出版社

郎所.1960. 太湖鱼类的寄生蠕虫 单殖吸虫Ⅱ.枝环虫属(枝环虫科)：鲤和鲫的枝环虫. 华东师大学报(自然科学版)，1960(1)：25-36

郎所. 1964. 太湖鱼类的寄生蠕虫 单殖吸虫 Ⅳ.鲐鱼的寄生枝环虫，包括四新种的描述并论及其系谱分类上的意义. 动物学报，16(1)：21-32

李立伟. 2002. 闽南台湾海峡鱼类单殖吸虫病原种类及病海研究. 厦门：厦门大学博士学位论文

潘炯华，张剑英，黎振昌，等. 1990. 鱼类寄生虫学. 北京：科学出版社

唐仲璋，唐崇惕. 1980. 两种盾盘吸虫的生活史及吸虫纲系统发生的讨论. 水生生物学集刊，7(2)：153-169

吴宝华. 1962. 杭州塘栖水域鱼类寄生虫生态区系Ⅰ.单殖吸虫类的研究. 杭州大学学报，109-120

吴宝华. 1963. 杭州塘栖水域鱼类寄生虫生态区系Ⅱ.单殖吸虫锚首亚科种类及其新种报道. 动物学报，15(4)：553-558

吴宝华，等. 1999. 中国动物志扁 形动物门 单殖吸虫纲. 北京：科学出版社

张剑英. 1966. 长江中游鱼类单殖吸虫寄生于鳊鲌亚科的指环虫. 动物分类学报，3(2)：99-114

张剑英，邱兆祉，丁雪娟，等. 1999. 鱼类寄生虫与寄生虫病. 北京：科学出版社

Bakke T A，Harris P D，Jansen P A. 1992. The Susceptibility of *Salvelinus fontinalis* (Mitchill) to *Gyrodactylus salaries* Malmberg (Platyhelminthes；Monogenea) under experimental conditions. Journal of Fish Biology，41(3)：449-507

Bovet J. 1959. Observations sur l'oeuf et l'oncomiracidium de *Diplozoon paradoxum* von Nordm，1832. Bull Soc Neuchatel Sc Nat，3(82)：231-245

Braun M.1889-1893. Trematodes Rudolphi 1808. Bronn's Klassen und Ordnugen des Tierreichs，4：306-925

Brinkmann A. 1942. On *Octobothrium leptogaster* F.S. Leuskart. Göteborgs K. Vetensk.-O. Vitterhets-Samh Handl，6.F.，s.B，2(3)：29

Bychowsky B E. 1937. Ontogenese und phylogenetische Beziehungen der parasitischen Platyhelminthes. Izvest Akad Nauk SSSR Seria Biol，4：1353-1383

Bychowsky B E. 1957. Monogenetic trematodes，their classification and phylogeny. Academy of Sciences，USSR，1-509. Moscow.(English translation，1961：Hargis W J. editor. American Institute of Biological Sciences，Washington，D C.)

Bychowsky B E，Gussev A V. 1950. Diclybothriidae (Monogenoidea) I ego polozhenie v sisteme. Parazetolog. sb. Zoolog. Inst. AN SSSR，12：275-298

Carus J V. 1863. Raderthiere，Würmer，Echinodermen，Coelenteraten und Protozoen. Handb Zool，2：422-600

Dawes B. 1946. The Trematoda. Cambridge University Press

Dawes Ben. 1963. Advances in Parasitology，Vol. I. London：Academic Press Inc

Dayal J. 1941. On a new tremalode，*Diplozoon indicum* n. sp.，from a freshwater fish *Barbus* (*Puntius*) *sarana* (Ham.). Proc Nat Acad Sc India，11(4)：93-98

Faisal M，Imam E A. 1990. *Microcotyle chrysophrii* (Monogenea：Polyopisthocotylea)，a pathogen for cultured and Wild githead seabream，*Sparus aurata*. Proceedings of the Third International Colloquium on Pathology in Marine Aquaculture，283-290

Fournier A，Combes C. 1978. Structure of photoreceptors of *Polystoma integerrimum* (Platyhelminthes，Monogenea). Zoomorphologie，91：147-155

Fuhrmann O. 1928. Trematoda. Zwite Klasse der Cladus Platyhelminthes. Kükenthal's and Krumbach's Handbuch der Zoologie，2：1-140

Gerald D S，Larry S R. 1985. Foundations of Parasitology. Toronto：Times Mirror/Mosby College Publishing

Gerasev P I，Starovoitov V K. 1988a. Variations in the abundance of *Ancyrocephalus paradoxus* (Monogenea) on *Stizostedion lucioperca* in the Kurshskil gulf. Biologicheskit Institut Karel'skü Filial An SSSR，109-126

Gerasey P I，Starovoltov V K. 1988b. Distribution of *Ancyrocephalus paradoxus* (Monogenea) on gills of adult pick perch (*Stizostedion lucioperca*) in the Kurshsk Bay. Trudy Zoologicheskogo Institute Akademiya Nauk SSSR (Issledovaniya Monogenei)，177：89-98

Guegan J F，Agnese G F. 1991. Parasite evolutionary events inferred from host phylogeny：The case of *Labeo* species (Teleostei，Cyprinidae) and their dactylogyrid parasites (Monogenea，Dactylogyridae). Canadian Journal of Zoology，69(3)：595-603

Gvozdey E V，Karabekova D U. 1990. Monogenea of freshwater fish in Central Asia and Kazakhstan. Izvestiya Akademii Nauk Kazak SSR. Seriya Biologicheskaya，2：18-24

Halton D W. 1975. Intracellular digestion and cellular defecation in a monogenean，*Diclidophora merlangi*. Parasitology，70：331-340.

Halton D W，Jennings J B. 1964. Demonstration of the nervous system in the Monogenetic trematode *Diplozoon paradoxum* Nordmann by the indoxylacetate method for esterases. Nature，202：510-511

Halton D W，Morris G P. 1975. Ultrastructure of the anterior alimentary tract of a Monogenean，*Diclidophora merlangi*. International Journal for Parasitology，5：407-419

Halton D W，Stranock S D. 1976a. Ultrastructure of the foregut and associated glands of *Calicotyle kröyeri* (Monogenea：Monopisthocotylea). International Journal for Parasitology，6：517-526

Halton D W，Stranock S D. 1976b. The fine structure and histochemistry of the caecal epithelium of *Calicotyle kröyeri* (Monogenea：Monopisthocotylea). International Journal for Parasitology，6：253-263

Harris P D. 1989. Interactions between population growth and sexual reproduction in the viviparous Monogenean *Gyrodactylus turnbulli* Harris，1986 from the guppy Poecilia reticulata Peters. Parasitology，92 (2)：245-251

Harris P D. 1993. Interactions between reproduction and population biology in Gyrodactylid Monogeneans，a review. Bulletin Francais de la Poche et de la Pisciculture，328：47-65

Jackson J A，Tinsley R C. 1994. Infrapopulation dynamles of *Gyrdicotylus gallieni* (Monogenea：Gyrodactylidae). Parasitology，108 (4)：447-452

Jagerskiold L A. 1899. Uber den Bau von Macraspis elegans Olsum (Vorläufige Mitteil). Oefversigt Kongl. Etensk-Akad. Forhandl，56 (3)：197-214

Johnston T H. 1934. New trematodes from South Australian elasmobranches. Austr J Exper Biol Med Sc，12：25-32

Kearn G C. 1971. The physiology and behaviour of the monogenean skin parasite *Entobdella soleae* in relation to its host (*Solea solea*). *In*：Fallis A M. Ecology and Physiology of Parasites. Toronto University of Toronto Press

Kearn G C. 1990. The rate of development and longevity of the monogenean skin parasite *Entobdella soleae*. Journal of Helminthology，64 (4)：340-342

Kearn G C. 1993. Environmental stimuli，sense organs and behaviour in juvenile/adult monogeneas. Bulletin Francais de la Peche et de la Pisciculture，328：105-114

Khidr A A. 1990. Population dynamics of *Enterogyrus cichliderum* (Monogenea：Ancyrocephalinae) from the stomach of *Tilapia* spp. in Egypt. International Journal for Parasitology，20 (6)：741-745

Koskivaara M，Valtonen E T，Prost M. 1991. Dactylogyrids on the gills of roach in Central Finland：features of infection and species composition. International Journal for Parasitology，21 (5)：565-572

Llewellyn J. 1941. A description of the anatomy of the monogenetic trematode *Choricotyle chrysophryi* van Ben. and Hesse. Parasitology，33：397-407

Llewellyn J. 1957. The mechanism of the attachment of *Kuhnia scombri* (Kuhn，1829) to the gills of its host *Scomber scombrus*，including a note on the taxonomy of the parasite. Parasitology，47 (1-2)：30-39

Lyons K M. 1969a. Sense organs of monogenean skin parasites ending in a typical cilium. Parasites，59：611-623

Lyons K M. 1969b. Compound sensilla in Monogenean skin parasites. Parasitology，59：625-636

Lyons K M. 1972a. Ultrastructural observations on the epidermis of the polyopisthocotylinean monogeneans. *Rajonchocotyle emarginata* and *Plectanocotyle gurnardi*. Zeitschrift für Parasitenkunde，40：87-100

Lyons K M. 1972b. Sense organs of Monogeneans. Behavioural Aspects of Parasite Transmission，(ed. EU Canning & CA Wright). London：Academic Press：181-199

Lyons K M. 1973. The epidermis and sense organs of the monogeneans and some related groups. Advances in Parasitology，Vol 11，(Dawes B，editor). New York：Academic Press

Malmberg G，Fernholm B. 1991. Locomotion and attachment to the host of *Myxinidocotyle* and *Acanthocotyle* (Monogenea，Acanthocotylidae). Parasitology Research，77 (5)：415-420

Mcller E，Bohn K H，Fuchs G，et al. 1989. Disease of aquarium fish in northern Germany. Deutsche Veterinarmedizinische Gesellschaft：61-73

Miretski O Y. 1951. Experiment on controlling the processes of vital activity of the helminth by influencing the condition of the host. Doklady Obschee Sobranie Akademiya nauk SSSR，78：613-615

Mo T A. 1991. Seasonal variations of opisthaptoral hard part of *Gyrodactylus sataris* Malmberg，1957 (Monogenea：Gyrodactylidae) on parr of Atlantic salmon *Salmo salar* L. in the River Batnfjordselva，Norway. Systematic Parasitology，19 (3)：231-240

Mo T A. 1993. Seasonal variations of the opisthaptoral hard parts of *Gyrodactylus derjavini* Mikailov，1975 (Monogenea：Gyrodactylidae) on brown trout *Salmo trutta* L. parr and Atlantic salmon *S. salar* in the River Sandvikselva，Norway. Systematic Parasitology，26 (3)：225-231

Monticelli F S. 1888. Saggio di una morfologia dei trematodi，Tesi per ottenere la privata docenza in zoologia nella R. Napoli：Universita di Napoli

Morris G P，Halton D W. 1971. Electron microscope studies of *Diclidophora merlangi* (Monogenea：Polyopisthocotylea). II. Ultrastructure of the tegument. Journal of Parasitology，57：49-61

Odhner T. 1913. Noch einmal die Homologien der weiblichen Genitalwege der monogenetishen Trematoden. Zool Anz，41 (12)：558-559

Osmanov S O. 1987. Some result and problems in the study of monogeneans of the Aral sea Basin. *Investigation of monogeneans in the USSR* (edited by Skarlato，O.A). New Delhi：Oxonian Press Pvt Ltd，87-92

Pickering A D，Christie P. 1980. Sexual differences in the incidence and severity of ectoparasitic infestation of the brown trout，*Salmo trutta*. Journal of Fish Biology，16 (6)：669-683

Prost M，Zelazny J. 1990. Infestation with parasites of the genera *Dactylogyrus* and *Gyrodactylus* in Carp fry on fish farms in Poland. Medycyna

Weterynaryjna，46（1-3）：23-24

Rohde K. 1975. Fine structure of the Monogenea，especially *Polystomoides* Ward. Advances in Parasitology，13：1-33

Rohde K. 1979. The buccal organ of some Monogenea Polyopisthocotylea. Zoologica Scripta，8：161-170

Rohde K. 1991. Size differences in hamuli of *Kuhnia scombri*（Monogenea：Palyopisthocotylea）from different geographical areas not due to differences in host
  size. International Journal for Parasitology，21（1）：113-114

Shll'man B S. 1987. Seasonal changes in the population of Monogeneans of the genus *Gyrodactylus* parasitizing the minnow *Phoxinus phoxinus* in the Peche
  Rives（Kola Peninsula）. Investigation of Monogeneans in the USSR（edited by Skaslato，O.A.）. New Delhi：Oxonian Press Pvt Ltd：68-74

Shul'man R E. 1982. Experimental study of individual susceptibility of cyprinid fish to Gyrodactylus infection. Vestnik Leningradskogo Universiteta，
  Biologiya，3（1）：22-30

Smyth J D. 1954. A. technique for the histochemical demonstration of polyphenol oxidase and its application to egg-shell formation in helminths and byssus
  formation in *Mytilus*. Quarterly Journal of Microscopical Science，95：139-152

Smyth G D，Halton D W. 1983. The Physiology of trematodes. New York：Cambridge University Press

Sproston N G. 1946. A synopsis of the monogenetic trematodes. Trans Zool Soc Lond，25：185-600

Thoney D A.1988. Developmental variation of *Heteraxinoides xanthophilis*（Monogenea）on hosts of different sizes. Journal of Parasitology，74（6）：999-1003

Tinsley R C. 1993. The population biology of polystomatid monogeneans. Bulletin Francais de la Peche et de la Pisciculture，328：120-136

Tocque K，Tinsley R C. 1994a. The relationship between *Pseudodiplorchis americanus*（Monogenea）density and host resources under controlled environmental
  conditions. Parasitology，108（2）：175-183

Tocque K，Tinsley R C. 1994b. Survival of *Pseudodiplorchis americanus*（Monogenea）under controlled environmental conditions. Parasitology，108（2）：
  185-194

Van Beneden P J. 1858. Histoire naturelle d'un animal nouveau. designe sous le nom d'Histriobdella. Bull Acad Roy ScBelgique，an 27，z S，5（9-10）：
  270-303

Van Every L R，Kritsky D C. 1992. Neotropical monogenoidea，18. *Anacanthorus* Mizella and Price，1965（Dactylogyridae，Anacanthorinae）of piranha
  （Characoidea，Serrasalmidae）from the central Amazon，their phylogeny and aspects of host-parasite coevolution. J Helminth SocWash，59（1）：52-57

Valtonen E T，Prost M，Rahkonen R. 1990. Seasonality of two gill Monogeneans from freshwater fish from an oligotrophic lake in northeast Finland.
  International Journal for Parasitology，20（1）：101-107

Vlassenko N M. 1928. Ankyrocotyle baikalense n，g，n sp（In Russian，With French summary）. Russ Hydrobiol Z，7：229-248

Yamaguti S. 1963. Systema Helminthum Vol. Ⅳ. Monogenea and Aspidocotylea. New York：Interscience Publishers

Zharikova T I，Silkina N I，Stepanova M A. 1980. Dependence of the numbers of *Dactylogyrus* spp.（Dactylogyridae，Monogenea）on the immunophysiological
  state of the host *Carassius auratus*（L.）. Doklady Akademii Nauk SSSR，253（3）：510-512

（Ⅱ）盾盘亚纲［Aspidogastrea（Monticelli，1892）Faust et Tang，1936］

一、研 究 历 史

（一）盾盘类吸虫概况

盾盘吸虫是吸虫纲中一个小的群类，只有 12 属 30 余种。这类吸虫寄生于软体动物，尤其是瓣鳃类双壳贝类（bivalve）的围心腔，以及冷血变温脊椎动物（poikilothermic vertebrate）的肠管中。它们最突出的特征是有一个很大的称为盾盘附盘（adhesive disc）或附着器（haptor）在虫体腹面，它由间隔膜（septa）分成许多浅的小吸盘（loculi 或 alveoli）。每个小吸盘都是一个有吸附能力的有效的吸盘（efficient sucker）。有些种类在小吸盘之间还有小乳突。在此附着器上没有如在单殖吸虫后附着器上所具有的那些钩（hook）或硬骨片结构（sclerotised structures）。在身体内部有一个由结缔组织纤维构成的纵隔膜（longitudinal septum），将身体分成背腹两隔间（compartments），它的功能是可能有助于体腹面大盾盘的伸缩。

成虫的口吸盘不发达，或付缺，亦无前附着器（prohaptor）。原肾系统有一个（或 2 个）在体后端、末端或背末端的开口。消化管是一条单盲管或 2 条盲管，有很发达的咽（pharynx）。虫体为雌雄同体（hermaphrodite），雌雄生殖孔开口在体腹面附着器前方的体部中央，有时雌雄性孔分开。睾丸多数只有一个，有的 2 个或多个。卵巢单个在睾丸的前方。没有生殖肠管(genito-intestinal canal)和阴道(vagina)。受精囊(receptaculum seminis)常付缺，具有劳氏管(Laurer's canal)。子宫比较短，含卵有时只有数个，有时稍多。卵有卵盖，没有极丝(polar filaments 或 polar prolongations)。卵黄腺泡粒状(follicular)或管状(tubular)，常在其他生殖器官的两侧或后方，延伸于体中部或到体后部。生活史简单，发育直接，无世代交替，亦无宿主的交替(但在鳐鱼胆管中寄生的 Stichocotyle 属成虫其幼虫在海洋甲壳类肠壁中成囊寄生)。通常此类吸虫从卵中孵化出具纤毛上皮的杯状蚴(cotylocidium)，它的后端有一个大的后吸盘，由此后吸盘逐渐发育成一个在腹面的大附着器。

Aspidogastrea 体中结构与复殖亚纲很接近。自从 Von Baer(1826)发现贝居腹盾(Aspidogaster conchicola)以来，盾盘类在整个吸虫纲中隶属的位置及其与单殖亚纲和复殖亚纲的关系等问题吸引了很多学者的注意，迭经讨论，有的把它归于单殖类，有的把它归于复殖类。自从盾盘亚纲[Aspidogastrea(Monticelli, 1892) Faust et Tang, 1936]建立以后，得到广泛的分类学者的同意(Dawes, 1941; Dollfus, 1953; Skrjabin, 1952)。Rohde(1971, 1972, 1973)认为这一类代表古代吸虫的特点，它的位置接近于复殖类演化的根(root of Digenea)，可能是极古年代以前的"原复殖类"(Prodigenea)的模型。所谓"原复殖类"是近代复殖类从其演化出的类群。

Van Beneden(1858)将吸虫类分为单殖(Monogeneses)和复殖(Digeneses)两类。Carus(1863)根据它们生殖发育的特点提出 Monogenea 与 Digenea 两亚纲的名称。Leuckart 认为盾盘类与复殖类有密切的亲缘关系。Monticelli(1888)曾经把它归于前后盘科(Amphistomeae)。Aubert(1855)和 Voeltzkow(1888)已经知道贝居腹盾吸虫(Aspidogaster conchicola)的生活史中没有无性繁殖世代(asexual generations)。Faust(1922)曾经观察该吸虫的幼虫期已具有成虫的雏形，而不同于复殖类吸虫的毛蚴的形态。Faust 和 Tang(唐仲璋)1936 年根据此类吸虫直接发育的生殖特点——不具有无性繁殖世代，不同于复殖亚纲种类；又根据此类吸虫成虫构造的特点——没有单殖类吸虫所特有的后端附着器和着生在其上的小钩，以及排泄孔不在体前端两侧，也不同于单殖亚纲种类。依据这些论点，建立了盾盘亚纲(Aspidogastrea)。Wharton(1939)从大蠵龟[Caretta caretta(L.)]及一种海产贝类 Fasciolaria gigas(L.)上分别找到一种簇盾吸虫，Lophotaspis vallei Stossich, 1899 的成虫和幼虫。William(1942)对贝居腹盾吸虫的发育也作了分期的描述。这些报告之后，对这类吸虫较详细生活史叙述的有印度腹盾吸虫(Aspidogaster indica Dayal, 1943)、多杯盾盘吸虫(Multicotyle purvisi Dawes, 1941)和孟特尔瓣口吸虫(Lobatostoma manteri Rohde, 1973)(Rai, 1964; Rohde, 1971, 1973)。在中国，我们长期都在关注着这一特殊类群的吸虫，收集标本，观察它们的生活史发育情况，以及它们生殖细胞发生和早期胚体的发育(唐仲璋和唐崇惕，1980)。整个盾盘亚纲种类较少，截至目前，已经发现的只有 38 种，分隶于 3 科 12 属(盾盘表 1)。

盾盘表 1　盾盘亚纲吸虫名录(仿唐仲璋和唐崇惕，1980)

1.Aspidogastridae F.Poche, 1907　腹盾科

Aspidogaster Baer, 1827　腹盾属	*Aspidogaster conchicola* Baer, 1827;
	A. amurensis Achmerov, 1956;
	A. antipai Lepsi, 1932;
	A. decatis Eckmann, 1932;
	A. enneatis Eckmann, 1932;
	A.indica Dayal, 1945; *A. ijimai* Kawamura, 1915;
	A. limacoides Diesing, 1834;
	A. piscicola Rawat, 1948;
Cotylaspis Leidy, 1857 杯盾属	*Cotylaspis insignis* Leidy, 1857;
	C. anodontae(Osborn, 1898);
	C. cokeri Barker et Pearsons, 1914;
	C. lenoiri(Poerier, 1886) Nickerson, 1902;

	C. sinensis Faust et Tang，1939；
	C. stunkardi Rumbold，1928；
	C. reelfootensis Najarian，1961；
Cotylogaster Monticelli，1892 杯腹属	*Cotylogaster michaelis* Monticelli，1892；
	C. basiri Siddiqi and Cable，1960；
Cotylogasteroides Yamaguti，1963 拟杯腹属	*Cotylogasteroides barrowi* Huehner and Etges，1972；
	C. occidentalis Nickerson，1899；
Lobatostoma Eckmann，1932 瓣口属	*Lobastoma kemostoma*（McCallum et McCallum，1913）；
	L. manteri Rohde，1973；
	L. ringens（Linton，1905）；
	L. pacificum Manter，1940．
Lissemysia Sinha，1935 里龟属	*Lissemysia indica* Sinha，1935；
	L. mehrai Srivastava et Singh，1959；
	L. ovata Tandon，1949；
	L. sinhai Srivastava et Singh，1959；
Lophotaspis Looss，1902 簇盾属	*Lophotaspis vallei*（Stossich，1899）；
	L. interiora Ward et Hopkins，1931；
	L. macdonaldi（Monticelli，1891）；
	L. margaritiferae（Shipley et Hornell，1904）；
	L. orientalis Faust et Tang，1936；
Macraspis Olsson，1868 巨盾属	*Macraspis elegans* Olsson，1869；
Multicotyle Ben Dawes，1941 多杯属	*Multicotyle purvisi* Ben Dawes，1941；
Multicalyx Faust et Tang，1936 多萼属	*Multicalyx cristata* Faust et Tang，1936；
2.Stichocotylidae Faust et Tang，1936 列杯科	
Stichocotyle Cunningham，1884 列杯属	*Stichocotyle nephropis* Cunningham，1884；
3.Rugogastridae Schell，1973 皱腹科	
Rugogaster Schell，1973 皱腹属	*Rugogaster hydrolagi* Schell，1973；

（二）Aspidogastrea Faust et Tang，1936 亚纲吸虫的研究历史

Aspidogastrea 亚纲的吸虫首次由苏联科学院士 K.M.Бэру（Baer）发现，他在 1827 年描述了寄生于淡水的体动物（*Anodonta* 属）围心腔和肾脏中的 *Aspidogaster conchicola* 新属新种吸虫。Diesing（1834）描述了淡水鲤科 *Leuciscus* 属鱼肠管中找到的 *Aspidogaster* 属的第二种吸虫 *A. limacoides*。

Burmeister（1856）注意到该属吸虫因它腹部的多格的附着器区别于其他所有吸虫，他建议将吸虫类分成如下 3 类群：①Malacobothrii，其中包括有双口类以及全口类；②Pectobothrii，包括单殖类的 Polystome；③Aspidobothrii，包括 *Aspidogaster* 属。

1. Monticelli（1892）的分类系统

Monticelli 在 1892 年将所有吸虫分成 3 个亚目，Heterocotylea、Malacotylea 和 Aspidocotylea，他将 Aspidobothridae Monticelli 1892 科归于最后的亚目中。它有以下各属。

1）*Aspidogaster* Baer，1827 属：具有 *A. conchicola* Baer，1827；*A. limacoides* Diesing，1834；*A. macdonaldi*

Monticelli，1892；*A. insignis*（Leidy，1857）。

2）*Macraspis* Olsson，1868 属：*M. elegams* Olsson，1868。

3）*Cotylegaster* Monticelli，1892 属：*C. michaelis* Monticelli，1892。

4）*Platyaspis* Monticelli，1892 属：*P. lenoiri*（Poirier，1886）。

5）*Aspidocotyle* Diesing，1892 属。

他还认为 *Cotylaspis* 属是 *Aspidogaster* 属的同物异名。Monticelli 所用的"Aspidobothridae"科名称后被 Poche（1907）的"Aspidogastridae"名称所代替。此科名称的变化和国际动物学名称原则相符合，而且科名称的建立和代表属名称相符合。将 *Aspidogaster* 属的生活史同其他复殖类吸虫生活史相比较后，Monticelli 将它列入单独的特别的种类生物学类型，称为 Metaptotica。

2. M. Braun（1893）的分类系统

M. Braun 同意 Monticella 的意见，将盾盘吸虫分成 3 个亚目：Aspidocotylea Monticelli，1892、Malacocotylea Monticelli，1892 以及 Heterocotylea Monticelli，1892。在 Aspidocotylea 中也只有一科 Aspidobothridae Monticella，1892。该科中有以下 4 属。

1）*Aspidogaster* Bear，1827：有 *A .conchicola* Bear；*A. limacoides* Diesing；*A. insignis* Leidy 和 *A. macdonaldi* Monticelli。

2）*Platyaspis* Monticelli，1892：有 *P. lenoiri*（Poirier）。

3）*Cotylogaster* Monticelli，1892：有 *C. michaelis* Monticelli。

4）*Macraspis* Olsson，1868：有 *M. elegans* Olsson。

Braun 认为 *Cotylaspis* Leidy 属和 *Aspidogaster* 属是一致的。被 Monticella 列入 Aspidobothridae 中的 *Aspidocotyle* Diesing 属，Braun 将其从此科中分出，因为他认为它在系统关系的位置上应和前后盘吸虫相接近。

3. Stunkard（1917）的分类系统

（1）1917 年，Stunkard 于 Aspidogastridae 科中包含有如下 6 属。

1）*Aspidogaster* R. Baer 属，有：*A. conchicola* Baer、*A. limacoides* Diesing、*A. ringens* Linton 及 *A. Remostoma* G. MacCallum et W. MacCallum。

2）*Cotylaspis* Leidy 属，有：*C. insignis* Leidy、*C. lenoiri*（Poirier，1886）、*C. cokeri* BarRer et Parsons。

3）*Macraspis* Olsson 属，仅一种 *M. elegans* Olsson。

4）*Stichocotyle* Cunningham 属，有 *S. nephropis* Cunningham。

5）*Cotylogaster* Monticelli 属，有 *C. michaelis* Monticelli 和 *C. occihentalis* Nickerson。

6）*Lophotaspis* Looss 属，有 *L. vallei*（Stossich，1899）和 *L. macdonaldi*（Monticelli，1892）。

（2）30 年后，于 Aspidogastridae 科中发生如下变化。

1）Eckmann（1932）建立了 *Lobatostoma* 新属，他将 *Aspidogaster ringens* Linton 和 *Aspidogaster kemostoma* G. MacCallum et W. MacCallum 包含于本属之中，除此之外，他还描述了 *Aspidogaster* 属的 2 个新种：*A. decatis* 和 *A. enneatis*。

2）Popoff（1926）描述了从顿河的欧鳊 *Abramis bram* 体中找到的 *Aspidogaster donicum* 新种，此种应是 *A. limacoides* Diesing 的同物异名。

3）Rumbold（1928）描述了 *Cotylaspis* 属的新种 *C. stunkardi*。

4）Ward 和 Hopkins（1931）报道了 *Lophotaspis* 属新种 *L. interiora*。

5）Sinha（1935）从龟鳖 *Lissemys punctala* 发现了盾盘科的新属新种 *Lissemysia indica*。

6）Dawes（1941）建立了新属 *Multicotyle* 属。

7）Travassos（1947）发现了新属新种 *Zonocotyle bicaecata*，其特征是具有 2 支肠管。

8）И. Е. Быховская 和 Б .В. Быховская（1934，1940）研究 *A. limacoides* 在不同的鲤科鱼宿主体上其个体的变化，并获得正确结论，即 *A. donicum* Popoff 就是 *A. limacoides*。

9）Faust 和 Tang（唐仲璋）（1936）在盾盘亚纲系统发生问题上作出了重大贡献，他们从中国描述了 2 个新种 *Cotylaspis sinensis* 和 *Lophotaspis orientalis*；将 *Stichocotyle* 属从 Aspidogastridae 科中分出并为它建立了新科 Stichocotylidae；描述了具有十分特殊腹部吸附器的 *Stichocotyle* 属新种 *S. cristata*；在 *Stichocotyle* 属中建立两亚属 *Stichocotyle* 和 *Multicalyx*；最重要的是提出 Aspidogastridae 科种类不能归于单殖类，也不能归于复殖类，应当建立独立的亚纲 Aspidogastrea，位于单殖类和复殖类之间。这一观点被众学者所认同。

二、盾盘亚纲的分类系统及其代表种特征

盾盘亚纲（Aspidogastrea）含有 3 个科，它们有如下区别特征。

盾盘亚纲分科检索表

体卵圆形或伸长。具有咽和单条肠盲管。腹后附着器由排列成单纵行或数纵行的小吸盘组成。有 1 个或 2 个睾丸；卵黄腺泡粒状，在体两侧；软体动物、鱼类及龟类的寄生虫·····腹盾科（Aspidogastridae Poche，1907）

体窄长，具有咽和单条肠盲管。腹面附着器由分离的小吸盘排列成一单纵行到体后端。睾丸 2 个；卵黄腺管状，在中央、不成对。鳐类（batoidea）的寄生虫·····列杯科（Stichocotylidae Faust et Tang，1936）

体长，体大部分腹面和侧面具有横皱褶。口腔漏斗弱肌肉性；具有前咽、咽、食道和 2 条肠盲管。睾丸多个；卵巢在睾丸之前；有劳氏管；没有受精囊。卵黄腺沿着肠管分布，子宫位于睾丸腹侧。卵具卵盖。全头鱼类（holocephali）的寄生虫·····皱腹科（Rugogastridae Schell，1973）

（一）腹盾科（Aspidogastridae Poche，1917）

同物异名：Aspidobothridae Monticelli，1888。

本科有巨盾亚科（Macraspidinae）、杯盾亚科（Cotylaspidinae）和腹盾亚科（Aspidogastrinae）3 个亚科，它们有如下区别可供分亚科之用。

腹盾科分亚科检索表

腹面附着器上的小吸盘排列成一单行，睾丸单个，具有阴茎囊。卵巢在睾丸前方。卵黄腺泡粒 2 串位于体两侧，卵黄管 1 对。海鱼的寄生虫·····巨盾亚科（Macraspidinae Dollfus，1956）

腹面附着器上小吸盘排列成 3 纵行，有边缘器。口在顶端，口吸盘具有或付缺。睾丸 1 个或 2 个，阴茎囊具有或付缺。软体动物、鱼、龟的寄生虫·····杯盾亚科［Cotylaspidinae（Chauhan，1954）Yamaguti，1963］

腹面附着器上有 4 纵行小吸盘，并有边缘器。口在顶端或亚顶端，有或无唇状突起，典型的口吸盘付缺。睾丸 1 个或 2 个，阴茎囊有或无。软体动物、鱼类及爬行类的寄生虫·····腹盾亚科（Aspidogastrinae Chauhan，1954）

1. 腹盾亚科（Aspidogastrinae Chauhan，1954）

腹盾亚科（Aspidogastrinae）有腹盾属（*Aspidogaster*）、瓣口属（*Lobatostoma*）、簇盾属（*Lophotaspis*）及多杯属（*Multicotyle*）4 个属，它们的盾盘上小吸盘都是 4 纵行，区别特征如下（**盾盘图 1～盾盘图 4**）。

腹盾亚科分属检索表

睾丸单个。附着器中央区各小吸盘之间无乳突，具有阴茎囊。口部没有唇状突起·····腹盾属（*Aspidogaster* Baer，1827）

睾丸单个。附着器中央区各小吸盘之间没有乳突。具有阴茎囊。口部周围有唇状突起·····瓣口属（*Lobatostoma* Eckmann，1932）

睾丸单个。附着器中央区各小吸盘之间有乳头突起。没有阴茎囊·······················簇盾属(*Lophotaspis* Looss，1902)

睾丸两个。附着器盾盘上小吸盘数多，每一吸盘呈裂缝状·······················多杯属(*Multicotyle* Ben Dawes，1941)

(1) 腹盾属(*Aspidogaster* Baer，1827) 种类

A. *Aspidogaster conchicola* K. Baer，1827

1) 研究历史如下。

Aspidogaster conchicola 首先是 K.M. Baer(1827)在淡水双壳类软体动物 *Anodonta* 属的围心腔中找到，Aubert 和 Huxley(1856)又找到这种吸虫，同时在其描述中没有其构造的特征，声称好像是在软体动物的肝脏中找到 *Aspidogaster conchicola*，这是令人怀疑的。Woeltzkow 最早在 1888 年详细地描述了 *Aspidogaster conchicola* 的体内构造及盾盘构造，他详细研究这种吸虫的两性生殖系统，但没有完全充分地解释其结构，Woeltzkow 研究了虫体个体发育过程中盾盘的发育阶段。Stafford(1896) 详细地描述了 *Aspidogaster conchicola* 的角质膜、肌肉、盾盘、消化器官、生殖系统及排泄系统的构造，并清楚地记载雌性生殖系统的成卵腔、梅氏腺和劳氏管的位置。他的工作补充了 Woeltzkow 的工作并纠正了其错误假设。但 Stafford 认为 *Aspidogaster limacoides* Diesing 是 *Aspidogaster conchicola* 同物异名是有误的。

在北美洲，Relly(1899)从软体动物中找到 *Aspidogaster conchicola*，并研究了美国不同区域中此吸虫宿主软体动物的种类，从 1537 个软体动物标本中找到 *Aspidogaster conchicola*，感染有本虫软体动物占检查软体动物的 41%，在 435 例中 *Aspidogaster* 只从围心腔中找到，75 例只从肾脏中找到，有 134 例从上述两器官中都找到。Relly 检查了 44 种珠蚌科(Unionidae)软体动物，其中 23 种是 *Aspidogaster conchicola* 的宿主。

Стенкэрд(1917)同意 Лейди(1851)、Relly(1899)和 Rofoid(1899)的关于从所研究的软体动物找到的盾盘吸虫都是 *Aspidogaster conchicola* 的意见。

Williams(1942)研究了 *Aspidogaster conchicola* 的生活史，并描述了这种吸虫 4 个幼虫阶段的形态。关于盾盘吸虫在吸虫系统上位置的问题，Williams 同意 Faust 和 Tang(1936) 为它们建立独立亚纲的观点。

关于 *Aspidogaster conchicola* 在脊椎动物体内适应性的问题，Van Cleave 和 Williams(1943) 将 *Aspidogaster conchicola* 感染到龟(*Pseudemys troosti*)胃中 14d 后发现虫体用盾盘吸附在龟胃壁上，此试验证实了 Faust(1922)在自然条件下从龟体中找到 *Aspidogaster conchicola* 的事实，也证实了这种寄生吸虫和宿主之间的相互关系是不稳定的。

2) *Aspidogaster conchicola* 的宿主如下。

宿主类群有如下几种。

软体动物： *Limnium pictorum*，*Anodontites anatina*，*Anodontites cygnea* var. *cellensis*，*Anodontites cygnea* var. *ventricosa*，*Anodonta marginata*，*Anodonta fluviatilis*，*Anodonta lacustris*，*Anodonta corpulenta*，*Quadrula undulata*，*Quadrula pustulosa*，*Unio cariosus*，*Unio nasutus*，*Unio pictorum*，*Unio purpureus*，*Unio radiatus*，*Amblema costata*，*Pleurobema coccineum*，*Lampsilia ventricosa*，*Obovaria olivaria*，*Leptodea fragilis*，*Vivipara lapillorum*，*Vivipara catayensis*。

龟： *Leuciscus aephiops* [按 Faust(1922) 天然感染]；*Pseudemys troosti*[按 Van Cleave 和 Williams(1943) 实验感染]。

鱼： *Leuciscus aephiops* [按 Faust(1922) 天然感染]。

寄生位置： 软体动物在围心腔和肾，龟和鱼在胃中。

发现地点： 西欧和北美洲。

3) *Aspidogaster conchicola* 的特征(按 Дауэс，1946)如下。

体表结构：性成熟吸虫的长度常达到 3mm，最宽处有 1mm，体具铁钻形，内脏器官在身体的背部，而身体的腹部形成很大的吸附盘——盾盘，身体背部和腹部由一环绕身体的沟分开，此体沟在体后部不十

分明显。身体的前端形成喇叭状突起，突向盾盘的前方。 身体的这个部分可以很自由地活动，并且有时伸展达到几乎等于盾盘的长度。体后部较少变动，但有时也可突出到离盾盘后缘稍远的地方。体表无小刺。

口横卵圆形，在顶端；体前端稍弯向腹面，生殖孔在前体沟的中央，两个排泄孔并排地列于身体后端和盾盘交接的地方。盾盘十分强大，卵圆形，边缘呈波状，在腹面上有许多小吸盘，它们是由 30 条横嵴和 3 条纵嵴形成的，小吸盘共有 118 个，每个小吸盘是一个独立的吸盘，嵴基本上由排列和体表成直角的肌肉纤维组成。在盾盘侧沟和边缘上排列有很小的塌陷的小乳头，它们可能是感觉器官。小吸盘的大小为 0.05mm×0.15mm。在盾盘吸附层的下面有一层约 0.05mm 厚的膜，将盾盘和柔软组织分开，这层膜由柔软的肌肉纤维所支撑。皮层厚度不超过 0.008mm，它延展到体表各开口内侧和消化管，达到咽中部。单细胞腺体有瓶状、粒状等，它们排列在口漏斗中、口的近缘、其他部分和盾盘上。

体内结构：在皮层下有若干层的肌肉纤维，表面的一层是环肌，然后有纵肌层，再后排有 2 层横断的斜肌，最后有一层环肌纤维。在肌肉层下面的柔软组织，内部器官在体前后部，被背腹的肌肉贯穿着。很厚的横的中隔排列在柔软组织之中，将身体分成背部和腹部。在中隔上方有消化管、生殖管的顶端部分和排列在肠管两旁的卵黄腺。在身体的腹下部有卵巢、输卵管、成卵腔和睾丸，这样一来，生殖管的中部贯穿上述的中隔。

口漏斗（前咽）肌肉性，没有口吸盘。在口漏斗的后方有一个强大肌肉性纵卵圆形的咽。其后是袋状肠管，从切片上可见皮层达到咽的中部，肠管盲端终止在柔软组织。内面铺有上皮细胞，并且具有由外环肌内纵肌组成的肌肉层，咽喉壁由两层细薄环肌组成，其中充满很厚的斜肌层。

排泄系统：排泄囊有两个漏斗状的开口，从这里，在身体的两边伸出两条宽的管，这两条管延展到身体腹部的前方，达到咽的水平位置，又向后折回，达到身体的后端。管的后段分成 3 条收集管，每条管再分支成 3 个小管，其末端有焰细胞，焰细胞公式为 2(3 + 3 +3)=18。排泄小管的终末分支进入到内壁的各个地方，在管的后面有纤毛簇，这与一些单殖类的排泄系统相似，含有排泄物质的液体从小管进到大的管。

生殖系统：雄性生殖系统有一个位于体中后方下部的睾丸，输精管穿过中隔并且膨大成贮精囊，有阴茎和袋状的阴茎囊。成熟虫体的贮精囊充满着丝状的精子。阴茎能够缩入到生殖腔中。

雌性生殖系统有一个卵巢，位于睾丸前方，体中线稍右方，它和某些单殖类卵巢一样是作若干曲折的一个管，其盲端为一个很大的卵圆形块。卵巢和很窄的有纤毛的输卵管相通，并通向成卵腔。有 3 个管和成卵腔相通：由 1 对卵黄管会合而成的卵黄总管、子宫和劳氏管。子宫的开始部分包含有精子，它们从其他虫体进入到那里和早期的卵子结合；所以该部位是子宫受精囊，往后的子宫充满着含有发育幼胚的卵子，子宫的壁上具有外纵走和内环行的肌纤维，子宫的末端部分开口于生殖腔。卵黄腺由成群丛粒组成，排列在卵黄主侧管的四周，卵黄细胞从那里出来沿着管到成卵腔中。劳氏管具有很长的盲端。Дауэс 推测劳氏管为保留没被利用的壳物质的地方，壳物质在纤毛运动影响之下从成卵腔进入到劳氏管，保护了柔弱的雌性管不致被堵塞。

A. conchicola 常有自体受精的现象，正常应当是异体受精，当卵还在子宫中时，幼虫就已发育。卵的大小为 (0.128 ~ 0.134)mm×(0.048 ~ 0.050)mm。从卵中孵化出的幼虫的大小为 (0.130 ~ 0.150)mm×(0.050~0.055)mm。幼虫没有纤毛，移动缓慢。口的直径约 0.044mm，而腹吸盘是 0.040mm。当幼虫达到(0.88~0.96)mm×(0.175~0.18)mm 大的时候，后腹吸盘(0.205mm)比口吸盘(0.195mm)大。当幼胚体达到(1.2~1.4)mm×0.3mm 大，后吸盘达到 0.32mm×0.275mm 时，侧小吸盘首先出现。这时排泄系统也已很好地发育，并有生殖器官幼胚出现。Williams 认为把感染有虫体的珠蚌(Unionidae)饲给鱼类、蛙类和龟类，吞下去的虫体在它们的胃和肠中解脱出来，这样一来，脊椎动物有可能作为第二宿主参加到此虫体的早期发育环节中来。Van Cleave 和 Williams(1943) 将成熟的 *A. conchicola* 用粗玻璃管引进到龟(*Pseudemys troosti*)的胃中，虫体吸附在它的壁上，并且能活到 14d。

B. *Aspidogaster limacoides* Diesing，1834

同物异名：*Aspidogaster donicum* N.Popoff，1926。

1）研究历史如下。

Diesing(1834)描述从欧洲的鲤科鱼 *Leuciscus ilus* 和 *Leuciscus dobula* 的肠管中找到 *Aspidogaster limacoides* 吸虫，这是 *Aspidogaster* 属的第二个代表。Popoff(1926) 叙述从顿河的鳊鱼(*Abramis brama* L.)肠中找到认为是新种的 *Aspidogaster donicum*，他认为它们不同的特征在于盾吸盘上中央和旁边纵行列上小吸盘的数目，在 *A. donicum* 中央纵行上有小吸盘 14 个，在两侧上有 15 个，而按当时的文献，在 *A. limacoides* 中央纵行上有 16 个小吸盘，两侧上却有 17 个小吸盘。苏联学者 И. Быховская 和 Б. Быховский (1934)详细研究了 *Aspidogaster limacoides* 盾盘的构造，从里海和伏尔加河中捕获的鱼类体中得到的标本，见到 *Aspidogaster limacoides* 盾盘小吸盘的数目会有很大的变异，并得出合理的结论：*Aspidogaster donicum* 应当是 *Aspidogaster limacoides* 的同物异名。

2) 宿主的特征如下。

Aspidogaster limacoides Diesing，1834 的鱼宿主有：*Leuciscus idus*、*Leuciscus dobula*、*Leuciscus cephalus*、*Abramis brama*、*Gobio gobio*、*Rutilus rutilus*。

寄生部位：肠管。

发现地点：苏联、奥地利。

感染强度：一尾鱼中有 1～374 条虫和 1～98 条虫。

3) 种的特征[按 Popoff(1926) 的 *Aspidogaster donicum*]如下。

体长 2.741～3.080mm，体宽 0.770～0.924mm。虫体形状在活的状态下有很大的变化，会将身体缩得很短和伸得很长，同时盾盘也不断地动作。其身体的肌肉很透明，因此不必染色就可以看到身体内部器官的排列。固定标本体呈轴状，背面突出，腹面盾盘的面积为 (1.540～2.171)mm×(1.047～1.386)mm，为身体的 2/3 大，盾盘呈卵圆形或椭圆形，身体的前端稍膨大。

盾吸盘的表面被 3 条纵嵴分成 4 行，各行有 14 个长方形凹陷，头尾两端各有一单个凹陷。在每横行两端，2 凹陷之间处各有一个成囊状感觉器官，囊向外侧缩小。口位于前顶端，长 0.308～0.493mm。前咽长 0.108～0.185mm，咽圆筒肌肉性，大小为 0.210mm×0.277mm。肠管囊状，后端有些膨大，长 0.463～1.363mm，达距体后端 0.477～0.63mm 的位置。睾丸单个，位于卵巢之后，在盾盘后部与虫体相毗连的水平上，大小和卵巢几乎相等，为 (0.462～0.508)mm×0.277mm。生殖窦是一个梨形的肌肉性囊，大小为 (0.462～0.534)mm×(0.248～0.277)mm，生殖孔在盾盘前缘前方身体腹面中央，在咽上缘的水平上，生殖窦下方膨大部达到身体第二个 1/3 区开始之处。阴茎圆柱形，端部稍稍膨大。卵巢卵圆形，大小为 (0.354～0.462)mm×(0.246～0.277)mm，位于体第二个 1/3 区的基部。在和卵巢壁平行处有一个非常肥厚的分枝状物和卵巢相连。卵黄腺呈串状，位置从身体的中部开始，沿着身体的两侧向后走，两者在体后端相连，这特征是本种与本属其他种相区别之点。在两侧卵黄腺的中部伸出卵黄管，两者在睾丸和卵巢之间处相交接，形成卵圆形的卵黄囊。子宫圈分布于虫体后半部，并直穿到虫体的头部。子宫末端肌肉性，向生殖孔方向逐渐地增厚。卵很大，为 (0.0725～0.0775)mm×(0.0550～0.0475)mm，红褐色，椭圆形。

И. Быховская 和 Б. Быховский (1934)从伏尔加河和里海的许多鱼肠中找到 *Aspidogaster limacoides* 虫体。虫体大小为 (0.43～2.49)mm×(0.2～1)mm，活的标本非常活泼，盾盘占身体腹面的很大部分，并且具有 4 行小盘，小盘在周围的为圆形，在盾盘当中为长形。盾盘的形状变化很大，有圆形、卵圆形和心脏形，面积接近身体的面积，达到 (0.56～2.46)mm×(0.43～2.0)mm。盾盘上小盘的数目变化也很大，在 50～74 个以内，每行有 12～18 个，而在盾盘的前后端中央，各尚有一单个。盾盘上小盘的数目统计如下：

每纵行小盘数目	12	13	14	15	17	18
小盘总数	50	54	58	62	70	74
检查标本数	5	65	105	23	2	1

盾盘面积的增大和虫体体积的增大是相适应的，而每纵行小吸盘的数目和盾盘面积大小无关，像盾盘的长度 0.80mm、0.86mm、1.00mm 和 1.93mm，而和它们相应的每纵行的小吸盘数目却是 17 个、15 个、

12 个和 17 个，这样的差异应当被认为是个体变异性的表现。

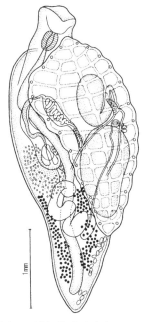

盾盘图 1　饭岛腹盾吸虫(*Aspidogaster*
ijimai Kawamura，1913)
(按唐仲璋和唐崇惕，1980)

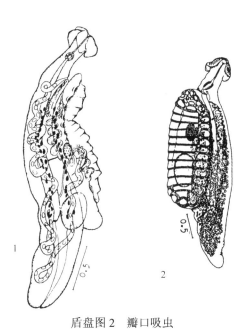

盾盘图 2　瓣口吸虫

1. *Lobatostoma ringens*(Linton，1907)(按 MacCallum 和 MacCallum，1913)；2. *Lobatostoma pacificum* Manter，1940(按 Yamaguti，1963)

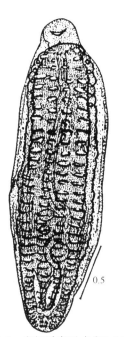

盾盘图 3　多杯盾盘吸虫(*Multicotyle
purvisi* Dawes，1941)
(按 Yamaguti，1963)

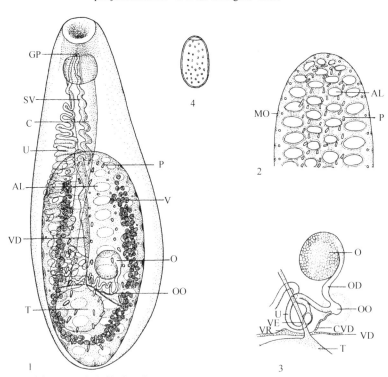

盾盘图 4　东方簇盾吸虫(*Lophotaspis orientalis* Faust et Tang，1936)
(按 Faust 和 Tang，1936)

1. 成虫的背面观，显示其外部及内部的结构；2. 腹面盾盘前部示小吸盘、乳突及边缘器官；
3. 卵巢附近器官的构造；4.虫卵(AL：小吸盘，C：肠管，GP：生殖孔，MO：边缘器官，
O：卵巢，OO：卵模，OD：输卵管，P：乳突，SV：贮精囊，T：睾丸，U：子宫，V：卵
黄腺，VD：输精管，VD：卵黄管，CVD：卵黄总管，VE：小输精管，VR：卵黄贮囊)

(2) 簇盾属 *Lophotaspis* Looss，1900

簇盾属盾盘强大，盾盘上有 4 行小吸盘，在盘的边上有边缘器官，有许多圆锥状的乳头排列在盾盘的中央部分。每 3 个小吸盘之间有一个着生在隔板上。只有 1 个睾丸。寄生在软体动物及龟身上。

Lophotaspis Looss，1900 属中种的检索表

1(2) 盾盘上小吸盘数目一般是 38 个，其中 20 个在旁边，18 个在中央，生殖孔位于咽喉的后方，珍珠贝软体动物的寄生虫·····································*Lophotaspis margaritiferae*(Shipley et Hormell，1904)

2(1) 盾盘上小吸盘的数目一般超过 50 个

3(4) 盾盘上小吸盘的数目一般是 120 个，边上 60 个，中央 60 个，生殖孔直接在盾盘的前方，海产腹足类软体动物的寄生虫·····································*Lophotaspis macdonaldi*(Monticelli，1892)

4(3) 盾盘上小吸盘的数目一般少于 100 个，生殖孔位于口的后缘，龟的寄生虫

5(6) 盾盘上小吸盘的数目一般是 77 个，其中 41 个在边上，36 个在中央·········*Lophotaspis vallei*(Stossich，1899)

6(5) 盾盘上小吸盘的数目一般少于 70 个

7(8) 盾盘上小吸盘的数目一般是 54 个，其中 30 个在边上，24 个在中央·········*Lophotaspis orientalis* Faust et Tang，1936

8(7) 盾盘上小吸盘的数目一般是 65 个，其中 35 个在边上，30 个在中央·········*Lophotaspis interiora* Ward et Hopkins，1931

2. 杯盾亚科 [Cotylaspidinae(Chauhan，1954) Yamaguti，1963]

杯盾亚科(Cotylaspidinae)有杯盾属(*Cotylaspis*)、里龟属(*Lissemysia*)、杯腹属(*Cotylogaster*)和拟杯腹属(*Cotylogasteroides*)4 个属。它们盾盘上的小吸盘都是 3 纵行，但有区别如下(**盾盘图 5、盾盘图 6**)。

杯盾亚科分属检索表

睾丸 1 个，有阴茎囊，有劳氏管·····································杯盾属(*Cotylaspis* Leidy，1857)

睾丸 1 个，无阴茎囊·····································里龟属(*Lissemysia* Sinha，1935)

睾丸 2 个，有阴茎囊。卵黄腺泡粒对称地排列，没有劳氏管·····································杯腹属(*Cotylogaster* Monticelli，1892)

睾丸 2 个，没有阴茎囊。卵黄腺管状，排列不对称，有劳氏管·····································拟杯腹属(*Cotylogasteroides* Yamaguti，1963)

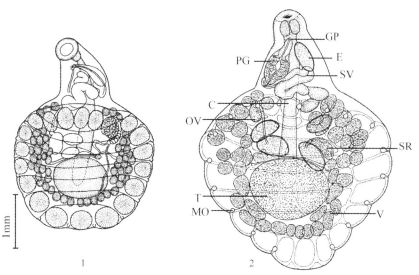

盾盘图 5　中华杯盾吸虫(*Cotylaspis sinensis* Faust et Tang，1936)

1. 成虫腹面观(按唐仲璋和唐崇惕，1980) 2. 成虫背面观(按 Faust 和 Tang，1936)(C：肠管，E：虫卵，GP：生殖孔，MO：边缘器官，OV：卵巢，PG：前列腺，SR：受精囊，SV：贮精囊，T：睾丸，V：卵黄腺)

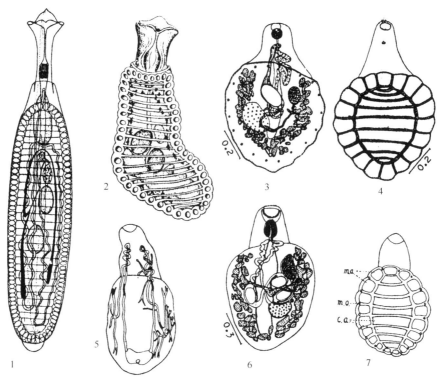

盾盘图 6　杯盾亚科吸虫

1. *Cotylogasteroides occidentalis* (Nickerson, 1899)（按 Yamaguti, 1 963）；2. *Cotylogaster michaelis* Monticelli, 1892（按 Yamaguti, 1963）；3、4. *Lissemysia indica* Sinha, 1935（按 Yamaguti, 1963）(3. 内部结构，4. 腹盾结构)；5～7. *Lissemysia ovata* Tandon, 1949（按 Yamaguti, 1963）(5. 排泄系统，6. 内部结构，7. 腹盾结构)

（1）杯盾属 *Cotylaspis* Leidy，1857

同物异名：*Platyaspis* Monticelli，1892。

A. 研究历史

Leidy(1857)在 Unionidae 科的 *Anodonta fluuiatilis* 及 *A. lacustris* 发现盾盘吸虫的新属新种 *Cotylaspis insignis*。该属的特征：身体前端呈圆筒形，后方膨大呈半圆形或卵圆形。盾盘上小吸盘排列成 3 排。口孔位于顶端，具有向上突出的唇瓣，它们呈杯状或盘状。肠管和 *Aspidogaster* 属一样。具有 2 个明显的黑色眼点，排列在头端的两边。生殖孔位于头端和腹部盾盘之间的腹面。

Poirier(1884)从非洲 *Tetrathyra vaillanti* 找到一种盾盘吸虫，称为 *Aspidogaster lenoiri*，然而并没有详细研究该吸虫的结构。Monticelli(1892) 在修正 Aspidobothridae 科时为该吸虫创立 *Platyaspis* 属。

Forbes(1896) 在美国伊利诺伊州，Osborn(1896)在纽约，分别从淡水软体动物体中找到 *Cotylaspis insignis*，但错误地称之为 *Platyaspis anodonte*。因为看它同非洲的虫体相似，不知道有 *Cotylaspis* 属的存在。Kofoid(1899)保存有 Poirier 所描述的非洲形式的 *Platyaspis* Monticelli 属标本，指出 Osborn 的种和 Leidy 的种是同种。Kelly(1899)检查了 Unionidae 科的 44 种标本约 1600 个，其中 18%(24 种) 感染有 *Cotylaspis insignis*。Nickerson(1902)取消了 *Platyaspis* 属，因它同 *Cotylaspis* 属非常接近，应归入后者。

Osborn(1904)报道了关于 *Cotylaspis insignis* 的分布及形态学的资料，并描述了一个非常幼小的标本，它具有简单的腹吸盘，2 个完全分开的排泄系统和开口。并且没有眼点和边缘器官。Osborn 将这样的排泄系统和复殖类吸虫雷蚴及尾蚴的排泄系统的排列相比较，同意 Aspidogastridae 科仍是半成熟雷蚴的观点。

随后还发现 *Cotylaspis* 属的 3 个新种：*Cotylaspis cokeri* Barker et Persons, 1914(宿主：北美洲的龟 *Malaclemys lesueuri*)；*Cotylaspis stunkardi* Rumbold, 1928(宿主: 北美洲的龟 *Chelydra serpentina*)；*Cotylaspis sinensis* Faust et Tang, 1936(宿主：中国的龟 *Amyda tuberculata*)。

B. *Cotylaspis* 属的特征

Aspidogastridae 身体向前端收缩，向后方膨大，背部凸起，腹部扁平。盾盘卵圆形，被两纵隔分成 3 个部分，它们被许多横的中隔所横穿，小吸盘排列成 3 纵行。口孔位于亚顶端。肠管为管状囊袋。单个睾丸，有生殖窦，生殖孔位于体长度前方 1/3 区中央，寄生于淡水软体动物和龟的肠管之中。代表种类：*Cotylaspis insignis* Leidy，1857。

C. 分种检索表

Cotylaspis Leidy，1857 属分种检索表

1(2) 软体动物的寄生虫，盾盘上小吸盘的数目达到 29 个⋯⋯⋯⋯⋯⋯⋯⋯⋯⋯⋯⋯⋯⋯⋯⋯⋯⋯⋯ *Cotylaspis insignis* Leidy，1857

2(1) 龟的寄生虫

3(4) 盾盘上小吸盘的数目一般是 50 个，卵大小为 0.15mm×0.08mm，*Chelydra serpentina* 的寄生虫⋯⋯⋯⋯⋯⋯⋯⋯⋯
⋯⋯⋯⋯⋯⋯⋯⋯⋯⋯⋯⋯⋯⋯⋯⋯⋯⋯⋯⋯⋯⋯⋯⋯⋯⋯⋯⋯⋯ *Cotylaspis stunkardi* Rumbold，1928

4(3) 盾盘上小吸盘的数目一般少于 40 个

5(6) 盾盘上小吸盘的数目是 32 个，卵长 0.145～0.187mm、宽 0.071～0.086mm。*Malaclemys lesueuri* 的寄生虫⋯⋯⋯⋯
⋯⋯⋯⋯⋯⋯⋯⋯⋯⋯⋯⋯⋯⋯⋯⋯⋯⋯⋯⋯⋯⋯⋯⋯⋯ *Cotylaspis cokeri* Barker et Parsons，1914

6(5) 盾盘上小吸盘的数目少于 30 个

7(8) 盾盘上小吸盘的数目是 27 个，卵长 0.168～0.182mm、宽 0.098～0.112mm。*Amyda tuberculata* 的寄生虫⋯⋯⋯⋯⋯
⋯⋯⋯⋯⋯⋯⋯⋯⋯⋯⋯⋯⋯⋯⋯⋯⋯⋯⋯⋯⋯⋯⋯⋯⋯⋯ *Cotylaspis sinensis* Faust et Tang，1936

8(7) 盾盘上小吸盘的数目是 25 个，卵长 0.14mm、宽 0.043mm，非洲 *Tetrathyra vaillandi* 的寄生虫⋯⋯⋯⋯⋯⋯⋯⋯⋯
⋯⋯⋯⋯⋯⋯⋯⋯⋯⋯⋯⋯⋯⋯⋯⋯⋯⋯⋯⋯⋯⋯⋯⋯⋯⋯⋯⋯⋯ *Cotylaspis lenoiri* (Poirier，1886)

3. 巨盾亚科 Macraspidinae Dollfus，1956

同物异名：Macraspisinae Chauhan，1954。

巨盾亚科中只有巨盾属(*Macraspis*)和多萼属(*Multicalyx*)2 个属。它们都只有一长列小吸盘在腹面附着器上(**盾盘图 7～盾盘图 9**)，它们之间的区别如下。

巨盾亚科分属检索表

腹面附着器由一长列横向伸展的小吸盘所组成，具有边缘器官⋯⋯⋯⋯⋯⋯⋯⋯⋯⋯⋯⋯巨盾属(*Macraspis* Olsson，1868)

腹面附着器由一长列横嵴和被横隔膜分隔开的沟槽所组成，没有边缘器官⋯⋯⋯⋯⋯⋯⋯⋯⋯⋯⋯⋯⋯⋯⋯⋯⋯⋯⋯⋯⋯
⋯⋯⋯⋯⋯⋯⋯⋯⋯⋯⋯⋯⋯⋯⋯⋯⋯⋯多萼属［*Multicalyx*(Faust et Tang，1936)Yamaguti，1963］

4. 多萼吸虫 *Multicalyx cristata*(Faust et Tang，1936)

同物异名：*Stichocotyle cristata* Faust et Tang，1936。

终末宿主：牛鼻鲼鱼(*Rhinoptera quadriloba*)。

寄生部位：螺旋瓣(spiral value)。

发现地点：美国密西西比(Mississippi)Biloxi Bay。

(二)列杯科(Stichocotylidae Faust et Tang，1936)

列杯科隶属 Aspidogastrea 亚纲。本科吸虫体很长，呈长圆筒形(**盾盘图 10**)。体前端背腹扁平，在前端约体长 1/3 处向前逐渐变尖细。体腹面小吸盘 20～30 个，横径均长于直径。体后方的小吸盘较小，吸盘之间距离逐渐向后缩小。没有边缘感觉器(marginal sense organs)。口孔位于亚顶端，其基部呈一漏斗状的凹陷，没有成形的口吸盘。具咽。肠管单条在体中央，直伸到体后端。睾丸 2 个斜列于体中部，2 小输精

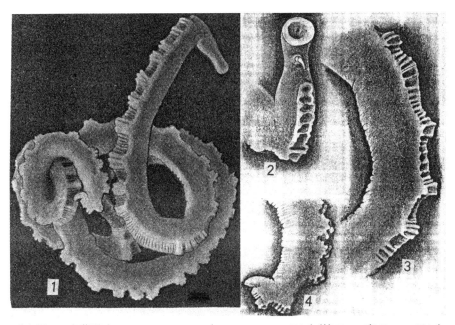

盾盘图 7　多萼吸虫 *Multicalyx cristata*（Faust et Tang，1936）（按 Faust 和 Tang，1936）

1. 整体；2. 身体头端；3. 身体中部一段侧面观；4. 身体末端

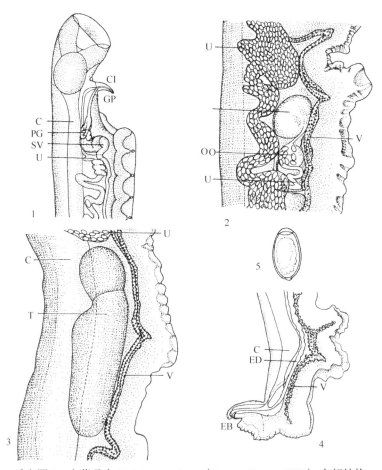

盾盘图 8　多萼吸虫 *Multicalyx cristata*（Faust et Tang，1936）内部结构

（按 Faust 和 Tang，1936）

1. 体部前端侧面观；2. 体部一段侧面观（示卵巢和卵模）；3. 体部一段侧面观（示睾丸）；4. 体部末端侧面观（示排泄管和排泄囊）；5. 虫卵（C：肠
管，CI：阴茎，EB：排泄囊，ED：排泄管，GP：生殖孔，O：卵巢，OO：卵模，PG：前列腺，SV：贮精囊，T：睾丸，U：子宫，V：卵黄腺）

管(vasa efferentia)在卵巢的前方横向联合。阴茎囊(cirrus pouch)很小，内含有贮精囊(seminal vesicle)和可外翻的射精管(eversible ejaculatory duct)。生殖孔(genital pore)位于第一个小吸盘的前缘，稍在体中线的右侧。卵巢在肠管的腹面，受精囊(receptaculum seminis)位于睾丸的前方，没有劳氏管(Laurer's canal)。卵黄腺(vitelline gland)由一条管和卵黄泡粒(vitelline follicles)组成，它在体背侧中部从卵巢水平伸延到体后末端。子宫从后睾丸的左侧向后蜿蜒而行，而后又在右侧向前行，有子宫末端(metraterm)的分化。虫卵大，卵圆形，壳厚，有卵盖(operculate)，排泄孔在体末端背侧，具有排泄囊(excretory vesicle)，排泄管呈两条宽的卷绕的管在体两侧向前延伸达到咽的水平。成虫寄生在鳐鱼的肝脏、胆管，幼虫由 Cunningham(1887)发现在海产桡足类 Nephrops novegicus 的肠壁上结囊。

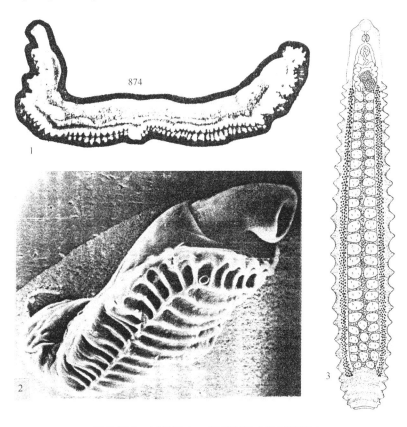

盾盘图 9　巨盾吸虫、拟杯腹吸虫及皱腹吸虫

1. 巨盾吸虫 Macraspis elegans Olsson，1869（按 Jagerskiold，1899）；2. 拟杯腹吸虫 Cotylogasteroides occidentalis Nickerson，1899（按 Ip et al.，1982）；
3. 皱腹吸虫 Rugogaster hydrolagi Schell，1973（按 Schell，1973）

代表种：*Stichocotyle nephropis* Cunningham，1884，体长达 115mm，吸盘 24～30 个。
终末宿主：鳐 *Raja* spp.。
中间宿主：龙虾(Lobsters)及桡足类(Crustaceans)。

(三) 皱腹科(Rugogastridae Schell，1973)

皱腹科隶属 Aspidogastrea 亚纲，体稍长。体腹面附着器呈有 24～25 个横列的皱沟(**盾盘图 10**)。有不发达的小吸盘，消化道具有咽和两分叉的肠管。睾丸数近 60 个，占满体约 2/3 部分。卵巢 1 个，在睾丸前方。生殖孔开口在肠分叉后方。具有阴茎囊。子宫很长，下上行绕曲在睾丸之间，内充满虫卵。卵黄腺泡状丛粒分列于虫体两侧，在睾丸分布区的外侧。

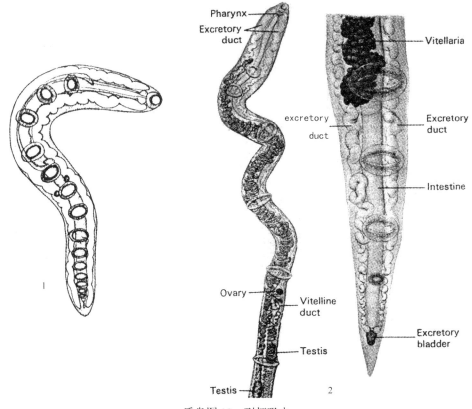

盾盘图 10 列杯吸虫

1. *Stichocotyle nephropis* Cunningham，1884 外形(按 Nickerson，1895)；2.*Stichocotyle nephropis* Cunningham，1884 内部结构(按 Odhner，1910)

代表种：*Rugogaster hydrolagi* Schell，1973。
终末宿主：银鲛鱼(ratfish)。
寄生部位：直肠腺(rectal gland)。

三、中国盾盘吸虫种类

中国盾盘吸虫已报告的种类只有 6 种，除了在黑龙江和湖北的 *Aspidogaster amurensis* 之外，其他 5 种都是从福建省闽江流域找到。它们的特征及宿主种类情况如下。

(一)贝居腹盾吸虫(*Aspidogaster conchicola* K. Baer，1827)

本种盾盘吸虫(**盾盘图 11**)首先由 Faust 于 1922 年在北京与长沙找到。寄生于青鱼 [*Mylopharyngodon piceus*(Richardson)] 及鳖(*Amyda sinensis*)，并在两种田螺 *Vivipara lapillorum* 和 *V. catayensis* 及瓣鳃类上均有发现。本虫在福州的河蚌(*Anotonta woodiana*)上极为常见，寄生在围心腔内，常数十百条在一起。此外，偶然亦能在田螺(*Vivipara quadrata*)体内找到，但数目都不过是一两个。

本虫种的劳氏管接于输卵管弯折处，末部延至体的后端，膨大成一盲囊。输卵管有许多被膜瓣分开的隔室，它们显然不是完全分隔的，因为卵细胞可以通过并到达卵模和子宫。输卵管壁有纤毛，它们的闪动使成熟卵排出。卵黄腺总管开口于输卵管较后的一段。

(二)黑龙江腹盾吸虫(*Aspidogaster amurensis* Achmerov，1956)

本种吸虫(**盾盘图 12**)最早在我国黑龙江发现，寄生在鲤鱼及草鱼肠内(Achmerov，1959)。在湖北省花马湖、望天湖及徐家河水库也有找到，寄生在青鱼肠中。

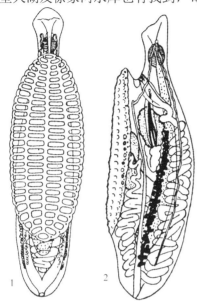

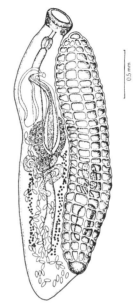

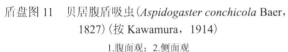

盾盘图 11　贝居腹盾吸虫(*Aspidogaster conchicola* Baer，1827)(按 Kawamura，1914)
1.腹面观；2.侧面观

盾盘图 12　黑龙江腹盾吸虫(*Aspidogaster amurensis* Achmerov, 1927)[按中国科学院(湖北)水生生物研究所，1973]

根据中国科学院(湖北)水生生物研究所(1973)对此种腹盾吸虫的描述：虫体较大，椭圆形，活体时棕黄色，固定后呈灰色。体表光滑。腹面附着器长椭圆形，占虫体腹面的大部分，前缘超过咽的水平，后缘几乎达到体后端。腹盾上有 110 个小凹槽(alveolus)，分成 4 列，每列各 27 个，中间 2 列的小槽较两侧的略大，顶端与末端还各有一独立的小槽。两侧各小槽间具不太显著的圆形感觉突起，共 56 个。口的边缘具肌质的吸盘。咽肌肉性发达，其后为单条的肠管，盲端后延伸到睾丸的后方。睾丸单个，椭圆形，位于虫体后端 1/3 部分的上缘腹面，紧靠后附着器的背面。贮精囊在阴茎囊之外，呈带形，盘曲于体中部。阴茎囊发达，位于体前部，它的基部为许多腺细胞所簇拥，阴茎细长屈曲。阴茎囊与子宫末段相接而共开口于生殖孔，生殖孔位于咽水平体腹面。卵巢椭圆形，略小于精巢(睾丸)，位于睾丸的前方。输卵管从卵巢引出，在它的基部作两次折叠。卵黄腺泡粒分布在虫体后半部的两侧。子宫圈延伸到体后端后又复上升至体前部为子宫末端，子宫末端膨大壁增厚。卵较大，椭圆形，金黄色，壳厚，有卵盖。虫体体长 2.50~4.32mm，体宽 0.66~1.33mm；后附着器长 1.91~2.92mm。前咽长 0.10~0.15mm，咽大小为 (0.10~0.17)mm×(0.05~0.17)mm。睾丸大小为 (0.32~0.58)mm×(0.15~0.37)mm，阴茎囊大小为 (0.75~1.21)mm×(0.20~0.30)mm，卵巢大小为 (0.28~0.47)mm×(0.08~0.21)mm。卵大小为 (0.076~0.093)mm×(0.033~0.053)mm。

(三)饭岛腹盾吸虫(*Aspidogaster ijimai* Kawamura，1913)

本虫(**盾盘图 1**)曾经被日本 Kawamura 发现和描述。从福建收集的标本(唐仲璋和唐崇惕，1880)特征如下：虫体梭形，盾盘后的体部逐渐尖削，体部大小为 (2.625~3.634)mm×(1.065~1.35)mm。口部边缘作波状凹凸，并可向外翻出，直径 0.380~0.475mm。咽椭圆形，直径 0.193~0.227mm，紧接着一个细长的袋形肠管延至体的后端。盾盘前半较阔，后半逐渐窄小，有小吸盘 4 纵列，总数 46 个。整个盾盘占体腹面中央部位，其长度为 1.427~1.903mm。盾盘周围在各小盘相隔处均有小乳突一个，为边缘感觉器

(marginal organ)，其数目约 26 个。睾丸巨大，椭圆形，位于体腹面，大小为 (0.723～0.875) mm×(0.323～0.399) mm。输精管从睾丸前方发出，至后方膨大，为屈曲的贮精囊，经四五度环绕曲折而接于阴茎囊。阴茎囊饱状，大小为 (0.742～1.332) mm×(0.228～0.323) mm，其中阴茎长 0.473～0.761mm。阴茎囊基部围绕有许多单细胞的摄护腺，其范围宽 0.589～0.856mm。阴茎囊和子宫末端均开口于体前方 1/4 水平、盾盘右侧的生殖孔。卵巢椭圆形，前端膨大，后端向前曲折形成输卵管，继而向后回绕。在卵巢后方有一个圆形的受精囊接于劳氏管，劳氏管细长，向后延伸至体后端与排泄管连合。卵黄腺分布于体后方 2/5 的位置，圆形的丛粒散布在肠管两侧，卵黄腺管斜向前方汇集于输卵管附近成为卵黄总管，通于卵模。子宫屈曲向后行，延到体后端又向前盘旋于睾丸和阴茎囊右侧，开口于生殖孔。卵大小为 (0.068～0.081) mm×(0.032～0.047) mm。

终末宿主：鲤鱼 (*Cyprinus carpio* Linnaeus)。

寄生部位：肠管。

(四) 印度腹盾吸虫 (*Aspidogaster indica* Dayal，1943)

本种盾盘吸虫 (**盾盘图 13**) 最早在印度北部 Lucknow 发现，宿主 *Barbus tor*。福建标本 (唐仲璋和唐崇惕，1980) 特征如下：成虫长椭圆形，体大小为 (2.120～3.541) mm×(0.914～1.504) mm。盾盘大小为 (2.171～3.027) mm×(0.914～1.504) mm，除口部和咽外几乎遮满全身；盾盘长度与体长的比为 (0.81～0.93)：1 (平均为 0.87：1)。口吸盘位于顶端，大小为 (0.171～0.286) mm×(0.209～0.267) mm；咽大小为 (0.171～0.209) mm×(0.171～0.209) mm；肠管囊状，(1.923～2.205) mm×(0.190～0.305) mm，盲端达睾丸后方。盾盘周围一圈小吸盘数为 32～34 个，中部垂直的长方形小盘 2 列，各 13～15 个。整个盾盘的小盘总数 58～64 个，最常见为 62 个。边缘各个小盘之间有小乳突。卵巢椭圆形，顶端膨大，所含的细胞较小。卵巢基部折叠的输卵管内含有具有巨大胞核的卵细胞。卵巢大小为 (0.286～0.434) mm×(0.190～0.286) mm (平均

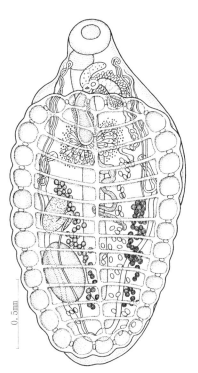

0.364mm×0.231mm)。劳氏管细，长约 1mm，其一端与输卵管相接，另一端后延到体后端，与排泄囊相通。卵黄腺丛粒两束相对地分布在体后半部 (即自体中横线至睾丸后方)。横卵黄管在卵巢后方会合成为卵黄囊而通于输卵管。睾丸较大，大小为 (0.928～0.857) mm×(0.438～0.552) mm (平均为 0.721mm×0.499mm)，其长度宽度约等于卵巢的 2 倍。2 个小输精向前会合成大输精管，约在体中部膨大成为曲折的贮精囊，延至体前方 1/3 处接于阴茎囊。阴茎囊基部为许多腺细胞所簇拥，阴茎囊具 2 个管壁，内有由许多椭圆形细胞构成的前列腺管，在其前方有弯曲细长的阴茎；阴茎囊末部内壁倒生着许多笠形小刺。阴茎囊开口与子宫末端开口相接，位于咽后近中央位置，其末部常能从开口处翻出。子宫末端膨大部分有腺体围绕，大小为 (0.400～0.628) mm×(0.209～0.343) mm (平均为 0.546mm×0.254mm)。排泄系统具有由两侧小囊愈合而成的排泄囊，常可见两小囊已经愈合而尚有两个排泄孔的个体。排泄囊两侧通于膨大的排泄管，该管弯曲向前至体前端 1/3 处直径突然变细向后转折，短距离后又向前方伸至咽的两侧，旋即扭曲向后分为前后两支，前后支均循该管旁边前后延展，然后再分为更小的收集管，最末端的焰细胞具 3

盾盘图 13　印度腹盾吸虫 (*Aspidogaster indica* Dayal，1943)

(按唐仲璋和唐崇惕，1980)

分支。其基本结构和贝居腹盾吸虫一样。卵椭圆形，大小为(0.077～0.103)mm×(0.056～0.061)mm。

终末宿主：三角鲂(三角平胸鳊) [*Megalobrama terminalis*(Rich.)]；赤眼鳟 [*Squaliobarbus curriculus*(Rich.)]。

寄生部位：肠管。

贝类宿主及寄生部位：淡水壳菜 [*Limnoperna lacustris*(V. Martens)]；寄生于肾脏、围心腔。

(五)中华杯盾吸虫(*Cotylaspis sinensis* Faust et Tang，1936)

本种盾盘吸虫(**盾盘图 5**)体大，大小为(1.5～4.5)mm×(1.16～2.57)mm，盾盘巨大，边缘小吸盘数 20～21 个，中央横列长方形小盘一行，共 7～8 个，周围各小吸盘之间有很小的瓶状边缘感觉器。虫体中后部膨大，前端窄长突出，口孔开于顶端。咽大小为 0.1mm×0.12mm，肠管袋形，盲端达体后端 1/4 处。睾丸巨大，横椭圆形，大小为 0.38mm×0.47mm，位于体中央后半。输出管从睾丸一边发出，在距离不远处接于膨大而屈曲的贮精囊。贮精囊前段较细，接于一个梨形的阴茎囊，囊内有前列腺及其前方的射精管。囊内不具阴茎，雌雄生殖孔并列于咽和肠管交接处水平的侧方腹面。卵巢椭圆形，位于盾盘前半体中部的左侧或右侧。输卵管系卵巢折叠的一部分，内具有不完全的横隔，它似乎是纵列卵细胞排出后遗留的空隙，有劳氏管与这一段相接。劳氏管细长，其后端接于排泄囊。子宫含卵三四个，作 2～3 屈折后向前延展至生殖孔。卵黄腺从粒圆形或椭圆形，分布于体两侧，自盾盘前缘水平开始沿着周围小吸盘内侧下行，在睾丸后方连接作半圆圈状。横走的卵黄管在睾丸前缘向中央会合成总管进入卵模。卵大小为(0.162～0.182)mm×(0.098～0.112)mm。

终末宿主：淡水的鳖(*Amyda tuberculata*)。

寄生部位：小肠。

发现地点：福建福州，最早发现于 1935 年 4 月。

(六)东方簇盾吸虫(*Lophotaspis orientalis* Faust et Tang，1936)

完全成熟的虫体(**盾盘图 14**)淡红色，外表作圆筒状，前端细削，后端钝圆。体大小为 6.5mm×2.5mm。咽大小为 0.5mm×0.7mm；肠管袋状，大小为 4.6mm×0.5mm，盲端延至近体后端。盾盘长椭圆形，周围有小吸盘 39 个，中央两纵列小吸盘共有 35 个，全部小吸盘有 74 个。中央两列小吸盘其周围有指状乳突环绕，共有 90 多个，与 *Lophotaspis interiora* 比较，突起要细弱得多。睾丸圆形，直径约 0.7mm，位于体后端 1/4 处。两根小输出管(vasa efferentia)从睾丸前缘发出，在很短距离内便会合为输精管(vasa deferens)，后者管径较粗，实际上有贮精囊(seminal vesicle)的作用。不具有阴茎囊及摄护腺，只由输精管向前延展至咽前缘，在体腹面开口。卵巢椭圆形，大小约为 0.25mm×0.30mm，顶部膨大，前方基部后折成输卵管，管下方弯曲处与开口在体背面的劳氏管相接，在短距离内又与卵黄总管遇合。卵黄腺从粒圆形，紧密相接，分布在体两侧，前方始于体中部较前的位置，后端则达于睾丸的后方，左右两束相会接连。卵黄横管在睾丸前相连接成积聚卵黄的总管。子宫左右弯曲，在虫体一侧与输精管并行，向前行到咽前缘在体腹面开口，孔口与雄性生殖孔并列。

终末宿主：河鳖 [*Amyda tuberculata*(Cantor)]，(=*Trionyx sinensis* Wiegmann)。

寄生部位：胃和小肠。

贝类宿主：河蚬 [*Corbicula fluminea*(Müller)]。

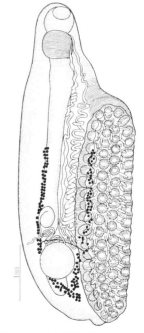

盾盘图 14　东方簇盾吸虫(*Lophotaspis orientalis* Faust et Tang，1936)
(按唐仲璋和唐崇惕，1980)

寄生部位：肾腔（renal cavity）、围心腔（pericardial cavity）。

四、盾盘吸虫生殖细胞的发生和个体发育

Gresson（1964）记载：复殖类吸虫卵子和精子发育经报告的有 60 种，分隶 23 科。绦虫类的生殖细胞的发生也有报告（Young，1923；Douglas，1963）。单殖类，如多盘虫（*Polystomum integerrimum* Rud）及三代虫（*Gyrodactylus elegans* V. Nordmann）的生殖细胞发育在 20 世纪初期即已详细考察（Goldschmidt，1902；Kathariner，1904）。

早在 19 世纪中后期之后，国际上有不少学者对有关盾盘吸虫个体发育的问题给予关注。在我国，我们也对印度腹盾吸虫（*Aspidogaster indica*）和东方簇盾吸虫（*Lophotaspis orientalis*）的生殖细胞发生、早期胚体和卵的发育，以及从杯状蚴（cotylocidium）发育达到成虫的生活史过程进行观察（唐仲璋和唐崇惕，1980）。

（一）生殖细胞的发生

切片的方法观察从鳊鱼肠内得到的印度腹盾吸虫的精子和卵子发生的情况（**盾盘图 15、盾盘图 16** 之 **1～21**）。精原细胞在睾丸的表部，体质较小，它们分裂为次级及三级精原细胞（secondary and tertiary

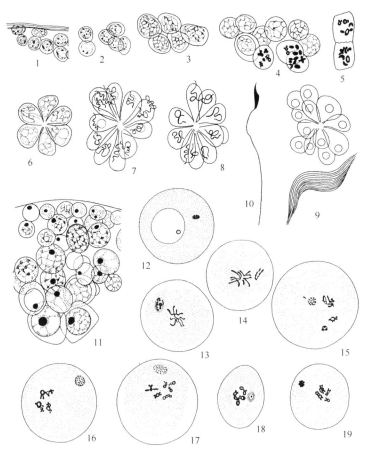

盾盘图 15　印度腹盾吸虫精子、卵子和早期胚胎发生（一）（按唐仲璋和唐崇惕，1980）

1. 睾丸表部的精原细胞；2. 次级精原细胞和三级精原细胞；3. 初级精母细胞（8 个细胞中的 5 个）；4. 精母细胞的减数分裂；5. 两个各具 6 个染色体的精母细胞；6. 次级精母细胞，放射状排列，中央细胞质联在一起；7. 精细胞 16 个一丛中的 11 个，示细胞核中染色质逐渐延长；8. 精细胞中染色质继续延长；9. 细胞质的残余，精子已脱离，聚成一束；10. 精子放大，示膨大的头部；11. 近输卵管基部的卵巢断面，示大小不同的卵母细胞；12. 在子宫内的卵细胞，已有精子钻入；13、14. 减数分裂细线期；15～17. 双线期（乙酸苔红素染色的压片标本）；18、19. 双线期（铁苏木精染色的切片标本），各有 6 个染色体

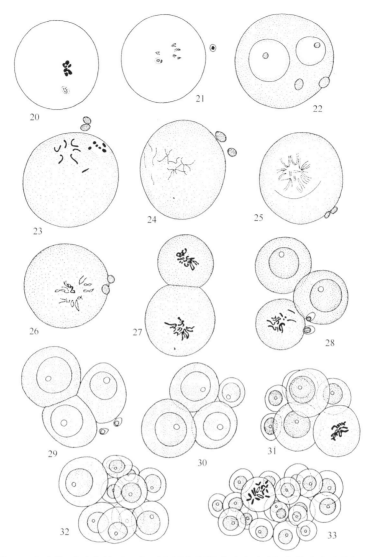

盾盘图 16　印度腹盾吸虫精子、卵子和早期胚胎发生(二)(按唐仲璋和唐崇惕，1980)

20. 中期；21. 第一个极体形成；22. 雌雄原核形成；23. 雌雄原核在未合并前的两组染色体；24、25. 第一次卵裂的细线期；26. 第一次卵裂的双线期；27.2 个细胞期；28、29.3 个细胞期；30.4 个细胞期；31.7 个细胞期；32.11 个细胞期；33.19 个细胞期

spermatogonium)。在切片标本中表现为 8 个、16 个或更多的细胞群。在细胞较窄的一端，细胞质互相连接着。它们分裂为初级精母细胞(primary spermatocyte)，经第一次成熟分裂(减数分裂 meiosis)而成为次级精母细胞(secondary spermatocyte)，成熟分裂可在接近表部的细胞中看到。分裂前期的阶段从细线期(leptotene)、双线期(diplotene)到终变期(diakinesis)，都可以看到其半数染色体数目为 6，亦有看到 5 个或多至 7 个的，染色体形状有作环形、单个或重复的叉组。它们常作辐射状排列，再一次的成熟分裂成为精细胞(spermatids)，成丛地充满在睾丸内面，常数以 16 个以上的精细胞连在一起。精细胞形成精子时，细胞核逐渐延长，初作卵形，继为蝌蚪形，后来只有屈曲状的核质从细胞脱出，剩下了细胞质的残余。丝状的精子(spermatozoon)一束一束地充满睾丸内。它们由输精管输送到贮精囊内。

精子用乙酸苔红素染色的比用苏木精染色的体质显得略为粗大。精子在高倍放大时可见一端有较粗大的头部。

卵子发生开始于卵巢前方近末端处细胞的分裂，它们分裂增多并成为体质较大的细胞。卵原细胞(oogonia)不容易辨认出来，卵母细胞(oocytes)形成后逐渐增大，这样细胞充满整个卵巢，在输卵管基部的细胞比在前端的要大好几倍。已经进入子宫内的卵子，经解剖出来，并用乙酸苔红素染色，依顺序排列来观察它们的变化。卵母细胞具有很大的胞核，内含偏于一边的圆形核仁。网状染色质分散在胞核内面。在卵巢内的卵母细胞没有变化，当它们越过输卵管而到达子宫时，经精子钻入后，成熟分裂（减数分裂）(maturation division，meiosis)立即开始。在子宫基部（卵模内）很薄的卵壳已经形成，内含有15～20个卵黄细胞和一些精子。钻入卵细胞质内的精子成为一个不规则形状的染色质颗粒。同时卵细胞内的核膜和核仁消失了，细胞内出现细线期二价染色体(pachytene-bivalents)，它们或是散开，或是集中在细胞的中部。这时钻入的精子也形成条状或仍作粒状的染色质埋存在卵细胞的胞质内。卵细胞内出现的细线期染色体每个分隔为偶线期(zygotene)。核膜消失后双线期二价染色体集中在赤道板上。每个染色体膨大，中间的分隔更明显。它们开始扭曲随着染色体膨大而缩短，表现出各种状态，有作环形、十字形、单个或两个纽圈形。在成熟分裂的前期阶段，染色体的数目最清晰可见，数目5～7个，6个最多。它们经过终变期的变化随即进入中期，染色体更为缩短了，它们紧密地连在一起。分裂进行后第一个极体(polocyte，first polar body)形成了。第二次成熟分裂前期，单价的染色体形状较细小，染色亦较淡。在子宫内两次成熟分裂紧接在一起，没有看到分裂间期，因为第二次成熟分裂非常迅速，染色体形态变化不容易观察得清楚。子宫内的卵(ovum)在整体封片的标本中能观察到雌雄原核(female and male pronucleo)的出现，雄原核略小，两核内均有圆形的核仁。两核出现后经历的时间较长，在子宫初段这一期的卵子数目较多，在卵的边缘可见有两个极体附着在外面。说明在整个受精过程这一段状态历时较久。

(二)早期胚体及卵的发育

1. 早期胚体的发育

在印度腹盾吸虫(Aspidogaster indica)的卵细胞受精成熟分裂后(盾盘图16之22～33)，在卵细胞内两个原核形成，核的合并和第一卵裂随即开始。雌核和雄核未合并之前，两组染色体出现，它们结合成为受精卵(fertilized ovum)的核，在核膜消失时，细线期染色体出现，它们分散在细胞质内，继而集中在赤道板上，经历偶线期、粗线期和双线期。这时每一染色体含有一串念珠样的染色质粒(chromomeres)，随着体积增大，整条染色体缩短、扭曲，形成多样的形状。

二倍染色体数 $2n=12$ 或 $2n=14$。经过终变期后完成了第一个卵裂(cleavage division)，形成了一大一小两个分裂球(blastomeres)。旋即发生第二次卵裂，由大分裂球发生分裂，形成了3个细胞期，它们几乎是同样的大小。随后它们中间的一个又分裂，变成为大小不同的细胞，小的就是第一个发生的小裂球(micromeres)，这是4个细胞期。在印度腹盾吸虫，4个细胞期以后看到的是7个细胞期，含有3个大裂球(macromere)、2个中裂球(mesomere)和2个小裂球(micromere)，分裂总是发生于较大的裂球。具有11个细胞期的胚胎含有1个大裂球、6个中裂球和4个小裂球。在19个细胞期所有细胞大小较为均等，胚的中央有一个略大的细胞正在分裂。这样的各个胚胎细胞的增殖方式说明了各个细胞都在分裂，只是速度略有不同。

盾盘类虫卵的早期胚体发育与复殖类虫卵的早期胚体发育相比较，后者很早就分化出较大的具有繁衍生殖能力的胚细胞(germinal cell)。这在盾盘类发育中没有发生，盾盘类没有多胚生殖无性世代。

把印度腹盾吸虫的生殖细胞发生及受精现象和前人观察的吸虫类这方面的状况相比较，其主要特征大体相同。首先关于染色体数目，印度腹盾吸虫的单倍染色体(haploid)数为6个，但有的卵细胞及精母细胞其染色体有多一个或少一个的，这样不规则的染色体数目有时能观察到。Sanderson(1959)报告一种寄生于蛙的复殖吸虫——Haplometra cylindracea(Zeder，1800)，在减数分裂时染色体数也有不规则的现象。在压片标本里，计算其卵细胞和精原细胞的染色体单倍体最常见的为10个，但也有看到9个或11个不整齐的染色体数目。所以，她写 H. cylindracea 的二倍染色体数为 $2n=20$、$2n=18$ 或 $2n=22$，她考虑此现象的解释，认为虽然不能完全否定技术操作引起的可能性，但由于吸虫类染色体特点的成分更多。Britt(1947)研究并总结35种吸虫的染色体数目，这些吸虫隶属于25属8科。据他考察：吸虫纲、绦虫纲的染色体，尚未发现有多倍体(polyploidy)现象，只发现有非整倍体(aneuploidy)，即正常的染色体数之外，常有多1个或少1个染色体的现象，间亦有差 2 个的例子。非整倍体是染色体组不完整的状态，二倍体中成对染色体的成员增加了或减少了。减少 1 个的称为二倍减一(monosomic diploid)，即 $2n-1$。如果增加 1 个染色体，称为二倍加一(trisomic diploid)，即 $2n+1$。此外，还可以有二倍加二(tetrasomic diploid)，即 $2n+2$，即当中有一个染色体的数目是 4。还有双二倍加一(double trisomic diploid)，即 $2n+1+1$，当中有两种染色体的数目是 3。

上述染色体的非整倍体的情况在其他生物也存在，在植物方面曾经报告的有曼陀罗(*Datura*)、玉蜀黍(*Zea mays*)及月见草(*Oenothera lamarckiana*)等；动物方面曾经报告的有果蝇(*Drosophila melanogasler*)。

2. 卵的发育

卵的发育以印度腹盾吸虫(*Aspidogaster indica*)与东方簇盾吸虫(*Lophotaspis orientalis*)为例。

印度腹盾吸虫虫卵随着卵内胚胎的发育，卵壳也跟着膨大起来，胚细胞分裂到 30 个以上时，整个胚形成了椭圆的细胞团，所含的各个细胞大小均等。此胚随后长大成为圆形，当发育接近完成时，杯状蚴雏体逐渐显现。此时有了前后端的分化，前方的口吸盘和后端的吸盘逐渐形成。具有成熟杯状蚴的卵比在子宫基部中的卵要大好几倍，卵内幼虫体折叠，口吸盘几占卵一小半的位置；咽、袋形的肠管及后端的吸盘均透明显现出来。卵的前端有卵盖(operculum)(**盾盘图 17 之 1**)。

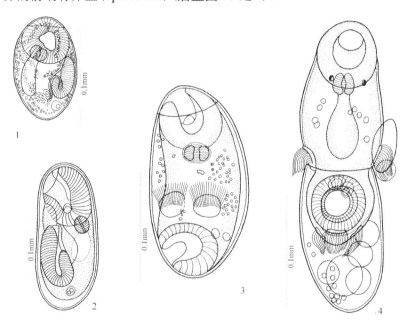

盾盘图 17　盾盘类吸虫的虫卵及其中杯状蚴(按唐仲璋和唐崇惕，1980)

1. 印度腹盾吸虫(*Aspidogaster indica*)的卵子；2. 贝居腹盾吸虫(*Aspidogaster conchicola*)的卵子；3、4. 东方簇盾吸虫(*Lophotaspis orientalis*)的卵及从卵中孵出杯状蚴

东方簇盾吸虫虫卵的大小在子宫初段与末段差别甚大。在子宫初段的虫卵中只含有一个卵细胞和若干卵黄细胞，一端有卵盖，大小为 $(0.112\sim0.138)\,mm\times(0.042\sim0.063)\,mm$；在子宫末段的虫卵中卵细胞已发育为成熟的胚体，卵子大小为 $(0.154\sim0.168)\,mm\times(0.070\sim0.084)\,mm$。卵内完全发育的幼虫，其口吸盘、眼点、咽、后端吸盘以及具有纤毛的体表细胞均可透过卵壳窥见，幼虫头部向卵盖的一端。卵从虫体子宫排出进入水中后不久即打开卵盖，幼虫体表上一些部位具纤毛，纤毛的鼓动旋即使杯状蚴脱壳而出(**盾盘图 17 之 3、4**)。

3. 虫卵的孵化

在盾盘吸虫的虫卵内，胚体在母体子宫中开始发育，有一些种类排出的虫卵已含完全发育的杯状蚴(cotylocidium)，到外界数小时就可孵化，如 *Aspidogaster* spp、*Lophotaspis vallei*、*Cotylogaster occidentalis* 及 *Stichocotyle nephropsis* 等。而另外有一些种类，如 *Cotylaspis insignis*、*Multicalyx cristatus*，虫卵排出后需要在外界环境中发育 21~28d 才孵出幼虫(Smyth and Halton，1983)。Rohde(1972，1973)报告 *Multicotyle*

的幼虫成熟的虫卵可以在黑暗中孵出，但通常光线是使幼虫孵化出来的一个重要刺激因素，*Lobatostoma manteri* 的卵只有被螺吞食之后才孵化，推测可能需要由宿主给予的某些刺激才孵化。这种情形在复殖类多种吸虫也有存在，如 *Dicrocoelium* spp.、*Eurytrema* spp.、*Clonorchis* 等。

盾盘吸虫虫卵亦具有卵盖，杯状蚴要揭开它才能孵化出来。有的种类，如 *Multicotyle* 孵化迅速，可能因幼虫具有纤毛，由于纤毛的鼓动使虫体能迅速打开卵盖而出，而 *Aspidogaster indica* 幼虫动作缓慢，推测可能是由于其没有纤毛簇(ciliary tufts) 的活动所致(Rai，1964)。

有关盾盘吸虫虫卵胚胎发育除上文述及的印度腹盾吸虫(*Aspidogaster indica*) 及东方簇盾吸虫 (*Lophotaspis orientalis*)之外，*Multicotyle purvisi* 、*Lobatostoma manteri* 、*Cotylogaster occidentalis* 以及 *Aspidogaster conchicola* 的发育亦经研究(Fredericksen，1980；Rohde，1971c，1975b)。*Multicotyle purvisi* 及 *Cotylogaster occidentalis* 的幼虫亚显微构造亦经观察(Fredericksen，1978；Rohde，1972a)。

(三) 杯状蚴

盾盘类吸虫从卵中孵出的幼虫被称为杯状蚴(cotylocidium)(**盾盘图 17、盾盘图 18**)。已呈成虫的雏形，具前吸盘、后吸盘、已有消化器官的咽和袋状肠管。此名系 Wootton(1966)所创设，以区别于复殖类的毛蚴(miracidium)及单殖类的钩毛蚴(oncomiracidium)，并立存在。

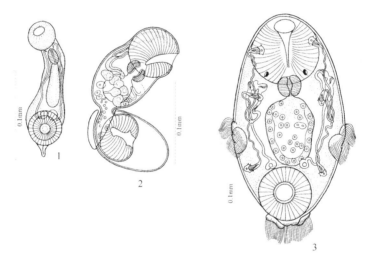

盾盘图 18　盾盘吸虫的杯状蚴　(按唐仲璋和唐崇惕，1980)
1. 贝居腹盾吸虫杯状蚴；2. 印度腹盾吸虫杯状蚴从卵孵出；3. 东方簇盾吸虫杯状蚴

1. 印度腹盾吸虫

从卵孵出的杯状蚴(**盾盘图 18 之 2**)大小为 0.150mm×0.058mm，体表具透明的皮层(tegument)，不具纤毛板块。巨大的口吸盘直径约 0.05mm；咽大小为 0.018mm×0.025mm；肠管袋状，大小为 0.035mm×0.030mm。后吸盘是盾盘的最早形式，圆形，直径 0.050mm。在体中部具单细胞的穿刺腺 3 对，位于肠管两旁，腺管开口在前端顶部。在后腹吸盘前方背部近中央部分有 2 个排泄孔。排泄系统结构与贝居腹盾吸虫及东方簇盾吸虫的杯状蚴一样，2 个排泄孔各接于大排泄管，它们向前延展至口吸盘后缘水平处，向后屈折到体中部分为 3 支小管，接连于 3 个巨大的焰细胞，分布于口吸盘、咽及排泄孔的外侧。印度腹盾吸虫的杯状蚴用前后两个吸盘交互吸着匍匐爬行。

2. 东方簇盾吸虫

杯状蚴从卵中孵出时长度为 0.154~0.265mm，宽度为 0.070~0.112mm(**盾盘图 18 之 3**)。虫体的构造已具有成虫的基本形式。体表披有皮层，但它与印度腹盾吸虫和贝居腹盾吸虫的杯状蚴(**盾盘图 18 之 1、2**)不一样，体的中段两侧生有 4 块纤毛板，后端两旁及当中也有 4 块。体旁纤毛板直径约为 0.022mm。口吸盘巨大，直径 0.075mm，口腔宽度为 0.022mm。咽大小为 0.021mm×0.025mm，紧接在口吸盘后方；肠管袋状，大小为 0.075mm×0.058mm，肠壁由大型的上皮细胞构成，壁的厚度约 0.009mm。体后端腹面有圆形的吸盘，直径 0.056mm。有 2 个小眼点，分列于口吸盘后缘、咽前缘水平的两侧方，由许多黑色素颗粒构成。在眼点前侧有杯状浅凹，有类似晶体的构造。排泄系统分左右两侧，它是盾盘类 3 分支排泄管的最简单的形式。排泄囊两个，开口于后腹吸盘前两旁，各连接于向前延展的排泄管，到咽的水平线时向内并向后屈曲到体的中部分为 3 支小管，各接于一个焰细胞。焰细胞巨大，胞体具有能伸缩的假足，伸向漏斗状的小管，管内有纤毛闪动。最前方的一对焰细胞位于口吸盘两侧，第二对焰细胞位于肠管前缘两旁，第三对在体后方排泄囊外侧。排泄总管在转折处管内有 3 个纤毛丛，其末端指向后方，与管内排泄液的流动系同一方向，纤毛不断闪动形成所谓火焰管(flamiferous tube)。排泄囊圆形，囊的中央有一巨孔，并有一块具折光的颗粒，它可能是排泄物质的凝集。神经系统包括有绕咽喉部的神经结(circumesophageal commissure)，以及向前方和向后方的神经索。在虫体两侧有若干形状颇大的表皮下细胞，它们充满于虫体柔软组织中。

(四)杯状蚴侵入贝类宿主的途径和寄生部位

盾盘吸虫的杯状蚴发育成熟后要从卵中孵出，在水中物体上，杯状蚴用两吸盘交互吸着爬行，遇到适宜的贝类宿主就侵入其体内继续发育。

1. 印度腹盾吸虫

此吸虫的贝类宿主为淡水壳菜［*Limnoperna lacustris*(V. Martens)］，杯状蚴从贝类宿主的吸水管侵入其体内，在宿主的肾腔、围心腔中发育到成虫。著者从它们体内找到本吸虫的早期幼虫，其体大小为(0.95～1.00)mm×(0.65～0.75)mm，口吸盘大小为(0.10～0.12)mm×(0.20～0.25)mm，咽直径 0.1mm，肠管长0.30～0.58mm。盾盘刚刚开始发育，大小为(0.50～0.80)mm×(0.30～0.35)mm，中央两列的纵格已经出现，各列数目为 10～12 个(**盾盘图 19**)(唐仲璋和唐崇惕，1980)。

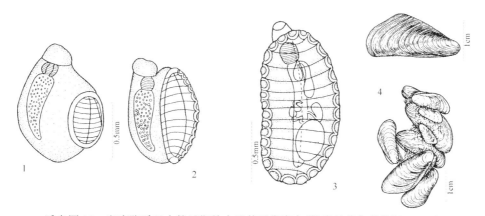

盾盘图 19　印度腹盾吸虫的早期幼虫及其贝类宿主(按唐仲璋和唐崇惕，1980)
1、2. 杯状蚴在淡水壳菜体内发育的第一阶段；3. 在淡水壳菜贝类宿主体内生殖腺开始发育的阶段；4. 贝类宿主淡水壳菜(*Limnoperna lacustris*)

2. 东方簇盾吸虫

杯状蚴孵出后在水中游动，体延展作筒形。幼虫具眼点，有强烈的趋光性，常聚集在玻璃器向光的边缘，其眼点显然是对光线反应的感受器。东方簇盾吸虫的杯状蚴又具有体表纤毛板，它们从卵中孵出后能在水中游动。它们侵入其贝类宿主河蚬的途径可能是和水流一起经吸水管进入宿主体中，可能经鳃室，由与此相通的肾孔(排泄孔，excretory pore)而至肾腔(renal cavity)，继乃通过肾管(renal tube)和开口于围心腔(pericardial cavity)的肾口(renal opening)而侵入围心腔中，在那里长大为成虫。从河蚬的切片可见虫体附着在围心腔壁上(**盾盘图 20**)，它们对周围的组织可能有破坏作用。

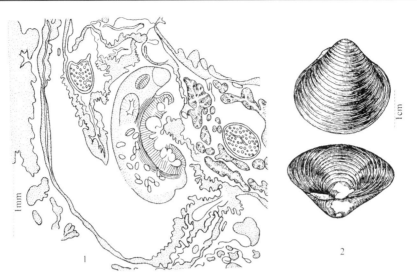

盾盘图 20　东方簇盾吸虫及其贝类宿主河蚬（按唐仲璋和唐崇惕，1980）

1. 河蚬围心腔的断面示腔内的簇盾吸虫吸附在围心腔壁上；2. 河蚬（*Corbicula fluminea*）

　　盾盘类吸虫的杯状蚴由于其构造特点及在水中孵化习性不同而有不同的侵入贝类宿主或终末宿主的方式。有的杯状蚴不具有纤毛板和眼点，它们在水中孵出后进行匍匐爬行。印度腹盾吸虫的杯状蚴具有单细胞的穿刺腺，这可能对其在宿主体内移行有作用。孟特尔瓣口吸虫（*Lobastoma manteri* Rohde，1973）排出的成熟虫卵在稀释的海水中不孵出杯状蚴，将此虫卵和其贝类宿主同放在海水中，随后解剖螺体，在其胃中和消化腺内发现有虫卵及孵出的杯状蚴。

（五）东方簇盾吸虫在河蚬体内的发育

　　东方簇盾杯状蚴达到河蚬的肾腔和围心腔后逐渐长大和发育，随着虫体增大其体内各器官及盾盘亦逐渐发育完整（**盾盘图 21**，**盾盘表 2**）。从东方簇盾吸虫童虫到成虫的发育过程可见到其盾盘上各小盘逐渐形

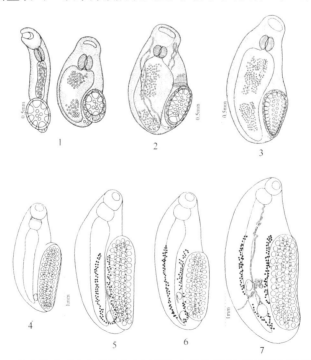

盾盘图 21　东方簇盾吸虫在贝类宿主河蚬体内的发育（按唐仲璋和唐崇惕，1980）

1. 童虫盾盘的边缘小盘 8 个；2. 童虫盾盘的边缘小盘 14 个；3. 童虫盾盘的边缘小盘 28 个；4～7. 虫体内生殖腺发育各期

成，数目虽逐渐增加，但会有差异，与虫体的大小不完全成正比。因此，在日本发现的 *Lophotaspis corbiculae*(Moriya，1944)，其宿主也是一种河蚬(*Corbicula leana*)，盾盘上具有小盘 53 个，这一种可能是东方簇盾吸虫的同物异名。

盾盘表 2　东方簇盾吸虫在河蚬体内的发育(按唐仲璋和唐崇惕，1980)

不同大小的虫体号	虫体长宽/mm	咽/mm	肠管/mm	生殖腺/mm	盾盘长宽/mm	盾盘上小盘数/个		
						边缘小盘	中央纵列小盘	总数
A	0.879×0.581	0.199×0.132	0.500×0.400	未发生	0.300×0.249	8	4	12
B	1.328×0.713	0.198×0.231	0.900×0.450	未发生	0.500×0.250	14	10	24
C	1.992×0.946	0.199×0.249	1.500×0.500	未发生	0.713×0.415	28	20	48
D	2.400×1.100	0.300×0.320	1.700×0.550	生殖原基开始发展	1.200×0.450	32	26	58
E	2.800×1.300	0.300×0.330	2.000×0.300	睾丸：0.200×0.150 卵巢不明显	1.650×0.550	33	26	59
F	3.700×1.600	0.400×0.480	2.700×0.450	睾丸：0.320×0.280 卵巢：0.150×0.100	2.400×0.800	33	30	63
G	4.300×1.800	0.420×0.500	3.400×0.450	睾丸：0.330×0.500 卵巢：0.280×0.200	2.250×0.800	28	22	50
H	4.900×2.200	0.400×0.500	4.000×0.340	睾丸：0.400×0.300 卵巢：0.350×0.250	2.820×0.900	32	26	58

五、盾盘吸虫结构功能

盾盘吸虫虽然是种数不多的一个群类，但它们体内各器官系统也有一定的微细结构和功能与复殖吸虫有相同和差异之处。

(一)皮层(tegument)

盾盘吸虫的体表是一层共胞体皮层(syncytial tegument)(**盾盘图 22**)。此皮层与复殖吸虫皮层有同样的基本结构(Bailey and Tompkins，1971；Halton，1972；Halton and Lyness，1971；Rohde，1971c)。盾盘吸虫皮层不同于复殖吸虫皮层之处在于其表层有一质地致密的亚表面层(sub-surface layer)，它与脊椎动物上皮细胞的顶板带(terminal web zone)相似。此外，在皮层表面尚有规则排列的"表面的扩展"(surface amplification)，或称之为小结节(tubercles)，其高度大约 0.08 μm。在 *Multicotyle purvisi* 成虫的小结节有像小趾状(厚 12~18 μm)突起增厚的基部，在自由生活幼虫体表上有微毛，在幼虫期末，此微毛脱落。此微毛有一个中央的纤维索(central filamentous core)及 9~12 个周围的纤维(peripheral fibrils)，其功能就像是一种飘浮的装置，增加幼虫的浮力(Rohde，1972a)。在 *Cotylogaster occidentalis* 杯状蚴的体表不见有此微毛(Fredericksen，1972)。

贝居腹盾吸虫皮层显示 PAS 阳性并抗淀粉酶，这些富有内容物的多糖(polysaccharide)是由皮层细胞体(tegumental cell bodies)内高尔基体产生的(Halton and Lyness，1971)。在皮层的表面覆盖着一个纤维质的糖质衣(glycocalyx)。Lumsden(1975)说明 *Cotylaspis insignis* 的糖质衣含有酸性多糖(acidic glycans)。*Aspidogaster* 的皮层对碱性磷酸酶(alkaline phosphatase)有活性反应。而酸性磷酸酶(acid phosphatase)及非特异性酯酶(non-specific esterase)的活性只限于附着器官的皮层(Trimble et al.，1971，1972)。

(二)消化道

盾盘吸虫的口位于口漏斗(oral funnel)的基部，在一些种类此漏斗如同口吸盘，由口而下连着咽、食道以及不分支的盲管(caecum)。如同复殖吸虫一样，在腹盾吸虫的口、咽及食道的内侧也衬有一层由体表皮

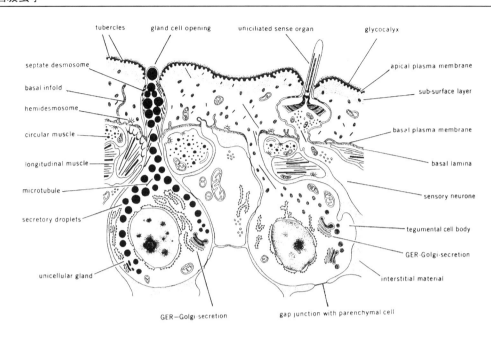

盾盘图 22　贝居腹盾吸虫(*Aspidogaster conchicola*)皮层及与其联系的结构(按 Halton and Lyness，1971)

GER = granular endoplasmic reticulum

层延续而来的同样结构的皮层，此皮层和肠管接连处有细胞连接络合的痕迹(Halton，1972)。他报告：肠上皮(caecum epithelium)由一层长柱形细胞组成。此上皮细胞两侧与相邻的细胞由位于侧细胞膜顶部的隔膜桥粒(septate desmosomes)相连接附着(**盾盘图 23**)。肠上皮细胞有专门司分泌(secretion)和吸收(absorption)功能的结构，细胞中富有颗粒内质网(GER granular endoplasmic reticulum)、高尔基复合体(Golgi complexes)以及与其相联系的分泌体(secretory bodies)，在细胞顶上有长的表面瓣片(surface lamellae)。这些瓣的分支网结成许多小袋或表面空泡(surface vacuoles)，肠腔中的内含物陷入其中。表面腔室伸到较深细胞质中并断离，形成次级空泡(secondary vacuoles)，肠腔中的食物因此被隔离在细胞质中，形成消化泡(digestive vacuoles)。泡中食物可能由 GER-Golgi 系数衍生的水解酶(hydrolases)所消化。虽然没有见到高尔基体所生的分泌体和此次级空泡(消化泡)融合，但在肠壁上另有一种细胞(细胞净化和自体吞食相细胞)，其中由 GER 所衍生的囊泡体(vesicular inclusions)所释放的液体样物质在细胞上方形成鳞片状顶(bulbous apices)。这种细胞常常含有晶体(复殖类肠管细胞也有)，同时在此细胞顶部经常充满髓磷脂(myelin)样结构及脂肪小滴(lipid droplet)。膨胀的顶部周期性地把内容物释放到肠腔中而变消瘦。所以 *Aspidogaster* 肠管上皮细胞其分泌–吸收相(secretory-absorptive phase)和细胞净化–自体吞食相(cellular defecation - autophagy phase)两者之间进行周期性循环转化，具有这两者之间的中间构造的细胞也存在。

　　在 *Aspidogaster* 的肠细胞内，经组织化学方法观察到溶酶体酶(lysosomal enzymes)，如酸性磷酸酶、C-酯酶(C-esterase)或组织蛋白酶(cathepsin)(Trimble et al.，1971，1972)。在 *Aspidogaster* 的肠管中没有碱性磷酸酶，这和大多数复殖类吸虫相同，而与单殖吸虫不同。Gentner(1971)在 *Aspidogaster* 及 *Cotylaspis* 的肠管中观察到有它们贝类宿主的血细胞。Rohde(1975b)报告：*Lobatostoma manteri* 的幼虫在进入贝类宿主之后立即开始吃食，吸食了宿主消化腺的分泌物，以及可能其分泌上皮(secretory epithelium)；但寄生在腹足类软体动物消化腺的 *Aspidogaster* 成虫和幼虫未见有吞食宿主的消化腺。

(三)腺细胞

　　复殖类吸虫幼虫期有具导管的单细胞腺，导管从在柔软组织中的腺细胞(gland cells)体上引出，穿过柔软组织，在口吸盘附近穿过皮层，向外开口。*Aspidogaster* 属(如印度腹盾吸虫)的杯状蚴也有位于柔软组织中的具导管的单细胞腺，它们的导管穿过柔软组织，在前端吸盘附近穿过皮层，向外开口(**盾盘图 18 之 2**)(唐

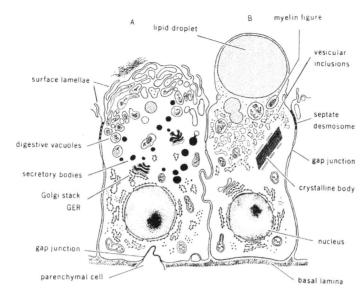

盾盘图 23　贝居腹盾吸虫(*Aspidogaster conchicola*)的肠上皮细胞(按 Halton，1972)

A. 分泌-吸收相的细胞；B. 细胞净化和自体吞食相的细胞；GER.颗粒内质网

仲璋和唐崇惕，1980)。Halton 和 Lyness(1971)报告在 *Aspidogaster conchicola* 皮层下有单细胞的腺体，细胞中的分泌颗粒通过导管向外排出。这些腺细胞亚显微结构显示富有颗粒内质网系统及酶原样的分泌微滴(zymogen-like secretory droplets)。此嗜碱微滴充满细胞质大部分空隙并几乎充塞细胞导管，导管内衬微管，微管均指向导管向外的孔口，分泌微滴有周期性地排出到皮层表面，由顶分泌装置(apocring secretory mechanism)控制释放出去。此分泌物的化学成分及其功能尚不明了。在腹盾吸虫中像这样具导管的腺细胞分布位置不定，细胞及其开口在前体(forebody)、口道(mouth tube)(不开口在咽和食道)，以及在体后部的后腹盘上。

(四)边缘体

　　除了列杯科(Stichocotylidae)的列杯属(*Stichocotyle*)之外，绝大多数盾盘吸虫都具有边缘体(marginal bodies)(盾盘图24)或边缘器(marginal organs)的结构。它们位于盾盘边缘小吸盘(marginal alveoli)之间。每个边缘器常呈一个小安培状(ampulla-like)的构造，有一个肌肉性外壁(muscular wall)和纤维性外膜(fibrous lamina)。边缘体的底部与富有颗粒内质网(GER)及高尔基体的数个腺细胞相联通。这些腺细胞产生致密的分泌物，通过腺细胞导管进入并累积在边缘体的内腔(lumen)中。可能由于边缘体壁环肌的收缩，其中分泌物从末端窄管开口向外释放到体表皮层的表面。在一些属此结构中有的更精致。

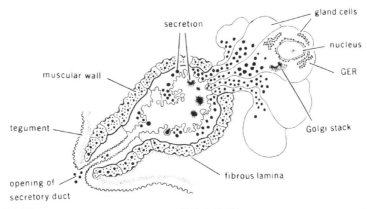

盾盘图 24　*Aspidogaster conchicola* 的边缘体(按 Smyth and Halton，1983)

GER=granular endoplasmic reticulum

学者们对此边缘器的功能曾作考虑和推测，早期工作者考虑此结构是感觉器(sensory organ)或且是神经分泌器(neurosecretory organ)。Rohde(1971d) 对 Multicotyle 和 Aspidogaster 的超微结构观察，认为边缘器可能是腹面盾盘中一个分布广泛的腺体系统(glandular system)的贮存器。在这些虫体边缘被系列的纵和横的管相联系，这些管与盾盘边缘小吸盘(marginal alveoli)背侧的大量腺体联系。与边缘器底部相通的腺细胞具细胞核，细胞质中含有丰富的颗粒内质网和高尔基体，它们产生的分泌物通过边缘器向外释放，在管口周围具有纤毛的感觉接受器(ciliated sense receptor)，其功能可能控制分泌物的外流。有的学者推测 Multicotyle 及其他盾盘吸虫的附着器(haptor)是一个腺器官，可能和鹟形类(Strigeoids)吸虫相似，能行体外消化(extracorporeal digestion)(Smyth，1983)。Rohde(1975b) 发现 Lobatostoma manteri 的附着器是用于附着并有助于对螺宿主消化腺的侵害，但是否参与体外消化未确定。

(五)排泄系统

盾盘亚纲吸虫的排泄系统(excretory system)也是原肾系统(protonephridial system)，其结构和其他扁形动物一样，由焰细胞(flame cells)联系于弯曲的毛细管(capillaries)，经过收集管(collected duct)通入到一个在体后方的排泄囊。印度腹盾吸虫(Aspidogaster indica)的排泄囊是由两侧的小囊愈合而成的，常可见囊已愈合而尚有两个排泄孔，开口在体末端背侧。其他种类通常只有一个排泄孔。Rohde(1972) 观察多杯属(Multicotyle)盾盘吸虫的排泄系统超微结构，焰细胞的鞭毛膜(flagellar membrane)扩展到鞭毛簇(flagella tufts)的顶部之外，并从顶部固定于焰细胞的细胞质中。小毛细管(fine capillaries)表面上有一些微毛状突起(microvilli-like projection)，在大毛细管及收集管内衬有一层上皮细胞，偶尔分布有鞭毛簇。盾盘吸虫排泄系统和复殖吸虫一样，具有排泄废物、调节液体水分以及过滤(filtration)等功能。在盾盘吸虫 Cotylogaster 的幼虫和成虫的排泄系统中见有结石样的微粒小体(corpuscles)(Fredericksen，1978)。

(六)神经系统

盾盘吸虫的神经系统(nervous system)很发达，包含有纵走神经索(longitudinal cords)和很多的环行联系(annular commissures)，其中腹神经索(ventral nerves)最发达。盾盘的神经分布特别丰富，有许多神经丛与消化道、生殖系统、排泄孔、隔膜(septum)联系。应用组织化学方法测出 Aspidogaster 的神经系统含有乙酰胆碱酯酶(acetylcholinesterase)，说明存在有如乙酰胆碱(acetylcholine)之类的胆碱能物质(cholinergic substances)(Timofeyeva，1971)。Rohde(1971b)报告：Multicotyle 的神经系统用三聚乙醛-洋红(paraldehyde-fuchsin)染色，有一些细胞着色，说明可能有神经分泌功能(neurosecretory function)。Rohde(1966，1968) 对 Multicotyle 进行银浸渍(silver impregnation)研究，显示与皮层联系的感觉器有的仅是在皮层下游离的神经末梢，有的是大小不等的、在皮层中或在体表面具或不具感觉毛(sensory hair)的多种形态感觉囊(sensory capsules)。但在 Aspidogaster conchicola 和 Cotylaspis insignis 的成虫，以及 Cotylogaster occidentalis 的杯状蚴中，只有如单殖吸虫所具有的具单个纤毛的感觉器(uniciliated sense organ)，此感觉器有一基体(basal body)和三叉小根系统(triradiate rootlet system)。这一结构在其他扁形动物也存在(Allison et al.，1972；Fredericksen，1978；Halton and Lyness，1971)。这样的感觉器单个存在，主要集中在盾盘吸虫的前体部分，包括在口漏斗及附着盘(adhesive disc)的皮层中。

(七)生殖系统

盾盘吸虫的生殖系统(reproductive system)与复殖吸虫生殖系统相似。但几乎所有观察到的盾盘吸虫(Lophotaspis orientalis、Cotylaspis sinensis、Multicalyx cristata、Aspidogaster ijimai 和 Aspidogaster indica)的输卵管都从卵巢的一端向后折曲，有的还作两次折叠(Faust and Tang，1936；唐仲璋和唐崇惕，1980)。劳氏管(Laurer's canal)在 Aspidogaster conchicola 基部接于输卵管弯折处，末部延至体的后端并膨大成一盲

囊在体柔软组织中，*Aspidogaster ijimai*、*Aspidogaster indica* 及 *Cotylaspis sinensis* 的劳氏管末端在体后端与排泄管或排泄囊接通，而只有 *Lophotaspis orientalis* 的劳氏管较短，开口于附近体背侧。Fredericksen(1972) 用溴吲哚酚乙酸盐(bromoindoxyl acetate)作为底物，通过组织化学方法检测出 *Cotylaspis* 种类的劳氏管有非特异酯酶活力(non-specific esterase activity)。

著者在光学显微镜下观察到 *Aspidogaster* 的精子和复殖类吸虫的精子无甚区别。Bakker 和 Diegenbach(1973) 及 Rohde(1971) 也报告 *Aspidogaster* 和 *Multicotyle* 的精子亚显微结构也未见有何异常之处。盾盘吸虫和复殖吸虫一样有自体受精(self-fertilisation)和异体受精(cross-fertilisation)。虫卵和复殖吸虫也一样，是外卵黄的卵(ectolecithal egg)，其卵黄细胞(yolk cell)及卵壳物质(shell material)也是来自卵黄腺(vitellaria)。Gerzeli(1968) 报告 *Aspidogaster conchicola* 的卵黄细胞(vitellaria cell)中有多酚(polyphenols)、蛋白质(protein)及酚酶(phenolase)。因此，盾盘吸虫的卵壳也和复殖吸虫一样是由壳硬蛋白(sclerotin)或鞣酸蛋白(tanned protein)所组成。

有关盾盘类吸虫的生殖细胞的发生和虫卵发育的情况也和复殖类吸虫一样，已在前面以印度腹盾吸虫(*Aspidogaster indica*)和东方簇盾吸虫(*Lophotaspis orientalis*)为例作了详细阐述。

(八)化学成分与体外培养

1. 盾盘吸虫的化学成分

Halton 和 Hendrix(1978) 报告：*Lobatostoma ringens*(宿主：黄花鱼，*Micropogonias undulatus*；寄生部位：直肠) 的化学成分(chemical composition)，测定的虫数 12 条，结果得知虫体的干重是湿重的 28.43% ± 0.74%、废物(ash)是干重的 4.63% ± 0.12%；蛋白质是干重的 64.32% ± 2.12%；糖原是干重的 4.71% ± 0.15%；脂类是体湿重的 6.38% ± 0.18%。盾盘吸虫通过碳水化合物的厌氧代谢(anaerobic metabolism)产生大部分的能量。Halton 等还从 *Lobatostoma* 的肠管及排泄系统中查出相当数量的脂类，总共超过了体湿重的 6%，其中一些是中性脂(neutral lipid)，可能来源于它们的日常食物，或者由于新陈代谢而获得。

Bailey(1975) 测定 *Aspidogaster conchicola* 含脂类为体湿重的 2.8%，其中 63.4% 是中性脂，44.6% 为磷酯(phospholipids)。用色层分离仪分析(chromatographic analyses)，显示此中性脂主要有胆固醇(cholesterol)和三酰甘油酯(triglycerides)，以及 16-C 和 18-C 脂肪酸(fatty acids)；卵磷脂[磷酯酰胆碱(phosphateidylcholine)]是磷脂的主要成分。

在 *Lobatostoma*，蛋白质合成的主要位置在肠管、皮层，以及发育中的卵黄细胞(Smyth and Halton, 1983)，这种情况与复殖类吸虫皮层和肠上皮(gastrodermis)具有合成功能以及卵黄细胞在产生壳蛋白(shell-protein)有作用的情况是一致的，但在盾盘类吸虫有关蛋白质合成详细过程和所产生的蛋白质的性质如何还不清楚。Campbell(1960) 从 *Macraspis cristata* 找到游离的 β-丙氨酸及 β-氨异丁酸(氨 2-甲基丙酸)(β-aminoisobutyric acid)。因为 β-amino acid 能分别来源于胸腺嘧啶(thymidine)和尿嘧啶(uracil)，说明此类虫体能够进行嘧啶降解(pyrimidine degradation)。但有关吸虫类的核酸含量尚不清楚，盾盘类吸虫的核酸代谢(nucleic acid metabolism)亦缺乏资料。

2. 盾盘吸虫的体外培养

盾盘类吸虫个体在实验条件下离开宿主进行体外培养(cultivation *in vitro*)可以生存较长时间。Van Cleave 和 Williams(1943) 从双壳珠蚌贝类得到的 *Aspidogaster conchicola*，在 2~9℃ 温度下，在 0.75%(*W/V*) NaCl 中存活 38d；在 Mussel Ringer 溶液中存活 39d；在 Hédon-Fleig 溶液中存活 29~38d；在贝类血液中存活 75d。Michelson(1970) 在无菌的蚌林氏液(unionid ringer's solution)中培养从淡水腹足类获得的 *Aspidogaster conchicola*，可存活 135d。许多如此培养的虫子能产卵，大部分的卵孵出幼虫，幼虫在培养液中可活到 28d，但不能发育达到成虫。

由这些实验结果可见盾盘吸虫可以在宿主体外、在比较简单的培养液中生存较长的时间，说明此类吸虫是可以不完全依赖于宿主体中某些特殊的物化因素(specific physico-chemical factors)而生存相当长时间，但它们的生长发育需要一定的食物。

六、盾盘吸虫的系统发生

盾盘类吸虫被认为是吸虫纲中最古老的族类，在构造上它有单一袋状的肠管及桶状的大咽。这都和切头目(Temnocephala)及单肠目(Rhabdocoelida)涡虫的构造极为类似。Rohde(1971)报告：盾盘类神经较简单；此外，焰细胞巨大，胞体具有能伸缩的假足，收集管分支数为 3。从生活史来看，本类吸虫还没有无性生殖的繁衍方式，这说明它们对寄生生活的适应只是停留在较原始的状态。

盾盘类杯状蚴如何侵入贝类宿主，学者们看法尚不一致，杯状蚴移行到围心腔及肾腔的途径尚须考察。Voeltzkow(1888)认为由肠道迁移最为可能，根据是在进行感染试验后2次分别在肠管中找到1~2条小虫，他认为肠管与围心腔接触处管壁较薄，杯状蚴容易从这里钻出。关于杯状蚴从肾孔钻入的可能性，他认为肾管太小并且管内纤毛摆动的方向系向外的，与虫体进入的方向相反。Wootton(1966)报告西方杯腹吸虫［*Cotylogaster*(*Cotylogasteroides*) *occidentalis*］开始发育是在胃区。Rohde(1973)提出曼特尔瓣口(*Lobatostoma manteri*)的卵是被宿主吞食的，杯状蚴在肠管内孵出，并从肠管移行到消化管外围的消化腺。他认为贝类宿主吞食虫卵而被感染的方式可能是吸虫类原先感染软体动物宿主的形式。但 Pearson(1970，1972)在他的《复殖类生活方式的系统发生》一文中却提出另一看法，认为扁形动物最早可能系贝类的体外寄生虫，盾盘类幼虫是从体表侵入贝类宿主的。如前所述，著者观察盾盘吸虫的杯状蚴有两种：一种具有眼点和纤毛板，另一种不具有眼点和纤毛板。前者可能有一段自由活动的时期，侵入宿主的方式可能是经吸水管而入；后者匍匐爬行，可能系从体表钻入，也可能杯状蚴未孵出以前的卵子被贝类宿主吞食。小杯盾吸虫(*Cotylaspis insignis*)曾经被记载附着宿主体表生活，也能侵入体内，此方式证实了 Pearson 的设想。

印度腹盾吸虫(*Aspidogaster indica*)在淡水壳菜［*Limnoperna lacustris*(V. Martens)］体内发育，但较少找到完全成熟的虫体；而在三角鲂［*Megalobrama terminalis*(Rich.)］和赤眼鳟［*Squaliobarbus curriculus*(Rich.)］鱼类体内发育完全成熟的较多。这一点与东方簇盾吸虫(*Lophotaspis orientalis*)绝大多数在贝类宿主河蚬［*Corbicula fluminea*(Müller)］体内发育成熟是很不相同。印度腹盾吸虫的状况其他盾盘类也有，如 *Cotylogaster occidentalis* 在脊椎动物鱼类宿主 *Aplodinotus grunniens* 体内与在贝类宿主 *Lampsilis siliquoidea* 体内相比，成熟虫体不但数量更多，而且个体也更大(Fredericksen, 1972)。由此例子可以看出专性的寄生虫(obligatory parasite)是怎样通过兼性的寄生虫(facultative parasite)的阶段而演化成的。

盾盘类也有需要经过第二个中间宿主的，如列杯属的 *Stichocotyle nephropis*，尚有甲壳类的宿主 *Nephrops norvegicus* 和 *Homarus americanus*，囊蚴在它们体内形成。很明显，这一吸虫已发展到具有两个无脊椎动物宿主和一个脊椎动物宿主的阶段。

从盾盘类某些构造看来，可以说它是已脱去了单肠类涡虫一般的体制，改变了生殖腺左右对称的形状，卵巢和睾丸只剩下一边。卵巢有折叠的构造，说明它是从条状的生殖腺转变来的，膨大的末端弯曲成为椭圆形的卵巢，输卵管具有隔室。Rohde 认为分隔室的输卵管是阻止精子通过。看来这种说法不够完善，因为输卵管在形状上各室虽有隔膜，卵细胞仍能排出和通过。输卵管原是雌性腺体，卵巢的基部含有较成熟的卵细胞，这些隔室原是卵细胞排出后留下的空隙。簇盾属(*Lophotaspis*)的劳氏管较短而且其开口在体背面，而腹盾属(*Aspidogaster*)和杯盾属(*Cotylaspis*)中的 *Aspidogaster indica*、*Aspidogaster conchicola*、*Aspidogaster ijimai* 和 *Cotylaspis sinensis* 的劳氏管均较长，伸延到体后端，*A. conchicola* 通过一个凹状的窝，*A. limacoides* 也是，其余各种则开口于排泄囊。*A. ijimai* 的劳氏管在前方靠近输卵管处接于受精囊，其他各种无此构造。据 Osborn(1903)有关 *Cotylaspis* 属特征的记述是不具有劳氏管，而著者在 *Cotylaspis sinensis* 观察到此构造。

在发育方面，盾盘类的杯状蚴(cotylocidium)与各类吸虫幼虫比较，具有系统发生方面的意义。杯状蚴的构造与单殖类的钩毛蚴(oncomiracidium)、切头涡虫类(Temnocephalida)的幼虫以及复殖类的毛蚴(miracidium)比较，可以看到它们之间相似和差异之处。例如，杯状蚴的大咽和袋状肠管，在钩毛蚴和切头涡虫都有类似的构造。有些盾盘吸虫种类的杯状蚴似单殖吸虫的钩毛蚴具有的纤毛板，但前者不具有后者所特有的后端吸附器(haptor)和生在上面的小钩。在排泄系统方面杯状蚴较似复殖类毛蚴，而不同于钩毛蚴和切头涡虫。钩毛蚴的排泄孔在咽的两侧，约在体中段前面，长成的单殖类排泄孔移至体前方两侧，钩毛蚴的焰细胞有5～10对，在咽的前方，两侧细胞常会合为一，至眼点前方分作1个或2个分支。切头涡虫的焰细胞极小，常8～9个在体前方聚成焰细胞丛(flame cell bulb)，每一触手都有一二支小排泄管伸入(唐仲璋，1959)。这些和盾盘类杯状蚴的排泄系统很不相同。

杯状蚴除排泄系统较似复殖类毛蚴外，其他构造都有区别，其中最重要的在于胚细胞方面。毛蚴在发育期间很早就分出胚细胞(germinal cell)，其他外胚层细胞分化为腺细胞、神经细胞及肌肉细胞等，只有胚细胞没有分化，它们或迟或早分裂成小胚球，发育为母胞蚴或母雷蚴。这些胚细胞有的分布在毛蚴体后部(如血吸虫)，有的已发育为胚球(如肝片吸虫、棘口吸虫)，有的则能提早成熟发育为小雷蚴(如嗜眼吸虫、平睾吸虫、环肠吸虫)。其他有些毛蚴体形较小，在体后方也至少有3～5个胚细胞。这些特点盾盘类的杯状蚴则不具有。"多胚生殖"(polyembryony)是复殖类在贝类宿主体内无性生殖的方式，它和成虫体内用有性生殖方法相间而形成世代交替(alternation of generations)。无性生殖在动物界中是较为常见的现象，在寄生虫生活史中亦常见。盾盘类在软体动物体内，在它的生活史中，没有营无性繁殖，说明它还不像复殖类那样深度地适应寄生生活。

一般蠕虫学者认为吸虫类是从涡虫类演化来的。但是它和其他扁形动物一样，没有骨骼和外壳可资保存，在古代化石遗迹中找不到这一类的动物。所以这一方面的考察只能凭借现存种类的比较。在各类动植物中由于发展的不同，存在着高级和低级的种类，提供了探讨种族演化的线索。盾盘类由于它的构造和特殊的发育方式，被认为具有原始吸虫类的特征。正如Leuckart(1879)所说的整个盾盘吸虫的结构有似一个雷蚴的形状。直至最近认为它是原复殖类吸虫的模型。整个盾盘亚纲种类较少，截至目前已经发现的只有38种，分隶于3科12属。它们分布于亚洲、大洋洲、欧洲和南北美洲。亚洲方面，我国、前苏联、印度、日本、斯里兰卡及马来西亚等地均有报告。在淡水、海洋均有记录。说明本类吸虫曾经广泛地分布于全球，推想在古代它们必定相当繁盛地生存着，而现在却剩下较少的种类了。

依据寄生虫和宿主平行演化的原理，考察宿主也可推测寄生虫演化的陈迹。分析盾盘类的贝类宿主，如 Unio、Anodonta、Pleuroblema、Quadrula、Lampsilis、Obovaria、Leptodes 各属以及其他珠蚌科(Unionidae)的种类，属于真瓣鳃目(Eulamellibranchia)裂齿亚目(Schizodonta)。另有 Corbicula、 Adacna、Cordium，属于异柱目(Anisomyaria)。只有少数种类属于腹足类，如 Fasciolaria、Melo(=Goniobasis)、Cleopatra、Vivipara 等。这说明盾盘类和复殖类吸虫虽然同样以软体动物为宿主，但盾盘类所寄生的大多数属于瓣鳃类，而复殖类所寄生的虽然也有一些是在瓣鳃类，却绝大多数是寄生于腹足类软体动物。在软体动物中瓣鳃类也比腹足类原始。

盾盘类的脊椎动物宿主包括淡水及海洋的鱼类和爬行类。鱼类方面有鲤科的好几个属，其他有鳉科、鲷科、鲶科、鮟鱇科、石首鱼科以及板鳃类的星鲨、鳐、犁头鳐、牛鼻鲼和银鲛等。爬行类宿主经记载的有9个属，包括龟、鳖、大蠵龟［Caretta caretta(L.)］等。所以这一类吸虫的宿主仅限于不定温的脊椎动物，鸟类和哺乳类没有充当宿主的记录。复殖亚纲的吸虫中只有腹口目(Gasterostomata)的中间宿主都是瓣鳃类软体动物，终末宿主也只限于鱼类和极少数的两栖类；前口目(Prosostomata)复殖吸虫中间宿主仅少数为瓣鳃类，大部分均为腹足类软体动物。终末宿主则各类脊椎动物均有。

显然盾盘类吸虫对于寄生生活的适应还处于较原始的阶段。从这一类现存的吸虫我们可以想象复殖类的祖先可能具有同样的成虫和幼虫期的构造。盾盘吸虫在贝类宿主体内能发育到成虫期，但没有像现代复殖类那样能营无性繁殖。显然它们能在不定温的脊椎动物宿主体内生活，主要是鱼类和爬行类。鱼类方面为板鳃鱼和硬骨鱼，爬行类则海产及淡水的龟鳖均有。而恒温的脊椎动物尚无寄生的报告。可能在这类吸虫繁荣的时代，恒温动物，如鸟类及哺乳类尚未发生。这是它们是较古老的吸虫的佐证。

Szidat 曾假设："较为专化的宿主，其寄生虫也较为专化；反之，较为原始的宿主，其寄生虫也较为原始。" Fahrenholz 假设："现代寄生虫的祖先，在古时也寄生于现代宿主的祖先。" 这两个假设虽然有很多例外，但提供了寄生虫和宿主平行演化的概念，对于了解吸虫纲的系统发生是有帮助的。我们得出的结论是：盾盘亚纲是吸虫纲中较为古老的族类，关于它们的生物学研究对这一类寄生蠕虫的演化有很大的启发意义。

20 世纪以来，对于吸虫纲的分类，蠕虫学者不断提出新的要求，从比较形态学及比较胚胎学的观点来探讨一个能代表真正亲缘关系的自然系统，那就有必要认真地考察吸虫纲演化的问题。生物学是紧密地联系着历史的科学，考察演化历史借以解决现存吸虫类的生物学问题，如世代交替、无脊椎动物及脊椎动物宿主孰先熟后的问题等，对其进行研究是有必要的。

生物学中一个重要原理 "个体发生复述了种族的发生" 曾被用来探讨某一种族类系统发生的根据，可是被认为富有启发性意义的盾盘类，虽其直接发育特点已被认识，完整的生活史探求还很少有人问津。Aubert（1855）、Voeltzkow（1888）曾叙述 *Aspidogaster conchicola* 的发育，Faust（1922）观察此虫种由卵孵出的幼虫，William（1942）对它的发育也作了分期的描述。Wharton（1939）从大蠵龟和一种海产贝类——*Fasciolaria gigas* 上分别找到一种簇盾吸虫 *Lophotaspis vallei* Stossich，1899 的成虫和幼虫。这些报告均失之简略。较为详细的生活史叙述除在我国所报告的 *Aspidogaster ijimai* 及 *Lophotaspis orientalis* 之外（唐仲璋和唐崇惕，1980），还有 *Aspidogaster indica*（Dayal，1943）、*Multicotyle purvisi* Dawes，1941 及 *Lobatostoma manteri* Rohde，1973（Rai，1964；Rohde，1971，1973）。对更多种类的更多方面的研究将会对此族类的认识有帮助。

参 考 文 献

唐仲璋. 1959. 切头涡虫在福建省的发现及其生物学的研究. 福建师范学院学报(生物学专号)，(1)：141-159

唐仲璋，唐崇惕. 1980. 两种盾盘吸虫的生活史及吸虫纲系统发生的讨论. 水生生物学集刊，7(2)：153-169

中科院湖北省水生生物研究所. 1973. 湖北省鱼病病原区系图志. 北京：科学出版社

川村多实二. 1915. 楯吸虫类二种に就て. 動杂(日文)，27(323)：475-480

Allison V F, Ubelaker J E, Martin J H. 1972. Comparative study of the fine morphology of sensory receptors in *Aspidogaster conchicola* and *Cotylaspis insignis*. Thirtieth Annual Proceedings of the Electron Microscope Society of America, 150-151

Anderson M G. 1935. Gametogenesis in the primary generation of a digenetic trematode, *Proterometra macrostoma* Horsfall, 1933. Trans Amer Micr Soc, 54: 271-297

Aubert A. 1855. Ueber das Wassergefasssystem, die Geschlechtsverhältnisse, die Eibildung und die Entwicklung des *Aspidogaster conchicola* mit Berichsichtigung und Vergleichung anderer Trematoden. Zeitschr Wiss Zool, 6: 349-376

Baer J G, Joyeaux C. 1961. Plathelminthes, Mesozoaires, Acanthocephales, Nemertiens. In: P. Grassé. Traite de Zoologie. Masson et Cie, 4(IS): 561-692

Bailey H H, Rock C O. 1975. The lipid Composition of *Aspidogaster conchicola* Von Baer, 1826. Proceedings of the Oklahoma Academy of Science, 55: 97-100

Bailey H H, Tompkins S J. 1971. Ultrastructure of the integument of *Aspidogaster conchicola*. Journal of Parasitology, 57: 848-854

Baker F D, Parsons S. 1914. A new aspidobothrid trematode (*Cotylaspis*). Trans Amer Micro Soc, 33

Beneden P J van. 1858. Espèce nouvelle du genre *Onchocotyle*, vivant sur les branches du *Scimnus glacialis*. Bull acad Belge Cl Sci, 20: 59-68

Britt H G. 1947. Chromosomes of digenetic trematodes. Amer Nat, 81: 276-296

Brooks F G. 1930. Studies on the germ cell cycle of trematodes. Am J Hyg, 12: 299-340

Burmeister H. 1856. Systematische Ubersicht der Saugwurmer, Trematodes. Zoonomische Briefe, 2: 250-252

Burton P R. 1960. Gametogenesis and fertilization of the frog lung fluke, *Haematoloechus medioplexus* Stafford (Trematoda: Plagiorchidae). Jour Morph, 107: 93-122

Bychowsky I, Bychowsky B. 1934. Uber die morphologie und die systematik des *Aspidogaster limacoides* Diesing. Z Parasitenk, 7: 125-137

Cable R M.1931. Studies on the germ cell cycle of *Cryptocotyle lingua* Creplin. I. gametogenesis in the adult. Quar J Micr Sci, 74: 563-589

Cable R M. 1934. Studies on the germ-cell cycle of *Cryptocotyle lingua* Creplin. II. Germinal development in the larval stages. Quarterly Jour of Micro Sci, 76(IV): 573-614

Campbell J W. 1960. The occurrence of β-alanine and β-aminoisobutyric acid in flatworms. Biol Bull, 119: 75-79

Carus J V. 1863. Raderthiere, Würmer, Echinodermen, Coelenteraten und Protozoen. Handb Zool V Z: 422-600

Cary L R. 1909. The life history of *Diplodiscus temperatus* Stafford. With special reference to the development of the parthenogenetic eggs. Zool Jahrb Abt Anat Ont, 28: 595-659

Chen P J. 1937. The germ cell cycle in the trematode *Paragonimus kellicotti* Wand. Trans Am Micr Soc, 56: 208-236

Ciordia H. 1956. Cytological studies of the germ cell cycle of the trematode family Bucephalidae. Trans Amer Micr Soc, 75: 103-116

Coldschmidt R. 1908. Uber das Verhalten des Chromatins bei der Eireifung und Befruchtung des *Dicrocoelium lanceatum* Stil. et Hass (*Distomum lanceolatum*). Arch Zellfors, 1: 232-244

Cunningham J T. 1887. On *Stichocotyle nephropis* a new trematode. Tr Roy Soc Edinburgh, 32 (2): 273-280

Dawes Ben. 1941. On *Multicotyle purvisi*, n. g. n. sp. an Aspidogastrid trematode from the river turtle, *Siebenrockiella crassicollis* in Malaya. Parasitology, 33: 300-305

Dayal J.1943. On a new trematode, *Aspidogaster indicum* n. sp. from the intestine of a fresh-water fish, *Bardus tor* (Ham:). Proc Nat Acad Sci India, 13 (1): 20-24

Dollfus (Robert-P h). 1953. Miscellanea helminthologica maroccana. V. Presence du Maroc. d'*Aspidogaster conchicola* K.E. von Baer 1826 (Trematoda: Aspidogastrea) Archives de l'Institut Pasteur du Maroc. T IV Cahier, 8: 5~12, 492-495

Dollfus (Robert-P h).1956. Systeme de la sous-classe des Aspidogastrea E.C. Faust et C.C. Tang, 1936. Annales de Parasitologie Humaine et Comparee, 31 (1~2): 11-13

Dollfus (Robert-P h).1958. Sur M*acraspis cristata* (E. C. Faust et C.C. Tang 1936) H. W. Manter, 1936 et sur une emendation necessaire a ma definition de la famille des Aspidogastridae (Trematoda). Annales de Parasitologie humaine et comparee, 33 (3): 227-231

Dollfus (Robert-P h). 1958. Trematodes. Sous-Classe Aspidogastrea. Annales de Parasitologie Humain et Comparee, 33 (4): 305-395

Dunn M C. 1959. Studies on the germ cell cycle of *Neorenifer wardi* (Byrd, 1936). Trans Amer Micr Soc, 78: 38-408

Eckcamm F. 1932. Über zwei neue Trematoden der Gattung Aspidogaster. Ztschr Parasitenk, 4: 395-399

Faust E C. 1922. Notes on the Excretory system in *Aspidogaster conchicola*. Trans Amer Micro Soc, 41: 113-117

Faust E C, Tang C C (唐仲璋). 1936. Notes on new Aspidogastrid species with a consideration of the phylogeny of the group. Parasitology, 28: 487-501

Fredericksen D W. 1972. Morphology and Taxonomy of *Cotylogaster occidentalis* (Trematoda: Aspidogastridae). J Parasitol, 58: 1110-1116

Fredericksen D W. 1978. The fine structure and phylogenetic position of the cotylocidium larva of *Cotylogaster occidentalis* Nickerson, 1902 (Trematoda: Aspidogastridae). J Parasitol, 64: 961-976

Gentner H W. 1971. Notes on the biology of *Aspidogaster conchicola* and *Cotylaspis insignis*. Zeitschrift fur Parasitenkunde, 35: 263-269

Godman G C, Willey C H. 1941. Notes on embryonating eggs of *Zygocotyle lunata* and on their preparation for cytological study. J Parasitol, 27 (suppl): 15

Goldschmidt R. 1902. Untersuchungen über die Eireifung, Befruchtung und Zellteilung bei *Polystomum integerrimum* Rud. Ztschr Wissench Wissench Zool, 71: 397-444

Gresson R A R. 1958. The gametogenesis of the digenetic trematode, *Sphaerostome bramae* (Müller) Lühe. Parasitology, 48: 293-302

Gresson R A R. 1964. Oogenesis and the hermaphroditic Digenea (Trematoda). Parasitology, 54: 409-421

Guilford H G. 1955. Gametogenesis in *Heronimus chelydral* Macallum. Trans Amer Micr Soc, 74: 182-190

Halton D W. 1972. Ultrastructure of the alimentary tract of *Aspidogaster conchicola* (Trematoda: Aspidogastrea). J Parasitol, 58: 455-467

Halton D W, Hendrix S S. 1978. Chemical composition and histochemistry of *Lobatostoma ringens* (Trematoda: Aspidogastrea). Zeitschrift fur Parasitenkunde, 57: 237-241

Halton D W, Lyness R A W. 1971. Ultrastructure of the tegument and associated structures of *Aspidogaster conchicola* (Trematoda: Aspidogastrea). J Parasitol, 57: 1198-1210

Ip H S, Desser S S, Weller I. 1982. *Cotylogaster accidentalis* (Trematoda: Aspidogastrea): Scanning electron microscopic observations of sense organs and associated surface structures. Trans Am Microsc Soc, 100: 253-261

Ishii Yoshio. 1934. Studies on the development of *Fasciolopsis buski*. Part 1. Development of the eggs outside the host. J Med Assoc Formosa, 33: 349-379

Jagerskiöld L A. 1899. Über den Bau von *Macraspis elegans* Olsson (Vorläufige Mitteil). Oefversigt Kongl Vetensk Akad Forhandl, 56 (3): 197-214

Jones A W. 1945. Studies in cestode cytology. J Parasitol, 31: 213-235

Kathariner L. 1904. Ueber die Entwicklung von *Gyrodactylus elegans* v. Nordm. Zool Jb Festchr Weismann, Suppl, 7: 519-550

Kawamura T. 1915. *Aspidogaster ijimai* n. sp. Dobuts Zasshi Tokyo, 27: 475-480

Leuckart F S. 1827. Versuch einer naturgemässen Eintheilung der Helminthen, nebst dem Entwurfe einer Verwandtschaftsund Styfen-folge der Thiere überhaupt. Als Prodrom und Einleitung seines Handbuchs der Helminthologie, Heidelberg and Leipzig.

Leuckart F S. 1879. Bericht ueber die Wissenschaftlichen Leistungen in der Naturgeschichte der niederen Thiere Während der Jahre 1876-79. Arch Natur Berlin, 2: 469-736

Lumsden R D. 1975. Surface ultrastructure and cytochemistry of parasitic helminthes. Exp Parasitol, 37: 267-339

MacCallum G A. 1913. Notes on four trematode parasites of marine fishes. Zbl Bakt 1 Abt Orig, 70: 407-416

Manter H W. 1932. Continued studies on trematode of Tortugas. Camegie Inst Yr BK, 31: 287-288

Manter H W. 1932. Larva of *Lophotaspis*. Carnegie Inst Washington Yearb: 31

Michelson E H. 1970. *Aspidogaster conchicola* from freshwater gastropods. J Parasitol, 56: 709-712; 57: 1198-1210

Monticelli F S. 1888. Saggio di una morfologia dei trematodi, Tesi per ottenere la privata docenza in zoologia nella R. Universita do Napoli

Monticelli F S. 1892. Cotylogaster e revisione degli Aspidobothridae. Festschrift, 70

Najarian H H. 1961. New Aspidogastrid trematode *Cotylaspis reelfootensis*, from some Tennessee Mussels. J Parasitol, 47(3): 515-520

Nez M M, Short R B. 1957. Gametogenesis in *Schistosomatium douthitti*(Cort) (Schistosomatidae: Trematoda). J Parasitol, 43: 167-182

Nickerson W S. 1894. On *Stichocotyle nephropis*. Zool Jahrb Anat, 8

Nickerson W S. 1895. On *Stichocotyle nephropis* Cunningham, a parasite of the American lobster. Zool Jahrb Anat, 8(4): 447-480

Nickerson W S. 1902. *Cotylogaster* and a revision of the Aspidobothridae. Zool Jahrb Abt System, 15: 597-624

Niyamasena S G. 1940. Chromosomen und Geschlecht bei *Bilharzia mansoni*. Zeits Parasit, 11: 691-701

Odhner T. 1910. *Stichocotyle nephropis* J.T. Cunningham, ein aberranter Trematode der Digenenfamilie Aspidogastridae. Kungl Svensk Vetensk Handl, 45(3): 3-16

Osborn H L. 1903. Habits and structure of *Cotylaspis insignis*. J Morph, 18

Osborn H L. 1903. On the habits and structure of *Cotylaspis insignis* Leidy, from Lake Chautauqua, New York. J Morph, 18(1~2): 1-44

Ogren R E. 1956. Development and morphology of the onchosphere of *Mesocestoides corti*, a tapeworm of mammals. J Parasitol, 42: 414-424

Rai S L. 1964. Morphology and life history of *Aspidogaster indicum* Dayal, 1943(Trematoda: Aspidogastridae). Indian J Helminthol, 16: 100-141

Rees G. 1939. Studies on the germ cell cycle of the digenetic trematode *Parorchis acanthus* Nicoll. Part I. Anatomy of the genitalia and gametogenesis in the adult. Parasitology, 31: 417-433

Rees G. 1940. Studies on the germ cell cycle of the digenetic trematode *Parorchis acanthus* Nicoll. Part II. Structure of the miracidium and germinal development in the larval stages. Parasitology, 32: 372-391

Rohde K. 1966. Sense receptors of *Multicotyle purvisi* Dawes, 1941(Trematoda: Aspidobothria). Nature, 211: 820-822

Rohde K. 1968. The nervous systems of *Multicotyle purvisi* Dawes, 1941(Aspidogastrea) and *Diaschistorchis multitesticularis* Rohde, 1962(Digenea). Zeitschrift fur Parasitenkunde, 30: 789-794

Rohde K. 1971. Phylogenetic origin of trematodes. Perspektiven der Cercarienforchung(ed. K. Odening Parasitologische Schriftenreihe), 21: 17-27

Rohde K. 1971. Untersuchungen an *Multicotyle purvisi* Dawes, 1941.(Trematoda: Aspidogastrea). I. Entwicklung und Morphologie. Zooloische Jahrbucher(Abteilung fur Anatomie), 88: 138-187

Rohde K. 1971a. Untersuchungen an *Multicotyle purvisi* Dawes, 1941(Trematoda: Aspidogastrea). II. Quantitative Analyse des Wachstums. Zoologischer Jahrbücher, Abteitung für Anatomie und Ontogenie der Tiere, 88: 188-202

Rohde K. 1971b. Untersuchungen an *Multicotyle purvisi* Dawes, 1941(Trematoda: Aspidogastrea).III. Licht-und elektronenmikroskopischer Bau des Nervensystems. Zoologischer Jahrbücher. Abteitung für Anatomie und Ontogenie der Tiere, 88: 320-363

Rohde K. 1971c. Untersuchungen an *Multicotyle purvisi* Dawes, 1941(Trematoda: Aspidogastrea). IV. Ultrastruktur des Integuments der geschlechtsreifen from und der freien Larve. Zoologischer Jahrbucher, Abteilung fur Anatomie und Ontogenie der Tiere, 88: 365-386

Rohde K. 1971d. Untersuchungen an *Multicotyle purvisi* Dawes, 1941(Trematoda: Aspidogastrea). V. Licht-und electronen-Mikroskopischer Bau der Randkorper. Zoologischer Jahrbucher. Abteilung für Anatomie und Ontogenie der Tiere, 88: 387-398

Rohde K. 1972. The Aspidogastrea, especially *Multicotyle purvisi* Dawes. Advances in Parasitology, 10: 77-151

Rohde K. 1973. Structure and development of *Lobatostoma manteri* sp. nov.(Trematoda: Aspidogastrea) from the Great Barrier Reef, Australia. Parasitology, 66(1): 63-85

Rohde K. 1975. Early development and pathogenesis of *Lobatostoma manteri* Rohde(Trematoda: Aspidogastrea). Int J Parasitol, 5: 597-607

Rumbold D W. 1927. A new trematode from the snapping turtle(*Cotylaspis*). J Elisha Mitchell Scient Soc, 43

Sanderson A R. 1959. Maturation and fertilization in two digenetic trematodes, "*Haplometra cylindracea*" (Zeder 1800) and "*Fasciola hepatica*" (L.). Proceed Roy Soc Edinburgh(Sec B) Biology, 67(Part II 6): 83-98

Severinghaus A E. 1927. Sex studies on *Schistosoma japonicum*. Quart J Micr Sci, 71: 653-702

Sherman S H, Short R B. 1965. Aspidogastrids from Northeastern Gulf of Mexico River Drainageo. J Parasitol, 51(4): 561-568

Skrjabin K I. 1952. Aspidogastrea Faust and Tang, 1936. In Trematodes of Animals and man. Elements of Trematodology, 6: 5-149

Skrjabin K I. 1952. Trematodes of Animal and man. Sciences Academy of CCCP, 6: 1-149

Smyth J D, Halton D W. 1983. The physiology of trematodes. New York: Cambridge University Press

Stafford J. 1896. Structure of *Aspidogaster conchicola*. Zool Jahrb Abt Anat, 9

Steinberg D. 1931. Die Geschlechtsorgane von *Aspidogaster conchicola*. Zool Anz, 94

Stunkard H W. 1917a. Studies on North American Aspidogastridae. Illinois Biol Monograph, 13

Stunkard H W. 1917b. Studies on North American Polystomidae, Aspidogastridae and Paramphistomidae. Illinois Biol Monograph, 4(3)

Stunkard H W. 1962. *Taenicotyle* nom. nov. for *Macraspis* Olsson, 1869, preoccupied and systematic position of the Aspidobothrea. Biol Bull, 122: 137-148

Stunkard H W. 1963. Systematics，Taxonomy，and Nomenclature of the Trematoda. The Quat Rev of Biol，38（3）：221-233

Timofeyeva T V. 1971. The structure of the nervous system of *Aspidogaster conchicola* K. Baer，1827（Trematoda，Aspidogastrea）. Parasitologiya，6：556-561

Trimble J J，Bailey H H，Nelson E N. 1971. *Aspidogaster conchicola*（Trematoda：Aspidobothrea）：Histochemical localization of acid and alkaline phosphatases. Exp Parasitol，29：457-462

Trimble J J，Bailey H H，Sheppard A. 1972. *Aspidogaster conchicola*：Histochemical localization of carboxylic ester hydrolases. Exp Parasitol，32：181-190

Van Cleave H J，Williams C O. 1943. Maintenance of a trematode，*Aspidogaster conchicola*，outside of the body of its natural host. J Parasitol，29：127-130

Van Cleave H J，Williams C C. 1945. Maintenance of *Aspidogaster conchicola* outside its host. J Parasitol，29

Voeltzkow A. 1888. *Aspidogaster conchicola*. Arbeit Zool Inst Wurzburg，8. 249-290. pl. 15-20，fig. 1-53.

Von Baer K E. 1826. Sur les entozoaires ou vers intestinaux. Bull Sci Nat Geol Paris，9：123-126

Von Baer K E. 1827. Beiträge zur Kenntniss der niedern Thiere. Nova Acta Nat Curios，13：525-557

Walton A C. 1959. Some parasites and their chromosomes. J Parasitol，45：1-20

Ward H B，Hopkins S H. 1931. Lophotaspis. J Parasitol，18

Wesenberg-Lund C. 1934. Contributions to the develop of the trematode Digenea. Part II . The biology of the fresh water cercariae in Danish freshwater. Acad Roy Sc Lett Demark Copenhagen，5：11-223

Wharton G W. 1939. Studies on *Lophotaspis vallei*（Stossich，1899）（Trematoda：Aspidogastridae）. J Parasitol，25：83-86

Willey C H. 1937. The development of Zygocotyle from *Cercaria poconensis* Willey. 1930. J Parasitol，23（suppl）：571

Willey C H. 1938. The life history of Zygocotyle lunata. J Parasitol，24（Suppl）：30

Willey C H，Godman G C. 1951. Gametogenesi fertilization and cleavage in the trematode，*Zygocotyle lunata*（Paramphistomidae）. J Parasitol，37：283-296

Williams C O. 1942. Observations on the life history and taxonomic relationships of the trematode *Aspidogaster conchicola*. J Parasitol，28：467-475

Wootton D M. 1966. The Cotylocidum larva of *Cotylogasteroides occidentalis*（Nickerson，1902）Yamaguti，1963（Aspidogastrides，Aspidocotylea：Trematoda）. First Internal Cong Parasit（Rome，1964）Proc，I：547-548

Yamaguti S. 1963. Systema Helminthum. IV. Monogenea and Aspidocotylea. New York：Interscience Publishers

（Ⅲ）复殖亚纲（Digenea Van Beneden，1858）

一、腹口目（Gasterostomata Odhner，1905）

（一）腹口吸虫目研究历史

腹口吸虫（Gasterostome）又称牛首吸虫（*Bucephalus*）。由于此类吸虫具有独特的成虫形态和幼虫期发育，以及它们在吸虫纲中的分类位置，吸引了许多学者的注意，他们的工作和观点如下。

1. Baer（1827）

Baer（1827）从淡水双壳贝类 *Unio pictorum* 及 *Anodonta* sp. 发现 *Bucephalus polymorphus* 的尾蚴，由于尾蚴在水中体部向下尾部在上，两尾索收缩时，整个虫体像一个有两个角的牛头，因此称之为牛首吸虫（*Bucephalus*）。

2. von Siebold（1848）

von Siebold（1848）以从鲈鱼 *Perca* sp.获得的性成熟 *Gasterostomum fimbriatum* 进行描述，他首先注意到本类吸虫开在腹部的口孔和袋形肠管。以后证明 *Gasterostoma fimbriatum* 就是 *Bucephalus polymorphus* Baer，1827 的成虫。Braun（1883）创立腹口吸虫科（Gasterostomidae Braun，1883）。Odhner（1905）重视口孔的位置，在 Braun 的基础上创立了腹口亚目（Gasterostomata Odhner，1905）和前口亚目（Prosostomata

Odhner，1905) 相并立于复殖目 (Digenea) 中的分类系统。Odhner 认为腹口类在腹部位置的口孔、咽和不分支的袋状的肠管是从涡虫的祖先遗留下的。前方的附着器是新获得的构造。他以为前口类的口与咽可能在以往也在腹部，以后移往前方。他的意见曾经许多学者争论并有人反对 (Näsmark，1937)。

3. Sinitsin (1910)

Sinitsin (1910) 曾将 *Bucephalus polymorphus* Baer 的尾蚴和一种叉尾尾蚴 *Cercaria ocellata* 作比较，认为腹口类是从前口亚目的二口虫类 (Distome) 来的，腹部的口孔和咽是腹吸盘的变态。而原来的口吸盘和肠管却被认为是退化了，成为前端的吸具。Sinitsin (1911) 在黑海地区曾观察贝类 *Tapes rugathus* 中 *Bucephalopsis haimiana* (Lacaze-Duthiers) 的尾蚴，这尾蚴他称为 *Cercaria hydriformis*。在该文中他又重新讨论这一问题，认为从前端的口转变为腹部的口可能是经过一种特殊的转变。他设想可能是寄生于一种宿主的新位置，在那环境下该虫体可以通过渗透方式摄取养料，因此前端的口和原有的消化管退化了，腹部的口孔和咽是腹吸盘的变态。Sinitsin 的假设可说是异常强解，他的推论是无根据的。从今天的知识来判断，至今，在吸虫纲还没有看到一种介于腹口类和前口类之间的中间形式的种类。腹口类在腹部的口和咽、袋形的肠管是原始特征的遗留，这一推想是比较合理的。

4. Kelly (1899)

Kelly (1899) 调查报告牛首类吸虫幼虫期广泛地寄生于河蚌科 (Unionidae) 的贝类宿主，它们损害宿主的生殖腺，影响其性细胞的成熟，并使贝壳发生变形。他的论证说明了这一类很少被人注意的吸虫会侵害养殖贝类和鱼类，也能造成一定的损失。

5. Tennent (1906)

Tennent (1906) 首先阐明 *Bucephalopsis haimiana* 的生活史，其贝类宿主为牡蛎 (*Ostrea edulis*) 和其他海产的瓣鳃类。20 世纪腹口类吸虫的生活史全程经阐明的约 10 种，分隶于 6 个属 (*Bucephalus*、*Bucephalopsis*、*Rhipidocotyle*、*Prosorhynchus*、*Parabucephalopsis* 及 *Dollfustrema*)。此外尚有一些种类其部分的生活史已经阐明，如 *Prosorhynchus occuleatus*、*Bucephalus mytili* 及 *Bucephalopsis cuculus* 等。通过生活史研究，阐明它们在贝类宿主体内无性繁殖的性质与其他复殖类多胚生殖 (polyembryony) 是一致的。

6. Woodhead (1931)

Woodhead (1931) 记载：*Bucephalus elegans*、*B. papillosus* 和 *B. pusillus* 的生活史有 3 个"成虫期"，即胞蚴、"裂蚴"和终末宿主体内的成虫。每期都是长成的个体，各阶段均有精子和卵子发生以及受精的全过程。他的记述全基于想象而没有事实根据。这一报告从来没有得到其他学者的证实。

7. La Rue (1926)

La Rue (1926) 创立牛首总科 (Bucephalata La Rue，1926)，把它隶属于鸮形目 (Strigeatoidea La Rue，1926)。1957 年在他的新的系统中，又把该总科改隶于短咽亚目 (Brachylaemata La Rue，1957)，仍属于鸮形目，在他的鸮形目中含有以下相差甚远的各类吸虫：

Strigeatoidea La Rue，1926　　　（鸮形目）

　Strigeata La Rue，1926　　　　　（鸮形亚目）

　Azygiata La Rue，1957　　　　　（航尾亚目）

　Cyclocoeliata La Rue，1957　　　（环肠亚目）

　Brachylaemata La Rue，1957　　　（短咽亚目）

　　Brachylaemoidea Allison，1943　　（短咽总科）

　　Fellodistomatoidea La Rue，1957　（壮穴总科）

　　Bucephaloidea La Rue，1957　　　（牛首总科）

La Rue 之所以把牛首吸虫类归于鸮形目，主要的依据是这一类尾蚴被他认为属于叉尾尾蚴类（furcocercus cercariae）。通过腹口类吸虫生活史各发育期观察，牛首吸虫的尾蚴显然与裂体科（Schistosomatidae）、旋睾科（Spirorchiidae）、血居科（Sanguinicolidae）、鸮形科（Strigeidae）、杯叶科（Cyathocotylidae）等科的叉尾尾蚴不具有任何共同点。牛首吸虫尾蚴的尾部由一粗短的尾基部和能极度伸缩的两条尾索组成，在尾索里面是没有排泄管通入的，根本不同于叉尾尾蚴的尾干和尾叉（furcae）。牛首吸虫的排泄系统（特别是膀胱的构造）与叉尾尾蚴类大不相同。排泄管在尾基部分支，翘向基部前方开口，形态很独特。腹口类吸虫胞蚴壁上分散单一的焰细胞，接于含有颗粒的管状囊体，各自开口于胞蚴腔内。这样的排泄管有别于前口目种类的无性繁殖期个体焰细胞体系。Matthews（1973）认为分散的焰细胞比复式的排泄系统更能适应于繁复分支的胞蚴体。我们还以为分散的焰细胞及排泄管可能是吸虫类中排泄系统最原始和最简单的形式，因为直至现今其未曾在前口类吸虫中发现过。此外，牛首吸虫的成虫、毛蚴及尾蚴其他方面的构造与鸮形目种类没有存在任何共同点；特别是成虫雄性生殖囊在外表上虽与鸮形科的阴茎囊相似，而实际构造大不相同。牛首吸虫的毛蚴也有极为独特的构造，长着丛毛的纤毛棒，与任何一类复殖吸虫的毛蚴均不相同。与航尾科（Azygiidae）毛蚴的纤毛板（bristle plate）、短咽科（Brachylaemidae）的毛蚴纤毛棒也不一样。牛首吸虫毛蚴的纤毛棒的末端具有一束很长的纤毛，毛蚴体内不具焰细胞。从比较形态学的论据来看，把牛首吸虫归于鸮形目或总科之下是没有根据的。

8. Odhner（1905）

Odhner（1905）重视口孔的位置，创立腹口亚目和前口亚目的分类系统被许多蠕虫学者所采用，是复殖类分类的基本区分，它补充了 von Beneden 的以单殖和复殖作吸虫纲分类的自然系统。

9. Yamaguti（1958）

Yamaguti（1958）在他的 *Systema Helminthum*（蠕虫系统）中也把复殖目（Digenea Van Beneden，1858）的吸虫按口的位置分为腹口亚目（Gasterostomata）和前口亚目（Prosostomata）。他于 1971 年在他的《脊椎动物复殖吸虫概要》（*Synopsis of Digenetic Trematodes of Vertebrates*）中把腹口类吸虫的牛首科（Bucephalidae Poche，1907）隶于牛首总科（Bucephaloidea La Rue，1926）中，区别于鱼类其他 70 余科吸虫。

10. Stunkard（1962）

Stunkard（1962）依据 La Rue 的意见，仍把腹口类隶属于鸮形亚目（Strigeatoidea Railliet，1919）。Stunkard 的体系主要是依据 19 世纪中叶 Burmeister 对单殖吸虫和复殖吸虫提出的亚纲名称，即坚盘亚纲（Pectobothridia Burmeister，1856）和软盘亚纲（Malacobothridia Burmeister，1856）。

11. Skrjabin 和 Guschanskaja（1962）

Skrjabin 和 Guschanskaja（1962）所提出的吸虫类系统是根据苏联 Быховский（1937）把单殖类吸虫（Monogenoidea）单独成为一纲的基础上，把吸虫纲分为 3 个亚纲：盾腹亚纲（Aspidogastrididea Skrjabin et Guschanskaja，1962）、前口亚纲（Prosostomadidea Skrjabin et Guschanskaja，1962）和牛首亚纲（Bucephalididea Skrjabin et Guschanskaja，1962），其中牛首亚纲与前口亚纲并列。

12. Odening（1960）

Odening（1960）的系统主要是依据吸虫无性世代而将复殖类吸虫分为胞蚴类（Sporocystoinei）和裂蚴类（Redioinei），而腹口类属于胞蚴类中的一个大类。

13. 本书著者

本书著者同意 Odhner 的看法（唐崇惕和唐仲璋，1978），理由如下。

我们在两种腹口吸虫〔前睾近似牛首吸虫（*Parabucephalopsis prosthorchis*）和福州道弗吸虫

（*Dollfustrema foochowensis*）〕的尾蚴胚体发育的观察中没有看出在体前方有口部或肠管遗留的痕迹。同时一开始就有器官的分化，口、咽和袋状的肠管就出现在身体的中部。在吸虫纲中至今无论成虫期或尾蚴胚体还没有获得一种介于腹口类和前口类之间的中间形式的个体。

我们也认为口孔、咽和肠管在体中央位置是从涡虫祖先遗留下来的特征，它不是由于器官的退化或位置移易；这种体型在涡虫类中代表着无脊椎动物类群中从辐射对称到左右对称的过渡形式。

腹口类吸虫虽有在体中部的口，但在体前部却有较粗大的脑神经节和联合神经的神经中枢，它已有左右对称的体型了。我们设想原始的复殖类（Prodigenea）可能就已经具备了前口和腹口的区分。

与发育史密切相连的为中间宿主问题，所有腹口吸虫类的贝类宿主为丝鳃目（Filibranchia）的瓣鳃类软体动物。这与前口类吸虫主要寄生于腹足类大不相同，后者仅少数种类也能寄生于瓣鳃类。

腹口类吸虫的终末宿主为鱼类（只有两个例外，一个大鲵鱼，另一个蝮蛇），它们还未建立与更高级脊椎动物寄生的关系。

以上这些论据充分地说明腹口类吸虫和盾盘类吸虫一样，在演化历史上是较为古老的一类吸虫，并能说明吸虫纲与其宿主平行演化的过程。

（二）腹口吸虫目牛首科特征及分类

1. 牛首科特征

复殖亚纲，腹口目。没有口腹吸盘，前端为形态各异的附着器。口孔在体腹部中央，具有咽和食道，肠管囊状或单管状。睾丸2个，雄性阴茎囊在体后端，包含有贮精囊、射精管和前列腺，阴茎末端钩状弯曲伸入心脏形的生殖腔。卵巢一个。受精囊有或无，具有劳氏管。卵黄腺泡粒，通常在体前部。子宫圈弯曲，含许多虫卵。子宫末端在阴茎囊旁边进入生殖腔。生殖腔末端开口于体后末端。排泄囊管状，长或短。两侧各有一条收集管。终末宿主是鱼类，极个别为两栖类。

2. 牛首科分类

腹口吸虫目（Gasterostomata Odhner，1905）只有牛首科（Bucephalidae Poche，1907），该科所含群类有Skrjabin（1962）和Yamaguti（1971）两学者的分类系统。

（1）Skrjabin（1962）关于牛首科吸虫的分类系统

Bucephalididea (Odening, 1960) Skrjabin et Guschanskaja, 1962 （亚纲）

  Bucephalata La Rue, 1926 （目）

  Bucephalidae Poche, 1907 （科）

   Bucephalinae Nicoll, 1914 （亚科）

    Bucephalus Baer, 1827 （属）

    Bucephalopsis (Diesing, 1855)

    Neobucephalopsis Dayal, 1948

   Dolichoenterinae Yamaguti, 1958

    Dolichoenterum Ozaki, 1924

   Neidhartiinae Yamaguti, 1958

    Neidhartia Nagaty, 1937

    Pseudoprosorhynchus Yamaguti, 1938

   Neoprosorhynchinae Yamaguti, 1958

    Neoprosorhynchus Dayal, 1948

   Paurorhynchinae Dickerman, 1954

　　　　Paurorhynchus Dickerman, 1954

　　Prosorhynchinae Nicoll,1914

　　　　Prosorhynchus Odhner, 1905

　　　　Alcicornis MacCallum, 1917

　　　　Dollfustrema Eckmann, 1934

　　　　Rhipidocotyle Diesing, 1858

　　　　Telorhynchus Crowcroft, 1947

（2）Yamaguti（1971） 关于牛首科吸虫的分类系统

Bucephaloidea La Rue, 1926　（总科）

　Bucephalidae Poche, 1907　（科）

　　Bucephalinae Nicoll, 1914　（亚科）

　　　　Bucephalus Baer, 1826　（属）

　　　　Alcicornis MacCallum, 1917

　　　　Dollfustrema Eckmann, 1934

　　　　Pseudorhipidocotyle Long et Lee, 1964

　　　　Rhipidocotyle Diesing, 1858

　　　　Rhipidocotyloides Long et Lee, 1964

　　　　Telorhynchus Crowcroft, 1947

　　Dolichoenterinae Yamaguti, 1958

　　　　Dolichoenterum Ozaki, 1924

　　　　Bellumcorpus Kohn, 1962

　　　　Pseudodolichoenterum Yamaguti, 1971

　　Neidhartiinae Yamaguti, 1958

　　　　Neidhartia Nagaty, 1937

　　　　Pseudoprosorhynchus Yamaguti, 1938

　　Neoprosorhynchinae Yamaguti, 1958

　　　　Neoprosorhynchus Dayal, 1948

　　Paurorhynchinae Dickerman, 1954

　　　　Paurorhynchus Dickerman, 1954

　　Prosorhynchinae Nicoll, 1914

　　　　Prosorhynchus（*Prosorhynchus*）Odhner, 1905

　　　　Prosorhynchus（*Skrjabiniella*）Issaitshikow, 1928

　　　　Bucephalopsis（Diesing, 1855）

　　　　Myorhynchus Durio et Manter, 1968

　　　　Neobucephalopsis Dayal, 1948, Emended Yamaguti, 1971

　　　　Parabucephalopsis Tang et Tang, 1963

　　　　Paraprosorhynchus Kohn, 1967

　　　　Pseudobucephalopsis Long et Lee, 1964

　　Skrjabin（1962）与 Yamaguti（1971） 有关牛首科虽然包含共同的 6 个亚科，但他们在牛首亚科（Bucephalinae Nicoll，1914）与前吻亚科（Prosorhynchinae Nicoll，1914)所包含的属方面，却有相反的意见。

3. 牛首科各亚科及各属主要特征

(1) 牛首科各亚科主要区别特征

牛首科(Bucephalidae Poche，1907)有 6 个亚科 21 属，现以如下检索表(按 Yamaguti，1971)来表明它们的主要区别特征。

牛首科分亚科检索表

1. 卵巢在两睾丸之前、中间或相对的位置；卵模在卵巢之后；卵黄腺泡在睾丸之前区域··········2
   卵巢在二睾丸之后；卵模在卵巢之前；卵黄腺泡在肠区域···········Neoprosorhynchiinae
2. 吻突吸盘状，或略呈栓塞状；卵巢通常在睾丸之前，可能在两睾丸之间···········Prosorhynchinae
   吻突似盘状，或塞子形；肠管直向前；卵巢在两睾丸之间或其后···········Neidhartiinae
   吻突漏斗状，或卵圆形，或具扁平肾脏形钩；肠管长，直接向后；卵巢在两睾丸之间与其相对；阴茎囊小··········3
   吻突呈楔形或冠形，具有触手状附支，五角杯状伸张开或具棘冠；卵巢在睾丸之前···········Bucephalinae
3. 肠道寄生虫；虫体肠管通常很长；睾丸没有分叶；贮精囊比前列腺(Parsprostatica)短，通常有生殖瓣······Dolichoenterinae
   鱼胆囊(gall bladder)的寄生虫；睾丸深分叶；贮精囊蜿蜒弯曲，比前列腺长，前列腺异常地短；生殖瓣付缺··········Paurorhynchinae

(2) 牛首亚科

牛首亚科(Bucephalinae Nicoll，1914)有 7 个属，其特征和分布如下。

牛首亚科分属检索表及其分布

1. 前附着器倒圆锥形，顶上有 3 圈棘冠；排泄囊长···········*Dollfustrema* Eckmann，1934(中国、美国)
   前附着器向后逐渐尖细，顶上只有 1 圈棘冠；排泄囊达到肠管处···········*Telorhynchus* Crowcroft，1947(新西兰)
   前附着器具有五角形(pentagonal)杯状的伸展；排泄囊很长···········*Rhipidocotyle* Diesing，1858(欧洲)
   前附着器冠状，具有很大碗状向腹后方的凹陷；排泄囊较短···········*Rhipidocotyloides* Long et Lee，1964(中国)
   前附着器上具触手样的附肢··········2
2. 前附着器吸盘状，通常具有 7 条触手状的附肢；排泄囊长度有差异···········*Bucephalus* Baer，1826(各地)
   前附着器楔状，具有 7 条触手状的附肢；排泄囊长···········*Alcicornis* MacCallum，1917(美国、古巴)
   前附着器巨大、冠状，具有 7 个锥状隆起；排泄囊非常长···········*Pseudorhipidocotyle* Long et Lee，1964(中国)

(3) 长肠亚科

长肠亚科(Dolichoenterinae Yamaguti，1958)有 3 个属，其特征和分布如下。

长肠亚科分属检索表及其分布

1. 肠管不非常长；前附着器卵圆形；子宫圈主要部分在咽前···········*Bellumcorpus* Kohn，1962(巴西)
   肠管通常非常长；前附着器不作卵圆形；子宫圈主要部分在咽后··········2
2. 前附着器漏斗状，具有角状突起；卵黄腺距咽后很远···········*Dolichoenterum* Ozaki，1924(新西兰、美国)
   前附着器由一吸盘和顶上肾形扁平的帽盖片所组成，没有突起；卵黄腺向体前部延展到咽前方··········
   ··········*Pseudodolichoenterum* Yamaguti，1971(墨西哥)

(4)短吻突亚科

短吻突亚科(Paurorhynchinae Dickerman，1954)只有短吻突属(*Paurorhynchus* Dickerman，1954)中2个种，见于加拿大、巴西。

特征：前附着器非常小，漏斗状；肠管很长，咽在体前方1/3部分，肠管向后转，延伸到睾丸处；卵黄腺在体两旁从咽前方水平向后到前睾水平；卵巢和睾丸均分叶。

代表种： *P. hiodontis* Dickerman，1954。

终末宿主：月目鱼(*Hiodon tesgisus*)。

发现地点：渥太华河流。

(5)内哈亚科

内哈亚科(Neidhartiinae Yamaguti，1958)只有2属，其特征和分布如下。

内哈亚科分属检索表及其分布

前附着器盘状；排泄囊较短·······································*Pseudoprosorhynchus* Yamaguti，1938(日本)

前附着器异常地大，塞状；排泄囊很长，达到或近于咽·······*Neidhartia* Nagaty，1937(红海)

(6)新前吻亚科

新前吻亚科(Neoprosorhynchinae Yamaguti，1958)只有新前吻属(*Neoprosorhynchus* Dayal，1948)。

特征：本属虫体前附着器倒圆锥形；口孔和咽在体赤道线之前；肠管囊状，从咽向体前方直伸；卵黄腺泡小，不规则地散布在肠囊两旁，部分地覆盖于其上。睾丸前后列于肠囊的一侧，卵巢在它们之后方相对的一侧。排泄囊"Y"形，两侧支伸达到肠管水平。

代表种： *N. purius* Dayal，1948。

终末宿主：石斑鱼(*Epinephelus lanceolatus*)。

发现地点：印度。

(7)前吻亚科

前吻亚科(Prosorhynchinae Nicoll，1914)共有7个属(其中前吻属有2亚属)，它们特征和分布如下。

前吻亚科分属检索表及其分布

1. 体肥大或长形；前附着器栓塞状或漏斗形；排泄囊短··4
   体长形；前附着器吸盘状；排泄囊长··2
   体长卵形；前附着器吸盘状；排泄囊短··3
   体长形；前附着器圆锥形或略作栓塞状，肌肉性；卵巢紧随在前附着器之后；卵黄腺在咽睾丸区；前列腺在贮精囊旁边回转近似圈状···························*Myorhynchus* Durio et Manter，1968(苏格兰)
2. 具有受精囊···*Neobucephalopsis* Dayal，1948(印度)
   无受精囊····················*Bucephalopsis*(Dies. emended，1855)(美国、日本)
3. 前附着器吸盘具"U"形唇；睾丸斜列于体中部，卵巢在两睾丸之间，卵巢和后睾丸在口孔之后；卵黄腺对称列于近体前端之两侧···································*Pseudobucephalopsis* Long et Lee，1964(中国)
   前附着器吸盘无"U"形唇；睾丸对称并列于前附着器后半部或后部的两侧，卵巢在一睾丸之后，两束卵黄腺泡簇紧靠于卵巢附近····································*Parabucephalopsis* Tang et Tang，1963(中国)
4. 体较肥大；卵黄腺两串对称相连排列于体前附着器与肠囊之间，在卵巢和睾丸之前··*Prosorhynchus* Odhner，1905(大西洋、日本)
   体次圆柱形；卵黄腺两束前后斜列于体中横线之前，前束在卵巢旁，后束在前睾丸之后··*Paraprosorhynchus* Kohn，1967(巴西)

前吻属(*Prosorhynchus* Odhner，1905)种类甚多，又分为两亚属：*Prosorhynchus* Odhner，1905 与 *Skrjabiniella* Issaitshikow，1928。它们的区别如下。

Prosorhynchus 亚属：身体不收缩时咽在阴茎囊前方；前附着器向下陷；排泄囊较长，如 *Prosorhynchus*(*Prosorhynchus*) *squamatus* Odhner，1905。

Skrjabiniella 亚属：咽在阴茎囊水平；前附着器凸出；排泄囊较短，如 *Prosorhynchus*(*Skrjabiniella*) *magniovatus* Yamaguti，1938。

(三)腹口类吸虫的危害性

腹口类吸虫的贝类宿主是海产及淡水瓣鳃类，这些贝类几乎都是可以养殖的经济贝类。腹口吸虫幼虫期在贝类宿主体内大量无性繁殖能损害宿主的生殖腺，影响其性细胞的成熟。同时大量的子胞蚴和尾蚴也在贝类的消化腺、外套膜等柔软组织中生存、繁殖和吸取养料，它们新陈代谢的产物等能使贝类宿主生长发育受阻碍，严重的引起死亡。本类吸虫是世界性分布，有关贝类、鱼类被本类吸虫寄生、受害的报道见于世界各地。

1. 对经济贝类的危害

日本的珍珠蚌等经济贝类的养殖因受腹口类吸虫的侵害而遭受损失，每年一定季节采取把这些贝类迁移地区的办法来避免此病害。Sanders 和 Lester(1981)报道澳大利亚维多利亚(Victoria) Port Phillip Bay 的扇贝(*Pecten alba*)腹口吸虫幼虫期的感染率达31%(387/1250)。Umiji 等(1975)报道在巴西 Sao Sebastiao 的 Cabelo Gordo 海滨的贻贝(*Perna perna*)养殖场，贻贝在 *Bucephalus* sp. 幼虫期的感染率高达 30%～35%。在此养殖场区域内，遮蔽的海域比在外开阔、暴露、有海浪的海面感染情况更严重。Stadrichenko 等(1994)报道在乌克兰的珠蚌 *Unio pictorum*、*U. rostratus*、*U. conus* 和 *Anodonta cygnaea* 感染多态牛首吸虫(*Bucephalus polymorphus*)幼虫期可达 18.75%，虫体侵袭贝类的生殖腺、消化腺等内脏造成损害，并严重影响了贝类的心脏功能。Hine 和 Jones(1994)亦叙述了在新西兰的牡蛎(*Tiostrea chilensis*)，以及 Bartoli(1984)报道法国地中海海岸的瓣鳃类(Lamellibranchia)等均有腹口吸虫幼虫期的感染，严重的均可导致贝类宿主的死亡。在我国沿海海域，腹口类吸虫幼虫也是常见的贝类寄生虫之一。著者在福建沿海及香港海域，经常可以从各种双壳经济贝类(天然或人工养殖)上查获本类幼虫期吸虫(唐崇惕和唐仲璋，1976；唐崇惕，1992)。

2. 对鱼类的危害

腹口吸虫不仅是贝类养殖的严重敌害，而且对鱼类养殖也能造成一定的损害。腹口吸虫的第二中间宿主是鱼类，尾蚴侵入鱼体的鳍、皮下、肌肉等部位内形成囊蚴。Linton 等(1960)曾叙述前吻类吸虫(*Prosorhynchus* sp.)的尾蚴大量侵入鱼体，形成囊蚴，数量很多，致使鱼肉不适于食用，对太平洋养鱼业造成严重的经济损失。Matthews(1973)亦认为 *Prosorhynchus crucibulum* 对于经济鱼类有害。Johnston 与 Halton(1981)在爱尔兰海 3 种鳕鱼(*Merlangius merlangus* 500 尾、*Merluccius merluccius* 60 尾及 *Melanogrammus aeglefinus* 50 尾)上查获 *Bucephaloides gracilescens* 的囊蚴，感染率分别为 95%、100%、100%。囊蚴寄生部位尚可进入神经系统(如脑部周围、脊神经、脊髓腔和头部神经等)。Hoffmann 等(1990)报道在德国 Würzburg 与 Frankfurt 之间主要河流因暴发 *Bucephalus polymorphus* 病，使渔业受到很大损失；尤其是鲤科，鱼被 *B. polymorphus* 囊蚴大量寄生，当气温从冬天的 12～14℃ 突然上升到 20℃ 后，鱼病出现；在鱼的头部、鳍的基部等有大出血点，鱼眼晶状体混浊。在出血点皮下组织及病眼中发现有大量腹口吸虫囊蚴；整个夏天鱼不断死亡。在这些河流的狗鱼肠道中发现有 *B. polymorphus* 的成虫。

(四)我国腹口类吸虫的种类和生活史

我国境内最早发现的腹口吸虫应推曾省(1930)所描述的四川斑鳜[*Siniperca scherzeri*(Basil)] 肠道中的范尼道弗吸虫[*Dollfustrema vaneyi*(Tseng，1930) Eckmann，1934]。此后 30 余年，有关腹口类吸虫的记述较少(秦素美，1933；Komiya and Tajimi，1941；祝海如，1950 等)。20 世纪 60 年代之后，随着对渔业病害的关注，有关鱼类的寄生虫病原的报道逐渐加多，腹口类吸虫的记述见于诸刊物(汪溥钦，1980；郎所和李慧珠，1964；王伟俊和潘金培，1963；唐崇惕和唐仲璋，1963，1976 等)。

1. 牛首亚科(Bucephalinae Nicoll，1914)

(1) 多态牛首吸虫(*Bucephalus polymorphus* Baer，1827)(腹口图 1～腹口图 3)

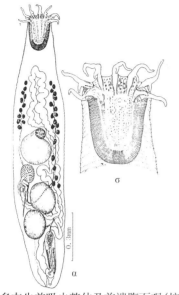

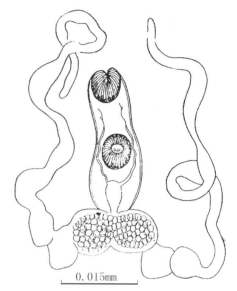

腹口图 1　多态牛首吸虫整体及前端腹面观(按 Kozicka，1959；Skrjabin，1962)

腹口图 2　多态牛首吸虫尾蚴(按 Skrjabin，1962)

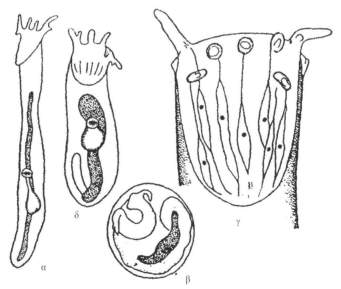

腹口图 3　多态牛首吸虫后期尾蚴 (按 Kozicko，1959；Skrjabin，1962)

鱼宿主：*Blicca bjorkna*

α～δ. 脱囊后期尾蚴；β. 后期尾蚴在囊中；γ. 后期尾蚴的头端

多态牛首吸虫是牛首科(Bucephalidae)的代表种，隶于牛首亚科(Bucephalinae Nicoll，1914)。本种吸虫最早由 Baer(1827)发现它的尾蚴而定名，20 年后 Van Siebold(1848) 才叙述了它的成虫。之后，许多学者研究了它的成虫和幼虫期。

1)终末宿主：鱼类有以下各属，即欧鳊(*Abramis*)、梅花鲈(*Acerina*)、欧鲌(*Alburnus*)、赤梢鱼(*Aspius*)、粗鳞鳊(*Blicca*)、长刺鳊(*Capoetobrama*)、花鳅(*Cobitis*)、白鲑(*Coregonus*)、狗鱼(*Esox*)、江鳕(*Lota*)、雅罗鱼(*Leuciscus*)、棱鲈(*Lucioperca*)、胡瓜鱼(*Osmerus*)、鲈(*Perca*、*Pygosteus*)、拟鲤(*Rutilus*)、鲇鱼(*Silurus*)、红眼鱼(*Scardinius*)、鳗鲡(*Anguilla*)。

2)贝类中间宿主：珠蚌 *Unio pictorum*(L.)、*Unio tumidus* Phil.、*Unio crassus*，无齿蚌 *Anodonta cygnea*(L.)、*Anodonta anatina*、*Anodonta cellensis*(Schröt)，饰贝(*Dreissena polymorpha*)等瓣鳃类。

3)第二中间宿主：鱼类鲤、鳊、鲶、鲢、鳡、棱鲈、鮈(*Gobio*)、雅罗鱼等。

4)分布：中国、英国、法国、德国、波兰、意大利、捷克、斯洛伐克、美国、巴拿马、前苏联各地及西伯利亚等地。

5)虫种特征：(按 Kozicka，1959；Skrjabin，1962) 虫体长椭圆形。体长 0.6～2.29mm，体宽 0.12～0.35mm。体表披满小棘，在体前部尤密。前附着器前方有 7 条附肢，各基部有一乳突状小分支。口孔和咽在体中横线上方，肠囊向后方。睾丸卵巢圆球状，在体后部，于肠囊和阴茎囊之间。卵巢在睾丸之前。卵黄腺 2 束，泡粒每束 10～12(9～24)个，位于体中部两侧。阴茎囊长 0.17～0.57mm，内含前列腺、贮精囊和阴茎。子宫圈强弯曲。虫卵多，卵圆形，大小为(21～27)μm×(13～23)μm。

幼虫期在无齿蚌(*Anodonta*)、珠蚌(*Unio*)体内发育。成熟尾蚴到鲤、鳊、鮈及鲢等鱼类体中形成囊蚴。囊蚴在宿主皮下、肌肉等处。成虫寄生在终末宿主鱼类的肠管中。

(2)范尼道弗吸虫(*Dollfustrema vaneyi*，Tseng，1930)(**腹口图 4、腹口图 5**)

1)终末宿主：翘嘴鳜 *Siniperca chuatsi*。

2)分布：我国四川、上海、太湖、福州。

3)虫种特征(按唐崇惕和唐仲璋，1976)：虫体体形呈略粗大的长纺锤形。体长 1.449～1.920mm，体宽 0.322～0.489mm。前附着器塞子状，大小为(0.219～0.249)mm×(0.189～0.231)mm。吻突上 3 排棘圈，棘呈乳突状。第一排棘最小，大小为(10.7～14.3)μm×(7.1～8.9)μm；第二排棘最大，大小为(14.3～19.6)μm×(7.1～10.7)μm；第三排棘亦较小，大小为(10.7～16.1)μm×(5.4～8.9)μm。口孔在体中横线上。咽大小为(0.073～0.086)mm×(0.069～0.094)mm。食道大小为(0.026～0.051)mm×(0.017～0.021)mm。肠管囊状向前，大小为(0.201～0.317)mm×(0.099～0.137)mm。两个非正椭圆形的睾丸前后斜列在咽后或咽的旁侧。

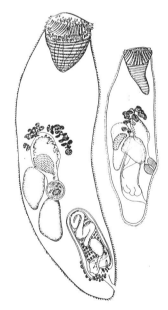

腹口图 4　范尼道弗吸虫 (按曾省，1930；Skrjabin，1962)

腹口图 5　范尼道弗吸虫成虫及其前附器上的棘圈(比例尺 0.1mm)(按唐崇惕和唐仲璋，1976)

前睾丸大小为 (0.176～0.219)mm×(0.090～0.163)mm，后睾丸大小为 (0.184～0.257)mm×(0.094～0.137)mm。卵巢椭圆形，大小为 (0.141～0.214)mm×(0.103～0.146) mm，位置有时在前睾丸的前方和两睾丸排列成一条直线；有时在前睾丸的旁边，和两睾丸排列成三角形。卵黄腺泡粒在肠管和前附着器之间，排列成非正的弓形，腺泡粒共为 28～30 个，每个大小为 (0.034～0.077)mm×(0.021～0.069)mm。阴茎囊大小为 (0.287～0.334)mm×(0.099～0.133)mm。虫卵大小为 (16～22)μm ×(13～16)μm。

(3)福州道弗吸虫(*Dollfustrema foochowensis* Tang et Tang，1963)(腹口图 **6**、腹口图 **7**)

1)终末宿主：胡子鲇［*Clarias fuscus*(Lacepede)］。

2)第一中间宿主：淡水壳菜［*Limnoperna lacustris*(V. Martens)］。

3)第二中间宿主：大弹涂鱼［*Baleophthalmus chinensis*(Osbeck)］、

吻鰕虎鱼［*Rhinogobius giurinus*(Rutter)］及［鲫鱼 *Carassius auratus*(L.)］。

4)发现地点：福州。

5)虫种特征(按唐崇惕和唐仲璋，1976)：体呈窄瓜子形，体后半部膨大，后端钝圆。体长 1.356mm，体后半部宽度 0.391mm，体顶端宽度 0.09mm。前端附着器倒圆锥形，实心，长 0.133mm；顶部有 3 排相间排列的棘圈，棘呈瓜子状；第一排棘大小为 (6.1～6.8)μm×(2.9～3.8)μm；第二、第三排棘大小分别为 (6.7～7.9)μm×(3.2～4.3)μm、(6.1～7.6)μm×(3.2～4.3)μm。口孔开在距体后端约 1/4 处腹面中央。咽 69μm×69μm。肠囊在咽前方，大小为 0.344mm×0.237mm，几乎占满体中央 1/3 部分。两睾丸椭圆形，斜列在肠管的后方；前睾丸大小为 0.108mm×0.144mm，后睾丸大小为 0.172mm×0.086mm。阴茎囊粗棒状，大小为 0.310mm×0.095mm，斜列在身体后 1/3 部分的一侧；囊的顶部内有弯曲的贮精囊，囊中央前列腺管(或精管)亦较粗大，在贮精囊和前列腺管之外充满前列腺细胞。阴茎囊末端弯曲的生殖瓣伸入到漏斗状的生殖腔中。生殖腔大小为 0.215mm×0.138mm。子宫圈末端也在阴茎囊的旁边通入生殖腔。生殖腔末端向体外开口(生殖孔)于体腹面次末端。卵巢大小为 0.116mm×0.116mm，位于前睾丸的前方或内侧。卵黄腺泡两束呈弧形，在肠囊前缘和两旁，腺泡数约 21 个，每个大小为 (30～39)μm×(26～43)μm。子宫圈在肠囊后体内各器官之间，圈数不多。虫卵大小为 (34～36)μm×(19～21)μm。

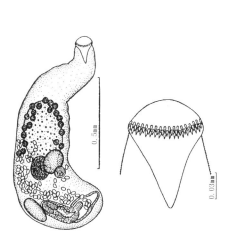

腹口图 6　福州道弗吸虫(按唐崇惕和唐仲璋，1976)

左. 成虫；右. 前附着器

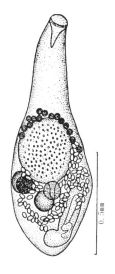

腹口图 7　福州道弗吸虫天然提早发育成虫

(按唐崇惕和唐仲璋，1976)

福州道弗吸虫囊蚴天然寄生在弹涂鱼的肠系膜上，以及鰕虎鱼和鲫鱼的肌肉及鳃上，囊内包含后期尾蚴或提早发育成虫(progenetic adult)。提早发育成虫大小为 (0.774～1.560)mm×(0.237～0.495)mm。前端附着器长 0.077～0.133mm，顶部宽 0.065～0.099mm。附着器上棘圈 3 排，棘爪子形。第一排棘(5.5～

7.2)μm×(2.8～3.5)μm，第二排棘大小为(7.0～10.6)μm×(3.2～4.0)μm，第三排棘大小为(7.0～7.5)μm×(2.8～3.5)μm。口孔在距体后端体长 1/4～1/3 处。咽大小为(0.056～0.090)mm×(0.056～0.086)mm。肠管(0.310～0.460)mm×(0.185～0.275)mm。前睾丸(0.086～0.189)mm×(0.060～0.193)mm，后睾丸(0.073～0.172)mm×(0.086～0.228)mm。阴茎囊(0.223～0.391)mm×(0.069～0.159)mm。生殖腔0.151mm×0.108mm。卵巢(0.052～0.116)mm ×(0.034～0.151)mm。子宫内虫卵(33～39)μm×(19～24)μm。

(4)福州道弗吸虫幼虫期(按唐崇惕和唐仲璋，1976)(**腹口图 8～腹口图 11**)

福州道弗吸虫的贝类宿主是淡水壳菜［*Limnoperna lacustris*(V. Martens)］。本种吸虫虫卵中毛蚴侵入贝类宿主后早期胞蚴或母胞蚴的发育情况尚未阐明。

1)子胞蚴：福州道弗吸虫子胞蚴生长在淡水壳菜的内脏团和外套膜中，呈玻璃样透明白色。子胞蚴细窄，体上有突起样分支及长短不一的枝条，每枝条又有 2～3 个小分支。全长 0.76～4.14mm，宽 0.083～0.167mm。胞蚴体中含有胚细胞、胚球、尾蚴胚体及尾蚴。成熟尾蚴常集中在胞蚴体某一段落上，使该部分胞蚴体宽度可达 0.389mm，胞壁薄而透明。没有尾蚴聚集的部分皱缩，胞壁较厚，里面只有为数不多的胚细胞和许多暗褐色的颗粒。

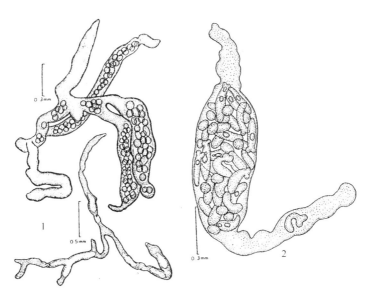

腹口图 8　福州道弗吸虫子胞蚴(按唐崇惕和唐仲璋，1976)
1.未成熟子胞蚴；2.成熟子胞蚴之一段

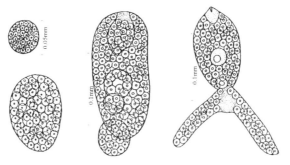

腹口图 9　福州道弗吸虫尾蚴胚球及胚体
(按唐崇惕和唐仲璋，1976)

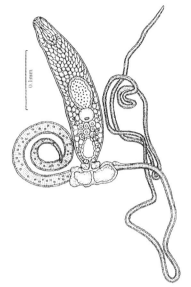
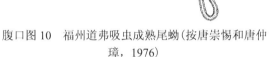

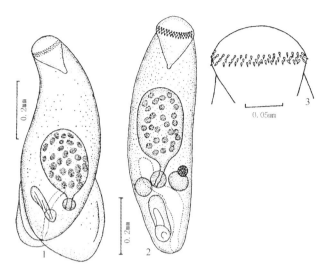

腹口图 10　福州道弗吸虫成熟尾蚴(按唐崇惕和唐仲璋，1976)

腹口图 11　福州道弗吸虫后期尾蚴(按唐崇惕和唐仲璋，1976)
1. 46d 脱囊后蚴；2. 52d 后蚴；3. 46d 后蚴前附着器（实验宿主：金鱼）

2) 尾蚴：由胚球发育的尾蚴胚体达到 0.108mm×0.078mm 时，其顶部开始出现圆形的顶端头器雏体，内含 7～8 个头腺细胞，各个细胞有细管通向顶端。尾蚴胚体中部也出现小球状的咽，由 5～6 个细胞围绕着咽中央的孔道。尾蚴胚体 0.174mm×0.080mm 大时，前端头器大小为 0.062mm×0.038mm，咽大小为 0.024mm×0.028mm。肠囊在咽前方，大小为 0.038mm×0.043mm。体后端出现一个由若干细胞组成的尾球，随后它成为两分叉的尾部，而后有尾基部和尾索的分化。

成熟尾蚴的体部大小为 (0.20～0.271) mm×(0.067～0.108) mm。体前端的表面披有密集的小棘，向体的后端小棘逐渐稀小。头器内有 7～8 个腺细胞，细胞质中含有许多腺体物质的颗粒。此腺体细胞的分泌物将在尾蚴侵入第二中间宿主鱼类时，在穿钻宿主的表皮、肌肉等组织过程中起作用。咽大小为 (0.020～0.028) mm×(0.028～0.030) mm，位置在距体后端 1/3 处。肠管大小为 (0.054～0.058) mm×(0.026～0.038) mm，在咽前方。排泄囊三角形，大小为 (0.040～0.046) mm×(0.028～0.036) mm，在体后端 1/5 部分的中央。一条细排泄管从排泄囊的后端通入到尾基部中。尾蚴体部中布满许多成囊细胞，在成囊细胞间隙中，身体每一侧能见到 6～7 个焰细胞。

接着尾蚴体部末端的尾基部大小为 (0.064～0.086) mm×(0.036～0.046) mm，大约在其前端 1/4 处分成左右两个略呈圆筒形、边缘较厚的厚瓣，在尾基部的小排泄管，在两分瓣的前方分成 2 条细管，各管向上弯，末端开口在尾基部和体部相接处的两侧。2 条尾索接连在尾基部 2 分瓣的末端。尾索有很强的伸缩能力，收缩时表面有许多细横纹，伸长时可以变成比原来尾索长无数倍、活动自如的极细的透明细丝。

3) 囊蚴和后期尾蚴：成熟尾蚴从贝类宿主体中逸出到水中，常体部朝下在水中上下游动浮沉，尾索时时极度伸长又突然收缩复原。在实验室中把成熟尾蚴感染金鱼，尾蚴用它伸长的尾索钩住金鱼的鳍条或鳞片而达到鱼体上，尾部脱落的虫体钻入鱼鳍基部、鳃弓等处的皮下肌肉中形成囊蚴。在室温(15～17℃)下，感染后 46d 的椭圆形囊蚴，大小为 0.343mm×0.420mm，囊壁很薄。囊内后期尾蚴圆筒形，大小为 (0.571～0.873) mm×(0.152～0.262) mm。体前端出现倒圆锥形的附着器，大小为 (0.086～0.172) mm×(0.077～0.120) mm。附着器的顶部 3 排瓜子状小棘组成的棘圈，每排棘数 34 条。咽大小为 (0.043～0.065) mm×(0.056～0.065) mm，在体第三个 1/4 区的底部。肠管囊状，大小为 (0.172～0.181) mm×(0.103～0.151) mm，在咽前方。在体后 1/3 部分的中央有管状排泄囊和尚很模糊的阴茎囊出现。52d 后期尾蚴，虫体大小为 0.916mm×0.228mm，附着器大小为 0.176mm×0.099mm。咽大小为 0.056mm×0.060mm，肠管大小为 0.258mm×0.163mm。一对睾丸大小为 0.077mm×0.065mm，阴茎囊大小为 0.174mm×0.061mm，阴茎囊内前列腺和末端生殖瓣已显现。卵巢大小为 0.034mm×0.034mm，位于前睾丸旁边。管状排泄囊末端达到咽的前方。

在弹涂鱼、鰕虎鱼及鲫鱼上，天然感染的本虫种提早发育的成虫已含有虫卵。在第二中间宿主体内腹口吸虫后期尾蚴能提早发育达到完全性成熟并且产卵的事例并不罕见。Erwin 和 Halton(1983) 报告 *Bucephaloides gracilescens* 的囊蚴，不论成熟与否，后期尾蚴均有成熟的精子。表明本类吸虫具有较高的生殖能力。

(5)冠状扇盘吸虫(*Rhipidocotyle coronatum* Tang et Tang，1976)(腹口图 **12**)

1)终末宿主：鲈鱼［*Lateolabrax japonicus*(Cuv. et Val.)］、胡子鲶［ *Clarias fuscus*(Lacepede)］、华鳈［*Sarcocheilichthys sinensis*(Dybowski)］。

2)第一中间宿主：淡水壳菜［*Limnoperna lacustris*(V. Martens)］。

3)第二中间宿主：大弹涂鱼［*Boleophthalmus chinensis*(Osbeck)］、吻鰕虎鱼［*Rhinogobius giurinus* (Rutter)］、实验金鱼。

4)发现地点：福州。

5)虫种特征(按唐崇惕和唐仲璋，1976)：冠状扇盘吸虫是福州闽江中鲈鱼、胡子鲶和华鳈常见的一种腹口类吸虫。虫体呈圆筒形，体表披小棘。体大小为(1.075～1.999)mm×(0.324～0.533)mm。前端附着器大小为(0.180～0.300)mm×(0.163～0.321)mm，腹后方为吸盘状的凹陷，在它的顶部附着一块有 5 个角状突起的瓜叶状的角质片，大小为(0.172～0.215)mm×(0.262～0.323)mm，虫体活的时候，角质片十分柔软，常前后对摺而有微波浪形的边缘。当虫体死后，角质片变硬并且像瓜叶状伸张开，凹口内的组织常呈实心块状向外突出。口孔在距体前端约 2/5 处腹面中央。咽大小为(0.090～0.129)mm×(0.090～0.129)mm。食道长 0.043～0.064mm。肠管大小为(0.138～0.292)mm×(0.129～0.206)mm，从咽向后伸。两睾丸略斜或前后地排列在肠管的后方。前睾丸大小为(0.138～0.202)mm×(0.116～0.185)mm，后睾丸大小为(0.151～0.194)mm×(0.112～0.172)mm。阴茎囊大小为(0.348～0.473)mm×(0.073～0.108)mm，阴茎囊末端弯曲的生殖瓣在生殖腔中。生殖腔心脏形，大小为(0.146～0.215)mm×(0.129～0.185)mm，开口于体次末端腹面。卵巢圆形，大小为(0.116～0.155)mm×(0.086～0.155)mm，位于前睾丸的斜前方，在肠管的旁边和两睾丸排列成一条直线或三角形。有劳氏管，无受精囊。卵黄腺在身体中段的两侧，每束的长度为等于体长的 1/4，每束从粒为 8～21 粒，多数是 11～15 粒。子宫圈可达到前附着器的后缘。虫卵椭圆形，有卵盖，大小为(39～47)μm×(26～36)μm。

从淡水壳菜收集到的此腹口吸虫尾蚴感染实验金鱼，53d 后在金鱼皮下肌肉中检获一条本虫种提早发育的成虫，后期尾蚴也常见于当地的大弹涂鱼和吻鰕虎鱼。

在扇盘属中前端附着器上有角质片构造的种类尚有 *Rhipidocotyle adbaculum* Manter，1940 和 *R. apapillosum* Chauhan，1943 多种，但形状各异，体内结构也有别。

(6)鳡假扇盘吸虫(*Pseudorhipidocotyle elopichthys* Long et Lee，1964)(腹口图 **13**、腹口图 **14**)

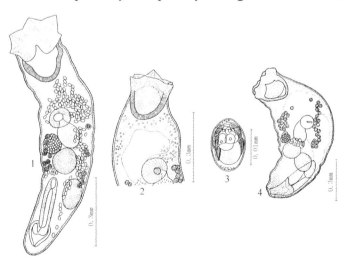

腹口图 12　冠状扇盘吸虫(按唐崇惕和唐仲璋，1976)

1. 成虫(宿主：鲈鱼 *Lateolabrax japonicus*)；2. 成虫的前端，示前附着器对摺情况；3. 虫卵；4. 提早发育的成虫(宿主：实验金鱼)

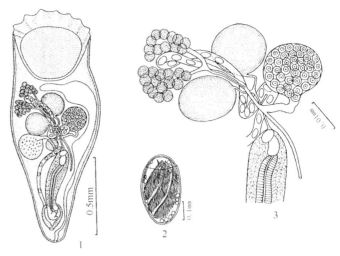

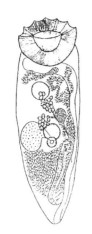

腹口图 13　鳡假扇盘吸虫(按郎所和李慧珠，1964)

腹口图 14　鳡假扇盘吸虫(按唐崇惕和唐仲璋，1976)
1. 成虫；2. 虫卵；3. 雌雄生殖腺及其管道

1)终末宿主：鳡鱼〔*Elopichthys bambusa*(Rich)〕。

2)寄生部位：肠管。

3)分布地区：福州、太湖、珠江。

4)虫种特征(按唐崇惕和唐仲璋，1976；福建标本)：体长 1.238～1.621mm，最大宽度在虫体中部，为 0.430～0.611mm。前端附着器大小为(0.353～0.452)mm×(0.391～0.528)mm，腹面内凹，顶部边缘上有 6～7 条放射状的纵嵴突起。口孔在距体后端 1/3 处腹面。咽大小为(0.065～0.078)mm×(0.077～0.090)mm。食道大小为(0.086～0.099)mm×(0.030～0.043)mm。肠管袋状，大小为(0.219～0.262)mm×(0.090～0.185)mm，从食道向体后方弯折，使肠管与咽在相近的水平上。圆球形睾丸 1 对，斜列或前后列在附着器和肠管之间，前睾丸大小为(0.116～0.155)mm×(0.112～0.129)mm，后睾丸，大小为(0.108～0.155)mm×(0.099～0.151)mm。两条纤细不长的输出管在咽的上方会合而成输精管。输精管下连于阴茎囊顶部，在囊内上方膨大弯曲成贮精囊。阴茎囊棒状，大小为(0.387～0.473)mm×(0.082～0.112)mm，位于体后端 1/3 部分的中央。阴茎囊中有贮精囊、精管及通于精管的前列腺细胞。阴茎囊末端弯曲的生殖瓣伸入到心脏形的生殖腔中。生殖腔大小为(0.138～0.125)×(0.215～0.176)mm，末端开口于体腹面次末端。卵巢圆球形，大小为(0.116～0.159)mm×(0.116～0.142)mm，在前后睾丸之间的右侧和两睾丸排列成三角形。卵巢后方弯曲的输卵管大小为 0.200mm×0.060mm。劳氏管长约 0.21mm。卵黄腺泡粒 2 束，每束 17～18 粒，它们常聚集在两睾丸的外侧上方。2 条粗短的卵黄腺管在两睾丸之间会合成较细长的卵黄总管，在两睾丸内侧通入到卵模的起始部。梅氏腺不明显。子宫开始部分充满许多活动的精子，形成灰褐色的受精囊子宫(receptaculum seminis uterinum)。子宫的末端在阴茎囊旁边通入生殖腔，虫卵从在体腹面次末端开口的生殖孔排出。一条长而膨大的排泄囊沿着身体右侧前行，到前端附着器的后方再向内弯折。在子宫末端中的虫卵常已含具有纤毛棒的毛蚴。虫卵淡黄色、椭圆形，有卵盖，大小为(39～47)μm×(22～26)μm。

(7)牛首亚科其他三属虫种

牛首亚科另有 *Alcicornis*、*Telorhynchus* 及 *Rhipidocotyloides* 3 个属的虫种，它们各有其独特的形态，如腹口图 15～腹口图 17 所示。

 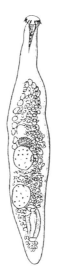 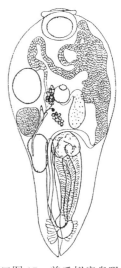

腹口图 15　*Alcicornis carangis* MacCallum，1917（按 Yamaguti，1971）

虫体：2.5mm×0.2mm；本虫种为 *Alcicornis* MacCallum，1917 属的代表种；终末宿主：鲹 *Caranx rubber*；发现地点：美国佛罗里达州、古巴

腹口图 16　*Telorhynchus arripidis* Crowcroft，1947（按 Yamaguti，1971）

虫体：(1.55～2.36)mm×(0.26～0.42)mm；虫卵：40μm×23μm；本虫种为 *Telorhynchus* Crowcroft(1947) 属的代表种；终末宿主：*Arripis trutta*；发现地点：澳大利亚、新西兰

腹口图 17　曾氏拟扇盘吸虫 *Rhipidocotyloides tsengi*　Long et Lee，1964（按郎所和李慧珠，1964）

虫体：(1.37～1.72)mm×(0.41～0.65)mm；虫卵：(26～43)μm×(13～26)μm；本虫种为 *Rhipidocotyloides* Long et Lee，1964 属的代表种；终末宿主：鳎鱼［*Ochetobius elongates*(Kner)］；发现地点：中国太湖

2. 前吻亚科（Prosorhynchinae Nicoll，1914）

前吻亚科中以前吻属（*Prosorhynchus*）及似牛首属（*Bucephalopsis*）的种类较多见（**腹口图18～腹口图22**）。

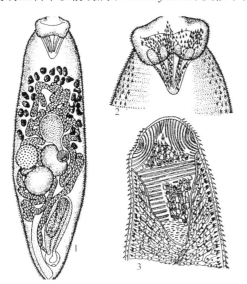 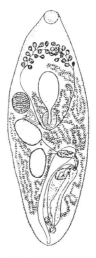

腹口图 18　*Prosorhynchus crucibulus*(Rud.，1819) Odhner，1905（按 Ozaki，1928；Skrjabin，1962）

1. 成虫：(1.75～3.4)mm×(0.53～1.3)mm，虫卵：(25～30)μm×(15～21)μm；2. 成虫体前端；3. 成虫体前端纵切片

腹口图 19　*Prosorhynchus squamatus* Odhner，1905（按 Markowski，1933；Yamaguti，1971）

终末宿主：杜父鱼(*Cottus scorpius*)、狮子鱼(*Liparis*)（大西洋）、狭头鳗(*Leptocephalus myriaster*)（日本）；成虫：(1.0～1.5)mm×0.63mm；虫卵：(24～38)μm×(22～27)μm

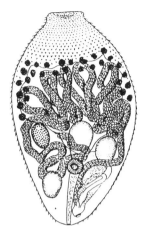

腹口图 20　*Prosorhynchus aculeatus* Odhner，1905
（按 Skrjabin，1962，Yamaguti，1972）

成虫：(1.52～2.0)mm×(0.65～0.75)mm；虫卵：(26～
27)μm×(17～18)μm；终末宿主：康吉鳗(*Conger
vulgaris*)(地中海、大西洋)、康吉鳗(*Conger myriaster*)、吻
鲌(*Rhinogobius*)、斑鲆(*Pseudorhombus*)、裸胸鳝
(*Gymnothorax* sp.)(日本)

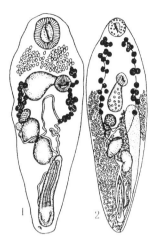

腹口图 21　*Bucephalopsis
gracilescens*(Rud.，1819)(按 Johnston，
1905；Lebour，1908 于 Skrjabin，1962)

1. 脱囊后期尾蚴［第二中间宿主：鳕(*Gadus
aeglefinus*)］；2. 成虫［终末宿主：
鮟鱇(*Lophius piscatorius*)］

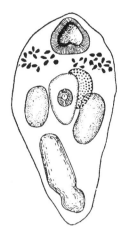

腹口图 22　*Bucephalopsis
haimeanus*(Lacaze-Duthiers，
1854)(按 Nagati，1937 于
Skrjabin，1962)

(1)巴沙基似牛首吸虫(*Bucephalopsis basargini* Layman，1930)(腹口图 23、腹口图 24)

1)终末宿主：川鲽(*Platichtys stellatus*)(俄罗斯)、瓦氏黄颡鱼［*Pseudobagrus vachellii*(Rich.)］(中国)。

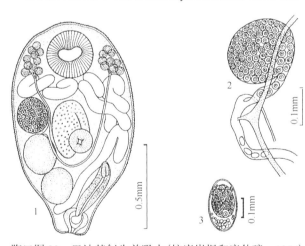

腹口图 23　巴沙基似牛首吸虫(按唐崇惕和唐仲璋，1976)
1. 成虫；2. 卵巢及其附近器官；3. 虫卵

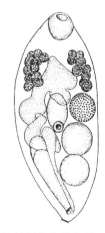

腹口图 24　巴沙基似牛首吸虫(按 Layman，1930)

2)寄生部位：肠管。

3)分布地区：福州(闽江口)、俄罗斯(彼得大帝湾)。

4)虫种特征(按唐崇惕和唐仲璋，1976；福州的标本)：虫体活时呈倒置的梨形。虫体死后变成前端较
宽、后端较尖的椭圆形。体披有小棘。体长 0.800～1.808mm。体宽 0.476～1.009mm。前端吸盘大小为(0.169～
0.305)mm×(0.184～0.305)mm，位于次顶端。口孔在体中横线后方。咽大小为(0.116～0.176)mm×(0.133～
0.190)。食道长 0.129～0.150mm，宽 0.036～0.053mm，从咽向体前方伸。肠管囊状向后，大小为(0.240～
0.571)mm×(0.176～0.362)mm。睾丸圆形或椭圆形，前睾丸大小为(0.167～0.286)mm×(0.114～
0.210)mm，后睾丸大小为(0.141～0.286)mm×(0.130～0.223)mm。阴茎囊棒状微弯曲，大小为(0.334～

0.609)mm×(0.069～0.190)mm，斜立在体后部的左侧，它的长度可达体长的 1/3 或 1/2。生殖瓣弯曲。生殖腔大小为(0.150～0.209)mm×(0.133～0.190)mm，开口于体末端。卵巢圆形或椭圆形，大小为(0.141～0.257)mm×(0.120～0.213)mm，位于前睾丸的前方，常常是在肠管上半部的旁边。具有劳氏管，无受精囊。卵黄腺 2 束分列在前端吸盘的两侧，每束泡粒 10～19 粒，每粒大小为(43～69)μm×(39～60)μm。子宫圈延伸到前端吸盘的后方。虫卵数目众多，淡黄色，下椭圆形，有卵盖。虫卵大小为(26～32)μm×(16～18)μm。

福州的标本和前苏联境内发现的 *Bucephalopsis basargini* Layman，1930 及 *Bucephalopsis iskaensis* Achmerov，1963 极其相似。它们不仅体内各器官的排列位置一样，而且身体的大小及体内各器的大小也极接近或相同(腹口表 1)。因此著者认为福州的标本与前苏联的 *B. basargini* 是同一虫种，而且 *B. iskaensis* 应当是 *B.basargini* 的同物异名。

腹口表 1　巴沙基似牛首吸虫(*Bucephalopsis basargini* Layman，1930)我国及俄罗斯标本的比较

标本		*B. basargini* Layman,1930 （福州标本）	*B. basargini* Layman,1930 （苏联标本）	*B. iskaensis* Achmerov,1963
终末宿主		*Pseudobagrus vachellii*(Rich.)	*Platichthys stellatus*(Pall.)	*Salvelinus leucomaenis*
体形		倒置的犁形、卵圆形	卵圆形	卵圆形
大小/mm		(0.800～1.808)×(0.476～1.009)	1.62×0.737	(0.8～1.0)×(0.3～0.4)
前端吸盘/mm		(0.167～0.305)×(0.184～0.305)	0.180(直径)	(0.09～0.16)×(0.1～0.16)
咽	位置	在中横线后方和前睾丸在同一水平上	在中横线后方和前睾丸在同一水平上	在中横线后方和前睾丸及后睾丸部分在同一水平上 0.1～0.11mm(直径)
	大小/mm	(0.116～0.176)×(0.133～0.190)		0.1～0.11(直径)
肠管	位置	在身体的中横线上	在身体的中横线上	在身体的中横线上
	大小/mm	(0.240～0.571)×(0.176～0.362)		0.16～0.2
前睾丸	位置	上半部或下半部和咽在同一水平上	上半部和咽在同一水平上	下半部和咽在同一水平上
	大小/mm	(0.167～0.286)×(0.114～0.210)	0.295×0.327	(0.14～0.16)×(0.12～0.14)
后睾丸	位置	在前睾丸的后方，在身体后端 1/3 区中	在前睾丸的后方，在身体后端 1/3 区中	在前睾丸的后方，在体后端 1/3 区中
	大小/mm	(0.141～0.286)×(0.130～0.223)	0.245×0.311	(0.14～0.17)×(0.13～0.16)
雄性阴茎囊	位置	顶部达到咽或肠前缘的水平上	顶部达到咽的水平上	顶部达到咽或肠管前缘前方水平上
	大小/mm	(0.334～0.609)×(0.069～0.190) 长度约等于体长的 1/3	长度约等于体长的 1/3	(0.45～0.56)×(0.07～0.11) 长度约近于体长的 1/2
卵巢	位置	在肠管上部的旁边	在肠管上部的旁边	在肠管中部或上部的旁边
	大小/mm	(0.141～0.257)×(0.120～0.213)	0.245×0.213	(0.11～0.13)×(0.1～0.13)
虫卵/mm		(0.026～0.032)×(0.016～0.018)	(0.027～0.028)×(0.013～0.021)	(0.027～0.03)×(0.017～0.02)

腹口图 25　吴氏似牛首吸虫(按唐崇惕和唐仲璋，1976)

(2)吴氏似牛首吸虫(*Bucephalopsis wui* Long et Lee，1964)(腹口图 25)

1)终末宿主：鳡鱼［*Elopichthys bambusa*(Richardson)］。

2)寄生部位：肠管。

3)分布地区：太湖、福州。

4)虫体特征(按唐崇惕和唐仲璋，1976；福州标本)：虫体圆筒形，体内各器官的排列位置和大小比例等与太湖的标本一样。体长 1.517mm，体宽 0.382mm。前端吸盘大小为 0.257mm×0.244mm。口孔在体中横线上。咽大小为 0.060mm×0.056mm。肠管囊状，大小为 0.227mm×0.137mm，向后伸。睾丸长椭圆形，前睾丸大小为 0.369mm×0.159mm，后睾丸大小为 0.313mm×0.176mm，前后斜列于体中央 1/3 部分。阴茎

囊，大小为 0.446mm×0.137mm，在体后端 1/3 中央，具略弯曲的生殖瓣。生殖腔开口于次末端。卵巢大小为 0.227mm×0.231mm，在前睾丸前方。卵黄腺泡粒 2 簇位于体中部两睾丸之间水平，每簇 12～15 粒，每粒大小为(34～43)μm×(34～39)μm。子宫圈位于体后部睾丸与阴茎囊之间各空隙中。虫卵大小为(24～31)μm×(9～13)μm。

(3)鳡鱼伪似牛首吸虫(*Pseudobucephalopsis ganyuei* Tang et Tang，1976)(腹口图 26)

1)终末宿主：鳡鱼　[*Elopichthys bambusa*(Richardson)]。

2)寄生部位：肠管。

3)发现地点：福州。

4)虫种特征(按唐崇惕和唐仲璋，1976)：伪似牛首吸虫属(*Pseudobucephalopsis* Long et Lee，1964)是郎所教授等为圆鲀似牛首吸虫(*Pseudobucephalopsis spheroids* Long et Lee，1964)(腹口图 27)建立的新属。鳡鱼伪似牛首吸虫与本属代表种的结构有差异。鳡鱼伪似牛首吸虫体长椭圆形，体大小为(0.935～0.94)mm×(0.306～0.437)mm。体表披有小棘。前端吸盘，大小为(0.153～0.163)mm×0.187mm，位于次顶端。口孔在体中部腹面中央。咽大小为(0.051～0.081)mm×(0.051～0.081)mm。肠管囊状，向前背方弯折，大小为(0.136～0.171)mm×(0.068～0.086)mm。睾丸 1 对，椭圆形，前后排列在体中段的一侧。前睾丸大小为(0.102～0.137)mm×(0.085～0.103)mm，后睾丸大小为(0.102～0.129)mm×(0.085～0.099)mm。阴茎囊长棒状，大小为(0.257～0.374)mm×(0.056～0.068)mm，纵竖在体后半部的中央，有弯曲的生殖瓣。生殖腔心脏形，开口在次末端。卵巢圆形或椭圆形，大小为(0.102～0.116)mm×(0.068～0.107)mm，位于两睾丸之间，和肠管在同一水平上。卵黄腺两簇在体中部咽和肠管的两侧。卵黄腺总管在卵巢的后方伸入成卵腔的起始部。在输卵管中段处接有一条向后伸直的劳氏管。没有受精囊。子宫圈向前达到前端吸盘的后缘。虫卵椭圆形，淡黄色，大小为(40～46)μm×(18～22)μm。成熟虫卵中含有具纤毛棒的毛蚴。

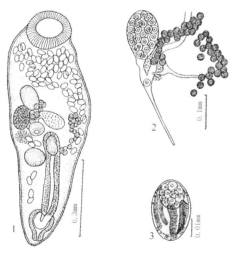

腹口图 26　鳡鱼伪似牛首吸虫(按唐崇惕和唐仲璋，1976)

腹口图 27　圆鲀似牛首吸虫(按郎所和李慧珠，1964)
虫体：(4.26～5.9)mm×(1.76～2.00)mm；虫卵：(46～59)μm×(16～20)μm

(4)前睾近似牛首吸虫(*Parabucephalopsis prosthorchis* Tang et Tang，1963)(腹口图 28)

1)终末宿主：鳡鱼(*Elopichthys bambusa*)、白鲦 [*Hemiculter bucisculus*(Basil)]。

2)第一中间宿主：淡水壳菜 [*Limnoperna lacustris*(V. Martens)]。

3)第二中间宿主：大银鱼 [*Protosalanx hyalocranius*(Abbott)]、实验金鱼。

4)寄生部位：成虫在肠管，囊蚴在肌肉、鳃等部位。

5)分布地区：福州、太湖。

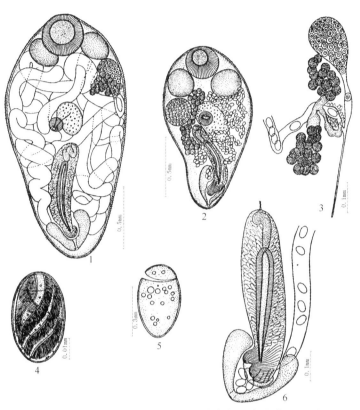

腹口图 28　前睾近似牛首吸虫(按唐崇惕和唐仲璋，1976)

1. 十分成熟的成虫(背面观)；2. 初成熟的成虫(腹面观)；3. 卵巢及其附近的器官；4. 虫卵；5. 卵壳；6. 阴茎囊、子宫末段及生殖腔

　　6) 虫种特征(按唐崇惕和唐仲璋，1976)：本种吸虫是近似牛首吸虫属(*Parabucephalopsis* Tang et Tang，1963)的代表种，是福州闽江口鱼及白鲦鱼类常见的一种腹口吸虫。虫体卵圆形，体表披小棘。体大小为(0.781~1.923)mm×(0.495~1.104)mm。前端吸盘，大小为(0.190~0.343)mm×(0.248~0.438)mm，位于次顶端。口孔在体中部腹面中央。咽大小为(0.095~0.125)mm×(0.095~0.129)mm。食道长约0.065mm。肠管囊状，大小为(0.181~0.305)mm×(0.155~0.286)mm，位于咽的背后方。两睾丸左右对称地排列在前端吸盘后部的两侧。左睾丸大小为(0.129~0.366)mm×(0.151~0.284)mm，右睾丸大小为(0.151~0.335)mm×(0.114~0.301)mm。两条小输精管，在肠管附近会合成一条大输精管。输精管进入阴茎囊顶部，形成膨大而弯曲的贮精囊。阴茎囊棒状，大小为(0.381~0.753)mm×(0.114~0.229)mm，微微倾斜地排列在身体后半部，其长度几乎达到体长之一半。阴茎囊内浓密的前列腺细胞均通向中央精管。故此精管实际上也具有前列腺管的作用。阴茎囊末端是弯曲分瓣的生殖瓣，在它上部中央可以见到管壁很薄的细小射精管。生殖腔大小为(0.254~0.326)mm×(0.263~0.395)mm，倒圆锥形，壁很厚，它紧套住生殖瓣，生殖孔在体次末端腹面。卵巢圆形或椭圆形，大小为(0.133~0.310)mm×(0.133~0.292)mm，位置在右睾丸的后方。输卵管从卵巢后缘引出，在距卵巢约0.2mm处和长约0.3mm的伸直的劳氏管会合。卵黄腺泡粒2束，前后排列在卵巢的内侧或其后方，每束泡粒16~20粒。2条粗短的卵黄腺管会合的卵黄总管通入卵模的起始部。卵模周围有梅氏腺细胞。子宫发达，成熟虫体子宫圈几乎充满体内所有的间隙。子宫的末端在阴茎囊的旁边进入生殖腔。虫卵从生殖腔开口排出。子宫中虫卵多，靠近子宫末段中的虫卵，常含有已具纤毛棒的毛蚴。虫卵大小为(43~52)μm×(22~30)μm。

(5) 前睾近似牛首吸虫的幼虫期(腹口图 29～腹口图 31)

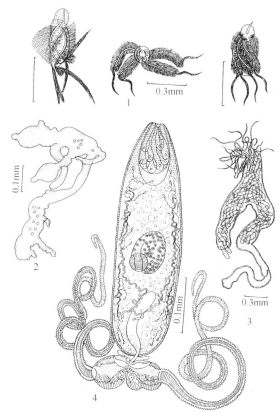

腹口图 29　前睾近似牛首吸虫幼虫期（仿唐崇惕和唐仲璋，1976）

1. 毛蚴；2. 未成熟的胞蚴；3. 成熟胞蚴的一段；4 成熟尾蚴

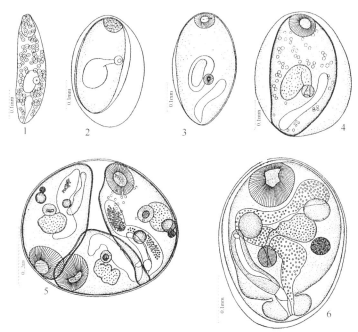

腹口图 30　前睾近似牛首吸虫的后期尾蚴、囊蚴

（按唐崇惕和唐仲璋，1976；及原图）

1. 39h 后期尾蚴；2. 9d 囊蚴；3. 16d 囊蚴；4. 30d 囊蚴；5. 42d 囊蚴；6. 47d 囊蚴

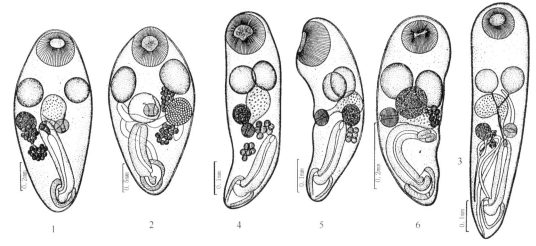

腹口图 31　前睾近似牛首吸虫的童虫(按唐崇惕和唐仲璋，1976；及原图)

1. 鰔鱼天然感染的童虫；2. 白鰷天然感染的童虫；3、4. 胡子鲶人工感染 10d 童虫；5. 胡子鲶人工感染 3d 童虫；6. 胡子鲶人工感染 33d 童虫

1) 虫卵和毛蚴：虫卵椭圆形，(43～52) μm×(22～30) μm，淡黄色。具有卵盖。在成虫子宫后段中的卵子已含有一个发育完全的毛蚴。毛蚴的顶端朝向有卵盖的一端。

2) 毛蚴：毛蚴(腹口图 29 之 1)柔弱，身体有一个约 12 μm×10 μm 大的圆球状头部和约 25 μm×15 μm 大的体部。头部顶端中央有一条小而细长的锥刺。体部和头部中含有淡而透明的细胞。不见有特殊结构，也未见到有焰细胞。4 条纤毛棒(2 条在背面，2 条在腹面)从体部与头部交界处开始有规则地在体部表面由左向右斜向体后端伸展，此 4 条纤毛棒也可以仅顶部固着而其他部分游离展开。纤毛棒羽毛状，中央有一条细长纵走的透明中轴，从此轴上向两旁生出许多纤细的纤毛。在每条纤毛棒的末端着生有长约 25 μm 的马尾状纤毛束。当毛蚴在水中游动时，纤毛棒长轴两旁的纤毛和棒末端的纤毛束能做协调一致的摆动。

3) 胞蚴：胞蚴(腹口图 29 之 2、3)充满淡水壳菜的消化腺、生殖腺、围心腔外围、鳃以及外套膜等部位。胞蚴乳白色，作不规则的分枝，长 2.48～4.95mm，宽 0.057～0.29mm。它们互相交错地在宿主组织中生长繁殖。成熟的子胞蚴体内被许多大小不同的胚球、不同发育程度的尾蚴胚体、未成熟尾蚴和成熟尾蚴所充满，其中以成熟的尾蚴数量最多。

4) 尾蚴：成熟尾蚴(腹口图 29 之 4)在水中活泼地上下游动。向上游动时都是尾部朝上，体部向下倒垂着，靠尾基部和尾索的迅速摆动，使身体很快地向上升起。当尾蚴下落时，仍然是以尾部朝上、体部向下倒垂的姿态逐渐下降，此时尾部就不如向上游动时那样迅速地摆动。尾蚴倒挂在水中时，尾索有时缩得很短，向两侧下垂，整个尾蚴就像有两角的牛头。 Baer(1827)最早发现 *Bucephalus polymorphas* 的尾蚴，用 *Bucephalus*(牛首属)的名称，也就基于它具有这一形态特征。

尾蚴的身体分体部和尾部。体部圆筒状，前端稍尖，后端较钝，大小为(0.228～0.378) mm×(0.068～0.112) mm。体前端表面披有许多横纹圈小棘，向体后方小棘逐渐稀少。在体部前端 1/5 部分中央有一个向顶端开口的椭圆形头器(head organ)。头器内有 9～10 个穿刺腺细胞，细胞基部膨大成圆形或椭圆形，内含圆形细胞核。细胞的上半部细窄，通到顶端的凹口上。细胞质中含小颗粒样的物质。在尾蚴体部靠表面部分散布有许多圆形、含有小颗粒腺体物质的成囊细胞。口孔开在体部第三和第四 1/5 部分交界处的中央腹面，咽大小为(0.026～0.034) mm×(0.023～0.032) mm，位于体中央口孔之前。肠管囊状，大小为(0.065～0.085) mm×(0.046～0.064) mm，经很短的食道向体后方弯折，其底部和咽在同一的水平线上。排泄囊稍弯曲，大小为(0.082～0.103) mm×(0.026～0.034) mm，位于体部后端约 1/3 部分中央，囊的基部由一细排泄管从体部末端中央通入到尾部中去。在咽后两侧各有一条缠绕弯曲的收集管下行，各相对通入排泄囊的中部或囊前 2/5 处。收集管在咽水平靠体两侧，各分成前后 2 支，各支又分出 3 小支，每小支再分 2 微细小管。每小管上连着一个焰细胞。它们的焰细胞公式为：2 [(2+2+2)+(2+2+2)]=24。排泄系统的构造，在前睾近似牛首吸虫尾蚴，两侧排泄管各有 6 个分支，与其他已知种类的尾蚴相同。只是前睾近似牛首吸虫尾蚴，每个小分支单位只具有 2 个焰细胞，两侧有 12 小分支的总数只有 24，是已知腹口类尾蚴中具有焰细胞数目最少的。考察 *Bucephalus elegans* 尾蚴，每小支排泄管有 7～8 个焰细胞，总数达 42 个。*Bucephalus papillosus* 尾蚴，每小支 5～6 个焰细胞，左右两侧各有 8 支，焰细胞总数也达到 42 个（Woodhead，1936）。其余人所描述的腹口类尾蚴（如 *Rhipidocotyle septpapillata*、*Cercaria scioti*、*Cercaria argi* 和 *Cercaria basi* 的尾蚴），每支均有 3 个焰细胞，总数均为 36 个。

尾蚴的尾部由一个粗短的尾基部和 2 条可以伸缩自如的尾索构成。尾基部大小为 (0.069～0.116) mm×(0.052～0.056) mm，顶端连着体部的末端，后端 2/3 部分分开成短筒状的 2 厚瓣，在瓣的四周边缘较厚，中央较薄而透明。Matthews（1973）观察 *Prosorhynchus crucibulum* 尾蚴的尾基部，有突出两瓣，内含单细胞腺体，能分泌有颗粒和没有颗粒的腺体物质，它有黏着的特性，可能对于尾蚴能附着鱼体有帮助。到尾基部的排泄细管在尾基部前方边缘后侧，分成左右 2 条梭形的排泄小管，各管末端在尾基部两瓣上缘中部向外开口。两条尾索着生在尾基部两分瓣的末端。着生点像是一个关节，尾索可以从该处脱落。尾索表面布满横皱纹，内部有些圆形细胞。尾索收缩时长 0.409～0.645mm，宽 0.022～0.030mm。尾索具有极强的伸长能力，当它伸长时会变成极长的透明细丝。尾蚴用尾索细丝钩住并缠绕它所遇到的鱼类宿主体上的鳞片和鳍条，以便侵入它们体内，进行下一阶段后期尾蚴的发育。

5）后期尾蚴和囊蚴（腹口图 30）：用前睾近似牛首吸虫成熟尾蚴感染实验金鱼，39h 后，从金鱼的鳃弓、鳍条尤其臀鳍的皮下及肌肉检获早期囊蚴（后期尾蚴），(0.40～0.45) mm×0.1mm。体形及体内结构与尾蚴体部还十分近似，体表包被一层极薄的囊壁。9～10d 囊蚴长椭圆形，大小为 (0.34～0.50) mm×(0.20～0.29) mm，囊中的后期尾蚴大小为 (0.33～0.49) mm×(0.17～0.20) mm，体内头器较尾蚴时小些。16～30d 囊蚴的后期尾蚴出现前端吸盘，排泄囊末端伸到咽的前方。36～53d 囊蚴大小为 (0.305～0.495) mm×(0.209～0.285) mm，囊壁稍增厚。囊内后期尾蚴大小为 (0.409～0.499) mm×(0.125～0.176) mm。前端吸盘大小为 (0.086～0.106) mm×(0.082～0.108) mm，位于次顶端。咽大小为 (0.047～0.052) mm×(0.042～0.047) mm，位于体中横线后方或体后端 2/3 处。肠管大小为 (0.065～0.112) mm×(0.086～0.108) mm，位于咽的背前方，底部和咽在同一水平上。此时虫体中已出现睾丸和卵巢，两睾丸大小为 (0.043～0.086) mm×(0.047～0.060) mm，左右对称或稍倾斜地在肠管后方。卵巢大小为 (0.030～0.052) mm×(0.026～0.043) mm，位于右睾丸之后。50d 后期尾蚴两睾丸移到肠管前方两侧，卵巢亦随之前移。阴茎囊大小为 (0.142～0.172) mm×(0.022～0.043) mm，囊内贮精囊、前列腺部分结构已分明。生殖腔倒圆锥形，大小为 (0.065～0.086) mm×(0.052～0.072) mm。排泄囊长而弯曲，末端达到前端吸盘附近，囊中充满许多排泄颗粒。30～60d 囊蚴一个囊中有的只含有一个提早发育的后期尾蚴，有的却有 3～4 个后期尾蚴，这样的囊蚴最大的达 0.551mm×0.490mm。

6）童虫（腹口图 31）：用含有成熟囊蚴的实验金鱼感染实验室胡子鲶 [*Clarias fuscus*（Lacepede）]，获得 10～33d 童虫，与鲏鱼天然感染的童虫具有同样的形态结构，体长 0.597～0.968mm，体宽 0.181～0.348mm。前端吸盘大小为 (0.108～0.146) mm×(0.052～0.065) mm。咽大小为 (0.052～0.065) mm×(0.052～0.065) mm。食道长大小为 0.043～0.047mm，肠囊大小为 (0.086～0.142) mm×(0.065～0.120) mm。两睾丸大小为 (0.086～0.142) mm×(0.065～0.112) mm。阴茎囊大小为 (0.215～0.305) mm×(0.039～0.056) mm，生殖腔大小为 (0.215～0.301) mm×(0.056～0.104) mm。卵巢大小为 (0.060～0.108) mm×(0.043～0.099) mm。输卵管、劳氏管、卵黄腺及子宫圈等器官均已明显出现。尚无虫卵。胡子鲶不是前睾近似牛首吸虫的正常终末宿主，童虫虽活泼但不成熟。

（6）鲀近似牛首吸虫（*Parabucephalopsis spheroids* Tang et Tang，1976）（腹口图 32）

1）终末宿主：弓斑圆鲀 [*Spheriodes ocellatus*（Osbeck）]。

2）寄生部位：肠管。

3）发现地点：福州。

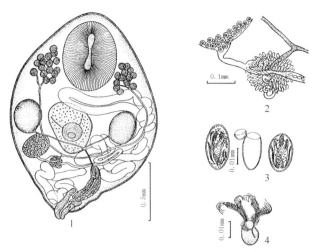

腹口图 32 鲍近似牛首吸虫(按唐崇惕和唐仲璋,1976)

1. 成虫;2. 卵巢附近器官;3. 虫卵;4. 毛蚴

4) 虫种特征:虫体呈两端略尖的卵圆形。体表披小棘。体大小为 (1.294~2.550)mm×(0.894~2.152)mm。前端吸盘大小为 (0.400~0.704)mm×(0.381~0.685)mm。口孔在体中部腹面中央。咽大小为 (0.124~0.248)mm×0.(133~0.248)mm。肠管袋状,大小为 (0.343~0.666)mm×(0.171~0.552)mm,后半部从前方弯向体后方。椭圆形睾丸 1 对,左右对称地平列在肠管两侧,大小为 (0.228~0.419)mm×(0.190~0.343)mm 或 (0.228~0.400)mm×(0.209~0.324)mm。从它们后缘各向后引出一条纤细的输出管,在肠管的后部会合成较粗的输出管,通入阴茎囊与贮精囊相连。阴茎囊大小为 (0.317~0.609)mm×(0.095~0.171)mm,斜列于身体的后端。阴茎囊上端内贮精囊弯曲管状,它下方的精管被密集的前列腺细胞围绕。生殖瓣很小。生殖腔圆筒状,壁厚,其上部紧套着生殖瓣,内腔细窄。生殖腔开口在体末端。卵巢圆形或卵圆形,大小为 (0.209~0.362)mm×(0.171~0.305)mm,位于右睾丸的后方。输卵管长 0.181~0.206mm,在它全长的 2/3 处连着一条长 0.215~0.331mm 的弯曲劳氏管。卵黄腺两束在前端吸盘后半部的两侧,每侧泡粒 13~17 粒,每粒大小为 (57~114)μm×(38~114)μm。两条卵黄腺管沿着身体的两侧向后行到肠管的后方,会合成卵黄总管。细短的卵黄总管进入卵模的起始部。卵模周围有浓密的梅氏腺。子宫圈盘曲在前端吸盘与体内各器官之间。虫卵大小为 (37~45)μm×(17~22)μm。成熟虫卵内含具有纤毛棒的毛蚴。

腹口类吸虫在贝类宿主体内行无性繁殖,与其他复殖类吸虫的多胚生殖(polyembryony)毫无二致。与发育史密切相联系的为中间宿主,所有腹口类吸虫的贝类宿主多数属于丝鳃目(Filibranchia)的瓣鳃类软体动物(腹口表 2)。这一点与前口类复殖吸虫类大不相同。 前口类吸虫的贝类宿主绝大多数是腹足类软体动物,仅少数是瓣鳃类,在软体动物门的双神经纲、瓣鳃纲、腹足纲和头足纲中,瓣鳃纲比腹足纲较为简单原始。腹口类吸虫的终末宿主主要为鱼类,少数为两栖类。它们还未建立与更高级的脊椎动物有寄生宿主的关系。这些情况充分地说明腹口类吸虫和盾盘类吸虫一样,在演化历史上是较为古老的一类吸虫。并能显示吸虫纲种类与其宿主(中间宿主及终末宿主)的平行演化。腹口吸虫后期尾蚴在第二中间宿主能发育,达到性成熟,这一现象也可能说明在远古时代这类吸虫的发育只要在 2 个宿主(贝类宿主和鱼类宿主)的参与下就可完成。尾蚴离开贝类宿主到鱼类宿主体表层部位即可发育达到成虫。在水域中肉食鱼类以其他小鱼为食料,腹口吸虫才适应了在鱼消化道肠管中的生活。

腹口表 2 10 种腹口吸虫的生活史比较表(按唐崇惕和唐仲璋,1976)

成虫	终末宿主	第一中间宿主	第二中间宿主	研究者
Bucephalus elegans	淡水鱼类	淡水瓣鳃类(Unionidae)河蚌科的 *Lampsilis iris*	鲤科小鱼	Ziegler,1883;Lühe,1909;Woodhead,1930

续表

成虫	终末宿主	第一中间宿主	第二中间宿主	研究者
Bucephalus polymorphus	淡水鱼类	淡水瓣鳃类 *Unio pictorum* 珠蚌； *U. tumidus* 珠蚌； *U. crassus* 珠蚌； *Anodonta cygnae* 蚌； *A. anatina* 蚌； *Dreissena polymorpha* etc.		Wunder，1924； Wesenberg-Lund，1934； Woodhead，1929；1930
Bucephalopsis haimeanus	海水鱼类	海产瓣鳃类 *Ostrea edulis* 牡蛎； *Cardium rusticum* 乌蛤； *Mactra solida* 蛤蜊； *Mactra subtruncata* 蛤蜊； *Tapes decussatus* 蛤仔； *Tapes pullaster* etc.	海水鱼类	Tennent，1906； Sinitzin，1911
Bucephalopsis gracilescens	海水鱼类	海产瓣鳃类 *Cardium edule* 乌蛤	海水鱼类	Lebour，1912
Rhipidocotyle papillosus(Woodhead,1929)	淡水鱼类	淡水瓣鳃类 *Elliptio dilatatus*	淡水鱼类 *Ambloplites rupestris*	Lebour，1912； Woodhead，1929
Rhipidocotyle septpapillata Krull，1934	淡水鱼类 *Eupomotis gibbosis*	淡水瓣鳃类 *Lampsilis siliquoidea*	淡水鱼类 *Fundulus diaphsnus*	Krull，1934； Kniskern，1950
Prosorhynchus squamatus Odhner，1905	海水鱼类 *Cottus scorpius*； *Alcichthys alcicornis*； *Bromius brosme*	海产瓣鳃类 *Mytilus edulis* 紫贻贝	海水鱼类 *Liparis liparis*； *Myoxocephalus scorpius*	Chubrik，1952
Prosorhynchus crucibulum(Rud.，1819) Odhner，1905	海水鱼类 Conger conger L. *Muraenesox cinereus*	海产瓣鳃类 *Mytilus edulis* 紫贻贝	海水鱼类 *Govania wildenowii*； *Lepidogaster govanii*； *Gadus morrhua*	Matthews，1973
Parabucephalopsis prosthorchis Tang et Tang，1963	淡水鱼类 *Erythroculter ilishaeformis*； *E. darbryi*； *Elopichthys bambusa* *Hemiculter lucisculus*	淡水瓣鳃类 *Limnoperna lacustris* (V. Martens) 淡水壳菜	淡水鱼类 *Carassius auratus*； (金鲫鱼：实验宿主)； *Protosalanx hyalocranus*； *Neosalanx tangkahkeii taihuensis*	唐崇惕和唐仲璋，1976； 郎所和李慧珠，1964
Dollfustrema foochowensis Tang et Tang，1963	淡水鱼类 *Clarias fuscus*	淡水瓣鳃类 *Limnoperna lacustris* (V. Martens)淡水壳菜	淡水鱼类 *Carassius auratus*； (金鲫鱼：实验宿主)； *Carassius auratus*； (鲫鱼：天然宿主)； *Baleopthalmus chinensis*； *Rhinogobius giurinus*	唐崇惕和唐仲璋，1976

参 考 文 献

郎所，李慧珠. 1964. 太湖鱼类的寄生蠕虫复殖吸虫 Ⅵ. 牛首科(Bucephalidae Poche，1907)二新属四新种的描述及科的修订. 动物学报，16(4)：567-580

唐仲璋，唐崇惕. 1963. 福建腹口吸虫一新属五新种的描述. 1963年寄生虫专业学术讨论会论文摘要汇编：133

唐仲璋，唐崇惕. 1963. 两种腹口吸虫生活史的研究. 1963年寄生虫专业学术讨论会论文汇编：133-134

唐崇惕，唐仲璋. 1976. 福建腹口吸虫种类及生活史的研究. 动物学报，22(3)：263-278

王伟俊，潘金培. 1963. 寄生于几种淡水鱼类的牛头科吸虫，包括一新属五新种的描述. 1963年寄生虫学专业学术讨论会论文汇编：131-132

Allison L N. 1943. *Leucochloridiomorpha constantics*(Mueller)(Brachylaemidae)，its life cycle and taxonomic relationships. Among digenetic trematodes. Tr Am Micro Soc，62(2)：127-168

Baer K E. 1827. Beitrage sur Kenntniss der niedern Tiere. Nova Acta.Acad Nat Curios，13(2)：523-562

Bartoli P. 1984. Trematoda infection in marine Lamellibranchia on the Mediterranean coast of France. Haliotis，14：98-107

Baylis H A. 1938. Helminths and evolution. From "Evolution essays on aspects of evolutionary biology". Oxford：Clarendon Press：249-270

Bevelander G. 1933a. Response to light in the Cercariae of *Bucephalus elegans*. Phys Zool，6：289-305

Bevelander G. 1933b. The relation between temperature and frequency of contraction in the tail-furcae of *Bucephalus elegans*. Phys Zool，6：509-520

Bhalerao G D. 1937. Studies on the helminths of India. Trematoda. Ⅳ. J Helminthology，15(2)：97-124

Black Welder R E，Alan Boyden. 1952. The Nature of Systematics. System Zool，1(1)：26-33

Braun F. 1968. *Rhipidocotyle* sp. (Trematoda Gasterostomata) als neu gefundener Parasit von *Perca fluviatilis* L. Zool Anaz, 180(5/6): 317-321

Brinkmann J A. 1957. Fish trematodes from Norwegian water, IIa. The Norwegian species of the orders Aspidogastrea and Digenea(Gasterostomata). Univ Bergen Arbok Naturvitenskapelig, N 4: 29

Brooks F G. 1930. Studies on the germ cell cycles of trematodes. Amer J Hyg, 12: 299-340

Brsvo-Hollis M, Sogandares-Bernal F. 1956. Trematodes of marine fishes of Mexican water. J Parasitol, 42(5): 536-537

Caballeroy C E, Bravo-Hollis M, Grocott R G. 1953. Helmintos de la Republica de Panama. VII. Descripcion de algunos trematodes de peces marinos. An Inst Biol Univ Nac Mex, 24: 110-111

Caballero Hidalgo, Grocott R G. 1956. Helmintos de la Republica de Panama. XVII. Cuatro especies de trematodos de peces marinos con destripcion de una nueva forma. Rev Bras Biol, 16: 181-194

Carriere Pierre. 1938. Recherches Sur le cycle evolutif de trematodes de poisons. C R de Sean De l'Acad Sc, 206(26): 1994-1996

Chandler A C. 1935. Parasites of fishes in Galveston Bay. Proc U S Nat Museum, 83(2977): 125-157

Chandler A C. 1941. Two new Trematodes from the Bonito. *Sarda sarda* in the guelf of Mexico. J Parasitol, 27(2): 183-184

Chauchan B S. 1943. Trematodes from Indian marine fishes. Part II. On some trematodes of the gasterostome fam. Bucephalidae(Braun, 1883) Poche, 1907, with description of four new species. Proc Indian Acad Sci, 17(4): 97-117

Chauchan B S. 1954. Studies on the trematode fauna of India. Part III. Subclass Digenea(Gasterostomata). Rec Indian Museum, 51: 231-287

Chu H J. 1950. *Bucephalopsis kweiyangensis* n. sp. from the giant salamander, *Megolobatrachus japonicus* Tem., in Kweichow, China. J Parasitol, 36(2): 120-122

Corkum K C. 1968. Bucephalidae(Trematoda) in fishes of the Northern Gulf of Mexico: *Bucephaloides* Hopkins, 1954. and *Rhipidocotyle* Diesing 1958. Trans Am Micros Soc, 87(3): 342-349

Cole H A. 1935. On some larval trematode parasites of the mussel (*Mytilus edulis*) and the cockl (*Cardium edule*). Parasitol, 27(2): 276-280

Cooper A R. 1915. Trematodes from marine and fresh water fishes, including one species of ectoparasitic turbellarian. Trans Roy Soc Canada, 3(9): 181-205

Coustau C, Combes C, et al. 1990. *Prosorhynchus squmatus*(Trematoda) parasitosis in the *Mytilus edulis-Mytilus galloprovincialis*. Complex: Specificity and host-parasite relationships. Proceedings of the Third International Colloquium on Pathology in Marine Aquaculture, 1988: 291-298

Crofton H D, Fraser P G. 1954. The mode of infection of the hake, *Merluccius merluccius*(L.) by the trematodes *Bucephalopsis gracilescens*(Rud.). Proc Zool Soc of London, 124(10): 105-109

Crowcroft P W. 1947a. The anatomy of two new digenetic trematodes from Tasmanian foodfishes. Proc Linnean Soc N S Wales, 71(3~4): 108-118

Crowcroft P W. 1947b. Some digenetic trematodes from fishes of shallow Tasmanian water. Proc Roy Soc Tasm, 1946: 5-25

Dayal J. 1947. On a mew trematode *Neoprosorhynchus purius* n. gen. n. ap. from the intestine of a fish *Epinephelus lanceolatus*(Bl.) (Abstract). Proc Indian Sci Congr, 33(3): 120

Dayal J. 1948. Trematode parasites of Indian fishes. Part I. New trematodes of the family Bucephalidae Poche, 1907. Indian J Helminthol Lucknow, 1(1): 47-62

Dawes Ben. 1946. The trematoda. Cambridge Univ Press: 644

Dawes Ben. 1947. The trematoda of British fishes. London: 1-364

Dickerman E E. 1954. *Paurorhynchus hiodontis* a new genus and species of trematoda (Bucephalidae; Paurorhynchinae n. subfam.) from the mooneye fishes Hiodon tergisus. J Parasitol, 40(3): 311-315

Diesing K M. 1850. Systema Helminthum. Wien, 1: 679

Diesing K M. 1855. Neunzehn Arten von Trematoden. Denkschr K Akad Wiss Wien Math Naturwiss, Kl 15(3): 377-400.

Diesing K M. 1858. Berichtungen und Zusatze zur Revision der Cercarien. Sitzungsb K Acad Wiss Wien. Math Naturwiss, Kl 31(19): 239-290

Dollfus R P. 1929. Helmintha. I. Trematoda et Acanthocephala. Fauna Colon Franc, 3(2): 3-114

Dollfus R P. 1930. Le point d'aboutissement des canaux collecteurs a la vessie chez les distomes; son importance au point de vue systematique. Ann Parasitol Paris, 8: 143-146

Dollfus R P. 1951. Metacercarire de trematode(Gasterostomata) Enkystee chez de Sparisoma. Rupiscartes et Blennius de Goree(Senegal). Bull Inst Franc Afrique Noire, 13(3): 762-770

Dollfus R P. 1953. Parasites animaux de la morue Atlanto-Arctique *Gadus callarias* L., (= *morhua* L.). Paris, Encyclopedie Biol, XLIII

Dubois G. 1929. Les cercaires de la region de Neuchatel. 1928, Neuchatel, Bull Soc Sci, 55: l0

Dujardin F. 1845. Histoire naturelle des helminthes on vers intestinaux. Paris: 654

Eckmann F. 1932. Beitrage zur Kenntniss der Trematoden Familie Bucephalidae. Ztschr Parasitenkunde, Bd 5, H I S: 94-111

Eckmann F. 1934. Rectifications de nomenclature. Ann Parasitol, 12(3): 256

Erwin B E, Halton D W. 1983. Fine structural observations on spermatogenesis in a progenetic trematode, *Bucephaloides gracilescens*. International Journal for Parasitology, 13(5): 413-426

Faust E C. 1926. Further observations on South African larval trematodes. Parasitol, 18(1): 101-126

Faust E C. 1930. The excretory system as a method of classification of digenetic trematodes. Anat Rec, 47(3): 359-360

Fischthal J H, Thomas J D. 1968. Digenetic trematodes of marine fishes from Ghana, families: Acanthocoelidae, Bucephalidae Didymozoidae. Proc Helminth Soc Washington, 35(2): 237-247

Fuhrmann O. 1928. Trematoda. Berlin: Handbuch der Zoologie

Gamble F W. 1896. Platyhelminthes and Mesozoa. Cambridge Natural History(Ed. Harmer and Shipley), 2: 1-96

Giard A. 1874. Sur l'encystement de *Bucephalus haimeanus*. Ann Mag Nat History, 4(14): 375-377

Gupta S P. 1953. Trematode parasites of freshwater fishes. Indian J Helminthol, 5(1): 3-12

Gupta S P. 1956. A redescription of *Bucephalopsis magnum*(Verma, 1936) Srivastava, 1938(Abstract). Proc Indian Sci Comgr, 45(III): 285

Gupta S P. 1958. A redescription of *Bucephalopsis magnum*(Verma, 1936) Srivastava, 1938 and *Bucephalopsis karvei* Bhalerao, 1937. Indian J Helminthol, 8(2): 112-l21

Hansom M L. 1950. Some digenetic trematodes of marine fishes of Bermuda. Proc Helmimthol Soc Wash, 17(2): 74-88

Hine P M, Jones J B. 1994. *Bonimia* and other aquatic parasites of importance in New Zealand. New Zealand Journal of Zoology, 21(1): 49-56

Hoffmann R W, Korting W, et al. 1990. An outbreak of bucephalosis in fish of the main river.(Germany). Angewandte Parasitologie, 31(2): 95-99

Hopkins S H. 1950. Preliminary survey of the literature on the oyster parasite "*Bucephalus*" and related parasites. Texas A et M Research Foundation project, 9(mimeographed)

Hopkins S H. 1954. The american species of trematode confused with *Bucephalus*(*Bucephalopsis*) *haimeanus*. Parasitology, 44(3, 4): 353-370

Hopkins S H. 1956. Two new trematodes from Louisiana, and the excretory system of Bucephalidae. Trans Amer Microscop Soc, 75(1): 129-135

Hopkins S H, Sparks A K. 1958. A new species of Bucephaloides(Trematoda: Bucephalidae) from a marine fish of Grand Inle, Louisiana. J Parasitol, 44(4): 409-4l1

Huet L. 1893. Nouvelle note sur le *Bucephalus haimeanus*. Bull Soc Lin Normand, IV S 7(40, 41): 40-41

Jones Dilys. 1943. The anatomy of three digenetic trematodes, *Skrjabiniella aculeatus*(Odhner), *Lecithochirium rufoviride*(Rud.) and *Sterrhurus fusoformis*(Luhe) from *Conger conger*(Linn.). Parasitology, 35(1, 2): 40-57

Johnston J. 1905. Internal parasites and diseased conditions of fishes. Trans Biol Sic Liverpool, 19: 98-120

Johnston B R, Halton D W. 1981. Occurrence of *Bucephaloides gracilescens* metacercariae in three species of gadoid fish. Journal of Fish Biology, 18(6): 685-691

Keith R. 1959. A check list of the metazoan parasites of the Heterosomata. Contribution on 67 Departament of fisheries Province of Quebec

Kelly H M. 1899. A statistical study of the parasites of the Unionidae Bull. Illinois State Labo, 5: 399-418

Kniskern V B. 1950. Rhipidocotyle septpapillata Krull, 1934 the cercaria and notes on the life history. J Parasitol, 36(2): 155-156

Kniskern V B. 1952. Studies on the Trematode family Bucephalidae. Poche, 1907. Part I. A systematic review of the family Bucephalidae. Trans Amer Microscop Soc, 71(3): 253-266

Kniskern V B. 1952. Studies on the Trematode family Bucephalidae Poche, 1907. Part II. The life history of *Rhipidocotyle septpapillata* Krull, 1934. Trans Amer Microscop, 71(4): 259-340

Kohn A. 1961. Un novo Rhipidocotyle parasite de *Scomberomorus maculatus*(Hitch)(Trematoda, Bucephaliformes). Atas de Biologia Qo Rio de Taneiro, 5(6): 41-44

Kozicka J. 1959. Parasites of fishes of Druzno Lake(parozyty ryb jeziora Druzno). Acta Parasitol. Polon, 7: I

Krull W H. 1934 Studies of the life history of a trematode *Rhipidocotyle septpapillata* n. sp. Trans Amer Microscop Soc, 53(4): 408-415

Lacaze-Duthiers F J H. 1854. Memoire sur le bucephale Haime(*Bucephalus haimeanus*) helminthe parasite des huitres et des bucardes. Ann Sci Nat Paris Zool, 4 ser1(5): 294-302

Lal M B. 1954. Studies on the adhesive organ in the trematode family bucephalidae Poche, 1907(Abstract.). Proc Indian Sci Congr(cont.), 41(III): 173

La Rue G R. 1926a. Studies on the trematode family Strigeidae(Holostomidae) III relationships. Trans Amer Microscop Soc, 45(4): 265-280

La Rue G R. 1926b. The relationships of trematode family Strigeidae(Holostomidae). J Parasitol, 12(3): 159

La Rue G R. 1957. The classification of digenetic Trematoda: a review and a new system. Exptl Parasitol, 6: 306-349

Lebour M V. 1912. A review of the British marine cercariae. Parasitology, 4(4): 416-456

Lebour M V. 1908. Fish trematodes of the Northumberland coast. Rept Scient Invest Northumb Sea Fish Com, 1907: 23-67

Levinsen G M R. 1881. Bidrag til Kundskab om gronlands trematodefauna. Overs Kung Danske Vidensk Forh, I: 52-54

Linton J, Peters J, Stern J A. 1960. Parasites in summer-caught Pacific Rockfishes. United States Fish and Wildlife Service. Special Scientific Report, Fisherier, 352: 10

Linton E. 1900. Fish parasites collected at Woods Hole in 1898. Bull US Fish Com(1899), 19: 267-304

Linton E. 1901. Parasites of fishes of Beaufort, North Carolina. Bull US Bur Fish, 24: 321-428

Linton E. 1910. Helminth fauna of the Dry Tortugas. II. Trematodes. Carnegie Inst Wash Publ, (133): 98

Linton E. 1940. Trematodes from fishes mainly from Woods Hole region, Massachusetts. Proc US Nat Museum, 88: 1-172

Little P A. 1929. The trematode parasites of Yrish. Marine fishes Par, 31: 22-30

Luhe M. 1909. Parasitische Plattwurmer. I. Trematodes. Die Subwasserfauna Deutschlands, 2(17): 217

MacCallum G A. 1917. Some new forms of parasitic worms. Zoopathologica，1(2)：46-75

MacCrady. 1874. Observations on the food and the reproductive organs of Ostrea virginiana with some account of *Bucephalus cuculus* nov. sp. Proc Boston Soc Nat History(1873~1874)，16：170-192

Maddox R L 1876. Some remarks on the parasites found in the nerves of the common haddock，Morrhua aeglefinus. Trans Roy Microscop Soc N S，15：87-99

Manter H W. 1931. Some digenetic trematodes of marine fishes of Blaufort North Carolina. Parasitology，23(3)：396-411

Manter H W. 1934. Some digenetic trematodes from deep-water fish of Tortugas，Florida. Carnegie Inst Wash Publ，433：257-345

Manter H W. 1940a. Digenetic trematodes of fishes from the Galapagos Islands and the neighboring Pacific. Allan Hancock Pacific Exped，2(14)：329-496

Manter H W. 1940b. Gasterostomes(Trematode) of Tortugas，Florida. Papers Tortugas Lab，33(1)：1-l9

Manter H W. 1947. The digenetic trematodes of marine fishes of Tortugas，Florida. Amer Midland Naturalist，38(2)：257-416

Manter H W. 1953. Two new species of Prosorhynchinae(Trematoda：Gasterostomata) from the Fiji Islands. Studies from the Department of Zoology，University of Nebraska，263：193-200

Manter H W. 1954. Some digenetic trematodes fishes of New Zealand. Trans Roy Soc New Zealand，82(2)：475-568

Manter H W，Van Cleave H J. 1951. Some digenetic trematodes，including eight new species from marine fishes ol La Jolla，Calif. Proc US Nat Museum，101(3279)：315-339

Mathias P. 1934. Sur quelques trematodes de poissons marins de la region de Banyuls. Arch Zool Exptl Gen，75(33)：567-58l

Matthews R A. 1968. Studies on the helminth parasites of same Marine teleost fishes. Aberystwyth，Ph D Thesis University College of Wales

Matthews R A. 1973. The life-cycle of *Prosorhynchus crucibulum*(Rud.，1819) Odhner，1905，and a comparison of its cercaria with that of *Prosorhynchus squamatus* Odhner，1905. Parasitology，66(1)：133-164

McFarlane S H. 1936a. A study of trematodes from marine fishes of Departure Bay，B C Biol Bd Can，2(4)：336

McFarlane S H. 1936b. A study of the endoparasitic trematodes from marine fishes of Departure bay. B C Biol Bd Can，2(4)：335-347

Melugin J. 1940. Studies on marine fish trematodes of Louisiana. Louisiana State Univ Bull，32(l)：89

Menzel R W，Hopkins S H. 1955. The growth of Oysters parasitized by the fungus *Dermocystidium marinum* and by the trematode *Bucephalus cuculus*. J Parasitology，41(.4)：333-342

Miller M J. 1941. A critical study of Stafford's report on "Trematodes of canadian Fishes" based on his trematode collection. Canad J Res，19：28-52

Molin R. 1859. Prospectus helminthum，quae in parte secunda prodromi faunae helmintholo-gicae venetae continentur. Sitzunegsber K Akad Wien Math-Naturwiss，Kl 33(26)：287-302

Montgomery W R. 1957. Studies on digenetic trematodes from marine fishes of la Jolla. California Trans Amer Microscop Soc，76：14-16

Nagaty H F. 1937. Trematodes of fishes from the Red Sea. Part I. Studies on the Family Bucephalidae Poche，1907. Egyptian Univ Fac Med Publ，12：172

Nagaty H F. 1948. Trematodes of fishes from the Red sea. Part 4. On some new and known forms with a single testis. J Parasitology，34(5)：355-363

Nicoll W. 1909. Studies on the structure and classification of the digenetic trematodes. Quart J Microscop Sci，53(3)：391-487

Nicoll W. 1910. On *Gasterostomum tergestimum* Stossich. Ann Mag Zool R Univ Napoli，3(14)：3

Nicoll W. 1914. The trematode parasites of fishes from the English channel. J Marine Biol Assoc UK，10(3)：488-495

Nicoll W. 1915. The trematode parasites of North Queensland. 3. Parasites of fishes. Parasitology，8(1)：22-41

Oarrere P. 1937. Quelques metacercaires d' Atherina mochon C. V. development experimental d'un Gasterostomide. Compt Rend Acad Sci，204(14)：1086-1087

Odhner T. 1905. Die Trematoden des arktischen Gebietes. Fauna Arctica，Bd 4(2)：291-372

Odhner T. 1927. Uber Trematoden aus Schwimmblase. Ark Zool，(sched)19(15)：1-91

Olsson P. l876. Bidrag till skandinaviens helminthfauna. I. Knogl Svenska Vetenskapsaked Nandl Stockholm，14(l)：35

Ozaki Y. 1924. Studies on the gasterostome trematodes with descriptions of three new genera. Dobutsu Gaku Zasshi Tokyo，36：l73-201

Ozaki Y. 1928. Some gasterostomatous trematodes of Japan. Japan J Zool，2(1)：35-60

Ozaki Y，Ishibashi C. 1934. Notes on the cercaria of the pearl oyster. Proc Imp Acad，10(7)：439-441

Pagenstecher H A. 1857. Trematodenlarven und Trematoden. Helm Beitrag(Heidelberg)，1：56

Palombi A. 1934. Gli Stadi larvali dei trematodi cel Golfo di Napoli. I. Contributo allo studio della morfologia，Biologia，a sistematica della cercarie marine. Publ Staz Zool Napoli，14(1)：51-94

Park J T. 1939. Trematodes of fishes from Tyosen. IV. A new digenetic trematode parasite Bucephalopsis cybii sp. Nov.(Bucephalidae Poche，1907). Keizyo J Med，10(2)：63-65

Pelseneer P. 1906. Trematodes parasites de mollusques marins. Bull Scient France et Belgique，40：161-186

Pigulewsky S V. 1931. Neu Arten von Trematoden aus Fishes des Dnjeprbassins. Zool Anz，Bd 96(1/2)：9-18

Poche F. 1907. Einige Bemerkungen zur Nomenclatur der Trematoden. Zool Anz，31(1)：124-126

Poche F. 1925. Das System der Platodaria. Arch Naturgeschichte，Abt A 2：1-240

Rathkey J. 1799. Jagttagelser henhorehde til Indvoldeormenes og Bloddyrenes Naturhistorie. Skr Naturh Selsk Kiobenhavn，5(1)：61-148

Rudolphi C A. 1819. Entozoorum synopsis cui accedunt mantissa duplex et indices locupletissimi. Berolini：881

Sanders M J，Lester R J G. 1981. Further Observations on a bucephalid trematode infection in scallops(*Pecten alba*) in Port Phillip Bay，Victoria. Australian

Journal of Marine and Freshwater Research，32(3)：475-478

Schummrans Stekhoven J H Jr. 1931. Der swish zweite Zwischenwirt von *Pseudamphistomum truncatum* (Rud) nebts Beobachtungen uber andere Trematodenlarven. Z Parasitol，3(4)：747-764

Sewell R N S. 1922. Cercariae indicae. Indian J Med Res，10：270

Siebold C T. 1848. Zehrbucher der vergleichende Anatomie der wirbellosen Tiere，I. Theil Berlin：679

Sinitzin D F. 1909. Studien uber die phylogenie der Trematoden. 2. *Bucephalus* v. Baer un *Cercaria ocellata* de la Vall. Z Wiss Zool，138(3)：409-456

Sinitzin D F. 1911. Parthenogenetic generation of trematodes and its progeny in mollusks of the Black Sea. Rec Imp Acad Sci 8 Ser Phys Math Dept 5, 30(5)：1-119

Skrjabin K I. 1962. Trematodes of Animals and Man. XX. Moscow：Publication of Academy of Sciences of Russia

Sogandares-Bernal F. 1955. Some helminth parasites of fresh and brackish water fishes from Louisisns and Panama. J Parasitology，41(6)：587-594

Sogandares-Bernal F，Hutton R F. 1959. Studies on helminth parasites of the coast of Florida. I. Digenetic trematodes of marine fishes from Tampa and Boca bays with descriptions of two new species，1. Bull Marine Sci Gulf and Caribbean，9(1)：53-68

Sparks A K. 1958. Some digenetic trematodes of fishes on Grand Isle，Louisiana. Proc Louisiana Acad Scid Sci，20：1-82

Sproston N G. 1939. Notessur la faune parasitaire des poissons a Roscoff. Trav Station Biol Roscoff Fasc，16：1-28

Srivastava H D. 1938. Studies on the Gasterostomatous parasites on Indian food fishes. Indian J Veterin Sci，8：317-340

Stadnichenko A P，et al. 1994. Infection of unionids (Mollusca，Bivalvia，Unionidae) with parthenitae of *Bucephalus polymorphus* (Trematoda) and effect of the parasites on the cardiac rhythm of the host. Parazitologiya，28(2)：124-130

Stafford J. 1904. Trematodes from Canadian fishes. Zool Anz，27(16)：481-494

Stiles C W，Hassall A. 1908. Index catalogue of medical and veterinary Zoology Trematoda and trematoda diseases. Wash DC：US Gouw Print Off

Stossich M. 1883. Brani di Elmintologia Tergestina. Boll Soc Adriatica Sci Natur Trieste，8(1)：1-11

Stunkard H W. 1946. Interrelationship and taxonomy of the digenetic trematodes. Biol Rev Combridge Philos Soc，21(4)：148-158

Stunkard H W. 1963. Systematics，taxonomy and nomenclature of the trematoda. Quar Rev Biol，38(3)：221-233

Tennent D H. 1906. A study of the life history of *Bucephalus haimeanus*，a parasite of the oyster. Quart J Microscop Sci，49(4)：635-690

Tennent D H. 1909. A account of experiments for determining the complete life-history of *Gasterostomum gracilescens* (*Bucephalopsis haimeanea*). Science，29：432-433

Travassos L，Artigas P，Pereira C. 1928. Fauna helminthologica dos peixes de agua doce do Brizil. Arch Inst Biol Defesa e Animal，1：68

Tseng shen. 1930. Sur un gastrostomide immature chez Spiniperca. Ann Parasitol，8(5)：554-561

Tsin somay. 1933. Parasitic trematodes in fishes China (in Chinese). J Sci Nat Univ Shantung，1：379-392

Tubangui M A. 1947. A summary of the parasitic worms reported from the Philippines. Philippine J Sci，76：225-322

Tubangui M A，Masilungan V A. 1944. Some trematode parasites of fishes in the collection of the University of Philippines. Philippine J Sci，76(3)：57-65

Ulicny J. 1878. Helminthologische Beitrage. Arch Naturgeschichte 44 J，1(22)：211-217

Umiji S，Lunetta J E，Leonel R M V. 1976. Infestation of the mussel *Perna perna* by digenetic trematodes of the Bucephalidae family，gen. Bucephalus. Anais de Academia Brasileira de Ciencias，47(Suppl)：115-117

Van Beneden P J. 1870. Les poissons des cotes de Belgique，leurs parasites et leurs commenseaux. Acad Roy Belg Cl Sci，38：1-100

Van Cleave H J，Mueller J F. 1934. Parasites of Oneida Lake Fishes. Part III. A biological and ecological survey of the worm parasites. Part IV Additional notes on parasites of Oneida Lake fishes，including descriptions of new species. Roosev W L Ann，3(3~4)：161-373

Vejnar F. 1956. Prispeek k helmimthofaune nasich okounovithch ryb. Sbornik Vysoke Skoly Zemedelske and Lesnicke Fakulty V Brne B Spisy Fakulty Veterin，IV(xxv)：3

Velasquez Carmen C. 1959. Studies on the family Bucephalidae Poche，1907 (Trematoda) from Philippine food fishes. J Parasitol，45(2)：135-147

Verma S C. 1936. Studies on the family Bucephalidae (Gasterostomata). Part I，Descriptions of new forms from Indian freshwater fishes. Proc Nat Acad Sci India，6(1)：66-89

Verma S C. 1936. Studies on the family Bucephalidae (Gasterostomata). Part II. Description of two new forms from Indian Marine fishes. Proc Nat Acad Sci India，6(3)：252-260

Vigueras J P. 1955. Contribucion al Conocimiento de la fauna helmintologica Cubana. Mem Soc Cubana Hist Natur，22：195-233

Wagener G R. 1852. Enthelminthica. III. Ueber eine distomen Gattung Gasterostoma von Siebold. Berlin：Arch Anat Phys Wiss：557-567

Wagener G R. 1858. Enthelminthica. VI. Ueber Distoma campanula. Duj. (Gasterostoma fimbriatum) und Monostomum bipartitum. Arch Naturgeschichte，24：250-256

Wesenberg-Lund C. 1934. Contributions to the development of the Trematode Digenea. Part II. The biology of the freshwater cercariae in Danish freshwaters. Mem Acad Roy Sci Lett Dememark，9(5)：233

Woodhead A E. 1927. Concerning the encystment of *Bucephalus* cercariae. Science，65：232

Woodhead A E. 1929a. The miracidium cercaria and adult of two gasterostomatous trematodes. J Parasitology，16(2)：107

Woodhead A E. 1929b. Life history studies on the trematode family Bucephalidae. I. Trans Amer Microscop Soc，48(3)：256-275

Woodhead A E. 1930. Life history studies on the trematode family Bucephalidae. II. Trans Amer Microscop Soc，49(1)：1-17

Woodhead A E. 1931a. The germ-cell cycle in the trematode family Bucephalidae. Trans Amer Microscop Soc，50(3)：169-187

Woodhead A E. 1931b. The redia of the Gasterostome. Science，74：463

Woodhead A E. 1934. Spermatogenesis in the gasterostomes. Jour Parasit，20：336

Woodhead A E. 1936. A study of the Gasterostome cercariae of the Huron River. Trans Amer Microscop Soc，55(4)：465-476

Yamaguti S. 1958. Systema helminthum I. The digenetic trematodes of vertebrates. New York：Interscience Publishers Inc

Yamaguti S. 1971. Synopsis of Digenetic Trematodes of Vertebrates. Tokyo：Keigaku Publishing Co

Ziegler H S. 1883. Bucephalus und Gasterostomum. Ztschr Wissensch Zool，39 S：537-571

Ziegler H S. 1911. *Bucephalus polymorphus*. Blatter Fur Aquarien und Terrarienkunde，22(42)：658-659；22(43)：694-695

二、前口目（Prosostomata Odhner，1905）

复殖亚纲吸虫的口孔开在体前端的前口目种类是现有吸虫的绝大多数，鱼类、两栖类、爬行类、鸟类和哺乳类所有脊椎动物都有前口目吸虫的成虫寄生。按 Yamaguti(1971) 的《脊椎动物的复殖吸虫概要》巨著中所列就有百余科、无数属和种类。本书仅就在我国常见的，尤其是著者数十年接触和研究的 20 余群类，简单介绍于下。

（一）斜睾总科（Plagiorchioidea Dollfus，1930）

1. 斜睾总科分类系统及生活史的研究历史

（1）分类系统研究历史

斜睾总科的代表科斜睾科(Plagiorchidae Lühe，1901)接近的各科种类非常多，蠕虫学者对本类吸虫的研究历史有百余年，对此科分类系统不断改进。Odhner(1911)、Baer(1924)、Poche(1925)、Travassos(1928)、Fuhrmann(1928)、McMullen(1937)、Mehra(1931，1937)、Yamaguti(1955，1958，1971)、Skrjabin 和 Antipin(1958)等学者，对本类吸虫分类系统都有重要的贡献。但他们所建立的各个不同的系统，有的类群应作科或亚科的位置，某些种类应归于这一科或那一科，意见都不一致。

在 1899 年 Lühe 和 Looss 两位研究者同时给同一类吸虫定了不同名称的两个属：*Plagiorchis* Lühe 和 *Lepoderma* Looss。关于它们名称的优先权的争论持续了有 50 年之久，一些学者承认 *Plagiorchis* 属和 Plagiorchidae Lühe，1901 科，另一些学者却偏向于 *Lepoderma* 属和 Lepodermatidae Odhner，1911 科。Braun(1900) 考证它们的优先权问题，虽然 Lühe 和 Looss 的文章都在 *Zoologischer Anzeiger* 604 期的杂志上发表，同样在 1899 年 12 月 28 日出版，但是有 Lühe 文章的杂志是在 12 月 29 日发行，而 Looss 的文章是在 12 月 30 日发行。因此 Braun(1900)认为 Lühe 的 *Plagiorchis* 属名具有优先权，Poche(1925)、Skrjabin 和 Antipin(1958)均同意此观点，承认了 *Plagiorchis* Lühe，1899 属，而 *Lepoderma* Looss，1899 是 *Plagiorchis* 属的同物异名。

由于 Lühe 把一些不是 *Plagiorchis* 属的种类列入此属，而 Looss 给自己所定的 *Lepoderma* 属作了十分准确的特征描述，Odhner(1911)坚持认为 *Lepoderma* Looss 属比 Lühe 的 *Plagiorchis* 属具有更大的优先权。Odhner(1911) 为 Lepodermatidae Odhner，1911 科描述了科的特征，在此科中没有设亚科，列以下各属：*Lepoderma* Looss、*Pachypsolus* Looss、*Haplometra* Looss、*Renifer* Pratt、*Opisthioglyphe* Looss、*Ochetosoma* Braun、*Saphedera* Looss、*Lechriorchis* Stafford、*Pneumonoeces* Looss、*Zeugorchis* Stafford、*Astiotrema* Looss、*Lepophallus* Lühe、*Styphlodora* Looss、*Oistosomum* Odhner、*Enodiotrema* Looss、*Glossidium* Looss、*Cymatocarpus* Looss、*Opisthogonimus* Lühe、*Glyphthelmins* Stafford、*Prymnoprion* Looss。

除此之外，Odhner(1911)在此文章中还建立了一些新属：*Haplometroides* Odhner、*Styphlotrema* Odhner、*Pneumatophilus* Odhner，归在 Lepodermatidae 科中。

Baer（1924）首次对斜睾科吸虫作了分类系统的尝试，在 Lepodermatidae 之下分成 5 个亚科。

Lepodermatinae Looss，1899 亚科含 *Lepoderma*、*Haplometra* 和 *Haplometroides* 等属；

Saphederatinae Baer，1924 亚科含 *Saphedera*、*Pneumonoeces* 和 *Pneumobites* 等属；

Cymatocarpinae Baer，1924 亚科含 Cymatocarpus、Glossidium、*Pneumatophilus* 和 *Eurytrema* 等属；

Brachycoeliinae Looss，1899 亚科含 *Brachycoelium* 和 *Margeana* 两属；

Astiotrematinae Baer，1924 亚科含 *Astiotrema* 和 *Glypthelmins* 两属。

Baer 认为本科中的一些属（如 *Oistosomum*、*Odhneria*、*Mediorima*、*Aptorchis*、 *Dolichopera*、*Leptophyllum*、 *Opisthioglyphe* 和 *Opisthogonimus* 等属）的分类位置不能确定，另如 *Leptophallus* 属介于 Brachycoeliinae 和 Astiotrematinae 两亚科之间的过渡型式。他还认为 *Renifer* 等属是另一科的种类，建立了 Reniferidae Baer，1925 作为独立的科，其下分 3 个亚科：

Reniferinae Pratt，1902 亚科：含 *Renifer*、*Ochetosoma*、*Lechriorchis* 和 *Zeugorchis* 等属；

Enodiotrematinae Baer，1924 亚科：只有 *Enodiotrema* 一属；

Styphlotrematinae Baer，1924 亚科：含 *Styphlotrema* 和 *Pachypsolus* 两属。

同时，在 Reniferidae 科中也含有分类位置不明显的 *Dasymetra* 和 *Opisthogenes* 两个属。

Poche（1925）首先从 Braun（1900）的文章查明 *Plagiorchis* Lühe 属定名的优先权，而与 Baer（1924）的意见不同。他也不同意 Baer 把 Reniferidae 作为独立科的意见，认为它不是基于综合的特征，主要区别仅在于排泄系统的结构。同时 Poche 不同意 Baer 把有亲缘关系的一些属（如 *Pneumatophilus*、*Renifer*、*Ochetasoma* 及 *Lechriorchis* 等属）放在不同的科中。

Poche（1925）把 *Styphlodora*、*Prosthogonimus*、*Omphalometra*、*Leptophyllum*、*Enodiotrema* 和 *Ochetosoma* 等属归于 Plagiorchidae 科中。并把 *Brachycoelium* Looss 和 *Morgeana* Cort 两属放到含 *Eurytrema* Odhner，1910 属的双腔科（Dicrocoeliidae）中。

Travassos（1928） 在 Plagiorchidae 科下设了 6 个亚科：Plagiorchinae Pratt，1902；Brachycoeliinae Looss，1899；Reniferinae Pratt，1902；Saphederinae Baer，1924；Prosthogoniminae Lühe，1909；Opisthogoniminae Travassos，1928。

在 Travassos 的分类系统中，Plagiorchinae 亚科是最大的一个亚科，其中包含有 22 个属。他把 Baer 放在其他亚科和其他科的属放到 Plagiorchinae 亚科中，如 *Astiotrema*、*Glossidium*、*Styphlotrema* 等。他还认为 *Opisthotenes* 和 *Opisthogonimus* 是同一属的。

Fuhrmann（1928）论述了斜睾科的特征。他认为 *Macrodera* Looss、*Odhneria* Baer 和 *Prymnoprion* Looss 3 个属分别是 *Sephadera* Looss、*Encyclometra* Baylis et Cannon 和 *Prothogonimus* Lühe 3 个属的同物异名。他的文章引述了 Baer 把斜睾科分成 Leptodermatidae 和 Reniferidae 两个科及其分亚科情况。

Mehra（1931）对斜睾科的分类系统较在他之前的学者前进了一步。他把 Lepodermatidae（=Plagiorchidae）科分成 10 亚科，列入其中的有 42 属，并为各亚科和亚科中各属制出了分类特征检索表。除此之外，还有 3 个属在 10 亚科之外，为不肯定的属 "Genera incerta"。他的斜睾科分类系统如下：

Family Lepodermetidae（=plagiorchidae）（按 Mahra,1931）
　Subfamily Lepodermatinae Looss
　　　　　Genera：　*Lepoderma* Looss（Syn. *Plagiorchis* Lühe）
　　　　　　　　　　Haplometroides Odhner,
　　　　　　　　　　Tremiorchis Mehra et Negi（Syn. *Centrovitus* Bhalerao）
　　　　　　　　　　Astiotrema Looss
　　　　　　　　　　Glypthelmins Stafford
　　　　　　　　　　Rudolphiella Travassos
　　　　　　　　　　Opisthioglyphe Looss

Subfamily Sephederinae Baer

    Genera： *Saphedera* Looss（Syn. *Macrodera* Looss）

        Pneumonoeces Looss（Syn. *Haematoechus* Looss）

        Pneumobites Ward

Subfamily Brachycoeliinae Looss

    Genera： *Brachycoelium* Looss

        Cymatocarpus Looss

        Leptophallus Lühe

Subfamily Styphlotreminae Baer

    Genera: *Styphlodora* Looss

        Styphlotrema Odhner

        Pachypsolus Looss

        Glossidium Looss

        Glossidiella Travassos

        Spinometra Mehra

        Aptorchis Nicoll

Subfamily Reniferinae Pratt

    Genera: *Renifer* Pratt

        Lechriorchis Stafford

        Zeugorchis Stafford

        Ochetosoma Braun

        Pneumatophilus Odhner

        Mediorima Nicoll

        Dasymetra Nicoll

        Platymetra Mehra

        Stomatrema Guberlet

        Xenopharynx Nicoll, 1912

        Dolichopera Nicoll

Subfamily Enodiotreminae Baer

    Genus: *Enodiotrema* Looss

Subfamily Opisthogoniminae Travassos

    Genus: *Opisthogonimus* Lühe（Syn. *Opisthogenes* Nicoll）

Subfamily Encyclometrinae Mehra

    Genus: *Encyclometra* Baylis et Cannon（Syn. *Odhneria* Baer, *Paraplagiorchis* Dollfus）

Subfamily Prosthogoniminae Lühe

    Genera: *Prosthogonimus*（Syn. *Prymnoprion* Looss）

        Schistogonimus Lühe

Subfamily Telorchinae Looss

    Genera: *Telorchis* Lühe, *Cercorchis* Lühe, *Cercolecithos* Perkins,

        Protenes Barker et Covey, *Dolichosaccus* Johnston，

        Brachysaccus Johnston

Genera incerta

　　　Genera：*Oistosomum* Odhner, *Leptophyllum* Cohn, *Orthorchis* Modlinger

　　McMullen(1937)指出当时对复殖类吸虫的分类，只根据成虫的特征而不考虑幼虫期形态，认为这样有时会出差错。他认为应当两者兼顾的分类才能更完全些。McMullen 收集当时有关生活史的 35 种斜睾类吸虫的文献资料，指出它们的幼虫期都具有剑尾蚴(xiphidiocercaria)，认为这些吸虫有的是 Plagiorchidae 科，有 的 是 Lecithodendriidae 科 和 Lissorchidae 科，他提议有口锥刺剑尾型尾蚴的种类是斜睾总科（Plagiorchioidea，Dollfus，1930)的种类。他在比较了 Plagiorchidae、Lecithodendriidae 和 Lissorchidae 3 科成虫的排泄系统的结构之后指出它们非常不一样，因为排泄囊能有"I"形、"Y"形或"V"形，说明在吸虫大群类的分类系统上，排泄系统结构具有次要的意义。McMullen 在对具有口锥刺剑尾型尾蚴的吸虫类作进一步研究之后，除了以上 3 个科之外，他建立了 2 个新科：Macroderoididae McMullen，1937 和 Haplometridae McMullen，1937，并提出 Reniferidae Baer，1937。

　　Skrjabin 和 Antipin(1958)肯定了 McMullen 的意见，但他们认为所有吸虫的生活史很难一时都明了，所以目前不可能根据它们的生活史情况分类。他们认为到将来，吸虫的分类系统应当建立在形态学、生物学、生态学和动物地理学等方面的综合特征的基础上。他们同意 Mehra(1931，1937)在分亚科的基础上，把一些亚科提到科，把一些亚科并入其他科中。在斜睾总科有以下 5 个科：

　　　　Plagiorchidae　　Luhe，1899(斜睾科)

　　　　　　Plagiorchinae Pratt，1902

　　　　　　Styphloderinae Dollfus，1937

　　　　　　Styphlotrematinae Baer，1924

　　　　　　Liophistrematinae Artigas，Ruiz et Leao，1942

　　　　　　Leptophyllinae Byrd，Parker et Reiber，1940

　　　　　　Opisthogoniminae Travassos，1928

　　　　　　Enodiotrematinae Baer，1924

　　　　　　Encyclometrinae Mehra，1931

　　　　　　Pneumonoecesinae Mehra，1937

　　　　　　Prosthogoniminae Lühe，1909

　　　　Ochetosomatidae Leao，1945（沟体科）

　　　　Telorchidae Stunkard，1924（末睾科）

　　　　Brachycoeliidae Dollfus，1930（短腔科）

　　　　Maseniidae Gupta，1953（马生科）

　　La Rue(1957) 按吸虫排泄囊具有和不具有囊壁进行分类，把很不相同的群类列到排泄囊具有胞壁的总目的斜睾目中：

　　　斜睾目（Plagiorchiida ）

　　　斜睾亚目（Plagiorchiata）

　　　　斜睾总科（Plagiorchioidea Dollfus，1930）

　　　　　双腔科 Dicrocoeliidae Odhner，1910

　　　　　真杯科 Eucotylidae Skrjabin，1924

　　　　　枝腺科 Lecithodendriidae Odhner，1910

　　　　　光睾科 Lissorchiidae Poche，1926

　　　　　微茎科 Microphallidae Travassos. 1921

　　　　　斜睾科 Plagiorchiidae Lühe，1901

　　　　　头殖科 Cephalogonimidae Nicoll，1915

头孔科 Cephaloporidae Travassos，1934

肛瘤科 Collyriclidae Ward，1918

异肉总科（Allocreadioidea Nicoll，1934）

棘体科 Acanthocolpidae Luhe，1909

异肉科 Allocreadiidae Stassich，1903

鳞肉科 Lepocreaadiidae Nicoll，1934

独睾科 Monorchiidae Odhner，1911

孔肠科 Opecoelidae Ozaki，1925

后唇科 Opistholebetidae Fukui，1929

发状科 Gorgoderidae Looss，1901

中盘科 Gyliauchenidae（Goto and Ozaki，1918）Ozaki，1933

隐孔科 Troglotrematidae Odhner，1914

动殖科 Zoogonidae Odhner，1911

(2) 生活史研究与分类系统关系

有关斜睾总科吸虫种类的生活史的研究历史也很漫长（**斜睾总科表 1**）。著者（唐仲璋等，1940～1997）研究了我国斜睾总科一些群类的吸虫种类与其生活史的发育，如马生科（Maseniidae Gupta，1953）吸虫（唐崇惕和林秀敏，1973）、东肌科（Orientocreadiidae Skrjabin et Koval，1960）吸虫（唐仲璋和林秀敏，1973）、短腔科（Brachycoeliidae Dollfus，1930）中的半肠亚科（Mesocoeliinae Dollfus，1929）吸虫（唐崇惕，1962；唐仲璋和唐崇惕，1992）、柯氏科（＝长劳管科）（Cortrematidae Yamaguti，1958）吸虫（唐仲璋和唐崇惕，1981）及双腔科（Dicrocoeliidae Odhner，1911）吸虫（唐仲璋，1950；唐仲璋，唐崇惕等，1976～1997）等。从其幼虫期的发育和结构看，显然都属于斜睾总科的种类。所以，除了 Skrjabin 和 Antipin（1958）把斜睾科、沟体科、末睾科、短腔科和马生科列在斜睾总科中之外，尚应包含东肌科和柯氏科。此外，虽然 Skrjabin（1959）同意 Dollfus（1929，1950）为半肠吸虫属创立半肠亚科和放在半肠科（Mesocoeliidae）中的意见。但 Yamaguti（1958，1971）仍将半肠亚科隶于短腔科之中。著者认为，卵形半肠吸虫的生活史中尾蚴在子胞蚴体中形成囊蚴的特征与柯氏科及东肌科相同，而与短腔科的 *Brachycoelium obesum* 的生活史中，囊蚴不在子胞蚴体中形成（Cheng，1960）等特征与卵形半肠吸虫不同，所以同意 Dollfus 的意见，半肠吸虫应作为一个独立的科。这样在斜睾总科中还包含半肠科。

斜睾总科表 1　斜睾总科 23 种吸虫的宿主（按唐仲璋和林秀敏，1973）

	终末宿主	第一中间宿主	第二中间宿主	报告人
斜睾科				
Plagiorchiidae				
Plagiorchis muris	人体、鼠类、鸟类	*Lymnaea pervia*, *Stagnicola emarginata angulata*	摇蚊 *Chironomus* *Callibaetes* sp.	Tanabe，1922 Hirasawa and Asada，1929 McMullen，1937 Dollfus，1925
Plagiorchis goodmani	小白鼠、家鼠、鸡	*Lymnaea palustris*	*Limnephilus indivisus*（caddis fly larvae）	Najarian，1961
Plagiorchis arcuatus	鸡	*Bithynia tentaculata*	*Coenagrion hastulatum*, *C. Pulchellum*, *Lestes sponsa*, *Platycnemis pennipes*	
Plagiorchis micracanthos	蝙蝠、田鼠	*Stagnicola emarginata angulata*	水生昆虫	McMullen，1937
Plagiorchis proxinus	*Ondatra zibethicus*	*Stagnicola emarginata angulata*	水生昆虫	McMullen，1937
Plagiorchis dilimanensis	小鼠	*Lymnaea philippinensis*	摇蚊	Velasquer，1964
Plagiorchis maculosis	食虫的鸟类	*Lymnaea stagnalis*	*Chironomus*	Noller and Ullrich，1927
Plagiorchis ramlianum	蟾蜍	*Bulinus contortus*	昆虫、腹足类	Azim，1935

	终末宿主	第一中间宿主	第二中间宿主	报告人
Opisthioglyphe renae	蛙、蟾蜍	*Lymnaea* sp.	*Gastropoda* 蝌蚪	Komiya，1938 Sinitsin，1907 Carrere，1935
Opisthioglyphe rastellus	蛙、蟾蜍	*Lymnaea* sp.	蝌蚪	Joyeux and Baer，1927
Eustomos chelydrae	龟类	*Helisoma antrosum*， *Stagnicola emarginata*， *Lymnaea stagnalis*， *Bulinus megasoma*	腹足类、蜻蜓、蜉蝣、 摇蚊	Krull，1934 McMullen，1935
Glypthelmins quieta	蛙、蟾蜍 *Rana catesbiana* *R. virescens* *R. clamitans*	*Physa gyrina* *P. gyrina hildrethiana*	*Rana catesbiana*， *R. pipiens*	Leigh，1937 Rankin，1944
Glypthelmins pennsylvaniensis	蛙、树蛙 *Rana catesbiana* *R. virescens* *Hyla pickeringii* *H. crucifer*	*Helisoma trivolvis*	蛙类	Cheng，1961
Paralepoderma brumpti	蝾螈 *Amblystoma mexicanum*	*Planorbis planorbis*	*Chironomus plumosus*	Buttner，1950 Buttner，1951
Plagitura parva	蝾螈 *Triturus viridens*	*Helisoma antrosum*	腹足类、蜻蜓	Stunkard，1936
Haplometrana intestinalis		*Physa ampulacea*，	蛙类	Olsen，1937
H. utahensis	*Rana pretiosa*	*P. gyrina* *Physella utahensis*		Schell，1961
沟体科				
Ochetosomatidae	蛇类			
Dasymetra conferta	*Natrix sipedon* *fasciata* *Tropidonotus rhombiffer*	*Physa* sp.， *Physella* sp.， *Physella integra*	蝌蚪	McCoy，1923 Bynd，1935
末睾科				
Telorchidae	龟类			
Telorchis medius	*Kinosternon* *steindachneri louisiane* *Sternotherus odoratus* *S. carunatus* *Terrapene bauri*	*Physella integra*	蝌蚪	McMullen，1934
短腔科				
Brachycoeliidae	蝾螈		腹足类	
Brachycoeliinae	*Contia aestiva*	*Zonatoides ligerus*	*Zonatoides ligerus*	Cheng，1960
Brachycoelium obesum	*Plethodon glutinosus* *P. cinereus*	*Agriolimax agrestris*		
半肠科				
Mesocoeliidae	黑眶蟾蜍		腹足类	
Mesocoeliinae	*Bufo*	*Bracybaena similaris*，	*Bradybaena similaris*，	唐崇惕，1962
Mesocoelium ovatum	*melanostictus*	*Cathaica ravida* *sieboldtiana*	*Cathaica ravida* *sieboldtiana*	唐仲璋和唐崇惕，1992
马生科				
Maseniidae	鱼类		腹足类、瓣鳃类	
Eumasenia fukienensis	*Clarias fuscus*	*Gyraulus convexiusculus*， *Hippeutes cantori*， *Segmentina hemisphaerula*	*Gyraulus* *convexiusculus*， *Hippeutes cantori*， *Segmentina* *hemisphaerula* *Sphaerium lacustre*	唐崇惕和林秀敏， 1973
东方肌体科				
Orientocreadiidae	鱼类		腹足类、寡毛类	
Orientocreadium batrachoides	*Clarias fuscus*	*Lymnaea*（*Radix*） *swinhoei* *L.*（*Radix*）*auricularia*	*L.*（*Radix*）*swinhoei*， *L.*（*Radix*）*auricularia* *Chaetogaster limnaei*， *Hippeutes cantori* *Segmentina* *hemisphaerula*	唐崇惕和林秀敏， 1973

从所列的 7 个科 20 多个代表种吸虫的生活史，以及它们所经历的无性世代各发育期结构和寄生位置，都显示了它们具有共同的特点。以宿主关系（**斜睾总科表 1**）来说，它们寄生于鱼类、两栖类、爬行类、鸟类和哺乳类。随着宿主的不同，这一类吸虫的生活史似乎也表现为从简单趋向复杂的变化。表现出宿主与寄生虫平行演化的痕迹。本类吸虫第二中间宿主的获得是经过一定历史过程的。斜睾科寄生在鸟类和哺乳类的种类，其第二中间宿主为节足动物（昆虫类、甲壳类等），如鼠斜睾吸虫［*Plagiorchis* (*M.*) *muris*］ 的第二中间宿主为摇蚊，鸡的斜睾吸虫［*Plagiorchis* (*M.*) *arcuatus*］ 的第二中间宿主为豆娘，这代表着本总科大多数种类以昆虫类为第二中间宿主。但本总科中一些寄生在鱼类和两栖类的种类，它们的尾蚴通常在第一中间宿主体内，即在子胞蚴里面即能形成囊蚴。同时也能够逸出贝类宿主体外，利用好几种分类位置很不相同的动物（如腹足类、寡毛类和脊椎动物）作为第二中间宿主。这现象说明了吸虫类在最初获得第二中间宿主的阶段时没有明显的宿主特异性。某些寄生在两栖和爬行动物的斜睾总科的种类，如沟体科、大颈科或末睾科，其尾蚴能侵入蛙或蝌蚪的外皮，在里面成囊，成蛙吞食自己的蜕皮，或蛇类吞食蝌蚪和蛙类就得到感染。斜睾科内的 *Encyclometra asymmetrica* 的尾蚴能侵入鱼类，*E. koreana* 能侵入蛙类（江静波，1951），作为第二中间宿主的鱼或蛙都是终末宿主所常食的脊椎动物。这是较原始的只在贝类宿主体内成囊的进一步的演化阶段。

东肌吸虫的尾蚴能在子胞蚴体内成囊。著者曾经在椎实螺体内的子胞蚴中见到许多尾蚴都已形成了囊蚴，其大小悬殊甚大（见东肌科附图）。在培养皿中观察尾蚴初形成的囊蚴，其直径只有 0.15mm。而最成熟的囊蚴直径可达 0.24mm。这说明了已形成的囊蚴还能增大。这现象在其他斜睾科吸虫以及双腔科（Dicrocoeliidae）的胰脏吸虫 *Eurytrema* spp.（见双腔科附图）上也曾记述过。McMullen（1937）报告两种鱼类的吸虫 *Macroderoides typicus*（Winfield）和 *Alloglossidium corti*（Lamont）都有先期发育的后蚴（progenetic metacercariae），有了比尾蚴大逾 2 倍的虫体，在后端尚附着一个很小的尾部。这说明在斜睾科的种类中，在最先的阶段，尾蚴成囊的时间也不是那么一致的，同时这些后期尾蚴仍然能继续发育，所以囊蚴就有大小不同的现象。

从发育期的形态比较也可以看出斜睾总科下各科的相互亲缘关系。从无性世代的发育，卵与毛蚴的构造，能肯定沟体科、马生科和东肌科这三科有较密切的亲缘关系。其尾蚴均是具有口锥刺的剑尾型的尾蚴，有水生的习性。短腔科和半肠科的成员系两栖类的寄生虫，代表了脱离水生环境而进入陆生或半陆生环境的种类，它们的尾蚴是不具有尾巴的。短腔科介于斜睾科和双腔科之间的位置。有的学者把它当作后者的一个亚科。但其焰细胞的排列是 3 的倍数，与斜睾科相同，而与双腔科差别很大。曾被列入大颈科（Macroderoididae）的单宫属 *Haplometrana utahensis* 也为蛙类的寄生虫，但其尾蚴是具有口锥刺的剑尾型的尾蚴。它和末睾科（Telorchidae）都具有标准的斜睾科焰细胞的公式。虽然若干吸虫（如微茎科、双腔科）其尾蚴都具有口锥刺，与斜睾科亲缘的关系较远。异肌科和斜睾科的关系也较远。

斜睾科和较接近各科的尾蚴焰细胞公式比较，也可见到它们之间关系的亲疏情况。

斜睾科 2 ［(3+3+3)+(3+3+3)］=36；短腔科 2 ［(3+3+3)+(3+3+3)］=36；

大颈科 2 ［(3+3+3)+(3+3+3)］=36；末睾科 2 ［(3+3+3)+(3+3+3)］=36；

双腔科 2 ［(2+2+2)+(2+2+2)］=24；微茎科 2 ［(2+2)+(2+2)］=16；

异肌科 2 ［(4+4+4)+(4+4+4)］=48。

综上所述，由于斜睾总科所属各科种类的生活史、宿主关系，以及各发育期形态比较的知识累积，我们对于这一类吸虫的系统发生与分类问题可以作更合理的推测。例如，柯氏吸虫（*Cortrema corti* Tang, 1951）的母胞蚴和子胞蚴的发育和形态均和鼠斜睾吸虫相似；而且在尾蚴的构造方面，它具有 5 对穿刺腺、"Y"形的排泄囊转化为在干部中段有球状膨大的形状，以及具有锥刺的剑尾型尾蚴，和 Rees（1952）叙述的巨睾斜睾吸虫［*Plagiorchis* (*Multiglandularis*) *megalorchis*］的尾蚴具有共同特征。这显示了它与斜睾总科具有亲缘关系。显然现在已发现众多吸虫的科属中还有与斜睾总科有亲缘关系的种类，这需要有关生活史的知识给予佐证。

2. 斜睾总科主要特征及群类

（1）斜睾总科主要特征

本总科吸虫的体形，两睾丸斜列、前后列或平列，生殖腺在体中的位置和结构，各科属均有差异。但无性生殖世代幼虫期的形式和形态结构很相似，它们都经过 2 代胞蚴。从子胞蚴产生的尾蚴均属于具口锥刺剑尾型（xiphidiocercariae type），它的特征是在体部前端口吸盘的背顶部有一口棘（stylet）着生在口棘囊中。尾蚴离开或不离开子胞蚴形成囊蚴。离开子胞蚴的尾蚴能钻入第二中间宿主（包括贝类、寡毛类、昆虫和两栖类等）体内形成囊蚴。性成熟个体能寄生在包括鱼类、两栖类、爬行类、鸟类和哺乳类所有脊椎动物的消化道、胆囊、胰管，有的在呼吸道或生殖腺。尾蚴期的排泄囊有"I"形、"V"形、"Y"形，以及由"Y"形在干部中段作球状膨大的形状。尾蚴的尾部长或短。

代表科：斜睾科 Plagiorchiidae（Lühe，1901）Ward，1917。

（2）斜睾总科所包含的科及其宿主

按现在所知，吸虫种类具口棘的 Xiphidiocercaria 型尾蚴有以下各科：

斜睾科 Plagiorchiidae Lühe，1901（**斜睾图 1**）（宿主：鱼类、两栖类、爬行类、鸟类、哺乳类）；

大颈科 Macroderoididae McMullen，1937（**斜睾图 2 之 7**）（宿主：鱼类、两栖类、爬行类）；

单宫科 Haplometridae McMullen，1937（**斜睾图 2 之 5**）（宿主：两栖类）；

沟体科 Ochetosomatidae Leao，1945（**斜睾图 3**）（宿主：爬行类）；

末睾科 Telorchidae Stunkard，1924（**斜睾图 2 之 10**）（宿主：爬行类）；

短腔科 Brachycoeliidae Dollfus，1930（**斜睾图 2 之 1**）（宿主：鱼类、两栖类、爬行类）；

马生科 Maseniidae（Chatterji，1933）Yamaguti，1954（**马生科附图**）（宿主：鱼类）；

半肠科 Mesocoeliidae Dollfus，1930（**半肠科图**）（宿主：鱼类、两栖类、爬行类）；

东肌科 Orientocreadiidae Skrjabin et Koval，1960（**东肌科附图**）（宿主：鱼类、爬行类）；

柯氏科 Cortrematidae Yamaguti，1958（**柯氏科附图**）（宿主：鸟类）；

光睾科 Lissorchiidae Poche，1926（**斜睾图 2 之 4**）（宿主：鱼类）；

头殖科 Cephalogonimidae Nicoll，1915（**斜睾图 2 之 2**）（宿主：两栖类）；

双腔科 Dicrocoeliidae Odhner，1910（**双腔科附图**）（宿主：两栖类、爬行类、鸟类、哺乳类）；

枝腺科 Lecithodendriidae Odhner，1919（**斜睾图 2 之 3**）（宿主：两栖类、爬行类、鸟类、哺乳类）；

微茎科 Microphallidae Travassos，1921（**斜睾 2 之 8**）（宿主：鱼类、鸟类、哺乳类）；

脐宫科 Omphalometridae Bittner et Aprehn，1928（**斜睾图 2 之 9**）（宿主：两栖类、爬行类、哺乳类）；

舐血科 Haematoloechidae Odening，1964（**斜睾图 2 之 6**）（宿主：两栖类）。

以上 17 科吸虫生活史形式接近，但生活史有的较原始，有的演化较复杂。有的生活史各期个体与代表科斜睾科较相似，有的差别较大。可以推想它们之间的亲缘关系有的比较接近，有的比较疏远。

（3）脐宫科 *Omphalometridae*（Looss，1899）Bittner et Sprehn，1928 及沟体科 *Ochetosomatidae* Leão，1945

脐宫科吸虫成虫形态及生活史形式与斜睾科种类相像。体丰满或较窄长。体披小棘。阴茎囊全部在腹吸盘前方，内中含有弯曲管状、囊状或分成两部分的贮精囊、前列腺及射精管。生殖孔在体中线或次中央、

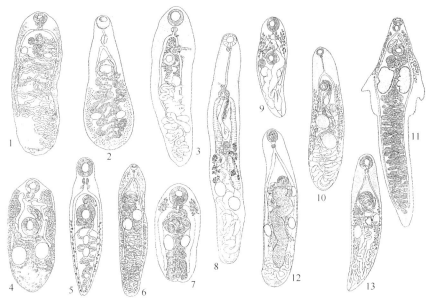

斜睾图 1　斜睾科各亚科种类

1. *Alloglyptus crenshawi* Byrd，1950（按 Yamaguti，1971）(Alloglyptinae)；2. *Aptorchis aequalis* Nicoll，1914（按 Yamaguti，1971）(Aptorchiinae)；
3. *Sticholecitha serpentis* Prudhoe，1949（按 Yamaguti，1971）(Sticholecithinae)；4. *Chamaeleophilus sanneri*（Deblock，Capron et Brygoo，1962）Yamaguti，1971（按 Deblock et al.，1962）(Chamaeleophilinae)；5. *Encyclometra bolognensis*（Baer，1924）Baylis et Cannon，1924（按 Baer，1924）(Encyclometrinae)；
6. *Enodiotrema megachondrus*（Looss，1899）Looss，1901（按 Looss，1902）(Enodiotrematinae)；7. *Stomatrema pusillum* Guberlet，1928（按 Yamaguti，1971）(Stomatrematinae)；8. *Natriodera verlata*（Talbot，1934）Mehra，1937（按 Talbot，1934）(Natrioderinae)；9. *Leptophallus nigrovenosus*（Bellingham，1844）Lühe，1909（按 Yamaguti，1971）(Leptophallinae)；10. *Astiotrema foochowensis* Tang，1941（按 唐仲璋，1941）(Astiotrematinae)；11. *Oistosomum caduceus* Odhner，1902（按 Yamaguti，1971）(Oistosominae)；12. *Opisthogonimus (Westella) sulina* Artigas，Ruiz et Leao，1943（按 Yamaguti，1971）(Opisthogoniminae)；13. Opisthogonimus(Opisthogonimus) philodryadum(West，1896) Lühe，1900（按 West，1896）(Opisthogoniminae)

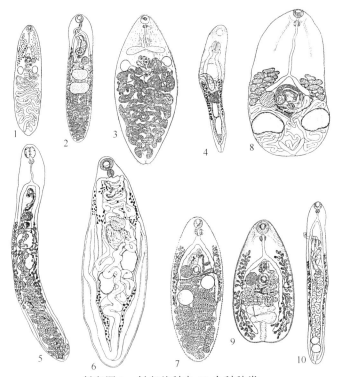

斜睾图 2　斜睾总科中 10 个科种类

1. *Brachycoelium salamandrae*（Froelich，1789）Lühe，1909（按 Lühe，1909）(Brachycoeliidae)；2. *Cephalogonimus japonicus* Ogata，1934（按 Yamaguti，1971）(Cephalogonimidae)；3. *Lecithodendrium hirsutum*（Looss，1896）Looss，1899[按 Yamaguti，1971 (Lecithodendridae)]；4. *Lissorchis fairporti* Magath，1918（按 Yamaguti，1971）(Lissorchiidae)；5. *Haplometrana intestinalis* Lucker，1931（按 Yamaguti，1971）(Haplometridae)；6. *Neohaematoloechus neivai*（Travassos et Artigas，1927）Odening，1960（按 Dobbin，1957）(Haematoloechidae)；7. *Glypthelmins intermedia*（Caballero et al.，1944）（按 Caballero et al.，1944）(Macroderoididae)；8. *Microphalloides japonicas*（Osborn，1919）Yoshida，1938（按 Yamaguti，1971）(Microphallidae)；9. *Opisthioglyphe ranae*（Froelich，1791）Looss，1907（按 Lühe，1909）(Omphalometridae)；10. *Telorchis stunkardi* Chandler，1923（按 Yamaguti，1971）(Telochidae)

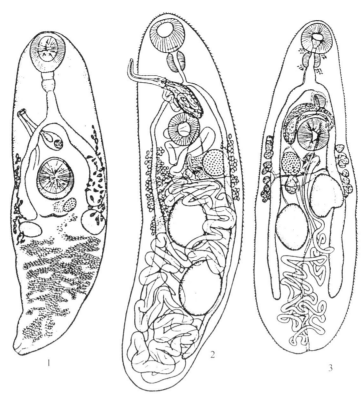

斜睾图 3　斜睾总科沟体科 Ochetosomatidae Leão，1945 种类

1. *Ochetosoma miladelarocai* Caballero et Vogelsang，947（Ochetosomatini Yamaguti，1971）；（按 Yamaguti，1971）；2. *Parahaplometroides basiliscae* Thatcher，1964（Steph lotrematini Yamaguti，1971）（按 Yamaguti，1971）；3. *Paurophyllum simplex* Byrd，Parker et Reiber，1940（Styphlodorini Yamaguti，1971）（按 Yamaguti，1971）

位于肠分叉至腹吸盘之间区域。卵巢在腹吸盘后方或在其水平次中央位置，具有受精囊和劳氏管。睾丸 2 个，前后列、斜列、偶尔近并列于体后半部两肠支之间。肠管盲端达到体后端。卵黄腺在体两侧，可向前后作不同程度的伸展。子宫分布在两肠支之间的空隙部位，很少延到体后端。排泄囊管状。寄生于两栖类、爬行类、鸟类和哺乳类的肠。

按 Yamaguti（1971），本科只有 Omphalometrinae 和 Ophiotreminoidinae 两亚科，前者在两栖类有 *Rudolphitrema*、*Dolichosaccus*、*Opisthioglyphe*、*Sarumitrema* 及 *Maicurus* 5 属；在爬行类有 *Sigmapera*、*Opisthioglyphe* 和 *Kaurma* 3 属；在鸟类只有 *Dolichosacculus* 1 属；在哺乳类（鼠、猫、狗等）有 *Omphalometra*、*Skrjabinomerus*、*Sorexeglyphe*、*Neoglyphe* 及 *Rubenstrema* 5 属。Ophiotreminoidinae 亚科只有爬行类的 *Ophiotreminoides* 1 个属。所以本科被认为有两亚科共 15 属。

著者（Tang，1941）在福建闽北山区邵武的淡水龟 *Amyda tuberculata* 的肠管中获得 *Kaurma longicirra* Chatterji，1936 标本（**斜睾科图 4 之 1**）12 条，虫体大小为（4.5～6）mm×（1.7～2.34）mm。口吸盘大小为（0.382～0.664）mm×（0.473～0.664）mm；咽大小为（0.232～0.290）mm×（0.266～0.332）mm，食道长 0.041～0.124mm；腹吸盘大小为（0.498～0.788）mm×（0.490～0.747）mm；卵巢大小为（0.255～0.349）mm×（0.207～0.349）mm，卵巢后方有一长茄子状的受精囊和一条细长弯曲的劳氏管（**斜睾科图 4 之 2**）。睾丸分叶，前睾丸大小为（0.622～0.871）mm×（0.639～0.996）mm，后睾丸大小为（0.730～0.871）mm×（0.764～0.937）mm。阴茎囊大小为（0.589～0.996）mm×（0.299～0.415）mm。

Kaurma longicirra Chatterji，1936 最早是 Chatterji 于 1936 年从印度的 *Emyda scutata* 所获的标本。Yamaguti（1937a）在日本的 *Amyda japonica* 的肠管中检获本种吸虫不成熟的标本，他将其归于 *Kaurma longicirra* Chatterji，1936。但同年，Yamaguti（1937b）在同样宿主检获此吸虫成熟标本，将其定为新种 *Kaurma orientalis* Yamaguti，1937。

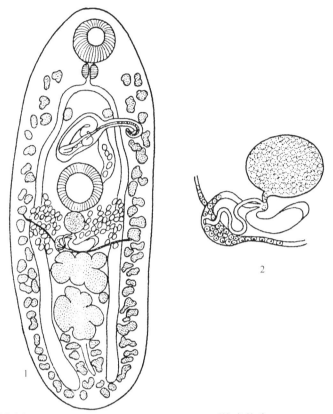

斜睾图 4 *Kaurma longicirra* Chatterji，1936（按唐仲璋，1940～1941）

1. 成虫；2. 卵巢复合器

著者从邵武的 *Amyda tuberculata* 肠管检获 10 余条标本(Tang，1941)与 *Kaurma orientalis* Yamaguti，1937 一样，但在卵巢、输卵管、受精囊及劳氏管等特征与 Yamaguti(1937a) 所叙述的 *Kaurma longicirra* Chatterji，1936 相同。所以，可能 *Kaurma orientalis* Yamaguti，1937 与 *Kaurma longicirra* Chatterji，1936 是同一虫种。

3. 斜睾科［Plagiorchiidae(Lühe，1901)Ward，1917］

(1)科的特征

具有本总科典型的生活史方式。成虫体卵圆形、纺锤形、矛形、长梨形或长短不一的次圆柱形。体表通常披小棘。两吸盘距离较远。具咽，简单的二肠管半长或长。两睾丸在体后部前后列、斜列或并列。阴茎囊通常在腹吸盘附近，内含有贮精囊和前列腺复合器。生殖孔通常在两吸盘之间不同水平上的中央、次中央或次侧方的位置。卵巢在睾丸之前，腹吸盘的后方、侧方或与其重叠。受精囊具有或付缺。具有劳氏管。卵黄腺丛粒绝大多数在体后部两侧，个别在背侧，有的伸展到体前部。子宫通常盘曲在两睾丸之间，向后达到或靠近体后端；个别向前伸展到体前部。排泄囊通常"Y"形，也可能是简单的管状。寄生在脊椎动物肠管中，有的种类在胆管、胆囊或肾脏和尿道中。

代表亚科：斜睾亚科 Plagiorchiinae Pratt，1902。

(2)斜睾科中的亚科及它们的主要特征

A. 斜睾科的亚科

Yamaguti(1971)记载斜睾科中含有 14 个亚科。其中寄生在蛇类肾脏和尿道的，含 Ochetosomatini、Stephlotrematini 及 Styphlodorini 3 个族的 Styphlodorinae Dollfus，1937 亚科(同物异名：Ochetosomatinae Leāo，1945；Reniferinae Pratt，1902)，Leāo(1945)曾为其建立沟体科(Ochetosomatidae Leāo，1945)(**斜睾**

图 3），Skrjabin 和 Antipin（1958）承认沟体科和斜睾科等并列于斜睾总科之下。唐仲璋和林秀敏（1973）比较了斜睾总科中 6 个科的幼虫期、中间宿主种类和终末宿主的情况，也承认沟体科的独立性。因此，斜睾科现包括 13 个亚科及其终宿主情况如下：

Alloglyptinae Yamaguti，1958	（宿主：爬行类）；
Aptorchiinae Yamaguti，1958	（宿主：爬行类）；
Astiotrematinae Baer，1924	（宿主：鱼类、两栖类、爬行类）；
Chamaeleophilinae Yamaguti，1971	（宿主：爬行类）；
Encyclometrinae（Mehra，1931）	（宿主：爬行类）；
Enodiotrematinae Baer，1924	（宿主：爬行类）；
Leptophallus Lühe，1909	（宿主：爬行类）；
Natrioderinae Yamaguti，1958	（宿主：爬行类）；
Oistosominae Yamaguti，1958	（宿主：爬行类）；
Opisthogoniminae Travassos，1928	（宿主：爬行类）；
Plagiorchiinae（Lühe，1909）Pratt，1902	（宿主：两栖类、爬行类、鸟类、哺乳类）；
Sticholecithinae Freilas，1956	（宿主：爬行类）；
Stomatrematinae Yamaguti，1958	（宿主：爬行类）。

B. 斜睾科各亚科主要特征

Yamaguti（1971）为斜睾科各亚科及属制检索表，从中可以区别各亚科及亚科中各属的主要特征。各检索表介绍如下。

斜睾科亚科检索表

1. 身体在腹吸盘后方体两侧呈套筒样的扩张；睾丸并列在卵巢紧接的后方；卵黄腺分布在体前部的两旁………………………………………………………………………………………Oistosominae（斜睾图 1 之 11）

　身体无旁侧的扩张…………………………………………………………………………2

2. 具有外贮精囊………………………………………………………Leptophallinae（斜睾图 1 之 9）

　无外贮精囊…………………………………………………………………………………3

3. 排泄囊"Ⅰ"形；雌雄性管末端相连形成短的两性管开口于生殖孔；卵子排出时内已含已发育的毛蚴…………………………………………………………………………Alloglyptinae（图 1 之 1）

　排泄囊"Y"形；两性管付缺…………………………………………………………………4

4. 卵黄腺集中在较短的区域或在体前部；睾丸接近对称，并列或者斜列在腹吸盘紧接的后方……………………………………………………………………………Stomatrematinae（斜睾图 1 之 7）

　卵黄腺分布在从睾丸后方水平到腹吸盘前方水平之间两侧区域中……………………………5

　卵黄腺分布在睾丸后方的两肠管的部位；排泄囊和两排泄管有很多再分出的侧枝…………Enodiotrematinae（斜睾图 1 之 6）

　卵黄腺分布在从肠叉到后睾丸之间的体背侧中央……………………Sticholecithinae（斜睾图 1 之 3）

　卵黄腺达到或不达到前部中，它们在前方和在后方融合或不融合…………………………7

5. 卵巢靠近腹吸盘，生殖孔在腹吸盘前方；卵黄腺在较短区域作繁多的扩展…………Chamaeleophilinae（斜睾图 1 之 4）

　卵巢与腹吸盘之间略有距离；生殖孔在腹吸盘后方……………Opisthogoniminae（斜睾图 1 之 13）

　卵巢与腹吸盘的距离大；身体通常更窄长；生殖孔在腹吸盘前方…………………………6

6. 肠管末端在两睾丸的前方；卵黄腺分布在卵巢区和睾丸区；食道很长………Natrioderinae（斜睾图 1 之 8）

　肠管较长；子宫分布达到体后末端；卵黄腺不达到体后端………Astiotrematinae（斜睾图 1 之 10）

7. 卵巢较接近腹吸盘；生殖孔位于中央或次中央…………………………………………8

卵巢距离腹吸盘较远；卵黄腺左右束在体后端连接，它将子宫与体后端隔开；肠管末端达到腹吸盘后方很短的距离·········
··Aptorchiinae（斜睾图 **1** 之 **2**）

8. 子宫在两睾丸之间向更后方伸展······································Plagiorchiinae（斜睾图 **5**）

子宫穿过睾丸两旁或背侧································Encyclometrinae（斜睾图 **1** 之 **5**）

以上 13 个亚科，Yamaguti（1971）共记述 22 个属。除 Plagiorchiinae 有 5 个属、Astiotrematinae 和 Stomatrematinae 各有 3 个属、Leptophallinae 有 2 个属之外，其他亚科都只有 1 个属。

（3）斜睾亚科［Plagiorchiinae（Lühe，1901）Pratt，1902］及斜睾属特征

A. 斜睾亚科特征

属斜睾科。体卵圆形、纺锤形、椭圆形或略伸长。体披小棘。口吸盘和咽发达，食道短，肠支末端达到或靠近体后端。腹吸盘小，位于体前半部。睾丸位于体后半部，斜列或略对称。生殖孔在腹吸盘前方近次中央。阴茎囊长，常延伸到腹吸盘后方。卵巢在腹吸盘后方或后侧方，次中央位置。卵黄腺分布在体后部两旁，有时会延伸到体前部。排泄囊两分支常在卵巢和前睾丸之间，有时是管状达到后睾丸。是脊椎动物的肠管寄生虫。

代表属：斜睾属（Plagiorchis Luhe，1899）。

本亚科的 5 个属及其终末宿主如下：

Plagiorchis Lühe，1899（宿主：两栖类、爬行类、鸟类、哺乳类）；

Bilorchis Mehra，1937（宿主：爬行类）；

Encyclobrephus Sinha，1949（宿主：爬行类）；

Skrjabinoplagiorchis Petrov et Merkusheva，1963（宿主：哺乳类）；

Xenopharynx Nicoll，1912（宿主：爬行类）。

B. 斜睾亚科各属主要特征

斜睾亚科分属检索表

1. 两睾丸前后列；阴茎囊不达到腹吸盘后方；受精囊大·············Encyclobrephus（斜睾图 **5** 之 **2**）

两睾丸斜列；寄生于龟或蜥蜴···2

两睾丸并列于体中部

寄生于龟胆囊，睾丸小·······································Bilorchis（斜睾图 **5** 之 **3**）

寄生于鼠类胆管和胆囊，睾丸很大·····················Skrjabinoplagiorchis（斜睾图 **5** 之 **4**）

2. 两睾丸相距远；阴茎囊较小，在腹吸盘前方；生殖孔在肠叉处；卵巢略离腹吸盘，中有子宫曲在之间·······
··Xenopharynx（斜睾图 **5** 之 **5**）

两睾丸相距不远；阴茎囊延伸到腹吸盘后方；生殖孔在腹吸盘前方；卵巢和腹吸盘之间无子宫曲穿过·············
··Plagiorchis（斜睾图 **5** 之 **1**）

C. 斜睾属（Plagiorchis Lühe，1899）各亚属主要区别

斜睾属下有 4 亚属，其名称、宿主和它们区别特征的检索表如下：

Plagiorchis Schulz et Skworzov，1931（宿主：两栖类、爬行类、鸟类、哺乳类）；

Metaplagiorchis Timofeeva，1962　　　（宿主：两栖类、爬行类、鸟类）；

Multiglandularis Schulz et Skworzov，1931（宿主：爬行类、鸟类、哺乳类）；

Pseudoplagiorchis Yamaguti，1971　　　（宿主：鸟类）。

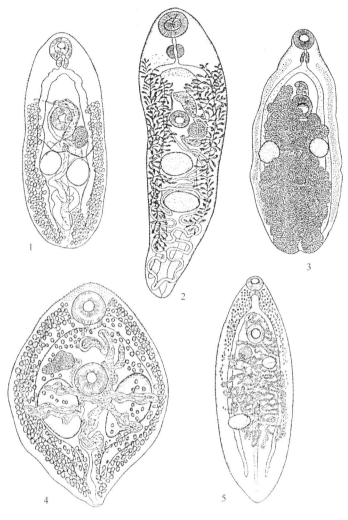

斜睾图 5　斜睾亚科 5 个属的种类

1. *Plagiorchis (Plagiorchis) vespertilionis parorchis* Macy，1960（按 Yamaguti，1971）；2. *Encyclobrephus robustum* Sinha，1949 （按 Yamaguti，1971）；

3. *Bilorchis indicus* Nicoll，1912（按 Yamaguti，1971）；4. *Skrjabinoplagiorchis skrjabini*（Kadenatsii，1960）Petrov et Merkusheva，1963（按 Kadenatsii，

1960）；5. *Xenapharynx solus* Nicoll，1912（按 Yamaguti，1971）

斜睾属 4 亚属分属检索表（按 Yamaguti，1971）

卵黄腺前方达到生殖孔，甚至可到咽或口吸盘水平···*Multiglandularis*（斜睾图 6 之 2）

卵黄腺通常不向前达到生殖孔，但有时例外；

　　子宫在两睾丸间通过；生殖孔通常在次中央··*Plagiorchis*（斜睾图 5 之 1）

　　子宫在两睾丸外侧通过；生殖孔在体中央···*Pseudoplagiorchis*（斜睾图 6 之 3）

卵黄腺只分布在肠叉到睾丸区之间的部位；肠管不达到体后端·································*Metaplagiorchis*（斜睾图 6 之 1）

（4）我国斜睾属种类

　　经世界各地工作者记述本属及各亚属的种类其多。按 Yamaguti（1971）记载：寄生在两栖类有 12 种、寄生在爬行类的有 10 种、寄生在鸟类的有 60 种，寄生在哺乳类的也有 59 种之多。寄生于哺乳类的斜睾吸虫其宿主虽以鼠类居多，也见于猫、狗等动物，而且也有人体寄生的记载。本属吸虫在我国鼠类、鸟类、鱼类及蝙蝠也有报道（唐仲璋 1940；王溪云和周静仪，1993）。

A. 鼠多腺斜睾吸虫 *Plagiorchis*（*Multiglandularis*）*muris* Tanabe，1922

　　同物异名：*Lepoderma*（*Plagiorchis*）*muris* Tanabe，1922。

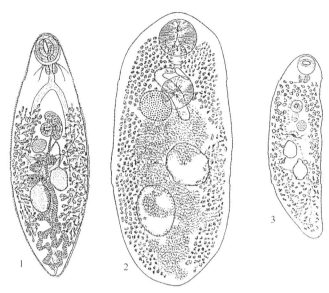

斜睾图 6　斜睾属亚属种类

1. *Plagiorchis*（*Metaplagiorchis*）*ramlianus*（Looss，1896）Stossich，1904（按 Looss，1896）；2. *Plagiorchis*（*Multiglandularis*）*multiglandularis* Semenov，
1927（按 Yamaguti，1971）；3. *Plagiorchis*（*Pseudoplagiorchis*）*erraticus*（Rud. 1819）（按 Linstow，1894）

1）研究历史：此种小形吸虫最早于1922年由日本学者田部浩氏（Tanabe）从日本冈山和京都的黑色鼠与棕色鼠肠内找到，并叙述了它的生活史。本吸虫的第一中间宿主在日本为 *Lymnaea pervia* V. Martens，第二中间宿主亦系 *Lymnaea pervia*，从中找到此吸虫囊蚴。在人工感染的摇蚊（*Chironomus* sp.）也可找到此吸虫发育的囊蚴。感染后 2 周的摇蚊幼虫喂饲实验白鼠，10d 后可以从鼠体检获数目很多的幼小成虫。McMullen（1937）在美国 Donglas lake 发现此吸虫在当地的贝类宿主为 *Stagnicola emarginata*，并用其中的囊蚴作人体感染，证明此吸虫可感染人体，受感染的人每日粪内平均可检得虫卵 2 万余个。Yamaguti（1975）记载此吸虫的第二中间宿主种类有：*Chironomus dorsalis*、*Anisogammarus annandalei*（幼虫、蛹和成虫）、*Anax*、*Orthetrum*、*Calopteryx*、*Ephemera*、*Cybister*、*Chironomus plumosus*、*Culex pipiens*、 *Asellus aquaticus*、*Neocaridina denticulata*，以及涡虫、软体动物和各种小鱼等。

　　著者（唐仲璋，1940）从福州的棕色鼠（*Mus norvegicus*）及黑色鼠（*Mus rattus*）的小肠中也检获此种吸虫（**斜睾图 7 之 1、2**），数量很多。

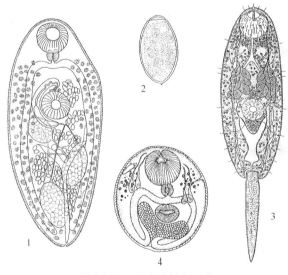

斜睾图 7　鼠多腺斜睾吸虫

1、2. 成虫和虫卵（按唐仲璋，1940）；3. 尾蚴（按 Yamaguti，1943）；4. 囊蚴（按 Ogata，1941）

2) 虫种形态结构及其对宿主的危害如下所述。

虫种特征(按唐仲璋，1940)：鼠多腺斜睾吸虫(斜睾图 7 之 1)体椭圆形，大小为(0.913～1.305)mm×(0.375～0.595)mm，体表披密生的楔状棘。口吸盘及腹吸盘均为圆形，前者直径为 0.105～0.185mm，后者直径为 0.105～0.175mm。直径为 0.052～0.080mm 的咽接很短的食道，随即分为两个盲肠(intestinal caecum)沿着体的左右两侧达于后端。排泄囊(excretory bladder)作"Y"字形，位于两睾丸背面的正中线，其分支的前端约达于卵巢的后部，排泄孔在体的后端。头部神经节(cerebral ganglion)位于咽的后面，横列于食道的背部。

雄性生殖器官：两个斜列的椭圆形睾丸，大小为(0.165～0.300)mm×(0.105～0.255)mm，位于体后约 2/5 部位，由它们的前端各引出的一条小输精管(vas efferens)，延伸至腹吸盘的稍后处，会合为一条大输精管(vas deferens)，随即通入于阴茎囊。阴茎囊为长圆管形的构造，全管作"C"形弯曲，从右侧围绕着腹吸盘，囊内有贮精囊(seminal vesicle)、前列腺(prostate gland)及阴茎(cirrus)等；囊的开口处为雄性生殖孔(male genital pore)。

雌性生殖器官：卵巢位于腹吸盘后方的右侧，一条很细的输卵管，发自卵巢的后端偏内的部分，随即接受一个很小的受精囊(seminal receptacle)及劳氏管(Laurer's canal)，继与卵黄腺总管汇合，而经卵模连于子宫(uterus)。子宫曲分布于两睾丸之间，后上行开口于雌性生殖孔。雌性生殖孔位于腹吸盘前方的正中线上，稍偏于右方，和雄性生殖孔并列。卵黄腺分布于虫体的两侧，见于肠管内方和外方，向前达于肠叉水平，向后到体末端。卵大小为(29～32)μm×(18～21)μm，椭圆形(斜睾图 7 之 2)，黄色，前端具卵盖，后端有一小钩突(nodule)。

本吸虫寄生于鼠小肠中，凡被寄生的部位，常组织增生，向外呈盲支状的肠瘤，内有百余个小虫附着黏膜上。由此可见，此虫能刺激宿主的组织，使其发生病理变化。McMullen(1937)人工试验证明人体可以受感染。如受感染，危害也当如此。

3) 生活史：诸多学者研究鼠多腺斜睾吸虫的生活史情况(Tanabe，1922；Dollfus，1925；Hirasawa and Asada，1929；McMullen，1937；Ogata and 1941；Okabe and Koga，1952；Okabe and Shibue，1952；Ono，1935；Yamaguti，1943，1952)，得知其生活史如同斜睾总科其他种类一样，经过虫卵、毛蚴、胞蚴、尾蚴、囊蚴(后期尾蚴)、童虫和成虫各阶段。虫卵被贝类吞食，毛蚴在其体中发育为胞蚴。子胞蚴体前端有生产孔(birth pore)，成熟尾蚴(斜睾图 7 之 3)从此生产孔产出，从贝类宿主体中逸出到外界水中，可以在同种贝类的其他个体中形成囊蚴(斜睾图 7 之 4)，也可以进入各种昆虫的幼虫、甲壳类虾、小鱼体中形成囊蚴。鼠类等终末宿主吞食了含有囊蚴的第二中间宿主而受感染。

尾蚴：按 Yamaguti(1975)记述，本吸虫尾蚴体部大小为(0.2～0.34)mm×(0.09～0.125)mm。口锥刺长 33～36μm，宽 5μm。有 7 对穿刺腺(但不同作者观察到的穿刺腺有所不同，为 4～8 对)。排泄囊"Y"形，干部略膨大，囊壁由上皮细胞组成。焰细胞公式为 2[(3+3+3)+(3+3+3)]=36。尾部剑尾形，大小为(0.190～0.240)mm×(0.024～0.032)mm。

囊蚴：小圆珠形，大小为(0.115～0.175)mm×(0.100～0.132)mm；囊壁厚 2～3μm。

Zajicek(1971)报告：从 *Lymnaea stagnalis*、*L. auricularia* 及 *L. peregra ovata* 获得的"*Plagiorchis (Multiglandularis) muris*"的囊蚴饲养鸽子，6d 和 11d 后获得成虫。但 Yamaguti(1975)认为 Zajicek 可能虫种鉴定有误。

B. 林国樑多腺斜睾吸虫 *Plagiorchis*(*Multiglandularis*) *linkuoliangi* Tang，1941

终宿主：麝香鼩鼱 *Suncus murinus*(L.)。

寄生部位：膀胱(urinary bladder)。

发现地点：福建省邵武市。

虫种特征：本吸虫(斜睾图 8)体长 1.8～1.859mm，体宽 0.664～0.738mm。体呈长椭圆形，两端略窄。体表披小棘。口吸盘直径0.207mm，咽大小为0.090mm×(0.120～0.130)mm。无前咽和食道。腹吸盘大小为(0.199～0.220)mm×(0.207～0.230)mm，位于体长前方 1/4 处。卵巢大小为(0.182～0.232)mm×0.207mm，紧靠于腹吸盘左后侧，2 个非常大的睾丸前后略斜地列于体后半部中央。阴茎囊很发达，"C"形，位于腹吸盘的左背侧，但较短，后端不达到腹吸盘的后缘。贮精囊较大，占满阴茎囊后 2/3 空间。阴茎发育适中。卵黄腺非常发达，

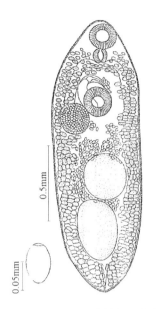

斜睾图 8　林国楔多腺斜睾吸虫成
虫及虫卵
（按唐仲璋，1941）

前方从咽的水平向后分布到体末端，卵黄丛粒布满体两旁大部分的空隙，在咽和腹吸盘之间，两旁的卵黄腺相连。子宫曲分布于卵巢、前睾丸与两睾丸之间。卵子大小为(22～40)μm×(16～18)μm。

著者（唐仲璋，1941）按本吸虫的形态及寄居部位均与其近似的 *Plagiorchis arcuatus* 和 *Plagiorchis fastuosus* 不同。当时为纪念在抗日战争中因鼠疫身亡的亲密助手林国楔先生，用他的名字命名此新种吸虫。

(5) 细孔亚科(Astiotrematinae Baer，1924)

A. 细孔亚科特征

本亚科吸虫是冷血脊椎动物肠道寄生虫。主要是寄生于爬行类，偶尔见于鱼类和两栖类。本亚科吸虫体呈叶片状、矛形或次圆柱形，体披小棘或无。口、腹吸盘及咽均较小或中等发育。两肠支达到体后端，卵巢在腹吸盘后方，距离较远。两睾丸斜列于体后半部两肠管之间。阴茎囊长，基部在腹吸盘后方，甚至靠近卵巢。生殖孔在腹吸盘前方靠体中线位置。子宫分布于腹吸盘、卵巢、两睾丸之间，可达到体后端。卵黄腺在体两侧，但不达到体末端。排泄囊"Y"形。具口锥刺剑尾型尾蚴的焰细胞公式是：
2 ［(3+3+3)+(3+3+3)］=36。

Astiotrematinae 亚科只有 3 个属：细孔属(*Astiotrema* Looss，1900)、异咽属 ［*Allopharynx*(Shtrom，1928) Price，1938］ 及舌宫属(*Glossimetra* Mehra，1937)。*Astiotrema* 属是鱼类的斜睾科唯一亚科和属，*Astiotrema* 属是两栖类的 Astiotrematinae 亚科唯一的属。上述 3 属均有寄生于爬行类的种类。其主要区别特征在卵黄腺的分布、阴茎囊的大小和生殖孔的位置等。

B. 福州细孔吸虫 *Astiotrema foochowensis* Tang，1941

本吸虫(**斜睾图 1 之 10**)发现于福州淡水龟(*Amyda tuberculata*)的肠管(唐仲璋，1941)。体长椭圆形，大小为 5mm×1.21mm，前后端圆形。体表披横列的小棘，它们从前到后逐渐变少，消失于体后端。口吸盘大小为 0.249mm×0.209mm，位于次顶端。咽大小为 0.090mm×0.104mm，食道长 0.498mm。肠叉在距腹吸盘前方一段处，两肠支向后只达到体长后约 1/4 处，后睾丸后缘水平。两睾丸椭圆形，大小为(0.55～0.59)mm×(0.46～0.50)mm，斜列于体后 3/4 段上，阴茎囊大小为 1.054mm×0.207mm，它的基部靠近卵巢前部水平，阴茎囊窄细，上部包绕腹吸盘右侧，生殖孔开口于腹吸盘前方中央。阴茎囊基部囊状，内有一分两部的贮精囊，由其向前接管状射精管。射精管膨大的基部两旁管壁上有一些向前的膜状瓣，以控制精子的放出。卵巢直径 0.282mm，从其左方引出的输卵管随即与横列长囊状的受精囊相连，具有劳氏管，它源于受精囊的左前部，开口于虫体的背侧表面。卵模(ootype)微微膨大，外包围梅氏腺。子宫从两睾丸之间向后行，充满体后端，然后由原线路转回前行，子宫末端(metraterm)肌肉性和阴茎囊一样，弧样弯曲包绕于腹吸盘的右侧，内充满卵子，开口于生殖腔(genital atrium)。卵黄腺分布于体两旁，前端起始于腹吸盘水平，后端达到两肠管盲端略后一些位置。它们于两旁各有 9～10 个梨状丛粒群，由卵黄腺管经前、后卵黄管，联合而成卵黄横管，在卵巢后方，经卵黄总管在受精囊之后进入输卵管。虫卵黄色，大小为(28～34)μm×(12～16)μm。

Yamaguti(1971)认为此种是朝鲜的 *Astiotrema orientate* Yamaguti，1937 的同物异名。但后者的虫卵很大，而虫体又较小，虫体大小为(4.2～4.9)mm×(0.8～0.85)mm，虫卵大小为(45～51)μm×(15～18)μm。一个虫种的虫卵大小和形态与其卵模结构有关。此两虫种的卵子大小相差过于悬殊，不可能为同一虫种。

C. 细孔吸虫生活史

细孔亚科(Astiotrematinae Baer，1924) 种类的生活史，Shevchenko 和 Vergin(1960) 曾报道寄生在游蛇(*Natrix natrix*)和蝰蛇(*Vipera berus*)的 *Astiotrema monticellii* Stossich，1904。他们叙述此吸虫幼虫期经雷蚴阶段，而且尾蚴具眼点和尾鳍膜、无口锥刺等形态特征与斜睾总科种类的幼虫期相差甚远，可能有误。此外，波兰学者 Grabda(1959) 报告：寄生于有尾两栖类北螈(*Triturus vulgaris*)的 *Astiotrema trituri* Grabda，

1959 新种及其幼虫期胞蚴、具口锥刺剑尾形尾蚴及囊蚴(**斜睾图 9 之 1~3**)，贝类宿主为 *Coretus corneus*，第二中间宿主(天然及实验)为枝角类 *Simocephalus expinosus*，以及水蚤 *Daphnia magna*、*Eurycercus lamallatus*、*Ceriodaphnia reticulate*。

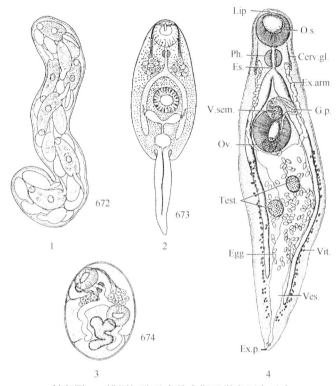

斜睾图 9　蝾螈细孔吸虫幼虫期及微睾环宫吸虫

1~3. 蝾螈细孔吸虫幼虫期(1. 胞蚴, 2. 尾蚴, 3. 囊蚴)(按 Grabda, 1959)；4. 微睾环宫吸虫(按 Yamaguti, 1933)

　　胞蚴寄生于贝类宿主消化腺，每个大小为(0.9~1.95)mm×(0.23~0.36)mm，内含不同发育期尾蚴胚体和成熟尾蚴。尾蚴热杀死后的体部大小为(0.312~0.384)mm×(0.106~0.179)mm，尾部大小为(0.205~0.281)mm×(0.034~0.042)mm。排泄囊"Y"形，干部有一球状膨大。焰细胞公式为 2[(3+3+3)+(3+3+3)]=36，囊蚴大小为(0.156~0.202)mm×(0.132~0.171)mm。囊内后期尾蚴体大小为(0.358~0.390)mm×(0.148~0.171)mm。用含囊蚴的水蚤感染蝾螈幼体，7d 后即可从其肠管中找到体长 0.5~0.7mm 的童虫，体内已有卵黄腺和阴茎囊的出现。感染后 14d，虫体长 1.0~1.25mm，已有虫卵。感染后 30d，虫体完全成熟。虫体大小为 2.18mm×0.64mm。在天然状态下，枝角类和水蚤等可能是蝾螈喜欢的食物。

　　(6)环宫亚科 Encyclometrinae(Mehra，1931) Yamaguti，1971

　　本亚科是蛇的胃肠道寄生虫(**斜睾图 1 之 5**)。体呈扁平的纺锤形或矛形。肠支盲端达到体后端。阴茎囊比较小，在腹吸盘前方，或有些与其重叠。卵巢在腹吸盘后方，或部分与其重叠。卵黄腺在体后半部两旁，末端达到后端。子宫圈向睾丸的两旁伸展，并达到体后端。

　　本亚科只有 *Encyclometra* Baylis et Cannon，1924 一个属。按 Yamaguti(1971) 的见解，*Odhneria* Baer，1924、*Paraplagiorchis* Dollfus，1924 及 *Orthorchis* Modlinger，1925 等属名都是 *Encyclometra* 属的同物异名。

　　中国也有本属种类的记录。著者(唐仲璋，1941)从福州的水蛇［*Enhydris chinensis*(Gray)］ 的肠管查获微睾环宫吸虫(*Encyclometra microrchis* Yamaguti，1933)(**斜睾图 9 之 4**)的标本一条，虫体比 Yamaguti(1933) 所述的更加成熟。体大小为 5mm×1.369mm。口吸盘大小为 0.415mm×0.439mm，咽大小为 0.207mm×0.298mm。腹吸盘直径 0.498mm。卵巢大小为 0.141mm×0.224mm，前睾丸大小为 0.356mm×0.307mm，后睾丸大小为 0.332mm×0.340mm，阴茎囊大小为 0.581mm×0.166mm。Yamaguti(1933)在台湾的水蛇 *Enhydris plumbeus* 的

胃检获本种吸虫，虫体大小只有 3.6mm×0.81mm。封片加压的卵子大小为(84～90)μm×50μm。

参 考 文 献

陈心陶，等. 1985. 中国动物志 扁形动物门 吸虫纲 复殖目(一). 北京：科学出版社

唐仲璋. 1940. 福建鼠类寄生蠕虫调查 1. 福州鼠类之寄生蠕虫. 协大生物学报，73-88

唐仲璋. 1940-1941. Contribution to the knowledge of the Helminth Fauna of Fukien, Part 1. Avian, Reptilian and mammalian trematodes. Peking National History Bulletin, 15(4)：299-320

唐仲璋，林秀敏. 1973. 东肌吸虫生活史及斜睾总科系统发生的考察. 动物学报，19(1)：11-25

唐仲璋，唐崇惕. 1981. 长劳管吸虫生活史的研究. 动物学报，27(1)：64-74

唐仲璋，唐崇惕. 1992. 卵形半肠吸虫的生活史研究. 动物学报，38(3)：272-277

唐崇惕. 1962. 椭形半肠吸虫 Mesocoelium ovatum Goto et Ozaki，1930 生活史的研究. 动物生态及分类区系专业学术讨论会论文摘要汇编：37

唐崇惕，林秀敏. 1973. 福建真马生尼亚吸虫 Eumasenia fukienensis sp. nov. 新种描述及其生活史的研究. 动物学报，19(2)：117-129

王溪云，周静仪. 1993. 人与动物吸虫志(江西动物志). 南昌：江西科学技术出版社

Abdel-Azim. 1935. On the life history of *Lepoderma ramlianum* Looss, 1896 and its development from a xiphidiocercaria. J Parasitol, 21(5)：365-368

Baer J G. 1924a. Contribution à la fauna helminthologique sub-africaine. Note preliminaire. Ann Parasitol, 2(3)：239-247

Baer J G. 1924b. Description of a new genus of Lepodermatidae(Trematoda) with a Systematic essay on the family. Parasitology, 16(1)：22-31

Braum M G C C. 1900a. Vermes. Lief，(59～62)：1615-1731

Braum M G C C. 1900b. Trematoden der Chiroptera Ann. K. K. Naturh. HofmusWien, 15(3～4)：217-236

Buttner A.1950. Premiere démonstration expérimentale d'un cycle abrégé chex les trematodes digenetiques cas du *Plagiorchis brumpti* A. Buttner, 1950. Ann Par, 25(1～2)：21-26

Buttner A. 1951. La progenese chez les trematodes digenetique *Conclusions generales*. Ann Par, 26(4)：279-322

Caballero Y C E，Bravo-Hollis M，Zerecero M C. 1944. Estudios helmintologicos de la region oncocercosa de Mexico y de la republica de Guatemala. 1. Ann Inst Biol, 15(1)：59-72

Carrere P. 1935. Rapport entre le développement des batraclens anoures et la destinee de leurs metacercaires, Compt Rend Soc Biol, 120(29)：155-157

Chatterji R C. 1936. The helminthes parasitic in the freshwater turtle of Rangoon. Rec Ind Mus, 38(1)：81-94

Cheng T C. 1960. The life history of *Brachycoelium obesum* Nicoll, 1914, with a discussion of the systematic status of the family Brachycoeliidae John, 1912. J Parasitol, 46：464-474

Cheng T C. 1961. Description, life history and development pattern of *Glypthelmins pennsylvanlensis* n. sp.(Trematoda：Brachycoeliidae), new parasite of frogs. J Parasitol, 47(3)：469-482

Deblock S，Capron A，Brygoo E R. 1962. Trematodes de cameleons de Madagascar. II. Description de trios especes nouvelles des genres *Lecithodendrium, Pneumatophilus* et *Paradistomoides*. Ann Par, 37(1-2)：83-96

Dobbin J E(jr). 1957a. Sobre uma especie do genero Telorchis Lühe, 1900(Telorchiidae). Rev Bras Biol, 17(4)：509-512

Dobbin J E(jr). 1957b. Notas sobre as especies de Haematoloechus Looss, 1899 que occorem na America do Sul. Mem Inst Osw Cr, 55(2)：167-189

Dollfus R P. 1925. Distomiens parasites de Muridae de genre Mus. Ann Par, 3(1)：185-205

Dollfus R P. 1929. Sur le genre Telorchis. Aun Par, 7(1)：29-54

Dollfus R P. 1950. Trematodes recoltes au Congo belge par Professor Paul Brien(mai-aout 1937). Ann Mus Belg Congo C-Dork R, 5(1)：136

Fuhrmann O. 1928. Trematoda. Kükenthal's Handb der Zoologie, 11：101

Grabda B. 1959. The life cycle of *Astiotrema trituri* Grabda, 1959(Plagiorchiidae). Act Par Pol, 7(24)：489-498

Hirasawa I，Asada J. 1929. Studies on the life history of *Lepoderma muris*, especially on its first and second intermediate hosts. Tokyo Iji Shinshi, (2614)：507-516

Joyceux C E，Baer J G. 1927. Recherches sur le cycle evolutif du trematodes *Opisthioglyphe rastellus*(Olss. 1876). Bull Biol Fr et Belg, 61(4)：359-373

Kadenatsii A N. 1960. *Pachytrema skrjabini*, new trematode from Citellus. Trudy Gel'm Lab Akad SSSR, 10：109-111

Komiya Y. 1938. Die Entwicklung des Exkretions-systems einiger Trematodenlarven aus Alster und Elbe. Nebst Bemerkungen über ihren Entwicklungszyklus. Z Par, 10(3)：340-385

Krull W H. 1934. *Neodiplostomum pricei* n. sp., a new trematode from a gull. *Larus novaehollandiae*. J Wash Acad Sc, 24(8)：353-356

La Rue G R. 1957. The classification of digenetic trematodes, A. revision and a new system. Experim Paras, 6(3)：306-344

Leigh W H. 1937a. The life cycle of a trematode of frogs. J Parasitol, 23(6)：563

Leigh W H. 1937b. The life cycle of a trematode of frog. Science, n s(2236), 86：423

Linstow O F B. 1894. Helminthologische Studien. Jenn Z, 28：328-342

Looss A. 1896. Notizen zur Helminthologie Aegyptens. Ctbl Bakt, 21(24～25)：913-916

Looss A. 1899. Weitere Beitrage zur Kenntnis der Trematodenfauna Aegyptens, zugleich Versuch einer naturlichen Gliederung des Genus Distomum Retzius. Zool Jahrb Syst, 12：521-784

Looss A. 1902.　Über neve und bekannte Trematoden aus Schildkroten，nobst Erorterung zur Systematik und Nomenklatur. Zool Jahrb Syst，16(3～6)：411-894

Luhe M. 1899.　Zur Kenntnis einiger Distomen. Zool Anz，22：524-539

Luhe M. 1909.　Parasitische Plattwürmer. I. Trematoden. Süsswasserfauna Deutschl.　Heft，17：215

McMullen D B. 1934.　The life cycle of the turtle trematode，*Cercorchis medius*. J Parasitol，20(4)：248-250

McMullen D B. 1935. The life cycle and a discussion of the systematics of the turtle trematode，*Eustomos chelydrac*. J Parasitol，21(1)：52-53

McMullen D B. 1937a.　A discussion of the taxonomy of the family Plagiorchiidae Luhe，1901 and related trematodes. J Parasitol，23(3)：244-258

McMullen D B. 1937b.　An experimental infection of *Plagiorchis muris* in man. J Parasitol，23(1)：113-115

McMullen B. 1937c.　The life histories of three trematodes，parasitic in birds and mammals，belonging to the genus *Plagiorchis*. J Parasitol，23(3)：235-248

Mehra H R. 1931a.　A new genus Spinometra of the family Lepodermatidae Odhner(Trematoda) from a tortoise，with a systematic discussion and classification of the family. Parasitology，23(2)：157-178

Mehra H R. 1931b.　On two mew species of the genus Astiotrema Looss belonging to the family Lepodermatidae Odhner. Parasitology，23(2)：179-190

Mehra H R. 1937.　Certain new and already known distomes of the family Lepodermatidae Odhner(Trematoda)，with a discussion on the classification of the family. Berlin，Ztschr Parasitenk，9(4)：429-469

Najarian H H. 1961.　The life cycle of *Plagiorchis goodmani* n. Comb.(Trematoda：Plagiorchidae). J Parasitol，47：625-634

Noller W，Ullrich K. 1927.　Über den Befallsgrad der Leberegelschnecken mit Redien und Cercarien des gemeinen Leberegels in einem Leberegelschadgebietes. Tierärztl Rundsch，33(43)：798-800

Odhner T. 1911.　Zum naturlichen System der digenen Trematoden. Zool Anz，37(8～9)：181-191

Ogata T. 1941.　Sur une nouvelle espece de trematode du genre *Plagiorchis* et la cycle évolutif de ce parasite. Zool Mag，53(4)：222-226

Okabe K，Koga Y. 1952.　Helminth parasites of dogs in Saga Prefecture. Kurume Igaku Zasshi，15(9～10)：637-639

Okabe K，Shibue H. 1952.　A new second intermediate host，Neocardina denticulate for *Plagiorchis muris*(Tanabe). Jap J Med Sc & Biol，5(5)：257-258

Olsen O W. 1937.　A systematic study of the trematode subfamily Plagiorchiinae Pratt. 1902.　Tr Am Micr Soc，56(3)：311-339

Ono S. 1935.　On the life histories of *Plagiorchis*(=Lepoderma) and Prosthogonimus species from South Manchuria.　Mukden Vet Res Ass，41：205-217

Poche F. 1925-1926.　Das System der Platodaria. Arch Naturg，A 91(2～3)：458

Rankin J S. 1944.　A review of the trematode genue *Glypthelmins* Stafford，1905，with a account of the life cycle of *G. quieta*(Staff.，1905). Tr Am Micr，63：30-43

Rees F G. 1952.　The structure of the adult and larval stages of *Plagiorchis*(*Multiglandularis*) *megalorchis* n. nom. from the turkey and an experimental demonstration of the life history. Parasitology，42(1)：92-113

Schell S C. 1961.　Development of mother and daughter sporocyst of *Haplometrana intestinalis* Lucker，a plagiorchioid trematodes of frogs. J Par，47(3)：493-499

Shevchenko N N，Vergin G I. 1960.　A determination of the life cycle of the trematode，*Astiotrema monticellii* Stoss.，1904. Dokl Akad Nauk SSSR，130(4)：949-952

Sinitzin D F. 1907. Observation sur les metamorphose des trematodes. Arch Zool Exp Gen，S 4，7(2)：21-37

Skrjabin K I. 1959.　Trematodes for Man and Animals. 16. Moscow：Academy of Sciences of USSR

Skrjabin K I，Antipin D N. 1959.　Superfamily Plagiorchioidea Dollfus，1930 Family Plagiorchidae Luhe，1901. in Trematodes of Animals and Man. 14. Moscow：Academy of Sciences of USSR

Stunkard H W. 1936.　Notes on life cycle of digenetic trematodes. Biol Bull，71(2)：411

Talbot S B. 1934.　A description of four new trematodes of the subfamily Reniferinae with a discussion of the systematics of the subfamily. Tr Am Micr Soc，52(1)：40-56

Tanabe H. 1922.　A contribution to the study of the life cycle of the Hermaphroditic Distomes. A study of a new species，*Lepoderma muris* n. sp.（Japanese text） Okayama Igakkai Zasshi，385：47-58

Travassos L. 1928.　Contribuicoes para o conhecimento dos Lecithodendriidae do Brazil Mem. Inst Osw Cr，21(1)：186-199

Travasso L. 1928.　Fauna helmintolojica de Matto Grosso (Trematodeos I. parte). Mem Inst Osw Cr，21(2)：309-341

Velasquez C C. 1964.　Observations on the life history of *Plagiorchis dilimanensis* sp. n.(Trematoda，Digenea). J Par，50(4)：557-563

West G S. 1896.　On a new species of Distomum. J Linn Soc，25：322-324

Yamaguti S. 1933.　Studies on the helminth fauna of Japan. 1. Trematodes of birds，reptiles and mammals. Jap J Zool，5(1)

Yamaguti S. 1937.　A new trematode from *Amyda japanica*(Temm. et Schleg). Jap J Zool，7(3)：505-506

Yamaguti S. 1943.　Cercaria of *Plagiorchis muris*(Tanabe，1922). Annot Zool Jap，22(1)：1-3

Yamaguti S. 1952.　Parasitic worms mainly from Celebes. 1. New digenetic trematodes of fishes. Acta Med Okayama，8(2)：257-295

Yamaguti S. 1958.　Systema Helminthum. Vol. 1. The digenetic trematodes of vertebrates. New York：Interscience

Yamaguti S. 1971.　Synopsis of　Digenetic Trematodes of Vertebrates. Tokyo：Keigaku Publishing Co

Yamaguti S. 1975.　A Synoptical Review of Life Histories of Digenetic Trematodes of Vertebrates. Tokyo：Keigaku Publishing Co

Zajiček D. 1971.　Snails as the second intermediate hosts of the trematode，*Plagiorchis muris* Tanabe，1922. Vest Csl Spol Zool，35(1)：75-78

4. 短腔科(Brachycoeliidae Johnston,1912)

Yamaguti(1958,1971)的吸虫分类系统中,短腔科含有短腔亚科(Brachycoeliinae Looss,1899)和半肠亚科(Mesocoeliinae Faust,1924)。由于这两类吸虫成虫的形态及其生活史均有些差异。Dollfus(1929,1950)建立半肠科(Mesocoeliidae)时将半肠亚科从短腔科中分出去,Skrjabin(1959)同意这一意见。按此观点,短腔科只含短腔亚科的3个属。

(1)短腔科特征

短腔科属斜睾总科(Plagiorchioidea)。虫体纺锤形。口吸盘和咽一般较小。食道较长或略短,肠管不超过或超过腹吸盘水平。腹吸盘位于体前半部,不发达。两睾丸斜列或并列。阴茎囊在腹吸盘前方,囊基部有或没有伸延到腹吸盘后方。生殖孔紧靠于腹吸盘的前方水平。卵巢在睾丸的前方,有的靠近前睾丸相对的一侧。卵黄腺分布在食道和肠管的旁侧,或在体颈部、肩部、食道至卵巢区的体边缘。子宫通过两睾丸之间达到体后端。排泄囊管状。为两栖类和爬行类的寄生虫。

唯一亚科:短腔亚科(Brachycoeliinae Looss,1899)。

(2)短腔亚科(Brachycoeliinae Looss,1899)

A. 短腔亚科 3 个属主要特征

本亚科3个属区别特征以检索表示之如下。

短腔亚科分属检索表(按 Yamaguti,1971)

排泄囊管状,达到咽的水平;睾丸斜列;阴茎囊很大;卵黄腺在体边缘··································
·· *Cymatocarpus*(宿主:爬行类)(**短腔图 1 之 4**)

排泄囊管状,不达到咽的水平;睾丸对称或亚对称排列;阴茎囊小;卵黄腺不限制在体边缘区··································
·······································*Brachycoelium*(宿主:两栖类、爬行类)(**短腔图 1 之 1**)

排泄囊"Y"形;睾丸斜列;阴茎囊中等大;卵黄腺主要围绕肠支·································
·····································*Tremiorchis*(宿主:两栖类、爬行类)(**短腔图 1 之 2、3**)

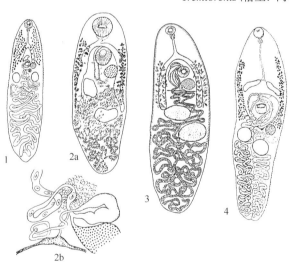

短腔图 1　短腔亚科 3 属种类

1. *Brachycoelium salamandrae*(Froelich,1789)Lühe,1909(按 Lühe,1909);2. *Tremiorchis varanum* Verma,1930(按 Yamaguti,1971)(2a. 虫整体腹面观,2b. 卵巢复合器);3. Tremiorchis ranarum Mehra et Negi,1926(按 Yamaguti,1971);4. Cymatocarpus undutatus Looss,1899(按 Yamaguti,1971)

B. 短腔亚科 3 属简况

1)*Brachycoelium*(Dujardin,1845)Stiles et Hassall,1898(**短腔图 1 之 1**)。按 Yamaguti(1971)记载,*Brachycoelium* 属发现于两栖类的有 16 种,发现于爬行类有 6 种。但爬行类的 6 种短腔吸虫中有 5 种也见

于两栖类，而发现于两栖类的虫种也有爬行类的宿主。

终末宿主：查到有短腔吸虫的两栖类有蟾蜍(*Bufo*)、蛙(*Rana*)、蝾螈(*Triton*，*Salamandra*)、伪蝾螈(*Pseudotriton*)、带颚蝾螈(*Desmognathus*)、宽螈(*Eurycea*)、无肺螈(*Plethodon*)、纯口螈(*Ambystoma*)、两栖螈(*Amphiuma*)、剑螈(*Ensatina*)、北螈(*Triturus*)、蝗蛙(*Acris*)、雨蛙(*Hyla*)。查到有短腔吸虫的爬行类有：缺肢蜥(*Anguis*)、箱龟(*Terrapene*)、短头蛇(*Storeria*)、滑皮蜥(*Leiolopisma*)、蛇蜥(*Ophisaurus*)、安乐蜥(*Anolis*)等。

分布：美洲、欧洲和非洲等地。

2) *Tremiorchis* Mehra et Negi，1925(**短腔图 1 之 2、3**)。

终末宿主及虫种：发现于两栖类(蛙 *Rana*)的有 *Tremiorchis ranarum* Mehra et Negi，1926 等 3 种；发现于爬行类(巨蜥　*Varanus*)的有 *Tremiorchis varanum* Verma，1930。

发现地点：印度。

虫 体 大 小：成虫 (1.77 ～ 5.5) mm×(0.3 ～ 1.32) mm，虫卵 (30 ～ 40) μm×(16 ～ 20) μm、(24 ～ 27) μm×(12～13) μm；成虫(1.5～3.0) mm×(0.24～0.28) mm，虫卵(25～33) μm×(14～16) μm。

3) *Cymatocarpus* Looss，1899(**短腔图 1 之 4**)。

终末宿主：鳖 *Thalassochelys undulates*、*Caretta carette*；龟 *Chelone mydax* 等。

发现地点：大西洋、太平洋和墨西哥。

代表种：*Cymatocarpus undulates* Looss，1899。

虫体大小：成虫 5.0mm×1.35mm，虫卵 25μm×15μm；成虫 3.864mm×1.417mm，虫卵 22μm×11μm。

(3) 短腔科吸虫生活史

短腔科吸虫的生活史和斜睾总科种类相类似。虫卵排出时已含有毛蚴，只有虫卵被贝类宿主吞食后，在宿主的消化道中才孵化出毛蚴。毛蚴钻过宿主肠壁，经两代胞蚴的发育，产生尾蚴，在同一贝类宿主体中有其不结囊的后期尾蚴，用此不结囊的后期尾蚴感染终末宿主可以发育达到成虫(Cheng，1960)。

A. *Brachycoelium obesum* Nicoll，1914 的生活史

终末宿主：有尾两栖类蝾螈(*Desmognathus*)、无肺螈(*Plethodon glutinosus*)，

爬行类蜥蜴(*Leiolopisma*)。

中间宿主：仿带螺(*Zoniloides ligerus*)。

发现地点：美国。

B. 生活史各期特征(按 Cheng，1960)

成虫：*Brachycoelium obesum* 成虫获自美国的无肺螈(*Plethodon glutinosus*)，虫体大小为(0.75～1.4) mm×0.065mm。

虫卵(**短腔图 2 之 1**)：成熟虫卵大小为(50～52) μm×(34～36) μm，卵内含毛蚴。

毛蚴：用虫卵感染仿带螺 *Zoniloides ligerus*，30s 至 3h 之间，都可在螺的肠道中找到(44～45) μm×(28～32) μm 大的毛蚴，毛蚴体表披纤毛，顶端具顶乳突，并有两对位于体前部的穿刺腺。在体后部含有胚细胞和胚球。毛蚴穿过贝类宿主消化管壁，继续发育。

母胞蚴(**短腔图 2 之 2**)：在贝类宿主肠管外壁见有(0.52～0.57) mm×(0.175～0.2) mm 大的母胞蚴，无生产孔。感染后 13d，在母胞蚴体内有子胞蚴和少数尾蚴出现。

子胞蚴(**短腔图 2 之 3**)：长囊状的子胞蚴在贝类的消化腺中，大小为(1.4～1.62) mm×(0.24～0.37) mm，无生产孔。体中含直径 29～145μm 的胚球、尾蚴胚体及成熟尾蚴。

尾蚴(**短腔图 2 之 4**)：尾蚴具口锥刺和粗短尾部的剑尾型尾蚴(xiphidiocercaria)。用 Carnoy's 固定液固定的尾蚴，体大小为(0.168～0.237) mm×(0.061～0.077) mm，体披小棘，口吸盘大小为(0.041～0.048) mm×(0.037～0.048) mm，咽直径 0.016～0.022mm。食道和肠管均短，肠管不达到腹吸盘水平。腹吸盘大小为(0.024～0.041) mm×(0.034～0.044) mm，位于体赤道线之后。在体部有 3 对穿刺腺于咽之两旁。

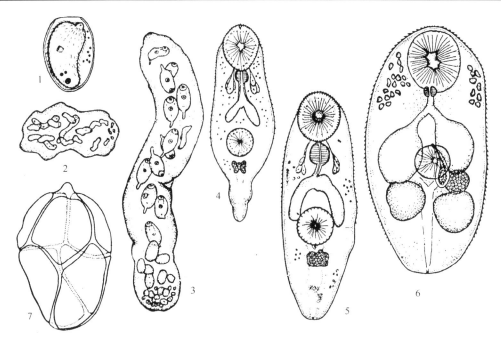

短腔图 2　*Brachycoelium obesum* 生活史

1. 虫卵；2. 母胞蚴；3. 子胞蚴；4. 尾蚴；5. 后期尾蚴；6. 童虫(按 Cheng，1960)；7. *Brachycoelium mesorchium* 毛蚴 示纤毛板(按 Jordan and Byrd，1967)

在腹吸盘后有(13～34)μm×(13～20)μm 大的生殖原基(genital primordia)。排泄囊"Y"形，焰细胞公式为 $2[(3+3+3)+(3+3+3)]=36$。

后期尾蚴(短腔图 2 之 5)：在同一贝类宿主体腔隙中可找到没有成囊的后期尾蚴(metacercaria)。后期尾蚴体长卵圆形，体披小棘，体大小为(0.168～0.215)mm×(0.06～0.07)mm。口吸盘大小为(0.044～0.051)mm×(0.041～0.051)mm。咽直径 0.010～0.015mm。肠管较尾蚴期略长，盲端达到腹吸盘前侧缘。3 对穿刺腺尚未消失。腹吸盘大小为(0.034～0.041)mm×(0.037～0.048)mm。排泄囊"Y"形，焰细胞公式同尾蚴期。

人工感染的童虫(短腔图 2 之 6)：Cheng 用本吸虫没结囊的后期尾蚴感染蝾螈(*Triturus viridescens*)，4～14d 后从其消化道找到尚无虫卵的童虫。童虫体长 0.320～0.428mm。腹吸盘大小为(0.051～0.068)mm×(0.041～0.065)mm，位于体赤道线水平或略前。肠管盲端达到腹吸盘水平。睾丸大小为(0.058～0.062)mm×(0.045～0.052)mm，阴茎囊已出现。卵巢大小为 0.040mm×0.033mm，在右肠管和右睾丸之间。在体两肩部各有卵黄腺丛粒 8～20 个。排泄囊"Y"形，在体末端向外开口。

5. 半肠科(Mesocoeliidae Dollfus，1930)

(1)概况

半肠属(*Mesocoelium* Odhner，1901)吸虫是半肠科唯一的属，是一类寄生在两栖类、爬行类肠管中的吸虫，个别种类也发现于鱼类。

寄生于鱼类的只有 1 种：*Mesocoelium scatophagi* Fischthal et Kuntz，1965(半肠图 1 之 1)。

宿主：金钱鱼(*Scatophagus argus*)。

发现地点：北婆罗洲。

寄生于两栖类的有 20 多种(半肠图 1 之 2)。宿主：蟾蜍(*Bufo*)、蛙(*Rana*)等。

分布地点：在亚洲发现的比较多，有印度、菲律宾、缅甸、中国、日本、朝鲜、斯里兰卡等地，此外尚见于非洲的马达加斯加、刚果，南美洲的巴西，澳大利亚等地。

寄生于爬行类的也有 20 余种(半肠图 1 之 3)，其中有数种既是爬行类寄生虫，也是两栖类寄生虫，如 *M. brevicaecum*、*M. buttnerae*、*M. microon*、*M. monas*、*M. monodi*、*M. travassosi* 等。

爬行类作为本属吸虫的宿主：蝰蛇(*Vipera*)、锦蛇(*Elaphe*)、矛蛇(*Sibynomorphus*)、壮蛇(*Zamenis*)、石龙子(*Eumeces*)、滑皮蜥(*Leiolopisma*)、无睑蜥(*Ablepharus*)和南石蜥(*Mabuia*)等。

分布地点：世界性，包括巴西、墨西哥、法国、澳大利亚、摩洛哥、马达加斯加、日本、印度、马来西亚、缅甸、菲律宾等。

(2) 半肠科特征

体椭圆形至条形。体披小棘，口吸盘亚顶端，很发达。咽小或中等大。食道短。肠管短或半肠。腹吸盘通常比口吸盘略小，位于体长前 1/3 部分中，睾丸在腹吸盘或后腹吸盘区，两肠管之间，对称或不对称排列。阴茎囊位于腹吸盘和肠叉之间，生殖孔在靠近肠叉处。卵巢在左睾丸或右睾丸之后。卵黄腺主要在体前半部肠管外侧。子宫圈主要分布在体后半部，少数进入体前半部。排泄囊管状，在其前端分两短臂。

唯一的属：半肠属(*Mesocoelium* Odhner，1901)。

代表种：*Mesocoelium sociale* (Lühe，1901) Odhner，1910 (**半肠图 1 之 2**)。

终末宿主：*Bufo melanostictus*、*Rana tigrina*、*Ptyas mucosus* 等。

虫体大小：不同报告者略有差异，如成虫 (0.684～2.21) mm×(0.349～0.86) mm，虫卵 (38～40) μm×(24～26) μm (按 Freitas，1963)；成虫 (2.383～2.84) mm×(0.913～1.135) mm，虫卵 (32～37) μm×(21～24) μm (按 Fischthal and Kuntz，1964)；成虫 (1.2～2.9) mm×(0.4～0.93) mm，虫卵 (33～38) μm×(20～23) μm (按 Yuen，1965)。

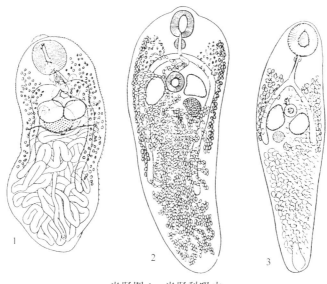

半肠图 1　半肠科吸虫

1. *Mesocoelium scatophagi* Fischthal et Kuntz，1965，宿主：鱼类 (按 Yamaguti，1971)；2. *Mesocoelium sociale* (Lühe，1901) Odhner，1910，宿主：两栖类 (按 Lühe，1901)；3. *Mesocoelium geomydae* Ozaki，1936，宿主：爬行类 *Geomyda spengleri* (按 Yamaguti，1971)

(3) 半肠科吸虫的分类位置

半肠属(*Mesocoelium*)的分类位置历来各学者意见不一致，至今仍未见解决。Braun(1901)把本属的代表种 *Mesocoelium sociale* Lühe，1901 列在双腔科(Dicrocoeliidae)、双腔亚科(Dicrocoeliinae)之中。Travassos(1921)亦同意。Johnston(1912)将本属移到短腔科(Brachycoeliidae)、短腔亚科(Brachycoeliinae)中。Sewell(1920)认为半肠属是介于双腔科和短腔科之间的种类。Dollfus(1929、1950)为半肠属创立半肠亚科(Mesocoeliinae)，并将此亚科放在双腔总科下的半肠科(Mesocoeliidae)中。Skrjabin(1959)同意 Dollfus 的意见，承认半肠科是一个独立的科，在此科中含有半肠属和宾尼属(*Pintneria* Poche，1925)，半肠宾尼吸虫 *Pintneria mesocoelium*(Cohn，1903)Poche，1907(**半肠图 2**)寄生于飞蜥(*Draco volans*)的肠管，虫体卵巢位于睾丸的后方。Yamaguti(1958，1971)仍然将半肠亚科隶于短腔科，而将宾尼属放在双腔科、双腔亚科内。并为其建立宾尼族(Pintneriini Yamaguti，1958)。

半肠科吸虫的睾丸平列或略斜列于卵巢的前方。生殖腺如此排列的方式与双腔科种类相似。双腔科种

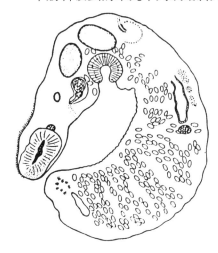

半肠图 2　宾尼吸虫
(按 Cohn，1903) Pintneria mesocoelium
(Cohn，1903) Poche，1907

类的睾丸无论是并列、斜列或前后列，位置一定都在卵巢的前方(双腔科附图)。但是此两类吸虫在终末宿主的寄生部位不相同，双腔科吸虫种类寄生在终末宿主(爬行类、鸟类和哺乳类)体内都是在与消化道有联系的胆管、胆囊及胰管中，不在消化道中。而半肠科吸虫是寄生在宿主的肠道中，这与双腔科吸虫迥异。半肠宾尼吸虫 *Pintneria mesocoelium* 寄生于宿主的肠管中，虫体肠管较短，盲端在卵巢水平之前的特点均与半肠属吸虫相同，虽然睾丸是前后列，但如此情况在各科吸虫中均有。短肠科吸虫虽然肠管也较短，但它们的卵巢位置都是在睾丸的前方(短腔科附图)，这一特点与半肠科和双腔科都不相同。因此，半肠科作为一个独立的科是合理的。宾尼属放在半肠科中也是可以的。

(4)半肠科吸虫生活史

半肠科的半肠属吸虫有 20 余种，生活史经阐明的只有短肠半肠吸虫(*Mesocoelium brevicaecum* Ochi in Goto et Ozaki，1929) (Ochi，1930) 及卵形半肠吸虫(*Mesocoelium ovatum* Goto et Ozaki，1930) (唐崇惕，1962；唐仲璋和唐崇惕，1992)两种。

A. 短肠半 7 肠吸虫(*Mesocoelium brevicaecum* Ochi in Goto et Ozaki，1929)**生活史**

终末宿主：*Bufo vulgaris japonicus*、*Rana nigromaculatas* 及 *Eucmeces latiscutatus*。

贝类宿主：*Euhadra quaesita*。

成虫：按各学者报道，本种吸虫的大小为(0.684～2.9)mm×(0.349～1.135)mm。

虫卵：虫卵大小为(31～46)μm×(19～26)μm 及(47.5～48.5)μm×(27.5～30)μm，卵内含毛蚴。

幼虫期(半肠图 3)Ochi(1930)报道本吸虫的成熟子胞蚴大小为(1.5～4.25)mm×(0.35～0.475)mm，内含成熟尾蚴和结囊的囊蚴，囊蚴大小为(0.26～0.3)mm×(0.245～0.275)mm，囊壁厚 3～3.5μm。

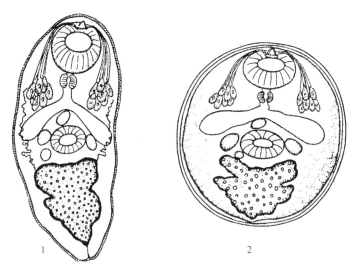

半肠图 3　*Mesocoelium brevicaecum* 的尾蚴和囊蚴
1.尾蚴；2.囊蚴(按 Ochi，1930)

B. 卵形半肠吸虫(***Mesocoelium ovatum*** Goto et Ozaki，1930)**生活史**

终末宿主：黑眶蟾蜍(*Bufo melanastictus*)。

中间宿主：陆地蜗牛 *Bradybaena similaris* 和 *Cathaica ravida sieboldtiana*。

生活史各期（按唐仲璋和唐崇惕，1992）：著者在福州从黑眶蟾蜍肠管中查获卵形半肠吸虫，将虫体子宫中的成熟虫卵涂抹在菜叶上，人工感染在实验室内孵化并饲养 1~2 个月的小蜗牛。感染后的蜗牛，经埋蜡连续切片及活体剖检，观察了本吸虫在贝类宿主体内的发育各期。用实验获得的囊蚴感染阴性蟾蜍，5~30d 后获得本吸虫的童虫和成虫。本吸虫生活史各期如下。

成虫（半肠图 4 之 1）：著者（唐仲璋，1943）在福建邵武的黑眶蟾蜍的肠管中查获卵形半肠吸虫的成虫，1959 年我们在福州的黑眶蟾蜍又检获本吸虫成虫。福州黑眶蟾蜍天然感染的本吸虫成虫大小如下：体长 1.852~2.025mm，体宽 0.818~0.888mm。口吸盘（0.273~0.300）mm×（0.261~0.288）mm，咽（0.068~0.075）mm×（0.102~0.113）mm，食道长 0.085~0.094mm。肠管（0.568~0.625）mm×（0.123~0.148）mm。腹吸盘（0.176~0.194）mm×（0.189~0.203）mm。两睾丸（0.181~0.200）mm×（0.193~0.213）mm 和（0.193~0.213）mm×（0.193~0.213）mm，并列于腹吸盘上半部的背侧。卵巢在睾丸之后，（0.140~0.161）mm×（0.148~0.163）mm。受精囊（0.080~0.100）mm×（0.079~0.090）mm，劳氏管（半肠图 4 之 2）（0.193~0.255）mm×（0.017~0.030）mm。排泄囊（0.682~0.752）mm×（0.136~0.150）mm。子宫内含有一定数量的虫卵。阴茎囊（0.175~0.180）mm×（0.080~0.090）mm，位于腹吸盘前方，生殖孔开口于肠管叉的后方。进行生活史人工感染，获得 2 条成虫，形态结构与天然感染的虫体一样，仅虫体略小些。体长 1.502~1.536mm，体宽 0.613~0.654mm，体内已有虫卵若干。

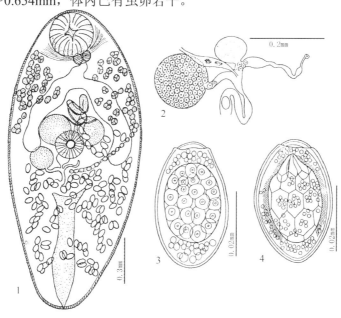

半肠图 4　卵形半肠吸虫的成虫和虫卵（按唐仲璋和唐崇惕，1992）

1. 成虫；2. 卵巢附近器官；3. 未成熟虫卵；4. 成熟虫卵含毛蚴

虫卵和毛蚴（半肠图 4 之 3、4）：虫卵椭圆形，大小为（38~39）μm×（23~24）μm，具卵盖。成熟虫卵含毛蚴。在外界毛蚴不孵化出来。在卵中的毛蚴大小为（0.017~0.025）mm×（0.013~0.021）mm。透过卵壳可见到毛蚴体表有 5 排纤毛板，各排纤毛板数为 6、8、8、6、3。尚可见到位于毛蚴体前端的一顶腺和在它两旁的各一个单细胞腺体。神经团和胚细胞也具有，但透过卵壳显示不清晰。虫卵被蜗牛吞食后，第二天就可在蜗牛的粪便中见到已打开卵盖的空卵壳，可见此吸虫如同其他斜睾总科的种类，虫卵要到贝类宿主消化道中经某些条件的作用，才能打开卵盖孵出毛蚴，继续幼虫期的发育。

母胞蚴（半肠图 5 之 1）：人工饲食卵形半肠吸虫虫卵的蜗牛，感染后 7~24d，对蜗牛埋蜡切片染色标本，在其肠壁外侧着生发育大小不一致、小球形、实心的母胞蚴。体内含体细胞、胚细胞、胚球和早期子胞蚴。感染后经发现最早期的母胞蚴直径只有 47~81μm，内含一些胚细胞和体细胞。在温暖季节，感染后 10 余天的母胞蚴直径可达 0.267～0.322mm，内已有大小不等的胚球。夏季 24d，冬季 68d 的母胞蚴最大的直径达到 0.860～0.950mm，内已含有许多早期子胞蚴。当母胞蚴体内的子胞蚴的数量增多，体积增大到一定程度时，母胞蚴体破裂，子胞蚴逸出，分散在蜗牛内脏团中的各组织间隙。

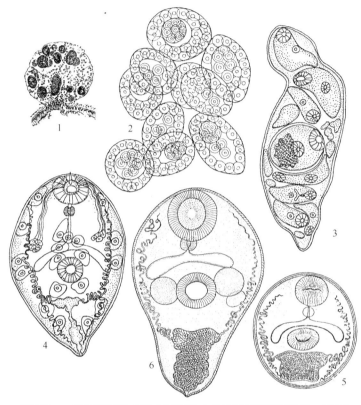

半肠图 5　卵形半肠吸虫幼虫期和童虫(按唐仲璋和唐崇惕，1992)
1.母胞蚴；2.早期子胞蚴；3.成熟子胞蚴；4.尾蚴；5.囊蚴；6.童虫

　　子胞蚴(半肠图 5 之 2、3)：刚从母胞蚴体内破壁而出的早期子胞蚴(半肠图 5 之 2)，大小为(0.095～0.206)mm×(0.077～0.133)mm，具有由单层细胞构成的比较厚的胞壁，无生产孔结构，体内含数个胚细胞和一个由胚细胞发育的小胚球。室温在 20℃以上条件下，感染后 43d 的子胞蚴大小为(0.102～0.323)mm×(0.085～0.187)mm；57d 的大小为(0.198～0.473)mm×(0.112～0.142)mm；93d 的大小为(0.162～0.867)mm×(0.085～0.170)mm。上述子胞蚴都还只含有胚球，胚球数的增加，尚未发育为尾蚴。到 100d 后的子胞蚴(半肠图 5 之 3)，大小为(0.374～1.139)mm×(0.119～0.255)mm，体内含有 7～8 个胚球、尾蚴胚体和 1～2 个能活动的成熟尾蚴，有的成熟尾蚴已形成囊蚴。在冬天(11～12 月)自然室温中，本吸虫幼虫期在贝类宿主体内发育到含有成熟尾蚴，需时 90d 以上；在夏季(6 月)室温达 30～37℃，感染后 50～70d，子胞蚴发育成熟，含有成熟尾蚴和囊蚴。

　　尾蚴(半肠图 5 之 4)：卵形半肠吸虫的尾蚴为无尾尾蚴(cercariaeum)。成熟尾蚴大小为(0.238～0.425)mm×(0.085～0.153)mm。口吸盘横径 0.050～0.079mm，其背上方的口锥刺呈长瓜子形，长约 11μm。前咽长 3μm，咽大小为(0.013～0.026)mm×(0.016～0.026)mm，食道长 0.026～0.036mm；两肠管大小为(0.057～0.076)mm×(0.011～0.019)mm，盲端仅达到腹吸盘中部水平。腹吸盘大小为(0.032～0.049)mm×(0.036～0.064)mm。排泄囊略呈"T"形，主干长 80～83μm，顶部横管长 41～57μm。穿刺腺 5 对，腺细胞位于食道末端水平，在体之两侧。它们的腺管向前延伸开口于锥刺囊附近。在尾蚴体腹面有中央 2 列和体两侧缘各一列腺细胞，每列腺细胞 5～6 个，它们可能是成囊细胞。

　　囊蚴(半肠图 5 之 5)：卵形半肠吸虫尾蚴在子胞蚴体内形成囊蚴。由尾蚴体内的成囊细胞分泌囊壁物质，呈薄膜状包被在虫体外面。囊蚴呈小球形或椭圆形，大小为(0.136～0.221)mm×(0.119～0.170)mm，透过薄而透明的囊壁可见到后期尾蚴体中的口吸盘、腹吸盘、咽、肠管及排泄囊等构造。用子胞蚴体中的囊蚴人工感染黑眶蟾蜍，获得童虫和成虫。

童虫（半肠图 5 之 6）：人工感染 5d 的童虫，大小为 0.271mm×0.175mm，体表披有小棘。口吸盘大小为 66μm×64μm，咽大小为 18μm×22μm，食道长 5μm，两肠管横列呈一横管状，全长共 121μm。腹吸盘大小为 46μm×52μm。两睾丸出现在腹吸盘的两旁、肠支两盲端的后方，大小为 35μm×39μm 和 39μm×39μm。卵巢也出现于一睾丸的后方，其大小为 18μm×27μm。排泄囊呈主干膨大、前端两短臂的"T"形。主干长 91μm，前端宽 64μm。

C. 半肠科吸虫生活史与接近科种类的比较

卵形半肠吸虫生活史各幼虫期及尾蚴具口锥刺的特点与斜睾总科（Plagiorchioidea）中各类群相似。半肠吸虫的毛蚴穿过贝类宿主陆地蜗牛的肠管，在其外壁结缔组织内着生、发育成实心球形的母胞蚴的形态结构与双腔科（Dicrocoeliidae）成虫寄生宿主胰脏的阔盘吸虫（*Eurytrema* spp.）等极其相似。但双腔科吸虫种类及斜睾科（Plagiorchidae）和微茎科（Microphallidae）的尾蚴要进入充作第二中间宿主的昆虫及甲壳类等节足动物的个体，发育形成囊蚴。短腔科（Brachycoeliidae）种类的尾蚴离开子胞蚴，在作为其第一中间宿主、亦充作第二中间宿主的贝类体中发育为囊蚴。马生科（Maseniidae）的福建真马生尼亚吸虫（*Eumasenia fukienensis* Tang et Lin，1973）以及东肌科（Orientocreadiidae）的拟柏他东肌吸虫（*Orientocreadium batrachoides* Tubangui，1931），其尾蚴除在子胞蚴体中形成囊蚴之外，也可离开子胞蚴，在同一贝类宿主体中，钻入宿主组织中形成囊蚴（唐崇惕和林秀敏，1973；唐仲璋和林秀敏，1973），而已知的半肠属 2 种吸虫的尾蚴均可在子胞蚴体内形成囊蚴，此囊蚴即可感染终末宿主。其他具口锥刺尾蚴的吸虫如柯吸虫科（Cortrematidae）的柯氏柯吸虫（*Cortrema corti* Tang，1951）的生活史亦有此现象（唐仲璋和唐崇惕，1981）。看来这似乎并不是生活史的缩短，而是具口锥刺尾蚴的吸虫种类的原始生活方式，即是在未获得第二中间宿主以前的演化历史阶段的形式，他们仅在子胞蚴体内或只能在贝类宿主体内形成囊蚴。又如，大颈科（Macraderoididae）的 *Glypthelmini* 属吸虫寄生于蛙类，其尾蚴在离开贝类宿主之后，于蛙的表皮上形成囊蚴，蛙吞食了自己的蜕皮而受感染。这些例子说明斜睾总科中较原始的一些种类对其第二中间宿主尚未具有明显的宿主特异性。双腔科吸虫是斜睾总科种类中演化较专化的一支，具有相当强的第二中间宿主特异性。但它们在陆地蜗牛贝类宿主体内早期母胞蚴的形成及其结构与半肠吸虫的十分相似，说明它们之间存在亲缘关系。

参 考 文 献

唐崇惕，林秀敏. 1973.福建真马生尼亚吸虫 *Eumasenia fukienensis* sp. nov. 新种描述及其生活史的研究. 动物学报，19(2)：117～129

唐崇惕. 1962. 椭形半肠吸虫 *Mesocoelium ovatum* Goto et Ozaki，1930 生活史的研究. 动物生态及分类区系专业学术讨论会论文摘要汇编：37

唐仲璋，林秀敏. 1973. 东肌吸虫生活史及斜睾总科系统发生的考察. 动物学报，19(1)：11～25

唐仲璋，唐崇惕. 1981. 长劳管吸虫生活史的研究. 动物学报，27(1)：64～74

唐仲璋，唐崇惕. 1992. 卵形半肠吸虫的生活史研究(Trematoda：Mesocoeliidae). 动物学报，38(3)：272～277

Braun M. 1901. Zur Kenntnis der Trematoden der Saugetiere. Zool Jahrb Syst，14(4)：311～348

Cheng T C. 1960. The life history of *Brachycoelium obcsum* Nicoll，1914，with a discussion of the systematic status of the family Brachycoeliidae John，1912. J Parasit，46：464～474

Cheng T C. 1961. Description，life history and development pattern of *Glypthelmins pennsylvanlensis* n. sp.(Trematoda：Brachycoeliidae)，new parasite of frogs. J Parasit，47(3)：469～482

Cohn L. 1903. Zur Kenntnis einiger Trematoden. Ctbl I，34：35～42

Dollfus R P. 1929a. Sur le genre Telorchis. Ann Par，7(1)：29～54

Dollfus R P. 1929b. Helmintha I. Trematoda et Acanthocephala. Faune des colonies francaises，3(2)：73～114

Dollfus R P. 1950. Trematodes recoltes au Congo belge par Professor Paul Brien(Mai-aout 1937). Ann Mus Belg Congo C-Dierk，5(1)：136

Dollfus R P. 1950. Variations anatomiques chez Distomum Cloacicola Max Lühe，1909. Ann Par，25(3)：141～149

Dollfus R P. 1957a. Les Dicrocoeliinae decrites ou mentionees en 1900 par Railliet et quelque autres. Ann Par，32(4)：369～384

Dollfus R P. 1957b. Sur trois distomes(Telorchis，Opisthioglyphe，Astiotrema)de coulouvres du genre Natrix laurenti. Ann Par，32(1～2)：41～55

Johnston S. 1912. On some parasite of Australian frogs. Proc Linn Soc N S W，37：285～362

Jordan H，Byrd E E，1967. The life cycle of *Brachycoelium mesorchium* Byrd，1937（Trematoda：Digenea Brachycoeliinae）. Z Par，29：61～84

Lühe M. 1901. Zwei neué Distomen aus indischen Anuren. Ctbl Bakt I Abt，30：166～177

Lühe M. 1909. Parasitische Plattwürmer. I. Trematoden. Süsswasserfauna Deutschl. Heft，17：215

Ochi S. 1930. Uber die Entwicklungsgeschichte von *Mesocoelium brevicaecum* n. sp. Okayama Igakkai Zasshi（481），42（2）：388～402

Sewell R B S. 1920. *On Mesocoelium sociale* Lühe. Rec Ind Mus，19：81～95

Skrjabin K I. 1959. Trematodes for Men and Animals. XVI. Moscow：Publication of Academy of Sciences of USSR

Tang C C（唐仲璋）. 1950. Contribution to the knowledge of the helminth fauna of Fukien. Part 2，Notes on *Ornithobilharzia hoepplii* n. sp. from the Swinhoe's snipe and *Cortrema corti* n. gen. n. sp. from the Chinese tree sparrow. Peking Nat Mist Bull，19（2～3）：209～216

Travassos L. 1921. Contribuicoes para o conhecimento da fauna helmintolojica brasileira XII. Sobre as especies brasileiras da subfamilia Brachycoeliinae. Arch Esc Sup Aeric Med Vet Nichtheroy，5（1～2）：59～67

Yamaguti S. 1958. Systema Helminthum. New York：Interscience Publishers Inc

Yamaguti S. 1971. Synopsis of Digenetic Trematodes of Vertebrates. Tokyo：Keigaky Publishers Co

Yamaguti S. 1975. A synoptical Review of life Histories of Degenetic Trematodes of Vertebrates. Tokyo：Keigaky Publishers Co

6. 柯吸虫科（Cortrematidae Yamaguti，1958）

(1) 研究历史

A. 虫种的发现

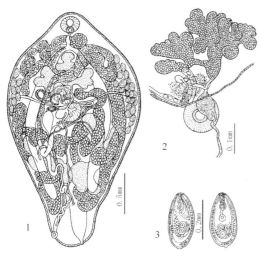

柯吸虫图 1　柯氏柯吸虫
（按唐仲璋和唐崇惕，1981）
1. 成虫；2. 卵巢复合器；3. 虫卵

著者(唐仲璋)于 1950 年在福州调查鸟类寄生虫，从树麻雀(*Passer montanus saturatus* Stejnger)的直肠两侧的盲囊中找到一种吸虫，经观察后是一种未经描述过的新属新种，由于怀念他的业师——美国约翰·霍普金斯大学的 Cort William Walter 教授，兹命名此吸虫为柯氏柯吸虫(*Cortrema corti* n. gen. n. sp.)（柯吸虫图 1）(Tang，1951)。在详细观察它的形态构造之后，认为它与寄生在欧洲和美洲的家雀[*Passer domesticus domesticus* (Lime)]肛门周围上皮囊内的豆形肛瘤吸虫(*Collyriclum faba* Bremser，1831)（柯吸虫图 2、柯吸虫图 3）甚为相似，但也有差异。肛瘤吸虫隶属隐孔科 (Troglotrematidae)，所以当时把柯氏柯吸虫也归隶该科。隐孔科寄生于鸟类有肛瘤属(*Collyriclum*)和肾居属(*Renicola*)，柯吸虫属(*Cortrema*)与它们有如下差别。肛瘤属：无腹吸盘，生殖孔在体中横线前方；肾居属：有腹吸盘，生殖孔在腹吸盘与肠叉之间；柯吸虫属：有腹吸盘，生殖孔在体后端。

B. Yamaguti（1956，1971）分类系统

Yamaguti（1958）为 *Cortrema* Tang，1951 属建立 柯吸虫科(Cortrematidae)，在寄生鸟类的隐孔科中仍然包含肛瘤属(*Collyriclum*)和肾居属(*Renicola*)，但将它们提升为亚科：Collyriclinae Ciurea，1933 和 Renicolinae n. subfam.。Skrjabin（1960）同意 Yamaguti（1958）建立 Cortrematidae 科。

Yamaguti（1971）的复殖吸虫分类系统中起用稳孔总科(Troglotrematoidea Faust，1929)，在该总科中寄生于鸟类的有：Collyriclidae Ward，1917；Renicolidae Dollfus，1939；和 Cortrematidae Yamaguti，1958 3 个科。寄生于哺乳类的有 2 个科：Troglotrematidae（Odhner，1914）Ward，1918 和 Paragonimidae Dollfus，1939。因此，按 Yamaguti 的意见，柯吸虫科 Cortrematidae 和并殖科(Paragonimidae)一起隶属于稳孔总科。

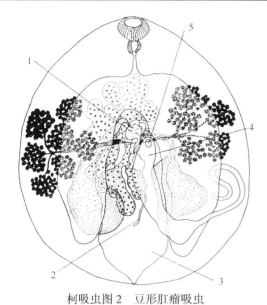

柯吸虫图 2　豆形肛瘤吸虫
（按 Bychovskaya-Pavlovskaya and Khotenovsky，1964）
1. 储精囊板；2. 劳氏管；3. 排泄囊；4. 子宫末端；5. 雌性生殖孔

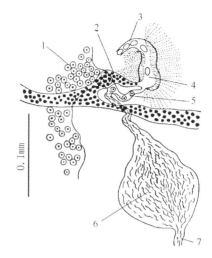

柯吸虫图 3　豆形肛瘤吸虫的卵巢复合器
（按 Bychovskaya-Pavlovskaya and Khotenovsky，1964）
1. 卵巢；2. 卵黄总管；3. 子宫；4. 卵模；5. 输卵管；6. 受精囊；7. 劳氏管

C. Khotenovsky（1961）分类系统

1961 年，苏联的蠕虫学者 Khotenovsky 从隐孔科的肾居属（*Renicola*）及枝腺科[Lecithodendriidae（Lühe，1901）Odhner，1910]中的边殖亚科（Leyogoniminae）的边殖属（Leyogonimus）移出了两种吸虫：*Renicola magnicaudata* 及 *Leyogonimus testilobatus*，归于柯吸虫属，分别成为 *Cortrema magnicaudata*（Bychovskaja-Pavlovskaja，1953）Khotenovsky，1961 和 *Cortrema testilobata*（Bychovskaja-Pavlovskaja，1953）Khotenovsky，1961（柯吸虫图 4）。Yamaguti（1971）认可了此两虫种。Khotenovsky（1961）除在 *Cortrema* 属增加两种之外，对于本属的分类体系尚加以讨论，认为它应归于枝腺科（Lecithodendriidae），并将 Cortrematidae Yamaguti，1958 降为亚科，Cortrematinae Khotenovsky，1961。

D. 著者（唐仲璋和唐崇惕，1981）对本类吸虫分类系统的见解

Bychovskaja-Pavlovskaja 与 Khotenovsky（1964）对豆形肛瘤吸虫（*Collyricium faba*）（柯吸虫图 2、3）的形态学作了异常精细的考察。这样对这类吸虫有可能作更详细的比较，特别在受精囊和劳氏管方面的比较。这些论著的阐述引起著者重新注意，我们通过人工感染的方法观察了柯氏柯吸虫的全程生活史（唐仲璋和唐崇惕，1981）。通过生活史的阐明，说明此吸虫不属于枝腺科，也不同于隐孔总科，而是属于斜睾总科（Plagiorchioidea）。

（2）柯吸虫科特征和柯吸虫属种类

A. 柯吸虫科（Cortrematidae Yamaguti，1958）特征

本科吸虫体小，体梨形或纺锤形。体表披小棘。口吸盘较小，位于亚顶端。无前咽，具有咽，食道较短。两肠管盲端延伸到体后方，距体后端近或有段距离。腹吸盘亦较小，在体赤道线前方。两睾丸分瓣，或不完整长椭圆形，对称排列在腹吸盘的后方，它们

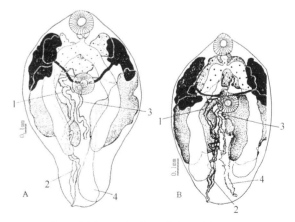

柯吸虫图 4　巨尾柯吸虫与瓣睾柯吸虫
（按 Khotenovsky，1961）
A. 巨尾柯吸虫（*Cortrema magnicaudata*）；B. 瓣睾柯吸虫（*Cortrema testilobata*）。1. 大输精管；2. 子宫末端；3. 劳氏管；4. 排泄囊

上部可达到腹吸盘的两侧方。生殖孔在体后端的一侧，无阴茎囊，也没有贮精囊和前列腺。生殖窦（genital atrium）周围有肌肉性括约肌，因而有些隆起。卵巢在腹吸盘前方，由 2～3 个部分组成，各分

叶瓣，或外缘不整齐。受精囊在腹吸盘的后方背侧。劳氏管非常长，末端在虫体后部，向外开口（**柯吸虫图 1 之 1**）。卵黄腺从粒在卵巢与腹吸盘水平的两侧。子宫圈盘曲向前达到体肩部，向后到体后端。虫卵很小。排泄囊管状，向后开口于体后端，与生殖孔相对的另一侧。寄生于雀形目鸟类的法氏囊。

目前唯一的属：柯吸虫属（*Cortrema* Tang，1951）。至今本属含有以下 3 种：

柯氏柯吸虫 *Cortrema Corti* Tang，1950（属的代表种）（**柯吸虫图 1**）；

巨尾柯吸虫 *Cortrema magnicaudata*（Bychovskaja-Pavlovskaja，1950）Khotenovsky，1961（**柯吸虫图 4 之 A**）；

瓣睾柯吸虫 *Cortrema testilobatus*（Bychovskaja-Pavlovskaja，1953）Khotenovsky，1961（**柯吸虫图 4 之 B**）。

B. 柯氏柯吸虫（*Cortrema corti* Tang，1951）

终末宿主：文鸟科（Proceidae）的树麻雀（*Passer montanus saturatus* Stejnger）；绣眼鸟科（Zosteropidae）的绣眼鸟（*Zosterops japonica simplex* Swinhoe）；百灵科（Alaudidae）的云雀（*Alauda arvensis coelivox* Swinhoe）；燕科（Hirundinidae）的家燕（*Hirundo rustica gutteralis* Scopoli）。

分布：除福州地区外，在国内的分布尚见于南京（沈一平等，1977）、江西（王溪云和周静义，1993）、山西和河北（陈心陶，1975），以及贵阳（金大雄和顾以铭，1975）等地。在国外的分布见于欧洲（Sultana，1972）。

虫种特征：本种吸虫（**柯吸虫图 1 之 1**）接近梨形，腹面扁平，背面作半圆凸出。体表具细棘。口吸盘在次顶端位置，紧接着有圆形的咽，食道纤细，在很短的距离（80～90μm）后便分为两个肠支，终止于体长 2/3 或 4/5 处。腹吸盘位于体中横线或略前中央。

雄性器官：睾丸分瓣深，在体后半的两旁，各有一输出管向体中央汇合成为一条很长的输精管，与子宫末段并行至体后端附近处，连接在一起而通于体外。在成熟的虫体中输精管膨大，充满了许多活动的精子。

雌性器官（**柯吸虫图 1**、**柯吸虫图 5**）：较为复杂。卵巢在腹吸盘前方，它具有 3 个分瓣，每瓣又分为若干小瓣。输卵管自卵巢后缘出发，斜向后方，与受精囊相接后又与卵黄腺总管遇合并进入有梅氏腺围绕的卵模。受精囊袋状，椭圆形或圆形，在活的虫体中常见其有收缩的动作，中部缢窄成两室，继又膨大。与受精囊相连的劳氏管（Lauser's canal）细长（**柯吸虫图 1 之 1、柯吸虫图 5 之 C**），长度约 1.35mm，延至体后部，开口在肠管盲端后方若干距离水平的中央体背侧。柯氏柯吸虫的劳氏管在本属中是最长的，*Cortrema magnicaudata* 及 *Cortrema testilobatus* 的劳氏管较短（**柯吸虫图 4**），开口在肠管盲端的前方。在活的 *Cortrema corti* 虫体中，曾见到劳氏管内有极多活动的精子，说明它是精子进入的孔道，这种吸虫主要是借异体受精而发育的。体后方的排泄囊长椭圆形或袋状。排泄孔与生殖孔相对地排列在体后端的各一侧。

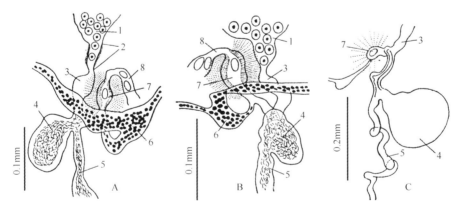

柯吸虫图 5　3 种柯吸虫的卵巢复合器的比较（按 Khotenovsky，1961）

A. 巨尾柯吸虫（*Cortrema magnicaudata*）；B. 瓣睾柯吸虫（*Cortrema testilobata*）；C. 柯氏柯吸虫（*Cortrema corti* Tang，1950）［按 Tang（唐仲璋），1950］

1. 卵巢；2. 卵管门（ovicapt）；3. 输卵管；4. 受精囊；5. 劳氏管；6. 卵黄总管；7. 卵模；8. 子宫

在福州地区不同鸟类宿主所获的柯氏柯吸虫标本，其大小、体内结构都有所不同，但所表现的差异并不十分显著（**柯吸虫表 1**）。

柯吸虫表 1　不同鸟类宿主的柯氏柯吸虫形态比较(按唐仲璋和唐崇惕，1981)

宿主种类	*Passer montanus saturatus* 树麻雀	*Alauda arvensis coelivox* 云雀	*Zosterops japonica simplex* 绣眼鸟
体长/mm	2.241 ~ 2.978	2.356 ~ 2.698	0.874 ~ 1.444
体宽/mm	1.292 ~ 1.805	1.311 ~ 1.652	0.541 ~ 0.855
口吸盘/mm	(0.151 ~ 0.195) × (0.178 ~ 0.23)	(0.152 ~ 0.190) × (0.152 ~ 0.190)	(0.089 ~ 0.128) × (0.098 ~ 0.155)
咽/mm	(0.053 ~ 0.106) × (0.080 ~ 0.111)	(0.084 ~ 0.111) × (0.080 ~ 0.111)	(0.049 ~ 0.071) × (0.044 ~ 0.075)
腹吸盘/mm	(0.142 ~ 0.215) × (0.178 ~ 0.222)	(0.133 ~ 0.152) × (0.133 ~ 0.171)	(0.106 ~ 0.137) × (0.111 ~ 0.151)
	略大于口吸盘	略小于口吸盘	大于口吸盘
卵巢	分瓣较少	分瓣较少	分瓣较多
输卵管	较短	较长	较短
受精囊	位于腹吸盘水平	位于腹吸盘后方	位于腹吸盘水平
劳氏管	开口在体后端附近	开口于肠管末端后	
虫卵/μm	(27 ~ 33) × (15 ~ 22)	(22 ~ 31) × (13 ~ 18)	(22 ~ 29) × (13 ~ 18)

C. 巨尾柯吸虫 ［*Cortrema magnicaudata*(Bychovskaja-Pavlovskaja，1950)］
Khotenovsky，1961（柯吸虫图 4～柯吸虫图 6）（按 Khotenovsky，1961）

终末宿主：山雀科 (Paridae) 的山雀 (*Parus majar* L)；雀科 (Fringillidae) 的芦鹀 [*Schoeniclus schoeniclus*(L.)]，燕雀 [*Fringilla caelebs*(L.)]；鹟科 (Muscicapidae) 的水蒲苇莺 [*Acrocephalus schoenobaenus*(L.)]；燕科 (Hirundinidae) 的毛脚燕 [*Delichon urbica*(L.)]，家燕 [*Hirundo rustica*(L.)]。

寄生部位：肠管，主要在盲管。

分布：俄罗斯的加里宁格勒、列宁格勒、西伯利亚。

虫体特征：体呈倒梨形，在体后端通常有"尾部"状的形态，此"尾部"突起程度各标本会有所差异。体大小为 (1.348～4.210) mm × (0.750～2.248) mm。口吸盘大小为 (0.117～0.260) mm × (0.117～0.260) mm，位顶端少数于次顶端。腹吸盘大小为 (0.134～0.285) mm × (0.134～0.285) mm。咽大小为 (0.084～0.151) mm × (0.084～0.159) mm，常有部分重叠于口吸盘之下。肠管盲端不到体后端。睾丸两个几乎占满体中央 1/3 部分，由它们引出的小输精管会合成大输精管。大输精管较膨大，长达 2.02～2.76 mm。卵巢位于咽和腹吸盘之间，形态及分瓣情况时有变化。卵黄腺团两个在体前方两侧，前方到口吸盘后缘水平，后方到腹吸盘后缘或中部水平，卵黄总管常在腹吸盘前方。劳氏管长达 1.29～1.89mm，末端在睾丸后部水平，在体中央背部向外开口。从卵巢后方引出输卵管，开始部分有输卵管门套(ovicapt)，肌肉性，可能具有控制输送卵子进入输卵管的功能。输卵管末端先后与受精囊和卵黄总管会合而后进入被梅氏腺围绕的卵模，形成的卵子进入子宫。成熟的虫卵 (29～31) μm × (10～17) μm。子宫末端走向体后端，与大输精管一起通向不大的生殖窦，生殖孔开口于体后端的一侧，与在另一侧的排泄孔相对。排泄囊的前方几乎达到腹吸盘的水平。

D. 瓣睾柯吸虫 ［*Cortrema testilobata*(Bychovskaja-Pavlovskaja，1953)］
Khotenovsky，1961（柯吸虫图 4～柯吸虫图 6）（按 Khotenovsky，1961）

终末宿主：松鸦 (*Garrulus glandularius*(L.)。

寄生部位：肠管的后段。

发现地点：俄罗斯列宁格勒地区。

虫种特征：瓣睾柯吸虫虫体较小，为 (0.849～1.321) mm × (0.352～0.702) mm，体后端呈钝圆形。口吸盘大小为 (0.109～0.168) mm × (0.097～0.166) mm，其前方伸展时可突出到体边缘之外，腹吸盘大小为 (0.092～0.149) mm × (0.101～0.15) mm；咽大小为 (46～75) μm × (75～92) μm，前方部分叠于口吸盘之下。食道无或很短。肠管较长，后部膨大，盲端距体后端一小段距离。两个睾丸几乎占满体长中央 1/3 部分。在腹吸盘附近从两睾丸各引出的小输精管会合成大输精管，大输精管略弯曲，长达 0.91～0.93mm，卵巢位于口、腹吸盘之间。两团卵黄腺位于卵巢的两侧，其前缘达到口吸盘后缘水平、后缘达到腹吸盘中部或后部水平。从卵巢后缘引出的输卵管接受了受精囊和卵黄腺总管后，通入被梅氏腺包围的卵模，在卵模中形成的卵子被输入子宫。连于受精囊的劳氏管长 0.57～1.16mm，开口于两睾丸后部水平之间的背侧。子宫中成熟虫卵大小为 (21～29) μm × (12～16) μm。子宫末端长 0.78～0.89mm，向后行到虫体后端，和大输精管会合进入到不大的生殖窦。生殖窦位于体后端的一侧。排泄囊向外开口在体后端的另一侧，排泄囊前端几乎达到腹吸盘的后缘。虫卵大小为 30μm×10μm。

在俄罗斯境内的两种柯吸虫，瓣睾柯吸虫除了无"尾部"突出、在体形上不同于巨尾柯吸虫之外，在体大小上也有很大差别，巨尾柯吸虫大小为(2.6～3.2)mm ×(1.4～1.8)mm，而瓣睾柯吸虫大小为 (1.0～1.2)mm×(0.53～0.66)mm。巨尾柯吸虫最小虫体的长度、宽度均大于瓣睾柯吸虫。Khotenovsky(1961)测量了 100 个巨尾柯吸虫长度、宽度及若干个瓣睾柯吸虫的长度、宽度，列于坐标上比较，显示出此两虫种的显著差别(**柯吸虫图 6**)。

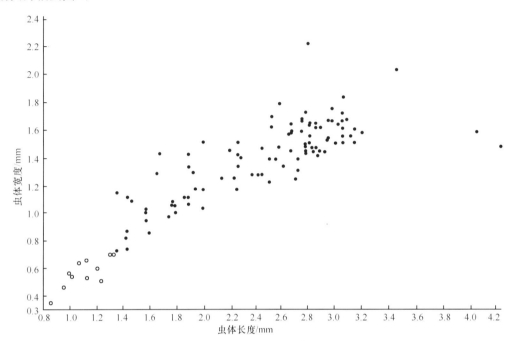

柯吸虫图 6 巨尾柯吸虫与瓣睾柯吸虫虫体长度、宽度比较(按 Khotenovsky，1961)

巨尾柯吸虫为实心点，瓣睾柯吸虫为圈点

(3)柯氏柯吸虫幼虫期(按唐仲璋和唐崇惕，1981)(**柯吸虫图 1、柯吸虫图 7、柯吸虫图 8**)

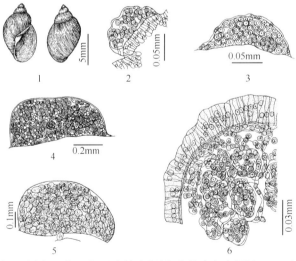

柯吸虫图 7 柯氏柯吸虫幼虫期(按唐仲璋和唐崇惕，1981)

1.柯氏柯吸虫中间宿主 Lymnaea ollula Gould；2～4.6d 的母胞蚴；5.14d 的母胞蚴，体内含子胞蚴；6.17d 的母胞蚴切片，体内含子胞蚴

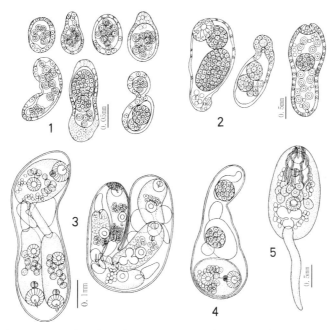

柯吸虫图 8　柯氏柯吸虫幼虫期(续)(按唐仲璋和唐崇惕，1981)

1. 感染后 14d 的早期子胞蚴；2. 感染后 17d 的中期子胞蚴，体前端有生产孔结构；3. 感染后 40d 的成熟子胞蚴，其左侧是天然感染的成熟子胞蚴；
4. 成熟子胞蚴，体内含由成熟尾蚴形成的囊蚴；5. 尾蚴

贝类宿主：小椎实螺［*Lymnaea (Fossaria)ollula* Gould］（**柯吸虫图 7 之 1**），

　　1964 年著者在福州郊区观察有柯氏柯吸虫寄生的麻雀的生态环境。并用柯氏柯吸虫虫卵举行多种贝类的感染试验，结果仅小椎实螺感染成功。后从野外也查获天然感染本吸虫幼虫期的小椎实螺。在柯吸虫科现有的 3 个种类中只有柯氏柯吸虫的生活史经阐明。其各幼虫期如下。

　　卵和毛蚴(**柯吸虫图 1 之 3**)：虫卵前端具一个较窄小的卵盖，后端有一小突；成虫子宫末段中成熟的卵内含有毛蚴。卵壳棕黄色，透明，内面的毛蚴隐约可见。毛蚴具顶腺(apical gland)一个，内含颗粒甚多，未见有胞核。毛蚴体表具纤毛。毛蚴体大约为 25μm × 10μm。体后部含有生殖细胞三四个。

　　母胞蚴(**柯吸虫图 7**)：毛蚴在贝类宿主肠腔孵出后，钻入肠壁肌肉层和基膜之间的空隙，在那里成长。感染后 6d，实验螺的切片标本有小圆球形状的早期母胞蚴，附在宿主肠壁上，直径 0.116～0.466mm，高度 0.058～0.214mm。母胞蚴体表系一层薄膜的外壁，体内有许多含巨大的胞核和明显核仁的胚细胞。一个实验螺感染数个毛蚴，在肠管外面就可见到 5～6 个半圆形的母胞蚴，发育程度很不相同。6～10d 的母胞蚴含胚细胞及少数胚球。13d 母胞蚴大小为 (0.388～0.582)mm×(0.194～0.214)mm，已有 (46～93)μm×(21～38)μm 大的小子胞蚴出现。17～40d 的母胞蚴，体内子胞蚴随着日数增加而增大(**柯吸虫表 2**)。17d 母胞蚴的连续切片显示它们有由体细胞形成的隔室，隔室中含一些胚细胞和胚球，其中的胚球发育成子胞蚴。母胞蚴的结构和斜睾总科其他成员的发育一样，如双腔科(Dicrocoeliidae)的阔盘属吸虫(*Eurytrema* spp.)和东肌科(Orientocreadiidae)的拟柏他东肌吸虫(*Orientocreadium batrachoides*)等的母胞蚴，在早期发育中都有许多如此的小隔室，里面藏有胚细胞、胚球和子胞蚴(双腔科和东肌科附图)。

柯吸虫表 2　人工感染后不同时间的柯氏柯吸虫母胞蚴及其体内子胞蚴大小的比较

时间/d	母胞蚴大小/mm	其体内子胞蚴大小/mm
17	(0.443～0.582)×(0.156～0.311)	(0.046～0.093)×(0.021～0.038)
21	(0.485～0.815)×(0.272～0.524)	(0.046～0.147)×(0.042～0.059)
24	(0.776～1.359)×(0.465～0.621)	(0.114～0.253)×(0.038～0.076)
40	(0.388～1.747)×(0.388～1.700)	(0.506～0.760)×(0.148～0.165)

　　子胞蚴(**柯吸虫图 8 之 1～4**)：螺类进行人工感染后 6～10d 开始出现子胞蚴胚球，它们是被薄膜包裹

的胚体，内含 3～7 个或 10 余个细胞。13～14d 的子胞蚴已具有完整的体壁，但其大小和形状会有很大差异，小的呈圆形或梨形，大的呈长椭圆形或圆筒形。早期子胞蚴体前端体壁增厚，顶端有一圆生产孔结构，其周围有一列辐射状排列的细胞环绕着孔口，日后成熟的尾蚴从这里产出。鼠斜睾吸虫[Plagiorchis (Multiglandularis) muris] 的子胞蚴体一端也有类似的和增厚的放射状细胞，但没有观察到生产孔，该虫种子胞蚴外面包裹的衣膜 (paletot)，在柯氏吸虫未见到。

柯氏吸虫成熟子胞蚴呈长椭圆形、腊肠形或囊状体，内含有胚球 3～4 个和成熟的尾蚴 3～8 个。子胞蚴体顶端有被 2～3 层圆形细胞所围绕的生产孔。40d 最大的子胞蚴达 0.76mm×0.148mm，而天然感染的成熟子胞蚴可达 0.951mm ×0.272mm。

尾蚴(柯吸虫图 8 之 5)：尾蚴为剑尾型(xiphidiocercaria type)，体部椭圆形，大小为 (0.173～0.210) mm × (0.084～0.120) mm。体表光滑。口吸盘大小为 (0.038～0.063) mm × (0.046～0.051) mm，位于次顶端，在其背壁前方有一口锥刺，长 0.026mm。咽紧接在口吸盘后面，大小为 0.021mm×0.025mm。食道细长，其分叉处和肠管被穿刺腺细胞团所遮盖而不明显。腹吸盘大小为 (0.036～0.040) mm× (0.038～0.042) mm，位于体赤道线略后方。单细胞穿刺腺 5 对，分列于腹吸盘前背方两侧，各有导管分别开口于口锥刺囊前缘的两旁。腺细胞的膨大部有泡状的胞核，腺细胞内含微小颗粒，它们从各导管的开口排出。这些穿刺腺物质可能在尾蚴钻入昆虫宿主时能起溶解和破坏宿主组织的作用。尾蚴体内尚有一些可能是成囊腺细胞，分布在体的两侧，自前方咽的水平向后延伸至排泄囊的两旁。排泄囊分 3 室，在一个圆形囊的前面有一个哑铃状的两隔室，很明显这是"Y"形排泄囊转变的形式，前方两室是收集管的膨大。排泄囊后端接着尾部的排泄管，在未成熟或刚成熟的尾蚴尾部中此排泄管较宽阔。成熟尾蚴尾部呈光滑的长条状，大小为 (0.068～0.127) mm × (0.027～0.038) mm，末端稍钝圆。

后期尾蚴和囊蚴(柯吸虫图 8 之 4)：柯氏吸虫尾蚴能在子胞蚴体中形成囊蚴，这可能是提早发育的例子。在正常情况下，本种吸虫的囊蚴可能是在昆虫体内形成，其第二中间宿主可能是与水体有关的昆虫。其生活史全部完成尚需在流行区中继续考察。在子胞蚴体内结囊的囊蚴圆形，直径约 0.120mm。囊内的后期尾蚴清晰可见，虫体平直或前后折叠地在囊壁内，口吸盘背前壁上的口锥刺脱落下来，但仍在囊内。

(4) 柯吸虫属(*Cortrema* Tang，1951)种类与接近种类的关系

著者之一(Tang，1951)建立柯吸虫属(*Cortrema*)后，苏联蠕虫学者 Khotenovsky(1961) 从 Troglotrematoidae 总科 Renicolidae Dollfus，1939 科肾居属(*Renicola* Cohn，1904) 中移出 *Renicola magnicaudata* Bychovskaja-Pawlovskaja，1950，并从 Lecithodendriidae(Lühe，1901) Odhner，1910 科边殖属 (*Leyogonimus* Ginetsinskaja in Skarbilovich，1948) 中移出 *Leyogonimus testilobatus* Bychovskaja- Pawlovskaja，1953，将它们隶于柯吸虫属。Yamaguti(1971)认可了这些转移，在 *Cortrema* Tang，1951 属中除了代表种 *Cortrema corti* Tang，1951 之外，他列上了下述两种： *Cortrema magnicaudatum* (Bychovskaja-Pawlovskaja，1950) Khotenovskii，1961 和 *Cortrema testilobatum* (Bychovskaja-Pawlovskaja，1953) Khotenovskii，1961；原名称作为它们的同物异名。Khotenovsky 和 Yamaguti 的见解是正确的，这些转移是合理的。因为边殖属的模式种 *Leyogonimus polyoon* (Linstow，1887) 具阴茎囊，而 *L. testilobatus* 无此结构，不应隶于该属。肾居属的构造虽和柯吸虫属也十分类似，但不具有特长的劳氏管，它的生殖孔不在体后端而在腹吸盘前方，与柯吸虫属有所不同。由于豆形肛瘤吸虫(*Collyriclum faba*) 的形态结构再经一度详细的阐明(Bychovskaya-Pavlovskaya et Khotenovsky，1964)，特别是关于它的劳氏管及侧囊的叙述，提供了肛瘤属和柯吸虫属这一构造的共同点而启示它们之间的关系。肛瘤属的不同点也是生殖孔位置在体中横线上而不在于后端，肛瘤属不具有腹吸盘，这一点与柯吸虫属和肾居属都不一样。

从宿主的种类来看肛瘤属和柯吸虫属较为相似，它们同是鸣禽类的寄生虫，宿主绝大多数属于雀形目的鸟。在欧洲经 Bremser(1831)最早记述 *Collyriclum faba*。Braun(1893)记载鸟类宿主 13 种，Railliet(1898) 的名录却只记载 10 种，可能 Braun 的鸟类名称内含有一些重复的同物异名。嗣后，在美洲又增加了一些种类，如 *Cyanocitta cristata* 是纯属美洲的特产鸟类(兰松鸦)。豆形肛瘤吸虫在美洲经过了 Stiles 和

Hassell(1908)、Ward(1917)、Cole(1911)、Tyzzer(1918)、Riley 和 Kernkamp(1924)，以及 Farner 和 Morgan(1944)的研究。在后者的名录中鸟类宿主增加至 26 种，分属于 13 个科。在 Bychovskaya-Pavlovskaya 和 Khotenovsky 等（1964）的文献中，修订的名录列出了 23 种。

欧洲和美洲的鸟类宿主虽多数属于同一科属，地理的分布却是非常特殊的。通过比较肛瘤属和柯吸虫属的分布，饶有兴趣地发现，Collyriclum 属重要宿主为家麻雀（Passer domesticus domesticus），在我国境内的分布范围极有限，只见于内蒙古东北部的呼伦池（又称达赉湖）、扎兰屯和牙克石；而 Cortrema 属的宿主树麻雀（Passer montanus saturatus）以及其他亚种则在我国境内有极广泛的分布。树麻雀在欧洲只在意大利北部有其分布（郑作新，1976）。这两个形态非常类似的麻雀有如此不同的分布，并有既是非常近似而又不相同的吸虫寄生，这在吸虫类种属的分化和宿主分布的关系问题上是很有意义的。

关于美洲的肛瘤吸虫曾被叙述为新种 Collyriclum colei Ward，1917，但有人认为是欧洲的 C. faba(Bremser，1831)，在开拓美洲殖民地时和家麻雀一起传入新大陆。由于在美洲有许多种野生鸟类也感染本种吸虫，也有可能美洲的肛瘤吸虫是由其他雀形目鸟类在更早年代就已带到美洲。如果从形态上能证明 C. colei 有别于 C. faba，是一个独立的虫种，那么它和它们的宿主，必定有较长久的时间分布于西半球。如前文所述，柯氏柯吸虫有特别发达的劳氏管，在里面经常充满着活动的精子，证明它是异体受精的管道。说明本类吸虫可通过异体受精而繁殖后代。

Yamaguti(1958)建立柯吸虫科(Cortrematidae)，Skrjabin(1960)及 Yamaguti(1971)均沿用本科名称。Khotenovsky(1961)曾提出讨论，认为这一科应缩成亚科，并归于枝腺科(Lecithodendriidae)。关于这一点，著者曾加以思考，并比较枝腺科数种已知的生活史，如 Brown(1933)阐明的 Lecithodendrium chilostomum (Mehl)，Abdel-Azim(1936)阐明的 Lecithodendrium pyramidum Looss，Knight 和 Pratt(1955)阐明的 Allassogonoporus vespertilionis 和 Acanthatrium oregonensis，McMullen(1936)阐明的 Mosesia clordeilesia，以及 Macy 和 Moore(1954)阐明的 Cephalophallus obscurus。除了上述种类，我们还参考 Burns(1961)叙述的 6 种具有芽状器的剑尾型尾蚴。其中两种系重复了上述的 Allassogonoporus vespertilionis 和 Acanthatrium oregonensis 尾蚴的描述。可以看出柯吸虫的幼虫期和枝腺科吸虫的幼虫期是很不相同的，Cortrema 属的尾蚴口吸盘背壁不具有芽状体(virgula organ)。芽状体是枝腺科吸虫尾蚴所特有的，是穿刺腺物质累积在口吸盘内的状况。柯吸虫尾蚴穿刺腺数目是 5 对，而枝腺科的种类，如 Lecithodendrium chilostomum 只有 4 对，Allassogonoporus vespertilionis、Acanthatrium oregonensis 及 Prosthodendrium (Acanthatrium) anaplocami 的尾蚴穿刺腺都只有 3 对。另外，柯吸虫尾蚴的排泄囊具有 3 个囊室，一个后方中央圆形的囊和前方两侧哑铃状的囊。这原是由 “Y” 形排泄囊转化成的，与枝腺科尾蚴 “V” 形的排泄囊不相同。成虫构造的比较也得出同样的结论，枝腺科吸虫成虫体具有阴茎囊，排泄囊为 “V” 形而不是袋形，所以把柯吸虫亚科归于枝腺科是不合适的。

我们同意 Yamaguti(1958)的意见，把柯吸虫科列为独立的科。因为别的科都很难安置下柯吸虫属。斜睾科的幼虫期发育和柯吸虫属非常接近，但其成虫的特征(如睾丸作前后斜面排列，阴茎囊紧靠吸盘一侧等)，很明显与柯吸虫属种类很不相同；虽是如此，柯氏柯吸虫的母胞蚴具有许多隔壁，把母胞蚴体分作许多不规则的小室，内含子胞蚴胚体，这和 Cort 和 Ameel(1944)叙述的鼠斜睾吸虫(Plagiorchis muris)早期母胞蚴的发育方式一样。子胞蚴也和鼠斜睾吸虫子胞蚴相似(Cort and Olivier，1941)。尾蚴的构造是具有锥刺的剑尾型尾蚴，它具有 5 对穿刺腺、“Y” 形的排泄囊转化作 3 隔室等特征和 Rees(1952)叙述的巨睾斜睾吸虫 [Plagiorchis (Multiglandulasis) megalorchis] 有共同点。这些显示它具有斜睾总科的亲缘关系。

经过成虫及幼虫期详细的形态学上的比较，我们认为柯吸虫属(Cortrema Tang，1951)、肾居属(Renicola Cohn，1904)和肛瘤属(Collyriclum Kossack，1911)3 属虽曾分列于 3 科，但他们的亲缘关系是非常接近的。虽然它们生殖孔的位置很不一样，但生殖腺和卵黄腺排列是同一类型的。特别是 Collyriclum faba 的劳氏管及其侧囊的详细叙述(Bychovskaya-Pavlovskaya and Khotenovsky，1964)增加了和柯吸虫属有密切关系的根据。C. faba 的生活史还未经阐明，相信其幼虫期将和柯吸虫属非常类似。至于肾居属的 Renicola thaidus 的生活史经 Stunkard(1963)阐明，它的尾蚴也是剑尾型，有 5 对穿刺腺和 “Y” 形的排泄囊。在形态上和斜睾总科相一致。*R. thaidus* 尾蚴的焰细胞公式是 2〔(3+3+3)+(3+3+3)〕=36，这也与斜睾总科中许多种类的焰细胞公式相同。

据 La Rue(1957)吸虫纲分类的体系，肾居属(*Renicola* Cohn，1904)属于肾居科(Renicolidae Dollfus，1939)，后者又隶属于肾居总科((Renicoloidea La Rue，1957)、肾居亚目(Renicolata La Rue，1957)及肾居目(Renicolida La Rue，1957)。因此本属吸虫的发育特征及其同一类群的科属问题与整个吸虫的体系有关。

柯氏柯吸虫的生活史的探讨尚未完整，终末宿主感染的方式尚未证实，推测第二中间宿主是昆虫。这些燕雀目的鸟类因捕食昆虫而被感染。著者过去调查时曾从新出巢的树麻雀雏鸟的盲肠中也检验到柯氏吸虫，说明母鸟在喂饲幼鸟时哺给含有囊蚴的昆虫。昆虫是哪些种类尚待发现。关于感染的方式和季节，肛瘤吸虫在欧洲也有类似的情况(Bychovskaya-Pavlovskaya，Khotenovsky，1964)。

参 考 文 献

唐仲璋，唐崇惕. 1981. 长劳管吸虫生活史的研究. 动物学报，27(1)：64~74

郑作新. 1976. 中国鸟类分布名录. 北京：科学出版社

Abdel A M. 1936. On the life history of *Lecithodendrium pyramidum* Looss 1896 and its development from a xiphidiocercaria，*C. pyrimidum* sp. nov. from *Melania tuberculata*. Ann Trop Med Parasit，30：251~256

Beaudette F. 1940. A case of *Collyriclum faba* infestation in a purple finch. J Amer Vet Med Ass，96：413~414

Braun M. 1879~1893. Vermes. Bronn's Klassen und Ordnungen des Tierreiches，4：817~925

Bremser J. 1831.Schmalz E. Tabulae anatomiam entozootum illustrantes. Dresden，1~16

Brown F J. 1933. On the excretory system and life history of *Lecithodendrium chilostomum* (Mehl.) and other bat trematodes，with a note on the life history of *Dicrocoelium dendriticum* (Rudolphi). Parasitology，25：317~328

Burns W C. 1961. Six virgulate xiphidiocercaria from Oregon，including redescriptions of *Allassogonoporus vespertillionis* and *Acanthatrium oregonensis*. J Parasit，47：919~926

Buttner A. 1951. La progenese chez les trematodes digenetigues. Ann Paras Hum et comp，26(4)：279~332

Bychoyskaya-Pavlovaskaya I E，Khotenovsky I A. 1964. On the morphology of the trematode *Collyriclum faba* (Mremser，1831). Parasitolog Sbornik，22：207~219

Chapin E A. 1926. *Collyriclum faba* (Brems.) and *Collyriclum colei* Ward not specifically distinct. J Parasit，13：90

Cobbold T. 1860. Synopsis of the Distomidae. J Proc Linn Soc，5：1~56

Cole L T. 1911. A trematode parasite of the English sparrow in the United States. Bull Wisconsin Nat Hist Soc，9(1~2)：42~48

Cort W W，Ameel D J. 1944. Further studies on the development of the sporocyst stages of *Plagiorchiid trematodes*. J Parasitology，30(2)：37~56

Cort W W，Clivier L. 1943. The development of the larval stages of *Plagiorchis muris* Tanabe，1922 in the first intermediate host. J Parasit，29：81~99

Creplin F C. 1839. *Monostomum faba* Bremser. Arch Naturgesch，5：1~8

Dawes B. 1946. The Trematoda. Cambridge：1~644

Diesing K M. 1850. Systema Helminthum. Vienna：320~321

Dollfus R Ph. 1939. Distome d'un abcès palpèbro-orbitale Chez une Panthere Possibilité d'affinités lointaines entre ce Distome et les Paragonimidae. Ann Paras Hum Comp，17(3)：209~235

Etges F T. 1960. On the life history of *Prosthodendrium* (*Acanthatrium*) *anaplocami* n. sp. (Trematoda：Lecithodendriidae). J Parasit，46：235~240

Farner D S，Morgan B B. 1944. Occurrence and distribution of the trematode *Collyriclum faba* (Bremser) in birds. Auk，61(3)：421~426

Fuhrmann O. 1928. Trematode. *In*：Kükenthal und Krumbach，Hand d Zool，2(2)：1~140

Jegen G. 1918. *Collyriclum faba* (Bremser) Kossack. Ein Parasit der Singvögel，sein Bau und seine Lebensgeschichte. Ztschr Wiss Zool，117：460~553

Khotenovsky I A. 1961. Morphology and taxonomy of trematodes of the genus *Cortrema* Tang，1951 (Lecithodendriidae Odhner，1911). Parasitolog Sbornik，20：337~338.

Knight R A，Pratt I. 1955. The life history of *Allassogonoporus vespertilionis* Macy and *Acanthatrium oregonensis* Macy (Trematoda：Lecithodendriidae). J Parasit，41：248~255

Kopfiva J，Tenora F. 1961. Nové poznatky o motolicích，ktere cizopasí u ptáků z řády Passeriformes v Ceskoslovensku. Ceskosl. Paras，8：241~252

Kossack W. 1911. Über Monostomiden. Zool Jb Abt Syst，31：491~590

La Rue G R. 1957. The classification of digenetic trematodes. A revision and a new system. Experimental Parasitology，6(3)：306~344

Macy R W，Moore D J. 1954. On the life cycle and taxonomic relations of *Cephalophallus obscurus* n. g.，n. sp.，an intestinel trematode of Mink. J Parasit，40：328~335

Marotel G. 1926. Une nouvelle maladie parasitaire，la monostomidose cutanée de dindon. Rev veterinaire，78：725～736

McIntosh A. 1935.　New host records of parasites. Proc Helm Soc Wash，2：80

McMullen D B. 1936. A note on the life cycle of *Mosesia chordeilesia* n.sp.（Lecithodendriidae）. J Parasit，22：295～298

Miescher Fr. 1838. Beschreibung und Untersuchung des *Monostoma bijugum*. Basel：Acad Einladungsschrift von prof Fischer：1～28

Morgan B B，Waller E F. 1941. Some parasite of the eastern crow. Bird-banding，12：17～23

Mühling P. 1898. Die Helminthenfauna der Wirbeltiere Ostpreussen. Arch Naturgesch，64（I）：1～118

Odhner T. 1907. Zur Anatomie der *Didymozoen*. Uppsala，Zool Stud tillägnede prof. Tullberg，309～342

Odhner T. 1914. Die Verwandtschaftsbeziehungen der Trematodengattung *Paragonimus*. Brn Zool Bidrag Uppsala，3：234～236

Parona C. 1887. Elmintologia sarda contributione allo studio dei vermi parassiti in animali di Sardegma. Ann Mus Civ Historia nat Genova，24：275～384

Railliet A. 1898. *Monostomum faba* Bremser cher le geai（*Garrulus glandarius* Vieillot）. Arch Paris，I：628～629

Rees F G. 1952. The structure of the adult and larval stages of *Plagiorchis（Multiglandularis） megalorchis* n. nom. from the turkey and an experimental demonstration of the life history. Parasit，42：92～113

Riley W，Kernkamp H. 1924. Flukes of the genus *Collyriclum* as parasites of turkeys and chickens. J Amer Vet Med Assoc，64（5）：1～9

Riley W. 1931.　*Collyriclum faba* as a parasite of poultry. Poultry Sci，10（4）：204～207

Rolando C. 1841. Osservazioni sopra i vermi intestinali colla descrizion di qual nuova genere e nuova species. Atti Accad Sci Siena，10：1～12

Siebold C T. 1839. Bericht ueber die Leistungen im Gebiete der Helminthologie waehrend des Jahres 1838. Arch Naturgesch，5：153～169

Skrjabin K I. 1915. Contribution a la biologic d un Trematode *Lecithodendrium chilostomum*（Mehl.，1831）. Compt Rend Soc Biol，78：751～754

Skrjabin K I. 1960. Trematodes of Animal and man. XVII. Moscow：Publication of Academy of Sciences of Russia

Stiles C W，Hassell A. 1908. Index-catalogue of medical and veterinary zoology. Subjects Trematodes and trematodes diseases. Bull，37：401

Stunkard H W. 1958. The Morphology of *Renicola philippinensis*，n. sp.，a Digenetic Trematode from the Pheasant-tailed Jacana，*Hydrophasianus chirurgus*（Scolopi）. Zool Sci Contr of the New York Zool Soc，43，3（9）：105～111

Stunkard H W. 1963. Studies on the trematode Genus *Renicola* observations the life history specificity and systematic position. Biol Bull，I26：467～489

Tang C C（唐仲璋）. 1951. Contribution to the knowledge of the helminth fauna of Fukien. Part. 2. Notes on *Ornithobilharzia hoepplii* n. sp. from the Swinhoe's snipe and *Cortrema corti* n. gen. n. sp. from the Chinese tree sparrow. Peking Nat Hist Bull，19（2～3）：209～216

Tyzzer E E. 1918.　A monostome of the genus *Collyriclum* occurring on the European sparrow，with observations on the development of the ovum. J Med Res，38（2）：267～292

Ward H B. 1917.　On the structure and classification of North American parasitic worms. J Parasitol，4（I）：12

Willemoes-Suhm R. 1873.　Helminthologische Notizen. III.　Ztschr Wiss Zool，23：331～345

Wright C A. 1956.　Studies on the Life-history and Ecology of the Trematode genus Renicola Cohn. 1904. Proc Zool Soc of London，126（1）：1～49

Yamaguti S. 1958. Systema Helminthum.I.　New York：Interscience Publishers Inc：769～770

Yamaguti S. 1971. Synopsis of Digenetic Trematodes of Vertebrates. Tokyo：Keigaku Publ Co

7. 东肌科（Orientocreadiidae Skrjabin et Koval，1960）

（1）研究历史

Tubangui（1931）在菲律宾一种淡水的鲶鱼［*Clarias batrachus*（Hamilton- Buchanan）］肠管找到一种吸虫，为它创立东方肌体属（*Orientocreadium* Tubangui，1931），简称东肌属，虫种定名为 *Orientocreadium batrachoides*（拟柏他东肌吸虫），将它隶于异肌科（Allocreadiidae Stossich，1904）。Tubangui（1933）又把此吸虫置于异肌亚科（Allocreadiinae Looss，1902）。

Pande（1934）补充了此吸虫属特征，而把它改隶于 Plesiocreadiinae Winfield，1929 亚科。

Yamaguti（1958）在异肌科中创立东肌亚科（Orientocreadiinae Yamaguti，1958）来容纳拟柏他东肌吸虫及其他近似种的吸虫。

Bychowsky 和 Dubinina（1954）叙述 *Paratormopsolus siluri* 新属新种，将其归于棘体科（Acanthocolpidae Lühe，1909）。依其形态构造，*P. siluri* 显然是东肌属（Orientocreadium）的种类。

Yamaguti（1958）认为下列各属 *Ganada* Chatterji，1933、*Neoganada* Dayal，1938、*Nizamia* Dayal，1938、*Ganadatrema* Dayal，1949 和 *Paratormopsolus* Bychowsky et Dubinina，1954 均是 *Orientocreadium* 属的同物异名。但他在 *Orientocreadium* 属下面除却模式种 *O. batrachoides* 之外，列出 11 种，而 Beverley-Burton（1962）

曾报告 *O. batrachoides* 的形态变异范围颇大。据他的意见有 7 种印度的种类，如 *O. barabankiae*、*O. indicum*、*O. dayali*、*O. secundum*、*O. mohendrai*、*O. philippai* 及 *O. vermai* 均是 *O. batrachoides* 的同种异名。Skrjabin 和 Koval（1960）为本类吸虫创立东肌吸虫科（Orientocreadiidae Skrj. et Koval，1960）新科。

唐仲璋和林秀敏（1973）报告了 *Orientocreadium batrachoides* 的生活史研究结果，并对其分类位置问题进行了讨论。从本种吸虫幼虫期发育史与其他科属的亲缘关系，认为东肌科（Orientocreadiidae）应是一独立的科，归于斜睾总科（Plagiorchioidea Dollfus，1930）。

（2）东肌科特征及种类

A. 肌科特征

东肌科为斜睾总科（Plagiorchioidea）的一群类，是体窄长具棘的小型吸虫。口吸盘亚端位，具前咽，咽较大，食道短，两肠管达到体后端。腹吸盘较小，位于体长前端约 1/3 处，或距前端稍远，个别位于体赤道线部位。两睾丸团块状或分叶，前后或略斜地排列于体后半部。阴茎囊棒状，含内贮精囊、前列腺和阴茎。具有外贮精囊。生殖孔位于腹吸盘直接前方中央，阴茎囊有或无延到腹吸盘的后方。卵巢在腹吸盘和前睾丸之间。子宫延伸到近体后端，越过两肠支外侧。虫卵小而数多。卵黄腺在体后半部两侧，常达到体后端。排泄囊管状，前伸到后睾丸，具有两臂状短且大的排泄管。鱼类肠管的寄生虫，偶尔寄生于爬行类。

代表属：东肌属（*Orientocreadium* Tubangui，1931）。

B. 东肌科种类

Yamaguti（1971）在《脊椎动物复殖吸虫概要》一书中在东肌属下列有 18 种，除代表种拟柏他东肌吸虫（*Orientocreadium batrachoides* Tubangui，1931）发现于菲律宾，*O. siluri*（Dubinina et Bykhowskii in Skrjabin，1954）Yamaguti，1958 发现于俄罗斯，*O. pseudobagri* Yamaguti，1934 发现于日本之外，其他种类都报道于印度，可能其中多种是同物异名（Beverlay-Burton，1962）。Skrjabin（1963）在东肌吸虫科中承认有 *Orientocreadium* Tubangui，1931、*Nizamia* Dayal，1938、*Neoganada* Dayal，1938、*Ganada* Chatterji，1933 及 *Macrotrema* Gupta，1951 5 个属。它们的区分特征在于食道的有、无或长短，生殖腺有无分瓣，外贮精囊有否分为两部分，受精囊的有无以及虫卵有无卵盖等。这些特征有的因虫体发育不同阶段而会有变化，有的结构与报告者观察标本是否精确也有关。Skrjabin（1963）承认 *Orientocreadium* 属中只有 8 种：*O. batrachoides* Tubangui，1931、*O. pseudobagri* Yamaguti，1934、*O. siluri*（Bychowsky et Dubinina，1954）、*O. vermai*（Gupta，1951）Yamaguti，1958、*O. indicum* Pande，1934、*O. mahendrai*（Gupta，1951）Yamaguti，1958、*O. dayali*（Yamaguti，1958）及 *O. phillipai*（Gupta，1951）Yamaguti，1958。

（3）东肌属（*Orientocreadium* Tubangui，1931）吸虫生活史

A. *Orientocreadium siluri*（Bychowsky et Dubinina，1954）Yamaguti，1958 幼虫期

（按 Zablotskii et al.，1964）

发现地点：俄罗斯伏尔加河三角洲（Volga delta）。

第二中间宿主：沼泽甲壳（*Limnomysis benedeni*）、中甲壳（*Mesomysis kowalewskyi*）。

囊蚴和后期尾蚴：它们主要寄生在宿主的胸腔和腹节中，有的在其脚、眼茎柄上。

囊蚴：体大小为（0.14～0.17）mm×（0.17～0.23）mm。

后期尾蚴：（0.2～0.3）mm×（0.09～0.26）mm，具有很长前咽的后蚴已有发育的卵巢和睾丸，以及阴茎囊的雏体。焰细胞公式为 2[（2+2+2）+（2+2+2）] = 24。

B. 拟柏他东肌吸虫（*Orientocreadium batrachoides* Tubangui，1931）生活史各期（按唐仲璋和林秀敏，1973）

终末宿主：胡子鲶（*Clarias fuscus*（Lacépéde））、普通鲶鱼[*Parasilurus asotus*（Linné）]。

寄生部位：肠道。

发现地点：中国福州闽江流域。

成虫（福州标本）（**东肌图 1、东肌图 2**）：体作圆筒形或纱绽状，体长 0.88～3.36mm，最大宽度为 0.288～

0.688mm，全身披有斜向后方的小棘。口吸盘大小为(0.134～0.272)mm×(0.142～0.277)mm。前咽大小为0.15mm × 0.11mm。咽直径为0.063～0.165mm。短的食道后端分两简单的肠支，一直到体的后端。腹吸盘大小为(0.074～0.24)mm×(0.112～0.250)mm，位于体长前方1/3处。圆形睾丸2个，略斜地排列于体长第三个 1/4 区内，前睾丸大小为(0.081～0.256)mm×(0.099～0.304)mm，后睾丸大小为(0.124～0.304)mm×(0.133～0.352)mm。阴茎囊紧靠在腹吸盘的一边，后端膨大接于外贮精囊，前端狭窄，通于位在腹吸盘前方的生殖孔。阴茎囊长0.177～0.48mm，后端宽0.035～0.096mm。阴茎囊内的内贮精囊大小为(0.042～0.090)mm ×(0.025～0.064)mm。阴茎囊外的外贮精囊大小为(0.096～0.0170)mm×(0.056～0.190)mm，其后方则与来自睾丸的输精管相连。卵巢圆形，大小为(0.078～0.272)mm×(0.099～0.240)mm。输卵管起于卵巢的后方，向侧方作一扭折即与受精囊相连，囊的另一边通于劳氏管，内充满着活动的精子。输卵管再行不远处又与卵黄腺总管相连接，继乃进入卵模，周围有许多梅氏腺环绕着。在这里可以见薄而透明的卵壳裹着卵细胞和卵黄细胞。子宫由此开始，在虫体的一边向后延展，越过睾丸的外侧直至体的后端，继而又盘旋曲折，在虫体的另一侧向前进展，子宫末端越过了腹吸盘，在其前面中央开口，孔口与阴茎囊开口并列。卵黄腺是大小不等的颗粒丛体，分布在虫体两侧与肠管重叠，起自腹吸盘后缘的水平线，一直延至体的后端。

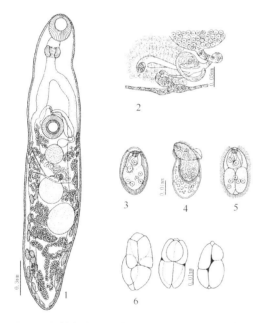 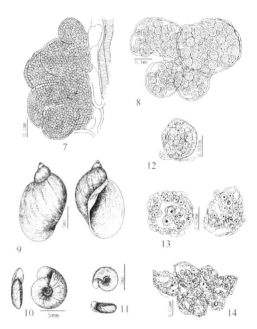

东肌图 1　拟柏他东肌吸虫生活史(一)(按唐仲璋和林秀敏，1973)

1. 成虫；2. 卵巢复合器；3. 虫卵；4. 毛蚴从卵壳中出来；5. 毛蚴；6. 毛蚴的纤毛板

东肌图 2　拟柏他东肌吸虫生活史(二)(按唐仲璋和林秀敏，1973)

7. 含胚细胞的母胞蚴；8. 成熟母胞蚴含子胞蚴；9. 东肌吸虫的第一与第二中间宿主 *Lymnaea (Radix) swinhoei*；10. 第二中间宿主平卷贝 *Hippeutei cantori*；11. 第二中间宿主平卷贝 *Segmentina hemisphaerula*；12. 活体子胞蚴，示体壁和胚细胞；13、14. 早期子胞蚴切片，示胚细胞分裂成胚块

虫卵与毛蚴(东肌图1之3～6)：虫卵椭圆形，淡黄色，一端具卵盖。卵壳的厚度均等。卵的大小为(25～36)μm × (18～22)μm。子宫末段中的卵内含成熟的毛蚴。从卵壳外边可以观察到毛蚴是一个椭圆形的虫体，前端的吻突以及体内一些细胞可以窥见。在水中培养的卵，毛蚴不能自己孵出。偶在盖玻片的压力下可打开卵盖，可见毛蚴从卵壳内出来。但毛蚴正常的孵出必须在虫卵被中间宿主贝类吞食后，在其消化道内方能孵出。据最近研究，认为吸虫类毛蚴孵出的机制是由于某些环境的因素所刺激，使毛蚴开始活动并分泌出某种分泌物，借以分解黏着卵盖的物质，使其洞开。本种吸虫及其虫卵是必须被贝类宿主吞食后才孵化的吸虫种类，其环境因素可能是中间宿主肠胃的内环境因素，如消化液或肠的蠕动等。

毛蚴椭圆形，体长 0.032mm、宽 0.017mm。体表纤毛板上皮细胞分前后两列，每列 3 个，1 个短的，2 个长的，前后列互相衔接，长短相间。各板上的纤毛长约 5μm。毛蚴内部构造简单，前端吻部有一圆形的吻突。体前方有 2 个具圆形细胞核的细胞，有细长腺管穿过顶突而通于吻部的前端。体内有生殖胚细胞 5 个不规则地分散着。整个毛蚴几乎像一个共胞体，里面分散着若干细胞核。

第一中间宿主：*Lymnaea*（*Radix*）*swinhoei* H. Adams（东肌图 2 之 9），*Lymnaea*（*Radix*）*auricularia* Linne.，*Lymnaea*（*Fossaria*）*ollula* Gould。

前两种是本吸虫的主要贝类宿主。*L.*（*F.*）*ollula* 虽也能被寄生，但感染的数量较少。

母胞蚴和子胞蚴：虫卵被贝类宿主吞食，毛蚴在宿主肠内孵化后侵入肠腔上皮细胞，穿过肠壁，在肠管外浆膜和基膜间发育长成为母胞蚴。夏天气温 23～29℃，椎实螺饲食有毛蚴的成熟虫卵后 2 周，在胃壁和肠壁外边有正在发育的母胞蚴（东肌图 2 之 7），它们是分成 4～5 瓣的虫体，外边是一层很薄的体壁细胞，内充满许多胚细胞，每个胚细胞有一个很大的核和明显的核仁。发育 30d 后的母胞蚴（东肌图 2 之 8），体内充满大小非常接近的早期子胞蚴，圆形的个体，直径 0.04～0.05mm。一层的体壁细胞包围着 10～20 余个胚细胞。观察固定染色的标本，可看出胚细胞紧连在一起，有一些胚细胞正在进行分裂。可以明显地看出每一个子胞蚴内有很多胚球正在发育（东肌图 2 之 12～14），它们成长的程度是很不相同的。子胞蚴在母胞蚴体壁破裂以后继续增长，体形逐渐伸长，成为圆筒形的虫体（东肌图 3 之 17），这些子胞蚴一部分能迁移到其他部位，但绝大部分仍在原位置继续生长，它们的外表有母胞蚴体壁或其他残余细胞的包裹，各个成熟的子胞蚴常黏着在一起，因为空间的限制，常作卷曲的状态。成熟子胞蚴的长度 0.96～3.1mm，宽度 0.288～0.464mm，内含 10 个至 20 余个正在发育的胚球，以及不同发育程度的尾蚴，成熟尾蚴常常可在子胞蚴体内形成囊蚴。许多子胞蚴常有囊蚴、尾蚴和不同发育程度的胚球、尾蚴胚体混杂在一起。

尾蚴：尾蚴系剑尾型的尾蚴（东肌图 3 之 16），体表具微细的小棘，体部大小为（0.307～0.380）mm ×（0.140～0.176）mm。尾部大小为（0.169～0.211）mm ×（0.028～0.035）mm。口吸盘大小为（0.063～0.070）mm ×（0.059～0.067）mm，在它的背面有一口锥刺长 0.024mm，宽 0.004mm。在口吸盘后面紧接着细弱的前咽，长度为 0.024～0.042mm。咽梨形，大小为 0.024mm × 0.031mm。食道长 0.014～0.017mm，在腹吸盘前方分支为 2 个肠支，覆盖在腹吸盘的前面。腹吸盘直径及辐径均为 0.052～0.056mm。尾蚴具有 2 组单细胞穿刺腺（Penetration glands），2 束共 5 对，它们位于腹吸盘两侧，自咽的后缘水平延至腹吸盘的后缘。位于内侧的 2 对较小，位置较靠前；在外侧的 3 对较大，位置较后。两束腺管沿着虫体两侧向前延展，穿过口吸盘，而在其顶端口锥刺囊的两旁开口。在尾蚴的口吸盘顶端常能观察到分泌出来的穿刺腺颗粒物质。在尾蚴体部两侧及背、腹表层的成囊腺细胞（cystogenous glands），有圆形的胞核和很短的腺管。排泄囊分前后两部，前部由两个圆形的哑铃状的囊相互连接，其后方共通于一个具有排泄孔的囊，囊的后面有一较细弱的管，接于尾部的排泄管。尾蚴体部后端与尾部相接触处有一凹陷称"尾凹"（caudal pocker）。排泄囊后面的管即是通过尾凹而进入尾部的。排泄囊前部的两侧各有一大收集管连接着，管在离排泄囊不远的地方便屈曲缠绕，旋分为前后两收集管。前排泄管向前延展至咽中部或其后缘的水平便分为两管，前支又分为 2 个小支。后排泄管也同样的 3 个分支。斜睾总科类吸虫的尾蚴其排泄管最基本的焰细胞是 3 个，整个虫体的焰细胞数目应是 3 的倍数。拟柏他东方肌体吸虫尾蚴，按其排泄小收集管分支的状况可能每侧有 18 个焰细胞，由于虫体充满成囊腺细胞，它们全部焰细胞数目和排泄细胞联系情况不易观察到。尾部中央的排泄管在前方接排泄囊基部，在后方穿越尾部基部的空隙，整条管纵贯尾部当中，到了将近末端的位置时就不易见到。

在子胞蚴内，未成熟的尾蚴（东肌图 3 之 15）已可看出各部分的构造，口吸盘、腹吸盘、咽和正在分为两支的肠管已经形成，中央和两侧的穿刺腺及其腺管也可以区别出来。排泄囊尚未分为前后两部，收集孔口在囊的前端两侧，该处略为膨大。成囊腺细胞沿着体的两侧，每边各观察到 10 余个。从未成熟尾蚴体内构造可以看到成熟尾蚴体内各器官是如何形成出来的。

第二中间宿主：本种吸虫尾蚴可在多种动物体内成囊，这些动物包括原来充为第一中间宿主的椎实螺［*Lymnaea*（*Radix*）*swinhoei*］（东肌图 2 之 9）。尾蚴离开第一中间宿主后，能侵入两种的平卷贝 *Hippeutes* *cantori* Benson 及 *Segmentina hemisphaerula* Benson(东肌图 2 之 10、11)，在其体内成囊，同时也能侵入一种原来寄生在椎实螺体内的寡毛类贝居腹毛蚓(*Chaetogaster limnaei* K. Baer)，在其体腔内形成囊蚴(东肌图 4 之 21)。椎实螺、两种平卷贝和寡毛类均充作本种吸虫的第二中间宿主，或称传递宿主。本种吸虫尾蚴也能在鱼类的鳃内成囊。显然，这一吸虫对于第二中间宿主的适应性是非常广泛的。

囊蚴和后期尾蚴：尾蚴刚刚成囊时，有极薄的囊壁，体形亦较小(东肌图 3 之 19)，直径只有 0.15mm，口吸盘和腹吸盘的大小相差无多，口锥刺尚未脱掉，排泄囊的形状仍然和尾蚴期一样。3d 后的囊蚴，它的直径可增大到 0.16mm，最成熟的囊蚴直径可达 0.24mm。成熟囊蚴中的后期尾蚴是折叠的，口吸盘、腹吸盘、咽和排泄囊都非常明显，因为囊体不透明，穿刺腺结构不清晰(东肌图 3 之 20)。在较成熟的囊内可以观察到口吸盘和排泄囊都增大了，后者含有更多的排泄颗粒。在子胞蚴以及第一中间宿主体内形成的囊蚴其大小有很大的不同(东肌图 3 之 18)，说明它们是在不同时间内形成的。

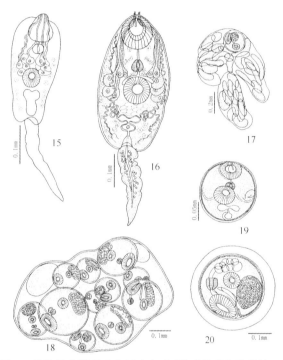

东肌图 3　拟柏他东肌吸虫生活史(三)(按唐仲璋和林秀敏，1973)

15. 未成熟的尾蚴；16. 成熟尾蚴；17. 成熟子胞蚴内含尾蚴和囊蚴；18. 子胞蚴体内含囊蚴；19. 新形成的囊蚴；20. 成熟囊蚴

脱囊后的后期尾蚴体呈梭形，前端略窄，后端较钝。体表披有许多小棘，体长 0.4mm，宽 0.12mm。口吸盘直径 0.075mm，腹吸盘较小，为 0.05mm×0.05mm。前咽长达 0.035mm，咽梨形，大小为 0.026mm×0.026mm。食道短，肠管开始发育，并已越过到腹吸盘后方，它们长度达到 0.075～0.1mm。排泄囊略作圆形，但前方平削，囊大小为 0.085mm×0.075mm，囊内含很多排泄颗粒。后蚴的口锥刺已脱落到囊腔中(东肌图 4 之 22)。

童虫(东肌图 4 之 23、24)：本种吸虫终末宿主胡子鲶因吞食含有此吸虫囊蚴的椎实螺、平卷贝或寡毛类等第二中间宿主而受感染。经人工感染获得的此吸虫 2d 童虫，体呈椭圆形，大小为 0.46mm×0.21mm。口吸盘大小为 0.11mm×0.10mm。腹吸盘大小为 0.057mm×0.051mm。在囊蚴期较长的前咽现在缩短了，接着是梨形的咽，大小为 0.042mm×0.040mm。食道很短，两肠管延展到体后端。在咽的两侧尚有两团穿刺腺细胞和腺管。在体后部中央已出现两个小睾丸，分别为 0.025mm×0.021mm、0.021mm×0.021mm。排泄囊已呈"Y"形，大小为 0.09mm×0.04mm。在它前方两侧有弯曲伸长的大收集管、排泄管的分支与尾蚴相似。16d 的童虫，大小为 0.85mm×(0.3～0.35mm)。口吸盘直径 0.14～0.15mm，腹吸盘直径 0.11～0.15mm。咽大小为 0.07mm×0.06mm，此时食道长 0.02～0.03mm。穿刺腺和管都已消失了。生殖腺等器

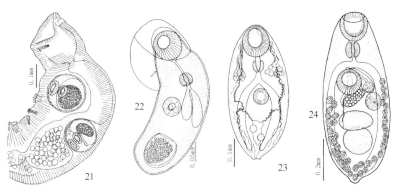

东肌图 4　拟柏他东肌吸虫生活史(四)(按唐仲璋和林秀敏，1973)

21. 充作第二中间宿主的寡毛类 *Chactogaster limnaei*，示体腔内两个东肌吸虫囊蚴；22. 从囊中脱出的后期尾蚴，可见脱落的锥刺；23. 在终宿主胡子
鲶体中发育 2d 的童虫；24. 在终宿主胡子鲶体中发育 16d 的童虫

官已经发育相当发达，卵巢大小为 (0.06～0.08)mm×(0.08～0.13)mm，前睾丸大小为 (0.10～0.11)mm×(0.13～0.15)mm，后睾丸大小为 (0.1～0.13)mm×(0.12～0.13)mm。阴茎囊大小为 0.16mm×0.06mm，内含内贮精囊、前列腺和阴茎。在阴茎囊基部的外贮精囊也已经具有。卵黄腺是颗粒状丛粒，分布在体两侧，它们的后端相连接着。

(4) 东肌科分类地位及与其他科属吸虫的关系

从拟柏他东肌吸虫的生活史可以看出东肌属(*Orientocreadium*)在分类学上的位置及其与其他科属的亲缘关系。它显然不属于异肌科(Allocreadiidae)或棘体科(Acanthocolpidae)。Cable(1955)认为东肌属具有锯颈亚科(Deropristiinae Cable et Hunninen，1942)及鳞肌科(Lepocreadiidae Nicoll，1935)的特点。与前者相似在于卵黄腺稀少，子宫延至体的后端。与后者相似在于具有外贮精囊，阴茎和子宫末段没有小棘，以及体表无明显的刺等特征。Cable 的意见也只是从成虫的形态来论断。从生活史方面来看，情况就不相同。Yamaguti(1958)在异肌科(Allocreadiidae)下面创立东肌亚科(Orientocreadiinae)，借以容纳东肌属的种类。Skrjabin 和 Koval(1960)虽创立 Orientocreadiidae 科，但将其列于鳞肌总科(Lepocreadioidea Cable，1956)中 6 科之一，按此分类系统仍是归于异肌亚目(Allocreadiata)之下。异肌科的代表种生活史已知道的如 *Allocreadium italuri* Pearse，1924 及 *Allocreadium alloneotenicum* Wootton，1957，它们的幼虫期都是有眼点的单尾型尾蚴(*Ophthalmoxiphidio cercariae*)，有"Y"形的排泄囊，它们在雷蚴体内发育。而 *Orientocreadium batrachoides* 尾蚴是在胞蚴体内发育，生活史中没有雷蚴阶段。异肌科也有尾蚴在胞蚴体内发育的，如斜孔属(*Plagioporus*)，但它们的尾蚴是短尾的杯尾型尾蚴(cotylocercous cercariae)(Dobrovolny，1939)。鳞肌科(Lepocreadiidae)的代表种，如 *Lepocreadium album* (Stossich，1890) 和 *Microcreadium parvum* Simer，1929，前者的幼虫期是有尾毛的尾蚴(trichocercous cercariae)，后者是具有眼点的单尾尾蚴，它们都没有口锥刺，与东肌吸虫大不相同。

从幼虫期的形态来判断，*Orientocreadium batrachoides* 应归于斜睾总科一类。它的尾蚴具口锥刺，其穿刺腺与排泄系统的结构具有标准的斜睾类幼虫的特点。尾蚴体内的排泄囊与 Ree(1952)所报告的 *Plagiorchis*(*Multiglandularis*)*megalorchis* 的排泄囊极为相似。分为前方哑铃状和后方圆形的两部。排泄囊后的排泄管通过袋状的空隙而进入尾部。这一构造和 *P.*(*M.*)*megalorchis* 也是相同的。*Orientocreadium batrachoides* 的尾蚴焰细胞是 3 个作一小群，整个虫体的焰细胞数目是 3 的倍数，这与异肌科也是一个明显的区别。异肌科代表种，如 *Allocreadium isoporum* 的焰细胞是 4 个作一小群的。

Orientocreadium batrachoides 的构造也和斜睾总科(Plagiorchioidea Dollfus，1930)中沟体科(Ochetosomatidae Leāo，1945)的毛宫吸虫(*Dasymetra conferta* Nicoll，1911)及马生科(Maseniidae Yamaguti，1953)的福建真马生尼亚吸虫(*Eumasenia fukienensis* Tang et Lin，1964)的毛蚴极其相似(唐崇惕和林秀敏，1973)。毛蚴同样具有两列的纤毛板，每列各 3 个，长短交错地排列。内部构造也同样表现了简单结构的特点，只有成对的单细胞腺体和少数的生殖细胞在囊状的毛蚴体内。由于毛蚴构造相似，说明这 3 科吸虫

可能有密切的亲缘关系。

　　Orientocreadium batrachoides 毛蚴感染中间宿主的方式和母胞蚴着生位置、成长形式也符合一般斜睾总科种类的特点，如斜睾科、半肠科（Mesocoeliidae Dollfus，1930）等种类，它们的母胞蚴的着生位置是沿着贝类宿主肠管外面分布的。最早的母胞蚴在肠壁的基膜与桨膜间发育。它们在这一位置成长，以后分瓣增大，有的能侵入宿主的消化腺的瓣间空隙中生长。母胞蚴虫体本身形成了以隔膜分开的小室。在里面胚细胞分裂发育成为胚球，其生长的速率较为一致。沟体科（Ochetosomatidae）的毛宫吸虫（*Dasymetra conferta*）的母胞蚴发育也与此相似，Byrd 和 Maples（1964）有关早期发育的报告称为"生殖块"（brood mass），即幼小的母胞蚴早期虫体是从入侵的毛蚴脱出。按 Skrjabin（1957）的分类系统，毛宫吸虫被归于斜睾总科。

　　Orientocreadium batrachoides 的子胞蚴体外常有一层细胞包裹着。这一特点也与鼠斜睾吸虫（*Plagiorchis muris* Tanabe）子胞蚴的"套膜"（pallitot）有些类似（Cort and Olivier，1943；Cort and Ameel，1944）。综上所述，从 *Orientocreadium batrachoidea* 幼虫期的特点，包括毛蚴、胞蚴和尾蚴构造，母胞蚴寄生部位，生长的方式等，确定了本种吸虫的分类地位应属于斜睾总科的一类。

参 考 文 献

唐崇惕，林秀敏. 1964. 福建真马生尼亚吸虫 *Eumasenia fukienensis* sp. nov. 新种描述及其生活史研究. 福建省生物学会第二届学术年会论文摘要汇编：40

唐崇惕，林秀敏. 1973. 福建真马生尼亚吸虫 *Eumasenia fukienensis* sp. Nov. 新种描述及其生活史的研究.动物学报，19（2）：117～129

唐崇惕. 1962. 椭形半肠吸虫 *Mesocoelium ovatum* Goto et Ozaki，1930 生活史的研究.动物生态及分类区系专业学术讨论会论文摘要汇编：37

唐仲璋，林秀敏. 1973. 东肌吸虫生活史及斜睾总科系统发生的考察. 动物学报，19（1）：11～23

唐仲璋，唐崇惕. 1992. 卵形半肠吸虫的生活史. 动物学报，38（3）：272～277

Beverley-Burton M. 1962. Some trematodes from *Clarias* sp. In the Rhodesias including *Allocreadium mazoensis* n. sp. and *Eumasenia bangwculensis* n. sp. and comments on the species of the genus *Orientocreadium* Tubangui 1931. Proceed Helm Soc Washington，29（2）：103～115

Beverley-Burton M. 1963. Variability of the trematode *Orientocreadium batrachoides* Tubangui，1931（Trematoda，Allocreadiidae Inter Cong Zool，1963，20～27

Bychowsky B E，Dubinina M N. 1954. Materials on the systematies of digenetic trematodes of the family Acanthocolpidae Lühe，1909. Zool Zhur，33：788～793

Byrd E E，Maples W F. 1964. Development stages in the Digenea. V. The egg，miracidium and brood mass in *Dasymetra conferta* Nicoll，1911（Trematoda：Plagiorchioidea Ochetosomatinae）. Parasitology，54：295～312

Byrd E E. 1958. Observations on the penetration of the snail host by the miraeidium of the ochetosomatid trematodes. J Parasitol，44（Sect 2）：13.（Abstract）

Cable R M. 1955. Taxonomy of some digenetic trematodes from sturgeons. Parasitollgy，41（4）：441

Cheng T C. 1960. The life history of *Brachycoelium obesum* Nicoll，1914，with a discussion of the systematic status ol the family Brachycoeliidae Johnston 1912. J Parasitol，46：464～474

Cheng T C. 1961. Description，life history and development pattern of *Glypthelmins pennsylvaniensis* n. sp.（Trematoda：Brachycoeliidae），new parasite of frogs. J Parasit ol，47（3）：469～482

Cort W W，Ameel D J. 1944. Further studies on the development of the sporocyst stages of Plagiorchiid trematodes. J Parasitol，30（2）：37～56

Cort W W，Olivier L. 1943. The development of the larval stages of *Plagiorchis muris* Tanabe，1922 in the first intermediate host. J Parasitol，29（2）：81～99

Fischthal J H，Kuntz R E. 1963. Trematode parasites of Fishes from Egypt. Part VII. *Orientocreadium batrachoides* Tubangui，1931.（Plagiorchioidea）from *Clarias lazera* with a review of the genus and related forms. J Parasitol，49（3）：451～464

McMullen D B. 1937a. The life histories of three trematodes parasitic in birds and mammals belonging to the genus *Plagiorchis*. J Parasitol，23：235～243

McMullen D B. 1937b. A discussion of the taxonomy of the family Plagiorchidae Lühe 1901，and related trematodes. J Parasitol，23：244～258

McMullen D B. 1937c. Observations on precocious metacercarial development in the trematode subfamily Plagiorchioidea. J Parasitol，24：273～280

Mehra H R. 1937. Certain new and already known distomes of the family Lepodermatidae Odhner（Trematoda）with a discussion and classification of the family Zschr Parasit，Bd 9，ss. 429～469

Najarian H H. 1961. The life cycle of *Plagiorchis goodmani* n. comb.（Trematoda：Plagiorchidae）. J Parasitol，47：625～634

Olsen O W. 1937. Description and life history of the trematode *Haplometrana utahensis* sp. nov.（Plagiorchidae）from *Rana pretiosa*. J Parasitol，23：13～28

Pande B P. 1934. On a new trematode from an Indian freshwater fish. Proceedings of the National Academy of Sciences. India，4（1）：107～112

Paskalskaya M Y. 1954. The life cycle of the trematode *Plagiorchis arcuatus*，parasite in the oviduct and Bursa Fabricii of chickens. Dokladi Akademii Nauk SSSR，97：561～563

Rees F G. 1952. The structure of the adult and larval stages of *Plagiorchis*（*Multiglandularis*）*megalorchis* n. nom. from the turkey and an experimental demonstration of the life history. Parasitology，42：92～113

Saksena J N. 1960. Studies on a new species of the genus *Orientocreadium* (Trematoda: Allocreadiidae) from the intestine of *Clarias magar*. India, Proceedings of the National Academy of Sciences, Section B, 30(1): 83~86

Skrjabin K I, Antipin D N. 1957. Superfamily Plagiorchioidea Dollfus, 1930. Family Ochetosomatidae Leao, 1945. in Trematodes of Animals and man, 13: 455-594 Moscow: Publication of Academy of Sciences of Russia

Skrjabin K I, Antipin D N. 1959. Superfamily Plagiorchioidea Dollfus, 1930. Family Plagiorchidae Lühe, 1901. in Trematodes of Animals and Man. 14: 73~631 Moscow: Publication of Academy of Sciences of Russia

Skrjabin K I, Koval V P. 1960. Suborder Allocreadiata Skrjabin, Petrov and Koval 1958. Superfamily Lepocreadioidea Cable, 1956. in Trematodes of Animals and Man. 18: 13~377 Moscow: Publication of Academy of Sciences of Russia

Skrjabin K I, Kovol B P. 1963. Family Orientocreadiidae Skrjabin et Kovol, 1960. in Trematodes of Animal and man 21: 84~115 Moscow: Publication of Academy of Sciences of Russia

Tubangui M A .1933. Trematode parasites of Philippine vertebrates VI. Description of new species and classification. Phil J Sci, 52: 167~197

Tubangui M A. 1931. Trematode parasites of Philippine vertebrates III. Flukes from fishes and reptiles. Phil J Sci, 44: 417~423

Velasquez C C. 1964, Observations on the life history of *Plagiorchis dilimanensis* sp. n. (Trematoda: Digenea).

Wootton D M. 1957. J Parasit,50: 557~563. Studies on the life history of *Allocreadium alloneotenicum* sp. nov. (Allocreadiidae Trematoda). Biol Bull, 113: 302~315

Yamaguti S. 1958. Systema helminthum. Vol. 1. The digenetic trematodes of vertebrate. Part I and II. Interscience Publ N Y, 1: 575

Yamaguti S. 1971. Synopsis of Digenetic Trematodes of Vertebrates. Tokyo: Keigaku Publishing Co

Yamaguti S. 1975. A synoptical of life Histories of Digenetic Trematodes of Vertebrates. Tokyo: Keigaku Publishing Co

Zablotskii V I, Kurochkin I U V, Sudarikov V E. 1964. Parasite fauna of Shrimps in Volga delta and information on the biology of trematode *Orientocreadium siluri* (Bych et Dubinina, 1954) Yamaguti, 1958. Sborn Parazit Rab Trudy Astrakh Zapovedn, 9: 119~126

8. 马生科(Maseniidae Yamaguti, 1954)

(1)研究历史

马生科(Maseniidae Yamaguti, 1953)吸虫是寄生于鱼类肠管的一个很小科的吸虫。按 Yamaguti(1971)的记载只有 9 个种类。按其成虫形态,长期以来各学者对此类吸虫的分类地位有不同意见。Yamaguti(1971)认为此类吸虫成虫形态除生殖孔位置不同之外,与壮穴科(Fellodistomidae)很接近。著者经对福建真马生尼亚吸虫(*Eumasenia fukienensis* Tang et Lin, 1973)生活史的研究,可以确定它是隶属于斜睾总科(Plagiorchioidea Dollfus, 1930)的一个科(唐崇惕和林秀敏,1973)。

本科吸虫最早是 Chatterji 于 1933 年在缅甸仰光从胡子鲶(*Clarias batrachus*)肠管中找到。虫体小,漏斗状口吸盘上具围口棘圈,与 Acanthostomatidae Poche, 1925 科的虫种有些相似。但其棘圈的列数、阴茎囊的大小、生殖孔的位置、肠管的长度,以及生殖腺在虫体中分布的位置等特征与 Acanthostomatidae 科中各亚科的虫种均不相同。为此,他为这种吸虫创立新属新种 *Masenia collata* Chatterji, 1933 和新的亚科 Maseniinae Chatterji, 1933,并把此亚科隶属于 Acanthostomatidae Poche, 1925 科之下。Price(1940)曾认为这类吸虫在阴茎囊的构造特征上和 Acanthocolpidae Lühe, 1909 科有亲缘关系。

Srivastava(1951)在印度从一种称为 *Heteropneustes fassilis* 的淡水鱼肠道中也发现了与此相类似的吸虫,由于虫体的围口棘圈在背面中央有间断,在前列腺部分的基部有盲管状分支,以及排泄囊是管状,与 *Masenia collata* 不同,因而为它创立了另一新属新种 *Eumasenia moradabadensis* Srivastava, 1951;同时他把马生亚科(Maseniinae Chatterji, 1933)转隶于斜睾科(Plagiorchiidae Lühe, 1901)。

Gupta 和 Yamaguti 于 1953 年同时各自提出本类吸虫有其独有的特征,不能包含在上述的任何一个科之中,而应单独成立一个科。因此建立了马生科(Maseniidae Yamaguti, 1954)。Skrjabin(1958)将马生科、斜睾科、沟体科(Ochetosomatidae Leāo, 1945)和末睾科(Telorchidae Stunkard, 1924)4 个科并列于斜睾总科(Plagiorchioidea Dollfus, 1930)之下。但 Yamaguti(1971)在其《脊椎动物复殖类吸虫概要》的分类巨著中,因对本类吸虫的生活史尚未了解,关于它与其他科属吸虫的关系问题亦仍未能确定。

20 世纪 60 年代初,著者等于福州的胡子鲶 *Clarias fuscus* (Lacepede)肠管内发现福建真马生吸虫,得以对本类吸虫的生活史进行研究,发现其各幼虫期和斜睾总科中的许多科,如斜睾科(Plagiorchidae Lühe, 1901)、短腔科(Brachycoeliidae Dollfus, 1930)、东肌科(Orientocreadiidae Skrjabin et Koval, 1924)及柯吸虫科(Cortrematidae Yamaguti，1958)等的幼虫期十分相像。因此同意 Skrjabin 的意见，马生科种类应当属于斜睾总科(唐崇惕和林秀敏，1973；唐仲璋和林秀敏，1973)。

(2)马生科特征及种类

A. 马生科特征

马生科(Maseniidae Yamaguti，1954)(同物异名：Maseniidae Gupta，1955)吸虫小型，体呈长纺锤形，体表有小棘。口吸盘大漏斗状，在端位，上有两圈棘冠。具有前咽和咽。食道短或长。肠管半长。腹吸盘位于体赤道线上或在其前方。两睾丸前后斜列于体后半部、卵巢之后。阴茎囊很长，后端向后伸到腹吸盘，内含分两部的内贮精囊、前列腺、非常长而弯曲的射精管。生殖孔位于口吸盘背侧前方中央。卵巢位于腹吸盘后方。具有受精囊和劳氏管。卵黄腺丛粒分布在腹吸盘睾丸区(acetabulotesticular zone)的两侧。子宫曲占据睾丸后方体部整个区域。卵小而数多，当排出时已含有毛蚴。排泄囊管状、囊状，或"Y"形，可伸达到睾丸水平。为淡水鱼胃肠道寄生虫。分布于亚洲、非洲。

本科含有马生吸虫属(Masenia Chatterji，1933)和真马生吸虫属(Eumasenia Srivastava，1951)2 属。区别点：前者口吸盘上围口棘冠(circumoral crown of spines)在背中央没有隔断；后者的围口棘冠在背中央有隔断。

B. 马生科吸虫种类

本科吸虫种类不多。马生属(Masenia)代表种为 Masenia collata Chatterji，1933，另外报道的有 4 种。真马生属(Eumasenia)代表种为 Eumasenia moradabadensis Srivastava，1951。另外报道的也有 4 种。

Srivastava(1951)在印度为 Eumasenia moradabadensis 定新属新种。认为它不同于 Masenia 属吸虫，有以下三个主要特征：①围口棘圈在背面中央有间断；②前列腺管基部有盲管状分支；③排泄囊是管。Masenia 属种类围口棘圈无间断、前列腺管基部无盲管分支、排泄囊为膨大囊状。

在我国福建福州的种类为福建真马生吸虫(Eumasenia fukienensis Tang et Lin，1973)。福建真马生尼亚吸虫仅在围口棘圈于背面中央有隔断这一点不同于 Masenia 属吸虫。在前列腺管基部无盲管分支、排泄囊为膨大囊状，不同于 Eumasenia 属在非洲的 Eumasenia bangweulensis Beverly-Burlon，1962 和在印度的 Eumasenia moradabadensis Srivastava，1951(马生表 1)。著者认为后两个特征也许只能作为种的特征，不能作为属的特征。

马生表 1　**Eumasenia fukienensis** Tang et Lin，1973、**E. bangweulensis** Beverly-Burlon，1962 及 **E. moradabadensis** Srivastava，1951 的比较

马生吸虫种类		E. fukienensis Tang et Lin，1973	E. bangweulensis Beverly-Burlton，1962	E. moradabadensis Srivastava，1951
发现地点		中国福州	非洲	印度
虫体大小/mm		(1.04~1.68)×(0.32~0.63)	(0.78~0.81)×(0.38~0.40)	(0.5~1.0)×(0.15~0.418)
口吸盘/mm		漏斗状 (0.141~0.173)×(0.135~0.189)	漏斗状 (0.15~0.17)×(0.12~0.13)	漏斗状 0.145×0.143
围口棘圈	棘的数目	两列，每列 25~32 条棘	两列，每列 24 条棘	两列，每列 26 条棘
	棘的大小/mm	两列棘的大小几乎一样 第一列： (0.017~0.025)×(0.004~0.008) 第二列： (0.017~0.025)×(0.003~0.008)	第一列棘比第二列棘约大一倍 第一列：0.022×0.011 第二列：0.012×0.006	第一列棘比第二列棘大 0.011~0.012(长度)
腹吸盘	位置	在体中部	在体长前端 1/3 处	在体长前端 1/3 处
	大小/mm	(0.141~0.169)×(0.137~0.176)	0.13~0.14(直径)	0.132×0.13
前咽/mm		和咽的长度几乎相等 0.022~0.064	很短，0.007	很短，0.012×0.020
咽/mm		(0.034~0.064)×(0.043~0.073)	(0.05~0.06)×0.05	0.04×0.036
食道/mm		很长，比咽长两、三倍 0.086~0.111	很短	很短，比咽长度短 0.03
肠管		肠管的盲端达到卵巢后方和前睾丸中部的水平线上	肠管的盲端只达到腹吸盘的后缘	肠管的盲端达到后睾丸的水平线上

	E. fukienensis Tang et Lin，1973	E. bangweulensis Beverly-Burlton，1962	E. moradabadensis Srivastava，1951
卵巢和睾丸的位置	它们在体中横线的后方，在身体第三个 1/4 区中	它们紧挤在腹吸盘的后方，在体中央 1/3 区中	它们在体中央 1/3 区中
前睾丸/mm	(0.078~0.134)×(0.124~0.129)	(0.05~0.07)×(0.08~0.09)	0.1×0.138
后睾丸/mm	(0.060~0.141)×(0.120~0.236)	0.08×(0.09~0.10)	0.13×0.09
阴茎囊 长度/mm	0.677~0.96	0.07	0.46
基部宽度	0.071~0.099	0.08	—
摄护腺部分	腺管基部没有一个盲管状的分支	腺管基部没有一个盲管状的分支	腺管基部有一盲管状的分支
卵巢/mm	卵巢通常较睾丸小 (0.076~0.179)×(0.083~0.150)	卵巢比睾丸大 (0.08~0.10)×0.09	卵巢和睾丸差不多大 0.11×0.138
受精囊/mm	很大，有的比卵巢更大 (0.064~0.159)×(0.042~0.107)	很小，比卵巢小 0.04×0.02	较小，比卵巢小 0.074×0.045
卵黄腺	在腹吸盘中部至前睾丸上半部水平线的两侧	在腹吸盘前方至后睾丸上半部水平线的两侧	在腹吸盘中部至后睾丸前缘水平线的两侧
排泄囊/mm	囊状，椭圆形或倒圆锥形	主干管状	主干管状
虫卵/mm	(0.022~0.031)×(0.015~0.019)	(0.023~0.026)×(0.012~0.014)	(0.02~0.024)×(0.011~0.015)

（3）福建真马生吸虫（*Eumasenia fukienensis* Tang et Lin，1973）生活史各期

A. 成虫（马生图 1 之 1、5）

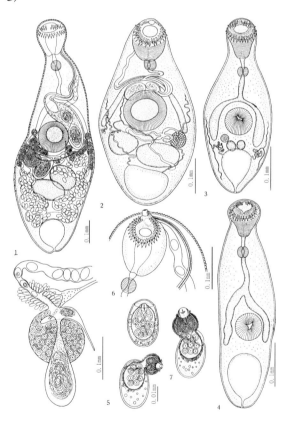

马生图 1　福建真马生尼亚吸虫生活史（一）
（按唐崇惕和林秀敏，1973）

1. 成虫；2.10d 童虫；3.5d 童虫；4.2d 童虫；5. 卵巢及其附近器官；6. 成虫顶端示生殖孔；7. 虫卵及毛蚴

终末宿主：胡子鲇 *Clarias fuscus*（Lacepede）。

寄生部位：胃、肠管。

发现地点：福建福州。

成虫形态：本种吸虫体长 1.04～1.68mm，长纺锤形，体后半部宽度 0.32～0.63mm，大过体上半部的

宽度。端位的口吸盘漏斗状，大小为(0.141～0.173)mm×(0.135～0.189)mm。在口吸盘上围绕着口孔有两列交错排列的围口棘圈，在背中央处间断。每圈的棘数是25～32条。第一列棘的大小为(17～25)μm×(4～8)μm，第二列棘的大小为(17～25)μm×(3～8)μm。腹吸盘大小为(0.141～0.169)mm×(0.137～0.176)mm，当虫体伸展时位于体赤道线上中央，当虫体收缩时，它至体前端的距离显然缩短。前咽长22～64μm。咽大小为(0.034～0.064)mm×(0.043～0.073)mm。食道长达0.086～0.111mm。肠管短，盲端只达到卵巢后和前睾丸位置的水平上。两睾丸大小为(0.078～0.134)mm×(0.124～0.129)mm和(0.060～0.141)mm×(0.120～0.236)mm，紧靠斜列于体长第三个1/4段落中央。从两睾丸引出的小输精管在前睾丸前方不远处会合为输精管，通于阴茎囊的底部。阴茎囊有一个膨大的囊状基部和细管状的颈部，颈部长度2倍于基部，全长达0.677～0.960mm。基部的宽度0.071～0.099mm，斜靠在腹吸盘的左侧上方，颈部作1°～2°弯曲后，沿着身体前端左侧缘，经过口吸盘背向前方达到顶端，在围口棘圈间断处的前方向外开口。阴茎囊基部后2/3几乎被两团相通的椭圆形贮精囊所占满。在贮精囊前方连着被密集的前列腺细胞包围的膨大的前列腺管，其前方连于纤细的射精管，后者贯穿于阴茎囊整个颈部中央。阴茎细小无棘，有时可以从生殖孔向外伸出。卵巢圆形或椭圆形，位于腹吸盘和前睾丸之间的体右侧，其大小为(0.076～0.179)mm×(0.083～0.150)mm。卵巢上部内有像管状的构造痕迹，由此通于输卵管。受精囊大小为(0.064～0.159)mm×(0.042～0.107)mm，位于卵巢内侧下方，它和劳氏管膨大的基部会合后通输卵管的中段(马生图1之1、2、5)，内含精子，劳氏管开口于腹吸盘和前睾丸之间的背侧体表。卵黄腺丛粒较大，分布于卵巢和腹吸盘区的体两侧。卵黄颗粒经细的卵黄横管，由三角形卵黄总管通入卵模。卵模外围绕着浓密的梅氏腺细胞。子宫圈占满腹吸盘后各器官间隙，子宫末端沿着阴茎囊颈部旁侧上行，和阴茎共同开口于体顶端背侧的生殖孔(马生图1之6)。子宫中充满虫卵，卵子大小为(22～31)μm×(15～19)μm。在子宫后部的虫卵较成熟，淡黄色，含有毛蚴。排泄囊圆形、横椭圆形或倒圆锥形，其直径约为0.1mm左右。

B. 虫卵和毛蚴(马生图1之7、马生图2之8)

虫卵正椭圆形，卵壳很薄，具卵盖。在成虫子宫后段部分，卵中已含有发育完全的毛蚴。毛蚴头部朝着卵壳有卵盖的一端，毛蚴和卵壳之间散布一些大小不等的具折光性的小颗粒。毛蚴较柔弱，大小为(26～33)μm×(16～22)μm，正椭圆形，体表披纤毛。体表纤毛上皮2列，各3个，互相交错排列。体前半部有一圈整齐的较长的纤毛，其他部分纤毛较纤细而短。体顶端有一个吻状突起，有两个单细胞的头腺分列在吻突两旁。腺细胞长度达到体长的1/2或2/5，两腺管细窄，开口于体顶端吻突的两侧。两腺管之间有一不明显的神经团。体后部充满8～12个胚细胞。毛蚴不在外界自然孵出，人为地轻压卵壳可将其压出。

C. 母胞蚴和子胞蚴(马生图2之9～15)

第一中间宿主：凸旋螺(Gyraulus convexiusculus Hutton)、肯氏圆扁螺(Hippeutis contori Benson)(此螺种最适宜)、半球隔扁螺[Segmentina hemisphaerula (Benson)]。

福建真马生尼亚吸虫的成熟虫卵被扁螺宿主吞食后，在螺胃中孵出毛蚴，在穿入肠壁上皮时脱去纤毛上皮，钻过肠壁，在基膜和浆膜之间逐渐发育为母胞蚴。温度不同，母胞蚴发育的速度也不同。在室温(20～26℃)条件下，13d的母胞蚴还是在肠壁旁呈实心球团状的早期母胞蚴，其外包有一层和螺体组织黏结在一起的薄膜，体内被具梭状细胞核的横隔膜形成大小、形状不一致的小隔室。各隔室含胚细胞、胚球和子胞蚴雏体。在平均室温32℃时，8～9d的母胞蚴体中绝大部分胚球已发育成大小相近的早期子胞蚴，母胞蚴体壁被胀破，子胞蚴成堆散在肠管旁的消化腺中。此时子胞蚴个体圆形，大小为(0.030～0.073)mm×(0.032～0.060)mm，囊壁厚2～12μm；感染后15d的子胞蚴大小为(0.093～0.217)mm×(0.037～0.053)mm，体内含有胚细胞和胚球。含有尾蚴的成熟子胞蚴大小为(0.241～1.44)mm×(0.126～0.256)mm，见于感染后24d。子胞蚴的一端有不明显的生产孔，当尾蚴钻出穿过时才能分辨出来，在孔周围的囊壁无肌肉性结构，只比其他部位的囊壁稍厚一些。

D. 尾蚴(马生图3之16)

尾蚴具口锥刺剑尾型(xiphidiocercaria)。稍压平的体部呈长椭圆形，大小为(0.219～0.325)mm×(0.112～0.130)mm。口吸盘漏斗状，端位，长度0.056～0.067mm，上方横径0.042～0.049mm；在背顶

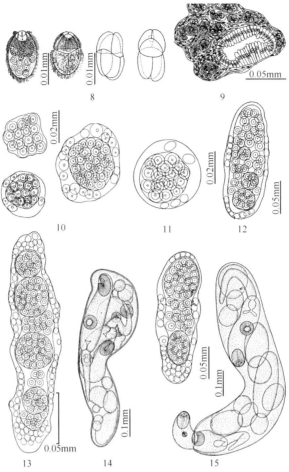

马生图 2　福建真马生尼亚吸虫生活史（二）（按唐崇惕和林秀敏，1973）

8.毛蚴及其体表纤毛板；9.11d 的母胞蚴；10～15.不同发育期子胞蚴

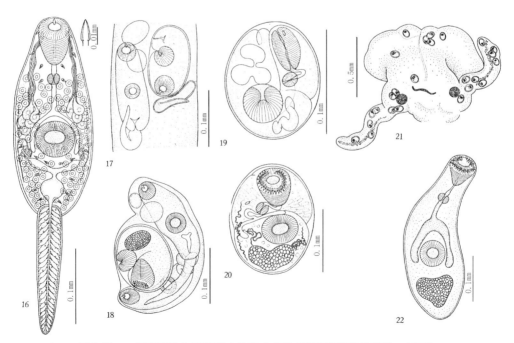

马生图 3　福建真马生尼亚吸虫生活史（三）（按唐崇惕和林秀敏，1973）

16.尾蚴及口锥刺囷；17.尾蚴在子胞蚴体中刚形成囊蚴；18.子胞蚴体中已有具围口棘圈的囊蚴；19.未成熟囊蚴；20.成熟囊蚴；21.扁螺头部组织中的真马生尼亚吸虫囊蚴；22.脱囊的后期尾蚴

部的矛状口锥刺长度约 15μm。前咽具有，咽大小为 0.024mm×0.027mm，食道长 0.036mm。两肠支盲端只达到腹吸盘后缘水平。腹吸盘横径 0.041～0.053mm。穿刺腺细胞 5 对，分列于肠叉水平的两侧，两束腺管微微弯曲地在体两旁上行，经口吸盘背侧开口于口锥刺囊口边缘。身体在咽以后布满许多圆形的成囊腺细胞。排泄囊占体后 1/3 部分中央，由一个圆球状的干部和一个横列的哑铃状上部所组成，两者之间由一短细管相连。排泄囊前方的两侧各连接一缠绕成团的弯曲的收集管，它们在腹吸盘中部的两侧各分为前后两小收集管。由于尾蚴体中密布成囊腺细胞，所以更小的收集管和焰细胞不易观察到，在体部两侧各只找到 13 个焰细胞。按斜睾类吸虫尾蚴的排泄收集管分支和焰细胞的数目应是 3 的倍数，本吸虫尾蚴体部每侧应当尚有 5 个焰细胞尚未查见。剑形尾部，大小为 (0.184～0.201)mm×(0.025～0.028)mm，末端较尖。排泄囊后方的排泄管通入尾部，贯穿整个尾部的中央，在尾干末端向外开口，可以见到细管中内容物向外流动，开口处有时可见到一个乳头状突起。在纵走排泄管的周围环绕着整齐斜列的细胞，在末端的细胞呈不规则的圆形和一些颗粒。

E. 囊蚴和后蚴（马生图 3 之 17～22）

第二中间宿主：本吸虫的第一中间宿主扁螺或另一扁螺即可充作第二中间宿主；球蚬 ［*Sphaerium lacustre*(Müller)］。

囊蚴：成熟尾蚴离开子胞蚴后就可在螺蛳体头部组织中形成囊蚴。成熟尾蚴也能从螺体逸出到水中，并钻入另外扁螺或球蚬体中的头组织或鳃瓣上形成囊蚴，囊蚴的数目可以达到 40～50 个。本种吸虫的成熟尾蚴尚可以在成熟子胞蚴体中未产出之前就不断转动，脱去尾部，成囊腺细胞分泌成囊壁物质形成薄膜。包住尾蚴体部形成囊蚴（马生图 3 之 17、18）。刚刚形成囊蚴的后期尾蚴，常常对折地弯曲在囊中，体内各器官结构仍然和尾蚴时一样。囊蚴形成约 48h 后，囊壁增厚，口锥刺从口吸盘上脱落，而在口孔周围长出了 2 圈围口棘圈。初形成的囊蚴呈稍长的椭圆形，大小为 (0.113～0.130)mm×(0.078～0.092)mm；较成熟的囊蚴呈较大的卵圆形或圆形，大小达 (0.135～0.172)mm×(0.104～0.137)mm。从囊中出来的后期尾蚴，体大小虽和尾蚴体部相差无几，但体内结构和尾蚴体部已有很大差别，除已无口锥刺代之以围口棘圈之外，体中的穿刺腺和成囊细胞已消失，肠管比尾蚴期时粗大明显，排泄囊形状呈倒三角形或椭圆形，囊中含有许多暗褐色的颗粒（马生图 3 之 19～22）。

F. 童虫（马生图 1 之 2～4）

用成熟囊蚴人工感染阴性的胡子鲶后获得 2～10d 的童虫。2d 和 5d 的童虫，在虫体大小上无甚差别，都只比刚脱囊的后蚴稍大一些，为 (0.400～0.487)mm×(0.147～0.160)mm，排泄囊膨大呈椭圆形，透明，暗褐色颗粒已消失。5d 的童虫已出现睾丸和卵巢的雏体，两个圆形或椭圆形的睾丸大小为 (0.021～0.022)mm×(0.020～0.026)mm，微斜地列于排泄囊的上方。圆形的卵巢大小为 0.020mm×0.018mm，位于右睾丸的右上方。三者排列成略倾斜的倒三角形。10d 童虫，体大小为 0.460mm×0.240mm。除卵黄腺尚未出现之外，其他生殖器官均已齐全。在 0.1mm×0.11mm 大的腹吸盘左上方已有发育完整的阴茎囊，长度 0.4mm，基部宽 0.036mm。两睾丸大小为 0.060mm×(0.070～0.10)mm，各上方中央引出的小输精管在腹吸盘后部的左侧会合成大输精管，通向阴茎囊底部的贮精囊。卵巢大小为 0.048mm×0.040mm，与它相联系的器官（输精管、囊管状受精囊、基部膨大的劳氏管、卵模部分及弯曲的子宫）已出现。排泄囊仍然是膨大的囊状。

（4）马生科吸虫的系统发生

有关马生科吸虫的发现及研究历史已如上文所述。著者认为：Yamaguti(1953) 为这类吸虫建立独立的科 Maseniidae (Chatterji, 1933) Yamaguti, 1954，以及 Skrjabin 等（1958）将此科与 Plagiorchiidae Lühe, 1901、Ochetosomatidae Leão, 1945、Telorchidae Stunkard, 1924 及 Brachycoeliidae Dollfus, 1940 4 科一起放在斜睾总科 (Plagiorchioidea Dollfus, 1930) 是正确的。

Chatterji(1933) 将为 *Masenia collata* 新属新种建立的马生亚科放在 Acanthostomidae Poche, 1926 科中。本种吸虫仅仅以具有围口棘圈，和睾丸、卵巢及卵黄腺排列的位置与 Acanthostomidae 科中 Acanthostominae

Nicoll，1914 及 Anoiktostomatinae（Nicoll，1914）Yamaguti 1958 两亚科中某些种有些相似。但 Acanthostomidae 科中各种类具有很小的阴茎囊、生殖孔开口在腹吸盘前方、肠管较长、具有特别宽长的两侧排泄管其末端可以达到咽部附近的"Y"形排泄囊等特征与马生吸虫具有特别长的阴茎囊、生殖孔开口在体顶端、很短的肠管及囊状的排泄囊等特征迥然不同。Price（1940）认为马生吸虫类与 Acanthocolpidae Lühe，1909 有亲缘关系。其实在成虫期形态上除围口棘圈这一特征相似外，其他特征的差异更加悬殊；同时把福建真马生尼亚吸虫幼虫期与 Acanthocolpidae 科中具有围口棘圈的种类，如 Stephanostomum tenue（Linton，1898）Martin，1938 的幼虫期相比较，也可看出它们有很大的差别。Stephanostomum tenue 的第一中间宿主是织纹螺（Nassa absotelus），在螺宿主体内发育要经雷蚴世代，从雷蚴产生的具眼点尾蚴虽记述具有口锥刺（Martin，1939），但 Wolfgang（1955）观察的 Stephanostomum baccatum 的尾蚴，以及 Stunkard（1961）记述 Stephanostomum dentatum 的尾蚴也都由雷蚴产生，都具有眼点，但都没有口锥刺。S. tenue 尾蚴排泄囊"Y"形，而 S. baccatum 和 S. dentatum 尾蚴的排泄囊是大椭圆形。Eumasenia fukienensis 在螺体内发育经过两代胞蚴，无雷蚴世代，尾蚴是具口锥刺无眼点的剑尾型尾蚴，其排泄囊虽亦属"Y"形，但两侧管和主干常分开而变成两个部分，两侧管常形成一横管，主干常膨大成球状，两者之间由一短小细管联系着。Stephanostomum tenue 的第二中间宿主是鱼类 Menidia menidia notata，而 Eumasenia fukienensis 的囊蚴可以在胞蚴体内形成，也可在同一螺体组织中形成，逸出的尾蚴到附近的扁螺或球蚬体内成囊。

本类吸虫从其发育各期来看是和斜睾总科接近的，在成虫期除了具有围口棘圈、生殖孔位于体顶端有别于斜睾类吸虫之外，其他特征，如生殖腺位置和排列方式，阴茎囊结构、肠管长度等和斜睾总科中的某些种类还有相似之处。如将它们的幼虫期进行比较更是十分相似：它们的毛蚴都比较柔弱，体中的结构要经过较精细地观察才能看清它们头腺及胚细胞的构造，毛蚴体表纤毛上皮 2 排，各 3 块，共 6 块，在螺宿主发育的实心母胞蚴结构，尾蚴由子胞蚴产生，没有雷蚴世代；尾蚴都具有口锥刺，它们的消化管、穿刺腺、尤其排泄囊的形式均与斜睾类吸虫的尾蚴极其相似。Eumasenia 的成熟尾蚴能在子胞蚴体中形成囊蚴与卵形半肠吸虫（Mesocoelium ovatum Goto et Ozaki，1930）及柯氏柯吸虫（Cortrema corti Tang，1951）等相似，推想这几类吸虫在系统发生上有比较近的亲缘关系。它们除尾蚴能在子胞蚴中形成囊蚴外，而且能在同一第一中间宿主或附近的软体动物体中形成囊蚴与 Brachycoeliidae 科吸虫相似；而斜睾科等一些科属吸虫的囊蚴主要在节足动物体中形成。因此马生科的吸虫在系统发生上虽和斜睾科吸虫有比较近的亲缘关系，但可能是较之原始的一个族类。

参 考 文 献

唐仲璋，林秀敏. 1973. 东肌吸虫生活史及斜睾总科系统发生的考察. 动物学报，19(1)：11～23

唐仲璋，林秀敏. 1973. 福建真马生尼亚吸虫 Eumasenia fukienensis sp. nov. 新种描述及其生活史的研究. 动物学报，19(2)：117～129

唐仲璋，唐崇惕. 1992. 卵形半肠吸虫的生活史. 动物学报，38(3)：272～277

Beverly-Burton M. 1962. Some trematodes from Clarias spp. in the Rhodesias，including Allocreadium mazoensis n. sp. and Eumasenia bangweulensis n. sp. and comments on the species of the genus Orientocreadium Tubangui，1931. Proc Helminth Soc Wash，29(2)：103～115

Chatterji. 1933. On the trematode parasites of a Rangaoon siluroid fish，Clarias batrachus(L.). Bull Acad Sci Allahabad，3(1)：33～40

Gupta S. 1953. Trematode parasites of fresh-water fishes. Ind J Helmizth，5(1)：56～64

Martin G W. 1939. Studies on the tremades of Woods Hole. II. The life cycle of Stephanostomum tenue(Linton). Biol Bull，77(1)：65～73

Skrjabin K I. 1958. Trematodes of Animals anf Man. XV. Moscow：Publication of Academy of Sciences of Russia

Srivastava N N. 1951. A new digenetic trematode Eumasenia moradabadensis n. g.，n. sp.，(Fam. Plagiorchiidae Lühe，1901；Sub-family Maseniinae Chtterji，1933)，from a fresh-water fish，Heteropneustes fossilis；with a note on the systematic position of the sub-family Maseniinae. Ind J Helminth，3：1～6

Stunkard H W. 1961. Cercaria dipterocerca Miller et Northup，1926 and Stephanostomum dentatum(Linton，1900)Manter，1931. Biol Bull，120(2)：221～237

Wolfgang R W. 1955. Studies of the trematode Stephanostomum baccatum(Nicoll，1907). III. Its life cycle.Canad J Zool，33：110～128

Yamaguti S. 1954. Systems Helminthum Part I. Digenetic trematodes of fishes. Tokyo，Publ By author，(1953)：405

Yamaguti S. 1958. Systema Helminthum. I. The digenetic trematodes of vertebrates. New York：Interscience Publ

Yamaguti S. 1971. Synopsis of Digenetic Trematodes of Vertebrates. Tokyo：Keigaku Publishing Co

9. 双腔科（Dicrocoeliidae Odhner，1911）

（1）双腔科的研究历史

A. 双腔科吸虫成虫及分类的研究历史

双腔科（Dicrocoeliidae）是复殖亚纲（Digenea）中一个很大的科，据 Yamaguti（1971）的《脊椎动物复殖吸虫纲要》书中记录寄生在鸟类的双腔科吸虫有 213 种，哺乳类的有 74 种，共 287 种，如加上寄生于爬行类及两栖类的则达 300 多种。

Rudolphi 早在 1803 年和 1819 年就发现了本类吸虫中与人类健康及牛羊家畜有关的重要种类，当时他分别命名它们为 *Fasciola lanceolata* Rudolphi，1803 和 *Distoma dendriticum* Rudolphi，1819，后被改称为 *Dicrocoelium lanceatum*（Rud.，1803）Stiles et Hassall，1896 及 *Dicrocoelium dendriticum*（Rud.，1819）Looss，1899）。自那以后世界各地不断发现本类吸虫。

Looss（1899）建立双腔亚科（Dicrocoeliinae），到 1907 年此亚科中才只包含有 *Dicrocoelium* Dujardin，1845、*Lyperosomum* Looss，1899、*Athesmia* Looss，1899、*Platynosomum* Looss，1907、*Eurytrema* Looss，1907 5 个属。

Odhner（1911）建立双腔科（Dicrocoeliidae），除有上述 5 属之外又列入 *Mesocoelium* Odhner，1911 和 *Hoploderma* Cohn，1903（即今 *Pintneria* Poche，1925）2 属。自此之后各地蠕虫工作者逐渐发现新种新属甚多。Travassos（1919）关于双腔亚科的记录有 15 属。

Fuhrmann（1928）在双腔科中设有双腔亚科和短腔亚科（Brachycoeliinae）2 亚科共 23 属。

Dollfus（1930）将短腔亚科提升为短腔科（Brachycoeliidae），双腔科只含双腔亚科和半肠亚科（Mesocoeliinae）2 亚科。

Travassos（1944）在其双腔科专著中，认为作为双腔科种类基本类群分类特征应考虑以下几个方面：睾丸的相关位置、生殖孔位置与肠叉或体中线的关系、两吸盘的大小、子宫末端的发达程度，以及卵黄腺的结构和位置。据此，他将双腔科各属作了很大的改组，并在双腔科下设立 3 亚科：双腔亚科、半肠亚科和疑存亚科（Infidinae）。

Skrjabin 和 Evranova（1952）在双腔科中只保留双腔亚科和疑存亚科 2 亚科。

Yamaguti（1958）把双腔亚科种类分成 9 个族：Dicrocoeliini Yamaguti，1958、Athesmiini Yamaguti，1958、Brachydistomini Yamaguti，1958、Brachylecithini Yamaguti，1958、Eurytrematini Yamaguti，1958、Lyperosomini Yamaguti，1958、Controrchiini Yamaguti，1958 及 Euparadistomini Yamaguti，1958，并建立缺盘亚科（Stromitrematinae）和莱氏亚科（Leipertrematinae）。他于 1971 年又建立平形亚科（Platynotrematinae）和前黄亚科（Prosolecithinae）。目前按 Yamaguti（1971）的分类系统，双腔科中包含有 Dicrocoeliinae Looss，1899、Platynotrematinae Yamaguti，1971、Proacetabutorchiinae Odening，1964、Stromitrematinae Yamaguti，1958、Leipertrematinae Yamaguti，1958 和 Prosolecithinae Yamaguti，1958 6 个亚科，共 38 属 300 多种。被寄生的宿主包括爬行类、鸟类和哺乳类。

B. 双腔科吸虫幼虫期及中间宿主媒介的研究历史

1）第一中间宿主的研究：双腔科吸虫的生活史经过了漫长历史的探索，在欧洲，许多学者对感染人体和牛羊双腔吸虫的贝类媒介问题进行研究。Leuckart1886～1901 年曾用寄生于人体及牛羊的 *Dicrocoelium lanceatum* 的虫卵人工感染各种淡水螺，均告失败。Noller1924～1928 年通过感染实验，发现本种吸虫在欧洲的第一中间宿主是陆生的外皮条纹螺（*Zebrina detrita*）。寄生于人体和牛羊肝脏的双腔吸虫，其贝类宿主在世界各地经发现的有 10 科 22 属 40 多种的陆地蜗牛（Svadjian，1954；Ksembaeva，1967；Tahme，1977 等）。

唐仲璋（Tang，1950）首先在我国福州发现双腔科中人畜共患的阔盘属 *Eurytrema*（Looss，1907）的胰脏吸虫的贝类宿主也是陆生蜗牛，为同型阔纹蜗牛（*Bradybaena similaris*）和中华灰蜗牛（*Fruticicol ravida sieboldtiana*）。

2) 第二中间宿主的研究：Krull 和 Mapes(1952)在美国发现蚂蚁 *Formica fusca* 是枝双腔吸虫(*Dicrocoelium dendriticum*)的第二中间宿主。

Basch(1965) 在马来西亚发现红脊草螽(*Conocephalus maculatus*)是腔阔盘吸虫(*Eurytrema ceolomaticum*)的第二中间宿主。著者在我国进行调查和感染试验，证明我国的 *Eurytrema pancreaticum* 和 *Eurytrema coelpmaticum* 的昆虫媒介也是草螽类(唐仲璋和唐崇惕，1975，1977；唐崇惕等，1979 等)。

我国山区牛羊胰脏的另一种胰脏吸虫，支睾阔盘吸虫(*Eurytrema cladorchis*)，其第二中间宿主不是草螽，经感染试验发现是小针蟀(*Nemobius caibae*)(唐崇惕等，1978；唐崇惕和林统民，1980)。

(2) 双腔吸虫科吸虫分类及主要特征

A. 双腔科的分类

双腔科(Dicrocoeliidae)中有以下 6 亚科 38 属(**双腔图 1**)(Yamaguti，1971)。双腔亚科(Dicrocoeliinae)虫种最多，其中有 12 族 30 属如下。

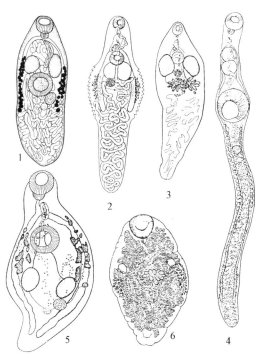

双腔图 1　双腔科 5 亚科吸虫

1. *Platynotrema praeorchis*(Oschmarin，1952)Yamaguti，1971(按唐仲璋和唐崇惕，1978)(平形亚科)；2. *Brodenia serrata* Gedoelst，1951(按 Yamaguti，1971)(莱氏吸虫亚科)；3. *Leipertrema rewelli* Sandasham，1913(按 Yamaguti，1971)(莱氏吸虫亚科)；4. *Proacetabulorchis prashadi* Gogate，1940(按 Yamaguti，1971)(盘前睾亚科)；5. *Prosolecithus pellucidus*(Pojamanska，1957)Yamaguti，1971 (按 Pojamanska，1957)(前黄亚科)；6. *Stromitrema kochewnikowi*(Skrjabin et Massino，1925)Skrjabin et Evranova，1953(按 Travassos，1944)(隐盘亚科)

科、亚科、族、属、亚属　　(宿主：R=爬行类；B=鸟类；M=哺乳类)

Family DICROCOELIIDAE(Looss, 1899)0dhner,1910 ················RBM

　Subfamily Dicrocoeliinae Looss,1899 ················RBM

　　Tribe Athesmiini Yamaguti,1958 ················BM

　　　Genus *Alhesmia* Looss,1899 ················BM

　　　　Syn. Hepatotrema Stunkard,1922

　　　　Lyperotrema Travassos,1920

　　　　Pseudathesmia Travassos,1942 ················M

　　　　Unilaterilecithum Oshmarin in Skrjabin and Evranova,1953 ················B

Subgenus *Lyperosomoides* Yamaguti,1971 ···B

Lypersomum Looss,l899 ··BM

Tribe Paradistomini Yamaguti,1958 ···R

Genus *Paradistomoides* Travassos,1944 ···R

Paradistomum Kossack,1910 ··R

Tribe Pintneriini Yamaguti,1958 ···R

Genus *Pintneria* Poche,1907 ···R

Syn.　Hoploderma Cohn,1903

Subfamily Leipertrematinae Yamaguti,1958 ···M

Genus *Brodenia* Gedoelst,1913 ···M

Leipertrema Sandosham,1951 ···M

Subfamily Platynotrematinae Yamaguti,1971 ···B

Genus *Platynotrema* Nicoll,1914 ···B

Syn. Praeorchitrema Oshmarin in Skrjabin and Evranova,1953

Subfamily Proacetabulorchiinae Odening,1964 ···B

Genus *Proacetabulorchis* Gogate,1940 ···B

Subfamily Prolecithinae Yamaguti,1971 ···M

Genus *Prosolecithus* Yamaguti,1971 ···M

Subfamily Stromitrematinae Yamaguti,1958 ···B

Genus *Pancreatrema* Oshmarin in Skrjabin and Evranova,1953 ···························B

Stromitrema Skrjabin,1944 ···B

Syn. Evandrocotyle Jansen，1941

B. 双腔科特征

本科吸虫是中型、小型虫体,体呈扁平叶片状、椭圆形、矛形、纺锤形或圆筒形等形状。体表有或无小棘。口吸盘位于次顶端的腹面,腹吸盘位于体中横线附近或体前端 1/3 处的中央。前咽付缺或极短,咽发达,食道有或付缺。肠管弯曲或伸直,长度不等,盲端达到体后端或到体后 1/4～1/3 水平。睾丸 2 个,圆形,边缘有不整齐团块,或作不规则不同深度的分支;排列方式有对称并列、斜列或前后串列于腹吸盘后方,少数种类的睾丸对称并列在腹吸盘前方。从每一睾丸引出的小输精管在腹吸盘背上方会合后伸进阴茎囊。阴茎囊位于腹吸盘前方,大而发达,内含有卷曲的贮精囊、不明显的前列腺部分及光滑的阴茎。生殖孔开口在口、腹吸盘之间,肠分叉处后方或前方的腹面。卵巢在睾丸后方中央或近中央的位置,圆形或有分瓣,具有受精囊和劳氏管(在疑存属 *Infidum* 中受精囊付缺)。在卵巢和受精囊后方有放射状的梅氏腺(壳腺)。卵黄腺常在两肠管中部外侧,也有部分或全部地在肠管之内侧,少数在身体的一侧。它们由数十个较大丛粒或许多小丛粒组成,其开始部分常在卵巢或较高的水平,横的卵黄管在卵巢后方。子宫很发达,由许多上行、下行的子宫圈组成,分布在生殖腺之后、两肠管之间全部空隙,有的也能到体前半部,几乎充满整个身体,子宫末端不发达。虫卵呈对称或不对称的椭圆形,壳厚,深褐色,具卵盖。排泄囊"Y"形,焰细胞排列公式是 $2[(2+2+2)+(2+2+2)]=24$。尾蚴具口锥刺、无眼点。尾部长尾或尾球状。尾蚴排泄囊"Y"形,内衬上皮细胞。成虫寄生于爬行类、鸟类和哺乳动物的胆管、胆囊,或胰管,少数在肠管。

C. 双腔科亚科主要特征(双腔图 1、双腔图 2)

双腔科 6 亚科主要区别特征见以下检索表。

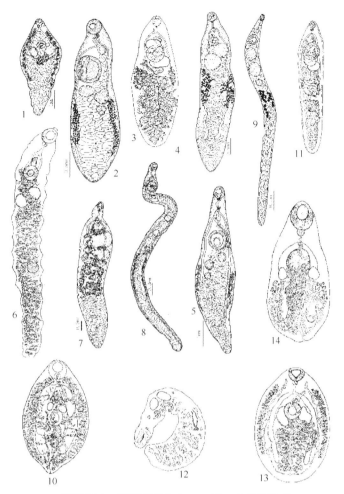

双腔图 2　双腔亚科(Dicrocoeliinae)各族代表

1. 鼠拟平体吸虫(*Platynosomoides muris*(Stscherbakova,1942)Yamaguti,1971)(阔盘族 Eurytrematini)宿主：田鼠 *Rattus* sp.(按唐仲璋和唐崇惕，1978)；

2. 鹩鸰带睾吸虫(*Zonorchis mynae* Tang et Tang，1978)(阔盘族 Eurytrematini)宿主：八哥 *Aethiopsar*(*C.*)*cristatellus* (按唐仲璋和唐崇惕，1978)；

3. *Controrchisbiliophilus* Price，1928(对睾族 Controrchiini)(按 Yamaguti，1971)；4. 矛形双腔吸虫(*Dicrocoelium lanceatum*(Rud.，1803)(双腔族 Dicrocoeliini)宿主：羊；5. 黑鸫窄体吸虫(*Lyperosomum turdia*(Ku，1938)Travassos，1944)(窄体族 Lyperosomini)宿主：黑鸫，*Turdus merula mandarinus* 等(按唐仲璋和唐崇惕，1978)；6. *Unilaterilecithum beloussi* Oshmarin in Skrjabin et Evranova，1953(侧黄族 Athesmiini)宿主：鸟类，*Pericrocotus roseus*，苏联(按 Yamaguti，1971)；7. 八哥短腺吸虫[*Brachylecithum*(*Brachylecithoides*)*mosquensis*](Skrjabin et Issaitschikoff，1927)Yamaguti，1971 (短腺族 Brachylecithini)宿主：八哥 *Aethiopsar*(*C.*)*cristatellus* (按唐仲璋和唐崇惕，1978)；8. 离睾带形吸虫(*Corrigia separatiorchis* Oschmarin，1952)(短腺族 Brachylecithini)宿主：董鸡 *Gallicrex cinerea cinerea*(按唐仲璋和唐崇惕，1978)；9. 纤细饶氏吸虫[*Lutztrema attenuatum* (Dujardin，1845)Travassos，1944](饶氏吸虫族 Lutztrematini)宿主：八哥、牛头伯劳(*Lanius bucephalus*)(按唐仲璋和唐崇惕，1978)；10. *Euparadistomum varani* Tubangui，1931(正异盘族 Euparadistomini)宿主：爬行类 *Varanus salvator*，菲律宾、英国等(按 Tubanguti，1931 于 Yamaguti，1971)；11. *Brachydistomum olssoni* (Railliet，1900) Yamaguti，1958(短盘族 Brachydistomini)宿主：鸟类，*Apus pallidus* 等，欧洲等(按 Travassos，1944 于 Yamaguti，1971)；12. *Pintneria mesocoelium* (Cohn，1903) Poche，1907 (宾尼族 Pintneriini)宿主：爬行类，*Draco volans*，爪哇 Java(按 Cohn，1903)；13. *Infidum infidum* (Gomes de Faria，1910)Travasso s，1916(疑存族 Infidini) 宿主：爬行类 *Eunectes murinus* 等，巴西等(按 Gomes de Faria，1910)；14. *Paradistomum rabusculum* Kossack，1910(异盘族 Paradistomini)宿主：爬行类 *Gymnodactylus geckoides*，巴西(按 Travassos，1944)

双腔科分亚科检索表(按唐崇惕，1985)

1. 腹吸盘付缺，子宫几乎充满整个身体，宿主鸟类···缺盘亚科 Stromitrematinae

具有腹吸盘···2

2. 睾丸在腹吸盘前方··5

睾丸在腹吸盘后方··3

3. 睾丸全部或大部在肠管内侧，生殖孔在腹吸盘前方··4

睾丸部分或大部与肠管重叠；肠管较短，末端达到睾丸稍后方；卵黄腺在肠管末端，卵黄横管在体中线上会合；排泄囊非常短；宿主灵长类哺乳动物··································莱氏亚科 Leipertrematinae

4. 卵黄腺大部分或全部在睾丸之后的身体两侧；宿主鸟类和哺乳类·······················双腔亚科 Dicrocoeliinae

卵黄腺全部在睾丸前方的身体两侧，宿主哺乳类·································前黄亚科 Prosolecithinae

5. 身体椭圆形至纺锤形，睾丸对称排列，卵黄腺大部分在腹吸盘水平；宿主鸟类··········平形亚科 Platynotrematinae

身体窄长，睾丸常常前后串列，很少是并列，卵黄腺全部在腹吸盘之后；宿主鸟类···································

··盘前睾亚科 Proacetabulorchiinae

D. 双腔亚科各族的特征

双腔亚科中有 12 个族，它们主要特征如下（按 Yamaguti，1971）。

阔盘族（Eurytrematini）宿主：鸟类、哺乳类及人体。虫体呈卵圆形、椭圆形、纺锤形或更伸长些。两睾丸对称排列于腹吸盘紧接的后方。子宫有或没有延伸到体前部（**双腔图 2 之 1、2**）。

对睾族（Controrchiini）宿主：哺乳类。体纺锤形或更伸长些。两睾丸相对地分列于腹吸盘的前后方（**双腔图 2 之 3**）。

双腔族（Dicrocoeliini）宿主：鸟类、哺乳类及人体。体纺锤形或更伸长些，
体中部后方膨大。睾丸斜列或并列于腹吸盘后方。睾丸和卵巢彼此很靠近（**双腔图 2 之 4**）。

窄体族（Lyperosomini）宿主：鸟类、哺乳类。体呈窄长纺锤形。两睾丸斜列于腹吸盘后方。两睾丸及卵巢之间有子宫通过（**双腔图 2 之 5**）。

侧黄族（Athesmiini）宿主：鸟类、哺乳类。体窄长。睾丸斜列或前后列于腹吸盘之后。卵黄腺单条列于体的一侧（**双腔图 2 之 6**）。

短腺族（Brachylecithini）宿主：鸟类、哺乳类。体窄长。睾丸斜列或前后列于腹吸盘后方。卵黄腺短，成对地集结于体中部两侧。两睾丸和卵巢有的种类靠紧，有的种类隔开，中有子宫穿过（**双腔图 2 之 7、8**）。

饶氏吸虫族（Lutztrematini）宿主：鸟类、哺乳类。肠管单条，短，如果是 2 条则是退化的痕迹（**双腔图 2 之 9**）。

正异盘族（Euparadistomini）宿主：爬行类，哺乳类。体圆形或卵圆形，肠支两条。两睾丸对称平列于腹吸盘之前。阴茎囊小。生殖孔在两吸盘间中部。子宫占满体大部分。卵黄腺从粒分布于自睾丸前方水平直至体后端肠盲端附近体两侧（**双腔图 2 之 10**）。

短盘族（Brachydistomini）宿主：鸟类。体较窄长近矛形。肠管 2 条，正常长度。睾丸卵巢靠近在一起。体腹吸盘区宽大。腹吸盘大过口吸盘（**双腔图 2 之 11**）。

宾尼族（Pintneriini）宿主：爬行类。体长形，在体后端略宽。两睾丸斜列在腹吸盘前方，后睾丸可在腹吸盘背侧。子宫圈分布在体后半部（**双腔图 2 之 12**）。

疑存族（Infidini）宿主：爬行类。体卵圆形至梨形，两睾丸对称排列于腹吸盘区或腹吸盘后区。生殖孔在腹吸盘前次中央。两睾丸在两肠支之间。子宫圈主要在体后半部（**双腔图 2 之 13**）。

异盘族（Paradistomini）宿主：爬行类。体卵圆形至梨形。两睾丸对称排列于腹吸盘区或其稍后区。生殖孔在腹吸盘前中央。两睾丸在两肠支腹侧。子宫分布在体后半部（**双腔图 2 之 14**）。

E. 双腔亚科（Dicrocoeliinae Looss，1899）各属主要特征

本亚科现有 30 属，它们的主要特征如下。

双腔亚科各属检索表（按唐崇惕，1985）

1. 体卵圆形、椭圆形、纺锤形至矛形。睾丸对称排列···7

体纺锤形或较伸长；两睾丸前后排列，彼此被腹吸盘所隔开。哺乳类的寄生虫···········睾属 *Controrchis* Price，1928

体长形，后部膨大；两睾丸斜列，大部分在腹吸盘之前。子宫圈限于体后部。爬行类的寄生虫·····························

···宾尼属 *Pintneriini* Poche，1907

体矛形或更伸长，较窄有时呈条状；睾丸斜列或前后串列在腹吸盘之后·····································2

2. 卵黄腺单侧排列··8
　　卵黄腺双侧排列··3

3. 肠管单条、很短，或当双条时呈不发育状···9
　　肠管双条，长而正常··4

4. 体呈矛形；睾丸和卵巢排列很近··5
　　体窄长，有时呈条状；睾丸和卵巢彼此被子宫圈所隔开···6

5. 身体在腹吸盘部分膨大，腹吸盘大于口吸盘，鸟类的寄生虫·····················短盘属 *Brachydistomum* Travassos，1944
　　身体在后半部膨大，腹吸盘和口吸盘大小相近···10

6. 卵黄腺从卵巢水平或从它的后方水平开始，局限在一段落上···11
　　卵黄腺从睾丸水平或从它的后方水平开始，有较长的延展。鸟类及哺乳类的寄生虫········窄体属 *Lyperosomum* Looss 1899

7. 体圆形或卵圆形；睾丸对称排列在腹吸盘之前；子宫占满身体的大部分。爬行类及哺乳类的寄生虫·····························
　　···正异双盘属 *Euparadistomum* Tubangui，1931
　　体卵圆形、纺锤形或稍伸长；睾丸对称排列在腹吸盘之后；子宫圈能或不能伸入到体前半部·······························13

8. 体矛形至纺锤形，腹吸盘大约在体长前方 1/3 部分，卵黄腺限制在一段落上。哺乳类的寄生虫·····························
　　···伪侧黄属 *Pseudathesmia*　Travassos，1942
　　体窄长，腹吸盘在体前端 1/3 部分；体后半部边缘呈锯齿状；卵黄腺后方延展到体后端。鸟类的寄生虫·········单侧腺属
　　Unilaterlecithum Oschmarin in Skrjabin et Evranova，1953 体窄长，腹吸盘近体前端，后半部侧缘无锯齿状，卵黄腺在赤道
　　线之后，不限于体后端。鸟类及哺乳类的寄生虫···侧黄属 *Athesmia* Looss，1899

9. 睾丸对称排列，卵黄腺开始于睾丸水平。哺乳类的寄生虫·····················陆氏属 *Lutziella*（Rohde，1966）Yamaguti，1971
　　睾丸斜列或前后串列，卵黄腺在卵巢之后。鸟类及哺乳类的寄生虫·····················饶氏属 *Lutztrema* Travassos，1941

10. 卵巢及卵黄腺在体后半部。哺乳类的寄生虫···后宫属 *Metadelphis* Travassos，1944
　　卵巢及卵黄腺大部分在体中间 1/3 部分。鸟类及哺乳类的寄生虫·····················双腔属 *Dicrocoelium* Dajardin，1845

11. 体很长，睾丸和卵巢彼此相距很远。鸟类的寄生虫·············斯体属 *Skrjabinosomum* Evranova in Skrjabin，1944 体不很长，
　　睾丸和卵巢彼此不相距很远···12

12. 卵黄腺限制在一段上，肠管末端距体末端有一段距离。鸟类及哺乳类的寄生虫·················
　　···短腺属 *Brachyleithum* Strom，1940
　　卵黄腺占满体后半部、肠管末端距体末端有一段距离。鸟类的寄生虫······后短腺属 *Opisthobrachylecithum* Yamaguti，1971
　　卵黄腺延展在体中间 1/3 部分的两侧，肠管末端达到或近于体后端两吸盘大小大约相等。鸟类及哺乳类的寄生
　　虫···带形属 *Corrigia* Strom，1940
　　腹吸盘常较大于口吸盘。鸟类的寄生虫···巨腹盘属 *Megacetabulum* Oschmarin，1964

13. 体卵圆形至椭圆形，两吸盘很靠近，卵黄腺中等延展。鸟类的寄生虫·····陆宾属 *Lubens*（Travassos，1920）Strom，1940
　　体纺锤形至矛形。鸟类及哺乳类的寄生虫···14
　　体卵圆形至梨形。爬行类的寄生虫···15

14. 腹吸盘大于口吸盘，位置靠近体前端；卵黄腺开始于睾丸及卵巢部分的水平，略有延展。鸟类及哺乳类的寄生虫···········
　　···带睾属 *Zonorchis* Travassos，1944
　　腹吸盘大于口吸盘，位置更靠近体中横线；卵黄腺在睾丸之后，不延展。生殖孔在肠分叉处或在其前方。排泄囊"Y"
　　形。鸟类及哺乳类的寄生虫···整齐属 *Concinnum*（Bhalerao，1936）Travassos，1944
　　腹吸盘与口吸盘的大小相近，腹吸盘位置更靠近体前端过于体中横线。卵黄腺从睾丸之后开始，延展不长。鸟类及哺乳
　　类的寄生虫···扁体属 *Platynosomum* Looss，1907
　　腹吸盘与口吸盘大小相近或稍大，腹吸盘位置在体前端 1/3 处或稍前部分，卵黄腺开始于卵巢前方水平，卵黄腺大部分
　　在体中间 1/3 部分两侧，或向后稍延展些。鸟类的寄生虫·····················斯克平属 *Skrjabinus*（Bhalerao，1936）Strom，1940
　　腹吸盘与口吸盘大小相近，腹吸盘位置距体前端较远，卵黄腺开始于睾丸部分。鸟类及哺乳类的寄生虫·····················

···显状属 Conspicuum (Bhalerao，1936) Strom，1940
腹吸盘大于、小于或等于口吸盘，腹吸盘位置靠近体中横线或在距体前端 1/3 处。生殖孔在肠分义附近，排泄囊"T"
状。哺乳类的寄生虫··
···························阔盘属 Eurytrema Looss，1907 卵黄腺延展几乎达肠管的全长，子宫圈分布限于体后部。哺乳类的寄生虫
····························网纹属 Dictyonograptus Travassos，1920 卵黄腺从腹吸盘水平延展到体中横腺后水平，生殖孔在咽的腹面。
哺乳类的寄生虫···拟扁体属
Platynosomoides Yamaguti，1971 卵黄腺延展在大部分肠管上，腹吸盘巨大，子宫圈达到体前部。哺乳类的寄生
虫···喀联属 Canaania Travassos，1944
15. 生殖孔在次中央，两睾丸在肠管之间。爬行类的寄生虫··疑存属 Infidum Travassos，1916
　　生殖孔在中央，两睾丸在肠管的腹面···16
16. 卵黄腺全部或大部在睾丸之后，两吸盘很大，爬行类的寄生虫············异双盘属 Paradistomum Kossack，1910
　　卵黄腺伸展较长，开始于睾丸或腹吸盘，两吸盘比较小。爬行类的寄生虫·····························
···拟异双盘属 Paradistomoides Travassos，1944

(3) 双腔属(Dicrocoelium)的重要种类

A. 研究历史

双腔属种类很多，宿主有鸟类和哺乳类，但是其中最重要的是寄生于牛、羊也能感染人体的几种。Rudolphi(1803，1819)最早报道这类虫种，当时称为矛形片吸虫(Fasciola lanceolata Rudolphi，1803)和枝双口吸虫(Distoma dendriticum Rudolphi，1819)。后经学者们研究，均鉴定为双腔属吸虫，被改为矛形双腔吸虫 [Dicrocoelium lanceatum(Rud.，1803)Stiles et Hassall，1896] 和枝双腔吸虫 [Dicrocoelium dendriticum(Rud.，1819)Looss，1899]等名称。

许多学者都认为它们是同一虫种的同物异名，Shtrom(1940)及Travassos(1944)认为此虫的睾丸排列多态，尤其 Shtrom(1940)认为此虫种的睾丸可以从前后排列、斜列变到左右对称平列；体形可从矛形、长纺锤变到具肩的宽大形。

山口佐仲(Yamaguti，1971)等以枝双腔吸虫为双腔属的代表种，而 Skrjabin(1952)等则以矛形双腔吸虫为本属的代表种。

著者自20世纪70年代开始，对我国内蒙古、山西、新疆、青海及山东等牧区牛、羊双腔吸虫流行区进行调查，研究了中华双腔吸虫(Dicrocoelium chinensis Tang et Tang，1978)(睾丸并列)、矛形双腔吸虫[Dicrocoelium lanceatum(Rud.，1803)Stiles er Hassall，1896](睾丸前后斜列)和枝双腔吸虫[Dicrocoelium dendriticum(Rud.，1819)Looss，1899](睾丸分支斜列)3 虫种全程生活史和人工感染试验，证明其幼虫期各自有一定的特点，成虫形态特征也稳定不变异，它们是 3 个独立虫种(唐仲璋等，1979；唐崇惕等，1980，1981，1983，1984，1985，1987，1993，1995，1997)。

B. 中华双腔吸虫、矛形双腔吸虫和枝双腔吸虫的生活史各期

我国 3 种重要双腔吸虫的贝类宿主都是陆地蜗牛，第二中间宿主都是蚂蚁，但在我国不同地区种类有所不同。牛、羊都是其终末宿主。其成虫寄生于牛、羊(或人)的肝脏胆管；生活史经历成虫、虫卵、毛蚴、母胞蚴、子胞蚴、尾蚴、黏球(slime ball)(含尾蚴)、囊蚴(后期尾蚴)。牛、羊(或人)吞食含成熟囊蚴的蚂蚁而被感染。以下按生活史各期简单介绍中华双腔、矛形双腔和枝双腔 3 虫种的情况。

1)成虫(双腔图 3 之 1~3)：**中华双腔吸虫**(Dicrocoelium chinensis Tang et Tang，1978)(双腔图 3 之 1)：体呈具两肩状的纺锤形，大小为 (3.54~8.96)mm×(2.03~3.09)mm。口吸盘大小为 (0.346~0.557)mm×(0.391~0.557)mm，咽大小为 (0.150~0.226)mm×(0.120~0.181)mm，食道长 0.256~0.257mm。腹吸盘大小为 (0.467~0.753)mm×(0.497~0.753)mm，位于体长前端 29%~38%(平均 32%)处。两睾丸团块状或分瓣，大小为 (0.452~0.903)mm×(0.452~0.94)mm 及 (0.482~1.054)mm ×(0.452~0.903)mm，对称并列于腹吸盘

后方。卵巢椭圆形，少数有分瓣，大小为(0.151～0.286)mm ×(0.266～0.482)mm，位于两睾丸后方体中线的一侧。受精囊卵圆形，大小为(0.151～0.166)mm ×(0.166～0.226)mm，具劳氏管，其长度与受精囊长度相近。阴茎囊大小为(0.611～0.743)mm×(0.256～0.287)mm，开口于肠叉处。卵黄腺丛粒两束在体两侧中段。子宫曲充满睾丸后方体部，有的越过两肠支外侧。虫卵大小为(45～51)μm×(31～38)μm。

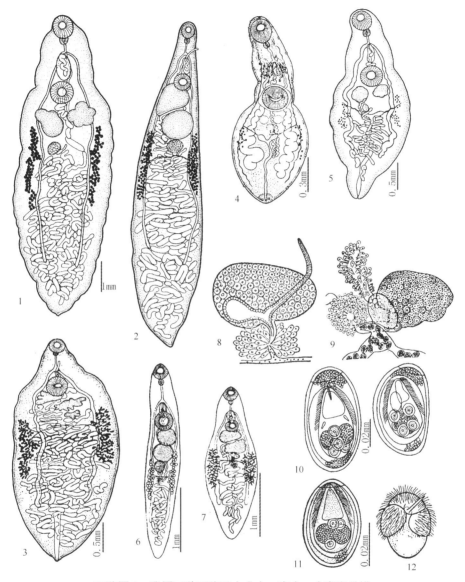

双腔图 3　我国三种双腔吸虫成虫、童虫、虫卵和毛蚴
(按唐仲璋和唐崇惕，1979；唐崇惕等，1980～1993；等等)

1～3.成虫(1.中华双腔吸虫，2.矛形双腔吸虫，3.枝双腔吸虫)；4～7.童虫(4.24d 中华双腔吸虫，宿主家兔，5.中华双腔吸虫，宿主羊，6.矛形双腔吸虫，7.枝双腔吸虫)；8、9.卵巢附近器官(8.矛形双腔吸虫，9.枝双腔吸虫)；10、11.虫卵；12.毛蚴

矛形双腔吸虫[*Dicrocoelium lanceatum*(Rud.，1803)Stiles et Hassall，1896](**双腔图 3 之 2、8**)：体呈矛形，大小为(5.291～8.374)mm×(1.33～1.771)mm。口吸盘大小为(0.249～0.316)mm×(0.249～0.299)mm，咽大小为(0.1～0.125)mm×(0.1～0.125)mm，食道长 0.191～0.390mm。腹吸盘大小为(0.291～0.365)mm×(0.291～0.407)mm，位置在体长前端 16%～23%(平均 19%)。两睾丸椭圆形或不规则块状，大小为(0.581～0.764)mm×(0.457～0.647)mm 及(0.490～0.805)mm×(0.490～0.772)mm，前后列或前后略斜地排列于腹吸盘后方。卵巢圆形或横卵圆形，大小为(0.191～0.282)mm×(0.257～0.340)mm，位于后睾丸后方。含睾丸和卵巢的体段较长，占体长的 1/4～1/3。受精囊大小为(0.066～0.108)mm×(0.083～

0.125) mm，由一较长的锥形短管联于输卵管。劳氏管长，比受精囊长 1～2 倍，大小为 (0.319～0.342) mm×(0.023～0.031) mm。阴茎囊大小为 (0.307～0.489) mm×(0.141～0.208) mm，开口于肠叉处。卵黄腺从粒状，分布于体中部两侧。子宫曲充满睾丸后方体部。虫卵大小为 (40～53) μm×(26～31) μm。

枝双腔吸虫[*Dicrocoelium dendriticum*(Rud.，1819)Looss，1899]（**双腔图 3 之 3、9**）：体呈纺锤形，或具肩椭圆形。体大小为 (3.365～4.976) mm×(1.562～2.342) mm。口吸盘大小为 (0.266～0.317) mm×(0.293～0.342) mm，咽大小为 (0.073～0.110) mm×(0.085～0.135) mm，食道长 0.098～0.195mm。腹吸盘大小为 (0.281～0.361) mm×(0.305～0.378) mm，位于体长前方 23%～26%（平均 24%）处。两睾丸宽扁块状或分瓣，紧靠斜列于腹吸盘后方。卵巢亦呈宽扁块状或分叶，在后睾丸后方。两睾丸大小为 (0.293～0.317) mm×(0.489～0.561) mm 及 (0.256～0.401) mm×(0.416～0.610) mm。卵巢大小为 (0.098～0.134) mm×(0.207～0.293) mm。含睾丸和卵巢的体段较短，仅占体长的 1/6～1/4。受精囊横椭圆形，大小为 (0.061～0.073) mm×(0.073～0.093) mm，由极短的小管口通于输卵管上。劳氏管较粗短，上着生许多单细胞，此细胞功能尚不明了。劳氏管和受精囊连接处孔口周围有如同花瓣状细胞围绕着孔口。阴茎囊大小为 (0.232～0.451) mm×(0.122～0.146) mm，亦与子宫末端共同开口于肠叉处。卵黄腺呈细枝条状，两束常宽而短，位于体中部两侧。虫卵大小为 (36～43) μm×(24～29) μm。

2）童虫（**双腔图 3 之 4～7**）：中华双腔吸虫、矛形双腔吸虫及枝双腔吸虫的小童虫，在很小的个体都已表现出种的主要特征稳定。例如，中华双腔吸虫童虫（**双腔图 3 之 4、5**）的具肩体型、两睾丸并列；矛形双腔吸虫童虫（**双腔图 3 之 6**）体窄长，两睾丸前后列，含睾丸卵巢的体段约占体长的 1/3；枝双腔吸虫童虫（**双腔图 3 之 7**），体型宽扁，两睾丸斜列，含睾丸卵巢的体段仅占体长的 1/5，卵黄腺两列短，已呈枝条状结构。

3）虫卵和毛蚴（**双腔图 3 之 10～12**）：中华双腔吸虫、矛形双腔吸虫和枝双腔吸虫 3 种双腔吸虫的虫卵形状、毛蚴构造和母胞蚴形成方式与形态都极相似。

虫卵：虫卵呈不正卵圆形，中华双腔吸虫虫卵有时可见一侧较扁平、另一侧弧度较大的形状。虫卵顶端具卵盖。成熟虫卵内有由胚膜包裹的毛蚴。

毛蚴：毛蚴具有顶端锥刺，体上部表面披一列 3 块纤毛上皮。体前方三角形的神经团，体后部有数个胚细胞和两个圆形的颗粒团，体中部有两个焰细胞。在外界，虫卵中的毛蚴不会自动孵出，只有被贝类宿主吞食后，在其胃中卵盖才会开启孵出毛蚴。在外界将虫卵轻压，可以压出毛蚴。中华双腔吸虫毛蚴大小为 (32～35) μm×(24～26) μm，锥刺长 10～12μm；矛形双腔吸虫毛蚴体大小为 (26～36) μm×(20～21) μm，锥刺长 11～14μm。

4）贝类宿主种类：矛形双腔吸虫、枝双腔吸虫和中华双腔吸虫的贝类宿主都是陆地腹足贝类。不同地区的种类有所不同。在世界各地，经报道的矛形双腔吸虫和枝双腔吸虫贝类宿主的蜗牛种类很多，Svadjian(1954)所列的有 31 种，分隶于 9 科 21 属。Ksembaeva(1967)和 Tohme(1977)报道的则共有 40 种，分隶于 10 科 22 属。

在我国，经报道的各种双腔吸虫的贝类宿主有：同型阔纹蜗牛(*Bradybaena similaris*)（福建，人工感染）、枝小丽螺(*Ganesella virgo*)（内蒙古兴安盟科尔沁草原）、华蜗牛(*Cathaica fasciola*)（山西）、弧形小丽螺(*Ganesella arcasiana*)（吉林省双辽草原）、康特大蜗牛(*Helicella candaharica*)（青海省）、斑纹华蜗牛(*Cathaica przewalskii*)（青海省）、光滑琥珀蜗牛(*Succinea snigdha*)（新疆天山）、四齿间齿螺(*Metodontia tetrodon*)（山东滨州）(唐仲璋和唐崇惕，1977；唐崇惕等，1980，1985，1997；等等)。

5）母胞蚴（**双腔图 4 之 1、2**）：双腔吸虫的虫卵被贝类宿主吞食后，在其胃中孵出的毛蚴穿钻过宿主的胃肠壁，在消化腺小叶之间发育成母胞蚴。人工感染的中华双腔吸虫母胞蚴，在 18～25℃条件下，51～53d 时大小为 (0.94～1.2) mm×(0.94～1.0) mm，厚 0.3～0.5mm，内呈小隔室，包含有许多胚细胞和小胚球。75～80d 母胞蚴大小为 (3.196～4.1) mm×(1.298～3.196) mm，内含不同大小胚球和早期子胞蚴胚体。90～110d 的母胞蚴由于子胞蚴长大及数量增多而被胀破。

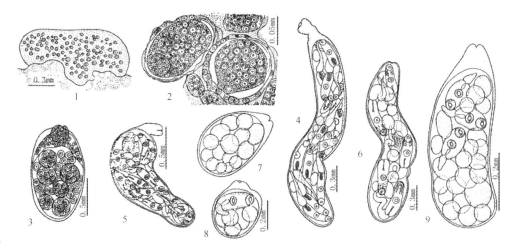

双腔图 4　我国牛、羊 3 种双腔吸虫的胞蚴
(按唐仲璋等，1979；唐崇惕等，1980，1995)

1. 早期，中华双腔吸虫母胞蚴活体；2. 后期，中华双腔吸虫母胞蚴部分切片；3、4. 中华双腔吸虫子胞蚴；5、6. 矛形双腔吸虫子胞蚴；
7~9. 枝双腔吸虫子胞蚴

6) 子胞蚴(双腔图 4 之 2~9)：双腔吸虫子胞蚴胚体在母胞蚴体内大量孕育、离开母胞蚴体后，散布在贝类宿主的生殖腺和消化腺中。游离的子胞蚴活体也能有所移动。子胞蚴有生产道(birth canal)，其前方开口为生产孔(birth pore)。当子胞蚴胚体还在母胞蚴体内小隔室中时，切片上已能观察到在胚体前端已有细胞密集和具唇状裂口的生产道雏形。稍大的子胞蚴呈囊状，体内含将发育形成尾蚴的胚球，体前端生产道尚未成形，还是实体的结构。随着子胞蚴成长，生产道形成，体内充满尾蚴胚体和成熟尾蚴。矛形双腔吸虫子胞蚴比中华双腔吸虫子胞蚴窄短些，而枝双腔吸虫子胞蚴较宽而短。我国 3 种双腔吸虫天然感染的成熟子胞蚴的大小如下：中华双腔吸虫子胞蚴大小为 (2.19~4.50)mm×(0.31~0.50)mm，生产道长 0.07~0.28mm；矛形双腔吸虫子胞蚴大小为 (1.44~2.67)mm×(0.282~0.470)mm；枝双腔吸虫子胞蚴大小为 (0.176~3.20)mm×(0.164~0.64)mm。

7) 尾蚴(双腔图 5~双腔图 7)：双腔属(*Dicrocoelium*)的尾蚴是具口锥刺长尾型。尾蚴体内已含有生殖腺和生殖器官的原基(primordia)。中华双腔吸虫、矛形双腔吸虫和枝双腔吸虫三虫种成虫的生殖腺形态结构和排列位置不一样，这些差异在尾蚴的生殖原基中就已显示。尾蚴排泄囊形态结构也有些差异。此 3 种双腔吸虫尾蚴主要特征如下。

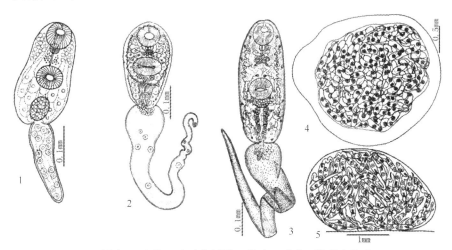

双腔图 5　中华双腔吸虫尾蚴、黏球，矛形双腔吸虫黏球
(按唐仲璋和唐崇惕，1975；唐仲璋等，1979；唐崇惕等，1980，1983)

1~3. 中华双腔吸虫尾蚴(1. 尾蚴胚体，2. 黏球中的成熟尾蚴，3. 贝类宿主体中的成熟尾蚴)；4. 矛形双腔吸虫黏球，具原囊壁；5. 中华双腔吸虫黏球，
具薄膜状囊壁

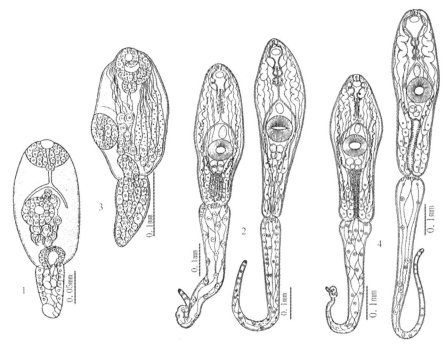

双腔图 6 矛形双腔吸虫和枝双腔吸虫的尾蚴
(按唐崇惕等, 1995)

1、2. 矛形双腔吸虫尾蚴胚体和成熟尾蚴；3、4. 枝双腔吸虫尾蚴胚体和成熟尾蚴

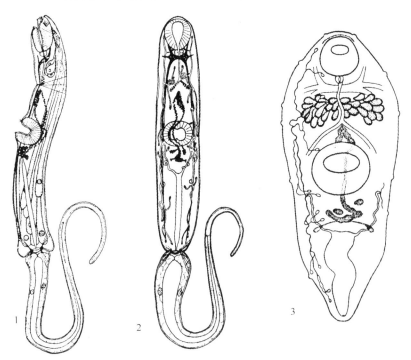

双腔图 7 枝双腔吸虫尾蚴和后蚴

1、2. 成熟尾蚴的侧面观和正面观(按 Neuhaus, 1936)；3. 成熟后蚴(按 Vogel and Falcao, 1954)

中华双腔吸虫尾蚴(双腔图 5)：尾蚴体部椭圆形, 大小为(0.37~0.46)mm×(0.143~0.175)mm。尾部长 0.57~0.8mm, 尾基部宽 0.1~0.101mm。尾部可因伸缩而呈不同形态。口吸盘位于亚顶端, 其背侧锥刺囊中的口锥刺鸡趾状, 大小为(18~22)μm×5.4μm。腹吸盘在体中部。具咽、食道和两肠支。食道旁有 3 对含酶蛋白的小穿刺腺细胞。自腹吸盘到体后端被 13 对大黏液腺细胞所充满。大小单细胞腺管道在食道和咽两旁蜿蜒上行, 越过口吸盘旁侧和背侧, 开口于锥刺囊口的边缘。排泄囊囊腔管状, 周围被许多囊壁

细胞包围，其长度约等于自腹吸盘后缘到体后端距离的 4/5，收集管分支和焰细胞的公式为 $2[(2+2+2)+(2+2+2)] = 24$。生殖腺原基短扁，在排泄囊顶部至腹吸盘后缘之间空隙中。在尾蚴期阶段，阴茎囊原基细胞亦已出现。尾部内没有观察到焰细胞，尾部排泄管也不明显。

尾蚴胚体时，很早就出现膨大的大单细胞黏液腺，生殖原基被遮蔽。排泄囊椭圆形，前缘距离腹吸盘后缘不远。

矛形双腔吸虫尾蚴（双腔图 6 之 1、2）：矛形双腔吸虫尾蚴在口吸盘背侧具口锥刺囊，口锥刺较细长。体部大小为 $(0.460 \sim 0.478)$ mm $\times (0.125 \sim 0.141)$ mm；尾部大小为 $(0.5 \sim 0.67)$ mm $\times (0.06 \sim 0.1)$ mm。体中布满具管道的黏液腺细胞，在食道两旁有 3 对穿刺腺细胞。在腹吸盘后方有明显而膨大的生殖原基。排泄囊较短，具两层多囊壁细胞结构，被众多的排泄囊壁细胞所包围。焰细胞公式为 $2[(2+2+2)+(2+2+2)] = 24$。尾蚴尾部由许多透明细胞构成，其中央的排泄管不明显，但在尾蚴胚体的尾部可以见到和体部后端排泄囊有联系的排泄管结构，其管壁内侧衬以不规则形状透明细胞。

枝双腔吸虫尾蚴（双腔图 6 之 3、4，双腔图 7）：枝双腔吸虫的成熟尾蚴，体部大小为 $(0.426 \sim 0.530)$ mm $\times (0.152 \sim 0.168)$ mm，口锥刺大小为 $(22 \sim 25)$ μm $\times (44.5 \sim 5.4)$ μm。尾部大小为 $(0.535 \sim 1.00)$ mm $\times (0.073 \sim 0.10)$ mm。枝双腔吸虫尾蚴胚体和成熟尾蚴在腹吸盘后方均具有较小生殖原基和较长排泄囊，而不同于矛形双腔吸虫的尾蚴，而且排泄囊囊壁细胞较稀少。尾蚴胚体排泄囊也只有一层细胞，尾部有与排泄囊相连的排泄管。从枝双腔吸虫和矛形双腔吸虫的尾蚴及其尾蚴胚体，可以看到其生殖原基的大小就已和成虫期各生殖腺结构特征相呼应。枝双腔吸虫尾蚴的生殖原基小，在腹吸盘和排泄囊前缘之间的距离都小过矛形双腔吸虫尾蚴在该部位的结构。

在我国青海，牛、羊双腔吸虫种类比较丰富，通过电子扫描电镜，观察了中华双腔吸虫、矛形双腔吸虫、枝双腔吸虫及客双腔吸虫的尾蚴，它们在口吸盘和腹吸盘附近的乳突、微毛及体表皱褶等情况均不相同（唐崇惕等，1984）。

8）**黏球**（双腔图 5 之 4、5）：双腔吸虫尾蚴成熟后，离开子胞蚴，集中到贝类宿主的呼吸囊内。尾蚴黏液腺细胞分泌出大量糖蛋白黏液物质，将它们包裹形成黏液团（黏球，slime ball）。通常在清晨有露水的条件下，从蜗牛头部旁的呼吸孔排出黏球，它们很快会被蚂蚁寻见并被它们所食。我国牛、羊的 3 种主要双腔吸虫的尾蚴黏球，著者均在人工条件下模拟自然状况而获得。3 种双腔吸虫的尾蚴黏球结构有所不同。

中华双腔吸虫黏球：透明琼胶状、团块（双腔图 5 之 5）大小和形状不一，外披一层很薄的薄膜，一触即破。把它们放在实验室蚂蚁窝旁，很快引来蚂蚁，就地吸食，不能搬移到窝中。

矛形双腔吸虫黏球：小圆球状（双腔图 5 之 4），大小相近，外皮很硬，需重压才能压破压扁。在实验室内，蚂蚁可以将它们搬移到蚁窝附近啃吃。

枝双腔吸虫黏球：也是大小相近的小圆球状，有厚外皮，但与矛形双腔吸虫黏球比较，外皮软，不硬，稍压即扁平。

9）**第二中间宿主种类** 关于牛、羊及人体如何感染到双腔吸虫，在 1952 年之前都不了解，学者们推测是吞食了从蜗牛排出的双腔吸虫黏球而受到感染的（Neuhaus，1938；Skrjabin，1952）。直到 Krull 和 Mapes（1952）在美国进行了系列的野外调查和人工感染试验才发现美国的枝双腔吸虫第二中间宿主是蚂蚁，*Formica fusca*。在一羊群牧场，其感染率高达 35%。牛、羊和人是因吃了含双腔吸虫囊蚴的蚂蚁而受感染的。Groschaft（1961）报告：*Formica sanguinea* 人工感染后 $8 \sim 15$d 蚴成囊，感染后 45d 获成熟囊蚴。

在我国双腔吸虫流行区，不同地点有不同的蚂蚁种类充作第二中间宿主。在内蒙古科尔沁草原，黑玉蚂蚁（*Formica gagates*）是中华双腔吸虫的蚂蚁宿主。内蒙古科尔沁草原草场边缘的 *Formica truncicola* 也曾查到阳性蚁，但蚁群不多，草场上 *Formica gagates* 为优势种。山东滨州的中华蚂蚁（*Formica sinica*）是矛形双腔吸虫和枝双腔吸虫的蚂蚁宿主，以上除查获天然阳性蚁外，均经人工感染试验予以证实（唐崇惕等，1983；唐崇惕等，1993，1995，1997）。

国外枝双腔吸虫或矛形双腔吸虫的第二中间宿主蚂蚁种类如下：*Formica*（*Serviformica*）*fusca*（美洲）（Krull and Mapes，1952）；*Formica*（*Serviformica*）*rufibarbis*、*Formica*（*Serviformica*）*fusca*（欧洲、德国、苏联、亚美尼亚）（Vogel and Falcao，1954；Svadjian，1954）；*Formica cunicularia*、*Formica nigricans*（欧

洲)(Badie,1974);*Formica*(*Serviformica*)*rufibarbis* Fab,1973 var.*charorufibarbis* Ruzshi(中亚、黎巴嫩、叙利亚)(Tohme and Tohme,1977)。

10)囊蚴和后期尾蚴(双腔图 **8**~双腔图 **11**)　用含中华双腔吸虫、矛形双腔吸虫及枝双腔吸虫 3 种吸虫尾蚴的黏球分别人工感染实验蚁窝,均获得含不同发育程度的后期尾蚴和囊蚴。用阳性蚁人工感染实验羊及其他实验动物(兔、豚鼠),都获得了相应的成虫。

中华双腔吸虫囊蚴、后期尾蚴及脑虫(双腔图 8、双腔图 9):蚂蚁吸食黏球后 24h 内可从其胃中观察到活泼的尾蚴,24h 后就可以从腹腔中查到尾蚴体部或已开始有薄囊壁的早期囊蚴大小为(0.188~0.254)mm ×(0.099~0.125)mm,随后囊蚴体积逐渐增大。感染后 47d 左右囊蚴成熟,大小为(0.333~0.421)mm ×(0.236~0.317)mm。成熟囊蚴与早期囊蚴在个体大小及后期尾蚴的形态结构上有很大变化。成熟的后期尾蚴生殖原基已分化出睾丸、卵巢、卵黄腺、子宫和阴茎囊等器官,排泄囊有中央排泄管和周围的囊壁细胞(**双腔图 8 之 7、8**)。

用中华双腔吸虫的新鲜黏球团块饲喂黑玉蚂蚁(*Formica gagates*),各窝蚂蚁的感染率为 30%~75%,平均每一阳性蚁含有囊蚴 12~40 个。

经常发现有后蚴侵入实验蚂蚁的脑部神经节(**双腔图 9**),称为脑虫(brain worm),2~223d 的脑虫(**双腔图 8 之 9、10**)都是活的,是没有囊壁的后期尾蚴。脑虫会引起蚂蚁宿主行为失常,蚂蚁逗留在巢外,口器咬着草叶不动。行为的失常,使牛、羊在自然界吃草时很容易把阳性蚂蚁连同青草一起吞食下去。实验蚂蚁中含脑虫的蚂蚁占阳性蚂蚁的 53%~79%。(唐崇惕等,1983)。

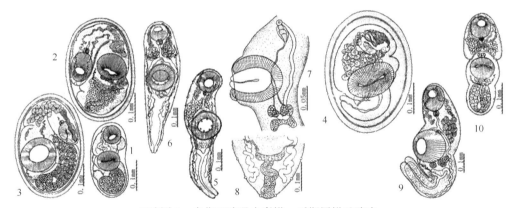

双腔图 8　中华双腔吸虫囊蚴、后期尾蚴及脑虫
(按唐崇惕等,1981)

1~4.囊蚴(1.24h,2.13d,3.30d,4.40d);5~8.成熟后蚴(5、6.成熟后蚴,7.后蚴示生殖原基结构,8.后蚴排泄囊);9、10.脑虫(9.223d,10.2d)

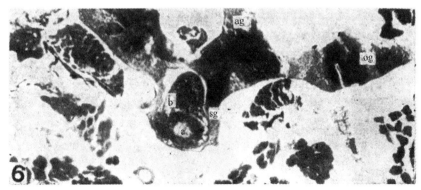

双腔图 9　中华双腔吸虫脑虫在黑玉蚂蚁亚食道神经节中
(按唐崇惕等,1987)

a.虫体腹吸虫;b.脑虫;ag.触角神经节;og.眼神经节;sg.食道神经节

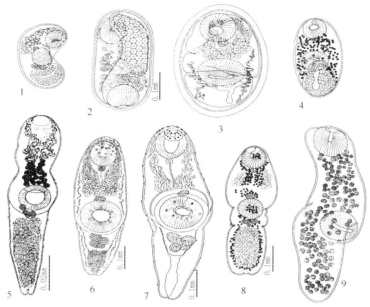

双腔图 10　矛形双腔吸虫囊蚴与后期尾蚴
(按唐崇惕等，1995，1997)

1～3. 在中华蚂蚁发育的囊蚴(1.3d，2.6d，3.51d)；4. 在黑玉蚂蚁发育 8d 的异常囊蚴；5～7. 在中华蚂蚁发育的后蚴(5.15d，6.66d，7.天然感染)；
8、9. 在黑玉蚂蚁发育 7d 和 11d 的异常后蚴

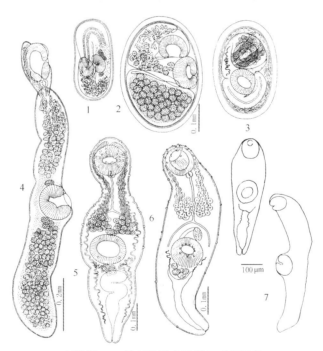

双腔图 11　枝双腔吸虫囊蚴与后期尾蚴

1～3. 囊蚴(1.10d，2.29d，3.53d)；4～6. 后期尾蚴(4.29d，5.53d，6. 天然感染的后蚴)(按唐崇惕等，1995，1997)；7. 美国的枝双腔吸虫后期尾蚴
(按 Krull and Mapes，1953)

矛形双腔吸虫囊蚴和后期尾蚴（双腔图 **10**）：用山东滨州董家村的阳性四齿间齿螺［*Metodontia tetrodon*(Moellendorff)］排放出的矛形双腔吸虫黏球，人工感染山东阴性的中华蚂蚁(*Formica sinica*)和内蒙古的黑玉蚂蚁(*Formica gagates*)。60d 后均获得矛形双腔吸虫的成熟囊蚴和后期尾蚴(**双腔图 10 之 3、6**)，与山东流行区天然感染的囊蚴和后蚴(**双腔图 10 之 7**)相同。成熟囊蚴 0.370mm×0.260mm；成熟后蚴 0.651mm×0.226mm，它有较大的腹吸盘(0.126mm×0.139mm)和一个大的腹吸盘基座(0.150mm×

0.172mm)。腹吸盘基座在 11～15d 未成熟的后期尾蚴(**双腔图 10 之 5、9**)体上就已出现。此腹吸盘基座在中华双腔吸虫和枝双腔吸虫的后期尾蚴体上均无。矛形双腔吸虫后期尾蚴与其尾蚴相同,具有较大而明显的生殖原基和较短的排泄囊(**双腔图 10 之 6、7**)。矛形双腔吸虫的囊蚴和后蚴随着发育其个体也逐渐增大。矛形双腔吸虫的后期尾蚴有较强的宿主特异性,在非正常蚂蚁宿主(黑玉蚂蚁)体中发育的成活率低。用 51 粒黏球人工感染黑玉蚂蚁,感染率只有 2.85%(24/840),阳性蚁含后蚴数平均 10.6 个(254/24);而且虫体因异常蚂蚁宿主的反应生出许多黑褐色颗粒体(**双腔图 10 之 4、8、9**),许多后蚴在发育过程中被杀死,只有少数能发育成熟。统计一个黏球在正常蚂蚁宿主可获得正常后蚴 40 条,一个黏球被非正常蚂蚁宿主(黑玉蚂蚁)吸食,只获发育的后蚴 5 条(唐崇惕等,1997)。

枝双腔吸虫囊蚴和后期尾蚴(**双腔图 11**):枝双腔吸虫后期尾蚴和囊蚴的蚂蚁宿主特异性比较弱。用山东滨州高梅村的阳性四齿间齿螺排出的枝双腔吸虫黏球(10 粒)人工感染内蒙古科尔沁草原的阴性黑玉蚂蚁,其后蚴发育正常。黑玉蚂蚁不喜吃枝双腔吸虫的黏球,把黏球拖弃巢外,并用土掩埋,因此只有 2.6% 的蚂蚁(14/541)受感染。但受感染的阳性蚁含正常发育的后蚴数平均达 38.4 个(537/14)。这一比率比矛形双腔吸虫的高。作为对比,同时还用中华双腔吸虫黏球(21 粒)人工感染黑玉蚂蚁(作为其正常蚂蚁宿主),感染率达 83.59%(326/390),阳性蚁含后蚴数平均 37.7 个(12 288/326)。

枝双腔吸虫后期尾蚴在该吸虫非流行区的黑玉蚂蚁体内能全部发育正常,没有受宿主反应的侵害。成熟囊蚴大小为 0.363mm×0.253mm,成熟后期尾蚴大小为 0.780mm×0.207mm。后蚴体较窄长,腹吸盘较小,为 0.11mm×0.12mm,无腹吸盘基座,与在山东流行区中华蚂蚁天然感染的成熟后蚴相同。它们均具有较小的生殖原基和较长的排泄囊(**双腔图 11 之 4～6**)。根据此结构特征,可以看出 Vogel 和 Falcao(1954) 与 Krull 和 Mapes(1952)所报告的枝双腔吸虫的尾蚴和后蚴确实属于枝双腔吸虫(**双腔图 7 之 1～3**)。

用分别含矛形双腔吸虫、枝双腔吸虫和中华双腔吸虫成熟囊蚴的阳性蚂蚁,分别人工感染实验羊各 1 只,90d 后解剖 3 只实验羊,分别获得矛形双腔吸虫 82 条、枝双腔吸虫 184 条、中华双腔吸虫 34 条。此生活史试验证明矛形双腔吸虫和枝双腔吸虫不是同物异名,而都是独立种。

C. 我国牛、羊双腔吸虫病流行情况及防治

寄生在牛、羊及人体肝脏胆管的双腔吸虫广泛地分布于南美洲、北美洲、欧洲、非洲、大洋洲、亚洲,是全球性分布的一类寄生虫。经报告见于黄牛、水牛、绵羊、山羊、鹿、兔、驴、马、瘤牛、犬、狐及熊等,亦可寄生于人体,在欧亚各洲均偶尔有病例报道。在我国的分布区非常大:东北温带草原、西北的荒漠草原、天山森林草原、黄土高原、青藏高原、四川盆地、亚热带的云贵高原,以及内蒙古、东北三省、河北、山东、江西、湖南等区域都有此类病原严重的流行区,牛、羊感染率经常在 70% 以上,甚至达 90%～100%。一患畜肝脏中双腔吸虫数百条是常见的,达千条、万条也不罕见,甚至达十余万条。各流行区每年牲畜因此吸虫病死亡可达牲畜数的 5%～10%,对畜牧业危害很大。

1) 青海省双腔吸虫病流行情况。羊群感染情况:青海省是我国牛、羊双腔吸虫病流行十分严重的省份之一。几乎所有县和自治州牧区的牛、羊均有双腔吸虫的感染,据该省畜牧兽医部门的介绍,在严重地区感染率均为 70%～100%,一只患畜肝脏中的双腔吸虫可装满 500ml 广口瓶,数量无法计算。著者曾收集青海玉树等 14 县 29 个乡 54 个地点的牛、羊双腔吸虫标本 1.4 万余条。其中含中华双腔吸虫、矛形双腔吸虫、枝双腔吸虫和客双腔吸虫(*Dicrocoelium hospes* Looss, 1907)等虫种。虫种有的是混合分布,有的是单独分布。

贝类宿主感染情况:海拔 4000m 以上的乐都县药草台的康特大蜗牛(*Helicella candacharica*),双腔吸虫幼虫期感染率为 3.09%(130/4209),虫种有中华双腔吸虫和矛形双腔吸虫;贵德县尕让高山草甸康特大蜗牛的感染率为 0.83%(10/1205),虫种有矛形双腔吸虫、枝双腔吸虫及客双腔吸虫;民和县小阴乡华蜗牛(*Cathaica przowalskii*)的感染率为 19.6%(96/495),虫种为枝双腔吸虫。在青海高原,蜗牛体内双腔吸虫成熟尾蚴见于 5～8 月,6～7 月为高峰期,9 月初后消失,说明排黏球在此时期内(唐崇惕等,1985)。

蚂蚁宿主感染情况:著者同时在青海乐都药草台采集黑玉蚂蚁(*Formica gagates*)一批约数千只,剪碎检查,检获中华双腔吸虫成熟囊蚴数百粒。

2) 山西省双腔吸虫病流行情况。山西东南部山区是双腔吸虫流行区,安泽县绵羊中华双腔吸虫感染率为 90%(9/10)；矛形双腔吸虫感染率为 80%(8/10)。贝类宿主华蜗牛（*Cathaica fasciola*）中华双腔吸虫感染率为 1.24%(71/5728)，矛形双腔吸虫感染率为 0.19%(11/5728)。在山西的双腔吸虫阳性蜗牛含成熟尾蚴可持续到 10 月（唐崇惕等，1980）。

3）内蒙古东部科尔沁草原双腔吸虫病流行情况。内蒙古科尔沁草原是中华双腔吸虫纯一的流行区。流行情况因地点不同而异。

随机剖检绵羊：羊群感染情况如下。科右前旗阿力德尔感染率为 100%(12/12)，乌兰毛都 80%(8/10)，归流河 30%(3/10)，扎赉特旗 80%(8/10)。从患畜肝脏检出的双腔吸虫有数百条至千余条，最多达 5269 条（唐崇惕等，1980，1981）。

羊群粪检：兴安盟各羊场双腔吸虫感染率如下。扎旗种畜场为 66.7%(10/15)，突泉保石乡羊队为 21.6%(8/37)，中旗杜尔基苏木牧场为 30%(3/10)，中旗杜尔基西里花牧场为 62.5%(5/8)，索伦马场公羊队为 60%(3/5)，索伦马场三羊队为 25%(4/16)，索伦马场二羊队为 25%(6/25)，突泉保石牧场为 60.7%(17/28)，突泉双城水库为 93.3%(42/45)。每 3g 粪便含虫卵数 1~166 粒，感染率高的羊队，羊粪含虫卵数也多（顾嘉寿等，1990）。

贝类宿主感染情况：内蒙古科尔沁草原牛、羊中华双腔吸虫的贝类宿主是枝小丽螺（*Ganesella virgo*），各牧场都能查到阳性螺，不同地点和不同季节(6~9 月)其感染率会有差异。例如，在归流河检查 14 684 个枝小丽螺中华双腔吸虫幼虫期感染率为 0.35%~10.0%（平均 1.87%），大石寨山坡上感染率则为 30%(3/10)。另在突泉双城水库山下的感染率为 6.03%(99/1643)，而在同一地点山上的感染率为 11.29%(42/372)。内蒙古科尔沁草原 5~6 月份枝小丽螺含成熟尾蚴的阳性螺数目多过其他月份，排黏球时间在 6 月末 7 月初。排出黏球后的子胞蚴不再发育尾蚴。8~9 月霜冻之后，枝小丽螺蛰伏冬眠，到翌年 4~5 月份春暖草绿之后才出来活动，其体中双腔吸虫幼虫期又继续发育。在羊群放牧路线，可以查获含中华双腔吸虫幼虫期的阳性枝小丽螺（唐崇惕等，1983，1992；顾嘉寿等，1990）。

蚂蚁宿主感染情况：内蒙古科尔沁草原中华双腔吸虫的第二中间宿主是黑玉蚂蚁（*Formica gagates*），各流行区在 5~9 月都能查获含中华双腔吸虫成熟囊蚴的阳性黑玉蚂蚁，剪碎蚁群检获囊蚴，多的可达数千粒（唐崇惕等，1983）。

4）新疆双腔吸虫病流行情况。矛形双腔吸虫分布在塔里木盆地以北天山山脉的许多牧场上。乌鲁木齐绵羊双腔吸虫感染率为 73%，感染强度约 300 条。剖检天山白杨沟绵羊 3 只均阳性，虫数 30~420 条。在白杨沟，矛形双腔吸虫贝类宿主是光滑琥珀蜗牛（*Succinea snigdha*），感染率为 0.086%(6/6977)。新疆的阿克苏是枝双腔吸虫的流行区，从那里的羊群收集到典型的枝双腔吸虫。

5）山东滨州地区双腔吸虫病流行情况。山东滨州是矛形双腔吸虫和枝双腔吸虫流行区，羊群受感染情况相当严重，羊只因此吸虫病而不断死亡和淘汰。剖检 2 只死亡的羊，均感染有双腔吸虫。

贝类宿主感染情况：山东的双腔吸虫的贝类宿主是四齿间齿螺[*Metodontia tetrodon*（Moellendorff）]。在董家的感染率为 14.08%(21/147)，主要含矛性双腔吸虫幼虫期。在高梅为 23.05%(58/256)，主要含枝双腔吸虫幼虫期。排黏球此两地均在 6 月。

蚂蚁宿主感染情况：山东的双腔吸虫的蚂蚁宿主是中华蚂蚁（*Formica sinica* Terayama）。董家中华蚂蚁感染率为 7.09%(20/282)，主要是矛形双腔吸虫囊蚴。在高梅感染率为 1.8%(8/445)，主要是枝双腔吸虫囊蚴。

6）内蒙古双腔吸虫病的防治。牛、羊等反刍动物感染双腔吸虫在国内外都十分普遍而严重，患畜因感染双腔吸虫而瘦弱，甚至死亡。我国双腔吸虫流行区，羊群每年因此吸虫病而死亡达 5%~10%。内蒙古兴安盟科尔沁草原的双腔吸虫病危害也十分严重，兴安盟畜牧局和兴安盟兽医工作站每年都应用药物驱虫方法对病情严重的牛、羊群队进行治疗，使其病情缓解，能够顺利越过冬寒春乏的不良季节。内蒙古兴安盟突泉县双城水库羊队曾经连续 5 年每年 1~2 次用吡喹酮对羊群进行驱虫试验。在 5 年试验工作中，每年抽查 20~45 只羊的粪便并计算虫卵数，同时检查牧场陆地蜗牛感染双腔吸虫幼虫期情况，用以观察治疗的效果。结果，服药后羊群感染率都下降，但每次驱虫后数月，羊群感染率又上升，而且羊群活动环境中陆地蜗牛的感染率不断升高，5 年后实验场贝类宿主的感染率是试验前的 3.3 倍（刘日宽等，1992）。这说明牛、羊双腔吸虫的防治，在驱虫治疗的同时，应当配合畜粪的处理和蜗牛媒介的驱除，及牧场的轮牧安排等综合措施才能有所收效。

(4) 阔盘属(*Eurytrema* Looss，1907)的重要种类

A. 研究历史

阔盘属(*Eurytrema*)吸虫是寄生在牛、羊、骆驼、猪、猕猴以及人体胰脏中的一类寄生虫，世界性分布。在我国东北、西北、内蒙古大兴安岭以南的牧区、牧场，及南方各省的农村，都有本类吸虫病流行区的存在。患畜有下痢、贫血、消瘦和水肿等症状，严重的可引致死亡。人体胰脏吸虫病病例在国内外都有报道[Faust，1949；张月娥等，1964；Asada(浅田顺一)et al.，1966；等]。

阔盘属胰脏吸虫种类经各学者叙述的有多种，除重要的胰阔盘吸虫[*Eurytrema pancreaticum* (Janson，1889) Looss，1907]、腔阔盘吸虫 [*Eurytrema coelomaticum* (Giard et Billet，1892) Looss，1907]和支睾阔盘吸虫(*Eurytrema cladorchis* Chin，Le et Wei，1965)之外，尚有河麂阔盘吸虫(*Eurytrema hydropotes* Tang et Tang，1975)、福建阔盘吸虫(*Eurytrema fukienensis* Tang et Tang，1975)、圆睾阔盘吸虫(*Eurytrema sphaercorchis* Tang et Lin，1978)，以及 *Eurytrema parvum* Seno，1907、*E. dajii* Bhalerao，1924、*E. ovis* Tubangui，1925、*Eurytrema tonkinensis* Gilliard et Ngu，1941 等种。

唐仲璋(Tang，1950)首先在我国福州发现腔阔盘吸虫[*Eurytrema coelomaticum*(Giard et Billet，1892)Looss，1907]的**贝类宿主**是陆生螺类，在福建是同型阔纹蜗牛(*Bradybaena similaris* Ferussac)与华蜗牛(*Cathaica ravida sieboldtiana* Pfeiffer)，并精细地阐述了本吸虫在贝类宿主从卵经毛蚴、母胞蚴、子胞蚴和尾蚴各世代发育情况及各个体的结构。Basch(1965)在马来西亚发现腔阔盘吸虫的第二中间宿主是红脊草螽(*Conocephalus maculatus* Le Guillou)。之后在朝鲜、苏联等地相继报道胰阔盘吸虫 [*Eurytrema pancreaticum*(Janson，1889)Looss，1907] 的第二中间宿主也是草螽 *Conocephalus* spp.(Nadikto et Romanenko，1966；Jang，1969)等。唐仲璋和唐崇惕(1975，1977)报告我国南方腔阔盘吸虫的第二中间宿主也是红脊草螽。而在内蒙古东部科尔沁草原胰阔盘吸虫的贝类宿主是枝小丽螺(*Ganesella virgo*)，昆虫宿主是中华草螽(*Conocephalus chinensis* Redt.)(唐崇惕等，1979)。

唐崇惕等(1978，1980)发现我国山区的牛、羊和麂鹿等的支睾阔盘吸虫(*Eurytrema cladorchis*)的第二中间宿主不是草螽，是一种体形微小的小针蟀(*Nemobius caibae*)。此吸虫的尾蚴在草螽体内被昆虫白细胞杀死，不能发育。

本类吸虫在我国南方农村及北方牧区的流行病学和防治措施也受到许多兽医工作者和寄生虫学者的关注和研究。

B. 胰阔盘吸虫、腔阔盘吸虫和支睾阔盘吸虫生活史各期及宿主

各种阔盘吸虫的生活史有相同的特点：成虫寄生在终宿主的胰脏，生活史幼虫期经两代胞蚴，子胞蚴无生产孔。尾蚴为具口锥刺的短尾型个体，子胞蚴体内的尾蚴成熟期一致，全部尾蚴成熟后，子胞蚴会移动离开贝类宿主到自然界中，被昆虫宿主吞食而继续发育。阔盘属吸虫贝类宿主也是陆地蜗牛，昆虫宿主是直翅目螽亚目，具长触角、肉食性的昆虫种类(草螽、针蟀)。

1) 成虫和童虫：3 种阔盘吸虫童虫和成虫基本特征列表(**双腔表 1**)及图(**双腔图 12**、**双腔图 24**)比较于下。

双腔表 1　我国腔阔盘吸虫、胰阔盘吸虫和枝睾阔盘吸虫童虫和成虫主要特征的比较

		腔阔盘吸虫	胰阔盘吸虫	支睾阔盘吸虫
童虫/mm		(1.4~2.1)×(0.48~0.69) 睾丸圆形小于腹吸盘，在它后方两旁。口吸盘小于或等于腹吸盘	(1.19~2.03)×(0.33~0.65) 睾丸开始圆形，逐渐边缘不整齐，小于或大于腹吸盘，位于它的两侧。口吸盘小于或等于腹吸盘	(1.05~2.39)×(0.32~0.7) 睾丸大而分枝，大于腹吸盘，位于它后方两侧，口吸盘小于腹吸盘
成 虫	体大/mm	(4.78~8.05)×(2.73~4.77)	(6.46~22)×(4.81~8.0)	(6.65~7.86)×(2.86~3.7)
	生殖腺	睾丸卵巢圆形或不整齐块状，少数有分瓣	卵巢分叶、睾丸有浅分瓣，或不整齐块状	睾丸大而分支，卵巢分瓣
	口腹吸盘情况	口腹吸盘大小相近，都不很发达	口腹吸盘都较发达，尤其口吸盘显著地大于腹吸盘，有时大小相近	口腹吸盘较小，口吸盘小于腹吸盘

续表

			腔阔盘吸虫	胰阔盘吸虫		支睾阔盘吸虫
			成熟个体	未成熟个体	成熟个体	成熟个体
成虫	体长	与口吸盘比	(8.5~10.9)：1 (9.5：1)	(6.5~7.9)：1 (7.3：1)	(4.5~6.4)：1 (5.2：1)	(9.6~13.7)：1 (10.7：1)
		与腹吸盘比	(8.5~11.5)：1 (9.4：1)	(6.8~7.2)：1 (7：1)	(5.8~7.9)：1 (6.4：1)	(8.5~12.4)：1 (10.1：1)
	体宽	与口吸盘比	(4.9~6.7)：1 (5.5：1)	(3.2~4.3)：1 (3.7：1)	(2.4~3.6)：1 (2.9：1)	(3.8~8)：1 (5.9：1)
		与腹吸盘比	(4.5~6.7)：1 (5.3：1)	(2.9~4.6)：1 (3.7：1)	(2.9~4.2)：1 (3.6：1)	(3.5~4.6)：1 (4.2：1)
		口吸盘/mm	(0.53~0.84)×(0.42~0.80)	(1.12~2.23)×(0.97~2.19)		(0.37~1.01)×(0.37~0.92)
		腹吸盘/mm	(0.58~0.78)×(0.53~0.76)	(0.837~1.64)×(0.82~1.64)		(0.52~1.12)×(0.49~0.88)
		口吸盘：腹吸盘	(0.8~1.1)：1	(1.43~2.2)：1		(0.48~0.62)：1(牛体) (0.9~0.93)：1(羊体)

　　阔盘吸虫成虫和双腔吸虫成虫体外表皮上的结构相似，布满网状的褶皱，包括在生殖孔和排泄孔附近的皱褶。吸盘附近生殖孔唇瓣甚至排泄孔附近有大小不同形态的乳突分布(**双腔图 13**)。

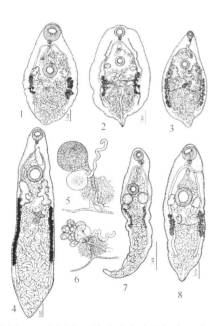

双腔图 12　我国牛、羊胰脏寄生的阔盘吸虫种类
（按唐仲璋和唐崇惕，1977，1978 等）

1. 胰阔盘吸虫；2. 腔阔盘吸虫；3. 支睾阔盘吸虫；4. 福建阔盘吸虫；5. 圆睾阔盘吸虫卵巢附近器官；6. 支睾阔盘吸虫卵巢附近器官；7. 圆睾阔盘吸虫；8. 河麂阔盘吸虫

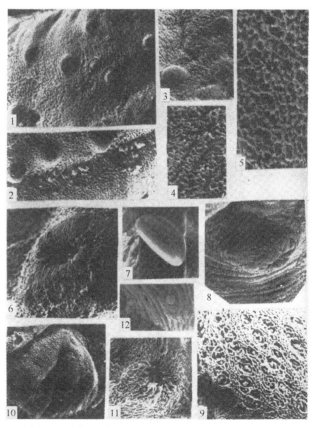

双腔图 13　中华双腔吸虫与胰阔盘吸虫成虫体表亚显微结构的观察比较（按唐崇惕等，1985）

1、2. 中华双腔吸虫口吸盘外壁（×1500）；3. 胰阔盘吸虫口吸盘外壁（×1500）；4. 胰阔盘吸虫腹吸盘外壁（×2400）；5. 中华双腔吸虫体表表皮（×4500）；6. 中华双腔吸虫生殖孔（×1500）；7. 胰阔盘吸虫卵（×1000）；8. 胰阔盘吸虫生殖孔（×450）；9. 胰阔盘吸虫生殖孔后唇部分（×1500）；10. 中华双腔吸虫体后端（×1500）；11. 胰阔盘吸虫排泄孔（×1000）；12. 胰阔盘吸虫排泄孔上方的乳突（×2400）

2)虫卵和毛蚴(**双腔图 14** 之 1～5)：阔盘吸虫虫卵椭圆形，棕褐色，但扫描电镜图像显示它是不正的椭圆形，卵壳光滑(**双腔图 13** 之 7)。卵具卵盖。胰阔盘吸虫、腔阔盘吸虫等不同虫种的阔盘吸虫的虫卵，其颜色、形态结构和卵中的毛蚴结构都基本相同，很难区别。我国本属各虫种子宫中的虫卵大小如下：胰阔盘吸虫虫卵大小为 (41～52) μm×(30～34) μm，腔阔盘吸虫虫卵大小为 (34～47) μm×(26～34) μm，支睾阔盘吸虫虫卵大小为 (45～52) μm×(30～34) μm，河麂阔盘吸虫虫卵大小为 (45～51) μm×(27～36) μm，圆睾阔盘吸虫虫卵大小为 (43～51) μm×(25～30) μm，福建阔盘吸虫虫卵大小为 (39～47) μm×(27～30) μm；从上述数字可见其大小的差异不大。

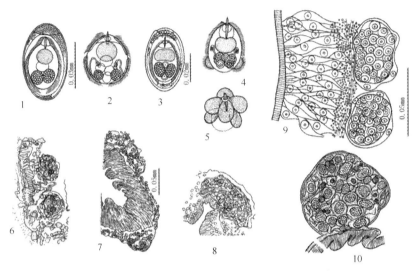

双腔图 14 重要阔盘吸虫的虫卵、毛蚴和母胞蚴

1、2.腔阔盘吸虫的虫卵和毛蚴(按唐仲璋和唐崇惕，1975，1977)；3～5.支睾阔盘吸虫的虫卵和毛蚴(按唐崇惕等，1978)；6～8.胰阔盘吸虫 10～20d 早期母胞蚴(按唐仲璋和唐崇惕，1977)；9.腔阔盘吸虫早期母胞蚴(按 Tang，1950)；10.支睾阔盘吸虫 90d 的母胞蚴(按唐崇惕等，1978)

阔盘吸虫毛蚴在卵壳中被一胚膜包裹着，不活动，也不在外界孵出。被轻压出的毛蚴呈圆形或椭圆形。体表披有纤毛，纤毛板 2 列，纤毛板公式为 4、2。毛蚴具口锥刺、神经团和位于体后半部的两个颗粒结构的小球团，以及数个胚细胞。毛蚴体中部有一对焰细胞各连一条小收集管，通向体后半部侧方。

3)贝类宿主：阔盘吸虫的贝类宿主是陆地螺类，种类因流行区所在地不同而异。我国 3 种重要阔盘吸虫病流行区的贝类宿主经发现有下列几种蜗牛：同型阔纹蜗牛(*Bradybaena similaris*)、中华灰蜗牛(*Cathaica fasciola*)(福建省)，弧形小丽螺(*Ganesella arcasiana*)(吉林省双辽草原)，枝小丽螺(*Ganesella virgo*)(内蒙古兴安盟科尔沁草原)。如果在国内其他流行区调查本吸虫病，一定尚有其他蜗牛种类可以发现。

国外报道胰阔盘吸虫的贝类宿主种类尚有下列各种：Basch(1965)报告在马来西亚有 *Bradybaena similaris*；Kaembaeva(1967)、Dovoryadkin(1969)及 Nadikto(1973)报道在俄罗斯有 *Bradybaena lantzi*、*Cathaica plectotropis*、*Bradybaena atcasiana*、*Bradybaena dickmanni*、*Bradybaena fragilis*、*Bradybaena selskii*、*Bradybaena middendorffi*、*Bradybaena maacki*。Jang(1969)报告在朝鲜是 *Acusta despezta*。

4)母胞蚴(**双腔图 14** 之 6～10)：阔盘吸虫虫卵被其贝类宿主陆生蜗牛吞食之后，在宿主胃腔中孵出的毛蚴穿钻过宿主肠胃壁，着生在宿主肠胃壁外围结缔组织中。人工感染后 5～7d 的最早期母胞蚴，已无毛蚴体的顶端锥刺和纤毛上皮，但体内尚有可能具有排泄功能的含颗粒的两个小圆泡。胚细胞已增生若干个。早期母胞蚴逐渐增大，体内胚细胞增多。90d 的母胞蚴实心球状，着生在宿主胃肠壁外侧。从切片上可见其中有许多不规则形状的隔室，室中含数量不等的胚细胞，大小不一的胚球和早期子胞蚴。母胞蚴发育速度与气温有关，夏天迅速，冬天缓慢。

各种阔盘吸虫的早中期母胞蚴的形态十分相似，在光学显微镜下无法区分。其体内子胞蚴发育长大而且数量增多时，母胞蚴体才被涨破。未成熟的子胞蚴始终挂在破裂的母胞蚴体上，而母胞蚴残体亦仍然能产生子胞蚴胚球及其幼体。

5) 子胞蚴(双腔图 15~双腔图 17)：胰阔盘吸虫、腔阔盘吸虫和支睾阔盘吸虫的早中期子胞蚴体中都充满发育期相近的胚球和尾蚴胚体。子胞蚴没有生产孔，尾蚴成熟后仍然充满子胞蚴腔中。成熟子胞蚴的膜状内壁从外壁上脱下包裹着所有尾蚴，收缩并扭曲成团到体上部中央。子胞蚴体后部外壁收缩成条状。3 种阔盘吸虫子胞蚴前端因实质结构的不同，各有其一定的形态特征。腔阔盘吸虫成熟子胞蚴前端短条状，体大小为 (6.9 ～ 7.9) mm×(0.7 ～ 1.0) mm；胰阔盘吸虫子胞蚴前端宽大实心，体大小为 (2.3 ～ 9.7) mm×(0.5～1.9) mm；支睾阔盘吸虫子胞蚴前端乳头状，体大小为 (2.7～4.4) mm×(0.6～0.65) mm。3 种子胞蚴成熟后都移行经宿主的气囊从呼吸孔排出到外界。

6) 尾蚴(双腔图 18、双腔图 19)：阔盘吸虫的尾蚴具有口锥刺，尾部呈尾球状。具口腹吸盘。口锥刺着生在口吸盘背侧的口锥刺囊中。具咽、食道和刚发育的肠叉。具囊壁细胞的排泄囊在尾蚴体后端。焰细胞公式为 $2[(2+2+2)+(2+2+2)] = 24$。在排泄囊和腹吸盘之间有一团生殖原基，Feulgen reaction(孚尔根反应)强阳性(唐崇惕等，1987)。尾蚴体有 4 对含酶物质的穿刺腺，位于食道两旁；5 对含丰富黏蛋白、酸性黏多糖及微量碱性蛋白质的单细胞腺体(**双腔图 19 之 3**)，当子胞蚴离开贝类宿主到外界后，上述黏多糖等物质从腺细胞道管排出，在子胞蚴中包围着尾蚴(**双腔图 19 之 4**)，起保护和营养尾蚴的作用。这样子胞蚴在外界 1～2d，其体内的尾蚴尚保持有生命力，等待第二中间宿主的吞食。实验证实，腔阔盘吸虫成熟子胞蚴排到外界后，在适宜的环境中 24h 后，其体内尾蚴对草螽仍有强的感染力，少数到 30h 还发育成囊蚴(唐仲璋和唐崇惕，1977)。

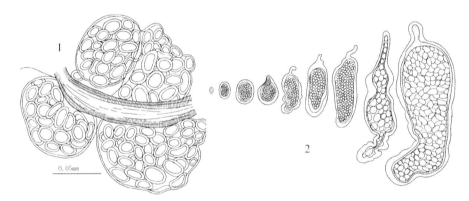

双腔图 15　腔阔盘吸虫的母胞蚴和子胞蚴(按 Tang，1950)

1. 母胞蚴；2. 子胞蚴的发育

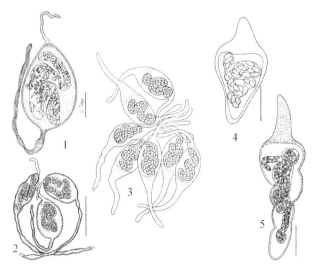

双腔图 16　两种阔盘吸虫的成熟子胞蚴

1、2. 腔阔盘吸虫成熟子胞蚴(按 Tang，1950)；3. 胰阔盘吸虫成熟子胞蚴成群地从蜗牛排出(按唐仲璋和唐崇惕，1978)；4、5. 胰阔盘吸虫成熟子胞蚴(按唐仲璋和唐崇惕，1977 等)

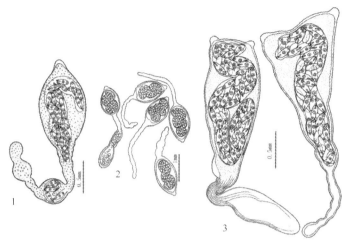

双腔图 17　支睾阔盘吸虫成熟子胞蚴(按唐崇惕等，1978)

1、2. 正常成熟子胞蚴；3. 歧形(孪生)的成熟子胞蚴

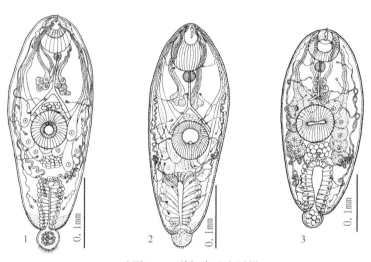

双腔图 18　3 种阔盘吸虫尾蚴

1. 腔阔盘吸虫尾蚴；2. 胰阔盘吸虫尾蚴(按唐仲璋和唐崇惕，1977)；3. 支睾阔盘吸虫尾蚴(按唐崇惕和林统民，1980)

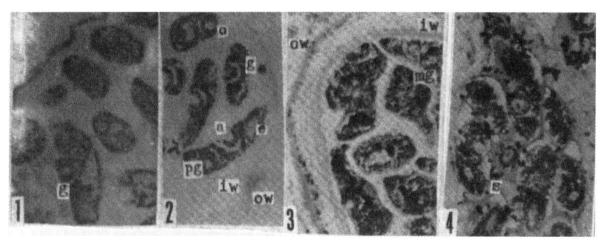

双腔图 19　腔阔盘吸虫子胞蚴、尾蚴的组化情况(按唐崇惕等，1987)

1. 子胞蚴一部分，示胞蚴壁及尾蚴(DNA 呈紫红色)(×160)；2. 子胞蚴中的尾蚴(DNA 呈绿色，RNA 粉红色)(×160)；3. 在蜗牛体内的子胞蚴一部分，示胞蚴壁及尾蚴体内大单细胞腺含黏蛋白(×160)；4. 排出到外界的子胞蚴，体内尾蚴包被黏蛋白中(×160)

　　腔阔盘吸虫、胰阔盘吸虫和支睾阔盘吸虫 3 者尾蚴的形态非常相似（**双腔图 18**），其间的微细差异如下：腔阔盘吸虫尾蚴体部大小为 $(0.23\sim0.37)$ mm $\times$ $(0.112\sim0.140)$ mm（尾球直径 $27\sim33\mu m$）；胰阔盘吸虫尾蚴体部大小为 $(0.33\sim0.38)$ mm $\times$ $(0.12\sim0.15)$ mm（尾球直径 $30\sim43\mu m$）；支睾阔盘吸虫尾蚴体部大小为 $(0.297\sim0.348)$ mm $\times$ $(0.119\sim0.161)$ mm ［尾球 $(29\sim41)\mu m$ $\times$ $(32\sim41)\mu m$］（按唐仲璋和唐崇惕，1978）。

　　7）阔盘吸虫的第二中间宿主种类：阔盘吸虫的第二中间宿主是直翅目（Orthoptera）跳跃亚目（Salsatoria）的螽斯科（Tettigoniidae）和蟋蟀科（Gryllidae）的一些种类。国内外经报道的阔盘吸虫昆虫宿主有以下一些种类（**双腔表 2**）。

双腔表 2　国内外阔盘吸虫的第二中间宿主的种类

吸虫种类	昆虫宿主种类	地点	报告者
腔阔盘吸虫	*Conocephalus maculatus*	马来西亚	Basch，1965
	Conocephalus maculatus	中国福州、厦门	唐仲璋和唐崇惕，1975，1977
	Conocephalus maculatus	马来西亚、朝鲜	Basch，1965；Jang，1969
	Conocephalus fuscus	哈萨克斯坦	Ksembaeva，1966
	Platycleis intermedia	哈萨克斯坦	Ksembaeva，1966
胰阔盘吸虫		俄罗斯	Dvoryadkin，1969
	Conocephalus chinensis	俄罗斯	Nadikto，1973
		中国内蒙古东部	唐崇惕等，1979
	Conocephalus percaudatus	俄罗斯	Dvoryadkin，1969
	Conocephalus gladistus	朝鲜	Jang，1969
	Oecanthus longicaudus	俄罗斯	Nadikto，1973
支睾阔盘吸虫	*Nemobius caibae*	中国福建浦城	唐崇惕等，1978

　　8）囊蚴及后期尾蚴（**双腔图 20～24**）：阔盘吸虫的成熟子胞蚴从蜗牛宿主排出到外界湿润的草丛中，被其适宜的昆虫宿主吞食而受感染。人工感染试验，感染后 1～1.5h 就可在昆虫宿主胃中查到散开的尾蚴。尾蚴活泼地钻穿宿主的胃壁，同时在宿主的体腔中已有无尾球的尾蚴体部。感染后 8～48h，可从昆虫体腔中找到刚刚被薄膜包裹、略弯曲的早期囊蚴。囊蚴在昆虫宿主腹腔中发育，体积逐渐增大、囊壁逐渐增厚。尾蚴时期的各单细胞腺体逐渐消失，在感染昆虫宿主后约 2 周，后期尾蚴体上部出现 8～9 对新的具管道单细胞腺体，管道开口于口吸盘上部背侧原口锥刺囊口的附近。此腺细胞分泌物与后期尾蚴的破囊脱囊有关。感染后 25～34d 囊蚴发育成熟。成熟囊蚴的体积约相当于最早期囊蚴的 4 倍。3 种阔盘吸虫成熟囊蚴的大小如双腔表 3 所示。

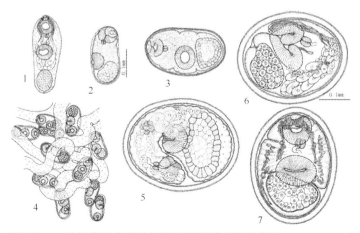

双腔图 20　腔阔盘吸虫囊蚴的发育（按唐仲璋和唐崇惕，1975，1977）

1.5h 未成囊的早期后蚴；2.8h 囊蚴；3.4d 囊蚴；4.在昆虫宿主马氏管中的早期囊蚴；5.10d 囊蚴；6.20d 囊蚴（成熟囊蚴）；7.17d 囊蚴（成熟囊蚴）

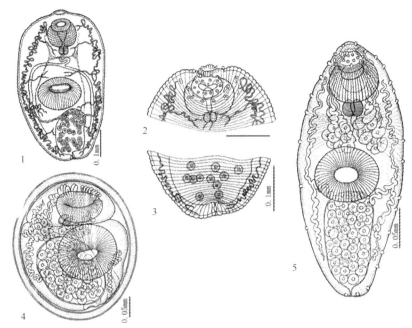

双腔图 21　腔阔盘吸虫和胰阔盘吸虫的后期尾蚴
（按唐仲璋和唐崇惕，1975；唐崇惕等，1979）

1.腔阔盘吸虫成熟后期尾蚴；2、3.腔阔盘吸虫成熟后期尾蚴的前后端；4.胰阔盘吸虫成熟囊蚴；5.胰阔盘吸虫成熟后期尾蚴

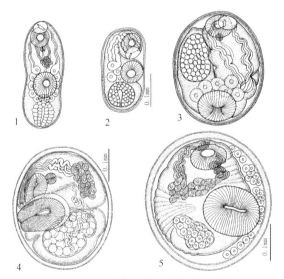

双腔图 22　支睾阔盘吸虫囊蚴的发育
（按唐崇惕等，1978；唐崇惕和林统民，1980）

1.8h 早期囊蚴；2.2d 囊蚴；3.8d 囊蚴；4.17d 囊蚴；5.34d 囊蚴

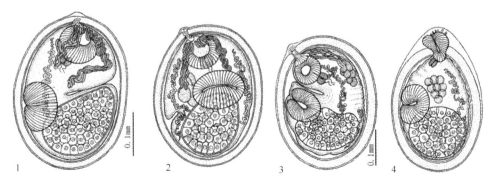

双腔图 23　腔阔盘吸虫囊蚴在 0.5% 胰蛋白酶溶液中脱囊经过（按唐仲璋和唐崇惕，1977）

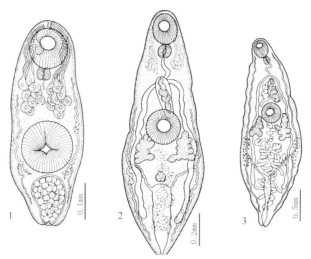

双腔图 24　支睾阔盘吸虫后期尾蚴和童虫(按唐崇惕等，1978)

1. 成熟后期尾蚴；2、3. 童虫(22d)

双腔表 3　3 种阔盘吸虫成熟囊蚴和后期尾蚴的比较(按唐仲璋和唐崇惕，1978)

三种阔盘吸虫	腔阔盘吸虫	胰阔盘吸虫	支睾阔盘吸虫
成熟囊蚴/mm	(0.33 ~ 0.40)×(0.25 ~ 0.3) 囊壁厚 18 ~ 24μm	(0.36 ~ 0.48)×(0.32 ~ 0.40) 囊壁厚 18 ~ 22μm	(0.36 ~ 0.37)×(0.30 ~ 0.34) 囊壁厚 17 ~ 18μm
后期尾蚴/mm	(1.0 ~ 1.12)×(0.30 ~ 0.39) 口吸盘附近有许多围口乳突，体表有许多横纹	(0.64 ~ 0.7)×(0.29 ~ 0.33) 口吸盘附近有许多围口乳突，体两侧分布有略对称的许多小乳突	(0.66 ~ 1.14)×(0.21 ~ 0.33) 体表光滑未见有乳突

9) 阔盘吸虫成熟后期尾蚴的脱囊(**双腔图 23**)：阔盘吸虫的成熟囊蚴的囊壁厚，韧性非常大，不易人工压破。经试验，在 37℃温箱中，腔阔盘吸虫囊蚴分别置于：清水、含微酸清水、0.5%胃蛋白酶溶液和 0.5%胰蛋白酶溶液中，只有在 0.5% 胰蛋白酶溶液中的囊蚴 10min 就开始脱囊。在其他溶液中的囊蚴不能脱囊，而且囊内的后期尾蚴逐渐死亡。尤其在 0.5%胃蛋白酶溶液和微酸清水中的囊蚴，囊壁呈透明胶状膨胀，囊内的后蚴逐渐不动，死亡。此实验说明，胰阔盘吸虫囊蚴中后蚴不在终末宿主的胃中脱囊，要在十二指肠中接触宿主的胰液后迅速脱囊，而后进入胰脏。

在室温条件下，放若干个腔阔盘吸虫成熟囊蚴于载玻片上的 0.5%胰蛋白酶溶液中，在显微镜下观察，它们在 5~10min 内全部脱囊。当囊蚴接触到胰蛋白酶溶液时，囊中原来静止的后蚴突然十分活泼，体内单细胞腺体分泌含微颗粒的腺体物质从导管在口吸盘背部开口处排出，该物质溶解了与其接触的部分囊壁形成一小隧道状孔洞，后蚴的口吸盘钻入此孔道，虫体伸缩活动强烈，囊壁立即破裂，后蚴随之脱囊而出(**双腔图 23**)。整个脱囊过程不超过 5min(唐仲璋和唐崇惕，1977)。

C. 我国牛、羊阔盘吸虫病流行学

阔盘吸虫病和其他寄生虫病一样，在一个地区能存在、传播、蔓延和流行是由各方面的因素和条件促成的，如病原本身的发育规律，生活史中各期宿主的种类、数量和分布，自然地理环境和气候条件，以及畜群放牧管理的方式方法等。阔盘吸虫和其他双腔吸虫一样，在中间宿主体内有较长的发育期，在南方最暖和的季节中，在蜗牛体内至少要发育半年才产出成熟尾蚴；在昆虫体内要 20~30d 囊蚴才能成熟。如果在低的温度条件下，发育期要加长。因此在南方，阔盘吸虫一个生活史周期在一年内可以完成，在北方各地区按其无霜期长短，阔盘吸虫的一个生活史周期要经 2 年甚至 3 年才能完成。我国幅员广大，土地辽阔，阔盘吸虫几乎在全国许多省份都有存在，而其危害程度几乎各处都一样严重。例如，在无霜期只有 120~140d 的内蒙古东部科尔沁草原牧区，牛羊本吸虫的感染率、感染程度及其受危害的严重性，都比福建沿海无霜期长达 10~11 个月的农业区更大。这说明吸虫病的流行除气候条件之外，还有许多其他因素混杂一起共同影响而产生的。不同地区有不同的流行病学特点，只有了解这些特点，根据这些特点规律才能制定出有效的防治措施，来消除和控制本吸虫病的流行。

1）我国牛、羊胰阔盘吸虫病和腔阔盘吸虫病的流行情况：胰阔盘吸虫在我国的分布属于全国性，仅少数省份例外。腔阔盘吸虫主要分布在我国南方的农村和乳牛场。此两种虫种除贝类宿主都是陆地蜗牛之外，第二中间宿主也都是草螽(Conocephalus 属昆虫)，北方草原的中华草螽(Conocephalus chinensis)经人工感染试验，证明它 100%能感染南方腔阔盘吸虫的成熟子胞蚴，从 14 只试验中华草螽中获得 2340 粒囊蚴，用此成熟囊蚴再人工感染北方牛、羊，获得腔阔盘吸虫成虫(唐崇惕等，1983)。但在我国北方至今尚未见查获腔阔盘吸虫。腔阔盘吸虫和胰阔盘吸虫一些流行区的情况如**双腔表 4** 所示。从双腔表 4 可以看出，南方、北方虽然气候条件及病原体发育情况不同，但由于其他条件，此类吸虫病在南方、北方流行都十分严重。

双腔表 4　南、北方牛、羊胰脏吸虫病流行区情况比较

项目	腔阔盘吸虫流行区(福建福州) (按唐仲璋和唐崇惕，1975、1977)	胰阔盘吸虫流行区(内蒙古科尔沁草原) (按唐崇惕等，1977)
地理环境及自然气候	沿海丘陵地带，乳牛场畜舍及运动场建在小山坡旁，无霜期10～11个月，平均气温1月10℃左右，7月28～30℃。年平均降水量1200～2000mm。无冻土	牧区有山区、丘陵地带及冲积平原3种地形，在两丘陵之间有大片山谷型草甸，在水流附近有河谷漫滩草地及沼泽草地。无霜期3～4个月，1月平均气温–18～–20℃，7月为20～22℃。年降水量380mm，冻土深度220～240cm，时达半年
贝类宿主孳生场所及其习性	同型阔纹蜗牛和中华蜗牛在畜舍及运动场附近树根、瓦砾堆、菜园里及石缝中，早晚及雨后常爬出寻食，3～4月已有新孵出的小蜗牛，7～8月尚可找到相当数量去年生的蜗牛	枝小丽螺主要孳生在低湿草甸及水泡附近草地。7～8月才见到新孵出不久的小蜗牛，大部分蜗牛都是上一年留下较大的蜗牛。多在倒伏的草层中越冬
草螽活动场所及其习性	1～3月未见有草螽，4～5月稚螽出现，一直到12月都有成螽及稚螽。数量最多在7～10月，出没于农村、牛场及其周围的牧草丛中	草螽数量最多在7～9月，9月霜降后草螽潜伏草中，中午阳光强，气温高时才飞出。10月降雪到翌年雪终日之间无草螽，6～7月开始有稚螽出现。8月雌螽产卵，产卵后雌螽数逐渐减少。在所有草地上均有草螽存在
牛羊感染阔盘吸虫情况	乳牛感染率67%～71%，乳牛因此寄生虫病而消瘦缺乳，经常要淘汰大批乳牛。福建省农村耕牛的感染率为14%～46%	牛感染率为68%，羊感染率为83%～90%，1976年全旗羊因此吸虫病死亡23 798只，占全旗绵羊只的13%。每只患羊含虫数平均558～702条
蜗牛感染阔盘吸虫幼虫期情况	2～4月感染率为1.8%～10.9%，5～7月感染率为5.07%，8～10月感染率为6.58%，11月至翌年1月感染率为4.3%；夏秋两季，含成熟子胞蚴螺数占阳性螺中的27%～58%。春季阳性螺中无成熟子胞蚴。阳性蜗牛一次排成熟子胞蚴数几十条至数百条	含有成熟子胞蚴的阳性蜗牛只在7～8月，农区的蜗牛感染率0.67%，牧区羊群本营地感染率为10.65%，羊群游牧途经地感染率为4.5%；牧区羊群禁入草地无阳性蜗牛。阳性蜗牛一次排出成熟子胞蚴数1～24条
草螽感染阔盘吸虫囊蚴情况	4～5月无阳性草螽，6月感染率为4%，7～8月感染率为6.68%，9～10月感染率为5.83%；11～12月感染率为2.1%。感染强度每只阳性草螽含囊蚴数在上列4个时期中平均数为287粒、468粒、419粒和16粒	只在9月上旬查到含有成熟囊蚴的草螽。有蜗牛孳生并有羊群经过的草场，草螽感染率为6.5%～9.3%；离羊群本营地蜗牛孳生地有5000m远的草场，草螽感染率为0.47%。阳性草螽含囊蚴平均102粒
牛、羊放牧情况及其与阔盘吸虫关系	乳牛圈养饲以自己种的牧草及其他草料。在运动场及畜舍周围有大量牛粪、阔盘吸虫经过乳牛粪便中虫卵→蜗牛→草螽(牧草)→乳牛而循环不息	牧区牛、羊群每年游牧定到有水源的草地，那里有大量蜗牛及草螽孳生，阔盘吸虫在那里经过牛、羊畜粪中虫卵→蜗牛→草螽(牧草)→牛羊，而循环不息
牛羊主要感染季节与地点	6～12月是乳牛和农区耕牛的感染季节，感染地点：乳牛在牛场范围内，农村耕牛在畜舍附近及放养活动的草地上	8月下旬到10月上旬是感染季节，主要在9月。感染地点在羊群本营地及游牧途经有蜗牛和草螽孳生的草场上

2）福建山区耕牛支睾阔盘吸虫流行情况：牛、羊支睾阔盘吸虫流行区主要在我国南方(如福建、贵州、云南等)的山区。在闽北山区，耕牛放牧在深山中，从山上猎获的獐、麂经检查全都感染有支睾阔盘吸虫。由此我们推测本吸虫原来是深山中野生反刍兽胰脏的寄生虫，那里是此吸虫病的自然疫源地。本吸虫经过传播媒介逐渐传染到在附近放牧的牛、羊等家养反刍动物体上。由于家畜数量多、集中饲养，使本吸虫的生活史在该环境中的牛、羊、蜗牛和针蟀3阶段宿主间循环不息。牛、羊不断受感染，造成牛、羊感染率和感染度均很高的情况。

1975年冬天，福建省浦城县耕牛倒毙2000余头，经剖检都是支睾胰脏吸虫病的患畜。浦城县位于福建省北部，与江西、浙江两省交界，是在北部仙霞岭山脉和南部武夷山脉交汇的地带。全县 16 个公社分布在海拔 400～800m 的半山区和海拔 400m 以下平原等不同地点。著者于 1976 年到浦城县各乡村进行调查，发现该山区耕牛感染支睾阔盘吸虫十分严重。我们调查九牧公社九牧大队全部耕牛及其他 8 个公社部分大队的部分耕牛。发现耕牛感染最严重的地方是支睾阔盘吸虫病流行区，多处是此吸虫病的纯一流行区。腔阔盘吸虫和胰阔盘吸虫在该县许多公社和大队也存在。

九牧公社位于从北方蜿蜒而来的仙霞岭山脉丛中，九牧大队在海拔 400m 左右的大山凹中，四周被许多海拔高达 750m 左右的高山峻岭所包围，山上密布小树林、灌木、竹子和杂草。有的山坡除杂草和灌木外种着大片的玉米，在较平的山地上有许多水稻田，当地农田劳动主要靠耕牛。牛舍傍山而建，耕牛每天劳动以外，大部分是放养在崎岖的高山里，那里有足够的青草供作饲料。麂等野生反刍动物常常出没，亦有杂在牛群中吃草的情况。这里牛、羊健康状况不好，普遍瘦弱，有的 3 岁黄牛其体重只有 75～150kg，一年的羊其体重亦只有 7.5kg。粪检该大队 9 个生产队全部耕牛，结果有 5 个生产队耕牛 100% 感染胰吸虫，其他队的感染率都在 82% 以上。虽然亦有部分耕牛感染前后盘吸虫和肝片吸虫，但其感染率及粪便中的虫卵数均大大地少于胰脏吸虫。

感染率：8 个有胰吸虫病的阳性公社，其中 4 个公社为单纯支睾阔盘吸虫的流行区：九牧公社九牧大队的 10 个生产队的黄牛感染率为 50%～100%，平均 93.6%(73/78 只)；古楼公社古楼大队黄牛感染率为 94.6% (35/37)；汪村公社后汪大队黄牛感染率为 66.7%(4/6)；管处公社党溪大队黄牛感染率为 88.7%(55/62)。

另 3 个乡村(石坡的布垱、永兴的炉铺、忠信的王村)黄牛感染腔阔盘吸虫，感染率分别为 100%(4/4)、69.9%(16/22)、45.4%(15/33)。盘亭的下洋，黄牛感染胰阔盘吸虫，感染率为 47.7%(21/44)。

感染强度：剖检 6 只黄牛，分别检获 542 条、1849 条、750 条、1000 条和 600 条支睾阔盘吸虫。剖检一只羊，检获此吸虫 600 条。曾剖检当地山上猎获的野生麂(1 只)和麝(2 只)，均感染支睾阔盘吸虫，强度不大，仅 1～25 条虫。

D．阔盘吸虫病的防治

在牛、羊胰脏吸虫病防治工作中，治疗病畜是一个重要环节。对病畜的驱虫治疗不仅能保护牲畜的健康，避免死亡，发展畜牧业生产，同时对减少病畜散布虫卵，减轻和根绝本吸虫病的流行亦具有重要意义。过去国内外对于治疗阔盘吸虫病药物未获得解决，大量患畜由于没有及时驱虫治疗而消瘦死亡。崔贵文等(1977)对阔盘吸虫病驱虫各药物进行筛选，首次找出血防 846 具有良好的驱虫效果。此药物以剂量 16g/只，3 次共 48g/只投药，得到精计驱虫率 99.2%，粗计驱虫率 68.7% 的效果，羊只无药物反应现象。并发现投药后，畜粪中出现大量不成熟虫卵，说明虫体已崩解并离开胰脏进入肠道。剖检实验羊只，证实此药驱虫效果良好，对肝脏寄生的双腔吸虫亦有粗计驱虫率 100% 的良好效果。以后，使用吡喹酮驱除胰吸虫也很有效，刘日宽等(1992)用豆油和乙醇(8∶2)稀释吡喹酮至 10% 浓度，口服剂量为 30mg/kg 体重，腹腔注射剂量为 40mg/kg，对内蒙古科尔沁草原的两吸虫病(肝脏双腔吸虫病和胰脏阔盘吸虫病)进行防治，驱虫效果均佳。

在防治工作中另一个重要环节是患畜粪便的管理和中间宿主的消灭。如果只用药物驱虫，不注意畜粪的处理和媒介的消除，病原的散布就不能控制，病害就不能根除。应当根据各地流行病学的情况。在主要的感染地点及主要的感染季节大力消灭蜗牛和草螽或针蟀，尤其重要的是蜗牛。在南方乳牛场或农村耕牛畜舍附近及经常放养场地，进行卫生大扫除，清除蜗牛。在北方牧区重要性草甸上的蜗牛，可以根据具体情况利用各种方法来杀灭。草螽和针蟀也可以在主要感染季节喷洒药物来杀除。应用生物防治方法来防治蜗牛和草螽也是可以考虑的一个方向。例如，能啃食蜗牛肉体的双翅目小蝇的幼虫、经常发现充塞草螽整个腹腔并能穿入胸部的索科线虫，以及寄生在阔盘吸虫胞蚴体内的微孢子等，都能危害阔盘吸虫的中间宿主或病原体本身。如何培植它们来为本吸虫病防治工作服务，有待进一步研究。

除此之外，尚应注意饲养管理的改善及移场放牧等方法。尤其在游牧的牧区中，在主要感染季节避开去年及前年曾放牧的路线，如果能做到 3 年内不重复到同一地点放牧，病原体在自然界中会自然死亡。内蒙古兴安盟扎来特旗图木吉公社哈达泡附近草地 3 年禁止羊群进入，那里蜗牛虽多，但没有查到胰吸虫幼虫期，且附近羊群感染较轻，说明在牧区中做到有计划地移场放牧也是很重要的。

(5) 双腔科吸虫演化的迹象

通过现在对双腔科各属种类寄生宿主的分析，可以大略看出它们演化的痕迹。本科的重要各属均有寄生在鸟类和哺乳类的虫种，但短腺属(*Brachylecithum*)、窄体属(*Lyperosomum*)等则以鸟类宿主占绝大多数。阔盘属等的主要宿主为草食的哺乳类，而齐腺属(*Concinuum*)则为肉食哺乳动物。双腔科有 6 个属主要为爬行类的寄生虫，如疑存属(*Infidum*)、异双盘属(*Paradistomum*)、拟异双盘属(*Paradistomoides*)、真异双盘属(*Euparadistomum*)、宾尼属(*Pintneria*)及近孔属(*Anchitrema*)。本科中有这些例子似乎可以使人推想双腔科远祖的宿主可以追溯到爬行类和两栖类。

Stunkard(1947)在讨论 Maldonado 氏发现蜥蜴是陡尖扁体吸虫的宿主时，曾经指出 Kossack(1910)在建立异双盘属时曾发觉该属形态非常接近于扁体属和阔盘属。阔盘属和异双盘属在形态上的不同只是肠管粗细而已。由于这些成虫形态特点及发现蜥蜴为扁体属的宿主，Stunkard 提出异双盘属可能是阔盘属的祖先形式。

从极古年代遗留下来的蜥蜴类，如巨蜥蜴(*Varanus salvator*)，在其胆管内找到 *Euparadistomuum varani* Tubangui，1937，以及在飞蜥蜴 *Darco valans* 肠内找到 *Pintneria mesoceolium*(Cohn，1903)，说明这些低等双腔种类有极悠久历史。飞蜥蜴分布在印度马来地区，巨蜥蜴则广泛地分布于东半球，是食肉性的蜥蜴，是水陆两栖的爬行类，它在旱环境和潮湿的森林地区均能生活。和它同样的蜥蜴化石曾在中生代白垩纪发现，追溯其祖先可能在株罗纪。巨蜥隶属于平背亚目(Platynote)，飞蜥蜴则属于飞蜥亚目(Iquana)，均被认为是较古的爬行类。据 Romer 记载，巨蜥的化石发现于欧洲(始新世至上新世)、亚洲(上新世至近代)、大洋洲(渐新代至现代)。寄生蠕虫自己没有化石遗迹，不能知道其过去，根据 Fahrenholz 的假设："某种寄生虫其古代祖先的宿主可能也就是现在宿主的祖先"。只能依照其宿主关系推想演化的情况。双腔科吸虫分布地区极为辽阔，考察上述 6 个属及其爬行类宿主的分布地点包括了南美的巴西、Galapagos 岛，欧洲的地中海区，大洋洲，亚洲的印度、斯里兰卡、缅甸、中国、菲律宾、印度尼西亚，太平洋萨摩亚群岛，以及非洲的刚果和南非。它们这样广泛的分布也间接证明其历史的长久。

双腔科一些种类和两栖类、爬行类寄生的半肠科(Mesocoeliidae Dollfus，1905)也有关系。不但成虫形态构造相似，其发育期具两代胞蚴和短尾型并有口锥刺的尾蚴也是相同的，著者以前在邵武和福州考察卵形半肠吸虫(*Mesocoelium ovatum*)的生活史，其构造和发育形式与双腔科也相似。Odhner(1962)在建立 *Mesocoelium* 新属时曾把其模式种 *M. sociale*(Lühe，1901)归于双腔亚科，在更早时候，Braun(1901)也认为本虫应隶于双腔科。而后 Johnston(1912)将其转移到两栖类寄生的短咽亚科 [Brachycoeliinae(Looss，1899)]。Cort(1919)认为半肠属是肠道的寄生虫，应从虫体寄生在肝脏、输胆管及胰脏的双腔科移出，同意把它归于短咽科。但 Sewell(1920)考虑半肠类卵巢在并列的睾丸后面，这与双腔科相同而与短咽科不同，而应属于前者。在这两种意见的影响下，半肠属的分类地位几经更改，直到 1950 年 Dollfus 将该亚科提升为半肠科，并将其归于双腔总科(Dirocoelioidea)。我们在阐明卵形半肠吸虫生活史之后知道其终末宿主为黑眶蟾蜍，其贝类宿主为同型阔纹蜗牛，尾蚴在胞蚴体中形成囊蚴，蟾蜍吞食蜗牛而得感染。半肠属吸虫的发育史甚为原始，只发展到仅有一个中间宿主的阶段。我们认为它们是形式较复杂的双腔科生活史的前期形式，还没有建立节足动物宿主的关系。半肠属中有一些种类，如 *Mesocoelium dolichenteron* 在两栖类和爬行类宿主体内能寄生(Richard，1965；Saoud，1964)。上述一些例子可提供双腔科演化过程的考察，可以说明双腔科的演化历史。

参 考 文 献

白功懋，刘兆铭.1977. 吉林省鸟类吸虫研究 I.凤头麦鸡中四新种的记述. 吉林医科大学学报，（2）：11~18

崔贵文，钱玉春，努力玛扎布，等.1979. 应用血防 846 等药物驱除羊只胰阔盘吸虫的试验报告. 兽医科技资料，（1）：21~29

顾昌栋.1957. 山羊肝脏中扁体吸虫属的一新种. 动物学报，9（3）：206~211

顾嘉寿，唐崇惕，唐仲璋，等.1990， 内蒙古大兴安岭南麓山区绵羊胰阔盘吸虫及中华双腔吸虫流行学的调查. 动物学报，36（1）：98~99

金大雄，李贵贞，危粹凡.1965. 贵州省家畜的阔盘吸虫及一新种的记述. 寄生虫学报，2（1）：28~35

刘日宽，李庆峰，唐崇惕，等.1992. 羊群驱虫治疗胰阔盘吸虫病和双腔病流行区环境二吸虫病原存在情况的观察.武夷科学，9：181~188

唐崇惕，崔贵文，陈美，等.1979. 黑龙江省扎来特旗牛羊胰阔盘吸虫病流行学及病原生物学的研究. 动物学报，25（3）：234~243

唐崇惕，崔贵文，陈美，等.1983. 内蒙古科右前旗绵羊胰阔盘吸虫病流行学调查与实验研究. 动物学报，29（2）：163~169

唐崇惕，林统民，林秀敏.1978. 牛羊胰脏支睾阔盘吸虫的生活史研究. 厦门大学学报（自然科学版），（4）：104~117

唐崇惕，林统民.1980. 福建北部山区耕牛支睾阔盘吸虫病的研究. 动物学报，26（1）：42~51

唐崇惕，唐亮，王奉先，等.1985. 青海高原牛羊双腔吸虫病病原生物学的初步调查. 动物学报，31（3）：254~262

唐崇惕，唐仲璋，陈美，崔贵文.1987. 腔阔盘吸虫尾蚴及后蚴穿刺腺等腺体组织化学及其功能的初步研究. 动物学报，33（2）：155~161

唐崇惕，唐仲璋，崔贵文，等.1980. 牛羊肝脏中华双控吸虫的生物学研究. 动物学报，26（4）：346~355

唐崇惕，唐仲璋，崔贵文，等.1993. 我国牛羊双腔类吸虫的继续研究. I. 牛羊双腔类吸虫虫种问题的研究及成虫特点的比较. 寄生虫与医学昆虫学报，创刊号：1~8

唐崇惕，唐仲璋，崔贵文，等.1995. 我国牛羊双腔类吸虫的继续研究. Ⅱ. 矛形双腔吸虫和枝双腔吸虫的幼虫期比较. 寄生虫与医学昆虫学报，2（2）：70~77

唐崇惕，唐仲璋，崔贵文，等.1997. 我国牛羊双腔类吸虫的继续研究. Ⅲ. 三种双腔吸虫在蚂蚁宿主体内发育的观察. 动物学报，43（1）：61~67

唐崇惕，唐仲璋，唐亮，崔贵文.1987. 青海高原二种双腔吸虫尾蚴腺体组织化学的比较观察. 动物学报，33（4）：341~346

唐仲璋，唐崇惕.1977. 牛羊二种阔盘吸虫及矛形双腔吸虫的流行病学及生物学的研究. 动物学报，23（3）：267~282

唐仲璋，唐崇惕.1978a. 福建双腔科吸虫及六新种记述. 厦门大学学报（自然科学版），（4）：64~80

唐仲璋，唐崇惕.1978b. 牛羊双腔类吸虫病. 厦门大学学报（自然科学版），（2）：13~30

唐仲璋.1952. 胰脏吸虫生活史及形态的研究. 福州大学自然科学研究所研究汇篇， 3：145~156

张月娥，李光昭.1964. 胰阔盘吸虫人体感染一例报告. 上海第一医学院学报，2（4）：393~395

Basch P F. 1965. Completion of the life cycle of *Eurytrema pancreaticum*(Trematoda：Dicrocoeliidae). Jour Parasit，51（3）：350~355

Belopol'skaja M M. 1963. Helminth fauna of sandpipers in the lower region of the Amur in the period of flight and nidification. I. Trematoda Trudy Gelm. Lab Akad Nauk SSSR，13：164~195

Braun M. 1899a. Ein newes Distomum aus Porphyrio. Zool Auz，22：1~4

Braun M. 1899b. Trematoden der Dahl'schen Sammlung aus Neu-Guinea nebst Bemerkungen Über endoparasitische Trematoden der Cheloniden. Zentralbl Bakt Orig，25：714

Braun M. 1901.a Ein neuer *Dicrocoelium* aus der Gallenblase der Zibethkatze. Zentralbl Bakt Orig，30：700~702

Braun M. 1901.b Zur Revision der Trematoden der Vögel I. Zentralbl Bakt Orig，29：560~568

Carney M P. 1972. Studies on the life history of *Brachylecithum myadestis* sp. n.（Trematoda：Dicrocoeliidae）. Jour Parasit，58（3）：519~423

Carney W P. 1970. *Brachylecithum mosquensis* infections in vertebrate，molluscan and arthropod hosts. Trans Amer Microsc Soc，89（2）：233~250

Dollfus R. 1922. Observations sur la morphologie de *Paradistoma mutabile*(Molin) (Dicrocoeliide nouveau pour la fauna de France). Bull Soc Zool France，47：387-404

Dujardin F. 1845. Histoire naturelle des helminthes ou vers intestinaux. Paris：645.

Dvoryadkin V A. 1975. The identity and differential diagnostic signs of *Eurytrema*(Trematoda：Dicrocoelii dae)species from domestic ruminanta in USSR. Vladivostok USSR Trudy Biologo-Pochvennogo Institute. Novaya Seriya，26（129）：11~15

Faust E C. 1966. New and previously described dicrocoeliine trematodes from Chinese birds. Jour Parasitol，52（2）：335~346

Fischthal J H，Kuntz R E. 1975a. Some digenetic trematodes of mammals from Taiwan. Proc Hel Soc Wash，42（2）：149~157

Fischthal J H，Kuntz R E. 1975b. Some trematodes of Amphibians and Reptiles from Taiwan. Proc Hel Soc Wash，42（1）：1~13

Fischthal J H，Kuntz R E. 1976. Some digenetic trematodes of birds from Taiwan. Pro Hel Soc Wash，43（1）：65~79

Groschaft J. 1961. Die Ameisen als Ergänzungswirte des Lanzettegels(*Dicrocoelium dendriticu m*). Czechoslovak Parsit，8：151~165

Henkel H. 1931. Untersuchungen zur Ermittelung des Zwischenwirtes von *Dicrocoelium lanceat um*. J Par，3（3）：664~712

Kagei N. 1973. *Paradistomum* n. sp. collected from the gall-bladder of "Habu"（*Trimeresure* sp）. Jap J Parasit，22（1. supple）：16

Kaikabad S H. 1972. *Paradistomoides mujibi* n. sp.（Trematoda）from *Calotes* sp. of Karachi University campus with notes on morphological variation. Agroc Hes Coun Goversent of Pakistan，100~104

Krull W H，Mapes C K. 1951. The Second intermediate host of *Dicrocoelum dendriticum*.Cornell Vet，42：603

Krull W H，Mapes C K.1953. Studies on the biology of *Dicrocoelium dendriticum*(Rudolphi，1819)Looss，1899(Trematoda：Dicrocoeliidae)，including its relation to the intermediate host，*Cionella lubrica*(Müller). V. notes on the cyst metacercaria and infection in the ant，*Formica fusca*. Cornell Vet，43：389~410

Ku C T. 1938. New trematodes from Chinese birds. Peking Nat Hist Bull，13：129~136

Matskasai I. 1973. Two fluke species，*Leiperitrema vietnamense* sp. n. and *Ogmocotyle indica*(Bhalerao，1942)from Rodents in Vietnam(Trematodes). Ann Hist Nat Mus Hungarici，65：147~150

McIntosh A. 1937. Two new avian liver flukes with a key to species of the genus *Athesmia* Looss，1899(Dicrocoeliidae). Proc Helm Soc Wash，4(1)：21~26

Nama H S，Khichi P S. 1974a. Studies on some reptilian trematodes from Rajasthan. Ann Arid Zone，15(4)：353~360

Nama H S，Khichi P S. 1974b. New record of the genus *Paradistomoides*(Trematoda：Dicrocoeliidae)from India. Zeit für Angew Zool，60(3)：257~268

Neuhaus W. 1936. Untersuchungen uber Bau und Entwicklung der Lanzettegel-Cercarie(Cercaria vitrina)und klarstellung des infection vorganges beim Endwirt. Z Parasitenk，8：431~473

Neuhaus W. 1938. Der Invesionwag der Lanzettegelcercarie bei der infection des Entwirts und ibre Entwicklung zum *Dicrocoelium lanceatum*. Z Parasitenk，10：476~512

Nicoll W. 1914. The trematode parasites of North-Queensland，II. Parasites of birds. Parasitology，3：105~126

Odening K. 1964. Dicrocoelioidea und Microphalloidea(Plagiorchiata)aus Völgeln der Berliner Tierparke. Mitt Zool Mus Berl，40(2)：168~170

Pande B P. 1939. On the trematode genus *Lyperosomum* Looss，1899(Dicrocoeliidae)，with a description of two new species from India. Proc Nat Acad Sci India，9(1)：15~21

Rohde K. 1963. *Leipertrema vitellariolateralis* sp. n. from the intestine of *Callosciurus notatus* in Malaya J Hel，37(1/2)：131~134

Sandosham A A. 1951. On two helminths from the orang utan，*Leipertrema rewelli* n. g.，n. sp. and *Dirofilaria immitis*(Leidy，1856). J Helm，25(1-2)：19~26

Singh K S. 1962. Parasitological survey of Kumaun region，part VI. Two new species of *Brachylecithum* Strom，1940(Dicrocoeliidae)Trematodes from bird. Ind. J Helm，14(1)：45~52

Svadjian P K. 1954. Sur la recherche de ihote intermediaire de *Dicrocoelium lanceatum* Stiles et Hassal，1896 dans les conditions de la Republique sovietique socialiste d'Armlnie(Trematoda，Dicrocoeliidae). Doklady Akadem Nauk Armjansk SSR，19：153~156

Tamura M. 1941. New Snake trematodes of the genera *Allopharynx* and *Dicrocoelium*. J Sci Hirosima Univ ser B Div 1(Zool)，9(15~21)：197~207

Tang（唐仲璋）C C.1950. Studies on the life history of *Eurytrema pancreaticum* Janson，1889. Jour Parasitol，36(6)：559~572

Timon-David J，Timon-David P. 1967. Contribution a la connaissance de la biologie des Dicrocoeliidae(Tre matoda，Digenea)-Recherches experimentales sur le cycle vital de *Paradistomum mutabile* (Molin)parasite de la vescule biliaire de *Lacerta muralis*(laurenti). Ann，42(2)：187~206

Timon-David J. 1957. Recherches sur le development experirmental de *Brachylecithum alfortense* A. Railliet，R. Ph. Dollfus，1954 trematode dicrocoeliide parasite des uoies biliaires de la pie. Ann Parasit，32：353~368

Timon-David J. 1960. Recherches experimentals sur le cycle de *Dicrocoelioides petiolatum*(A. Railliet，1900)(Trematoda-Dicrocoeliidae). Ann Parasit，35：251~267

Travassos L. 1916. Trematodeos növos. Brazil-Med，30：312~314

Travassos L. 1919. Contribuicao para a sistematica dos Dicrocceliinae Looss，1899. Arguivos Escola Sup Agric E Med Veter，3：7~24

Travassos L. 1944. Revisao da familia Dicrocoeliidae Odhner，1910. Monogr Inst Osw Cr，2：154~158

Vogel H，Falcao J. 1954. Uber den Lebenszyklus des Lanzettegels，*Dicrocoelium dendriticum*，in Deutschland.Z Trop Med Parasit，5(3)：275~296

Yamaguti S. 1939. Studies on the helminth fauna of Japan. Part 25. Trematodes of birds. IV. Jap J Zool，8：129~210

Yamaguti S. 1941. Studies on the helminth fauna of Japan. Part 32. Trematodes of birds IV. Jap J Zool，9：321~341

Yamaguti S. 1958. Systema Helminthum vol. I. The digenetic trematodes of vertebrates. Part I and II New York，London：Interscience Publishers

Yamaguti S. 1971. Synopsis of digenetic trematodes of vertebrates. Tokyo Japan：Reigaku Publishing Co

(二)裂体总科(亚目)(Schistosomatata Skrjabin et Schulz，1937)

1. 裂体总科(血吸虫类)的分类及其主要特征

有一类亲缘关系相近、都是寄生在脊椎动物终宿主血液循环系统内的吸虫，俗称其为"血吸虫"。它们别有寄生于冷血脊椎动物鱼类的血居科(Sanguinicolidae Graff，1907)和爬行类的旋睾科(Spirorchiidae Stunkard，1921)，及寄生于温血脊椎动物鸟类和哺乳类的裂体科〔Schistosomatidae(Stiles et Hassall，1898)Poche，1907〕。前两科的吸虫是雌雄同体(hermaphrodite)，后一科是雌雄异体(gonochorism)。此类吸虫对于终宿主都会产生严重病害，对经济动物的生产或人体健康有很大的危害。此类吸虫幼虫期寄生于贝类，经过两代胞蚴，均产生叉尾尾蚴（furcocercous cercariae），由尾蚴穿钻皮肤侵入终宿主。世界性分布。

（1）血居科（Sanguinicolidae Graff，1907）特征及其亚科

本科吸虫雌雄同体，长纺锤形，无吸盘，偶尔有退化的口吸盘痕迹。体窄叶片状。无咽，食道长，肠管"X"形或"H"状，均较短。雌雄生殖孔在体后端。卵巢两翼状多分瓣，位于体赤道线之后。睾丸单个、两个或分瓣成丛粒、支条状，位于卵巢和肠管之间，卵黄腺很发达，从体前端分布到睾丸卵巢水平或到近体后端。子宫限于卵巢之后，或睾丸之后区域。卵无卵盖。排泄囊"V"或"Y"形。淡水鱼及海鱼血管系统的寄生虫，有6亚科。

1）Sanguinicolinae（Graff，1907）Yamaguti，1958：睾丸数多，分列两纵行。卵巢作两翼状。卵黄腺从体前方下行达到卵巢的前端水平。肠管"X"状。淡水及海水鱼类的寄生虫。

2）Cardicolinae Yamaguti，1958：睾丸一个，伸长不分支。卵巢在睾丸后方。卵黄腺从肠管前部向后延伸到卵巢水平或到体后端。肠支"X"形或"H"形，后肠支末端到达卵巢前方。鲨鱼等鱼类寄生虫。

3）Chimaerohemecinae Yamaguti，1971：睾丸数多，密布成一层，充满卵巢前方两肠管之间空隙。卵巢方形，多分瓣。卵黄腺从体前方后延到卵巢之后肠管后端。具有劳氏管。肠管倒"U"形。银鲛类鱼类寄生虫。

4）Deontacylicinae Yamaguti，1958：睾丸1对，位于两后肠支后端之间及肠支外侧，卵巢靠近体后端。卵黄腺散布于食道两侧至肠管内侧、外侧，子宫非常发达，盘曲于卵巢和睾丸之间。海鱼寄生虫。

5）Paracardicolinae Yamaguti，1970：睾丸两个，长形，边缘有浅分瓣；它们被卵巢、子宫和雌雄末端生殖管所隔开。卵巢位于前睾丸直接后方，或在后睾丸旁边；分瓣，但不呈两翼状。卵黄腺分布从食道中部两旁到卵巢水平。有一退化的口吸盘。肠管"X"形或"H"形，后肠支末端达到前睾丸的前方或在其旁侧。生殖孔在两睾丸之间。海鱼寄生虫。

6）Psettariinae Yamaguti，1958：睾丸一对，散布于自食道前端到体后端的背侧，卵巢多瓣或两翼状，位于近体后端边凹槽前方水平。卵黄腺分布在睾丸腹侧，从体前端或肠分叉处至卵巢之间区域。子宫不发达，在卵巢后方，开口于边凹槽之前。海鱼寄生虫。

（2）旋睾科（Spirorchiidae Stunkard，1921）特征及其亚科

同物异名：Proparorchiidae Ward，1921。本科吸虫雌雄同体，体窄长叶片形。具有口吸盘，腹吸盘有或无。通常无咽。食道被腺细胞包绕。两肠管长，个别是单肠管，或两肠支后部会合为一支。睾丸单个、两个或多个在卵巢前或后，或被卵巢所分离。生殖孔在体前、体后或体中间。卵黄腺分布长短不一。子宫短。卵子单个或数个。排泄囊"V"形或"Y"形。龟鳖类血管系统的寄生虫。本科的9亚科特征如下。

1）Spirorchiinae Stunkard，1921：肠管两支后端不会合。睾丸数多，全部或大部在卵巢前方。阴茎囊小。生殖孔在卵巢后方。卵黄腺分布于肠管全长。腹吸盘有或无。

2）Unicaecinae Yamaguti，1958：肠管单条。无腹吸盘。睾丸为一纵条。有阴茎囊。生殖孔近体后端。

3）Neospirorchiinae（Skrjabin，1951）Yamaguti，1958：肠管两条后端会合成一条。睾丸和卵巢长管，两者相依后延。生殖孔近后端。

4）Hapalotrematinae（Stunkard，1921）Poche，1926：两肠管后端不会合。睾丸常被卵巢所隔开。具有腹吸盘。卵黄腺分布于睾丸后全肠区。

5）Cocuritrematinae Dwivedi，1968（同物异名：Tremarhynchinae Yamaguti，1958）：两条肠管后端不会合。睾丸两个，卵巢在它们之间。卵黄腺分布于两肠管全区或几乎全区。阴茎囊比较发达，位于腹吸盘和前睾丸之间。

6）Amphiorchiinae Price，1934：体窄。两肠管后端不会合。睾丸两个，卵巢在它们之间。卵黄腺分布在两肠管全区或几乎全区。阴茎囊很发达，在前睾丸和卵巢之间，有一外贮精囊在其前方。

7）Hapalorhynchiinae Yamaguti，1958：两肠管后端不会合。睾丸两个，卵巢在它们之间。卵黄腺分布在两肠管全区或几乎全区。阴茎囊付缺。贮精囊巨大，位于腹吸盘之后。前列腺非常发达。

8）Vasotrematinae Yamaguti，1958：两肠管后端不会合。睾丸全部在卵巢之后。具有肌肉性腹吸盘。卵黄腺分布于卵巢后两肠区。睾丸单个，旋转弯曲。贮精囊大，阴茎囊小，两者在睾丸和卵巢之间。

9）Carettacolinae Yamaguti，1958：两肠管后端不会合。睾丸全部在卵巢之后。腹吸盘微弱，卵黄腺分布于卵巢后两肠区。睾丸数多，充满卵巢后两肠管之间整个部分。阴茎囊发达，其前方有外贮精囊。囊状"阴道"有或无。

（3）裂体科 Schistosomatidae（Stiles et Hassall，1898）Poche，1907 特征及其亚科

本科吸虫为雌雄异体的复殖吸虫（gonochoristic digenea）。个别雌雄同体。雌虫体细长，雄虫体有抱雌沟（gynaecophoric canal）的部分宽大。具口腹吸盘，偶尔付缺。食道较长，无咽，两肠管后部于不同位置会合为一条，雌虫卵巢长，作两个旋转状，在肠支会合处前方，具有受精囊，劳氏管有或无。雄虫睾丸数4至多个，阴茎囊有或无。子宫在卵巢前两肠支之间略作弯曲，长或短。卵黄腺从粒分布起于卵巢后方至体后端。虫卵无卵盖，壳上具有一个刺或一个突起。温血动物（鸟类和哺乳类）血管系统的寄生虫。本科有4亚科，其特征如下。

1）裂体亚科（Schistosomatinae Stiles et Hassall, 1898）：雄虫睾丸位于肠管会合的前方。抱雌沟很发达。会合后的肠管无侧分支，具口腹吸盘。鸟类和哺乳类的寄生虫。

2）毕哈亚科（Bilharziellinae Price，1929）：雄虫睾丸位于肠管会合之后。抱雌沟发达或不发达。具口腹吸盘。会合后的肠管无侧支。具阴茎囊。鸟类的寄生虫。

3）枝毕亚科［Dendritobilharziinae（Mehra，1940）Yamaguti，1958］：雌雄虫体扁平。无吸盘。两肠管会合后的肠管有侧分支。睾丸位于肠会合之后，于单条肠管两侧，抱雌沟不发达，具阴茎囊。扁嘴类（Lamellirostres）和蹼足类（Steganopodes）禽鸟的寄生虫。

4）巨毕亚科［Gigantobilharziinae（Mehar，1940）Yamaguti，1971］：雌雄虫体呈（或近）长圆筒形。无吸盘（偶尔有口吸盘）。两肠管会合后的单条肠管无侧分支。抱雌沟退化，只余一短沟于体前部。睾丸数多，沿着抱雌沟后单条肠管分布到体后端。阴茎囊含部分贮精囊、前列腺和射精管。雌虫子宫短，各时只含一个虫卵。发现于鸥类（lariformes）、扁嘴类（lamellirostres）、雀形类（Passeriformes）及鹳类（Ciconiformes）鸟类肠系膜等静脉管的寄生虫。

裂体科（血吸虫科）分亚科检索表

1. 睾丸位于会合肠管之前，抱雌沟很发达···裂体亚科 Schistosomatinae
   睾丸位于会合肠管之后···2
2. 具有两吸盘；会合后肠管无侧支；具有阴茎囊·······································毕哈亚科 Bilharziellinae
   无吸盘··3
3. 会合后肠管具侧支，具有阴茎囊···枝毕亚科 Dendrobilharziinae
   会合后肠管无侧支，无阴茎囊···巨毕亚科 Gigantobilharziinae

在上述血居科、旋睾科和裂体科3个科血吸虫类中，以血居科和裂体科与人类的关系较大。血居科种类寄生于鱼类，危害鱼类养殖业，裂体科种类寄生于人体、牛羊和禽类，严重影响人体健康和畜牧生产等。寄生于鸟类和牛、羊的血吸虫种类的尾蚴如果侵入人体，会引起人的血吸虫性皮肤疹，影响健康和生产活动。

（4）一些学者关于血吸虫类分类的意见

有关血吸虫类类群及其亚科和属的分类情况，不同时期和不同学者的观点有所不同，Skrjabin 和Achulz（1937）为此类吸虫建立亚目 Schistosomatata，Azimov（1970）将其提高到目的位置：Schistosomatida，Yamaguti（1971）仍将它们分列3个科，但所含的内容较详细。兹将各学者对此类吸虫的分类系统简列于下。

Price(1929)的分类系统

Schistosomatidae Looss，1899

    Schistosomatinae Stiles et Hassall，1898

        Paraschistosomatium Price，1929

        Heterobilharzia Price，1929

        Ornithobilharzia Odhner，1912

   Schistosomatium Tanabe，1923

   Schistosoma Weinland，1858

   Austrobilharzia Johnston，1917

   Microbilharzia Price，1929

  Bilharziellinae Price，1929

   Bilharziella Looss，1899

   Trichobilharzia Skrjabin et Zakharow，1920

   Dendritobilharzia Skrjabin et Zakharow，1920

   Gigantobilharzia Odhner，1910

Szidat（1939）的分类系统

Schistosomatata Skrjabin et Schulz，1937（亚目）

  Schistosomatidae Looss，1899

  Aporocotylinae Szidat，1939

   Aporocotyle Odhner，1900

   Paradeontacylix McIntosh，1934

   Psettarium Goto et Ozaki，1930

   Deontacylix Linton，1910

   Lanickia Rasin，1929

   Sanguinicola Plehn，1905

   Hapalorhynchus Stunkard，1922

   Vasotrema Stunkard，1926

   Hapalotrema Looss，1899

  Spirorchinae（Stunkard，1921）

   Spirhapalum Ejsmont，1927

   Diarmastorchis Ejsmont，1927

   Plasmiorchis Mehra，1934

   Spirorchis McCallum，1918

   Haematotrema Stunkard，1923

   Henotosoma Stunkard，1922

   Unicaecum Stunkard，1925

  Bilharziellinae Price，1929

   Bilharziella Looss，1899

   Dendritobilharzia Skrjabin et Zakharow，1920

   Pseudobilharziella Ejsmont，1929

   Gigantobilharzia Odhner，1905

   Trichobilharzia Skrjabin et Zakharow，1920

  Schistosomatinae Stiles et Hassall，1899

   Ornithobilharzia Odhner，1912

   Microbilharzia Price，1929

   Austrobilharzia Johnston，1917

   Macrobilharzia Travassos，1923

  Eubilharziinae Szidat，1939

Schistosomatium Tanabe，1923

Schistosoma Weinland，1858

Heterobilharzia Price，1929

Skrjabin(1951)的分类系统

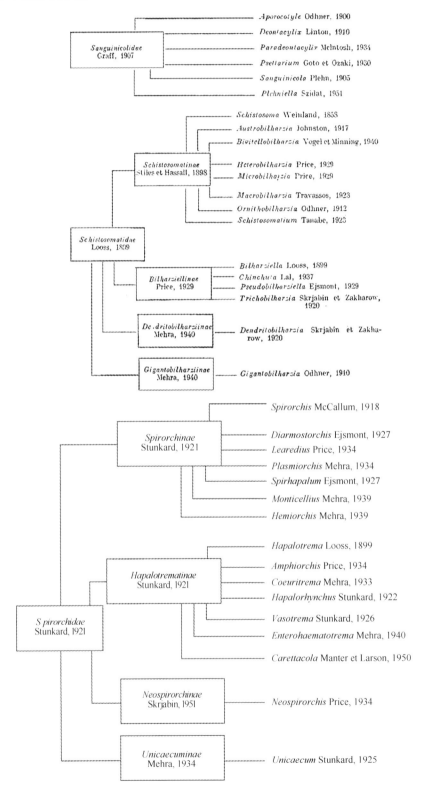

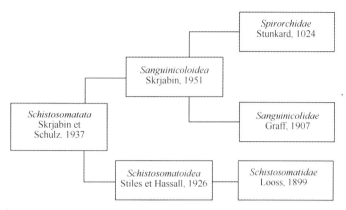

Yamaguti（1958）分类系统

Schistosomatidae Poche，1907

  Schistosomatinae Stiles et Hassal，1898

     Austrobilharzia Johnston，1917

     Bivitellobilharzia Vogel et Minning，1940

     Heterobilharzia Price，1929

     Microbilharzia Price，1929

     Paraschistosomatium Price，1929

     Ornithobilharzia Odhner，1912

     Schistosoma Weinland，1858

     Schistosomatium Tanabe，1923

  Bilharziellinae Price，1929

     Bilharziella Looss，1899

     Chinchuta Lal，1937

     Trichobilharzia Skrjabin et Zakharow，1920

  Dendritobilharziinae Mehra，1940

     Dendritobilharzia Skrjabin et Zakharow，1920

  Gigantobilharziinae Mehra，1940

     Gigantobilharzia Odhner，1910

Yamaguti（1971）的分类系统

Family Sanguinicolidae von Graff, 1907·················· F

  Subfamily Cardicolinae Yamaguti, 1958 ·················· F

   Genus *cardicola* Short, 1953 ·················· F

    Selachohemecus Short, 1954 ·················· F

  Subfamily Chimaerohemecinae n. subf ·················· F

   Genus *Chimaerohemecus* van der Land. 1967 ·················· F

  Subfamily Deontacylicinae Yamaguti, 1958·················· F

   Genus *Deontacylix* Linton, 1910 ·················· F

  Subfamily Paracardicolinae Yamagut……i, 1970 ·················· F

   Genus *Neoparacardicola* Yamaguti, 1970 ·················· F

    Paracardicola Martin, 1960·················· F

  Subfamily Psettariinae Yamaguti, 1958 ·················· F

   Genus *Psettarium* Goto et Ozaki, 1930 ·················· F

    Syn. Plehnia Goto et Ozaki, 1929 preoccupied

  Subfamily Sanguinicolinae Graff, 1907）Yamaguti, 1958 ·················· F

Chinhuta Lal, 1937 ·· B

Pseudobilharziella Ejsmont，1929 ·· B

　　Syn. Trichobilharzia of McMullen and Beaver, 1945， partim

Sinobilharzia Dutt et Srivastava, 1955 ··· B

Trichobilharzia Skrjabin et Zakharov. 1920 ··· B

Subfamily Dendritobilharziinae（Mehra, 1940）·· B

　Genus *Dendritobilharzia* Skrjabin et Zakharov,. 1920 ······································ B

Subfamily Gigantobilharziinae（Mehra, 1940）spelling emend ····························· B

　Genus *Gigantobilharzia* Odhner, 1910 ··· B

Subfamily Schistosomatinae Stiles et Hassall, 1898 ·· BM

　Genus *Austrobilharzia* Johnston, 1917 ··· B

Bivitellobilharzia Vogel et Minning,， 1940 ·· M

Heterobilharzia Price, 1929 ·· M

Macrobilharzia Travassos，1922. emend ·· B

　　Syn. Paraschistosomatium Price， 1929

Microbilharzia Price, 1929 ··· B

Orientobilharzia Dutt et Srivastava, 1955 ··· M

Ornithobilharzia Odhner, 1912 ··· B

Proschistosoma Grétillat, 1962 ·· M

Schistosoma Weinland, 1858 ··· M

　　Syn. Bilharzia Meckel von Hemsbach, 1856

　　　Gynaecophorus Diesing, 1858

Schistosomatium Tanabe, 1923 ·· M

Azimov（1970）的分类系统

Schistosomatida (Skrjabin et Schulz, 1937) Azimov, 1970 （目）

　Sanguinicolata (Skrjabin, 1951) Azimov, 1970 　（亚目）

　　Spirorchidae Stunkard, 1921

　　　Spirorchinae Stunkard, 1921

　　　　Spirorchis McCallum, 1918

　　　　Diarmostorchis Ejsmoint, 1927

　　　　Learedius Price, 1934

　　　　Plasmiorchis Mehra, 1934

　　　　Spirhapalum Ejsmont, 1927

　　　　Hemiorchis Mehra, 1939

　　　　Monticellius Mehra, 1939

　　　Hapalotrematinae Stunkard, 1921

　　　　Hapalotrema Looss, 1899

　　　　Amphiorchis Price, 1934

　　　　Coeuretrema Mehra, 1933

　　　　Hapalorhynchus Stunkard, 1922

　　　　Vasotrema Stunkard, 1926

　　　　Enterohaematotrema Mehra, 1940

　　　Neospirorchinae Skrjabin, 1951

　　　　Neospirorchis Price, 1934

　　　Unicaecuninae Mehra, 1934

　　　　Unicaecum Stunkard, 1925

　　Sanguinicolidae Graff, 1907

Aporocotyle Odhner, 1900
Deontacylix Linton, 1910
Paradeontacylix McIntosh, 1934
Psettarium Goto et Ozaki, 1930
Sanaguinicola Plehn, 1905
Plehniella Szidat, 1951
Cardicola Manter, 1947
Selachohemecus Schort, 1954
Paracardicola Martin, 1960
Schistosomatata Skrjabin et Schulz, 1937 （亚目）
Schistosomatidae Looss, 1899
Schistosomatinae Stiles et Hassall, 1898
Schistosoma Weinland, 1858
Orientobilharzia Dutt et Srivastava, 1955
Bivitellobilharzia Vogel et Minning, 1940
Heterobilharzienae Azimov, 1970
Heterobilharzia Price, 1929
Schistosomatium Tanabe, 1923
Ornithobilharzidae Azimov, 1970
Ornithobilharziinae Azimov, 1970
Ornithobilharzia Odhner, 1912
Macrobilharzia Travassos, 1923
Austrobilharzia Skrjabin et Zakharow, 1917
Bilharziellinae Looss, 1899
Bilharziella Looss, 1899
Chinchuta Lal, 1937
Trichobilharzia Skrjabin et Zakharow, 1920
Dendritobilharziinae Mehra, 1940
Dendritobilharzia Skrjabin et Zakharow, 1920
Gigantobilharziinae Mehra, 1940
Gigantobilharzia Odhner, 1910

2. 冷血动物（鱼、龟、鳖）血吸虫（血居吸虫和旋睾吸虫）

（1）血居类吸虫研究历史

血居属（*Sanguinicola*）由德国学者 Plehn（1905）所建立，她叙述了有棘血居（*Sanguinicola armata*）和无棘血居（*Sanguinicola inermis*），但误认为涡虫类。1908 年 Plehn 又重新把它当作单节片绦虫类。1911 年 Odhner 才正确地把它归于复殖吸虫类。早期在欧洲，Scheuring（1922）报告了无棘血居吸虫生活史，Ejsmont（1926）较全面地论述了血居属的形态和分类问题。Rasin（1929）报告伏尔加河血居吸虫（*Sanguinicola volgensis*），Odhner（1924）叙述苏丹的察氏血居吸虫（*Sanguinicola chalmersi*）。Szidat（1951）叙述南美阿根廷血居吸虫（*Sanguinicola argentinensis*）。20 世纪中叶以后，有较多的血居类吸虫虫种发现散见于世界各寄生虫学刊物内，如 Fischthal（1949）、Wales（1958）、McIntosh（1934）、Erickson 和 Wallace（1959）、Meade（1967）、Meade 和 Pratt（1965）、Schell（1974）、Achmerov（1960）、胡振渊等（1963）（江苏）、龙祖培和沈一平（1965，广西）、唐仲璋和林秀敏（1975，福建）、王溪云（1982）（江西）、李连祥（1980，湖北）、唐崇惕等（1986，内蒙古）、郎所（1995）及刘昇发（1997，福建）等。可见本类吸虫分布于世界各大洲。

Smith（1972）综述复殖吸虫中血居科（Sanguinicolidae）和旋睾科（Spirorchidae）。据其统计，血居科吸虫经人叙述的有 50 种，它们代表 12 个属。寄生于 91 种鱼类宿主，其中属淡水鱼的有 40 种，属海产鱼的有 51 种，它们多数属于有经济价值的鱼类。

Yamaguti（1971）在其巨著《脊椎动物复殖吸虫概要》中记载血居科包含 4 亚科共 9 属，另作为同物异名属的有 3 个。其上记载的种类仅 37 种，其中以血居属（*Sanguinicola*）（含 15 种）和心居属（*Cardicola*）（含 13 种）居多，其他属都只含 1～2 种。

国内血居科吸虫的新种叙述有：江苏太湖的大血居吸虫（*Sanguinicola magnus* Hu、Long et Lee，1963）（宿主：草鱼、鳙等）、广州西郊的山村血居吸虫（*Sanguinicola shantsuensis* Lung et Shen，1965）（宿主：鲫鱼）、福建龙江血居吸虫（*Sanguinicola lungensis* Tang et Lin，1975）（宿主：鳙、鲢、鲫）、湖北的鲂血居吸虫（*Sanguinicola megalobramae* Li，1980）、江西鄱阳湖的三里血居吸虫（*Sanguinicola sanliense* Wang，1982）（宿主：黄鱼桑鱼）和鳑鲏血居吸虫（*Sanguinicola rhodeus* Wang，1982）、东山的东山血居吸虫（*Sanguinicola donshanensis* Long，1995）（宿主：青鱼），以及福建隶于血居亚科的中华拟德氏吸虫（*Paradeontacylix sinensis* Liu，1997）（宿主：横纹东方鲀）等。在我国也从不同地方发现在欧洲等地的种类，如德国的有棘血居吸虫（*Sanguinicola armata* Plehn，1905）也存在于我国内蒙古东部科尔沁草原（唐崇惕等，1986）（其终末宿主：小鲫鱼，实验终宿主：金鱼；中间宿主：*Radix auricularia*、*Radix ovata* 及豆螺 *Bithynia* sp.）。除此之外，在中国江苏太湖也存在 *Sanguinicola armata* 和 *S. inermis*。从中国南海发现 *Cardicola congruenta* Lebedev et Mamaev，1968、*C. grandis* Lebedev et Mamaev，1968，也从东海发现 *Psettarium japonicum*（Goto et Ozaki，1929）Goto et Ozaki，1930。如果能做更多的调查，可能会知道更多的种类及其分布情况。

（2）龙江血居吸虫（*Sanguinicola lungensis* Tang et Lin，1975）生活史、危害和防治

A. 龙江血居吸虫成虫形态

龙江血居吸虫成虫（血吸虫图 1 之 1）体扁平、梭形，体长 0.268～0.844mm，体宽 0.142～0.244mm。体两侧具很粗的棘，作斜状向后方排列。每条棘的两端均弯曲。虫体前端吻突部不具棘，体后端自生殖孔以后体棘渐稀少。口孔在吻突的前端，通于很长的食道，不具咽。食道从口部向后延展至神经圈前略有膨大，下行至体长约 1/3 处又突然膨大，并分出 4 叶呈 "X" 状的盲囊。生殖腺占体中段位置，睾丸在卵巢的前方。睾丸分瓣 8～15 对，对称排列。每个睾丸的分瓣长条状有深裂及再分瓣。输精管从睾丸出发，沿体正中线向后行，至卵巢后方右侧，作两三折叠而达雄生殖孔。卵巢作蝴蝶翼状，左右对称地在中央相连接。输卵管自卵巢两翼的中央开始，斜向左方作一扭转后，从左侧走向后方。管内有许多能活动的精子。卵黄腺从食道膨大处两旁开始向后分布到卵巢两翼的前方。卵黄腺管从前方沿体正中线下达至生殖孔附近与输卵管相接，进入半圆形的卵模。内存一卵。卵橘瓣状，在卵模大弯的一边有一短刺。在鱼宿主体中排出的成熟卵长度 0.055～0.060mm，宽度 0.025～0.030mm。

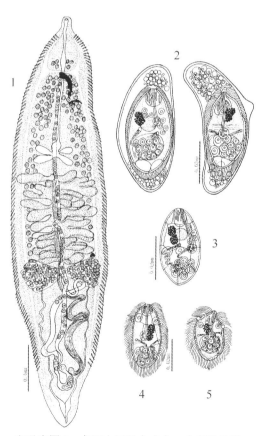

血吸虫图 1　龙江血居吸虫成虫、虫卵和毛蚴
（按唐仲璋和林秀敏，1975）

1.成虫；2.虫卵；3、4.毛蚴示纤毛板；5.毛蚴

终末宿主：鲢鱼［*Hypophthalmichthys molitrix*（Cov. and Val.）］、鳙鱼［*Aristichthys nobilis*（Richardson）］、鲫鱼［*Carassius auratus*（Linn.）］。

寄生部位： 肝脏、肾脏及鳃弓等部位血管中，动脉球。

发现地点： 福州、闽南、龙溪等地。

B. 血居属吸虫种类主要特征及分类

1) 血居吸虫种类特征：血居属种类分类除根据内部各器官形态之外，体棘和刚毛也是重要特征（**血吸虫图 2 之 3、4**），如 Ejsmont（1926）曾依据体棘和刚毛的有无来区别有棘血居吸虫、无棘血居吸虫和中间血居吸虫（*Samguinicola intermedius* Ejsmont，1926）。以上所述 3 种欧洲的种类和在我国境内发现的山村血居吸虫（*S. shantsuensis* Lung and Shen，1965）、巨大血居吸虫（*S. magnus* Hu，Long and Lee，1965）、斯氏血居吸虫（*S. skrjabini* Akhmerov，1960）（黑龙江三角洲，白链鱼）及龙江血居吸虫的主要特征比较如下（**血吸虫表 1**）。

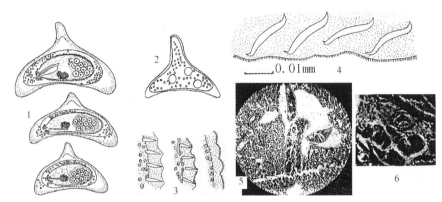

血吸虫图 2 　血居吸虫卵、成虫及体棘

1. *S. armata*、*S. inermis* 及 *S. intermedia* 虫卵（按 Ejsmont，1926）；2. 山村血居吸虫虫卵（按龙祖培和沈一平，1965）；3. *S. armata*、*S. intermedia* 及 *S. inermis* 体棘及刚毛（按 Ejsmont，1976）；4. 龙江血居吸虫体棘；5. 龙江血居吸虫在宿主肝脏中；6. 龙江血居吸虫成虫在宿主心脏肌肉中（4～6 按唐仲璋和林秀敏，1975）

血吸虫表 1　血居吸虫种类比较表（按唐仲璋和林秀敏，1975）

种　名	*S. armata*	*S. inermis*	*S. intermedia*	*S. shantsuensis*	*S. magnus*	*S. skrjabini*	*S. lungensis*
体　长/mm	1.5	1.0	1.0	0.296～0.578	1.89～3.18	1.3～1.5	0.268～0.844
体　棘	体棘较大，披针形	不具体棘	体棘略小，披针形	不具体棘	体棘小	具体棘	体棘强大，两端弯曲
刚　毛	不具刚毛	具刚毛	具刚毛	不具刚毛	—	不具刚毛	具刚毛
肠盲囊	盲囊 5 叶	盲囊 4 叶	盲囊 4 叶	盲囊 4 叶	盲囊 4 叶	盲囊 4 叶	盲囊 4 叶
睾丸分支对数	10	15	15	6～9	25～26	16	12～25
睾丸形状	占体宽 1/3	占体宽 1/5	占体宽 1/3	占体宽 2/5	占体宽 1/2	占体宽 2/5	占体宽 12/15
卵　巢	蝴蝶状	蝴蝶状	蝴蝶状	椭圆形	三角形	蝴蝶状	蝴蝶状
卵	具大突起	具大突起	具大突起	具大突起	椭圆形		突起短
尾蚴	背鳍到吻部	背鳍到吻部	背鳍到吻部	背鳍到吻部		—	背鳍到体一半
终末宿主	*Cyprinus carpio* *Tinca Vulgaris* *Scardinius*	*Cyprinus carpio*	*Tinca* sp.，*Carassius* *Cyprinus*	*Carassius auratus*	*Ctenopharyngodon idellus*	*H. molitrix*	*Hypophthalmihthys molitrix*；*Carassius auratus*

2) 血居属吸虫种类检索表：血居属种类分类检索表最先曾经 McIntosh（1934）写成，当时只包括 6 种，Skrjabin（1951）修订该表，增加到 8 种。Erickson 和 Wallace（1959）又作一次增订，包含了 11 种。唐仲璋和林秀敏（1975）在原检索表的基础上增加 6 种，修改成新表如下。

血居属（*Sanguinicola* Plehn，1905）检索表

1. 卵黄腺管一对；体棘排列不规则，体后端有一缢缩部与其他体部分开·····················

····················*S. occidentalis* Van Cleave and Mueller 1932（北美洲）

卵黄腺管单一，体棘在体边缘，或无体棘，体后端无缢缩部·····················2

2. 不具体棘或只有刚毛·····················3

具有体棘 ·····5

3. 卵巢蝴蝶形，自卵模至体后端长度等体全长 1/7，虫卵三角形 ·····*S. inermis* Plehn 1905（欧洲）
  卵巢两侧椭圆形或不规则形 ·····4

4. 自卵模至体后端长度等体全长 1/26 ·····*S. huronis* Fischthal 1949
  自卵模至体后端长度等体全长 1/12，虫卵三角形 ·····*S. shantsuensis* Lung and Shen 1965（中国广州）

5. 口孔在次顶端位置，在吻的后端开口 ·····6
  口孔在顶端位置 ·····7

6. 盲肠到体前端的距离等体长 1/4，盲肠无分瓣，虫卵圆形 ·····*S. klamathensis* Wales 1958（美国俄勒冈州）
  盲肠到体前端的距离等体长 1/3，盲肠有分瓣，虫卵圆形 ·····*S. davisi* Wales 1958（美国加利福尼亚州）

7. 体边缘具体棘但不具刚毛 ·····9
  具有体棘并具有刚毛 ·····8

8. 体棘披针状（虫卵三角形）·····*S. intermedia* Ejsmont 1926（前苏联乌克兰）
  棘两端弯曲 ·····*S. lungensis* Tang and Ling（中国福建南部）

9. 盲肠"H"形，睾丸袋状 ·····*S. alseae* Meade and Pratt 1965
  肠分瓣状，或不分瓣 ·····10

10. 盲肠不分瓣，睾丸分瓣 6～7 对 ·····*S. chalmersi* Odhner 1921（非洲苏丹）
  盲肠分瓣，睾丸细管状分支并有许多泡状，虫卵椭圆形 ·····*S. argentinensis* Szidat 1951（南美洲阿根廷）
  盲肠分瓣，睾丸分瓣 10 对以上 ·····11

11. 睾丸分瓣 10 对，虫卵三角形 ·····*S. armata* Plehn 1905（欧洲）
  睾丸分瓣 16 对 ·····*S. skrjabini* Achmerov 1960（中国黑龙江）

12. 睾丸分瓣达 20 对以上 ·····13
  睾丸分瓣达 18 对
  排泄管不对称 ·····*S. idahoensis* Schell 1974
  排泄管对称 ·····*S. lophophora* Erickson and Wallace 1959（美国明尼苏达州）

13. 睾丸分瓣 20 对，卵椭圆形 ·····*S. volgensis*（Rasin 1929）McIntosh（苏联）
  睾丸分瓣 24～25 对，虫卵圆形或卵圆形 ·····*S. magnus* Hu et al 1963（中国太湖）

C. 血居吸虫成虫寄生部位

唐仲璋和林秀敏（1975）发现龙江血居吸虫，除了在鲫鱼鳃弓血管及动脉球（bulbus arteriosus）解剖出成虫外，在肝脏的切片中也找到成虫体（**血吸虫图 2**）。血居吸虫类寄生在鱼类宿主体内的位置虽大多数在鳃弓血管内，但有些种类在其他器官内，这问题也曾引起一些研究者注意。Manter（1940）从海鱼 *Kyphosus* 的腹腔中找到很多血居吸虫 *Decontacylix ovalis* 的虫体。Overstreet（1969）又报告同一血居吸虫在另一海鱼 *Kyphosus sectarix* 的腹腔内。Szidat（1951）也报告血居吸虫 *Plehniella coelomicola* 在一种鱼类宿主 *Iheringichthys* 的腹腔内。Paperna（1964）报告 *Plehniella dentata* 在一种鲶鱼（*Clarias lazera*）的肠腔内。

另一属的血居吸虫 *Psettarium sebastodorum* 寄生在心房室间的肉柱间隙（intertrabecular space），虫体全身蜷曲，以其体棘附着，而体的后端有生殖孔的瓣状的部分则伸入心室或心房内。

据 Schell（1974）的报告血居吸虫 *S. idahoensis* 能寄生在鱼大脑表面、眼球周围的结缔组织、眼的脉络层、虹膜基质及水晶体，成虫和发育期虫体在卵里寄生。它们是在尾蚴入侵时随着眼动脉的血流带来的。由于眼的脉络层与脑软膜相通，尾蚴能从脉络层侵入脑部及脊髓。

从上述这些例子说明血居科吸虫由于寄居的位置不同，可能产生不同的病理现象。我们检查鳃弓血管和肝脏血管都可得到虫体，这两个位置关系如何，需要进一步探讨。据 Naumova（1960）的报告，无棘血居寄生的位置因季节及虫体成熟程度不同而有所不同。性器官成熟的虫体，在夏季会移居到鲤鱼鳃部大血管内，但冬天及春天却集中到体内部，聚在动脉球内。Meade（1967）报告 *S. klamathensis* 未成熟的虫体分布在蛙鱼循环系统各部，而成虫则在肾脏的静脉内。

D. 龙江血居吸虫的幼虫期

1）虫卵（**血吸虫图 1 之 2**）：从鱼鳃条中解剖出的虫卵多已成熟。成熟的虫卵，背刺很短，有时缺少刺，卵内含已发育的毛蚴，它被卵膜包裹着。

2）毛蚴（**血吸虫图 1 之 3～5**）：在鱼鳃血管中孵化出来后毛蚴可钻出宿主体外。毛蚴椭圆形，大小约为 0.04mm×0.02mm。体表有纤毛板 4 列，其数目从前端起为 4、5、4、2。第一列各略作三角形，其他 3 列的纤毛板各作不规则的多角形，嵌镶在一起。体前端内部有一梨形的吻，周围有薄膜分隔，内含 4～6 条棒状物体，其性质未明。在毛蚴体顶端有一细管伸向体中部，斜向神经中枢（神经团）的腹面，在其附近有一圆形的小囊，但不相通。揣测这一细管可能是原始的消化管。Scheuring（1922）及 Ejsmont（1926）在 *S. inermis* 及 *S. armata* 的毛蚴插图中均有此细管。这一构造是较为典型的毛蚴体内的原肠。Schell（1974）关于 *S. idahoensis* 毛蚴的观察颇为详细，但没有描述这一器官。圆形块状神经团在毛蚴体赤道线前，在它的背面有两个由黑色颗粒组成的眼点。血居吸虫毛蚴体内焰细胞只有 1 对（旋睾科和裂体科毛蚴焰细胞有 2 对），在体赤道线后，左右各一。焰细胞管较为细长，接触细胞体的漏斗状构造和其他吸虫的相比较为纤细，从胞体长出的纤毛束含纤维数亦较少，因此它们在管内颤动，而不似火焰般闪动。两个焰细胞管口均朝向虫体腹面，管延至第三列纤毛板和第四列纤毛板之间，开口于体两侧。在毛蚴体后半部，有 10 余个胚细胞聚成一团，当毛蚴在水中侵入贝类宿主时，发育为母胞蚴的胚体。

3）胞蚴（**血吸虫图 3**）：血吸虫类在贝类宿主发育需经母胞蚴和子胞蚴阶段，血居吸虫的母胞蚴未经人叙述。子胞蚴长短不等的条状，有时圆团袋状、圆形或椭圆形，它们在贝类宿主螺体消化腺内发育。胞蚴壁薄，内充满许多尾蚴。

4）尾蚴（**血吸虫图 3、血吸虫图 4**）：血居吸虫尾蚴为叉尾有鳍型（brevifurcate lophocercous）尾蚴。虫体分体部和具尾叉的尾部，尾干长度约两倍于体部，其后端分为 2 尾叉。体背部有鳍，由皮层膜构成，它的边缘微有折叠，似锥虫的波动膜一样。鳍的长度因不同种类而异，龙江血居吸虫尾蚴的背鳍扩展自体基部，向前延长至前方 1/3 处。体前端有一缢缩的吻部与其他部分分开。不具口吸盘和腹吸盘，口孔在吻的腹面，食道沿体中线至体赤道前膨大为小囊，无咽，亦无眼点。穿刺腺有背腹两束，每束有单细胞体 8 个，各有导管上行至吻部的顶端开口。排泄囊在体部末端正中部位，它们后半连合为一囊，其上半各连接于一屈曲的收集管。焰细胞公式为 2(2+1)=6。位于尾干基部的排泄囊，其前端与在体部的排泄囊后缘会合，从其后端发出 2 条排泄管，略有弯曲，平行地沿着尾干走向后方，各通于一尾叉内，至末端略为膨大而开口于体外。

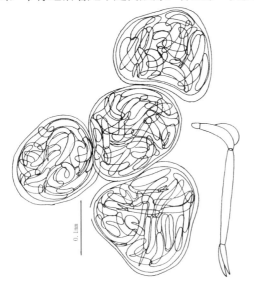

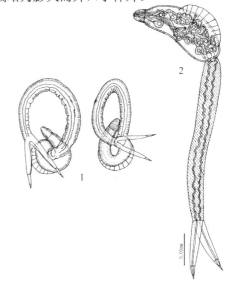

血吸虫图 3　龙江血居吸虫胞蚴及尾蚴（按唐仲璋和林秀敏，1975）

血吸虫图 4　龙江血居吸虫尾蚴（按唐仲璋和林秀敏，1975）

1.尾蚴休止状态；2.尾蚴结构

尾干的摆动系由其两极肌细胞交互伸缩所引起，肌细胞的一端附着在尾干腹面正中线，另一端则斜向背后方。各细胞核纵列在正中线两旁。另有一列肌细胞从侧方斜向正中。两极肌细胞的伸缩是尾干及整个虫体迅速旋转的动力，使尾蚴呈螺旋状前进；它们斜面排列的形状被称为次"青鱼骨排列形式"(herring-bone arrangement)。尾蚴在水中的动作是间歇性的，前进一段后进入休止飘浮状态，休止时虫体收缩，和尾干环绕，呈一环状飘浮于水面，极易被鱼所吞食，尾蚴从鱼口腔黏膜侵入体内。血居吸虫尾蚴在其他血居吸虫，如 S. armata、S. inermis、S. lophophora 及 S. idahoensis 中也观察到与此相似的动作习性(Wesenberg-Lund，1934；Erickson and Wallace，1959；Schell，1974)。

E. 血居吸虫的宿主

血居吸虫成虫寄生于多种鱼类体中许多部位的血管系统中。幼虫期也发现多种贝类宿主，有关其鱼类宿主和贝类宿主的种类经报道的如**血吸虫表 2** 所示。

血吸虫表 2　九种血居吸虫中间宿主及终末宿主

血居吸虫种类	中间宿主	终末宿主	文献
Sanguinicola inermis	Lymnaea spp.	Cyprinus carpio (鲤鱼)	Odhner (1911，1924)，Scheuring (1922)，Naumova (1961)
S. davisi	Oxytrema circumlineata	Salmo gairdnerii (鲑鱼)	Wales (1958)，Rawstron (1971)
S. klamathensis	Flumenicola seminalis	Salmo clarkii (鲑鱼)	Wales (1958)，Meade and Pratt (1965)，Meade (1967)
S. lophophora	Valvata tricarinata (盘螺)	实验宿主：鲤形目 Notropis hudsonius	Ericksond Wallace (1959)，Larson (1961)
S. alseae	Oxytrema silicula	Salmo clarkii (鲑鱼) S. gairdnerii	Meade (1965)，Meade and Pratt (1965)
S. idahoensis	Lithoglyphus virens (雕石螺)	鲑鱼 Salmo gairdnerii	Schell (1974)
S. shantsuensis	Radix auricularia	实验宿主：鲫鱼 Carassius auratus (L.) Hypophthalmichthys malitrix (鲢鱼)	龙祖培和沈一平 (1965)
S. lungensis	Lymnaea plicatula	Aristichthys nobilis (鳙鱼) Carassius auratus (鲫鱼)	唐仲璋和林秀敏 (1975)
S. armata	Radix auricularis Radix ovata；Bithynia sp.	Carassius sp. (小鲫鱼) 实验宿主：金鱼	唐崇惕等 1986

F. 血居吸虫系统发生(与其他血吸虫的关系)

血居吸虫和旋睾科吸虫、裂体科吸虫同属于血吸虫类，它们不仅成虫在终末宿主寄生部位都在血管循环系统，而且其发育、生活史各幼虫期阶段的个体结构和特点均相似。但血居科种类是此类群中形式最原始的一类。

龙江血居吸虫的排泄系统显示了其具原始特征，尾干内有两条排泄管分别在尾叉末端开口。在体部后端的排泄囊，上半部为两囊，而后半部愈合为一；由尾干内尚有两条排泄管可以推测它们在体两侧的排泄系统在排泄囊后半部处愈合为一。其他血吸虫类(旋睾科、裂体科)的尾蚴，尾干中两排泄管愈合为一条，但在尾干基部尚有一个称为"柯氏岛"(island of Cort)的原生质块(表明未愈合的部分)。Stunkard (1923) 报告的 Spirorchis parvus 的尾蚴发育，可以看到分列在尾蚴胚体中体部和尾部的两排泄管在尾干上愈合为一的过程，这样的情况在裂体科种类尾蚴胚体的发育中尚未见到。这样的构造在其他复殖类的成熟尾蚴体中也看不到。但在各种复殖类尾蚴的胚体发育中可以看出左右两侧的排泄管向中央会合的情况，这是已经广泛知晓的事实。我们知道自由生活的涡虫类(如单肠目等)，在体两侧有分开的排泄管和左右各一的排泄孔(nephridiopore)。现有的复殖类吸虫，其两侧排泄管向中央愈合成一个"Y"形、"I"形或"V"形的排泄囊(膀胱)。其后方只有一个排泄孔；只有血居吸虫尾蚴的尾干中还有未合为一的管道。Cort (1917) 首先指出了排泄系统对于探讨吸虫类自然体系有极重要意义。由于排泄器官在动物体生活适应上变化较小，它们常保留些以往演化的遗迹。血居吸虫尾蚴就是一个突出的例子，由此可以看出本类吸虫古老的特点。

血居吸虫毛蚴具细管状的原肠，它与其尾蚴期和成虫期的消化管一样，也有异常原始的特点，它们都只发展到非常原始分支的状态。在毛蚴体内有消化管的发现是富有意义的。以往对其他复殖类吸虫毛蚴称为"原肠"的结构，实际上是个腺体，它是含有4个胞核的共胞体(syncytium)，还不能确定它们是消化道的雏形。

关于血吸虫类中种属关系及其和其他吸虫的关系，一些学者曾提出不同的假设。首先Odhner(1912)提出他的假设，来说明高等脊椎动物(包括人类)的血吸虫其来源可追溯到低等脊椎动物的寄生种类。为要表达这一概念，他用一些代表属来说明各个演化的阶梯，从低级到高级的顺序如下。

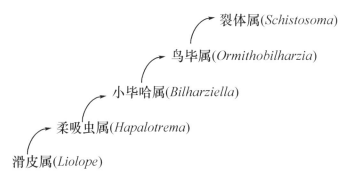

Odhner 所列的最原先的一属 Liolope 不是循环系统的寄生虫，而是一种鲵鱼(有尾两栖类)肠内寄生的吸虫。从这一点可看出 Odhner 的设想：血吸虫可能是从一般的复殖类吸虫演发来的。

另一假设由 Stunkard(1921，1923，1970)提出，他设想的演化顺序由以下各属为代表。

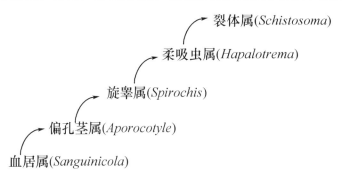

Stunkard 的设想演化顺序说明血吸虫类是随着宿主而共同演发的。远在没有人类和哺乳类以前，血吸虫的族类就已存在了，鱼类、爬行类中的龟鳖目，以及鸟类和哺乳类各有其血吸虫，它们分隶于几个大的类群。血居科、旋睾科和裂体科之间有共同特点，如 Cameron(1956)在他的《寄生虫和寄生现象》一书中说的"很难否定血居科、旋睾科和裂体科这3个科有共同来源的结论"。

同意 Stunkard 的设想的有 Ejamont(1927)、Byrd(1939)及 Dubois(1944)诸人。而赞同 Odhner 的设想的则有 Mehra(1950)。他从多项有关旋睾科研究的基础上支持了 Odhner 关于高等脊椎动物血吸虫来源于柔吸虫属(Hapalotrema)的假定。Mehra 认为旋睾科中的柔吸虫亚科(Hapalotrematinae)是血吸虫类的祖系，从这一亚科演发出裂体科和血居科。他不同意 Stunkard 的意见——血吸虫是随着宿主而共同演发的。他的论点是："动物的进化不是沿着直线，而是从一普通化的种类分化为较专化的种类"。

上述两种假设，对于推测血吸虫类演化来源各有见解，当然这只能作为假设而不可能证实，因为吸虫类没有化石足使我们窥探远古的情况。Mehra 的观点对于说明旋睾科和裂体科的关系是合理的。他指出了旋睾科中几个属，如 Enterohaematotrema、Hapalorhynchus 及 Vasotrema 等均与高等脊椎动物的血吸虫在构造方面甚为类似。它们在 Skrjabin(1951)的分类系统中均属于柔吸虫亚科(Hapalotrematinae)，因而把它当作祖系。但是，他设想的从这一亚科分出另一支演发为鱼类的血居科，则缺乏根据。尤其认为在血居科中偏孔茎属(*Aporocotyle*)较低级，而血居属(*Sanguinicola*)较高级的想法是不合理的。他提出血居科中各属演化顺序可以下数属为代表。

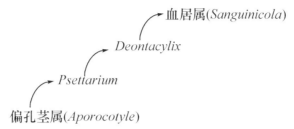

从这些属的构造来看，如用它们的消化管作比较，恰恰是他所认为高级的血居属具有最简单的肠管，而他认为最低级的偏孔茎属却有最发达的肠管，其他为介于中间的形式。所以 Mehra 的假设与动物进化的原则相反，果真是那样，那只能是退化的演变了。这样推论是不合理的。

血居属成虫和幼虫期的结构确可称为较原始的，对阐明血吸虫类演化和来源的问题是异常珍贵的材料。它似乎显示着吸虫纲可能有多源的演化历史(polyphyletic origin)。

G. 血居吸虫对鱼的致病作用

Wales(1958)报告 1955 年在北美洲西部美国加利福尼亚州一个养殖场中有 300 000 条鲑鱼苗(*Salmo gairdnerii kamloops* 及 *S. gairdnerii gairdnerii*)因血居吸虫(*S. davisi* Wales)的侵袭而死亡。另一次记录，1957 年在美国俄勒冈州的养殖场有 5000 条蛙鱼苗(*Salmo clarkii henshawi*)也因另一种血居吸虫(*S. klamathensis* Wales)的侵袭而消失。血居吸虫对于鱼类宿主产生的致病作用主要是由于它们对循环系统的影响，虫卵在鳃部产生阻塞的作用，并因为红细胞及血色素都减少了，造成宿主贫血，更严重的是由于毛蚴的孵出致使血管破裂，引起大量出血而死亡。

血居吸虫病可分急性及慢性两种，造成鱼苗(称"夏花"或"春花")急性症状的是虫卵引起的腮血管栓塞，并随之发生腮组织的坏死。一般鱼病书中也记载此症状。在较老的鱼体中卵不堆积在鳃条内而被血液带至肾脏、心脏及肝脏等器官。为解决本种血居吸虫是否和无棘血居吸虫一样产生这样的病害，我们曾将感染的鲫鱼的内脏切片检查，从心、肝、肾等器官都找到了血居吸虫卵；它们都被结缔组织所包围，多数卵内毛蚴已完全发育，黑色的眼点清晰可见。由于虫卵累积过多，肝与肾的机能受害，产生慢性的症状：腹水涨满、肛门肿大而外突、眼睛突出和鳞片耸立等，病鱼衰竭而死。在腮部血管内的卵，也因滞留久了对血管内壁有刺激作用，致使组织增生而把它包围起来。如果这样的卵多了，使血管闭塞，会引起严重的急性症状。很多研究者发现这种现象多在冬季发生。这是由于温度低，毛蚴孵出较缓所造成的。

患血居吸虫病的鱼会发生贫血。其红细胞及血色素均降低，而白细胞则成倍增加，主要是多形核白细胞，其他单核白细胞和嗜中性白细胞略增(Dogiel et al., 1961)。血居吸虫可能以红细胞为食。在其肠管内曾找到红细胞以及消化残余的血红素。Ivasik 等(1971)报告在乌克兰 Lvov 地区一个淡水养殖场中，1965 年因无棘血居吸虫的感染，鲤鱼血红蛋白显著降低，轻度感染的比正常鱼降低 20%，严重的则比正常鱼低 61%。有感染的鱼其血清内球蛋白含量也大大降低。对于感染鱼的血液变化，还须进一步考察。

H. 鱼血居吸虫病的预防措施

预防家鱼血居吸虫病以消灭其中间宿主折叠椎实螺为主要措施。鱼苗养殖池中首先结合清塘，在南方 4 月底 5 月初所用的生石灰清塘方法可以作为除螺的基本方法。清塘前将养殖池的水排干，捕去池内剩余的大小鱼。在挑出塘泥时检查椎实螺存在的情况。生石灰使用时先在池塘四周挖若干泥潭，将生石灰倒入，加水搅匀后，洒布池内，每 667m² 用量为 50～75kg(视污泥多寡而定)。生石灰的杀螺作用是由于池水在施用生石灰 1～2d 内碱度急增，pH 达 12～13。除用生石灰外，华东区群众尚有巴豆清塘法，使用方法：巴豆用 3% 盐水浸泡，磨成粉后放在坛内，密封、静置备用，每 667m² 用量为 2～3kg。清塘后待药性解除(约 10d)，把水戽干，再加清水。除在清塘时把养殖池内的折叠椎实螺消除之外，还须防止螺随水沟流入池内。

Malevitskaya(1950)介绍用铁丝密网放在入水沟，挡捕流入的折叠椎实螺。用生石灰清塘并结合阻止折叠椎实螺进入池内的措施 Dogiel 等(1958)、Dogiel 和 Baur(1955)、Baur 等(1956)、Layman(l957)、Naumova(1961)也都介绍过。尚有一些单位用五氯酚钠消灭钉螺，并用以清塘，消除池内贝类，效果显著，优点是用药量少，易溶于水，使用方便等。施用剂量水深 3.3cm 时每 667m² 施用 0.5～1kg。因为是接触杀虫剂，使用时工作人员须穿戴工作服和手套，以防中毒。清塘后半月放水，20d 左右鱼苗可下塘(西安市水产公司等，1974)。

结合我国农村情况，池塘养殖常在大草施肥和投给饲料时，投入浮萍、槐叶萍、满江红、苦草、品字藻、菹草等水生植物，以及在混养池塘中投给各种贝类，包括各种螺蛳、蚬、蛤等，此时须注意剔除折叠椎实螺，避免其入池繁生。在已放养鱼苗或小鱼的池塘中，消灭椎实螺用 1.6×10⁶ 的硫酸铜溶液，在 48h 内泼洒 2 次，可杀死椎实螺，而不损伤鱼体。保虫宿主问题也十分重要，鲫鱼感染龙江血居吸虫甚为普遍，在池内可能成带病者，应予以注意。

(3)旋睾类吸虫

与血居吸虫比较接近的旋睾科(Spirorchiidae Stunkard，1921)血吸虫(**血吸虫图 5**)也是雌雄同体，终末宿主是爬行类，也是冷血的脊椎动物。按 Skrjabin(1951)分类系统，把旋睾科和血居科列于血居总科(Sanguinicoloidea Skrjabin，1951)，也有一定道理。

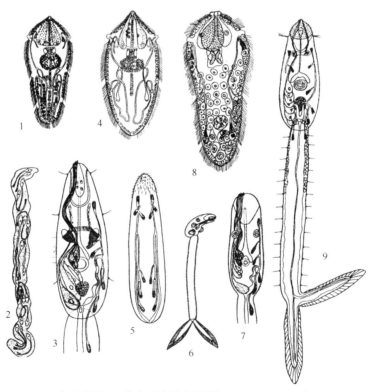

血吸虫图 5　旋睾吸虫幼虫期(按 Yamaguti，1975)

1～3.*Spirorchis elephantis*(Cort，1918)(1.毛蚴, 2.子胞蚴, 3. 尾蚴体部)；4～7.*Spirorchis parvus*(Stunkard，1922)(4.毛蚴，5.早期子胞蚴，6、7.尾蚴及其体部放大)(1～7 图按 Wall，1941)；8、9.*Spirorchis elegans* Stunkard，1923(8. 毛蚴，9. 尾蚴)(8、9 图按 Goodchild and Kirk，1960)

旋睾科吸虫的种类其多，按 Yamaguti(1971)的总结包括有 9 亚科 19 属。在福建，旋睾科的吸虫从龟鳖的循环系统查获，但经详细观察和描述的还只有两分原睾吸虫(*Plasmiorchis diarmostiformis* Tang et Tang，1990)。在我国各地如果详加注意和收集，相信会不乏其数。

旋睾血吸虫的生活史形式和其他血吸虫类的相同，幼虫期经毛蚴、母胞蚴、子胞蚴及叉尾尾蚴 4 个世代。尾蚴亦经穿钻进入终末宿主，移行、定居、发育达到成虫。

两分原睾吸虫 *Plasmiorchis diarmostiformis* Tang et Tang，1990 如血吸虫图 6 所示。

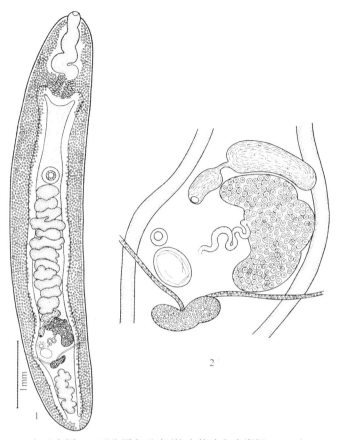

血吸虫图 6　两分原睾吸虫(按唐仲璋和唐崇惕，1990)

1. 成虫；2. 卵巢附近器官

终末宿主：乌龟(*Chinemys reevesii*)。

寄生部位：心脏。

虫体特征：体叶片形，全长 5.940～6.138mm，宽 0.330～0.684mm。口吸盘在体顶端，直径 0.090mm。食道长，长度约为 0.630mm，略有屈曲，其基部有腺体围绕，肠支初段向前弯曲，在短距离后便折向后方直延至尾端。腹吸盘比口吸盘大，圆形，直径 0.126～0.144mm，位体前方 1/3 的位置。睾丸不规则形，共 13 个前后直线排列。最后 1 个睾丸在卵巢后方。在前方的睾丸共占体区 1.908～2.016mm，而在后方的末端 1 个睾丸长宽径则为 0.360mm×0.198mm。阴茎囊在卵巢左方，其后有较大的贮精囊，位于卵巢的前方和背方。卵巢位于体后方 1/4 的水平，在体中央偏左的位置。卵巢略作分瓣状，输卵管起自卵巢的内侧，作三度弯曲后到达卵成腔。卵黄腺管从两侧向中央汇集，成卵黄积聚和总管。卵黄腺分布在肠管外侧自体后端直达食道两旁。子宫短，只含有一卵，卵椭圆形，大小为 (0.092～0.128)mm×(0.072～0.080)mm。

本吸虫归原睾属(*Plasmiorchis* Mehra，1934)，和其他已知种形态有很大不同，在睾丸位置方面，所有原睾属种类睾丸均在卵巢前，而本种最后 1 个睾丸则在卵巢后方。在数目方面，本吸虫有 13 个睾丸，*Plasmiorchis orientalis* 只有 7 个，*P. pellucidus* Mehra，1934 有 9 个，而 *P. obscurun* Mehra，1934 则多至 19 个，所叙述的 *P. obscurum* 是未成熟虫体，尚未定型。Mehra(1934)建立原睾属，根据的主要特征，一是睾丸，包括最后 1 个，均在卵巢前；二是具有腹吸盘；依此两点有别于两分睾属(*Diarmostorchis* Ejsmont，1927)和旋哈属(*Spirhapalum* Ejsmant，1927)等。山口左仲(Yamaguti，1953)在他旋睾科体系中将旋睾科、旋睾亚科，按照最后睾丸在卵巢的后方或前方，腹吸盘的有无和阴茎囊发达的状况而分为旋睾族(Spirorchiini)及旋哈族(Spirhapalini)两大类。依上述特点，福建的标本最后睾丸在卵巢后，应属两分睾属，而具有腹吸盘这一特点则应归原睾属。细察原睾属其他种类，腹吸盘有退化状态的如透明原睾(*Plasmiorchis pellucidus*)。可见原睾属和两分睾属尚不能截然分开。

参 考 文 献

胡振渊，郎所，李慧珠. 1965. 太湖青草鲢鳙鲤寄生血居吸虫及其季节感染动态. 动物学报， 13(3)：278~282

胡振渊，李慧珠，郎所. 1963. 寄生于青、草、鲢、鳙、鲤的血居吸虫及其季节感染动态. 一九六三年寄生虫学专业学术讨论会论文摘要汇编：136

郎所. 1995. 东山血居吸虫及其生活史. 华东师大学报， 1995(4)：101~105

李连祥. 1980. 团头鲂鱼血居吸虫病的病原及防治研究. 水产学报， 4(2)：17，179~196

刘昇发. 1997. 福建海产鱼类寄生吸虫二新种. 动物分类学报， 22(2)：118~124

龙祖培，沈一平. 1965. 山村血居吸虫新种生活史的实验. 寄生虫学报，2(3)：265~273

唐崇惕，唐仲璋，曹华，等. 1986. 内蒙古科尔沁草原淡水螺吸虫幼虫期的调查研究. 动物学报， 32(4)：335~343

唐仲璋，林秀敏. 1975. 龙江血居吸虫及其产生的病害. 厦门大学学报(自然科学版)，(2)：139~160

唐仲璋，唐崇惕. 1990. 一些福建爬行类的寄生吸虫. 《从水到陆——刘承钊教授诞辰九十周年纪念文集》：196~203

王溪云. 1982. 鄱阳湖鱼类的寄生吸虫Ⅱ. 棘口科、发状科和血居科四新种记述. 动物分类学报，7(4)：353~359

西安市水产公司，西安市水产养殖场，陕西师大生物系动物小组. 1974. 鱼复口吸虫病防治方法的初步研究. 陕西师范大学学报(自然科学版)，2(2)：31~43

张剑英，邱兆祉，丁雪娟，等. 1999. 鱼类寄生虫与寄生虫病. 北京：科学出版社

Akhmerov A A. 1960. New trematodes from fish in the Amur river. Helminthogia Bratis1ava, 2(314)：286~294

Davis H S，Hoffman G L，Surber E W. 1961. Notes on *Sanguinicola davisi* (Trematoda：Sanguinicolidae) in the gills of trout. J Parasitol, 47(3)5l2~5l4

Dawes B. 1946. The trematoda with special reference of British and other European form. Cambridge Univ Press：419~469

Dogiel V A，Petrushevski G R，Polyanski V I. 1961. Parasitology of fishes. Edinburgh：Oliver and Boyd. 384 pp.(Translation by Z. Kabata of Basic problems of the parasitology of fishes；Leningrad Izda elstvo Leningradskogo Universiteta ，354 (In Russian)

Ejsmont L. 1926. Morphologische systematische und entwicklungsgeschichtliche Untersuchungen an Arten des Genus *Sanguinicola* Plehn. Bull Intern Acad Polon Sci et Lett Cl Sci 1925：9~10B：877~966

Erickson D G，Wallace F G. 1959. Studies on blood flukes of the genus *Sanguinicola*. J Parasitol，45(3)：310~322

Fischthal J H. 1949. *Sanguinicola huronis* n. sp.(Trematoda：Sanguinicolidae)from the blood system of the largemouth and smallmouth basses. J Parasitol, 35(6)：566~568

Holmes J. 1971. Two new sanguinicolid blood flukes(Digenea)from scorpaenid rockfishes(P erciformes)of the Pacific coast of North America. J Parasitol, 57：208~216

Khan D. 1961. Studies on larval trematodes infecting freshwater snails in London(U.K.)and some adjoining areas Part III. "lophocercous" cercaria. J Helm, 35(1/2)：l33~l42

Kusel J R. 1970. Studies on the structure and hatching of the eggs of *Schistosoma mansoni*. Parasitology， 60(1)：79~88

Leger L. 1930. Sur la "sanguinicolose" maladie parasitaire de la c rpe d'elevage. Grenoble，Trav Lab Hydrobiol Piscic Univ，Year 1929，21：15~20

Lucky Z. 1964. Contribution to the biology and Pathogenicity of *Sanguinicola inermis* in juvenile carp. Proceedings of a Symposium on parasitic worms and aquatic conditions Prague，Czechoslavakia. 29，1962. Prague：Publishing House of the Czechos lovak Academy of Sciences：265

Lühe N. 1909. Parasitische Plattwurmer. I. Trematodes. A. Brauer，Die Susswasser fauna Deutschlande，17：216

McIntosh A. 1934. A new blood trematode *Paradeontacylax sanguinicoloides* n. g. n. sp. from *Seriola lalandi* with a key to the species of the family Aporocotylidae. Parasitology，26(4)：463~467

Meade T G，Pratt Ⅰ. 1965. Description and life history of *Cardicola alseae* sp. n.(Trematoda：Sanguinicolidae). J Parasitol, 51：575~578

Meade T G. 1967. Life history studies of *Cardicola klamathensis*(Wales，1958)Meade and Pratt 1965(Trematoda：Sanguinicolidae). Proc Helminthol Soc Wash，34：210~212

Mehra H R. 1934. New blood flukes of the family Spirorchidae Stundard from Indian fresh water tortoises with discussion of the synonymy of certain genera and the relationships of the families of blood flukes part II. Bull Acad Sci U P Allahabad V3， 43(4)：169~196

Mehra H R. 1939. New blood flukes of the family Spirorchidae Stunkard(Trematoda)from the marine turtle *Chelonia mydas* of the Arabian Sea，with observations on the synonym of certain genera of Classification of the family. Proc Nat Acad Sci India， 9(4)：155~157

Mehra H R. 1950. Evolution of the blood flukes and Strigeid trematodes. Presidential address，19th Ann Meet Natn Acad Sci India(Jan 22nd 1950)：38

MoMullen D B，Beaver P C. 1945. Studies on *Schistosoma dermatitia*. Ⅸ. Amer J Hyg, 42：128~154

Naumova A M. 1960. *Sanguinicola inermis* of carp and its treatment. Moscow：Tezisi Dokl Nauchnoi Konf Vses Ohshch Gelm：94~95

Odhner T. 1911. *Sanguinicola* M. Plehn- ein digenetis- cher Trematode！mit einem Nachtrag über ältere Beobachtungen von Prof. A. Looss. Kairo Zool Anz, 38(2)：33~45

Odhner T. 1912. Zum natürlichen system dignen Trematoden V. Die Phylogenie des Bilharzia Typus. Zool Anz, 41：57~71

Odhner T. 1924. Remarks on *Sanguinicola*. Quart J Micro Sci, 68：403~4ll

Plehn M. 1905. *Sanguinicola armata* und *inermis*(n. gen. n. sp.)n. fam. Rhynchostomidae. Ein entoparasitisches Turbellar im Blute von Cypriniden. Zool Anz,

29(8)：224～252

Plehn M. 1908. Ein monozischer Cestode als Blutparasit(*Sanguinicola armata u inermis* Plehn). Zool Anz, 33：427～440

Rasin K. 1929. *Janickia volgensis* n. g. n. sp. Ein Bluttrematode aus dem Fishe，Pelecus cultratus L. Biol. Spisy Vysoke Zverolek. Brno，8(16)：1～21

Schell S C. 1974. The life history of *Sanguinicola idahoensis* sp. n.(Trematoda Sanguinicolidae)a blood parasite of Stealhead trout，*Salmo gairdneri* Richardson. J Parasitol，60(4)：561～566

Scheuring L. 1922. Der Lebenscyclus von *Sanguinicola inermis* Plehn. Zool Jahrb Abt Anat，44：265～310

Short R B. 1953. A new blood fluke，*Cardicola laruei* n. g. n. sp. (Aporocotylidae)from marine fishes. J Parasitol，39(3)：304～309

Short R B. 1954. A new blood fluke，*Selachohemecus olsoni* n. g. n. sp. (Aporocotylidae)from the sharp nosed shark，*Scoliodon terra-novae*. Proc Helminth Soc Wash，21(2)：78～82

Skrjabin K I. 1951. Trematodes of Animals and Man. Moscow，Izdatelstvo Akademii Nauk SSSR，5：624

Skrjabin K I. 1955. Trematodes of Animals and man. Moscow：Izdatelstvo Akademii Nauk SSSR， 10：130～155

Smith J W. 1972. The blood flukes(Digenea：Sanguinicolidae and Spirorchidae) of cold blooded vertebrates and some comparison with the schistosomes. Helminth Abstract，41(2)：161～204

Stunkard H W. 1923. Studies on North American blood flukes. Bull Am Mus Nat Hist，48 Art：7.165～221

Stunkard H W. 1970. Trematode parasites of insular and relict vertebrates. J Parasit，56(6)：1041～1054

Szidat L. 1951. Neue Arten der Trematodenfamilie Aporocotylidae aus dem Blut und der Leibeshole von Susswasserfischen des Rio de la Plata. Z Parasitkde，15(1)：70～86

Wales J H. 1956. Two new blood fluke parasites of trout. Calif Fish Game，44：125～136

Wales J H. 1958. Two new blood fluke parasit of trout. California Fish and Game，44(2)：125～136

Wall L D. 1940a. Life history of *Spirorchis elephantis*(Cort，1917)，a new blood fluke from Chrysemys picta. Am Midl Natural，25：402～412

Wall L D. 1940b. Life history of *Spirorchis parvus* Stunkard(Trematoda：Spirorchiidae). Science，92：362～363

Wall L D. 1941. *Spirorchis parvus* Stunkard，its life history and the development of its excretory system. Trans Am Micr Soc， 60：221～260

Woodland W N F. 1923. *Sanguinicola* from the Sudan. Quart J Micro Sci，67：233～242

Woodland W N F. 1924. Notes on *Sanguinicola* from Sudan. Quart J Micro Sci，68：411～412

Yamaguti S. 1958. Systema Helminthum. I. Digenetic trematodes of Vertebrates. New York： Interscience Publishers INC：364～371

Yamaguti S. 1971. Synopsis of Digenetic Trematodes of Vertebrates. Tokyo ：Keigaku Publishing Co

Yamaguti S. 1975. A Synoptical Review of Life Histories of Digenetic Trematodes of Vertebrates. Tokyo Japan：Keigaku Publishing Co

3. 温血动物(鸟类及牛、羊)血吸虫及血吸虫性皮炎

(1)温血动物血吸虫的研究历史

鸟类和哺乳类血吸虫所引起的皮肤疹在世界各地分布广泛,自从 Cort(1928)发现北美洲的"游泳痒"(swimmer's itch)以来,本种疾患的流行记录遍于五大洲。Cort 在 1950 年曾作一综合报道,总结了 20 多年的情况。在此之后,新的分布区和虫种不断发现,在越南、缅甸、日本、马来西亚、大洋洲、非洲、南美洲、加拿大、苏联及我国均有报告,虫种方面为数亦多。例如,在马来西亚有短毛毕吸虫(*Trichobilharzia brevis*)、梭卵裂体吸虫(*Schistosoma spindale*)均能引起当地此疾患的流行(Basch,1966)。在日本经报告的有眼毛毕吸虫(*T. ocellata*)及瓶螺毛毕吸虫(*T. physellae*)在不同地区及岛屿引起皮肤疹(Chikami,1961;Iwakami,1960;Tanaka Minoru,1960)。在日本尚发现鸣禽类血吸虫的尾蚴亦能产生病害,如乌鸦毛毕[*T. corvi*(Yamaguti,1941)](Ito Yasuo,1960),寄生于鹊鸰、椋鸟等的椋鸟巨毕(*Gigantobilharzia sturniae* Tanabe,1948)等,后者经证明是日本"湖岸病"(koganbyo)的病原(Tanabe,1948;Takaoka,1961)。

在乌克兰、阿塞拜疆、白俄罗斯、拉脱维亚、摩尔达维亚、卡累利阿、俄罗斯等有 170 处地区有血吸虫性皮肤疹流行。在伏尔加河流域曾记载有 4 种鸟类血吸虫:眼毛毕血吸虫(*T. ocellata*)、粉末枝毕血吸虫(*Dendritobilharzia pulverulenta*)、波兰毕哈血吸虫(*Bilharziella polonica*)及中型鸟毕血吸虫(*Ornithobilharzia intermedia*),均能充为病原(Berezantsev and Kurochkin,1966)。

Chu(朱佐治)(1958)对于太平洋地区淡水及海水产生的皮肤疹作了综述。Russell(1972)报告大洋洲澳大利亚昆士兰北部有血吸虫性皮肤疹流行,以前在新西兰和夏威夷群岛报告因采掘海蚌及作海水浴而得的

"游泳痒"可能同是海鸟血吸虫尾蚴所引起。在美洲，Penner(1956)、Stunkard 和 Hinchliffe(1952)均报告海滩的皮肤疹，并分别阐明其病原血吸虫的生活史。

新中国成立后，20世纪五六十年代，为消灭人体血吸虫病做了大量工作。在考察我国血吸虫病的自然疫源和家畜疫源的同时，我国境内有关动物血吸虫的问题也得到注意。它们虽然不是人类正常的寄生虫，但其尾蚴却能侵入人体肌肤及内脏，产生称为"稻田皮肤疹"或称为"稻田皮炎"的疾患。我国各地皮肤疹的流行甚为普遍，在南方主要和寄生于家鸭类的毛毕属(Trichobilharzia)血吸虫有关。各省农村对此疾患有不同的地方名称，如在四川省称"鸭屎疯"，在福建称"鸭姆涎"或"鸭蛆"，在江苏太湖称为"鸭怪"，在广东省沙田称"痒水痒螺"。此疾患给人民生产生活带来诸多不便，夏季尤甚，在水田操作或游泳时均会受到感染。

国内各地发生的皮肤疹最重要的要推东北各省的稻田皮炎，其病原经发现为土耳其斯坦东毕血吸虫(Orientobilharzia turkestanica)。这是长春吉林医大稻田皮炎研究组(1959, 1960)发现的，一系列报告见于该校1963年专刊。辽宁省锦州医学院稻田皮炎研究组(1964)在该省也做了同样重要的调查工作。我国东北的稻田皮炎是世界各地皮肤疹流行较突出的例子，在广大的水稻田中有该种血吸虫尾蚴及其贝类宿主在那里孳生和蔓延，在田里操作的农民几乎全部手足受到尾蚴侵袭，产生瘙痒和显著的皮肤疹和红斑，亦有的发展为丘疹或风团，或在皮疹的基础上产生水疱并伴有浆液性渗出。间有发生继发性感染而糜烂。著者曾于1964年夏天承吉林医大生物教研组和寄生虫教研组之邀请到吉林省九台县饮马河该病流行区作现场观察，看到许多朝鲜族妇女手脚裹着塑料布在田间劳动，并看到了在南方不易看到的土耳其斯坦东毕吸虫的尾蚴。

Cort(1950)在其综合报道中总结当时已知有18种鸟类和哺乳类的血吸虫与世界各地皮肤疹流行有关。此后的文献又增加不少种类，它们包括裂体科(Schistosomatidae)中的四亚科：裂体亚科(Schistosomatinae)、毕哈亚科(Bilhariellinae)、巨毕亚科(Gigantobilharziinae)和枝毕亚科（Dendritobilharziinae）的种类。一些病原生物学问题(如病原种类及其生活史的阐明)对于控制本种疾患提供了一些新的论据。

世界各地的皮肤疹问题均与动物疫源显著相关，它具有很大的地区性，常和某些野生鸟类或兽类的血吸虫有关，但较严重的流行常联系到家禽家畜的疫源，如家鸭、耕牛、羊只、马匹等；所以，这一疾患虽事关农民公共卫生，实质上亦是畜牧业的问题，因为那些血吸虫对于牲畜危害极大。1979年，新疆查布察尔乳牛场奶牛因患东毕血吸虫病而不能产奶，著者(唐崇惕)曾应邀到该乳牛场，检查了乳牛活动场的萝卜螺数百粒，结果该螺的土耳其斯坦东毕血吸虫感染率高达50%以上。

我国地域广大，皮肤疹问题存在一些独特的情况。在一些国家它是生活上的问题，而在我国和其他东方国家则紧密地联系着生产劳动，与极广泛的稻田耕作有关。同时，动物血吸虫的生物学方面的考察(如病理、免疫、人体对入侵尾蚴的反应、虫种分类、尾蚴行为习性等)均与人体血吸虫病的基本知识、预防措施等息息相关。

(2)温血动物(禽鸟类及哺乳类)血吸虫的分类

鸟类和哺乳类的血吸虫因为数目繁多，各种类构造复杂，正逐渐形成更合理的分类体系，这样，就必须加入中国的种类并相应地修改一些属的概念。

在裂体科中共包含有裂体亚科(Schistosomatinae Stiles et Hassall, 1898)、毕哈亚科(Bilharziellinae Price, 1929)、枝毕亚科(Dendritobilharziinae Mehra, 1940)和巨毕亚科(Gigantobilharziinae Mehra, 1940)4个亚科。裂体亚科以雄虫体形肥大、雌虫体形细长、雄虫具有发达的抱雌沟、睾丸排列在肠弓之前方等特征区别于其他3个亚科。裂体亚科中至今共含有40多种，分隶于9个属。此前工作者对此亚科分属检索的特征是以睾丸数目、卵黄腺发育情况作为主要区分特征，然后配合其他特征而作出检索表；有的除沿用以上方法外，还按不同宿主类别以及雌雄虫而分别列出检索表。在工作过程中我们感到：睾丸的数目从大的范围上看有一定区别，但在同一种中有的睾丸数目变异的幅度相当大，因此如以睾丸数目作为属别区分的主要特征有些不妥；同时这些虫种中雄虫肠管会合位置、卵巢位置、子宫长度以及雄虫抱雌沟开始部位等特征比较稳定。著者认为以这些特征为主要特征，再配合以睾丸数目以及卵黄腺发育情况等特征来区分各属，能避免一些混乱。为此，根据我们已收集的标本并参考前人的文献，对本亚科的检索表曾进行修改如下。

裂体亚科分属检索表(按唐仲璋和唐崇惕，1976)

1. 雌虫体形较肥短扁平；肠管在体后端 1/5 处或更后部位会合，肠弓位于卵黄腺的中部或末端；卵巢和肠弓的距离较远⋯⋯2
   雌虫体细长；两肠管在体中部前会合，肠弓位于卵黄腺前端；卵巢紧靠肠弓前方⋯⋯⋯⋯⋯⋯⋯⋯⋯⋯6

2. 雌虫的两肠管在近体末端处会合，肠弓在卵黄腺末端⋯⋯⋯⋯⋯⋯⋯⋯⋯⋯⋯⋯⋯⋯⋯⋯⋯⋯⋯⋯⋯⋯3
   雌虫的两肠管在体后端1/5处会合，肠弓在巢黄腺的中部之后；卵巢在体前方 1/3 处，卵模近腹吸盘，子宫极短，内只含 1 个虫卵。雄虫抱雌沟从腹吸盘后方开始，睾丸67个，排列在体后部肠弓之前⋯⋯⋯⋯华毕属 *Sinobilha zrz zia* Dutt et Srivastava，l955

3. 卵黄腺发达，肠管上有许多侧小支⋯⋯⋯⋯⋯⋯⋯⋯⋯⋯⋯⋯⋯⋯⋯⋯⋯⋯⋯⋯⋯⋯⋯⋯⋯⋯⋯⋯⋯4
   卵黄腺不发达，肠管上不具有小分支；卵巢螺旋状位于体后端 1/3 处，卵模靠近卵巢前端，子宫很长，内含虫卵众多；卵黄腺丛粒数目很少，涣散地分布在卵巢和肠弓之间。雄虫体大，长达 40～57mm，睾丸数目 230～250 个，位于体前半部⋯⋯⋯⋯⋯⋯⋯⋯⋯⋯⋯⋯⋯⋯⋯⋯⋯⋯⋯⋯⋯⋯⋯大毕属 *Macrobilharzia* Travassos，1923

4. 卵黄腺分布在卵巢后方两肠管的两侧，具有两条卵黄腺管，沿着两肠管上行到卵巢后方，会合成一卵黄总管⋯⋯⋯⋯⋯⋯⋯⋯⋯⋯⋯⋯⋯⋯⋯⋯⋯⋯⋯⋯⋯⋯⋯⋯⋯⋯⋯⋯⋯⋯⋯⋯⋯⋯⋯⋯⋯⋯⋯5
   卵黄腺丛粒分布在卵巢后方体末端 2 条具有小分枝的肠管的间隙；卵巢螺旋状，位于体中横线之前，卵模靠近卵巢前端，子宫长，内含有很多虫卵。雄虫体壁上披有小结节，睾丸数目 70～80 个，位于体后端 1/3 部分，在肠弓的前方⋯⋯⋯⋯⋯⋯⋯⋯⋯⋯⋯⋯⋯⋯⋯⋯⋯⋯⋯⋯⋯⋯异毕属 *Heterobilharzia* Price，1929

5. 卵巢在虫体前方 1/8～1/4 处，卵巢螺旋状，卵模离卵巢前端不远，子宫较短，中含 1 个虫卵。卵黄腺和卵黄腺管都成对，两肠管之间有很窄的空带，把左右卵黄腺分开。雄虫抱雌沟从腹吸盘后方开始，睾丸数目超过 40 个，位于体前端 l/3 部分，生殖孔开口在睾丸和腹吸盘之间⋯⋯⋯⋯双黄毕属 *Bivitellobilharzia* Vogel et Minning，1940 卵巢在虫体中部之前，卵巢卵圆形，或有一两个弯曲；卵模靠近卵巢前端，子宫长而弯曲，内含有许多虫卵，卵椭圆形无刺；卵黄腺丛粒散布在卵巢后方两条具侧小支的肠管的间隙中，不见有左右两卵黄腺的分界。雄虫抱雌沟从体前端 2/5 处开始，睾丸数目 14～18 个，位于体中部抱雌沟的前段，生殖孔开口在第一个睾丸之前方⋯⋯⋯⋯⋯⋯⋯⋯⋯⋯⋯⋯⋯⋯⋯⋯⋯⋯⋯⋯⋯⋯⋯⋯
   小裂体属 *Schistosomatium* Tanabe，1923

6. 睾丸数目在 10 个以下，抱雌沟开始于腹吸盘后方。雌虫卵巢卵圆形，位于体中横线附近，卵模靠近卵巢前端，子宫较长，内含有多个虫卵。雌虫具口腹吸盘⋯⋯⋯⋯⋯⋯⋯⋯⋯⋯裂体属 *Schistosoma* Weinland，1858
   睾丸数目在 10 个以上，卵巢螺旋形，卵模靠近腹吸盘，子宫极短，内仅含 1 个虫卵。雄虫口吸盘有或付缺⋯⋯7

7. 雄虫抱雌沟从腹吸盘前方开始，睾丸 13～68 个。雌虫卵巢位于虫体中部附近或稍后，个别到体前方 1/3 处⋯⋯⋯⋯⋯⋯⋯⋯⋯⋯⋯⋯⋯⋯⋯⋯⋯⋯⋯⋯⋯⋯⋯⋯澳毕属 *Austrobilharzia* Johnston，1917
   雄虫抱雌沟从腹吸盘后方开始，睾丸 60～150 个。雌虫卵巢位于虫体前端 1/3 处⋯⋯⋯⋯⋯⋯⋯⋯⋯⋯8

8. 终末宿主是鸟类⋯⋯⋯⋯⋯⋯⋯⋯⋯⋯⋯⋯⋯⋯⋯⋯⋯⋯⋯⋯鸟毕属 *Ornithobilharzia* Odhner，1912
   终末宿主是哺乳类⋯⋯⋯⋯⋯⋯⋯⋯⋯⋯⋯⋯⋯⋯⋯⋯⋯东毕属 *Orientobilharzia* Dutt et Srivastava，1955

(3)禽鸟类血吸虫种类及其与血吸虫性皮肤疹的关系

A. 种类及分布

　　在目前已知的鸟类血吸虫中，毛毕属(Trichobilharzia)血吸虫(隶于毕哈亚科)无疑是我国各地皮肤疹的主要病原。除福建等地的包氏毛毕吸虫[*Trichobilharzia paoi* (Kung，Wang et chen，1960) Tang et Tang，1962]之外，在台湾地区有横川氏毛毕[*Trichobilharzia yokogawai* (Oiso，1927)]。在福建还发现有眼毛毕[*Trichobilharzia ocellata* (La Valette，1855)]，它具有新月形的卵。这个分布非常广泛的血吸虫在四川省也有记录。*T. ocellata* 在欧洲曾被认为是一个"复杂群"(species complex)，Szidat(1942)从尾蚴大小、动作习性以及宿主不同等区分 3 种不同尾蚴。日本产的眼毛毕曾有专文报道 [Chikami (千头笃)，1961]。在我国本种血吸虫的形态变异及分布等情况尚待研究。

　　瓶螺毛毕[*Trichobilharzia physellae*(Talbot，1936)]在吉林省九台县有报告(刘兆铭和黄乃璋，1963)，寄生于斑嘴鸭(*Anas poecilorhyncha*)及罗纹鸭(*Anas falcata*)。野生鸭类是毛毕属吸虫的正常宿主，它们的迁徙使各地贝类宿主得到感染，并间接地成为家鸭感染的来源。

Trichobilharzia 属系 Skrjabin 和 Zakharow 于 1920 年所建立。山口左仲(Yamaguti, 1958)把 *Pseudobilhar ziella* Ejsmont，1929 归并于毛毕属。本属种类据 Farley(1971)所列约有 28 种。它们的宿主除了天鹅、乌鸦、秧鸡以及 Fain(1955)在非洲报告的鹮鹭和琵鹭之外，均系鸭科的鸟类。它们分布广泛，寒冷的北方及热带地区均有。这是本种皮肤疹的生物学基础。家鸭养殖是农村极为普遍的副业，在水稻田附近孳生大量椎实螺的池塘和灌溉沟中养鸭，因此引起本种疾患蔓延。有关毛毕属吸虫和其宿主在世界各地分布情况如**血吸虫表 3** 所示(按唐仲璋和唐崇惕，1962)。

血吸虫表 3　毛毕属吸虫种类及其终宿主分布(按唐仲璋和唐崇惕，1962)

毛毕属吸虫	宿主	流行区
Trichobilharzia alaskensis Harkema，Mckeever et Becker，1957	*Anas boschas*	美国(阿拉斯加)
T. brantae (Farr et al.，Blackenmyer，1956)	*Branta canademis*	加拿大
T. brevis Basch，1966	*Anas platyrhyncha platyrhyncha* Linnae.	马来西亚
T. burnetti (Brackett，1942) McMullen et Beaver，1945	*Nyroca collaris*	美国
T. cameroni Wu，1953	实验的家鸭	加拿大
T. corvi (Yamaguti，1942) McMullen et Beaver，1945	*Corvus corone corone* Linnaeus	日本
T. filiformis (Szidat，1938) McMullen et Beaver，1945	*Cygnus olor*	德国
T. horiconensis (Brackett，1942) McMullen et Beaver，1945	*Nyroca americana*	美国
T. indica Baugh，1963	*Nettion crecca*	印度
T. Kegonsensis (Brackett，1942) McMullen et Beaver，1945	*Nyroca valisineria*	美国
T. kowalewskii (Ejsmont，1929) McMullen et Beaver，1945	*Anas querquedula，Anas crecca*	欧洲
T. mieensis Ishida，1960	*Querquedula crecca crecca*	日本
T. paoi (Kung，Wang et Chen，1960) Tang et Tang，1962	*Anas boschas*	中国(四川、福建)
T. ocellata (La Valette，1855) Brumpt，1931	*Anas circia*； *Anas poecilorhyncha zonorhyncha* Swinhoe； *A. platyrhyncha platyrhyncha* Linnaeus； *Hydroca fuligula* Linnaeus； *Mareca penelope* Linnaeus； *Querquedula falcate* Georgi； *Q. crecca crecca* Linnaeus	世界性分布 亚洲(中国、日本)
T. oregonensis (Macfarlane et Macy，1946)	实验的家鸭	美国
T. physellae (Talbot，1936) McMullen et Beaver，1945	*Querquedula diacors*； *Spatula clypeata*； *Anas poecilorhyncha zonorhyncha*； *Anas platyrhyncha platyrhyncha* Linnae.	世界性分布 亚洲(中国、日本)
T. stagnicolae (Talbot，1936) McMullen et Beaver，1945	实验的家鸭	美国
T. szidati Neuhaus，1952	*Anas boschas*	德国
T. tatianae (Spasskaja，1954)	*Rallus aquaticus*	苏联
T. waubescensis (Brackett，1942) McMullen et Beaver，1945	*Nyroca collaris*； *Mareca Americana*	美国
T. yokogawai (Oiso，1927) McMullen et Beaver，1945	*Anas platyrhynchos*	中国(台湾)
T. adamsi Edwards et Jansch，1955	实验的家鸭	
T. anatina Fain，1955	*Anas undulata undulata*	非洲
T. nasicola Fain，1955	*Anas undulata undulata*	非洲
T. berghei Fain，1955	*Anas undulata undulata*	非洲
T. rodhaini Fain，1955	*Hagedashia hagedash*	非洲
T. schoutedeni Fain，1955	*Jhalassornis leuconotus*	非洲
T. spinulata Fain，1955	*Alopochen aegyptiacus，Plectopterus gambiensis*	非洲

石田秀雄(1960)依卵子的形状将毛毕属分成 3 类：①具有半月形卵子的，如 *T. ocellata*、*T. spinulata*、*T. stagnicolae*、*T. szidati*；②具有圆形或椭圆形卵子的，如 *T. brantae*、*T. corvi*、*T. filiformis*、*T. nasicola*；③具有纺锤形卵子的，如 *T. anatina*、*T. kegonensis*、*T. oregonensis*、*T. physellae*、*T. waubesensis* 等。我国的包氏毛毕(*T. paoi*)应属于后者一类。

Farley(1971)曾依各种类的中间宿主作为区分标准之一。例如，幼虫期寄生于瓶螺类(physid)或椎实螺类(lymnaeid)的，他认为有所不同，并分出了成虫寄生于鸟类鼻腔及在非洲区的，以为应是另一类。

毛毕属是裂体科中最大的一属，所含虫种颇为纷繁，需要严格区分。和裂体属(Schistosoma)一样，今后还需注意种以下的特征。在不同地区及不同贝类宿主所产生的影响可能不在虫子的形态而在生理方面。

B. 包氏毛毕吸虫及其近似种

1) 包氏毛毕吸虫 [*Trichobilharzia paoi*(Kung，Wang et Chen，1960)Tang et Tang，1962] 成虫形态如下

雄虫(血吸虫图 7)：体细长，大小为(5.35～7.31)mm×(0.076～0.095)mm。口吸盘大小为(51～60)μm×(40～63)μm，腹吸盘为圆形实体，直径 51～60μm。抱雄沟(gynaecophoric canal)长 0.247～0.380mm，宽 0.123～0.152mm；是一个很短的简单纵裂沟，由左右扩展的体壁向腹面拢合而成。它位于体长前约 1/3 处。食道颇长，从口腔向后延展，至口腹吸盘间距离约 2/3 处分为两支肠系，它们向后行至抱雌沟后方又汇合为一，左右屈曲，斜贯于睾丸之间而达体的后端。在食道与肠管分支相衔接处有类似腺体状的构造，分布在食道的两旁。睾丸数目为 70～90 个，圆形，每个大小为(51～64)μm×(43～60)μm；它们纵列在抱雌沟后方，延至体后端。贮精囊位于腹吸盘后方，占据腹吸盘与抱雌沟之间的虫体部分。囊迂回折叠，囊内充满活动的精子。阴茎囊膜状，内有贮精囊，后部并有前列腺及射精管。贮精囊全长 0.172～0.417mm，宽 38～55μm。雄性生殖孔开口于抱雌沟的前面。

雌虫(血吸虫图 7、血吸虫图 8)：体比雄虫纤细，大小为(3.38～4.89)mm×(0.076～0.114)mm。口吸盘大小为(51～56)μm×(38～51)μm。腹吸盘大小为(30～43)μm×(34～43)μm。食道细长，在腹吸盘前方分为两肠管，它们在卵巢后方又汇合为一，左右屈曲而达于体后端。卵巢位于体的前部，在腹吸盘后方，约与其至体前端有同样的距离。卵巢大小为(0.253～0.322)mm×(0.021～0.025)mm，是一个狭长的腺体，做三四个螺旋状屈折。较成熟的卵细胞在于基部，而未成熟的则在于顶部。受精囊(receptaculum seminis)

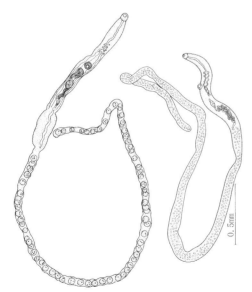

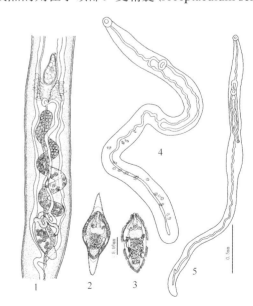

血吸虫图 7　包氏毛毕吸虫雄虫(左)和雌虫(右)(按唐仲璋和唐崇惕，1962)

血吸虫图 8　包氏毛毕吸虫雌虫卵巢附近器官、虫卵、毛蚴及雌雄童虫(按唐仲璋和唐崇惕，1962)

1. 虫卵巢附近器官；2. 虫卵；3. 毛蚴；4. 雌性童虫(7d)；5. 雄性童虫(9d)

圆筒状，接于卵巢基部出来的输卵管，稍后处有劳氏管(Laurer's canal)与受精囊相连，管内有许多精子附

在管壁上，作斜行排列。含有卵细胞的输卵管与从卵巢后方由卵黄腺发出的卵黄管平行，向上前进达到卵巢前方，两者相遇而接于子宫基部的卵模（ootype），其两旁有单细胞的梅氏腺（Mehlis gland）聚集。子宫极短，内只含一卵。生殖孔开口于腹吸盘后方。卵黄腺颗粒状从体，分布于受精囊后方广大的体部至体后端。

2）包氏毛毕吸虫童虫发育及寄生部位　用本虫种成熟尾蚴经皮肤感染雏鸭，感染后 45h 至 9d 先后可在雏鸭的肺脏、心脏及肝门脉血管查获不同发育程度的雌性、雄性童虫。感染后 10d 见到最早产卵的成虫，12d 从鸭子粪便中就可找到虫卵。

感染后 7d 的童虫已经可以分辨雌雄性，雌性童虫已出现卵巢、受精囊、输卵管及卵黄腺等器官的雏形。雄性童虫出现贮精囊、生殖孔和开始膨大的抱雌沟。

包氏毛毕成虫寄生部位以门静脉为主，其次为肠系膜静脉。如上所述，在鸭子肺脏和心脏均能找到虫子。从 9 只实验鸭各器官查获成虫数统计如下：总虫数 233 条，从 9 只鸭（100%）的门静脉和肠系膜静脉检获虫数共 186 条（占总虫数的 79.83%，下同）；8 只鸭（88.88%）从肺脏检获虫数共 25 条（10.73%）；6 只鸭（66.66%）从心脏检获虫数共 22 条（9.44%）。从以上这些数字来看，肝门静脉和肠系膜静脉是最正常的寄生位置，在其他的器官，如肺脏和心脏，虫体也都能成熟，雌虫能产卵，卵也能孵出毛蚴。也就是说，虽然肝门静脉和肠系膜静脉是它们最适宜的位置，进入体内的尾蚴其裂体婴大多数还不能都达到该部位，还有相当数量停留在其他部位，如肺脏及心脏，在这些器官内所产的卵是不能到体外的。

C. 包氏毛毕吸虫幼虫期

1）虫卵（血吸虫图 8 之 2）：卵作纺锤形，中央膨大而两端较尖，在卵的一端有一个小而弯曲的钩。卵大小为（0.236～0.316）mm×（0.068～0.112）mm。成熟的卵有两层卵膜（vitelline membrane）包裹着一个完全发育的毛蚴。卵和清水接触约 0.5h 即可见到毛蚴在卵内不断转动，卵子膨胀，在卵的一边形成一个纵裂口，毛蚴便从这里逸出。

2）毛蚴（血吸虫图 8 之 3）：被轻压的毛蚴大小为（0.187～0.231）mm×（0.051～0.096）mm。体表纤毛板 4 列，其各列数目从前端算起分别为 6、8、5、4。体前端突出的吻不具纤毛。在体的两侧，第一、第二列纤毛板之间有条状的突起，下有棒状的小器，它们可能是司感觉和调节水分的器官。和其他吸虫毛蚴一样，体的前方中央，具有袋状被称为"原肠"（primitive gut）的结构，内含 4 个泡状细胞核。原肠的两旁各有一个单细胞的穿刺腺，内含许多颗粒和一个具核仁的圆形细胞核。两穿刺腺的管开口于吻的两侧。

在毛蚴体两侧，在第一、第二列纤毛板之间，在上述棒状侧器（lateral processes）的上面各有一纤细的突起，侧小突（lateral papillae），只有在毛蚴的侧方才能看见它们。这样的小乳突在多种的吸虫毛蚴上均有报告，如在羊肝片吸虫（*Fasciola hepatica*）（Coe，1896）、鸮形吸虫 *Diplostomum flexicaudum*（Van Haitsma，1931）、美洲小形哺乳类的杜氏血吸虫 [*Schistosomatium douthitti*（Price，1931）]、日本血吸虫等。该构造可能是感觉器官。

呈两瓣状的神经团位于原肠的后方。具排泄及调节水分功能的焰细胞 2 对，在体每一侧各有 2 个分列于上下方，2 个焰细胞的微细排泄管相接为总管，作些往复和绕曲之后在两侧开口于第三、第四列纤毛板之间。

胚细胞（germinal cells）一团有 30 余个，位于神经团后方的体部中央，它们附着在毛蚴体的体壁上。每个胚细胞具有一个大的细胞核和明显的核仁。

毛蚴体内各器官周围充满含许多小颗粒的液体。

3）母胞蚴（血吸虫图 9）：人工感染椎实螺 [*Lymnaea*（*Radix*）*plicatula* Benson]，感染后 72h 至 15d，所见到的母胞蚴均呈条状， 15d 的母胞蚴大小为（1.16～1.76）mm×（0.159～0.219）mm。体壁很薄，为一层扁平细胞的薄膜。体内充满许多胚球和长短不等的棒状子胞蚴胚体。此时母胞蚴体壁如果破裂，体内的子胞蚴便离开母体到贝类宿主内脏团中继续发育。

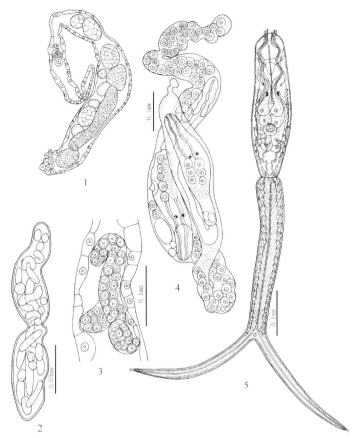

血吸虫图 9　包氏毛毕吸虫的胞蚴和尾蚴(按唐仲璋和唐崇惕，1976)

1、2. 15d 母胞蚴；3. 母胞蚴体一段放大，示体壁及体内子胞蚴胚体；4. 成熟子胞蚴(27d)；5. 尾蚴

4) 子胞蚴(**血吸虫图 9**)：子胞蚴在不同发育阶段均呈条状形态。早期子胞蚴胞壁光滑，体前端有一个开口，并有排列整齐的数排小刺，体内含有许多胚细胞。中期子胞蚴体内的一些胚细胞发育为胚球，以及含有体部和叉尾尾部的尾蚴胚体。感染后 19~27d 的子胞蚴大小为(1.2~1.7) mm×(0.043~0.124) mm，此时虫体成为弯曲的，宽度不均匀的胞囊。体内含两三个尾蚴和一些小胚球、胚细胞。成熟尾蚴可从破裂的子胞蚴壁的裂缝钻出。

5) 尾蚴(**血吸虫图 9、血吸虫图 10**)：在室温 28~30.5℃条件下，用毛蚴感染椎实螺 20d 后就开始有尾蚴逸出。尾蚴属于有眼点类的叉尾尾蚴(Ocellara group，furcocercous cercaria)。体部大小为 (0.202 ~ 0.279) mm×(0.064 ~ 0.093) mm，尾干大小为 (0.249~0.322) mm×(0.038~0.047) mm，尾叉大小为 (0.172~0.193) mm × (0.021~0.026) mm。体部前端头部作漏斗状，其基部有一个倒锥形的构造。本种尾蚴和其他鸟类及哺乳类血吸虫的尾蚴一样，具细长的食道，不具咽，食道末端有两个很短的分瓣，是将来两肠管分叉的开始。腹吸盘圆形，向外凸出，着生有短刺。单细胞穿刺腺 5 对，其中两对腺细胞位于腹吸盘前方，含颗粒较细、能溶解组织的酶物质；另 3 对腺细胞含颗粒较粗的黏多糖物质，位于腹吸盘后方。5 对穿刺腺细胞的导管两束蜿蜒上行至体头端，前 2 对穿刺腺管于管束的内缘，后 3 对穿刺腺管则在外缘。前 2 对穿刺腺分泌物在尾蚴穿钻宿主皮肤时能溶解宿主组织，有利于尾蚴的侵入；后 3 对穿刺腺的分泌物对尾蚴在宿主皮肤上附着、滑行起吸着、保护和滑润等作用。它

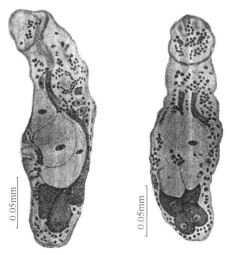

血吸虫图 10　包氏毛毕吸虫尾蚴(示两种穿刺腺及脱出腺)(按唐仲璋和唐崇惕，1962)

们的结构功能及对染料反应情况和人体的日本血吸虫的尾蚴相同(Tang，1937)。

尾蚴还在椎实螺体内的子胞蚴内时，在切片标本中可见在穿刺腺管的两旁各有椭圆形及圆形的细胞 8 个，它们各具有向前端开口的导管，此腺体被称为"脱出腺"(escape gland)，认为其分泌物能破坏螺体组织，使得它们能够离开贝类中间宿主而逸出到水中。在许多血吸虫尾蚴都发现有脱出腺，如在杜氏血吸虫(*Schistosomatium douthitti*)、旋睾血吸虫(*Spirorchis* sp.)以及毛毕属各种(如 *Trichobilharzia physellae*、*T. elvae*、*T. stagnicolae* 等)(Price，1931；Talbot，1936；Wall，1941)。在裂体亚科的人体曼氏血吸虫(*Schistosoma mansoni*)尾蚴有脱出腺 1 对，位于穿刺腺的前面(Gordon and Griffiths，1951)。

在巨毕亚科的椋鸟巨毕血吸虫(*Gigantobilharzia sturniae*)尾蚴的脱出腺细胞数目较多，分布于穿刺腺的外边(Nomura,1961)。日本产的 *Trichobilharzia physellae* 及 *T. ocellata* 尾蚴的脱出腺是 8 个(Misaki,1960)。

包氏毛毕吸虫尾蚴排泄系统的构造和裂体科其他血吸虫相似，在体的两侧作对称的排列。焰细胞公式为 2[(2+1)+(2+1)+1]=14，由两旁会合的大收集管通于体部后端中央的排泄囊，它与尾部排泄管相连。寄生于鱼类的血居吸虫(*Sanguinicola* spp.)，其尾蚴的尾部有两条排泄管。其他各类的血吸虫，无论是寄生于爬行类、鸟类及哺乳类的血吸虫，它们尾蚴的尾部都只有一条排泄管，但它们可能是原系两管会合为一条的遗迹，可由其与排泄囊相接处有一小块称为"柯氏岛"(Cort's island)的间隔得到证明。尾部排泄管贯穿尾干中央，至后端一分为二，进入两尾叉，而开口于其末端。

尾蚴尾部具有斜行排列的两极肌细胞(bipolar muscle cells)，其肌纤维在不同的平面上附着于体壁。它们的收缩与延展形成了尾部的旋转运动，和其他血吸虫的尾蚴一样，在水中的运动是以尾部向前的倒退姿势前进。尾部左右摆动，两个尾叉圆圈样地旋转，如推进器一样的回旋，这样就形成了尾蚴运动的动力。

包氏毛毕吸虫尾蚴具一对眼点，有很强的向光性。试验观察，在暗处的尾蚴很快地都会朝光源处游去，在 5～6min 内绝大多数达到光源的一侧。

D. 包氏毛毕吸虫的近似种

我国的毛毕属(*Trichobilharzia*)报告的种类不多。在已知的毛毕属吸虫中分布于北美洲的最多，其次在欧洲。Fain(1955)描述了 6 种非洲的种类。在东亚发现的较少。

包氏毛毕与其近似种曾作过区别。与瓶螺毛毕(*T. physellae*)不同，区别主要在睾丸的数目，后者睾丸数可达 210～240 个，每一横列有 2～3 个。但我国东北发现的 *T. physellae* 其睾丸数为 65～91 个，一般在 70 个左右，并作单行排列，则与包氏毛毕相似。在加拿大和日本所述的 *T. physellae* 各有些不同，应作详细区分。据 Cort 和 Talbot 叙述的 *T. physellae* 的尾蚴没有趋光的习性，这一点与包氏毛毕的尾蚴大不相同。

包氏毛毕尾蚴的穿刺腺 5 对。澳毕属尾蚴穿刺腺数目与毛毕属不同。澳毕属模式种 *Austrobilharzia tarrigalensis* 尾蚴具有 6 对穿刺腺。

另一近似种横川氏毛毕[*Trichobilharzia yokogawai* (Oiso，1927)被认为是一可疑的种(Farley，1971)。因为原作者大礒友明(Oiso)(1927)对 *Pseudobilharziella yokogawai* 的叙述，其形态特征与各属均不相合，但因描述较为简单，未能作为新属被承认。该描述被疑为不准确，特别是成虫的抱雌沟位置及尾蚴具咽一点与裂体科尾蚴的特点不相符。本虫种发现于中国台湾，终宿主为鸭子(*Anas platyrhynchus*)，寄生于肝门静脉和肠静脉。雄虫体扁平，后端呈截体状，长 2.0～2.5mm，宽 0.096mm。口吸盘直径为 0.02～0.03mm，腹吸盘直径为 0.04mm。腹吸盘距体前端 0.325mm。抱雌沟从腹吸盘后缘开始到肠管会合处止，此处体宽 0.135mm。睾丸 50～70 个。卵圆形，交互排列在肠管的两侧。贮精囊位于两肠管之间。雌虫体长 3.4～4.0mm，体宽 0.065mm。虫卵纺锤形，226μm×62μm。另一些毛毕属吸虫种类的主要特征如下(**血吸虫表 4**)。

血吸虫表4　毛毕属吸虫种类的主要特征(按唐仲璋和唐崇惕，1962)

虫种		T. kegonsensis Brackett, 1942	T.kowalewskii Ejsmont, 1929	T. burnetti Brackett, 1942	T.horiconensis Brackett, 1942	T.waubesensis Brackett, 1942	T.Physellae(Talbot, 1936)
终末宿主		Nyroca alisineria (Wilson)	Anas crecca	Nyroca collari s (Donovan)	Nyroca america na	Nyroca collaris Mareca Americana (Gmelin)	Querquedula discors
中间宿主							Physa parkeri
寄生部位		泄殖腔静脉管	血管	泄殖腔静脉管	泄殖腔静脉管	肠系膜静脉和泄殖腔静脉	肝门静脉和肠系膜静脉
发现地点		美国	波兰	美国	美国	美国	加拿大
雄虫	体　形	除抱雌沟外，整条虫体圆筒状		除抱雌沟外，整条虫体成圆筒状	丝状，身体后部呈念珠状	抱雌沟后身体呈圆筒形	身体后部扁平
	体长/mm	4.03	5.5		3.45	5.62	3.7
	体宽/mm	0.054	0.14 ~ 0.18	0.048	0.038~0.057	0.032~0.062	0.15
	口 吸 盘/mm	0.036×0.025	0.045	0.032×0.036	0.036×0.032	0.040×0.028	0.064×0.056
	腹 吸 盘/mm	0.036	0.064	0.040(直径)		0.040(直径)	0.073
	腹吸盘至体前端距离/mm	0.288	0.545	0.216		0.275	0.274
	抱雌沟　距体前端/mm	0.54	在生殖孔前后	0.45	0.432	0.54	0.678
	抱雌沟　长度/mm	0.144		0.144	0.125	0.252 ~ 0.306	
	抱雌沟　体宽/mm	0.065		0.065	0.065	0.072 ~ 0.082	
	睾丸　数目/个	约150	无数		不超过115	约100	210~240
	睾丸　大小/mm	0.022×0.032	圆形	宽度大过长度	宽度大过长度	0.035×0.018	略带圆形的卵圆形
	睾丸　排列方式	单行排列，睾丸彼此接近	在肠管两侧，不甚规则地交互排列	单行排列，睾丸彼此呲连无间隙	单行排列，前部睾丸紧密排列，后部睾丸相隔显著	单行排列，睾丸彼此间距离等于睾丸的长度或更长	在作等锐角弯曲肠管的两侧，每侧1~3个
	贮精囊	囊膨大弯曲6圈，位于从腹吸盘后缘至抱雄沟前端	宽度均匀的波纹状的长管，位于腹吸盘至生殖孔间	囊弯曲3~4圈，位于腹吸盘至生殖孔之间距离的后半段	囊膨大弯曲4~6圈，位于从腹吸盘后缘至抱雌沟前端	囊弯曲10圈，位于从腹吸盘后缘到抱雌沟的前端	宽度均匀的弯曲的管，在腹吸盘后缘至抱雌沟的前方
雌虫	体长/mm					5.62	
	体宽/mm					0.047	
	虫卵/mm					纺锤形 0.15	

E. 禽类血吸虫尾蚴使哺乳动物产生血吸虫性皮肤疹的机理

自从 Cort(1928)证明鸟类血吸虫的尾蚴侵入人体后能产生皮肤疹，它们所引起宿主组织的反应，不断经各地学者进行考察。Vogel(1930)考察欧洲的 Cercaria pseudocellata 侵入皮肤后24h 内便引起中性白细胞和淋巴细胞的增加。Brackett(1940)观察两种尾蚴 Cercaria stagnicolae 及 Cercaria elvae 在其侵入人体后，活体组织切片也看到同样的现象。Macfarlane(1949)及 Olivier(1949)证明鸟类血吸虫尾蚴引起的皮肤疹是一种对于尾蚴异体蛋白质过敏性反应的现象。他们报告：在初次感染时，皮肤对侵入的尾蚴的防御反应并不强烈，有部分虫体能从循环系统深入身体内部；经过多次感染，皮肤切片显示其反应特别强烈而迅速，表皮及皮层有水肿及大量淋巴细胞浸润，在极短时间内便可察觉。

关于我国包氏毛毕吸虫尾蚴侵入哺乳动物后所引起的组织反应，著者曾用小白鼠进行过试验。用 42 只小白鼠分成 5 组，分别进行 1 次、2 次、3 次、4 次、5 次尾蚴感染，感染后不同时间，将它们的肺脏和感染部位的皮肤固定，作埋腊切片进行观察。结果(**血吸虫图 11**、**血吸虫图 12**)表明：初次感染小白鼠，感染后1.5h，虫体大部分已穿过角皮层，有的达到皮下组织和真皮层；虫体侵入角皮层后经常横卧排列，少数沿毛囊侵入的虫体常斜列在毛囊的旁边；虫体周围和宿主组织之间有一个隔开的孔隙，这和日本血吸虫尾蚴侵入宿主皮肤时的情况相同。实验小白鼠大部分(15/19)肺部都有出血斑点。感染后2～3d，肺部尚无白细胞浸润现象。此时从肺部剖出的虫子尚是活的。4～5d 后虫体在肺部即被白细胞所包围、虫体逐渐死亡。第二次感染尾蚴的小白鼠皮肤反应和初次感染的反应相似。三四次感染的小白鼠，其皮肤对尾蚴的侵入有较迅速并强烈的反应，多数虫体在表皮及真皮层已被大量的白细胞所包围，有的虫体还很清晰；有的虫体只能见到轮廓，体内结构模糊；有的虫体已经解体，只能见到集结的白细胞。第四次和第五次感染的小白鼠皮肤反应更为加强，在表皮层虫体周围和附近出现很多中性白细胞和吞噬细胞，被包裹的虫体和白细胞一起从角皮层成为皮屑而排出体外，形成所谓非正常的"角化病"(parakeratosis)。第三次感染以后的小白鼠肺部出血斑点减少，侵入肺部的虫数不多，这和皮肤防御能力的增加、多数虫体在表皮层及真皮层被白细胞和吞噬细胞包围并被杀死有关。但个别能到达肺部的虫体，也很快就被大量白细胞包围并杀死。

包氏毛毕吸虫尾蚴感染小白鼠试验的结果如同以往研究者的工作一样，证实了此种皮肤疹是过敏性反应。哺乳动物的皮肤对于鸟类血吸虫尾蚴有很强的防御能力，在多次感染后，侵入的尾蚴很快被白细胞包围和消灭。被消灭的机制或因血液内抗体发生，或因白细胞及吞噬细胞的作用，或因两者共同作用的综合效果。其真正性质还需进一步探讨。

在自然界中，人们手足皮肤与毛毕属尾蚴接触，其反应也是逐次地加强，产生瘙痒、丘疹或水肿。瘙痒感觉最先可能由于尾蚴穿刺腺分泌物的作用，形成结节后也可能因虫体分解而引起刺激。被感染的人常因搔抓而引起细菌感染而发生炎症。

周述龙等(2001)的《血吸虫学》记载我国能引起血吸虫性皮炎的毛毕属吸虫除包氏毛毕外尚有大榆树毛毕(*T. dayushuensis*)(吉林)、集安毛毕(*T. jianensis*)(吉林)、巨毛毕(*T. gigantica*)(上海)、广东毛毕(*T. guangdongensis*)(广东)、米氏毛毕(*T. meagraithi*)(吉林)、中山毛毕(*T. zongshani*)(广东)及平南毛毕(*T. pingnana*)(广西)等。从报道的地点北到黑龙江，南到广东、广西，可见此属吸虫分布之广。

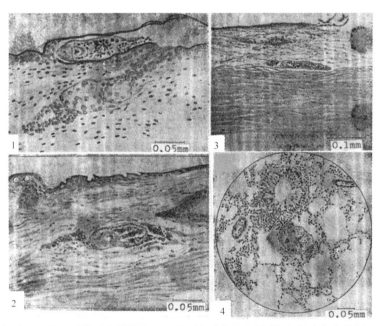

血吸虫图 11 包氏毛毕吸虫尾蚴第一、第二次感染小白鼠(按唐仲璋和唐崇惕，1962)

1. 初次感染后 1.5h，虫体在皮肤角质层下；2. 初次感染后 3h，虫体在表皮层中，少数白细胞浸润；3. 初次感染后 8h，虫体在表皮下层；4. 第二次感染，虫体在鼠肺脏

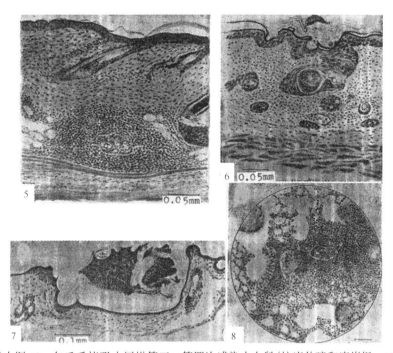

血吸虫图 12　包氏毛毕吸虫尾蚴第三、第四次感染小白鼠（按唐仲璋和唐崇惕，1962）

5. 第四次感染，虫体在鼠皮肤被大量白细胞包围；6. 第四次感染，虫体侵入鼠皮肤毛囊中被纤维化角质层包围；7. 第三次感染，虫体和它周围白细
胞及组织细胞残余在体表被排出体外；8. 第三次感染，虫体在鼠肺脏被白细胞包围并被杀死

（4）我国其他的鸟类血吸虫

A. 澳毕属（*Austrobilharzia* Johnston，1917）吸虫

本属吸虫雌虫体细长。两肠管在体中部以前会合。肠弓位于卵黄腺的前端。卵巢紧靠在肠弓的前方，
位于体中部附近或稍后。雄虫抱雌沟从腹吸虫前方或口吸盘后方开始延到体后端。

本属虫种在国内最早于 1951 年发现，在福州市南台岛的大沙鹬 [*Capella megala* (Swinhoe，1863)] 门
静脉血管中查到何氏澳毕吸虫 [*Austrobilharzia hoepplii* (Tang，1951) Witenberg et Lengy，1967]（**血吸虫
图 13、血吸虫图 14**），当时是将其放在鸟毕属（*Ornithobilharzia*）。Dutt and Srivastava (1955) 曾一度将其移
入

血吸虫图 13　何氏澳毕吸虫雌雄虫

1. 雌雄虫合抱（按 唐仲璋，1951）；2. 2 条雌虫在一雄虫抱雌沟中；3. 雄虫阴茎囊部位（2、3 图按唐仲璋和唐崇惕，1976）

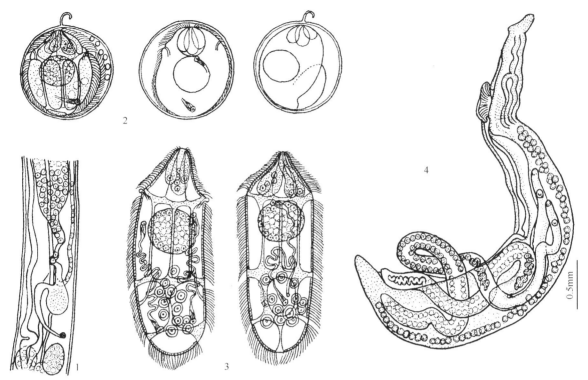

血吸虫图 14　何氏澳毕和平潭澳毕（按唐仲璋和唐崇惕，1976）
1. 何氏澳毕的卵巢、受精囊、劳氏管和卵黄管；2. 何氏澳毕的虫卵内含活动的毛蚴；3. 何氏澳毕的毛蚴示纤毛板及体内结构；4. 平潭澳毕 2 条雌虫在一雄虫抱雌沟中

微毕属，称 *Microbilharzia hoepplii*。尔后 Witenberg 和 Lengy（1967）又将它改为澳毕属，称 *Austrobilharzia hoepplii*，沿用此名称至今。本虫种此后在福州市南台岛一带的大沙鹬、扇尾沙鹬[*Capella gallinago* (Linnaeus，1758)]和针尾沙鹬[*Capella stenura* (Bonaparte，1830)]的肝门静脉等血管中经常查到较多的标本，从而得以对雄虫睾丸数目范围（13～30 个）、阴茎囊构造作一些补充叙述（唐仲璋和唐崇惕，1976）。同时，关于圆形的虫卵和具 4 列 6、8、4、3 数目纤毛板的毛蚴形态也作了详细的补充。

在福建省平潭岛的白翅浮鸥[*Chlidonias leucoptera* (Temminck)]的肠系膜静脉内找到另一种澳毕吸虫，平潭澳毕（*Austrobilharzia pingtangensis* Tang et Tang，1976）（血吸虫图 14），它除具有澳毕属的特征外，独特之处是具有数目多的睾丸（68 个），分布起自腹吸盘之后约 0.226mm 的位置，终止于距体末端 0.527mm 处。

澳毕属吸虫在我国的分布向北见于吉林省，肺澳毕吸虫（*Austrobilharzia pulmonale*）宿主为扇尾沙鹬（周述龙等，2001）。

B. 鸟毕属（*Ornithobilharzia* Odhner，1912）吸虫

本属吸虫与澳毕属不同点在于雌虫卵巢在体前端 1/3 处，雄虫抱雌沟从腹吸盘后方开始。形态与寄生在牛羊的东毕吸虫很相似。

本属吸虫仅见报道于福建平潭岛，从灰背鸥（*Larus schistisagus* Stejneger）肠系膜静脉中发现的鸥居鸟毕（*Ornithobilharzia laricola* Tang et Tang，1976）（血吸虫图 15）。

雄虫体长 8～12.24mm，体宽 0.6～0.72mm。抱雌沟起自腹吸盘后半部。睾丸 115～132 个，分布在腹吸盘至体长后端 35%～54%处的体部背侧。

雌虫体长 5.28～6.28mm，体宽 0.301～0.316mm。螺旋状卵巢位于体长前端 31.7%～37.3% 位置上。

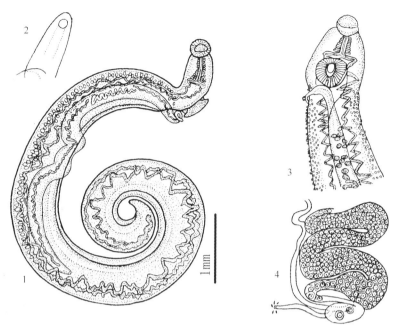

血吸虫图 15　欧居鸟毕吸虫(按唐仲璋和唐崇惕，1976)

1.合抱的雌雄虫；2.雌虫的前端，口吸盘付缺；3.雄虫的前端部位，示虫体表面的乳头状突起；4.雌虫的卵巢、输卵管、受精囊和劳氏管

(5)牛羊的东毕属(*Orientobilharzia* Dutt et Srivastava，1955)血吸虫

A. 研究历史及东毕属吸虫种类

Dutt 和 Srivastava(1955)将鸟毕属(*Ornithobilharzia*)中寄生哺乳类的种类分出，另建立东毕属。同时把他们以前叙述的寄生于水牛的鸟毕吸虫移入该新属，为本属的代表种 *Orientobilharzia dattai*(Dutt et Srivastava，1952)Dutt et Srivastava，1955。本虫种除寄生于水牛之外，还能寄生于黄牛、绵羊和山羊，其发育史也经过阐明。La Roue(1958)也曾建议将鸟毕属中寄生哺乳类分出另为一属，称 *Eurobilharzia*。在泰国 Kruatrachue 等(1965)又叙述水牛另一种的血吸虫，称为 *O. harinasutai*。在我国西北地区(甘肃)许缓泰和杨平报道了寄生于牛、羊的程氏东毕吸虫(*Orientobilharzia cheni* Hsu et Yang，1957)新种。本虫种也见于新疆、四川、贵州、陕西以及东北三省等地。在我国西北也发现有 *O. bomfordi*(Montgomery，1906)Srivastava，1957 及 *O. turkestanica* var. *tuberculata* Bhalerao，1932 的记载。土耳其斯坦东毕吸虫[*Orientobilharzia turkestanica*(Skrjabin，1913)Dutt et Srivastava，1955]在我国分布最广，从东北到西北，南至江苏、湖南、湖北、贵州和云南等地。著者在内蒙古东北部呼伦贝尔草原，西到新疆查布察尔乳牛场都查到本吸虫的成虫和幼虫。

本种血吸虫寄生于多种草食动物，宿主包括牛、水牛、绵羊、山羊、马、驴、骆驼等，有极广的分布。在欧洲的法国(Marotel，1908)，西亚的伊朗、伊拉克、南亚的印度和巴基斯坦，以及苏联、蒙古国和我国等，散布在极为广泛的草原和农业地带。

早年在东北和内蒙古地区曾经报告：辽宁省的铁岭、沈阳和辽阳(小野定雄，1930)、内蒙古的奈曼旗(山极三郎，1931)，土耳其斯坦东毕吸虫牛感染率达 76.9%(10/13)(井上辰藏，1932)。

土耳其斯坦东毕吸虫在畜牧业上有很大的重要性，在欧亚一些国家有人对其进行研究。在伊朗有 Arfaa 等(1929)和 Massoud(1973)，在巴基斯坦有 Abdulssalam 和 Sarwar(1952，1953)。在苏联乌兹别克等地作流行学考察的有 Azimov(1965)。研究生物学问题的有 Azimov 和 Nurmukhamedov(1968)，研究病理方面的有 Lavrou 和 Vsevaldov(1967)。发育史方面有 Dutt 和 Srivastava(1964)。

在 *Orientobilharzia* 属中有不同于土耳其斯坦东毕吸虫的其他种，其主要区别如下。

1)*Orientobilharzia harinasutai* Kruatrachus，Bhaibulaja et Harinasuta，1965：

主要特征： 成虫两肠管在腹吸盘后汇合。尾蚴具 3 对穿刺腺。

宿主：水牛(*Bubalus bubalus*)。

中间宿主：*Lymnaea rubiginosa*。

发现地点：亚洲泰国。

2)*Orientobilharzia datti*(Dutt et Srivastava，1952)Dutt et Srivastava，1955：

主要特征：虫卵的刺在侧方。

宿主：牛 *Bos taurus*、羊 *Capra hircus*。

中间宿主：*Lymnaea luteola*。

发现地点：亚洲印度。

3)*Orientobilharzia bomfordi*(Montgomery，1906)Datt et Srivastava，1955：

主要特征：虫卵只一端有刺状突起。

宿主：牛 *Bos taurus*、*Bos indicus*、羊 *Ovis aries*。

发现地点：亚洲印度。

B. 土耳其斯坦东毕吸虫[*Orientobilharzia turkastanika*(Skrjabin，1913)Dutt et Srivastava，1955] 在国内分布及其危害

1)国内分布：土耳其斯坦东毕吸虫在我国较早有徐锡藩(1938)在北京的报告。西北地区本虫发现于宁夏的银川市、云南罗平县和甘肃酒泉县(许绶泰和杨平，1957)。在内蒙古昭乌达盟翁牛特旗牧区本种血吸虫病在牛群中很普遍，感染率及感染强度均高(秦建雍，1965)。吉林医科大学稻田皮炎组(1960)在吉林省九台县镇后小屯检查黄牛粪便找到虫卵，并解剖黄牛尸体也检获大量本种血吸虫。朱传典和杜增瑞(1960)在四平地区也有报告。吉林省农业科学院兽医研究所(1960)在吉林省又继续查得 17 个县市 105 头黄牛，11.21% 有本虫感染。分布地点有扶余、双辽、海龙、永吉及延吉。伪满时期在东北及内蒙古，有一些日本人查过本种血吸虫，感染牛只的产地为通辽、开鲁及海拉尔等。西南省份，熊大仕(1943)检查成都 50 头黄牛，在肠系膜静脉找到本种虫体的有 18 头(36%)。郭绍周(1940)报告：在四川检查 41 头牛的肠系膜静脉，感染本虫的占41.46%，并提到成都屠宰场宰杀的牛 40% 有本虫寄生。在四川省绵竹县黄牛及水牛均查得有感染(李明忠等，1957)。1964 年贵州省畜牧兽医研究所危粹凡曾报告贵州黄牛有此血吸虫，并寄赠我们一些标本。在云南省本虫也发现于昆明(吴淑卿等，1960)。在中南省份，本虫见于湖南省东安县黄牛(陈祜鑫等，1956)及东安、邵阳两县(湖南省兽医工作站，1957)。在湖北省见于当阳、京山、潜江、阳新、黄陂、宜昌专区及恩施专区。本种血吸虫在华东报告的较少，只在江苏的泗洪县有一例(可能是从外地运来的牛)(中央农业部家畜血吸虫调查报告汇集，1958)。西北边疆地带的新疆本虫也很普遍，除耕牛和乳牛以外，其他记载的宿主有马鹿(吴尚文，1962)。

2)危害：在我国东北各省土耳其斯坦东毕血吸虫是稻田皮炎最严重流行区的病原。此牛、羊的血吸虫尾蚴侵入人体，不能到达成虫寄生部位继续发育。它们在人体皮肤致使产生严重的过敏性血吸虫性皮炎，其机理与鸟类血吸虫尾蚴在哺乳动物所引起的皮肤疹的机理相同。此疾患曾严重地妨碍流行区的农业生产劳动。

土耳其斯坦东毕对牛和羊均有一定的危害性，而绵羊受害较烈。感染的牛其发病的症状根据秦建雍(1965)叙述：内蒙古病牛"在放牧季节病畜体质消瘦，弓腰缩腹，头毛竖立，眼球下陷，眼有分泌物，早晨更多。精神不振，四肢无力。粪便稀薄带黏液。下颌有不同程度的水肿发生。体温正常，但有的可达40℃。黏膜贫血不明显，但红细胞与红血素均有下降。白细胞有升高。心音弱，胃肠蠕动无力，时伴有咳嗽。上述表现在一两岁牛犊最明显"。以及"尸体剖检除贫血衰竭、消瘦、血稀、胸腹腔有渗出液等之外，比较突出的脏器病变是肝脏、肠壁与淋巴结。肝脏多肿大，表面不平，颜色不均，夹杂棕灰色的斑块，外膜有黄色小点，它们是炎症病灶，中部细胞坏死，大的如小米粒，小者如针头。呈散在或聚积状，镜检发现有虫卵。肠壁黏膜粗糙不平，有淡黄色小点，聚积成簇，也有大量虫卵。此等病变多见于小肠段"。感染严重的一头患牛体内虫数可达数千至 1 万条之多。

Massoud(1973)所叙述的土耳其斯坦东毕吸虫引起黄牛和绵羊的症状与上述的大略相同。据其记载绵羊的反应较为严重。病理切片可察见肝脏组织及肠壁的病变，虫卵周围有明显结节形成，有大量的嗜伊红

白细胞及淋巴细胞浸润。Yamaguti(1931)最早叙述蒙古的黄牛肝脏组织因本虫虫卵引起病变，以及卵周围的嗜酸性放射状物质。这样的反应后来在日本血吸虫感染的组织内也有发现(Hoeppli,1932)。病理学及兽医学的研究均证明本种血吸虫对于牲畜健康有很大的危害性。

C. 土耳其斯坦东毕吸虫的贝类中间宿主

土耳其斯坦东毕吸虫的贝类宿主为椎实螺科(Lymnaeidae)的淡水螺类。最早在伊拉克经MacHattie(1936)发现的为 Lymnaea tenera euphratica。Arfaa 等 (1965)在伊朗 Khuzistan 省，以及整个国家西部和中部、里海以南、波斯湾以北地区，发现本血吸虫的中间宿主为 Lymnaea gedrosiana。Dutt 和 Srivastava(1964)在印度 Srinagar 地区报告为 Lymnaea auricularia。其他东毕属种类的贝类宿主亦为椎实螺。在印度 Orientobilharzia dattai 的中间宿主为 Lymnaea luteola。在泰国 O. harinasutai 的中间宿主则为 L. rubiginosa。

在我国东北的吉林省，土耳其斯坦东毕血吸虫的中间宿主曾经吉林医科大学稻田皮炎研究组(1963)的阐明。杜增瑞(1963)曾列饮马河流行区各淡水螺的名录。这一血吸虫的贝类宿主被归于萝卜螺属(Radix Montfort,1810)(本属原系椎实螺属 Lymaea 的亚属)。它们是耳萝卜螺 Radix auricularia (L.,1758)、卵圆萝卜螺 Radix ovata (Draparnaud,1805)、狭萝卜螺 Radix lagotis (Schrank,1803)、长萝卜螺 Radix pereger (Müller,1774)以及梯旋萝卜螺 Radix latispera(Yen,1937)，这 5 种中以最先列的 3 种最为重要。锦州医学院和锦州医学科学研究所稻田皮炎组(1964)在辽宁省盘锦地区也同样找出 5 种萝卜螺，其中不同的是没有梯旋萝卜螺，而列有称为克氏萝卜螺 Radix clessini(Neumayr,1898)的一种。这两省流行区中无眼点的叉尾尾蚴感染率达 20.5%～32.2%，甚至达 88%，著者于 1964 年曾在吉林省九台县饮马河剖检该处淡水螺 2961 个，包括 3 种萝卜螺，结果有土耳其斯坦东毕吸虫幼虫期感染的 12 个(0.42%)，其中耳萝卜螺的感染率为 0.12%、卵圆萝卜螺 0.64%～2.63%、狭萝卜螺为 0.19%。这样低的感染率可能与已经过防治措施有关。著者于 1979 年 8 月到新疆查布察尔县一乳牛场放牧地，当地萝卜螺有耳萝卜螺和卵圆萝卜螺，剖检数百个此螺种，感染有土耳其斯坦东毕吸虫幼虫的约达 50%。著者在内蒙古乌兰浩特科尔沁草原检查当地有羊群经过的沼泽地"水泡"中的萝卜螺(也是耳萝卜螺和卵圆萝卜螺)，前者土耳其斯坦东毕幼虫期感染率为 4.47%(57/1274)、后者为 3.9%(93/2386)，尾蚴经人工感染家兔和实验羊，均从其肝门静脉和肠系膜静脉获得本种血吸虫的童虫和成虫(唐崇惕等，1983，1986)。

D. 土耳其斯坦东毕吸虫成虫和童虫发育

1) 幼龄成虫(血吸虫图 16)：在内蒙古科尔沁用本种吸虫尾蚴皮肤感染实验羊，60d 后至一年之内所获得的成虫是发育成熟正常的虫体。雄虫体大小为 (6.057～7.375)mm×(0.394～0.510)mm(平均 6.716mm×0.452mm)，抱雌沟起自腹吸盘后方，直延到体末端。睾丸质实，65～84 个作单行交错排列于腹吸盘后方，终止于体赤道线之前。阴茎囊钝椭圆形，位于第一个睾丸之前，有较粗、弯曲的贮精囊通入囊中，囊前缘的生殖孔开口于抱雌沟前端，腹吸盘之后。肠弓"V"形，位于体长后端 1/4～1/3 处，单条肠管达到体末端。感染后 60d 至一年内的雌虫体大小为 (4.265～5.625)mm ×(0.106～0.144)mm(平均 5.173mm×0.131mm)。卵巢大小为 (0.212～0.308)mm ×(0.058～0.087)mm(平均 0.260mm×0.071mm)，位于体长前端 1/4～1/3。卵巢后方的卵黄腺饱满，子宫中只有一虫卵。

2) 高龄成虫(血吸虫图 17)：用本种血吸虫尾蚴一次感染实验羊，2～3 年后解剖实验羊，仍能获虫体，但虫体逐渐发生变化。雄虫大小变化不大，仅略缩小，但部分至大部分睾丸其内质呈空泡状。雌虫的个体普遍缩短，约 14.6%(140/959)的体形显著变化。各雌性器官(卵巢、卵黄腺等)不同程度地消失。体变肥大，有的出现抱雌沟的构造，虫体上还有萎缩的卵巢、残余的卵黄腺，子宫中仍有一个典型的虫卵。此时许多变形的雌虫不见子宫和虫卵。3 年的雌虫由于雌性生殖腺萎缩或消失，虫体显示雄性化体态。

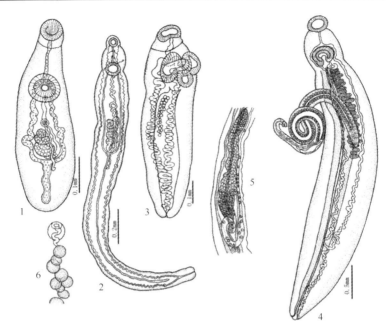

血吸虫图 16　土耳其斯坦东毕吸虫童虫和成虫
(按唐仲璋和唐崇惕，1976；唐崇惕，1983)

1. 20d 雌性童虫；2. 30d 雌性童虫；3. 20d 雄性童虫；4. 20d 雄性童虫的阴茎囊的睾丸；5. 雌虫的卵巢和输卵管等构造；6. 雌雄成虫

实验羊感染后 1～3 年，其粪便中虫卵及孵化出毛蚴数逐渐减少。第一年羊(感染后 50～60d)12g 粪便孵出 598 个毛蚴(平均 49.8 个/g)；第二年的 18g 粪便孵出 350 个毛蚴(平均 19.4 个/g)；第三年的 16g 粪便孵出 177 个毛蚴(平均 11.1 个/g)。此实验结果说明随着虫龄的增加，虫体生殖产卵的能力逐渐下降，虽然还有大部分虫体的外观形态和生殖腺结构尚属正常，但正常的虫卵数显然减少。高龄雌虫体态及生殖力的变化，推测可能是由于雌性生殖器衰退、雌性激素减少或消失而引起这许多变化。

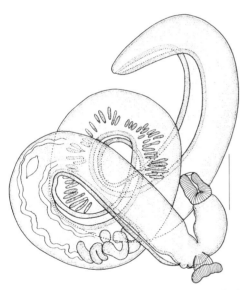

血吸虫图 17　土耳其斯坦东毕吸虫三年虫龄雌虫雄性化出现抱雌沟
(按唐崇惕等，1990)

3) 童虫的发育及寄生部位：在内蒙古科尔沁草原，著者曾经用本种血吸虫的成熟尾蚴皮肤感染实验兔多只，3.5d 可在兔肺部查获裂体婴(schistosomulum)，体形和大小与尾蚴体部相似；肠管已略发育，内无血液。感染后 9d 在实验兔肝门静脉的裂体婴开始发育的肠管中含有兔血。16～17d 的童虫其肠管开始会合，单条肠管向体后端延伸。雌性童虫肠弓作"U"形，螺旋状卵巢及其附近器官在弓上方发育；雄性童虫肠弓呈"V"形，初生睾丸纵列出现在腹吸盘后方体背部，抱雌沟也已出现，起自腹吸盘后方体腹侧，止于体末端。本吸虫童虫在实验动物体中发育，表现有很明显的不同步情况。30d 童虫的雌雄生殖器官发育完备，雌虫卵黄腺内见有卵黄腺物质。感染后 42～58d 所获虫体均已成熟，雌虫子宫中含有一个前后端均具突起的虫卵。本种血吸虫在兔子体内发育达到成熟的时间比日本血吸虫更长，后者在实验兔体内只需 25d 左右即可成熟。

成虫在羊体中的寄生部位主要是肠系膜静脉，在肠系膜静脉中的虫数大大超过肝门静脉。从感染后 60d 的一只实验羊检获虫体 1324 条(雌虫 656 条，雄虫 668 条)；其中在肝门静脉只有 11 条(0.83%，雌虫 5 条，雄虫 6 条)，在肠系膜静脉中有虫 1313 条(99.17%，雌虫 651 条，雄虫 662 条)。从感染后 3 年的一只实验羊检获虫体 1825 条(雌虫 959 条，雄虫 866 条)；其中在肝门静脉只有 114 条(6.25%，雌虫 87 条，雄虫 27

条），在肠系膜静脉中有虫 1711 条（93.75%，雌虫 872 条，雄虫 839 条）。

4）童虫及成虫体表结构（血吸虫图 18）：土耳其斯坦东毕吸虫童虫和雌雄性成虫体壁都具有不同程度的皮层锥褶（tegumental folds），其下覆盖着不同大小的感觉球（sensory bulbs），从表面看像是大大小小的结节，著者曾将表面显示有结节的虫体放在清水中浸泡 20min 后固定作电镜扫描，即可见到除去皮层显露出附着在肌肉层上的许多感觉球。20d 雄性童虫体壁表面布满细密波状横纹，许多感觉球在皮层下向上突起，其顶上有一条粗短纤毛伸出。雄性成虫体壁表面布满明显的皮层皱褶、有的部位形成许多小凹窝状突出的似皮乳突（integumental papillae-like），凹窝中有一纤毛露出，这些是由于皱褶较高或感觉球较小，使得与球顶端纤毛着生处联系着的皮层下陷，呈一凹窝状。除去皮层，裸露出的感觉球大小不一致，但全部都是半圆球状。雌虫体壁具较小的皮层皱褶，其下包被有较小的具纤毛的感觉球，体前部露出纤毛的突起较多。在体中部，顶上有凹陷的乳突较多，在体后端体壁平坦，上有许多皮层增厚块，上有一孔洞。本吸虫雌雄性童虫和成虫体表除感觉球的结构之外，在体表、口腹吸盘等部位尚有大小、形态不一的小棘（唐崇惕等，1983）。

血吸虫类从雌雄同体的血居吸虫至人体的曼氏血吸虫、埃及血吸虫和日本血吸虫的体表亦具有纤毛及无纤毛的感觉球。土耳其斯坦东毕吸虫和日本血吸虫（**血吸虫图 18、血吸虫图 19**）相比较，后者没有前者明显。日本血吸虫雄虫体壁上的皱褶有较高的褶嵴，雌虫体壁的褶嵴也较矮浅（Sakamoto and Ishi，1976，1977；何毅勋等，1980，1990；周述龙等，2001）。

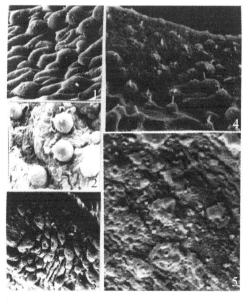

血吸虫图 18　土耳其斯坦东毕吸虫雌雄虫体表构造（按唐崇惕等，1983）

1. 雄虫皮层皱褶覆盖着具纤毛的感觉球（×3000）；2. 脱去皮层露出具纤毛的感觉球的雄虫体壁（×3000）；3、4 雄虫体表皱褶和感觉球（×3000）；5. 雌虫体后部背侧，示皮层增厚及小棘分布（×6000）

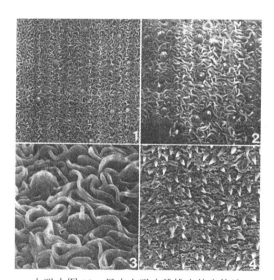

血吸虫图 19　日本血吸虫雌雄虫体表构造（按 Sakamoto and Ishi，1976，1977）

1～3. 雄虫体表皱褶和具纤毛感觉球（×1600，×3200，×8000）；4. 雌虫体表皮层及小棘（×4800）

血吸虫体壁皮层皱褶增多，可能有利于虫体在血液环境中通过体壁吸收营养物质和排泄代谢产物的面积，说明其体壁皮层不仅是一层保护性质的鞘膜，也是有活性的组织。具纤毛和不具纤毛（或原有纤毛脱落了）的不同大小感觉球可能与司感觉功能有关。皮层小孔可能与排泄及分泌有关。此外在腹吸盘、抱雌沟及体壁上的小棘可能与虫体在血管中附着及交配行为的效能有关，而口吸盘中的小棘可能尚有咀锉的作用。

E. 土耳其斯坦东毕吸虫的幼虫期(**血吸虫图 20**)

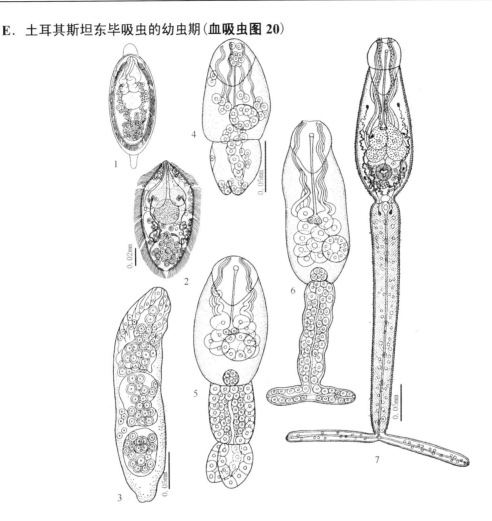

血吸虫图20　土耳其斯坦东毕吸虫幼虫期(按唐崇惕等，1983)

1. 虫卵；2. 毛蚴；3. 早期子胞蚴；4～6. 尾蚴胚体；7. 成熟尾蚴

1) 虫卵及毛蚴孵化。

虫卵：雌虫的子宫只含一个虫卵，排出后才有新的虫卵进入子宫。在子宫中的虫卵呈梭形。卵子的大小为(0.072～0.160)mm×(0.045～0.060)mm(平均 0.152mm×0.054mm)。从实验羊的粪便中收集到的虫卵为长椭圆形，前端有一钝圆的突起，后端有较窄长的突起。卵内有一已发育的毛蚴，裹在胚膜中，透过卵壳可以见到其体中的所有结构。平时毛蚴在卵中静止不动，当接触到清水时，卵内的毛蚴开始活动、旋转。卵壳破裂，毛蚴孵出。

毛蚴孵化：我们曾对大量感染本种血吸虫尾蚴的实验羊粪粒中虫卵孵化做了观察(唐崇惕等，1990)。感染 60～90d 的实验羊，同一实验羊不同粪粒孵出的毛蚴数不相同；粪便保持湿润，放置 8d，大多数虫卵仍然存活有毛蚴孵出；干燥多天的粪粒，虫卵死亡，无毛蚴孵出；放置 2～6d 的粪粒孵出的毛蚴数多过刚排出 3～6d 的粪粒，说明虫卵随宿主粪便到外界，有的虫卵可能尚需一段时间才完全发育成熟；剖检两实验羊，分别检获雌虫 959 条和 656 条。此两羊的粪粒在外界放置 3h 至 8d，这些粪粒放到水中均有毛蚴孵出；前者27g 粪粒孵出 1210 个毛蚴(平均 44.81 个/g)，后者 8g 粪粒孵出 364个毛蚴(平均 44.25 个/g)。

大量尾蚴感染一次的一只实验羊，在感染后 50～60d、第二年和第三年，分别检查其粪便孵出的毛蚴数，粪便中孵出的毛蚴数逐年减少(该羊于第三年剖检，获雌虫 872 条，雄虫 839 条)。感染后 50～60d，12g 粪粒孵出毛蚴 598 个(平均 49.8 个/g)，第二年，18g 粪粒孵出毛蚴 350 个(平均 19.4 个/g，为第一年孵出数的38.96%)；第三年，16g粪粒共孵出毛蚴177个(平均11.1个/g，为第一年的22.29%，第二年的57.22%)。这一情况与前文所述，估计与东毕血吸虫虫龄增加、雌雄虫生殖腺逐渐萎缩消退有关。

　　毛蚴孵化周期性(血吸虫图21～血吸虫图23，血吸虫表5)：我们取3只实验羊在感染后50～60d的粪粒样品共40份(每份1～2g)，计算了每份每天24h内不同时间段中的毛蚴孵出数。发现土耳其斯坦东毕吸虫在宿主粪便中的虫卵到水中后，孵出毛蚴的时间有很强的周期性。粪粒样品于6：00、9：00、15：00和21：00分别10份入水，而后在第二天开始于每天的6：00、12：00、18：00和24：00，4次倒出各样品的浸泡液，收集毛蚴计数。所有大量毛蚴的样品，出现于第二天上午，随后逐渐下降，高峰均出现在随后的每天上午。40份粪粒(共65g)共孵出毛蚴3821个，其中2608个(68.3%)在入水后第二天上午出现，378个(9.9%)在第三天上午出现。同一实验羊的粪粒入水后放在暗室和在日光灯昼夜照射中，虽然孵出毛蚴数减少，尤其在4d的连续光照中，虫卵大量死亡(镜检：虫卵黄褐色，毛蚴已死亡)，但孵出毛蚴的高峰仍然是在第二、第三天的上午。奇怪的是毛蚴是从上午9：00开始大量出现，到中午12：00后突然停止，仅有极少数的1～2个毛蚴出现于14：00之前。毛蚴孵化有如此周期现象的缘由尚不明白，是否和光线的实质情况有关？是否毛蚴也有生物钟的作用？为何在暗室中的样品也是在上午孵出？这些现象的机理都有待研究。

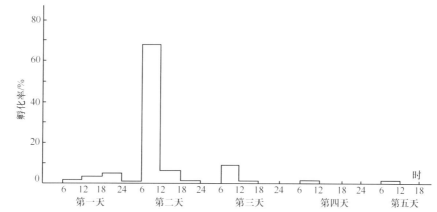

血吸虫图21　土耳其斯坦东毕吸虫阳性羊粪入水后虫卵毛蚴的孵化周期(按唐崇惕等，1990)

40份样品重65g，共孵出毛蚴3821个，室温24℃

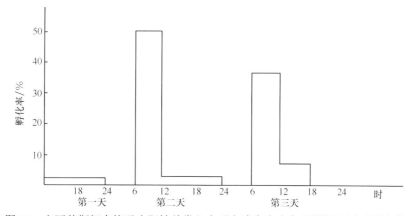

血吸虫图22　土耳其斯坦东毕吸虫阳性羊粪入水后在暗室中虫卵毛蚴情况(按唐崇惕等，1990)

3份粪便样品重4.7g，共孵出毛蚴210个，室温24℃

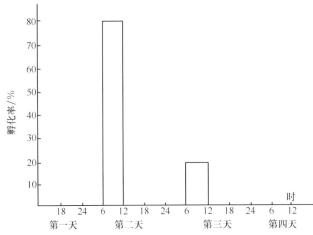

血吸虫图 23   土耳其斯坦东毕吸虫阳性羊粪入水后连续光照虫卵毛蚴情况（按唐崇惕等，1990）

3 份粪便样品重 4.7g，共孵出毛蚴 18 个，室温 24℃

血吸虫表 5   土耳其斯坦东毕吸虫阳性羊粪便入水后第二天每小时毛蚴孵化情况

时间	样品 1（毛蚴数/%）	样品 2（毛蚴数/%）	样品 3（毛蚴数/%）	共计（毛蚴数/%）
6AM	0	0	0	0
7AM	0	0	0	0
8AM	1（0.84%）	0	0	1（0.3%）
9AM	36（30.25%）	20（18.52%）	24（21.43%）	80（23.6%）
10AM	25（21.01%）	25（23.15%）	19（16.96%）	69（20.35%）
11AM	30（25.21%）	30（27.78%）	28（25.00%）	88（25.96%）
12AM	25（21.01%）	29（26.85%）	39（34.82%）	93（27.43%）
1PM	2（1.68%）	2（1.85%）	2（1.79%）	6（1.77%）
2PM	0	2（1.85%）	0	2（0.59%）
3PM	0	0	0	0
6PM	0	0	0	0
共计	119（100%）	108（100%）	112（100%）	339（100%）

2）毛蚴形态：本种血吸虫毛蚴长卵圆形，前方稍阔，后方略削窄。体大小为（0.128～0.130）mm ×（0.065～0.069）mm。体表纤毛板 4 列，各列数目为 6、8、4、3，这和日本血吸虫毛蚴一样。体前方具胆瓶状的头腺，膨大部具胞核 4 个，头腺的大小约为 0.065mm × 0.020mm。在活的标本中，当虫体呈左右对称状态下可见到头腺位置偏于体前部一侧，另一侧有和头腺大小相近的单细胞穿刺腺 2 个。在第一列与第二列纤毛板之间，体两侧有侧器，其顶端膨大如纽扣状。在第一列纤毛板的基部水平较深的部位有 5 个固定的圆形大液泡状的空隙，作一横列，它们可能是贮存或调节水分的小器官，这一特征和日本血吸虫不同，日本血吸虫在此部位也有圆形的大液泡状空隙，其数目是固定的 6 个。土耳其斯坦毛蚴在穿刺腺及头腺的后面有圆形的神经中枢，其直径为 0.030～0.032mm。毛蚴的排泄系统包括两侧的焰细胞及排泄管。前方位于穿刺腺和头腺后部两侧各有一个焰细胞连于排泄管。在体稍后方两侧亦各有一个焰细胞连于排泄管。前后排泄管会合而成总管，经几度曲折，开口于体后端 1/5 位置的左右两侧的排泄孔。生殖胚细胞散布于毛蚴体的后半部。

3）胞蚴：土耳其斯坦东毕血吸虫的胞蚴应当像其他血吸虫类一样有两代胞蚴的发育。从内蒙古科尔沁草原及呼伦贝尔草原的土耳其斯坦东毕血吸虫阳性萝卜螺（*Radix* spp.）查获的成熟子胞蚴，均是各段有不同程度缢缩的长条状胞蚴，缠绕在贝类宿主的内脏团中，很难完整地分离出来。胞蚴体内含有许多胚细胞、大小胚球、不同发育程度的尾蚴胚体和成熟尾蚴，也查到早期子胞蚴。在前端吻部有梭形或瓶状的细胞围绕着一个可能是生产孔的孔道；体部的壁较厚，上有许多体细胞；体中腔隙分有数室，内充满许多胚细胞和一些早期胚球。

4) 尾蚴：有如下发育阶段。

尾蚴胚体：在中期子胞蚴和成熟子胞蚴体内有许多不同发育期的尾蚴胚体。在最早期尾蚴胚体中即已有体部、尾干和尾叉的分化，体部中亦可见到口孔、肠管、腹吸盘、穿刺腺及排泄囊等器官雏形的结构；尾干中央有纵走的排泄管，其前端与排泄囊联系处有将形成"柯氏岛"(Island of Cort)的、开始只有3~4个细胞的细胞团。尾部排泄管在尾蚴胚体发育时就只有一条，不见有像鱼类血居吸虫尾部有两条排泄管样的踪迹。

成熟尾蚴：本种吸虫尾蚴是不具眼点的叉尾尾蚴，在轻微的盖玻片压力下，活的成熟尾蚴测量数字如下：体部大小为 (0.125~0.178) mm × (0.046~0.064) mm；口吸盘大小为 (0.053~0.064) mm × (0.025~0.041) mm；腹吸盘直径为 0.018~0.024mm；尾干大小为 (0.202~0.255) mm × (0.025~0.032) mm；尾叉大小为 (0.090~0.112) mm × (0.011~0.020) mm。

尾蚴的内部构造与裂体属(Schistosoma)尾蚴区别不大。穿刺腺5对，有位于前方含较粗颗粒的2对和位于较后位置颗粒较细的3对，该腺体形态结构与包氏毛毕吸虫(Trichobilharzia paoi)尾蚴相像，也和日本血吸虫(Schistosoma japonicum)尾蚴近似，它们的功能可能也相似。著者观察土耳其斯坦东毕吸虫尾蚴的焰细胞公式为 2[2+2+(1)] = 10，这与 Dutt 和 Srivastava (1964)所观察的本种尾蚴的焰细胞公式相同。本种吸虫成熟尾蚴尾干的排泄管，其基部环绕"柯氏岛"的管连于在体部的排泄囊。尾干的排泄管在后端分为两管各进入尾叉，在其末端略为膨大而通于体外。本吸虫尾蚴尾干两极细胞的肌纤维较细，从两侧斜向中央和后方，胞核沿着两侧角质膜内面纵行排列。

土耳其斯坦东毕尾蚴在水中动作习性和其他叉尾类的尾蚴一样，是以尾干内纵列的两极肌细胞交互收缩使尾干做环状的旋转运动。由于虫体的旋转，尾叉起着推进器一样的作用而前进。尾蚴以尾部向前的姿态上升，其动作与日本血吸虫尾蚴甚为相似，但与其漂浮在水面的习性不一样。土耳其斯坦东毕吸虫的尾蚴是尾叉末部蜷缩，体部向下倒置地悬浮于水中，离水面数厘米处渐渐地下降而后又上升。它们在这样的状态下和牲畜及人们浸在水中的皮肤相接触而侵入其体内，这样感染方式和日本血吸虫尾蚴漂浮在水面黏膜上，尾蚴连同黏膜一起黏在动物宿主及人皮肤上的感染方式不同。在南美洲阿根廷亦能引致皮肤疹的寄生于 Tropicorbis peregrinus D'Orb 的 Cercaria planorbicola Szidat, 1960，其尾蚴以日本血吸虫尾蚴一样的姿态浮在水面(Szidat and Szidat, 1960)。著者也观察到人体曼氏血吸虫尾蚴是以尾叉接触水面、头部向下的姿态静止在水面。血吸虫种类不同，其尾蚴的动作、趋光性，以及附着水面和停留水中等习性也会有所不同。

F. 东毕属与其他接近属的关系

土耳其斯坦东毕吸虫的形态特点曾引起蠕虫学者的注意。Dutt 和 Srivastava (1961)在建立东毕属及华毕属(Sinobilharzia Dutt et Srivastava, 1955)两属并重订鸟毕属(Ornithobilharzia Odhner, 1912)后曾详细比较裂体亚科(Schistosomatinae Stiles et Hassall, 1898)内各属的睾丸数目、卵巢的形态及宿主情况。他们分出了华毕属用以容纳寄生于杓鹬的奥氏鸟毕，后者则用以容纳原隶于鸟毕属的寄生于哺乳动物的种类。对于这两新属的建立，蠕虫学者的意见渐趋一致，但亦有沿用旧名的(Massoud, 1973)。我们同意把鸟毕属一名限于寄生鸟类的、具有较多睾丸数目的种类。寄生于哺乳类的另立东毕属，应该认为是合理的。土耳其斯坦东毕血吸虫的名称几经变换，由于睾丸数目这一特点，Price (1929)把它从裂体属移入鸟毕属。当时设想它可能是某种鸟类的血吸虫偶然寄生于哺乳类。近年证实了它是草食哺乳类正常的寄生虫，并且分布非常广泛。除它以外本属尚有 O. dattai、O. harinasutai (寄生于水牛、黄牛及羊)；以及 20 世纪初期发现的 O. bomfordi，形成了一个草食哺乳类的血吸虫类群。

从比较形态学观点考察东毕属和其他各属的成虫(血吸虫图24)和幼虫的构造，借以推测它们之间的亲缘关系是很重要的。东毕属的睾丸数目较多及螺旋状的卵巢与鸟毕属一样，而与裂体属不同，但寄生于哺乳类的小裂体属、双黄毕属和异毕属等也有多样化的睾丸数目与位置，以及有螺旋状的卵巢。东毕属在卵巢后方输卵管膨大(供贮存精子之用)、圆袋形的受精囊与劳氏管付缺这一特点与裂体属相同，与鸟毕属和巨毕属(Gigantobilharzia)、毛毕属(Trichobilharzia)、小裂体属(Schistosomatium)、华毕属(Sinobilharzia)、双黄毕属(Bivitellobilharzia)、澳毕属(Austrobilharzia)、异毕属(Heterobilharzia)等其他各属不同。幼虫期方面无论是毛蚴或尾蚴，土耳其斯坦东毕血吸虫均与裂体属种类相似，而不同于其他各属；这些应视为东毕属分类位置的重要根据。土耳其斯坦东毕吸虫的毛蚴其一般构造、体表的纤毛板数和排列均与裂体属毛蚴相似。鸟类血吸虫，如巨毕属及毛毕属种类；其毛蚴纤毛板第二列与第三列之间有很阔的间隔，而哺乳类的血吸虫，如裂体属、异毕属、小裂体属及东毕属的毛蚴则没有这样的形态。尾蚴方面可提供更多的比较特点。眼点的有无、穿刺腺数目和焰细胞公式等都可作根据。巨毕属、澳毕属、毕哈属、毛毕属、小裂体属及异毕属等其尾蚴均具有眼点。东毕属和裂体属尾蚴不具眼点，因此尾蚴没有明显的趋光习性，这又与鸟类血吸虫尾蚴有明显的区别。东毕属和裂体属尾蚴有同样的 5 对穿刺腺数目、同样的穿刺腺结构和较为相似的焰细胞公式。这与其他各属血吸虫尾蚴排泄系统有较多的焰细胞不相同（**血吸虫表 6**）。依据上述各特征比较，可看出东毕属的成虫期的主要器官与鸟毕属相似，而幼虫期的特点则与裂体属更接近，由此可看出东毕属的独特位置。

血吸虫表 6　裂体科各属血吸虫尾蚴的焰细胞公式（按唐仲璋和唐崇惕，1976）

虫种	尾蚴焰细胞公式	作者
Schistosoma japonicum	2［2+1+（1）］=8	Faust（1924）
Orientobilharzia turkestanica	2［2+2+（1）］=10	唐仲璋和唐崇惕（1976）
Bilharziella polonica	2［（2+1）+（1+1）］=10	Szidat（1930）
Schistosomatium douthitti	2［（2+1）+（2+1）］=12	Price（1931）
Schistosomaticum pathlocopticum	2［（2+1）+（2+1）］=12	田部浩（1923）
Heterobilharzia americana	2［（2+1）+（2+1）］=12	Lee（1962）
Austrobilharzia terrigalensis	2［（2+1）+（2+1）］=12	Bearup（1956）
Austrobilharzia Variglandis	2［（2+1）+（2+1）］=12	Stunkard 和 Hinchliffe（1952）
Gigantobilharzia huronensis	2［（2）+（2+1）］=10	Najim（1956）
Gigantobilharzia sturniae	2［（2+1）+（2+1）+1］=14	Nomura（1961）
Trichobilharzia paoi	2［（2+1）+（2+1）+1］=14	唐仲璋和唐崇惕（1962）
Trichobilharzia physellae	2［（2+1）+（2+1）+1］=14	Misaki（1960）
Trichobilharzia ocellata	2［（2+1）+（2+1）+1］=14	Ishida（1960）
Cercaria mieensis	2［（2+1）+（2+1）+1］=14	Chikami（1961）

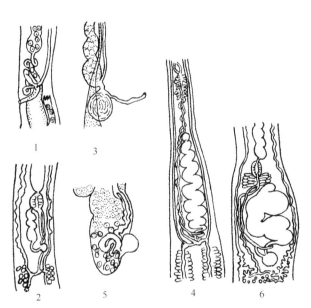

血吸虫图 24　部分血吸虫雌虫卵巢及其附近器官（受精囊、劳氏管及卵模等）

1. 赫伦巨毕（*Gigantobilharzia huronensis* Najim，1950）(按 Najim，1956)；2. 小裂体属的 *Schistosomatium douthitti*（Cort，1914）Price，1931（按 Price，1932）；3. 奥氏华毕（*Sinobilharzia odhneri*（Faust，1924）（按 Faust，1924）；4. 双黄毕属的 *Bivitellobilharzia loxodontae* Vogel and Minning，1940（按 Vogeland Minning，1940）；5. 彭氏奥毕（*Austrobilharzia penneri* Short et Holliman，1961）（按 Short， Holliman，1961）；6. 美洲异毕（*Heterobilharzia americana* Price，1929）（按 Lee，1962）

参 考 文 献

白功懋，刘忠，等.1963.吉林省稻田皮炎病因的调查研究.1963年寄生虫学专业学术讨论会论文摘要汇编：167～168

包鼎成，荣云龙.1957.重庆发现一种鸟类分体吸虫 Pseudobilharziella sp.的报告.动物学报，9(4)：291～296

包鼎成.1957.四川省发现二种动物血吸虫的报告.上海第一医学院学报，第三号，117～182

龚建章，王赞功，陈德蕙，等.1962.一种新的鸭血吸虫的生物学研究.上海市寄生虫学会成立大会论文选集：32

龚建章，王赞功，陈竞成.1960.一种禽类血吸虫尾蚴引致皮炎的研究.中华医学杂志，46(5)：388～393

何毅勋，马金鑫.1980.日本血吸虫的扫描电镜观察.中国医学科学院学报，2(1)：38～41

吉林医科大学稻田皮炎研究组.1963.吉林省稻田皮炎研究论文专刊.吉林医科大学学报，5(1)：1～153

刘忠，赵鑫，牛淑范.1976.吉林省稻田皮炎病因的调查及土耳其斯坦东毕吸虫结节变种生活史的观察.动物学报，22(3)：279～287

毛守白，何毅勋，等.1990.血吸虫生物学与血吸虫病的防治.北京：人民卫生出版社

唐崇惕，崔贵文，何毅勋，等.1983.土耳其斯坦东毕吸虫的扫描电镜观察.动物学报，29(2)：159～162

唐崇惕，崔贵文，钱玉春，等.1990.内蒙古科尔沁草原绵羊不同虫龄土耳其斯坦东毕吸虫及虫卵孵化的实验观察.动物学报，36(4)：366～375

唐崇惕，唐仲璋，曹华，等.1983.内蒙古东部绵羊土耳其斯坦东毕吸虫的研究.动物学报，29(3)：249～255

唐仲璋，唐崇惕.1962.产生皮肤疹的家鸭血吸虫的生物学研究及其在哺乳动物的感染试验.福建师范学院学报(寄生虫专号)，(2)：1～44

唐仲璋，唐崇惕.1976.中国裂体科血吸虫和稻田皮炎.动物学报，22(4)：341～360

许缓泰，杨平.1957.甘肃省牛羊血吸虫的初步研究包括一新种的描述.畜牧兽医学报，2(2)：117～124

Azimov D A. 1978. The territorial range of trematodes from the genus *Orientobilharzia* Dutt et Srivastava，1955. Uzbekskii Biologicheskii Zhurnal，(3)：44～46

Batten Jr P J. 1956. The histopathology of swimmer's itch. I. The skin Lesions of *Schistosomatium douthitti* and *Gigantobilharzia huronensis* in the unsensitized mouse. Am J Pathology，32(2)：363～377

Batten Jr P J. 1957. Histopathology of swimmer's itch. II. Some observations on the pulmonary lesions in the unsensitized mouse. Am J Pathology，33(4)：729～735

Baugh S C. 1971. On the relationships between *Austrobilharzia variglandis*(Miller and Northup，1926)Penner，1953，*A. terrigalensis* Johnston，and *Cercaria variglandis* Miller and Northup，1926. J Helminth，45(1)：15～21

Bearup A J. 1956. Life cycle of *Austrobilharzia terrigalensis* Johnston，1917. Parasit，46(3，4)：470～479

Brackett S. 1940. The pathology of schistosome dermatitis. Arch Derm Syphil，42：410～418

Chikami Atsushi(千头笃). 1961. Studies on *Trichobilharzia ocellata* La Valette，1855 in Japan. Jap J Parasit，10(1)：106～118

Chu G W T C，Cutress C E. 1954. *Austrobilharzia variglandis*(Miller and Northup，1926)Penner，1953(Trematoda：Schistosomatidae)in Hawaii with notes on its biology. J Parasit，40(5 Sect. 1)：515～524

Chu G W T C. 1958. Pacific area distribution of fresh-water and marine cercarial dermatitis. Pac Sci，12：299～312

Cort W W，Talbot S B. 1936. Studies on schistosome dermatitis. III. Observations on the behaviour of the dermatitis-producing schistosome cercariae. Amer J Hyg，23：389～396

Cort W W. 1950. Studies on schistosome dermatitis. XI. Status of knowledge after more than 20 years. Amer J Hyg，52：251～307

Dutt S C，Srivastava H D. 1955. A revision of the genus *Ornithobilharzia* Odhner，1912(Trematoda：Sehistosomatidae). Proc 42nd Sci Conger，(3)(Abstract)：285

Dutt S C，Srivastava H D. 1961. A revision of the genus *Ornithobilharzia* Odhner，1912 with the creation of two genera *Orientobilharzia* Dutt and Srivastava，1955 and *Sinobilharzia* Dutt and Srivastava，1955(Trematoda：Schistosomatidae). Indian J Helminth，13(1)：61～73

Dutt S C，Srivastava H D. 1962. Studios on the morphology and life history of the mammalian blood fluke，*Orientobilharzia dattai*(Dutt and Srivastava)Dutt and Srivastava. II. The molluscan phases of the life cycle and the intermediate host specificity. Indian J Vet Sci Anim Husb，32(1)：33～43

Dutt S C，Srivastava H D. 1964. Studies on the life history of *O. turkestanicum*(Skrjabin，1913)Dutt and Srivastava，1955(Preliminary report). Current Sci，33：752～753

Farley J. 1971. A review of the family Sehistosomatidae excluding the genus *Schistosoma* for mammals. J Helminth，45(4)：289～320

Gordon R M，Davey T H，Peaston H. 1934. The transmission of human bilharziasis in Sierra Leone，with an account of the life cycle of the schistosomes concerned，*S. mansoni* and *S. haematobium*. Ann Trop Med Parasitol，28：323～418

Gordon R M，Griffiths H J. 1951. Observations on the means by which the cercariae of *Schistosoma mansoni* penetrate mammalian skin，together with an account of certain morphological changes observed in the newly penetrated larva. Ann Trop Med Parasitol，45(3～4)：227～243

Harinasuta C，Sornmani S，Kitikoon V，et al. 1972. Infection of aquatic hydrobiid snails and animals with *Schistosoma japonicum*-like parasites from Khong Island，Southern Laos. Trans R Soc Trop Med Hyg，66：184～185

Hsu H F (徐锡藩).1938. *Schistosoma turkestanicum* in North China. Chin Med J，54(6)：1240～1243

Ishida Hidemasa(石田秀雄). 1960a. Studies on the dermatitis-producing *Cercaria mieensis* n. sp. in man. I. On the eggs of an avian schistosome newly found in *Querquedula crecca crecca* in Nagashima，Mie prefecture. Jap J Parasitol，9(6)：87~93

Ishida Hidemasa(石田秀雄). 1960b. Studies on the dermatitis-producing *Cercaria mieensis* n. sp. in man. II. On *Cercaria mieensis* n. sp. developed from eggs of an avian schistosome. Jap J Parasitol，9(6)：94~99

Ishida Hidemasa(石田秀雄). 1960c. Studies on the dermatitis-producing *Cercaria mieensis* n. sp. in man. III. On the pathogenicity of *Cercaria mieensis* n. sp.，Jap J Parasitol，9(6)：100~104

Ito Yasuo(伊腾康夫). 1960a. Studies on *Trichobilharzia corvi*(Yamaguti，1941). I. Studies on the morphology of the adult. Jap J Parasitol，9(5)：106~113

Ito Yasuo(伊腾康夫). 1960b. Studies on *Trichobilharzia corvi*(Yamaguti，1941). II. Studies on the structure of the eggs and miracidia. Jap J Parasitol，9(5)：114~124

Iwakami Syunpe(岩神俊平). 1960a. Studies on the schistosome dermatitis in Dozen region in Oki Islands. I. On the development of *Trichobilharzia physellae* in *Lymnaea japonica* found in Oki Islands. Jap J Parasitol，9(6)：130~137

Iwakami Syunpe(岩神俊平).1960b. Studies on schistosome dermatitis in Dozen region in Oki Islands. II. On clinical symptoms，epidemiology and its prevention of Paddy-field dermatitis in Oki Islands. Jap J Parasitol，9(6)：138~147

Iwasaki H(岩崎弘三郎). 1960a. Studies on the miracidium of *Gigantobilharizia sturniae*(Tanabe，1948). I. Morphology of the miracidium of *G. sturniae*. Jap J Parasitol，9(5)：125~131

Iwasaki H(岩崎弘三郎). 1960b. Studies on the miracidium of *Gigantobilharizia sturniae*(Tanabe，1948). II. Ecology of the miracidium of *G. sturniae*(Tanabe，1948). Jap J Parasitol，9(5)：132~138

Iwasaki H(岩崎弘三郎). 1960c. Studies on the miracidium of *Gigantobilharizia sturniae*(Tanabe，1948). III. Egg development of the *G. sturniae*(Tanabe，1948). Jap J Parasitol，9(5)：139~145

Johnson D，Moriearty P. 1969. Examination of schistosome cercariae and schistosomules by scanning electron microscopy. Proc Elect Micr Soc Am，27：50~51

Khalil M. 1922. The morphology of the cercaria of *Schistosoma mansoni* from *Planorbis boissyi* of Egypt. Proc Roy Soc Med，15：27~34

Kruattrachue M，Bhaibulaya M，Harinasuta C. 1965. *Orientobilharzia harinasutai* sp. nov. a mammalian blood-fluke，its morphology and life cycle. Ann Trop Med Parasit，59：181~188

Kuntz R E，Tulloch G S，Huang T. 1976. Scanning electron microscopy of the integumental surface of *Schistosoma haematobium*. J Parasit，62(1)：63~69

Lavrov L I，Fedoseenke V M. 1978. The ultrastructure of the cuticle and intestinal tube of *Orientobilharzia turkestanica*(Skrjabin，1913). Sciences of USSR：88~93

Lo C T，Berry E G，Iijima T，1971. Studies on Schistosomiasis in the Mekong Basin. II. Malacological investigations on human *Schistosoma* from Laos. Chin J Microbiol，4：168~181

Macfarlane W V. 1949. Schistosome dermatitis in New-Zealand. Part 2. Pathology and immunology of cercarial lesions. Am J Hyg，50：142~167

McMullen D B，Beaver P C. 1945. Studies on schistosome dermatitis. IX. life cycles of three dermatitis- producing schistosomes from birds and a discussion of subfamily Bilharziellinae(Trematoda：Schistosomatidae). Amer Jour Hyg，42：128~154

Miller F H Jr，Tulloch G S，Kuntz R E. 1972. Scanning electron microscopy of integumental surface of *Schistosoma mansoni*. J Parasit，58(4)：693~698

Misaki Schizuka (御前定).1960. Studies on the fine structure of cercaria of *Trichobilharzia physellae*(Talbot，1936) and *Trichobilharzia ocellata*(La Valette，1855). Jap J Parasitol，9(6)：744~759

Müller H，Tesch T W，1937. Autochthons infectie met *Schistosoma japonicum* of Celebes. Geneesk Tijschr Nederl Indië，77：2143

Najim A T. 1956. Life history of *Gigantobilharzia huronensis* Najim，1950. A dermatitis-producing bird blood fluke(Trematoda：Schistosomatidae). Parasit，46(3~4)：443~469

Nomura Kizutaka(野村一高). 1961. Morphological studies on *Cercaria sturniae* Tanabe，1948 (Cercaria of *Gigentobilharzia sturniae*(Tanabe，1948). Jap J Parasit，10(1)：87~105

Olivier L. 1949. Schistosome dermatitis，a sensitization phenomenon. Am J Hyg，49：290~302

Oiso Tomoaki(大礒友朋). 1927. On a new species of avian schistosome，developing in the portal vein of the duck and investigation of its life history. Taiwan Igakkwai zasshi Taihoku：848~865

Olivier L，Weinstein P P. 1953. Experimental schistosome dermatitis in rabbits. J Parasitol，39(3)：280~291

Olivier L. 1949. The fate of dermatitis-producing schistosome cercariae in laboratory animals. J Parasitol，35(Suppl)：30~31

Olivier L. 1953. Observations on the migration of avian schistosomes in mammals previously unexposed to cercariae. J Parasitol，39(3)：237~243

Penner B L. 1956. Studies on the biology of marine acquired avian schistosomiasis. J Parasit，42(4 Sect 2)：38

Penner L R. 1941. The possibilities of systematic infection with dermatitis-producing schistosomes. Science，93：327~328

Pesigan T P，Hairston N G，Tauregui T J，et al. 1968. Studies on *Schistostoma japonicum* infection in the Philippines. 2. The Molluscan host. Bull WHO，18：481

Price E W. 1929. A synopsis of the trematode family Schistosomatidae with descriptions of new genera and species. Proc U S Nat Mus Wash (2846), 75 (3): 1~39

Price H F. 1931. Life history of *Schistosomatium douthitti* (Cort). Am J Hyg, 13: 685~727

Robson R T, Erasmus D A. 1970. The ultrastructure, based on steroscan observations, of the oral sucker of the cercaria of *Schistosoma mansoni* with special reference to penetration. Ztschr Parasit, 35: 76~86

Silk M H, Spence I M. 1969. Ultrastructural studies of the blood *Schistosoma mansoni*. Ⅱ.The musculature. Ⅲ. The nerve tissue and sensory structures. S Afr J Ned Sci, 34: 11~20, 93~104

Skrjabin K I. 1951. Trematode parasites of man and animals, (Spirorchidae, Sanguinicolidae and Schistosomatidae), Vol. 5. (In Russian). Moscow: zdatelstvo Akademii Nauk SSSR

Stirewalt M A, Kruidenier F J. 1961. Activity of the acetabular secretory apparatus of cercariae of *Schistosoma mansoni* under experimental conditions. Exp Parasit, 11: 191~211

Stunkard H W, Hinchliffe M C. 1954. The morphology and life history of *Microbilharzia variglandis* (Miller and Northup, 1926) Stunkard and Hinchliffe, 1951 avian flukes whose larvae cause "swimmer's itch" of ocean beaches. Jour Parasit, 38: 248~265

Szidat L, Szidat U C. 1960a. Eine neue dermatitis erzeugende cercarie der trematoden-familie Schistosomatidae aus *Tropicorbis peregrinus* (D'Orbigny) des Rio Quequen. Z Parasitenk, 20: 359~367

Takaoka Syun (高丘骏). 1961b. Morphological studies on *Gigantobilharzia sturniae* (Tanabe, 1948). Jap J Parasitol, 10 (1): 71~86

Talbot S B. 1936. Studies on schistosome dermatitis. Ⅱ. Morphological and life history studies on three dermatitis-producing schistosome cercariae, *C. elvae* Miller, 1923, *C. stagnicolae* n. sp. and *C. phycellae* n. sp. Am J Hyg, 23: 372~384

Tanabe H (田部浩). 1948. On the cause of Kuganbuo (Lake side disease). J Yongao Med Ass'n, 1: 2~3

Tanaka Minoru (田中实). 1960a. Studies on *Trichobilharzia physellae* in Oki Islands. Ⅰ. *Trichobilharzia physellae* found in wild ducks in Oki Islands. Jap J Parasitol, 9 (5): 146~153

Tanaka Minoru (田中实). 1960b. Studies on *Trichobilharzia physellae* in Oki Islands. Ⅱ. Four kinds of schistosome cercariae parasitic in *Lymnaea japonica* in Oki Islands. Jap J Parasitol, 9 (5): 154~159

Tanaka Minoru (田中实). 1960c. Studies on *Trichobilharzia physellae* in Oki Islands. Ⅲ. Experimental infection of domestic ducks (*Anas platyrhyncha domestica*) with a schistosome cercariae parasitic in fresh water snails *Lymnaea japonica*. Jap J Parasitol, 9 (5): 160~164

Tanaka Minoru (田中实). 1960d. Studies on *Trichobilharzia physellae* in Oki Islands. Ⅳ. Experimental infection of snails Lymnaea japonica with the miracidia of *Trichobilharzia physellae*. Jap J Parasitol, 9 (5): 165~169

Tang C C (唐仲璋). 1938. Some remarks on the morphology of the miracidium and cercaria of *Schistosoma japonicum*. Chinese Med J Supple, 2: 423~432

Tang, C C (唐仲璋). 1951. Contribution to the knowledge of the helminth fauna of Fukien. Part 2. Notes on *Ornithobilharzia hoepplii* n. sp. from the Swinhoe's snipe and *Cortrema corti* n. gen., n. sp. from the Chinese tree sparrow. Peking Nat Hist Bull, 19 (2~3): 209~216

Thulin J. 1980. Scanning electron microscope observations of *Aporcotyle simplex* Odhner, 1900 (Digenea: Sanguinicolidae). Z Parasit, 63 (1): 27~32

Voge M, Price Z, Jansma W B. 1978. Observations on the surface of different strains of adult *Schistosoma japonicum*. J Parasit, 64 (2): 368~372

Vogel H. 1930. Cerkarien-dermatitis in Deutschland, Klin. Wchnschr, 9: 883~886

Witenberg G, Lengy J. 1967. Redescription of *Ornithobilharzia canaliculata* (Rud., 1819) Odhner, 1912 with notes on classification of the genus *Ornithobilharzia* and the subfamily Schistosomatinae (Trematoda). Israel J Zool, 16 (4): 193~204

Yamaguti S. 1958. Systema Helminthum. Vol. Ⅰ. Digenetic Trematodes of Vertebrates. New York and London: Interscience Publishers Inc

Азнмов Д А. 1975. Шистозоматиды животных и Человека. Издзтельство Фан УзСС

4. 人体血吸虫

(1) 人体血吸虫的研究历史

血吸虫病存在及危害人类的历史相当悠久，但有关其病原的研究还是近百年的事。自 19 世纪发现寄生于人体血管系统的血吸虫之后，至今于亚洲、非洲和拉丁美洲发现并定名的血吸虫种类有 19 种之多。在所记述的 19 种血吸虫中以日本裂体吸虫 [*Schistosoma japonicum* (Katsurada, 1904) Stiles, 1905]、埃及裂体吸虫 [*Schistosoma haematobium* (Bilharz, 1852) Weinland, 1858] 和曼氏裂体吸虫 [*Schistosoma mansoni* Sambon, 1907] 这 3 种最为重要。日本血吸虫（日本裂体吸虫）分布在亚洲的中国、日本等 5 个国家，曼氏血吸虫分布在非洲、拉丁美洲及亚洲共 54 个国家和地区，埃及血吸虫分布在非洲和亚洲的 53 个国家和地区，可见此类血吸虫病对人类健康危害范围之广。

日本血吸虫病在我国古代已有很大区域的传播。在祖国医学中很早就有类似血吸虫病的记载。1300 多年前的巢元方《诸病源候论》中记有："自三吴以东及南诸山群，山县，有山谷溪源处有水毒病，春秋辄得"，"水间有沙虱，其虫甚细不可见，人入水澡浴，此虫着生……便钻入皮里……"，"发病之初午冷午热……，不治乱下浓血……，腹胀满如蛤蟆"。唐代苏颂的《图经本草》也记有："蛊痢下血，男妇小儿腹大"。其他如翁藻红《医钞类编》等也有记述。在湖南的约于公元前 1 世纪以前的汉代古尸体内发现有日本血吸虫卵(湖南医学院，1979；毛守白等，1990)，可见此疾病存在历史的久远。

在日本有关血吸虫病的记述最早的有日医藤井好直(Fujii)(1847)的《片山记》 叙述广岛县深安群的片山地方有流行一种由土中感染的疾病，发病初期"足胫发小疹"，继而"面色萎黄，盗汗肉脱，水泻下血；稍久而四肢瘦削，独腹胀如鼓，乳下见有青筋络脉，脐穴凸出，甚者腹皮生光至映物，终浮肿而毙焉"。

埃及血吸虫病也有极久远的历史，在公元前 10～前 12 世纪的法老时代已经存在，Ruffer(1910)从埃及第二十代木乃伊肾脏切片中觅得虫卵。欧洲人最早于 18 世纪末 19 世纪初知道有埃及血吸虫病，是在埃及的法国拿破仑军队军医报告士兵患血尿病(bloody urine)，称之为"haematuria"，此病在军中非常普遍。1851 年德国青年寄生虫学者 Theodor Bilharz(他 37 岁时死于斑疹伤寒)从一血尿患者尸体发现埃及血吸虫成虫，寄给他的老师 Von Siebold，定名为 *Distomum haematobium*。Weinland(1858)因雄虫有抱雌沟(gynecophoral canal)改此吸虫名为埃及裂体吸虫(*Schistosoma haematobium*)。3 个月后，Cobbold 为纪念 Theodor Bilharz，改此血吸虫病原名称为 *Bilharzia haematobium*。这一名称曾在全世界引用，第一次世界大战中英国士兵在欧洲服役，用"Bill Harris"俚语称此血吸虫病。由于国际命名法，以及 *Schistosoma* 属名更具形象化，所以在科学上仍用 Weinland 所改的名称。但以后许多鸟类和牛、羊的血吸虫的属名中都沿用含有"Bilharzia"的名称，作为世界学者对首次发现血吸虫病原体的年轻人的纪念。

Patrick Manson(1905)从西印度群岛(West Indies)患者粪便中查到具有侧刺的虫卵，而在其全部尿中不见有此虫卵。此患者没有到过非洲，所以 Manson 断定此肠道血吸虫和寄生于膀胱(urinary bladder)内壁网状血管中的血吸虫有明显区别。Sambon(1907)称此寄生于大肠部位的血管、并具侧刺虫卵的血吸虫为曼氏血吸虫(*Schistosoma mansoni*)。

毕夏氏(Bilharz，1851)在非洲发现埃及血吸虫的信息引起了日本学者对东方血吸虫病病原的探讨。笠井(1890 年)、栗本(1893 年)、山极胜三郎(1891 年)、金森(1898 年)等曾经先后研究患者肝脏的病变并找到虫卵，但还不能识别。1904 年桂田富士郎(Katsurada)在山梨县(Yamanashi)从在该流行区生活 11 年的猫的门脉血管找到一雄虫，随后在另一猫查到 32 条雌雄虫，定名为日本裂体吸虫(*Schistosoma japonicum* Katsurada，1904)，同年，藤浪鉴(Fujinami)从一患者门静脉获得一雌虫。Fujinami 和 Nakamura(1909，1911)用狗站在流行区田间水中做动物试验，发现了血吸虫是经皮肤感染的。宫川米次(1912)阐明血吸虫幼虫侵入宿主体内后迁移的路径。宫入和铃木(Miyairi and Suzuki，1913，1914)发现了日本血吸虫的中间宿主为钉螺(*Oncomelania nosophora*)(在日本称为宫入贝或片山贝)，以及在螺体内发育的日本血吸虫幼虫期胞蚴和尾蚴。日本学者关于日本血吸虫的一系列研究总结发表在藤浪鉴和宫川米次等共著的《日本住血吸虫病论》一书中。

Leiper 和 Atkinson(1915～1918)在日本血吸虫生物学研究的启迪之下，完成了埃及血吸虫的生活史研究。在人体血吸虫各种类生物学的探讨和阐明的历史中，特别显示出东西方学者们工作的互相启迪和促进作用。

Iijima 等(1971)研究柬埔寨 Khong Island(**血吸虫图 25**)狗的血吸虫，并和感染实验兔子的日本血吸虫进行比较，从雄虫和虫卵大小的不同，他们认为其是一个不同于其他已知的日本血吸虫株，可能是一个新种，称之为湄公河株(Mekong strain)。Harinasuta 等(1972)发现此虫种的中间宿主为开放拟钉螺(*Tricula aperta*)(**血吸虫图 26**)。Sornmani 等(1973)研究了湄公河血吸虫的生活史。Marietta Voge、David Bruckner 和 John I. Bruce (1978)从人体发现此种血吸虫，定名为湄公血吸虫(*Schistosoma mekongi*)。此血吸虫分布在湄公河流域的泰国、老挝和柬埔寨 3 国交界处。以上 3 国均有此病患者。此血吸虫贝类中间宿主是开放拟钉螺，幼虫期不能在钉螺 *Oncomelania* spp.发育。Ichiro Miyazaki(1991)报告老挝和柬埔寨流行区人群粪便检查阳性率分别为 26.3% 和 13.5%，他估计在 Malaysia(马来西亚)Pahang 被认为是日本血吸虫的虫子可能也是湄公血吸虫。湄公血吸虫与日本血吸虫的主要差别如**血吸虫图 27**、**血吸虫图 28** 和**血吸虫表 7** 所示。

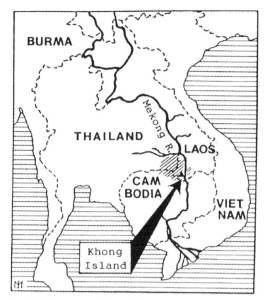

血吸虫图 25　湄公血吸虫在 Khong Island of Laotian
territory 的地理分布
（按 Ichiro Miyazaki，1991）

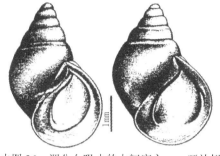

血吸虫图 26　湄公血吸虫的中间宿主——开放拟钉螺
（*Tricula aperta*）
（按 Davis，1980 于 Ichiro Miyazaki，1991）

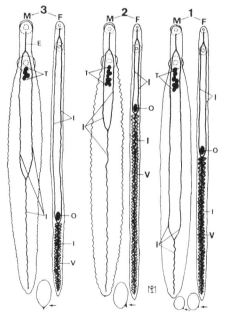

血吸虫图 27　4 种血吸虫结构图解（按 Ichiro Miyazaki，
1991）

1. 日本血吸虫和湄公血吸虫；2. 曼氏血吸虫；3. 埃及血吸虫
（M. 雄虫，F. 雌虫，O. 卵巢，V. 卵黄腺，T. 睾丸，I. 肠管）
（湄公血吸虫虫卵小于日本血吸虫虫卵）

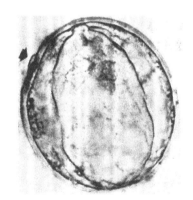

血吸虫图 28　湄公血吸虫虫卵
（按 Vogel et al.，1978 于 Ichiro Miyazaki，1991）

血吸虫表 7　湄公血吸虫和日本血吸虫的区别

虫种	湄公血吸虫	日本血吸虫
虫卵大小/μm	（50～65）×（30～55）（平均 54.5×36.8）	（70～100）×（50～65）（平均 89×56）
中间宿主	*Tricula aperta*	*Oncomelania hupensis*
在终宿主体内发育	发育成熟时间稍长	26d 左右发育成熟，雌虫产卵

（2）人体血吸虫的种类、分布及传播媒介（血吸虫表 8，血吸虫图 29～血吸虫图 36）

血吸虫表 8　人体及哺乳类动物血吸虫、中间宿主、终宿主的种类及其分布

(按赵慰先等, 1996; 周述龙等, 2001; Rollinson and Southgate, 1987; 等)

血吸虫	虫卵类型	中间宿主	终宿主	分布	雌雄虫长度 mm	子宫内卵数(平均)	虫卵大小/μm	尾蚴长度/μm	终宿主开放前期/d
日本血吸虫类 Schistosoma japonicum group									
日本血吸虫 S. japonicum	侧微刺	钉螺 (Oncomelania)	灵长类、鼠类、食肉类、奇蹄类、偶蹄类	中国(包括台湾)、日本、菲律宾、印度尼西亚	♀(12~28)×0.3 ♂(10~20)×(0.5~0.55)	50~200(161)	81×63	333	34
湄公血吸虫 S. mekongi	侧微刺	拟钉螺 (Tricula)	灵长类、食肉类	老挝、柬埔寨、泰国	♀(14.5~20.1)×0.28 ♂(9.9~18.0)×(0.38~0.63)	20~130	66×58	—	43
马来血吸虫 S. malayensis	侧微刺	小劳伯塞拉螺 (Robertsiella)及拟钉螺 (Tricula)	灵长类、鼠类	马来西亚	♀(6.48~11.28)×(0.15~0.28) ♂(4.3~9.21)×(0.24-0~43)	许多	67×54	—	—
中华血吸虫 S. sinensium	侧微刺	拟钉螺 (Tricula)	鼠类	中国	3.3~3.8	1	105×45	392	—
曼氏血吸虫类 S. mansoni group									
曼氏血吸虫 S. mansoni	侧刺	双脐螺 (Biomphalaria)	灵长类、鼠类	非洲、南美洲、加勒比地区	♀(7~17)×0.5 ♂(6~12)×(0.8~1.0)	1~2	140×60	516	34
罗德亥血吸虫 S. rodhaini	侧刺	双脐螺 (Biomphalaria)	鼠类、食肉类	非洲	3~10.5	1	149×55	421	30
爱德华血吸虫 S. edwardiensis	侧刺	双脐螺 (Biomphalaria)	偶蹄类	非洲	2.9~5.9	1	62×53	—	—
河马血吸虫 S. hippopontami	侧刺	双脐螺 (Biomphalaria)	灵长类	非洲	3.3~4.7	1	93×40	—	—
埃及血吸虫类 S. haematobium group									
埃及血吸虫 S. haematobium	端刺	水泡螺 (Bulinus)	灵长类	非洲及附近地区	♀(16~22.5)×(0.25~0.30) ♂(7~14)×(0.75~1.0)	10~100 4~56(29)	144×58	483	56
间插血吸虫 S. intercalatum	端刺	水泡螺 (Bulinus)	灵长类	非洲	♀(13~28)×(0.20~0.30)	5~50	175×62	480	41
麦氏血吸虫 S. mattheei	端刺	水泡螺 (Bulinus)	偶蹄类、灵长类	非洲	♂(11.5~14.5)×(0.3~0.5) 17~25	12~54(30) 5~42(26)	173×53	540	42

续表

血吸虫	虫卵类型	中间宿主	终宿主	分布	雌雄虫长度/mm	子宫内卵数(平均)	虫卵大小/μm	尾蚴长度/μm	在终宿主中开放前期/d
牛血吸虫 S. bovis	端刺	水泡螺(Bulinus) 扁卷螺(Planorbarius)	偶蹄类	非洲及附近地区	13~34	5~62(29)	202×58	520	41
柯拉松血吸虫 S. curassoni	端刺	水泡螺(Bulinus)	偶蹄类	非洲	18.3~25.7	47~65(50)	149×63	390	40
马格里血吸虫 S. margrebowiei	端刺	水泡螺(Bulinus)	偶蹄类	非洲	20~33.8	30~205(130)	87×62	345	33
莱氏血吸虫 S. leiperi	端刺	水泡螺(Bulinus)	偶蹄类	非洲	7~14.8	6~17(12)	270×53	529	49
印地血吸虫类 S. indicum group									
印地血吸虫 S. indicum	端刺	印度扁卷螺(Indoplanorbis)	偶蹄类	印度、斯里兰卡、东南亚	4.9~26.4	86	122×67	407	52
梭形血吸虫 S. spindale	端刺	印度扁卷螺(Indoplanorbis)	偶蹄类	印度、斯里兰卡、东南亚	7.2~16.2	4~5	382×70	590	46
鼻血吸虫 S. nasal	端刺	印度扁卷螺(Indoplanorbis)	偶蹄类	印度、斯里兰卡	6.9~11.7	0~2(1)	456×66	523	77
未明血吸虫 S. incognitum	端刺	印度扁卷螺(Indoplanorbis)	鼠类、食肉类、偶蹄类	印度、斯里兰卡	2.6~7.6	1	116×60	566	35

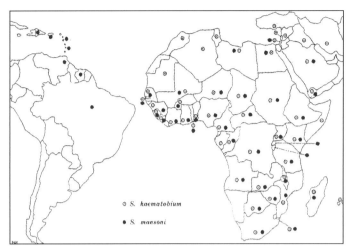

血吸虫图 29　埃及血吸虫和曼氏血吸虫的地理分布
（按 Hillyer，1982 于 Ichiro Miyazaki，1991）

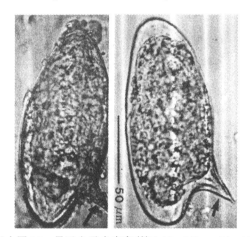

血吸虫图 30　曼氏血吸虫虫卵（按 Ichiro Miyazaki，1991）

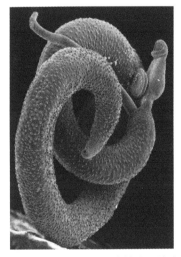

血吸虫图 31　曼氏血吸虫雌雄虫示体表结构
（美国加利福尼亚大学黄明明教授赠送于 1981 年 9 月，
厦门）

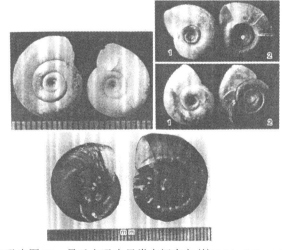

血吸虫图 32　曼氏血吸虫贝类中间宿主（按 Ichiro Miyazaki，1991）

上左：*Biomphalaria alexandrina*（埃及）；上右：1. *Biomphalaria pfeifferi*，
2. *Biomphalaria sudanica*（肯尼亚）；下：*Biomphalaria glabrata*（美洲）

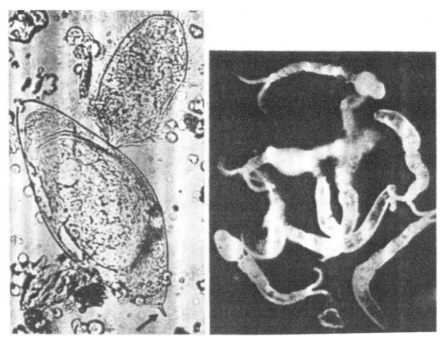

血吸虫图 33　埃及血吸虫(左)虫卵和毛蚴(右)尾蚴

（按 Ruge et al.，1930 及 Gradwohi et al.，1951 于 Ichiro Miyazaki，1991）

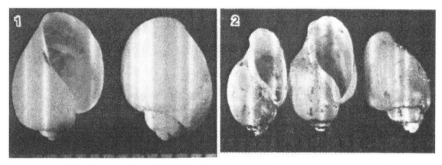

血吸虫图 34　埃及血吸虫贝类中间宿主（按 Ichiro Miyazaki，1991）

1. *Bulinus truncates*（埃及）；2. *Bulinus globosus*（肯尼亚）

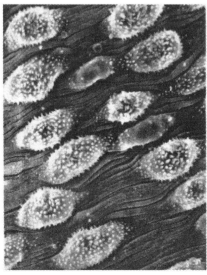

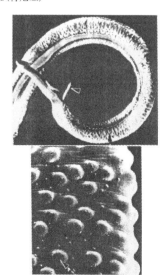

血吸虫图 35　曼氏血吸虫雄虫体表的疣(warts)上有许多小刺（按 Ichiro Miyazaki，1991）

血吸虫图 36　埃及血吸虫雌雄虫及雄虫体表结构（按 Kuntz et al.，1976 于 Ichiro Miyazaki，1991）

经许多学者 100 多年不断研究，说明日本血吸虫、埃及血吸虫和曼氏血吸虫在分布区、雌雄虫形态结构、虫卵形态、贝类宿主种类及虫体在人体寄生的部位等方面均有悬殊差异，但它们对人体的危害程度是相似的。因此在了解了病因之后，长时间以来世界各国寄生虫学工作者和医学工作者对各种人体血吸虫的病原种类、病原(童虫及成虫)生物学、超微结构、体外培养、流行病学、动物宿主、尾蚴行为、媒介贝类生物学及生态学、病理学、生理生化、免疫学、诊断、治疗、灭螺防治等方面，有数以千万计的科学工作报告，并有内容丰富、阐述详尽的专著出版。各国都在流行地区采取与当地相适应的防治措施来控制和杜绝血吸虫病的流行和危害，取得了不同程度的效果。到目前为止，人体血吸虫病仍然是一个严重的人和动物共患病(zoonoses)，或共患吸虫病(trematode zoonoses)。需要无数的寄生虫学工作者、免疫学者和医学工作者，共同努力来攻克这一凶恶的疾患。

(3) 日本血吸虫(日本裂体吸虫)[*Schistosoma japonicum*(Katsurada，1904)Stiles，1905]

A. 日本血吸虫的地理分布

日本血吸虫病分布于远东各地，除我国以外，其他地区，如日本、菲律宾和印度尼西亚的西里伯岛。在菲律宾，流行区系在雷伊泰岛。在日本则分布于东京北部数里茨木县、利根河流域、富士山北部山梨县甲府地域、富士山南侧冈沼津附近、广岛及冈山县福山一带、九州左贺县等地。

日本血吸虫在我国的分布更为广大，过去日本血吸虫病在各地有不同的名称，如扬子江热、九江热、风疹块热等。最早发现于湖南常德，后在安徽、浙江、湖北、江西、江苏、福建、广东以及其他省份陆续发现。新中国成立以后，在调查钉螺和病例的基础上，证实分布区有 13 个省市，除上述之外，还有广西、四川、云南、台湾和上海。有感染病患者的县市有 324 个，分布区最北的一点为江苏宝应(北纬 33º25′)，最南的是广西横县(北纬 22º5′)，最东为中国台湾新竹(东经 121º)、上海南汇(东经 121º51′)，最西是云南省剑川(东经 100º)。流行区的高度最高可达海拔 3000m 以上(云南)。过去全国患者人数的估计，各专家意见不同，自 700 万以至 1000 万或 2000 万人，受到感染威胁的人口则在 1 亿以上。

B. 血吸虫病的危害

据新中国成立初年在流行区的调查，患者中约有 40% 有症状，劳动力受到了不同程度的损害，影响生产；其中有 5% 已入晚期，完全丧失劳动力，骨瘦如柴，腹水胀满(**血吸虫图 37、血吸虫图 38**)。在幼年

血吸虫图 37　日本血吸虫雌雄虫(左)和福建省福清县日本血吸虫晚期患者(右)

(唐仲璋拍摄于 1936 年)

受感染的儿童，发育受影响，成为矮小的侏儒；妇女患者多不生育，男性患者 30 多岁便死亡，形成"无子村"和"寡妇村"，严重地摧残人民的生产和生活。例如，新中国成立前福建省福清县 63 万人口中有 37 万受到威胁。受血吸虫病摧残的村庄(**血吸虫图 39**)上百个，同时还有数以百计的村庄因此毁灭。该县阳下乡际头溪边村全村 138 人中有 65 人死于血吸虫病，这个 21 户的小村庄竟有 13 户断代绝后，剩下 8 户的人只好背井离乡，移住他处。国内其他各省情况也一样，如上海市青浦县任屯村，新中国成立前全村原有 1000 多人，新中国成立前 10 年间因血吸虫病的流行，全家人都死亡的有 11 户，全家死得仅剩 1 人的有 25 户。新中国成立时全村只剩 461 人，其中感染血吸虫病竟达 97.3%。

 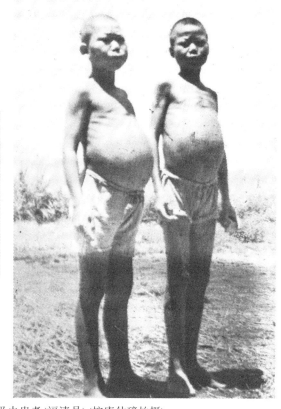

血吸虫图 38　日本血吸虫患者(福清县)(按唐仲璋拍摄)

左图：浦尾乡流行区的血吸虫病患者、儿童、青年和大人(摄于 1936 年)；右图：福清城关两兄弟患者(左)林国水(15 岁)和(右)林耳纽(19 岁)(摄于 1951 年)

血吸虫图 39　福建省福清县浦尾乡新中国成立前日本血吸虫疫区(唐仲璋摄于 1936 年)

左图：已是无人居住只有断墙残壁的村庄；右图：浦尾乡远景，一片荒凉景象

血吸虫病不但危害我国人民的健康，同时也感染数量极多的牲畜。新中国成立20世纪50年代农业部检查了311个县225万只耕牛，发现血吸虫病牛393 300头，这是一个家畜寄生虫病中重要的问题。各地耕牛的血吸虫病感染率高低不同，农业部家畜血吸虫病调查队1957年在江苏省流行区5个县26乡用统一的方法调查黄牛4485头，平均感染率为44.72%，水牛6548头，平均感染率为8.56%。广东省六泊草塘经常有3000头以上的耕牛放牧在有钉螺的地区，据该省血吸虫防治研究所(1957年)的报告，在检验放牧的1200头耕牛中证实95.83%有血吸虫病。当时，据福建省农业厅在闽侯、长乐、福清、平潭、仙游、南安、同安、龙海、云霄及华安等县的调查，有16 831头耕牛有血吸虫病。可见这一问题的严重性。

从流行病学观点考察这一问题，牛和人的感染有密切的关系，牛的血吸虫病具有自然疫源的意义。在流行区中耕牛和人的感染情况有一致性，无论是消灭血吸虫病的保健工作还是保护牧业方面，消灭家畜疫源都是十分必要的。

C. 日本血吸虫成虫形态结构(血吸虫图37、血吸虫图40)

日本血吸虫雌雄异体，外观呈乳白色，体表具有小棘，特别是在腹吸盘和抱雌沟两缘最多。雄虫体长8～20mm，最大横径0.5～0.55mm。有口腹吸盘各一个，甚为发达。体壁自腹吸盘之后两侧向腹面卷曲形成抱雄沟，于交配前后雌虫常在此沟中。消化器官由口孔通入食道，食道至腹吸盘前方处分为两支肠管，肠管向后纵走，于体后1/5处合为一单管，而以盲端延至体末端附近。雄性生殖器官位于腹吸盘后两肠管之间，有7个滤泡状的睾丸，各由输出管相连为一总输精管，开口于腹吸盘后方的生殖孔。

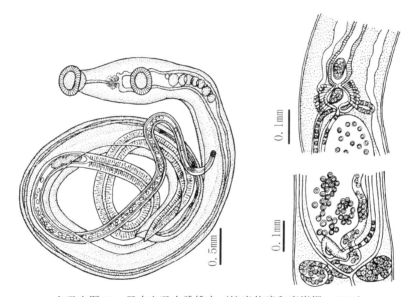

血吸虫图40　日本血吸虫雌雄虫（按唐仲璋和唐崇惕，1976）
左：雌雄虫成虫；右：雌虫体二段，上为部分卵巢、卵模和子宫初段，下为肠弓、卵巢下部、受精囊及卵黄腺

雌虫比雄虫细长，体长约22mm，最大横径达0.3mm。体前部纤细，腹吸盘近体前端，较口吸盘稍大，体表亦分布有很多小棘。消化器官与雄虫相同，食道至腹吸盘前方分为两支肠管，沿体侧向后延展至卵巢后方合为一单盲管，终于体末端附近。卵巢颇发达，位于体中部略后处肠弓的前方。输卵管自卵巢后方出，膨大为受精囊，继于肠内侧上行，在卵巢前方与卵黄管相合为一，周围有梅氏腺环绕，其前方接于管状的子宫。子宫成熟时含很多虫卵。

D. 日本血吸虫童虫在终末宿主体内的移行和发育

1) 日本血吸虫童虫移行途径(血吸虫图41)：日本血吸虫尾蚴侵入终末宿主皮肤后变化成的裂体婴(schistosomulum)，随静脉血流经右心房心室输送到肺脏，经过肺静脉→左心房心室→主动脉弓→背大动脉→腹腔动脉和前、后肠系膜动脉→胃静脉，经上、下肠系膜静脉→肝门静脉。其中大部分裂体婴是从腹腔动脉经胃静脉到肝门静脉，只有部分从肠系膜动脉经肠系膜静脉到肝门静脉。其时间自尾蚴侵入皮肤后4～6d。

2）日本血吸虫童虫的发育（**血吸虫图 42**）：日本血吸虫裂体婴到达宿主的肝门静脉后经过童虫的几个发育期，即肠管会合期、器官发生期、生殖器官发生期、卵黄腺内壳蛋白质出现期、产卵期，而发育达到成虫。

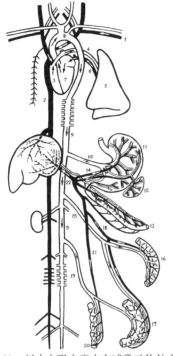

血吸虫图 41　日本血吸虫童虫在哺乳动物体内迁移途径示意图（按唐仲璋等，1973）

1.锁骨下静脉；2.后大静脉；3.右心房；4.肺动脉；5.肺脏；6.肺静脉；7.左心房；8.主动脉号；9.背大动脉；10.腹腔动脉；11.胃；12.脾；13.十二指肠；14.胃静脉；15.前肠系膜动脉；16.小肠；17.大肠；18.前肠系膜静脉；19.后肠系膜动脉；20.结肠；21.后肠系膜静脉；22.肝门静脉

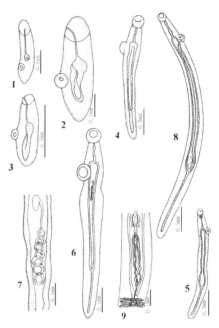

血吸虫图 42　日本血吸虫童虫的发育（按唐仲璋等，1973）

1.在兔肝门静脉中的 5d 童虫；2.在肝门静脉中的 7d 童虫，肠管开始会合；3.在肝门静脉中的 9d 童虫；4.在肝门静脉中 13d 的雄性童虫；5.在肝门静脉中 13d 的雌性童虫；6.16d 的雄虫；7.16d 雄虫的睾丸及贮精囊；8.16d 雌虫；9.16d 雌虫卵巢附近器官

　　日本血吸虫童虫在终末宿主体内发育经历的各期和曼氏血吸虫及埃及血吸虫相同，但后两者发育时间较长，而日本血吸虫发育的速度较快，比较如**血吸虫表 9** 所示。

血吸虫表 9　3 种人体血吸虫在终宿主体内发育的比较

	曼氏血吸虫在小白鼠的发育（按 Clegg，1965）	日本血吸虫在小白鼠及兔的发育（按唐仲璋等，1973）	埃及血吸虫（按 Smith，1976；Ghandous，1978；等等）
肺内发育期	感染后 4d，虫数高峰期在第 7～9d	感染后 24h，虫数高峰期在第 3～4d	感染后 3～5d
肠管会合期	感染后 8d，虫体进入肝门静脉；感染后 15d 两肠管开始会合	感染后 3.5d，虫体进入肝门静脉；第 6～7d 两肠管开始会合	感染后 9～10d，虫体进入肝脏；感染后 18～22d 肠管会合
器官发生期	感染后 21d，体内各器官雏形在发育	感染后 10～11d，体内各器官雏形在发育	感染后 24～25d，体内各器官雏形在发育
生殖器官发生期	感染后 28d，雄虫具 8 个睾丸，开始含有精虫；雌虫卵巢等器官发生；雌雄虫开始交配	感染后 15d，雄虫具 7 个睾丸，雌虫卵巢等器官发育，雌雄虫开始交配	感染后 28～31d
卵黄腺壳蛋白质出现期	感染后 30d，卵黄腺中卵壳蛋白质颗粒出现	感染后 18d，卵黄腺中卵壳蛋白质颗粒出现，雄虫睾丸中都已有精子	感染后 53～57d
产卵期	感染后 34～35d，雌雄虫从肝门静脉移到肠系膜静脉	感染后 23～25d 雌虫开始产卵，雌雄虫部分从肝门静移往肠系膜静脉	感染后 61～65d

　　日本血吸虫雌雄性童虫在肠管会合期就可区分出雌雄性。雌性童虫两肠管会合处的肠弓较宽大，略呈"U"形，那里逐渐有卵巢的雏体出现；雄性童虫两肠管会合处呈较窄的"V"形，在腹吸盘后方逐渐出现睾丸和输精管等。

E. 日本血吸虫幼虫期

　　日本血吸虫的幼虫期和其他血吸虫类一样，经历虫卵、毛蚴、2代胞蚴和尾蚴各阶段。

　　1) 虫卵 (**血吸虫图43**)　　日本血吸虫虫卵椭圆形，由宿主粪便排出时呈淡黄色，卵的一侧下部有一弯曲小钩状的小棘。卵长径70～100μm (平均89μm)，横径50～65μm (平均56μm)。雌虫在肝门静脉和肠系膜静脉中产卵，卵因血流的压力，侵入肝组织和肠壁组织，在那里发育成熟，内含有毛蚴，发育时间约10d。部分的肠壁组织被从虫卵渗透出来的物质所溶解，虫卵经破损的肠黏膜而脱落到肠腔，和粪便混合后排出体外。

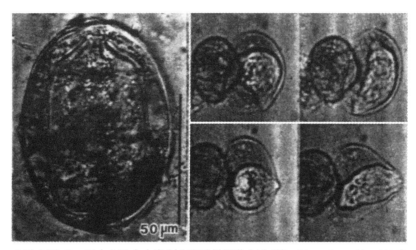

血吸虫图43　日本血吸虫虫卵 (左) 和毛蚴孵化 (右) (按 Ichiro Miyazaki，1991)

　　中外许多学者详细研究观察过虫卵在宿主组织内的发育，按何毅勋等 (1979，1990) 的观察，日本血吸虫卵的发育过程可分为单细胞期、细胞分裂期、器官发生期和毛蚴成熟期4个阶段。在卵胚发育过程中卵内化学成分也发生了明显的变化，脂类物质在早期普遍存在，到后期逐渐消失，碳水化合物到发育后期大量出现。在卵胚发育过程中脂类和多糖物质的动态改变，他们认为这其中可能存在着将脂类转化成碳水化合物的酶，这种转化的生理意义可能是提供血吸虫卵胚发育时所需要的能量来源。他们还观察到在毛蚴发育过程中，核酸和蛋白质的细胞化学反应始终呈现明显的阳性反应，分裂成群的细胞核及毛蚴形成后体后部的胚细胞核均含丰富的 DNA，它们的细胞质均含大量的 RNA。说明核酸和蛋白质的合成随细胞的分裂增殖而进行着旺盛的代谢活动，此代谢活动对卵胚和毛蚴的发育起重要作用。在毛蚴发育过程中，在卵胚和卵壳之间出现碱性磷酸酶活力，尤其至毛蚴成熟期，毛蚴整个呈强阳性反应。酸性磷酸酶在毛蚴的头腺、神经团和胚细胞也均呈强阳性反应。在毛蚴体内的顶腺和2个侧腺的腺细胞含有不同的化学组分，前者主要含抗淀粉酶的 PAS 阳性物质，后者除含有此物质外，还含有核糖核酸、碱性蛋白质、酪氨酸、色氨酸、组氨酸结合的蛋白质、酸性磷酸酶、氨肽酶和脂酶 (何毅勋等，1979，1990；Andrade and Barker，1962)。因此，他们认为血吸虫毛蚴顶腺和侧腺的分泌物包含有黏蛋白和酶类等一组复杂的化学组分，可能是构成虫卵可溶性抗原的主要成分。Bogitsh 和 Carter (1975) 经电镜观察，证明曼氏血吸虫虫卵可溶性抗原物质也存在于毛蚴顶腺和侧腺细胞的小囊泡中。

　　2) 毛蚴 (**血吸虫图43～血吸虫图46**)　　虫卵落入水中后，因渗透的关系，卵壳膨胀，在适当的温度和洁净的水中，卵壳便行纵向破裂，毛蚴裹在胀大的卵黄胚膜中活跃地游动，而后破膜而出。毛蚴在水中可生活24～36h。体呈梨形，大小约为90μm×35μm。体表纤毛板表皮细胞共有4列，各列纤毛板数为6块、8块、4块、3块。在第一列纤毛板的基部水平较深部位，有6个固定的圆形大液泡状的空隙，作一横列，它们可能是贮藏和调节水分的小器官。这一构造在土耳其斯坦东毕血吸虫毛蚴体前端也有，但其固定数目是 5 个(**血吸虫图 20 之 2**)。曾见与毛蚴神经中枢表面有联系的一纵列的较大皮下细胞(subepidermal cells)，另一纵列在体另一面。

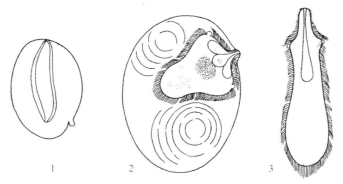

血吸虫图 44　日本血吸虫卵壳和毛蚴孵化(按唐仲璋，1938)

1. 毛蚴孵出后卵壳上的纵走裂缝；2. 毛蚴活动与膨胀的卵黄膜；3. 在水中游动的毛蚴

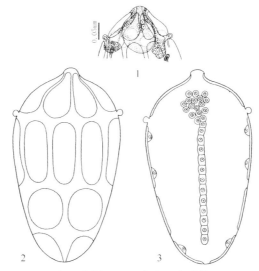

血吸虫图 45　日本血吸虫毛蚴

1. 毛蚴前端示内部 6 个圆形大液泡状空隙的构造(按唐仲璋和唐崇惕，1976)；2. 毛蚴体纤毛板；3. 毛蚴神经团表面一纵行皮下细胞
(2、3 图按唐仲璋，1938)

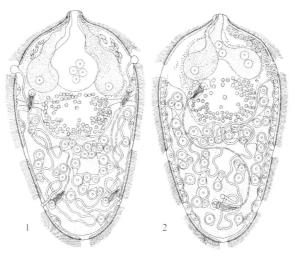

血吸虫图 46　日本血吸虫毛蚴(按唐仲璋，1938)

1. 正面观；2. 侧面观

在毛蚴体前端中央有袋形的构造，内含细胞核 4 个，过去称之为"原肠"，实际是一腺体，即为顶腺，内含颗粒状分泌物极多。在它的两侧有单细胞的侧腺各一，有导管在顶腺导管两边向外开口。神经中枢位于顶腺后面，有两条神经索向左右延展，各有向前后的分义。体左右各有一对焰细胞，通排泄小管，于体中部合为一大排泄管，作几度弯曲后开口于第三与第四纤毛板之间。在神经中枢之后，体的后半部有许多生殖胚细胞。

毛蚴的孵化与温度、水质和光线都有关。毛蚴孵化适当温度为 20～30℃，在此温度内亦较适于毛蚴的活动，在此情况下毛蚴可活 24～36h。温度越高，毛蚴活动量也越大，衰竭死亡也越快。毛蚴在浑浊水中有向清水游动的特点而浮于水面。关于光线，多数专家认为光线能增加毛蚴孵化的速度，唯陈子达曾用盛有等量的同一患者之粪便的两个孵化瓶，分别置于 25℃ 条件的 40W 灯光照射下和无灯光的暗室中，40min 后在黑暗中的孵化瓶内有更多孵出的毛蚴。毛蚴生活的水中最适宜的 pH 为 7.5～8.5，在此 pH 的清水中，毛蚴可以生活长久些。在剩余氯气 0.2×10^{-6}～0.4×10^{-6} 的水里（普通自来水的剩余氯气为 0.4×10^{-6}），毛蚴在 30min 内即死亡。

3）胞蚴 毛蚴在水中如遇到中间宿主——钉螺便侵入其体内，脱去纤毛上皮细胞层，其他器官也逐渐消失。由胚细胞团发育为母胞蚴，初为披有外膜的圆形囊状体，后渐发育为不规则椭圆形。母胞蚴囊壁在光学显微镜下仅为一层薄膜的体壁，在透射电镜下，可见其外质膜上有绒毛，外质膜与基膜之间的基质有线粒体，基膜下有环肌和纵肌，以及体被细胞的细胞核和染色质块等复杂结构（周述龙等，2001）。母胞蚴体内含一些细胞质向一端或两端突起的胚细胞，该突起使胚细胞附着在母胞蚴的体壁上，囊腔内也有胚细胞，它们发育为子胞蚴的胚体。在发育 50d 左右的母胞蚴，体内有 40 多个的子胞蚴胚球，胚球逐渐发育成圆筒囊状，能活动，前端较窄，上具小棘，体内也含有胚细胞和由胚细胞发育的尾蚴胚球。子胞蚴离开母胞蚴进入贝类宿主消化腺及其周围组织间隙中，继续成长发育，体长增加成条状，体壁上有多处作不规则的缢缩，其长度可达 0.3～1.0mm，最成熟的可达 3.0mm 长。子胞蚴内的胚球发育为尾蚴的胚体，子胞蚴体内含有发育程度不一致的胚球和尾蚴胚体。在适当温度（25～30℃）条件下，毛蚴侵入钉螺体后 60d 就可有成熟尾蚴生成。子胞蚴早期前端不具像生产孔的结构，但当子胞蚴长成节状长条，即便有生产孔也不起作用，尾蚴可以穿破子胞蚴体壁而出，并从螺体逸出体外到水中。日本血吸虫子胞蚴和其他吸虫幼虫期一样，有时不一定按常规产生尾蚴，也可以从其中胚球发育成为第三代子胞蚴，由它们再产生尾蚴。

4）尾蚴 血吸虫尾蚴为不具咽的叉尾型尾蚴（apharyngeate furcocercaria）。尾蚴分体部和尾部，尾部又分为尾干和尾叉。成熟尾蚴总长度为 280～360μm。其中体部大小为 (100～150)μm×(40～66)μm，尾干大小为 (140～160)μm×(20～35)μm，尾叉长 50～70μm。尾蚴体部略呈瓢形，后半部稍为膨大。体表披有小棘。尚不呈吸盘状的头端稍大，称为头器，周述龙等（2001）叙述：通过透射电镜观察，在头器内有不向外开口的头腺（head gland）的单细胞腺体，认为分泌物进入头端体被基质中，尾蚴穿钻宿主皮肤受损时，它可能具有修复的功能，此头腺在光学显微镜下没有见到，口孔位于其腹面。食道从口孔延至体中段而开始作很短的盲管分支。神经中枢在口吸盘后方。单细胞穿刺腺（也称钻腺）5 对。有关日本血吸虫尾蚴两种单细胞腺的生化物质及对尾蚴穿钻宿主的作用，何毅勋及其同工（1984，1985，1987，1988）曾作详细研究和报道。在腹吸盘前方 2 对钻腺其细胞质含较粗颗粒，嗜酸性，对伊红易着色，含丰富蛋白质水解酶物质；后 3 对含较细的细胞质，此腺细胞嗜盐基性，对锂红易着色，含丰富的糖蛋白的物质。各腺细胞导管均开口于头部顶端，两种腺体对尾蚴侵入终宿主体内起着重要作用。后 3 对穿刺腺糖类蛋白物质分泌物遇水膨胀黏稠，对尾蚴在宿主皮肤上起定位黏附作用，前 2 对穿刺腺含酶分泌物对尾蚴穿刺宿主皮肤及到宿主体内穿钻组织和血管壁起破坏和溶解宿主组织的促酶作用，使尾蚴（及裂体婴）能顺利达到寄生部位。尾蚴体部两侧各有焰细胞 4 个，每边最后一个焰细胞位于尾干的基部。焰细胞公式为 2[2+1+(1)]=8。各焰细胞由小排泄管连接于大排泄管，最后会合于排泄囊。排泄囊连于尾部的排泄管。在尾的基部相接处有一"柯氏岛"（Island of Cort），它启示了尾部排泄管与原始血吸虫群类具 2 条排泄管可能有关联，可能是左右两管愈合而成的痕迹。尾部排泄管开口于两尾叉的末端。尾干具有多列两极的肌细胞。由这些细胞的伸缩控制尾蚴在水中旋转地活动（**血吸虫图 47、血吸虫图 48**）。

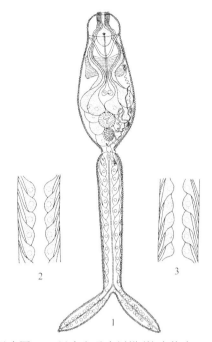

血吸虫图 47　日本血吸虫尾蚴(按唐仲璋，1938)
1. 尾蚴整体；2. 尾干两极细胞(背腹面观)；3. 尾干两极细胞(侧面观)

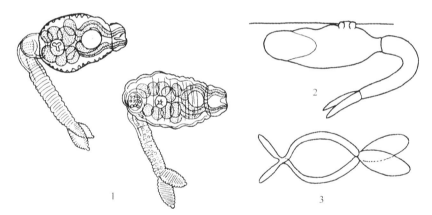

血吸虫图 48　日本血吸虫尾蚴在水中状态(按唐仲璋，1938；唐仲璋和唐崇惕，1976)
1、2. 尾蚴吸附在水面上；3. 尾蚴游泳中的形状

　　日本血吸虫尾蚴于 20～25℃温度在水中可生存 2～3d。它们大部分用腹吸盘附着在水面，尾巴下垂并向后弯曲，此种尾蚴似乎能分泌一些黏性物质，使在水面上形成一片黏膜，尾蚴腹吸盘吸附其上。此黏膜也使人体或动物进入疫水时尾蚴成片地黏在宿主的皮肤上，便于尾蚴感染。著者曾计算 8 只阳性钉螺连续80h(3.5d)逸出的全部尾蚴 10 333(每粒逸出 175～4898)条，其中 98.95%(10 225/10 333)吸附在水表面一层白色薄黏膜上，0.52%(53/10 333) 悬浮在水中，0.53%(55/10 333)沉下水底(唐仲璋和唐崇惕，1976)。

　　日本血吸虫尾蚴接触人体和其他动物宿主的皮肤，在很短时间就能钻入皮肤，只需 10～20min,甚至只需 10s。在放大镜下观察可见其尾部左右摆动，体前端因分泌穿刺腺含酶物质的作用，能溶解宿主皮肤而侵入皮下组织，在破坏角质层后，已丢弃尾部的尾蚴体部似乎有一短时间的休止期，此时虫体平卧在皮下角质层中，其姿势与皮肤平行，过了短暂的休止期后，尾蚴体部又继续往深处钻，通过后穿刺腺分泌物的溶解破坏宿主组织的作用，虫体到达真皮层，侵入了淋巴管，并由此到达静脉系统。经血流循环系统到达肝门静脉。一次感染大量尾蚴，可见裂体婴在感染后 3～4d 到达肝门静脉，许多裂体婴体中尚存在相当数量的穿刺腺物质(唐仲璋等，1973)。

　　在水中游泳生活的日本血吸虫尾蚴钻入宿主皮肤后才几分钟的裂体婴，其形态与尾蚴体部还完全相像，但裂体婴已不能在水中生存，发生了只适应于宿主体液和血液中生存的生理改变。何毅勋(1987,1988；

等)阐明：这是因为尾蚴成为裂体婴时其体表的糖萼(糖质衣)脱落消失的缘故。此时由尾蚴的不能摄食到裂体婴时其肠管开始发育并吸食血液。

F. 日本血吸虫的终末宿主和中间宿主钉螺

1)终末宿主种类：除人类外，狗、猫、牛、羊、马、猪、鹿、鼠和其他哺乳动物均能感染日本血吸虫成虫。

2)中间宿主钉螺种类(血吸虫图 49～血吸虫图 55)：日本血吸虫的中间宿主(贝类宿主)是有肋湖北钉螺指名亚种(*Oncomelania hupensis hupensi*)和光壳钉螺(*Oncomelania hupensis nosophora*)。

血吸虫图 49　钉螺齿舌(原)

1. 湖北钉螺(肋壳钉螺)齿舌(×1060)；2. 福建福清钉螺(光壳钉螺)齿舌(×520)(拍摄于 Henry Lester Institute of Medical Research，上海)

血吸虫图 50　广西南宁盆地渐新世地
层中钉螺化石(×81)
(按 N. Odhner，1930 于 Palaeontogia
sinica；照片由余汶教授赠送)

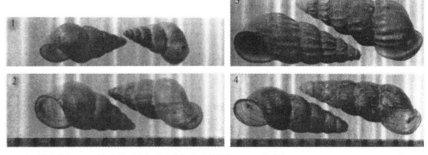

血吸虫图 51　日本血吸虫中间宿主钉螺(×3～4)(按 Ichiro Miyazaki，1991)

1. *Oncomelania hupensis quadrasi*(菲律宾)；2. *O. h. formosana*(中国台湾)；3. *O. h. hupensis*(中国大陆)；4. *O. h. nosophora*(日本)

血吸虫图 52　日本片山的光壳钉螺
(Oncomelania hupensis nosophora)
(×3～4)(原)

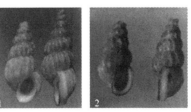

血吸虫图 53　我国肋壳钉螺，湖北钉螺指名亚种(×3～4)(原)

1. 收集自湖北；2. 收集自江苏苏州；3、4. 收集自广西宾阳

血吸虫图 54　我国台湾及福建的光壳钉螺（×3～4）（原）

1. 台湾岛；2. 福建东洛岛；3. 福建平潭岛；4. 福建漳浦；5. 福建福清；6. 福建仙遊

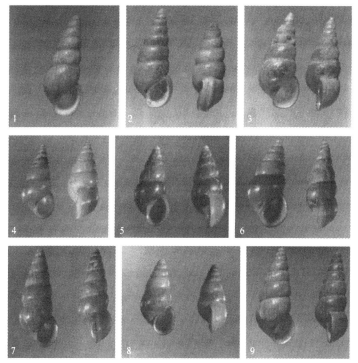

血吸虫图 55　我国浙江、湖南、四川、广西及云南的光壳钉螺（×3～4）（原）

1. 浙江临安；2. 浙江孝丰；3. 湖南；4. 四川德阳；5. 四川绵竹；6. 广西天等；7. 云南；8. 云南巍山；9. 云南

　　钉螺属腹足纲（Class Gastropoda）、前鳃亚纲（Subclass Prosobranchia）、过去认为是苔守螺科（Amnicolidae）、艍螺亚科（Subfamily Hydrobiinae）。现认为本亚科是科的阶元，为艍螺科（Family Hydrobiidae）（毛守白和郭源华，1990；刘月英等，1979）。本科中 *Oncomelania* 属的种类有：*Oncomelania hupensis* Gredler，1881（中国）、*Oncomelania nosophora* Robson，1915（中国、日本）、*Oncomelania formosana* Pilsbry et Hirase，1906（中国台湾）、*Oncomelania quadrasi* Moellendorff（菲律宾）。刘月英等（1979，1981）认为：我国钉螺有湖北指名亚种 *Oncomelania hupensis hupensis* Gredler（湖南、湖北、江浙等地）（有肋钉螺）；光壳钉螺有（有唇嵴）：滇川亚种 *Oncomelania hupensis robertsoni*（Bartsch）（四川、云南）、海滨亚种 *Oncomelania hupensis chiui*（Hebe et Miyazaki）（中国台湾台北市）。无唇嵴光壳钉螺有：丘陵亚种 *Oncomelania hupensis fausti*（Bartsch）（长江中下游）、桂亚种 *Oncomelania hupensis quiensis* Liu et al.（广西）、闽亚种 *Oncomelania hupensis tangi*（Bartsch）（福建）、台亚种 *Oncomelania hupensis formosana*（Pilsbry et Hirase）（中国台湾）。Davis

等(1995)研究中国大陆湖北指名亚种钉螺种群遗传变异，认同了刘月英等分类中的湖北指名亚种 *Oncomelania h. hupensis*、滇川亚种 *Onxomelania h. robertsoni* 和闽亚种 *Onchomelania h. tangi*。

依据 Annandale 的分类，*Oncomelania* 属可分为两部，光壳钉螺属于 Section Katayamae Robson(1915)，肋壳钉螺属于 Section Hemibiae Heude(1889)。

我国各地(不包括港澳台)的钉螺大小及形态差异甚大,肋壳钉螺(*Onchomelania hupensis hupensis*)大小为 (7.44±1.04)mm×(3.2±0.4)mm ～ (9.73±0.94)mm ×(4.24±0.34)mm 。 光 壳 钉 螺 (*Onchomelania hupensis nosophora*)大小为(5.8±0.5)mm×(2.71±0.19)mm～(6.93±0.33)mm×(2.85±0.12)mm。

3)钉螺分布　　钉螺的生活环境可分别为水网、湖沼及山地 3 个类型，前两类是肋壳钉螺的滋生地，后一类是光壳钉螺的滋生地。以地域分布来说，前一种分布于包括华东及华南的平原区域，后一种分布于该地区的丘陵地。在这里肋壳钉螺与光壳钉螺有重叠分布。另外，在福建和四川、云南的山地，光壳钉螺有其单独的分布，在这些地域里是没有肋壳钉螺的。国外，分布于日本、菲律宾、中南半岛的泰国、印度尼西亚的苏拉威西岛的也都是光壳钉螺。

两类钉螺重叠分布的地方很多，如湖北和湖南。在这里光壳钉螺分布在山区，而肋壳钉螺则分布在平原水网和湖沼地带。湖南省光壳钉螺在该省西部较高地区，如襄阳、谷城、南漳、远安、当阳、钟祥等处，该省其他大部分水网及湖沼区均为肋壳钉螺的分布区。在滨湖和滨江的沼泽地生长着许多芦苇，这样的洼地夏秋季节被水淹没，冬季水位低时变成潮湿陆地，这种环境中肋壳钉螺分布极为广泛。

在长江流域的辽阔平原，纵横交织着河道和灌溉沟渠，肋壳钉螺适应并侵入了这样广泛的农业生产自然环境，它们在近岸的水边滋生和栖息。此外，尚有与湖泊相连的草塘(如广东省的血吸虫病流行区为草塘)，也繁殖着很多钉螺，草塘附近有稻田和灌溉沟，草塘里的水和田沟相通，在春天水涨时，水和钉螺可流入田沟。

光壳钉螺分布的地域是山区，它们能在山上梯田灌溉沟里生活。除此之外，它们在山上草坡有很大面积的散布。这些草坡有流水浸润，钉螺在草根上生活。这样的滋生地在福建平潭岛的军山上最为典型，在那里甚至在有水的岩石裂缝里也有钉螺，这显然与农业耕种的环境无关。著者在军山上也找到有血吸虫尾蚴感染的钉螺，这里有牛畜放牧，可以见到牛粪便，由此可以解释，钉螺有尾蚴感染。这也算类似自然疫源地的情况，山坡上钉螺滋生地和湖滩上钉螺滋生地都可算是其自然分布状况；山上草坡显然是钉螺的原始生活环境。在未有农业耕种环境出现以前，它们就是那样生活的。在福建省除平潭岛以外还有长乐沿海的东箸岛，那里没有人居住，但也有钉螺。

有光壳钉螺分布的山区，除福建以外，西南省份如四川和云南也有。在云南省的大理和凤仪，在海拔6900m 的高原上有钉螺分布。通入洱海的河流岸边的泥土是钉螺的滋生地，四川彭州海拔 3300m 的高地上也有钉螺分布。

这两类钉螺在自然史方面可能很不相同，有棱(肋壳)钉螺和光壳钉螺虽在人工环境下能互相交配，生出第一代，在重叠分布区中也可能有天然的杂交，但由于两者地理分布的不同，以及栖息的生态环境和海拔的不同，它们保持一定程度的隔离，此两类钉螺的齿舌亦有差异(**血吸虫图 49**)。因此在分类学意义上，它们应当属于两个不同的亚属。

我国腹足类古生物学者余汶曾于 1976～1977 年在广西南宁盆地渐新世(Oligocene)地层化石群中发现 *Oncomelania* 化石(**血吸虫图 50**)。据我国以往资料的记载，最早发现我国钉螺化石的是瑞典人 N.E. Odhner，他于 1930 年描述在广西南宁盆地上新世(Pliocene)软体动物群中有 *Oncomelania* sp. 一种。当时他把产这些化石的地层与欧洲上新世进行对比，把这时代定为上新世。余汶等从我国腹足类化石的组合来看，他们认为产这个化石群的地质时代不是上新世，应当是渐新世(余汶通信资料，1981 年)，也就是说 *Oncomelania* 属在我国出现的时代比欧洲各国都早。这对于探讨钉螺类的起源、演化和分类是有意义的。

4)钉螺栖息环境和发育

栖息环境：钉螺栖息的地区在水线上面的泥岸，水位的变动对于钉螺的分布有影响。在水线附近处钉螺的密度最高，集中在 1～1.3m 以内。在坡度小的河岸分布较广。水线下的钉螺，其深处约距离水面 1.3m。

洞庭湖湖滩及洲上钉螺的分布与地面高度及水淹日数有关。一年水淹 8 个月以上的地带无螺，一年中淹水半个月至 5 个月的地带钉螺最多。岸上的钉螺亦能向土中存匿，可达 16cm 深，在疏松的土中可达 30cm 或更深。总之，钉螺的栖息地充分表明它栖息的特性。

　　发育（血吸虫图 **56**、血吸虫图 **57**）：钉螺产卵于土中，螺的胚胎在卵内发育，卵产出后 14～15d 完成胎前发育，在 22～27℃的环境中，25～30d 孵出，在冬天则需要 122～128d。幼螺从卵孵出后，约两个月时间过纯水中的生活（唐仲璋，1962），在水中过 40～50d 以后的幼螺才过陆地的生活。在福建，6～7 月，钉螺离水登陆，在湿泥土中生活。钉螺在水中的生活期是其生活史中最脆弱的一段时期，各流行区如能按各地钉螺幼螺出生季节，施用药物灭螺，可节省人力，易收效果。

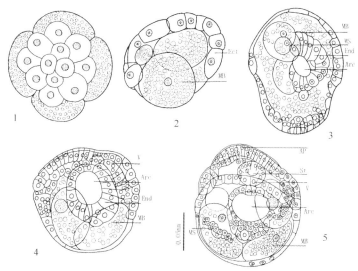

血吸虫图 56　福建光壳钉螺的发育（一）（按唐仲璋，1962）

1. 期胚体的动物极观；2. 囊胚期纵断面；3. 原肠期的断面；4. 担轮期的胚体；5. 面盘期的胚体（AP. 前端板，Arc. 原肠腔，MB. 大分割球，MS. 外套膜，Ect. 外胚叶，End. 内胚层，St. 原口，V. 缘膜）

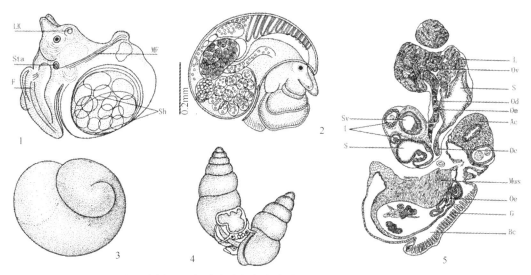

血吸虫图 57　福建光壳钉螺的发育（二）（按唐仲璋，1962）

1. 11d 钉螺胚体，已具有触角；2. 16d 的小螺；3. 幼螺孵出时的壳阶；4. 雌雄钉螺交配；5. 雌螺的纵切面示各生殖器官的位置（1、2 图比例尺为 0.2mm）（Ac. 副腺，　Bc. 鳃腔，　En. 内胚层，　F. 足部，G. 鳃，L. 消化腺，I. 肠管，LK. 胚体肾，MF. 外套膜，MS. 中胚层细胞，Mus. 棱形肌，Od. 输卵管，Om. 卵细胞，Ov. 卵巢，Oe. 食道，S. 胃，Sh. 壳阶，St. 原口，Sta. 平衡囊，Sv. 贮精囊）

　　从钉螺的胚胎发育，可见其表现出腹足类一般的发育规律。但它有其种属的特性，既不同于较低的腹足类（如笠贝等）有自由游泳的担轮幼虫，也不同于某些种类（如田螺等）幼螺的胚体是在母体生殖管道内发育到较大的幼螺时才从母体孵出。钉螺的整个发育过程是淡水腹足类颇具典型的例子。钉螺的胚胎发育，在早期胚体有细胞分裂较快、细胞较多的动物极，发育过程经囊胚期、原肠期、担轮期和面盘期各阶段后才形成小螺。在面盘期胚体中已出现外套膜、消化道肠腔等结构；11d 的钉螺胚体开始有小螺形状，头、颈、足和躯体已能区分，并有触角以及含角膜、瞳孔和晶体等结构的眼睛；16d 的小螺已具备螺体的所有器官结构。

G. 流行病学

日本血吸虫病是一种严格的地方性疾病，它的地理分布是与钉螺分布密切相关的。国外的流行区也和国内光壳钉螺的分布一样，表现为岛屿状和星散状。日本病区分布在东京北部利根河流域、富士山北部的山梨县、富士山南侧沼津附近，以及广岛、冈山县福山一带和九州的佐贺县。日本的血吸虫病患者曾经有约 5 万人。菲律宾的血吸虫病区分布在雷尔泰、萨马、民都洛、棉兰老诸岛，在各个岛上有大小不同距点，与日本的分布区相似。据 Abbott(1948) 的记载，萨马岛上的病区最大。印度尼西亚的病区在苏拉威西(旧称西里伯岛)(Burg and Tesch，1947)。在泰国南方的纳康-锡塔马腊特省曾报道日本血吸虫病例(Chaiyaporn et al.，1959)，后来又在该省沙旺和 Toong-Song 县发现小的血吸虫病流行区。有两条河——Klong-Min 和 Klong-Chandee 流经该地，在 10 个村庄用成虫抗原作皮下试验，查出阳性者 114 例，查出虫卵的有 3 例。在 187 例作直肠活组织检查，发现虫卵的 50 例(Harinasuta and Kruatrachue，1962)。1978 年发现湄公血吸虫，在泰国未发现有钉螺，只有开放拟钉螺。在泰国发现的血吸虫病患者可能是湄公血吸虫患者。

国内据 Faust 和 Meleney(1924) 曾经记载：长江流域有 6 个严重流行区，即：苏州嘉兴区、芜湖区、九江区、武汉区、孝感皂市区和常德岳阳区。新中国成立后各省开展消灭血吸虫病的群众运动，在配合其他防治措施中，也进行较详细的调查，知道有 13 个省市 300 多县市有血吸虫病分布。其中以长江流域及各个湖泊区最为严重。江苏省流行区有 40 余县，浙江省有 50 余县，安徽省 30 余县，江西省在鄱阳湖附近也有 30 多县，湖北省共有 40 余县，湖南省有 10 多县，福建省有 12 县，台湾省有血吸虫分布但无人体感染。新中国成立初期广泛开展消灭血吸虫病群众运动，各省流行区情况大大改变，许多地方消灭或控制了血吸虫病。由于钉螺尚无法彻底消除，在长江流域和一些湖泊区血吸虫病还存在很大的隐患，有待根治。

因为我国钉螺分布有山地丘陵型、平原水网型和湖泊草塘型，相应地血吸虫病一般说来也有这 3 种类型。平原地带地势平坦区域辽阔，而山地则较为局限。流行区有的一大片可绵延几百千米，有的只有几千米，其外围都呈岛屿状，被非流行区环绕，一个病区与另一病区相隔很远，尤以山地丘陵区为然。各病区的感染率高低不一，这要看该地区中各流行因素的作用和普遍的程度情况而定。例如，与含有感染源疫水的距离远近、接触机会以及与居民的生产生活的关系等。在福建福清山区有的村庄沟水流入村内(**血吸虫图 58、血吸虫图 59**)，滋生着很多的钉螺，该地为村人行走必经之道，因而就有很多人感染。江苏省昆山、青浦两县居民过去感染率很高，因这两县是水网地区，地势低洼，过去河沟岸边钉螺密密丛生，各村庄被有钉螺的水网所包围，日常生活上几乎终日都有机会和尾蚴接触。

在流行区中，人们因生产和生活活动与疫水接触。据国内许多地区的调查，感染的人以青少年为多，阳性患者年龄组以 11～15 岁、16～20 岁为最多。说明得病的人多在幼年期。过去，福清县在典型的流行区中，儿童在沟水中捕捉鱼虾，戏水，在溪水内澡浴、游泳，或仅仅涉水，就得到感染，这是血吸虫流行区中主要的感染方式。日本、菲律宾、埃及等国也一样。当然下田劳动、捕鱼、防汛、打湖草、洗衣物、洗涤马桶等其他活动和疫水接触也会得到感染。在湖沼地区，打湖草是当地人民经常的生产活动，每年因此常有很多人受感染。在湖沼水网地区，每年还有洪水泛滥，把大量钉螺和尾蚴扩散到本来没有感染源的地方，造成疫病严重流行。在偏僻山区、荒岛山上滋生着钉螺，如福建霞浦古县山，平潭岛君山的山上草坡也有钉螺感染，在那里放牧的黄牛和牧童，都在那里得到感染。

血吸虫图 58　福建省福清县浦尾乡流入村庄的水沟，内中滋生许多钉螺(唐仲璋摄于 1936 年)

血吸虫图 59　福建省福清县过去田边草泽中钉螺滋生地(按唐仲璋，1936)
左：林中乡；右：浦尾乡是福建省最早发现阳性钉螺地点

据全国各地调查，有自然感染的野生哺乳类计有 31 种，其中食肉目 9 种、啮齿目 16 种、灵长目 1 种、食虫目 2 种、偶蹄目 3 种。在流行区哺乳类中发现有血吸虫感染的有黄牛、水牛、猪、狗、猫、驴、马、鼠、兔、猴、骡、山猫、獾等，其中以黄牛、水牛、猪、猫、狗和马均普遍感染有血吸虫；野生哺乳类中家鼠和野鼠因为数量多，且生活环境与钉螺非常接近，能成为自然疫源。在福清县有钉螺分布的田野灌木从生，著者曾发现黄毛鼠［*Rattus fulvescens huang*（Bonhote）］及罗赛鼠［*Rattus losea exiguous*（Howell）］ 栖息其中，它们都感染有血吸虫，充为保虫宿主。上海血防所在上海市郊检验的 17 种动物中竟有 13 种感染有血吸虫：家猫［*Felis ocreata domestica*（Brisson）］、黄牛（*Bos taurus domestica* Gmelin）、犬（*Canis familiaris* L.）、山羊（*Capra hircus* L.）、绵羊（*Ovis aries* L.）、水牛（*Bubalus bubalus* L.）、家兔（*Oyrotolagus cuniculus domestica* Gmelin）、褐家鼠［*Rattus norvegicus soccer*（Miller）］、田姬鼠（*Apodemus agrarius*）、黄胸鼠［*Rattus flavipectus*（Milne-Edwards）］、野兔（*Lepus sinensis*）、野猫（*Felis bengalensis chinensis* Gray）、貉（*Nyctereutes procyonoides* Gray）。

中国医学科学院寄生病研究所 1959 年在安徽歙县抽查 3 种家畜和 16 种野生动物计 2091 只，血吸虫阳性的 8 种共 183 只，即黄牛、水牛、猫、姬鼠、山鼠、松鼠、貉、野兔和笔猫，尤以野兔感染率达 20.8%（43/206 只）；在歙县桂林乡的一只野兔中找到近千条成虫。在贵池县检查家畜 6 种共 264 只，其中阳性的有猫、黄牛、水牛和驴 4 种共 44 只；另检查野生哺乳类 8 种 358 只，有感染的为姬鼠、麝鼩、沟鼠 3 种共 95 只，其中姬鼠感染率高达 44%。中国医学科学院何毅勋等曾研究各类动物排出日本血吸虫虫卵数目，认为有很大差别，以小白鼠和家兔最多。在流行区中鼠类和野兔是重要的自然疫源。家畜中以黄牛最为重要，感染率常较高。水牛不是血吸虫最适合的宿主。在它体内，血吸虫感染有逐渐消失的倾向。这一特异性的发现甚为重要，因为在流行区中可多用水牛耕田。

可证明家畜的日本血吸虫病和人的日本血吸虫病一样，其地理分布、病原形态学无不同种别存在（除中国台湾血吸虫失去感染人能力外），人畜血吸虫可相互感染。牛在散播血吸虫方面有重要意义。

H. 症状与病理

血吸虫病的症状和病理的机制是血吸虫病原发育各阶段个体及其虫卵对宿主的机械损伤，以及宿主产生免疫反应（细胞免疫及体液免疫）所发生的一系列现象，最终宿主脏器及机体因其受损而致死。

1）人体血吸虫病：日本血吸虫病通常分有潜伏期和急性期，患者早期症状为皮炎、荨麻疹、肝肿大、下午热、盗汗、呕吐、腹泻、白细胞增多，特别是嗜伊红白细胞的增多。肺、胃、肾、肝、脾及十二指肠不同程度的损害。尾蚴感染后裂体婴侵入肺部时因机械损伤及分泌物化学作用产生出血点及导致肺部的炎性浸润。

①**过敏性反应**：过敏性疹状可能发生在尾蚴侵入后的第五天，但通常在潜伏期的末期（第四星期），在局部或周身皮肤上发生一种奇痒的风疹块（**血吸虫图 60**）。风疹块可以很小，约 0.5cm 大，也可以由很多的小块连成一片不规则的大块。块面发红，周围有苍白圈。发生部位以四肢及身躯较多，亦可发生在黏膜上。这种症状可在数小时内消失，或可持续数日。在此时间，患者食欲缺乏，容易疲倦，常有头痛，午后有畏寒，发热，体温达 38～39℃，夜间有盗汗，渐觉腹部饱胀，肝脏压痛，略肿大，体重减轻。血液检查出现白细胞增多，嗜酸性粒细胞在 10% 以上。肺部声音暗哑、咳嗽发生。过敏性反应如果严重，患者可有中毒现象，或中毒腹泻。此时粪便中没有血和黏液，亦无虫卵。

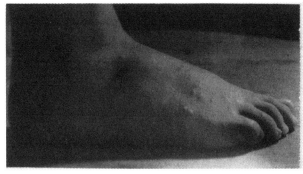

血吸虫图 60　日本血吸虫患者的皮肤疹

血吸虫病急性期发生在病原童虫成长至成虫之后，雌雄交配，雌虫产卵和排卵期间。这时期可长达 3～

4 个月，然后进入慢性期。受日本血吸虫尾蚴感染后一两个月，成虫排卵渐多，患者发生痢疾、腹痛、发热、贫血、肝脾继续肿大等症状。如有大量尾蚴侵入体内，就会产生显著的急性血吸虫病。雌虫排出的卵能侵入各器官，其中以肠壁与肝脏为最多。其他器官，如肺、阑尾、脾脏、淋巴结节、肾脏、胰脏、子宫颈、输卵管、心脏及脑部等亦为虫卵可以停留及发生病变的场所。虫卵在组织内，其周围有假结节出现。Hoeppli(1932)曾谓假结节的形成是由于卵内毛蚴的分泌物通过卵壳而渗透到宿主组织引起刺激的结果。病理学者如谷镜汧(1952)亦认为早期的嗜酸性脓肿是一种急性变化，是卵内毛蚴头端腺细胞分泌物引起的组织反应。晚期假结节则由于卵壳所发生的机械性作用所引起。卵的周围有各种细胞的浸润，其中以嗜伊红白细胞占绝大多数，其他为大小单核白细胞，嗣后有类上皮细胞开始发生，中杂有外物巨细胞。这样病理变化和构造颇似结核病的结节，故有假结节之称。最后病理变化转入组织增殖和修补期。肝脏由肿大而缩小，因结缔组织的不断增加而逐渐变成硬化。由于肝硬化的影响，血液流入肝脏受阻，门静脉高压最为突出，测量时可达 2450～4900Pa 以上(正常值为 588～980Pa)。因为机体的补偿作用，一部分血液不经过肝脏而由其他途径回流入心脏，这就使与门静脉相通的其他血管异常扩张。常见的部位有上腹壁、胃底、食道下端静脉等。由于后者两部位静脉曲张，易于破裂，而出现大量呕血、便血而发生危险。

②**晚期患者症状**：晚期患者按其症状可分为下列各型。

巨脾型：脾脏肿大也是由于门静脉高压所引起，脾脏重量可达 1900～2000g。与此同时可出现肠系膜及大网膜的增厚，使结肠缚紧，因而腹部上下突出，中间凹入，形成血吸虫病患者特有的腹部形状。

腹水型：腹水的形成主要由于静脉高压及肝功能损害所引起的血浆白蛋白降低，由于渗透压的作用使血浆中水分由血管中渗漏到腹腔中。这种腹水为透明、草绿色或带胆汁色的液体，其蛋白质含量为 0.1%～2.0%，有少量间皮细胞、多形核白细胞、嗜酸性粒细胞及淋巴细胞。腹水涨满的患者腹壁静脉多有怒张现象，并可产生脐疝。因腹水关系腹压增加，腹腔内各脏器均受压迫。

侏儒症：幼年受严重感染，或由于儿童时期反复感染血吸虫，影响了高级神经活动，使垂体前叶功能减退，致使个体发育受阻，加上其他病理变化，使整个机体的生长发育都受到严重的影响，性器官不发育，第二性征也不发达。患者年龄到 20 余岁，外观仍像 11～12 岁。如不医治，侏儒患者寿命很少超过 30 岁。

③**日本血吸虫异位寄生病例**：日本血吸虫成虫正常寄生在门静脉血管系统的根支血管中，虫卵沉积在肠壁和肝组织内。在此范围以外的病变，医学者称之为异位损害(ectopic lesion)，在临床上有很多异位病例的报告，如脑型血吸虫病(裘法祖等，1955；张沅昌等，1956；钱维顺，1956；徐榴园，1959；王秉辉，1963；翁俊和王翠山，1964；等等)、肺部血吸虫成虫寄生(王恭迴，1961；徐日光和杨元清，1964；等等)、皮肤血吸虫虫卵及病变异位损害(叶放等，1964；陈子达，1964；熊培康等，1964；等等)、生殖系统血吸虫病(余兆熊，1958；张攀树，1957；等等)等，说明日本血吸虫成虫和虫卵有异位寄生情况，为了探索此异常情况的产生，著者曾对此进行了动物试验(唐仲璋等，1973)。

④**日本血吸虫异位寄生动物试验**：用日本血吸虫尾蚴进行动物感染试验，结果表明大量尾蚴的一次感染能产生童虫和成虫异位寄生病例的比率很高。早期裂体蚴会很快到达实验动物(小白鼠、兔子)的肝门静脉，见到在穿钻血管壁的裂体蚴，以及肝脏中门脉血管壁破裂和裂体蚴散布在破损的肝组织中的情况。同时在许多实验动物的主动脉弓、肺动脉、肺静脉、背大动脉、心脏(左右心室)、肺脏、椎脉脉窦、椎静脉、肋间静脉、前大静脉、胸腹后大静脉、肝静脉、痔静脉等血管中查到童虫和成虫(**血吸虫图 61～血吸虫图 63**)。大量虫卵也在实验兔的大脑、中脑、小脑、延脑和脊髓中查到(唐仲璋等，1973)。从这一批的试验中发现用大量日本血吸虫尾蚴一次急性感染终末宿主，相当数量的早期裂体蚴在移行途径中由于能迅速到达肝门静脉，它们不仅还有穿钻血管壁组织的性能，而且它们体内钻腺内容物也还有残存，所以能钻破肝脏中的门脉微细血管，使虫体在破损的肝组织中有机会进入肝静脉而进入大循环系统，使童虫、成虫和虫卵会在异常部位出现。

2) **家畜血吸虫病**：家畜血吸虫病和人体的一样也可以依时期病状分为：潜伏期、虫卵累积排出期和组织增生修补期 3 个阶段。潜伏期包括尾蚴侵入牲畜体内，并在其中移行、发育。这一过程一般约为 6 周。人工感染血吸虫的牛只，在两周后开始有发热现象。初感染时有轻重之分，有急性型的，也有慢性型的，可能因尾蚴侵入多寡而定。急性型血吸虫病牛没有死亡常转为慢性型。

在 3 岁以下的小牛受害较严重。急性型体温可升高到40℃或以上，呈不规则间歇热型。病畜精神迟钝，呆立、步态摇摆，躺卧、停止吃草，起立困难，只见消瘦，黏膜苍白，严重贫血。如饲养不良，就易衰弱而死亡。

潜伏期主要症状表现在消化系统，病牛如大量感染血吸虫尾蚴，之后 10 多天即开始减食，随着病情发展，食量每天减少，最后只能吃原有食量的约 1/5，甚至完全停止。20d 后开始腹泻，呈"里急后重"现象。肛门括约肌松弛，排粪失禁，整个后躯都被粪便污染。拉稀时粪便混有黏膜和血液，并有特殊恶臭。次数频繁，每小时三四次，严重的达 10 次以上。肝脏肿大，可以触摸到。患畜年龄越小，此类症状越明显。上述症状可持续一个月以上，以后症状转轻。但可能反复发作。

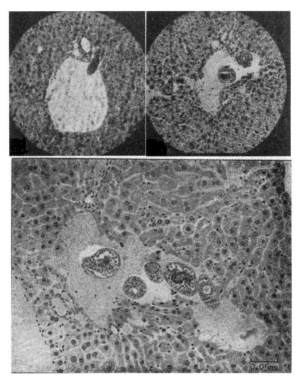

血吸虫图 61　日本血吸虫早期童虫在小白鼠肝脏穿破门脉小血管随血流到肝脏组织中
(按唐仲璋等，1973)

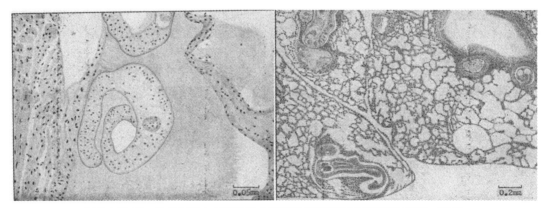

血吸虫图 62　日本血吸虫在实验鼠心脏(左)和肺脏(右)(按唐仲璋等，1973)

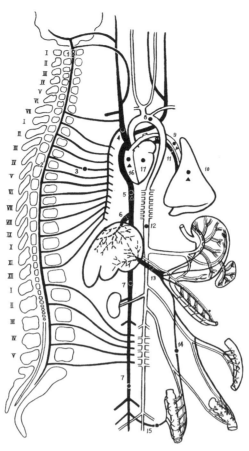

血吸虫图 63　日本血吸虫成虫和童虫在实验兔子异位寄生部位
（按唐仲璋等，1973）

●代表成虫　▲代表童虫

1. 椎静脉窦；2. 椎静脉；3. 肋间静脉；4. 前大静脉；5. 胸部后大静脉；6. 肝静脉；7. 腹部后大静脉；8. 主动脉弓；9. 肺动脉；10. 肺脏；11. 肺静脉；
12. 背大动脉；13. 肝门静脉；14. 后肠系膜静脉；15. 痔静脉；16. 右心；17. 左心

　　病畜进入第二期和第三期以后其病理变化大体上与人体的相似。实际上虫体产卵、排卵期和患畜病理组织增生期比较难区别。慢性血吸虫病的牛，外表上大多显示被毛粗乱而缺乏光泽，臁部深陷、肋骨毕露。宰后解剖，皮下脂肪萎缩，肌层不厚。成虫在体内主要寄生于门静脉系统，散布位置相当广泛，肠系膜静脉也多有虫体寄生。由成虫及虫卵所引起内脏病变极为复杂严重，损害性质与人体病理记载的相似。但略有不同之处，如牛无腹水现象，亦无脾脏肿大情况。虫卵在门静脉中顺血流入肝脏，在肝上能查出因虫卵所致的病理变化。据各地兽医工作者的观察，四川省病牛检验 51 例中发现肝脏病变的有 44 例(86.2%)，江西省 65 例病牛中除两例为单性感染外，其余(96.9%)均有肝脏病变。肝内病变形式为小如粟粒、大到高粱米大小的灰白色颗粒。新形成的颗粒似露滴状，镜检可见有虫卵。已硬化的肝组织形成粗网状花纹与斑痕。颗粒状病变镜检证实为虫卵结节（肉芽肿）。多位于门静脉小管区或肝小叶内。内有卵一至数枚，被嗜酸性粒细胞和小单核圆形白细胞所包围。肉芽肿在虫卵周围有巨噬细胞和上皮样细胞。病理产生情况以肝脏最明显，其次为小肠、肺部，而在大肠较轻微。牛受 Orientobilharzia 属血吸虫寄生，其病变与日本血吸虫引起病变的大致相似。

I. 诊断

1) 虫卵检查：日本血吸虫成虫寄生在肠系膜静脉，虫卵随血流沉积在肠壁上。由于肠壁组织被破坏，虫卵进入肠腔中随粪便排出。因此可以将在粪便中检验出虫卵或孵化出毛蚴为依据。为了提高检出率，虫卵的检查方法中也曾经历不断的改正，有直接涂片、沉淀集卵、集卵孵化，以及直肠、乙状结肠镜窥视和刮取组织检查等方法。

①**粪便检查**：粪便检查有如下几种。

涂片法：本法最简单，但检出率较低，一般估计不超出 50%，但如注意采取粪便中黏血部分或刮取成形粪便之表层，加碘液作涂片，可提高检出率。这一简易方法在大规模调查工作中可起一定作用，但作涂片检查必须连续多次，以提高其准确性。

沉淀集卵法：目的在于可检查较大量的粪便，常用的方法为漏斗浓集法。在薄铜版或锌片制成的漏斗上安放一小筛(60 网孔)以排除粪内的粗糙物质。漏斗管末端套上橡皮管，橡皮管的末端再接上一短玻璃管，中间用螺丝夹子夹紧。检查的粪便在容器中先用清水"清洗、沉淀、倒去上污液"，反复数次洗涤之后，将沉淀物倒入漏斗小筛中，用水稀释，滤去粗糙物质，使较重的虫卵沉降到漏斗之末端，静放 10～30min，然后把螺丝夹放松，取其沉淀物作涂片镜检。

孵化法：用大量粪便先经 3～4 次清水迅速洗涤，后把沉淀物放在三角烧瓶或放在颈部一旁有小玻管的烧瓶里，加清水到瓶口附近，使虫卵在 24h 内孵化。在进行时必须注意瓶内上浮液要澄清，要有充分的光线，温度最好在 25～30℃。用手提放大镜就可在瓶口附近检查孵化出来的毛蚴。

②组织内虫卵检查：直肠、乙状结肠镜窥视并在病灶处钳取组织检查虫卵以确定虫卵的活性。由于操作本身含有一定的出血危险，这样的检查一定要在医院中医师认为很必要时才能进行。

2) 免疫学检测：日本血吸虫病患者中轻度与慢性无症状的，其粪检和孵化的检出率很低，不利于现场流行学调查或医院中诊断等防治工作的进展。因此血吸虫病医务工作者和寄生虫学工作者也不断地把宿主对寄生虫免疫应答原理与免疫病理情况应用到日本血吸虫病的免疫诊断方法上，使其向更为灵敏简便和高度特异的方向发展。目前应用到血吸虫病免疫学诊断的有检测血清抗体的皮内试验、环卵沉淀、间接血凝、乳胶凝集、酶联免疫吸附、间接荧光、放射免疫、酶联免疫印渍、多聚酶链反应等。由于患者治愈后血清中还有抗体能持续相当长的时间。只检查血清中是否有抗体，不能判定患者体内是否还有活的虫体存在，也不能进行疗效的考核。人体由于受血吸虫感染，在其血清和尿液中有循环抗原(CAg)，近年来应用杂交瘤和单克隆抗体技术研制试剂盒来检测血吸虫病患者血清中的循环抗原以及循环免疫复合物，都使血吸虫病免疫学诊断进一步发展，取得显著成绩。应用免疫学原理检测患者体内血清中的抗体或循环抗原的方法很多，不断地改进，也不断有新的技术问题出现。有关各检测的方法和原理，刘约翰和赵慰先(1993)以及赵慰先等(1996)等著作中均有详细介绍。仅举以下为例。

①皮内反应试验(intracutaneous reaction test)：由于宿主感染血吸虫，抗原的刺激使宿主机体免疫活性细胞产生特异性抗体 IgE。IgE 能与同种组织细胞(血液中的嗜碱性细胞和组织中的肥大细胞)相结合。当血吸虫抗原物质(皮试抗原)注入机体皮内时，它即与抗体 IgE 特异性结合，形成的抗原-IgE 复合物能激活肥大细胞和嗜碱性粒细胞使之脱颗粒。此颗粒含有多种活性物质，如组织胺、5-羟色胺、激肽、白三烯及嗜酸性粒细胞趋化因子、血小板活化因子等。于是注射抗原的局部出现血管内液渗出，局部红肿，呈丘疹状。抗原材料可用成虫、尾蚴、毛蚴或宿主肝组织内虫卵。这些抗原校价都很高，试验甚为敏感。新中国成立后在消灭血吸虫病的大规模防治工作中，皮内反应经各地区用作诊断及普查之用，所得阳性率甚高，可达 95%以上。此诊断法不但手续简单，而且需时较短，大规模普查甚为适用。但阳性反应在试验动物中，在感染后 56d 才出现。因此本法不适于作早期诊断用。已经治愈的患者，体内抗体仍能保留 1～6 年，所以皮内反应也不适于作考查药物疗效及病原虫是否已杀死之用。

②环卵沉淀反应(circumoval precipitin test-COPT)：环卵反应首先在曼氏血吸虫发现。Oliver-Gonzalez 等(1954，1955，1957)以该血吸虫卵置于同种免疫血清中，发现有环卵沉淀物形成。此方法应用于日本血吸虫病患者的免疫诊断亦有效。实验所用的大量虫卵可取自实验兔的肝脏。诊断操作时，在一灭菌的载玻片上放一滴含纯卵的悬液(每 0.05mm 无菌生理盐水中含卵 65～100 个)，再加一滴患者的等量血清，盖上灭菌的盖玻片，以石腊密封，置于 37℃温箱内 24～48h 后镜检。阳性反应的卵其周围出现沉淀物，形状有球状、棒状、带状、阿米巴假足状等多种。强阳性反应沉淀较大，占卵壳面积亦较大。对急性及晚期患者尤为敏感。据国内报告有 3000 例血吸虫病患者经检查，结果阳性率达 96%～98%。实验兔感染后 8～12d，环卵沉淀反应已可出现，24～45d 后全部呈阳性。患者治愈后 6～18 个月仍有 60%阳性反应(刘献，1959；徐克继等，1959；刘俊士等，1960)，认为环卵沉淀反应效果理想，未见有假阳性和交义反应。

COPT 现已改进有双面胶纸法环卵沉淀试验(DGS COPT)(苏州医学院寄生虫学教研室,1981,1986)。已研制成试剂盒(12 卷/盒,可检测 600 人份血清)供现场使用。COPT 方法规范化,省去封蜡步骤,操作简易,提高工效(刘约翰和赵慰先,1993)。

③**尾蚴膜反应(cercarien-hüllen reaction,CHR)**：Papirmeister 和 Bang(1948)用感染曼氏血吸虫的猴和人的血清试验曼氏血吸虫尾蚴,曾观察在尾蚴体周围产生沉淀,在尾蚴周围绕有胶状膜。在此以前 Vogel 和 Minning(1940)已发现此尾蚴膜现象,并在 1949 年用以诊断人体血吸虫病。此后国内的研究者亦陆续有应用于日本血吸虫患者的诊断。

④**酶联免疫吸附试验(enzyme-linked immunosorbent assay,ELISA)**：是一种具有高度灵敏性和特异性的酶标记免疫测定技术。此技术原理：由活细胞产生的酶具有强大的催化活性和高度的特异性,在细胞外也能发挥这种催化作用。因此,在不破坏酶的催化活性和连接抗原抗体的免疫活性的条件下,将酶分子连接到抗原或抗体分子上,然后与特异性的抗体或抗原反应,形成酶标记免疫复合物,最后用相应的底物处理,结合在免疫复合物上的酶在遇到其相应的底物时,产生反应,出现新色泽可进行测定。或利用酶与抗酶抗体形成的免疫复合物作批示剂,可以进行抗原抗体的示踪、定位或定量检测。Engval 和 Perlmann(1971,1972)、Weemen 和 Schnurs(1971,1974)等首先设计并运用抗原或抗体吸附在聚苯乙烯(塑料)试管壁上制成固相免疫吸附剂,用以测定抗体或抗原,为 ELISA 奠定基础。Voller 等(1975)改进应用聚苯乙烯微量反应板作为固相免疫吸附剂,使本技术得到很大的推广,应用于细菌学、病毒学、寄生虫学、内分泌学、免疫病理学及血液学等各领域。

ELISA 的基本反应类型有：酶标记抗球蛋白用于测定抗体(间接法)、双抗体测定抗原法(夹心法),以及酶标记抗原(或抗体)竞争法测定抗原(或抗体)3 种(毛守白等,1990)。本类方法检测血吸虫病患者(粪检阳性)血清的检出率达到 96%～98%。已研制成试剂盒并批量生产,在一些省份流行区使用。

⑤**免疫印渍试验(immunoblotting,Western blotting)**：本试验是结合 SDS-聚丙烯酰胺凝胶电泳、电转印、酶联免疫吸附试验 3 种技术而成一种新的免疫学技术,用来分析蛋白质抗原和鉴别生物学活性抗原组分的有效方法,敏感性和特异性都比较好,肉眼可观察结果,便于基层使用(赵慰先等,1996)。

⑥**循环抗原检测(circulating antigens test)**：自 Okabe 和 Tanaka(1958)发现日本血吸虫病患者尿中有抗原性物质存在,在 Berggren 和 Weller(1967)证明曼氏血吸虫阳性的田鼠血清和尿液中都有循环抗原存在之后,许多学者对此问题进行了大量研究,知道了与虫体肠道相关的循环抗原的分子质量不均一的两大类：在免疫电泳中第一类为趋阳极高分子蛋白多糖,称为循环阳极抗原(CAA),第二类为趋阴极的多糖蛋白,称为循环阴极抗原(CCA)。有关这两类抗原的检测原理同于检测抗体,不过所用的材料是抗循环抗原的抗体,如自血吸虫成虫匀浆中提取 TCA 溶解性多糖循环抗原,用之免疫家兔,获得抗循环抗原的抗体——致敏红细胞,作反向血凝。自掌握了应用淋巴细胞杂交瘤产生特异性抗体的单克隆抗体技术后,用以检测抗循环抗原的材料大多为抗循环抗原的单克隆抗体,已取得很大进展,并已建立了不少单克隆抗体细胞株,制成了供现场应用的试剂盒。本类方法可以检测受感染的终末宿主其体内的循环抗原是否存在,可作诊断或疗效的考核(赵慰先等,1996)。

J. 防治

日本血吸虫病患者的治疗,过去所用的药物是当时认为最有效的酒石酸锑钾。治疗过程从原来的约一个月,逐渐改进为十日疗法、五日疗法、三日疗法和两日疗法。药物治疗主要用于早期患者更有效,对于肝脏已硬化、病情复杂的晚期患者,常要配合外科手术治疗。

1)药物治疗：治疗的药物,多年来已逐渐由锑剂药物改变为非锑剂药物,也取得好的疗效。过去常用的药物有呋喃丙胺(F30066)(Furapromidum)、六氯对二甲苯(血防-846)(Hexachloroparaxylene)、敌百虫(Dipterex)、奥杀尼喹(Oxamniquine)、吡噻硫酮(Oltipraz),以及目前普遍使用的吡喹酮(Preziquantel)等。

2)预防措施：要在一流行区控制血吸虫病,主要需做到以下几个方面：患者的医疗、消灭虫卵、扑灭钉螺和个人防护。

①**患者医疗**：患者的治疗亦是杜绝血吸虫病传播的方法之一。同时也必须医好病畜,并尽可能消灭感染的野生动物。

②消灭虫卵：在流行区粪便管理的目的在于消除中间宿主钉螺感染的机会。粪便贮存好，虫卵没有落入水里就不能孵化，并且不久就会死亡。因为粪便是我国农业主要的肥料，要想不影响农时，最好在较短时间内就能把虫卵杀灭。据浙江医学院工作者的研究，虫卵在贮存的粪便里 0～3℃时可活 15d，在 12～18℃可活 7d，在 26～33℃时只活 48h。如果粪便内加入 1：40 000 的硫酸铵，或 100kg 水粪加 0.4～0.5kg 石灰氮，或 0.5～1kg 生石灰充分搅拌后，夏天贮存 1d，冬天 2d，虫卵便全部死亡。尿对虫卵也有很大的杀灭能力。这是因为尿素分解成氨，经卵壳渗透入卵能杀死毛蚴。在适当浓度和粪尿 1：5 比例下，24～72h 内就能达到消灭虫卵的目的。100kg 水粪加 1kg 尿素，效果也相同。

渔民或在船上住的居民，应加强粪便管理，禁止将粪便直接倒入水中。牲畜粪便含很多的血吸虫卵，农村中常把畜粪堆积，使其发酵，达到提高肥效之目的。要提高温度来加速虫卵的死亡，一般堆内的温度较高，可达 60℃，而四周则没有，必须给予调换。堆肥时间需 1～2 个月。

③扑灭钉螺：钉螺是日本血吸虫病的传播媒介，灭螺为控制血吸虫病流行的重要环节。灭螺应当做到结合生态环境、农业生产和钉螺生物学特性，因地制宜地采取具体的灭螺措施。过去应用土埋灭螺、垦殖灭螺、热力灭螺及药物灭螺，收到很好效果。在现在尚存的流行区中就须按具体环境情况和防治的需要，按达到能灭螺的原理进行综合治理，尽量消灭钉螺。

④个人防护：准确认识血吸虫尾蚴在水中飘浮的习性，避免与疫水接触是预防的良好办法。在流行区水中生产作业的人员应使用防护工具，如塑料或橡胶防护靴、防护裤、桐油布裤和手套等，涂擦防护药、松香乙醇(20%)于皮肤上有一定防护作用。将松香和紫草茸溶于乙醇、松香溶于松节油及乙醚、松香溶于桐油等方法都有效。

许多研究者多年来都在努力探讨制造血吸虫疫苗，虽然至今尚无理想的疫苗问世，但其仍然是追求的一个方向。

参 考 文 献

陈超常，杨兆莘，唐后俊. 1955. 皖南钉螺生态之研究. 中华卫生杂志，3：449-451

陈国忠. 1958. 福建钉螺生态之研究. 中华卫生杂志，1：52

陈心陶. 1965. 医学寄生虫学. 北京：人民卫生出版社

陈子达. 1964. 急性血吸虫病并发异位皮肤病变一例. 中华内科杂志，12(4)：394

宫川米次，武本荣. 1916. 経肤の に感染せゐ日本住血吸虫の门脉系统に到ゐ主要移行径路に就きて，医事新闻，第 989 号

宫川米次. 1912. 日本住血吸虫ノ皮肤ヨリ门脉系统ニ至ル感染路径并ニ该幼若虫ノ皮肤感染当时ニ于ケル形态ニ就テ. 东京医学会杂志，26(5)：285-316

宫川米次. 1913. 日本住血吸虫ノ宿主体内ニ于ケル感染径路ニ关スル知见ノ补遗. 东京医事新志，第 1833 号：1797-1799

何毅勋，等. 1980. 日本血吸虫发育的组织化学研究. 动物学研究，1：453

何毅勋，等. 1984. 曼氏血吸虫尾蚴钻腺分泌物的免疫源性. 寄生虫学与寄生虫病杂志，2：176

何毅勋. 1985. 日本血吸虫尾蚴的组织化学及扫描电镜观察. 动物学报，31：6

何毅勋. 1987. 血吸虫尾蚴钻穿宿主皮肤的生物学. 苏州医学院寄生虫教研室编印. 寄生虫学与寄生虫病专题讲座汇编，170

何毅勋. 1988. 日本血吸虫尾蚴钻穿不同宿主皮肤时新转变童虫的死亡情况. 动物学报，34：265

侯熙德，侯金镐. 1958. 血吸虫病在脑部异位寄生的机转问题. 中华神经精神外科杂志，4(3)：192-193

侯熙德. 1958. 急性脑型血吸虫病. 中华神经精神外科杂志，4(2)：143-148

康在彬，王萃楷，周述龙. 1958. 湖北省钉螺的形态及地理分布. 动物学报，10(3)：225-241

李赋京. 1930a. 中国日本住血吸虫中间宿主之胎后发育. 科学，16(4)：583-619

李赋京. 1930b. 中国日本住血吸虫中间宿主之解剖. 科学，16(4)：566-582

李培正，钱景富. 1964. 急性血吸虫病异位皮肤虫卵沉积一例报告. 中华内科杂志，12(4)：390

林建银. 1988. 日本血吸虫卵黄细胞发育的透射电镜观察. 动物学报，34：378

刘约翰，等. 1956. 急性血吸虫病. 中华医学杂志，42(4)：334-335

刘约翰，赵慰先. 1993. 寄生虫病临床免疫学. 重庆：重庆出版社

刘月英，楼子康，王跃先，等. 1981. 钉螺的亚种分化. 动物分类学报，6(3)：253-264

刘月英，张文珍，王跃先，等. 1979. 中国经济动物志(淡水软体动物). 北京：科学出版社：23-33

毛守白. 1990. 血吸虫生物学与血吸虫病的防治. 北京：人民卫生出版社

毛守白，黄铭新. 1964. 血吸虫病防治及理论基础的研究. 北京科学讨论会文集，132：33-47

莫志纯，刘德广，周世祜. 1956. 广西东兰河池两县血吸虫病初步调查. 中华医学杂志, 42(5)：455-462

南通医学院寄生虫教研组.1956. 苏北沿海地区钉螺形态初步观察. 血吸虫病研究资料汇编

钱维顺. 1956. 脑型血吸虫病. 中华内科杂志, 4：58

裘法祖，刘贻德，陈其三. 1955. 脑型血吸虫病. 中华医学杂志, 41：518

杉浦三郎. 1930. 日本住血吸虫中间宿主宫入贝的生物学的研究. 殿第一报东京医事新志, 2688 号；第二报, 2742 号

沈多. 1956. 福清钉螺在人工饲养下生态观察, 生殖部分一周年初步报告. 福建医学院第一次科学讨论会论文

四川省卫生研究所.1959a. 四川省钉螺分布情况初步报告. 寄生虫病研究资料汇编：343-344

四川省卫生研究所.1959b. 西昌专区日本血吸虫病流行病学调查研究总结报告.寄生虫研究资料汇编：330-331

四川省卫生研究所.1959c. 报血吸虫病流行消长情况观察初步报告. 寄生虫病研究次料汇编：329-330

孙振中. 1959. 云南省几种拟钉螺(Tricula)的记述. 动物学报, 11(4)：460-469

唐仲璋，唐崇惕，唐超. 1973a. 日本吸虫成虫和童虫在终末宿主体内异位寄生的研究. 动物学报, 19(3)：220-244

唐仲璋，唐崇惕，唐超. 1973b. 日本吸虫童虫在终末宿主体内迁移途径的研究. 动物学报, 19(4)：323-340

唐仲璋，唐崇惕. 1976. 中国裂体科血吸虫和稻田皮肤疹. 动物学报, 22(4)：341-360

唐仲璋，周祖杰，汪溥钦，等. 1951. 福建省福清县日本住血吸虫病流行病学之研究. Peking Natural History Bulletin, 19(2-3)：225-247

唐仲璋. 1962. 钉螺的胚胎发育和生态分布的研究. 福建师范学院学报(自然科学版), 2：215-243

王秉辉. 1963. 脑型血吸虫病 23 例临床分析. 中华内科杂志, 11：145

王恭迥. 1961. 急性血吸虫病肺部发现成虫. 中华内科杂志, 9(4)：249-250

王培信，范学理，刘世炘. 1956. 钉螺生殖与发育的研究. 中华医学杂志, 42(5)：426-440

翁俊，王翠山. 1964. 脑型血吸虫——附四例报告. 中华内科杂志, 12(3)：281-282

小林晴治郎. 日本住血吸虫病的预防. 最新寄生虫学, 6

熊培康，等.1964. 血吸虫病异位损害引起下肢皮肤溃疡. 中华内科杂志, 12(11)：1048

徐秉琨. 1955. 广东钉螺蛳形态和生态之初步研究. 中华医学杂志, 41：117-125

徐榴园. 1959. 脑血吸虫病伴有 Jackson 氏癫痫引起猝死. 中华神经精神科杂志, 5(10)：520

徐日光，杨元清. 1964. 急性血吸虫病兼有胃型病变及肺部异位寄生. 中华病理学杂志, 8(1)：11

櫵林兵三郎.1914. 日本住血吸虫ノ动物体内感染径路ニ就テ(预报). 中外医事新报, 第 828 号

櫵林兵三邱. 1916. 日本住血吸虫病论补遗. 京医, 第 13 卷第二及三号

叶放，等，1964. 兼有皮肤及脑部异位损害的急性血吸虫病一例报告. 中华内科杂志, 12(11)：1090

应越英，等.1964. 脑日本血吸虫的病理. 中华神经精神科杂志, 8：9

余兆熊. 1958. 男生殖系血吸虫病. 中华外科杂志, 6(5)：570-571

张宝栋. 1957. 在北方实验室内钉螺的饲养. 微生物学报, 5(3)：313-318

张芺生，张杰. 1965. 急性脑型血吸虫引起失语兼偏瘫一例报告. 中华内科杂志, 13(1)：12

张攀树.1957. 血吸虫卵异位沉着睾丸鞘膜引起睾丸鞘膜积水一例报告. 中华外科杂志, (7)：597-598

张沅昌，朱桢卿，范维珂. 1956. 脑型血吸虫病. 中华神经精神科杂志, 2(3)：179-189

赵慰先，高淑芬，等. 1996. 实用血吸虫病学. 北京：人民卫生出版社

赵慰先，沈一平. 1954. 钉螺交配、产卵和幼螺出现季节的全年观察. 血吸虫病研究文摘：70-71

浙江卫生实验院. 1953-1956. 钉螺生殖问题的研究. 浙江卫生实验院, 第四年报, 21-27, 第五年报, 13-41, 第六、七年报, 15-22

中华医学会. 1958. 新中国血吸虫病调查研究的综述. 科技卫生出版社

中央卫生研究院华东分院.1953. 钉螺生态研究. 一、钉螺繁殖的研究. 中央卫生研究院华东分院, 1953 年报, 117-127

周述龙，等.1984, 日本血吸虫尾蚴的扫描电镜初步观察. 寄生虫学与寄生虫病杂志, 2：58

周述龙，等.1985. 日本血吸虫胞蚴期超微结构的初步观察. 动物学报, 31：143

周述龙，等.1988. 日本血吸虫尾蚴头器、腺体及体被超微结构的观察. 动物学报, 34：22

周述龙，林建银，蒋明森，等. 2001. 血吸虫学. 北京：科学出版社

周述龙. 1958. 日本血吸虫幼虫在钉螺体内发育的观察. 微生物学报, 6：110

Abbott R T. 1946. The egg & Breeding Habits of *Oncomelania quadrasi* Mlldff., the schistosomiasis Snail of the Philippines. Occ Papers on Mollusks(Museum of Comparative Zoology)，6：41-48

Abbott R T. 1947. Mollusks and world war II. Smithsonian Report for 1947：325-338

Abbott R T. 1948. Handbook of Medically Important Mollusks of the Orient & Western Pacific. USA：Cambridge Mass

Abbott R T. 1945. The Philippine Intermediate Snail Host(*Schistosomorpha quadrasi*)of Schistosomiasis. Occ Papers on Mollusks(Museum of Comparative Zoology)，2：1-16

Ameel D J. 1938. Observations on the natural History of *Pomatiopsis lapidaria* Say. Amer Midland Naturalist，19(3)：702-705

Annandale N. 1924. The molluscan hosts of the human blood fluke in China and Japan，and Species liable to be confused with them. Amer J Hyg Monographic series，3：Appendix A

Azim A. 1948. Problems in the control of Schistosomiasis(Bilharziasis)in Egypt. Proceedings Fourth International Congresses on Tropical Medicine and Malaria，Washington，D. C. May 10-18，1013-1924

Bartsch P. 1936. Molluscan Intermediate hosts of Asiatic Blood Fluke，*Schistosoma japonicum* & species confused with them. Smiths Misc Coll，95(5)

Bartsch P. 1946. The human blood flukes. The Scientific Monthly，63：381-390

Batson O V. 1940. The function of the vertebral veins and their role in the spread of metastases. Ann Surg，112：138-139

Bauman P M，Bennett H J，Ingalls I W Jr. 1948. The molluscan intermediate host and Schistosomiasis japonica. II. Observations on the production and rate of emergence of cercariae of *Schistosoma japonicum* from the molluscan intermediate host，*Oncomelania quadrasi*. Amer Trop Med，28(4)：567-575

Berry E F，Rue R E. 1948. *Pomatiopsis lapidaria* (Say)，an American Intermediate Host for *Schistosoma japonicam*. Parasit，34(6)，Sect 2，(Supplament)：15Blacklock M D，Thompson M G. 1924. Human schistosomiasis due to *Schistosoma haematobium* in Sierra Leone. Ann Trop Med Parasit，18：211-234

Blacklock M D，Thompson M G. 1924a. Observations on the classification of Schistosome cercariae. Ann Trop Med Parasit，18：235-237

Chen C S，Yuan C L，Yeh C. 1950. Investigations on *Oncomelania* in Kashing，Chekiang，with special reference to the natural infection of *S. japonicum*. Science，32(8)：242-244

Chen C S. 1950. Schistosomiasis，the great enemy of Chinese people. Popular Science Monthly，16(2)：56-61

Chen F C，Li F C. 1929-1930. Annual report of the Chinese Hygienic Laboratory

ChenT T，et al. 1950. Schistosomiasis japonica. J Inter Med，2(1)：1-22；(2)：93-107

Chi，Wagner. 1957. Studies on Reproduction and growth of *Oncomelania quadrasi*，*O. nosophora* and *O. formosana*. Snail hosts of *Schistosoma japonicum*. Amer J Trop Med Hyg，6：949-959

Clegg J A. 1965. *In vitro* cultivation of *Schistosoma mansoni*. Exper Parasit，16(2)：133-147

Cort W W. 1919a. Notes on the eggs and miracidia of the human schistosomes. Univ Calif Publication in Zool，18：509-519

Cort W W. 1919b. The cercaria of the Japanese blood fluke，*Schistosoma japonicum* Katsurada. Univ Calif Publication in Zool，18：485-507

Davis G M，et al. 1995. Population genetics and systematic status of *Oncomelania hupensis* (Gastropoda：Pomatiopsidae) throughout China. Malacologia，37(1)：133

Day H B. 1937. Pulmonary bilharziasis. Trans Roy Soc Trop Med Hyg，30(6)：575-582

Fairley N H. 1919-1920. A comparative study of experimental bilharziasis in monkeys contrasted with the hitherto described lesions in man. J Path Bact，23：289-314

Farid Z，et al. 1950. Chronic pulmonary Schistosomiasis. Amer Rev Ttuberc Pulmon Dis JAMA，169：1302-1306

Faust E C，Jones C A，Hoffman W A. 1934. Life history of Manson's blood fluke(*Schistosoma mansoni*). II. The mammalian phase of the cycle. Proc Soc Exp Biol Sled，31(4)：476-478

Faust E C，Hoffman W A. 1934. Studies on Schistosomiasis mansoni in Puerto Rico. III. Biological studies. I. The extramammalian phases of the life cycle. Puerto Rico J Pub Heal Trop Med，10：1-97

Faust E C，Kellogg C R. 1929. Parasitic Infections in the Foochow area. Fukien Province，China. J Trop Med Hgy，32：105-110

Faust E C，Meleney H E. 1924. Studies on Schistosomiasis japonica. Amer Jour Hyg Monographic series，3：339

Faust E C，Wright W H，McMullen D B，et al. 1946. The diagnosis of Schistosomiasis japonica. I. The symptoms，signs and physical findings characteristic of Schistosomiasis japonica at different stages in the development of the disease. Amer J Trop Med，26：87-112

Faust E C. 1929. Human Helminthology. Philadelphia，USA

Faust E C. 1948. Inquiry into ectopic lesion in Schistosomiasis. Amer J Trop Med，28：175-199

Fujinami A，Nakamura H. 1909a. New researches in the Japanese schistosome disease. Kyoto Igakai Zasshi(J Kyoto Med Assoc.)，6(4)(in Japanese)

Fujinami A，Nakamura H. 1909b. Studies on Katayama disease. The route of infection of the parasite，*S. japonicum*. Iji Shimbum(Med News)，789；Tokyo Iji Shinji(Tokyo Med Weekly)，1635

Fujinami A. 1910. Research on the so-called Schistosomiasis japonica in Hiroshima Prefecture. Tokei Shimpo(Tokei Med. News)，2(3)：1910(Japanese text)

Gordon R M，Davey T H，Peaston H. 1934. The transmiscon of human bilharziasis in Sierra Leone，with an account of the life cycle of the schistosomes concerned，*S. mansoni* and *S. haematobium*. AnnTrop Meet Parasit，28：323-418

Gordon R M，Griffiths E B. 1951. Observations on the means by which the cercariae of *Schistosoma mansoni* penetrate mammaliar skin，together with an account of certain morphological changes observed in the newly penetrated larvae. Ann Trap Med Parasit，45：227-243

Greenfield J E. 1937. Cerebral infection with *Schistosoma japonicum*. Greenfield and Pritchard：Brain，60：361

Hewitt R，Gill E. 1960. The 'lung shift' of *Schistosoma mansoni* in mice following therapy with tartar emetic or miracil D. Amer J Trop Med Hyg，9：402-409

Hunter G W，Bennet H J，Ingalls J W，et al. 1947 The molluscan intermediate host and schistosomiasis japonica. III. Experimental infection of *O. quadrasi*，the intermediate host of *Schistosoma japonicum*. Amer J Trop Med，27(5)：597

Hunter W S，Hunter G W. 1935. Studies on Clinostomum. II. The miracidium of *Clinostomum marginatum* (Rud.). Amer J Hyg，21(3)

Itagaki H. 1955. Anatomy of *Oncomelania nosophora* (Robson) (Gastropoda). Venus，18：161-168

Kan H C，Kung J C. 1936. Incidence of schistosomiasis japonica in an endemic area in Chekiang. Chin Med J，Supl I：449-456

Kan H C，Yao Y T. 1934. Some notes on the anti-schistosomiasis japonica campaign in Chi-huai-pan. Kai-hua，Chekiang. Chin Med J，48：323-336

Kan H C. 1949. An experimental control of the intermediate host of *S. japonicum*. Chin Med J，67：69-76

Kan H C. 1949. Bionomics of *Oncomelania fausti*，the intermediate host of *S. japonicum*. Chin Med J，67：597

Kasai K. 1904. Report of investigation of the so-called Katayama disease in Bingo Province. Tokyo Igakai Zasshi (J Tokyo Med Assn)，18：3-4

Katsurada F，Hasegawa T. 1910. Life history of *Schistosoma japonicum*. Tokyo Iji Shinshi (Tokyo Med Weekly)，1681：1-4 (Text in Japanese)

Katsurada F. 1909. Route of penetration of *Schistosoma japonicum* into the body of mammals and method of prevention. Tokyo Iji Shinshi (Tokyo Med Weekly)，1628 (Text in Japanese)

Khalil M. 1922. The morphology of the cercaria of *Schistosoma mansoni* from Planorbis boissyi of Egypt. Proc Roy Soc Med，15：27-34

Kuo S C，Yui H W，Chang C E. 1945. An abbreviated report on field survey of schistosomiasis in Szechwan. Chin Med J，63a：144

Kuo S C. 1946. Further studies on distribution of schistosomiasis in Szechwan Province，China. J Parasitol，32：367

Li Fn-ching. 1934. Entwicklungsgeschichte，Oecologie und Rassenbestimmung von Oncomelania. des Zwischenwirtes von *Schistosoma japonicum* (Katsurada 1904) in China. Trans Sci Soc China，8 (2)：104

Li Fu-ching. 1935. Beobachtung über die embryonale Entwicklung von einigen Süsswasser-schnecken. The Chin Zool，1：117-124

Li S Y. 1953. Studies on schistosomiasis japonica in Formosa. III. The Bionomics of *Oncomelania formosana*，a molluscan intermediate host of *Schistosoma japoxicum*. Amer J Hyg，59：30-45

MacBride E W. 1914. Text-Book of Embryology (Vol. I. Invertebrata). London：Macmillan Co

Magath T B，Mathieson D R. 1946. Important factors in the epidemiology of schistosomiasis in Leyte. Amer J Hyg，43 (2)：152

Mao C P，Li L，Wu C C. 1940. Studies on the emergence of cercariae of *S. japonicum* from their Chinese snail host，*Oncomelania hupensis*. Amer J Trop Med，29 (6)：937-944

Mao C P. 1948. A review of the epidemiology of schistosomiasis japonica in China. Amer J Trop Med，28：659-672

McMullen D B，Komiyama S，Endo-Itabashi S. 1951. Observations on the habits，ecology and life cycle of *Oncomelania nosophora* the intermediate host of *Schistosoma japonicum* in Japan. Amer J Hyg，54：402-415

McMullen D B. 1947. The control of schistosomiasis japonica. I. Observation on the Habits，ecology and life cycle of *Oncomelania quadrasi*，the molluscan intermediate host of *Schistosoma japonicum* in the Philippine Islands. Amer J Hyg，35 (3)：259-273

Miyagawa Y，Takemoto S. 1921. The mode of infection of *Schistosomum japonicum* and the principal route of its journey from the skin to the portal vein in the host. Path Bact，26：168-174

Miyagawa Y. 1913. Ueber den Wanderungsweg des *Schistosomum japonicum* durch Vermittelung des lymph-gefässsystems des Wirtes. II. Mitteilung. Centralbl Bakt (1) Orig，68：204-206

Miyagawa Y. 1916. Concerning Japanese schistosomiasis. II. Aetiology. New Jour Jap Med Res，6 (1)：21-100 (Monograph of Schistosomiasis japonica by Fujinami，Tsuchiya and Miyagawa. Japanese text)

Miyairi K. 1914a. *Schistosoma japonicum* outside the body of mammals. Nisshin Igaku (Nisshin Med J)，3 (9)，(Japanese text)

Miyairi K. 1914b. Description of the cercaria of *Schistosoma japonicum*. Iji Shimbun (Med News)，895 (Japanese text)

Muto M，Usami K. 1915. Notes on prophylaxis of schistosomiasis japonica in Fuji village，Schizuoka Prefecture. Tokyo Iji Shinshi (Tokyo Medical Weekly)，1937 (Text in Japanese)

Nakamoto H. 1919. Esploroj sur la anatomio de la intergastiganto de japana skistozomo "*Schistosomum japonicum*". Kyoto Igaku Zassi Band，XX Heft 9

Nakayama H. 1910. Development of the eggs of *Schistosoma japonicum* in the body of the host and histological changes in this disease. Tokyo Igakai Zasshi (Jour Tokyo Med Assn)，24 (4)：133 ～160

Narabayashi H. 1914a. Morphology and infecting tract of young adults of Japanese schistosomiasis at the time of entering the skin of the host. J Jap Path Soc，(Japanese text)

Narabayashi H. 1914b. On the migratory course of *Schistosoma japonicum* in the body of the final host. Kyoto Med Assoc，12 (1)：153 ～154 (in Japanese)

Odhner N E. 1930. Pliocene Mollusca from Kwangsi. Palaeontologie Sinica，6

Ogata S. 1914. Ueber den anatomischen Körperbau der Cercarien des *Schistosomum japonicum* und die Uebertragungaweise derselben auf Tiere. Tokyo：Verhandl Japan Path Ges：48 (Reviewed in Trop. Dis Bull，9：269)

Olivier L. 1948. A note on schistosomiasis in Eastern Japan Amer Jour Trop Med，28 (6)：867～875

Ortmann W. 1908. Zur Embryonalentwicklung des Leberegels (*Fasciola hepatica*). Zoologische Jahrbücher Abt Anat，26：255～292

Oteri Y，Ritchie L S，Hunter G W. 1953. The incubation period of the eggs of *Oncomelania nosophora*. Jap J Parasit，2：86～87

Papirmeister B，Bang F B. 1948. The in vitro action of immune sera on cercariae of *Schistosoma mansoni*. Amer J Hyg，48 (I)：74～80

Pena de Grimaldo E，Kershaw W E. 1961. Results obtained by intensive exposure of white mice to *Schistosoma mansoni* infection. I. Recovery and distribution of adult *S. mansoni* from white mice seven weeks after percutaneous infection between the size of individual worms and the load of infection and the longevity of heavily infected mice. Ann Trop Med Parasit，55：107～111

Pena de Grimaldo E，Kershaw W E. 1961. Results obtained by intensive exposure of white mice to *Schistosoma mansoni* infection. II. The route of migration of the eggs and adult worms through the capillary sinusoids of the liver to the general circulation，and the histological reaction to the eggs and the adult worms. Ann Trop Med Parasit，55：112～115

Price H F. 1931. Life history of *Schistosomatium douthitti* (Cort.). Amer J Hyg，13：685～727

Ransom B H，Gram E B. 1921. The course of migration of *Ascaris* larvae. Amer J Trop Med，1：129～156

Rey L. 1959. Molluscs of the Genus *Oncomelania* in Brazil，and their possible epidemiological significance. Rev Inst Med Trap Sas Paulo，1 (2)：144～149

Sadun E H，Lin S S，Williams J E. 1958. Studies on the host parasite relationships to *Schistosoma japonicum*. I. The effect of single graded infections and the route of migration of schistosomula. Amer J Trap Med Hyg，7：494～499

Shaw A F B，Ghareeb A A. 1938. The pathogenesis of pulmonary schistosomiasis in Egypt with special reference to Ayerza's diseases. J Path Bact，46(3)：401～424

Shimamura S. 1905. Pathology of Katayama disease. Supplementary report on cases Jacksonian Epilepsy and emboli of cerebral artery. J Kyoto Med Assoc，2：3

Sornmani S，Kitikoon V，Schneider C R，et al. 1973 Mekong schistosomiasis. I. Life cycle of *Schistosoma japonicum*，Mekong strain，in the laboratory. Southeast Asian J Trop Med Publ Health，4：218～225

Sshimidzu K. 1935. An operated case schistosomiasis cerebral. Arch Kli Chis，182：401～407

Stirewalt M A，Kruidenier P J. 1961. Activity of the acetabular secretory apparatus of cercariae of *Schistosoma mansoni* under experimental conditions. Exper Parasit，2(2～3)：191～211

Stirewalt M A. 1963. Cercaria vs. schistosomule (*Schistosoma mansoni*)：Absence of the pericercarial envelope *in vivo* and the early physiological and histological metamorphosis of the parasite. Exper Parasit，13(3)：395～406

Stunkard H W. 1946. Possible Snail Hosts of Human Schistosomes in the United States. J Parasit，32(6)：539～552

Su Teh-lung. 1950. Recent advances in the studies of schistosomiasis japonica. Nat Med Jour China，36(1～2)：35～50

Sugiura S. 1933. Studies on biology of *Oncomelania nosophora* (Robson)，an intermediate host of *Schistosoma japonicum*. Mitteil Path Inst Med Fakul Niigata Japan，31：18

Sullivan R R，Ferguson M S. 1946. An epidemiological study of schistosomiasis japonica. Amer Jour Hyg，44：324

Tadashige Habe(波部忠重). 1961. A new subspecies of *Katayama formosana* (Pilsbry et Hirase) from Yonakanijima，Yaeyama Group of Ryuku Archipelago. Venus，21(3)：278～281

Takai O. 1914. Schistosomiasis japonica in Takano village，Kitasoma District，Ibaraki Prefecture. Saikingaku Zasshi (J Bact.) 228，(Text in Japanese)

Tang C C. 1936. Schistosomiasis japonica in Fukien with special reference to the intermediate host. Chin Med J，50：1585～1590

Tang C C. 1938. Some remarks on the morphology of the miracidium and cercaria of *Schistosoma japonicum*. Chin Med J，(Suppl II)：423～432

Tang C C. 1939. Further investigations on Schistosomiasis japonica in Futsing，Fukien Province. Chin Med J，56：462～473

Tang C C. 1943. Field rats as an important reservoir host of *Schistosoma japonica*. Paper read before Annual Meeting of Chinese Society of Zoology

Tang C C. 1947. Parasitic diseases of Fukien，South China，with special reference to ecology and distribution. Bull Fukien Academy，(2) Sec B：5～37 (Text in Chinese)

Tsuchiya I，Toyama K. 1905. Investigation of the so-called "Hypertrophy of liver and spleen"，Yamanashi Prefecture's endemic disease. Tokyo Igakai Zasshi (JourTokyo Med Assn)，19(3～6) (Text in Japanese)

Tsuchiya I. 1913. Research report of Schistosomiasis japonica with reference to the clinic，postmortem examinations，etiology，prophylaxis，and therapeusis. Tokyo Igakai (Jour Tokyo Med Assn) 27(10)：1～62 (Text in Japanese)

Tubangui M A. 1932. The molluscan intermediate host in the Philippines of the oriental blood flukes *Schistosoma japonicum*. Phil Jour Science，49(2)：295～304

Tubangui M A. 1948. Schistosomiasis japonica and other helminthic diseases in the Philippines. Proceedings Fourth International Congresses on Tropical Medicine and Malaria，Washington D. C. May 10～18：1034～1044

Van Der Schalie H，Dundee C C. 1959. Transect distribution of eggs of *Pomatiopsis lapidaria* Say，an amphibious Prosobranch snail. Trans Amer Micros Soc，78(4)：409～420

Vogel H. 1929. Studien zur Entwicklung von *Diphyllobothrium*. I. Teil：Die Wimperlarve von *Diphyllobothrium latum*. Zeitschrift Parasitenk，2：Heft 2

Vogel H. 1949. Immunologie der Helminthiasen. Zent Bakt I Abt Orig，154：118～126

Wagner E D，Wong L W. 1956. Some factors influencing egg laying in *Oncomelania nosophora* and *Oncomelania quadrasi*，intermediate hosts of *Schistosoma japonicum*. Amer jourTrop Med Hyg，5：544～552

Watt T Y C. 1936. Study on the bionomics of the intermediate host of *Schistosoma japonicum* in Kutang，Chekiang. Chin Med J，(Suppl I)：434～441

Wright W H，Cram E B. 1948. Wartime research in human schistosomiasis. Proceedings Fourth International Congresses on Tropical Medicine and Malaria，Washington，D.C. May 10～18：997～1012

Wright W H，McMullen D B，Bennett H J，et al. 1947. The epidemiology of schistosomiasis japonica in the Philippine Islands and Japan. III. Surveys of endemic areas of schistosomiasis japonica in Japan. Amer J Trop Med，27(4)：417～447

Wu K(吴光). 1930. A study of common rats and its parasites. Ling Sci J，9：51～64

Wu K. 1938. Cattle as reservoir hosts of *Schistosoma japonicum* in China. Amer J. Hyg，27：290～297

Wu K. 1940. Schistosomiasis japanica among sheep and goats，with a review of the reservoir hosts from China. Trans 10th Congress F E A T M，21：721～725

Yao Y T，Chu H J. 1935. Report on the investigation of schistosomiasis in Ching-kiang，China. Nat Med J China，21：4 (Text in Chinese)

Yao Y T. 1936. Report on the investigation of schistosomiasis japonica in I-hsing，Tai-hu endemic area. Chin Med J，50：1667

Yao Y T. 1938. Schistosomiasis in Kwangsi. Chin Med J，54：162

Yokogawa S. 1915. Description of Schistosomiasis japonica in Formosa，with especial reference to the intermediate host. Tokyo Iji Shinshi (Tokyo Med News)，1918

Yolles T K，Moore D V，Meleney H E. 1949. Post-cercarial development of *Schistosoma mansoni* in the rabbit and hamster after intraperitoneal and pericutancous infection. J Parasit，35：76～293

(4) 人体血吸虫病原及媒介的生物控制

A. 血吸虫病原与其中间宿主(贝类媒介)的相互关系

血吸虫病是没有疫苗可以控制的疾病,世界上有 70 多个国家约 2 亿人受此类疾病威胁。病原传播媒介(中间宿主)是淡水螺类,了解血吸虫和螺类宿主相互关系(schistosoma-snail host interaction)是预防此病害所需要的知识。近年,国外许多学者报道曼氏血吸虫(*Schistosoma mansoni*)幼虫与其中间宿主双脐螺(*Biomphalaria glabrata*)复杂的相互作用,涉及螺类宿主血淋巴细胞的生理生化、蛋白酶、免疫应答通路,以及基因等诸多情况。Bayne(2009)综述许多学者对曼氏血吸虫幼虫与其媒介双脐螺的相互关系进行的大量的研究工作。说明螺宿主有保护自己不受病原感染的内在防御系统(internal defense system),其免疫反应涉及血液中的血淋巴细胞及其蛋白质组学、基因组学和多方面生理生化问题。血浆携带酶(plasma-borne-enzymes)、调理素(opsonins)、血淋巴细胞产生 Cu/Zn 超氧化物歧化酶、过氧化氢(H_2O_2)、具反应性氧种类(reactive oxygen species)产物、氮氧化(nitric oxide)等的参与,及糖类特异性和某些蛋白质酶情况等,对螺宿主抵抗血吸虫早期幼虫和胞蚴都发挥作用(Boemhler et al.,1996;Goodall et al.,2004;Hahn et al.,2000,2001;Humphries and Yoshine,2008;Zelck et al.,2007)。在双脐螺种群中分别有:对曼氏血吸虫具抗性的螺(*S.mansoni* resistant snails)和对血吸虫敏感的螺(*S.mansoni* susceptible snails),前者比后者会产生更多可杀死血吸虫胞蚴的过氧化氢(H_2O_2)(Bender et al.,2005)。双脐螺血淋巴细胞还具有表面受体(surface receptor)、基因,及相关的免疫应答通路等情况(Mitta et al.,2005;Plows et al.,2006;Renwrantz and Richards,1992;Zelck et al.,2007)。许多学者在这些方面做了大量工作,但这些知识还远远不够达到对"血吸虫病原与媒介螺类宿主间关系"所需要了解的知识,还需要更深入的研究(Bayne,2009)。而有关日本血吸虫和媒介钉螺的相互作用的科学资料更是十分欠缺。

B. 人体血吸虫病原及媒介(病原中间宿主)的天敌利用

血吸虫病和其他寄生虫病一样,试图应用疫苗进行预防,很难成功(Wilson and Coulson,1998;Bergquist et al.,2008;McManus and Loukas,2008;Bayne,2009)。人体 3 种主要血吸虫病综合防治的最重要措施之一,是要设法控制它们传播媒介(病原中间宿主贝类)。菲律宾 Jantataemo(1992)报告用化学杀螺剂控制当地日本血吸虫病(schistosomiasis japonica)媒介钉螺(*Oncomelania quadrasi*)。在我国血吸虫疫区,也是常用五氯酚钠等化学药物喷洒灭螺来控制两栖性钉螺。化学药物灭螺虽然达到一定效果,但造成环境污染、影响人体健康,同时也严重损害水域附近的植被,影响水生动物鱼类等的生存。近代一些学者考虑在疫区中利用媒介及病原的天敌来生物控制它们,减少病原的传播。例如,在南美洲和非洲的血吸虫疫区,利用水体中其他螺种与曼氏血吸虫(*Schistosoms mansoni* Sambon,1907)媒介双脐螺(*Biomphalaria* spp.)和埃及血吸虫[*Schistosoms haematobium*(Bilharz,1852)Weinland,1858]媒介水泡螺(*Bulinus* spp.)进行生存竞争(Pointier et al.,1992;等等);用某些植物浸液灭螺(Kloos et al.,1987;Shoeb et al.,1990);用鱼类、剑水蚤或菌类等生物,吞食和攻击从螺体逸出的血吸虫尾蚴(Hopkin et al.,1991;Banerjee,1996)等,都取得一些效果。

著者近年应用鱼类消化道危害极小的外睾吸虫先感染钉螺,再进入其体内的全部日本血吸虫幼虫均被杀灭的现象,说明已被一种吸虫幼虫寄生的钉螺,其体内的内在防御系统能对再进入它体内其他种类的吸虫幼虫具有更强的抗性,它们的血淋巴细胞、分泌物及体液中的某些物质可能都起很大作用。

C. 自然界贝类宿主感染单一吸虫现象与"以虫治虫"方法的探索

所有吸虫种类幼虫期都需要在贝类中间宿主体内发育和无性繁殖。一种吸虫可以有数种贝类充作中间宿主,而一种贝类也可作多种吸虫的中间宿主。在一自然环境中存在具有相同贝类宿主的多种吸虫,而该种贝类每一个体只被一种吸虫幼虫期寄生的现象非常普遍(唐崇惕和唐仲璋,2005)。例如,日本血吸虫[*Schistosoma japonicum*(Katsurada,1904)Stiles,1905]的中间宿主湖北钉螺(*Oncomelania hupensis*),是多种其他吸虫的中间宿主。唐仲璋(1940)在福建福清日本血吸虫病区,发现该病媒介光壳钉螺(*Oncomelania nosophora tangi*)也是福建并殖吸虫(*Paragonimus fukienensis*)的中间宿主,但没有见到钉螺被血吸虫和并殖吸虫幼虫期双重感染。在日本,日本血吸虫和大平并殖吸虫(*P.ohirai*)贝类宿主都是光壳钉螺,Hata 等(1988)报告 93%～100%实验钉螺不能双重感染此两种吸虫。在湖南东洞庭湖,张仁利等(1993)、姚超素和石孟芝（1996）分别报告湖北钉螺单独分别感染洞庭湖外睾吸虫（*Exorchis dongtinghuensis*）、盾盘类吸虫（Aspidogastrea）或侧殖类吸虫（*Asyphylodora* spp.）的幼虫期。周晓农等（2005）也有相似的报道。唐崇惕等（2008）报告湖南西洞庭湖目平湖的钉螺也分别单独感染日本血吸虫、外睾类吸虫（*Exorchis*）、斜睾类吸虫（*Plagiorchis*）、侧殖类吸虫（*Asymphylodora*）或背孔类吸虫（*Notocotylus*）5 种吸虫的幼虫期。

著者根据自然环境中一个贝类只感染一种吸虫幼虫期的现象，用钉螺人工双重感染外睾吸虫和日本血吸虫。让钉螺先饲食鲶鱼（*Parasilurus asotus*）肠道目平外睾吸虫（*Exirchis mupinensis* Jiang，2011）的虫卵，数天后再将它们与日本血吸虫毛蚴接触。一定时日后，实验钉螺进行连续切片、染色和观察。发现后感染的血吸虫一进入螺体即被攻击致残，不能发育并死亡(唐崇惕等，2008；Tang et al.，2009)（**血吸虫图 64**）。这实验结果不仅说明自然界螺类体中只有一种吸虫幼虫期的原因，同时使著者产生可以利用这一现象用"以虫治虫"方法生物控制血吸虫病原和媒介钉螺的想法，而进行了系列人工感染试验，其结果简要介绍如下。

这些方面的机理情况尚有待深入研究。而这一现象提示在血吸虫病的综合防治工作中，可以在疫区利用有益资源的无害吸虫，进行生物防治'以虫治虫'方法，减轻血吸虫病的危害程度。

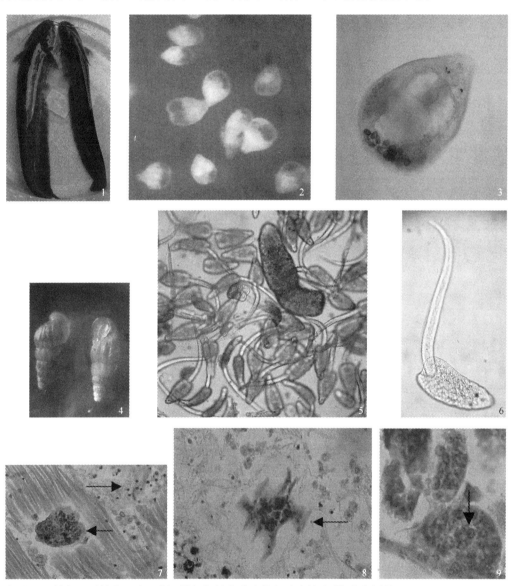

血吸虫图 64　鲶鱼目平外睾吸虫及其阳性钉螺体内致残的血吸虫幼虫（按唐崇惕等，2008；Tang et al.，2009）

1. 鲶鱼(比例尺 3cm)；2. 外睾吸虫成虫(比例尺 0.5mm)；3. 外睾吸虫成虫(比例尺 0.2mm)；4. 湖北钉螺(比例尺 2.5mm)；5. 钉螺天然感染的外睾吸虫雷蚴及尾蚴(比例尺 0.3mm)；6. 外睾吸虫尾蚴放大(比例尺 0.1mm)；7. 在外睾吸虫阳性钉螺体内 4d 血吸虫异常幼虫(短箭矢)及螺体增生的血淋巴细胞(长箭矢)(比例尺 0.03mm)；8. 在外睾吸虫阳性钉螺体内 41d 血吸虫异常幼虫(箭矢)(比例尺 0.07mm)；9. 异常血吸虫幼虫体内全部是异常细胞团(箭矢)(比例尺 0.005mm)

D. 外睾吸虫生物控制日本血吸虫病原及媒介钉螺的试验和结果

1）外睾吸虫幼虫期在钉螺体内发育及其对螺体免疫力影响　著者人工感染并观察了叶巢外睾吸虫（*Exorchis ovariolobularis* Cao，1990）幼虫期在钉螺体内发育及螺体血淋巴细胞反应情况。外睾吸虫幼虫期在钉螺体内无性繁殖的时间非常长及其生物学特性与其他吸虫种类有很大差异：①外睾吸虫含毛蚴的虫卵被贝类宿主吞食后，很长时间是以大量繁殖胚细胞形式进行早期无性繁殖，感染后 3～4 个月的钉螺，其循环系统中尚游离着许多虫体胚细胞及少数由胚细胞发育的只含 4～6 个细胞的早期雷蚴胚体（redia embryo）；②感染外睾吸虫幼虫期的钉螺，在室温 25～30℃中饲养，感染 4 个月后，虫体的雷蚴胚体才逐渐增多和长大，7 个月才有成熟雷蚴和成熟尾蚴的产生；③被叶巢外睾吸虫感染的钉螺其体内会大量增生血淋巴细胞（唐崇惕和王云，1997；唐崇惕和舒利民，2000）。之后，在目平外睾吸虫阳性钉螺也发现以上相同的情况（唐崇惕等，2008，2009，2010，2012）。这些现象在其他吸虫中未曾见过。

2）目平外睾吸虫生物控制日本血吸虫的试验　从西洞庭湖目平湖采集湖北钉螺，先用当地鲶鱼的目平外睾吸虫虫卵饲食一批湖北钉螺，21d 后钉螺再与日本血吸虫毛蚴接触。于血吸虫感染后 4～82d 中不同时间，各取部分实验钉螺固定、连续切片、染色制片。镜检螺体全部断面，观察所有血吸虫幼虫情况。结果全部血吸虫幼虫均致残死亡（**血吸虫图 64 之 7～9；血吸虫图 65 之 7～9；血吸虫图 66 之 7、8；血吸虫图 67**）。

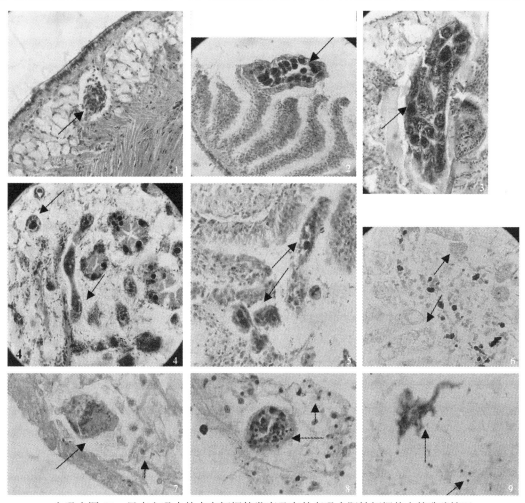

血吸虫图 65　日本血吸虫幼虫在钉螺的发育及在外睾吸虫阳性钉螺体内的致残情况
（按唐崇惕等，2009）

1～6.日本血吸虫毛蚴进入阴性钉螺体后正常发育：
1. 5d 幼虫（比例尺 0.04mm），2. 35d 中期母胞蚴在螺鳃丝中（比例尺 0.05mm），3. 49d 成熟母胞蚴（比例尺 0.06mm），4. 57d 的日本血吸虫早期、中期子胞蚴（比例尺 0.06mm），5. 59d 早期、中期子胞蚴（比例尺 0.05mm），6. 75d 成熟子胞蚴及尾蚴（比例尺 0.05mm）；
7～9.日本血吸虫毛蚴进入外睾吸虫阳性钉螺体内后（箭矢示异常虫体）：
7. 4d 异常早期幼虫（比例尺 0.02mm），8. 38d 异常早期幼虫（比例尺 0.02mm），9. 41d 异常早期幼虫（比例尺 0.015mm）

3) 日本血吸虫幼虫期在阴性钉螺和外睾吸虫阳性钉螺体内发育的比较　日本血吸虫毛蚴进入阴性钉螺，正常发育经 3 世代 70～80d 成熟，即母胞蚴（第 20～50d）、子胞蚴（第 55～60d）和尾蚴（第 70～80d）（**血吸虫图 65 之 1～6**）；而在外睾吸虫阳性钉螺体内，所有血吸虫幼虫均异常致残（**血吸虫图 65 之 7～9**）。

4) 外睾吸虫阳性钉螺的分泌物和血淋巴细胞对再感染日本血吸虫的反应　外睾吸虫阳性钉螺有血淋巴细胞大量增生的现象（唐崇惕和舒利民，2000；唐崇惕等，2008，2009，2010，2012，2013，2014；Tang et al.，2009）。

①阴性钉螺和日本血吸虫阳性钉螺的分泌物和血淋巴细胞情况：阴性钉螺体表的分泌物很稀薄，全部呈黏液状结构，稍厚部位如重叠的云层。螺体内有少量金黄色分泌物小颗粒（**血吸虫图 66 之 1、2**）。日本血吸虫阳性钉螺体外黏液状分泌物稀薄、螺体内为数不多血淋巴细胞和金黄色分泌物颗粒等情况，均和阴性钉螺相似（**血吸虫图 66 之 3～4**）。日本血吸虫幼虫在钉螺体内发育全过程，螺体血淋巴细胞和金黄色分泌物颗粒都不侵入到血吸虫幼虫体内（**血吸虫图 65 之 1～6、血吸虫图 66 之 3、4**）。

②外睾吸虫及与血吸虫双重感染的阳性钉螺其分泌物和血淋巴细胞情况：外睾吸虫阳性钉螺，96%（157/163）都有血淋巴细胞及体表特殊分泌物增多的现象（唐崇惕等，2008）。钉螺体内的血淋巴细胞有大、中、小 3 种，均具圆球状细胞核，它们直径分别为：8～8.7μm、5.2～5.9μm、4.2～4.7μm，以中大血淋巴细胞数最多。螺体副腺（accessory gland）细胞亦分布各处，副腺细胞核直径 6.6～10.6μm。外睾吸虫阳性钉螺循环系统血淋巴管明显扩大，其中含大、中、小血淋巴细胞和副腺细胞（**血吸虫图 66 之 5**）。螺体组织中金黄色或暗褐色细小颗粒分泌物亦增多，各颗粒团均有一个极小细胞，其胞核直径 1.9～2.6μm（**血吸虫图 66 之 6**）。螺体表分泌物中黏液膜增厚，密布大小和形状不同的各种颗粒状物体，并在许多部位有晶体结构物质（**血吸虫图 66 之 4**）（唐崇惕和舒利民，2000；唐崇惕等，2008～2014）。

双重感染实验钉螺体中，在异常的血吸虫幼虫体内，常见有螺体的 3 种血淋巴细胞、副腺细胞和分泌物颗粒，并常有一个大红色球团（**血吸虫图 65 之 7**），其数量有时 2～3 个。在油镜下可以见到红团表面密布许多与颗粒分泌物相似的小颗粒，红团块可持续存在数十天之久。红团是何物、起何作用，有待深入研究。在螺围心腔附近的异常血吸虫幼虫发育生长比较快，但被大量血淋巴细胞、分泌物颗粒等包围，它们侵入虫体，使虫体解体并分成数团（**血吸虫图 66 之 8**）。

5) 外睾吸虫和日本血吸虫不同间隔时间双重感染钉螺血吸虫受攻击情况　在 25～32℃条件下，外睾吸虫和日本血吸虫不同间隔时间（21d、35d、55d、70d、85d）双重感染钉螺，各组实验钉螺在血吸虫感染后 2～82d 内经连续切片和染色制片，观察所有实验螺切片断面，计算它们含有的血吸虫数并观察所有虫体的结构。结果：双重感染间隔时间愈长，后侵入的血吸虫幼虫受攻击的程度愈严重（**血吸虫图 67**）（唐崇惕等，2010）。间隔 85d 实验钉螺，大多数 5d 血吸虫幼虫就已呈解体状态。

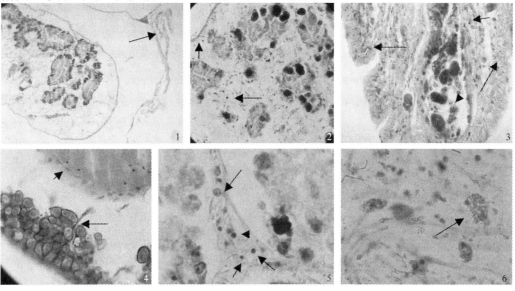

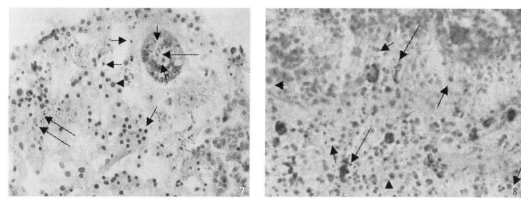

血吸虫图 66　外睾吸虫阳性钉螺分泌物和血淋巴细胞对日本血吸虫幼虫的反应
（按唐崇惕等，2012）

1. 阴性钉螺体表分泌物（比例尺 0.15mm）；2. 阴性钉螺消化腺示少数血淋巴细胞（比例尺 0.08mm）；3. 日本血吸虫阳性螺体少数血淋巴细胞和分泌物颗粒在 52d 血吸虫母胞蚴附近（比例尺 0.054mm）；4. 22d 外睾吸虫阳性钉螺体表的晶体结构分泌物（比例尺 0.03mm）；5. 19d 外睾吸虫阳性钉螺消化腺淋巴管中三种血淋巴细胞及副腺细胞（比例尺 0.039mm）；6～8. 外睾吸虫及日本血吸虫双重感染钉螺（6. 间隔 70d；7、8. 间隔 21d）；6. 螺体中的具小细胞核的分泌颗粒（比例尺 0.028mm）；7. 螺体中异常血吸虫幼虫、螺体及血吸虫体中的血淋巴细胞和分泌物颗粒（比例尺 0.051mm）；8. 螺体围心组织及 82d 血吸虫幼虫体中血淋巴细胞及分泌物（比例尺 0.040mm）〔箭矢说明：螺体表分泌物（箭矢），螺体内分泌颗粒及特小细胞核（短箭矢或最长箭矢），血淋巴细胞大、中、小（无柄箭矢或最短箭矢、长箭矢、短箭矢），副腺细胞（最长箭矢），异常血吸虫幼虫体内红色球体（较短箭矢），血吸虫虫体（长箭矢或无柄箭矢）〕

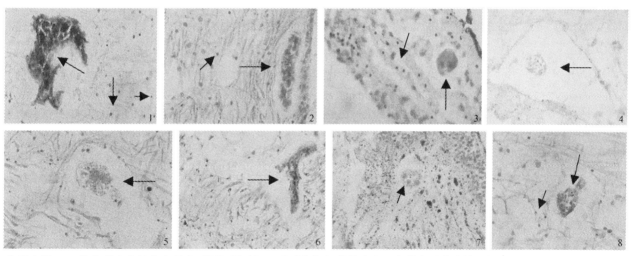

血吸虫图 67　外睾吸虫和日本血吸虫不同间隔时间双重感染钉螺其体内血吸虫幼虫受攻击情况的比较（按唐崇惕等，2010）

1. 间隔 21d 的 41d 异常血吸虫幼虫（比例尺 0.015mm）；2. 间隔 37d 的 15d 血吸虫异常幼虫（比例尺 0.03mm）；3. 间隔 55d 的 47d 血吸虫异常幼虫（比例尺 0.03mm）；4. 间隔 55d 的 6d 血吸虫异常幼虫（比例尺=0.04mm）；5. 间隔 70d 的 2d 血吸虫异常幼虫（比例尺 0.04mm）；6. 间隔 70d 的 10d 血吸虫异常幼虫（比例尺 0.04mm）；7. 间隔 85d 的 5d 血吸虫异常幼虫已解体（比例尺 0.04mm）；8. 间隔 85d 的 9d 血吸虫异常幼虫近解体（比例尺 0.03mm）
〔箭矢说明：异常血吸虫幼虫（长箭矢），螺体增生的血淋巴细胞（短箭矢）〕

　　不同间隔时间双重感染的钉螺，均异常的血吸虫幼虫检出率，除间隔 37d 的稍高外，其他都与间隔时间成反比。各组血吸虫感染率（阳性螺数/实验螺数）和血吸虫幼虫检出率（检出血吸虫幼虫数/接触毛蚴数）情况如下：

　　　　　　　　　血吸虫感染率　　　　　血吸虫幼虫检出率
间隔 21d：75.0%（39/52 粒钉螺）、25.5%（398/1560 条毛蚴）；
间隔 37d：77.8%（21/27 粒钉螺）、35.6%（299/840 条毛蚴）；
间隔 55d：44.4%（8/18 粒钉螺）、11.9%（19/160 条毛蚴）；
间隔 70d：100%（15/15 粒钉螺）、10.6%（143/1350 条毛蚴）；
间隔 85d：43.3%（13/30 粒钉螺）、5.8%（66/1140 条毛蚴）。

系列试验结果说明，被一种吸虫幼虫感染后的贝类个体具有更强的免疫力，对再侵入其体中的其他种类吸虫幼虫，具有更强的攻击力，能击毁它们使之死亡。这一方面解释了自然界中的贝类都只有一种幼虫期寄生的缘由，同时根据这一现象的规律性，可以考虑如何应用"以虫治虫"方法，对有害吸虫类病原进行生物防治。

外睾吸虫和日本血吸虫前后双重感染的钉螺，两吸虫感染相隔时间愈长，钉螺体内对后进入的血吸虫的攻击力量愈加强烈，使血吸虫虫体愈早受损害并解体。在此情况的钉螺（及其他贝类宿主）体内，有何物质使螺体免疫力产生了改变？是否在它们的体液、血液和血淋巴细胞等方面，有某些物质生理生化过程产生变化，使免疫反应产生了改变，增加了它们对外来病原的免疫力强度？这方面的问题尚未见有关科学的报道，有待科学上进一步的探讨。

6) 利用鲶鱼外睾吸虫生物控制日本血吸虫病原和媒介钉螺的可行性　鲶鱼是人民群众喜欢食用的营养鱼类，也是江河湖泊常见的经济鱼种。鲶鱼在钉螺滋生的水域中都普遍存在。鲶鱼是外睾吸虫的终末宿主，钉螺是它的第一中间宿主，它的第二中间宿主是水域中各种很小的小鱼。小鱼遨游在水体边沿觅食，很容易被从钉螺逸出的外睾吸虫尾蚴感染产生囊蚴；肉食性鲶鱼到水边觅食，吞食了含有外睾吸虫囊蚴的小鱼而受感染。感染有外睾吸虫的阳性鲶鱼，它们含有虫卵的粪便排在湖水边泥底，钉螺很容易吃进虫卵受到感染。著者在湖南洞庭湖和江西鄱阳湖血吸虫疫区，都查到有天然感染外睾吸虫的鲶鱼和钉螺。

①血吸虫病疫区水域鲶鱼外睾吸虫资源情况事：2006～2007 年共检查湖南西洞庭湖目平湖的鲶鱼 437 尾，其中感染外睾吸虫的 434 尾（99.31%）；共检获外睾吸虫 50 519 条，其中成虫 26 163 条（平均 60.28 条/尾），童虫 24 356 条（平均 56.12 条/尾），平均感染强度为 116.4 条。其季节动态情况如下：冬季（2006 年 12 月）56 尾鲶鱼 100% 感染外睾吸虫，检获虫体 12 581 条（成虫 2947 条、童虫 9634 条）；初夏（2007 年 5～6 月），190 尾鲶鱼 100% 感染外睾吸虫；检获虫体 23 765 条（成虫 14 854 条、童虫 8911 条）；秋季（2007 年 10～11 月），191 尾鲶鱼中 188 尾（98.43%）感染外睾吸虫，检获虫体 14 173 条（成虫 8362 条、童虫 5811 条）。每次检出外睾吸虫的数量和成熟程度均有不同，说明湖区鲶鱼时常受感染才有发育不同的虫体（唐崇惕等，2008）。

②血吸虫病疫区水域钉螺天然感染外睾吸虫幼虫期情况（唐崇惕等，2008）：2006～2007 年冬季、初夏和秋季 3 个季节，检查了湖南西洞庭湖目平湖 26 处洲滩共 2911 粒钉螺，从 16 处（61.53%）洲滩查到感染外睾吸虫幼虫期的阳性钉螺，感染率 0.17%（1/640）～39.00%（39/100），平均感染率为 3.298%（96/2911）。其中，冬季 20%（1/5）洲滩有外睾吸虫阳性钉螺，感染率 0.17%（1/640）；初夏 68.7%（11/16）洲滩有外睾吸虫阳性钉螺，感染率 0.5%（1/200）～39.0%（39/100），平均 6.33%（84/1327）；秋季 66.7%（4/6）洲滩有外睾吸虫阳性钉螺，感染率 2%（2/100）～ 5%（5/100），平均 1.83%（11/600）。

著者于 2012 年春夏之交，还在江西星子县鄱阳湖血吸虫疫区，随机检查了一些当地湖区的鲶鱼和钉螺，发现鲶鱼也普遍感染外睾吸虫的成虫和童虫，也从钉螺查到外睾吸虫的雷蚴和成熟尾蚴。

这些情况都说明我国有钉螺栖息的水域中普遍存在外睾吸虫，该属吸虫种类在自然界的资源很丰富。虽然不同地点不同季节有所差异，但该吸虫生活史中的童虫、成虫和无性繁殖幼虫期各发育阶段，在不同阶段的宿主间不断地循环移动和发育，它们在自然界中不断地顺利繁衍生息。鲶鱼是人民群众喜欢食用的富有营养的肉食性鱼类。在长江流域血吸虫病疫区水域，如果在一定的条件上给予一些人力促进，使此无害的外睾吸虫的资源更加丰富，使更多钉螺被该吸虫感染，能更大发挥其生物控制其他吸虫病原的机能强度，一定会有助于血吸虫病的防治工作。

参 考 文 献

唐崇惕，郭跃，陈东，等.2012. 先感染外睾吸虫的钉螺其分泌物和血淋巴细胞对日本血吸虫幼虫的反应. 中国人兽共患病学报，28（2）：97-102

唐崇惕，郭跃，王逸难，陈东，等.2010. 日本血吸虫幼虫在先感染外睾吸虫后不同时间钉螺体内被生物控制效果的比较. 中国人兽共患病学报，26（11）：989-994

唐崇惕，黄帅钦，彭午弦，等.2014. 目平外睾吸虫与日本血吸虫不同间隔时间双重感染湖北钉螺其体内外分泌物的比较观察. 中国人兽共患病学报，30(11)：1083-1089

唐崇惕，卢明科，陈东，等.2009. 日本血吸虫幼虫在钉螺及感染外睾吸虫钉螺发育的比较. 中国人兽共患病学报，25(12)：1129-1134

唐崇惕，卢明科，陈东，等.2013. 目平外睾吸虫日本血吸虫不同间隔时间双重感染湖北钉螺螺体血淋巴细胞存在情况的比较. 中国人兽共患病学报，29(8)：735-742

唐崇惕，彭晋勇，郭跃，等.2008. 湖南目平湖钉螺血吸虫病原生物控制资源调查及感染试验. 中国人兽共患病学报，24(8)：689-695

唐崇惕，舒利民.2000. 外睾吸虫幼虫期的早期发育及贝类宿主淋巴细胞的反应. 动物学报，46(4)：457-463

唐崇惕，唐仲璋.2005, 中国吸虫学. 福州：福建科学技术出版社：298-822

唐崇惕，王云.1997. 叶巢外睾吸虫幼虫期在湖北钉螺体内的发育及生活史的研究. 寄生虫与医学昆虫学报，4(2)：83-87

姚超素，石孟芝.1996. 在日本血吸虫中间宿主体内发现盾盘吸虫. 实用预防医学，3(3)：154-155

张仁利，左家铮，刘柏香，等.1993. 洞庭湖外睾吸虫新种及其生活史. 动物学报，39(2)：124-129

周晓农，张仪，洪青标，等.2005.《实用钉螺学》. 北京：科学出版社：i-iv

Banerjee P S. 1996. *Mesocyclops leuckarti aequatorialis*(Kiefer)，a possible biocontrol agent of *Schistosoma incognitum* and *Fasciola gigantica*. Indian Veterinary Journal，73(12)：1218-1221

Bayne C J. 2009. Successful parasitism of vector snail *Biomphalaria glabrata* by the human blood fluke(trematode)*Schistosoma ansoni*：A 2009 assessment. Mol Biochem Parasitol，165：8-18

Bender R C，Broderick E J，Bayne C J，et al. 2005. Respiratory burst of *Biomphalaria glabrata* hemocytes：*Schistosoma mansoni* resistant snail produce more extracellular H_2O_2 than susceptible snails. J Parasitol，91：275-279

Bergquist R，Utzinger J，McManus D P. 2008. Trick or treat：The role of vaccine in integrated schistosomiasis control. PloS Negl Trop Dis，25(2(6))：244

Boemhler A，Fryer S E，Bayne C J. 1996. Killing of *Schistosoma mansoni* sporocysts by *Biomphalaria glabrata* hemolymph *in vitro*：alteration of hemocyte behavior after poly-L-lysine treatment of plastic and the kinetics of killing by different host strains. J Parasitol，82：332-335

Goodall C P，Bender R C，Bayne C J，et al. 2004. Constitutive difference in Cu/Zn superoxide dismutase mRNA levels and activity in hemocytes of *Biomphalaria glabrata*(Mollusca)that are either susceptible or resistant to *Schistosoma mansoni*(Trematoda). Mol Biochem Parasitol，137(2)：321-328

Hahn U K，Bender R C，Bayne C J. 2000. Production of reactive oxygen species by hemocytes of *Biomphalaria glabrata*：carbohydrate-specific stimulation. Dev Comp Immunol，24：531-541

Hahn U K，Bender R C，Bayne C J. 2001. Involvement of nitric oxide in killing of *Schistosoma mansoni* sporocysts by hemocytes from resistant *Biomphalaria glabrata*. J Parasitol，87(4)：778-785

Hata H，Orido Y，Yokogawa M，et al. 1988. *Schistosoma japonicum* and *Paragonimus ohirai*：Antagonism between *S. japonicum* and *P. ohirai* in *Oncomelania nosopgora*. Exp Parasitol，65(1)：125-130

Hopkin B V，Koech D K，Ouma J，et al. 1991. The north American crayfish *Procambarus clarkia* And the biological control of schistosome-transmitting snail in Kenya：Laboratory and field Investigations. Biological Control，1(3)：183-187

Humphries J E，Yoshino T P. 2008. Regulation of hydrogen peroxide release in circulating hemocytes of the planorbid snail *Biomphalaria glabrata*. Dev Comp Immunol，32(5)：554-562

Kloos H，Waithaka T F，Ouma J H，et al. 1987. Preliminary evaluation of some wild and ultivated plants for snail control in Machakos District，Kenya. Journal of Tropical Medicine and Hygiene，90(4)：197-204

McManus D P，Loukas A. 2008. Current status of vaccines for schistosomiasis. Clin Microbiol Rev，21(1)：225-242

Mitta G，Galinier R，Tisseyre P，et al. 2005. Gene discovery and expression analysis of immune-relevant genes from *Biomphalaria glabrata* hemocytes. Dev Comp Immunol，29(5)：393-407

Plows L D，Cook R T，Davies A J，et al. 2006. Integrin engagement modulates the phosphorylation of focal adhesion kinase phagocytosis and cell spreading in molluscan defence cells. Acta，1763(8)：779-786

Renwrantz L R，Richards E H. 1992. Recognition of beta-glucuronidase by the calcium-independent phosphoman - nosyl surface receptor of hemocytes from the gastropod mollusk，*Helix pomatia*. Dev Comp Immunol，16(2-3)：251-256

Shoeb H A，El-Sayed M M，Khalifa A M. 1990. Some Egyptian plants with molluscicidal activity. Egyptian. Journal of Bilharziasis，12(1-2)：35-43

Tang C C(唐仲璋). 1940. A comparative study of two types of *Paragonimus* occurring in Fukien，South China. Chinese Medical Journal，Suppl，3：267-291

Tang C T(唐崇惕)，Lu M K，Chen D，et al. 2009. Development of larval *Schistosoma japonicum* was blocked in *Oncomelania hupensis* by pre-infection with larval *Exorchis* sp. J Parasitol，95(6)：1321-1325

(三) 并殖科(Paragonimidae Dollfus, 1939)

一些学者曾将并殖科(Paragonimidae Dollfus, 1939)和隐孔科[Troglotrematidae(Odhner, 1914)Ward, 1918] 并列于隐孔总科(Troglotrematoidea Faust, 1929)之中(Yamaguti, 1971)。因为在早期，并殖属 *Paragonimus*(Braun, 1899)是放在隐孔科中的，Dollfus(1939)将其从隐孔科分出，建立并殖科，但仍然有学者们将并殖属列于隐孔科中(Vogel, 1965；Miyazaki et al., 1969, 1971；等等)。隐孔科吸虫具有长的阴茎囊和"Y"形排泄管等特征，不同于并殖科吸虫的无阴茎囊和管状排泄囊，而且它们幼虫期尾蚴的形态也相差很大。因此，目前并殖吸虫类还是以单独的科叙述为宜。

1. 并殖科吸虫的研究历史

并殖吸虫寄生于宿主肺部，俗称肺吸虫。最早有关虫种和哺乳类宿主的记录为 Diesing(1850)从巴西水獭(*Lutra brasiliense*)得到的 *Distomum rude* 的记述。该虫种嗣后经 Stiles 和 Hassall(1900)移入并殖属(*Paragonimus* Braun, 1899)，但记录简缺已不可考。

英国蠕虫学者 Cobbold(1859)描述了 *Distomum compactum*，系从印度的食蛇獴(*Viverra mongos*)肺内得到。18 年以后，在荷兰的阿姆斯特丹动物园一只老虎死了，从其肺内找到了肺吸虫，经 Kerbert(1878)鉴定，命名为 *Distomum westermanii*。Kerbert(1881)又从德国汉堡动物园的虎肺中获得另一批标本，补充了一些形态的观察。Kerbert 的第一篇报告里称卫氏并殖吸虫的种名为 *westermanii*，而在后一篇的报告里称 *westermani*，这显然是拼音的更正。后来蠕虫学者著作中引用时虽有混淆，但随后根据国际动物命名法规定，Stile 和 Hassall(1926)在其《人体蠕虫索引名录》中认为 *westermani* 是正确的写法。

在东方，1880 年在厦门行医的 Manson 从一个福建省肺吸虫患者的喀痰中检到了虫卵。与此同时，在中国台湾淡水，Ringer 医生从一个患动脉瘤而死的葡萄牙患者尸体剖检中得到肺吸虫，此标本被送于 Cobbold，旋被定名为 *Disotomum ringeri*，这时在日本的德国人 Baelz(1883)叙述 *Distomum pulmonale*，这一名称以及后来的 *Distomum pulmonis* 都被认为是 *D.ringeri* 的同物异名。Leuckart(1889)比较 Baelz 的标本和 Kerbert 的卫氏肺吸虫的标本，认为是同种。1899 年 Braun 氏创立了并殖属(*Paragonimus*)，而把卫氏并殖吸虫[*Paragonimus westermani*(Kerbert, 1878)](**并殖图 1**、**并殖图 2**)作为该属的模式种。

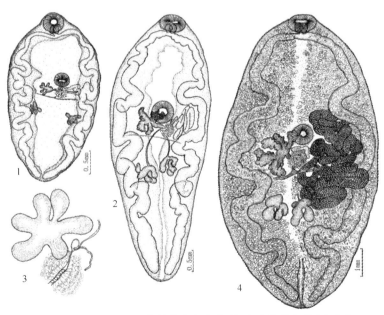

并殖图 1　卫氏并殖吸虫的童虫和成虫(在实验猫体内发育)(原)

1. 52d；2. 80d；3. 卵巢附近器管；4. 7 个月

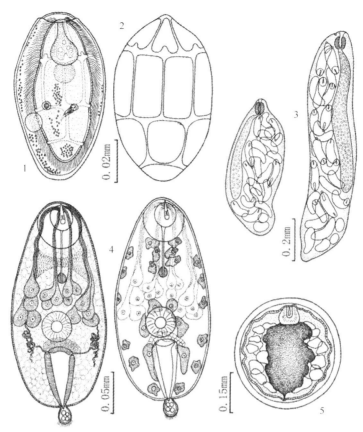

并殖图 2　卫氏并殖吸虫幼虫期(按 Tang，1940)

1.虫卵；2.毛蚴；3.雷蚴；4.尾蚴；5.囊蚴

在北美洲，Ward(1894)从美国密歇根州的 Ann Arbor 的一只猫身上得到了肺吸虫，最先认为是卫氏并殖，同年 Kellicott 在美国俄亥俄州一只犬的肺内又得到一只同样的虫体，约 4 年后在同一州的辛辛那提有好些猪经剖验有肺吸虫感染，这充分地证明美洲的肺吸虫系来自本地，而非像从前所想的从旧大陆输入。1908 年 Ward 叙述了克氏并殖吸虫(*Paragonimus kellicotti*，**并殖图 3**、**并殖图 4**)有关详细的形态叙述，及其与他种的区别(Ward and Hirsch，1915)。他们提出了一个重要的虫种区分的根据，就是成虫体表皮棘的形状与排列，这一特征大有助于后来并殖种类区别问题的解决。

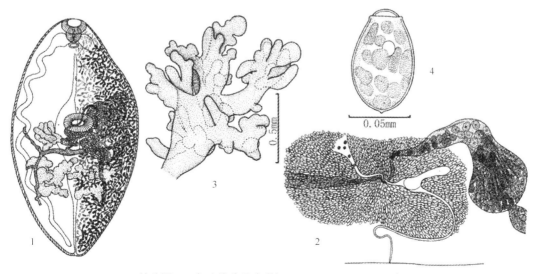

并殖图 3　克氏并殖吸虫(按 Ward and Hirsch，1915)

1.成虫；2.卵模附近器管；3.卵巢；4.虫卵

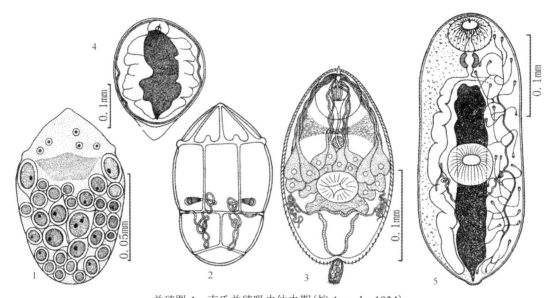

并殖图 4　克氏并殖吸虫幼虫期(按 Ameel，1934)

1. 毛蚴体内结构；2. 毛蚴纤毛板及排泄管；3. 尾蚴；4. 囊蚴；5. 后期尾蚴

1915 年以前，除却早期医学家如 Manson(1882)观察了毛蚴从卵孵出的一些情况外，肺吸虫发育史的系统知识相当缺乏。中川幸庵(Nakagawa，1915，1917)曾报告肺吸虫的生活史，但错误地把一种口吸盘具口锥刺及芽状小器(virgular organ)的剑尾型尾蚴当作肺吸虫尾蚴。他的描述曾被征引到国外寄生虫学专著中，其图样所示，显然是一种枝腺科[Lecithodendriidae(Lühe，1901)Odhner，1910]的尾蚴。随后经中川幸庵(Nakagawa，1918)自己以及安藤(Ando，1918，1920)、宫入(Miyairi，1919，1922)和小林英一(Kobayashi，1918)诸人的研究而更正，证实了肺吸虫的尾蚴是具口锥刺的短尾型(**并殖图 2**)。

肺吸虫第二个被阐明生活史的为克氏并殖吸虫(P. kellicotti)，Ameel(1932，1934)报告该吸虫的发育全程(**并殖图 4**)。叙述了各幼虫期，发现其贝类和甲壳类的中间宿主。由于幼虫期形态的比较，证实 Ward 氏所创立的克氏并殖吸虫新种是正确的。在此之前，关于并殖属虫种问题学者意见未能一致，一些学者认为并殖属内只有卫氏并殖吸虫一种。在克氏并殖吸虫定种后，小林英一(Kobayashi，1917，1918，1919)认为：区别克氏并殖吸虫的特点如卵巢睾丸的分枝形状、体棘单生丛生等，都属肺吸虫个体变异的范围。因而并殖属究竟只一种或多种尚未有定论，意见不一致。

自从克氏并殖吸虫的生活史经研究探讨之后，从虫体幼虫阶段各发育期的形态结构及其中间宿主的种类均能提供无可辩驳的区分特点。例如，克氏并殖吸虫雷蚴的消化管非常短、在第一中间宿主两栖性小螺(Pomatiopsis lapidaria)中发育，囊蚴的囊壁较薄，囊蚴在第二中间宿主，一种蝲蛄 Cambarus propinquus 胸部发育。而卫氏并殖吸虫的雷蚴消化管非常长，延伸到虫体后端；第一中间宿主(贝类宿主)为水生的川卷贝 Semiculcospira 等；囊蚴的囊壁极厚；第二中间宿主为蟹类(亦有蝲蛄)。这些特点加上成虫的体棘及内部器官许多不同特点，确定了克氏并殖吸虫种的独立性，同时改变了并殖属只有一种的概念。

20 世纪 30 年代是肺吸虫虫种问题的一个转折点，在亚洲方面，许雨阶(Khaw，1933)提出了一个综述；在日本，Miyazaki(1939)报告了大平并殖吸虫[Paragonimus ohirai(Miyazaki，1939)](**并殖图 5**、**并殖图 6**)；在我国，陈心陶(1940)叙述了怡乐村并殖吸虫(Paragonimus iloktsuenensis Chen，1940)(**并殖图 7**、**并殖图 8**)；福建并殖吸虫(Paragonimus fukienensis Tang et Tang，1962)(**并殖图 9**~**并殖图 13**)也是在这时候发现的，著者(Tang，1940)当时在阐明该虫种的生活史时称之为啮齿型肺吸虫，并在各发育期形态及其终末宿主和中间宿主方面与 P. ringeri(即卫氏并殖吸虫)肺吸虫作了详细的比较，本种并殖吸虫到 1962 年才定种(唐仲璋和唐崇惕，1962)。从 20 世纪 30 年代以后，世界各地报告的并殖吸虫有 50 多种，这些虫种名称可能存在同物异名现象。Yamaguti(1971)列于并殖属中的种类为 28 种，Skrjabin(1978)列于 Paragonimus 属 31 种，列于 Euparagonimus Chen，1963 属的 1 种，均有简要的描述。Miyazaki(1967)

对当时亚洲的 27 种，认为可靠的只有 16 种。如上所说，这些虫种名称中可能存在着同物异名。但同时，有吃蟹类习性的哺乳动物多种多样，并因肺吸虫极富有地区性，可能还有些新的并殖吸虫待发现。

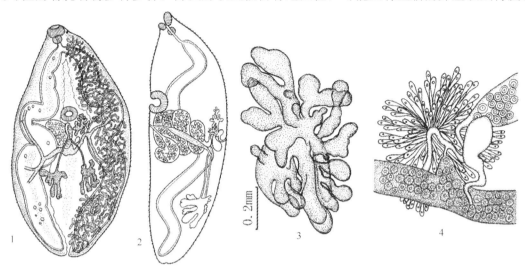

并殖图 5　大平并殖吸虫(按 Miyazaki，1939)

1.成虫腹面观；2.成虫侧面观；3.卵巢；4.卵模附近器官

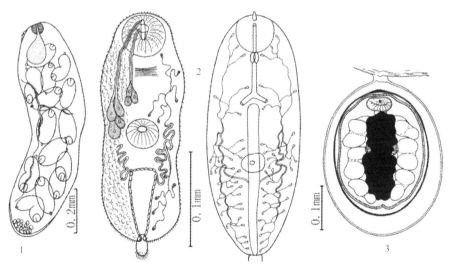

并殖图 6　大平并殖吸虫的幼虫期(按 Yokogawa et al.，1960)

1.雷蚴；2.尾蚴体内结构及排泄系统；3.囊蚴

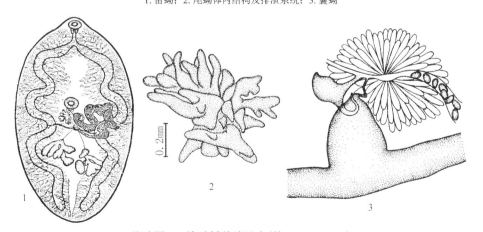

并殖图 7　怡乐村并殖吸虫(按 Chen，1940)

1.成虫(按陈心陶等，1985)；2.卵巢；3.卵模附近器官

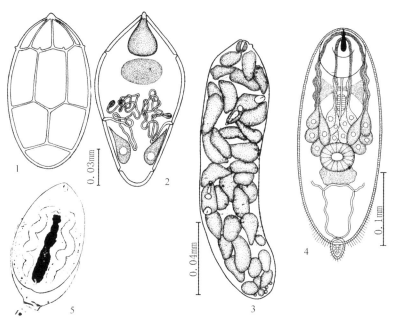

并殖图 8　怡乐村并殖吸虫的幼虫期(按 Chen，1940)
1.毛蚴纤毛板；2.毛蚴体内结构；3.雷蚴；4.尾蚴；5.囊蚴

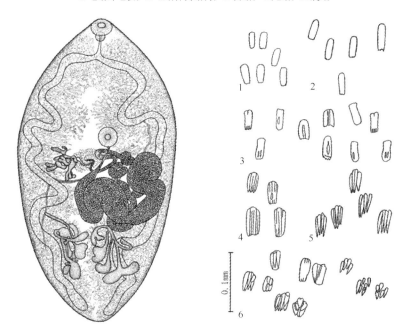

并殖图 9　福建并殖吸虫及体棘(宿主：鼠)
(按唐仲璋和唐崇惕，1962)

左：成虫；右：在体表各部位的体棘(1.在口吸盘直接后方，2、3.在口腹吸盘之间，4.在两睾丸之间，5.在睾丸后方，6.在近体末端)

　　陈心陶等(1963)为并殖科(Paragonimidae Dollfus，1939)建立新属和新亚科，他的该科分类系统如下：
并殖亚科(Paragoniminae Dollfus 1939)含并殖属(*Paragonimus* Braun，1899)(*Paragonimus* Braun，1899、
Rodentiogonimus Chen，1963 和 *Megagonimus* Chen，1963 三亚属)和狸殖属(*Pagumogonimus* Chen，1963)；**正
并殖亚科**(Euparagoniminae Chen，1963)含正并殖属(*Euparagonimus* Chen，1963)。
　　Yamaguti(1971)的并殖科中仍然只有并殖属一个属。Skrjabin(1978)列出了陈心陶的分类意见，但在虫
种叙述中没有采用陈氏的新名称，仍用各原作者所定的名称。

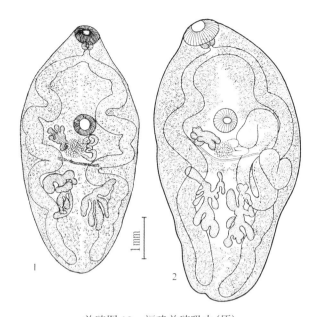

并殖图 10　福建并殖吸虫(原)

1.鼠体未成熟的成虫；2.人工感染实验兔肺部的成虫

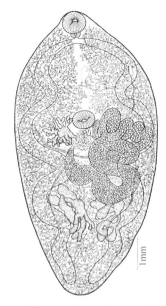

并殖图 11　福建并殖吸虫(原)

终末宿主：虎(华南虎)；寄生部位：肺脏；发现地点：
福建福清

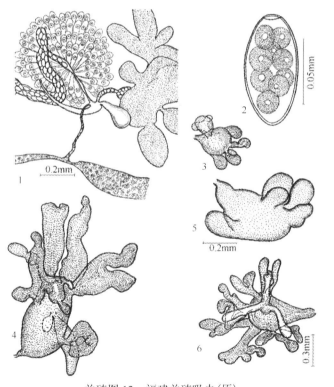

并殖图 12　福建并殖吸虫(原)

1.卵巢附近器官；2.虫卵；3、4.卵巢(宿主：鼠)；5.卵巢(宿主：实验兔)；
6.卵巢(宿主：华南虎)

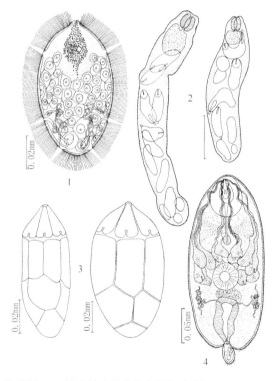

并殖图 13　福建并殖吸虫幼虫期(一)(按 Tang，1940)

1.毛蚴体内结构；2.雷蚴；3.毛蚴背腹纤毛板；4.尾蚴

2. 并殖吸虫的种类

　　陈心陶等(1985)和钟惠澜等(1986)列出经发现的并殖吸虫种类及其分布如下(**并殖表 1、并殖表 2**)。

并殖表 1　亚洲的并殖吸虫种类及分布（按陈心陶等，1985）

序号	种类	发现地区
10	三平正并殖吸虫 *Euparagonimus cenocopiosis* Chen，1962	中国
11	结实并殖吸虫 *Paragonimus compactus* Cobbold，1859	印度、泰国、斯里兰卡
11	卫氏并殖吸虫 *P. wesitermani* Kerbert，1878；Braun，1899	中国、朝鲜、日本、印度、斯里兰卡、泰国、印度尼西亚、马来西亚、菲律宾等
11	大平并殖吸虫 *P. ohirai* Miyazaki，1939	中国、日本
11	怡乐村并殖吸虫 *P. iloktsuenensis* Chen，1940	中国、日本、朝鲜
11	斯氏狸殖（斯氏并殖）吸虫 *Pagumogonimus skrjabini*（Chen，1959）Chen，1963	中国
11	云南并殖吸虫 *Paragonimus yunnanensis* Ho，Chung et al.，1959	中国
11	宫崎并殖吸虫 *P. miyazaki* Kamo，et al.，1961	日本
11	福建并殖吸虫 *P. fukienensis* Tang & Tang，1962	中国
11	巨睾狸殖（巨睾并殖）吸虫 *Pagumogonimus macrorchis*（Chen，1962）Chen，1963	中国
11	四川并殖吸虫 *Paragonimus szechuanensis* Chung & T'sao，1962	中国
12	卫氏并殖吸虫四川亚种 *P. westermani* Sub. sp. *szechuanensis* Chung & T'sao，1962	中国
13	陈氏狸殖（陈氏并殖）吸虫 *Pagumogonimus cheni*（Hu，1963）Chen，1963	中国
14	异盘并殖吸虫 *Paragonimus heterotremus* Chen & Hsia，1964	中国、泰国、老挝
15	丰宫狸殖（丰宫并殖）吸虫 *Pagumogonimus proliferus*（Hsia & Chen，1964）Chen，1965	中国
16	团山并殖吸虫 *Paragonimus tuanshanensis* Chung et al.，1964	中国
17	勐腊并殖吸虫 *P. menglaensis* Chung et al.，1964	中国
18	白水河并殖吸虫 *P. paishuihoensis* T'sao & Chung，1965	中国
19	暹罗并殖吸虫 *P. siamensis* Miyazaki & Wykoff，1965	泰国、菲律宾
20	佐渡并殖吸虫 *P. sadoensis* Miyazaki et al.，1968	日本
21	曼谷狸殖吸虫 *Pagumogonimus bangkokensis*（Miyazaki & Vajrasthira，1968）Chen，1977	中国、泰国
22	赫林并殖吸虫 *Paragonimus harinasutai* Miyazaki & Vajrasthira，1968	泰国
23	会同并殖吸虫 *P. hueit'ungensis* Chung et al.，1975	中国
24	卫氏并殖吸虫伊春亚种 *P. westermani* sub. sp. *Ich'unensis* Chung et al.，1977	中国
25	扁囊并殖吸虫 *P. asymmetricus* Chen，1977	中国
26	小睾并殖吸虫 *P. microrchis* Hsia，Chou & Chung，1978	中国
27	泡囊狸殖吸虫 *Pagumogonimus veocularis* Chen & Li，1979	中国
28	歧囊并殖吸虫 *Paragonimus divergens* Liu et al.，1980	中国

并殖表 2　国内外并殖吸虫的名录及分布（按钟惠澜等，1986）

序号	中文学名	拉丁学名(发现人、年份)	分布地区
1	粗壮并殖吸虫	*Paragonimus rudis* Diesing，1850	巴西
2	结实并殖吸虫	*P. compactus* Cobbold，1859	印度，斯里兰卡，泰国
3	卫氏并殖吸虫指名亚种	*P. westermani westermani* Kerbert，1878	中国，日本，朝鲜，印度，菲律宾和印度尼西亚等，东南亚国家，苏联远东
4	林氏并殖吸虫	*P. ringeri* Cobbold，1880	中国台湾，新几内亚
5	肺并殖吸虫	*P. pulmonalis* Baelz，1883	日本，朝鲜，中国
6	克氏并殖吸虫	*P. kellicotti* Ward，1908	美国，加拿大
7	艾氏并殖吸虫	*P. edwardsi* Gulati，1926	印度
8	大平并殖吸虫	*P. ohirai* Miyazaki，1939	日本，中国广东、江苏、辽宁
9	怡乐村并殖吸虫	*P. iloktsuenensis* Chen，1940	中国广东、辽宁，日本，朝鲜
10	猕猴并殖吸虫	*P. macacae* Sandosham，1953	马来西亚
11	云南并殖吸虫	*P. yuannanensis* Ho et al.，1959	中国云南
12	斯氏并殖吸虫	*P. skrjabini* Chen，1959	中国广东

续表

序号	中文学名	拉丁学名(发现人、年份)	分布地区
13	宫崎并殖吸虫	*P. miyazaki* Kamo et al.，1961	日本
14	四川并殖吸虫	*P. szechuanensis* Chung & Tsao，1962	中国四川
15	卫氏并殖吸虫四川变种	*P. westermani* var. *szcchuanensis* Chung & Tsao，1962	中国四川
16	福建并殖吸虫	*P. fukienensis* Tang & Tang，1962	中国福建
17	巨睾并殖吸虫	*P. macrorchis* Chen，1962	中国广东，泰国，斯里兰卡
18	三平正并殖吸虫	*Euparagonimus cenocopiosus* Chen，1962	中国广东
19	陈氏并殖吸虫	*P. cheni* Hu，1963	中国四川
20	团山并殖吸虫	*P. tuanshanensis* Chung et al.，1964	中国云南
21	勐腊并殖吸虫	*P. menglaensis* Chung et al.，1964	中国云南
22	异盘并殖吸虫	*P. heterotremus* Chen & Hsia，1964	中国云南、广西，泰国
23	丰宫并殖吸虫	*P. proliferus* Hsia & Chen，1964	中国云南
24	河口并殖吸虫	*P. hokuoensis* Chung et al.，1964	中国云南
25	白水河并殖吸虫	*P. paishuihoensis* Tsao & Chung，1965	中国四川、云南
26	暹罗并殖吸虫	*P. siamensis* Miyazaki et al.，1965	泰国
27	非洲并殖吸虫	*P. africanus* Voelker & Vogel，1965	非洲喀麦隆，尼日利亚等
28	子宫双侧并殖吸虫	*P. uterobilateralis* Voelker &Vogel，1965	利比亚，喀麦隆，尼日利亚，刚果，扎伊尔
29	曼谷并殖吸虫	*P. bangkokensis* Miyazaki et al.，1967	泰国，中国广东
30	哈氏并殖吸虫	*P. harinasuti* Miyazaki et al.，1968	泰国
31	佐渡并殖吸虫	*P. sadoensis* Miyazaki et al.，1968	日本
32	卡里并殖吸虫	*P. caliensis* Little，1968	哥伦比亚，秘鲁
33	墨西哥并殖吸虫	*P. mexicanus* Miyazaki et al.，1968	墨西哥，厄瓜多尔，秘鲁，危地马拉，哥斯达黎加
34	秘鲁并殖吸虫	*P. peruvienus* Miyazaki et al.，1969	秘鲁，厄瓜多尔，巴拿马
35	亚马孙并殖吸虫	*P. amazonious* Miyazaki et al.，1973	秘鲁
36	会同并殖吸虫	*P. hueitungensis* Chung et al.，1973	中国湖南
37	卫氏并殖吸虫伊春亚种	*P. westermani ichunensis* Chung et al.，1978	中国黑龙江、吉林
38	印加并殖吸虫	*P. inca* Miyazaki，1975	秘鲁
39	扁囊并殖吸虫	*P. ssymmtricus* Chen，1977	中国广东
40	菲律宾并殖吸虫	*P. filipinus* Miyazaki，1978	菲律宾
41	菲律宾并殖吸虫	*P. philippinensis* Ito & Yokogawa，1978	菲律宾
42	卫氏并殖吸虫菲律宾亚种	*P. westermani filipinus* Miyazaki，1979	菲律宾
43	厄瓜多尔并殖吸虫	*P. eucardoensis* Vogel & Voclker，1979	厄瓜多尔
44	泡囊并殖吸虫	*P. veocularis* Chen & Li，1979	中国四川
45	歧囊并殖吸虫	*P. divergene* Liu et al.，1980	中国四川
46	小睾并殖吸虫	*P. microrchis* Hsia et al.，1980	中国云南
47	闽清并殖吸虫	*P. minchinensis* Li & Chen，1985	中国福建
48	异睾并殖吸虫	*P. heterorchis* Chou et al.，1982	中国湖北
49	江苏并殖吸虫	*P. jiangsuensis* Cao et al.，1983	中国江苏
50	卫氏并殖吸虫日本亚种	*P. westermani japonicus* Miyazaki，1983	日本秋田县

3. 并殖吸虫的终末宿主

　　据目前所知，在肺吸虫的终末宿主中，哺乳类有大小型及隶于不同科属的区别，兹以数种为例介绍如下。这些寄生虫可能各有虫种形成的演化史，但由于它们有一定范围的交叉感染，其终末宿主的分布常存在混杂的状态，因而一时不容易搞清楚。所以，在20世纪50年代以后，有关肺吸虫方面的研究虽有长足的进展，但继在许多创新和发现之后也还有不少整理工作要做。

（1）克氏并殖吸虫

克氏并殖是宿主关系已经知道得很清楚的种类，它是鼬科（Mustellidae）动物的肺吸虫，在美洲它的最正常宿主为鼬（*Mustela vison mink*），还有麝鼠（*Ondatra zibethica*），它们可能是北方的种类。克氏并殖吸虫在日本的终末宿主为西伯利亚鼬鼠（*Mustela sibirica itatsi*）。从克氏并殖吸虫区别出来的宫崎并殖吸虫具有同样的宿主关系。

（2）怡乐村并殖吸虫、大平并殖吸虫、福建并殖吸虫和巨睾并殖吸虫

这数种并殖吸虫是啮齿类（Rodentia）寄生的肺吸虫，前两种是较靠近海边的平原的种类，但怡乐村并殖也在不十分近海的平原。福建并殖吸虫则是丘陵地带的虫种。这些啮齿类的肺吸虫囊蚴的囊壁极薄，它们显然由于缺乏对胃酸的抵抗，较难感染大中型的哺乳类。例如，福建并殖吸虫的囊蚴不能感染家猫，对兔子则感染成功（**并殖图 10 之 2**），福建并殖吸虫的正常宿主是鼠类（Tang，1940），但也从虎体中检获。大平并殖吸虫在日本的宿主有鼠类、貂（*Mustela itatsi*）、貉（*Nyctereutes procynoides viverinus*）和獾（*Meles anakuma*）。我国发现了怡乐村并殖吸虫，日本科学家当时认为它是小型的大平并殖吸虫。巨睾并殖吸虫具有较大的睾丸，它的终末宿主是实验大白鼠。怡乐村并殖吸虫的正常宿主也为鼠类，它们也能在实验小白鼠发育。但是在广州一带犬和猪也曾经报告有感染。大平并殖吸虫的宿主则略为广泛，有棕色鼠、犬（**并殖图 14**）、水獭、狸、鼬、猪及野猪。然而它在贝类及蟹类宿主生态方面则与怡乐村并殖吸虫相同。怡乐村并殖吸虫在日本也曾经在貉的肺内找到（Ishiki et al.，1962）。

（3）斯氏并殖吸虫

在我国发现的斯氏并殖吸虫的正常宿主为果子狸（*Paguma larvata*），属于灵猫科（Viverridae），这是中型的哺乳类，此科有很多是热带的种类。在福建也发现有斯氏并殖吸虫流行区（林宇光，1981），此类型肺吸虫寄生的兽类曾发现有九节狸（*Viverra zibetha*）、笔猫或小狸猫（*Viverricula malaccensis pallida*），还有蟹獴（*Herpestes urva*）（Tang，1940）。

（4）卫氏并殖吸虫

卫氏并殖吸虫是较为标准的大型哺乳类的肺吸虫，它是猫科动物的寄生虫，最适合的宿主为虎、豹，本种模式标本是由印度的虎肺得到。著者于 1953 年曾从福建的一只华南虎（*Felis tigris amoyensis* Hilzhimer）的肺内解剖出 160 对卫氏并殖吸虫，每两只在一小囊中，虫体每一条均异常的成熟。吴光（1938）也曾经从福建福清及浙江的虎、豹肺内得到卫氏并殖吸虫。Chin（1939）报道福建长汀的豹、野猫和狐的肺内均可找到肺吸虫。

在各类已知的肺吸虫中，卫氏并殖吸虫最适应人体。虽是如此，卫氏并殖吸虫原是猫科（Felidae）动物的寄生虫，人体肺吸虫病揆其本质，实为一种自然疫源的寄生虫病。一个很重要的事实是卫氏并殖吸虫虽在犬猫等实验动物上能感染成熟，却不能在大白鼠体内发育。而在鼠类寄生的并殖吸虫，也偶然可从较大型的哺乳动物查获。如从福建的虎肺内也曾经检获到 3 条福建并殖吸虫（**并殖图 11**）。

4. 并殖属（*Paragonimus*）虫种区别要点

在 19 世纪末，医学界、生物学界认为肺吸虫只有一种，那就是卫氏并殖吸虫。虽然 20 世纪初期又发现了一些虫种，如 Ward（1908）叙述克氏并殖吸虫（*P. kellicotti*）能寄生在美洲的猫、猪等哺乳动物上。日本学者认为它也是卫氏并殖吸虫。在朝鲜进行研究的小林晴治郎（Kobayashi，1917，1918，1919）提出虫体卵巢、睾丸的分支形状和体棘的单生丛生等都是个体变异的范围。Ward 和 Hirsch（1914）撰文叙述并殖属种类及其区别。英国人 Vevers（1923）也对当时肺吸虫虫种问题进行了考察，他比较了结实并殖吸虫（*Paragonimus compactus*）和林氏并殖吸虫（*Paragonimus ringeri*），前者来自印度的蛇獴（*Viverra mungos*）。

日本人中川幸庵（Nakagawa，1915）报告卫氏并殖吸虫的发育和中间宿主，虽然他曾把剑尾类尾蚴误当作肺吸虫尾蚴并被他人引用，但中川幸庵（1918）在自己第二个报告中将其更正了。有了卫氏并殖吸虫的生

活史知识，进一步推动分类的工作就有可能了。20 世纪 30 年代，美洲的克氏并殖吸虫才从卫氏并殖吸虫分了出来，也由于其生活史被阐明了（Ameel，1932，1934），从它的幼虫期（裂蚴、尾蚴、囊蚴）各阶段个体可以看出和卫氏并殖吸虫不相同。例如，克氏并殖的裂蚴具有很短的消化管，而卫氏并殖裂蚴消化管很长，提供了无可辩驳的区分特点。克氏并殖正常宿主为麝鼠（*Ondatra zibethica*）。这样，就确立了克氏并殖吸虫种的独立性，同时也改变了大家的概念，知道肺吸虫不止一种。20 世纪 30 年代，在我国和日本也注意肺吸虫虫种的区分问题（Khew，1933）。

　　考察肺吸虫生活史发育各阶段，能更好地提出虫种分类的根据，比单纯依靠成虫构造要好得多，可以观察到相关变异的特点。到目前世界各地报告的肺吸虫多达 50 余种，有关种类的区分和详细的生活史仍然是寄生虫学者尚要继续工作的一个内容。

5. 并殖吸虫在终末宿主体内的移行

　　虫体在终末宿主体内移行的问题是一个重要的问题，关系着虫体如何到达最后寄居的位置与病变的发生。最早研究这一问题的有日本人横川定（Yokogawa，1916）和他的儿子横川宗雄等（Yokogawa et al.，1959）。横川定试验感染了 8 只小狗和 2 只小猫，并在一定间隔时间解剖它们，在腹腔的体液中寻找虫体。第一个小童虫在饲食囊蚴后 5.5h 从腹腔内找到，说明虫体是穿过肠壁进入腹腔的。关于虫体穿越肠壁的实验，他用两个月大的小狗，8：00 至 15：00 每 2h 饲食囊蚴一次，并在 16：30 解剖。他所进行的实验结果如下：他固定自幽门部至盲肠的整条肠管，以后在各段抽出不同部位约 10cm 长的肠壁进行埋腊切片，共有约 200 块组织切片标本，经镜检后共找到 13 个幼虫，并确定了它们钻出肠壁的位置：从幽门下行 70cm 段没有查到虫体，2 条在 80cm 处的黏膜层和肌肉层，2 条在 100cm 处的环肌层和纵肌层，6 条在 130～150cm、170cm 和 190cm 处的环肌层中。实验结果所示虫体从肠腔钻出的位置是在小肠中段及下段，虫体在肠壁中的位置常与肌肉纤维平行（**并殖图 14**）。据 Yokogawa 的报告，肺吸虫幼虫钻出宿主肠壁的部位主要在空肠。

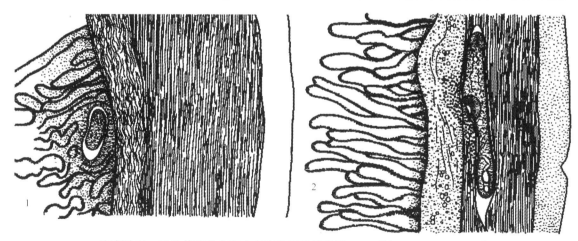

并殖图 14　卫氏并殖吸虫童虫在狗空肠于感染后 7～8h（按 Yokogawa，1916）
1. 虫体在肠绒毛黏膜中；2. 虫体在肠壁肌肉中

　　横川宗雄（Yokogawa et al.，1959）在他父亲的经典实验后 44 年进行了同一问题的探讨。他采纳 Lewart 等（1954）采用伊文思蓝（Evans-blue）注射静脉的实验，显示血吸虫裂体婴在宿主体内移行时的出血点有蓝色的方法，应用到肺吸虫幼虫移行问题上来，探究幼虫穿越宿主肠壁的时间和部位。从实验动物的肠壁外面、横膈膜，以及腹腔壁上观察蓝色的出血点来了解虫体移行的情况。实验结果见到的出血点大小约自 1mm 至数毫米。虫体在饲食囊蚴后 60min 内便穿出肠壁，位置在十二指肠至离盲肠 80cm。以后，48h 至 8d 都在腹腔内。据横川定观察，进入腹腔的肺吸虫幼虫侵入并穿越横膈，到了胸腔，有的幼虫很快便穿越横膈，但有的却在腹腔中游行 20d 或更长时间方穿越横膈。有的虫体在腹腔停留，一直到了成熟，钻进其他器官，但不侵入肺脏。各器官中肾和脾较少钻入，可能因为脏器的壁较厚而坚韧。许多幼虫侵入肝脏，从许多出血点可以知道肝组织受损坏，白细胞浸润。肝的腹面比背面受损害更多。许多虫体移动过的部位呈盲管状的隧道，肝组织并不是肺吸虫喜欢定居的器官，可能钻入后又退出来。肺吸虫幼虫穿越横膈的时间是感染后的5～10d，最短的时间为70h。在20～30d，实验动物横膈膜上有小孔，约芝麻大。

肺吸虫幼虫移行途径的最终目的地是肺部，但是如果直接从血管把幼虫注射入肺脏，幼虫会从肺部移出，而到胸腔，或腹腔，过一段游走历程后再侵入肺部。把实验动物颅骨开取一块，放进肺吸虫幼虫，虫体很快就从血液循环移往别处。这些现象显示肺吸虫幼虫期可能由于其本身生理生化的需求，以及宿主体内许多理化条件的关系，促使它们按一定的途径移行达到寄生部位，而且它们也具有了移行的习性。过早地将它们放到寄生部位，它们可能因不适应，也可能因移行的习性而离开肺部，外出经一段的游走之后才再回到肺部。有关此寄生虫与宿主关系的实际机理还不完全了解。

并殖吸虫幼虫期迁移的途径，自穿越肠壁而到达腹腔，经横膈而到胸腔入肺。它们沿着血液或淋巴管周围爬行。据日本学者的考察，它们的移行途径主要是穿越组织。由于幼虫具有很大的伸缩能力和体表披有指向后方的小刺，使它们在宿主组织内易于前进。一般公认它们是组织的钻行者。但也有一些例子证明它们也可以由血管或淋巴管侵入肺脏。Mori(1937)曾报道虫体由血管入肺的可能性。由于并殖吸虫幼虫有爬行的习性，这常常是成虫在肺脏以外的异位寄生的原因。

6. 并殖吸虫成虫在终末宿主的异位寄生

肺吸虫成虫异位寄生的位置在于脑部是研究者最感兴趣的问题。Otani(1887)是最早报道肺吸虫在脑部的学者。幼虫如何侵入脑部的途径很吸引学者们的注意，横川定等(Yokogawa et al.，1919；Yokogawa and Suyemori，1918，1920，1921)曾举行系列实验来阐明这一问题。他们把肺吸虫童虫放在实验狗颈部旁边的伤口或放在眼眶内，它们并不从这里移向脑部。把初脱囊的后尾蚴注射进入颈动脉内，它们很快就从血液循环移往别处去。所以，横川定得出结论，脑部似乎不适合肺吸虫定居和发育，它们在那里很快就迁移到别的部位去。后来得知，肺吸虫幼虫移行到脑部是沿着颈内动脉血管周围疏松组织经颈动脉管外孔而侵入颅内。在两只实验狗的颈血管周围找到虫体。脑部肺吸虫病理创伤多在颞叶和枕叶。脑部的肺吸虫虫卵是可以从血液循环带进去的。

肺吸虫异位寄生不限于幼虫期，成虫也可同样游走。异位见于胸腔、腹腔、横膈、纵膈、肝脏、肠系膜、肾上腺、淋巴结、肌肉、皮肤、精索、阴囊、脑脊髓、眼窝等。因此，就人体而言，并殖属肺吸虫寄生肺部是正常的部位，但不限于此器官，广义说来并殖病是全身性的吸虫病。

7. 并殖吸虫的成对移行及异体受精

在一个肺吸虫囊肿内常见成虫是一对以上的现象。这是吸虫类异体受精行为。著者于1953年曾在福建一只华南虎肺内找到180多个卫氏并殖囊泡，每个囊内均含一对以上成虫，共采集了360多条虫。Yokogawa等(1960)曾做试验，用单个囊蚴感染小狗，于143d后解剖，虫子不能成熟，停留在胸腔内，虫体大小为5.5mm×3.2mm。另外在小狗体内只接种一个后期尾蚴，8周之后再接种一个。它会在胸腔内找到另一童虫，而后成对地移行。

Ameel(1934)报告他经常观察克氏并殖吸虫(P. kellicotti)的成虫也是两个虫子在一个囊内。这在猫、犬、豚及鼠体内均如此。在感染虫数很多的猫和犬，不止两个虫体在一囊内也时有遇到。在麝鼠曾经有4个虫、鼬鼠中有6个虫在一个囊内。Chen(1940)报告怡乐村并殖吸虫的成虫也常见其两虫在一囊内。但著者(Tang，1940)在福清剖检鼠类宿主获得福建并殖吸虫，常遇见仅一只虫在一个囊内，而每只鼠也只有一个囊。

究竟并殖吸虫能否自体受精进行生殖呢？横川父子认为并殖类吸虫成对地在胸腔移行和两个虫体在一个囊内的现象是与该吸虫异体受精有关。他们认为现在尚无并殖类能够自体受精的直接证据。在感染虫数很少的宿主体内，一个囊内只有一只虫，并能产生正常的卵子，这似乎能证实自体受精的可能，然而也不能排除在未进入肺组织之前曾有过异体受精。另一个论点是并殖吸虫类的成虫没有阴茎囊，在生殖孔内自体传递精虫可能有困难。横川宗雄及其合作者(1956)曾用并殖吸虫后期尾蚴感染 8 只小狗，每只狗喂食一个幼虫，感染后 41～143d 剖检，在其中 3 只狗胸腔内找到虫体，均没有成熟。

8. 福建并殖吸虫的生物学及其与其他并殖吸虫的比较

福建并殖吸虫(*Paragonimus fukienensis* Tang et Tang，1962)(并殖图 9)的标本最早于 1937 年在福建福清的鼠体中采获，同时详细比较观察了它与在福清同时存在的卫氏并殖吸虫幼虫期的异同情况(Tang，1940)。1963 年我们又检查一只在省内猎获的华南虎肺脏，收集到肺吸虫标本百余条，经染色制片后检查，在所有卫氏并殖吸虫中杂有 3 条标本是福建并殖吸虫(并殖图 11)。由于此 2 虫种同时在一虎肺内发现，为了确证它们并不是卫氏并殖吸虫的个体变异，我们除了再次详细观察全部成虫标本之外，尚用卫氏并殖吸虫的囊蚴人工感染实验室饲养的小猫，观察不同发育期童虫的形态特征(并殖图 1)，并和福建并殖吸虫童虫进行比较，确认了它们的差异。

(1)终末宿主种类

在国内经报道的并殖吸虫近 20 种中，按它们已知的天然终末宿主种类来区分，大致可分为大型哺乳动物肺吸虫、中型哺乳动物肺吸虫和鼠类肺吸虫 3 类。福建并殖吸虫是鼠类的肺吸虫，其自然感染的终末宿主是沟鼠(*Rattus norvegicus*)和野鼠 *Rattus losea exiguous*、*Rattus fulvescens huang* 等鼠类。华南虎肺脏含有本虫种，估计是由于捕食含有本虫种童虫的鼠类而获得感染。著者(Tang，1940)曾用其囊蚴饲食多只猫和兔子，结果只从一兔子肺中找到成虫一条(并殖图 10 之 2)；同时尚用猫胸腔中的 60d 卫氏并殖吸虫童虫 50 条饲食另一只猫，3 个月后从其肺脏得到一条成虫，由此证明在自然界中大型哺乳动物可通过吞食含有肺吸虫童虫的中型、小型哺乳动物而获得感染。

(2)肺吸虫囊蚴囊壁特点及对人体的致病力和所产生的主要病征(并殖表 3)

1)卫氏并殖吸虫(宿主：大型哺乳类)　其囊蚴具厚囊壁，其对人体不仅具有致病力，且虫体绝大多数可进入肺部，少数到脑部或其他部位，从患者痰中大多数均能查出虫卵。

2)斯氏并殖吸虫、四川并殖吸虫、团山并殖吸虫及会同并殖吸虫(宿主：猫、狗及果子狸等中型哺乳动物等)　其囊蚴的囊壁亦较坚韧而厚，其厚度仅稍次于卫氏并殖吸虫。它们对人体也大多数都具有致病力，可能由于人体与其终末宿主之间有所差异，使虫体到人体内大多数都不能按正常的移行途径进入肺部，而是在皮下、内脏及脑部形成包囊结节，虫体在结节中发育生长。由于寄生部位的不适宜，虫体时常从结节中出走到其他部位。因此此类肺吸虫病患者大多数都有皮下结节及游走性皮下结节的症状，而且从他们的痰中很难查到虫卵。

并殖表 3　各种并殖吸虫的终末种类、对人体致病力及其囊蚴囊壁特点(按各学者报道资料)

	虫种名称	天然感染的终末宿主种类 (人工感染的终末宿主)	对人体致病力	囊蚴囊壁厚度
大型哺乳动物肺吸虫	卫氏并殖吸虫	虎、豹、猫、狗、人等	虫体进入肺部及脑部产生严重病害	2 层，内层厚 10～20μm(14μm)
	卫氏并殖吸虫四川变种	猫		3 层共厚 8～17μm(12μm)
中型哺乳动物肺吸虫	团山并殖吸虫	豹(猫、狗)	虫体寄生肺部致病	3 层共厚 21μm
	斯氏并殖吸虫	果子狸、猫、狗	产生游走性的皮下结节，亦能进入脑、肺等处	2 层，内层厚 7～10μm
	四川并殖吸虫	猫(猴、狗、果子狸、大白鼠)	产生游走性的皮下结节，亦能进入脑、肺等处	3 层共厚 10μm，内层厚 9μm
	会同并殖吸虫	未明(猫、狗、大白鼠)	产生游走性皮下结节	3 层共厚 14～20μm
	异盘并殖吸虫	鼠(狗)、猴)	有人体病例报道	
	勐腊并殖吸虫	未明(猫)	未见有人体病例	2 层共厚 11.4μm
	云南并殖吸虫	猫(狗)(鼠人工感染不成功)	未见有	2 层共厚 11.2～25μm(17.9μm)

续表

	虫种名称	天然感染的终末宿主种类 (人工感染的终末宿主)	对人体致病力	囊蚴囊壁厚度
鼠类等小型 哺乳动物 肺吸虫	克氏并殖吸虫	麝鼠、鼬、水獭、猫、狗、猪	未见有(人体病例未证实)	2层,内层厚5.6~6.7μm
	福建并殖吸虫	鼠、虎(兔)	未见有	1层厚1~2μm
	巨睾并殖吸虫	鼠(大白鼠)	未见有	似2层,薄而脆弱
	大平并殖吸虫	鼠、鼬、兔、貉、貂、猫、狗、猪	未见有	2层薄,内层稍厚而坚韧
	怡乐村并殖吸虫	鼠、狗(大白鼠、猫、猪)	未见有	1层薄
天然终末宿 主未明	丰宫并殖吸虫	未明(大白鼠)	未见有	
	白水河并殖吸虫	未明(猫)	未见有	2层很薄
	河口并殖吸虫	未明	未见有	1层薄
	陈氏并殖吸虫	未明(猫、大白鼠)	未见有	1层厚4μm
	正三平并殖吸虫	未明(狗)	未见有	2层

3)福建并殖吸虫、怡乐村并殖吸虫、大平并殖吸虫及巨睾并殖吸虫(宿主:鼠类等小型哺乳类) 其囊蚴均具薄囊壁的特点,尚未见有人体病例的报道。虽在自然界中有大型、中型哺乳动物受其感染,但它们可能是通过捕食含有童虫的鼠类而受到感染。人类不可能生吃鼠类,因此也就不可能吃到它们的童虫。由于人体和鼠类差别过大,蟹类体中的囊蚴纵使进入人体,其后蚴也不容易生存致病。

(3)童虫和成虫特征

A. 成虫形态特征

动物肺吸虫成虫期的形态特征及囊蚴等幼虫期的特点都是区别虫种的重要内容,在成虫形态方面口腹吸盘相关大小,卵巢、睾丸形状大小,卵巢复合器官的形状和通路等均可供作鉴别虫种的重要特征。

福建并殖吸虫 其囊蚴被鼠、兔吞食后,后蚴脱囊并穿过宿主肠壁逐渐移行到肺部,经过约3个月时间即可发育成熟(并殖图10之2)。虫体大小为6.923mm×3.612mm,子宫中充满金黄色虫卵,在虫体附近的肺组织中亦可查到其排出的虫卵。口腹吸盘的比例在童虫和成虫期分别为1∶(0.85~0.86)和1∶(0.76~0.81)。卵巢在童虫时呈掌状,到成虫其支条上都只有2~3个小分支(并殖图11)。童虫和成虫体中睾丸长度达体长的1/6~1/5,形状呈不规则的条状分支。

卫氏并殖吸虫 其在人体内发育成熟的时间经报道只需两个月,但在人工感染试验的猫体中的发育时间较长,2~3个月的虫体其睾丸、卵巢尚是雏形,卵黄腺尚未出现(并殖图1之1~3);4个月的虫体睾丸和卵巢虽较前发育,但卵黄腺才部分出现,子宫中无卵;半年后的虫体才发育成熟(并殖图1之4)。童虫和成虫口腹吸盘比例1∶(0.75~0.92)和1∶(0.61~0.77)。童虫具有呈掌状由中心块分出5~6条指状分支的卵巢,支条上密布细小泡状体,随着虫体增大成熟,此泡状芽体亦逐渐增大(并殖图1之3、4)。睾丸很小,在童虫和成虫体中,睾丸长度都只有体长的1/14~1/11,其形状呈具5~6条简单的瓜状分支。

云南并殖吸虫、团山并殖吸虫及异盘并殖吸虫 这些虫种口吸盘大于腹吸盘。但它们的体棘是单生型(云南并殖吸虫偶有双生棘和三生棘)。卵巢分支细而多,云南并殖吸虫具有短小、形态特异的睾丸,此外尚有囊蚴形态与福建并殖吸虫有差别。

B. 受精囊和劳氏管

在成虫个体中,不同虫种的受精囊和劳氏管的形状、大小及它们与输卵管的通路亦均有所差异(并殖表4,并殖图1之3、并殖图3之2、并殖图5之4、并殖图7之3、并殖图13之1),可作虫种的鉴别。

并殖表 4　福建并殖吸虫与其他并殖吸虫的卵巢复合器官(按各学者报道资料)

	卫氏并殖吸虫	克氏并殖吸虫	怡乐村并殖吸虫	大平并殖吸虫	巨睾并殖吸虫	福建并殖吸虫
受精囊	圆形	囊袋形	囊袋形	囊袋形	两端稍膨大的长囊形	囊袋形
劳氏管形状及其与受精囊、输卵管的关系	劳氏管呈等宽的细管状，长度等于受精囊长度的 5 倍，两者会合后由一细管通入输卵管	劳氏管呈等宽的细管状,长度约等于受精囊长度的 5 倍,两者会合后由一细管通入输卵管	劳氏管基部宽大,末端逐渐细小,长度与受精囊长度相等,两者会合后由一细管通入输卵管	劳氏管基部宽大,末端细小,长度与受精囊长度相等,两者会合后由一细管通入输卵管	劳氏管开口于受精囊而后通入输卵管	劳氏管基部膨大,末端逐渐细小,长度等于受精囊长度 2 倍,两者并列开口于输卵管

C. 体棘

体棘的排列情况是单生、簇生或混生的特点在不同发育程度的个体上会有所变异，但在不同的虫种亦有其一定的大致的形式、一定的变异范围，并不是变异无常的，因此这一特征亦成为国内外学者鉴别并殖吸虫虫种的一个重要依据。福建并殖吸虫的体棘属于混生型(并殖图 9)。卫氏并殖吸虫、斯氏并殖吸虫、团山并殖吸虫、会同并殖吸虫等并殖吸虫的体棘为单生棘。怡乐村并殖吸虫和大平等并殖吸虫的体棘为复杂的簇生棘。四川并殖吸虫、云南并殖吸虫和陈氏并殖吸虫等并殖吸虫的体棘虽也是混生型，但各部位体棘的形状与簇生的数目均各有所不同。由于并殖吸虫在同一虫种不同发育程度的个体上，其体棘的裂痕会有所差异，因此鉴别虫种时尚应注意各重要特征的相关存在。

并殖吸虫国内外至今报道已有 50 余种，由于分布地点和宿主(终末宿主和中间宿主)种类的不同，而有形态特征差异显著或不十分显著的不同虫种，但也可能有同物异名的虫种存在，这尚待今后各地有关工作者广泛地收集标本及详细观察各虫种成虫及其整个生活史各期，比较它们不同的形态特点，变异范围，对宿主的适应性和对人体的致病力等方面充足资料，才能作出结论。

(4)福建并殖吸虫的虫卵和毛蚴

福建并殖吸虫成熟虫卵金黄色，较窄长，不完全对称(并殖图 12 之 2)，大小为 $(0.077\sim0.094)$ mm × $(0.045\sim0.052)$ mm，平均为 0.087 mm × 0.049 mm。虫卵大小随虫体成熟程度而有所变化。从虫体排出的虫卵只具有单个卵细胞，其外包围有多个卵黄细胞。在 27℃ 水温中虫卵经 3 周的发育，毛蚴成熟并开始孵出。在同一批的虫卵中毛蚴孵出的时间可相差 4~6d。

毛蚴体内具有头腺、神经团、一对焰细胞、收集管和一些胚细胞等结构(并殖图 13 之 1)。这些基本形态在各虫种间很相似(克氏并殖吸虫没有头腺，可能是观察之误)。在纤毛板的形状上，福建并殖吸虫与其他一些虫种既相似又有差别(并殖表 5，并殖图 2 之 1、2，并殖图 4 之 1、2，并殖图 8 之 1、2，并殖图 13 之 3，并殖图 22 之 1)。

并殖表 5　福建并殖吸虫与其他并殖吸虫的毛蚴纤毛板(按各学者报道资料)

	卫氏并殖吸虫	四川并殖吸虫	克氏并殖吸虫	怡乐村并殖吸虫	福建并殖吸虫
四排纤毛板数目	6、6、3、1	6、7、3、1	6、6(或 7)、3、1		6、6、3、1
第一排纤毛板的形状	三角形，底边中央缺刻宽而浅	三角形,底边上无缺刻	三角形,底边中央缺刻宽而浅	三角形，底边中央缺刻小而浅	三角形，底边中央缺刻窄而浅
第二排纤毛板的形状	正长方形	正长方形	正长方形	不正的长方形，后缘具角状突起	不正的长方形，后缘具角状突起
第一排与第二排纤毛板的长度比例	1:2	1:2[+]	1:2	1:2	1:1.5
第三排纤毛板的形状	四方形或横长方形	宽阔的梯形	楔形	不正多角形	不正多角形

(5)贝类宿主种类及在其体内发育的肺吸虫幼虫期

A. 贝类宿主种类

福建并殖吸虫的贝类宿主是沿海丘陵地带两栖性的光壳钉螺(*Katayama tangi*(Bartsch)(=*Oncomelania*

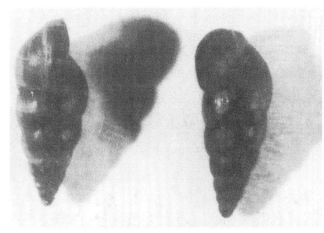

并殖图 15　福建并殖吸虫中间宿主光壳钉螺(×3～4)(原)

nosophora tangi)(**并殖图 15**)。在需要两栖性螺类供作贝类宿主这一特点上，福建并殖吸虫与其他鼠类肺吸虫，如克氏并殖吸虫、怡乐村并殖吸虫和大平并殖吸虫等相同。后两者虽然其天然贝类宿主都是拟沼螺属(*Assiminea*)的平原的两栖性螺类，但在实验室内均能用毛蚴人工感染光壳钉螺(*Oncomelania nosophora*)获得成功(Kawashima and Miyazaki，1963a，1963b)。在西半球，克氏并殖吸虫的贝类宿主 *Pomatiopsis lapidaria* Say 亦是两栖性螺类。

在国内，陈心陶和钟惠澜等学者们报道的中型哺乳动物的肺吸虫，如四川并殖、斯氏并殖、团山并殖、勐腊并殖、会同并殖及白水河并殖等并殖吸虫，所需要的贝类宿主是深山溪流中浅水生的拟钉螺类 *Tricula* sp.；而大型、中型哺乳动物肺吸虫，如卫氏并殖吸虫的贝类宿主是深山溪流中较深水的川蜷螺类，近年被称为短沟蜷(*Semisulcospira* Boettger，1886)。由此可看出亲缘关系接近的虫种不仅其有相似的成虫与幼虫期的形态特征，有相似的终末宿主种类，而且有相似的贝类宿主。同时从大型、中型哺乳动物至鼠类的并殖吸虫种类，其贝类宿主种类是逐渐从完全水生、浅水生而至两栖性螺的变化(**并殖表 6**、**并殖表 7**)。

并殖表 6　各种并殖吸虫的贝类宿主种类(按各学者报道资料)

	虫种名称	贝类宿主种类
大型哺乳动物肺吸虫	卫氏并殖吸虫	川卷螺类 *Semisulcospira libertina*；*S.calculus*；*Hua toucheana*(Heude)
	卫氏并殖吸虫四川变种	川卷螺类 *Semisulcospira* sp.
中型哺乳动物肺吸虫	斯氏并殖吸虫	拟钉螺类 *Tricula* sp.
	四川并殖吸虫	拟钉螺类 *Tricula humida* Heude
	团山并殖吸虫	拟钉螺类 *Tricula gregoriana* Anandale；*Tricula humida* Heude
	勐腊并殖吸虫	拟钉螺类 *Tricula gregoriana* Anandale
	会同并殖吸虫	拟钉螺类 *Tricula cristella* Gredler
	白水河并殖吸虫	拟钉螺类 *Tricula* sp.
	云南并殖吸虫	拟钉螺类 *Tricula* sp.
鼠型哺乳动物肺吸虫	克氏并殖吸虫	两栖性小螺 *Pomatiopsis lapidaria*
	福建并殖吸虫	两栖性小螺 (*Katayama tangi*)(=*Oncomelania nosophora*)
	大平并殖吸虫	两栖性小螺 *Assininea violacea*；*Oncomelania nosophora*(实验宿主)
	怡乐村并殖吸虫	两栖性小螺 *Assiminea lutea*；*Assiminea parasitologica*；*A. yoshidayukioi*；*Tricula* sp. *Oncomelania nosophora*(实验宿主)
	宫崎并殖吸虫	*Bythinella nipponica akiyoshiensis*
贝类宿主未明虫种	陈氏并殖吸虫	未明
	异盘并殖吸虫	可能 *Tricula* sp.
	三平正并殖吸虫	未明
	巨睾并殖吸虫	未明
	丰宫并殖吸虫	未明可能 *Tricula* sp.
	河口并殖吸虫	未明

B. 在贝类宿主体内发育的幼虫期

并殖吸虫卵中的毛蚴在水中孵出后，遇到适宜的贝类宿主时，即能游近并附着在螺体头足部或触角等部位，脱去纤毛板，钻入螺体的柔软组织中，经过淋巴循环系统的输送及其本身的活动而达到靠近内脏团附近的淋巴间隙中，在那里生长发育而后蔓延到消化腺等组织中。福建并殖吸虫在螺体中同样经过胞蚴、母雷蚴、子雷蚴及尾蚴等世代。在这些幼虫期中福建并殖吸虫与其他并殖吸虫的差别点在于雷蚴的肠管长度和尾蚴体中的一些结构（并殖表 7，并殖图 3 之 3、并殖图 6 之 1、并殖图 8 之 3、并殖图 13 之 2）。福建并殖吸虫在幼虫期特点上与四川并殖吸虫、卫氏并殖吸虫相比，更相似于其他鼠类肺吸虫。

并殖表 7　各种并殖吸虫的雷蚴和尾蚴（按各学者报道资料）

	体结构部分	卫氏并殖吸虫	四川并殖吸虫	克氏并殖吸虫	怡乐村并殖吸虫	福建并殖吸虫
雷蚴	肠管长度与体长比例	1：(1.6～1.7)	1：(4.9～8.4)（1：6.4）	1：11	1：14	1：(8～10)
尾蚴	穿刺腺	较小，中央 3 对与腹吸盘有距离	较小，中央 3 对与腹吸盘距离较大	较大，中央及两侧共 7 对均紧接于腹吸盘上及侧缘	较大，中央及两侧共 7 对均紧接于腹吸盘上及侧缘	较大，中央及两侧共 7 对均紧接于腹吸盘上及侧缘
	黏腺细胞	两侧各 5 个，中央共 6 对		两侧各 5 个，中央共 5 对	5 对	两侧各 6 个，中央共 6 对
	体部后方细刺	无	无	有 稀少	有 密而多	有 密而多

（6）蟹类宿主和囊蚴

A. 蟹类宿主种类

福建并殖吸虫的蟹类宿主是福建省沿海丘陵地带的泽蟹，我们从福清至厦门一带都采有本种蟹类标本。在福清泽蟹体内天然感染福建并殖吸虫的囊蚴通常 1～3 粒，多的可达百余粒。著者（Tang，1940）曾用含有福建并殖吸虫尾蚴的钉螺同样地饲食泽蟹、石蟹和螃蜞，只有泽蟹获得感染，后两者都未感染成功。可能由于长期适应的结果，不同分布区的各种并殖吸虫有其一定的蟹类宿主（并殖表 8），这些蟹类宿主都是与该虫种的贝类宿主存在于同样的生态环境中。

并殖表 8　各种并殖吸虫的蟹类宿主种类及囊蚴特点（按各学者报道资料）

	虫种名称	蟹类宿主种类	囊蚴特点
大型哺乳动物肺吸虫	卫氏并殖吸虫	锯齿石蟹 Potamon (P.) denticulatus；蝲蛄 Actacus dauricus	球形，平均 300～400μm，囊壁 2 层，内层厚 10～20μm（14μm）
	卫氏并殖吸虫四川变种	Potamon (P.) denticulatus；P.(P.) yaanensis	球形，平均 280μm×260μm 囊壁 3 层共厚 8～17μm（12μm）
中型哺乳动物肺吸虫	斯氏并殖吸虫	P.(P.) denticulatus	球形，平均 430～454μm，囊壁 2 层，内层 7～10μm
	四川并殖吸虫	P.(p.) denticulatus；P.(p.) yaanensis	球形，平均 417×399μm 囊壁 3 层共厚 10μm 内层 9μm
	团山并殖吸虫	景洪溪蟹，毛足溪蟹	球形或类球形，287μm×262μm，囊壁 3 层各厚 4μm、12μm、4.9μm
	勐腊并殖吸虫	Potamon sp.	球形或球形，760μm×718μm，囊壁 2 层各厚 4.7μm、6.7μm
	会同并殖吸虫	锯齿华溪蟹 Sinopotamon denticulatus；若水华溪蟹 S. joshueiense；中国石蟹 Isolapotamon sinense；蝶形石蟹 I. papilionaceus	类球形，404μm×405μm 囊壁 3 层各厚 1～4μm、12.6～13.9μm、1～2μm
	云南并殖吸虫	Potamon sp.	类球形，610～748μm 囊壁 2 层各厚 4.5μm、13.4μm
	异盘并殖吸虫	Potamon sp.	圆球形，266μm
自然终末宿主未明虫种	白水河并殖吸虫	P.(P.) denticulatus	椭圆形，617μm×555μm，排泄囊呈树技状分支，囊壁 2 层很薄
	河口并殖吸虫	Potamon sp.	类球形，345μm，囊壁一层
	丰宫并殖吸虫	Potamon sp.	
	三平正并殖吸虫	Potamon denticulatus	排泄囊不超过腹吸盘，大小似斯氏并殖吸虫，囊壁 2 层
	陈氏并殖吸虫	Potamon denticulatus	椭圆形，448μm×438μm，囊壁 1 层厚 4μm

续表

虫种名称		蟹类宿主种类	囊蚴特点
鼠型哺乳动物肺吸虫	克氏并殖吸虫	*Cambarus propinquus* Girard； *C.virilis* Hagen	卵圆形，420μm×406μm； 囊壁2层，内层厚5.6～6.7μm
	福建并殖吸虫	泽蟹 *Parathelphusa*(*P.*) *sinensis*	梨状形，301μm×333μm； 囊壁1层厚1～2μm
	大平并殖吸虫	蟛蜞 *Sesarma*(*Holometopus*) *dehaani*； *S.*(*S.*) *sinensis*	椭圆形，303μm×(241～268)μm； 囊壁2层薄，内层稍厚并坚韧
	怡乐村并殖吸虫	*Sesarma*(*Holometopus*) *dehaani*； *S.*(*S.*) *sinensis*；*Potamon* sp.	椭圆形，258μm×216μm， 囊壁1层薄
	巨睾并殖吸虫	中华石蟹 *Potamon sinensis*	椭圆形，282μm×259μm， 囊壁层薄而脆弱

B. 囊蚴的形成及其特点

用含有福建并殖吸虫尾蚴的钉螺饲食泽蟹，尾蚴可在蟹体组织内游走 6～11d 之久，其体中穿刺腺已消耗完尚不形成囊蚴，由于尾蚴体上成囊细胞物质稀少，到感染后 21d 才见有包被一层薄膜的囊蚴(**并殖图 16**)在蟹肝脏及靠近腿部肌肉中形成，成熟囊蚴的囊壁只有 1～2μm 厚，这一特点与一些其他并殖吸虫很不一样。克氏并殖吸虫的尾蚴感染蟹体后 12h 即已有薄膜包被虫体，5d 囊蚴上已具有薄的内囊壁(**并殖图 4 之 4**) (Ameel，1934)。中型哺乳动物肺吸虫，如斯氏并殖吸虫的成熟尾蚴逸出螺体后尚未进入蟹体之前，我们见到它们能在玻片等附着物之上形成包被有一层薄膜的囊蚴，但此囊中虫体上的穿刺腺细胞及其内含物仍然十分明显清晰，这和从蟹体组织中解剖出具有稍厚而坚韧囊壁、虫体中不见有穿刺腺细胞与物质的囊蚴很不一样。这现象提示我们推测这类并殖吸虫的成熟尾蚴逸出到水中后可能在某些物体上形成假囊蚴，这些囊体被蟹类吞食后，虫体又破囊膜而出，通过分泌穿刺腺物质而在蟹体组织中迁移游走，到一定部位再继续分泌成囊物质，形成囊蚴，随着囊蚴逐渐成熟，囊壁逐渐增厚。

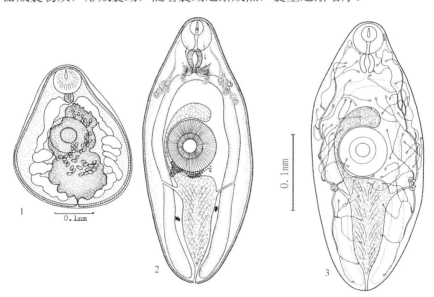

并殖图 16　福建并殖吸虫幼虫期(二) (按 Tang，1940)
1. 早期囊蚴；2. 蟹体内 11d 后蚴；3. 蟹体内 21d 后蚴

不同种类的并殖吸虫其成熟囊蚴的囊壁厚度很不相同，大中型哺乳动物肺吸虫囊蚴的囊壁都厚，或稍厚而坚韧，鼠类肺吸虫囊蚴的囊壁都是仅有 1～2μm 厚的薄膜(**并殖表 8、并殖图 4 之 4、并殖图 6 之 3、并殖图 8 之 5、并殖图 17 之 1**)。这些特点可能是寄生虫长期适应其终末宿主种类的结果。各种囊蚴由于其囊壁的厚度不同，致使囊蚴有不同的形状，卫氏并殖吸虫(**并殖图 3 之 5**)及斯氏并殖、四川并殖、云南并殖、团山并殖及会同并殖吸虫等的囊蚴依其囊壁厚度不同而呈圆球形或类圆球状，鼠类肺吸虫囊蚴因囊壁薄而呈椭圆形或梨形。

　　福建并殖吸虫的脱囊的后期尾蚴(**并殖图 16 之 2、3**)大小为(0.350～0.627)mm×(0.182～0.280)mm，平均为 0.536mm×0.247mm。腹吸盘比口吸盘大，这一特点不同于尾蚴及童虫和成虫等阶段。体中焰细胞排列方式大约是 2[(3+3+3+4+3+2+2+3)+(3+2+2)]=60，此焰细胞数目和卫氏并殖吸虫相同，与斯氏并殖吸虫不同。

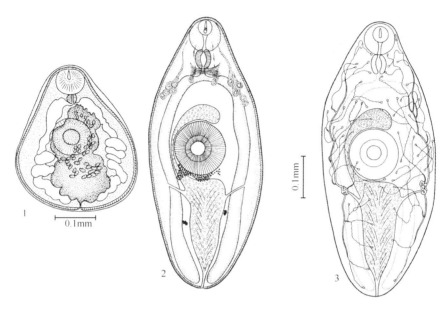

并殖图 17　福建并殖吸虫幼虫期(三)(按 Tang，1940)
1.成熟囊蚴；2.成熟后蚴体内结构；3.成熟后蚴的排泄系统

9. 并殖吸虫的致病性及虫种群类

(1)动物肺吸虫对人体致病性

　　长时间人们的认识只停留在卫氏并殖吸虫对人体所产生的病害，对于其他中型哺乳动物肺吸虫能感染人体致病的重要性尚认识不足。1955 年广大医务工作者在四川、云南等地进行调查，发现由四川并殖吸虫所引致的不同于卫氏并殖吸虫病的新型肺吸虫病流行区。在那儿，98%以上的患者痰中找不出虫卵，30%～60%的患者有皮下结节，皮下结节可见于眼眶、鼻翼面、头皮、颈肩、背、胸、腋、腹上部、腹下部、腰、腹股沟、阴囊、臀股、腿足背、脑部和肺部，这些结节尚有游走的特性(钟惠澜等，1955 等)。此类型肺吸虫病的发现对人们进一步提高肺吸虫病临床类型及病原的认识有重大的作用。自此而后，在我国多处山区和农村不断发现此类型肺吸虫病的流行区，其病原种类经报道还有斯氏并殖吸虫、团山并殖吸虫、会同病殖吸虫和异盘并殖吸虫等。鼠类的并殖吸虫由于其囊蚴的生物学特点及其后期尾蚴在终末宿主体中的适应性等原因，使本类吸虫不容易感染人体致病。从虎体中找到福建并殖吸虫，说明如果人类吞食含有此类并殖吸虫童虫而又未经煮熟的食物亦有致病的可能。肺吸虫病的病原本是各种食肉性哺乳动物的寄生虫，其生活史在自然界中广泛地不息地循环着。人类主要由于吞食未经煮熟而含有囊蚴的蟹类而受到感染致病。通过宣传教育使人们可了解，不吃生的或半生的蟹类可达到预防本寄生虫病的目的。

(2)我国并殖吸虫的群类

　　并殖吸虫的分类是至今尚未确定的问题。自 Diesing(1850)报道动物肺吸虫及 Kerbert(1878)叙述虎体的卫氏并殖吸虫后，开始时人们把形态略有变异的卫氏并殖吸虫当作多个虫种进行报道。经过争论之后，很长一段时间人们又认为寄生于动物及人体的所有肺吸虫只有卫氏并殖吸虫一种。例如，克氏并殖吸虫标本于 19 世纪末期就已找到，由于误认它是卫氏并殖吸虫而到 1908 年才鉴别出是新的虫种。在这一概念影响下，从 19 世纪 50 年代到 20 世纪 50 年代近 100 年时间中被认为是可靠的并殖吸虫只有卫氏、克氏、结实、大平和怡乐村 5 种。新中国成立后我国肺吸虫病防治工作蓬勃开展，病原虫种亦相继发现，至今全世界报道 50 余种，并殖吸虫中近 1/2 存在或发现于我国。关于本类吸虫的分类问题，以前有关学者亦都曾有此设想(陈心陶，1964；钟惠澜等，1974)。有关我国并殖吸虫的群类如下。

我国仅有并殖科(Paragonimidae Dollfus，1939)一科。

1) 并殖属(*Paragonimus* Braun，1899)：本属虫种囊蚴排泄囊伸到腹吸盘前。本属中分有 3 亚属如下。

①并殖亚属(***Paragonimus*** Chen，1964)：本亚属的种类分布于我国长江南北直到东北等地山区。终末宿主以大型哺乳动物为主，亦能寄生于中型哺乳动物。贝类宿主是川蜷螺类。蟹类宿主是石蟹及蝲蛄。对人具有致病力，绝大部分患者痰中有虫卵。其幼虫期中雷蚴长肠型，囊蚴圆球状，囊壁厚可达 20μm 左右。种类有卫氏并殖吸虫和卫氏并殖四川变种。

②狸殖亚属(***Pagumogonimus*** Chen，1963)：本亚属虫种分布于我国长江以南各山区中。终末宿主以中型哺乳动物为主，亦能寄生于大型哺乳动物。贝类宿主是拟钉螺类。蟹类宿主是石蟹类。对人具有致病力，产生游走性皮结节，绝大部分患者痰中无虫卵。其幼虫期中的雷蚴为短肠型，肠长度占雷蚴体长 1/8～1/5(约 1/6)；囊蚴圆球形或类圆球状，囊壁厚 10～18μm。种类有斯氏并殖吸虫(**并殖图 18**)、四川并殖吸虫、团山并殖吸虫、云南并殖吸虫、会同并殖吸虫、丰宫并殖吸虫和异盘并殖吸虫等。

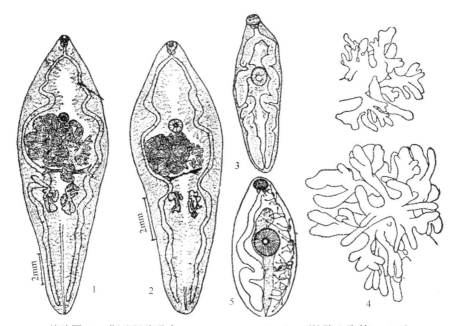

并殖图 18　斯氏狸殖吸虫 *Pagumogonimus skrjabini* (按陈心陶等，1986)

1. 成虫(广东果子狸自然感染)；2. 成虫(由四川灌县实验犬体取出)；3. 童虫(由四川患者眼睑取出)；4. 卵巢；5. 后尾蚴(示排泄系统)

③鼠殖亚属(***Rodentiogonimus*** Chen，1963)：本亚属虫种分布于我国南方沿海丘陵及平原地带。终末宿主以鼠类为主，少数亦能寄生于大型、中型哺乳动物。贝类宿主是钉螺和拟沼螺等两栖性小螺。蟹类宿主是泽蟹、螃蜞或石蟹等。对人体尚未见有病例报道。其幼虫期中的雷蚴为短肠型，肠管长度占雷蚴体长的 1/14～1/8。囊蚴椭圆形或梨状，囊壁 1～4μm 厚的薄膜。本亚属含有的种类有福建并殖吸虫、大平并殖吸虫、怡乐村并殖吸虫、巨睾并殖吸虫(**并殖图 19**)、陈氏并殖吸虫、白水河并殖吸虫、河口并殖吸虫和克氏并殖吸虫等。

2) 正并殖属(*Euparagonimus* Chen，1962)：本属虫种囊蚴排泄囊不伸到腹吸盘前方，如三平正并殖吸虫(**并殖图 20**)。

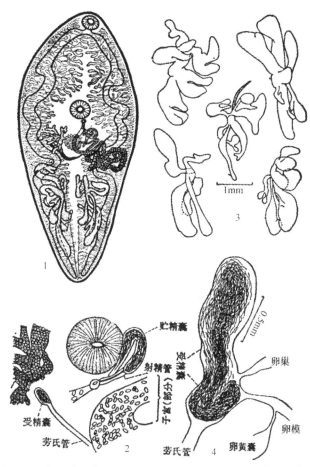

并殖图 19　巨睾狸殖吸虫 *Pagumogonimus macrorchis*（按陈心陶等，1985）

1. 成虫；2. 雄生殖器的末端结构和附近其他结构的关系；3. 睾丸（中心部不明显）；4. 受精囊-劳氏管复合结构

10. 我国肺吸虫病的流行情况

（1）肺吸虫病的临床类型

到医院就医患者过去很多。临床症状有：胸型（88%～100%）患者痰中有肺吸虫卵；腹型比胸型出现早，以腹痛最常见；皮肤型（皮下结节肿块）；中枢神经的脑、脊髓型。除此之外，尚有隐性感染或亚临床型。

（2）我国一些省份肺吸虫病的流行情况

A. 福建

Manson（1880）在厦门发现肺吸虫患者，从他痰中见有虫卵。继此之后，Manson 检验 150 个厦门本地人的痰而无所获。Maxwell（1931）叙述屏南县棠口医院女医生 Pantin 曾写信给他，说见过肺吸虫患者痰内的虫卵，并 1913 年《永福医学年报》记载该县颇常见有肺吸虫患者，但均未能证实。当时在福建省肺吸虫虽散发性，病例不断出现，但未能发现病区。吴光（1937）自福清猎获之虎、豹肺中发现肺吸虫。Chin（1939）报告长汀之野猫、豹与狐狸体内找到肺吸虫虫体，犬和猪粪内发现虫卵。著者（Tang，1940）在福清县研究了福建省的卫氏并殖和福建并殖两种肺吸虫的生活史，当时还从猎获的笔猫、蟹獴等肺内找到肺吸虫，但未作虫种鉴定。我们于 1953 年及 1963 年先后于闽北及福清猎获的虎肺内分别查到卫氏并殖吸虫。

陈捷先（1953）报告肺吸虫病一病例兼有大脑枕叶受累特征。肖玉山和吕建华（1967）报告福建肺吸虫 7 例，以后又报告 93 例。1962 年前后曾有建瓯县肺吸虫患者来福州就诊。福建医学院林樨城和黄庆广曾到建瓯调查，并在石蟹体内查获肺吸虫囊蚴，用以感染实验动物。著者当时曾协助他们制作标本，并观察他们所得的标本，属于斯氏并殖吸虫。林宇光等（1978，1980）报告建瓯、顺昌以及福州市郊北峰均有斯氏并殖吸虫。

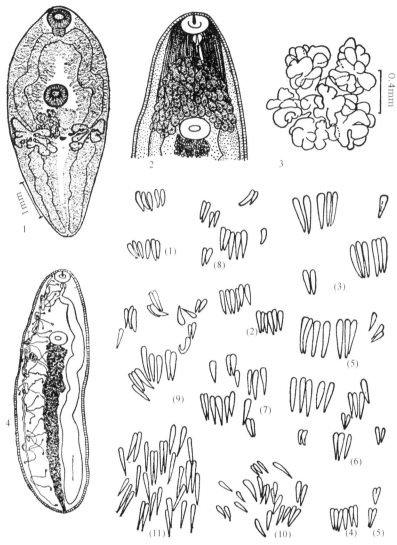

并殖图 20　三平正并殖吸虫 *Euparagonimus cenocopiosis*（按陈心陶等，1985）

1. 成虫；2. 后尾蚴前端的腺体；3. 卵巢结构（虫龄154d）；4. 后尾蚴（示排泄系统）；5. 成虫的体棘（虫龄112d）：(1)紧接口吸盘后，(2)肠叉上，(3)两个吸盘之中间，(4)靠腹吸盘侧，(5)腹吸盘外侧，棘群开始呈不规则现象，(6)梅氏腺上，不规则比前明显，大小棘同时存在，(7)睾丸前缘上，情况同(6)，(8)睾丸后缘上，情况同(6)，(9)睾丸与体末的中间，棘群由不规则到零乱情况，(10)体末，情况同(9)，但明显形成一大片，(11)体末（另一标本，虫龄151d），情况同(10)

　　林宇光(1981)报告了材料来自建瓯县的斯氏并殖吸虫的生活史（**并殖图 21**）。毛蚴纤毛板与四川并殖吸虫的毛蚴（**并殖图 22**）极为相似，第一列纤毛板底部平，无凹陷。在人工感染的拟钉螺上查获 13d 和 37d 的胞蚴，内含有活动的母雷蚴。两代雷蚴均具短的肠管。

　　作为并殖吸虫的中间宿主，淡水螺和石蟹在福建山区很普遍，陈国忠(1941)曾检查了福建省 17 县的淡水螺和石蟹。著者(唐仲璋)于抗日战争期间在闽北各县采集到川卷贝，找到下列各种：*Semisulcospira libertina*（Gould）；*Semisulcospira toucheana* Heude（分布最普遍，福清、闽侯、南平等地）；*Semisulcospira peregrinorum* Heude（沙县，有学者认为它是 *S. libertina* 的同物异名）；*Semisulcospira joretiana*（沙县、邵武、永安）。

　　B. 台湾

　　肺吸虫的第一个患者是英国 Ringer 医生(1880)在我国台湾发现的。患者是葡萄牙人，居住在台湾淡水，他系因动脉瘤病而死的。所以，中国台湾是世界上人体肺吸虫病最早发现的地方。横川定和森下薰(1931)曾记述这一病例。当时 Ringer 把他所得的标本寄给 Manson，后者把它转寄给 Cobbold，定名为 *Paragonimus ringeri*。约在 9 个月后，Manson 在厦门从一患者的喀痰中找到肺吸虫虫卵，据他观察这卵和台湾患者的肺吸虫虫卵一样。

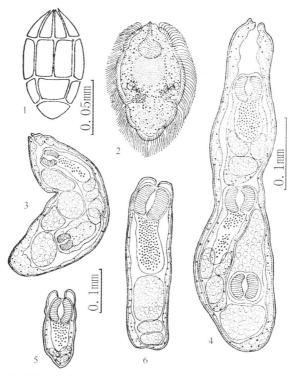

并殖图21　斯氏并殖吸虫部分幼虫期(按林宇光，1981)
1.毛蚴纤毛板；2.毛蚴；3.13d 的胞蚴；4.37d 胞蚴；5.感染 37d 螺体内的母雷蚴；6.感染 40d 后的雷蚴

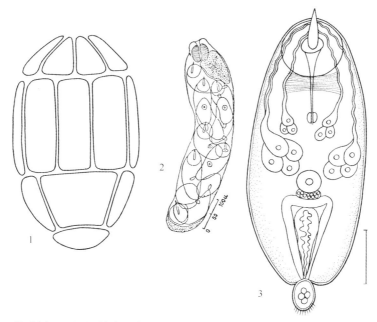

并殖图22　四川并殖吸虫部分幼虫期(按钟惠澜等，1985，1986；等)
1.毛蚴纤毛板；2.雷蚴；3.尾蚴

　　中国台湾是早期日本科学家从事肺吸虫研究的地点(Miura，1896；Ugai，1900；Matsuo，1910；Kubo，1910，等)。Nagano(1910)发现本病在台北新竹和深坑两地区广泛分布。中川幸庵(Nakagawa)(1917)报告新竹的人群感染率为 73%，学校儿童为 4.3%，高山族为 50%。中川幸庵(1915，1916，1917)研究肺吸虫的发育史。他检验 6222 个儿童的喀痰，从 268 人的痰中找到了肺吸虫虫卵(4.3%)。估计在新竹地区有 13 000

人受感染。衣笠胜(Kinugasa，1940)检验新竹5150人的痰，其中广东籍的居民4114人中 214人(5.2%)有感染，福建籍的居民787人中只有3例阳性。高山族儿童1735人中有96人(5.5%)阳性。

第二次世界大战后，台湾回到祖国怀抱，肺吸虫病仍是很猖獗的寄生虫病，根据Yang(杨氏)等(1952)报告，由X射线诊断查出有200人的肺吸虫患者的病例。1955年美国杂志曾发表一篇关于台湾肺吸虫病的文章，报道经X射线及实验室检查台湾大学附属医院的患者有100多个肺吸虫病例的分析。这100个病例中67人系来自大陆的同胞，另33人系台湾本地人。蔡惠郎(Sai，1943)报告了台中地方肺吸虫病流行情况。Huang和Chiu(1958)也调查了台湾肺吸虫的分布，该文报告台北淡水河流域出产的毛蟹，自桃园及中枥两地采的1152只，平均肺吸虫囊蚴感染率为16%；在9个采集地点，有的感染率高达37.5%。毛蟹感染强度在191个阳性毛蟹体内囊蚴的数目每只1~32个，平均3.2个；另一检查数字：在1152个毛蟹中，每只平均有0.5个囊蚴。

台湾卫氏并殖第二中间宿主(蟹类)是：*Potamon*(*Potamon*)*rathbuni* de Mann、*Potamon*(*Geothelphusa*) *dehaani* White、*Eriocheir japonicus* de Mann.。

C. 东北地区

我国东北地区肺吸虫病原是卫氏并殖吸虫。东北肺吸虫病区的流行学问题具特殊的因素，如食用蝲蛄的习惯，生食的方式，此外还有蝲蛄豆腐、煮食、烤食和腌食等。另外当地居民认为蝲蛄是一种清凉剂，生食蝲蛄可以治疗吐血。东北地区与朝鲜接壤，辽宁省和吉林省的自然环境与朝鲜相似，居民都有食生蟹和蝲蛄的习惯。朝鲜一些地区的感染率高达全人口50%以上。同时，东北地区因与朝鲜只有一水之隔，两国人民历年来互有迁徙，病原借以传播。

1)人群感染情况：陈灏珠(1953)在《我国肺吸虫病之分布概述》中报告黑龙江省肺吸虫病患者一例。刘同伦(1938)也曾报告辽宁省一例。李德垣等(1959)报告辽宁省凤城、宽甸及桓仁3县肺吸虫病流行情况。该地区肺吸虫病流行十分严重。凤城的顾家乡3个自然村264人的痰检中，有20人痰中有虫卵，感染率为7.57%。宽甸县牛毛坞乡的五道岭子自然村居民309人痰检，阳性116人，感染率为37.54%，此116人全部咯血痰，其中有4名为青少年，伴有偏瘫或癫痫症状。患者不能参加农业生产劳动。在春耕、夏锄和秋收等农忙季节咯血人数还要增加。宽甸东北部夹皮沟乡5个自然村，162人痰中虫卵阳性13人，感染率为8.02%，此乡肺吸虫病流行不像五道岭子那样严重。桓仁县的雅河口村，居民2000人，共检查323人，痰中虫卵阳性2人(0.63%)。辽宁宽甸五道岭子的人群感染率为37.54%，是东北肺吸虫病区感染率最高的记录。

钟惠澜和侯宗昌(1957)报告吉林省松花江、图们江及鸭绿江3流域皆有肺吸虫病区，但没有像辽宁省那么高的感染率。调查东北病区的尚有祝海如等(1958)在吉林省敦化与蛟河两县的报告。检查小学生1035人，乡村居民589人，结果均为阴性。

2)贝类宿主种类：短沟蜷 *Semisulcospira amurensis*(Gerstfeldt)、*Semisulcospira peregrinorum* Heude(=*S. libertina*)、*Semisulcospira calculus* Reeves(细石短沟蜷)。

3)第二中间宿主种类：蝲蛄 *Astacus*(*Cambaroides*)*dawnicus*、*Astacus*(*Cambaroides*)*similis*、锯齿蟹 *Potamon*(*Geothelphusa*)*denticulatus* Milne Edwards。

祝海如等(1958)在敦化县小石河上游下洼子地点检查的黑螺2343粒中有2粒阳性，含有肺吸虫尾蚴和雷蚴。在下洼子村附近捕获蝲蛄59只，均属阳性(100%)。在蛟河县小蛟河捕捉的100只蝲蛄，只查有52只为阳性(52%)；乌林河蝲蛄100只，阳性82只(82%)；拉法河蝲蛄100只，阳性6只(6%)。

4)家畜和野生动物感染成虫情况：吉林省敦化县和蛟河县是卫氏并殖吸虫流行区，主要的野生动物保虫宿主为猫科(Felidae)。祝海如等在敦化县检查猫12只、犬1只，均为阳性，另查猫31只为阴性；平安庄的猫8只，下石庄子猫13只，犬7只，均为阳性。蛟河县蛟河镇查猫50只，阳性28只(56%)；犬9只，阳性1只；拉法村查猫9只，犬1只，均为阴性。

东北野生哺乳类：狸(貉)、狐、虎均有阳性感染。豹、猞猁、鼬鼠、香鼬、貂、獾、水獭及各种野鼠均阴性。

D. 浙江

应元岳(1930)在绍兴县兰亭发现卫氏并殖的肺吸虫病 2 例。翌年在该地现场的调查即证明该患者系当地感染(Maxwell，1931)。此后陈万里(1934)、Chen 和 Rose(1934)、Vogel 等(1934)先后在该县作调查研究，探究生活史、采集中间宿主，并查询本地居民嗜食醉蟹这一习惯与肺吸虫病普遍流行的关系。吴光(1936)收集该省各县的石蟹加以镜检，发现除绍兴、诸暨两县外，奉化、余姚、吴兴、建德、金华、开化等地的石蟹亦均有卫氏并殖吸虫的囊蚴。他又从吉安、上虞两县猎获的豹肺上检出肺吸虫甚多。此外在吴兴及绍兴的猫体中也发现肺吸虫。

新中国成立后，浙江卫生实验院(1950~1951，1952)即着手绍兴及诸暨肺吸虫病的调查工作。洪式闾、李非白等(1954)进一步在这两县进行流行学的考察。1955 年在浙江杭州召开"浙江省肺吸虫病治疗研究学术座谈会"。商讨了本病治疗的问题。1957 年黄文德、曹正生在绍兴谢家桥观察石蟹体内肺吸虫囊蚴的感染情况。在浙江省随着食蟹习惯的改变，肺吸虫病得到有效控制。

蟹类宿主为：*Parathelphusa*(*Parathelphusa*)*sinensis* Milne-Edwards.。

E. 安徽

吴光(1936)在杭州解剖一只豹，找到卫氏并殖吸虫百余条，又在上海豹的粪便中找到虫卵。这两只豹均来自安徽。吴光(1950)又检查安徽积溪、歙县与屯溪 3 县的石蟹。发现肺吸虫囊蚴，他 1951 年在《中华医学杂志》(37：680)发表《皖南有肺吸虫存在的证实》。

樊培方和陈黛霞(1973)报告安徽南部石台并殖吸虫感染的初步报告。樊培方(1975)报告歙县、祈门、广德的并殖吸虫囊蚴情况。还有安徽大别山区蟹类感染并殖吸虫的调查。主要虫种是卫氏并殖吸虫。

第一中间宿主是放逸短沟蜷(*Semisulcospira libertina*)，第二中间宿主是长江华溪蟹(*Sinopotamon yangtsekiense*)。在皖南石台曾有一只溪蟹感染囊蚴多达 2531 个。

皖南肺吸虫病区和江西、浙江北部相连，成为并殖吸虫的一大片分布区。

F. 河南

河南省首次发现肺吸虫患者是在 1964 年。于 1955 年在辉县百泉的石蟹中查到肺吸虫囊蚴和动物的自然感染。河南省卫生防疫站在宜阳县用皮内试验方法调查 965 人，阳性人数为 246 人，感染率达 25.5%；有两患者自己抓破皮下结节，各取出一条童虫。

G. 湖北

Maxwell(1931)报道 Borthwick 发现宜昌县肺吸虫病例。余绍祖(1965)在湖北兴山也发现肺吸虫病一例。湖北医学院周述龙等在宜昌和兴山两县(地处鄂西山地)进行肺吸虫病的调查，并在三阳和黄粮坪调查蟹类感染囊蚴情况，实验动物感染得到斯氏并殖吸虫。在兴山县检查当地家猫 2 只，找到斯氏并殖吸虫的自然感染。

H. 湖南

1972 年湖南省黔阳地区洪江医院送患者病历及血清标本到北京友谊医院诊断，确诊为肺吸虫病。1973 年北京友谊医院和洪江医院联合会同防疫站在会同县进行调查，钟惠澜和许炽标(1975)报告在湖南黔阳地区、常德地区及贵州省分布的会同并殖吸虫新种(*Paragonimus hueitungensis* Chung et al.，1975)。

终末宿主：家犬和家猫。在鼠体内发育较差。

第一中间宿主：褶拟钉螺(*Tricula cristella*)。

第二中间宿主：锯齿华溪蟹(*Sinopotamon denticulatum*)、若水华溪蟹(*Sinopotamon joshueiense*)、中国石蟹(*Isolapotamon sinense*)，以及蝶纹石蟹(*Isolapotamon papilionaceum*)。

症状：会同并殖吸虫在人体产生的症状和斯氏并殖吸虫及四川并殖吸虫的症状很相似，虫体在患者皮下游走，产生肿块。

I. 江西

陈心陶(1943)在江西西部山区的永新、宁冈和莲花 3 县交界地区猎获的虎体内发现卫氏并殖吸虫。陈翠娥等(1961)报告一个肺吸虫病例。董长安等(1963)在江西的庐山垅地区、萍乡西江口地区和安福三点龙地区进行肺吸虫调查。调查结果：庐山垅地区系卫氏并殖吸虫分布区。贝类宿主为川蜷螺(*Semisulcospira toucheana*)，第二中间宿主为石蟹[*Potamon*(*P.*)*denticulatus*]。在萍乡西江口地区找到肺吸虫囊蚴饲食实验动物得到斯氏并殖成虫。测量的囊蚴较大，平均直径达 454.3μm。因此认为萍乡西江口地区为斯氏并殖吸虫分布区；同时检验家猫 3 只，其中两只粪便中有肺吸虫的虫卵。在安福县三点龙地区主要是卫氏并殖吸虫分布区，石蟹感染率高达 100%，亦有斯氏并殖囊蚴寄生。

J. 四川

鲁超(1941)调查四川成都的狗、猫及鼠，发现 60 只狗中一只肺部有肺吸虫；100 只猫中有 24 只感染肺吸虫，每只猫有虫 2～27 条。郭绍周和江留美(1949)调查成都的狗 40 只，其中 1 只有肺吸虫 4 条。

钟惠澜等(1955)在北京发现四川温江吃生蟹感染的不典型的并殖吸虫病病例。钟惠澜等(1957～1961)报告四川温江及雅安地区存在卫氏并殖四川变种(*Paragonimus westermani szechuanensis* Chung et T'sao，1962)及四川并殖新种(*Paragonimus szachuanensis* Chung et T'sao，1962)。卫氏并殖四川变种的贝类宿主为色带短沟蜷(*Semisulcospira mandarina*)，第二中间宿主为锯齿华溪蟹(*Sinopotamon denticulatum*)等。四川并殖吸虫的贝类宿主为泥泞拟钉螺(*Tricula humida*)，蟹类宿主为雅安华溪蟹(*Sinopotamon yaanense* Chung et T'sao，1962)、灌县华溪蟹(*Sinopotamon kwanhsienense* Tai et Sung，1975)、锯齿华溪蟹等。

胡孝素(1963)在四川报告陈氏并殖吸虫(*Paragonimus cheni* Hu 1963)，陈心陶(1964)将其列入狸殖属，改名为陈氏狸殖吸虫[*Pagumogonimus cheni*(Hu，1963)Chen，1964]。此种并殖吸虫蟹类宿主为锯齿华溪蟹，自然终末宿主和贝类宿主待查。

刘纪伯等(1980)尚在四川彭县的石蟹和锯齿华溪蟹(*Sinopotamon denticulatus*)上查获一种肺吸虫囊蚴，根据后期尾蚴排泄囊有左右许多分支而命名为岐囊并殖吸虫(*Paragonimus diuergens* Liu et al.，1980)。后经实验动物(犬、大白鼠)感染获得成虫。体中的体棘均为单生棘。本种并殖吸虫的贝类宿主和自然终末宿主均尚未找到。此外尚有白水河并殖(*Paragonimus paishuihoensis* T'sao et Chung，1965)的蟹类宿主亦为锯齿华溪蟹。实验动物(猫)仅获童虫。

K. 广东

广东省是并殖吸虫种类发现较多的省份，自 Chen(1940)报告怡乐村并殖吸虫(*Paragonimus iloktsuenensis* Chen，1940)后，在广东先后发现多种并殖吸虫及其在广东的中间宿主种类如下(按陈心陶、李桂云，1985)。

1)卫氏并殖吸虫[*Paragonimus westermani*(Kerbert，1878)Braun，1899]。

贝类宿主 方格短沟蜷(*Semisulcospira cancellata*)、瘤拟黑螺(*Melanoides tuberculata*)、斜粒粒蜷(*Tarebia granifera*)。

第二中间宿主 多种淡水蟹。

2)大平并殖吸虫[*Paragonimus ohirai*(Miyazaki，1939)]。

贝类宿主 拟沼螺(*Assiminea violacea* 及 *A.lutea*)。

蟹类宿主 相守蟹[*Sesorma*(*Holometropus*)*dehaani*]。

3)怡乐村并殖吸虫(*Paragonimus iloktsuenensis* Chen，1940)。

贝类宿主 拟沼螺(*Assiminea lutea*，*A. latericen*，*A. violacea*)。

蟹类宿主 相手蟹(蟛蜞)[*Sesarma*(*H.*)*dehaan*]、[*Sesarma*(*S.*)*sinensis*]。

终末宿主 鼠类 *Mus norvegicus*，*Mus rattus* 及田鼠。

4)斯氏狸殖吸虫[*Pagumogonimus skrjabini*(Chen，1959)Chen，1963]。

贝类宿主 泥泞拟钉螺(*Tricula humida*)、中华小豆螺(*Bithynella chinensis*)。

蟹类宿主 多种淡水蟹，如锯齿华溪蟹(*Sinopotamon denticulatus*)。

终末宿主 果子狸(*Paguma larvata*)及犬猫等。

5)巨睾狸殖吸虫[*Pagumogonimus macrorchis*(Chen，1962)Chen，1964]。

蟹类宿主 锯齿华溪蟹(*Sinopotamon denticulatus*)、中国石蟹(*Jsolapotamon sinensis*)。

终末宿主　实验大白鼠。

6）三平正并殖吸虫（*Euparagonimus cenocopiosis* Chen，1962）本种后蚴排泄囊不超过腹吸盘。

蟹类宿主　锯齿华溪蟹（*Sinopotamon denticulatus*）。

终末宿主　实验犬（发育时间较长，需 3 个月以上，虫数少）。

7）曼谷狸殖吸虫［*Pagumogonimus bangkokensis*（Miyazaki et al.，1967）Chen，1977］。

发现地点　广东、海南岛。

蟹类宿主　锯齿华溪蟹（*Sinopotamon denticulatus*）。

终末宿主　爪哇獴（*Herpestes javanicus*）（自然感染）（实验猫、犬、大白鼠可获成虫）。

8）扁囊并殖（*Pagumogonimus asymmetricus* Chen，1977）和泡囊并殖（*Pagumogonimus veocularis* Chen et Li，1979），在广东均由锯齿华溪蟹获得囊蚴，亦经感染实验犬而获得成虫。

除以上各省外，在我国西南部云南、贵州和广西也发现多种并殖吸虫，如异盘并殖、丰宫并殖、团山并殖、勐腊并殖和小睾并殖等（陈心陶等，1985）。

11. 并殖吸虫的中间宿主

并殖吸虫如同其他吸虫一样，需有中间宿主供其幼虫期寄生，进行无性繁殖和发育。肺吸虫的中间宿主包含贝类宿主（第一中间宿主）和蟹类宿主（第二中间宿主）。尤其贝类宿主表现更强的宿主特异性，如大型哺乳动物和中型哺乳动物或鼠类的肺吸虫所要求的贝类宿主类群不同。

（1）第一中间宿主（贝类宿主）

各种并殖吸虫的同类贝类宿主在不同地点有其相近的种。

A. 我国大型哺乳动物肺吸虫（卫氏并殖吸虫）的贝类宿主

1）放逸短沟蜷［*Semisulcospira libertina*（Gould）］：本螺种在日本被认为是卫氏并殖吸虫的重要宿主，在我国对卫氏并殖等肺吸虫的分布具有重要性，在我国分布于辽宁、吉林、安徽、浙江、湖南、江西、福建、台湾、广东、贵州及云南。一个变种 *S. libertina extensa*（von Martens）（=*Melania extensa* von Martens）据小林英一报告是朝鲜的卫氏并殖吸虫的贝类宿主。另一变种为 *S. libertina multicineta*（von Martens）（=*Melania multiceneta* von Martens，1814）。

2）黑龙江短沟蜷［*Semisulcospira amurensis*（Gerstfeldta）］：黑龙江的肺吸虫的贝类宿主。此螺壳上有瘤状结节连接起来的粗纵肋。壳作黄褐色或黑褐色。螺层 5～6 个。

3）细石短沟蜷（*Semisulcospira calculus* Reeves）：辽宁省肺吸虫的贝类宿主。

4）*Melania toucheana*（Heude，1888）：是福建卫氏并殖吸虫最重要的中间宿主。*Melania joretiana*（Heude，1890）分布在福建的邵武、沙县、古田等地。

5）*Melania ablique granosa* E.A.Smith，1878（=*Thiara*（*Tarebia*）*granifera* Lamarck）：是中国台湾卫氏并殖吸虫的贝类宿主。本种贝类分布甚广，遍于菲律宾、印度尼西亚、美拉尼西亚等太平洋岛屿。

6）*Brotia asperata*（Lamarck）：是菲律宾卫氏并殖的中间宿主，生活在流水很急的山溪（Tubangui et al.，1950；Yogore，1956，1957）。本种川卷贝个体极大，长径可达 6.6～10cm。

B. 中小型哺乳动物肺吸虫的贝类宿主

中小型哺乳类或鼠类肺吸虫的贝类宿主都是小型的两栖性的淡水小螺，如拟沼螺（*Assiminea*）和钉螺（*Oncomelania*）等，如怡乐村并殖吸虫的贝类中间宿主为拟沼螺（*Assiminea lutea*）等，大平并殖吸虫的贝类宿主亦为日本拟沼螺（*Assiminea japonica*）。横川宗雄等（1958）在日本 Minato、Kisami 及 Shimoda 等地发现另一种小螺 *Paludinella devilis*（Gould 1861）也是大平并殖吸虫的中间宿主。他们于 1957 年检验 6082 个该种小螺，有 4 个有自然感染其幼虫期；1958 年检验 862 个，找出 2 个阳性；而在同一地区对 14 167 个日本拟沼螺（*Assiminea japonica*）的检验，全系阴性。可见 *P. devilis* 是大平并殖吸虫的天然贝类宿主；他们实验室感染也获得成功。Kuroda（1958a，1958b）不同意该小螺鉴定的名称，另取名为 *Assiminea parasitologica*，前者现在被认为是正确的名称。Kawashima 和 Miyazaki(1963a，1963b)报告大平并殖吸虫和怡乐村并殖吸虫的毛蚴均能在实验室内感染光壳钉螺(*Oncomelania nosophora*)。美洲的克氏并殖吸虫的贝类宿主也是两栖性小螺 *Pomatiopsis lapidaria*。

C. 世界各地报告的并殖吸虫贝类中间宿主

根据各学者的报告，国内外各种并殖吸虫的贝类宿主有以下一些科、属、种。

1) 黑螺科(Melaniidae)：(卫氏并殖吸虫、卫氏并殖吸虫四川亚种)；粗糙孵囊螺(*Brotia asperata*)、肋孵囊螺(*B. costula*)、瘤拟黑螺(*Melanoides tuberculata*)、本森短沟蜷(*Semisulcospira bensoni*)、伸展短沟蜷(*S.extensa*)、细石短沟蜷(*S.calculus*)、方格短沟蜷(*S.cancellata*)、异样短沟蜷(*S. perigrinorum*)、黑龙江短沟蜷(*S. amurensis*)、放逸短沟蜷(*S.libertina*)、色带短沟蜷(*S.mandarina*)、斜粒粒蜷(*Terebia granifera*)。

2) 觿螺科(Hydrobiidae)：中国小豆螺(*Bythinella chinensis*)、日本秋吉小豆螺(斯氏并殖吸虫)(*B. nipponica akiyoshiensis*)、建瓯拟小豆螺(宫崎并殖吸虫)(*Pseudobythinella jianouensis*)、石门拟小豆螺(斯氏并殖吸虫)(*P. shimen*)、湖北钉螺(斯氏并殖吸虫、福建并殖吸虫)(*Oncomelania hupensis*)、台湾钉螺滨海亚种(怡乐村并殖吸虫)(*O. hupensis chiui*)、钉螺闽亚种(福建并殖吸虫)(*O. hupensis tangi*)、光壳钉螺(异盘并殖吸虫)(*O. nosophora*)、微小钉螺(佐渡并殖吸虫)(*O. mimine*)、邱氏拟钉螺(怡乐村并殖吸虫)(*Tricula chiui*)、褶拟钉螺(会同并殖吸虫)(*Tricula cristella*)、格氏拟钉螺(团山并殖吸虫)(*Tricula gregoriana*)、泥泞拟钉螺(四川并殖吸虫、团山并殖吸虫)(*Tricula humida*)、微小拟钉螺(斯氏并殖吸虫)(*Tricula minutoides*)、中国秋吉螺(斯氏并殖吸虫)(*Akiyoshia chinensis*)、(宫崎并殖吸虫)(*Akiyoshia kawannesis*)。

3) 拟沼螺科(Assiminidae)：日本拟沼螺(大平并殖吸虫)(*Assiminia japonica*)、绯拟沼螺(大平并殖吸虫、怡乐村并殖吸虫)(*Assiminia latericea*)、琵琶拟沼螺(怡乐村并殖吸虫、大平并殖吸虫、斯氏并殖吸虫)(*Assiminia lutea*)、寄拟沼螺(大平并殖吸虫、怡乐村并殖吸虫、佐渡并殖吸虫)(*Assiminia parasitologica*)、堇拟沼螺(*Assiminia violacea*)、(大平并殖吸虫)(*Assiminia yoshidayokioi*)、圆顶非洲盖螺(双侧宫并殖吸虫)(*Afropomus balanoides*)、日本小田螺(佐渡并殖吸虫)(*Paludinella japonica*)、佛里凸蜷(非洲并殖吸虫、双侧宫并殖吸虫)(*Potadoma freethii*)、桑克凸蜷(双侧宫并殖吸虫)(*Potadoma sanctipauli*)。

(2) 第二中间宿主(蟹类宿主)

所有并殖吸虫的第二中间宿主都是蟹类。日本科学家中川幸庵(Nakagawa)(1915，1916，1917)最早阐明淡水蟹类是肺吸虫第二中间宿主。嗣后，横川(1917)、小林安籐亮(1915，1916，1917)、小林英一(H. Kobayashi，1917，1918，1919)，Matsui(1915)均有报道。Watanabe(1934)，宫入(Miyairi，1916，1919，1922)及 Matsui(1915)等均在这方面做了工作。我国肺吸虫病第二中间宿主有多种淡水蟹和蝲蛄等种类在各地存在情况也经人考察，上文已述及。国外部分并殖吸虫的有些第二中间宿主种类如下。

A. 卫氏并殖吸虫第二中间宿主

朝鲜 *Eriocheir sinensis* Milne-Edwards、*Cambaroides similis* Koelbee。

菲律宾 *Parathelphusa (Barythelphusa) grapsoides*、*Parathelphusa (Barythelphusa) mistio*(Rathbum)。

日本 *Cambaroides dauricus*(Pallas)、*Procambarus clarkii*(分布甚广)。

B. 克氏并殖吸虫第二中间宿主

美洲 *Cambarus propinquus*。

南美洲(Venezuela)：*Pseudothelphusa iturbei*。

C. 大平并殖吸虫第二中间宿主

日本 *Sesarma (Sesarma) dehaani*、*Sesarma intermedia*、*Sesarma haematocheir*(红螯相手蟹)、*Helice tridens tridens*(三齿厚蟹)、*Chasmagnathus convexus*(隆背张口蟹)。

12. 国外一些国家并殖吸虫病的情况

(1)日本

流行区见于冈山、新舄、岐阜、德岛、熊本、山口。Okada(1931)总结有关肺吸虫病在日本分布情况，虽然病例散见于 27 个地区，最常见的只上述五六个地方。

关于肺吸虫病的调查研究，日本人做了不少工作。横川定(1931)记载了日本科学家有关肺吸虫著作 180 多篇。横川定的儿子横川宗雄(1961)又作了综合性的报道。肺吸虫分类工作，发现和描述种类最多的有宫崎(I. Miyazaki)。

在日本经报告的肺吸虫虫种有：大平并殖吸虫[*Paragonimus ohirai*(Miyazaki，1939)]、怡乐村并殖吸虫(*Paragonimus iloktsuenensis* Chen，1940)、宫崎并殖吸虫(*Paragonimus miyazakii* Kamo et al.，1961)、佐渡并殖吸虫(*Paragonimus sadoensis* Miyazaki et al.，1968)、卫氏并殖吸虫[*Paragonimus westermani*(Kerbert，1878)]。

在 20 世纪 60 年代日本对肺吸虫进行了广泛调查，肺吸虫病在动物中感染异常普遍，毛蟹经常可找到囊蚴，但在人体的感染报告较少。

(2)朝鲜

肺吸虫病在世界上于 1910 年才发现，但朝鲜人很早便已觉察这一地方病。把它和某一地区联系起来。在 20 世纪最早的 25 年中出现若干病例的报告(Ko, 1913；Morijasu et al.，1915；Kagami, 1916；Oki, 1916；Ichinoiya, 1924；Hara, 1924)。在日本人研究朝鲜肺吸虫的问题中，小林晴治郎(Kobayashi, 1917, 1918, 1919, 1921, 1922, 1925, 1926, 1932, 1942)的工作最为突出。他阐明了在朝鲜地区卫氏并殖的生活史，并考察过中间宿主、终末宿主等问题。

在第二次世界大战以前(1934 年)朝鲜肺吸虫病检查中，检验 180 351 人痰有 16 966 人(9.4%)痰中有虫卵。小林晴治郎(1926)提供的检验痰中含卵的数据：353 729 人受检，其中有 24 907 人系阳性(7.9%)，受检者系流行区的居民。在整个国境内北部 1/3 地区(即朝鲜的大部分)本病几乎不存在，而南部则较严重。在过去朝鲜人民约有 100 万人受肺吸虫感染，本种寄生虫病是各类吸虫病中最严重的。但不同地区感染率高低不一：京畿道 10.4%，忠清北道 4.2%，忠清南道 46.0%，庆尚北道 6.2%，庆尚南道 1.5%，黄海道 23.1%，平安北道 2.9%，平安南道 18.3%，江原道 3.3%，咸镜北道 0.2%，咸镜南道 12.4%。在第二次世界大战后，庆尚南道 400 人的痰检，仍有 70 人(17.5%)阳性。

抗美援朝期间我国志愿军有很多人在朝鲜被肺吸虫感染。1955 年我国中央卫生部调集肺吸虫病病员在浙江省进行治疗。浙江卫生厅还在杭州召开了肺吸虫病治疗研究学术座谈会。参加的专家(包括医生和寄生虫学者)有 100 人。列席有 30 人。该座谈会讨论了医疗、预防等各重要问题。对于促进肺吸虫病科学研究有很大作用。我国著名的寄生虫学家洪式闾教授主持了会议，他还作了一项关于《台湾肺吸虫病流行概况》的报告。不幸的是洪教授因年老并有高血压病，在该会议结束时因脑溢血而去世。

朝鲜的罗顺荣于 1959 年来我国参加在上海召开的全国寄生虫病学术会议，作了关于《肺吸虫病在流行病学及其扑灭对策上的几个问题》的学术交流，讨论了因饮水而感染和消灭中间宿主的问题。

(3)菲律宾

早年菲律宾曾报告散发的肺吸虫病例。Yogore(1956)报道 Casiguran 省 Luzon(吕宋)岛的肺吸虫流行区情况；275 人痰检，2 人痰内有肺吸虫卵。贝类宿主为 *Brotia asperata*，检查 4000 个，查获 13 粒(0.33%)阳性，有感染肺吸虫幼虫期；第二中间宿主为螃蟹[*Parathelphusa*(*Barythelphusa*)*grapsoides*]，检查 71 只螃蟹均含有囊蚴，数目 1～800 个。在雷尔泰(Leyte)岛有 27 个病例，来自 Jaro 村，家猫也有感染。

(4) 印度

印度在虎、犬和猫查获卫氏并殖吸虫（Rao and Narayan，1935；Srivastava，1938）。Gulati（1926）在印度报告 *Paragonimus edwards* Gulati，1926 新种。宿主为棕猫[Palm civet（*Paradoxurus grayi*）]。

Vevers（1923）对结实并殖吸虫[*Paragonimus compactus*（Cobbold，1859）]进行重新观察和叙述。该种肺吸虫的宿主为 獴哥（*Viverra mungos*）。

(5) 马来西亚

Sandosham（1950）叙述分布在马来西亚的猕猴并殖吸虫（*Paragonimus macacae* Sandosham，1955），其宿主为 Kra Monkey。

(6) 泰国

在泰国的并殖吸虫如下。

1) 曼谷并殖吸虫（*Paragonimus bangkokensis* Miyazaki et Vijrasthira，1967）　此并殖吸虫颇似卫氏并殖吸虫及结实并殖吸虫（*Paragonimus compactus*），但其体棘及卵巢形态与它们的不相同。

发现地点 Udorn。

野生动物宿主 猪鼠、板齿鼠（*Bandicota indica*）、爪哇蟹獴（*Herpestes javanicus*）、家猫，野猫。

第二中间宿主 史氏石蟹（*Potamon smithianus*）。

2) 暹罗并殖吸虫（*Paragonimus siamensis* Miyazaki et Wykoff，1965）或称泰国并殖吸虫。

第二中间宿主 茨曼泽蟹（*Parathelphusa germaini*）。

3) 哈氏并殖吸虫（*Paragonimus harinasutai* Miyazaki et Vajrasthira，1968）。

4) 异盘并殖吸虫（*Paragonimus heterotremus* Chen et Hsia，1964）　虫体由啮齿类宿主左肋骨下的肿块中取出，为两条虫。体大小为 6.2mm×2.9mm，口吸盘大小为 0.714mm×0.655mm，腹吸盘大小为 0.488mm×0.428mm。

(7) 美洲

美洲的肺吸虫寄生在有袋类（Marsupialia），在这一类哺乳动物发现的肺吸虫如下。

卡利并殖吸虫（*Paragonimus caliensis* Little，1968）。

　终末宿主 *Didelphis marsupialis*。

秘鲁并殖吸虫（*Paragonimus peruvianus* Miyazaki et al.，1969）。

　终末宿主 *Didelphis azavae* Pernigra。

亚马孙并殖吸虫（*Paragonimus amazonicus* Miyazaki，Gnados et Uyema，1973）。

　终末宿主 生活在树上的阿泼孙或称负鼠（*Philander oppossum*），以及另一种称为冰袋鼠（*Chironectes minimus*）的有袋类。

墨西哥并殖吸虫（*Paragonimus mexicanus* Miyazaki et Ishii，1968）。

　终末宿主 负鼠（*Didelphis marsupialis*）等。

(8) 非洲

1) 非洲并殖吸虫（Paragonimus africanus Vogel et Crewe，1965）　Cameroon 曾在非洲 Bokossi 地区进行 265 人的痰检，查到 30 人痰中有肺吸虫虫卵，还有血痰。串者年龄为 11～30 岁，其中 20 名为女性。虫卵比卫氏并殖吸虫的虫卵窄长，大小为（67.9～113.2）μm×（42.3～56.6）μm。从一种獴鼬（*Crossarchus obscurus*）及犬上找到成虫，定名为非洲并殖吸虫。据报告与团山并殖吸虫（*Paragonimus tuanshanensis* Chung et al.，1964）相似。

2) 双侧宫并殖吸虫（*Paragonimus uterobilateralis* Voelker et Vogel，1965）。

　终末宿主 *Atilax paludinosus*。

发现地点 Liberia。

成虫体长约 5.7mm，虫卵大小为 $(62\sim74)\,\mu m\times(37\sim51)\,\mu m$。

13. 肺吸虫病原的种类问题

Miyazaki（宫崎）（1968）曾总结亚洲并殖吸虫种类。对当时文献上报告的种类达到 29 种加以评论，认为只有 19 种是可靠的种类，有不少种类分别是其他种类的同物异名。他还认为有一些古老种类，如印度的 *Paragonimus edwardsi* Gulati，1926 及巴西的 *Paragonimus rudis*（Diesing，1850）的原始叙述过于简单，需再详细观察才能同其他种类进行比较，才能决定它的可靠性。按宫崎的意见，在并殖属的分类上成虫和囊蚴阶段都具有重要性。在成虫方面，以下几个特征可作为分类标准，①体棘（单生或丛生）的排列；②卵巢和睾丸的分枝；③口吸盘和腹吸盘大小的比例；④虫体的形状；⑤子宫中虫卵的形状和大小及卵壳的厚度。

Miyazaki 认为囊蚴的特征比成虫更便利于种的区分，可以按以下几点区别：

①囊壁的层数（1 层或 2 层）；②内囊的形状和大小（外囊壁因容易变化和容易破裂而不适用）；③囊壁尤其是内囊壁的厚度；④幼虫的情形（高度紧缩或伸长）；⑤幼虫体内红细胞存在情况；⑥口吸盘大小的比例；⑦肠管的弯曲和末端情况；⑧排泄囊在活体时伸长达到处（是到肠分叉处或腹吸盘水平）；⑨蟹宿主的种类及囊蚴在蟹宿主体内的寄生部位。

根据这许多标准，Miyazaki 认为当时全世界报告的肺吸虫的可靠的种类只有 23 种，其中在亚洲 19 种、2 种在非洲、2 种在北美洲、1 种在美洲中部。从医学观点，卫氏并殖吸虫是最重要的，是在亚洲广泛分布的人体并殖吸虫病的病原，尤其是在日本、朝鲜、中国的台湾和大陆。此外斯氏并殖吸虫和异盘并殖吸虫分别在中国和泰国的人体查到，也显示了它们的重要性。

钟惠澜等曾和国外合作者进行菲律宾肺吸虫囊蚴的感染实验，并得出有重要意义的结果。由于菲律宾岛在地理分布上离亚洲肺吸虫分布中心较远，所有虫种因为隔离的关系产生变异较大；给犬和猫饲食囊蚴，实验所得有 37 个标本与我国的卫氏并殖吸虫一样，有 12 个在形态上有不同。在小白鼠的实验中，10 只实验动物中只有一只获得两个体形极小的成虫（4.5mm×2.5mm 及 4.5mm×3.0mm）。它们不但体形小，在形态上一个有畸形，另一个无畸形。这实验很有意义。在我国，研究者将卫氏并殖囊蚴饲食小白鼠亦出现滞育现象。

并殖吸虫属中有的因哺乳类终末宿主种类的不同而显出其宿主特异性。例如，用卫氏并殖吸虫感染小鼠，后蚴发育一段后便停滞，不再长大。若是把这样发育停滞的幼虫喂饲猫或犬，它们会继续长大，直至成熟（董长安等，1984）。

至今文献上报告的并殖吸虫已超过 50 种，有关它们的可靠性及其详细的生物学知识尚有待后人继续深入探讨。

参 考 文 献

安耕九. 1954. 肺吸虫在上海郊区动物体内自然感染. 中华医学杂志，(12)：976-982

曹维霁，钟惠澜，等. 1963. 四川省雅安地区肺吸虫病调查，两种不同肺吸虫的同时发现(卫氏肺吸虫和新种四川肺吸虫). 中华内科杂志，11(1)：27-32

曹维霁，钟惠澜. 1965. 在四川彭县发现的——白水河并殖吸虫，它的囊蚴、脱囊后尾蚴和童虫的初步观察. 寄生虫学报，2(3)：252-256

陈观今. 1979. 曼谷并殖吸虫的形态观察. 动物学报，25(2)：190

陈灏珠. 1953. 我国肺吸虫病之分布概述. 中华内科杂志，(2)：93

陈心陶，夏代光. 1964. 并殖属吸虫新种初报. I. *Paragonimus heterotremes* sp.nov.(异盘并殖). 中山大学学报，(2)：236

陈心陶. 1960. 并殖吸虫分类上的特点包括斯氏并殖(*Paragonimus skrjabini*)的补充报导. 动物学报，12(1)：27-36

陈心陶. 1964a. 巨睾并殖(吸虫)成虫的形态研究和并殖科分类的探讨. 动物学报，16(3)：381-392

陈心陶. 1964b. 我国并殖吸虫种类、系谱关系与地理区划. 寄生虫学报，1(1)：53-66

董长安，等. 1984. 卫氏并殖吸虫在小鼠体内的滞育现象. 寄生虫学与寄生虫病杂志，2：46-48

董长安，等. 1963. 江西并殖吸虫病(肺吸虫)疫源地的初步探索. 中华内科杂志，11(6)：433-437

樊培方，陈黛霞. 1973. 安徽南部石台并殖吸虫感染的初步报告. 动物学报，19(4)：417

洪式闾，李非白，等. 1954. 绍兴诸暨两县肺吸虫病流行状况. 中华医学杂志，40：758

洪式闾. 1955. 台湾肺吸虫病流行概况. 浙江省肺吸虫病治疗研究学术座谈会汇刊：77

胡孝素. 1963. 一新种并殖吸虫 Paragonimus cheni sp.nov.的初步报告. 中山医学院 1963 年科学讨论会报告摘要：276

胡孝素. 1964. 陈氏并殖吸虫囊蚴及成虫形态观察. 四川医学院第四届科学讨论会论文摘要

黄文德，曹正生. 1957. 绍兴谢家桥石蟹体内肺吸虫囊蚴的感染情况及温热影响其生活力的观察. 中华卫生杂志，5(1)：48-51

李得垣，等. 1966. 在辽宁沿海地区发现的怡乐村肺吸虫及大平肺吸虫. 寄生虫学报，3(2)：84-90

李得垣，李秉正，王翠霞. 1958. 辽宁省凤城、宽甸、桓仁三县肺吸虫病流行病学调查. 全国寄生虫病学术会议资料选集：643-650

李鸣泉，等. 1966. 贵州地区斯氏并殖吸虫病的病理观察(10 例人体皮下包块和动物试验). 中华病理学杂志，10：106-108

林宇光，康杰，吕建华，等. 1980. 福建建瓯县肺吸虫病流行区的发现和病原学的研究. 动物学报，26(1)：52-60

林宇光. 1981. 斯氏并殖的生活史及其地理分布研究. 武夷科学，1：95-112

刘纪伯，罗兴仁，顾国庆，等. 1965. 并殖吸虫——新种歧囊并殖吸虫 Paragonimus divergens sp.nov. 的初步报告. 医学研究通讯，2：19-22

龙祖培，许政拱，刘德广，等. 1965. 两种并殖吸虫在广西的发现. 寄生虫学报，2(4)：421-422

唐仲璋，唐崇惕. 1962. 福建省一新种并殖 Paragonimus fukienensis sp.nov 的初步报告. 福建师范学院学报(寄生学专号)，(2)：245-261

翁心植，钟惠澜，等. 1957. 四川省温江县肺吸虫病调查报告. 中华卫生杂志，5(1)：45-47

吴光. 1951. 皖南有肺吸虫存在的证实. 中华医学杂志，37：680

夏代光，陈心陶. 1964. 并殖属吸虫新种初报 II .Paragonimus proliferus(丰宫并殖)及 P. cheni Hu(陈氏并殖). 中山大学学报，(2)：237-238

肖玉山，吕健华. 1964. 福建肺吸虫病 7 例报告. 中华内科杂志，12：888

应元岳. 1930. 并殖吸虫感染，二病例报告. 中国国家医学杂志，16：638-642

钟惠澜，曹维霁，贺联印. 1966. 四川肺吸虫生活史的进一步研究：实验室内应用肺吸虫毛蚴感染拟钉螺获得胞、雷、尾蚴的初步报道. 寄生虫学报，3(2)：78-83

钟惠澜，曹维霁. 1963. 卫氏肺吸虫(四川亚种)和一新种肺吸虫——四川肺吸虫的形态学和生活史的研究. 中华医学杂志，49(1)：1-17

钟惠澜，贺联印，曹维霁，等. 1965. 云南省西双版纳自治州两种新种肺吸虫的发现团山并殖吸虫和勐腊并殖吸虫. 寄生虫学报，2(1)：1-13

钟惠澜，贺联印，等. 1964. 拟钉螺作为四川肺吸虫(钟与曹，1962)第一中间宿主的发现及该虫雷蚴和尾蚴的形态观察. 中华医学杂志，50(9)：555

钟惠澜，侯宗昌. 1957. 吉林省松花江、图们江及鸭绿江三流域肺吸虫病流行状况的调查研究. 中华卫生杂志，(1)：30-44

钟惠澜，侯宗昌. 1962. 四川肺吸虫病——新种肺吸虫所致疾病的临床研究. 中华医学杂志，48(12)：753-762

钟惠澜，许炽标. 1975. 一种对人能致病的肺吸虫新种——会同肺吸虫 Paragonimus hueitungensis sp. nov. 的研究. 中国科学，(3)：237-246

祝海如，刘忠，张家祺，等. 1958. 吉林省敦化、蛟河肺吸虫病与其自然疫源的调查研究. 全国寄生虫病学术会议资料选集：650-651

初鹿了•前岛条士•加茂甫. 1966. 宫崎肺吸虫第一中间宿主(自然感染)の发见. 寄生虫誌，15：560-561

川岛健治郎，宫崎一郎. 1963a. ミヤイリガイに对する肺吸虫の感染实验(1)大平肺吸虫での感染实验. 寄生虫誌，12：94-97

川岛健治郎，宫崎一郎. 1963b. ミヤイリガイに对する肺吸虫の感染实验(2)小形大平肺吸虫での感染实验. 寄生虫誌，12：159-161

川岛健治郎，宫崎一郎. 1964. ミヤイリガイに对する肺吸虫の感染实验(3)宫崎肺吸虫での感染实验. 寄生虫誌，13：421-426

川岛健治郎. 1961. 数种の Assiminea 属カイ类に对する大平肺吸虫幼虫の感染实验. 寄生虫誌，10：161-164

宫崎一郎. 1943. 大平肺吸虫の卵巢に就て，特にウエステルマン肺吸虫と比较. 福冈医学杂志，36(11)：1150-1154

宫崎一郎. 1944. 大平肺吸虫の皮棘に就て，特にウエステルマン肺吸虫と比较. 福冈医学杂志，39(3)：195-204

横川宗雄，吉村裕之，小山千万树，等. 1958. 大平肺吸虫 (Paragonimus ohirai Miyazaki，1939)の新第一中间宿主ウスイロオカチゲサ Paludinella devilis(Gould，1861)Habe，1942 について. 东京医事誌，75：67-72

吉田幸雄，宫本正美. 1959. 大平肺吸虫 Paragonimus Ohirai Miyazaki，1939 の第一中间宿主ムシヤドリカワザンショウ Assiminea parasitologica Kuroda 1958(横川、小山等によるウスイロオカチゲサ)に关する研究. 寄生虫誌，8：122-129

吉田幸雄，宫本正美. 1960. Paragonimus ohirai Miyazaki，1939(大平肺吸虫)の新第一中间宿主 Assiminea yoshidayukioi Kuroda，1959.(ヨシダカワザンショウ)に关する研究. 寄生虫誌，9：211-216

吉田幸雄. 1960. ウエステルマン大平肺吸虫及び小形大平肺吸虫の第一中间宿主に关する实验的研究. 寄生虫誌，9：377-378

Abe(阿部俊男)，Asada(浅田顺一). 1939. Paragonimiasis in Manchuria.(日文)东京医事新志：3125

Ameel D J，Cort W W，Anne Vander Woude. 1951. Development of the mother sporocyst and redial of Paragonimus kellicotti Ward，1908. J Parasit，37：395-404

Ameel D J.1934. Paragonimus，Its life history and distribution in North America and its taxonomy(Trematoda：Troglotrematidae). Amer J Hyg，19：279-317

Ando A(安籐). 1918. Fifth report on the study of the development of Paragonimus ringeri. Trop Dis Bull，12(3)：173

Ando A(安籐). 1920. On the first intermediate host of Paragonimus westermani. Nippon No Ikai，10(19)：401，10(20)：425

Cabrera B D. 1977. Studies on Paragonimus and Paragonimiasis in the Philippines II . Prevalence of Pulmonary paragonimiasis in wild rats Rattus norvegicus in Jaro，Leyte. Philippines International Journal of Zoonoses，4：49

Chen H T(陈心陶). 1940. Paragonimus iloktsuenensis sp. nov. for the lung fluke from rats(Class Trematoda，Family Troglotrematidae). Lingnan Sci J，19(2)：191-196

Chen H T. 1940. Morphological and developmental studies of Paragonimus iloktsuenensis with some remarks on other species of the genus(Trematoda：Troglotrematidae). Lingnan Sci J，19(4)：429-530

Chen W L，Rose G. 1934. Untersuchungen aber die Verbreitung der menschlichen Paragonimiasis in Talberirk Von Landin(Provinz Chekiang. Hsien

Shaoshing). Nanking，Trans 9th Congress Far East Assoc Trop Med，1：519-524

Chin H C(金德祥). 1939. Notes on the definitive and intermediate host of Paragonimus from Chaugtin，Fukien. Lingnan Sci J，18(4)：525-528

Chiu J K. 1962. Two species of *Paragonimus* occurring at the Alilao village in Taiwan country Kyuohu J Med Sci，13(1)：51-66

Chiu J K. 1965. *Tricula chiui* Hobe et Miyazaki 1962，A snail host for *Paragonimus iloktsuenensis* Chen，1940 in Taiwan. Jap J Parasit，14(3)：269-280

Dissanaiki A S，Paramananthan D C. 1962. *Paragonimus* infestion in wild carnivores in Ceylon. Ceylon J Med Sci(D)，11(Pt. 1)：29-45

Huang W H，Chiu J K. 1958. The incidence of *Paragonimus* metacercaria infection in *Eriocheir japonicum* being marketed in Taipei，Taiwan. Jour of the Formosan Medical Association，57(3)：167-168

Hura Chikawo. 1924. Report on pulmonary distomiasis in Keishyo-Nando Prefecture，Korea. Igakkwai Zasshi，Keijo(49)，Sept

Ito J，Yokogawa M，Kobayashi M，et al. 1978. Studies on the morphology of larval & adult lung flukes in the Philippines，with a Proposition of new name，*Paragonimus philippinensis* n. sp. Jap J Parasit，27：97

Kamo H，Nishida H，Tomimura T，et al. 1961. On the occurrence of a new lung fluke，*Paragonimus miyazakii* n. sp. in Japan(Trematoda：Troglotrematidae). Yonago Acta Medica，5：43-52

Kawashima K. 1961. An experiment on the host specificity of *Paragonimus ohirai* Miyazaki，1939 to several snails of the genus *Assiminea*. Jap J Parasit，10(2)：161-194

Kawashima K. 1965. Experimental Studies on the intramolluscan development of an Oriental lung fluke，*Paragonimus ohirai* Miyazaki，1939. Jap J Med Sci Biol，18：293-310

Khaw O K(许雨阶). 1930. Remarks on a species of *Paragonimus* with special reference to the questions of their identity and distribution. National Med J China，16(1)：93-102

Kobayashi H(小林晴治郎). 1917. A crayfish as one of the intermediate host of *Paragonimus westermani*. Igakkwai Zasshi，Keijo，(19)：65-69

Kobayashi H. 1918. Studies on the lung-fluke in Korea. 1. On the life-history and morphology of the lung fluke. Mitt Med Hochschule Keijo，2：95-113

Kobayashi H. 1919. Studies on the lung-fluke in Korea. II. Structure of the adult worm. Mitt Med Hochschule Keijo，3：16-36

Kobayashi H. 1921. On the development of the *Paragonimus westermanii* and the prevention of pulmonary distomiasis. Japan med World，11：10-13

Kruidenier F J. 1953. Studies on mucoid secretion and function in the cercaria of *Paragonimus kellicotti* Ward(Trematoda：Troglotrematidae). J Morph，92(3)：531-541

Kunty R E. 1969. Biology of *Paragonimus westermani* [Kerbert，1878] Braun，1897 infection of the ceole host(*Eriocheir japonicus* ole Huan)on Taiwan. Trans Amer Mic Sor，88(1)：118-126

Little M D. 1968. *Paragonimus caliensis* sp. nov. and paragonimiasis in Columbia. J Parasit，54：738-746

Lu S C，Huang W H. 1971. Examinations of fresh water prawns for metacercaria of *Paragonimus westermani* in Taiwan. J Micro，4(3/4)：260-262

Manson(Sir)Patrick. 1883. *Distoma ringeri*. Dict Med(Quain)，4：1813

Maxwell J L. 1931. Paragonimiasis in China，A Preliminary Report. Chinese Med J，45：43-74

Miyazaki I(宫崎). 1939. Ein neues Lungendistom *Paragonimus ohirai* n. sp. Fukuoka Ikataigaku Zasshi，32(7)：1247-1252

Miyazaki I，et al. 1969. On a new lung fluke found in Peru，*Paragonimus peruvianus* sp. nov. Jap J Parasit，18：123-130

Miyazaki I，et al. 1971. Studies on the metacercaria of *Paragonimus peruvianus*. Jap J Parasit，20：425-430

Miyazaki I，Fontan R. 1970. Mature *Paragonimus heterotremus* found from a man in Laos. Jap J Parasit，19(1)：109-113

Miyazaki I，Ishii Y. 1968. Studies on the mexican lung fluke，with special reference to a description of *Paragonimus mexicanus* sp. nov. Jap Parasit，17：445-453

Miyazaki I，Vajrasthira S. 1967. Occurrence of the lung fluke *Paragonimus heterotremus* Chen and Hsia，1964 in Tháiland. Jap J Parasit，53(1)：207

Miyazaki I，Wykoff D E. 1965. On a new lung fluke *Paragonimus siamensis* sp. nov. found in Tháiland. Jap J Parasit，14(3)：251-257

Miyazaki I. 1967. On a new lung fluke. *Paragonimus bangkokensis* sp. nov. in Tháiland(Trematoda：Troglotrematidae). Jap J Med Sci Biol，20：243-249

Miyazaki I. 1968. On a new lung fluke found in Tháiland，*Paragonimus harinasutai* sp. nov. (Trematoda：Troglotrematidae). Ann Trop Med Parasit，62：81-87

Miyazaki I. 1972. The first demonstration of the lung fluke，*Paragonimus* from man in Peru. Jap J Parasit，21(3)：168-172

Miyazaki I. 1974. Occurrence of the lung fluke，*Paragonimus peruvianus* in Casta Rica. Jap J Parasit，23(5)：280-284

Miyazaki I. 1978. *Paragonimus filipinus* sp. n. found in Leyte，the Republic of the Philippines(Trematoda Troglotrematidae). Med Bull Fukuoka Univ，5：5

Nakagawa K. 1915. Demonstration der Zwischenwirt und der Larven von *Distoma pulmonum*. Verhandl. Japan Path Gesellsch：118

Nakagawa K. 1917. Human pulmonary distomiasis caused by *Paragonimus westermani*. J Exper Med，26(3)：297-323

Nakagawa K. 1918. On the cercaria of the lung fluke. Tokyo Iji-Shinshi，(2061)

Nwokolo C. 1972. Outbreak of paragonimiasis in eastern Nigeria. Lancet，11：32-33

Okura T. 1963. Studies on the development of *Paragonimus ohirai* Miyazaki，1939 in the final hosts. I. the route of the migration of the larva of *Paragonimus ohirai* in rats. Jap J Parasit，12：57-67

Rao M，Narayan A. 1935. Lung flukes in two dogs in Madras Presidency. Indian J Vet Sc Animal Husb，5(1)：30-32

Sai K(蔡惠郎). 1943. On paragonimiasis in Taichu District，Formosa，I. Clinical and statistical observations on paragonimiasis in past 10 years in Taichu District，Formosa.(Japanese). Taiwan Igakkwai Zasshi(台湾医学会会志)，42(7)：860-866

Sai K. 1943. On Paragonimiasis in Taichu District，Formosa. II. Results of the examination of the metacercaria of *Paragonimus westermani* in fresh water crabs，collected in the rivers in Taichu District.(Japanese). Taiwan Igakkai Zasshi，4(5)：197-199

Skrjabin K E. 1978. Trematodes of Animal and Man.ⅩⅩⅩ. Moscow：Science Publishing

Srivastava Har Dayal. 1938. The occurrence of *Paragonimus westermani* in the lung of cats in India. Indian J Vet Sc Animal Husb，8(3)：255-257

Tang C C(唐仲璋). 1940. A comparative study of two types of *Paragonimus* occurring in Fukien，south China. Chinese Med J Suppl，3：267-291

Todashhige H，Miyazaki I. 1962. *Trucula chiui* sp. nov.，a new snail host of the lung fluke *Paragonimus iloktsuenensis* Chen 1940 in Taiwan. Kyuohu J Med Sci，13(1)：47-49

Tomimure T. 1959. Comparative studies on the species characters between the two species of lung flukes，*Paragonimus ohirai* Miyazaki 1939 and *P. iloktsuenensis* Chen 1940.Ⅰ.Ⅱ. Jap J Parasit，8(4)：464-494

Vevers G M. 1923. Observations on the genus *Paragonimus* Braun with a redescription of *Paragonimus compactus*(Cobbold，1859)1899. J Helm，(1)：9-20

Voelker J，Nwokolo C. 1973. Human paragonimiasis in Eastern Nigeria caused by *Paragonimus uterobilateralis*. Z Trop Parasit，24：323-328

Voelker J，Vogel H. 1965. Zwei neue *Paragonimus-arten aus* west-Afrika：*Paragonimus africanus* und *Paragonimus uterobilateralis*(Troglotrematidac：Trematoda). Z Trop Parasit，16：125-148

Vogel H，Wu K，Watt J Y C. 1934. Preliminary report on the life history of *Paragonimus* in China. Nanking，Trans 9th Congress Far Cart Assce Trop Med，1：509-517

Ward H B，Hirsch E F. 1915. The species of *Paragonimus* and their differentiation. Ann Trop Med Parasit，9(1)：109-161

Wu K(吴光). 1935. Notes on certain larval stage of the lung fluke，*Paragonimus* in China. Chinese Med J，49：741-746

Wu K. 1936. Distribution of paragonimiasis in China.I.Chekiang Province. Chinese Med J Suppe，1：442-448

Wu K. 1938. *Paragonimus* among leopards and tigers in China. Peking Nat Hist，13(4)：231-245

Yamaguti S. 1943. On the morphology of the larval forms of *Paragonimus westermani*，with special reference to their excretory system. Jap J Zool，10：461-467

Yamaguti S.1972. Synopsis of Digenetic Trematodes of Vertebrates. Tokyo：Keigaku Publishing Co

Yokogawa M(横川宗雄)，et al. 1959. Studies on the route of Migration on the larvae of *Paragonimus westermani* in rats by Evans-blue technique.Ⅰ. The excystation trines and the distribution of the penetration sites of the exapted larvae. J Parasit，45(4，Section 2)：20

Yokogawa M，et al. 1962. The route of migration of the larva of *Paragonimus westermani* in final host. J Parasit，48：525

Yokogawa M，et al. 1971. On the lung fluke *Paragonimus iloktsuenensis* Chen 1940 in Korea. Jap J Parasit，20(3)：215-221

Yokogawa M，et al.1960. Studies on the experimental infection with a single metacercaria of *P. westermani*. Jap J Parasit，9(6)：636-640

Yokogawa M，Kobayashi M，Araki K，et al. 1979. Comparative Studies on Philippines *Paragonimus westermani* and Japanese westermani. Acta Medical Philippine，15(3-2 №. 3.)：119-131

Yokogawa M，Yoshimura H，Komiya Y，1960. On the morphology of the larval form of *Paragonimus ohirai* Miyazaki，1939. Jap J Parasit，9(5)：451-456

Yokogawa M. 1953. Studies on the biological aspects of the larval stages of *Paragonimus westermani*. especially the invasion of the second intermediate hosts.(Ⅲ)The inyasion route of the cercariae of *P. westermani* into the second intermediate hosts and its development in them. Jap J Med Sci Biol，6(2)：107-116

Yokogawa M. 1974. *Paragonimus miyazakii* infections in man first found in kanto district Japan，especially on the method of immuno-diagnosis for paragonimiasis. Jap J Parasit，23(4)：167-179

Yokogawa S(横川定)，Morishita K(森下薫). 1931. Handbook of Human Parasitology. Tokyo，Japanese Test；English bibliography and index

Yokogawa S(横川定). 1916. Investigation on the migratory course of the lung-fluke in the body of the final host，Japanese，Nisshiu Igaku 6(2)：323-370

Yokogawa S，Cort W W，Yokogawa M. 1960. *Paragonimus* and Paragonimiasis. Exp Parasit，10(1)：81-137，10(2)：138-205

Yokogawa S，Suyemori S，Murai S. 1919. Miscellaneous notes on paragonimiasis. 5. Experiments on the intracranial parasitism of the lung-fluke. Taihoku，Taiwan Igakkai Zasshi，201：827；202：854-865

Yokogawa S，Suyemori S. 1918. Inuastigation on the abnormal course of infection by Paragonimus westermani. Okayama Igakkai Zasshi，345：103-112

Yokogawa S，Suyemori S. 1920. Observations on abnormal course of infection of *Paragonimus ringeri*. J Parasitology，6(4)：183-187

Yokogawa S，Suyemori S. 1921. An experimental study of the intracranial parasitism of the human lung fluke，*Paragonimus westermani*. Am J Hyg，1(1)：63-78

Yokogawa S. 1919. Stud'en ueber die uebergangs und verberitungswege des *paragonimus westermani* Kerbert(*Distomum pulmonole* Baelz)in Koerper des Endwirtes. Formosa government Publication

Yoshimura K，et al. 1970. Comparative studies on *Paragonimus sadoensis* Miyazaki，et al. II. Susceptibility of *Oncomelania minima*(Bartch，1936)，Davis，1969 and *Assiminea parasitologica* Kuroda，1958 to infection with the lung fluke. Jap J Parasit，19：136-153

Yoshimura K. 1970a. Comparative studies on *Paragonimus sadoensis* Miyazaki，kawashima，Hamajima et Otsuru，1968 and *Paragonimus ohirai* Miyazaki 1939 experimental infection of *Potamon dehaani* White and *Sesama dehaani* H. Milne-Edwards with the cercariae of the two species. Jap J parasit，19：154-170

Yoshimura K. 1970b. Comparative studies on *Paragonimus sadoensis* and *P. ohirai*. IV. Comparison of adult worms obtained from experimental infections. Jap J Parasit，19：440-454

Yoshimura K. 1970c. Comparative studies on *Paragonimus sadoensis* and *P. ohirai*. V. Comparison of susceptibility of *Assiminiea japonica*，*Oncomelania hupensis* Chiui and *Paludinella japonica*. Jap J Parasit，19：455-466

（四）异形总科（Heterophyoidea Faust，1929）

1. 异形吸虫概况

异形总科吸虫种类成虫是人体、家养及野生的肉食和杂食的哺乳类、鸟类及鱼类的寄生虫，偶尔也见于两栖类。鱼类还作为本类寄生虫的第二中间宿主而受害。

异形总科吸虫所有种类的生活史模式及其生物学特点十分相似。成虫期寄生在人体、家养与野生的哺乳动物、食鱼鸟类及鱼类肠管中，后期尾蚴（囊蚴）寄生于鱼类的各部位的器官组织。因此，本类吸虫不仅在人体医学和动物兽医上具有重要意义，而且由于后期尾蚴能寄生的鱼的种类非常广泛，会导致渔业资源巨大的损失。

寄生于人体的异形吸虫，按 Faust（1939）记载的有 10 种，Price（1939）计算有 24 种。Skrjabin（1952）统计在异形总科中有 14 种寄生于人体。许多学者认为异形科（Heterophyidae）中的所有种类都是人体的潜在寄生虫。从多数人体的病例报告看，病原隶属于以下 3 属：*Metagonimus* Katsurada，1912、*Heterophyes* Cobbold，1866 和 *Haplorchis* Looss，1899。人体感染各种异形吸虫是由于吞食了生的或没有煮熟的鱼肉，这些鱼肉中含有此类吸虫的囊蚴，或且吃了含有此类囊蚴的鱼鳞片所污染的食物或饮料。囊蚴到人胃中，胃液消化去它的外膜，到小肠中后蚴钻破囊的内膜而出，并侵入宿主的肠黏膜中，在那里发育达到性成熟的成虫。Faust（1939）叙述异形吸虫在人的小肠中会导致肠上皮局部萎缩。陈心陶（1965）叙述异形吸虫的病理情况，虫体的寄生部位有内皮增生、周围有纤维包围。肉眼见到的病变只有微小的充血和黏膜下层的淤血点；严重的病变是由于虫卵的浸润；埋在深组织的虫卵可通过循环侵入脑部、脊髓、肝、脾、心肌、肺部等（Africa et al.，1940）。症状有腹泻和血便。本类病原引起的疾患见于日本、中国、菲律宾群岛、埃及、北美洲和西欧。在苏联，Skrjabin 院士等也曾对本类病害进行过调查。

异形吸虫种类很多，被寄生的宿主也很多。Skrjabin（1952）统计有 19 种哺乳动物被异形吸虫总科种类寄生，其中有的寄生虫种类很多，如家犬（*Canis familiosis*）被 37 种异形类吸虫寄生，寄生于家猫（*Felis catus domesticus*）的记载的有 36 种，狐（*Vulpes vulpes*）7 种、北极狐（*Vulpes lagopus*）5 种、狼（*Canis lupus*）5 种、鸡貂（*Putorius putorius*）1 种、貉（*Lutreola lutreola*）1 种、浣熊犬（貉犬）（*Nyctereutes amurensis*）1 种、家猪（*Sus serofa*）2 种，家鼠（*Rattus norvegicus*）8 种，鼠（*Mus musculus* 和 *Mus norvegicus*）6 种、兔子（*Oryctolagus cuniculus*）6 种、海猪 2 种、海豹 2 种、海豚 1 种、浣熊 2 种。许多鸟类（约 12 目 49 属）都有异形吸虫寄生，经记述的有 90 多种。两种爬行类（*Caiman sclerops* 和 *Natrix rombifera*）也有异形吸虫的记录。32 种鱼类被报道各是 1～3 种异形吸虫的终末宿主。

哺乳动物感染异形吸虫后所产生的病理情况大致和在人体的相像，虫体侵入肠黏膜致使相应的肠上皮组织萎缩，同时致病的细菌可通过病灶组织中许多穿道进入到肠壁，加重病理变化。

各种食鱼鸟类都能成为异形总科吸虫种类的终末宿主。Skrjabin（1952）统计有 94 种鸟类，包括有鸡、鸭、鹅、鹬、秧鸡、鹈等水鸟，以及涉禽类和猫头鹰等都有异形吸虫的感染。异形吸虫在鸟类的致病力似乎比在哺乳动物更大，可使幼禽死亡。Willey（1933）以未成熟的 *Cryptocotyle lingua*（Creplin，1825）感染燕鸥 *Sterna hirundo*，鸟因之死亡。

寄生在鱼类，以鱼类为终末宿主的异形吸虫，主要是隐殖科（Cryptogonimidae），鱼类宿主包括有海鱼和淡水鱼。Skrjabin（1952）记载有 32 种鱼有异形吸虫寄生。

2. 异形总科吸虫的分类系统

异形吸虫总科种类中包含有：终末宿主为哺乳类和鸟类的异形吸虫科（Heterophyidae Odhner，1914）和乳体科（Galactosomatidae Marozov，1950），以及终末宿主为鱼类的隐殖科（Cryptogonimidae Ciurea，1933）。Skrjabin（1952）在他的《吸虫学基础》中介绍此类吸虫的分类系统，将以上 3 科并列于该总科之下。Yamaguti（1958，1971）在他的《蠕虫学系统》中把隐殖科（Cryptogonimidae）作为独立的科，乳体科作为乳体亚科(Galactosominae Ciurea，1933)隶于异形科(Heterophyidae)中。陈心陶(1965，1977，1985)也是把隐殖科独立于异形科之外，而把乳体类吸虫作为一个属为乳体属(*Galactosomum* Looss，1899)隶于异形科之中。各学者的分类系统如下。

(1) Skrjabin(1952)的分类系统

异形科下有6亚科(共19属)，乳体科下有4亚科(共12属)，隐殖科下有5亚科(共17属)如下：

Superfamily Heterophyoidea Faust，1929

Family Heterophyidae Odhner，1914

Subfamily　Heterophyinae　Ciurea，1924

Genus *Heterophyes* Cobbold，1866

Heterophyopsis Tubangui et Africa，1938

Pseudoheterophyes Yamaguti，1939

Subfamily　Metagoniminae Ciurea，1924

Genus *Metagonimus* Katsurada，1912

Dexiogonimus Witenberg，1929

Diorchitrema Witenberg，1929

Metagonimoides Price，1931

Subfamily Cryptocotylinae Ciurea，1924

Genus *Cryptocotyle* Lübe，1899

Ciureana Skrjabin，1923

Subfamily Apophallinae Ciurea，1924

Genus *Apophallus* Lübe，1909

Pricetrema Ciurea，1933

Rossicotrema Skrjabin et Lindtrop，1919

Subfamily Euryhelminae Morosov，1952

Genus *Euryhelmis* Poche，1925

Subfamily Centrocestinae Looss，1899

Genus *Centrocestus* Looss，1899

Genus *Ascocotyle* Looss，1899

Genus *Caimanicola* Freitas et Lent，1938

Genus *Parascocotyle* Stunkard et Haviland，1924

Genus *Pygidiopsis* Looss，1907

Genus *Pygidiopsoides* Martin，1951

Family Galactosomatidae Morosov，1950

Subfamily Galactosomatinae Ciurea，1924

Galactosomum Looss，1899

Cercarioides Witenberg，1929

Stictodora Looss，1899

Parastictodora Martin，1950

Sobolephya Morosov，1950

Subfamily Knipowitschetrematinae Morosov，1950

Genus *Knipowitschetrema* Issaitschikoff，1927

Ponticotrema Issaitschikoff，1927

Tauridiana Issaitschikoff，1925
Subfamily Haplorchinae Looss，1899
　Genus *Haplorchis*　Looss，1899
　　　Euhaplorchis Martin，1950.
　　　Procerovum Onji et Nishio，1924
Subfamily Adleriellinae（Witenberg，1929）
　Genus *Adleriella* Witenberg，1930
Family Cryptogonimidae Ciurea，1933
　Subfamily Cryptogoniminae Ward，1917
　　Tribe Cryptogonimea Morosov，1952
　　　Genus *Cryptogonimus* Osborn，1903.
　　　　　Caecincola Marshal et Gilbert，1905
　　Tribe Neochasmea Morosov，1952
　　　Genus *Neochasmus* Van Cleave et Mueller，1932
　　　　　Allocanthochasmus Van Cleave et，Mueller，1932
　Subfamily Siphoderinae Manter，1934
　　Tribe Siphoderea Morosov，1952
　　　Genus *Siphodera* Linton，1910
　　　　　Centrovarium Stafford，1904
　　　　　Exorchis Kobayashi，1918
　　　　　Metadena Linton，1910
　　　　　Siphoderina Manter，1934
　　Tribe Paracryptogonimea Morosov，1952
　　　Genus *Paracryptogonimus* Yamaguti，1934
　　　　　Biovarium Yamaguti，1934
　　　　　Siphoderoides　Manter，1940
　　Tribe Iheringtremea Morosov，1952
　　　Genus *Iheringtrema* Travassos，1947
　Subfamily Polyorchitrematinae Srivastava，1939
　　Genus *Polyorchitrema* Srivastava，1939
　Subfamily Haplorchoidinae Morosov，1952
　　Genus *Haplorchoides* Chen，1949
　Subfamily *Acetodextrinae* Morosov，1952
　　Genus *Acetodextra*　Pearse，1924
　　　Pseudoexorchis Yamaguti，1938

(2)Morosov(1952)的分类系统

Morosov（1952）的异形吸虫总科（Heterophyoidea Faust，1929）中也包含异形科（Heterophyidae Odhner，1914）、乳体科（Galactosomatidae Morozov，1950）和隐殖科（Cryptogonimidae Ciurea，1933），与 Skrjabin（1952）的分类系统相同。他用图解（**异形图 1～6**）来阐明总科中各科和一些亚科、一些属间的关系，它们的宿主和分布情况如下。

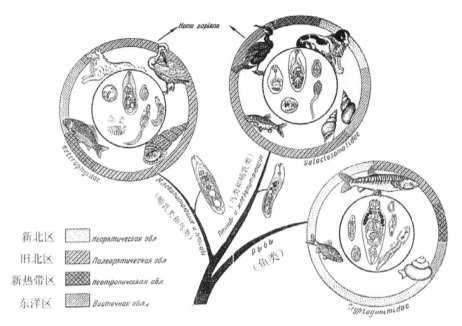

异形图 1　异形总科的 3 科关系、宿主及其分布区(按 Morosov，1952；Skrjabin，1952)

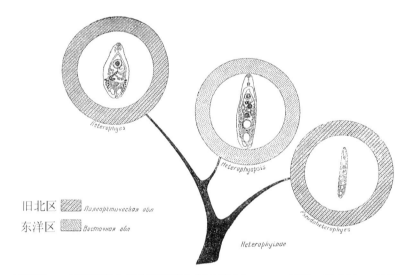

异形图 2　异形亚科 3 属关系及其分布区(按 Morosov，1952；Skrjabin，1952)

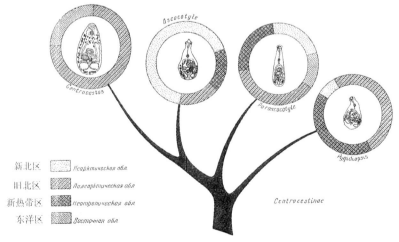

异形图 3　带棘亚科 4 属关系及其分布区(按 Morosov，1952；Skrjabin，1952)

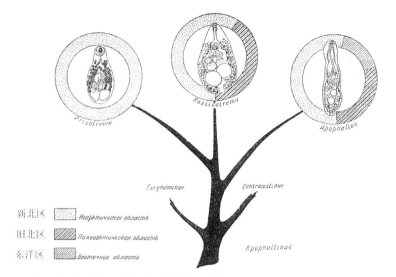

异形图 4　离茎亚科 3 属关系及其分布区(按 Morosov，1952；Skrjabin，1952)

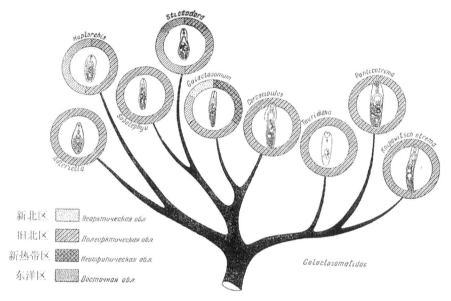

异形图 5　乳体科 9 属关系及其分布区(按 Morosov，1952；Skrjabin，1952)

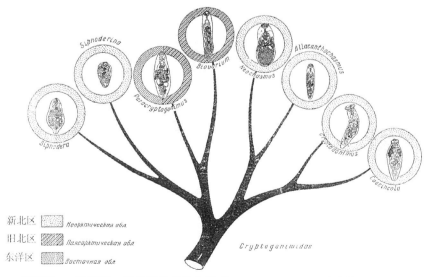

异形图 6　隐殖科 8 属关系及其分布区(按 Morosov，1952；Skrjabin，1952)

(3) Yamaguti(1971) 的分类系统

隐殖科为独立的科,下有15亚科(共30属)。而乳体科作为亚科,归于异形科中。异形科增加为17亚科(共41属)。他的分类系统中异形科所含的亚科和属的名称及宿主情况(R=爬行类;B=鸟类;M=哺乳类)如下。

Family Heterophyidae (Leiper, 1909) Odhner, 1914 .... RBM
Subfamily Adleriellinae Witenberg, 1930 .... M
  Genus *Adleriella* Witenberg, 1930
Subfamily Apophallinae Ciurea, 1924 .... BM
  Genus *Apophalloides* Yamaguti, 1971 .... M
    Apophallus Lühe, 1909 .... BM
    Pricetrema Ciurea, 1933 .... M
Subfamily Centrocestinae Looss, 1899 .... BM
  Genus *Centrocestus* Looss, 1899 .... BM
    Pandiontrema Oshmarin et Parukhin, 1963 .... B
Subfamily Cryptocotylinae Lühe, 1909 .... BM
  Genus *Cryptocotyle* Lühe, 1899 .... BM
    Massaliatrema Dollfus et Timon-David, 1960 .... M
    Metagonimoides Price, 1931 .... M
Subfamily Euryhelminthinae (Morozov, 1950) Yamaguti, 1958 .... M
  Genus *Euryhelmis* Poche, 1926 .... M
Subfamily Galactosominae Ciurea, 1933 .... BM
  Genus *Cercarioides* Witenberg, 1929 .... B
    Subgenus *Allocercarioides* Yamaguti, 1971
    Cercarioides Witenberg, 1929
  Genus *Galactosomum* Looss, 1899 .... BM
    Knipowitschiatrema Issaitschkow, 1927 .... B
  Genus *Ponticotrema* Isaichkov, 1927 .... M
    Pseudogalactosoma Yamaguti, 1947 .... B
    Retevitellus (Cable, Connor et Balling, 1960) Yamaguti, 1971 .... B
Subfamily Haplorchiinae Looss, 1899 .... BM
  Genus *Euhaplorchis* Martin, 1950 .... B
    Haplorchis Looss, 1899 .... B
    Phocitremoides Martin, 1950 .... BM
    Procerovum Onji et Nishio, 1916 .... BM
    Pygidiopsoides Martin, 1951 .... BM
Subfamily Heterophyinae Leiper, 1909 .... BM
  Genus *Heterophyes* Cobbold, 1886 .... BM
    Heterophyopsis Tubangui et Africa, 1938 .... BM
    Macrotestophyes Varenov, 1963 .... M
Subfamily Irinaiinae Yamaguti, 1971 .... B
  Genus *Irinaia* Caballero et Bravo-Hollis, 1965 .... BM
Subfamily Metagoniminae Ciurea, 1927 .... BM

3. 异形总科吸虫生物学特征

（1）异形总科种类成虫的形态构造

异形吸虫是一类较小型的虫体。形态多样，有圆形、椭圆形、梨形或长形等。有的虫种其体前部背腹扁平，体后部圆形或横卵圆形。具有口吸盘，有的巨大，有的小而柔弱，因种类不同而异（**异形图 7**）。围口棘具有或付缺。所有异形吸虫都具有生殖窦，这一结构是异形吸虫类的一个重要特征。生殖窦的凹窝或深或浅，它的位置在体腹面、在腹吸盘附近，雌雄生殖孔开口于生殖窦中。生殖窦的结构显然和某些吸虫的管状生殖腔相似。

异形吸虫类虫体的腹吸盘因种类而异，有的很发达，有的成为痕迹器管，甚至全部残缺。腹吸盘独立存在或和生殖吸盘相合并。腹吸盘位置能在体表面上或包含在生殖窦中。

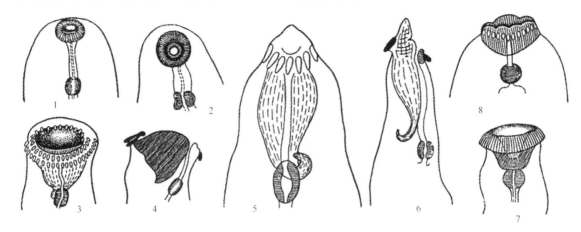

异形图 7　异形吸虫类虫体前端（按 Skrjabin，1952）

1. *Heterophyes heterophyes*（Siebold，1832）（按 Witenberg，1929）；2. *Ponticotrema euxini* Issaitschikoff，1927　前端（按 Issaitschikoff，1927）；3、4. *Ascocotyle megalocephala* Price，1932　前端及其腹面（按 Price，1932）；5、6. *Parascocotyle ascolonga* Witenberg，1929　前端及其断面（按 Witenberg，1929）；7. *Cryptogonimus chili*（Osborn，1903）前端（按 Van Cleave et Mueller，1932）；8. *Neochasmus umbellium* Van Cleave et Mueller，1932　前端（按 Van Cleave et Muelles，1932）

Skrjabin（1952）归纳异形类吸虫的腹吸盘和生殖吸盘的情况如下。

Heterophyinae：腹吸盘发达，在生殖窦附近，近体中段或略近体前端，稍在体纵中线的一侧，与生殖吸盘分开。

Metagoniminae：腹吸盘柔软变形，在生殖窦中和生殖吸盘在一起，位于体纵中线之一侧。

Apophallinae：腹吸盘发达，在不大的生殖窦中，并在较小的生殖吸盘（或乳窦）的后面。

Euryhelminae：腹吸盘很小，在并不大的生殖吸盘之外。

Cryptocotylinae：腹吸盘很小，位于生殖窦的前壁，在生殖吸盘的前方。

Centrocestinae：腹吸盘很发达，不隐蔽在生殖窦中，而在它的后面。

Galactosomatinae：腹吸盘退化成痕迹器官，和生殖吸盘相结合。

Adleriellinae：无腹吸盘。

Cryptogoniminae：腹吸盘非常发达，通常和生殖吸盘相合并。

生殖窦和生殖吸盘紧密联系，被称为"生殖结"（gonotyle）器官，这只有异形吸虫总科才有此结构特征。它的肌肉性构造可由其肌肉纤维排列情况与腹吸盘相区别。此器官的功能和管状交接器的系统发生有关联（如在涡虫类 Acoela 和 Polyclada 的某些种类的梨形器官）。

异形类吸虫众多，它们生殖窦和生殖吸盘的结构形态会各有些变化（**异形图8～异形图12**）。有些属的异形吸虫，其生殖吸盘上有各种形状、不同圈数的几丁质的棘，如 *Heterophyes*、*Heterophyopsis*、*Haplorchis*、*Galactosomum*、*Stictodora*、*Sobolephys*等。生殖吸盘和腹吸盘彼此间的位置因种属不同而会有所不同。雌雄生殖孔在生殖窦上有独立分开的生殖孔，开口的位置亦因属而异。

本类吸虫常具有劳氏管，它开口于体背侧中央。本类吸虫常具有较大并分段的贮精囊，分段情况亦会因属种不同而异。

异形类吸虫的排泄囊（**异形图13**）有倒三角形、"T"形、"U"形、"X"形、"V"形及"Y"形。"Y"形为多，中干部有时长而弯曲呈"S"状，有时很短（"V"形）。有的种类的两侧排泄管很长，如 Cryptogonimiidae 中的许多种类，可达到咽的水平。焰细胞公式有：$2[(2+2)+(2+2)]=16$（如 *Carcincola*）及 $2[(2+2)+(3+1)]=18$（如 *Euryhelmis*）等。

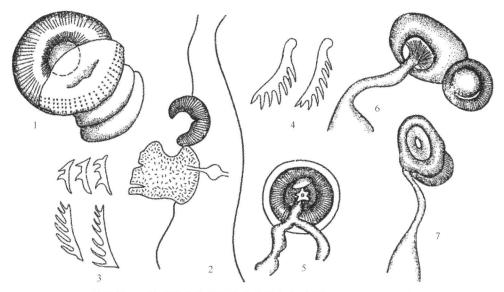

异形图 8　异形吸虫腹吸盘和生殖吸盘（一）（按 Skrjabin，1952）

1. *Heterophyes heterophyes*（Siebold，1852）的腹吸盘和生殖吸盘（按 Witenberg，1929）；2、3. 同上虫种，腹吸盘和生殖吸盘的断面，生殖吸盘的小棘；
4. *Heterophyopsis expectans*（Africa et Garcia，1935）生殖吸盘小棘（按 Tubangui，1918）；5. *Pseudoheterophyes continus*（Onji et Nishio，1924）的生殖吸
盘（按 Yamaguti，1939）；6. *Pseudoheterophyes euxini* Issaitschikoff，1927 生殖吸盘和腹吸盘（按 Issaaitschikoff，1927）；7. *Knipowitschetrema nicolai*
Issaitschikoff，1927 生殖吸盘和腹吸盘（按 Issaitschikoff，1927）

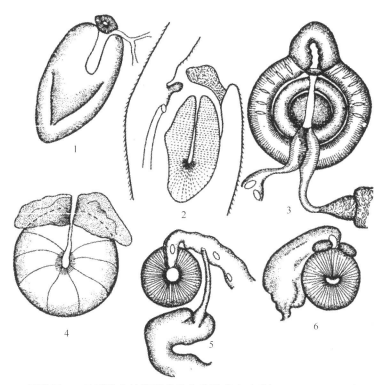

异形图 9　异形吸虫的腹吸盘和生殖吸盘（二）（按 Skrjabin，1952）

1、2. *Dexiogonimus ciureanus* Witenberg，1929 的腹吸盘和生殖吸盘及其断面（按 Witenberg，1929）；3. *Cryptocotyle lingua*（Creplin，1825）的腹吸盘和生殖吸盘
复合体（按 Skrjabin，1952）；4. *Apophallus brevis* Ransom，1920 的腹吸盘和生殖吸盘（按 Lyster，1940）；5. *Apophallus donicus*（Skrjabin et Lindtrop，1919）的
腹吸盘和生殖吸盘及生殖管末端（按 Skrjabin et Lindtrop，1919）；6. *Pricetrema zatophi*（Price，1932）腹吸盘和生殖吸盘（按 Price，1932）

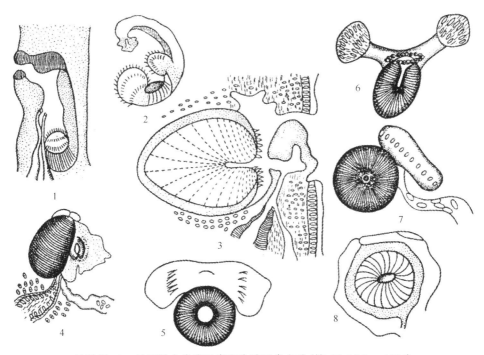

异形图 10　异形吸虫类腹吸盘和生殖吸盘（三）（按 Skrjabin，1936）

1、2. *Galactosomum hunbergari* Park，1936 生殖窦纵断面及其侧断面（按 Park，1936）；3. *Galactosomum cochleariformes*（Rud.，1819）生殖窦纵断面（按 Pratt，1911）；4. *Galactosomum Puffii* Yamaguti，1941 腹吸盘生殖吸盘（按 Yamaguti，1941）；5. *Parascocotyle arnoldi*（Travassos，1928）腹吸盘生殖吸盘（按 Travassos，1928）；6. *Parascocotyle longa*（Ransom，1920）腹吸盘生殖吸盘（按 Witenberg，1929）；7. *Pygidiopsis genata* Looss，1907 腹吸盘生殖吸盘（按 Witenberg，1929）；8. *Centrocestus formosanus*（Nishigori，1924）带有腹吸盘的生殖窦（按 Yamaguti，1929）

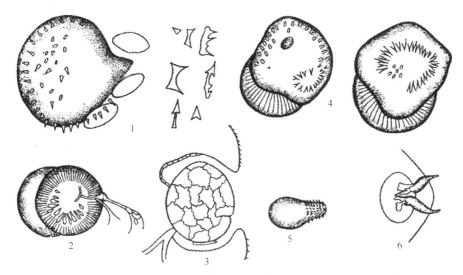

异形图 11　异形吸虫类腹吸盘和生殖吸盘（四）（按 Skrjabin，1952）

1. *Haplorchis pumilio*（Looss，1896）生殖吸盘及其上的棘（按 Chen，1936）；2、3. *Haplorchis pumilio*（Nishigori，1924）腹吸盘生殖吸盘及生殖窦纵断面（按 Witenberg，1929）；4. *Sobolephya oshmarini* Morosov，1952 腹吸盘生殖吸盘（按 Skrjabin，1952）；5. *Stictodora sawakinensis* Looss，1899 生殖吸盘（按 Witenberg，1929）；6. *Adleriella minutissima* Witenberg，1929 生殖吸盘（按 Witenberg，1929）

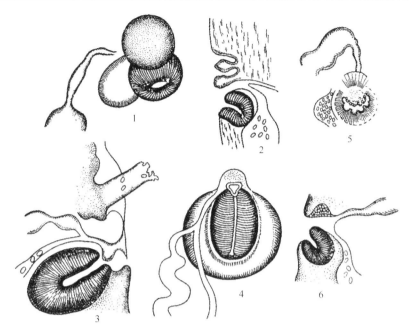

异形图 12　异形吸虫类腹吸盘和生殖吸盘（五）（按 Skrjabin，1952）

1、2. *Cryptogonimus chili*（Osborn，1903）腹吸盘和生殖吸盘及生殖窦的纵断面（按 Van Cleave and Mueller，1932）；3. *Allocanthochasmus arthus* van Cleave et Mueller，1932 腹吸盘和生殖吸盘（按 Van Cleave and Mueller，1932）；4. *Neochasmus umbellium* van Cleave et Mueller，1932 腹吸盘和生殖吸盘（按 Van Cleave and Mueller，1932）；5. *Siphoderina brotula* Manter，1934 腹吸盘和生殖吸盘（按 Manter，1934）；6. *Caecincola parvulus* Marshal et Gilbert，1910 生殖窦纵断面，腹吸盘和生殖吸盘（按 Marshal and Gilbert，1910）

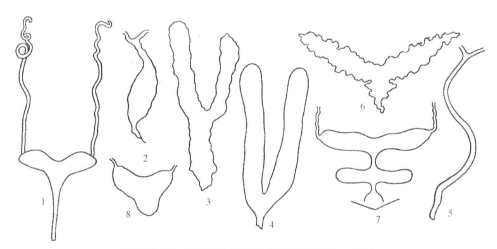

异形图 13　异形吸虫类排泄囊（按 Skrjabin，1952）

1. *Heterophyes heterophyes*（Siebold，1852）排泄囊（按 Witenberg，1929）；2. *Apophallus bacolloti*（Baloset et Callot，1939）排泄囊（按 Baloset and Callot，1939）；3. *Siphodera vinclendwardsii*（Linton，1901）排泄囊（按 Cable and Hunninen，1942）；4. *Caecincola parvulus* Marshal et Gilbert，1910 排泄囊（按 Marshal and Gilbert，1910）；5. *Heterophyopsis expectans* Africa et Garcia，1935 排泄囊（按 Tubangui，1938）；6. *Euryhelmis monorchis* Ameel，1938 排泄囊（按 Ameel，1938）；7. *Centrocestus fomosanus*（Nishigori，1924）排泄囊（按 Yamaguti，1939）；8. *Metagonimus minutus* Katzuta，1932 排泄囊（按 Katzuta，1932）

（2）异形总科种类的生活史形式

异形吸虫总科包括寄生于鱼类的隐殖科和寄生于鸟类和哺乳类等的异形科及乳体科的种类，它们的生活史方式及幼虫期的形态很相似。按Yamaguti（1975）的记载，有关它们生活史各发育期或部分发育期经研究的，隐殖科有6种、在鸟类寄生的异形吸虫类有27种，在哺乳类寄生的异形类吸虫有23种。本类吸虫的生活史都经历虫卵、毛蚴、雷蚴、尾蚴、后期尾蚴（囊蚴）及成虫各期。尾蚴是尾部具鳍膜、具眼点或不具眼点的尾蚴（oculate 或 nonoculate lophocercous cercaria）（**异形图14**）。具眼点、脊尾鳍型尾蚴有人称之为侧脊尾鳍型尾蚴(pleurolophocercous cercaria)。

异形类吸虫的贝类宿主(第一中间宿主)是水生或两栖性的螺类,在其中发育成熟的尾蚴离开贝类宿主到外界水中,通常要侵入到一些小鱼体上(鱼鳍上、鳞片下及皮下等)形成囊蚴(后期尾蚴)(**异形图15**),终末宿主吞食含有囊蚴的小鱼而受感染,个别种类也可在两栖类体上结囊。所以,本类吸虫的第二中间宿主主要是鱼类,例外的有两栖类。

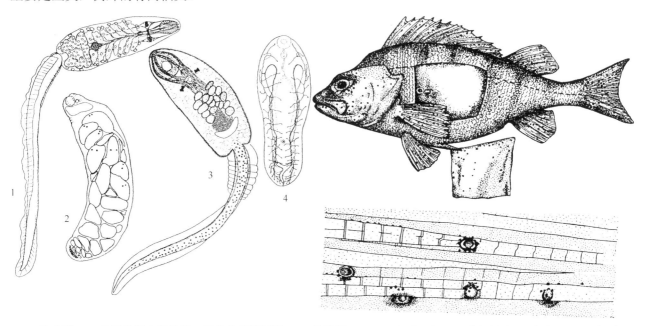

异形图 14　异形类吸虫的雷蚴、尾蚴和后期尾蚴
1. *Heterophyes* sp. 尾蚴(按 Martin and Kuntz, 1955);2~4. *Cryptocotyle lingue*(Creplin, 1825)的雷蚴、尾蚴和后期尾蚴(按 Stunkard, 1930)

异形图 15　*Apophallus donicum*(Skrjabin et Lindtrop, 1919)Price, 1931
囊蚴在鱼体上寄生(按 Ciurea, 1928)
上. 桂鱼(*Perca fluviatica*)体皮下和鳍被囊蚴所侵袭;下. 在尾鳍上的囊蚴

4. 异形总科的种类

(1)异形科(Heterophyidae Odhner, 1914)概况

A. 科的特征

本科吸虫为椭圆形或梨形的小吸虫。吸盘不发达。腹吸盘常在生殖窦内或在其附近。表皮上常有小刺,特别在体前端尤为众多。生殖窦(genital sinus)的形状有各式的变化。具有生殖吸盘(gonotyl sucker),无交接囊。生殖腺具有1个或2个睾丸,常在体的后端,卵巢在睾丸的前方。子宫盘曲在睾丸与生殖孔之间。卵黄腺在体两侧,常位于体中部或后方肠管的两边。排泄囊"Y"形。焰细胞的公式有很多变化。卵子很小,为数不多。寄生于鸟类和哺乳类的肠管内。尾蚴属于侧鳍长尾型(pleurolophocerca)。后期尾蚴在鱼类及两栖类体中形成囊蚴。

本科代表种为:*Heterophyes heterophyes*(V. Siebold, 1852)Stiles, Hassall, 1900。

B. 异形吸虫的发现及分布

异形吸虫(*Heterophyes heterophyes*)是异形吸虫科中最早发现的种类,是德国医生Bilharz于1851年从一个埃及小孩的尸体解剖得到。继后,在非洲尼罗河三角洲(Nile Delta),在东方的日本、韩国、中国南部及菲律宾岛屿等地都发现有此虫种的分布。虫体长度1~1.7mm,宽度0.3~0.4mm。其生活史也经研究,在埃及发现它的囊蚴寄生在鲻鱼(*Mugil cephalus*)和罗非鱼(*Tilapia nilotica*)。在日本发现鲻鱼和刺鰕虎鱼(*Acanthogobius* sp.)也寄生有此吸虫的囊蚴。此吸虫的贝类宿主为 *Tymphonotomus microptera*。

Heterophyes katsuradai Ozaki et Asada, 1925发现于日本神户(Kobe),有人体寄生。第二中间宿主亦系鲻鱼(*Mugil cephalus*)。

C. 异形吸虫成虫引起的病理

本属吸虫寄生在宿主的肠黏膜。产生轻微之炎性刺激及肠绞痛，出现黏液状腹泻症状，肠内黏膜细胞坏死(Khalil，1934)。Africa和Garcia(1935)、Africa等(1936，1937)在菲律宾报告此类寄生于人体的异形类吸虫，如 *Heterophyes*、*Haplorchis* 和 *Diorchitrema* 等，它们的虫卵渗入到宿主肠壁中被肠系膜淋巴结堵住。大量的卵可由循环系统携带到心肌(myocardium)或瓣膜(values)，产生cardiac failure，使心脏机能停止。症状如脚气病之危殆症状。虫卵也会被带至脊髓或脑部，使运动或感觉神经元失去效用。他们认为此类吸虫能产生重要的病害。

Metagonimus 属吸虫和 *Heterophyes* 属吸虫一样，能在宿主肠壁上侵入黏膜产生病变。有许多白细胞及嗜酸性粒细胞产生。有的无显著病理现象；有的肠壁表皮有些退化的征象，以致肠腺显露出来。

Alicata 和 Schattenburg(1938) 在夏威夷诊断一日本患者有 *Stellantchasmus falcatu* 寄生，产生严重的腹泻。

(2) 异形总科吸虫的种类

A. 延续异生吸虫[***Heterophyopsis continua***(Onji et Nishio，1916) **Tubangui et Africa，1938**](**异形图 16**)

本吸虫隶于异形科(Heterophyidae)、异形亚科(Heterophyinae)。

终末宿主　在我国福建为黑尾鸥(*Larus crassirostris* Vieillot)和红嘴巨鸥[*Hydroprogne tschegrava tschegrava*(Lepechin)]；在日本，本种吸虫除发现于鸥鸟之外，也见于人和狗(Kobayasi，1941；Yamaguti，1939，1971)。

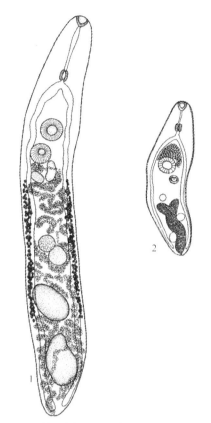

异形图 16　延续异生吸虫
1. 成虫(原)；2. 后期尾蚴(按 Okbe，1952)

第二中间宿主　囊蚴见于鲻鱼(*Mugil cephalus*)等鱼类。

虫种特征(福建标本)虫体窄长，前端钝圆，后端尖削。体表披有小刺。全长2.188～2.740mm，阔0.342～0.494mm。口吸盘在顶端，大小为(0.064～0.068)mm×(0.077～0.090)mm。前咽长0.163～0.352mm。咽椭圆形，大小为(0.081～0.090)mm×(0.060～0.064)mm。食道极短。两肠管延至体后端。腹吸盘，大小为(0.154～0.249)mm×(0.154～0.309)mm，位于体前方第二个1/4区前沿。睾丸椭圆形，前后列于体后方1/3的中央部位。前睾丸大小为(0.154～0.236)mm×(0.176～0.284)mm，后睾丸大小为(0.172～0.270)mm×(0.184～0.258)mm。贮精囊位于腹吸盘后，大小为(0.120～0.262)mm×(0.077～0.150)mm。卵巢圆形，大小为(0.081～0.163)mm×(0.086～0.163)mm，位于体赤道线后面。受精囊在它后边，大小为(0.077～0.150)mm×(0.086～0.223)mm。卵黄腺分布在体两侧肠管上面和外边，起自生殖吸盘略后的位置，延展至前睾丸后缘水平。子宫圈布满生殖吸盘以后至体后端的区域。生殖吸盘圆形，大小为(0.107～0.163)mm×(0.086～0.137)mm，包裹在体表组织内面，外有一个很大的椭圆形开口。该吸盘当中有生殖孔，可见卵子从这里出来。贮精囊管及子宫末段均通于此。卵椭圆形，大小为(23～26)μm×(15～17)μm。

B. 后殖属(***Metagonimus* Katsurada，1912**)

隶属于异形科(Heterophyidae)、后殖亚科(Metagoniminae)。

1)横川后殖吸虫[*Metagonimus yokogawai*(Katsurada，1912)Katsurada，1912]。

同物异名　*Heterophyes yokogawat* Katsurada，1912；*Yokogawa yokogawai*(K)Leiper，1913；*Loxotrema ovatum* Kabayashi，1912；*Metagonimus ovatus* Yokogawa，1913及*Tocotrema yokogawai*(K.)Leiper，1913。

本虫种系后殖属(*Metagonimus*)的代表种，是横川氏(1911年)由我国台湾淡水鱼鲇检出囊蚴(**异形图17**)，饲食犬试验得到成虫大小为(1～1.5)mm×(0.45～0.73)mm。

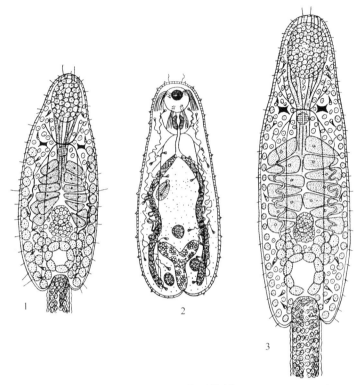

异形图 17　后殖吸虫尾蚴和后期尾蚴（按 Takahashi，1929）

1、2.横川后殖吸虫的尾蚴体部和成熟后期尾蚴；3.*Metagonimus takahashii* 尾蚴体部

分布　中国、日本、朝鲜、苏联、巴尔干半岛国家，西班牙及马来亚半岛。

终末宿主　人类、犬、猫、鼠及豚等，亦见于鸬鹚。

第一中间宿主（贝类宿主）　*Semisulcospira libertina*、*Melania ebenina* 等。

第二中间宿主（鱼类宿主）　鲇鱼[*Plecoglossus altiuelis*（Temm）]等淡水鱼20多种。

2）小后殖吸虫（*Metagonimus minutus* Katzuta，1932）。

终末宿主　黑耳鸢[*Milvus korschun linea*（Gray）]。

采集地点　福建闽江口附近。

虫种特征（福建标本）（异形图18）　本种吸虫7个成熟标本从黑耳鸢的肠管内收集到。虫体极小，呈梨形，体表披有小刺。全长0.400~0.602mm，阔0.241~0.331mm。口吸盘在体次顶端，大小为（0.034~0.052）mm×（0.051~0.060）mm。有极短的前咽。咽发达，大小为（0.030~0.051）mm×（0.039~0.047）mm。食道颇长，0.060~0.077mm。肠管分支在体前方1/4处，肠管末端延至后睾丸两旁或其后面。腹吸盘倾斜地位于体左侧，在肠弯的后面。睾丸圆形，斜列在体后部略靠右边的位置。前睾丸大小为（0.090~0.142）mm×（0.064~0.111）mm，后睾丸大小为（0.064~0.154）mm

异形图 18　小后殖吸虫（*Metagonimus minutus* Katzuta，1932）（原）

0.043~0.107）mm。贮精囊大小为（0.039~0.073）mm×（0.051~0.124）mm，位于赤道线前正中的位置。卵巢圆形在贮精囊后边中央，大小为（0.060~0.064）mm×（0.060~0.073）mm。在卵巢后面左侧有受精囊，大小为（0.047~0.077）mm×（0.030~0.103）mm。卵黄腺分布在体后半的两侧，左右斜面对峙，每侧各有卵黄丛体8～9叶。集中的卵黄腺管横走向中央，在卵巢后方结合成为总管。子宫圈盘旋于睾丸及肠管分支之间的区域。生殖孔在腹吸盘前缘内侧。卵椭圆形，大小为(24～30)μm×(13～17)μm。

C. 肾形虫(**_Pygidiopsis genata_ Looss，1907**)(**异形图 19**)

肾形虫隶属于异形科(Heterophyidae)、肾形亚科(Pygidiopsinae)。

终末宿主　鹈鹕(_Pelecanus onocrotalus_)、绿鹭(_Butorides virescens virescens_)、原鸽(_Columba livia_)、家鸭(_Anas domestica_)、家鹅(_Anser domesticus_)、鸢(_Milvus migrans_)、角鹏鹕(_Colymbus aurilus_ Linne.)等鸟类。

实验宿主　猫、狗及白鼠。

分布地点　埃及、巴勒斯坦、欧洲、中国。

虫种特征(福建标本)　本种吸虫虫体扁平，梨形，腹面微凹，体表披有小刺。全长0.867mm，阔0.459mm。口吸盘在体前端顶部，圆形，直径0.056mm。有一个很长的前咽，0.105mm。咽椭圆形，大小为0.041mm×0.030m。食道较短，0.037mm。腹吸盘在体中段当中的位置，大小为0.056mm×0.071mm。两睾丸并列于体后端，横椭圆形，大小为(0.138～0.146)mm×(0.075～0.079)mm。贮精囊分两室，位于腹吸盘后，摄护腺及其附属的构造较为明显。阴茎囊变态为一个中空的、可翻出的扁豆形的垫子，位于腹吸盘的前侧方。在这垫子上具有6条尖端很钝的小棘。平列地围绕生殖孔的边缘。卵巢梨形，位于体后方1/3的水平线上，大小为0.090mm×0.067mm。输卵管从卵巢后方伸出，与受精囊相接后斜向前方，与卵黄总管相接，继乃进入卵模。受精囊圆形，直径0.082mm。本种吸虫具有劳氏管，但没有观察到。卵黄腺从粒长圆形，并排在体后

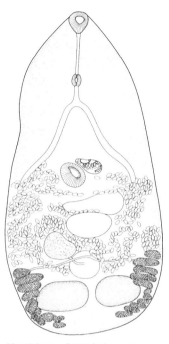

异形图 19　肾形虫(_Pygidiopsis genata_ Looss，1907)(原)

端两侧，在睾丸的外方。两条横走的卵黄管汇聚于中央，在卵巢后面正中的位置。卵椭圆形，大小为(17～22)μm×(9～11)μm。

Yamaguti(1975)引述Ochi(1931)的_Pypidiopsis summa_ Onji et Nishio，1916 的尾蚴(**异形图20**)也是典型的侧鳍长尾型尾蚴。其口吸盘及咽等的结构与本属吸虫在该部位的结构亦相似。

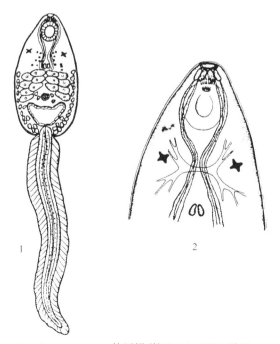

异形图 20　_Pygidiopsis summa_ 的尾蚴(按 Ochi，1931 于 Yamaguti，1975)

1. 成熟尾蚴；2. 尾蚴的前端

D. 裂突属(*Apophallus* Lühe，1909)

本属隶属于异形科(Heterophyidae)、异形亚科(Heterophyinae)。

裂突属的建立是用以容纳 Creplin 于1898年从中欧一种鸥鸟(*Larus ridibundus*)得到的虫种，当时被称为*Distomum lingua*，并于翌年改称为*Distomum mühlingi*。该吸虫被列为本属的模式种，而正确的名称是*Apophallus mühlingi*(Jägerskiöld，1899)Lühe，1909。

1) 穆氏裂突吸虫[*Apophallus mühlingi*(Jägerskiöld，1899)Lühe，1909](**异形图21**)。

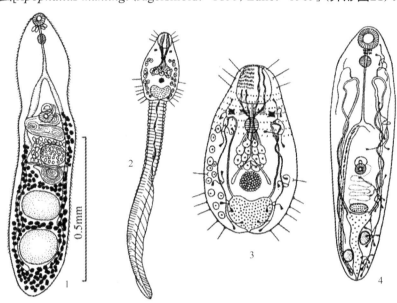

异形图21　穆氏裂突吸虫的成虫及幼虫期(按 Odening，1970)
1. 成虫；2、3. 尾蚴及其体部放大；4. 后期尾蚴

终末宿主　鸥鸟(*Larus ridibundus*、*L. argentatus cachinnans*、*L.canus*)、鹈鹕(*Pelecanus onocrotalus*)、长脚鹬(*Himantopus himantopus*)、鹭(*Cancroma cochlearis*)、鸬鹚(*Phalacrocorax pigmeus*)、鹧鹕(*Colymbus septentrionalis*)等食鱼的鸟类，以及家犬和家猫。

第二中间宿主(鱼类)　欧鳊(*Abranis brama*)、白色绯鲹鲣(*Leuciscus rutilus*)、鲈(*Perca fluviatilis*)、粗鳞鳊(*Blicca björkna*)、沙丁鱼(*Sardinius erythropthalmus*)等。囊蚴附着在鱼鳍上或鳞片下面(Ciurea，1930，1933；Prettenhoffer，1930)

本属虫种尚有：*Apophallus bacalloti* Morosov，1952、*A.bravis* Ransom，1920、*A.crami* Price，1931、*A.donicus*(Skrjabin et Lindtrop，1919)、*A.imperator* Lyster，1940等种。Morosov(1952)及Skrjabin(1952)为本属各种作检索表，主要按虫体肠管分叉的部位和卵黄腺分布情况为分种特征。Yamaguti(1971)在本属中列有9种。

2) 顿纳裂突吸虫[Apophallus donicus(Skrjabin et Lindtrop，1919)Price，1931]。

同物异名　*Rossicotrema donicus* Skrjabin et Lindtrop，1919、*Cryptocotyle venustus* Ransom，1920、*Cryptocotyle similis* Ransom，1920。

分布　欧洲、苏联、罗马尼亚、中国。

终末宿主　鵟(*Buteo*)、鸮(*Asio*)、鹳(*Ciconia*)、秋沙鸭(*Mergus*)、鸠(*Columba*)、夜鹭(*Nycticorax*)、鸥(*Larus*)等鸟类。哺乳类终末宿主有狗(*Canis familiaris*)、猫(*Felis catus domesticus*)及狐(*Vulpes vulpes*，*Vulpes lagopus*)，还有实验兔子。我们的标本是从福州的水獭(*Lutra lutra chinensis* Gray)肠内发现的，是此吸虫在野生食鱼哺乳动物发现的首次报告。是新宿主，也是我国境内新记录。

虫种特征(福州标本，**异形图22**)12条标本采集自福州的一个水獭的肠管。虫体扁圆筒形或梭形，体表披有小刺。从12个标本测量如下：全长1.160~1.465mm，宽0.304~0.476mm。口吸盘在前部顶端，大小为(0.034~0.052)mm×(0.030~0.065)mm。前咽极短，咽紧接着口吸盘，大小为(34~52)μm×(26~47)μm。

食道其长，0.232～0.335mm。肠管分支在体前方1/3处。
肠管沿着体两侧延展到体的后端。在染色的标本中神经
圈和神经索可以看得很明显。腹吸盘圆形，位于体赤道
线略前的位置，大小为 (0.047～0.060) mm ×(0.047～
0.065) mm。睾丸圆形或椭圆形，两个前后略作斜面排列。
前睾丸大小为 (0.116～0.172) mm×(0.138～0.198) mm，
后睾丸大小为 (0.129～0.198) mm ×(0.116～0.215) mm。
它们占了体后方1/3的中央的部位，在两个肠管之间。贮
精囊管状，屈曲延展于腹吸盘的后方，而开口于腹吸盘
前缘的生殖孔。卵巢圆形，或一边微凹的肾形，位于体
后方 1/3 水平线前方偏右的位置，大小为 (0.073～
0.108) mm ×(0.065～0.142) mm。受精囊疱形，全体成
两个膨大部，一端较大，另一端略小，大小为 (0.039～
0.069) mm×(0.052～0.194) mm。输卵管从卵巢的后面出
发，经受精囊背方与它相接，在受精囊前与卵黄腺总管
相接后进入卵模。子宫圈来回屈曲于卵巢与腹吸盘之间
和肠管之间的位置。生殖孔在腹吸盘前缘。在它的后方，
重叠在腹吸盘上面，有两个并排的肌肉性的生殖节突
(gonotyle)。子宫开口于雌生殖孔，而贮精囊则开口于腹

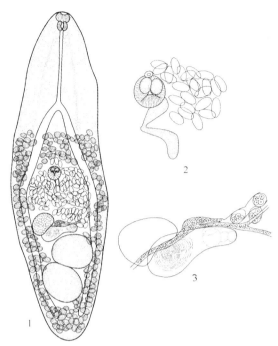

异形图 22　顿纳裂突吸虫成虫结构(原)

1. 成虫；2. 生殖节突(gonotyle)；3. 卵巢附近器管

吸盘的中央。这样复杂的腹吸盘生殖窦(acetabulo-genital atrium)是异形吸虫中的一个特殊的生殖孔结构形
式。卵黄腺分布于体的两侧，从体前1/3处水平或肠管分叉与腹吸盘中间的平行线开始，一直延至体后端，
在腹吸盘前和睾丸后的体中央部位两侧的卵黄腺汇聚并互相接触。横走的卵黄腺管在卵巢与前睾丸间斜向
中央，结集为卵黄总管。卵椭圆形，大小为 (22～34) μm×(17～21) μm。

在欧洲中部、苏联、罗马尼亚及北美洲等地分布的裂突吸虫的一些特征有些差异，简要列表比较于**异
形图23，异形表1**。

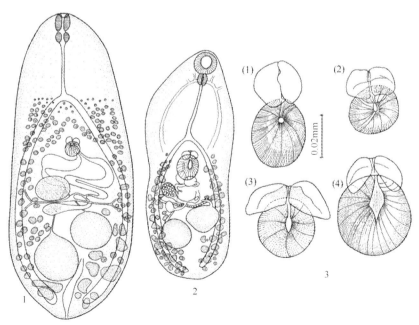

异形图 23　裂突吸虫及生殖节突(gonotyle)

1. *Apophallus venustus*(加拿大)；2. *Apophallus imperator*(美国)；3. 生殖节突((1) *A. venutus*，(2) *A. donicus*，(3) *A. brevis*，(4) *A. imperator*)

异形表1　世界各地裂突吸虫的比较（原）

	Apophallus mühlingi	*Apophallus donicus*	*Apophallus venustus*	*Apophallus imperator*	福建标本 *Apophallus donicus*
体长体宽/mm	(1.2～1.6)×(0.19～0.23)	(1.12～1.3)×(0.58～0.72)	(0.95～1.4)×(0.25～0.55)		(1.16～1.46)×(0.304～0.476)
口吸盘/mm	0.055	0.06～0.077	0.040～0.090		(0.034～0.052)×(0.030～0.065)
腹吸盘/mm		0.077～0.090	0.036～0.100	0.077×0.1	(0.047～0.060)×(0.047～0.065)
生殖乳突					
睾丸/mm		0.2～0.23 0.23～0.27	0.075～0.320	(0.057～0.063)×(0.112～0.126)	(0.116～0.172)×(0.138～0.198) (0.129～0.198)×(0.116～0.215)
睾丸相互位置	前后排列	斜列	斜列	斜列	微斜地前后排列
卵巢/mm		0.12×0.14	0.70～0.300	(0.57～0.63)×(0.112～0.126)	(0.073～0.108)×(0.065～0.142)
卵黄腺					
卵子/mm	0.032×0.018	(0.035～0.040)×(0.019～0.024)	(0.025～0.055)×(0.015～0.020)		(0.022～0.034)×(0.017～0.022)
地理分布	欧洲中部	欧洲、苏联、罗马尼亚	加拿大 魁北克	加拿大 魁北克	中国福建
宿主	*Larus nidibundus* *L. argentatus* *Cachinans* *Sternd hirundo* *Pelecanus* *Himatopus* *Cancroma* *Phalacrocorax* *Colymbus* 犬猫等	*Mergus merganses* *Nycticorax* *Nycticorax* *Buteo buteo* *Larus sidibundur* *Vulpes lagcpus* *Mustela* *Sarmatica* *Ciconia ciconia* *Sterna cantiaca*	犬、猫 浣熊 (*Phocyon lotor*) 阿拉斯加狐 (*Vuepes lagopus*) 海狗 (*Phoca vitulina*) 鹭 (*Ardea herodias herodias*)	猫、鸽、鸭 正常宿主未知	水獭 *Lutra lutra chinensis*

E.　台湾棘带吸虫 [*Centrocestus formosanus*(Nishigori，1924)]

同物异名 *Stamnosoma formosarum* Nishigori，1924。

本虫种隶属于异形科(Heterophyidae)、棘带亚科(Cestrocestinae)。在棘带亚科中仅包含 *Cestrocestus* Looss，1899 和 *Pandiontrema* Oshmarin et Parukhin，1963 两个属。前者虫体环口棘两排相间排列、两睾丸对称、肠管不达到体后端、腹吸盘陷于体柔软组织中。后者虫体环口棘只有一排、两睾丸前后列、肠管达到体后端、腹吸盘在生殖窦(genital sinus)之中。

分布　日本和中国。

终末宿主　哺乳类终末宿主有狗(*Canis familiaris*)、猫(*Felis catus domesticus*)、鼠(*Rattus norvegicus*)、豚鼠(*Cavis porcellus*)等，也可寄生于人类。鸟类终末宿主有夜鹭(*Nycticorax nycticorax*)、琵鹭(*Platalea leucarodia*)、白鹭(*Egretta intermedia*)等。

第一中间宿主(贝类)　*Thiara*(*Melania*)*libertina*、*Melania*(*Melanoides*)*tuberculata chinensis*。

第二中间宿主(鱼类)　按 Skrjabin(1952)记载的有：麦穗鱼(*Pseudorasbora parva*)、鲫鱼(*Carassius auratus*)、月鳢(*Channa formosana*)、胡子鲇(*Clarias fuscus*)、鲤鱼(*Cyprinus carpio*)、食蚊鱼(*Gambusia affinis*)、泥鳅(*Misgurnus anguillicaudatus*)、鳢鱼(*Ophicephalus tadianus*)、鲶鱼(*Parasilurus asotus*)、鳑鲏鱼(*Rhodeus ocellatus*)、斗鱼(*Macropodus opercularis*)、须鲃鱼(*Puntius semitasciolatus*)、泥鳞(*Limia caudofasciolata*)及 *Zacco platypus* 等鱼类。两栖类蛙(*Rana limnochoris*)也能充作第二中间宿主。

虫种特征（福州标本，**异形图24**）　福州的台湾棘带吸虫在夜鹭的小肠中收集到。体长0.516～0.581mm、宽0.224～0.237mm。口吸盘大小为(0.034～0.034)mm×(0.056～0.056)mm。前咽长0.043～0.077mm。咽大小为0.043mm×(0.034～0.039)mm。腹吸盘大小为(0.039～0.047)mm×(0.047～0.056)mm。两睾丸，大小为(0.065～0.082)mm×(0.099～0.116)mm及(0.073～0.077)mm×(0.090～0.095)mm。卵巢大小为(0.065～0.065)mm×(0.065～0.073)mm。虫卵小瓶状，具卵盖，大小为(29～39)μm×(17～22)μm。

F. 扩张斧头吸虫[**Scaphanocephalus expansus**(Crepl., 1842)Jägerskiöld，1903]

本虫种隶属于异形科(Heterophyidae)、斧头亚科(Scaphanocephalinae)，是斧头属(Scaphanocephalus Jägerskiöld, 1903)的模式种。

分布　欧洲、埃及、亚洲及北美洲。

终末宿主　雕(Aquilla haliaetus)、鄂鸟[Pandion haliaetus haliaetus(Linne)]。

第二中间宿主　如同其他异形吸虫类一样，本种吸虫的第二中间宿主也是鱼类。后期尾蚴在鱼体上结囊。食鱼鸟类因食鱼而受感染。Hutton(1964)报告在锯鳐(Pristis pactinatus)发现有本种吸虫囊蚴。

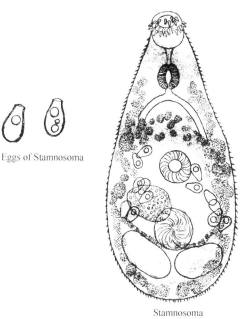

Eggs of Stamnosoma

Stamnosoma

异形图24　台湾棘带吸虫成虫及卵（原）

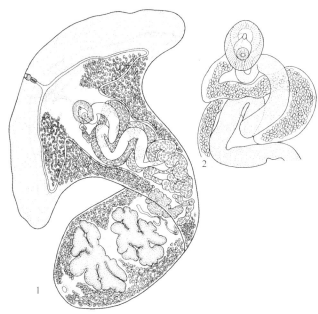

异形图25　扩张斧头吸虫（按唐崇惕和唐仲璋，2004）
1. 成虫；2. 腹吸盘及生殖孔

虫种特征（福建标本，**异形图25**）　一个标本采集自福建的鄂鸟肠内，其特征如下：体前部作左右两翼状的扩张，后部略具圆筒形。体表皮有细刺。全长5.042mm，阔前部4.15mm、后部1.33mm。口吸盘极小，0.090mm×0.082mm，位于体前方边缘的中央。紧接着有咽，大小为0.051mm×0.064mm。一个很短的食道长约0.189mm。肠管先沿着两翼弯曲，继屈曲伸向体后端而通于排泄囊。腹吸盘圆形，大小为0.344mm×0.262mm，位于具两翼体前部的基部。与生殖窦相混合，共包裹在柔软组织内，在腹吸盘内可观察到两个生殖孔，贮精囊的开口在后，子宫的开口在前，生殖吸盘(genital sucker)大小为0.073mm×0.086mm。睾丸作枝状，分瓣，中央的部分较小。前睾丸大小为0.609mm×0.894mm，后睾丸大小为0.590mm×1.085mm。贮精囊管状，长1.104mm、宽0.609mm，在体前半部作3°曲折通于生殖孔。分瓣的卵巢位于睾丸前面中央的位置，大小为0.343mm×0.495mm。子宫蜿蜒在卵巢和腹吸盘之间，两支肠管以内的空隙中，其前半部与贮精囊交错地折叠而进入生殖孔。卵黄腺分布在体两侧，自肠管弯曲处后面开始以迄体后端。虫卵大小为(30～36)μm×(17～21)μm。

本种吸虫原由Creplin(1842)在Aquilla haliaetus发现，后由Jägerskiöld(1904)详细再叙述。本种吸虫曾在欧洲、亚洲、非洲(埃及)及北美洲等地均有报告。北美洲的约30个标本亦采自鄂鸟(Pandion haliaetas carolinensis)。

本种吸虫接近的种类为 *Scaphanocephalus adamsi* Tubangui，1933（菲律宾）、鱼类宿主为 *Lepidaplois mesothorax*，后期尾蚴在其鳞片下和鳍中结囊。另一种为*Scaphanocephalus australis* Jahnston，1917，寄生于大洋洲的海雕（*Haliaetus leucogaster*）。Yamaguti（1942）记载在日本南霸港市（Naha）的副绯鲤（*Parapeneus multifasciatus*）的鳞片下及鳍中，尤其尾鳍有本属未定种*Scaphanocephalus* sp.的囊蚴。

G. 拉氏斑皮吸虫（*Stictodora lari* Yamaguti，1959）

斑皮属（*Stictodora*）按Skrjabin（1952）隶属于乳体科（Galactosomatidae Morozov，1950）的乳体亚科（Galactosomatinae Ciurea，1924）；Yamaguti（1958，1971）为*Stictodora* 类吸虫建立斑皮亚科〔Stictodorinae（Poche，1926）Yamaguti，1958〕。斑皮亚科中的群类如下。

异形科〔Heterophyidae（Leiper，1909）Odhner，1914〕

　　斑皮亚科〔Stictodorinae（Poche，1926）Yamaguti，1958〕

　　　Sobolephya Morozov，1950：体次圆柱形，贮精囊不分部。

　　　Neostictodora Sogandores-Bernal，1959：体后部增大，贮精囊分2或更多部分，具有肌肉性两性管。

　　　Stictodora Looss，1899：体后部增大，贮精囊分2或更多部分，无肌肉性两性管。

斑皮属（*Stictodora*）的模式种为寄生海鸥（*Larus* sp.）、鹱（*Puffinus kuhli*）的*Stictodora sawakinensis* Looss，1899。自此以后文献中出现了好些种类。山口左仲（Yamaguti，1939）认为Onji和Nishio（1924）所建立的*Cornatium*属是斑皮属的同物异名。Price（1934）比较乳体属（*Galactosomum*）与斑皮属，认为两者形态相似，后者没有存在的必要。Yamaguti（1939）相反地认为两属在贮精囊、卵黄腺以及生殖窦的构造上均不相同，应独作一属。

终末宿主　鸥鸟（*Larus crassirostirs*）（日本），红嘴巨鸥（*Hydroprogne tschegrava*）（俄罗斯），红嘴巨鸥〔*Hydroprogne tschegrava tschegrava*（Lepechin）〕（福建）。

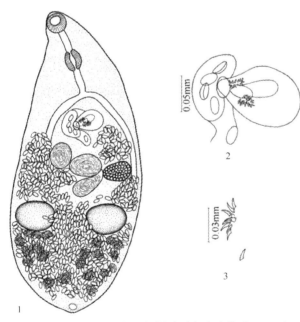

异形图 26　拉氏斑皮吸虫（按唐崇惕和唐仲璋，2005）
1. 成虫；2. 腹吸盘、子宫末端、生殖节突；3. 生殖节突上的小刺丛

虫种特征（福建标本，**异形图26**）　两个成熟标本采集自福建的红嘴巨鸥。虫体圆筒状或树叶状，前端较窄，后端钝圆。体表披有小刺，全长1.065～1.332mm，宽0.418～0.494mm。口吸盘在顶端，大小为（0.060～0.069）mm×（0.060～0.064）mm，接于一个明显的前咽。前咽长0.068～0.108mm。咽大小为0.069mm×0.052mm。食道长度约与前咽相等。肠管分支延至接近体的后半部。睾丸位于体后方1/3的平行线，左右并列。椭圆形，右睾丸大小为（0.107～0.116）mm×0.152mm，左睾丸大小为0.129mm×（0.137～0.155）mm。贮精囊甚为发达，中间缢缩为3室，大小为0.334mm×（0.086～0.090）mm。囊屈曲向前通于生殖囊。腹吸盘变形为一个与生殖节突（gonotyle）相接的、椭圆形、由柔组织构成的器官，大小为（0.068～0.086）mm×（0.090～0.111）mm。生殖节突上有两丛刀形的小刺附着，刺的数目分别为12个与17个。卵巢椭圆形，位于体中段赤道线上，偏于虫体的左边，大小为（0.060～0.112）mm×（0.063～0.112）mm。受精囊在它的后方，大小为0.120mm×0.090mm。子宫圈在腹吸盘以后的各器官间隙中绕缭着。子宫的末段转折而接连于生殖窦。卵黄腺分散的丛粒，分布于睾丸后的区域，混杂于子宫圈之间。卵椭圆形，大小为（21～27）μm×（13～17）μm。

福建本种吸虫的生殖节突上具有两丛小刺，其构造与日本的*Stictodora lari* Yamaguti，1939 较为相似，而与*S. sawakinensis* Looss，1899及*S.manilensis* Africa and Garcia，1935都不相同。寄生于鸥鹱的*Stictodora* *diplacantha* Johnston，1943，虽然其生殖节突上也有两丛的小钩，但它的卵子大小差别较大。因此，不同种类具有不同特征。陈心陶(1951)曾报告在香港用鲻鱼饲食猫犬而得到的*S.manilensis*，并列表比较本属的吸虫8种。

H. 何氏蚴形吸虫［**Cercarioides（Eucercarioides）hoepplii Tang et Tang，1992**］

同物异名：*Cercarioides（Cercarioides）hoepplii* Tang et Tang，1992。

本虫种隶属于异形科(Heterophyidae)、乳体亚科(Galactosominae)。

1)研究历史：Witenberg在他异形吸虫专著中创设蚴形属(*Cercarioides* Witenberg，1929)，本属仅含两种。模式种为*Cercarioides aharonii* Witenberg，1929，寄生于区氏䴏(*Puffinus kühli*)、燕鸥(*Sterna hiundo sandvicensis*)、红嘴巨鸥[*Hydroprogne tschegrava*(Lepechin)]。另一种为*Cercarioides baylisi* Gohar，1930，寄生于家鹅(*Anser anser domestica*)、灰雁(*Anser anser*)、燕鸥属(*Sterna*)及鸥属(*Larus*)等鸟类的肠道中。

Yamaguti(1971)将蚴形吸虫属分为两个亚属：蚴形亚属(*Cercarioides* subgenus)及异蚴亚属(*Allocercaricides* subgenus)。后者系从乳体属移来的。它们原系 *Galactosomum cochleariformis*(Rud.1819)和*G.humbergari*(Park，1936)。异蚴亚属的特征如下：前体和后体间缢缩的程度较浅。贮精囊分室，其末部囊壁较厚，睾丸较近于后体部的后缘。顾昌栋等(1979)叙述东方蚴形吸虫[*Cercarioides（Cercarioides）orientalis*]，其形态与本属的模式种较为近似。宿主系灰背鸥(*Larus schistisagus stejneger*)。

何氏蚴形吸虫独一的标本系从黑尾鸥(*Larus crassirostris* Vieillot)肠内采到，地点是福建福鼎县沙埕。和已知种比较(**异形图27、异形图28，异形表2**及下文蚴形属3亚属6虫种的检索表)，认为系异形科(Heterophyidae)乳体亚科(Galactosomatinae)蚴形属(*Cercarioides*)中的一个新亚属，于1992年定名为何氏蚴形吸虫新种*Cercarioides（Eucercarioides）hoepplii* Subgen.et sp.nov.，用以纪念已故的业师何博礼教授。本亚属和蚴形属其他两亚属的区别可见下列正蚴形亚属的主要特征。

正蚴形亚属(Subgenus *Eucercarioides*)的主要特征：前体部和后体部明显地截然分开，前体部有完整的后缘。贮精囊发达，有8个分室串联重叠如腊肠。生殖窦包括生殖吸盘和腹吸盘。生殖吸盘和腹吸盘重叠成生殖窦。卵黄腺丛体在后体两侧纵列成行，分布在后体两侧肠管外的位置。前体部与后体部的长度比为1∶1。

2)虫种特征(**异形图27**)：何氏蚴形吸虫虫体分前后两部，前部扁平，略作倒置心脏形，后部纺锤形。全长2.176mm，体前部1.122mm，后部1.156mm。最阔处体宽0.867mm。体前部密布小刺，两侧小刺向中央弯折，排列成行。体两部长度对比约为1∶1。口吸盘在次顶端位置，形巨大，大小为0.289mm×0.340mm。前咽明显，长0.051mm。咽甚发达，大小为0.102mm×0.119mm。食道长0.067mm。肠管两侧分支各作肩状向前弯曲，后沿着体侧后走，两盲端达到近体后端。睾丸作不规则分瓣状，前后斜面排列，位于体后部中段。前睾丸大小为0.238mm×0.289mm。后睾丸大小为0.255mm×0.393mm。贮精囊缢缩为8个小室，串叠如腊肠状。末端缩窄成管入于生殖窦。生殖窦位于前体部的后缘，在中央的位置。生殖窦有腹吸盘及生殖吸盘重叠在一起。直径各为0.063mm。生殖窦不具生殖结节(gonotyle)。卵巢梨形，大小为0.133mm×0.170mm。输卵管发自它的后缘，在很短距离后，与受精囊管相接。输卵管向右扭曲，又与卵黄总管相遇，而进于卵模及梅氏腺区。受精囊次圆形，大小为0.102mm×0.119mm。不具劳氏管。卵黄腺丛体分布于体后部肠管外侧，作两直线排列。前端靠近卵巢前缘的水平线，向后延展至后睾丸的后缘。两侧的卵黄腺管横走向中央会合，在卵巢后方成为卵黄总管

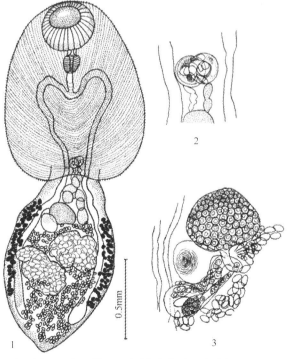

异形图27　何氏蚴形吸虫(按唐仲璋和唐崇惕，1992)

1.成虫；2.生殖窦结构；3.卵巢及其附近器官

而进入卵模。子宫盘旋在两睾丸间及后面空隙位置，继而上行，越卵巢而从生殖窦出口。卵椭圆形，大小为(30～37)μm×(19～22)μm。

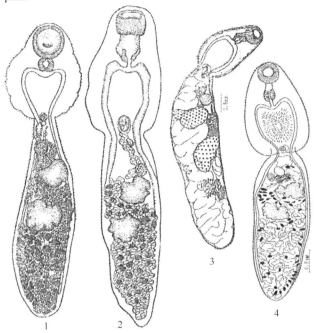

异形图 28 蚴形亚属 3 种吸虫

1. *Cercarioides* (*Cercarioides*) *aharonii* Witenberg，1929 (按 Witenberg，1929)；2. *Cercarioides* (*Cercarioides*) *baylisi* Nasmi，1930 (按 Witenberg，1929)；
3. *Cercarioides* (*Cercarioides*) *orientalis* Gu et al.，1979 (按 Gu et al.，1979)；4. *Cercarioides* (*Cercarioides*) *baylisi* Nasmi，1930 (按 Smogolzebskaya，1956)

本新种和新亚属的建立补充了蚴形属的形态特点。它们是食鱼鸟类寄生吸虫的独特的分支。由于腹吸盘的退化，代之以整个前体的边缘起吸着的作用。其变化有似*Diplestomulum*类吸虫一样。

3) 蚴形属 (Cercarioides) 3亚属6种吸虫的区别特征：以下列检索表来鉴别它们的主要区别特征。

1 (5) 虫体明显分前后两部

1 (2) 不具前咽和食道，卵子小，37μm×22μm···············*Cercarioides* (*Cercarioides*) *aharonii* Witenberg，1929

2 (3) 具前咽和食道，卵子较大，45μm×20μm，卵黄腺分散在体后部·····*Cercarioides* (*Cercarioides*) *baylisi* Gohar，1930

3 (4) 具前咽但食道付缺，肠管分支后不向前弯曲，卵子较大，(55～58)μm×(24～29)μm，卵黄腺分散在体后部··*Cercarioides* (*Cercarioides*) *orientalis* Gu et al.，1979

4 (3) 具前咽和食道，卵子最小，(30～37)μm×(18～22)μm，肠管分支向前作深度弯曲，卵黄腺分布在体两侧，作两纵行排列···*Cercarioides* (*Eucercarioides*) *hoepplii* Tang et Tang，1992

5 (1) 虫体不明显分前后两部

6 (7) 前咽短，睾丸大于卵巢···············*Cercarioides* (*Allocercarioides*) *cochleariforme* (Rud.，1819) Witenberg，1953

7 (6) 前咽较长，睾丸小于卵巢···············*Cercarioides* (*Allocercarioides*) *humbergari* Rark，1936

异形表2 何氏蚴形吸虫与蚴形亚属虫种特征的比较

	C. (C.) aharonii	C. (C.) baylisi (1)	C. (C.) baylisi (2)	C. (C.) orientalis	C. (E.) hoepplii
体长/mm	3～4	5～7	4.47～4.48	6.766	2.176
体宽/mm		1.7	1.14～1.30	1.284	0.867
前体/mm	1～1.3	3	(1.52～2.0)×(1.14～1.30)	1.865	1.122
后体/mm	2～2.7	4～5	(2.42～2.87)×(0.96～1.20)	4.891	1.156
前后体长度比	1:2	1:1.5～1.6		1:2.6	1:1
口吸盘/mm	0.38	0.55×0.73	(0.40～0.41)×(0.42～0.44)	0.429×0.471	0.289×0.340
前咽状况	无前咽	前咽长	前咽长	有腺体围绕于前咽	前咽短
咽/mm	0.15(直径)		(0.16～0.146)×(0.20～0.23)	0.171×0.214	0.051(直径)
					0.102×0.119

续表

	C.(C.) aharonii	C.(C.) baylisi(1)	C.(C.) baylisi(2)	C.(C.) orientalis	C.(E.) hoepplii
食道/mm	无食道	食道短	食道短		短 0.067
卵巢/mm	0.18		(0.14~0.18)×(0.18~0.24)	0.316	0.136×0.170
卵黄腺	分散在睾丸之后	分散在睾丸之后	分散在睾丸之后	分散在前后睾丸之后	在体两侧排列成纵行
受精囊/mm			(0.16~0.30)×(0.16~0.20)	0.299×0.352	0.102×0.119
前睾丸/mm			(0.30~0.38)×(0.54~0.70)	0.586×0.915	0.238×0.289
后睾丸/mm	0.38	0.75	(0.30~0.40)×(0.36~0.68)	1.091×0.598	0.255×0.323
储精囊					分为 8 部分, 位于体后部的前端
虫卵/μm	37×22	45×20	(50~51)×(22~25)	(55~58)×(24~29)	(30~37)×(18~22)
宿主	Puffinus kühli	Anser domesticus	Anser domesticus; Sterna hirundo sandivicensis	Larus schistisagus 八 stejneger	Larus crassirostris
报告者	Witenberg, 1929	Nasmi, 1930	Smogolzebskaya, 1956	Gu et al., 1979	唐仲璋和唐崇惕, 1992

关于乳体属的生活史, 据Jägerskiöld(1918)的报告, 它们也是食鱼鸟类的寄生虫。成虫的宿主为鸬鹚、燕鸥、军舰鸟、鹈鹕等。Jägerskiöld记载*Galactosomum lacteum*寄生于普通的黑鸬鹚(*Phalocrocorax carbo*)。它的后期尾蚴结囊在杜父鱼*Cottus scorkius* 及*Cottus bubalis*的脑组织中。Yamaguti(1958)的《蠕虫系统》中记载*G. humlergari* Park, 1936寄生于鸥鸟(*Larus californicus*)。据Olson的通信报道, 它的囊蚴寄生在一种鱼类(*Leuresthes tenuis*), 经试验能在一种鸥鸟体中发育为成虫。

4)蚴形属与乳体亚科的关系 蚴形属是异形科、乳体亚科下面一个很独特的属。作为它重要特点的生殖窦是由腹吸盘和生殖吸盘重叠形成的器官, 其结构颇为简单。详细考察异形科各属的代表种, 发现它们生殖窦的构造各不相同。证明本科为高度分化的类群。同隶于乳体属(*Galactosomum*)的种, 如*G.lacteum*(Jägerskiöld, 1896)和较后来才描述的*G.usuriense* Oshmarin, 1963两者的生殖窦也大不一样。前者腹吸盘与生殖孔是分开而并排的, 后者则愈合为一(Rekharani and Madhavi, 1983)。

乳体亚科的宿主绝大多数是食鱼鸟类, 如鸬鹚(*Phalocrocorax carbo*)、苍鹭(*Ardea cinerea*)、鹱鸟(*Puffinus kühli*、*P. leucomelas*)、鹈鹕(*Pelicanus orientalis*)、鲣鸟(*Sula leucogaster*)、须浮鸥(*Chlidonias hybrida*)、鸥鸟(*Larus* spp.)和燕鸥(*Sterna hirundo*)等。它们是滨海岸的鸟(shore birds), 但也散布于河口和内陆。由于它们有巨大的飞翔能力, 记录所示其分布区域包括欧亚、向北延及苏联和瑞典。以鹱鸟为例, 地中海以外, 也见于亚洲的日本。寄生于鲣鸟的吸虫, 在苏联和瑞典均有报告。称为*Larus orientalis* 的鸥鸟则见于中美洲的墨西哥和印度的孟加拉湾。

蚴形属鸟类宿主, 最早经描述的模式种*Cercarioides*(*C.*)*aharoni* Witenberg寄生于区氏鹱(*Puffinus kühli*)、燕鸥(*Sterna hirundo sandvicensis*)和红嘴巨鸥(*Hydroprogne tschegrava*), 分布于苏伊士、巴勒斯坦和我国黑龙江下游。第二种, *Cercarioides*(*C.*)*baylisi* Gohar 寄生于灰雁(*Anser anser*)及家鹅(*Anser anser domesticus*), 它们也寄生于鸥属和燕鸥属。*C.*(*C*)*baylisi* 最先发现的地点为埃及的开罗和欧洲第聂伯河的下游。顾昌栋等(1979)报告*Cercarioides*(*C.*)*orientalis* Ku et al., 1979寄生于灰背鸥(*Larus schistisagus* Stejneger), 地点在我国海南岛。

(3)隐殖科[Cryptogonimidae(Ward, 1917)Ciurea, 1933]

隐殖科吸虫是一类寄生于海产或淡水鱼类肠、胃消化道的吸虫, 仅个别寄生于爬行类。本类吸虫的生物学特征和异形科吸虫近似, 尾蚴亦为具尾鳍膜型尾蚴(lophocercous cercaria), 后期尾蚴在鱼类的皮下、鳍或肌肉内结囊。

A. 隐殖科的分类

Yamaguti(1971)在隐殖科中包含有如下15亚科、30属:

Family Cryptogonimidae(Ward, 1917)Ciurea, 1933

Subfamily Acetodextrinae Morozov，1952

    Genus *Acetodextra* Pearse，1924

Subfamily Biovariinae Yamaguti，1958

    Genus *Biovarium* Yamaguti，1934

Subfamily Caecincolinae Yamaguti，1958

    Genus *Caecincola* Marshall et Gilbert，1905

Subfamily Cryptogoniminae Ward，1917

    Genus *Centrovarium* Stafford，1904

    Claribulla Overstreet，1969

    Cryptogonimus Osborn，1903

      Syn.Protenteron Stafford，1904

    Mehracola Srivastava，1937

      Syn.Mehrailla Srivastava，1939

    Palaeocryptogonimus Szidat，1954

    Pseudocryptogonimus Yamaguti，1958

    Pseudosiphoderoides Yamaguti，1958

      Syn.Disacanthus Oshmarin，Mamaev et Parukhin，1961

    Siphoderoides Manter，1940

Subfamily Diplopharyngotrematinae Yamaguti，1958

    Genus *Diplopharyngotrema* Yamaguti，1958

Subfamily Exorchiinae Yamaguti，1938

    Genus *Exorchis* Kobayashi，1915

Subfamily Metadeninae Yamaguti，1958

    Genus *Gonacanthella* Sogandares-Bernal，1959

    Lopastoma Yamaguti，1971

    Metadena Linton，1910

      Syn.Achoerus Vlasenko，1931

    Stegopa Linton，1910

Subfamily Multigonotylinae Yamaguti，1971

    Genus *Multigonotylus* Premvati，1967

Subfamily Neochasminae Van Cleave et Mueller，1932（FR）

    Genus *Allacanthochasmus* Van Cleave，1922；

    Neochasmus Van Cleave et Mueller，1932（FR）

    Paracryptogonimus Yamaguti，1934

      Syn.Lappogonimus Oshmarin，Mamaev et Parukhin，1961

    Parspina（Pearse，1920）Yamaguti，1971

      Syn.*Proneochasmus* Szidat，1954

    Siphoderina Manter，1934

Subfamily Novemtestinae（Yamaguti，1958）Yamaguti，1971

    Genus *Novemtestis* Yamaguti，1942

Subfamily Polyorchitrematinae（Srivastava，1937）Price，1940

    Syn.Polyorchitrematinae Yamaguti，1958

      Polyorchitreminae Srivastava，1937

Genus *Iheringtrema* Travassos，1947

　　　Polyorchitrema Srivastava，1937

Subfamily Pseudexorchiinae Yamaguti，1958

　　Genus *Pseudexorchis* Yamaguti，1938

Subfamily Pseudometadeninae Yamaguti，1958

　　Genus *Pseudometadena* Yamaguti，1952

Subfamily Siphoderinae Manter，1934

　　Genus *Siphodera* Linton，1910

Subfamily Tubanguiinae Yamaguti，1958

　　Genus *Haplorchoides* Chen，1949

　　　　Syn.Pseudohaplorchis Dayal，1949，nec Yamaguti，1954

　　　Tubanguia Srivastava，1935

　　　　Syn.Pseudohaplorchis Yamaguti，1954，nec Dayal，1949

B. 外睾属（***Exorchis* Kobayashi，1915**）

1）研究历史：外睾属隶于隐殖科Cryptogonimidae）、外睾亚科(Exorchiinae)。外睾亚科吸虫以睾丸位于两肠支外侧而有别于其他亚科。本亚科吸虫是淡水鱼肠道寄生虫，是一类小型吸虫。外睾吸虫经报道的有*Exorchis oviformis* Kobayashi，1915、*Exorchis multivitellaris* Pan，1881、*Exorchis ovariolobularis* Cao，1990、*Exorchis dongtinghuensis* Zhang et al.，1993 和*Exirchis mupingensis* Jiang，2011五种，后4种发现于我国不同地区。有关此类吸虫的生活史，首先日本学者Okabe(1936，1937)从日本窄口螺(*Stenothyra japonica*)发现*Exorchis oviformis* 的尾蚴，并通过试验，从实验小鱼获得此吸虫的囊蚴和后期尾蚴。张仁利等(1993)报告了洞庭湖外睾吸虫 (*E.dongtinghuensis*)的贝类宿主为湖北钉螺(*Oncomelania hupensis*)，尾蚴在金鱼(试验小鱼)结囊、发育为后期尾蚴，终末宿主为鲇鱼(*Parasilurus asotus*)。唐崇惕和王云(1997)、唐崇惕和舒利民(2000)报告福建闽江的鲇鱼的叶巢外睾吸虫(*Exorchis ovariolobularis* Cao，1990)的生活史(**异形图29**)，毛蚴在闽江的窄口螺(*Stenothyra toucheana* Heude)体内发育，只有一代雷蚴，从中产出大量尾蚴。幼虫期在湖北钉螺体内也能发育成熟。成熟尾蚴在实验室金鱼体鳞片下，鳍条中结囊，发育达到成熟后期尾蚴。他们在西洞庭湖发现目平外睾吸虫，观察其生活史和进行系列试验（姜谧，2011；唐崇惕等，2008～2014；**血吸虫图64～67；异形图30～35**），证明外睾吸虫可作生物控制钉螺杀灭其体内日本血吸虫的材料。

2）叶巢外睾吸虫(*Exorchis ovariolobularis* Cao，1990)（**异形图29**）。

①叶巢外睾吸虫形态结构：叶巢外睾吸虫寄生在闽江下游的鲇鱼肠道中，数目很多，各鱼体中所含虫体的大小和发育程度常有很大差异，最小童虫的大小和形态与实验的第二中间宿主(金鱼)所获的成熟后期尾蚴相似。成熟成虫平均大小为0.431mm×0.331mm，口吸盘大小为0.055mm×0.064mm，咽大小为0.029mm×0.033mm，食道长0.014～0.019mm。腹吸盘大小为0.050mm×0.050mm。两睾丸大小为0.076mm×0.064mm和0.105mm×0.076mm。分叶的卵巢呈相连的两部，大小为0.060mm×0.102mm、0.083mm× 0.146mm。圆团形贮精囊两个，前贮精囊大小为0.071mm×0.098mm，后贮精囊大小为0.100mm×0.107mm。在两睾丸前方各引一条输精管，它们向体内侧下方延伸到后贮精囊的后1/3或1/4部分水平，会合成一短管后通入后贮精囊。前后贮精囊相通，前贮精囊前端由一从略宽到窄的短管通向生殖孔。受精囊也是一个圆球状囊，大小为0.063 mm×0.066mm，位于体后1/3部分中央，在后贮精囊的后方。从受精囊前端引出一条向前直伸的小管，通入卵模附近的输卵管中。两侧卵黄腺前端基部在两睾丸上部内侧各引出一条卵黄横管，向内行在卵巢附近会合为卵黄总管，在受精囊管和卵模之间通入输卵管。虫卵梨形，大小为(19～24)μm×(12～14)μm。

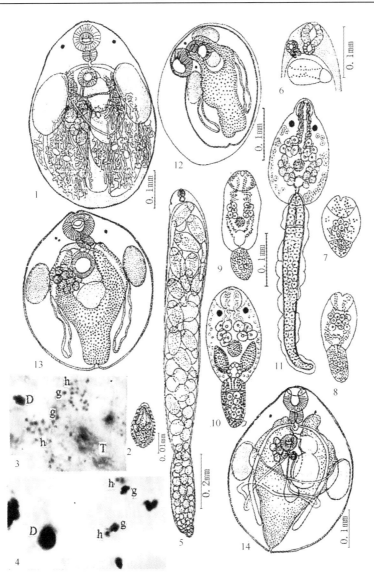

异形图 29　叶巢外睾吸虫的生活史各期(按唐崇惕和王云，1997；唐崇惕和舒利民，2000)

1.成虫；2.虫卵；3.在窄口螺内脏团血流循环中的雷蚴早期胚球(g)；4.在窄口螺生殖腺间隙血窦中的雷蚴早期胚球(g)；5.雷蚴内含尾蚴胚球；
6.雷蚴的前端示咽、短肠囊及生产孔；7～10.尾蚴胚体；11.成熟尾蚴；12.囊蚴；13、14.后期尾蚴

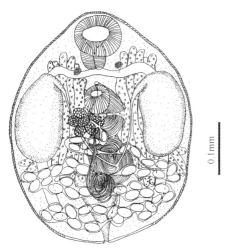

异形图 30　目平外睾吸虫成虫(按姜谧，2011)

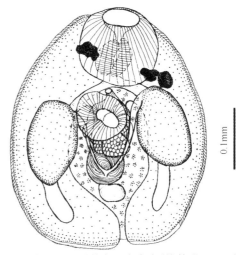

异形图 31　目平外睾吸虫童虫(按姜谧，2011)

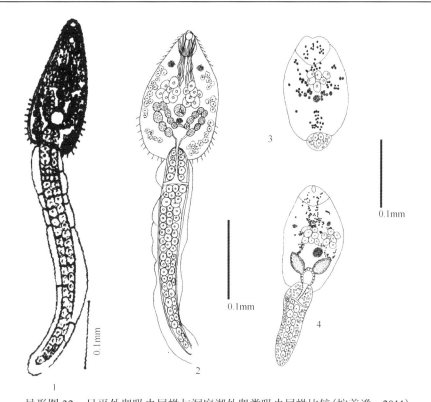

异形图 32　日平外睾吸虫尾蚴与洞庭湖外睾类吸虫尾蚴比较（按姜诇，2011）

1.洞庭湖外睾吸虫尾蚴(按张仁利等，1993)；2.日平外睾吸虫尾蚴；3.日平外睾吸虫早期尾蚴胚体；4.日平外睾吸虫尾蚴胚体

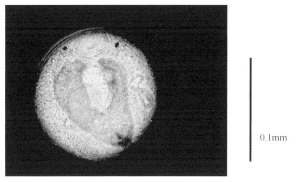

异形图 33　日平外睾吸虫 25d 囊蚴，示后蚴具"V"形排泄囊主干（按姜诇，2011）

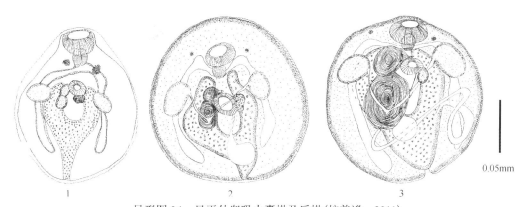

异形图 34　日平外睾吸虫囊蚴及后蚴（按姜诇，2011）

1.4d 囊蚴；2.25d 囊蚴；3.41d 后蚴，示排泄囊具稍长倒三角形主干的"V"形，排泄囊两支管在两肠支之内

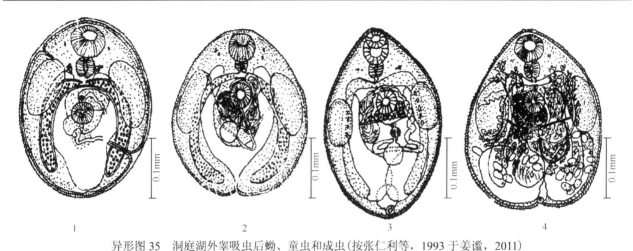

异形图35 洞庭湖外睾吸虫后蚴、童虫和成虫(按张仁利等，1993 于姜谥，2011)

1.7d 囊蚴；2.14d 后蚴，它们排泄囊两支管均越过肠管；3.童虫；4.成虫，它们排泄囊两主干均呈膨大叶片状，囊呈小球状或小管状

②**叶巢外睾吸虫幼虫期(异形图29)**：含具纤毛毛蚴的虫卵到外界后，要被窄口螺或钉螺吞食后，毛蚴才孵出。毛蚴从贝类宿主消化管钻出肠壁，在肠外围组织中增生大量胚细胞，分散在螺体组织中的胚细胞虽然被螺宿主大量淋巴细胞包围，被杀死。但在感染后105d仍然有相当数量的胚细胞才开始分裂成早期胚球(只有5～9个裂细胞)(**异形图29之3、4**)，它们随着螺宿主的血流，被输送到螺体消化腺和生殖腺组织间隙，在那里逐渐发育为雷蚴。雷蚴体内发育生成大量成熟尾蚴。外睾吸虫在贝类宿主体内的幼虫期为：毛蚴、胚细胞、一代雷蚴、尾蚴。无胞蚴和母雷蚴阶段。

尾蚴 具眼点和尾鳍膜，体部梨形或椭圆形，大小为(0.181～0.205)mm×(0.101～0.126)mm。穿刺腺7对，大多数只能见到5对。腹吸盘呈原基状，位于穿刺腺细胞团之后。排泄囊圆形，直径0.060～0.069mm，从其两侧各斜伸出一排泄管，长0.017～0.019mm，上密布着交错排列的一排圆形细胞。尾部大小为(0.365～0.369)mm×(0.036～0.038)mm，两侧均有尾鳍膜，鳍膜宽度为9～19μm。尾部排泄管在尾部前端1/6～1/5处分叉，向两侧开口。

囊蚴 用叶巢外睾吸虫成熟尾蚴人工感染实验室中的金鱼，感染后，于不同时间均可从金鱼的鳍条或鳞片下皮内等部位查获不同发育程度的囊蚴。在室温(25～30℃)条件下，22～26d 的囊蚴，在囊内的后期尾蚴已具本吸虫童虫的全部结构，排泄囊"Y"形。最大的后期尾蚴体长0.424mm，体宽0.348mm。除卵黄腺未出现之外，其他器官间联系情况比在终末宿主鲶鱼肠道中的成虫更加清晰可见。

3) 目平外睾吸虫(Exirchis mupingensis Jiang，2011)(按姜谥，2011)。

①宿主。

终末宿主 鲶鱼(Parasilurus asotus)。

第一中间宿主 湖北钉螺(Oncomelania hupensis)。

实验第二中间宿主 人工饲养的金鱼。

②**成虫(异形图30)**：虫体大小为(0.342～0.824)mm×(0.260～0.532)mm，长宽比约1.67∶1。口吸盘大小为(0.078～0.142)mm×(0.072～0.142)mm，咽大小为(0.036～0.084)mm×(0.028～0.072)mm，紧接在口吸盘后方。食道长2～16μm；两肠支到达虫体末端。腹吸盘大小为(0.042～0.105)mm×(0.046～0.107)mm，在体前1/3～2/5部位。卵巢大小为(0.041～0.140)mm×(0.040～0.189)mm，分叶小。两睾丸大小为(0.113～0.202)mm×(0.069～0.167)mm和(0.106～0.208)mm×(0.081～0.163)mm，位于体中部稍上方两侧。两睾丸上顶端分别引出一条弯曲的输精管向体内侧下方延伸，到后储精囊后1/4或1/3部分水平处会合成一短总管通入储精囊后端。贮精囊分为前后两部分，前贮精囊大小为(0.067～0.135)mm×(0.052～0.149)mm，后贮精囊大小为(0.056～0.189)mm×(0.040～0.188)mm，阴茎囊缺。生殖孔开口于腹吸盘前。受精囊大小为(0.033～0.098)mm×(0.029～0.092)mm，位于后贮精囊后方，从囊前端引出一条向前直伸小管，在卵模附近稍为弯折或直接通入其附近的输卵管中。卵黄腺两侧分为多条纵向长条，从体前端延伸到体后端。两侧

卵黄腺管，在二睾丸内侧上部水平，向内行成卵黄横管，它们在卵巢附近会合成卵黄总管。卵黄总管在受精囊管与卵模之间通入输卵管。子宫盘曲在体后部，其末端上行与储精囊的输精管一起开口于腹吸盘前方的生殖孔。虫卵大小为 $(20\sim26)\,\mu m\times(14\sim19)\,\mu m$。

③童虫（异形图31）：虫体大小为 $(0.483\sim0.777)\,mm\times(0.289\sim0.439)\,mm$，长宽比平均 $1.81:1$。口吸盘大小为 $(0.100\sim0.135)\,mm\times(0.098\sim0.133)\,mm$。咽大小为 $(0.047\sim0.105)\,mm\times(0.047\sim0.065)\,mm$，紧接在口吸盘后。食道长 $7\sim21\mu m$，两肠支到达虫体末端。腹吸盘大小为 $(0.077\sim0.100)\,mm\times(0.072\sim0.100)\,mm$，在体长前 $1/3\sim2/5$ 处。卵巢大小为 $(0.044\sim0.128)\,mm\times(0.054\sim0.245)\,mm$，分叶小。两睾丸大小为 $(0.124\sim0.198)\,mm\times(0.070\sim0.117)\,mm$ 及 $(0.084\sim0.196)\,mm\times(0.047\sim0.114)\,mm$，位于腹吸盘或其稍后虫体中段水平两侧位置。在两睾丸的上顶端分别引出一条弯曲的输精管，各向体内侧下方延伸，到后储精囊的后 $1/3$ 或 $1/4$ 部分水平处会合成一短总管通入后贮精囊。贮精囊分前贮精囊 $[(0.053\sim0.119)\,mm\times(0.047\sim0.093)\,mm]$ 和后贮精囊 $[(0.049\sim0.133)\,mm\times(0.035\sim0.103)\,mm]$。缺阴茎囊。生殖孔开口于腹吸盘前。受精囊大小为 $(0.026\sim0.086)\,mm\times(0.035\sim0.051)\,mm$，位于后贮精囊的后方，囊内尚无精子。从受精囊前端向前直伸的小管，于卵模附近稍为折弯或直接通入其附近的输卵管中。卵黄腺及卵黄管尚未出现。

④尾蚴：本种外睾吸虫的雷蚴其肠囊比咽小。在雷蚴体内发育的早期尾蚴胚体（异形图32之3），其体部中已有雏形的口吸盘和数个穿刺腺细胞，在腺管和排泄囊附近出现有规则排列的颗粒。稍大的尾蚴胚体（异形图32之4）尾部已稍长。口吸盘、两眼点、7对穿刺腺细胞、生殖原基、排泄囊及尾部排泄管等结构雏形已显现。成熟尾蚴（异形图32之2）为具尾鳍膜尾蚴。两个棕黑色的眼点位于口吸盘的两侧。体部大小为 $(0.128\sim0.221)\,mm\times(0.091\sim0.164mm)$，尾部长 $0.256\sim0.406mm$，最宽处 $0.033\sim0.050mm$，尾鳍膜宽 $0.015\sim0.021mm$。体部前端有微小的棘，体两侧后部各有感觉毛10根。口吸盘直径 $0.025\sim0.038mm$，不明显的腹吸盘，直径 $0.025\sim0.038mm$，位于排泄囊前方。7对穿刺腺细胞位于腹吸盘前方两侧，腺管两束在眼点之间向前延伸，终止于口吸盘口孔边缘。一团生殖原基细胞位于腹吸盘和排泄囊之间。排泄囊圆形，直径 $0.015\sim0.023mm$，其上方连着的具囊壁细胞两排泄管，长度 $0.046\sim0.062mm$；排泄囊后方进入尾基部的排泄管，在尾部前方约 $1/5.8$ 处分叉两小排泄管向外开口，它比洞庭湖外睾尾蚴的尾部排泄管长（异形图32之1、2）。

⑤囊蚴及后蚴：金鱼被外睾吸虫尾蚴感染后 $12\sim24h$，在其体部、尾鳍和鳃部均能发现囊蚴，具两眼点的后蚴被一层薄膜状囊壁包围。$24\sim60h$ 的囊蚴的囊壁不断增厚，腹吸盘和排泄囊上皮细胞亦逐渐增大。排泄囊中的圆形棕黑色颗粒越来越多。4d囊蚴中的后蚴，口吸盘明显，咽下方极短的食道连接一分义的肠管，直到虫体的后端。体两侧各出现睾丸。排泄囊呈"V"形及窄短主干的"Y"形（异形图34之1），囊内充满圆形的棕黑色颗粒。9d后蚴的贮精囊体积开始明显增大，贮精囊内充满活跃的精子。$18\sim25d$ 后蚴的两侧睾丸更加明显，同时可见卵巢、贮精囊、受精囊，排泄囊呈不典型"V"形（异形图33；异形图34之2）。虫体大小为 $(0.154\sim0.253)\,mm\times(0.139\sim0.234)\,mm$。口吸盘大小为 $(0.021\sim0.029)\,mm\times(0.031\sim0.040)\,mm$，咽大小为 $(0.016\sim0.030)\,mm\times(0.011\sim0.025)\,mm$，食道长 $4\sim5\mu m$，肠管延伸到体后端。腹吸盘大小为 $(0.025\sim0.026)\,mm\times(0.022\sim0.031)\,mm$。卵巢大小为 $(0.023\sim0.043)\,mm\times(0.029\sim0.033)\,mm$，分叶少。左睾丸大小为 $(0.043\sim0.061)\,mm\times(0.027\sim0.042)\,mm$，右睾丸大小为 $(0.040\sim0.047)\,mm\times(0.0276\sim0.045)\,mm$。已有精子的葫芦状贮精囊，其下部大小为 $(0.038\sim0.046)\,mm\times(0.028\sim0.044)\,mm$，上部大小为 $(0.025\sim0.040)\,mm\times(0.019\sim0.033)\,mm$。受精囊大小为 $(0.016\sim0.030)\,mm\times(0.023\sim0.044)\,mm$，内部无精子。受精囊前端引出的一细管，通到卵模前方的输卵管上。$30\sim41d$ 后蚴（异形图34之3），虫体大小为 $(0.124\sim0.198)\,mm\times(0.152\sim0.178)\,mm$。口吸盘大小为 $(0.021\sim0.037)\,mm\times(0.022\sim0.038)\,mm$，咽大小为 $(0.008\sim0.024)\,mm\times(0.011\sim0.013)\,mm$，食道长 $1\sim2\mu m$，肠管延伸到体后端。腹吸盘大小为 $(0.016\sim0032)\,mm\times(0.015\sim0.028)\,mm$。卵巢大小为 $(0.018\sim0.033)\,mm\times(0.019\sim0.024)\,mm$，分叶少。左睾丸大小为 $(0.032\sim0.061)\,mm\times(0.021\sim0.041)\,mm$，右睾丸大小为 $(0.029\sim0.061)\,mm\times(0.017\sim0.023)\,mm$。充满精子的葫芦状贮精囊，其下部大小为 $(0.015\sim0.035)\,mm\times(0.013\sim0.025)\,mm$，上部大小为 $(0.013\sim0.022)\,mm\times(0.010\sim0.023)\,mm$。受精囊大小为 $(0.010\sim0.021)\,mm\times(0.004\sim0.020)\,mm$，内部空。子宫曲

已出现，但其中无虫卵。目平外睾吸虫(*Exorchis mupinensis* Jiang，2011)和洞庭湖外睾吸虫(*Exorchis dongtinghuensis* Zhang et al.，1993)都是发现于我国湖南省洞庭湖水域，它们的终末宿主目前所知都仅有鲶鱼一种。但两者的成虫、童虫及尾蚴的排泄系统完全不同。从西洞庭湖目平湖查获的虫种是纯一的目平外睾吸虫。千万条的成虫、童虫和后蚴，它们的排泄囊全部都是呈不典型的倒三角"V"形、两支干不超越肠两肩部。

在东洞庭湖岳阳君山一带的洞庭湖外睾吸虫，其后蚴的排泄囊呈具长支干和短主干的"Y"形至"U"形，两支干超越肠两肩部(**异形图35之1、2**)。童虫和成虫阶段的排泄囊两支干膨胀如叶片状，在肠管内侧或虫体后部，主干缩小呈小球状至短小管状(**异形图35之3、4**)。在福建的叶巢外睾吸虫(*Exorchis ovariolobularis* Cao，1990)的后蚴，其排泄囊呈主干等粗较长的"Y"形(**异形图29之12～14**)。不同种类外睾吸虫的尾蚴，在它们尾干基部的后排泄管长度与尾干长度的比例情况，也不相同。吸虫类的排泄系统是比较稳定的结构，由它们结构的异同可以区别虫种的异同。此外，目平外睾吸虫雷蚴肠囊小于咽的特征和叶巢外睾吸虫相似(**异形图29之5、6**)，不同于洞庭湖外睾吸虫其雷蚴肠囊大于咽(**异形表3**)。

异形表3 目平外睾吸虫与本属其他虫种主要特征的比较(按姜谧，2012)

虫种及特征	目平外睾吸虫 (按姜谧，2011)	卵形外睾吸虫 (按Kobayashi，1915)	多卵黄外睾吸虫 (按潘金培，1981)	叶巢外睾吸虫 (按唐崇惕和王云，1997)	洞庭湖外睾吸虫 (按张仁利等，1993)
成虫大小/mm	(0.342～0.908)× (0.260～0.532) (0.568×0.377)	(0.2～0.3)×(0.2～0.28)	(0.361～0.562)× (0.312～0.50) (0.478×0.415)	0.431×0.331	(0.280～0.488)× (0.179～0.309)
虫卵大小/mm	卵数多或少 (0.019～0.027)× (0.012～0.019) (0.024×0.015)	卵较大 0.04×0.02	卵小而多 (0.016～0.020)× (0.009～0.011) (0.017×0.010)	卵数少至中等 (0.019～0.024)× (0.012～0.014) (0.022×0.013)	卵数中等 (0.023～0.026)× (0.014～0.015)
排泄囊形状	不典型 V 状，有时有 倒三角形尖削末端 的短主干形状	V 形	V 形	典型 Y 状，主干长宽大	排泄囊 2 支干膨大呈椭 圆形叶片，主干为小 球状或小管状
雷蚴肠囊	肠囊比咽小	肠囊极小	缺	肠囊比咽小	肠囊比咽大
尾蚴后排泄管	后排泄管为尾长之约 1/5.8	未见	缺	后排泄管为尾长之约 1/5	后排泄管为尾长之约 1/7.9

5. 异形吸虫总科种类的地理分布

寄生蠕虫类的地理分布与它们宿主(终末宿主和中间宿主)的地理分布密切相关。由于异形吸虫类的虫种需有 3 个宿主：终末宿主(鱼类、鸟类或哺乳类)、第一中间宿主(前鳃类(Prosobranchia)贝类)和第二中间宿主(鱼类)的参与才能完成其生活史，要有 3 个宿主都存在的区域才有其相关的异形吸虫种类存在。所以，目前已知的异形吸虫种类还没有在世界五大洲都有的广布种。只有少数种见于两个洲，按 Skrjabin(1952)统计，具有异形吸虫种类最多的是亚洲区系(27 属、55 种)和美洲区系(28 属、53 种)，异形吸虫种类较少的是非洲区系(9 属、17 种)与欧洲区系(12 属、18 种)，当时在大洋洲尚未发现有异形吸虫。虫种分布当然与生态环境有关，但比较少的人去研究它们也是一个原因。有一些寄生在人体或寄生在家畜的种类会引起人们的注意，就有较多的研究，成为分布较广的种类。

已发现的异形吸虫总科种类的分布大多数在北半球(在北纬20°～50°)，只有很少的种类见于南半球。在北半球，异形吸虫是在不同的地带中分布，明显的有下列4个地带(按Skrjabin，1952)：

第一地带 在地中海和黑海沿岸，主要集中在地中海的东南岸(非洲)和东岸(亚洲)，以及在黑海的北岸和西岸。

第二地带 在日本海和太平洋沿岸[包括日本、俄罗斯远东、堪察加半岛、科曼多尔群岛(在堪察加半岛东边)]以及中国。

第三地带　菲律宾群岛以及我国台湾岛。

第四地带　美国以及大西洋的东岸。

Skrjabin　认为这4个地带是异形吸虫分布主要的发源地。异形吸虫分布虽然和海洋沿岸相关，但仍属于陆地区系，它们的终末宿主或者是陆地上的哺乳动物、食鱼鸟类，或者是内河鱼类。

按此情况，异形吸虫只分布在以下4个动物地理区。

古北区（Palcarctic Region）　包括欧洲地中海亚区、喜马拉雅山脉以北的亚洲中国亚区、阿拉伯北部，以及撒哈拉沙漠以北的非洲。古北区是异形吸虫种类最多的区域，地中海亚区是异形吸虫丰富的区系，它们主要分布于叙利亚、撒哈拉沙漠东部、地中海东岸、爱琴海和黑海沿岸及高加索等地。此外在中国东北、日本以及堪察加半岛和科尔曼群岛均有发现。

新北区（Nearctic Region）　异形吸虫在新北区如同在古北区一样分布很不平衡，基本类群主要在大西洋东岸，在美国的佛罗里达（Florida）半岛和加利福尼亚（California）州，记载的种类很少。在加拿大，异形吸虫沿着大西洋东南岸分布。在美国阿拉斯加（Alacka）区域，异形吸虫有一独立的分布区。

新热带区（Neotropical Region）　异形吸虫在此区域分布不广，只在大西洋东岸发现于鸟类的少数种类。

东洋区（Oriental Region）　发现的异形吸虫种类不多，主要在马来西亚亚区（菲律宾群岛）、印度支那亚区（我国台湾岛）和印度亚区等处找到。以菲律宾群岛居多，我国台湾次之。

异形吸虫类在与其终末宿主的关系上分为两大群类：一群类为隐殖科（Cryptogonimidae），寄生于鱼类；另一群类为异形科（Heterophyidae）和乳体科（Galactosomatidae），是鸟类和哺乳动物的寄生虫。

异形吸虫在两栖类和爬行类（仅偶然的2例）中没有发现，两栖爬行脊椎动物无异形吸虫可能是由于本类吸虫的第二中间宿主是鱼类，两栖爬行动物极少有食鱼的生活方式之缘故。

异形吸虫的第一中间宿主是属于Prosobranchia目和Melaniidae科的贝类，它们在第三纪时有很广大的分布和很丰富的种类，但在现今，这类群贝类只具有很小和零落的分布。这一因素可能影响了异形吸虫的分布。

关于异形吸虫地质年龄问题，基于寄生虫存在地质时期常常与它们的宿主存在地质时期有关。在异形吸虫类中寄生于鱼类的隐殖科（Cryptogonimidae）比寄生于鸟类和哺乳动物的种类更古老，考虑到其贝类宿主在第三纪时已有很广的分布且有很丰富的种类，推测Cryptogonimidae的种类可能存在第三纪的古生代末期或始生代之初期。美洲从欧洲大陆分出约于始生代初（始新世），如果Cryptogonimidae发生时期较早，它们也就能分布于欧洲。

参 考 文 献

曹华. 1990. 福建沿海鱼类两新种. 动物分类学报，15(2)：144-148

陈心陶. 1965. 医学寄生虫学. 北京：人民卫生出版社

顾昌栋，邱兆祉，祝华，等. 1979. 天津鸟类几种新种吸虫. 动物分类学报，4(1)：13-16

唐崇惕，舒利民. 2000. 外睾吸虫幼虫期的早期发育及贝类宿主淋巴细胞的反应. 动物学报，46(4)：457-463

唐崇惕，王云. 1997. 叶巢外睾吸虫幼虫期在湖北钉螺体内的发育及生活史研究. 寄生虫与医学昆虫，4(2)：83-88

唐仲璋，唐崇惕. 1992. 蚴形属吸虫一新亚属新种 Cercarioides (Eucarcarioides) hoepplii subgen. and sp.nov. (Trematoda: Heterophyidae). 武夷科学，9：91-97

张仁利，左家铮，刘柏香，等. 1993. 洞庭湖外睾吸虫新种及其生活史. 动物学报，39(2)：124-129

Africa C M, de Leon W, Garcia E Y. 1937. Heterophyidiasis，VI. Two more cases of heart failure associated with the presence of eggs in sclerosed veins. J Philippine Id Med Assoc，17：605-609

Africa C M, de Leon W, Garcia E Y. 1940. Visceral complisations in intestinal heterophydiasis of man. Acta Med Philipp Monogr Ser，1：132

Africa C M, De Leon W, Garcia E. 1936. Somatic Helerophyidiasis in fish-eating birds，II. Presence of adults and eggs in the bile duct of the cattle Egret. Philipp J Sci，61：227-233

Africa C M, Garcia E Y, De Loon W. 1935. Intestinal heterophyidiasis with cardiac involvement. Philipp J Public Hlth，2：1-22

Africa C M, Garcia E Y. 1935. Heterophyid trematodes of man and dog in the Philippines with descriptions of three new species. Philipp J Sci，57：253-257

Africa C M. 1929. On two German Heterophyidae with notes on the variability of certain structures. Centrbl Bakt Parasit Infekt，Abt I，114：81-86

Alicata JV，Schattenburg O L. 1938. A case of intestinal heterophyidiasis of man in Hawaii. J Am Med Ass，110(14)：1100-1101

Ameel D J. 1938. The morphology and life cycle of *Euryhelmis monorchis* n. sp.(Trematoda)from the Minx. J Parasitol，24：219-224

Blanchard R. 1891. Note préliminaire sur *Distomum heterophyes*. C R Soc Biol，3：792

Balozet L，Callot Y. 1939. Trematodes de Tunisie.3. Superfamilie *Heterophyoidea*. Arch Inst Pasteur，28(4)：34-63

Cable R，Hunninen A. 1942. Studies on the life history of *Siphoderina vinaledwarsii*(Linton). (Trematoda Cryptogonimidae). J Parasitol，28(5)：407-422

Cameron T W. 1936a. On the life history of *Apophallus venustus* with observations on the life history of *Parametorchis* in Canada. Parasitology，22：542

Cameron T W. 1936b. Studies on the Heterophyid Trematoda *Apophallus venustus*(Ransom，1920)in Canada. P. I. Morphology and Taxonomy. Can J Sci，Sect D 14：59-69

Cameron T. 1937. Studies of the Heterophyid Trematode *Apophallus venustus*(Ranson，1920). P. I. Further hosts. Can J Res，Sect D 15：275

Cameron T. 1938. Studies on the Heterophyid trematode *Apophallus venustus*(Ranson，1920). P.II. Life History and bionomics. Can J Res，Sect D 16：38-51

Chen H T. 1936. A Stu dy of the *Haplorchinae*(Looss，1899)Poche，1926(Trematoda：Heterophyidae). Parasitology，28：40-55

Chen H T. 1942. The metacercaria and adult of *Centrocestus formosanus*(Nishigori，1924)with notes on the natural infection of rats and cats with C. *armatus*(Tanabe，1922). J Parasitol，28(4)：282-298

Chen H T. 1949. Systematic consideration of some Heterophyid Trematodes of the subfamilies *Haplorchinae* and *Stellantchasminae*. Ann Trop Med Parasit，53(8)：324

Chen H T. 1951. *Stictodora manilensis* and *Stellanchasmus falcatus* from Hong-Kong，with a note on the validity of other，species of the two genera(Tremtoda：Heterophyidae). Lingnan Sci J，23(3)：165-175

Cheng T H. 1976. The Birds of China. Beijing：Scientific Publisher

Ciurea J. 1924. Heterophyides de la faune parasitaire de la Roumanie. Parasitology，16：1-21

Ciurea J. 1930. *Apophallus mühlingi* larvae encysted in freshwater fish. Rouman Rev Stiint Venter，2：4

Ciurea J. 1933. Les vers parasitaires de l'homme，des mammifères et des oiseaux provenant des poissons du Danube et de la mer Noire. Premier mèmoire. Trématodes，familie *Heterophyidae* Odhner，avec un essai de Classification des trématodes de la Superfamilie. Arch. Roumain. Pathol Exper Microbiol，6：150-171

Ciurea J. 1934. Recherches expérimentales sur la réceptivilé des oiseaux dome stiques à 1'infestation par les trématodes do la fauna Heterophyides Odhner. Livro-hommage au Prof Cantacozene Messon，168-184

Cort W，Yokogawa S. 1921. A new human trematode from Japan. Journ Parasit，8：66-69

Cort W. 1921. On *Heterophyes nocens*，in Proceedings of the 45-50th Meetings of the Helminthological Society of Washington. J Parasitol，7：186-201

Dayal J. 1935. On the morphology of a new Trematode of the genus *Haplorchis* from the intestine of *Pseudeutropius taakree*. Proc Indian Sci Congr：322

Deschiens R，Collomb H，Demarchi J. 1958. Distomatose cerebrale a *Heterophyes heterophyes*. Abst 6th Int Cong Trop Med and Malaria：265

Faust E，Nishigori M. 1926. The life cycle of two new species of Heterophyidae. J Parasitol，12：91-128

Hamdy E L，Nicola E. 1981. On the histopathology of the small intestine in animals experimentally infected with *H. heterophyes*. J Egypt Med Assoc，63：179-184

Izumi M. 1935. Studies concerning a new species of *Metagonimus* and its life cycle. Kitasato Arch Exper Med，12：362-384

Kagli N，Oshima T，Kihata M. 1964. Two cases of human infection with *Stellanchasmus falcatus* Onji et Nishio，1915(Heterophyidae)in Kochi Prefecture. Jap J Parasitol，13：472-478

Katsurada F. 1913. On a new Trematode *Metagonimus*. Tokyo Med Weekly，№.176

Katsurada F. 1913. *Yokogawa* nov. genus，type *Heterophyes yokogawai* Leiper. Trans Soc Trop Med，6：282-285

Katzuta J. 1932. Studies on trematodes whose second intermediate hosts are fishes from the brackish waters of Formosa. Formosa J Med Ass，31：20-39

Kean B H，Breslau R C. 1964. Parasites of the human heart. Chapter X. Cardiac Heterophyidiasis. New York：Grune and Straton：95-103

Khalil M. 1933. The life history of the human Trematode parasite *Heterophyes* in Egypt. Lancet，225(2)：537

Kliks M，Tantachamrun T. 1974. Heterophid(Trematoda)parasites in North Thailand with note on a human case found at necropsy. Southeast Asian J Trop Med Pub Hlth，5：547

Kobayashi H. 1925. On the scientific name for Yokogawa's *Metagonimus*.(In Japanese). Jap J Med Sci，1940(6)：229

Looss A. 1894. Über den Bau von *Distoma heterophyes* und D. *fraternum*. Kassol，59

Looss A. 1902. Eine Revision der Fasciolidengattung *Heterophyes*. Notizen zur Helmintologie Aegypten，V Abt I，Vol. XXXII

Lundahl W S. 1939. Life history of *Caecincola parvulus* Marschal and Gilbert(Trematoda：Heterophyidae). J Parasitol，25(6)：27-28

Lyster L L. 1940. *Apophallus imperator* sp. n.，a *Heterophyes* encysted in trout with a contribution to its life history. Can J Res，18(sect. D)：106-121

MacIntosh A. 1936. The occurence of *Euryhelmis squamula*(Rud. 1819)in the United States. J Parasitol，22：536

Manter H. 1934. Some digenetic trematodes from deep water fishes of Tortugas Florida. Pap Tortugas Lab Carnegie Inst，28：325-327

Manter H. 1940. Digenetic Trematodes of fishes from the Galapagos Islands and the neighbouring Pacific. Rep Allan Hancock Pacif Exped Los Angelos，2(14)：325-497

Marshall W S，Gilbert N C. 1905. Three new trematodes found principally in black bass. Zool Jahrb Syst，22(4)：477-488

Martin W E. 1951. *Pygidopsoides spindalis* n. gen. n. sp. Heterophyidae. J Parasitol，37(3)

Miller M J. 1941. The life history of *Apophalus brevis* Rans 1920. J Parasitol，27(6)：12

Mueller E，Van Cleave. 1932. Heterophyidae in fresh water fishes of North America：Discussion. Roosevelt Wild Life Ann，3：320

Mueller E. 1941. *Centrovarium lobates* (Mac Call.) in stomach of Esox lucius and *Stizistegion vitreum*. Can J Res，19(D)：50

Muto M. 1917. On the first intermediate host of *Metagonimus yokogawai*. Kyoto Igaki Zasshi，vol. XIV

Nishigori M. 1924. Two new species of the Family Heterophyidae，found in Formosa. Zasshi，Taiwan Ygak，237：569-570

Nishigori M. 1927. The life cycles of two new species of Heterophyidae found in Formosa. Zasshi，Taiwan Ygak. N. 264

Nishio M. 1915. A new Trematode on the genus *Pygidiopsis*. Tokyo Iji Shinshi，1929：1139-1143

Ochi S. 1931. Studies on Trematodes with brackish water fishes as intermediate hosts. Tokyo Iji Shinshi，2712：346-355

Okabe K，Koga Y. 1952. Trematode larvae encysted in *Cailia* sp. Kurume Igaku Zasshi，15(9-10)：641-644

Okabe K. 1936. Zur Entwicklungsgeschichte von *Exorchis oviformis* Kobayaschi. Fukuoka. Acta Medica，29(1)：211-220

Park J T. 1936. New Trematodes from birds，*Plagiorchis noblei* sp. n. (Plagiorchidae) and *Galactosomum humbergeri* sp. N. (Heterophyidae). Trans Am Micr Soc，55：49-54

Pratt H S. 1911. On *Galactosomum cochleareforme* Rud. Zool Anz，27：143-148

Price E W. 1931a. A new species of Trematode of the Family Heterophyidae with a note on the genus *Apophallus* and related genera. Proc U S Nat Mus，79(17)：4-6

Price E W. 1931b. *Metagonimoides oregonensis*，a new trematode from a raccoon. J Wash Acad Sci，21：405-407

Price E W. 1931c. The Occurrence of *Apophallus donicus* (Syn. *Rossicotrema donicum*)，in wild rats. J Parasitol，18：55

Price E W. 1932. *Apophallus zalophi* sp. nov. in small intestine of *Zalophus californicus*. Proc US Nat Mus，81：36-38

Price E W. 1935. Descriptions of some Heterophyid Trematodes of the subfamily Centrocestinae. Proc Hel Soc Washington，2：70-73

Price E W. 1940. A review of the Heterophyid Trematodes with special reference to those Parasitic in Man. New York，Rep Proc 3rd Int Congr Microb

Ransom B. 1920. Synopsis of the Trematode family Heterophyidae with descriptions of a new genus and five new species. Proc U S Natur Mus，57：527-573

Rao M A N，Ayjar L S P. 1932. *Hete.，rophyes* sp. from dogs in Madras. Indian Vet J Madras，8：237-239

Refuerso P，Garsia E. 1937. *Pygidiopsis marivillai*，a new heterophyid trematode from the Philippines. Philipp J Sci，64：359-363

Saito S，Shimizu T. 1968. A new trematode *Metagonimus otsurui* sp. nov. from the fresh-water fishes (Trematoda：Heterophyidae). Jap J Parasit，17(3)：167-174

Sandwich F M. 1899. *Distoma Heterophyes* in a living patient. Lancet，2：888

Sen H G. 1965. *Heterophyes heterophyes* from a dog in the western part of India. Trans Roy Soc Trap Med Hyg，59：610

Skrjabin K I. 1952. Trematodes of man and animals. Vol. 6. Moscow：The Academy of Sciences of USSR

Smogolzebskaya L A. 1956. Trematodes of fish-feeding birds in the valley of Dnieper River. Parasitological Essays of the Zoological Institute，Science Academy USSR，16：244-263

Srivastava H D. 1935. Studies on the family Heterophyidae Odhner，1914. Part I. On a new Distome from the Indian fishing eagle，*Haliaetus leucoryphus* with remarks on the genera *Ascocotyle* Looss，1899，and *Phagicola* Faust，1920. Proc Acad Sci，4：269-278

Srivastava H D. 1935a. Studies on the Family Heterophyidae Odhner. 1914. Part II. Four new parasites of the genus *Haplorchis* Looss. 1899，from Indian fresh water fishes with a revision of the genus. Proc Acad Sci U P Allahab，5：74-84

Srivastava H D. 1937. Studies on the Family Heterophyidae Odhner，1914. Part II. Parasites belonging to a new subfamily Polyorchitrematinae from the gut of an Indian fresh water fish. Proceedings Indian Scient Congress，24：400-401

Srivastava H D. 1939. Studies on the family Heterophyidae Odhner，1914. Part III. Parasites belonging to a new subfamily Polyorchitrematinae from an Indian fresh water fish. Indian J Vet Sci Dehli，9：165-168

Stunkard H W，Willey C H. 1929. The development of *Cryptocotyle lingua* (Heterophyidae) in its final host. Am J Trop Med，9：117-118

Stunkard H W. 1929. The excretory system of *Cryptocotyle* (Heterophyidae). J Parasitol，15：321-323

Stunkard H W. 1930. The life History of *Cryptocotyle lingua* (Creplin)，with notes on the physiology of the metacercaria. J Morphol，50：143-191

Tang C C (唐仲璋)，Tang C T (唐崇惕). 1992. A new species of *Cercarioides* (Trematoda：Heterophyidae) from Fujian with a discussion on its distribution. Proc 4th Int Marine Bio Workshop. Hong Kong University Press：29-35

Tantachamrun T，Kliks M. 1978. Heterophyid infection in human ileum report of three cases. Southeast Asian J Trop Med Pub hlth，9(2)：228-231

Timon-David J. 1963. Development experimental d'un trematode du genre *Apophallus* Lühe (Digenea Heterophyidae). Bulletin de la societe d'Histone Naturelle de Toulouse，98(3/4)：452-458

Travassos L. 1929. Alguns trematodes da familia Heterophyidae observados no Brasil. Ann Acad Brasil Sci Rio de Janeiro，I：14-16

Travassos L. 1930. Revisao do gesnero *Ascocotyle* Looss，1899. (Trematoda：Heterophyidae). Mem Int Oswaldo Cruz Rio，23：61-70

Travassos L. 1931. Contribuicao ao conhecimento dos Heterophyidae (Trematoda). Mem Inst Oswaldo Cruz Rio de Janeiro，25：47-49

Travassos L. 1947. Contribuicao ao conhecimento dos helmintos dos peixes d'agua doce do Brasil. Ⅱ.(Trematoda：Heterophyidae). Mem Inst Oswaldo Cruz，45(2)：517-520

Tubangui M. 1933. *Scaphanocephalus adamsi* n. sp. encysted in fine and under scales of *Lepidoplois mesothorax*. Philipp Journ Science，52：180-182

Varguez-Colet A，Candido M A. 1940. Morphological studies on various Philippine Heterophyid metacercariae with notes on the incidence，site，and degree of metacercarial infection in three species of marine fish. Philipp Journ Science，72：395-417

Witenberg G. 1929. Studies on the Trematode family Heterophyidae. Ann Trop Med Parasitol，23(2)：1-33，132-139

Witenberg G. 1930. Correction to my paper Studies on the Trematode family Heterophyidae. Ann Mag Nat Hist，10(6)：412-414

Yamaguti S. 1939. Studies on the Helminth fauna of Japan. Part 25. Trematodes of Birds. Ⅳ. Japan Journ Zool，8(2)：159

Yamaguti S. 1941. Studies on the Helminth，fauna of Japan. Part 32. Trematodes of Birds. V. Japan Journ Zool，9：321-341

Yamaguti S. 1958. Systema Helminthum. New York：Interscience Publishers Inc

Yamaguti S. 1971. Synopsis of digenetic trematodes of vertebrates. Tokyo：Keigaku Publishing Co

Yamaguti S. 1975. A Synoptical Review of Life Histories of Digenetic Trematodes of Vertebrates. Tokyo：Keigaku Publishing Co

Yokogawa M，Sano M，Taya T，et al. 1963. Studies on intestinal flukes，Ⅲ. Epidemiological study of *Metegonimus yokogawai* Katsurada，1913 in Aso Machi，Ibaragi Prefecture. Japan Jour Parasitol，12(2)：168-173

Yokogawa S. 1913a. A new oval-shaped species of the genus *Metagonimus*. Journ Tokyo Med Ass，21：45-47

Yokogawa S. 1913b. Ueber einen neuen parasiten *Metagonimus yokogawai*，der die Forellenart Pleoglossus altivellis zum Zwischenwirt hat. Centrbl F Bakt，Abt I：158-179

Yokogawa S. 1913c. On a New *Heterophyes*，*H. elliptica*.（Japanese text）Saikin Goki Zasshi，N 217

(五)后睾总科[Opisthorchioidea(Faust，1929)Vogel，1934]

1. 研究历史

Faust(1929)创立后睾总科(Opisthorchoidea)用以容纳后睾科(Opisthorchidae)，并创立异形总科(Heterophyoidea)以容纳异形科(Heterophyidae)。Faust曾附加解释，认为枝腺科(Leeithodendriidae Odhner，1910)、微茎亚科(Microphallinae Ward，1907)和裸茎亚科(Gymnophallinae odhner，1905)也属于异形总科。据他的意见这两个总科的主要区别在于异形类的毛蚴具有对称的形态，而后睾总科的毛蚴则是不对称的；至于尾蚴，两者极为相似，只是后睾总科缺少异形总科尾蚴那样的有刺的装备。

在Faust的分类意见发表后不久，Witenberg(1929)创立另一后睾总科来包括后睾和异形两科。这两科共隶于同一总科，其根据是"成虫有共同的解剖结构和尾蚴有共同的生活史方式"。Vaz(1932)曾同意这一建议。

1932年Faust正式宣称异形总科含有异形科(Heterophyidae Odhner)、微茎科(Microphallidae Viana)及枝腺科(Lecithodendriidae Odhner)，他的后睾总科只含有后睾科(Opisthorchidae Lühe)一科。他反复地强调以毛蚴的对称与不对称形态作为两总科重要的区分标准，此外还把焰细胞形式作为总科的主要特点。他叙述异形总科的焰细胞公式为2[(1+1)+(1+1)]，而后睾总科则为2(2+2+2+2+2+2)。

罗马尼亚蠕虫学者(当时为布加勒斯特大学教授)Ciurea(1933)同意Faust总科分类的意见，并进行异形总科的重订。在这一总科下他列出了异形科(Heterophyidae Odhner，1914)、隐殖科(Cryptogonimidae Ciurea，1933)及微茎科[Microphallidae(Ward，1901)Travassos，1920]。他从这一总科摈除了枝腺科(Lecithodendriidae Odhner)，因这科的个体、卵黄腺位置与异形类各科有很大的不同，据他所创设的体系，异形科下面有下列各亚科：异形亚科(Heteroophyinae Leiper，1909)(BM)、隐殖亚科(Metagoniminae Ciurea，1924)(BM)、裂茎亚科(Apophallinae Ciurea，1924)(BM)、中带亚科(Centrocestinae Looss，1899)(BM)、隐杯亚科(Cryptocolylinae Lühe，1909)(BM)和曲囊亚科(Symaperinae Poche)。最后这一曲囊亚科，Witenberg(1929)已从异形科移出。因这一亚科的建立根据一单独的属*Sigmapera* Nicoll，1918，其成虫具有阴茎囊，显然与异形科不相符。

Ciurea将隐殖科和异形科分别开，系依据该科种类子宫的分布在睾丸的后方。在他所列的隐殖科中有下列各亚科：隐殖亚科(Cryptogoniminae Ward，1917)(F)、新加斯马亚科(Neochasminae Van Cleave et Mueller，1932)(FR)、乳体亚科(Galactosominae Ciurea，1933)(BM)、独睾亚科(Haplorchiinae Looss，1899)(BM)和

艾德勒亚科(Adleriellinae Witenberg，1930)(M)。

关于微茎科[Microphallidae(Ward，1901)Travassos，1920]，Faust(1932)及 Ciurea(1933)均把它归在异形总科。实际上它们只是成虫外表上相同。Rothschild(1937)在有关该微茎科幼虫期及发育史的复述中指出了微茎科的尾蚴系剑尾型(xiphidiocercariae)，与斜睾科[Plagiorchiidae(Lühe，1901)Ward，1917]相似。微茎科、枝腺科及双腔科[Dicrocoeliidae(Looss，1899)Odhner，1910]均应归入斜睾总科(Plagiorchioidea Dollfus，1930)。

Vogel(1934)同意 Witenberg(1929)的建议，把异形科及后睾科归于同一的后睾总科，并将 Faust 的异形总科除去。Vogel 认为异形科和后睾科毛蚴的对称与不对称的形态只是毛蚴的腺细胞的状态。中华分支睾吸虫[Clonorchis sinensis(Cobbold，1875)Looss，1907]和细颈后睾吸虫[Opisthorchis tenuicollis(Rud.，1819)Stiles et Hassall，1896]的毛蚴均有腊肠状的腺细胞。据 Stunkard(1930)的描述，这样的腺细胞在异形科种类(如 Apophallus muhling 和 Cryptocotyle lingua)的毛蚴亦有类似的情况。Vogel 根据两科尾蚴的同样结构(如眼点与尾鳍)，断定这两类吸虫应当归于同一总科。

据 Sewell(1922)的尾蚴分类，这两科尾蚴均属于侧鳍尾蚴或拟侧鳍尾蚴(pleurolophocerca 或 parapleurolophocerca)，它们在具有很短肠管的雷蚴体内发育，这些雷蚴不具领环和能蠕动的肉足。当时异形科和后睾科的吸虫有 20 多种的生活史经阐明(Nishigori，1924；Faust and Nishigori，1926；Faust and Khaw，1927；Yamaguti，1935，1938；Takahashi，1929；Vogel，1934；Cameron，1937；Heinemann，1937；Ameel，1938 等)。依据这些种类生活史的描述，毫无疑义，它们属于同一的类群，一个共同的总科。20 多种的尾蚴中，除却 Euryhelmis monorchis 的尾蚴之外，其他均具有眼点；除却 Centrocestus 属之外，其他尾蚴均具有尾鳍。所有种类尾鳍的位置都在背腹面，只有 Metagonimoides 的尾鳍生于尾部的腹面，Haplorchis 属的尾鳍生于尾的两侧方。据 Rothschild 的设想，Haplorchis 属尾蚴的侧生位置，可能是一个亚科的特点，这样的尾蚴被称为拟侧鳍尾蚴(parapleurolophocerca)。这一特点与穿刺腺直线状排列相关联。在 Haplorchis pumilio、P. taichui 和 H. pleurolopho cerca 尾蚴的穿刺腺均延展至体部的后部。

2. 后睾总科分类系统

(1)Skrjabin 和 Petrow(1950)的分类系统

他们同意 Faust(1929)关于后睾总科的意见。他们对后睾总科中各科及各科中亚科和属的关系作图解如下(**后睾图 1、后睾图 2**)。

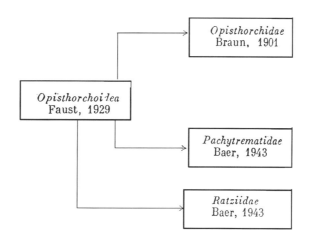

后睾图 1　后睾总科 3 科图解　(按 Skrjabin and Petrow，1950)

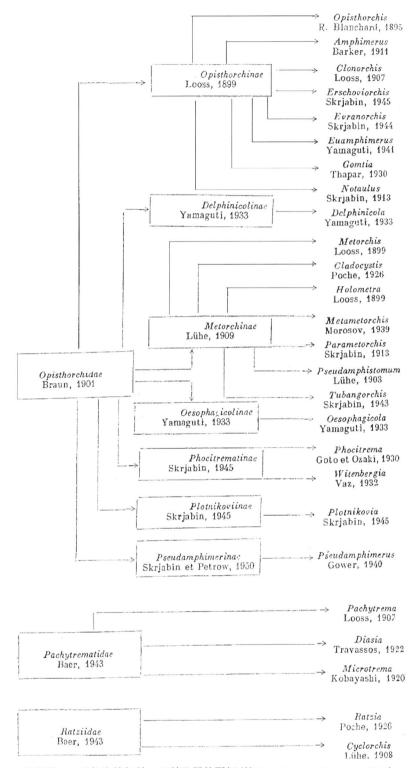

后睾图 2　后睾总科各科、亚科及属的图解（按 Skrjabin and Petrow，1950）

(2) Yamaguti（山口左仲）(1971) 的分类系统

在 Yamaguti(1971) 的《脊椎动物复殖吸虫概要》巨著中，后睾类吸虫仅是一个科，有 15 个亚科隶于该科。

Yamaguti(1971)的分类系统(宿主：F 鱼类、A 两栖类、R 爬行类、B 鸟类、M 哺乳类)

Family OPISTHORCHIIDAE (Looss,1899) Braun,1901·································FARBM

  Subfanily Allogomtiotrernatinae (Gupta,1955)　Yamaguti,1958··········F

    Syn.Allogotiotrominae Gupta,1955

    Genus *Allogomtiotrema* Yamaguti,1958································F

      Syn.Gomtiotrema Gupta,1955,nec Sinha,1934

      Assamia Cupta,1955·······························F

  Subfamily Aphallinae Yamaguti,1958·································F

   Tribe Aphallini Yamaguti, 1971································F

    Genus *Aphallus* Poche,1926································F

     Perezitrema Baruš et Moravec,1967··············F

     Witenbergia Vaz,1932····························F

   Tribe Aphalloidini Yamaguti, 1971·······················F

    Genus *Aphalloides* Dollfus,Chabaud et Golvan,1957··········F

  Subfamily Delphinicolinae Yamaguti,1933·························M

    Genus *Delphinicola* Yamaguti,1933···························M

  Subfamily Diasiellinae Yamaguti,1958·····························B

    Genus *Diasiella* Travassos,1949,nec Diasiella Tandeiro, 1955····B

      Syn.Diasia Travassos,1922,Preoccupied

  Subfamily Metorchiinae Lühe,1908·····························BM

    Genus *Holometra* Looss,1899·····························B

     Metametorchis (Morozov,1939)Skrjabin et petrov, 1950·····BM

     Syn.Allomerorchis Baer,1943

     Metorchis Looss,1899·····························BM

     Parametorchis Skrjabin,1913·····················M

  Subfamily Oesophagicolinae Yamaguti,1933·······················R

    Genus *Oesophagicola* Yamaguti,1933·····················R

  Subfamily Opisthorchiinae Looss,1899·····················FRBM

    Genus *Amphimerus* Barker,1911·····················RBM

     Cladocystis Poche,1926·····························FR

     Clonorchis Looss,1907·····························M

     Cyclorchis Lühe,1908·····························R

     Evranorchis Skrjabin,1944·························R

     Gomtia Thaper,1930·····························F

     Hepatiarius Feizullaev,1961·····················B

     Nigerina Baugh,1958·····························B

     Opisthorchis Blanchard,1895·····················FBM

     Syn.Notaulus Skrjabin,1913

     Paropisthorchis Stephens,1912·····················M

     Thaparotrema Dayal et Gupta,1954·················F

  Subfamily Pachytrematinae (Railliet, 1919) Ejsmont.1931··········BM

    Syn.Multivitellarinae Phadke et Gulati,1930

Pachytreminae Railliet,1919

Genus *Pachytrema* Looss,1907 ·· BM

  Syn.Minutorchis Linton,1928

  Multivirellaria Phadke et Gulati,1930

Subfamily Phocitrematinae Yamaguti,1933 ··· M

Syn.Phocitrematinae Skrjabin,1945

Genus *Phocitrcma* Goto et Ozaki,1930 ··· M

Subfamily Pholeterinae (Dollfus,1939) Yamaguti,1958 ························· M

Genus *Pholeter* Odhner,1914 ··· M

Subfamily Plotnikoviinae (Skrjabin,1945) Skrjabin et Petrov, 1950 ········· B

Genus *Plotnikovia* Skrjabin,1945 ·· B

Subfamily Pseudamphimerinae Skrjabin et Petrov,1950 ······················ B

Genus *Ershoviorchis* Skrjabin,1945 ·· B

Syn.Haematotrephus of Linton,Partim

Euamphimerus Yamaguti,1941 ··· B

Pseudamphimerus Gower,1940 ·· B

Subfamily Pseudamphistominae Yamaguti,1958 ································· M

Genus *Microtrema* Kobayashi,1915 ·· M

Pseudamphistomum Lühe,1908 ··· M

Subfamily Ratziinae (Dollfus,1929)Price,1940 ··································· AR

Syn.Ratzinae Dollfus,1929

Genus *Ratzia* Poche,1926 ·· AR

Syn,Brachymetra Stossich,1904,preoccupied

Subfamily Tubangorchiinae Yamaguti,1958 ······································ B

Genus *Tubangorchis* Skrjabin,1944 ·· B

  从 Yamaguti(1958,1971)的分类系统中可以看出:他创立的 6 亚科中有的是把 Skrjabin 和 Petrow(1950)分类系统中除后睾科之外的另两个科下降为亚科,有的是把一些属提上为亚科。总的群类虽没有太多变化,但属的数量由原来的 26 个增加到 35 个,其中 5 个是在 1950 年之后建立的。

3. 后睾科(Opisthorchiidae Braun,1901)概况和种类

  后睾科包含纤弱而扁平的吸虫。两端尖细的如后睾亚科(Opisthorchiinae Looss,1899),后端陷入的如次睾亚科(Metorchiinae Lühe,1909)。常常整个虫体透明,肌肉薄弱,生殖吸盘不存在。寄生部位在输胆管内。有时可在胰管及十二指肠内找到。后期尾蚴在鱼类或两栖类体内。终末宿主为爬行、鸟及哺乳类。

  在后睾类吸虫中许多种类寄生于哺乳类,有的也可寄生于人体,甚至是人类重要寄生虫病原。不少种类寄生于鸟类,也危害家禽。其中在医学上最有重要性的有:中华分支睾吸虫[*Clonorchis sinensis*(Cobbold,1875)Looss,1907]、猫后睾吸虫[*Opisthorchis felineus*(Rivolta,1884)Blanchard,1895]、东方次睾吸虫(*Metorchis orientalis* Tanabe,1921)等。它们在欧亚大陆都有很广泛的分布。寄生于鸟类的后睾吸虫和次睾吸虫的种类也很多,报道也多来自欧洲和亚洲,在亚洲,北至俄罗斯的西伯利亚,南至印度,以及我国。

  后睾亚科(Opisthorchiinae)与次睾亚科(Metoriinae)的区别,前者卵黄腺延伸不越过腹吸盘水平,子宫圈在卵巢和腹吸盘之间;后者的卵黄腺和子宫圈都向前越过腹吸盘水平。

(1)后睾属(*Opisthorchios* Blarchard，1895)的种类

A. 猫后睾吸虫[*Opisthorchis felineus*(Rivolta，1884)Blanchard，1895](后睾图 3)

终末宿主　猫、狗、狐、河狸、北极狐、猪及人等。Winogradoff 对(1892)报告第一个病例。

分布　主要见于欧洲(中欧与东欧)、亚洲的西伯利亚及印度等地。人体感染在俄罗斯的 Tomsk、日本与 AnnarnI(今属越南)。

寄生部位及症状　寄生在肝脏胆管;有腹泻、肝肿大、水肿等症状。

虫体特征　按 Skrjabin 和 Petrov(1950):虫体长 8~13mm,体宽 1.2~2mm。口吸盘直径约 0.25mm,腹吸盘较之略小。虫卵大小为 (26~30)μm×(10~15)μm。按 Yamaguti(1971)引 Stiles 和 Hassall(1894)的该虫种数据,体长为 10~18mm,体宽 1.25~2.5mm,虫卵大小为 30μm×11μm。

生活史　有关猫后睾吸虫生活史的研究在 20 世纪初就有一些研究者开展工作(Askanaz,1904;Ciurea,1916,1917;Rindfleisch,1909;等等),Vogel(1932,1934)完成了详细的工作。Skrjabin 和 Petrov(1950)详细综合复述了有关本虫种形态、生活史及病理等情况。本种吸虫亦寄生于宿主肝脏肝管引起病变。

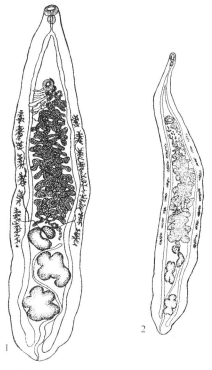

后睾图 3　后睾吸虫(按 Skrjabin,1950)
1. 猫后睾吸虫;2. 细颈后睾吸虫

第一中间宿主　豆螺(*Bithynia leachi*)(=*Bithynia tentaculata*)。

本虫种的生活史各期与中华分支睾相似。按 Vogel(1932,1934):猫后睾吸虫虫卵大小为 (26.8~36.5)μm×(13.5~16)μm,卵盖直径 6~9μm。毛蚴体大小为 (25~33)μm×(9~12)μm,纤毛长 10~12μm,体中部有一对焰细胞。胞蚴、雷蚴和尾蚴在豆螺体内发育,成熟的雷蚴体长约 700μm,咽大 22~28μm。肠短。尾蚴为具眼点鳍尾蚴(oculate lophocercous)。在 5%福尔马林溶液中的尾蚴,体部长 145~188μm,尾部长 375~465μm,生活时尾长 440~500μm。口吸盘大小为 (43~48)μm×(22~24)μm。穿刺腺(penetration glands)成团,共有 20 个。焰细胞公式为 2[(5)+(5+5+5+5)]=50。尾蚴到外界后进入鱼体内结囊,实验鱼类有丁鳡属鱼种:*Tinca tinca*、*Tinca tinca chrysitis* 及 *Idus melanotus orfis*。4 个月的囊蚴大小为 (252~320)μm×(165~225)μm,囊壁厚 15~23μm。囊内后期尾蚴体长 500~620μm,口吸盘直径 70~80μm,腹吸盘直径 80~100μm。咽大小为 (32~50)μm×(22~27)μm,食道长 65~90μm。焰细胞公式:2[(5)+(6+6+6+6)]=58。Komiya 和 Tajimi(1940)观察的焰细胞公式为 2[(6+6)+(6+6+6)]=60。

第二中间宿主　按 Schuurmans-Stekhoven(1931)报告:在荷兰本虫种自然第二中间宿主有粗鳞鳊(*Blicca björkna*)、雅罗鱼(*Leuciscus rutilus*)和红眼鱼(*Scardinius erythrophthalmus*)。囊蚴大小为 (220~230)μm×(170~270)μm,后期尾蚴大小为 540μm×160μm。Ciurea(1916,1917)报告的囊蚴大小为 (240~340)μm×(180~240)μm。

童虫　Uogel 报告 9d 的童虫长 1.5mm,其吸盘、消化道、生殖器官和排泄系统等均已到位,开始发育,显示出与成虫相像的形态。

B. 长后睾吸虫[*Opisthorchis longissimus*(Linstow，1883)Blanchard，1895]

终末宿主　苍鹭(*Ardeola bacchus*)。

寄生部位　肝脏胆管。

采集地点　福建。

虫体特征　福建标本(后睾图 4)的形态与 Linstow(1883)的描述相像,仅虫体长宽度

后睾图 4　长后睾吸虫(原)

后睾表 1　长后睾吸虫的特征比较

报告者	Linstow (1883)	Tang (1940~1941)
体长/mm	20	9
体宽/mm	1	0.76
口吸盘/mm	0.28	0.11×0.13
咽	与口吸盘等大	0.1×0.096
腹吸盘/mm	0.34	0.191×0.18
前睾丸分叶	5 叶	4 叶
后睾丸分叶	6 叶	4~5 叶
虫卵/mm	0.026×0.015	0.026×0.012

发现地点　本种吸虫发现于我国福州。

虫种特征(按唐仲璋，1941；**后睾图 5**)　虫体背腹扁平，虫体最宽部分在前睾水平，由此逐渐向前方尖削，体后端宽圆形。体长 5.3~6.0mm，体宽 1.369~1.491mm。肌质口吸盘大小为 (0.168~0.249) mm×(0.215~0.290) mm，位于前顶端。咽平均大小为 0.116mm×0.116mm，无前咽。食道长 0.149~0.290mm，宽 0.040mm，末端距体前端 0.498mm。两肠支平行后行达到近体后端，腹吸盘比口吸盘小，大小为 0.190mm×0.166mm，肌质亦较弱。其位置在距体前端约 1.32mm 处。两睾丸紧靠斜列在体后部，前睾丸平均 0.597mm×0.622mm，分 4 叶；后睾丸平均大小为 0.647mm×0.705mm，分 5 叶。两小输精管会合的大输精管膨大成为绕卷的贮精囊(vesicula seminalis)，位于子宫区的背侧，它从腹吸盘后方延伸到生殖孔。无阴茎囊。生殖窦(genital atrium)在腹吸盘之前。雌生殖孔位于腹吸盘之前 0.050mm 处中央，其略右方为雄生殖孔。卵巢分 3 叶，平均大小为 0.249mm×0.506mm。受精囊(receptaculum seminis)是一个大的长囊，平均大小为 0.456mm×0.224mm，它的前部连接着一个短的劳氏管(Lauser's canal)，长约 0.307mm，其开口在靠近前睾丸前沿水平的体背表面。卵黄腺从粒(vitelline follicles)在两肠支的外侧，前端开始于腹吸盘水平稍后一些，向后延伸到卵巢前沿的水平。每侧卵黄腺从粒 7~8 个分支，各连于一条纵管上。子宫充满虫卵，子宫盘曲分布在腹吸盘和卵巢之间、两肠支内侧的空间。虫卵卵圆形，具卵盖，卵大小为 (24~28) μm×(12~14) μm。

Opisthorchis geminus var. *falconis* Tang，1941 与本虫种的指名种 *Opisthorchis geminus*(Looss，1896)Looss，1899 及另一亚种 *Opisthorchis geminus kirghisensis* Skrjabin，1913 相近，但有差异如下(**后睾表 2**)。

以及前后睾丸分叶数目略有不同。虫体长度、宽度可因宿主的不同而会有一定范围的差异，睾丸的分叶数目可以在同一宿主体内不同标本之间有变异。按著者(Tang，1940~1941)关于本吸虫的测量数据及与 Linstow 的数据比较于下(**后睾表 1**)。按后睾表 2 所示，福建的长后睾吸虫虫体略小于 Linstow(1883)所叙述的本虫种个体。

C. 双子后睾隼鹰变种(***Opisthorchis geminus falconis* Tang，1941**)

　　终末宿主　隼鹰 *Falco* sp.。
　　寄生部位　胆管。

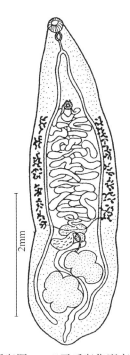

后睾图 5　双子后睾隼鹰变种
(按 Tang，1941)

后睾表 2　双子后睾吸虫各亚种的比较(按 Tang，1941)

亚种名报告者	*Opisthorchis germinus*(按 Looss，1899)	*O. germinus kirghisensis*(按 Skrjabin，1913)	*O. germinus falconis*(按 Tang，1941)
体长/mm	7.0~12.5	6.29~6.63	5.3~6.0
体宽/mm	1.3~2	1.8	1.369~1.494
口吸盘/mm	0.17×0.17	(0.238~0.255)×(0.306~0.34)	(0.168~0.249)×(0.215~0.290)
食道长/mm	0.25	0.323	0.149~0.290
腹吸盘/mm	与口吸盘等大	与口吸盘等大	比口吸盘小，0.190×0.166
分布	非洲、欧洲、印度西伯利亚	印度支那半岛，乌兹别克斯坦	中国福州
宿主	鸭(*Anas* spp.)、鹏(*Aquila* spp.)、苍鹭(*Ardeola* spp.)	乌鸦(*Corvus* spp.)、䴕(*Buteo*)	隼(*Falco* sp.)

以上 3 种鸟类双子后睾吸虫及其变种的分布范围广阔，宿主种类不同。同时，变异性相对较小的两吸

盘，其大小比例及其与虫体大小的比例，分别均有所不同。Bisseru(1957)重新描述和绘图 *Opisthorchis geminus*(Looss，1896)Looss，1899。其材料来自非洲津巴布韦的树鸭(*Dendrocygna viduata*)等鸟类。他把 *O. geminus falconis* 列为 *O. geminus* 的同物异名。但中国福建的标本腹吸盘显著小于口吸盘，口吸盘比指名种显著发达，所以著者还不能同意 Bisseru 的观点。

(2)次睾属(*Metorchis* Looss，1899)的种类

A. 东方次睾吸虫(*Metorchis orientalis* Tanabe，1921)(后睾图 6)

终末宿主　次睾吸虫(*Metorchis*)是一类可寄生于鸟类，又能寄生于哺乳动物甚至人类的寄生虫，东方次睾吸虫(*Metorchis orientalis* Tanabe，1921)能寄生多种的宿主。在我国福建(Tang，1941)从福州的猫和 4 种鸟类[家鸭(*Anas domesticus*)、牛背鹭(*Bubulcuibis coromandus*)、环颈雉(*Phasianus torquatus*)和宽嘴三宝鸟(*Eurytomus orientalis calonyx*)]，以及 Hsü 和 Chow(1938)在我国北京从鸭和实验的松雀鹰(*Accipiter virgalus stevensoni*)上均检获东方次睾吸虫。在日本 Morishita(1929)报告见于鸡、家鸭和长尾林鸮(*Strix uralensis*)；Yamaguti(1933，1934)还报告见于小䴙䴘[*Podiceps ruficollis*(Pallas)]和鸢(*Milvus lineatus* Lineatus)。

寄生部位　肝脏胆管和胆囊。

流行情况　严如柳(1959)调查福州家鸭的寄生虫，在 53 只的家鸭中查出 2 只(3.77%)感染有东方次睾吸虫,感染强度为 1～14 个；也有 2 只(3.77%)感染台湾次睾吸虫，感染强度为 4～207 个。陈佩惠等(1981)报告她于 1963 年夏季在福建检查 100 个有病变的家鸭胆囊，其中 91% 感染台湾次睾吸虫，获标本 1850 条，感染强度为 1～113 个(平均 20)；30% 感染东方次睾吸虫，获标本 338 条，感染强度为 1～51 个(平均 11.27 个)。著者(Tang，1941)在

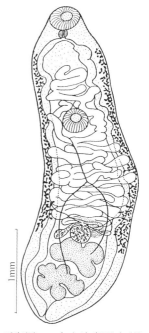

后睾图 6　东方次睾吸虫(按 Tang，1941)

福州的董鸡(*Gallicrex cinerea* Gmelin)的胆囊中也曾查获形态典型的台湾次睾吸虫。可见此两种吸虫在我国福建福州一带十分普遍。近年，林金祥等(2001a，2001b)报告在广东平远县有东方次睾吸虫病的疫源地，并有人体感染，用中华分支睾成虫抗原皮试的 358 人中有 123 人(34.4%)阳性。此 123 人中 95 人经粪检查出 4 人(4.2%)混合感染中华分支睾吸虫和东方次睾吸虫。其中两人经驱虫，检出中华分支睾 21 条和东方次睾 12 条。证明了该地区人体感染有东方次睾吸虫的情况。他们中一工作者吞服了 316 个东方次睾吸虫的囊蚴，受试者于吞食囊蚴 10d 后陆续出现各种病状，肝功能及血象等出现异常，于感染后 40d 进行驱虫治疗，检获 9 条东方次睾吸虫的成虫。实验证实人体的感染。他们在广东平远县从鸡、鸭、猫和狗均查获东方次睾吸虫，感染率：鸭为 66.7%(4/6)、猫为 78.6%(11/14)、狗为 23.5%(4/17)。当地的麦穗鱼感染东方次睾吸虫囊蚴的感染率达 87.6%(244/279)，感染强度最高达到 257/1 尾鱼。其他鱼类鳑鲏、鲫鱼和草鱼等均有华支睾吸虫囊蚴和东方次睾吸虫囊蚴的混合感染，说明此两吸虫病的病原在广东一些地区自然环境中仍然十分普遍存在。

虫种特征(按陈佩蕙等，1981)　根据 10 个东方次睾吸虫标本进行本虫种的形态描述：体长 2.988～6.806mm，体宽 0.614～1.643mm(平均 5.247mm×1.379mm)。体表披小棘。口吸盘大小为(0.266～0.382)mm×(0.299～0.382)mm(平均 0.306mm×0.338mm)。腹吸盘大小为(0.232～0.332)mm×(0.216～0.332)mm(平均 0.305mm×0.313mm)。咽大小为(0.066～0.083)mm×(0.066～0.083)mm(平均 0.077mm×0.078mm)。食道长 0.083～0.183mm。两睾丸分瓣，大小为(0.249～0.830)mm×(0.315～0.979)mm(平均 0.523mm×0.724mm)，以及(0.250～0.896)mm×(0.315～1.079)mm(平均 0.616mm×0.765mm)。卵巢大小为(0.116～0.332)mm×(0.166～0.398)mm(平均 0.256mm×0.394mm)。受精囊大小为(0.299～0.548)mm×0.083～0.183)mm(平均 0.384mm×0.121mm)。具劳氏管。虫卵大小为(29～32)μm×(14～17)μm(平均 31μm×16μm)。卵中毛蚴大小为(27～31)μm×(10～14)μm(平均 29μm×112μm)。

第一中间宿主（贝类） 牛头螺（*Bulimus striatus*）、沼螺（*Parafossarulus manchourienus*）（Skrjabin，1950；Muto and Oshima，1922；Hsü and Chow，1938；等）。

第二中间宿主（鱼类） 麦穗鱼（*Pseudorasbora parva*）及 *Pseudogobius* sp.，囊蚴大小为（0.15～0.18）mm×（0.12～0.15）mm，囊壁厚 9～14μm（Skrjabin，1950）。

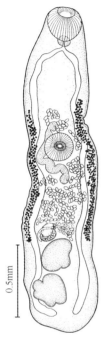

后睾图 7 苦恶次睾吸虫（按唐崇惕和唐仲璋，2005）

B. 苦恶次睾吸虫（***Metorchis amaurornis* Tang et Tang，2005**）（后睾图 7）

终末宿主 姑恶鸟[*Amaurornis phoenicurus chinensis*（Boddaert）]。

寄生部位 肝脏胆管。

发现地点 福州闽江畔，时间在 20 世纪 60 年代初。

虫种特征 从姑恶鸟检获的苦恶次睾吸虫多条，测量 5 条标本的记录如下：体长 1.710～2.888mm（平均 2.226mm），体宽 0.418～0.532mm（平均 0.478mm）。口吸盘大小为（0.152～0.209）mm×（0.190～0.247mm）（平均 0.178mm× 0.216mm）。咽大小为（0.095～0.114）mm×（0.057～0.142）mm（平均 0.101mm× 0.104mm），无食道，肠叉即在咽后。腹吸盘大小为（0.171～0.199）mm×（0.171～0.209）mm（平均 0.186mm×0.193mm）。前睾丸大小为（0.133～0.275）mm×（0.142～0.266）mm（平均 0.193mm×0.208mm），后睾丸大小为（0.095～0.266）mm×（0.152～0.228）mm（平均 0.159mm×0.190mm）。卵巢大小为（0.057～0.114）mm×（0.066～0.114）mm（平均 0.089mm×0.094mm）。受精囊大，具劳氏管。卵黄腺两侧后端均越过卵巢到前睾丸前沿水平。虫卵大小为（22～33）μm×（13～18）μm（平均 26μm×15μm）。

本种吸虫形态与近似种斯氏次睾吸虫[*Metorchis skrjabin*（Zhukova，1934）Ryzhikov，1967]（同物异名：*Opisthorchis skrjabin* Schukowa，1934）略有相似，但并不相同。斯氏次睾吸虫虫体较大（4.073mm×0.708mm），具食道，且较长。卵黄腺分布区较短，后端与卵巢位置水平尚有一段距离。虫卵较小，大小为（25～28）μm×（10～13）μm。该吸虫的宿主为家鸭（*Anas boschas domestica*）。福建标本是以其宿主名，称之为苦恶次睾吸虫。

C. 秧鸡次睾吸虫（***Metorchis fulicis* Tang et Tang，2005**）（后睾图 8）

终末宿主 白脸鸊鷉（*Podiceps* sp.）及黑秧鸡（*Fulica atra atra*）。

寄生部位 肝脏胆管。

发现地点 本种吸虫于 1960 年前后从福州闽江畔上述两种鸟类体中检获。

虫种特征 本种吸虫体较大，大小为（4.617～6.621）mm×（1.235～1.729）mm（平均 5.765mm×1.482mm）。口吸盘大小为（0.304～0.342）mm×（0.304～0.370）mm（平均 0.309mm×0.345mm）。咽大小为 0.093mm×0.093mm。腹吸盘大小为（0.304～0.342）mm×（0.304～0.342）mm（平均 0.329mm×0.316mm）。睾丸分叶，前睾丸大小为（0.323～0.475）mm×（0.551～0.912）mm（平均 0.405mm×0.693mm），后睾丸大小为（0.494～0.494）mm×（0.347～0.779）mm（平均 0.494mm×0.568mm）。卵巢大小为（0.180～0.237）mm×（0.266～0.304）mm（平均 0.205mm×0.294mm）。受精囊大小为（0.228～0.798）mm×（0.133～0.792）mm（平均 0.433mm×0.355mm）。睾丸卵巢区小，只占体长的 1/6～1/4.5。虫卵大小为（27～31）μm×（13～18）μm（平均 29μm×14μm）。

本种吸虫子宫圈发达，向两侧扩张，部分越过肠支覆盖卵黄腺，这一点及一些其他形态特征略像分布于欧洲和亚洲、寄生于家鸭等的近似种 *Metorchis xantosomus*（Croplin，1846）Braun，1902。但后者的睾丸卵巢区大，占体长的 1/3.5～1/2.5。虫体较小，为（2.8～4.0）mm×（0.8～2.0）mm。口吸盘大小为 0.18mm×0.22mm，咽球形，直径 0.064mm。腹吸盘直径达 0.169mm。虫卵大小为（27～32）μm×14μm。睾丸呈不整齐的团块状。因此，福建的标本不能归于该虫种，兹亦以其宿主名，称之为秧鸡次睾吸虫。

（3）支睾属（*Clonorchis* Looss，1907）的种类

支睾属目前尚只有中华分支睾吸虫［*Clonorchis sinensis*（Cobbold，1875）Looss，1907］一种。

同物异名：*Distoma sinensis* Cobbold，1875；*Distoma spathulatum* Leuckart，1876；*Distoma hepatis innocuum* Baelz，1883；*Distoma hepatis endemicum* Baelz，1883；*Distoma endemicum* Ijima，1886；*Distoma japonicum* Blanchard，1886；*Opisthorchis sinensis* Blanchard，1895；*Clonorchis endemicus* Looss，1907；*Clonorchis sinensis* var.*major* Verdum and Bruyant，1908；*Clonorchis sinensis* var.*minor* Verdum and Bruyant，1908。

A．中华分支睾吸虫的研究历史

最早是 McConnell（1874）于印度加尔各答（Calcutta），解剖一位中国人尸体时，在胆道中检获中华分支睾吸虫，翌年 Cobbold 给以定名为 *Distoma sinense*。后来，MacGregor（1877）于毛里求斯（Mauritius）的中国人的尸体解剖中，又找到同样的虫体。Taylor（1884）报告在日本于 1875 年亦已发现本虫的病例。Baelz（1882）认为这类肝蛭可分为两种，一种是能致病的，称为 *Distoma hepatis perniciosum*，另一种不致病的，称为 *Distoma hepatis innocuum*。随后，在印度支那半岛亦有许多学者，如 Grall（1887）、Caraes（1888）、Vallot（1889）、Blanchard（1891）、Moty（1893）、Billet（1893）等报告发现有本虫。并且 Ijima（1886）与 Saito（1898）对于虫卵及毛蚴加以研究。1907 年 Looss 创立 *Clonorchis* 新属。并认为本虫可分 2 种，一种体较大，多分布于中国，少见于日本，对宿主无害，名为 *Clonorchis sinensis*。另一种体较小，多分布于日本及印度支那半岛，对宿主有害，名为 *Clonorchis endemicus*。后来 Kobayashi（1917）用试验方法，以及 Chen Pang（1924）用形态比较，认为东方只有一种。小林晴治郎（Kobayashi，1910）在日本发现淡水鲤科鱼类系本虫的第二中间宿主。武籐昌知（Muto，1918）发现纹沼螺日本变种［*Parafossarulus striatulus* var. *japonicus*（Pilsbry）］为本虫第一中间宿主。Faust 和 Chen Pang（1925）指出我国猫、狗感染本虫者非常普遍。Faust 和 Khaw（1927）对本虫的生活史予以阐明，后来 Faust 和许羽阶（1929）、徐锡藩和周钦贤（1936～1940）以及陈超常（1935）等对本虫的地方病学加以研究，证明了华南人民喜食的鱼生粥以及华南、杭州的醋鲤鱼为传染本吸虫的主要原因。

中华分支睾吸虫的囊蚴及尾蚴经徐锡藩和许羽阶（1936）及徐锡藩和周钦贤（1939）分别重新鉴定。据徐锡藩和许羽阶的报告，华支睾吸虫的囊蚴系圆形、卵形或椭圆形，长 121～150μm，阔 85～140μm；有透明囊壁 2 层，外壁厚 3μm，可经消化而破损，内囊壁可被其中幼虫自动破之。后蚴表皮上有细刺，无眼点，排泄囊长形，不作"Y"形，内含黑色之粗粒。华支睾吸虫囊蚴需与横川后殖吸虫（*Metagonimus yokogawai*）、东方次睾吸虫（*Metorchis orientalis*）、台湾次睾吸虫（*Metorchis taiwaensis*）及叶形棘隙吸虫（*Echinochasmus perfoliatus*）4 种吸虫的囊蚴加以区别。横川后殖吸虫囊蚴平圆形，排泄囊"Y"形，腹吸盘侧居，皮刺较粗。东方次睾吸虫及台湾次睾吸虫囊蚴，外壁甚厚。前者厚 20μm，后者厚 30μm。叶形棘隙吸虫囊蚴长 67μm，阔 74μm，排泄囊有 2 条侧干，且作曲折状。据徐锡藩和周钦贤报告，华支睾吸虫尾蚴有眼点，口吸盘能伸突，口孔背缘有一排 4 个紧接的钻齿（penetrating tooth）及 3 排细齿，皆排成横列；有头腺（cephalic glands）14 条，分组为 4 群，形成 3+4+4+3 的形式，开口于口孔背缘。腹吸盘外缘不其清晰；有一长尾，其后半部作鳍状构造。

B．中华分支睾吸虫的地理分布

本虫的地理分布蔓延于远东，如中国、朝鲜、日本、菲律宾及印度等地。在我国分布广泛，除西北部较少外，全国皆有，而以华南广东、广西及香港一带流行最盛。新中国成立前广东潮州当地人民感染率为

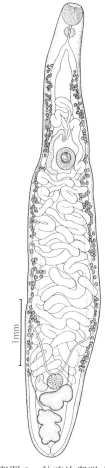

1mm

后睾图 8　秧鸡次睾吸虫（按唐崇惕和唐仲璋，2005）

19.2%(Whyte，1908)；广州为 3.17%～36.13%、汕头为 3.1%(Faust and Khaw，1927)。1936 年梁伯强在广州解剖路毙尸体 250 例，检出感染本虫者 123 例，占全数的近半数。由此可见本病在华南流行的严重情况。在华东的上海、杭州、苏州及南京各地亦有发生，但较轻。在上海 1937～1943 年 23 000 例住院患者中，本虫感染率仅 0.7%，在华北本病更为稀少，1928～1935 年北京协和医院 45 318 例住院患者中，本虫感染率为 0.38%。在我国东北华支睾病较少，但朝鲜移民中较多(后睾表 3)。

后睾表 3 我国东北以往中华分支睾病流行情况

调查地点	检查对象	国家	检查人数	阳性率/ %	报告者	年份
大连	市民	日本、中国	1919	0	吉富市郎	1922
沈阳	市民	中国	650	0.15	清水多仲	1925
大连	市民	中国	2906	0.7	泰胁囊治	1928
沈阳、抚顺、大连长春、鞍山、辽阳安东	铁路沿线劳工	中国	760	0.13	稗田宽太郎	1932
大连	犯人	中国	326	0.31	齐籐安市	1935
抚顺	市民	日本、朝鲜、中国	10293	0.1	梁宰	1936
长春	学生	中国	6305	0.04	浅田顺一	1936
滨江省(今属黑龙江省)	市民	中国	608	0.14	山田秀一	1938
铁岭	居民及儿童	朝鲜	391	19.4	浅田顺一	1940
长春	职员	日本、中国	302	0.3	浅田顺一	1941
万宝山	职员	朝鲜	346	29.5	浅田顺一	1941

由后睾表 4 可知，居住于东北的我国人感染本病者仅 0.04%～0.31%，朝鲜人有生食鱼的习惯，故感染率占 19.4%～29.5%，根据钟惠澜等(1957)在吉林省解剖 80 只猫、狗中，均未见到中华分支睾吸虫，故东北过去感染本病的居民也可能是由广东等地迁入的。

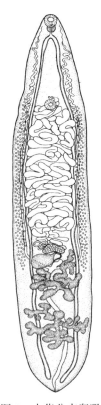

后睾图 9 中华分支睾吸虫(按唐崇惕和唐仲璋，2005)

中华分支睾吸虫保虫宿主早期在我国发现的情况：本虫的保虫宿虫为猫、狗，其感染率各地亦不同。广州狗占 44.2%，猫占 80%；福建猫占 59.4%(陈心陶，1934)；绍兴狗占 84.6%，猫占 37.0% (法斯特，1935)；上海狗占 36.6%，猫占 57.9%(川各浩，1935)；杭州狗占 25.0%，猫占 100%(陈超常，1935)。在湖北、湖南、安徽、江苏、浙江等省，狗的感染率约 80%，猫的感染更为普遍。根据唐仲璋(1936，1940)的检查报告，福建猫感染率为 54%，鼠感染率为 3.5%。猫、狗可能因吃生鱼而受感染。华支睾的终末宿主除猫、狗之外还有狐、水獭、貂鼠。

C. 中华分支睾吸虫成虫的形态结构

中华分支睾吸虫成虫(后睾图 9)的虫体呈扁平，乳白色半透明状，前端狭而尖锐，后端较阔而钝。体长 10～25mm，宽 3～5mm。体表无表刺。口吸盘位于体前端，腹吸盘位于体前部约 1/4 处，口吸盘较腹吸盘为大。腹吸盘前方有生殖孔，体末端有排泄孔。其体内器官结构如下。

1) 体层：最外一层细胞为表皮，由外胚层发育而成，中杂有杆状细胞(rhabdite) 及腺细胞。在表皮之下为一层环肌及一层纵肌。体中间一层为不规则而较大的柔软细胞(paranchyma cells)，柔软细胞与肌肉纤维均由中胚层而成。生殖、神经、排泄诸系统间杂其中。最内一层为肠的上皮，由内胚层发育而成。

2) 消化系统：口在口吸盘的中央，由口而入为短而圆的肌肉质咽，咽后通到细短的食道，食道后分 2 支肠管，肠管末端封闭为盲管，延长到体后端。

3) 排泄系统：排泄孔开口于体末端，上为排泄囊(相等于膀胱)，从其上方分出排泄管、支管及小管，终至焰细胞(flame cell)。焰细胞为一细胞，其上着生一束纤毛伸入中央腔，作灯焰状之摇动。由于焰细胞不断波动，激成水流，使排泄物质流入排泄管而排出体外。

4)神经系统：在咽附近有脑神经节，分布其两旁，以纤维相互联系，称神经联系(commissure)，神经节前后分 3 对神经干，各神经干皆有横枝合连，神经干分末梢神经纤维和感觉细胞，分布于各器官及肌纤维各处。

5)呼吸系统：气体交换是将体内的肝糖分解。分解时放出氢、丁酸类和二氧化碳：$C_6H_{12}O_6 \longrightarrow CH_3CH_2CH_2COOH + 2H_2 + 2CO_2$

6)生殖系统：雌雄同体。生殖器官发达，充满于体中柔软组织间。睾丸 2 个各分成多支，前后排列于体后半部。各睾丸有一条输精管引出前行，两输精管会合成贮精囊。贮精囊末端为较细的射精管(ejaculatory duct)。射精管之末端开口于腹吸盘之前的雄性生殖孔。卵巢由 3 叶合成，位于睾丸前方。卵巢引出输卵管，通向卵模(ootype)及迂曲的子宫。子宫长而弯曲上升至腹吸盘前，通于雌性生殖孔。在输卵管下端接有一膨大的受精囊。在卵模周围有许多泡状单细胞腺的梅氏腺(Mehlis'gland)，在卵模前有一卵黄腺总管通入输卵管，它分两支为卵黄横管，它们在体的两侧各分上下两支，上有许多卵黄腺丛粒，其分泌物经卵黄管，送到输卵管中进入卵模。在受精囊上尚有一弯曲的劳氏管(Laurer's canal)，原来开口于背部，交配时由此接受其他虫的精子，或多余的精子和卵黄由此排出，但今已闭塞，仅为阴道之遗迹。精子可由迂曲的子宫进入受精囊。

D. 中华分支睾吸虫的幼虫期(按唐仲璋等，1963)

华支睾吸虫的虫卵排于水中到贝类宿主体内发育达到尾蚴成熟约需 90d，用囊蚴喂饲实验动物发育为成虫，需 26～28d。本吸虫生活史各期如下所述。

1)虫卵(后睾图 10)：呈卵圆形，棕黄色，前端较小而稍平，顶部壳较肥厚，稍外突，上面具有卵盖，盖的边缘系嵌在卵壳的内壁，盖与壳间的接合部比较明显。卵后端较大而圆，末端有一小刺如同一逗点。卵壳颇厚，但不均匀，因此卵的外表有条纹不光滑。虫卵的大小为(27.3～35)μm×(11.7～19.5)μm。卵内含有卵胚细胞和卵黄细胞。成虫寄生在宿主的胆管或胆囊里，虫卵自胆管或胆囊经过胆总管进入肠内，随着粪便排出体外。虫卵排出宿主体外时，卵内的胚细胞已发育为成熟毛蚴。

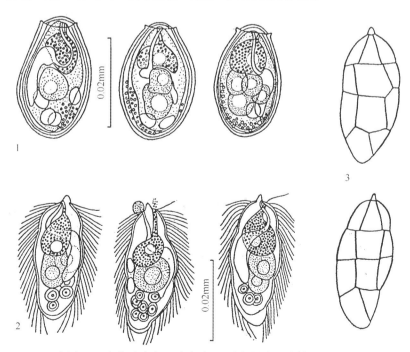

后睾图 10 中华分支睾吸虫虫卵和毛蚴(按唐仲璋等，1963)

1. 虫卵；2. 毛蚴；3. 毛蚴纤毛板

2) 毛蚴(**后睾图 10**)：成熟虫卵落于外界水中，被纹绍螺等第一中间宿主摄食，到螺体的食道后，卵盖打开，孵出毛蚴。毛蚴钻进宿主肠壁脱去纤毛而入肝小叶淋巴间隙内发育，体内的胚细胞将发育成为胞蚴。毛蚴呈梨子状，前端有突出乳头，体表布满着长纤毛。体内前端具含有 4 核、圆大的"原肠"，它是腺体的结构，开口于前端乳突的右方，其后端达到体后 1/3 处。体内中部右方具有大而显著的穿刺腺，穿刺腺管通于前端乳突的左方。体后部中央有生殖原基及胚细胞。左方具一对焰细胞，各通排泄管，于体中部会合为一管，开口于体中后部的左方。毛蚴体长 26～34μm，宽 12～17μm。毛蚴体表纤毛上皮 4 横列，从上到下的纤毛板数为 5、4、4、3。

3) 胞蚴：呈长囊状，无口和食道，由体壁直接吸收宿主组织的液体以为营养。体内含有多数母雷蚴和继续发育的胚细胞，胞蚴体大小为 90μm×65μm。

4) 雷蚴(**后睾图 11、后睾图 12**)：母雷蚴成熟，自胞蚴逸出，在螺体内长大发育，产生许多子雷蚴，它们逐渐迁移至螺的消化腺间隙中继续发育。成熟子雷蚴条状，前端具有咽和原始肠管，体内含有尾蚴和在发育的胚球。早期雷蚴体大小为 0.3mm× 0.09mm，成熟雷蚴大小达(0.37～1.80)mm×(0.12～0.15)mm，内含 20 余个尾蚴胚体及已成熟的尾蚴。在尾蚴胚球上已可见到穿刺腺细胞雏体，在尾部开始出现后，体部中的腺细胞管道也逐渐形成。在发育中期以后的尾蚴胚体上出现眼点、腹吸盘及排泄囊等结构。

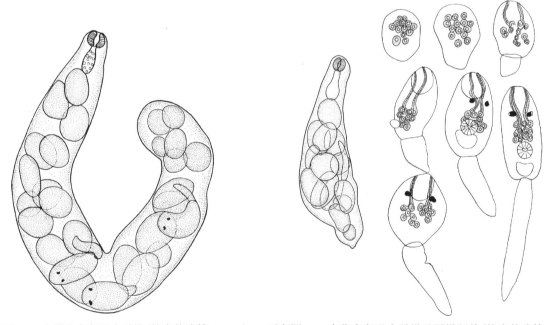

后睾图 11　中华分支睾吸虫雷蚴(按唐仲璋等，1963)　　后睾图 12　中华支睾吸虫雷蚴及尾蚴胚体(按唐仲璋等，1963)

5) 尾蚴(**后睾图 12、后睾图 13**)：中华分支睾吸虫尾蚴是具眼点鳍尾型尾蚴(oculate lophocercous cercaria)。成熟尾蚴体部大小为(0.172～0.258)mm×(0.043～0.073)mm，尾部长 0.258～0.378mm，宽 0.028～0.034mm。尾蚴体部表面披有小棘，尤其在体前部特别明显。在体部两旁生有长感觉毛(long sensory hairs)。在体部各处散布有褐色小颗粒。成囊腺细胞(cystogenous gland-cells)分布于体两侧缘。口吸盘梨状，大小为(0.030～0.037)mm×(0.026～0.034)mm，位于体前端。腹吸盘大小为(0.027～0.032)mm×(0.017～0.030)mm，位于体中约 2/5 处的中央。口吸盘后方通前咽至咽，咽的左右有一对带色素的眼点和 7 对穿刺腺，各腺管开口于口吸盘前方。穿刺腺的附近有成囊细胞。腹吸盘的后方有生殖原基，生殖原基的后方有显著的排泄囊，排泄囊上方左右引出排泄管，再分排泄小管至终末焰细胞；囊后方有排泄管通到尾基部，分为两短管通出排泄孔。排泄囊大小为(0.030～0.034)mm×(0.028～0.034)mm。

有关中华分支睾吸虫尾蚴的结构也曾经 Faust 和 Khaw(1927)、Yamaguti(1935)、Hsü 和 Chow(1937)及 Komiya 和 Tajimi(1940)等学者的观察，与著者在福建所观察的相似，尤其与 Yamaguti 的报告最接近。

6)第一中间宿主(贝类宿主)种类：在福建所发现本吸虫贝类宿主的纹沼螺为 *Parafossarulus manchouricus*。在其他地点发现本虫的第一中间宿主还有：*Parafossarulus striatulus* var. *japonicus*(日本的主要媒介)；*Parafossarulus sinensis*(Neumayr)、*Parafossarulus striatulus*(Benson)(广东)；*Bithynia fuchiana* von Mollendorf(华北，徐锡藩证明实验感染)；*Alocinma longicornis*(华中及华南)；此外尚有 *Bulimus* 和 *Semisulcospira* 亦可为本虫的中间宿主。

7)囊蚴及其在鱼虾宿主(第二中间宿主)的寄生：尾蚴成熟，即自子雷蚴逸出，脱离螺体，游于水中暂时生活。若遇适当的宿主淡水鱼，即附着其身上，借着穿刺腺分泌的能溶化组织的液体而侵入鱼的肌肉、鳞片下或鱼鳃里的组织，脱去尾部形成囊蚴。在福建南安一带发现中华分支睾吸虫尾蚴尚可侵入虾体内形成囊蚴。当地许多患者系吞食生虾受到感染(**后睾图 14**、**后睾图 15**)。

后睾图 13　中华分支睾吸虫尾蚴(按唐仲璋等，1963)

后睾图 14　福建晋江中华分支睾吸虫病流行区(原)

1.有本吸虫病原幼虫期阳性的贝类和鱼虾的池塘；2.因吃生虾而患本吸虫病的儿童；3.母亲和女儿均为本吸虫病患者；
4.母亲和两儿子均为本吸虫病患者

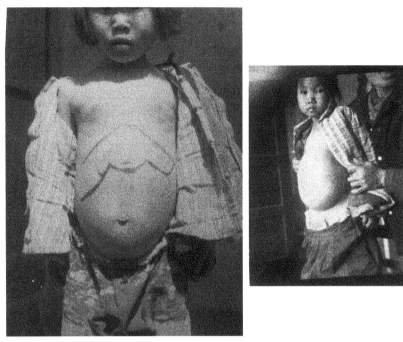

后睾图 15　福建晋江食生虾感染中华分支睾吸虫的患者

　　本吸虫囊蚴(后睾图 16、后睾图 17)椭圆形，外被着富有弹性的囊壁，从虾体查获的囊蚴有一些为不正卵圆形，大小为(0.140～0.160)mm×(0.120～0.135)mm。在鱼体的囊蚴，长度135～145μm，宽度90～115μm，虫体弯曲，在囊内可回旋地运动。后蚴体表密生小棘，两吸盘显著，排泄囊内充满着屈光性颗粒，镜检时呈暗色。囊蚴在鱼肉内抵抗力颇强，若浸于醋内 4 昼夜，仍具有感染性。终末宿主若吞食此囊蚴，囊蚴便于宿主十二指肠脱囊而出，侵入胆管发育为成虫。

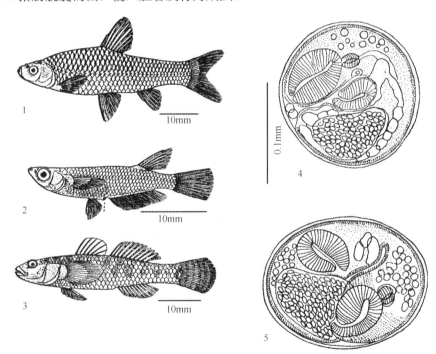

后睾图 16　中华分支睾吸虫囊蚴及鱼类中间宿主(按唐仲璋等，1963)

1. 低吻麦穗鱼 *Pseudorasbora parva*；2. 阔尾鳉鱼 *Oryzias latipes*；3. 吻鰕虎鱼　*Rhinogobius giurinus*；4. 囊蚴(宿主：米虾)；5. 囊蚴(宿主：麦穗鱼)

　　鱼体的皮、肉、鳞、鳃、尾鳍均可为华支睾吸虫囊蚴寄居之所，以肉内为最多。徐锡藩和许羽阶(1936)报告北京淡水鱼体内所含华支睾吸虫囊蚴的分布状况，计在肉者 87.4%，在皮者5.9%，在鳃者 4.7%，在鳞者 2%。其中有一条 *Pseudorasbora parva* 鱼含此囊蚴数最多，计共 166 个，以此鱼重量计算，每克肉含55 个囊蚴。徐锡藩(1939)报告，以人工方法使一尾自实验室内孵出、长 28mm 重 0.36g 的 *Pseudorasbora parva* 幼鱼，感染华支睾吸虫尾蚴后，查见其体内共有此虫种囊蚴 351 个。囊蚴寄居部位多在鱼体最后数个脊椎附近的肉内，也有在尾鳍内查见。

　　唐仲璋等(1963)在福建曾检查麦穗鱼 41 尾，共获本吸虫囊蚴 6304 粒，其中 95.92%(6047 粒)获自鱼肉，1.22%(77 粒)在鳞片，1.65%(104 粒)在鳃、1.21%(76 粒)在鱼鳍，证明鱼肉是本吸虫最多寄生的部位。在同一流行区的同一池塘中的小虾 3 种：*Palaemonetes sinensis* Sollaud(Palaemonidae 科)、*Caridina nilotica gracilipes* de Man(Atyidae 科) 及 *Macrobrachium superfum*(Heller)(Palaemonidae 科)，检查 63 只小虾，其中 38 只虾各只含囊蚴 1～4 粒，13 只虾各含囊蚴 5～10 粒，10 只虾各只含囊蚴 12～20 粒，有 1 只虾查出囊蚴 30 粒，另 1 只虾查出

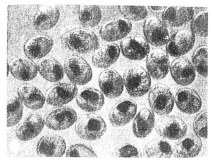
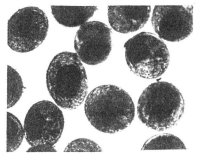

后睾图 17　中华分支睾吸虫囊蚴(按唐仲璋等，1963)

囊蚴 53 粒。从小虾感染的囊蚴数量说明：与鱼比较，虾不是本吸虫最喜爱的第二中间宿主。在小虾、囊蚴寄生的部位有虾壳下的肌肉，在腹部、触角及其基节内，以及眼柄、腹部和尾部的游泳肢内。说明中华分支睾吸虫尾蚴可以穿过虾体外的几丁质到其体中。用从小虾查获的囊蚴人工感染一只豚鼠(guinea pig)，45d 后从其胆管检获 70 条中华分支睾吸虫的成虫，说明虾可以充作本吸虫的第二中间宿主(**后睾图 18**)。

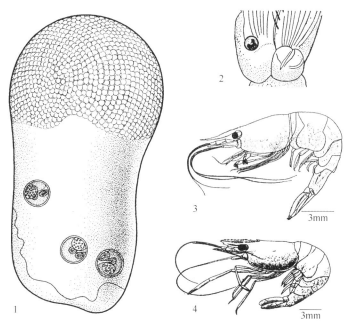

后睾图 18　中华分支睾吸虫虾类中间宿主及在虾体中的囊蚴(按唐仲璋等，1963)
1. 虾眼柄中的中华分支睾吸虫囊蚴；2. 虾游泳肢中的中华分支睾吸虫囊蚴；3. 米虾(*Caridina nilotica*)；4. 沼虾(*Macrobrachium superfum*)

　　8)后期尾蚴(**后睾图 19**)：从中华分支睾吸虫囊蚴中脱囊的后期尾蚴，体大小为(0.48～0.60)mm×温表0.14mm，体表披小棘。体前端及两侧缘具有一些不等距离的小乳突，每个乳突中央有一根小而短的感觉毛。口吸盘大小为(0.052～0.065)mm×(0.055～0.062)mm。腹吸盘大小为(0.068～0.070)mm×(0.065～

0.068)mm。咽大小为(25～30)μm×(20～22)μm。食道长 0.12～0.15mm，在食道的前背侧有一横马鞍状的神经联合(nerve commissures)，在其两侧有向前和向后的延伸的主神经干(main nerve trunks)。在后期尾蚴体上观察到头腺(cephalic glands)和皮腺(skin glands)。头腺细胞位于肠叉之后和腹吸盘前的中区，它们的导管前行到口吸盘背前缘向外开口，孔口 12～14 个，每个孔口上有一尖刺。此腺体在其他复殖类吸虫童虫阶段需要移行的种类的后期尾蚴体上常常也具有。排泄囊长椭圆形，大小为(0.120～0.150)mm×(0.065～0.070)mm，占住体后方 1/4 部位。两侧的收集管蜿蜒弯曲，上行到肠叉水平各分前后支，前支分 3 小管，后支又分 4 组，各有 3 个焰细胞。所以焰细胞公式为 2[3+(3+3+3+3)]=30。观察福建标本，证实了 Hsü 和 Khaw(1937)的描述，在小白鼠体内发育 10d 及 12d 的成虫幼体上观察的焰细胞公式仍然如此。

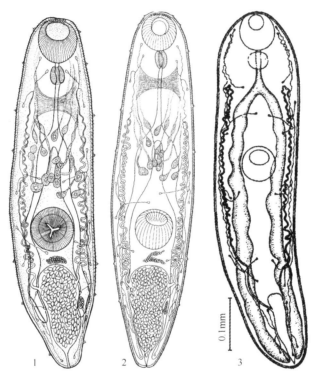

后睾图 19　中华分支睾吸虫后期尾蚴(按唐仲璋等，1963)
1、2.后期尾蚴示体内结构；3.后期尾蚴示排泄系统

9)第二中间宿主(鱼类宿主)种类：本吸虫的第二中间宿主多系鲤科的淡水鱼，除此之外，尚有一些其他科鱼种。在我国已证明者有百余种，其中以鲩鱼、黑鲭、白鲢、黑鲭、土鲮鱼等为主。根据唐仲璋(1945)在福州 31 种淡水鱼的检查中，有 5 种检得囊蚴(后睾表 4)。如后睾表 4 所示，在福建，本吸虫的囊蚴最多者为麦穗鱼及爬虎鱼，此两种小鱼，福州人常用以喂饲猫、狗，故福州猫、狗感染本吸虫很多。

后睾表 4　福建鱼类感染中华分支睾囊蚴情况(按唐仲璋，1945)

鱼类名称	检查总数	具有胞囊的鱼数	感染率/%	每条鱼最多的胞囊数	10g 鱼肉内胞囊的平均数
麦穗鱼 Pseudorasbora parva	59	36	61	4	16.8
竹鱼 Elopichthys bambusa	9	1	11	99	6.3
白鲩鱼 Ctenopharyngodon idellus	8	1	12.5	8	1
黑鲩鱼 Mylopharyngoden aethiops	3	1	33	7	0.02
爬虎鱼 Pseudogobio rivularis	17	11	64.7	7	2.5

作为华支睾的第二中间宿主，麦穗鱼亦见于日本(Kobayashi，1912，1917)、朝鲜(Kobayashi，1925)，我国的上海、杭州、苏州与汉口(Kobayashi，1924)、北京(Hsü and Khaw，1936)、广州(Hsü and Chow，1937)等处。爬虎鱼亦见于日本(Kobayashi，1912，1917)、朝鲜(Kobayashi，1924)，我国的苏州(Kobayashi，1923，1924)、北京、绍兴(Faust and Khaw，1927)、上海(Komiya and Kawana，1937)。本吸虫分布之广由此可见。白鲩鱼经证明为第二中间宿主者，分布于我国台湾(Ohi，1929)、广州(Ishii，1929；Hsü and Chow，1937)、北京(Hsu and Khaw，1937)等地。福建省由于人民无食生鱼的习惯，故该鱼在当地不成此吸虫病的主要媒介。

根据陈心陶(1944)在香港的鱼类检查报告，在香港也有华支睾吸虫病原的存在。本吸虫囊蚴的感染见于花鲢鱼和草鱼(白鲩鱼)(**后睾表 5**)。

后睾表 5　香港鱼类感染中华分支吸虫囊蚴的情况(按陈心陶，1944)

鱼类名称	检查鱼数	阳性鱼数	重量/g	囊蚴数
花鲢鱼 Hypoyhthalmichthys nobilis (Richardson)	55	9	3913.2	136
草鱼(白鲩鱼)Ctenopharyngodon idellus (C. et V)	46	10	2570.4	76

经早期学者报告过的作为中华分支睾吸虫第二中间宿主的淡水鱼类有以下各目、科、属、种类(按Yoshimura，1965)：鱼类分类按王以康(1958)的《鱼类分类学》。

鱼种		发现地(报告人)
鲤形目	**Cypriniformes**	
鲤科	**Cyprinidae**	
刺鳊鱼	Acanthobrama simoni	中国(Komiya，1944)
刺鳑鲏属	**Acanthorhodeus**	
黑刺鳑鲏	Acanthorhodeus atranalis	中国(Kobayashi，1924)
细刺鳑鲏	A. gracilis	朝鲜(Kobayashi，1924)
斑条刺鳑鲏	A. taenianalis	中国(Asada，1940)
	Syn.A.asmussi	朝鲜(Kim，1961)
鳔属	**Acheilognathus**	
青斑点鳔	Acheilognathus cyanostigma	日本(Kobayashi，1910)
	A. himantegus	中国(Kim and Kuntz，1964)
矛形鳔	A. lanceolata	日本(Kobayashi，1910)
	Syn.A.signifer	
	A. rhombea	日本(Kobayashi，1910)
	Syn.paracheilognathus rhombea	朝鲜(Kim，1961)
	A. yamatsutae	朝鲜(Kim，1961)
细鲫属	**Aphyocypris**	
中华细鲫	Aphyocypris chinensis	中国(Asada，1939)
吉氏细鲫	A. kikuchii	中国(Kim and Kuntz，1964)
	Biwia	
	Biwia zezera	日本(Kobayashi，1911)
鲫属	**Carassius**	
鲫鱼	Carassius auratus	日本(Kobayashi，1912)；中国(Ishii，1929)；朝鲜(Lee and Kim，1958)
鲩属	**Ctenopharyngodon**	
草鱼	Ctenopharyngodon idellus	中国(Ohoi，1919)
鲌属	**Culter**	

银色鲌鱼	*Culter alburnus*	中国（Faust and Khaw，1927）；越南（Galliard，1939）；朝鲜（Kim，1961）
短尾鲌鱼	*C. brevicauda*	朝鲜（Nishimura，1943）
	C. revicorpus	朝鲜（Shin，1964）
蒙古红鲌	*C. mongolicus*	中国（Asada，1939）
鲦鱼属	***Cultriculus***	
克氏鲦鱼	*Cultriculus kneri*	中国（Faust and Khaw，1927）
	Syn.*Hemiculter kneri*	
似鲱鲦鱼	*H. clupeoides*	
白鲦鱼	*H. leucisculus*	
鲤属	***Cyprinus***	
鲤鱼	*Cyprinus carpio*	日本（Muto，1919）；中国（Ishii，1929）；朝鲜（Lee and Kim，1958）
鳡属	***Elopichthys***	
鳡鱼	*Elopichthys bambusa*	中国（Hsü and Khaw，1936）
红鲌属	***Erythroculter***	
尖头红鲌	*Erythroculter oxycephalus*	中国（Kim and Kuntz，1964）
颌须属	***Gnathopogon***	
	Gnathopogon coreanus	朝鲜（Kobayashi，1924）
	Syn. *Leucogobio coreanus*	
长颌须鱼	*G. elongates*	日本（Kobayashi，1910）
	G. majamae	朝鲜（Chun，1962）
条纹颌须鱼	*G. strigatus*	朝鲜（Kobayashi，1924）；中国（Asada，1939）
鮈属	***Gobio***	
鮈鱼	*Gobio gobio*	中国（Asada，1939）
小鮈鱼	*G. minutus*	中国（Asada，1939）
	Syn. *Sarcocheilichthys soldatovi*	
鳍属	***Hemibarbus***	
须鳍鱼	*Hemibarbus barbus*	日本（Ide，1935）
唇鳍	*H. labco* (Pallas)	朝鲜（Kim，1961）
长吻鳍	*H. longirostris*	朝鲜（Nishimura，1943）
麻花鳍	*H. maculatus*	中国（Hsü and Khaw，1936）
鲦属	***Hemiculter***	
台湾鲦鱼	*Hemiculter akoensis*	中国（Kim and Kuntz，1964）
巨鳞鲦	*H. macrolepis*	中国（Kim and Kuntz，1964）
	Hemigrammocypris	
	Hemigrammocypris rasborella	日本（Izumi，1935）
鲢属	***Hypophthalmichthys***	
白鲢	*Hypophthalmichthys molitrix*	中国（Ishii，1929）
鳙鱼	*H. nobilis* (= *Aristichthys nobilis*)	中国（Ishii，1929）
野鲮属	***Labeo***	
土鲮鱼	*Labeo collaris*	中国（Hsü and Chow，1937）
	L. kontius	中国（Ishii，1929）
颌须鮈属	***Leucogobio***（= ***Gnathopogon***）	
赫氏颌须鮈	*Leucogobio herzensteini*	中国（Hsü and Khaw，1936）

多纹颌须鮈	*L. polytenia*	中国(Komiya and Tajimi，1940)
微气鮈属	**Microphysogobio**	
朝鲜微气鮈	*Microphysogobio koreensis*	朝鲜(Kim，1961)
青鱼属	**Mylopharyngodon**	
青鲩	*Mylopharyngodon aethiops*	中国(Hsü and Chow，1937)
马口鱼属	**Opsariichthys**	
马口鱼	*Opsariichthys uncirostris*	日本(Satomi，1931)
鳊属	**Parabramis**	
鳊鱼	*Parabramis bramula*	中国(Hsü and Chow，1937)
飘鱼属	**Parapelecus**	
银飘鱼	*Parapelecus argenteus*	中国(Komiya and Kawana，1936)
尹氏飘鱼	*P.eigenmanni*	朝鲜(Kobayashi，1928)
町州飘鱼	*P.tingchowensis*	中国(Chung et al.，1960)
拟鮈属	**Pseudogobio**	
拟鮈	*Pseudogobio esocinus*	日本(Kobayashi，1910)
棒花拟鮈	*P .rivularis*	日本(Kobayashi，1911)；
		中国(Kobayashi，1924)；
		朝鲜(Kobayashi，1924)
石鲋鱼属	Pseudoperilampus	
采石鲋	*Pseudoperilampus notatus*	朝鲜(Lee and Kim，1958)
石鲋	*P. typus*	日本(Kobayashi，1910)
麦穗鱼属	**Pseudorasbora**	
低吻麦穗鱼	*Pseudorasbora parva*	日本(Kobayashi，1910)；
		中国(Kobayashi，1923)；
		朝鲜(Kobayashi，1924)；
扁吻鮈属	**Puntungia**	
赫自扁吻鮈	*Puntungia herzi*	朝鲜(Nichimura，1943)
鳑鲏鱼属	**Rhodeus**	
印鳑鲏鱼	*Rhodeus notatus*	中国(Miyanaga，1939)
眼鳑鲏鱼	*R. ocellatus*	中国(Hsü and Chaw，1936)；
		日本(Okabe，1938)
丝鳑鲏鱼	*R.sericeus*	中国(Asada，1940)
鳈鱼属	**Sarcocheilichthys**	
小林鳈鱼	*Sarcocheilichthys kobayashii*	朝鲜(Kobayashi，1928)
莫氏鳈	*S. morii*	朝鲜(Kobayashi，1924)
东北鳈	*S. acustris*	中国(Asada，1937)
黑鳍鳈	*S. nigripinnis*	中国(Faust and Khaw，1927)
中华鳈	*S. sinensis*	中国(Kobayashi，1924)
彩斑鳈	*S. variegatus*	日本(Kobayashi，1911)
	S. wakiyae	朝鲜(Kim，1961)
蛇鮈属	**Saurogobio**	
达氏蛇鮈	*Saurogobio dabryi*	中国(Kubo and Makino，1941)
华鮈属	**Sinigobio**	
	Sinigobio biwae	日本(Sakai，1953)
赤眼钱属	**Squaliobarbus**	
赤眼鱼	*Squaliobarbus curiculus*	中国(Hsü and Khaw，1936)
三块鱼属	**Tribolodon**	
三块鱼	*Tribolodon hakonensis*	日本(Ichioka，1930)

锯刺鳊属	*Toxabramis*	
贺氏锯刺鳊	*Toxabramis hoffmanni*	中国（Kan and Vogel，1937）
鱲鱼属	*Zacco*	
宽鳍鱲鱼	*Zacco platypus*	日本（Muto，1917）； 朝鲜（Nishimura，1943）； 中国（Kim and Kuntz，1964）
谈氏鱲鱼	*Z.temminckii*	日本（Izumt，1935）； 朝鲜（Chun，1962）； 中国（Kim and Kuntz，1964）
鲤形目	**Cypriniformes**	
鮠科	**Bagridae**	
	Coreobagrus brevicorpus	朝鲜（Kim，1961）
鳉形目	**Cyprinodontiformes**	
鳉鱼科	**Cyprinodontidae**	
鳉鱼属	*Oryzias*	
阔尾鳉鱼	*Oryzias latipes*	中国（Tang et al.，1963）
鲱形目	**Clupeiformes**	
鲱科	**Clupeidae**	
鰳属	*Ilisha*	
长鰳鱼	*Ilisha elongata*	朝鲜（Lee and Kim，1958）
胡瓜鱼科	**Osmeridae**	
公鱼属	*Hypomesus*	
池沼公鱼	*Hypomesus olidus*	日本（Ide，1935）
丽鱼科	**Cichlidae**	
罗非鱼属	*Tilapia*	
矛萨别罗非鱼	*Tilapia mossambica*	中国（Chow，1960）
鳢形目	**Ophiocephaliformes**	
鳢科	**Ophiocephalidae**	
鳢属	*Ophiocephalus*	
乌鳢	*Ophiocephalus argus*	中国（Asada，1937）
鲈形目	**Perciformes**	
塘鳢科	**Eleotridae**	
塘鳢属	*Eleotris*	
史氏塘鳢鱼	*Eleotris swinhornis*	中国（Chung et al.，1960）
土布鱼属	*Odontobutis*	
	Mogurnda obscura (可能= *Odontobutis obscurus*)	日本（Koga，1922）
鰕虎鱼科	**Gobiidae**	
吻鰕虎属	*Rhinogobius*	
吻鰕虎	*Rhinogobius giurinus*	中国（Tang et al.，1963）

在北京地区发现有 13 种鲤鱼类（Cyprinoid）的鱼充作中华分支睾吸虫的中间宿主，它们的感染强度有所不同，分为 4 个感染群类如下。

重感染群 *Ctenopharyngodon idellus*、*Hemiculter leucisculus*、*Hemiculter clupeoides*。

中度感染群 *Pseudorasbora parva*、*Leucogobio herzensteini*、*Sarcocheilichthys nigripinnis*、*Pseudogobio rivularis*、*Elopichthys bambusa*。

轻度感染群 *Culter alburnus*。

很轻度感染群 *Squaliobarbus curriculus*、*Hemibarbus maculates*、*Acanthorhodeus atranalis*、*Rhodeus atremius*。

E. 中华分支睾吸虫的流行病学

中华分支睾吸虫在我国常见于台湾、华南、华中等地，尤以广东为最多。在国外，常见于日本、朝鲜、越南等处。虫体在人体内可活 5～20 年，若继续感染，虫数便逐渐增多，据报告，感染数目最多者达 21 000 条，多者约在 1000 条，平均一个人体中总在百条之下。检查 6 条鲩鱼的鱼肉，检查时将鱼肉割成碎片，浸于胃蛋白酶（artificial pepsin）溶液中，5～6h 后，冲入多量清水，然后检查下沉在杯底的囊蚴，检得囊蚴有 1757 个，平均每 10g 鱼肉中有 2.6 个。该病原在我国流行情况如下。

1) 人体感染情况：本吸虫在我国分布的地域甚为广泛。一般言之，北方感染此虫者甚少，中部较多，南方极常见。感染最严重的区域为广州一带。新中国成立之后，各地卫生机构及医务防疫工作者对本病进行防治，很大地遏制了本吸虫病，此仅就早期国内各方报告而分述之。北方如辽宁省，据 Hiyeda（1934）报告，在沈阳及辽阳均查见当地孩童有感染中华分支睾虫卵者。又如在河北省，据 Faust（1929）报告，在北京协和医院 13 617 例患者粪便的检验中，查出 0.6% 有此虫卵。中部如江苏省，据姚永政等（1934）报告，在南京检查军校学生 1408 人的粪便，查出有此虫卵的感染者为 1%，Jeffreys 和 Day（1908）报告，在上海检查 500 人的粪便，验出 2 人有此虫卵。Fischer（1914）报告，在上海检验 100 人的粪便，查出有此虫卵者 4 人。小宫义孝等（1935）报告，在上海检查 4016 人的粪便，其中 716 名系中国人，余皆日本人。中国人中 55 名系小学生，166 名系中学生，314 名系专门学校学生，181 名系工友，分别验出 1 人（1.8%）、4 人（2.4%）、16 人（5.1%）及 13 人（7.2%）有华支睾虫卵。在 16 名患有支睾虫病专门学校学生中，1 名系江苏人，3 人系浙江人，1 名系广西人，11 名系广东人。日本人中，2523 名系小学生（其中约半数皆出生于我国，生于上海者 1141 人，生于我国其他地方者 131 人），541 名系中学生，127 名系专门学校学生，109 名系工友，分别验出 69 人（2.73%）、35 人（6.47%）、2 人（1.6%）及 23 人（21.1%）有此吸虫卵；在日本人中，其居留上海越久感染中华分支睾吸虫率越高。Andrews（1938）报告，在上海检查 2888 例患者之粪便，查出 67 人（2.2%）有此虫卵。又如在湖北省，据 Booth（1909）的报告，在汉口检查 139 人的粪便，验出有此虫卵者 3 人。Faust（1921）报告，在武昌检验 57 例患者的粪便，查出 1 人有此虫卵。Andrews（1933）报告 1931 年长江下游发生水灾时在汉口检查灾民 632 名，验出粪便有此虫卵者计 8%。南方如广东省，据 Heanley（1908）报告，在广州剖验 3300 例尸体，查出 109 人（3.3%）感染中华分支睾吸虫。同年 Whyte 氏报告，在潮州检查 257 人之粪便，验出有此虫卵者 43 人（17%）。Whyte（1910）又报告，在汕头检查 253 人之粪便，验出 3 人（1.2%）有此虫卵。Bel（1912）报告，在香港检查 850 人之粪便，验出有此虫卵者计（12.9%）。Faust 和许羽阶（1927）报告，就广州、小榄及汕头等地粪便检验之结果而言，中华分支睾吸虫的感染率在广州为 3.2%～36.3%，在小榄为 3.2%～100%，在汕头为 3.1%。石井信太郎（1929）报告，在广州检查博爱医院患者 502 名，验出粪便中有此虫卵者 270 人，即 53.78%。Greaves（1935）报告，香港之中华分支睾吸虫感染率为 4.5%。Uttley（1935）报告，在九龙剖验 367 例尸体，查出 52 例（14.2%）有中华分支睾吸虫。梁伯强和杨简（1937）报告，在广州解剖 250 例尸体查出 123 例（50%）肝中有中华分支睾吸虫，虫数自十余条至数十条不等，最多的 4 例为 1050 条、1074 条、1234 条及 1805 条。虫数很多时，充满于肝内外胆管中；在虫数较少时，系在肝内较大胆管末梢部分，在肝左叶内尤多见。有的在输胆管、胆囊管及胆囊内，胰管中亦有查见。Otto 等（1938）报告在广州检查 978 患者粪便，验出 40.5% 男患者及 34.5% 女患者有此吸虫卵。在广西，据姚永政（1938）报告，在宾阳县王灵乡检查该地居民 191 人的粪便，验出 9 人（4.7%）有此吸虫卵。

2) 中间宿主感染病原情况：广州一带养鱼的方法与环境颇易使鱼类感染中华分支睾吸虫囊蚴。且该地居民嗜以生鱼为菜肴，其结果使广州一带成为人体感染中华分支睾吸虫最普遍且严重之区域。Faust 和许雨阶（1927）报告，广州养鱼塘多在桑秧区内。塘上常置有便所，粪便可直接排入塘内以供鱼食。塘内之鱼捕尽后，塘底淤泥即用以肥桑。中华分支睾吸虫之第一中间宿主 *Parafossarulus striatulus* 螺蛳，群集于鱼塘之底。是以此种螺蛳可随时摄食中华分支睾虫卵而受感染，且到尾蚴逸出螺体后，亦可随时钻入鱼体，使鱼发生感染。徐锡藩和周钦贤（1937）报告，广州的淡水鱼类中，在市上最常用作食品者 5 种：白鲩鱼

(*Ctenopharyngodon idellus*)、鳙鱼(*Hypophthalmichthys molitrix*)、大头鱼(*Hypophthalmichthys nobilis*)、土鲮鱼(*Labeo collaris*)及黑鲩鱼(*Mylopharyngodon aethiops*)，均查见有中华分支睾吸虫囊蚴的感染。其感染程度，以白鲩鱼及黑鲩鱼为最高。平均10g鱼肉中，此种囊蚴所含之个数，白鲩鱼为2.6个，黑鲩鱼为0.38个，而制作生食的鱼品，如"鱼生"所用之鱼亦即此白鲩与黑鲩。所谓"鱼生粥"，即是在已煮熟的稀饭中，临时加入鱼片于粥中，仅稍煮一下，未经煮熟而食。在杭州一带，居民嗜食醋鲤鱼，即未煮熟的青鱼片用醋酱油等搅拌而食。因此这两地受感染者甚多。

3)目前华支睾病害情况平共处：我国中华分支睾吸虫的病害，经过近50年的除治，许多地方的疫情显著下降。但作为一个虫种的病原尚未完全消失，因此各地区仍然有一些患者存在。有许多地方尚有此吸虫病的流行。

在许隆祺等(2000)主编的《中国人体寄生虫分布与危害》一书中介绍，近年在我国6个地理大区分别抽查14.5万～42.8万人，仍然有中华分支睾吸虫的感染者(后睾表6)，在这6个地理大区中，以东北和中南的感染率较高。

许隆祺等(2000)还介绍在8个自然人文区域进行中华分支睾吸虫患者情况的抽查，结果以南部沿海的感染率最高，达到1.2%(后睾表7)。

后睾表6　我国6个地理大区群众感染华支睾吸虫情况(按许隆祺等，2000)

地理大区	检查人数/人	感染率/%
华北	212 745	0.019
东北	153 559	0.608
华东	428 819	0.350
中南	324 088	0.605
西南	213 524	0.239
西北	145 007	0.028

后睾表7　8个自然人文地理区域群众感染华支睾吸虫情况(按许隆祺等，2000)

自然人文地理区域	检查人数/人	感染率/%
东北	153 559	0.608
黄河中下游	409 000	0.046
长江中下游	404 754	0.335
南部沿海	174 774	1.201
西南	203 221	0.242
青藏高原	26 386	0
新疆	26 301	0
北部内陆	79 747	0

刘宜升和陈明(1998)总结我国中华分支睾吸虫病的病原生物学及防治问题。20世纪70年代以后，我国各省(自治区、直辖市)继续不断对华支睾吸虫病进行广泛的调查。在一些地区本吸虫病的感染情况仍然十分严重，如广东佛山市，个别地区男性感染率高达85.84%，女性为32.11%(广东省防疫站，1985)。广东顺德桂洲人群的感染率亦高达54.6%(805/1473)(方悦怡等，1996)。

重庆市卫生防疫站(1981)根据资料把国内各疫区本吸虫病流行的程度分为以下4级。

第一级　人群平均感染率低于1.0%，见于河南淮南等5县、山东烟台及22县、海南、辽宁的抚顺、辽阳和大连等。

第二级　人群平均感染率为1%～10%，见于湖北武汉、江苏徐州、广东的广州等6市县、四川的简阳等6市县、重庆市、广西宾阳、河南鹿邑等9县、山东邹县等5县、福建的南安、贵州的从江和黎平、湖南的涟源和武冈、云南昆明的幼儿园儿童、北京海淀等3区，以及上海和台北的大中学生。

第三级　人群平均感染率为11%～20%，见于广东顺德等5县市、香港、九龙、江西的九江和瑞昌、山东的临沂和即墨、辽宁的铁岭和沈阳、四川德阳等7市县、广西梧州、北京的通县等3区以及上海市。

第四级　人群平均感染率高过20%，见于广东曲江等4县、香港部分地区、江西的于都、广西宾阳、河南柘城等18个县、湖北的阳新、黑龙江的齐齐哈尔、辽宁的辽阳、沈阳市郊、新民及铁岭。

从以上资料的总结，可见在我国中华分支睾吸虫病流行的形势还是相当严重。

F. 中华分支睾吸虫病的病理

本吸虫寄生发生疾病是胆、肝、胰等处的病变，在胆道内，由于局部的外伤和毒素的刺激，引起胆管上皮细胞显著增生，有时竟发生腺样组织，或阻塞胆管，使胆管呈柱形的扩大，胆毛细管扩张甚至发生破裂，致肝主质发生局部坏死，肝细胞变性萎缩，最后发生肝脏硬化。寄生在胰腺管内，发生胰腺炎和消化不良的症状。

根据梁伯强(1937)在广州解剖路毙尸体 250 人约有 50%(123 例)为本病患者的报告，寄生虫数每人仅十余条至数十条，但亦有多达 1085～1805 条。患者有 60%胆管扩大，28%肝发生硬化(包括萎缩、初期的萎缩性肝变硬，显著的肝硬化)，40% 脾胀大和腹水，10% 胆石，肝癌肿有一例。

王就安(1949)报告，在广州查见一例 40 岁男子因感染中华分支睾吸虫而引起急性胆囊炎。患者主诉为上腹部突然剧痛及恶心，开腹后查见胆囊胀大，将其切开约有 50 条中华分支睾吸虫随胆汁流出。经施行胆管造瘘术后出院。但出院后 3 星期患者又有同样之腹痛发作，再开腹查见胆囊内又有此虫 100 余条，于是施行胃胆囊吻合术。林兆耆和陶学煦(1949)报告一例因感染中华分支睾吸虫而致死之病例。患者系 42 岁广东籍男子，入院时主诉为突然发生腹痛已 8d，黄疸已 5d。入院后第四天发生呕血、鼻血及咯血，越 3d 死亡。死后立即施行肝穿刺，抽出华支睾吸虫 20 余条。尸体解剖时在肝内各大小涨大之胆管中共查见此虫 900 余条，总胆管涨大而发硬，管壁增厚，胆腔中为一固实但易碎之的结石。由于中华分支睾吸虫的寄生引发患者胆道系统的一系列病变，这在实验动物(猫、小白鼠等)中十分常见，本吸虫病患者产生胆管和胆囊的炎症，细胞增生、胆结石，以及肝硬化，甚至肝癌均有报道。

G. 中华分支睾吸虫病的防治

对于中华分支睾病患者的诊断和医治，到现今，除检查粪便虫卵之外，已有多种免疫学方法可以快速诊断。在治疗上也有多种有效药物给予医治。但如何避免本吸虫病原侵入人体、避免人体健康受损害，却是长期艰巨的任务。应当在淡水鱼养殖环境消灭病原。加强人群的粪便管理，避免虫卵进入养鱼的池塘中去；消灭鱼塘中的本吸虫的贝类宿主，加强保虫宿主的管理，减少本吸虫病原在养殖区环境中的繁殖蔓延。加强宣传教育，不吃未煮熟的淡水鱼肉食品，不吃生虾或未煮熟的淡水虾。在福建闽南民间习俗认为吃生虾可医疗或避免流鼻血的毛病。因此吃生虾的习惯较为普遍，儿童尤盛。经实验证实米虾和沼虾体内的本吸虫囊蚴在动物体内可发育为成虫。因此必须通过宣传教育，不吃生虾、生鱼，以防止本种吸虫疾病的感染和传播。

参 考 文 献

陈佩蕙，唐仲璋. 1981. 台湾次睾吸虫和东方次睾吸虫形态比较的研究. 畜牧兽医学报，12(1)：53-61

陈心陶. 1965. 医学寄生虫学. 北京：人民卫生出版社

李秉正，李得垣，王恩荣. 1958. 辽宁省铁岭县华枝吸虫病的流行情况调查. 中华寄生虫病传染病杂志，1(3)：13-144

李乐福. 1958. 江西省华支睾吸虫病感染调查初步报告. 中华医学杂志，44(10)：988-989

林金祥，程由注，李友松，等. 2001a. 人体自然感染东方睾吸虫的发现及其疫源地的调查研究. 中国人兽共患病杂志，(4)：19-21

林金祥，李友松，程由柱，等. 2001b. 东方次睾吸虫(Metorchis orientalis)人体实验感染感染报告. 海峡预防医学杂志，7(2)：9-11

刘宜升，陈明. 1998. 华支睾吸虫的生物学和华支睾吸虫病防治. 北京：科学出版社

唐崇惕，唐仲璋. 2005. 中国吸虫学. 福州：福建科学技术出版社

王桂林，宋锦章，潘炯. 1958. 四川省简阳资阳两县中华支睾吸虫调查. 中华寄生虫病传染病杂志，1(3)：145

王以康. 1958. 鱼类分类学. 上海：上海科学技术出版社

许隆祺，余森海，徐淑惠. 2000. 中国人体寄生虫分布与危害. 北京：人民卫生出版社

严如柳. 1959. 福州家鸭吸虫类的研究. 福建师范学院学报(生物专号)，上卷：177-192

Asada J. 1937. Studies on trematodes which use fresh water fishes as their intermediate hosts in Manchuria, especially on a new trematode which was recovered from an experimentally infected dog. Proc Jap Parasit Soc(9th meeting)：103-108

Asada J. 1941. On clonorchiasis sinensis in Manchuria. I. Epidemiology of clonorchiasis sinensis in Tieh-ling, Mukden. Rep Mukden, Hyg Engineering，(3)：60-75

Bisseru B. 1957. On the genus Opisthorchis R.Blanchard，1875，with a note on the occurrence of O.geminus(Looss，1896)in new avian hosts. J Helm，31(3)：187-202

Blanchard R.1895. Opisthorchis sinensis. 2nd ed. Paris，Traié de zoologie médicale et argricole

Cameron T W M.1944. Morphology，taxonomy and life history of Metorchis conjunctus(Cobbold，1860). Can J Res，22：6

Chen K C. 1939. Human infections of Fasciolopsis buski and Clonorchis sinensis in Fukien. Zhong Yixue Z，25(4)：191

Chow L P. 1960. Epidemiological studies of clonorchiasis at Meinung township in Southern Taiwan. Formosan Sc，14（3）：134-166

Chun S K.1962. Studies on some trematodes whose intermediate hosts are fishes in the Naktong River. Bull Fish College，4：21-38

Chung H L，et al. 1965. Hexacloroparaxylol in treatment of clonorchiasis sinensis in animals and man. Chin Med J，84（4）：232-247

Chung H L，Ho L Y，Weng H C，et al. 1960. Studies on clonorchiasis sinensis in Peking and Tientsin. Occurrence of clonorchiasis sinensis at Palitai，Tientsin，with observation on intermediary and definitive hosts. Sc Rec NS，4：26-32

Chung H L，Huang S J，Hsü F N，et al.1959. Studies on *Clonorchiasis sinensis* in Peking and Tientsin. Occurrence of clonorchiasis sinensis at Yungfeng Hsiang，Liulitung of Changping district，Peking，with observations on intermediary and definitive host and detection of clinical cases by means intradermal test with *Clonorchis* antigen. Sc Rec NS，3：499-506

Chung H L，Hou T C，Kuang C H，et al. 1960. Studies on clonorchiasis sinensis in Peking and Tientsin. Occurrence of clonorchiasis in Peking and suburbs，with observations on secondary intermediary and definitive hosts. Sc Rec N S，4：19-25

Ciurea I. 1933. Les vers parasites de l'homme，des mammiferes，et des oiseaux provenant des poissons du Danube et de la Mer Noire. Premier memoire. Trématodes，famille Heterophyidae Odhner，avec un essai de classification des Trématodes de la superfamille Heterophyoidea Faust. Arch. Roumaines Path. Exper Microbiol，6（1-2）：5-135

Faust E C，Khaw O K. 1927. Studies on *Clonorchis sinensis*（Cobbold）. Am J Hyg Monogr Ser，8：1-284

Faust E C. 1929. Human helminthology. A manual for clinicians. Sanitarians and Medical Zoologists，Philadelphia

Faust E C. 1932. The excretory system as a method of classification of digenetic trematodes. Quart Rev Biol，7（4）：458-468

Galliard H. 1939. Recherches sur l'etiologie de la distomatose hepatique au Tonkin. Ann Parasit，17：236-244

Galliard H. 1940. Les hotes intermediaires de *Clonorchis sinensis* au Tonkin.Far East. Asson Trop Med，10（2）：643-653

Gibson J B，Sun T. 1976. Clonorchiasis. In：Marcial Rojos R A. Pathology of Protozoal and Helminthic Diseases：546-566 Bathinore Williams and Wilkins

Harinasuta C，Vajrasthira S. 1960. Opisthorchiasis in Thailand. Ann Trop Med Parasit，54（1）：100

Heanley C N. 1908. Age incidence of 109 cases of *Opisthorchis sinensis* infection in Cantonese；its small pathological importance. J Trop Med，2：38

Hsü H F，Chow C Y. 1937. Studies on certain problems of *Clonorchis sinensis*：II. Investigation in chief endemic center of China，Canton area. Chin Med J，51：341

Hsü H F，Chow C Y. 1938a. Studies on helminths of fowls. I. On the second intermediate hosts of *Metorchis orientalis* and *M. taiwanensis*，liaer ducks. Chin Med J，Suppl II：433-440

Hsü H F，Chow C Y. 1938b. Studies on helminths of fowls. II.Some trematodes of fowls in Tsingkiangpu，Kiangsu，China. Chin Med J，（Suppl）：441-450

Hsü H F，Chow C Y. 1939. Development of *Clonorchis sinensis* eggs to cercaria stage in laboratory bred snails，*Bithynia fuchsiana*. Proc Soc Exp Biol Med，41：158

Hsü H F，Khaw O K. 1936. Studies on certain problems of *Clonorchis sinensis*：I. On cysts and second intermediate hosts of C. *sinensis* in Peiping area. Chin Med J，50：1609

Hsü H F，Khaw O K. 1937. Studies on certain problems of *Clonorchis sinensis*：III. On morphology of metacercaria. Festchrift Nocht，216，Nov 4

Huang Y P，et al. 1951. A survey of *Clonorchis sinensis* infection in dogs and cats and of cysts in fishes in Nantung，North Kiangsu. Veterin Bull，（5）：8

Hung S L. 1926. A new species of fluke *Parametorchis novoboracensis* from the cat in the United States. Proc U S Nat Mus，69：Art 1-2

Ichioka M. 1930. On the distribution of human parasites in which the fresh water fishes serve as the second intermediate host and of Lingula sparganum in Ishizutsumi village Nishitonami-gun，Toyama prefecture，in which the endemic area of rickets was newly found. Byorigaku Kujo（Act Path Jap），6：743-760

Ide I. 1935. On *Hemibarbus barbus*（Temminck and Schlegel）as a new additional second intermediate host of *Clonorchis sinensis*. Saikin Gaku Zasshi（Jap J Bact），475：700-701

Ishii S. 1929. Studies on *Clonorchis sinensis* in Canton.IV.On the second intermediate hosts of C. *sinensis*. Jikken Igaku Zasshi（J Exp Med），12（2）：39-59

Izumi M. 1935. Studies on second intermediate hosts，fishes，of trematodes in Hyogo Prefecture. Tokyo Iji Shinshi（Tokyo Med News），2950：2531-2543

Kan H C，Vogel Hans. 1937. Untersuchungen über die Ubertragung *Clonorchis sinensis* in dem Gebiete von Canton，China. Festschrift Nocht，4 Nov 1937：225-233

Kanemitsu T，Otagaki H，Toguwa S. 1952. On *Clonorchis sinensis* in the prefecture of Hiroshima，especially on the distribution of this fluke in the southern district of Binan. Hiroshima Igaku（Hiroshima Med）6：260-269

Kim D C，Kuntz R E. 1964. Epidemiology of helminth diseases：*Clonorchis sinensis*（Cobbold，1875）Looss，1907 on Taiwan（Formosa）. Chin Med J，11：29-46

Kim J W. 1961. Rate of infection of *Clonorchis sinensis* in various species of second intermediate hosts and their seasonal variations in Dong-Chon area of the River Kumbo. New Med J，4：1221-1223

Kobayashi H. 1910a. Studies on *Clonorchis sinensis*（Preliminary Report）. Saikin Gaku Zasshi（Jap J Bact），180：1-6

Kobayashi H. 1910b. Studies on liver-fluke. Dobutsugaku-Zasshi，（264）：465

Kobayashi H. 1911. A preliminary report on the source of the human liver distome，*Clonorchis endemicus*（Balz）（=*Distomum spathulatum* Leuckart）. Annot Zool Jap，7：271-277

Kobayashi H. 1912. Studies on *Clonorchis sinensis*（Original report）. Saikin Gaku Zasshi（Jap J Bact），202：597-662

Kobayashi H. 1923. On the clonorchiasis in China. Korean Med J，42：80-87

Kobayashi H. 1924. On the human liver fluke in Korea and a note on the intermediate hosts of liver flukes in China. Keijo Mitt Med Hochschul，7：1-10

Kobayashi H. 1928. On the animal parasites in Chosen (Korea). Acta Med Keijo，11 (2)：109-124

Kobayashi H.1917. On the life history and morphology of the liver-distome (*Clonorchis sinensis*). Mitteil Mediz Fachschule Zu Keijo，1：251-284

Kobayashi H.1934. Recent researches on Japanese fishes which serve as the intermediate hosts of helminths. Proc 5th Pacific Sci Congrers：4157-4163

Koga I. 1922. On the differentiation of various kinds of metacercariae in fresh water fishes which serve as second intermediate hosts of trematodes. Tokyo Iji Shinshi (Jap Med News)，2286：1370-1375

Komiya Y，Kawana H. 1936. Studies on *Clonorchis sinensis* in shanghai. IV. On the second intermediate host of *C. sinensis*. Shanghai Shizen-Kagaku Kenkyuji-Iho (Shanghai Sci Inst Rep)，5 (14)：205-217

Komiya Y，Tajimi Y. 1940. Study on *Clonorchis sinensis* in the district of Shanghai. V. The cercaria and metacercaria of *Clonorchis sinensis*，with special reference to their excretory system. J Shanghai Sci Inst，(Sect IV)，5：223-238

Komiya Y. 1966. *Clonorchis* and Clonorchiasis. Advance Parasit，4：53-106

Komyia Y. 1944. Metacercaria infested in fresh-water fishes in the Hankow region (Metacercariae from Chinese fresh waters，No. 4). Shanghai Shizen-Kagaku Kenkyujo-Iho (Shanghai Sci Inst Rep)，14 (2)：118-121

Kubo M，Makino M. 1941. Fresh water fishes in Manchuria as second intermediate hosts of trematodes. Proc Jap Parasit Soc (13th meeting)：56-58

Li L F. 1958. Brief survey of clonorchiasis sinensis infection in Kiangsi province. Zhong Yixue Z，44：88

Li P C，Li T W，Wong E Y. 1958. Epidemiological studies on clonorchiasis at Tiehling，Liaoning Province. Chinese J Parasit Inf Dis，3：139-144

Looss A. 1899. Weitere Beiträge zur Kenntnis der Trematoden Fauna Aegyptens. Zool Jahrb，Syst，12

Ma H C，Yeh Y C，Li C C，et al. 1964. Clonorchiasis in a new endemic area in East Shantung Province：A preliminary report on the use of intradermal test in an epidemiologic survey. Chin Med J，82 (7)：812-818

Miyanaga S. 1939. On second intermediate hosts of *Clonorchis sinensis* in Mukden. Mukden Med J，3：565-570

Morgan D O. 1927. Studies on the Family Opisthorchiidae Braun，1901 with a description of a new species of *Opisthorchis* from a Sams Crane (*Antigone antigone*). J Helminth，5 (2)：89-104

Morishita K. 1929. Some avian trematodes from Japan，especially from Formosa，with a reference list of all Known Japanese species. Annot Zool Jap，12 (1)：143-171

Morishita K. 1951. Modern parasitology：Tokyo，section 4 Clonorchiasis：its prevention and treatment

Muto M，Ohshima F. 1923. On the life history of *Metorchis orientalis* Tanabe. Nippon Byori Gakki Kaishi，(13)：38-90

Muto M. 1918. Über den ersten Zwischenwirt von *Clonorchis sinensis*. Nippon Igakkai Zasshi (J Jpn Med Soc)，8：151

Muto M. 1919. On the route of infection of *Clonorchis sinensis*. Byori Gakkaishi (Jap J Path)，9：249-258

Muto M.1917. Studies on human parasites in fresh water fishes (in Lake Biwa) which serve as the intermediate hosts，especially on *Metagonimus yokogawai* in *Cyprinus carpio* and *Carassius auratus*. Nippon Shokaki Byo Gakkai Zashi. J Jap Assn (Gastroent Dis)，16 (2)：135-166

Nishimura S. 1943. On intestinal protozoa and helminths in the vicinity of Taegu and Yeongcheon，Kyongsang Pukdo. J Taegu Med School，4 (1)：40-50

Ohoi T. 1919. *Clonorchis sinensis* in Formosa，with a supplemental report of its second intermediate hosts. Iji Shinshi (Tokyo Med News)，2117：526-533

Okabe K. 1940. *A. synopsis* of trematode cysts in fresh water fishes from Hukuoka Prefecture. Hukuoka Acta Medica，33：309-335

Okabe K.1937. The second intermediate hosts of *Exorchis oviformis* Kobayashi. Fukuoka Acta Medica，30：106-109

Okabe K.1938. On the second intermediate hosts of *Clonorchis sinensis* (Cobbold) in Fukuoka prefecture. Fukuoka Ikadaigaku Zasshi (J Fukuoka Med Coll)，31：1217-1228

Price E W. 1929. Two new species of trematodes of the genus *Parametorchis* from fur-bearing animals. Proc US Nat Mus，76 (2809)：1-5

Price E W. 1940. A review of the trematode superfamily Opisthorchioidea. Proc Helm Soc Wash，7 (1)：1-13

Rothschild M. 1937. Note on the excretory system of the trematode genus *Maritrema* Nicoll，1907，and the systematic position of the Microphallinae Ward，1901. Ann Mag Nat Hist，10S (111) V19：355-365

Sakai K. 1953. On the incidence of the various kinds of metacercariae of the flukes in the fresh water fishes collected from the Lake Biwa. Kyoto Furitsu Ikadaigaku Zasshi (J Kyoto Med Coll)，56：409-418

Satomi K. 1931. The distribution of *Clonorchis sinensis* in Osaka. Nisshin Igaku (Jap New Med)，23：3010-3022

Sewell R B S. 1922. Cercariae indicae. Indian J Med Research，10：1-370

Shin D S. 1964. Epidemiological studies of clonorchiasis sinensis prevailing in the peoples of Kyungpook Province. Korean J Parasit，2：1-13

Skrjabin K I. 1913. Vogeltrematoden aus Russisch Turkestan. Zool Jahrb Syst，35：351-388

Skrjabin K I. 1950. Trematodes of Man and Animals. IV. Moscow：Publisher of The Academy of Sciences of USSR：81-282

Stunkard H W. 1931. Morphology and relationships of the trematode *Opisthoporus aspidonectes* (MacCallum，1917) Fukui，1929. Trans Am MicrSoc，49 (3)：210-219

Takeuchi T，Asada J，Morita D. 1960. Study on *Clonorchis sinensis* in Kagawa prefecture. Iji Shinshi (Tokyo Med News)，77：9-15

Tang C C，Lin Y K，et al. 1963. Clonorchiasis in South Fukien with special reference to the discovery of crayfishes as second intermediate host. Chin Med J，

82(9)：545-562

Tang C C. 1935. Survey of helminth fauna of cats in Foochow. Peking Nat Hist Bull，10(3)：223

Tang C C. 1940-1941. Contribution to the Knowledge of the Helminth fauna of Fukien，Part 1. Avain，reptilian and mammalian trematodes. Peking Nat Hist Bull，15(4)：299-320

Tang C C. 1947. Parasitic diseases of Fukien province，South China；with especial reference to ecology and distribution. Res Bull Fukien Acad，Biol Sec，(2)：5-37

Tao C S. 1948. Notes on the study of life cycle of *Metorchis orientalis* and *Metorchis taiwanensis*. Chin Rev Trop Med，1(1)：9-14

Vajrasthira S，et al. 1961. Morphology of metacercaria of *Opisthorchis viverrini*，with special reference to excretory system，Ann Trop Med Parasit，55(4)：413-418

Vogel H. 1934. Der Entwicklungszyklus von *Opisthorchis felineus*. Zoologica，33(86)：1-103

Wang K L，et al. 1958. Survey of clonorchiasis sinensis infection in Chienyang and Tzeyang of Szechuan province. Zhong Jishengchuong Chuanranbing Z，1：145

Weng H C，et al. 1960. Studies on clonorchiasis sinensis in past ten years. Chin Med J，80：441

Witenberg G G. 1929. Studies on the trematodes-family Heterophyidae. Ann Trop Med Parasitol，23(2)：131-139

Wukoff D E，Lepe T J. 1957. Studies on Clonorchis sinensis.1.Observation on the route of migration in the definitive host. Amer J Trop Med Hyg，6(6)：1061-1065

Yamaguti S. 1935. Über die Cercarie von *Clonorchis sinensis*(Cobbold). Zeit für Parasitenk，8：183-187

Yamaguti S. 1971. Synopsis of digenetic trematodes of vertebrates. Tokyo：Keigaku Publishing Co

Yamaguti S. 1975. A Synoptical review of life histories of digenetic trematodes of Vertebrates. Tokyo：Keigaku Publishing Co

Yoshimura H. 1965. The life cycle of *Clonorchis sinensis*：A comment on the presentation in the seventh edition of Craig and faust's clinical parasitology. J Parasitol，51(6)：961-966

Yoshino K. 1940. Untersuchungen über die enzystierten Zerkarien von Trematoden mit besonderer Berücksichtigung der jahrzeitlichen veranderungen in *Carassius auratus*(Linneus). Okayama Igakkai Zasshi，52：274-306，548-592，806-843，1144-1188，1355-1390

（六）片形科（Fasciolidae Railliet，1895）

同物异名　Fasciolopsidae Odhner，1926；Brachycladiidae Faust，1929。本科吸虫是比较大型的虫体，可寄生于多种经济哺乳动物以及人体产生病害，是一类重要的寄生虫病原。

1. 片形科的特征

本科吸虫种类的幼虫期经毛蚴、胞蚴、两代雷蚴、裸头型尾蚴（Gymnocephalous cercaria）、囊蚴（后期尾蚴）各世代。成虫体大而扁，有的窄长。两吸盘通常很靠近。体表具小棘或无。肠管分支或简单不分支。睾丸卵巢分支，个别呈团块状。受精囊退化或付缺，但具有劳氏管。卵黄腺发达，分布在体两侧，从体前延至体后。子宫圈数少，虫卵大。排泄囊管状。哺乳动物的寄生虫。

2. 片形科的群类

本科包含有如下 3 亚科。

（1）片形亚科（Fasciolinae Stiles et Hassall，1898）

片形亚科含有以下 3 属。

片形属（*Fasciola* Linnaeus，1758）：虫体具头锥（cephalic cone）。体内的肠管、睾丸及卵巢均分支。是食草哺乳动物胆管的寄生虫，也可寄生于人体（**片形图 1 之 1、2，片形图 2 之 1，片形图 3**）。

拟片形属（*Fascioloides* Ward，1917）：不具头锥而有异于片形属。野生食草哺乳动物肝脏和肺脏的寄生虫（**片形图 2 之 2**）。

细片属（*Tenuifasciola* Yamaguti，1971）：体细窄有异于片形属。牛科（Bovidae）动物胆管的寄生虫（**片形图 4 之 1**）。

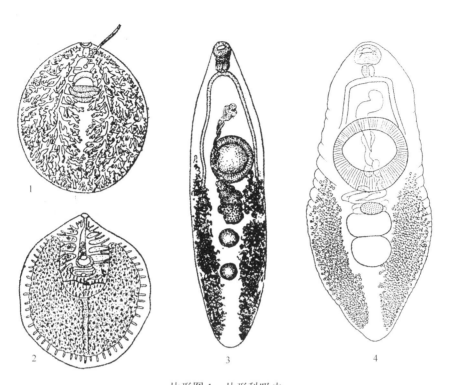

片形图 1　片形科吸虫

1、2. *Fasciola jacksoni*（Cobboldm，1869）（按 Evans et Rennis，1909）；3、4. *Protofasciola robusta*（Lorenz，1881）Odhner，1926（图 3 按 Odhner，1926；
图 4 按 Van den Berghe，1936）

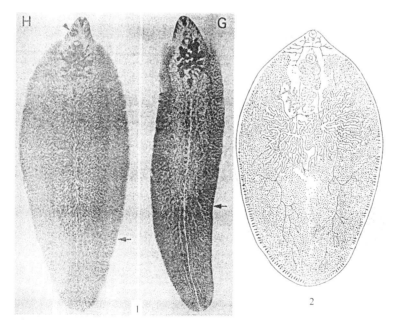

片形图 2　片形科吸虫

1. H 肝片吸虫，G 大片吸虫，矢头示头锥、箭矢示睾丸后缘达到水平（按 Miyazaki，1991）；2. 拟片形吸虫 *Fascioloides magnus*（Bassi，1857）Ward，
1917（按 Slusarski，1955）

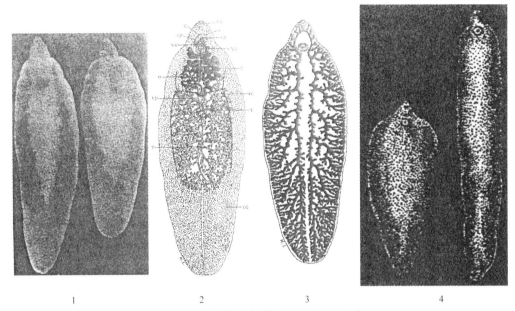

片形图 3 肝片吸虫(按 Miyazaki，1991)

1.肝片吸虫活体照片(×2)；2.肝片吸虫生殖系统(C：cirrus，CS：cirrus sac，GP：genital pore，I：intestine，O：ovary，OS：oral sucker，SV：seminal vesicle，T：testis，U：uterus，VC：vitelline duct，VD：vas deferens，VG：vitelline gland，VS：ventral sucker.(After Ikeda，1941)；3.肝片吸虫肠管；4.肝片吸虫和大片吸虫照片比较(按 Skrjabin et al.，1937 于 Skrjabin，1948)

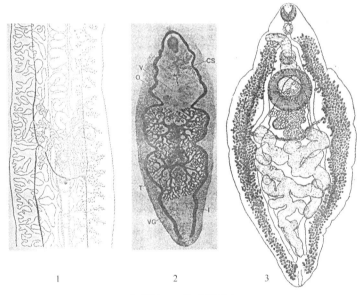

片形图 4 片形科吸虫

1.细片吸虫 *Tenuifasciola tragelaphi*(Pike et Condy，1966)Yamaguti，1971 的一段(按 Pike and Condy，1966)；2.姜片虫(按 Miyazaki，1991)；3.拟姜片虫 *Parafasciolopsis fasciolaemorpha* Ejsmont，1932 in Yamaguti，1971(按 Ejsmont，1932)

(2)姜片虫亚科(Fasciolopsinae Odhner，1910)

姜片虫亚科含有以下 2 属。

姜片虫属(*Fasciolopsis* Looss，1899)：无头锥(cephalic cone)睾丸卵巢分支，肠管不分支。杂食哺乳动物肠管寄生虫，也寄生于人体(**片形图 4 之 2**)。

拟姜片虫属(*Parafasciolopsis* Ejsmont，1932)：具头锥，巢不分支，呈团状，有异于姜片虫属。有蹄类食草动物胆管寄生虫(**片形图 4 之 3**)。

(3) 原片形亚科 (Protofasciolinae Skrjabin，1926)

原片形亚科只有原片形属。

原片形属 (*Protofasciola* Odhner，1926)：肠管、睾丸和卵巢均不分支。哺乳动物肠管寄生虫 (**片形图 1** 之 **3、4**)。

3. 片形属 (*Fasciola* Linnaeus，1758) 吸虫

片形属的吸虫有肝片形吸虫和大片形吸虫，它们所引起的肝片吸虫病 (fascioliasis) (或 fasciolosis，liver fluke disease) 广泛地在世界各地食草动物 (herbivorous animals)、尤其是反刍兽 (ruminants) 中流行，在兽医学和家畜养殖方面，它是一个非常重要的寄生虫病害。本吸虫病在许多国家都有人体感染的报告，如法国里昂在 1956～1957 年约有 500 人感染此病，在日本有 4 病例的报告 (Miyazaki，1991)。此人畜共患病 (zoonosis) 的病原 (etiologic agent) 早经 Linnaeus (1758) 首次发现并给以命名为 *Fasciola hepatica* (肝片吸虫)，随后一些相近的种类被发现，病原生活史、病理、流行学以及医治等方面也都经研究，但此病害至今仍然存在。肝片吸虫病原体寄生于宿主肝脏和胆管，引起急性或慢性的胆管炎和肝组织剧烈的破坏，并伴有中毒现象及营养不良。终末宿主为黄牛、山羊、绵羊、猪、马、驴、骆驼、家兔等家畜。野生哺乳类亦有感染。人体偶然亦遭受侵害。

我国肝片吸虫 (*Fasciola hepatica* Linnaeus，1758) 及大片吸虫 (*Fasciola gigantica* Cobbold，1855) 在牲畜均有感染。肝片吸虫比较普遍，从南到北均有分布，而大片吸虫的分布比较局限，偏于热带、亚热带地区。

(1) 肝片吸虫 (*Fasciola hepatica* Linnaeus，1758) 的形态构造

肝片吸虫呈叶片状，灰褐色，体前端作三角形锥状，从其基部后方向两侧扩展成肩状，从这里向后端逐渐窄缩。虫体一般长 20～35mm，宽 5～13mm。虫体大小差异颇大，常依感染的轻重而有所不同。感染轻，虫数较少时，通常体形较大；感染重，虫数甚多时，体形较小，一般长度只有 10～15mm。肝片吸虫体表披小棘。前端锥状突上有口吸盘。腹吸盘略大，位于口吸盘稍后，在肩部水平线的中央位置。消化系统从口孔开始，通于后面的咽，经食道而与肠管连接。肠管系两条通向体后端的盲管，向体的外侧两管各有很多分支。神经系统由围绕咽部的神经节及向两侧及前后走的神经索所组成。

肝片吸虫的生殖系统极为发达。雌雄同体。雄性器官包括两个前后排列的、分支极多的睾丸。从每个睾丸中央的部位各发出了一根输出管，向前延展至腹吸盘后方，合并成为一个输精管，继又前进而膨大为贮精囊接于阴茎囊，囊内含有内贮精囊、前列腺、射精管、阴茎等，通于腹吸盘前的生殖孔。雌性器官有卵巢，亦具分支，位于睾丸的右前方。卵黄腺发达，散布于虫体两侧，自体肩部略后处延展至体后端，卵黄腺系由褐色的滤泡状腺体所组成。在体之两侧各有一条卵黄腺管横走向体中央，会合成卵黄总管而接于卵模。卵模位体前方 1/3 处，与输卵管及劳氏管相接，并有梅氏腺围绕。子宫充满卵子，盘曲重叠，占据的位置系在卵模前，腹吸盘后的空隙。子宫开口于腹吸盘前方的生殖孔。虫卵长椭圆形，黄褐色，直径 150～190μm，辐径 75～90μm。

(2) 肝片吸虫的幼虫期及个体发育 (片形图 5)

肝片吸虫卵随宿主的胆汁分泌而入其消化道，和粪便一起排出到外界。发育的适当温度为 15～30℃，约经 20d，卵内胚细胞发育为毛蚴。

毛蚴　长椭圆形或圆锥形，前方较宽，向后逐渐狭窄。最前端有顶突，顶突通于袋状的"原肠"内，有细胞核 4 个。两侧各有一个穿刺腺。体表有纤毛板 5 列。神经团在"原肠"后。排泄器官由两侧各一个焰细胞及排泄管组成。排泄管通于体后方两侧的排泄孔。毛蚴体后半充满胚细胞，其中有一发育较快的胚球，它长大成为第一个雷蚴。

中间宿主　肝片吸虫在福建最主要的贝类宿主是两栖性的小椎实螺 [*Lymnaea* (*Fossaria*) *ollula*]。它们生活在润湿水沟、低洼泥田或干涸小池塘中，不在多水池塘而在润湿无水的环境内。在其他地方经报告的还有多种椎实螺 (**片形表 1**)。

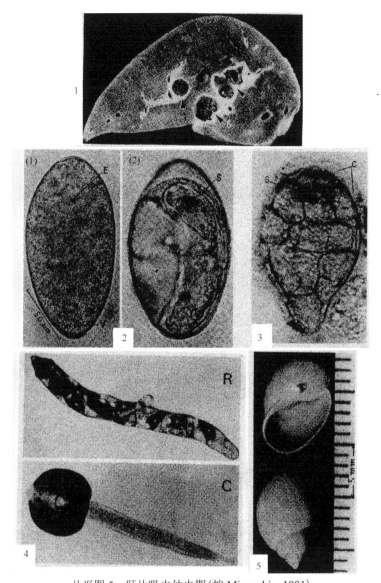

片形图 5　肝片吸虫幼虫期（按 Miyazaki，1991）
1.肝片吸虫寄生的鹿肝一断面，示胆管扩大，箭矢示管壁增厚；2.虫卵：（1）早期卵，（2）成熟卵；3.毛蚴示纤毛板的排列；4.雷蚴（R）和尾蚴（C）；
5.在日本的肝片吸虫的中间宿主 Austropeplea ollula

片形表 1　肝片吸虫在世界各地的贝类宿主（按 Yamaguti，1975）

贝类宿主名称	地点	报告者
Lymnaea truncatula	欧洲	Leuckart 和 Thomas（1881～1883）
Lymnaea acuminata	印度	Srivastava（1944）
Lymnaea luteola		
Lymnaea natalensis	南非洲	Porter（1938）
Lymnaea truncatula		
Bulinus tropicus		
Lymnaea tomentosa	澳大利亚、新西兰	Boray 和 McMichael（1960）
Galba ferruginea	美国	Krull（1934）
Galba cubensis		
Galba bulimoides		
Galba bulimoides techella		
Fossaria modicella		
Fossaria modicella rustica		
Pseudosuccinea columella		
Lymnaea traskii		

续表

贝类宿主名称	地点	报告者
Lymnaea pervia	日本	Shirai（1925）
		Takahashi（1927）
Lymnaea swinhoei	中国台湾	Suzuki（1931）

　　胞蚴　毛蚴在水中遇到其适宜的贝类宿主，即钻入其体内。侵入时脱掉纤毛板，形成一囊状的胞蚴。没有遇到中间宿主的毛蚴于 30h 后即死亡。胞蚴寄生在贝类宿主的消化腺中，体内胚球逐渐长成为第一代雷蚴，成熟胞蚴体内含有 15 个以上的雷蚴。

　　第一代雷蚴　胞蚴体内的雷蚴长大后破胞蚴体壁而出，在贝类宿主体内继续生长。雷蚴具咽和袋状的肠管。在咽附近的体侧处有一生产孔，其略后有一领状的构造，体后半两侧有一对运动足。体内有许多胚球，发育为第二代雷蚴。它们从生产孔逸出。

　　第二代雷蚴　构造与第一代雷蚴相同，但它们体内的胚球发育成为尾蚴。尾蚴从生产孔逸出。离开螺体而到水中。自毛蚴发育至尾蚴期需 50～80d。

　　尾蚴　尾蚴具有成虫构造的雏形。虫体的体部呈椭圆形或作圆形。长 0.28～0.35mm，宽约 0.23mm。尾部长 0.45～0.6mm。体部前端有口吸盘，腹吸盘在中央部位。咽在口吸盘后。食道短，分为两支肠管。尾蚴体表有皮层，下面有很多的成囊腺细胞。尾蚴排泄系统焰细胞公式按 Yamaguti（1975）叙述为 $2[(2+2)+(2+2)]=16$。

　　囊蚴　尾蚴从螺体逸出后在水中游动，短时间内即能附着在某些植物上面，由成囊腺分泌腺体物质包被虫体，形成囊蚴。囊蚴的形成甚为迅速，只需数分钟的时间。囊蚴圆形，在镜检下可见内部结构，口吸盘和腹吸盘均极明显。两支肠管及排泄囊也能见到。

　　个体发育　囊蚴随着水草被终宿主牛羊等吞食后，其囊壁在宿主消化道中溶解，脱囊的后期尾蚴随即开始移行侵入宿主肝脏。它们到达宿主肝脏的移行路径，一为穿入肠黏膜静脉，由血液携带，经门静脉而进入肝脏。当幼虫到达管径较小的小血管时，不能继续前进，即钻出管外而侵入肝实质，在肝组织内移行，经数星期之久才能钻入输胆管。另一途径系幼虫穿过肠壁而进入腹腔，后经穿入肝包膜，进到肝实质而转入胆管。幼虫在肝实质内移行，破坏并吞食肝实质细胞。产生很大的破坏作用。肝片吸虫在牛、羊肝脏经 80～120d，才能发育到成熟阶段，开始产卵。

　　（3）大片吸虫（*Fasciola gigantica* Cobbold，1855）的幼虫期及宿主

　　大片吸虫较肝片吸虫窄而长（**片形图 3 之 4**）。成虫结构除睾丸后方体部较长外，其他基本特征与肝片吸虫相似。幼虫期各发育阶段，如虫卵、毛蚴、胞蚴、雷蚴、尾蚴及囊蚴（后期尾蚴）（**片形图 6～9**）这两种片形吸虫也十分相似。尾蚴焰细胞公式，按林宇光（1974）的观察为 $2[(2+2+2)+(2+2+2)]=24$。林宇光等对我国两种片形吸虫的发育进行了详尽的观察（林宇光，1956，1962；林宇光等，1974），经实验证实两栖性的 *Lymnaea*（*F.*）*ollula* 是两种片形吸虫的中间宿主。大片吸虫在世界各地经报告的中间宿主种类也有多种（**片形表 2**）。

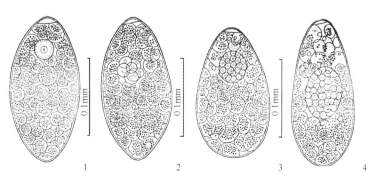

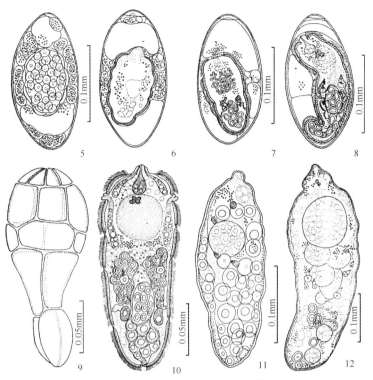

片形图 6 大片吸虫发育(一)(按林宇光等，1974)

1.大片吸虫虫卵，内含一个卵细胞；2.培养 3d 后的虫卵，含大小不同卵裂细胞；3、4.培养 4～5d 后虫卵，内含球形胚胎；5.培养 6d 后虫卵，胚胎有表皮细胞出现；6.培养 7d 后虫卵，毛蚴雏形出现，表皮细胞有纤毛；7.培养 10d 后虫卵，毛蚴具有眼点、焰细胞和胚细胞；8.培养 14d 后虫卵，毛蚴发育成熟；9.毛蚴表皮细胞的数目和排列为 6、6、3、4、2；10.毛蚴的形态结构；11.毛蚴感染小椎实螺 3d 后的胞蚴；12.发育 5d 后的胞蚴

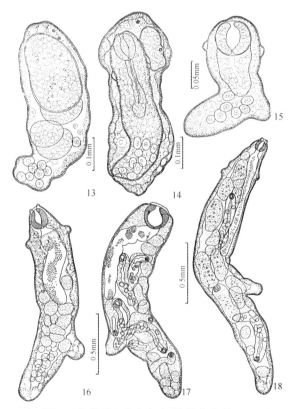

片形图 7 大片吸虫发育(二)(按林宇光等，1974)

13.发育 8d 后的胞蚴，体前有一较大胚球；14.发育 10d 后的成熟胞蚴，体内有一雷蚴；15.感染 11d 后新生的母雷蚴；16.12～13d 后的母雷蚴，体内有 13～18 个胚球和多个胚细胞；17、18.15～16d 后的母雷蚴，已经发育成熟，体内含有活泼的子雷蚴、多个胚球及胚细胞

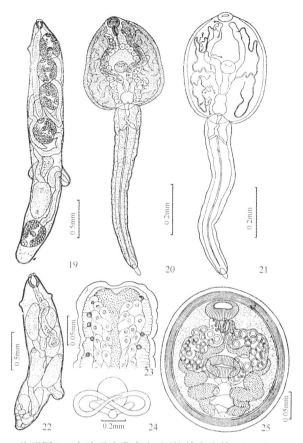

片形图 8　大片吸虫发育(三)(按林宇光等，1974)

19. 感染 30～32d 后的成熟子雷蚴，体内含有成熟尾蚴；20. 尾蚴的形态和构造；21. 尾蚴的排泄系统示焰细胞的数目和排列位置；22. 感染 18d 后的子雷蚴；23. 尾蚴尾部结构，示外角质层、角质下皮层、肌肉层的肌细胞和髓部；24. 尾蚴形成囊蚴时，尾部呈∞形的摆动形式；25. 脱去外囊的囊蚴，示胶质层、纤维层和囊虫结构

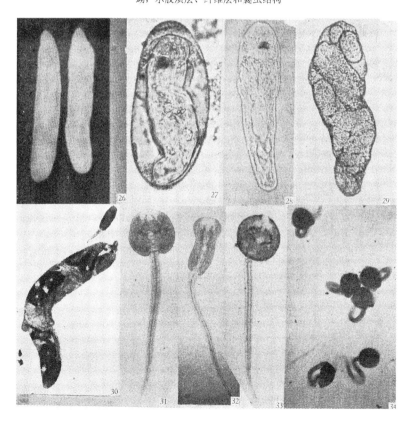

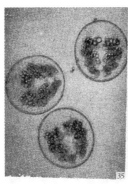

片形图 9　大片吸虫发育(四)(按林宇光等，1974)

26. 水牛体内获得的大片吸虫；27. 大片吸虫的成熟虫卵；28. 孵出的毛蚴；29. 感染螺体 9d 后的胞蚴；30. 感染 30d 后的成熟子雷蚴；31、32. 尾蚴静止和活动时的 2 种形态；33. 尾蚴分泌囊壁物质形成囊蚴；34. 尾蚴形成囊蚴时的情景；35. 脱去外囊后的囊蚴，示胶质层、纤维层和囊内幼虫；36. 在叶片上的囊蚴；37. 小椎实螺〔*Lymnaea (Fossaria) ollula* Gould〕

片形表 2　大片吸虫的中间宿主贝类种类(按林宇光等，1974)

椎实螺种类	地区	报告者
1. *Lymnaea natalensis*	非洲	Dinnik and Dinnik，1956
2. *Lymnaea mweruensis*	非洲	Dinnik and Dinnik，1957
3. *Physopsis africana*	非洲	Monnig，1934
4. *Lymnaea cailliaudi*	非洲	Kendall and Parfitt，1959
5. *Lymnaea auricularia*	土耳其	Guralp et al.，1964
6. *Lymnaea truncatula*	非洲	Dinnik and Dinnik，1957
	苏联	Kibakin，1960
7. *Lymnaea peregra* (*peregra*，*ovata*，*lagotis*)	苏联	Kibakin，1960
8. *Lymnaea tomentosa*	大洋洲	Boray，1966
9. *Lymnaea auricularia rufescens*	巴基斯坦	Kendall，1954；Kendall and Parfitt，1959
10. *Lymnaea acuminata*	印度	Bhalerao，1933
11. *Lymnaea gedrosiana*	印度	Bhalerao，1933
12. *Lymnaea persica*	印度	Bhalerao，1933
13. *Lymnaea auricularia rubiginosa*	新加坡	Balasingam，1962
14. *Lymnaea philippinensis*	菲律宾	Jesus，1937
15. *Lymnaea swinhoei*	菲律宾	Manipol，1937
16. *Lymnaea columella*	夏威夷	Alicata，1953
17. *Lymnaea (Fossaria) ollula*	夏威夷	Alicata，1937，1938
	中国福建	林宇光，1964，1973

　　关于肝片吸虫及大片吸虫的中间宿主有无特异性的问题，林宇光等(1974)认为：病区调查结果显示片形吸虫的中间宿主的螺种虽然是多样的，但在具体的一个流行区中通常只有 1～2 个种是主要的。在欧洲也是如此，6 种椎实螺中只有 *Lymnaea truncatula* 是最主要的中间宿主。不论东非、西非或是南非，只有 *Lymnaea natalensis* 才是最重要的大片吸虫的中间宿主。又如，Kendall 和 Parfitt(1959)、Balasingam(1962)报告，在土耳其、巴基斯坦、印度等地区大片吸虫的主要中间宿主则是 *Lymnaea auricularia rufescens*。我国的情况亦是一样，不论室内试验和室外调查，皆证明小椎实螺〔*Lymnaea (F.) ollula*〕是我国两种片形吸虫主要的中间宿主。

　　Kendall(1950，1954)、Kendall 和 Parfitt(1959)认为两种片形吸虫各有自己独特的宿主特异性。肝片吸虫以两栖性的 *Lymnaea truncatula* 或与此相似的螺种为中间宿主。大片吸虫则以水栖性的 *Lymnaea auricularia* 或和此近似的螺类为中间宿主。林宇光认为这个结论只能说明部分地区，不能说明全部的情况。

许多试验和调查研究证明我国广泛分布的 *Lymnaea* (*F.*) *ollula* 不仅是我国两种片形吸虫的中间宿主，亦是国外夏威夷群岛和菲律宾地区两种片形吸虫主要的中间宿主。又如，非洲的肯尼亚和亚洲的土库曼斯坦，那里的 *Lymnaea truncatula* 都是肝片吸虫和大片吸虫的适宜宿主(Dinnik and Dinnik，1957；Kibakin，1960)。Boray(1966)指出当地的 *Lymnaea tomentosa* 不仅是澳大利亚和新西兰地区肝片吸虫的重要螺类宿主，而且试验证明也是大片吸虫良好的宿主。他曾警告若使外来大片吸虫不慎传入，必会造成大片吸虫病的流行。以上所述，说明两种片形吸虫对其中间宿主的选择并非 Kendall 所说的那样截然不同。

林宇光还认为，两种片形吸虫在其适应螺类的演化中有不同的差异，同时带有地方性的特点。肝片吸虫对螺类宿主的特异性比较严格，主要选择两栖性小椎实螺为其中间宿主，而对水栖性的大椎实螺类则无明显的易感性。有的只对初生幼螺有感染力，而对年长的幼螺或成螺则不能感染。例如，在新生 1～3d 的 *Lymnaea peregra ovata* 幼螺能发育到有尾蚴，但 8～14d 后的幼螺已无感染能力(Boray，1966)。大片吸虫对其中间宿主的选择，不如肝片吸虫那样严格。例如，在非洲、土耳其、巴基斯坦等地，主要以水栖性的大椎实螺 *L. natalensis* 和 *L. auricularia* 为主，但在东方和太平洋岛屿地区，又以两栖性小椎实螺 *Lymnaea* (*F.*) *ollula* 为主。有的地区，如亚洲的土库曼斯坦，不论水栖性椎实螺或是两栖性小椎实螺同样都能感染大片吸虫(Kibakin，1960)。

(4) 片形吸虫的流行病学

片形吸虫主要是食草动物的寄生虫，所以除牛、羊会被普遍感染之外，多种哺乳类野生草食动物(包括啮齿类)都可成为此两种片形吸虫的保虫宿主，如兔、野兔、粟鼠、天竹鼠、黑尾鹿、白尾鹿、海狸及水獭等。Herman(1945)报告鹿是片形吸虫重要的保虫宿主。许多学者认为流行区中老年牲畜是重要的保虫者。

因为牲畜年龄和片形吸虫病的感染有关。Zharikov(1962)指出：苏联成年牲畜片形吸虫病感染率为81%～98%，2～3 岁牲畜感染率为 32%～65%，而 1 岁以内仅 2%～6%。Vink(1963)认为荷兰严重流行的病区，老年牲畜是片形吸虫的主要保虫宿主。我国福建省晋江地区黄牛感染率 9 岁以上为 82.5%，6～8 岁为 79%，2 岁以下为 54.3%，而 3～5 岁的壮年牲畜为 41.9%。看来高年牲畜多年重复感染而发病率最高，幼年牲畜抵抗力低而感染亦较高，但壮年牲畜可能体强抗力高而感染较轻。总之，病区老年牲畜感染严重但病状又呈慢性，因而往往被人忽视。老年牲畜是病原的主要保虫者和环境污染者，对于老年病畜的驱虫是片形吸虫病防治上的一个重要环节。

2 种片形吸虫在世界范围有很广泛的分布区，在我国牲畜中也普遍感染，东北、华北、西北、华中等地区以肝片吸虫为主要病原(甘肃农业大学兽医系，1960；周源昌，1965)。华东、华南诸省更为严重(全国家畜寄生虫病研究工作第一次会议资料汇编，1964)。福建省各县(特别沿海各县)，两种片形吸虫病更为流行(林宇光，1962；福建省兽医总站，1959)。林宇光等(1974)报告：他们于 1963～1964 年在晋江地区的 3 个农场、4 个公社、一个圩场和屠宰场调查牲畜两种片形吸虫病的流行情况。共计粪检黄牛 921 只，感染率为 50.1%，水牛 82 只，感染率为 32.9%，山羊 73 只，感染率为 45.2%。此外，曾剖验泉州市屠宰场和南安县屠宰场的黄牛 141 只，两种片形吸虫的感染率为 82.2%。他们曾在晋江粪检 13 匹马，全部阴性。在晋江地区大片吸虫感染占绝对优势，肝片吸虫相对占少数。福建省畜牧兽医总站(1959)的调查，福建省牲畜感染肝片吸虫甚普遍，主要是牛和羊。他们调查福建省 44 县耕牛 8184 头，有 2957 头(36.12%)有肝片吸虫感染。福州市屠宰场内 736 头废牛的剖检有 477 头肝脏内有肝片吸虫。感染率达 64.67%。山羊感染率为 9.4%～53.73%。其他牲畜，如猪、马和骡亦有感染。马感染肝片吸虫较少，可能与其不喜食水边和潮湿地区的长叶水草有关。

一些野生动物能作为本种吸虫的保虫宿主，如野兔常能散布肝片吸虫虫卵，引起椎实螺的感染，间接地把这种吸虫病传给牛、羊。福建省小椎实螺感染片形吸虫幼虫期很普遍。在福清检验 13 690 粒小椎实螺，有 534 粒为阳性。其他种类，如大椎实螺亦有感染，但较为次要。椎实螺感染和尾蚴逸出的季节较多在夏秋季节，而以秋季为最多。囊蚴附着的水草曾经检查有 5 科、7 种。以禾本科稗类(如孔雀稗等)附着囊蚴最多。其他植物，如蓼科的赤地利、毛茛科的回回蒜、苹科的水苹等亦有囊蚴附着。

（5）肝片吸虫病的病理

肝片吸虫造成牛、羊等终末宿主的病理变化，主要在肝脏。

虫体移行时期　当虫体侵入肝脏并在组织内移行的时期常出现急性肝炎。由于移行虫体刺激和吞食肝脏细胞，经过的部位形成病灶。挤压时有稠黏污黄色的液体流出，有时夹杂有幼龄虫体。此时肝脏肿大、出血，浆膜上有溢血点。

急性感染　虫数多，病状特别严重的亦能引起死亡。尸体剖检常发现有腹膜炎。

慢性病变　常引起输胆管管壁变厚，上皮细胞增生，有似肿瘤细胞增殖的形状。多数虫体充塞输胆管内，时常阻碍胆汁流通，管壁硬化，整个胆管变粗大。若患畜感染后经历时间较长，肝脏体质增大，或萎缩，胆管发生钙化。大量钙质或其他盐类的沉积会使胆管硬变的程度增加，并形成结石。若发炎状况较为严重时，常发生组织中虫体周围有脓疡。在创伤愈合时肝组织常留有疤痕。成虫的寄生经常引起慢性胆管炎，以及肝小叶间组织、门静脉周围组织和门静脉淋巴的慢性水肿。

肝片吸虫引起的病变能使宿主肝组织抵抗力降低，如对常常侵袭肝组织的水肿梭菌的抵抗力减弱，而使患畜得恶性水肿病。

（6）患畜的临床症状

视感染的虫数多寡和患畜的种类会有所不同。羊只对肝片吸虫的侵袭病理反应较为严重，感染虫体超过 50 个时生理上即发生障碍。耕牛抵抗力较大，超过 250 个时才有显著的变化。绵羊和山羊患急性肝片吸虫病，呈现精神不振、食欲消失、体温增高、肝脏打诊时浊音区扩大等症状。由于寄生虫分泌毒素的关系，患畜迅速发生贫血，红细胞数减少，血色素百分数显著降低，黏膜苍白。病情严重的在 3～5d 内迅速死亡。慢性症状的羊只病程发展较慢，一两个月后贫血加剧，黏膜苍白色。体温略有升高，眼睑、下颚、胸和腹下部有水肿。病畜消瘦，食欲缺乏。由于毒素作用及新陈代谢受阻，被毛粗乱，无光泽。牛的肝片吸虫病，成年牛症状不显著，而犊牛则甚严重，甚至发生死亡。成年牛被感染后肥育度和产乳量都降低，体质衰弱；感染虫数多时，一般表现营养障碍、泻痢、周期性膨胀，出现前胃弛缓等现象，被毛无光泽，贫血，黏膜苍白，有时体温升高，出现黄疸。肺脏有肝片吸虫寄生时，有咳嗽现象。病畜体质渐弱，终于死亡。

（7）片形吸虫病的治疗

治疗牛肝片吸虫病，驱虫一般采用六氯乙烷，不用四氯化碳，因为牛对四氯化碳特别敏感，即使用很少的剂量（3～5ml）也往往引起严重反应，间或导致死亡。六氯乙烷对牛的剂量为 0.2～0.4g/kg 体重，体质消瘦的牛可分 2 次灌服，即按 0.1g/kg 体重计算，两次之间隔 2～3d。六氯乙烷须制成悬浮液服用，以 9 份六氯乙烷加高岭土一份混合（研制均匀）再加入 15 份水，制成悬液口服。在驱虫前 1d 及驱虫后 3d 内不给予容易发酵和富有蛋白质的饲料。

近年来有人研究使用四氯化碳给牛作皮下注射或肌肉注射，以驱除肝片吸虫。这样投药比口服的危险性要小得多。使用方法为牛 100kg 体重用四氯化碳 3～5mL（须视牛的年龄及体质情况确定）。与等量的液体石蜡混合，分两处作臀部肌肉注射。

据长春兽医大学报告，用中药赤木、贯仲、槟榔煎剂治疗病牛，效果显著。药剂制法如下：赤木 21g、贯仲 14g、槟榔 17g 切细，先将槟榔用温水（30～40℃）浸渍 12h，再合入其他两种药品加水浸 12～14h 后，煎 30min，用 2～3 层纱布滤过，除去杂质，共制成 280～300mL 的药品，临用时加乙醇（95%）30ml，以上煎剂一次投服。

（8）片形吸虫病的预防措施

片形吸虫病是危害性很大的寄生虫病，单靠医疗病畜不能解决问题。经验告诉我们：医好不久的牲畜很快又获得感染。所以必须贯彻预防为主的方针，全面地考虑这一寄生虫病的防治工作。为了有效地防止该吸虫的传播，必须掌握它发育的规律及其和外界环境关系的实际情况。具体掌握它生活史中薄弱的环节，了解该病在各个地区的流行学、中间宿主的类别和生活状况，也必须了解全国各地区牛、羊放牧的习惯。

为了预防牛、羊感染本吸虫病，可注意以下几个方面。

预防性驱虫 用药物驱除牲畜体内的肝片吸虫，防止虫卵不断地产生和散播。预防性驱虫既能保护牲畜，又能消除病原。它具有双重的意义。中国农业大学曾建议驱虫时间按牧区中每年有放牧及舍饲两阶段而定驱虫的两次时间：由放牧改为舍饲时进行一次驱虫；在开始放牧时进行第二次驱虫。这样，既有益于安全过冬，又能防止放牧时散布虫卵。在福建、广东以及其他南方各省舍饲期极短，越冬困难不大。可针对中间宿主繁殖的季节，尽量在这期内控制虫卵的散布。在福建 4～5 月是贝类繁殖的季节，这时幼螺出现最多。另一高峰在秋季 8～9 月。因此第一次驱虫最好在 2 月，第二次在 7 月。第一次驱虫之后牛、羊粪内虫卵大为减少。即使春季牲畜又获得感染，侵入的幼虫至少要经过 3～4 个月才能发育成熟到产卵阶段。这时我们又举行第二次驱虫。夏季驱虫对于防止贝类在秋季感染有很大作用。

杀灭中间宿主 杀灭贝类宿主是打断其发育史重要的一环。南方的主要媒介为小椎实螺，其生活环境在低湿地，半干燥的沟渠和泥泊，与北方的种类不同。北方种类生活在水塘中。杀灭小椎实螺通常用 1∶5000 浓度的硫酸铜溶液，用药量 5L/m²。我国采用 1∶50 000 的油茶子饼和 1∶500 的野生莎蒿叶茎(浸液)均有效。

放牧地点选择 各种自然因素(如适当的温度 20～27℃)，是虫卵和椎实螺发育的良好条件，潮湿的环境(如低洼沼泽地区)对于肝片吸虫病的传播有利。多雨的季节常使本来干燥的低地积水，因而小椎实螺大量繁殖，使肝片吸虫得以传播。因此选择牧场必须予以注意。肝片吸虫病最多发生在低洼而潮湿地带，最好不要在这样的地点放牧。尽可能选高燥的牧地。畜舍地点选择亦依此标准。避免在低湿地区、水沟旁边地区放牧是预防感染本吸虫病的重要措施。干燥和炎热对于囊蚴的存活不利，福建及南方各省 7 月温度最高，大量的囊蚴死亡。因而牲畜在这季节感染的较少。至 8 月以后温度转为适宜，在贝类宿主体内发育的虫体产生了多量的尾蚴，在自然界作为感染源的囊蚴非常之多。所以在这时候也必须加以保护牲畜，应在干燥地方放牧。

畜舍饲食牧草的采用 牛、羊感染季节较多在于夏秋，但冬季舍饲时亦能因牧草上附有囊蚴而获得感染，所以冬季割草必须注意。尾蚴绝大部分在水面下 2cm 附近水草的叶片上或茎上形成囊蚴，针对着这一点，割草必须在较高的部位。

畜粪的集中与处理 畜粪必须集中，堆积使其发酵，以生物热消毒法处理之，以杀灭虫卵。畜粪的集中不但可防止虫卵散布，亦能保护农肥，对于防止肝片吸虫的传播是重要环节。

注意牲畜饮水的水源 应选择洁净的场所饮水，同时亦要避免在有小椎实螺的水沟里给牛羊喝水。因为尾蚴亦能在水面形成囊蚴。

改造低洼地 使其不适于椎实螺的生存。

4. 姜片虫属(*Fasciolopsis* Looss，1899)

(1)研究历史

姜片虫病系布氏姜片吸虫[*Fasciolopsis buski*(Lankester，1857)Odhner，1902](**片形图 10 之 1、2**)寄生于人或猪的小肠所致。本病引起消化道机能失调，产生身体各部水肿和发育障碍。特别对儿童及青年的健康危害性甚大。本病分布于东亚国家，如越南、泰国、印度、马来西亚、印度尼西亚和我国。在我国尤为广泛，遍于长江以南 10 余省，新中国成立前一些地区(如浙江的萧山)此病甚为猖獗。南方各地此病流行，严重地影响生产和建设。因为本虫体形巨大，群众对它颇为熟悉，在萧山人们称它为"老姜片"，绍兴人称它为"猫舌头虫"。广东人称它为"挞沙鱼"。祖国古代医学对它也有记述，据萧熙(1956)的考证，早在东晋时范东阳就记述了寄生于人体的扁形肠吸虫。隋代巢元方的《诸病源候论》中所述九虫中的"肉虫状如烂杏，令人烦满"、"赤虫状如生肉"，以及蛊注患者粪便排出的"片如鸡肝"，都可能是姜片虫。前些年在广东发现两具保存完整的干尸，据墓志系明代尚书戴缙夫妇，葬于 1513 年。有人在其粪便中找出姜片虫卵，说明 460 多年前在广州已有姜片虫感染的人。姜片虫的囊蚴存在于菱角等植物，由其传播病原。我国种菱角古代即已发达。种菱业由时久远，北宋范成大（1126～1193 年）诗云："采菱辛苦废犁锄，血指流丹鬼质枯，无力买田聊种水，近来湖面亦收租"。可见本病在我国历史相当悠久，分布亦颇广泛。本吸虫病对于养猪业危害性也很大。

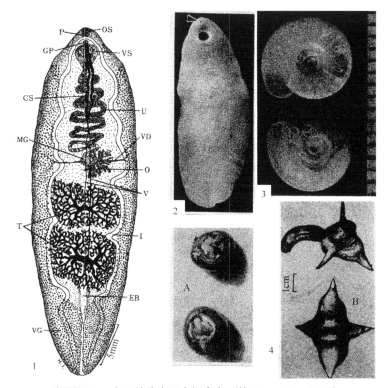

片形图 10　布氏姜片虫及中间宿主（按 Miyazaki，1991）

1.姜片虫(结构见图注)；2.姜片虫照片，箭矢示口，其后为腹吸盘；3.中华凸旋贝（贝类中间宿主），地点中国芜湖；4.媒介植物荸荠(A)、菱角(B) CS. cirrus sac；EB. excretory bladder；GP. genital pore；I. intestine；MG. Mehlis' gland；O. ovary；OS. oral sucker；P. pharynx；T. testes；U. uterus；V. vas deferens；VD. vitelline duct；VG. vitelline gland；VS. ventral sucker

本吸虫于 1843 年由 Busk 在伦敦解剖一个印度水手的尸体从肠内发现。Lankester 在 1857 作本虫形态的初次描述。经 Cobbold(1859)加以补充。德国人 Looss 确定了本虫在分类学上的地位。Stoll(1947)估计全世界姜片虫病患者当在 1000 万人以上。

我国历年虽对姜片病流行曾开展过防治工作，且该病获得控制，但牲畜感染仍普遍存在，常引致水生植物(如菱角、荸荠等)的感染，形成流行区。在江南水乡有红菱种植的地方本病传播还存在，可以说猪的姜片虫是人体姜片虫病的疫源。本种寄生虫不但消耗宿主营养，也阻碍宿主个体发育，在流行区中出现生长受抑制的患孩，与同年龄的正常小孩比较，体格高低和强弱差别甚大。猪的饲养也遭遇同样的情况，有姜片虫病的猪场，每年猪肉因此病而减产的数量相当大。

(2)布氏姜片吸虫[*Fasciolopsis budki*(Lankester，1857)Odhner，1902]成虫的形态

虫体呈红色，长扁卵圆形，前端略狭，后端较宽，长 20～75mm，宽 8～20mm。厚度 0.5～3mm。体表具棘，口吸盘直径 0.5mm。口吸盘与腹吸盘距离极近，腹吸盘直径 2～3mm。咽小，食道极短，左右两支肠管，沿体侧下行，各作数次波状弯曲而达到体后端。两个巨大而分支的睾丸前后排列，占虫体的大半。两睾丸中部各发出一条输出管在体前会合成屈曲的输精管，通于一个圆筒状的阴茎囊，囊内含贮精囊、前列腺、射精管与阴茎。生殖孔位于腹吸盘前方。卵巢分 3 瓣，各有分支，位于睾丸前体中线偏右，后有卵

模, 其周围有梅氏腺环绕。卵黄腺分布于体两侧自腹吸盘后以迄体后端。子宫屈曲缭绕, 位于卵巢与腹吸盘之间的位置。卵棕黄色或淡黄色。壳薄, 卵盖甚窄, 椭圆形, 大小为(130～140)μm×(80～85)μm。产出的卵, 卵内卵细胞尚未开始分裂, 其周围有 20～40 个卵黄球。

(3) 布氏姜片吸虫的幼虫期及中间宿主

姜片虫生活史中各幼虫期(**片形图 11**)与片形吸虫相似, 经中川幸庵(Nakagawa, 1920)及 Barlow(1925)研究, 石井义男(Ishii, 1934)也进行了其各幼虫期发育的考察。成虫寄生在十二指肠内, 虫卵随粪便排出, 卵内胚体发育速度与水中温度有关。水温 30～34℃时经 10～12d 发育为毛蚴。在 28～32℃时为 16～18d, 在 26～30℃下需要 20～24d, 在 18～25℃时发育缓慢, 需经两个多月方发育为毛蚴。

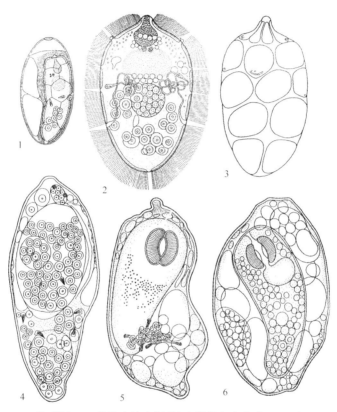

片形图 11　姜片虫幼虫期(按唐崇惕和唐仲璋, 2005)
1. 成熟虫卵; 2、3. 毛蚴及其体表纤毛板; 4～6. 胞蚴体内含胚球和早期雷蚴

A. 毛蚴

毛蚴在水中活动时呈圆筒状, 静止时椭圆形, 它们借着体表的纤毛在水中游动。虫体大小为123μm×49μm。体表纤毛板共 5 列, 每列数 6 块、5 块、5 块、4 块、3 块, 共 23 块。每个纤毛板细胞的基部有一胞核。毛蚴体前端有一不具纤毛的吻突, 其后有顶腺(apical gland), 亦称原肠(primitive gut), 内含 4 个细胞核。在它的背面有两个窄小的头腺细胞, 它们是在顶腺的两侧。在顶腺的后缘有眼点两个, 各具黑色颗粒及晶体状的构造。和眼点紧接的有椭圆形或长方形的神经团。排泄系统由两个焰细胞及排泄管组成。焰细胞位于神经团后缘的两侧, 有排泄管相接, 管屈曲缭绕在神经团后方两侧并向后延展, 开口于体后方第四、第五两排纤毛板之间的空隙处。胚细胞散布于毛蚴体后半部, 有一个圆形或长方形的胚球, 位于神经团后方正中的位置。它是毛蚴体内胚细胞发育最迅速的一部分, 这一发育形式可能是片形科及棘口科共同的特点。毛蚴在水中生活时间较短, 在夏季只能生存 6～8h, 在寒冷季节, 时间可达 1～3d。它们要接触并钻入贝类中间宿主扁卷螺, 再继续发育。石井义男曾观察毛蚴侵入螺体时, 首先用吻突部附着。利用头腺分泌物的溶解作用, 在螺体穿一小

孔，体前部从小孔挤入，在挤入时，体表的纤毛板脱落掉在水中。侵入的毛蚴在转变为胞蚴时体内一些器官，如顶腺等退化，但眼点的黑色素仍存在。

B. 中间宿主

姜片虫的生活史及中间宿主的阐明，早期的探索者有中川幸庵(Nakagawa，1920)及 Barlow(1923～1925)。他们均证明扁卷贝是姜片虫的贝类中间宿主。目前国内各地已证实可作姜片虫中间宿主的扁卷螺种类如下：平卷贝(*Planorbis schmackeri*)、隔扁贝(*Segmentina nitidella*)(浙江萧山)；凸旋贝(*Gyraulus saigonensis*)、隔扁贝(*Segmentina calathus*)(广东广州)；半球隔扁贝(*Segmentina hemisphaerula*)、凸旋贝(*Gyraulus convexiusculus*)、圆扁贝(*Hippeutes cantori*)(福建莆田)；平卷贝(*Planorbis coenosus*)、隔扁贝(*Segmentina largillierti*)(台湾)。

C. 胞蚴

胞蚴是由整个毛蚴体脱去纤毛板后形成的。毛蚴的眼点在胞蚴相当长的时间仍可察见。胞蚴在螺类宿主淋巴隙内生活和成长。其体内的大胚球很快就成为雷蚴，雷蚴有一巨大的咽和袋状的肠管。胞蚴体内除一个发育的雷蚴外，还有许多大小不同的胚球 10 余个。胞蚴体内有焰细胞 3 对在体的一侧，由卷曲的排泄管连接着。感染后 13～14d 母雷蚴开始从胞蚴体离出。最快的时间为 9d。

D. 母雷蚴

成熟的母雷蚴体长约 700μm，宽约 160μm。内含 4 个、5 个子雷蚴及若干发育不等的胚球，Barlow(1925)、Ishii(1934)、许鹏如(1962)都描述只有较少数目的子雷蚴。

E. 子雷蚴

子雷蚴(亦称第二代雷蚴)在螺体肝脏出现时为扁卷螺感染后 25～30d。子雷蚴体长平均 700～900μm，宽 160μm。个别的子雷蚴长达 2.858mm。子雷蚴的一般构造，如咽、肠管、生产孔及体后部两侧的肌肉足等都和母雷蚴相同，仅所含的胚球发育为尾蚴。子雷蚴体内有成熟尾蚴 3～4 个，正在发育的胚球 10 余个。尾蚴系从位于体前方咽基部的生产孔逸出。在螺体肝脏停留数小时或数天后从外套腔游离入水。

F. 尾蚴

尾蚴分体部及尾。体部平均长 195μm，宽 145μm，尾部平均长 498μm，宽 57μm。体表披有小刺。整个体部椭圆形，在游动时收缩作圆形或肾形，口吸盘较腹吸盘为大，接于前咽及咽，继食道后分两支肠管延展至排泄囊后面。排泄囊呈"U"形，两角均接于膨大的排泄管，管内贮存有许多折光性颗粒显然是收集的排泄物质。由于尾蚴体内有许多成囊细胞，其焰细胞分布的形式不明了。

G. 第二中间宿主(媒介)

尾蚴在水中活动的时间甚短，旋即在水生植物上结囊。这些水生植物即充为本吸虫的传播媒介。国内主要的植物媒介在浙江的绍兴、萧山和福建的莆田县江口有水红菱(*Trapa natans*)、荸荠(*Eliocharis tuberosa*)、茭白(*Zizania aquatica*)。广东新会有大菱(*Trapa natans* var.)。台湾有双角菱(*Trapa bicornis*)。其他品种的红菱亦常有姜片虫尾蚴在上面结囊的报告。水生植物充为猪青饲料，与姜片虫病传播关系甚为密切。这些植物有水萍莲(*Eichhornia crassipes*)和大萍(*Pistia stratioides*)，它们都是在新鲜状况下给猪喂食的。此外还有槐叶蘋(*Salvinia natans*)、多根浮萍(*Lemna polyrhiza*)及苦草(*Vallisneria* sp.)亦常一起喂食，也可能充为媒介物。

H. 囊蚴

尾蚴和上述植物接触时就附着上面，尾与体部渐渐脱离，而形成囊蚴。虫体有两种成囊细胞，一种系圆形的，分泌外壁，使囊蚴黏着于物体上。另一种系杆形的，分泌内壁。前者位于虫体背面下方，后者在于腹侧。结囊的时间自附着到完成需 1～3h。囊蚴的大小(包括外壁)约为 0.216mm×0.187mm，如只包括内壁，则为 0.148mm×0.138mm。姜片虫囊蚴的一个足供辨认的特点是它排泄系统的收集管内折光性颗粒的增多，不规则地分布于腹吸盘的两边。实际上这两个收集管已充为贮存排泄物质的膀胱。囊蚴的形成一般只在媒介植物和水接触的部分，因为扁卷贝也附着在这些植物上面。至于荸荠深埋土中则常因扁卷贝进入荸荠的粗大管状叶子而和地下茎接触，当尾蚴逸出时，它们在地下茎上形成囊蚴。从毛蚴侵入螺类宿主至形成囊蚴共需 25～59d，因气温不同而异。囊蚴在湿润的情况下，生活时间很久，有报告在温度 5℃及潮湿环境中可生活一年。

Ⅰ. 终末宿主的感染

姜片虫的感染是因生食含有囊蚴的水生植物，特别是小孩食菱角或荸荠时，用牙齿啃皮，附于上面的囊蚴容易分离下来而被吞咽下去。囊蚴内壁坚韧，在外壁破裂后，内壁必须经宿主肠消化液及胆汁的作用方能溶解，从而使在里面的后期尾蚴释放出来。脱囊的幼虫附着于十二指肠黏膜上逐渐发育，至 80～90d，长大为成虫而开始产卵。寄生位置为十二指肠及回肠上段，可延展至小肠中下段，偶然虫数多时还可到胃部和直肠。姜片虫在终末宿主体内产卵最旺盛时为感染后 5～7 个月。9 个月后便减少。12～13 个月后粪便中虫卵即少发现。据猪体的实验，它的寿命大约不超过两年。

(4) 布氏姜片吸虫流行病学

姜片虫病主要分布于东南亚各地，如我国、越南、印度、印度尼西亚、马来西亚、菲律宾、日本等。国内已知的分布地区有江苏、浙江、福建、广东、江西、湖南、湖北、四川、台湾、山东、河北各省。姜片虫病是人和猪共患的寄生虫病，猪的感染流行其分布可能更为广泛。往往和人体的姜片虫病夹杂在一起，其感染率的高低成正比。人体姜片虫病的流行因素有下列各点：菱角、荸荠、茭白等水生植物的种植；菱塘和水田中有大量扁卷螺的滋生；居民有生食菱角、荸荠等水生植物的习惯；菱塘用粪便施肥。猪的感染和流行因素与上述人体各点极相似，只是媒介物为青饲料植物，如水萍莲、大萍、槐叶苹之类，并以此青饲料生喂猪。另一重要因素则为猪粪便流入池塘，许多地区因洗涤的方便将猪舍建在池塘上。这些因素常造成牲畜的严重感染。

人体姜片虫病的生态环境为水体丰富的地区，在我国，江南水乡红菱种植甚为普遍，国内已知的姜片虫病流行区，如江苏的常熟在长江三角洲，浙江的萧山、绍兴、安昌等均在钱塘江三角洲，江西南昌在赣江流入鄱阳湖的河口，福建的江口系在涵江流入兴化湾处，广东的新会亦在珠江三角洲。这些地区均是水网纵横的地带，这不是偶然的。红菱的种植历史可能非常悠久，江南儿歌："青菱少，红菱老，不问红与青，只觉菱儿好"。在 20 世纪初就采入小学课本内。坐在圆盆上采菱角，这方法也是古老的。广东新会姜片虫病至少也有 80 多年的历史。

我国姜片虫病的分布区最早发现的有浙江的萧山、绍兴等地区。"老姜片"即系绍兴地方的土名，以其形似。萧山湘湖小学儿童感染率在 80% 以上[洪式闾，1929；Watt(屈英杰)，1937]。绍兴安昌镇居民 90% 以上均有感染(Barlow，1925)。绍兴城区小学生有感染的占 65%。McCoy 和朱佐治(1937)报告该城区小学生粪便内虫卵计算，每克粪便含 5000 个虫卵的占 54%，5000～20 000 个的占 38%，20 000 以上的占 8%。萧山地区于 1951 年曾作一次大规模的调查，根据 2 万多人的检查，平均感染率是 36.62%，有的村庄(吕才庄、虎克)感染率高至 82.77%～96.37%(高恺和周海日，1955)。

江西南昌姜片虫病也由来已久，此病流行据《崔氏纂要方》所记："南有豫章，无村不有，无县不有"。熊悛(1935)报告检查南昌学生 1382 人，有 58.2% 受感染。叶维法(1951)对南昌 800 例姜片虫患者进行了分析，南昌产菱区抚河，姜片虫病感染率为 84.8%。福建莆田县江口在小河上普遍种植红菱，检查那里的石庭公社居民 1099 人粪便，虫卵阳性的 692 人(62.96%)。在广东新会，蔡上达等(1958)报告 2927 农民的检查，感染率为 83.05%；同地区另一数据，2842 人检查，有 92.86% 的人感染。湖南省也有姜片虫病，长沙五家岭检查 159 人，感染率为 37.8%(陈祜鑫等，1950)。台湾南部某些地区感染率为 13%(Hsieh，1960)。其他省份，如湖北、四川、河北、山东、云南等省亦均有散发性病例报告。福州市病例报告的有陈国忠(1940)。

猪姜片虫病的分布比人体的更为广泛。例如，福建省人体姜片虫病流行区只限于莆田县江口(**片形图 12**)，而猪的感染则各县均有。广东省据许鹏如(1962)调查，除广州汕头、湛江各市及海南岛(当时属广东省)外，还有 16 个县有猪姜片虫感染。感染率为 0.3%～84.8%(平均为 43.5%)。

片形图12 福建莆田姜片虫病流行区（按唐崇惕和唐仲璋，2005）

1、2. 有本吸虫病原的水体；3. 村民在水体中洗刷粪桶

人体姜片虫病流行区因需具备上述的流行因素，所以有较大的局限，具有浓厚的地方性。它一般都和丰富的水体有关，常在河流下游水网地带，可能国外也如此。泰国姜片虫病流行区在湄公河河口的吞武里 (Thonburi)（Viranuvatti et al.，1953）。印度姜片虫病流行区在比哈尔邦（感染率 7%）及阿萨姆邦（60%），前者在恒河下游，后者在布拉马普特拉河下游（Kant and Rama，1954）。

姜片虫的感染或发展至有病症的均以儿童期较多，许世瑾和葛家栋（1937）统计 1935 年全国 204 个医院的姜片虫患者发现 5～14 岁者最多。叶维法（1951）对南昌 800 例患者各年龄组计算如下：1～5 岁占 23.75%，6～10 岁占 29.75%，11～20 岁占 26.75%，21 岁以后迅速下降。高恺和周海日（1955）报告浙江萧山流行区检查该处 21 159 人并作年龄分析（**片形表 3**），从**片形表 3** 所列可以看到无论男女感染率的最高峰，都是在 6～10 岁的阶段，此后就逐渐下降，这一现象曾被称作年龄免疫。这也说明了本病获得感染从儿童

片形表 3　浙江萧山姜片虫病感染率与年龄性别关系（高恺和周海日，1955）

年龄组/岁	男			女		
	检查人数	虫卵阳性人数	感染率/%	检查人数	虫卵阳性人数	感染率/%
1～2	383	66	17.23	391	68	17.36
3～5	1 413	628	44.44	1 317	613	46.54
6～10	1 647	952	57.80	1 256	662	52.76
11～20	2 195	1 069	48.70	1 832	891	48.63
21～30	1 353	471	34.81	1 564	642	41.05
31～40	1 228	449	36.53	1 274	485	38.07
41～50	1 149	357	31.07	1 073	383	35.97
50	1 445	394	27.27	1 621	500	30.85
总计	10 831	4 386	40.56	10 328	4 247	41.12

就开始，并达到高峰。蔡鸿歧(1965)考察福建莆田江口石庭公社的东蔡、江下和吴垱三村居民 1098 人，阳性率为 62.96%，年龄组的分析亦以 6～10 岁儿童达最高峰。

(5)布氏姜片吸虫病的病理和症状

1)病理变化：姜片虫寄生在十二指肠及小肠的上部，吸着在黏膜上，头部侵入绒毛丛里，吸着处黏膜发生创伤，引起发炎，常有毛细管管壁被损坏而有点状出血，创伤度也能形成溃疡或脓肿。小肠病理切片中可看出固有膜层细胞浸润现象，浸润的细胞中，除中性白细胞的淋巴球外常混杂有嗜酸性粒细胞。高祥麟和吴光(1937)报告 7 头姜片虫病小猪小肠病变部位的检查，记载吸着处呈淤点出血与水肿，黏膜上皮细胞的黏液分泌增加。有一层光滑黏液体。黏膜腺多呈囊状，在腺胞内有黏膜的渗出物。柱状上皮细胞形状颇长并有增生性细胞。于上皮细胞表面有脱屑状物体与红细胞混合。Viranuvatti 等(1953)报告一泰国女孩患者尸体的剖检，见有肠黏膜水肿，淋巴细胞增加，未见溃疡，有 3721 条姜片虫充塞肠内，可能产生肠梗阻，还可能有分泌毒素的现象。

早期临床症状：临床症状发生在感染后 30～60d，特别在大量感染后病状是逐渐加重的。Barlow 曾自己吞食 132 个囊蚴，其中 124 个发育为成虫，在 84d 后发生剧烈的腹泻，继续约历时一周。Goddard(1919)分姜片虫病的发展为以下 3 期：潜伏期(病原虫发育期)、腹痛泻痢期、水肿腹水等重症期。

在病原发育时，患者症状不显著。在症状出现后，消化道症状最为突出，出现腹泻或腹泻与便秘相交替。食欲减退，伴有恶心和呕吐，以后出现下痢和排出粥样黏液性大便，含有许多不消化食物。肠蠕动增加，并有间歇性腹痛，右上腹往往有压痛。腹痛情况极似胃溃疡症状，常在早晨空腹或饥饿时疼痛，摄食即愈。

2)血象方面：据杨述祖(1935)记述，检查 42 例姜片虫患者红细胞及血红蛋白，变化不大，红细胞为 426 万/mm^3，血红蛋白为 80%；白细胞总数平均为 10 199/mm^3。增加的主要是嗜酸性粒细胞，最多时可达 34%；淋巴细胞 34.1%；中性多核白细胞平均数为 41.0%。

3)严重症状期：严重患者产生水肿，从眼睑、颞颥部和面部开始，逐渐扩展到全身，四肢和腹壁尤为明显。如患者自孩童期便不断重复感染，因内分泌机制受干扰，往往发育受障碍成为侏儒，智力也减退。感染虫数多时，常发生肠梗阻，引起严重后果。一些病例在得病过程中，因不断腹泻，抵抗力减弱，往往因其他并发症或心力衰竭，引起虚脱，以至死亡。高度流行区中，常有重症患者死亡，高恺和周海日(1955)报告浙江萧山吕才庄，曾一度发生重症患者于两三个月内死亡四五十人的事例。

(6)布氏姜片吸虫病的诊断

姜片虫病的诊断，要在粪中找到虫卵，一般使用一次粪检 3 张涂片法。如粪内卵数少，可用沉淀集卵法。涂片法的优点是操作简便。但粪中卵数少时可能有遗漏。高恺和周海日(1955)根据流行区中 3707 人粪检时用 3 张涂片法和沉淀集卵法所作的比较，证明沉淀法检出的阳性率为 100%，涂片法只能查出 91.3% 的病例。

姜片虫卵和肝片吸虫卵甚为相似。后者寄生于牛、羊胆管中，人体寄生较罕见，不易混淆。但也有鉴别必要。鉴别主要根据下列 3 点。

1)肝片吸虫卵略大，卵长径 135～190μm(平均 150μm)，辐径 78～104μm(平均 88μm)。姜片虫卵略小，卵长径 113～155μm(平均 131μm)，辐径 68～90μm(平均 78μm)。

2)肝片吸虫卵两端较钝，卵盖较大。姜片虫卵两端较窄，卵盖较小。

3)肝片吸虫卵呈深黄色，姜片虫卵呈淡黄色。

(7)布氏姜片吸虫病的治疗

姜片虫病的治疗方法主要是驱虫，轻症的患者服驱虫药把虫子打下即可。预后一般良好。重症患者需要特别注意，应防止心力衰竭。患者需在医生监督下进行治疗。

药物驱虫疗法有以下几种。

1)槟榔：槟榔在我国很早的时候就用来治疗寄生虫病，特别用以驱除绦虫。已经证明有良好效果。作为药用部分是槟榔的仁，所含的有效成分是槟榔素，能够麻痹虫体的神经系统，使吸盘松弛，整个虫子掉下。服食槟榔有时会有反应，如恶心、呕吐、腹痛等，多半在 1h 后就会消失。槟榔没有强烈毒性。在乡村中推广应用很方便。用法：成人一次量最少的只用 10g。据浙江萧山方面的经验，一般剂量成人用 30～40g，儿童 10～20g。煎剂的制法是将槟榔仁切成薄片，加水 300～500ml，煎煮 0.5～1h，使水分浓缩为 1/2 即成。一次服完。在服药前后不需要另用泻剂。

2)硫双二氯酚(Bithionol sulphoxide)：又称别丁，硫双二氯酚是治疗吸虫病较好的药。成人用 3g，年老体弱的用 2g，小孩 50mg/kg 体重。空腹服。

3)六烷雷琐辛(Hexylresorcinol)：10 岁以上每次用 1.0g。10 岁以下每岁用 0.1g 计算。总量不超过 1.0g。早晨空腹服。2h 后加服泻盐一剂。据 McCoy 和 Chu(1937)129 例一次治愈率为 54%，叶维法(1951)报告 93 例，一次服药，治愈率达 73.1%。朱师晦等(1958)报告 94 例，复查 45 例，治愈率达 76.3%。

4)四氯乙烯(tetrachloroethylene)：本药驱虫效力与四氯化碳相似，但其毒性较低。本药对肝硬化、酒精中毒、重症呼吸器疾病、肾炎、血钙缺乏等症是禁忌的。患者如有合并蛔虫寄生，应先驱除蛔虫(先用山道年等药物将蛔虫驱下)，才不致发生意外。颜毓麟(1948)用四氯乙烯治姜片虫患者 27 例，治愈率达 77.8%，叶维法(1951)报告用四氯乙烯治姜片虫病，先一日晚餐进易消化的流质食物，并服泻药，当日不吃早饭，晨 7：00～8：00 两次服药，成人 3mL，儿童每岁 0.2mL。10：00 服硫酸镁。共治 91 例，治愈率为 34.06%。朱师晦等(1958)治疗 346 例，沉淀浓集复查 218 例，治愈率达 74.8%。

重症的姜片虫病患者应先改善一般健康情况后，再行驱虫，以免服驱虫剂而导致下泻不止，全身衰竭，反而加重病情。应于开始即进行适当补充营养的办法，待情况改善后用六烷雷琐辛驱虫，但剂量不宜太大，必要时经过一定时间后可以重复进行驱虫。

(8)布氏姜片吸虫病的防治措施

防治消灭姜片虫病须贯彻预防为主的方针，具体措施有下列各项。

1)治疗患者，处理病畜：在流行区中定期检查居民和猪的粪便。对所发现的患者进行服药驱虫。病畜亦应按季节服药驱虫。

2)宣传不要生吃菱角、荸荠、茭白之类的水生植物：通过图书、幻灯、通俗讲演等方法向群众宣传，或将应注意事项编入小学课本，教育流行区儿童。

3)管粪管水：着重改善环境卫生，禁止在菱塘上建厕所，在各种池塘、河道或其他水体上建猪舍，做好人粪及畜粪储存的工作，结合积肥和提高肥效，提倡密封储粪方法(至少为时 3 周)，提倡粪便、尿一起储存，有利于灭卵，急用的粪肥可加 1：1000 的生石灰，3h 可杀灭虫卵。

4)杀灭传播媒介扁卷螺：杀灭扁卷螺，过去文献中曾介绍硫酸铜、生石灰溶液可灭螺，但硫酸铜虽有很好的杀螺效力，但对菱角的生长很有害，生石灰也损害菱苗，都不能算为理想的灭螺剂。在浙江曾经介绍中药巴豆有显著的杀螺效力。巴豆仁和巴豆油都有很好的效果。在气温 15℃ 以上，菱田中巴豆仁的浓度达 30～60mg/kg 或巴豆油浓度达 30mg/kg 时，扁卷螺的死亡率可达 87.07%～99.11%，茶子饼有灭螺的作用，且不损害菱角，在菱塘上是合适的灭螺药物。

参 考 文 献

蔡上达, 陈心陶, 徐秉琨. 1958. 广东省新会县上横横粉二乡姜片虫病调查报告. 中华寄生虫病传染病杂志, 1(2)：78-84

陈超常. 1940. 姜片虫病之感染与儿童年龄之关系. 中华医学杂志, 26(5)：480-483

陈超常. 1945. 家兔对于姜片虫之感染性. 中华医学杂志, 31(1, 2)：146-149

陈国忠. 1939. 福建省姜片虫病及肝吸虫病之发现. 中华医学杂志, 25(4)：191-194

陈万里, 蒲南谷. 1937. 浙江省防治姜片虫病初步工作报告. 中华医学杂志, 23(8)：1105-1117

方植民. 1937. 关于萧山流行姜片虫问题. 中华医学杂志, 23(2)：219-228

福建省兽医总站. 1959. 福建省家畜主要寄生虫病流行学调查及治疗报告

甘肃农业大学兽医系家畜寄生虫学与侵袭病教研组.1960. 家畜寄生虫学与侵袭病. 北京：农业出版社：131-157

高恺，周海日.1955. 姜片虫病. 北京：人民卫生出版社

高恺.1953. 浙江萧山姜片虫病流行状况. 医务生活，7：22-26

顾毓麟.1948. 南京之姜片虫病. 江西医专校刊

国立湘雅医学院农村疾病防治研究委员会.1950. 长沙五家岭的姜片虫病. 湘雅医刊，1(3)：18-24

黄文长.1952. 南昌市蔬菜寄生虫卵之调查. 中华医学杂志，38(8)：672-678

李乐福，黄文长.1955. 南昌市中小学校537名学生肠蠕虫初步调查报告. 中华医学杂志，41(5)：359-361

林宇光，孙毓兰，陈存瑞，等.1974. 大片吸虫的发育和二种片形吸虫病的流行学研究. 动物学报，20(4)：378-394

林宇光.1956. 福建肝片吸虫(Fasciola hepatica Linn.)的生活史研究. 福建师范学院学报(自然科学版)，第一期：1-21

林宇光.1962. 农畜肝片吸虫病流行学研究. 福建师范学院学报(寄生虫专号)，第二期：122-140

潘炳荣，黄文长.1954. 肝片形吸虫病一例报告. 中华内科杂志，第5号：1954

神坂隆.1916. 肝蛭卵卜肥大吸虫卵卜ノ鉴别二就テ. 台湾医学会杂志，308号

司马淦，朱季穆，孟君平.1951. 常熟县中学生285名肠蠕虫初步调查报告. 内科学报，3：239-243

汤笃礼.1954. 肝瓜仁虫引起总胆管阻塞. 中华外科杂志，第4号

唐崇惕，唐仲璋.2005. 中国吸虫学. 福州：福建科学技术出版社

屠宝琦.1934. 河水中姜片虫囊蚴之生存力及其除去法. 杭州热带病研究所刊物，1：1-4

吴光.1937a. 哺乳动物对于姜片虫之感染性. 中华医学杂志，23(6)：884

吴光.1937b. 浙江省另两种传播姜片虫之植物. 中华医学杂志，23(6)：884-885

吴光.1939. 吾国姜片虫病之大概. 中华医学杂志，24(4)：251-268

萧熙.1956. 中国姜片虫病文献溯源. 广东省中医研究委员会出版

熊俊.1935. 南昌市小学儿童粪便内寄生虫卵检查报告. 中华医学杂志，21：366-372

杨述祖.1950. 关于姜片虫免疫的实验研究. 同济医学院季刊，9(3/4)：271-273

叶维法.1951. 南昌市姜片虫病八百例的分析. 中华新医学报，2(10)：731-735

应元岳.1924. 白司克氏姜片虫症之概论. 中华医学杂志，10(1)：11-15

赵勋皋，孙筠霞.1956. 南京下关区小学生肠蠕虫调查报告. 中华医学杂志，42(2)：120-121

浙江省卫生实验院.1951. 萧山姜片虫病流行状况的调查. 浙江省卫生实验院第二年年报，63-69

浙江省卫生实验院.1954. 杭州一中720个学生肠寄生虫的检查. 浙江省卫生实验院第五年年报，158-195

周源昌.1965. 黑龙江省肝片吸虫(Fasciola hepatica Linn.，1758)的生活史研究. 东北农学院学报，(1)：55-71

周源昌.1965. 绵羊肝片吸虫病流行学的调查研究. 东北农学院学报，第一期：51-65

朱师晦，等.1958. 广州市西区小学生姜片虫感染及集体治疗.1958年全国寄生虫病会议论文摘要. 科技卫生出版社：88-89

朱师晦，彭文伟，罗章炎.1957. 姜片虫病. 上海：上海卫生出版社

Abbott R T. 1948. Handbook of medically important mollusks of the Orient and Western Pacific. Bull Mus Zool，100：3

Alicata J E. 1937. *Fasciola gigantica*，a liver fluke of cattle in Hawaii and the snail，*Fassaria ollula*，its important intermediate host. Parasitology，23(1)：106-107

Alicata J E. 1938. Observation on the life history of *Fasciola gigantica*，the common liver fluke of cattle in Hawaii，and the intermediate host，*Fossaria ollula*. Hawaii Agri Exper Sta Bull，80

Alicata J E. 1940. Methods of controlling the liver fluke of cattle in Hawaii. Hawaii Agricultural Experiment Station Circular，(15)

Alicata J E. 1953. The snails，*Pseudosuccinea columella*(Say)，new intermediate hosts for the liver fluke *Fasciola gigantica* Cobbold. J Parasitol，39：673

Balasingam E. 1962. Studies on Fascioliasis of cattle and buffaloes in Singapore due to *Fasciola gigantica* Cobbold. Ceylon Vet J，10：10-29

Barlow C H. 1925. The life cycle of the human intestinal fluke *Fasciolopsis buski*(Lankester). Am J Hyg Monogr，Ser(4)：98

Bhalerao G D. 1933. Preliminary note on the life history of the common liver fluke in India，*Fasciola gigantica*. Indian J Vet Sci，3：120

Bojanus L H. 1818. Kurze nachricht uber die cercarien und ibren fundort. Isis(Oken)，1：729

Boray J C. 1966. Studies on the relative susceptibility of some lymnaeids to infection with *Fasciola hepatica* and *F. gigantica* and on the adaptation of *Fasciola* spp. Ann Trop Med Parasitol，60(1)：114-124

Cobbold T S. 1855. Description of a new trematode worm(*Fasciola gigantica*). Edinb New Phil J，2：262-267

Cort W W. 1922. A study of the escape of cercariae from their snail hosts. J Parasit，8：17

De Jesus，Alfredo I. 1937. Biology of *Lymnaea philippinensis*，as an intermediate host of *Fasciola hepatica* and *Fasciola gigantica* in the Philippines. J Anim Indus，4：1-6

Dinnik J A，Dinnik N N. 1956. Observations on the succession of redial generations of *Fasciola gigantica* Cobbold in a snail host. Z Tropenmed Parasit，7：396-416

Dinnik J A，Drinnk N N. 1957. A mud snail，*Lymnaea mweruensis* Connolly as intermediate host of both the liver fluke *Fasciola hepatica* and *F. gigantica* Cobbold. Rep E Afr Vet Res Org，1956-1957，50

Dinnk J A, Dinnk N N. 1963. Effect of the seasonal variations of temperature on the development of *Fasciola gigantica* in the snail host in the Kenya highland. Bull Epiz Dis, 11: 197-207

Dinnk J A, Dinnk N N. 1964. The influence of temperature on the succession of redial and cercarial generations of *Fasciola gigantica* in a snail host. Parasitology, 54(1): 59-65

Ejsmont L. 1932. *Parafasciolopsis fasciolaemorpha* n.g. n.sp., douve de l'elan (*Alces alces*). C R Soc Biol, 110(27): 1087-1091

Evans G H, Rennis T. 1909. Notes on some parasites in Burma. Jour Trop Vet Sci, 3(1): 13-27

Fattah F N, Babero B B, Karaghouli, et al. 1964. The zoonosis of animal parasites in Iraq. X. A confirmed case of human ectopic fascioliasis. Am J Trop Med Hyg, 13(2): 291-294

Goderdzishvili G I. 1955. Role of some species of fresh-water snails in fascioliasis in the Leningrad region and the effect of some mineral fertilizers on them. (In Russian) Sb Nauch Trud Leningr Inst Usoversh Vet Vrach, 10: 219

Griffiths H J. 1939. Distribution of *Fasciola hepatica* Linn. and its potential vectors in Canada. Sci Agr, 20: 3

Guralp N, Ozcan C, Simms B T. 1964. *Fasciola gigantica* and fascioliasis in Turkey. Am J Vet Res, 25(104): 196-210

Hadwen S. 1916. A new host for *Fasciola magna* Bassi together with observations on the distribution of *Fasciola hepatica* in Canada. J Am Vet Med Assn, 49: 511-515

Honer M R, Vink L A. 1963. Contributions to the epidemiology of fascioliasis hepatica in the Netherlands. I. Studies on the dynamics of Fascioliasis in lambs. Zeitschrift für Parasitenkunde, 22(4): 292-302

Ishii Y. 1934. Studies on the development of *Fasciolopsis bucki*. (I, II, III). Taiwan Igakkwai Zasshi, Taihoku(348), 33(3): 349-378, 379-390, 391-412

Jakson H G. 1921. A review of the genus *Fasciola*, with particular reference to *Fasciola gigantica* Cobbold and *F. nyanzae* (Leiper). Parasitology, 13: 48-56

Jesus Z, AI Mallari. 1937. Biology of *Limnaea philippinensis*, an intermediate host of *Fasciola hepatica* and *F. gigantica* in Philippines. Philipp J Anim Ind, 6(5): 501-513

Kendall S B, McCullough F S. 1951. The emergence of the cercariae of *Fasciola hepatica* from the snail *Limnaea truncatula*. J Helminth, 25(1/2): 77-92

Kendall S B, Parfitt J W. 1959. Studies on the susceptibility of some species of *Lymnaea* to infection with *Fasciola hepatica* and *F. gigantica*. Ann Trop Med Parasitol, 53(2): 220-227

Kendall S B. 1950. Snail hosts of *Fasciola hepatica* in Britain. J Helminth, 48: 63-74

Kendall S B. 1954. Fascioliasis in Pakistan. Ann Trop Med Parasitol, 48: 307-313

Kibakin V V. 1960. Epidemiology of fascioliasis in sheep in the Tashauz region of the Turkmen S.S.R. Trudy Turkmen Nauchno-issled Inst Zhivot Vet, 2: 257

Krull W H. 1934. The intermediate host of *Fasciola hepatica* and *Fascioloides magna* in the United States. North Am Vet, 15(12): 13-17

Leuckart K G F R. 1882. Zur Entwicklungsgeschichte des Lebergels (*Distomum hepaticum*). Arch Naturgesch, 48 Jahrg, 1(1): 80-119

Manipol F S. 1936. The molluscan host of *Fasciola gigantica* in the Philippines. Univ Philippines Nat Applied Sc Bull, 5(4): 335-362

Manson-bahr P. 1946. Manson's Tropical Diseases. London: 879

Maxwell J P. 1921. Intestinal parasitism in South Fukien. Chin Med J, 35: 377-382

McCoy O R, Chu T C. 1937. *Fasciolopsis buski* infection among school children in Shaohsing and Treatment with hexylresorcinols. Chin Med J, 51(6): 937-944

Miyazaki I. 1991. An Illustrated Book of Helminthic Zoonoses. Tokyo: International Medical Foundation of Japan

Odhner T. 1926. *Protofasciola* n. g. ein *Prototypus* des grossen Leberegels. Ark Zool, 18A(20): 1-7

Olsen W O. 1944. Ecology of the metacercariae of *Fasciola hepatica* in Southern Texas and its relationship to liver fluke control in cattle. J Parasitol, Suppl 31: 20

Olsen W O. 1947. Longevity of metacercariae of *Fasciola hepatica* on pastures in the upper coastal region of Texas and its relationship to liver fluke contral. J Parasitol, 33: 36-42

Olsen W O. 1949. White-tailed Deer as a reservior host of the large American liver fluke. Veterinary Med, 17: 1

Pick A W, Condy J B. 1966. *Fasciola tragelaphi* sp. n. from the sitatunga, *Tragelaphus spekei* Rothschild, with a note on the prepharyngeal pouch in the genus *Fasciola*. Parasitology, 56(3): 511-520

Porter A. 1938. The larval trematodes found in certain south African mollusca with special reference to schistosomiasis (Bilharziasis). Publ South Afr Inst Med Res, 42: 492

Roberts E W. 1950. Studies on the life-cycle of *Fasciola hepatica* Linn. and of its host *Limnaea* (*Galba*) *truncatula* (Muller), in the field and under controlled conditions in the laboratory. Ann Trop Med Parasitol, 44: 2

Ross C I, Mckay A C. 1929. The bionomics *Fasciola hepatica* in new South Wales and of the intermediate host *Limnaea brazieri*. Common Wealth of Australia Council for Scientific and Industrial Resarch Bulletin, No.43

Sarwar M M. 1957. *Fasciola indica* Varma, a synonym of *Fasciola gigantica* Cobbold. Biologia, 3: 168

Scinitzin D. 1914. Neus Tatsachen uber die Biologic der *Fasciola hepatica* Linn. Central F Bakt Parasit Infek, 74: 280-285

Shirai M. 1928. The biological observations on the cysts of *Fasciola hepatica* and the route of migration of young worms in the final host. Sc Rep Gov Inst Inf Dis，6：511-523

Skrjabin K I. 1948. Trematodes of man and Animals. Vol. 3. Moscow：Publisher of USSR Academy of Sciences

Slusarski W. 1955. Studies on the European representative of the fluke *Fasciola magna*（Bassi，1857）Stiles，1894. Acta Par Pol，3（1）：1-59

Srivastava H D. 1946. A survey of the incidence of helminth infection in India at the Imperial Veterinary Research Institute.Izatnagar. Ind J Vet Sc Anim Husb，15（2）：146-148

Suzuki S. 1931. Researches into the Life-cycle of *Fasciola hepatica* and its distribution in Formosa，especially on the determination of the first intermediated host and some experiments with larvae freed from their cysts artificially. J Formos Med Assoc，30（12）：321

Takahashi S.1927. Uber die Entwicklungsgeschichte des *Fasciola hepatica* in Japan. Fukuoka Ikadaigaku Zasshi，20（5）：587-617

Thomas A P. 1883. Life-history of the liver fluke（*Fasciola hepatica*）. Journ Micro Soc，23：99-133

Varma A K. 1953. On *Fasciola indica* n. sp. with some observations on *F. hepatica* and *F. gigantica*. J Helminth，27：185-198

Ward H B. 1910. *Fasciolopsis buski*，*F. rathouisi* and related species in China. Chin Med J，24（1）：1-10

Watt J Y C（屈英杰）. 1937. Incidence of helminthic parasites with special reference to the endemicity of *Fasciolopis buski* in Shiaoshan，Chekiang 1934-1935. Chin Med J，51（1）：77-84

Whitten LK. 1945. Liver fluke of sheep and cattle. New Zealand：J Agric Bulletin：28

Wu K（吴光）. 1944. Susceptibility of rabbits to infection by *Fasciolopis buski*. Chin Med J，63：32-38

Yamaguti S. 1971. Synopsis of Digenetic Trematodes of Vertebrates. Tokyo：Keigaku Publishing Co

Yamaguti S. 1975. A Synotical Review of Life Histories of Digenetic Trematodes of Vertebrates. Tokyo：Keigaku Publishing Co

Young S T（杨述祖）. 1936. Studies on the final host of *F. buski* and its development in the intestine of the pig. J Shanghai Sc Inst，（6）2：225-236

Zhorikov LS，Egosov Y G，Bobkova A F. 1962. Fascioliasis of farm animals and its control. Gosud Izt Seloskovoz Lit Beloruss SSSR，8：78

（七）枝腺科［Lecithodendriidae（Lühe，1901）Odhner，1910］

1. 枝腺科的特征

本科吸虫为脊椎动物的肠道寄生虫，体细长至卵圆形。体表披棘或无。口吸盘次前端具咽。食道与肠管的长短因种而异，肠管末端往往不达到体末端。腹吸盘较小，位于近体中部。两睾丸通常对称，有时斜列。阴茎囊具有，通常在体前部，偶尔在后部。生殖孔在中央、亚中央、侧方或背侧不等。卵巢在体中部、前部或后部。受精囊和劳氏管具有。卵黄腺丛粒在体前部或体后部。子宫圈很多，无规则地盘旋在体后部，虫卵小而数多。排泄囊通常"V"形，偶而管状或囊状。

本类吸虫的成虫形态与斜睾科（plagiorchiidae）不同，但其生活史型式与斜睾类吸虫相似，具剑尾型尾蚴（xiphidiocercus cercaria）。在淡水贝类宿主体内发育的胞蚴产出的剑尾型尾蚴，口吸盘处有枝状（virgulate）的结构。

2. 枝腺科的分类及宿主

按 Yamaguti（1971），本科含有 23 亚科之多，它们的宿主有鱼类（F）、两栖类（A）、爬行类（R）、鸟类（B）及哺乳类（M）各类脊椎动物。枝腺科吸虫寄生于哺乳类动物有 14 亚科种类，寄生于鸟类、爬行类和两栖类各有 6 亚科，寄生于鱼类的有 2 亚科。各亚科分类主要根据虫体腹吸盘结构、卵黄腺位置、肠管长短、阴茎囊和生殖孔的位置，以及睾丸位置等特征。枝腺科的亚科及宿主情况如下：

亚科名称	宿主
Allssogonoporinae Skarbilovich，1943	M
Castroiinae Yamaguti，1958	M
Cephalophallinae Yamaguti，1958	M
Cryptotropinae Yamaguti，1958	AR
Echinuscodendriinae Yamaguti，1958	B
Exotidendriinae Mehra，1935	R
Ganeoninae Yamaguti，1958	FA
Gyrabascinae Macy，1935	M
Lecithodendriinae Looss，1902	RM

Leyogoniminae Dollfus，1951 ···B
Loxogenoidinae(Odening，1964)Yamaguti，1971 ···A
Maxbrauniinae Yamaguti，1958 ··M
Metoliophilinae Macy et Bell，1968 ···B
Odeningotrematinae Rohde，1962 ···MB
Parabascinae Yamaguti，1958 ··M
Phaneropsolinae Mehra，1935 ··RBM
Pleurogeninae(Looss，1899)Travassos，1921 ···FAR
Posterocirrinae Yamaguti，1971 ··M
Prosotocinae Yamaguti，1958 ···ARM
Prosthodendriinae Yamaguti，1958 ··RBM
Prosthopycoidinae Yamaguti，1971 ··A
Pycnoporinae Yamaguti，1958 ···M
Vesperugidendriinae Yamaguti，1958 ··M

3. 枝腺科一些亚科和属

枝腺科所含的亚科众多，在此仅就侧殖孔亚科(Pleurogeninae Looss，1899)、裹盘亚科(Parabascinae Yamaguti，1958)及显茎亚科(Phaneropsolinae Mehra，1835)的属种情况予以介绍。据 Khotenovsky(1899)的分类体系，侧殖孔亚科及裹盘亚科隶属于侧殖科(Pleurogenidae Looss，1899)。Yamaguti(1971)将原隶于侧殖科的此两亚科归隶于枝腺科中已如上述。

隶属侧殖孔亚科的有下列 10 属：侧殖孔属(Pleurogenes Looss，1896)、勃兰属(Brandesia Stossich，1899)、杜弗枝腺属[Lecithodollfusia(Odening，1964)]、斜孔属(Loxogenes Stafford，1905)、梅睾属(Mehraorchis Srivastava，1934)、类侧殖孔属(Pleurogenoides Travassos，1921)、瓣腺属(Pleurolobatus Kaw，1943)、前孕属(Prosotocus Looss，1899)、类逊属(Pseudosonsinotrema Dollfus，1951)、逊辛属(Sonsinotrema Balozet et Callot，1938)。

隶属裹盘亚科的有下列 8 属：裹盘属(Parabascus Looss，1907)、雕孔属(Glyptoporus Macy，1936)、蓝氏属(Langeronia Caballero et Bravo，1949)、蝓形属(Limatulum Travassos，1921)、麦勃属(Maxbraunium Caballero et Zerecero，1942)、摩锡属(Mosesia Travassos，1928)、念氏属(Nenimandijea Kaw，1954)、显茎属(Phaneropsolus Looss，1899)。

在侧殖孔亚科(生殖孔位于体侧)的 10 个属中，梅睾属和前孕属的卵巢在睾丸后方。瓣腺属的睾丸和卵巢全部分瓣，区别亦大。勃兰属的生殖孔位于体侧赤道线后，腹吸盘在体后端 1/4 处，分瓣的卵巢亦在睾丸平行线或略后的位置，可资鉴别。杜弗枝腺属的卵巢具分瓣，位于睾丸前，但其阴茎囊开口在体中线侧方，左边的卵黄腺亦分布在阴茎囊前而不在阴茎囊后，肠管长达体后端而不是很短地延展在体前方。

侧殖孔亚科各属吸虫分别寄生于各类的脊椎动物。例如，侧殖孔属及类侧殖孔属的吸虫均寄生于两栖类；逊辛属吸虫则寄生于爬行类，系 Sonsino(1893)在埃及发现。其模式种为 Sonsinotrema tacapense(Sonsino,1894)Balozet et Callot,1938,宿主为石龙子 Chamaleon vulgaris Daudin。Dollfus(1951)在北非突尼斯叙述一新属(类逊属)新种 Pseudosonsinotrema chamaeleonis Dollfus，1951，其宿主为另一石龙子 Chamaeleon chamaeleon(L.)。这两种石龙子均系食虫蜥蜴，与猴类有共同树栖的习性。

曾经被隶归于显茎亚科的显茎属，不但有多种寄生灵长目动物肠内的种类，也有寄生于人体的记录。例如，Phaneropsolus bonnie Lie-Kian-Joe，1951 有寄生于人体的报告，地点在印度尼西亚的雅加达。此外，寄生于灵长目及鸟类的代表种如下。

(1) *Phaneropsolus lakdivensis* Fernanco，1933

宿主：眼镜猴(*Loris tardigrandus*)。

地点：斯里兰卡。

（2）*P. Longipenis* Looss，1899

宿主：猿类(种和属未详)。

地点：Gizeh 动物园。

（3）*P. orbicularis*（Diesing，1850）Braun，1901

宿主：*Saimirt sciurens*、*S. verstedi*、*Nyctipithecus trivirgatus*。

地点：巴西。

（4）*P. oviformis*（Poirier，1886）Looss，1899

宿主：*Nycticebus javanicus*、*Macacus rhesus*、*M. cynomoegus*。

地点：未详。

（5）*P. philanderi* Caballero et Grocott，1952

宿主：*Philander laniger pallidus*。

地点：巴拿马。

（6）*P. simiae* Yamaguti，1954

宿主：猴类。

地点：加里曼丹。

（7）*P. aspinosus* Palmieri et Krishnasamy，1978

宿主：叶猴［*Macacca fascicularis*（Raffles）］。

地点：马来西亚。

（8）*P. alternans* Capron，Deblock et Brygoo，1961

宿主：石龙子（*Chamaeleo verrucosus*）。

地点：马达加斯加。

（9）*P. mulkiti* Palmieri，Krishnasamy et Sullivan，1980

宿主：沙蜥蜴（*Liolepis belliana belliana* Grey）。

地点：马来西亚西部武吉。

（10）*P. micrococcus*（Rudolphi，1819）

宿主：燕鸻（*Glareola austriaca*）、欧夜鹰（*Caprimulgus europaeus*）、家麻雀（*Passer domestricus*）、叉尾燕（*Dicrurus macrocercus*）。

地点：俄罗斯圣彼得堡。

4. 猿猴吸虫属（*Pithecotrema* Tang et Tang，1982）特征

著者于 1982 年为我国已故叶英教授从猕猴（*Macaca mulatta mulatta* Zimmer）采获的吸虫标本建立猿猴吸虫属（*Pithecotrema* Tang et Tang，1982），本属特征如下。

猿猴属隶于枝腺科、侧孔亚科。体梨形，体表无棘。口吸盘略小于腹吸盘。无前咽，咽长度与食道几相等，肠支短。腹吸盘在体前 1/3 处。睾丸对称，位于腹吸盘后。阴茎囊巨大，中部弯折，在腹吸盘前方左侧，内含贮精囊、前列腺及管和射精管。雌雄生殖孔前后排列，在体左侧。子宫末段富肌肉性，膨大。生殖孔巨大。卵巢有大小分瓣，位于腹吸盘右前方。受精囊未经发现。梅氏腺在腹吸盘背方，子宫圈分布

在体后半。卵子小。寄生在猴类肠内。

　　猿猴属的形态构造和逊辛属(Sonsinotrema)及类逊属(Pseudosonsinotrema)较为类似,特别是后一属有肌肉性的子宫末段。但两属的卵巢均系圆形,左侧的卵黄腺丛粒都没有分布在阴茎囊后面等特征,与猿猴吸虫属不同。

5. 克氏猿猴吸虫(*Pithecotrema kelloggi* Tang et Tang,1982)的形态结构

　　本种吸虫(枝腺图 1)标本系原上海第一医学院叶英教授生前赠送的。为纪念对我国生物科学有贡献的原福建协和大学业师 C.R. Kellogg 教授而定此名。本种吸虫寄生在猕猴肠内。猕猴系我国南方普通猴类,过去广布于横断山脉以东、秦岭以南的地区。我国境内猕猴的分布可达到陕甘秦岭以北北纬 40°或稍北的地区。在福建省建阳地区以往也有猴群。

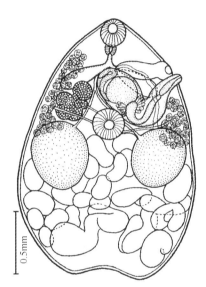

枝腺图 1　克氏猿猴吸虫(*Pithecotrema kelloggi* Tang et Tang,1982)

(唐仲璋和唐崇惕,1982)

　　虫种形态特征　虫体梨形,前端较窄,后半部膨大,后端微有凹陷,全长 2.071mm,最宽处 1.425mm。口吸盘圆形,在次顶端位置,大小为大小为 0.209mm×0.209mm。咽紧接口吸盘后缘,大小为 0.088mm× 0.088mm。食道短。肠管在阴茎囊基部前方分为两支,肠支短。腹吸盘在体前方 1/3 处,近圆形,大小为 0.27mm×0.288mm。睾丸左右对称,位于体中段赤道线上。右睾丸大小为 0.589mm× 0.494mm,左睾丸大小为 0.513mm×0.456mm。输出管从两睾丸前方内侧伸出,斜向前方中央汇集,在阴茎囊基部合为很短的输精管。阴茎囊巨大,中部弯折,略作鹅颈瓶状,长 0.967mm,基部宽 0.285mm。囊内的贮精囊作两次屈曲,成膨大部,通于前方的前列腺管,两旁簇生着许多腺体。射精管在阴茎囊末部。雌雄生殖孔前后并列,在体左侧,位于食道及肠管分叉的平行线。卵巢位于腹吸盘右侧,有大小不同的分瓣,长径 0.361mm,宽径 0.247mm。受精囊未观察到。梅氏腺和卵模在腹吸盘右背方。卵黄腺分布于体前半部两侧,右侧起自咽的水平,左侧则起自生殖孔的后方,向后延展至睾丸前方左右。横走的卵黄腺管会合在腹吸盘背方略偏右的地方,聚成总管而进入卵模。子宫圈回旋屈曲于卵巢及腹吸盘以后的体后半部。子宫末段(metraterm)上升至体左侧肠管及阴茎囊前方,横列于食道的左边,膨大,富肌肉性。雌生殖孔亦巨大。卵椭圆形,壳薄而透明,直径 20~27μm,辐径 11~13μm。

6. 枝腺科吸虫的生活史及其宿主

　　(1)成虫期与终末宿主

　　关于枝腺科吸虫的生活史,按 Yamaguti(1975)记载的共有 11 亚科 16 属 22 种。经人研究,其中成虫寄生于两栖类有 4 亚科 7 属 9 种;寄生于爬行类的仅 1 亚科 1 属 1 种;寄生于鸟类的也只有 2 亚科 2 属 2 种;寄生于哺乳类的被研究的较多,有 5 亚科 7 属 10 种。生活史经研究的亚科和属的名称如下。

　　寄生于两栖类:Pleurogeninae(*Loxogenes*、*Pleurogenes*、*Plaeurogenoides*),Loxygenoidinae(*Loxygenoides*),Prosotocinae(*Prosotocus*),Cryptotropinae(*Cephalouterina*)。

　　寄生于爬行类:Pleurogeninae(*Pleurogenoides*)。

　　寄生于鸟类:Phaneropsolinae(*Mosesia*),Leyogoniminae(*Lecithodollfusia*)。

　　寄生于哺乳类:Lecithodendriinae(*Lecithodendrium*),Gyrabascinae(*Limatulum*),Prosthodendriinae(*Longitrema*、*Prosthodendrium*、*Acanthatrium*),Allassogonoporinae(*Allassogonoporus*),Cephalophallinae(*Cephalophallus*)。

（2）幼虫期与宿主

所有被全部阐明或部分阐明生活史的种类，它们生活史幼虫期都是经历胞蚴世代产生尾蚴，尾蚴都是具"virgulate"的剑尾型尾蚴（xiphidiocercaria）。

1）第一中间宿主（贝类宿主）：有多种，如牛头螺（*Bulimus*）、豆螺（*Bithynia*）、骨顶螺（*Fulica*）、侧角螺（*Pleurocera*）、短沟蜷（*Semisulcospira*）、川蜷螺（*Melania*）、以及 *Bythinia*、*Bythinella*、*Goniobasis*、*Anaplocamus*、*Oxytrema*、*Fluminicola* 等属螺类。

2）第二中间宿主：从第一中间宿主（贝类宿主）出来的本科吸虫的尾蚴，可以到水域中一些昆虫幼虫、虾类以及贝类（*Lymnaea*）体中结囊，进入囊蚴（后期尾蚴）期。经报道的第二中间宿主有钩虾（*Gammarus*）、螯虾（*Astacus*）、蜻（*Libellula*）、蜓（*Aeshna*）、石蛾（*Phrygenea*），以及 *Orthetrum*、*Lectotrephe*、*Kirkaldia*、*Pachydiplax*、*Tetragoneuria*、*Celithemis*、*Erythemis*、*Acroneuria*、*Trithemis*、*Hexogonia*、*Limnophilus*、*Stenopsyche*、*Oyamia*、*Kamimuria*、*Dicosmoecus* 等属种类。

参 考 文 献

唐仲璋，唐崇惕. 1982. 枝腺科（Lecithodendriidae Odhner）吸虫一新属新种. 武夷科学，2：80-84

Belozet L，Callot J. 1938. Trematodes de Tunisie，I. Trematodes de Rana ridibunda（Pallas）.　Archives Institut Pasteur Tunis，27（1）：18-30

Dollfus R Ph. 1951. Miscellanea helminthologica maroccana. I. Quelques Trematodes Cestodes et Acanthocephales. Arch Inst Pasteur Maroc，4（3）：104-229

Khotenovsky I A. 1899. Trematode Family Pleurogenidae Looss，in K.I. Skrjabin：Trematodes of Animals and Man，23：137-307

Lie K Joe. 1951. Some human flukes from Indonesia. Doc Neerland et Indon Morb Trop，3（2）：105-116

Palmieri J R，Krishnasamy M，Sullivan J T. 1980. *Phaneropsolus mulkiti* sp. n.（Lecithodendriidae：Phaneropsolinae）from the sand lizard *Liolepis belliana* Gray，1827 from West Malaysia. J Helminth，54：17-19

Palmieri J R，Krishnasamy M. 1973.　Phaneropsolus aspinosus sp. n.（Lecithodendriidae：Phaneropsolinae）from leaf monkey，Macaca fascicularis（Raffles）. J Helminth，52：155-158

Premvati G. 1959. *Primatotrema macacae* gen. nov. sp. nov. from Macaque Rhesus monkey，and a redescription of *Phaneropsolus oviforme*（Poirier，1886）Looss，1899（Lecithodendriidae）. J Parasitol，44：639-642

Saoud M F A. 1964.　On a new trematode *Tremajoannese buckleyi* gen. et sp. nov.（Lecithodendriidae）from Central American bats with some notes on *Phaneropsolus orbicularis*（Diesing，1850）Braun，1901. J Helminth，38：93-108

Yamaguti S. 1971. Synopsis of Digenetic Trematodes of Vertebrates. Tokyo：Keigaku Publishing Co

Yamaguti S. 1975. A Synoptical Review of Life Histories of Digenetic Trematodes of Vertebrates. Tokyo：Keigaku Publishing Co

（八）杯叶科（Cyathocotylidae Poche，1926）

1. 杯叶科特征

本科吸虫身体分成明显的两部或不分。体呈圆筒的卵圆形、梨形或纺锤形，或舌形至叶片状。体腹面略有凹陷，具有三尖细胞吸着器（tribocytic organ），呈环形、椭圆形或盘碟状。具口吸盘和咽，食道很短。两肠支末端达到或不达到体后端。腹吸盘具有或付缺。睾丸团块状，它们与卵巢相关位置不恒定。阴茎囊通常具有，偶尔有的退化或付缺。生殖孔通常在体末端，偶尔位置在侧方。虫卵大，数不多，无卵丝。卵黄腺从粒分布长度因种而异。两侧排泄管和中管彼此在前方联合，中管后方分成两管通于排泄囊。有排泄管丛（excretory plexus）。本类吸虫幼虫期在贝类宿主体内，经胞蚴产生叉尾尾蚴（furcocercous cercaria），无眼点，单吸盘或两吸盘。尾叉很长，具鳍褶（finfolded）或无。后期尾蚴在鱼体中结囊。本科吸虫是爬行类、鸟类和哺乳类的寄生虫，宿主均系食鱼动物。

2. 杯叶科的分类和宿主

根据 Yamaguti（1971）的分类系统，本科含 6 亚科共 16 属，其中寄生于爬虫类（R）6 属 58 种、鸟类（B）8 属 68 种、哺乳类（M）7 属 12 种。杯叶科的各亚科、属及宿主情况如下。

亚科、属名称	宿主
Cyathocotylidae (Muhling,1898) Poche,1926	RBM
Cyathocotylinae Muhling,1898	RBM
Cyathocotyle Muhling,1898	RB
Syn. Neocyathocotyle Mehra,1943	
Paracyathocotyle Szidat,1936	
Holostephanus Szidat,1936	BM
Syn. Cyathocotyloides Szidat,1936	
Muehlingininae Mehra,1950	M
Muehlingina Mehra,1950	M
Prohemistominae Lutz,1935	RBM
Duboisia Szidat,1936	B
Linstowiella (Szidat,1933)Yamaguti,1971	B
Mesostephanoides Dubois,1951	R
Mesostephanus Lutz,1933	BM
Syn. Gelanocotyle Sudarikov,1961	
Paracoenogonimus Katsurada,1914	M
Prohemistomum Odhner,1913	RBM
Prosostephaninae Szidat,1936	RM
Prosostephanus Lutz,1935	M
Syn. Travassosella Faust et Tang,1938	
Serpentostephanus Sudarikov,1962	R
Tangiella Sudarikov,1962	M
Pseudohemistominae Szidat,1936	B
Pseudohemistomum Szidat,1936	B
Szidatiinae (Dubois,1938)Yamaguti,1971	RB
Syn. Gogateainae Mehra,1943	
Gogatinae Mehra,1947	
Gogateini Dubois,1950	
Gogatea Lutz,1935	R
Neogogatea (Chandler et Rausch,1947) Yamaguti,1971	B
Szidatia Dubois,1938	R

Sudarikov(1961) 将杯叶亚目(Cyathocotylata Sudarikov，1959)隶于鸮形目[Strigeidida(La Rue，1926)Sudarikov，1959]。杯叶科具有阴茎囊、卵黄腺作扇状排列、环绕着虫体腹面的附着器等特征，与鸮形科(Strigeidae)有较明显的区别。

杯叶科吸虫主要是食鱼鸟类的寄生虫，但亦能寄生于哺乳类和爬行类。本类吸虫有较广泛的宿主适应性，常能感染多种宿主。这些宿主在虫体发育时对其形态构造会产生影响，必须多加研究，借以避免种类的混淆。

本类吸虫寄生在宿主肠管内，附着黏膜上，由于腹吸盘的退化，腹面的体壁及体周围因承担吸着作用，转变成附着器(holdfast organ)。杯叶科中各属显示这方面不同程度的变化。从虫体腹面凹陷的深浅及附着器发展程度，可区别出低级与高级的种类。例如，寄生食鱼爬行类的固格属(*Gogatea* Lutz，1935)，附着器较小，腹面凹陷及边缘几无改变，堪称较低级的种类。寄生鸟类的中冠属(*Mesostephanus* Lutz，1935)

体腹面后方的边缘内褶，两侧向前，延及体前方 1/3 的水平，这样的构造也显示出较初级的附着作用。中冠属和全冠属(*Holostephanus* Szidat，1936)及杯叶属(*Cyathocotyle* Mühling，1896)比较，可能是较原始的位置。前冠属(*Prosostephanus* Lutz，1935)具有最发达的附着器，从宿主的分类位置和生活史各期的构造来判断，该属应该是杯叶科中最高级的种类。

3. 杯叶科吸虫的种类

Mehra(1943)曾叙述印度杯叶 *Cyathocotyle indica* 新种。该吸虫寄生于印度杂色八哥(*Sturnopaster capensis capensis*)，分布于 Allahabad。本虫具腊肠状的睾丸和特别短小的阴茎囊。子宫内有小而较多数目的卵。他还记述 *Cyathocotyle fraternal* Odhner，1902，这一种是野鸭(*Harelda glacialis*)的寄生虫，同时也是尼罗河鳄鱼(*Champse vulgaris*)的寄生虫。Szidat(1936)对此记载有怀疑，认为杯叶类无例外的是鸟类的寄生虫。但这一点不能作为定论，杯叶类是可以寄生于很多宿主的。在异常宿主体内发育其形态常有改变。在我国福建发现有 13 种杯叶属吸虫，兹分述于后。

(1) 普鲁士杯叶吸虫 (*Cyathocotyle prussica* Mühling，1896)

终末宿主 本种吸虫最早发现于欧洲，寄生于各种野鸭等鸟类，如长尾鸭(*Clangula hymalis*)、针尾鸭(*Anas acuta*)、绿翅鸭(*Anas crecca*)、绿头鸭(*Anas platyrhynchos*)、潜鸭(*Nyroca marila*)、秋沙鸭(*Mergus serrator*)、黑水鸡(*Gallinula*)、鸬鹚(*Phalacrocorax*)、鹈鹕(*Pelecanus*)、骨顶鸡(*Fulica*)、耳鸮(*Asio*)等。我国福建的标本系得自角鸊鷉(*Colymbus auritus* Linne)。

虫种特征 虫体圆形，长 1.16~1.44mm，宽 0.913~1.065mm。口吸盘大小为(0.111~0.18)mm×(0.142~0.184)mm。咽大小为(0.090~0.111)mm×(0.104~0.129)mm。食道短，肠管延至体后端附近。具腹吸盘，睾丸位置不定，前睾丸大小为(0.283~0.335)mm×(0.154~0.219)mm，后睾丸大小为(0.266~0.344)mm×(0.172~0.180)mm。卵巢圆形，位于体赤道线前，大小为(0.129~0.150)mm×(0.111~0.150)mm。阴茎囊长 0.765~1.118mm。宽 0.120~1.185mm。子宫分布在卵巢后及睾丸前后的部位。卵大小为(94~107)μm×(64~73)μm。

生活史 本种杯叶吸虫的生活史在欧洲曾经捷克的 Vojtkova(1963)进行实验。囊蚴从青蛙(*Rana esculenta*)得到，用以感染家鸭及一种红隼(*Falco tinnunculus*)后得到成虫。厦门大学生物系 77 届汪彦惝同学曾对本种吸虫进行生活史探讨。从家鸭得到成虫。自然感染的贝类宿主为纹沼螺[*Parafossarulus striatulus*(Benson)]，在漳州池塘中其感染率为 0.52%。第二中间宿主为麦穗鱼[*Pseudorasbora parva*(T. et S.)]，在同一池塘中自然感染率为 100%。从阳性纹沼螺检出的杯叶吸虫尾蚴用来感染金鱼(*Carassius auratus*)，也获得囊蚴。用第二中间宿主解剖出来，或用胃蛋白酶消化鱼肉而分离出来的囊蚴喂饲小雏鸭，3d 后从小肠解剖出来成虫，证实了这些是 *Cyathocotyle prussica* 的尾蚴和囊蚴。

(2) 东方杯叶吸虫 (*Cyathocotyle orientalis* Faust，1922)

终末宿主 家鸭、家鸡等禽类。

发现地点 中国福建。

生活史 东方杯叶吸虫是在我国较早发现的虫种。Faust(1922)曾进行本种吸虫生活史的探讨，误把鸮形科四叶吸虫蚴(Tetracotyle Larva)认为它的幼虫期。其生活史后经 Yamaguti(1940)阐明。囊蚴在麦穗鱼(*Pseudorasbora parva*)寄生。其他鱼类，如鳈(*Acheilognathus lanceolatus*)、鱲(*Zacco temminckii*)及鲫等亦充作第二中间宿主。实验终末宿主为鸢(*Milvus migrans lineatus*)。

(3) 竹鸡杯叶吸虫[*Cyathocotyle bambusicola*(Faust et Tang，1938)Dubois，1944]

终末宿主 竹鸡[*Bambusicola thoracica*(Temminck)]。

发现地点 中国福建。

虫种特征及归属情况 在福建发现的竹鸡杯叶吸虫，曾经被作者归为 *Linstowiella* 属发表。Mehra(1943)

把它移入 *Holostephanus* Szidat，1936 属。最后 Dubois（1944）将其归入 *Cyathocotyle* Mühling， 1896 属。本种与他种相比，圆形的睾丸较小。

（4）绩达杯叶吸虫（*Cyathocotyle szidatiana* Faust et Tang， 1938）

终末宿主 家鸭（*Anas platyrhynchos*）、*Anas boschas*（北京）。

发现地点 中国福建。

虫种主要特征 本种吸虫有突出的巨大吸着器。睾丸圆形，甚大。卵亦较大，143μm×86μm。

（5）洛氏杯叶吸虫 [*Cyathocotyle lutzi*（Faust et Tang， 1938）Tschertkova， 1959]

同物异名 *Linstowiella lutzi* Faust et Tang， 1938。

终末宿主 本虫种是寄生家鸡的种类。

发现地点 中国福建。

虫种主要特征 本种吸虫有长椭圆形的睾丸，阴茎囊位于睾丸前方。

（6）黑海番鸭杯叶吸虫（*Cyathocotyle melanittae* Yamaguti， 1934）

终末宿主 家鸭及黑海番鸭 [*Melanitta fusca*（L.）]。

发现地点 本虫种最早由山口左仲在日本发现，我国福建也有此虫种。

（7）崇夔杯叶吸虫（*Cyathocotyle chungkee* Tang， 1940）

终末宿主 鹈鹕（*Pelecanus onocrotalus noseus*）。

发现地点 中国福建。

虫种特征 本种吸虫（**杯叶图 1**）百余条标本采集自福州动物园一只鹈鹕的十二指肠和小肠，是杯叶类未经叙述的种类。著者唐仲璋为怀念当时夭亡的爱女崇夔而定此名。

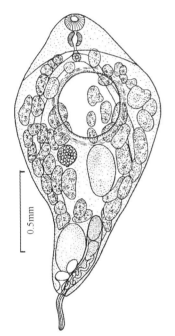

杯叶图 1 崇夔杯叶吸虫（按唐仲璋， 1940）

本虫种体纺锤形，体大小为（1.427～1.618）mm×（0.805～0.880）mm。体上半部体表披有小棘。体腹面中央有一显著突出的吸着器（holdfast organ）。它与体前部之间有一深裂缝，口吸盘大小为（0.083～0.099）mm×（0.099～0.142）mm，咽大小为（0.083～0.108）mm×（0.066～0.083）mm，食道长 0.030mm。两肠支延伸到后睾丸中部水平，它们部分被卵黄腺所围绕。腹吸盘很小，0.080mm×0.060mm，位于肠叉处附着器前方裂缝

中。吸着器有一深的凹陷，其大小因固定液作用收缩而异。两睾丸大小为（0.282～0.290）mm×（0.166～0.174）mm，前后排列于体后部。阴茎囊窄长，大小为（0.431～0.498）mm×（0.058～0.074）mm，有肌肉性外壁包围，内含大而囊状的贮精囊，其有一细管通入阴茎中。阴茎囊与子宫末端（metraterm）相连形成宽管状的生殖窦（genital atrium）。次圆形卵巢直径 0.108～0.116mm，位于吸着器后方中线之左侧或右侧。卵黄腺丛粒分布始于咽的水平，向后延伸到后睾丸区域。一个虫体含虫卵约 10 个，虫卵大小为（78～104）μm×（50～70）μm。

（8）秧鸡全冠吸虫（*Holostephanus rallus* Tang et Tang， 1989）

终末宿主 姑恶鸟 [*Amaurornis phoenicurus chinensis*（Boddaert）]。

发现地点 中国福建福州。

虫种特征 本种吸虫（**杯叶图 2**）寄生于姑恶鸟的肠管。共采集得 3 个标本。虫体梭形，后端较尖，体长 2.099～2.147mm，宽 1.045～1.292mm。口吸盘位于顶端，圆形，大小为（0.146～0.173）mm×（0.182～0.213）mm。咽横椭圆形，大小为（0.111～0.119）mm×（0.115～0.137）mm。食道极短，肠管分支在咽直后，

沿体两侧至体中横线略后。体腹面有三尖细胞吸着器(tribocytic organ)，具圆形的空隙。睾丸长椭圆形，前后斜列，长径 0.453～0.500mm，横径 0.021～0.023mm。卵巢圆形，大小为(0.133～0.151)mm×(0.146～0.152)mm，位于体中段的左侧。在其后缘伸出了很短的输卵管，很近处便与受精囊相接。受精囊梭状，中部膨大而两端窄小。具劳氏管。在各种杯叶科的标本中，能观察到受精囊的很少。卵黄腺丛体分布在体两侧和中部，每个腺体颗粒长椭圆形。阴茎囊作橄榄状，内含贮精囊、射精管和细长的阴茎。阴茎囊长 0.492～0.874mm，基部宽 0.177～0.204mm。子宫盘旋至体尾部。卵大小为(99～106)μm×(53～59)μm。

全冠属(Holostephanus)是 Szidat(1936)所建立。叙述的虫种是 H. luhei 及 H. bursiformis。宿主为海鸥(Larus fuscus)及燕鸥(Sterna paradisea)。本属特征与杯叶属(Cyathocotyle Mühling，1896)的区别在于体前方腹面有较深的腹凹腔(ventral cavity)，这一空隙是由于吸着器(holdfast organ)发达而形成的。杯叶属虫体腹面虽也有吸着器，但虫体较为扁平，吸着器只似浅杯。这两属的区分虽是如此，但凹腔的深浅常不易分别，特别是经过压力的一些制片，不易看出空隙。Yamaguti(1939)叙述日本全冠吸虫及后睾全冠吸虫时曾提出同样的意见。

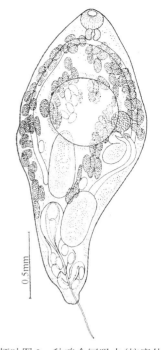

杯叶图 2　秧鸡全冠吸虫(按唐仲璋和唐崇惕，1989)

Mehra(1943)叙述多种印度鸟类的全冠吸虫：Holastephanus corvi 寄生在乌鸦(Corvus splendens)，H. neophroni 寄生在秃鹫(Neophron percnopterus ginginianus)，H. anhingi 寄生于蛇鹈(Anhinga melanogaster)，以及 H. ibisi 寄生于彩鹳(Ibis leucocephalus)。全冠属在世界各地经记载的约有 13 种。从全冠属各虫种构造的比较，注意到成虫的卵巢后方有梭形的受精囊存在。据 Mehra 观察本器官通于子宫，称他为子宫受精囊，关于这一点，未能证实。从福建的标本观察，这器官与子宫无关联。全冠属和杯叶属内脏器官以卵模、受精囊、劳氏管这一部分的构造最缺乏了解。它们具有发达的阴茎囊，显然是以异体受精为主，但很多种类缺乏劳氏管和受精囊。输卵管和受精囊或卵模连接处常见有一小孔，是否精子进入的孔道，还须进一步考察。杯叶类交配的行为亦须研究。

(9)鸢平叶吸虫[Gelanocotyle milvi(Yamaguti，1939)Sudarikov，1961]

终末宿主　黑耳鸢[Milvus korschun lineatus(Gray)]。

采集地点　福建福州。

虫种特征　从福州的黑耳鸢的肠管中采到 5 个此吸虫(**杯叶图 3**)的标本。虫体扁平，椭圆形。前端半圆状，后端吻状突出，是生殖孔开口处。体表披小刺。虫体全长 1.103～1.332mm，体宽 0.532～0.685mm。虫体两侧边缘自肠叉水平线之后向腹面包裹，凹陷甚浅，有似 Gogatea 属，是附着肠黏膜的微弱工具。口吸盘在前顶端位置，大小为(0.052～0.073)mm×(0.064～0.077)mm。咽紧接口吸盘后，大小为 0.062mm×(0.051～0.069)mm。食道长 0.030～0.073mm。肠管延达睾丸后方。腹吸盘位于睾丸前方，大小为(0.073～0.086)mm×(0.073～0.081)mm。两睾丸作长方形，前后排列，占据体后半中央的位置。前睾丸大小为(0.120～0.301)mm×(0.137～0.215)mm，后睾丸大小为(0.215～0.296)mm×(0.129～0.193)mm。阴茎囊管状，在其 1/3 处中缢，后段较窄，囊内有贮精囊、前列腺和阴茎。阴茎囊长 0.374～0.559mm，基部最宽处 0.073～0.098mm。卵巢位于两睾丸间偏右侧的位置，椭圆形，大小为(0.086～0.098)mm×(0.086～0.107)mm。子宫位于卵巢后方，屈曲向前，达腹吸盘，折回在体后端生殖孔开口。虫卵大小为(86～107)μm×(64～73)μm。

Sudarikov(1961)建立 Gelanocotyle 属，包含了 Gelanocotyle milvi milvi(Yamaguti，1939)及 Gelanocotyle milvi indianum(Vidyarthi，1948)Dulois，1951 两亚种。

（10）何氏冯叶吸虫（*Fengcotyle hoeppliana* Tang et Tang，1989）

终末宿主 白腰杓鹬（*Numenius arquata orientalis* Brehm）。

发现地点 中国福建福州。

虫种特征 本种吸虫（杯叶图 4）采自福州沿海的白腰杓鹬，寄生位置小肠。它独特的形态不能安放在杯叶科的任何属（杯叶表 1），因而著者于 1989 年为它建立一新属新种。新属新种名称用以纪念对我国寄生虫科学有贡献的业师冯兰洲和何博礼两位教授。

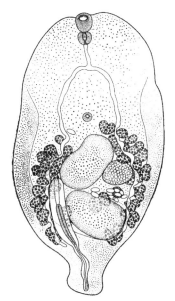 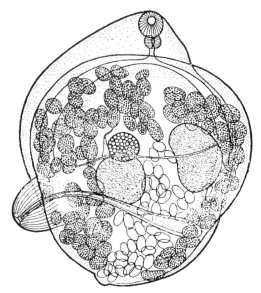

杯叶图 3　弯平叶吸虫（按唐仲璋和唐崇惕，1989）　　杯叶图 4　何氏冯叶吸虫（按唐仲璋和唐崇惕，1989）

杯叶表 1　冯叶吸虫属与其近似属的比较

属	Cyathocotyle	Serpentostephanus	Holostephanus	Fengcotyle
宿主	鸟类	爬行类	鸟类	鸟类
附着器	无腹凹腔，附着器凸出	无腹凹腔，附着器凸出	具腹凹腔，附着器在凹腔内	无腹凹腔，附着器很大，凸出
腹吸盘	具有	具有	具有	退化不见
阴茎囊	纵列在体后部	纵列在体后部	粗短，横列在体后 1/3 部分中央	细长，横列在体后 1/3 部分
生殖孔	在体末端中央	在体末端中央	在体后 1/3 部分中央	在体右侧后 2/5 处一尾锥状突起上

虫体全长 1.938mm，体宽 1.795mm。腹面有凸出的附着器，外伸如圆碟，但不具凹陷。口吸盘在次顶端位置，大小为 0.209mm×0.199mm。咽大小为 0.114mm×0.152mm。食道极短，只有 0.1mm 长。弓形的肠管沿体两侧下行至体后方 1/3 处。腹吸盘未发现。两睾丸斜面排列，前睾丸大小为 0.513mm×0.280mm，后睾丸大小为 0.323mm×0.361mm。卵巢位于后睾丸前，圆形，直径 0.171mm。卵黄腺丛体分布在虫体的两侧肠弯内外，自食道略后水平至体后端。横走的卵黄腺管从左右走向中央，在卵巢旁汇聚成总管，伸向卵巢前方进入卵模。阴茎囊基部膨大，整个器官作倒置的横列，通于体右侧的尾部。阴茎囊内有重叠的贮精囊、射精管和阴茎。阴茎囊的横列位置和侧出的尾部是非常独特的结构，在杯叶科中只有些其他种类有这样的构造，如 *Holastephanus ictaluri* Vernberg，1952，但它虽有横列的阴茎囊，却没有侧出的尾部。子宫圈盘旋于两睾丸间以及体的后部，开口于右侧的尾部。虫卵椭圆形，较大，（111～119）μm×（66～88）μm。

在杯叶科中共有 16 属。冯叶属以其特别大而突出的附着器、腹吸盘付缺、横列的阴茎囊、生殖孔开口在体右侧尾锥状突起上等重要特征，不同于所有已记载的属。兹列数个与它略有近似点的属列表比较于**杯叶表 1**。

冯叶吸虫属(*Fengcotyle* Tang et Tang，1989)隶属于杯叶科(Cyathocotylidae)。其属特征：体腹面不具腹凹腔，附着器圆碟状凸出。腹吸盘退化。两睾丸斜列于体中部，卵巢在后睾丸前，卵黄腺在附着器基部并延到体末端，阴茎囊横列于体后 1/3 处。生殖孔在体右侧后 1/3～2/5 处一圆锥状的突起上。子宫分布在体后半部。冯叶吸虫属的代表种为何氏冯叶吸虫(*Fengcotyle hoeppliana* Tang et Tang，1989)。

(11)小巢前冠吸虫[*Tangiella parvovipara*(Faust et Tang，1938)Sudarikov，1962]

同物异名　*Prosostephanus parovipara* Faust et Tang，1938、*Duboisia parovipara*(Faust et Tang，1938)Dubois，1951。

终末宿主　猪獾(*Meles leptorhynchus* Milne-Edw.)。

发现地点　中国福建福州。

虫种归属情况　本种吸虫(**杯叶图 5**)系得自福州猪獾，本虫种的分类位置数经讨论。著者(C.C. Tang)等于 1938 年将该新种隶于前冠属(*Prosostephanus*)，Dubois(1951)把它移入 *Duboisia* 属，但于 1958 年又把旧名恢复。Sudarikov(1962)为它建一新属 *Tangiella*。

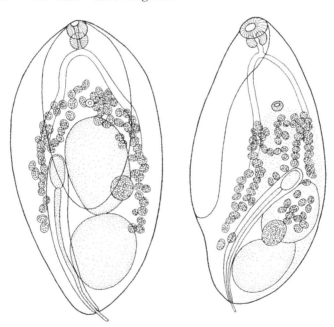

杯叶图 5　小巢前冠吸虫(按唐仲璋和唐崇惕，1989)

虫种特征　因原文叙述简单(Faust and Tang，1938)著者兹于 1989 年根据当年保留下来的标本曾作一些补充叙述如下：虫体椭圆形，体后部不形成圆锥状。全长 1.96～2.05mm，体宽 0.91～1.00mm。口吸盘大小为(0.084～0.119)mm × (0.140～0.154)mm。咽大小为 0.098mm×(0.126～0.133)mm。腹吸盘直径 0.063～0.077mm。腹凹腔(ventral cavity)发达，纵长 1.33mm，宽 0.609mm；底部突出的部分不发达，不逾越腹吸盘水平。两睾丸前后排列，前睾丸大小为(0.49～0.63)mm×(0.35～0.45)mm，后睾丸大小为(0.49～0.56)mm×(0.31～0.49)mm。卵巢圆形，位于两睾丸间，大小为 0.14mm× 0.14mm。阴茎囊圆筒状，长 1.30mm，基部宽 0.14mm，前方延至前睾丸之 1/2 或达其前缘。虫卵不大成熟，大小为 97μm×57μm。正模有卵 2 个，副模均无卵。

整个模式及副模标本均在未发育完全的状态，是存疑的种类。

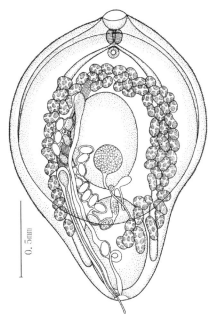

杯叶图 6 盖状前冠吸虫(按唐仲璋，1941)

(12)盖状前冠吸虫[*Prosostephanus industrius*(Tubangui，1922)Lutz，1935]

A. 研究历史

本种吸虫(**杯叶图 6**)最早经菲律宾 Tubangui(1922)叙述，成虫系从我国南京家犬肠内得到，采集者为 Dr. R.T. Shields。Lutz(1935)将其隶属他所创立的前冠属。嗣后 Andrews(1937)在上海，吴光(1937)在杭州均采集到本虫。著者在福州阐明其生活史(Tang，1941)，于 1935 年冬季发现福建有数种哺乳类在很接近的时间内感染有本种吸虫。宿主包括有家犬、家猫、狐(*Vulpes vulpes*)、蟹獴[*Herpestes urva*(Hodgson)]、貉(*Nyctereutes procyonoides*)。这件事引起著者的注意，于 1939 年便在福州津门外进行其生活史的探讨。在完成生活史后，得出结论：犬和猫不是正常宿主，真正终末宿主推测必定是食鱼的哺乳类，当时断言这一点还有待于日后探讨。25 年之后，1964 年，我们偶然剖检一只水獭(*Lutra lutra chinensis* Gray)，在其肠内发现有很多的盖状前冠吸虫，虫体发育完好且特别巨大。证明水獭是这一吸虫的正常宿主。这样，完成了这一项生活史的考察。

B. 生活史(杯叶图 7)

正常终末宿主及其活动 终末宿主水獭常在池塘或溪涧地区活动，白天匿居附近的穴中，夜间入水捕鱼，它的粪便含有大量前冠吸虫的卵。

第一中间宿主(贝类)及本吸虫幼虫期 第一中间宿主为贝类，如纹沼螺 *Parafossarulus eximius*(Frauenfeld)和 *P. striatulus*(Benson)。虫卵孵出的毛蚴感染了池塘内密布的纹沼螺，在其体内繁殖着无性世代：胞蚴期和尾蚴(**杯叶图 8**)。

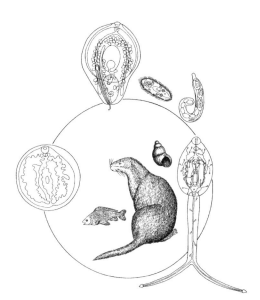

杯叶图 7 盖状前冠吸虫生活史(按唐仲璋和唐崇惕，1989)

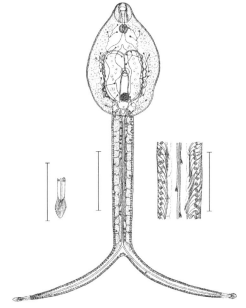

杯叶图 8 盖状前冠吸虫尾蚴(按唐仲璋，1941)

第二中间宿主(鱼类)及本吸虫囊蚴 第二中间宿主为鱼类，如鲫鱼[*Carassius carassius*(L.)]、鲤(*Cyprinus carpio*)、鲩(*Ctenopharyngodon idellus*)、鲢(*Hypophthalmichthys molitrix*)、鳙(*Aristichthys nobilis*)

等。这些鱼类经证实均能感染本种吸虫的尾蚴。尾蚴从螺体逸出后侵入各淡水鱼类(第二中间宿主)的鱼体内结囊，囊蚴散布在肌肉层，可深入到接近脊椎骨的部位，也有在体表鳞片下的组织。在池塘内被侵袭的鱼，甚为普遍，这使它们不适于食用。

C. 在非正常终末宿主产生的病害

盖状前冠吸虫在非正常终宿主引起的病理作用甚为严重，受感染的猫、犬等，如虫数多时可引致死亡。解剖时可见肠黏膜广泛地出血，采摘下来的虫体可见其肠内充满血液。由于本种吸虫对非正常宿主能产生病变作用，国内一些地区尚有生吃鱼或半生吃鱼的习惯，在这些地区盖状前冠吸虫是人体潜在的病害。

D. 盖状前冠吸虫特征

在河獭体内发育的盖状前冠吸虫成虫，体形较为巨大，体长、体宽、口吸盘、咽，以及生殖器官都比在非正常宿主发育的成虫为大，各主要测量数据(Tang，1941)数值都比 Tubangui(1922)从犬所得的标本和我们从家猫所得的标本大许多(**杯叶表 2**)。

杯叶表 2　盖状前冠吸虫在不同终末宿主体内发育程度的比较

宿主	河獭(*Lutra lutra chinensis*) (按唐仲璋和唐崇惕，1989)	家猫(*Felis domesticus*) (按唐仲璋，1941)	家犬(*Canis familiaris*) (按 Tubagnui，1922)
体长/mm	4.41～6.51(平均 5.24)	1.5～2.8(平均 2.0)	1.5～1.9
体宽/mm	2.09～4.5(2.95)	1.0～2.0(1.5)	1.0～1.2
口吸盘/mm	(0.17～0.21)×(0.17～0.35)(0.189×0.263)	(0.11～0.18)×(0.17～0.29)(0.149×0.240)	(0.10～0.13)×(0.18～0.19)
咽/mm	(0.16～0.21)×(0.14～0.24)(0.189×0.184)	(0.10～0.17)×(0.12～0.17)(0.132×0.141)	(0.10～0.13)×(0.13～0.14)
卵巢/mm	(0.22～0.32)×(0.24～0.32)(0.285×0.276)	(0.17～0.25)×(0.17～0.21)(0.199×0.174)	(0.15～0.19)×(0.15～0.19)
前睾丸/mm	(0.74～1.23)×(0.56～1.26)(0.895×0.770)	(0.56～0.83)×(0.42～0.64)(0.722×0.522)	(0.49～0.52)×(0.33～0.45)
后睾丸/mm	(0.91～1.08)×(0.56～0.70)(1.008×0.619)	(0.42～0.91)×(0.42～0.71)(0.713×0.564)	(0.65～0.81)×(0.36～0.38)
阴茎囊/mm	(2.10～2.14)×(0.21～0.31)	(1.05×0.04)	(0.79～0.90)×(0.08～0.13)
虫卵/μm	(133～140)×(77～105)	(115～168)×(73～98)	(130～146)×(89～97)

(13) 永安叉尾蚴(*Furcocercaria yungangensis* Tang et Tang，1989)

贝类宿主　纹沼螺[*Parafossarulus striatulus*(Benson)]。

发现地点　中国福建永安。

虫种幼虫期特征(杯叶图 9)　著者从永安颇荒野处纹沼螺的检查中，获得一种杯叶科的无性繁殖世代。在螺体生殖腺中检出未成熟和成熟的胞蚴，并有很多逸出的尾蚴。推想它可能是中冠属(*Mesostephanus*)吸虫的幼虫期，成虫可能寄生于水蛇(*Natrix piscator*)等爬行类。但尚没有实验证实，兹于 1989 年定名为永安叉尾蚴。此种尾蚴有较原始的形态特点。

在感染此尾蚴的同一纹沼螺体内，找到了本种杯叶吸虫的胞蚴体。其长度约为 2mm，宽度约为 0.25mm。里面充满了尾蚴和胚球。也有长度只达 0.6mm 的小胞蚴，内只有胚细胞。

尾蚴系叉尾型，体部椭圆形或梨形，体后端腹面接于尾杆基部。尾杆长约为体部全长 1.5 倍。尾后端分两叉，游泳时尾端向前。尾叉的末端有很短小的鳍。体各部测量如下：体部长 0.126～0.145mm(平均 0.137mm)，体部宽 0.069～0.080mm(平均 0.071mm)。尾杆长 0.197～0.241mm(平均 0.221mm)，尾杆宽 0.027～0.034mm(平均 0.031mm)。尾叉长 0.161～0.184mm(平均 0.170mm)，尾叉宽 0.011～0.017mm(平均 0.013mm)。

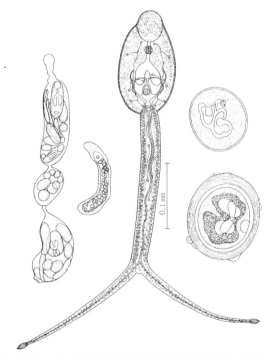

杯叶图 9 永安叉尾蚴的各幼虫期(按唐仲璋和唐崇惕, 1989)

尾蚴体表披小棘,前端环绕口周围有小棘 6 圈或 7 圈。这些棘较显著。口吸盘圆形,长径 0.038mm,横径 0.025mm。前咽短。咽圆形,长径 0.013mm,横径 0.01mm。食道长 0.012mm。袋状的肠管长 0.037mm,横径 0.013mm。腹吸盘退化,位于排泄囊前。尾蚴具杯叶科标准的排泄系统。排泄囊位于体部后缘,从囊的前方有 4 条收集管发出。它们是两个侧管和两个中央管,侧管斜向左右,前进至肠管外方。在虫体 1/3 的水平处分为内外两支。内支横走趋向体中央与中央收集管相愈合。外支分前后两管,各接受两组的排泄细管,各组均有两个焰细胞。整个排泄系统的焰细胞公式为 $2[(2+2)+(2+2)]=16$。

囊蚴 当尾蚴被适当的鱼类宿主吞食到鱼体内时,它们会钻出肠壁而侵入肌肉成囊。尾蚴亦能自鱼体表侵入,在鳞片下成囊。我们用尾蚴感染试验的金鱼,在 4d 后从肌肉解剖出的囊蚴,直径约为 0.1mm。经过更多时间的囊蚴囊壁增厚,在它外面还包裹一层由宿主组织形成的囊壁。这时后蚴的排泄囊更加发达了,囊内的颗粒更多了,与鸮形科后蚴所具有的藏贮囊系统 (reserve bladder system)相似。鸮形科中一些种类的藏贮囊,管道交织如网。永安叉尾蚴的囊蚴和 *P. industrius* 的囊蚴一样,藏贮囊是由尾蚴排泄系统的收集管形成的。

永安叉尾蚴的焰细胞公式是杯叶科尾蚴最简单的公式。以往经记载的有 *Cyathocotyle bushiensis* Khan, 1962 有同样的焰细胞数目和排列形式(Khan, 1962)。参考本科各种,焰细胞公式经阐明的如下(**杯叶表 3**)。

杯叶表 3 杯叶科吸虫尾蚴的焰细胞公式

种类	宿主类型	焰细胞公式	报告者
Paracoenogonimus ovatus Katsurada, 1914	M	$2[(3+3+3)+(3+3+3)]=36$	Komiya(1938)
Paracoenogonimus szidati (Anderson 1944)		$2[(3+3+3)+(3+3+3)]=36$	Anderson(1944)
Prohemistomum chandleri Vernberg 1952	R	$2[(3+3+3)+(3+3+3)]=36$	Vernberg(1952)
Holostephanus curonensis (Szidat, 1933) Yamaguti, 1939	B	$2[(5+(2))]=14$	Szidat(1933)
Cyathocotyle bushiensis Khan, 1962	B	$2[(2+2)+(2+2)]=16$	Khan(1962)
Cyathocotyle orientalis Faust, 1922	B	$2[(3+3)+(3+3)]=24$	Yamaguti(1940)
Prosostephanus industrius (Tubangui, 1922) Lutz, 1935	M	$2[(3+3+3)+(3+3+3)]=36$	Tang(1941)

比较上述各个虫种的焰细胞公式,Szidat 氏所观察的 *H. curonensis* 尾蚴焰细胞公式似不够详确,因而我们认为永安叉尾蚴似乎代表杯叶科中较原始种类的幼虫。

参 考 文 献

唐仲璋,唐崇惕. 1989. 福建省数种杯叶科吸虫研究及一新属三新种的叙述(鸮形目:杯叶科). 动物分类学报,14(2):134-144

Anderson D J, Cable R M. 1950. Studies on the life history of *Linstowiella szidati* (Anderson) (Trematoda: Strigeoidea Cyathocotylidae). J Parasitol, 36(5): 395-410

Anderson D J. 1944. Studies on *Cercaria szidati* sp. nov. a new furcocercous cercaria of the vivax type. J parasitol, 30: 263-268

Anderson D J. 1945. Determination of the history of *Cercaria szidati*, a furcocerccus larval trematode of the vivax type. J Parasitol, 31: 20

Anderson D J. 1947. Determination of the life history of *Cercaria szidati*, a furcocercous larva of the vivax type. Indian Acad Sci, 55: 182

Azim A M. 1933. On *Prohemistomum vivax* (Sonsino, 1892) and its development from Cercaria vivax Sonsino. Z Parasitenkde, 5(2): 432-436

Chatterji R C. 1940. Helminth parasites of the snakes of Burma, I. Trematoda. Philip J Sci, 71: 381-401

Dennis E A, Lawrence R P. 1971. *Mesostephanus yedeae* sp.n. (Trematoda: Cyathocotylidae) its life history and descriptions of the developmental of the developmental stages. The University of Connecticut Occasional Papers Biol Sci, Series 2(2): 5-15

Dennis E A. 1967. Biological studies on the life histories of *Mesostephanus yedeae* sp. n. (Trematoda: Cyathocotylidae). The University of Connecticut D Dissertation: 77

Dubois G, Pearson J C. 1963. Les Strigeida (Trematoda) d'Egypt (Collection William H. Wells). Annals de Parasitologie, 38: 77-91

Dubois G. 1938. Monographie des Strigeida (Trematoda). Mem Soc Neuchatel Sci Nat, 6: 535

Dubois G. 1951. Nouvelle cle'de determination des groupes systematiques et des genres de Strigeida Poche (Trematoda). Rev Suiss Zool, 58(39): 639-691

Faust E C, Tang C C. 1938. Report on a collection of some Chinese Cyathocotylidae (Trematoda: Strigeoidea). Rio de Janeiro, Livro jubilar do Professor Lauro Travassos

Faust E C. 1922. Phases in the life history of a holostome, *Cyathocotyle orientalis* nov. sp., with notes on the excretory system of the larva. J Parasitol, 8(2): 78-85

Gogate B S. 1932. On a new species of Trematode (*Prohemistomum serpentium* n. sp.) from a snake etc. Parasitology, 7(24): 318-320

Hutton R F, Sogandares-Bernal F. 1960. Preliminary notes on the life history of *Mesostephanus appendiculatoides* (Price, 1934) Lutz, 1935. Bull Mar Sci Gulf Caribb, 10: 234-236

Komiya Y. 1938. Die Entwicklung des Exkretions-systemseiniger Trematodenlarven aus Alster und Elbe, nebst Bemerkungen über ihren Entwicklungszyklus. Z Par, 10(3): 340-385

Kozicka J, Niewiadomska K. 1958. Life cycle of *Paracoenogonimus viviparae* (Linstow, 1877) Sudarikov, 1956 (Trematoda, Cyathocotylidae). Bull Acad Polon Scil Cl II, 6(9): 181-192

Lutz A. 1934. Notas sobre *Dicranocercarias brazileiras*. Mem Inst Oswaldo Cruz, 27: 349-376

Lutz A. 1935. Beobachtungen and Batrachtungen uber Cyathocotylinen and Prohemistominen. Mem Inst O Cruz, 30: 157-182

Martin W E. 1961. Life cycle of *Mesostephanus appendiculatus* (Ciurea 1916) Lutz, 1935, (Trematoda: Cyathocotylidae). Pacific Science, 15: 278-281

Mehra H R. 1943. Studies on the family Cyathocotylidae Poche. Part I. A contribution to our knowledge of the subfamily Cyathocotylinae Mühling: Revision of the genera *Holostephanus* Szidat, and *Cyathocotyle* Mühling with description of new species. Proceed Nat Acad Sci, 13(2): 134-167

Mehra H R.1947. Studies on the family Cyathocotylidae Poche. Part II. A contribution to our knowledge of the subfamily Prohemistominae Lutz, 1935 with a discussion on the classification of the family. Proceed Nat Acad Sci, 17(1): 1-52

Sudarikov V E. 1961. *In*: Skrjabin K I. Trematodes of Animals and Man. 19. Elements of Trematodology. Publisher Acad Sci USSR: 267-271

Szidat L. 1936. Parasiten aus Seechwalben I. Ueber neue Cyathocotyliden aus dem Darm von Sterna Hirundo L. und Sterna Paradisea. Z Parasitenk, 8(3): 285-316

Szidat L.1933. Weitere Beobachtungen über das Vorkommen und die Biologie von *Prosthogonimus pellucidus* v. Linstow, den Erreger der Trematodenkrankheit der Legehühner, bei Enten und Gänsen in Ostpreussen. Ctbl Bakt, I(27): 392-397

Tang C C. 1941. Morphology and life history of *Prosostephanus industrius* Tubangui, 1922 (Cyathocotylidae). Peking Nat Hist Bull, 16(1): 29-43

Tubangui M A, Masilungan V A. 1941. Trematode Parasites of Philippine Vertebrates. IX. Flukes from domestic fowl and other birds. Philip Jour Sci, 75: 131-141

Tubangui M A. 1922. Two new Intestinal Trematodes from the dog in China. Proc US Nat Mus, 60(20): 1-12

Vernberg W B. 1952. Studies on the trematode family Cyathocotylidae Poche, 1926, with the description of a new species of *Holostephanus* from fish and life history of *Prohemistomum chandleri* sp. nov. J Par, 38(4): 327-340

Vidyarthi R D. 1948. Some new members of the family Cyathocotylidae Poche, 1925 from Indian birds. Indian J Helminth, I: 23-40

Vojtekova L. 1963. Zur Kenntnis der Helminthen fauna. der Schwanzlurchen (Urodela) der Tschechoslovakei Vestn. Ceskosl Zool, Společ, 27(1): 20-30

Yamaguti S. 1939. Studies on Helminth fauna of Japan. Part 25. Trematodes of Birds. IV. Jap Jour Zool, 8: 203-208

Yamaguti S. 1940. Zur Entwicklungsgeschichte von *Cyathocotyle orientalis* Farst, 1921. Z Par, 12: 78-83

Yamaguti S. 1971. Synopsis of Digenetic Trematodes of Vertebrates. Tokyo: Keigaku Publishing Co

(九)嗜眼科(Philophthalmidae Travassos，1918)

1. 研究历史

嗜眼科的种类是禽鸟类的寄生虫。Looss(1899)为从埃及的鸟类眼中发现的吸虫建立嗜眼属(*Philophthalmus* Looss，1899)，其模式种为 *Philophthalmus palpebrarum* Looss，1899，虫体长宽 4mm×1mm、虫卵大小为 54μm×31μm。鸟类宿主有乌鸦(*Carvus cornix*)及鸢(*Milvus parasiticus*)。此虫种分布于埃及和欧洲，虫体显著特征为具有巨大的咽。Braun(1902)把 *Distomum lucipetus* Rudolphi，1819 移入此属为 *P. lucipetus*(Rud.，1819)，宿主除鸦和鸢之外，还有多种鸥鸟(*Larus* spp.)，分布于欧洲。另外，还叙述了巴西鸥鸟的 *P. lacrymosus* Braun，1902。嗣后在东西半球本属种类逐渐增加，Yamaguti(1971)列出嗜眼属吸虫 29 种。在此之前，Ching(1961)认为嗜眼属中只有 9 种是可靠的，Yamaguti(1971)所选择的种类有一些可能是同物异名，必须修正。Ching 所认为可靠的 **9** 种是 *Philophthalmus gralli* Mathis et Leger，1910；*P. lacrymosus* Braun，1902；*P. lucipetus*(Rud.，1819)Looss，1899；*P. muraschkinzewi* Tretiakowa，1946；*P. nocturnus* Looss，1907；*P. offlexorius* Mamaev，1959；*P. palpebrarum* looss，1899；*P. rizalensis* Tubangui，1932 和 *P. sinensis* Hsu et Chow，1938。

嗜眼属有若干种类是家禽寄生虫，寄生在它们眼中结膜囊(conjunctival sac)里面及瞬膜(nictitating membrane)下产生病害。在欧洲(Markovic，1939)和斯里兰卡(Dissanaike and Bilimoria，1958)曾报告本类吸虫亦有人体的病例。在夏威夷家禽的嗜眼吸虫病流行及病原生活史也经研究(Alicata and Noda，1959，1960)。在我国广东、安徽、北京和福建等地，都发现家鸭、家鸡及野生鸟类有感染嗜眼吸虫种类的记录(李友才，1965；唐仲璋和唐崇惕，1979；唐仲璋等，1980；许鹏如，1979，1980)。在香港红树林内的海产腹足类查获多种嗜眼科吸虫幼虫期(Tang，1986)。

Nicoll(1907)建立平睾属(*Parorchis* Nicoll，1907)，将其归于嗜眼科。Poche(1925)可能因为有的平睾吸虫具有围口领及领上有棘，将平睾属改隶于棘口科(Echinostomatidae Poche，1925)。Lal(1936)叙述 *Parorchis snipis* 新种并建立平睾亚科[Parorchiinae(Lal，1936)]，但仍将它隶于棘口科。Skrjabin(1965)认为平睾亚科吸虫应成立一独立的科，而 Yamaguti(1971)仍将平睾亚科归于嗜眼科中。在他的分类体系内嗜眼科含 5 个亚科。

经过生物学考察平睾吸虫，发现平睾吸虫具有与嗜眼属吸虫相类似的幼虫期。Stunkard 和 Cable(1932)阐明 *Parorchis avitus* 的生活史，Rees(1939，1940)曾对 *Parorchis acanthus* 进行非常精细的生殖细胞发育的考察。他们都报道了这类吸虫具有提早发育的毛蚴，它含有"胎生雷蚴"。这现象在嗜眼科的各亚科及环肠科(Cyclocoeliidae)中各亚科都非常普遍。虽然这现象已被早期的蠕虫学者观察到，如 von Siebold(1835)看到了毛蚴体内有雷蚴，Linton(1914)叙述鸥鸟体内的 *Parorchis avitus* 的毛蚴时，述及毛蚴从卵孵出时其体内已有一个很发达的雷蚴，这一小图被 Fuhrmann(1928)的吸虫专著所采用。近年来许多新发现的事实也都证明平睾类吸虫隶属于嗜眼科。

2. 嗜眼科分类及各亚科特征

(1)嗜眼科的分类

Yamaguti(1971)在嗜眼科内包含 5 亚科和 8 属如下。

Philophthalmidae(Looss，1899)Travassos，1918

Cloacitrematinae Yamaguti，1958

Cloacitrema Yamaguti，1935

Pittacium Yamaguti，1939

Echinostephillinae Yamaguti，1958

　　　　Echinostephilla Lebour，1909
　　Parochiinae（Lal，1936）Yamaguti，1958
　　　　Parorchis Nicoll，1907
　　Philophthalminae Looss，1899
　　　　Ophthalmotrema Sobolev，1943
　　　　Philophthalmus Looss，1899
　　　　Pygorchis Looss，1899
　　Skrjabinoverminae（Yamaguti，1958）Yamaguti，1971
　　　　Skrjabinovermis Belopol'skaja，1954

（2）嗜眼科各亚科特征

嗜眼科 5 亚科的主要区别特征，以检索表（按 Yamaguti，1971）表示如下。

嗜眼科分亚科检索表

1）头端具有领状增厚，其边缘有或无小棘；具有外贮精囊；体不长·····································Parorchiinae
　头端具有棘冠；外贮精囊付缺；体窄长·····································Echinostephilinae
　头端无领状增厚或棘冠·····································2
2）具有外贮精囊·····································3
　外贮精囊付缺·····································Philophthalminae
3）腹吸盘靠近体前端；阴茎囊向后延伸到腹吸盘之后；虫体非常之细长·····································Skrjabinoverminae
　腹吸盘位于体中段 1/3 部位；阴茎囊位于肠叉处，在腹吸盘之前甚远；子宫圈部分在腹吸盘之前；体扁卵圆形至椭圆形·····································Cloacitrematinae

3. 我国嗜眼科种类

在国内经报道的嗜眼科的种类有嗜眼亚科（Philophthalminae）、平睾亚科（Parorchiinae）和泄殖腔亚科（Cloacitrematinae）3 个亚科。

（1）嗜眼亚科（Philophthalminae Looss，1899）

除了嗜眼亚科 Yamaguti（1971）所列的 3 个属之外，在我国还发现新臀睾属（*Neopygorchis* Tang et Tang，1978），4 个属主要区别特征如下列的检索表。

嗜眼亚科分属检索表（按唐仲璋和唐崇惕，1978）

1. 虫体在腹吸盘部位收缩·····································眼虫属 *Ophthalmotrema*
　虫体在腹吸盘部位不收缩·····································2
2. 阴茎囊延伸到腹吸盘后方·····································嗜眼属 *Philophthalmus*
　阴茎囊在腹吸盘之前·····································3
3. 腹吸盘在体中横线前方，咽大于口吸盘，睾丸斜列，子宫圈穿过两睾丸之间，卵黄腺全在肠支之内······臀睾属 *Pygorchis*
　腹吸盘在体前方 1/5 处，咽不大于口吸盘，睾丸前后排列，子宫圈不向后穿过两睾丸之间，卵黄腺大部分在肠支之外·····································新臀睾属 *Neopygorchis*

A. 鸡嗜眼吸虫（***Philophthalmus gralli*** **Mathis et Leger，1910**）

终末宿主　家鸭（*Anas boschas domestica*）、鸡（*Gallus gallus domesticus*）等家禽。
寄生部位　瞬膜、结膜囊。
中间宿主　瘤拟黑螺 [*Thiara*（*Melanoides*）*tuberculatus*]。

采集地点 福州、泉州、厦门、龙海等地。

鸡嗜眼吸虫最早在越南家鸡眼眶中发现。Mathis 和 Leger(1910)在 422 只鸡中找到 26 条虫子。Alicata 和 Noda(1959,1960)报告本种吸虫在夏威夷群岛鸡、鸭中流行,并阐明其生活史。Sugimoto(1928)报告我国台湾鸡、鸭中有此吸虫病流行。20 世纪 70 年代在福建闽南沿海及福州等地发现鸡嗜眼吸虫广泛地在家鸭、家鸡和鹅中流行,致病成灾(嗜眼图 1)。

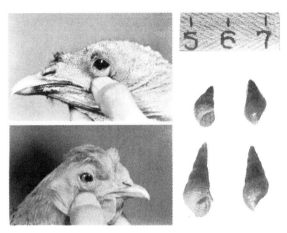

嗜眼图 1 鸡嗜眼吸虫在鸡眼中及福建闽南该吸虫中间宿主瘤拟黑螺(按唐崇惕和唐仲璋,2005)

虫种特征(嗜眼图 **2** 之 **5~7**) 鸡嗜眼吸虫成虫,体叶形或窄长梭形。从鸡、鸭眼眶检获的标本体长 3.853~5.899mm,宽 1.174~1.35mm。口吸盘位于次顶端,大小为(0.226~0.452)mm×(0.301~0.602)mm。咽紧接着口吸盘,大小为(0.226~0.452)mm×(0.261~0.452)mm。有很短的食道,分叉为二肠管,沿体侧后行至接近体后端的位置。腹吸盘位于体前方 1/4~1/3 处中央,大小为(0.436~0.677)mm×(0.436~0.647)mm。

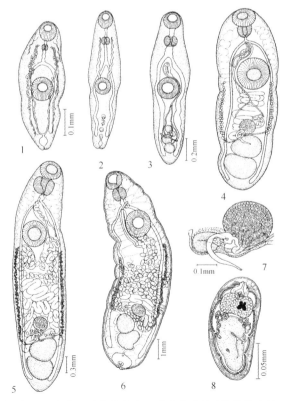

嗜眼图 2 鸡嗜眼吸虫的童虫、成虫和虫卵(按唐仲璋等,1980)

1~4. 童虫(1.5h,2.3d,3.6d,4.13d);5、6. 成虫(5.25d,6.47d);7. 卵巢及其附近器官;8. 虫卵

卵巢圆形，大小为(0.120～0.301)mm×(0.151～0.316)mm。输卵管从卵巢后方出发，接于一个弯曲的劳氏管，继而与卵黄总管及梅氏腺包围的卵模相接后乃通于膨大的子宫受精囊。子宫圈盘旋于睾丸及腹吸盘之间，雌性生殖孔在肠管分支略后正中的位置。与平睾吸虫一样，子宫初段的卵较小，在中段以后的卵膨大并含具眼点的毛蚴。睾丸椭圆形或不规则梨形，前后排列或略有倾斜。从睾丸出发的输出管在腹吸盘后一段距离会合成输精管，向前接于阴茎囊。囊的基部在腹吸盘后，内含贮精囊、前列腺及能向外翻出的射精管。雄性生殖孔与子宫开口并列在同一位置。卵黄腺丛体纵列两侧，前端达腹吸盘后缘或稍后的水平。排泄囊横椭圆形，在其前方中部紧缩处发出了两根的收集管向前方延伸。虫体后端有一很深的凹陷。虫卵呈不对称的长椭圆形，大小为(155～173)μm×(31～70)μm[固定收缩，只有(75～105)μm×(38～48)μm]。卵壳透明，里面毛蚴的构造可以很明显地观察到。

B. 外黄新臀睾吸虫(*Neopygorchis exvitellina* Tang et Tang，1978)

终末宿主　白腰杓鹬(*Numenius arquata orientalis*)。

寄生部位　肠管。

发现地点　福建福州。

虫种特征(嗜眼图 3、嗜眼图 4)　虫体窄长、后端钝圆、前端较窄小。全长 7.505mm，体宽 1.11mm，体长宽比例为 6.8∶1。口吸盘位于次顶端，大小为 0.27mm×0.38mm。咽发达，直径 0.29mm，食道极短，长 0.095mm。肠管延至体后方接近体后端。腹吸盘巨大，为 0.57mm×0.65mm，位于体长前端 1/5 处。不规则椭圆形的两睾丸前后排列于体后端，前睾丸大小为 0.44mm×0.55mm，后睾丸大小为 0.36mm×0.57mm。阴茎囊大小为 0.11mm×0.07mm，斜列在腹吸盘前方，其后端不逾越腹吸盘的中部，囊内含贮精囊、前列腺及管和阴茎，生殖孔开口在肠分义后方。卵巢圆形，直径 0.21mm。劳氏管及受精囊付缺。两侧的卵黄腺各为 5～6 个圆形的丛体，自卵巢后方斜列向前，除后面一对外，其余均直线排列于肠管外侧。具卵盖的虫卵，椭圆形，大小为(84～93)μm×(40～49)μm。

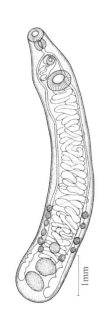

嗜眼图 3　外黄新臀睾吸虫(按唐仲璋和唐崇惕，1979)

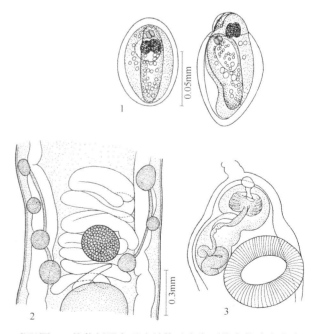

嗜眼图 4　外黄新臀睾吸虫结构及虫卵 (按唐仲璋和唐崇惕，1979)

1. 虫卵；2. 卵黄腺结构；3. 阴茎囊及其所在部

新臀睾吸虫与臀睾属(*Pygorchis* Looss，1899)吸虫，无围口领及棘、睾丸位于体后端、无外贮精囊、具阴茎囊、其位置在腹吸盘前方，这些特点两属相似，但它们有明显的差异而不能包含在同一属中。此两属主要区别如下(**嗜眼表 1**)。

嗜眼表 1　新臀睾属与臀睾属特征比较(按唐仲璋和唐崇惕，1978)

属	臀睾属	新臀睾属
体形	肥胖的椭圆形	窄长形
食道	付缺	具有较短食道
咽	比口吸盘大	不大于口吸盘
腹吸盘位置	在体赤道线前方	在体长前端 1/5 处
子宫圈分布	占满体后全部空隙，并穿过两睾丸间和越出两肠支	不穿过两睾丸间，亦不越出两肠支
卵黄腺分布	不越出两肠支	排列在肠支的外侧
睾丸排列	斜列	前后排列

C. 麻鹬眼吸虫(*Ophthalmotrema numenii* Sobolev，1943)

终末宿主　麻鹬(*Numenius arquatus*)。

寄生部位　眼窝。

发现地点　苏联。

形态特征(**嗜眼图 5 之 1**)　在身体中部，腹吸盘水平部位有明显的收缩。体长 3.696～3.840mm，体最大宽度在体后部，1.634～2.198mm。口吸盘大小为(0.374～0.489)mm×(0.459～0.510)mm。腹吸盘大小为 0.765mm×0.629mm。两吸盘中心的距离 1.720～1.935mm。咽大小为(0.221～0.306)mm×(0.255～0.306)mm。食道长 0.425～0.459mm。两睾丸圆形斜列于体后端，前睾丸直径 0.221～0.272mm，后睾丸直径 0.272～0.293mm。阴茎囊后端达到腹吸盘后缘，大小为 1.020mm×0.102mm。卵巢圆形，直径 0.187mm，位于前睾丸的近前方，约在体中线上。管状卵黄腺从体每侧有 5～6 个弯曲。子宫圈分布在腹吸盘后方。虫卵大小为(69～81)μm×(33～35)μm，成熟虫卵内含有毛蚴。

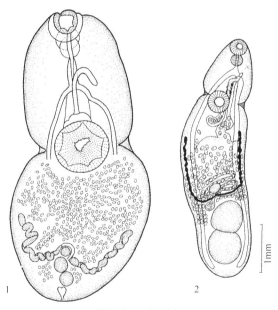

嗜眼图 5　眼吸虫

1. *Ophthalmotrema numenii* Sobolev，1943(按 Sobolev，1943)；2. *Ophthalmotrema hovorkai*(Busa，1956)Tang，1986(许鹏如，1985；唐崇惕，1986)

在香港海滨 3 种贝类查获嗜眼科的长尾尾蚴(*Cercaria longicauda* Tang，1986)(**嗜眼图 6**)，其体部在腹吸盘水平两侧向内缢缩像眼吸虫的特征，但尚需实验证实。

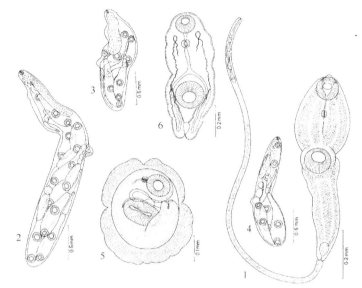

嗜眼图 6　香港海洋贝类感染的长尾尾蚴(*Cercaria longicauda* Tang，1986)
(按唐崇惕，1986)

1. 长尾尾蚴(*Cercaria longicauda*)；2～4. 长尾尾蚴不同发育程度的第三代雷蚴；5. 长尾尾蚴的囊蚴；6. 长尾尾蚴脱囊后的后期尾蚴。贝类宿主及其感染率：*Cerithidea djadjariensis*(Martin)2.62%(56/2134)、*Cerithidea rhizophorarum* A. Adams 0.35%(1/288)、*Terebralia sulcata*(Born)1.28%(3/234)

D. 霍夫卡眼吸虫 [*Ophthalmotrema hovorkai*(Busa，1956)Tang，1986]

本种吸虫最早由 Busa(1956)在南欧南斯拉夫的家鹅(*Anser anser domesticus*)眼结膜囊中发现，放在嗜眼属，称为 *Philophalmus*(*Tubolecithalmus*)*hovorka*。许鹏如(1985)报告我国广东肇庆的家鹅亦发现此吸虫。根据此吸虫虫体在腹吸盘中部水平的体部两侧向内缢缩，以及管状的卵黄腺与眼吸虫属(*Ophthalmotrema*)的特征，著者将其移到眼吸虫属(Tang，1986)。

虫种特征(**嗜眼图 5 之 2**)体大小为(3.594～5.100)mm×(1.13～1.40)mm。口吸盘大小为(0.264～0.328)mm×(0.314～0.386)mm。咽大小为 0.24mm×0.25mm。食道长 0.100～0.143mm。腹吸盘大小为 0.471mm×0.500mm。睾丸大小为(0.307～0.371)mm×(0.414～0.436)mm。阴茎囊大小为(0.914～1.317)mm×(0.164～0.228)mm，内含一贮精囊，位于腹吸盘的右侧。生殖孔开口在肠叉之后，腹吸盘之前。卵巢次圆球状，位于体长后 1/3 处，大小为(0.200～0.286)mm×(0.232～0.257)mm。具受精囊，管状卵黄腺在体中部 1/3 区域两旁。子宫圈分布在前睾丸和腹吸盘之间。虫卵大小为 86μm×43μm，成熟虫卵含毛蚴。

(2)平睾亚科[Parorchiinae(Lal，1936)]

本亚科只含平睾属(*Parorchis* Nicoll，1907)。虫体头端作领状增厚，边缘有或无棘。两睾丸并列。在福建的鹬、鸥鸟类上常收集到有棘平睾吸虫和纪图平睾吸虫的成虫，著者在香港进行海滨贝类感染吸虫幼虫期的调检时，检获与上述两种吸虫成虫与尾蚴特征很近似的尾蚴等幼虫期(**嗜眼图 7、嗜眼图 8**)。因尚未人工试验证实，故仍以尾蚴名称之。

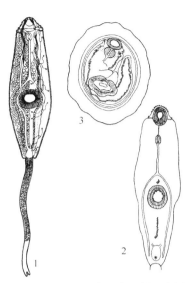

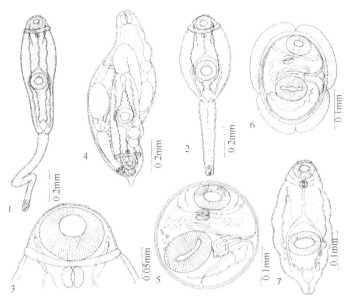

嗜眼图 7　有棘平睾吸虫尾蚴和囊蚴

1. 尾蚴(按 Rees，1940)；2. 尾蚴；3. 囊蚴(按 Angel，1954)

嗜眼图 8　纪图尾蚴(*Cercaria gedoelsti*)各幼虫期(按唐崇惕，1986)

1、2. 尾蚴；3. 尾蚴体前端示乳突；4. 第三代雷蚴；5. 脱去外囊的囊蚴；6. 具外囊的囊蚴；7. 脱囊后的后期尾蚴

A. 有棘平睾吸虫 [*Parorchis acanthus*(Nicoll，1906) Nicoll，1907]

终末宿主　黑腹滨鹬(*Calidris alpine sakhallina*)、铁脚沙鸻（*Charadrius leschenauti*）、绿脚鹬(*Tringa nebularia*)。此 3 种均是宿主新记录。

寄生部位　泄殖腔。

采集地点　福建福州、平潭。

虫种特征　福建标本(**嗜眼图 9**)是国内首次记录。本虫种围口领上小棘数约 62 个。体长 3.44mm，体宽 1.71mm。围口领宽 0.597mm。口吸盘大小为 2.49mm×0.332mm，咽大小为 0.149mm×0.133mm，前咽长 0.033mm，食道长 0.62mm。腹吸盘大小为 0.75mm×0.70mm。卵巢大小为 0.13mm×0.25mm。睾丸大小为 0.25mm×0.25mm、0.22mm×0.23mm。贮精囊大小为 0.18mm×0.07mm。虫卵大小为(65～75)μm×(30～38)μm。

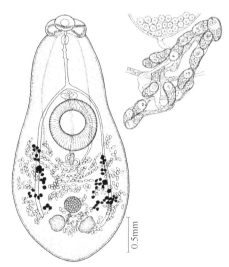

嗜眼图 9　有棘平睾吸虫及卵巢附近的子宫圈(按唐仲璋和唐崇惕，1979；唐崇惕，1986)

著者观察了本种吸虫靠近卵巢附近子宫圈中卵子受精和开始分裂情况(**嗜眼图 10**)，包括精子进入卵细胞，集中靠近卵细胞染色体，经过减数分裂产生雌雄原核(pronuclei)和两极体(polar bodies)，原核消失并受精，受精卵开始卵裂等过程。本种吸虫染色体单倍体数目为 11，双倍体数目为 22。

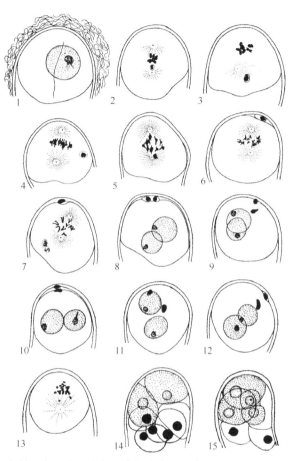

嗜眼图 10　有棘平睾吸虫子宫初段中的虫卵，示卵细胞受精及受精卵早期分裂
(按唐崇惕，1986)

1. 在子宫受精囊中的卵细胞与精子相遇；2. 精子集中于近卵细胞染色体，第一次减数分裂，示中心体；3. 精子集中于卵细胞细胞质中；4. 第一次减数分裂中期；5. 中期后阶段，二价染色体展开；6、7. 第一次减数分裂后期，第一极体形成，一群染色体存留作为第二次减数分裂的中心；8～12. 两原核和两极体的形成；13. 两原核消失，卵细胞受精；14. 受精卵第一次分裂成二细胞期；15. 卵细胞第二次分裂成四细胞期

B. 纪图氏平睾吸虫(*Parorchis gedoelsti* Skrjabin，1924)

终末宿主　黑腹滨鹬(*Calidris alpine sakhallina*)、短嘴小鸻(*Charadrius alexandrinus dealbatus*)、白腰杓鹬(*Numenius arquata orientalis*)、铁脚沙鸻(*Charadrius leschenaultia*)。后 3 种是宿主新记录。

寄生部位　泄殖腔。

采集地点　福建平潭。

虫种特征(嗜眼图 11～嗜眼图 13)　福建标本大小为(2.95～3.85)mm×(1.63～2.15)mm。具无棘围口领。口吸盘大小为 0.23mm×0.25mm，咽大小为(0.13～0.15)mm×(0.13～0.15)mm，前咽长 0.076mm，食道长 0.92mm。腹吸盘大小为(0.69～0.87)mm×(0.67～0.82)mm。睾丸大小为(0.27～0.54)mm×(0.22～0.48)mm，卵巢大小为(0.17～0.27)mm×(0.21～0.25)mm。虫卵大小为(76～111)μm×(38～76)μm。成熟虫卵含具眼点毛蚴，毛蚴体后部有一雷蚴。

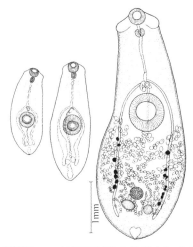

嗜眼图 11　纪图平睾吸虫的童虫和成虫
（按唐仲璋和唐崇惕，1979；唐崇惕，1986）

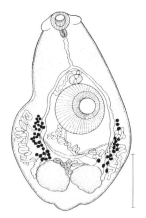

嗜眼图 12　纪图平睾吸虫成虫（按唐崇惕和唐仲璋，2005）

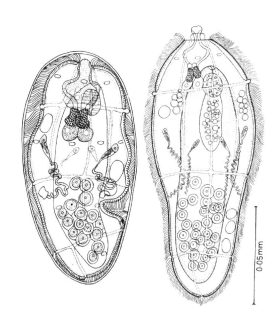

嗜眼图 13　纪图平睾吸虫虫卵和毛蚴（按唐崇惕，1986）

　　香港的海螺，*Cerithidea rhizophorarum* A. Adams 感染有纪图尾蚴（*Cercaria gedoelsti* Tang，1986）（**嗜眼图 8**），体前端有无棘的领状增厚，体部大小为（0.573～0.772）mm×（0.188～0.345）mm，尾部大小为（0.425～0.889）mm×（0.083～0.124）mm。本吸虫幼虫期有 3 代雷蚴。如同其他嗜眼科吸虫，第一代雷蚴在贝类宿主心脏发育，第二代雷蚴生活于贝类围心腔及其附近组织中。第三代雷蚴分散在贝类内脏团中。尾蚴逸出后在所附着的物体上结囊，具有外囊壁的囊蚴大小为 0.289mm×0.220 mm，脱去外囊壁的囊蚴大小为 0.239mm×0.235mm。脱囊的后期尾蚴，体大小为 0.565mm × 0.252mm，具无小棘的头领结构。尾蚴和后蚴虽和纪图氏平睾吸虫特征相似，但尚无实验证实，所以仍然以尾蚴名之。

（3）泄殖腔亚科（Cloacitrematinae Yamaguti，1958）

　　本亚科吸虫的两睾丸也是平列，但虫体头端无领状增厚的结构。虽称为泄殖腔亚科吸虫，但虫体亦能寄生于鸟类肠道中。本亚科吸虫在福建收集到有下列两种。

A. 无领平睾吸虫 [*Pittacium pittacium*（Braun，1901）Szidat，1939]

终末宿主　短嘴小鸻（*Leucopolius a. alexandrinus*）、金鸻（*Charadrius dominicus fulvus*）、白腰杓鹬（*Numenius arquata orientalis*）及环颈鸻（*Charadrius alexandrinus dealbatus*）。以上均为宿主新记录。

寄生部位　肠管。

采集地点　福建平潭。

虫种特征（嗜眼图 14）福建标本系国内首次记录，本虫种较Braun（1902）所描述的虫体略为窄长，其测量数字如下：体长3.286～5.567mm，体宽 1.026～1.634mm，体长宽比为 2.5∶1。口吸盘大小为（0.190～0.389）mm×（0.237～0.418）mm，咽大小为（0.171～0.332）mm×（0.152～0.323）mm，食道长 0.240～0.445mm。腹吸盘大小为（0.55～0.78）mm×（0.57～0.76）mm。两睾丸大小为（0.27～0.48）mm×（0.16～0.29）mm 和（0.29～0.38）mm×（0.22～0.31）mm。卵巢大小为（0.19～0.21）mm×（0.20～0.23）mm。贮精囊大小为 0.28mm ×0.096mm。卵黄腺分布在从腹吸盘后缘至卵巢水平。子宫圈盘旋于睾丸与腹吸盘之间，延展至肠管外侧，接于体侧边缘。成熟虫卵大小为（84～111）μm×（40～55）μm。

B. 鹭无领平睾吸虫（*Pittacium egrettum* Tang et Tang，1979）

终末宿主　白鹭（*Egretta garzetta garzetta*）。

发现地点　福建平潭。

寄生部位　肠管。

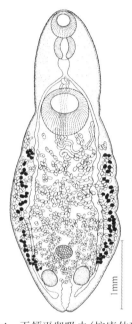

嗜眼图 14　无领平睾吸虫（按唐仲璋和唐崇惕，1979）

虫种特征（嗜眼图 15）虫体窄长，前端略小，大小为（3.73～4.43）mm×（0.48～0.78）mm，体长宽比 4.5∶1。口吸盘大小为（0.18～0.24）mm×（0.20～0.23）mm。前咽长0.027mm，咽大小为（0.112～0.150）mm×（0.112～0.133）mm。腹吸盘直径 0.348～0.498 mm，位于体前方 1/5～1/4处，肠管末端到排泄囊两侧。睾丸两个，不整齐椭圆形，并列于排泄囊前方两肠管内侧，大小为（0.245～0.348）mm×

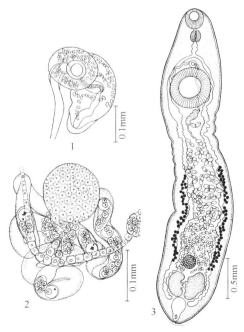

嗜眼图 15　鹭无领平睾吸虫（按唐仲璋和唐崇惕，1979；唐崇惕，1986）

1. 成虫；2. 雌雄生殖孔部位结构；3. 卵巢附近器官

(0.163～0.236)mm、(0.236～0.387)mm×(0.163～0.271)mm。外贮精囊在腹吸盘后方，阴茎囊在腹吸盘前方，内含射精管及内贮精囊。雌雄生殖孔均开口于腹吸盘前。卵巢圆形，直径 0.099～0.163mm。卵黄腺从体分布在体两侧，从睾丸前方向上达到体中段，或从卵巢到腹吸盘之间中段水平。两卵黄腺管斜向卵巢后方集中后连于输卵管。子宫初段为子宫受精囊。子宫圈充满睾丸至腹吸盘之间空隙。成熟虫卵大小为(77～94)μm×(36～45)μm，卵中含有具眼点的毛蚴。在后段子宫中含有孵出的毛蚴，其体后半部内有一弯曲的雷蚴。

Pittacium 属上述两虫种，在体前端不具围口领，有外贮精囊及阴茎囊在腹吸盘前方、肠分义之后，这些特征均相似，但两者在体长宽比例、腹吸盘位置、卵黄腺分布区域，以及卵巢睾丸大小和子宫圈分布等情况有明显的差别。

香港新界红树林中的海产贝类 *Terebralia sulcata* 感染有与无领平睾吸虫形态特征相似的泄殖腔尾蚴(*Cercaria cloacicola* Tang，1986)(嗜眼图 16)的尾蚴等幼虫期。无领平睾吸虫寄生在具迁徙性候鸟，如环颈鸻和白腰杓鹬等鸟类的肠管和泄殖腔中。此吸虫标本在福建平潭曾收集到。候鸟冬季南迁，可在香港新界一带红树林中逗留。1986 年著者检查香港新界多处海滨的贝类，尚查到多种形态、结构殊异的嗜眼类吸虫的尾蚴(嗜眼图 17)。从螺体出来的尾蚴用其具有腺细胞的尾部附着器吸附在物体或器皿上，迅速地分泌成囊物质，形成囊蚴。

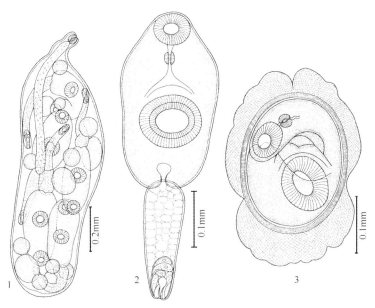

嗜眼图 16　泄殖腔尾蚴(*Cercaria cloacicola* Tang，1986)幼虫期(按唐崇惕，1986)
1. 第三代雷蚴；2. 尾蚴；3. 囊蚴

4. 鸡嗜眼吸虫幼虫期

鸡嗜眼吸虫生活史中的幼虫期包含有：虫卵、毛蚴、三代雷蚴、尾蚴和囊蚴各期。

(1) 虫卵(嗜眼图 2 之 8、嗜眼图 18)

卵呈不对称的长椭圆形，卵大小为(155～173)μm×(70～81)μm。固定后收缩，大小只有(75～105)μm×(38～48)μm。卵壳透明，里面毛蚴的构造可以很明显地观察到。

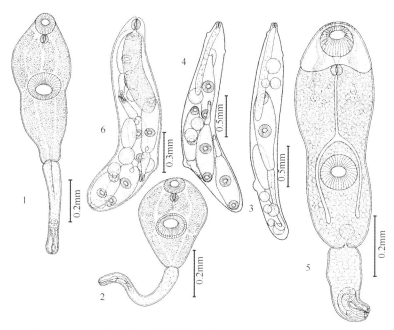

嗜眼图 17　香港海洋贝类感染嗜眼科吸虫幼虫期(按唐崇惕，1986)

1、2. 香港尾蚴(*Cercaria hongkongensis* Tang, 1986)；3、4. 香港尾蚴的第三代雷蚴：贝类宿主感染率：*Cerithidea djadjariensis* 1.02%(3/392)、*C. cingulata*

0.57%(1/174)；5. 莫氏尾蚴(*Cercaria mortoni* Tang, 1986)；6. 莫氏尾蚴的第三代雷蚴：

贝类宿主感染率：*Nodilittorina millegrana* 0.66%(3/454)

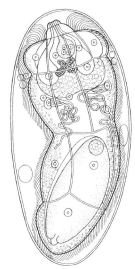

嗜眼图 18　鸡嗜眼吸虫虫卵及卵中含有雷蚴的毛蚴(按唐崇惕，1986)

(2) 毛蚴(嗜眼图 19 之 1~3)

　　体上半部膨大，后半略为窄削。其大小为(0.181~0.213)mm×(0.077~0.081)mm。前顶端有一吻状突起。围绕着这吻突，有一领圈长着浓密的纤毛。这可能和环肠科 Cyclocoeliidae 毛蚴的顶钻器(terebrator)一样，会钻吸在贝类宿主体上，体内的母雷蚴即从这里钻入螺体。毛蚴体上有 4 横列纤毛板，它们的数目从前端起是 6、8、4、2，共 20 块。每一块的纤毛细胞有一个胞核。毛蚴的前顶端有一圆形的顶腺(apical gland)，它和其他吸虫毛蚴的顶腺一样，是一个共胞体，内含 4 个胞核。顶腺的导管伸向前端顶部。除却顶腺外，还有两个单细胞的穿刺腺分列两侧，视毛蚴发育的程度不同而向后扩展的位置有差异。毛蚴的神经中枢团(cerebral ganglion)外包裹着外层细胞(rind cells)。这一神经团，在它中央有一对黑色眼点。整个神经团颇大，有的竟达毛蚴体约 1/4 的大小。在神经团后方两侧有一对焰细胞，和它们相连的扭曲的排泄管开口于第三列纤毛板的上半部。占据毛蚴体后半部的母雷蚴,其前端有口孔,后面有一个退化的咽。体后端有两个突出的肌肉足。这些结构在毛蚴体内均可窥见。毛蚴从卵中孵出后在水中活动,遇到中间宿主瘤拟黑螺(*Melanoides tuberculata*)及疾行螺(*Thiara* sp.)等贝类时,用前端吻部牢固地吸着在该宿主的头部、足部及触角等部位上。在显微镜下可以看到毛蚴体内原来很安静,弯曲如一胎儿的母雷蚴,此时突然急剧地伸缩活动并迅速地向前,从毛蚴的吻突部位离开毛蚴体,钻进贝类宿主体内柔软组织中,通过贝类宿主的体液循环,很快就到达贝类的心脏(心室),停留在那里继续发育。而毛蚴的残体会吸着在贝类的体表上相当时间才被擦落。Szidat(1932,1933)及Stunkard(1934)发现环肠科的鸭气管吸虫(*Tracheophilus cymbius*)的毛蚴体内也有此活动的小雷蚴。

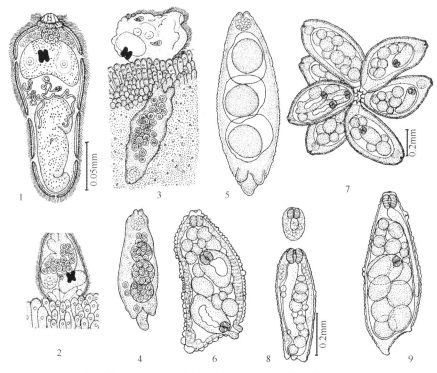

嗜眼图 19　鸡嗜眼吸虫幼虫期(一)(按唐仲璋等,1980)

1. 毛蚴;2、3. 毛蚴穿钻贝类宿主,其体内雷蚴钻入螺体内;4~6. 母雷蚴;7. 在瘤拟黑螺心室中用运动足和尾部互相夹在一起的母雷蚴;8、9. 第二代雷蚴

(3) 母雷蚴(嗜眼图 19 之 4~7)

从鸡嗜眼吸虫毛蚴出来的母雷蚴在瘤拟黑螺体内柔软组织中移行,并受螺体液循环的推动,在很短时间内(45min)便到达宿主心脏(Alicata,1962),著者曾实验,在感染后 3~6h 均可在实验螺的心脏查获母雷蚴。此时母雷蚴的大小为(150~170)μm × (50~55)μm。体前端有口孔,接着有一退化的咽,无肠管。体后端有一短尾和两个小肌肉足。母雷蚴在螺心室内用其尾部和两肌肉足紧夹心室内壁,身体倒悬在心室的血液中。常常是 6~8 个母雷蚴聚在一起,尾部集中在一起,身体呈放射状散开排列。母雷蚴不具消化道,供其生长发育的物质养料是从宿主血液中直接吸取的。母雷蚴的体表表皮呈许多大乳头状折叠,整齐紧密排列,布满整个虫体表面。这样的结构能增加从体表吸收养料的面积,以适应没有消化管的不足。4~7d 的母雷蚴其体大小为(0.187~0.258)mm×(0.055~0.073)mm,体腔内含有 3~4 个胚球。半个月后母雷蚴体积增大到(0.472~0.549)mm×(0.130~0.215)mm,体内的胚球更为成熟。1~1.5 个月的母雷蚴达(0.663~1.326)mm×(0.325~0.360)mm,在体后端 1/3 处背方出现一个生产孔(birth pore),周围有环绕的括约肌控制着。此时其体内第二代雷蚴的幼体已经出现,子雷蚴具有一个肌肉性的咽和袋状肠管。

(4) 第二代雷蚴(子雷蚴)(嗜眼图 19 之 8)

感染后 1.5～2 个月的子雷蚴仍可在螺体心室内找到，体大小为 (0.636～0.830) mm×(0.137～0.204) mm。咽大小为 (0.058～0.060) mm×(0.065～0.067) mm，肠管大小为 (0.432～0.456) mm×(0.036～0.056) mm。体表表皮也有乳头状突起，但较母雷蚴的稀疏。在体长距前端 2/5 处背侧有生产孔，其开口为唇瓣状的结构，曾见有第三代雷蚴(孙雷蚴)由此孔出来。子雷蚴在体腹面前端 1/5 处还有一个像生产孔样的结构，但此孔不见通于体腔内，也没有见到第三代雷蚴从这里出来。

(5) 第三代雷蚴(孙雷蚴)(嗜眼图 20 之 1)

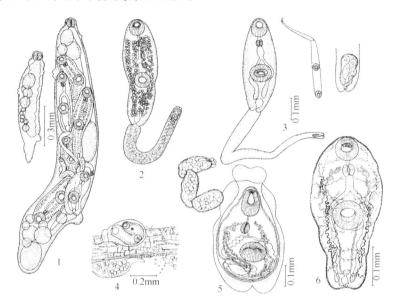

嗜眼图 20　鸡嗜眼吸虫幼虫期(二)(按唐仲璋等，1980)

1. 第三代雷蚴；2. 未成熟尾蚴；3. 成熟尾蚴、尾部末端结构，及尾末端吸附在物体上吊在水中状态；4. 尾蚴体部在水生植物上形成囊蚴；5. 囊蚴；6. 后期尾蚴

感染后 2 个月，在螺心脏周围附近组织和内脏团腺体中可以找到散在的孙雷蚴，它们的大小为 (0.384～0.540) mm×(0.075～0.132) mm。也有很小的孙雷蚴，体长只有 0.240～0.290mm，体宽 0.090～0.105mm，咽大小为 (45～65) μm×(45～55) μm，肠管 0.120～0.140mm。这样早期形态的孙雷蚴可以在螺体内越冬，一直保留到第二年 2～3 月后才继续发育。发育成熟的孙雷蚴其体大小为 (1.080～1.215) mm×(0.225～0.261) mm，咽大小为 (0.072～0.075) mm×(0.063～0.078) mm。一对运动足短半圆形，尾部长 0.120～0.210mm。生产孔位于体背面距体前端 31%～36%的水平线上，成熟尾蚴从此孔道出来。成熟的孙雷蚴的管状肠管可延至体长的中线或更后至于肉足基部。体腔内含有发育完全的尾蚴 1～6 个，还有一些正在成长的胚球和尾蚴胚体。

(6) 尾蚴(嗜眼图 20 之 2～4)

尾蚴体部属裸头型尾蚴(Gymnocephalous cercaria)形态。鸡嗜眼吸虫尾蚴曾经 Fisher 和 West(1958)、West 和 Fisher(1959)、Alicata 和 Noda(1960) 及 Ching(1961)叙述，感染试验证明 *Cercaria megalura* Cort，1914 是嗜眼吸虫的幼虫。因而此类尾蚴亦被称为巨尾尾蚴(Megacercus cercaria)。

鸡嗜眼吸虫尾蚴体部长 0.410～0.554mm，宽 0.154～0.181mm。尾部长 0.362～0.446mm，宽 0.039～0.048mm。体表光滑，不具刺。口吸盘大小为 (0.060～0.072) mm×(0.060～0.062) mm。前咽长 21～31μm，咽大小为 (31～48) μm×(26～48) μm。食道长度为 51～58μm，在腹吸盘前分为两支肠管。肠支延至体后端排泄囊上方两旁。腹吸盘大小为 (0.060～0.072) mm×(0.072～0.072) mm,位于体部赤道线附近。排泄囊圆形或椭圆形，(28～36) μm×(26～34) μm，前端缢缩处有两条收集管向前方引伸，后方有一小管通过体后端中央与尾部中央的排泄管相接。据 Ching(1961)观察，鸡嗜眼吸虫尾蚴的焰细胞公式为 2[(3+3+3)+(3+3+3)]=36。这和著者观察此吸虫后期尾蚴的焰细胞公式为 2[(6+6+6)+(6+6+6)]=72 有相关的基数(唐仲璋等，1980)。尾蚴体部充满成囊腺细胞(cystogenous gland cells)，排作若干纵列。Rees(1967)区别 *Parorchis acanthus* 尾蚴的成囊腺共有 5 种成囊腺细胞：背面的颗粒细胞、腹面的颗粒细胞、背面的无颗粒细胞、腹面的无颗粒细胞、腹吸盘前补充空隙的成囊腺细胞。对于嗜眼吸虫尾蚴的成囊腺细胞还没有作这样的区别。

嗜眼吸虫尾蚴的尾部，在尾干内两旁充满着大小很不一致的圆形细胞。尾干的末端有一向内凹陷的空腔，内含 5～6 个腺细胞，它们各有细管，连接于尾部末端中央，并有孔通向外边。这一套尾端腺体能倒翻出来，当尾蚴漂浮在水面时，它就像一个掌状的黏着点，把尾蚴倒挂固定在水面。Rees(1967)报告 *Parorchis acanthus* 尾蚴尾端也有同样的单细胞腺体，数目也是 5～6 个，它们各有导管通于中央空隙，也能翻出起吸着作用。据她记述，这些腺细胞 PAS 反应阳性，并对 Mercury bromo-phenol blue 染色呈阳性，证明腺细胞含黏蛋白(mucoprotein)，它们对其他染料，如 Best's carmine、Sudan black B 的染色也有阳性反应，证明此腺体还含有糖蛋白(glycoprotein)和脂蛋白(lipoprotein)。附着水面的嗜眼吸虫尾蚴通过尾端腺体的作用，固定在水面，虫体作窄长状，身体不断地向四周伸缩，遇到适当的附着物便在上面结囊。

(7) 囊蚴(嗜眼图 20 之 4、5)

鸡嗜眼吸虫尾蚴在水中最经常附着结囊的附着物有浮萍、四叶萍、椎实螺等，都是在水面上的植物和小生物。尾蚴结囊十分迅速，它们在附着物上面，体部缩成碟子形，体表的成囊腺体迅速地向四周分泌颗粒状成囊物质。在分泌时尾部尚未脱落，囊壁全部形成时，因为尾基部没有分泌成囊物质因而留下一个空洞。整个囊蚴形成后，后期尾蚴的前后端在囊内作一倒转，虫体前端朝向尾基部的空穴，整个虫体收缩成 2～3 个折叠。后期尾蚴在囊内有这样的姿势，当有利于终末宿主接触时，虫体容易从此空洞处脱出。

鸡嗜眼吸虫囊蚴成瓜子形或扁的瓶子状，大小为(0.337～0.422)mm×(0.169～0.205)mm。囊壁呈白絮薄膜状，边缘有一圈像翼状的薄膜将囊蚴封闭并黏附在附着物上。含收缩并弯曲的后期尾蚴的囊蚴在实验室的清水中可活 7d，在流动的水中大约可活 15d。

(8) 囊蚴在水体中的分布

West 和 Fishes(1959)、Alicata(1962)、Penner 和 Fried(1963)等认为禽类系吃了附有此吸虫囊蚴的虾和河蚬等食物而受感染。我们放置阳性瘤拟黑螺在模拟自然环境的水族器中观察尾蚴逸出及在水族器中各物体上结囊情况(唐仲璋等，1980)，结果如下。

计数水族器中全部逸出的 6090 条尾蚴，其中 5173 条(84.94%)是用尾部吸附在水表面附近的物体上，其余分散在水底部和水中部。

尾蚴很快在所吸附的物体上形成囊蚴，水面的 5173 个囊蚴，其中分布在水面的 109 朵的浮萍上有 4236 个，在 8 粒椎实螺壳表面有 625 个，其余散在水面的四叶萍、阔叶萍、禾本科草叶及扁螺体上囊蚴有 312 个。在水底的 905 条尾蚴，在河蚬、瘤拟黑螺及水族器底部上形成囊蚴数分别为 30 个、466 个及 409 个。在水族器中部的 12 条尾蚴在水中的松藻虫和禾本科草茎上成囊，囊蚴数分别为 1 个与 11 个。由此试验结果，可以推测自然界有阳性瘤拟黑螺滋生的水系中，在水面上的浮萍等植物、椎实螺及扁螺等物体上定能含有较多的嗜眼吸虫的囊蚴，我们也从流行区水系中的椎实螺及萍叶上找到天然附着的囊蚴。鸭、鹅等水禽在水中它们的口腔或眼部接触到这些囊蚴，即可受感染。流行区的群众用水中捞出的浮萍和螺类等杂物饲养鸭、鸡，它们是鸭类或其他水禽所喜欢吃的食物，也是农村和城郊不下水鸡群的饲料。因而它们充当了此类吸虫的传播媒介，由此传播本吸虫病。

(9) 后期尾蚴(嗜眼图 20 之 6)

从囊内脱出的鸡嗜眼吸虫后期尾蚴个体像尾蚴的体部，由于尾蚴体内的成囊腺细胞颗粒已分泌排出，使虫体变得较透明。体表披有排列均匀的小棘。体内的排泄管和焰细胞较明显，焰细胞公式为 2[(6+6+6)+6+6+6)]=72。

(10) 童虫 (嗜眼图 2 之 1~4)

用鸡嗜眼吸虫的后期尾蚴人工感染雏鸡和雏鸭。感染后 5h 的童虫其大小与尾蚴体部相似，但在其腹吸盘前方中央及体后端两肠管之间已出现将发育形成阴茎囊、睾丸和卵巢等生殖器官的原基，3d 童虫已有这些生殖器官雏形出现。13d 童虫，不仅体内各器官都发育完备，而且在子宫初段中已有早期的虫卵。感染后 20d 的虫体能产生成熟的虫卵。

5. 家禽感染鸡嗜眼吸虫的方式及后期尾蚴在禽体内迁移途径

著者等曾用鸡嗜眼吸虫囊蚴及后期尾蚴对小鸡做人工感染试验(唐仲璋等，1980)，感染后 1d 至 3 个月解剖检查实验鸡，观察虫体寄生情况如下：

经食道感染 3 只幼鸡，囊蚴数 350 个、350 个及 400 个。1~13d 后从眼中得到虫 0 条、9 条、5 条。

经口腔感染 4 只幼鸡，囊蚴数 100 个、100 个、150 个及 200 个。1~18d 后从鸡的鼻腔及眼中得到虫数 19 条(其中 16 条在鼻腔)、19 条、83 条及 15 条。

经左眼感染 3 只幼鸡，，每只囊蚴 30 个。25d 至 3 个月后从两眼得到虫体数：左眼 13 条、14 条、17 条；右眼 7 条、2 条、9 条。

此试验说明本吸虫后期尾蚴在家禽主要通过口腔及眼部接触而获得感染。后期尾蚴在禽鸟口腔中可经过上颚裂缝爬行到鼻腔、泪管而达到眼部。在眼中也可经过泪管、鼻腔从一只眼进入另一只眼中。人体病例可能由于眼睛接触到疫水中的囊蚴或后期尾蚴而受感染。

6. 家禽嗜眼吸虫病的流行学

嗜眼属吸虫寄生在家禽及野生鸟类的眼睛结膜囊和瞬膜中，由于虫体的机械刺激及分泌物毒素的影响，眼睛黏膜充血，不断流泪和渗出组织液，角膜与瞬膜晦暗不透明并充血，有的化脓溃疡，眼睑肿大或紧闭。禽鸟尤其童禽因此而不能觅食，身体消瘦。我们观察实验鸡，被感染后有全身病态并有两腿瘫痪症状，渐致死亡。

本类吸虫最早是在越南发现的，在那里引起鸡的眼病流行，嗣后在太平洋岛屿、夏威夷等地有人考察本类吸虫的流行学及生物学问题。除家禽外，兔子、小白鼠及小型哺乳动物可受感染，亦有人体寄生的病例，在欧洲及斯里兰卡曾有报告。

1973 年，家禽嗜眼吸虫病在福建泉州市郊广泛流行，严重成灾。大批童鸡、雏鸭被寄生而消瘦死亡，尤其是童鸡、小鸭等幼禽受害最烈。从厦门至福州之间各地均有此吸虫病流行。厦门海沧的家鸭有 2/3 受感染，感染虫数 1~3 条，龙海角美内丁农场的鹅 87.5%(14/16) 受此吸虫侵袭，感染虫数 1~4 条；福州莪峰洲的狮头鹅 51.9%(56/108) 和土鹅 58.1%(184/317) 受感染，感染强度 2~21 条虫；泉州市东海乡的成鸡 693 只、童鸡 658 只、火鸡 36 只、番鸭 216 只、大鸭 269 只、童鸭 212 只本吸虫感染的感染率分别为 34.9%、13.7%、39%、34.3%、45.4% 及 48.1%。感染强度 1~9 条虫，幼禽由于眼中所含虫数常较多，对虫体的抵抗力较低，因此表现出的病症尤为严重，在每年 6~7 月和 10~11 月中童鸡、雏鸭因患眼疾身体消瘦，两眼流脓，大批死亡。

鸡嗜眼吸虫贝类宿主的感染和季节动态：本吸虫的贝类宿主是瘤拟黑螺 [Thiara (Melanoides) tuberculatus]。在厦门海沧及龙海角美一带，此黑螺的感染率是 3.75%~4%；在泉州市郊有的地方感染率高达 35%~36%；有的地方较低，只有 1.07%~2.8%。根据流行区一年各月份对瘤拟黑螺的检查结果，全年都能查到感染有本吸虫幼虫期的阳性螺，在 4~10 月螺的感染率较高，含有成熟第三代雷蚴及尾蚴数都较多。尤其在 4~5 月及 9~10 月最多，这与流行区中此两时段家禽感染最严重的情况相符合。

嗜眼科吸虫的终末宿主多数是具迁徙习性的候鸟，本文所记述的虫种及国外报道的种类其终末宿主大部分都是旅鸟和候鸟。这些鸟类于一年中因季节不同而迁徙至不同地点，迁移的范围十分广阔。它们是北方的夏候鸟又是南方的冬候鸟，它们繁殖地带大多数在北半球远北地区，能迁徙到长江以南沿海一带，甚至到印度、马来西亚及大洋洲等地越冬。本科吸虫中大部分种类具有提早发育的毛蚴和雷蚴。几乎全部虫种在子宫中均有已发育成熟的虫卵，卵内毛蚴体内含有活泼能动的雷蚴，这一特点在鸭子的嗜气管环肠吸虫[*Tracheophilus cymbius*(Dies.，1850)Kossack，1911] 亦是如此。这两类吸虫不仅在生物学特点方面相似，而且它们的终末宿主多数都是具迁徙习性的禽鸟。生活史中迅速提早发育的特点是适应终末宿主迁徙习性而由天然选择所造成的结果。旅鸟和候鸟在一地区停留的时间短促，只有具迅速发育的虫种才能在禽鸟停留时间中从其体中排出虫卵、经过在贝类宿主体内发育阶段，而后再感染同类的旅鸟和候鸟，使此虫种延续下来。无此提早发育特点的种类将受到更多的自然条件限制而被自然淘汰。这些鸟类所携带的嗜眼类吸虫和环肠类吸虫对我国很多地区的家禽都会造成威胁。

7．嗜眼吸虫病的防治措施

用95%乙醇滴眼方法可以对患禽进行驱虫治疗。在主要感染季节，在流行区中捕捞瘤拟黑螺，以消灭传播媒介。从疫区取回作为禽类饲养的水生植物或贝类，喂饲前可用沸水浸泡，亦可杀灭囊蚴，避免或减少感染。我们曾在严重流行区中发动群众多次捕捞此黑螺，一年后那里家禽及贝类的感染率都显著下降。

8．嗜眼吸虫的种类、宿主和分布

嗜眼科吸虫仅少数种类寄生在宿主的肠管，多数都是寄生在禽类的眼睛、泄殖腔等与外界环境容易沟通的部位。这寄生部位的特点亦与环肠科(Cyclocoelidae Kossack，1911)吸虫寄生于鸟类鼻腔、气管部位相似，与虫体完全在宿主体内其他脏器寄生的情况有差别。由此亦可窥视到吸虫类从自由生活经过半寄生状态而至完全寄生生活的过渡形式的迹象。

嗜眼科中平睾亚科吸虫的生活史与嗜眼亚科嗜眼属吸虫的生活史极其相似，它们同隶属于嗜眼科是适宜的。平睾亚科某些种类成虫具围口领和头棘的特征与棘口科吸虫相似，由此可以推测它们之间可能有较近的亲缘关系。

关于我国嗜眼属吸虫的种类，国内报道的嗜眼吸虫有鸡嗜眼吸虫、中华嗜眼吸虫(*Philophthalmus sinensis* Hsu et Chow，1938)及麻雀嗜眼吸虫(*Philophthalmus occularae* Wu，1938)。中华嗜眼吸虫特征是贮精囊后端只达到腹吸盘后缘，麻雀嗜眼吸虫的特征是睾丸小于卵巢。我们通过生活史观察，人工感染实验和大量收集标本对照观察，表明在童虫至成虫发育不同阶段，其贮精囊后端的位置有不同变化，睾丸小于卵巢的形态变异常见不鲜(**嗜眼表 2**)。以上两种应当都是鸡嗜眼吸虫的同物异名。

嗜眼表 2　鸡嗜眼吸虫与中华嗜眼吸虫的比较

	中华嗜眼吸虫(按 Hsu and Chow，1938)	鸡嗜眼吸虫(按唐仲璋和唐崇惕，1979)
虫体大小/mm	(4.95~6.57)×(1.2~1.9)	(2.149~6.396)×(1.174~1.922)
口吸盘/mm	(0.33~0.42)×(0.44~0.53)	(0.226~0.452)×(0.301~0.602)
腹吸盘/mm	(0.62~0.65)×(0.55~0.57)	(0.436~0.677)×(0.436~0.647)
口、腹吸盘横径比例	1：1	1：1~1.5
咽/mm	(0.34~0.37)×(0.30~0.42)	(0.226~0.452)×(0.241~0.4520)
食道/mm	0.14~0.15	0.075~0.196
贮精囊位置	贮精囊在腹吸盘中部水平，其后缘达腹吸盘后缘水平	由于虫体发育程度不同及阴茎囊伸缩，贮精囊位可于腹吸盘上、中、后水平
卵巢/mm	(0.23~0.34)×(0.30~0.35)	(0.120~0.301)×(0.151~0.316)
睾丸/mm　前 　　　　后	(0.38~0.68)×(0.47~0.72) (0.37~0.74)×(0.40~0.62)	(0.181~0.67)7×(0.241~0.978) (0.211~0.903)×(0.226~1.054)
卵巢与睾丸比例　直径 　　　　　　　横径	1：2	1：0.7~4.2 1：0.8~2.8
卵黄腺长度与由前睾丸至腹吸盘距离的比例/%	90~95	62.5~96.9
虫卵/mm	(0.065~0.095)×(0.035~0.038)	染色标本虫卵： (0.078~0.105)×(0.038~0.045) 新鲜标本虫卵： (0.155~0.173)×(0.070~0.081)

从各种野生鸟类和家禽，经报道的嗜眼属种类有 30 多种，分布于各大洲(**嗜眼表 3**)，有关各种类的详细生物学问题，许多工作尚有待继续进行。

嗜眼表 3　嗜眼属(*Philophthalmus* Looss，1899)**的种类、宿主和分布**

虫种	宿主	地点
Philoph.(*T.*) *anatinus* Sugimoto，1928	鸭	中国台湾
P.(*T.*) *aquillai* Jaiswal，1955	*Aquil* 鹰	印度
P.(*T.*) *coturnicola* Gvosdev，1953	*Coturnix coturnix* 鹌鹑(小肠)	俄罗斯
P.(*T.*) *cupensis* Richter，Vrazic & Aleraj，1953	鹅	塞尔维亚和黑山
P.(*T.*) *gralli* Mathis and Leger，1910	鸭、鸡、鹅	中国台湾；印度支那；美国夏威夷
P.(*T.*) *hovorkai* Bus，1956	鹅	塞尔维亚和黑山
P.(*T.*) *indicus* Jaiswal et Singh，1954	Neophron　percnopterus	印度
P.(*P.*) *lacrymosus* Braun，1902	*Larus maculipennis* 鸥；	巴西
	Casmerodius albus egretta 鹭、人	
	Larus ridibundus 鸥	巴西
P.(*P.*) *lucipetus* (Rud.，1819) Braun，1902	*Larus fuscus* 鸥	奥地利维也纳
	Larus glaucus	
P.(*T.*) *mirzai* Jaiswal et Singh，1954	*Milvus govinda* 鸢	印度
P.(*T.*) *muraschkinzewi* Tretiakowa，1946	家鸭	塞尔维亚和黑山；俄罗斯
P.(*T.*) *nocturnes* Looss，1907	*Athene noctua* 猫头鹰	埃及
	Circus aeruginosus 准	俄罗斯西西伯利亚
P.(*T.*) *nyrocae* Yamaguti，1934	*Nyroca ferina ferina*	日本
P.(*T.*) *occularae* Wu，1938	*Passer montanus taiwanensis* 麻雀	中国广东
P.(*P.*) *offlexorius*		俄罗斯东西伯利亚
P.(*T.*) *palpebrarum*		埃及
P.(*T.*) *posa* Richter，Vrazic & Aleraj，1953		欧洲
P.(*T.*) *problematicus* Tubangui，1932	家鸡 *Gallus domesticus*	菲律宾
P.(*T.*) *razalensis* Tubangui，1932	家鸡	菲律宾
P.(*T.*) *sinensis* Hsu et Chow，1938	家鸭	中国
P.(*P.*) *skrjabini* Efinov，1937	*Larus ridibundus* 鸥(小肠)	俄罗斯
Philophthalmus sp.	人	斯里兰卡
Philophthalmus sp.	Belted King fisher	
	夜鹭	美国印第安纳州
P. megalurus (Cort)，	*Cinelus mesicanus unicolor*；	美国俄勒冈州
	Dotauws lentiginorus 河鸟	
P.(*P.*) *hegeneri* Pemer & Fried，1963	鸡、鸽	
P.(*T.*) *allii* Karyakarte，1971	*Streptopelia decaocto* 花颈鸠	印度
P. lucknowensis Baugh，1962		
P. halcyoni Baugh，1962	鹅	
P. hovorkai Busa，1956		
P.(*P.*) *nwmenii* (S obolev，1943)	*Numenius arquatus* 白腰灼鹬	
P.(*P.*) *acridotheres* Karyakarte，1969	*Acsidotheres tristis* 八哥	印度
P.(*P.*) *columbae*		
P. busrili	鸡	
Philophthalmus sp.	*Amphimelania holandri*	

参 考 文 献

李友才. 1965. 芜湖地区家鹅眼内的一吸虫新种——安徽嗜眼吸虫.动物分类学报，2(1)：27-29

唐崇惕，唐超. 1978. 福建环肠科吸虫种类及鸭嗜气管吸虫的生活史研究.动物学报，24(1)：91-106

唐崇惕，唐仲璋. 2005. 中国吸虫学.福州：福建科学技术出版社

唐仲璋，唐崇惕. 1979. 福建嗜眼科吸虫种类的记述.厦门大学学报，1：99～106

唐仲璋，唐崇惕，陈清泉，等. 1980. 福建省家禽嗜眼吸虫病的研究.动物学报，26(3)：232-241

Alicata J E. 1962. Life cycle and developmental stages of *Philophthalmus gralli* in the intermediate and final hosts. J Parasitol，48(1)：47-54

Alicata J E，Ching H L. 1960. On the infection of birds and mammals with the cercaria and metacercaria of the eye-fluke *Philophthalmus*.　J Parasitol，46(5)：242

Angel L M.1954. *Parorchis acanthus* var.*australis* n. var. with an account of the life cycle in South Australia. Transactions of the Royal Society of South Australia，77：164-174

Busa V. 1956. Novy trematod *Philophthalmus*(*Tubolecithalmus*) *hovorkai* n.sp. husi domacej (*Anser anser domesticus*). Biologia Bratislava，11：751-754

Cable R M. 1936. Experimental studies on the trematod，*Parorchis acanthus* Nicoll. Journal of Parasitology，22：544

Cable R M，Connor R S，Balling J W. 1960. Digenetic trematodes of Puerto Rican Shore birds. Scientific Survey of Puerto Ricco and Virgin Island，17：189-255

Cable R M，Hayes K L. 1963. North American and Hawaiian freshwater species of the genus *Philophthalmus*. J Parasitol，49(2)：41

Cheng T C，Thakur A S. 1967. Thermal activation and inactivation of *Philophthalmus gralli* metacercariae. J Parasitol，53(1)：212-213

Ching H L.1961. The development and morphological variation of *Philophthalmus gralli* Mathis and Leger.1910 with a comparison of species of *Philophthalmus* Looss，1899. Proc Helm Soc Wash，28：130-138

Dissanaike A S，Bilimoria D P. 1958. On an infection of a human eye with *Philophthalmus* sp. in Ceylon. J Helminthol，32(3)：115-118

Fisher F M，West A F. 1958. *Cercaria megalura* Cort，1914，the larva of a species of *Philophthalmus*. J Parasitol，44：648

Howell M J，Bearup A J. 1967. The life histories of two bird trematodes of the family Philophthalmidae. Linnean Society of New South Wales，92：182-194

Hsu H F (徐锡藩)，Chow C Y. 1938. Studies on helminthes of fowls. II.Some trematodes of fowls in Tsingkiangpu，Kiangsu，China. Chin Med J，(Suppl 2)：441-450

Lal M B.1937. A new species of *Parorchis* from *Totanus hypoleucos* with certain remarks on the family Echinostomidae. Proceedings of the Indian Academy of Sciences IV，Sect B：27-35

Le Flore W B，Bass H S. 1983. *In vitro* excystment of metacercarie of *Cloacitrema michiganensis*(Trematoda：Philophthalmidae). J Parasitol，69：200-204

Markovic A. 1939. Der erste Fall Von *Philophthalmus* bein Menschen.，Archives Ophthalmology，140(3)：515-526

Morton B，Morton J. 1983. The Sea Shore Ecology of Hong Kong. Hong Kong：Hong Kong University Press

Nicoll W. 1906. Some new and little known trematodes. Annales and Magazine of Natural History，7：513

Nicoll W. 1907. *Parorchis acanthus* the type of a new genus of trematodes. Quarterly Journal of Microscopical Science，51：345

Penner L R，Fried B. 1963. *Philophthalmus hegeneri* sp. n.，an ocular trematode from birds. J Parasitol，49(6)：974-977

Rees C. 1940. Studies on the germ cell cycle of the digenetic trematode *Parorchis acanthus* Nicoll. Parasitology，32：372-391

Rees F G. 1967. The histochemistry of the cystogenous gland cells and cyst wall of *Parorchis acanthus* Nicoll，and some details of the morphology and fine structure of the cercaria. Parasitology，57：87-110

Robinson H W. 1952. A preliminary report on the life cycle of *Cloacitrema michiganensis* McIntosh，1938(Trematoda). Journal of Parasitology，38：368

Romer AS. 1955. Vertebrate Paleontology.　Chicago：The University of Chicago Press

Sobolev A.1943. Trend Evolution Trematode Family Philophthalmidae. JAS Soviet，40：430-432

Stunkard H W. 1934. The life history of *Typhlocoelum cymbium*(Diesing，1850)Kossack，1911(Trematoda，Cyclocoelidae)，a contribution to the phylogeny of the monostomes. Bulletin of the Society of Zoology of France，59：449-468

Stunkard H W，Cable R M. 1932. The life History of *Parorchis avitus*(Linton)，a trematode from the cloaca of the gull. Biological Bulletin，62：328-338

Tang C T（唐崇惕）. 1986. Philophthalmid larval trematodes from Hong Kong and the coast of South China. Proce of the Second International Marine Biological Workshop. Hong Kong：Hong Kong University Press. 213-232

Vasilev I，Denev I. 1971. Research into the life history of *Philophthalmus* sp.，recovered from geese in Bulgaria. I Parasitkde，37(1)：70-84

Velasquez C C. 1969. Life cycle of *Cloacitrema phillippinum* sp. n.(Philophthalmidae). J Parasitol，55：540-543

West A F，Fisher F M. 1959. The life history of a species of *Philophthalmus*(Trematode：Philophthalmidae)from the orbit of birds.　J Parasitol，45(4)：Sec 2，150

Wu L R(吴亮如). 1938. Parasitic trematodes of tree sparrows *Passer montanus taiwanensis* Hartert，from Canton with a description of three new species. Ling Sci J，17(3)：389-394

Yamaguti S. 1971. Synopsis of digenetic trematodes of vertebrates. Tokyo：Keigaku Publishing Co

Yamaguti S.1958. Systema Helminthum. New York：Interscience Publishers

Yamaguti S.1971. Synopsis of Digenetic Trematodes of Vertebrates. Tokyo：Keigaku Publishing

（十）环肠科（Cyclocoelidae Kossack，1911）

1. 研究历史

环肠科吸虫是禽类呼吸器官的寄生虫。家鸭常因呼吸道常见的一种吸虫，鸭嗜气管吸虫 *Tracheophilus cymbius*（Dies.，1850）Skrjabin，1913（俗称鸭气管环肠吸虫）的寄生而致营养不良、消瘦，其至因虫体阻塞呼吸道发生窒息死亡，给家禽养殖带来一定的损害。

鸭嗜气管吸虫最早由 Diesing（1850）描述，以为它是单口类（Monostomum）的吸虫。Kossack（1911）创立环肠科时，把这一吸虫放在盲肠属中，称之为 *Typhlocoelum cymbium*（Dies；1850）Kossack，1911。Skrjabin（1913）创建嗜气管属又把这一虫种修订为 *Tracheophilus cymbius*（Dies.，1850）Skrjabin，1913，同时把他所描述的新种 *Tracheophilus sisowi* Skrjabin，1913 作为本属的代表种。直到 1950 年在他的《人体及动物吸虫》第四卷环肠科专著中仍然在嗜气管属下并列 *T. sisowi* 和 *T. cymbius* 两虫种。而 Yamaguti（1958）也仍承认这两虫种的独立性。Stunkard（1934）在 Szidat（1932，1933）研究 *T. sisowi* 生活史的同时，也研究了 *T. cymbius* 的生活史，指出 *T. sisowi* 的发育和 *T. cymbius* 没有明显不同，并认为 *Typhlocoelum cucumerinum* 的生活史如果被阐明，就有可能决定嗜气管属是可以保留或且只是一个同物异名，但对 *T. cymbius* 和 *T. sisowi* 此两虫种问题没有评论。Szidat（1932，1933）阐述了扁螺（*Planorbis corneus* 和 *Planorbis planorbis*）是 *T. sisowi* 的中间宿主。Stunkard（1934）在美国用人工试验证实 *Helisoma trivoluis* 是 *T. cymbius* 的中间宿主。同时由于 *Cyclocoelum microstomum* 和 *Cyclocoelum oculeum* 的部分生活史的报道，阐明了此类吸虫的一些发育特征（Гинецинская，1949；Palm，1963；Taft，1972）。

Yamaguti（1958）以肠管内缘有无盲突状分支而分成环肠亚科（Cyclocoelinae Stossich，1902）和盲肠亚科（Typhlocoelinae Harrah，1922）。以卵巢和睾丸的排列位置、两睾丸间子宫曲的环数、生殖孔的位置、子宫曲有无越出肠支以外和卵黄腺的末端有无联合等特征将环肠亚科分成 19 属；依据两睾丸有无被子宫曲所隔开、睾丸的形状是圆形还是有分叶、生殖孔位置是在咽前还是咽后等特征，而将盲肠亚科分有盲肠属（*Typhlocoelum* Stossich，1902）、嗜气管属（*Tracheophilus* Skrjabin，1913）和嗜盲属（*Typhlophilus* Lae，1936）。而 Скрябин 和 Башкироба（1950）在此亚科中只包含盲肠属和嗜气管属。Macko（1960）、Macko 和 Feige（1960）研究他们所收集到的矛形血食吸虫[*Haematotrephus lanceolatum*（Weld，1858）]的大量标本，认为这类吸虫的变异范围较大，并提出华底属（*Wardianum* Witenberg，1923）、梨体属（*Corpopyrum* Witenberg，1923）、原血属（*Haematoprimum* Witenberg，1926）及连腺属（*Uvitellina* Witenberg，1926）等都应是血食属（*Haematotrephus* Stossich，1902）的同物异名。

在国内关于环肠吸虫研究的报道有 Harrah（1921）、Morishita（1929）、曾省（1930）、唐仲璋（1941）、顾昌栋（1956）、顾昌栋等（1973）、严如柳（1959）、沈守训和吴淑卿（1964）、李友才（1965）及唐崇惕和唐超（1978）等。

著者等曾在福州地区调查禽类寄生虫，发现在家鸭呼吸道经常感染有嗜气管吸虫，而且鸭子受其侵害严重。我们对此吸虫病在福建沿海的流行、病原发育、传播媒介种类等问题进行了调查研究。通过实验方法，观察了 *T. sisowi* 与 *T. cymbius* 的发育，证实它们是同一虫种。

2. 环肠科分类

Zeder（1800）第一次报道 *Monostomum mutabile* 环肠类吸虫，Kossack（1911）在分析了大量的文献资料，以 Brandes（1892）的 *Cyclocoelum* 属与 Stossich（1902）的 Cyclocoeliinae 亚科为基础，建立了环肠科（Cyclocoeliidae），包括 7 个属。以后，Witenberg（1923，1928）、Harrah（1922）、Joyeux 和 Baer（1927）、Dollfus（1948）、Быховская-Павловская（1949）等都作了这方面的专题研究。Башкирова（1950）对本科吸虫

作了较系统的整理，共分 2 亚科 12 属 66 种。Yamaguti（1958）则将此科吸虫分为 2 亚科 22 属 106 种。但 Быховская-Павловская（1962）仍按其 1949 年所提出的 2 亚科 9 属 24 种分类原则，合并了很多种，仅 *Cyclocoelum matabile* 一种内就合并了 23 种同物异名。因此至今环肠吸虫分类虽较前有了较大的进步，但在分属的依据上仍然意见不一致。此前学者对本类吸虫分类依据只赖于生殖腺及肠管的特征。Harrah（1922）根据肠支有盲突而最先建立盲肠亚科，这已为以后学者所公认。但对于生殖腺相互排列关系在分类学上的意义，看法颇不一致。Быховская-Павловская（1949）最先研究环肠科的变异情况，将 Witenberg（1923）的 19 属 57 种合并成 9 属 24 种，并提出虫体的外形、大小、口孔与生殖孔的位置、咽与吸盘的大小形状、肠支的宽度、卵黄腺的前后界限、子宫曲的宽度、卵的大小及生殖窦大小形状等，都有个别变异的情况，生殖腺的排列也有很大变异。Башкирова（1950）只采纳了她的部分意见，而 Yamaguti（1958）则完全按生殖腺排列方式作分属基础。Macko 和 Feige（1960）根据 80 个 *Haematotrephus lancoelatum* 染色标本的观察结果，认为虫体变异很大，提出华底属、梨体属与连腺属等都是血食属的同物异名。

从发生学的角度来考察，子宫曲的分化是在生殖腺分化之后，而其发育又常常影响到生殖腺排列位置的变异。因而在分属时，既要肯定生殖腺排列位置的意义，又要考虑生殖腺排列的变异性。我们根据所获得的 145 条染色标本的观察，并参考文献资料，认为环肠亚科吸虫的生殖腺排列不外这样 3 种基本形式：

①卵巢在前、后睾丸之间的有：环肠属（*Cyclocoelum*）（环肠图 1 之 1）、异肛属（*Allopyge*）（环肠图 1 之 4）、平体属（*Hyptiasmus*）（环肠图 1 之 3）、原平体属（*Prohyptiasmus*）（环肠图 1 之 2）。这可能是较原始的基本型，其他各属都由此型而衍化。这一类型的虫种也较多，几乎占现有环肠亚科吸虫种类的 2/3 以上。②卵巢在前睾丸之前或与前睾丸同一水平的有：血食属（*Haematotrephus*）（环肠图 1 之 5）、连腺属（*Uvitellina*）（环肠图 1 之 6）。③卵巢在两睾丸之后的有：噬眼属（*Ophthalmophagus*）（环肠图 1 之 7）、稀宫属（*Spaniometra*）（环肠图 1 之 8）。这三种类型都可有一定的变异幅度，特别是第一种类型的排列方式，常因子宫曲的不同发育

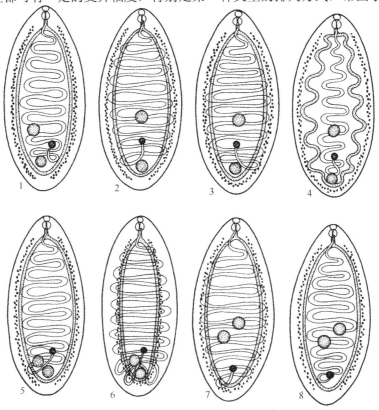

环肠图 1　环肠亚科中各属的模式图（按唐崇惕和唐超，1978）

1. *Cyclocoelum*；2. *Prohyptiasmus*；3. *Hyptiasmus*；4. *Allopyge*；5. *Haematotrephus*；6. *Uvitellina*；7. *Ophthalmophagus*；8. *Speniometra*

程度，而使卵巢在前、后睾丸间发生左右移位，形成生殖腺的不同排列方式（三角形、直线形或斜线形）。

卵巢也可前后移动到与前、后睾丸同一水平的位置。只有明确了变异范围，我们才能正确地评价生殖腺在分类学上的意义。根据这样的理由将拟平体亚属(*Pseudhyptiasmus*)与华底属(*Wardianum*)分别并入了环肠属(*Cyclocoelum*)与血食属(*Haematotrephus*)。

正确的分属依据还必须包括子宫曲与肠管间的相互关系，如平体属(**环肠图 1 之 3**)的子宫曲超过肠管而有别于某些生殖腺成直线排列的环肠属的虫种；异肛属(**环肠图 1 之 4**)则由于其肠管呈强度弯曲而有别于其他各属；连腺属(**环肠图 1 之 6**)由于肠管和卵黄腺向虫体中央靠近，使子宫曲超过它们而直达体侧缘，以及卵黄腺在体后联合，而不同于生殖腺排列相类似的血食属(**环肠图 1 之 5**)。

Kossack(1911)创建环肠科时，盲肠属(*Typhlocoelum*)是此科 7 个属中的一个属，Harrah(1922)在盲肠亚科(Typhlocoelinae Hassah，1922)中包含了盲肠属和嗜气管属，前者以 2 个分叶很深的睾丸及子宫曲不进入两睾丸之间的特征，而区别于 2 个圆形睾丸被子宫曲所隔开的后者。Yamaguti(1958)在盲肠亚科内除盲肠属和嗜气管属外，增加了嗜盲属(*Typhlophilus*)，此属仅是以睾丸分叶及生殖孔位于咽或咽后水平而区别于睾丸圆形、生殖孔在咽前的嗜气管属。我们在进行鸭气管吸虫的发育史研究中，看圆形睾丸也可产生分叶状的变异，同时童虫发育成熟程度不同，生殖孔位置也会从咽前改变到咽或咽后水平。因此这两形态不能作为分属的标准，应当配合其他相关特征进行区分。

基于这样的认识，即环肠科吸虫分属依据是生殖腺相互排列关系的特征和子宫曲对肠管的相互关系特征相结合。再比较 Быховская-Павловская、Башкирова 与 Yamaguti 等的分类学系统，我们将环肠科吸虫分为 2 亚科 10 属，并提出如下分属的检索表。

环肠科吸虫分属检索表(按唐崇惕和唐超，1978)

1. 肠管有盲管状突起······················盲肠亚科 Typhlocoelinae Harrah，1922····················2

　　肠管无盲管状突起······················环肠亚科 Cyclocoelinae Stossich，1902····················3

2. 睾丸圆形或边缘具小瓣，子宫曲进入两睾丸间将它们分隔开······················嗜气管属 *Tracheophilus* Skrjabin，1913

　　睾丸分支很深，两睾丸的支叶几乎相连，子宫曲不进入两睾丸间····················

　　···盲肠属 *Typhlocoelum* Stossich，1902

3. 卵巢在两睾丸之间或与后睾丸同一水平······················4

　　卵巢在两睾丸之前或与前睾丸同一水平······················6

　　卵巢在两睾丸之后······················7

4. 子宫曲不越过肠管外缘，肠管不弯曲······················环肠属 *Cyclocoelum* Brandes，1892

　　子宫曲不越过肠管外缘，肠管呈强度弯曲······················异肛属 *Allopyge* Johnston，1913

　　子宫曲越过肠管外缘，肠管不弯曲······················5

5. 卵黄腺在体后联合······················平体属 *Hyptiasmus* Kossack，1911

　　卵黄腺在体后不联合······················原平体属 *Prohyptiasmus* Witenberg，1923

6. 子宫曲不越过肠管，卵黄腺在体后不联合······················血食属 *Haematotrephus* Stossich，1902

　　子宫曲越过肠管达体侧缘，卵黄腺在体后联合······················连腺属 *Uvitellina* Witenberg，1926

7. 子宫曲不达体侧缘，卵黄腺在体后不联合······················稀宫属 *Spaniometra* Kossack，1911

　　子宫曲达体侧缘，卵黄腺在体后联合······················噬眼属 *Ophthalmophagus* Stossich，1902

3. 福建环肠科吸虫种类

1964 年冬，著者等在福州等地从一些水鸟收集到一些环肠吸虫。在所检查的 425 只水鸟、107 只家鸭和 14 只杂交鸭中，有 46 只水鸟(14 种)、21 只家鸭及 2 只杂交鸭感染有环肠类吸虫，其中环肠亚科吸虫 146 条，盲肠亚科嗜气管吸虫 47 条。所获得的 193 条标本，经染色制片并详细观察研究后，只有 7 个虫种分隶于 5 个属，其中有 4 种是国内新记录。现将这些虫种及鸭嗜气管吸虫的流行学调查和生活史试验情况分别叙述于后。

（1）多变环肠吸虫[*Cyclocoelum mutabile*（Zeder，1800）]

同物异名　*C.*（*C.*）*capellum* Khan，1935、*C.*（*C.*）*macrorchis* Harrah，1922、*C.*（*C.*）*straightum* Khan，1935。

终末宿主　林鹬（*Tringa glareola* Linne，1758）、扇尾沙锥[*Capella gallinago gallinago*（Linne，1758）]、针尾沙锥 [*Capella stenura*（Bonaparte，1830）]、白腰灼鹬（*Nemenius arguata orientalis* Brehm.，1831）、大沙锥[*Capella megala*（Swinhoe，1861）]、金鸻（*Charadrius dominicus fulvus* Gmelin，1788）、燕鸻（*Glareola maldivarum* Forster，1795）、小杓鹬（*Numenius borealis minutus* Gould，1840）、彩鹬[*Rostratula benghalensis*（Linne，1758）]、绿翅鸭（*Anas crecca crecca* Linné.，1758）。这些宿主中，除前 3 种外，其余均为过去文献未记载过的，是多变环肠吸虫的新宿主。

寄生部位　气囊和胸腔。

虫种特征（环肠图 2）　本种吸虫从福建鸟类共获得标本 107 条，其中子宫中虫卵不多，卵中还没有形成毛蚴的不成熟标本 71 条，子宫被虫卵所充满，卵中已有具眼点的毛蚴的成熟标本 36 条。此 36 条性成熟标本，其体形一样，大小在同一范围内，体内器官的大小和结构均十分相似。但其卵巢和睾丸在体后的位置并非固定不动。有的卵巢在两睾丸的对侧，三者排列成三角形。有的前睾移向卵巢前方，使三者排列成一直线。有的虫体其卵巢后移与右睾丸成同一水平。卵黄腺在体两侧的分布亦有所差异。它们或几乎布满全部肠支，或仅在肠外缘上，亦有完全在肠支的外侧。至于睾丸体积在体中的比例虽有所不同，但其实际大小的幅度尚属一致。因此我们认为这些差异仅是多变环肠吸虫在形态上变异的结果，应当属于同一虫种。

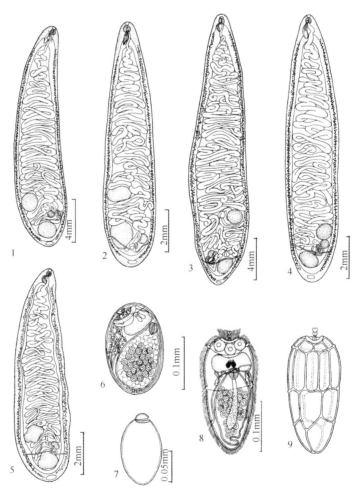

环肠图 2　多变环肠吸虫（按唐崇惕和唐超，1978）

1～5. 多变环肠吸虫的形态多变；6、7. 虫卵和卵壳；8、9. 毛蚴和毛蚴的纤毛板

Dollfus(1948)及 Башкирва(1950)在环肠属 Cyclocoelum 中把生殖腺排成直线的 4 个虫种分出，成为 Pseudhytiasmus 亚属，其余绝大多数种列为 Cyclocoelum 亚属。根据我们对标本变异的观察，认为这种区分是没有必要的。同时查对 Pseudhyptiasmus 亚属中的另一种 C.(P.) bivesiculatum Prudhoe，1944 的描述，发现同 C.(C.) elongatum Harrah，1921 标本(宿主：长尾蓝鹊 Urocissa e. erythrorynchus；地点：福州)(唐仲璋，1941)很相似，特别是生殖腺的排列及双角形排泄囊都相同。因而 C.(P.) bivesiculatum Prudhoe，1944 可能是 C.(C.) elongatum 的同种异名。

虫卵(环肠图 2 之 6、7)多变环肠吸虫的虫卵正椭圆形，有卵盖。成熟虫卵中含有毛蚴。

毛蚴(环肠图 2 之 8、9)毛蚴呈后端略尖窄的长椭圆形，大小约为 0.2mm×0.1mm。体表披纤毛，顶端的一圈纤毛较长。体顶部内有一头腺，头腺颈部向外突出，其末端有时呈两瓣状。毛蚴体内大部分被一个能动的雷蚴所占满。雷蚴的肠管甚长，在其体内已有多个胚细胞出现。毛蚴体前方和两侧有一对眼点和一对焰细胞。焰细胞各连一弯曲收集管，收集管向下行，在第三排和第四排纤毛板交界处向外开口。各列纤毛板数是 6、8、4、2。Johnston 和 Simpson(1940)计算 C. jaenschi 的毛蚴纤毛板数目，全体共有 20 块。这数目与排列方式和我们所观察的标本一致。Taft(1972)观察 C. oculeum 毛蚴纤毛板，数目为 6 块、9 块、4 块、2 块，共 21 块。

(2)小口环肠吸虫[Cyclocoelum microstomum(Creplin，1829)Kossack，1911]

同物异名　C.(C.) pseudomicrostomum Harrah，1922。

终末宿主　冬鸡(Fulica atra)。

寄居部位　胸腔。

虫种特征　在福州仅获得一条，观察及测量结果与 Kossack(1911)所描述的标本相似，但睾丸较大。前睾丸大小为 1.611mm×1.592mm，后睾丸大小为 1.417mm×1.728mm。Kossack 的标本，睾丸为 0.689～1.033mm。

Harrah(1922)在同样宿主体内所采的标本，因睾丸较小，卵巢排列在 2 睾丸之间的对侧而定出新种拟小口环肠吸虫(C. pseudomicrostomum)。Башкирова(1950)承认了 Harrah 虫种的独立性。我们比较了福建的小口环肠吸虫虫体与福建的 C. pseudomicrostomum 标本(唐仲璋，1941)，同意 Быховская-Павловская(1949)的意见，C. pseudomicrostomum 应当是 C. microstomum 的同物异名。

(3)三角血食吸虫[Haematotrephus triangularm(Harrah，1922)Tang et Tang，1978]

同物异名　Wardianum triagularum(Harrah，1922)Wit.，1923。

终末宿主　黑腹滨鹬 [Calidris alpina sakhalina(Vieillot，1816)]。

寄生部位　气囊。

虫种特征(环肠图 3 之 1～3)　从福建的鸟类气囊中仅获得本虫种一条。

观察结果同 Harrah 的 Wardianum triangularum 的描述进行比较，十分相像。不同点是福建标本的雄性囊较长，大小为 0.466mm×0.117mm，底部达到肠分支之后。卵黄腺较发达，向前到肠分支前缘。排泄囊较大，三角形排泄囊的前缘超过肠弓，而达到后睾丸的后缘。

华底属(Wardianum)是 Witenberg(1923)根据 Harrah(1922)的 Corpopyrum triangularm 标本所定。本属吸虫到目前为止，经记述的只有 W. triangularum 与 W. taxorchis 两种。此属由于两睾丸不是斜列而是并列在后肠弓的内方与血食属 Haematotrephus Stossich，1902 有区别。Быховская-Павловская(1949)曾提出本属特征的不稳定性，并将 W. treangularum 与 W. taxorchis 合并一起，成为 Haematotrephus tringae。但 Башкирова(1950)与 Yamaguti(1958)仍以睾丸呈水平的理由而保留了 Wardianum 属。我们根据环肠吸虫生殖腺排列常有变异的特点，以及 Haematotrephus 属的标本也有睾丸呈水平位置排列的情况，认为福建标本的体形与 H. kossacki(Wit.，1923)亦极相像。因此我们曾建议将 Wardianum 属并入 Haematotrephus 属。三角华底吸虫(W. treangularum)应修订为三角血食吸虫[Haematotrephus triangularum(Harrah，1922)]。福建标本为国内新记录。

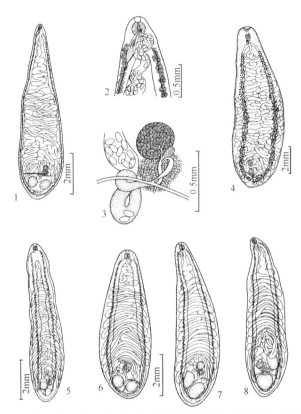

环肠图 3　三角血食吸虫、噬眼吸虫及连腺吸虫(按 唐崇惕和唐超，1978)

1. 三角血食吸虫；2. 三角血食吸虫的前端部分；3. 三角血食吸虫的卵巢部分；4. 马氏噬眼吸虫；5. 卡氏连腺吸虫；6～8. 束形连腺吸虫的形态变异

(4) 束形连腺吸虫[*Uvitellina adelpha*(Johnston，1916) Witenberg，1922]

同物异名　*U. pseudocotylea* Witenberg，1923。

终末宿主　金眶鸻[*Charadrius dubius curonicus*(Gmelin，1788)]，此种宿主为国内新记录；扇尾沙锥[*Capella gallinago*(Linne，1758)]、鸟脚滨鹬[*Calidris temminckii*(Leisler，1812)]，这后两种宿主为新的宿主记录。

寄生部位　胸腔、气囊。

虫种特征(环肠图 3 之 6～8)　福建本虫种共获标本 32 条，与 Johnston(1916)所描述的 *U. adelphus* 相同。

连腺属(*Uvitellina*)目前计有 5 种。本属虫种以卵黄腺十分发达、后端在肠弓上联合，并且体后部的卵黄腺常常越过肠支内缘，子宫曲越出肠管到体侧缘上等特征不同于 *Haematotrephus* 属。Witenberg(1928)因此将 *Haematotrephus adelphus* Johnston，1917 修订为 *Uvitellina adelphus*(Johnston，1916) Wit.，1928。Yamaguti(1958)仍用 *Haematotrephus adelphus* 的名称。但本属代表种 *U. pseudocotylea* 与 *U. adelphus* 不易区分。Башкирова 认为 *U. pseudocotylea* 的后睾丸占满肠弓，子宫曲向后包绕生殖腺，而 *U. adelphus* 的睾丸与肠弓有一定距离，子宫曲不向后包绕生殖腺。在福建所获得的标本，除了具有这两种形式外，还可见到后睾丸占满肠弓而子宫曲并不包绕生殖腺的中间型。其中有 4 条虫体的卵巢竟排列在前睾丸后缘水平线上。至于卵黄腺向前端的界线更是变化较多，可以达到咽前与肠分支后的各种不同程度。这显然是虫体变异的结果。因而要区分 *U. pseudocotylea* 与 *U. adelphus* 实际上很困难。因此我们认为前者是后一种的同物异名。

(5) 卡氏连腺吸虫 (*Uvitellina keri* Yamaguti，1933)

终末宿主　金眶鸻(*Charadrius dubius curonicus* Gmelin，1788)，为新宿主记录。

寄生部位　胸腔。

虫种特征(环肠图 3 之 5)　福建鸟类获得本虫种标本共 4 条，测量结果同 Yamaguti(1933)所描述的标本略有不同(**环肠表 1**)。

环肠表 1　卡氏连腺吸虫比较表

	Yamaguti 的标本(按 Yamaguti, 1933)	福建标本(按唐崇惕和唐超, 1978)
体长/mm	13.8	7.45～8.25
体宽/mm	2.3	1.32～1.83
口孔/mm	0.28	0.18～0.25
咽/mm	0.3×0.34	(0.21～0.25)×(0.19～0.25)
肠管宽度	占体宽的 39%	占体宽的 55%
前睾/mm	0.73×0.52	(0.33～0.58)×(0.29～0.50)
后睾/mm	0.75×0.55	(0.31～0.48)×(0.36～0.66)
卵巢/mm	0.29×0.31	(0.15～0.23)×(0.15～0.21)
卵黄腺	前端在食道中部开始，沿肠支外壁向后延伸，在肠弓上左右连合	前端在肠分支处开始，沿肠支靠背内侧向后延伸，在肠弓上左右连合
虫卵/μm	(120～200)×(50～75)	(72～118)×(51～76)

(6) 马氏噬眼吸虫 (*Ophthalmorphagus magalhassi* Travassos，1925)

终末宿主　家鸭(*Anas baschas domestica*)，为新宿主记录。

寄生部位　鼻腔。

虫体特征(环肠图 3 之 4)　福建鸟类获得本虫种标本仅一条，为国内新记录。虫体形态特征，如大小、体形、肠管弯曲、生殖腺排列位置以及子宫圈分布到肠弓后方等特征都和 Travassos(1925)从 *Cairina moschata* 鼻腔中所描述的标本相似，但测量上略有差异(**环肠表 2**)。

环肠表 2　马氏噬眼吸虫比较(按唐崇惕和唐仲璋, 2005)

	Travassos(1925)的标本	福州标本(唐崇惕和唐超, 1978)
体长/mm	15	12.96
体宽/mm	4	3.97
睾丸/mm	0.70×0.43 0.87×0.52	0.452×0.346 0.421×0.436
卵巢/mm	0.61(直径)	0.482×0.391
虫卵/μm	0.105×0.021	(143～152)×(68～75)

本属吸虫以卵巢排列在两睾丸之后以及体后 2/3 部分的子宫曲越过肠管达到体侧缘等特征而区别于环肠科其他各属。这类吸虫大都是寄生在禽类的眼窝和鼻腔中。本属中共包含有 6 个虫种，以肠管有无弯曲、子宫曲有无达到肠弓后方以及卵巢离肠弓的位置等为分种的特征。鼻居噬眼吸虫 *O. nasicola* Wit.，1923 也是寄生在鸭子(*Anas boschas*)鼻腔中的一个虫种，它的肠管不弯曲，子宫曲不伸到肠弓的后方以及虫体圆筒形较窄小，10mm×1.5mm 而不同于 *O. magalhassi* Travassos，1925。至于本属虫种间变异情况，尚待收集更多的标本作进一步的观察。

(7) 鸭嗜气管吸虫 [*Tracheophilus cymbius* (Qiesing，1850) Skrjabin，1913]

同物异名　*Tracheophilus sisowi* Skrjabin，1913。

终末宿主　家鸭(*Anas boschas domestica*)、半番鸭。

寄生部位　鼻腔、气管、支气管。

虫种特征(环肠图 4)　本种吸虫是家鸭常见的呼吸道寄生吸虫，从检查的同一只鸭呼吸道中经常可以找到 *T. cymbius* 型和 *T. sisowi* 型的成虫。天然感染的成虫椭圆形，大小为(8.140～10.703)mm×(4.070～4.921)mm。口孔横径大小为 0.481～0.555 mm。咽大小为(0.296～0.370)mm×(0.296～0.333)mm。前睾丸大小为 0.370mm×(0.370～0.407)mm，后睾丸大小为(0.333～0.370)mm×(0.333～0.407)mm。卵巢大小为 0.370mm×0.407mm，与两睾丸排列成三角形，在肠弓之前方。卵黄腺后端或左右会合，或不会合。子宫曲充满肠支内侧全部空隙,生殖孔开口于咽之上缘水平处。排泄囊囊状,横列在肠弓之后方。虫卵大小为(143~145)μm×(87~88)μm。

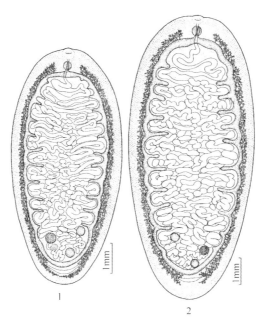

环肠图 4　鸭嗜气管吸虫（按唐崇惕和唐超，1978）

1.鸭嗜气管吸虫示卵黄腺在体后端会合的 *T. cymbius* 型；2.鸭嗜气管吸虫示卵黄腺在体后端不会合的 *T. sisowi* 型

4. 鸭嗜气管吸虫的生活史

用具有 *T. cymbius* 特征和 *T. sisowi* 特征的成虫,分别进行生活史全过程的人工感染试验,结果,它们的各发育期完全一样,而且前者亲代能产生像后者的子代成虫。虫体卵黄腺发育程度可影响它们在两侧后端的联合与否,证实它们是同一虫种。该虫生活史各期如下。

(1)虫卵（环肠图 5 之 1）

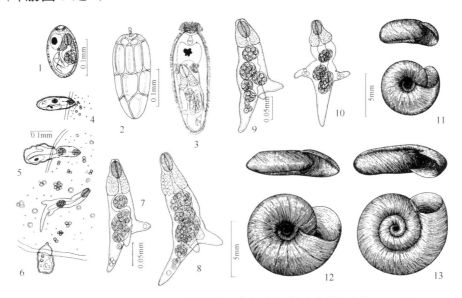

环肠图 5　鸭嗜气管吸虫幼虫期(一)和中间宿主（按唐崇惕和唐超，1978）

1.虫卵；2、3.毛蚴；4~6.毛蚴在穿钻扁螺的体壁,雷蚴已离开毛蚴身体；7.扁螺围心腔中 5h 的 *sisowi* 雷蚴；8.2d 的 *sisowi* 雷蚴；9.扁螺围心腔中 5h 的 *cymbius* 雷蚴；10.1d 的 *cymbius* 雷蚴；11.半球隔扁螺；12.肯氏圆扁螺；13.凸旋螺

虫卵大小为(143～145)μm×(87～88)μm，淡金黄色，顶端有盖。成熟卵内含一对相连的黑色眼点的毛蚴。毛蚴体顶端有被一圈长纤毛所围绕的"山"形的顶突，顶突正好顶住卵盖。毛蚴体中已有一个雷蚴，它几乎占满毛蚴体的2/3部分。透过卵壳还能看到毛蚴体中颤动着的焰细胞及雷蚴体中的咽、肠管及胚球等构造。

(2) 毛蚴(环肠图5之2～6)

成熟虫卵进入清水中，0.5h后就有毛蚴陆续从卵中孵化出来，3～4h孵化出的毛蚴数量最多。毛蚴在水中活泼地旋转游动，7～8h后毛蚴活动力逐渐减弱。毛蚴在盖玻片轻压下呈后端略尖的长椭圆形，体表披有密细纤毛。体前端有一圈增厚的领状构造，上面着生的纤毛较身体其他部分的纤毛长一倍。领状构造的中央有一个烧瓶状的头腺(cephalic gland)，它的膨大基部在领圈的后方，中有两个圆形的细胞核；它的颈部从领圈中央向外突出，开口处呈分瓣状。头腺内含有淡褐色细粒的细胞质。头腺后方的神经团呈上下略凹陷的四方形，一对相连的黑色眼点在神经团的中央。一个能动的雷蚴占满毛蚴体后方2/3位置，透过毛蚴身体可以看到雷蚴体中的咽、棒状肠管、头领、运动足、尾部等构造，雷蚴体中已有两团8～14个细胞的胚球。毛蚴体中焰细胞一对，位于神经团后方、雷蚴头部的两侧；连于两焰细胞的扭曲的收集管，各沿体两侧后行于第三和第四排纤毛板交界处，向外开口。

毛蚴纤毛板(环肠图5之2)4排，各排块数：6块、8块、4块、2块，共20块。第一排6块短小，呈后端圆弧状的梯形，第二排8块呈不整齐的长方形，第三排4块呈盾牌状，第四排2块呈宽大的扁盾状。此虫种毛蚴的体中构造、纤毛板数目、排列方式及形状同多变环肠吸虫的毛蚴极其相似。

(3) 贝类中间宿主(环肠图5之11～13)

鸭嗜气管吸虫的贝类中间宿主是扁螺，在福建有肯氏圆扁螺(*Hippeutis cantori* Benson)、半球隔扁螺[*Segmentina hemisphaerula*(Benson)]、凸旋螺(*Gyraulus convexiusculus* Hutton)3种。以肯氏圆扁螺为最适宜的贝类宿主。

(4) 雷蚴(环肠图5、环肠图6)

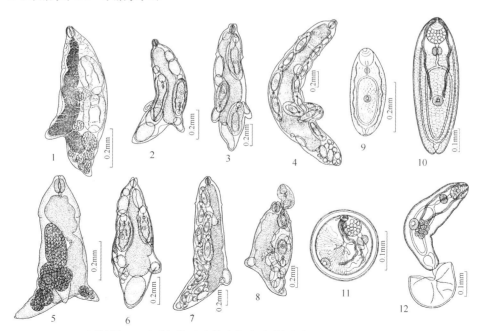

环肠图6　鸭嗜气管吸虫幼虫期(二)(按唐崇惕和唐超，1978)

1～4. *sisowi* 雷蚴；5～8. *cymbius* 雷蚴；9. 近成熟的尾蚴；10. 成熟毛蚴；11. 囊蚴；12. 脱囊的后蚴

　　毛蚴在清水中遇到它的适宜的中间宿主扁螺时，立即向螺体靠近，围绕扁螺游动。不久就有许多毛蚴用它的顶突部分吸附在螺蛳的头部、触角以及足等处的表皮上。割下附有毛蚴的螺体组织，盖上盖玻片，在显微镜下观察。可看到毛蚴的顶突牢固地插入螺体表皮细胞到皮下柔软组织中，虽经拨动也不易脱落(环肠图5之4)。此时毛蚴的头腺结构已模糊不清了，显然毛蚴就是利用头腺所分泌的物质融化螺体组织，加上毛蚴穿钻动作使它的顶突插入到螺体的柔软组织中。此时毛蚴体中的雷蚴异常活泼，不断地向顶突部分冲挤，把毛蚴体中的神经团、眼点等挤到身体的一边或后方去。不久雷蚴就从毛蚴顶突旁边钻出(环肠图5之5)，整个雷蚴身体很快地就钻进螺体的柔软组织中，毛蚴的整个外皮仍然遗留在螺体表皮上(环肠图5之6)，表皮上的纤毛还可微微地颤动一段时间。毛蚴的外皮并不很快从螺体上脱落，要经过螺蛳的活动才把它擦落下来。

　　螺蛳感染1h后，经常可以从它们淋巴窦中找到活泼的雷蚴。雷蚴体大小为0.283mm×0.042mm；头领大小为0.063mm×0.042mm；咽大小为0.044mm×0.021mm；运动足大小为0.038mm×0.019mm；尾部大小为0.114mm×0.034mm。雷蚴通过螺体淋巴系统通路的运输和虫体本身的活动，很快就可到达它们的寄生部位。Szidat(1932)和Stunkard(1934)在螺体蛋白腺附近的淋巴腔中找到雷蚴。在我们的试验中，所有雷蚴在感染后5～24h，都是在螺的围心腔中找到。5h的雷蚴(环肠图5之7)十分活泼，大小和刚从毛蚴体中钻入螺体时的雷蚴一样，只是此时的肠管轮廓比前明显，大小为(0.148～0.198)mm×(0.020～0.046)mm，肠管末端达到运动足附近。雷蚴体内除含胚细胞外，已有大小胚球5～6个。1～2d雷蚴其肠管含淡棕色小颗粒状的内含物；胚球体积增大，胚球中细胞数目增多(环肠图5之8～10)。虫体活动时胚球在体中也明显地转动。3～5d雷蚴，大小为(0.337～0.388)mm×(0.084～0.122)mm。棕褐色的肠管成囊状，大小为(0.262～0.295)mm×(0.046～0.058)mm。胚球数增到7～8个，大胚球达0.120mm×0.060mm。6～7d雷蚴达(0.549～0.654)mm×(0.177～0.190)mm，大胚球伸长，呈一边稍向内凹的长椭圆形。8d雷蚴(环肠图6之5)，体中含1～2个具头部的无尾尾蚴胚体，胚体中有两条纵走略弯曲的排泄管，两管基部稍为膨大，各自在体后端向外开口，两开口的距离约有体宽的1/3。此时雷蚴体中部有两束稍粗大而扭曲的排泄管，此外在体中许多部分均可见到分支成网状的小管。10d雷蚴(环肠图6之2、6)体中的尾蚴大小为(0.260～0.340)mm×(0.096～0.132)mm，已有口、腹吸盘、前咽、咽以及食道等结构，体表布满成囊细胞。两纵走排泄管的囊状基部向体后部中央靠拢，两个开口已十分接近。13d雷蚴，尾蚴两排泄管囊状基部会合成心形的排泄囊，一个排泄孔开口在虫体后端背腹分瓣中央的一个小突起上。此时尾蚴体中出现了环形肠管。14d后的雷蚴(环肠图6之4、7)，体中成熟尾蚴数逐渐加多。21d左右的雷蚴达(0.990～2.368)mm×(0.311～0.446)mm。33d雷蚴体内含尾蚴10多个和许多发育程度不等的胚球。成熟尾蚴从雷蚴在咽附近的圆形的生产孔钻出来，在孔口下方有因尾蚴挤钻而出现的两个小褶襞。

　　雷蚴自幼体到成熟，全部都是具有头领和仅有一对运动足的构造。这和Szidat所叙述此种雷蚴无头领以及Stunkard所描述雷蚴具有前后两对运动足不同。显然，Stunkard所说的前一对运动足，应当是雷蚴的头领的两侧缘。

(5)尾蚴(环肠图6之9、10)

　　鸭嗜气管吸虫的尾蚴是无尾型尾蚴(cercariae)，成熟尾蚴呈长椭圆形，大小为(0.338～0.460)mm×(0.144～0.169)mm。体前端有一个梨状的头器，大小为(0.055～0.072)mm×(0.059～0.084)mm，头器内有含颗粒的圆形细胞，口孔开在头器之顶端。咽大小为(0.034～0.038)mm×(0.030～0.038)mm。有很短的前咽，食道长度与咽长度相近。肠管在排泄囊前会合成环肠。腹吸盘明显，大小为(0.030～0.044)mm×(0.034～0.044)mm，位于环肠内部体腹面中央。排泄囊心脏形，其前方两角上伸出的排泄管沿着身体两侧上行达到咽的水平上，后方排泄孔开口于体后端中央。尾蚴胚体的后端有背腹分瓣，在背腹两瓣中央有一个半球状的突起，排泄孔开口在这突起上，到成熟尾蚴体上这结构已消失。尾蚴除头部外，整个身体皮下布满密集的圆形成囊细胞，体内细微结构均被成囊细胞所遮盖。在腹吸盘背面附近有5对穿刺腺，腺细胞亦淹没在成囊细胞下面，只能看见左右2束穿刺腺管沿着食道及头器两侧上行，开口于口部的周围，开口处有针刺状的突起。在脱囊的后期尾蚴体中可以清晰地见到这两束穿刺腺管是连在腹吸盘背面的5对穿刺腺细胞上(环肠图6之12)。

（6）第二中间宿主

鸭嗜气管吸虫的第一中间宿主扁螺即可充作它的第二中间宿主。因为在扁螺体内发育成熟的无尾型尾蚴，离开雷蚴体后就在同一螺体中结囊，形成囊蚴。一些尾蚴也许有可能通过爬行到螺体外，进入另一个螺蛳体内结囊。

（7）囊蚴及后蚴（环肠图 **6 之 11、12**）

在扁螺感染嗜气管吸虫毛蚴后 10～13d，可以见到成熟尾蚴从雷蚴的生产孔出来，在扁螺的围心腔及围心腔附近的组织中形成晶亮的圆形囊蚴，感染后 15d 左右的螺体中的囊蚴数量尚只有数个，以后逐日增加，感染后 35～60d 的螺围心腔和围心腔附近组织中则充满有二三十个囊蚴，而此时围心腔中的雷蚴仍然十分活泼，其体中还包含数目众多的胚球发育程度不等的尾蚴胚体以及成熟的尾蚴。

囊蚴　囊蚴大小为 (0.160～0.173)mm×(0.152～1.169)mm。囊壁两层，外层很薄，只有 2～3μm 厚，内层较厚，厚度 8～12μm。囊内弯曲着一条虫体，透过囊壁可以看到后蚴体中的头器、咽、腹吸盘，以及部分的肠管和穿刺腺管等构造，虫体表面尚留有一些成囊细胞。

后期尾蚴　从囊蚴中脱囊而出的后蚴（环肠图 **6 之 12**）(0.422～0.480)mm×(0.101～0.120)mm 大。体中成囊细胞全部消失。体表上布满均匀细密小棘。前端圆球状或梨形的头器大小为 0.063mm×0.055mm，其膨大的基部中充满淡褐色颗粒的圆形细胞。前咽长 0.019～0.020)mm，咽大小为 (0.034～0.038)mm×(0.027～0.030)mm，食道长 0.038～0.040mm。腹吸盘明显，大小为 (0.034～0.038)mm×0.034mm，位于体中横线后方腹面，正好在环肠的中央。在腹吸盘背方两侧有 5 对圆形穿刺腺细胞，细胞中带有褐色颗粒，穿刺腺管向上行，开口于口孔周围，管口上有针刺状的小棘。排泄囊大小为 0.051mm×0.030mm，有时近心脏形，有时分成瓣状，在体末端肠弓之后方，开口于身体后端中央。

（8）童虫（环肠图 **7**）

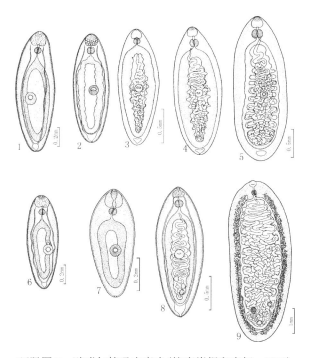

环肠图 7　鸭嗜气管吸虫童虫（按唐崇惕和唐超，1978）

1～5. *sisowi* 型亲代的童虫；6～9. *cymbius* 型亲代的童虫

在实验室内，用鸭嗜气管吸虫卵黄腺后端会合的 *T. cymbius* 型成虫和卵黄腺后端不会合的 *T. sisowi* 型成虫的虫卵分别孵出的毛蚴，分别人工感染扁螺类，而获得的两型虫体的成熟囊蚴（27～71d）。用两型不同亲代来源获得的囊蚴，分别感染小鸭共 14 只(菜鸭 12 只、番鸭 2 只)，各实验雏鸭饲食囊蚴数 60～207 粒，然后分别于感染后 3～39d 分期解剖检查，观察虫体在鸭体中迁移途径和发育情况。实验结果 7 只小家鸭阳性，从它们的腹腔、胸腔气囊、支气管、气管和鼻腔中找到童虫或成虫共 75 条。

实验结果，卵黄腺后端会合和不会合的特征不稳定，会变化，卵黄腺后端会合和不会合的亲代各产生了卵黄腺后端不会合和会合的子代成虫。所以，我们认为它们是同一虫种。*Tracheophilus sisowi* Skrjabin，1913 应当是 *Tracheophilus cymbius*(Qiesing，1850)Skrjabin，1913 的同物异名。本虫种在终末宿主体内的发育状况见**环肠表 3**。

环肠表 3　鸭嗜气管吸虫在鸭体内发育情况(按唐崇惕和唐超，1978)

实验鸭号	感染用的囊蚴亲代虫型	饲食囊蚴数	感染天数	试验结果	
				发现部位(虫数)	虫体发育情况(单位 mm)
鸭 4	cymbius	129	3	腹腔(13)	虫体(0.679～1.055)×(0.249～0.371)，体形和后蚴同，体内穿刺腺及管已消失。头器(0.084～0.118)×(0.110～0.177)，顶端有口吸盘状构造，后半部充满淡褐色圆形细胞。前咽 0.021～0.030；咽(0.051～0.068)×(0.046～0.076)；食道 0.021～0.084；腹吸盘(0.063～0.084)×(0.068～0.093)。排泄囊心脏形，2 纵条排泄管沿肠管外侧上行到头器基部
鸭 11	sisowi	116	3	腹腔(40)	
鸭 5	cymbius	91	4	/	
鸭 9	cymbius	104	7	胸部气囊(3) 气管(2)	虫体(1.190～1.836)×(0.380～0.815)，头器(0.106～0.155)×(0.131～0.177)。前咽 0.021～0.059，咽(0.076～0.117)×(0.076～0.117)，食道 0.021～0.059。腹吸盘(0.072～0.117)×(0.093～0.132)。环肠内壁形成波浪状突起。2 个圆形睾丸和 1 个圆形卵巢在后肠弓内侧出现，排列成三角形。前睾丸 0.059×0.055，后睾丸 0.042×0.042；卵巢 0.046×0.055。子宫曲盘旋在环肠之内，子宫末端终止于咽后。排泄囊杯状，排泄管明显
鸭 10	sisowi	100	7	胸部气囊(1)	
鸭 3	cymbius	40	8	/	
鸭 7	sisowi	98	8	胸部气囊(2)	
鸭 6	sisowi	97	9	气管(1)	虫体 2.426×0.893，头器 0.194×0.233，后半部内尚有圆形细胞。腹吸盘 0.136×0.136，轮廓模糊。肠管内壁盲管状突起增长。子宫曲增多，子宫末端终止于咽后缘。排泄囊横椭圆形，排泄管不明显
鸭 12	cymbius	61	12	/	
鸭 1	sisowi	27	12	/	
鸭 8	sisowi	89	27	/	虫体(7.920～8.148)×(3.240～3.518)，口吸盘横径 0.432～0.445，前咽 0.150～0.185，咽(0.252～0.296)×(0.252～0.296)，食道 0.12～0.15，腹吸盘消失，肠管内壁有许多盲支。两睾丸经染色制片后边缘有缺刻状，前睾丸(0.252～0.296)×(0.288～0.333)，后睾丸(0.288～0.333)×(0.288～0.333)。卵巢(0.288～0.296)×(0.288～0.296)，梅氏腺(0.288～0.369)×(0.324～0.369)。含有虫卵的子宫曲充满环肠内侧所有空隙，子宫末端终止于咽上缘水平上。排泄囊横棱形，排泄管向上行到体中部后不明显，在鸭 2 体内获得 13 条虫，其中 10 条虫如它们亲代一样卵黄腺后端在肠弓后会合；另 3 条的虫卵黄腺后端不会合，左右两束有的各终止在排泄囊的两端，有的左右两束伸到排泄囊上十分靠近，但不会合。这一特征与 sisowi 型一样
鸭 2	cymbius	90	39	鼻腔(2) 气管(4) 支气管(5) 小支气管(2)	

关于鸭嗜气管吸虫童虫在终末宿主体内迁移途径问题，Szidat(1932)曾假定后蚴在鸭小肠中脱囊后经肠壁上的血流而输送到肺部。我们在感染试验中，从早期实验雏鸭的腹腔中检获许多小童虫，从未在肝门静脉中找到本吸虫的童虫，经过血液循环到达肺部的假定不能证实。推测后蚴在鸭小肠中脱囊后，在它们穿刺腺(钻腺)分泌物的作用下，钻穿过肠壁到腹腔中，然后童虫爬行经过胸部气囊，8～9d 后，才进入气管。由于虫体从宿主消化道到达呼吸道整个移行过程是靠虫体自身的移动，沿途有的虫体会误入其他器官。Morishita(1929)曾报告在鸭肝脏中找到此吸虫的包囊。可能许多虫体在迁移途中受阻碍被宿主杀灭，因此到达宿主呼吸道中的童虫和发育到成虫的数目都很少(**环肠表 3**)。

5. 鸭嗜气管吸虫的流行学

(1)家鸭感染鸭嗜气管吸虫的情况

本种吸虫是世界性分布的虫种，国内许多地方都曾经报道，在福建沿海一带亦十分常见。成虫寄生在患鸭的呼吸器官，童虫在鸭体中移行游走而误入肝脏等其他器官，由于机械损伤，虫体分泌物的毒素刺激和虫体阻塞呼吸道等原因，家鸭尤其幼鸭的健康和发育都受到一定的影响。我们无论在野外调查或人工感染雏鸭试验中，均见到感染严重的病鸭表现出精神不振、羽毛不整齐、消瘦、生长发育迟缓等现象。

福建省沿海地区家鸭受感染情况见**环肠表 4**。

环肠表 4　福建沿海鸭嗜气管吸虫病流行情况（按唐崇惕和唐仲璋，2005）

检查地点	鸭类	检查鸭数/只	感染率/%	感染度/条
福州市郊	家鸭	90	12.5～30（平均20.2）	1～7
福州市郊	杂交鸭	14	14.3	1～7
仙游郊区	家鸭	17	5.8	1

(2) 福建沿海一带鸭嗜气管吸虫病传播媒介的种类

在欧美等地鸭嗜气管吸虫的中间宿主是 *Helisoma trivoluis*、*Planorbis corneus* 及 *P. planorbis* 等螺种。在我国福建，在肯氏圆扁螺（*Hippeutis cantori* Benson）围心腔中找到天然感染的环肠类吸虫的雷蚴、尾蚴和囊蚴。用此囊蚴人工感染一只实验室饲养的雏鸭，30d 后从其气管获得鸭嗜气管吸虫成虫 1 条，证实肯氏圆扁螺是我国福建省鸭嗜气管吸虫病的传播媒介之一，其自然感染率在福州郊区是 0.59 %～0.85%，在厦门集美是 1.3%。

我们在实验室内曾用肯氏圆扁螺、半球隔扁螺[*Segmentina hemisphaerula*（Benson）] 和 凸旋螺（*Gyraulus convexiusculus* Hutton）进行人工感染鸭嗜气管吸虫毛蚴。结果，此吸虫各幼虫期在这 3 种扁螺体中都能发育，30d 左右在它们的围心腔附近组织中都能找到囊蚴（**环肠表 5**），用所获得的囊蚴感染雏鸭都得到鸭嗜气管吸虫的童虫和成虫（**环肠表 3**）。由此证实这三种扁螺都能充作本种吸虫的中间宿主。在福建沿海一带水系中肯氏圆扁螺孳生数量和密度大过其他两种扁螺，因此它对传播此吸虫病起着主要的作用，应注意消灭这类螺来防止此吸虫病的传播。福建东南沿海气候温暖，扁螺类在自然界中常年均有，尤其春季后大量小螺出现，病鸭在水中散布的虫卵毛蚴随时都可感染幼螺或成螺。

环肠表 5　3 种扁螺人工感染鸭嗜气管吸虫毛蚴结果（按唐崇惕和唐超，1978）

螺种	感染用的鸭嗜气管吸虫虫型	感染螺数/个	阳性螺数/个	实验结果									
				感染后不同日期各阳性螺体内所含雷蚴及囊蚴数									
				1～9d		10～16d		19～27d			31～35d		
				阳性螺数/个	雷蚴数/条	阳性螺数/个	雷蚴数/条	阳性螺数/个	雷蚴数/条	囊蚴数/粒	阳性螺数/个	雷蚴数/条	囊蚴数/粒
肯氏圆扁螺	*T. cymbius* 型	119	21	7	1～2	7	1-2	1		4	6	各1	7～20 平均10.1
	T. sisowi 型	62	42	2	2～4	4	1-2	13	1～4	4～18 平均6	23	1～4	8～26 平均17.6
半球隔扁螺	*T. cymbius* 型	10	6	6	1～2								
	T. sisowi 型	22	13	3	1～2			4	各1	2～7 平均5	6	1～3	11～25 平均18
凸旋螺	*T. cymbius* 型	16	5	3	各1			1		9	1	1	11
	T. sisowi 型	11	6					6	1～3				

6. 世界各地环肠吸虫种类及鸟类宿主

世界各地报告寄生于各种鸟类的环肠吸虫多达 50 多种，兹举一些为例如下。

***Cyclocoelum* Brandes，1892**

　　　Cyclocoelum allahabadi Khan，1935

　　　　　红脚鹬鹬　*Tringa erythropus*　　　　　　　　　　　　　印度

　　　C. capellum Khan，1935

沙锥　*Capella gallinago*　　　　　　　　　　印度

C. cornu（Zeder，1800）

苍鹭　*Ardea cinerea*　　　　　　　　　　欧洲

C. crenulatum（Rud.，1809）

鹟鸰　*Motacilla phoenicurus*

C. cuneatum Harrah，1923

沙锥　*Gallinago delicata*

C. elongatum Harrah，1921

兰鹊　　*Cynopolius cyanus*　　　　　　　　中国

红嘴兰鹊　*Urocissa erythrorhynchus*　　　　中国

C. erythropis Khan，1935

红脚鹬鹬　*Tringa erythropus*　　　　　　　印度

C. goliath（Witenberg，1928）Bashirova，1950

赤翡翠　　*Halcyon coromanda*　　　　　　菲律宾

C. indicum Khan，1935

青脚鹬　*Tringa nebularia*　　　　　　　　印度

C. japonicum Kurisu，1932

家鸡　　　　　　　　　　　　　　　　　日本

C. lahillei Dollfus，1948

骨顶鸡　*Fulica armillata*　　　　　　　　阿根廷

C. leidyi Harrah，1923

沙锥　*Gallinago wilsoni*　　　　　　　　美国

C. lobatum Khan，1935

青脚鹬　*Glottis nebularia*　　　　　　　　印度

C. macrorchis Harrah，1923

直嘴杓鹬属候鸟（Straight-billed Curlew）　　北美洲

C. makii Yamaguti，1933

沙锥　*Capella gallinago raddei*　　　　　中国台湾

C. mehrii Khan，1935

沙锥　*Capella gallinago*　　　　　　　　印度

C. microcotylum Noble，1933

骨顶鸡　*Fulica Americana*　　　　　　　美国加利福尼亚州

C. neivai（Travassos，1921）（气管寄生）

鸭（Anatidae）　　　　　　　　　　　　巴西

C. obliquum Harrah，1931

沙锥　*Gallinago gallinago.*

C. obscurum（Leidy，1887）Harrah，1922

半蹼鹬 *Semipalmata* & *Semipalmatus*　　美国

红脚鹬 *Totanus eurhinus*　　　　　　　　菲律宾

C. orientale Skrjabin

林鹬 *Totanus glarealus*　　　　　　　　　俄罗斯、土耳其斯坦

白骨顶 *Fulica atra*；白腰草鹬 *Rhyacophilus ochropus*

C. orientale parvitestium Witenberg，1923

林鹬 *Totanus glottis*，*T. glareola*　　　　　　　　　土耳其斯坦

C. orientale eurhinum Tubangui（1922）

　　　红脚鹬 *Totanus eurhinus*（=*Tringa totanus totanus*）　　菲律宾

C. ovopunctatum Stoss.

　　　杓鹬 *Numenius arquata*　　　　　　　　　　　　　欧洲

　　　红脚鹬 *Totanus fuscus*　　　　　　　　　　　　　土耳其斯坦

C. paradoxum Marco del Pont，1926

　　　黑水鸡 *Gallinula galeata*　　　　　　　　　　　　阿根廷

　　　红松鸡（Moor hen）

C. phasidi Stunkard，1929

　　　雉鸡 *Guttera plumifera*　　　　　　　　　　　　　刚果

C. problematicum（Stoss，1902）

　　　滨鹬 *Totanus cobidris*，*T. glottis*

　　　林鹬 *T. glareolus*　　　　　　　　　　　　　　　欧洲、非洲

C. pseudomicrostomum Harrah，1922

　　　鹬、鸭 *Fulica*，*Totanus*，　*Anas.*　　　　　美国、欧洲、中国

C. sharadi Bhalerao，1935

　　　蓝鹊 *Urocissa flavirostris cucullata*　　　　　　　印度

C. theophili Dollfus，1948

Phoenicopterus rubber

　　　红鹤（Flamingo）　　　　　　　　　　　　　　　摩洛哥

C. toratsugumi Morishita，1924

　　　鸫 *Turdus dauma aureus*　　　　　　　　　　　　日本

C. turusigi Yamaguti，1939

　　　红脚鹬 *Tringa erythropus*　　　　　　　　　　　日本

C. vicarium（Arnsdorff，1908）Kossack

Arquatella maritime（Labrador）；白腰杓鹬 *Numenius arquatus*

　　　滨鹬　*Tringa alfina*　　　　　　　　　　　　　欧洲

Cyclocoelum（*Cyclocoelum*）*vogeli* Szidat，1932

　　　鹧鸪 *Francolinus ahautensis*

Cyclocoelum（*Pseudhyptiasmus*）*straightum* Khan，1935

　　　青脚鹬 *Glottis nebularia*

Cyclocoelum（*Pseudhyptiasmus*）*bivesticulatum* Prudhoe，1944

Theriiceryx zeilanicus

Wardianum Witenberg，1926

Wardianum triangularum（Harrah，1922）Witenberg，1923

　　　鹬 *Tringa maculata*，沙锥 *Gallinago wilsoni*

W. taxorchis（Johnston，1917）Witenberg，1928

　　　塍鹬 *Limosa novae-hollandiae*

Haematotrephus Stossich，1902

Haematotrephus brasilianum（Stossich，1902）Kossack，1911

　　　鹬 *Totanus flaviceps*

H. capellae（Yamaguti）

沙锥 *Capella gallinago*，雁 *Erythrosellus erytropus*

H. kossacki（Witenberg，1923）

黑腹滨鹬 *Tringa alpine*

H. nebularium（Khan，1935）

青脚鹬 *Glottis nebularia*

H. similis Stossich 1902

长脚鹬 *Himantopus atropterus* Mever，肉垂麦鸡（鸻科）*Lobivanellus lobatus*

H. tringae（Brandes，1892）Stossich，1902

Tringa variabilis；*Totanus ochropus*

Uvitellina Witenberg，1926

Uvitellina adelphus（Johnston，1916）Witenberg，1928

长脚鹬 *Himantopus leucocephalus*

U. dollfusi Shen，1930

灰头麦鸡（鸻科）*Microsarcops cinereus* Blyht

U. keri Yamaguti，1933

Microsarcops cinereus

U. pseudocotylea Wit.

长脚鹬 *Himantopus candidus*，鸻 *Charadrius placidus*，

黑翅鸢 *Oxyechus vociferus*（=*Elanus coezuleus vociferus* Lath）

U.anelli（Rudolphi，1819）

凤头麦鸡（鸻科）*Vanellus vanellus*

Prohyptiasmus Witenberg，1923（本属宿主为鸭类和秧鸡）

P. robustus（Stossich.，1902）

凤头潜鸭 *Nyroca fuligula*（=*Aythya fuligula*）。

Hyptiasmus Kossack，1911

Hyptiasmus arcuatus（Stossich，1902）Kossack，1911

鹊鸭 *Nyroca clangula*（=*Bucephala clangula*（Linn.），

秋沙鸭 *Mergellus albellus* L. [=*Mergus albellus*（Linné）]

H. brumpti Dollfus，1948

黑水鸡 *Gallinula Chloropus* 秧鸡科 Rallidae

H. laevigatus Kossack，1911

凤头潜鸭 *Fuligula fuligula*（=*Aythya fuligula*），鹅 *Anser anser*，

绒鸭 *Somateria mollissima*，红头潜鸭 *Fuligula ferina*（=*Aythya ferina* L.），

长尾鸭 *Ngroca hyemalis*（Linné）（=*Clangula hyemalis*））

H. magniproles Witenberg，1928

长脚鹬 *Himantopus candidus*

H. theodori Witenberg，1928

针尾鸭 *Dafila acuta*（=*Anas acuta acuta* Linn.）

H. witenbergi Tret'iakova，1940

紫膀鸭 *Chaulellasmus streperus* L.（=*Anas strepera strepera* Linné）

Allopyge Johnston，1913（本属宿主为鹤类）

Allopyge antigones Johnston，1913

赤颈鹤 *Antigone australasiana*（=*Grus antigone antigone*（Linné）

　　A.　minosus(Kossack，1911)

　　　　　　灰鹤 *Grus cinerea* Rechst

　　A. undulates Canaven，1934

　　　　　　鹤 *Megalornis grus*(=*Grus grus* Lilfordi Sharpe))。

Transcoelum Witenberg，1923

　　Transcoelum oculeus(Kossack，1911)Witenberg，1923

　　　　　　秧鸡、骨顶鸡 *Fulica atra*

Ophthalmophagus Stossich，1902

　　Ophthalmophagus singularis Stossich，1902

　　　　　　Ortygometra pusilla

　　O. charadrii Yamaguti，1934

　　　　　　Charadrius alexandrinus dealbatus(S.)

　　O. magalhâesi Travassos，1925

　　　　　　鸭 *Cairina moschata*；

　　O. nasicola Witenberg，1923

　　　　　　秧鸡 *Rallus aquaticus*，鸭 *Anas boschas*，鸻（金眶鸻）*Charadrius dubius curonicus*

　　O. skrjabinianum(Witenberg，1923)Dubinin，1938

　　　　　　Plegadis falcinellus；*Glossy Ibis*(鹮科 Jhreskiornithidae))。

Spaniometra Kossack，1911

　　Spaniometra oculobia(Cohn，1902)

　　　　　　黑腹凤头麦鸡 *Vanellus melanogaster*(鸻科)

　　S. variolaris(Fuhrmann，1904)

　　　　　　鸢 *Rasthramus sociabilis*，隼形目、鹰科 Accipitridae

Typhlocoelum Stossich，1902(本属寄生宿主全是鸭类)

　　Typhlocoelum cucumerinum(Rudolphi，1809)

　　　　　　Oedemia fusca；*Anas boschas*，

　　　　　　凤头潜鸭 *Fuligula cristata*、*Fuligula fuligula*(=*Aythya filigula*(Linné)，

　　　　　　斑背潜鸭 *F. marita*(=*Aythya marita* Linné)，

　　　　　　长尾鸭 *Nyroca hyemalis*(Linné)(=*Clangula hyemalis*(Linné))

　　T. americanum Manter et Williams

　　　　　　琵嘴鸭 *Spatula clypeata*(L.)(=*Anas clypeata* Linné.)

　　T. reticulare Johnston，1943

　　　　　　鸭 *Anas semipalmatus*

　　T. shovellus(Lal，1936)

　　　　　　琵嘴鸭 *Spatula clypeata* Linné(=*Anas clypeata* Linné)

Tracheophilus Skrjabin，1913

　　Tracheophilus sisowi Skrjabin，1913

　　　　　　Anas boschas，家鸭 *Anas boschas domertica*

　　鸻科(Charadriidae) 鸻亚科(Charadriinae)，分布具世界性，包括马达加斯加、新西兰等地 32 属 63 种。鸻属(*Charadrius*)有上述广泛的分布，北方的种类迁移区极大。金鸻在远北繁殖。向南迁移极远。

　　鹬科 Scolopacidae 分布极广泛，多在北半球的寒带繁殖，有 29 属 77 种。29 属中 22 属在北极圈或寒带繁殖。

参 考 文 献

顾昌栋. 1956. 昆明家鸭吸虫类的研究. 南开大学学报,（1）：95-106

顾昌栋, 邱兆祉, 祝华, 等. 1973. 白洋淀鸟类寄生蠕虫的调查. Ⅱ. 吸虫. 动物学报, 19（2）：130-148

李友才. 1965. 芜湖地区家禽吸虫类初步调查. Ⅰ. 芜湖地区家禽吸虫类区系. 动物学杂志, 1965,（3）：132-135

沈守训, 吴淑卿. 1964. 内蒙古自治区乌粱素海水禽寄生吸虫和线虫的初步调查. 动物学报, 16（3）：398-415

唐崇惕, 唐超. 1978. 福建环肠科吸虫种类及鸭嗜气管吸虫的生活史研究. 动物学报, 24（1）：91-106

唐崇惕, 唐仲璋. 2005. 中国吸虫学. 福州：福建科学技术出版社

严如柳. 1959. 福建家鸭吸虫的研究. 福建师范学院学报（生物专号）（1）上卷：177-192

Dollfus R. 1948. Sur deux monostomes（Cyclocoelidae）pourvus d'une ventouse ventrole Observations sur la classification des Cyclocoelidae Henry, 1933 liste de leurs hotes, repartition geographique. Ann Parasitol, 23（3~4）：129-199

Harrah E. 1921. Two new monostomes from Asia. J Parasitol, 7（4）：162-165

Harrah E. 1922. North American monostomes Primarily from freshwater hosts. Illin Biol Monogr, 7（3）：225-324

Herber E C. 1942. Life history studies on two trematodes of the subfamily Notocotylinae. J Parasitol, 28（3）：174-193

Johnston T H, Simpson R R. 1940. The anatomy and life history of trematodes Cyclocoelum jaenschi n. sp. Tr Roy Soc S Austral, 64：273-278

Joyeux Cl, Baer G. 1927. Note sur less Cyclocoelidae（Trematodes）. Bull Soc Zool Fr, 52（2）：416-434

Macko J K, Feige R. 1960. Zur Revision einiger Cyclocoeliden Gattungen undarten auy Grun der Variabilitat von Haemato-trephus lanceolatum（Weld, 1958）. Helminthologia Bratislava, 2（3/4）：254-265

Macko J K.1960. Beitrag zur Variabilitat von *Haematotrephus lanceolatum*（Weld, 1858）aus *Numenius phaeopus* L. Helminthologia Bratislava, 2（3/4）：280-285

Morishita K.1929. Some Avian Trematodes from Japan, especially from Formosa, with a reference list of all known Japanese species. Annot Zool Jap, 12：143-173

PalmV. 1963. Der Entiwicklungszyklus von *Transcoelum oculeum* (Kossack, 1911)Witenberg, 1934（Family：Cyclocoelidae）aus dem Blasshuhn（Fulica atra L.）. Ztschr Parasitenk, 22：560-567

Shen Tseng. 1930. Un nouveau monostome de la Chine. *Cyclocoelum (Uvitellina) dollfusi* n. sp. An Parasitol, 8（3~4）：254-258

Szidat L. 1932. Zur Entwicklungsgeachichte der Cyclocoeliden. Der Lebenszyklus von *Tracheophilus sisowi* Skrj., 1913. Ouderabdruck ads "Zoologischer anzeiger", Bd 100,（7/8）：205-213

Szidat L. 1933. Ueber die Entwicklung und den Infektions-Modus von *Tracheophilus sisowi* Skrj., eines Luftrohrenschmarotzers der Enter aus der Trematodenfamille der Zyklozollden. Tierarztliche Rundschau, 6：1-15

Stunkard H W. 1934. The life history of Typhlocoelum cymbium（Diesing, 1850）Kossack, 1911（Trematoda, Cyclocoelidae）a contribution to the phylogeny of the monostomes. Bull Soc Zool de France, LIX.：449-468

Taft S J. 1972. Aspects of the life history of *Cyclocoelum oculeum* (Trematoda: Cyclocoelidae). J Parasitol, 58（5）：882-884

Tang C C（唐仲璋）. 1941. Contribution to the knowledge of the helminthfauna of Fukien. I. Avian, reptilian and mammalian trematodes. Pek Nat Hist Bull, 15（4）：299-316

Timon-David J. 1950. Un Cyclocoelidae nouveau dans les sacs aeriens dellaipie, *Cyclocoelum dollfusi* n. sp. Bull Soc Zool, Fr., 75：243-246

Witenberg G. 1926. Die Trematoden der Familie Cyclocoelidae Kossack, 1911. Zool Jb Syst, 52：103-186

Witenberg G. 1928. Notes on Cyclocoelidae. Ann Mag Nat Hist, 2（11）：410-417

Yamaguti S. 1958. Systema Helminthum. I. The Digenetic Trematodes of Vertebrates. Interscience Pub Inc NY：771-785

Yamaguti S. 1971. Synopsis of digenetic trematodes of vertebrates. Tokyo：Keigaku Publishing Co

Быховская-ПавловскаяИЕ. 1949. Изменчивость морфолотических признаков и значение её в систематике сосальщеков сем. Cyclocoeliidac. Паразитол Сборник, 11：9-60

Быховская-Павловская ИЕ.1962. Трематоды птиц фауны СССР, стр.：103-110

Витенберг ГГ. 1923. Трематоды сем. Cyclocoeliidae и Новый принцип их систематки. Тр Гос ИНСТ Эксперим Вет, 1（1）：1-55

Гинецинская Т А. 1954. Жизненный цмкл и биология стадй развития *Cyclocoelum microstomum*, Уч.зап.ЛТУ, 72 Сер биол, 35：90-112

Оганесов А К. 1959. Новая трематода дрозда в Азербайджане Cyclocoelum (P.) petrovi nov. sp. Раб гельминтол К 80-летию акад. К И Скрябина, 1：135-136

Скрябин KU, Башкирова ЕЯ. 1950. Сем Cyclocoelidae Kossack, 1911. Трематоды живомных и человека, 4：229-491

Шахтахтинская ЗМ.1951. Новая трематода *Allopyge Skriabini* n.sp.uз глазной орбиты серого журавоя. Тр гельминмол.лабор, 5：165-167

（十一）短咽科 [Brachylaimidae(Joyeux et Foley，1930)Miller，1936]、彩蚴科(Leucochlorididae Dollfus，1934)和双士科(Hasstilesiidae Hall，1916)

1. 短咽科、彩蚴科和双士科的分类及其特征

短咽科、彩蚴科和双士科吸虫种类的生物学规律很接近，兹将它们一并介绍于下。

（1）研究历史和分类情况

200 年前，Rudolphi(1802)在鸣禽发现本类吸虫，当时称之为巨口双口吸虫(*Distomum macrostomum*)，后归于彩蚴属，为巨彩蚴吸虫[*Leucochloridium macrostomum*(Rud.，1802)]。至今，有许多此类吸虫发现于鸟类和哺乳类。Skrjabin(1948)把短咽类、彩蚴类和双士类的吸虫作为同等的亚科，隶于短咽科(Brachylaemidae)中如下。

短咽科	Brachylaemidae Stiles et Hassall，1898
短咽亚科	Brachylaeminae Stiles et Hassall，1898
	Brachylaemea Skrjabin，1948
	Brachylaemus Dujardin，1943
	Ectosiphonus Sinitsin，1931
	Entosiphonus Sinitsin，1931
	Panopistus Sinitsin，1931
	Postharmostomum Witenberg，1923
	Glaphyrostomum Braun，1901
	Ithyogonimea Witenberg，1925
	Ithyogonimus Lühe，1899
	Scaphiostomum Braun，1901
	Urotocea Witenberg，1925
	Urotocus Looss，1899
彩蚴亚科	Leucochloridiinae Sinitsin，1931
	Leucochloridium Carus，1835
双士亚科	Hasstilesiinae Orloff，Erschoff et Badanin，1934
	Hasstilesia Hall，1916
	Skrjabinotrema Orloff，Erschoff et Badanin，1934
莫仁亚科	Moreaninae Johnston，1915
	Moreania Johnston，1915

Yamaguti(1958，1971)同意 Dollfus(1934)和 Hall(1916)各为彩蚴吸虫及双士吸虫所创建的科，因此在 Yamaguti(1971)的分类系统中有如下 3 科：短咽科、彩蚴科和双士科。它们的成虫形态及生活史各期格式都很相似。按 Yamaguti(1971)的分类系统，它们各科所含群类及宿主 [有鸟类(B)和哺乳类(M)] 的情况如下。

Family Brachylaimidae(Joyeux et Foley，1930)Miller，1936(短咽科) ·····BM

Syn. Harmostomidae Odhner，1912

Brachylaemidae Joyeux et Foley，1930

Brachylaimatidae Ulmer，1952

Subfamily Brachylaiminae Miller，1936 亚科 ·····BM

Syn. Brachylaimatinae Ulmer，1952

Brachylaeminae Joyeux et Foley，1930

Harmostominae Looss，1900

Genus *Brachylaima* Dujardin，1843

Syn. Brachylaime（Dujardin，1843）·· BM

Brachylaimus Dujardin，1843

Harmostomum Braun，1899

Heterolope Looss，1899

Subgenus *Brachylaima* Dujardin，1843 ·· BM

Rallitrema Travassos et Kohn，1964 ·· B

Genus *Ectosiphonus* Sinitzin，1933 ··· M

Glaphyrostomum Braun，1901 ··· BM

Syn. Cesartrema Travassos et Kohn，1964

Genus *Postharmostomum* Witenberg，1923 ·· BM

Subgenus *Postharmostomum* Witenberg，1923 ·· BM

Serpentinotrema Travassos et Kohn，1964 ·· M

Subfamily Ityogoniminae Yamaguti，1958 亚科 ·· M

Genus *Ityogonimus* Luhe，1899 ··· M

Syn. Dolichodemus Luhe，1899

Dolichosomum Looss，1899

Subfamily Leucochloridiomorphinae Yamaguti，1958 亚科 ······························· BM

Genus *Leucochloridiomorpha* Gower，1938 ·· B

Voelkeria Travassos et Murrell，1967 ··· B

Genus *Ptyalincola* Wootton et Murrell，1967 ··· M

Subfamily Panopistinae Yamaguti，1958 亚科 ·· M

Genus *Panopistus* Sinitzin，1931 ·· M

Subgenus *Panopistus* Sinitzin，1931 ·· M

Pseudoleucochloridium Pojmanka，1959 ·· M

Subfamily Scaphiostominae Yamaguti，1958 亚科 ·· BM

Genus *Scaphiostomum* Braun，1901 ·· BM

Family Leucochloridiidae（Poche，1907）Dollfus，1934（彩蚴科）······················· BM

Subfamily Leucochloridiinae Poche，1907 亚科 ·· BM

Syn. Urogoniminae Looss，1899

Genus *Dollfusimus* Biocca et Ferretti，1958 ·· M

Leucochloridium Carus，1835 ··· B

Syn. Neoleucochloridium Kagan，1951

Urogonimus Monticelli，1888

Subfamily Urorygminae Yamaguti，1958 亚科 ··· B

Genus *Urorygma* Braun，1901 ··· B

Subfamily Urotocinae Yamaguti，1958 亚科 ·· B

Genus *Urotocus* Looss，1899 ··· B

Family Hasstilesiidae Hall，1916（双士科）··· M

Genus *Hasstilesia* Hall，1916 ··· M

Skrjabinotrema Orlov，Ershov et Badanin，1934 .... M

（2）短咽科、彩蚴科和双士科的特征

A．短咽科特征

虫体长形、卵圆形或亚圆形，体表光滑或披棘。口吸盘和咽非常发达，食道很短或付缺。肠支末端后延达到体后端。腹吸盘人或小，所在的位置因种而异。两睾丸前后列或斜列于近体后端。贮精囊和前列腺在阴茎囊内或外。阴茎囊在前睾丸的前方、前侧方或腹面，偶尔可在后睾丸的前方、后方，或卵巢的腹面。生殖孔位于近体后端，有时稍前或稍后于中央或次中央。卵巢位于两睾丸之间，或与它们相对，在体中央、次中央或次侧方。卵黄腺在体两侧，延伸长度因种而异。子宫圈分布在两肠管之间，大部分在生殖腺之前，达到或不达到肠叉或口吸盘水平，偶尔进入两睾丸区间，或越过两肠支向体两侧扩展。排泄囊短，分出两支非常长的收集管。大多数种类的胞蚴和尾蚴在陆地螺蛳（蜗牛）体内发育。胞蚴体分支，尾蚴无尾部或极短的残根。囊蚴在外界结囊，或者在生育它们的胞蚴体内结囊，或是到其他螺蛳体内结囊。成虫寄生在鸟类和哺乳动物，个别见于两栖类。

B．彩蚴科特征

成虫形态和生活史格式与短咽科相近。虫体小，卵圆形或叶状。口吸盘非常发达，口孔开向顶端。咽很发达，食道短或付缺。肠管盲端达到或近体末端。腹吸盘大或小，位置因种而异。睾丸前后列、斜列或并列，常位于体后部，个别在体前部。具阴茎囊，生殖孔在体后端。卵巢在两睾丸之间，或前睾丸的对侧，偶尔在睾丸之后。受精囊无或由劳氏管膨大而成。卵黄腺丛粒分布于大部分体部的两侧，或限于前体部。子宫圈在两肠支之间，也能向两侧或前方跨越。卵小，数目很多。排泄系统如同短咽科。幼虫期在陆地螺蛳体内发育，胞蚴体分支，无尾部的尾蚴在胞蚴体内被黏液膜所包围。成虫寄生于鸟类，极个别见于哺乳类。

C．双士科特征

成虫一般形态和生活史格式与短咽科近似。成虫体非常小，呈卵圆形。两吸盘很小，几乎等大。具有咽和食道。两睾丸斜列于体后端。阴茎囊具有，生殖孔在体赤道线后方的腹面次中央或次边缘。卵巢在睾丸区的侧方。子宫圈在体中部。卵黄腺在体前半部两侧。排泄囊小，具一对侧收集管，无皮下排泄管丛（subcutaneous excretory plexus）。幼虫期在陆地螺蛳体内发育，胞蚴体分支，尾蚴有一短尾。后期尾蚴不结囊，见于同一贝类宿主或另外螺蛳体内。成虫寄生于哺乳类。

2．短咽科的种类

（1）中口短咽吸虫[*Brachylaima mesostoma*（Rud.，1803）Baer，1933]

短咽属（*Brachylaima* Dujardin，1843）（同物异名：*Brachylaemus* Blanchard，1847）隶属于短咽科（Brachylaimidae Miller，1936）（同物异名：Brachylaemidae Joyeux et. Foley，1930；Harmostomidae Odhner，1912）。本属至今已记述的种类60余种，其中约一半种类寄生于鸟类，另一半获自哺乳类，经生活史研究的不上10种。短咽科吸虫的生活史问题在19世纪末期已有学者观察到其在陆生贝类宿主体内的发育期，但较详细的研究是在20世纪30年代之后（Joyeux et al.，1932；Krull，1935；Alicata，1940；Allison，1943；Robinson，1949；Ulmer，1951）。Allison（1943）从本类吸虫的发育期形态讨论了本科吸虫的系统发生问题。有关中口短咽吸虫 [*Brachylaima mesostoma*（Rud.，1803）Baer，1933] 的生活史情况，报道于我国（唐仲璋和唐崇惕，1993）。

A．中口短咽吸虫在我国福建存在的自然状况

著者在福建省福州市郊收集鸟类肠道吸虫时，曾从黑鸫（*Turdus merula mandarinus* Bonaparte）和八哥（*Acridotheres cristatellus cristatellus* D. et C.）检获中口短咽吸虫。同时，在检查当地同型阔纹蜗牛（*Bradybaena similaris* Ferussac）和华蜗牛（*Cathaica ravida sieboldtiana* Pfeiffer）时，亦常发现它们体内寄生有一种短咽类吸虫的幼虫期，包括有胞蚴、尾蚴以及由此尾蚴发育各期的后期尾蚴。我们在

详细观察它们的形态结构之同时，用此成熟的后期尾蚴人工感染刚孵出后不久就在实验室内饲养的八哥雏鸟。感染后 8d 解剖雏鸟，获得中口短咽吸虫初成熟的成虫(**短咽图 1 之 2**)，其体中含有数目不多的卵子。

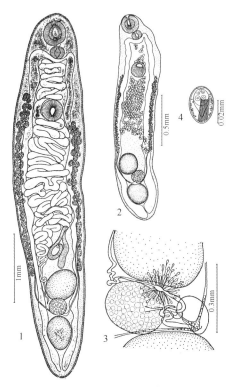

短咽图 1　中口短咽吸虫(按唐仲璋和唐崇惕，1993)
1.天然感染成虫；2.人工感染成虫；3.卵巢附近器官；4.虫卵

福州市郊中口短咽吸虫的终末宿主(八哥)的感染率为 7%(4/57)，感染强度为 1～2 条虫子。

B．中口短咽吸虫特征

成虫(短咽图 1 之 1)体长 1.044～5.436mm，体宽 0.360～1.027mm。口吸盘次顶端，大小为(0.171～0.363)mm×(0.153～0.345)mm；前咽极短，咽大小为(0.090～0.182)mm×(0.126～0.218)mm。分两支的肠管紧接在咽后，肠盲端达到末端。腹吸盘大小为 0.135～0.309)mm×(0.135～0.309)mm，位于体长前方 1/4 略后。两睾丸大小为(0.126～0.405)mm×(0.108～0.509)mm 和(0.135～0.509)mm×(0.135～0.364)mm，圆形或椭圆形，前后列于体长后方 1/4 部分中。贮精囊管状，作两次弯折，开口于位在前睾丸前方中央的生殖孔。卵巢(0.090～0.255)mm×(0.090～0.273)mm，位于两睾丸之间。受精囊椭圆形或肾状形，具有劳氏管，向体中央弯曲。输卵管从卵巢发出不远即与受精囊内侧一弯曲的管相接，后又与卵黄总管通连(**短咽图 1 之 3**)。卵黄腺丛粒状，分布在两肠支的外侧，前方起自腹吸盘，后方达到前睾丸前缘的水平，两横管在卵巢后方会合为总管。充满虫卵的子宫圈分布在卵巢前方两肠支之间的全部空隙中，子宫末端和贮精囊一起开口于生殖孔。虫卵具卵盖，大小为(36～54)μm×(18～27)μm，平均 46μm×22μm。

(2)中口短咽吸虫幼虫期

A．第一及第二中间宿主

同型阔纹蜗牛(*Bradybaena similaris* Ferussac)、华蜗牛(*Cathaica ravida sieboldtiana* Pfeiffer)。

B．贝类宿主受感染过程

本吸虫虫卵被蜗牛吞食后，毛蚴在蜗牛肠内孵出，穿过宿主肠壁进入蜗牛消化腺，并在其中进行无性繁殖。在蜗牛肠内孵出的毛蚴钻出肠壁，侵入消化腺，发育为胞蚴，经胞蚴后产生尾蚴。关于短咽科吸虫的生活史中只有一代胞蚴还是有两代胞蚴，各学者意见不一致。Alicata(1938)和 Robinson(1949)等认为只有一代胞蚴，而 Allison(1943)从 *Leucochloridiomorpha constantiae* 的发育中发现有母胞蚴和子胞蚴。我们在 *Brachylaima mesostoma* 的发育中只见到数量很少的早期很小的分支胞蚴，后期数量很多的分支胞蚴是如何来源尚有待研究。本吸虫的第二中间宿主仍然是同种陆生蜗牛。尾蚴侵入其肾腔和围心腔后继续发育为后期尾蚴。

C. 虫卵和毛蚴

从子宫排出的卵(**短咽图 1 之 4**)椭圆形，其中含有成熟的毛蚴，毛蚴呈前方宽大、后端尖细的倒置的梨形。毛蚴前端具有一个柱状刺(stylet)，其尖端较钝。毛蚴体前半部有两列共 4 个具明显细胞核的细胞，前列 2 个较小，后列 2 个较大。Ulmer(1951)观察到 *Posthermostomum helices*(Leidy，1847)的毛蚴体分前后两部，各有细胞 2 个。在中口短咽吸虫的毛蚴尚未能观察到有此区分。在本种毛蚴体部的一侧有 2 排斜列的纤毛，自体中段开始一直伸至体后端。

D. 胞蚴

在感染早期的蜗牛体内查获数量极少的分支的胞蚴(**短咽图 2 之 1**)。其整体长 2.19mm，宽0.81mm，其各分支管长 0.07～0.72mm，宽 0.04～0.14mm，体内充满不同发育程度的胚球。发育后期的胞蚴(**短咽图 2 之 2**)很多，布满蜗牛的消化腺、肾脏及各结缔组织里面。胞蚴体分支不规则，各分支之间在发育早期是互相通连的，形成尾蚴的胚球在胞蚴体内随着液体而上下流动。胞蚴成熟时，各分支的腔变成许多膨大的腔室，内含大小不等的胚球和成熟的尾蚴。每个分支的尖端有开孔，尾蚴从那里产出。

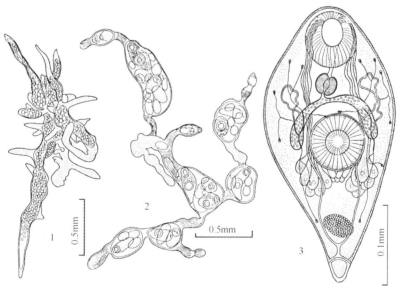

短咽图 2　中口短咽吸虫幼虫期(按唐仲璋和唐崇惕，1993)

1.早期胞蚴；2.成熟胞蚴；3.成熟尾蚴

E. 尾蚴

本种吸虫尾蚴是短尾型(cercariaeum)(**短咽图 2 之 3、短咽图 3 之 1**)。尾部略作三角形，其前缘与体部紧接，外包被皮层。尾部后端作锯齿状。尾蚴体部椭圆形或梭形，前端较钝，后端尖削，体表披小棘。体长 0.3～0.35mm，体最阔部分在中部，其横径 0.15～0.17mm。口吸盘亚顶端，直径 0.069～0.075mm。腹吸盘直径 0.065～0.075mm，位于体赤道线略后。咽 0.027～0.041mm，前咽和食道均短，弓形的肠支环抱于腹吸盘的前方。穿刺腺细胞两丛，各 6 个，位于腹吸盘后背方两侧，穿刺腺细胞 2 束沿腹吸盘两旁前行，开口于口吸盘中央口孔的前缘内侧。腺体内含颗粒状的分泌物，它的功能在尾蚴侵入第二中间宿主穿刺贝类宿主的组织时起溶解组织的作用，这些腺细胞在后期尾蚴体中已消失。尾蚴的排泄系统包括有焰细胞、收集管、排泄管和排泄囊。两侧的排泄管从排泄囊前面发出，延至肠管前方，在咽的两旁向后纽曲折回至腹吸盘中部，分为前后两支，后一支再作两次分支。焰细胞公式为：2[2+((2+2)+2)]=16，但也有尾蚴体两侧焰细胞各只有 6 个。排泄囊后端排泄管分左右两管，各开口于体部和尾部交接处的排泄孔，不进入尾部(**短咽图 2 之 3**)。

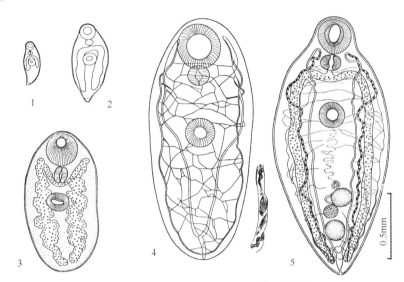

短咽图 3　中口短咽吸虫幼虫期 (按唐仲璋和唐崇惕，1993)
1. 尾蚴；2、3. 早期后蚴；4. 成熟后蚴，示排泄系统及排泄管内纤毛；5. 成熟后蚴，示生殖器官出现

　　吸虫类尾蚴的尾部是它们主要的活动器官，其构造常可作为其适应生活环境的指标。短咽科一些种类的尾蚴经发现有 Allison(1943) 叙述的 *Leucochloridiomorpha constantiae*，该尾蚴在水生贝类发育，具有能游泳和有尾叉的尾部：Allicata(1940) 叙述的 *Postharmostomum gallinum* 和 Ulmer(1951) 叙述的 *Postharmostomum helecis*，它们的尾蚴在陆地贝类发育，具有短尾，排泄管 2 根通入尾部，开口于在尾部末端的排泄孔。Krull(1934) 叙述的 *Brachylaima virginiana*，其尾蚴在陆地贝类发育，短尾型尾部亦有 2 条排泄管，开口于尾部末端排泄孔。中口短咽吸虫(*Brachylaima mesostoma*)的尾蚴亦在陆生蜗牛发育，尾部短尾型，但排泄管 2 条不进入尾部，开口于尾部和体部接触处的两侧。从以上所列举的一些本类吸虫尾蚴尾部的构造比较，可看出它们从水生到陆生的演化痕迹。

　　Ulmer(1951)在考察 *P. helicis* 尾蚴排泄系统的形成时，曾观察到焰细胞及排泄细管有更换位置的现象。由于排泄细管的"交叉"及愈合作用，原来不在一支的焰细胞却连在一起了。这现象可以解释各小支焰细胞数目的不均等和虫体左右两侧排泄管互相联系的情况。在本类吸虫的后期尾蚴中，此现象是非常之明显的。

F. 后期尾蚴(**短咽图 3**)

　　尾蚴成熟后离开胞蚴，从第一中间宿主蜗牛出来后侵入作为第二中间宿主的同类蜗牛体内，是由肾孔 (renal aperture) 进入经输尿管而至肾腔 (kidney chamber)，再从肾与围心腔的关联通路(reno-pericardial connection)而到围心腔，在里面发育为后期尾蚴。在自然界，围心腔中含有本吸虫后期尾蚴的蜗牛，其体内经常没有胞蚴的感染，说明这些后蚴是从体外侵入的。后蚴在围心腔中发育，由于时间长短不一，其大小可相差很大，体长 0.586～2.002mm，体宽 0.288～0.925mm。口吸盘大小为(0.125～0.350) mm×(0.125～0.338) mm，咽大小为(0.038～0.163) mm ×(0.056～0.196) mm，腹吸盘大小为(0.094～0.245) mm×(0.113～0.238) mm。后蚴当其体约达尾蚴的 2 倍大时，短尾已脱落、肠管延长至体后端。排泄管前方在咽前方水平处向后转折成为下行的具纤毛的火焰管 (flammiferous tube)，它达排泄囊中部水平后再向前转折。排泄管上分支的细排泄管左右前后相接有如密网(**短咽图 3 之 4**)。

在早期的后期尾蚴排泄囊后方的 2 个排泄孔逐渐地愈合为一。在很成熟的后期尾蚴体中生殖器官开始发育(短咽图 3 之 5),在体后方 1/3 部分中有 2 个睾丸,直径 0.140~0.189mm。卵巢较小,直径 0.070~0.113mm,在两睾丸之间。生殖孔出现在前睾丸的前方。

G.　童虫

用成熟的后蚴饲喂 2 只在实验室饲养的八哥雏鸟,2 只分别吞食 8 个和 20 个后蚴,8d 后从其中一只雏鸟肠内找到 2 条大小相近的本吸虫初成熟的童虫标本(短咽图 1 之 2),体长 1.68~1.97mm,体宽 0.39~0.47mm。子宫尚未全部发育,在体前部两肠支之间出现一些虫卵。虫体形态结构及虫卵大小,均与本种吸虫成虫的特征相同。

(3)笑鸫洞口吸虫(*Glaphyrostomum garrulaxum* Tang et Tang,2005)

本吸虫隶属于短咽科的洞口属(*Glaphyrostomum* Braun,1901)。

终宿主　　领笑鸫 [*Garrulax pectoralis pectoralis*(Swinhoe)] 及小嗓眉 [*Garrulax sannio sannio*(Swinhoe)]。嗓眉隶属鹟科(Muscicapidae)画眉亚科(Timaliinae)。

寄生部位　肠管。

发现地点　福建省福州和永泰。

A.　虫种特征

11 个成熟的标本(短咽图 4)的测量如下:整个虫体作长椭圆形,体表无刺。虫体全长 1.77~2.39mm,阔 0.74~0.97mm,体宽处在腹吸盘部分。前端钝圆,后端稍尖。口吸盘近前端顶部,开口在腹面,作横裂状。口吸盘大小为(0.285~0.385)mm×(0.304~0.380)mm。前咽短,通于一个圆形的咽(0.114~0.190)mm×(0.152~0.190)mm。食道在很短的距离便分支为两个肠管,向前弯曲作一圆圈,再延展达到体的后端。腹吸盘巨大,位于体中段赤道线上,正圆形,直径 0.437~0.532mm。生殖器官在体后方 1/4 段中。睾丸作前后斜面排列,卵巢则介于两者之间。睾丸圆形或椭圆形,前睾丸大小为(0.123~0.209)mm×(0.114~0.209)mm,后睾丸大小为(0.123~0.228)mm×(0.164~0.209)mm。从两睾丸的内侧长出的小输精管,一长一短相接而成为大输精管,在很短的距离内便膨大而成为外贮精囊(vesicula seminalis externa)。外贮精囊作一折叠后成一较细的管道,进入前列腺管(pas prostatica)。管的两侧有许多具有明显胞核的圆形腺细胞。贮精囊、前列腺管和射精管裸出在柔软组织中,其末段与具有肌肉性囊壁包围的阴茎囊相接。阴茎囊的末端具有 6 个小钩。生殖孔位于卵巢后缘的左边,在孔的左右阴茎囊与子宫末段(metraterm)的腔部相对峙,作两翼状。卵巢正圆形,大小为(0.114~0.180)mm×(0.114~0.171)mm,位于后睾丸的前方。从它的左侧长出的输卵管先向左方,继向后方,再向右方作一环绕,在这里与卵黄总管相接,并有许多梅氏腺围集着。Werby(1928)观察了 *Glaphyrostomum sanguinolentum* 的卵巢后方有一条通向背面的劳氏管。这一构造在本吸虫可能也存在,但未观察到。卵黄腺为大小不一的块状丛体,分布在虫体的两侧肠管外方,从咽后水平处延至卵巢后缘的平行线上。卵黄腺横管从两旁斜出,在卵巢后汇集而成总管。子宫初段越卵巢腹面而至前方,经许多前后屈曲,由腹吸盘右侧而扩展到虫体前部。下降的子宫系从腹吸盘左侧。子宫圈充满了两个肠支以内的空隙。子宫末段的腔部从生殖孔出口。成熟虫卵深棕色或金黄色,大小为(26~30)μm×(13~17)μm。在虫体的后端有一明显的排泄囊,两根细长的收集管接于排泄囊的两旁。收集管在肠的外方,向前延展到咽的平行线,并转折向后。短咽科按成虫收集管的位置分外管族(ectosiphonea)和内管族(entosiphonea)两类。本种吸虫和 *Panopistus* 属有同样的收集管形式,如依 Sinitsin(1931)的意见,应属外管族。

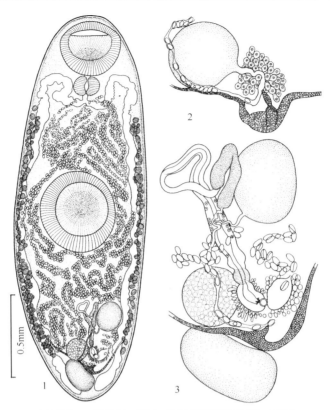

短咽图 4　笑鸫洞口吸虫(按唐崇惕和唐仲璋，2005)
1. 成虫；2. 雌性生殖器官；3. 雄性生殖器官

B. 洞口属吸虫的种类比较

在短咽亚科中，纵殖属(*Ithyogonimus* Lühe，1899)和洞口属(*Glaphyrostomum* Braun，1901)的生殖孔都是开口于两睾丸之间的。洞口属的吸虫有 6 种如下，其中我国的笑鸫洞口吸虫与国外报道的 5 种分别均有差异。

1) 鸭嘴花状洞口吸虫(*Glaphyrostomum adhaerens* Braun，1901)。

宿主 *Mycothera* sp.、黑水鸡 *Gallinula kioloides*。

分布 巴西。

2) 近洞口吸虫(*Glaphyrostomum propinquum* Braun，1901)。

宿主 *Dendrocolaptes scandens*。

分布 巴西。

3) 麦氏洞口吸虫(*Glaphyrostomum mcintoshii* Krull，1935)。

宿主 *Seiurus aurocapillus*。

分布 北美洲。

4) 血红色洞口吸虫(*Glaphyrostomum sanguinolentum* Werby，1928)。

宿主 *Oporornis tolmiei*。

分布 北美洲。

5) 秧鸡洞口吸虫(*Glaphyrostomum rallinarum* Tubangui，1932)。

宿主 斑秧鸡(*Rallina eurigonides*)。

分布 菲律宾。

6) 笑鸫洞口吸虫(*Glaphyrostomum garrulaxum* Tang et Tang，2005)。

本种吸虫与上述 5 虫种的形态特点均不相同。它的测量形态特征与其他 5 种列表比较如下(**短咽表 1**)。

短咽表 1　洞口属吸虫的形态比较(按唐崇惕和唐仲璋，2005)

	G. adhaerens	*G. propinquum*	*G. sanguinolentum*	*G. rallinarum*	*G. mcintoshii*	*G. garrulaxum*
体长/mm	4.5	2.7	2.032	4.92	0.950～2.20	1.77～2.39
体宽/mm	0.9	0.7	0.24～0.53	1.46	0.28～0.33	0.742～0.99
口吸盘/mm	0.47	0.312	0.274×0.241	0.62×0.66	0.188～0.270	0.285～0.380
腹吸盘/mm	0.6～0.7	0.35～0.396	0.252×0.248	0.80～0.90	0.170～0.255	0.437～0.532
咽/mm	0.138×0.240	0.144×0.177	0.130×0.139	(0.22～0.24)×(0.21～0.22)	0.075～0.130	0.114～0.190
卵巢睾丸比较	卵巢大于睾丸	卵巢大于睾丸	卵巢大于睾丸	卵巢小于睾丸，卵巢分瓣	卵巢大于睾丸	卵巢小于睾丸
虫卵/μm	20×9	22×11	(21～23)×(10～14)	(22～25)×(13～14)	(24～27)×15	(26～30)×(12～17)
终末宿主与分布	*Mycothera* sp.; *Gallinula kioloides* 巴西	*Dendrocolaptes scandens* 巴西	*Oporornis tolmiei* 北美洲，华盛顿	*Rallina eurigonide* 菲律宾	*Seiurus Aurocapillus* 北美洲	*Garrulax p. pectoralis*; *Garrulax s.sannio* 中国福州
体表	光滑	有刺	光滑	光滑	有刺	光滑

与 *G. adhaerens* 比较，福建的 *G. garrulaxum* 的卵子较大。*G. adhaerens* 的卵巢与睾丸作直线排列，*G. garrulaxum* 的生殖腺则略作斜状三角形排列。*G. adhaerens*、*G. propinquum* 及 *G. sanguinollentum* 3 种，在卵巢与睾丸对比上，均是卵巢较大于睾丸。而福建种类的睾丸则比卵巢为大。*G. mcintoshii* 的体表有刺，可资区别。这 4 种的分布都在美洲。亚洲的种类秧鸡洞口吸虫(*Glaphyrostomum rallinarum*)发现于菲律宾岛。该种的睾丸有分瓣。卵黄腺在体侧的分布，前方延展只至腹吸盘前缘或后缘的平行线。*Glaphyrostomum sanguinolentum* 的卵黄腺亦如此，它与福建种类的另一区别特点即贮精囊作分瓣状，在睾丸前方占较大的位置。笑鸫洞口吸虫的阴茎囊构造和阴茎末端具有 6 个小钩，是重要的特征，与其他种类可资区别。本属吸虫是从林鸟类，如鸫、黑水鸡、秧鸡等的寄生虫。Krull(1935)阐明 *G. mcintoshii* 的生活史。笑鸫洞口吸虫是本属吸虫在我国境内报告的第一种。

印度研究者 Mukherjee(1964)叙述 *Glaphyrostomum indicum*，宿主为鸽子，寄生的部位为肠道。苏联的 Oshmarin 和 Parukhin(1963)从松鸦(*Garrulus glandarius*)的盲囊(bursa fabricii)得到一种洞口属吸虫，命名为 *Glaphyrostomum allaeparuchini*，该虫与 *G. propinquum* 最为接近。但卵子数目较多，且腹吸盘的位置较后。

3. 彩蚴科的种类

(1)鹬彩蚴吸虫[*Leucochloridium turanicum*(Solowiev，1912)]

终末宿主　林鹬(*Tringa glareola* Linne)。

采集地点　福建沿海地区。原模式标本最早发现自土耳其斯坦，宿主亦相同。

寄生部位　肠管。

虫种特征　3 个福建标本(**彩蚴图 1**)的特征如下：虫体椭圆形，体表光滑。口腹吸盘均巨大，腹吸盘在体中段。咽横椭圆形，食道短，肠支延至接近体后端部位。前后睾丸斜形排列。卵巢位于后睾前。外贮精囊介于两肠管睾丸间，作二三弯折。前列腺管有大半伸入阴茎囊。阴茎囊的右侧有一梨形的孔，棒状阴茎从这里伸出，并横列在右方。

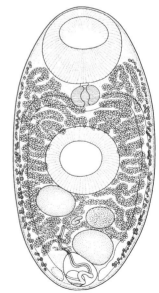

彩蚴图 1　鹬彩蚴吸虫(按唐崇惕和唐仲璋，2005)

虫体各部测量数据：体全长 1.9～1.97mm，体宽 0.85～1.02mm。口吸盘大小为 0.510mm×0.595mm。咽大小为(0.136～0.187)mm×(0.187～0.204)mm。腹吸盘大小为(0.459～0.510)mm×(0.459～0.544)mm。卵巢大小为(0.136～0.170)mm×(0.170～0.204)mm。前睾丸大小为(0.204～0.221)mm×(0.238～0.255)mm。后睾丸大小为(0.170～0.255)mm×(0.080～0.287)mm。阴茎囊大小为(0.221～0.255)mm×(0.221～0.238)mm。虫卵大小为(21～24)μm×(14～17)μm。

(2)中华彩蚴吸虫(*Leucochloridium sinensium* Tang et Tang，2005)

终末宿主　栗背短脚鹎 [*Hypsipetes flavada canipennis*(Seebohm)]。

发现地点　福建福州。

寄生部位　肠管。

虫种特征(彩蚴图 2)虫体纺锤形，口吸盘略小于腹吸盘，前端两侧瘦削。咽紧接于口吸盘，食道极短，肠管延至体后端。腹吸盘在体中段赤道线上。卵巢圆形，位于后睾丸前方。输卵管左右折叠，在体中部与卵黄总管相接。从两睾丸内侧发出的输出管在前睾丸后面相遇，会合成输精管，旋即膨大为贮精囊，曲折而连于前列腺管并进入阴茎囊。子宫圈屈曲缭绕达于口吸盘，并充满体内所有空隙。卵黄腺从体沿体侧作纵行排列，直至前睾丸及卵巢水平。

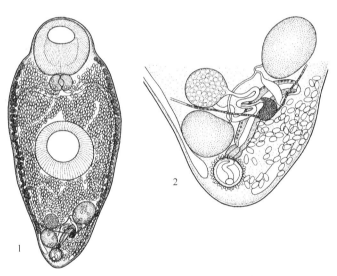

彩蚴图 2　中华彩蚴吸虫(按唐崇惕和唐仲璋，2005)
1. 成虫；2. 生殖器官

虫体各部测量数据：全长 1.48～1.69mm，体宽 0.59～0.74mm。口吸盘直径 0.32～0.38mm。咽直径 0.103～0.107mm。腹吸盘直径 0.31～0.39mm。前睾丸大小为(0.129～0.159)mm×(0.103～0.111)mm，后睾丸大小为(0.098～0.133)mm×(0.107～0.111)mm。卵巢直径 0.086～0.107mm。阴茎囊长 0.086～0.124mm。虫卵大小为(23～30)μm×(15～22)μm。

本种彩蚴吸虫与已知各种的区别主要在于贮精囊、前列腺管、射精管及圆形的阴茎囊的构造。于 2005年，与各已知种详细比较之后，认为系未经描述的新种，兹定名为中华彩蚴吸虫新种(*Leucochloridium sinensium* sp.nov.)。

4. 双士科种类、生活史及流行学

(1)绵羊斯氏吸虫(*Skrjabinotrema ovis* Orloff，Erschoff et Badenin，1934)在我国存在情况及研究历史

绵羊斯氏吸虫隶于双士科(Hasstilesiidae)，它和短咽科(Brachylaimidae)及彩蚴科(Leucochloridiidae)

是很接近的群类。它们有共同的生物学特点：在成虫方面，它们的生殖器官都位于体部后端；它们的贝类中间宿主都是陆地蜗牛；它们的幼虫期都具有分支的胞蚴和短尾或无尾的尾蚴；成熟尾蚴离开第一中间宿主后都要到另一陆地蜗牛(即第二中间宿主)围心腔中形成后期尾蚴。但不同科属种类具有不同的形态特征。绵羊斯氏吸虫以其独特的睾丸、卵巢和发达的阴茎囊的形态和排列方式而不同于其他科属种类。

绵羊斯氏吸虫寄生于绵羊小肠，因此在流行区俗称之为小肠吸虫。在我国，主要流行于我国西部的甘肃、陕西、新疆、青海、西藏等地区的农牧区。通常，每只绵羊受感染的虫数极多，强度大，会引起肠黏膜发炎、溃疡、出血，出现消瘦、贫血、腹泻等临床症状，对羊群牧业生产有危害。

关于本种吸虫的生活史，Kas'ianov(1954)报道了它的尾蚴和后期尾蚴，但可能有误，Yamaguti(1975)对其表示怀疑。著者曾于1979年、1981年及1982年夏天在新疆天山羊群牧场及青海乐都、循化及贵德等地牧场进行野外工作时，在绵羊的小肠见有大量很小的褐色绵羊斯氏吸虫黏附在它们小肠黏膜上的情况。检查了从各牧场采集的大量陆地蜗牛，发现各地蜗牛都有绵羊斯氏吸虫幼虫期的寄生。在许多蜗牛的围心腔中有具斯氏吸虫童虫特征的成熟的后期尾蚴、不同发育程度的中期后蚴以及尚具有尾蚴形态的早期后蚴。同时在另外一些蜗牛体中查获本吸虫的分支状胞蚴和尾蚴(唐崇惕，1999)。

(2)绵羊斯氏吸虫生活史各期

A．成虫及羊群感染情况

1979年夏天在新疆白杨沟天山牧场，从绵羊小肠收集的绵羊斯氏吸虫(**双士图 1 之 1**)都是较成熟的个体，20个标本的测量数据如下：虫体大小为(1.090～1.608)mm×(0.500～0.732)mm。口吸盘大小为(0.110～0.132)mm×(0.120～0.132)mm。咽大小为(0.045～0.066)mm×(0.065～0.072)mm。腹吸盘大小为(0.120～0.156)mm×(0.130～0.180)mm。两睾丸斜列于体后端，前睾丸大小为(0.220～0.432)mm×(0.180～0.324)mm，后睾丸大小为(0.200～0.366)mm×(0.200～0.516)mm。卵巢与前睾丸相对而列，大小为(0.150～0.240)mm×(0.190～0.234)mm。卵模及其周围梅氏腺的范围大小为(0.090～0.108)mm×(0.090～0.108)mm。由于虫体十分成熟，充满虫卵的子宫圈多、卵巢附近的器官，如输卵管、劳氏管等被遮掩而不易看到。阴茎囊弯曲长柱形，在前睾丸和卵巢之间伸向前睾丸前方。阴茎囊大小为(0.329～0.340)mm×(0.083～0.098)mm。虫卵大小为(25～34)μm×(18～22)μm。

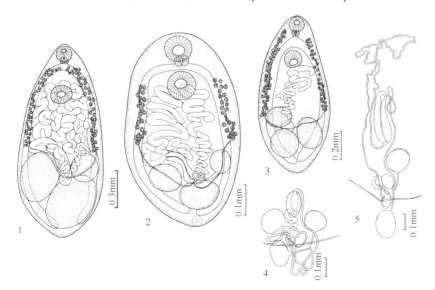

双士图 1　绵羊斯氏吸虫(按唐崇惕，1999)

1. 成虫；2、3. 童虫；4、5.生殖腺中心区的自然状况及将其人为分开

1981～1982年夏季在海拔超过4000m的青海乐都药草台牧场，从绵羊小肠收集的绵羊斯氏吸虫(**双士图 1**)，含童虫和初成熟的成虫比较多，根据20个标本测量的数据如下：虫体大小为(0.593～

1.340)mm×(0.293～0.586)mm。口吸盘大小为(0.070～0.129)mm×(0.079～0.136)mm，咽大小为(0.046～0.057)mm×(0.050～0.064)mm。腹吸盘大小为(0.082～0.136)mm×(0.086～0.143)mm。两睾丸斜列于体后端，前睾丸大小为(0.129～0.157)mm×(0.100～0.171)mm，后睾丸大小为(0.100～0.157)mm×(0.107～0.171)mm。卵巢大小为(0.079～0.119)mm×(0.071～0.107)mm，位于前睾丸对侧，与两睾丸排列呈倒置三角形。在初成熟的虫体上，可以见到由卵巢引出的输卵管在未进入卵模之前与条状劳氏管及卵黄总管相连接，无受精囊。劳氏管长0.114mm，呈弯曲弧形。卵模及其周围梅氏腺范围(0.043～0.050)mm×(0.043～0.050)mm。弯曲的阴茎囊从前睾丸内侧伸到其前方。卵黄腺在体两侧，从体中部水平向前延伸，随着虫体的逐渐发育，卵黄腺从粒逐渐增多，向前延长。虫卵大小为(24～34)μm×(14～23)μm。

青海省各地的羊感染本吸虫很普遍，而且感染强度高。循化县兽医站1982年统计10只阳性羊的感染强度：10%(1/10)感染虫数为1000～2000条，10%(1/10)感染虫数6000～8000条，30%(3/10)感染虫数8000～10 000条，30%(3/10)感染虫数1万～2万条，10%(1/10)感染虫数2万～3万条，10%(1/10)感染虫数3万～5万条。著者在青海乐都药草台剖检一只羊，它小肠黏膜上密布着此吸虫，黑褐色小点多至无法计数，如计数也是数万条无疑。据青海省畜牧兽医研究所当年调查的情况，羊的感染率因不同地点而异，循化和乐都一带羊的感染率为6%～33%。感染强度一般每只均是1万～4万条虫。

B．青海绵羊斯氏吸虫的贝类中间宿主种类

康特大蜗牛(*Halicella candacharica*)为本吸虫的第一和第二中间宿主。

发现地点为青海乐都药草台。海拔4000m以上，在有树林、水流或无林木的短草山坡的环境中，均有此蜗牛存在。

C．绵羊斯氏吸虫幼虫期

1)胞蚴(双士图2)：胞蚴在贝类宿主体内消化腺中增殖。胞蚴体分支，各支条上又分生许多长短不一的支芽。成熟胞蚴长达3.56～3.87mm，宽0.265～0.289mm。各支条最长达1.362～1.560mm。胞蚴体内含胚球、尾蚴胚体和短尾尾蚴的数目很多。在胞蚴一端顶部有一凹陷似生产孔的构造。

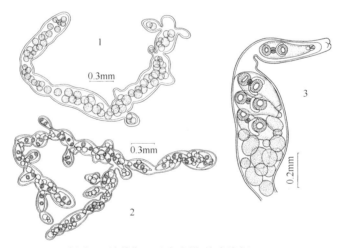

双士图2　绵羊斯氏吸虫胞蚴(按唐崇惕，1999)
1. 早期胞蚴；2、3. 成熟胞蚴的一段

2)尾蚴：在胞蚴体内的尾蚴胚体(**双士图3之1～5**)体外都有一层很薄的胚膜包裹着，尾蚴成熟时才脱膜而出。尾蚴胚球发育到约0.134mm×0.074mm大时，体中已有口吸盘、腹吸盘和尾部雏形出现。随着胚体的逐渐发育而出现口道、咽、2个肠盲囊、尾部、穿刺腺及排泄囊和进入尾部的2个排泄管，这些结构逐渐完善。

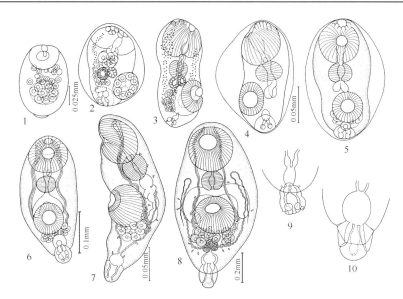

双士图 3　绵羊斯氏吸虫尾蚴和早期后蚴　(按唐崇惕，1999)

1～5.尾蚴胚体；6.不成熟尾蚴；7.成熟尾蚴；8.早期后蚴；9、10.尾蚴体后端及尾部示排泄系统

成熟尾蚴(双士图 3 之 6～7)：离开胚膜后的未成熟尾蚴逐渐发育为成熟尾蚴，它们十分活泼地在胞蚴体内活动。体部大小为(0.352～0.385)mm×(0.146～0.191)mm。口吸盘大小为(0.073～0.082)mm×(0.070～0.082)mm。咽大小为(0.030～0.046)mm ×(0.039～0.049)mm。当虫体及咽伸缩时，在咽前后出现很短的前咽和食道。两肠管盲端向后伸到腹吸盘中部水平。腹吸盘大小为(0.064～0.076)mm×(0.064～0.082)mm，位于体中部腹面。穿刺腺细胞 5 对在腹吸盘后方背侧，两束腺管蜿蜒上行，开口于口吸盘背上方。尾部球状，大小为(0.029～0.041)mm×(0.025～0.030)mm，在它前方圆囊状的排泄囊向后引出两条排泄管伸入尾球，它们在尾球后部向两侧开口。由于排泄囊的胀缩，尾部中的排泄管也随之或细窄或膨大地变化，有时在尾部两排泄管之间隐约可见从排泄囊引入尾球另一条也具向外开口的管道(双士图 3 之 9、10)。尾蚴体在腹吸盘和穿刺腺细胞后方有团状生殖原基。成熟尾蚴离开胞蚴到蜗牛宿主体内，包裹在蜗牛体内黏液中，常多个尾蚴被包在一黏液团中。

3) 后期尾蚴(双士图 3 之 8，双士图 4)：与成熟尾蚴结构完全一致的后期尾蚴见之于另外同种蜗牛个体的围心腔中，该蜗牛消化腺等组织内无此吸虫胞蚴及尾蚴的存在。可以推测此吸虫尾蚴是随着蜗牛的黏液排出到其体外，又随着黏液附着到在一起的另一个蜗牛体上。然后通过爬行和穿钻，可能经过蜗牛的排泄孔、排泄管、肾口而移行进入到蜗牛的围心腔中，在那里继续发育。详细移行情况尚需实验证实。

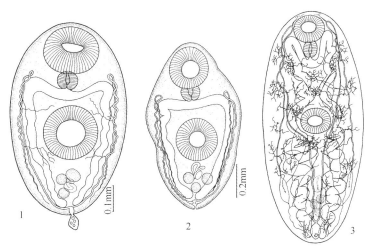

双士图 4　绵羊斯氏吸虫后期尾蚴(按唐崇惕，1999)

1、2.不同发育程度的后期尾蚴；3.成熟后期尾蚴，示排泄系统

后期尾蚴不结囊，最早期的后期尾蚴的大小和形态结构与成熟尾蚴一致，但生殖原基已分化成3圆团，呈三角形排列。随着后蚴的发育，体部逐渐增大而尾部不增大，尾部中排泄管逐渐消失。到后蚴亦加长大时，尾部丢失。在后蚴体部成长过程中，尾蚴的穿刺腺细胞和管道消失，肠管向后延长，生殖原基分化发育。在生殖原基部位可以分辨出两个斜列的睾丸、两小输精管会合后的大输精管连接于很发达的阴茎囊。阴茎囊紧靠在前睾丸和卵巢之间，卵巢及其附近器官亦清晰可见。输卵管、条状劳氏管、卵黄横管和总管，以及初形成的子宫曲圈、子宫末端与阴茎囊末端相会合处的生殖孔等均可辨别。此时卵模、梅氏腺及卵黄腺尚未出现。从睾丸、卵巢及阴茎囊的结构和排列位置，尤其输卵管和劳氏管的形态结构特征，与羊小肠中绵羊斯氏吸虫童虫和早期成虫的结构完全相同。由此可以认为牧场上康特大蜗牛体中这些胞蚴、尾蚴和后蚴是该牧场羊群的绵羊斯氏吸虫的幼虫期。

在蜗牛围心腔中，生殖原基已分化，尚具尾部及已无尾部的后期尾蚴的测量数据如下：体部大小为(0.585～1.356)mm×(0.250～0.607)mm。口吸盘大小为(0.113～0.244)mm×(0.130～0.237)mm。咽大小为(0.050～0.096)mm×(0.060～0.111)mm。腹吸盘大小为(0.104～0.252)mm×(0.074～0.244)mm。前后两睾丸大小为(0.040～0.082)mm×(0.045～0.089)mm。卵巢大小为(0.040～0.059)mm×(0.044～0.063)mm。阴茎囊大小为(0.059～0.096)mm×(0.030～0.044)mm。排泄囊大小为(0.052～0.089)mm×(0.022～0.059)mm。

Kas'ianov(1954)报告本吸虫的尾蚴和结囊的后蚴，Yamaguti(1975)认为他所报告的后蚴更接近短咽类。我们在中口短咽吸虫(Brachylaima mesostoma)的生活史研究中，观察其后期尾蚴的卵巢在前后两睾丸之间，阴茎囊不明显等特征与 Kas'ianov 所报告的后蚴相似(唐仲璋和唐崇惕，1993)。Alicata(1940)、Allison(1943)、Joyeux 等 (1932)、Kagan(1951)及 Krull(1935)等也都报告了短咽科或彩蚴科的某些吸虫幼虫期，各均具有它们科的特征，均与绵羊斯氏吸虫的幼虫期有所差异。

(3)绵羊斯氏吸虫流行学

在我国，绵羊斯氏吸虫严重流行于西部一些省份。本种吸虫的中间宿主包括第一贝类宿主和第二中间宿主(媒介)都是陆生螺类，羊群和陆生螺类全国到处都有，而本吸虫病在我国内蒙古科尔沁草原及南方福建却不曾见有。科尔沁草原牛、羊的双腔吸虫病(dicroceoliasis)和胰脏吸虫病(eurytremiasis)，山东、山西两省的双腔吸虫病，以及南方福建的胰脏吸虫病，都非常严重。这些病害流行区都是以陆生螺类为各病原的第一中间宿主。著者曾在这些地区检查过数以万计的大量陆生贝类，都不曾查到绵羊斯氏吸虫的幼虫期。是何因素使本吸虫流行于我国大西北尚待深入调查研究。

青海乐都药草台是绵羊斯氏吸虫流行区，该处蜗牛感染绵羊斯氏吸虫幼虫期情况如下。

A. 康特大蜗牛作为该吸虫的第一中间宿主感染该吸虫的胞蚴和尾蚴情况

1981 年 9 月检查 307 粒蜗牛，阳性 4 粒(1.3%)。它们来自 2 个采集点，感染率分别为 0.97%(2/207)和 2%(2/100)。

1982 年 7～10 月共检查蜗牛 2163 粒，阳性 20 粒(0.93%)。它们来自 8 个采集点，感染率分别为 13%(3/23)、0.24%(1/426)、0.89%(4/450)、0.37%(1/271)、2.1%(2/96)、2.4%(6/251)、0.56%(2/356)及 0.35%(1/290)。羊饮水地带的蜗牛感染率最高。

B. 康特大蜗牛作为该吸虫的第二中间宿主感染该吸虫后期尾蚴情况

只在蜗牛的围心腔内检查到有此吸虫后期尾蚴，消化腺内无此吸虫胞蚴和尾蚴的寄生。

1981 年 11 月检查 37 粒蜗牛的围心腔，阳性 32 粒(86.49%)，感染强度 1～23 条虫，平均 8.5 条虫(272/32)，虫体发育程度不一致。

1982 年 7 月检查采自两个采集地点的 110 粒蜗牛的围心腔，阳性 35 粒(31.8%)，感染强度为 1～32 条虫，平均 6.14 条虫(215/35)。虫体发育程度不一致。两地点的感染率和感染强度分别为：39.68%(25/63)，强度 1～29 条虫，平均 5.08 条虫(127/25)；21.28%(10/47)，强度 1～32 条虫，平均 8.8 条虫(88/10)。

1982 年 7 月检查蜗牛幼螺 50 粒的围心腔，其中 11 粒(22%)也有此吸虫后期尾蚴寄生，强度 1～11 条虫，平均 3.27 条虫(36/11)。后期尾蚴的发育为早中期。

感染有绵羊斯氏吸虫胞蚴和尾蚴的阳性蜗牛，也曾从其围心腔查到此吸虫的后期尾蚴，但感染率不高，强度与其他后蚴阳性的蜗牛情况相似。此阳性蜗牛围心腔中的后蚴是否同一螺体中的尾蚴侵入有待研究。更大可能性是尾蚴来自另一蜗牛。从许多蜗牛只感染本吸虫的后期尾蚴，说明此吸虫尾蚴成熟之后要离开作为第一中间宿主的蜗牛，而后进入作为第二中间宿主的同种蜗牛体内，经过一定途径的移行达到宿主围心腔，发育达到成熟后蚴。这一生物学特征对虫种的保存和扩散有利。青海牧场蜗牛此吸虫后蚴的感染率大大地高过胞蚴的感染率也说明了这一特性。同时也说明当地此吸虫病的感染源普遍存在，所以羊群的感染率居高不下。

参 考 文 献

唐仲璋，唐崇惕. 1993. 中口短咽吸虫 *Brachylaima mesostoma*（Rud.，1803）Baer，1933 的生活史研究（Trematoda：Brachylaimidae）.动物学报，39（1）：13-18

唐崇惕. 1999. 青海绵羊斯氏吸虫的生物学研究. 寄生虫与医学昆虫学报，6（1）：24-30

唐崇惕，唐仲璋. 2005. 中国吸虫学. 福州：福建科学技术出版社

Alicata J E. 1940. The life cycle of *Postharmostomum gallinum*，the cecal fluke of poultry. J Parasitol，26（2）：135-l43

Allison L N. 1943. *Leucochloridiomorpha canstantiae*（Mueller）（Brachylaemidae），its life cycle and taxonomic relationships among digenetic trematodes. Trans Am Micro Soc，62（2）：127-168

Bennett H J. 1942. Observations on the experimentally determined life cycle of the *Leucochloridium actitis* McIntosh. Proc Louis Acad Sc，6：79-80

Blochmann F. 1892. Ueber die Entwicklung von Cercariaeum aus Helix hortensis zum geschlechtsreifen Distomum. Centralbl Für Bakter u Parasit，12：649-651

Braun M. 1901. Zur Revision der Trematoden der Vögel，Ⅱ. Centralbl Bakter und Parasit，29：941-948

Braun M. 1902. Fascioliden der Vögel. Zool Jahrb，Syst，16：1-162

Byrd E E. 1940. Larval flukes from Tennessee. I. A new mother sporocyst of a *Leucochloridium*. J Tenn Acad Sc，15：117-123

Dawes Ben. 1946. The Trematode，with special reference to British and other European forms. Cambridge University Press

Dollfus R Ph. 1934. Sur quelques *Brachylaemus* de la faune francaise recoltes principalement a Richelieu（Indre-et-Loire）. Ann Parasit Hum et Comp，12：551-575；13：52-79

Dujardin F. 1845. Histoire nat. des helminthes ou intestinaux，Paris

Heckert G A. 1887. Zur Naturgeschichte des *Leucochloridium paradoxum*. Ctrlbl Bakt Parasit，I. Abt，Orig. 26：447-453

Heckert G A. 1889. *Leucochloridium paradoxum*. Monographische Darstellung der Entwicklungs und Leuensgeschichte des *Distomum macrostomum*. Bibl Zool，1：1-66

Hsu H F. 1936. Studien zur Systematik und Entwicklungs geschichte der Gattung *Leucochloridium* Garus. Ⅱ. Ueber zwei *Leucochloridium* Arten der Kurischen Nehrung sowie über Fütterungsversuchen mit grünen Sporocysten dieser Gattung. Zeit Parasitenk，8：14-728

Joyeux Baer，Timon-David. 1932. Le development du trematode *Brachylaemus (Brachylaemus) nicolli*（Witenberg）. Compt Rend Soc Eiol，109：464-466

Kagan I K. 1951. Aspects in the life history of *Neoleucochloridium problematicum*（Magath，1920）new comb. and *Leucochloridium cyanocittae* McIntosh 1932（Tremat.：Brachylaemidae）. Trans Amer Micr Soc，70：281-318

Kagan I K. 1952. Further Contributions to the life history of *Neoleucochloridium problematicum*（Magath，1920），new comb.（Trematoda：Brachylaemidae）. Trans Amer Micr Soc，71：20-44

Kagan I K. 1952. Revision of the Subfamily Leucochloridiinae Poche 1907（Trematoda：Brachylaemidae）.The Americ Midl Natur，48：257-301

Kas'ianov IS. 1954. Elucidation of biological cycle of trematode *Skrjabinotrema ovis*（Brachylaimidae）.Trudy Gel'm Lab Akad Nauk SSSR，7：233-257

Krull W H. 1935. *Glaphyrostomum mcintoshi* n. sp.（Tramatoda，Brachylaemidae）with notes on its life history.Proc Helm Soc Wash，2（2）：77

Krull WH. 1935. Some observations on the life history of *Brachylaemus virginiana*（Dickerson）Krull，1934. Trans Amer Micro Soc，54（2）：118-134

Looss A. 1899. Weitere Beiträge zur Kenntnis der Trematodenfauna Aegyptens，zugleich Versuch einer natürlichen Gliederung des Genus *Distomum* Retzius. Zool Jahrb Syst，12：521-784

Magath T B. 1920. *Leucochloridium problematicum* n. sp. J Parasitol，6：105-114

McIntosh A. 1927. Notes on the Genus *Leucochloridium* Carus（Trematoda）. Parasitology，19：353-364

McIntosh A. 1932. Some new species of trematode worms of the genus *Leucochloridium* Carus，parasitic in birds from Northern Michigan，with a key and notes on other species of the genus. J Parasit，19：32-53

McIntosh A，McIntosh G E. 1939. Experimental infection of European Starling with *Leucochloridium* Carus. J Parasit，25（Suppl）：25-26

Mehra H R. 1936. A new species of the genus *Harmotrema* Nicoll 1914，with a discussion on the systematic position of the genus and classification of the family Harmostomidae Odhner 1912. Proc Nat Acad Sc India，6：217-240

Mühling P. 1898. Studien aus Ostpreussens Helminthenfauna. Zool Anz，21：16-24

Mühling P. 1898. Die Helminthenfauna der Wierbeltiere Ostpreussens. Arc Naturgesch，64：1-118

Mukherjee R P. 1964. *Glaphyrostomum indicum* n. sp. (Brachylaemidae: Trematoda) from Pegions. Indian J Helminthol, 16(1): 52-55

Oshmarin P G, Parukhin A M. 1963. Trematodes and nematodes of birds and mammals of Sikhote-Alinsk Preserve. Trudi Sikhote-Alinskogo Gosudarstvennogo Zapovednika, 3: 121-181

Robinson E J. 1947. Notes on the life history of *Leucochloridium fuscostriatum* n. sp. provis. (Trematoda: Brachylaemidae). J Parasit, 33: 467-475

Robinson E J. 1949. The life history of *Postharmosstomum helicis* (Leidy, 1847) n. comb. (Trematoda: Brachylaemidae). J Parasitol, 35(5): 513-533

Skrjabin K I. 1948. Trematodes des animaux et de l'Homme (en russe), T. II: 252-257 fig 127-129

Sinitsin D. 1931. Studien über die Phylogenic der Trematoden. V. Revision of Harmostominae in the light of new facts from their morphology and life history. Zeit Parasitenk, 3: 786-835

Timon-David J. 1953. Recherches sur les Trematodes de la Pie en Provence. Ann Parasit Hum et Comp, 28: 247-288

Timon-David J. 1955. *Urotocus tholonetensis* nov. sp. (Trematoda: Leucochloridiidae), parasite de la hourse de Fabricius chez la Pie. Ann Parasit Hum et Comp, 30: 193-201

Timon-David J. 1955. Developpement experimental d'un Trematode du genre *Urotocus* Looss 1899 (Digenea, Leucochloridiidae). C R Ac Sc, 241: 2014-2015

Tubangui M A. 1932. Trematode Parasites of Philippine vertebrates. V. Flukes from birds. Philip J Sci, 47: 369-404

Ulmer M J. 1951. *Postharmostomum helicis* (Leidy, 1847) Robinson, 1949 (Trematoda), its life history and a revision of the Subfamily Brachylaeminae. Trans Amer Micro Soc, 70(3): 189-238; 70(4): 319-347

Werby H J. 1928. *Glaphyrostomum sanguinolentum*, a new trematode. J Parasit, 14-15: 183-187

Wesenberg-Lun C. 1931. Contributions to the development of the Trematoda Digenea. Part I. The biology of *Leucochloridium paradoxum*. Mem Acad Roy Sci Let Danemark, Sect Sc 9: 90-142

Witenberg G. 1926. Versuche einer Monographie der Trematodenfamilie Harmostominae Braun. Zool Jahrb Syst, 51: 167-254

Wu L Y. 1938. Parasitic trematodes of tree sparrows, *Passer montanus taiwanensis* Hartert, from Canton, with a description of three new species. Lingnan Sci J, 17: 389-394

Yamaguti S. 1939. Studies on the helminth fauna of Japan. Part 25. Trematodes of Birds, IV. Jap J Zool, 129-210

Yamaguti S. 1958. Systema Helminthum Vol. 1. The Digenetic Trematodes of Vertebrates. New York: Interscience Publishers Inc

Yamaguti S. 1971. Synopsis of Digenetic Trematodes of Vertebrates. Tokyo: Keigaku Publishing Co

Yamaguti S. 1975. A Synoptical Review of Life Histories of Digenetic Trematodes of Vertebrates. Tokyo: Keigaku Publishing Co

Zeller E. 1874. Ueber Leucochloridium paradoxum Carus und die weitere entwickelung seiner distomenbrut. Zeitschr Wiss Zool, 24: 564-578

(十二)背孔总科(Notocotyloidea La Rue,1917)

1. 背孔总科及各科的特征和分类

背孔总科吸虫种类包含有寄生于爬行类的拱头科(Pronocephalidae Looss,1902)、寄生于鸟类的背孔科(Notocotylidae Lühe,1909)和拱头科,以及寄生于哺乳动物的背孔科和裸孔科(Nudacotylidae Barker,1916)。它们的共同特征:成虫都被称为单口复殖吸虫(monostomatous digenea),成虫寄生于宿主肠管内,虫体虽小,但危害性很大。它们的生活史相似,有的虫卵具极丝,幼虫期经雷蚴育出无腹吸盘具眼点的单口尾蚴。

(1)背孔总科特征

虫体长形或卵圆形。体部腹面的腹腺纵嵴或丛列具有或无,头部头领结构具有或无。口吸盘很小,无咽,具简单的食道和肠管。没有腹吸盘。睾丸在或近体后端,阴茎囊很发达。生殖孔在体前半部或后半部,但不在端部。卵巢在两睾丸之间或其后。子宫圈横列,虫卵有或无极丝。卵黄腺在体后半部的两侧方。排泄囊"Y"形,两收集管很长,它们前端会合或不会合。

(2)拱头科(Pronocephalidae Looss,1902)的特征和分类

A. 拱头科特征

拱头科吸虫为长形、皮舟形或匙状的单口吸虫。通常具有头领(head collar)。有口吸盘,无咽,肠管简单或有侧分枝,肠末端在或近体末端,偶尔与其有些距离。两睾丸平列、前后列或斜列于或近于体后端,有的可在体中部1/3区,有的睾丸分成若干丛粒。贮精囊在阴茎囊之外,生殖孔在体中央或体中线不同水平的左侧方。卵巢通常在睾丸之前的中央或亚中央,有时可在两睾丸之间或之后。无受精囊但有劳氏管。卵黄腺通常在睾丸

之前两肠管之侧方，偶尔在它们之间或在睾丸之后。子宫圈通常横列于卵巢之前，偶尔在卵巢之后的两睾丸之间。虫卵小，常具有极丝。排泄囊"V"形或"Y"形。两收集管在前方可能联合或有横交织。排泄孔在体末端背侧，偶尔在末顶端。主要是龟类(R)消化道寄生虫，个别见于鱼类(F)和鸟类(B)。

B. 拱头科分类及宿主

Yamaguti(1971)在拱头科中列有 11 亚科 27 属如下：

科、亚科、属	宿主
Family Pronocephalidae(Looss，1899)Looss，1902	FRB
Subfamily Cetiosaccinae Yamaguti，1958	R
Genus *Cetiosaccus* Gilbert，1938	R
Subfamily Charaxicephalinae Price，1931	R
Genus *Charaxicephalus* Looss，1901	R
Subfamily Choanophorinae Caballero，1942	R
Genus *Choanophorus* Caballero，1942	R
Subfamily Desmogoniinae Yamaguti，1958	R
Genus *Desmogonius* Stephens，1911	R
Subfamily Diaschistorchiinae Yamaguti，1958	R
Genus *Diaschistorchis* Johnston，1913	R
Syn. Synechorchis Barker，1922	
Wilderia Pratt，1914	
Subfamily Macravestibulinae Yamaguti，1958	R
Genus *Macravestibulum* Mackin，1930	R
Subfamily Metacetabulinae(Freitas et Lent，1938)Yamaguti，1958	R
Genus *Metacetabulum* Freitas et Lent，1938	R
Subfamily Neopronocephalinae Mehra，1932	R
Genus *Neopronocephalus* Mehra，1932	R
Subfamily Parapronocephalinae Skrjabin，1955	B
Genus *Notocotyloides* Dollfus，1966	B
Parapronocephalum Belopol'kaia，1952	B
Subfamily Pronocephalinae Looss，1899	FR
Genus *Adenogaster* Looss，1901	R
Astrorchis Poche，1926	R
Barisomum Linton，1910	F
Syn. Himasomum Linton，1910	
Genus *Cricocephalus* Looss，1899	R
Epibathra Looss，1902	R
Glyphicephalus Looss，1901	R
Iguanacola Gilbert，1938	R
Medioporus Oguro，1936	R
Myosaccus Gilbert，1938	R
Neocricocephalus Gupta，1962	R
Pleurogonius Looss，1901	R
Pronocephalus Looss，1899	R
Pseudobarisomum Siddiqi et Cable，1960	F

（3）背孔科(Notocotylidae Lühe，1909)和裸孔科(Nudacotylidae Barker，19161)的特征和分类

A．背孔科特征

背孔科吸虫体长形或卵圆形。体具薄侧边缘，边缘有时向腹面转向。在体腹面的腹腺纵列或纵嵴具有或无。口吸盘较小，咽付缺，食道短。肠管简单，末端达到两睾丸之间，它们可能在两睾丸间会合成为后端的公共肠支。两睾丸对称排列在体后部两肠管后端的外侧。外贮精囊具有或付缺。阴茎囊很发达，含有内贮精囊、前列腺和可翻转出去的射精管。生殖孔在肠分叉处，或在其后不同距离的中央或次中央。卵巢在两睾丸之间、之前或其后。卵壳腺(梅氏腺)在卵巢之前。通常具有劳氏管(Laurer'canal)，受精囊付缺。卵黄腺丛粒或管状，在睾丸前方、侧方或背侧的肠管的外侧。子宫圈横列于两肠支之间的区域。虫卵具两极丝。排泄囊短，两收集管前端相会合。本科种类是鸟类(B)和哺乳类(M)的寄生虫。

B．背孔科和裸孔科的分类及宿主

据 Yamaguti(1971)在背孔科含有 3 亚科 11 属，在裸孔科只有 2 属，详见如下：

C．背孔科三亚科主要区别特征

1）背孔亚科（Notocotylinae Kossack，1911）　生殖孔在肠叉后中央。通常具有腹腺纵列或嵴。卵黄腺两长列，位于睾丸肠支外侧。鸟类和水陆哺乳类的肠道寄生虫。

2）槽胃亚科（Ogmogasterinae Kossack，1911）　生殖孔在肠叉之前。体腹面有纵纹或纵嵴。卵黄腺丛粒散列。海洋哺乳类的肠道寄生虫。

3）槽盘亚科（Ogmocotylinae Skrjabin et Schulz，1933）　生殖孔在肠管后方较远距离的次中央。腹腺的纵列或嵴付缺。卵黄腺在睾丸前或其侧方。水陆哺乳类肠道寄生虫。

D．裸孔科(Nudacotylidae)特征

裸孔科不同于背孔科的主要区别点在于：背孔科种类的生殖孔在体前半部，子宫圈在生殖管末端的后方；裸孔科种类的生殖孔在体后半部，子宫圈在生殖管末端的前方。木科只有 2 个属。

2．我国拱头科种类

拱头科共有 11 个亚科，每亚科所含的属的数目不等，具有代表性的拱头亚科含有 13 个属。本科吸虫各虫种的分布地区遍于世界热带的海域。它们所寄生的宿主仅限于数种的海龟，如丽龟 *Caretta caretta olivacea*（Eschscholtz）、海龟 *Chelonia mydas*（Linnaeus）、玳瑁 *Eretmochelys imbricata*（Linnaeus）及棱皮龟 *Dermochelys coriacea*（Linnaeus）等。这些龟类及其寄生的吸虫分布于地中海、埃及、突尼斯，美洲的巴拿马、古巴、巴西、美国的佛罗里达、墨西哥的瓦哈卡、南美的加拉帕戈斯群岛，大洋洲、印度洋（阿拉伯海）、卡拉奇、印度、日本冲绳岛和我国沿海各地。可以看出它们有世界性的分布，在广大的海洋中没有阻隔，可能影响它们分布的只有温度和海流。它们跟着太平洋暖流侵入台湾海峡，经福州、长乐海面，从浙江的温州而至于江苏省。

(1)土卡哈氏双分睾吸虫(*Diaschistorchis tukahashii* Fukui et Ogata，1936)

终末宿主　花龟（*Ocadia sinensis*）（日本福井玉夫和尾形藤活报道）、乌龟 [*Chinemys reevesii*（Gray）]（中国福建福州）。

寄生部位　胃及食道。

虫种特征　按福建 4 个标本（**背孔图 1 之 2、3**）。虫体长圆筒形，两侧平行，最宽处近体后方卵巢处。活时腹面内凹、背面外凸，体表光滑。体大小为（7.804～8.696）mm ×（0.532～0.608）mm。口吸盘圆形，横径 0.532～0.608mm。食道 0.304～0.342 mm。肠管粗大，不具旁支，沿体两侧下行直达后端。睾丸圆形，两列各有 7 个，末一对在体后方相接触。睾丸大小为（0.171～0.323）mm×（0.171～0.304）mm。外贮精囊在体前方 1/3 水平偏左的位置，作 3～4 个屈折而进入阴茎囊，后者大小为（0.666～0.780）mm ×（0.171～0.209）mm。卵巢圆形，直径 0.304～0.342mm。梅氏腺在卵巢右方，位于中央的位置。卵巢靠近梅氏腺的一边有输卵管发出，它相继与劳氏管和卵黄总管相接，输卵管旋进入在梅氏腺前方凹陷的卵模。子宫盘旋在两肠支之间，直至体前方1/3水平而开口于生殖孔。卵黄腺有 12～13 丛粒，分布于体两侧自卵巢及梅氏腺前上行到阴茎囊生殖孔的水平线上，卵黄腺管从两侧斜走向中央，成为卵黄贮囊（卵黄总管）。虫卵大小为（47～56）μm ×（21～26）μm。

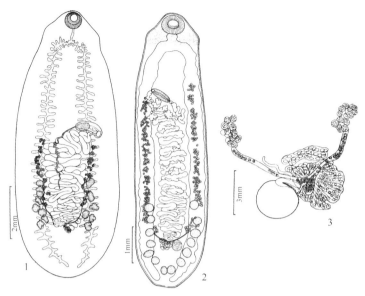

背孔图 1 双分睾吸虫（按唐仲璋和唐崇惕，1990）

1. 侧双分睾吸虫；2～3.土卡哈氏双分睾吸虫成虫及卵巢部位放大

(2)侧双分睾吸虫(*Diaschistorchis lateralis* Oguro，1936)

终末宿主 海龟[*Chelonia mydas*(Linnaeus)]。

采集地点 中国福建福州。

虫种特征 福建标本(背孔图 1 之 1)共有 10 个，比 Oguro 所描述的略大，体长 8.812～10.787mm，体宽 3.328～4.106mm，全体作椭圆形，头领部不明显，仅在口吸盘周围略有增厚。口吸盘在次顶端，直径 0.468～0.637mm。食道短而纤细，长度为 0.375～0.562mm。肠管自食道后即开始有内外侧枝，肠管延至体后端近排泄孔处。睾丸分左右两列，各有 7～8 个，形状分瓣。由输精管膨大，沿体中线偏右向前行至赤道线，转折向左而入阴茎囊。阴茎囊内含贮精囊和前列腺管。生殖孔开口在体左侧肠管外方赤道线水平的位置。阴茎囊大小为(0.600～0.937)mm ×(0.225～0.300)mm。卵巢位于体后端 1/5 处，在体中线偏右的位置，和排列在最后的睾丸同一水平。卵巢分瓣，大小为(0.356～0.468)mm ×(0.318～0.412)mm。在其后方有梅氏腺，大小为 0.099mm × 0.064mm。在输卵管与卵模相衔接处有左右卵黄管会集的总管，通于卵模。卵黄腺从体左右各一列，由 12～13 丛体组成。每个丛体由 4～7 个滤胞集合形成。子宫圈重叠分布在两肠管内，在卵巢前及阴茎囊后的部位。虫卵大小为(28～34)μm ×(10～17)μm。

(3)白色圆头吸虫[*Cricocephalus albus*(Kuhl et Hasselt，1822)Looss，1899]

同物异名 *Monostomum album* Kuhl et Hasselt，1822、*Cricocephalus delitescens* Looss，1899、*Cricocephalus koidzumii* Kobayashi，1921。

终末宿主及分布 海龟(*Chelonia mydas*)(埃及、中美洲、巴拿马、新加坡、日本)、玳瑁(*Eretmochelys imbricata*)(大洋洲)、棱皮龟 [*Dermochelys coriacea*(Linnaeus)](中国福建长乐近海)。

寄生部位 肠管。

虫种特征 福建标本(背孔图 2 之 1)共有 7 条。虫体长 2.798～3.962mm，宽 1.009～1.447mm。口吸盘横椭圆形，大小为(0.247～0.304)mm ×(0.361～0.437)mm。食道长径比口吸盘直径略长。肠管有很长的侧支。睾丸 2 个，有很深的分瓣，左右对称，长径 0.266～0.342mm，横径 0.247～0.342mm。阴茎囊巨大，略作弯曲状，后端连接着外贮精囊。阴茎囊长径 0.476～0.856mm，横径 0.133～0.171mm，外贮精囊的长度 0.399～0.666mm，横径 0.095～0.190mm。和阴茎囊并列的子宫末段(metraterm)的长度 0.856～0.894mm，与阴茎囊相等或更长；横径 0.190～0.266mm。卵巢的长宽度约比睾丸小一半，在卵巢后方的梅氏腺范围

$(0.190\sim0.209)$ mm $\times(0.161\sim0.247)$ mm。虫卵大小为$(26\sim34)$μm $\times(10\sim17)$μm。

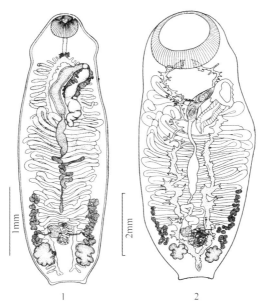

背孔图 2　圆头吸虫(按唐仲璋和唐崇惕，1990)
1. 白色圆头吸虫；2. 巨口圆头吸虫

(4) 巨口圆头吸虫(*Cricocephalus megastomus* Looss，1902)

终末宿主及分布　海龟 *Chelonia mydas*(Linnaeus)(埃及)、棱皮龟 *Dermochelys coriacea*(Linnaeus)(中国福建)。

寄生部位　肠管。

虫种特征　福建标本(**背孔图 2 之 2**)是本种吸虫在东亚的第一次报告。Looss(1902)的描述甚为详尽，因而我们标本的核对较为容易。

本种吸虫的虫体作叶片状，狭窄的后端平削，微有凹陷。福建标本较长大，全长为 $7.125\sim8.156$mm，体宽 $3.187\sim3.562$mm。口吸盘巨大，大小为$(1.500\sim2.118)$mm $\times(1.593\sim1.746)$mm。食道极短。肠管内外侧均有分支，而以外侧的分支较长，并有再度分出的小支。本吸虫的排泄系统排泄囊是一个非常特殊的构造，两侧的收集管及其分支保持着硬化的状态。收集管在体后半，管径较大，在前方则较小。在排泄囊的腹面，排泄孔尚清晰可见，说明这排泄囊是有作用的。在各类吸虫中，不曾见有这样状态的排泄系统，而只在这一特殊虫种有此现象。参看 Looss(1902)的本种图画，他所描述的这一构造和我们的完全一样，说明这不是暂时或偶然的。睾丸左右对称，大小为$(0.562\sim0.600)$mm$\times(0.468\sim0.487)$mm，位于体后端。膨大的输精管和外贮精囊均其发达，内有大量的精子。阴茎囊在体前方，里面的前列腺及管不明显。阴茎囊开口于体左边，生殖孔巨大。卵巢分两瓣，大小为$(0.300\sim0.375)$mm$\times(0.281\sim0.395)$mm，位于睾丸前中央偏左的位置。梅氏腺范围巨大，占两排泄管间体中央的位置。子宫圈横走，层叠掩盖着在其背方的消化管。虫卵大小为$(43\sim51)$μm $\times(12\sim26)$μm。

(5) 中国箭头吸虫(*Glyphipcephalus chinensis* Tang et Tang，1990)

终末宿主　棱皮龟 [*Dermochelys coriacea*(Linnaeus)]。

寄生部位　肠管。

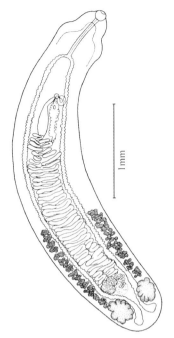

背孔图 3　中国箭头吸虫(按唐仲璋和唐崇惕，1990)

发现地点　中国福建长乐海面。

虫种特点　本虫种(**背孔图 3**)显现箭头属(*Glyphicephalus* Looss，1901)所特具的形态。虫体边缘向腹面卷折，前端狭窄，体前端边缘弯折。虫体长 3.96mm，宽 0.771 mm。口吸盘在顶端位置，直径 0.114~0.159mm。食道长 0.476mm。肠支延至体后端，肠壁略有向外凸出的泡状结构。两睾丸对称，位于肠管外方，具深裂，形成 8~9 个小瓣。睾丸大小为 (0.276~0.343)mm×(0.219~0.266)mm。阴茎囊棒形，大小为 0.438mm × 0.126mm。生殖孔在两肠支内，约在体前方 1/3 的水平。阴茎囊内的射精管自生殖孔伸出外方。卵巢分瓣，大小为 0.190mm×0.190mm，位于体中央偏右的位置，在右睾丸前。梅氏腺在卵巢后体中央的位置，大小为 0.129mm×0.112mm。子宫盘旋在梅氏腺及阴茎囊之间，有 40 多个重叠，充满两支肠管之内的空隙部位。子宫末段(metraterm)的长度与阴茎囊相等。虫卵的大小为 (21~30)μm×(12~17)μm(平均 0.026μm×0.015μm)。

　　箭头属种类的主要特征以模式种 *Glyphicephalus solidus* Looss，1901 为例，其睾丸和卵巢有分瓣，肠管的侧突不明显，而只有较浅的泡状外凸结构。*Glyphicephalus lobatus* 的睾丸有微凹，但生殖孔在肠支外侧。

　　头座属的 *Epibathra crassa*(Looss，1901)Looss，1902 与中国箭头吸虫略有类似，但它的体形较短，子宫圈、卵黄腺的分布也较短，虫卵较大，大小为 49μm×26μm。

　　蜥居属的 *Iguanacola navicularis* Gilbert，1938 与中国箭头吸虫也很类似，但它的卵巢居正中位置，生殖孔在体中线略前位置，且头部的构造迥不相同。

(6)中华头座吸虫(*Epibathra sinensis* Wu et Zhang，1981)(背孔图 4)

　　终末宿主　*Chinemys* sp.。
　　寄生部位　肠管。
　　发现地点　中国江苏南通。
　　吴光和张松龄(1981)报告此拱头科的中华头座吸虫新虫种。

3. 背孔科种类

(1) 背孔亚科[Notocotylinae(Lühe，1909)Kossack，1911]种类

　　背孔科背孔亚科中种类最多的属为背孔属(*Notocotylus* Diesing，1839)，该属吸虫(**背孔图 5**~**背孔图 7**)是世界性分布的群类。主要寄生于鸟类肠管，因此也是鸭子等家禽的常见寄生虫。本类吸虫虽亦见于哺乳类，但属罕见。

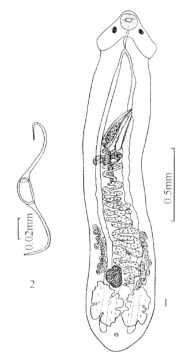

背孔图 4　中华头座吸虫(按吴光和张松龄，1981)

1. 成虫；2. 虫卵

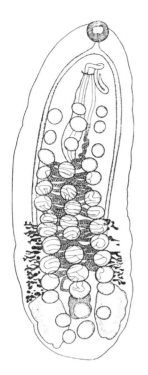

背孔图 5　纤细背孔吸虫(按 Skrjabin，1953)

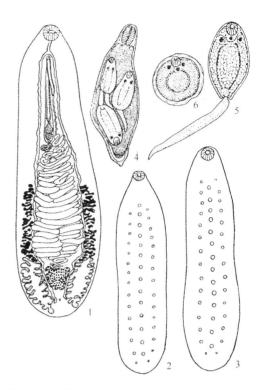

背孔图 6　复叠背孔吸虫生活史(按 Szidat，1935)

1. 成虫；2、3. 体腹面示腹腺；4. 成熟雷蚴；5. 尾蚴；6. 囊蚴

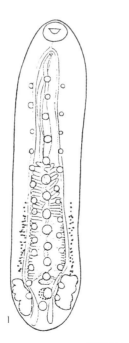

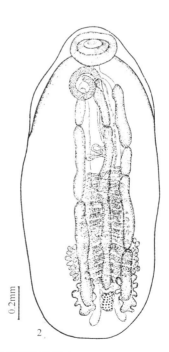

背孔图 7　鸟类背孔科吸虫

1. *Notocotytus urbanensis*(Cort，1914)Harrah，1922(按 Harrah，1922；Yamaguti，1971)，宿主：实验鸡，分布地点：美国等地；2. *Tristriata anatis* Belopl'skaia，
1953(按 Belopol'skaia，1953；Skrjabin，1953)，宿主：长尾鸭 *Clangula clangula*、*Clangula histrionica*，发现地点：俄罗斯

A. 纤细背孔吸虫(*Notocotylus attenuatus* Rudolphi，1809)(背孔图 5)

终末宿主　家鸭、家鹅(*Anser anser domesticus*)、斑嘴鸭(*Anas poecilorhyncha zonorhyncha* Swinhoe)、苍鹭(*Ardea cinerea rectirostris* Gould)。

分布 世界性分布。在我国见于福建福州(严如柳,1959)。本种吸虫在我国的昆明、杭州、台湾等地也有分布(顾昌栋,1956;等)。

纤细背孔吸虫是福州家鸭常见的一种吸虫,严如柳(1959)报告福州家鸭感染此吸虫的平均感染率达到15.09%,虫子寄生在鸭盲肠,有时直肠亦有。

B. 复叠背孔吸虫[*Notocotylus imbricatus*(Looss,1893)Szidat,1935](背孔图6)

这一世界性分布的虫种也见于中国北京。

(2)槽胃亚科(Ogmogasterinae Kossack,1911)

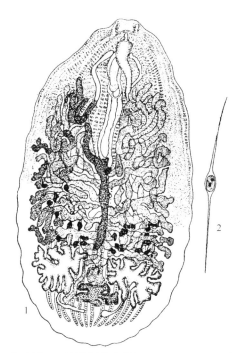

本亚科只有槽胃属(*Ogmogaster* Jägerskiöld,1891),经发现的种类仅数种,系海洋哺乳类的寄生虫。

代表种 鲸槽胃吸虫[*Ogmogaster plicatus*(Creplin,1829)Jägerskiöld,1891](背孔图8)。

终末宿主 鳁鲸(*Balaenoptera* spp.)。

分布 北美洲的太平洋和大西洋海域。

(3)槽盘亚科(Ogmocotylinae Skrjabin et Schulz,1933)

A. 研究历史

Skrjabin 和 Schulz(1933)于当年 3 月在苏联西伯利亚的麅(*Capreolus pygargus bedfordi* Thomas)小肠中查获的单口吸虫——麅槽盘吸虫(*Ogmocotyle pygargi* Skrjabin et Schulz,1944),并为此新种创建新属、新亚科。

同年 8 月 Yamaguti(1933)为从日本梅花鹿(*Sika nippon nippon* Temm.)的小肠获得同样的虫体而定新属新种—— 鹿船形吸虫(*Cymbiforma sikai*),并创新的船形亚科(Cymbiforminae Yamaguti,1933)。按国际命名法,船形亚科和船形属成为槽盘亚科和槽盘属的同物异名。至于鹿槽盘吸虫[*Ogmocotyle sikae*(Yamaguti,1933)Ruiz,1946] 是否麅槽盘吸虫的同物异名,

背孔图 8 鲸槽胃吸虫(按 Jägerskiöld,1891)
1.成虫;2.虫卵

学者们有不同意见(Skrjabin,1953;Yamaguti,1971)。

此后,*Ogmocotyle indica*(Bhalerao,1941)Ruiz,1946 和 *Ogmocolyle ailuri*(Price,1954)Price,1960 分别在印度的牛、羊和美国华盛顿 D.C.国家动物园的小猫熊(*Ailurus fulgens*)体内查获。

本类吸虫在我国贵州、云南、四川和甘肃等地牛、羊及猕猴体内均有发现(危粹凡和王修文,1965;朱佐治和马贤成,1940;邬捷,1959;杨平,1963)。著者在福建的羊体也收集许多本类吸虫,羊体因此寄生虫受害其重。

B. 槽盘属(*Ogmocotyle* Skrjabin et Schulz,1933)特征

同物异名 船形属(*Cymbiforma* Yamaguti,1933)。

分类位置 本属虫种隶于背孔科(Notocotylidae)、槽盘亚科(Ogmocotylinae)。

虫种特征 虫体长形、边缘向腹面弯转,使虫体呈舟形。体表光滑,腹腺或嵴付缺。口吸盘在顶端,食道窄。肠管盲端距体末端很近。两睾丸长度大于宽度,略有分叶,位于体后端两旁。阴茎囊大,弯曲呈"C"字形,内包含有贮精囊、前列腺和可外翻的射精管。生殖孔在肠叉后方甚远的次中央部位。卵巢分叶或不分叶,位于睾丸后端水平中央或它们的后方。卵模及梅氏腺在卵巢之前。受精囊具有或付缺。卵黄腺部分在睾丸前方,部分在它们背侧,在后方会合。子宫圈横列分布于梅氏腺和肌质子宫末端(metraterm)之间,可越出肠支外侧。子宫肌质末端很发达。虫卵两极端有一卵丝。排泄囊短,两侧支长,前端联合,

有很多网结(anastomoses)。哺乳类肠道的寄生虫。

C. 我国羊槽盘吸虫病

在我国西南地区，本吸虫为羊的重要寄生虫之一。形成严重疾患是"倒冬"或"春乏"的原因。

根据贵州省兽医科学研究所危粹凡和王修文(1961)、危粹凡(1965)的调查，槽盘吸虫(*Ogmocotyle pygargi*)在贵州省的威宁、盘县、毕节、赫章、大方、水域、纳雍 7 县的羊群中感染率极高，解剖检查绵羊和山羊，感染率高达 52.5%(176/335)，绵羊感染率 49.7%(152/306)，山羊 82.8%(24/29)。有的县有很高的感染强度，在威宁，1 只羊感染虫数最高的数目达 15 885 个。估计盘县 1 只羊有 4 万条虫体的高度感染。1 只羊有数百条虫数极常见。

被感染的羊身体消瘦，毛无光泽，黏膜苍白。眼睑、颚下、前胸各部时有水肿，大便时稀时干，到末期精神沉郁，眼结膜苍白，四肢瘫痪，卧地不起，不时发出嘶哑微弱声音，心博减弱，死前体温 38~39℃，最后因极度衰弱而倒毙。

尸体解剖发现腹腔有血色液体，血液稀薄，黏性小，凝结慢。十二指肠和小肠黏膜有卡他出血性炎症，十二指肠充满有黄褐色液体，中有大量虫体游离其中。黏膜点状或索状出血。空肠黏膜潮红，肠壁显著肥厚。肝脏及胆囊有时肿大 3~5 倍。胆汁稀薄，肠系膜淋巴肿胀多汁。心肌松软，肌肉灰白，亦多液体充满。

危粹凡(1965)认为贵州槽盘吸虫病病原种类有鹿槽盘吸虫和印度槽盘吸虫两种。

D. 我国槽盘吸虫病的病原种类

著者曾从福建和贵州的山羊、绵羊和猕猴(*Macaca mulatta* Zimm.)上获得槽盘吸虫，只有鏖槽盘吸虫(*Ogmocotyle pygargi* Skrjabin et Schulz，1933)(宿主：山羊)和印度槽盘吸虫[*Ogmocotyle indica*(Bhalerao，1942)Ruiz，1946](宿主：绵羊、猕猴)。

从 3 种宿主获得的虫体大小相似，体内结构与本属基本特征相同。从绵羊和猕猴获得的 *O.indica* 虫体阴茎囊翻出的阴茎上均有齿状突起，不同于从山羊获得的 *O. pygargi* 该处光滑的结构。从不同宿主获得的槽盘吸虫体内各器官测量大小如下。

1)鏖槽盘吸虫(**Ogmocotyle pygargi Skrjabin et Schulz，1933**)(背孔图 9 之 1)。

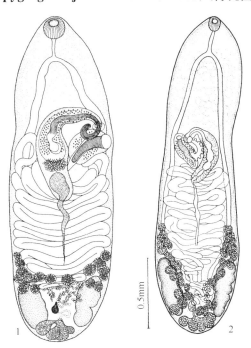

背孔图 9　槽盘吸虫(按唐崇惕和唐仲璋，2005)

1. 鏖槽盘吸虫；2. 印度槽盘吸虫

终末宿主 山羊。

采集地点 中国福建。

虫体大小 虫体大小为(2.223～2.755)mm×(0.575～0.817)mm。口吸盘大小为(0.095～0.114)mm×(0.114～0.133)mm。食道长0.095～0.152mm。左睾丸大小为(0.513～0.760)mm×(0.133～0.190)mm。右睾丸大小为(0.475～0.760)mm×(0.114～0.190)mm。卵巢分瓣，大小为(0.266～0.391)mm×(0.089～0.133)mm。卵黄腺每侧丛体数15～20个，每个大小为(0.067～0.106)mm×(0.053～0.098)mm。阴茎囊大小为(0.532～0.888)mm×(0.124～0.178)mm，阴茎长0.188～0.377mm。子宫肌质末端大小为(0.222～0.285)mm×(0.152～0.152)mm。虫卵大小为(22～27)μm×(13～18)μm，卵丝长44～142μm。

2)印度槽盘吸虫[**Ogmocotyle indica**(**Bhalerao**，1942)**Ruiz**，1946](**背孔图9之2**)。

终末宿主 绵羊。

采集地点 中国贵州。

虫体大小 虫体大小为(2.204～2.451)mm×(0.475～0.779)mm。口吸盘大小为(0.133～0.152)mm×(0.133～0.171)mm。食道长0.114～0.152mm。左睾丸大小为(0.330～0.589)mm×(0.152～0.209)mm，右睾丸大小为(0.380～0.570)mm×(0.133～0.228)mm。卵巢4～7瓣，大小为(0.244～0.311)mm×(0.111～0.178)mm(**背孔图10**)。卵黄腺每侧丛体数10～16。阴茎囊大小为(0.760～1.045)mm×(0.228～0.285)mm。子宫肌质末端大小为(0.285～0.342)mm×(0.152～0.190)mm。

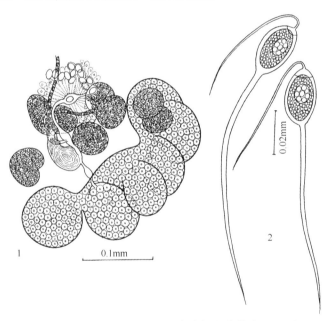

背孔图10　印度槽盘吸虫(按唐崇惕和唐仲璋，2005)
1.卵巢附近器官；2.虫卵

终末宿主 猕猴。

采集地点 中国贵州。

虫体大小 虫体大小为(1.976～2.090)mm×(0.798～0.912)mm。口吸盘大小为(0.114～0.152)mm×(0.152～0.171)mm。食道长0.095～0.152mm。左睾丸大小为(0.380～0.627)mm×(0.190～0.228)mm，右睾丸大小为(0.361～0.627)mm×(0.190～0.228)mm。卵巢4瓣，大小为(0.222～0.377)mm×(0.111～0.178)mm。受精囊大小为(0.044～0.058)mm×(0.035～0.044)mm。卵黄腺每侧丛体数3～15。阴茎囊大小为(0.665～0.950)mm×(0.190～0.190)mm。子宫肌质末端大小为(0.380～0.570)mm×(0.133～0.190)mm。

3)鹿槽盘吸虫[**Ogmocotyle sikae**(**Yamaguti**，1933)**Ruiz**，1946]。

Skrjabin(1953)认为鹿槽盘吸虫是麂槽盘吸虫的同物异名。Yamaguti(1971)仍认可它的独立性。危粹凡

(1965)也以两虫种的睾丸、卵巢分叶情况不同而认为它们应是两个虫种。其实，睾丸、卵巢的形态在一定范围内可因发育的时间、宿主等条件的不同而产生差异。按危粹凡(1965)描述贵州的鹿槽盘吸虫的情况和测量数据如下。

终末宿主　绵羊、山羊。

分布　中国贵州的许多县、四川的会东、云南的昭通。

虫体大小　虫体大小为$(1.534\sim2.974)$mm $\times(0.394\sim0.595)$mm。口吸盘大小为$(0.102\sim0.136)$mm $\times$ $(0.119\sim0.153)$mm。两睾丸分别为$(0.272\sim0.344)$mm $\times(0.119\sim0.164)$mm 和$(0.187\sim0.328)$mm $\times$ $(0.119\sim0.144)$mm。卵巢$5\sim9(7)$瓣，每瓣大小为$(0.051\sim0.060)$mm $\times(0.034\sim0.076)$mm。卵黄腺丛体数$28\sim35(32)$。阴茎囊大小为$(0.578\sim0.867)$mm $\times(0.170\sim0.238)$mm。子宫末端大小为$(0.153\sim0.374)$mm $\times(0.074\sim0.136)$mm。

4. 裸孔科(**Nudacotylidae Barker，1916**)种类

本科吸虫发现于美洲的美国和巴西。宿主为田鼠(*Microtus p. pennsylvanicus*)和水豚(*Hydrochoerus capybara*)。

本科吸虫只有裸孔属(*Nudacotyle* Barker，1916)和真孔属(*Neocotyle* Travassos，1922)。前者的卵巢在两睾丸之间及其后方，后者的卵巢在两睾丸之间及其前方。本科经记载的种类只有4种(Yamaguti，1971)。

裸孔吸虫(**Nudacotyle novicia Barker，1916**)(背孔图11之1)情况如下。

终末宿主　田鼠(*Microtus p. pennsylvaricus*)。

寄生部位　肠管。

虫种大小　从田鼠发现的虫体大小为$(0.709\sim0.899)$mm$\times(0.500\sim0.657)$mm，雌雄生殖管道末端和生殖孔在体后半部。虫卵大小为$(20\sim24)\mu$m$\times(10\sim13)\mu$m。

中间宿主　圆口螺(*Pomatiopsis rapidaria*)。

幼虫期(背孔图11之2~5)　本种吸虫幼虫期经历2代雷蚴和具眼点单口尾蚴，用由此尾蚴形成的囊蚴饲食实验的田鼠获得成虫(Ameel，1944)。

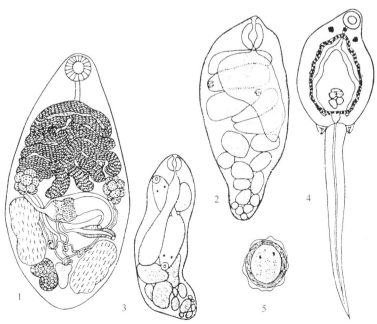

背孔图11　裸孔吸虫的生活史(按 Ameel，1944；Yamaguti，1975)

1. 成虫；2. 母雷蚴；3. 子雷蚴；4. 尾蚴；5. 囊蚴

参 考 文 献

丁汉波, 郑辑, 蔡明章.1980. 福建两栖和爬行类的地理分布及区系研究.福建师大学报(自然科学版), (1)：57-74

顾昌栋.1956. 昆明家鸭吸虫类的研究. 南开大学学报(自然科学版), (1)：95-106

郎所.1956. 寄生棱皮龟星睾肾头吸虫(拱头科)的重新描述. 华东师大学报, 4：104-107

赖提龙, 等.1959. 在会东县发现寄生在绵羊小肠内的 *Ogmocotyle indica*(Bbalerao, 1942)吸虫. 四川农学院畜牧兽医系未发表资料

唐仲璋, 唐崇惕.1990. 一些福建爬行类的寄生吸虫. 从水到陆——刘承钊教授诞辰九十周年纪念集.196-203

唐崇惕, 唐仲璋.2005. 中国吸虫学. 福州：福建科学技术出版社

危粹凡, 王修文.1961. 羊体槽盘属吸虫(*Ogmocotyle*)的研究. 羊体槽盘吸虫病(Ogmocotylosis)的初步调查研究. 中国畜牧兽医学会 1963 年年会论文选编(兽医部分).150-154, 157-162

危粹凡.1965. 羊体槽盘吸虫病(Ogmocotylosis)研究.I. 病原形态分类. 畜牧兽医学报, 8(3)：205-210

吴光, 张松龄.1981. 拱头科吸虫一新种. 动物分类学报, 6(1)：1-3

汪溥钦.1980. 福建几种两栖和爬行类寄生吸虫. 福建师大学报(自然科学版), (1)：81-92

邹捷.1959. 寄生于小猫熊的 *Ogmocotyle indica*(Bhaleaoe, 1942)吸虫. 动物学报, 11(4)：561-564

严如柳.1959. 福州家鸭吸虫类的研究. 福建师范学院学报(生物学专号), 1：177-192

杨平.1963. 甘肃省某县黄牛、山羊及猪寄生蠕虫相调查. 中国兽医杂志, 1(2)：2-5

朱佐治, 马贤成.1940. 云南昆明区内人体兽体寄生虫之调查. 中华医学杂志, 26(8)：699-708

Bhaleaoe G D. 1942. On two helminthes of domestic ruminents in Indis. Parasitology, 34：133-137

Braun M. 1901. Trematoden der chelonier. Mitt aus dem Zool, 2

Fischthal J H, Acholonu A D. 1976. Some digenetic trematodes from the Atlantic hawksbill turtle, *Erytmochelys inbricata inbricata* (L.) from Puerto Rico. Proc Helminth Soc Wash, 43(2)：174-185

Fukui T, Ogata T. 1936. A new trematode from *Ocadia sinensis*. Botany Zool, 4：1707-1710

Fukui T, Ogata T. 1939. On three species of trematodes from *Ocadia sinensis* (Gray). Vol Jubil Yoshida Osaka, 2：187-202

Mehra R K. 1932. Classification de la famille des Pronocephalidae Looss. Ann Parosit, 10：322-329

Price E W. 1954. A new Trematoda form the Lesser Panda, *Ailurus fulgens*. J Parasitol, 40(5 Section 2)：38-39

Skrjabin K I. 1951. Trematodes of Animals and man.Ⅴ. Moscow：Publisher of the Academy of Sciences of USSR：14-165

Skrjabin K I. 1953. Trematodes of Animals and man. Ⅷ. Moscow：Publisher of the Academy of Sciences of USSR：189-199

Skrjabin K I. 1955. Trematodes of Animals and man. Ⅹ. Moscow：Publisher of the Academy of Sciences of USSR：7-197, 130-155

Yamaguti S.1933. Studies on the helminthum fauna of Japan, Part 1. Trematodes of birds, reptiles and mammals.Jap J Zool, 3：1-134

Yamaguti S.1958. Systema Helminthum. I. Digenetic trematodes of Vertebrates. NewYork：Interscience Publishers INC

Yamaguti S. 1971. Synopsis of digenetic of Vertebrates. Tokyo：Keigaku Publishing Co

Yamaguti S. 1975. A Synoptical Review of Life Histories of Digenetic Tremayodes of Vertebrates. Tokyo：Keigaku Publishing Co

(十三)同盘总科(Paramphistomoidea Stiles et Goldberger, 1910)

1. 研究历史

同盘总科是吸虫类中一个很大的群类，终末宿主包括从鱼类到哺乳动物各类脊椎动物。按汪溥钦和王溪云(1985)统计，已知本类吸虫达 200 多种，其中寄生于牛羊的有 80 余种。

本类吸虫的分类研究，始于 Rudolphi(1801)所建立的双口吸虫属(*Amphistoma*)。历年来经过 Diesing(1835)、Creplin(1839)、Poirier(1882)、Leiper(1908)、Travassos(1901)等学者先后不断的新种发现，以及 Fischoeder(1901)、Stiles 和 Goldberger(1910)、Maplestome(1923)、Stunkard(1917)、Fukui(1929)、Travassos(1934)、Southwell 和 Kirshner(1937)、Nasmark(1937)、Skrjabin 和 Schulz(1937)等分类研究，分类系统日趋完善，种类日益增多。Willmott(1950)、Dinnik(1954)、Golvan 等(1957)、Мицкебич(1958)等相继又有许多新种发现，这一类吸虫的种数更逐渐增多。

根据苏联蠕虫学者斯克里亚平院士 Skrjabin(1949)编著《动物和人体吸虫》第三卷记载，前后盘吸虫亚目(Paramphistomatata)共有 4 总科 10 科 70 属 165 种。

在 Yamaguti(1971)的《脊椎动物的复殖吸虫概要》中，本类吸虫包含：

中盘科（Gyliauchenidae Ozaki，1933）；

布郎科 [Brumptiidae（Skrjabin，1949）Yamaguti，1958]；

腹袋科（Gastrothylacidae Stiles et Goldberger，1910）；

同盘科（Paramphistomatidae Fischoeder，1901），包括腹盘亚科（Gastrodiscinae Monticelli，1862）、枝睾亚科 [Cladarchiinae（Fischoeder，1901）Lühe，1909]、重盘亚科（Diplodiscinae Cohn，1904）、同盘亚科（Paramphistominae Fischoeder，1901）等 34 个亚科。

在我国，对同盘类吸虫进行调查研究和报道的学者很多，如杉木（1915）、Fukui（1922）和福井玉夫（1925）在台湾；Maxwell（1921）、林绍文（1936）、李来荣（1937）、严秀宜（1947）、汪溥钦（1959）在福建；陈心陶（1935，1937）、叶亮盛（1951）在广东；Hsu（1935）、汪志楷（1963）在江苏；伍献文与胡祥壁（1935）在南京；吴光（1937）、杨继宗等（1963）、吴淑卿等（1965）在浙江；许世琭（1947）在我国西部的四川、甘肃和宁夏；赵辉元（1950）、危粹凡（1963）在贵州；沈守训（1960，1965）在新疆、河南、湖北和广西；姜泰京（1963）在吉林；詹杨桃（1963）在湖南；邬捷（1963）在四川；王溪云（1966）在江西和广东等。上述的报告显示本类吸虫在我国分布之广，按汪溥钦和王溪云（1985）的统计，当时我国已知同盘类吸虫有 70 种，分隶于 6 科 18 属。本类吸虫多种寄生在牛、羊的胃肠中，感染非常普遍，危害很大。

2. 同盘总科吸虫的分类

同盘类吸虫的群类很多，分类学家们对其分类意见有所不同。苏联 Skrjabin（1949）为此类吸虫设同盘亚目，下有 4 总科（同盘总科、枝睾总科、微舟状总科、中盘总科）。日本著名寄生虫学家 Yamaguti（1971）对此类吸虫的分类作了很多更改，只有同盘科（含 34 亚科）、腹袋科、布郎科，许多科作为亚科隶属于同盘科中，一些科并入其他群类的科中。我国汪溥钦和王溪云（1985）采用 Skrjabin 的同盘亚目的名称，把我国此类吸虫的 6 科（同盘科、腹袋科、腹盘科、枝睾科、重盘科、中盘科）隶于其下。

以上各学者，有关同盘类吸虫分类系统所含科、属的情况，兹简单介绍于下。

（1）Skrjabin(1949)的分类系统

同盘亚目[Paramphistomatata（Szidat，1936）Skrjabin et Schulz，1937]

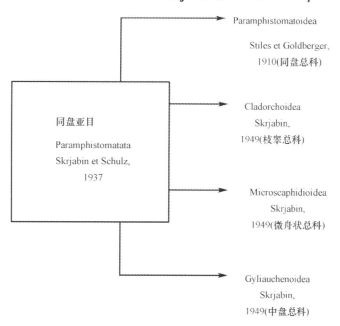

A. 同盘总科（**Paramphistomatoidea Stiles et Goldberger，1910**）

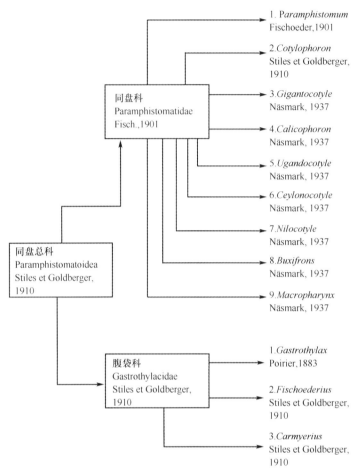

同盘总科
Paramphistomatoidea
Stiles et Goldberger,
1910

同盘科
Paramphistomatidae
Fisch.,1901

1. *Paramphistomum*
Fischoeder,1901

2.*Cotylophoron*
Stiles et Goldberger,
1910

3.*Gigantocotyle*
Näsmark, 1937

4.*Calicophoron*
Näsmark, 1937

5.*Ugandocotyle*
Näsmark, 1937

6.*Ceylonocotyle*
Näsmark, 1937

7.*Nilocotyle*
Näsmark, 1937

8.*Buxifrons*
Näsmark, 1937

9.*Macropharynx*
Näsmark, 1937

腹袋科
Gastrothylacidae
Stiles et Goldberger,
1910

1.*Gastrothylax*
Poirier,1883

2.*Fischoederius*
Stiles et Goldberger,
1910

3.*Carmyerius*
Stiles et Goldberger,
1910

B. 枝睾总科（**Cladorchoidea Skrjabin，1949**）

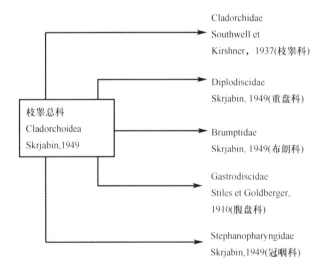

枝睾总科
Cladorchoidea
Skrjabin,1949

Cladorchidae
Southwell et
Kirshner，1937(枝睾科)

Diplodiscidae
Skrjabin, 1949(重盘科)

Brumptidae
Skrjabin, 1949(布朗科)

Gastrodiscidae
Stiles et Goldberger,
1910(腹盘科)

Stephanopharyngidae
Skrjabin,1949(冠咽科)

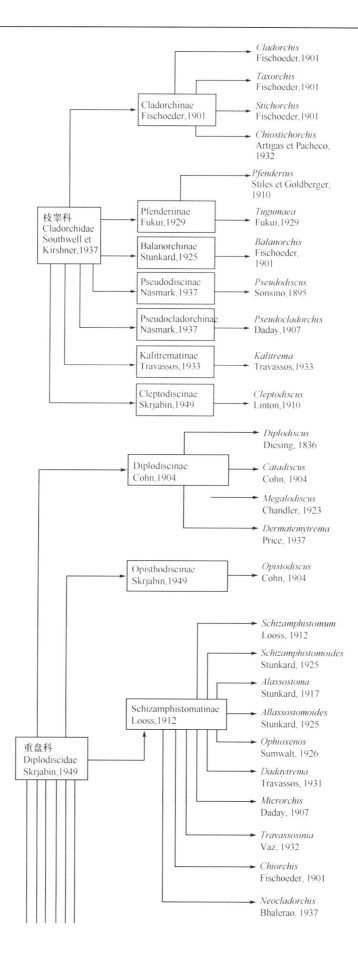

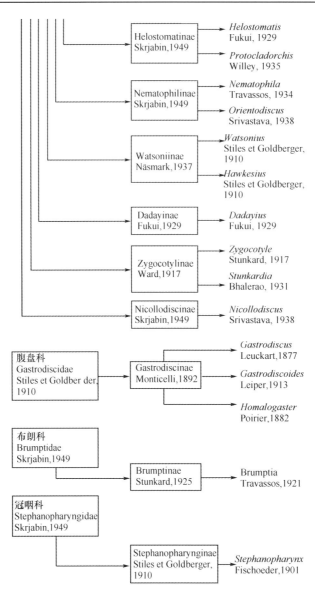

C. 微舟状总科（**Microscaphidioidea Skrjabin，1949**）

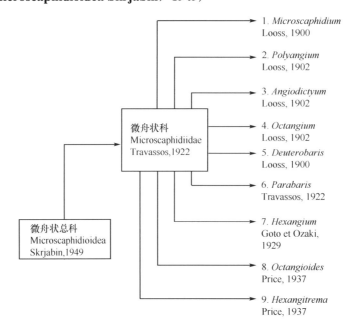

D. 中盘总科（Gyliauchenoidea Skrjabin，1949）

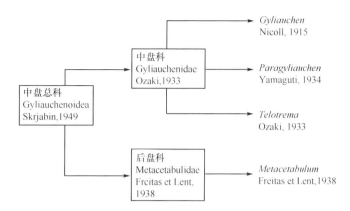

（2）Yamaguti（1971）的分类系统

Yamaguti（1971）的分类系统中，在同盘科中列有 34 亚科，宿主包括鱼类、两栖类、爬行类、鸟类和哺乳类。他没有采纳 Skrjabin 的同盘亚目意见，并把其中 4 总科更改如下。

1）微舟状总科（Microscaphidioidea Skrjabin，1949）将仅有的 Microscaphidiidae Travasssos，1922 科（宿主爬行类），认为是单口类复殖吸虫（Monostomatous digerea），作为 Angiodictyidae Looss，1902 科的同物异名。

2）中盘总科（Gyliauchenoidea Skrjabin，1949）将其中的中盘科（Gyliauchenidae Ozaki，1933）（宿主鱼类）保留，归于端盘类复殖吸虫（Amphistomatous digenea）。把该总科的后盘科（Metacetabulidae Freitas et Lant，1938）（宿主爬行类）全部归到背孔总科的拱头科（Pronocephalidae）、Metacetabulinae 亚科、*Metacetabulum* 属。

3）枝睾总科（Cladorchoidea Skrjabin，1949）除保留布朗科（Brumptidae Skrjabin，1949）[更字为 Brumptiidae（Skrjabin，1949）Yamaguti，1958]之外，把其他各科，如枝睾科、重盘科、腹盘科等均降为亚科，隶于同盘科中。

4）同盘总科（Paramphistomatoidea Stiles et Goldberger，1910）将其中的同盘科（Paramphistomatidae Fischoeder，1901）和腹袋科（Gastrothylacidae Stiles et Goldberger，1910）两科均保留。前者增加许多内容，含 34 亚科；后者除含 Skrjabin 所列的 3 个属隶于 Gastrothylacinae 亚科之外，增加只有 1 属 1 种的 Johnsonitrematinae Yamaguti，1958 亚科。

Yamaguti（1971）同盘科所含的亚科和属及宿主（A 为两栖类、B 为鸟类、F 为鱼类、M 为哺乳类、R 为爬行类）情况如下。

亚科、属	宿主
Family Paramphistomidae Fischoeder，1901	FARBM
Subfamily Balanorchiinae（Stunkard，1925）Yamaguti，1958	M
Genus *Balanorchis* Fischoeder，1901	M
Syn. Verdunia Lahille et Joan，1917	
Subfamily Bancroftrematinae n. subf.	F
Genus *Bancroftrema* Angel，1966	F
Subfamily Brevicaecinae Khalil，1963	F
Genus *Brevicaecum* McClelland，1957	F
Subfamily Caballeroiinae n. subf.	F
Genus *Caballeroia* Thapar，1960	F
Subfamily Catadiscinae n. subf.	AR

Subfamily Pseudocladorchiinae(Näsmark,1937)spelling emend ··F

Genus *Pseudocladorchis* Daday,1906 ···F

Subfamily Pseudodiscinae Näsmark,1937 ··M

Genus *Choerocotyle* Baer,1959 ··M

Hawkesius Stiles et Goldberger,1910 ···M

Pseudodiscus Sonsino,1895 ··M

Subfamily Schizamphistominae Looss,1912 ···AR

Genus *Allassostoma* Stunkard,1916 ···R

Allassostomoides(Stunkard,1924)

Fuhrmann,1928 ···AR

Halltrema Lent et Freitas,1939 ··R

Ophioxenos Sumwalt,1926 ··R

Parachiorchis Caballero,1943 ···R

Pseudallassostoma Yamaguti,1958 ···R

Pseudallassostomoides n. g. ···R

Quasichiorchis Skrjabin,1949 ··R

Schizamphistomoides Stunkard,1925 ···R

Schizamphistomum Looss,1912 ··R

Subfamily Skrjabinocladorchiinae n. subf. ··M

Genus *Skrjabinocladorchis* Chertkova,1959 ···M

Subfamily Solenorchiinae(Hilmy,1949)Yamaguti,1958 ···M

Genus *Indosolenorchis* Crusz,1951 ··M

Solenorchis Hilmy,1949 ···M

Subfamily Stephanopharynginae Stiles et Goldberger,1910 ··M

Genus *Stephanopharynx* Fischoeder,1901 ···M

Subfamily Stichorchiinae(Näsmark,1937)spelling emend ··M

Syn. Stichorchinae Näsmark,1937

Genus *Stichorchis*(Fischoeder,1901)Looss.1902 ···M

Subfamily Watsoniinae Näsmark,1937 ··M

Genus *Watsonius* Stiles et Goldberger,1910 ··M

Subfamily Zygocotylinae Ward,1917 ··RBM

Genus *Stunkardia* Bhalerao,1927 ···R

Zygocotyle Stunkard,1916 ··RBM

(3)汪溥钦和王溪云(1985)的分类系统

汪溥钦和王溪云(1985)采用 Skrjabin 的同盘亚目名称,列出我国的种类有以下各科属:

同盘类吸虫[Paramphistomata(Szidat,1936)Skrjabin et Schulz,1937]

同盘科(Paramphistomatidae Fischoeder,1901)

同盘属(*Paramphistomum* Fischoeder,1901)

巨盘属(*Gigantocotyle* Näsmark,1937)

殖盘属(*Cotylophoron* Stiles et Goldberger,1910)

杯殖属(*Calicophoron* Näsmark,1937)

锡叶属(*Ceylonocotyle* Näsmark,1937)

巨咽属(*Macropharynx* Näsmark，1937)

盘腔属(*Chenocoelium* Wang，1966)

腹袋科(Gastrothylacidae Stiles et Goldberger，1910)

菲策属(*Fischoederius* Stiles et Goldberger，1910)

长妙属(*Carmyerius* Stiles et Goldberger，1910)

腹袋属(*Gastrothylax* Poirier，1883)

腹盘科(Gastrodiscidae Stiles et Goldberger，1910)

平腹属(*Homalogaste*r Poirier，1883)

腹盘属(*Gastrodiscus* Leuckart et Cobbold，1877)

拟腹盘属(*Gastrodiscoides* Leiper，1913)

枝睾科(Cladorchidae Southwell et Kirshner，1937)

假盘属(*Pseudodiscus* Sonsino，1895)

重盘科(Diplodiscidae Skrjabin，1949)

重盘属(*Diplodiscus* Diesing，1836)

裂盘属(*Schizamphistomun* Looss，1912)

黑龙江属(*Amurotrema* Achmerov，1959)

中盘科(Gyliauchenidae Ozaki，1933)

中盘属(*Gyliauchen* Nicoll，1915)

3. 我国的同盘类吸虫种类

我国同盘类吸虫种类很多，兹以能代表大群类形态结构特征的一些种类列举于下，各种类的形态描述按汪溥钦(1959)所报告的资料。各虫种分类位置按 Yamaguti(1971)。

(1)后藤同盘吸虫(*Paramphistomum* gotoi Fukui，1922)

分类位置　同盘科、同盘亚科。

终末宿主　黄牛、水牛、山羊。

寄生部位　瘤胃。

虫种特征(同盘图 1 之 1)　虫体呈白色，圆锥形，微向腹面弯曲。体长 8.2～10.2mm，体宽 2.6～3.4mm，背腹厚 1.6mm。体壁肌厚 52μm。口吸盘稍大如瓶状，大小为 (1.12～1.36)mm×(0.80～0.92)mm，肌厚 0.24mm，前方有乳头状突出。食道细长，长 0.80～1.12mm。肠管向后延伸至位于后端的腹吸盘前边缘。腹吸盘发达，大小为 (1.70～1.92)mm×(1.60～1.92)mm，肌厚 0.48mm。口吸盘与腹吸盘的比例为 1∶1.8，腹吸盘直径与虫体长度的比例为 1∶4.5。生殖孔开口于肠管分叉的上方外缘。睾丸前后排列，前后睾丸的距离为 0.36～0.64mm；睾丸形态各个体常不相同，或大或小；前睾丸分为 2～3 瓣，后睾丸分为 2～4 瓣。瓣列或浅或深。前睾丸大小为 (0.73～1.52)mm×(0.85～1.36)mm，厚度 0.48mm，后睾丸大小为 (0.94～1.28)mm ×(1.12～1.55)mm，厚度 0.56mm。卵巢位于睾丸的后方，呈圆形，直径为 0.32～0.42 mm。卵黄腺发达，自食道两侧缘分布，向后至腹吸盘的前边缘。长排泄囊与劳氏管交叉。虫卵大小为 (128～138)μm×(70～80)μm。

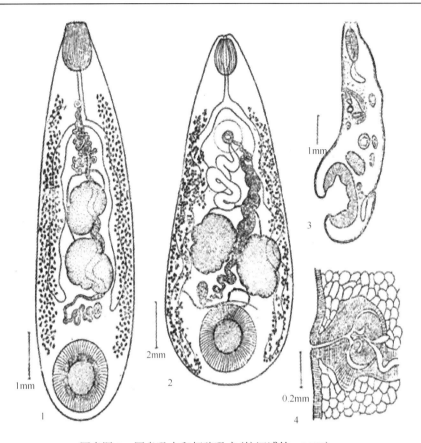

同盘图 1　同盘吸虫和杯殖吸虫(按汪溥钦，1959)
1.后藤同盘吸虫；2~4.杯殖杯殖吸虫(2.整体，3.体纵切面，4.生殖窦纵切面)

(2)杯殖杯殖吸虫[*Calicophoron calicophorum*(Fischoeder，1901)Näsmark，1937]

分类位置　同盘科、同盘亚科。

终末宿主　黄牛、水牛。

寄生部位　瘤胃。

虫种特征(同盘图 1 之 2~4)　虫体淡红色，后端膨大，前端细小，呈圆锥形。体长 13.8~24.2mm，体宽 5.8~8.0mm，体厚 1.92mm。体壁肌肉厚 80μm。口吸盘呈梨子形，大小为(0.96~1.76)mm×(0.84~1.47)mm，肌厚为 0.65mm。食道微有弯曲，长 1.40~2.08mm，肌壁厚 35~70μm。肠管甚长，经数度的回旋弯曲，终达位于后端的腹吸盘的边缘。腹吸盘发达，大小为(2.92~3.85)mm×(2.88~3.85)mm，肌肉厚为 0.5mm。口吸盘与腹吸盘的比例为 1∶2.2，腹吸盘直径与体长的比例为 1∶5.5。生殖孔开口于肠管分叉的下方，生殖窦大，呈花篮状，直径 0.4mm，肌肉厚度为 0.46mm，中央有生殖乳头突出。生殖囊甚长而弯曲。睾丸左右斜列，大小为(2.7~4.2)mm×(2.7~3.8)mm，厚度 1.02mm，边缘分为 9~11 浅瓣。卵巢近圆形，位于腹吸盘的前缘，大小为(0.93~1.22)mm×(0.76~1.08)mm。卵黄腺发达，自肠管分叉处开始分布，沿肠管左右两侧，至腹吸盘边缘。排泄囊长囊状，与劳氏管交叉。虫卵椭圆形，大小为(115~130)μm×(64~70)μm。

(3)殖盘殖盘吸虫[*Cotylophoron cotylophorum*(Fischoeder，1901)Stiles et Goldberger，1910]

分类位置　同盘科、同盘亚科。

终末宿主　黄牛、水牛、山羊。

寄生部位　瘤胃。

虫种特征(同盘图 2 之 1~3)　虫体呈白色，近圆锥形，背腹面方向略压扁，并稍向腹面弯曲。体长

8.0～10.8mm，体宽 3.20～4.24mm，背腹厚 1.12mm。体壁肌肉厚 60μm。口吸盘长圆形，大小为 (0.56～0.76) mm×(0.72～0.88) mm，肌肉厚为 0.144 mm。食道长 0.48～0.80mm，具有食道球，肌肉厚为 80μm。肠管略有弯曲，向后延伸至卵巢的边缘。腹吸盘类球形，大小为 (1.76～2.08) mm×(1.72～2.02) mm，肌肉

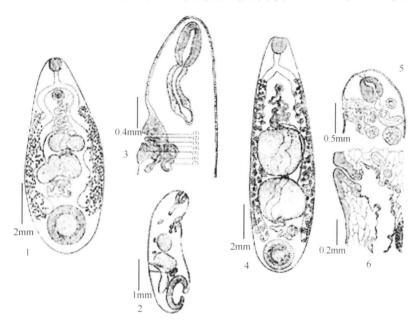

同盘图2　殖盘属吸虫(按汪溥钦，1959)

1～3. 殖盘殖盘吸虫(1. 整体，2. 整体纵切面，3. 体前部纵切面：(1)生殖孔，(2)两性生殖道，(3)两性生殖孔乳头，(4)生殖窦，(5)生殖吸盘，(6)子宫，(7)射精管)；4～6. 印度殖盘吸虫(4. 整体，5. 体前部纵切面，6. 排泄囊纵切面)

厚为 0.50mm。口吸盘与腹吸盘的比例为 1：2.5，腹吸盘与体长的比例为 1：5.3。生殖孔开口于肠管分叉的下方，具有生殖吸盘、生殖乳头和两性生殖孔乳头。生殖吸盘直径 0.64～0.70mm，生殖吸盘与口吸盘的长度比例为 1：1.2。睾丸前后排列，边缘分为 2～3 浅瓣。前睾丸大小为 (1.15～2.24) mm×(1.92～2.36) mm，厚度 0.56mm。后睾丸大小为 (1.54～1.92) mm×(1.64～2.80) mm，厚度为 0.52mm。卵巢大小为 (0.48～0.80) mm×(0.64～0.80) mm，位于腹吸盘的前缘。卵黄腺自肠管分叉处开始分布至腹吸盘的前边缘。排泄囊长囊状，位于卵巢的边缘，与劳氏管交叉。排泄孔开口于排泄囊的前端，位于后睾丸后缘体背中央。虫卵椭圆形，大小为 (112～126) μm×(58～68) μm。

(4) 印度殖盘吸虫 (*Cotylophoron indicum* Stiles et Goldberger，1910)

分类位置　同盘科、同盘亚科。

终末宿主　黄牛、水牛。

寄生部位　瘤胃。

虫种特征 (同盘图 2 之 4～6)　虫体白色圆锥形，背腹面方向无压扁。体长 9.6～11.6mm，体宽 3.23～3.26mm，背腹厚 1.28mm，体壁肌肉厚 70μm。口吸盘呈长梨形，大小为 (0.56～0.88) mm×(0.64～0.88) mm，肌肉厚 0.18mm。食道细长，长 0.56～0.96mm，不具有食道球。肠管稍直，向后延伸至位于后端的腹吸盘边缘。腹吸盘大小为 (1.54～1.72) mm×(1.54～1.88) mm，肌肉厚 0.53mm。口吸盘与腹吸盘的比例为 1：2，腹吸盘直径与体长的比例为 1：6。生殖孔开口于肠管分叉的下方，具有生殖吸盘和生殖乳头。生殖吸盘直径 0.4～0.6mm，肌肉厚 0.3mm。生殖吸盘与口吸盘的比例为 1：1.6。睾丸大，前后排列，前睾丸大小为 (1.56～2.34) mm×(2.15～3.46) mm，厚度 0.64～0.96mm；后睾丸大小为 (1.54～2.54) mm×(1.76～2.52) mm，厚度 0.64～0.88mm。卵巢位于后睾丸的后方，大小为 (0.40～0.80) mm×(0.78～0.80) mm。卵黄腺颇发达，自生殖吸盘的两侧开始分布，向后至腹吸盘的边缘。排泄囊呈长囊状，位于卵巢的边缘，劳氏管与排泄囊交叉。

排泄孔开口于前端。虫卵颇大，为(138～142)μm×(68～74)μm。

　　C.indicum 与 C.cotylophorum 的形态其为相似，两者的区别点在于 C.cotylophorum 的食道具有肥厚的食道球，生殖吸盘与口吸盘的比例为1：1.2。C.indicum 食道不具有食道球，生殖吸盘与口吸盘的比例为1：1.6，可资区别。

　　(5) 侧肠锡叶吸虫[Ceylonocotyle scolicoelium(Fischoeder，1901)Näsmark，1937]

　　分类位置　同盘科、正肠亚科(Orthocoeliinae)。按 Yamaguti(1971)，Ceylonocotyle 属为 Orthocoelicum 属的同物异名。

　　终末宿主　黄牛、水牛、山羊。

　　寄生部位　瘤胃。

　　虫种特征(同盘图3之1、2)　虫体呈乳白色，背腹面稍压扁，前后部大小颇相等。体长 5.8～8.2mm，体宽 2.2～3.3mm，体厚 1.6mm，体壁肌肉厚 64μm。口吸盘类球形，大小为(0.45～0.56)mm×(0.40～0.56)mm，肌肉厚 0.2mm。食道颇短，长 0.4～0.54mm，食道壁肌肉厚 62μm。肠管稍有弯曲，向后延伸至位于体后端的腹吸盘的边缘。腹吸盘颇小，为(1.02～1.20)mm×(1.08～1.36)mm，肌肉厚为 0.34mm。口吸盘与腹吸盘的比例为1：2.3，腹吸盘直径与体长的比例为1：6。生殖孔开口于肠管分叉的外缘。生殖窦发达，直径为 0.56mm，肌肉厚度为 0.32mm。睾丸大为类球形，边缘完整或具有浅裂，前后排列边缘相接连，前睾丸大小为(0.88～1.52)mm×(1.28～2.24)mm，厚度为 1.12～1.20mm；后睾丸大小为(0.85～1.92)mm×(1.44～2.08)mm，厚度为 0.98mm。卵巢球形，位于后睾丸后缘后方，直径为 0.32～0.56mm。卵黄腺自肠管分叉处开始，沿肠管两侧向后延伸至腹吸盘的前边缘。排泄囊圆囊状，位于卵巢的后方，向下方开口于体背部中央，不与劳氏管交叉。虫卵稍大，为(134～147)μm×(74～80)μm。

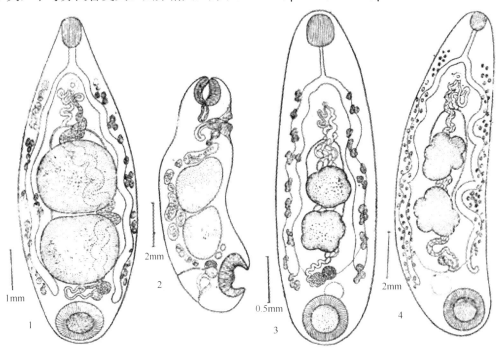

同盘图3　同盘科正肠亚科锡叶吸虫(一)(按汪溥钦，1959)

1、2. 侧肠锡叶吸虫及其纵切面；3. 双叉肠锡叶吸虫；4. 链肠锡叶吸虫

　　(6) 双叉肠锡叶吸虫[Ceylonocotyle dicranocoelium(Fixchoeder，1901)Näsmark，1937]

　　分类位置　同盘科、正肠亚科。

　　终末宿主　黄牛、水牛、山羊。

寄生部位 瘤胃。

虫种特征(同盘图 3 之 3) 虫体小形,乳白色,背腹面略有压扁。体长为 2.8~3.2mm,体宽为 0.86~1.0mm,背腹厚度为 0.56mm。体壁肌肉甚薄,仅 14μm。口吸盘类球形,大小为(0.20~0.32)mm×(0.25~0.32)mm,肌厚 96μm。食道稍短,长 0.16~0.20mm,肌厚 35μm。肠管短直,向后延伸至卵巢的边缘。腹吸盘不发达,大小为(0.35~0.40)mm×(0.42~0.48)mm,位于体末端,肌肉厚 176μm。口吸盘与腹吸盘的比例为 1:1.5,腹吸盘直径与体长的比例为 1:7。生殖孔开口于肠管分叉下方外缘,生殖窦小,直径 140μm,肌厚 70μm。睾丸类球形,边缘略有分瓣,前后排列,前睾丸大小为(0.35~0.40)mm×(0.35~0.38)mm,厚度 0.192mm;后睾丸大小为(0.32~0.35)mm×(0.40~0.48)mm,厚度 0.23mm;前后睾丸距离 48~64μm。卵巢圆形,位于后睾丸的后方,大小为(96~104)μm×(108~128)μm。排泄囊圆囊状,位于卵巢的后方,与劳氏管平行,不相交叉,排泄孔向后开口于体背的中央。卵黄腺不发达,自生殖孔外缘开始,沿两肠管左右侧向后分布至腹吸盘的前边缘。虫卵颇大,为(132~138)μm×(66~70)μm。

(7)链肠锡叶吸虫[*Ceylonocotyle streptocoelinm*(Fischoeder,1901)Näsmark,1937]

分类位置 同盘科、正肠亚科。

终末宿主 黄牛、水牛、山羊。

寄生部位 瘤胃。

虫种特征(同盘图 3 之 4) 虫体中等大小,乳白色,圆锥形;体长 11.5~15.4mm,体宽 3.1~3.8mm,背腹厚 1.28mm,体壁肌肉厚 48μm。口吸盘球形,大小为(0.56~0.72)mm×(0.64~0.72)mm,肌肉厚 0.160mm。食道长 0.88~1.24mm,无食道球。肠管颇长而弯曲,向后延伸至排泄囊的边缘。腹吸盘不发达,大小为(1.60~1.68)mm×(1.68~1.76)mm,肌肉厚 0.32mm。口吸盘与腹吸盘的比例是 1:2.6,腹吸盘直径与体长的比例是 1:8。生殖孔开口于肠管分叉的下方外缘,生殖窦颇发达,直径 0.40mm,具有括约肌和生殖乳头,肌肉厚 0.16mm。睾丸分为 5 瓣,前后排列,前睾丸大小为(1.52~2.24)mm×(0.96~1.76)mm,厚度 0.64mm;后睾丸大小为(1.60~1.82)mm×(0.96~1.76)mm,厚度 0.72mm。卵巢位于后睾丸与腹吸盘之间,大小为(0.48~0.64)mm×(0.56~0.64)mm。卵黄腺发达,自食道下部外缘开始沿两肠管的左右侧至排泄囊的边缘。排泄囊圆囊状,位于卵巢下方,与劳氏管平行,不相交叉,排泄孔向后开口于体背中央。虫卵大小为(105~120)μm×(60~70)μm。

(8)弯肠锡叶吸虫(*Ceylonocotyle sinuocoelium* Wang,1959)

分类位置 同盘科、正肠亚科。

终末宿主 水牛、黄牛。

寄生部位 瘤胃。

虫种特征(同盘图 4 之 1~3) 虫体乳白色,背腹微有压扁。体长 3.6~6.0mm,体宽 1.6~1.8mm,虫体背腹厚 0.88mm,体壁肌肉厚 28μm。口吸盘长梨形,大小为(0.64~0.72)mm×(0.48~0.52)mm,肌肉厚 0.16mm。食道长 0.26~0.40mm,无食道球,前端与口吸盘后缘相接处有少许细胞,围绕于食道周围。肠管甚长,经数度回旋弯曲,向后延伸至腹吸盘的边缘。腹吸盘较小,为(0.50~0.64)mm×(0.80~0.88)mm,肌肉厚 0.24mm,位于虫体末端。口吸盘与腹吸盘的比例为 1:1.2,腹吸盘直径与体长的比例为 1:6.2。生殖孔开口于肠管分叉的下方外缘。生殖窦甚小,直径为 96μm,肌肉厚 52μm,具有生殖乳头,不具有生殖括约肌。睾丸类球形,前后排列,位于虫体后半部。前睾丸大小为(0.64~0.82)mm×(0.64~0.72)mm,厚度 0.28mm;后睾丸大小为(0.72~0.80)mm×(0.64~0.66)mm,厚度 0.32mm;前后睾丸的距离 0.16~0.40mm。卵巢类圆形,大小为(0.16~0.18)mm×(0.16~0.19)mm,位于后睾丸的后方。卵黄腺不发达,自肠管分叉处开始分布,沿两体侧至后睾丸的后缘。排泄囊圆囊状,位于卵巢的后方,与劳氏管平行,不相交叉,排泄孔向后开口于虫体背部中央。虫卵颇大,为(140~

146) μm×(68～72) μm。

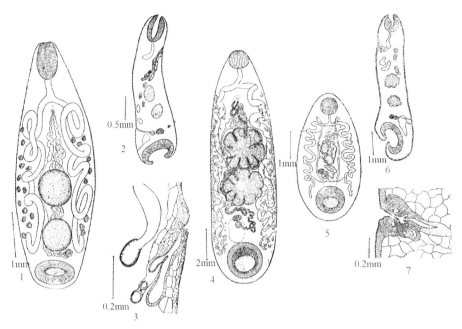

同盘图 4　同盘科正肠亚科锡叶吸虫(二)(按汪溥钦，1959)

1～3. 弯肠锡叶吸虫(1. 成虫，2. 虫体纵切面，3. 生殖窦纵切面)；4～7. 伪链肠锡叶吸虫(4. 成虫，5. 幼小虫体，6. 虫体纵切面，7. 生殖窦纵切面)

(9) 伪链肠锡叶吸虫(*Ceylonocotyle parastreptocoelium* Wang，1959)

分类位置　同盘科、正肠亚科。

终末宿主　水牛。

寄生部位　瘤胃、蜂巢胃。

虫种特征(同盘图 4 之 4～7)　虫体白色，长圆锥形。体长 13.8～18.5mm，体宽 4.0～5.0mm，背腹厚度 2.24mm，体壁肌肉厚 52μm。口吸盘椭圆形，大小为 (0.88～1.60) mm×(1.20～1.60) mm，肌肉厚 0.32mm。食道长 0.96～1.20mm，无食道球。肠管甚长而多回旋弯曲，向后延伸至体后端腹吸盘的后边缘。腹吸盘较发达，大小为 (2.08～2.70) mm×(2.08～2.92) mm，肌肉厚 0.40mm。口吸盘与腹吸盘的比例为 1：1.8，腹吸盘直径与体长的比例为 1：6.8。生殖孔开口于肠管分叉的下方外缘，生殖窦颇大，直径 0.35mm，肌肉厚 0.128mm，具有生殖括约肌。睾丸前后排列，分为 8 瓣或大小不等的 6～9 瓣。前睾丸大小为 (1.92～3.85) mm×(1.92～3.46) mm，厚度 0.96mm；后睾丸大小为 (1.92～3.46) mm×(1.78～3.46) mm，厚度 0.96mm。卵巢类圆形，位于睾丸的后方，大小为 (0.48～0.72) mm×(0.64～0.98) mm。卵黄腺自肠管分叉处开始分布至腹吸盘的边缘。排泄囊位于卵巢的下边缘，与劳氏管平行，不相交叉，排泄孔向背部开口。虫卵大小为 (125～136) μm×(65～72) μm。

锡叶属(*Ceylonocotyle*)虫种的比较情况如下。

汪溥钦(1959)在我国发现的弯肠锡叶吸虫(*C.sinuocoelium*)腹吸盘直径与体长的比例为 1：6.2，伪链肠锡叶吸虫(*C.parastreptocoelium*)腹吸盘直径与体长的比例为 1：6.8。两者排泄囊皆位于卵巢下方，排泄孔向体背部开口，与劳氏管平行，不相交叉，故隶于锡叶属。本属中尚有侧肠锡叶吸虫(*C.scoliocoelium*)、双叉肠锡叶吸虫(*C.dicranocoeliu*)、链肠锡叶吸虫(*C.streptocoelium*)、直肠锡叶吸虫(*C.orthocoelium*)4 种。侧肠锡叶吸虫与双叉肠锡叶吸虫 2 种的食道具有肌肉食道球，而直肠锡叶的食道甚长，肠管短而直，与这两种均不相同。链肠锡叶吸虫的生殖窦具有生殖括约肌，腹吸盘直径与体长的比例为 1：8，睾丸分瓣裂刻甚深，肠管较短，与弯肠锡叶吸虫(*C.sinuocoelium*)有显著的不同。伪链肠锡叶吸虫与链肠锡叶吸虫的形态较接近，生殖窦均具有生殖括约肌，睾丸亦分瓣，但后者的虫体较小，睾丸系分为 5 瓣，腹吸盘直径与体长的比例是 1：8，口吸盘与腹吸盘的比例是 1：2.6，肠管较短。前者虫体较大，睾丸分为 8 瓣或 6～9 瓣，腹吸盘直径与体长的比例系 1：6.8，口吸盘与腹吸盘的比例是 1：1.8，肠管长而回旋弯曲，两者亦不相同。

(10) 中华巨咽吸虫 (*Macropharynx chinensis* Wang, 1959)

分类位置　同盘科、正肠亚科。

终末宿主　水牛。

寄生部位　瘤胃。

虫种特征（同盘图 5）　虫体灰白色，圆锥形，在肠管分叉之前体稍小，自口吸盘后方至体亚末端腹吸盘处的两体侧略近平行。虫体长 5.4～7.5mm，体宽 2.0～2.5mm，背腹厚度为 1.04mm，体壁肌肉厚 24～35μm。口吸盘梨子形，大而显著，为 (0.96～1.48) mm×(1.08～1.20) mm，肌肉厚为 0.28mm。口吸盘与体长的比例为 1：5.3。口吸盘的后缘有一领状结构围住食道的前端，经切片观察系一堆细胞群，包住食道前端的周围。食道长 0.72～0.96mm，经切片观察，前端有一盲囊，食道管壁具有薄的肌肉。肠管于食道后方分叉后，先向左右体侧伸展，后则弯曲回旋，各沿体侧后行，至腹吸盘的上方时，则彼此向对侧延伸。肠管在体的中线急剧膨大，越过体中部后，又复缩小至盲端终。腹吸盘半球形，比口吸盘小，为 (0.72～0.82) mm×(0.88～0.96) mm，肌肉厚度为 0.32mm。腹吸盘与口吸盘的比例为 1：1.34，腹吸盘直径与体长的比例为 1：8.4。生殖孔开口于肠管分叉的外方上缘，生殖窦直径为 0.24mm，肌肉厚为 0.14mm。睾丸前后排列，边缘不规则，前睾丸大小为 (0.64～1.24) mm×(0.80～1.60) mm，厚度为 0.42mm，边缘分为 3 瓣，裂刻较浅；后睾丸大小为 (0.64～1.40) mm×(0.76～1.60) mm，厚度为 0.52mm，边缘分为 4 瓣，裂刻较深。卵巢近圆形，大小为 (0.32～0.34) mm×(0.22～0.40) mm，位于后睾丸的后方。卵巢后缘距腹吸盘前缘 0.72～0.80mm。卵黄腺不发达，自肠管弯曲处开始分布，沿肠管两侧至卵巢的外缘。排泄囊圆囊状，位于卵巢的后方，劳氏管与排泄囊平行，不相交叉，排泄孔开口于体背中央。子宫弯曲，内含虫卵多。虫卵大小为 (110～120) μm×(60～70) μm。

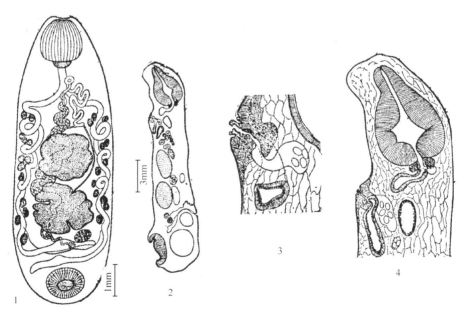

同盘图 5　同盘科正肠亚科中华巨咽吸虫（按汪溥钦，1959）

1、2. 成虫整体及其侧面纵切面；3. 生殖窦纵切面；4. 体前部纵切面

巨咽属(*Macropharynx*)尚有寄生于河马(*Hyppopotamus amphibious*)胃中的 *Macropharynx sudenensis* Näsmark，1937 一虫种，其形态特点与中华巨咽吸虫不同，它们特征比较如下(**同盘表 1**)。

同盘表 1　巨咽属(*Macropharynx*)两虫种特征比较(按汪溥钦，1959)

虫种	*M. chinensis*	*M .sudenensis*
宿主	水牛	河马
虫体大小/mm	(5.4～7.5)×(2.0～2.5)	16.64×7.12
口吸盘大小/mm	(0.96～1.48)×(1.08～1.20)	8.04×3.20
口吸盘与体长的比例	1：5.3	1：5.47
腹吸盘大小/mm	(0.72～0.82)×(0.88～0.96)	(1.72～1.92)×(1.72～1.92)
腹吸盘与体长的比例	1：8.4	1：9.67
食道长度/mm	0.72～0.98	1.20
肠管形态	细长，回旋弯曲	短直，与体侧平行向后延伸
前睾丸大小/mm	(0.64～1.24)×(0.80～1.60)	1.92×2.0
后睾丸大小/mm	(0.64～1.40)×(0.76～1.60)	2.8×1.6
卵黄腺	不发达，自生殖孔后	发达，自食道外缘开
	方开始分布至卵巢边缘	始分布至体亚末端
虫卵大小/μm	(110～120)×(60～70)	148×70

(11)野牛平腹吸虫(*Homatogaster paloniae* Poirier，1883)

分类位置　同盘科、腹盘亚科(Gastrodiscinae)。

终末宿主　牛、羊。

寄生部位　盲肠。

虫种特征(同盘图 6 之 1、2)　虫体淡红色，背腹面压扁，前端缩小，中部膨大，形如龟状。腹面布满小吸盘 15～16 纵列，23～26 横列。横列的各个小吸盘排列不整齐，中央纵列较两侧纵列常较大而数目较少。小吸盘直径112μm，自虫体腹面突出长度为160μm。虫体长 9.5～12.5mm，体宽 5.3～6.8mm，背腹厚 1.04 mm。体壁肌肉厚 64μm。口吸盘稍小，左右呈囊状膨大，口吸盘大小为(0.64～0.66)mm×(0.56～0.64)mm，肌肉厚为144μm。食道长 0.85～1.44mm，肠管稍直，向后延伸至腹吸盘的上方。腹吸盘大小为(2.21～2.88)mm×(2.04～2.56)mm，肌肉厚 0.51mm。口吸盘与腹吸盘的比例是 1：4.7，腹吸盘直径与体长比例是 1：4.7。生殖孔开口于食道中部的边缘，生殖窦小，直径0.32mm，肌厚 112μm。睾丸位于虫体的中央，前后排列，分为多数深裂长瓣。前睾丸大小为(1.44～1.92)mm×(1.94～2.46)mm，厚度 0.5mm，后睾丸大小为(1.52～1.92)mm×(2.24～2.70)mm，厚度0.42mm。卵巢长圆形，大小为(0.24～0.38)mm×(0.48～0.64)mm，位于后睾丸与腹吸盘之间。卵黄腺自肠管分叉处开始分布，至腹吸盘前边缘。子宫弯曲沿体中线上升，通至生殖孔，子宫内含虫卵多。虫卵大小为(108～126)μm×(60～64)μm。

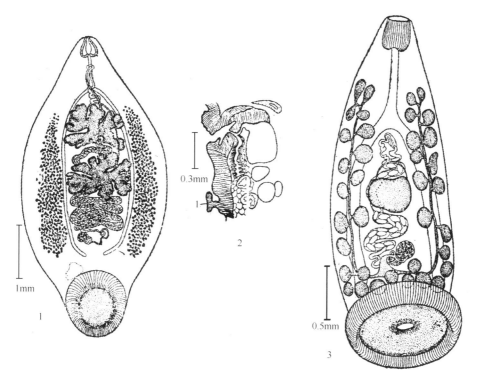

同盘图6　同盘科腹盘亚科和重盘亚科吸虫(按汪溥钦，1959；汪溥钦和王溪云，1985)

1、2.野牛平腹吸虫及其生殖窦纵切面；3.中华重盘吸虫

(12)中华重盘吸虫(*Diplodicus sinicus* Li，1937)

分类位置　同盘科、重盘亚科(Diplodiscinae)。

终末宿主　两栖类；虎纹蛙(*Rana tigerina rugulosa* Wergmann，1835)、黑斑蛙(*Rana nigromaculata* Hallowell)、泽蛙(*Rana limnocharis* Gravenhorst)、沼蛙(*Rana guentheri* Boulenges)。

分布　中国福建、广东等地。

寄生部位　肠管。

虫种特征(同盘图6之3)　虫体淡红色，前端细小，肠管分叉后方两体侧近平行，形如瓶子状。体长2.88～5.62mm，体宽1.12～1.92mm。口吸盘圆球形，后缘两侧微有囊状突出。口吸盘大小为(0.36～0.56)mm×(0.35～0.61)mm。食道长0.21～0.56mm。肠管大而直，向后延伸达腹吸盘的前边缘。腹吸盘半球形，大小为(0.75～1.38)mm×(0.88～1.36)mm。口吸盘与腹吸盘的比例为1:4，腹吸盘直径与体长的比例为1:4.7。生殖孔开口于肠管分叉的下部腹面。睾丸只有1个，类球形，大小为(0.28～0.56)mm×(0.48～0.90)mm，位于虫体中部的稍下方。卵巢近圆形，直径0.18～0.32mm，位于睾丸下方，向后通出输卵管。输卵管连接一条弯曲的劳氏管，并连接一卵黄腺总管。卵黄腺总管左右各分出一条卵黄腺管，向两体侧延伸，后再伸向体前方至生殖孔左右侧，卵黄腺管上连接有36～46个大而显著的卵黄腺丛粒，其大小为(160～240)μm×(162～244)μm。排泄囊在卵巢下方，其下方通到腹吸盘后方的排泄孔，囊前方左右分出2条大排泄管，向两体侧横行，经一度回旋，便弯曲上升，至食道管边缘复行弯曲下降，分出多数的小排泄管，分布于体内的各部分。子宫弯曲上升通至生殖囊，开口于生殖窦。子宫内含有数十个虫卵，虫卵大小为(105～115)μm×(63～68)μm。

(13)荷包状腹袋吸虫 [*Gastrothylax crumenifer*(Creplin，1847)Otto，1896]

分类位置　腹袋科、腹袋亚科。

终末宿主　黄牛、水牛、绵羊、山羊等。

寄生部位 瘤胃。

虫种特征(同盘图7之1) 虫体深红色,长圆柱形。体长11.9～12.5mm,体宽5.1～5.4mm,背腹厚2.0mm,体壁肌肉厚 64μm。体腹面具有一大腹袋,前端开口于口吸盘的后缘,后端至腹吸盘的前缘。腹袋壁肌肉厚98μm。口吸盘圆球形,大小为(0.43～0.72)mm×(0.48～0.64)mm,肌肉厚0.24mm。食道长0.64～1.02mm。肠管稍短,微有弯曲,向后延伸至睾丸的上方。腹吸盘大小为(1.54～1.82)mm×(2.3～2.7)mm,肌肉厚0.64mm,口吸盘与腹吸盘的比例为 1:4,腹吸盘直径与体长的比例为 1:7.4,生殖孔开口于肠管分叉上方的腹袋内,生殖窦直径0.52mm,肌肉厚160μm。睾丸位于体后部,左右排列,各分5～6瓣,左右睾丸大小相等, 为(2.07～2.54)mm×(1.69～1.92)mm, 厚度 0.64mm。卵巢近圆形,大小为(0.4～0.5)mm×(0.48～0.80)mm,位于左右两睾丸中央的下方。卵黄腺前方自肠管分枝处开始分布,后方至睾丸的前缘。排泄囊与劳氏管平行,不交叉。子宫弯曲,由左至右横行于体的中部后,再弯曲上升,通至生殖孔。子宫内虫卵数目甚多,虫卵大小为(116～125)μm×(60～70)μm。

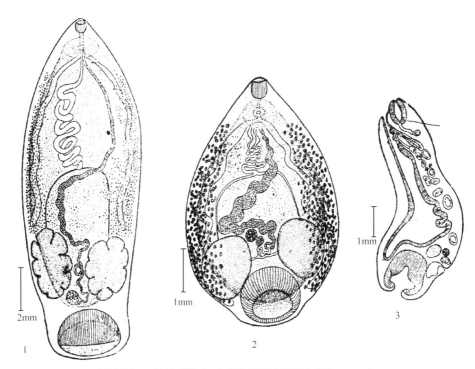

同盘图7 腹袋科腹袋亚科腹袋吸虫(按汪溥钦,1959)

1.荷包状腹袋吸虫;2、3.腺状腹袋吸虫及其纵切面

(14)腺状腹袋吸虫(*Gastrothylax glandiformis* Yamaguti,1939)

分类位置 腹袋科、腹袋亚科。

终末宿主 水牛。

寄生部位 瘤胃。

虫种特征(同盘图7之2、3) 虫体淡红色,梨子形,前后部稍小,体中央膨大。体长5.2～7.0mm,体宽3.4～3.8mm,背腹厚1.68mm,体壁肌肉厚 80μm。腹面具有一囊状腹袋,前端开口于口吸盘后方与肠管分支之间,后端至腹吸盘的前边缘,腹袋肌壁厚 80μm。口吸盘略带方形,大小为(0.35～0.48)mm×(0.35～0.43)mm,肌肉厚 112μm。食道长 0.32～0.64mm,肌肉厚 35μm。肠管稍有弯曲,沿两体侧向后延伸至腹吸盘的后缘。腹吸盘半球形,大小为(0.9～1.28)mm×(1.36～1.86)mm,肌肉厚0.48mm,口吸盘与腹吸盘的比例为 1:3.2,腹吸盘直径与体长的比例为 1:5.8。生殖孔开口于食道后部的腹袋内,生殖窦大,直径0.40mm,肌肉厚160μm。睾丸球状,边缘完整或分为 2～3 瓣,左右排

列,左右睾丸近相等,大小为(1.28～1.60)mm×(1.16～1.28)mm,厚0.72mm。卵巢圆形,大小为(0.32～0.48)mm×(0.32～0.48)mm,位于两睾丸间的上方。卵黄腺前自肠管分叉处开始,沿两肠管左右侧下行至腹吸盘的边缘。子宫弯曲,自左至右横行于体中部后,再弯曲上升,开口于生殖孔。子宫内充满着虫卵,虫卵大小为(105～122μm)×(63～70)μm。

(15)水牛长妙吸虫[*Carmyerius bubalis*(Innes,1912)Wang,1959]

分类位置　腹袋科、腹袋亚科。

终末宿主　黄牛、水牛。

寄生部位　瘤胃。

虫种特征(同盘图8之1)　虫体深红色,圆筒形,前端稍小,后端钝圆。体长15.4～16.9mm,体宽5.8～6.2mm,背腹厚2.62mm,体壁肌肉厚35μm。体腹面具有一大腹袋,前端开口于肠管分叉处的下方,后方至睾丸的前缘,腹袋肌肉壁厚80μm。口吸盘梨子状,大小为(0.72～0.78)mm×(0.64～0.70)mm,肌肉厚168μm。食道长0.48～0.56mm,食道壁肌厚52μm。肠管弯曲,沿两体侧向后延伸至睾丸的边缘。腹吸盘半球形,大小为(1.54～1.60)mm×(2.2～2.4)mm,肌肉厚0.48mm。口吸盘与腹吸盘大小的比例为1:2.7,腹吸盘直径

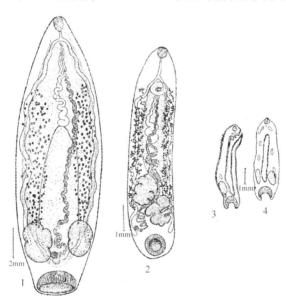

同盘图8　腹袋科腹袋亚科长妙吸虫(按汪溥钦,1959)
1. 水牛长妙吸虫;2. 纤细长妙吸虫;3、4. 纤细长妙吸虫侧面和正面的纵切面

与体长的比例为1:8.3。生殖孔开口于食道下方的腹袋内,生殖窦发达,直径0.96mm。肌肉厚度0.32mm。睾丸位于腹吸盘的前缘,左右排列,大小为(2.6～2.7)mm×(1.8～2.2)mm,厚度为1.44mm,边缘分为3瓣。卵巢长圆形,大小为(0.72～0.88)mm×(0.48～0.52)mm,位于两睾丸中央后方。卵黄腺分布,自贮精囊的中部外缘开始至睾丸的前缘。排泄囊位于卵巢后方,与劳氏管平行,不相交叉。排泄孔开口于体背部中央。子宫沿体中线由后向前上升,开口于生殖孔,内含虫卵。虫卵大小为(124～128)μm×(64～68)μm。

(16)纤细长妙吸虫[*Carmyerius synethes*(Fischoeder,1901)Stiles et Goldberger,1910]

分类位置　腹袋科、腹袋亚科。

终末宿主　黄牛、水牛。

寄生部位　瘤胃。

虫种特征(同盘图8之2～4)　虫体淡红色,细圆筒形,前端稍小,自肠管分叉处至体末端,两体侧近平行。虫体长度6.26～12.4mm,体宽1.6～2.4mm,背腹厚1.60mm,体壁肌肉厚18μm。腹面具有一个腹袋,前端开口于肠管分叉的下方,后端至腹吸盘的前缘,腹袋肌肉壁厚22μm。口吸盘圆形,大小为(0.40～

0.64)mm ×(0.40～0.48)mm，肌肉厚 0.20mm。食道长 0.42～0.64mm，食道管壁厚 24μm。肠管细长，弯曲向后延伸至腹吸盘的边缘。腹吸盘半球形，大小为(0.68～0.96)mm×(0.80～1.32)mm，口吸盘与腹吸盘的比例为 1：2，腹吸盘直径与体长的比例为 1：12.6。生殖孔开口于肠管分叉的下方腹袋内，生殖窦发达，直径 0.40 mm，肌肉厚度 168μm。睾丸圆形，边缘完整，或分为 2～5 瓣，左右或倾斜排列于体的后方，大小为(1.08～1.68)mm×(1.08～1.76)mm，卵巢椭圆形，大小为(0.40～0.56)mm ×(0.32～0.48)mm，位于左右睾丸之间后方。卵黄腺自肠管分叉的后缘开始分布，沿肠管左右两侧至睾丸的边缘。子宫弯曲沿体中线上升通于生殖孔，内含虫卵颇多，虫卵椭圆形，大小为(118～122)μm×(70～74)μm。

(17)柯布菲策吸虫[*Fischoederius cobboldi*(Poirier，1883)Stiles et Goldberger，1910]

分类位置 腹袋科、腹袋亚科。

终末宿主 黄牛、水牛、野牛。

寄生部位 瘤胃。

虫种特征(同盘图 9 之 1) 虫体深红色，前端细小，中部膨大，腹吸盘前方缩小，整体形如花瓶状。虫体长度 12.5～22.0mm，宽度为 5.2～7.2mm，背腹厚 3.08mm，体壁肌肉厚 96μm。腹面具有一大腹袋，前端开口于口吸盘下缘，后端至睾丸的上方，腹袋肌肉厚 160μm。口吸盘不发达，大小为(0.72～1.12)mm ×(0.72～0.96)mm，肌肉厚 0.24mm。食道长 0.96～1.44mm。肠管细长弯曲，向后延伸至睾丸的边缘。腹吸盘发达，大小为(2.21～2.70)mm×(3.46～3.85)mm，肌肉厚为 0.48mm，口吸盘与腹吸盘的比例为 1：3.5，腹吸盘直径与体长的比例为 1：7.8。生殖孔开口于肠管分叉上方的腹袋内，生殖窦直径 0.40mm，肌肉厚度 160μm，中具有生殖乳头。睾丸边缘分为 3～6 瓣，背腹倾斜排列于体后部，背睾丸大小为(2.48～3.85)mm ×(2.12～3.85)mm，厚 3.08mm；腹睾丸大小为(2.54～3.85)mm×(2.70～3.85)mm，厚 2.12 mm。卵巢位于两睾丸之间下方，大小为(0.32～0.56)mm×(0.56～0.80)mm。卵黄腺自贮精囊中部边缘开始分布，至背睾丸的边缘。排泄囊与劳氏管平行，不相交叉。虫卵大小为(105～112)μm×(63～65)μm。

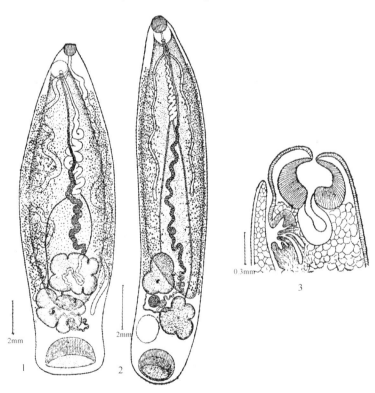

同盘图 9 腹袋科腹袋亚科菲策属吸虫(按汪溥钦，1959)

1.柯布菲策吸虫；2、3.长菲策吸虫及其体前部纵切面

(18)长菲策吸虫[*Fischoederius elongatus*(Poirier，1883)Stiles et Goldberger，1910]

分类位置 腹袋科、腹袋亚科。

终末宿主 黄牛、水牛、绵羊、山羊等。

寄生部位 瘤胃。

虫种特征(同盘图 9 之 2、3) 虫体深红色，圆筒形，前端略小，体后部近平行。体长 9.6～23.2mm，体宽 2.8～4.8mm，背腹厚 1.92mm，体壁肌肉厚 64μm。体腹面具有一大腹袋，前端开口于口吸盘的下端，后方至睾丸的边缘，腹袋肌厚 112μm。口吸盘梨子形，大小为(0.48～0.80)mm×(0.52～0.65)mm，肌肉厚 0.27mm。食道长 0.48～1.28mm，食道壁肌肉厚 35μm。肠管盲端仅达体的中部。腹吸盘半球形，大小为(1.04～1.82)mm×(1.26～2.18)mm，肌肉厚 0.4mm。口吸盘与腹吸盘的比例为 1∶2.5，腹吸盘直径与体长的比例为 1∶14。生殖孔开口于食道后方的腹袋内，生殖窦大，直径 0.4mm，肌肉厚 112μm，具有生殖乳头。睾丸边缘完整，或分为 3 瓣，位于虫体后部，背腹对角线排列。背睾丸大小为(1.42～2.21)mm×(1.54～2.02)mm，厚 2.4mm；腹睾丸大小为(1.54～2.21)mm×1.54～2.21)mm，厚 2.48mm。卵巢大小为(0.32～0.48)mm×(0.48～0.62)mm，位于背腹睾丸之间。排泄囊圆囊形，与劳氏管平行，不相交叉。卵黄腺自肠管分叉处开始分布至腹睾丸边缘。子宫沿体中线上升，通至生殖孔，内含虫卵甚多。虫卵大小为(118～132)μm×(66～72)μm。

4. 同盘科吸虫幼虫期

同盘科吸虫的幼虫期从卵孵出毛蚴，在水生或两栖性螺类体中发育，经胞蚴、雷蚴和尾蚴各期。具前后吸盘的成熟尾蚴在水中或湿地上脱去尾部，在水草或一些物体上形成囊蚴。牛、羊等终末宿主吃草时，吞食了囊蚴，后期尾蚴在终末宿主体内发育，达到成虫。

Yamaguti(1975)介绍同盘类吸虫经研究全部或部分生活史的种类只有 24 种。

终末宿主为哺乳动物的有 23 种如下。

Paramphistominae 亚科：*Paramphistomun* 属 10 种，*Calicophoron* 属 2 种，*Cotylophoron* 属 2 种；Orthocoeliinae 亚科：*Orthocoelium* 属 1 种，*Srivastavaia* 属 1 种；

Pseudodiscinae 亚科：*Pseudodiscus* 属 1 种；

Cladorchiinae 亚科： *Olveria* 属 1 种，*Wardius* 属 1 种；

Gastrodiscinae 亚科：*Gastrodiscus* 属 2 种，*Gastrodiscoides* 属 1 种；

Stichorchiinae 亚科： *Stichorchis* 属 1 种。

终末宿主为鸟类的只有 Zygocotylinae 亚科的 *Zygocotyle* 属 **1** 种。

殖盘属(*Cotylophoron* Stiles et Goldberger，1910)种类的幼虫期情况

印度殖盘吸虫(*Cotylophoron indicum* Stiles et Goldberger，1910)寄生于牛、羊胃肠中。分布遍及印度、苏丹和我国各地。Maxwell(1921)在闽南即已发现报告。汪溥钦(1959)报道在福州调查本种吸虫的流行情况：黄牛的感染率占 26.6%，感染强度为 6～25 个；水牛感染率为 16.6%，感染强度为 4～73 个，山羊感染率为 3.5%。

汪溥钦(1962)报告印度殖盘吸虫生活史，说明本吸虫幼虫期各发育阶段及其媒介(中间宿主)的情况。他在福州、福清等地畜牧场附近采集各种扁卷贝，如 *Hippeutis cantori* Benson、*Gyraulus convexiusculus* Hutton、*Segmentina hemisphaerula*(Benson)和椎实螺：*Lymnaea*(*Fossaria*)*ollula* Gould、*Lymnaea*(*Radix*)*plicatula* Benson 等进行解剖检查，结果在扁卷贝 *H. cantori* 和小椎实螺 *L. ollula* 体中均检得前后盘吸虫幼虫。将检得的尾蚴放在培养皿的水中，待其形成囊蚴后，分别喂饲牛、羊，便获得印度殖盘吸虫的成虫。印度殖盘吸虫的虫卵和各幼虫期形态特征(按汪溥钦，1962)如下。

（1）虫卵

虫卵（**同盘图 10 之 1**）呈灰褐色，卵圆形，前端具有明显的卵盖，卵中央稍前方有圆形的卵细胞，卵细胞直径为 24～28μm，外围有多数的卵黄细胞。虫卵大小随虫体的成熟程度略有不同。虫体含少数虫卵时，虫卵大小为（120～126）μm×（68～75）μm；虫体完全成熟，含有多数虫卵时，虫卵大小为（136～142）μm×（70～75）μm。

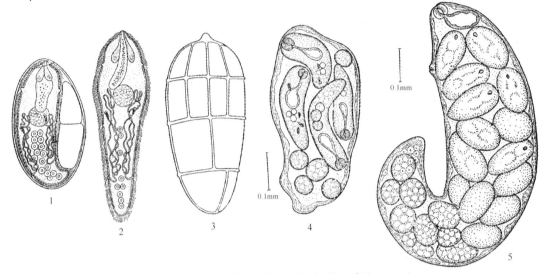

同盘图 10　印度殖盘吸虫幼虫期（一）（按汪溥钦，1962）

1.成熟虫卵；2.毛蚴；3.毛蚴纤毛板；4.含母雷蚴的胞蚴；5.子雷蚴含尾蚴胚体

Bennett（1936）也曾报告殖盘殖盘吸虫（*Cotylophoron cotylophorum*）不同成熟程度虫体中的虫卵，当虫体大小为 3.7mm×1.3mm 时，10 个虫卵平均大小为 127μm×68μm；当虫体大小为 9.0mm×3.5mm 时，10 个虫卵平均大小为 138μm × 70μm。其差异范围为（115～147）μm×（58～76）μm。

虫卵发育的速度因温度不同而异，在室温 16℃以下时，不能发育；在 17～20℃ 发育缓慢，常因中途气候变异而死亡，不能孵出毛蚴。在 21～25℃时，发育正常，经 18～21d 形成毛蚴；在 26～30℃时，发育良好，经 12～13d 毛蚴发育成熟，便行孵出。

（2）毛蚴

成熟毛蚴（**同盘图 10 之 2、3**）多数于夜间孵出。虫卵在小培养皿中培养，毛蚴完全成熟时，于清晨镜检，均可见到多量的毛蚴。将此毛蚴倾去后，至傍晚进行观察，则未见有毛蚴。次晨再行观察，又复有多量的毛蚴孵出。

毛蚴孵出后，在水中游泳迅速，靠体表纤毛划动，作箭矢状直线前进。毛蚴在显微镜下呈倒梨子形，前端中央具有乳头突出，后端钝圆，虫体大小为（120～160）μm×（42～58）μm。体表除乳头突起外，均盖有自表皮细胞发出的纤毛。表皮细胞共 4 横列 20 块，第一横列 6 块，形近三角形；第二横列 8 块，呈长方形；第三横列 4 块，近方形；第四横列 2 块，前端平阔，后端钝圆。

毛蚴头部前方乳头突的中央，通入袋状"原肠"，其中含有多数颗粒，它随着虫体收缩作前后移动。"原肠"后方具有神经中枢。"原肠"的两侧具有一对左右对称的排泄器官，排泄孔开口于第三横列与第四横列表皮细胞之间。排泄管甚长，初弯曲上升至神经中枢两侧，经两度的回旋弯曲，再沿体外侧弯曲下降，至排泄孔上方附近，复向前弯曲，终至末端焰细胞。位于两排泄管之间及虫体后部，具有多数圆形而胞核显著的生殖细胞。

(3)印度殖盘吸虫的中间宿主种类

汪溥钦(1962)从福州、福清各地,没有牛、羊放牧的园沟、池塘等处,采集 7 种无天然感染的常见淡水螺,用人工培养本吸虫虫卵孵出的大量毛蚴,分别进行感染试验,每种螺蛳重复感染 3 次,感染的贝类有下列 7 种:*Lymnaea*(*Fossaria*)*ollula* Gould、*Lymnaea*(*Radix*)*plicatula* Benson、*Hippeutis cantori* Benson、*Gyraulus convexiusculus* Hutton、*Segmentina hemisphaerula*(Benson)、*Parafossarulus striatulus*(Benson)、*Vivipara chinensis*(Fabricus)。

上述各种螺蛳受感染后 2 个星期,经解剖检查,检查结果:*Lymnaea ollula* 和 *Hippeutis cantori* 两种贝类为阳性。野外贝类调查,也是此两种贝类感染有本吸虫幼虫期。

(4)胞蚴(同盘图 10 之 4)

印度殖盘吸虫毛蚴侵入中间宿主小椎实螺或扁卷贝体中,在温度 25～30℃ 下,经过 6～8d 即发育为胞蚴。胞蚴寄生在宿主的肺囊,在实验螺肺囊中,常能检得 2～3 个胞蚴。由于胞蚴寄生于宿主肺囊中,因此推测毛蚴是从宿主呼吸孔侵入宿主。

Dinnik(1954)、Dinnik 和 Dinnik(1957)先后研究 *Paramphistomum microbothrium* 与 *Paramphistomum sukari* 的生活史,也报告此两种毛蚴皆系从其宿主的呼吸孔侵入。从 *P. sukari* 感染的贝类宿主 *Biomphalaria pfeifferi* 找到的胞蚴中,除一两个胞蚴是在肝脏外,其余都寄生在外套腔的肺囊中。*Paramphistomum microbothium* 胞蚴的寄居部位亦多在呼吸腔组织中,在多量毛蚴感染的情况下,才能在螺体的头足等部位检得少数的胞蚴。

初由螺体剔出的胞蚴,虫体能频频收缩活动,周围形成皱褶。幼小的胞蚴体呈圆囊状,体大小为(380～420)μm×(176～192)μm,体内含有 5～6 个胚球。成熟的胞蚴呈长囊状,大小为(640～680)μm×(226～240)μm,体内含有 5 个幼小的母雷蚴和 4～5 个继续发育的胚球。

(5)雷蚴(同盘图 10 之 4、5)

毛蚴侵入贝类宿主后,在室温 28～30℃ 下,经过 10～14d,可以查到幼小母雷蚴。幼小母雷蚴自胞蚴体中产出后,即向宿主的消化腺迁移,并寄生于该处。幼小母雷蚴的体大小为(360～400)μm×(84～98)μm,咽大小为(32～36)μm×(32～38)μm,肠管为(90～98)μm×(48～52)μm,体内含有多数正在发育的胚球。雷蚴体有 2～3 对的焰细胞,较小虫体的焰细胞为 2 对,1 对在体前部,1 对在体后部。较大虫体的焰细胞为 3 对,1 对在体前部,1 对在体中部,1 对在体后部。连接焰细胞的各小排泄管延伸至体中部,通到排泄孔。感染后 16～20d 后的成熟母雷蚴,虫体大小为(720～880)μm×(220～280)μm,咽大小为(36～48)μm×(38～46)μm。肠管为(105～125)μm×(60～64)μm。体内含有 3 个子雷蚴和 16～20 个继续发育的胚球。

感染后 28d 的成熟子雷蚴,虫体大小为(720～1280)μm×(160～320)μm,咽大小为(42～52)μm×(38～48)μm,肠管为(122～140)μm×(70～85)μm,体内含有 3～5 个幼小尾蚴和 9～20 个继续发育的胚球。

子雷蚴成熟后的贝类宿主体内尚可检获母雷蚴,体大小为 304～380μm。咽直径 35μm。肠管为 68μm×35μm,体内含有 1 个子雷蚴和多个胚球,这种母雷蚴可能是第二代母雷蚴。

Dinnik 和 Dinnik(1957)报告 *P. sukari* 的生活史,用毛蚴感染后 27～28d 的贝类宿主,从其体内检到很多子雷蚴,这些子雷蚴中,有一部分的子雷蚴体内也有含雷蚴和尾蚴的现象。

(6)尾蚴(同盘图 11 之 1、2)

在雷蚴体中的尾蚴胚体,当体部近圆形时,大小为 168μm×142μm,尾部短圆,大小为 80μm×70μm。胚体前部已具有肌质的口吸盘和直管状的食道,体中星散着成囊细胞。腹吸盘和眼点尚未出现。随着尾蚴逐渐增大,眼点和腹吸盘出现,体内各器官渐次发育完成。各器官发育过程如下。

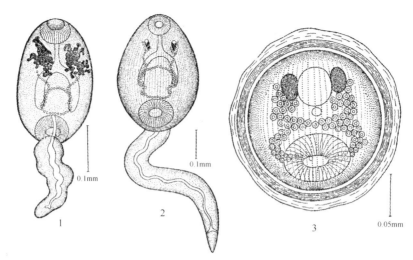

同盘图 11　印度殖盘吸虫幼虫期(二) (按汪溥钦, 1962)

1. 未成熟尾蚴; 2. 成熟尾蚴; 3. 囊蚴

眼点的变化　初时的眼点为不明显的棕色小点, 随着虫体的长大, 逐渐转黑变大。开始时呈块状, 继之块状眼点的边缘分出小枝, 以后各枝延长盖住虫体的前半部。至尾蚴成熟时, 眼点又缩小为一对椭圆形的黑色小点, 排列于口吸盘下方肠管的左右两侧。

排泄器官的形成　排泄管初出现为两条小管, 位于体的后部中央排泄囊左右前方。其后, 增长形成环管, 并向前延伸于眼点的附近, 分为内外两枝, 内枝向前伸, 外枝回旋下降, 分出小排泄管至终末焰细胞。尾部排泄管亦逐渐随尾部的发育而伸长, 通到尾部亚末端的排泄孔。至尾蚴成熟, 体中部大排泄管中则出现有圆形屈光性的颗粒。

消化管的成长　消化管初为一堆细胞, 位于口吸盘的后方, 以后出现一小短管, 此小管随尾蚴长大而逐渐增长, 并分出左右两肠管。随后两肠管呈弧形, 盲端伸达体的中部后方。至尾蚴完全成熟, 消化管为成囊细胞所遮盖, 则不易观察。

成熟尾蚴　体呈棕色, 体部球形, 游泳于水中, 尾部频频摆动。体部大小为(420～560)μm×(320～360)μm, 尾部长 560～640μm, 尾基宽 80～105μm。口吸盘大小为(60～64)μm×(60～68)μm, 腹吸盘大小为(88～95)μm×(86～128)μm。体部充满圆形含杆状颗粒的成囊细胞。腹吸盘的前方有一堆生殖原基细胞。

(7) 囊蚴 (同盘图 11 之 3)

将饲养含本吸虫成熟尾蚴的阳性扁卷贝的培养缸, 置窗前有太阳光照射处, 1h 后, 则见尾蚴离开螺体, 逸出水中, 如遇水草, 即在水草的叶上形成囊蚴, 如无水草, 则在培养缸的边缘上形成囊蚴。囊蚴附着地点多在接近水面处。尾蚴形成囊蚴时, 体部附着于附着物上弯曲转动, 分泌物质形成囊壁。尾部频频摆动, 至囊蚴形成, 尾部则脱离虫体, 尾部脱离虫体后仍能继续摇动。

囊蚴呈棕褐色, 半球形, 囊大小为 180～210μm, 囊壁厚 16～18μm。可见囊内幼虫的眼点、口吸盘、腹吸盘和含有圆形的屈光性颗粒的排泄管等结构。虫囊表面具有棕色素和纵纹。

尾蚴形成囊蚴时, 对于附着的媒介物, 可能有一定的选择性。在置有阳性扁卷贝的试管中, 放入 4 叶白茅草叶, 其中 2 叶是晒干枯黄的, 2 叶是青绿的, 置于窗下有阳光照射处。2d 后, 用双管镜检查各叶上形成的囊蚴数, 重复 2 次。结果在青绿的叶上检得 16 个、18 个囊蚴, 在干枯的叶上只检得 2 个、3 个囊蚴。又将甘蓝的叶子剪成圆形, 放在培养皿底上, 然后贮水并放入成熟的尾蚴。结果囊蚴都着生在培养皿边缘上, 叶上均未发现有囊蚴。

在福州、福清等地, 曾经对本吸虫囊蚴附着的媒介物进行检查。具有阳性贝类的池塘和水沟边缘采集各种植物检验, 检出附着有本种吸虫囊蚴的水草有下列 8 科、9 种。苹科(Marsiliaceae): 苹(*Marsilla* quadrifalia L.)；浮萍科 (Lennaceae)：青萍 (*Lenna minor* Linn.)；禾本科 (Gramineae)：稗 [*Echinochloa crusgalli* (L.) Beavu.]；莎草科 (Cyperaceae)：异型莎草 (*Cyperus difformis* Linn.)、毛轴莎草 (*Cyperus pilosa* Vahl.)；蓼科 (Polygonaceae)：赤地利 (*Polygonum chinensis* Linn.)；水蕨科 (水龙骨科，Polypodiaceae)：水蕨 [*Ceratopteais thalietroides* (L.) Brongn]；毛莨科 (Ranunculaceae)：小回回蒜 (*Ranunculus cantoniensis* DC.)；苋科 (Amaranchaceae)：喜旱莲子草 (*Alternanthera philoxeroides* Griseb.)。

这些媒介物中，青萍系于水面，水牛下水饮水时囊蚴可随之饮入获得感染。稗和莎草是牛、羊嗜食的饲料，附着囊蚴亦多，是感染牛、羊的主要种类。

(8) 成虫 (同盘图 2 之 4)

用本吸虫囊蚴饲食实验小羊和小牛，虫体在牛、羊体中发育较迅速，在羊体中一个月内系在肠中移行，经 2 个月余即发育成开始怀卵的成虫。在牛体中发育稍慢，经 90d 才发育开始怀卵的成虫。

Bennett (1936) 报告：殖盘殖盘吸虫 (*Cotylophoron cotylophorum*) 的终末宿主吞食该种囊蚴后，虫体在宿主小肠中逸出，发育生长。移行到瘤胃定居寄生，约需 21d。在瘤胃中发育至产卵的虫体，约需 3.5 个月。发育至充分成熟达最大的虫体，约需一年。

5. 牛、羊同盘类吸虫病的流行学

(1) 终末宿主感染及受危害情况

寄生在牛、羊等终宿主的同盘类吸虫在我国农牧区十分普遍，且种类很多，是福建等地牛、羊的常见寄生虫。按各地兽医站的报告，福清耕牛感染率达 55.6%(138/248)、泉州乳牛感染率达 68%(32/47)。汪溥钦 (1959) 在福州、福清和闽侯进行牛、羊粪检，牛感染率达 42.9%～100%，平均 65.3%(147/225)，羊感染率为 18.3%～88.0%，平均 42.9%(108/252)。

汪溥钦同时对福州和福清两地屠宰场剖检的黄牛 (45 头)、水牛 (12 头)、山羊 (84 只) 的胃肠进行检查 (同盘表 2)。此类吸虫感染非常严重，并且都是混合感染，实例如下。

同盘表 2　福建省黄牛、水牛、山羊感染前后盘吸虫情况 (按汪溥钦，1959)

吸虫种类	阳性数			感染率/%			感染度 (感染虫数)		
	黄牛	水牛	山羊	黄牛	水牛	山羊	黄牛	水牛	山羊
P.gotoi	36	3	3	80.0	25.0	3.5	2～252	8～12	6～8
C.colicophorum	15	2		33.3	16.6		1～720	5～18	
C.scoliocoelium	27	3	6	60.0	25.0	6.4	3～2348	5～26	4～18
C.dicranocoelium	12	6		26.6	50.0		4～350	8～6356	
C.streptocoelium		1			8.3			4	
C.sinuocoelium	1	1		2.2	8.3		3	35	
C.parastreptocoelium		2			16.6			2～14	
C.cotylophorum	33	3	5	73.3	25.0	5.9	15～425	2～35	7～24
C.indicum	12	2		26.6	16.6	3.5	6～25	4～38	
M.chinensis		2	3		16.6			2～4	4～36
C.bubalis	1			2.2			8		
C.synethes	9	2		20.0	16.6		14～214	5～56	8～2364
F.elongatus	36	8	12	80.0	66.6	14.3	4～3545	14～10200	
F.cobboldi	15	6		33.3	50.0		2～188	8～45	
G.crumenifer	30	6	8	66.6	50.0	9.5	5～275	6～85	4～36
G.glandiformis	6			13.3			8～14		
H.paloniae	6	1	3	13.3	8.3	3.5	2～132	2	2～12

福鼎县的 1 只山羊感染长菲策吸虫(*Fischoederius elongatus*)2364 个、腹袋吸虫(*Gastrothylax crumenifer*)56 个、殖盘殖盘吸虫(*Cotylophoron cotylophorum*)12 个，共 3 虫种，共计 2432 个虫体。

福州盖山乡的 1 头 1 龄水牛感染 *Ceylonocotyle dicranocoelium* 6356 个、*Cotylophoron cotylophorum* 2 个、*Gastrothylax crumenifer* 85 个、*Fischoederius elongatus* 5848 个、*Carmyerius synethes* 5 个，共 5 虫种，共计 12 328 个虫体。

福州市郊 1 头中年水牛感染 *Paramphistomum gotoi* 15 个、*Ceylonocotyle scolicoelium* 15 个、*Ceylonocotyle dicranocoelium* 20 个、*Macropharynx chinensis* 2 个、*Gastrothylax crumenifer* 550 个、*Fischoedorius elongatus* 10 200 个、*Carmyerius synethes* 56 个，共 7 虫种，共计 10 858 个虫体。

闽侯县桐口乡 1 头 3 龄黄牛感染 *P. gotoi* 21 个、*C.calicophorum* 2 个、*C.scoliocoelium* 136 个、*C.dicranocoelium* 42 个、*C.cotylophorum* 84 个、*G.crumenifer* 275 个、*G.glandiformis* 14 个、*F.elongatus* 3545 个、*F.cobboldi* 2 个、*C.synethes* 214 个、*H.paloniae* 132 个，共 11 虫种，共计 4467 个虫体。

本类虫体较大，几百个至几千个虫体，寄生于牛、羊一畜体的瘤胃中，胃里面几乎被虫体铺盖一层。虫体以其强大的吸盘吸着牛、羊的胃黏膜上，夺取营养，损伤黏膜等，可使牲畜下痢，躯体衰弱，影响山羊的体重、耕牛的耕作能力和乳牛的产乳量。尤以这一类吸虫幼小虫体在体内移行时，能剧烈地损害胃肠黏膜，以致细菌侵入，引起黏膜肿胀、溃疡出血等症状。在福州屠宰场，将年幼和年壮耕牛淘汰为废牛宰杀，可能就是前后盘吸虫等寄生虫寄生数量过多所致。

(2)贝类中间宿主感染情况

汪溥钦（1962）在福建的调查和实验证实，本类吸虫的贝类宿主种类是肯氏扁卷螺(*Hippeutis cantori* Benson)和小椎实螺[*Lymnaea*(*Fossaria*) *ollula* Gould]。他于 1959 年前后，在福州和福清两地一些乡村、牧场附近采集此 2 螺种，调查印度殖盘吸虫幼虫期。发现只于夏秋两季获得阳性螺(**同盘表 3**)，春季在同样地点未获得阳性螺。

同盘表 3　福建省扁卷螺和小椎实螺感染印度殖盘吸虫幼虫期情况(按汪溥钦，1962)

检查地点	扁卷螺 *H.cantori*			小椎实螺 *L.ollula*			备注
	检查数	阳性数	感染率/%	检查数	阳性数	感染率/%	
福州牛眠山	450	52	14.4	250	0	0	牛眠山和程埔头的扁卷贝系自池塘中采得，小椎实螺系自田沟中采得
福州程埔头	324	5	1.5	326	0	0	
福清观音埔	139	13	9.4	321	0	0	
福清水南乡	89	9	10.1	178	9	5.06	福清高山区未采得扁卷贝
福清高山区	0	0	0	1325	11	0.83	

从**同盘表 3** 所述的扁卷螺和小椎实螺中，检得的同盘类吸虫的尾蚴，将它们放在小培养皿中使其结囊，形成的囊蚴分别喂饲实验的牛、羊，发育为印度殖盘吸虫成虫。

(3)植物媒介

汪氏把从阳性贝类逸出的印度殖盘吸虫的尾蚴进行了在水草上结囊的试验，经实验证实在福建(福州、福清)牧场附近的水草可充该吸虫病的媒介物，有上文已述的 9 种：苹(*Marsilla quadrifalia* L.)、青萍(*Lenna minor*)、稗(*Echinochloa crusgalli*)、异型莎草(*Cyperus difformis*)、毛轴莎草(*Cyperus pilosa*)、赤地利(*Polygonum chinensis*)、水蕨(*Ceratopteais thalietroides*)、小回回蒜(*Ranunculus cantoniensis*)、喜旱莲子草(*Alternanthera philoxeroides*)。其中稗和莎草生长于水边，为牛、羊所嗜食，为重要的媒介物。

参 考 文 献

汪溥钦. 1959. 福建牛羊前后盘类吸虫[*Paramphistooata*（Szidat，1936）Trematoda]的分类研究. 福建师范学院学报（生物专号），1：237-260

汪溥钦. 1962. 前后盘吸虫 *Cotylophoron indicum* Stiles et Goldberger，1910 的生活史研究. 福建师范学院学报（自然科学版），1962，2：141-159

汪溥钦，王溪云. 1985. 同盘吸虫.见：陈心陶. 中国动物志扁形动物门吸虫纲复殖目 （1）.北京：科学出版社. 230-318

Beaver P C. 1929. Studies on the development of *Allassostoma parvum* Stunkard. J Parasitol，16：13-23

Bennett H J. 1936. The life history of *Cotylophoron cotylophorum*，a trematoda from ruminants.111. Biol Mono，14（4）：1-119

Bennett H J，Humes A G. 1939a.　Studies on the precercarial development of *Stichorchis subtriquetrus*（Trematoda：Paramphistdmidae）. J Parasitol，25：223-231

Bennett H J，Humes A G. 1939b.　The life history of *Stichorchis subtriquetrus*（Trematoda：Paramphistomidae）. J Parasitol，25（suppl）：18

Brumpt E. 1929. Particularites cvolutives peu connues des cercaircs d'Amphistomcs. Ann Parasitol，7：262-273

Brumpt E. 1936. Contribution a 1'etude des *Parsmphistomum* cervi et cercariae des *Planorbis exustus*. Ann Parasitol，14：552-563

Buckley J C.1939. On a new amphistome cercaria（Diplocotylea）from *Planorbis exustus*. J Helminth，26：25-30

Chatterji RC. 1931. Preliminary observations on the life history of an Amphistome cercaria *Cercariae indicae* Ⅹ Ⅹ ⅥI Sewell. 1922. Zool Anz，95：177-179

Crobbelear C S. 1922. On South African Paramphistomidae.　South Africa，Trans Soc，10：781

Dinnik J A. 1951.　An intermediate host of the common stomach fluke，*Paramphistomum cervi*（Schrank），in Kenya. E Afr Agric J，26：124-125

Dinnik J A，Dinnik N N. 1954.　The life cycle of *Paramphistomum microbothrium* Fischoeder，1901（Trematoda，Paramphistomidae）. Parasitology，44（4）：284-299

Dinnik J A，Dinnik N N. 1957. Development of *Paramphistomum sukari* Dinnik，1954（Trematoda：Paramphistomidae）in a snail host. Parasitology，47：209-216

Dinnik J A. 1954.　*Paramphistomum sukari* n. sp. from Kenya cattle and its intermediate host. Parasitology，44（3，4）：414-421

Dinnik J A. 1961.　*Paramphistomum phillerouxi* sp. nov.（Trematoda：Paramphistomatidae）and its Development in *Bulinus sorskalli*. J Helminth，35（1/2）：69-90

Durie P H. 1953.　The Paramphistomes（Trematoda）of Australian Ruminants II. The life history of *Ceylonocotyle streptocoelium*（Fischoeder）Nasmark and of *Paramphistomum ichikawai* Fukui. Austral J Zool，1：193-222

GolvanY，Chabaud A，Gretillat S. 1957.　*Carmyerius dollfusi* n. sp.（Trematoda：Paramphistomidae）. Parasite des bovides a Madagascar. Ann Parasit Hum Comp，XXXL（1-2）：56-70

Gretillat P S. 1958.　Maintien du genre Bothriophoron Stiles et Goldberger 1910，et valeur de I'espece *Paramphistomum bothriophoron*（Braun 1852）Fischoeder 1901（Trematoda：Paramphistomidae）. parasite du reticulum du zebu malgache. Ann Parasit Hum Comp，Ⅹ Ⅹ ⅩII（3）：240-253

Herber E C. 1938.　On the mother redia of *Diplodiscus temporatu*s Stafford，1905. J Parasitol，20：109

Hsu S L. 1947.　Sheep Parasites in China. Science，29（12）

HsuYin-Chi（荫徐祺）. 1935.　Helminths of Cows in Soochow. Ling Sci J，14（4）：605-610

Krull W H. 1932.　Studies on the life-history of *Cotylophoron cotylophorum*（Fischoeder，1901），Stiles and Goldberger，1910. J Parasitol，19：165-166

Krull W H. 1933a. Notes on *Allassostoma parvum* stunkard. J Parasitol，20：109

Krull W H. l933b.　The snails，*Pseudosucinea columella* and *Golva bulimoidestechella*，techella，new host for *Paramphistomum cervi*（Schrank，1709）Fischoeder，1909. J Parasitol，20：108

Krull W H. 1934. Life history studies on *Cotylophoron cotylophorum*. J Parasitol，20：173-180

Krull W H，Price H F. 1932.　Studies on the life history of *Diplodiscus temporatus* Stafford from the frog，Occ. Pap Mus Zool，Univ Mich，237：1-38

Lang A. 1892. Uber die Cercariae von *Amphistomum subclavatum*. Berichte der naturforsch Z Freiburg，6：81

Le Roux P I. 1930.　A preliminary communication on the life cycle of *Cotylophoron cotylophorum* and its pathogenecity for sheep and cattle. Union South Africa，l6th Rept Dir Vet Serv Dept Agric Pretoria，243-253

Li L Y（李来荣）. 1937.　Some trematode parasite of frogs with a description of *Diplodiscus sinicus* sp. nov. Ling Sci J，16（1）：60-70

Looss A. 1892.　Uber *Amphistomum subclavatum* Rud. und seine Entwickung in：Fr stchr Leuckart，147-167

Maplestone P A. 1923.　A revision of the amphistomata of mammals. Ann Trop Med Parasitology，37：113-212

Maxwell J P. 1921.　Intestinal parasitism in South Fukien. Chi Med J，1（35）：377-382

Nasmark K E. 1937. A revision of the Trematode family Paramphistomidae. Zool Bidr Uppsala，16：301-365

Ozaki Y. 1951. Studies on the miracidium of trematodes. 1. The miracidia *Paramphistomum explanatum*（Creplin），*P. orthocoeliurn* Fischoeder and *Gastrothylax cobboldi* Fischoeder. J Sci Hiroshima Univ Ser B Div 1 Zool，12：99-111

Peter C T，Mudaliar S V. 1948.　On a new cercaria，determined to be the larva of *Gastrodiscoides secundus* Looss，1907. Curr Sci，17：303-304

Price E W，Mclntosh A. 1944. Paramphistomes of North American domestic ruminants. J Parasitol，30：9

Rao M A N. 1932. A comparative study on cercarial fanua in Madras. Ind Vet Jour，9（2）：107-111

Rao M A N，Ayyar L S B. 1932. A preliminary report on two amphistome cercariae and their adults. Indian Jour Vet Sc Husb，402-405

Singh R S. 1956. Effect of temperature on development of miracidia of *Gigantocotple explanatum*（Paramphistomidae：Trematoda）. Curr Sci，25：93-94

Singh R S. 1957. On the development of the excretory system in the larval stages of *Gigantocotyle explanatum*(Creplin，1847). Trans Amer Micr Soc，76

Singh R S. 1958. A redescription and life-history of *Gigantocotyle explanatum*(Creplin，1847)Nasmark，1937(Trematoda：Paramphistomidae)from India. J Parasitol，44(2)：210-224

Sinha B B. 1950. Life history of *Cotylophoron cotylophorum*，a trematode parasite from the rurnen of cattle，goat and sheep. Ind J Vet Sci Anim Husb，20：1-11

Skrjabin K I. 1949. Trematodes of man and animals. Vol. III. Moscow：Publishing House of Russian Academy of Sciences

Srivastava H D. 1938. A study of the life history and pathogenecity of *Cotylophoron cotylophorum*(Fischoeder，1901)Stiles and Goldgerger，1910. of Indian ruminants and a biological control to check infestation. Ind J Vei Sc An Husb，8：381-385

Srivastava H D. 1944. A study of the life history of *P. explanatum* of bovines in India，(abstract). Proc 31st Ind Sci Cong，(1944)3：114

Szidat L. 1936. Uber die Entwicklungs-geschichtr und den ersten Zwischenwirt von *Paramphistomum cervi* Zeder 1790 aus dem Magen von Wiederkauern. Zeit f Parasitenk，9(1)：1-19

Takahashi S. 1828. Uber die Entwicklungsgeschichte des *Paramphistomum cervi*(Abst.). Zentrabl f d Geo Hyg BerI，18：278

Thapar G S. 1961. The life history of *Olveria indica*，an Amphistome parasite from the Rumen of Indian cattle. J Helminth R T Leipear Supplment，170-186

Varma A K. 1961. Observations on the Biology and Pathogenicity of *Cotylophoron cotylophorum*(Fischoeder，1961). J Helminthol，35(1/2)：161-168

Willey C H. 1928. The life history of *Zygocote lunatum*. J Parasitol，25：571

Willey C H. 1936. The morphology of the amphistome cercaria. *C. poconensis* Willey，1930.from the snail，*Helisoma austrosa*. J Parasitol，22(1)：84-87

Willey C H. 1937. The development of Zygocotyle from *Cercaria poconensis* Willey，1930. J Parasitol，23：571

Willey C H. 1941. The life history and bionomics of the trematode *Zygocotye lunata*.(Paramphistomidae).Zoologica，26：65-88

Willmott S. 1950. Gametogenesis and early development in *Gigantocotyle bathycotyle*(Fischoeder，1901)Nasmark，1937. J Helminth，24：1-14

Willmott S. 1950. On the specis of *Paramphistomum* Fischoeder，1901 occuring in Britain and Ireland with notes on some material from the Netherlands and France. J Helminth，24：155-170

Willmott S，Pester F RN. 1951. Prelminary account of an investigation into the Paramphistomes of cattle and sheep in the Republis of Ireland. Irish Vet J，5：200-201

Willmott S. 1956. The discovery of *Paramphistomum hiberniae* Willmot，1950. and its intermediate host in the Channel Islands. J Helminth，29：1-2

Yamaguti S. 1971. Synopsis of Digenetic Trematodes of Vertebrates. Tokyo：Keigaku Publishing Co

Yamaguti S. 1975. A Synoptical Review of Life Histories of Digenetic Trematodes of Vertebrates. Tokyo：Keigaku Publishing Co

(十四)棘口科[Echinostomatidae(Looss，1902)Poche，1926]

1. 研究历史

棘口科含有吸虫种类很多，按 Yamaguti(1971)的统计已达 500 余种，近年尚有新种增加。本类吸虫终宿主有鱼类、爬行类、鸟类和哺乳类各种脊椎动物，也有寄生于人体的记载(沈一平，1958；黄惠芬等，1963；横川宗雄等，1965)。余森海和许隆祺(1992)主编的《人体寄生虫学彩色图谱》中列出已报道可寄生于人体的棘口吸虫有 18 种，隶属于棘口属(*Echinostoma* Rudolphi，1809)、棘缘属(*Echinoparyphium* Dietz，1909)、真缘属(*Euparyphium* Dietz，1909)、低颈属(*Hypoderaeum* Dietz，1909)、棘隙属(*Echinochasmus* Dietz，1909)、鞭带属(*Himasthla* Dietz，1909)等。程由注等(1992，1994)发现福建棘隙吸虫(*Echinochasmus fujianensis* Chen et al，1992)新种可寄生于人体，是鱼源性人兽共患的寄生虫病原。在福建省龙海等 5 县市检查 3652 人，本吸虫阳性患者有 117 人(3.2%)；除外也发现日本棘隙吸虫(*Echinochasmus japonicus*)、抱茎棘隙吸虫(*E. perfoliatus*)和狭窄棘口吸虫(*Echinostoma angustilestis*)有人体感染。

本类吸虫种类多，分布广，早经 Bloch(1782)、Shrank(1788)、Zeder(1800)及 Fröhlich(1802)等分别从鸭、黄鼬(*Mustela sibirica*)及多种鸟类的肠中检获本类吸虫，定名双口吸虫(*Distoma*)或片形吸虫(*Fasciola*)。

Rudolphi(1809)为此类吸虫建立棘口属(*Echinostoma*)。随后各地发现并相继报告本类吸虫并建立新属。Looss(1899，1902)建立棘口亚科(Echinostominae)和棘口科(Echinostomidae)。Dietz(1902)、Lühe(1909)、Odhner(1910~1911)、Skrjabin(1956)、Mendheim(1940，1943)及 Yamaguti(1958，1971)各学者均对本类吸虫的生物学研究和分类有很多贡献。

在我国，自 20 世纪 30 年代开始至今也有较多学者关注本类吸虫。早年 Chen(1934)报告广东的狗寄生有伊族棘口吸虫[*Euparyphium ilocanum*(Garrison，1908)]和抱茎棘隙吸虫[*Echinochasmus*(*E.*)*perfoliatus*(von Ratz，1908)] 2 种。徐阴祺(1935)报告在苏州家禽寄生有 4 种棘口吸虫；

杨述祖(1936)报告浙江绍兴家狗寄生有长形棘隙吸虫[*Echinochasmus*(*E.*)*elongates* Miki，1923]。
Wu(1937)报告浙江杭州家狗寄生有日本棘隙吸虫[*Echinochasmus*(*E.*)*japonicus* Tanabe，1926]。Ku(1937)
报告在北京鸭肠中有一新种，后来在苏州赤麻鸭(*Tadorna ferruginea*)肠中又发现一种(Ku，1938)。Hsu
和 Chow(1938)在江苏清江浦家鸭中检得低颈似椎棘口吸虫[*Hypoderaum conoideum*(Bloch，1782)]；
Hsu(1940)在北京协和医院尸体解剖中检得 *Euparyphium jassyense* Leon et Ciurea，1922。唐仲璋(1940)
报告福州鼠类寄生有 2 种棘口吸虫；翌年在福州和邵武又报告家鸭肠中寄生有 *Echinoparyphium
paraulum*、*Echinostoma revolutum* 和 *H. conoideum* 3 种；小鸊鷉(*Colymbus ruficollis poggeri* Reichenow)
肠中寄生有一种 *Petagifer parvispinosus*。至于生活史方面，则有李非白(1950)在杭州详细研究
Hypoderaum conoideum 的生活史。吴青藜(1950)在广州研究 *Euparyphium murinum*，汪溥钦(1952，1959，
1985)在福州研究本类吸虫的种类、生活史和分类问题。近年，程由柱等(1992，1994)对福建省可感染
人体的棘口吸虫种类的生物学和流行病学做了大量工作。

2. 棘口科的分类

有关棘口类吸虫分类系统，Skrjabin 和 Baschkirova(1956)、Yamaguti(1971)分别在棘口科中列有 11 亚
科和 12 亚科，但各亚科名称和所包含的属不完全相同。兹按 Yamaguti(1971)所列的系统及其宿主(鱼类 F、
爬行类 R、鸟类 B、哺乳类 M)情况，介绍于下。

Family ECHINOSTOMATIDAE(Looss，1902)Poche，1926 ·······FRBM

Subfamily Chaunocephalinae Travassos，1922 ·······B

Genus *Chaunocephalus* Dietz，1909 ·······B

Subfamily Echinochasminae Odhner，1910 ·······RBM

Syn. Allechinostomatinae Sudarikov，1950

Genus *Allechinostomum* Odhner，1910 ·······R

Beaverostomum Gupta，1963 ·······B

Echinochasmus Dietz，1909 ·······BM

Syn. Heterechinostomum Odhner，1910

Monilifer Dietz，1909，partim

Velamentophorus Mendheim，1940

Episthmium Lühe，1909 ·······BM

Syn. Episthochasmus Verma，1935

Microparyphium Dietz，1909 ·······B

Patagifer Dietz，1909 ·······B

Stephanoprora Odhner，1902 ·······RBM

Syn. Aequistoma Beaver，1942

Mesorchis Dietz，1909

Monilifer Dietz，1909，*partim*

Pseudechinostomum Shchupakov，1936，nec Odhner，1911

Sobolevistoma Sudarikov，1950

Subfamily Echinostomatinae(Looss，1899)Faust，1929 ·······RBM

Syn. Echinostominae Looss，1899

Genus *Artyfechinostomum* Lane，1915 ·······M

Syn. Neoartyfechinostomum Agrawal，1963

Dietziella Skrjabin et Bashkirova，1956，emend ·······B

Drepanocephalus Dietz，1909 ··· B

Echinoparyphium Dietz，1909 ··· BM

    Syn. Isoparyphium Mendheim，1940

        Moliniella Hübner，1939

Echinostoma Rudolphi，1809 ·· BM

    Syn. Fascioletta Garrison，1908

Euparyphium Dietz，1909 ··· BM

Hypoderacum Dietz，1909 ·· B

Isthmiophora Lühe，1909 ··· M

    Syn. Echinocirrus Mendheim，1943

        Euparyphium Dietz，1909，*partim*

Metechinostoma Petrochenko et Khrusta leva，1963 ···························· B

Neoacanthoparyphium Yamaguti，1958 ·· BM

    Syn. Allopetasiger Yamaguti，1958

Neoechinostoma Agrawal，1963 ··· B

Nephrostomum Dietz，1909 ·· B

Pameileenia Wright et Smithers，1956 ··· R

Parallelotestis Belopol'skaia，1954 ·· B

    Syn. Proechinocephalus Srivastava，1958

Parechinostomum Dietz，1909 ·· B

Paryphostomum Dietz，1909 ··· B

Petasiger Dietz，1909 ··· B

Prionosoma Dietz，1909 ·· B

Prionosomoides Freitas et Dobbin，1967 ·· R

Protechinostoma Beaver，1943 ··· B

Pseudechinostomum Odhner，1910 ·· B

Pseudoechinochasmus Verma，1936 ·· B

Skrjabinophora Bashkirova，1941 ·· B

Testisacculus Bhalerao，1927 ··· RM

    Syn. Reptiliotrema Bashkirova，1947

        Pseudoartyfechinostomum Bhardwaj，1963

Subfamily Himasthlinae Odhner，1910 ·· FBM

Genus *Acanthoparyphium* Dietz，1909 ··· B

Aporchis Stossich，1905 ·· B

    Syn. Macrechinostomum Odhner，1910

Bashkirovitrema Skrjabin，1944 ·· BM

Cloeophora Dietz，1909 ·· B

Curtuteria Reimer，1963 ··· B

Dissurus Verma，1936 ·· B

Echinodollfusia Skrjabin et Bashkirova，1956 ······································ B

Himasthla Dietz，1909 ··· FBM

Himasthloides Alekseev，1965 ··· B

Longicollia Bychowskaja-Pawlowskaja，1954 ······································ B

3. 我国棘口科种类

棘口科的亚科、属和种类很多，在此仅列几个重要种类，包括 4 亚科、6 个属，各属举 1~2 虫种为例，以示它们之间的形态结构的差别。它们有棘口亚科(Echinostomatinae)的棘口属(*Echinostoma*)、棘缘属(*Echinoparyphium*)和真缘属(*Euparyphium*)，棘隙亚科(Echinochasminae)的棘隙属(*Echinochasmus*)，低颈亚科(Hypoderaeinae)的低颈属(*Hypoderaeum*)，鞭带亚科(Himasthlinae)的鞭带属(*Himasthla*)及原属于微缘亚科(Microparyphininae)、现隶于棘隙亚科的微缘属(*Microparyphium*)。

(1) 棘口亚科(Echinostomatinae Odhner，1911)

A. 棘口属(*Echinostoma* Rudolphi，1809)特征(按汪溥钦，1959)

虫体中等大小，头襟发达。头棘前后两排相互排列，前后排头棘大小相等。子宫发达，内含虫卵数目甚多。生殖囊位于肠管分叉与腹吸盘之间。睾丸前后排列。卵黄腺自腹吸盘与卵巢之间开始分布至体的末端。

卷棘口吸虫[*Echinostoma revolutum* (Fröhlich，1802) Dietz，1909]：本吸虫(**棘口图 1 之 1、2**)分布地区广阔，诸如英国、美国、德国、瑞士、意大利、印度、大洋洲、菲律宾、苏联等地均有报告，我国各地亦普遍存在。汪溥钦(1959)在福建各地检查各种鸟类，感染有本种吸虫者共 8 种鸟类，其感染情况如下。

	检查数	阳性数	感染强度	检查地点
家鸭	30	4	1～5	福州
针尾鸭	5	1	1	罗源
花脸鸭	4	1	1	罗源
斑嘴鸭	20	2	1～4	罗源、福州
白眉鸭	4	1	2	罗源
赤颈鸭	5	1	2	罗源
鹅	18	2	1～4	福州
家鸡	12	1	2	福州

卷棘口吸虫形态与 *Echinostoma paraulum* 很相似，头棘均为 37 枝。虫体后方的卵黄腺不相会合。但本种吸虫睾丸为椭圆形，虫卵大小为(114～126)μm × (64～72)μm，*E. paraulum* 的睾丸为非椭圆形，睾丸中部有明显的陷隘，呈"工"字形，虫卵较小，为(104～108)μm×(56～60)μm，可资区别。

B. 棘缘属(*Echinoparyphium* Dietz，1909)特征(按汪溥钦，1959)

虫体小，软薄，头襟发达。头棘前后两排相互排列，前排较小，后排较大。子宫不发达，内含虫卵数目不多。生殖囊位于肠管分叉与腹吸盘之间。睾丸前后排列，边缘完整或微有缺刻。卵黄腺自腹吸盘与卵巢之间开始分布，至体末端。

曲领棘缘吸虫[*Echinoparyphium recurvatum*(Linstow，1873)Lühe，1909]：本种吸虫(**棘口图 1 之 3、4**)是世界性分布的种类，诸如英国、德国、波兰、日本、非洲、马来西亚、苏联、美国、菲律宾和中国等地均有报告。汪溥钦(1959)在福建各地检查鸟类，感染有本种吸虫者有 5 种鸟类，其感染情况如下。

	检查数	阳性数	感染强度	检查地点
家鸭	30	6	2～5	福州
斑嘴鸭	20	3	1～5	罗源、福州
鹅	18	2	1～3	福州
金鸻	10	2	4～16	东山、福清
黑脸噪鹛	8	1	1	闽侯

C. 真缘属(*Euparyphium* Dietz，1909)特征(按汪溥钦，1959)

虫体中等大小，头襟发达。头棘前后两排相互排列，前后排头棘大小相等。食道较短。腹吸盘位于体前方 1/4 处。子宫不发达，内含虫卵数目不多。生殖囊位于肠管分叉与腹吸盘之间。睾丸前后排列。卵黄腺自腹吸盘与卵巢之间开始分布，至体末端。

隐棘真缘吸虫[*Euparyphium inerme*(Fuhrmann，1904)Odhner，1911]：本种吸虫(**棘口图 1 之 5、6**)系寄生于水獭肠中，在福州检查水獭 2 只，均为阳性，感染度为 6～16 个。虫体呈长叶形，头襟明显。具有头棘 27 枚。左右腹角棘各 4 枚，密集，大小为 87μm×18μm。其余 19 枚前后两排相互排列，前排较长，大小为(105～115)μm×17μm；后排较短，大小为(95～105)μm×17μm。咽接近口吸盘。食道颇短。体表棘自头襟之后开始分布至腹吸盘的边缘。睾丸位于虫体的中部，前睾丸椭圆形，斜置，或为弯曲状而边缘有缺刻，后睾丸中部陷隘，或为弯曲边缘，具有缺刻。卵巢位于前睾丸的前方。子宫较短，内含虫卵数目不多。卵黄腺发达，自前睾丸边缘开始分布至虫体亚末端，两侧卵黄腺于虫体后部中央会合。

虫体和各器官的大小：虫体(5.78～8.80)mm × (0.80～0.93)mm。头襟横径 0.424～0.440 mm。口吸盘(0.19～0.22)mm×(0.22～0.23)mm。咽(0.176～0.208)mm ×(0.144～0.160)mm。食道长 0.154～0.176mm。腹吸盘 (0.59～0.67)mm×(0.62～0.64)mm。阴茎囊(0.51～0.54)mm×(0.22～0.24)mm。前睾丸(0.64～0.86)mm×(0.34～0.43)mm，后睾丸(0.68～0.92)mm×(0.32～0.34)mm。卵巢(0.14～0.18)mm×(0.20～0.22)mm。虫卵(108～112)μm×(62～64)μm。

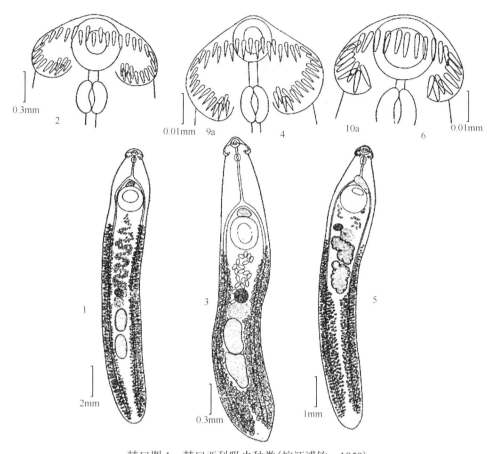

棘口图 1　棘口亚科吸虫种类(按汪溥钦，1959)
1、2.卷棘口吸虫及其头端放大；3、4.曲颌棘缘吸虫及其头端放大；5、6.隐棘真缘吸虫及其头端放大

(2)棘隙亚科(Echinochasminae Odhner，1911)

A. 棘隙属(Echinochasmus Dietz，1909)特征(按汪溥钦，1959)

虫体中等大小，头襟发达。头棘排成一列，背面中央间断，形成背面中央间隙。子宫多不发达，内含虫卵数目不多。生殖囊位于肠管分叉与腹吸盘之间。睾丸前后排列。卵黄腺不甚发达，自腹吸盘与卵巢之间开始分布至体末端(Echinochasmus)，或卵黄腺发达于咽处开始分布至体末端(Episthmium)。

1)日本棘隙吸虫(Echinochasmus japonicus Tanabe，1926)。

终末宿主　白鹭、池鹭。

寄生部位　肠管。

采集地点　福建闽侯县南屿乡。

感染情况　白鹭感染率为84%(10/12)，感染度为6～12个。池鹭感染率为83%(5/9)(其中一只系刚开始飞翔的小池鹭)，感染度为5～9个(汪溥钦，1959)。

虫种特征(棘口图 2 之 1、2)　虫体短小，头襟发达。头襟后缘的虫体横径较狭，向后逐渐膨大，至腹吸盘后，两体侧近平行，至睾丸后方，又复缩小。头襟上具有头棘 24 枚，排成 2 列，背面中央间断，腹角棘与背棘大小颇相等，其大小为(35～45)μm×7μm，前咽长 56～70μm。腹吸盘颇大，位于体前部 1/3 处。体表棘自头襟之后开始分布至虫体亚末端。阴茎囊近圆形，位于肠管分叉与腹吸盘之间。睾丸位于虫体后部 1/3 处，略呈圆形，前后相接排列。卵巢位于睾丸前方，呈圆形。子宫短，内含虫卵数目仅 3～8个。卵黄腺自腹吸盘后缘开始分布至虫体末端，睾丸后方两侧的卵黄腺于虫体中央会合。

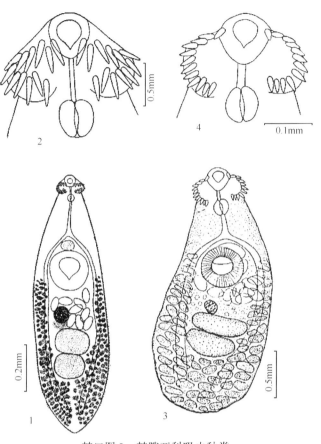

棘口图 2　棘隙亚科吸虫种类

1、2.日本棘隙吸虫及其头端放大(按汪溥钦，1959)；3、4.福建棘隙吸虫及其头端放大(按程由注等，1992)

虫体和各器官大小：虫体(1.03～1.38)mm×(0.36～0.45)mm。头襟横径 0.144～0.160mm。口吸盘(0.067～0.074)mm×(0.070～0.077)mm。咽(0.077～0.087)mm×(0.07～0.84)mm。食道长 0.096～0.164mm。腹吸盘(0.175～0.210)mm×(0.185～0.220)mm。阴茎囊(0.08～0.096)mm×(0.064～0.080)mm。前睾丸(0.096～0.112)mm×(0.204～0.244)mm，后睾丸(0.124～0.152)mm×(0.192～0.208)mm。卵巢(0.076～0.088)mm×(0.072～0.080)mm。虫卵(62～64)μm×(42～45)μm。

2) 福建棘隙吸虫(*Echinochasmus fujianensis* Chen et al，1992)。

虫种特征(棘口图 2 之 3、4)(按程由注等，1992)：虫体长椭圆形。体长 1.125～1.790mm，体后部宽而钝圆，体后 1/3 处，两睾丸所在位置最宽，体宽 0.375～0.518mm。头领发达，宽径 0.238～0.293mm。头棘 24 枚，排成一行，背部中央间断。左右腹角棘 4 枚，角棘大小为(0.035～0.050)mm×(0.010～0.014)mm，通常以第二棘相对较小。背棘大小为(0.046～0.053)mm×(0.014～0.018)mm。体表披棘，自头领之后开始向体后分布逐渐稀疏，终止于后睾丸后缘处。口棘围绕口吸盘外周排成 4 列，口棘形态与体棘相似，但较小，棘宽约 5μm，棘间距约相当于棘的宽度。口吸盘位于端位，大小为(0.110～0.123)mm×(0.094～0.110)mm。腹吸盘大小为(0.186～0.224)mm×(0.197～0.234)mm，位于肠分叉之后，体中部前缘。口、腹吸盘相距 0.344～0.423mm。前咽长 0.037～0.068mm。咽大小为(0.074～0.080)mm×(0.082～0.090)mm。食道长 0.133～0.196mm。两肠支伸至虫体亚末端。两睾丸椭圆形，前后相接横置于体后 1/3 处，前睾丸大小为(0.092～0.144)mm×(0.235～0.310)mm，后睾丸大小为(0.130～0.180)mm×(0.220～0.270)mm。阴茎囊大小为(0.110～0.130)mm×(0.185～0.205)mm，斜置于腹吸盘与肠分叉之间背侧，并约有一半被腹吸盘所覆盖。卵巢近圆形，大小为(0.070～0.085)mm×(0.095～0.110)mm，位于腹吸盘和前睾丸之间。受精囊圆形，位于卵巢下方偏左。梅氏腺位于卵巢的下方。卵黄腺自腹吸盘外侧开始分布至体末端，睾丸后方左右两侧的卵黄腺向虫体中央会合。子宫短，内含虫卵 4 个至 20 余个。虫卵金黄色，大小为(98～

113)μm×(64～72)μm,卵盖明显,卵细胞位于靠近卵壳的一端,卵壳另一端具有增厚结节,卵内充满20余个卵黄细胞。

B. 微缘属(*Microparyphium* Dietz,1909)特征

本属过去隶属于微缘亚科 Microparyphininae Mendhim,1943,现各学者均认为是棘隙亚科的种类(Yamaguti,1971;汪溥钦,1985)。

属的特征(按汪溥钦,1959) 如下:虫体中等大小。头襟仅为痕迹,由大型的口吸盘两侧微突出的部分构成。背棘和侧棘排成一列,背部中央间断,腹角棘排成2列。食道颇大。子宫发达或不发达。生殖囊位于肠管分叉处与腹吸盘之间。睾丸前后排列。卵黄腺自腹吸盘后缘开始分布至虫体末端。

其代表种为鸦微缘吸虫(*Microparyphium corvi* Ozaki,1923)。

终末宿主 乌鸦(日本)、鸢(福建福州、福清、莆田等地)。

感染情况 汪溥钦于1959年检查鸢12只,2只阳性,各检得一个虫体。

虫种特征(棘口图3之7、8) 虫体前后部较细,腹吸盘处横径较大,全体呈梭形。头襟仅为痕迹,由口吸盘两侧的微突出部分构成。具有头棘24枚,左右腹角棘各4枚,排成2列,其余16枚排成一列,背部中央间断,头棘大小为(52～54)μm×(16～17)μm。口吸盘发达。咽显著。食道颇大,边缘有折皱。体棘自头棘之后开始分布至腹吸盘边缘。睾丸位于虫体的后部,前后排列,前睾丸分为大小不等的5瓣,后睾丸分为2瓣。卵巢圆形,位于睾丸前方。子宫发达,内含虫卵数目甚多,卵黄腺自腹吸盘边缘开始分布至虫体末端。睾丸后方两侧的卵黄腺于虫体中央会合。

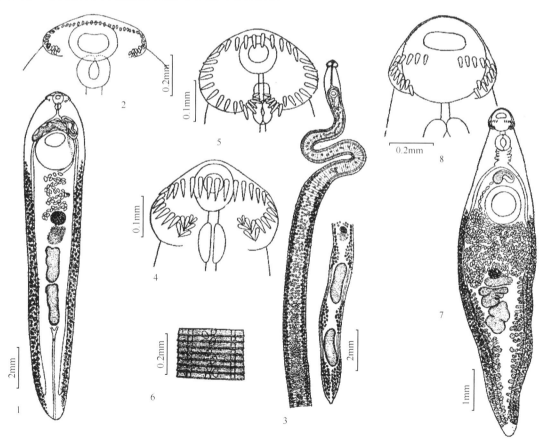

棘口图3　棘口科吸虫种类(按汪溥钦,1959)

1、2.似锥低颈吸虫及其头端放大(低颈亚科);3～6.缘形鞭带吸虫及其头端和体部一段放大(鞭带亚科);7、8.鸦微缘吸虫及其头端放大(棘隙亚科)

虫体和各器官大小 虫体(4.16～5.62)mm×(1.04～1.52)mm。头襟横径 0.43～0.45mm。口吸盘(0.33～0.36)mm×(0.37～0.40)mm。咽大小为(0.30～0.32)mm×(0.27～0.30)mm。食道长 0.24～0.26mm。腹吸盘(0.64～0.68)mm×(0.64～0.66)mm。阴茎囊(0.35～0.44)mm×(0.17～0.18)mm。前睾丸(0.36～0.40)mm×(0.25～0.54)mm，后睾丸(0.32～0.54)mm×(0.22～0.40)mm。卵巢(0.12～0.19)mm×(0.112～0.220)mm。虫卵(105～112)μm×(68～70)μm。

(3)低颈亚科(Hypoderaeinac Skrjabin et Baschkirova，1956)

低颈属(*Hypoderaeum* Dietz，1909)特征(按汪溥钦，1959)：虫体大形肥厚。头襟不发达，横阔呈卵圆形。头棘前后两排相互排列，大小相等。食道短。口吸盘与腹吸盘颇接近。生殖囊稍大，位于肠管分支与腹吸盘之间，或稍长达腹吸盘的后半部。子宫发达，内含虫卵数目甚多。卵黄腺自腹吸盘后方开始分布至虫体末端。

似锥低颈吸虫[*Hypoderaeum conoideum*(Bloch，1782)Dietz，1909] 情况如下。

终末宿主 各种水鸟和家鸭。

寄生部位 肠管。

分布 分布广阔，诸如美国、英国、法国、德国、保加利亚、意大利、苏联和非洲等各地均有报告。我国江苏、浙江、云南、台湾、福建等地亦普遍存在。

感染情况 按汪溥钦于1959年调查，在福建各地感染本种吸虫者有4种禽鸟，情况如下。

	检查数	阳性数	感染率	感染强度	地点
家鸭	30	3	10%	2～12	福州
斑嘴鸭	20	4	20%	2～8	福州、罗源
赤颈鸭	5	1	20%	2	罗源
鹅	18	2	11%	2～4	福州

虫种特征(棘口图3之1、2) 虫体肥大，前部较大，体后逐渐细小如锥状。头襟横阔，具有头棘49枚。左右腹角棘各5枚，密集，其余39枚前后两排相互排列，其大小为(24～28)μm×(14～17)μm。食道短。口吸盘与腹吸盘颇接近。体棘自头棘之后开始分布至腹吸盘边缘。阴茎囊横置于肠管分叉与腹吸盘之间，或向腹吸盘后部延伸。睾丸呈腊肠状。卵黄腺自腹吸盘后缘开始分布至虫体末端，体后两侧的卵黄腺分开，不相会合。

虫体和各器官大小 虫体(7.4～12.0)mm×(1.17～2.00)mm。头襟横径 0.40～0.54mm。口吸盘(0.17～0.24)mm×(0.20～0.26)mm。咽(0.17～0.18)mm×(0.15～0.16)mm。食道长 0.12～0.14mm。腹吸盘(1.10～1.20)mm×(1.16～1.20)mm。阴茎囊(0.64～0.88)mm×(0.12～0.34)mm。前睾丸(1.18～1.44)mm×(0.54～0.58)mm，后睾丸(1.27～1.52)mm×(0.40～0.56)mm。卵巢(0.27～0.38)mm×(0.32～0.36)mm。虫卵(98～105)μm×(64～70)μm。

本种吸虫生活史经李非白(1950)详细研究。在福州它的中间宿主是一种椎实螺 *Lymnaea plicatula* Benson，将囊蚴喂饲小狗可以发育至孕育少数虫卵，但不能达完全成熟。

(4)鞭带亚科(Himasthlinae Odhner，1911)

鞭带属(*Himasthla* Dietz，1909)特征(按汪溥钦，1959)：虫体细长，头襟发达。头棘的腹角棘数枚，前后排列，其余各棘排成一列。子宫发达，内含虫卵数目甚多。生殖囊长，越过腹吸盘后缘。睾丸位于虫体末端，前后排列。卵黄腺自腹吸盘与卵巢之间开始分布，至虫体末端。

其代表种为绦形鞭带吸虫(*Himasthla rhigedana* Dietz，1909)，情况如下。

终末宿主 鹬类。

寄生部位 肠管。

感染情况(按汪溥钦，1959) 本种吸虫在福建各地甚为普遍，有本种吸虫寄生的有 4 种鸟类。在罗源县采得一只白腰杓鹬，肠中检得262个虫体。各鸟类感染情况如下。

	检查数	阳性数	感染率	感染强度	检查地点
白腰杓鹬	50	35	70%	4～262	平潭、福清、莆田、罗源
小燕鸥	4	2	50%	2～6	平潭县
黑腹滨鹬	32	3	10%	2～5	平潭、福清、罗源
环颈鸻	18	2	11%	1～4	平潭、福清

虫种特征（棘口图 3 之 3～6）虫体细长，在腹吸盘后方体部细小，或横折成节，外观状如绦虫，各节后缘有体表棘一列。虫体后部逐渐膨大，在睾丸处为虫体横径最大的部分，至虫体亚末端又复缩小。头襟发达，具有头棘 36～40 枚，背棘和两侧棘细长，排成一列，大小为 84μm×24μm；腹角棘排列有多种形式：①左右腹角棘 6～7 枚，呈"八"字形，第一、第二枚稍短，大小为（28～35）μm×10μm；②左右腹角棘各 6 枚，排成一列，第一、第二棘较小，其余各棘逐渐增大；③左右腹角棘各 4～5 枚，密集一堆。体表棘自头襟之后开始分布至体中部，近头襟处较为密集，向后逐渐稀疏。阴茎囊长，延伸至腹吸盘后方。睾丸长大，位于虫体后部亚末端，形状弯曲，边缘完整。卵黄腺自体前部分 1/3 处开始分布至虫体末端；在睾丸的两侧缘，卵黄腺常间断；睾丸后方两侧卵黄腺不相会合。

虫体和各器官大小　虫体（13.0～14.8）mm×（0.54～0.82）mm。头襟横径 0.448～0.480mm。口吸盘（0.147～0.158）mm×（0.146～0.175）mm。咽（0.105～0.140）mm ×（0.070～0.088）mm。食道长 0.32～0.56mm。腹吸盘（0.320～0.352）mm×（0.304～0.328）mm。阴茎囊（0.96～1.12）mm×（0.176～0.252）mm。前睾丸（0.80～1.20）mm×（0.35～0.45）mm，后睾丸（0.88～1.35）mm×（0.32～0.48）mm。卵巢（0.24～0.28）mm×（0.16～0.24）mm。虫卵（98～105）μm×（60～68）μm。

4. 棘口科吸虫终末宿主

棘口科吸虫的终宿主包括从鱼类到哺乳类的所有脊椎动物群类，其中以鸟类为最多。一些属以及一些种能寄生于哺乳动物（包括人体）的也能寄生于多种鸟类，成为人兽（禽）共患的病原。兹以下列数种棘口吸虫的终末宿主种类的情况（按汪溥钦，1959，1985）说明本类吸虫终末宿主的广泛性。

（1）卷棘口吸虫[*Echinostoma revolutum*（Frhölich，1802）Dietz，1909]

终末宿主　针尾鸭（*Anas acuta* Linne）、赤颈鸭（*Anas penelope* Linne）、绿头鸭（*Anas platyrhynchos* Linne）、家鸭（*Anas boschas domestica*）、白眉鸭（*Anas querquedula* Linne）、紫膀鸭（*Anas strepera* Linne）、秧鸡（*Aramides cayenensis*，*Cresciscus viridis*）、鸽（*Columba livia*）、黑水鸡（*Gallinula geleata*）、家鸡（*Gallus gallus domesticus* Linne）、雨燕（*Hirundo rustica* Linne）、银鸥（*Larus cachinnans* Pall.）、黑头鸥（*Larus ridibundus* Linne）、鸥（*Larus tainyrensis* But.）、角雉（*Meleagris gallopavo* Linne）、秋沙鸭（*Mergus albellus* Linne）、鹡鸰（*Motacilla flava beema* Sykes）、白腰杓鹬[*Numenius arquata*（Linne）]、夜鹭（*Nycticorax violeceus*）、红头潜鸭[*Nyroca ferina*（Linne），*Oxyura leucocephala*（Scop.）]、山鹑（*Perdix perdix* Linne）、雉（*Phaslanus colchicus* Linne）、凤头麦鸡（*Vanellus vanellus* Linne）。

分布　英国、美国、德国、瑞士、苏联、印度、日本、大洋洲、意大利、菲律宾、中国。

（2）宫川棘口吸虫（*Echinostoma miyagawai* Ishii，1932）

终末宿主　八哥（*Acridotheres c.cristatellus*）、家鸭、家鸡、鹅（*Anser anser domesticus* Linne）、狗（*Canis familaris*）及人等。

分布　中国、日本、苏联。

（3）移睾棘口吸虫（*Echinostoma cinetorchis* Ando et Ozaki，1923）

终末宿主　褐家鼠（*Rattus norvegicus*）、田鼠（*Rattus losea exiguous*）、狗。

分布　日本、中国。

(4) 鼠棘口吸虫(*Echinostoma murinum* Tubangui，1931)

同物异名 鼠真缘吸虫(*Euparyphium murinum* Tubangui，1931)。

终末宿主 田鼠、狗。

分布 菲律宾、中国。

(5) 曲领棘缘吸虫[*Echinoparyphium recurvatum*(Linstow，1873)Lühe，1909]

终末宿主 针尾鸭(*Anas acuta* Linne，*Anas angustirostris* Men.)、绿翅鸭(*Anas crecca* Linne)、罗纹鸭(*Anas falcata* Georgi)、家鸭、绿头鸭、凤头潜鸭(*Aythya fuligula* Linne)、斑背潜鸭(*Aythya marile* Linne)、大麻鳽(*Botaurus stellaris* Linne)、家鸡、海鸥(*Larus canus* Linne)、黑头鸥、角雉、海番鸭(*Melanitta nigra* Linne)、白腰杓鹬[*Numenius arquata*(Linne)]、红头潜鸭、秧鸡(*Rallus aquaticus* Linne)、林鸮[*Strix uralensis nikolskii*(Bularlin)]、青脚鹬[*Tringa nebularia*(Gunn.)]、人(*Homo sapiens*)、家兔(*Oryctolagus cuniculus* Dom.)、鼠兔(*Onodatra zibethica*)、小白鼠(*Mus musculus molosinus*)。

分布 大洋洲、英国、德国、波兰、日本、非洲、马来西亚、苏联、菲律宾、美国、中国。

(6) 隐棘真缘吸虫[*Euparyphium inerme*(Fuhrmann，1904)Odhner，1911]

终末宿主 水獭(*Lutra lutra chinensis*)、鼬(*Mustele vison*)。

分布 中国、印度尼西亚、美洲。

(7) 日本棘隙吸虫[*Echinochasmus*(*Ech.*)*japonicus* Tanabe，1926]

终末宿主 狗、中白鹭[*Egretta intermedia intermedia*(Wagler)]、猫(*Felis ocreata domesticus* Brisson)、原鸡(*Gallus gallus*)、鸢(*Milvus migrans*)、夜鹭(*Nycticorax nycticorax*)、褐家鼠(*Rattus norvegicus*)、狐(*Vulpes vulpes schlenki*)、灵猫(*Viverra zibetha ashtoni*)。

分布 日本、中国。

(8) 似锥低颈吸虫[*Hypoderaeum conoideum*(Bloch，1782)Dietz，1909]

终末宿主 针尾鸭、琵嘴鸭(*Anas clypeata* Linne)、绿头鸭、赤颈鸭(*Anas penelope* Linne)、家鸭、紫膀鸭(*Anas strepera* Linne)、灰雁(*Anser anser* Linne)、白额雁(*Anser albifrons* Scop.)、鹅、凤头潜鸭、鹊鸭(*Bucephala clangula* Linne)、长尾鸭[*Clangula hiemalis*(Linne)]、骨顶鸡(*Fulica atra* Linne)、家鸡、角雉、秋沙鸭(*Mergus merganser* Linne)、潜鸭(*Netta rufina* Pall)、红头潜鸭、翘腔麻鸭[*Tadrona tadorna*(Linne)]。

分布 英国、法国、德国、日本、保加利亚、意大利、苏联、美洲、中国。

(9) 绦形鞭带吸虫(*Himasthla rhigedana* Dietz，1909)

终末宿主 白腰杓鹬(*Numemius arquata*，*Numemius arabicus*，*Numemius phaeopus*)、黑腹滨鹬(*Calidris alpina sakhalina*)、环颈鸻(*Charadrius alexandrimos dealbatus*)、小燕鸥(*Sterna albifrons sinensis*)。

分布 西奈(阿拉伯)、中国。

5. 棘口科吸虫幼虫期及其中间宿主

棘口科吸虫幼虫期系从虫卵孵出的毛蚴，毛蚴侵入它们的第一中间宿主(贝类宿主)体内发育，经胞蚴、母雷蚴、子雷蚴和尾蚴等世代。成熟尾蚴离开第一中间宿主贝类，到水中进入其第二中间宿主(同种或不同种的贝类宿主、鱼类或两栖类)结囊形成囊蚴。含有囊蚴的第二中间宿主被其终末宿主吞食，囊内后期尾蚴在其寄生部位发育达到性成熟的成虫。

(1) 中间宿主种类

A. 棘口吸虫、棘缘吸虫、低颈吸虫的中间宿主

棘口科吸虫的中间宿主的特异性不强，许多种的贝类可以作为同一种棘口吸虫的第一中间宿主和第二中间宿主。据汪溥钦(1985)收集的文献，卷棘口吸虫(*Echinostoma revolutum*)的中间宿主的种类在世界各地的报道达到59种(第一中间宿主18种，第二中间宿主58种)。宫川棘口吸虫(*Ehinostoma miyagawai*)的第一中间宿主有7种，第二中间宿主有12种，共12种。曲领棘缘吸虫(*Echinoparyphium recurvatum*)的中间宿主有33种(第一中间宿主9种，第二中间宿主32种)。似锥低颈吸虫(*Hypoderaeum conoideum*)的第一中间宿主有8种，第二中间宿主有14种，共14种等(**棘口表1~4**)。

棘口表1　卷棘口吸虫的中间宿主种类 (按汪溥钦，1985)

宿主名称		宿主种类	分布地区	报告人
椎实螺	*Lymnaea natalensis*	第一、第二中间宿主	马来西亚	Sandosham，1954
沼泽椎实螺	*Lymnaea palustris*	第一、第二中间宿主	加拿大	von Linstow，1894
				Fallis，1934
	L. peregra	第一、第二中间宿主	菲律宾	Tubangui，1932
	L. parvia	第一、第二中间宿主	中国台湾	Tsuchimochi，1924
静水椎实螺	*Lymnaea stagnalis*	第一、第二中间宿主	意大利、瑞士	Veveres，1923
				Dubois，1928
斯氏椎实螺	*Lymnaea swinhoei*	第二中间宿主	日本	Suzuki，1932
	L. traski	第二中间宿主	美国	Johnson，1920
	L. vulgaris	第二中间宿主	美国	Joyoux，1930
肌蚬	*Musculium partumcium*	第二中间宿主	美国	Krull，1935
田螺	*Paludina* sp. (Viviparus)	第二中间宿主	美国	Pagenstecher，1857
膀胱螺	*Physa acuta*	第二中间宿主		
	P. attenuata	第二中间宿主	墨西哥	
	P. fontinalis	第二中间宿主	美国	von Linstow，1894
	P. gyrina	第一、第二中间宿主	美国	Beaver，1937
	P. halei	第二中间宿主	美国	Fallis，1934
				Krull，L935
西方膀胱螺	*Physa occidentalis*	第一、第二中间宿主	美国	Johnson，1920
溪涧膀胱螺	*Physa rivalis*	第一、第二中间宿主	巴西	Lutz，1924
豌豆蚬	*Pisidium* sp.	第二中间宿主	美国	Beaver，1937
角扁卷螺	*Planorbis corneus*	第二中间宿主	中国台湾	Tsuchimochi，1924
	P. crista	第二中间宿主	法国	N'Gore-Traore，1973
扁卷螺	*Planorbis planorbis*	第二中间宿主	苏联	Nevostreuva，1954
	Planaria sp.	第二中间宿主	美国	Johnson，1920
拟琥珀螺	*Pseudosuccina columella*	第二中间宿主	美国	Krull，1935
				Beaver，1937
半球多脉扁螺；蛙类	*Polypylis hemisphaerula*	第二中间宿主	中国福建	汪溥钦，1956
	Rana esculenta	第二中间宿主		
	Rana pipiens	第二中间宿主	美国	Beaver，1937
林蛙	*Rana temporaria*	第二中间宿主	苏联	Nevostreuva，1954
耳萝卜螺	*Radix auricularia*	第二中间宿主	苏联	Nevostreuva，1954
	R. lagotis	第一中间宿主	苏联	Alekseev，1968
卵萝卜螺	*Radix ovata*	第二中间宿主	苏联	Nevostreuva，1954
长萝卜螺	*Radix peregera*	第二中间宿主	菲律宾	Tubangui，1932
折叠萝卜螺	*Lymnaea plicatula.*	第一、第二中间宿主	中国福建	汪溥钦，l956
斯氏萝卜螺	*Radix swinhoei*	第一、第二中间宿主	中国台湾	Suzuki，1932
	Semisulcospira caneellata	第二中间宿主	苏联	Alekseev，1968
球蚬	*Sphaerium corneum*	第二中间宿主	美国	Fallis，1934
平盘螺	*Valvata macrostoma*	第二中间宿主	美国	von Linstow，1894
田螺	*Vivilparus viviparous*	第二中间宿主	中国台湾	Tsuchimochi，1926
	V. ussuriensis	第二中间宿主	苏联	Alekseev，1968
	Acheilognathus chankaensis	第二中间宿主	苏联	Alekseev，1968
	Ameiurus melas	第二中间宿主	美国	Beaver，1937
	Amerianna pectorosa	第二中间宿主	美国	Johnston and Angel，1941
	Amerianna pyramidata	第一、第二中间宿主	美国	Johnston and Angel，1941
	Anisogammarus locustoides	第一、第二中间宿主	美国	Bisseru，1967
	Biomphalaria glabrata tanganikann	第二中间宿主	非洲	Bisseru，1967
豆螺	*Bithynia tentaculata*	第二中间宿主	非洲	Bisseru，1967
	Bithynia ventricosa	第二中间宿主	美国	von Linstow，1894
美洲蟾蜍	*Bufo americana* (tadopoles)	第二中间宿主	美国	Fallis，1934
泡螺	*Bulinus truncatus*	第二中间宿主	苏联	Bisseru，1967

续表

宿主名称		宿主种类	分布地区	报告人
乌蛤	*Cardium edule*	第二中间宿主	苏联	Nevestreuva，1954
	Cristaria plicata	第二中间宿主	苏联	Alekseev，1968
浮萨螺	*Fossaria abrussa*	第二中间宿主	美国	Fallis，1934
	Fossaria modicella	第二中间宿主	美国	Fallis，1934
小土蜗	*Galba pervia*	第一、第二中间宿主	中国台湾、福建	Beaver，1937
				Tsuchimochi，1926
凸旋螺	*Gyraulus convexusculus*	第一、第二中间宿主	中国福建	汪溥钦，1956
				Tsuchimochi，1926
日本旋螺	*Gyraulus japonicus*	第一、第二中间宿主	中国台湾	Cort，1914
	Helisoma tenuis	第一、第二中间宿主	墨西哥	Faust，1918
	Helisoma trivolvis	第一、第二中间宿主	美国	Johnson，1920
				Fallis，1934
				Beaver，1937
尖口园扁螺	*Hippeutis cantori*	第二中间宿主	中国福建	汪溥钦，1956
	Indoplanorbis exustus	第二中间宿主		Bisseru，1967

棘口表 2　宫川棘口吸虫的中间宿主种类(按汪溥钦，1985)

宿主名称		宿主种类	分布地区	报告人
小土蜗	*Galba pervia*	第一、第二中间宿主	中国福建	汪溥钦，1956
狭凸旋螺	*Gyraulus compressus*	第一、第二中间宿主	中国浙江	李非白等，1961
凸旋螺	*Gyranlus convexiusculvs*	第一、第二中间宿主	中国福建	汪溥钦，1956
尖口圆扁螺	*Hippeutis cantori*	第一、第二中间宿主	中国福建	汪溥钦，1956
沼泽椎实螺	*Lymnaea palustris*	第一、第二中间宿主	苏联	Hevostreuva，1954
静水椎实螺	*Lymnaea stagnalis*	第一、第二中间宿主	苏联	Hevostreuva，1954
扁卷螺	*Planorbis planorbis*	第一、第二中间宿主	苏联	Kosupko，1971
半球多脉扁螺	*Polyphis hemisphaerula*	第二中间宿主	中国福建	汪溥钦，1956
耳萝卜螺	*Radix auricularia*	第二中间宿主	苏联	Hevostreuva，1954
卵萝卜螺	*Radix ovatus*	第二中间宿主	苏联	Hevostreuva，1954
折叠萝卜螺	*Radix plicatula*	第二中间宿主	中国福建	汪溥钦，1956
哈士蟆	*Rana temporia*	第二中间宿主	苏联	Hevostreuva，1954

棘口表 3　曲领棘缘吸虫的中间宿主种类(按汪溥钦，1985)

宿主名称		宿主种类	分布地区	报告人
蟾蜍	*Bufo vulgaris*	第二中间宿主	欧洲	Rasin，1933
泡螺	*Bulinus innesi.*	第二中间宿主		Azim，1930
河蚬	*Corbicula producta*	第二中间宿主	中国台湾	Anazawa，1929
中国田螺	*Cipangpaludina chinensis*	第二中间宿主	中国福建	汪溥钦，1953
小土蜗	*Galba pervia*	第一、第二中间宿主	中国台湾	Tsuchimochi，1924
凸旋螺	*Gyraulus convexiusculus*	第二中间宿主	中国福建	汪溥钦，1953
尖口圆扁螺	*Hippertis cantori*	第一、第二中间宿主	中国福建	汪溥钦，1953
雨蛙	*Hyla arbera*	第二中间宿主	欧洲	Rasin，1933
椎实螺	*Lymnaea limosa*	第二中间宿主	法国	Mathias，1926
沼泽椎实螺	*Lymnaea palustris*	第一、第二中间宿主	法国	Mathias，1926
静水椎实螺	*Lymnaea stagnalis*	第二中间宿主	欧洲	Rasin，1933
斯氏椎实螺	*Lymnaea swinhoei*	第二中间宿主	中国台湾	Suzuki，1932
纹沼螺	*Parafossarulus striatulus*	第二中间宿主	中国福建	汪溥钦，1953
锄足蟾	*Pelohates fuscus*	第二中间宿主	欧洲	Rasin，1933
膀胱螺	*Physa alexandrina*	第一中间宿主	埃及	Sonsino，1892
	Physa parkeri	第一、第二中间宿主	美国	Cort，1914
泉膀胱螺	*Physa fontinalis*	第二中间宿主	欧洲	Rasin，1933

宿主名称		宿主种类	分布地区	报告人
豌豆蚬	*Pisidium pussilum*	第二中间宿主	欧洲	Rasin，1933
白扁卷螺	*Planorbis albus*	第二中间宿主	英国	Harper，1929
角扁卷螺	*Planorbis corneus*	第二中间宿主	欧洲	Rasin，1933
扁卷螺	*Planorbis planorbis*	第一、第二中间宿主	苏联	Nevostreuva，1954 Mathias，1926
多脉卷螺	*Polypylis hemisphaerula*	第二中间宿主	中国福建	汪溥钦，1953
捷蛙	*Rana agilis*	第二中间宿主	欧洲	Rasin，1933
食用蛙	*Rana esculenta*	第二中间宿主	欧洲	Rasin，1933
草蛙	*Rana tempararia*	第二中间宿主	欧洲	Bittner，1925
耳萝卜螺	*Radix auricularia*	第二中间宿主	苏联	Nevostreuva，1954
卵萝卜螺	*Radix ovata*	第二中间宿主	苏联	Nevostreuva，1954
长萝卜螺	*Radix peregra*	第一、第二中间宿主	欧洲	Rasin，1933
折叠萝卜螺	*Radix plicatula*	第一、第二中间宿主	中国福建	汪溥钦，1953
斯氏萝卜螺	*Radix swnhoci suzuki* *R. swinhoei yokogawai*	第一、第二中间宿主 第二中间宿主	中国台湾 日本	Suzuki，1932 Suzuki，1932
球蚬	*Sphaerium sp.*	第二中间宿主	欧洲	Mathias，1926
鱼盘螺	*Valvalta piscinalis*	第二中间宿主	英国	Harper，1929

棘口表 4　锥低颈吸虫的中间宿主种类 (按汪溥钦，1985)

宿主名称		宿主种类	分布地区	报告人
小土蜗	*Galba pervia*	第一、第二中间宿主	中国台湾	Morishita，1929
泥椎实螺	*Lymnaea limosa*	第一、第二中间宿主	欧洲	Mathias，1925
沼泽椎实螺	*Lymnaea palustris*	第一、第二中间宿主	苏联	Mathias，1925 Nevostreuva，1954
长椎实螺	*Lymnaea peregra*	第一、第二中间宿主	意大利	Vevers，1923
静水椎实螺	*Lymnaea stagnalis*	第一、第二中间宿主	欧洲	Neoller and Wagner，1923 Mathias，1925
姬蛙	*Microhyla ornata*	第二中间宿主	中国江苏	李非白，1950
角扁卷螺	*Planorbis corneus*	第一、第二中间宿主	欧洲	Wesenberg-Lund，1934 Mathias，1925
扁卷螺	*Planorbis planorbis*	第二中间宿主	苏联	Nevostreuva，1954
耳萝卜螺	*Radix auricularia*	第二中间宿主	苏联	Nevostreuva，1954
卵萝卜螺	*Radix ovata*	第二中间宿主	苏联	Nevostreuva，1954
折叠萝卜螺	*Lymnaea plicatula*	第一、第二中间宿主	中国福建	汪溥钦，1959
斯氏萝卜螺	*Radix swinhoei*	第一、第二中间宿主	中国江苏	李非白，1950
隔扁螺	*Segmentina schmackeri*	第二中间宿主	中国江苏	李非白，1950
田螺	*Viviparus sp.*	第二中间宿主		Alekseev，1963

B. 棘隙吸虫的中间宿主

与上述各虫种不同，日本棘隙吸虫(*Echinochasmus japonicus*)及福建棘隙吸虫(*Echinochasmus fujcanensis*)的中间宿主特异性较强。汪溥钦(1985)记载，日本棘隙吸虫的第一中间宿主只有纹沼螺(*Parafossarulus striatulus*)，第二中间宿主为麦穗鱼(*Pseudorasbora parva*)、粗皮蛙(*Rana rugosa*)和日本银鱼(*Salangichthys microdon*)。程由注等(1992)报告福建棘隙吸虫的第一中间宿主为铜锈环棱螺(*Bellamya aeruginosa*)，第二中间宿主为麦穗鱼和青鳉。他们实验，福建棘隙吸虫幼虫期只能在铜锈环棱螺发育，不能在纹沼螺发育。

(2)棘口科吸虫幼虫期

棘口类吸虫生活史中各幼虫期,兹以可以感染人体的宫川棘口吸虫(*Echinostoma miyagawai* Ishii,1932)和福建棘隙吸虫(*Echinochasmus fujianensis* chen et al., 1992)为例,介绍于下。

A. 宫川棘口吸虫幼虫期

汪溥钦(1956)在福州进行野外调查和人工感染试验,证明本种吸虫幼虫期在当地小的椎实螺(*Lymnaea ollula*) 及两种扁螺 *Hippeutis cantori*、*Gyraulus convexiusculus* 体内发育。不仅此 3 种淡水螺充当本种棘口吸虫的第一、第二中间宿主,其囊蚴亦见于大的椎实螺(*Lymnaea plicatula*)和半球扁螺(*Segmentina hemisphaerula*)。本种棘口吸虫后期尾蚴在鸟类和哺乳类体内均能发育达到成虫。其各幼虫期如下(**棘口图 4**)。

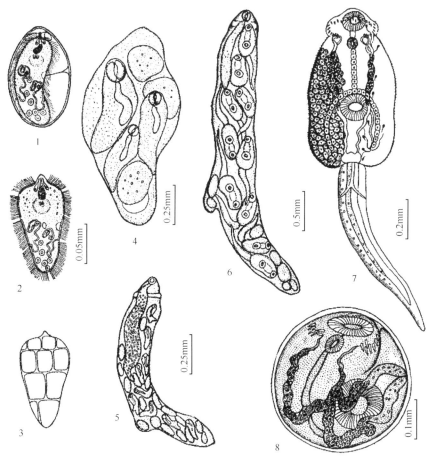

棘口图 4　宫川棘口吸虫幼虫期 (按汪溥钦,1956)
1. 成熟虫卵;2. 毛蚴;3. 毛蚴纤毛板;4. 胞蚴;5. 母雷蚴;6. 成熟子雷蚴;7. 尾蚴;8. 囊蚴

1) 虫卵:虫卵大小为(95～104)μm×(58～60)μm。在 25℃条件下,发育达到成熟需时 15～20d,在 30～32℃时为 8～10d。

2) 毛蚴:静止时的毛蚴,虫体呈椭圆形或倒梨子状,前部较后部稍大。前端中央具有乳头突出,后部钝圆。虫体长径 80～112μm,横径 48～68μm。表皮细胞 4 横列共 18 块,纤毛板公式为 6、6、4、2。毛蚴体内具有一个顶腺、一对单细胞穿刺腺、神经团、一对原肾管、焰细胞和在体后部一些胚细胞等结构。

3) 胞蚴:寄生在贝类宿主螺体心室中,它可能是毛蚴从宿主的呼吸孔或肺囊经静脉管而入心脏的。过去学者 Tubangui 及 Pasco 观察伊族棘口吸虫(*E. ilocanum*)毛蚴侵入第一中间宿主时,曾经报告毛蚴系由螺体与其壳之间隙处游进,再从外套膜侵入体中,不能穿入肌肉组织。吴青藜(1951)研究鼠棘口吸虫(*E. murinum*)生活史时,观察毛蚴侵入宿主的情形,亦认为系经宿主的呼吸孔及外套膜侵入肺囊中。成熟的胞蚴白色囊形,大小为(0.425～0.480)mm×(0.260～0.296)mm,内含 8～9 个母雷蚴和一些胚球。

4) 母雷蚴：母雷蚴脱离胞蚴，从宿主心室移向围心腔和消化腺。成熟母雷蚴体呈黄褐色长柱形，头部头襟之后具有生产孔，体后部 1/3 处具有一对运动器。虫体大小为 $(0.92\sim1.46)\,mm\times(0.21\sim0.26)\,mm$。咽椭圆形，大小为 $(62\sim76)\,\mu m\times(60\sim70)\,\mu m$，位于体前端，由其经短小的食道至肠管。肠管 $(450\sim750)\,\mu m\times(96\sim152)\,\mu m$，内含有宿主肝脏色的消化物。体内含有多数幼小子雷蚴和胚球。

5) 子雷蚴：成熟子雷蚴充满宿主内脏团，体呈淡黄色，体大小为 $(1.82\sim2.42)\,mm\times(0.24\sim0.32)\,mm$，头襟宽 $0.24\sim0.26mm$。咽大小为 $(0.046\sim0.052)\,mm\times(0.042\sim0.046)\,mm$。肠管长 $0.36\sim0.54mm$。运动足一对，约位于体长后端 2/5 水平。体内含许多尾蚴和发育中的胚球。

6) 尾蚴：成熟尾蚴体呈灰褐色，生活时随其伸缩而呈种种变形，体的长度在伸长时较缩短后长过 3 倍。固定后虫体大小为 $(382\sim425)\,\mu m\times(205\sim225)\,\mu m$，尾部长径 $415\sim450\mu m$，尾基部阔 $48\sim52\mu m$。口吸盘位于体前端亚腹面，呈类圆形，大小为 $(58\sim70)\,\mu m\times(58\sim68)\,\mu m$。腹吸盘大小为 $(72\sim80)\,\mu m\times(70\sim78)\,\mu m$，位于体后部 1/3 处的中央。头襟横径 $138\sim150\mu m$，具有头棘 37 枚，排列和成虫一样；左右偏腹侧各 5 枚，排列不整齐；之后，各 3 枚并行排列；余 21 枚，前后两排相互排列；头棘长径 $12\sim16\mu m$。除口吸盘和腹吸盘外，体表均盖有体表小刺。头部内具有 6 条明显的穿刺腺管。头襟之后体内布满成囊细胞（cystogenous cells），成囊细胞形状椭圆形或不规则状，随细胞的稀密而异。细胞内有胞核及棕黑色颗粒，细胞大小为 $(24\sim26)\,\mu m\times(18\sim22)\,\mu m$。自口吸盘中央的口孔经短小前咽至肌质性的咽，咽大小为 $(24\sim36)\,\mu m\times(28\sim32)\,\mu m$。咽后食道于腹吸盘前分为左右两支肠管，作半弧形围绕腹吸盘两旁，下降至体的终末端。排泄囊位于虫体末端正中央，生活时为圆形或半圆形，随其伸缩盈虚而异，静止后前缘内陷呈扁圆形，囊后端正中央通尾部排泄管。尾部排泄管沿纵轴后行至尾部前 1/5 处，分为两斜管，向外开口于尾部两体侧。排泄囊前端分左右两排泄管，内含有屈光性圆形颗粒，沿两肠管内侧弯曲上升至咽部两旁便缩小而中空，旋即迴转下降，下降排泄管中具有频繁摆动的排泄纤毛，下降至排泄囊与腹吸盘之间，分出 3 支小排泄管，至终末焰细胞。尾蚴的排泄管分布如同成虫的一样，分布在体的前、中、后三部分。焰细胞细小而数目众多，在成囊细胞遮盖之下，不易洞察。在排泄囊前缘与腹吸盘之间有生殖原基，其由多数细小圆形细胞集合而成。

7) 囊蚴：本吸虫囊蚴多数系集结于第二中间宿主贝类的围心腔上，在椎实螺的肝脏中，虽亦有检到，但其数甚少，分布亦甚星散。寄居在围心腔的囊蚴，多数集结呈白色瘤状。囊蚴呈正圆形，长径 $144\sim156\mu m$，囊壁厚 $6\sim10\mu m$。囊壁透明，可见后期尾蚴弯曲在囊内及其口吸盘、围口棘、腹吸盘、咽、食道及排泄管等，尤以排泄管中的屈光性颗粒特别明显。

终末宿主的试验感染　汪溥钦（1956）用宫川棘口吸虫的囊蚴人工感染小鸭、小鸡、八哥、小狗、小白鼠和小兔各 2 只，感染后 $12\sim25d$，从各实验动物肠内获得成熟或未成熟虫体。不同的动物所获得的虫体的感染强度有所不同，虽然禽鸟类和哺乳类均能感染，但从小狗获得的成熟虫体最多（**棘口表 5**）。

棘口表 5　宫川棘口吸虫囊蚴感染实验动物结果（按汪溥钦，1956）

试饲动物	感染时间/d	饲入的囊蚴数/个	解剖后检得的成虫数/个			附注
			成熟	未成熟	总数	
雏鸡 1	10	100		46	46	囊蚴直接由口喂入
雏鸡 2	15	100	9	12	21	囊蚴直接由口喂入
小鸡 1	10	92		14	14	囊蚴直接由口喂入
小鸡 2	15	50	12		12	囊蚴直接由口喂入
八哥 1	10	100		6	6	囊蚴直接由口喂入
八哥 2	15	120	8		8	囊蚴直接由口喂入
小狗 1	12	120	4	12	16	囊蚴包在面包中喂入

续表

试饲动物	感染时间/d	饲入的囊蚴数/个	解剖后检得的成虫数/个			附注
			成熟	未成熟	总数	
小狗 2	25	多数	560	20	580	囊蚴包在面包中喂入
小白鼠 1	12	50		4	4	囊蚴直接由口喂入
小白鼠 2	15	80	2		2	囊蚴直接由口喂入
小兔 1	15	80	1		1	囊蚴直接由口喂入
小兔 2	15	100			3	囊蚴直接由口喂入

B. 福建棘隙吸虫幼虫期

程由注等(1992，1994)通过野外调查和人工感染试验证明福建棘隙吸虫的幼虫期是在田螺科(Viviparidae)的铜锈环棱螺(*Bellamya aeruginosa*)体内发育，第二中间宿主是鱼类。本吸虫各幼虫期(棘门图 5)(按程由注等，1994)特征如下。

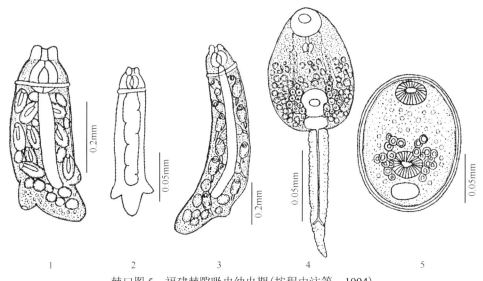

棘口图 5　福建棘隙吸虫幼虫期(按程由注等，1994)
1. 母雷蚴；2. 早期子雷蚴；3. 成熟子雷蚴；4. 尾蚴；5. 囊蚴

1) 虫卵：虫卵的大小为(98～113)μm×(64～72)μm。

2) 雷蚴：母雷蚴大小为(0.386～0.817)mm×(0.17～0.26)mm。围领明显，生产孔在围领之后。咽大小为 0.125mm×0.134mm。肠管长，盲端到运动足附近。运动足在体长后部约 1/4 处。成熟母雷蚴体内含有早期子雷蚴及一些胚球。成熟子雷蚴体大小为(0.614～1.40)mm×(0.14～0.25)mm，咽大小为 0.078mm×0.085mm。具围领和在体后部不很显著的运动足。肠管盲端达到运动足附近。

3) 尾蚴：尾蚴体部大小为(0.128～0.132)mm×(0.078～0.085)mm。体前端口吸盘大小为 0.032mm×0.036mm，其前缘有 3 对腺管开口，围领锥形可见。紧接口吸盘后具短小的前咽。腹吸盘大小为 30μm×32μm，位于接近体后部。穿刺腺 6 对，呈串状排列于蚴体中部两侧，成囊细胞充满体后部 2/3。体末端腹吸盘之后横置一椭圆形排泄囊，其两侧分别向前方通出一条大而弯曲的排泄管，管内各有 20 余个大小不等、折光性黑色圆形颗粒。排泄囊后方一条排泄管与尾部相连，延伸至尾部 2/3～4/5 处分叉。尾部长 0.125～0.130mm，宽 0.025～0.028mm，表面具有皱褶环纹。

4) 囊蚴：囊蚴寄生于第二中间宿主鱼类鳃丝两侧突起的鳃小片内，囊大小为(0.098～0.114)mm×(0.078～0.088)mm。侧面观，其一侧腹吸盘位置隆起；正面观，呈椭圆形。囊壁两层，均薄，囊内幼虫作收缩状。囊蚴除具囊壁和形状不同外，其他形态特征与尾蚴体部基本一致。

终末宿主感染试验　程由注等(1994)用福建棘隙吸虫的囊蚴感染实验动物小狗、豚鼠及鸡,于感染后11～13d 就可以从它们粪便中检出本吸虫虫卵。3 只小狗共感染囊蚴 6000 个,检获成虫 4368 条,回收虫率 72.8%;2 只豚鼠共感染囊蚴 2000 个,检获成虫 1134 条,回收虫率 56.7%;2 只鸡共感染囊蚴 2000 个,检获成虫 546 条,回收虫率 27.3%。实验狗小肠上段、中段、后段的虫数分布依次为 2704 条(61.9%)、1284 条(29.4%)、379 条(8.7%)。

小狗感染后 10d 出现食欲减退、腹泻、腹胀和消瘦等症状,其中 1 只于感染后第 17d 死亡。解剖见其肠道充盈水样脓液,黏膜糜烂。2 个月后解剖,小狗、豚鼠和鸡的小肠黏膜层均见有大小不等的溃疡和出血点,以 2 只小狗为严重,其周围有许多虫体和虫卵。

6. 福建棘隙吸虫流行病学

(1)人群感染

棘口科吸虫人体感染的虫种涉及本科多属。近年,程由注等(1994)在福建南部调查一些县份的人体寄生虫病,发现人群感染福建棘隙吸虫,其情况如下。

1)感染情况:在龙海、诏安、云霄、南靖和漳州共检查 3652 人的粪便,有福建棘隙吸虫虫卵的阳性患者 117 人,平均感染率达 3.2%。其中诏安为 7.8%(29/373)、云霄为 4.1%(20/487)、龙海为 3.2%(51/1584)、南靖为 1.6%(11/681)、漳州为 1.1%(6/527)。男性感染率为 3.4%(64/1904)、女性为 3.0%(53/1749)。

2)感染年龄区分:3～15 岁感染率为 6.9%(77/1123)、16～30 岁为 2.3%(24/1023)、31～50 岁为 1.3%(12/879)、51 岁以上为 0.64%(4/626)。

3)其他鱼源性吸虫感染情况:程由注等调查尚发现有其他鱼源性吸虫的混合感染,其中中华分支睾吸虫(Clonorchis sinensis)79 例、日本棘隙吸虫(Echinochasmus japonicus)17 例、叶形棘隙吸虫(Echinochasmus perfoliatus)4 例、狭睾棘口吸虫(Echinostoma angustitestis)3 例。

(2)中间宿主天然感染

程由注等(1994)报告闽南 9 县市均有福建棘隙吸虫病原幼虫期存在,它们的贝类宿主和鱼类宿主的感染情况如**棘口表 6** 所示。

棘口表 6　福建淡水螺、鱼类感染福建棘隙吸虫情况(按程由注等,1994)

地点	铜锈环棱螺			麦穗鱼		
	检查数/只	感染数/只	感染率/%	检查数/尾	感染数/尾	感染率/%
龙海	256	22	8.6	439	174	39.6
漳州	200	14	7.0	114	31	27.2
厦门	277	11	3.8	167	26	15.6
南靖	229	10	4.3	271	45	16.6
长泰	232	2	0.9	165	19	11.5
平和	218	9	4.1	100	18	18.0
漳浦	206	16	7.8	136	40	29.4
云霄	210	23	10.6	351	166	47.3
诏安	315	43	13.6	422	243	57.6
合计	2043	150	7.3	2166	761	35.1

(3)保虫终末宿主天然感染代

程由注等(1994)在闽南 9 县市有福建棘隙吸虫的流行区调查本吸虫保虫终宿末主的受感染情况。发现狗、猫和鼠类[黄毛鼠(Rattus losea)、褐家鼠(Rattusnorvegicus)]均有本吸虫的感染(**棘口表 7**)。

棘口表 7　福建保虫宿主感染福建棘隙吸虫情况（按程由注等，1994）

地点	狗			猫			黄毛鼠和褐家鼠		
	检查数/只	感染数/只	感染率/%	检查数/只	感染数/只	感染率/%	检查数/只	感染数/只	感染率/%
诏安	72	34	47.2	25	7	28.0	38	12	31.6
云霄	61	28	39.7	54	7	20.6	23	4	17.4
龙海	85	26	30.6	42	6	14.3	24	2	8.3
漳浦	52	23	18.6	□	□	□	32	2	6.3
南靖	27	4	14.8	13	2	15.4	21	1	4.8
漳州	46	6	13.0	□	□	□	18	0	0
厦门	34	4	11.7	□	□	□	15	0	0
长泰	33	3	9.1	11	1	9.1	22	1	4.5
平和	38	3	7.9	□	□	□	10	0	0
合计	448	131	29.2	124	23	18.5	203	22	10.8

　　由以上所示关于福建棘隙吸虫中间宿主（贝类宿主和鱼类宿主）及保虫终末宿主（狗、猫、鼠）感染本吸虫病原的情况，说明此人兽共患的病原广泛地存在自然界，人群由于食鱼烹煮方法不当很容易受感染。应当加强宣传教育，不吃未煮熟的鱼，避免受感染危害健康。

参 考 文 献

陈清泉，林秀敏. 1987. 日本棘隙吸虫生活史及流行学的研究. 厦门大学学报（自然科学版），26(5)：620-626

程由注，林金祥，陈宝健，等. 1992. 寄生人体棘隙吸虫一新种及其感染实验观察. 武夷科学，9：135-140

程由注，林金祥，方彦炎，等. 1994. 福建棘隙吸虫流行病学调查与感染实验. 寄生虫与医学昆虫学报，1(3)：10-15

高桥操三郎，等. 1932. エキノストマネトルキス Echinostoma cinectorchis の人体寄生の 1 例. 东京医事新志，2657：141-144

高桥操三郎，等. 1932. エキノストマネトルキス Echinostoma cinectorchis の人体寄生の第 2 例及黄点条虫の人体の 1 例. 东京医事新志，2678：1326-1327

顾昌栋. 1956. 昆明家鸭吸虫类的研究. 南开大学学报（自然科学版），95-106

河原尚平，山元悦郎. 1933. 移睾棘口吸虫（エキストマキネルキス）の人体寄生例. 东京医事新志，2840：1794-1796

横川宗雄，等. 1965. タイ国东北汇すいて人体汇蔓延すぬ棘口科吸虫的一种. Hypoderaeum conoideum (Bloch, 1782) Dietz, 1909 汇ついて. 日本寄生虫学杂志，14(2)：44-49

黄惠芬，等. 1963. 真缘棘口吸虫 Euparyphium melis (Schrank, 1788) Dietz, 1909 人体感染一例报告. 1963 年寄生虫专业讨论会论文摘要. 147-148

李非白，范学理，林珍. 1961. 宫川棘口吸虫 Echinostoma miyagawai Ishii, 1932 人体感染报告. 浙江医学科学院 1961 年科研论文资料汇编：1-3

李非白. 1950. 棘口吸虫 Hypoderaeum conoideum (Bloch) Dietz, 1909 之形态及生活史. 中国科学，1(1)：125-157

平一三. 1928. 人体寄生した ユキノカスぃス属吸虫の 1 种 Echinochasmus perfoliatus (Ratz) 汇ついて. 东京医事新志，2577：1328-1334

沈一平. 1958. 云南大理发现人体卷棘口吸虫感染. 全国寄生虫病学术会议资料选集. 662-667

汪溥钦. 1952. 棘口吸虫 Echinoparyphium recurvatum 的生活史研究. 福州大学自然科学研究所研究汇报，3：111-129

汪溥钦. 1956. 两型卷棘口吸虫 Echinostoma revolutum (Fröhlich) Looss, 1899 的形态和生活史的研究. 福建师范学院学报，1：1-26

汪溥钦. 1959. 福建棘口科吸虫（Echinostomatidae Dietz, 1909：Trematoda）的分类研究. 福建师范学院学报（生物学专号），1：85-140

汪溥钦. 1985. 棘口科吸虫. 见：陈心陶.中国动物志 扁形动物门 吸虫纲 复殖目（一）.北京:科学出版社：333-489

吴青藜，等. 1956. 北京狗的蠕虫调查. 微生物学报，4(2)：219-236

严如柳. 1959. 福州家鸭吸虫类的研究. 福建师范学院学报（生物专号），1：177-192

余森海，许隆祺. 1992. 人体寄生虫学彩色图谱. 北京：中国科学技术出版社：200-205

Alekseev V M. 1967. The life cycle of Echinochasmus beleocephalus (Linstow, 1873) under conditions prevailing in usuriland. Parasit，1(2)：144-148

Alekseev V M. 1968. Biologie development cycle of Echinostoma revolutum (Froel, 1802) and E. robustum Yamaguti, 1935 under condition of Phmorskii krai. Helminths of Far Eastern and Pacific Ocean. Akad Nauk SSSR Vladivostok，26：3-7

Anazawa K. 1929. The first instance of Echinostoma rveolutum in man and its infections route，Taiwan. Ig Kw Z，288：221-242

Ando A，Tsuyuki H. 1923. Studies on the enteric parasites which take rodents as their final hosts. 11. On Echinostoma occuring in Nagoya and second intermediate host. Tokyo Iji Shinshi，2340

Beaver P C. 1937. Experimental studies on Echinostoma revolutum (Froelich)，a fluke from birds and mammals. Illinois Biol Monogr，15(1)：1-96

Beaver P C. 1939. The life cycle of *Euparyphium melis*(Echinostomatidae). J Parasitol，（suppl 25）：19

Beaver P C. 1941. Studies on the life history of *Euparyphium metis*(Trematoda：Echinostomatidae). J Parasitol，27：34-44

Bittner H. 1925. Ein Beitrag zur Ubertagung und zur Biologie von *Echinoparyphium recurvatum*. Berlin Tierarztl Wochenschr，Bd 41：82-86

Chen H T(陈心陶). 1934. Helminths of dogs in Canton with a list of these occurring in China. Lingnan Sci J，13（1）：75-87

Cort W W. 1914. Larval Trematodes from North American freshwater snails. J Parasitol，1：65-84

Dietz E. 1909. Die Echinostomiden der Vögel. Zool. Angeiger，36（6）：180-192

Dietz E. 1910. Die Echinostomiden der Vögel. Zool Jabrab，Suppl 12（3）：254-512

Dinulesco G. 1939. *Echinoparyphium recurvatum* Linstow. Condition de son development larvaire chez *Paludina vivipara* L. Wimereux，Trav Sta Zool，13：215-224

Fallis A M. 1934. A note on some intermediate hosts of *Echinostoma revolutum*(Froelich). Proc Helminth Soc Wash，1：4-5

Faust E C. 1949. Human Helminthology. Philadelphia：Lea and Febiger

Fröelich J A. 1802. Beiträge zur Naturgeschichte der Eingewei dewürmer. Der Naturforscher Stück，29：5-96

Hsü Y C(徐荫祺). 1935. Trematodes of fowls in Soochow. Peking Nat Hist Bull，10：141-150

Hsu H F(徐锡藩). 1940. *Euparyphium jassyense* Leon et Ciurea = *E. melsi* (Schrank) found at the autopsy of a Chinese. Chin Med J，58：552-555

Hsu H F，Chow C Y(徐锡藩，周钦贤). 1938. Studies of helminths of fowls. II. Some Trematodes of fowls in Tsingkiangpu，Kiangsu China. Chin Med J，（Suppl）：441-450

Johnston T H. 1920. The life cycle of *Echinostoma revolutum*(Froelich). Univ Galif Pub Zool，19：355-388

JonnstonT H，Angel L M. 1940. Life history of *Echinostoma revolutum* in South Australia. Part VII. Trans Roy Soc S Austr，65（2）：317-322

Kosupko G A.1969. The morphological peculiarities of *Echinostoma revolutum* and *E. miyagawai*. Trudy Vses Inst Gelminth，15：159-165

Kosupko G A. 1971. New data in the biocology and morphology of *Echinostoma revolutum* and *E.miyagawai* (Trematoda：Echinostomatidae). Bulleten Vseseyuznogo Institula Gel'mintologii in KI Skrjabina，5：43-49

Kosupko G A. 1971. The entogenesis of *Echinostoma miyagawai* Ishii，1932(Trematoda：Echinostomatidae)in the first intermediate host. Ibid，18：159-165

Krull W H. 1935. A note on the life history of *Echinostoma coalitum* Barker and Beaber，1915(Trematoda：Echinostomatidae). Proc Helminth Soc Wash，2：77

Ku C T(顾昌栋). 1937. On a new trematode parasite from the Peking duck. Peking Nat Hist Bull，12：39-41

Ku C T(顾昌栋). 1938. New trematodes from Chinese birds. Peking Nat Hist Bull，13：129-136

Lühe M. 1909. Parasitische Plattwürmer 1. Trematodes. Susswasserfauna Deutschlands. Heft，17：217

Mathias P. 1924. Cycle evolutif，d'un trematode Echinostome(*Hypoderaeum conoideum* Bloch). C R Soc Biol，90：13-15

Mathias P. 1927. Cycle ëvolutif d'un trematode de la famile des Echinostomidae(*Echinoparyphium recurvatum* Linstow). Ann Sci Nat Zool，10：289-310

Morishita K，Tsuchimochi K. 1925. On four species of parasites of domestic fowls in Formosa. Life history of *Hypoderaeum conoideum*(Bloch，1782). Japan J Taiwan Jgakk Zasshi，243

Odhner T. 1911. *Echinostoma ilocanum*(Garrison)ein neur Menschenparasit aus Ostasien. Zool Auzeiger，38：65-68

Pagenstecher H A. 1857. Über Erziehung des *Distoma echinatum* durch Fütterung. Arch Nafur J，23（1）：244-251

Rasin K. 1933. *Echinoparyphium recurvatum*(Linstow，1873)und seine Entwicklung. Biol Spisy Ecole Veter Brno，12：1-98

Skrjabin K I. 1956. Trematodes of Animals and Man. Vol. XIII. Moscow：Publishing House of Academy of Sciences of Russian

Tang C C(唐仲璋). 1941. Contribution to the knowledge of the helminth fauna of Fukien. Part1. Avian reptilian and mammalian trematodes. Peking Nat Hist Bull，15：299-316

Tani S，et al. 1974. A case of human Echinostomiasis found in akita prefecture，Jap. Jap J Parasit，23（6）：404-407

Tsuchimochi K. 1924. On the life history of two echinostome Trematodes(Studies on the Trematodes of domestic birds in Formosa). 1. Dobuts Gakk Zasshi，36：245-258

Tubangui M A. 1932. Observations on the life history of *Euparyphium murinum* Tubangui，1931 and *Echinostoma revolutum*(Froelich，1802)(Trematoda). Philipp J Sci，497-513

Tubangui M A，Pasco A M. 1933. The life history of the human intestinal fluke，*Euparyphium ilocanum*(Garrison，1908). Philippine J Sci，51：581-606

Ujiie N. 1936. On structure and development of *Echinochasmus japonicus* and its parasitism in man. Taiwan Jgakk Zasshi，35：535-545

Vevers G M. 1923. Observations on the life history of *Hypoderaeum conoideum*(Bolch)and *Echinostoma revolutum*(Froelich)trematode parasites of the domestic duck. Ann App Biol，10：134-136

Wu C L(吴青藜). 1951. Study on the life history of *Euparyphium murinm* Tubangui，1931(Trematoda，Echinostomatidae). Peking Nat Hist Bull，19（2-3）：258-295

Wu K(吴光). 1937. Helminthic Fauna in Vertebrates of the Hangchow Area. Peking Nat Hist Bull，12：1-8

Wu K.(吴光) 1930. A study of the common rat and its parasites. Ling Sci J，9（1-2）：51-65

Yamaguti S. 1971. Synopsis of Digenetic Trematodes of Vertebrates. Tokyo：Keigaku Publishing Co

Yamaguti S. 1975. A Synoptical Review of life Histories of Digenetic Trematodes of Vertebrates. Tokyo：Keigaku Publishing Co

（十五）半尾总科（Hemiuroidea Faust，1929）

1. 研究历史

半尾类吸虫是一个很庞大的吸虫群类，它们的终末宿主多数是海产鱼类，也有淡水鱼及个别两栖类、爬行类。

Dollfus（1923）为半尾科（Hemiuridae Lühe，1901）和泄肠科[Accacoeliidae（Odhner，1911）Looss，1912]及他自己所建立的连肠科（Syncoeliidae Dollfus，1923）创建半尾大总科（Hemiurata Dollfus，1923）。

Poche（1925）承认了这一大总科，并提出 Odhner 在 1911 年所阐述的航尾科（Azygüdae Odhner，1911）同半尾科的亲缘关系。在 Poche（1925）所承认的半尾大总科中包含半尾科、航尾科、尾胞科（Halipegidae Poche，1925）、等睾科（Isoparorchidae Poche，1925）和 Xenoperidae Poche，1925 五个科。

Faust（1929）使用 Hemiuroidea 为半尾总科名称，认为 Hemiurata Dollfus，1923 大总科应是 Hemiuroidea 的同物异名。

Markevitsch（1951）在他有关乌克兰淡水鱼寄生虫区系的专著中创建半尾目（Hemiurada），并为半尾目的特征下定义，其中较特殊的特征提及虫体具有特别尾段或"外体"（ecsoma），它能够缩入体前部内。此外卵黄腺在大部分种类不分成丛粒的块状等。Markevitsch 在他的专著中只提到半尾科，在他的半尾科中列有 *Hemiurus*、*Aphanurus*、*Bunocotyle*、*Brachyphallus*、*Derogenes* 及 *Lecithoster* 6 属。

在 Dollfus（1923）、Poche（1925）、Faust（1929）及 Markevitsch（1951）等研究者在这方面的工作和分类意见之后，世界各地工作者报告和描述了许多半尾类吸虫的新种、新属和新科。关于此类群吸虫的分类问题有不同的意见和不同的组合。

Skrjabin（1954～1960）陆续研究半尾类吸虫。Skrjabin 和 Guschanskaja（1956）把虫体具有阴茎囊结构的航尾科等吸虫不包括在半尾亚目的半尾总科之中。在他们的半尾亚目中把具有两性管（子宫末端和射精管联合形成，两性管或包在两性囊内或游离在柔软组织中）特征的很多吸虫类群都列入半尾总科之中。他们于 1960 年所提出关于半尾亚目的分类系统中只有一个半尾总科，在这总科中包含有 15 个科。

Yamaguti（1971）的《脊椎动物复殖类吸虫概要》中的半尾总科只包括 Bathycotylidae、Hemiuridae、Lampritrematidae、Mabiaramidae、Ptychogonimidae、Hirudinellidae、Prosogonotrematidae 及 Sclerodistomatidae 8 个科。

我国的半尾类吸虫种类很多，无论从淡水鱼、海产鱼类以及两栖类，都有半尾吸虫种类的报告[Tang（唐仲璋），1951；许鹏如，1954；顾昌栋和申纪伟，1964a，1964b，1978，1981；唐仲璋，1981；唐崇惕等，1983；申纪伟，1987，1990；刘升发，1996；等等]。

半尾类吸虫种类众多，但有关它们生活史的研究不多。在我国有关半尾类吸虫生活史及其幼虫期的报告更有限。叶英和吴淑卿（1955）从上海的日本沼虾体内发现本类吸虫提早发育成熟的虫体。著者对半尾类吸虫一些种类的发育和生活史也曾经进行研究（Tang，1951；唐崇惕和唐仲璋，1959；唐仲璋，1981）。

2. 半尾总科的分类

兹以国际著名寄生虫学家 Skrjabin、Guschanskaja（1960）、Yamaguti（1971）有关半尾类吸虫的分类系统介绍于下。

（1）Skrjabin 和 Guschanskaja（1960）关于半尾类吸虫的分类系统

A. 半尾亚目[Hemiurata（Markevitsch，1951）Skrjabin et Guschanskaja，1954]特征与分类

亚目特征 具有强壮肌肉的吸虫，角质膜平滑。尾段（外体 ecsome）具有或付缺。具有 2 个（偶尔 3 个，如 Grassitrematinae 亚科）肌肉性吸盘（口吸盘和腹吸盘）。咽具有，食道具有或付缺。肠管 2 条（偶尔 1 条，如单脏科 Haplosplanchnidae），在大多数种类肠管端部是盲管，少数后端会合成肠弓。在摺殖科 Ptychogonimidae 和泄肠科 Accacoeliidae，肠管后端和排泄囊联合而形成泌尿直肠。排泄孔位于末端或次末端。排泄囊"Y"形，侧枝向体前端延伸，达到咽或口吸盘水平。生殖孔位置在于口腹吸盘之间。雄性阴茎囊付缺。两性囊具有或付缺。两性管被包在两性囊中；当两性囊付缺时，两性管游离在柔软组织之中。睾丸常常是 2 个（偶尔是 1 个，如单脏科 Haplosplanchnidae），它们通常是实体的、整块的；在连肠科 Syncoeliidae，睾丸由分离的滤泡丛粒所组成。卵黄腺常是 2 个，偶尔是 1 个；它们有整个的、分瓣的、管条状和滤泡丛粒状。子宫形成横圈，被卵子所充满。虫卵卵圆形，有的在一端上有卵丝，有的无卵丝。是鱼、少数两栖类和偶尔爬行类的寄生虫。

亚目分类　本亚目只有半尾总科（Hemiuroidea Faust，1929）。本总科含 15 科如下：

半尾科　Hemiuridae Lühe，1901；

巨尾科　Dinuridae Skrjabin et Guschanskaja，1954；

星腺科　Lecithasteridae Skrjabin et Guschanskaja，1954；

指腺科　Lecithochiriidae Skrjabin et Guschanskaja，1954；

深杯科　Bathycotylidae Dollfus，1932；

套叶科　Elytrophallidae Skrjabin et Guschanskaja，1954；

单脏科　Haplosplanchnidae Poche，1925；

等睾科　Isoparorchidae Poche，1925；

亮体科　Lampritrematidae Skrjabin et Guschanskaja，1954；

海立科　Halipegidae Poche，1925；

硬蛏科　Sclerodistomatidae Dollfus，1932；

连肠科　Syncoeliidae Dollfus，1923；

摺殖科　Ptychogonimidae Dollfus，1936；

泄肠科　Accacoeliidae Looss，1912；

气生科　Aerobiotrematidae Yamaguti，1958。

B. 半尾总科各科的特征

Skrjabin 和 Guschanskaja（1954～1960）多年来整理半尾总科（Hemiuroidea Faust，1929）的资料。本总科含 15 科、36 亚科和 105 属。根据半尾亚目 15 科的重要区别特征，Skrjabin 和 Guschanskaja（1960）作检索表如下。

1(2) 肠管 1 个，末端盲管，两性囊没有。睾丸 1 个。卵巢在睾丸之前，卵黄腺或是一个实体状，或是由两群丛粒所组成··Haplosplanchnidae Poche，1925

2(1) 肠管 2 支

3(4) 包含有卵巢、卵黄腺和肠管端部的体后部由角质膜状的嵴同身体其他部分隔开。鱼鳔的寄生虫··Aerobiotrematidae Yamaguti，1958

4(3) 将体后部同体其他部分隔开的角质膜状的嵴付缺

5(10) 肠管的后端会合

6(7) 肠管在体后端会合形成肠弓。没有泌尿直肠。两性囊大体上付缺（Otiotrematinae 亚科除外）。葡萄状的卵巢位于葡萄状的睾丸之后。葡萄状的卵黄腺在卵巢之后··················Syncoeliidae Dollfus，1923

7(6) 肠管后端同排泄囊会合，形成泌尿直肠

8(9) 肠管形成"H"形。两性囊没有（Guschanskianinae 亚科除外）。具有食道。卵巢位置在睾丸之后。卵黄腺管条状、树枝状或滤泡丛粒状··Accacoeliidae Looss，1912

9(8) 肠管后有向前的枝芽。因此没有成"H"状。两性囊没有。食道付缺。卵巢位于睾丸之前。卵黄腺由分离的滤泡丛粒所组成··Ptychogonimidae Dollfus，1936

10(5) 肠管后端不会合，以两盲端告终

11(12) 卵巢位于两睾丸之间的空间中。两性囊没有。具有长管条状的卵黄腺，分布从前睾丸水平到体后端。鱼鳃之寄生虫·······Bathycotylidae Dollfus，1932

12(11) 卵巢位置在后睾丸之后

13(16) 卵黄腺 1 个

14(15) 生殖器官末端一段是由 4 个部分组成：两性管，微细的阴茎，子宫末端和生殖窦。卵黄腺由 7 个管条状的分瓣组成·······Elytrophallidae Skrjabin et Guschanskaja，1954

15(14) 生殖器官的末端一段，由射精管和子宫末端组成，它们会合形成两性管。它常被包在两性囊之中（Johniophyllinae 亚科除外）。卵黄腺星状，由不同分瓣数组成·······Lecithasteridae Skrjabin et Guschanskaja，1954

16(13) 卵黄腺 2 个（Halipegidae 科中 Bunocotylinae 亚科除外，它只有 1 个卵黄腺）

17(20) 卵黄腺实体是整个的

18(19) 两性管常常被包在两性囊之中。腹吸盘排列在体前部，距口吸盘不远·······Hemiuridae Lühe，1901

19(18) 两性管具有。两性囊常常付缺（Derogenetinae 除外）。腹吸盘移到体中线或到体后半部·······Helipegidae Poche，1925

20(17) 卵黄腺另外的构造

21(22) 卵黄腺分瓣。具有前列腺囊，它有的被包在两性囊之内，如果没有两性囊，它就自由地列于柔软组织之中。腹吸盘在体前方 1/3 处·······Lecithochiriidae Skrjabin et Guschanskaja，1954

22(21) 卵黄腺或呈细弯曲的管状，或呈树枝状分枝

23(24) 卵黄腺树枝状分枝，位置在体后部，其终止部几乎同肠管之盲端在同一水平。卵巢管状弯曲，位置在睾丸之后的体部及半部中。睾丸对称地排列，直接在腹吸盘之后。具有两性囊，在它的基部，射精管同子宫末端会合形成两性管，鱼鳃的寄生虫·······Isoparorchidae Poche，1925

24(23) 卵黄腺由细的弯曲的管组成。

25(26) 有两性囊，在它的基部有射精管乳头和子宫末端之末梢部分。除两性囊之外还有很大的射精管囊，它包含长的肌肉性的两性管，乳头状突出两性囊，成对的卵黄腺条状窄管位置在体后半部之两侧·······Lampritrematidae Skrjabin et Guschanskaja，1954

26(25) 射精管囊付缺

27(28) 生殖器官的末端一段由两性囊所组成，包围有两性管。从后者联着前列腺部分和子宫末端。睾丸 2 个，卵黄腺成对，它由长细弯曲的管条所组成，位置或在体中央，或在两侧。排泄囊"Y"形。吸虫是伸长的体形，大体上具有尾段（Prosorchinae 除外）·······Dinuridae Skrjabin et Guschanskaja，1954

28(27) 生殖器官末端一段简单，具有两性管，它或被包在两性囊中，或当两性囊付缺时自由地在柔软组织之中。卵黄腺由长的紧的管条所组成，位置在腹面两肠管之间。排泄囊"V"形。虫体呈长卵圆形，没有尾段·······Sclerodistomatidae Dollfus，1932

（2）Yamaguti（1971）关于半尾类吸虫的分类系统

Yamaguti（1971）在半尾总科中列有 13 科及其亚科和属列之于下。此 13 科中有 8 科（注△符号的）Yamaguti 认为是半尾总科所隶属的科，此 8 科中含 26 亚科 97 属。其他 5 科（注○符号的）是 Skrjabin 认为系半尾总科成员，而 Yamaguti 认为系另外的独立科。

○Family Accacoeliidae（Odhner，1911）Looss，1912·······F

  Subfamily Accacladiinae Yamaguti，1958·······F

    Genus *Accacladium* Odhner，1928·······F

      Accacladocoelium Odhner，1928·······F

  Subfamily Accacoeliinae Odhneer，1911·······F

    Genus *Accacoelium* Monticelli，1893·······F

      Tetrochetus Looss，1912·······F

3. 半尾类吸虫种类

半尾亚目(Hemiurata)是一个巨大的吸虫类群,大多数是海洋的种类,在咸淡水及淡水中也广泛地分布。本类吸虫的幼虫期在离开贝类宿主后,适应在数目繁多的充为第二中间宿主的甲壳动物体内继续发育。甲壳类是鱼类重要的食料,由于这个食物锁链关系,半尾类有了非常有利的生存和发展的条件,成为吸虫类中繁荣的一支。关于种类的记述,在国内有顾昌栋和申纪伟(1964,1978)、许鹏如(1954)、叶英和吴淑卿(1955)、唐仲璋(1981)、唐崇惕等(1983)和刘升发(1996,1997)等。兹以福建的种类为主,介绍数虫种以示其结构。

(1)分巢气生吸虫(*Aerobiotrema acinovaria* Tang，1981)

分类位置　气生科(Aerobiotrematidae)。

终末宿主　灰海鳗[*Muraenesox cinereus*(Forakal)]。

寄生部位　鱼鳔。

虫种特征(半尾图 1 之 1～3)(按唐仲璋,1981)　体长椭圆形,体表光滑。体后方 1/4 处外体部角质膜反套叠在虫体的外方。体大小为 $(9.5 \sim 24.0)\,mm \times (4 \sim 10)\,mm$。口吸盘次顶端,大小为 $(1.0 \sim 3.0)\,mm \times (1.4 \sim 3.0)\,mm$;咽大小为 $(0.55 \sim 0.85)\,mm \times (0.78 \sim 1.40)\,mm$,紧接于口吸盘。食道极短,两肠管达体后端。腹吸盘较小,为 $(0.48 \sim 2.6)\,mm \times (1.29 \sim 2.9)\,mm$。两睾丸巨大圆形,大小为 $(1.00 \sim 5.62)\,mm \times (0.81 \sim 6.38)\,mm$,在腹吸盘直后,斜列于体中段。贮精囊在腹吸盘前,囊通于前列腺部分。前列腺细胞周围有囊膜包裹。生殖孔开口于肠分叉后方。卵巢葡萄状,分瓣 30 余瓣,整个大小为 $(1.23 \sim 3.23)\,mm \times (1.80 \sim 3.51)\,mm$。输卵管颇长,梅氏腺成团,具有受精囊,未见劳氏管。卵黄腺 2 丛并列,各分许多小瓣,直径 $1.25 \sim 3.7\,mm$。卵巢和卵黄腺等在体后端 1/3 部分。子宫充满卵巢与生殖孔之间各间隙,末端与射精管会合，开口于生殖孔。虫卵大小为(18～20)μm×(16～18)μm。

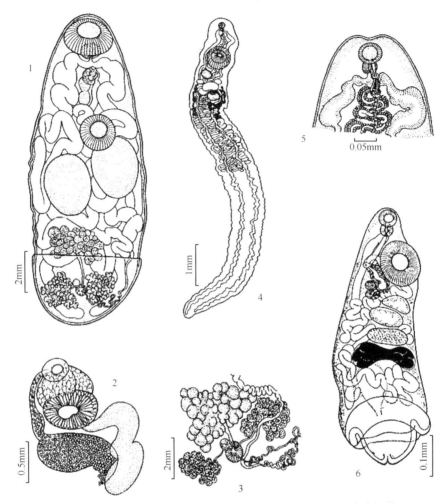

半尾图 1　气生吸虫、胃居吸虫、拟半尾吸虫(按唐仲璋，1981；唐崇惕等，1983)

1～3.分巢气生吸虫(1.成虫，2.生殖孔构造，3.卵巢附近构造)；4、5.海鳗胃居吸虫(4.早期成虫，5.虫体前端示假"胃"及生殖孔附近构造)；6.双边鱼拟半尾吸虫

山口左仲从灰海鳗鳔内发现一新属新种吸虫 *Acrobiotrema muraenesociss* Yamaguti，1958，并为其创立气生科。*A.muraenesocis* 特征：口吸盘和睾丸都较小，卵巢圆形不分瓣；前列腺部分无囊包裹，裸露在柔软组织内；受精囊付缺；梅氏腺分散不成团；卵黄腺两簇在卵巢前后。

(2)海鳗胃居吸虫(*Stomachicola muraenesocis* Yamaguti，1934)

分类位置　半尾科(Hemiuridae)、巨尾亚科(Dinurinae)。

终末宿主　灰海鳗、淡水鳗。

寄生部位　鱼胃及食道的黏膜上。

虫种特征(半尾图 **1** 之 **4、5**)(按唐仲璋，1981) 福建标本从淡水鳗的胃内找到。福建标本体大小为 14.7mm×1.6mm。口吸盘大小为 0.276mm×0.357mm。咽大小为 0.187mm×0.170mm。腹吸盘大小为 0.986mm×1.020mm。睾丸大小为 0.442mm×0.221mm 及 0.234mm×0.221mm。贮精囊大小为 0.442mm×0.544mm。卵巢大小为 0.340mm×0.850mm。受精囊大小为 0.476mm×0.714mm。虫卵大小为 (15～19)μm×(11～13)μm。

胃居属吸虫在食道后面具假"胃"的构造，这特征在巨尾亚科中的 *Lecithocladium seriolella* Manter，1954 亦有，形态与蛭形科(Hirudinellidae Dollfus，1932)至为类似，由此可推测巨尾亚科和蛭形科的亲缘关系。蛭形科是半尾类中巨型的吸虫，虫体长可达 32～57mm，它们是深海的寄生虫。*H.marina* Garcin，1730 在林那氏以前便已发现，由于虫体太大了，观察反而粗略，有些种类的构造至今还未能叙述详尽。海鳗胃居吸虫既与蛭形科有类似的构造，它便成为很好的观察材料了。

(3)双边鱼拟半尾吸虫(*Parahemiurus ambassicola* Tang，Shi et Cao，1983)

分类位置　半尾科(Hemiuridae)、半尾亚科(Hemiurinae)。

终末宿主　眶棘双边鱼 [*Ambassis gymnocephalus*(Lac.)]。

寄生部位　肠管。

虫种特征(半尾图 1 之 6)(按唐崇惕等，1983)　虫体长圆锥形，体大小为(0.630～0.791)mm×(0.250～0.294)mm，体表有浅细横纹。具短尾，其长度等于体部长度的 1/6～1/5。体部和尾部交接处有很宽厚的边缘，此处体宽度最大，向前方逐渐缩小。口吸盘亚前端位，大小为(0.045～0.050)mm×0.060mm。咽大小为 0.029mm×0.030mm，无前咽。咽后即分两肠管，各达体后端，但不进入尾部。腹吸盘大小为(0.130～0.144)mm×(0.120～0.138)mm，位于体前部 1/3 部分。睾丸、卵巢和卵黄腺前后紧靠，位于体部中央 1/3 部分。两睾丸横椭圆形或横三角形，大小为(0.057～0.063)mm×(0.099～0.117)mm，前后斜列于腹吸盘之后。卵巢呈不正的长横椭圆形，大小为(0.045～0.051)mm×(0.112～0.132)mm。卵黄腺两团各 4 分叶或 5 分叶，2 团相连在卵巢后方，整个大小为(0.065～0.090)mm×(0.170～0.204)mm。贮精囊两团，大小为(0.023～0.027)mm×(0.030～0.042)mm，在前睾丸斜前角。前列腺部分长约 0.090mm，外围有前列腺细胞，位于贮精囊和腹吸盘之间，其上端在腹吸盘下半部背侧，与子宫末端会合后形成两性管，在腹吸盘上半部背侧前伸到咽腹面开口。子宫圈充满腹吸盘后方大部空隙。椭圆形排泄囊在体部后段中央。虫卵大小为(27～33)μm×(12～18)μm。

(4)鲻隐尾吸虫(*Aphanurus mugilus* Tang，1981)

分类位置　半尾科(Hemiuridae)、星腺亚科(Lecithasterinae)。

终末宿主　鲻鱼(*Mugil cephalus*)。

寄生部位　胃与肠管。

虫种特征(按唐仲璋，1981)　虫体(半尾图 2 之 1)梭形、前端较窄。体大小为(2.69～2.96)mm×(0.532～0.741)mm。体表有自腹面向背面斜走的横纹。口吸盘在顶端，大小为(0.095～0.114)mm×(0.114～0.152)mm，腹吸盘大小为(0.152～0.237)mm×(0.182～0.266)mm，靠近体前端。咽大小为(0.062～0.076)mm×(0.066～0.086)mm，食道极短，肠管后端接近体末端。睾丸呈中部略凹的横椭圆形，前后或斜列于体前方 1/3 或略后位置，前睾丸大小为(0.115～0.266)mm×(0.123～0.213)mm，后睾丸大小为(0.095～0.244)mm×(0.171～0.246)mm。贮精囊椭圆形，大小为(0.319～0.399)mm×(0.195～0.266)mm，位于睾丸和腹吸盘之间。前列腺有很多前列腺细胞，从贮精囊腹侧延伸到腹吸盘后缘，射精管长，两性管极短开口于咽水平体腹面。两性管末端可从生殖孔突出。卵巢圆形或椭圆形，大小为(0.133～0.182)mm×(0.190～0.257)mm，位于体中横线附近。受精囊圆形位于卵巢背面。卵黄腺块状，前半部分 2 瓣，大小为(0.228～0.368)mm×(0.209～0.337)mm。子宫圈几乎占满虫体大部分空隙。虫卵大小为(22～35)μm×(13～17)μm。

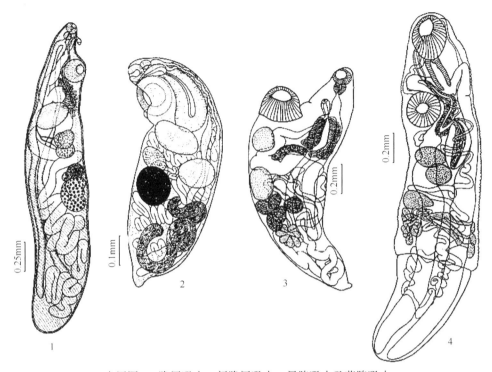

半尾图 2 隐尾吸虫、新隐尾吸虫、星腺吸虫及芽腺吸虫

1.鲥隐尾吸虫(按唐仲璋,1981);2.大前列腺新隐尾吸虫(按唐崇惕等,1983);3.鳓星腺吸虫;4.矶鲈芽腺吸虫(按刘升发,1996,1997)

(5) 大前列腺新隐尾吸虫(*Neoaphanurus magniprotesticus* Tang. Shi et Pan,1983)

分类位置 半尾科(Hemiuridae)、星腺亚科(Lecithasterinae)。

终末宿主 凤鲚(*Coilia mystus* Linnaeus)。

寄生部位 肠管。

虫种特征(按唐崇惕等,1983) 虫体(**半尾图 2 之 2**)纺锤形,无尾,体表具细横纹。体大小为 0.722mm×0.256mm,前端向腹面微弯。口吸盘次顶端,大小为 0.060mm ×0.060mm。咽大小为 0.039mm×0.036mm,食道长 0.039mm,两肠管伸达体后端。腹吸盘大小为 0.111mm×0.108mm,靠近口吸盘。两睾丸大小为 0.075mm×0.151mm、0.075mm×0.135 mm,斜列于腹吸盘后。贮精囊膨大弯曲的长管内充满精子,位于体后端 1/3 部分背侧。前列腺部分长 0.185mm,基部宽 0.135mm,向前方渐缩小。前列腺细胞一列包被在一膜内,位于腹吸盘背侧,后端达前睾丸前缘。两性管包在一囊袋中,横列在腹吸盘上方,长 0.077mm,基部宽 0.020mm,开口在口吸盘、腹吸盘之间的腹面。卵巢横椭圆形,大小为 0.060mm×0.075mm,位于后睾丸腹侧。卵黄腺单个,圆形,大小为 0.105mm×0.105mm,在卵巢后方。圆形受精囊在卵巢和卵黄腺之间,在此三者交界处可见子宫初段由此蜿蜒而出。充满虫卵的子宫几乎占满睾丸之后身体的所有空隙,其末端在前列腺部分背侧、两肠管之间弯曲上行,终止于两性袋基部。虫卵大小为(21~24)μm×(10.5~12)μm,无极丝。

新隐尾属(*Neoaphanurus* Tang. Shi et Pan,1983)是为大前列腺新隐尾吸虫而建立,它与隐尾属(*Aphanurus*)接近但不相同。本属与隐尾属等相近属的区别如下(**半尾表 1**)。

半尾表 1　新隐尾属与近似属的比较（按唐崇惕等，1983）

属名	*Aphanurus*	*Mitrostoma*	*Aphanuroides*	*Macradena*	*Neoaphanurus*
卵黄腺	单个	两团	两团	数多、长条状	单个
贮精囊	圆形至纺锤形，在腹吸盘直接后方	管状，弯曲在腹吸盘至睾丸之间	膨大的管状，弯曲在腹吸盘至睾丸之间	小，圆形，位于睾丸前方	膨大的管状，弯曲在睾丸后方、体后端 1/3 部分
前列腺	腺细胞小而多，裸露无膜包被	腺细胞小而多，裸露无膜包被	腺细胞小，一列，裸露无膜包被	前列腺部分长，腺细胞小，一列，外有膜包被	前列腺发达，腺细胞大，一列，外有膜包被

新隐尾属特征　隶属于星腺亚科（Lecithasterinae）。体纺锤形、无尾。体表有细横纹。口吸盘亚顶端。两肠管达体末端。腹吸盘大于口吸盘。两睾丸斜列于腹吸盘后方。贮精囊为弯曲而膨大的长管，在睾丸后方、体后端 1/3 部分。前列腺部分发达，占满腹吸盘背侧大部分位置并达到前睾丸前缘。前列腺细胞一列，外有膜包被。两性管包在两性袋中，生殖孔位于两吸盘之间腹面。卵巢在睾丸腹侧。卵黄腺圆形单个，在卵巢后方。具有受精囊。子宫圈达到近体末端。卵小，无极丝。海产硬骨鱼类的寄生虫。

（6）鰶星腺吸虫（*Lecithaster clupanodonae* Liu，1996）

分类位置　半尾科（Hemiuridae）、星腺亚科（Lecithasterinae）。

终末宿主　斑鰶*Clupanodon punctatus*。

寄生部位　肠管。

虫种特征（按刘升发，1996）　虫体（**半尾图 2 之 3**）梭形，前后端较窄，最宽处在腹吸盘水平，大小为（1.360～1.880）mm×（0.490～0.640）mm。体表光滑，口吸盘亚端位，大小为（0.072～0.112）mm×（0.112～0.144）mm。咽椭圆形，大小为（0.072～0.088）mm×（0.056～0.076）mm，食道长 0.080～0.280mm，两肠管盲端与体末端有一定距离。腹吸盘位于体前 1/3 的后部，大小为（0.236～0.304）mm×（0.200～0.280）mm。睾丸 2 个，斜列于腹吸盘之后，前睾丸大小为（0.136～0.304）mm×（0.136～0.172）mm，后睾丸大小为（0.168～0.224）mm×（0.120～0.144）mm。贮精囊管状，起于前睾背中部，止于腹吸盘背中部，大小为（0.224～0.240）mm×（0.040～0.076）mm。前列腺及前列腺细胞发达，两性囊短棒状，大小为（0.104～0.180）mm×（0.048～0.056）mm，生殖孔开口于食道水平。卵巢位于体后 1/3 部分前缘，分 4 叶，每叶大小为（0.088～0.144）mm×（0.064～0.096）mm。紧靠卵巢之后的是卵黄腺，共 7 个，球形或豆形，组成一个玫瑰花形。受精囊位于卵巢背面，大小为（0.112～0.144）mm×（0.096～0.104）mm。子宫发达，占据虫体大部分空隙，虫卵大小为（18～21）μm×（10～13）μm。

（7）矶鲈芽腺吸虫（*Lecithocladium parapristipomatis* Liu，1997）

分类位置　半尾科（Hemiuridae）、巨尾亚科（Dinurinae）。

终末宿主　三线矶鲈 *Parapripoma trilineatus*（Thunberg）。

寄生部位　胃。

虫种特征（按刘升发，1997）　虫体（**半尾图 2 之 4**）长棒状，长 1.24～1.74mm，最宽处在卵巢水平，0.25～0.45mm。虫体分体和尾两部分，体长 0.92～1.22mm，体表面具有环纹；尾长 0.42～0.54mm，表面光滑。口吸盘椭圆形，大小为（0.148～0.216）mm×（0.144～0.184）mm，位于体前端腹面。腹吸盘圆形，大小为（0.140～0.176）mm ×（0.140～0.184）mm，位于虫体前 1/3 的后部，无前咽。咽长方形，大小为（0.104～0.160）mm ×（0.060～0.080）mm，食道极短。两肠管粗壮，分别止于虫体末端。睾丸椭圆形，前后紧靠排列于体中 1/3 处，前睾丸大小为（0.104～0.116）mm×（0.104～0.160）mm；后睾丸大小为（0.100～0.112）mm×（0.096～0.136）mm。贮精囊椭圆形，大小为（0.116～0.264）mm ×（0.060～0.128）mm，囊壁厚 20～32μm，位紧靠睾丸上方。贮精囊前部为前列腺管及其外围的前列腺细胞。两性管管状，（0.144～0.164）mm×（0.016～0.024）mm。生殖孔开口于口吸盘中后部右侧。卵巢椭圆形，大小为（0.067～0.091）mm×（0.088～0.156）mm，位于体中 1/3 的后部。具受精囊。子宫自卵模发出后，先盘曲下行进入尾部，至尾 1/2 处回折上升，盘曲于卵巢睾丸之间，最后进入两性管。卵黄腺条状，共 7 条，左 4 条右 3 条。排泄囊"Y"形。两排泄管在口吸盘后半部相连。虫卵椭圆形，大小为 (18～22)μm×(9～12)μm。

(8) 中华离殖吸虫 (*Separogermiductus sinicus* Tang，1981)

分类位置　半尾科 (Hemiuridae)、指腺亚科 (Lecithochiriinae) [按 Skrjabin 等 (1956)，指腺亚科隶属于指腺科 Lecithochiriidae，以下同此]。

终末宿主　鲈鱼 (*Lateolabrax japonicus*)。

寄生部位　肠管。

虫种特征 (按唐仲璋，1981)　虫体 (**半尾图 3 之 1、2**) 长椭圆形，大小为 (1.58～1.76)mm×(0.55～0.66)mm。体表光滑。口吸盘次顶端，大小为 (0.114～0.133)mm×0.171 mm。咽大小为 (0.040～0.055)mm×(0.044～0.055)mm，食道极短，两肠管延伸到体后方。腹吸盘大小为 (0.313～0.342)mm×(0.332～0.380)mm，位于体前方 1/3 后半部。两睾丸倾斜排列靠近腹吸盘后缘，前睾丸大小为 (0.095～0.133)mm×(0.171～0.199)mm，后睾丸大小为 (133～0.190)mm×(0.152～0.190)mm。贮精囊在腹吸盘上部背侧，纺锤形。前列腺部分前端与子宫相接而成为很短的两性管，生殖孔在肠管分叉处后方。卵巢横椭圆形，大小为 (0.152～0.190)mm×(0.209～0.256)mm，位于体中央 1/3 部分底部。具受精囊和劳氏管。排泄囊主干在腹吸盘后分为两支排泄管，它们到口吸盘背方相接。卵黄腺 2 个，各分 5～6 瓣，直径 0.190～0.247mm 及 0.104～0.133mm，位于卵巢后方两旁。子宫圈分布在腹吸盘后方的全体部。虫卵大小为 (22～27)μm×(13～20)μm。

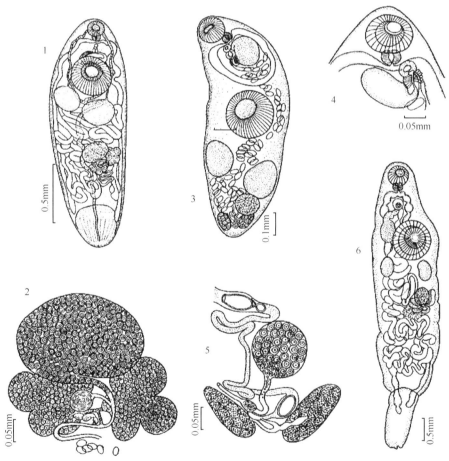

半尾图 3　离殖吸虫、亚唐似吸虫、指腺吸虫 (按唐仲璋，1981)

1、2.中华离殖吸虫(1.成虫，2.卵巢附近器官)；3～5.上海亚唐似吸虫(3.成虫，4.虫体前段示贮精囊及生殖孔，5.卵巢附近器官)；

6.太平洋指腺吸虫

(9) 太平洋指腺吸虫（*Lecithochirium pacificum* Tang，1981）

分类位置 半尾科（Hemiuridae）、指腺亚科（Lecithochiriinae）。

终末宿主 灰海鳗。

寄生部位 肠管。

虫种特征（按唐仲璋，1981）：虫体（半尾图 **3** 之 **6**）梭形，体表光滑。体大小为 6.772mm×1.510mm，伸出的尾部长 1.4mm。口吸盘次顶端，直径 0.48mm。腹吸盘较大，直径 0.903mm，位于体前端 1/4 处。咽大小为 0.25mm×0.26mm，食道极短，肠管两支伸入尾部。两睾丸并列于腹吸盘后方，直径分别为 0.42mm 及 0.30mm。贮精囊巨大，在腹吸盘上半部背侧，其前方接于前列腺部分。射精管和子宫末端同进入位于肠管分叉处后方的生殖孔。卵巢肾形，在左睾丸后方，大小为 0.40mm×0.30mm。卵黄腺 6 条，指状，在卵巢后方，其右侧有梅氏腺。子宫圈分布在卵巢前后空隙，虫卵细小，大小为（15～18）μm×（6～10）μm。

(10) 上海亚唐似吸虫[*Allotangiopsis shanghaiensis*（Yeh et Wu，1955）Yamaguti，1971]

分类位置 半尾科（Hemiuridae）、海立亚科（Halipeginae）[按 Skrjabin 等（1956），海立亚科隶属于海立科 Halipegidae，以下同此]。

研究历史、虫种宿主及寄生部位 叶英和吴淑卿（1955）从日本沼虾（*Macrobrachium nipponensis* de Haan）发现本种吸虫。该虫系在虾体内早期成熟的虫体，显然，沼虾是它的第二中间宿主。著者（唐仲璋，1981）从闽江上游的鳜鱼（*Siniperca chautsi*）肠管找到 2 个成虫标本，证明其是本种吸虫正常的宿主。

终末宿主 鳜鱼。

虫种成虫特征（半尾图 **3** 之 **3～5**）（按唐仲璋，1981） 在鱼类终宿主的成虫标本，较叶英教授等原作者所叙述的在第二中间宿主沼虾体内的提早发育的虫体更成熟，并见到了劳氏管等器官。虫体各器官测量数字如下：体大小为（1.130～1.157）mm×（0.437～0.513）mm。口吸盘大小为（0.114～0.133）mm×（0.133～0.152）mm。咽大小为 0.044mm×0.031mm。腹吸盘大小为 0.256mm×0.266mm。左睾丸大小为（0.152～0.247）mm×0.190mm，右睾丸大小为（0.152～0.209）mm×（0.170～0.190）mm。贮精囊大小为 0.133mm×0.123mm。卵巢大小为（0.085～0.095）mm×（0.123～0.133）mm。卵黄腺大小为（0.095～0.114）mm×（0.066～0.076）mm。虫卵大小为（51～62）μm×（24～31）μm，卵后端有很长的卵丝。

(11) 中华唐似吸虫[*Tangiopsis chinensis*（Tang，1951）Skrjabin et Guschanskaja，1955]

研究历史 本吸虫系于 1943 年发现于福建邵武，当时将其归似曲肠属（*Genarchopsis* Ozaki，1925）（Tang，1951）。Skrjabin 和 Guschanskaja（1955）将其移入他们所创立的唐似属（*Tangiopsis* Skrjabin et Guschanskaja，1955）。同年，叶英和吴淑卿发现 *Genarchopsis shanghaiensis*，Yamaguti（1971）为它创立亚唐似属。这几个种类都隶于 Halipegidae 科。唐似属与亚唐似属主要的区别，前者的肠支在腹吸盘后愈合成环状，而后者的则在腹吸盘前愈合。

分类位置 半尾科（Hemiuridae）、海立亚科（Halipeginae）。

终末宿主 吻鰕虎（*Rhinogobius giurinus*）。

寄生部位 肠管。

发现地点 邵武富屯溪。

第一中间宿主及感染率 本吸虫的部分生活史经阐明（Tang，1951）；

贝类宿主是唐氏泽居蜷[*Paludomus*（*Hemimitra*）*tangi* Chen] 及左氏黑螺（*Melania joretiana* Heude）。它们的感染率分别为 4.5% 及 1.7%。

虫种特征（半尾图 **4** 之 **1**、**2**）（按 Tang，1951） 虫体大小为（1.088～1.33）mm×0.544mm。口吸盘直径

0.107～0.111mm。腹吸盘直径 0.150～0.156mm。两肠管在腹吸盘后两睾丸前，联合成环形。两睾丸大小为 0.149mm×0.107mm 和 0.171mm×0.128 mm。卵巢直径为 0.043mm。具有受精囊和劳氏管，劳氏管向体背侧开口。卵黄腺 1 对，左右列于体末端。全部子宫中有精子充满在虫卵的间隙中。虫卵大小为 (47～62) μm×(22～30) μm。

(12) 东亚尾胞吸虫[*Halipegus occidualis* var.*japonicus*（Yamaguti，1936）Tang，1981]

海立属（*Halipegus* Looss，1899）是半尾类寄生于两栖动物的一支，有极广泛的分布。在亚洲有中国、日本和印度；在欧洲有德国和苏联；在北美洲有美国南北各州，美国西部有新属的记录：*Parahalipegus aspina*（Ingles，1936）Wootton et Powell，1964；在中美洲有墨西哥；在非洲有刚果及南部津巴布韦。分布的广大足证其有较悠久的历史。我国的东亚尾胞吸虫亦很常见。

分类位置 半尾科（Hemiuridae）、海立亚科（Halipeginae）。

终末宿主 金线蛙（*Rana nigromaculatus*）。

寄生部位 舌下及口腔内。

虫种特征（半尾图 **4** 之 **3**）（按唐崇惕和唐仲璋，1959） 虫体黄棕色，大小为 (2.6～10) mm×(1.6～4.0) mm。口吸盘亚前端位置，大小为 (0.45～0.73) mm×(0.34～0.85) mm。无前咽，咽圆形，食道极短。肠管细长，在体两侧经数度弯曲而达到后端近卵巢处。腹吸盘大小为 (0.54～1.46) mm×(0.57～1.36) mm。

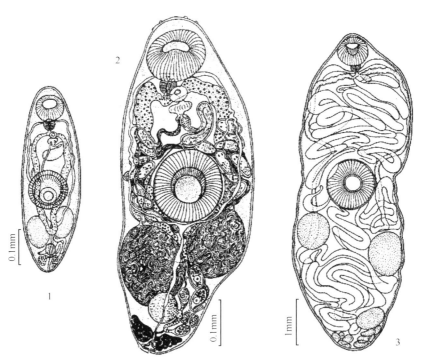

半尾图 4　中华唐似吸虫与东亚尾胞吸虫

1、2.中华唐似吸虫(1. 早期成虫, 2. 成熟成虫)(按 Tang, 1951；唐仲璋，1981)；3. 东亚尾胞吸虫(按唐崇惕和唐仲璋，1959)

睾丸在腹吸盘后两边平行地斜列，常在肠管的腹面。前睾丸大小为 (0.45～1.25) mm×(0.30～0.98) mm，后睾丸大小为 (0.42～1.22) mm×(0.51～1.05) mm。贮精囊梨形或烧瓶形。生殖孔开口于两肠管分叉处。卵巢在体后端的一侧，大小为 (0.37～0.59) mm×(0.62～0.86) mm。卵黄腺不甚发达，分数瓣，位于卵巢与体末端之间。卵黄腺管由两边向中央集中会合成为总管，通于近卵模处的输卵管上。子宫因含多量的卵子而膨胀，作许多弯曲左右屈折，充满了两个肠管中间的空隙，自卵巢前方一直延至肠管分支处。虫卵大小为 (37～47) μm×(14～22) μm。

海立属(Halipegus)吸虫种类的问题　海立属吸虫具有世界性的分布。山口左仲(Yamaguti，1936)认为日本的海立属尾胞吸虫和美洲的 H.occidualis Stafford，1905 有区别，系为一新种，定名为日本尾胞吸虫(Halipegus japonicus Yamaguti，1936)。寄生于黑斑蛙(Rana nigromaculata)的 H. japonicus Yamaguti，1936，Syogaki(1937)认为它是 H.occidualis 的同物异名。而 Yamaguti(1971)认为 Halipegus occidualis Stafford，1905 是 H. japonicus 的同物异名。

著者曾进行我国本虫种的生活史研究(唐崇惕和唐仲璋，1959)，结果其幼虫期与美洲的 H.occidualis 无异，特别其尾胞型尾蚴尤为相似。但中国和日本的虫种的卵子均较小：中国的是 $(37 \sim 47) \mu m \times (14 \sim 22) \mu m$，日本的是 $(45 \sim 48) \mu m \times (16 \sim 18) \mu m$。美洲的 H. occidualis 的卵子较大，是 $(50 \sim 61) \mu m \times (21 \sim 26) \mu m$。因有此差别，中国和日本的种应定为亚种，即 Halipegus occidualis var. japonicus(Yamaguti，1936)Tang，1981。

4. 半尾类吸虫生活史

半尾类吸虫种类虽然很多，但生活史及其中间宿主种类经阐明的不多。本类吸虫生活史需要两阶段的中间宿主，并且幼虫期有结构奇特的尾蚴。

(1)半尾类吸虫的中间宿主种类

半尾类吸虫生活史经阐明的有 10 多个虫种，它们的第一中间宿主是贝类，第二中间宿主是甲壳类(半尾表 2)。如半尾表 2 中所列的星腺吸虫(Lecithaster confuses)，它的终宿主是海产鱼类，第二中间宿主是纺锤水蚤(Acartia tonsa)。此类小型甲壳动物可能是半尾类最重要的传播媒介，但海产的半尾类除桡足类之外，还有其他无脊椎动物也能充为第二中间宿主，如毛颚类、栉水母、端足类麦杆虫及小虾等。在海立属中除剑水蚤外尚有昆虫，它们除有终末宿主之外，尚有童虫期寄生的附加宿主。

半尾表 2　各种半尾类吸虫终末宿主及中间宿主比较表

吸虫名称	终末宿主	第一中间宿主	第二中间宿主	报告人
Halipegus ovocaudatus	Rana catesbiana R. ridibunda R. esculenta	Planorbis planorbis P. marginatus	Calopteryx virgo	Sinitzin(1905) Wagener(1866)
H. occidualis	R. catesbiana R. aurora Tarica torosa Dicamptodon cnsatus	Halisoma antrosa P. trivolvis subcrenatus	Cyclops vernalis C. serrulatus Libellula incesta Cypridopsis vidua	Krull(1935) Macy 和 Demott (1957) Macy Cook 和 Demott(1960)
H. eccentricus	R. catesbianna R. clamitans	Physa sayi crassa	Cyclops vulgaris Mesocyclops obsolletus	Thomas(1939)
H. amherstensis	R. catesbiana	Physa gyrina	Cyclops viridis	Rankin(1944)
H. occidualis var. japonicus	R. nigromaculata reinhardtii R. limnocharis	Hipeutes cantori	Mesocyclops leuckarti	唐崇惕和唐仲璋(1959)
Tangiopsis chinensis	Rhinogobius giurinus	Paludomus(Hemimitra)tangi Melania joretiana	可能是小形的甲壳类，从试验结果来看，鱼类宿主由吞食尾蚴能获得感染	Tang(唐仲璋) (1951)
Lecithaster confuses	Clupea harcngus Alosa finta	Odostomis trifida	Acartia tonsa	Hunnimen 和 Cable(1943)
Bunocotyle cingulata	Perca fluviatilis Caspialosa volgenssis	Hydrobia stagnalis	Potamopyrgus Jenkinsi Syndesmia ovata	Chabaud 和 Bignet(1954)
Genarchella genarchella	Salminus maxillosus Acesthrorhamphus sp. Channa punctata	Littoridina australis		Szidat(1956)
Genarchopsis goppo	Mogurnda obscura Chaenogobius	Semisulcospira libertina Amnicola travancorica	Stenocypris malcolmsoni Eucypris capensis	Madhavi(1978)
Allotangiopsis shanghaiensis	Siniperca chautsi		Macrobrachium nipponensis	叶英和吴淑卿(1955) 唐仲璋(1981)

续表

吸虫名称	终末宿主	第一中间宿主	第二中间宿主	报告人
Derogenes varicus	*Clupea harengus* *Salmo salar* *Gadus morrhua* *Molva molva* *Anarrhichas minor* *Pholis gunnellus* *Sebastes marinus*	*Natica alderi* *Natica pallida*	*Paracalanus parvus* *Pseudocalanus elongates* *Sagitta Pagurus pubecens*	Raibaut 等 (1979)

Madhavi(1978)阐明 *Genarchopsis goppo* 的贝类宿主是 *Amnicola travancorica*，第二中间宿主或甲壳动物宿主是介形亚纲(Ostracoda)的腺介虫 *Stenocypris malcolmsoni* 及 *Eucypris capensis*，这些介蚤和其他桡足类比较，无疑是最低等的。

丹麦的 Marianne Koie(1979)报告 *Derogenes varicus*(Müller，1784)Looss，1901 的生活史，并叙述该吸虫分布极广，自热带深海向北至次北极地区，南向至次南极地区。它在大洋的海底可能是没有间断地延伸到地球接近两极的地方。同时本种海洋的半尾类有多种的鱼类终末宿主和桡足类或其他甲壳纲的中间宿主，它们包括了哲水蚤目(Calanoid)的种类，如 *Paracalanus parvus* Claus、*Pseudocalanus clongatus* Boeck、*Temora Iongicornis* Müller、*Acartia* sp.、*Centropages hamatus* Lilljzborg、*Calanus finmarchicus*(Gunnerus)。还有猛水蚤目(Harpactacoid)的桡足类，当它们和有感染的玉螺(*Natica catena*)养在同一水族器时也能感染幼虫，并且在这些桡足类体内发育的后蚴喂饲鰕虎鱼时也能感染。除桡足类外，蔓脚类的藤壶(*Balanus*)和十脚目的寄居蟹(*Pagurus*)也都发现有 *D. varicus* 的幼虫。在鱼类宿主中，比目鱼、鳖鱼等捕食有感染的桡足类，但 *D. varicus* 的幼虫在它们体内有的不能发育成熟，这些鱼类只能称为附加和转移宿主。它们被凶猛的、能吞食小鱼的鱼类所捕食，而后者则充为最后的终末宿主。在上述的系列食物链持续的情况下，一些半尾类完成了它们的生活史。

(2)中华唐似吸虫幼虫期(半尾图5、半尾图6)

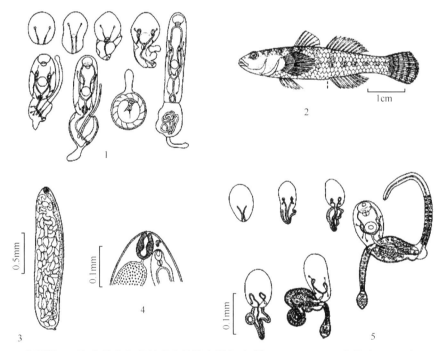

半尾图 5　海立吸虫和唐似吸虫的幼虫期(一)(按 Tang，1951；唐仲璋，1981)

1. *Halipegus occidualis* 的尾蚴胚体发育；2. 中华唐似吸虫终末宿主吻鰕虎鱼；3～5. 中华唐似吸虫幼虫期(3、4. 雷蚴及其前端放大，示生产孔，5. 尾蚴胚体发育)

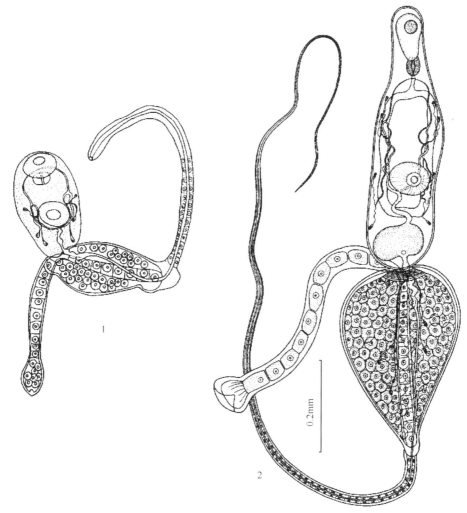

半尾图 6　中华唐似吸虫尾蚴（按 Tang，1951）
1. 未成熟尾蚴；2. 成熟尾蚴

著者（Tang，1951）在福建邵武富屯溪的吻鰕虎鱼（*Rhinogobius giurinus*）及淡水螺，*Paludomus*（*Hemimitra*）*tangi* Chen 和 *Melania joretiana* Heude，分别查获中华唐似吸虫（*Tangiopsis chinensis* Tang，1951）的成虫和它的雷蚴和尾蚴幼虫期。它们的结构特征如下。

雷蚴（半尾图 5 之 3、4）　成熟雷蚴体大小为（0.919～1.575）mm×（0.321～0.376）mm。咽大小为（0.036～0.072）mm×（0.027～0.054）mm；肠管很长，其盲端几乎达到体末端，其大小为（0.691～1.17）mm×（0.05～0.07）mm。雷蚴体后端有一很小的管状突起。雷蚴体内充满尾蚴胚体和成熟的尾胞型尾蚴（cystophorous cercaria）。

尾蚴（半尾图 5 之 5、半尾图 6）　本吸虫的尾蚴为尾胞型，体部大小为（0.38～0.60）mm×（0.12～0.20）mm（平均 0.468mm×0.168mm）。尾部包括其囊状部和细管状部，长 2.83mm。体部中，口吸盘直径 0.060～0.094mm（平均 0.07mm），咽横径 0.021～0.031mm（平均 0.03mm）。肌肉性腹吸盘稍大于口吸盘，直径 0.075～0.102mm（平均 0.089mm）。很大的排泄囊在体部后端，其前缘中央有一排泄管，向前行到腹吸盘后缘水平，分成两条收集管，在体两旁各又分成前后两支。焰细胞公式为 2[（2+2）+2]=12。排泄系统的管道和焰细胞的产生在尾蚴胚体发育中可以观察到。排泄囊后部中央有一排泄孔，并有一细管进入尾部，贯穿整个尾部的梨状囊部和管状部。尾囊部长 0.334mm，宽 0.222mm。囊部皮层下有一层大细胞层。从囊部前端生出一条长 0.501mm 的附属器，它是一个吸附器官，柱状体中央一列 10～11 个细胞，末端为中空的喇叭状（或襟翼状）。此吸附器官可将尾蚴吸附在水中的某些物体上，以免被水流冲走。

　　(3)上海亚唐似吸虫的性成熟后期尾蚴

　　第二中间宿主　日本沼虾(*Macrobrachium nipponensis* de Haan)。

　　寄生部位　卵巢。

　　发现地点　上海。

　　研究历史　叶英和吴淑卿(1955)从上海市徐家汇市场购买的日本沼虾中查获 *Genarchopsis shanghaiensis* 新种的性成熟后期尾蚴。Yamaguti(1971)为其建立新属亚唐似属(*Allotangiopsis* Yamaguti，1971)。唐仲璋(1981)从闽江上游的鳜鱼(*Siniperca chautsi*)肠管查到本种吸虫在终末宿主的成虫。叶英和吴淑卿在本种吸虫第二中间宿主所发现的是其性成熟的后期尾蚴，或称"提早发育的成虫"(progenetic adult)。他们描述本吸虫的性成熟后期尾蚴的结构如下。

　　虫体特征(半尾图 7)(按叶英和吴淑卿，1955)　虫体大小为 1.237mm×0.516mm，呈纺锤形。体的中段部分最宽，而逐渐向两端缩小。体表光滑无刺。口吸盘横椭圆形，大小为 0.122mm×0.170mm，位于虫体之前端，稍偏腹面。腹吸盘略为圆形，直径为 0.421mm，位于虫体的腹面中央。口连于咽，咽肌肉性，大小为 0.034mm×0.061mm。食道不著或缺如。肠支即在咽下分义，并沿着虫体两侧伸展，但在腹吸盘的前缘该两肠支又相互愈合并接通，形成了一个完整环状的消化道。雄性生殖器官：虫体内有一对略呈圆形的睾丸，对称地排列在腹吸盘后缘的两侧，左右睾丸大小不一，左睾丸直径为 0.183mm，右睾丸为 0.210mm。从每一睾丸的前缘各伸出一条细小的输出管，两管相对向前伸长，终在腹吸盘的前缘会合而成输精管。输精管在肠支包围内作弯曲伸长，体积稍为涨大，继接两度弯曲的贮精囊。囊的大小为 0.115mm×0.054mm，它的末端便是被前列腺所包围的射精管。射精管和子宫相接合，而形成短小隆涨的生殖窦(genital sinus)，终则开口于生殖腔中。雌性生殖器官：卵巢圆形，大小为 0.129mm×0.111mm，位在虫体的后端而稍偏左侧。由于虫体内卵子过多，整个的造卵系(ovarian complex)未获全部观察。受精囊细小，为 0.058mm×0.040mm，位在虫体的后部，靠近右卵黄腺的前缘。卵黄腺两个呈块状，椭圆形，在虫体的最末端，左右并列，左侧卵黄腺的大小为 0.156mm×0.054 mm，右侧大小为 0.122mm×0.095mm。排泄系统：排泄囊不显著，一条细长的排泄管从虫体的后端，沿着虫体的纵轴，向前伸长，直达腹吸盘的

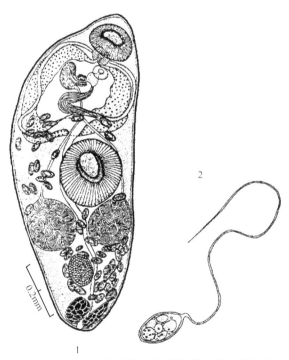

半尾图 7　上海亚唐似吸虫性成熟后期尾蚴(按叶英和吴淑卿，1955)

1. 性成熟后期尾蚴；2. 虫卵

前缘，便涨大变成三角形的排泄小腔。小腔位于肠支的腹面，从它的两侧各伸出一细小的支管，沿着肠支向前延伸，终在咽的背面这两支管愈合而成为环形的排泄管。虫卵椭圆形，壳薄，内含卵细胞，末端有长丝 1 根。卵的大小为 $54\mu m \times 26\mu m$。卵丝的长度颇难测定，等于卵长度的 10 余倍。

(4) 东亚尾胞吸虫的生活史

A. 研究历史

海立属(*Halipegus*)的吸虫早在 1860 年在法国的蛙的口腔内发现，称为 *Distomum ovocaudatum* Vulpian。Creutzburg(1890)和 Sonsino(1893)先后在德国及意大利的普通青蛙(*Rana temporaria*，*Rana esculenta*)的胃、小肠和口腔中找到本虫。

Looss(1899)建立了 *Halipegus*(尾胞吸虫)属，并将 *H. ovocaudatus*(Vulpian)作为模式种。在北美洲的记录有 Nickerson(1898)和 Stafford(1900)，后者在 1905 年描述了 *H. occidualis*。除此两种之外，在美洲尚有 *H. eccentricus* Thomas, 1939 和 *H. amherstensis* Rankin, 1944。Klein 在德国描述 *H. longispina*。Dollfus(1950)描述了非洲的 *H. africanus*。Isaitchikov 和 Zakharow(1926, 1929)在苏联描述寄生在绿蟾蜍的 *H. rossicus*。Wlassenko(1929)报告寄生在赤练蛇(*Natrix natrix*)食管中的虫体 *H. kessleri*(Grebnitzki, 1872)。

在印度经描述的有 *H. mehransis* 和 *H. spindale* 寄生在 *Rana cyanaphyctis*；*H. mehransis* var. *minutus* 寄生在虎斑蛙(*Rana tigrina*)(Srivastava, 1933)。山口左仲(Yamaguti, 1936)描述了寄生在金线蛙(*Rana nigromaculata*)的 *H. japonicus* Yamaguti, 1936。

1944 年 Rankin 将 *Halipegus* 属作一复述，他汇集了当时所知道的尾胞吸虫(*Halipegus*)11 种并描述了 *H. amherstensis*。他提供了修订的意见，认为其中可称稳固的仅有 7 种。

斯克里亚平院士在他的巨著《人体及动物寄生吸虫》第十一卷中，在 *Halipegus* 属下面列出了现在所知道的种类共计有 14 种。并认为若干系暂时保留的种名(Skrjabin, 1955)。

有关尾胞类吸虫的生活史，Ssinitzin(1905)发现在一种平卷贝 *Planorbis marginatus* 体内含有具有囊胞的尾蚴(cercaria cystophora)，感染蜻蜓 *Colopteryx virgo* 后发育成为后期尾蚴。最后在 *Rana* 属蛙类长成为 *Halipegus ovocaudatus*。Krull(1935)发现 *H. occidualis* 的第一中间宿主为一种淡水螺 *Halisoma antrosa*，第二中间宿主为另一种蜻蜓 *Libellula incesta* 和两种剑水蚤 *Cyclops vernalis*、*Cyclops serrulalus*。Thomas(1939)报告了 *Halipegus eccentricus* 的生活史，发现剑水蚤吞食尾蚴后，在体腔内发育。后期尾蚴被蝌蚪食后，初在胃中，到蝌蚪变成蛙后才爬上食道而进入欧氏管。著者在我国福建进行了东亚尾胞吸虫的全程生活史研究，比较分析了我国和日本的种类与美洲的 *Halipegus occidualis* 的异同（唐崇惕和唐仲璋，1959）。

B. 东亚尾胞吸虫的幼虫期和宿主

终末宿主　金线蛙 [(*Rana nigromaculata reinhardtii*(Peters))、泽蛙(*Rana limnocharis*)。

寄生部位　口腔舌下。

第一中间宿主　肯氏扁螺(*Hipeutes cantori*)。

实验第二中间宿主　剑水蚤(*Mesocyclops leuckarti* Claus)。

生活史各期(半尾图 8、半尾图 9)(按唐崇惕和唐仲璋，1959)　用本种吸虫的虫卵饲食肯氏扁螺，观察到了本种吸虫在贝类宿主发育毛蚴、胞蚴、雷蚴和尾蚴各世代。在室温 28～33℃的条件下，感染后 26d 产出尾胞尾蚴。用此尾胞尾蚴感染剑水蚤，剑水蚤捕食水中的尾蚴后 20d，后期尾蚴在其体腔内发育成熟。各幼虫期如下。

1)虫卵：虫卵黄色，作长椭圆形。一端具卵盖，一端具有卵丝。卵的大小根据 50 个卵的测量结果：直径 35～47μm，辐径 14～23μm。卵丝长度 119～221μm。

2)毛蚴：尾胞吸虫的毛蚴不在外界孵化，需等待贝类宿主吞食之后方始孵出。用盖玻片轻压挤出的毛蚴，在显微镜下可观察其详细的构造。毛蚴体长 49μm，宽 20μm。表皮光滑，不具纤毛。虫体顶端有一排箭矢形的刺，约有 14 个，作辐射状排列。在毛蚴的后半部有 10 个至 20 余个胚细胞(germinal cells)，这细胞的特点是有巨大的细胞核及核仁。有些标本显示出前端似有退化的肠管，但在放大的其他标本不能看出这构造。火焰细胞也没有见到。

3)胞蚴：从卵中刚孵出的早期胞蚴，体大小为 56μm×26μm，见于贝类宿主的胃和消化腺之间。胞蚴体前端有小突起。胞蚴在贝类宿主体内逐渐长大，体内胚细胞发育成胚球(germ balls)，胚球发育成雷蚴胚体。感染后 14d 的成熟胞蚴，其大小为 (0.498 ～ 0.877)mm×(0.166 ～ 0.232)mm (最多为 0.514mm×0.166mm)，体内含 7～8 个雷蚴胚体、一些胚球和胚细胞。

4)雷蚴：胞蚴体内的早期雷蚴离开胞蚴到贝类宿主的消化腺及内脏团中继续发育。感染后 22d 的阳性螺体内含有许多发育期不同的雷蚴，它们的长度 0.464～0.913mm，宽度 0.116～0.182mm。大的雷蚴体内的胚球有 16～19 个。每个雷蚴具有圆形的咽，直径0.033mm，有一个(0.166～0.249)mm×(0.049～0.099)mm 大的原肠管。管内有一些从宿主肝脏吞食进来的食物颗粒。感染后 55d 雷蚴发育非常成熟。每个雷蚴的体内含有很多发育完备的尾胞尾蚴。此时雷蚴的黄色食管甚为明显，它们的长度为 0.799～1.02mm，宽度为 0.153～0.238mm。咽大小 0.034mm。肠管的大小为 (0.102～0.255)mm×(0.068～0.119)mm。

在福州市郊采获的肯氏扁螺，其体内自然感染本种吸虫的雷蚴，体长 0.504～1.610mm，宽度 0.140～0.280mm，咽大小为 (0.035～0.068)mm×(0.035～0.056)mm，肠管大小为 (0.105～0.350)mm×(0.091～0.140)mm。在它们体内亦含有很多尾胞尾蚴。

5)尾蚴：由雷蚴自然排出的尾蚴是体部缩在尾胞内的形式(半尾图 9 之 6)，这样的尾胞幼虫似生有尾巴的小球体一样。它们由螺体排出后，漂浮在周围的水中。一个雷蚴可以含有 30 多个尾胞幼虫。每个胞囊的直径约为 50μm。

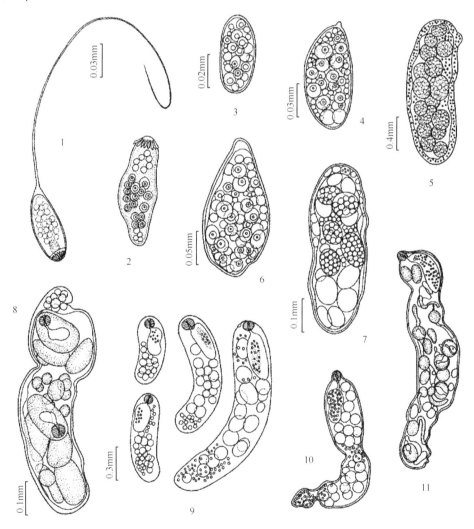

半尾图 8　东亚尾胞吸虫幼虫期(一)（按唐崇惕和唐仲璋，1959）

1. 虫卵；2. 毛蚴；3～8. 胞蚴发育及成熟胞蚴；9～11. 雷蚴发育及成熟雷蚴

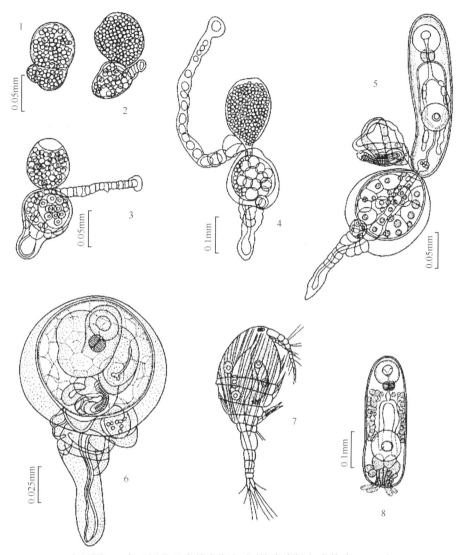

半尾图9　东亚尾胞吸虫幼虫期(二)(按唐崇惕和唐仲璋，1959)

1～5.尾蚴胚体发育；6.成熟尾蚴；7.第二中间宿主剑水蚤体内含本吸虫后期尾蚴；8. 后期尾蚴

　　体部从尾胞内伸出的尾蚴(半尾图 9 之 5)，是颇具复杂形态的幼虫。体部作圆筒状，大小为(0.112～0.120) mm×(0.048 ～ 0.052) mm 。口 吸 盘 圆 形 ， 直 径 0.022 ～ 0.030 mm 。 咽 大 小 为 (0.015 ～ 0.088) mm×(0.018～0.02) mm。食道长，在咽与腹吸盘之间的中央部位分为两支肠管，两肠管延展至体的后方，在腹吸盘后缘与体末端之间的水平。腹吸盘圆形，直径为 0.023～0.030mm。在体后端有排泄囊，囊的后方有管通于尾胞。囊前方的排泄管颇长，向前延展至腹吸盘基部分左右两支，至咽的基部会合成为环状管。火焰细胞分散在体侧两边，排列的公式未能观察到。在虫体基部与尾胞囊相接触处有一弯曲的很长的附器。它是从尾胞伸出的，有时亦能缩入胞内。这可能是用作吸着的器官。尾部包括尾胞囊长度为 0.142～0.168mm，宽度为 0.067～0.093mm。而囊本身的直径则为 0.075～0.098mm。尾胞囊由大型的细胞构成，外面有膨胀状的薄膜包裹着，里面由一层较厚的角质膜构成的囊体。囊的前端有孔，是尾蚴体部进出的孔道。虫体的基部连接着一系列的七八个长方形的细胞，这可能是牵引虫体缩入胞囊的细胞列。尾胞的后面只有一个简单的尾。其他的附属器缺如。由于胞囊和尾巴的构造的特点，这种尾蚴很容易分别于其他种类。

　　6) 后期尾蚴　用成熟的尾蚴进行剑水蚤(Mesocyclops leuckarti Claus)感染，感染 21d 后的剑水蚤，有成熟的后期尾蚴在甲壳动物的体腔内(半尾图 9 之 7)。后期尾蚴的体部(半尾图 9 之 8)长为 0.326mm，体宽 0.115mm。口吸盘直径 0.057mm×0.061mm。咽大小为 0.026mm×0.030mm，肠管长 0.115mm。腹吸盘直径 0.061mm。在咽后面肠管的两侧有许多颗粒状的构造。在腹吸盘的后边有 10 多个类似腺体的构造。这些腺体分泌出数个条状物，好像是分泌物凝结。在美洲 *Halipegus eccentricus* 的后期尾蚴的水蚤体内也有同样的条状物。

在剑水蚤体内的成熟的后期尾蚴可以感染蝌蚪，在蝌蚪的胃中，随着蝌蚪变态成蛙后乃移行至口腔。

东亚尾胞吸虫各幼虫期特别是尾胞尾蚴尾部的构造与美洲的 *Halipegus occidualis* 的幼虫相同。但美洲的尾胞吸虫的卵较大，为 (50~61)μm×(21~26)μm，卵丝长 160~200μm。中国福建的尾胞吸虫形态和虫卵大小与日本的尾胞吸虫相同，按生活史幼虫期的发育和构造，东亚的尾胞吸虫与美洲的尾胞吸虫应当是同种的不同亚种。

5. 半尾类吸虫幼虫期结构、发育与种属关系

Dollfus(1950) 曾汇集各种尾胞幼虫的知识，从他所作的名录中可看出属于半尾亚目类吸虫的幼虫已知的为数不少，但所联系的生活史却极有限。半尾总科中的种类，生活史已经知道的不过六七种，其中 *Halipegus* 属的生活史已阐明的只有 3 种。本类吸虫成虫的构造大略相同，不易区别种类。关于生活史的知识是有力的分类根据。这些例子说明幼虫期的形态对于种类区分有很大的价值。本属以外的种类，其生活史已知的为数不多。一些已知的幼虫期，如 *Bunocotyle cingulata* Odhner 及 *Tangiopsis chinensis*(Tang, 1951)Skrj. et Gusch., 1955 具有较简单的尾胞的构造。

Ching(1960) 综述了半尾类尾胞型尾蚴有 49 种，其中 27 种来自淡水贝类，22 种来自海洋贝类。在各类吸虫幼虫中尾胞型尾蚴的构造是非常独特的，它们缺乏成囊腺，但其尾部却有囊状的构造，虫体可缩入里面在水面漂浮，这样尾胞在幼虫与外界接触的生活期间有保护作用。在海立科中 *Tangiopsis chinensis* 的尾蚴(**半尾图 6**)是较原始的种类，它没有其他尾胞尾蚴那样复杂的附属器，只有从尾胞内伸出的有吸着作用的条状器官，它由一串纵列细胞组成，末端有一吸器可使尾蚴附着在石头上不被水流冲走。此条状器从尾胞的基部出发，由囊孔通向外边，亦可收缩入囊内，其构造与海立属(*Halipegus*)尾胞型尾蚴的条状器是相同的。中华唐似吸虫尾胞尾蚴的发生尤其条状器的发生与 *Cercaria calliostomae* 的发生非常相似，排泄系统发生与 Hussey(1941)所叙述的尾胞型尾蚴的排泄系统的形成也是相似的。寄生于蛙类的海立属的尾胞型尾蚴都只具短尾，而寄生于鱼类的 *T. chinensis* 和其他半尾类的尾蚴均为长尾的尾胞型尾蚴。它们之间的比较有助于了解海立科的演化过程，因为长尾的尾蚴显然是较原始和较简单的形式。

Madhavi(1978) 在印度报告有关似曲肠吸虫(*Genarchopsis goppo*)的生活史，证明它的发育期和 *Tangiopsis chinensis* 非常相似，尾蚴是长尾型，构造也一样。只有雷蚴肠管的长度有别。*G. goppo* 雷蚴肠管极短，只有其体长的 1/10。而 *T. chinensis* 肠管则直达雷蚴体的后端。似曲肠属、唐似属及亚唐似属三者的区别也可以从它们环形肠管的延展长度作为特征。亚唐似属的环形肠管只达腹吸盘前方；唐似属的肠环延至腹吸盘后，两睾丸前；似曲肠属的肠环则达到睾丸及卵巢的后方。它们虽有明显的形态区别，但均为淡水的种类；虽同隶于海立科，却是鱼类的寄生虫。它们不同于寄生两栖类的本科种类，尾蚴的尾胞较为简单，具有长尾，显然不是处于漂浮状态，而是在水底爬行。

由于半尾类(Hemiurata)是一支大类的吸虫，各科属之间的关系尚须等待更多生活史阐明之后，才能看得更为清楚。

参 考 文 献

顾昌栋, 申纪伟. 1964. 叶黄吸虫属 Genus *Hysterolecitha* Linton, 1910(半尾科 Hemiuridae Luhe, 1901)两新种之研究. 南开大学学报, 5(1): 37-43

顾昌栋, 申纪伟. 1964. 前睾吸虫属 Genus *Prosorchis* Yamaguti, 1934(半尾科 Hemiuridae Luhe, 1901)两新种之研究. 南开大学学报, 5(1): 46-73

顾昌栋, 申纪伟. 1978. 我国经济海产鱼类双尾吸虫亚科的研究. 动物学报, 24(4): 373-387

顾昌栋, 申纪伟. 1981. 带鱼吸虫区系及其在我国渔场的分布. 动物学报, 27(1): 53-64

李庆奎, 邱兆祉, 陈锡欣, 等. 1989. 渤海鱼类的吸虫 7. 星腺科一新种. 海洋通报, 8(1): 119-120

潘金培. 1984. 半尾类及马生科吸虫两新属三新种的描述. 中国淡水鱼类寄生虫论文集: 125-132

申纪伟. 1985. 东海大黄鱼的复殖吸虫(吸虫纲: 牛首科、半尾科). 动物分类学报, 10(2): 129-136

申纪伟. 1987. 东海鱼类复殖吸虫 I. 半尾科种类名录及一新种七新属的描述. 海洋科学集刊, 28: 125-139

申纪伟. 1990. 东海鱼类复殖吸虫半尾科三新种. 海洋通报, 9(5): 53-57

唐崇惕, 唐仲璋. 1959. 东亚尾胞吸虫(*Halipegus*)生活史研究及种类问题. 福建师范学院学报生物学专号(上卷), (1): 141-151

唐仲璋. 1981. 半尾类吸虫包括四新种的描述. 动物学报，27（3）：254-264

汪溥钦. 1982. 福建海产鱼类半尾类吸虫. 福建师大学报（自然科学版），2：67-80

叶英，吴淑卿. 1955. 上海沼虾 Genarchopsis shanghaiensis n. sp.新种（吸虫纲：半尾科）及其早熟现象的初步报告. 动物学报，7（1）：37-42

Creutzburg N. 1890. Untersuchungen ueber den bau und die Entwichelung von.*Distomum ovocaudatum*，Vulpian. Inavg Dissert Leipzig：32

Dollfus R Ph. 1931. Footnote. Ann Parasitol，9：192

Dollfus R Ph. 1950. Note et distribution geographique des cercaires cystophores. Ann Parasitol，25（4）：276-296

Fischthal J H，Kuntz R E. 1963. Trematode parasites of fishes from Egypt. Part 3，Six new Hemiuridae. Proc Helminth SocWash，30（1）：78-91

Fuhrmann O. 1928. "Handbuch der Zoologie" by W. Kuckenthal and T. Kaumbach. Zweiter Band Erste Halfe，（2）：109

HickmanV V.1934. On *Coitocaecum anaspidis* sp. nov.，a trematode exhibit progenesis in the freshwater crustacean *Anaspides Tasmaniae* Thomson. Parasitology，26：121-128

Huninen A V，Cable R M. 1941. Studies on the life history of *Lecithaster confuses* Odhner（Trematoda：Hemiuridae）. J Parasitol，27：Suppl Abstr 9：13

Hunimen A V，Cable R M. 1943. The life history of *Lecithaster confuses* Odhner（Trematoda：Hemiuridae）. J Parasitol，29：71-79

Hussey K L. 1941. Comparative embryological development of the excretory system in digenetic trematodes. Trans Amer Micr Soc，60（2）：171-210

Koie Marianne. 1979. On the morphology and life history of *Derogenes varicus*（Müller，1784）Looss，1901（Trematoda：Hemiuridae）. Zeits für Parasitenkd，59：67-68

Komiya Y，Tajimi T（小宫义孝，多治见泰）. 1943. Metacercariae from *Macrobrachium nipponensis*（de Haan）in Shanghai area and their excretory system. Shanghai Sizenkagaku Kenkyusyo Iho，13（1）：45-62

Krull W H. 1935. Studies on the life history of *Halipegus occidualis* Stafford，1905. Am Midl Nat，16：129-143

Lebour M V. 1923. Notes on the life history of *Hemiurus communis* Odhner. Parasitology，15：233-235

Madhavi R.1978. Life history of *Genarchopsis goppo* Ozaki，1925（Trematoda：Hemiuridae）from the freshwater fish *Channa punctata*. J Helminth，52：251-259

Manter H W，Pritchard M H. 1960. Additional Hemiurid Trematodes from Hawaiian Fishes. Proc Helminth Soc Washington，27（2）：165-180

Manter H W，Pritchard M H. 1960. Some Hemiurid Trematodes from Hawaiian Fishes. Proc Helminth Soc Washington，27（1）：87-102

Ouchi S（越智シグル）. 1928. On a new trematode *Microphallus minus* n. sp.，having *Macrobrachium nipponensis* as its intermediate host. Tokyo Iji Shinshi，2578：4-12

Ozaki Y（尾崎）. 1825. On a new genus of fish trematodes *Genarchopsis* and a new species of *Asymphylodora*. Jap J Zool，1（3）：42-57

Rankin J S. 1944. A review of the trematode *Genus Halipegus* Looss，1899，with an account of the life history of *H. amherstensis* n.sp. Amer Micro Soc，63：2

Rothschild M. 1938. *Cercaria sinitzini* n. sp. a cystophorous cercaria from *Peringia ulvae*（Pennant，1777）. Novitates Zoologicae，41：42-57

Seno H. 1907. Distomes in Japan. Dobutu Gaku Zassi，19：123-124

Shimazu T. 1972. On the parasitic organisms in a krill，*Euphausia sinilis* from Suruga Bay.4.Melacercariae of Digenetic trematodes. Jap J Parasit，21（5）：287-294

Skrjabin K I，Guschanskaja L H. 1959. Ontogeny and developmental stages of the Suborder Hemiurata. Trudy Helminth Lab SSSR，9：280-293

Skrjabin KI. 1954-1959. Trematodes of Animals and Man. Moscow：Publishing House of Russian Academy of Sciences. 9：227-650；10：337-578；13：723-779；14：821-897；16：185-215

Slusarski Vieslaw. 1957. *Aphanurus balticus* sp. n.（Trematoda：Hemiuridae）from Salmon salar L. of the Baltic Sea. Acta Parasitologica Polonica，5（3）：51-62

Srivastava H D. 1933. On new trematodes of frogs and fishes of the U.P. India. Part I. New distomes of the family Hemiuridae Luhe，1901 from North Indian fishes & frogs with a systematic discussion on the family Halipegidae Poche，1925，and the genera *Vitellotrema* Guberlet，1928，& *Genarchopsis*. Ozaki，1925. Bull Acad Sci Allahabad India，3：41-60

Stafford J. 1905. Trematodes from Canadian vertebrates. Zool Anz，28：681-694

Tang C C（唐仲璋）. 1951. Contribution to the knowledge of the helminth fauna of Fukien. Part 3. Notes on *Genarchopsis chinensis* n. sp. its life history and morphology. Peking Nat Hist Bull，19（2-3）：217-223

Thomas L G. 1934. *Cercaria. sphaerula* n.sp. from *Helisoma trivolvis* infecting cyclops. J Parasitol，25：285-290

Thomas L G. 1939. Life cycle of a fluke，*Halipegus eccentricus* n.sp. found in the ear of frogs. J Parasitol，25：207-221

Velasquez C C.1962. Some Hemiurid Tremarodes from Philipping Fishes. J Parasit，48（4）：539-544

Wootton D M，Powell E C. 1964. *Parahalipegus*（Gen. n.）for *Halipegus aspina* Ingles，1956（Hemiuridae：Trematoda）. J Parasitol，50（5）：662-663

Wu Kuang（吴光）. 1937. Two encysted trematodes of freshwater shrimps around Shanghai Region. Peking Nal Hist Bull，11（3）：199-204

Wu Kuang（吴光）. 1938. Progenesis of *Phyllodistomum lesteri* sp. nov.（Trematoda：Gorgoderidae）in freshwater shrimps. Parasitology，30（1）：4-19

Yamaguti S. 1936. Studies on the helminth fauna of Japan. Part 14. Amphibian trematodes. Jap J Zool，6：551-576

Yamaguti S. 1970. Digenetic trematodes of Hawaiin fishes. Tokyo：Keigaku Publishing Co：107-150

Yamaguti S. 1971. Synopsis of digenetic trematodes of vertebrates. Tokyo：Kigagu Publishing Co：1：277-323

Yeh J（叶英），Wu K（吴光）. 1950-1951. Progenesis of Microphallus minus Ouchi（Trematoda：Microphallidae）in freshwater shrimps. Peking Nat Hist Bull，19(2-3)：193-208

（十六）单脏科（Haplosplanchnidae Poche，1926）

1. 研究历史

Skrjabin 和 Guschanskaja（1960）把单脏科包含在他们的半尾亚目[Hemiurata（Markevitsch，1951）Skrjabin et Guschanskaja，1954]的 15 科之中。在 Yamaguti（1971）的复殖类吸虫的分类系统中，单脏科是在他的半尾总科（Hemiuroidea Faust，1929）之外的一个科，此科中包含有单脏亚科[Haplosplanchninae（Poche，1926）Yamaguti，1971]、拟单脏亚科（Haplosplanchnoidinae Yamaguati，1971）、海孟亚科（Hymenocottinae Yamaguti，1971）、伪希氏吸虫亚科（Pseudoschikhobalotrematinae Yamaguti，1971）及希氏吸虫亚科（Schikhobalotrematinae Skrjabin et Guschanskaja，1955）5 个亚科 7 个属。有关单脏类吸虫的研究历史也很悠久。

Eysenhardt（1829）描述了 *Distomum pachysomum*。Looss 于 1902 年为它创立单脏属（*Haplosplanchnus* Looss，1902）。本类吸虫具有异常发达的腹吸盘，使它前部显示突出或分义的状态。同时体内部只具有一个肠管、一个睾丸和一边卵黄腺。这类吸虫是以赋有特异的体形而著称的。Poche（1926）为本属建立了单脏科。

Linton（1910）描述了从美洲海鱼肠管中得到的 3 种吸虫：*Deradena ovalis*、*D. acuta* 和 *D. obtusa*。Manter（1931，1937）详细地考察了这些种类的构造，依据它们有单一肠管和其他特征，把后列的两种移入单脏属（*Haplosplanchnus*）。另外在 1937 年的论文中他增加 4 个新种：*H. adacutus*、*H. brachyurus*、*H. pomacentri*、*H. sparisomae*。

Srivastava（1939）从孟加拉国的鲻鱼（*Mugil waigiensis* Quay et Gaim）中，描述了单脏科的 *Haplosplanchnus purii* 和新属新种 *Laruea caudatrm* 两种吸虫。Manter（1947）描述了 *Haplosplanchnus kuphosi*。他于 1951 年和 van Clave 共同发表 *Haplosplanchnus girellae* 新种。

Skrjabin 和 Guschanskaja（1955）在《人体及动物吸虫》一书中，修订了本科的分类系统。他们把 Manter 移入和以后描述的种类归一新属，称希氏吸虫属（*Schikhobalotrema* Skrjabin et Guschanskaja，1955）。他们同时还建立了两个典型的亚科：希氏亚科（Schikhobalotrematinae Skrjabin et Guschanskaja，1955）和单脏亚科（Haplosplanchninae Skrjabin et Guschanskaja，1955）。他们认为寄鲻属（*Laruea* Srivastava，1939）应当是单脏属（*Haplosplanchnus* Looss，1902）的同物异名。在这样修订了之后，以 *Haplosplanchnus pachysomus* 为模式种的单脏属尚包含了其他两种 *H. purii* Srivastava 和 *H. caudate* Srivastava，其分布区只限于东半球的地中海、印度和日本。

顾昌栋和申纪伟（1964）在我国海南岛发现尖希氏单脏吸虫（*Schikhobalotrema acuta* Linton，1910）寄生在大圆颚针鱼肠内，这是东半球该亚科吸虫最早的记录。唐仲璋和林秀敏（1978）在我国福建闽江口的鲻鱼的肠管也检出单脏科吸虫 3 个新种（**单脏图 1、单脏图 2**）。

2. 单脏科吸虫特征

单脏吸虫的形态构造是非常独特的。它们只具有一个肠管、一个睾丸、一只卵巢和一丛卵黄腺，此外充作贮精囊作用的输精管和异常发达的腹吸盘，也使本类吸虫有异乎寻常的特征，引起蠕虫学者的注意。我国境内新种类的发现和形态观察充实了若干有关构造方面的知识。具有两个睾丸特点的原单脏属的发现（唐仲璋和林秀敏，1978），提供了单脏吸虫内部器官演化的线索。本属的卵黄腺只有一丛，位于靠近背面的位置。无疑这样的结构也是由左右两侧腺体愈合而成。这一状态可能和本类吸虫的腹吸盘异常发达有关。因为腹吸盘的增大，使本来扁平的虫体因腹面扩展而成侧扁的形状。左右两边的卵黄腺就容易因会聚而合成一个丛体。

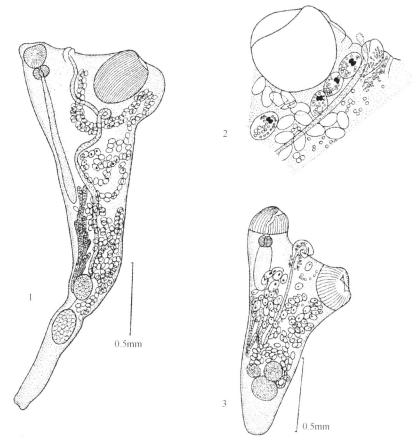

单脏图 1 楔形单脏吸虫和长形单脏吸虫(按唐仲璋和林秀敏,1978)

1、2. 长形单脏吸虫(1. 成虫,2. 生殖孔结构);3. 楔形单脏吸虫

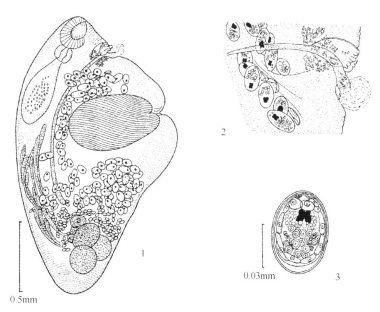

单脏图 2 双睾原单脏吸虫(按唐仲璋和林秀敏,1978)

1. 成虫;2. 生殖孔结构;3. 虫卵

3. 单脏科种类

兹以从福建发现的 3 种单脏吸虫(唐仲璋和林秀敏，1978)为例，介绍本类吸虫的独特结构于下。

(1) 楔形单脏吸虫(*Haplosplanchnus cuneatus* Tang et Lin，1978)

终末宿主 鲻鱼(*Mugil cephalus* Linnaeus)。

寄生部位 肠管。

发现地点 福建省福州闽江口。

虫种特征(单脏图 1 之 3) 本种单脏吸虫在生活状态时系淡黄色，体形后端较尖，腹吸盘向外突出，因而虫体略作三叉状。体长 1.237~1.637mm。自腹吸盘前缘至背部宽 0.148~0.723mm。口吸盘 0.133~0.228mm。前咽极短，咽大小为(0.051~0.077)mm×(0.056~0.086)mm。肠管袋状，甚短，大小为(0.285~0.380)mm×(0.095~0.114)mm，延展至腹吸盘中部或后缘的平行线，即是约在体长 1/3 处。腹吸盘大小为(0.209~0.323)mm×(0.209~0.228)mm，它系强大的肌肉所构成。生殖腺位于体后部，包括卵巢、睾丸、受精囊、贮精囊和卵黄腺。卵巢在睾丸的前方，圆形，直径 0.086~0.129mm。在它的背面有一个圆形或椭圆形的受精囊，大小为(0.081~0.120)mm×(0.064~0.086)mm，内充满着精子。在活的标本中精子不断作旋转活动，固定并经染色后，囊内精子作许多黑色小点。在卵巢的侧方有凸出的部分，并从这里发出了输卵管，与受精囊管及卵黄腺总管会合成了卵模。卵黄腺由许多条状腺体聚集成丛，位于体中段靠近背壁的位置，它们虽然只成一丛，显然是两旁腺体会合而成。睾丸圆形，大小为(0.120~0.172)mm×(0.107~0.159)mm，从睾丸前缘发出了两条输出管，向前延展与贮精囊相接，贮精囊修长而直，内充满着活动的精子，它显然是输精管膨大而成，其前端通于生殖孔，在检查活的虫体时常见很多精子从这里排出。生殖孔是凸出的隆起，由两瓣叶状的构造所覆盖，贮精囊和子宫分别在这两瓣间开口。生殖孔在体中央腹吸盘前方。由输精管构成的贮精囊在它接近生殖孔处有数丛细小的前列腺围绕着。虫卵椭圆形，大小为 51μm×26μm，在子宫初段的卵较小，后半段的卵较大。

成熟的卵含具眼点的毛蚴，很多毛蚴在卵未离子宫时便已孵出，在子宫内可看见它们的纤毛的颤动。毛蚴前后相继地由生殖孔钻出体外。毛蚴体长 0.077~0.086mm，宽 0.051~0.060mm。毛蚴在普通淡水中很短时间内就要死亡，它们可能是适合于海水或淡咸水中生存。

楔形单脏吸虫和 Srivastava 在印度的普里(Puri)及巴基斯坦的卡拉奇(Karachi)地方发现的普里单脏吸虫(*Haplosplanchnus purii* Srivastava，1939)最为近似。经详细比较后，可看出它们有不同的特点：①楔形单脏吸虫肠管较短，后端只达体长 1/3 的水平线，*H. purii* 的肠管则延至体长 2/3 处；②楔形单脏吸虫睾丸前缘发出了两条输出管向前接于贮精囊，而 *H. purii* 则输出管付缺或极短，不易觉察；③楔形单脏吸虫的卵黄腺发达，有许多条状的丛体分布于体背方中段，*H. purii* 的卵黄腺甚不发达，只有一丛茄子状腺体横在卵巢及睾丸间，一边接受于受精囊。

(2) 长形单脏吸虫(*Haplosplanchnus elongatus* Tang et Lin，1978)

终末宿主 鲻鱼(*Mugil cephalus* Linnaeus)。

寄生部位 肠管。

发现地点 福建省福州闽江口。

虫种特征(单脏图 1 之 1、2) 体长 2.894mm，自腹吸盘前方至体背部的体宽 0.875mm。全虫前部宽阔，后部细长。口吸盘前向微凹，直径 0.152~0.190mm。紧接着有圆形而略扁的咽，大小为 0.095mm×0.133mm。细长而不分支的肠管，大小为 0.938mm×0.076mm，延至体的中线。腹吸盘甚为发达，横径 0.304mm，深度则达 0.361mm。整个吸盘是缩在体壁柔软组织中间。生殖腺在体后半部。卵巢椭圆形，位于体后方 1/3 处，大小为 0.171mm×0.133mm。在卵巢前方背侧有一受精囊。睾丸椭圆形，大小为 0.266mm×0.171mm。卵黄腺丛聚于肠管后方，在卵巢前方背部一段的位置，腺体作条状，前端钝圆后端尖细。睾丸前缘有两条输出管接于贮精囊，后者在卵巢前曲折向前开口于口吸盘和腹吸盘之间的生殖孔。贮精囊内充满活泼的精子。子宫迁回于睾丸及生殖孔之间，内含有很多卵子。卵在子宫初段，长 47～51μm，宽 25～30μm。在子宫后半段则含有发育的毛蚴。这样的卵略大，大小为(47～55)μm×(34～38)μm。生殖孔旁有两瓣叶状的小片所覆盖，他们位于子宫开口处可能有控制开闭的作用。贮精囊有另一孔道向外开口。这一类吸虫没有共同的两性管。

(3) 双睾原单脏吸虫(*Prohaplosplanchnus diorchis* Tang et Lin，1978)

终末宿主　鲻鱼(*Mugil cephalus* Linnaeus)、赤眼梭鱼[*Liza haematochilus*(T. et S.)]。

寄生部位　肠管。

发现地点　福建省福州闽江口。

虫种特征(单脏图 2 之 1～3)　本种吸虫生活时的标本系棕黄色，体长 1.713～1.942mm，有异常巨大的腹吸盘，向腹面前方隆起。虫体背腹横径 0.628～1.182mm。口吸盘大小为(0.171～0.247)mm×(0.190～0.285)mm，向腹面开口。咽横椭圆形，大小为(0.057～0.120)mm×(0.114～0.152)mm，咽的后面紧接于一个袋状的肠管，大小为(0.418～0.628)mm×(0.114～0.209)mm。肠管延至体长 1/3 处，末端作钝圆状。腹吸盘巨大，大小为(0.209～0.666)mm×(0.380～0.514)mm，在虫体紧缩的时候，被体腹面的柔软组织所围绕，在腹面可见有很深的凹陷。

生殖器官位于体后端。睾丸圆形，有两个，在卵巢后左右两边。较小的标本则在卵巢后作垂直的前后排列。睾丸大小为(0.227～0.285)mm×(0.152～0.167)mm 和(0.202～0.266)mm×(0.152～0.180)mm。两睾丸各有纤细的输出管通于贮精囊。贮精囊作弧形弯曲，全长达 1.237mm，内充满着活动的精子，囊的前端通于生殖孔。在接近生殖孔处两旁有前列腺从，各有 30 个至 40 多个单细胞腺体。卵巢椭圆形，大小为(0.152～0.227)mm×(0.077～0.159)mm。在它前面紧接着一个圆形的受精囊，大小为(0.107～0.150)mm×(0.077～0.159)mm。卵巢前部有突出的卵巢冠，输卵管从这里发出，在很短距离内与受精囊相接，并在囊的后面转折向前，有一卵黄腺管从受精囊前方绕至后方，聚成半月形的卵黄囊，有总管从这里通于卵模。卵黄腺系由细长的条状体构成。每一条状体前端较大，作钝圆状，后端细小，内含卵黄细胞一或两三纵列。卵黄腺位于虫体背方，占据了当中的位置，它们只是一个从，而不是左右两边的行列，这可能是由两侧腺体会合而成。子宫曲折迂回在卵巢与腹吸盘之间，子宫后段沿腹吸盘背面而达腹吸盘前，数度曲折而接于生殖孔。生殖孔位于口吸盘后体腹面中央线上。生殖孔两旁各有一瓣叶形的构造上有刻裂。它覆盖着子宫的开口处。卵或毛蚴从这里出来。贮精囊开口在后一些位置，可见精子从那里涌出。在子宫初段的卵大小为(43～51)μm×(20～30)μm，在子宫中段逐渐膨大，含有完全发育的毛蚴的卵大小为(56～64)μm×(38～43)μm。

卵内成熟的毛蚴，体表有 5 列纤毛表皮细胞，各具有圆形胞核。毛蚴前端有吻，不具纤毛，在体前半中央部分有神经中枢，其背方有两个巨大的眼点，系由黑色的色素颗粒聚成。两眼点均作半月形，外侧凹陷，在它的后缘基部有透明的含有小核的细胞，可能是分泌色素的胞体。在体后半两旁各有一个焰细胞，其纤毛不断地闪动着。尚有十多个胚细胞，它们具有大的胞核和明显的核仁。毛蚴在卵内有一个很薄的卵膜包裹着，在子宫末段或含有成熟虫卵的中段常有毛蚴孵出在子宫内游动，纤毛的颤动可见。它们前后相继地从生殖孔逸出。毛蚴体大小为(0.064～0.094)mm×(0.043～0.051)mm，它们从生殖孔逸出后，在水中约 10min 便自行死亡，这可能是因为淡水对于它们是不适合的。

(4) 原单脏属(*Prohaplosplanchnus* Tang et Lin，1978)的特征

具有单脏亚科的属性。体锥形，前端与后端略为细削，腹吸盘异常发达，作长椭圆状或圆筒状，位于体中段，常收缩在体柔软组织内，前咽不明显，咽紧接着口吸盘后，肠管袋状，较短，只延至腹吸盘中部水平。睾丸两个，位于体的后端，睾丸在幼体中作前后排列，在较大的成熟虫体中则作斜面或左右排列。卵巢圆形，位于睾丸前方，椭圆形的受精囊则在卵巢前或稍向背侧。睾丸具输出管，贮精囊细长作弧形弯曲，近生殖孔处有前列腺围绕。两侧的卵黄腺从会合，并聚在体后半背方。子宫曲折迂回在卵巢与腹吸盘

之间，子宫后段沿腹吸盘背面而达腹吸盘前，数度曲折而入生殖孔。生殖孔位于口吸盘后体腹面的中线。旁有两个有分瓣的乳突。

模式种　双睾原单脏吸虫（*Prohaplosplanchnus diorchis* Tang et Lin，1978）。

终末宿主　鲻鱼[*Mugil cephalus*（Linnaeus）Cuvier] 和 赤眼梭鲻[*Lizahaematochila*（T. et S.）]。

寄生部位　肠管。

4. 单脏科吸虫生活史

单脏科吸虫是海产硬骨鱼的寄生虫，经发现的种类不很多，有关它们的生活史幼虫期的资料很少。Cable（1954）报告了锐利希氏吸虫的幼虫期。

锐利希氏吸虫[*Schikhobalotrema acutum*（Linton，1910）Skrjabin et Guschanskaja，1955]的特征如下。

终末宿主　海产鱼类，吻鳞鱵（*Hyporhamphus unifasciatus*）及 *Strongylura* sp.。

童虫特征　童虫时体上部显示具单条肠管的特征（**单脏图 3 之 4**）。

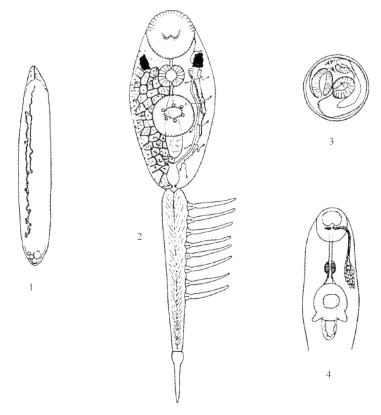

单脏图 3　锐利希氏吸虫幼虫期（按 Cable，1954）

1. 胞蚴；2. 尾蚴；3. 囊蚴；4. 童虫体前部

贝类宿主　海产的变异蟹守螺（*Cerithium variabile*）。

虫种幼虫期特征（**单脏图 3 之 1～3**）（按 Cable，1954）　在变异蟹守螺体内发育的幼虫期包括有胞蚴和尾蚴及在植物上结囊的囊蚴，情况如下。

胞蚴　体长形，大小为 0.825mm×0.14mm。体前端体壁增厚，含黄色腺细胞。顶端凹口为生产孔，经一窄生产道通到体腔。焰细胞公式为 2(1+1)=4。

尾蚴　体部具眼点。有口腹吸盘。消化道含口、前咽、咽、食道和棒状单条肠管。体部椭圆形，大小为（0.178～0.243）mm×（0.092～0.098）mm，体表光滑。两眼点位于前咽水平的体两旁。成囊腺细胞密布于眼点之后的整个体部表层。口吸盘大小为（0.050～0.052）mm×（0.054～0.060）mm。咽大小为（0.022～

0.024) mm×(0.027~0.030) mm。食道肌肉性、单条棒状肠管伸到腹吸盘的后方。腹吸盘大小为(0.046~0.048) mm ×(0.049~0.052) mm，其内孔边缘排列有 6 个乳突。排泄囊椭圆形，顶端接左右两排泄管，焰细胞公式为 2[(2+2+2)＋(2+2+2)]=24。尾部长 0.225~0.232mm，两侧各有一列 8 支的突起(process)，各长 0.038~0.054mm；尾末端接有一条长 0.052~0.055mm 基部膨大的突起。

囊蚴　本吸虫尾蚴在植物体上结囊形成囊蚴，球形囊蚴活体时直径长 0.103~0.108mm，囊壁厚 4μm。虫体眼点色素游离。透过囊壁可见单条棒状肠管。

5. 单脏科吸虫的地理分布

在我国沿海地区找到了单脏科吸虫，对于该科的地理分布上具有重要意义。在国外已经报道单脏亚科的 1 属 3 种，分布在相隔遥远的地区，如欧洲的地中海、亚洲的印度和日本，现在加上中国的种类又增加了 1 属 3 种，提供了因地理分隔而形成新的种和属的极好例子。

鲻鱼类的另一科寄生吸虫，单孔科(Haploporidae)和它所包含的各个亚科，如单孔亚科(Haploporinae)、大咽亚科(Megasoleninae)、魏里亚科(Waretrematinae)等的种类也有远距离分隔的情况。Szidat(1954)叙述阿根廷拉普拉塔(La Plata)河淡水鱼类寄生的似囊肠属(Saccocoelioides)吸虫 4 新种，它们接近的种和属却在欧洲的地中海区。他以为目前的分布现象可能来源于古代地理的海陆变迁的状况。在第三纪(Tertiary)中新统至上新统(Miocene~Pliocene)的地质时期，地球上曾有一个古海(Tethys Sea)，跨了地中海、欧亚南部和南美洲，占了阿根廷的大部分，这可能是东西两半球鱼类的吸虫区系有共同来源的环境。Manter(1957)提出另一解释，认为单孔科吸虫所寄生的淡水鱼宿主在南美洲与地中海很不相同，没有什么亲缘关系。但作为该类吸虫最常见的宿主，鲻鱼类因它们在海水、咸淡水和淡水中均能生活和迁移，有可能是这一类吸虫的传播者，把虫种传到远隔重洋的各分布区，起了他所称的"生态桥梁"的作用。

和单孔科比较，单脏科的分布有它独特的状况，单脏科中的希氏亚科是美洲海鱼的寄生虫，那些鱼类包括颚针鱼科(Belonidae)、隆头鱼科(Labridae)、舥鱼科(Girellidae)、刺尾鱼科(Acanthuridae)、雀鲷科(Pomacentridae)等很不相同的鱼类。希氏亚科约含有 8 种，均分布在南美洲、北美洲，只有尖希氏单脏吸虫(Schikhobalotrema acuta)见于我国海南岛的大圆颚针鱼(顾昌栋和申纪伟，1964)。单脏亚科则在东半球的地中海、印度、日本和我国有记录。截至目前，只有 6 种，它们都是和鲻鱼类有关。鲻科(Mugilidae)种类很多，分布亦颇广泛，单脏属的模式种——肿体单脏吸虫[H. pachysomus(Eysenhardt, 1829)]的宿主为金鲻(Mugilus auratus)，分布于欧洲的地中海、黑海(指前苏联)等处。印度单脏属吸虫两种其宿主为惠琪平鲻 Mugilus waigiensis [=Ellochelon waigiensis (Quay et Gaim)]，这一种鲻鱼分布也相当广泛，西起非洲，经印度洋、太平洋，南至大洋洲，北至我国南部。鲻鱼(Mugil cephalus)分布更为广泛，除却东半球的欧洲、亚洲、大洋洲、太平洋、印度洋之外，在南美洲、北美洲也有报告。在南海、东海、渤海的我国海岸附近也有记录，向北到日本及俄罗斯的远东诸海。依目前贫乏的知识，尚不可能对本类吸虫的系统发生问题作进一步推测。从构造上看，单脏科与单孔科迥然不同，它不具单孔科特有的两性囊，其他系统也无相同之处，所以它们之间没有什么亲缘关系。

参 考 文 献

顾昌栋，申纪伟. 1964. 海产鱼类的吸虫类之二种记录，尖希氏单脏吸虫与半口双肛吸虫. 南开大学学报(自然科学)，5(1)：60-73

唐仲璋，林秀敏. 1978. 中国单脏科三新种一新属的叙述. 动物学报，24(3)：203-211

Cable R M. 1952. Studies on marine digenetic trematodes of Puerto Rico. Observations on life histories in the families Haplosplanchnidae and Megaperidae. J Parasitol, 38(4, Sect. 2) Suppl: 37

Cable R M. 1954. Studies on marine digenetic trematodes of Puerto Rico. The life cycle in the family Haplosplanchnidae. J Parasitol, 40(1)：71-76

Eysenhardt HW. 1829. Einiges über Eingeweidewümer Verh. Ges Naturf Fr Berlin, 1(3)：144-152

Manter H W. 1931. Further studies on trematodes of Tortugas fishes. Carnegia Inst Washington Yearbook, (1930~1931), 30：386-387

Manter H W. 1936. A note on the geographical distribution of the genus Haplosplanchnus (Trematoda). J Parasitol, 22(6)：545

Manter H W. 1936. The status of the trematode genus Deradena Linton with a description of six species of Haplosplanchnus Looss (Trematoda). K I Skrjabin Jubilee volume: 381-387

Manter H W. 1947. The digenetic trematodes of marine fishes of Tortugas，Florida. Amer Midl Nat，38（2）：257-416

Srivastava H D. 1939. The morphology and systematic relationship of two new distomes of the family Haplosplanchnudae Poche，1926 from Indian marine food fishes. Indian J Vet Sci，9（1）：67-71

Skrjabin K I，Guschanskaja. P H. 1955. Trematodes of Animal and Man. Vol. X. Moscow Publishing House of Academy of Science of Russian: 579-616

Yamaguti S. 1958. Systema Helminthum Vol. 1. The Digenetic Trematodes of Vertebrates. Part 1. London：Interscience Publishers Inc：203-205

Yamaguti S. 1971. Synopsis of Digenetic Trematodes of Vertebrates. Tokyo：Keigaku Publishing Co

Yamaguti S. 1975. A Synoptical Review of life Histories of Digenetic Trematodes of Vertebrates. Tokyo，Keigaku Publishing Co

（十七）航尾科[Azygiidae（Lühe，1909） Odhner，1911]

1. 研究历史

航尾属（Azygia Looss，1899）的吸虫系淡水鱼类肠胃内的寄生虫。此类吸虫最早在欧洲发现（Mueller，1776），距今已 200 多年，Rudolphi（1802）记述了 Fasciola tereticollis（=Fasciola lucii Mueller，1776）这一种寄生在常见鱼类的吸虫，现在是以 Azygia lucii（Mueller，1776）Lühe，1909 的学名而著称的。它寄生于狗鱼（Esox lucius）的胃中。由于是在不同时间和不同鱼类体中找到本虫，蠕虫学者创立了不少的同物异名，据 Dawes（1946）的记载，在欧洲已有五六个同物异名。

欧洲以外地区，本类吸虫的发现历史也相当悠久，Leidy（1851）从美洲的狗鱼（Esox reticulates）上也记述了 Distoma tereticolle。同一年又记述了 Distomum longum，是从 Esox estor 胃中得到的，6 个标本中有长达 7.62cm 的个体，这就是美洲普通的种类 Azygia longa（Leidy，1851）。Ward（1910）从北美 Sebago 湖的鲑鱼（Salmo sebago）体中得到航尾吸虫，定名它为 Azygia sebago，其他鱼类，如河鲈（Perca flavescens）及美洲鳗鱼（Anguilla chrysypa=Anguilla rostrata）也是本虫的宿主。Stafford（1904）在加拿大叙述 Azygia angusticauda。Goldberger（1911）叙述 Azygia acuminata。

Odhner（1911）创立航尾科（Azygiidae），后来 Skrjabin 和 Guschanskaja 将航尾科分为两个亚科：Azygiinae Skrj. et Gusch.，1956 和 Leuceruthrinae Goldberger，1911。前者包括 Azygia、Otodistomum 及 Proterometra 3 属。Otodistomum 与 Azygia 体形较为相似，但 Proterometra 体极短，其幼虫期常有提早成熟（progenesis）的现象。在贝类宿主体内尾蚴期的体部已开始产卵。Yamaguti（1958）为 Praterometra 建立亚科 Proterometrinae Yamaguti，1958。

Manter（1926）把航尾科作一复述，他和 Ward 的意见相同，认为美洲的本属吸虫有 3 种，即 Azygia longa（Leidy，1851）、A. angusticauda（Staff，1904）及 A. acuminata Goldberger，1911。Manter 认为 Azygia 属的分类存在混乱现象，他指出：因为本类吸虫富有肌肉性的结构，不仅体形常有变化，且因收缩或弛张的关系，腹吸盘和生殖腺相关的位置也时有不同。他更指出，卵的大小和卵黄腺的分布在同一种内也有差异，因而不能用为分类的根据。他认为美洲的 A. longay 也有可能即是欧洲的 A. lucii。

Van Cleave 和 Mueller（1934）同意 Manter 的意见，进一步又认为 A.acuminata 应是 A. longa 的同物异名。依成虫的形态比较，A. angusticauda 与其他美洲种类容易区别，它的腹吸盘位于体的后方，生殖腺在体后端 1/6 的部位。其余美洲的种类包括 A. longa、A. sebago、A. lucii 及 A. acuminata，形成一复杂群，它们之间异同的问题，学者意见不一，也可能在这复杂群中，含有未经辨认的种。

在日本，尾崎佳正（1924）从青鳗（Anguilla japonica T. et S.）得到标本，定名为 Azygia anguillae Ozaki，1924，该虫种经山口左仲复述（Yamaguti，1934，1953）。在此以前日本人 Fujita 从哲罗鱼（Hucho perryi Breevoort）体中获得本类吸虫，定名为 Azygia perryii Fujita，1918，其特征在于卵黄腺只分布到了睾丸的前方。

在菲律宾，Tubangui（1928）叙述 Azygia pristipomai，宿主为两种鱼类：Pristipoma hasta Bloch 及 Glossogobius giurus（Tubangui，1928；Tubangui and Masilungan，1944；Velasques，1958）。

我国境内此类吸虫首先的记录者为秦素美（1933），她在青岛从乌鳢鱼[Ophiocephalus argus（Cantor）]胃中采集到航尾科吸虫，称为 Azygia hwangtsiyüi Tsin，1933。在另一报告中，秦素美（1933）又记录了 Azygia *acuminata* Goldberger，标本系得自青岛的鳗鱼(*Anguilla japonica* Temm. et Schle.)。苏联学者 Zmejev(1936)也叙述了我国东北乌鳢鱼的 *Azygia*，显然他没有看到秦氏的报告，而命名为 *Azygia amuriensis* Zmejev，1936。这样，在亚洲已经报道的航尾吸虫，至少有上述 6 种。

著者从本类吸虫生活史的观察，区别了在福建的鳗航尾吸虫(*Azygia anguillae*)和黄氏航尾吸虫(*Azygia hwangtsiyui*)两个相像的种类(唐仲璋和唐崇惕，1964)。

2. 航尾科吸虫种类的区分问题

如上所述，本属吸虫存在着种类区分的问题，其复杂情况可参看 Stunkard(1956)的记述。虽然自从 Szidat(1932)报告 *Azygia lucii* 的生活史以来，有 3 个本属吸虫的生活史已被阐明了(Stunkard,1956；Wootton，1957；Sillman，1962)，从整个属来说问题还很多，而分类问题也未完全解决。不但欧洲和美洲的种类缺乏精密的比较，而且在东亚方面有若干航尾吸虫属的种类，其彼此之间以及和欧洲、美洲种类之间异同的问题也没有解决。由于成虫的形态缺乏明确区分的特点，要达到种类区分的目的，各发育期的比较是有必要的。

航尾属吸虫在欧洲、北美洲、日本、印度、菲律宾及我国均有报告。在欧洲、美洲所有的该属种别问题，学者意见不一。考究原因，有下列各点：①本属的成虫形态至为近似，不易区分；②它们能寄生好些"延续宿主"(paratenic hosts)，后期的童虫也能在不止一种的肉食性鱼类体内发育达到生殖腺成熟期。这些不同宿主对于该虫形态究竟能产生多少影响？尚未明了；③航尾属吸虫达到性成熟期之后，还能继续增大，因而体形长短大小差值甚巨，同是已经成熟的虫体，其大小悬殊甚大；④成虫的卵，在子宫初段与末段大小不同。在比较虫卵的大小时，如不注意说明从哪一部位取出，很容易发生误差。有此四种原因，使得早期学者在该类虫种的分类工作上遭遇了困难，这些困难在某些程度上至今还存在。

成虫的卵黄腺分布曾用为区分欧洲的 *A. lucii* 和美洲 *A. longa* 的特点。日本的 *A. perryii* 和 *A. anguillae* 的区别也引用此一构造。Belozerova-Sypliakova(1937)考察 *A.lucii* 卵黄腺的分布，指出了它的巨大的变异性。依她的叙述，有的只延到后睾丸的前方，有的却越过其后缘，更有延至较后位置，左右两边的腺体也不均等。可见它作为种类区别的特征是不够稳定的。

Petrushevskaya(1962)在《苏联航尾属分类》一文中，从统计方面估计各个形态特点，认为较稳定而具有分类价值的有卵的大小、口吸盘与腹吸盘的比例、咽的形状、体长与体后段(后睾末端至体后端)的比例。她认为在苏联境内该属吸虫有 4 种：*Azygia lucii*、*A. robusta*、*A. perryii* 及 *A. hwangtsiyui*。显然，单凭成虫的形态构造，不易澄清本属吸虫的种类混乱的问题。应当从它们整个生活史各阶段个体结构特点进行比较区别。

3. 航尾科的分类

有关航尾科吸虫的宿主都是鱼类。本科群类的分类系统按 Yamaguti(1971)所列，含 3 亚科 4 属 2 亚属，以及多个同物异名属如下：

Family Azygiidae(Lühe，1909)Odhner，1911

　　Subfamily Azygiinae Lühe，1909

Genus *Azygia* Looss，1899

　　Syn. Eurostomum MacCallum，1921

　　　　Hassallius Goldberger，1911

　　　　Megadistomum Stafford，1904

　　　　Mimodistomum Stafford，1904

Subgenus *Azygia* Looss，1899

　　　　Pseudazygia Yamaguti，1971

Genus *Otodistomum* Stafford，1904

　　Syn. Xenodistomum Stafford，1904

Subfamily Leuceruthrinae Goldberger，1911

Genus *Leuceruthrus* Marshall et Gilbert，1905

Subfamily Proterometrinae Yamaguti，1958

Genus Proterometra Horsfall，1933

4. 航尾科吸虫种类

已记述的航尾科的虫种甚多，兹以在我国福建存在并已进行了生活史比较的两虫种：鳗航尾吸虫和黄氏航尾吸虫(唐仲璋和唐崇惕，1964)为例介绍于下。

（1）鳗航尾吸虫（*Azygia anguillae* Ozaki，1924）

终末宿主及发现地点 青鳗(*Anguilla japonica*)(日本；Ozaki，1924)，黄鳝[*Monopterus albus*(Zuiew)]、鳗鱼(*Anguilla japonica* Temm. et Schle.)(中国福州；唐仲璋和唐崇惕，1964)。

寄生部位 肠胃。

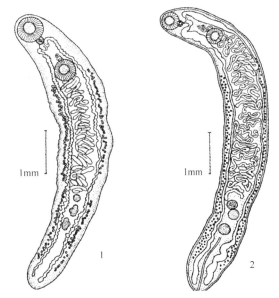

航尾图 1　鳗航尾吸虫与黄氏航尾吸虫(按唐仲璋和唐崇惕，1964)
1. 鳗航尾吸虫；2. 黄氏航尾吸虫

虫种特征（航尾图 1 之 1） 成熟虫体的体形窄长，与黄氏航尾吸虫比较略短。福建的 8 个标本的测量如下：全长 5.18～10.83mm，体宽 1.2～2.09mm；虫体的全长与体宽的比例为(3.8～5.6)：1。口吸盘位于亚顶端，开口于腹面，大小为(0.55～0.82)mm×(0.46～0.74)mm。腹吸盘位于体前端 1/5～1/4 处，较口吸盘略小，大小为(0.46～0.69)mm×(0.46～0.74)mm。咽紧接于口吸盘后方，圆形，大小为(0.12～0.31)mm×(0.17～0.27)mm。食道长 0.052～0.108mm。在咽的后方即分支的两个肠管延至体的后方。生殖腺发达，睾丸位于距体后端 1/3 处。睾丸略有分瓣，前睾丸大小为(0.21～0.55)mm×(0.26～0.48)mm，后睾丸大小为 0.32mm×0.57mm。两睾丸常作直线或略作斜面排列，亦有互相接触的。睾丸均在卵巢的后方，偶然有卵巢位于两睾丸之间的。阴茎囊椭圆形，位于腹吸盘前方。阴茎囊内含有贮精囊，囊经数度屈曲接于前列腺管及射精管。阴茎囊与子宫末端共同开口于两性管内，管通于生殖孔，孔周围隆起，成为生殖乳头。

卵巢圆形或椭圆形，多数前端凹陷，大小为(0.19～0.39)mm×(0.23～0.48)mm，从卵巢前方发出的输卵管通于有许多梅氏腺围绕的卵模。一个屈曲的劳氏管与此相接，劳氏管开口于梅氏腺的右侧。卵黄腺是圆形的颗粒丛体，分布在肠管外边，前方起自腹吸盘稍后，后方延至离体后端 0.5～1.00mm 处。有些标本卵黄腺在卵巢前方有一段间断。在这里，前方和后方输送来的卵黄腺小管合为横走的卵黄腺管，会合为卵黄贮囊，从这里伸出的有一个管与输卵管相接。从卵模延展出来的子宫，经若干屈曲盘绕在卵巢前方，子宫左右反复曲折，占据体中央自卵巢至腹吸盘间的一段。如前所述，子宫末部与阴茎囊出来的射精管相接而开口于生殖孔。

虫卵：卵子在子宫初段的较小，在子宫末端或自然产出的较大。从子宫解剖出来的 20 个卵的测量如下：(41.28～62.35)μm×(25.80～43.00)μm。23 个自然产出的卵测量如下：(62.35～70.95)μm×(43.00～49.45)μm，内含有成熟毛蚴。

（2）黄氏航尾吸虫（*Azygia hwangtsiyüi* Tsin，1933）

终末宿主及发现地点　乌鳢鱼（亦称黑鱼）[*Ophiocephalus argus*(Cantor)]（济南大明湖及小清河；秦素美，1933）。乌鳢鱼及月鳢[*Channa asiatica*(Linn.)]（福州各池塘、湖泊；唐仲璋和唐崇惕，1964）。

寄生部位　肠胃。

虫种特征（航尾图 1 之 2）　虫体作窄长形，全身肌肉发达，体表光滑，前端略尖，后端较钝。11 个成熟的标本测量如下：全长 4~19.5mm，体宽 0.8~2.5mm。体长与体宽的比例为(5~8.5)：1。口吸盘在体前端腹面开口，大小为(0.56~0.93)mm×(0.46~0.71)mm。腹吸盘因虫体伸缩位置略有不同，一般在前端 1/5 处，大小为(0.45~0.76)mm×(0.46~0.71)mm。咽紧接于口吸盘，略作圆形或椭圆形，大小为(0.17~0.34)mm×(0.18~0.30)mm。食道细长，0.13~0.36mm。在离咽不远处分支的两肠管向后延伸几达体的后端。生殖腺发达，长仅 4mm 的虫体，子宫内已充满了卵。睾丸位于体后端 1/3 或 1/4 的前方，圆形或卵圆形，前睾丸大小为(0.18~0.69)mm×(0.20~0.54)mm（两睾丸有的前后紧靠作斜面排列，亦有中有间隙作直线排列的）。后睾丸大小为(0.27~0.85)mm×(0.34~0.69)mm。输精管从睾丸的前方发出，沿肠支内侧向前延展至腹吸盘背面侧方，与阴茎囊的后端相合为一而入囊中。阴茎囊作椭圆形，位于两吸盘之间，囊内有贮精囊，内充满精子，贮精囊弯曲接入前列腺管部及射精管。阴茎囊与子宫末端共同开口于两性管内，管通于生殖孔，其周围有隆起的生殖乳头。卵巢圆形、椭圆形或前缘凹陷，位于睾丸的前方，与睾丸作垂直或三角形排列，大小为(0.238~0.425)mm×(0.323~0.544)mm。输卵管从卵巢前方或中部出发，经曲折后与劳氏管相接，继而通入有梅氏腺围绕的卵模。受精囊缺，唯子宫初段贮有精子，充为子宫受精囊(receptaculum seminalis uterinum)的作用。卵黄腺发达。各腺体从粒状，分布于肠管外边，前起于体的中部或前方 1/3 处，后面经常越过后睾丸而到达接近尾端的部位。从体的两侧各有一个卵黄腺管向卵巢后方会集，成为卵黄贮囊，从这里有一腺管和输卵管相接。虫卵椭圆形，在子宫初段的较小，在屈曲的子宫内向前推进时逐渐膨大，因而卵的差异甚大，大小为(34~79)μm×(19~57)μm。自然排出的卵，内含成熟的毛蚴，其大小为(69~76.2)μm×(50~53.34)μm。

虫卵发育　从子宫初段取出的卵具有早期胚胎发育的阶段。1 个细胞、2 个细胞、6 个细胞和 8 个细胞各期均经观察。在 6 个细胞和 8 个细胞阶段，胚的位置开始占据约一半的位置，在有卵盖的一边。卵黄细胞被推向卵的另一边，它们逐渐分解，卵黄颗粒散出细胞外边。具有 6 个细胞的胚有 4~5 个紧挨在一起，另有一个较大的细胞则独立地另附在旁边。随后胚体变作圆球的形状，所含的细胞大小相差不多，没有先前那样悬殊。看来在早期各个分割球(blastomere)分裂的速率不是均等的。成熟的卵，透过卵壳可以窥见毛蚴。毛蚴的头部朝向卵盖的一端。这样的卵长度可达 80μm。卵内毛蚴的活动也可以观察到。有时卵盖掀开，里面的毛蚴可以在子宫中孵化出来。

5. 航尾科吸虫的发育与幼虫期

（1）研究历史

航尾科吸虫的发育史与胞形叉尾蚴的发现有关，Wright(1885)最早观察这一种巨型的尾蚴，由于它的体部藏匿于尾中，错误地称它为"自由游泳的胞蚴"(free-swimming sporocyst)。Braun(1891)在德国报告一个相似的尾蚴，称它为 *Cercaria mirabilis*，并证明它不是个胞蚴，而是寄生于椎实螺(*Lymnaea palustris corvus*)内的一种吸虫类无性期从其体内逸出的尾蚴。Ward(1916)把 Wright 所描述的幼虫重新命名，称为 *Cercaria wrighti*，并叙述另一种相似的种类，称之为 *Cercaria anchoroides*（本种系由拖网中找到，其贝类宿主未知）。此后，尾胞叉尾蚴屡经发现，Faust(1918)叙述了 *Cercaria brookoveri* 和 *Cercaria macrostoma*。Sewell(1922)在他的专著《印度的尾蚴》(*Cercariae Indicae*)一书中，把这一种尾胞叉尾蚴统归为 Mirabilis 类，以区别于其他，其代表系 *Cercaria mirabilis* Braun，1891。他把此类分为两群，一为虫体全部存匿在尾部中，一为虫体只在尾的基部。具有这样尾巴的尾蚴，经记述的有 10 余种。

Looss(1894)曾经报道，当吞食尾蚴的小鱼被大鱼吃掉之后，被食的尾蚴却能继续在大鱼胃内生存。有多种鱼类能吞食尾蚴，但幼虫不能在它们体内发育达到性成熟的阶段。

Szidat(1932)最先阐明航尾吸虫类生活史，他研究欧洲寄生鲑鱼类的 *A. lucii* 的发育。成虫寄生于狗鱼(*Esox lucius*)胃中，系由寄生于椎实螺(*Lymnaea palustris*)的 *Cercaria mirabilis* 尾蚴发育而成。Szidat 将尾蚴喂饲狗鱼，10d 后发育为成虫。Szidat 曾从河鲈(*Perca*)、白鲈(*Lucioperca*)、刺鱼(*Gasterosteus*)等小鱼找出 *A. lucii* 的幼虫。这样联系了起来，完成欧洲 *A. lucii* 的生活史，他的工作第一次证明了尾胞叉尾蚴是航尾科吸虫的幼虫期。他的文中附带叙述另一尾蚴 *Cercaria splendens*，其成虫尚未被发现。

著者在我国福建福州通过人工感染试验的方法，进行了鳗航尾吸虫和黄氏航尾吸虫两虫种生活史的研究，比较观察了它们奇特的具刺棒的毛蚴和尾胞型的尾蚴等幼虫期(唐仲璋和唐崇惕，1964)。

(2)鳗航尾吸虫幼虫期(航尾图 2)

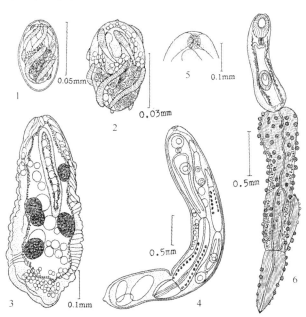

航尾图 2　鳗航尾吸虫幼虫期(按唐仲璋和唐崇惕，1964)
1. 虫卵; 2. 毛蚴; 3. 胞蚴; 4. 雷蚴; 5. 雷蚴前端放大; 6. 尾蚴

中间宿主　田螺(*Vivipara guadrata*)(人工感染试验)。

A. 毛蚴(航尾图 2 之 1、2)

毛蚴体长 84~86μm，宽 52~58μm。全身呈椭圆形的袋状，前端浑圆，后端略窄。体表具有棒状的、生有短棘横列的刺板两列，前列 5 枚，后列 4 枚，前列刺板长约 40μm，后列 52μm。前列刺板前半部较粗，后半部较窄，前半部的小刺甚为明显，后半部则细小而不易辨认；而后列刺板上的刺则均较粗大。两列的刺板均斜行排列，可能是便于毛蚴在中间宿主的组织内作螺旋状前进。毛蚴体前半部中央有一袋状的构造，大小为(30~34)μm×(26~34)μm。前方有一凹陷，此构造的性质尚不明了。毛蚴体部后半部有很多胚细胞，在体中段有两个焰细胞。

B. 胞蚴(航尾图 2 之 3)

用鳗航尾吸虫虫卵进行田螺(*Vivipara quadrata*)感染试验。感染后 63d 的胞蚴长度可达 0.666~2.040mm，宽度达 0.258~0.456mm。最小个体的大小为(0.069~0.301)mm×(0.047~0.077)mm，胞蚴体里面已可见含有不同发育时期的胚球及小雷蚴，体的前端有空隙与外边相通。体内每个胚球系由许多胚细胞组成，外边有一层很薄的膜包围着。胞蚴长度达 1.8mm 时，体内可观察到含有 5~6 个小雷蚴。大的雷蚴长度可达 0.6mm 以上。胞蚴的体壁具有皱折的横纹。腔内充满液体，里面的雷蚴及胚球能上下移动。在感染后 63d 的螺体中已有离开母胞蚴的雷蚴。它们的长度 0.215~0.568mm，宽度 0.120~0.194mm。体表有很多的折皱，前端生产孔开口处比较明显。

C. 雷蚴(航尾图2之4、5)

鳗航尾吸虫的雷蚴和本属内的其他吸虫一样，体形巨大，长径 1.43~3.03mm，宽径 0.17~0.59mm。内含成熟尾蚴的个体，常接近 3mm 的长度。体表也具横纹折皱，和黄氏航尾的雷蚴一样，体内常有一个最大而达到成熟的尾蚴。其余为较小的，已具雏形的各个发育期的尾蚴胚体。尚有胚球，数目为 3~5 个。雷蚴的体壁较薄，体前端顶部有一孔道，在活的标本可观察到三角形的凹陷，不容易看到咽的构造。在染色的整体封片标本中，可观察到一个有许多胞核积聚的类似咽的构造。顶端的孔道通入雷蚴的体内，在咽的后面，没有看到退化肠管的遗迹。

D. 尾蚴(航尾图2之6)

尾蚴系一叉尾尾蚴。体部长 0.67~1.24mm，宽 0.29~0.40mm，口吸盘在前端开口于腹面，圆形，直径 0.14~0.21mm，横径 0.17~0.21mm。腹吸盘略小，纵径 0.15~0.19mm，横径 0.13~0.19mm。咽椭圆形，纵径 0.065~0.077mm，横径 0.052~0.056mm。食道极短，分支为两个肠管，延至体的后部。排泄系统的构造与黄氏航尾吸虫的尾蚴大略相似。排泄囊较短，心脏形，有两个明显的收集管，左右屈曲向前伸展至口吸盘两边。尾部巨大，后端扁平状，分为两个尾叉。尾干部长 0.76~1.54mm，宽 0.27~0.57mm，尾叉长 0.25~0.65mm，宽 0.21~0.40mm，尾部表面乳头状突起极为明显，与以往所描述的种类迥然不同。这些突起也分布于尾叉的边缘，直至尾叉的末端，但逐渐变小。尾部中央的排泄管前端与体部的排泄囊相接，后端在尾干后一半或接近后端 1/3 处分为两支，最后进入尾叉而开口于叉的末端。本种尾蚴在排泄管及乳头突起方面具独特的构造，与任何以往描述的航尾吸虫属的尾蚴有别。

河鳗，航尾吸虫的终末宿主，如何获得感染的方式尚未明了。我们推测可能也需要一个小鱼类的宿主贮存及传播第一阶段的童虫。鳗鱼和鳝鱼均有捕食其他肉食鱼类小动物的习性，所以本种航尾吸虫生活史大略的情况可能与黄氏航尾吸虫相似。

(3)黄氏航尾吸虫幼虫期(航尾图3)

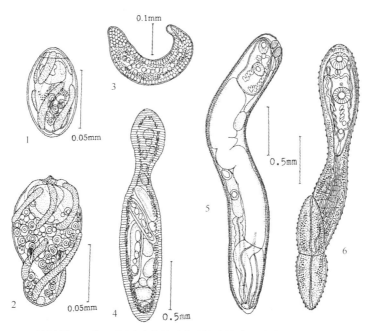

航尾图3　黄氏航尾吸虫幼虫期(按唐仲璋和唐崇惕，1964)

1. 虫卵；2. 毛蚴；3. 早期胞蚴；4. 后期胞蚴；5. 雷蚴；6. 尾蚴

中间宿主　田螺(*Vivipara guadrata*)(人工感染实验)。

A. 毛蚴(航尾图3之1、2)

成熟的卵从成虫产出后，不在水中孵出，必须经贝类中间宿主吞食后才破开卵盖而出。孵出后的毛蚴长 114μm,体最宽处在中部,为 70μm。前端有吻状突出,亦有圆形如袋的构造。体不具纤毛,而具有斜列棒状的被有短刺横列的刺板(bristle plates)两列,前列 5 枚,后列 4 枚。它们显然与其他吸虫毛蚴的表皮纤毛板(ciliary epidermal plates)相等,只是不具纤毛而代以短棘。前列刺板各个弯曲地斜行排列,从顶端看略为辐射状。各个刺板前 1/3 部分的棘比后 2/3 的较大而更明显。后列的 4 个刺板也作斜行排列,均匀地分布在毛蚴体的后半部。前列刺板长度为 50μm,后列为 70μm,宽度则为 5~7μm。毛蚴的体前方有囊状的构造,前方略有凹陷。长约 34μm,宽 42μm。此一囊状体是否原肠管尚难作定论。Hussey(1945)曾述她从 *Proterometra macrostoma* 毛蚴观察到类似的构造,并有纵列的胞核 4 个。但我们尚不曾看到这样的胞核。在毛蚴的后半部充满了具有巨大胞核的胚细胞。在虫体中段左右两边有焰细胞各一,但未曾观察到排泄管和排泄孔。

B. 胞蚴(航尾图 3 之 3、4)

田螺吞食含有毛蚴的卵子后,毛蚴孵出,穿越肠壁在结缔组织内生长。在室内温度 28~30℃的条件下,感染后 5d 的胞蚴体大小为(0.289~0.986)mm×(0.051~0.119)mm(平均 0.510×0.068mm)。胞蚴前端尖细,有一细管自前端通入腔内。胞蚴的体壁由一层紧接一起的栅状细胞组成。腔内有体液和颗粒能上下移动,里面可看到圆形的胚细胞不断的流动。

长约 2mm,宽约 0.40mm 的胞蚴(体内的胚球已形成为雷蚴)具有横纹的体壁颇厚,沿着体内壁有很多颗粒散布着,并夹杂有许多大小不等的胚球。雷蚴也有可以区分出的体壁和里面的胚球。胞蚴活动力很强,不断的收缩和伸展。体内的颗粒不断的前后流动。在这发育阶段没有观察到生产孔。

C. 雷蚴(航尾图 3 之 5)

从胞蚴产出来的小雷蚴,长 0.13mm,宽 0.03mm,体表也具横纹折皱,内含胚球 10 余个,可见其上下移动,沿体内壁也有很多颗粒。

成熟的雷蚴橙黄色,形状巨大,内含不同发育期的尾蚴胚体。32 个已经达到成熟期的雷蚴,体长 1.14~3.520mm,体宽 0.285~0.551mm。经常一个雷蚴体内有一个最大的尾蚴,其余为一两个不同发育程度的尾蚴胚体,它们的体部和尾部已经分化出来。雷蚴的外表具有皱折的横纹。成熟的雷蚴体壁显得较薄。生产孔在前端顶部或稍歪的位置。由类似圆咽一样的括约肌围绕着。

D. 尾蚴(航尾图 3 之 6)

尾蚴是标准的尾胞叉尾蚴(cystocercous furco-cercaria)。成熟的尾蚴由雷蚴的生产孔出来,进入螺体的血窦(haemal sinus),然后从宿主体内逸出。在水中浮沉上下,肉眼可以窥见。成熟的尾蚴,体部缩入尾茎里面,不成熟的就不这样。透明的尾部两旁衬以黄色颗粒,甚为美丽。

成熟尾蚴体长 0.560~1.008mm(平均 0.770mm),宽 0.154~0.322mm(平均 0.252mm)。口吸盘在前端顶部,圆形,直径 0.126~0.210mm(平均 0.168mm)。腹吸盘与口吸盘几乎同样大小或略小。口吸盘后紧接着一个圆形的咽,0.042~0.056mm(平均 0.047mm)。食道极短,两个分支的肠管延至腹吸盘的后方,较长的可延至体后部中央部分。

充分发育的尾蚴,在体后方 1/4 处已能看出有两个斜列的睾丸。生殖孔也已出现在腹吸盘的前方。排泄囊略长,作梭状,后端接于尾部的中央排泄管,前端分为两个大的收集管,管向前延展,至口吸盘两旁而向后回转。巨大的尾部后端作平扁状,两个尾叉亦作扁平状。尾茎部长 0.560~1.260mm(平均 0.805mm),宽 0.140~0.378mm(平均 0.249mm)。尾叉部分长 0.140~0.518mm(平均 0.277 mm),宽 0.070~0.336mm(平均 0.219mm)。尾的叉部经常张开,与茎部成直角的位置。尾茎的表面有很多乳头突起,它们也分布在尾叉两旁边缘,一直到它的末端。

(4)航尾吸虫尾蚴排泄系统的发育(**航尾图 4**)

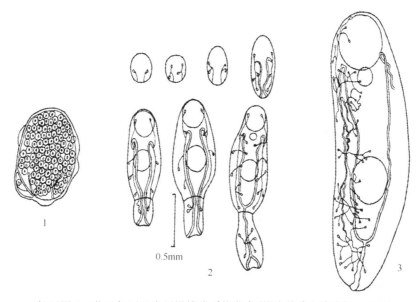

航尾图 4　黄氏航尾吸虫尾蚴排泄系统发育(按唐仲璋和唐崇惕，1964)
1. 尾蚴胚球排泄管出现；2. 尾蚴胚体排泄管及焰细胞的增加；3. 未成熟尾蚴体部，示排泄管及焰细胞状况

航尾吸虫尾蚴的排泄系统很复杂，一个成熟的尾蚴有数百个焰细胞。尾蚴的排泄系统从尾蚴的胚球期就已开始发育，随着尾蚴胚球发育进入尾蚴胚体，直到尾蚴体成熟，排泄管及焰细胞亦逐渐增加。以黄氏航尾吸虫尾蚴的排泄系统为例，其发育情况如下。

1)在很小的胚球(体长 91μm，体宽 78μm)个体中，已能看到有两个焰细胞和很短的排泄管，管接连到胚球的体表。在高倍显微镜下观察，看到管与体表皮层相连。早期的排泄管，漏的部分先形成，里面还没有纤毛。

2)在与上述大小接近的胚球(直径 114μm，横径 68μm)个体中，每边的焰细胞已各分为 2。

3)胚球长大到达纵径 193μm，横径 91μm 的时候，两边的排泄管已向后弯曲，每边各有 4 个焰细胞。

4)纵径 330μm，横径 114μm 的尾蚴胚体，尾蚴的雏形已经出现，口吸盘和腹吸盘已形成，体部和尾部也已分化。体内向后弯曲的排泄管，一边有 5 个焰细胞，一边却只有 4 个。最前一对分支的微细排泄管延展至口吸盘两侧，最后的一对已进入尾部，成为尾部焰细胞的第一对。

5)纵径 399μm，横径 148μm 的尾蚴胚体，每边的焰细胞增至 5 个或 6 个。最前的一对分支已各分为二。新的焰细胞产生于排泄细管的基部。这尾部的焰细胞已增至 3 个。

6)尾蚴胚体长大至纵径 456μm，横径 148μm 的时候，尾部的两个大排泄管已经愈合。但排泄孔仍是两个，尾部焰细胞的排泄小管与大排泄管连接起来，分作两支，一支 3 个，一支 2 个。在这一发育阶段，体部的焰细胞，每边各有 9 个，作 5 个分支，除却最后单个之外，其余各支各有焰细胞两个，总计全身共有焰细胞 23 个。

7)在尾蚴胚体体部达到了接近 1mm 长的时候，它的排泄系统已成相当复杂的构造。延至口吸盘基部的收集管向后折回，一共有 5 个分支，每个分支都有两个小支，各有 5 个或 6 个焰细胞。其排列可用下列公式来表示：2[(6+6)＋(5+5)＋(5+5)＋(5+5)＋(5+5)]=104。

因为我们所观察的尾蚴还未达到完全成熟的阶段，成熟的尾蚴必定有增多数倍的焰细胞。Stunkard(1956)记述 *Azygia sebago* 的尾蚴，体部一边具有 11 次的分支，每支有 32 个焰细胞，整个数目达到 704 个焰细胞。小宫(Komiya，1941)研究 *Cercaria shanghaiensis* 的排泄系统。该种尾蚴体的每边亦有 6 个分支，每支有 27～35 个焰细胞，整个数目可能达到 400 多个焰细胞。这一类吸虫的尾蚴都具有庞大数目的焰细胞。*Azygia hwangtsiyüi* 的尾蚴排泄系统是异常复杂的，它尾蚴的焰细胞总数一定也非常巨大，在还没有达到成熟期时，焰细胞数目已甚可观，数目多少尚待进一步的考察。

（5）航尾吸虫尾蚴习性及鱼类宿主的感染

航尾科吸虫的尾蚴均有一段在水中自由游泳的生活。在水中的动作器官主要是尾巴。和血吸虫类的尾蚴一样，游动时是向尾巴一方前进。本种尾蚴有一种特异的行为是尾巴左右摆动，以似孑孓的姿态一样上升到接近水面的位置，然后尾巴伸展好像一个降落伞缓缓地下沉。这样的动作，常继续反复数小时，会引起小鱼的注意而把它吞食。在水中它们混杂在其他浮游动物当中，因为体形小，大的鱼类不易察觉，食它的是小形的、以小动物为食的鱼类。著者用数种小鱼做试验，证明都能捕食，在玻璃器皿内观察时发现，浮沉上下的尾蚴很快就被吞食了。

我们曾经用斗鱼（Macropodus opercularis）做感染试验。感染后分别于8d、15d、26d解剖斗鱼，在肠内先后找到航尾吸虫小童虫。黄氏航尾吸虫在斗鱼体内，童虫经历了26d之后，与8d及15d的比较，体积增大不多。虽然存活的时间很久，而成长却极有限。生殖腺仍然在原基的状态，或仅有极细微的发育。显然这是由于小鱼体内，没有供给童虫成长足够的营养物质。同时这也由于航尾属吸虫成长发育对于宿主特异性的要求是比较局限的。能在其体内长成达到性成熟阶段的宿主只有一两种鱼，但是作为暂时性的延续宿主的鱼却很多。我们尚用其他小型鱼类做试验，计有麦穗鱼[Pseudorasbora parva(T.et S.)]、小鳉鱼[Oryzias latipes(T.et S.)]及青鱼[Ctenopharyngodon idellus(Cuv. et Val.)]鱼苗。此外，我们还试用黑眶蟾蜍（Bufo melanostictus）的蝌蚪来捕食尾蚴。在这3种鱼及蝌蚪肠内，童虫均能生活多天，但也不能促使性腺发育。蟾蜍蝌蚪感染5d后经解剖找出虫体，尚很活泼，构造也很完整，表示这一种不正常的宿主也还能够供应虫体暂时生存的条件。航尾类童虫可能适应多种动物体内的环境。这些动物对于它们的散布和幼虫期的过渡性的保护作用有所帮助。

福州本地的乌鳢常有航尾吸虫寄生。在自然的状态下，有感染的田螺与鳢鱼一同生活在池塘或湖泊里面。我们曾观察到乌鳢有吞食其他小鱼的习性。于是，我们又进行试验，用吃过航尾吸虫尾蚴的斗鱼，放在有阴性鳢鱼的缸中（阴性鳢鱼系在实验室内已饲养多日，并经粪便检查不含虫卵，才供做试验用），小斗鱼很快便被鳢鱼吞食了。经过18d后，解剖鳢鱼，在它的肠内找到成熟的航尾吸虫，另一虫则尚未成熟。

6. 航尾科吸虫幼虫各发育期的形态比较与种类区别

在航尾科吸虫中有的种类在成虫期即可区别，如 Azygia pristipomai 的生活史尚未知，但其成虫可以与其他种区别（Velasques，1958）。同样地，美洲的 A.angusticauda 的成虫形态，因为生殖腺非常接近体的后端，仅凭这一特点，便可与其他种类分别。但有些种类的成虫形态近似，给分类定种造成困难。自从Szidat（1932）关于航尾属胞尾尾蚴的著作发表之后，航尾属的其他种类的发育史陆续被阐明。Stunkard（1956）叙述 A. sebago 的生活史。Wootton（1957）、Sillman（1953，1962）相继报告 A. acuminata 及 A. longa 的生活史。这些生活史研究的著作有助于解决美洲本种种类区分的问题。发育期的比较使存在很久的 A.lucii 和 A.longa 是否同种的问题获得解决。A.lucii 的尾蚴长达6mm，比航尾属任何一种的尾蚴都要大。A.longa 的成虫虽然很大，但其尾蚴却很小。两者可以区分。航尾属种类中 A.longa 和 A.sebago 的发育期非常相似。生活史的考察似乎还未能找出区分的特点。

回顾我国及东亚的情况，过去也存在类似的种类区分的问题。黄氏航尾及鳗航尾的生活史的阐明提供了一些种别区分的论据。兹以此两虫种为例，在它们幼虫期形态的比较中，下列各点可以作为其无可置疑的种的独立性的根据。

黄氏航尾吸虫（Azygia hwangtsiyüi）自然产出的卵显然比鳗航尾吸虫（A. anguillae）同样自然产出的卵大。

A. hwangtsiyüi 的毛蚴亦较大。两者的棒状刺板形状不同，A. anguillae 的前列刺板的后半狭窄，小刺极不明显。

A. hwangtsiyüi 雷蚴的咽的构造较为明显，*A. anguillae* 雷蚴的咽不明显，有时只现两堆较密集的细胞核。

A. anguillae 的尾蚴尾部具有较大的乳头状突起。

A. anguillae 的尾蚴尾部的排泄总管至尾干 3/5 处便开始分支。

A.anguillae 的成虫较短小。睾丸略作分瓣状，*A. hwangtsiyüi* 的睾丸多作圆形。

国内上述这两种航尾吸虫与国外其他种类也可从它们的幼虫期进行区分。*A.anguillae* 的尾蚴具有非常独特的形态，与已知种类的尾蚴的区别较为明显。*A. hwangtsiyui* 的卵比任何一种都大。它的成虫形态与 *A. longa* 及 *A. sebago* 很不易区分，但卵的区别却甚显著。根据秦素美(1933)的报告，*A. hwangtsiyui* 成虫的生殖窦(生殖器官末端装置)的切片也看出与其他种类(如 *A. lucii*、*A . anguillae*、*A. robusta*、*A. acuminata*)有所不同。依成虫形态来判别，Zmejev(1936)在我国东北所描述的寄生于乌鳢鱼的 *A. amuriensis* 显然是 *A. hwangtsiyui* 的同物异名。

Faust(1921)报告 *Cercaria pekinensis* 的排泄系统有巨大数目的焰细胞，这一尾蚴虽然其发育史尚不知道，依其形态来看，必定是属于航尾科的种类。小宫所述的 *Cercaria shanghaiensis* 与黄氏航尾的尾蚴极为相似，只是其焰细胞的排列均以 3 个为一小丛，显然与本种有别。吸虫中，焰细胞在发育中达到庞大数目的，本科以外，杯叶科(Cyathocotylidae)的东方杯叶吸虫和盾盘科(Aspidogastridae)的贝居盾腹吸虫，据前人的叙述均如此(Faust，1922a，1922b)。与此相反，双腔科(Dicrocoelidae)的枝双腔吸虫(*Dicrocoelium dendriticum*)、后睾科(Opisthorchidae)的华支睾吸虫(*Clonorchis sinensis*)和猫后睾吸虫(*Opisthorchis felineus*)等却具有焰细胞数目不多的排泄系统。在尾蚴期、囊蚴期和成虫期其数目一样，没有增多。这一问题需要进一步的考察。

航尾属吸虫的雷蚴期具有退化的咽。这一构造在黄氏航尾吸虫比鳗航尾吸虫更为显著。在后者，它只剩下此器官在前端开口处的两旁有两堆密集的细胞核而显示这一构造的遗迹而已。航尾属的第二代无性生殖期都有此构造，但没有一种发现具有袋状原肠管。据 Dickerman(1945)的记述，后者在 *Proterometra macrostoma* 的雷蚴上曾被发现。原肠管和生殖孔的关系也经观察到，本来是两个孔道，后来却会合为一了。在航尾科中，*Proterometra* 属依其体形，可能是较为原始的种类(Anderson，1962；Dickerman，1934，1937，1945，1946)。它的雷蚴保持有原肠管的遗迹是特具意义的，航尾科吸虫的第二个无性世代具有这一构造，证明它是属于雷蚴的性质。另一特点是这一类吸虫的毛蚴只具有一对焰细胞。以上这些特点提供了本科吸虫系统发生的论据。至少可以说，它和裂体类、鸮形科或腹口类吸虫没有亲缘关系，因为这类吸虫不具雷蚴期，而且鸮形科和裂体类的毛蚴均有两对焰细胞。航尾科的尾蚴，虽然也有叉尾，尾蚴游动也是尾叉向前，但其尾茎是扁平的，尾叉是上下分开的。这与血吸虫或鸮形科的尾蚴很不相同。

参 考 文 献

马成伦.1958.太湖鱼类的寄生蠕虫：复殖吸虫4航尾属(航尾科).华东师范大学学报(自然科学版)，(1)：26-28

秦素美.1933.寄生黑鱼胃内之新吸虫.国立山东大学科学丛刊，1(1)：104-116

秦素美.1933.寄生鱼体之吸虫.国立山东大学科学丛刊，1(2)：379-392

唐仲璋，唐崇惕.1964.两种航尾属吸虫鳗航尾吸虫和黄氏航尾吸虫的生活史和本属分类问题的研究.寄生虫学报，1(2)：137-152

Anderson M G. 1962. *Proterometra dickermani*，sp. nov.(Trematoda：Azygiidae)．Trans Amer Micros Soc，81(3)：279-282

Beloserova-Siplyakova O M. 1937. The variability in the distribution of vitellaria in the trematode species *Azygia lucii*(Mueller，1776). Skrjabin Jubilee Volume：45-46

Dickerman E E. 1934. Studies on the trematode family Azygiidae. I. The morphology and life cycle of *Proterometra macrostoma* Horsfall. Trans Amer Micro Soc，53：8-21

Dickerman E E. 1937. Cystocercous cercariae of the Mirabilis group from Lake Erie snails. J Parasit，23(6)：566

Dickerman E E. 1945. Studies on the trematode family Azygiidae. II. Parthenitae and cercariae of *Proterometra macrostoma*(Faust). Trans Amer Micro Soc，64(2)：April 138-144

Dickerman E E. 1946. Studies on the trematode family Azygiidae. III. The morphology and life cycle of *Proterometra sagittaria* n. sp. Trans Amer Micro Soc，65(1)：37-44

Faust E C. 1921. The excretory system of Digenea(Trematoda). IV. A study of the structure and development of the excretory system in a cystocercous larva, *Cercaria pekinensis* nov. sp.　Parasitology, 13(3)：205-212

Horsfall, Margery W. 1934　Studies on the life history and morphology of the cystocercous cercariae. Trans Ameri Micr Soc，53：311-347

Komiya Y. 1941. *Cercaria shanghaiensis*，n. sp. and its life cycle，with special reference to its excretory system. Jour. Shanghai Science Institute. New Series Vol. I. Parasitology，p. 109-120

Manter H W. 1926. Some north American fish trematodes. Illinois Biol Monograph，10：1-138

Ozaki Y. 1924. On a new species of *Azygia*.　Dobutu Gaku Zassi，36：426-435

Petrushevskaya M G. 1962. The taxonomy of trematodes of the genus *Azygia* found in fish in the U.S.S.R. Vestnik Leningradskogo Universiteta Seriya Biologii，17(3)：79-92

Sillman E. 1953. The life history of *Azygia longa*(Leidy，1851)(Trematoda：Azygiidae). J Parasitol，39(Suppl)：15

Stunkard H W. 1956. The morphology & life-history of the digenetic trematode，*Azygia sebago* Ward，1910. Biol Bull，111：248-268

Szidat L. 1932. Uber cysticerke Riesen cercarian，insbesondere *Cercaria mirabilis* M. Braun and *Cercaria splenden* n. sp. und ihre Entwicklung im Magen von Raubfischen zu Trematoden der Gattung *Azygia* Looss. Zeit f Parasitenk，4：477-505

Sillman E I. 1962. The life history of *Azygia longa*(Lcidy，1851)(Trematoda：Digenea)，and notes on *A. acuminata* Goldberger 1911.　Trans Amer Micros Soc，81(1)：43-65

Velasques C C. 1958. Notes on *Azygia pristipomai* Tubangui，the Genus *Azygia* and related genera(Digenea：Azygiidae).　Proc Hel Soc Wash，25(2)：91-94

Ward H B. 1916. Notes on two free-living larval trematodes from North America. J Parasitol，III：10-20

Wootton D M. 1957. Notes on the life-cycle of *Azygia acuminata* Goldberger，1911.(Azygiidae- Trematoda). Biol Bull，113(3)：488-498

Wright R R. 1885. A free-swimming sporocyst. Amer Nat，19：310-311

Yamaguti S. 1971 Synopsis of Digenetic Trematodes of Vertebrates. Tokyo：Keigaku Publishing Co

Yamaguti S. 1975 A synoptical Review of life Histories of Digenetic Trematodes of Vertebrates. Tokyo：Keigaku Publishing Co

(十八)开腔科(Opecoelidae Ozaki，1925)

1. 开腔科的分类与特征

(1)开腔科的特征

开腔科也称肠孔科。本类吸虫中有多种类的肠管末端向体外开口。有的左右两肠支后端相联合，有的联合后的共同支末端向外开口成为肛门，有的肛门开口通于排泄囊，有的两肠支后端不联合，各向体外开口，形成两个肛门。

开腔科吸虫的成虫形态：卵巢和两睾丸前后串列于腹吸盘之后，阴茎囊在腹吸盘前方，生殖孔开口在肠叉附近。很发达的卵黄腺泡粒分布在体两侧，前方起于咽或腹吸盘水平，后方达到体末端。具有这样形态的吸虫群类非常之多，主要寄生于鱼类消化管，少数寄生于两栖类和爬行类。此类吸虫大多数是海产鱼类的寄生吸虫。

(2)开腔类吸虫的分类及群类特征

开腔类吸虫也是很庞大的一个吸虫群类，被称为异肌类吸虫(allocreadiid trematodes)。有关它们生活史的试验很难进行，因此其生活史的知识非常贫乏，对其天然系统及系统发生的认识都十分不够。

A. Cable(1956)的分类系统

Cable(1956)大胆地把本类吸虫分成 3 类：异肌总科(Allocreadioidea Nicoll，1934)、开腔总科(Opecoeloidea Cable，1956)和鳞肌总科(Lepocreadioidea Cable，1956)。

B. Skrjabin 等(1958，1960，1966)的分类系统

Skrjabing 等同意 Cable(1956)的观点，他们于 1958 年为此类吸虫建立异肌亚目(Allocreadiata Skrjabin，Petrow et Koval，1958)，下隶异肌总科、开腔总科和鳞肌总科。此 3 总科的主要特征如下。

异肌总科(Allocreadioidea Nicoll，1934)含 4 科 6 亚科及另 2 科。成虫主要寄生于淡水和微咸水的鱼类消化管，第一中间宿主是瓣鳃类软体动物。已知的尾蚴是具眼点剑尾型尾蚴(ophtholmo-xiphidiocercaria)，尾部普通无附生物。尾蚴排泄囊含方形或柱形腺细胞，整个囊具有不规则的锯齿状的轮廓和平滑的囊腔。

鳞肌总科(Lepocreadioidea Cable，1956)含 3 科 11 亚科及另 2 科。成虫主要寄生于海产鱼类，少数寄生于淡水鱼类消化道。第一中间宿主为海产或淡水前鳃腹足类软体动物。在其中发育的尾蚴具有两个眼点，无口锥刺，尾部有各种复杂的附生物。有些种类的尾蚴是具尾毛的尾蚴(trichocercous cercaria)，如 Fellodistomatidae 科的尾蚴，寄生和发育于海产瓣鳃类软体动物。尾蚴排泄囊囊壁很薄，具有不明显的小粒的细胞，有时囊壁由隔膜包围着很薄的小粒层组成，囊腔中含有折光性颗粒。

开腔总科(Opecoeloidea Cable，1956)含 1 科 6 亚科。成虫主要寄生于淡水和海水中的鱼类。第一中间宿主有海产或淡水的前鳃腹足类及瓣鳃类的软体动物。尾蚴无眼点，也无口锥刺，尾部上有小棘(stylet)，或含腺体，或具鳍毛。排泄囊囊壁厚，或有次生排泄囊。

C. Yamaguti(1971) 的分类系统

在 Yamaguti 的分类系统中本类吸虫没有总科的阶元，有以下 3 科：异肌科 [Allocreadiidae(Looss，1902)Stossich，1903] 含 6 亚科 15 属，鳞肌科[Lepocreadiidae(Odhner，1905)Nicoll，1935]含 24 亚科 55 属，开腔科[Opecoeliidae(Ozaki，1925)Yamaguti，1971]含 4 亚科 51 属。Yamaguti(1971)有关上述 3 科的亚科和属的名称及它们终末宿主(F 为鱼类，R 为爬行类，A 为两栖类)的情况如下。

Family ALLOCREADIIDAE(Looss，1902)Stossich，1903·····FAR

  Subfamily Allocreadiinae Looss，1902·····FR

    Genus *Allocreadium* Looss，1900·····F

      Subgenus *Allocreadium* Looss，1900·····F

        Allocreadioides Koval，1949·····F

        Neoallocreadium Akhmerov，1960·····F

    Genus *Austrocreadium* Szidat，1956·····F

      Leurosoma Ozaki，1932·····R

      Polylekithum Arnold，1934·····F

        Syn. Procreadium Mehra，1962

      Pseudoallocreadium Yamaguti，1971·····F

  Subfamily Bunoderinae Looss，1902·····FA

    Genus *Allobunodera* Yamaguti，1971·····F

      Bunodera Railliet，1896·····FA

      Bunoderella Schell，1964·····A

      Bunoderina Miller，1936·····F

  Subfamily Crepidostominae(Dollfus，1951)·····FR

    Genus *Crepidostomum* Braun，1900·····FR

      Syn. Acrodactyla Stafford，1904，preoccupied

        Acrolichanus Ward，1917，renamed for Acrodactyla

        Stephanophiala Nicoll，1909

  Subfamily Laureriellinae Yamaguti，1971·····R

    Genus *Laureriella* Skrjabin，1916·····R

  Subfamily Orientocreadiinae Yamaguti，1958·····FR

    Genus *Orientocreadium* Tubangui，1931·····FR

      Syn. Ganada Chatterji，1933

        Ganadotrema Dayal，1949

        Macrotrema Gupta，1951

        Neoganada Dayal，1938

        Nizamia Dayal，1938

在吸虫中尚有主要寄生于海鱼的 Homalometridae(Cable et Hunninen，1942)Yamaguti，1971，含 4 亚科 10 属，其成虫形态和生活史也与鳞肌科(Lepocreadiidae)种类相似。Skrjabin(1960)将 Homalometrinae Cable et Hunninen，1942 列于鳞肌科中。异肌亚目各科许多属的吸虫种类在我国都有发现(陈心陶等，1985)。

2. 异肌总科肠管开腔的科属

异肌总科中许多种类有肠管向外开孔的情况。有的种类两肠管后端联合形成肠弓，肠弓上有一小管向体外开口(肛门)，或开口于排泄囊；有的种类两肠管末端不联合而都向体外开口，形成两个肛门。在异肌科、鳞肌科及开腔科都有如此情况的种类，尤其在鳞肌科和开腔科为多，兹举例如下。

(1)鳞肌科[Lepocreadiidae(Odhner，1905)Nicoll，1935]

Bianium Stunkard，1930(隶 Diploproctodaeinae)：两肠支末端具两肛门。

Allolepidapedon Yamaguti，1940(隶 Allolepidapedinae)：两肠管联合开口于排泄囊。

Bulbocirrus Yamaguti，1965(隶 Allolepidapedinae)：两肠支末端开口于排泄腔(Cloaca)。

Neoallolepidapedon Yamaguti，1965(隶 Allolepidapedinae)：两肠末端开口于排泄孔两旁。

Sphincterostoma Yamaguti，1937(隶 Sphincterostomatinae)：两肠联合开口于排泄腔(Cloaca)的背末端。

Sphincteristomum Oshmarin et al.，1961(隶 Sphincterostomatinae)：两肠管末端两肛门。

(2) 开腔科[Opecoelidae(Ozaki, 1925)Yamaguti, 1971]

Enenterum Linton, 1910(隶 Enenterinae)：两肠支联合开口于一囊腔(cloaca)。

Cadenatella Dollfus, 1946(隶 Enenterinae)：两肠支联合开口于囊腔状肛门。

Geancadenatia Dollfus, 1946(隶 Enenterinae)：两肠支联合开口于囊腔状肛门。

Opecoelus Ozaki, 1925(隶 Opecoelinae)：两肠支联合在体后末端腹面向体外开口。

Anisoporus Ozaki, 1928(隶 Opecoelinae)：两肠支后端联合向外开口于肛门。

Anomalotrema Zhukov, 1957(隶 Opecoelinae)：两肠支联合由肛门向外开口。

Alloanomalotrema Yamaguti, 1971(隶 Opecoelinae)：两肠支联合向外开口于肛门。

Apertile Overstreet, 1969(隶 Opecoelinae)：两肠支后端分别开口于排泄囊末端。

Coitocaecum Nicoll, 1915(隶 Opecoelinae)：两肠支后端联合。

Dactylostomum Woolcock, 1935(隶 Opecoelinae)：两肠支后端联合。

Genitocotyle Park, 1937(隶于 Opecoelinae)：两肠支后端联合无肛门。

Neopecoelina Gupta(隶于 Opecoelinae)：两肠支联合形成腔囊(Cloaca)向外开口。

Nicolla Wisniewski, 1934(隶于 Opecoelinae)：两肠支后端联合，无肛门。

Opecoelina Manter, 1934(隶于 Opecoelinae)：两肠支后端联合，由一肛门向外开口。

Opecoeloides Odhner, 1928(隶 Opecoelinae)：两肠支后端通于体末端泄肠腔(cloaca)。

Opegaster Ozaki, 1928(隶 Opecoelinae)：两肠支后端联合，有肛门向外开口。

Ozakia Wisniewski, 1933(隶 Opecoelinae)：两肠支后端联合，无肛门。

Paropecoelus Pritchard, 1966(隶 Opecoelinae)：两肠支后端联合，肛门开口于体腹侧。

Pellamyzon Montgomery, 1957(隶 Opecoelinae)：两肠支后端分别开口于体后端。

Proenenterum Manter, 1954(隶 Opecoelinae)：两肠支后端联合，无肛门。

Pseudopecoelina Yamaguti, 1942(隶 Opecoelinae)：两肠支联合形成泄肠腔，向外开口。

Pseudopecoeloides Yamaguti, 1940(隶于 Opecoelinae)：两肠支后端通于泄肠腔，向外开口。

Vesicocoelium Tang et al., 1975(隶 Opecoelinae)：成虫两肠支联合由一小管向外开口；尾蚴、后蚴时，该小管与排泄囊相通。

3. 食蛏泄肠吸虫(*Vesicocoelium solenophagum* Tang, Xu et al., 1975)

终末宿主　5 种海涂肉食性鱼类：髭鰕虎(*Triaenopogon barbatus*)、矛尾复鰕虎(*Synechogobius hasta*)、舌鰕虎(*Glorrogobius giusus*)、锯塘鳢(*Prionobutis koilomatodon*)、鲑点石斑鱼(*Epinephelus fario*)。

发现地点　福建九龙江口。

寄生部位　肠管。

虫种特征(开腔图 1 之 1、2)(按唐崇惕和许振祖，1975，1979)　性成熟虫体大小为(1.641～2.895)mm×(0.618～1.312)mm；口吸盘大小为(0.193～0.232)mm×(0.232～0.270)mm；前咽长 0.019～0.029mm，咽大小为(0.135～0.174)mm×(0.154～0.212)mm，食道长 0.097～0.170mm。两支肠管环状，后肠弓在体后端由一小管(直肠)向体外开口。腹吸盘大小为(0.309～0.466)mm×(0.367～0.433)mm。睾丸两个，前后列于肠弓内侧，大小为(0.212～0.339)mm×(0.444～0.670)mm 和(0.242～0.382)mm×(0.425～0.530)mm。阴茎囊在腹吸盘上方，大小为(0.328～0.806)mm×(0.106～0.193)mm，生殖孔在食道的侧方。卵巢大小为(0.110～0.193)mm×(0.233～0.488)mm，在前睾丸上方，离腹吸盘后缘很近。受精囊大小为(0.065～0.070)mm×(0.030～0.035)mm，劳氏管长约 0.050mm，连于受精囊。子宫曲分布于卵巢和生殖孔之间，子宫中虫卵数不多，虫卵大小为(81～89)μm×(42～51)μm，从生殖孔不断排出。卵黄腺丛粒布满体两侧，自咽水平到体后端，肠弓周围特别多。排泄囊长条囊状，顶端达卵巢后方水平，排泄孔在体末端直肠肛门开口的附近。

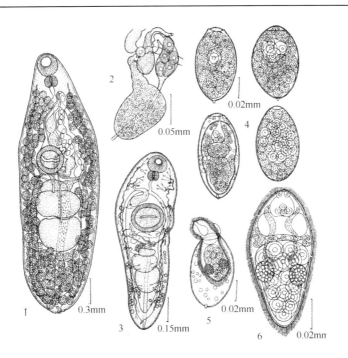

开腔图 1　食蛏泄肠吸虫(按唐崇惕和许振祖，1979)

1. 成虫；2. 卵巢及其附近器官；3. 童虫；4. 虫卵及毛蚴的发育；5. 毛蚴从卵中孵出；6. 毛蚴

4. 食蛏泄肠吸虫幼虫期(唐崇惕和许振祖，1975，1979)

本虫种的全程生活史经野外调查及人工感染试验给以阐明如下。

第一中间宿主　缢蛏(*Sinonovacula constricta* Lamarck)。

发现地点　福建省闽南九龙江口。

虫卵(开腔图 1 之 4)　椭圆形，具卵盖，后端有或无一小突起。虫卵随阳性鱼的粪便排出，散布在江口的滩涂上。排出的卵含单个卵细胞或数个卵裂细胞及其周围的卵黄腺颗粒泡。经实验证实，虫卵在外界发育成熟。在 22～26℃水温中 4～7d 成熟。

(1) 毛蚴(开腔图 1 之 5、6)

虫卵在海水中孵化，毛蚴经缢蛏的入水管进入缢蛏体内鳃瓣附近。毛蚴体大小为(93～160)μm×(25～42)μm。体上部具头腺和神经团，在体后部有由 11～17 个胚细胞组成的母胞蚴雏体和 2 个圆形排泄囊泡，其中颗粒可进入不明显的 2 条排泄管和无纤毛颤动的似焰细胞的结构中。纤毛板 4 列，各列数目：4、6、4、2，共 16 块。

(2) 胞蚴

本虫种的胞蚴共有如下 3 代。

A. 母胞蚴(开腔图 2 之 1)

毛蚴体后部的胚细胞团在缢蛏靠近鳃瓣的内脏团中着生和发育长大成母胞蚴。成熟母胞蚴大小为 4.3mm×0.46mm，胞壁上有许多横皱纹，体内暗褐色颗粒很多，并充满许多胚细胞、胚球和活泼地伸缩着的第二代胞蚴。

B. 第二代胞蚴(开腔图 2 之 2～5)

从母胞蚴体中产出的第二代胞蚴在贝类宿主缢蛏鳃瓣附近的内脏团中发育长大，并扩散到更大范围的内脏团中去。刚离开母胞蚴的第二代胞蚴只有 0.160mm×0.060mm 大，壁厚，体内含有大小胚球，虫体十分活泼。成熟的第二代胞蚴长囊状，大小为(0.885～2.116)mm×(0.145～0.389)mm，壁光滑，体内褐色颗粒较少，亦充满大小胚球和许多第三代胞蚴。在 8～9 月此期胞蚴体内夹杂在第三代胞蚴之间，有少量尾蚴出现。

C. 第三代胞蚴（开腔图 2 之 6～8）

从第二代胞蚴体中产出的第三代胞蚴充满缢蛏整个内脏团，并能进入缢蛏的外套膜和唇瓣组织中。早期第三代胞蚴和第二代胞蚴相似，但胞壁稍薄，不太活泼，体内同样有许多胚球。成熟的第三代胞蚴体大小为(2.94～6.74)mm×(0.12～0.56)mm，其体内有数量很多的尾蚴及其各期的胚球和尾蚴胚体。冬天，此期胞蚴呈萎缩状态，其体内褐色颗粒增多，在有的第三代胞蚴体中的尾蚴个体间夹杂有第四代早期胞蚴，其形状、结构和第三代早期胞蚴一样。

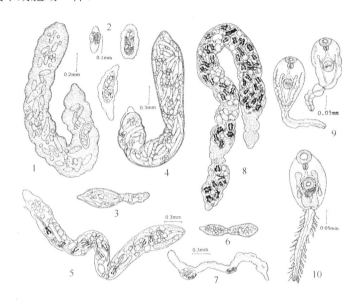

开腔图 2　食蛏泄肠吸虫胞蚴和尾蚴胚体(按唐崇惕和许振祖，1979)

1. 母胞蚴；2. 早期第二代胞蚴；3. 中期第二代胞蚴；4、5. 成熟第二代胞蚴；6. 早期第三代胞蚴；7. 冬季不发育的第三代胞蚴；8. 成熟第三代胞蚴；
9、10. 尾蚴胚体，示排泄管和消化管相连情况

(3)尾蚴(开腔图 2 之 9、10，开腔图 3 之 1～3)

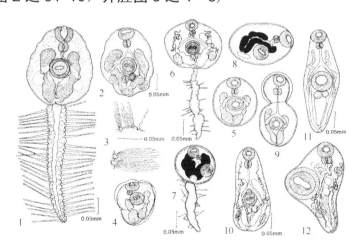

开腔图 3　食蛏泄肠吸虫尾蚴、囊蚴、后期尾蚴和早期童虫(按唐崇惕和许振祖，1979)

1、2. 成熟尾蚴及其体部；3. 未成熟尾蚴尾鳍(上)、成熟尾蚴尾鳍(下)；4、5. 在虾体上的囊；6～8. 尾蚴体部形成囊蚴；9. 后期尾蚴脱囊；10. 后期
尾蚴；11、12. 早期童虫

在食蛏泄肠吸虫第二代和第三代胞蚴体中发育的尾蚴是鳍毛尾型尾蚴(trichofurcocercus cercaria)。尾蚴发育成熟后离开胞蚴体，并从缢蛏宿主逸出到滩涂海水中。在密度 1.00～1.01g/cm³ 的海水环境中能活 2～3d。尾蚴的体部大小为 (0.216～0.250)mm×(0.180～0.234)mm，尾干大小为 (0.233～0.400)mm×(0.042～0.063)mm，尾鳍毛 21～24 对，每支长 0.096～0.138mm。口吸盘大小为 (0.042～0.046)mm ×(0.047～0.060)mm，咽大小为 (0.024～0.030)mm×(0.021～0.024)mm，食道长 0.024～0.034mm。腹吸盘大小为 (0.047～0.057)mm×(0.051～0.057)mm，具内外两层结构。在腹吸盘后方及两排泄囊管后段外侧有生殖腺及卵黄腺原基。肠管两条很短，其末端连接于从透明逐渐变成黑褐色的"V"形排泄囊管中段。在尾蚴胚体发育过程，可以见到它们相通情况及在原排泄囊管基部分出新排泄囊的情况，它们各自都有细管在尾蚴体部末端的背腹侧，向外共同通于尾干中的排泄纵管。

(4) 第二中间宿主及人工感染试验

著者(唐崇惕等，1975)在九龙江口曾用蛏埕附近的各种生物，如剑水蚤、小糠虾、小蟹、薮枝螅、小鱼苗及脊尾白虾[Palaemon(Exopalaemon)carinicauda Holthuis]进行本吸虫的第二中间宿主的感染试验。结果只有在小鱼苗的肠管中及脊尾白虾甲壳底下的器官间隙中形成珠形囊蚴。小鱼苗虽于 1～2h 内即能吞食大量尾蚴，但在其肠中形成的囊蚴和后蚴于感染后 8h 约有 2/3 虫体即被排出；24～36h，肠中只余 10 多条活泼的后蚴，48h 后虫体全排光。在虾体上的囊蚴由于所在部位深浅不同，其存留时间长短亦有不同，我们于感染后 2.5d 的虾体中尚找到有已脱囊的后蚴。用含有囊蚴和后蚴的虾、鱼苗组织人工饲喂采自其他海区的阴性鰕虎鱼，1～3d 从其肠中获得后蚴和早期童虫，其形态和天然感染的童虫一样。

在福建九龙江口咸淡水交汇的滩涂海域中，生存有许多可供作食蛏泄肠吸虫第二中间宿主的小鱼苗和脊尾白虾。

(5) 囊蚴及后期尾蚴(开腔图 3 之 4～10)

人工感染获得的本种吸虫囊蚴呈圆珠形，大小为 (0.107～0.137)mm×(0.119～0.137)mm；囊壁厚 2～3μm，极易脱落。有的囊蚴尚有尾部连着，有的仅尾蚴体部壁增厚，不呈有囊壁包裹的圆珠形。后蚴的形态和大小和尾蚴体部相似。2～2.5d 的后蚴体较透明，新排泄囊伸长呈囊状，收集管亦较明显。在体末端有新排泄囊和原排泄囊管(后演变成童虫和成虫的后肠弓及直肠)的 2 个开口，此时，原排泄囊管由于内中黑暗颗粒排出而较透明。

(6) 童虫(开腔图 3 之 11、12)

从鰕虎鱼天然感染和人工感染获得食蛏泄肠吸虫的早期童虫，可以看出从后蚴到各不同发育程度的童虫，其形态上的变化：①和肠管相连的原排泄囊管后段形成肠弓部分，其后细管形成直肠部分，向外开口变成肛门。原排泄囊管上段逐渐消失。②腹吸盘都是内外两层结构，但迅速地发育壮大。③生殖原基形成两睾丸从腹吸盘后方向肠弓内侧下降，卵巢和阴茎囊出现。④在肠弓外侧的卵黄腺原基逐渐分成多个卵黄丛粒，向体两侧上方扩散。⑤新排泄收集管逐渐明显，在一条童虫体中见到其分支情况呈两 [(4+4+4+4)+(2+2+2+2)] = 48，和在更小童虫中所见不同。

5. 食蛏泄肠吸虫对缢蛏养殖的危害

缢蛏(Sinonovacula constricta Lamarck)是我国闽浙沿海人工养殖的一种重要的经济贝类。由于各种敌害的侵袭，产量大幅度的下降。所有敌害中以食蛏泄肠吸虫(Vesicocoelium solenophagum)的胞蚴和鳍毛尾尾蚴(trichofurcocercus cercaria)等幼虫期寄生繁殖所引起的"黑根病" 的危害最大。被寄生的贝类消瘦、壳口外套膜边缘变成黑褐色，所以当地群众称此病害为"黑根病"。该病害严重时，不仅大幅度减产，有的蛏埕还绝收。本虫种幼虫期对缢蛏的危害和影响有以下几个方面。

(1) 对缢蛏肥满度的影响

被泄肠吸虫幼虫期寄生的缢蛏，其体中糖原和氨基酸等营养物质被寄生虫吸收消耗，虫体数量的多寡直接影响蛏体的肥满度[肥满度系数=体重(g)/体长(cm)]。我们在 1975 年 5~6 月从流行区的 21 个蛏埕取回的二年蛏，随手捡出病蛏 300 粒和无病蛏 40 粒，按照它们不同长度范围分组。全部缢蛏都割断闭壳肌任其自然流去水分后，一个个地称其体重来比较有病蛏和无病蛏的肥满度。结果：病蛏的肥满度显著低于无病蛏，如果除去双壳瓣，病蛏肉体重量大约只有无病蛏的 1/5~1/4，而且病蛏实际上的肉体只是包裹着成堆的胞蚴和尾蚴的一个已变色、干硬的外皮而已，营养价值大大降低。

(2)对一年蛏亲贝生殖腺发育的影响

通常吸虫类幼虫期在其贝类宿主体内生长发育，需要大量地吸收宿主的糖原和氨基酸供作营养，对宿主的消化腺和生殖腺的发育都有很大的影响。食蛏泄肠吸虫不仅使二年缢蛏消瘦死亡，而且它们对一年蛏亲贝生殖腺发育的影响可以在组织切片中看到(许振祖和唐崇惕，1977)。每年在 6~11 月外观无病征的一年病蛏，其生殖腺就已由于本吸虫幼虫期不同发育程度而受到不同程度的损害。缢蛏正常生殖腺发育可分下面 5 个时期：①性腺细胞形成期，时间在 6 月下旬到 8 月中旬；②性腺细胞生长期，时间在 8 月至 9 月上旬；③生殖腺细胞成熟期，时间在 9 月至 10 月上旬；④产卵放精的放散期，时间在 10 月至 11 月上旬；⑤耗尽期，时间在 11 月中旬至 12 月。缢蛏生殖腺生长发育的时期正是食蛏泄肠吸虫感染蛏体及其在蛏体内早期、中期，少数后期的发育阶段。此时在放大镜下检查严重病蛏，其性腺的性别不明；感染度轻的病蛏虽可区分雌雄性别，但生殖细胞很少。观察它们的病理切片，可以见到在贝类生殖腺的滤泡和滤泡之间充满虫体的胞蚴和尾蚴。内脏团结缔组织几乎被虫体消耗殆尽，滤泡壁很薄，生殖活动停止。没有发现生殖母细胞的继续形成，滤泡空腔大，其中仅有少量生殖细胞，这可能是在胞蚴大量繁殖之前形成的。这说明本吸虫幼虫期能严重地破坏缢蛏亲贝性腺发育，大大地降低其放精产卵的能力和数量，直接影响缢蛏苗种的培育。

6. 食蛏泄肠吸虫病的流行学

缢蛏泄肠吸虫病流行于我国东南沿海缢蛏养殖区，尤以浙江省和福建省危害严重。兹以福建龙海九龙江口缢蛏泄肠吸虫病流行情况的情况介绍于下。

(1)福建省龙海九龙江口缢蛏感染泄肠病的情况

在福建省，缢蛏养殖整个周期共历 7~18 个月的生长过程，其中受泄肠吸虫病危害的情况因季节不同而有差异。著者曾连续 17 个月检查龙海的蛏埕本吸虫病的流行情况。一年蛏在 7~8 月开始出现轻微病害，其感染率和感染度都很低，蛏体的肥满度无明显变化。随后感染率和感染度逐渐增加。本吸虫幼虫期在贝类宿主体内发育期甚长，到 11~12 月，绝大多数蛏体中的虫体仍处于早期、中期发育阶段。冬季(12 月至翌年 2 月)气候寒冷(闽南海区水温平均 13~15℃)，蛏体中的胞蚴处于发育停滞的萎缩状态，此段时间内缢蛏病害仍不显著。3 月后气温逐渐回升，虫体迅速发育，胞蚴数量剧增，4~6 月二年病蛏的感染率和感染度达最高峰，蛏体从灰白色逐渐变成淡黄色、土褐色乃至灰黑色，从壳口外套膜边缘可以见到这颜色的变化，因此群众称之为"黑根病"，此时病蛏明显地消瘦下来。这一时期恰好是福建阴雨连绵的季节，大量淡水从江口冲入海涂养殖区，改变了该处海水密度和浮游生物数量，病情严重的蛏不能适应这种不良条件而大批死亡，死亡率达 30%~50%。在 5~6 月所检查 1633 粒活的缢蛏取自 21 个蛏埕，所有蛏埕都有食蛏泄肠吸虫病存在(**开腔表 1**)。其中感染率在 21% 以上者有 13 埕，占检查埕数的 61.5%。一般在中潮区以下的沙质底多的蛏埕其感染率较低，在中潮区以上土质底的蛏埕其感染情况都较严重。

开腔表 1　福建九龙江口北港部分蛏埕二年蛏感染食蛏泄肠吸虫病情况

感染率 (平均)	5.1%~8.5% (6.8%)	10.9%~17.4% (14.2%)	21.3%~29% (23%)	33.3%~36.5% (34.8%)	46.1%~54% (49.2%)	共计(23.6%)
蛏埕数(占检查蛏埕总数的百分比)	2 埕(9.5%)	6 埕(29%)	8 埕(38%)	3 埕(14%)	2 埕(9.5%)	21 埕(100%)
检查蛏数(病蛏数)	86 粒(6 粒)	530 粒(75 粒)	691 粒(159 粒)	200 粒(69 粒)	126 粒(62 粒)	1633 粒(370 粒)

(2)福建龙海九龙江口北港鱼类终宿主感染食蛏泄肠吸虫的季节变化情况

在九龙江口滩涂上的髭鰕虎、矛尾复鰕虎、舌鰕虎、锯塘鳢和鲑点石斑鱼 5 种鱼类经人工感染证实是食蛏泄肠吸虫的终末宿主(唐崇惕等，1975)。其中除鲑点石斑鱼只在 12 月检查 2 尾，除其中 1 尾含有 3 条本种吸虫外，其他 4 种鱼在不同季节在蛏埕上出现的数量及其体内含此吸虫数量和虫体发育程度均有不同(开腔表 2)。从鱼体中童虫出现及数量变化的时间与缢蛏体内泄肠吸虫幼虫期发育尤其尾蚴成熟时期及其数量增加情况相吻合。本吸虫虫卵随鱼粪排在滩涂上需经数天发育才孵出毛蚴。估计毛蚴从缢蛏的入水管进入其体中，在蛏体中生长、繁殖和发育。蛏埕在高潮区土质底的可能会使虫卵黏附，所以在这样地带"黑根病"比低潮区沙质底的埕地更严重。

食蛏泄肠吸虫的幼虫期主要严重影响二年蛏的生命和损害一年蛏亲贝的生殖腺细胞的形成和发育。根据泄肠吸虫幼虫期发育周期很长及虫卵要在外界发育的特点，种蛏时一年蛏可选在高潮区，二年蛏选在低潮区。选择中潮区以下沙质底埕地养殖二年蛏减少受害程度，避免和减少此吸虫幼虫期病害而致的损失。根据病原发育季节动态，尽量在病症暴发之前收获，以减少损失。

开腔表 2　福建九龙江北港髭鰕虎等鱼类感染食蛏泄肠吸虫季节变化的情况

检查月份	项目	髭鰕虎	矛尾复鰕虎	舌鰕虎	锯塘鳢
1～3	滩涂上鱼数量	较少	很少	很少	很少
	感染率(平均虫数)	56%(4 条)	25%(2 条)	20%(3 条)	50%(3 条)
	虫数量的比较	童虫=成虫	童虫=成虫	童虫=成虫	童虫=成虫
4～6	滩涂上鱼数量	很多	稍多	稍多	很多
	感染率(平均虫数)	91.3%(9 条)	67%(～3 条)	60%(2～3 条)	84%(5 条)
	虫数量的比较	童虫>成虫	童虫>成虫	童虫>成虫	童虫>成虫
7～9	滩涂上鱼数量	稍多	很少	很少	稍多
	感染率(平均虫数)	31%～75%(4～6 条)	0	66%(1 条)	53%(2 条)
	虫数量的比较	童虫<成虫		童虫=成虫	童虫<成虫
10～12	滩涂上鱼数量	较少	很少	很少	很少
	感染率(平均虫数)	6.7%(7 条)	0	55%(3 条)	66%(4 条)
	虫数量的比较	童虫=成虫	—	童虫>成虫	童虫<成虫

*滩涂上鱼数量，以一人每次在滩涂上徒手捉鱼 2h，鱼数在 50 条左右为"很多"，20～30 条为"稍多"，10～15 条为"较少"，10 条以下为"很少"

参 考 文 献

陈心陶，唐仲璋，等. 1985. 中国动物志 扁形动物门 吸虫纲复殖目(一)北京：科学出版社：663-676

唐崇惕，许振祖. 1979. 福建九龙江口缢蛏泄肠吸虫病的研究. 动物学报，25(4)：336-346

唐崇惕，许振祖，等. 1975. 福建九龙江口北港缢蛏寄生虫病害的初步研究. 厦门大学学报(自然科学版)，(2)：162-177

王耕南. 1963. 异肉科吸虫的一新属(拟十睾吸虫属)及其二个新种的研究. 动物学报，15(1)：55-64

许振祖，唐崇惕. 1977. 全人工育苗研究，缢蛏生殖腺的初步研究. 厦门大学学报(自然科学版)，(3)：83-92

Polombi A. 1934. *Bacciger bacciger* (Rud.) Trematode digenetico：Fam. Steringophoridae Odhner Anatomia, sistematica etbiologia. Publ Stat Zool Napoli, 13(3)：438-478

Skrjabin K I. 1958, 1960, 1966. Trematodes of Animals and Man. Moscow：Publishing House of Academy of Russian, 15：72～818；18：12～377；22：177-309

Yamaguti S. 1971. Synopsis of Digenetic Trematodes of Vertebrates. Tokyo：Keigaku Publishing Co

(十九)发状科 [Gorgoderidae(Looss，1899)Looss，1901]

1. 概况

发状科吸虫是鱼类、两栖类和爬行类的寄生虫，寄生于消化道。

本科吸虫按 Yamaguti(1971)的记述有连盘亚科(Anaporrhutinae Looss，1901)(FAR)、发状亚科

（Gorgoderinae Looss，1899）（FA）、叶体亚科[Phyllodistominae（Nybelin，1926）Yamaguti，1958]（FA）、近布亚科（Plesiochorinae Pigulevskii，1952）（R）、唇突亚科（Probolitrematinae Yamaguti，1958）（F）、光孔亚科[Xystretrinae（Yamaguti，1958）Yamaguti，1971]（F）共 6 亚科 13 属。

　　在我国福建、江西、湖北、江苏、浙江、贵州、上海及东北等地均有本类吸虫的发现（Wu，1938；郎所和怀明德，1958；金大雄，1963；湖北省水生生物研究所等，1973；唐仲璋，1985；陈心陶等，1985；唐崇惕，1992）。在我国发现的本科吸虫有发状属（Gorgodera Looss，1899）、拟发状属（Gorgoderinae Looss，1902）、叶体属（叶形属）（Phyllodistomum Braun，1899）、类黄属（Vitellarinus Zmejev，1936）和光孔属（Xystretrum Linton，1910）等属。兹以在福建发现的闽江叶形吸虫（Phyllodistomum mingensis Tang，1985）的成虫形态结构和它的生活史发育（唐仲璋，1985）为例介绍于下。

2. 叶形属（*Phyllodistomum* Braun，1899）的研究历史

　　叶形属（Phyllodistomum）确是 Braun 于 1899 年建立的，他从杂乱的"具两吸盘"的双口属（Distomum）中分出了这一新属，以 Phyllodistomum folium（Olfers，1816）Braun，1899 为该属的模式种。嗣后在 20 世纪初期，有数个新属名提出，如 Spathidium Looss，1899、Catoptroides Odhner，1902、Microlecithus Ozaki，1926 及 Vitellarinus Zmeev，1936 等，均被后来学者所否定，而认为是叶形属的同物异名。

　　本属吸虫种类颇多，为淡水鱼的敌害，也能寄生在海鱼及两栖动物上。Ben Dawes（1946）在他的《吸虫学》书中列有 36 种，而山口佐仲（Yamaguti，1971）在《脊椎动物的复殖吸虫概要》中却增至 86 种。由于本类吸虫研究报告增多，Pigulevsky（1952）综合已知文献修订本属种类，将已知虫种分隶于 4 个亚属。在欧洲、美洲、亚洲等各洲许多研究者增加许多种类。在我国，报告新虫种的有 Wu（1937，1938）、郎所和怀明德（1958）、金大雄（1963）及唐仲璋（1985）等。

　　本属吸虫生活史的探讨，较早期的有 Kurokawa（1934），他用两栖动物及鱼类感染 Phyllodistomum bolium 而获得成功。较完整的研究有 Goodchild（1940，1943）对于 Phyllodistomum solidum Rankin，1937、Thomas（1958）对于 Phyllodistomum simile Nybelin，1926、Shell（1967）对 Phyllodistomum staffordi Pearse，1924、Rai（1964）对于 Phyllodistomum srivastavai Rai，1964 及唐仲璋（1985）对于闽江叶形吸虫（Phyllodistomum mingensis Tang，1985）等生活史都进行了探讨。

　　叶形吸虫尾蚴有独特的大尾囊尾型尾蚴（macrocercous-cystocercous cercaria），在尾的基部具膨大部、囊状空隙，或两瓣翼状构造包裹成的洞穴，便于尾蚴体部存匿其中。这样的尾部不但对尾蚴在漂浮水中的自由生活起保护作用，也能吸引它们第二中间宿主（一般是甲壳类等浮游生物或昆虫）的注意。本属吸虫各虫种的尾蚴，虽形态上大略相似，但构造上彼此互异。研究者如 Steelman（1938，1939）、Goodchild（1939）、Baker（1943）和 Coil（1954）均曾提及各个经叙述的此类尾蚴。Thomas（1958）还将 26 种列为简表。

　　经过去研究者的探讨，已经证明叶形属吸虫的第一中间宿主（贝类宿主）为软体动物的斧足纲（Pelecypoda），第二中间宿主一般为甲壳类，亦有水生的昆虫幼虫，充为传播媒介。虽是如此，本类吸虫尾蚴能在子胞蚴体内成囊，而鱼类或蛙类终末宿主常可以直接从吞食贝类获得感染，所以各类的叶形吸虫存在有很大的差异性和特异性需要探讨。在东亚的中国和日本，有人从事研究本属吸虫生活史问题。在日本，Koga（1922）最先记录从淡水河虾[Palaemon（= Macrobrachium）nipponensis] 体内找到叶形属吸虫后蚴。Yogota（1922）、Hirata（1928）和 Asada（1928）也同样记载这样的发现。山口左仲（Yamaguti，1934）从河虾体内取出的后蚴喂饲两种鱼，鲶鱼（Parasilurus asotus）和土布鱼[Odontobutes obscurus（Temm. et Schl.）]而得到试验出来的成虫，并命名为 Phyllodistomum macrobrachicola Yamaguti，1934。在我国，这方面的工作有杜顺德（Du，1930）、Andrews（1935）、吴光（Wu，1937，1938）、Komiya 和 Tajimi（1943）均曾从河虾体内得到过叶形吸虫的后蚴。吴光还从河虾体内得到提早发育的虫体，并定名为 Phyllodistomum lesteri Wu，1936。Yamaguti 部分地阐明 Phyllodistomum macrobrachicola 的生活史，由于未发现其贝类宿主，所以缺少了幼虫期无性繁殖阶段的发育，对此两种叶形吸虫生活史全程繁殖和发育均尚未明了。其他各国也有一些虫种生活史只部分被阐明，如 Phyllodistomum caudatum Steelman，1938、P. dogieli Pigulewsky，1957 及 P.

lohrengi(Loewen,1935)Bhalerao,1937 等。在我国福建闽江流域寄生于花鲈 [*Lateolabrax japonicus*(C. et V.)] 的闽江叶形吸虫(*Phyllodistomum mingensis* Tang,1985)的全程生活史经阐明,证明河蚬(*Corbicula fluminea*) 是其第一中间宿主,有两种河虾,*Macrobrachium nipponensis* de Haan 及 *M. aspergillus* von Marten 是它的 第二中间宿主(唐仲璋,1985)。

3. 闽江叶形吸虫(*Phyllodistomum mingensis* Tang,1985)

终末宿主　花鲈[*Lateolabrax japonicus*(C. et V.)]。鲈鱼是河口地带普通的食用鱼,成鱼生活在海水或 淡咸水内,亦能溯江而上。幼鱼在下游地带颇为常见。

寄生部位　膀胱和输尿管。

发现地点　福建省闽江流域。

虫种特征(发状图 1 之 1～3,发状图 2 之 17)(按唐仲璋,1985)　虫体大小为(1.21～1.40)mm×(0.43～ 0.60)mm,体前方细窄而后方呈具皱褶的圆盘状。口吸盘大小为(0.15～0.17)mm×(0.12～0.17)mm。腹吸 盘大小为(0.146～0.184)mm×(0.133～0.189)mm,位于体前后两部交接处。无咽。食道长 0.05～0.09mm。 两肠管盲端近体后端。卵巢 3 瓣,大小为(0.064～0.116)mm×(0.073～0.120)mm,常与后睾丸在同一边。 输卵管从卵巢侧缘出发,在衔接处有卵门(ovicapt),管在卵巢背方向体中央横走,在离卵巢不远处膨大为 受精室(fertilization chamber),内含活动精子甚多。睾丸两个,大小为(0.081～0.193)mm×(0.124～ 0.193)mm,各有 6～8 个深分瓣。卵黄腺两团,在卵巢前方。卵模周围有梅氏腺环绕,位于卵巢和两睾丸 之间。生殖孔在肠分叉之后。阴茎囊大小为(0.090～0.111)mm×(0.051～0.069)mm,梨形。阴茎长 0.086～ 0.258mm,常伸出生殖孔外。子宫末端在阴茎囊旁。在子宫初段中的早期虫卵大小为(40～70)μm×(25～ 45)μm,在子宫末段中含毛蚴的卵大小为 160μm×80μm。

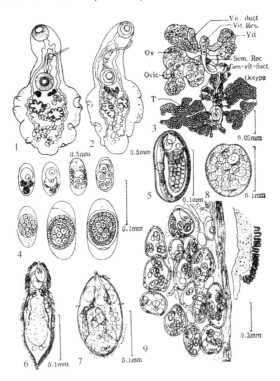

发状图 1　闽江叶形吸虫成虫及幼虫期(一)(按唐仲璋,1985)

1、2.成虫;3.卵巢、卵黄腺及卵模;4.子宫内卵子发育,示卵裂及早期胚体形成;5.含成熟毛蚴的卵;6.游走时的毛蚴;7.休止时的毛蚴;8.早期 母胞蚴;9.位于贝类宿主呼吸腔壁上含有子胞蚴的母胞蚴体(切片标本)

闽江叶形吸虫和日本的 *P. macrobrachicola* 及我国的 *P. lesteri* 有相似的形态和相同的第二中间宿主。但它们之间仍存在悬殊的差异，如 *P. lesteri* 虫体较大，大小为(3.5～5.9) mm×(1.0～2.9) mm，而虫卵较小，大小为(29～62) μm×(25～33) μm，卵巢睾丸不分瓣，具劳氏管。*P. macrobrachicola* 亦具劳氏管，后蚴体表有很多乳突，焰细胞公式为 2[(3+3+3)+(3+3+3)]=36。而闽江叶形吸虫成虫较小，早期虫卵即已(40～77) μm×(25～45) μm 大，不具劳氏管，睾丸、卵巢均分瓣；后蚴体表光滑不具乳突，焰细胞公式为 2[(3+3)+(3+3+3)]=30。

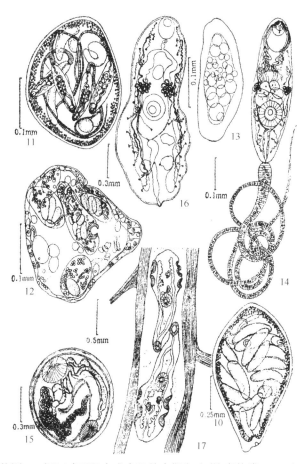

发状图 2　闽江叶形吸虫成虫及幼虫期(二)(按唐仲璋，1985)

10. 子胞蚴；11. 含成熟尾蚴的子胞蚴；12. 子胞蚴的切片；13. 早期子胞蚴；14. 尾蚴；15. 囊蚴；16. 后蚴体中焰细胞系统；17. 在花鲈输尿管内的童虫

4. 闽江叶形吸虫幼虫期发育

(1) 卵和毛蚴(发状图 1 之 4～7)

卵成熟后与水接触而涨大破裂，毛蚴孵出。毛蚴体大小为(0.19～0.23) mm ×(0.07～0.12) mm，体表纤毛板 3 列，数目为 6、5、2。在毛蚴体前部有一袋状头腺，内含胞核 4 个，其前端通于毛蚴体前不具纤毛的吻部。在头腺两侧具无管道的单细胞穿刺腺各一，两细胞大小常不一样，内含颗粒状细胞质和泡状的胞核。焰细胞一对，收集管两条，各在头腺底部附近扭结成团，其后端开口于第二列和第三列纤毛板之间。在毛蚴体后部中央有一囊状的母胞蚴。母胞蚴体表有一层很薄的外胚层细胞构成的体壁，其内有胚细胞和两对焰细胞。

(2) 母胞蚴和子胞蚴(发状图 1 之 8、9，发状图 2 之 10～13)

毛蚴与河蚬接触时会被河蚬吸入鳃腔，从毛蚴体脱出的母胞蚴在鳃叶间成长并繁衍子胞蚴。母胞蚴解体后子胞蚴仍聚在一起。中期子胞蚴大小为(0.30～0.45) mm×(0.10～0.25) mm，其体内含 7～8 个尾蚴及胚球。成熟子胞蚴梨形或椭圆形,大小为(1.6~1.8)mm×(0.7~1.00)mm,内含尾蚴及胚球11~16个。

(3)尾蚴(发状图 2 之 14)

叶形属吸虫的尾蚴常系大尾囊尾型,闽江叶形吸虫的尾蚴却不如此,具有很长的条状长尾,体部大小为 0.45mm×0.14mm,尾部比体部长 3~4 倍。口吸盘大小为 0.11mm×0.08mm,其背壁上具 0.03mm 长的口锥刺。腹吸盘大小为 0.08mm×0.09mm,位于体后 1/3 处。单细胞的穿刺腺 3 对,前后重叠地排列于腹吸盘前方;腺管 2 束曲折向前,开口在锥刺囊附近。排泄囊窄圆筒形,略作"S"状弯曲。囊大小为 0.1mm×0.02mm;囊壁厚,由不规则的细胞构成。焰细胞公式为 2[(3)+(3+3)]=18。尾蚴不能在水中游泳或漂浮,只能在河底爬行而为河虾所吞食。

(4)囊蚴和后蚴(发状图 2 之 15、16)

尾蚴被河虾吞食后穿出消化道而侵入体腔,在生殖腺附近成囊,并继续长大。后蚴体可达 2mm×0.6mm 大,口吸盘直径达 0.2mm,腹吸盘大小为 0.28mm×0.2mm。卵巢和睾丸原基直径达 0.1mm,阴茎囊很早出现,直径达 0.15mm,内有贮精囊、射精管和前列腺。后蚴的焰细胞公式为 2[(3+3)+(3+3+3)]=30。

5. 叶形属吸虫幼虫期特点

1)毛蚴纤毛板 许多其他类吸虫的毛蚴纤毛板都是 4 列,叶形属吸虫毛蚴的纤毛板只有 3 列,除闽江叶形吸虫之外,其他一些种类亦如此,如 *Phyllodistomum solidum* 6、6、4,*Phyllodistomum staffordi* 6、6、6,*Phyllodistomum serrispatula* 6、6、4,*Gorgodera vivata* 6、6、3,*Gorgodera amplicava* 6、6、3。

2)毛蚴穿刺腺 许多其他类吸虫毛蚴的具导管两穿刺腺细胞多是相似或等大,叶形属吸虫的闽江叶形吸虫与 *P. solidum* 及 *P. serrispatula* 的毛蚴的两穿刺腺细胞不等大,且无导管。这可能表示这一种腺体正在形成和演化。

3)排泄系统 吸虫的尾蚴及后蚴其两排泄管从排泄囊分出,常斜行向体侧,分为前后两支,分支位置有无越过腹吸盘亦被作为种的区分特点。闽江叶形吸虫无论毛蚴、尾蚴或后蚴均有排泄管扭结成团的情况。这说明它们排泄管的增长均超越过虫体体长的增长。

排泄系统在动物体中被认为较具有保守性,不因环境而改变。常常不同种类具有不同焰细胞公式。例如,*P. simile* 和 *P. staffordi* 的后蚴焰细胞公式均是 2[(4+4)+(4+4+4+4)]=48,这与闽江叶形吸虫的 2[3+(3+3)]=18 不相同。

叶形属吸虫尾蚴常系大尾囊尾型,其尾部常常全部或部分地包裹着前方的体部,起着保护的作用。同时又能在水中漂浮,以吸引甲壳类等浮游动物的注意来吞食它。这样的尾部适应于漂浮的生活方式,除叶形属吸虫外,其他鱼类寄生的航尾吸虫、半尾吸虫等的尾蚴也有这样特殊构造的尾,其作用亦相似。生物学家称这样的适应为后生变态(coenogensis)。闽江叶形吸虫是条状尾型尾蚴(filamentocercous cercaria),从其尾部构造、穿刺腺细胞只有 3 对、排泄囊周围没有成囊细胞及毛蚴的穿刺腺细胞无导管等特点,可能说明本虫种应是较原始的叶形吸虫。发状科其他种类尾蚴的穿刺腺细胞经记载的数目均较多,2~4 倍于闽江叶形吸虫。

6. 囊尾尾蚴(*Cercaria cysticauda* Tang,1992)

中间宿主 日本球蚬(*Sphaerium japonicum* Westerlund)。
发现地点 福建福州闽江三角洲南台岛中淡水池塘。
寄生部位 球蚬的消化腺和生殖腺中。
虫种特征(发状图 3)(按唐崇惕,1992)本种发状科(Gorgoderidae) 尾蚴的结构显示它是一简单型的囊尾型尾蚴(cystocercus cercaria)。尾蚴体部可缩进到尾基部的一空腔中,此腔室是一个空的空间,通过其顶部一漏斗状的凹陷向外开通。尾蚴体部由其后端弯曲缩进到此上皮层包裹的部位中去。尾蚴体部也能从此腔室中伸出,尾部就成为一个游泳器官。

　　尾蚴缩进到尾基部后连同尾全部的长度
1.02mm，尾基部宽 0.15mm。伸长的幼虫体长
0.3mm，宽 0.12mm。尾蚴体部略呈长卵圆形，口吸
盘和腹吸盘两者均大而圆形。在口吸盘的背侧上方
插有一条小矛形的口棘(stylet)，和其他发状科吸虫
的特征一样，本吸虫尾蚴也没有咽(pharynx)的结
构，但有一条长食道，由它末端分叉出的两短肠支
横卧状地位于腹吸盘前方。两团各 5 个单细胞具管
道的穿刺腺(unicellular penetration glands)紧靠在腹
吸盘前两侧方，它们的管道也各捆绑在一起成两束
向前延伸，末端达到口棘囊的两旁。虫体皮层下肌
肉细胞斜向地略向后、向体中央排列，在尾蚴的尾
部，在透明的皮层下方有许多具细胞核的圆形细
胞，它们可能是肌肉细胞的核，但核外的纤维丝不
能见到，尾蚴的排泄囊位于体后端中央，长管状左
右弯曲地伸向体末端。本种吸虫尾蚴的发育尚未追
踪。

　　闽江叶形吸虫(*Phyllodistomum mingensis*)尾
蚴的尾基部无供体部存身的腔室，它的尾部呈长
丝状，所以尾蚴不能在水中漂浮，只能在河床上
爬行，它以长丝尾部的摆动引诱河虾的吞食，通
过河虾的携带，它们才能到达终末宿主鱼体内。
而囊尾尾蚴(cercaria cysticauda)与其相比较显示
了它的原始基本的特性。此种尾蚴的终末宿主可
能是鱼、蛙或蟾蜍。

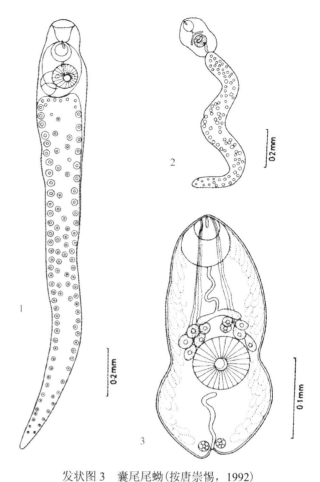

发状图 3　囊尾尾蚴(按唐崇惕，1992)
1. 囊尾尾蚴完全成熟个体；2. 未成熟的囊尾尾蚴其体部未缩入尾基部；3. 囊
尾尾蚴体部

参 考 文 献

陈心陶，等. 1985. 中国动物志 扁形动物门 吸虫纲 复殖目(一). 北京：科学出版社

湖北省水生生物研究所，等. 1973. 湖北省鱼病病原区系图志. 北京：科学出版社：1-456

金大雄. 1963. 贵阳蛇颈科(Gorgoderidae)吸虫三新种. 动物学报，15(3)：397-402

郎所，怀明德. 1958. 太湖鱼类的寄生蠕虫：复殖吸虫，1. 发状科叶形属及四新种的描述. 动物学报，10(4)：345-368

唐仲璋. 1985. 闽江叶形吸虫新种的生活史研究. 动物学报，31(3)：246-253

Andrews M N. 1935. *Phyllodistomum* in shrimps. Chin Med J，47：813-815

Baker J R. 1943. Cercaria steelmani, a new macrocercous form. Trans Am Micro Soc，62：280-285

Beilfuss E R. 1954. The life histories of *Phyllodestomum lohrensi* Loewen，1935 and *P. caudatum* Steel. J Parasitol，40(Suppl)：44

Byrd E E，Vernard C E，Reiber R T. 1940. The excretory system in Trematoda. I. Studies on the excretory system in the trematode subfamily Gorgoderinae
　　Looss，1899. J Parasitol，26：407-420

Coil W H. 1954. Contributions to the life cycles of Gorgoderid trematodes. Am Midl Nat，52：481-500

Coil W H. 1954. Two rhopalocercariae (Gorgoderinae) parasitic in Lake Erie mussels.　Proc Helm Soc Wash，21：17-29

Du S D (杜顺德). 1930. Preliminary report on a fluke found in shrimps in Chengtu and its environs. Chin Med J，44：679-683

Fischthal J H. 1942. Three new species of *Phyllodistomum* (Trematoda：Grogoderidae) from Michigan fishes. J Parasitol，28：269-276

Fischthal J H. 1951. Rhopalocercariae in the tremarode Gorgoderinae. Am Midl Nat，46：395-443

Fischthal J H. 1953. *Cercaria tiogae*，a new rhopalocercous cercaria from the clam，*Alasmidonta variocosa* (Lamarck). J Parasitol，34(4，Sect 2)：31

Goodchild C G. 1940. The life history of *Phyllodistomum solidum* Rankin，1937 (Trematoda Gorgoderidae). J Parasitol，26(suppl 6)：36

Goodchild C G. 1948. Additional observations on the bionomics and life history of *Gorgodera amplicava* Looss，1899 (Trematoda：Gorgoderidae). J Parasitol，
　　34：407-427

Holl F J. 1929. The Phyllodistomes of North America. Trans Am Micr Soc，48（1）：449-453

Koga I. 1922. On differentiation of metacercariae in the second intermediate hosts Tokio Iji Shinshi，2286：1370-1374

Nagaty H F. 1956. Trematodes of fishes from the Red Sea. Part 6. On five distomes including one new genus and four new species. J Parasitol，42（2）：151-155

Rai S L.1964. Observations on the life history of *Phyllodistomum srivastavai* sp. nov.（Trematoda：Gorgoderidae）. Parasitol，54：43-51

Shell S C. 1967. The life history of *Phyllodistomum staffordi* Pearse，1924（Trematoda Gorgoderidae Looss，1901）. J Parasitol，53（3）：569-576

Skrjabin K I. 1952. Trematodes of Animals and Man. Vol. 6. Moscow：Publishing House of Academy of Sciences of USSR

Steelman GM. 1938. A description of *Cercaria raiacauda* n. sp. Am Midl Nat，20：613-618

Tang C T（唐崇惕）. 1992. Some larval trematodes from marine bivalves of Hong Kong and freshwater bivalves of coastal China. Proc Fourth Interna Marine Bio Workshop，11：29 April 1989 Hong Kong. Hong Kong：Hong Kong University Press

Thomas J D. 1958. Studies on the structure，life history and ecology of the trematode *Phyllodistomum simile* Nybelin，1926（Gorgoderidae：Gorgoderinae）from the urinary bladder of brown trout，*Salmo trutta* L. Proc Zool Soc Lond，130（3）：397-435

Thomas J D. 1958. Three new digenetic trematodes，*Emoloptalea roteropara* n. sp.（Cephalogonimidae：Cephalogoniminae），*Phyllodistomum symmetrorchis* n.sp. and *Phyllodistomum ghanense* n.sp.（Gorgoderidae：Gorgoderinae）from West African fresh water fishes. Proc Helm Soc Wash，25：1-8

Ubelaker J E，Olsen O W. 1972. Life cycle of *Phyllodistomum bufonis*（Digenea：Gorgoderidae）from the boreal toad，*Bufo boreas*. Proc Helm Soc Wash，39：94-100

Waffle Elizabeth L，Ulmer M J. 1965. Studies on the life histories of *Phyllodistomum staffordi* and *P. lacustri*（Trematoda：Gorgoderidae）. J Parasitol，51（Suppl）：59

Wanson W W，Larson O R. 1972. Studies on helminths of North Dakota. V. Life hisiory of *Phyllodistomum necomis* Fischthal 1942（Trematoda：Gorgoderidae）. J Parasitol，58（6）：1106-1109

Wu K（吴光）. 1937. Phyllodistomes from Shanghai area（Trematoda：Gorgoderidae）. Lingnan Sci J，16：209-213

Wu K（吴光）. 1938. Progenesis of *Phyllodistomum lesteri* sp. nov.（Trematoda：Gorgoderidae）in fresh water shrimps. Parasitol，30（1）：4-19

Yamaguti S. 1958. Systerna helminthum. New York：Interscience Publishers Inc

Yamaguti S. 1971. Synopsis of digenetic trematodes of vertebrates. Tokyo：Keigaku Publishing Co

Yamaguti S. 1975. A synoptical review of life histories of digenetic trematodes of vertebrates. Tokyo：Keigaku Publishing Co

（二十）单睾科（Monorchiidae Odhner，1911）

1. 单睾科的分类

单睾科是一类寄生于海产或淡水鱼类消化道的寄生虫。成虫只有一个睾丸。幼虫期主要经历雷蚴，发育无尾的尾蚴，第一、第二中间宿主均为贝类。本科吸虫按 Yamaguti（1971）的分类系统含 12 亚科 35 属如下。

Family Monorchiidae Odhner，1911

Subfamily Anamonorchiinae Yamaguti，1970

Genus *Anamonorchis* Yamaguti，1970

Subfamily AncylocoeIiinae Skrjabin et Koval，1957

Genus *Ancylocoelium* Nicoll，1912

Subfamily Asymphylodorinae Szidat，1943

Genus *Asymphylodora* Looss，1899

Syn. Parasymphylodora Szidat，1943

Subgenus *Asymphylodora* Looss，1899

Asymphylodoroides Yamaguti，1971

Genus *Palacorchis* Szidat，1943

Triganodistomum Simer，1929

Syn. Alloplagiorchis Simer，1929

Subfamily Hurleytrematinae Yamaguti，1958

Genus *Hurleytrema* Srivastava，1939

Subfamily Lasiotocinae Yamaguti，1958

Genus *Ametrodaptes*（Bravo-Hollis，1956）Yamaguti，1971

      Bupharynx Yamaguti，1971

      Cestrahelmins Fischthal，1957

      Chrisomon Manter et Pritchard，1961

      Diplohurleytrema Nahhas et Cable，1964

      Diplolasiotocus Yamaguti，1952

      Diplomonorcheides Thomas，1959

      Genolopa Linton，1910

      Hysterorchis Durio et Manter，1968

      Monorchicestrahelmins Yamaguti，1971

      Lasiotocus Looss，1907

      Parahurleytrema (Nahhas et Powell，1965) Yamaguti，1971

      Paramonorcheides Yamaguti，1938

      Paraproctotrema Yamaguti，1934

      Paratimonia Prevot et Bartoli，1967

      Postmonorchis Hopkins，1941

      Proctotrema Odhner，1911

      Proctotrematoides Yamaguti，1938

      Pseudohurleytrema Yamaguti，1954

      Timonia Bartoli et Prevot，1966

Subfamily Monorchiinae (Odhner，1911) Nicoll，1915

  Genus *Allolasiotocus* Yamaguti，1959

      Monorcheides Odhner，1905

      Monorchis (Monticelli，1893) Looss，1902

    Subfamily Opisthomonorchiinae Yamaguti，1952

    Genus *Opisthomonorchis* Yamaguti，1952

Subfamily Opisthomonorcheidinae Yamaguti，1971

  Genus *Opisthomonorcheides* Parukhin，1966

Subfamily Postmonorcheidinae Yamaguti，1958

  Genus *Hurleytrematoides* Yamaguti，1954

    Postmonorcheides Szidat，1950

Subfamily Pseudopalaeorchiinae Yamaguti，1971

  Genus *Pseudopalaeorchis* Kamegai，1970

Subfamily Pseudoproctotrematinae Yamaguti，1958

  Genus *Pseudoproctotrema* Yamaguti，1942

Subfamily Telolecithinae Yamaguti，1958

  Genus *Diplomonorchis* Hopkins，1941

    Telolecithus Lloyd et Guberlet，1932

2. 侧殖亚科 (**Asymphylodorinae Szidat，1943**) 侧殖属 (*Asymphydora* Looss，1899) 研究历史

(1) 侧殖类吸虫分类的研究历史

吸虫纲中隶于单睾科 (Monorchidae Odhner，1911) 的侧殖属 (*Asymphylodora*) 系 Looss 于 1899 年所创立，所包含的模式种为 *Distomum perlatum* von Nordmann，1832，寄生于鲤科小鱼 *Cyprinus tinca* 的肠内。

依据 Rudolphi（1809）的记述，本虫即系在更早的年间 Modeer（1790）所描述的 *Fasciola tincae*。我们知道这一吸虫在 200 多年前已为早期的科学者所认识与记载了。Lühe（1909）正确的把种属名合并起来称为 *Asymphylodora tincae*（Modeer，1790）（**侧殖图 1**、**侧殖图 2**），这是目前蠕虫学者一般沿用的名称。Lühe 对于本属作较详细的校定之后承认下列 4 种：*A. tincae*（Modeer，1790）、*A. ferruginosa*（Linstow，1877）、*A. imitans*（Mühling，1898）和 *A.expinosa*（Hausmann，1897）。

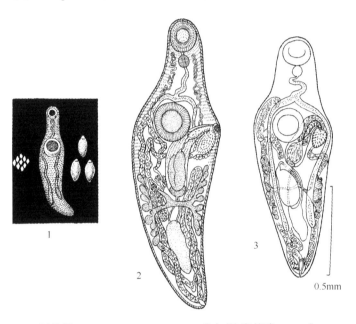

侧殖图 1　*Asymphylodora tincae* 成虫（按唐仲璋，1962）

1. von Nordmann 的 A. tincae 的图；2.A. tincae 成虫（按 Looss，1894）；3. A. tincae var. mediagraba 成虫（按 Deblock et al.，1957）

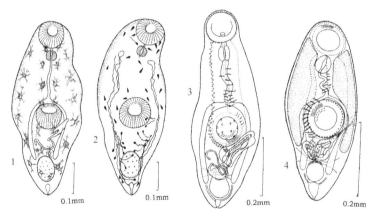

侧殖图 2　Asymphylodora tincae 幼虫期（按唐仲璋，1962）

1、2. *A. tincae* 的幼虫（*Cercariaeum squamosum*）（按 Dubois 原图）；3. *A. tincae* var. *mediagraba* 的稚虫，示小刺的排列（按 Deblock et al.，1957）；
4. *Cercariaeum squamosum* 示小刺的排列（按 Deblock et al.，1957）

嗣后，世界各地本属的种类逐渐增加，Isaichikov（1923）从 Kuban 河鲤鱼的肠内找到一种，并经记述为 *Asymphylodora tincae kubanicum*，本种经 Markewiesh（1951）重述。Ivanitskii（1928）从乌克兰鱼类体中描述 *A. dneproviana*。Markowski（1935）在波兰描述了寄生于 *Gobius minutus* 的 *A. demeli*。Witenberg 和 Eckmann（1934）在叙利亚鲤鱼体内采集到 *A. tincae*，在研究其所得标本的形态差异之后，认为从各鱼类宿主所描述的本属各种应只是 *A. tincae* 一种。他们的意见，以后的蠕虫学者多不同意。

尾崎佳正（Ozaki，1925）叙述寄生于日本境内数种鱼类宿主体内的 *A. macrostoma*。山口左仲（Yamaguti，1936）叙述 *A. diplorchis* 寄生于 *Pseudogobio esocinus*，*A. japonica* 寄生于 *Cyprinus carpio*。印度的

Srivastava（1936）叙述 *A. indica* 寄生于印度黑鱼（*Ophiocephalus punctatus*）体内。Serkova 和 Bykhovskii（1940）描述一个早期成熟的种 *Asymphylodora progenetica* 寄生于列宁格勒（今圣彼得堡）的淡水螺类 *Bythinia tentaculata* 上。Szidat（1943）将本类各种作一复述，区别旧有种类并重新叙述一些新种。他建立新属 *Parasymphylodora* 及 *Paleorchis*，后者具有两个睾丸的特征。Szidat 认为本属吸虫具有很大的特异性，各个种类因不同的宿主而互异。

以后叙述的种类，如在美国加利福尼亚州，Annereaux（1947）叙述 *A. atherinopsidis* 寄生于名为 *Atherinopsis californiensis* 的鱼类；苏联 Kulakowskaja（1947）叙述 *A. markewitschi* 寄生于鲫鱼，Tschernyschenko（1949）叙述 *A. pontica* 寄生于 *Neogobius melanostomus*。Srivastava（1951）叙述 *A. kedarai* 寄生于 *Punctius sophora*；Belous（1954）叙述 *A. macracetabulum* 寄生于一种泥鳅 *Misgurnus anguillicaudatus*。在法国北部，Biguet 等（1956）从 *Bithynia leachi* 螺类得到一先期发育的种类，称为 *A. dollfusi*。

在 Skrjabin（1955）的《人体及动物吸虫》的第十一卷，Sobolev 编写单睾科。列出了本属吸虫 15 种。加上以后新叙述的种类，本属吸虫有 20 种左右。关于 Szidat 所建立的 *Parasymphylodora* 属，Sobolev 认为不够成立新属的条件，认为系 *Asymphylodora* 的同物异名。

李惠珠等（1958）在我国太湖震泽淡水鱼中采集到 *A. japonica* 及 *A. markewitschi*（Kulakowskaja，1947），他们又从鳡鱼（*Elopichtys bambusa*）肾脏得到一新种的侧殖属，命名为 *A.renale*，Lee，Long et chu，1958。在福建省，唐仲璋（1962）、陈佩蕙和唐仲璋（1984）记录淡水经济鱼类及贝类的侧殖属吸虫，唐仲璋（1962，1982）研究阐明了寄生于鱼类和贝类的侧殖吸虫的生活史及其早熟现象。

（2）侧殖类吸虫生活史的研究历史

侧殖吸虫幼虫期发现的历史十分悠久。本类吸虫描述的虽已有 20 种左右，但其完整的生活史经阐明的还不多。关于侧殖属的模式种 *Asymphylodora tincae* 的幼虫期虽已发现，但 170 多年以来，若干著名学者所作的多是片段的记录。

von Baer（1927）叙述一寄生于田螺的尾蚴 *Cercaria paludinae impurae* de Filippi，1854，又从同一宿主叙述 *Distoma paludinae impurae*，由于早期科学记载过于简略，我们现在还未能十分确定它们的幼虫是否同样。De Filippi 记述他也找到了雷蚴，并描述它体内产生的虫体。这些虫体，他称为"二口虫"，他所观察的雷蚴具有短而膨大的肠管。其体壁不具肌肉足。幼小的雷蚴活泼异常，似蚯蚓一样蠕动着。长成的雷蚴不大活动。体内含有长约 0.4mm 的"二口虫"。他记述本种虫体与其他尾蚴不同处在于不具尾巴。由于这一特点，他可能误解为长成的个体，所以不称它为尾蚴而称为"二口虫"。在论文的附注里，他记录曾从另外的田螺找到同样的虫体，其体长已达 2mm。在它体内生殖器官的原基已经形成。这一期虫体处于游走的形态，而不固定在一个位置。经常多在宿主的外套腔内找到。

De Filippi（1857）在另一专刊中分别了两种虫体。一种具较显著的小刺，称为 *Distoma paludinae impurae armatum*；另一种没有这特征，称为 *Distoma paludinae impurae inerme*，他并报告幼虫系在一种 *Bithynia tentaculata* 体内发育。Diesing（1858）把这两种幼虫归于无尾尾蚴类（cercariaeum）。

Lühe（1909）同意 Looss 的意见，以为从 *Bithynia tentaculata* 来的无尾尾蚴 *Cercariaeum paludinae impurae* 是 *Asymphylodora tincae* 的幼虫。Lühe 的著述中曾把当时他认为没有尾巴的尾蚴归为一类，包括侧殖属及彩蚴属（*Leucochloridium*）的幼虫。

有关 *A. tincae* 生活史的阐明，Fuhrmann（1916）观察寄生于椎实螺（*Lymnaea auricularia* var. *ampla*）的 *Cercariaeum squamosum*，这一尾蚴长约 0.36mm，系在长 2.2～3.5mm 的雷蚴体内发育。全身体表披有小刺，其形态构造与侧殖吸虫至为相似。因而 Fuhrmann 认为 *A. tincae* 的幼虫应是 *Cercariaeum-squamosum*，而不是 Lühe 所述的 *Cercariaeum paludinae impurae*。Wesenberg-Lund（1934）叙述从 *Bithynia tentaculata* 得来的无尾尾蚴，鉴定为 *Cercariaeum paludinae impurae*，他进一步证实 Wunder（1924）关于此种幼虫活动的观察。证明它能从螺类宿主的气孔出来，并能移行至头部与触角，用腹吸盘附着于触角的上面，翘起并伸张体的前部与后部。因为幼虫附着多时，触角显现长出丛毛的状态。一个触角末端可聚集 50 个以上的无尾尾蚴。

当一个带有幼虫的 *Bithynia* 与其他没有感染的个体接触时，尾蚴便会移至新宿主的体上，随后便在心脏附近或近于直肠的部位形成囊蚴。

Wesenberg-Lund 观察寄生于椎实螺 *Lymnaea auricularia* 的无尾尾蚴，称为 *Cercariaeum lymnnaei auricularis* de Filippi，1854。他的记载与 Fuhrmann（1916）及 Dubois（1929）关于 *Cercariaeum squamosum* 的叙述相同，这两种虽然是同一的幼虫，但它们与 *A. tincae* 的关系如何也未能确定。后来有 3 个法国的研究者 Deblock 等（1957）解决了关于 *A. tincae* 生活史的确实证明，他们曾在法国北部研究 *A. tincae* 的成虫与幼虫的形态（**侧殖图 1、侧殖图 2**）。从一种称为 *Tinca tinca* 的小鱼肠内找出侧殖吸虫。据 Szidat 的意见，*A. tincae* 只寄生于这一小鱼体内。他们的观察和描述证明 *C. squamosum* 确是 *A. tincae* 的幼虫期。他们进一步把所获得的标本与前人的有关 *A. tincae* 的记录［包括 Szidat（1943）的记载］作详细的比较。他们根据 3 点形态上的区别，定出了一个新的亚种 *Asymphylodora tincae* var. *mediagraba* Deblock，Capron et Biguet，1957。

3. 侧殖亚科的种类

侧殖亚科的主要特点是生殖孔位于身体的侧面，通常在左侧。侧殖类吸虫是淡水鱼的消化道寄生虫，个别种类也寄生于鱼肾脏内。此类吸虫是世界性分布，共有 20 多种，其中在我国发现及叙述的种类有以下 10 种。

1）巨口东方侧殖吸虫（*Asymphylodora macrostoma* Ozaki，1925）：排泄囊管状，应是 *Orientotrema macrostoma*（Ozaki，1925）Tang，1962 的同物异名。

2）日本东方侧殖吸虫（*Asymphylodora japonica* Yamaguti，1938）：排泄囊管状，应是 *Orientotrema japonica*（Yamaguti，1938）Tang，1962 的同物异名。

3）马尔科维奇侧殖吸虫（*Asymphylodora markewitschi* Kulakowskaja，1947）。

4）肾侧殖吸虫（*Asymphylodora renale* Lee，Long et Chu，1958）。

5）窄口螺侧殖吸虫（*Asymphylodora stenothyrae* Tang，1980）：排泄囊袋状。

6）中华侧殖吸虫（*Asymphylodora sinensis* Wang et Pan，1964）。

7）鲤侧殖吸虫（*Asymphylodora cyprini* Wang，1982）。

8）鄱阳侧殖吸虫（*Asymphylodora poyangensis* Wang，1982）。

9）吻鮈侧殖吸虫（*Asymphylodora rhinogobii* Wang，1982）。

10）鲫东方侧殖吸虫（*Asymphylodora carassii* Chen et Tang，1984）：排泄囊管状。应是 *Orientotrema carassii*（Chen et Tang，1984）Tang et Tang，2005 的同物异名。

4. 侧殖亚科东方属（*Orientotrema* Tang，1962）研究历史和特征

（1）研究历史

唐仲璋（1962）研究了东方的巨口侧殖吸虫（*Asymphylodora macrostoma* Ozaki，1925）和日本侧殖吸虫（*Asymphylodora japonica* Yamaguti，1938）的生活史，发现它们的排泄系统结构与欧洲的 *Asymphylodora tincae*（Modeer，1790）本属模式种有显著差异，而为上述两虫种建立东方属（*Orientotrema*）新属。

（2）东方属特征

A. 与侧殖属的区别

巨口侧殖吸虫与日本侧殖吸虫两虫种的幼虫期可以分别，但它们与欧洲的 *A. tincae* 的发育期有更重要的区分，即在于膀胱或称排泄囊的构造。

A. tincae 的幼虫及成虫期的排泄囊都呈袋状（**侧殖图 1、侧殖图 2**）。据前人的叙述，无论在 *Cercariaeum squamosum* Fuhrmann，1916 或 *Cercariaeum lymnaei auricularis* de Filippi，1854 或 *A. tincae*（Modeer，1790）成虫及其变种 *A. tincae* var. *mediagraba* 的排泄囊均作袋状，是椭圆形或倒置的梨形。其位置只占睾丸后方很小的区域，在这地方已分支出两个收集管，斜向两侧出发。

巨口侧殖吸虫与日本侧殖吸虫无论尾蚴或成虫的排泄囊都是非常发达的管状的排泄囊。在尾蚴,这管状排泄囊是弯曲的,有很厚的囊壁表皮细胞。占睾丸全长的地位,与睾丸重叠并在其前方分出两个收集管。成虫的排泄囊则是垂直的形状,向前延展至于睾丸的中部。

如上所述,原侧殖吸虫属可分为有袋状排泄囊和管状排泄囊两类,其区分相当明显。动物学者认为排泄系统构造的变化受外界影响较小。排泄囊构造的不同应看作这两类吸虫在亲缘上有较大区别的标志。因而唐仲璋(1962)为它们建立一新属称为东方属(*Orientotrema*)来容纳有管状排泄囊的种类。

B. 东方属的特征

东方属为小型的吸虫,表皮披有小刺,虫体卵圆形,中部宽大而两端略窄。口吸盘发达,前咽时有存在,咽圆形,食道颇长,肠管的长短差异颇大,延展至卵巢水平,位于睾丸的前方或中部以后,一般不达到身体的后端。腹吸盘很发达,位于身体的前半,睾丸单个,在前方有两个输精管接连着。阴茎囊发达,内含贮精囊、前列腺管和阴茎,后者有棘刺的装备。卵巢位于睾丸的前方,卵黄腺分布于腹吸盘后,在卵巢及睾丸前半部的两侧。虫卵梨形,有卵盖的一端较窄小。成虫的排泄囊作管状。尾蚴的口吸盘与腹吸盘具或不具有特殊显著的小刺。在口吸盘与腹吸盘之间,食道的两旁有 4 束穿刺腺,其数目为 36～42 个。尾蚴的排泄囊为弯曲而细长的管,有很厚的囊壁表皮细胞。尾蚴离开原中间宿主后能侵入另一螺类宿主而形成囊蚴。

5. 侧殖亚科(Asymphylodorinae Szidat,1943)各属主要特征

Skrjabin(1955)及 Yamaguti(1971)在单睾科侧殖亚科(Asymphylodorinae Szidat,1943)中都只含 2 属。现连同东方属,有 3 属,它们的区别特征见下列检索表。

侧殖亚科分属检索表

1.(2)睾丸两个,肠支短,袋状,排泄囊成管状······*Palacorchis* Szidat,1943

2.(1)睾丸单个,肠支延到睾丸的前缘或后方,排泄囊管状或袋状················3

3.(4)排泄囊管状······*Orientotrema* Tang,1962

4.(3)排泄囊袋状······*Asymphylodora* Looss,1899

6. 侧殖吸虫种类

(1)巨口东方侧殖吸虫[*Orientotrema macrostoma*(Ozaki,1925)Tang,1962]

同物异名　*Asymphylodora macrostoma* Ozaki,1925。

终末宿主　刺鲃属小鱼 *Punctius* sp.。

采集地点　福建省永安小山溪。

中间宿主　川卷贝(*Melania peregrinorum* Heude),本种吸虫雷蚴和成熟尾蚴在其体内发育。

虫种特征(侧殖图 3 之 1,侧殖图 4 之 1～4)(按唐仲璋,1962)成虫圆筒形,无色透明,或稍带红色。虫体全长 0.723～1.066mm,体宽 0.380～0.467mm,体表披有小刺。口吸盘直径 0.094～0.120mm,横径 0.146～0.197mm。口吸盘后紧接着一个圆形的咽,大小为(0.030～0.056)mm×(0.038～0.051)mm,食道细长,向后延展到腹吸盘前方,分为两支肠管。肠管的后端达睾丸的前缘。腹吸盘直径 0.120～0.159mm,横径 0.146～0.165mm。腹吸盘与口吸盘大小相差不多。测量 5 个标本,其中腹吸盘比口吸盘大的有 3 个,小的有 2 个。生殖系统的构造颇为简单,有单一的睾丸和单一的卵巢。睾丸椭圆形,大小为(0.189～0.305)mm×(0.116～0.197)mm,前端有两个很短的输精管(vasa efferentia),在阴茎囊基部会合为一而进入该囊。阴茎囊基部膨大而顶部较窄。长 0.258～0.430mm,基宽 0.073～0.094mm,内含一个满贮精子的贮精囊(seminal vesicle),其前部接于前列腺管(pars prostatica)。前列腺细长状,有 14～15 个腺细胞,辐射形排列,均匀地分布于阴茎囊的一边。各个腺细胞的分泌物均聚集于前列腺管,管的前方接于阴茎(cirrus),上

有许多斜向前方的小刺。阴茎从生殖孔伸出时，因内壁翻出，刺即倒转向后。生殖孔在腹吸盘左边，子宫的末部(metraterm)也通入此孔。这一部分的内壁也具倒生的小刺。卵巢圆形，亦有作三角或不规则形状，大小为(0.116～0.146)mm×(0.056～0.137)mm，从卵巢侧方有输卵管接连，向前延展而接于受精囊及劳氏管。劳氏管开口于虫体的背面。受精囊作烧瓶状，含有活动的精子，以及少数从输卵管送出的卵细胞。卵黄腺在体中段两侧。由卵黄细胞聚成的丛体作细长或不规则排列。在卵黄腺的中部两侧各有一横走的腺管(transverse vitelline duct)会集于卵巢的前面，成一膨大的卵黄总管(common vitelline duct)伸向前方，继而转折而达于卵模(ootype)。子宫在体两侧及后部前后蜿蜒屈曲。它的末部略作梨形，内具倒生的小刺。虫卵棕色，梨形，卵盖的一边较小。卵壳在后端有一小突起。虫卵大小为(21～26)μm×(11～13)μm，卵内含有一个大形的卵细胞及许多卵黄细胞或颗粒。

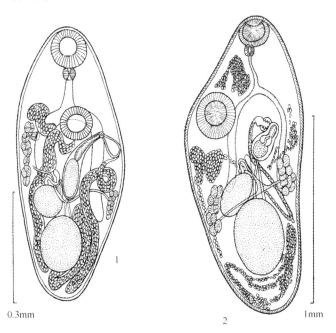

侧殖图 3　东方侧殖吸虫种类(按唐仲璋，1962)

1.巨口东方侧殖吸虫成虫；2.日本东方侧殖吸虫成虫

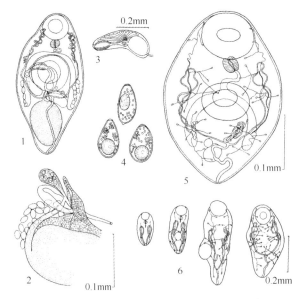

侧殖图 4　巨口东方侧殖吸虫童虫和尾蚴(按唐仲璋，1962)

1.5d 童虫；2.卵巢及其附近器官；3.阴茎囊；4.卵子；5.尾蚴的排泄系统；6.尾蚴排泄系统的发生

(2) 日本东方侧殖吸虫[*Orientotrema japonica*（Yamaguti，1938）Tang，1962]

同物异名　*Asymphylodora japonica* Yamaguti，1938。

终末宿主　鲤科的麦穗鱼[*Pseudorabora parva*（Temminck et Schlegel）]、

鲤鱼（*Cyprinus carpio* L.）（唐仲璋，1962；Yamaguti，1938）。

分布　日本 Okayama 省 Biwa 湖；我国福建福州的池沼。

寄生部位　肠管。

中间宿主　在福建，两种纹沼螺：*Parafossarulus eximius*（Frauenfeld）、*Parafossarulus striatulus*（Benson）。

虫种特征（侧殖图 3 之 2）（按唐仲璋，1962）　虫体略作纺锤形，两端稍钝，长度 0.81~1.29mm，体宽 0.348~0.431mm，体表满被小刺。口吸盘直径 0.083~0.148mm，比腹吸盘小。接于口吸盘之后有一个圆形的咽，其横径与直径同为 0.033mm，食道甚长，在腹吸盘前缘处分为二支。肠管短，向后延展只至体的中段。腹吸盘大小为（0.132~0.182）mm×（0.132~0.166）mm，其位置在体前方 1/3 处。

生殖系统一般的结构与前述的 *A. macrostoma* 相同。睾丸椭圆形，大小为（0.149~0.215）mm×（0.116~0.149）mm，在它的前面有两个小输精管连接着，向前延展相结合而入于阴茎囊。阴茎囊作棍棒状，前窄后宽，其长度为 0.116~0.199mm，基部宽度为 0.050~0.083mm（比山口左仲叙述的稍短），内有贮精囊、前列腺及阴茎。贮精囊作半圆形，在它的前方为前列腺，阴茎有许多倒生的小刺。常伸出体外。阴茎囊开口于体左缘的生殖孔。约与腹吸盘的中心成平行线。卵巢椭圆形，大小为（0.083~0.133）mm×（0.083~0.099）mm，在睾丸前方偏右的位置。输卵管由卵巢侧方出发，在前面与受精囊相接。劳氏管未曾观察到，唯山口左仲（1938）曾报告该管在受精囊与输卵管相接处接连着，并开口于背部中央。卵黄腺不很发达，腺细胞聚成丛体在虫体两侧，与卵巢平行。从两边腺体出发的横走的卵黄腺管（transverse vitelline duct）在睾丸前面会合成卵黄贮存处（vitelline reservoir），从这里卵黄总管向前伸展，与输卵管相接。子宫前后屈曲分布于体后方和两侧，也充满了腹吸盘与口吸盘中间空隙的部位。虫卵棕黄色，椭圆形，40 个卵的测量的数值为（33~45）μm×（18~25）μm。

(3) 鲫东方侧殖吸虫[*Orientotrema carassii*（Chen et Tang，1984）Tang et Tang，2005]

同物异名　*Asymphylodora cerassii* Chen et Tang，1984。本种侧殖吸虫排泄囊为管状，而归于 *Orientotrema* Tang，1962 属（唐崇惕和唐仲璋，2005）。

终末宿主　鲫鱼[*Carassius auratus*（Linnaeus）]。

寄生部位　肠道。

发现地点　福建福州。

虫种特点（侧殖图 5 之 1~3）（按陈佩惠和唐仲璋，1984）　虫体为小型吸虫。

新鲜时呈圆筒形，两端较窄，无色透明或略带红色。固定的标本呈纺锤形，体长 0.564~0.996mm，虫体在腹吸盘处最宽，体宽 0.299~0.398mm。体表被鳞状小棘；在身体前部突出体表，而在虫体后半部则埋于表皮中。口吸盘位于近顶端，大小为（0.10~0.14）mm×（0.126~0.167）mm。前咽极短；咽近球形，大小为（0.044~0.067）mm×（0.044~0.070）mm。食道短，0.081~0.093mm，在腹吸盘前方分叉两肠管终止于睾丸的后半部水平。腹吸盘位于体中段之前方，比口吸盘小或几乎相等，大小为（0.092~0.141）mm×（0.100~0.133）mm。睾丸单个，位于体后半部，呈长圆形或形状不规则，大小为（0.159~0.278）mm×（0.096~0.170）mm；从它们前端延伸两条细长的输精管，在阴茎囊基部附近会合。阴茎囊呈棍棒状，基部膨大，顶部较窄，全长 0.150~0.201mm；基部宽达 0.035~0.058mm，内含长圆形的贮精囊、前列腺和阴茎。阴茎细长，饰以许多斜向前方的小刺。卵巢圆形、长圆形或者形状不规则，大小约等于睾丸的一半，为（0.078~0.167）mm×（0.048~0.130）mm，位于睾丸前方右侧。输卵管从卵巢一侧生出而与卵圆形的受精囊及劳氏管相通。劳氏管细长，达睾丸之前部，开口于虫体背面。卵黄腺丛体呈长圆形，分布于虫体两侧，各为 10

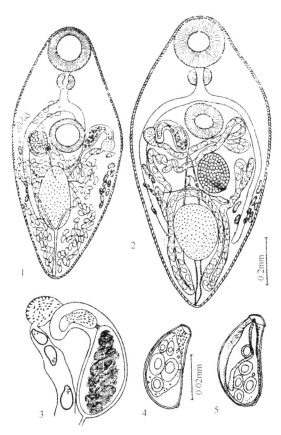

侧殖图 5　鲫东方侧殖吸虫(按陈佩惠和唐仲璋，1984)

1. 成虫背面；2. 成虫腹面；3. 雌雄生殖器官末端；4. 未成熟虫卵；5. 成熟虫卵

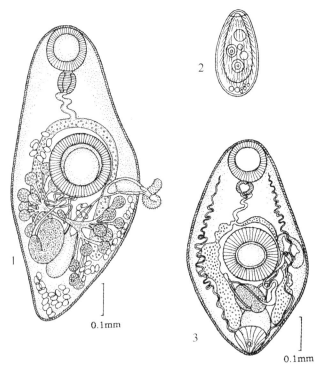

侧殖图 6　窄口螺侧殖吸虫(按唐仲璋，1980)

1. 成虫；2. 虫卵；3. 童虫

余个，始于卵巢前部，止于睾丸中部两侧或稍后方；两条卵黄腺横管在睾丸前方会合成三角形的卵黄贮囊。子宫长而弯曲，盘曲于肠分叉的后方和虫体后端之空间，子宫末端稍膨大，近纺锤形，内侧有许多刺状构造。子宫末端与阴茎共同通入生殖孔。生殖孔位于虫体腹面的左侧，在腹吸盘后缘。排泄囊呈管状，在睾丸的后缘附近分为两条收集管，之后又向身体前、后方分出细长而弯曲的小管，在身体前部盘曲于咽及食道之两侧。虫卵(侧殖图 2 之 4、5)梨形，不对称，有卵盖。在卵盖的一端较窄，并明显地弯向一侧。多数卵的后端有小结节。卵的大小为 $(34 \sim 40) \mu m \times (19 \sim 21) \mu m$。在子宫末端开口附近的成熟的虫卵呈浅黄色，内含毛蚴。

(4) 窄口螺侧殖吸虫 (*Asymphylodora stenothyrae* Tang，1980)

终末宿主　鱼类。

贝类宿主　贝类宿主为栉鳃目 (Pectinibranchita) 的图氏窄口螺 (*Stenothyra toucheana* Heude)。本种吸虫幼虫可在窄口螺体上性成熟。从贝类宿主逸出的本虫种的一些尾蚴会聚集在螺体外表，特别是触角上面。经剖检4%～5%的窄口螺体内含有此吸虫雷蚴，有10%螺体虽不含雷蚴，但在其外套腔或体表有本虫种附着，这些虫子中有的已含有卵子的提早成熟的个体。此已达到成虫期发育阶段的虫体在数量上占很大的比例，证明本种侧殖吸虫虽其正常宿主是鱼类，但在贝类宿主体内能发育到性成熟。在这方面它是非常独特的。

发现地点　福州南台岛闽江的泥滩上。

虫种特征（侧殖图6）（按唐仲璋，1980）　成虫虫体作梭形，中部膨大，前后端较窄；体表披有小刺，在体的前半部较显著，向后方逐渐稀少。体全长0.715～0.980mm，体宽0.360～0.457mm。活的虫体淡黄色。口吸盘圆形，大小为(0.070～0.115)mm×(0.094～0.142)mm，在次顶端位置。腹吸盘圆形，大小为(0.150～0.195)mm×(0.137～0.208)mm，位于体赤道线略前部分。前咽极短，咽直径0.042～0.057mm。食道长约0.9mm。肠管分叉在腹吸盘前，两条粗大的肠支延至体后方。睾丸长椭圆形，大小为(0.088～0.155)mm×(0.064～0.102)mm；有两条纤细的输出管从其前方发出，经一段距离后便会合为输精管而进入阴茎囊。阴茎囊呈前端细窄、略作弯曲的圆筒状，大小为(0.047～0.137)mm×(0.025～0.042)mm，内具有两个分室的贮精囊、前列腺管、射精管和能翻出内壁的阴茎。生殖孔位于体左侧，约在腹吸盘后缘的水平。卵巢肾形，后端折叠，输卵管从后端隆起的部分出发走向前方，与窄椭圆形的受精囊相接，劳氏管在受精囊侧方作弧形弯曲，开口于体背面。输卵管与受精囊相接后转折向后，与卵黄总管接连后进入卵模。卵黄腺为巨大的圆形丛体，分列在体两侧，各有7～10个，作倾斜排列；在有生殖孔的一边，腺体分布其前方不逾阴茎囊，而在无生殖孔的一边，其延展则可达腹吸盘中部水平。腺管从每一腺体出来互相连接成为粗大的横管，从两侧斜向中央会合成为总管和梨形的卵黄积聚。子宫圈发达，盘旋于体侧和体后端的空隙位置，它在无生殖孔一边的体侧蜿蜒下降至体后端，然而在另一边上升至腹吸盘右侧，再下行与左侧的阴茎囊相接而开口于生殖孔。本种吸虫有袋状的排泄囊，所以不属于具有管状排泄囊的东方侧殖属。虫卵椭圆形，前端较窄，成熟的卵内含已经发育的毛蚴，虫卵大小为(34～43)μm×(15～17)μm。

在侧殖吸虫中经叙述有提早成熟特性的种类另有如下3种：*Asymphylodora progenetica* Serkova et Bykhowsky，1940、*Asymphylodora dollfusi* Biguet，Deblock et Capron，1956、*Asymphylodora amnicolae* Stunkard，1959。

（5）欧洲、美洲的提早发育侧殖吸虫

将在苏联发现的*Asymphylodora progenetica*、美洲的*Asymphylodora amnicala*和我国的窄口螺侧殖吸虫比较，它们的主要特征既接近，又有差异（**侧殖表1**）。

侧殖表1　3种提早发育的侧殖吸虫形态比较（按唐仲璋，1980）

	A. stenthyrae（中国）	*A. amnicolae*（美洲）	*A. progenetica*（苏联）
虫体/mm	(0.715～0.963)×(0.360～0.457)	(0.28～0.81)×(0.14～0.24)	(0.48～0.81)×(0.21～0.38)
口吸盘/mm	(0.072～0.115)×(0.094～0.142)	0.060～0.045	(0.08～0.12)×(0.08～0.12)
腹吸盘/mm	(0.150～0.195)×(0.137～0.208)	0.090～0.130	(0.10～0.17)×(0.11～0.18)
咽/mm	(0.040～0.057)×(0.042～0.057)	0.036～0.044	(0.03～0.05)×(0.04～0.05)
睾丸/mm	(0.088～0.155)×(0.064～0.102)	(0.08～0.130)×(0.06～0.10)	(0.04～0.10)×(0.04～0.09)
卵巢形状	肾形，后端向前折叠	椭圆形	圆形
卵巢/mm	(0.107～0.164)×(0.077～0.120)	(0.06～0.11)×(0.05～0.09)	比睾丸略小
卵巢位置	在睾丸背面	在睾丸前	在睾丸前
受精囊	具有受精囊	具有受精囊	未记载有受精囊
虫卵/μm	(34～43)×(15～17)	(25～29)×(13～16)	(20～33)×(13～18)

如**侧殖表 1** 所示，*A. amnicolae* 的虫体及虫卵显著较小，口腹吸盘的比例较小，为 1∶1.4，以及睾丸的位置等与我国窄口螺侧殖吸虫不同。*A. progenetica* 睾丸较小，卵巢圆形，位于睾丸前，口腹吸盘比例为 1∶1.35，以及不具有受精囊的特点与 *A. stenothyrae* 不同。此外，子宫圈及卵黄腺的分布状况也不同，特别是我国虫种的虫卵较大，足资区别。下面将叙述的幼虫期所示，*A. stenothyrae* 的雷蚴与 *A. progenetica* 雷蚴较为相似，但尾蚴的构造与美洲及苏联的种均不相同，窄口螺侧殖的尾蚴具 15 对穿刺腺，而它们则没有。

7. 侧殖类吸虫的幼虫期

（1）巨口东方侧殖吸虫[*Orientotrema macrostoma*（Ozaki，1925）Tang，1962]幼虫期

贝类中间宿主（侧殖图 7 之 1）为川卷贝（*Melania peregrinorum* Heude)]。在此贝类体中未见到本吸虫的胞呦和母雷蚴，只查获子雷蚴和尾蚴（唐仲璋，1962）如下。

A. 雷蚴（侧殖图 7 之 2、3）

子雷蚴圆筒形，长 1.38mm，宽 0.536mm，肠管袋状，长 0.388mm，阔 0.274mm，内含有棕色的颗粒。成熟的雷蚴含有五六个尾蚴以及若干个正在发育的胚球。生产孔未曾观察到。

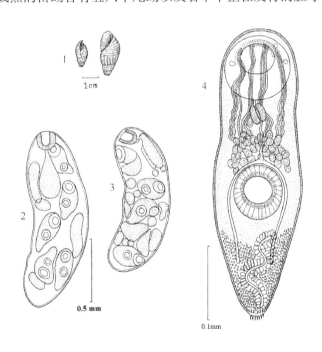

侧殖图 7　巨口东方侧殖吸虫幼虫期（按唐仲璋，1962）

1. 中间宿主川蜷贝（*Melania peregrinorum* Heude）；2、3.雷蚴；4.尾蚴

B. 尾蚴（侧殖图 4 之 5、6，侧殖图 7 之 4）

尾蚴属于无尾尾蚴型（cercariaeum），体形较大，长 0.3~0.37mm，宽 0.11~0.13mm。虫体全身作棕黄色，后部颜色尤为明显。体表披有无数小刺，作紧密的横列。口吸盘为大小为（0.08~0.09）mm×（0.091~0.097）mm。口吸盘比腹吸盘较大。在其背壁的内面有 4 列明显的小刺。此外尚有大形的扁刺 2~8 个。腹吸盘直径为 0.068mm，在腹吸盘的整个内壁也有三四排明显的小刺。口吸盘后接连着一个咽，圆形或椭圆形。有一个很短的前咽。食道长，常作左右屈曲 4~5 次而后达于腹吸盘前方，始分为两支肠管。肠管向后延展至排泄囊中部。在口吸盘与腹吸盘间的位置分布有单细胞的穿刺腺（penetration glands），分为 4 群，共 40~42 个。腺管 4 束，沿中央及体侧各两束开口于口吸盘的背壁。体后部有很多颗粒，有颗粒的部分约占了全虫体的1/4。在体的后端有长而尖锐的刺 10 余个，可能是对虫体爬行有用。尾蚴体内的穿刺腺在它从螺体内解剖出来时十分的发达与明显，但到了更大的稚虫期（adolescaria）这穿刺腺便逐渐消失。这现象表示其功用是当尾蚴在中间宿主体内迁移时用以破坏宿主的组织。亦有到稚虫期腺体仍然存在的现象。

幼虫的排泄系统颇为复杂。因为尾蚴期的体组织含有许多的胞囊腺（cystogenous gland），它们掩盖了排泄系统的构造，焰细胞和连接它们的排泄管不易观察。但是在经过在螺体的迁移并形成胞囊后的后期尾蚴，这些形成胞囊的腺细胞便消失了，使得微细的排泄管明显可见。根据这时期的观察，其排泄系统的构造如下：排泄囊（excretory bladder)在虫体后部，是一个细长的管，向左边及右边作两次弯曲。囊的两旁有一系列大而明显的囊壁的表皮细胞，这细胞在稚虫期后便消失不见。自排泄囊前端分出了两个排泄管（收集管，collecting tubes），一左一右斜向前方弯曲前进，到了食道或咽的平行线时，便曲折转向后方，到达收集管一半的位置时，分为两支，一向前方，一向后方。前方的排泄管又作两次分支，分出了 3 群的焰细胞，前面两群各有 3 个细胞，而后面一群具有 5 个。后方的排泄管也有两次分支，一支具有 3 个，另一支

则有 2 个与 5 个细胞或 4 个及 3 个细胞。全体焰细胞数约为 42 个。稚虫期或后期尾蚴的排泄系统和焰细胞排列形式要经长久、详细的观察方能阐明。焰细胞的数目也并非一成不变，而是随着尾蚴发育各阶段而增加数目，和变更排列的形状。

C. 巨口东方侧殖吸虫尾蚴排泄系统的发育

唐仲璋（1962）详细观察从尾蚴胚体到尾蚴成熟各阶段其排泄系统的发育情况，可分 4 个阶段如下（侧殖图 4 之 6）：第一阶段，在晚期的胚球（germ ball），当口吸盘和咽已经分化出来时，两个收集管已经出现，两管在接近体后端处会合于一个很小的排泄囊。收集管在体前方 1/3 处向内方及后方弯曲，成为一圈，随后即分为两支；在这时期，排泄管虽已明显，末端的焰细胞却不易见到。其排列公式可用 2(1+1)＝4 代表。第二阶段，当腹吸盘已形成时，前后两支的排泄管各已分出了 3 个明显的焰细胞。排列公式为 2(3+3)＝12。第三阶段的发育中，可看出前支的排泄管已有 3 个小分支，而后支的排泄管却仍旧只有 3 个细胞的一支。排列公式如下：2[(2+2+4)+(2+1)]＝22。第四阶段为成熟尾蚴期或稚虫期，焰细胞增加得更多。特别是后支的排泄管分裂出 7 及 3 两群，它们最小单位的分支是 2～3 个细胞。全体细胞数目约有 42 个，当然这一定也会按发育不同期而有不同的数目。具有代表性的排列公式如下：2[(3+3+5)+(3+3+4)]＝42。

在研究过程中，也有看出左右两边的焰细胞虽在排列的形式上大略相同，但微细的分支与焰细胞的数目不是完全相等。焰细胞的公式应该说只是相对的有代表性，即在某一发育阶段是如此排列。

D. 巨口东方侧殖吸虫童虫和成虫发育

当尾蚴长大形成为相当于童虫（侧殖图 4 之 1～3）的后期尾蚴时，生殖细胞原基（genital anlage）已经很快的发展成为生殖腺。其他器官也初具模型。此时期中已能看出单一的睾丸和在其前方的卵巢，两者均有圆形或椭圆形的形态。阴茎囊和子宫末部的雏形和生殖窦中的两个生殖孔可以看得很明显。

唐仲璋（1962）述及他所进行的本吸虫终末宿主感染试验，作者于 1945 年 10 月间在福建永安曾经将后期尾蚴进行小鱼饲食的研究试验。用阴性的小刺鲃（*Punctius* sp.，从没有川卷贝生长的溪中采集的）进行试验，把尾蚴放在水中让其吞食。15d 后解剖小鱼，得到发育完成的本种吸虫成虫。有一只鱼于感染后 5d 死了。解剖时得到 40 个发育未成熟的虫体。其构造及发育程度大略相同，对照组的解剖没有本种吸虫寄生。此试验证明川卷贝内的尾蚴和雷蚴确系溪中刺鲃及鲃属小鱼体内寄生的侧殖类 *Asymphylodora* 的幼虫期。

Yamaguti（1938）报告曾从 *Gnathopogon elongatus caerulescens*（Sauvage）的鱼类的围口组织及鳃弧找到本虫的囊蚴，另外一种鱼 *Cobitis brivae* Jordan et Snyder 也同样有感染。

（2）日本东方侧殖吸虫[*Orientostoma japonica*（Yamaguti，1938）Tang，1962]幼虫期

终末宿主（在福建）麦穗鱼[*Pseudorasbora parva*（T. et S.）]、鲤鱼（*Cyprinus carpio* L.）。

贝类中间宿主（侧殖图 8 之 5、6）两种纹沼螺：*Parafossarulus eximius*（Frauenfeld）、*P. striatulus*（Benson）。

本吸虫在贝类宿主体内发育，胞蚴及母雷蚴未经发现。只见到一代雷蚴和尾蚴，成熟尾蚴能移行到另一螺体形成囊蚴（唐仲璋，1962）。

A. 雷蚴（侧殖图 8 之 1）

雷蚴长 1.5mm，宽 0.45mm，成熟的个体含有七八个尾蚴。雷蚴具有圆形的咽，一个很短的消化管，内有很多红色的颗粒。生产孔未见。

B. 尾蚴（侧殖图 8 之 1）

尾蚴作圆筒状，前端略大，后端较细，全长为 0.50～0.56mm，在腹吸盘中部全身最阔处体宽 0.16mm，体表满布小刺，作横行的排列。口吸盘圆形，直径 0.10mm。腹吸盘直径 0.12～0.13mm。口吸盘后有前咽和一个圆形的咽。食道长，在腹吸盘前分支为 2。肠管延展至体后方 1/4 处。在口吸盘与腹吸盘间有穿刺腺 36～38 个。分为 4 束，两束在体中央肠管的两边，另两束则分布于体侧。4 束的腺管均导向体的前方而开口于口吸盘背壁的内方。排泄系统的构造与 *O. macrostoma* 的尾蚴其为类似。

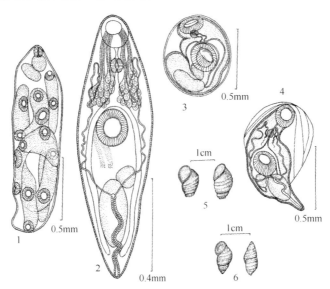

侧殖图 8　日本东方侧殖吸虫幼虫期及中间宿主（按唐仲璋，1962）

1.雷蚴，体内含尾蚴；2.后期尾蚴；3.囊蚴；4.后期尾蚴从囊中突出；5.中间宿主纹沼螺 *Parafossarulus eximius*（Frauenfeld）；6.中间宿主纹沼螺 *Parafossarulus striatulus*（Benson）

C. 囊蚴及后期尾蚴（侧殖图 8 之 2～4）

接近稚虫期的尾蚴，体形较大，体长可达 0.80～1.00mm 或以上。在腹吸盘平行线处体宽可达 0.40mm。在这阶段的尾蚴甚为活动，常能离却虫体，从外套腔出来而在外面爬行。也能侵入其他纹沼螺的体中而形成囊蚴。囊蚴的直径 0.332～0.365mm，经盖玻片压后可达 0.500mm。后蚴虫体长度因伸长或缩短差别甚大。有一个幼虫缩短时为 0.547mm，而伸长时可达 0.830mm，体宽经常为 0.332mm。口吸盘直径 0.038～0.116mm，腹吸盘大小为（0.132～0.149）mm×（0.116～0.166）mm。在口吸盘后边有前咽和圆形的咽，咽直径为 0.049～0.050mm，食道很长，在腹吸盘前方分支为两个很长的肠管，一直延至体后端睾丸的后方。在后期尾蚴体内生殖器官已开始形成。有一个椭圆形的睾丸，直径为 0.20～0.30mm，在它的前方有一个圆形或略带三角形的卵巢，直径约为 0.10mm。在腹吸盘右边，阴茎囊和子宫末部（metraterm）的胞核原基已经出现。有两排细胞是这两器官发育的雏形。排泄系统中的各部分已十分发达。排泄囊是一只弯曲的管，开口于体的后端，两旁管壁由大形的细胞构成。在排泄囊前端接于两个很长的收集管，斜向肠管外方，继而屈曲向前到咽的前缘的水平乃弯折向后，至腹吸盘部分乃分为前后两支，前后支的排泄管均再行分支，焰细胞的排列形式大致与 *O. macrostoma* 的尾蚴的排泄系统相同。

尾蚴能移行至另一螺体，并侵入组织形成囊蚴。我们曾经用从 *Parafossarulus eximius* 及 *P.striatulus* 得来的囊蚴饲食没有感染的金鱼，15d 后进行解剖，得到的成虫标本与从麦穗鱼得到的标本在形态构造上完全一样。

据山口左仲（Yamaguti，1938）记述，Nagano 曾找出 *A. japonica* 的幼虫在所寄生的贝类宿主体内形成囊蚴，有的还未离开雷蚴已形成胞囊。他曾将此类囊蚴饲食鲤鱼或鲫鱼而得到成虫。他在 *Bulimus striatulus japonicus*（Pilsbry）体内曾找到本虫的囊蚴。

（3）窄口螺侧殖吸虫（*Asymphylodora stenothyrae* Tang，1980）幼虫期

贝类宿主　图氏窄口螺（*Stenothyra toucheana* Heude）。窄口螺侧殖吸虫的幼虫期在窄口螺体内的发育各期（唐仲璋，1980）如下。

A. 卵和毛蚴（侧殖图 6 之 2）

卵淡黄色，椭圆形，卵大小为（34～43）μm×（15～17）μm。卵壳较薄。在子宫末段中的虫卵已含有毛蚴。毛蚴体表具纤毛，体前端细削，后端膨大，体内可见有胚细胞两三个。从虫体排出的卵未见其孵出，贝类宿主可能由于吞食成熟卵子而获得感染。

B. 雷蚴（侧殖图 9 之 1、2）

胞蚴和母雷蚴未找到，子雷蚴作圆筒形。前端略窄，全长 0.750～1.384mm，宽 0.269～0.423mm。咽大小为 (0.047～0.077) mm ×(0.064～0.077) mm，肠管袋状，大小为 (0.051～0.269) mm×(0.064～0.269) mm。成熟的雷蚴含有长成的尾蚴一个和正在发育的胚体四五个。雷蚴肠管内含颗粒甚多，体表不具肌肉足。

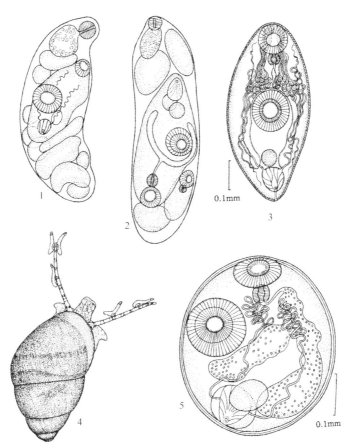

侧殖图 9　窄口螺侧殖吸虫幼虫期（按唐仲璋，1980）

1、2. 雷蚴；3. 尾蚴；4. 窄口螺触角上爬行的尾蚴；5. 囊蚴

C. 尾蚴（侧殖图 9 之 3）

尾蚴椭圆形，体表披小刺。为无尾尾蚴类，体大小为 0.58mm×0.30mm。口吸盘略椭圆形，大小为 0.10mm×0.11mm；腹吸盘直径 0.14mm；咽大小为 0.040mm×0.045mm；食道长 0.07mm，围绕腹吸盘的两个肠支向后延至排泄囊前面，内含颗粒甚多。穿刺腺 15 对，分两束，位于腹吸盘前方，此单细胞腺体膨大部圆形，直径约 0.025mm，内含泡状的细胞核；两侧腺管越过口吸盘背方，开口于虫体前端。生殖原基已开始发育，雏形的睾丸圆块状，直径 5～6μm。排泄囊梨形，囊壁由两侧各四五个斜列的细胞构成，囊腔较窄，开口于体后端。在囊的前方两侧各有一条收集管发出，并屈曲向前到体前方 1/4 处转折向后，至体中段分前后两支，每支又各有两个小分支，并各再分为两支小排泄管，焰细胞公式为 2[(2+2)+(2+2)] =16。

在放大镜下可以见到尾蚴的活动，它们从宿主的外套腔出来，聚集在小螺的触角上，5～10 个或更多附着在触角上，使触角呈羽状分支状。它们用两吸盘交互吸着而前进，有时前后端翘起，伸张虫体。窄口螺侧殖吸虫的尾蚴习性和 Wunder (1924) 及 Wesenberg-Lund (1934) 所叙述的曾经认为是 A. tincae 的尾蚴（称为 cercariaeum paludinae-impurae）以及 Stunkard (1959) 所述 A. amnicolae 尾蚴的习性一样。当两只窄口螺相遇时，这些尾蚴能从触角爬到另一螺体上，这样便广泛地传播开来。

D. 囊蚴和后期尾蚴(侧殖图 9 之 4、5)

尾蚴到另一贝类宿主时能侵入宿主的组织而结囊，囊圆形，囊壁极薄，直径 0.40mm。虫体的构造，如口腹吸盘、咽、肠管、排泄系统各部分从外面可窥见。

从囊内解剖出来已经发育一段的后期尾蚴大小为 0.62mm×0.38mm，口吸盘大小为 0.11mm×0.12mm，腹吸盘大小为 0.16mm×0.17mm，咽大小为 0.04mm×0.05mm。咽后有弯曲的食道，肠支不规则地膨大延至排泄囊前方。排泄囊略呈三角形，其构造仍如尾蚴期，仅收集管及两侧的各级分支管道增长，排泄孔在囊中央略后的位置。生殖器官进一步发育，睾丸大小为 0.12mm×0.09mm，两支输出管已形成，在短距离便会合为一输精管，其远端膨大，但阴茎囊尚未形成。卵巢已出现，长径约 0.11mm，输卵管和受精囊已可见，但劳氏管及卵黄腺尚未发育。子宫圈在开始阶段，在腹吸盘左侧绕一圆圈而开口于生殖孔。

著者进一步的观察，证实了本吸虫后期尾蚴在囊内能发育成长，它们在一段时间后能脱囊而出，在贝类宿主体内发育为性器官成熟的成虫(侧殖图 6 之 1)，并能产卵，卵内含有正常发育的毛蚴。虽然窄口螺侧殖吸虫和其他同属的种类一样可能系鱼类的寄生虫，但它能在贝类宿主体内发育为成虫，这是肯定的，而且可能经常如此。

8. 吸虫的幼虫期的早期发育成熟现象

侧殖吸虫后期尾蚴能提早发育成熟的情况除我国窄口螺侧殖吸虫之外，在欧洲、美洲等地也有发现，我国的发现是第四个例子。其他 3 例如下。

腹口类吸虫也有提早发育现象，我们在福州的鲫鱼及弹涂鱼[*Boleophthalmus chinensis*(Osbeck)]的肠系膜及鳃部找到福州道弗吸虫(*Dollfustrema foochowensis* Tang et Tang，1963)提早发育的囊蚴(唐仲璋和唐崇惕，1963)。在此以前，Komiya 和 Tajimi(1941)在麦穗鱼体内发现刺道弗吸虫(*Dollfustrema echinatus*)的早熟囊蚴。日本侧孔吸虫(*Pleurogenes japonicus*)的早熟现象在福州也有发现过，它是本地金线蛙(*Rana nigromaculata reinhardtii*)肠内寄生虫，我们曾一度在沼虾的体内找到子宫内充满卵子的囊蚴。在斯里兰卡的一种青蛙(*Rana cyanophyctis*)的拟侧孔吸虫[*Pleurogenoides sitapurii*(Srivastava)]上曾经发现在它的第二中间宿主斯里兰卡束腰蟹(*Parathelphusa ceylonensis* C. F. Fern)体内有生殖腺已完全成熟的虫体，但尚无卵子。

提早发育现象曾经许多蠕虫学者报告例子和加以讨论过。Buttner(1950)已实验证明勃伦氏斜睾吸虫(*Paralepoderma brumpti*)早期发育的生活史。他进一步复述了前人的报道，列举 12 科 14 属的复殖吸虫存在有"提早发育"的例子。20 多年来，我们从熟悉的文献中再作汇集和计算，共得 34 项，分隶于 17 科 23 属(侧殖表 2)。我们的资料显然是不完整的，但大量的例子愈益说明"提早发育"这一现象并非偶然或不正常，而是广泛地存在。据 McIntosh(1935)的解释："它可以启示我们，吸虫类在它演化初期，当脊椎动物宿主未出现在地球上以前其成虫期如何生活的状态。"Szidat(1956)参加这一问题的讨论时，联系其生活史缩短的现象。他认为提早成熟的种类能在第一中间宿主体内产卵对种族保存是有利的，因不受终末宿主存在与否的限制。他提出第二中间宿主或辅加宿主的产生是由于各个宿主之间"食物链"的关系。Stunkard(1959)作了较全面的考察，综述了对此问题的各种解释。他讨论了复殖类吸虫的世代交替及宿主交替的演发过程，从这方面来理解提早成熟的现象。后者的存在似乎能解答中间宿主、辅加宿主及终末宿主孰先孰后的问题。很明显，贝类宿主可能是最早的。Leuckart 曾多次提出软体动物是吸虫类原先的宿主。蠕虫学者一般认为吸虫类和涡虫有同一祖先。在以前极悠远的年代，由于生态环境的接近和生物学上的适应，它们成为贝类的寄生虫。后来随着地球上动物界的进化而逐渐扩展其宿主种类，当脊椎动物在海洋和陆地成为重要的种类时，它们也成为吸虫类的主要终末宿主，而贝类却以中间宿主关系仍然存在。

侧殖表 2　在中间宿主体内提早发育的复殖吸虫种类(按唐仲璋，1980)

提早发育的虫种及其所隶属的科	提早发育虫体所寄生的中间宿主	报告者
Bucephalidae Poche，1907 牛首科 *Dollfustrema echinatus* *Dollfustrema foochowensis*	*Pseudorasbora parva*(麦穗鱼)； *Boleophthalmus chinensis*(弹涂鱼)	Komiya and Tajimi，1941； 唐仲璋和唐崇惕，1963
Allocreadiidae Stossich，1903 异肌科 *Allocreadium neotenicum*	*Dytiscus* sp； *Acil ius semisulcatus*； *Agabus* sp. (水生昆虫)	Crawford，1940； Peters，1955，1957
Opecoelidae Ozaki，1925 开腔科 *Opecoeloides manteri* *Coitocaecum anaspides* *Coitocaecum* sp. *Orowcrocaecum testiobliquum*	*Carinogammarus*(钩虾) *Amphithoe longimena*(端脚类)； *Anaspidis tasmaniae*(山虾)； *Gammarus* sp.(钩虾)； *Gammarus* sp.(钩虾)； *Fontogammarus bosniacus*(泉钩虾)； *Rivulogammarus spinicaudatus* (溪钩虾)	Hunninen and Cable，1940 Hickman，1934； Wisniewski，1932
Opisthorchiidae Braun，1901 后睾科 *Ratzia parva*	*Rana temporaris*；*Rana esculenta*；*Discoglossus pictus*(两栖类)	Joyeux，1925； Dollfus，1924-1929
Clinostomidae Luhe，1901 弯口科 *Clinostomum* sp.	*Subulina octona*(陆生腹足类)	McIntosh，1935
Psilostomidae Odhner，1913 光口科 *Psilostomum progeneticum*	*Fontogammarus bosniacus*(泉钩虾)； *Rivulogammarus spinicaudatus* (溪钩虾)	Wisniewski，1932，1932-1933
Azygiidae Odhner，1911 航尾科 *Proterometra macrostoma* *Proterometra dickermani*	*Goniobasis livescens*(淡水腹足类)	Anderson，1935； Anderson and Anderson，1962
Transversotrematidae Yamaguti，1954 横体科 *Transversotrema* sp. (*Cercaria patialensis*)	*Melanoides tuberculata*(瘤拟黑螺)	Crusz，1956
Gorgoderidae Looss，1901 *Phylodistomum lesteri*	*Palaemon asperulus*(沼虾)；*Macrobrachium nipponensis*(长臂虾)	Wu(吴光)，1938
Microphallidae Travassos，1920 微茎科 Microphallinae Ward，1901 微茎亚科 *Microphallus minus* Maritrematinae Belopolskaja，1952 马蹄亚科 *Maritrema caridinae*	*Palaemon asperulus*(沼虾)；　*Macrobrachium nipponensis*(长臂虾)；*Caridina denticulate*(米虾)	Yeh(叶英)and Wu(吴淑卿)，1950； Yamaguti，1958
Lecithodendriidae Odhner，1910 枝腺科 Lecithodendriinae Looss，1902 枝腺亚科 *Neoprosthodendrium progeneticum* Pleurogenetinae Looss，1899 侧孔亚科 *Pleurogenes japonicus* *Pleurogenes medians* *Pleurogenoides sitapurii*	*Hetaerina Americana*(豆娘)；*Macrobrachium nipponensis*(长臂虾)；*Aglion* sp.；*Chironomus* sp.； *Ephemerides* sp.；*Aeschna* sp.；*Libellula* sp.； *Dytiscus marginalis*(水生昆虫)；*Parathelphusa ceylonensis*(斯里兰卡束腰蟹)	Hall，1960； 唐仲璋，1980； Sinitsin，1905； Dollfus，1924； Dissanaike and Fernando，1960
Fellodistomidae Nicoll，1913 壮穴科 *Proctoeces maculates* (*Cercaria milfordensis*) *Proctoeces subtanuis* *Proctoeces progeneticus*	*Mytilus edulis*(壳菜，贻贝)；　*Scrobicularia plana*(匙蛤，瓣鳃类)；*Gibbula umbilicalis*	Stunkard and Uzmann，1959； Freeman and Llewellyn，1958； Dollfus，1964
Plagiorchiidae Ward，1917 斜睾科 *Paralepoderma brumpti* *Paralepoderma progeneticum*	*Planorbis planorbis*；*Planorbis planorbis*(扁螺)； *Gammarus* sp.(钩虾)	Buttner，1950a，1950b； Buttner，1951
Halipegidae Poche，1925 海立科 　*Genarchella genarchella* 　*Genarchopsis shanghaiensis*	*Littoridina australis*(大洋洲滨螺)； *Macrobranchium nipponensis*(长臂虾)	Szidat，1956； 叶英和吴淑卿，1955
Hemiuridae Luhe，1901 半尾科 Dinurinae Looss，1907 *Dinurus tornatus* Derogenetinae Odhner，1927 *Derogenes varicus*	*Cerataspis* sp.(海洋桡足类)； *Sagitta elegans*(箭虫)	Dollfus，1927； Chabaud and Biguet，1954； Dollfus，1954； Myer，1956
Monorchiidae Odhner，1911 单睾科 Asymphylodorinae Szidat，1943 侧殖亚科 　*Asymphylodora progenetica* *Asymphylodora dollfusi* *Asymphylodora amnicolae* *Asymphylodora stenothyrae*	*Bithynia tentaculata*(触角豆螺)； *Bithynia leachi*(李氏豆螺)； *Amnicola limosa*(泽居河贝)； *Stenothyra toucheana* (图氏窄口螺)	Serkova and Bykhovskii，1940； Biguet et al.，1956； Stunkard，1959； 唐仲璋，1980

续表

提早发育的虫种及其所隶属的科	提早发育虫体所寄生的中间宿主	报告者
Echinostomatidae Poche，1926 棘口科 *Echinoparyphium petrowi*	*Rana temporaria*（两栖类）	Куприяновашахматова，1959

　　Buttner（1950，1951）认为提早现象可以提供有关吸虫类寄生生活起源的推测。她提出的问题是：这现象是吸虫类原始生活的重演呢？抑或是复杂的寄生生活中某一环节的缩减或简化？"早熟现象"是否是生活史中某一环节的缩减？粗略看来，似乎整个发育过程也减掉终末宿主这一环节。绦虫类著名的生活史缩短的例子是短膜壳绦虫（*Hymenolepis nana*）的六钩蚴在终末宿主肠绒毛内发育为拟囊尾蚴，它丢失了昆虫中间宿主。自从 Grassi 和 Rovelli（1887，1892）发现该虫生活史以来，均认为它不需要中间宿主。但这不是原始的情况。据 Bacigalupo（1931）在阿根廷的研究，短膜壳绦虫的六钩蚴能在跳蚤及面粉甲虫体内发育，这些昆虫是它原来的中间宿主，因环境条件的变更，这一环节减缩掉了。这可能与鼠食同类尸体的习性有关。但是，如果我们把吸虫类早熟现象与绦虫类生活史缩短比较起来，可以看出两者的性质是不相同的。我们同意 Buttner 的第一种假设，认为早熟现象是吸虫类原始寄生生活的重演，或更确切地说是原始生活的遗留。以窄口螺侧殖吸虫的例子来说，它可能代表吸虫远古生活方式，还未获得终末宿主的阶段，或软体动物以外的宿主正在建立，处于可有可无的状态。

　　Serkova 和 Bykhovskii（1940）在苏联发现 *A. progenetica* 寄生于触角豆螺（*Bithynia tentaculata*）的消化腺。在列宁格勒地区有 50%的豆螺受感染，所含虫子中 60%是童虫，但有些却是性成熟的个体，其子宫内有卵；只有 15%～20%豆螺含此吸虫的雷蚴。他们通过试验，证实成虫和童虫均能从感染的豆螺移行到未经感染的个体。用阴性豆螺饲食虫卵试验，在一螺体得到发育的胚团，同时用割碎的阳性豆螺饲食拟鲤（*Rutilus rutilus*）及鲫鱼（*Carassius auratus*），证明侧殖吸虫能在拟鲤肠内存活 6d，而在鲫鱼肠内仅能活 24h。

　　Biguet 等（1956）在法国北部从另一豆螺 *Bithynia leachi* 解剖出一种提早发育的侧殖吸虫的后期尾蚴，定名为 *A. dollfusi*，在阳性豆螺中只有约 10%的螺体中含有雷蚴和尾蚴。Stunkard（1959）报告 *A. amnicolae* 新种寄生在美洲的泽居河贝（*Amnicola limosa*）中，他用该贝类作饲食 *A. amnicolae* 卵子试验，一星期后解剖螺体找到了胞蚴和雷蚴。另外，从触角上收集来的尾蚴用以感染阴性的河贝，结果发现有 50% 以上的尾蚴能侵入螺体组织，在里面形成囊蚴。在囊内的后期尾蚴能继续生长，囊的体积继续增大，只有脱囊后的后期尾蚴能迅速成长而达到性成熟和怀卵期。

　　吸虫类的后期尾蚴在未侵入终末宿主阶段已经能发育到性器官成熟和产卵的现象，最早曾经德国动物学家 von Siebold（1835）记述，他在一种蝲蛄（*Astacus astacus*）体内发现的吸虫囊蚴具有这样的特点。Giard（1887）创用"提早发育"（progenese）这一名称，专指凡是幼年动物未达到成年期便有性器官成熟的现象。Dollfus（1924）就将此名称用于吸虫类。

　　Joyeux（1923）在北非洲食用蛙 *Rana esculenta* 的皮下组织内发现 *Ratzia parva* 的早熟囊蚴，其产生的卵子有正常的毛蚴孵出。Mathias（1924）从钩虾（*Gammarus pulex*）体内找到侧孔吸虫（*Pleurogenes medians*）的囊蚴具有成熟性器官和卵子。他进一步考察其生活史，得悉在正常状态下系寄生于青蛙及雨蛙。Dollfus（1927）叙述一种半尾类吸虫 *Dinurus tornatus* 的早熟现象，两年后他又重新提出了提早发育是否即是生活史中某一环节的缩短（终末宿主的减除），并提出此现象在复殖类是否普遍存在的问题。自从 Dollfus 提出这一问题后，引起寄生虫学者较普遍的注意，Joyeux 等（1932）曾讨论 *R. parva* 的提早发育问题；Dollfus（1932）从扁卷螺（*Planorbis planorbis*）得到的一种提早发育的后期尾蚴，他从尚在囊中的虫体观察到精子和卵子，肯定了其生殖是由于自体受精。

　　在我国境内最先报告发育例子的有吴光（1937，1938），他叙述叶形吸虫在两种沼虾 *Palaemon asperulus*、*P. nipponensis* 体内发育为成虫。Yeh 和 Wu（1950）记述同类的沼虾体内有小微茎吸虫（*Microphallus minus*）的早熟囊蚴。此外，在上海郊区，叶英和吴淑卿（1955）又从沼虾体内发现一种属于海立科、半尾类的上海拟曲肠吸虫(*Genarchopsis shanghaiensis*)的早熟虫体。它们虽不结囊，但在甲壳动物体内虫体子宫内已有成熟的虫卵，后来，我们在福建发现它的终末宿主是鳜鱼[*Siniperca chuatsi*(Basil)]。

9. 侧殖吸虫的生活习性与危害

侧殖亚科吸虫的生活习性在吸虫类系统发生的问题上富有启发意义。从它的生活史来看，它代表演化中一个较早的阶段，尾蚴期不具尾巴，说明它还是未能适应水中游泳的生活。同时它的贝类宿主是水栖的种类，它不具尾巴的特点迥然不同于有陆生生活的如短咽科(Brachylaemidae)或双腔科(Dicrocoelidae)的某些种类，它们的短尾巴是由于缩短和退化。Wunder(1924)所观察尾蚴的移行习性和聚集在触角上的行为是饶有兴趣的。这使我们推想吸虫类幼虫如何离开贝类宿主的较原始的状态。

侧殖吸虫在正常状态时系鱼类肠内的寄生虫，但有两种侧殖吸虫经报告寄生于鱼体肾脏。这就是 *A. kubanicum*(Issaitchikoff, 1925)寄生于拟鲤(*Rutilus rutilus*)，另一种是 *A. renale*，它是我国的研究者李慧珠等(1958)在太湖震泽县找到，寄生于鳡鱼(*Elopichthys bambusa*)，数百个虫体包裹在肾脏纤维质的包囊中。据苏联学者记述，*A. kubanicum* 也有大量的虫体寄生的状况，并能引起严重的症状，如鳞片脱落、肾脏、腹部水肿等。鳡鱼是凶猛的鱼类，经常捕食其他小鱼。李慧珠等推测鳡鱼可能因吞食含有此虫囊蚴的鱼类或其他动物而获得感染。我们认为也有可能因吞食某些鱼类，其肠内寄生有正在发育的成虫。有似虎豹等猛兽因吞食含有肺吸虫发育期的小型哺乳类动物而获得肺吸虫的感染一样，体内累积了数量很多的虫体。很明显鳡鱼不是侧殖类正常的宿主，因为这些吸虫不在正常位置肠管内生长，有可能是被吞食的幼虫或稚虫经进行迁徙和被排除而累积于肾脏。

依据上述各种事实，我们不难推测侧殖吸虫有多样的生命循环方式。这都和鱼类宿主的习性或食物链有关。有的侧殖类的幼虫在原中间宿主体内形成囊蚴，有的在同宿主的另一个体体内形成，被鱼类吞食后成长为成虫，这样的生命循环就包括了两个宿主。亦有尾蚴能侵入鱼类宿主的口部周围组织，鳃弧等形成囊蚴(Yamaguti, 1938)。被感染的鱼一般称第二中间宿主，如被其他大鱼所食，囊蚴随即发育为成虫。这样，就需要3个宿主来完成其生活史。侧殖类的尾蚴有具穿刺腺的，有不具穿刺腺的，这可能与它们侵入宿主组织的习性有关。排泄囊的大小也可能与形成囊蚴的习性有关。总之，这一类吸虫的生活还蕴存着许多秘密，需要进一步的探讨与发现。这方面的研究对于了解吸虫类的生活规律和宿主交替的起源问题是有益的。

本属吸虫为多种淡水经济鱼类的寄生虫，对于宿主有一定的危害作用，特别在不正常宿主体内会产生严重的病理症状。Bykhovskaya 和 Bykhovski(1940)记载 *A. kubanicum* 本来是鲤科鱼类肠内的寄生虫，当寄生在拟鲤(*Rutilus rutilus haeckeli*)的肾脏及输尿管时会产生肾组织严重的损害，体外表可见有鳞片脱落、腹部水肿等症状。李慧珠等所报告的肾侧殖(*A. renale*)系采自鳡鱼[*Elopichthys bambusa*(Rich.)]的肾脏，常有数百个虫体包裹在由肌肉纤维形成的包囊中；据他们的叙述，此包囊似是因虫体寄生引起。鳡鱼是肉食性鱼类，能吞食小鱼或其他小动物，可能在它的食物里含有肾侧殖的囊蚴或正在发育的童虫。侧殖吸虫尚能引起鱼苗的"闭口病"，由于消化道被该吸虫所阻塞，常有数以万计的鱼苗因此死亡。

参 考 文 献

陈佩惠, 唐仲璋. 1984. 侧殖吸虫属一新种(吸虫纲: 独睾科). 动物分类学报, 9(1): 12-14
李慧珠, 郎所, 朱国庆. 1958. 太湖鱼类的寄生蠕虫、复殖亚纲Ⅲ侧殖属(独睾科 Monorchiidae)及一新种的描述. 华东师大学报(自然科学版), (2): 20-25
唐崇惕, 唐仲璋. 1976. 福建腹口吸虫种类及生活史的研究. 动物学报, 22(3): 263-274
唐崇惕, 唐仲璋. 2005.中国吸虫学. 福州: 福建科学技术出版社
唐仲璋, 唐崇惕. 1963. 两种腹口吸虫生活史的研究.1963年全国寄生虫专业学术讨论会论文摘要汇编: 133-134
唐仲璋. 1962. 两种侧殖吸虫的生活史及其分类问题的考察. 福建师范学院学报(寄生虫学专号), 162-193
唐仲璋. 1980. 窄口螺侧殖吸虫的发育史及早熟现象. 水生生物学集刊, 7(2): 231-244
叶英, 吴淑卿. 1955. 上海沼虾内 *Genarchopsis shanghaiensis* n. sp. 新种(吸虫纲: 半尾科)及其早熟现象的初步报告. 动物学报, 7(1): 37-42
Anderson M G. 1935. Gametogenesis in the primary generation of a digenetic trematode, *Proterometra macrostoma* Horsfall, 1938. Trans Micr Soc, 56: 271-297
Biguet J, Deblock S, Capron A. 1956. Description D'une metacercaire progenetique du genre *Asymphylodora* Looss, 1899, *decouverte chez Bythinia leachi*

Sheppard dans le nord de la France. Ann Parasitol, 31: 525-542

Biguet J, Deblock S, Capron A. 1956. Description d'une metacercaire progenetique du genre *Asymphylodora* Looss, 1899, de'couverte chez *Bythinia leachi* Sheppard dans le Nord de la France. Ann Par Hum et Comp, 31: 525-542

Buttner A. 1950a. Preiere démonstration experimentale d'un cycle alrege chez les trematodes digenetiques. Cas du *Plagiorchis brumpti*. Ann Parasitol, 25: 21-26

Buttner A. 1950b. La progenese chez les trematodes digenetiques (I, II). Ann Parasitol, 25: 376-434

Buttner A. 1951. La progenese chez les trematodes digenetiques (III). Ann Parasitol, 26: 19-66, 138-189, 279-322

Chabaud AG, Biguet J. 1954. Etude d'un trematode hemiuroide a metacercaire progenetique. I. Developpment chez le copepode. Ann Parasitol, 29: 527-545

Crusz H. 1956. The progenetic trematode *Cercaria patialensis* Soparkar in Ceylon. J Parasitol, 42: 245, 9: 145-154

De Filippi F. 1854. Memoire pour servir a l'histoire genetique des trematodes. Ann Sci Paris Zool (Ser 4), 2: 255-284

De Filippi F. 1855. Deuxieme memoire pour servir a l'histoire genetique des trematodes Mem. Accad Sci Torino (Ser 2), 16: 419-422

De Filippi F. 1857. Troisieme memoire pour servir a l' histoire genetique des trematodes Mem. Accad Sci Torino (Ser 2), 18: 201-232

Deblock S, Capron A, Biguet J. 1957. Contribution a la connaissance d'*Asymphylodora tincae* (Modeer, 1790). Ann Par Hum Comp, 32: 208-218

Dissanaike A S, Fernando C H. 1960. *Parathelphusa ceylonensis* C. H. Fern., second intermediate host of *Pleurogenoides sitapurii* (Srivastava). J Parasitol, 46: 889-890

Fuhrmann O. 1916. Notes helminthologiques Suisses II. Une nouvelle espece de cercaire sans queue. Rev Snisse Zool, 24: 393-396

Fuhrmann O. 1928. Trematoda. Berlin: Handbuch der Zoologie Kükenthal-Krumbach, 2 (life.3)

Hickman V V. 1934. On *Coitocaecum anaspidis* n. sp. a trematode exhibiting progenesis in the fresh water crustacean, *Anaspidis tasmaniae* Thomson. Parasitology, 26: 121-128

Hunninen A V, Cable R M. 1940. Studies on the life history of a new species of *Anisoporus* (Trematoda: Allocreatiidae). J Parasitol, 26: Suppl Abstr, 6: 33

Larson O R. 1961. The distribution of the progenetic trematode, *Asymphylodora amnicolae* Stunkard, 1959. J Parasitol, 47 (3): 371

Lühe M. 1909. Parasitische Plattwürmer. I. Tremates in Süsswasserfauna Deutschlands. (Brauer) Heft, 17

McIntosh A. 1935. A progenetic metacercaria of a *Clinostomum* in a West-Indian land snail. Proc Helminth Soc, 2: 79-80

Nagano K. 1930. On the intermediate host of *Asymphylodora tincae* in Japan. Trans Parasit Soc Jap, 2: 24

Ozaki Y. 1925. On a new genus of fish trematodes *Genarchopsis*, and a new species of *Asymphylodora*. Jap J Zool, I: 101-108

Serkova O P, Bykhovskii B E. 1940. *Asymphylodora progenetica* n. sp. nebst einigen angaben über ihre Morphologie und Entwicklungsgeschichte. (Russian text German summary). Leningrad, Parasitol Sborn Zool Inst Akad Nauk SSSR, 8: 162-175

Skrjabin K I. 1955. Trematodes of Animals and Man. Vol.11. Moscow: Publishing House of Academy of Sciences of USSR

Stunkard H W. 1959. The morphology and life history of the digenetic trematode *Asymphylodora amnicolae* n. sp.; the possible significance of the phylogeny of the Diginea. Biol Bull, 117 (3): 562-581

Stunkard H, Uzmann J W R. 1959. The life cycle of the digenetic trematode, *Proctoeces maculates* (Looss, 1901). [Syn. *P. subtenuis* (Linton, 1907) Hanson, 1950] and description of *Cercaria adranocerca* n. sp. Biol. Bull, 116: 184-193

Szidat L. 1943. Die Fischtrematoden der Gattung *Asymphylodora* Looss, 1899, und Verwandte. Zeitschr Parasitenk, 13: 25-61

Wesenberg-Lund C. 1934. Contributions to the development of trematode Digenea. Part II. The biology of the fresh-water cercariae in Danish freshwaters. K Danske Vidensk Selk Skr Naturw Math Afd, 5: 1-223

Wisniewski L W. 1932-1933 Ueber zwie neue progeneitische Trematoden aus den balkanischen Gammariden. Bull Acad Pol Cracovie, t II: 259-276

Witenberg G G, Eckmann F. 1934. Notes on *Asymphylodora tincae*. Ann Mag Nat Hist, 10 (14): 366-371

Wu K (吴光). 1938. Progenesis of *Phyllodistomum lesteri* sp. nov. (Trematoda: Gorgoderidae) in freshwater shrimps. Parasitology, 30 (1): 4-19

Yamaguti S. 1936. Studies on the Helminth fauna of Japan. Part 15. Trematodes of fishes. II. Kyoto: 1-6

Yamaguti S. 1938. Studies on the Helminth fauna of Japan. Part 21. Trematodes of fishes. IV. Kyoto: 1-139

Yeh J (叶英), Wu K (吴光). 1950. Progenesis of *Microphallus minus* Ouchi (Trematoda: Microphallidae) in freshwater shrimps. Peking Nat Hist Bull, 19: 193-208

Куприянова-Шахматова Р А. 1959. Нахождение прогенетических метацеркариев в моллюсках серднего поволжья. Труды Гельминтологической Лаборатории, 9: 145-154

(二十一) 单孔科[Haploporidae (Looss, 1902) Nicoll, 1914]与魏里科 (Waretrem- atidae Srivastava, 1937)

1. 分类及研究历史

(1) 单孔科与魏里科的分类

魏里科 (Waretrematidae Srivastava, 1937) 是寄生在海产或淡水鱼类肠道的寄生虫。它的成虫形态与寄生在海鱼肠管的单孔科[Haploporidae(Looss，1902)Nicoll，1914] 的吸虫相似，都只具有单个睾丸，雌雄性生殖管道末端形成两性囊(hermaphroditic sac)、生殖孔开口在腹吸盘前方中央位置等特征。此两科都是比较小的科，Yamaguti(1971)的单孔科含 2 亚科 7 属，魏里科含 4 亚科 12 属。关于此两科的分类如下。

Family Haploporidae(Looss，1902)Nicoll，1914
    Subfamily Dicrogaterinae Yamaguti，1958
        Genus *Dicrogaster* Looss，1902
    Subfamily Haploporinae Looss，1902
        Genus *Haploporus* Looss，1902
            Syn. Wlassenkotrema Skrjabin，1956
        Genus Lecithobotrys Looss，1902
           Subgenus *Lecithobotrys* Looss，1902
                Paralecithobotrys Freitas，1948
        Genus *Megacoelium* Szidat，1954
            Neohaploporus Manter，1963
            Saccocoelioides Szidat，1954
            Saccocoelium Looss，1902
Family Waretrematidae Srivastava，1937
    Subfamily Carassotrematinae Skrjabin，1942
    Genus *Carassotrema* Park，1938
    Subfamily Megasoleninae Manter，1935
        Genus *Hapladena* Linton，1910
            Syn. Deradena Linton，1910
            Hairana Nagaty，1948
        Genus *Megasolena* Linton，1910
            Metamegasolena Yamaguti，1970
            Spiritestis Nagaty，1948
            Vitellibaculum Montgomery，1957
                Syn. Allomegasolena Siddiqi et Cable，1960
    Subfamily Scorpidicolinae Yamaguti，1971
        Genus *Myodera* Montgomery，1957
             Scorpidicola Montgomery，1957
    Subfamily Waretrematinae(Srivastava，1937)Belous，1954
        Genus *Chalcinotrema* Freitas，1947
            Pseudohapladena Yamaguti，1952
            Skrjabinolecithum Belous，1954
            Waretrema Srivastava，1937

(2)单孔科和魏里科的研究历史

A. 分类的研究历史

本类吸虫早期学者就有发现，但开始时均将它们置于异肌科(Allocreadiidae)，如 Linton(1911)叙述了寄生于蓝子鱼 *Teuthis hepatus* 和 *Teuthis coeruleus* 的 *Hapladena varia*。嗣后学者如 Poche(1925)及 Fuhrmann(1928)均以为应属于异肌科。

Manter(1935)为寄生于美国佛罗里达的鲩鱼 *Kyphosus sectatrix* 和 *Kyphosus incisor* 的 *Megasolena estrix* Linton，1910 建立大咽亚科(Megasoleninae Manter，1935)，该虫种为此亚科的模式种。Manter(1935)建立大咽亚科时从异肌科移出，其根据系从他研究 *Megasolena estrix* 及 *Hapladena varia* 的形态构造时，注意到这一类吸虫的两个特点：一为它们具有 4 条纵走的所谓"淋巴系统" 的管道，另一点则是具有贮精囊和子宫末端构成的两性囊。有此两点，Manter 认为它们与异肌科大不相同。但他又将自己创立的亚科归于后壶科(Opistholebetidae Fukui，1929)。

1938 年朝鲜蠕虫学者朴泰莱(Park)从鲫鱼体内发现一新属新种吸虫，命名为朝鲜鲫吸虫(*Carassotrema koreanum* Park，1938)。

Skrjabin(1942)创立了鲫吸虫亚科(Carassotrematinae Skrjabin，1942)，并建立大咽科(Megasolenidae Skrjabin，1942)来容纳大咽亚科和鲫吸虫亚科。在 1955 年，他所著的《动物及人体吸虫》第十卷中仍沿用此体系。1956 年他根据 Belous(1954)的意见将魏里科(Waretrematidae Srivastava，1939)降为单孔科(Haploporidae Nicoll，1914)的一个亚科。

Yamaguti(1958，1971)在他的吸虫分类系统中并列了单孔科和魏里科，而把大咽科作为后者的同物异名。Siddigi 和 Cable(1960)认为大咽科和魏里科均是单孔科的同物异名，即鲫吸虫亚科、大咽亚科和魏里亚科均应属于单孔科。

综上所述，可知此类吸虫的分类位置及其与其他科的关系问题，蠕虫学者的意见还不能一致，而有待于进一步比较其发育史中各期形态而作出结论。

B. 生活史的研究历史

Cable(1962)叙述寄生于一种小螺 *Zebina browniana* 的一种尾蚴 *Cercaria caribbea* Lii，依据其形态认为可能是多变单管吸虫(*Hapladena varia*)的幼虫。但他因为没有完整生活史的证明而不作绝对的肯定。单孔科吸虫的生活史经阐明的不多，本科中具有实验证实的生活史有 Martin(1973)报告的大洋洲的皮氏似囊肠吸虫(*Saccocoelioides pearsoni*)。

唐仲璋和林秀敏(1979)报告了我国鲫吸虫亚科的 6 种鲫吸虫，并阐明了两种鲫吸虫：朝鲜鲫吸虫(*Carassotrema koreanum* Park，1938)与吴氏鲫吸虫(*Carassotrema wui* Tang et Lin，1979)的生活史，提供了大咽科或魏里科有关生活史论料，作者将鲫吸虫生活史与单孔科唯一经实验证实分布在大洋洲昆士兰布里斯班河的皮氏似囊肠吸虫的生活史相比较，两者十分相似，证明它们之间有密切的亲缘关系。所以作者同意 Siddigi 和 Cable(1960)认为鲫吸虫亚科、大咽亚科及魏里亚科均应属于单孔科的意见。

Cable(1962)提出包括有大咽科和魏里科的单孔科与单脏科(Haplosplanchnidae)有密切关系，强调这两类的成虫与幼虫都有相似点，单脏科尾蚴除了肠管作袋状和尾部两旁有若干条状附属物的两个特点之外，其他构造却很相似。但有一个重要的不同点，即单脏科尾蚴是在胞蚴里面发育，而大咽科尾蚴却是在雷蚴里面发育的。若是依据 Odening(1960) 的分类系统，把复殖类吸虫(Digenea)分为胞蚴类(Sporocystoinei)和雷蚴类(Redioinei)两大类，上述这两科要分隔得很远。但 Cable 认为胞蚴与雷蚴在吸虫发育史上是基本相等的，胞蚴和雷蚴的区别点不是那么重要。Cable 主张把单孔科、魏里科及大咽科合为一科而用单孔科的名称，因它是最早建立的。可惜代表前两科的发育史当时尚未经阐明，它们与大咽科的关系仍须倚重于成虫形态的比较。

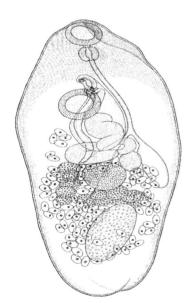

单孔图 1　中华丛腺吸虫(按唐崇惕和唐仲璋，2005)

2. 单孔科单孔亚科(Haploporinae Looss，1902)丛腺属(*Lecithobotrys* Looss，1902)种类

本属吸虫是海产鱼类肠管寄生虫。Looss(1902)创设丛腺属

(Lecithobotry)，其模式种为 *L. putrescens*，宿主为地中海地区的鲻鱼 *Mugil auratus*。Freitas(1948)建立了拟丛腺属(*Paralecithobotrys*)，并叙述 *P. brasiliensis*，地点在巴西。Szidat(1954)建立似囊腔属(*Saccocoelioides*)，并叙述模式种 *S. nanii* 及 *S. magniovatus*、*S. elongatus* 和 *S. magnus* 另 3 种，地点在阿根廷。这两个新属与丛腺属主要差异在卵黄腺的构造和肠管的长短，它们之间存在中间形式，未能作为属的区分特点。所谓 Lecithobotrys-Saccocoelioides-Paralecithobotrys 的复杂群可能只能作一个属，蠕虫学者对此意见有分歧。Yamaguti(1958)把它们列在丛腺属下面，设为 3 亚属。但他在 1971 年承认 *Saccocoelioides* 属，其他两者仍作为丛腺属下的两亚属。在我国福建发现此类一虫种，其形态与欧美的虫种有差异。2005 年，著者以中华丛腺吸虫称之，**中华丛腺吸虫**(*Lecithobotrys chinensis* Tang et Tang, 2005)情况介绍如下。

终末宿主　鲻鱼(*Mugil cephalus* L.)。

寄生部位　肠管。

虫种特征(单孔图 1)虫体长椭圆形，体表披细棘，排列有明显的横纹。体长 1.168～1.720mm，宽 0.368～0.496mm。口吸盘在次顶端的位置，大小为 (0.088～0.112) mm×(0.096～0.128) mm。前咽长度 9～16μm。咽大小为 (0.048～0.072) mm×(0.048～0.056) mm。食道很长，0.224～0.480mm，越过腹吸盘，并在大的两性囊的背面后方，分为两袋形的肠管，各长 0.24～0.48mm。腹吸盘位置约在体前方 1/3 处，大小为 (0.096～0.128) mm×(0.080～0.112) mm。生殖腺在虫体后半部，睾丸椭圆形，大小为 (0.224～0.304) mm×(0.08～0.190) mm。输精管向前延展，越卵巢前面膨大成外贮精囊，经盘旋曲折而入两性囊。内贮精囊又作两三层曲折而进入子宫末段，成为很短的两性管(hermaphroditic duct)。生殖孔位于腹吸盘前中央的位置。卵巢次圆形，位于体赤道线略后的位置，大小为 (0.112～0.232) mm×(0.080～0.200) mm。睾丸椭圆形，大小为 (0.224～0.304) mm×(0.096～0.190) mm。两性囊梨形，大小为 (0.272～0.304) mm×(0.144～0.170) mm。卵黄腺丛体椭圆形，紧接相连，排列不对称，约有 13 个。子宫环绕在卵巢和睾丸两侧，占据虫体的后半部。虫卵大小为 (9～21) μm×10μm，含发育的具眼点的毛蚴。

3. 魏里科鲫吸虫亚科(Carassotrematinae Skrjabin，1942)种类及宿主

(1)鲫吸虫属(*Carassotrema* Park，1938)的宿主

A. 研究历史

1938 年朝鲜蠕虫学者朴泰莱于鲫鱼体内发现一新属新种吸虫，定名为朝鲜鲫吸虫，从该吸虫叙述以后 30 多年来新种类增加得较少，这似乎表示本属是稀罕的类群。实际上鲫吸虫属是常见的寄生吸虫，包含不少种类，初步调查在我国境内已发现多种，寄生宿主包括鲩鱼、鲢鱼、鳙鱼、鲤鱼、鲫鱼、鳟鱼、黄尾蜜鲷、银飘鱼、鲻鱼、鳊鱼等 10 余种经济鱼类。成虫寄生宿主胃肠黏膜上，数量常达数百或 1000～2000 条(华鼎可，1964)。过去很长时间此类普通而重要的寄生虫其生物学问题未经考察和阐明，宿主感染的方式也未知。关于我国鲫吸虫属种类，在福建发现的有 3 新种：吴氏鲫吸虫、顾氏鲫吸虫及河口鲫吸虫(唐仲璋和林秀敏，1963，1979)，王伟俊(1964)在湖北也叙述了大咽鲫吸虫、瓣睾鲫吸虫及翼睾鲫吸虫 3 新种。

Manter(1957)认为大咽科及魏里科均应属于单孔科的概念而修订了单孔科(Haploporidae Nicoll，1914)，这一科吸虫是普通海鱼的肠道寄生虫。其中很多(至少有 5 个属)的种类寄生于鲻鱼体内。单孔科成员绝大多数虽然寄生在海产鱼类，但在欧洲和南美洲各有沿海海鱼及内陆淡水鱼的单孔科吸虫。目前本科吸虫广泛地见于非洲的刚果、埃及，欧洲的地中海沿岸、英国与苏联，亚洲的印度、阿拉伯海、朝鲜、日本和我国，在太平洋见于西南部的新喀里多尼亚、中部的夏威夷和南方的斐济，它们显然是世界性分布的。大咽亚科吸虫绝大部分种类为海产鱼类的寄生虫，鲫吸虫属是一个纯粹的淡水鱼寄生的属，它提供了有价值的足资比较的材料，在广泛地汇集了有关的事实之后，有望能了解某些科属的海水与淡水的吸虫区系的分布状况和产生的由来。

B. 终末宿主

在福建采集到的鲫吸虫有 5 种，作为鲫吸虫的终末宿主有 13 种鱼类：鲤鱼(*Cyprinus carpio*)、鲫鱼(*Carassius auratus*)、克氏鲦鱼(*Hemiculter kneri* Warpachowski)、毕登马口鱼(*Opsariichthys uncirostris bidens* Günther)、鳊鱼 [*Parabramis terminalis*(Richardson)]、三角鲂[*Megalobrama terminalis*(Richardson)]、鲻鱼(*Mugil cephalus* Linn.)、赤眼鳟 [*Squaliobarbus curriculus*(Rich.)]、银飘鱼(*Parapelecus argentatus* Günther)、鳙鱼[*Aristichthys nobilis*(Rich.)]、草鱼[*Ctenopharyngodon idellus*(C. et V.)]、鲢鱼[*Hypophthalmichthys molitrix*(C. et V.)]、黄尾蜜鲴(*Xenocypris davidi* Bleeker)。

除以上所述各种鱼之外，华鼎可(1964)尚报告朝鲜鲫吸虫寄生于蒙古红鲌 [*Erythroculter mongolicus*(Basil.)]。

鲫吸虫各鱼类宿主多是江河中生活的种类。以食性论，它们都有饲食水底藻类、植物碎屑或腐烂的植物习惯。草鱼、鲢鱼、鳙鱼等系池塘养殖的家鱼，亦有在江河生活的，它们和江河里其他鱼类有共同的感染来源。鲫鱼与鲤鱼在小河、大江均有。赤眼鳟鱼、鳊鱼、三角鲂、银飘鱼、黄尾蜜鲴、克氏鲦鱼等则系标准的大江里生活的鱼类。大江中尚有鲻鱼，它们生活于江河口淡咸水混合的环境。它们能在纯淡水中生活，能上溯江流。常在幼鱼的阶段就感染了吸虫。

C. 中间宿主

鲫吸虫的贝类中间宿主，经研究在福建是图氏窄口螺(*Stenothyra toucheana* Heude)。本种小螺属于 Rissoidae 科、Stenothyrinae 亚科。分布于太平洋沿岸的东洋区地带。生活在江河的滩和有淡水注入的海湾泥涂上，散布于中潮区带，每日因潮汐的关系都有被水淹没和暴露的时候。窄口螺在大江河底、小河及山沟的泥中都能生活，因此在平原池塘的沟渠或山沟的泥岸也有此螺。我国长江三角洲和福建省闽江河口繁殖甚多。以此，鲫吸虫的分布环境较为广阔。窄口螺贝类壳淡黄色，光滑，形近圆桶状。壳口小，圆形，有透明角质的厣，厣的底面有马蹄状隆起，是螺足肌肉附着处。活动时有环纹的触角及肉足均向外伸张。性喜阳光，在实验室中常趋向器皿有光的一侧。在河底泥涂中晴日则外出爬行。

(2) 鲫吸虫属种类

A. 朝鲜鲫吸虫(***Carassotrema koreanum* Park，1938**)

终末宿主　鲫鱼、鲤鱼、鲦鱼及南方马口鱼(福建)。

寄生部位　肠管。

采集地点　福建闽江口。

虫种特征(魏里图 1 之 1、5、6)(按福建标本)体长 1.406~1.615mm，体宽 0.703~0.874mm。口吸盘直径 0.111~0.146mm。咽大小为 (0.093~0.098)mm×(0.12~0.14)mm。腹吸盘大小为 (0.209~0.240)mm×(0.231~0.293)mm。睾丸大小为 (0.494~0.57)mm×(0.494~0.532)mm。卵巢大小为 (0.209~0.253)mm×(0.155~0.164)mm。虫卵大小为 (58~67)μm×(35~40)μm，平均 61μm×39μm。略作三角形的睾丸前方有一凹陷，边缘完整无分瓣。从睾丸前方左角有一条纤细的输精管发出，越过卵巢前方膨大而成为外贮精囊，在更成熟的个体中此囊常有一两个曲折，内充满着很多精子。两性囊是大咽科具有特征意义的器官，囊内有贮精囊，在其前有一个向后折回的管与子宫末段相连，形成两性管。本吸虫两性管有七八圈呈较坚硬环状构造。受精囊与输卵管愈合成为输卵管膨大部分，里面可见有卵子和不断转动的精子。劳氏管与受精囊底部相接，管向卵巢基部弯折，输卵管在很短距离处便与卵黄腺总管相遇而进入卵模。卵模常在卵巢的左侧或稍后的位置。梅氏腺环绕汇集于卵模的周围。卵模进入突然扩大的子宫。卵黄腺是椭圆形或圆筒形的腺体，散布在咽以后的体空隙的部位，横走的卵黄腺管在睾丸中部前方从两侧向中央会集，成为总管，向前方尖削而接于输卵管。

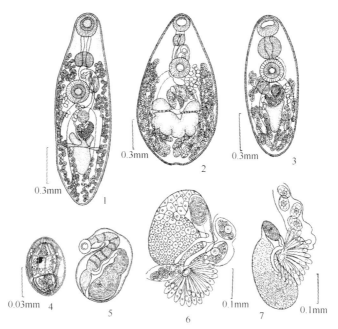

魏里图 1　鲫吸虫属种类(一)(按唐仲璋和林秀敏，1979)

1. 朝鲜鲫吸虫；2. 顾氏鲫吸虫；3. 大咽鲫吸虫；4. 顾氏鲫吸虫虫卵；5. 朝鲜鲫吸虫两性囊；6. 朝鲜鲫吸虫卵巢及其附近器官；
7. 顾氏鲫吸虫卵巢及其附近器官

B. 吴氏鲫吸虫(*Carassotrema wui* Tang et Lin，1963)

终末宿主　赤眼鳟[*Squaliobarbus curriculus*(Rich.)]。

寄生部位　肠管。

发现地点　福建闽江口。

虫种特征(魏里图 2 之 2、4)虫体椭圆形，前端较窄，体大小为(2.042～2.208)mm×(0.714～0.863)mm。口吸盘位于次顶端，大小为(0.19～0.228)mm×(0.19～0.266)mm。前咽很短，咽大小为(0.123～0.19)mm×(0.133～0.19)mm。腹吸盘直径 0.209～0.266mm。食道细长，两支肠管延至睾丸后方近体后端。睾丸单个，略作三角形，前方凹陷，周围边缘有分瓣，而以前方左右两角的分瓣特别巨大。输精管从睾丸前方左角出发，向体中央斜走接于外贮精囊，囊又接于腹吸盘背方的两性囊，囊大小为(0.266～0.361)mm×(0.123～0.209)mm，其内具内贮精囊和不呈环状的两性管。生殖孔开口于腹吸盘前咽的后方左侧。卵巢葫芦状，大小为(0.161～0.247)mm×(0.104～0.161)mm，位于睾丸前凹陷处。从卵巢前方发出的输卵管与受精囊愈合，其基部接于一个略作倾斜位置的劳氏管。有梅氏腺围绕的卵模位于卵巢左侧，子宫盘旋于卵巢与腹吸盘之间。在睾丸前半中部的水平有横走的卵黄腺管从两侧汇集于中

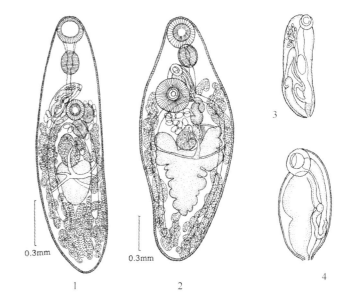

魏里图 2　鲫吸虫属种类(二)(按唐仲璋和林秀敏，1979)

1. 河口鲫吸虫；2. 吴氏鲫吸虫；3. 河口鲫吸虫两性囊；4. 吴氏鲫吸虫两性囊

央而形成总管，卵黄腺为不规则的椭圆形或长条形的丛体，分布于体两侧，自腹吸盘前缘至体后端。卵椭圆

形，大小为(62~75)μm×(48~55)μm。本吸虫名称系尊崇我国著名寄生虫学家吴光教授而定名(唐仲璋和林秀敏，1979)。

C. 顾氏鲫吸虫(**Carassotrema kui** Tang et Lin，1963)

终末宿主 平胸鳊[Megalobrama terminalis(Rich.)]、黄尾蜜鲴(Xenocypris davidi Bleeker)。

寄生部位 肠管。

发现地点 福建闽江口。

虫种特征(魏里图 1 之 2、4、7)虫体梨形或前方窄削的叶形，体大小为(1.235~1.527)mm×(0.589~0.836)mm。口吸盘位于顶端，大小为(0.133~0.161)mm×(0.133~0.190)mm。腹吸盘直径0.152~0.190mm。前咽很短，咽大小为(0.076~0.133)mm×(0.095~0.114)mm。食道很长，越过两性囊到腹吸盘后缘，分成两支肠管，后者包裹了整个睾丸。睾丸呈蝴蝶状，左右及后方边缘共有浅的分瓣6~7个。生殖孔开口在咽的后方，在食道的左侧。卵巢葫芦形，位于睾丸前方凹陷处，大小为(0.199~0.380)mm×(0.114~0.144)mm。输卵管、受精囊愈合，有一弯斜的劳氏管伸向卵巢中部，输卵管紧接着卵模，子宫盘曲在卵巢和两性囊之间。卵黄腺为不规则的块状、筒状或有瓣裂的丛体，分布于虫体两侧自腹吸盘以至于体后端。这些丛体由纵走的腺管所连接，前后腺管汇聚为横走的腺管，在睾丸前方 1/3 处汇聚为总管而与卵模相接。虫卵椭圆形，大小为(58~64)μm×(31~40)μm。本吸虫名称系尊崇我国著名寄生虫学家顾昌栋教授而定名(唐仲璋和林秀敏，1979)。

D. 大咽鲫吸虫(**Carassotrema megapharyngus** Wang，1964)

终末宿主 三角鲂[Megalobrama terminalis(Rich.)]。

寄生部位 肠管。

发现地点 福建闽江下游，共采到 10 个标本。

虫种特点(魏里图1 之 3)(按福建标本)虫体大小为(1.140~1.235)mm×(0.418~0.456)mm。口吸盘大小为(0.133~0.155)mm×(0.195~0.217)mm。咽巨大，为(0.133~0.178)mm×(0.169~0.217)mm。腹吸盘大小为(0.155~0.186)mm×(0.169~0.200)mm。睾丸盾形，大小为(0.257~0.289)mm×(0.173~0.182)mm。两性囊大小为(0.222~0.235)mm×(0.089~0.111)mm，位于腹吸盘背方。卵巢梨形，位于睾丸前，大小为(0.115~0.160)mm×(0.067~0.093)mm。子宫盘旋在卵巢和腹吸盘之间。卵黄腺为块状丛体，分布在自腹吸盘中部至体后端，虫卵大小为(44~67)μm×(24~44)μm。

E. 河口鲫吸虫(**Carassotrema estuarinum** Tang et Lin，1979)

终末宿主 鲻鱼(Mugil cephalus Linn.)。

寄生部位 肠管。

发现地点 福建闽江河口。

虫种特征(魏里图 2 之 1、3)标本共 6 条。虫体梭形或圆筒形，前端稍窄，后端较钝。体大小为(0.988~1.672)mm×(0.399~0.532)mm。口吸盘位于次顶端，大小为(0.102~0.155)mm×(0.129~0.191)mm。前咽长 0.044~0.075mm，咽大小为(0.106~0.142)mm×(0.102~0.133)mm。腹吸盘直径 0.111~0.133mm，位于体前方1/3 处。食管长 0.250 mm，在腹吸盘后方分两支肠管，肠管沿体两侧后行，越睾丸后缘而终止于体后方略后于1/4 处。睾丸呈三角形或作盾状，边缘完整，大小为(0.289~0.355)mm×(0.244~0.293)mm。输精管在腹吸盘后方左侧，膨大分成两室，各作圆形的贮精囊，前方管道较窄，转折向右，入于圆筒状、两端窄小的两性囊(hermaphrodictic sac)，大小为(0.213~0.310)mm×(0.111~0.129)mm。囊里面内贮精囊细窄，靠囊壁一边屈折向前至前方囊长 1/3 处突然成细管，又屈折向后至基部，通于子宫会合成为两性管。在内贮精囊前方有一丛前列腺，并有前列腺管与囊相接。生殖孔在食道左侧介于咽和腹吸盘之间相等距离处。卵巢梨形或葫芦形，位于睾丸前，两者相接触，大小为(0.155~0.244)mm×(0.093~0.142)mm。输卵管从前端出发，急转向后与受精囊紧接，且有部分相愈合，囊的后方通于一条很小的劳氏管。卵模位于卵巢侧方，子宫盘旋于卵巢及腹吸盘间的位置，通于两性囊。卵黄腺为块状或条状的丛体，分布于虫体两侧自腹吸盘前缘平行线直至体的近后端处。横走的卵黄腺管在睾丸中段向中央汇集成总管，接于输卵管。虫卵椭圆形，大小为(58~75)μm×(31~49)μm。

本虫种与北美洲海产或淡咸水鱼的鲻居鲫吸虫（*Carassotrema mugilicola*）区别如下：

虫种	鲻居鲫吸虫	河口鲫吸虫
前咽	比口吸盘、咽及食道都长	较短
腹吸盘	大于口吸盘	小于口吸盘
肠管	只延至睾丸的前缘	包裹整个睾丸，并越过其后缘
梅氏腺	分布在卵巢直后	卵巢左侧中央位置

F. 鲫吸虫种类的区别特征

7 种鲫吸虫分种检索表

A. 睾丸不分瓣

　　睾丸分瓣···**AA**

B. 咽比咽长···*C. mugilicola*

　　前咽比咽短···**C**

C. 腹吸盘小于口吸盘···*C. estuarinum*

　　腹吸盘大于口吸盘···**D**

D. 咽大于或相等于口吸盘···*C. megapharyngus*

　　咽小于口吸盘···*C. koreanum*

AA. 睾丸分瓣

A. 睾丸中央有很深的割裂···*C. kui*

　　睾丸中央无很深的割裂，前端两角膨大···**B**

B. 腹吸盘等于或小于口吸盘，卵子大小为 (53～71)μm×(23～39)μm···*C. lemellorchis*

　　腹吸盘大于口吸盘，卵子大小为 (62～75)μm×(40～55)μm···*C. wui*

4. 鲫吸虫属种类的生活史

（1）朝鲜鲫吸虫幼虫期

本种吸虫生活史中各幼虫期（**魏里图 3**）如下。

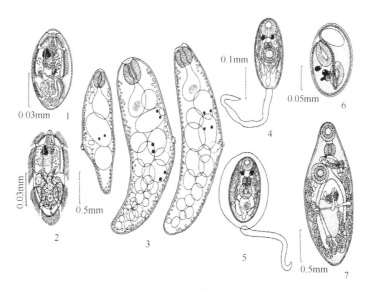

魏里图 3　朝鲜鲫吸虫幼虫期（按唐仲璋和林秀敏，1979）

1. 虫卵；2. 毛蚴；3. 雷蚴；4. 尾蚴；5. 正在形成囊蚴的尾蚴；6. 囊蚴；7. 实验童虫

A. 卵和毛蚴

虫卵椭圆形，大小为(47~70)μm×(33~44)μm(平均 61μm×39μm)，淡黄色。透过卵壳可见到卵内具眼点，体后端常有向前折叠的毛蚴及其体内部分器官。在夏天气温中卵生出后约需 5d 完成毛蚴发育而孵出。毛蚴长椭圆形，大小为 80μm×35μm，前端吻部突出。纤毛板 4 列，各列数目为 6、7、4、2，各列间隙及吻突均不生纤毛。毛蚴体前方有一腺细胞，内含颗粒甚多，可能具溶解组织的作用。虫体两侧，在第一列与第二列纤毛板之间常可见有水泡状的排出物，其性质未明。在腺细胞及其后横椭圆形的神经中枢之间有两个紧接在一起的眼点。两个焰细胞在体中央两侧，在第二列纤毛板基部的平行线上，接在焰细胞的排泄管分向两侧开口。毛蚴体后半部充满着胚细胞，它们被一层薄膜包裹着，这含 20 多个胚细胞的囊可能就是毛蚴侵入中间宿主体内后发育为早期的母胞蚴。

B. 雷蚴

本种吸虫在贝类宿主可能有母胞蚴和第一代雷蚴，但未找到。我们查到自然感染的雷蚴梭形，前端稍大，休大小为(1.87~2.85)mm×(0.57~0.78)mm。口孔在前端顶部；咽圆形，直径 0.25~0.28mm；肠管袋形，大小为(0.50~0.53)mm×(0.26~0.28)mm。体内含成熟尾蚴 2~3 个和不同发育的胚球 10 多个。生产孔位于体中线的一侧，离体前端有一半位置。孔的周围凸出，如唇瓣状隆起，内面有泡状空隙。Martin(1973)报告一显著的生产孔在体前方约 1/5 水平的一侧。这均与其他吸虫雷蚴的生产孔离口孔或咽位置不远不同，这样生产孔位置较后可能是单孔科的一个重要特征。

C. 尾蚴

本种尾蚴属裸头型尾蚴(Gymnocephalous cercaria)，具有两个眼点和没有任何附属构造的简单的尾。体部表面有横列的小刺。体部大小为(0.225~0.230)mm ×(0.120~0.130)mm，尾部长 0.17~0.40mm，基部宽 0.03mm。口吸盘位于次顶端，0.05~0.06mm。前咽长 0.01~0.025mm，咽直径 0.036~0.045mm。食道长 0.02~0.025 mm，在腹吸盘中部水平分为两支半规状弯曲的肠管。腹吸盘位于体部中段，直径 0.050~0.064mm。排泄囊"Y"形，有两支明显的收集管从囊的前方左右两侧出发，蜿蜒向前越过眼点而达口吸盘两旁，继乃转折向后，至体中段分为前后两支，各接于更进一级的分支的排泄管和焰细胞。尾蚴体两侧各有一列成囊腺细胞遮盖着小排泄管分布的状况。尾蚴趋光性强。

D. 囊蚴

尾蚴逸出后迅速形成囊蚴，开始时尾巴剧烈摆动，随即脱落，颗粒状成囊物质从体表分泌出来，累积在体部表面成为包裹虫体的胶状物，此胶状物可能有黏着物体的作用。囊蚴椭圆形或梨形，大小为 0.15mm×0.12mm。虫体折叠在囊内，口吸盘、咽及腹吸盘均明显可见。后蚴成熟时排泄囊膨大，眼点的黑色颗粒散开，但仍存在体前部组织内，同时囊蚴变成黄褐色。

E. 实验得到的成虫

用囊蚴感染金鱼得到未成熟虫体，体大小为 0.65mm×0.2mm。口吸盘大小为 0.1mm ×0.11mm。前咽长 0.03mm，咽大小为 0.06mm×0.07mm。腹吸盘大小为 0.11mm×0.12mm。食道长 0.13mm。睾丸大小为 0.2mm×0.11mm，卵巢大小为 0.06mm×0.05mm。感染 30d 后的成熟虫体，大小为 1.3mm×0.55mm。口吸盘直径 0.166mm。咽大小为 0.111mm×0.122mm。食道长 0.2mm。腹吸盘直径 0.2mm。卵巢大小为 0.18mm× 0.088mm，睾丸大小为 0.388mm × 0.2 mm。两性囊大小为 0.2mm×0.1mm。

(2)吴氏鲫吸虫幼虫期

本种吸虫的发育与朝鲜鲫吸虫极为近似，但各幼虫期(**魏里图 4**)的体形较大，可资识别。它的中间宿主也是图氏窄口螺，终末宿主为赤眼鳟及草鱼，广泛地分布于闽江。

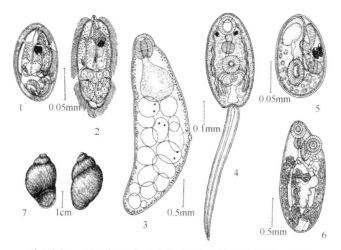

魏里图 4　吴氏鲫吸虫幼虫期(按唐仲璋和林秀敏，1979)

1. 虫卵；2. 毛蚴；3. 雷蚴；4. 尾蚴；5. 囊蚴；6. 实验童虫(宿主：金鱼)；7. 图氏窄口螺

A. 卵和毛蚴

卵椭圆形，大小为 (62～75) μm×(40～55) μm (平均 69μm×51μm)，成熟虫卵淡黄色，卵内发育完整的毛蚴体较长，后端向前弯折。子宫末端排出的早期分裂的卵在 28～30℃ 下经 5d 发育成熟并孵出毛蚴。毛蚴长椭圆形，大小为 (80～100) μm×35μm。纤毛板 4 列，各列数目 6、7、4、2。体前端有一个单细胞穿刺腺通于吻突的顶部，其后面的膨大部中央有一泡状的胞核。椭圆形神经团在体前方 1/3 处正中的位置，它前背面有 2 个紧靠的眼点，由许多色素颗粒构成，每个眼点的后方都具有一个晶体。焰细胞在体中段，排泄管屈曲向后开口在体两侧，在第三、第四列纤毛板之间。体后半部内有一团物，20 多个胚细胞，外包围有一层薄膜。毛蚴孵出后在水中有一段自由活动的生活。

B. 雷蚴

雷蚴圆筒状或梭状，大小为 (3.5～4.6) mm×(1.15～1.34) mm。前端有口孔，咽巨大，直径 0.5，肠管袋形，大小为 0.85mm×0.52mm。生产孔位于体中段，距前端 1.5～2.0mm 的位置，孔的周围有括约肌形成的唇瓣状隆起。体内有成熟尾蚴和大小不等的各发育期的尾蚴胚体。

C. 尾蚴

尾蚴也是具眼点的裸头型，体部椭圆形，表面披有小刺，具赤褐色或黄色色素，大小为 (0.289～0.381) mm×(0.177～0.248) mm，最阔处在体中段。简单而窄长的尾长 0.177～0.533mm，基部宽 0.040～0.057mm。口吸盘在次顶端，直径 0.057～0.097mm；腹吸盘比口吸盘稍大，0.062～0.088mm；两眼点并排于前咽的两旁；咽巨大，为 0.050mm×0.060mm；食道长，向后逾越腹吸盘，而分为弯形的肠管。虫体有许多成囊细胞，此细胞圆形，具小胞核，并含有稠密的黄色颗粒。生殖原基已有雏形，位于排泄囊前，肠弯内面，直径约 0.040mm。成熟尾蚴在水中游，极似蝌蚪。尾蚴趋光性很显著。尾蚴在水中不久即在水线附近形成囊蚴。

D. 囊蚴

在自然界，尾蚴附着在河底的藻类植物上，在腐烂的植物或水草嫩叶上结囊。初形成的囊椭圆形，1～2d 后变为卵形或梨形，囊大小为 (0.175～0.2) mm×(0.125～0.150) mm。囊壁厚 50μm，囊壁外面常有一层胶状物质包裹，它可能有黏着作用。囊内后期尾蚴作折叠状，排泄囊增大。体表所含黄色色素较前更显著，眼点仍明显，一些色素颗粒分散在附近的组织内。口吸盘直径 0.050mm，咽直径 0.030mm，腹吸盘大小为 0.040mm×0.055mm。后期尾蚴在盖玻片压平后可以见到"Y"形排泄囊，两侧排泄管向前屈曲上走至口吸盘旁，又扭折向后，下降到腹吸盘后缘水平线，分为前后两支，它们又各作两次分支，各接受 3 组由 3 个焰细胞组成的管，焰细胞公式可能是 2[(3+3+3)+(3+3+3)]=36。

E. 实验得到的成虫

感染金鱼 30d 后获得的成虫已发育成熟。体大小为 1.16mm×0.55mm。口吸盘直径 0.180mm，咽大小为 0.122mm×0.133mm。腹吸盘圆形，位于体前方 1/4 处。卵巢葫芦形，大小为 0.2mm×0.11mm。睾丸有分瓣，前方左右侧突出的瓣特别巨大，大小为 0.4mm×0.28mm；两性囊大小为 0.22mm×0.11mm。此标本各内部器官构造和吴氏鲫吸虫成虫期一致。

(3) 鲫吸虫感染终末宿主方式

细察鲫吸虫尾蚴结囊习性显然可见它们不需要第二中间宿主。它们不似异形科、后睾科或其他有锥刺的尾蚴那样能侵入动物宿主体内。它们是附着在藻类或其他腐败植物上面，混在水底泥土表层，这里散布着硅藻、颤藻、新月藻之类。鱼类宿主系因吞食这些植物得到感染的。考察鲫吸虫的各种鱼类宿主，它们有共同的摄食习性，用下颌刮取泥土表面的植物碎屑或其他有机食物，在此情况下它们就这样吞食了杂在里面的囊蚴而受感染。

5. 鲫吸虫属种类区系分布

将我国福建所观察的朝鲜鲫吸虫和吴氏鲫吸虫的生活史与大洋洲的皮氏似囊肠吸虫(*Saccocoelioides pearsoni*)的生活史作比较，它们有十分类似的各发育期形态，包括尾蚴、雷蚴等独特形态及尾蚴成囊习性均一致。鲫吸虫属和似囊肠属有这样相似的发育形式，它们隶于同一科有其生物学上的根据。虽然两者相隔数千万里，它们间亲缘关系有共同来源是无可置疑的。

鲫吸虫属分布于我国及东亚各地。它是单孔科吸虫在淡水鱼寄生的种类，只有福建省发现的河口鲫吸虫及北美的鲻居鲫吸虫寄生在淡咸水产或海产的鱼类。同一科和同一属的种类有东西半球的分隔，生活环境有淡水和海水之分。类似的分布现象也存在于单孔科中其他各属。Szidat(1954)以为目前的分布现象可能反映古代地理上的海陆变迁的状况。在第三纪的地质时期，地球上曾有一个古海(Tethys sea)跨越地中海、欧亚南部和南美洲，占了阿根廷的大部分。据他推测这可能影响两半球吸虫区系，但 Manter(1957)认为单孔科吸虫所寄生的淡水鱼宿主在欧美两方很不相同，作为该类寄生虫的传播者可能是能在海水、咸淡水以及淡水中都能生活的鲻鱼，对于远隔重洋的分布区起着连接的作用，即所谓"生态桥梁"(ecological bridge)，这一种假设，我们认为较为合理。

鲫吸虫属的鱼宿主主要在淡水环境，朝鲜鲫吸虫宿主鲤鱼等生活在大江、湖泊、池沼及小河支流；马口鱼则在离大江很远的山旁溪涧内。吴氏鲫吸虫宿主赤眼鳟、银飘鱼等在广阔的大江中生活，其他如鲩鱼、鳙鱼、鲢鱼之类亦在江河湖泊和池塘，大咽鲫吸虫宿主三角鲂、顾氏鲫吸虫宿主黄尾蜜鲴也一样地生活在广阔的江河湖泊水域中。上述这些水体其生态条件基本上是一样的。河口鲫吸虫的宿主普通鲻鱼其活动的地域较广，包括沿海水域、港湾以及河口的淡咸水中，它能上溯江流至纯淡水的中下游。我们从其体内获得河口鲫吸虫和 Shireman(1964)在美国路易斯安那州所得的鲻居鲫吸虫，这足以说明鲻鱼类对于单孔类吸虫的淡水与海水的区系分布确有重要的传播作用。

一般来说，淡水与海水的吸虫区系是不能突然转换的，洄游于淡水与海水之间的鱼类，在淡水中获得的肠内寄生虫到了海水后便丢失了，在海水中感染的到淡水来也这样。所以一个科或属里面既有海水鱼寄生的种类又有淡水鱼寄生的种类，这状况的发生必定经过长期演化的历史。在某些具有淡水分布的种类，它的同一科中极接近的成员却在远隔重洋的内陆水体中，这样的分布状况在吸虫也屡见不鲜。我们检查福建沿海的普通鲻鱼(*Mugil cephalus*)和赤眼梭鲻(*Liza haematochila*)，采集到除单孔科外还有半尾科的鲻鲻隐尾吸虫(*Aphanurus mugilus* Tang，1981)、单脏科的长形单脏吸虫(*Haplosplanchnus elongatus* Tang et Lin，1978)、楔形单脏吸虫(*Haplosplanchnus cuneatus* Tang et Lin，1978)诸新种，以及双睾原单脏吸虫(*Prohaplosplanchnus diorchis* Tang et Lin，1978)新属新种。它们都有在其他海域最接近的种类，如地中海及黑海的 *H. pachysomus*、印度孟加拉湾的 *H. purii* 和 *H. caudatus* (=*Laruea caudata*)。我们采集到的单孔科和地中海、黑海等地的丛腺属种类(如 *Lecithobotrys putrecens*)及南美洲巴西的疑丛腺属的 *Paralecith obotrys brasiliensis* 和似囊肠属的若干种类，其形态构造极其相似。从我国发现的这些材料看来，所谓地中海地区与南美洲地区单孔科吸虫区系有联系的问题不是单独这两地区的问题，而是一个全球性的问题。单孔科或与其有类似分布的一些科，种类虽不多，却形成环绕地球热带区的一个圈（circumtropical zone），这样广大分布区的形成要经过极其悠长的时间，很明显和鲻鱼的活动有关。普通鲻鱼有世界性分布，它们生活的地区十分广阔，对于其体内吸虫区系的广布性作用是可想而知的。

然而，吸虫区系分布单靠终末宿主还是不够的，Martin（1973）提出单孔科吸虫在淡水贝类繁衍，但这些贝类是新发展的宿主呢？或是它原系海产贝类适应于淡水的环境？在大洋洲，充为皮似囊肠吸虫的贝类宿主 *Posticobia brazieri* 滋生在布里斯班河和孟彻斯特湖，其体内有3种毛尾型尾蚴寄生。这类尾蚴常是寄生海鱼的吸虫类幼体，由此似乎标志着该属小螺可能曾经有过海水内的生活。分布于美国南部得克萨斯州的苏氏囊肠吸虫（*Saccocoelioides sogandaresi*），其贝类宿主苔守螺（*Amnicola comalensis*），这一属也一样有海产腹足类的谱系。这两个例子说明在大洋洲和北美洲南部都有海产贝类入侵内陆而转变为淡水贝类的演化历史。

福建省的图氏窄口螺广泛地分布在闽江及其支流，以及福州一带的湖泊与池塘，但也能生活在河口淡咸水内，与分布在长江河口三角洲地带的 *Stenothyra deltae* 是非常接近的种类，窄口螺和苔守螺同属于觿螺科（Rissoidae）。从上述腹足类的分布状况来考虑单孔科区系分布是必要的，因吸虫类的分布是以贝类宿主为基础的。

参 考 文 献

唐崇惕，唐仲璋. 2005.中国吸虫学. 福州：福建科学技术出版社

唐仲璋，林秀敏. 1963. 闽江淡水鱼类的寄生吸虫. 寄生虫学专业学术论文摘要汇编：124～125. 北京：科学出版社

唐仲璋，林秀敏. 1979. 中国鲻吸虫生活史及区系分布的研究. 厦门大学学报（自然科学版），第一期：81-98

Belous E V. 1954. On the systematies of the trematodes of the family Haploporidae Nicoll (In Russian). Trudy gelmint Lab，7：277-281

Cable R M，Isseroff H. 1969. A protandrous haploporid cercaria probably the larva of *Saccocoelioides sogandaresi* Lumsden，1963. Proc Helminth Soc Wash，36：131-135

Cable R M. 1961 A cercaria of the Haploporidae (Trematoda：Digenea) and the affinities of the family. J Parasitol，47（4 Sec 2）：42

Cable R M. 1962. A cercaria of the trematode family Haploporidae. J Parasit，48：419-422

Ferreti G，Paggi L. 1965. Ridescrizione di *Saccocoelium obesum* Looss，1902，trematode parassita di *Mugil cephalus*. Riv Parassit，26：229-239

Fischthal J H，Kuntz R E. 1963. Trematode parasites of fishes from Egypt. Part V. Annotated record of some presiously described forms. J Parasitol，49：91-98

Fischthal J H，Nasir P. 1974. Some digenetic trematodes from freshwater and marine fishes of Venezuela. Norw J Zool，22：71-80

Freitas T F T. 1947. *Chalcinotrema salobrensis* n.g.，n.sp. (Trematoda，Waretrematidae). Revta Bras Biol，7：461-464

Graefe G. 1971. Unusual behavior of an Argentinian haploporid cercaria. Parasit Schr Reihe，21：179-182

Huniter W S，Thomas L J. 1961. A new species of *Saccocoelium* (Trematoda，Haploporidae) from Beaufort，N.C. Trans Am Micr Soc，80：176-179

Looss A. 1902. Die Distomen-unterfamilie der Haploporinae. Arch Parasit，6：129-143

Lumsden R D. 1963. *Saccocoelioides sogandaresi*，a new haploporid trematode from the sailfin molly，*Mollienesia latipinna* La Sueur in Texas. J Parasitol，49：281-284

Manter H W，Pritchard M H. 1961. Studies on digenetic trematodes of Hawaiian fishes：families Monorchiidae and Haploporidae. J Parasitol，47：483-492

Manter H W. 1947. The digenetic trematodes of marine fishes of Tortugas，Florida. Am Midl Nat，38：257-416

Martin W E. 1973a. Life history of *Saccocoelioides pearsoni* n.sp. and the description of *Lecithobotrys sprenti* n.sp. (Trematoda：Haploporidae). Trans Am Micr Soc，92：80-95

Martin W E. 1973b. A new subfamily，two new genera，and three new species of haploporid trematodes. Proc Helminth Soc Wash，40：112-117

Meakins R H，Kawooya J. 1973. The effects and distribution of metacercariae on the gills of fish *Tilapia zilli* (Gervois，.1948). Z Parasitkde，43：25-31

Nicoll W. 1914. Trematode parasites of fishes in the English Channel. J Mar Biol Ass UK，NS，10：466-505

Overstreet R M. 1971. Some adult digenetic trematodes in striped mullet from the northern Gulf of Mexico. J Parasitol，57：967-974

Park JT. 1938. A new fish trematode with single testis from Korea. Keijo J Med，9：290-298

Shireman J V. 1964. *Carassotrema mugilicola*，a new haploporid trematode from the striped mullet，*Mugil cephalus* in Louisiana. J Parasitol，50：555-556

Siddiqi A H，Cable R M. 1960. Scientific survey of Porto Rico and the Virgin Islands. Digenetic trematodes of marine fishes of Puerto Rico. NY Acad Sci，17：255-369

Skrjabin K I. 1955，1956. Trematodes of animals and man. Vol.10，Vol.12. Moscow：Publishing House of Academy of Sciences of USSR

Skrjabin K I. 1942 Foundation of a new trematode family，Megasolenidae fam. Nov.，in connection with an analysis of the taxonomic significance of the lymphatic system and the hermaphroditic bursa. C R Acad URSS，35：58-60

Sogandares-Bernal F，Hutton R F. 1959. Studies on Helminth parasites of the coast of Florida. I. Digenetic trematodes of marine fishes from Tampa and Boca Ciega Bays with descriptions of two new species. Bull Mar Sc Gulf Caribbean，9：53-68

Srivastava H D. 1939. The morphology and systematic relationships of a new parasite，*Waretrema piscicola* gen. et sp. nov.，referable to a new family. Waretrematidae，of digenetic trematodes. Indian J Vet Sci，9：168-172

Szidat L. 1954. Trematodes nuevos de peces de agua dulce de la Republica Argentina y un intento para aclarar su caracter marino. Mus Argen Cien Nat Zool，3：1-85

Szidat L. 1970. *Saccocoelioides octavus* n.sp. nueva especie del genero *Saccocoelioides* Szidat，1954 (Trematoda，Haploporinae Looss，1902). Revta Mus Argent Cien Nat Bernardino Rivadavia，10：82-100

Szidat L. 1973. Sobre una nueva especie del genero *Saccocoelioides* Szidat，1954 de *Astyanax bipunctatus*，*Saccocoelioides bacilliformis* sp. nov. del Rio Reconquista，provincia de Buenos Aires. Com Mus Argen Cien Nat Bernardino Rivadavia，1：97-100

Thatcher V E，Dossman M. 1974. *Lecithobotrioides inediacanoensis* n. gen. n. sp. (Trematoda· Haploporidae) from a freshwater fish (*Prochilodus reticulatus*) in Columbia. Trans Am Micrcosc Soc，93：261-264

Thatcher V E，Dossman M. 1975. *Unicoelium prochilodorum* gen. et sp. n. (Trematoda：Haploporidae) from a freshwater fish (*Prochilodus reticulates*) in Columbia. Proc Helminth Soc Wash，42：28-30

Thatcher V E，Sparks A. 1958. A new species of *Dicrogaster* (Trematoda，Haploporidae) from *Mugil cephalus* in the Gulf of Mexico. J Parasit，44：647-648

Travassoss L，Freitas J F T，Kohn A. 1969. Trematodes do Brazil. Brazil，Rio de Janeiro G B：888

Yamaguti S. 1958. Systema Helminthum. Digenetic trematodes of vertebrates. Vol. I. Two parts. New York：Interscience Publishers

Yamaguti S. 1970. Digenetic trematodes of Hawaiian fishes. Tokyo：Keigaku Publishing Company

Yamaguti S. 1971. Synopsis of digenetic trematodes of vertebrates. Tokyo：Keigaku Publishing Company

附录：吸虫类的属、亚科及科名录

Acaenodera Manter et Pritchard，1960（F）（Acanthocolpidae，Acanthocolpinae）

Acanthatrium（Faust，1919）Yamaguti，1971（M）（Lecithodendriidae，Prosthodendriinae）

Acanthochasmus Looss，1900（syn. of *Acanthostoma*）（F）（Acanthostomidae，Acanthostominae）

Acanthocollaritrema Travassos，Freitas et Buhrnheim，1965（F）（Acanthocollaritrematidae）

Acanthocollaritrematidae Travassos，Freitas et Buhruheim，1965（F）

Acanthocolpinae Luhe，1906（F）（Acanthocolpidae）

Acanthocolpidae（Luhe，1906）Luhe，1909（F）

Acanthocolpoides Travassos，Freitas et Buhanheim，1965（F）（Lepocreadiidae，Acanthocolpoidinae）

Acanthocolpoidinae Yamaguti，1971（F）（Lepocreadiidae）

Acanthocolpus Luhe，1906（F）（Acanthocolpidae，Acanthocolpinae）

Acanthocorpa Oshmarin，1963（B）（Psilostomidae，Psilostominae）

Acanthoparyphium Dietz，1909（B）（Echinostomatidae，Himasthlinae）

Acanthopsolus Odhner，1905（F）（Syn. of *Neophasis*）（Lepocreadiidae，Lepocreadiinae）

Acanthostoma Kriechbaumer，1895（F）（Acanthostomidae，Acanthostominae）

Acanthostominae Nicoll，1914（F R）（Acanthostomidae）

Acanthostomidae（Nicoll，1914）Poche，1926（F R）

Acanthostomoides Szidat，1956（F）（Acanthostomidae，Acanthostomoidinae）

Acanthostomoidinae Yamaguti，1971（F）（Acanthostomidae）

Acanthostomum Looss，1899 nec（Acanthostomidae，Acanthostominae）

Acanthostomum Looss，1899（Subgenus）（F R）（Acanthostomidae，Acanthostominae，Acanthostoma）

Acanthotrema Oshmarin et Parukhin，1960 preoccupied（Syn. of *Pandiontrema*）（Heterophyidae，Centrocestinae）

Acanthotrema Travassos，1928（Syn. of *Stictodora*）（Heterophyidae，Stictodorinae）

Acanthuritrema Yamaguti，1970（F）（Hemiuridae，Lecithasterinae）

Accaclacoelium Odhner，1928（F）（Accacoeliidae，Accacladiinae）

Accacladium Odhner，1928（F）（Accacoeliidae，Accacladiinae）

Accacoeliinae Yamaguti，1958（F）（Accacoeliidae）

Accacoeliinae Odhner，1911（F）（Accacoeliidae）

Accacoeliidae（Odhner，1911）Looss，1912（F）

Accacoelium Monticelli，1893（F）（Accacoeliidae，Accacoeliinae）

Acetodextra Pearse，1924（F）（Crytogonimidae，Acetodextrinae）

Acetodextrinae Morozov，1952（F）（Cryptogonimidae）

Achillurbania Dollfus，1939（M）（Achillurbaniidae）

Achillurbaniidae Dollfus，1939（M）

Achocrus Vlasenko，1931（F）（Syn. of *Metadena*）（Cryptogonimidae，Metadeninae）

Acrodactyla Stafford，1904（Syn. of *Crepidostomum*）（Allocreadiidae，Crepidostominae）

Acrolichanus Ward，1917（Syn. of *Crepidostomum*）（Allocreadiidae，Crepidostominae）

Adenodidymocystinae Yamaguti，1970（Didymozoidae）

Adenodidymocystis Yamaguti，1937（F）（Didymozoidae，Adenodidymocystiinae）

Adenodiplostomum Dubois，1937（B）（Diplostomidae，Diplostominae，Diplostomini）

Adenogaster Looss，1901（R）（Pronocephalidae，Pronocephalinae）

Adinosoma Manter，1947（F）（Syn. of *Dinosoma*）（Hemiuridae，Hemiurinae）

Adleria Witenberg，1929 preoccupied（Syn. of *Adleriella*）（Heterophyidae，Adleriellinae）

Adleriella Witenberg，1930（M）（Heterophyidae，Adleriellinae）

Adleriellinae Witenberg，1930（M）（Heterophyidae）

Aephnidiogenes Nicoll，1915（F）（Lepocreadiidae，Aephnidiogeninae）

Aephnidiogenetinae Yamaguti，1934（Syn. of Aephnidiogeninae）（F）（Lepocreadiidae）

Aephnidiogeninae（Yamaguti，1934）Dollfus，1946（F）（Lepocreadiidae）

Aequistoma Beaver，1942（Syn. of *Stephanoprora*）（R B）（Echinostomatidae，Echinochasminae）

Aerobiotrema Yamaguti，1958（F）（Aerobiotrematidae）

Aerobiotrematidae Yamaguti，1958（F）

Agamostrigea Lutz，1933（Syn. of *Apharyngostrigea*）（B）（Strigeidae，Strigeinae Strigeini）

Ahemiurus Chauhan，1954（F）（Syn. of *Opisthadena*）（Hemiuridae，Opisthadeninae）

Alaria Schrank，1788（B M）（Diplostomidae，Alariinae，Alariini）

Alaria Schrank，1788（B M）（Subdenus of *Alaria*）（Diplostomidae，Alariinae，Alariini）

Alariini Yamaguti，1971（B M）（Diplostomidae，Alariinae）（Tribe）

Alariinae Hall et Wigdor，1918（B M）（Diplostomidae）

Albulatrema Yamaguti，1965（F）（Albulatrematidae）

Albulatrematidae（Yamaguti，1965）Yamaguti，1970（F）

Alcicornis MacCallum，（F）（Bucephalidae，Bucephalinae）

Alipitrema Ruiz et Leao，1955（R）（Lecithodendriidae，Prosthodendriinae）

Allacanthochasmus Van Cleave，1922（F）（Cryptogonimidae，Neochasminae）

Allassogonoporinae Skarbilovich，1943（M）（Lecithodendriidae）

Allassoponoprus Olivier，1938（M）（Lecithodendriidae，Allassogonoporinae）

Allassostoma Stunkard，1916（R）（Paramphistomidae，Schizamphistominae）

Allassostomoides（Stunkard，1924）Fuhrmann，1928（A R）（Paramphistomidae，Schizamphistominae）

Allechinostomatinae Sudarikov，1950（Syn. of Echinochasminae）（R B M）（Echinostomatidae）

Allechinostomum Odhner，1910（R）（Echinostomatidae，Echinochasminae）

Alloanomalotrema Yamaguti，1971（F）（Opecoelidae，Opecoelinae）

Allobunodera Yamaguti，1971（F）（Allocreadiidae，Bunoderinae）

Allocercarioides Yamaguti，1971（Subgenus of Cercarioides）（B）（Heterophyidae，Galactosominae）

Allocreadiinae Looss，1902（F R）（Allocreadiidae）

Allocreadiidae（Looss，1902）Stossich，1903（F A R）

Allocreadioides Koval，1949（Allocreadiidae，Allocreadiinae）

Allocreadium Looss，1900（F）（Allocreadiidae，Allocreadiinae）

Allocreadium Looss，1900（Allocreadiidae，Allocreadiinae）

Allodidymocodium Yamaguti，1970（F）（Didymozoidae，Didymocodiinae）

Allodidymozoon Yamaguti，1959（F）（Didymozoidae，Didymozoinae）

Allodiplostomum Yamaguti，1935（B）（Diplostomidae，Diplostominae，Crassiphialini）

Allofellodistomum Yamaguti，1971（F）（Fellodistomidae，Fellodistominae）

Alloglassidium Simer，1929（F）（Macroderoididae，Macroderoidinae）

Alloglyptinae Yamaguti，1958（R）（Plagiorchiidae）

Alloglyptus Byrd，1950（R）（Plagiorchiidae，Alloglyptinae）

Allogomtiotrema Yamaguti，1958（F）（Opisthorchiidae，Allogomtiotrematinae）

Allogomtiotrematinae（Gupta，1955）Yamaguti，1958（F）（Opisthorchiidae）

Allogotiotreminae Gupta，1955（F）（Syn. of Allogomtiotrematinae）（Opisthorchiidae）

Allolassiotocus Yamaguti，1959（F）（Monorchiidae，Monorchiinae）

Allolepidapedinae Skrjabin et Koval，1960（F）（Lepocreadiidae）

Allolepidapedon Yamaguti，1940（F）（Lepocreadiidae，Allolepidapedinae）

Allomegasolena Siddigi et Cable，1960（Syn. of *Vitellibaculum*）（F）（Waretrematidae，Megasoleninae）

Allometanematobothrioides Yamaguti，1965（F）（Didymozoidae，Nematobothriinae）

Allometorchis Baer，1943（Syn. of *Metametorchis*）（B M）（Opisthorchiidae，Metorchiinae）

Allomicrophallus Yamaguti，1971（A R）（Microphallidae，Microphallinae）

Allonematobothrioides Yamaguti，1970（F）（Didymozoidae，Nematobothriinae）

Allonematobothrium Yamaguti，1970（F）（Didymozoidae，Nematobothriinae）

Allopetasiger Yamaguti，1958（Syn. of *Neoacanthoparyhium*）（B M）（Echinostomatidae，Echinostomatinae）

Allopharynx（Shtrom，1928）Price，1938（F）（Plagiorchiidae，Astiotrematinae）

Alloplagiorchis Simer，1929（Syn. of *Triganodistomum*）（F）（Monorchiidae，Asymphylodorinae）

Alloplectognathotrema（Kamegai，1970）Yamaguti，1971（F）（Cephaloporidae，Plectognathotrematinae）

Allopodocotyle Pritchard，1966（Syn. of *Podocotyle*）（Opecoelidae，Plagioporinae）

Allopseudocolocyntotrema Yamaguti，1970（F）（Didymozoidae，Pseudocolocymtotrematinae）

Allopseudolevinsemella Yamaguti，1971（B）（Microphallidae，Austromicrophallinae，Allopseudolevinseniellini）

Allopseudolevinseniellini Yamaguti，1971（B）（Tribe）（Microphallidae，Austromicrophallinae）

Allopyge Johnston，1913（B）（Cyclocoelidae，Cyclocoelinae）

Alloschistorchis Yamaguti，1970（F）（Subgenus of Schistorchis）（Schistorchiidae）

Allostenopera Baeva，1968（F）（Opecoelidae，Plagioporinae）

Allostomachicola Yamaguti，1958（F）（Hemiurdae，Stomachicolinae）

Allotangiopsis Yamaguti，1971（Hemiuridae，Halipeginae）

Amarocotyle Travassos，Freitas et Buhrnheim，1965（Syn. of *Bianium*）（F）（Lepocreadiidae，Diploproctodaeinae）

Ametrodaptes Bravo-Holús，1956 emend（F）（Monorchiidae，Lasiotocinae）

Amphimerus Barker，1911（R B M）（Opisthorchiidae，Opisthorchiinae）

Amphiorchiinae Yamaguti，1958（R）（Spirorchiidae）

Amphiorchis Price，1934（R）（Spirorchiidae，Amphiorchiinae）

Amurotrema Akhmerov，1959（F）（Paramphistomidae，Dadaytrematinae）

Anacetabulitrema Deblock et Rose，1965（B）（Microphallidae，Maritrematinae）

Anadasmus Looss，1899 Preoccupied（Syn. of *Orchidasma*）（Telorchiidae）

Anahemiurus Manter，1947（F）（Hemiuridae，Hemiurinae）

Anallocreadiinae Hunter et Brangham，1932（Syn. of Homalometrinae）（Homalometridae）

Anallocreadium Simer，1929（Syn. of *Homalometron*）（F）（Homalometridae，Homalometrinae）

Anamonorchiinae Yamaguti，1970（F）（Monorchiidae）

Anamonorchis Yamaguti，1970（F）（Monorchiidae，Anamonorchiinae）

Anaporrhutinae Looss，1901（F）（Gorgoderidae）

Anaporrhutum Ofenheim，1900（F）（Gorgoderidae，Anaporrhutinae）

Anchitrema Looss，1899（R M）（Anchitrematidae）

Anchitrematidae（Mehra，1935）Yamaguti，1971（R M）

Ancylocoeliinae Skrjabin et Koval，1957（F）（Monorchiidae）

Ancylocoelium Nicoll，1912（F）（Monorchiidae，Ancylocoeliinae）

Anenterotrema Stunkard，1938（M）（Anenterotrematidae）

Anenterotrematidae Yamaguti，1958（M）

Angiodictyinae Yamaguti，1958（R）（Angiodictyidae）

Angiodictyidae Looss，1902（F R）

Angiodictyum Looss，1902（R）（Angiodictyidae，Angiodictyinae）

Angionematobothrium Yamaguti，1970（F）（Didymozoidae，Nematobothriinae）

Anisocladiinae Yamaguti，1958（F）（Acanthostomidae）

Anisocladium Looss，1902（F）（Acanthostomidae，Anisocladiinae）

Anisocoeliinae Looss，1901（F）（Acanthostomidae）

Anisocoelium Lühe，1900（F）（Acanthostomidae，Anisocoeliinae）

Anisogaster Looss，1901（Syn of Anisocladium）（Acanthostomidae，Anisocladiinae）

Anisoporus Ozaki，1928（F）（Opecoelidae，Opecoelinae）

Anisorchis Poljansky，1955（F）（Fellodistomidae，Stenakrinae）

Annulocystiinae Yamaguti，1970（F）（Didymozoidae）

Annulocystis Yamaguti，1970（F）（Didymozoidae，Annulocystiinae）

Anoiktostoma Stossich，1899（F）（Acanthostomidae，Anoiktostomatinae）

Anoiktostomatinae（Nicoll，1915）Yamaguti，1971（F）（Acanthostomidae）

Anomalotrema Zhukov，1957（F）（Opecoelidae，Opecoelinae）

Antepharyngeum Witenberg，1926 Neivata Travassos，1929（B）（Syn. of *Cyclocoelum*）（Cyclocoelidae，Cyclocoelinae）

Antorchiinae（Skrjabin et Koval，1957）（Fellodistomidae）（F）

Antorchiinae Yamaguti，1958（Syn. of Antorchiinae（Skrjabin et Koval，1957）（Fellodistomidae）（F）

Antorchis Linto，1911（Fellodistomidae，Antorchiinae）

Aorchis Barker et Parson，1914（Syn. of *Heronimus*）（R）（Heronimidae）

Apatemon Szidat，1928（B）（Strigeidae，Strigeinae，Cotylurini）

Apertile Overstreet，1969（F）（Opecoelidae，Opecoelinae）

Aphallinae Yamaguti，1958（F）（Opisthorchiidae）

Aphallini Yamaguti，1971（F）（Opisthorchiidae，Aphallinae）

Aphalloides Dollfus，Chabaud et Golvan，1957（F）（Opisthorchiidae，Aphallinae，Aphalloidini）

Aphalloidini Yamaguti，1971（F）（Opisthorchiidae，Aphallinae）（Tribe）

Aphallus Poche，1926（F）（Opisthorchiidae，Aphallinae，Aphallini）

Aphanhystera Guiart，1938（F）（Aphanhysteridae）

Aphanhysteridae（Guiart，1938）Yamaguti，1958（F）

Aphanuroides Nagaty et Abdel-Aal，1962（F）（Hemiuridae，Lecithasterinae）

Aphanurus Looss，1907（F）（Hemiuridae，Lecithasterinae）

Apharyngogyliauchen Yamaguti，1942（F）（Gyliauchenidae，Apharyngogyliaucheninae）

Apharyngogyliaucheninae Yamaguti，1958（F）（Gyliauchenidae）

Apharyngostrigea Ciurea，1927（B）（Strigeidae，Strigeinae，Strigeini）

Apharyngostrigea Ciurea，1927（B）（Subgenus of Aparyngostrigea）（Strigeidae）

Apoblema（Dujardin，1845）（Syn. of *Hemiurus*）（F）（Hemiurudae，Hemiurinae）

Apocreadiinae Skrjabin，1942 (F) (Apocreadiidae)

Apocreadiidae (Skrjabin，1942) Yamaguti，1958 (F)

Apocreadium Manter，1937 (F) (Apocreadiidae，Apocreadiinae)

Aponurus Looss，1907 (F) (Hemiuridae，Hysterolecithinae)

Apophallinae Ciurea，1924 (B M) (Heterophyidae)

Apophalloides Yamaguti，1971 (M) Heterophyidae，Apophallinae)

Apophallus Luhe，1909 (B M) (Heterophyidae，Apophallinae)

Apopharynginae Yamaguti，1958 (B) (Psilostomidae)

Apopharynx Luhe，1900 (B) (Psilostomidae，Apopharynginae)

Aporchis (Echinostomatidae)

Aporocotyle Odhner，1900 (F) (Aporocotylidae)

Aporocotyle Pritchard，1966 (F) (Subgenus of Podocotyle) (Opecoelidae，Plagioporinae)

Aporocotylidae Odhner，1912 (F)

Aptorchiinae Yamaguti，1958 (R) (Plagiorchiidae)

Aptorchis Nicoll，1914 (R) (Plagiorchiidae，Aptorchiinae)

Archaeodiplostomum Dubois，1944 (R) (Proterodiplostomidae，Proterodiplostominae)

Arnola Strand，1942 (F) (Hemiuridae，Arnolinae)

Arnoldia Vlasenko，1931 Preoccupied (Syn. of *Arnola*) (F) (Hemiuridae，Arnolinae)

Arnolinae Yamaguti，1958 (F) (Hemiuridae)

Arnolinae Skrjabin et Guschanskaja，1959 (Syn. of *Arnolinae* Yamaguti，1958) (Hemiuridae)

Arthurloossia Nagaty，1954 (Syn. of Hexangium) (F) (Angiodictyidae，Hexangiinae)

Artyfechinostomum Lane，1915 (M) (Echinostomatidae，Echinostomatinae)

Ascocotyle Looss，1899 (B M) (Heterophyidae，Phagicolinae)

Ascocotyle Looss，1899 (B M) (Subgenus of Ascocotyle) (Heterophyidae，Phagicolinae)

Ascocotylinae Yamaguti，1958 (B M) (Syn. of Phagicolinae) (Heterophyidae)

Ascorhytis Ching，1965 (B) (Microphallidae，Microphallinae)

Aspalacitrema Deblock et Rausch，1965 (M) (Microphallidae，Maritrematinae)

Assamia Gupta，1955 (F) (Opisthorchiidae，Allogomtiotrematinae)

Astacatrematula Macy et Bell，1968

Astacatrematula Macy et Bell，1968 (Syn. of *Sphaeridiotrema*) (Psilostomidae，Sphaeridiotrematinae)

Astia Looss，1899 Preoccupied (Syn. of *Astiotrema*) (R) (Plagiorchiidae，Astiotrematinae)

Astiotrema Looss，1900 (FAR) (Plagiorchiidae，Astiotrematinae)

Astiotrematinae Baer，1924 (FAR) (Plagiorchiidae)

Astrorchis Poche，1926 (R) (Pronocephalidae，Pronocephalinae)

Asymphylodora Looss，1899 (F) (Monorchiidae，Asymphylodorinae)

Asymphylodora Looss，1899 (Subgenus of *Asymphylodora*) (F) (Monorchiidae，Asymphylodorinae)

Asymphylodorinae Szidat，1943 (F) (monorchiidae)

Asymphylodoroides Yamaguti，1971 (F) (Subgenus of Asymphylodora) (Monorchiidae，Asymphylodorinae)

Atalostrophion G. A. MacCallum，1915 (F) (Didymozoidae，Nematobothriinae)

Ateuchocephala Coil et Kuntz，1960 (R) (Acanthostomidae，Ateuchocephalinae)

Ateuchocephalinae Yamaguti，1971 (R) (Acanthostomidae)

Athesmia Looss，1899 (B M) (Dicrocoeliidae，Dicrocoeliinae，Athesmiini)

Athesmiini Yamaguti，1958 (B M) (Tribe) (Dicrocoeliidae，Dicrocoeliinae)

Atractotrema Goto et Ozaki，1929（F）（Atractotrematidae）

Atractotrematidae Yamaguti，1939（F）

Atriophallophorus Deblock et Rose，1964（B）（Microphallidae，Microphallinae）

Atriotrema Belopol'skaja，1959（B）（Microphallidae，Microphallinae）

Atrophecaecum Bhalerno，1940（F R）（Subgenus of Acanthostoma）（Acanthostomidae，Acanthostominae）

Auridistomidae（stunkard，1924）Fuhrmano，1928）（R）

Auridistomum Stafford，1905（R）（Auridistomidae）

Australopatemon（Sudarikov，1959）Yamaguti，1971（B）（Strigeidae，Strigeinae，Cotylurini）

Austrobilharzia Johnston，1917（B）（Schistosomatidae，Schistosomatinae）

Austorocreadium Szidat，1956（F）（Allocreadiidae，Allocreadiinae）

Austrodiplostomum Szidat et Nani，1951（B）（Diplostomidae，Alariinae，Alariini）

Austromicrophallinac Yamaguti，1971（B）（Microphallidae）

Austromicrophallini Yamaguti，1971（B）（Tribe）（Microphallidae，Austromicrophallinae）

Austromicrophallus Szidat，1964（B）（Microphallidae，Austromicrophallinae，Austromicrophallini）

Azygia Looss，1899（F）（Azygiidae，Azygiinae）

Azygia Looss，1899（F）（Subgenus of Azygia）（Azygiidae，Azygiinae）

Azygiidae（Luhe，1909）Odhner，1911（F）

Azygiinae Luhe，1909（F）（Azygiidae）

Bacciger Nicoll，1914（F）（Fellodistomidae，Baccigerinae）

Baccigerinae Yamaguti，1958（Fellodistomidae）

Balanorchiinae（Stunkard，1925）Yamaguti，1958（M）（Paramphistomidae）

Balanorchis Fischoeder，1901（M）（Paramphistomidae，Balanorchiinae）

Balfouria Leiper，1909（B）（Balfouridae）

Balfouridae Travassos，1951（B）

Bancroftrema Angel，1966（F）（Paramphistomidae，Bancroftrematinae）

Bancroftrematinae Yamaguti，1971（F）（Paramphistomidae）

Baris Looss，1899（R）（Syn. of *Deuterobaris*）（Angiodictyidae，Deuterobaridinae）

Barisomum Linton，1910（F）（Pronocephalidae，Pronocephalinae）

Barkeria Szidat，1936（M）（Syn. of *Quinqueserialis*）（Notocotylidae，Notocotylinae）

Basentisia Pande，1938（B）（Microphallidae，Basantisiinae，Basantisiini）

Basantisiinae Yamaguti，1958（B）（Microphallidae）

Basantisiini Yamaguti，1971（B）（Tribe）（Microphallidae，Basantisiinae）

Bashkirovitrema Skrjabin，1944（B M）（Echinostomatidae，Himasthlinae）

Basidiodiscus Fischthal et Kuntz，1959（F）（Paramphistomidae，Dadaytrematinae）

Bathycotyle Darr，1902（F）（Bathycotylidae）

Bathycotylidae Dollfus，1932（F）

Bathycreadium Kabata，1961（F）（Opecelidae，Plagioporinae）

Batrachotrema Dollfus et Williams，1966（A）（Batrachotrematidae）

Batrachotrematidae Dollfus et Williams，1966（A）

Beaveria Lee，1965（Syn. of *Stephanolecithus*）（M）（Troglotrematidae，Stephanolecithinae）

Beaverinae Lee，1965（Syn. of Stephanolecithinae）（M）（Troglotrematidae，Stephanolecithinae）

Bellumcorpus Kohn，1962（F）（Bucephalidae，Dolichoenterinae）

Belopolskiella Oshmarin，1963（B）（Microphallidae，Microphallinae）

Benthotrema Manter，1934（F）（Fellodistomidae，Fellodistominae）

Beaverostomum Gupta，1963（Echinostomatidae，Echinochasminae）

Bhaleraoia Srivastava，1948（Syn. of *Prosogonotrema*）（F）（Prosogonotrematidae，Prosogonotrematinae）

Bhaleraoiidae Srivastava，1948（Syn. of Prosogonotrematidae）（F）

Bhaleraopharynx Skrjabin et Antipin，1959（Syn. of *Xenopharynx*）（R）（Plagiorchiidae，Plagiorchiinae）

Bianium Stunkard，1930（F）（Lepocreadiidae，Diploproctodaeinae）

Bicornuata Pearse，1949（R）（Gorgoderidae，Plesiochorinae）

Bieria Leao，1946（R）（Macroderidae，Bieriinae）

Bieriinae Freitas，1956（R）（Macroderidae）

Biguetrema（Deblock et Capron，1962）（Syn. of *Latogonimus*）（Macroderoididae，Glythelminthinae）

Bilacinia Manter，1969（F）（Hemiuridae，Quadrifoliovariinae）

Bilecithaster Siddigi et Cable，1960（F）（Syn. of *Diplangus*）（Diplangidae）

Bilharzia Meckel von Hemsbach，1856（Syn. of *Schistosoma*）（M）（Schistosomatidae，Schistosomatinae）

Bilharziella Looss，1899（B）（Schistosomatidae，Bilharziellinae）

Bilharziellinae Price，1929（B）（Schistosomatidae）

Bilorchis Mehra，1937（R）（Plagiorchiidae，Plagiorchiinae）

Biovariinae Yamaguti，1958（F）（Cryptogonimidae）

Biovarium Yamaguti，1934（F）（Cryptogonimidae，Biovariinae）

Bivesicula Yamaguti，1934（F）（Bivesiculidae，Bivesiculinae）

Bivesiculidae（Yamaguti，1934）Yamaguti，1939（F）

Bivesiculinae Yamaguti，1934（F）（Bivesiculidae）

Bivesiculoides Yamaguti，1938（F）（Bivesiculidae，Bivesiculinae）

Bivitellobilharzia Vogel et Minnine，1940（M）（Schistosomatidae，Schistosomatinae）

Bolbocephalodes Strand，1935（B）（Strigeidae，Bolbocephalodinae）

Bolbocephalodinae Dubois，1936（B）（Strigeidae）

Bolbocephalus Dubois，1934，Preoccupied（B）（Syn. of *Bolbocephalodes*）（Strigeidae，Bolbocephalodinae）

Bolbophorus Dubois，1935（B）（Diplostomidae，Diplostominae，Diplostomini）

Borbulostomum Ramsey，1965（F）（Homalometridae，Homalometrinae）

Bothrigaster Dollfus，1948（B）（Cyclocoelidae，Cyclocoelinae）

Bothriogaster Fuhrmann，1904 Preoccupied（Syn. of *Bothrigaster*）（Cyclocoelidae，Cyclocoelinae）

Botulidae Guiart，1938（F）

Botulisaccidae Yamaguti，1971

Botulisaccus Caballero，Bravo-Hallis et Grocott，1956（F）（Botulisaccidae）

Botulus Guiart，1938（F）（Botulidae）

Brachadena Linton，1910（Syn. of Lecithophyllum）（F）（Hemiuridae，Lecithophyllinae，Lecithophyllini）

Brachycladiidae Faust，1929（Syn. of Campulidae）

Brachycladiidae Faust，1929（Syn. of Fasciolidae）（M）

Brachycladiinae Odhner，1905（Syn. of Campulinae）（M）（Campulidae）

Brachyenteron Manter，1934（F）（Zoogonidae，Steganodermatinae）

Brachylaima Dujardin，1843（Subgenus）（B M）（Brachylaimidae，Brachylaiminae，Brachylaima）

Brachylaimatidae Ulmer，1952（B M）（Syn. of Brachylaimidae）

Brachylaime（Dujardin，1843）（Syn. of *Brachylaima*）（B M）（Brachylaimidae，Brachylaiminae）

Brachylaimidae（Joyeux et Foley，1930）Miller，1936（B M）

Brachylaiminae Miller，1936 (B M) (Brachylaimidae)

Brachylaimus Dujardin，1843 (Syn. of *Brachylaima*) (B M) (Brachylaimidae，Brachylaiminae)

Brachylecithini Yamaguti，1958 (B M) (Dicrocoeliidae，Dicrocoeliinae)

Brachylecithoides Yamaguti，1971 (B) (Subgenus of Brachylecithum) (Dicrocoeliidae，Dicrocoeliinae，Brachylecithini)

Brachylecithum Shtrom，1940 (B M) (Dicrocoeliidae，Dicrocoeliinae，Brachylecithini)

Brachycladium Looss，1899 (Syn. of *Campula*) (M) (Campulidae，Campulinae)

Brachycoeliidae (Looss，1899) Johnston，1912 (F A R)

Brachycoeliinae Looss，1899 (Brachycoeliidae)

Brachycoelium (Dujardin，1899) Stiles et Hassall，1898 (A R) (Brachycoeliidae，Brachycoeliinae)

Brachydistomum Travassos，1944 (B) (Dicrocoeliidae，Dicrocoeliinae，Brachydistomini)

Brachylaemidae Joyeux et Foley，1930 (B M) (Syn. of Brachylaimidae)

Brachylaeminac Joyeux et Foley，1930 (B M) (Syn. of Brachylaiminae) (Brachylaimidae)

Brachylaima Dujardin，1843 (Brachylaimidae，Brachylaiminae)

Brachylaimatinae Ulmer，1952 (B M) (Syn. of Brachylaiminae) (Brachylaimidae)

Brachydistomini Yamaguti，1958 (B) (Tribe) (Dicrocoeliidae，Dicrocoeliinac)

Brachylecithum Shtrom，1940 (B M) (Subgenus of Brachylecithum) (Dicrocoeliidae，Dicrocoeliinae，Brachylecithini)

Brachymetra Stossich，1904 Preoccupied (Syn. of *Ratzia*) (A R) (Opisthorchiidae，Ratziinae)

Brachyphallus Odhner，1905 (F) (Hemiuridae，Hemiurinae)

Brachysaccus Johnston，1912 (A) (Syn. of *Dolichosaccus*) (Omphalometridae，Omphalometrinae)

Brahamputrotrema Daval et Gupta，1954 (F) (Lissorchiidae，Brahamputrotrematinae)

Brahamputrotrematinae (Yamaguti，1958) Yamaguti，1971 (F) (Lissorchiidae)

Brandesia Stossich，1899 (A) (Lecithodendriidae，Pleurogeninae)

Brasiliana Ukoli，1967 (Subgenus of Apharyngostrigea) (B) (Strigeidae，Strigeinae，Strigeini)

Braunina Heider，1900 (M) (Brauninidae)

Brauninidae (Wolf，1903) Bosma，1931 (M)

Braunotrema Price，1930 (R) (Braunotrematidae)

Braunotrematidae Yamaguti，1971 (R)

Brevicaecinae Khalil，1963 (F) (Paramphistomidae)

Brevicaecum McClelland，1957 (F) (Paramphistomidae，Brevicaecinae)

Brevicreadium Manter，1954 (F) (Zoogonidae，Diphtherostominae)

Brientrema Dollfus，1950 (F) (Acanthostomidae，Brientrematinae)

Brientrematinae Dollfus，1950 (F) (Acanthostomidae)

Brijicola Pande，1960 (Syn. of *Saakotrema*) (B) (Echinostomatidae，Saakotrematinae)

Brodenia Gedoelst，1943 (M) (Dicrocoeliidae，Leipertrematinae)

Brumptia Travassos，1921 (M) (Brumptiidae)

Brumptiidae (Stunkard，1925) Skrjabin，spelling emend (M)

Bucephalidae Poche，1907 (F A)

Bucephalinae Nicoll，1914 (F) (Bucephalidae)

Bucephaloides Hopkins，1954 (F A) (Syn. of *Bucephalopsis*) (Bucephalidae，Prosorhynchinae)

Bucephalopsis (Dies.，1855) (F A) (Bucephalidae，Prosorhynchinae)

Bucephalus Baer，1826 (F) (Bucephalidae，Bucephalinae)

Buckleytrema Gupta，1956 (F) (Monodhelminthidae，Buckleytrematinae)

Buckleytrematinae Yamaguti，1971 (F) (Monodhelminthidae)

Bulbocirrinae Yamaguti，1965（F）（Syn. of Allolepidapedinae）（Lepocreadiidae）

Bulbocirrus Yamaguti，1965（F）（Lepocreadiiae，Allolepidapedinae）

Bulbovitellus Yamaguti，1971（B）（Microphallidae，Microphallinae）

Bunocotyle Odhner，1928（F）（Hemiuridae，Bunocotylinae）

Bunocotylinae Dollfus，1950（F）Hemiuridae）

Bunodera Railliet，1896（F A）（Allocreadiidae，Bunoderinae）

Bunoderalla Schell，1964（F）（Allocreadiidae，Bunoderinae）

Bunoderalla Schell，1964（F）（Allocreadiidae，Bunoderinae）

Bunoderina Miller，1936（F）（Allocreadiidae，Bunoderinae）

Bunoderinae Looss，1902（F A）（Allocreadiidae）

Bupharynx Yamaguti，1971（F）（Monorchiidae，Lasiotocinae）

Bursotrema Szidat，1960（Metacercaria）（F）（Diplostomidae）

Buxifrons（Fukui，1929）Nasmark，1937（M）（Paramphistomidae，Orthocoeliinae）

Caballeriana Skrjabin et Guschanskaja，1959（F）（Syn. of *Odhnerium*）（Accacoeliidae，Orophocotylinae）

Caballeroiinae Yamaguti，1971（F）（Paramphistomidae）

Caballeroia Thapar，1960（F）（Paramphistomidae，Caballeroiinae）

Caballerotrema Prudhoe，1960（F）（Echinostomatidae，Singhiinae）

Cabicia Sagandares Bernal，1959（F）（Opecoelidae，Plagioporinae）

Cadenatella Dollfus，1946（F）（Opecoelidae，Enenterinae）

Caecincola Marshall et Gilbert，1905（F）（Cryptogonimidae，Caecincolinae）

Caecincolinae Yamaguti，1958（F）（Cryptogonimidae）

Caimanicola Freitas et Lent，1938（R）（Acanthostomidae，Acanthostominae）

Cainocreadioides Nagaty，1956（F）（Syn. Of Cainocreadium）（Opecoelidae，Plagioporinae）

Cainocreadium Nicoll，1909（F A）（Opecoelidae，Plagioporinae）

Calicophoron Nasmark，1937（M）（Paramphistomidae，Paramphistominae）

Callodistomidae（Odhner，1910）Poche，1926（F）

Callodistominae Odhner，1911（F）（Callodistomidae）

Callodistomoides Yamaguti，1970（F）（Callodistomidae，Callodistominae）

Callodistomum Odhner，1902（F）（Callodistomidae，Callodistominae）

Callogonotrematinae Oshmarin，1965（F）（Lepocreadiidae，Allolepidapedinae）

Callogonotrema Oshmarin，1965（F）（Lepocreadiidae，Callogonotrematinae）

Calycodes Looss，1901（R）（Calycodidae）

Calycodidae Dollfus，1929

Campula Cobbold，1858（M）（Campulidae，Campulinae）

Campulidae Odhner，1926（M）

Campulinae Stunkard et Alvery，1930（M）（Campulidae）

Caneania Travassos，1944（M）（Dicrocoeliidae，Dicrocoeliinae，Eurytrematini）

Candidotrema Dollfus，1951（A）（Lecithodendriidae，Pleurogeninae）

Capiatestes Crowcroft，1948（Syn. of *Syncoelium*）（F）（Syncoeliidae）

Caprimolgorchis Jha，1943（B M）（Lecithodendriidae，Prosthodendriinae）

Capronia Capron，Deblock et Brygoo，1961（R）（Subgenus of Prosthodendrium）（Lecithodendriidae，Prosthodendriinae）

Capsulodiplostomum Dwivedi，1966（R）（Proterodiplostomidae，Proterodiplostominae）

Carassotrema Park，1938（Waretrematidae，Carassotrematinae）

Carassotrematinae Skrjabin，1942（F）（Waretrematidae）

Cardicola Short，1953（F）（Sanguinicolidae，Cardicolinae）

Cardicolinae Yamaguti. 1958（Sanguinicolidae）

Cardiocephaloides Azidat，1928（B）（Strigeidae，Strigeinae，Cotylurini）

Cardiocephaloides Sudarikov，1959（B）（Strigeidae，Strigeinae，Cotylurini）

Cardiotrema Dwivedi，1967（R）（Spirorchiidae，Coeuritrematinae）

Carettacola Manter et Larson，1950（R）（Spirorchiidae，Carettacolinae）

Carettacolinae Yamaguti，1958（R）（Spirorchiidae）

Carmyerius Stiles et Goldberger，1910（M）（Gastrothylacidae，Gastrothylacinae）

Carneophallus Cable et Kuns，1951（B M）Microphallidae，Microphallinae）

Castroia Travassos，1928（M）（Lecithodendridae，Castroiinae）

Castroiinae Yamaguti，1958（M）（Lecithodendriidae）

Catadiscinae Yamaguti，1971（A R）（Paramphistomidae）

Catadiscus Cohn，1904（A R）（Paramphistomidae，Catadiscinae）

Catatropis Odhner，1905（B）（Notocotylidae，Notocotylinae）

Cathaemasia Looss，1899（B）（Cathaemasiidae，Cathaemasiinae）

Cathaemasiidae（Fuhrmann，1928）Baer，1932（B M）

Cathaemasiinae Dollfus，1950（B）Partim Cathaemasiinae Wesley，1940（Syn. of Cathaemasiinae（Wesley，1940）Yamaguti，1971）（Cathaemasiidae）

Cathaemasiinae（Wesley，1940）Yamaguti，1971（B）（Cathaemasiidae）

Cathaemasioides Freitas，1941（B）（Cathaemasiidae，Cathaemasiinae）

Catoptroides Odhner，1902（Syn. of *Phyllodistomum*）（F A）（Gorgoderidae，Phyllodistominae）

Caudorchis Talbot，1933（Syn. of *Manodistomum*）（A R）（Plagiorchiidae，Styphlodorinae，Styphlotrematini）

Caudotestis Issaitschikow，1928（F）（Subgenus of Plagioporus）（Opecoelidae，Plagioporinae）

Caudouterina Martin，1966（A）（Macroderoididae，Haplometrinae）

Centrocestinae Looss，1899（B M）（Heterophyidae）

Centrocestus Looss，1899（B M）（Heterophyidae）（Centrocestinae）

Centroderma Luhe，1901（F）（Mesometridae，Mesometrinae）

Centrovarium Stafford，1904（F）（Cryptogonimidae，Cryptogoniminae）

Centrovitus Bhalerao，1926（A R）（Syn. of *Tremiorchis*）（Brachyooeliidae，Brachycoeliinae）

Cephalogonimidae（Looss，1899）Nicoll，1914（F A R）

Cephalogoniminae Looss，1899（F A R）（Cephalogonimidae）

Cephalogonimus Poirier，1886（F A H）（Cephalogonimidae，Cephalogoniminae）

Cephalolepidapedon Yamaguti，1970（F）（Lepocreadiidae，Lepidapediinae）

Cephalophellinae Yamaguti，1958（M）（Lecithodendridae）

Cephalophallus Macy et Moore，1954（M）（Lecithodendridae，Cephalophallinae）

Cephaloporidae Travassos，1934（F）

Cephaloporinae Yamaguti，1934（F）（Cephaloporidae）

Cephaloporus Yamaguti，1934（F）（Cephaloporidae，Cephaloporinae）

Cephalotrema Baer，1944（M）（Prosthogonimidae）

Ceratotrema Jones，1933（F）（Hemiuridae，Sterrhurinae）

Ceroarioides Witenberg，1929（B）（Heterophyidae，Galactosominae）

Cercarioides witenberg，1929（Subgenus of Cercarioides（B）（Heterophyidae，Galactosominae）

Cercocotyla Yamaguti，1939（B）（Diplostomidae，Diplostominae，Crassiphialini）

Cercolecithos Perkins，1928（Syn. of *Plagiorchis*）（A R B M）（Plagiorchiidae，Plagiorchiinae）

Cercorchis Luhe，1900（Syn. of *Telorchis*）（Telorchiidae，Telorchiinae）

Cesartrema Travassos et Kohn，1964（Syn. of *Glaphyrostomum*）（B M）（Brahylaimidae，Brachylaiminae）

Cestrahelmins Fischthal，1957（F）（Monorchiidae，Lasiotocinae）

Cetiosaccinae Yamaguti，1958（R）（Pronocephalidae）

Cetiosaccus Gilbert，1938（R）（Pronocephalidae，Cetiosaccinae）

Cetitrema Skrjabin，1970（M）（Nasitrematidae，Cetitrematinae）

Cetitrematinae Skrjabin，1970（M）（Nasitrematidae）

Ceylonocotyle Nasmark，1937（Syn. of Orthocoelium）（Paraphistomidae，Orthocoeliinae）

Chalcinotrema Freitas，1947（F）（Waretrematidae，Waretrematinae）

Chamaeleophilinae Yamaguti，1971（R）（Plagiorchiidae）

Chamaeleophilus Yamaguti，1971（R）（Plagiorchiidae，Chamaeleophilinae）

Charaxicephalinae Price，1931（R）（Pronocephalidae）

Charaxicephalus Looss，1901（R）（Pronocephalidae，Charaxicephalinae）

Chaseostrigea Ukoli，1967（Subgenus of Apharyngostrigea）（B）（Strigeidae，Strigeinae，Strigeini）

Chauhanurus Skrjabin et Guschanskaja，1954（F）（Syn. of Aphanurus）（Hemiuridae，Lecithasterinae）

Chaunocephalinae Travassos，1922（B）（Echinostomatidae）

*Chaunocephalu*s Dietz 1909（B）（Echinostomatidae，Chaunocephalinae）

Cheloniotrema Caballero，Zerecero et Grocott，1957（R）（Plagiorchiidae，Stomatrematinae）

Chimaerohemecinae Yamaguti，1971（F）（Sanguinicolidae）

Chimaerohemecus der Land，1967（F）（Sanguinicolidae，Chirnaerohemecinae）

Chinhuta Lal，1937（B）（Schistosomatidae，Bilharziellinae）

Chiorchis Fischoeder，1901（M）（Paramphistomidae，Cladorchiinae，Cladorchiini）

Chiostichorchis Artigas et Pacheco，1933（M）（Paramphistomidae，Cladorchiinae，Cladorchiini）

Chiroptodendrium Skarbilovich，1943（Syn. of Prosthodendrium Dollfus，1931）（R M）（Lecithodendriidae，Prosthodendriinae）

Choanochenia Yang，1959（Syn. of *Scolopacitrema*）（B）（Diplostomidae，Diplostominae，Crassiphialini）

Choanodera Manter，1940（F）（Apocreadiidae，Apocreadiinae）

Choanodiplostomum Vigueras，1944（B）（Diplostomidae，Diplostominae，Crassiphialini）

Choanodiplostomum Perez Vigneras，1944（Syn. of *Cotylurus*）（Strigeidae，Strigeinae，Cotylurini）

Choanomyzus Manter et Crowcroft，1950（F）（Opistholebetidae，Opistholebetinae）

Choanophorinae Caballero，1942（R）（Pronocephalidae）

Choanophorus Caballero，1942（R）（Choanophorinae，Pronocephalidae）

Choanostoma Yamaguti，1934（F）（Opecoelidae，Plagioporinae）

Choerocotyle Baer，1959（M）（Paramphistomidae，Pseudodiscinae）

Choerocotyloides Prudhoe，1964（M）（Paramphistomidae，Choerocotyloidinae）

Choerocotyloidinae Yamaguti，1971（M）（Paramphistomidae）

Choledocystis Pereira et Cuocolo，1941（Syn. of *Glypthelmins*）（A）（Macroderoididae，Glythelminthinae）

Cholepotes Odhner，1910（F）（Callodistomidae，Callodistominae）

Choristogonoporus Stunkard 1938（syn. of *Plagiorchis*）（A R B M）（Plagiorchiidae，Plagiorchiinae）

Chrisomon Manter et Pritchard，1961（F）（Monorchiidae，Lasiotocinae）

Cithara MacCallum，1917（Syn. of *Tergestia*）（F）（Fellodistomidae，Tergestiinae）

Ciureana skrjabin，1923（Syn. of *Cryptocotyle*）（B M）（Heterophyidae，Cryptocotylinae）

Cladocoelium Dujardin，1845（Syn. of *Fasciola*）（M）（Fasciolidae，Fasciolinae）

Cladocystis Poche，1926（F B）（Opisthorchiidae，Opisthorchiinae）

Cladolecithotrema Ichihara，1970（F）（Isoparorchiidae）

Cladorohiinae（Fischoeder，1901）Luhe，1909（M）（Paramphistomidae）

Cladorchiini（Fischoeder，1901）Yamaguti，1958（M）（Paramphistomidae，Cladorchiinae）

Cladorchis Fischoeder，1901（M）（Paramphistomidae，Cladorchiinae，Cladorchiini）

Claribulla Overstreet，1969（F）（Cryptogonimidae，Cryptogoniminae）

Cleptodiscinae Skrjabin，1949（F）（Paramphistomidae）

Cleptodiscus Linton，1910（Paramphistomidae，Cleptodiscinae）

Clinostomatopsis Dollfus，1932（B）（Clinostomidae，Clinostominae）

Clinostomidae Luhe，1901（R B M）

Clinostominae Platt，1902（R B M）（Clinostomidae）

Clinostomoides Dollfus，1950 emend（B）（Clinostomidae，Clinostominae）

Clinostomum Leidy，1856（B）（M）（Clinostomidae，Clinostominae）

Cloacitrema Yamaguti，1935（B）（Philophthalmidae，Cloacitrematinae）

Cloacitrematinae Yamaguti，1958（B）（Philophthalmidae）

Clocophora Dietz，1909（B）（Echinostomatidae，Himasthlinae）

Clonorchis Looss，1907（M）（Opisthorchiidae，Opisthorchiinae）

Clupenurus Srivastava，1935（F）（Hemiuridae，Dinurinae）

Cochleotrema Travassos et Vogelsang，1931（Syn. of *Opisthotrema*）（M）（Opisthotrematidae，Opisthotrematinae）

Coenogonimus Looss，1899（Syn. of *Heterophyes*）（B M）（Heterophyidae，Heterophyinae）

Codonocephalus（Diesing，1850）Yamaguti，1971（B）（Strigeidae，Strigeinae，Cotylurini）

Coeliodidymocystis Yamaguti，1970（F）（Didymozoidae，Didymozoinae）

Coeliotrema Yamaguti，1938（F）（Didymozoidae，Koellikeriinae）

Coeuritrema Mehra，1933（R）（Spirorchiidae，Coeuritrematinae）

Coeuritrematinae Dwivedi，1968（R）　　　　　（Spirorchiidae）

Coitocaecidae（Poche，1926）Ozaki，1929（Syn. of Opecoelidae）（F A）

Coitocaecum Nicoll，1915（F）（Opecoelidae，Opecoelinae）

Collyricidae Ward，1917（B）

Collyriclum Kossack，1911（B）（Collyricidae）

Colocyntotrema Yamaguti，1958（F）（Didymozoidae，Colocyntotrematinae）

Colocyntotrematinae Yamaguti，1958（F）（Didymozoidae）

Complexoburisnae Yamaguti，1971（F）（Lissorchiidae）

Complexoburisa Oshmarn，et Mamaev，1963（F）（Lissorohiidae，Complexobursinae）

Conchogaster Lutz，1928 Partim（Syn. of *Neodiplostomum*）（B）（Diplostomidae，Diplostominae，Diplostomini）

Conchosomum Railliet，1896（Syn. of *Alaria*）（B M）（Diplostomidae，Alariinae，Alariini）

Concinnum（Bhalerao，1936）Travassos，1944（B M）（Dicrocoeliidae，Dicrocoeliinae，Eurytrematini）

Conspicuum（Bhalerao，1936）Shtrom，1940（B M）（Dicrocoeliidae，Dicrocoeliinae，Eurytrematini）

Contracoelum Witenberg，1926（B）（Cyclocoelidae，Cyclocoelinae）

Controrchiini Yamaguti，1958（M）（Dicrocoeliidae，Dicrocoeliinae）

Controrchis Price，1928（M）（Dicrocoeliidae，Dicrocoeliinae，Controrchiini）

Cornatrium Onji et Nishio，1916（Syn. of *Stictodora*）（B M）（Heterophyidae，Stictodorinae）

Cornucopula Rankin，1939（Syn. of *Gynaecotyla*）（B M）（Microphallidae，Gynaecotylinae）

Corpopyrum Witenberg，1923（B）（Cyclocoelidae，Cyclocoelinae）

Corrigia Shtrom，1940（B M）（Dicrocoeliidae，Dicrocoeliinae，Brachylecithini）

Cortrema Tang，1951（B）（Cortrematidae）

Cortrematidae Yamaguti，1958（B）

Cotylogonimus Luhe，1899（Syn. of *Heterophyes*）（B M）（Heterophyidae，Heterophyinae）

Cotylogonorum Thapar et Dayal，1934（F）（Opecoelidae，Sphaerostomatinae）

Cotylophallus Ransom，1920（Syn. of *Apophallus*）（B M）（Heterophyidae，Apophallinae）

Cotylophoron Stiles et Goldberger，1910（M）（Paramphistomidae，Paramphistominae）

Cotylotretinae（Travassos，1922）Skrjabin et Shul'ts 1938（R B）（Psilostomidae）

Cotylotretus Odhner，1902（R）（Psilostomidae，Cotylotretinae）

Cotylurini Dubois，1936（B）（Strigeidae，strigeinae）

Cotylurostrigea Sudarikov，1961（Syn. of *Cotylurus*）（B）（Strigeidae，Strigeinae，Cotylurini）

Cotylurus Szidat，1928（B）（Strigeidae，Strigeinae，Cotylurini）

Crassicutis Manter，1936（F）（Homalometridae，Homalometrinae）

Crassiphiala Van Haitsma，1925（B）（Diplostomidae，Diplostominae，Crassiphialini）

Crassiphialini Dubois，1936（B）（Diplostomidae，Diplostominae）

Crepidostominae（Dollfus，1951）（F R）（Allocreadiidae）

Crepidostomum Braun，1900（F R）（Allocreadiidae，Crepidostominae）

Creptotrema Travassos，Artigas et Pereira，1928（F）（Lepocreadiidae，Megalogoniinae）

Creptotrematina Yamaguti，1954（F）（Lepocreadiidae，Megalogoniinae）

Cricocephalus Looss，1899（R）（Pronocephalidae，Pronocephalinae）

Critovitellarium Perez Vigueras，1955（Syn. of *Stephanostoma*）（F）（Acanthocolpidae，Stephanostominae）

Croboporum MacCallum，1921（Syn. of *Homalometron*）（F）（Homalometridae，Homalometrinae）

Crocodilicola Poche，1926（R）（Proterodiplostomidae，Crocodilinae）

Crocodilicolinae Yarnaguti，1971（R）（Proterodiplostomidae）

Crowcrocaecum Skrjabin et Koval，1957（Syn. of *Nicolla*）（F）（Opecoelidae，Opecoelinae）

Cryptocotyle Luhe，1899（B M）（Heterophyidae，Cryptocotylinae）

Cryptocotylinae Luhe，1909（B M）（Heterophyidae）

Cryptogonimidae（Ward，1917）Ciurea，1933

Cryptogoniminae Ward，1917（F）（Cryptogonimidae）

Cryptogonimus Osborn，1903（F）（Cryptogonimidae，Cryptogoniminae）

Cryptotrema Ozaki，1926 preoccupied，renamed Cryptotropa Strand，1928（A）（Lecithodendriidae，Cryptot- ropinae）

Cryptotropa Strand，1928（A R）（Lecithodendriidae，Cryptotropinae）

Cryptotropinae Yarnaguti，1958（A R）（Lecithodendridae）

Curtuteria Reimer，1963（B）（Echinostomatidae，Himasthlinae）

Curumai Travassos，1961（F）（Angiodictyidae，Curumaiinae）

Curumaiinae Alho et Vicente，1964（F） （Angiodictyidae）

Cyathocotyle Muhling，1898（R B）（Cyathocotylidae，Cyathocotylinae）

Cyathocotylidae（Muhling，1898）Poche，1926（R B M）

Cyathocotylinae Muhling，1898（R B M）（Cyathocotylidae）

Cyathocotyloides Szidat，1936（Syn. of Holostephanus）（B M）（Cyathocotylidae，Cyathocotylinae）

Cyatholecithochirium Yamaguti，1970（F）（Hemiuridae，Lecithochiriinae）

Cyclocoelidae（Stossich，1902）Kossack，1911（B）

Cyclocoelinae Stossich，1902（B）（Cyclocoelidae）

Cyclocoelum Brandes，1892（B）（Cyclocelidae，Cyclocoelinae）

Cycloprimum Witenberg，1926（B）（Cyclocoelidae，Cyclocoelinae.）

Cyclorchis Luhe，1908（R）（Opisthorchiidae，Opisthorchiinae）

Cylindrorchiidae Poche，1926（F）

Cylindrorchis Southwell，1913（F）（Cylindrorchiidae）

Cymatocarpus Looss，1899（R）（Brachycoeliidae，Brachycoeliinae）

Cymbephallus Linton，1934 Partim（Syn. of *Pseudopecoelus*）（Opeooelidae，Opecoelinae）

Cymbephallus Linton，1934 Partim Fimbriatus Von Wicklen，1946（Syn. of *Opecoeloides*）（F）（Opecoelidae，Opecoelinae）

Cymbiforma Yamaguti，1933（Syn. of *Ogmocotyle*）（M）（Notocotylidae，Ogmocotylinae）

Cymbiforminae Yamaguti，1933（Syn. of Ogmocotylinae）（M）（Notocotylidae）

Cynodiplostomum Dubois，1936（M）（Diplostomidae，Alariinae，Alariini）

Cypseluritrema Yarnaguti，1970（F）（zoogonidae，Steganodermatinae）

Cypseluritrernatoides Yarnaguti，1970（F）（Zoogonidae，steganodermatinae）

Cystodiplostomum Dubois，1936（R）（Proterodiplostomidae，Crocodilinae）

Czosnowia Zdzitowiecki，1967（M）（Lecithodendriidae，Parabascinae）

Dactylostomum Woolcock，1935（F）（Opeooelidae，Opecoelinae）

Dactylotrema Bravo-Hollis et Manter，1957（F）（Homalometridae，Homalometrinae）

Dadayia Travassos，1921 renamed（Syn. of *Dadaytrema*）（F）（Paramphistomidae，Dadaytrernatinae）

Dadayiinae（Fukui，1929）Yarnaguti，1958（F）（Paramphistomidae）

Dadayiinae Fukui，1929（Syn. of Dadayiinae）（F）（Paramphistomidae）

Dadaynis Fukui，1929（F）（Paramphistomidae，Dadayiinae）

Dadaytrema Travassos，1931（F）（Paramphistomidae，Dadaytrematinae）

Dadaytrematinae Yamaguti，1958（F R）（Paramphistomidae）

Dasymetra Nicoll，1911（R）（Plagiorchiidae，Styphlodorinae，Styphlotrematini）

Decemtestis Yamaguti，1934（Opecoelidae，Plagioporinae）

Delphinicola Yamaguti，1933（M）（Opisthorchiidae，Delphinicolinae）

Delphinicolinae Yamaguti，1933（M）（Opisthorchiidae）

Dendritobilharzia skrjabin et Zakharow，1920（B）（Schistosomatidae，Dendritobilharziinae）

Dendritobilharziinae（Mehra，1940）（B）（Schistosomatidae）

Dendrorchis Travassos，1926（F）（Gorgoderidae，Phyllodistominae）

Denticauda Fukui，1929（F）（Angiodictyidae，Denticaudinae）

Denticaudinae Yamaguti，1958（F）（Angiodictyidae）

Deontacylicinae Yamaguti，1958（F）（Sanguinicolidae）

Deontacylix Linton，1910（F）（Sanguinicolidae，Deontacylicinae）

Deradena Linton，1910（Syn. of *Hapladena*）（F）（Waretrematidae，Megasoleninae）

Deretrema Linton，1910（F）（Zoogonidae，Steganodermatinae）

Dermadena Manter，1946（F）（Lepocreadiidae，Dermadeninae）

Dermadeninae Mehra，1962（F）（Lepocrediidae）

Dermatemytrema Price，1937（R）（Paramphistomidae，Dermatemytrematinae）

Dermatemytrematinae Yamaguti，1958（R）（Paramphistomidae）

Dermatodidymocystis Yamaguti，1970（F）（Didymozoidae，Didymozoinae）

Derogenetinae Odhner，1927（Syn. of *Derogeninae*）（F）（Hemiuridae）

Derogeninae Nicoll，1910（F）（Hemiuridae）

Derogenoides Nicoll，1913（F）（Hemiuridae，Derogeninae）

Deropegus McCauley et Pratt，1961（F A）（Hemiuridae，Halipeginae）

Deropristiinae Cable et Hunninen，1942（F）（Aeanthocolpidae）

Deropristis Odhner，1902　（F）　（Acanthocolpidae，Deropristiinae）

Derytrema（Rebeeq，1962）Yamaguti，1971 status emend（B）（Microphallidae，Gynaecotylinae）

Desmogoniinae Yamaguti，1958（R）（Pronocephalidae）

Desmogonius Stephens，1911（R）（Pronocephalidae，Desmogoniinae）

Deuterobaridinae Looss，1902（R）（Angiodictyidae）

Deuterobaris Looss，1900（R）（Angiodictyidae，Deuterobaridinae）

Dexiogonimus Witenberg，1929（B M）（Heterophyidae，Metagoniminae）

Diacetabulum Belopol'skaja，1952（B）（Microphallidae，Gynaecotylinae）

Diaorchitrema Witenberg，1929（Syn. of Stellanichasmus）（B M）　（Heterophyidae，Metagoniminae）

Diarmostorchis Ejsmont，1927（R）（Spirorchiidae，Spirorchiinae，Spirorchiini）

Diaschistorchiinae Yamaguti，1958（R）（Pronocephalidae）

Diaschistorchis Johnston，1913（R）（Pronocephalidae，Diaschistorchiinae）

Diasia Travassos，1922 Preoccupied（Syn. of *Diasiella*）（B）（Opisthorchiidae，Diasiellinae）

Diasiella Travassos，1949 nec. Diasiella Tandeiro，1955（B）（Opisthorchiidae，Diasiellinae）

Diasiellinae Yamaguti，1958（B）（Opisthorchiidae）

Dichadena Linton，1910 emend（F）（Hemiuridae，Lecithasterinae）

Dicrocoeliidae（Looss，1899）Odhner，1910

Dicrocoeliinae Looss，1899（R B　M）（Dicrocoeliinae）

Dicrocoeliini Yamaguti，1958（B M）（Dicrocoeliidae，Dicrocoeliinae）

Dicrocoelium Dujardin，1845（B　M）（Dicrocoeliidae，Dicrocoeliinae，Dicrocoeliini）

Dicrogaster Looss，1902（F）（Haploporidae，Dicrogasterinae）

Dicrogasterinae Yamaguti，1958（F）（Haploporidae）

Dictyangiinae Yamaguti，1958（R）（Angiodictyidae）

Dictyangium Stunkard，1943（R）（Angiodictyidae，Dictyangiinae）

Diotyonograptus Travassos，1920（M）（Dicrocoeliidae，Dicrocoeliinae，Eurytrematini）

Dictysarca Linton，1910，emend（F）（Dictysercidae）

Dictysarcidae（Skrjabin et Guschanskaja，1955）Yamaguti，1971（F）

Didelphodiplostomum Dubois，1943（M）（Diplostomidae，Diplostominae，Diplostomini）

Dideutosaccus Acena，1941（Syn，of *Opecoelina*）（Opecoelidae，Opecoelinae）

Didymocodiinae Yamaguti，1970（F）（Didymozoidae）

Didymocodium Yamaguti，1970（F）（Didymozoidae，Didymocodiinae）

Didymocylindrus Ishii，1935（F）（Didymozoidae，Didymozoinae）

Didymocystis Ariola，1902（F）（Didymozoidae，Didymozoinae）

Didymocystoides Yamaguti，1970（F）（Didymozoidae，Didymozoinae）

Didymoproblema Ishii，1935，emend（F）（Didymozoidae，Didymozoinae）

Didymorchis Linton，1910 preoccupied（Syn. of *Pycradena*）（Opistholebetidae，Pycnadeninae）

Didymosphaera Mamaev，1961（F）（Didymozoidae，Opepherotrematinae）

Didymostoma Aricia，1902（Syn. of *Koellikeria*）（F）（Didymozoidae，Koellikeriinae）

Didymozoidae Poche，1907（F）

Didymozoinae（Poche，1907）Ishii，1935　Spelling emend（F）（Didymozoidae）

Didymozoon Taschenberg，1878（F）（Didymozoidae，Didymozoinae）

Dietziella Skrjabin et Bashkirova，1956，emend（B）

Dihemistephaninae Yamaguti，1971（F）（Lepocreadiidae）

Dihemistephanus Looss，1901（F）（Lepocreadiidae，Dihemistephaninae）

Dinosoma Manter，1934（F）（Hemiuridae，Hemiurinae）

Dinurinae Looss，1907（F）（Hemiuridae）

Dinurus Looss，1907（F）（Hemiuridae，Dinurinae）

Diphtherostominae Stossich，1904（Zoogonidae）

Diphtherostomum Stossich，1904（F）（Zoogonidae，Diphtherostominae）

Diplangidae Yamaguti，1971（F）

Diplangus Linton，1910（F）（Diplangidae）

Diplobulbus Yamaguti，1934（F）（Fellodistomidae，Stenakrinae）

Diplochurleytrema Nahhas et Cable，1961（F）（Monorchiidae，Lasiotocinae）

Diplocreadium Park，1939（Syn. of Bianium）（F）（Lepocreadiidae，Diploproctodaeinae）

Diplodiscinae Cohn，1904（F A H）（Paramphistomidae）

Diplodiscus Diesing，1836（A）（Paramphistomidae，Diplodiscinae）

Diplolasiotocus Yamaguti，1952（F）（Monorchiidae，Lasiotocinae）

Diplomonorcheides Thomas，1959（F）（Monorchiidae，Lasiotocinae）

Diplomonorchis Hopkins，1941（F）（Monorchiidae，Telolecithinae）

Diplopharyngotrema Yamaguti，1958（Cryptogonimidae，Diplopharyngotrematinae）

Diplopharyngotrematinae Yamaguti，1958（F）（Cryptogonimidae）

Diploporetta Strandt，1942（Syn. of Bianium）（F）（Lepocreadiidae，Diploproctodaeinae）

Diploporus Ozaki，1928. nec Trochal，1866（Syn. of *Bianium*）（F）（Lepocreadiidae，Diploproctodaeinae）

Diploproctodaeinae Park，1939（F）（Lepocreadiidae）

Diploproctodaeum La Rue，1926（F）（Lepocreadiidae，Diploproctodaeinae）

Diplostomidae Poirier，1886（B M）

Diplostominae（Poirier，1886）Montioelli，1892（B M）（Diplostomidae）

Diplostomini（Poirier，1886）Dubois，1936（B M）（Diplostomidae，Diplostominae）

Diplostomum Von Nordmann，1832（B）（Diplostomidae，Diplostominae，Diplostomini）

Diplostomum Brandes，1888 nec Nordmann，1832 partim（Syn，of Neodiplostomum）（B）（Diplostomidae，Diplostominae，Diplostomini）

Diplotrema Yamaguti，1938. nec. Spencer，1900（Syn. of Neodiplotrema）（F）（Didymozoidae，Neodipl- otrematinae）

Diplotrema Connor，1957 preoccupied（Syn. of Opisthovarium）（Tetracladiidae，Opisthovariinae）

Diplotrematidae Connor，1957. nomensolum（Syn. of Tetracladiidae）

Disacanthus Oshmann，Mamaev et Parukhin，1961（Syn. of Pseudosiphoderoides）（F）（Cryptogonimidae，Cryptogoniminae）

Discogaster Yamaguti，1934，Preoccupied（Syn. of Discogasteroides）（F）（Fellodistomidae，Discogasteroidinae）

Discogasteroides Strand，1934（F）（Fellodistomidae，Discogasteroidinae）

Discogasteroidinae Srivastava，1939（F）（Fellodistomidae）

Dissosaccinae Yamaguti，1958（F）（Hemiuridae）

Dissosaccus Manter，1947（F）（Hemiuridae，Dissosaccinae）

Dissotrema Goto et Matsudaira，1918，Preoccupied（Syn. of *Gyliauchen*）（F）（Gyliauchenidae，Gyliaucheninae）

Dissotrematidae Goto et Ozaki，1918（Syn. of Gyliauchenidae）

Dissurus Verma，1936（B）（Echinostomatidae，Himasthlinae）

Distoma Retzius，1786（Syn. of Fasciola）（M）（Fasciolidae，Fasciolinae）

Dolichodemus Luhe，1899（Syn. of Ityogonimus）（M）（Brachylaimidae，Ityogoniminae）

Dolichoenterinae Yamaguti 1958（F）（Bucephalidae）

Dolichoenterum Ozaki，1924（F）（Bucephalidae，Dolichoenterinae）

Dolichopera Nicoll，1914（R）（Dolichoperidae，Dolichoperinae）

Dolichoperidae Yamaguti，1971（R）

Dolichoperinae Yamaguti，1971（R）（Dolichoperidae）

Dolichoperoides Johnston et Angel，1940（R）（Dolichoperidae，Dolichoperoidinae）

Dolichoperoidinae Johnston et Angel，1940（R）（Dolichoperidae）

Dolichosacculus Johnston，1943（B）（Omphalometridae，Omphalometrinae）

Dolichosaccus Johnston，1912（A）（Omphalometridae，Omphalometrinae）

Dolichosomum Looss，1899（Syn，of Ityogonimus）（M）（Brachylaimidae，Ityogoniminae）

Dollfuschella Vercammen-Grandjean，1960（A）（Hemiuridae，Halipeginae）

Dollfusina Eckmann，1932（Syn. of *Dollfustrema*）（F）（Bucephalidae，Bucephalinae）

Dollfusinus Biocca et Ferretti，1958（M）（Leusochloridiidae，Leucochloridiinae）

Dollfustravassosiidae Freitas et kohn，1967（Syn. of Pelorohelminthidae）（F）

Dollfustravassosius Freitas et Kohn，1967（Syn. of *Pelorohelmins*）（F）（Pelorohelminthidae）

Dollfustrema Eckmann，1934（F）（Bucephalidae，Bucephalinae）

Drepanocephalus Dietz，1909（B）（Echinostomatidae，Echinostomatinae）

Duboisia Szidat，1936（B）（Cyathocotylidae，Prohemistominae）

Duboisiella Baer，1938（M）（Strigeidae，Duboisiellinae）

Duboisiellinae Baer，1938（M）（Strigeidae）

Duosphincter Manter et Pritchard，1960（Hemiuridae，Derogeninae）

Echeneidocoelium Simha et Pershad，1964（F）（Lepocreadiidae，Acanthocolpoidinae）

Echinochasminae Odhner，1910（R B M）（Echinostomatidae）

Echinochasmus Dietz 1909（B M）（Eohinostomatidae，Echinochasminae）

Echinocirrus Mendheim，1943（Syn. of *Isthmiophora*）（Echinostomatidae，Echinostomatinae）

Echinocollum Odening，1962（Syn. of *Saakotrema*）（B）（Echinostomatidae，Saakotrematinae）

Echinodollfusia Skrjabin et Bashkirova，1956（B）（Echinostomatidae，Himasthlinae.）

Echinoparyphium Dielz 1909（B M）（Eohinostomatidae，Echinostomatinae）

Echinoporidae Krassnolova et Timofeeva，1965（B）

Echinoporus Oshmarin，1963（B）（Echinoporidae）

Echinostephanus Yamaguti，1934（Syn. of *Stephanostoma*）（Acanthocolpidae，Stephanostominae）

Echinostephilla Lebour，1909（B）（Philophthalmidae，Echinostephillinae）

Eohinostephillinae Yamaguti，1958（B）（Philophthalmidae）

Echinostoma Ruolphi，1809（B M）（Eohinostomatidae，Echinostomatinae）

Echinostomatinae（Looss，1899）Faust，1929（R B M）（Echinostomatidae）

Echinostomatidae（Looss，1902）Poche，1926（F R B M）

Echinostominae Looss，1899（Syn. of Echinostomatinae）（R B M）（Echinostomatidae）

Echinuscodendriinae Yamaguti，1958（B）（Lecithodendriidae）

Echinuscodendrium Skrbilovich，1943（B）（Lecithodendriidae，Echinuscodendriinae）

Ectenurus Loose，1907（F）（Hemiuridae，Dinurinae）

Ectosiphonus Sinitzin，1931（M）（Brachylaimidae，Brachylaiminae）

Edcaballerotrema Freitas，1960（Syn. of *Anenterotrema*）（M）（Anenterotrematidae）

Elongoparorchis Rao，1961（F）（Isoparorchiidae）

Elytrophalloides Szidat，1955（F）（Hemiuridae，Dinurinae）

Elytrophallus Manter，1940（F）（Hemiuridae，Dinurinae）

Emmettrema Caballero，1946（Syn. of *Hamacreadium*）（F）（Opeooelidae，Plagioporinae）

Emoleptalea Looss，1900（F）（Cephalogonimidae，Cephalogoniminae）

Encyclobrephus Sinha，1949（Plagiorchiidae，Plagiorchiinae）

Encyclometra Baylis et Cannon，1934（R）（Plagiorchiidae，Encyclometrinae）

Encyclometrinae（Mehra，1931）（R）（Plagiorchiidae）

Endocotyle Belopol'skaja（B）（Microphallidae，Microphallinae）

Enenterinae Yamaguti，1958（F）（Opecoelidae）

Enenterum Linton，1910（F）（Opecoelidae，Enenterinae）

Enhydridiplostomum Dubois，1945（M）（Diplostomidae，Diplostominae，Diplostomini）

Enodia Looss，1899 Preoccupied（Syn. of *Enodiotrema*）（R）（Plagiorchiidae，Enodiotrematinae）

Enodiotrema Looss，1900（R）（Plagiorchiidae，Enodiotrematinae）

Enodiotrematinae Baer，1924（R）（Plagiorchiidae）

Enterohaematotrema Mehra，1940（Spirorchiidae，Coeuritrematinae）

Eocreadium Szidat，1954（F）（Lepocreadiidae，Lepocreadiinae）

Epibathra Looss，1902（R）（Pronocephalidae，Pronocephalinae）

Episthmium Luhe，1909（B M）（Echinostomatidae，Echinochasminae）

Episthochasmus Verma，1935（Echinostomatidae，Echinochasminae）

Erilepturus Woolcock，1935（F）（Hemiuridae，Dinurinae）

Eroliostrigea Yamaguti，1971（B）（Strigeidae，Strigeinae，Eroliostrigeini）

Eroliostrigeini Yamaguti，1971（Strigeidae，Strigeinae）

Ershoviorchis Skrjabin，1945（B）（Opisthorchiidae，Pseudamphimerinae）

Euamphimerus Yamaguti，1941（B）（Opisthorchiidae，Pseudamphimerinae）

Eubucephalus Diesing，1855（Syn. of *Bucephalus*）（F）（Bucephalidae，Bucephalinae）

Euclinostominae Yamaguti，1958（B）（Clinostomidae）

Euclinostomum Travassos，1928（B）（Clinostomidae，Euclinostominae）

Eucotyle Cohn，1904（B）（Eucotylidae，Eucotylinae）

Eucotylidae Skrjabin，1924（B）

Eucotylinae（Skrjabin，1924）Kreites，1951（B）（Eucotylidae）

Eucreadium Manter，1934（F）（Fellodistomidae，Stenakrinae）

Eucreadium Dayal，1942（Opecoelidae，Plagioporinae）

Eugenia Oshmarin，1948（Syn. of *Brachylecithum*）（B M）（Dicrocoeliidae，Dicrocoeliinae，Brachylecithini）

Euhaplorchis Martin，1950（B）（Heterophyidae，Haplorchiinae）

Eumasenia Srivastava，1951（F）（Maseniidae）

Eumegacetes Looss，1900（B）（Eumegacetidae）

Eurnegacetidae Travassos，1922（B）

Euparadistomini yamaguti，1958（R M）（Dicrocoeliidae，Dicrocoeliinae）

Euparadistomum Tubangui，1931（R M）（Dicrocoeliidae，Dicrocoeliinae，Euparadistomini）

Euparyphium Dietz 1909 partim（Syn. of *Isthmiophora*）（B M）（Echinostomatidae，Echinostomatinae）

Eurostomum MacCallum，1921（Syn. of *Azygia*）（Azygiidae，Azygiinae）

Eurycephalinae Skrjabin et Bashkirova，1958（Syn. of Sodalinae）（B）（Echinostomatidae）

Eurycephalus Ovcharenko，1955（Syn. of *Sodalis*）（B）（Echinostomatidae，Sodalinae）

Eurycoelum Brock，1886　nec Chaudoir，1948（Syn. of *Hemiurus*）（Hemiuridae，Hemiurinae）

Euryhelminae Morozov，1950（Syn. of Euryhelminthinae）（Heterophyidae）

Euryhelminthinae（Morozov，1950）Yamaguti，1958（M）（Heterophyidae）

Euryhelmis Poche，1936（Heterophyidae，Euryhelminthinae）

Eurypera Manter，1933　Preoccupied（Syn. of *Megapera*）（F）（Megaperidae）

Euryperidae Manter，1933（Syn. of Megaperidae）（F）

Eurysoma Dujardin，1845 Preoccupied（Syn. of *Euryhelmis*）（M）（Heterophyidae，Euryhelminthinae）

Eurytrema Looss，1907（M）（Dicrocoeliidae，Dicrocoeliinae，Eurytrematini）

Eurytrematini Yamaguti，1958（B M）（Dicrocoeliidae，Dicrocoeliinae）

Eurymetra Odhner，1910（lapsus for Leptophallus）（Syn. of *Leptophallus*）（R）（Plagiorchiidae，Leptophallinae）

Eustomos MacCallum，1921（R）（Macroderoididae，Macroderoidinae）

Evandrocotyle Jansen，1941 Partim（Syn. of *Euparadistomum*）（R M）（Dicrocoeliidae，Dicrocoeliinae，Euparadistomini）

Evandrocotyle Jansen，1941 Partim（Syn. of *Stromitrema*）（B）（Dicrocoeliidae，Stromitrematinae）

Evranorchis Skrjabin，1944（R）（Opisthorchiidae，Opisthorchiinae）

Excoitocaecum Stusarski，1958（Syn. of *Nicolla*）（Opecoelidae，opecoelinae）

Exorchiinae Yamaguti，1938（F）（Cryptogonimidae）

Exorchis Kobayashi，1915（F）（Cryptogonimidae，Exorchiinae）

Exorchocoelium Thapar，1958（Syn. of *Anchitrema*）（R M）（Anchitrematidae）

Exotidendriinae Mehra，1935（R）（Lecithodendriidae）

Exotidendrium Mehra，1935（R）（Lecithodendriidae，Exotidendriinae）

Explanatum Fukui，1929（M）（Subgenus of Paramphistomum）（Paramphistomidae，Paramphistominae）

Fasciola Linnaeus，1758（M）（Fasciolidae，Fasciolinae）

Fascioletta Garrison，1908（Syn. of *Echinostoma*）（B M）（Echinostomatidae，Echinostomatinae）

Fasciolidae Railliet，1895（M）

Fasciolinae（Railliet，1895）Stiles et Hassall，1898（M）（Fasciolidae）

Fascioloides Ward，1917（M）（Fasciolidae，Fasciolinae）

Fasciolopsidae Odhner，1926（M）（Syn. of Fasciolidae）

Fasciolopsinae. Odhner，1910（M）（Fasciolidae）

Fasciolopsis Looss，1899（M）（Fasciolidae，Fasciolopsinae）

Faustula Poche，1926（F）（Fellodistomidae，Baccigerinae）

Fellodistomidae（Nicoll，1909）Nicoll，1913

Fellodistominae Nicoll，1909（F）（Fellodistomidae）

Fellodistomum Stafford，1904（F）（Fellodistomidae，Fellodistominae）

Fibricola Dubois，1932（M）（Diplostomidae，Alariinae，Alariini）

Fibricolinae Sudarkov，1960（Syn. of Alariinae）（B M）（Diplostomidae）

Fischoederius Stiles et Goldberger，1910（M）（Gastrothylacidae，Gastrothylacinae）

Flagellotrema Ozaki，1936（F）（Gyliauchenidae，Gyliaucheninae）

Folliorchiinae Yamaguti，1958（F）（Lepocreadiidae）

Folliorchis Srivastava，1948（F）（Lepocreadiidae，Folliorchiinae）

Forticulcits Overstreet，1982（Haploporidae）

Galactosominae Ciurea，1933（B M）（Heterophyidae）

Galactosomoides Cable et al.，1960（Subgenus of Stictodora）（B）（Heterophyidae，Stictodorinae）

Galactosomum Loose，1899（B M）（Heterophyidae，Galactosominae）

Ganada Chatterji，1933（Syn. of *Orientocreadium*）（F R）（Allocreadiidae，Orientocreadiinae）

Ganadotrema Dayal，1949（Syn. of *Orientocreadium*）（F R）（Allocreadiidae，Orientocreadiinae）

Ganeo Klein 1905（F A）（Lecithodendriidae，Ganeoninae）

Ganeoninae Yamaguti，1958（F A）（Lecithodendriidae）

Gargorchis Linton，1940（Syn. of *Rhagorchis*）（F）（Lepocreadiidae，Folliorchiinae）

Gasterostomum Siebold，1848（Syn. of *Bucephalus*）（F）（Bucephalidae，Bucephalinae）

Gastris Luhe，1906，nec Gastris Billberg，1820（Syn. of *Lintonium*）（F）（Fellodistomidae，Lintoniinae）

Gastrodiscinae Monticelli，1892（M）（Paramphistomidae）

Gastrodiscoides Leiper，1913（M）（Paramphistomidae，Gastrodiscinae）

Gastrodiscus Leuskart in Cabbold，1877（M）（Paramphistomidae，Gastrodiscinae）

Gastrothylacidae Stiles et Goldberger，1910（M）

Gastrothylacinae Stiles et Goldberger，1910（M）（Gastrothylacidae）

Gastrothylax Poirier，1883（M）（Gastrothylacidae，Gastrothylacinae）'

Gauhatiana Gupta，1955（F）（Macroderoididae，Macroderoidinae）

Gekkonotrematidae Ysmaguti，1971（R）

Gekkonotrema Fischthal et Kuntz 1967（R）（Gekkonotrematidae）

Gelanocotyle Sudarikov，1961（Syn. of *Mesostephanus*）（B M）（Cyathocotylidae，Prohemistominae）

Genarchella Travassos，Attigas et Pereira，1928（F）（Hemiuridae，Halipeginae）

Ganarches Looss，1902 Preoccupied（Syn. of *Genarchopsis*）（F）（Hemiuridae，Halipeginae）

Genarchopsis Ozaki，1925（F）（Hemiuridae，Halipeginae）

Genarchopsis Ozaki，1925（F）（Subgenus of Genarchopsis）（Hemiuridae，Halipeginae）

Genitocotyle Park，1937（F）（Opecoelidae，Opecoelinae）

Genolinea Manter，1925（F）（Hemiuridae，Derogeninae）

Genolopa Linton，1910（F）（Monorchiidae，Lasiotocinae）

Geowitenbergia Dollfus，1948（B）（Subgenus of Ophthalmophagus）（Cyclocoelidae，Cyclocoelinae）

Gigantatrium Yamaguti，1958（M）（Paramphistomidae，Orthocoeliinae）

Gigantobilharzia Odhner，1910（B）（Schistosomatidae，Gigantobilharziinae）

Gigantobilharziinae（Mehra，1940）Yamaguti，1971（B）（Schistosomatidae）

Gigantocotyle Nasmark，1937（Syn. of *Paramphistomum*）（M）（Paramphistomidae，Paramphistominae）

Glaphyrostomum Braum，1901（B M）（Brachylaimidae，Brachylaiminae）

Glirotrema Kirshenblat，1941（Syn. of *Lecithodendrium*）（R M）（Lecithodendriidae，Lecithodendriinae）

Glomericirrinae Yamaguti，1958（F）（Hemiuridae）

Glomericirrus Yamaguti，1937（F）（Hemiuridae，Glomericirrinae）

Glomeritrema Yamaguti，1942（F）（Dedymozoidae，Glomeritrematinae）

Glomeritrematinae Yamaguti，1958（F）（Didymozoidae）

Glossidiella Travassos，1927（R）（Macroderidae，Glossidiellinae）

Glossidiellinae Yamaguti，1971（R）（Macroderidae）

Glossidioides Yamaguti，1958（R）（Macroderidae，Glossidiellinae）

Glossidium Looss，1899（F）（Macroderoididae，Macroderoidinae）

Glossimetra Mehra，1937（R）（Plagiorchiidae，Astiotrematinae）'

Glossodiplostomoides Bhalerao，1942（B）（Diplostomidae，Diplostominae，Diplostomini）

Glossodiplostomum Dubois，1932（Syn，of *Telodelphys*）（B）（Diplostomidae，Diplostominae，Diplostomini）

Glyphicephalus Looss，1901（R）（Pronocephalidae，Pronocephalinae）

Glyptamphistoma Yamaguti，1958（M）（Paramphistomidae，Orthocoeliinae）

Glypthelminae Cheng，1959（Syn. of Glypthelminthinae）（A）（Macroderoididae）

Glypthelmins Stafford，1905（A）（Macroderoididae，Glypthelminthinae）

Glythelminthinae（Cheng，1959）Yamaguti，1971 spelling emend，（A）（Macroderoididae）

Glyptoporus Macy，1936（M）（Lecithodendriidae，Gyrabascinae）

Glyptoporus Macy，1956（Subgenus of Glyptoporus）（M）（Lecithodendriidae，Gyrabascinae）

Gnathomyzon Crowcroft，1945（Syn. of *Myxoxenus*）（F）（Lepocreadiidae，Labriferinae）

Gogatea Lutz，1935（R）（Cyathocotylidae，Szidatiinae）

Gogateainae Mehra，1943（Syn. of Szidatinae）（R B）（Cyathocotylidae）

Gogateini Dubois，1950（Syn. of Szidatiinae）（R B）（Cyathocotylidae）

Gogatinae Mehra，1947（Syn. of Szidatiinae）（R B）（Cyathocotylidae）

Gomtia Thaper，1930（F）（Opisthorchiidae，Opisthorchiinae）

Gomtiotrema Gupta，1955，nec. Sinha，1934（F）（Syn. of *Allogomtiotrema* Yamaguti，1958）（Opisthorchiidae，Allogomtiotrematinae）

Gomtiotrema Sinha，1934（Syn. of Plasmiorchis）（R）（Spirorchiidae，Spirorchiinae，Spirhapalini）

Gonacanthella Sogandares- Bernal，1959（F）（Cryptogonimidae，Metadeninae）

Gonapodasmiinae Ishii，1935（F）（Didymozoidae）

Gonapodasmius Ishii，1935（F）（Didymiozoidae，Gonapodasmiinae）

Gongylura Lutz，1933（Syn. of *Strigea*）（B）（Strigeidae，Strigeinae，Strigeini）

Gonocerca Manter，1925（F）（Hemiuridae，Gonocercinae）

Gonocercella Manter，1940（F）（Hemiuridae，Halipeginae）

Gonocercinae Skrjabin et Guchanskaja，1955（F）（Hemiuridae，Gonocercinae）

Gorgocephalidae（Manter，1966）Yamaguti，1971 Status emend（F）

Gorgocephalus Manter，1966（F）（Gorgocephalidae）

Gorgodera Looss，1899（A）（Gorgoderidae，Gorgoderinae）

Gorgoderidae（Looss，1899）Looss，1901（F A R）

Gorgoderina Looss，1902（F A）（Gorgoderidae，Gorgoderinae）

Gorgoderinae Looss，1899（F A）（Gorgoderidae）

Gorgotrema Dayal，1938（F）（Gorgoderidae，Phyllodistominae）

Gotonius Ozaki，1924（Syn. of *Prosorhynchus*）（F）（Bucephalidae，Prosorhynchinae）

Grassitrema Yeh，1954（Syn. of *Tricotyledonie*）（F）（Hemiuridae，Lecithochiriinae）

Guggenheimia Bravo- Hollis et Manter，1957（F）（Lepocreadiidae，Guggenheimiinae）

Guggenheimiinae Yamaguti，1971（F）（Lepocreadiidae）

Guptatrema Yamaguti，1971（F）（Callodistomidae，Callodistominae）

Guschanskiana Skrjabin，1959（F）（Accacoeliidae，Guschanskianinae）

Guschanskianinae Skrjabin，1959（F）（Accacoeliidae）

Gyliauchen Nicoll，1915（F）（Gyliauchenidae，Gyliaucheninae）

Gyliaucheninae Fukui，1929（Gyliauchenidae）

Gyliauchenidae（F'ukui，1929）Ozaki，1933（F）

Gymnatrema Morozov in Skrjabin，1955（Syn. of *Acanthostoma*）（F）（Acanthostomidae，Acanthostominae）

Gymnophallidae(Odhner，1905)Dollfus，1939(B)

Gymnophallinae Odhner，1905(B)(Gymnophallidae)

Gymnophallinae Fujita，1925(B)(Gymnophallidae，Gymnophallinae)

Gymnophallus Odhner，1900(B)(Gymnophallidae，Gymnophallinae)

Gymnotergestia Nahhas et Cable，1964(F)(Fellodistomidae，Tergestiinae)

Gynaecophorue Diesmg，1858(Syn. of *Schistosoma*)(M)(Schistosomatidae，Schistosomatinae)

Gynaecotyla Yamaguti，1939 emend(B M)(Microphallidae，Gynaecotylinae)

Gynaecotylinae Guschansksja，1952(B M)(Microphallidae)

Gyrabascinae Macy，1935(M)(Lecithodendriidae)

Gyrabascus Macy，1935(M)(Lecithodendriidae，Gyrabascinae)

Gyrosoma Byrd et Maples，1961(B M)(Psilostomidae)

Gyrosomatinac(Byrd et al.，1961)Yamaguti，1971 spelling emend(Psilostomidae)

Gyrosominae Byrd et al.，1961(B M)(syn. of Gyrosomatidae)(Psilostomidae)

Hadwenius Price，1932(M)(Campulidae，Odhneriellinae)

Haematoloechidae Odening，1964(A)

Haematoloechus Looss，1899 nec Haematoloecha Stal，1874(A)(Haematoloechidae)

Haematoloechus Looss，1899(Subgenus of Haematoloechus)(A)(Haematoloechidae)

Haematoprimum witenberg，1923(B)(Cyclocoelidae，Cyclocoelinae)

Haematotrema Stunkard，1923(Syn. of *Henotosoma*)(Spirorchiidae，Spirorchiinae，Spirorchiini)

Haematotrephus of Linton，Partim(Syn. of *Ershoviorchis*)(B)(Opisthorchiidae，Pseudamphimerinae)

Haematotrephus Stossich，1902(B)(Cyclocoelidae，Cyclocoelinae)

Haemoxenicon Martin et Bamberger，1952(R)(Spirorchiidae，Carettacolinae)

Hairana Nagaty，1948(Syn. of *Hapladena*)(F)(Waretrematidae，Megasoleminae.)

Halipeginae Ejsmont，1931(F A R)(Hemiuridae)

Halipegus Looss，1899(Hemiuridae，Halipeginae)

Halltrema Lent et Freitas，1939(R)(Pararnphistomidae，Schizamphistominae)

Hallum Wigdor，1918(Syn. of *Cryptocotyle*)(B M)(Heterophyidae，Cryptocotylinae)

Hamacreadium Linton，1910(Opecoelidae，Plagioporinae)

Hapalorhynchinae Yamaguti，1958(R)(Spirorchiinae)

Hapalorhynchus Stunkard，1922(R)(Spirorchiidae，Hapalorhynchinae)

Hapalotrema Looss，1899(R)(Spirorchiidae，Hapalotrematinae)

Hapalotrematinae(Stunkard，1921)Poche，1926(R)(Spirorchiidae)

Hapladena Linton，1910(F)(Waretrematidae，Megasoleninae)

Haplocladus Odhner，1911(Syn. of *Monascus*)(F)(Monascidae)

Haplometra Looss，1899(Macroderoididae，Haplometrinae)

Haplometrana Lucker，1951(A)(Macroderoididae，Haplometrinae)

Haplometrinae Pratt，1902(A)(Macroderoididae)

Haplometroides Odhner，1910(R)(Plagiorchiidae，Styphlodorinae，Styphlotrematini)

Haploporidae(Looss，1902)Nicoll，1914(F)

Haploporinae Looss，1902(F)(Haploporidae)

Haploporus Looss，1902　　　　(Haploporidae，Haploporinae)

Haploporus Looss，1902(F)(Haploporidae，Haploporinae)

Haplorchiinae Looss，1899(B M)(Heterophyidae)

Haplorchis Looss，1899（B）（Heterophyidae，Haplorchiinae）

Haplorchoides Chen 1949（F）（Cryptogonimidae，Tubanguiinae）

Haplosplanchnidae Poche，1926（F）

Haplosplanchninae（Poche，1926）Yamaguti，1971　Stalus emend（Haplosplanchnidae）

Haplosplanchnoides Nahhas et Cable，1964（F）（Haplosplanchnidae，Haplosplanchnoidinae）

Haplosplanchnoidinae Yamaguti，1971（F）（Haplosplanchnidae）

Haplosplanchnus Looss，1902（F）（Haplosplanchnidae，Haplosplanchninae）

Harmostomidae Odhner，1912（B M）（Syn. of Brachylaimidae）

Harmostominae Looss，1900（Syn. of Brachylaiminae）（B M）（Brachylaimidae）

Harmostomum Braun，1899（Syn. of *Brachylaima*）（B M）（Brachylaimidae，Brachylaiminae）

Harmotrema Nicoll，1914（R）（Harmotrematidae，Harmotrematinae）

Harmotrematidae（Yamaguti，1933）Mehra，1962（R）

Harmotrematinae Yamaguti，1933（R）（Harmotrematidae）

Harrahium Witenberg，1926（B）（Cyclocoelidae，Cyclocoelinae）

Harvardia Baer，1932（B）（Diplostomidae，Diplostominae，Diplostomini）

Hassallius Goldberger，1911（Syn. of *Azygia*）（F）（Azygiidae，Azygiinae）

Hasstilesia Hall，1916（M）（Hasstilesiidae）

Hasstilesiidae Hall，1916（M）

Hawkesius Stiles et Goldberger，1910（M）（Paramphistomidae，Pseudodiscinae）

Heardlevinseniella Yamaguti，1971（B）（Microphallidae，Microphallinae）

Helicometra Odhner，1902（F）（Opecoelidae，Plagioporinae）

Helicometra Odhner，1902（F）（Subgenus of Helicometra）（Opecoelidae，Plagioporinae）

Helicometrina Linton，1910（F）（Opecoelidae，Plagioporinae）

Helicometroides Yamaguti，1934（F）（Opecoelidae，Plagioporinae）

Helicotrema Odhner，1912（R）（Harmotrematidae，Helicotrematinae）

Helicotrematinae Mehra，1962（Harmotrematidae）

Hemiorchis Mehra，1939（R）（Spirorchiidae，Spirorchiinae，Spirhapalini）

Hemipera Nicoll，1913（F）（Hemiuridae，Gonocercinae）

Hemiperina Manter，1934（Syn. of *Hemipera*）（F）（Hemiuridae，Gonocercinae）

Hemiperinae Yamaguti，1958（Syn. of Gonocercinae）（Hemiuridae）

Hemiuridae（Looss，1899）Luhe，1901（F A R）

Hemiurinae Looss，1899（F）（Hemiuridae）

Hemiurus Rudolphi，1809（F）（Hemiuridae，Hemiurinae）

Henotosoma Stunkard，1922（R）（Spirorchiidae，Spirorchiinae，Spirorchiini）

Hepatiarius Feizullaev，1961（Opisthorchiidae，Opisthorchiinae）

Hepatohaemotrema Simha，1958（Syn. of *Enterohaematotrema*）（Spirorchiidae，Coeuritrematinae）

Hepatotrema Stunkard，1922（Syn. of *Athesmia*）（B M）（Dicrocoeliidae，Dicrocoeliinae，Athesmiini）

Heronimidae Ward，1917（R）

Heronimus MacCallum，1902　（R）（Heronimidae）

Herpetodiplostomum Dubois，1936（R）（Proterodiplostomidae，Crocodilicolinae）

Herpetodiplostomum Dubois，1936（Subgenus of *Herpetodiplostomum*）（R）（Proterodiplostomidae，Crocodi- licolinae）

Heterechinostomum Odhner，1910（Syn.　of *Echinochasmus*）（B M）（Echinostomatidae，Echinochasminae）

Heterobilharzia Price，1929（M）（Schistosomatidae，Schistosomatinae）

Heterocoelium Travassos，1921(Syn. of *Ochetosoma*)(R)(Plagiorchiidae，Styphlodorinae，Ochetosomatini)

Heterodiplostomurn Dubois，1936(R)(Proterodiplostomidae，Ophiodiplostominae)

Heterolebes Ozaki，1955(F)(Opistholebetidae，Heterolebetinae)

Heterolebetinae Yamaguti，1971(F)(Opistholebetidae)

Heterolope Looss，1899(Syn. of Brachylaima)(B M)(Brachylaimidae，Brachylaiminae)

Heterophyes Cobbold，1886(B M)(Heterophyidae，Heterophyinae)

Heterophyidae(Leiper，1909)Odhner，1914(R B M)

Heterophyinae Leiper，1909(B M)(Heterophyidae)

Heterophyopsis Tubangui et Africa，1938(B M)(Heterophyidae，Heterophyinae)

Heterorchiinae Dollfus，1950(F A)(Fellodistomidae)

Heterorchis Baylis，1915(F A)(Fellodistomidae，Heterorchiinae)

Hexagrammia Baeva，1965(F)(Fellodistomidae，Stenakrinae)

Hexangiinae Yamaguti，1958(F)(Angiodictyidae)

Hexangitrema Price，1937(F)(Angiodictyidae，Denticaudinae)

Hexangium Goto et Ozaki，1929(F)(Angiodictyidae，Hexangiinae)

Himasomum Linton，1910(Syn. of Barisomum)(F)(Pronocephalidae，Pronocephalinae)

Himasthla Dietz 1909(F B M)(Echinostomatidae，Himasthlinae)

Himasthlinae Odhner，1910(F B M)(Echinostomatidae)

Himasthloides Alekseev，1965(B)(Echinostomatidae，Himasthlinae)

Hindia Lal，1935(Syn. of *Notocotylus*)(B)(Notocotylidae，Notocotylinae)

Hindolana Strand，1942(Syn. of *Notocotylus*)(B M)(Notocotylidae，Notocotylinae)

Hippocrepis Travassos，1905(M)(Notocotylidae，Notocotylinae)

Hirudinella(Garcin，1730)(F)(Hirudinellidae)

Hirudinellidae Dollfus，1932(F)

Hofmoncstomum Harwood，1939(B)(Notocotylidae，Notocotylinae)

Holacanthitrema Yamaguti，1970(F)(Hemiuridae，Quadrifoliovariinae)

Holometra Looss，1899(B)(Opisthorchiidae，Metorchiinae)

Holorchis Stossich，1901(F)(Lepocreadiidae，Lepocreadiinae)

Holostephanus Szidat，1956(B M)(Cyathocotylidae，Cyathocotylinae)

Holostomatinae Skrjabin，1949(F)(Paramphistomidae)

Holostomatis(Fukui，1929)Travassos，1934(F)(Paramphistomidae，Holostomatinae.)

Homalogaster Poirier，1883(M)(Paramphistomidae，Gastrodiscinae)

Homalometridae(Cable et Hunninen，1942)Yarnaguti，1971 Status emend(F R)

Homalometrinae Cable et Hunninen，1942(F)(Homalometridae)

Homalometron Stafford，1905(F)(Homalometridae，Homalometrinae)

Homoscaphis Canavan，1933(Syn. of *Odhneriotrema*)(R)(Linostomidae，Clinostominae)

Hoploderma Cohn，1903 Preoccupied(Syn. of *Pintneria*)(Dicrocoeliidae，Dicrocoeliinae，Pintneriini)

Horatrema Srivastava，1942(F)(Opecoelidae，Opecoelinae)

Hunterotrema McIntoish，1960(M)(Campulidae，Hunterotrematinae)

Hunterotrematinae Yamaguti，1971(M)(Campulidae)

Hurleytrema Srivastava，1939(F)(Monorchiidae，Hurleytrematinae)

Hurleytrematinae Yamaguti，1958(F)(Monorchiidae)

Hurleytrematoides Yamaguti，1954(F)(Monorchiidae，Postmonorcheidinae)

Hydrophitrema Sandars，1961（R）（Hemiuridae，Pulmoverminae）

Hymenocotta Manter，1961（F）（Haplosplanchnidae，Hymenocottinae）

Hymenocottinae Yamaguti，1971（F）（Haplosplanchnidae）

Hymenocottoides Yamaguti，1971（F）（Haplosplanchnidae，Hymenocottinae）

Hypertrema Manter，1960（F）（Fellodistomidae，Fellodistominae）

Hypocreadium Ozaki，1936（F）（Lepocreadiidae，Lepocreadiinae）

Hypoderaeum Dietz，1909（B）（Echinostomatidas，Echinostomatinae）

Hypohepaticola Yamaguti，1934（F）（Heminridae，Hypohepaticolinae）

Hypohepaticolinae Krjabin et Guschanskaja，1954（F）（Hemiuridae）

Hypohepaticolinae Yamaguti，1958（Syn. of Hypohepaticolinae Skrjabin et Guschanskaja，1954）（Hemiuridae）

Hyptiasmus Kossack，1911（B）（Cyclocoelidae，Cyclocoelinae）

Hysterogonia Hanson，1955（F）（Lepocreadiidae，Hysterogoniinae）

Hysterogoniinae Yamaguti，1970（F）（Lepocreadiidae）

Hysterolecitha Linton，1910（F）（Hemiuridae，Hysterolecithinae）

Hysterolecithinae Yamaguti，1958（F）（Hemiuridae）

Hysterolecithoides Yamaguti，1934（F）（Hemiuridae，Hysterolecithinae）

Hysteromorpha Lutz 1931（B）（Diplostomidae，Diplostominae，Diplostomini）

Hysterorchis Durio et Manter，1968（F）（Monorchiidae，Lasiotocinae）

Ichthyotrema Caballero et Bravo-Hollis，1953（F）（Cyliauchenidae，Cyliaucheninae）

Ignavia Freitas，1948（B）（Echinostomatidae Ignaviinae）

Ignaviinae Yamaguti，1958（B）（Echinostomatidae）

Iguanacola Gilbert，1938（R）（Pronocephalidae，Pronocephalinae）

Iheringtrema Travassos，1947（F）（Cryptogonimidae，polyorchitrematinae）

Infidini Yamaguti，1958（R）（Dicrocoeliidae，Dicrocoeliinae）

Infidum Travassos，1916（R）（Dicrocoeliidae，Dicrocoeliinae，Infidini）

Infundibulostominae Yamaguti，1971（F）（Fellodistomidae）

Infundibulostomum Siddiqi，1959（F）（Fellodisomidae，Infundibulostominae）

Indoderogenes Srivastava，1971（F）（Hemiuridae，Halipeginae）

Indopleurogenes Yamaguti，1971（F）（Lecithodendriidae，Pleurogeninae）

Indosolenorchis Crusz 1951（M）（Paramphistomidae，Solenorchiinae）

Intusatrium Durio Durio et Manter，1968（F）（Lepocreadiidae，Lepocreadiinae）

Intuscirrinae Skrjabin et Guschanskaja，1959（F）（Hemiuridae）

Intuscirrus Acena，1947（F）（Hemiuridae，Intuscirrinae）

Irinaia Caballero et Bravo-Hollis，1965（B M）（Heterophyidae）

Irinaiinae Yamaguti，1971（B）（Heterophyidae）

Isocoeliinae Price，1939（F）（Acanthostomidae.）

Isocoelium Ozaki，1927（F）（Acanthostomidae，Iscoeliinae）

Isoparorchiidae（Travassos，1922）Poche，1926（F）

Isoparorchis Southwall，1913（F）（Isoparorchiidae）

Isoparyphium Mendheim，1940（Syn. of *Echinoparyphium*）（Echinostomatidae，Echinostomatinae）

Isthmiophora Luhe，1909（M）（Echinostomatidae，Echinostomatinae）

Ithyoclinostominae Yamaguti，1958（B）（Clinostomidae）

Ithyoclinostomum Witenberg，1925（B）（Clinostomidae，Ithyoclinostominae）

Ityogoniminae Yamaguti，1958(M)(Brachylaimidae)

Ityogonimus Luhe，1899(M)(Brachylaimidae，Ityogoniminae)

Jajonetta Jones，l933(Syn. of *Ceratotrema*)(F)(Hemiuridae，Sterrhurinae)

Jecncadenatia Dollfus，1946(F)(Opecoelidae，Enenterinae)

Johniophyllum Skrjabin et Guschanskaja，1954(F)(Hemiuridae，Dinurinae)

Johnsonitrema Yamaguti，1958(M)(Gastrothylacidae，Gastrothylacinae)

Johnsonitrematinae Yamaguti，1958(M)(Gastrothylacidae)

Jubilariidae(Morozov，1954)Yamaguti，1971 Status emend(B)

Jubilarium Morozov，1959(B)(Jubilariidae)

Kachugotrema Dwivedi，1967(R)(Paramphistomidae，Orientodiscinae)

Kalitrema Travassos，1933(F)(Paramphistomidae，Kalitrematinae)

Kalitrematinae Travassos，1933(F)(Paramphistomidae)

Kamagaja Yamaguti，1970(F)(Didymozoidae，Didymozoinae)

Kasi Khaill，1932(Syn. of *Haplorchis*)(B)(Heterophyidae，Haplorchiinae)

Kaurma Chatterji，1936(R)(Omphalomatridae，Omphalometrinae)

Khalilloossia Hilmy，1949(B)(Syn, of *Stomylotrema*)(Stomylotrematidae)

Knipowitschiatrema Issaitschkow，1927(B)(Heterophyidae，Galactosominae)

Koellikeria Cobbold，1860(F)(Didymozoidae，Koellikeriinae)

Koellikeriinae Ishii，1935(F)(Didymozoidae)

Koellikerioides Yamaguti，1970(F)(Didymozoidae，Koellikeriinae)

Koseiria Nagaty，1942(F)(Lepocreadiidae，Koseiriinae)

Koseiriinae Yamaguti，1970(F)(Lepocreadiidae)

Kossackia Szidat，1936(Syn. of Notocotylinae)(B M)(Notocotylidae，Notocotylinae)

Krullitrema Ogata，1954(Syn. of *Lonogenoides*)(A)(Lecithodendriidae，Loxogenoidinae)

Krullitrematinae Ogata，1954(Syn. of Lonogenoidinae)(A)(Lecithodendriidae，Lonogenoidinae)

Labrifer Yamaguti，1936(F)(Lepocreadiidae，Labriferinae)

Labriferinae Yamaguti，1958(F)(Lepocreadiidae)

Lacerdaia Travassos，1931(Syn. of *Opisthometra*)(B)(Heterophyidae，Opisthometerinae)

Lacunovermis Ching，1965(Syn of Gymnophalloides)(B)(Gymnophallidae，Ymnophallinae)

Lagenocystis Yamaguti，1970(F)(Didymozoidae，Didymozoinae)

Laiogonimus Vercammen-Grandjean，1960(A)(Macroderoididae，Glythelminthinae)

Lamprididymozoon Yamaguti，1971(F)(Didymozoidae，Didymozoinae)

Lampritrema Yamaguti，1940(F)(Lampritrematidae)

Lampritrematidae(Yamaguti，1940)Skrjabin et Guschanskaja，1955)(F)

Langeronia Caballero et Bravo-Hollis，1949(A)(Subgenus of Loxogenes)(Lecithodendriidae，Pleurogeninae)

Lankatrema Crusz et Ternand，1954(M)(Opisthotrematidae，Lankatrematinae)

Lankatrematinae Yamaguti，1958(M)(Opisthotrematidae)

Lappogonimus Oshmarin，Mamaev et Parukhin，1961(Syn. of *Paracryptogonimus*)(F)(Cryptogonimidae，Neochasminae)

Larelmintha Lautenschlager et Cheng，1958(A)(Syn. of *Loxogenoides*)(Lecithodendriidae，Loxogenoidinae)

Larelminthinae Lautenschlager et Cheng，1958(Syn. of Loxogenoidinae)(A)(Lecithodendriidae)

Laruea Srivastava，1937(F)(Haplosplanchnidae，Haplosplanchninae)

Lasiotocinae Yamaguti，1958(F)(Monorchiidae)

Lasiotocus Looss，1907(F)(Monorchiidae，Lasiotocinae)

Laterostrigea Yang，1962. gen. inc sed.（B）（Strigeidae，Strigeinae，Strigeini）

Laterotrema Semenov，1927（B）（Laterotrematidae，Laterotrematinae）

Laterotrema Semenov，1927（B）（Subgeus of Leterotrema）（Laterotrematidae，Laterotrematinae）

Laterotrematidae（Yamaguti，1958）Yamaguti，1971 Status emend（B）

Laterotrematinae Yamaguti，1958（B）（Laterotrematidae）

Laticaudatrema Telford，1967（R）（Syn. of *Pulmovermis*）（Hemiuridae，Pulmoverminae）

Laureriella Skrjabin，1916（R）（Allocreadiidae，Laureriellinae）

Laureriellinae Yamaguti，1971（R）（Allocreadiidae）

Learedius Price，1934（R）（Spirorchiidae，Spirorchiinae，Spirhapalini）

Lebouria Nicoll，1909（Syn. of *Plagioporus*）（F）（Opecoelidae，Plagioporinae）

Lechradena Linton，1910（Syn. of *Stephanostoma*）（F）（Acanthoco1pidae，Stephanostominae）

Lechriorchis Stafford，1905（R）（P1agiorchiidae，Styphlodorinae，Ochetpspmatini）

Lecithaster Luhe，1901（F）（Hemiuridae，Lecithasterinae）

Lecithasterinae Odhner，1905（F）（Hemiuridae）

Lecithobotrys Looss 1902（F）（Hap1oporidae，Haploporinae）

Lecithobotrys Looss，1902（F）（Subgenus of Lecithobotrys）（Haploporidae，Haploporinae）

Lecithochiriinae Luhe，1901（F）（Hemiuridae）

Lecithochirium Luhe，1901（F）（Hemiuridae，Lecithochiriinae）

Lecithocladium Luhe，1901（F）（Hemiuridae，Dinurinae）

Lecithodendriinae Looss，1902（R M）（Lecithodendriidae）

Lecithodendriidae（Luhe，1901）Odhner，1910（F A R B M）

Lecithodendrium Looss，1896（R M）（Lecithodendriidae，Lecithodendriinae）

Lecithodendrium Looss，1896 Partim（Syn. of *Prosthodendrium*）（Lecithodendriidae，Prosthodendriinae）

Lecithodesminae Yamaguti，1958（M）（Capu1idae）

Lecithodesmus Braun，1902（M）（Campulidae，Lecithodesminae）

Lecithodollfusia（Odening，1964）Khotenovski，1967（B）（Lecithodendriidae，Leyogoniminae）

Lecithophyllinae Skrjabin et Guschanskaja，1954（F）（Hemiuridae）

Lecithophyllini Yamaguti，1971（F）（Tribe）（Hemiuridae，Lecithophyllinae）

Lecithophyllum Odhner，1905（F）（Hemiuridae，Lecithophyllinae，Lecithophyllini）

Lecithoporus Mehra，1935（Subgenus of Pycnoporus）（Lecithodendriidae，Pycnoporinae）

Lecithopyge perkins，1928（Syn. of Opisthioglyphe）（Omphalometridae，Omphalometrinae）

Lecithostaphylus Odhner，1911（F）（Zoogonidae，Steganodermatinae）

Lecithurus Pigulewsky，1938（Syn. of *Tubulovesicula*）（F）（Hemiuridae，Dinurinae）

Leighia Sogandares et Lumsden，1963（Subgenus of Ascocotyle）（B）（Heterophyidae，Phagicolinae）

Leioderma Stafford，1904 Preoccupied（Syn. of Fellodistomum）（F）（Fellodistomidae，Fellodistominae）

Leipertrema Sandosham，1951（M）（Dicrocoeliidae，Leipertrematinae）

Leipertrematinae Yamaguti，1958（M）（Dicrocoeliidae）

Lepidapediinae Yamaguti，1958（F）（Lepocreadiidae）

Lepidapedoides Yamaguti，1970（Subgenus of Lepidapedon）（F）（Lepocreadiidae，Lepidapedinae）

Lepidapedon Stafford，. 1904（F）（Lepocreadiidae，Lepidapedinae）

Lepidapedon Stafford，1904（Subgenus of Lepidapedon）（F）（Lepocreadiidae，Lepidapedinae）

Lepidauchen Nicoll，1913（F）（Lepocreadiidae，Lepocreadiinae）

Lepidodidymocystis Yamaguti et Kamegai，1969（F）（Didymozoidae，Didymozoinae）

Lepidophyllum Odhner，1902（F）（Zoogonidae，Steganodermatinae）

Lepidopteria Nezlobinski，1926（B）（Subgenus of Tanaisia）（Eucotylidae，Tanaisiinae）

Lepocreadiidae（Odhner，1905）Nicoll，1935（F）

Lepocreadiinae Odhner，1905（F）（Lepocreadiidae）

Lepocreadioides Yamaguti，1936（F）（Lepocreadiidae，Lepocreadiinae）'

Lepocreadium Stossich，1904（F）（Lepocreadiidae，Lepocreadiinae）

Lepoderma Looss，1899（Syn，of *Plagiorchis*）（A R B M）（Plagiorchiidae，Plagiorchiinae）

Lepodermatidae（Looss，1899）Odhner，1910（Syn. of Plagiorchiidae）（F A R B M）

Lepodora Odhner，1905（Syn. of *Lepidapedon*）（F）（Lepocreadiidae，Lepidapediinae）

Lepotrema Ozaki，1932（Syn. of *Lepocreadium*）（F）（Lepocreadiidae，Lepocreadiinae）

Leptalea Looss，1899 Preoccupied（Syn. of *Emoleptalea*）（Cephalogonimidae，Cephalogoniminae）

Leptobulbus Manter et Pritchard，1962（F）（Cyliauchenidae，Gyliaucheninae）

Leptocreadium Ozaki，1936（F）（Syn. of *Pseudocreadium*）（Lepocreadiidae，Lepocreadiinae）

Leptolecithum Kobsyashi，1915（Syn. of *Isoparochis*）（F）（Isoparorchiidae）

Leptophallinae Dayal，1938（R）（Plagiorchiidae）

Leptophallus Luhe，1909（R）（Plagiorchiidae，Leptophallinae）

Leptophyllum Cohn，1902（Syn. of *Travtrema*）（R）（Plagiorchiidae，Stomatrematinae）

Lethadena Manter，1947（F）（Hemiuridae，Lethadeninae）

Lethadeninae Yamaguti，1971（F）（Hemiuridae）

Leucasiella Krotov et Deliarmure，1952（Syn. of *Hadwenius*）（M）（Campulidae，Odhneriellinae）

Leuceruthrinae Goldherger，1911（F）（Azygiidae）

Leuceruthrus Marshall et Gilbert，1905（F）（Azygiidae，Leuceruthrinae）

Leucochloridiidae（Poche，1907）Dollfus，1934（B M）

Leucochloridiinae Poche，1907（B M）（Leucochloridiidae）

Leucochloridiomorpha Gower，1938（B）（Brachylaimidae，Leucochloridiomorphinae）

Leucochloridiomorpha Gower，1938（Subgenus of Leucochloridiomorpha）（Brachylaimidae，Leucochlorid- iomorphinae）

Leucochloridiomorphinae Yamaguti，1958 emend（B M）（Brachylaimidae）

Leucochloridium Carus，1835（B）（Leucochloridiidae，Leucochloridiinae）

Leurodera Linton，1910 emend（F）（Hemiuridae，Derogeninae）

Leurosoma Ozaki，1932（F）（Allocreadiidae，Allocreadiinae）

Levinseniella Stiles et Hassall，1901（B）（Microphallidae，Microphallinae）

Leyogoniminae Dollfus，1951（B）（Lecithodendriidae）

Leyogonimus Ginetsinskaia in Skarbilovich，1948（B）（Lecithodendriidae，Leyogoniminae）

Liliatrema Gubanov，1954（B）（Cathaemasiidae，Liliatrematinae）

Liliatrema Gubanov，1954（Subgenus of Liliatrema）（B）（Cathaemariidae，Liliatrematinae）

Liliatrematinae Gubanov，1954（B）（Cathaemasiidae）

Liliatrematoides Yamaguti，1958（Subgenus of Liliatrema）（B）（Cathaemasiidae，Liliatrematinae）

Limatulinae Yamaguti，1958（Syn. of Gyrabascinae Macy，1935）（M）（Lecithodendriidae）

Limatuloides Dubois，1964（M）（Lecithodendriidae，Gyrabascinae）

Limatulum Travassos，1921（M）（Lecithodendriidae，Gyrabascinae）

Linstowiella Szidat，1933，emend（B）（Cyathocotylidae，Prohemistominae）

Lintoniinae Yamaguti，1970（F）（Fellodistomidae）

Lintonium Stunkard et Nigrelli，1930（F）（Fellodistomidae，Lintoniinae）

Liocerca Looss，1902（Syn. of *Liopyge*）（Hemiuridae，Liopyginae）

Liolope Cohn，1902（A）（Liolopidae）

Liolopidae（Odhner，1912）Dollfus，1934（A）

Liophistrema Artigas，Ruiz et Leao，1943（R）（Macroderidae，Liophistrematinae）

Liophistrematinae（Artigas，Ruiz et Leao，1943）Ysmaguti，1971 Status emend（R）（Macroderidae）

Liopyge Looss，1899 nec Liopygus Lewis，1891（F）（Hemiuridae，Liopyginae）

Liopyginae Ej mont，1931（F）（Hemiuridae）

Lissoloma Manter，1934（F）（Fellodistomidae，Lissolomatinae）

Lissolomatinae Skrjabin et Koval，1957（F）（Fellodistomidae）

Lissorchiinae Dollifus，1930（F）（Lissorchiidae）

Lissorchiidae Poche，1926 emend（F）

Lissorchis Magath，1918（F）（Lissorchiidae，Lissorchiinae）

Lobatocystis Yamaguti，1965（F）（Didymozoidae，Didymozoinae）

Lobatotrema Manter，1963（Syn. of *Sphincteristomum*）（F）（Lepocreadiidae，Sphincterostomatinae）

Lobatovitelliovariidae Yamaguti，1965（F）

Lobatovitelliovarium Yamaguti，1965（F）（Lobatovitelliovariidae）

Lobatozoum Ishii，1935（F）（Didymozoidae，Didymozoinae）

Loborchis Luhe in Siossich，1902（Syn，of *Helicometra*）（Opecoelidae，Plagioporinae）

Loefgrenia Travassos，1920（R）（Telorchiidae，Loefgreniinae）

Loefgreniinae Yamaguti，1958（R）（Telorchiidae）

Lomaphorus Manter，1934 Preoccupied（Syn. of *Lomasoma*）（F）（Fellodistomidae，Lissolomatinae）

Lomasoma Manter，1935（F）（Fellodistomidae，Lissolomatinae）

Longicollia Bychowskaza -Pawlowskaja，1954（B）（Echinostomatidae，Himasthlinae）

Longitrema Chen，1954（M）（Lecithodendriidae，Prosthodendriinae）'

Loossia Ciurea，1915（Syn. of Metagonimus）（B M）（Heterophyidae，Metagoniminae）

Lopastoma Yamaguti，1971（F）（Cryptogonimidae，Metadeninae）

Lophosicysdiplostomum Dubois，1936（B）（Diplostomidae，Diplostominae，Diplostomini）

Loxogenes Stafford，1905（A）（Lecithodendriidae，Pleurogeninae）

Loxogenes Stafford，1905（Subgenus of Loxogenes）（A）（Lecithodendriidae. Pleurogeninae）

Loxogenoides Kaw，1945（A）（Lecithodendriidae，Loxogenoidinae）

Loxogenoidinae Odening，1964　4m4nd（A）（Lecithodendriidae）

Loxotrema Kobayashi，1912　Preoccupied（Syn. of *Metagonimus*）（B M）（Heterophyidae，Metagoniminae）

Loxotremuna Strand，1942（Syn. of *Metagonimus*）（B M）（Heterophyidae，Metagoniminae）

Lubens（Travassos，1920）Shtrom，1940（B）（Dicrocoeliidae，Dicrocoeliinae，Eurytrematini）

Lucknoides Gupta，1955（Syn. of *Neopecoelina*）（F）（Opecoelidae，Opecoelinae）

Lutziella（Rohde，1966）Yamaguti，1971 status emend（M）（Dicrocoeliidae，Dicrocoeliinae，Lutztrematini）

Lutztrema Travassos，1941（B M）（Dicrocoeliidae，Dicrocoeliinae，Lutztrematini）

Lutztrematini Yamaguti，1958（B M）（Tribe）（Dicrocoeliidae，Dicrocoeliinae）

Lyprorchis Travassos，1921（B）（Psilostomidae，Psilostominae）

Lyperosomini Yamaguti，1958（B M）（Tribe）（Dicrocoeliidae，Dicrocoeliinae）

Lyperosomoides Yamaguti，1971（Subgenus of Lyperosomum）（B）（Dicrocoeliidae，Dicrocoeliinae，Lypero- somini）

Lyperosomum Looss，1899（B M）（Dicrocoeliidae，Dicrocoeliinae，Lyperosomini）

Lyperosomum Looss，1899（Subgenus of Lyperosomum）（B M）（Dicrocoeliidae，Dicrocoeliinae，Lyperosomini）

Lyperosomum Looss，1899 partim（Syn. of *Brachylecithum*）（B M）（Dicrocoeliidae，Dicrocoeliinae，Brachyl- ecithini）

Lyperotrema Travassos，1920（Syn. of *Athesmia*）（B M）（Dicrocoeliidae，Dicrocoeliinae，Athesmiini）

Mabiarama Freitas et Kohn，1966（F）（Mabiaramidae）

Mabiaramidae Freitas et Kohn，1966

Maccallozoum（Ishii，1935）Yamaguti，1971 Status emend（F）（Didymozoidae，Nematobothriinae）

Maccallumia Chatterji，1938（Syn. of *Protocladorchis*）（F）（Paramphistomidae，Dadaytrematinae）

Maccallumtrema Yamaguti，1970（F）（Didymozoidae，Neodidymozoinae）

Macia Travassos，1921（Syn. of *Xystretrum*）（F）（Gorgoderidae，Xystretrinae）

Macradena Linton，1910（Hemiuridae，Lecithasterinae）

Macradenina Manter，1947（F）（Hemiuridae，Macradenininae）

Macradenininae Skrjabin et Guschanskaja，1954（F）（Hemiuridae）

Macravestibulinae Yamaguti，1958（R）（Pronocephalidae）

Macravestibulum Mackin，1930（R）（Pronocephalidae，Macravestibulnae）

Macrechinostomum Odhner，1910（Syn. of *Aporchis*）（B）（Echinostomatidae，Himasthlinae）

Macrobilharzia（Travassos，1922）Yamaguti，1971（B）（Schistosomatidae，Schistosomatinae）

Macrodera Looss，1899 nec. Macroderus Croissandeau，1892　　（Macroderidae，Macroderinae）

Macroderidae（Goodman，1952）Yamaguti，1971　status emend（R）

Macroderinae Goodman，1952（R）（Macroderidae）

Macroderinae Yamaguti，1958（R）（Syn. of Macroderinae Goodman，1952）（Macroderidae）

Macroderoides Fearse，1924（F）（Macroderoididae，Macroderoidinae）

Macroderoididae McMullen，1937（F A R）

Macroderoidinae（McMullen，1937）Odening，1964 emend（F R）（Macroderoididae）

Macrolecithus Hasegawa et Ozaki，（F）（Macroderoididae，Macroderoidinae）

Macroorchiinae Yamaguti，1958（M）　（Nanophyetidae）

Macroorchis Ando，1918（M）（Nanophyetidae，Macroorchiinae）

Macrophallus Otagaki，1958 Preoccupied（B）（Syn. of *Probolocoryphe*）（Microphallidae，Maritrematinae）

Macropharynx Nasmark，1937（M）（Paramphistomidae，Orthocoeliinae）

Macrorchiinae Yamaguti，1958（F）（Paramphistomidae）

Macrorchitrema Perez Vigueras，1940（F）（Paramphistomidae，Macrorchitrematinae）

Macrorchitrematinae Yamaguti，1958（F）（Paremphistomidae）

Macrostomtrema Chiu，1961（B）（Microphallidae，Basantisiinae，Basantissini）

Macrotestophyes Varenov，1963（M）（Heterophyidae，Heterophyinae）

Macrotrema Gupta，1951（Syn. of *Orientocreadium*）（F A）（Allocreadiidae，Orientocreadiinae）

Maculifer Nicoll，1915（F）（Opistholebetidae，Pycnadeninae）

Macyella Neiland，1951（B）（Lecithodendriidae，Leyogoniminae）

Magnacetabulum Yamaguti，1934（Syn. of *Ectenurus*）（F）（Hemiuridae，Dinurinae）

Magniscyphus Reid，Coil et Kuntz 1965（F）（Hemiuridae，Lecithochiriinae）

Magnivitellinum Kloss，1966（F）（Macroderoididae，Macroderoidinae）

Maicuru Freitas，1960（A）（Omphalometridae，Omphalometrinae）

Makairatrema Yamaguti，1970（F）（Didyozoidae，Neodidymozoinae）

Malagashitrema Capron et al.，1961（R）（Homalometridae，Malagashitrematinae）

Malagashitrematinae（Capron et al.，1961）Yamaguti，1971 spelling emend（R）（Homalometridae）

Malagashitreminae Capron，Deblock et Brugoo，1961（Syn. of Magalashitrematinae）（Homalometridae）

Mammorchipedum Skrjabin，1947（M）（Orchipedidae）

Manodistomum Stafford，1905（A R）（Plagiorchiidae，Styphlodorinae，Styphlotrematini）

Manteria Caballero，1950（F）（Acanthocolpidae，Stephanostominae）

Manteriella Yamaguti，1958（F）（Opecoelidae，Opecoelinae）

Manteroderma Skrjabin，1957（F）（Syn，of *Lecithostaphylus*）（Zoogonidae，Steganodermatinae）

Margeana Cort，1919（Syn. of Glypthelmins）（A）（Macroderoididae，Glythelminthinae）

Maritrema Nicoll，1907（B M）（Microphallidae，Maritrematinae）

Maritrematinae（Nicoll，1909）Belopol'skaja，1952（R B M）（Microphallidae）

Maritreminoides Rankin，1939（B M）（Microphallidae，Maritrematinae）

Marsupioacetabulum Yamaguti，1952（F）（Homalometridae，Myzotinae）

Maseniidae（Chatterji，1933）Yamaguti，1954（F）

Maseniidae Gupta，1955（Syn. of Maseniidae（Chatterji，1933）Yamaguti，1954）（F）

Massaliatrema Dollfus et Timon-David，1960（M）（Heterophyidae，Cryptocotylinae）

Massoprostatinae Yamaguti，1958（R）（Proterodiplostomidae）

Massoprostatum Caballero，1948（R）（Proterodiplostomidae，Massoprostatinae）

Maxbrauniinae Yamaguti，1958（M）（Lecithodendriidae）

Maxbraunium Caballero et Zerecero，1942（M）（Lecithodendriidae，Maxbrauniinae）

Mecynophallus Cable，Connor et Balling，1960（Syn. of *Probolocorypha*）（Microphallidae，Maritrematinae）

Mecynophallus Connor，1957 nom. nud（B）（Syn. of *Probolocoryphe*）（Microphallidae，Maritrematinae）

Mecoderus Manter，1940（F）（Hemiuridae，Dinurinae）

Mediogonimus Woodhead et Malewitz，1936（M）（Prosthogonimidae）

Medioporus Oguro，1936（R）（Pronocephalidae，Pronocephalinae）

Mehlisia John，1913（M）（Psilostomidae，Psilostominae）

Megacetabulum Oshmarin，1964（B）（Dicrocoeliidae，Dicrocoeliinae，Brachylecithini）

Megacetes Looss，1899　preoccupied（Syn. of *Eumegacetes*）（B）（Eumegacestidae）

Megacoelium Azidat，1954（F）（Haploporidae，Haploporinae）

Megacreadium Nagaty，1956（F）（Schistorchiidae）

Megacustis Bennett，1935（Syn. of Allopharynx）（R）（plagiorchiidae，Astiotrematinae）

Megadistomum Stafford，1904（Syn. of *Azygia*）（F）（Azygiidae，Azygiinae）

Megalatriotrema（A）（Microphallidae）

Megalodiscus Chandler，1923（A）（Paramphistomidae．Diplodiscinae）

Megalogonia Surber，1928（F）（Lepocreadiidae，Megalogoniinae）

Megalogoniinae Yamaguti，1958（F）（Lepocreadiidae）

Megalomyzon Manter，1947（F）（Fellodistomidae，Discogasteroidinae）

Megalophallus Cable，Connor et Balling，1960（B）（Microphallidae，Microphallinae）

Megapera Manter，1934（F）（Megaperidae）

Megaperidae Manter，1934

Megasolena Linton，1910（F）（Waretrematidae，Megasoleninae）

Megasolenidae（Manter，1935）Skrjabin，1942（F）（Syn. of Waretrematidae）

Megasolenidae（Manter，1935）Yamaguti，1942（Syn. of Waretrematidae）

Megasoleninae Manter，1955（F）（Waretrematidae）

Megatriotrema Rao，1969（A）（Microphallidae，Megatriotrematinae）

Megatriotrematinae（Rao，1969）Yamaguti，1971 spelling emend（A）（Microphallidae）

Mehzzorchis Srivastava，1934（A R）（Lecithodendriidae，Prosotocinae）

Mehracola Srivastava，1937（F）（Cryptogonimidae，Cryptogoniminae）

Mehraformis Bhardwaj，1963（R）（Microphallidae，Maritrematinae）

Mehrailla Srivastava，1939（Syn. of *Mehracola*）（F）（Cryptogonimidae，Cryptogoniminae）

Mehrastominae Saksena，1959（B）（Echinostomatidae）

Mehrastomum Saksena，1959（B）（Echibnostomatidae，Mehrastominae）

Mehratrema Srivastava，1939（F）（Monodhelminthidae，Mehratrematinae）

Mehratrematinae（Srivastava，1939）Skrjabin，1953（F）（Monodhelminthidae）

Meiogymnophallus Ching，1965（B）（Gymnophallidae，Ymnophallinae）

Melanocystis Yamaguti，1970（F）（Didymozoidae，Didymozoinae）

Meristocotyle Fishthal et Kuntz 1964（R）（Meristocotylidae，Meristocotylinae）

Meristocotylidae（Fischthal et Kuntz 1964）Yamaguti，1971 Status emend（R）

Meristocotylinae Fischthal et Kuntz，1964（R）（Meristocotylidae）

Merlucciotrema Yamaguti，1971（F）（Hemiuridae，Lecithophyllinae，Merlucciotrematini）

Merlucciotrematini Yamaguti，（F）（Hemiuridae，Lecithophyllinae）

Mesaulus Braun，1902（B）（Psilostomidae，Cotylotretinae）

Mesenia Chatterji，1933（F）（Maseniidae）

Mesocoeliidae Dollfus，1950

Mesocoeliinae Faust，1924（F A R）（Brachycoeliidae）（Mesocoeliidae）

Mesocoelium Odhner，1910（F A R）（Brachycoeliidae，Brachycoeliinae）（Mesocoeliidae，Mesocoeliinae）

Mesodendrium Faust，1919（Syn. of *Lecithodendrium*）（Lecithodendriidae，Lecithodendriinae）

Mesodiplostomum Dubois，1936（R）（Proterodiplostomidae，Proterodiplostominae）

Mesogonimus Monticelli，1888（Syn. of *Heterophyes*）（B M）（Heterophyidae，Heterophyinae）

Mesolecitha Linton，1910（F）（Fellodistomidae，Heterorchiinae）

Mesometra Luhe，1901（F）（Mesometridae，Mesometrinae）

Mesometridae Poche，1926（F）

Mesometrinae Paggi et Orecchia，1964（F）（Mesometridae）

Mesophorodiplostomum Dubois，1936（B）（Diplostomidae，Diplostominae，Diplostomini）

Mesorchis Dietz，1909（Syn. of *Stephanoprora*）（R B M）（Echinostomatidae，Echinochasminae）

Mesorchis Linton，1910 Preoccupied（Syn. of *Antorchis*）（Fellodistomidae，Antorchiinae）

Mesostephanoides Dubois，1951（R）（Cyathocotylidae，Prohemistominae）

Mesostephanus Lutz 1933（B M）（Cyathocotylidae，Prohemistominae）

Mesothatrium（Skarbilovich，1948）Sogandares-Bernal，1956（M）（Lecithodendriidae，Lecithodendriinae）

Mesotretes Braun，1900（M）（Mesotretidae）

Mesotretidae Poche，1926（M）

Metacetabulinae（Fraitas et Lent，1938）Yamaguti，1958（R）（Pronocephalidae）

Metacetabulum Fraitas et Lent，1958（R）（Pronocephalidae，Metacetabulinae）

Metachinostoma petrochenko et. Khrustaleva，1963（B）（Echinostomatidae，Echinostomatinae）

Metadelphis Travassos，1944（M）（Dicrocoeliidae，Dicrocoeliinae，Dicrocoeliini）

Metaleptophallus Yamaguti，1958（R）（Plagiorchiidae，Leptophallinae）

Metascocotyle Ciurea，1933（B M）（Subgenus of Phagicola）（Heterophyidae，Phagicolinae）

Metadena Linton 1910（F）（Cryptogonimidae，Metadeninae）

Metadeninae Yamaguti，1958（F）（Cryptogonimidae）

Metadidymocystis Yamaguti，1970（F）（Didymozoidae，Didymozoinae）

Metadidyrnozoinae Yamaguti，1970（F）（Didymozoidae）

Metadidymozoon Yamaguti，1970（F）（Didymozoidae，Metadidymozoinae）

Metagoniminae Ciurea，1924（B M）（Heterophyidae）

Metagonimoides Price，1931（M）（Heterophyidae，Cryptocotylinae）

Metagonimus Katsurada，1913（B M）（Heterophyidae，Metagoniminae）

Metahaematoloechus Yamaguti，1971（A）（Haematoloechidae）

Metahelicometra Yamaguti，1971（Subgenus of Helicometra）（Opecoelidae，Plagioporinae）

Metamaritrema Yamaguti，1971（M）（Microphallidae，Maritrematinae）

Metamegasolena Yamaguti，1970（F）（Waretrematidae，Megasoleninae）

Metametorchis（Morozov，1939）Skrjabin et Petrov，1950（B M）（Opisthorchiidae，Metorchiinae）

Metanematobathrioides Yamaguti，1965（F）（Didymozoidae，Nematobothriinae）

Metanematobothrium Yamaguti，1938（F）（Didymozoidae，Nematobothriinae）

Metaplagiorchis Timofeeva，1962（A R B）（Subgenus Plagiorchis）（Plagiorchiidae，Plagiorchiinae）

Metoliophilinae Macy et Bell，1968（B）（Lecithodendriidae）

Metoliophilus Macy et Bell，1968（A）（Lecithodendriidae，Metoliophilus）

Metorchiinae Luhe，1908（B M）（Opisthorchiidae）

Metorchis Looss，1899（B M）（Opisthorchiidae，Metorchiinae）

Microbilharzia Price，1929（B）（Schistosomatidae，Schistosomatinae）

Microcreadium Simer，1929 emend（F）（Homalometridae，Homalometrinae）

Microderma Mehra，1931（R）（Macroderoididae，Macroderoidinae）

Microlecithus Ozaki，1926（Syn. of *Gorgoderina*）（F A）（Gorgoderidae，Gorgoderinae）

Microlistrum Braun，1901 Partim（Syn. of *Retevitellus*）（Heterophyidae，Galactosominae）

Microlistrum Braun，1901 Partim（Syn. of *Cercarioides*）（Heterophyidae，Galactosominae）

Microparyphium Dietz，1909（B）（Echinostomatidae，Echinochasminae）

Microphallidae（Ward，1901）Travassos，1920

Microphallinae Ward，1901（F A R B M）（Microphallidae）

Microphalloides Yoshida，1938（B M）（Microphallidae，Basantisiinae，Microphalloidini）

Microphalloidini Yamaguti，1971（B M）（Tribe）（Microphallidae，Basantisiinae）

Microphallus Ward 1901（F R）（Microphallidae，Microphallinae）

Microrchis Daday，1906（F）（Paramphistomidae，Macrorchiinae）

Microscapha Looss，1899（Syn. of *Microscaphadium*）（R）（Angiodictyidae，Microscaphidiinae）

Microscaphidiidae Travassos，1922（F R）（Syn. of Angiodictyidae）

Microsoaphidiinae Looss，1900（R）（Angiodictyidae）

Microscaphidium Looss，1900（R）（Angiodictyidae，Microscaphidiinae）

Microtrema Kobayashi，1915（M）（Opisthorchiidae，Pseudamphistominae）

Mimodistomum Stafford，1904（Syn. of *Azygia*）（F）（Azygiidae，Azygiinae）

Minutorchis Linton，1928（Syn. of *Pachytrema*）（B M）（Opishorchiidae Pachytrematinae）

Mitotrema Manter，1963（F）（Acanthostomidae，Mitotrematinae）

Mitotrematinae Yamaguti，1971（F）（Acanthostomidae）

Mitrostoma Manter，1954（F）（Hemiuridae，Lecithasterinae）

Mneiodhneria Dollfus，1935（Syn，of *Odhnerium*）（F）（Accacoeliidae，Orophocotylinae）

Moedlingeria Yamaguti，1958（Syn. of *Allassoponoprus*）（Leoithodendriidae，Allassogonoporinae）

Moliniella Hubner，1939（Syn. of *Echinoparyphium*）（Echinostomatidae，Echinostomatinae）

Monascidae（Dollfus，1952）Yamaguti，1971 Status emend（F）

Monascus Looss，1907（F）（Monascidae）

Monilifer Dietz，1909 Partim（Syn. of *Stephanoprora*）（R B M）　　（Echinostomatidae，Echinochasminae）

Monilifer Dietz，1909 Partim（Syn. of *Echinochasmus*）（B M）（Echinostomatidae，Echinochasminae）

Monocaecum Stafford，1903（A）（Microphallidae，Microphallinae）

Monodhelminae Srivastava，1939（Syn. of Monodhelminthinae）（Monodhelminthidae）

Monodhelminthidae Dollfus，1937（F）

Monodhelminthinae（Doll，1937）Yamaguti，1958（F）（Monodhelminthidae）

Monodhelmis Ddllfus，1937（F）（Monodhelminthidae，Monodhelminthinae）

Monolecithotrema Yamaguti，1970（F）（Hemiuridae，Derogeninae）

Monorcheides Odhner，1905（F）（Monorchiidae，Monorchiinae）

Monorchicestrahelmins Yamaguti，1971（F）（Monorchiidae，Lasiotocinae）

Monorchiidae Odhner，1911（F）

Monorchiinae（Odhner，1911）Nicoll，1915（F）（Monorchiidae）

Monorchimacradena Nahhas et Cable，1964（F）（Hemiuridae，Lecithasterinae）

Monorchis（Monticelli，1893）Looss，1902（F）（Monorchiidae，Monorchiinae）

Monorchistephanostomum Perez Vigueras，1942（Syn. of *Stephanostoma*）（Acanthocolpidae，Stephanostominae）

Monorchotrema Nishigori，1924（Syn, of *Haplorchis*）（Heterophyidae，Haplorchiinae）

Monorchotreminae Nishigori，1954（B M）（Syn. of Haplorchiinae）（Heterophyidae）

Monticellius Mehra，1939（R）（Spirorchiidae，Spirorchiinae，Spirhapalini）

Mordvilkovia Pigulewsky，1931（F）（Syn. of *Prosorhynchus*）（Bucephalidae，Prosorhynchinae）

Mordvilkoviaster Piguleweky，1938（Syn. of *Dichadena*）（Hemiuridae，Lecithasterinae）

Moreauia Johnston，1915（M）（Moreauiidae）

Moreauiidae（Johnston，1915）Yamaguti，1958

Morishitium witenberg，1928（B）（cyclocoelidae，oyclocoelinae）

Mosesia Travassos，1928（B）（Lecithodendriidae，Phaneropsolinae）

Mosesiella Oshmarin，1963（B）（Lecithodendriidae，Phaneropsolinae）

Muehlingina Mehra，1950（M）（Cyathocotylidae，Muehlingininae）

Muehlingininae Mehra，1950（M）（Cyathocotylidae）

Multiglandularis Shul'ts et Skvorzov，1931（Subgenus of Plagiorchis）（R B M）（Plagiorchiidae，Plagiorchiinae）

Multigonotylinae Yamaguti，1971（F）（Cryptogonimidae）

Muitigonotylus Premvati，1967（F）（Cryptogonimidae，Multigonotylinae）

Multitestis Manter，1931（F）（Lepocreadiidae，Folliorchiinae）

Multitestis Manter，1931（Subgenue of Multitestis）（F）（Lepocreadiidae，Folliorchiinae）

Multitestoides Yamaguti，1971（Subgenus of Multitestis）（F）（Lepocreadiidae，Folliorchiinae）

Multivitellaria Phadke et Gulati，1930（Syn. of *Pachytrema*）（B M）（Opisthorchiidae，Pachytrematinae）

Multivitellarinae Phadke at Gulali，1930（B M）（Syn. of Pachytrematinae）（Opisthorchiidae，Pachytrematinae）

Musculovesicula Yamaguti，1940（F）（Hemiuridae，Lecithochiriinae）

Myodera Montgomess，1957（F）（Waretrematidae，Scorpidicolinae）

Myorhynchus Durio at Manter，1964（F）（Bucephalidae，Prosorhynchinae）

Myosaccium Montgomery，1957 emend（F）（Hemiuridae，Derogeninae）

Myosaccus Gilbert，1938（R）（Pronocephalidae，pronocephalinae）

Myotitrema Macy，1939（M）（Lecithodendriidae，Allossogonoporinae）

Myzotinae Yamaguti，1958（M）（Homalometridae）

Myzotus Manter，1940（F）（Homalometridae，Myzotinae）

Myxoxenus Myxoxenus，1934（F）（Lepocreadiidae，Labriferinae）

Nagmia Nagaty，1930（F）（Gorgoderidae，Anaporrhutinae）

Nannoenterum Ozaki，1924（Syn. of *Rhipidocotyle*）（F）（Bucephalidae，Bucephalinae）

Nanophyelidae（Wallace，1935）Dollfus，1939（M）

Nanophyes Chapin，1926（Syn. of *Nanophyetus*）（Nanophyetidae，Nanophyetinae）

Nanophyetinae Wallace，. 1935（M）（Nanophyetidae）

Nanophyetus Chapin. 1927（Nanophyetidae，Nanophyetinae）

Nasitrema Ozaki，1935（M）（Nasitrematidae，Nasitrematinae）

Nasitrematidae（Ozaki，1935）Yamaguti，1957（M）

Nasitrematinae Ozaki，1935（M）（Nasitrematidae）

Natriodera Mehra，1937（R）（Plagiorchiidae，Natrioderinae）

Natrioderinae Yamaguti，1958（R）（Plagiorchiidae）

Naviformia Lal，1935（Syn. of *Notocotylus*）（B M）（Notocotylidae，Notocotylinae）

Neelydiplostomum Gupta，1958（R）（Proterodiplostomidae，Crocodilicolinae）

Neidhartia Nagaty，1937（F）（Bucephalidae，Neidhartiinae）

Neidhartiinae Yamaguti，1958（F）（Bucephalidae）

Nematobothriinae Yamaguti，1970（F）（Didymozoidae）

Nematobothrium Molae Maclaren，1903（F）（Didymozoidae，Nematobothriinae）

Nematobothrium Van Beneden，1858（F）（Didymozoidae，Nematobothriinae）

Nematophila Travassos，1934（R）（Paramphistomidae，Nematophilinae）

Nematophilinae Skrjabin，1949（R）（Paramphistomidae）

Nematostrigea Sandground，1934（B）（Strigeidae，Strigeinae，Cotylurini）

Nenimandijea Kaw，1951（Syn. of *Loxogenes*）（A）（Lecithodendriidae，Pleurogeninae）

Neoacanthoparyphium Yamaguti，1958（B M）（Echinostomatidae，Echinostomatinae）

Neoalaria Lal，1939（B）（Diplostomidae，Diplostominae，Diplostomini）

Neoallocreadium Akhmerov，（Subgenus）（F）（Allocreadiidae，Allocreadiinae）

Neoallolepidapedon Yamaguti，1965（F）（Lepocreadiidae，Allolepidapedinae）

Neoapocreadium Siddiqi，1959（F）（Apocreadiidae，Apocreadiinae）

Neoartyfechinostomum Agrawal，1963（Syn. of *Artyfechincstomum*）（M）（Echinostomatidae，Echinostomatinae）

Neobucephalopsis Dayal，1948（F）（Bucephalidae，Prosorhynchinae）

Neochasminae Van Cleave et Mueller，1932（F）（Cryptogonimidae）'

Neochasmus Van Cleave et Mueller，1932（F R）（Cryptogonimidae，Neochasminae）

Neochetosoma Caballero，1949（Syn. of *Ochetosoma*）（R）（Plagiorchiidae，Styphlodorinae，Ochetosomatini）

Neocladorchis Bhalerao，1937（F）（Paramphistomidae，Cleptodiscinae）

Neocotyle Travassos，1922（M）（Nudacotylidae）

Neocreadium Howell，1960（F）（Lepocreadiidae，Lepocreadiinae）

Neocricocephalus Gupta，1962（R）（Pronocephalidae，Pronocephalinae）

Neoctangium Ruiz，1943（Syn. of *Octangium*）（R）（Angiodictyidae，Octangiinae）

Neocyathocotyle Mehra，1943（Syn. of *Cryathocotyle*）（R B）（Cyathocotylidae，Cyathocotylinae）

Neodichadena Yamaguti，1971（F）（Hemiuridae，Lecithasterinae）

Neodidymozoides Yamaguti，1970（F）（Didymozoidae，Neodidymozoinae）

Neodidymozoinae Yamaguti，1970（F）（Didymozoidae）

Neodidymozoon Yamaguti，1970（F）（Didymozoidae，Neodidymozoinae）

Neodiplostomum Railliet，1919（B）（Diplostomidae，Diplostominae，Diplostomini）

Neodiplostomum Railliet，1919 Partim（Syn. of *Posthodiplostomum*）（Diplostomidae，Diplostominae，Diplostomini）

Neodiplosiomoides Vidyarthi，1938（B）（Diplostomidae，Diplostominae，. Diplostomini）

Neodiplotrema Yamaguti，1938（F）（Didymozoidae，Neodiplotrematinae）

Neodiplotrematinae Yamaguti，1958（F）（Didymozoidae）

Neodollfustrema Long et Lee，1964（F）（Syn. of *Dollfustrema*）（Bucephalidae，Bucephalinae）

Neoechinostoma Agrawal，1963（Echinostomatidae，Echinostomatinae）（B）

Neoganada Dayal，1938（Syn. of *Orientocreadium*）（F R）（Allocreadiidae，Orientocreadiinae）

Neogenolinea Siddıqi et Cable，1960（Syn. of *Myosaccium*）（F）（Hemiuridae，Derogeninae）

Neoglyphe（Shaldybin，1954）Yamaguti，1958（M）（Omphalometridae，Omphalometrinae）

Neogogatea Chandler et Rausch，1947（B）（Cyathocotylidae，Szidatiinae）

Neohaematoloechus Odening，1960（A）（Haematoloechidae）

Neohelicometra Siddiqi et Cable，1960（F）（Opecoelidae，Plagioporidae）

Neohaploporus Manter，1963（F）（Haploporidae，Haploporinae）

Neoharvardia（Gupta，1963）（B）（Diplostomidae，Diplostominae，Diplostomini）

Neoheterophyes Khotenovsky，1970（M）（Heterophyidae，Neoheterophinae）

Neoheterophyinae Yamaguti，1971（M）（Heterophyidae）

Neolepidapedoides Yamaguti，1971（Subgenus of Neolepidapedon）（F）（Lepocreadiidae，Lepidapediinae）

Neolepidapedon Manter，1954（F）（Lepocreadiidae，Lepidapediinae）

Neolepidapedon Manter，1954（F）（Subgenus of Neolepidapedon）（Lepocreadiidae，Lepidapediinae）

Neolepoderma Mehra，1937（Syn. of Plagiorchis）（A R B M）（Plagiorchiidae，Plagiorchiinae）

Neoleucochloridium Kagan，1951（Syn. of *Leucochloridium*）（Leucochloridiidae，Leucochloridiinae）

Neomegasolena Siddiqi et Cable，1960（F）（Apocreadiidae，Neomegasoleninae）

Neomegasoleninae Yamaguti，1971（F）（Apocreadiidae）

Neometadidymozoon Yamaguti，1971（F）（Didymozoidae，Didymozoinae）

Neometanematobothrioides Yamaguti，1970（F）（Didymozoidae，Nematobothriinae）'

Neomicroderma Park，1940（R）（Macroderoididae，Macroderoidinae）

Neonematobothrioides Yamaguti，1970（F）（Didymozoidae，Nematobothriinae）

Neonematobothrium Yamaguti，1965（F）（Didymozoidae，Nematobothriinae）

Neonotoporus Srivastava，1942（F）（Lepocreadiidae，Notoporinae）

Neoparacardicola Yamaguti，1970（F）（Sanguinicolidae，paracardicolinae）

Neoparadiplostomum Bisseru，1957（Proterodiplostomidae，Proterodiplostominae）

Neoparamonostomum Lal，1936（Syn. of *Paramonostomum*）（Notocotylidae，Notocotylinae）

Neopechona Stunkard，1969（F）（Lepocreadiidae，Lepocreadiinae）'

Neopecoelina Gupta，1955（F）（Opecoelidae，Opecoelinae）

Neopecoelus Manter，1947 partim（Syn. of *Apertile*）（F）（Opecoelidae，Opecoelinae）

Neopecoelus Manter，1947 partim（Syn. of Pseudopecoelus）（Opecoelidae，Opecoelinae）

Neophasis Stafford，1904（F）（Lepocreadiidae，Lepocreadiinae）

Neopisthorchis Chatterji et Kruidenier，1961（Syn. of *Xenopharynx*）（R）（Plagiorchiidae，Plagiorchiinae）

Neopodocotyle Dayal，1950（F）（Subgenus of Podocotyle）（Opecoelidae，Plagioporinae）

Neopodocotyloides Pritchard，1966（Subgenus of Podocotyle）（Opecoelidae，Plagioporinae）

Neopronocephalinae Mehra，1932（R）（Pronocephalidae）

Neopronocephalus Mehra，1932（R）（Pronocephalidae，Neopronocephalinae）

Neoprosorhynchinae Yamaguti，1958（F）（Bucephalidae）

Neoprosorhynchus Dayal，1948（F）（Bucephalidae，Neoprosorhynchinae）

Neoprosthodendrium Hall，1960（Subgenus of Prosthodendrium）（Lecithodendriidae，Prosthodendriinae）

Neorenifer Byrd et Denton，1938（Syn. of *Ochetosome*）（R）（Plagiorchiidae，Styphlodorinae，Ochetosomatini）

Neospirorchiinae（Skrjabin，1951）Yamaguti，1958（R）（Spirorchiidae）

Neospirorchis Price，1934（R）（Spirorchiidae，Neospirorchiinae）

Neosteganoderma Byrd，1964（Syn. of *Proctophantastes*）（F）（zoogonidae，Steganodermatinae）

Neostictodona Sogandares-Bernal，1959（B）（Heterophyidae，Stictodorinae）

Neostrigea Bisseru，1956（R）（Neostrigeidae）

Neostrigeidae Bisseru，1956（R）

Neounitubulotertis Yamaguti，1971（F）（Didymozoidae，Nematobothriinae）

Neozoogonus Arai，1954（F）（zoogonidae，zoogoninae）

Nephrobius Poche，1926（Syn. of *Polyangium*）（R）（Angiodictyidae，Angiodictyinae）

Nephrocephalinae Dollfus，1930（Clinostomidae）

Nephrocephalus Odhner，1902，nec Nephrocephala Dies，1858（R）（Clinostomidae，Nephrocephalinae）

Nephrodidymotrema Yamaguti，1970（F）（Didymozoidae，Nephrodidymotrematinae）

Nephrodidymotrematinae Yamaguti，1970（F）（Didymozoidae）

Nephroechinostoma Oshmarin et Belous，1951（Syn. of *Ignavia*）（Echinostomatidae，Ignaviinae）

Nephroechinostomatinae Oshmarin et Belous，1951（Syn. of Ignaviinae）（B）（Echinostomatidae）

Nephrostomum Diety，1909（B）（Echinostomatidae，Echinostomatinae）

Nephrotrema Baer，1931（M）（Treglotrematidae，Nephrotrematinae）

Nephrotrematinae Baer，1931（M）（Troglotrematidae）

Nicolla Wisniewski，1934（F）（Opecoelidae，Opecoelinae.）

Nicollodiscinae Skrjabin 1949（F）（Paramphistomidae）

Nicollediscus Srivastava，1937（F）（Paramphistomidae，Nicollodiscinae）

Nigerina Baugh，1958（B）（Opisthorchiidae，Opisthorchiinae）

Nilocolyle Nasmark，1937（M）（Paramphistomidae）（Orthocoeliinae）

Nilocotyle Nasmark，1937（M）（Subgenus of *Nilocotyle*）（M）（Paramphistomidae，Orthocoliinae）

Nizamia Dayal，1938（Syn. of Orientocreadium）（Allocreadiidae，Orientocreadiinae）

Nordosttrema Issaitschkow，1928（Syn. of *Steganoderma*）（F）（zoogonidae，Steganodermatinae）

Notaulus Skrjabin，1913（F B M）（Syn. of *Opisthorchis*）（Opisthorchiidae，Opisthorchiinae）

Notocotylidae Luhe，1909（B M）

Notocotylinae（Luhe，1909）Kossack，1911（B M）（Notocotylidae）

Notocotyloides Dollfus，1966（B）（Pronocephalidae，Parapronocephalinae）

Notocotylus Diesing，1834（B M）（Notocotylidae，Notocotylinae）

Notoporinae（Yamaguti，1938）Srivastava，1942（F）（Lepocreadiidae）

Notoporus Yamaguti，1938（F）（Lepocreadiidae，Notoporinae）

Novemtestinae（Yamaguti，1958）Yamaguti，1971（F）（Cryptogonimidae）

Novemtestis Yamaguti，1942（F）（Cryptogonimidae，Novemtestinae）

Novetrema Rohde，1962（Syn. of *Pseudocryptotropa* Yamaguti，1958）（BM）（Lecithodendriidae，Odeningotrem- atinae）

Nudacotyle Barker，1916（M）（Nudacotylidae）

Nudacotylidae（Barker，1916）Travassos，1922

Numeniotrema Belopol'skaja，1952（B）（Microphallidae，Maritrematinae）

Ochetosoma Braun，1901（R）（Plagiorchiidae，Styphlodorinae，Ochetosomatini）

Ochetosomatinae Leao，1945（Syn. of Styphlodorinae）（A R）（Plagiorchiidae）

Ochetosomatini Yamaguti，1971（Tribe）（R）（Plagiorchiidae，Styphlodorinae）

Ocheterenatrema Caballero，1943（M）（Lecithodendriidae，Prosthodendriinae）

Octangiinae Looss，l902（R）（Angiodictyidae）

Octangiodes Price，1937（R）（Angiodictyidae，Octangioidinae.）

Octangioidinae Yamaguti，1958（R）（Angiodictyidae）

Octangium Looss，1902（R）（Angiodictyidae，Octangiinae）

Octodistomum Stafford，1904（F）（Azygiidae，Azygiinae）

Octotestidae（Yamaguti，1958）Yamaguti，1971 Status emend（F）

Octotestis Yamaguti，1951（F）（Octotestidae）

Odeningotrema Rohde，1962（M）（Lecithodendriidae，Odeningotrematinae）

Odeningotrematinae Rohde，1962（M）（Lecithodendriidae）

Odhneria Travassos，1921（B）（Microphsilidae，Maritrematinae）

Odhneria Baer，1924 Preoccupied（Syn. of *Encyclometra*）（Plagiorchiidae，Encyclometrinae）

Odhneriella Skrjabin，1915（M）（Campulidae，Odhneriellinae）

Odhneriollinae Yamaguti，1958（M）（Campulidae）

Odbneriotrema Travassos，1928（R）（Clinostomidae，Clinostominae）

Odhnerium Yamaguti，1934（F）（Accacoeliidae，Orophocotylinae）

Oesophagicola Yamaguti，1933（R）（Opisthorchiidae，Oesophagicolinae）

Oesophagicolinae Yamaguti，1933（R）（Opisthorchiidae）

Oesophagocystis Yamaguti，1970（F）（Didymozoidae，Didymozoinae）

Ogmocotyle Skrjabin et Shul'ts，1933（M）（Notocotylidae，Ogmocotylinae）

Ogmoctylinae Skrjabin et Shul'ts，1933（M）（Notocotylidae）

Ogmogaster Jagerskiold，1891（M）（Notocotylidae，Ogmogasterinae）

Ogmogasterinae Kossack，1911（M）（Notocotylidae）

Ohridia Nezlobinski，1926（Subgenus of Tanasia）（B）（Eucotylidae，Taniasiinae）

Oistosominae Yamaguti，1958（R）（Plagiorchiidae）

Oistosomum Odhner，1902（Plagiorchiidae，Oistosominae）

Oligalecithus Vercemmen-Grandjean，1960（A）（Telorchiidae，Telorchiinae）

Olssoniella Travassos，1944（Syn. of *Brachylecithum*）（B M）（Dicrocoeliidae，Dicrocoeliinae，Brachylecithini）

Olveria Thapar et Sinha，1945（M）（Paramphistomidae，Clsdorchiinae，Olveriini）

Olveriini Yamaguti，1958（Paramphistomidae，Cladorchiinae）（Tribe）（M）

Ommatobrephidae Poche，1926（R）

Ommatobrephinae（Poche，1926）Dubois et Mahon，1959，emend（R）（ommatobrephidae）

Ommatobrephus Nicoll，1914（R）（Ommatobrephidae，Ommatobrephinae）

Omphalometra Looss，1899（M）（Omphalometridae，Omphalometrinae）

Omphalometridae（Looss，1899）Bittner et Sprehn，1928（A R）

Omphalometrinae Looss，1899（A R B M）（Omphalometridae）

Opechona Looss，1907（F）（Lepocreadiidae，Lepocreadiinae）

Opechonoides Yamaguti，1940（F）（Lepeoreadiidae，Lepocreadiinae）

Opecoelidae Ozaki，1925 emend（F A）

Opecoelinae Manter，1934（F）（Opecoelidae，Opecoelinae）

Opecoelinae（Ozaki，1925）Stunkard，1931（F）（Opecoelidae）

Opecoeloides Odhner，1928（Opecoelidae，Opecoelinae）（F）

Opecoelus Ozaki，1925（F）（Opecoelidae，Opecoelinae）

Opegaster Ozaki，1928（F）（Opecoelidae，Opecoelinae）

Opepherocystiinae Yamaguti，1970（F）（Didymozoidae）

Opepherocystis Yarnaguti，1970（F）（Didymozoidae，Opepherocystiinae）

Opepherotrema Yamaguti，1951（F）（Didymozoidae，Opepherotrematinae）

Opepherotrematinae Yamaguti，1958（F）（Didymozoidae）

Opepherotrematoides Yamaguti，1970（F）（Didymozoidae，Opepherotrematinae）

Ophiocorchis Srivastava（1933）（Subgenus of Genarchopsis）（F）（Hemiuridae，Halipeginae）

Ophiodiplostominae Dubois，1936（R）（Proterodiplostomidae，Ophiodiplostominae）

Ophiodiplostomum Dubois，1936（R）（Proterediplostomidae）

Ophiohaplorchiinae Yamaguti，1971（R）（Heterophyidae）

Ophiohaplorchis Yamaguti，1971（R）（Heterophyidae，Ophiohaplorchiinae）

Ophiorchis Mehra，1937（Syn. of *Allopharynx*）（R）（Plagiorchiidae，Astiotrematinae）

Ophiosacculus Macy，1935（M）（Lecithodendriidae，Gyrobascinae）

Ophiosoma Szidat，1928（B）（Strigeidae，Strigeinae，Strigeini）

Ophiosoma Szidat，1928，partim（Syn. of *Apharyngostrigea*）（Strigeidae，Strigeinae，Strigeini）

Ophiotreminoides Coil et Kuntz 1960（R）（Omphalmetridae，Ophiotreminoidinae）

Ophiotreminoidinae Yamaguti，1971（R）（Omphalometridae）

Ophioxenos Sumwalt，1926（R）（Paramphistomidae，Schizamphistominae）

Ophthalmagonimus Oshmarin in Skrjabin，1962（B）（Prosthogonimidae）

OPhthalmophagus Stossich，1902（B）（Cyclocoelidae，Cyclocoelinae）

Ophthalmophagus Stossich，1902（B）（Subgenus of Ophthalmophagus）（Cyclocoelidae，Cyclocoelinae）

Ophthalmotrema Sobolev，1943（B）（Philophthalmidae，Philophthalminae）

Opisthadena Linton，1910（F）（Hemiuridae，Opisthadeninae）

Opisthadeninae Yamaguti，1970（F）（Hemiuridae）

Opisthioglyphe Looss，1899（A R）（Omphalometridae，Omphalometrinae）

Opisthioglyphinae Dollfus，1949（Syn. of Omphalometrinae）（A R）（Omphalometridae）

Opisthobrachylecithum Yamaguti，1971（B）（Dicrocoeliidae，Dicrocoeliinae，Brachylecithini）

Opisthodiscus Cohn，1904（A）（Paramphistomidae，Diplodiscinae）

Opisthogenes Nicoll，1914（Syn. of *Opisthogonimus*）（R）（Plagiorchiidae，Opisthogoniminae）

Opisthogoniminae Travassos，1928（R）（Plagiorchiidae）

Opisthogonimus Luhe，1900（Plagiorchiidae，Opisthogoniminae）

Opisthogonimus Luhe，1900（Subgenus of Opisthogonimus）（R）（Plagiorchiidae，Opisthogoniminae）

Opisthogonoporinae（Yamaguti，1937）Yamaguti，1958（F）（Lepocreadiidae）

Opisthogonoporus Yamaguti，1937（F）（Lepocreadiidae，Opisthogonoporinae.）

Opistholebes Nicoll，1915（F）（Opistholebetidae，Opistholebetinae）

Opistholebetidae Fukui，1929（F）

Opistholebetinae Fukui，1929（F）（Opistholebetidae）

Opisthometerinae Yamaguti，1958（B）（Heterophyidae）

Opisthometra Poche，1926（B）（Heterophyidae，Opisthometerinae）

Opisthometra Saakova，1952，nec Poche，1926（Syn. of *Saakotrema*）（B）（Echinostomatidae，Saakotrematinae）

Opisthomonorcheides Parukhin，1966（F）（Monorchiidae，Opisthomonorcheidinae）

Opisthomonorcheidinae Yamaguti，1971（F）（Monorchiidae）

Opisthomonorchiinae Yamaguti，1952（F）（Monorchiidae）

Opisthomonorchis Yamaguti，1952（F）（Monorchiidae，Opisthomonorchiinae）

Opisthophallus Baer，1923（Syn. of *Nephrocephalus*）（R）（Clinostomidae，Nephrocephalinae）

Opisthoporus Fukui，1929 Preoccupied（Syn. of *Teloporia* Fukui，1933）（Pronocephalidae，Teloporiinae）

Opisthoporus Manter，1947 Preoccupied（Syn. of *Postporus*）（F）（Homalometridae，Postporinae）

Opisthorchiidae（Looss，1899）Braun，1901（F A R B M）

Opisthorchiinae Looss，1899（F R B M）（Opisthorchiidae）

Opisthorchinematobothrium Yamaguti，1970（F）（Didymozoidae，Nematobothriinae）

Opisthorchis Blanchard，1895（F B M）（Opisthorchiidae，Opisthorchiinae）

Opisthotrema Fischer，1883（M）（Opisthotrematidae，Opisthotrematinae）

Opisthotrematidae Poche，1926（M）

Opisthotrematinae Harwood，1939（M）（Opisthotrematidae）

Opisthovariinae Yamaguti，1971（B）（Tetracladiidae）

Opisthovarium Cable，Connot et Balling，1960（B）（Tetracladiidae，Opisthobariinae）

Orbitonematobothrium Yamaguti，1970（F）（Didymozoidae，Nematobothriinae）

Orchidasma Looss，1900（R）（Telorchiidae，Orchidasmalinae.）

Orchidasmatinae Dollfus，1937（R）（Telorchiidae）

Orchipedidae（Skrjabin，1913））Skrjabin，1924（B M）

Orchipedum Braun，1901（B）（Orchipedidae）

Orientobilharzia Dutt et Srivastava，1955（M）（Schistosomatidae，Schistosomatinae）

Orientocreadiinae Yamaguti，1958（F R）（Allocreadiidae）

Orientocreadium Tubangui，1931（F R）（Allocreadiidae，Orientocreadiinae）

Orientodiscinae Yamaguti，1971（F）（Paramphistomidae）

Orientodiscus Srivastava，1937（F R）（Paramphistomidae，Orientodiscinae）

Orientophorus Srivastava，1935（Syn. of Faustula）（F）（Fellodistomidae，Baccigerinae）

Ornithobilharzia Odhner，1912（B）（Schistosomatidae，Schistosomatinae）

Ornithodendrium Oshmarm et Dotsenko，1950（B）（Lecithodendriidae，Phaneropsolinae）

Ornithodiplostomum Dubois，1936（B）（Diplostomidae，Diplostominae，Diplostomini）

Ornithotrema Caballero，Brenes et Orroyo，1963（B）（Microphallidae，Ornithotrematinae）

Ornithotrematinae Caballero et' Brenes，1964（B）（Microphallidae）

Orophocotyle Looss，1902（F）（Accacoeliidae，Orophocotylinae）

Orophocotylinae Yamaguti，1958（F）（Accacoeliidae）

Orhtocoeliinae Price et McIntosh，1953（M）（Paramphistomidae）

Orthocoelium（Stiles et Goldberger，1910）Status emend（M）（Paramphistomidae，Orthocoeliinae.）

Orthodena Durio et Manter，1968（F）（Lepocreadiidae，Phyllotrematinae）

Orthorchis Modlinger，1925（Syn of *Encyclometra*）（Plagiorchiidae，Encyclometrinae）

Orthorchis Travassos，1944（Syn. of Brachylecithum）（B M）（Dicrocoeliidae，Dicrocoeliinae，Brachylecithum）

Orthosplanchninae Yamaguti，1958（M）（Campulidae）

Orthosplanchnus odhner，1905（M）（Campulidae，Orthosplanchninae）

Oschmarinella Skrjabin，1947（M）（Campulidae，Orthosplanchninae）

Oshmarinotrema Yamaguti，1971（B）（Microphallidae，Microphallinae）

Osteodidymocodiinae Yamaguti，1970（F）（Didymozoidae）

Osteodidymocodium Yamaguti，1970（F）（Didymozoidae，Osteodidymocodiinae）

Ostioloides Odening，1960（A）（Haematoloechidae）

Ostiolum Pratt，1903（Syn. of Haematoloechus）（A）（Haematoloechidae）

Oswaldoia Travassos，1920（Syn. of Lyperosomum）（B M）（Dicrocoeliidae，Dicrocoeliinae，Lyperosomini）

Otiotrema Setti，1897（F）（Syncoeliidae，Otiotremalinae）

Otictrematinae Skrjabin et Guschanskaja，1956（F）（Syncoeliidae）

Oudhia Gupta，1955（F）（Cephalogonimidae，Cephalogoniminae）

Ovarionematobothrium Yamaguti，1971（F）（Didymozoidae，Nematobothriinae）

Ovarioptera Leonov，Spassky et Kulikov，1963（B）（Ovariopteridae）

Ovariopteridae Leonov，Spassky et Kulikov，1963（B）

Ozakia Wisniewski，1933（F）（Opecoelidae，Opecoelinae）

Pachycreadium Manter，1954（F）（Opistholebetidae，Hetelolebetinae）

Pachypsolida Yamaguti，1958（R）

Pachypsolus Looss，1901（R）（Pachypsolidae）

Pachytrema Looss，1907（B　M）（Opisthorchiidae，Pachytrematinae）

Pachytrematinae（Railliet，1919）Ejsmont，1931（B M）（Opisthorchiidae）

Pachytreminae Railliet，1919（Syn. of Pachytrematinae）（B M）（Opisthorchiidae，Pachytrematinae）

Pacificreadium Durio at Manter，1968（F）（Opecoelidae，Plagioporidae）

Palacocryptogonimus Szidat，1954（F）（Cryptogonimidae，Cryptogoniminae）

Palaeorchis　Szidat，1943（F）（Monorchiidae，Asymphylodorinae）

Palitrema Gogate，1939（Syn. of *Postorchigenes*）（R M）（Lecithodendriidae，Prosthodendriinae）

Pameileenia Wright at Smithers，1956（R）（Echinostomatidae，Echinostomatinae）

Panamphistomum Manter et Pritchard，1964（F）（Paramphistomidae，Dadaytrematinae）

Pancreadium　Manter，1954（F）（Homalometridae，Homalometrinae）

Pancreatrema Oshmarin in Skrjabin and Evranova，1953（B）（Dicrocoeliidae，Stromitrematinae）

Pandiontrema Oshmarin et Parukhin，1963（Heterophyidae，Centrocestinae）

Panopistinae Yamaguti，1958（M）（Brachylaimidae）

Panopistus Sinitzin，1931（M）（Brachylaimidae，Panopistinae）

Panopistus Sinitzin，1931（Subgenus of Panopistus）（M）（Brachylaimidae，Panopistinae，Panopistus）

Papillatrema Oshmarin，1964（B）（Eumegacestidae）

Papillatrium Richard，1966（M）（Lecithodendriidae，Lecithodendriinae）

Parabaris Travassos，1923（Syn. of *Pseudoparabaris*）（Angiodictyidae，Denticaudinae）

Parabascinae Yamaguti，1958（M）（Lecithodendriidae）

Parabascoides Stunkard，1938（M）（Lecithodendriidae，Parabascinae）

Parabascus Looss，1907（Lecithodendriidae，Parabascinae）

Parabucephalopsis Tang at Tang，1963（F）（Bucephalidae，Prosorhynchinae）

Paracanthostomum Fischthal et Kuntz 1965（R）（Acanthostomidae，Acanthostominae）

Paracardicola Martin，1960（F）（Sanguinicolidae，Paracardicolinae）

Paracardicolinae Yamaguti，1970（F）（Sanguinicolidae）

Paracephalogoniminae Yamaguti，1971（R）（Cephalogonimidae）

Paracephalogonimus Skrjabin，1950（R）（Caphalogonimidae，Paracephalogoniminae）

Paracercorchis Mehra et Bokhart，1932（Syn. of *Telorchis*）（Telorchiidae，Telorchiinae）

Parachiorchis Caballero，1943（R）（Paramphistomidae，Schizamphistominae）

Paracoenogonimus Katsurada，1914（M）（Cyathocotylidae，Prohemistominae）

Paracryptogonimus Yamaguti，1934（F）（Cryptogonimidae，Neochasminae）

Paracysthocotyle Szidat，1936（Syn. of Cyathocotyle）（R B）（Cyathocotylidae，Cyathocotylinae）

Paradecemtestis Wang，1963（Syn. of Octotestis）（F）（Octotestidae）

Paradeontacylix McIntosh，1934（F）（Sanguinicolidae，Sanguinicolinae）

Paradinurus Pèrez Vigueras，1958（F）（Hemiuridae，Dinurinae）

Paradiplostomum La Rue，1926（R）（Proterodiplostomidae，Crocodilicolinae）

Paradiscogaster Yamaguti，1934（F）（Fellodistomidae，Discogasteroidinae）

Paradistomini Yamaguti，1958（R）（Dicrocoeliidae，Dicrocoeliinae）

Paradistomoides Travassos，1944（R）（Dicrocoeliidae，Dicrocoeliinae，Paradistomini）

Paradistomum Kossack，1910（R）（Dicrocoeliidae，Dicrocoeliinae，Paradistomini）

Parafasciolopsis Ejsmont，1932（M）（Fasciolidae，Fasciolopsinae）

Paragonapodasmius Yamaguti，1938（F）（Didymozoidae，Gonapodasmiinae）

Paragonimidae Dollfus，1939（M）

Paragonimus Braun，1899（M）（Paragonimidae）

Paragoninae Yamaguti，1971（Troglotrematidae）

Paragono Pearse，1930（M）（Troglotrematidae，Paragoninae）

Paragyliauchen Yamaguti，1934（F）（Gyliauchenidae，Gyliaucheninae）

Parahalipegus Wootton et Powell，1964

Parahalipegus Wootton at Powell，1964（Syn. of *Deropegus*）（F A）（Hemiuridae，Halipaginae）

Parahaplometroides Thatcher，1964（R）（Plagiorchiidae，Styphlodorinae，Styphlotrematini）

Parahemiurus Vaz et Pereira，1930（F）（Hemiuridae，Hemiurinae）

Paraheterophyes Afanas'ev，1941（Syn. of *Spelotrema*）（B M）（Microphallidae，Microphallinae）

Parahurleytrema Nshhas et Powell，1965 emend（F）（Monorchiidae，Lasiotocinae）

Paraisocoelium Ozaki，1932（F）（Acanthostomidae，Anisocoeliinae）

Paralaria Kravse，1914（M）（Subgenus of Alaria）（Diplostomidae，Alariinae，Alariini）

Paralechriorchis Byrd et Denton，1938（Syn. of *Manodistomum*）（A R）（Plagiorobiidae，Styphlodorinae，Styplotreematini）

Paralecithobotrys Freitas，1948（Subgenus of Lacithobotrys）（F）（Haploporidae，Haploporinae）

Paralecithodendrium Odhner，1910（Subgenus of *Prosthodendrium*）（R M）（Lecithodendriidae，Prosthodend- riinae）

Paralepidophyllum Yamaguti，1934（Syn. of *Lepidophyllum*）（F）（Zoogonidae，Steganodermatinae）

Paralepoderma Dollfus，1950（R）（Plagiorchiidae，Styphlodorinae，Styphlotremtini）

Paralichthytrema Azidat，1961（F）（Didymozoidae，Namatobothriinae）

Parallelorchis Harkema et Miller，1961（M）（Diplostomidae，Alariinae，Alariini）

Parallelotestis Belopol'skaia，1954（B）（Echinostomatidae，Echinostomatinae）

Parallopharynx Caballero，1946（R）（Macroderoididae，Macroderoidinae）

Paralutztrema Faust，1967（Syn. of *Lyperosomum*）（B M）（Dicrocoeliidae，Dicrocoeliinae，Lyperosomini）

Paramacroderoides Vernard，1941（F'）（Macroderoididae，Macroderoidinae）

Parametorchis Skrjabin，1913（M）（Opisthorchiidae，Metorchiinae）

Paramonodhelmis Oshmarin et Mamaev，1963（Syn. of *Buckleytrema*）（Monodhelminthidae，Buckleytrematinae）

Paramonorcheides Yamaguti，1938（F）（Monorchiidae，Lasiotocinae）

Paramonostomum Luhe，1909（B M）（Notocotylidae，Notocotylinae）

Paramphistomatidae（Syn. of Paramphistomidae）

Paramphistomidae Fishoeder，1901（F A R B M）

Paramphistominae Fischoeder，1901（M）（Paramphistomidae）

Paramphistomoides Yamaguti，1958（M）（Paramphistomidae，Orthocoeliinae）

Paramphistomum Fischoeder，1900（M）（Paramphistomidae，Paramphistominae）

Paramphistomum Fischoeder，1900（Subgenus of Paramphistomum）（Paramphistomidae，Paramphistominae）

Parantorchiinae Yamaguti，1958（F）（Fellodistomidae）

Parantorchis Yamaguti，1934（F）（Fellodistomidae，Parantorchiinae）

Paraplagioporus Yamaguti，1939（Subgenus of Plagioporus）（F）（Opecoelidae，Plagioporinae）

Paraplagiorchis Dollfus，1924（Syn. of *Encyclometra*）（R）（Plagiorchiidae，Encyclometrinae）

Paraplerurus Fischthal et Kuntz，1963（Syn. of *Plenurus*）（F）（Hemiuridae，Lecithochiriinae）

Paraproctotrema Yamaguti，1934（F）（Monorchiidae，Lasiotocinae）

Parapronocephalinae Skrjabin，1955（B）（Pronocephalinae）

Parapronocephalum Belopol'skaia，1952（B）（Pronocephalidae，Parapronocephalinae）

Paraprosorhynchus Kohn，1967（F）（Bucephalidae，Prosorhynchinae）

Paraschistosomatium Price，1929（Syn. of *Macrobilharzia*）（Schistosomatidae，Schistosomatinae）

Parascocotyle Stunkard et Haviland，1924（Syn. of *Phagicola*）（Heterophyidae，Phagicolinae）

Parasterrhurus Manter，1934（Syn of Genolinae）（F）（Hemiuridae，Derogeninae）

Parastictodora Martin，1950（Subgenus of Stictodora）（B）（Heterophyidae，Stictodorinae）

Parastiotrema Miller，1940（F）（Macroderoididae，Macroderoidinae）

Parastrigea Szidat，1928（B M）（Strigeidae，Strigeinae，Strigeini）

Parasymphylodora Szidat，1943（Syn, of *Asymphylodora*）（Monorchiidae，Asymphylodorinae）

Paratamaisia Freitas，1959（Subgenus of Tanaisia）（B）（Eucotylidae，Taniasiinae）

Paratetrochetus Hanson，1955（Syn. of *Tetrochetus*）（F）（Accacoeliidae，Accacoeliinae）

Paratimonia Prevot et Bartoli，1967（F）（Monorchiidae，Lasiotocinae）

Paratormopsolus Dubinina et Bychowsky in Skrjabin，1954（Syn. of *Orientocreadium*）（Allocreadiidae，Orientocreadiinae）

Parechinostomum Dietz，1909（B）（Echinostomatidae，Echinostomatinae）

Parectenurus Manter，1947（Syn. of *Ectenurus*）（F）（Hemiuridae，Dinurinae）

Paronatrema Dollfus，1937（F）（Syncoeliidae，Paronatremalidae）

Paronatrematinae Dollfus，1950（F）（Syncoeliidae）

Paropecoelus Pritchard，1966（F）（Opecoelidae，Opecoelinae）

Paropisthorchis Stephens，1912（M）（Opisthorchiidae，Opisthorchiinae）

Parorchiinae（Lal，1936）Yamaguti，1958（Philophthalmidae）

Parorchis Nicoll，1907（B）（Philophthalmidae，Parorchiinae）

Parorientodiscus Rohde，1962（R）（Paramphistomidae，Orientodiscinae）

Parspina Pearse，1920，emend（F）（Cryptogonimidae，Neochasminae）

Parvacreadium Manter，1940（F）（Opecoelidae，Opecoelinae）

Parvatrema Cable，1933（B）（Gymnophallidae，Parvatrematinae）

Parvatrematinae Yamaguti，1958（B）（Gymnophallidae）

Parvipyrinae Yamaguti，1970（F）（Zoogonidae）

Parvipyrum Pritojard，1963（F）（Zoogonidae）

Paryphostomum Dietz，1909（B）（Echinostomatidae，Echinostomatinae）

Patagifer Dietz，1909（B）（Echinostomatidae，Echinochasminae）

Patagium Heymann，1905（R）（Auridistomidae）

Patellokoellikeria Yamaguti，1970（F）（Didymozoidae，Patellokoellikeriinae）

Patellokoellikeriinae，Yamaguti，1970（F）（Didymozoidae）

Paucivitellosinae Yamaguti，1971（F）（Bivesiculidae）

Paucivitellosus Coil，Read et Kuntz，1965（F）（Bivesiculidae，Paucivitellosinae）

Paurophyllum Byrd，Parker et Reiber，1940（R）（Plagiorchiidae，Styphlodorinae，Styphlodorini）

Paurorhynchinae Dickerman，1954　（F）　（Bucephalidae）

Paurorhynchus Dickerman，1954（F）（Bucephalidae，Paurorhynchinae）

Pedunculoacetabulum Yamaguti，1934（F）（Opecoelidae，Plagioporinae）

Pedunculotrema（Fischthal et Thomas，1970）status emend（Subgenus of Podocotyle）（F）（Opecoelidae，Plagioporinae）

Pegosomatinae Odhner，1911 in Skrjabin et Bashkirova，1956（Syn. of Pegosominae）（Echinostomatidae）

Pegosomatinae Skrjabin et Shul'ts，1937（Syn. of Pegosominae）（B）（Echinostomatidae）

Pegosominae Mendheim，1940（B）（Echinostomatidae）

Pegosomum Ratz，1903（B）（Echinostomatidae，Pegosominae）

Pellamyzon Montgomery，1957（F）（Opecoelidae，Opecoelinae）

Pelmatostominae Yamaguti，1958（B）（Echinostomatidae）

Pelmatostomum Dietz，1909（B）（Echinostomatidae，Pelmatostominae）

Pelorohelmins Fischthal et Kuntz，1964（F）（Pelorohelminthidae）

Pelorohelminthidae（Fischthal et Kuntz，1964）Fischthal et Thomas，1968 emend（F）

Pentagramminae Yamaguti，1958（Syn. of Baccigerinae）（Fellodistomidae）

Peracreadium Nicoll，1909（F）（Opecoelidae，Plagioporinae）

Perezitrema Barue et Moravec，1967（F）（Opisthorchiidae，Aphallinae，Aphallini）

Pernagmia Nagaty et Abdel - Aal，1961（Syn. of *Nagmia*）（F）（Gorgoderidae，Anaporrhutinae）

Petalocotyle Ozaki，1934（F）（Lepocreadiidae，Petalocotylinae）

Petalocotylinae Ozaki，1937（F）（Lepocreadiidae）

Petalodiplostomum Dubois，1936（R）（Proterodiplostomidae，Ophiodiplostominae）

Petalodistomum Johnston，1913（F）（Gorgoderidae，Anaporrhutinae）

Petasiger Dietz，1909（B）（Echinostomatidae，Echinostomatinae）

Pfenderius Stiles et Goldberger，1910（M）（Paramphistomidae，Cladorchiinae，Cladorchiini）

Phacelotrema Yamaguti，1951（F）（Didymozoidae，Phacelotremalinae）

Phacelotrematinae Yamaguti，1971（F）（Didymozoidae）

Phagicola Faust，1920（B M）（Heterophyidae，Phagicolinae）

Phagicola Faust，1920（Subgenus of Phagicola）（B M）（Heterophyidae，Phagicolinae）

Phagicolinae Faust，1920（B M）（Heterophyidae）

Phaneropsolinae Mehra，1935（R B M）（Lecithodendriidae）

Phaneropsolus Looss 1899（R B M）（Lecithodendriidae，Phaneropsolinae）

Phaneropsolus Loose，1899（Subgenus of Phaneropsolus）（R B M）（Lecithodendriidae，Phaneropsolinae）

Pharyngora Lebour，1908（Syn. of *Opechona*）（F）（Lepocreadiidae，Lepocreadiinae）

Pharyngostomoides Harkema，1942（M）（Diplostomidae，Alariinae，Alariini）

Pharyngostomum Ciurea，1922（M）（Diplostomidae，Alariinae，Alariini）

Philophthalmidae（Looss，1899）Travassos，1918（F）

Philophthalminae Looss，1899（B）（Philophthalmidae）

Philophthalmus Looss，1899（B）（Philophthalmidae，Philophthalminae）

Philopinna Yamaguti，1936（Didymozoidae，Philopinninae）

Philopinninae Skrjabin，1955（Didymozoidae）

Phocitrema Goto et Ozaki，1930（M）（Opisthorchiidae，Phocitrematinae）

Phocitrematinae Yamaguti，1933（M）（Opisthorchiidae）

Phocitrematinae skrjabin，1945（M）（Syn. of phocitrematinae）（Opisthorchiidae）

Phocitremoides Martin，1950（Heterophyidae，Haplorchiinae）

Pholeter Odhner，1914（M）（Opisthorchiidae，Pholeterinae）

Pholeterinae（Dollfus，1939）Yamaguti，1958（M）（Opisthorchiidae）

Phyllochorus Dayal，1938（syn. of *Phyllodistomum*）（F A）（Gorgoderidae，Phyllodistominae）

Phyllodistominae（Nybelin，1926）Yamaguti，1958（F A）（Gorgoderidae）

Phyllodistomum Braun，1899（F A）（Gorgoderidae，Phyllodistominae）

Phyllotrematinae Yamaguti，1971（F）（Lepocreadiidae）

Pinguitrema Siddigi et Cable，1960（F）（Opistholebetidae，Hetelolebetinae）

Pintneria Poche，1907（R）（Dicrocoeliidae，Dicrocoeliinae，Pintneriini）

Pintneriini Yamaguti，1958（R）（Dicrocoeliidae，Dicrocoeliinae）（Tribe）

Piriforma Yamaguti，1938（F）（Fellodistomidae，Piriforminae）

Piriforminae Skrjabin et Koval，1957（F）（Fellodistomidae）

Piriforminae Yamaguti，1958（Syn. of *piriminae* Skrjabin et Koval，1957）（F）（Fellodistomidae）

pisciamphistona Yamaguti，1954 emend（F）（Paramphistomidae，pisciamphistomatinae）

Pisciamphistomatinae Yamaguti，1971（F）（Paramphistomidae）

pittacium Szidat，1939（B）（Philophthalmidae，Cloacitrematinae）

Plagiocirrus van Cleave et Mueller，1932（F）（Allocreadiidae，Urorchiinae）

Plagioporinae Manter，1947（F A）（Opecoelidae）

Plagioporus Nicoll，1909（F）（Opecoelidae，Plagioporinae）

Plagioporus Stafford，1904（Subgenus of Plagioporus）（F）（Opecoelidae，Plagioporinae）

Plagiorchiidae（Luhe，1901）Ward，1917（F A R B M）

Plagiorchiinae（Luhe，1901）Pratt，1902（Plagiorchiidae）

Plagiorchis Luhe，1899（A R B M）（Plagiorchiidae，Plagiorchiinae）

Plagiorchis Luhe，1899（A R B M）（Subgenus of Plagiorchis）（Plagiorchiidae，Plagiorchiinae）

Plagiorchoides Olsen，1937（Syn. of *Plagiorchis*）（A R B M）（Plagiorchiidae，Plagiorchiinae）

Plagitura Holl，1928（Syn. of *Manodistomum*）（A R）（Plagiorchiidae，Styphlodorinae，Styphlotrematini）

Plantnikovia Skrjabin，1945（B）（Opisthorchiidae，Plantnikoviinae）

Plasmiorchis Mehra，1934（R）（Spirorchiidae，Spirorchiinae，Spirhapalini）

Platocystis Yamaguti，1938（F）（Didymozoidae，Didymozoinae）

Platyamphistoma Yamaguti，1958（M）（Paramphistomidae，Orthocoeliinae）.

Platymetra Mehra，1931（Syn. of *Styphlodora*）（Plagiorchiidae，Styphlodorinae，Styphlodorini）

Platynosomoides Yamaguti，1971（M）（Dicrocoeliidae，Dicrocoeliinae，Eurytrematini）

Platynosomum Looss，1907（B M）（Dicrocoeliidae，Dicrocoeliinae，Eurytrematini）

Platynotrema Nicoll，1914（B）（Dicrocoeliidae，Platynotrematinae）

Platynotrematinae Yamaguti，1971（B）（Dicrocoeliidae）

Plectognathotrema Layman，1930（F）（Cephaloporidae，Plectognathotrematinae）

Plectognathotrematinae Kamegai，1970（F）（Cephaloporidae）

Plectognathotrematoides Yamaguti，1971（F）（Cephaloporidae，Plectognathotrematinae）

Plehnia Goto et Ozaki，1929 Preoccupied（F）（Syn. of *Psettarium*）（Sanguinicolidae，Psettariinae）

Plenosoma Ching，1960（B）（Microphallidae，Maritrematinae）

Pleorchiidae Poche，1926（F R）

Pleorchis Railliet，1896（F R）（Pleorchiidae）

Plerurus Looss，1907（F）（Hemiuridae，Lecithochiriinae）

Plesiochorinae Piguleevskii，1952（R）（Gorgoderidae）

Plesiochorus Looss，1901（R）（Gorgoderidae，Plesiochorinae）

Plesiocreadium Winfield，1929（Syn. of *Macroderoides*）（F）（Macroderoididae，Macroderoidinae）

Plesiodistomum Dayal，1942（Syn. of *Phyllodistomum*）（F A）（Gorgoderidae，Phyllodistominae）

Pleurogencs Looss，1896（A）（Lecithodendriidae，Pleurogeninae）

Pleurogenetinae Looss，1899（Syn. of Pleurogeninae）（F A R）（Lecithodendriidae）

Pleurogeninae（Looss，1899）Travassos，1921（F A R）（Lecithodendriidae）

Pleurogenoides Travassos，1921（F A R）（Lecithodendriidae，Pleurogeninae）

Pleurogonius Looss，1901（R）（Pronocephalidae，Pronocephalinae）

Pleuropsolus Premvati，1959（B）（Lecithodendriidae，Phaneropsolinae）

Plicatrium Manter et Pritchard，1960（F）（Hemiuridae，Lecithochiriinae）

Plotnikoviinae（Skrjabin，1945）Skrjabin et Petrov，1950（B）（Opisthorchiidae）

Pneumatophilus Odhner，1910（R）（Plagiorchiidae，Styphlodorinae，Ochetosomatini）

Pneumobites Ward，1917（Syn. of *Haematoloechus*）（A）（Haematoloechidae）

Pneumonoeces Looss，1902（Syn. of *Haematoloechus*）（A）（Haematoloechidae）

Pneumotrema Bhalerao，1937（R）（Macroderidae，Glossidiellinae）

Podocnemitrema Alho et Vicente，1964（R）（Angiodictyidae，Podocnemitrematinae）

Podocnemitrematinae Alho et Vicente，1964（R）（Angiodictyidae）

Podocotyle（Dujardin，1945）（Opecoelidae，Plagioporinae）

Podocotyle Dujardin，1845（Subgenus of Podocotyle）（Opecoelidae，Plagioporinae）

Podocotylidae Dollfus，1960（Syn. of Opecoelidae）（F A）

Podocotyloides Yamaguti，1934（F）（Opecoelidae，Plagioporinae）

Podospathaliini Yamaguti，1971（Tribe）（M）（Diplostomidae，Alariinae）

Podospathalium Dubois，1932（M）（Diplostomidae，Alariinae，Podospathaliini）

Poikilorchis Fain et Vendepitte，1957（M）（Achillurbaniidae）

Polyangium Looss，1902（R）（Angiodictyidae，Angiodictyinae）

Polycotyle Willemoes-Suhn，1870（R）（Proterodiplostomidae，Polycotylinae）

Polycotylinae（Cobbold，1877）Monticella，1892（R）（Proterodiplostomidae）

Polylekithum Arnold，1934（F）（Allocreadiidae，Allocreadiinae）

Polyorchis（Stossich，1888）Preoccupied（Syn. of *Pleorchis* Railliet，1896）（F R）（Pleorchiidae）

Polyorchitrema Srivastava，1937（F）（Cryptogonimidae，Polyorchitrematinae）

Polyorchitrematinae（Srivastava，1937）Price，1940（F）（Cryptogonimidae）

Polyorchitrematinae Yamaguti，1958（F）（Syn. of Polyorchitrematinae（Srivastava，1937）（Price，1940）（Cryp togonimidae）

Polyorchitreminae Srivastava，1937（F）（Syn. of Polyorchitrematinae（Srivastava，1937）Price，1940）（Cryp togonimidae）

Polysarcus Looss，1899 Preoccupied（Syn. of *Paragonimus*）（Paragonimidae）

Ponticotrema Isaichkov，1927（M）（Heterophyidae，Galactosominae）

Poracanthium Dollfus，1948（F）（Opecoelidae，Opecoelinae）

Posterocirrinae Yamaguti，1971（M）（Lecithodendriidae）

Posterocirrus Andreiko et Khotenovsky，1964（M）（Lecithodendriidae，Posterocirrinae）

Postharmostomum Witenberg，1923（B M）（Syn. of *Glaphyrostomum*）（Brechylaimidae，Brachylaiminae）

Postharmostomum Witenberg，1923（Subgenus）（B M）（Brachylaimidae，Brachylaiminae，Glaphyrostomum）

Posthodiplostomum Dubois，1936（B）（Diplostomidae，Diplostominae，Diplostomini）

Posthovitellum Khotenovskii，1966（B）（Eumegacestidae）

Postmonorcheides Szidat，1950（F）（Monorchiidae，Postmonorcheidinae）

Postmonorcheidinae Yamaguti，1958（F）（Monorchiidae）

Postmonorchis Hopkins，1941（F）（Lasiotocinae，Monorchiidae）

Postorchigenes Tubangui，1928（R M）（Lecithodendriidae，Prosthodendriinae）

Postporinae Yamaguti，1958（Homalometridae）

Postporus Manter，1949（Homalmetridae，Postporinae）

Praeorchitrema Oshmarin in Skrjabin and Evranova，1953（Syn. of *Platynotrema*）（B）（Dicrocoeli- idae，Platynotrematinae）

Preptetos Pritchard，1960（F）（Lepocreadiidae，Lepocreadiinae）

Pricetrema Ciurea，1933（M）（Heterophyidae，Apophallinae）

Primatotrema Premvati，1959（M）（Subgenus of Phaneropsolus Looss，1899）（R B M）（Lecithodendriidae，Phaneropsolinae）

Prionosoma Dietz，1909（B）（Echinostomatidae，Echinostomatinae）

Prionosomoides Freitas et Dobbin，1967（R）（Echinostomatidae，Echinostomatinae）

Pristitrema Cable，1952（Syn. of *Skrjabinopsolus*）（Acanthocolpidae，Deroprisliinae）

Proacetabulorchiinae Odening，1964（B）（Dicrocoeliidae）

Proacetabulorchis Gogate，1940（B）（Dicroliidae，Proacetabulorchiinae）

Proalaria La Rue，1926（Syn. of *Diplostomum*）（B）（Diplostomidae，Diplostominae，Diplostomini）

Proalarioides Yamaguti，1935（R）（Proterodiplostomidae，Proalarioidinae）

Proalarioidinae Yamaguti，1971（R）（Proterodiplostomidae）

Probolitrema Looss，1902（Gorgoderidae，Probolitrematinae）

Probolitrematinac Yamaguti，1958（F）（Gorgoderidae）

Probocoryphe Otagaki，1958（B）（Microphallidae，Maritrematinae）

Procaudotestis Szidat，1954（F）（Opecoelidae，Plagioporinae）

Procerovum Onji et Nishio，1916（B M）（Heterophyidae，Haplorchiinae）

Procrassiphiala Verma，1936（B）（Diplostomidae，Diplostominae，Diplostomini）

Procreadium Mehra，1962（Syn. of *Polylekithum*）（F）（Allocreadiidae，Allocreadiinae）

Proctobium Travassos，1918（B）（Syn. of *Parorchis*）（Philophthalmidae，Parorchiinae）

Proctocaecum Baugh，1957（Syn. of Acanthostoma）（F）（Acanthostomidae，Acanthostominae）

Proctoeces Odhner，1911（Fellodistomidae，Proctoecinae）

Proctoecinae Skrjabin et Koval，1957（F）（Fellodistomidae）

Proctophantastes Odhner，1911（F）（Zoogonidae，Steganodermatinae）

Proctotrema Odhner，1911（F）（Monorchiidae，Lasiotocinae）

Proctotrematoides Yamaguti，1938（F）（Monorchiidae，Lasiotocinae）

Procyotrema Harkema et Miller，1959（M）（Diplostomidae，Procystrematinae）

Procyotrematinae Yamaguti，1971（M）（Diplostomidae）

Prodiplostomum Ciurea，1933（Syn. of *Telodelphys*）（B）（Diplostomidae，Diplostominae，Diplostomini）

Prodistomum Linton，1910（Syn. of *Opechona*）（F）（Lepocreadiidae，Lepocreadiinae）

Proechinocephalus Srivastava，1958（Syn. of *Parallelotestis*）（B）（Echinostomatidae，Echinostomatinae）

Proenenterum Manter，1954（F）（Opecoelidae，Opecoelinae）

Profumdiella A. S. Skrjabin，1959（F）（Botulidae）

Progonimodiscinae Yamaguti，1971（A）（Paramphistomidae）

Progonimodiscus Vercamen-Grandjean，1960（A）（Paramphistomidae，Pregonimodiscinae）

Progonus Looss，1902 Preoccupied（Syn. of *Genarchopsis*）（Hemiuridae. Halipeginae）

Prohemistominae Lulz，1935（R B M）（Cyathocotylidae）

Prohemistomum Odhner，1913（R B M）（Cyathocotylidae，Prohemistominae）

Prohyptiasmus Witenberg，1923（B）（Cyclocoelidae，Cyclocoelinae）

Prolateroporus Yamaguti，1971（F）（Fellodistomidae，Discogasteroidinae）

Prolecitha Manter，1961（F）（Hemiuridae，Prolecithinae）

Prolecithinac Yamaguti，1971（F）（Hemiuridae）

Prolecithochirium Yarnaguti，1970（F）（Hemiuridae，Lecithochiriinae）

Prolecithodiplostomum Dubois，1936（R）（Proterodiplostomidae，Crocodilicolinae）

Prolobodiplostomum Baer，1959（B）（Diplostomidae，Diplostominae，Diplostomini）

Promptenovinae Yamaguti，1971（B）（Cyclocoelidae.）

Promptenovum Witenberg，1923（B）（Cyclocoelidae，Promptenovinae）

Proneochasmus Szidat，1954（Syn. of *Parspina*）（Cryptogonimidae，Neochasminae）

Pronocephalidae（Looss，1899）Looss，1902（F R B）

Pronocephalinae Looss，1899（F R）（Pronocephalidae）

Pronocephalus Looss，1899（R）（Pronocephalidae，Pronocephalinae）

Pronoprymna Poche，1926（Syn. of *Pronopyge*）（F）（Hemiuridae，Liopyginae）

Pronopyge Looss，1899（R）（Hemiuridae，Liopyginae）

Proparorchiidae Ward，1921（Syn. of Spirorchiidae）（R）

Proparorchis Ward，1921（Syn. of *Spirorchis*）（R）（Spirorchiidae，Spirorchiinae，Spirorchiini）

Propycnadenoides Fischthal et Kuntz，1964（F）（Opistholebetidae，Pycnadenoidinae）

Proschistosoma Gretillat，1962（M）（Schistosomatidae，Schistosomatinae）

Proshystera Korkhaus，1930（Syn. of *Tanaisia*）（Eucotylidae，Tanaisiinae）

Prosogonariinae Mehra，1963（F）（Monodhelminthidae）

Prosogonarium Yamaguti，1952（F）（Monodhelminthidae）（Prosogonariinae）

Prosogonotrema Perez Vigueras，1940（F）（Prosogonotrematidae）

Prosogonotrematidae Perez Vigueras，1940（F）

Prosolecithinae Yamaguti，1971（M）（Dicrocoeliidae）

Prosolecithus Yamaguti，1971（M）（Dicrocoeliidae，Prosolecithinae）

Prosorchiinae Yamaguti，1934（F）（Hemiuridae）

Prosorchiopsis（Dollfus，1948）Skrjabin et Guschanskaja，1954（F）（Hemiuridae，Prosorchiinae）

Prosorchis Yamaguti，1934（F）（Hmiuridae，Prosorchiinae）

Prosorhynchinae Nicoll，1914（F A）（Bucephalidae）

Prosorhynchoides Dollfus，1929（FA）（Syn. of *Bucephalopsis*）（Bucephalidae，Prosorhynchinae）

Prosorhynchus Odhner，1905（F）（Bucephalidae，Prosorhynchinae）

Prosorhynchus Odhner，1905（F）（Subgenus of Prosorhynchus）（Bucephalidae，Prosorhynchinae）

Prosostephaninae Szidat，1936（R M）（Cyathocotylidae）

Prosostephanus Lutz，1935（M）（Cyathocotylidae，Prosostephaninae）

Prosotocinae Yamaguti，1958（A R M）（Lecithodendriidae）

Prosotocus Looss，1899（A R M）（Lecithodendriidae，Prosotocinae）

Prosterrhurus Fischthal et Kuntz，1963（Syn. of *Ectenurus*）（F）（Hemiuridae，Dinurinae）

Prosthenhystera Travassos，1922（F）（Callodistomidae，Callodistominae）

Proethodendriinae Yamaguti，1958（R B M）（Lecithodendriidae）

Prosthodendrium Dollfus，1931（R M）（Lecithodendriidae，Prosthodendriinae）

Prosthodendrium Dollfus，1931（M）（Subgenus of Prosthodendrium）（Lecithodendriidae，Prosthodendriinae）

Prosthogonimidae（Luhe，1909）Lahille，1922（B M）

Prosthogonimoides Yamaguti，1971（B）（Subgenus of Prosthogonimus）（Prosthogonimidae）

Prosthogonimus Luhe，1899（B）（Prosthogonimidae）

Prosthogonimus Luhe，1899（B）（Subgenus of Prosthogonimus）（Prosthogonimidae）

Prosthopycoides Martin，1966（A）（Lecithodendriidae，Prosthopycoidinae）

Prosthopycoidinae Yamaguti，1971（A）（Lecithodendriidae）

Prostrigea Bisseru，1956（R）（Neostrigeidae）

Protechinostoma Beaver，1943（B）（Echinostomatidae，Echinostomatinae）

Protenes（Barket et Covey，1911）Ward，1918（R）（Telorchiidae，Telorchiinae）

Protenteron Stafford，1904（Syn. of *Cryptogonimus*）（F）（Cryptogonimidae，Cryptogoniminae）

Proterodiplostomidae Dubois，1936（R）

Proterodiplostominae Dubois，1936（R）（Proterodiplostomidae）

Proterodiplostomum Dubois，1936（R）（Proterodiplostomidae，Proterodiplostominae）

Proterometra Horsfall，1933（F）（Azygiidae，Proterometrinae）

Proterometrinae Yamaguti，1958（F）（Azygiidae）

Protocladorchis Willey，1935（F）（Paramphistomidae，Dadaytrematinae）

Pretofasciola Odhner，1926（M）（Fasciolidae，Fasciolopsinae）

Protofasciolinae Skrjabin，1948（M）（Fasciolidae）

Prototransversotrma Angel，1969（F）（Transversotrematidae）

Prudhoella Beves1ey-Burton，1960（M）（Diplostomidae，Diplostominae，Diplostomini）

Prymnoprion Looss，1899（Syn. of *Prosthogonimus*）（B）（Prosthogonimidae）

Psettariinae Yamaguti，1958（F）（Sanguinicolidae）

Psettarium Goto et Ozaki，1930（F）（Sanguinicolidae，Psettariinae）

Pseudacaenodera Yamaguti，1965（F）（Acanthocolpidae，Acanthocolpinae）

Pseudaephnidiogenes Yamaguti，1971（F）（Lepocreadiidae，Lepocreadiinae）

Pseudallassostomoides Yamaguti，1971（R）（Paramphistomidae，Schizamphistominae）

Pseudascocotyle Sogandares-Bernal et Bridgman，1960（M）（Heterophyidae，Phagicolinae）

Pseudathesmia Travassos，1942（M）（Dicrocoeliidae，Dicrocoeliinae，Athesmiini）

Pseudazygia Yamaguti，1971（F）（Subgenus of Azygia）（Azygiidae，Azygiinae）

Pseudallassostoma Yamaguti，1958（R）（Paramphistomidae，Schizamphistominae）

Pseudamphimerinae Skrjabin et Petrov，1950（B）（Opisthorchiidae）

Pseudamphimerus Gewer，1940（B）（Opisthorohiidae，Pseudamphimerinae）

Pseudamphistominae Yamaguti，1958（M）（Opisthorchiidae）

Pseudamphistomum Luhe，1908（M）（Opisthorchiidae，Pseudamphistominae）

Paeudechinostomum Odhner，1910（B）（Echinostomatidae，Echinostomatinae）

Pseudechinostomum Shchupakov，1936，nec Odhner，1911（Syn. of *Stephanoprora*）（R B M）（Echinostomatidae，Echinochasminae）

Pseudexorchiinae Yamaguti，1958（F）（Cryptogonimidae）

Pseudexorchis Yamaguti，1938（F）（Cryptogonimidae，Pseudexorchiinae）

Pseudhyptiasmus（Dollfus，1948）（Syn. of *Marishitium*）（B）（Cyclocoelidae，Cycloeoelinae）

Pseudoacanthostominae Yamaguti，1958（F）（Acanthostomidae）

Pseudoacanthostomum Caballero，Bravo，Hollis et Grocott，1953（F）（Acanthostomidae，Pseudoacanth ostomine）

Pseudoallocreadium Yamaguti，1971（F）（Allocreadiidae，Allocreadiinae）

Pseudoartyfechinostomum Bhardwaj，1963（Syn. of *Testisacculus*）（R M）（Echinostomatidae，Echinostomatinae）

Pseudobacciger Nahhas et Cable，1964）（F）（Fellodistomidae，Baccigerinae）

Pseudobarisomum Siddiqi et Cable，1960（F）（Pronocephalidae，Pronocephalinae.）

Pseudobilharziella Ejsmont，1929（B）（Schistosomatidae，Bilharziellinae）

Pseudobucephalopsis Long et Lee，1964（F）（Bucephalidac，Prosorhynchinae.）

Pseudobunocotyla Yamaguti，1965（F）（Hemiuridae，Bunocotylinae）

Pseudocarneophallus Yamaguti，1971（F）（Microphallidae，Microphallinae）

Pseudocercocotyla Yamaguti，1971（B）（Diplostomidae，Diplostominae，Crassiphialini）

Pseudochetosoma（Dollfus，1951）Dollfus，1952（F）（Zoogonidae，Steganodermatinae）

Pseudochiorchiinae Yamaguti，1958（A）（Paramphistomidae）

Pseudochiorchis Yamaguti，1958（A）（Paramphistomidae，Pseudochiorchiinae）

Pseudocladorchiinae（Nasmark，1937）Yamaguti，1971 spelling emend（F）（Paramphistomidae）

Pseudocladorchis Daday，1906（F）（Paramphistomidae，Pseudocladorchiinae）

Pseudocleptodiscus Caballero，1961（R）（Paramphistomidae，Dadaytrematinae）

Pseudocolocyntotrema Yamaguti，1970（F）（Didymozoidae，Pseudocolocyntetrematinae）

Pseudocolocyntotrematinae Yamaguti，1970（F）（Didymozoidae）

Pseudocreadium Layman，1930（F）（Lepocreadiidae，Lepocreadiinae）

Pseudocrocodilicola Byrd et Reiber，1942（R）（Proterodiplostomidae，Crocodilicolinae）

Pseudocryptogonimus Yamaguti，1958（F）（Cryptogonimidae，Cryptogoniminae）

Pseudocryptotropa Yamaguti，1958（B M）（Lecithodendriidae，Odeningotrematinae）

Pseudodichadena Yamaguti，. 1971（F）（Hemiuridae，Lecithasterinae）

Pseudodinosoma Yamaguti，1970（F）（Hemiuridae，Hemiurinae）

Pseudodiplangus Yamaguti，1971（Diplangidae）

Pseudodiplodiscus Manter，1962（F）（Paramphistomidae，Diplodiscinae）

Pseudodiplostomum Yamaguti，1934（B）（Diplostomidae，Diplostominae，Crassiphialini）

Pseudodiscinae Nasmark，1937（M）（Paramphistomidae）

Pseudodiscogasteroides Gupta，1955（F）（Fellodistomidae，Discogasteroidinae）

Pseudodiscus Sonsino，1895（F）（Paramphistomidae，Pseudodiscinae）

Pseudodolichoenterum Yamaguti，1971（F）（Bucephalidae，Dolichoenterinae）

Pseudoechinochasmus Verma，1936（B）（Echinostomatidae，Echinostomatinae）

Pseudogalactosoma Yamaguti，1942（B）（Heterophyidae，Galactosominae）

Pseudogenarchopsis Yamaguti，1971（R）（Hemiuridae，Halipeginae）

Pseudoglossodiplostomum Dubois，1945（Diplostomidae，Diplostominae，Diplostomini）

Pseudoglyptoporus Yamaguti，1971（M）（Subgenus of *Glyptoporus*）（Lecithodendriidae，Gyrabascinae）

Pseudohapladena Yamaguti，1952（F）（Waretrematidae，Waretrematinae）

Pseudohaplorchis Yamaguti，1954 nec Dayal（F）（Syn. of *Tubanguia*）（Cryptogonimidae，Tubanguiinae）

Pseudohaplorchis Dayal，1949 nec Yamaguti，1954（Syn. of *Haplorchoides*）（F）（Cryptogonimidae，Tubanguiinae）

Pseudohemistominae Szidat，1936（B）（Cyathocotylidae）

Pseudohemistomum Szidat，1936（B）（Cyathocotylidae，Pseudohemistominae）

Pseudoheterolebees Yamaguti，1959 emend（F）（Opistholebetidae，Hetelolebetinae）

Pseudoheterophyes Yamaguti，1939（Syn. of *Heterophyopsis*）（B M）（Heterophyidae，Heterophyinae）

Pseudoholorchis Yamaguti，1958（F）（Lepocreadiidae，Lepocreadiinae）

Pseudohurleytrema Yamaguti，1954（F）（Monorchiidae，Lasiotocinae）

Pseudolaterotrema Yamaguti，1939（F）（Subgenus of Laterotrema）（Laterotrematidae，Laterotrematinae）

Pseudolepidapedinae Yamaguti，1971（F）（Lepocreadiidae）

Pseudolepidapedon Yamaguti，1938（F）（Lepocreadiidae，Pseudolepidapediinae）

Pseudoleucochloridium Pojmanska，1959（M）（Subgenus of Panopistus）（Brachylaimidae，Panopistinae）

Pseudolevinseniella Tsai，1955（B）（Microphallidae，Maritrematinae）

Pseudollacanthochasmus Velasquez，1961（F）（Acanthostomidae，Pseudoacanthostominae）

Pseudomaritrema Bblopol' skaja，1952（B M）（Microphallidae，Maritrematinae）

Pseudomegalophallus Yamaguti，1971（F）（Microphallidae，Microphallinae）

Pseudometadena Yamaguti，1952（F）（Cryptogonimidae，Pseudometadeninae）

Pseudometadeninae Yamaguti，1958（F）（Cryptogonimidae）

Pseudoneodiplostomoides（Yamaguti，1954）Status emend（R）（Proterodiplostomidae，Proterodiplostominae）

Pseudoneodiplostomum Dubois，1936（R）（Proterodiplostomidae，Proterodiplostominae）

Pseudopalaeorchiinae Yamaguti，1971（F）（Monorchiidae）

Pseudopalaeorchis Kamegai，1970（F）（Monorchiidae，Pseudopalaeorchiinae）

Pseudoparabaris Yamaguti，1958（F）（Angiodictyidae，Denticaudinae）

Pseudoparamphistoma Yamaguti，1958（M）（Paramphistomidae，Orthocoeliinae）

Pseudoparvumcreadium Caballero，1957（Syn. of *Lepocreadium*）（F）（Lepocreadiidae，Lepocreadiinae）

Pseudopecoelina Yamaguti，1942（F）（Opecoelidae，Opecoelinae）

Pseudopecoeloides Yamaguti，1940（F）（Opecoelidae，Opecoelinae）

Pseudopecoelus Von Wicklen，1946（F）（Opecoelidae，Opeooelinae）

Pseudopentagramma Yamaguti，1971 pro（F）Pentagramma Chulkova，1939 Preoccupied（Fellodistomidae，Baccigerinae）

Pseudopisthodiscus Yamaguti，1958（A）（Paramphistomidae，Diplodiscinae）

Pseudopisthogonoporus Yamaguti，1970（F）（Lepocreadiidae，Opisthogonoporinae）

Pseudoplagioporus Yamaguti，1938（F）（Opecoelidae，Splaerostomatinae）

Pseudoplagiorchis Yamaguti，1971（B）（Subgenus of Plagiorchis）（Plagiorchiidae，Plagiorchiinae）

Pseudoproctotrema Yamaguti，1942（F）（Monorchiidae，Pseudoproctotrematinae）

Pseudoproctotrematinae Yamaguti，1958（F）（Monorchiidae）

Pseudoprosorhynchus Yamaguti，1938（F）（Bucephalidae，Neidhartiinae）

Pseudopsilosoma Yamaguti，1958（B）（Psilostomidae，Psilostominae）

Pseudopygidiopsis Yamaguti，1971（B）（Heterophyidae，Pygidiopsinae）

Pseudorenifer Price，1935（Syn. of *Ochetosoma*）（R）（Plagiorchiidae，Styphlodorinae，Ochetosomatini）

Pseudorhipidocotyle Long et Lee，1964（F）（Bucephalidae，Bucephalinae）

Pseudoschikhobalotrema Yamaguti，1971（F）（Haplosplanchnidae，Pseudoschikhobalotrematinae）

Pseudoschikhobalotrematinae Yamaguti，1971（F）（Haplosplanchnidae）

Pseudosellacotyla Yamaguti，1954（F）（Microphallidae，Pseudosellacotylinae）

Pseudosellacotylinae Yarnaguti，1958（F）（Microphallidae）

Pseudosiphoderoides Yamaguti，1958（F）（Cryptogonimidae，Cryptogoniminae）

Pseudosonsinotrema Dollfus，1951（A R）（Lecithodendriidae，Pleurogeninae）

Pseudospelotrematoides（Yamaguti，1939）Baer，1944（B）（Microphallidae，Maritrematinae）

Pseudosteringophorus Yamaguti，1940（F）（Fellodistomidae，Fellodistominae）

Pseudostomachicola Skrjabin et Guschanskaja，1954 Partim（Syn. of *Allostomachicola*）（Hemiuridae，Stomachicolinae）

Pseudostomachicola Skrj. et Gusch.，1954 Partim（Syn. of *Stomachicola*）（Hemiuridae，Stomachicolinae）

Pseudostrigea Yamaguti，1933（B）（Strigeidae，Strigeinae，Cotylurini）

Pseudotroglotrema Yamaguti，1971（M）（Nanophyetidae，Nanophyetinae）

Pseudozoogonoides Zhukov，1957（F）（Zoogonidae，Diphtherostominae）

Pseudororchis Yamaguti，1971（F）（Allocreadiidae，Urorchiinae）

Psilocollaris Singh，1954（B）（Psilostomidae，Psilostominae）

Psilolecithum Oshmarin，1964（B）（Psilostomidae，Psilostominae）

Psilorchis Thapar et Lal，1935（B）（Psilostomidae，Psilostominae）

Psilostomidae Looss，1900（R B M）

Psilostominae Looss，1900（B M）（Psilostomidae）

Psilostomum Looss，1899（B M）（Psilostomidae，Psilostominae）

Psilotornus Byrd et Piestwood，1969（B）（Psilostomidae，Apopharynginae）

Psilotrema Odhner，1913（B M）（Psilostomidae，Psilostominae）

Psilotrematoides Yamaguti，1958（M）（Psilostomidae，Psilostominae）

Pterygotomaschalos Stunkard，1903（Syn. of *Auridistomum*）（R）（Auridistomidae.）

Ptyalincola Woothon et Murrell，1967（M）（Brachylaimidae，Leucochloridiomorphinae）

Ptyasiorchis Mehra，1937（Syn. of *Allopharynx*）（R）（Plagiorchiidae，Astiotrematinae）

Ptychogonimidae Yamaguti，1954（Syn. of Pychogonimidae Dollfus，1937）（F）

Ptychogonimidae Dollfus，1937（F）

Ptychogonimus Luhe，1900（F）（Ptychogonimidae）

Pulchrosoma Travassos，1916（B）（Cathaemasiidae，Cathaemasiinae）

Pulmonicola Poche，1926（M）（Opisthotrematidae，Opisthotrematinae）

Pulmoverminae Sandars，1961（R）（Hemiuridae）

Pulmovermis Coil et Kuntz，1960（R）（Hemiuridae，Pulmoverminae）

Pulvinifer Yamaguti，1933（B）（Diplostomidae，Pulviniferinae）

Pulviniferinae Yamaguti，1971（B）（Diplostomidae）

Pycnadena Linton，1911（F）（Opistholebetidae，Pycnadeninae）

Pycnadeninae Yamaguti，1971（F）（Opistholebetidae）

Pycnadenoides Yamaguti，1938（F）（Opistholebetidae，Pycnadenoidinae）

Pycnadenoidinae Yamaguti，1971（F）（Opistholebetidae）

Pycnoporinae Yamaguti，1958（M）（Lecithodendriidae）

Pycnoporus Looss，1899（M）（Lecithodendriidae，Pycnoporinae）

Pycnoporus Loose，1899（Subgenus of Pycnoporus）（M）（Lecithodendriidae，Pycnoporinae）

Pyelosomum Looss，1899（R）（Pronocephalidae，Pronocephalinae）

Pygidiopsinae Yamaguti，1958（B M）（Heterophyidae）

Pygidiopsis Looss，1907（B M）（Heterophyidae，Pygidiopsinae）

Pygidiopsoides Martin，1951（B M）（Heterophyidae，Haplorchiinae）

Pygorchis Loose，1899（B）（Philophthalmidae，philophthalminae）

Quadrifoliovariinae Yamaguti，1965（F）（Hemiuridae）

Quadrifoliovarium Yamaguti，1965（F）（Hemiuridae，Quadrifoliovariinae）

Quasichiorchis Skrjabin，1949（R）（Paramphistomidae，Schizamphistominae）

Quinqueserialis（Skvortsov，1935）Harwood，1939（M）（Notocotylidae，Notocotylinae）

Rallitrema Travassos et Kohn，1964（Subgenus of Brachylaima）（B M）（Brachylaimidae，Brachylaiminae）

Ratzia Poche，1926（A R）（Opisthorchiidae，Ratziinae）

Ratziinae（Dollfus，1929）Price，1940（A R）（Opisthorchiidae）

Ratzinae Dollfus，1929（Syn. of Ratziinae）（A R）（Opisthorchiidae）

Rauschiella Babero，1951（A）（Macroderoididae，Haplometrinae）

Reesella Mettrick，1956（Cathaemasiidae，Reesellinae）

Reesellinae Mettrick，1963（B）（Cathaemasiidae）

Renicola Cohn，1904（B）（Renicolidae）

Renicolidae Dollfus，1939（B）

Renifer Pratt，1902（Syn. of *Ochetosoma*）（Plagiorchiidae，Styphlodorinae，Ochetosomatini）

Reniferinae Pratt，1902（Syn，of Styphlodorinae）（A R）（Plagiorchiidae）

Reniforminae Yamaguti，1970（F）（Didymozoidae）

Renigonius Mehra，1939（R）（Pronocephalidae，Pronocephalinae）

Renoforma Yamaguti，1970（F）（Didymozoidae，Reniforminae）

Renschetrema Rohde，1964（M）（Microphallidae，Renschetrematinae）

Renschetrematinae Yamaguti，1971（M）（Microphallidae）（Glythelminthinae）

Reptiliotrema Bashkirova，1947（Syn. of *Tertisacculus*）（R M）（Echinostomatidae，Echinostomatinae）

Retevitellus Cable，Connor et Balling，1960 emend（B）（Heterophyidae，Galactosominae）

Retortosacculus Yamaguti，1958（M）（Lecithodendriidae，Gyrabascinae）

Reynoldstrema Cheng，1959（Syn. of *Plagiorchis*）（A R B）（Plagiorchiidae，Plagiorchiinae）

Rhabdiopoeidae Poche，1926（M）

Rhabdiopoeinae（Poche，1926）Yamaguti，1958（M）（Rhabdiopoeidae）

Rhabdiopoeus Johnstom，1913（M）（Rhabdiopoeidae，Rhabdiopoeinae）

Rhagorchinae Mehra，1962（Syn. of Folliorchiinae）（F）（Lepocreadiidae）

Rhagorchis Manter，1931（F）（Lepocreadiidae，Folliorchiinae）

Rhipidocotyle Diesing，1858（F）（Bucephalidae，Bucephalinae）

Rhipidocotyloides Long et Lee，1964（F）（Bucephalidae，Bucephalinae）

Rhopaliadae Looss，1899（Syn. of Rhopaliidae）（M）

Rhopalias Stiles et Hassall，1898（M）（Rhopaliidae）

Rhopaliasidae Yamaguti，1958（Syn. of Rhopaliidae）（M）

Rhopaliidae（Looss，1899）Viana，1924（M）

Rhopalophorus Diesing，1850 Preoccupied（Syn. of *Rhopalias*）（M）（Rhopaliidae）

Rhyllotrema Yamaguti，1934（F）（Lepocreadiidae，Phyllotrematinae）

Rhynchocreadium Srivastava，1962（F）（Subgenus of Stegodexamene）（Lepocreadiidae，Stegodexameninae）

Rhynchopharynginae Yamaguti，1958（F）（Accacoeliidae）

Rhynchopharynx Odhner，1928（F）（Accacoeliidae，Rhynchopharynginae）

Rhynchotrema Thapar，1933（Syn. of *Coeuritrema*）（R）（SpirorChiidae，Coeuritrematinae）

Rhytidodes Looss，1901（R）（Rhytidodidae）

Rhytidodidae Odhner，1926（R）

Rhytidodoides Price，1939（R）（Rhytidodidae）

Ribeiroia Travassos，1939（B M）（Cathaemasiidae，Ribeiroiinae）

Ribeiroiinae Travassos，1951（B M）（Cathaemasiidae）

Robphildollfusium Paggi et Orecchia，1963（F）（Lepocreadiidae，Petalocotylinae）

Rossicotrema Skrjabin et Lindtrop，1919（Syn. of *Apophallus*）（Heterophyidae，Apophallinae）

Rubenstrema（Dollfus，1949）Status emend（M）（Omphalometridae，Omphalometrinae）

Rudolphiella Travassos，1924 Preoccupied（Syn. of *Rudolphitrema*）（A）（Omphalometridae，Omphalometrinae）

Rudolphitrema Travassos，1926（A）（Omphalometridae，Omphalometrinae）

Ruicephalus Skrjabin，1955（R）（Pronocephalidae，Pronocephalinae）

Rutschurutrema Baer，1959（Syn. of *Neoglyphe*）（M）（Omphelometridae，Omphalometrinae）

Saakotrema Skrjabin et Bashkirova，1956（B）（Echinostomatidae，Saakotrematinae）

Saakotrematinae（Odening，1962）Status emend（B）（Echinostomatidae）

Saccocoelioides Szidat，1954（F）（Haploporidae，Haploporinae）

Saccocoelium Looss，1902（F）（Haploporidae，Haploporinae）

Sandonia McClelland，1957（F）（Paramphistomidae，Dadaytrematinae）

Sanguinicola Plehn，1905（F）（Sanguinicolidae，Sanguinicolinae）

Sanguinicolidae Von Graff，1907（F）

Sanguinicolinae（Graff，1907）Yamaguti，1958（F）（Sanguinicolidae）

Saphedera Looss，1902（Syn. of *Macrodera*）（R）（Macroderidae，Macroderinae）

Sarumitrema Beverley-Burton，1963（R）（Omphalometridae，Omphalametrinae）

Saturnius Manter，1969（F）（Hemiuridae，Bunocotylinae）

Scapanosoma Luhe，1909（Syn. of *Sodalis*）（B）（Echinostomatidae，Solalinae）

Scaphanocephalinae Yamaguti，1958（B）（Heterophyidae）

Scaphanocephalus Jagerskiold，1903（B）（Heterophyidae，Scaphanocephalinae）

Scaphiostominae Yamaguti，1958（B M）（Brachylaimidae）

Scaphiostomum Braun，1901（B M）（Brachylaimidae，Scaphiostominae）

Schikhobalotrema Skrjabin et Guschanskaza 1955（F）（Haplosplanchnidae，Schikhobalotrematinae）

Schikhobalotrematinae Skrjabin et Guschanskaza，1955（F）（Haplosplanchnidae）

Schistogonimus Luhe，1909（Prosthogonimidae）

Schistorchiidae Yamaguti，1942（F）

Schistorchis Luhe，1908（F）（Schistorchiidae）

Schistorchis Luhe，1906（F）（Subgenus of Schistorchis）（Schistorchiidae）

Schistosoma Weinland，1858（M）（Schistosomatidae，Schietosomatinae）

Schistosomatidae（Stiles et Hassall，1898）Poche，1907（B M）

Schistosomatinae Stiles et Hassall，1898（B M）（Schistosomatidae）

Schistosomatium Tanabe，1923（M）（Schistosomatidae，Schistosomatinae）

Schizamphistominae Looss，1912（A R）（Paramphistomidae）

Schizamphistomoides Stunkard，1925（R）（Paramphistomidae，Schizamphistominae）

Schizamphistomum Looss，1912（R）（Paramphistomidae，Schizamphistominae）

Schwartziella Perez Vigueras，1940 Preoccupied（B）（Syn. of *Schwartzitrema*）（Strigeidae，Strigeinae，Cotylurini）

Schwartzitrema Peraz Vigueras，1941（B）（Strigeidae，Strigeinae，Cotylurini）

Sclerodistomidae（Odhner，1927）Yamaguti，1958（M）

Sclerodistomum Looss，1912（F）（Sclerodistomidae）

Scolopacitrema Sudarikov et Ruikovsky，1959（B）（Diplostomidae，Diplostominae，Crassiphialini）

Scorpidicola Montgomers，1957 (F) (Waretrematidae，Scorpidicolinae)

Scorpidicolinae Yamaguti，1971 (F) (Waretrematidae)

Selachohemecus Short，1954 (F) (Sanguinicolidae，Cardicolinae)

Sellacotyle Wallace，1934 (M) (Nanophyetidae，Sellacotylinae)

Sellacotylinae Yamaguti，1958 (M) (Nanophyetidae)

Sellsitrema Yamaguti，1958 (M) (Subgenus of Nilocotyle) (Paramphistomidae，Orthocoelinae)

Separogermiductus Skrjabin et Guschanskaja，1955 (F R) (Syn. of *Sterrhurus*) (Hemiuridae，Sterrhurinae)

Serpentinotrema Travassos et Kohn，1964 (Subgenus of Glaphyrostomum) (M) (Brachylaimidae，Brachylaim- inae)

Serpentostephanus Sudarikov，1962 (R) (Cyathocotylidae，Prosostephaninae)

Sharmaia Yamaguti，1958 (B) (Psilostomidae，Psilostominae)

Sicuotrema Yamaguti，1970 (F) (Didymozoidae，Sicuotrematinae)

Sicuotrematinae Yamaguti，1970 (F) (Didymozoidae)

Sigmapera Nicoll，1918 (R) (Omphalometridae，Omphalometrinae)

Singhia Yamaguti，1958 (F) (Echinostomatidae，Singhiinae)

Singhiatrema Sinha，1954 (R) (Echinostomatidae，Singhiatrematinae)

Singhiatrematinae (Sinha，1962) Yamaguti，1971　Spelling emend (R) (Echinostomatidae)

Singhiinae Yamaguti，1958 (F) (Echinostomatidae)

Sinistroporus Stafford，1904 (Syn. *of Podocotyle*) (Opecoelidae，Plagioporinae)

Sinobiharzia Dutt. et Srivastava. 1955 (B) (Schistosomatidae，Bilharziellinae)

Siphodera Linton，1910 (F) (Cryptogonimidae，Siphoderinae)

Siphoderina Manter，1934 (Cryptogonimidae，Neochasminae)

Siphoderinae Manter，1934 (Cryptogonimidae)

Siphoderoides Manter，1940 (F) (Cryptogonimidae Cryptogoniminae)

Skrjabiniella Issaitschkow，1928 (Subgenus of Prosorhynchus) (F) (Bucephalidae，Prosorhynchinae)

Skrjabinocladorchiinae Yamaguti，1971 (M) (Paramphistomidae)

Skrjabinocladorchis Chertkova，1959 (M) (Paramphistomidae，Skrjabinocladorchiinae)

Skrjabinocoelum Kusashvili，1953 (B) (Cycolocoelidae，Cyclocoelinae)

Skrjabinodendrium Skarbilovich 1943 (M) (Lecithodendriidae，Prosthodendriinae)

Skrjabinoeces Sudarikov，1950 (Subgenus of Haematoloechus) (A) (Haematoloechidae)

Skrjabinolecithum Belous，1954 (Waretrematidae，Waretrematinae)

Skrjabinomerus Sobolev，Mashkov et Mashkov，1939 (M) (Omphalometridae，Omphalometrinae)

Skrjabinophora Bashkirova，1941 (B) (Echinostomatidae，Echinostomatinae)

Skrjabinoplagiorchis Petrov et Merkusheva，1963 (M) (Plagiorchiidae，Plagiorchiinae)

Skrjabinopsolus Ivanov，1935 (F) (Acanthocolpidae，Deroprisliinae)

Skrjabinosomum Evranova in Skrjabin，1944 (B) (Dicrocoeliidae，Dicrocoeliinae，Brchylecithini)

Skrjabinotrema Orlov，Ershov et Badanin 1934 (M) (Hasstilesiidae)

Skrjabinovermiinae Yamaguti，1958 (Syn，of Skrjabinoverminae) (Philophthalmidae)

Skrjabinoveminae (Yamaguti，1958) Yamaguti，1971 (B) (Philophthalmidae)

Skrjabinovermis Belopol'skaja，1954 (Philophthalmidae，Skrjabinoverminae)

Skrjabinozoinae Yamaguti，1971 (F) (Didymozoidae)

Skrjabinozoum Nikolaeva et Parukhin，1969 (F) (Didymozoidae，Skrjabinozoinae)

Skrjabinus (Bhalerao，1936) Shtrom，1940 (B) (Dicrocoeliidae，Dicrocoeliinae，Eurytrematini)

Sobolephya Morozov，1950 (B) (Heterophyidae，Stictodorinae)

Sobolevistoma Sudarikov，1950（B）（Syn. of *Stephanoprora*）（R B M）（Echinostomatidae，Echinochasminae）

Sodalinae Skrjabin et Shul'te，1937（B）（Echinostomatidae）

Sodalis Kowalewsky，1902（B）（Echinostomatidae，Sodalinae）

Solenorchiinae（Hilmy，1949）Yamaguti，1958（M）（Paramphistomidae）

Solenorchis Hilmy，1949（M）（Paramphistomidae，Solenorchiinae）

Sonkulitrema Ablasov et Chibichenko，1960（B）（Microphallidae，Gynaecotylinae）

Sonsinctrema Balozet et Callot，1938（Syn. of *Pleurogenoides*）（Lecithodendriidae，Pleurogeninae）

Sorexeglyphe（Sadovskaja，1954）Status emend（Omphalometridae，Omphalometrinae）

Soricitrema Bychovskaya-Pavlovskaya et al.，1970（Nephrotrematinae，Troglotrematidae）

Spaniometra Kossack，1911（Cyclocoelidae，Cyclocoelinae）

Spathidium Looss，1899（Syn. of *Phyllodistomum*）（F A）（Gorgoderidae，Phyllodistominae）

Spelophallus Jagerskiold，1908（B）（Microphallidae，Microphallinae）

Spelotrema Jagerskiold，1901（B M）（Microphallidae，Microphallinae）

Sphaeridiotrema Odhner，1913（B）（Psilostomidae，Sphaeridiotrematinae）

Sphaeridiotrematinae Yamaguti，1958（B）（Psilostomidae）

Sphaerostoma Rudolphi，1809（F）（Opecoelidae，Sphaerostomatinae）

Sphaerostomatinae Poche，1926（F）（Opecoelidae）

Sphairiotrema Deblock et Tran van Ky，1966（B）（Microphallidae，Maritrematinae）

Sphincteristomum Oshmarin，Monaev et Parukhin，1961（F）（Lepocreadiidae，Sphincterostomatinae）

Sphincterodiplostomum Dubois，1936（B）（Diplostomidae，Diplostominae，Diplostomini）

Sphincterostoma Yamaguti，1937（F）（Lepocreadiidae，Sphincterostomatinae）

Sphincterostomatinae（Yamaguti，1937）Yamaguti，1958 emend（F）（Lepocreadiidae）

Spiculotrema Belopol' skaja，1949（B）（Microphallidae，Microphallinae）

Spinometra Mehra，1931（R）（Macroderoididae，Macroderoidinae）

Spinoplagioporus Skrjabin et Koval，1958（F）（Opecoelidae，Plagioporinae）

Spirhapalini Yamaguti，1958（R）（Spirorchiidae，Spirorchiinae）（Tribe）

Spirhapalum Ejsmont，1927（R）（Spirorchiidae，Spirorchiinae，Spirhapalini）

Spiritestis Nagaty，1948（F）（Waretrematidae，Megasoleninae）

Spirorchiidae Stunkard，1921（R）

Spirorchiinae Stunkard，1921（R）（Spirorchiidae）

Spirorchiini（Stunkard，1921）Yamaguti，1958（R）（Spirorchiidae，Spirorchiinae）

Spirorchis MacCallum，1919（R）（Spirorchiidae，Spirorchiinae，Spirorchiini）

Srivastavatrema Singh，1962（B）（Laterotrematidae，Srivastavatrematinae）

Srivastavatrematinae（Singh，1962）Yamaguti，1971（B）（Laterotrematidae）

Staffordiella Mehra，1966（Syn. of *Hamacreadium*）（F）（Opecoelidae，Plagioporinae）

Stamnosoma Tanabe，1922（Syn. of *Centrocestus*）（B M）（Heterophyidae，Centrocestinae）

Staphylorchis Travassos，1922（F）（Gorgoderidae，Anaporrhutinae）

Steganoderma Stafford，1904（F'）（Zoogonidae，Steganodermatinae）

Steganodermatinae（Yamaguti，1934）Skrjabin，1957（F）（Zoogonidae）

Stegodexamena Macfarlane，1951（F）（Lepocreadiidae，Stegodexameninae）

Stegodexamena Macfarlana，1951（Subgenus of Stegodexamena）（F）（Lepocreadiidae，Stegodexameninae）

Stegodexameninae Mehra，1962（F）（Lepocreadiidae）

Stegopa Linton，1910（Syn. of *Metadena*）（F）（Cryptogonimidae，Metadeninae）

Stellantchasmus Onji et Nishio，1915（B M）（Heterophyidae，Metagoniminae）

Stenakrinae Yamaguti，1970（F）（Fellodistomidae）

Stenakron Stafford，1904（F）（Fellodistomidae，Stenakrinae）

Stenocollum Stafford，1904（Syn. of *Dihemistephanus*）（F）（Lepocreadiidae，Dihemistephaninae）

Stenopera Manter，1933（F）（Opecoelidae，Plagioporinae）

Stephanochasmus Looss，1900（Syn. of *Stephanostoma*）（Acanthocolpidae，Stephanostominae）

Stephanolecithinae（yamaguti，1958）Yamaguti，1971（M）（Troglotrematidae）

Stephanolecithus Nakagawa，1919（M）（Troglotrematidae，Stephanolecithinae）

Stephanopharynginae Stiles et Goldberger，1910（M）（Paramphistomidae）

Stephanopharynx Fischoeder，1901（M）（Paramphistomidae，Stephanopharynginae）

Stephanophiala Nicoll，1909（Syn. of *Crepidostomum*）（Allocreadiidae，Crepidostominae）

Stephanopirumus Onji et Nishio，1916（Syn. of *Centrocestus*）（B M）（Heterophyidae，Centrocestinae）

Stephanoprora Odhner，1902（R B M）（Echinostomatidae，Echinochasminae）

Stephanoproraoides Price，1934（M）（Psilostomidae，Stephanoproraoidinae）

Stephanoproraoidinae Skrjabin et Shul'ts，1937（M）（Psilostomidae）

Stephanostoma Danielsen，1880（F）（Acanthocolpidae，Stephanostominae）

Stephanostominae（Skrjabin，1954）Yamaguti，1958（F）（Acanthocolpidae）

Stephanostomoides Mamaev et Oshmarin，1966（F）（Acanthocolpidae，Stephanostominae）

Stephanostomum Looss，1899 nec.（Acanthocolpidae，Stephanostominae）

Steringophoridae Odhner，1911（F A）（Syn. of Fellodistomidae）

Steringophorinae Odhner，1911（F）（Syn. of Fellodistominae）（Fellodistomidae）

Steringophorus Odhner，1905（Syn，of Fellodistomum）（F）（Fellodistomidae，Fellodistominae）

Steringotrema Odhner，1911（F）（Fellodistomidae，Fellodistominae）

Sterrhurinae Looss，1907（F R）（Hemiuridae）

Sterrhurus Looss，1907（F R）（Hemiuridae，Sterrhurinae）

Stichalecitha Prudhoe，1949（R）（Plagiorchiidae，Sticholecithinae）

Sticholecithinae Freitas，1956（R）（Plagiorchiidae）

Stichorchiinae（Nasmark，1937）Yamaguti，1971（M）（Paramphistomidae）

Stichorchinae Nasmark，1937（Syn. of Stichorchiinae）（M）（Paramphistomidae）

Stichorchis（Fischoeder，1901）Looss，1902（Paramphistomidae，Stichorchiinae）

Stictodora Looss，1899（B M）（Heterophyidae，Stictodorinae）

Stictodora Looss，1899（Subgenus of Stictodora）（B）（Heterophyidae，Stictodorinae）

Stictodorinae（Poche，1926）Yamaguti，1958（B M）（Heterophyidae）

Stomachicola Yamaguti，1934（F）（Hemiuridae，Stomachicolinae）

Stomachicolinae Yamaguti，1958（F）（Hemiuridae）

Stomatrema Guberlet，1928（R）（Plagiorchiidae，Stomatrematinae）

Stomatrematinae Yamaguti，1958（R）（Plagiorchiidae）

Stomylotrema Looss，1900（B）（Stomylotrematidae）

Stomylotrematidae（Travassos，1922）Poche，1926（B）

Stomylus Looss，1899 Preoccupied.（Syn. of *Stomylotrema*）（B）（Stomylotrematidae）

Stossichium Witenberg，1928（Syn. of *Prohyptiasmus*）（B）（Cyclocoelidae，Cyclocoelinae）

Streptovitella Swales，1933（Syn. of *Martrema*）（B M）（Microphallidae，Maritrematinae）

Strigea Abildgaard，1790（B）（Strigeidae，Strigeinae，Strigeini）

Strigeidae Railliet，1919（B M）

Strigeinae Railliet，1919（B M）（Strigeidae）

Strigeini（Railliet，1919）Dubois，1936（B M）（Strigeidae，Strigeinae）

Stromitrema Skrjabin，1944（B）（Dicrocoeliidae，Stromitrematinae）

Stromitrematinae Yamaguti，1958（B）（Stromitrematinae，Dicrocoeliidae）

Stunkardia Bhalerao，1927（R）（Paramphistomidae，Zygocotylinae）

Styphlodora Looss，1899（R）（Plagiorchiidae，Styphlodorinae，Styphlodorini）

Styphlodorinae Dollfus，1937（A R）（Plagiorchiidae）

Styphlodorini Yamaguti，1971（R）（Plagiorchiidae，Styphlodorinae）

Styphlotrema Odhner，1910（R）（Plagiorchiidae，Styphlodorinae，Styphlotrematini）

Styphlotrematini Yamaguti，1971（A R）（Plagiorchiidae，Styphlodorinae）

Subuvulifer Dubois，1952（B）（Diplostomidae，Diplostominae，Crassiphialini）

Symmetrovesicula Yamaguti，1938（F）（Fellodistomidae，Symmetrovesiculinae）

Symmetrovesiculinae Yamaguti，1958（F）（Fellodistomidae）

Syncoeliidae（Loose，1899）Odhner，1927（F）

Syncoeliinae Loose，1899（F）（Syncoeliidae）

Syncoelium Loose，1899（F）（Syncoeliidae，Syncoeliinae）

Synechorchis Barker，1922（Syn. of *Diaschistorchis*）（R）（Pronocephalidae，Diaschistorchiinae）

Synthesiinae Yamaguti，1958（M）（Campulidae）

Synthesium Stunkard et Alvey，1930（M）（Campulidae，Synthesiinae）

Szidatia Dubois，1938（R）（Cyathocotylidae，Szidatiinae）

Szidatiella Yamaguti，1958 Preoccupied（Syn. of *Szidatitrema*）（B）（Cyclocoelidae，Cyclocoelinae）

Szidatiinae（Dubois，1938）Yamaguti，1971（R B）（Cyathocotylidae）

Szidatitrema Yamaguti，1971（B）（Cyclocoelidae，Cyclocoelinae）

Tagumaea Fukui，1926（Syn. of *pfenderius*）（M）（Paramphistomidae，Cladorchiinae）

Tamerlania Skrjabin，1924（B）（Subgenus of Tanaisia）（Eucotylidae，Taniasiinae）

Tanaisia Skrjabin，1924（B）（Eucotylidae，Tanasiinae）

Tanaisia Skrjabin，1924（B）（Subgenus of Tanaisia）（Eucotylidae，Taniasiinae）

Tanaisiinae Freitas，1951（B）（Eucotylidae）

Tandanicoiinae Johnston，1927（F）（Monodhelminthidae）

Tandanicola Johnston，1927（F）（Monodhelminthidae，Tendanicoiinae）

Tangiella Sudarikov，1962（M）（Cyathocotylidae，Prosostephaninae）

Tangiopsis Skrjabin et Guschanskaja，1955（F）（Hemiuridae，Halipeginae）

Taphrognimus Cohn，1904（B）（Heterophyidae，Pygidiopsinae）

Taprobanella Crusz et Fernand，1954（M）（Rhabdiopoeidae，Taprobanellinae）

Taprobanellinae Yamaguti，1958（M）（Rhabdiopoeidae）

Taxorchis（Fischoeder，1901）Stiles et Goldberger，1910（M）（Paramphistomidae，Cladorchiinae，Cladorchiini）

Telodelphys Diesing，1850（B）（Diplostomidae，Diplostominae，Diplostomini）

Telogaster MacFarlane，1945（F）（Acanthostomidae，Telogasterinae）

Telogasterinae Yamaguti，1958（F）（Acanthostomidae）

Telogonella Mehra et Negi，1928（Syn. of *Pleurogenes*）（Lecithodendriidae，Pleurogeninae）

Telolecithinae Yamaguti，1958（F）（Monorchiidae）

Telolecithus Lloy et Guberlet，1932（Monorchiidae，Lelolecithinae）

Teloporia Fukui，1933（Pronocephalidae，Pronocephalinae）

Teloporiinae Stunkard，1934（R）（Pronocephalidae）

Telorchiidae（Looss，1899）Stunkard，1924（A R）（Telorohiidae）

Telorchiinae Looss，1899（A R）（Telorchiidae）

Telorchis Luhe，1899（A R）（Telorchiidae Telorchiinae）

Telorhynchus Crowcroft，1947（F）（Bucephalidae，Bucephalinae）

Telotrema Ozaki，1933（Syn. of *Gyliauchen*）（F）（Gyliauchenidae，Gyliaucheninae）

Tenuifasciola Yamaguti，1971（M）（Fasciolidae，Fasciolinae）

Teratotrema Travassos，Artigas et Pereira，1928（F）（Callodistomidae，Teratotrematinae）

Teratotrematinae Yarnaguti，1958（F）（Callodistomidae）

Tergestia Stossich，1899（F）（Fellodistomidae，Tergestiinae）

Tergestiinae（Skrjabin et Koval，1957）Yamaguti，1958（F）（Fellodistomidae）

Tergestina Nagaty et Abdel - Aal，1964（F）（Fellodistomidae，Tergestiinae）

Testifrondosa Bhalerao，1924（M）（Psilostomidae，Psilostominae）

Testisacculus Bhalerao，1927（R M）（Echinostomatidae，Echinostomatinae）

Tetracladiidae（Yamaguti，1958）Cable，Connor et Balling，1960（B）

Tetracladiinae Yamaguti，1958（B）（Tetracladiidae）

Tetracladium Eulachkova，1954（B）（Tetracladiidae，Tetracladiinae）

Tetrapapillatrema Ralph，1938（Syn. of *Auridistomum*）（R）（Auridistomidae）

Tetraserialis Petrov et Chetkova，1953（M）（Notocotylidae，Notocotylinae）

Tetraster Oshmarin，1965（F）（Tetrasteridae）

Tetrasteridae（Oshmarin，1965）Yamaguti，1971（F）

Tetrochetus Looss，1912（F）（Accacoeliidae，Accacoeliinae）

Thapariella Srivastava，1955（Thapariellidae）

Thapariellidae Srivastava，1955（B）

Thaparotrema Dayal et Gupta，1954（F）（Opisthorchiidae，Opisthorchiinae）

Thaumatocotyle Odhner，1910 Preoccupied（R）（Syn. of *Braunotrema*）（Braunotrematidae）

Thecosome Moquin Tandon，1860（Syn. of *Schistosoma*）（Schistosomatidae，Schistosomatinae）

Theledera Linton 1910（F）（Syn. of *Tergestia*）（Fellodistomidae，Tergestiinae）

Theletrum Linton，1910（F）（Hemiuridae，Bunocotylinae）

Theriodiplostomum Dubois，1945（Syn. of *Fibricola*）（M）（Diplostomidae，Alariinae，Alariini）

Thysanopharynx Manter，1933（F）（Megaperidae）

Timonia Bartoli et Prevot，1966（F）（Monorchiidae，Lasiotocinae）

Timoniella Rebeeq，1960（F）（Acanthostomidae，Acanthostominae）

Tiplocystoides Yamaguti，1970（F）（Didymozoidae，Opepherotrematinae）

Tocotrema Looss，1899（Syn，of *Cryptocotyle*）（B M）（Heterophyidae，Cryptocotylinae）

Tormopsolus Poche，1926（F）（Acanthocolpidae，Acanthocolpinae）

Tracheophllus Skrjabin，1913（B）（Cyclocoelidae，Typhlocoelinae）

Transcoelum Witenberg，1923（B）（Cyclocoelidae，Cyclocoelinae）

Transversotrema Witenberg，1944（F）（Transversotrematidae）

Transversotrematidae（witenberg，1944）Yamaguti，1954

Transversotrematidae Le Zotte，1954（Syn. of Transversotrematidae）（F）

Travassodendrium Skarbilovich，1943（Syn. of *Prosthodendrium*）（Lecithodendriidae，Prosthodendriinae）

Travassosella Faust et Tang, 1938(Syn. of *Prosostephanus*)(Syn. of *Prosostephanus*)(M)(Cyathocotylidae, Prosostephaninae)

Travassosinia Vaz, 1932(F)(Paramphistomidae, Macrorchiinae)

Travassosstomum Bhalcrao, 1938(Syn. of *Proalarioides*)(Proterodiplostomidae, Proalarioidinae)

Travtrema Pereira, 1929(R)(Plagiorchiidae, Stomatrematinae)

Tremajoannes Saoud, 1964(M)(Lecithodendriidae, Gyrabascinae)

Trempoleipsis Baer, 1959(R)(Clinostomidae, Nephrocephalinae)

Tremarhynchinae Yamaguti, 1958(Syn. of Coeuritrematinae)(Spirorchiidae)

Tremarhynchus Thapar, 1933(Syn. of *Coeuritrema*)(R)(Spirorchiidae, Coeuritrematinae)

Trematichtys Vaz, 1932(Syn. of *Plagioporus*)(Opecoelidae, Plagioporinae)

Trematobrien Dollfus, 1950(F)(Lepocreadiidae, Trematobrieninae)

Trematobrieninae Dollfus, 1950(F)(Lepocreadiidac)

Tremiorchis Mehra et Negi, 1925(A R)(Brachycoeliidae, Brachycoeliinae)

Treptodemidae Yamaguti, 1971(F)

Treptodemus Manter, 1961(F)(Treptodemidae)

Tricharrhen Poche, 1926(F)(Didymozoidae, Koellikeriinae)

Trichobilharzia Skrjabin et Zakharow, 1920(B)(Schistosomatidae, Bilharziellinae)

Trichobilharzia of McMullen and Beaver, 1945 partim(Syn. of *Pseudobilharziella*)(Schistosomatidae, Bilharziellinae)

Tricotyledonia Fyfe, 1954(F)(Hemiuridae, Lecithochiriinae)

Trifoliovariinae Yamaguti, 1958(Hemiuridae)

Trifoliovarium Yamaguti, 1940(F)(Hemiuridae, Trifoliovariinae)

Trifolium Travassos, 1922(B)(Cathaemasiidae, Ribeiroiinae)

Triganodistomum Simer, 1929(F)(Monorchiidae, Asymphylodorinae)

Trigonocryptinae Yamaguti, 1971(F)(Fellodistomidae)

Trigonocryptus Martin, 1958(F)(Fellodistomidae, Trigonocryptinae)

Trigonotrema Goto et Ozaki, 1929(F)(Lepocreadiidae, Trigonotrematinae)

Trigonotrematinae Yamaguti, 1958(F)(Lepocreadiidae)

Triplostomum Lutz, 1928(Syn. of *Neodiplostomum*)(B)(Diplostomidae, Diplostominae, Diplostomini)

Tristriata Belopol'skaja in Skrjabin, 1953(B)(Notocotylidae, Notocotylinae)

Troglotrema Odhner, 1914(Troglotrematidae, Troglotrematinae)(M)

Troglotrematidae(Odhner, 1914)Ward, 1918

Troglotrematinae Baer, 1931(M)(Troglotrematidae)

Troglotreminae Odhner, 1914(Syn. of Troglotrematidae)(Troglotrematidae)

Tubangorchiinae Yamaguti, 1958(B)(Opisthorchiidae)

Tubangorchis Skrjabin, 1944(B)(Opisthorchiidae, Tubangorchiinae)

Tubanguia Srivastava, 1935(F)(Cryptogonimidae, Tubanguiinae)

Tubanguiinae Yamaguti, 1958(F)(Cryptogonimidae)

Tubulovesicula Yamaguti, 1934(F)(Hemiuridae, Dinurinae)

Tumaclinostomum Van der Kuyp, 1953(Syn. of *Euclinostomum*)(B)(Clinostomidae, Euclinostominae)

Typhlocoelinae Harrah, 1922(B)(Cyclocoelidae)

Typhlocoelum Stossich; 1902(B)(Cyclocoelidae, Typhlocoelum)

Typhlophilus Lal, 1936(Syn. of *Typhlocoelum*)(B)(Cyclocoelidae, Typhlocoelum)

Ugandocotyle Nasmark, 1937(M)(Paramphistomidae, Paramphistominae)

Unicaecinae(Mehra, 1934)Yamaguti, 1958(Spirorchiidae)

Unicaecum Stunkard，1925（R）（Spirorchiidae，Unicaecinae）

Unicaecuminae Mehra，1934（R）（Syn. of Unicaecinae）（Spirorchiidae）

Unilacinia Manter，1969（F）（Hemiuridae，Quadrifoliovariinae）

Unilaterilecithum Oshmarin in Skrjabin and evranova，1953（Dicrocoeliidae，Dicrocoeliinae，Atheamiini）

Uniserialis Beverley-Burton，1958（B）（Notocotylidae，Notocotylinae）

Unitubulotestis Yarnaguti，1953（F）（Didymozoidae，Nematobothriinae）

Univitellodidymocystis Yamaguti，1970（F）（Didymozoidae，Didymozoinae）

Uniyitellannulocystis Yamaguti，1970（F）（Didymozoidae，Annulocystiinae）

Urinatrema Yamaguti，1934（F）（Zoogonidae，Steganodermatinae）

Urogoniminae Looss，1899（Syn. of Leucochloridiinae）（B M）（Leucochloridiidae）

Urogonimus Monticelli，1888（B）（Syn. of *Leucochloridium*）（Leucochloridiidae Leucochloridiinae）

Urorchiinae Yamaguti，1958（F）（Allocreadiidae）

Urorchis Ozaki，1927（F）（Allocreadiidae，Urcrchiinae）

Urorygma Braun，1901（B）（Leucochloridiidae，Urorygminae）

Urorygminae Yamaguti，1958（B）（Leucochloridiidae）

Urotocinae Yamaguti，1958（B）（Leucochloridiidae）

Urotocus Looss，1899（B）（Leucochloridiidae Urotocinae）

Urotrema Braun，1900（R M）（Urotrematidae）

Urotrematidae Poche，1926（R M）

Urotrematulum Macy，1933（M）（Urotrematidae）

Uterovesiculurus Skrjabin et Guschanskaja，1954（F）（Hemiuridae，Dinurinae）

Uvitellina Witenberg，1923（B）（Cyclocoelidae，Cyclocoelinae）

Uvulifer Yamaguti，1934（B）（Diplostomidae，Diplostominae，Crassiphialini）

Vasatrema Stunkard，1926 renamed（Syn. of *Vasotrema*）（Spirorchiidae，Vasotrematinae）

Vasotrema Stunkard，1938（R）（Spirorchiidae，Vasotrematinae）

Vasotrematinae Yamaguti，1958（R）（Spirorchiidae）

Velamentophorus Mendheim，1940（Syn. of *Echinochasmus*）（B M）（Echinostomatidae，Echinochasminae）

Verdunia Lahille et Joan，1917（Syn. of *Balanorchis*）（M）（Paramphistomidae，Balanorchiinae）

Vesperugidendriinae Yamaguti，1958（M）（Lecithodendriidae）

Vesperugidendrium Pande，1937（M）（Lecithodendriidae，Vesperugidendriinae）

Vitellarinus Zmeev，1936（Syn. of *Phyllodistomum*）（F A）（Gorgoderidae，Phyllodistominae）

Vitellibaculum Montgomery，1957（Waretrematidae，Megasoleninae）

Vitellotrema Guberlet，1928（A R）（Hemiuridae，Halipeginae）

Vittosoma Van Cloave et Mueller，1932 emend（F）（Macroderoididae，Macroderoidinae）

Voitrema Yamaguti，1971（F）（Hemiuridae，Lecithochiriinae）

Voelkeria Travassos et Kohn，1966（B）（Subgenus of *Leucochloridiomorpha*）（Brachylaimidae，Leucochloridiom- orphinae）

Wallinia（Pearse，1920）emend（F）（Macroderoididae，Walliniinae）

Walliniella Yamaguti，1971（F）（Macroderoididae，Walliniinae）

Walliniinae Yamaguti，1958 emend（F）（Macroderoididae）

Wardianum Witenberg 1923（B）（Cyclocoelidae，Cyclocoelinae）

Wardius Barker et East，1915（M）（Paramphistomidae，Cladorchiinae，Cladorchiini）

Wardula Poche，1926（F）（Mesometridae，Wardulinae）

Wardulinae Paggi et Orecchia，1964（F）（Mesometridae）

Waretrema Srivastava，1937（F）（Waretrematidae，Waretrematinae）

Waretrematidae Srivastava，1937（F）

Waretrematinae（Srivastava，1937）Belous，1954（F）（Waretrematidae）

Watsoniinae Nismark，1937（M）（Paramphistomidae）

Watsonius Stile et Goldbeger，1910（M）（Paramphistomidae，Watsoniinae）

Wedlia Cobbold，1860（Syn. of *Kollikeria*）（F）（Didymozoidae，Koellikeriinae）

Wellmanius Stiles et Goldberger，1910（Syn. of *Garmyerius*）（Gastsothylacidae，Gastrothylacinae）

Westella Artigas et al.，1900（Subgenus of Opisthogoniminae）（Plagiorchiidae，Opisthogoniminae）

Wetzelitrema Rayski et Fahmy，1962（Lecithodendriidae，Phaneropsilinae）

Wilderia Pratt，1914（Syn. of *Diaschistorchis*）（R）（Pronocephalidae，Diaschistorchiinae）

Witenbergia Vag，1932（F）（Opisthorchiidae，Aphallinae，Aphallini）

Wlassenkotrema Skrjabin，1956（Syn of *Haploporus*）（F）（Haploporidae，Haploporinae）

Xenodistomum Stafford，1904（Syn. of *Octodistomum*）（F）（Azygiidae，Asygiinae）

Xenopharynx Nicoll，1912（R）（Plagiorchiidae，Plagiorchiinae）

Xiphidiotrema Senger，1953（M）（Troglotrematidae，Nephrotrematinae）

Xystretrinae（Yamaguti，1958）Yamaguti，1971（F）（Gorgoderidae）

Xystretrum Linton 1910（F）（Gorgoderidae，Xystretrinae）

Yamagutia Srivastava，1939（F）（Fellodistomidae）

Yokogawa Leiper，1913（Syn. of *Metagonimus*）（BM）（Heterophyidae，Metagoniminae）

Zalophotrema Stunkard et Alvey，1929（M）（Campulidae，Campulinae）

Zeugorchis Nicoll，1906 Preoccupied（Syn. of *Parorchis*）（Philophthalminae，Parorchiinae）

Zeugorchis Stafford，1905（Syn. of *Manodistomum*）（A R）（Plagiorchiidae，Styphlodorinae，Styphlotrematini）

Zenorchis Travassos，1944（B M）（Dicrocoeliidae，Dicrocoeliinae，Eurytrematini）

Zoogonidae（Odhner，1902）Odhner，1911（F）

Zoogoninae Odhner，1902（F）（Zoogonidae）

Zoogonoides Odhner，1902（F）（Zoogonidae，Zoogoninae）

Zoogonus Looss，1901（F）（Zoogonidae，Zoogoninae）

Zoonogenus Nicoll，1912（F）（Syn. of *Zoogonoides*）（Zoogonidae，Zoogoninae）

Zygocotyle Stunkard，1916（R B M）（Paramphistomidae，Zygocotylinae）

Zygocotylinae Ward，1917（R B M）（Paramphistomidae）

（注：宿主　F. 鱼类；A. 两栖类；R. 爬行类；B. 鸟类；M. 哺乳类）

索　引

一、中文名词索引

二、外文名词索引

296

Prosostephanus industrius（Tubangui, 1922）Lutz, 1935　596

Prosostephanus Lutz, 1935　591

Prosostephanus parovipara Faust et Tang, 1938　595

Prosostomadidea Skrjabin et Guschanskaja, 1962　283

Prosostomata Odhner, 1905　282, 310

Prosotocus Looss, 1899　586

Proterometrinae Yamaguti, 1958　742

Protofasciola Odhner, 1926　567

Protofasciola robusta（Lorenz, 1881）Odhner, 1926　565

Protofasciolinae Skrjabin, 1926　567

Psettariinae Yamaguti, 1958　391

Pseudobilharziella Ejsmont, 1929　412

Pseudobucephalopsis ganyuei Tang et Tang, 1976　299

Pseudobythinella jianouensis　498

Pseudorabora parva（Temminck et Schlegel）　777

Pseudorasbora parva　705

Pseudorasbora parva（T. et S.）　750, 781

Pseudorhipidocotyle elopichthys Long et Lee, 1964　294

Pseudoschikhobalotrematinae Yamaguti, 1971　736

Pseudosonsinotrema chamaeleonis Dollfus, 1951　586

Pseudosonsinotrema Dollfus, 1951　586

Pseudothelphusa iturbei　498

Putorius putorius　505

Pygidiopsis genata Looss, 1907　519

Pygorchis Looss, 1899　604

R

Radix auricularia（L., 1758）　423

Radix clessini(Neumayr，1898)　423

Radix lagotis (Schrank, 1803)　423

Radix latispera（Yen, 1937）　423

Radix (Montfort, 1810)　423

Radix ovata（Draparnaud, 1805）　423

Radix pereger（Müller, 1774）　423

Rana guentheri Boulenges　681

Rana limnocharis　731

Rana limnocharis（Gravenhorst）　681

Rana nigromaculata Hallowell　681

Rana nigromaculata reinhardtii　199

Rana nigromaculata reinhardtii（Peters）731

Rana rugosa　705

Rana tigerina rugulosa Wergmann, 1835　681

Rattus flavipectus(Milne-Edwards)　454

Rattus fulvescens huang　483

Rattus fulvescens huang（Bonhote）　454

Rattus losea exiguous　483

Rattus losea exiguous(Howell)　454

Rattus norvegicus　483, 505

Rattus norvegicus soccer(Miller)　454

Renicola Cohn, 1904　345

Renicolata La Rue, 1957　346

Renicolida La Rue, 1957　346

Renicolidae Dollfus, 1939　338, 346

Renicoloidea La Rue, 1957　346

Reniferinae Pratt, 1902　320

Rhipidocotyle adbaculum Manter, 1940　294

Rhipidocotyle coronatum Tang et Tang, 1976　294

Rhipidocotyloides tsengi Long et Lee, 1964　296

Rodentia　480

Rodentiogonimus Chen, 1963　476, 490

Rossicotrema donicus Skrjabin et Lindtrop, 1919　520

Rugogaster hydrolagi Schell, 1973　259

Rugogastridae Schell, 1973　259

S

S. amurensis　498

S. calculus　486, 498

S. cancellata　498

S. extensa　498

S. joshueiense　487

S. libertia　498

S. magnus Hu, Long and Lee, 1965　400

S. mandarina　498

S. perigrinorum　498

S. (S.) sinensis　488

S. shantsuensis Lung and Shen, 1965　400

S. skrjabini Akhmerov, 1960　400

Salangichthys microdon　705

Salvinia natans　578

Samguinicola intermedius Ejsmont, 1926　400

Sanguinicola armata Plehn, 1905　399

Sanguinicola donshanensis Long, 1995　398

Sanguinicola lungensis Tang et Lin, 1975　399

Sanguinicola magnus Hu、Long et Lee, 1963　399

Sanguinicola megalobramae Li, 1980　399

Sanguinicola rhodeus Wang, 1982　399

Sanguinicola sanliense Wang, 1982　399

Sanguinicola shantsuensis Lung et Shen, 1965　399

Sanguinicolidae Graff, 1907　390

Sanguinicolinae(Graff, 1907) Yamaguti, 1958　391

Sanguinicoloidea Skrjabin, 1951　406

Scaphanocephalus adamsi Tubangui, 1933　523

Scaphanocephalus australis Jahnston, 1917　524

Scaphanocephalus expansus（Crepl., 1842）Jägerskiöld, 1903　523

Scaphanocephalus Jägerskiöld, 1903

Uvitellina keri Yamaguti 1933　624

Uvitellina Witenberg, 1926　619

V

Vallisneria sp.　578

Vasotrematinae Yamaguti, 1958　391

Vesicocoelium solenophagum　202

Vesicocoelium solenophagum Tang, Xu et al., 1975　759

Vitellarinus Zmeev, 1936　765

Vitellarinus Zmejev, 1936　765

Viverra mongos　472

Viverra mungos　480, 500

Viverridae　480

Von Siebold　434

Vulpes Lagopus　505

Vulpes vulpes　505

W

Wardianum Witenberg, 1923　619

Waretrematidae Srivastava, 1937　788

Waretrematidae Srivastava, 1939　790

X

Xenapharynx solus Nicoll, 1912　323

Xenocypris davidi Bleeker　792, 794

Xenoperidae Poche, 1925　712

xiphidiocercus cercaria　585

Xystretrinae (Yamaguti, 1958) Yamaguti, 1971　765

Xystretrum Linton, 1910　765

Y

Yokogawa yokogawai (K) Leiper, 1913　517

Z

Zizania aquatica　578

Zoniloides ligerus　331

Zonorchis mynae Tang et Tang, 1978　365